TABELA 6.1 ▶ Resumo de Circuitos Básicos com AOPs

Nome	Diagrama esquemático	Relação entrada-saída
Amplificador Inversor	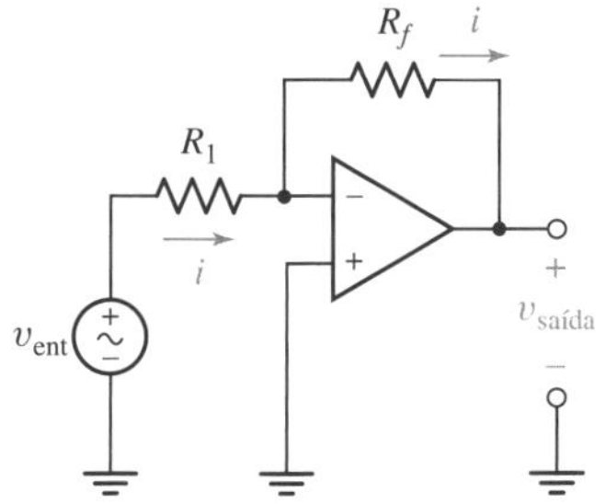	$v_{saída} = -\dfrac{R_f}{R_1}v_{ent}$
Amplificador Não Inversor	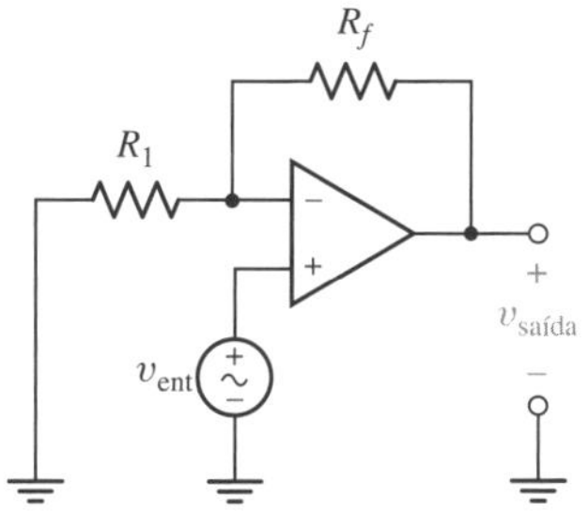	$v_{saída} = \left(1 + \dfrac{R_f}{R_1}\right)v_{ent}$
Seguidor de Tensão (também conhecido como Amplificador de Ganho Unitário)	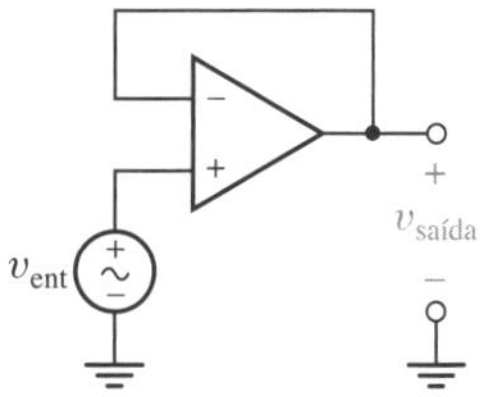	$v_{saída} = v_{ent}$
Amplificador Somador	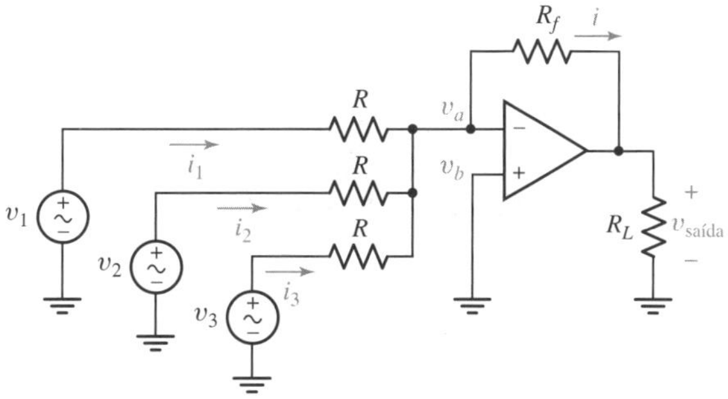	$v_{saída} = -\dfrac{R_f}{R}(v_1 + v_2 + v_3)$
Amplificador de Diferença	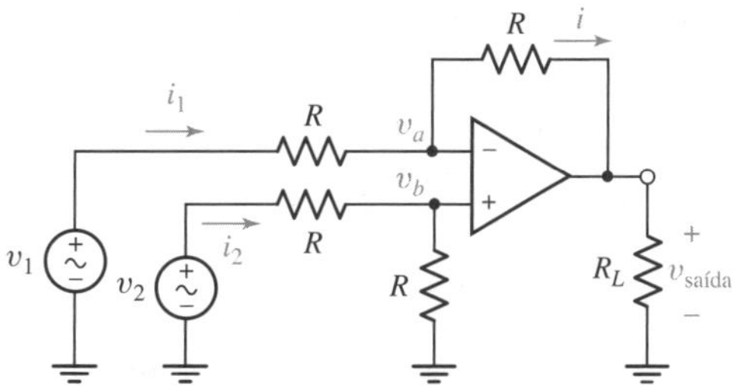	$v_{saída} = v_2 - v_1$

H426a Hayt, William H.
Análise de circuitos em engenharia / William H. Hayt, Jr., Jack E. Kemmerly, Steven M. Durbin ; tradução: Juan Paulo Robles Balestero, Márcio Falcão Santos Barroso ; revisão técnica: Antonio Pertence Júnior. – 8. ed. – Porto Alegre : AMGH, 2014.
xx, 844 p. : il. color. ; 28 cm.

Capítulo 19 está disponível online.
ISBN 978-85-8055-383-3

1. Engenharia elétrica. 2. Circuitos elétricos. I. Kemmerly, Jack E. II. Durbin, Steven M. III. Título.

CDU 621.37

Catalogação na publicação: Ana Paula M. Magnus – CRB 10/2052

William H. Hayt, Jr. (falecido)
Purdue University

Jack E. Kemmerly (falecido)
California State University

Steven M. Durbin
University at Buffalo
The State University of New York

Análise de Circuitos em Engenharia

8ª edição

Tradução

Juan Paulo Robles Balestero
Mestre em Engenharia Elétrica pela UNESP
Professor do Instituto Federal de Educação, Ciência e Tecnologia de São Paulo

Márcio Falcão Santos Barroso
Doutor em Engenharia Elétrica pela UFMG
Professor da Universidade Federal de São João del Rei – UFSJ

Revisão técnica

Antonio Pertence Júnior, MSc
Mestre em Engenharia pela Universidade Federal de Minas Gerais
Engenheiro Eletrônico e de Telecomunicações pela PUC Minas
Professor da Universidade FUMEC

AMGH Editora Ltda.
2014

Obra originalmente publicada sob o título *Engineering Circuit Analysis*, 8th Edition
ISBN 0073529575 / 9780073529578

Gerente editorial: *Arysinha Jacques Affonso*

Colaboraram nesta edição:

Editoras: *Viviane Nepomuceno e Denise Weber Nowaczyk*

Capa: *Maurício Pamplona*

Imagem da capa: *Hon Fai Ng, Thinkstock*

Leitura final: *Daniele Dall'Oglio Stangler e Cristhian Matheus Herrera*

Editoração: *Casa de Ideias*

As fotografias listadas são cortesia de Steve Durbin: pág. 5, Figuras 2.22 a, 2.24 a-c, 5.34, 6.1 a, 7.2 a-c, 7.11 a-b, 13.15, 17.29.

Reservados todos os direitos de publicação, em língua portuguesa, à
AMGH Editora Ltda., uma parceria entre GRUPO A EDUCAÇÃO S. A. e McGRAW-HILL EDUCATION.
Av. Jerônimo de Ornelas, 670
90040-340 – Porto Alegre – RS
Fone: (51) 3027-7000 Fax: (51) 3027-7070

Unidade São Paulo
Av. Embaixador Macedo Soares, 10.735 – Pavilhão 5 – Cond. Espace Center
Vila Anastácio – 05095-035 – São Paulo – SP
Fone: (11) 3665-1100 Fax: (11) 3667-1333

SAC 0800 703-3444 – www.grupoa.com.br

IMPRESSO NO BRASIL
PRINTED IN BRAZIL

Para Sean e Kristi.
A melhor parte de cada dia.

Sobre os autores

WILLIAM H. HAYT, Jr. recebeu seus títulos de B.S. e M.S. da Purdue University e seu Ph.D. da University of Illinois. Após passar quatro anos na indústria, ingressou na Purdue University, onde foi professor e chefe da Escola de Engenharia Elétrica, e como professor emérito após se aposentar em 1986. Além de *Análise de Circuitos em Engenharia*, o professor Hayt escreveu três outros livros. O Professor Hayt fazia parte das sociedades Eta Kappa Nu, Tau Beta Pi, Sigma Xi, Sigma Delta Chi e era Fellow do IEEE, da ASEE e da NAEB. Enquanto esteve em Purdue, ele recebeu muitos prêmios como professor, incluindo o prêmio de melhor professor da universidade. Ele também está listado no Purdue's Book of Great Teachers, um muro em exibição permanente localizado no Purdue Memorial Union, desde 23 de abril de 1999. O muro contém os nomes do grupo inaugural de 225 membros da faculdade que, no passado e no presente, dedicaram suas vidas à excelência no ensino e na escolaridade. Eles foram escolhidos por seus estudantes e colegas como os melhores educadores de Purdue.

JACK E. KEMMERLY recebeu seu título de B.S. magna cum laude da The Catholic University of America, seu título de M.S da University of Denver e seu Ph.D. da Purdue University. Iniciou lecionando na Universidade de Purdue e, mais tarde, trabalhou como engenheiro chefe na divisão de defesa da Ford Motor Company. Ele então trabalhou na California State University, Fullerton, como professor, chefe da Faculdade de Engenharia Elétrica, chefe do Departamento de Engenharia e professor emérito. O professor Kemmerly foi membro das sociedades profissionais Eta Kappa Nu, Tau Beta Pi, Sigma Xi, ASEE e IEEE (membro sênior). Seus interesses fora da academia incluíam a participação na liga de *baseball* juvenil e atividades como chefe de escoteiros.

STEVEN M. DURBIN recebeu os títulos de B.S., M.S. e Ph.D. da Purdue University, West Lafayete, Indiana. Posteriormente, atuou no Departamento de Engenharia Elétrica da Florida State University e Florida A&M University, antes de ingressar na University of Canterbury, Nova Zelândia, em 2000. Desde agosto de 2010, ele trabalha na Universidade de Buffalo, The State University of NewYork, nos Departamentos de Engenharia Elétrica e Física. Suas áreas de interesse em ensino incluem circuitos, eletrônica, eletromagnetismo, eletrônica de estado sólido e nanotecnologia. Suas área de interesse em pesquisa são primeiramente relacionadas ao desenvolvimento de novos materiais semicondutores, em especial, aqueles à base de óxido de nitreto, bem como novas estruturas de dispositivos optoeletrônicos. Ele é um pesquisador fundador do MacDiarmid Institute for Advanced Materials and Nanotechnology, um novo Centro Nacional de Excelência em pesquisa da Nova Zelândia, e co-autor de mais de 100 publicações técnicas. É membro sênior do IEEE e membro da Eta Kappa Nu, da Electron Devices Society, da Materials Research Society, da AVS (a antiga American Vacuum Society) da American Physical Society e da Royal Society of New Zealand.

Sumário resumido

Sumário

CAPÍTULO 6

O Amplificador Operacional 167

CAPÍTULO 7

Capacitores e Indutores 209

CAPÍTULO 8

Circuitos Básicos *RL* e *RC* 253

CAPÍTULO 9

O circuito *RLC* 313

CAPÍTULO 10

Análise em Regime Permanente Senoidal 363

CAPÍTULO 11

Análise de Potência em Circuitos CA 413

Prefácio

O público-alvo é basicamente o que norteia o processo de elaboração de um livro, sendo esse um fator importante nas decisões de pequeno e grande porte, influenciando particularmente tanto o ritmo quanto o estilo geral de escrita. Por isso, é importante notar que os autores tomaram a decisão consciente de escrever este livro para o aluno, e não para o professor. Nossa filosofia de trabalho é que a leitura do livro seja agradável, apesar do nível de detalhes técnicos que o constitui. Quando olhamos para trás em direção à primeira edição de *Análise de Circuitos em Engenharia*, naturalmente se percebe que a obra foi desenvolvida especificamente para ser mais uma conversa do que um discurso maçante sobre um dado conjunto de temas fundamentais. Para torná-lo uma conversa direta com o leitor, tivemos que trabalhar duro para atualizar o livro, de modo que ele pudesse alcançar um grupo cada vez mais diversificado de estudantes que irão usá-lo em todo o mundo.

Embora em muitos programas de engenharia o curso introdutório de circuitos seja precedido ou acompanhado de um curso introdutório de física em que a eletricidade e o magnetismo são introduzidos (normalmente a partir de uma perspectiva de campos), isso não é necessário neste livro. Depois de terminar o curso, muitos alunos encontram-se verdadeiramente maravilhados, visto que um amplo conjunto de ferramentas analíticas é obtido a partir de **apenas três simples leis científicas** – a lei de Ohm e as leis de Kirchhoff das tensões e das correntes. Os seis primeiros capítulos apresentam apenas álgebra e equações simultâneas familiares; os capítulos seguintes consideram que um primeiro curso de Cálculo (envolvendo derivadas e integrais) é utilizado juntamente com a teoria apresentada. Além disso, tentamos incorporar detalhes suficientes para permitir que o livro possa ser lido de forma simples.

Então, quais são as características fundamentais que levaram à concepção deste livro voltado para o aluno? Primeiramente, capítulos individuais são organizados em subseções relativamente curtas, cada uma com um único tema principal. A linguagem foi atualizada para ser informal e para a leitura fluir sem problemas. A cor, além de melhorar a estética da página, destaca informações importantes. Há, também, espaço em branco para anotações curtas e perguntas. Novos termos são definidos assim que são introduzidos, de modo que exemplos são inseridos estrategicamente para demonstrar não somente os conceitos básicos, mas também a abordagem da resolução de problemas. Exercícios de fixação relevantes para os exemplos são colocados de forma próxima entre si para que os alunos possam experimentar as técnicas por si mesmos antes de tentar resolver os exercícios de final de capítulo. Os exercícios apresentam uma ampla gama de dificuldades, geralmente classificados dos mais simples aos mais complexos, agrupados de acordo com a seção correspondente de cada capítulo. Respostas para exercícios selecionados de final de capítulo estão disponíveis online no site www.grupoa.com.br.

Engenharia é um assunto intensivo para estudar, e os estudantes encontram-se frequentemente confrontados com os prazos e as intensas cargas de trabalho. Isso não significa que os livros didáticos devem ser formais e pomposos ou, de outra forma, que os cursos nunca devam conter qualquer elemento de diversão. Na verdade, resolver um problema com sucesso muitas vezes *é* divertido, e aprender a fazer isso pode ser divertido também. A determinação da melhor forma de alcançar este objetivo dentro do contexto de um livro didático é um processo contínuo. Os autores contaram com o retorno sempre muito sincero recebido de nossos próprios estudantes na Universidade de Purdue, Universidade do Estado da Califórnia, Fullerton, Fort Lewis College, em Durango, no programa de engenharia conjunta na Universidade A & M da Florida e Universidade do Estado da Florida, a Universidade de Canterbury (Nova Zelândia) e da Universidade de Buffalo. Também contamos com comentários, correções e sugestões de professores e alunos em todo o mundo, incluindo a uma nova fonte de observações: postagens quase anônimas em vários *sites* na internet.

A primeira edição de *Análise de Circuitos em Engenharia* foi escrita por Bill Hayt e Jack Kemmerly, dois professores de engenharia que gostavam muito de ensinar, interagindo com seus alunos, e formando gerações de futuros engenheiros. Ele foi bem recebido, devido à sua estrutura compacta, "ao ponto" do estilo informal de escrita e organização lógica. Não há timidez quando se trata de apresentar a teoria subjacente a um tema específico, ou "dar socos" no desenvolvimento de expressões matemáticas. Tudo, porém, foi cuidadosamente projetado no intuito de ajudar os alunos na sua aprendizagem, apresentar assuntos de vanguarda de uma forma simples e deixar a exibição tradicional da teoria para outros livros. Eles se dedicaram intensamente para escrever o livro e o seu entusiasmo é transmitido para o leitor.

PRINCIPAIS CARACTERÍSTICAS DA OITAVA EDIÇÃO

Tivemos muito cuidado para manter os principais recursos da sétima edição, que nitidamente funcionaram bem. Estes aspectos incluem o layout geral e a sequência de capítulos, o estilo básico do texto e das ilustrações, inúmeros exemplos resolvidos e exercícios de fixação relacionados, e agrupamento de exercícios de final de capítulo de acordo com a seção. Os transformadores continuam tendo o seu próprio capítulo, e a frequência complexa é brevemente introduzida através de uma extensão da técnica fasorial de forma amigável para o estudante, em vez de indiretamente limitar-se a indicar a transformada integral de Laplace. Também se manteve o uso de ícones, uma ideia introduzida na sexta edição:

	É um aviso para erros comuns
	Indica um ponto específico que vale a pena tomar nota
	Identifica um problema de projeto que pode possuir mais de uma única resposta
	Indica um problema que requer a análise auxiliada por computador

O objetivo da introdução da análise e dos projetos por *software* orientados para a engenharia foi o de auxiliar, mas não substituir, o processo de aprendizagem. Consequentemente, o ícone do computador indica problemas em que o aplicativo deve ser utilizado para *verificar* as respostas, e não simplesmente fornecê-las. Tanto o MATLAB ® quanto o PSpice ® são utilizados neste contexto.

MUDANÇAS ESPECÍFICAS PARA A OITAVA EDIÇÃO INCLUEM:

- Nova seção inserida no Capítulo 16 sobre a análise e projeto de filtros Butterworth de múltiplos estágios
- Mais de 1000 exercícios novos e revisados nos finais de capítulo
- Uma nova filosofia abrangente no que tange aos exercícios no final de cada capítulo: cada seção contém problemas semelhantes àqueles solucionados nos exemplos resolvidos e exercícios de fixação, antes de prosseguir para problemas mais complexos que visam testar as habilidades do leitor
- Exercícios de Integração no final de cada capítulo, agrupados por seção. Para proporcionar a oportunidade de atribuir exercícios com menos ênfase em um método de solução explícita (por exemplo, análise de malha ou nodal), bem como para dar uma perspectiva mais ampla sobre temas fundamentais, um número seleto de Exercícios de Integração aparecem ao final de cada capítulo.
- Capturas de tela atualizadas e descrições de textos de análise auxiliada por computador
- Novos exemplos resolvidos e exercícios de fixação
- Atualizações de características no tema Aplicação, introduzidas para ajudar os alunos a relacionar o material de cada capítulo com conceitos de engenharia mais amplos. Os tópicos incluem distorção em amplificadores, modelagem de sistemas de suspensão automotivos, aspectos práticos de aterramento, a relação de polos com a estabilidade, resistividade e o memristor, que por vezes é chamado de "o elemento perdido"
- Simplificação do texto, especialmente nos exemplos resolvidos, visando à obtenção de conclusões de modo mais rápido

- Respostas aos exercícios selecionados de final de capítulo estão disponíveis online no site www.grupoa.com.br.

Entrei para a equipe do livro em 1999 e, infelizmente, nunca tive a oportunidade de falar com Bill ou Jack sobre o processo de revisão, embora eu me considere sortudo por ter feito um curso de Circuitos Elétricos com Bill Hayt quando eu era estudante na Universidade de Purdue. É um privilégio muito grande ser um co-autor de *Análise de Circuitos em Engenharia* e, ao trabalhar neste livro dou prioridade à sua filosofia e ao seu público-alvo. Agradeço muito as diversas pessoas que deram um retorno positivo ou negativo sobre aspectos diversos das edições anteriores, e também convido outras pessoas a fazer o mesmo, seja através dos editores (McGraw-Hill do Ensino Superior) ou de mim mesmo (durbin@ieee.org).

Naturalmente, este projeto tem sido um esforço de equipe, como é o caso de todos os livros didáticos modernos. Em particular, eu gostaria de agradecer a Raghu Srinivasan (Editor Global), Peter Massar (Editor patrocinador), Curt Reynolds (Gerente de *Marketing*), Jane Mohr (Gerente de Projetos), Brittney-Corrigan-McElroy (Gerente de Projetos), Brenda Rolwes (Desenhista), Tammy Juran (Gerente de Projetos de Mídia) e, mais importante, à Editora de Desenvolvimento Darlene Schueller, que me ajudou com muitos, muitos detalhes, edições, prazos e questões. Ela é absolutamente a melhor, e eu sou muito grato por todo o apoio da equipe da McGraw-Hill. Gostaria também de agradecer a vários representantes da Editora McGraw-Hill, especialmente a Nazier Hassan, que aparecia sempre no campus apenas para cumprimentar e perguntar como as coisas andavam. Agradecimentos especiais também são dirigidos a Catherine Shultz e Michael Hackett, ex-editores que continuam a manter contato. Às empresas Cadence ® e The MathWorks, por gentilmente prestarem assistência com os seus respectivos aplicativos de análise auxiliada por computador, o que foi muito útil. Vários colegas generosamente forneceram ou ajudaram de alguma forma com fotografias e detalhes técnicos, aos quais eu sou muito grato: Prof. Masakazu Kobayashi, da Universidade de Waseda, Dr. Wade Enright, Prof. Pat Bodger, Prof. Rick Millane, Sr. Gary Turner, e Prof. Richard Blaikie, da Universidade de Canterbury; e Prof. Reginald Perry e Prof. Jim Zheng da Universidade A & M da Florida e da Universidade do Estado da Flórida. Para a oitava edição, as seguintes pessoas merecem reconhecimento e uma dívida de gratidão por terem dedicado seu tempo para analisar as várias versões do manuscrito:

Chong Koo An, *Universidade de Ulsan*

Mark S. Andersland, *Universidade de Iowa*

Marc Cahay, *Universidade de Cincinnati*

Claudio Canizares, *Universidade de Waterloo*

Teerapon Dachokiatawan, *Universidade de Tecnologia do Norte Bangkok do Rei Mongkut*

John Durkin, *Universdade de Akron*

Lauren M. Fuentes, *Colégio Durham*

Lalit Goel, *Universidade Tecnológica de Nanyang*

Rudy Hofer, *Faculdade Conestoga*

ITAL Mark Jerabek, *Universidade West Virginia*
Michael Kelley, *Universidade de Cornell*
Hua Lee, *Universidade da Califórnia, Santa Barbara*
Georges Livanos, *Instituto de Tecnologia Faculdade Humber*
Ahmad Nafisi, *Universidade politécnica do estado da California*
Arnost Neugroschel, *Universidade da Flórida*
Pravin Patel, *Colégio Durham*
Jamie Phillips, *Universidade de Michigan*
Daryl Reynolds, *Universidade West Virginia*
GVKR Sastry, *Universidade Andhra*
Michael Scordilis, *Universidade de Miami*
Sun Yu, *Universidade de Toronto, Canadá*
Chanchana Tangwongsan, *Universidade de Chulalongkorn*
Edward Wheeler, *Instituto de Tecnologia Rose-Hulman*
Xiao-bang Xu, *Universidade de Clemson*
Tianyu Yang, *Universidade de Embry-Riddle Aeronautical*
Zivan Zabar, *Instituto Politécnico de NYU*

Eu também gostaria de agradecer a Susan Lord, *Universidade de San Diego,* Archie L. Holmes, Jr., *Universidade de Virgínia,* Arnost Neugroschel, *Universidade da Flórida,* e Michael Scordilis, *Universidade de Miami,* por sua assistência na precisa revisão das respostas para os exercícios selecionados ao fim de cada capítulo.

Finalmente, eu gostaria de agradecer brevemente a uma série de outras pessoas que contribuíram direta e indiretamente para a oitava edição. Em primeiro lugar, minha esposa, Kristi, e nosso filho, Sean, por sua paciência, compreensão, apoio, distrações e conselhos úteis. Durante todo o dia, sempre foi um prazer falar com amigos e colegas sobre o que deve ser ensinado, como deve ser ensinado e como medir o aprendizado, em particular, Martin Allen, Richard Blaikie, Alex Cartwright, Peter Cottrell, Wade Enright, Jeff Gray, Mike Hayes, Bill Kennedy, Susan Lord, Philippa Martin, Theresa Mayer, Chris McConville, Reginald Perry, Joan Redwing, Roger Reeves, Dick Schwartz, Leonard Tung, Jim Zheng, e muitos outros que me forneceram muitas informações úteis, como o meu pai, Jesse Durbin, graduado em engenharia elétrica pelo Instituto de Tecnologia de Indiana.

Steven M. Durbin
Buffalo, New York

1 Introdução

CONCEITOS FUNDAMENTAIS

- Circuitos Lineares *versus* Circuitos Não Lineares
- Quatro Principais Categorias de Análise de Circuitos:
  - Análise CC
  - Análise Transitória
  - Análise Senoidal
  - Resposta em Frequência
- Análise de Circuitos Além dos Circuitos
- Análise e Projeto
- Uso de *Software* em Engenharia
- Uma Estratégia para a Solução de Problemas

PREÂMBULO

Embora existam campos de atuação bem definidos em engenharia, de maneira geral os engenheiros compartilham uma considerável gama de conhecimentos, áreas e habilidades. De fato, na prática em engenharia é possível trabalhar em muitas áreas diferentes, mesmo fora de suas especialidades tradicionais, uma vez que muitas de suas habilidades são transferíveis para outras áreas. Atualmente, os graduados em engenharia podem trabalhar em uma variedade de funções: de projetar peças de maquinário e sistemas à solucionar problemas socioeconômicos como a poluição das águas e do ar, planejamento urbano, comunicação, transporte público, geração e distribuição de energia e conservação e uso eficiente de recursos naturais.

Partindo deste princípio, a análise de circuitos tem sido utilizada, tradicionalmente, como uma introdução à **arte de resolver problemas** em uma perspectiva da engenharia, mesmo fora do contexto da engenharia elétrica. E existem razões para isso. A melhor delas é que, no mundo atual, é extremamente improvável que um engenheiro encontre um sistema que não utilize algum tipo de circuito elétrico. À medida que os circuitos se tornam menores e requerem menor gasto de energia e, por sua vez, tais fontes de energia se tornam menores e mais baratas, os circuitos elétricos estão cada vez mais em tudo o que utilizamos. Em várias situações práticas, faz-se necessária uma equipe multidisciplinar para a solução de problemas em engenharia, e conhecimento prévio de análise de circuitos pode ser um facilitador para agregar aos esforços da equipe, melhorando, além dos aspectos técnicos, a comunicação entre seus membros.

Consequentemente, este livro não é só sobre análise de circuitos sob o ponto de vista da engenharia, mas é também um texto que pretende ajudar o leitor a desenvolver habilidades básicas na solução de problemas em engenharia. O leitor perceberá que os conceitos adquiridos e sua habilidade em resolver problemas podem ser também utilizados em situações e sistemas de maior complexidade, a partir da analogia que muitos desses sistemas apresentam com circuitos elétricos. Porém, antes que o leitor se debruce nesse novo universo, é preciso que ele conheça os tópicos que encontrará no restante do texto, fazendo uma breve pausa para compreender a diferença entre análise e projeto, e o envolvimento de ferramentas computacionais que auxiliam na análise de circuitos.

▶ Nem todos os engenheiros eletricistas e de telecomunicações fazem uso rotineiro da análise de circuitos, mas utilizam frequentemente habilidades analíticas e de solução de problemas aprendidas no início de suas carreiras. Em cursos de análise de circuitos é onde primeiro aprendem tais conceitos. (*Solar Mirrors: ©Corbis; Skyline: ©Getty Images/PhotoLink; Oil Rig: ©Getty Images; Dish: ©Getty Images/J. Luke/PhotoLink*)

1.1 ▶ VISÃO GERAL DO TEXTO

O assunto fundamental deste texto é a **análise de circuitos lineares**, o que pode induzir que alguns leitores perguntem:

"Existe análise de circuitos não lineares*?"*

Certamente! Circuitos não lineares são encontrados em diversos dispositivos e sistemas no nosso dia a dia: eles estão presentes na captura e decodificação dos sinais de nossas TVs e rádios, nos milhões de cálculos por segundo de nossos microprocessadores, na conversão de voz em sinal elétrico para a transmissão em linhas de telefonia e em diversas outras funções que estão fora de nosso campo de visão. No entanto, seja no projeto, no teste e/ou em sua implementação, os circuitos não lineares necessitam de uma análise mais detalhada, mas profunda e complexa.

O leitor mais uma vez é induzido a fazer a seguinte pergunta:

"Por que estudar análise de circuitos lineares*?"*

Essa é uma excelente pergunta. É fato que não existem sistemas físicos (incluindo os circuitos elétricos) perfeitamente lineares. No entanto, para nossa sorte, grande parte dos comportamentos apresentados por tais sistemas é razoavelmente linear em uma região limitada. Que fique claro que os modelos lineares utilizados têm sua validade apenas naquela região. Para ilustrar esse conceito, considere a função

$$f(x) = e^x.$$

▲ Os aparelhos de televisão incluem muitos circuitos não lineares. Grande parte deles, no entanto, pode ser entendida e analisada com o auxílio de modelos lineares. (*©Sony Electronics, Inc.*)

Uma possível aproximação linear[1] para essa função é

$$f(x) \approx 1 + x \cdot$$

Façamos então o teste. A Tabela 1.1 mostra o valor de x, de $f(x)$, da aproximação $1 + x$ e o erro relativo entre o valor real e o valor obtido pela aproximação. Vejam que o erro relativo é menor do que 0,01% para valores de x entre 0,0001 e 0,01. Então, para valores de x entre 0,0001 e 0,01 é vantajosa a utilização da aproximação, uma vez que basta somar 1 ao valor de x, o que é menos complexo do que calcular a exponencial.

Tabela 1.1 ▶ Comparação entre o modelo linear de e^x e o seu valor exato

x	f(x)*	1 + x	Erro Relativo**
0,0001	1,0001	1,0001	0,0000005%
0,001	1,0010	1,0010	0,00005%
0,01	1,0101	1,0100	0,005%
0,1	1,1052	1,1000	0,5%
1,0	2,7183	2,0000	26%

* Utilizando quatro algarismos significativos.

** Erro Relativo $\triangleq \left| 100 \dfrac{e^x - (1+x)}{e^x} \right|$

Problemas lineares são inerentemente mais simples de resolver do que seus equivalentes não lineares. Por essa razão, procuramos sempre uma possível aproximação (ou modelo) linear para situações práticas. Modelos lineares são mais fáceis de manipular e entender, o que torna o seu projeto um processo mais simples.

Todos os circuitos que encontraremos nos próximos capítulos serão aproximações lineares de circuitos elétricos físicos. Quando pertinente, serão feitas breves discussões sobre os possíveis limites e imprecisões das aproximações utilizadas[2]. No Capítulo 2 será apresentada uma discussão detalhada dos elementos que constituem os *circuitos lineares*.

A análise de circuitos lineares pode ser separada em quatro grandes categorias: (1) *análise CC*, em que a fonte de energia não muda com o tempo; (2) *análise de transitório*, em que as coisas mudam rapidamente; (3) *análise senoidal*, quando são aplicados sinais e/ou fonte alternadas (CA) e (4) *resposta em frequência*, que é a mais geral das quatro categorias, assumindo, geralmente, que algo está mudando com o tempo. Começaremos a nossa jornada pelos chamados circuitos resistivos, nos quais incluímos exemplos simples, como uma lanterna ou uma torradeira. É uma oportunidade perfeita para aprender algumas técnicas poderosas para análise de circuitos, como a análise nodal (ou análise dos nós), análise de malha, superposição, transformação de fontes, teoremas de Thévenin e de Norton e alguns métodos de simplificação de redes de componentes quando ligados em série e/ou paralelo. Um alento é que a variação do tempo não afeta as análises dos circuitos puramente resistivos. Isso significa que só precisamos fazer a análise em um instante de tempo

[1] N. de T.: A função $f(x) = x + 1$ é uma função afim, ou quase linear, pois não atente ao princípio da superposição, como será visto no decorrer do texto. No entanto, para o que se propõe o exemplo, a sua classificação como linear não interfere no seu entendimento.

[2] N. de T.: Quando grande precisão é requerida na prática, modelos não lineares são empregados, mas, claro, com o acréscimo considerável na complexidade de suas soluções.

▲ Trens modernos são movidos por motores elétricos. Seus sistemas elétricos são mais bem analisados usando as técnicas de análise CA ou fasorial. (*Used with permission. Image copyright © 2010 M. Kobayashi. All rights reserved.*)

▲ Circuitos dependentes de frequência são o coração de muitos dispositivos eletrônicos, e seu projeto pode ser muito interessante. (*©The McGraw-Hill Companies, Inc.*)

específico e nada mais. Como resultado, focaremos os nossos esforços iniciais na análise CC – partindo do princípio que os componentes são invariantes com o tempo.

Embora os circuitos CC, como lanternas e o desembaçador do vidro traseiro do carro, sejam importantes em nosso dia a dia, as coisas se tornam muito mais interessantes quando estudamos circuitos que variam repentinamente. Na linguagem utilizada em análise de circuitos, nos referimos à *análise transitória* como um conjunto de técnicas usadas para estudar circuitos quando são energizados ou desenergizados repentinamente. Para tornar os circuitos mais interessantes, é necessário introduzir elementos de circuito que respondam às variações das grandezas elétricas de maneira dinâmica. Há um custo nesta introdução: para explicar o comportamento de tais circuitos é necessário incorporar equações diferenciais aos modelos dos circuitos lineares. Felizmente, as equações diferenciais podem ser obtidas facilmente por meio das técnicas apresentadas na primeira parte deste livro.

Porém, nem todos os circuitos apresentam a característica de variar com o tempo quando submetido às variações repentinas de sua fonte de energia. Como exemplos, podemos citar os condicionadores de ar, ventiladores e lâmpadas fluorescentes. De maneira geral, as soluções baseadas no cálculo diferencial e integral são bastante tediosas e tem um gasto temporal considerável. Para nossa sorte, existe alternativa quando o que nos interessa é a análise de equipamentos que já passaram pelos efeitos transitórios. Essa ferramenta é a análise CA, análise senoidal ou simplesmente, *análise fasorial*.

A parte final de nossa jornada termina com um assunto conhecido como *resposta em frequência*. Uma maneira intuitiva de entendermos o funcionamento de circuitos que contêm elementos armazenadores de energia (capacitores e indutores, por exemplo) é trabalharmos diretamente com as equações diferenciais obtidas por meio da análise no domínio do tempo. No entanto, como veremos, mesmo em circuitos com um pequeno número de componentes, a análise pode se tornar muito complexa e novas técnicas (métodos) devem ser levadas em conta. Essas técnicas, que incluem as transformadas de Laplace e Fourier, permitem transformar equações diferenciais em equações algébricas e também projetar circuitos que respondam de maneira específica a um conjunto particular de frequências. Fazemos uso de circuitos dependentes da frequência todos os dias quando usamos o telefone, selecionamos a nossa estação de rádio preferida ou nos conectamos à internet.

1.2 ▶ RELAÇÃO ENTRE ANÁLISE DE CIRCUITOS E ENGENHARIA

Os conceitos apresentados neste livro possuem vários desdobramentos. Além da mecânica das técnicas de análise de circuitos, podemos desenvolver uma abordagem metódica para a solução de problemas, a habilidade de determinar o(s) objetivo(s) de um problema em particular, a habilidade na coleta de informações necessárias para a solução efetiva de um problema e, igualmente importante, a oportunidade de verificar na prática a validade (precisão) de tais soluções.

Alunos familiarizados com o estudo de tópicos de outras engenharias, como mecânica dos fluidos, sistemas de suspensão automotiva, projeto de pontes, administração da cadeia de suprimentos ou controle de processos, reconhecerão a forma geral de muitas das equações desenvolvidas para descrever o comportamento de

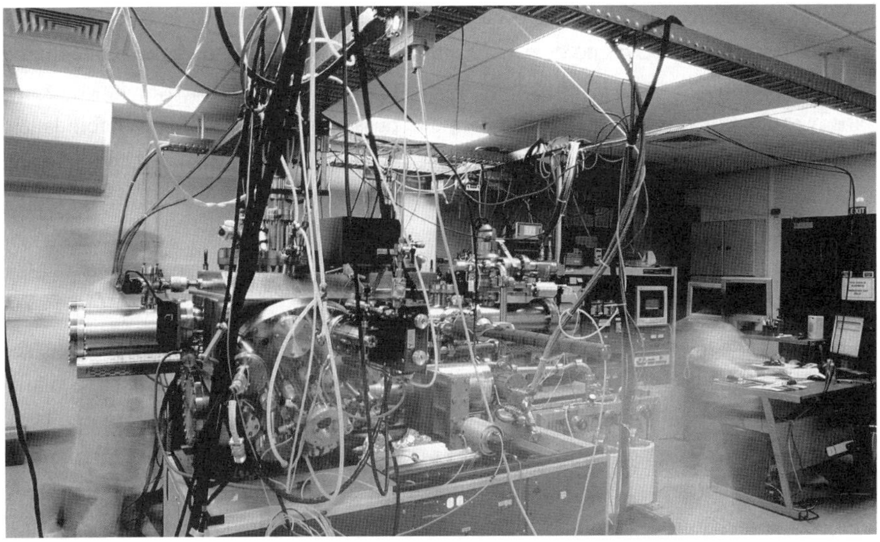

◀ Instalação utilizada para realizar crescimento epitaxial por feixe molecular em cristais. As equações que governam sua operação assemelham-se muito àquelas usadas para descrever circuitos lineares simples.

vários circuitos. Precisamos apenas aprender como "traduzir" as variáveis relevantes (por exemplo, substituindo tensão por força, carga por distância, resistência por coeficiente de atrito, etc.) para descobrir que já sabemos trabalhar com um novo tipo de problema. Frequentemente, se temos experiência prévia na solução de problemas similares ou relacionados, nossa intuição nos guiará na solução de um problema totalmente novo.

O que estamos prestes a aprender na análise de circuitos lineares forma a base de muitas matérias subsequentes em um curso de engenharia elétrica. O estudo da eletrônica se baseia na análise de circuitos com dispositivos conhecidos como diodos e transistores, que são usados para construir fontes de alimentação, amplificadores e circuitos digitais. As habilidades que desenvolveremos são aplicadas geralmente de maneira rápida e metódica pelos engenheiros eletrônicos, que às vezes podem analisar um circuito complicado sem mesmo pegar em um lápis! Os capítulos deste livro referentes ao domínio do tempo e ao domínio da frequência conduzem diretamente a discussões sobre processamento de sinais, transmissão de energia, teoria de controle e comunicações. Achamos que as análises no domínio da frequência, em particular, são uma técnica extremamente poderosa, facilmente aplicada a sistemas submetidos à excitação variante no tempo, e bastante útil para o projeto de filtros.

▲ Exemplo de um braço robótico. O sistema de controle em realimentação pode ser modelado usando elementos de circuitos lineares para determinar situações nas quais a operação pode ser tornar instável. (*NASA Marshall Space Flight Center*)

1.3 ▶ ANÁLISE E PROJETO

Engenheiros adquirem um entendimento básico dos princípios físicos, os combinam com conhecimento prático, de maneira geral, expresso em termos matemáticos, e (frequentemente com considerável criatividade) encontram uma solução para um determinado problema. **Análise** é o processo por meio do qual determinamos o escopo de um problema, obtemos as informações necessárias para o seu entendimento e estimamos os parâmetros de interesse. **Projeto** é o processo pelo qual sintetizamos algo novo como parte da solução de um problema. De modo geral, há a expectativa de que não exista apenas uma solução para os problemas que necessitem de um projeto, diferentemente do que ocorre na etapa de análise. Assim, o último passo do projeto é sempre a análise do resultado para ver se ele atende às especificações.

▲ Dois projetos propostos para a próxima geração de ônibus espaciais. Embora ambos contenham elementos similares, cada um apresenta características únicas. (*NASA Dryden Flight Research Center*)

Este texto é focado no desenvolvimento da habilidade de analisar e resolver problemas, porque este é o ponto de partida em todas as situações práticas em engenharia. A filosofia adotada neste livro assume que são necessárias explicações claras, exemplos bem formulados e muita prática para que possamos desenvolver tais habilidades. Portanto, elementos de projeto são integrados aos problemas de final de capítulo e aos capítulos finais para serem melhor aproveitados, sem que desviem a atenção do leitor.

1.4 ▶ ANÁLISE AUXILIADA POR COMPUTADOR

A solução de determinadas equações resultantes da análise de circuitos pode ser muito complicada, mesmo em circuitos de complexidade moderada. Isso, é claro, introduz uma probabilidade crescente de se cometer erros, além de um tempo considerável para a execução dos cálculos. O desejo de encontrar uma ferramenta que ajudasse nesse processo é anterior aos computadores eletrônicos, com computadores puramente mecânicos, como a Máquina Analítica desenvolvida por Charles Babbage em 1880, proposta como uma possível solução. Talvez o primeiro computador eletrônico projetado com sucesso para solucionar equações diferenciais tenha sido o ENIAC, na década de 1940, cujas válvulas ocupavam uma sala inteira. No entanto, com o advento de computadores pessoais de baixo custo, a análise de circuitos auxiliada por computador se transformou em uma ferramenta valiosa do dia a dia, sendo parte integral não somente da análise, mas também do projeto.

Um dos aspectos mais poderosos do projeto auxiliado por computador é a integração relativamente recente de múltiplos programas de maneira transparente ao usuário. Isso permite que o circuito seja desenhado esquematicamente na tela, reduzido automaticamente ao formato requerido por um programa de análise (como o SPICE, que será introduzido no Capítulo 4) e, em seguida, que os resultados sejam convenientemente transferidos para um terceiro programa capaz de apresentar graficamente as várias grandezas elétricas de interesse descrevendo o comportamento do circuito. Assim que o engenheiro estiver satisfeito com o desempenho simulado

▶ "Máquina Diferencial Número 2", de Charles Babbage, restaurada pelo Science Museum (Londres) em 1991. (© *Science Museum/Science & Society Picture Library*)

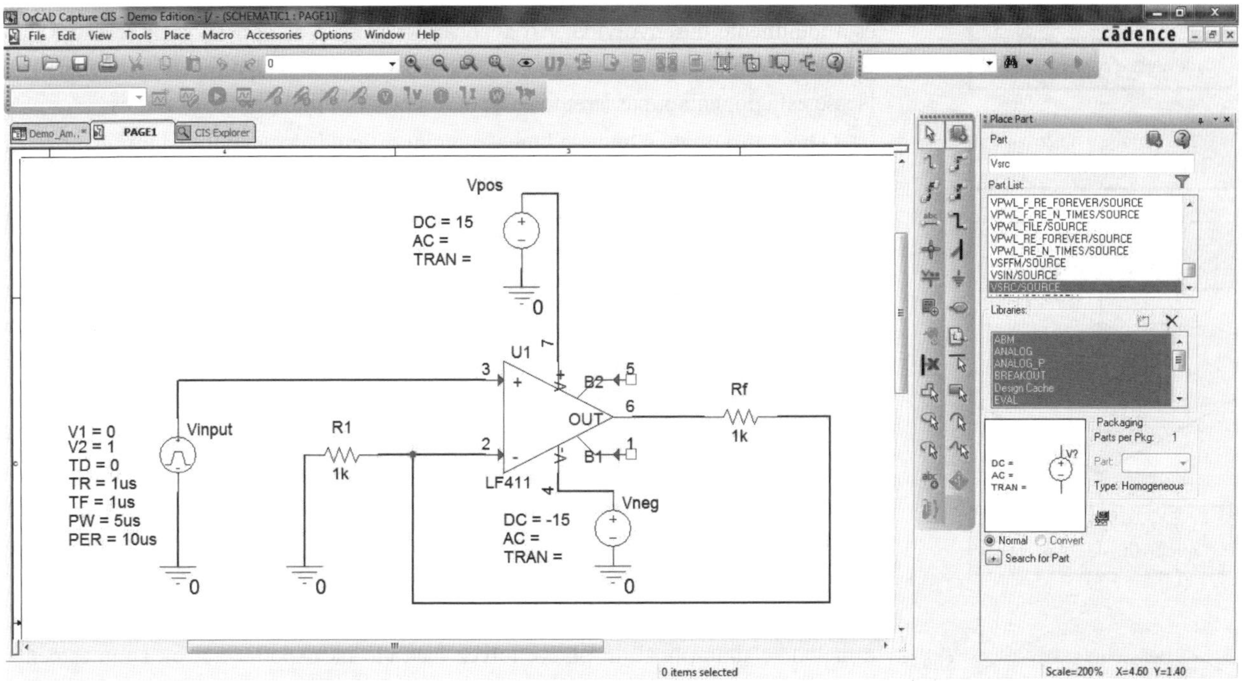

▲ Circuito amplificador desenhado em um *software* comercial de captura de diagramas esquemáticos.

do projeto, o mesmo programa pode gerar o *layout* da placa de circuito impresso usando parâmetros geométricos de sua biblioteca de componentes. Esse nível de integração está aumentando continuamente e logo chegará ao ponto em que o engenheiro poderá traçar um diagrama esquemático, clicar em alguns botões e apanhar do outro lado da mesa uma versão fabricada do circuito, pronta para ser testada.

No entanto, o leitor deve ficar atento a um detalhe: os *software* de análise de circuitos, embora agradáveis de usar, não substituem de forma alguma uma boa análise à moda antiga, à base de papel e lápis. Precisamos ter um sólido conhecimento sobre como os circuitos funcionam para que possamos desenvolver a habilidade para projetá-los. Restringir nossas ações ao simples uso de um determinado programa de computador é quase o mesmo que jogar na loteria, considerando erros cometidos pelo usuário, parâmetros-padrão ocultos em uma variedade de opções de menus e ocasionais limitações presentes em códigos escritos por seres humanos. É muito importante ter ao menos uma ideia aproximada de qual seria o comportamento esperado do circuito analisado. Assim, se o resultado da simulação não estiver de acordo com o esperado, será possível encontrar o erro o quanto antes, e não tarde demais.

Mesmo assim, a análise auxiliada por computador é uma ferramenta poderosa. Ela nos permite variar parâmetros, avaliar a mudança no desempenho do circuito e considerar diferentes possibilidades ao longo da realização de um projeto de maneira simples. O resultado é uma redução de tarefas repetitivas e maior tempo disponível para se concentrar em detalhes de engenharia.

1.5 ▶ ESTRATÉGIAS BEM-SUCEDIDAS NA SOLUÇÃO DE PROBLEMAS

Como o leitor pode ter percebido, este livro é tanto sobre solução de problemas quanto análise de circuitos. A expectativa é que, durante o curso de engenharia, você aprenda como resolver problemas, ou seja, no momento, essa habilidade ainda não

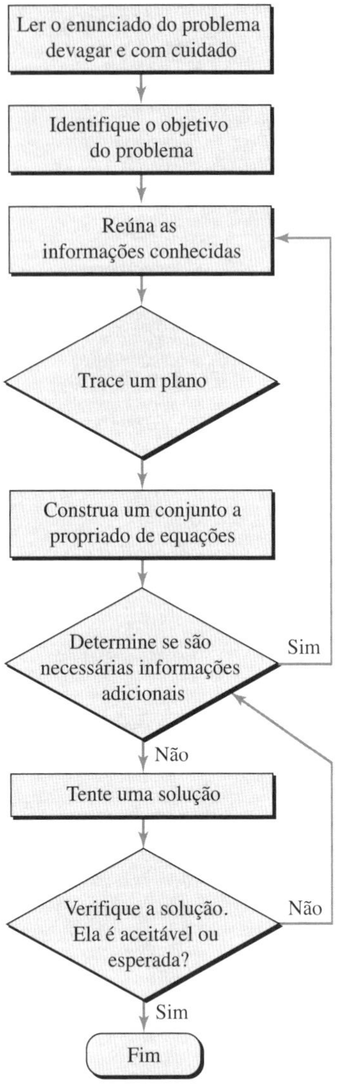

está totalmente desenvolvida. Ao avançar no curso, você irá adquirir técnicas que vão lhe ajudar e que continuarão a fazê-lo mesmo no seu trabalho como engenheiro. Nesse estágio, então, passaremos algum tempo discutindo pontos básicos.

O primeiro ponto é que, de longe, a maior dificuldade encontrada por estudantes de engenharia é *não saber como começar* um problema. Tal conhecimento se adquire com a experiência. O melhor conselho que podemos dar é adotar uma abordagem metódica, começando com a leitura lenta e cuidadosa do problema (mais de uma vez, se necessário). Já que a experiência normalmente nos fornece alguma ideia de como lidar com um problema específico, exemplos resolvidos aparecem ao longo do livro. Em vez de apenas lê-los, no entanto, pode ser útil contar com a ajuda de um lápis e um pedaço de papel para trabalhá-los.

Depois de ler completamente um problema e sentir que temos experiência suficiente, o próximo passo é identificar os objetivos do problema – possivelmente calcular a tensão ou a potência, ou selecionar o valor de um componente. Saber onde queremos chegar é de grande ajuda. O próximo passo é coletar todas as informações de que precisamos e organizá-las de alguma maneira.

Neste momento *ainda não estamos prontos para pegar a calculadora*. Primeiro, é melhor elaborarmos um plano, talvez baseado na experiência, ou simplesmente em nossa intuição. Às vezes planos funcionam, às vezes não. Iniciando nosso plano, é hora de construirmos o conjunto inicial de equações. Se as equações estiverem completas, poderemos resolver o problema. Se não, precisamos ou incorporar mais informação, ou modificar nosso planejamento, ou ambos.

Mesmo que tenhamos uma solução que pareça aplicável ao problema, não devemos parar, mesmo cansados e necessitando de uma pausa. **Nenhum problema de engenharia está resolvido a menos que a solução seja testada de alguma maneira**. Podemos fazer os testes por meio de simulações computacionais, ou resolvendo o problema de maneiras diferentes, ou até mesmo estimando qual resposta seria aceitável.

Uma vez que nem todo mundo gosta de ler para aprender, esses passos estão resumidos no fluxograma ao lado. Ele apresenta apenas uma estratégia para a solução de problemas, e o leitor deve se sentir livre para modificá-lo se necessário. A verdadeira chave, no entanto, é tentar e aprender em um ambiente relaxado, com baixo nível de estresse e sem distrações. A experiência é a melhor professora e aprender com os nossos erros faz parte do caminho para nos tornarmos engenheiros hábeis.

LEITURA COMPLEMENTAR

Este livro, relativamente barato e muito vendido, ensina ao leitor como desenvolver estratégias bem-sucedidas para enfrentar problemas aparentemente insolúveis:

G. Polya, *How to Solve It*. Princeton, N.J.: Princeton University Press, 1971.

2 Componentes Básicos e Circuitos Elétricos

CONCEITOS FUNDAMENTAIS

- Grandezas Elétricas Básicas e Unidades Associadas: Carga, Corrente, Tensão e Potência
- Direção da Corrente e Polaridade da Tensão
- Convenção do Sinal Passivo para Cálculo de Potência
- Fontes Ideais de Corrente e Tensão
- Fontes Dependentes
- Resistência e Lei de Ohm

INTRODUÇÃO

Na análise de circuitos, estamos sempre procurando algum valor de *corrente*, *tensão* ou *potência* específico. Então, neste momento, é importante fazermos uma breve descrição dessas grandezas. Em termos de componentes que podemos usar para a construção de circuitos elétricos, não temos muitas alternativas. Focaremos inicialmente nos *resistores*, um componente passivo simples, e uma série de fontes ativas ideais de tensão e corrente. Conforme avançarmos, novos componentes serão adicionados, tornando os circuitos mais complexos e úteis.

Um rápido conselho antes de começarmos: preste bastante atenção para a regra dos sinais de "+" e "–" utilizadas para identificar as fontes de tensão e também no significado das setas na definição das correntes. Essas informações geralmente fazem a diferença no acerto das respostas.

2.1 ▸ UNIDADES E ESCALAS

Para definir o valor de uma grandeza mensurável, devemos fornecer um *número* e uma *unidade de medida*, como por exemplo, "3 metros". Para nossa sorte, usamos o mesmo sistema de numeração. No entanto, isso não ocorre quando nos referimos às unidades de medida. Sendo assim, precisamos definir um padrão de unidades que seja largamente aceito no meio de engenharia e que seja permanente. A unidade padrão de comprimento, por exemplo, não pode ser definida como a distância entre duas marcas em uma fita de borracha; isso não é permanente, e também permitiria que várias pessoas usassem padrões diferentes.

O sistema de unidades mais frequentemente utilizado é o adotado pelo *National Bureau of Standards,* localizado na França, desde 1964; ele é usado pela maior parte das sociedades de engenheiros profissionais e é a linguagem em que a maioria dos livros-texto é escrita atualmente. Esse sistema, denominado Sistema Internacional de Unidades (abreviado como **SI** em todas as línguas), foi adotado pela Conferência Geral de Pesos e Medidas em 1960. Modificado diversas vezes, o SI é composto de sete unidades básicas: o *metro*, o *quilograma*, o *segundo,* o *ampère*, o *kelvin,* o *mole* e a *candela* (ver Tabela 2.1). Esse é o "sistema métrico" geralmente utilizado na maioria dos países, embora ainda não seja muito difundido nos Estados Unidos. Unidades de outras grandezas como volume, força, energia, etc., são derivadas dessas sete unidades básicas.

Existem inconsistências em relação ao uso letras maiúsculas para unidades de medida que são nomeadas em homenagem a uma personalidade. Neste livro, adotaremos a convenção[1,2] mais contemporânea em que as unidades são escritas em letras minúsculas (por exemplo, watt e joule) mas, abreviadas com letras maiúsculas (por exemplo, W e J).

(1) H. Barrell, Nature 220, 1968, p 651.
(2) V. N. Krutikov, T. K. Kanishcheva, S. A. Kononogov, L. K. Isaev, e N. I. Khanov, Measurement Techniques 51, 2008, p. 1045.

A "caloria" usada para alimentos, bebidas e exercícios físicos é na realidade a quilocaloria, igual a 4,187 kJ

Tabela 2.1 ▶ Unidades de Base do SI

Grandeza base	Nome	Símbolo
comprimento	metro	M
massa	quilograma	Kg
tempo	segundo	S
corrente elétrica	ampère	A
temperatura termodinâmica	kelvin	K
quantidade de matéria	mole	mol
intensidade luminosa	candela	cd

A unidade fundamental de trabalho e energia é o **joule** (J). Um joule (1 kg m^2 s^{-2} no sistema SI) é equivalente a 0,7376 pés-libras força (ft · lbf). Outra unidade de energia incluída é a caloria (cal), igual a 4,187 J; a unidade térmica britânica (Btu[1]), equivalente a 1.055 J e o quilowatt-hora (kWh), equivalente a $3{,}6 \times 10^6$ J. Potência é definida como a *razão* pela qual o trabalho é feito ou a energia é dissipada. A unidade fundamental de potência é o **watt** (W), definido como 1 J/s. Um watt é equivalente a 0,7376 ft · lbf/s ou, equivalentemente, 1/745,7 hp (horsepower).

O SI usa o sistema decimal para relacionar os múltiplos e submúltiplos das unidades básicas, e são adicionados prefixos para representar as várias potências de 10. A lista de prefixos e seus símbolos pode ser vista na Tabela 2.2; os prefixos mais utilizados em engenharia aparecem com fundo branco.

Tabela 2.2 ▶ Prefixos do SI

Fator	Nome	Símbolo	Fator	Nome	Símbolo
10^{-24}	yocto	y	10^{24}	yotta	Y
10^{-21}	zepto	z	10^{21}	zetta	Z
10^{-18}	atto	a	10^{18}	exa	E
10^{-15}	femto	f	10^{15}	peta	P
10^{-12}	pico	p	10^{12}	tera	T
10^{-9}	nano	n	10^{9}	giga	G
10^{-6}	micro	μ	10^{6}	mega	M
10^{-3}	mili	m	10^{3}	quilo	k
10^{-2}	centi	c	10^{2}	hecto	h
10^{-1}	deci	d	10^{1}	deca	da

Esses prefixos são dignos de memorização, uma vez que frequentemente aparecem neste e em outros textos técnicos. Combinações de vários prefixos como, por exemplo, *milimicrossegundos*, são inaceitáveis. É

1 N. de T.: Do inglês *British thermal unit.*

interessante notar que é mais comum encontrar o termo "mícron (μm)" do que "micrômetro" na medida de distância, e em geral, o uso do angstrom (Å) para designar 10^{-10} metros. Também, na análise de circuitos e na engenharia em geral, é muito comum vermos números expressos de uma forma específica denominada "unidades de engenharia". Nessa notação de engenharia as unidades são representadas por números entre 1 e 999 e uma unidade métrica apropriada usando uma potência divisível por 3. Assim, por exemplo, é preferível expressar a grandeza 0,048 W como 48 mW, em vez de 4,8 cW, $4{,}8 \times 10^{-2}$ W ou 48.000 μW.

▶ EXERCÍCIO DE FIXAÇÃO

2.1 Um laser de fluoreto de criptônio emite luz a um comprimento de onda de 248 nm. Isso é o mesmo que: (a) 0,0248 mm; (b) 2,48 μm; (c) 0,248 μm. (d) 24,8 Å.

2.2 Uma porta lógica de um protótipo de circuito integrado é capaz de chavear do estado "ligado" (on) para o estado "desligado" (off) em 12 ps. Isso corresponde a: (a) 1,2 ns; (b) 120 ns; (c) 1200 ns; (d) 12,000 ns.

2.3 Uma lâmpada incandescente comum utilizada para leitura tem uma potência de 60 W. Se ela permanecer ligada constantemente, qual é a energia consumida por dia e qual é o custo semanal se a energia é tarifada em R$ 0,30 por quilowatt-hora?

Respostas: 2.1 (c); 2.2 (d); 2.3 5,18 MJ, R$ 3,02.

2.2 ▶ CARGA, CORRENTE, TENSÃO E POTÊNCIA

Carga

Um dos conceitos mais fundamentais na análise de circuitos é o da conservação das cargas. Sabemos da física básica que existem dois tipos de cargas: positivas (correspondentes aos prótons) e as negativas (correspondentes aos elétrons). Em sua maior parte, este texto foca em circuitos em que apenas o fluxo de elétrons é relevante. Existem muitos dispositivos (como baterias, diodos e transistores) nos quais o movimento das cargas positivas é importante para entender suas operações internas, mas considerando a parte externa, nos concentraremos nos elétrons que fluem por seus terminais conectados. Embora, ao utilizar um circuito elétrico, continuamente transferimos carga entre partes diferente de um circuito, não somos capazes de mudar a quantidade total de carga. Em outras palavras, não somos capazes de criar ou destruir elétrons (prótons) quando utilizamos um circuito.[2] A carga em movimento representa uma *corrente*.

Como se vê na Tabela 2.1, as unidades básicas do SI não são derivadas de grandezas físicas fundamentais. Ao invés disso, elas representam medidas estabelecidas historicamente que levam a definições aparentemente regressivas. Por exemplo, fisicamente faria mais sentido definir o ampère com base na carga eletrônica.

No sistema SI, a unidade fundamental de carga é o ***coulomb*** (C). Essa unidade pode ser definida em termos do ***ampère*** pela contagem da carga total que passa por uma seção transversal arbitrária de um condutor durante o intervalo de um segundo; um coulomb é medido a cada segundo em um fio conduzindo uma corrente de 1 ampère (Figura 2.1). Neste sistema de

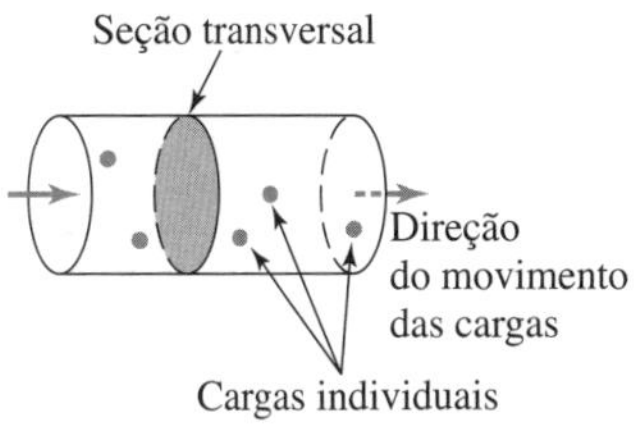

▲ **FIGURA 2.1** Definição de corrente ilustrada usando uma corrente fluindo através de um fio. 1 ampère corresponde a 1 coulomb de carga atravessando uma seção transversal arbitrariamente escolhida em um intervalo de 1 segundo.

[2] Embora a presença de fumaça às vezes possa sugerir o contrário.

unidades, um único elétron tem a carga de $-1{,}602 \times 10^{-19}$ C e um único próton tem a carga de $+1{,}602 \times 10^{-19}$ C.

Uma quantidade de carga que não varia com o tempo é representada por Q. A quantidade instantânea de carga (que pode ou não variar com o tempo) é representada por $q(t)$, ou simplesmente q. Essa convenção será utilizada em todo o livro: letras maiúsculas são reservadas para quantidades constantes (invariantes no tempo), enquanto letras minúsculas serão utilizadas para os casos gerais. Então, uma quantidade constante de carga pode ser representada por Q ou q, mas uma quantidade de carga que varia com o tempo deve ser representada por q.

Corrente

A ideia de "transferência de carga" ou "carga em movimento" é de vital importância para nosso estudo de circuitos elétricos, porque, ao movimentar cargas de um lugar para outro, também transferimos potência de um ponto para outro. Uma linha de transmissão de energia é um exemplo prático de um dispositivo que transfere energia. De igual importância é a possibilidade de variar a taxa em que a carga é transferida de forma a estabelecer comunicação ou transmitir informação. Esse processo é a base dos sistemas de comunicação como rádio, televisão e telemetria.

A corrente presente em um caminho discreto, como um fio metálico, tem um *valor numérico* e uma *direção* associados a ela; a corrente é a medida da taxa de cargas em movimento que passam por um determinado ponto em uma direção específica.

Uma vez especificada a direção de referência, podemos dizer que $q(t)$ é a carga total que passou por um ponto de referência arbitrário no tempo $t = 0$, movendo-se na direção especificada. A contribuição dessa carga total será negativa se a carga negativa se movimentar na direção de referência ou se a carga positiva estiver se movendo na direção contrária à definida. Como um exemplo, a Figura 2.2 mostra um histórico da carga total $q(t)$ que passou por um dado ponto de referência em um condutor (como aquele mostrado na Figura 2.1).

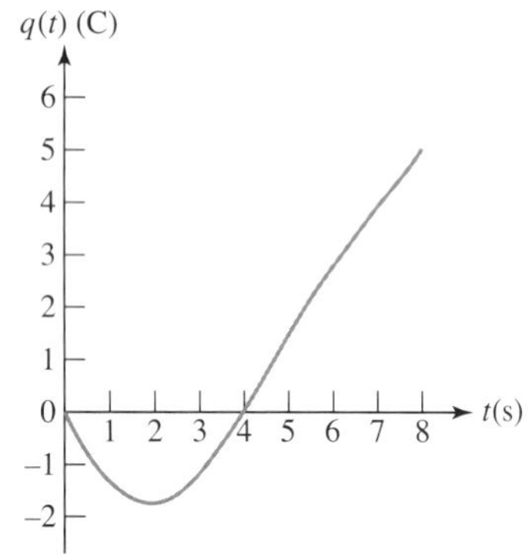

▲ **FIGURA 2.2** Gráfico do valor instantâneo da carga total $q(t)$ que passou por um dado ponto de referência a partir do instante $t = 0$.

Definimos a corrente que flui em um dado ponto em uma direção específica como a taxa instantânea com a qual a carga positiva resultante atravessa aquele ponto na direção especificada. Infelizmente, esta definição histórica se tornou popular antes que se verificasse que a corrente nos condutores é causada, na verdade, pelo movimento de cargas negativas e não positivas. A corrente é simbolizada por I ou i, e também

$$i = \frac{dq}{dt} \qquad [1]$$

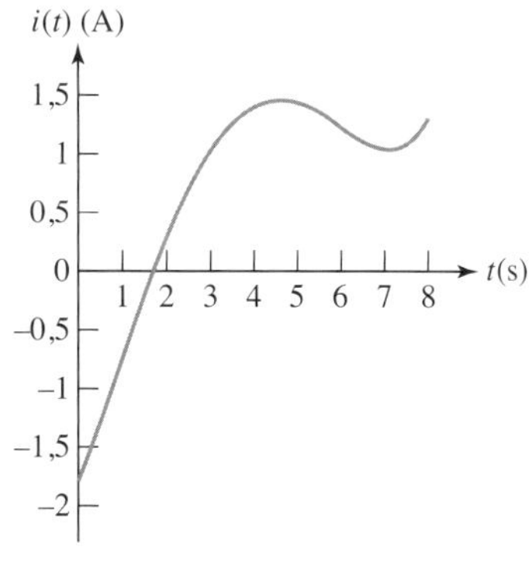

▲ **FIGURA 2.3** A corrente instantânea $i = dq/dt$, em que q é dada na Figura 2.2.

A unidade de corrente é o ampère (A), em homenagem ao físico francês A. M. Ampère, sendo comumente abreviado como "amp", de modo não oficial e informal. Um ampère é igual a um coulomb por segundo.

Usando a Equação [1], calculamos a corrente instantânea e obtivemos a Figura 2.3. A letra minúscula i é usada novamente para denominar valor instantâneo; a letra maiúscula I denota um valor constante (isto é, invariante no tempo).

A carga transferida entre o tempo t_0 e t pode ser expressa como uma integral definida:

$$\int_{q(t_0)}^{q(t)} dq = \int_{t_0}^{t} i\, dt'$$

A carga total transferida durante todo o tempo é dado por

$$q(t) = \int_{t_0}^{t} i\, dt' + q(t_0) \qquad [2]$$

Tipos diferentes de correntes são mostrados na Figura 2.4. A corrente constante no tempo é denominada corrente direta, ou simplesmente corrente CC, e é mostrada na Figura 2.4*a*. Acharemos vários exemplos práticos de correntes que variam senoidalmente no tempo (Figura 2.4*b*); correntes desse tipo estão presentes normalmente em circuitos domésticos. Essa corrente é geralmente denominada corrente alternada, ou CA. Correntes exponenciais e correntes senoidais amortecidas (Figura 2.4*c* e *d*) também serão mencionadas mais tarde.

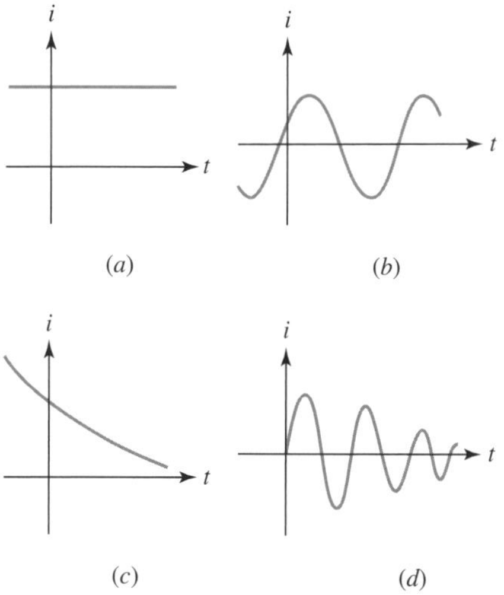

▲ **FIGURA 2.4** Vários tipos de corrente: (*a*) Corrente contínua (CC), (*b*) Corrente senoidal (CA), (*c*) Corrente exponencial e (*d*) Corrente senoidal amortecida.

Criamos uma representação gráfica (símbolo) para uma corrente colocando uma seta perto do condutor. Assim, na Figura 2.5*a*, a direção da seta e o valor 3 A indicam que uma carga positiva de 3 C/s está se movendo para a direita ou que uma carga negativa de –3 C/s está se movendo para a esquerda a cada segundo. Na Figura 2.5*b* também existem duas possibilidades de análise: –3 A está se movimentando para a esquerda ou +3 A está se movendo para a direita. Todas as quatro afirmações e ambas figuras representam correntes com efeitos elétricos equivalentes, então podemos dizer que elas são iguais. Uma analogia não elétrica pode ser usada para facilitar o entendimento: um depósito bancário pode ser visto como fluxo de caixa *positivo entrando* na conta ou um fluxo de caixa *negativo saindo* da conta.

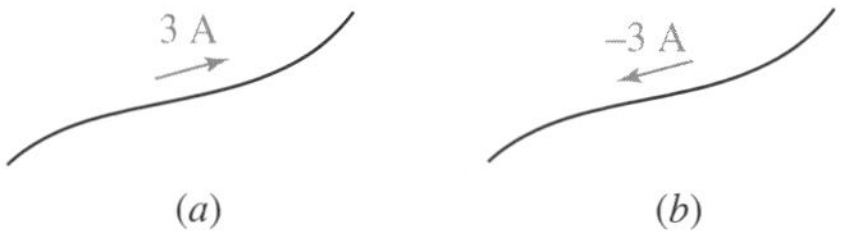

▲ **FIGURA 2.5** Dois métodos de representar a mesma corrente.

É conveniente imaginarmos a corrente como o movimento de cargas positivas, mesmo sabendo que o fluxo de corrente em um condutor metálico resulta do movimento de elétrons. Em gases ionizados, em soluções eletrolíticas e em alguns materiais semicondutores, no entanto, parte ou o total da corrente é constituído de cargas positivas em movimento. Sendo assim, as definições de corrente podem coincidir com a natureza física do processo em apenas algumas situações. Portanto, é importante levar em conta que as definições e simbologia que adotamos são padrões.

É essencial compreendermos que as setas na corrente não indicam a direção real do fluxo de corrente, mas são apenas uma convenção que nos permite mencionar, de forma inequívoca, a "corrente no condutor". A seta é uma parte fundamental da definição da corrente! Portanto, falar do valor de uma corrente $i_1(t)$ sem especificar a seta é discutir uma entidade indefinida. Por exemplo, a Figura 2.6*a* e *b* são representações sem sentido de $i_1(t)$, enquanto a Figura 2.6*c* é uma representação correta e completa para a corrente.

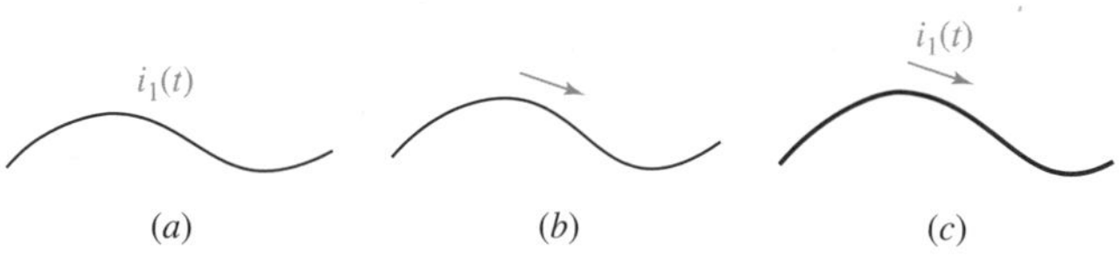

◀ **FIGURA 2.6** (*a, b*) Definições incompletas, impróprias e incorretas de uma corrente. (*c*) A definição completa e correta de $i_1(t)$.

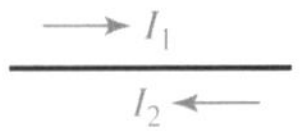

▲ **FIGURA 2.7**

▶ **EXERCÍCIO DE FIXAÇÃO**

2.4 No condutor da Figura 2.7, elétrons estão se movendo da *esquerda* para a *direita* para criar uma corrente de 1 mA. Determine I_1 e I_2.

Respostas: $I_1 = -1$ mA e $I_2 = +1$ mA.

Tensão

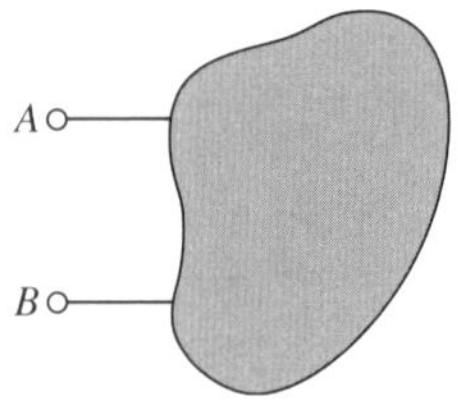

▲ **FIGURA 2.8** Um elemento de circuito genérico com dois terminais.

Devemos começar a nos referir aos elementos de circuito de forma mais geral. Dispositivos elétricos como fusíveis, lâmpadas de filamento, resistores, baterias, capacitores, geradores e bobinas de ignição podem ser representados pela combinação de elementos de circuito simples. De forma mais genérica, podemos definir um elemento de circuito como um objeto sem forma que possui dois terminais que podem ser utilizados para se conectar a outros elementos de circuito, como mostra a Figura 2.8.

Então, podemos dizer que existem dois caminhos para a corrente entrar ou sair de um dispositivo. Nas discussões seguintes definiremos elementos particulares de circuitos descrevendo as características que podemos observar em seus terminais.

Na Figura 2.8 observaremos um elemento de circuito genérico em que podemos supor que uma corrente CC está entrando no terminal *A* e saindo pelo terminal *B*. Assumirmos também que, para empurrar uma carga através do elemento, será necessário despender energia. Podemos dizer então, que uma tensão elétrica (ou uma *diferença de potencial*) existe entre os dois terminais ou que existe uma tensão "no" elemento. Então, a tensão entre um par de terminais de um elemento é a medida do trabalho requerido para mover uma carga através do mesmo. A unidade de tensão é o volt,[3] e 1 V é definido como 1 J/C. A tensão é representada por V ou v.

Uma tensão pode existir entre um par de terminais elétricos mesmo que não haja fluxo de corrente entre eles. Uma bateria automotiva, por exemplo, tem uma tensão de 12 V entre seus terminais mesmo sem elementos de circuito ligados a seus terminais.

De acordo com o princípio da conservação de energia, a energia que é despendida para fazer a carga fluir no elemento de circuito deve aparecer em algum outro lugar. Mais tarde, quando formos examinar elementos específicos de circuitos, veremos que a energia ou é armazenada de forma a permanecer diretamente disponível como energia elétrica ou então se transforma de maneira irreversível em calor, energia acústica ou alguma outra forma de energia não elétrica.

Vamos estabelecer agora uma convenção pela qual distinguiremos a energia fornecida *para* um elemento e a energia que é fornecida *pelo* próprio elemento. Faremos isso escolhendo o sinal para tensão do terminal *A* com relação ao terminal *B*. Se uma corrente positiva está entrando no terminal *A* de um elemento e uma fonte externa é responsável pelo gasto

[3] Tivemos muita sorte por não ser utilizado o nome completo do cientista italiano do século XVIII, *Alessandro Giuseppe Antonio Anastasio Volta*, para a unidade de diferença de potencial.

de energia para estabelecer essa corrente, então o terminal A é positivo em relação ao terminal B. (Alternativamente, podemos dizer que o terminal B é negativo em relação ao terminal A.)

O sentido da tensão é indicado pelo par de sinais algébricos mais-menos. Na Figura 2.9*a*, por exemplo, o sinal + colocado no terminal A indica que a tensão é v volts positivos neste terminal em relação ao terminal B. Se mais tarde acharmos uma tensão v com o valor numérico –5 V, poderemos então dizer que A é –5 V positivo em relação a B ou que B é 5 V positivo em relação a A. Outros casos são mostrados nas Figuras 2.9*b*, *c* e *d*.

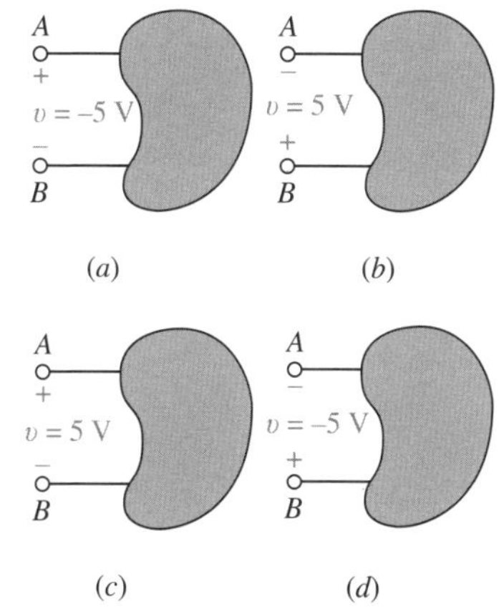

▲ **FIGURA 2.9** (*a*, *b*) O terminal *B* está 5 V positivo em relação ao terminal *A*; (*c*, *d*) o terminal *A* está 5 V positivo em relação ao terminal *B*.

Assim como notamos em nossa definição de corrente, é essencial que percebamos que o par de sinais algébricos de mais-menos não indica a polaridade "efetiva" da tensão, mas é simplesmente uma maneira convencional que nos permite dizer, de maneira inequívoca, "a tensão entre um par de terminais". *A definição de uma tensão deve incluir o par de sinais mais-menos!* Usar uma grandeza $v_1(t)$ sem especificar sua polaridade é usar um terminal indefinido. As Figuras 2.10*a* e *b* não servem como definição de $v_1(t)$, enquanto a Figura 2.10*c* serve.

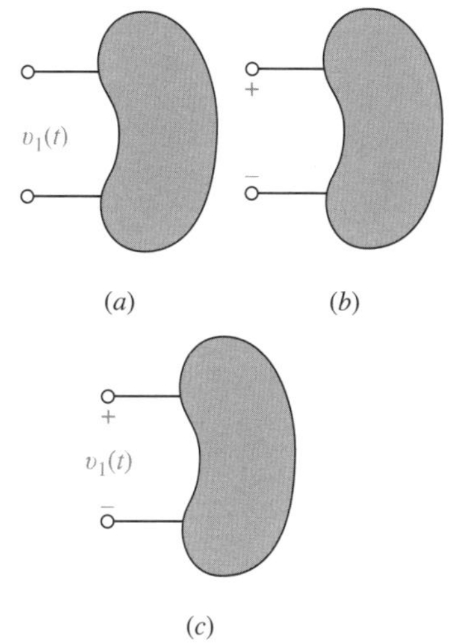

▲ **FIGURA 2.10** (*a*, *b*) Definições inadequadas de tensão. (*c*) Uma definição correta inclui tanto um símbolo para a variável quanto um par de sinais mais-menos.

▶ EXERCÍCIO DE FIXAÇÃO

2.5 Para o elemento na Figura 2.11, $v_1 = 17$ V. Determine v_2.

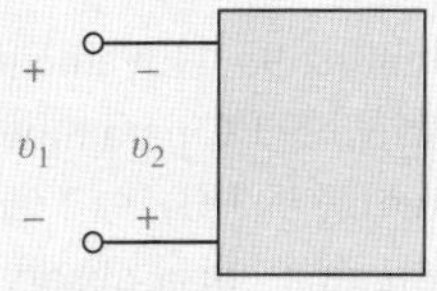

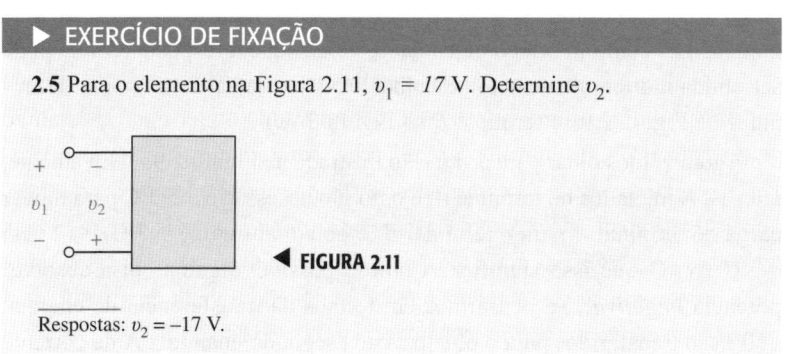

◀ **FIGURA 2.11**

Respostas: $v_2 = -17$ V.

Potência

Já definimos potência e vamos representá-la por P ou p. Se um joule de energia é despendido na transferência de uma carga de um coulomb através de um dispositivo em um segundo, então a razão da energia transferida é de um watt. A potência consumida deve ser proporcional ao número de coulombs transferidos por segundo (corrente) e à energia necessária para transferir um coulomb através do elemento (tensão). Então,

$$p = vi \qquad [3]$$

No que diz respeito às dimensões, o lado direito da Equação [3] é o produto de joules por coulomb e coulombs por segundo, o que produz a dimensão esperada de joules por secundo, ou watts. As convenções para corrente, tensão e potência podem ser vistas na Figura 2.12.

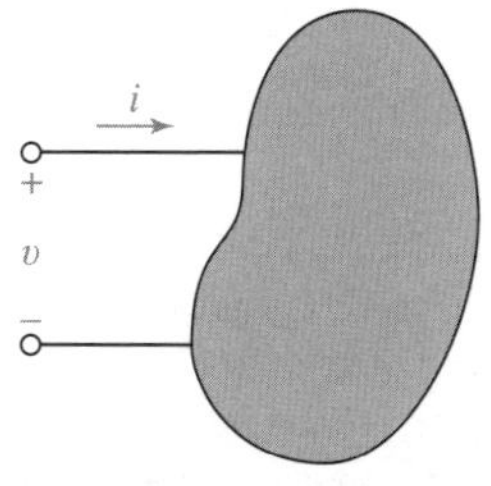

▲ **FIGURA 2.12** A potência absorvida pelo elemento é dada pelo produto $p = vi$. Alternativamente, podemos dizer que o elemento gera ou fornece uma potência de $-vi$.

Agora temos uma expressão para a potência absorvida por um elemento de circuito em termos de uma tensão sobre e uma corrente através dele. A tensão foi definida em termos de consumo de energia e a potência é a razão na qual a energia é consumida. No entanto, nada pode ser dito a respeito da energia transferida nos quatro casos mostrados na Figura 2.9, por exemplo, antes que a direção da corrente seja especificada. Imaginemos que a seta de corrente esteja posicionada junto ao terminal A de cada um dos elementos ilustrados, apontando para a direita e marcada como "+2 A". Primeiro, vamos considerar o caso mostrado na Figura 2.10*c*. O terminal A está 5 V positivo em relação ao terminal B, o que significa que são necessários 5 J de energia para injetar cada coulomb de carga positiva no terminal A, mover essa carga ao longo do objeto e retirá-la pelo terminal B. Como estamos injetando +2 A (uma corrente de 2 coulombs de carga positiva por segundo) no terminal A, estamos realizando um trabalho de (5 J/C) × (2 C/s) = 10 J por segundo no objeto. Em outras palavras, o objeto está absorvendo 10 W de potência do dispositivo que está injetando a corrente.

Sabemos, de uma discussão anterior, que não há diferenças entre as Figura 2.9*c* e *d*, então, esperamos que o objeto ilustrado na Figura 2.9*d* também absorva 10 W. Podemos verificar isso facilmente: estamos injetando +2 A no terminal A do objeto, então +2 A saem pelo terminal B. Em outras palavras, estamos injetando –2 A de corrente no terminal B. São necessários –5 J/C para mover carga do terminal B para o terminal A, então o objeto está absorvendo (–5 J/C) × (–2 C/s) = +10 W como esperado. A única dificuldade em descrever esse caso em particular é manter o sinal de menos, mas com um pouco de cuidado, vemos que a resposta correta pode ser obtida indiferente de nossa escolha de qual terminal é o positivo (terminal A na Figura 2.9*c* e terminal B na Figura 2.9*d*).

Agora vamos olhar para a situação ilustrada na Figura 2.9*a*. Novamente, com +2 A injetados no terminal A. Como são necessários –5 J/C para mover carga do terminal A para o terminal B, o objeto absorve (–5 J/C) × (2 C/s) = –10 W. O que isso significa? Como é possível alguma coisa absorver potência ***negativa***? Se pensarmos em termos da transferência de energia, –10 J são transferidos para o objeto a cada segundo quando 2 A de corrente estão fluindo no terminal A. O objeto está, na verdade, perdendo energia – com uma taxa de 10 J/s. Em outras palavras, são fornecidos 10 J/s (ou 10 W) para outro objeto qualquer, não mostrado na figura. Então, potência negativa *absorvida* é o mesmo que potência positiva *fornecida*.

Vamos recapitular. A Figura 2.12 mostra que se um terminal de um elemento é v volts positivo em relação a outro terminal, e se uma corrente i está entrando no elemento por meio daquele terminal, então, a potência $p = vi$ está sendo *absorvida* pelo elemento; é também correto dizermos que a potência $p = vi$ está sendo *entregue* ao elemento. Quando a seta da corrente está apontando para o terminal marcado com o sinal de mais, então estamos satisfazendo a ***convenção de sinal passivo***. Essa convenção deve ser estudada com cuidado, entendida e memorizada. Em outras palavras, ela diz que se a seta da corrente e os sinais de polaridade da tensão são colocados de maneira tal que a corrente entre no terminal do elemento marcado com o sinal positivo, então a potência *absorvida* pelo elemento pode ser expressa pelo produto das variáveis de corrente e tensão especificadas. Se o valor numérico do produto for negativo, então dizemos que o elemento está absorvendo potência negativa, ou que na realidade está gerando potência e fornecendo-a pra algum elemento externo. Por exemplo, na Figura 2.12 com $v = 5$ V e $i = -4$ A, tanto faz dizer que o elemento está absorvendo –20 W ou gerando 20 W.

Se a seta da corrente aponta para o terminal de um elemento marcado com "+", então $p = vi$ resulta em uma potência *absorvida*. Um valor negativo indica que a potência na realidade está sendo gerada pelo elemento.

Se a seta da corrente aponta para fora do terminal de um elemento marcado com " + ", então $p = vi$ resulta em uma potência *fornecida*. Um valor negativo, neste caso, indica que a potência está sendo absorvida.

As convenções só são necessárias quando há mais de uma maneira de se fazer alguma coisa, o que pode resultar em erros de interpretação quando dois grupos diferentes tentam se comunicar. Por exemplo, é um tanto arbitrário colocar sempre o "norte" na parte superior do mapa; na verdade, as agulhas das bússolas não apontam "para cima". Imagine a confusão que enfrentaríamos se tivéssemos que falar com uma pessoa que escolheu, secretamente, a convenção oposta, colocando o "sul" na parte superior de seus mapas. Da mesma maneira, por uma convenção geral sempre se desenha as setas de corrente apontadas para o terminal positivo de tensão independentemente de o elemento fornecer ou absorver potência. Essa convenção não está incorreta, mas às vezes resulta em correntes não intuitivas marcadas em diagramas de circuitos. A razão para isso é que simplesmente nos parece mais natural pensar em uma corrente positiva saindo de uma fonte de tensão ou corrente que fornece potência positiva para um ou mais elementos de circuito.

▶ EXEMPLO 2.1

Calcular a potência absorvida por cada objeto mostrado na Figura 2.13

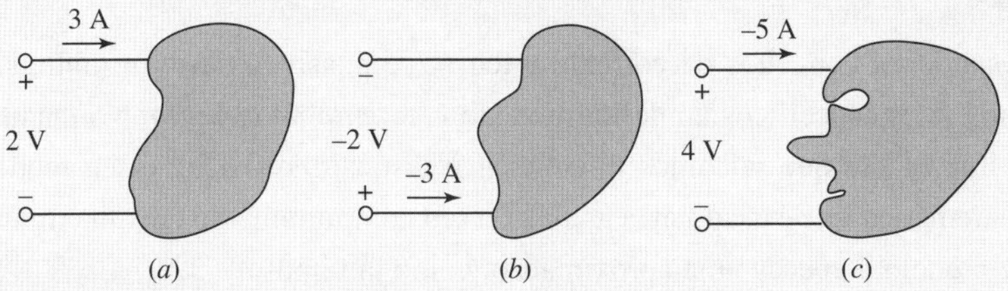

▲ **FIGURA 2.13** (*a,b,c*) Três exemplos de elementos com dois terminais.

Na Figura 2.13*a*, podemos ver que a corrente de referência é definida de forma consistente com a convenção de sinal passivo, que assume que o elemento esteja absorvendo potência. Com +3 A entrando no terminal de referência positivo, calculamos

$$P = (2\ V)(3\ A) = 6\ W$$

de potência absorvida pelo elemento.

A Figura 2.13*b* mostra um quadro ligeiramente diferente. Agora, temos uma corrente de −3 A entrando no terminal de referência positivo. No entanto, a tensão, da forma como está definida, é negativa. Isso nos dá uma potência absorvida

$$P = (-2\ V)(-3\ A) - 6\ W$$

Assim, vemos que os dois casos são na realidade equivalente: uma corrente de +3 A entrando no terminal superior é o mesmo que uma corrente de +3 A saindo do terminal inferior, ou, de forma equivalente, uma corrente de -3 A entrando no terminal inferior.

Em relação à figura 2.13*c*, aplicamos novamente as regras da convenção de sinal passivo e calculamos a potência absorvida

$$P = (+4\ V)(-5\ A) = -20\ W$$

Como calculamos uma potência absorvida negativa, isto nos diz que o elemento na Figura 2.13*c* está na realidade fornecendo +20 W (isto é, ele é uma fonte de energia).

▶ EXERCÍCIO DE FIXAÇÃO

2.6 Calcule a potência absorvida pelo elemento de circuito mostrado na Figura 2.14*a*.

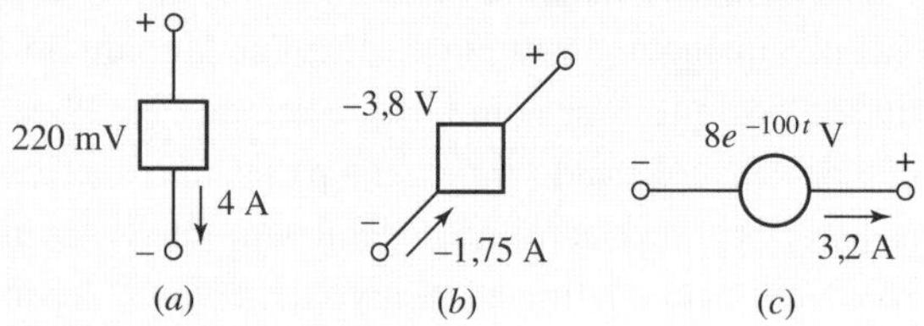

▲ **FIGURA 2.14**

2.7 Calcule a potência gerada pelo elemento de circuito na Figura 2.14*b*.

2.8 Calcule a potência fornecida ao elemento de circuito na Figura 2.14*c* em $t = 5$ ms.

Respostas: 1,012 W; 6,65 W e −15,53 W.

2.3 ▶ FONTES DE TENSÃO E CORRENTE

Usando os conceitos de corrente e tensão, é possível, neste instante, sermos mais específicos ao definirmos um ***elemento de circuito***. No entanto, é importante que saibamos diferenciar o dispositivo físico de seu modelo matemático que é usado para analisar o seu comportamento em um circuito. O modelo é apenas uma aproximação, como já vimos.

Vamos combinar que a expressão *elemento de circuito* será usada para se referir ao modelo matemático e não ao dispositivo físico em si. A escolha por um modelo, em particular, para um dispositivo real deve ser feito a partir de dados experimentais ou por meio da experiência do profissional envolvido na escolha: iremos assumir que as escolhas já foram feitas. Para simplificar, iremos considerar inicialmente que os componentes de circuitos serão representados por modelos simples.

Por definição, um elemento de circuito simples é o modelo matemático de um dispositivo elétrico de dois terminais que pode ser completamente caracterizado por sua relação tensão-corrente; ele não pode ser subdividido em outros dispositivos de dois terminais.

Todos os elementos simples de circuito, que iremos considerar, serão classificados de acordo com a relação entre as correntes que fluem no, e pela corrente sobre, o elemento. Por exemplo, se a tensão sobre o elemento é linearmente proporcional à corrente que flui por ele, iremos chamar esse elemento de um resistor. Outro tipo de elementos simples de circuitos têm as tensões sobre os seus terminais proporcionais à *derivada* da corrente em relação ao tempo (um indutor), ou proporcional à *integral* da corrente em relação ao tempo (um capacitor). Existem também elementos em que a tensão é completamente independente da corrente ou a corrente é completamente independente da tensão. Esses elementos são chamados de *fontes independentes*. Além disso, precisaremos definir tipos especiais de fontes nas quais a tensão ou a corrente fornecida dependem de correntes ou tensões geradas em outras partes de circuitos. Essas fontes são chamadas de *fontes dependentes*. As fontes dependentes são muito utilizadas na eletrônica para modelar o comportamento CC e CA de transistores, especialmente em circuitos amplificadores.

Fontes Independentes de Tensão

O primeiro elemento que consideraremos é a ***fonte de tensão independente.*** O símbolo utilizado nos circuitos é mostrado na Figura 2.15*a*; o subscrito *s* indica meramente que se trata de uma "fonte" de tensão (*s*, no caso, se refere à palavra inglesa *source*, que significa fonte), embora comum, não é necessária. *Uma fonte independente de tensão é caracterizada pela tensão em seus terminais que é completamente independente da corrente que a percorre.* Então, se dissermos que temos uma fonte de tensão independente de 12 V, então, estamos assumindo que temos sempre essa tensão disponível, independente da corrente que está fluindo pelo circuito.

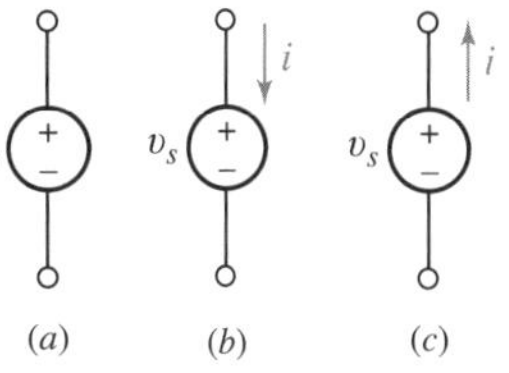

▲ **FIGURA 2.15** Símbolos de circuitos utilizados para representar a fonte de tensão independente.

Você pode ter notado que as luzes de sua casa enfraquecem quando o ar condicionado é ligado. Isso ocorre porque a repentina demanda de uma corrente de valor elevado leva a uma queda de tensão temporária. Depois que o motor do compressor atinge a rotação normal, a demanda de corrente é reduzida, a tensão retorna ao seu valor original, e as tomadas de sua casa voltam a se comportar como fontes de tensão aproximadamente ideais.

Uma fonte de tensão independente é uma fonte *ideal* e não representa exatamente um dispositivo físico real, porque uma fonte ideal deveria entregar uma quantidade infinita de energia em seus terminais. No entanto, essa fonte idealizada torna-se uma aproximação razoável para muitas fontes de tensão práticas. Por exemplo, uma bateria automotiva de 12 V apresenta tensão essencialmente constante desde que a corrente não exceda alguns ampères. Uma pequena corrente pode fluir em qualquer direção através da bateria. Se a corrente for positiva e estiver saindo do terminal positivo, então a bateria está fornecendo potência aos faróis, por exemplo; se a corrente for positiva e estiver entrando no terminal marcado como positivo, então a bateria está sendo carregada, ou seja, absorvendo energia do alternador.[4] Uma tomada elétrica doméstica também se aproxima de uma fonte de tensão independente, fornecendo uma tensão de $v_s = 115\sqrt{2}\cos 2\pi 60t$ V. Essa representação é válida para correntes menores do que 20 A.

Um ponto que merece ser repetido aqui é que o sinal positivo presente no terminal superior do símbolo de uma fonte independente de tensão, como mostrado na Figura 2.15*a*, não significa necessariamente que o terminal superior é numericamente positivo em relação ao terminal inferior. Em vez disso, isso significa que o terminal positivo é v_s volts positivo em relação ao terminal inferior. Se em um dado instante v_s for negativo, então o terminal superior é atualmente negativo em relação ao terminal inferior naquele instante.

Considere a seta da corrente rotulada "*i*" colocada adjacente ao terminal superior do condutor da fonte ilustrada na Figura 2.15*b*. A corrente *i* está entrando no terminal com o sinal positivo, satisfazendo a convenção do sinal passivo, significando que a fonte está *absorvendo* a potência $p = v_s i$. Frequentemente esperamos que uma fonte de tensão forneça potência para uma rede e não que a absorva. Consequentemente, devemos trocar a direção da seta como na Figura 2.15*c*, significando então que a grandeza $v_s i$ irá representar que a fonte que estará *entregando* potência à rede. Tecnicamente, qualquer direção para a seta pode ser escolhida. Mas, sempre que possível, adotaremos a convenção mostrada na Figura 2.15*c* para as fontes de tensões e corrente deste texto, pois não são, em geral, considerados elementos passivos.

Uma fonte de tensão independente com tensão constante em seus terminais é chamada de fonte independente de tensão CC e pode ser representada como mostrada nas Figuras 2.16*a* e *b*. Note que na Figura 2.16*b*, é utilizada

[4] Ou da bateria do carro de um amigo, caso você tenha esquecido os faróis ligados.

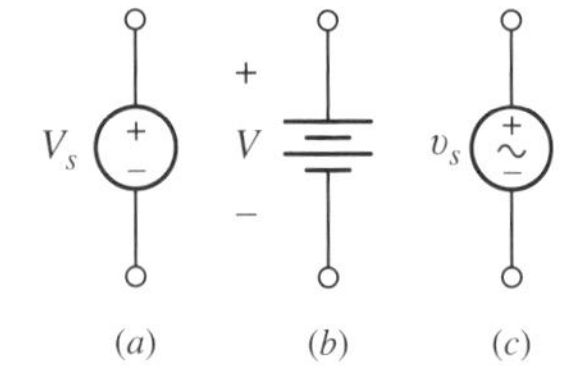

▲ **FIGURA 2.16** (*a*) Símbolo da fonte de tensão CC; (*b*) símbolo da bateria; (*c*) símbolo da fonte de tensão CA.

uma representação física que lembra as placas de uma bateria, em que a placa maior simboliza o terminal positivo e a placa menor o terminal negativo. Neste caso, a utilização do sinal de mais e menos se torna redundante, embora geralmente sejam utilizados. Para completar a informação, o símbolo de uma fonte independente de tensão CA é mostrada na Figura 2.16*c*.

Fontes Independentes de Corrente

Outra fonte ideal de que necessitaremos é a ***fonte independente de corrente***. Aqui, a corrente através do elemento é completamente independente da tensão sobre ele. O símbolo para uma fonte independente de corrente é mostrada na Figura 2.17. Se i_S é constante, chamaremos a mesma de fonte de corrente CC. Uma fonte de tensão CA é geralmente desenhada acrescentando um til (~) através da seta, similar à fonte de tensão CA mostrada na Figura 2.16*c*.

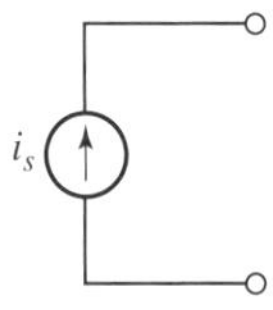

▲ **FIGURA 2.17** Símbolo de circuito para a fonte de corrente independente.

Assim como as fontes independentes de tensão, as fontes independentes de corrente são, no melhor dos casos, uma aproximação razoável para o elemento físico. Teoricamente, ela pode fornecer potência infinita em seus terminais por produzir a mesma corrente finita independente da tensão aplicada, não importando o quão grande seja a tensão. Ela é, no entanto, uma boa aproximação para muitas fontes reais, particularmente em circuitos eletrônicos.

Embora muitos estudantes pareçam satisfeitos com a ideia de uma fonte independente de tensão manter uma tensão fixa enquanto fornece um valor qualquer de corrente, *é um engano muito frequente* visualizar uma fonte de corrente independente tendo tensão nula em seus terminais enquanto fornece uma corrente fixa. Na realidade, não conhecemos, *a priori*, a tensão nos terminais de uma fonte de corrente, uma vez que isso depende inteiramente do circuito ao qual ela está conectada.

Fontes Dependentes

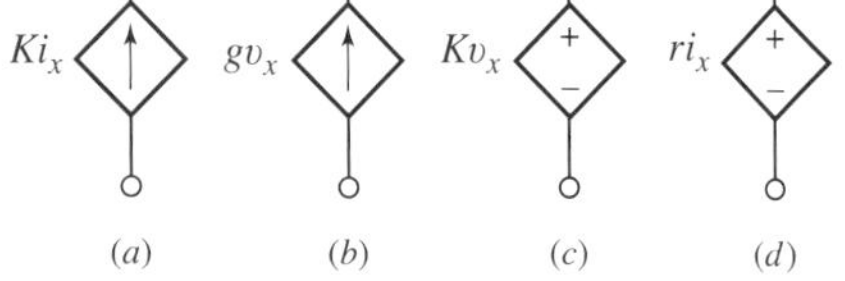

▲ **FIGURA 2.18** Os quatro diferentes tipos de fontes dependentes: (*a*) fonte de corrente controlada por corrente; (*b*) fonte de corrente controlada por tensão; (*c*) fonte de tensão controlada por tensão; (*d*) fonte de tensão controlada por corrente.

Os dois tipos de fontes ideais que discutimos até agora são chamados de fontes independentes porque os valores fornecidos não são afetados, sob quaisquer circunstâncias, pelas atividades realizadas no restante do circuito. Em contraste com essas fontes, as fontes *dependentes*, ou *controladas*, são aquelas em que as grandezas fornecidas são determinadas por tensões e correntes existentes em outra parte do sistema que está sendo analisado. Fontes como estas aparecem em modelos elétricos equivalentes para diversos dispositivos eletrônicos, como os transistores, amplificadores operacionais e circuitos integrados. Para distinguirmos entre as fontes dependentes e independentes, introduzimos o símbolo no formato de diamante (ou losango) como mostrado na Figura 2.18. Na Figura 2.18*a* e *c*, K é uma constante adimensional. Na Figura 2.18*b*, *g* é um fator de escala com unidade A/V; na Figura 2.18*d*, *r* é um fator de escala com unidade V/A. A corrente de controle i_x e a tensão de controle v_x devem ser definidas no circuito.

Parece estranho, a princípio, uma fonte de corrente cujo valor dependa de uma tensão, ou uma fonte de tensão que seja controlada pela corrente fluindo em algum outro elemento. Mesmo uma fonte de tensão dependente da tensão em um ponto remoto do circuito pode parecer estranha. No entanto, essas fontes são inestimáveis para se modelar sistemas complexos, tornando as análises algébricas mais simples. Exemplos incluem a corrente de dreno de um transistor de efeito de campo em função da tensão de porta, ou a tensão de saída de um circuito integrado analógico como função da tensão diferencial da entrada. Quando fontes dependentes estão presentes na análise de um circuito, devemos escrever as equações que descrevem totalmente o controle da mesma forma que faríamos se só tivessem fontes independentes. No entanto, isso frequentemente exigirá que equações adicionais sejam consideradas para complementar a análise, a menos que a tensão ou corrente de controle já sejam uma das incógnitas especificadas no sistema de equações.

▶ EXEMPLO 2.2

No circuito mostrado na Figura 2.19a, se v_2 for conhecido e igual a 3 V, calcule v_L.

Temos disponível o diagrama de um circuito parcialmente identificado e a informação adicional de que $v_2 = 3$ V. É bom incluirmos esta informação no nosso diagrama, conforme ilustrado na Figura 2.19*b*.

Em seguida, voltamos a examinar as informações coletadas. Examinando o diagrama do circuito, notamos que a tensão v_L que desejamos conhecer é igual à tensão que aparece nos terminais da fonte dependente.

Assim,

$$v_L = 5v_2$$

Neste caso, nosso problema estará resolvido se conhecermos apenas v_2!

Voltando ao nosso diagrama, vemos que na verdade já conhecemos a tensão v_2 que foi especificada como 3 V. Escrevemos então

$$v_2 = 3 \text{ V}.$$

Temos agora duas equações com duas incógnitas. Resolvendo-as, encontramos $v_L = 15$ V.

A importante lição que aprendemos neste estágio inicial do jogo é que *o tempo que gastamos para identificar completamente o diagrama de um circuito é sempre um bom investimento*. Como passo final, devemos voltar e verificar nosso trabalho para garantir que o resultado esteja correto.

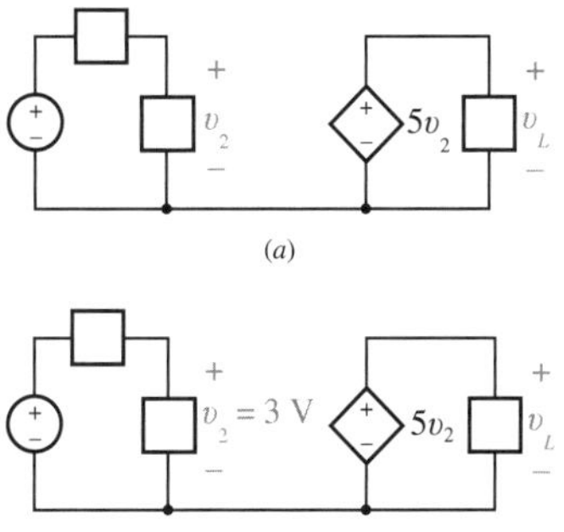

▲ **FIGURA 2.19** (*a*) Exemplo de um circuito contendo uma fonte de tensão controlada por tensão; (*b*) A informação adicional fornecida foi incluída no diagrama.

▶ EXERCÍCIO DE FIXAÇÃO

2.9 Ache a potência *absorvida* em cada elemento do circuito apresentado na Figura 2.20.

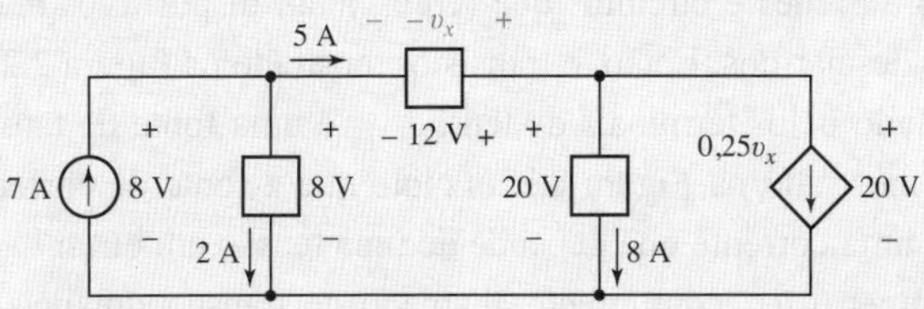

◀ **FIGURA 2.20**

Respostas: Da esquerda para a direita: –56 W; 16 W; –60 W; 160 W; –60 W.

Fontes dependentes ou independentes de tensão ou corrente são elementos *ativos*, uma vez que são capazes de entregar potência para um dispositivo externo. Por enquanto, podemos pensar que um elemento *passivo* é aquele que é apenas capaz de receber potência. No entanto, mais tarde, veremos que elementos passivos são capazes de armazenar uma quantidade finita de energia e depois devolvê-la para vários dispositivos externos. Por isso, no futuro teremos que aperfeiçoar um pouco mais nossas duas definições.

Redes e Circuitos

A interconexão de dois ou mais elementos simples de circuito formam uma ***rede*** elétrica. Se a rede contiver pelo menos um caminho fechado, ela também será considerada um ***circuito*** elétrico. Nota: Todo circuito é uma rede, mas nem todas as redes são circuitos (ver Figura 2.21)!

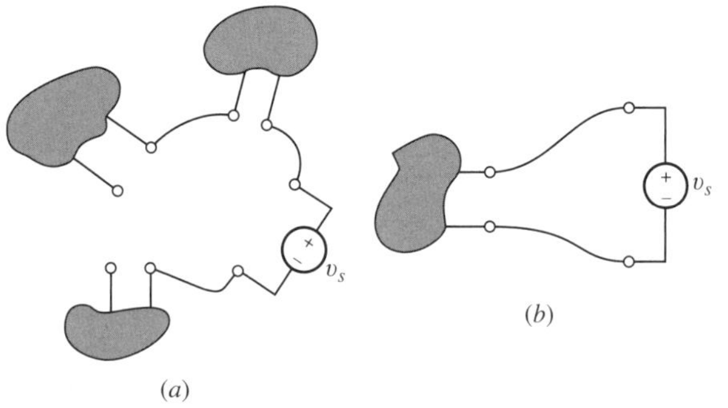

▲ **FIGURA 2.21** (*a*) Uma rede que não é um circuito. (*b*) Uma rede que é um circuito.

Uma rede que contem pelo menos um elemento ativo, como uma fonte independente de corrente ou tensão, é uma rede ativa. Uma rede que não contem elementos ativos é uma rede passiva.

Temos agora definidos o que entendemos pelo o termo ***elemento de circuito*** e apresentamos as definições de alguns elementos de circuitos específicos, assim como fontes dependentes e independentes de tensão e corrente. Em todo o restante deste livro apenas iremos definir cinco elementos de circuito adicionais: o resistor, indutor, capacitor, transformadores e o amplificador operacional ideal ("AOP", como é geralmente abreviado). Todos esses elementos serão considerados ideais. Eles são importantes porque podemos combiná-los dentro de redes e circuitos que representam dispositivos reais, com a precisão que desejarmos. Então, o transistor mostrado na Figura 2.22*a* e *b* pode ser modelado pelos terminais de tensão v_{gs} e uma fonte de tensão dependente, como mostrado na Figura 2.22*c*. Note que a fonte de corrente dependente produz uma corrente que depende de uma tensão em outro lugar no circuito. O parâmetro g_m, comumente chamado de transcondutância, é calculado usando detalhes específicos do transistor e também o ponto de operação determinado pelo circuito conectado ao dispositivo. Ele geralmente corresponde a um valor pequeno, talvez da ordem de 10^{-2} a 10 A/V. Este modelo funciona muito bem desde que a frequência de qualquer fonte senoidal não seja muito alta nem muito baixa. De forma a levar em conta efeitos dependentes da frequência, o modelo pode ser modificado com a inclusão de elementos de circuito ideais como resistores e capacitores.

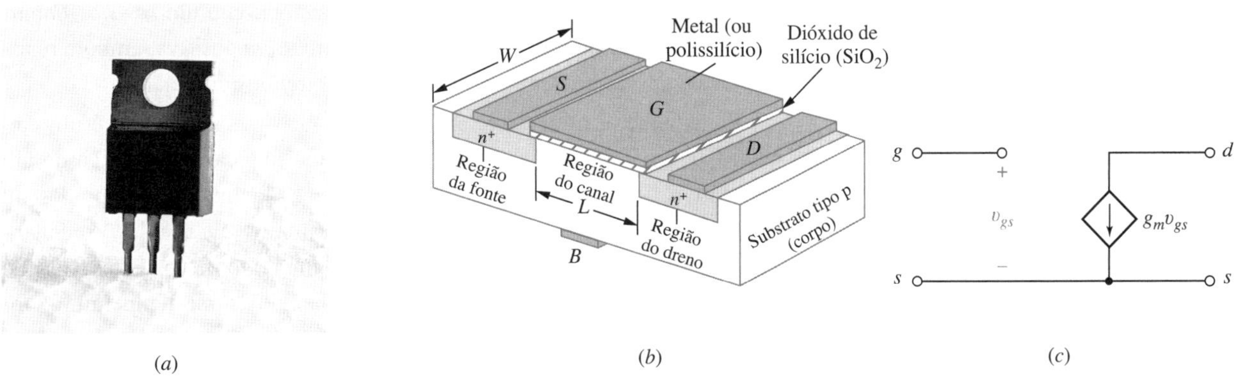

▲ **FIGURA 2.22** O Transistor de Efeito de Campo Metal-Óxido-Semicondutor (MOSFET – Metal Oxide Semiconductor Field Effect Transistor). (*a*) Um transistor de potência MOSFET IRF540 de canal n em um encapsulamento TO-220, com especificação de 100 V e 22 A; (*b*) vista da seção transversal de um MOSFET básico (R. Jaeger, Microeletronic Design, McGraw-Hill, 1997); (*c*) modelo do circuito equivalente para uso em análise de circuitos CA.

Transistores similares (mas muito menores) são utilizados em circuitos integrados que podem ser menores do que um quadrado de 2 mm × 2 mm com uma espessura de 200 μm, que podem conter ainda milhares de outros elementos de circuitos, como resistores e capacitores. Assim, podemos ter um dispositivo físico que possui aproximadamente o tamanho de uma letra desta página, mas que requer um modelo composto por dez mil elementos ideais de circuito. Usamos o conceito de "modelagem de circuitos" em muitos tópicos de engenharia elétrica, apresentados em outros cursos, incluindo eletrônica, conversão de energia e antenas.

2.4 ▶ LEI DE OHM

Até este momento, foram introduzidas as fontes dependentes e independente de tensão e corrente e alertamos que as mesmas são elementos ativos *idealizados* que são apenas aproximações dos dispositivos reais encontrados nos circuitos. Estamos prontos, agora, para conhecermos outro elemento idealizado, chamado resistor linear. O resistor é o mais simples elemento passivo. Começaremos nossas discussões considerando o trabalho do obscuro físico alemão Georg Simon Ohm, que publicou um panfleto em 1827 em que ele descrevia os resultados de um dos primeiros esforços para medir corrente e tensão e descrever as relações matemáticas existentes entre as duas grandezas. Um dos resultados mais importantes foi a formulação da relação fundamental que conhecemos como ***lei de Ohm***, embora saibamos hoje que resultado semelhante fora descoberto 46 anos antes pelo brilhante e recluso físico inglês Henry Cavendish.

A lei de Ohm diz que a tensão sobre um material condutor é diretamente proporcional à corrente que flui sobre o material, ou

$$v = Ri \qquad [4]$$

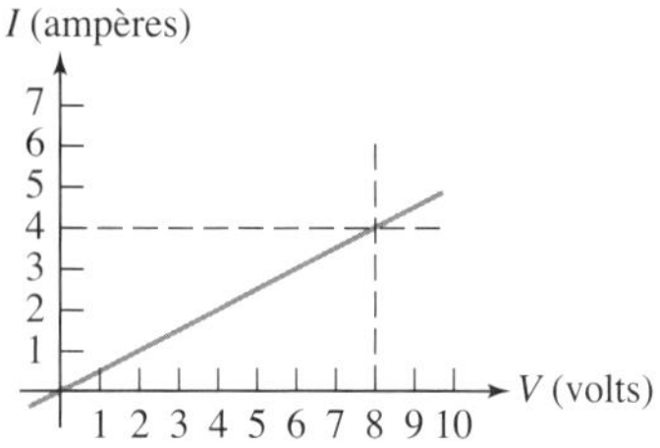

▲ **FIGURA 2.23** Relação corrente-tensão para um resistor linear de 2 Ω. Note que a inclinação da linha equivale a 0,5 A/V, ou 500 m Ω^{-1}.

em que a constante de proporcionalidade R é chamada de ***resistência***. A unidade de resistência é o *ohm*, equivalente a 1 V/A e é representada pela letra grega ômega maiúsculo, Ω.

Quando a Equação [4] é traçada em um gráfico $i \times v$, o gráfico resultante é uma reta que passa na origem como mostra a Figura 2.23. A Equação [4] é linear, e por isso consideraremos o resistor como um *resistor linear*. Resistência é geralmente considerada uma grandeza positiva, embora resistências negativas possam ser simuladas em circuitos especiais.

Novamente, é importante enfatizarmos que o resistor linear é um elemento de circuito idealizado. Ele é apenas um modelo matemático de um dispositivo físico real. "Resistores" podem ser facilmente comprados ou produzidos, no entanto, rapidamente descobriremos que as relações de tensão e corrente só serão constantes em certo intervalo de corrente, tensão e potência e que também existem fatores ambientais, como temperatura, por exemplo, que influenciam diretamente esta relação. Geralmente chamamos um resistor linear simplesmente de resistor. Resistores não lineares serão assim denominados quando necessário. No entanto, resistores não lineares não devem ser necessariamente considerados elementos indesejáveis. Embora seja verdade que sua presença torne a análise do circuito mais complicada, o desempenho de um dispositivo pode depender ou ser muito melhorado em função dessa característica não linear. Por exemplo, fusíveis de proteção contra sobrecorrente e diodos Zener, usados na regulação de tensão, são por natureza elementos não lineares, um fato que é explorado quando são utilizados no projeto de circuitos.

Absorção de Potência

A Figura 2.24 mostra alguns tipos de resistores assim como o símbolo de circuito mais usado para representar um resistor. De acordo com as convenções já adotadas para a corrente, tensão e potência, o produto v e i nos fornece a potência absorvida pelo resistor. Ou seja, v e i são selecionados para satisfazerem a convenção do sinal passivo. A absorção de potência

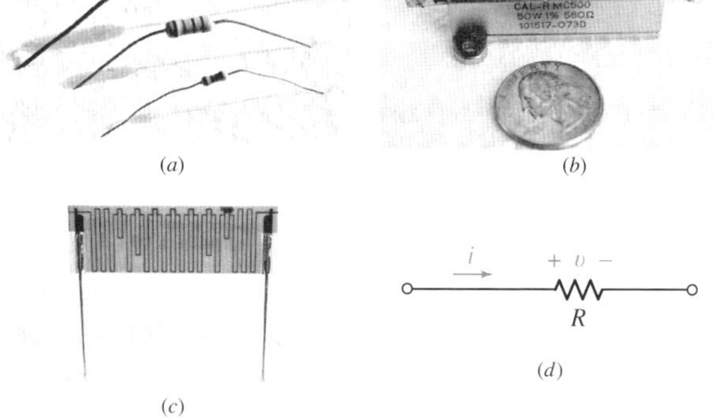

▲ **FIGURA 2.24** (*a*) Vários resistores comuns. (*b*) Um resistor de potência com resistência de 560 Ω, capaz de dissipar até 50 W. (*c*) Um resistor de 10 teraohms (10.000.000.000.000 Ω) com 5% de tolerância, fabricado pela Ohmcraft. (*d*) Símbolo de circuitos para o resistor, aplicável a todos os dispositivos de (*a*) até (*c*).

aparece fisicamente por meio do seu aquecimento ou pela emissão de luz e é sempre positiva. Um resistor (positivo) é um elemento passivo que não pode entregar potência ou armazenar energia. Expressões alternativas para a absorção de potência são

$$p = vi = i^2R = \frac{v^2}{R} \qquad [5]$$

Um dos autores (que prefere não ser identificado) teve a infeliz experiência de ligar inadvertidamente um resistor de carbono de 100 Ω e potência de 2 W a uma fonte de 110 V. A fumaça, o fogo e a fragmentação que se sucederam foram bastante desconcertantes, demonstrando que a capacidade de um resistor de verdade se comportar como seu modelo linear ideal tem limites definidos. Neste caso, foi exigido que o infeliz resistor absorvesse 121 W. Como ele foi projetado para suportar apenas 2 W, pode-se entender o porquê de sua reação ter sido tão violenta.

▶ EXEMPLO 2.3

O resistor de 560 Ω mostrado na Figura 2.24b é conectado a um circuito causando a circulação de uma corrente de 42,4 mA sobre o mesmo. Calcule a tensão sobre o resistor e a potência por ele dissipada.

A tensão sobre o resistor pode ser calculada usando-se a lei de Ohm:

$$v = Ri = 560(0{,}0424) = 23{,}7 \text{ V.}$$

A potência dissipada pode ser calculada de diversas maneiras. Por exemplo,

$$p = vi = (23{,}7)(0{,}0424) = 1{,}005W.$$

Alternativamente,

$$p = \frac{v^2}{R} = \frac{(23{,}7)^2}{560} = 1{,}003 \text{ W}$$

ou

$$p = i^2R = (0{,}0424)^2\,(560) = 1{,}007 \text{ W.}$$

Notamos algumas coisas. Primeiro, calculamos a potência de três maneiras diferentes, e obtivemos *três respostas diferentes*!

Na realidade, entretanto, arredondamos nossa tensão para três dígitos significativos, o que impacta diretamente na precisão dos cálculos subjacentes. Tendo isso em mente, podemos observar que a reposta é razoável, com menos de 1% de incerteza para os três casos.

Outro ponto digno de nota é que o resistor é avaliado para 50 W, sendo que ele dissipou aproximadamente 2% desse valor. Sendo assim, o resistor não corre o risco de sobreaquecimento.

▶ EXERCÍCIO DE FIXAÇÃO

Tomando como referência a Figura 2.25, calcule o que se pede:

2.10 R se $i = -2\ \mu$A e $v = -44$ V

2.11 A potência absorvida pelo resistor se $v = 1$ V e $R = 2\ k\Omega$.

2.12 A potência absorvida pelo resistor se $i = 3$ nA e $R = 4{,}7$ MΩ.

Respostas: 22 MΩ; 500 μW; 42,3 pW.

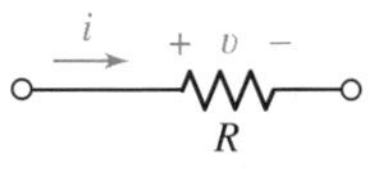

▲ **FIGURA 2.25**

APLICAÇÃO

BITOLA DE FIOS

Tecnicamente falando, todo material (exceto para um supercondutor) irá proporcionar certa resistência ao fluxo de corrente. Como em todos os textos introdutórios em circuitos, no entanto, de maneira implícita assumimos que o cabo que aparece nos diagramas de circuitos apresenta resistência zero. Isso implica que não existe diferença de potencial entre os terminais do cabo e também não há potência absorvida ou calor gerado. Embora em geral esse consideração não seja absurda, ela não leva em conta considerações práticas para a escolha do diâmetro apropriado do cabo para uma aplicação específica.

A resistência é determinada (1) pela resistividade inerente ao material e (2) pela geometria do dispositivo. A ***resistividade*** representada pelo símbolo ρ, é uma medida da facilidade com a qual elétrons podem se deslocar em certo material. Como ela é a relação entre o campo elétrico aplicado (V/m) e a densidade de corrente no material (A/m^2), a unidade geral de ρ é $\Omega \cdot$ m, embora prefixos sejam frequentemente empregados. Cada material tem inerentemente uma diferente resistividade, que depende da temperatura. A Tabela 2.3 mostra alguns exemplos. Como pode ser visto, há pequenas variações entre tipos diferentes de cobre (menos de 1%), mas uma grande diferença entre diferentes metais. Em particular, embora seja mais resistente do que o cobre, o fio de aço apresenta uma resistividade várias vezes maior. Em algumas discussões técnicas, é mais comum ver citada a condutividade de um material (simbolizada por σ), que é simplesmente o inverso da resistividade.

A resistência de um objeto em particular é obtida multiplicando-se sua resistividade pelo comprimento *l*, dividindo o resultado pela seção transversal (*A*), como na Equação [6]. Estes parâmetros são ilustrados na Figura 2.26.

$$R = \rho \frac{\ell}{A} \qquad [6]$$

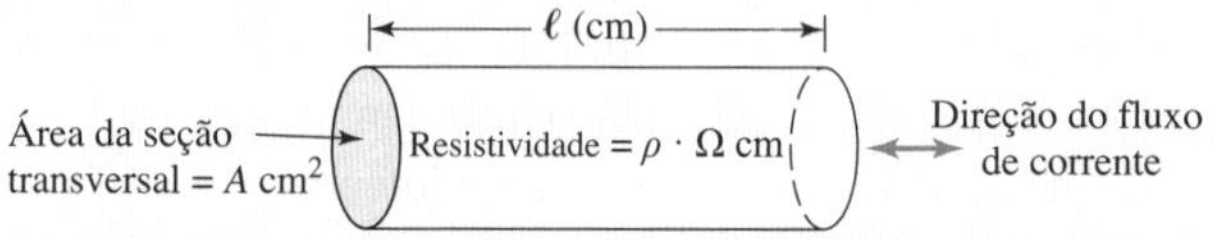

▲ **FIGURA 2.26** Definição dos parâmetros geométricos usados para calcular a resistência de um cabo. Assume-se a resistividade do material como uniformemente distribuída.

Determinamos a resistividade quando selecionamos o material com o qual fabricaremos o cabo e medimos a temperatura do ambiente de aplicação. Como uma potência finita é absorvida pelo cabo devido à sua resistência, o fluxo de corrente resulta em produção de calor. Cabos mais grossos têm menor resistência e também dissipam calor mais facilmente, porém são mais pesados, ocupam um maior volume e são mais caros. Assim, somos levados por considerações práticas a escolher o melhor cabo que possa exercer sua função com segurança, em lugar de simplesmente escolher o maior diâmetro de cabo disponível num esforça para minimizar perdas resistivas.

Tabela 2.3 ▶ Materiais e Resistividade de Cabos Elétricos Comuns*

Especificação ASTM**	Têmpera e forma	Resistividade a 20°C ($\mu\Omega \cdot$ cm)
B33	Cobre estanhado, flexível, seção circular	1,7654
B75	Tubo de cobre flexível, seção circular	1,7241
B188	Tubo de cobre rígido, seção retangular ou quadrada	1,7521
B189	Cobre revestido de chumbo, flexível, seção circular	1,7654
B230	Alumínio, duro, seção circular	2,8625
B227	Aço revestido de cobre, duro	4,3971
B355	Cobre niquelado, flexível, seção circular, Classe 10	1,9592
B415	Aço revestido de alumínio, duro, seção circular	8,4805

* C. B. Rawlins, "Conductor Materials", *Standard Handbook for Electrical Engineering*, 13th ed., D.G. Fink and H.W. Beaty, eds. New York: McGraw-Hill, 1993, p. 4-4 a 4-8.
** American Society of Testing Materials.

O AWG (American Wire Gauge) é um sistema padrão para especificação das dimensões de um cabo. Na seleção da bitola de um cabo, menores valores de AWG significam maiores diâmetros para o cabo. Uma tabela abreviada das bitolas mais comuns é dada na Tabela 2.4. As normas regionais de segurança contra incêndio e segurança elétrica determinam a bitola necessária para aplicações específicas com base na máxima corrente esperada e no local onde os cabos serão instalados.

Tabela 2.4 ▶ Algumas Bitolas Comuns de Cabos de Cobre Maciços (Flexíveis) e suas Resistências*

Tamanho do Condutor (AWG)	Área da Seção Transversal (mm^2)	Ω/km a 20°C
28	0,0804	65,3
24	0,205	25,7
22	0,324	16,2
18	0,823	6,39
14	2,08	2,52
12	3,31	1,59
6	13,3	0,3952
4	21,1	0,2485
2	33,6	0,1563

* C. B. Rawlins, "Conductor Materials", *Standard Handbook for Electrical Engineering*, 13th ed., D.G. Fink and H.W. Beaty, eds. New York: McGraw-Hill, 1993, p. 4–47.

▶ EXEMPLO 2.4

Uma linha de transmissão CC está para ser construída entre duas ilhas separadas por uma distância de 24 milhas. A tensão de operação é de 500 kV e a capacidade do sistema é de 600 MW. Calcule a máxima corrente CC que deve circular pelo sistema e estime a resistividade do cabo, assumindo que o diâmetro do mesmo é 2,5 cm e o mesmo é sólido (e não está engastalhado).

Dividindo a máxima potência (600 Mw, ou 600×10^6 W) pela tensão de operação (500 kV, ou 500×10^3 V), teremos uma corrente máxima de

$$\frac{600 \times 10^6}{500 \times 10^3} = 1200\,A$$

A resistência do cabo é simplesmente a relação entre a tensão e a corrente, ou

$$R = \frac{500 \times 10^3}{1200} = 417\,\Omega$$

Para que as unidades sejam coerentes, devemos escrever o comprimento em centímetros. Então, podemos proceder como a seguir:

$$\ell = (24 \text{ milhas})\left(\frac{5280 \text{ ft}}{1 \text{ milha}}\right)\left(\frac{12 \text{ in}}{1 \text{ ft}}\right)\left(\frac{2{,}54 \text{ cm}}{1 \text{ in}}\right) = 3{,}862{,}426 \text{ cm}$$

Dado que a maior parte da informação está nos dois algarismos significativos, arredondaremos o comprimento para $\ell = 3{,}9 \times 10^6$ cm.

Como o diâmetro do cabo foi especificado em 2,5 cm, e sabemos que a sua seção transversal tem área igual a 4,9 cm², então:

$$\rho = R\,\frac{A}{\ell} = 417\left(\frac{4{,}9}{3{,}9 \times 10^6}\right) = 520\ \mu\Omega \cdot \text{cm}$$

▶ EXERCÍCIO DE FIXAÇÃO

2.13 Um cabo de cobre flexível com 500 ft de comprimento e 24 AWG é submetido a uma corrente de 100 mA. Qual é a queda de tensão sobre o cabo?

Resposta: 3,26 V

Condutância

Para uma resistência linear a relação entre a corrente e a tensão também é uma constante

$$\frac{i}{v} = \frac{1}{R} = G \qquad [7]$$

em que G é camada de *condutância*. A unidade SI de condutância é o siemens (S), 1 A/V. Uma antiga e não oficial unidade para condutância é o mho, em que seu símbolo é ℧ e ocasionalmente é escrito como Ω^{-1}. Você ocasionalmente encontrará esses símbolos em diagramas de circuitos assim como em alguns catálogos e textos. O mesmo símbolo de circuito (Figura 2.24*d*) é usado tanto para a resistência quanto para a condutância. A potência absorvida é novamente necessariamente positiva e deve ser expressa em termos de sua condutância como

$$p = vi = v^2 G = \frac{i^2}{G} \qquad [8]$$

Então, um resistor de 2 Ω tem uma condutância de $\frac{1}{2}$ S e se uma corrente de 5 A esta fluindo sobre ele, então uma tensão de 10 V estará presente sobre os seus terminais e uma potência de 50 W será absorvida.

Todas as expressões apresentadas nesta seção até agora foram escritas em termos de corrente, tensão e potência instantâneas, como por exemplo $v = iR$ e $p = vi$. Devemos lembrar que esta é uma notação abreviada para $v(t) = Ri(t)$ e $p(t) = v(t)i(t)$. A corrente que passa por um resistor e a tensão através de seus terminais devem variar no tempo da mesma maneira. Assim, se $R = 10\ \Omega$ e $v = 2$ sen$100t$ V, então $i = 0{,}2$ sen$100t$ A. Note que a potência é dada por 0,4 sen² $100t$ W e um simples desenho pode ilustrar a diferente natureza de sua variação com o tempo. Embora a corrente e a tensão sejam negativas durante certos intervalos de tempo, a potência absorvida *nunca é* negativa!

A resistência pode ser usada como base para definir dois termos muito usados, o *curto-circuito* e o *circuito aberto*. Definimos o curto-circuito como uma resistência de zero ohms. Então, como $v = iR$, a tensão sobre um curto-circuito deve ser zero, embora a corrente possa ter qualquer valor. De forma análoga, definimos um circuito aberto como uma resistência infinita. Segue da lei de Ohm que a corrente deve ser zero, independente da tensão através do circuito aberto. Embora fios de verdade possuam uma pequena resistência, sempre assumimos que eles tenham resistência nula a menos que especificada. Assim, em todos os diagramas esquemáticos, cabos devem ser tratados como curtos-circuitos perfeitos.

RESUMO E REVISÃO

Neste capítulo introduzimos um tópico sobre unidades, especificamente aquelas relevantes para os circuitos elétricos, além de suas relações com as unidades fundamentais do SI. Discutimos também corrente e fontes de corrente, tensão e fontes de tensão, e o fato de que o produto entre tensão e corrente produz potência (a razão do consumo ou geração de energia). A potência pode assumir valores negativos ou positivos dependendo da direção da corrente e da polaridade da tensão. A convenção do sinal passivo foi descrita para nos ajudar a saber se um elemento está *absorvendo* ou *fornecendo* energia para o resto do circuito. Quatro fontes adicionais foram introduzidas, formando uma classe geral de fontes conhecidas como fontes dependentes. Tais fontes são usadas para modelar sistemas complexos e componentes eletrônicos. No entanto, os valores reais das fontes dependentes de corrente ou tensão só serão conhecidos se todo o circuito for analisado. Concluímos o capítulo com o resistor – o mais simples e comum elemento de circuito – em que a tensão e a corrente são relações lineares (descritas pela lei de Ohm). Visto que a *resistividade* de um material é uma de suas propriedades mais fundamentais (medidas em $\Omega \cdot$ cm), a *resistência* descreve uma propriedade do dispositivo (medida em Ω) e não só depende da resistividade, mas também da geometria do dispositivo (isto é, comprimento e área).

Concluímos com pontos-chave deste capítulo para analisar, juntamente com exemplos apropriados.

- O sistema de unidades mais utilizado em engenharia elétrica é o SI.
- A direção em que as cargas positivas estão se movendo é a direção do fluxo positivo de corrente. Alternativamente, fluxo positivo de corrente tem direção contrária ao fluxo positivo de elétrons.
- Para definir uma corrente, devemos fornecer o seu valor e a sua direção. Correntes são tipicamente denotadas pela letra maiúscula "I" para valores constantes (CC) e $i(t)$ ou simplesmente i, caso contrário.
- Para definir a tensão sobre um elemento, é necessário rotular os terminais com os sinais de "+" e "–", assim como o seu valor (que pode ser um símbolo algébrico ou valor numérico).
- Dizemos que um elemento fornece potência positiva se a corrente sai do terminal positivo de tensão. Qualquer elemento absorve potência positiva se uma corrente positiva entra no terminal positivo de tensão. (Exemplo 2.1)
- Existem seis tipo de fontes: fontes de tensão independente, fonte de corrente independente, fonte de corrente dependente controlada por corrente, fonte de corrente dependente controlada por tensão, fonte de tensão dependente controlada por tensão e fonte de tensão dependente controlada por corrente. (Exemplo 2.2)

Observe que uma corrente denotada por i ou $i(t)$ pode ser constante (CC) ou variável no tempo; porém, correntes denotadas por I sempre são não variáveis no tempo.

- A lei de Ohm descreve que a tensão sobre um resistor linear é diretamente proporcional à corrente que flui pelo mesmo. Isto é: $v = Ri$. (Exemplo 2.3)
- A potência dissipada por um resistor (que leva à produção de calor) é dada por $p = vi = i^2R = \frac{v^2}{R}$. (Exemplo 2.3)
- Na análise de circuitos, a resistência dos cabos é geralmente considerada nula. No entanto, para aplicações específicas, devemos consultar as normas elétricas e de segurança adotadas na localidade. Concluímos com pontos-chave deste capítulo para analisar, juntamente com exemplos apropriados. (Exemplo 2.4)

LEITURA COMPLEMENTAR

Um bom livro que discute as propriedades e construção dos resistores com considerável profundidade:

Felix Zandman, Paul-René Simon, e Joseph Szwarc, *Resistor Theory and Technology*. Raleigh, N.C.: SciTech Publishing, 2002.

Um bom livro de uso geral em engenharia elétrica:

Donald G. Fink e H. Wayne Beaty, *Standard Handbook for Electrical Engineers*, 13th ed., New York: McGraw-Hill, 1993.

Em particular, as páginas 1-1 até 1-51, 2-8 até 2-10 e 4-2 até 4-207 apresentam um tratamento mais detalhado dos tópicos discutidos neste capítulo.

Uma referência detalhada do SI está disponível na Web pelo National Institute of Standards:

Ambler Thompson e Barry N. Taylor, *Guide for the Use of the International System of Units (SI),* NIST Special Publication 811, edição de 2008, www.nist.gov

EXERCÍCIOS

2.1 Unidades e escalas

1. Converter os valores a seguir para notação de engenharia:

(*a*) 0,045 W
(*b*) 2000 pJ
(*c*) 0,1 ns
(*d*) 39.212 as
(*e*) 3Ω
(*f*) 18.000 m
(*g*) 2.500.000.000.000 bits
(*h*) 10^{15} atoms/cm^3

2. Converter os valores a seguir para notação de engenharia:

(*a*) 1230 fs
(*b*) 0,0001 decímetros
(*c*) 1400 mK
(*d*) 32 nm
(*e*) 13.560 kHz
(*f*) 2021 micromoles
(*g*) 13 decilitros
(*h*) 1 hectômetro

3. Expressar as quantidades a seguir em unidades de engenharia:

   (*a*) 1212 mV
   (*b*) 10^{11} pA
   (*c*) 1000 yoctosecundos
   (*d*) 33,9997 zeptosegundos
   (*e*) 13.100 attosegundos
   (*f*) 10^{14} zettasegundos
   (*g*) 10^{-5} segundos
   (*h*) 10^{-9} Gs

4. Expandir as distâncias a seguir em metros simples:

   (*a*) 1 Zm
   (*b*) 1 Em
   (*c*) 1 Pm
   (*d*) 1 Tm
   (*e*) 1 Gm
   (*f*) 1 Mm

5. Converter as unidades a seguir para unidades SI, tomando cuidado de utilizar de forma apropriada a notação de engenharia:

   (*a*) 212 °F
   (*b*) 0 °F
   (*c*) 0 K
   (*d*) 200 hp
   (*e*) 1 jardas
   (*f*) 1 milhas

6. Converter as unidades a seguir para unidades SI, tomando cuidado de utilizar de forma apropriada a notação de engenharia:

   (*a*) 100 °C
   (*b*) 0 °C
   (*c*) 4,2 K
   (*d*) 150 hp
   (*e*) 500 Btu
   (*f*) 100 J/s

7. Certo laser de fluoreto de criptônio gera pulsos longos de 15 ns, e cada pulso contém 550 mJ de energia. (a) Calcule o pico instantâneo da potência de saída do laser. (b) Se até 100 pulsos podem ser gerados por segundo, calcule a potência média máxima na saída do laser.

8. Quando operando com um comprimento de onda de 750 nm, certo laser Ti:safira é capaz de produzir pulsos tão curtos quanto 50 fs, em que cada pulso tem 500 µJ. (a) Calcule a potência instantânea de saída do laser. (b) Se o laser for capaz de gerar pulsos a uma taxa de 80 MHz, calcule a potência média máxima na saída do laser.

9. Um veículo elétrico contém um único motor de 40 hp. Se o motor funcionar continuamente por 3 h em sua potência máxima, calcule a energia elétrica consumida. Expresse a sua reposta em unidades SI usado notação de engenharia.

10. Sobre condição de isolamento de 500 W/m^2 (luz solar direta), e com 10% de eficiência para cada célula solar (definida como a relação entre a potência elétrica de saída e a potência solar incidente), calcule a área requerida para que um painel fotovoltaico seja capaz de fazer o veículo do Exercício 9 funcionar com a metade de sua potência máxima.

11. Um gerador piezoelétrico de nano fios de óxido metálico é capaz de produzir 100 pW de eletricidade utilizável quando uma pessoa caminha moderadamente. (a) Quantos dispositivos de nano fios são necessários para operar um aparelho de MP3 pessoal, sendo que cada um drena uma potência de 1 W? (b) se cada dispositivo pode ser produzido com uma densidade de 5 dispositivos por micrometros diretamente em um pedaço de tecido, qual é a área requerida para possibilitar o acionamento do MP3? Essa solução é viável?

12. Uma concessionária de energia elétrica tarifa seus clientes em uma escala que depende do consumo diário de energia: R$ 0,05 /kWh para um consumo de até 20 kWh e R$ 0,10 /kWh para um consumo superior a 20 kWh, em um período de 24 horas. (a) Calcule quantas lâmpadas incandescentes de 100 W podem ser mantidas acesas continuamente pagando menos do que R$ 10,00 reais por semana. (b) Calcule o custo diário de energia se 2.000 kW de potência forem utilizados continuamente.

13. A empresa Tilting Windmill Electrical Cooperative LLC Inc. instituiu um esquema de tarifação diferenciada para encorajar os consumidores a economizar energia durante os dias (com luz natural), quando a demanda local das empresas é maior. Se o preço por quilowatt-hora é R$ 0,033 entre 9 horas da noite e 6 horas da manhã e R$ 0,057 para o restante, qual é o custo para se manter um aquecedor portátil de 2,5 kW continuamente ligado por 30 dias?

14. Assumindo que a população global é de 9 bilhões de pessoas e que cada um usa aproximadamente 100 W de potência continuamente em um dia, calcule a área total que um gerador fotovoltaico de potência deve ocupar, assumindo que a potência gerada pela incidência solar é de 800 W/m^2 com uma eficiência de conversão (luz solar para eletricidade) de 10%.

2.2 Carga, corrente, tensão e potência

15. Carga total fluindo dos terminais de um pequeno fio de cobre para um dispositivo desconhecido é determinado pela relação $q(t) = 5e^{-\frac{t}{2}}$ C, sendo *t* expresso em segundos. Calcule a corrente que flui para o dispositivo, tomando nota do sinal.

16. A corrente que flui para o coletor de certo transistor bipolar de junção (TBJ) é medida como 1 nA. Se nenhuma carga foi transferida, para ou do coletor, antes do tempo $t = 0$, e se a corrente fluir por 1 minuto, calcule a carga total que atravessa o coletor.

17. A carga total armazenada em uma placa isolante de 1 cm de diâmetro é -10^{13} C. (*a*) Quantos elétrons estão na placa? (*b*) Qual é a densidade de elétrons (número de elétrons por metro quadrado)? (*c*) Se elétrons adicionais forem somados à placa por meio de uma fonte externa a uma taxa de 10^6 elétrons por segundo, qual é a magnitude da corrente que flui entre a fonte e a placa?

18. Um misterioso dispositivo achado em laboratório perdido acumula carga em uma taxa especificada por meio da expressão $q(t) = 9 - 10t$ C no momento em que é ligado. (a) Calcule a carga total contida no dispositivo em $t = 0$. (*b*) Calcule a carga total contida no dispositivo em $t = 1$ s. (*c*) Determine a corrente que flui para o dispositivo em $t = 1$ s, 3 s e 10 s.

19. Um novo tipo de dispositivo foi projetado para acumular cargas de acordo com a expressão $q(t) = 10t^2 - 22t$ mC (*t* em segundos). (*a*) No intervalo $0 \leq t < 5$ s, em que momento a corrente fluindo pelo dispositivo é igual a zero? (*b*) Esboce $q(t)$ e $i(t)$ no intervalo $0 \leq t < 5$ s.

20. A corrente que flui por uma lâmpada incandescente com filamento de tungstênio é determinada por $i(t) = 114 \text{ sen}(110\pi t)$ A. (*a*) Quantas vezes a corrente é igual a zero ampère no intervalo entre $t = 0$ até $t = 2$ s? (*b*) Quanta carga é transportada através da lâmpada no primeiro segundo?

21. A forma de onda de corrente ilustrada na Figura 2.27 é caracterizada por um período de 8 s. (*a*) Qual é o valor médio da corrente em um período? (*b*) Se $q(0) = 0$, esboce $q(t)$ no intervalo $0 < t < 20$s.

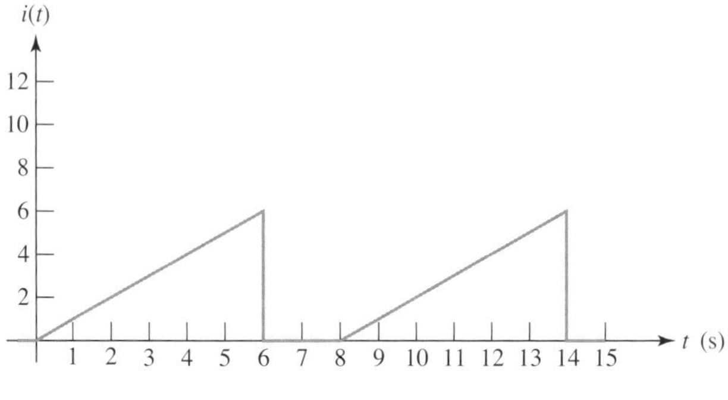

▲ **FIGURA 2.27** Um exemplo de corrente variante no tempo.

22. A forma de onda de corrente ilustrada na Figura 2.28 é caracterizada por um período de 4 s. (*a*) Qual é o valor médio da corrente em um período? (*b*) Calcule a corrente média no intervalo $1 < t < 3$ s. (*c*) Se $q(0) = 1$ C, esboce $q(t)$, no intervalo $0 < t < 4$ s.

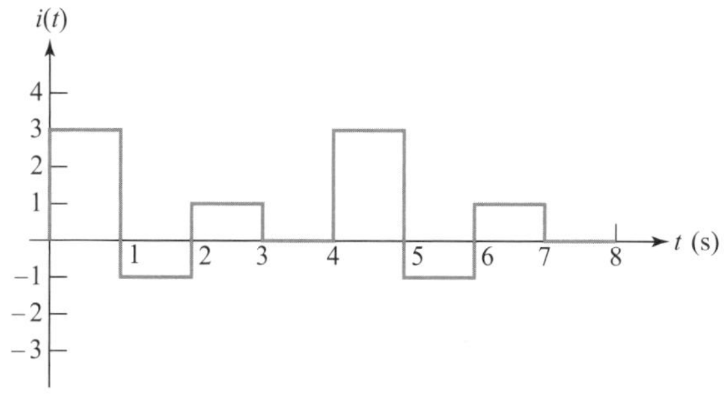

▲ **FIGURA 2.28** Um exemplo de corrente variante no tempo.

23. Um caminho em torno de um circuito elétrico tem certos pontos discretos rotulados A, B, C e D. Para mover um elétron do ponto A até C são necessários 5 pJ. Para mover um elétron do ponto B até o ponto C, são necessários 3 pJ. Para mover um elétron do ponto A até D são requeridos 8 pJ. (*a*) Qual é a diferença de potencial (em volts) entre os pontos B e C, assumindo que a referência "+" está em C? (*b*) Qual é a diferença de potencial (em volts) entre os pontos B e D, assumindo que a referência "+" está em D? (*c*) Qual é a diferença de potencial (em volts) entre os pontos A e B, assumindo que a referência "+" está em B?

24. Dois terminais metálicos projetam-se para for de um dispositivo. O terminal da esquerda é a referência positiva para a tensão chamado de V_x (o outro terminal é a referência negativa de tensão). O terminal da direita é a referência positiva para a tensão chamada V_y (o outro terminal sendo a referência negativa). Se for necessário 1 mJ de energia para empurrar um único elétron para o terminal da esquerda, determine as tensões V_x e V_y.

25. Por convenção, voltímetros utilizam cabos pretos para os terminais negativos e cabos vermelhos para os terminais positivos. (a) Explique porque são necessários dois cabos para se medir tensão. (b) Se os terminais forem trocados por acidente dentro do voltímetro, o que acontecerá durante a próxima medição de tensão?

26. Determine a potência absorvida em cada um dos elementos mostrados na Figura 2.29.

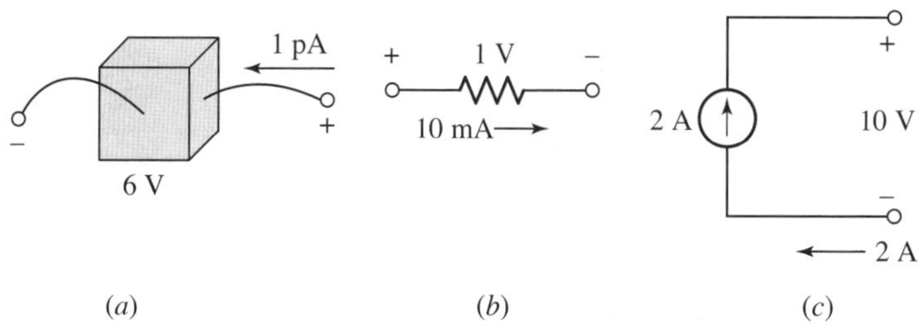

▲ **FIGURA 2.29** Elementos para o Exercício 26.

27. Determine a potência absorvida em cada um dos elementos mostrados na Figura 2.30.

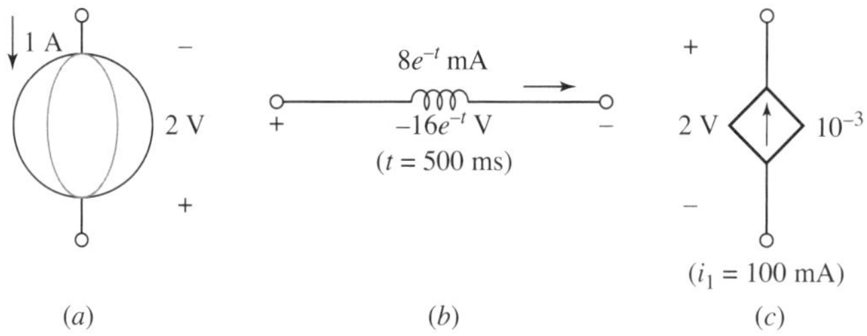

▲ **FIGURA 2.30** Elementos para o Exercício 27.

28. Uma corrente constante de 1 A é medida fluindo para o terminal de referência positiva de um par de sondas cuja tensão chamaremos de v_p. Calcule a potência absorvida em $t = 1$ s se $v_p(t)$ for igual (a) +1 V; (b) –1 V; (c) $2 + 5\cos(5t)$ V; (d) $4e^{-2t}$ V, (e) Faça uma explanação a respeito do significado dos valores negativos da tensão para a absorção de potência.

29. Determine a potência fornecida pelo elemento mais à esquerda no circuito da Figura 2.31.

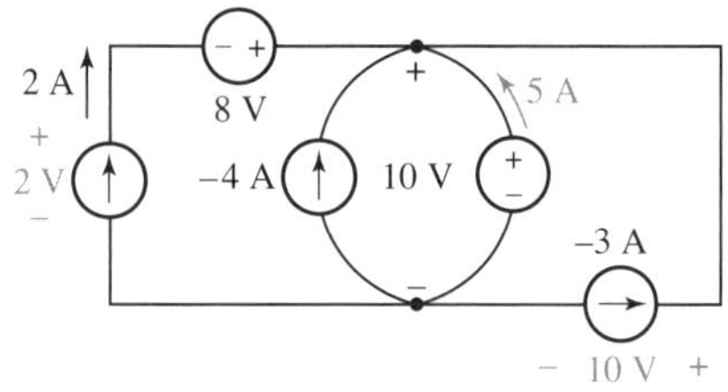

◀ **FIGURA 2.31**

30. A característica tensão-corrente de uma célula solar de silício exposta à luz solar do meio-dia na Flórida, em pleno verão, é ilustrada na Figura 2.32. O gráfico foi obtido colocando-se resistores de diferentes valores sobre os terminais do dispositivo e medindo-se as tensões e corrente resultantes.

   (a) Qual é o valor da corrente de curto-circuito?

   (b) Qual é o valor da tensão no circuito aberto?

   (c) Estime a máxima potência que pode ser obtida pelo dispositivo.

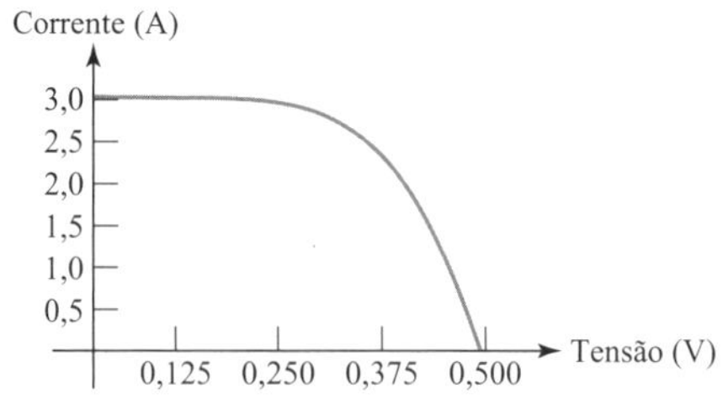

◀ **FIGURA 2.32**

2.3 Fontes de tensão e corrente

31. Algumas das fontes ideais no circuito da Figura 2.31 estão fornecendo potência positiva, e outras estão absorvendo potência positiva. Determine quem é quem, e mostre que a soma algébrica da potência absorvida por cada elemento é igual a zero (tome cuidado em preservar o sinal).

32. Por meio de medidas cuidadosas foi determinado que uma bancada de laser de íons de argônio está consumindo (absorvendo) 1,5 kW de potência elétrica de uma tomada de parede, mas está produzindo apenas 5 W de potência ótica. Para onde a energia restante está indo? O princípio da conservação da energia não diz que as duas quantidades devem ser iguais?

33. Este exercício refere-se ao circuito representado na Figura 2.33. É bom salientarmos que a mesma corrente flui através de cada elemento. A fonte dependente controlada por tensão disponibiliza uma corrente que é 5 vezes maior do que a tensão V_x. (a) para $V_R = 10$ V e $V_x = 2$ V, determine a potência absorvida por cada elemento. (b) O elemento A pode ser considerado uma fonte ativa ou passiva? Explique.

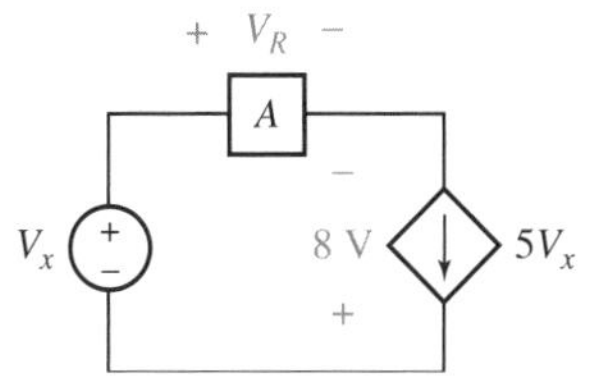

▲ **FIGURA 2.33**

34. Este exercício refere-se ao circuito representado na Figura 2.33. É bom salientarmos que a mesma corrente flui através de cada elemento. A fonte dependente controlada por tensão disponibiliza uma corrente que é 5 vezes maior do que a tensão V_x . (a) para V_R =100 V e V_x = 92 V, determine a potência absorvida por cada elemento. (b) Verifique que a soma algébrica das fontes de potência é igual a zero.

35. O circuito ilustrado na Figura 2.34 contém uma conte dependente de corrente; a magnitude e a direção da corrente são fornecidas diretamente pela tensão rotulada por V_1. Note que, portanto, $i_2 = -3v_1$. Determine a tensão v_1 se $v_2 = 33i_2$ e $i_2 = 100$ mA.

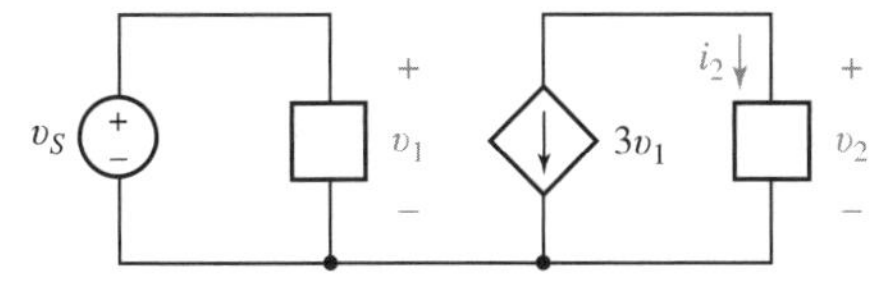

◀ **FIGURA 2.34**

36. Para proteger um componente de circuito muito caro, que poderá receber muita potência, você decide incorporar um fusível de ação rápida no projeto. Sabendo que o componente de circuito está conectado a uma fonte de 12 V, sua mínima potência consumida é 12 W, e a máxima potência que o dispositivo pode dissipar de modo seguro é 100 W. Qual dos três fusíveis disponíveis você selecionaria: o de 1 A, 4 A ou 10 A? Explique a sua resposta.

37. A fonte dependente no circuito da Figura 2.35 fornece uma tensão cujo valor depende da corrente i_x. Qual valor de i_x é necessário para que a fonte dependente seja capaz de fornecer 1 W?

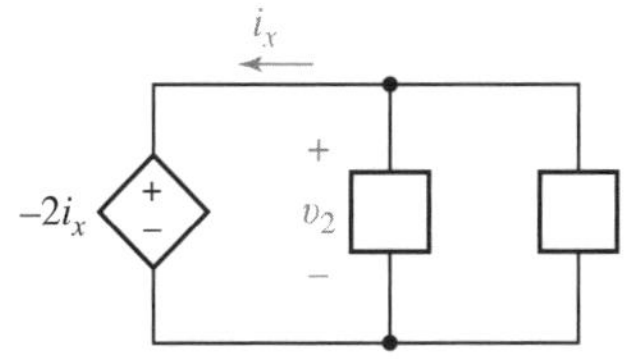

▲ **FIGURA 2.35**

2.4 Lei de Ohm

38. Determine a magnitude da corrente que flui através de um resistor de 4,7 kΩ se a tensão sobre o mesmo é (a) 1 mV; (b) 10 V; (c) $4e^{-t}$ V; (d) 100 cos(5t) V; (e) –7 V.

39. Resistores reais só podem ser construídos dentro de uma tolerância específica, uma vez que de fato, o valor da resistência é incerto. Por exemplo, um resistor de 1 Ω, especificado com uma tolerância de 5%, pode assumir qualquer valor entre 0,95 até 1,05 Ω. Calcule a tensão sobre um resistor de 2,2 kΩ, com 10% de tolerância se a corrente que flui sobre o mesmo é (a) 1 mA; (b) 4 sen 44t mA.

40. (a) Esboce a relação corrente-tensão (corrente no eixo y) de um resistor de 2 kΩ submetido a uma tensão avaliada no intervalo $-10\ V \leq V_R \leq +10\ V$. Tenha certeza de que rotulou cada um dos eixos apropriadamente. (b) Qual é o valor numérico da inclinação (expresse sua resposta em siemens)?

41. Esboce a tensão sobre um resistor de 33 Ω no intervalo $0 < t < 2\pi$ s, se a corrente é dada por 2,8 cos(t) A. Assuma que a corrente e a tensão estão definidas de acordo com a convenção do sinal passivo.

42. A Figura 2.36 apresenta as características de corrente-tensão de três elementos resistivos diferentes. Determine a resistência de cada um dos elementos, assumindo que a tensão e a corrente são definidas de acordo com a convenção do sinal passivo.

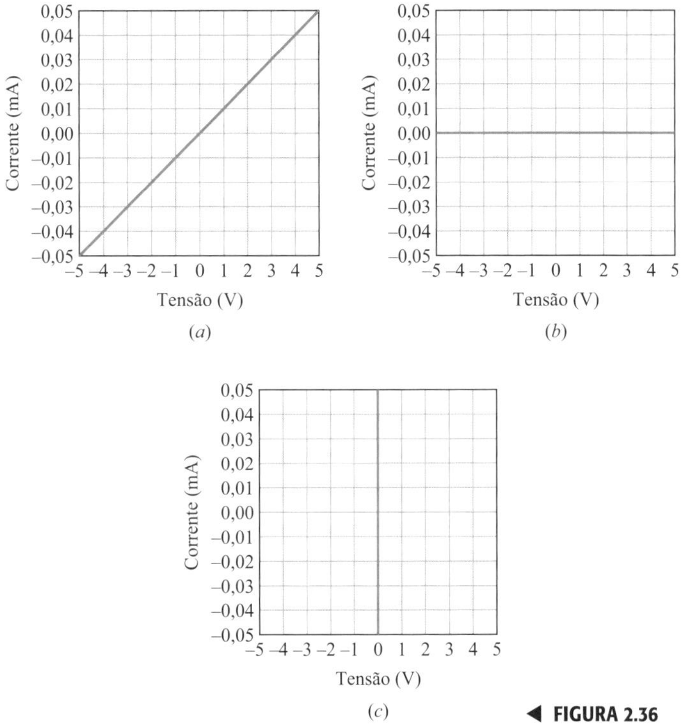

◀ **FIGURA 2.36**

43. Determine a condutância (em siemens) dos valores que se seguem: (a) 0 Ω; (b) 100 MΩ; (c) 200 mΩ.

44. Determine a magnitude da corrente que flui através de uma condutância de 10 mS se a tensão sobre a mesma é (a) 2 mV; (b) –1 V; (c) $100e^{-2t}$ V; (d) 5 sen(5t) V; (e) 0 V.

45. Um resistor de 1 kΩ com tolerância de 1% pode assumir qualquer valor no intervalo de 990 até 1010 Ω. Assumindo que uma tensão de 9 V é aplicada sobre o mesmo, determine (a) o intervalo de corrente correspondente e (b) o intervalo de potência absorvida correspondente. (c) se o resistor for trocado por outro de 10% de tolerância, repita os itens (a) e (b).

46. Os dados experimentais a seguir foram adquiridos sobre um resistor qualquer, usando uma fonte de tensão variável e um medidor de corrente. A leitura do medidor de corrente se mostrou instável, infelizmente, o que introduziu erro na medição.

Voltagem (V)	Corrente (mA)
−2,0	−0,89
−1,2	−0,47
0,0	0,01
1,0	0,44
1,5	0,70

(a) Trace a característica corrente-tensão medida.

(b) Usando uma linha que melhor se ajuste aos dados, estime o valor da resistência.

47. Utilize o fato de que no circuito da Figura 2.37 a potência total fornecida pela fonte de tensão deve ser igual ao total de potência absorvida pelos dois resistores, para mostrar que

$$V_{R_2} = V_S \frac{R_2}{R_1 + R_2}$$

Você deve assumir que a mesma corrente flui por cada elemento (uma necessidade da conservação da carga).

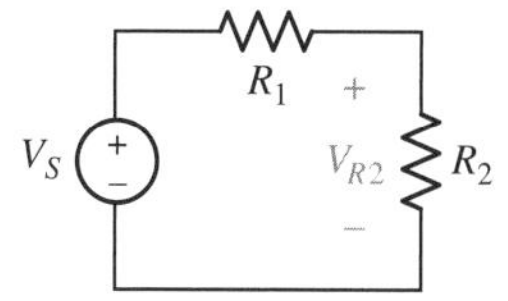

▲ **FIGURA 2.37**

48. Para cada um dos circuitos mostrados na Figura 2.38, ache a corrente I e calcule a potência absorvida pelo resistor.

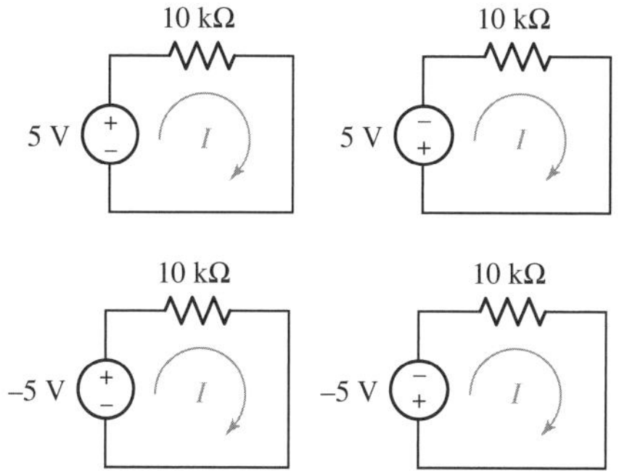

▲ **FIGURA 2.38**

49. Esboce a potência absorvida por um resistor de 100 Ω como função da tensão avaliada no intervalo $-2V \leq V_R \leq +2\ V$.

Exercícios de integração do capítulo

50. O silício conhecido como "tipo-n" resistividade dada por $p = (-qN_D\mu_n)^{-1}$, em que N_D é a densidade volumétrica dos átomos de fósforo (átomos/cm³), μ_n é mobilidade elétrica (cm²/V · s), e $q = -1{,}602 \times 10^{-19}$ C é a carga de cada elétron. Convenientemente, existe uma relação entre a mobilidade e N_D, como mostrado na Figura 2.39. Assuma que um disco (wafer) de silício tenha um diâmetro de 8 polegadas, com uma espessura de 300 μm. Projete um resistor de 10 Ω por meio da especificação da concentração de fósforo em um intervalo de 2×10^{15} cm $^{-3} \leq N_D \leq 2 \times 10^{17}$ cm^{-3}, juntamente com uma geometria adequada (o disco pode ser cortado, mas não diluído).

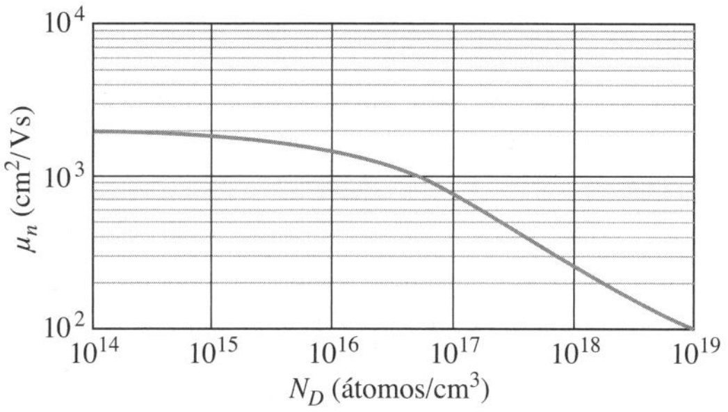

◀ **FIGURA 2.39**

51. A Figura 2.39 ilustra a relação entre mobilidade elétrica μ_n e densidade dopante N_D para o silício tipo n. Com o conhecimento de que a resistividade nesse material é dada por $p = [q\mu_n N_D]^{-1}$, esboce a resistividade em função da densidade no intervalo 10^{14} cm$^{-3} \leq N_D \leq 10^{19}$ cm $^{-3}$.

52. Referindo-se aos dados da Tabela 2.4, projete um resistor cujo valor possa variar matematicamente no intervalo de 100 até 500 Ω (assumindo a operação em 20°C).

53. Uma fonte CC de potência está a uma distância de 250 ft de uma lâmpada que necessita drenar uma corrente de 25 A. Se for usado um cabo 14 AWG (note que dois cabos são necessários para cobrir a distância de 500 ft, ou seja, 250 ft para cada cabo), calcule a potência total desperdiçada no cabo.

54. Os valores de resistência contidos na Tabela 2.4 são calibrados para operações em 20 °C. É possível corrigir tais valores para operarem em outras temperaturas usando a relação[5]

$$\frac{R_2}{R_1} = \frac{234{,}5 + T_2}{234{,}5 + T_1}$$

[5] D. G. Fink and H. W. Beaty, *Standard Handbook for Electrical Engineers*, 13th ed. New York: McGraw-Hill, 1993, p. 2-9.

em que T_1 é a temperatura de referência (20°C neste caso); T_2 é a nova temperatura de operação; R_1 é o valor da resistência na temperatura T_1, e R_2 é o valor da resistência na temperatura T_2.

Um equipamento conta com um fio externo feito de cobre flexível 28 AWG, que tem uma resistência de 50,0 Ω em 20°C. Infelizmente, o ambiente de operação foi mudado, e agora o mesmo operará em 110,5 °F. (a) Calcule o comprimento do cabo original. (b) Determine quanto do cabo deve ser cortado para que o cabo tenha novamente 50,0 Ω.

55. Seu medidor favorito contém um resistor de precisão de 10 Ω (1% de tolerância). Infelizmente, a última pessoa para quem você o emprestou de alguma forma explodiu o resistor. Projete um substituto adequado, assumindo que existem pelo menos 1.000 ft de cada cabo para medidores listados na Tabela 2.4, disponíveis para você.

56. Em uma nova instalação, você especificou que todos os cabos deveriam seguir as especificações ASTM B33 (ver a Tabela 2.3). Infelizmente, o operário contratado utilizou um cabo de aço revestido B415, de mesma bitola. Assumindo que a tensão de operação não se modificará, (a) de quanto a corrente deve ser reduzida, e (b) quanto de potência será perdida nas linhas? (*Expresse os resultados em termos percentuais*)

57. Se uma corrente de 1 mA é forçada através de um cabo de aço revestido B415, com 1 mm de diâmetro e 2,3 metros de comprimento, quanto de potência será desperdiçada pelo seu efeito resistivo? Se um cabo com as mesmas dimensões mas em conformidade com as especificações B75 for usado, as perdas de potência serão reduzidas?

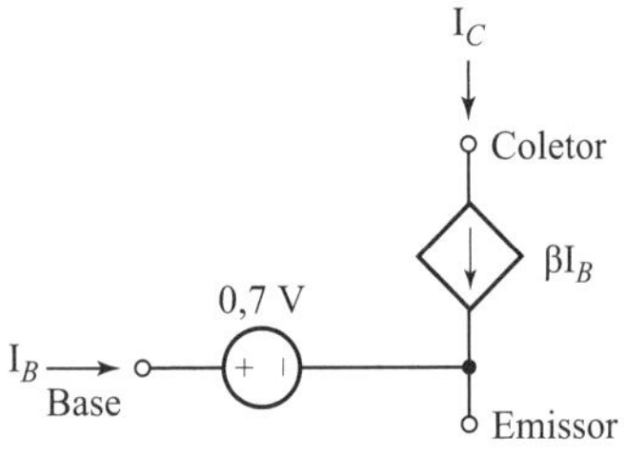

▲ **FIGURA 2.40** Modelo CC para o transistor de junção bipolar operando em modo direto.

58. A rede mostrada na Figura 2.40 pode ser usada para modelar o comportamento de um transistor bipolar de junção operando na região ativa. O parâmetro β é conhecido como ganho de corrente. Se para o dispositivo $\beta = 100$, e I_B for igual a 100 μA, calcule (a) I_C, a corrente fluindo para o coletor e (b) a potência dissipada pela região base-emissor.

59. Uma lâmpada de filamento de tungstênio de 100 W, aproveitando-se das perdas resistivas de seu filamento, absorve 100 joules de energia a cada segundo quando está ligada em uma tomada. Quanto de energia *luminosa* por segundo você espera que seja produzida, sendo que o princípio da conservação da energia deve ser preservado?

60. Baterias estão disponíveis em uma grande variedade de tipos e tamanhos. Duas das mais comuns encontradas são as chamadas pilhas "AA" e "AAA". Cada uma dessas pilhas é projetada para disponibilizar 1,5 V em seus terminais quando estão totalmente carregadas. Então, quais são as diferenças entre as duas, além do tamanho? (*Dica:* Pense em termos de energia.)

3 Leis de Tensão e Corrente

CONCEITOS FUNDAMENTAIS

- Novos Termos em Circuitos: Nó, Caminho, Laço e Ramo.
- Lei de Kirchhoff das Correntes (LKC)
- Lei de Kirchhoff das Tensões (LKT)
- Análises de Circuitos em Série e em Paralelo Básicos
- Combinação de Fontes em Série e Paralelo
- Redução de Combinações em Série e em Paralelo de Resistores
- Divisão de Tensão e Corrente
- Conexões de Terra

INTRODUÇÃO

No Capítulo 2 fomos apresentados às fontes independentes de tensão e correntes, fontes dependentes e resistores. Também descobrimos que existem quatro tipos de fontes *dependentes* e que elas podem ser controladas por tensões e correntes remotas. Até este momento, também sabemos que tensão sobre um resistor gera corrente e vice-versa. No entanto, este fenômeno não é o caso das fontes. De modo geral, os circuitos devem ser analisados por completo para que seja determinado um conjunto de tensões e correntes que os caracterizem. Não será difícil fazê-lo, uma vez que apenas duas novas leis simples serão necessárias além da já conhecida lei de Ohm: as conhecidas leis de Kirchhoff da Corrente (LKC) e de Kirchhoff da Tensão (LKT) e são simplesmente uma reformulação das leis da conservação das cargas e da energia, respectivamente. Essas leis são aplicáveis a quaisquer circuitos, no entanto, em capítulos futuros aprenderemos técnicas mais eficientes para tipos específicos de situações.

3.1 ▸ NÓS, CAMINHOS, LAÇOS E RAMOS

Agora focaremos a nossa atenção nas relações corrente-tensão em redes simples de dois ou mais elementos. Os elementos dessas redes serão conectados por fios (às vezes referenciados como condutores e/ou cabos) com resistência nula. Uma vez que as redes apresentam um conjunto de elementos simples interligados por condutores, essas serão chamadas de ***redes com parâmetros concentrados***. Um problema de análise mais difícil surge quando nos deparamos com ***redes com parâmetros distribuídos***, que contêm um número essencialmente infinito de elementos extremamente pequenos. Neste texto nos concentraremos nas redes com parâmetros concentrados.

Um ponto em que um ou mais elementos têm uma conexão em comum é chamado de ***nó***. Por exemplo, a Figura 3.1*a* mostra um circuito que contém três nós. Às vezes as redes são desenhadas de maneira a levar estudantes descuidados a acreditarem que existem mais nós do que na realidade. Isso ocorre quando um nó, como o nó número 1 mostrado na Figura 3.1*a*, é mostrado como duas junções separadas por um condutor (de resistência nula), como na Figura 3.1*b*. No entanto, tudo que foi feito foi espalhar o ponto comum em uma linha de resistência zero. Desta maneira, devemos sempre considerar um fio ou parte de um fio conectado a um nó como parte do mesmo. Note também que cada elemento de circuito possui um nó em seus terminais.

Nos circuitos montados na vida real, os fios sempre terão uma resistência finita. No entanto, esta resistência é tipicamente tão pequena que podemos desprezá-la sem introduzir um erro significativo. Portanto, em nossos circuitos idealizados, faremos referência aos fios como tendo "resistência zero" de agora em diante.

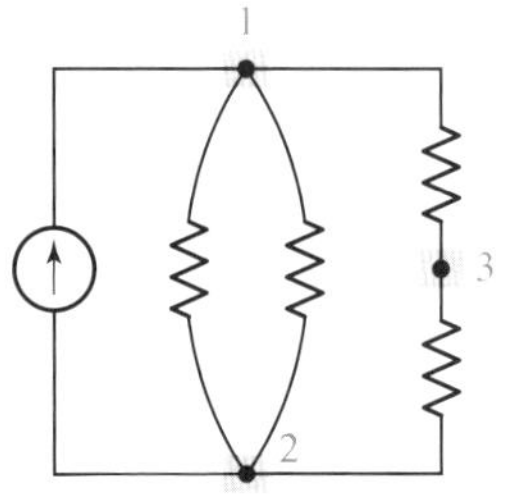

(*a*)

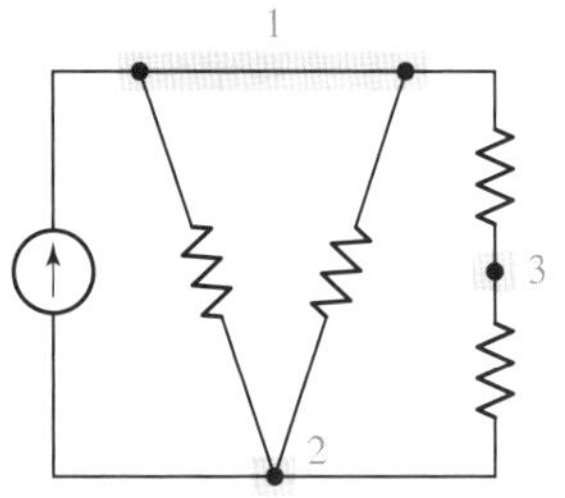

(*b*)

▲ **FIGURA 3.1** (a) Circuito que contém três nós e cinco ramos. (b) O nó 1 é redesenhado para parecer dois nós; ainda assim, ele continua sendo apenas um nó.

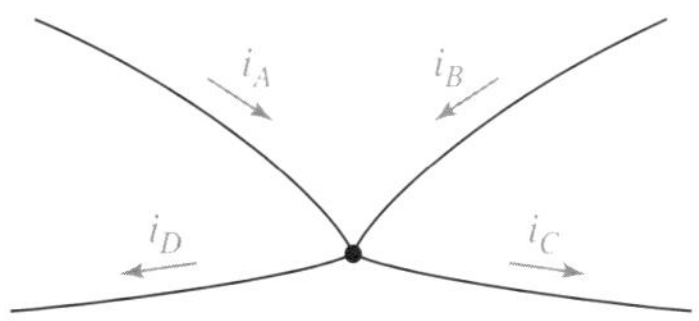

▲ **FIGURA 3.2** Exemplo de um nó para ilustrar a aplicação da lei de Kirchhoff das correntes.

Suponha que começamos em um nó em uma rede e que nos movemos através de um elemento simples até o seu terminal de saída. Então continuamos deste nó passando por outro elemento diferente até o próximo nó e continuamos assim até que tenhamos passado por todos os elementos que desejamos. Se nenhum nó foi considerado mais de uma vez, então o conjunto de nós e elementos que passamos define um ***caminho***. Se o nó em que terminamos um caminho coincidir com o nó que utilizamos para iniciá-lo, então este caminho é, por definição, um caminho fechado ou ***laço***.

Por exemplo, na Figura 3.1*a*, se nos movemos do nó 2 até o nó 1 através da fonte de corrente e depois até o nó 3 através do resistor superior direito, estabelecemos um caminho; como não continuamos até o nó 2 novamente, não completamos um laço. Se passamos do nó 2 para o nó 1 através da fonte de corrente, descendo pelo resistor esquerdo para o nó 2 e depois subindo novamente pelo resistor central para o nó 1, não temos um caminho, pois um nó foi encontrado mais de uma vez; na verdade, tampouco temos um laço, porque um laço tem de ser um caminho.

Outro termo que seu uso é conveniente é o chamado ***ramo***. Definimos um ramo como um caminho único em uma rede, composto por um elemento simples e os nós presentes em seus terminais. Então, um caminho é uma coleção particular de ramos. O circuito mostrado nas Figuras 3.1*a* e *b* contém cinco ramos.

3.2 ▶ LEI DE KIRCHHOFF DAS CORRENTES

Estamos prontos neste momento para considerarmos a primeira das duas leis de Kirchhoff, que recebe este nome em homenagem ao Professor Universitário alemão Robert Kirchhoff (com dois *h*'s e dois *f*'s) que nasceu mais ou menos na mesma época em que Ohm fazia seu trabalho experimental. Esta lei axiomática é chamada de Lei de Kirchhoff das Correntes (abreviada por LKC) e simplesmente define que

A soma algébrica das correntes que entram em um nó é igual a zero.

Essa lei representa matematicamente o fato de que cargas não podem se acumular em um nó. *Um nó não é um elemento de circuito* e certamente ele não poderá gerar, absorver ou destruir carga. Por isso, a soma das correntes deve ser zero. Uma analogia hidráulica pode ser interessante aqui: imagine três canos hidráulicos unidos na forma de um Y. Podemos definir três "correntes" fluindo em cada um dos três canos. Se insistirmos que a água está sempre fluindo, então, obviamente, não podemos ter três correntes positivas de água, ou os canos iriam se arrebentar. Esse é um resultado de que nossas correntes foram escolhidas independentemente da direção em que a água está realmente fluindo. Portanto, o valor de uma ou mais correntes deve ser negativo.

Considerando o nó mostrado na Figura 3.2, a soma algébrica das quatro correntes que entram no nó deve ser igual a zero:

$$i_A + i_B + (-i_C) + (-i_D) = 0$$

Entretanto, a lei poderia ser igualmente bem aplicada se a soma algébrica fosse aplicada às correntes que *saem* do nó:

$$(-i_A) + (-i_B) + i_C + i_D = 0$$

Outra maneira de equacionarmos a soma das correntes é considerar que a soma das correntes cujas setas apontam para dentro do nó é igual à soma das correntes cujas setas apontam para fora do nó, ou seja:

$$i_A + i_B = i_C + i_D$$

ou simplesmente podemos dizer que a soma das correntes que entram no nó é igual à soma das correntes que saem do nó.

▶ EXEMPLO 3.1

Para o circuito da Figura 3.3a, calcule a corrente através do resistor R_3 se é sabido que a fonte de tensão fornece uma corrente de 3 A.

▶ ***Identifique o objetivo do problema***

A corrente através do resistor R_3 rotulada como i no diagrama de circuito.

▶ ***Reúna as informações disponíveis***

O no superior de R_3 está conectado a quatro ramos. Duas dessas correntes estão claramente identificadas: 2 A saindo do nó superior para R_2, e 5 A fluindo para o nó originando-se da fonte de corrente. Sabemos também que a corrente total que saí da fonte de 10 V é de 3 A.

▶ ***Trace um Plano***

Uma vez identificada a corrente através de R_1 (Figura 3.3*b*), podemos escrever uma equação usado a LKC para nós superiores aos resistores R_2 e R_3.

▶ ***Construa um conjunto apropriado de equações***

A soma das correntes entrando no par de nós é $i_{R1} - 2 - i + 5 = 0$

As correntes fluindo para esse nó são mostradas no diagrama expandido da Figura 3.3*c* para maior clareza.

▶ ***Determine se são necessárias informações adicionais***

Temos uma equação, mas duas variáveis, ou seja, precisamos obter uma equação adicional. Neste ponto, o fato de sabermos que a fonte de 10 V está fornecendo 3 A vem a calhar: A LKC nos mostra que esta corrente é a mesma corrente i_{R1}.

▶ ***Busque uma solução.***

Substutuindo, encontramos $i = 3 - 2 + 5 = 6$ A.

▶ ***Verifique a solução. Ela é razoável ou esperada?***

É sempre recompensador o esforço de verificar nosso trabalho. Podemos tentar avaliar se a ordem de grandeza da solução parece ser ao menos razoável. Neste caso, temos duas fontes – uma fornece 5 A e a outra fornece 3 A. Não há outras fontes, independentes ou dependentes. Assim, não esperaríamos encontrar no circuito nenhuma corrente ultrapassando 8 A.

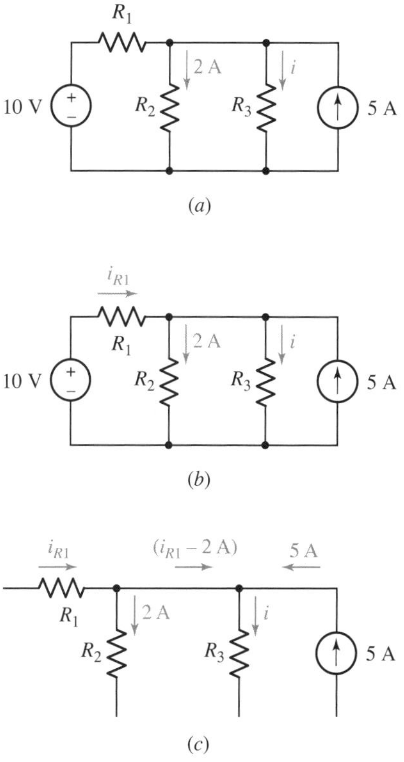

▲ **FIGURA 3.3** (*a*) Circuito simples no qual se deseja encontrar a corrente através do resistor R_3. (*b*) A corrente através do resistor R_1 é identificada de forma que seja possível escrever uma equação LKC. (*c*) As correntes no nó superior de R_3 são redesenhadas para maior clareza.

▶ EXERCÍCIO DE FIXAÇÃO

3.1 Conte o número de ramos e nós no circuito da Figura 3.4. Se $i_x = 3$ e a fonte de 18 V entrega 8 A de corrente, qual é o valor de R_A? (Dica: Você precisa da lei de Ohm assim como LKC.)

Resposta: 5 ramos, 3 nós, 1 Ω.

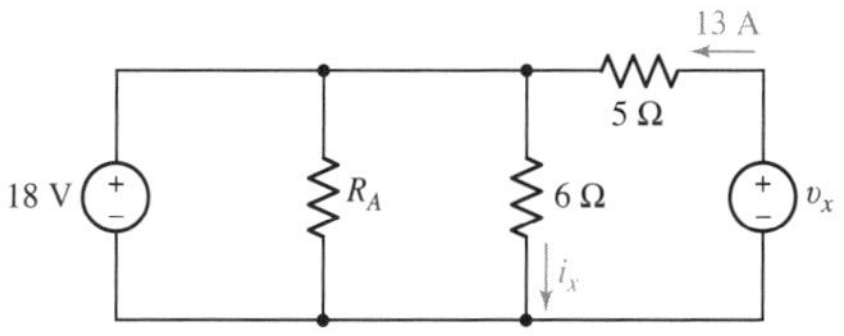

▲ **FIGURA 3.4**

Uma expressão compacta para a Lei de Kirchhoff das Correntes é

$$\sum_{n=1}^{N} i_n = 0 \qquad [1]$$

que é uma maneira compacta de se escrever

$$i_1 + i_2 + i_3 + \ldots + i_N = 0 \qquad [2]$$

Quando a Equação [1] ou [2] é usada, entende-se que as N setas das correntes estão todas apontando para dentro do nó, ou todas estão apontando para fora do nó em questão.

3.3 ▶ LEI DE KIRCHHOFF DAS TENSÕES

A corrente está relacionada à carga que flui *através* de um elemento de circuito, enquanto a tensão é a medida da diferença da energia potencial *sobre* (entre seus terminais) o elemento. Existe um único e exclusivo valor para uma dada tensão na teoria de circuitos. Então, a energia requerida para mover uma única carga de um ponto A até um ponto B em um circuito deve ser um valor independente do caminho escolhido para ir de A até B (frequentemente existe mais de um caminho possível). Podemos afirmar este fato por meio da Lei de Kirchhoff das Tensões (abreviado por **LKT**):

A soma algébrica das tensões ao longo de qualquer caminho fechado é igual a zero.

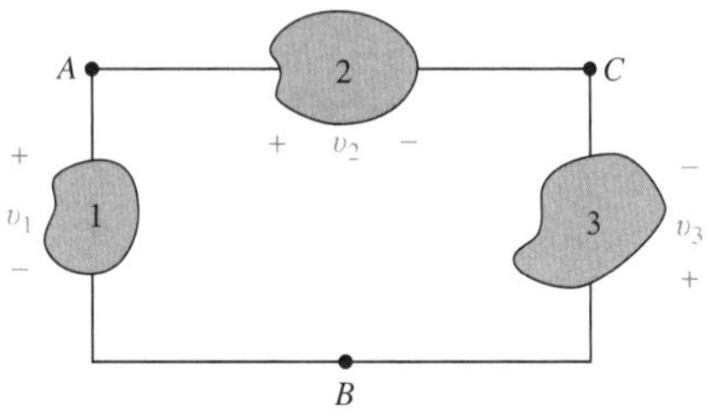

▲ **FIGURA 3.5** A diferença de potencial entre os pontos A e B é independente do caminho escolhido.

Na Figura 3.5, se movermos uma carga de 1 C do ponto A até o ponto B através do elemento 1, os sinas de polaridade referentes a v_1 mostram que produzimos v_1 joules de trabalho.[1] Agora, se escolhemos continuar do ponto A até o ponto B via nó C, então gastamos $(v_2 - v_3)$ joules de energia. O trabalho realizado, no entanto, é independente do caminho no circuito, e qualquer rota deve levar ao mesmo valor de tensão. Em outras palavras,

$$v_1 = v_2 - v_3. \qquad [3]$$

Isso significa que se percorremos um caminho fechado, a soma algébrica das tensões sobre cada elemento individual, ao longo deste caminho, deve ser zero. Então, podemos escrever que

$$v_1 + v_2 + v_3 + v \ldots + v_3 = 0$$

ou, de maneira mais compacta

$$\sum_{n=1}^{N} v_n = 0 \qquad [4]$$

Podemos aplicar a LKT a um circuito de várias maneiras diferentes. Um método que conduz a menos erros no levantamento das equações consiste em percorrer mentalmente o caminho fechado na direção horária e escrever diretamente a tensão como positiva para cada elemento cujo terminal positivo (+) aparecer primeiro, e escrever tensão como negativa para aquela associada a cada elemento cujo sinal (–) negativo aparecer primeiro. Aplicando esse método ao laço simples apresentado na Figura 3.5, temos que

[1] Observe que escolhemos carga de 1C por uma questão de conveniência numérica; portanto (1 C)(v_1 J/C) = v_1 joules de trabalho.

$$-v_1 + v_2 - v_3 = 0$$

o que concorda com nosso resultado anterior, a Equação [3].

▶ EXEMPLO 3.2

No circuito da Figura 3.6, encontre v_x e i_x.

Conhecemos a tensão sobre dois dos três elementos no circuito. Então, a LKT pode ser aplicada imediatamente para a obtenção de v_x.

Começando pelo nó abaixo da fonte de 5 V, aplicamos LKT no sentido horário ao longo do laço:

$$-5 - 7 + v_x = 0$$

então $v_x = 12$ V.

A LKC se aplica a esse circuito, mas somente para nos informar que a mesma corrente (i_x) flui através dos três elementos. No entanto, conhecemos agora a tensão através do resistor de 100 Ω.

Invocando a lei de Ohm,

$$i_x = \frac{v_x}{100} = \frac{12}{100} \text{ A} = 120 \text{ mA}$$

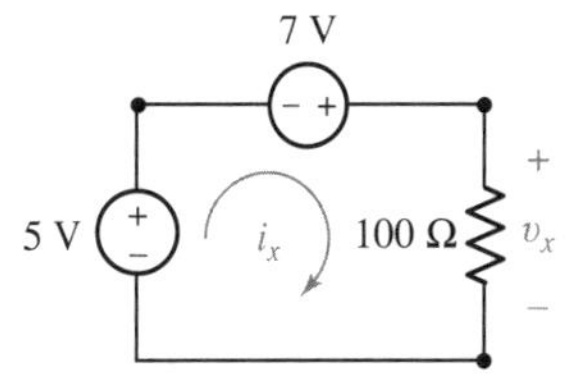

▲ **FIGURA 3.6** Um circuito simples com duas fontes de tensão e um único resistor.

▶ EXERCÍCIO DE FIXAÇÃO

3.2 Determine i_x e v_x no circuito da Figura 3.7.

Resposta: $i_x = -400$ mA; $v_x = -4$ V

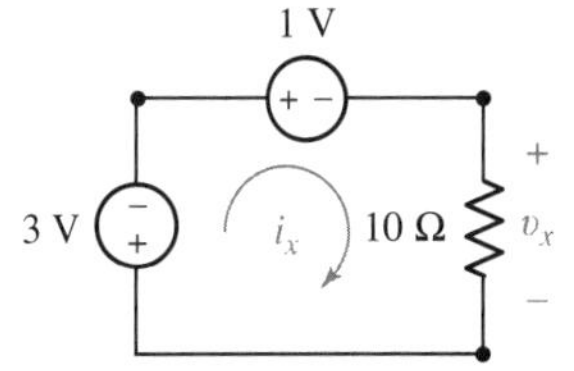

▲ **FIGURA 3.7**

▶ EXEMPLO 3.3

No circuito da Figura 3.8 existem oito elementos de circuito. Encontre v_{R2} (tensão sobre R_2) e a tensão v_x.

A melhor abordagem para determinar v_{R2} nesta situação é procurar um laço no qual possamos aplicar a LKT. Há várias opções, mas após examinar o circuito cuidadosamente vemos que o laço da esquerda oferece uma rota direta, visto que duas das três tensões estão claramente especificadas.

Assim, encontramos v_{R2} escrevendo uma equação LKT ao longo do laço à esquerda, começando no ponto c:

$$4 - 36 + v_{R2} = 0$$

que resulta em $v_{R2} = 32$ V.

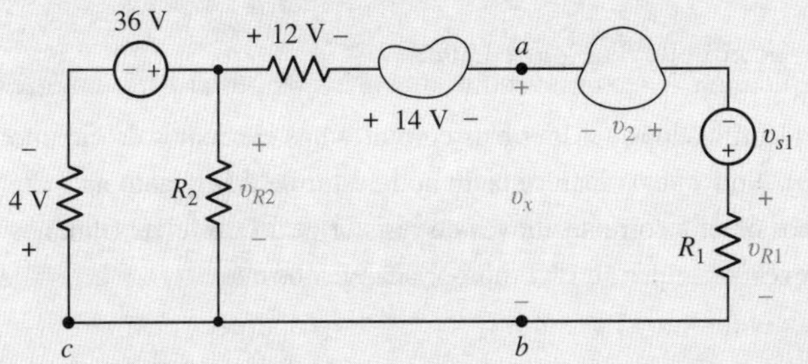

▲ **FIGURA 3.8** Um circuito com oito elementos no qual desejamos determinar v_{R_2} e v_x.

Os pontos b e c, assim como o cabo entre eles, são todos parte do mesmo nó.

Para determinar v_x, poderíamos pensar nesta variável como a soma algébrica das tensões nos três elementos à direita. No entanto, como não temos valores para essas grandezas, tal abordagem não levaria a uma resposta numérica. Em vez disso, aplicamos a LKT começando no ponto *c*, indo para *a* através e por meio da parte de cima do circuito, descendo para *b* através de v_x e retornando ao ponto inicial pelo condutor:

$$+4 - 36 + 12 + 14 + v_x = 0$$

de modo que

$$v_x = 6 \text{ V}$$

Uma abordagem alternativa: Conhecendo v_{R2}, poderíamos ter tomado um atalho por R_2:

$$-32 + 12 + 14 + v_x = 0$$

novamente resultando em $v_x = 6$ V.

▶ EXERCÍCIO DE FIXAÇÃO

3.3 Para o circuito da Figura 3.9, determine (*a*) v_{R_2} e (*b*) v_2, se $v_{R_1} = 1$ V.

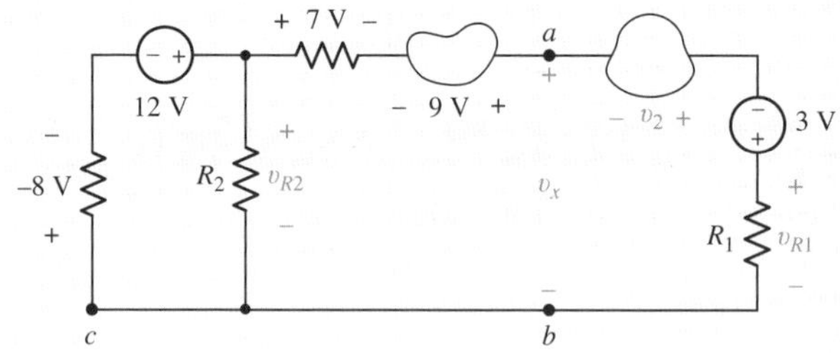

◀ **FIGURA 3.9**

Resposta: (*a*) 20 V; (*b*) –24 V.

Como já vimos, a chave para analisarmos corretamente um circuito é primeiramente identificarmos metodicamente todas as tensões e correntes no diagrama. Desta maneira, as equações das LKT e LKC podem ser escritas de maneira a garantir que as relações entre as correntes e tensões sejam cuidadosamente descritas. No caso em que existam mais incógnitas do que equações disponíveis, a lei de Ohm poderá ser usada para relacionar as incógnitas desconsideradas inicialmente. Ilustraremos esses princípios com um exemplo mais detalhado.

▶ EXEMPLO 3.4

Determine v_x no circuito da Figura 3.10*a*.

Começamos identificado as tensões e as correntes nos elementos do circuito (Figura 3.10*b*). Note que v_x aparece tanto no resistor de 2 Ω quanto na fonte i_x. Se pudermos obter a corrente através do resistor de 2 Ω, a lei de Ohm nos dará v_x. Escrevendo a equação LKC apropriada, vemos que

$$i_2 = i_4 + i_x$$

Infelizmente, não conhecemos os valores de nenhuma destas três grandezas. Nossa solução está (temporariamente) impedida.

Como nos foi fornecida a corrente que flui pela fonte de 60 V, talvez fosse melhor começar a partir daquele lado do circuito. Em vez de procurar v_x usando i_2, talvez seja possível encontrar v_x diretamente usando a LKT. Trabalhando a partir dessa perspectiva, podemos escrever as seguintes equações LKT:

$$-60 + v_8 + v_{10} = 0$$

e

$$-v_{10} + v_4 + v_x = 0 \qquad [5]$$

Temos um progresso aqui: possuímos agora duas equações com quatro incógnitas, uma leve melhora comparando com uma equação na qual *todos* os termos eram desconhecidos. Na verdade, sabemos da lei de Ohm que v_8 = 40 V, pois nos foi informado que uma corrente de 5 A atravessa o resistor de 8 Ω. Assim, v_{10} = 0 + 60 – 40 = 20 V, de forma que a Equação [5] se reduz a

$$v_x = 20 - v_4$$

Se pudermos determinar v_4, o problema estará resolvido.

O melhor caminho para obter o valor numérico da tensão v_4 neste caso é usar a lei de Ohm, o que requer um valor para i_4. Pela LKC vemos que

$$i_4 = 5 - i_{10} = 5 - \frac{v_{10}}{10} = 5 - \frac{20}{10} = 3$$

de forma que v_4 = (4)(3) = 12 V, portanto v_x = 20 – 12 = 8 V.

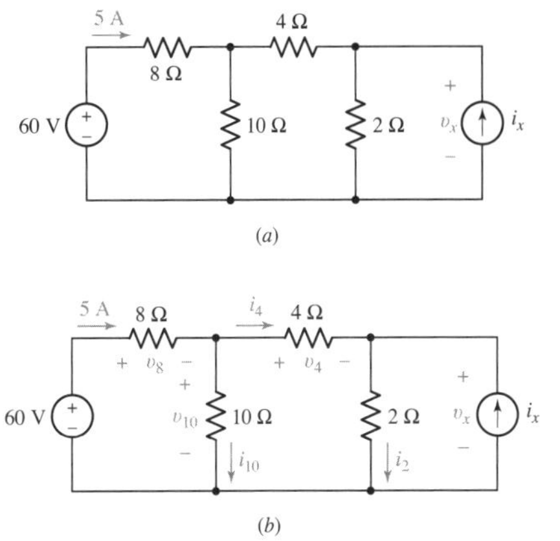

▲ **FIGURA 3.10** (*a*) Circuito no qual v_x deve ser determinada usando a LKT. (*b*) Circuito com tensões e correntes identificadas.

▶ EXERCÍCIO DE FIXAÇÃO

3.4 Determine v_x no circuito da Figura 3.11.

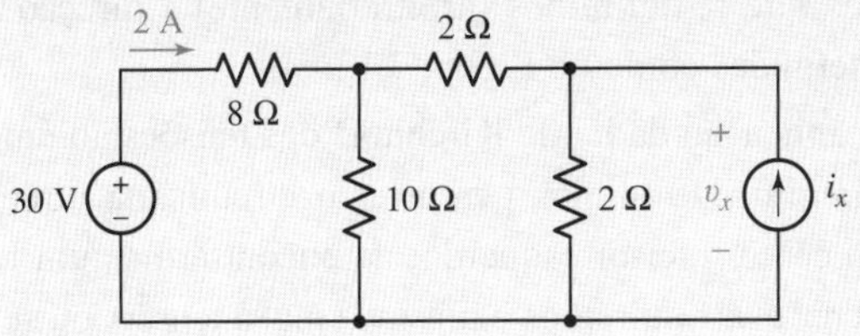

◀ **FIGURA 3.11**

Resposta: v_x = 12,8 V.

3.4 ▶ CIRCUITO COM UM LAÇO

Já vimos que o uso repetido das LKT e LKC associadas com a lei de Ohm podem ser aplicadas em circuitos não triviais contendo vários laços e inúmeros elementos diferentes. Antes de prosseguirmos, é uma boa hora para focarmos no conceito de circuito série (e, na próxima seção, paralelo), que forma a base para as redes que encontraremos no futuro.

Se todos os elementos de um circuito conduzem a mesma corrente, então podemos dizer que estes estão conectados em ***série***. Como exemplo, considere o circuito da Figura 3.10. A fonte de 60 V está em série com o resistor de 8 Ω; eles conduzem a mesma corrente de 5 A. Entretanto, o resistor de 8 Ω não está em série com o resisto de 4 Ω, uma vez que ambos conduzem correntes diferentes. Observe que elementos podem conduzir correntes de magnitudes iguais e não estarem em série; duas lâmpadas de 100 W em casas vizinhas

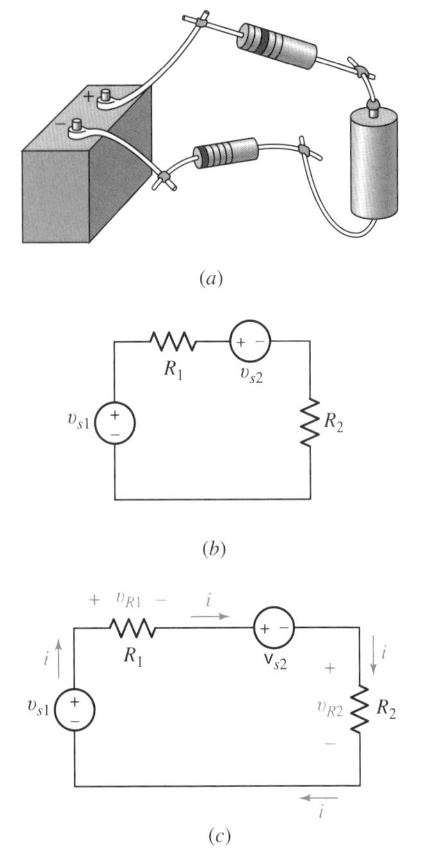

▲ **FIGURA 3.12** (*a*) Circuito com apenas um laço e quatro elementos. (*b*) O modelo do circuito com fontes de tensão e valores de resistência fornecidos. (*c*) Foram acrescentados ao circuito sinais de referência de corrente e tensão.

podem conduzir duas correntes de magnitudes iguais, mas certamente não conduzem a mesma corrente e *não* estão em série.

A Figura 3.12*a* mostra um circuito simples que consiste em suas baterias e dois resistores. Cada terminal, condutor e ponto de solda são considerados como tendo resistência zero; juntos eles constituem um nó individual do diagrama de circuito na Figura 3.12*b*. Cada bateria é modelada como uma fonte ideal de tensão considerando que suas resistências internas possuem valores tão pequenos que podem ser desprezadas. Os dois resistores são assumidos como ideais (lineares).

Procuramos a corrente *através* de cada elemento, a tensão *sobre* cada elemento e a potência *absorvida* por cada elemento. O primeiro passo na análise é a suposição das direções de referência das correntes desconhecidas. Arbitrariamente, selecionaremos o sentido horário para a corrente i que flui do terminal superior da fonte de tensão da esquerda. Essa escolha está indicada por uma seta rotulada com i naquele ponto do circuito, como mostra a Figura 3.12*c*. Uma aplicação trivial da LKC nos assegura que a mesma corrente está fluindo através de todos os elementos do circuito – enfatizaremos esse fato, essa única vez, colocando vários outros símbolos de corrente ao longo do circuito.

Nosso segundo passo em nossa análise é a escolha da tensão de referência para cada um dos dois resistores. A convenção do sinal passivo requer que as variáveis tensão e corrente no resistor sejam definidas de maneira que a corrente entre no terminal em que a referência positiva da tensão está localizada. Uma vez que já definimos (arbitrariamente) a direção da corrente, v_{R_1} e v_{R_2} são definidas como na Figura 3.12*c*.

O terceiro passo é a aplicação da lei de Kirchhoff das tensões ao único caminho fechado do circuito. Decidimos percorrer o circuito na direção horária começando pelo canto inferior esquerdo; ao encontrarmos um terminal de referência de tensão, atribuiremos o mesmo sinal à tensão, ou seja, ao encontrarmos um terminal de referência positivo, será atribuído o sinal positivo e ao encontrarmos um terminal de referência negativo, atribuiremos sinal negativo à tensão. Assim,

$$-v_{S_1} + v_{R_1} + v_{S_2} + v_{R_2} = 0. \qquad [6]$$

Aplicando a lei de Ohm aos elementos resistivos:

$$v_{R_1} = R_1 i \text{ e } v_{R_2} = R_2 i.$$

Substituindo na Equação [6], obtemos

$$-\, v_{R_1} + R_1 i + v_{R_2} + R_2 i = 0$$

Como i é a única incógnita, obtemos

$$i = \frac{v_{s1} - v_{s2}}{R_1 + R_2}$$

A tensão ou potência associada com cada elemento pode ser agora obtida pela aplicação de $v = Ri$, $p = vi$ ou $p = i^2R$.

No exemplo e problema prático anteriores, nos era requerido calcular a potência absorvida de cada um dos elementos do circuito. Entretanto, é difícil imaginar uma situação em que *todas* as quantidades de potência absorvidas no circuito são positivas, pelo simples fato de que a energia deve vir de algum lugar. Então, pelo princípio da conservação da energia, esperamos que ***a soma das potências absorvidas por cada elemento de um circuito seja igual a zero***. Em outras palavras, pelo menos um dos valores deve ser negativo (descartando o caso trivial em que o circuito não está operando). Escrito de outra maneira, a soma das potências geradas (fornecidas) por cada elemento deve ser zero. Mais pragmaticamente, ***a soma das potências absorvidas é igual à soma das potências fornecidas***.

▶ EXERCÍCIO DE FIXAÇÃO

3.5 No circuito da Figura 3.12*b*, v_{s1} = 120 V, v_{s2} = 30 V, R_1 = 30 Ω e R_2 = 15 Ω. Calcule a potência absorvida por cada elemento.

Resposta: $p_{120V} = -240$ W, $p_{30V} = +60$ W, $p_{30\,\Omega} = 120$ W e $p_{15\,\Omega} = 60$ W

▶ EXEMPLO 3.5

Calcule a potência absorvida em cada elemento para o circuito mostrado na Figura 3.13*a*.

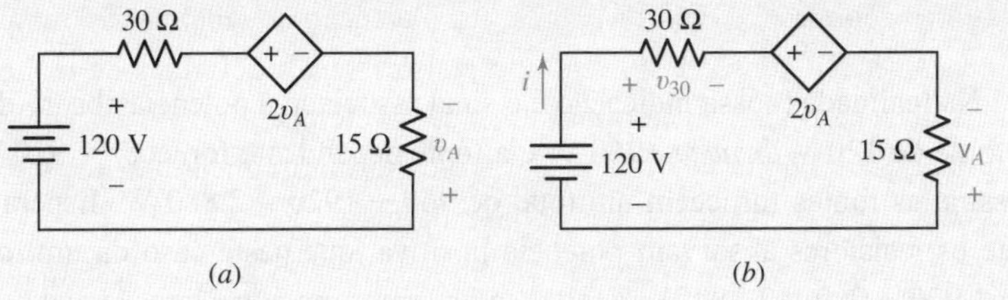

▲ **FIGURA 3.13** (*a*) Circuito com um laço contendo uma fonte dependente. (*b*) A corrente *i* e a tensão v_{30} são assinaladas.

Primeiro atribuímos uma direção de referência à corrente *i* e uma polaridade de referencia à tensão v_{30}, como mostrado na Figura 3.13*b*. Não há necessidade de se atribuir uma tensão ao resistor de 15 Ω, pois a tensão de controle v_A para a fonte dependente já está disponível. (É importante notar, no entanto, que os sinais de referência de v_A estão invertidos em relação àqueles que teríamos atribuindo com base na convenção de sinal passivo.)

Este circuito contém uma fonte de tensão dependente cujo valor permanece desconhecido até determinarmos v_A. Entretanto, seu valor algébrico $2v_A$ pode ser usado do mesmo modo como se um valor numérico estivesse disponível. Com isso, aplicando-se a LKT ao laço:

$$-120 + v_{30} + 2\,v_A - v_A = 0 \qquad [7]$$

Usando a lei de Ohm para introduzir os valores conhecidos de resistência:

$$v_{30} = 30i \text{ e } v_A = -15i$$

Note que o sinal negativo é necessário, pois *i* entra no terminal negativo de v_A. Substituindo na Equação [7], temos $-120 + 30i - 30i + 15i = 0$

e encontramos

$$i = 8 \text{ A}$$

Calculamos a potência *absorvida* por cada elemento:

$$p_{120V} = (120)(-8) = -960\text{W}$$

$$p_{30\,\Omega} = (8)^2(30) = 1{,}92\text{ kW}$$

$$p_{dep} = (2v_A)(8) = 2[(-15)(8)](8)$$

$$= -1{,}92\text{ kW}$$

$$p_{15\,\Omega} = (8)^2(15) = 960\text{ W}$$

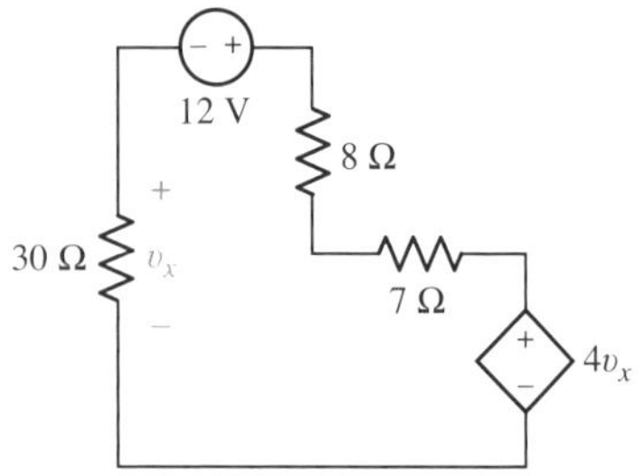

▲ **FIGURA 3.14** Circuito com um único laço.

▶ EXERCÍCIO DE FIXAÇÃO

3.6 No circuito da Figura 3.14, ache a potência absorvida por cada um dos cinco elementos no circuito.

Resposta: (sentido horário a partir da esquerda) 0,768 W; 1,92 W; 0,2048 W; 0,1792 W; −3,072 W.

Vamos testar isso com o circuito da Figura 3.13 do Exemplo 3.5, em que consiste em duas fontes (uma dependente e uma independente) e dois resistores. Somando a potência absorvida por cada elemento, achamos

$$\sum_{\substack{\text{todos os}\\ \text{elementos}}} p_{\text{absorvida}} = -\ 960 + 1920 - 1920 + 960 = 0$$

Na realidade (nossa indicação é o sinal associado à potência absorvida), a fonte de 120 V *fornece* +960 W e a fonte dependente fornece +1.920 W. Assim, as fontes fornecem um total de 960 + 1920 = 2.880 W. Espera-se que os resistores absorvam potência positiva, que neste caso dá um total de 1.920 + 960 = 2.880 W. Assim, se levarmos em consideração cada elemento do circuito,

$$\sum p_{\text{absorvida}} = \sum p_{\text{fornecida}}$$

como esperávamos.

Voltando a nossa atenção para o Problema 3.6, cuja solução o leitor pode querer verificar, vemos que as potências absorvidas totalizam 0,768 + 1,92 + 0,2048 + 0,1792 − 3,072 = 0. É interessante notar que a fonte de tensão independente de 12 V está observando +1,92 W, ou seja ela está *dissipando* potência e não fornecendo. Por outro lado, a fonte de tensão dependente parece fornecer toda a potência neste circuito em particular. É possível uma coisa assim? Em geral, esperamos que uma fonte forneça potência positiva, porém, como estamos empregando fontes ideais em nossos circuitos, é possível ter um fluxo de potência entrando em qualquer fonte. Se o circuito for alterado de alguma forma, a mesma fonte fornecerá potência positiva. No entanto, o resultado só será conhecido quando a análise do circuito tiver sido finalizada.

3.5 ▶ CIRCUITOS COM UM PAR DE NÓS

O circuito em que um número qualquer de elementos simples está conectado ao mesmo par de nós se assemelha ao circuito com um único laço, discutido na Seção 3.4. Um exemplo desse tipo de circuito é mostrado na Figura 3.15*a*. A LKT nos força a considerar que a tensão sobre cada um dos ramos é a mesma sobre qualquer outro ramo. *Dizemos que elementos de circuito que têm a mesma tensão sobre eles estão ligados em* ***paralelo***.

▶ EXEMPLO 3.6

Calcule a tensão, a corrente e a potência associadas a cada um dos elementos no circuito da Figura 3.15*a*.

Primeiro definimos um tensão v e selecionamos arbitrariamente a sua polaridade como mostrado na Figura 3.15*b*. Duas correntes, fluindo nos resistores, são selecionadas em conformidade com a convenção do sinal passivo, como mostrado na Figura 3.15*b*.

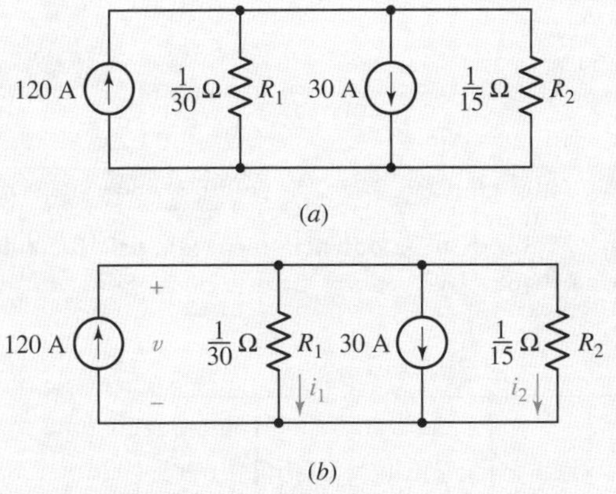

▲ **FIGURA 3.15** (*a*) Circuito com um par de nós. (*b*) A tensão e duas correntes são assinaladas.

Determinando a corrente i_1 ou i_2 poderemos obter um valor para v. Então, nosso próximo passo é aplicar a LKC em qualquer um dos nós do circuito. Equacionando a soma algébrica das correntes que saem do nó superior e igualando a zero:

$$-120 + i_1 + 30 + i_2 = 0$$

Escrevendo as duas correntes em termos da tensão v usando a lei de Ohm

$$i_1 = 30\,v \text{ e } i_2 = 15\,v$$

obtemos

$$-120 + 30\,v + 30 + 15\,v = 0$$

Resolvendo a equação para v temos que v = 2V
e utilizando a lei de Ohm nos temos

$$i_1 = 60 \text{ A e } i_2 = 30 \text{ A}$$

A potência absorvida em cada elemento pode ser calculada agora. Nos dois resistores,

$$p_{R1} = 30(2)^2 = 120 \text{ W e } p_{R2} = 30(2) = 60 \text{ W}$$

e para as duas fontes,

$$p_{120A} = 120(-2) = -240 \text{ W e } p_{30A} = 30(2) = 60 \text{ W}$$

Uma vez que a fonte de 120 A absorve 240 W negativos, ela está na verdade *fornecendo* potência para os outros elementos do circuito. De forma similar, concluímos que a fonte de 30 A está na realidade *absorvendo* potência, no lugar de *fornecê-la*.

▶ EXERCÍCIO DE FIXAÇÃO

3.7 Determine v no circuito da Figura 3.16.

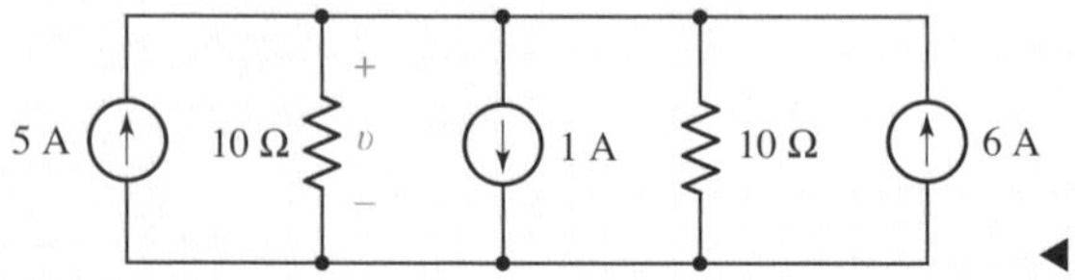

◀ **FIGURA 3.16**

Resposta: 50 V.

▶ EXEMPLO 3.7

Determine o valor de v e a potência fornecida pela fonte de corrente dependente na Figura 3.17.

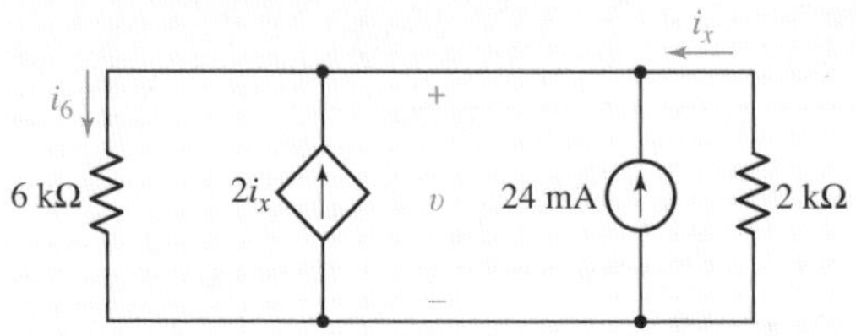

▲ **FIGURA 3.17** A tensão v e a corrente i_6 são assinaladas no circuito com um par de nós contendo a fonte dependente.

Pela LKC, a soma das correntes que saem no nó superior deve ser zero, de modo que

$$i_6 - 2i_x - 0{,}024 - i_x = 0$$

Novamente, note que o valor da fonte dependente ($2i_x$) é tratado de maneira semelhante a qualquer outra corrente, embora seu valor numérico não seja conhecido até que o circuito tenha sido analisado.

Seguimos aplicando a lei de Ohm para cada resistor:

$$i_6 = \frac{v}{6000} \quad \text{e} \quad i_x = \frac{-v}{2000}$$

Portanto,

$$\frac{v}{6000} - 2\left(\frac{-v}{2000}\right) - 0{,}024 - \left(\frac{-v}{2000}\right) = 0$$

e então $v = (600)(0{,}024) = 14{,}4$ V.

Qualquer outra informação que seja necessária para este circuito é fácil de ser obtida agora em um único passo. Por exemplo, a potência fornecida pela fonte independente é $p_{24} = 14{,}4(0{,}024) - 0{,}3456$ W (345,6 mW).

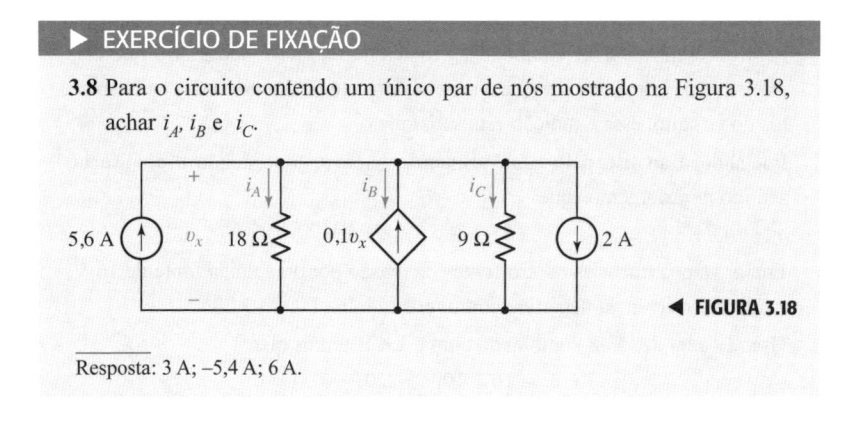

▶ EXERCÍCIO DE FIXAÇÃO

3.8 Para o circuito contendo um único par de nós mostrado na Figura 3.18, achar i_A, i_B e i_C.

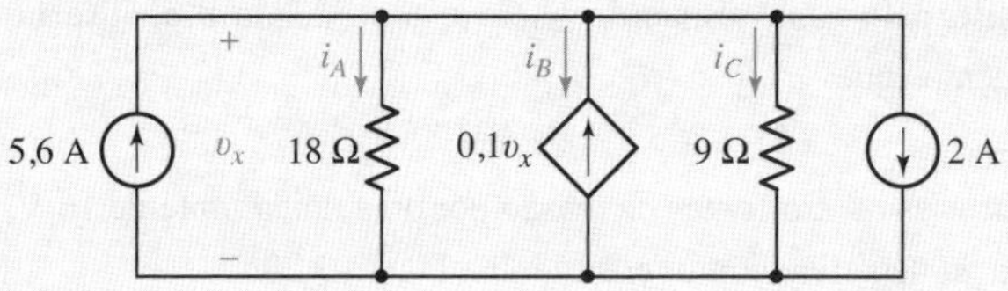

◀ **FIGURA 3.18**

Resposta: 3 A; –5,4 A; 6 A.

3.6 ▶ FONTES CONECTADAS EM SÉRIE E EM PARALELO

Algumas das manipulações matemáticas feitas sobre o equacionamento de circuitos em série e paralelo podem ser evitadas por meio da combinação de fontes. Note, entretanto, que doas as tensões, correntes e potência relacionadas no restante do circuito não serão mudadas. Por exemplo, várias fontes de tensão em série podem ser substituídas por uma fonte de tensão equivalente em que o seu valor é igual à soma algébrica das fontes individuais (Figura 3.19*a*). Fontes de corrente ligadas em paralelo podem também ser combinadas pela soma algébrica de suas correntes individuais e a ordem de elementos em paralelo pode ser rearranjada como desejado (Figura 3.19*b*).

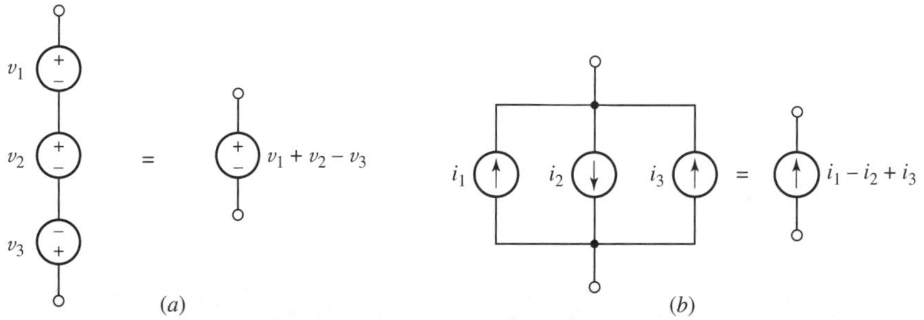

◀ **FIGURA 3.19** (*a*) Fontes de tensão conectadas em série podem ser substituídas por uma única fonte. (*b*) Fontes de corrente em paralelo podem ser substituídas por uma única fonte.

▶ EXEMPLO 3.8

Determine a corrente *i* no circuito da Figura 3.20*a* combinando primeiramente as fontes em uma única fonte de tensão equivalente.

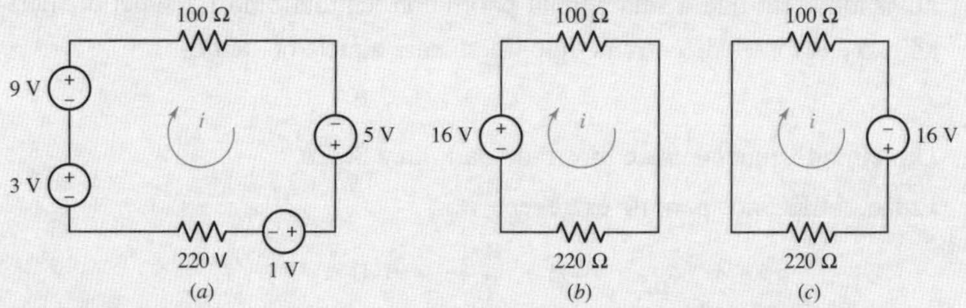

▲ **FIGURA 3.20**

Para que seja possível combinar as fontes de tensão, é necessário que elas estejam em série. Uma vez que a mesma corrente (i) flui por todos os elementos do circuito, essa condição está satisfeita.

Iniciando a análise pelo canto esquerdo baixo e procedendo a análise no sentido horário, temos que

$$-3 - 9 - 5 + 1 = 16 \text{ V}$$

Então, vamos trocar as quatro fontes de tensão por uma única fonte de 16 V, tendo sua referência negativa, como mostrado na Figura 3.20*b*.

Usando a lei de Ohm combinado com a LKT, temos que

$$-16 + 100i + 220i = 0$$

ou

$$i = \frac{16}{320} = 50 \text{ mA}$$

Podemos notar que o circuito na Figura 3.20*c* é também equivalente, um fato que é facilmente verificado por meio do cálculo de i.

▶ EXERCÍCIO DE FIXAÇÃO

3.9 Determine a corrente i no circuito da Figura 3.21 após substituir as quatro fontes por uma única fonte equivalente.

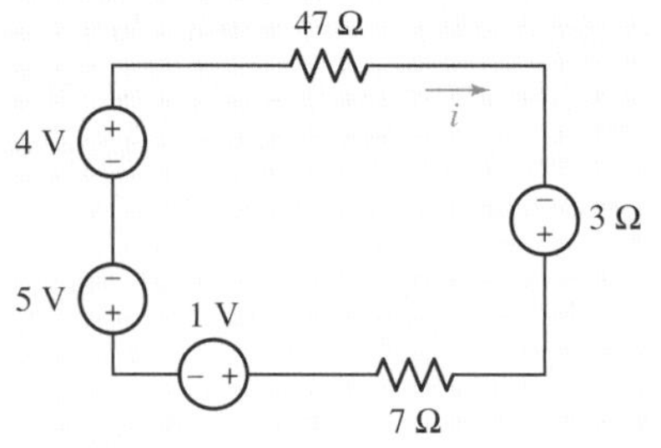

▲ **FIGURA 3.21**

Resposta: –54 A.

▶ EXEMPLO 3.9

Determine a tensão v no circuito da Figura 3.22*a* combinando primeiramente as fontes em uma única fonte de corrente equivalente.

As fontes podem ser combinadas se a mesma tensão aparece sobre cada uma delas, o que, neste caso, é facilmente verificado. Então, podemos criar uma nova fonte em que a seta aponta para cima, entrando no nó superior. Pela adição das fontes de corrente que fluem para aquele nó, temos

$$2{,}5 - 2{,}5 - 3 = -3 \text{ A}$$

Um circuito equivalente é mostrado na Figura 3.22*b*.

Então, a LKC nos permite escrever

$$-3 + \frac{v}{5} + \frac{v}{5} = 0$$

Resolvendo, achamos $v = 7{,}5$ V.

Outro circuito equivalente pode ser visto na Figura 3.22*c*.

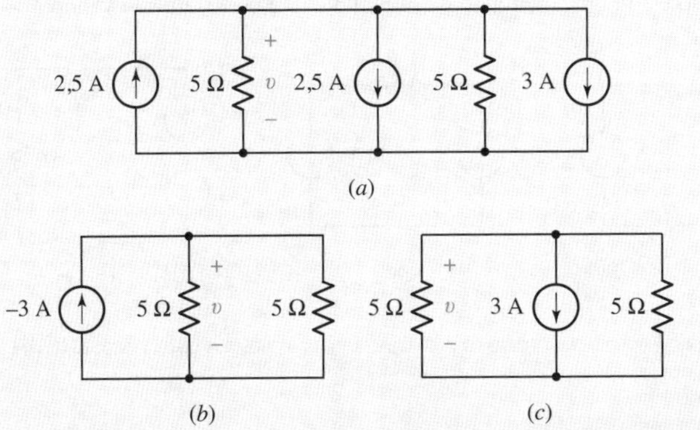

◀ **FIGURA 3.22**

▶ EXERCÍCIO DE FIXAÇÃO

3.10 Determine a corrente *v* no circuito da Figura 3.23 após substituir as três fontes por uma única fonte equivalente.

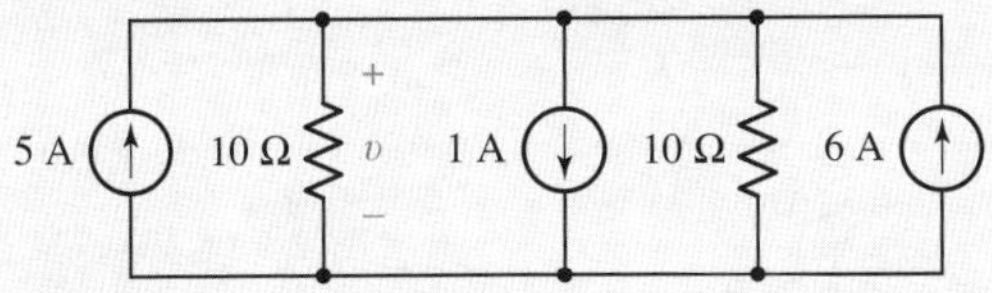

◀ **FIGURA 3.23**

Resposta: –50 V.

Para concluir a discussão a respeito da combinação série e paralelo de fontes, podemos considerar a combinação de duas fontes de tensão em paralelo e a combinação de duas fontes de corrente em série. Por exemplo, qual é o equivalente entre o paralelo de uma fonte de 5 V e outra de 10 V? Pela definição de fonte de tensão, a tensão sobre as mesmas não pode mudar; pela lei de Kirchhoff das tensões, as tensões deveriam ser iguais, ou seja, 5 igual a 10, o que é uma hipótese fisicamente impossível. Sendo assim, fontes *ideais* de tensão em paralelo só são permitidas quando as tensões em seus terminais forem exatamente iguais em todo instante de tempo. De maneira similar, duas fontes de corrente não pode ser colocadas em série a menos que tenham a mesma corrente, incluindo o sinal, para todo instante de tempo.

▶ EXEMPLO 3.10

Determine quais dos circuitos da Figura 3.24 são válidos.

O circuito da Figura 3.24*a* consiste em duas fontes de tensão em paralelo. O valor de cada fonte é diferente, então, esse circuito viola a LKT. Por exemplo, se um resistor for colocado em paralelo com a fonte de 5 V, este também estará em paralelo com a fonte de 10 V. A tensão que atua sobre o resistor é ambígua e claramente o circuito não pode ser construído como indicado. Se tentarmos construir um circuito como este na prática, veremos que é impossível encontrarmos fontes "ideais" de tensão – todas as fontes reais possuem uma resistência interna.

A presença desta resistência interna permite que haja diferença entre duas fontes reais. Seguindo essa linha, o circuito da Figura 3.24*b* é perfeitamente válido.

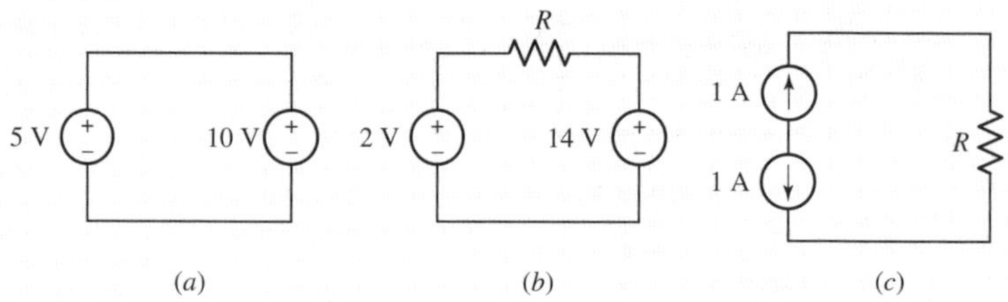

▲ **FIGURA 3.24** Exemplos de circuito com múltiplas fontes, alguns dos quais violam as leis de Kirchhoff.

O circuito da Figura 3.24*c* viola a LKC, uma vez que não é claro qual é a corrente que realmente flui através de *R*.

▶ EXERCÍCIO DE FIXAÇÃO

3.11 Determine se o circuito da Figura 3.25 viola alguma das leis de Kirchhoff.

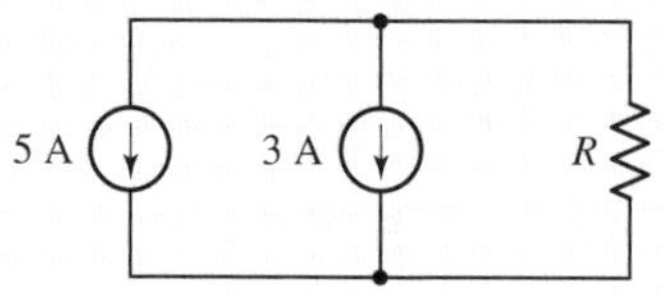

◀ **FIGURA 3.25**

Resposta: Não. Porém, se o resistor fosse removido, o circuito resultante violaria.

3.7 ▶ RESISTORES EM SÉRIE E EM PARALELO

É possível, frequentemente, substituirmos combinações relativamente complicadas de resistores por um resistor simples equivalente. Isso é útil quando não estamos interessados especificamente em uma corrente, tensão ou potência associada com algum resistor individual naquela combinação. *Todas as relações de corrente, tensão e potência no restante do circuito devem se manter inalteradas.*

Considere uma combinação em série de N resistores como mostrado na Figura 3.26*a*. Desejamos simplificar o circuito substituindo os N resistores por um resistor R_{eq} equivalente, de modo que o restante do circuito, neste caso apenas a fonte de tensão, não perceba que alguma mudança foi feita. A corrente, tensão e potência da fonte deve ser a mesma antes e depois da substituição.

Primeiro, aplicamos LKT:

$$v_s = v_1 + v_2 + \cdots + v_N$$

e então, a lei de Ohm:

$$v_s = R_1 i + R_2 i + \cdots + R_N i = (R_1 + R_2 + \cdots + R_N) i$$

Compare agora esse resultado com a equação simples aplicando ao circuito simplificado mostrado na Figura 3.26*b*:

$$v_s = R_{\text{eq}} i$$

Então, o valor da resistência equivalente para N resistores em série é

$$R_{eq} = R_1 + R_2 + \cdots + R_N \qquad [8]$$

> Dica útil: Em circuitos série, *a ordem* em que os elementos aparecem no circuito *não faz diferença*. Isso pode ser facilmente verificado inspecionando o circuito por meio da LKT.

Agora estamos preparados para substituirmos uma rede de dois terminais constituída de N resistores em série, por um único elemento R_{eq} de dois terminais com a mesma relação $v - i$.

É importante enfatizarmos novamente que pode ser de nosso interesse sabermos o valor de corrente, tensão ou potência de um dos elementos originais. Por exemplo, a tensão de uma fonte dependente de tensão pode depender de um valor de tensão sobre R_3. Se R_3 está combinado com outros resistores em série para formar um resistor equivalente, então a tensão sobre este não poderá ser determinada e, consequentemente, a tensão nos terminais da fonte controlada também não poderá ser determinada. Neste caso, seria melhor voltar atrás e não colocar R_3 como parte da combinação inicial.

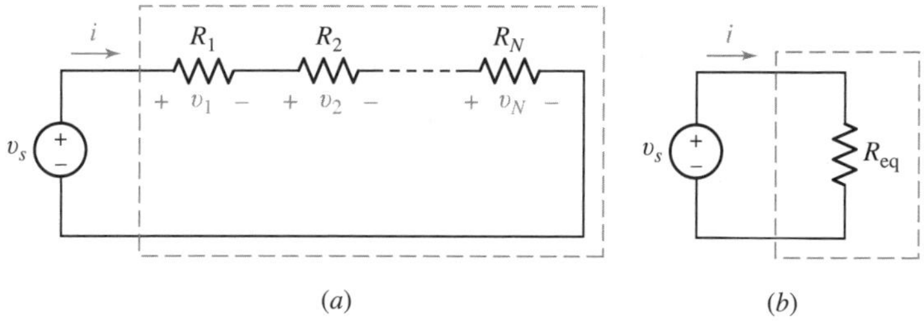

◀ **FIGURA 3.26** (*a*) Combinação de *N* resistores em série. (*b*) Circuito elétrico equivalente.

▶ EXEMPLO 3.11

Use a combinação de resistências e fontes para determinar a corrente *i* na Figura 3.27*a* e a potência entregue pela fonte de 80 V.

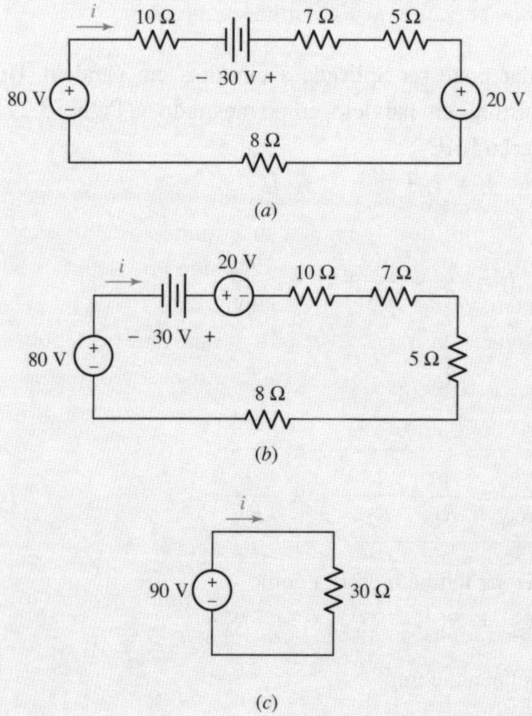

◀ **FIGURA 3.27** (*a*) Um circuito em série com várias fontes e resistores. (*b*) Os elementos foram rearranjados para tornar o circuito mais claro. (*c*) Circuito equivalente mais simples.

Primeiros trocamos os elementos de posição no circuito, tomando o cuidado para preservar as propriedades das fontes, como mostra a Figura 3.27*b*. O próximo passo é combinar as três fontes de tensão em uma fonte equivalente de 90 V, e os quatro resistores em um equivalente de 30 Ω, como na Figura 3.27*c*. Então, em vez de escrevermos

$$-80 + 10i - 30 + 7i + 5i + 20 + 8i = 0$$

temos simplesmente

$$-90 + 30i = 0$$

e então achamos

$$i = 3 \text{ A}$$

Para calcular a potência entregue para o circuito pela fonte de 80 V que aparece no circuito original, é necessário que retornemos para a Figura 3.27*a* com o conhecimento de que a corrente é 3 A. A potência desejada é então 80 V × 3 A = 240 W.

É interessante notarmos que nenhum elemento do circuito original permanece no circuito equivalente.

▶ EXERCÍCIO DE FIXAÇÃO

3.12 Determine i no circuito da Figura 3.28.

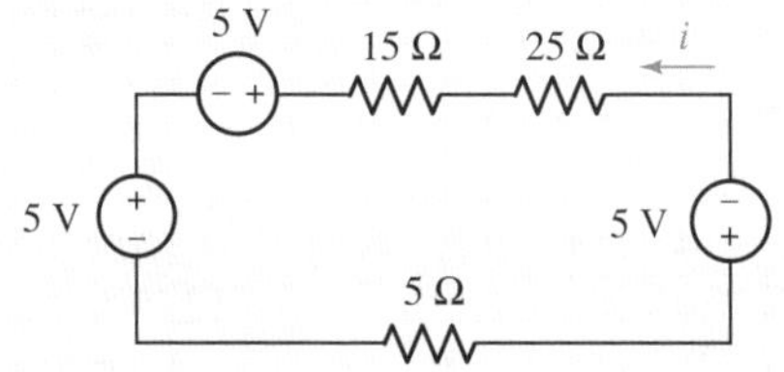

◀ **FIGURA 3.28**

Resposta: –333 mA

Simplificação similar pode ser aplicada a circuitos em paralelo. Um circuito contendo N resistores em paralelo, como mostrado na Figura 3.29*a*, conduz a seguinte equação LKC

$$i_s = i_1 + i_2 + \cdots + i_N$$

ou

$$i_s = \frac{v}{R_1} + \frac{v}{R_2} + \cdots + \frac{v}{R_N} = \frac{v}{R_{eq}}$$

Então,

$$\boxed{\frac{1}{R_{eq}} = \frac{1}{R_1} + \frac{1}{R_2} + \cdots + \frac{1}{R_N}} \qquad [9]$$

A Equação [9] pode ser também escrita como

$$R_{eq}^{-1} = R_1^{-1} + R_2^{-1} + \cdots + R_N^{-1},$$

ou em termos de condutância, como

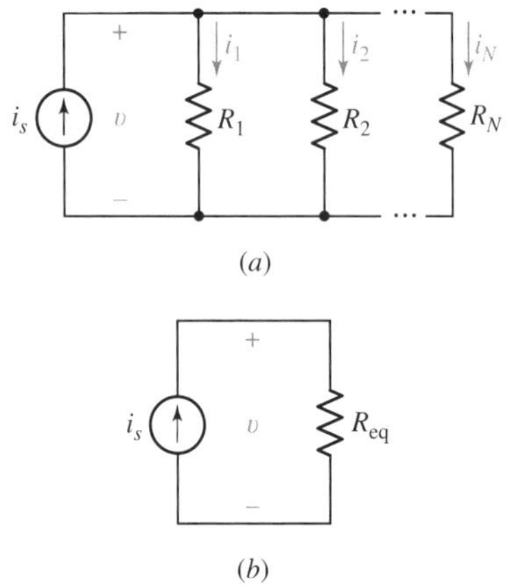

▲ **FIGURA 3.29** (*a*) Um circuito com N resistores em paralelo. (*b*) Circuito equivalente.

$$G_{eq} = G_1 + G_2 + \cdots + G_N$$

O circuito simplificado (equivalente) é mostrado na Figura 3.29*b*.

Uma combinação em paralelo é rotineiramente indicada pela notação simplificada:

$$R_{eq} = R_1 \| R_2 \| R_3$$

Um caso especial, muito encontrado, é a combinação de apenas dois resistores em paralelo, que pode ser escrita como

$$R_{eq} = R_1 \| R_2 = \frac{1}{\frac{1}{R_1} + \frac{1}{R_2}}$$

Ou, de maneira mais simples,

$$\boxed{R_{eq} = \frac{R_1 R_2}{R_1 + R_2}} \qquad [10]$$

É recomendável que se memorize essa forma, embora seja um erro comum tentar generalizar a Equação [10] para mais de dois resistores, como por exemplo

$$R_{eq} \not= \frac{R_1 R_2 R_3}{R_1 + R_2 + R_3}.$$

Uma rápida olhada nas unidades desta equação mostrará imediatamente que ela não pode estar correta.

▶ EXERCÍCIO DE FIXAÇÃO

3.13 Determine v no circuito da Figura 3.30 após combinar as três fontes de corrente e também as duas resistências de 10 Ω.

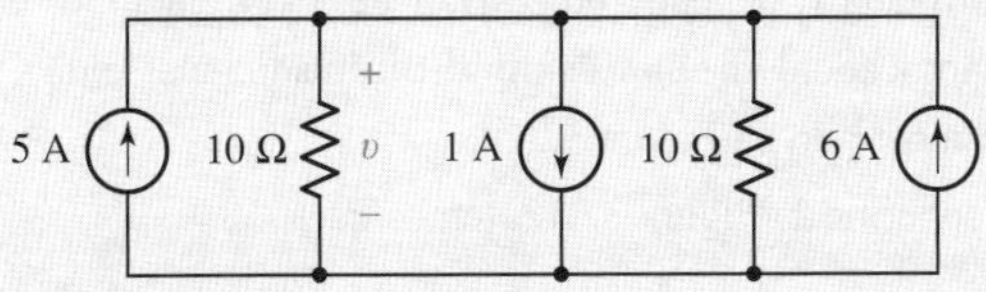

◀ **FIGURA 3.30**

Resposta: 50 V

▶ EXEMPLO 3.12

Calcule a potência e a tensão da fonte independente da Figura 3.31*a*.

Procuraremos simplificar o circuito antes de analisá-lo, mas tendo cuidado para incluirmos a fonte dependente, uma vez que a sua característica de tensão e potência são de nosso interesse.

Apesar de não estarem desenhadas lado a lado, as duas fontes de corrente independentes estão na verdade em paralelo e, com isso, podemos substituí-las por uma fonte equivalente de 2 A.

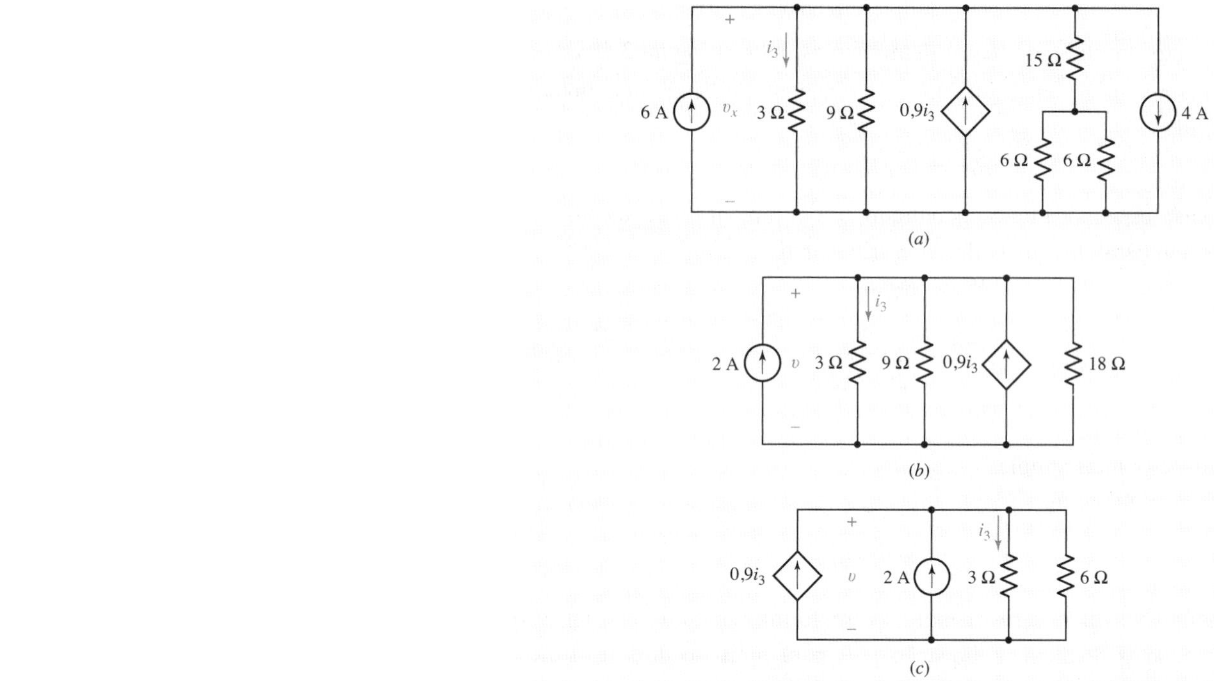

▲ **FIGURA 3.31** (*a*) Circuito com múltiplos nós. (*b*) As duas fontes de corrente independentes são combinadas em uma fonte de 2 A e o resistor de 15 Ω em série com dois resistores de 6 Ω em paralelo são substituídos por um único resistor de 18 Ω. (*c*) Circuito equivalente simplificado.

Os dois resistores de 6 Ω estão em paralelo e podem ser substituídos por um único resistor de 15 Ω e este em série com o resistor de 3 Ω. Assim, os dois resistores de 6 Ω e o resistor de 15 Ω são substituídos por um resistor equivalente de 18 Ω (Figura 3.31*b*).

Não importa o quão tentador seja, *não devemos combinar os três resistores restantes.* A variável controlada i_3 depende do resistor de 3 Ω e então, este resistor deve permanecer intocado. Uma única simplificação adicional, então, é 9 Ω||18 Ω = 6 Ω, como mostrado na Figura 3.31*c*.

Aplicando a LKC no nó superior da Figura 3.31*c*, temos que

$$-0{,}9i_3 - 2 + i_3 + \frac{\upsilon}{6} = 0$$

Empregando a lei de Ohm,

$$\upsilon = 3_{i_3}$$

o que nos permite calcular

$$i_3 = \frac{10}{3}\ \text{A}$$

Então, a tensão sobre a fonte dependente (que é a mesma sobre a resistência de 3 Ω) é

$$\upsilon = 3_{i3} = 10\ \text{V}$$

Então, a fonte dependente fornece $\upsilon \times 0{,}9i_3 = 10(0{,}9)\left(\frac{10}{3}\right) = 30$W para o resto do circuito.

Agora, se quisermos saber a potência dissipada no resistor de 15 Ω, temos que voltar ao circuito original. Este resistor está em série com um resistor equivalente de 3 Ω; há uma tensão de 10 V nos terminais do resistor equivalente de 18 Ω; portanto, uma corrente de 5/9 A flui através do resistor de 15 Ω e a potência absorvida por esse elemento é $\left(\frac{5}{9}\right)(15) = 4{,}63\,\text{W}$.

▶ EXERCÍCIO DE FIXAÇÃO

3.14 Para o exercício da Figura 3.32, calcule a tensão v_x.

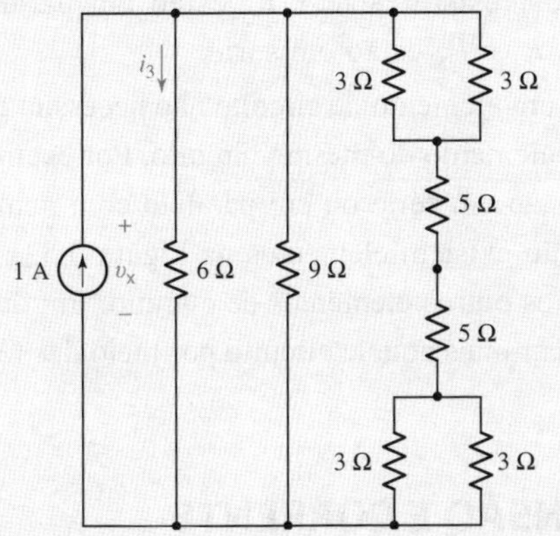

◀ **FIGURA 3.32**

Resposta: 2,819 V.

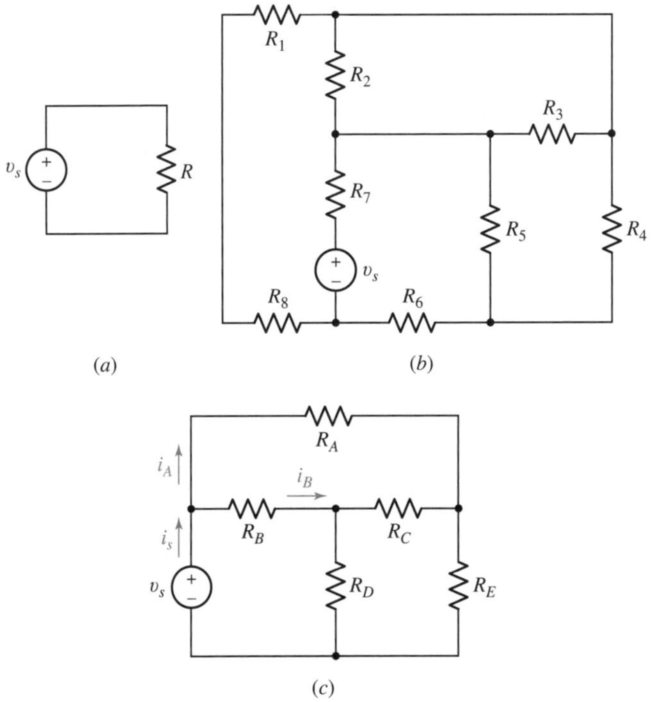

▲ **FIGURA 3.33** (*a*) Os dois elementos de circuito estão em série e em paralelo. (*b*) R_2 e R_3 estão em paralelo e R_1 e R_8 estão em série. (*c*) Não existem elementos de circuitos em série ou paralelo com qualquer outro elemento.

Três comentários finais a respeito das combinações em série e em paralelo podem ser úteis. O primeiro está ilustrado na Figura 3.33*a* e nos leva a perguntar: "*v_s e R então em série ou em paralelo?*" A resposta é "*ambos*". Os dois elementos transportam a mesma corrente e por isso estão em série; eles também compartilham da mesma tensão e, consequentemente, estão em paralelo.

O segundo comentário é na verdade uma palavra de advertência. Circuitos podem ser desenhados de tal maneira que as combinações série e paralelo podem se tornar de difícil visualização. Na Figura 3.33*b*, por exemplo, apenas os resistores R_2 e R_3 estão em paralelo, enquanto apenas os resistores R_1 e R_8 estão em série.

O comentário final é de que um elemento de circuito não necessita estar em série ou paralelo com outro elemento do mesmo circuito. Por exemplo, R_4 e R_5 na Figura 3.33*b* não estão em série ou em paralelo com nenhum outro elemento de circuito, e não existem elementos na Figura 3.33*c* que estão em série ou paralelo com os outros elementos de circuito. Em outras palavras, não podemos simplificar mais aquele circuito por meio das técnicas discutidas neste capítulo.

3.8 ▶ DIVISÃO DE TENSÃO E CORRENTE

Pela combinação de fontes e resistências, encontramos um método para diminuir o nosso trabalho ao analisar um circuito. Outro atalho útil é a aplicação das ideias de divisão de tensão e divisão de corrente. A divisão de tensão é usada para expressar a tensão sobre um das vários resistores em série, em termos da tensão sobre a combinação. Na Figura 3.34, a tensão sobre R_2 pode ser achada pela LKT e para lei de Ohm, como segue:

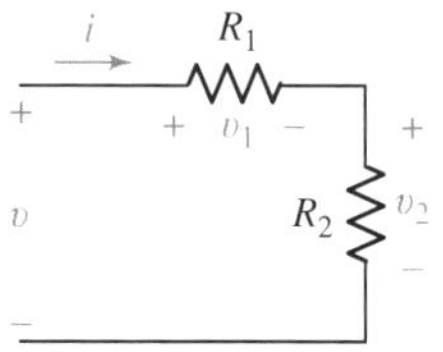

▲ **FIGURA 3.34** Uma ilustração da divisão de tensão.

$$v = v_1 + v_2 = iR_1 + iR_2 = i(R_1 + R_2)$$

então

$$i = \frac{v}{R_1 + R_2}$$

Sendo assim,

$$v_2 = iR_2 = \left(\frac{v}{R_1 + R_2}\right) R_2$$

ou

$$v_2 = \frac{R_2}{R_1 + R_2} v$$

e a tensão sobre R_1 é, de forma similar

$$v_1 = \frac{R_1}{R_1 + R_2} v$$

Se na rede da Figura 3.34 é generalizada pela remoção de R_2 e substituição pela combinação série de $R_1, R_2, ..., R_N$, então temos um resultado geral para a divisão de tensão sobre a cadeia de *N* resistores em série

$$v_k = \frac{R_k}{R_1 + R_2 + \cdots + R_N} v \qquad [11]$$

o que nos permite calcular a tensão v_k que aparece sobre um resistor arbitrário R_k da série.

▶ EXEMPLO 3.13

Determine v_x no circuito da Figura 3.35*a*.

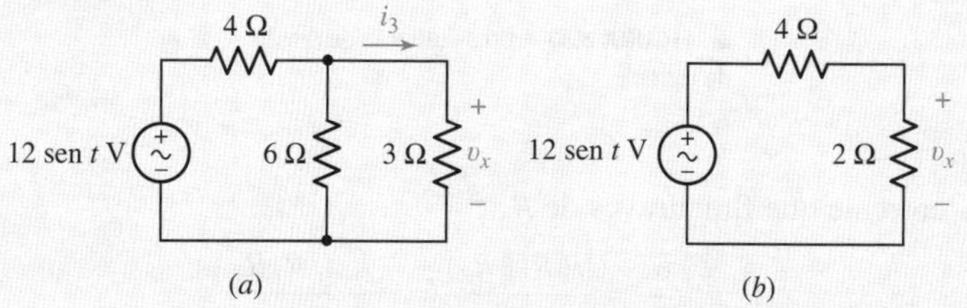

▲ **FIGURA 3.35** (*a*) Um exemplo numérico que ilustra a combinação de resistências e divisão de tensão. (*b*) circuito simplificado.

Primeiro vamos combinar os resistores de 6 Ω e 3 Ω, substituindo os mesmos pela resistência equivalente

$$\frac{(6)(3)}{(6+3)} = 2\Omega$$

Uma vez que v_x aparece sobre a combinação em paralelo, nossa simplificação não perdeu esta grandeza. No entanto, uma simplificação ainda maior no circuito, com a substituição dos resistores de 4 Ω e 2 Ω por uma resistência equivalente, faria v_x desaparecer.

Então, prosseguimos simplesmente aplicando o divisor de tensão na Figura 3.35*b*:

$$v_x = (12 \operatorname{sen} t)\frac{2}{4+2} = 4 \operatorname{sen} t \qquad \text{volts}$$

▶ EXERCÍCIO DE FIXAÇÃO

3.15 Use a divisão de tensão para determinar v_x no circuito da Figura 3.36.

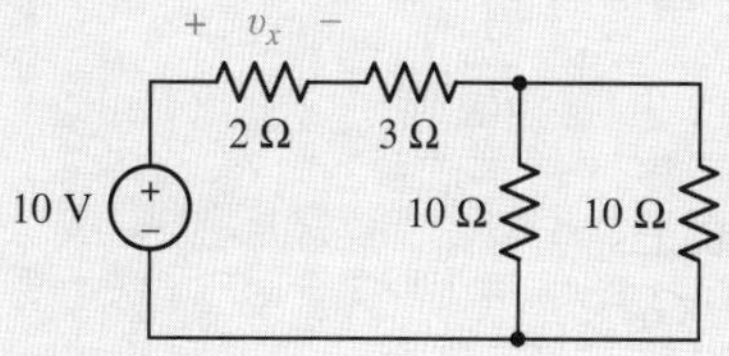

▲ **FIGURA 3.36**

Resposta: 2 V.

O dual[2] da divisão de tensão é a divisão de corrente. Temos agora a corrente total fornecida para vários resistores em paralelo, como mostrado no circuito da Figura 3.37.

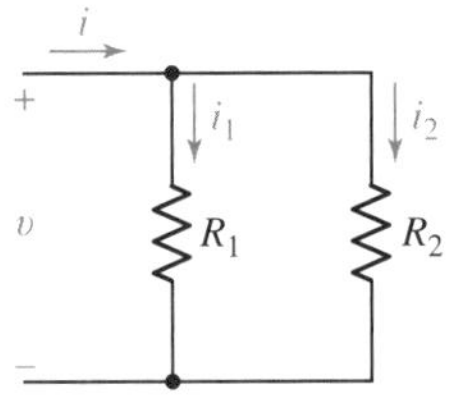

▲ **FIGURA 3.37** Uma ilustração de divisão de corrente.

A corrente que flui através de R_2 é

$$i_2 = \frac{v}{R_2} = \frac{i(R_1 \| R_2)}{R_2} = \frac{i}{R_2}\frac{R_1 R_2}{R_1 + R_2}$$

ou

$$\boxed{i_2 = i\frac{R_1}{R_1 + R_2}} \qquad [12]$$

ou, de forma similar,

$$\boxed{i_1 = i\frac{R_2}{R_1 + R_2}} \qquad [13]$$

A natureza não sorriu para nós aqui, pois as duas últimas equações têm um fator que difere sutilmente daquele utilizado na divisão de tensão, e certo esforço será necessário para que evitemos erros. Muitos estudantes encaram a expressão da divisão de tensão como "óbvia" e o divisor de corrente como "diferente". Isto ajuda a entender que o maior de dois resistores em paralelo carrega a menor corrente. Para a combinação de N resistores em paralelo, a corrente através do resistor R_k é

$$\boxed{i_k = i\frac{\dfrac{1}{R_k}}{\dfrac{1}{R_1} + \dfrac{1}{R_2} + \cdots + \dfrac{1}{R_N}}} \qquad [14]$$

Escrevendo em termos de condutâncias,

$$i_k = i\frac{G_k}{G_1 + G_2 + \cdots + G_N}$$

que tem estreita relação com a Equação [11] para a divisão de tensão.

---

2 O princípio da dualidade é encontrado com frequência em engenharia. Nós consideraremos o tópico brevemente no Capítulo 7, quando compararemos indutores e capacitores.

▶ EXEMPLO 3.14

Escreva uma expressão para a corrente através do resistor de 3 Ω da Figura 3.38.

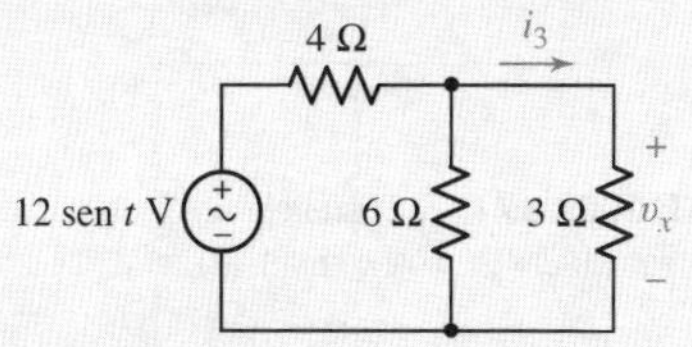

▲ **FIGURA 3.38** Circuito usado como exemplo de divisão de corrente. A linha ondulada no símbolo da fonte de tensão significa que a fonte varia senoidalmente com o tempo.

A corrente total fluindo para combinação 3 Ω – 6 Ω é

$$i(t) = \frac{12\,\text{sen}\,t}{4 + 3\|6} = \frac{12\,\text{sen}\,t}{4 + 2} = 2\,\text{sen}\,t \quad \text{A}$$

então, a corrente desejada é dada pelo divisor de corrente:

$$i_3(t) = (2\,\text{sen}\,t)\left(\frac{6}{6+3}\right) = \frac{4}{3}\,\text{sen}\,t \quad \text{A}$$

Infelizmente, a divisão de corrente é muitas vezes aplicada quando a mesma não poderia ser aplicada. Como exemplo, vamos considerar novamente o circuito mostrado na Figura 3.33*c*, circuito em que já aceitamos o fato de seus elementos não estarem em série e nem em paralelo. Sem resistores em paralelo, não é possível que apliquemos a divisão de corrente. Apesar disso, existem alunos que dão uma olhada rápida para os resistores R_A e R_B e tentam aplicar uma divisão de corrente, escrevendo uma equação incorreta como

$$i_A \not= i_S \frac{R_B}{R_A + R_B}$$

Lembre-se, *resistores em paralelo devem ser ramos conectados entre o mesmo par de nós.*

▶ EXERCÍCIO DE FIXAÇÃO

3.1 No circuito da Figura 3.39, use o método da combinação das resistências e a divisão de corrente para achar i_1, i_2 e v_3.

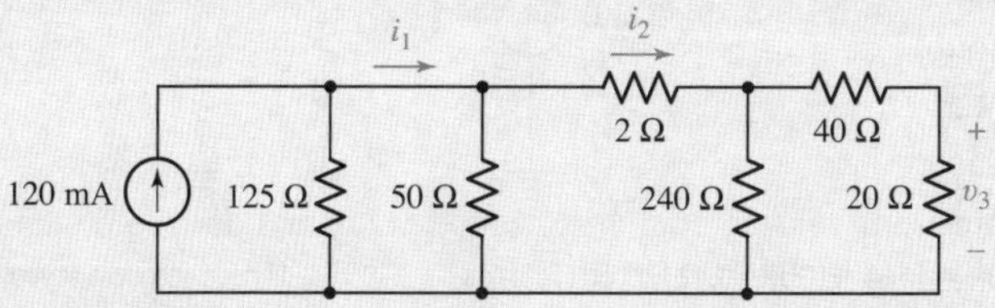

▲ **FIGURA 3.39**

Resposta: 100 mA; 50 mA; 0,8 V.

APLICAÇÃO

NÃO É A TERRA DA GEOLOGIA

Até agora, temos desenhado diagramas esquemáticos de circuitos de maneira similar àquele mostrado na Figura 3.40, em que as tensões são definidas entre dois terminais claramente definidos. Tomamos um cuidado especial ao se destacar o fato de que a tensão não pode ser definida em um único ponto – ela é, por definição, a *diferença* de potencial entre *dois* pontos. No entanto, muitos diagramas esquemáticos utilizam a convenção segundo a qual o terra é definido como o potencial nulo, de forma que todas as tensões em um circuito estejam implicitamente referenciadas a este potencial. Este conceito geralmente é conhecido como **terra** e está fundamentalmente ligado às normas de segurança para evitar incêndios, choques elétricos fatais e outros problemas relacionados. O símbolo do terra está mostrado na Figura 3.41*a*.

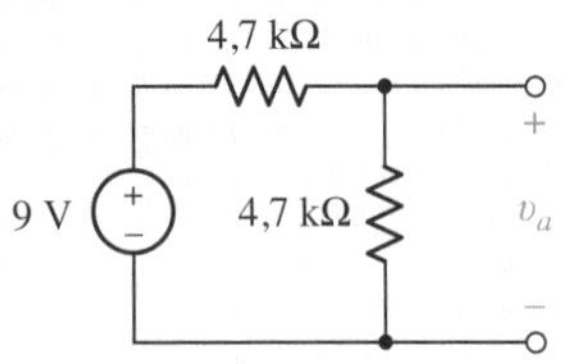

▲ **FIGURA 3.40** Circuito simples com uma tensão v_a definida entre dois terminais.

Uma vez que o terra é definido como tendo zero volts, é geralmente conveniente usá-lo como um terminal comum nos diagramas esquemáticos. O circuito da Figura 3.40 foi redesenhado dessa maneira na Figura 3.42, em que o símbolo de terra representa um nó comum. É importante notar que os dois circuitos são equivalente em termos do valor v_a (4,5 V em qualquer um dos casos), mas não são mais exatamente os mesmos. Dizemos que o circuito da Figura 3.40 está "flutuando" pelo fato de que ele, para todas as finalidades práticas, poderia ser instalado na placa de circuito impresso de um satélite em órbita (ou em seu caminho para Plutão). No entanto, o circuito da Figura 3.42 está de certa forma fisicamente conectado ao terra através de um caminho condutor. Por essa razão, há dois outros símbolos que são ocasionalmente usados para representar um terminal comum. A Figura 3.41*b* mostra o que é comumente chamado de **terra de sinal**; pode haver (e geralmente há) uma elevada diferença de potencial entre o terra e qualquer terminal ligado ao terra de sinal.

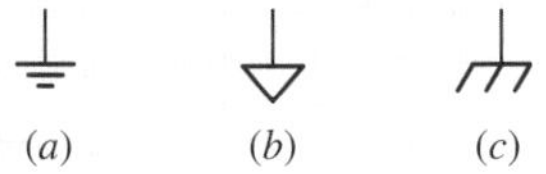

▲ **FIGURA 3.41** Três símbolos diferentes usados para representar um ponto de terra ou um terminal comum. (*a*) Terra; (*b*) terra de sinal; (*c*) terra de chassi.

O fato de que o terminal comum de um circuito pode estar ou não conectado ao terra por meio de algum caminho de baixa resistência pode legar a situações potencialmente perigosas. Considere o diagrama da Figura 3.43*a*, que mostra um pobre inocente prestes a tocar em um equipamento alimentado por uma tomada. Foram usados apenas dois terminais da tomada; o pino de aterramento foi deixado desconectado. Os terminais comuns de todos os circuitos o equipamento foram interligados e conectados à sua carcaça; este terminal é geralmente representado pelo símbolo de **terra de chassi** da Figura 3.41*c*. Infelizmente, há uma falha na fiação devido a algum defeito de fabricação ou desgaste. Como a carcaça do equipamento não está "aterrada", há uma alta resistência entre este ponto e o aterramento. Um pseudoesquema (foi tomada certa liberdade em relação ao símbolo que representa a resistência equivalente do indivíduo) dessa situação é mostrado na Figura 3.43*b*. O caminho elétrico entre a carcaça condutora e a terra poderia ser de fato a mesa, que seria representada por uma resistência de centenas de megaohms ou mais. A resistência da pessoa, no entanto, é várias ordens de grandeza menor. Quando esta pessoa der um tapinha no equipamento para ver por que ele não está funcionado corretamente... bem, podemos dizer que várias histórias como essa não tiveram um final feliz.

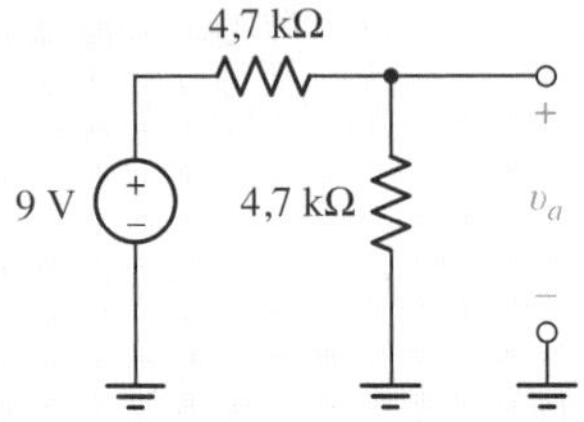

▲ **FIGURA 3.42** O circuito da Figura 3.40, redesenhado usando o símbolo de terra. O símbolo mais à direita é redundante. Ele só é necessário para marcar o terminal positivo de v_a; a referência negativa é implicitamente o terra, ou zero volts.

O fato de que "o terra" nem sempre é um ponto fisicamente conectado "à terra" pode causar muitos problemas de segurança e ruído elétrico. Um exemplo é encontrado ocasionalmente em prédios antigos, onde o encanamento era originalmente feito de canos de cobre, que são bons condutores elétricos. Em prédios assim, qualquer cano era geralmente considerado um caminho de baixa resistência para a terra, e portanto, usado em muitas conexões elétricas. No entanto, quando tubos corroídos são substituídos por canos de PVC mais modernos, baratos e não condutores, o caminho de baixa resistência para a terra deixa de existir. Um problema relacionado ocorre quando a composição do solo varia muito de um lugar para outro em uma região. Nessas situações, é possível ter dois prédios vizinhos nos quais os "aterramentos" não são iguais, o que pode levar à circulação de correntes indesejáveis.

Neste texto, o símbolo de terra será usado de forma exclusiva. Vale lembrar, no entanto que não existem aterramentos iguais em situações práticas.

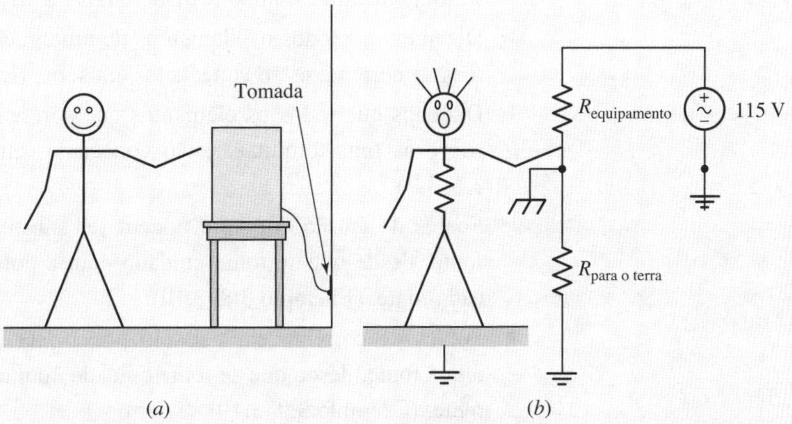

▲ **FIGURA 3.43** (*a*) Um esboço mostrando uma pessoa inocente prestes a tocar um equipamento que não está corretamente aterrado; isso não será muito bonito. (*b*) Esboço de um circuito equivalente para o que ocorrerá; a pessoa foi representada por uma resistência equivalente, assim como o equipamento. Um resistor foi usado para representar o caminho para a terra que não passa pela pessoa.

RESUMO E REVISÃO

Começamos este capítulo discutindo as combinações entre elementos de circuito e introduzimos os termos *nó*, *caminho*, *laço* e *ramo*. Os dois tópicos seguintes podemos ser considerados os mais importantes deste livro-texto, chamados de Lei de Kirchhoff da corrente (LKC) e Lei de Kirchhoff da Tensão (LKT). A primeira é baseada no princípio da conservação das cargas, e pode ser expressa em termos de "o que entra (corrente) tem de sair". A segunda é baseada na conservação da energia, e pode ser visto como "o que sobe (potencial) tem de descer". Essas duas leis nos permite analisar *qualquer* circuito, seja linear ou não, fornecendo-nos um caminho para relacionar tensões e correntes com elementos passivos (como a lei de Ohm para resistores). No caso de circuitos com um único laço, os elementos são conectados em *série* desde que cada um carregue a mesma corrente. O circuito com apenas um par de nós é aquele em que os elementos estão conectados em *paralelo*, e se caracteriza por apresentarem uma mesma tensão comum a cada um dos seus elementos. Estendendo esses conceitos, nos foi permitido desenvolver uma maneira de simplificar fontes de tensão em série ou fontes de corrente em paralelo; subsequentemente, obtivemos as expressões clássicas para resistores conectados em série e em paralela.

No tópico final, o de divisão de tensão e corrente, encontra considerável uso na síntese de circuitos em que uma tensão ou corrente específicas são requeridas, mas a nossa escolha é limitada.

Concluímos a nossa revisão com os pontos-chave deste capítulo, destacando exemplos apropriados.

- A lei de Kirchhoff da corrente afirma que a soma algébrica das correntes que entram em um nó é igual a zero. (Exemplos 3.1, 3.4)
- A lei de Kirchhoff da tensão afirma que a soma algébrica das tensões ao longo de um caminho fechado é igual a zero. (Exemplos 3.2, 3.3)
- Dizemos que todos os elementos de um circuito que transportam a mesma corrente estão conectados em série. (Exemplo 3.5)
- Dizemos que todos os elementos que apresentam a mesma tensão sobre os seus terminais estão conectados em paralelo. (Exemplo 3.6, 3.7)
- Fontes de tensão em série podem ser substituídas por uma única fonte, desde que se tome cuidado com a polaridade individual de cada fonte. (Exemplo 3.8, 3.10)
- Fontes de corrente em paralelo podem ser substituídas por uma única fonte, desde que se tome cuidado com a direção de cada corrente. (Exemplo 3.9, 3.10)
- Uma combinação de N resistores em série pode ser substituída por um único resistor tendo o valor $R_{eq} = R_1 \mid R_a + \ldots R_N$. (Exemplo 3.11)
- Uma combinação de N resistores em paralelo pode ser substituída por um único resistor tendo o valor

$$\frac{1}{R_{\text{eq}}} = \frac{1}{R_1} + \frac{1}{R_2} + \cdots + \frac{1}{R_N}. \qquad \text{(Exemplo 3.12)}$$

- A divisão de tensão nos permite calcular que fração da tensão total aplicada em um grupo de resistores em série aparecerá nos terminais de qualquer um dos resistores (ou grupo de resistores). (Exemplo 3.13)
- A divisão de corrente nos permite calcular qual fração da corrente total em um conjunto de resistores em paralelo flui através de qualquer um dos resistores. (Exemplo 3.14)

LEITURA COMPLEMENTAR

Uma discussão a respeito dos princípios de conservação da energia e da carga, bem como sobre as leis de Kirchhoff, pode ser encontrada em

R. Feynman, R. B. Leighton, and M. L. Sands, *The Feynman Lectures on Physics*. Reading, Mass.: Addison-Wesley, 1989, pp. 4-1, 4-7, and 25-9.

Uma discussão bastante detalhada a respeito de práticas de aterramento consistentes com o National Electrical Code® de 1996 pode ser encontrada em

J. E. McPartland, B. J. McPartland, and F. P. Hartwell, *McGraw-Hill's National Electrical Code® 2008 Handbook*, 26th ed. New York, McGraw-Hill, 2008.

EXERCÍCIOS

3.1 Nós, Caminhos, Laços e Ramos

1. Referente ao circuito ilustrado na Figura 3.44, conte o número de (*a*) nós; (*b*) elementos; (*c*) ramos.

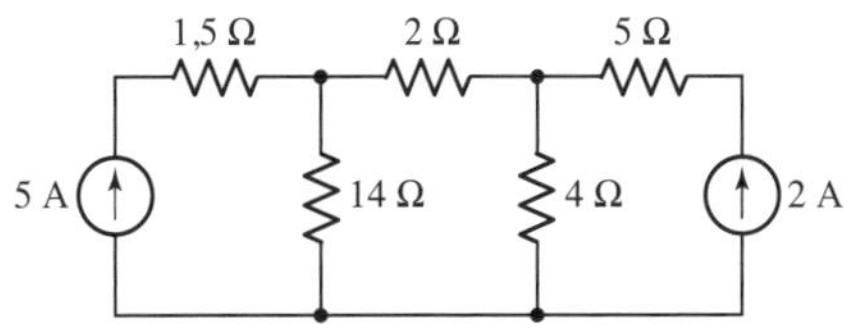

▲ **FIGURA 3.44**

2. Referente ao circuito ilustrado na Figura 3.45, conte o número de (*a*) nós; (*b*) elementos; (*c*) ramos.

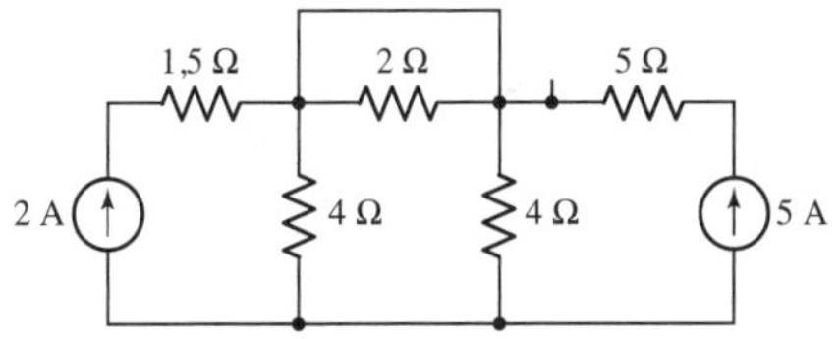

▲ **FIGURA 3.45**

3. Para o circuito da Figura 3.46:
   (*a*) conte o número de nós.
   (*b*) no movimento de *A* até *B*, formamos um caminho? Formamos um laço?
   (*c*) no movimento de *C*, passando por *F* até *G*, formamos um caminho? Formamos um laço?
4. Para o circuito da Figura 3.46:
   (*a*) conte o número de elementos de circuito.
   (*b*) se movemos de *B*, passando por *C* até *D*, formamos um caminho? Formamos um laço?
   (*c*) se movemos de *E*, passando por *D* e *C* até *B*, formamos um caminho? Formamos um laço?

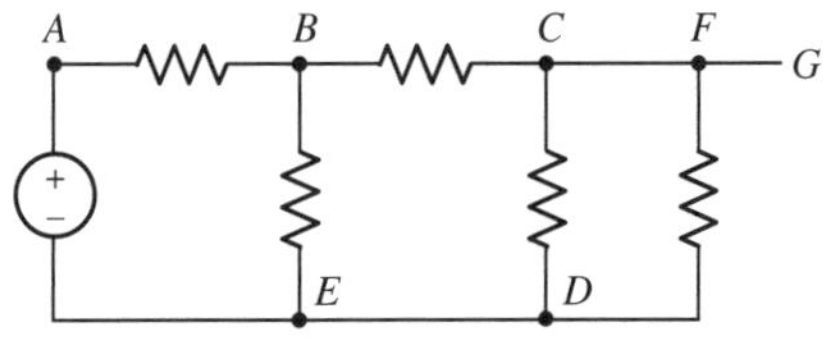

▲ **FIGURA 3.46**

5. Com referência ao circuito da Figura 3.47, responda as seguintes questões:
   (*a*) quantos nós distintos são contados no circuito?
   (*b*) quantos elementos são contados no circuito?
   (*c*) quantos ramos existem no circuito?
   (*d*) determine se os itens a seguir representam caminhos, laços, ambos ou nenhum:
   (i) de *A* até *B*
   (ii) de *B* passando por *D*, *C* até *E*
   (iii) de *C* passando por *E*, *D*, *B*, *A* até *C*
   (iv) de *C* passando por *D*, *B*, *A*, *C* até *E*

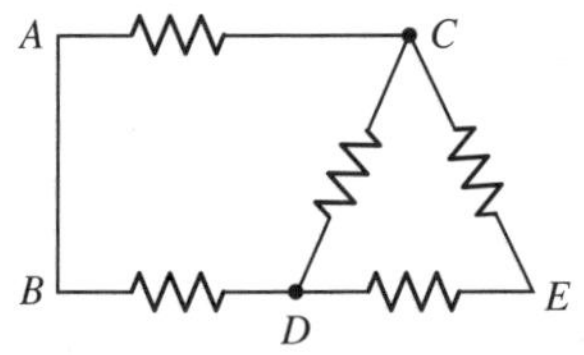

▲ **FIGURA 3.47**

3.2 Lei de Kirchhoff das Correntes

6. Um restaurante local tem um anúncio de néon formado por 12 lâmpadas separadas. Quando uma lâmpada queima, ela aparece como uma resistência infinita e não pode conduzir corrente. Ao fazer a ligação das lâmpadas, o fabricante oferece duas opções (Figura 3.48). A partir do que você aprendeu a respeito da LKC, que método de conexão o dono do restaurante deveria escolher? Explique.

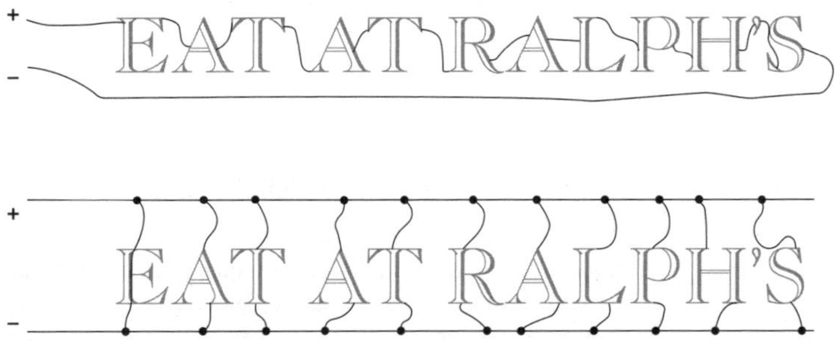

◄ **FIGURA 3.48**

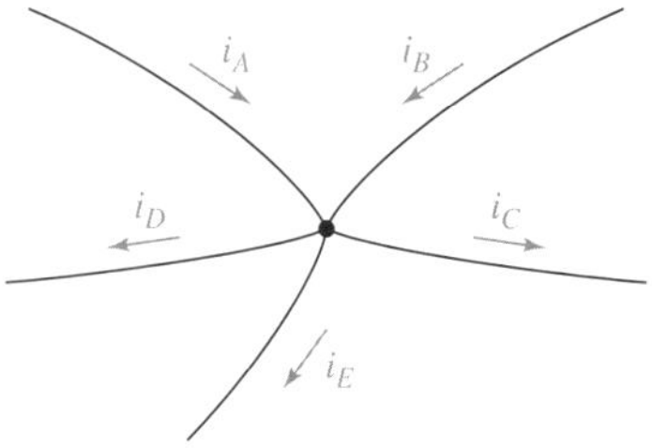

▲ **FIGURA 3.49**

7. Com referência ao diagrama com um único nó mostrado na Figura 3.49, calcule:

   (*a*) i_B, se $i_A = 1$ A, $i_D = -2$ A, $i_C = 3$ A, $i_E = 0$ A;

   (*b*) i_E, se $i_A = -1$ A, $i_B = -1$ A, $i_C = -1$ A, $i_D = -1$ A;

8. Determine as correntes I em cada um dos circuitos da Figura 3.50

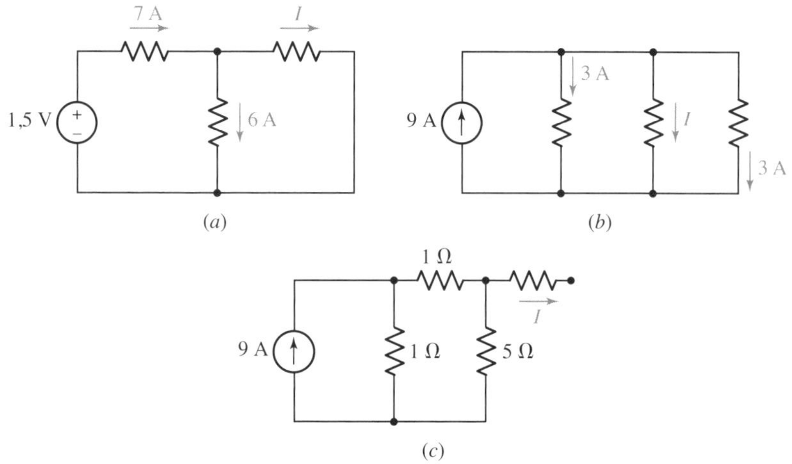

▲ **FIGURA 3.50**

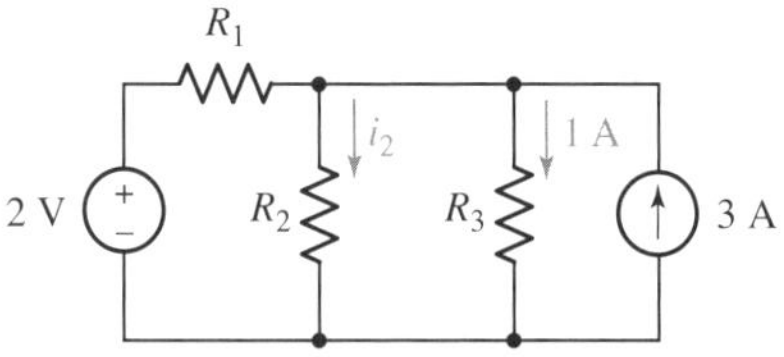

▲ **FIGURA 3.51**

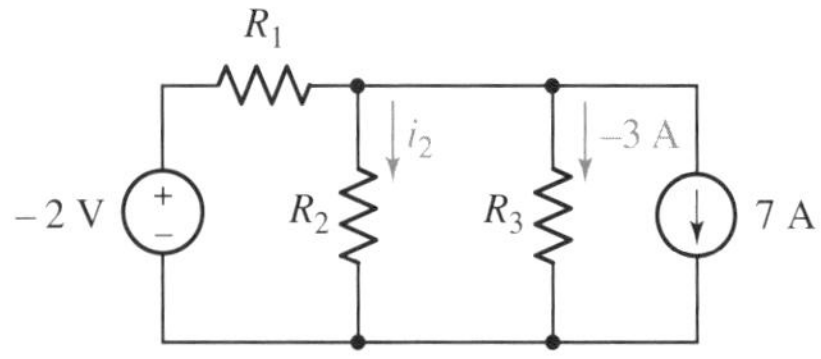

▲ **FIGURA 3.52**

9. No circuito mostrado na Figura 3.51, os valores dos resistores são desconhecidos, mas uma fonte de tensão de 2 V é conhecida e supre uma corrente de 7 A para o resto do circuito. Calcule a corrente i_2.

10. Uma fonte de tensão no circuito da Figura 3.52 tem uma corrente de 1 A saindo do terminal positivo do resistor R_1. Calcule a corrente i_2.

11. No circuito ilustrado na Figura 3.53, i_x é tal que seu valor é 1,5 A, e a fonte de 9 V fornece uma corrente de 7,6 A (isso é, a corrente de 7,6 A sai do terminal de referência positiva da fonte de 9 V). Determine o valor do resistor R_A.

12. Para o circuito da Figura 3.54 (que é um modelo para a operação CC de um transistor bipolar de junção, polarizado para na região ativa), I_B é medido como tendo 100 μA. Determine I_C e I_E.

13. Determine a corrente I_a no circuito da Figura 3.55.

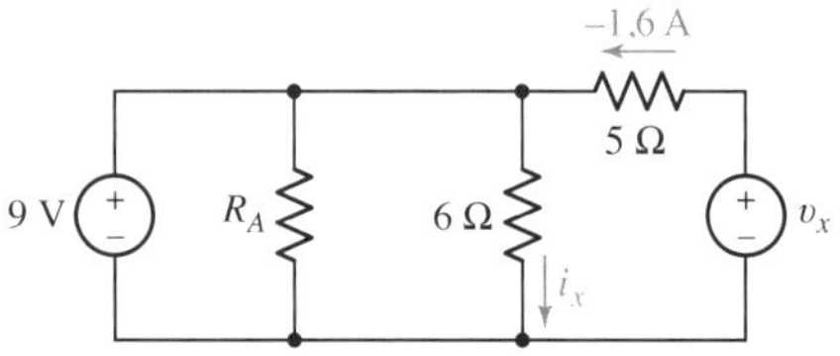

▲ **FIGURA 3.53**

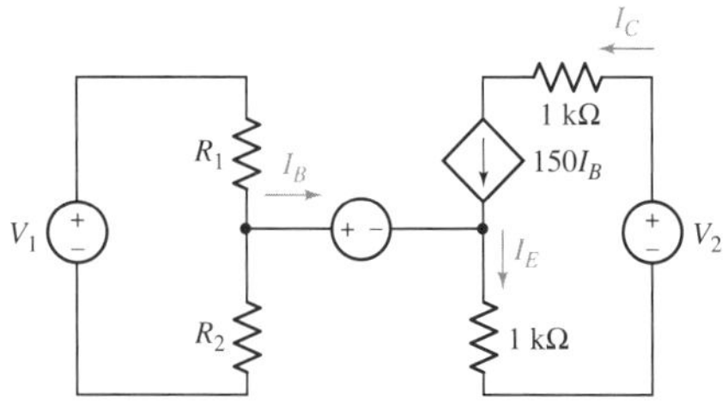

▲ **FIGURA 3.54**

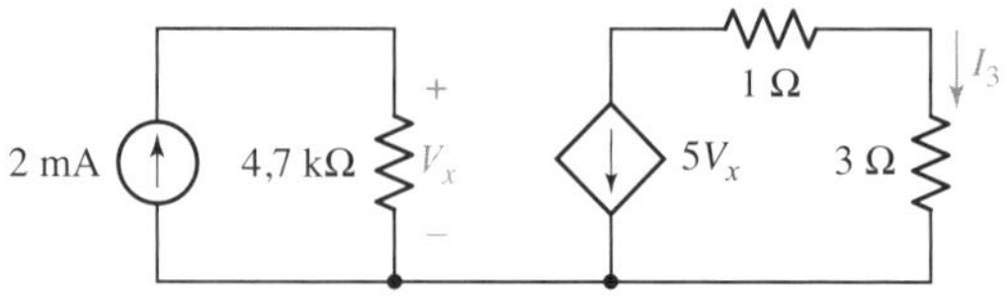

▲ **FIGURA 3.55**

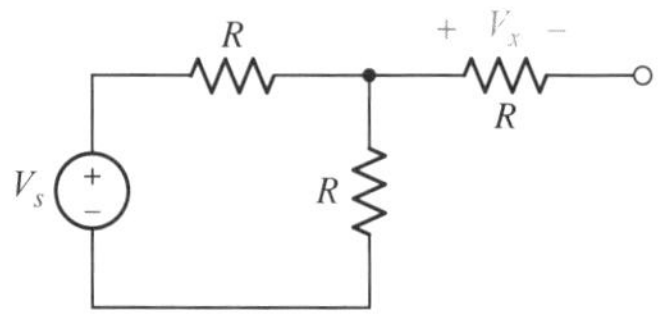

▲ **FIGURA 3.56**

14. Estude o circuito ilustrado na Figura 3.56 e explique (em termos da LKC) porque a tensão V_x deve ser zero.

15. Em muitas residências, muitas tomadas em um dado quarto fazem parte de um mesmo circuito. Desenhe o circuito para um quarto de quatro paredes com apenas uma tomada por parede, com uma lâmpada (representada por um resistor de 1 Ω) conectada a cada tomada.

3.3 Lei de Kirchhoff das Tensões

16. Para o circuito da Figura 3.57:

(*a*) Determine a tensão v_1 se $v_2 = 0$ e $v_3 = -17$ V

(*b*) Determine a tensão v_1 se $v_2 = -2$ V e $v_3 = +2$ V

(*c*) Determine a tensão v_2 se $v_1 = 7$ V e $v_3 = 9$ V

(*d*) Determine a tensão v_3 se $v_1 = -2{,}33$ V e $v_2 = -1{,}70$ V

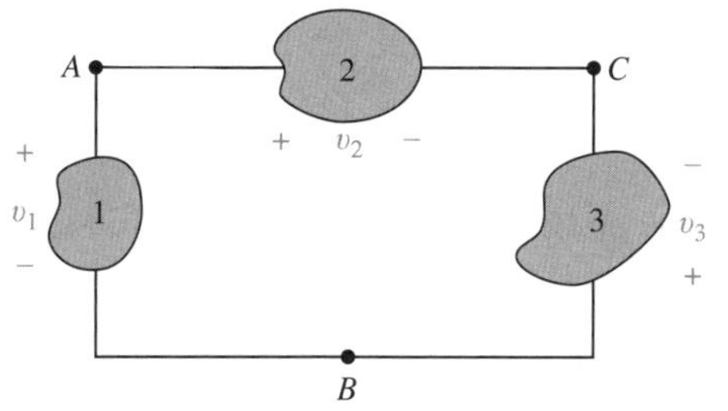

◀ **FIGURA 3.57**

17. Para cada um dos circuitos da Figura 3.58, determine a tensão v_x e a corrente i_x.

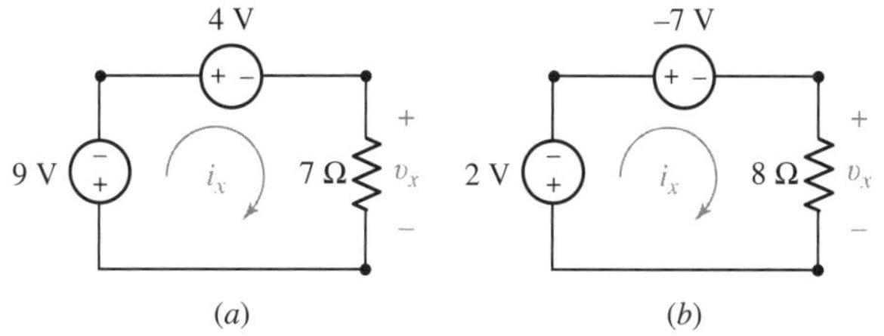

◀ **FIGURA 3.58**

18. Use a LKT para obter numericamente o valor para a corrente *i* em cada circuito ilustrado na Figura 3.59.

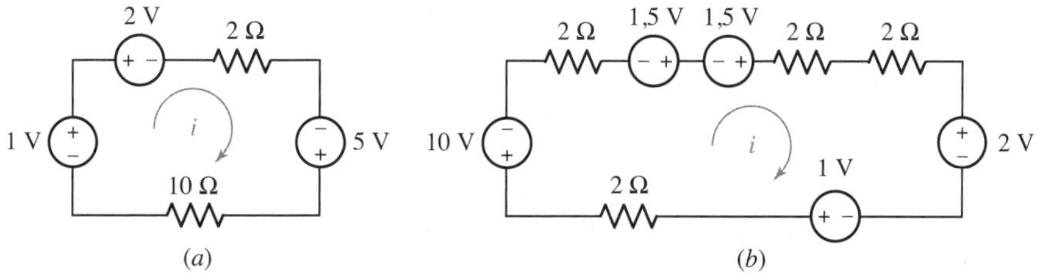

▲ **FIGURA 3.59**

19. No circuito da Figura 3.60, é determinado que $v_1 = 3$ V e $v_3 = 1{,}5$ V. Calcule v_R e v_2.

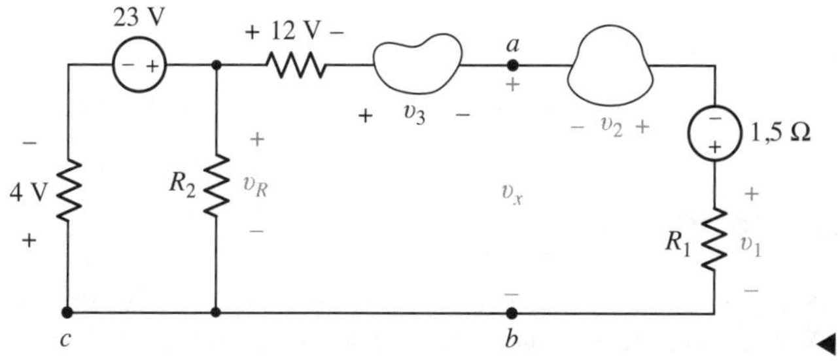

◀ **FIGURA 3.60**

20. No circuito da Figura 3.60, um multímetro é usado para medir o seguinte: v_1 = 2 V e v_3 = –1,5 V. Calcule v_x.

21. Determine o valor de v_x como marcado no circuito da Figura 3.61.

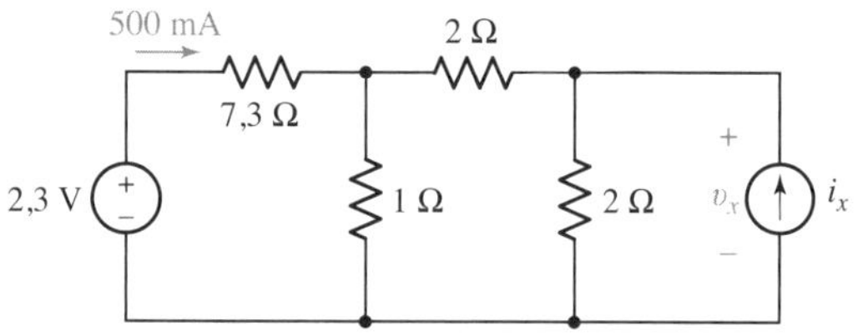

◀ **FIGURA 3.61**

22. Considere o circuito simples mostrado na Figura 3.62. Usando a LKT, derive as expressões:

$$v_1 = v_s \frac{R_1}{R_1 + R_2} \quad \text{e} \quad v_2 = v_s \frac{R_2}{R_1 + R_2}$$

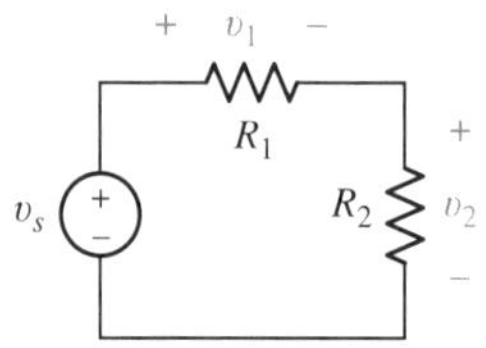

▲ **FIGURA 3.62**

23. (*a*) Determine o valor numérico para cada corrente e tensão (i_1 v_1, etc.) no circuito da Figura 3.63. (*b*) Calcule a potência absorvida por cada elemento do circuito e verifique se a soma das mesmas é igual a zero.

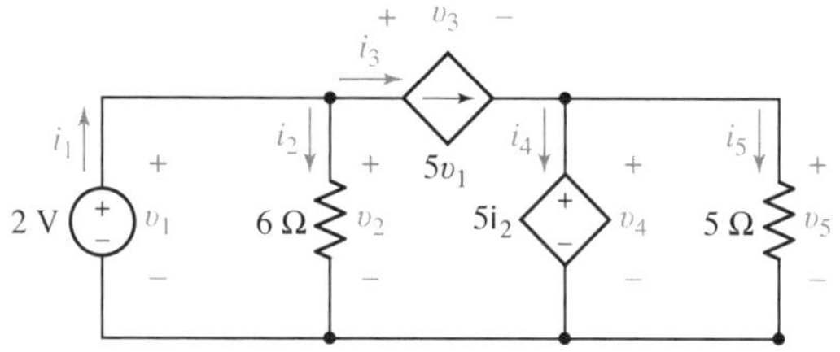

◀ **FIGURA 3.63**

24. O circuito mostrado na Figura 3.64 inclui um dispositivo conhecido como amplificador operacional (AOP). Este dispositivo possui duas propriedades incomuns no circuito mostrado: (1) V_d = 0 V, e (2) nenhuma corrente pode fluir em qualquer terminal de entrada (marcados com "–" ou "+" dentro do símbolo), mas pode fluir através do terminal de saída (marcado como "saída"). Essa situação aparentemente impossível – em conflito direto com a LKC – é o resultado de cabos de energia para o dispositivo que não estão incluídos no símbolo. Baseado nestas informações, calcule $V_{saída}$. (Dica: duas equações LKT são necessárias, ambas envolvendo a fonte e 5 V).

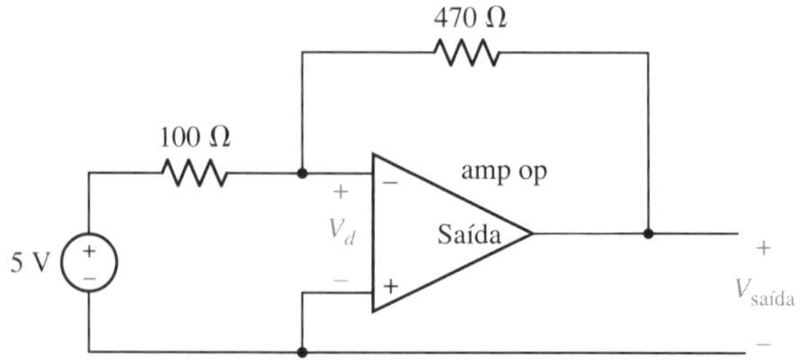

◀ **FIGURA 3.64**

3.4 Circuito com um Laço

25. O circuito da Figura 3.12*b* é construído com o seguinte: v_{s1} = – 8 V, R_1 = 1Ω, v_{s2} = – 16 V e R_2 = 4,7 Ω. Calcule a potência absorvida por cada elemento. Verifique que a soma das potências absorvidas é igual a zero.

26. Obtenha o valor numérico para a potência absorvida por cada elemento no circuito mostrado na Figura 3.65.

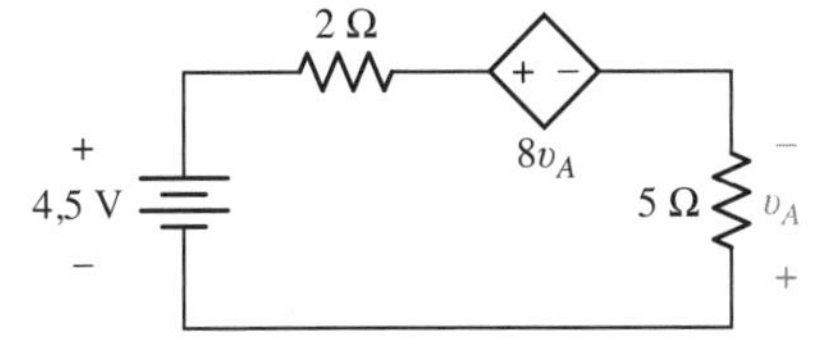

◀ **FIGURA 3.65**

27. Calcule a potência absorvida por cada elemento do circuito da Figura 3.66.

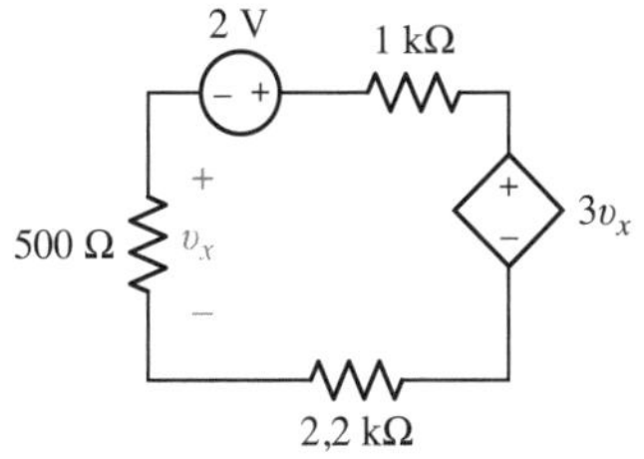

▲ **FIGURA 3.66**

28. Calcule a potência absorvida para cada elemento no circuito da Figura 3.67 se o misterioso elemento X é (*a*) um resistor de 13 Ω; (*b*) uma tensão de tensão dependente identificada por $4v_1$, "+" referente ao terminal superior; (*c*) uma fonte de tensão dependente identificada por $4i_x$, "+" referente ao terminal superior.

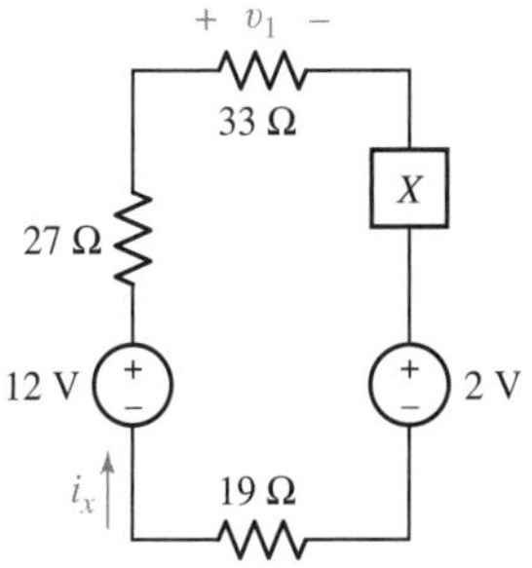

▲ **FIGURA 3.67**

29. As leis de Kirchhoff podem ser aplicadas a um elemento de circuito em particular, mesmo quando a lei de Ohm não se aplica. Por exemplo, a característica $I - V$ de um diodo é dada por

$$I_D = I_S\left(e^{V_D/V_T} - 1\right)$$

em que $V_T = 27$ mV na temperatura ambiente e I_S pode variar de 10^{-12} até 10^{-13} A. No circuito da Figura 3.68, use a LKT/LKC para obter V_D se $I_S = 29$ pA. (*Nota: este exercício resulta em uma equação transcendental, requerendo uma abordagem iterativa para que uma solução numérica seja obtida. A maioria das calculadoras científicas pode executar tal função.*)

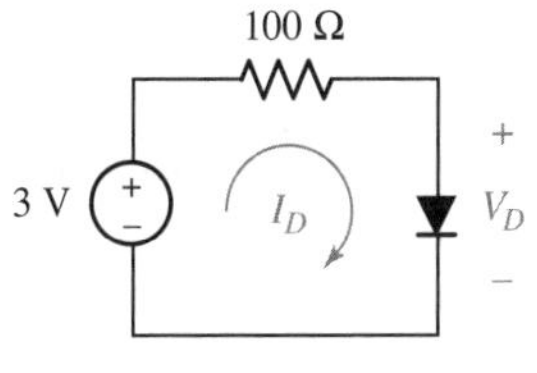

▲ **FIGURA 3.68**

3.5 Circuitos com um Par de Nós

30. Referindo-se ao circuito da Figura 3.69, (*a*) determine as duas correntes i_1 e i_2; (*b*) calcule a potência absorvida por cada elemento.

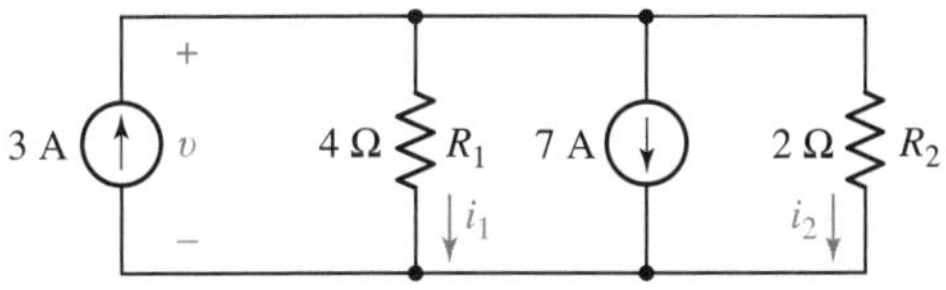

◀ **FIGURA 3.69**

31. Determine o valor para a tensão v como identificada no circuito da Figura 3.70, e calcule a potência fornecida pelas duas fontes de corrente.

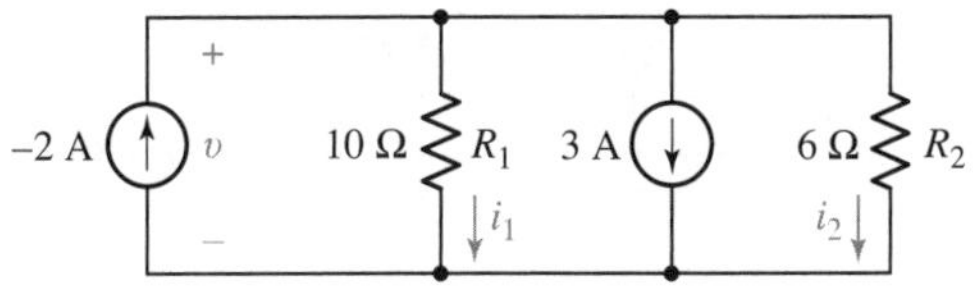

◀ **FIGURA 3.70**

32. Referindo-se ao circuito da Figura 3.71, determine o calor da tensão v.

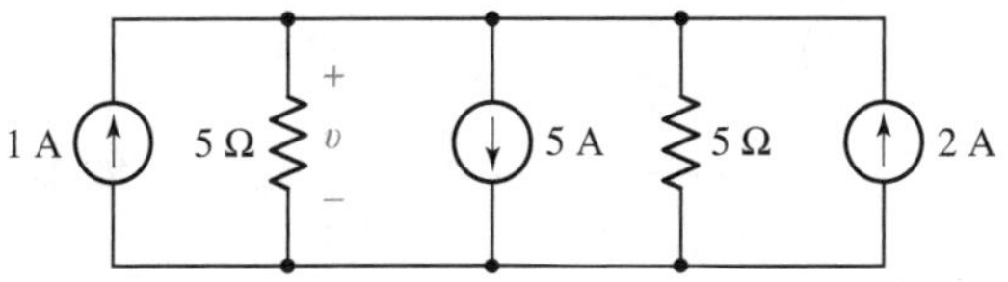

◀ **FIGURA 3.71**

33. Determine a tensão v como marcada na Figura 3.72 e calcule a potência fornecida por cada fonte de corrente.

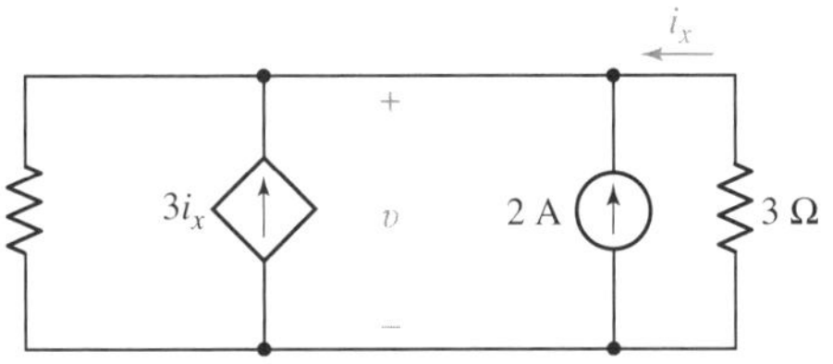

◀ **FIGURA 3.72**

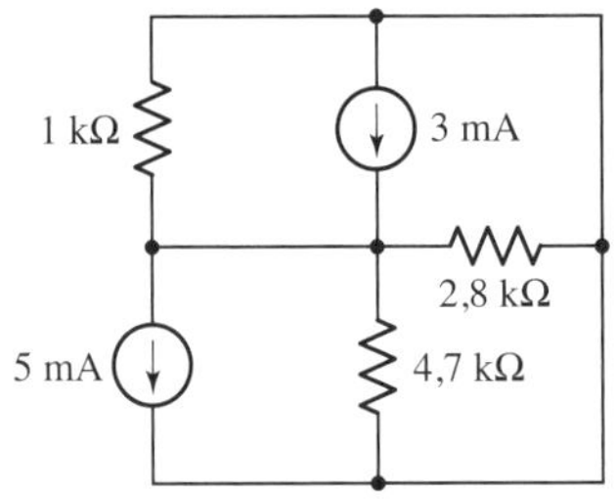

▲ **FIGURA 3.73**

34. Apesar de não parecer óbvio a primeira vista, o circuito da Figura 3.73 é de fato um circuito com um único par de nós. (*a*) Determine a potência absorvida por cada resistor. (*b*) Determine a potência fornecida por cada fonte de corrente. (*c*) Mostre que a soma das potências absorvidas calculadas em (*a*) é igual à soma das potências fornecidas calculada em (*b*).

3.6 Fontes Conectadas em Série e em Paralelo

35. Determine o calor numérico de v_{eq} na Figura 3.74*a*, se

   (*a*) $v_1 = 0$ V, $v_2 = -3$ V e $v_3 = +3$ V

   (*b*) $v_1 = v_2 = v_3 = 1$ V

   (*c*) $v_3 = -9$ V, $v_2 = 4{,}5$ V e $v_3 = 1$ V

36. Determine o calor numérico de i_{eq} na Figura 3.74*b*, se

   (*a*) $i_1 = 0$ A, $i_2 = -3$ A e $i_3 = +3$ A

   (*b*) $i_1 = i_2 = i_3 = 1$ A

   (*c*) $i_3 = -9$ A, $i_2 = 4{,}5$ A e $I_3 = 1$ A

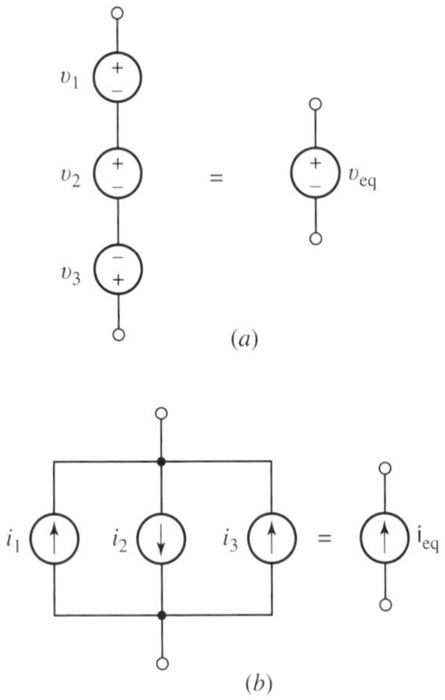

▲ **FIGURA 3.74**

37. Para o circuito apresentado na Figura 3.75, determine a corrente i após combinar as quatro fontes de tensão em uma única fonte de tensão equivalente.

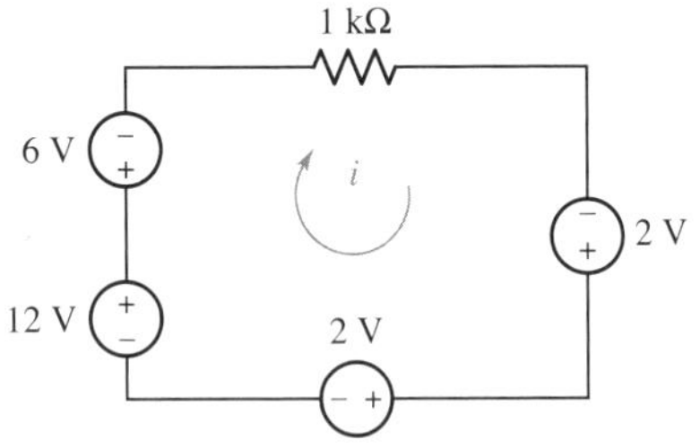

▲ **FIGURA 3.75**

38. Determine o valor de v_1 necessário para se obter valor zero para a corrente identificada por i no circuito da Figura 3.76.

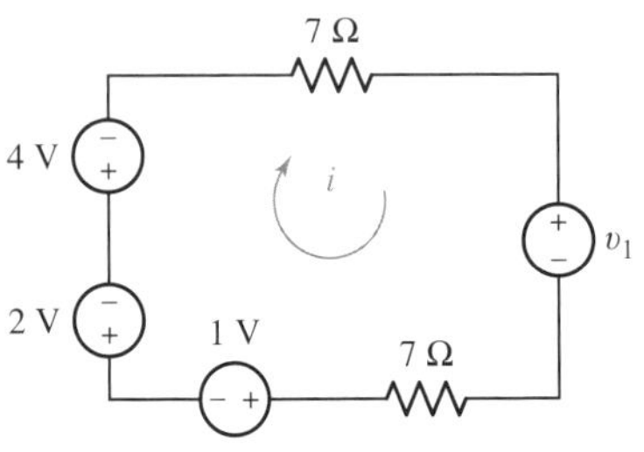

▲ **FIGURA 3.76**

39. (*a*) Para o circuito da Figura 3.77, determine o valor da tensão v, depois de simplificar o circuito de forma que o mesmo contenha apenas uma fonte de corrente em paralelo com dois resistores. (*b*) Verificar que a potência fornecida pela fonte equivalente é igual à soma das potências fornecidas pelas fontes do circuito original.

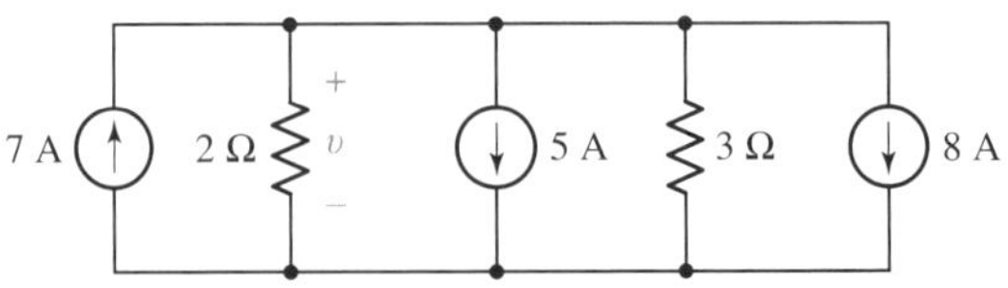

◀ **FIGURA 3.77**

40. Qual valor de I_S no circuito da Figura 3.78 resultará no valor zero para a tensão v?

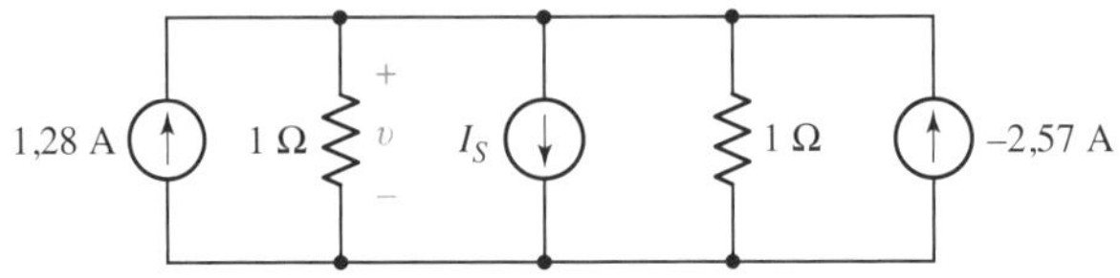

◀ **FIGURA 3.78**

41. (*a*) Determine os valores de I_X e V_Y no circuito mostrado na Figura 3.79. (*b*) Esses valores são necessariamente únicos para aquele circuito? Explique. (*c*) Simplifique o máximo possível o circuito da Figura 3.79 de modo a manter os valores de v e i. (Seu circuito deve conter o resistor de 1 Ω.)

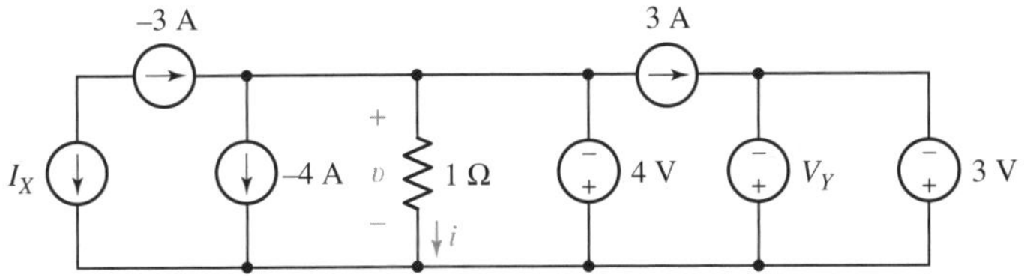

◀ **FIGURA 3.79**

3.7 Resistores em Série e em Paralelo

42. Determine a resistência equivalente para cada uma das redes mostradas na Figura 3.80.

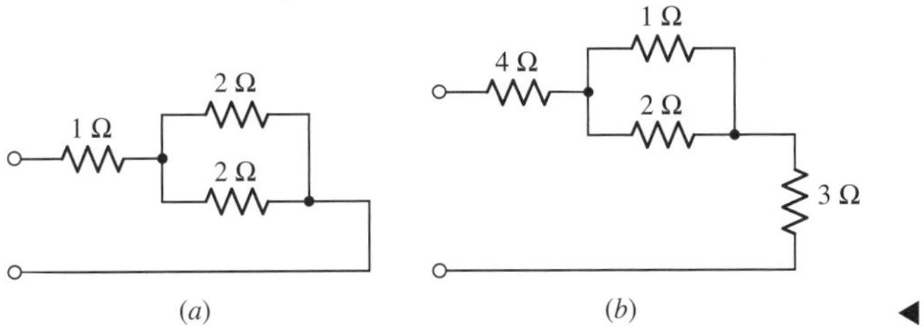

◀ **FIGURA 3.80**

43. Para cada rede ilustrada na Figura 3.81, determine uma resistência equivalente simples.

44. (*a*) Simplifique o circuito da Figura 3.82, usado a combinação apropriada para as fontes e resistências. (*b*) Determine o valor da tensão identificada por v, usando um circuito simplificado. (*c*) Para qual valor a tensão de 1 V deve ser mudada para que a corrente i seja igual a zero? (*d*) Calcule a potência absorvida pelo resistor de 5 Ω.

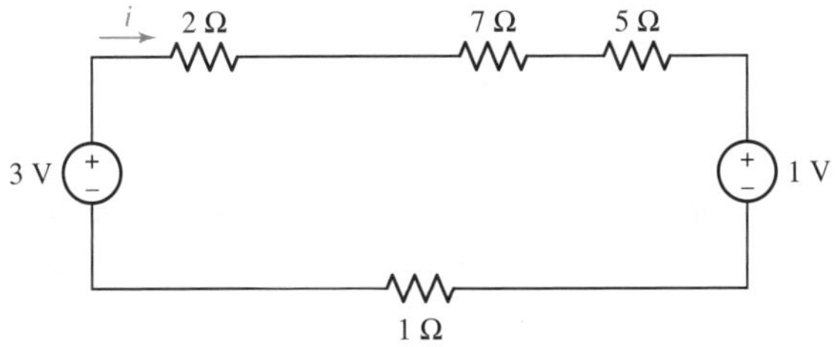

◀ **FIGURA 3.82**

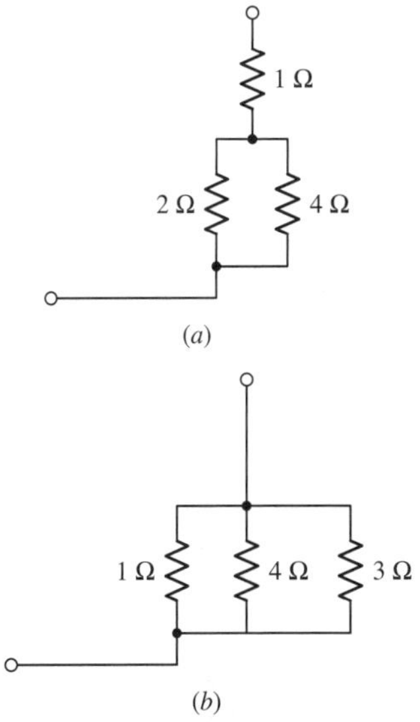

▲ **FIGURA 3.81**

45. (*a*) Simplifique o circuito da Figura 3.83, usando a combinação apropriada para as fontes e resistências. (*b*) Determine a tensão identificada por v, usando um circuito simplificado. (c) Calcule a potência fornecida pela fonte de 2 A para o resto do circuito.

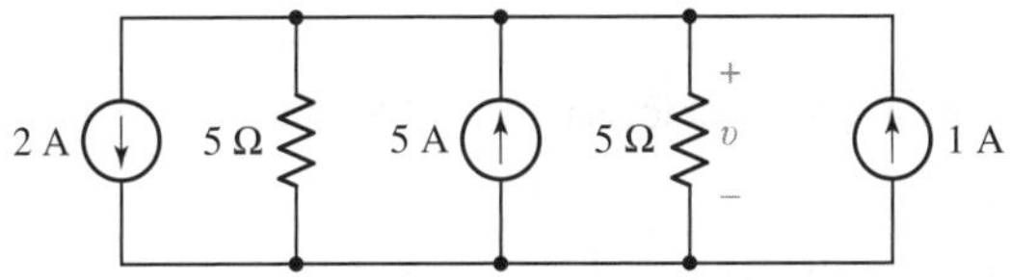

◀ **FIGURA 3.83**

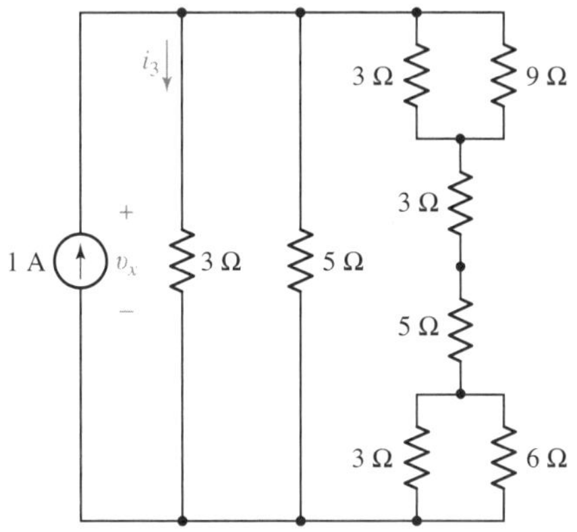

▲ **FIGURA 3.84**

46. Fazendo o uso apropriado das técnicas de combinação de resistores, calcule i_a no circuito da Figura 3.84 e a potência fornecida pela fonte de corrente.

47. Calcule a tensão v_x no circuito da Figura 3.85 após simplificar o circuito usando as técnicas apropriadas para a combinação de fontes e resistores.

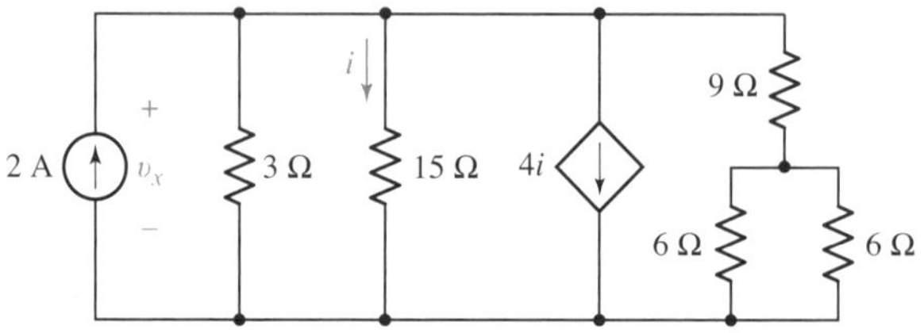

◀ **FIGURA 3.85**

48. Determine a potência absorvida pelo resistor de 15 Ω no circuito da Figura 3.86.

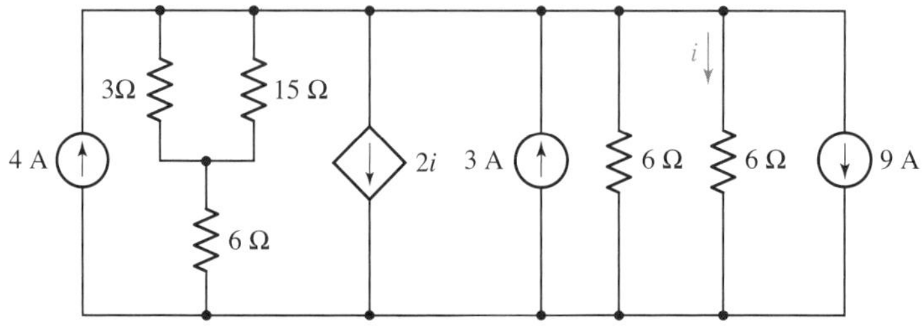

▲ **FIGURA 3.86**

49. Calcule a resistência equivalente R_{eq} da rede mostrada na Figura 3.87 se $R_1 = 2R_2 = 3R_3 = 4R_4$, etc. e $R_{11} = 3$ Ω.

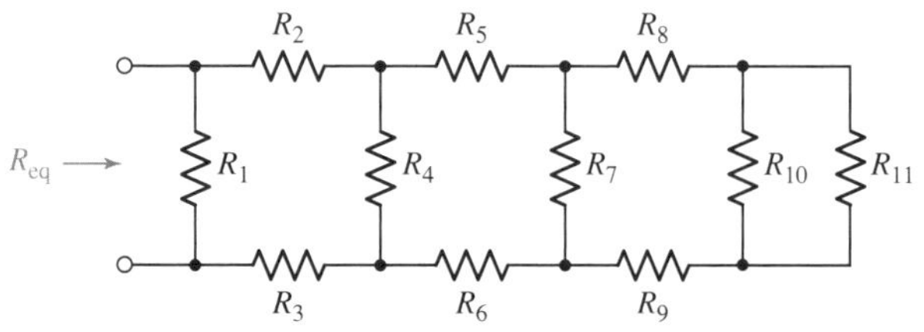

◀ **FIGURA 3.87**

50. Mostre como combinar quatro resistores de 100 Ω para se obter uma resistência equivalente de (*a*) 25 Ω; (*b*) 60 Ω e (c) 40 Ω.

3.8 Divisão de Tensão e Corrente

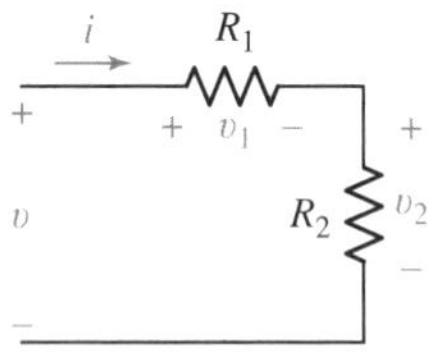

▲ **FIGURA 3.88**

51. No divisor de tensão da rede mostrada na Figura 3.88, calcule
    (*a*) v_2 se $v = 9{,}2$ V e $v_1 = 3$ V;
    (*b*) v_1 se $v_2 = 1$ V e $v = 2$ V;
    (*c*) v se $v_1 = 3$ V e $v_2 = 6$ V;
    (*d*) $\frac{R_1}{R_2}$ se $v_1 = v_2$;
    (*e*) v_2 se $v = 3{,}5$ V e $R_1 = 2\,R_2$;
    (*f*) v_1 se $v = 1{,}8$ V, $R_1 = 1$ kΩ e $R_2 = 4{,}7$ kΩ.

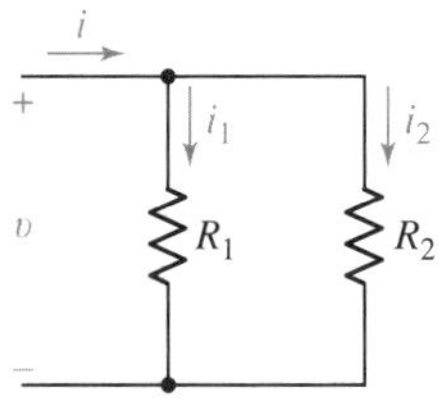

▲ **FIGURA 3.89**

52. No divisor de corrente da rede mostrada na Figura 3.89, calcule
    (*a*) i_1 se $i = 8$ A e $i_2 = 1$ A;
    (*b*) v se $R_1 = 100$ kΩ, $R_2 = 100$ kΩ e $i = 1$ mA;
    (*c*) i_2 se $i = 20$ mA, $R_1 = 1$ Ω e $R_2 = 4$ Ω;

(*d*) i_1 se $i = 10$ A, $R_1 = R_2 = 9\ \Omega$;

(*e*) i_2 se $i = 10$ A, $R_1 = 100\ \text{M}\Omega$ e $R_2 = 1\ \Omega$

53. Escolha uma tensão $v < 2{,}5$ V e valores para os resistores R_1, R_2, R_3 e R_4 do circuito da Figura 3.90 sabendo que $i_1 = 1$ A, $i_2 = 1{,}2$ A, $i_3 = 8$ A e $i_4 = 3{,}1$A.

54. Empregar a divisão de tensão para ajudar no cálculo da tensão v_x no circuito da Figura 3.91.

55. Uma rede é constituída por uma conexão em série de cinco resistores tendo valores 1 Ω, 3 Ω, 5 Ω, 7 Ω e 9 Ω. Se uma fonte de tensão de 9 V for conectada aos terminais desta rede, empregue um divisor de tensão para calcular a tensão sobre o resistor de 3 Ω e a tensão sobre o resistor de 7 Ω.

56. Empregando uma combinação de resistores e divisão de corrente apropriadas, determine o valor de i_1, i_2 e v_3 no circuito da Figura 3.92.

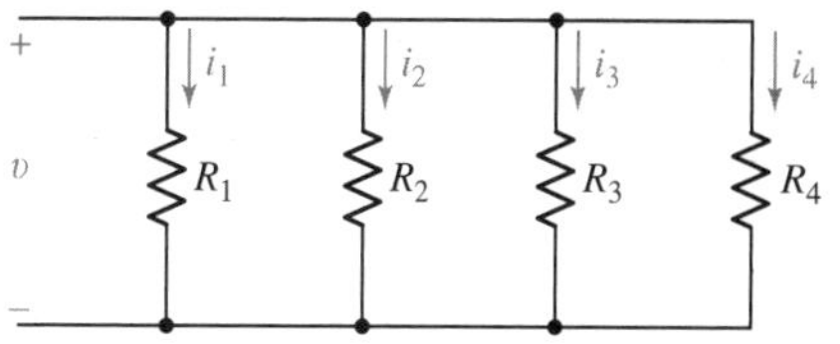

▲ **FIGURA 3.90**

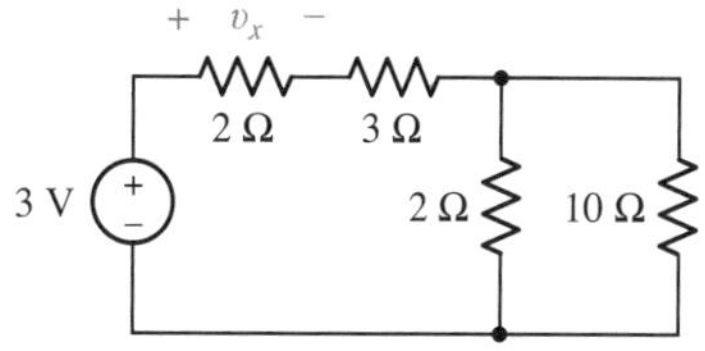

▲ **FIGURA 3.91**

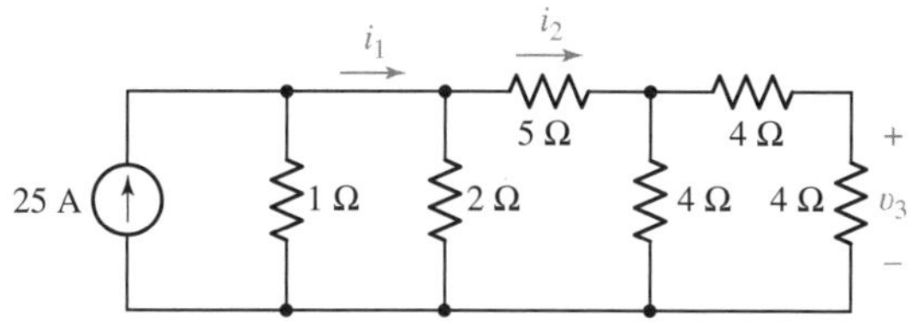

◀ **FIGURA 3.92**

57. No circuito da Figura 3.93, apenas a tensão v_x é de interesse. Simplifique o circuito usando a combinação de resistores apropriada e iterativamente empregue divisão de tensão para determinar v_x.

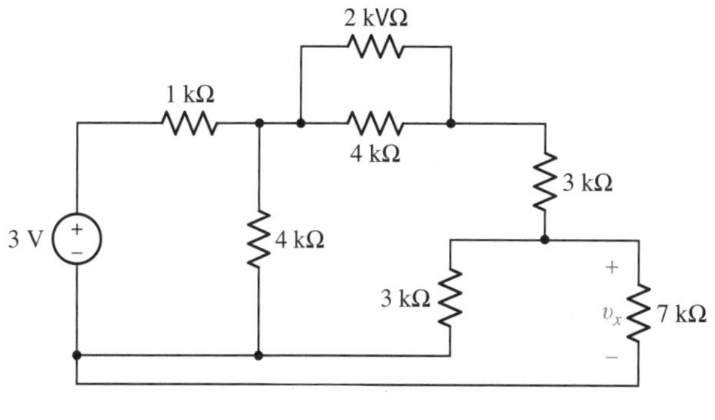

◀ **FIGURA 3.93**

Exercícios de integração do capítulo

58. O circuito mostrado na Figura 3.94 é um modelo linear de um transistor bipolar de unção trabalhando na sua região ativa de operação. Explique por que o divisor de tensão não é válido para a determinação da tensão sobre o resistor de 10 kΩ.

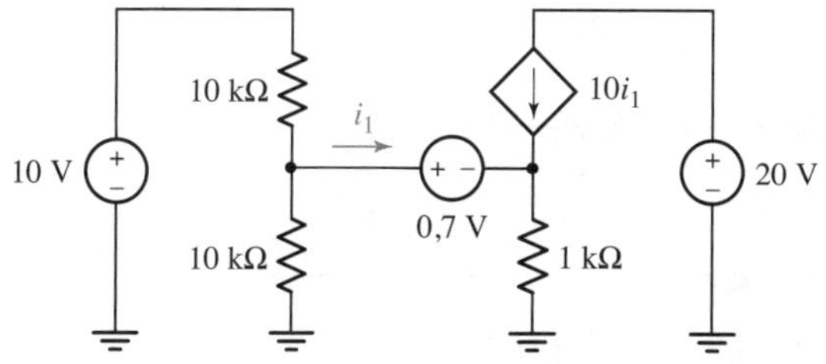

◀ **FIGURA 3.94**

59. Um modelo comum em médias frequências para um amplificador baseado no efeito de campo é mostrado na Figura 3.95. Se o parâmetro de controle $9m$ (conhecido como *transcondutância*) é 1,2 mS, empregue divisão de corrente para obter a corrente através do resistor de 1 kΩ e também calcule a tensão $v_{saída}$ de saída do amplificador.

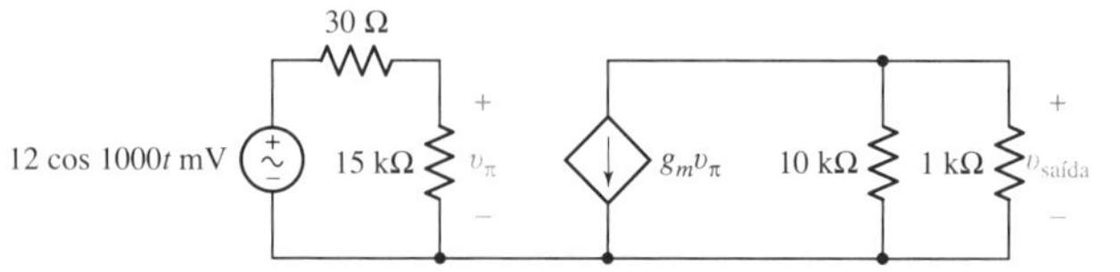

◀ **FIGURA 3.95**

60. O circuito ilustrado na Figura 3.96 é rotineiramente empregado como modelo em médias frequências para um amplificador baseado no transistor bipolar de junção. Calcule a tensão $v_{saída}$ de saída do amplificador se a transcondutância $9m$ é igual a 322 mS.

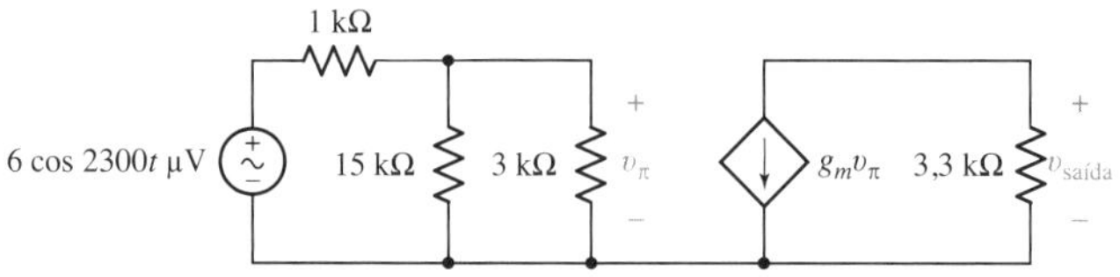

◀ **FIGURA 3.96**

61. Com respeito ao circuito mostrado na Figura 3.97, calcule (*a*) a tensão sobre os dois resistores de 10 Ω, assumindo como referência positiva o terminal superior, (*b*) a potência dissipada pelo resistor de 4 Ω.

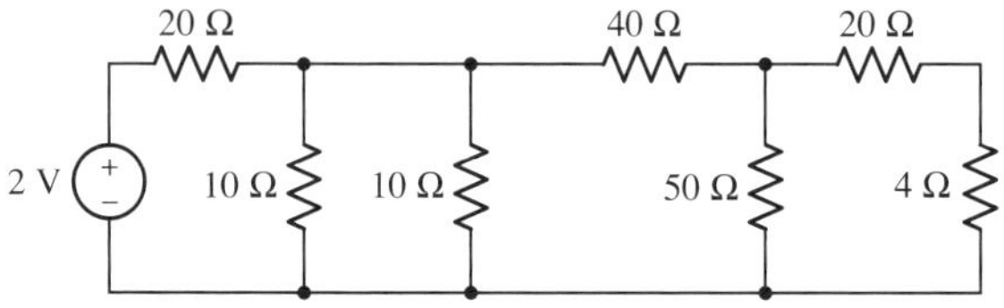

◀ **FIGURA 3.97**

62. Apague o resistor de 10 Ω mais a esquerda no circuito da Figura 3.97 e calcule (*a*) a corrente que flui para o terminal esquerdo do resistor de 40 Ω; (*b*) o potência fornecida pela fonte de 2 V; (*c*) a potência dissipada pelo resistor de 4 Ω.

63. Considere o circuito de sete elementos ilustrado na Figura 3.98. (*a*) Quantos nós, laços e ramos o circuito tem? (*b*) Calcule a corrente que flui através de cada resistor. (*c*) Determine a tensão sobre a fonte de corrente, assumindo o terminal superior como o terminal positivo de referência.

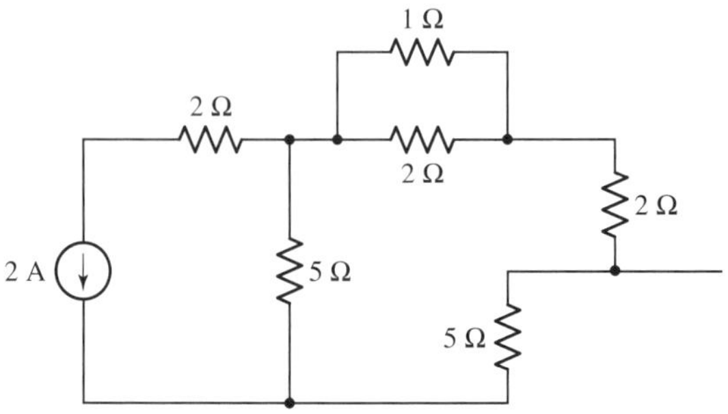

◀ **FIGURA 3.98**

4 Análise Nodal e Análise de Malha

CONCEITOS FUNDAMENTAIS

- Análise Nodal
- A Técnica do Supernó
- Análise de Malha
- A Técnica da Supermalha
- Escolha entre Análise Nodal e Análise de Malha
- Análise Auxiliada por Computador, Incluindo PSpice e MATLAB

INTRODUÇÃO

Munidos com o trio de leis de Kirchhoff e Ohm, a análise de um circuito linear simples, com o objetivo de se obter informações úteis como corrente, tensão ou potência, associadas a um elemento em particular, talvez já pareça uma tarefa relativamente fácil. Ainda assim, pelo menos até o momento, cada circuito parece ter características únicas, requerendo (até certo grau) um pouco de criatividade na abordagem a ser adotada na análise. Neste capítulo, aprenderemos duas técnicas básicas da análise de circuitos – a ***análise nodal*** e a ***análise de malha*** – e ambas nos permitirão investigar muitos circuitos diferentes com uma abordagem consistente e metódica. O resultado é uma análise simplificada, um nível de complexidade mais uniforme em nossas equações, menos erros e talvez, o que é mais importante, uma menor ocorrência de situações do tipo *"Não sei sequer como começar!"*.

A maioria dos circuitos que vimos até agora têm sido razoavelmente simples e (para ser honesto) de pouca utilidade prática. No entanto, tais circuitos são valiosos para nos ajudar a aprender como aplicar técnicas fundamentais. Embora os circuitos mais complexos que aparecem neste capítulo possam representar uma variedade de sistemas elétricos incluindo circuitos de controle, redes de comunicação, motores ou circuitos integrados, bem como equivalentes elétricos de sistemas não elétricos, acreditamos que não vale a pena entrar em tamanho nível de detalhamento neste estágio inicial. Em vez disso, é importante mantermos o foco na *metodologia de solução de problemas* que continuaremos a desenvolver ao longo deste livro.

4.1 ▶ ANÁLISE NODAL

Comecemos o nosso estudo de métodos gerais para a análise de circuitos considerando um poderoso método fundamental na LKC, a ***análise nodal***. No Capítulo 3, analisamos um circuito simples contendo apenas dois nós. Vimos que a etapa mais importante da análise era obter uma única equação em termos de uma única grandeza desconhecida – a tensão entre o par de nós.

Agora deixaremos crescer o número de nós e, de forma correspondente obteremos uma incógnita adicional e uma equação adicional para cada novo nó. Assim, um circuito com três nós terá duas tensões desconhecidas e duas equações; um circuito com dez nós terá nove tensões desconhecidas e nove equações; um circuito com N nós precisará de $(N - 1)$ tensões e $(N - 1)$ equações. Cada equação é uma simples equação LKC.

Para ilustrar o funcionamento básico da técnica, considere o circuito com três nós ilustrado na Figura 4.1*a*, redesenhado na Figura 4.1*b* para destacar o fato de que há somente três nós, numerado de forma conveniente. Nosso objetivo será determinar a tensão em cada elemento e o próximo passo na análise é crucial. Escolhemos um nó como sendo o ***nó de referência***. Ele será o terminal negativo de nossa $N - 1 = 2$ tensões nodais, como mostra a Figura 4.1*c*.

Pode-se obter uma pequena simplificação nas equações resultantes se o nó conectado ao maior número de ramos for identificado como nó de referência. Se houver um nó de terra, é mais conveniente selecioná-lo como nó de referência, embora muitas pessoas prefiram selecionar como referência o nó inferior de um circuito, especialmente se não houver um terra explicitamente indicado.

A tensão do nó 1 *em relação ao nó de referência* é definida como v_1, e v_2 é definida como a tensão do nó 2 em relação ao nó de referência.

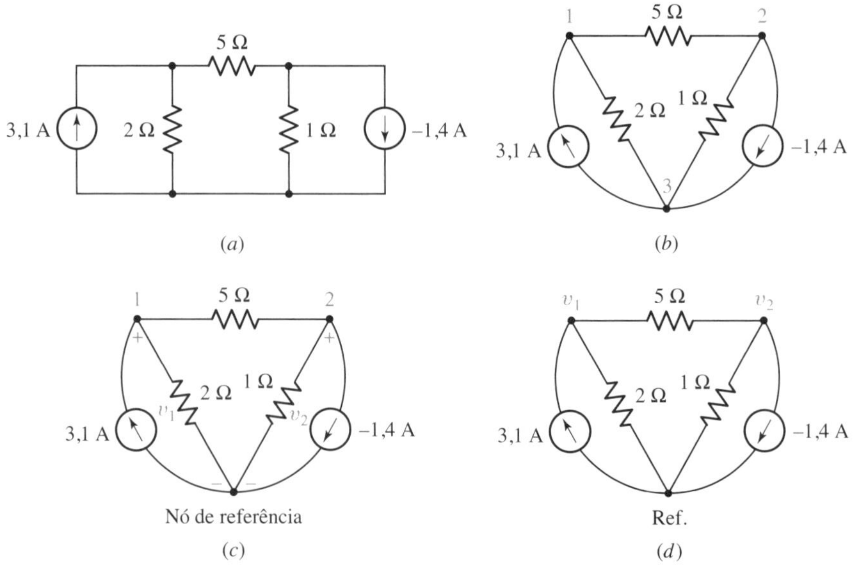

▲ **FIGURA 4.1** (*a*) Um circuito simples de três nós. (*b*) Circuito redesenhado para destacar os nós. (*c*) Nó de referência selecionado e tensões assinaladas. (*d*) Referências de tensão abreviadas. Se desejado, no lugar de "Ref." Pode-se colocar um símbolo de terra apropriado.

Essas duas tensões são suficientes, visto que a tensão entre qualquer outro par de nós pode ser determinada em função delas. Por exemplo, a tensão do nó 1 em relação ao nó 2 é $v_1 - v_2$. As tensões v_1 e v_2 e seus sinais de referência são mostrados na Figura 4.1*c*. Para melhor clareza, é prática comum omitir os sinais de referência assim que o nó de referência tiver sido identificado; assume-se o nó marcado com a tensão seja o terminal positivo (Figura 4.1*d*). Entende-se isso como uma espécie de simplificação na notação da tensão.

O nó de referência em um diagrama esquemático é definido implicitamente como zero volts. No entanto, é importante lembrar que qualquer terminal pode ser designado como terminal de referência. Assim, o nó de referência funciona como m ponto com potencial zero para as demais tensões nodais do circuito, embora não necessariamente tenha potencial igual ao *potencial de terra*.

Aplicamos agora a LKC aos nós 1 e 2. Fazemos isso igualando a corrente total que sai do nó através dos vários resistores com a corrente total que entra no nó proveniente de fontes de corrente. Desta forma,

$$\frac{v_1}{2} + \frac{v_1 - v_2}{5} = 3{,}1 \qquad [1]$$

ou

$$0{,}7v_1 - 0{,}2v_2 = 3{,}1 \qquad [2]$$

No nó 2, obtemos

$$\frac{v_2}{1} + \frac{v_2 - v_1}{5} = -(-1{,}4) \qquad [3]$$

ou

$$-0{,}2v_1 + 1{,}2v_2 = 1{,}4 \qquad [4]$$

As Equações [2] e [4] são as duas equações desejadas com duas incógnitas e elas podem ser resolvidas facilmente. Os resultados são $v_1 = 5$ V e $v_2 = 2$ V.

A partir disso, é fácil determinar a tensão sobre o resistor de 5 Ω; $v_{5\Omega} = v_1 - v_2 = 3$ V. As correntes e potências absorvidas também podem ser calculadas em apenas um passo.

Devemos notar, neste ponto, que há mais de uma maneira de se escrever as equações LKC para a análise nodal. Por exemplo, o leitor pode preferir somar todas as correntes que entram em um dado nó e fazer esse valor ser igual a zero. Desta maneira, para o nó 1, poderíamos ter escrito

$$3{,}1 - \frac{v_1}{2} - \frac{v_1 - v_2}{5} = 0$$

ou

$$3{,}1 + \frac{-v_1}{2} + \frac{v_2 - v_1}{5} = 0$$

que são equivalentes à Equação [1].

Uma maneira é melhor do que a outra? Cada professor e cada estudante desenvolvem uma preferência pessoal e, no final das contas, o que interessa é ser consistente. Os autores preferem formular equações LKC para a análise nodal de maneira que resulte em todos os termos de fontes de corrente em um lado e todos os termos referentes a resistores do outro lado. Especificamente,

$\sum$ *das correntes que entram no nó, provenientes de fontes de corrente =*
$\sum$ *das correntes que saem do nó, através de resistores.*

Há várias vantagens nesta abordagem. Em primeiro lugar, nunca haverá confusão com relação à escrita de um termo como “ $v_1 - v_2$” ou “ $v_2 - v_1$”; a primeira tensão na expressão de cada resistor corresponde ao nó para o qual está sendo escrita a equação LKC, como pode ser visto nas Equações [1] e [3]. Em segundo lugar, ela nos permite verificar rapidamente se algum termo foi omitido por acidente. Basta contar as fontes de corrente conectadas a um nó e depois os resistores; com seu agrupamento feito dessa forma, fica mais fácil fazer a comparação.

▶ EXEMPLO 4.1

Determine a corrente que flui da esquerda para a direita através do resistor de 15 Ω da Figura 4.2*a*.

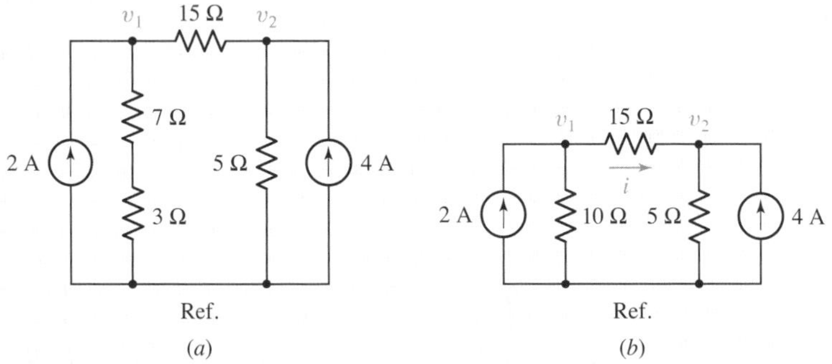

▲ **FIGURA 4.2** (*a*) Circuito de quatro nós contendo duas fontes de corrente independentes. (*b*) Os dois resistores em série são substituídos por um único resistor de 10 Ω, reduzindo a três nós.

A análise nodal gera diretamente valores numéricos para as tensões nodais v_1 e v_2, e a corrente desejada é dada por $i = \frac{v_1 - v_2}{15}$.

No entanto, antes de iniciarmos a análise nodal, observamos que nenhum detalhe relativo ao resistor de 7 Ω ou ao resistor de 3 Ω nos interessa. Portanto, podemos substituí-los por um resistor de 10 Ω, como mostra a Figura 4.2*b*. O resultado é uma redução no número de equações que serão resolvidas.

Escrevendo uma equação LKC apropriada para o nó 1,

$$2 = \frac{v_1}{10} + \frac{v_1 - v_2}{15} \qquad [5]$$

e para o nó 2,

$$4 = \frac{v_2}{5} + \frac{v_2 - v_1}{15} \qquad [6]$$

Rearranjando, obtemos

$$5v_1 - 2v_2 = 60$$

e

$$-v_1 + 4v_2 = 60$$

Resolvendo, encontramos $v_1 - 20$ V e $v_2 - 20$ V, de forma que $v_1 - v_2 - 0$. Em outras palavras, flui uma ***corrente nula*** através do resistor de 15 Ω neste circuito!

▶ EXERCÍCIO DE FIXAÇÃO

4.1 No circuito da Figura 4.3, determine as tensões nodais v_1 e v_2.

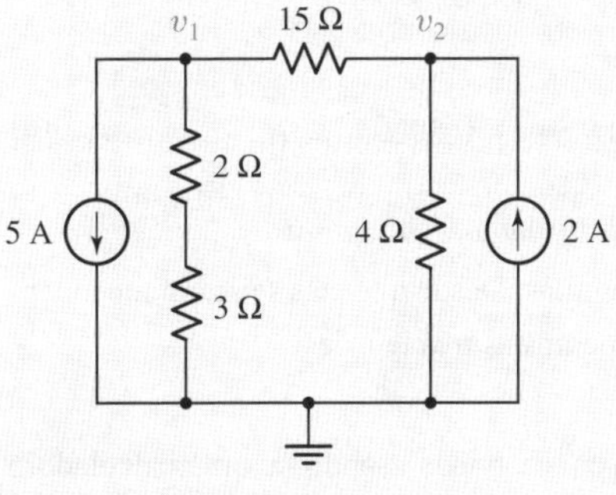

◀ **FIGURA 4.3**

Resposta: $v_1 = -\dfrac{145}{8}$ V e $v_2 = \dfrac{5}{2}$ V.

Vamos agora aumentar o número de nós de forma que possamos usar essa técnica para trabalhar com um problema ligeiramente mais difícil.

▶ EXEMPLO 4.2

Determine as tensões nodais no circuito da Figura 4.4*a*.

▶ ***Identifique o objetivo do problema.***

Há quatro nós neste circuito. Selecionando o nó inferior como nossa referência, identificamos os três nós restantes, como mostra a Figura 4.4*b*. O circuito também oi redesenhado para maior conveniência.

▶ ***Reúna as informações conhecidas.***

Temos três tensões desconhecidas, v_1, v_2 e v_3. Todas as fontes de corrente e resistores têm calores conhecidos, marcados no diagrama esquemático.

▶ ***Trace um plano.***

Este problema é bem adequado à técnica de análise nodal que acabamos de introduzir, pois três equações LKC independentes podem ser escritas em termos das fontes de corrente e da corrente através de cada resistor.

▶ ***Construa um conjunto apropriado de equações.***

Começamos escrevendo uma equação LKC para o nó 1:

$$-8 - 3 = \frac{v_1 - v_2}{3} + \frac{v_1 - v_3}{4}$$

ou

$$0{,}5833v_1 - 0{,}3333v_2 - 0{,}25v_3 = -11 \qquad [7]$$

No nó 2:

$$-(-3) = \frac{v_2 - v_1}{3} + \frac{v_2}{1} + \frac{v_2 - v_3}{7}$$

ou

$$-0{,}3333v_1 + 1{,}4762v_2 - 0{,}1429v_3 = 3 \qquad [8]$$

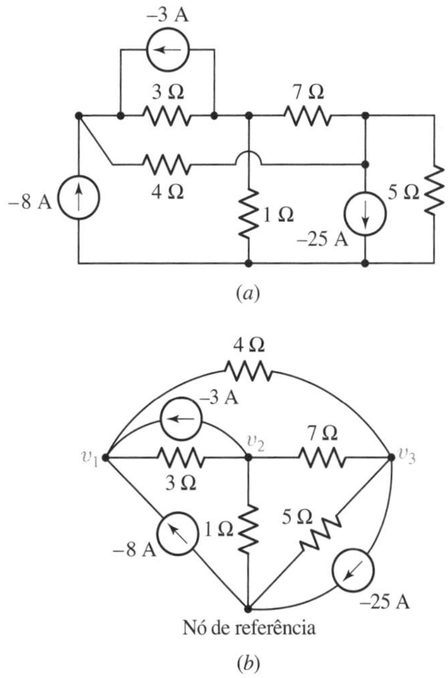

▲ **FIGURA 4.4** (*a*) Circuito com quatro nós. (*b*) circuito redesenhado com nó de referência escolhido e tensões identificadas.

E no nó 3:

$$-(-25) = \frac{v_3}{5} + \frac{v_3 - v_2}{7} + \frac{v_3 - v_1}{4}$$

ou, de forma mais simples,

$$-0{,}25v_1 - 0{,}1429v_2 + 0{,}5929v_3 = 25 \qquad [9]$$

▶ ***Determine se são necessárias informações adicionais.***

Temos três equações e três incógnitas. Desde que elas sejam independentes, isto basta para que determinemos as três tensões.

▶ ***Tente uma solução.***

As Equações [7] a [9] podem ser resolvidas usando-se uma calculadora científica (Apêndice 5), pacotes computacionais como o MATLAB, ou técnicas mais tradicionais como eliminação de variáveis, métodos matriciais, ou a regra de Cramer. Usando este último método, descrito no Apêndice 2, temos

$$v_1 = \frac{\begin{vmatrix} -11 & -0{,}3333 & -0{,}2500 \\ 3 & 1{,}4762 & -0{,}1429 \\ 25 & -0{,}1429 & 0{,}5929 \end{vmatrix}}{\begin{vmatrix} 0{,}5833 & -0{,}3333 & -0{,}2500 \\ -0{,}3333 & 1{,}4762 & -0{,}1429 \\ -0{,}2500 & -0{,}1429 & 0{,}5929 \end{vmatrix}} = \frac{1{,}714}{0{,}3167} = 5{,}412 \text{ V}$$

Similarmente,

$$v_2 = \frac{\begin{vmatrix} 0{,}5833 & -11 & -0{,}2500 \\ -0{,}3333 & 3 & -0{,}1429 \\ -0{,}2500 & 25 & 0{,}5929 \end{vmatrix}}{0{,}3167} = \frac{2{,}450}{0{,}3167} = 7{,}736 \text{ V}$$

e

$$v_3 = \frac{\begin{vmatrix} 0{,}5833 & -0{,}3333 & -11 \\ -0{,}3333 & 1{,}4762 & 3 \\ -0{,}2500 & -0{,}1429 & 25 \end{vmatrix}}{0{,}3167} = \frac{14{,}67}{0{,}3167} = 46{,}32 \text{ V}$$

▶ ***Verifique a solução. Ela é razoável ou esperada?***

Substituir as tensões nodais em cada uma das equações nodais é suficiente para termos certeza de que cometemos algum erro matemático. A despeito disso, é possível determinar se os valores das tensões são "razoáveis"? Temos uma máxima corrente possível no circuito, dada por 3 + 8 + 25 = 36 A. O maior resistor é 7 Ω, então não esperamos que existam tensões com magnitudes maiores que 7 × 36 – 252 V.

Existem, é claro, numerosos métodos disponíveis para a solução de sistemas de equações lineares; vários desses métodos são descritos em detalhes no Apêndice 2. Antes do advento das calculadoras científicas, a regra de Cramer conforme apresentada no Exemplo 4.2 era muito comum na análise de circuitos, embora sua implementação fosse ocasionalmente tediosa. No entanto, ela pode ser facilmente utilizada em uma calculadora simples de quatro operações e, com isso, o conhecimento desta técnica pode ser de grade valia. O MATLAB, por outro lado, é um poderoso pacote computacional que pode simplificar sobremaneira o processo de solução, embora geralmente não esteja disponível durante as provas; um breve tutorial a respeito do MATLAB pode ser encontrado no Apêndice 6.

Para situação encontrada no Exemplo 4.2, há várias opções disponíveis por meio do MATLAB. Em primeiro lugar, podemos representar as Equações [7] a [9] na ***forma matricial***:

$$\begin{bmatrix} 0{,}5833 & -0{,}3333 & -0{,}25 \\ -0{,}3333 & 1{,}4762 & -0{,}1429 \\ -0{,}25 & -0{,}1429 & 0{,}5929 \end{bmatrix} \begin{bmatrix} v_1 \\ v_2 \\ v_3 \end{bmatrix} = \begin{bmatrix} -11 \\ 3 \\ 25 \end{bmatrix}$$

de forma que

$$\begin{bmatrix} v_1 \\ v_2 \\ v_3 \end{bmatrix} = \begin{bmatrix} 0{,}5833 & -0{,}3333 & -0{,}25 \\ -0{,}3333 & 1{,}4762 & -0{,}1429 \\ -0{,}25 & -0{,}1429 & 0{,}5929 \end{bmatrix}^{-1} \begin{bmatrix} -11 \\ 3 \\ 25 \end{bmatrix}$$

No MATLAB, escrevemos

```
>> a = [0.5833 -0.3333 -0.25; -0.3333 1.4762 -0.1429; -0.25 -0.1429 0.5929];
>> c = [-11; 3; 25];
>> b = a^-1 * c
b =

   5.4124
   7.7375
  46.3127

>>
```

onde espaços separam elementos ao longo de uma linha e um ponto e vírgula separa as linhas. A matriz **b**, também chamada de ***vetor***, porque tem apenas uma coluna, é nossa solução. Assim, v_1 = 5,412 V, v_2 = 7,738 V e v_3 = 46,31 V (houve algum erro de arredondamento).

Poderíamos também usar as equações LKC da forma que as escrevemos inicialmente se empregarmos o processador simbólico do MATLAB.

```
>> eqn1 = '-8 -3 = (v1 - v2)/ 3 + (v1 - v3)/ 4';
>> eqn2 = '-(-3) = (v2 - v1)/ 3 + v2/ 1 + (v2 - v3)/ 7';
>> eqn3 = '-(-25) = v3/ 5 + (v3 - v2)/ 7 + (v3 - v1)/ 4';
>> answer = solve(eqn1, eqn2, eqn3, 'v1', 'v2', 'v3');
>> answer.v1

ans =

720/133

>> answer.v2

ans =

147/19

>> answer.v3

ans =

880/19

>>
```

que resulta em respostas exatas, sem erros de arredondamento. A função *solve()* é chamada com a lista de equações simbólicas que denominamos eqn1, eqn2 e eqn3, mas as variáveis v1, v2 e v3 também precisam ser especificadas. Se *solve()* for chamada com menos variáveis do que equações, é retornada uma solução algébrica literal. A forma da solução merece um breve comentário; ela é retornada naquilo que, em linguagem de programação, se chama de *estrutura*; nesse caso, chamamos nossa estrutura de "*answer*". Cada componente da estrutura é acessada separadamente por nome, como mostramos.

▶ EXERCÍCIO DE FIXAÇÃO

4.2 No circuito da Figura 4.5, calcule a tensão através de cada fonte de corrente.

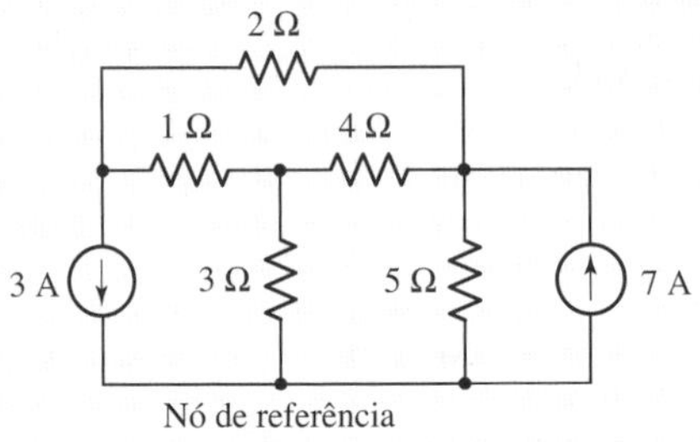

▲ **FIGURA 4.5**

Resposta: $v_{3A} = 5{,}235$ V e $v_{7A} = 11{,}47$ V.

Os exemplos anteriores demonstraram a abordagem básica empregada na análise nodal, mas vale considerar o que acontece se houver também fontes dependentes.

▶ EXEMPLO 4.3

Determine a potência fornecida pela fonte dependente da Figura 4.6*a*.

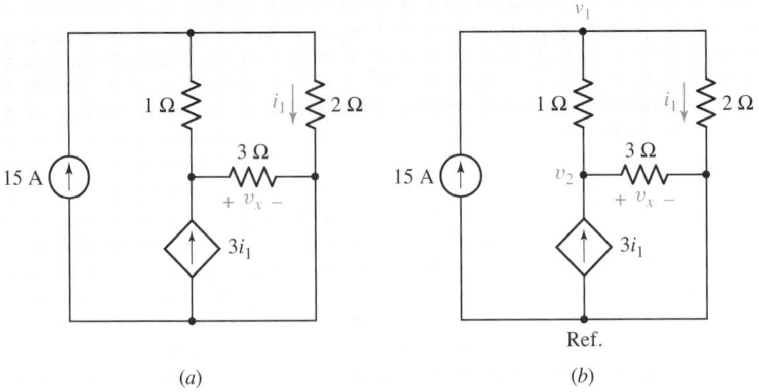

▲ **FIGURA 4.6** (*a*) Circuito de quatro nós contendo uma fonte de corrente dependente. (*b*) O circuito identificado para análise nodal.

Escolhemos o nó inferior como referência, uma vez que ele possui o maior número de ramos conectados e realizamos a identificação das tensões nodais v_1 e v_2, como mostra a Figura 4.6*b*. A grandeza v_x é na realidade igual a v_2.

No nó 1, escrevemos

$$15 = \frac{v_1 - v_2}{1} + \frac{v_1}{2} \qquad [10]$$

e no nó 2

$$3i_1 = \frac{v_2 - v_1}{1} + \frac{v_2}{3} \qquad [11]$$

Infelizmente, temos três incógnitas e apenas duas equações; *isto é resultado direto da presença da fonte dependente de corrente, pois ela não é controlada por uma tensão nodal.* Assim, devemos desenvolver uma equação adicional que relacione i_1 como uma ou mais tensões nodais.

Neste caso, encontramos

$$i_1 = \frac{v_1}{2} \qquad [12]$$

que após substituição na Equação [11] resulta em (com algum arranjo)

$$3v_1 - 2v_2 = 30 \qquad [13]$$

e a Equação [10] é simplificada para

$$-15v_1 + 8v_2 = 0 \qquad [14]$$

Resolvendo, encontramos $v_1 = -40$ V, $v_2 = -75$ V e $i_1 = 0{,}5\ v_1 = -20$ A. Assim, a potência fornecida pela fonte dependente é igual a $(3i_1)(v_2) = (-60)(-75) = 4{,}5$kW.

Vemos que a presença de uma fonte dependente criará a necessidade de uma equação adicional em nossa análise, se a variável de controle não for uma tensão nodal. Vamos agora olhar o mesmo circuito, mas com a variável de controle da controle da fonte de corrente dependente alterada para uma grandeza diferente – a tensão nos terminais do resistor 3 Ω, que é na verdade uma tensão nodal. Veremos que apenas *duas* equações são necessárias para completar a análise.

▶ EXEMPLO 4.4

Determine a potência fornecida pela fonte dependente da Figura 4.7*a*.

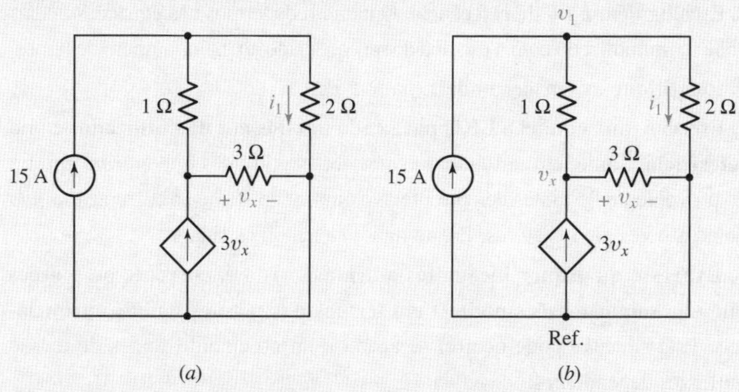

▲ **FIGURA 4.7** (*a*) Circuito de quatro nós contendo uma fonte de corrente dependente. (*b*) O circuito identificado para análise nodal.

Selecionamos o nó inferior como referência e identificamos as tensões nodais como mostrado na Figura 4.7*b*. Fizemos a identificação explícita da tensão nodal v_x por clareza, mas esta redundância é naturalmente desnecessária. Note que a escolha que fizemos para o nó de referência é importante neste caso, pois ela fez da grandeza v_x uma tensão nodal.

Nossa equação LKC para o nó 1 é

$$15 = \frac{v_1 - v_x}{1} + \frac{v_1}{2} \qquad [15]$$

e para o nó x é

$$3v_x = \frac{v_x - v_1}{1} + \frac{v_2}{3} \qquad [16]$$

Agrupando os termos e resolvendo, encontraremos $v_1 = \frac{50}{7}$ V , $v_x = -\frac{30}{7}$ V . Por tato, a fonte dependente neste circuito gera $(3v_x)(v_x) = 55{,}1$W.

▶ EXERCÍCIO DE FIXAÇÃO

4.3 No circuito da Figura 4.8 determine a tensão nodal v_1, se A for (*a*) $2i_1$ e (*b*) $2v_1$.

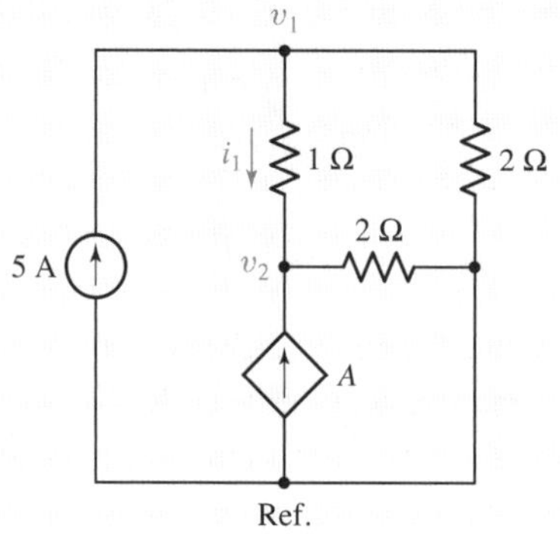

◀ **FIGURA 4.8**

Resposta: (*a*) 70/9 V e (*b*) –10 V.

Resumo do Procedimento Básico de Análise Nodal

1. Conte o número de nós (N).

2. Escolha de um nó de referência. O número de termos nas equações nodais pode ser minimizado com a escolha do nó conectado ao maior número de ramos.

3. Identifique as tensões nodais (há $N - 1$).

4. Escreva uma equação LKC para cada um dos nós não utilizados como referência. Some, em um lado da equação, as correntes que *entram* em um nó proveniente de fontes de corrente. No outro lado, some as correntes *saindo* do nó através de resistores. Preste muita atenção nos sinais "–".

5. Expresse quaisquer incógnitas adicionais (isto é, corrente ou tensões que não sejam tensões nodais) em termos das tensões nodais apropriadas. Esta situação pode ocorrer se aparecerem no circuito fontes de tensão ou fontes dependentes.

6. Organize as equações. Agrupe os termos de acordo com as tensões nodais.

7. Resolva o sistema de equações para as N – 1 tensões nodais.

Estes sete passos básicos funcionarão em qualquer circuito que encontramos, embora a presença de fontes de tensão requeira um cuidado adicional. Tais situações serão discutidas a seguir.

4.2 ▶ O SUPERNÓ

Como um exemplo de como fontes de tensão afetam o desempenho na análise nodal, considere o circuito mostrado na Figura 4.9*a*. O circuito original com quatro nós da Figura 4.4 foi alterado substituindo-se o resistor de 7 Ω entre os nós 2 e 3 por uma fonte de tensão de 22 V. Ainda atribuímos o mesmo nó de referência das tensões v_1, v_2 e v_3. O próximo passo seria a aplicação da LKC a cada um dos três nós não utilizados como referência. Se tentarmos fazer isso novamente, vemos que teremos algumas dificuldades nos nós 2 e 3, pois não sabemos qual é a corrente que passa pelo ramo que inclui a fonte de tensão. Não há uma maneira pela qual possamos expressar a corrente em função da tensão, pois a definição de uma fonte de tensão diz exatamente que a tensão é independente da corrente. Há duas saídas para este dilema. A abordagem mais difícil é atribuir uma corrente desconhecida ao ramo que contém a fonte de tensão, aplicar a LKC três vezes e depois aplicar a LKT uma vez entre os nós 2 e 3 ($v_3 - v_2 = 22$). Como resultado, temos quatro equações com quatro incógnitas neste exemplo.

O método mais fácil é tratar o nó 2, o nó 3 e a fonte de tensão como uma espécie de ***supernó*** e aplicar a LKC a ambos os nós ao mesmo tempo; o supernó é indicado pela região circundada por uma linha pontilhada na Figura 4.9*a*. Isso está correto porque, se a corrente total que sai do nó 2 for zero e a corrente total que sai do nó 3 for zero, então a corrente sai da combinação dos dois nós é igual a zero. Esse conceito está ilustrado graficamente na vista detalhada da Figura 4.9*b*.

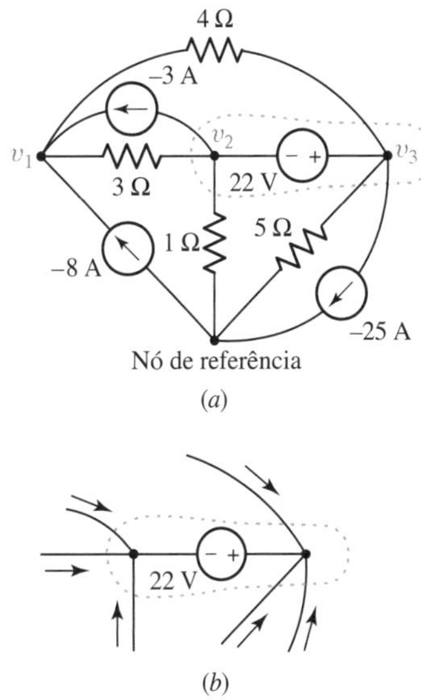

▲ **FIGURA 4.9** (*a*) O circuito do Exemplo 4.2 com uma fonte de 22 V no lugar do resistor de 7 Ω. (*b*) Vista detalhada da região definida como supernó; a LKC requer que a soma de todas as correntes entrando nesta região seja nula, do contrário, acumularíamos ou esgotaríamos elétrons.

▶ EXEMPLO 4.5

Determine o valor da tensão nodal v_1 desconhecida no circuito da Figura 4.9*a*.

A equação LKC no nó 1 do Exemplo 4.2 permanece inalterada:

$$-8 - 3 = \frac{v_1 - v_2}{3} + \frac{v_1 - v_3}{4}$$

ou

$$0{,}5833v_1 - 0{,}3333v_2 - 0{,}2500v_3 = -11 \quad [17]$$

Em seguida, consideramos o supernó 2–3, onde duas fontes de corrente e quatro resistores estão conectados. Portanto,

$$3 + 25 = \frac{v_2 - v_1}{3} + \frac{v_3 - v_1}{4} + \frac{v_3}{5} + \frac{v_2}{1}$$

ou

$$-0{,}5833v_1 + 1{,}3333v_2 + 0{,}45v_3 = 28 \quad [18]$$

Como temos três incógnitas, precisamos de uma equação adicional. Ela deve levar em conta o fato de que há uma fonte de tensão de 22 V entre os nós 2 e 3:

$$v_2 - v_3 = -22 \quad [19]$$

Resolvendo as Equações [17] a [19], a solução para v_1 é 1,071 V.

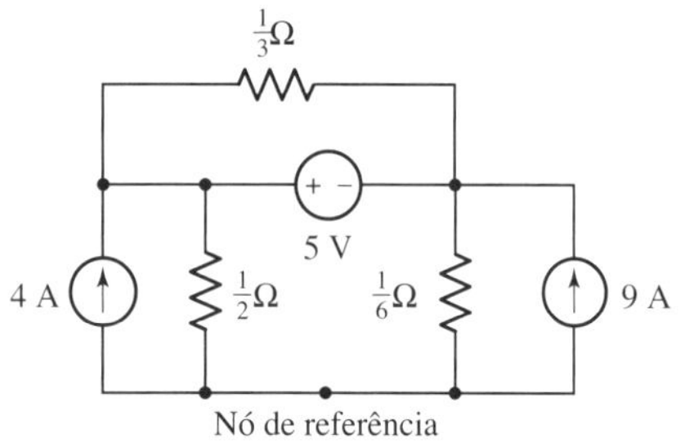

▲ **FIGURA 4.10**

▶ EXERCÍCIO DE FIXAÇÃO

4.4 No circuito da Figura 4.10 calcule a tensão através de cada fonte de corrente.

Resposta: 5,375 V e 375 mV.

A presença de uma fonte de tensão, portanto, reduz em um o número de nós não utilizados como referência nos quais devemos aplica a LKC, independentemente do fato da fonte de tensão estar conectada entre dois nós que não sejam de referência ou entre um nó qualquer e a referência. Devemos ter cuidado ao analisar circuitos como aquele do Exercício de Fixação 4.4. Como ambos os terminais do resistor são parte do supernó, tecnicamente haverá *duas* parcelas de corrente correspondentes na equação LKC, mas elas se cancelam. Podemos resumir o método do supernó da seguinte maneira

Resumo do Procedimento Básico de Análise por Supernó

1. Conte o número de nós (N).

2. Escolha de um nó de referência. O número de termos nas equações nodais pode ser minimizado com a escolha do nó conectado ao maior número de ramos.

3. Identifique as tensões nodais (há N – 1).

4. Se o circuito contém fontes de tensão, forme um supernó envolvendo cada uma delas. Isto é feito colocando a fonte, seus dois terminais e quaisquer outros elementos conectados entre estes dois terminais dentro de uma linha de contorno tracejada.

5. Escreva uma equação LKC para cada nó não utilizado como referência e para cada supernó *que não contenha o nó de referência*. Em um lado da equação, some as correntes que *entram* no nó ou no supernó provenientes de fontes de corrente. No outro lado, some as correntes *saindo* do nó ou do supernó através de resistores. Preste muita atenção no sinal "–".

6. Relacione a tensão nos terminais de cada fonte de tensão às tensões nodais. Isto é conseguido com a simples aplicação da LKT. É necessária uma equação dessas para cada supernó.

7. Expresse quaisquer incógnitas adicionais (isto é, correntes ou tensões que não sejam tensões nodais) em termos das tensões nodais apropriadas. Esta situação pode ocorrer se aparecerem fontes dependentes em nosso circuito.

8. Organize as equações. Agrupe os termos de acordo com as correntes de malha.

9. Resolva o sistema de equações para as N – 1 tensões nodais.

Como vemos, adicionamos duas etapas ao nosso procedimento geral de análise nodal. Na realidade, a aplicação da técnica do supernó a um circuito contendo fontes de tensão não conectadas ao nó de referência resultará em uma redução no número de equações LKC necessárias. Tendo isso em mente, vamos considerar o circuito da Figura 4.11, que contém todos os quatro tipos de fontes e tem cinco nós.

▶ EXEMPLO 4.6

Determine as tensões nodais no circuito da Figura 4.11.

Após estabelecer um supernó envolvendo cada fonte de **tensão**, precisamos escrever equações LKC somente para o nó 2 e no supernó que contém a fonte dependente de tensão. Por inspeção, fica claro que $v_1 = -12$ V.

No nó 2,

$$\frac{v_2 - v_1}{0{,}5} + \frac{v_2 - v_3}{2} = 14 \qquad [20]$$

enquanto no supernó 3-4,

$$0{,}5v_x = \frac{v_3 - v_2}{2} + \frac{v_4}{1} + \frac{v_4 - v_1}{2{,}5} \qquad [21]$$

Em seguida, relacionamos as tensões nas fontes às tensões nodais:

$$v_3 - v_4 = 0{,}2v_y \qquad [22]$$

e

$$0{,}2v_y = 0{,}2(v_4 - v_1) \qquad [23]$$

Finalmente, expressamos a fonte de corrente dependente em termos das variáveis atribuídas:

$$0{,}5v_x = 0{,}5(v_2 - v_1) \qquad [24]$$

Cinco nós requerem *quatro* equações LKC na análise nodal geral, mas agora foram necessárias *somente duas* equações, porque formamos dois supernós separados. Cada supernó demandou uma equação LKT (Equação [22] e $v_1 = -12$ V, esta última escrita por inspeção). Nenhuma fonte dependente era controlada por uma tensão nodal, assim foram necessárias duas equações adicionais.

Com isso, podemos agora eliminar v_x e v_y para obter uma série de quatro equações referentes às quatro tensões nodais:

$$\begin{aligned} -2v_1 + 2{,}5v_2 - 0{,}5v_3 \phantom{+ 1{,}4v_4} &= 14 \\ 0{,}1v_1 - v_2 + 0{,}5v_3 + 1{,}4v_4 &= 0 \\ v_1 &= -12 \\ 0{,}2v_1 + v_3 - 1{,}2v_4 &= 0 \end{aligned}$$

Resolvendo: $v_1 = -12$ V, $v_2 = -4$ V, $v_3 = 0$ V e $v_4 = -2$ V.

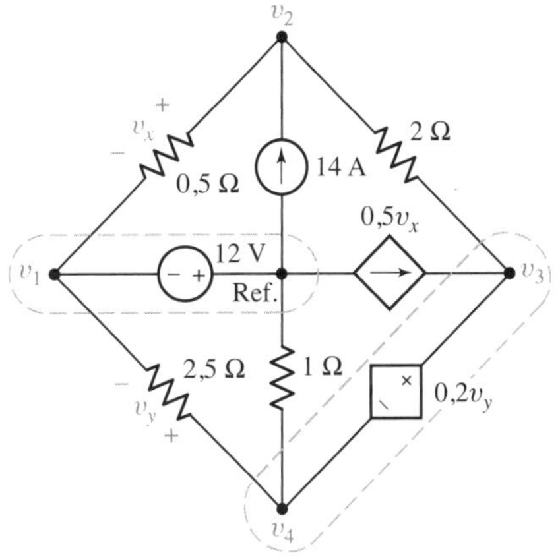

▲ **FIGURA 4.11** Circuito com cinco nós e quatro diferentes tipos de fontes.

▶ EXERCÍCIO DE FIXAÇÃO

4.5 Determine as tensões nodais do circuito da Figura 4.12.

Resposta: $v_1 = -3$ V, $v_2 = 2{,}529$ V, $v_3 = 2{,}654$ V, $v_4 = 1{,}990$ V

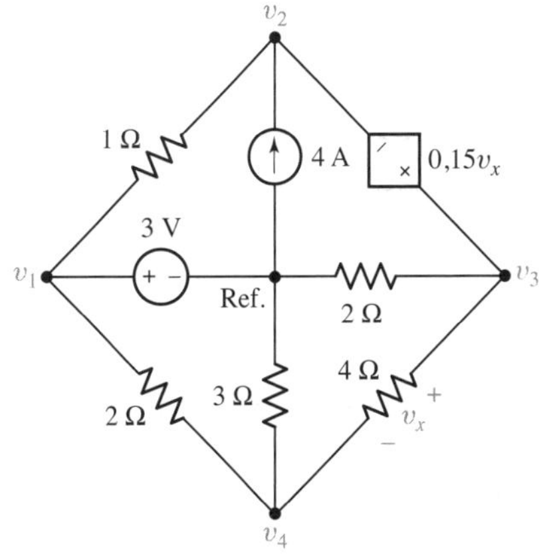

▲ **FIGURA 4.12**

4.3 ▶ ANÁLISE DE MALHA

Como vimos, a análise nodal é uma poderosa técnica de análise quando apenas fontes de correntes estão presentes e fontes de tensão são facilmente acomodadas com o conceito de supernó. Continuando, a análise nodal é baseada na LKC e o leitor ficaria surpreso se não existisse uma abordagem semelhante baseada na LKT. Existe e é conhecida como ***análise de malha*** e só se aplica, estritamente falando, aos circuitos planares, que definiremos rapidamente. Em muitos casos, a análise de malha poderá ser mais simples de se aplicar do que a análise nodal.

Se for possível desenhar o diagrama de um circuito em uma superfície plana de tal maneira que nenhum ramo passe por cima ou por baixo de outro ramo, então dizemos que este circuito é um ***circuito planar***. Assim, a Figura 4.13*a* ilustra uma rede planar, a Figura 4.13*b* ilustra uma rede não planar e a Figura 4.13*c* também mostra uma rede planar, embora ela seja desenhada de tal forma que à primeira vista pareça ser uma rede não planar.

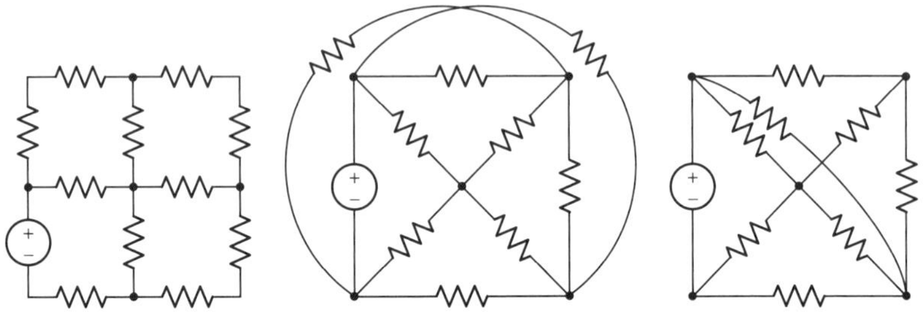

▲ **FIGURA 4.13** Exemplos de redes planares e não planares; fios cruzados sem que haja um ponto no cruzamento não estão fisicamente conectados.

Na Seção 3.1, foram definidos os termos ***caminho***, ***caminho fechado*** e ***laço***. Antes de definirmos o que é uma malha, vamos considerar o conjunto de ramos desenhados com linhas fortes na Figura 4.14. O primeiro conjunto de ramos não é um caminho, porque os quatro ramos estão conectados ao nó central e, obviamente, também não é um laço. O segundo conjunto de ramos não constitui um caminho, pois ele só pode ser percorrido se passarmos pelo nó central duas vezes. Todos os quatro caminhos restantes são laços. O circuito contém 11 ramos.

Devemos mencionar que a análise tipo malha pode ser aplicada a circuitos não planares, mas como não é possível definir um conjunto completo de malhas únicas para esse circuito, não é possível atribuir correntes de malha únicas.

A malha é uma propriedade de um circuito planar e é indefinida para um circuito não planar. Definimos ***malha*** como um laço que não contém quaisquer outros laços dentro de si. Assim, os laços indicados nas Figuras 4.14*c* e *d* não são malhas, enquanto aqueles presentes nas partes *e* e *f* são malhas. Uma vez desenhado na forma planar, de forma organizada, um circuito geralmente se parece com uma janela com múltiplas divisões e os limites de cada uma de suas divisões podem ser considerados uma malha.

Se uma rede é planar, a análise de malha pode ser empregada. Esta técnica envolve o conceito de ***corrente de malha***, que introduziremos considerando a análise do circuito com duas malhas da Figura 4.15*a*.

Da mesma maneira como fizemos no circuito com apenas um laço, começaremos definindo corrente a partir de um dos ramos. Vamos chamar de i_1 a corrente que flui para a direita através do resistor de 6 Ω. Aplicaremos a LKT ao redor de cada uma das duas malhas e as duas equações resultantes serão suficientes para determinarmos duas correntes desconhecidas. Em seguida, definiremos uma segunda corrente i_2 fluindo para a direita pelo resistor de 4 Ω.

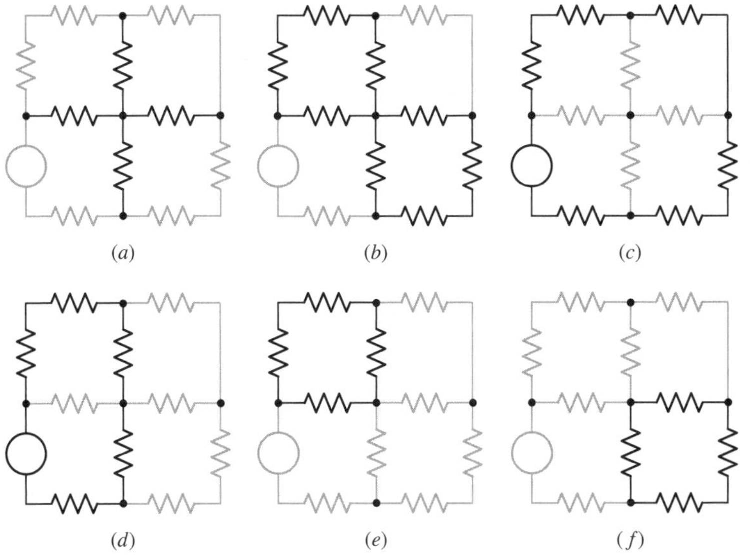

▲ **FIGURA 4.14** (*a*) O conjunto de ramos identificado pelas linhas fortes (em destaque) não é um caminho nem um laço. (*b*) O conjunto de ramos aqui não é um caminho, pois ele só pode ser percorrido se passarmos pelo nó central duas vezes. (*c*) Este caminho é um laço, mas não uma malha, pois ele envolve outros laços. (*d*) Este caminho também é um laço, mas não uma malha. (*e, f*) Cada um destes caminhos é um laço e uma malha.

Também poderíamos ter escolhido chamar de i_3 a corrente descendo o ramo central, mas é evidente pela LKC que i_3 pode ser expressa em termos das duas correntes anteriormente assumidas $(i_1 - i_2)$. As correntes assumidas são mostradas na Figura 4.15*b*.

Seguindo o método de solução para o circuito com apenas um laço, aplicamos agora a LKT à malha da esquerda,

$$-42 + 6i_1 + 3(i_1 - i_2) = 0$$

ou

$$9i_1 - 3i_2 = 42 \qquad [25]$$

Aplicando a LKT à malha da direita,

$$-3(i_1 - i_2) + 4i_2 - 10 = 0$$

ou

$$-3i_1 + 7i_2 = 10 \qquad [26]$$

As Equações [25] e [26] são independentes; uma não pode ser deduzida a partir da outra. Há duas equações e duas incógnitas e a solução é facilmente obtida:

$$i_1 = 6 \text{ A} \qquad i_2 = 4 \text{ A} \qquad \text{e} \qquad (i_1 - i_2) = 2 \text{ A}$$

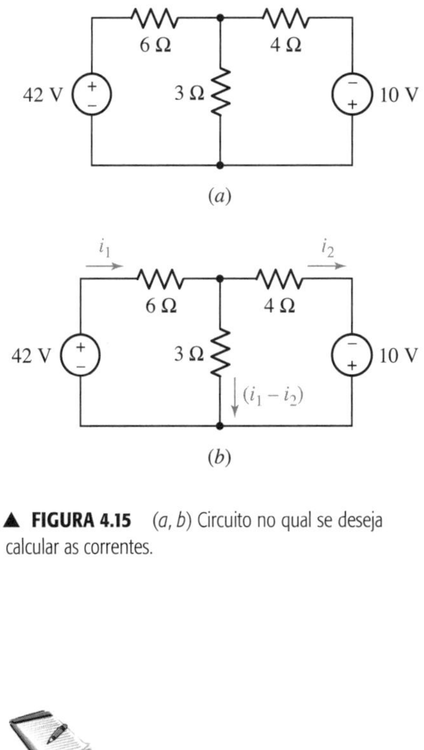

▲ **FIGURA 4.15** (*a, b*) Circuito no qual se deseja calcular as correntes.

Se o nosso circuito contém *M* malhas, então esperamos encontrar *M* correntes de malha e, portanto, será necessário escrever *M* equações independentes.

Vamos agora considerar o mesmo problema de maneira ligeiramente diferente usando corrente de malha. Definimos uma ***corrente de malha*** como a corrente que flui no perímetro de uma malha. Uma das grandes vantagens de seu uso é o fato de que a lei de Kirchhoff das correntes é automaticamente satisfeita. Se uma corrente de malha entra em um dado nó, ela também sai dele.

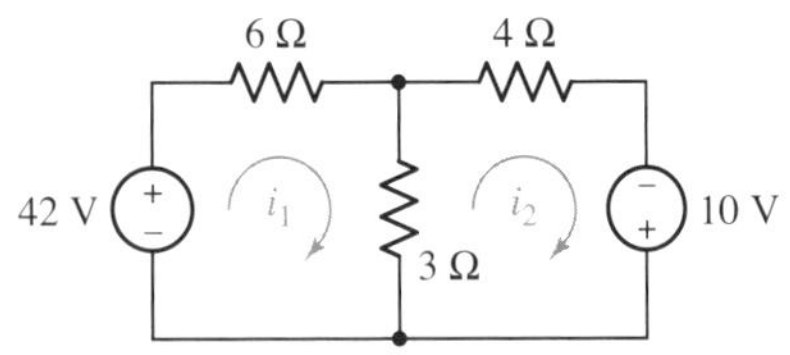

▲ **FIGURA 4.16** O mesmo circuito da Figura 4.15*b*, mas visto de forma ligeiramente diferente.

Uma corrente de malha pode ser frequentemente identificada como uma corrente de ramo, como fizemos com i_1 e i_2 neste exemplo. No entanto, isto nem sempre é verdade, como mostrará uma rede quadrada com nove malhas que consideraremos em breve. Nesta rede, não é possível identificar a corrente na malha central como sendo alguma corrente de ramo.

Se chamarmos de malha 1 a malha da esquerda do nosso problema, então podemos estabelecer uma corrente de malha i_1 fluindo nesta malha no sentido horário. A corrente de malha é indicada por uma seta curva, quase fechada sobre si mesma, desenhada dentro da própria malha, como mostra a Figura 4.16. A corrente de malha i_2 é estabelecida na malha que sobrou, mais uma vez no sentido horário. Embora o sentido seja arbitrário, sempre escolheremos correntes de malha no sentido horário, porque a simetria tende a minimizar erros nas equações.

Não temos mais uma corrente ou uma seta de corrente mostrada diretamente em cada ramo do circuito. A corrente em qualquer ramo deve ser determinada considerando as correntes de malha fluindo em cada malha na qual aquele ramos aparece. Isto não é fácil, porque nenhum ramo pode aparecer em mais de duas malhas. Por exemplo, o resistor de 3 Ω aparece em ambas as malhas e a corrente que percorre de cima para baixo é $i_1 - i_2$. O resistor de 6 Ω aparece somente na malha 1 e a corrente que flui para a direita naquele ramo é igual à corrente de malha i_1.

Na malha da esquerda,

$$-42 + 6i_1 + 3(i_1 - i_2) = 0$$

enquanto na malha da direita,

$$3(i_2 - i_1) + 4i_2 - 10 = 0$$

e essas duas equações são equivalentes às Equações [25] e [26].

▶ EXEMPLO 4.7

Determine a potência fornecida pela fonte de 2 V da Figura 4.17*a*.

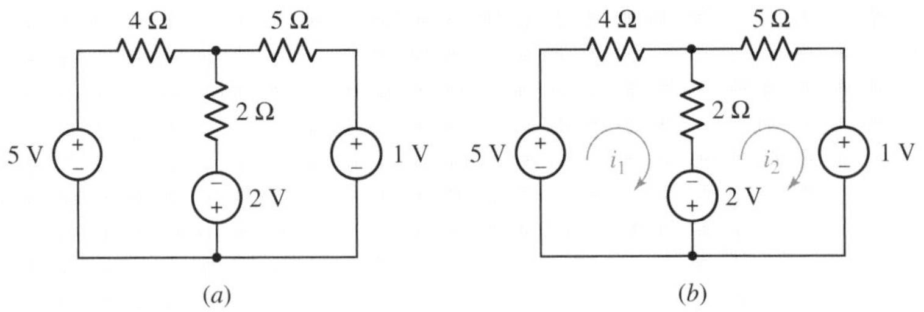

▲ **FIGURA 4.17** (*a*) Circuito com duas malhas contendo três fontes. (*b*) Circuito identificado para a análise de malha.

Primeiro definimos duas correntes de malha no sentido horário conforme ilustra a Figura 4.17*b*.

Começamos no nó inferior da malha 1, escrevemos as seguintes equações LKT enquanto percorremos os ramos no sentido horário:

$$-5 + 4i_1 + 2(i_1 - i_2) - 2 = 0$$

Fazendo o mesmo na malha 2, escrevemos

$$+2 + 2(i_2 - i_1) + 5i_2 + 1 = 0$$

Rearranjando e agrupando os termos,

$$6i_1 - 2i_2 = 7$$

e

$$-2i_1 + 7i_2 = -3$$

Resolvendo, $i_1 = \dfrac{43}{38} = 1{,}132$ A e $i_2 = -\dfrac{2}{19} = -0{,}1053$ A.

A corrente que sai do terminal positivo da fonte de 2 V é $i_1 - i_2$. Portanto, a fonte de 2 V fornece (2)(1,237)=2,474 W.

▶ EXERCÍCIO DE FIXAÇÃO

4.6 Determine i_1 e i_2 no circuito da Figura 4.18.

Resposta: + 184,2 mA, – 157,9 mA.

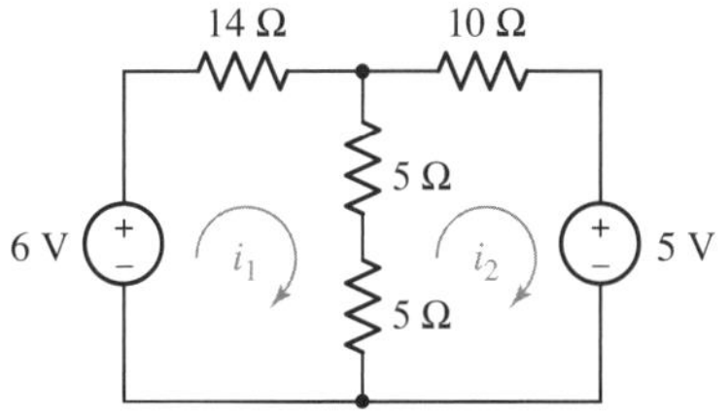

▲ **FIGURA 4.18**

Vamos agora considerar o circuito com cinco nós, sete ramos e três malhas mostrado na Figura 4.19. Este é um problema ligeiramente mais complicado devido à malha adicional.

▶ EXEMPLO 4.8

Use a análise de malha para determinar as três correntes de malha no circuito da Figura 4.19.

As três correntes de malha requeridas são assinaladas conforme indicado na Figura 4.19 e aplicamos a LKT metodicamente em torno de cada malha:

$$-7 + 1(i_1 - i_2) + 6 + 2(i_1 - i_3) = 0$$
$$1(i_2 - i_1) + 2i_2 + 3(i_2 - i_3) = 0$$
$$2(i_3 - i_1) - 6 + 3(i_3 - i_2) + 1i_3 = 0$$

Simplificando,

$$3i_1 - i_2 - 2i_3 = 1$$
$$-i_1 + 6i_2 - 3i_3 = 0$$
$$-2i_1 - 3i_2 + 6i_3 = 6$$

Resolvendo, obtemos $i_1 = 3$ A, $i_2 = 2$ A e $i_3 = 3$ A.

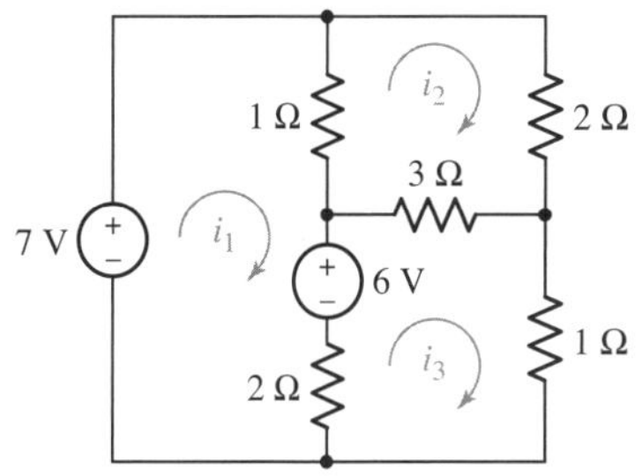

▲ **FIGURA 4.19** Circuito com cinco nós, sete ramos e três malhas.

▶ EXERCÍCIO DE FIXAÇÃO

4.7 Determine i_1 e i_2 no circuito da Figura 4.20.

Resposta: 2,220 A, 470,0 mA.

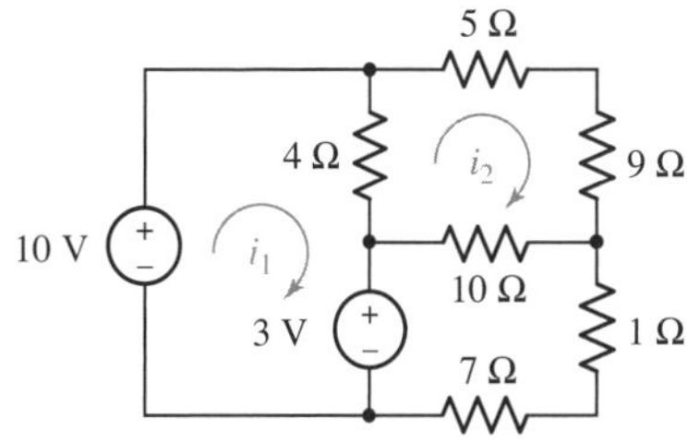

▲ **FIGURA 4.20**

Os exemplos anteriores tratavam de circuitos alimentados exclusivamente por fontes de tensão independentes. Se uma finte de corrente for incluída no circuito, ela pode simplificar ou complicar a análise, conforme veremos na Seção 4.4. Como já vimos em nosso estudo da técnica de análise nodal, fontes dependentes requerem uma equação adicional além das M equações de malhas, a menos que a variável de controle seja uma corrente de malha (ou a soma de corrente de malha). Vamos explorar isso no próximo exemplo.

▶ EXEMPLO 4.9

Determine a corrente i_1 no circuito da Figura 4.21*a*.

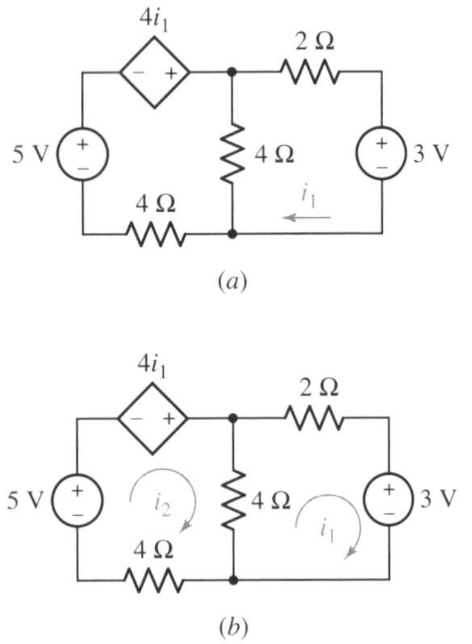

▲ **FIGURA 4.21** (*a*) Circuito de duas malhas contendo uma fonte dependente. (*b*) Circuito identificado para a análise de malha.

A corrente i_1 é na realidade uma corrente de malha. Portanto, em vez de redefini-la, identificamos como i_1 a correte de malha mais à direita e definimos uma corrente de malha i_2 no sentido horário, como ilustra a Figura 4.21*b*.

Na malha da esquerda, a LKT nos dá

$$-5 - 4i_1 + 4(i_2 - i_1) + 4i_2 = 0 \qquad [27]$$

e na malha da direita encontramos

$$4(i_1 - i_2) + 2i_1 + 3 = 0 \qquad [28]$$

Agrupando os termos, essas equações podem ser escritas de forma mais compacta como

$$-8i_1 + 8i_2 = 5$$

e

$$6i_1 - 4i_2 = -3$$

Resolvendo, $i_1 = -250$ mA, $i_2 = 375$ mA.

Como a fonte dependente da Figura 4.21 é controlada por uma corrente de malha (i_1), são necessárias apenas duas equações – Equações [27] e [28] – para analisar o circuito com duas malhas. No próximo exemplo, exploraremos a situação em que a variável de controle *não* é uma corrente de malha.

▶ EXEMPLO 4.10

Determine a corrente i_1 no circuito da Figura 4.22*a*.

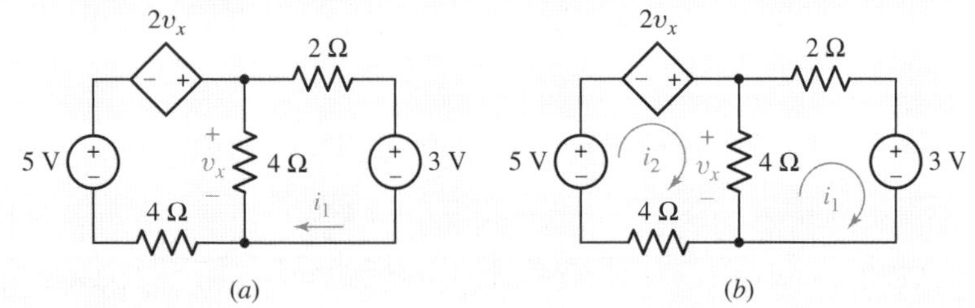

▲ **FIGURA 4.22** (*a*) Circuito com uma fonte dependente controlada por tensão. (*b*) Circuito identificado para a análise de malha.

Para fazer comparações com o Exemplo 4.9, usamos as mesmas definições de corrente de malha, conforme ilustrado na Figura 4.22*b*.

Na malha da esquerda, a LKT agora fornece

$$-5 - 2v_x + 4(i_2 - i_1) + 4i_2 = 0 \qquad [29]$$

e na malha da direita encontramos o mesmo de antes, ou seja

$$4(i_1 - i_2) + 2i_1 + 3 = 0 \qquad [30]$$

Como a fonte dependente é controlada pela tensão desconhecida v_x. Estamos diante de *duas* equações com *três* incógnitas. A solução para nosso dilema é simplesmente criar uma equação para v_x em termos de correntes de malha, como

Como a fonte dependente é controlada pela tensão desconhecida v_x. Estamos diante de *duas* equações com *três* incógnitas. A solução para nosso dilema é simplesmente criar uma equação para v_x em termos de correntes de malha, como

$$v_x = 4(i_2 - i_1) \qquad [31]$$

Simplificamos esse sistema de equações substituindo a Equação [31] na Equação [29], o que resulta em

$$4i_1 = 5.$$

Resolvendo, encontramos i_1 = 1,25 A. Neste exemplo em particular, a Equação [30] não é necessária a menos que se deseje um valor para i_2.

▶ EXERCÍCIO DE FIXAÇÃO

4.8 Determine i_1 no circuito da Figura 4.23 se a variável de controle A for igual a: (*a*) $2i_2$ e (*b*) $2v_x$.

Resposta: (*a*) 1,35 A; (*b*) 546 mA.

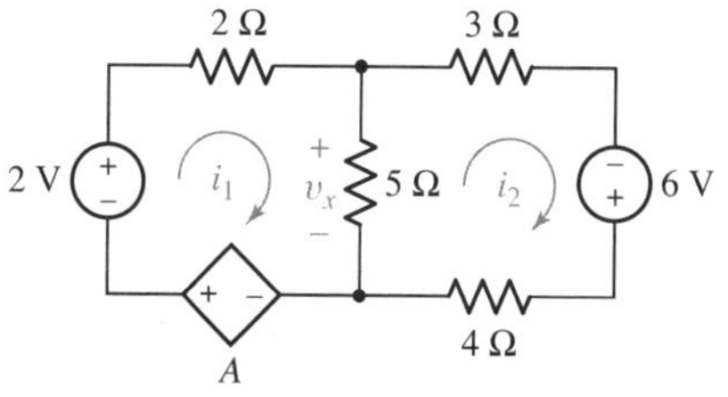

▲ **FIGURA 4.23**

O procedimento de análise de malhas pode ser resumido nos sete passos básicos descritos a seguir. Ele funcionará em qualquer circuito *planar* que encontrarmos, embora a presença de fontes de corrente requeira um cuidado adicional. Essas situações são discutidas na Seção 4.4.

Resumo do Procedimento Básico de Análise de Malha

1. **Verifique se o circuito é planar.** Se não for, execute a análise nodal.
2. **Conte o número de malhas** (*M*). Redesenhe o circuito, se necessário.
3. **Identifique cada uma das *M* correntes de malha.** Geralmente a definição de todas as correntes de malhar fluindo no sentido horário resulta em uma análise mais simples.
4. **Escreva uma equação LKT ao redor de cada malha**. Comece com um nó conveniente e siga a direção da corrente da malha. Preste muita atenção nos sinais "–". Se houver uma fonte de corrente na periferia de uma malha, não é necessária nenhuma equação LKT e a corrente de malha é determinada por inspeção.
5. **Expresse quaisquer incógnitas adicionais (isto é, tensões ou correntes que não sejam correntes de malha) em termos das correntes de malha apropriadas.** Esta situação pode ocorrer se fontes de corrente ou fontes dependentes aparecerem no circuito.
6. **Organize as equações.** Agrupe os termos de acordo com as correntes de malha.
7. **Resolve o sistema de equações para as correntes de malha** (existirão *M* delas).

4.4 ▶ A SUPERMALHA

Como devemos modificar esse procedimento simples quando houver uma fonte de corrente na rede? Usando nossos conhecimentos de análise nodal, imaginamos que há dois métodos possíveis. Primeiro, poderíamos atribuir aos terminais da fonte de corrente uma tensão desconhecida, aplicar a LKT ao redor de cada malha como antes e depois relacionar a corrente de fonte às correntes de malha. Esta é geralmente a abordagem mais difícil.

A melhor técnica é uma muito similar à abordagem do supernó na análise nodal. Lá, formávamos um supernó envolvendo por completo a fonte de tensão; para cada fonte de tensão presente, reduzíamos em 1 o número de nós não utilizados como referência. Agora, criamos uma espécie de ***supermalha*** a partir de duas malhas que têm uma fonte de corrente como elemento comum; a fonte de corrente está no interior da supermalha. Reduzimos então o número de malhas em 1 para cada fonte de corrente presente. Se a fonte de corrente estiver no perímetro do circuito, então a malha na qual ela for encontrada dever ignorada. A lei de Kirchhoff da tensão é então aplicada somente às malhas ou supermalhas presentes na rede reinterpretada.

▶ EXEMPLO 4.11

Use a técnica de análise de malha para avaliar as três correntes de malha na Figura 4.24*a*.

Notamos que há uma corrente independente de 7 A compartilhada por duas malhas. As correntes de malha i_1, i_2 e i_3 já foram assinaladas, e a fonte de corrente nos leva a criar uma supermalha cujo interior é aquela das malhas 1 e 3, como ilustra a Figura 4.24*b*. Aplicando a LKT nesse laço,

$$-7 + 1(i_1 - i_2) + 3(i_3 - i_2) + 1i_3 = 0$$

ou

$$i_1 - 4i_2 + 4i_3 = 7 \qquad [32]$$

e ao redor da malha 2,

$$1(i_2 - i_1) + 2i_2 + 3(i_2 - i_3) = 0$$

ou

$$-i_1 + 6i_2 - 3i_3 = 0 \qquad [33]$$

Finalmente, a corrente da fonte independente está relacionada às correntes de malha assumidas,

$$i_1 - i_3 = 7 \qquad [34]$$

Resolvendo as Equações [32] a [34], encontramos $i_1 = 9$ A, $i_2 = 2{,}5$ A e $i_3 = 2$ A.

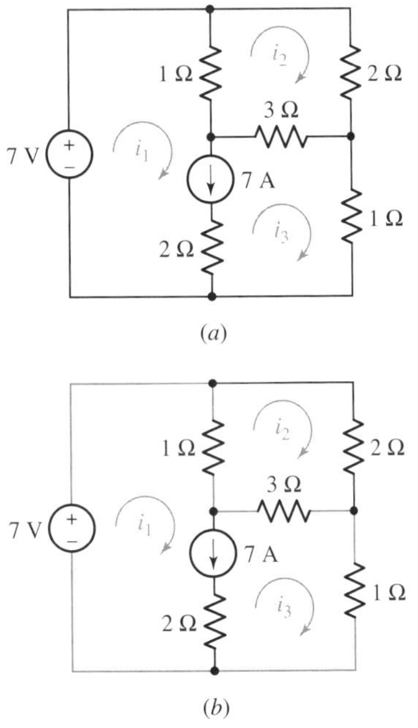

▲ **FIGURA 4.24** (*a*) Circuito com três malhas e uma fonte de corrente independente. (*b*) Uma supermalha é definida pela linha colorida.

▶ EXERCÍCIO DE FIXAÇÃO

4.9 Determine a corrente i_1 no circuito da Figura 4.25.

Resposta: –1,93 A.

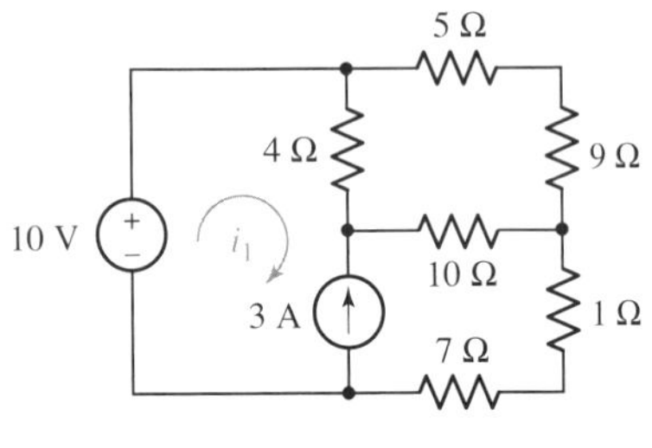

▲ **FIGURA 4.25**

A presença de uma ou mais fontes dependentes simplesmente requer que cada uma das grandezas de fonte e suas respectivas variáveis de controle sejam expressas em termos das correntes de malha atribuídas. Na Figura 4.26, por exemplo, notamos que uma fonte de corrente dependente e uma fonte de corrente independente foram incluídas na rede. Vejamos como sua presença afeta a análise do circuito e, na realidade, a simplifica.

▶ EXEMPLO 4.12

Use a análise de malha para avaliar as três correntes desconhecidas no circuito da Figura 4.26.

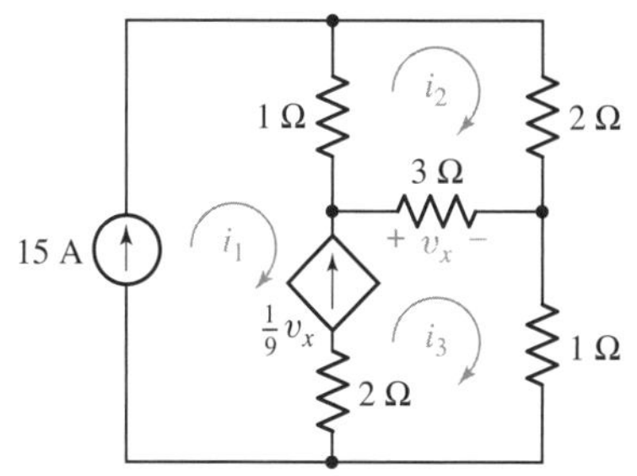

▲ **FIGURA 4.26** Circuito com três malhas, uma fonte de corrente dependente e uma fonte de corrente independente.

As fontes de corrente aparecem nas malhas 1 e 3. Uma vez que a fonte de 15 A está localizada no perímetro do circuito, podemos desconsiderar a malha 1 – está claro que i_1 = 15 A.

Concluímos que, conhecendo agora uma das duas correntes de malha relevantes para a fonte de corrente dependente, não há necessidade de escrever uma equação de supermalha para as malhas 1 e 3. Em lugar disso, simplesmente relacionamos i_1 e i_3 com a corrente da fonte independente usando a LKC.

$$\frac{v_x}{9} = i_3 - i_1 = \frac{3(i_3 - i_2)}{9}$$

que pode ser escrita na forma mais compacta como

$$-i_1 + \frac{1}{3}i_2 + \frac{2}{3}i_3 = 0 \quad \text{ou} \quad \frac{1}{3}i_2 + \frac{2}{3}i_3 = 15 \qquad [35]$$

Como temos uma equação e duas incógnitas, só falta escrevermos uma equação LKT em torno da malha 2

$$1(i_2 - i_1) + 2i_2 + 3(i_2 - i_3) = 0$$

ou

$$6i_2 - 3i_3 = 15 \qquad [36]$$

Resolvendo as Equações [35] e [36] encontramos i_2 = 11 A e i_3 = 17 A. Por inspeção, já havíamos determinado que i_1 = 15 A.

▶ EXERCÍCIO DE FIXAÇÃO

4.10 Use a análise de malha para encontrar v_3 no circuito da Figura 4.27.

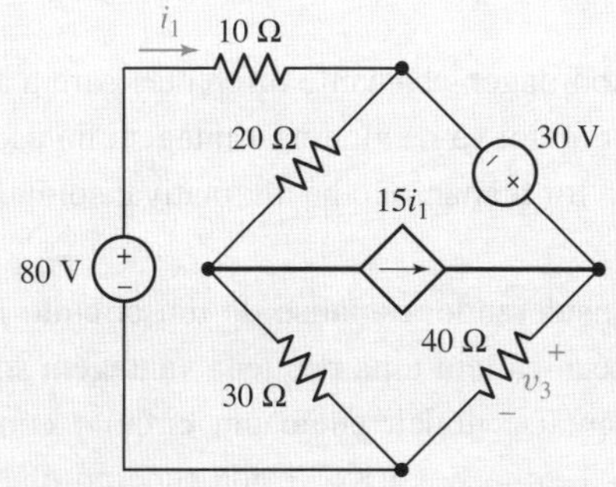

▲ **FIGURA 4.27**

Resposta: 104,2 V.

Podemos agora resumir a abordagem geral para a escrita das equações de malha, estejam presentes ou não fontes dependentes, fontes de tensão e/ou fontes de corrente, desde que o circuito possa ser desenhado como um circuito planar.

Resumo do Procedimento Básico de Análise por Supermalha

1. **Determine se o circuito é um circuito planar.** Se não for, execute a análise nodal.
2. **Conte o número de malhas** (*M*). Redesenhe o circuito, se necessário.
3. **Identifique cada uma das *M* correntes de malha.** Geralmente, a definição de todas as correntes de malha fluindo no sentido horário resulta em uma análise mais simples.
4. **Se o circuito contém fonte de corrente compartilhadas por duas malhas, forme uma supermalha para incluir ambas as malhas.** Um contorno destacado ajuda ao escrever as equações LKT.
5. **Escreva uma equação LKT ao redor de cada malha/supermalha.** Comece com um nó conveniente e siga a direção da corrente da malha. Preste muita atenção nos sinais "–". Se houver uma fonte de corrente na periferia de uma malha, não é necessária nenhuma equação LKT e a corrente de malha é determinada por inspeção.
6. **Relacione a corrente de flui em cada fonte de corrente às correntes de malha.** Isto é conseguido pela simples aplicação da LKC. É necessária uma equação como esta para cada supermalha definida.
7. **Expresse quaisquer incógnitas adicionais (isto é, tensões ou corrente que não sejam correntes de malha) em termos das correntes de malha apropriadas.** Esta situação pode ocorrer se aparecerem fontes dependentes em nosso circuito.
8. **Organize as equações.** Agrupe os termos de acordo com as correntes de malha.
9. **Resolve o sistema de equações para as correntes de malha** (serão *M* delas).

4.5 ▶ COMPARAÇÃO ENTRE ANÁLISE NODAL E ANÁLISE DE MALHA

Agora que já examinamos duas abordagens bastante diferentes para a análise de circuitos, parece lógico perguntar se há alguma vantagem no uso de uma ou de outra. Se o circuito não for planar, não há alternativa: somente a análise nodal pode ser aplicada.

No entanto, se estivermos considerando a análise de um circuito *planar*, há situações nas quais uma técnica tem uma pequena vantagem sobre a outra. Se planejarmos usar a análise nodal, então um circuito com N nós resultará em no máximo $N - 1$ equações LKC. Cada supernó que for definido reduzirá em 1 este número. Se o mesmo circuito tiver M malhas distintas, então obteremos no máximo M equações LKT; cada super malha reduzirá este número em 1. Com base nestes fatos, devemos escolher a abordagem que resultar no menor número de equações simultâneas.

Se uma ou mais fontes dependentes forem incluídas no circuito, então cada variável de controle pode incluir em nossa escolha entre a análise nodal e a análise de malha. Por exemplo, uma fonte de tensão dependente controlada por uma tensão nodal não requer uma equação adicional quando executamos a análise nodal. De forma similar, uma fonte de corrente dependente controlada por um acorrente de malha não requer uma equação adicional quando executamos a análise de malha. *E o que acontece quando uma fonte de tensão dependente é controlada por uma corrente? Ou o contrário, quando uma fonte de corrente dependente é controlada por uma tensão?* Desde que a grandeza controlada possa ser facilmente relacionada às correntes de malha, podemos esperar que a análise de malha seja a opção mais simples. Da mesma forma, se a grandeza controlada puder ser facilmente relacionada às tensões nodais, a análise nodal pode ser preferível. Uma consideração final nessa discussão é ter em mente a *localização* da fonte; fontes de corrente localizadas na periferia da malha, sejam elas dependentes ou não, são facilmente tratadas na análise de malha; fontes de tensão conectadas ao terminal de referência são facilmente tratadas na análise nodal.

Quando qualquer um dos métodos resultar essencialmente no mesmo número de equações, pode ser conveniente considerar também quais grandezas estão sendo procuradas. A análise nodal resulta no cálculo direto de tensões nodais, enquanto a análise de malha fornece correntes. Por exemplo, se precisamos calcular correntes através de um conjunto de resistores após executar a análise nodal, deveremos ainda usar a lei de Ohm em cada resistor para determinar a corrente.

Como exemplo considere o circuito da Figura 4.28. Queremos determinar a corrente i_x.

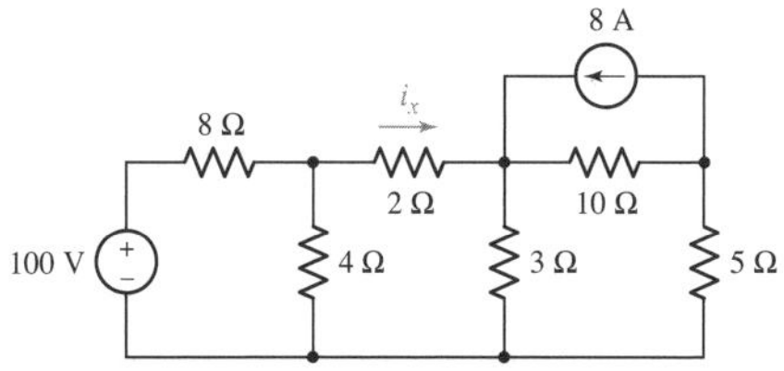

▲ **FIGURA 4.28** Circuito planar com cinco nós e quatro malhas.

Escolhemos o nó inferior como nó de referência e notamos que há quatro nós remanescentes. Embora isto signifique que podemos escrever quatro equações distintas, não há necessidade de se identificar o nó entre a fonte de 100 V e o resistor de 8 Ω, pois está claro que a tensão naquele nó é igual a 100 V. Então, identificamos as demais tensões nodais v_1, v_2 e v_3 como na Figura 4.29.

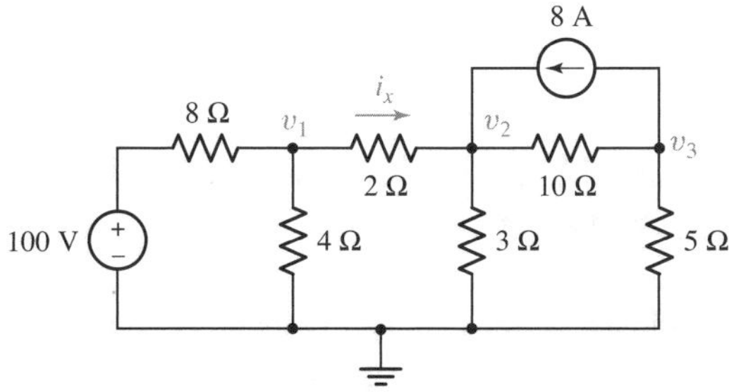

▲ **FIGURA 4.29** O circuito da Figura 4.28 com as tensões nodais identificadas. Note que foi escolhido um símbolo de terra para designar o terminal de referência.

Escrevemos as três equações a seguir:

$$\frac{v_1 - 100}{8} + \frac{v_1}{4} + \frac{v_1 - v_2}{2} = 0 \quad \text{ou} \quad 0{,}875v_1 - 0{,}5v_2 = 12{,}5 \qquad [37]$$

$$\frac{v_2 - v_1}{2} + \frac{v_2}{3} + \frac{v_2 - v_3}{10} - 8 = 0 \quad \text{ou} \quad -0{,}5v_1 - 0{,}9333v_2 - 0{,}1v_3 = 8 \qquad [38]$$

$$\frac{v_3 - v_2}{10} + \frac{v_3}{5} + 8 = 0 \quad \text{ou} \quad -0{,}1v_2 + 0{,}3v_3 = -8 \qquad [39]$$

Resolvendo, encontramos $\upsilon_1 = 25{,}89$ V e $\upsilon_2 = 20{,}31$ V. Determinamos a corrente i_x aplicando a lei de Ohm:

$$i_x = \frac{v_1 - v_2}{2} = 2{,}79 \text{ A} \qquad [40]$$

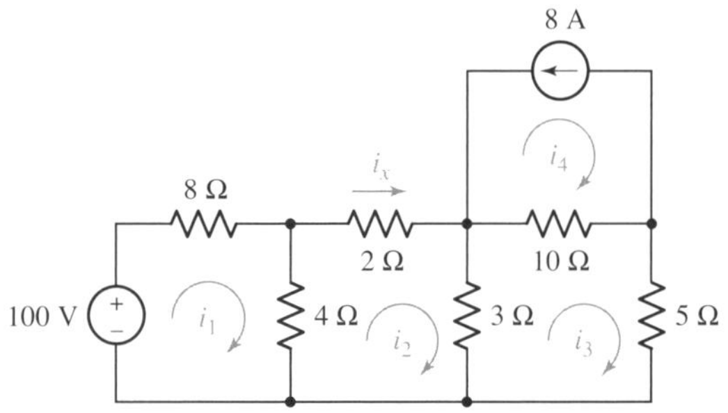

▲ **FIGURA 4.30** O circuito da Figura 4.28 com as correntes de malha identificadas.

Em seguida, consideraremos o mesmo circuito usando a análise de malha. Vemos na Figura 4.30 que temos quatro malhas distintas, embora seja óbvio que $i_4 = -8$ A; necessitamos, portanto, escrever três equações distintas.

Escrevendo equações LKT para as malhas 1, 2 e 3:

$$-100 + 8i_1 + 4(i_1 - i_2) = 0 \quad \text{ou} \quad 12i_1 - 4i_2 = 100 \qquad [41]$$

$$4(i_2 - i_1) + 2i_2 + 3(i_2 - i_3) = 0 \quad \text{ou} \quad -4i_1 + 9i_2 - 3i_3 = 0 \qquad [42]$$

$$3(i_3 - i_2) + 10(i_3 + 8) + 5i_3 = 0 \quad \text{ou} \quad -3i_2 + 18i_3 = -80 \qquad [43]$$

Resolvendo, encontramos $i_2 (= i_x) = 2{,}79$ A. Neste problema em particular, a análise de malha demonstrou ser a solução mais simples. Porém, como cada um dos métodos é válido, a utilização de ambos na solução de um mesmo problema pode servir como uma maneira de verificar nossas respostas.

4.6 ▶ ANÁLISE DE CIRCUITOS AUXILIADA POR COMPUTADOR

Vimos que não são necessários muitos componentes pra se criar um circuito de complexidade razoável. Como continuaremos a examinar circuitos cada vez mais complexos, logo se tornará óbvio que é fácil cometermos erros durante a análise, e que a verificação manual das soluções pode ser muito demorada. Um poderoso programa computacional conhecido como PSpice é comumente utilizado na análise rápida de circuitos, e as ferramentas de desenho de diagramas esquemáticos são geralmente integradas às ferramentas de desenho de circuitos impressos e de circuitos integrados. Originalmente desenvolvido na década de 1970, na Universidade da Califórnia, em Berkeley, o Spice (*Simulation Program with Integrated Circuit Emphasis*) é agora um padrão na indústria. A MicroSim Corporation introduziu o PSpice em 1984, construindo interfaces gráficas intuitivas em torno do núcleo do programa Spice. Dependendo do tipo de aplicação de circuitos sendo considerada, há agora várias empresas oferecendo variações do pacote Spice básico.

Embora a análise auxiliada por computador seja uma maneira relativamente simples de determinar tensões e corrente em um circuito, devemos ter cuidado para não deixar que programas de simulação substituam completamente a análise baseada no "lápis e papel". Há várias razões para isso. Primeiro, para projetar precisamos ser capazes de analisar. O uso indiscriminado de ferramentas computacionais pode inibir o desenvolvimento das habilidades analíticas necessárias; é quase o mesmo que introduzir o uso de calculadora na escola primária. Segundo, é quase impossível usar um pacote computacional complicado durante muito tempo sem cometer algum tipo de erro na entrada de dados. Se não tivermos nenhuma intuição básica a respeito do tipo de resposta que esperamos da simulação, não há como determinar se o resultado é válido ou não. Portanto, o nome genérico a seguir é uma descrição razoavelmente exata: análise *auxiliada* por computador. Cérebros humanos não são obsoletos. Pelo menos, não até agora.

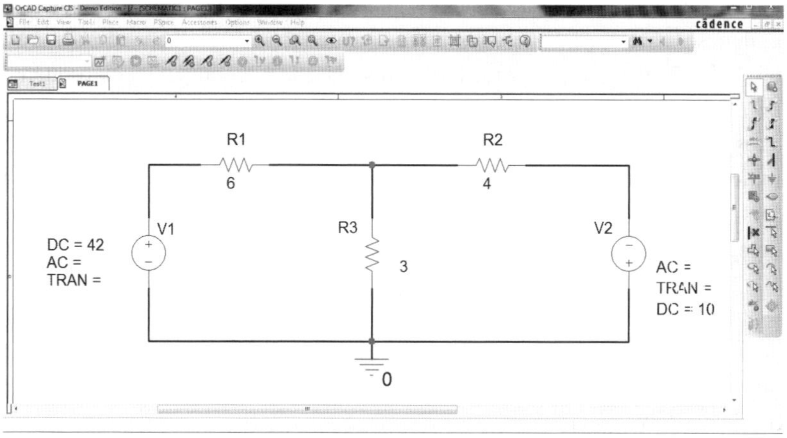

(*a*)

(*b*)

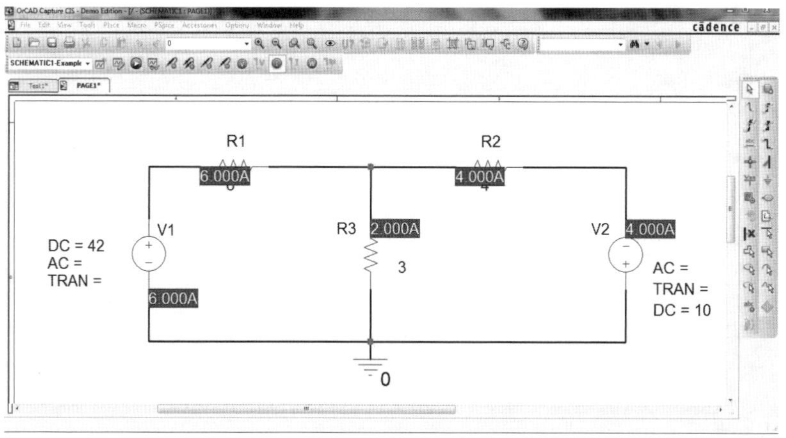

(*c*)

◀ **FIGURA 4.31** (*a*) Circuito da Figura 4.15*a* desenhado na interface gráfica Orcad. (*b*) Botões para mostrar corrente, tensão e potência. (*c*) Circuito após rodar a simulação, habilitada a mostra das correntes.

Como exemplo, considere o circuito da Figura 4.15*b*, que inclui duas fontes de tensão CC e três resistores. Queremos simular esse circuito usando o PSpice para determinar as correntes i_1 e i_2. A Figura 4.31*a* mostra o diagrama esquemático do circuito desenhado na interface gráfica do programa[1].

Para determinar as correntes de malha, precisamos apenas rodar uma simulação de ponto de polarização (*bias point simulation*). No menu **PSpice**, selecione **New Simulation Profile**. Digite Primeiro Exemplo (ou outro nome de sua preferência) e clique em **Create**. Selecione **Bias Point** no menu **Analysis Type:** e depois clique em **OK**. Retornando à janela original contendo o diagrama esquemático, selecione **Run** em **PSpice** (ou use um dos dois atalhos: pressione a tecla F11 ou o clique no ícone azul "play"). Para ver as correntes calculadas pelo PSpice, certifique-se de que o botão de corrente esteja selecionado (Figura 4.31*b*) Os resultados da nossa simulação são mostrados na Figura 4.31*c*. Vemos que as duas correntes i_1 e i_2 são 6 A e 4 A, respectivamente, conforme havíamos encontrado anteriormente.

Em outro exemplo, considere o circuito ilustrado na Figura 4.32*a*. Ele cotém uma fonte de tensão CC, uma fonte de corrente CC e uma fonte de corrente controlada por tensão. Estamos interessados nas três tensões nodais, que podem ser determinadas através da análise nodal ou de malha, e são 82,91 V, 69,9 V e 59,9 V, respectivamente, à medida que nos movemos da esquerda para a direita na parte de cima do circuito. A Figura 4.32*b* mostra este circuito após a simulação, desenhado na interface gráfica. As três tensões nodais estão indicadas diretamente no diagrama esquemático. Note que, ao desenhar uma fonte dependente usando a interface gráfica, devemos ligar *explicitamente* os dois terminais da fonte à tensão ou corrente de controle.

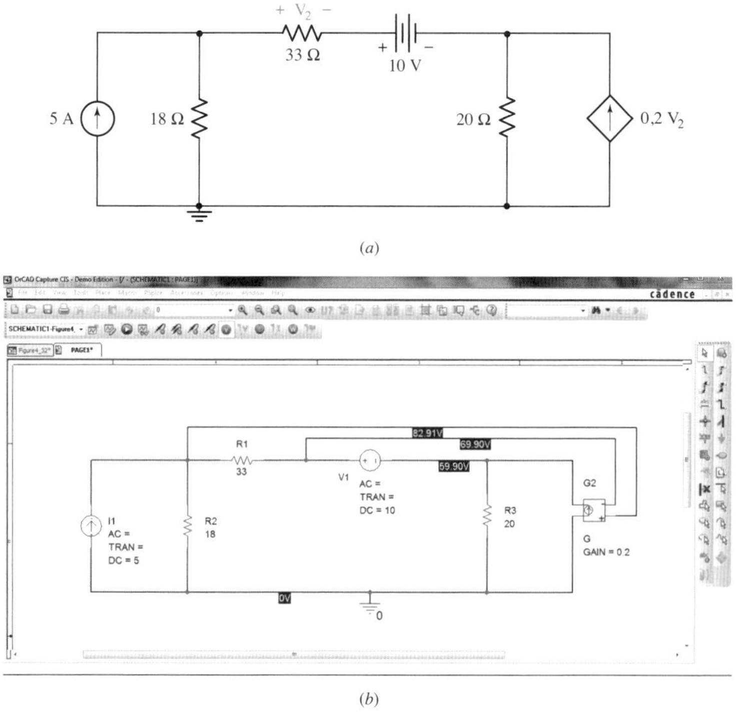

▶ **FIGURA 4.32** (*a*) Circuito com fonte dependente de corrente. (*b*) Circuito desenhado usando a ferramenta esquema de captura, com o resultado da simulação apresentado diretamente no esquema.

[1] Veja o Apêndice 4 para um breve tutorial sobre PSpice e a captura de diagramas esquemáticos.

APLICAÇÃO

CRIAÇÃO DE ESQUEMÁTICO PSPICE BASEADO NA ANÁLISE NODAL

O método mais comum de descrever um circuito em um programa computacional de análise de circuitos envolve o uso de algum tipo de interface gráfica, como aquela ilustrada no exemplo da Figura 4.32. Porém, o Spice foi escrito antes do aparecimento de programas como esse e, portanto, requer que os circuitos sejam descritos em formato de texto específico. Este formato tem raízes na sintaxe utilizada em cartões perfurados, o que lhe dá uma aparência diferenciada. A base para a descrição de circuitos é a definição de elementos onde a cada terminal é atribuído um número de nó. Assim, apesar de termos estudado dois diferentes métodos generalizados para a análise de circuitos – a técnica nodal e a técnica de malhas – é interessante que o Spice e o PSpice foram escritos usando uma abordagem de análise nodal claramente definida. Apesar da análise de circuitos moderna ser feita primeiramente usando programas interativos com interface gráfica, quando erros são gerados (geralmente por causa de um engano na criação do diagrama esquemático ou na seleção de alguma opção de análise), a habilidade para ler o arquivo-texto de entrada ("input deck") pode ser extremamente valiosa no rastreamento do problema. A maneira mais fácil de desenvolver esta habilidade é aprender como rodar o PSpice diretamente a partir de um arquivo-texto de entrada escrito pelo usuário.

Considere, por exemplo, o arquivo de entrada abaixo (linhas começando com um asterisco são comentários e são puladas pelo Spice).

```
* Exemplo de convés de entrada (input deck) para um divisor de tensão simples.
.OP            (requer o ponto de operação CC)
R1 1 2 1k      (aloca R1 entre os nós 1 e 2, com valor 1 kΩ)
R2 2 0 1k      (aloca R2 entre os nós 2 e 0, também com 1 k Ω)
V1 1 0 DC 5    (aloca uma fonte de 5 V entre os nós 1 e 0)
* Final do convés de entrada.
```

Podemos criar um arquivo de entrada usando o Bloco de Notas do Windows ou nosso editor de texto favorito. Salvando o arquivo com o nome exemplo.cir e em seguida chamamos o PSpice A/D (ver Apêndice 4). No menu **File**, escolhemos **Open**, localizamos o diretório no qual salvamos nosso arquivo exemplo.cir e em **File of Type:** selecionamos **Circuit File (*.dir)**. Após selecionar nosso arquivo e clicar **Open**, vemos a janela do PSpice A/D com o arquivo do nosso circuito carregado (Figura 4.33*a*). Uma lista como essa, contendo instruções para a simulação a ser feita, pode ser criada pela interface gráfica ou escrita manualmente como nesse exemplo.

Rodamos a simulação por clicado o símbolo "play" em cima à direita, ou selecionamos **Run** no menu **Simulation.**

Para ver o resultado, selecionamos a opção **Output File** no menu **View**, que fornece uma janela como mostrada na Figura 4.33*b*. Aqui é importante notar que a saída fornece a tensão nodal esperada (5 V no nó 1 e 2,5 V sobre o resistor R2), mas a corrente é fornecida usando a convenção do sinal passivo (isto é, –2,5 mA).

A entrada de um esquemático baseado em um arquivo de texto é razoavelmente simples, mas para circuitos complexos (grande número de elementos), ela pode facilmente se tornar pesado. Também é fácil de perder o número dos nós, um erro que pode se tornar difícil de evitar. Entretanto, ler os arquivos de entrada e saída é frequentemente útil quando rodamos uma simulação, no entanto, alguma experiência com este formato é necessária.

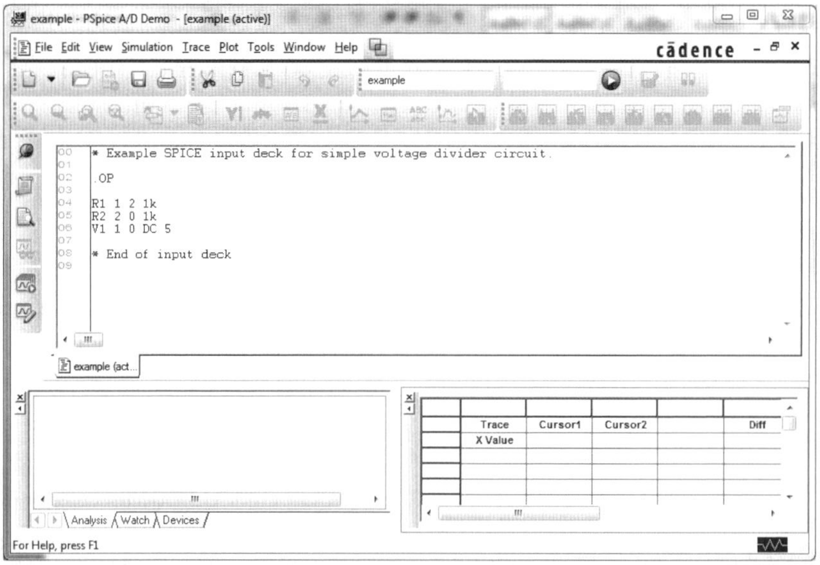

(*a*)

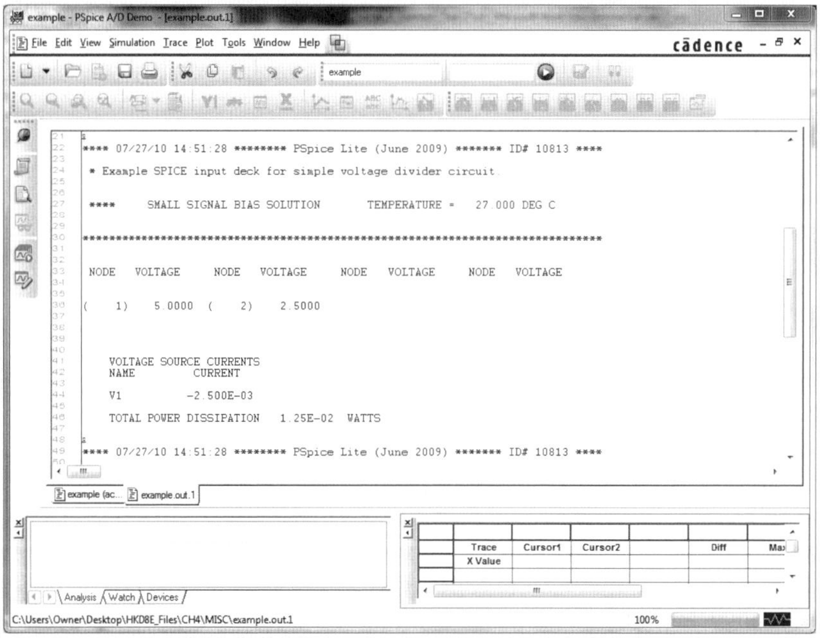

(*b*)

▲ **FIGURA 4.33** (*a*) Janela do PSpice A/D depois de carregado o arquivo de entrada em que se descreve o nosso divisor de tensão. (*b*) Janela de saída, mostrando as tensões nodais e corrente da fonte (mas marcada usando a convenção do sinal passivo). Note que a tensão sobre o resistor R1 necessita uma subtração pós-simulação.

Neste ponto começa a aparecer o verdadeiro poder da análise auxiliada por computador: assim que o diagrama esquemático do circuito estiver desenhado no programa, fica fácil variar os valores dos componentes, observando o efeito resultante nas correntes e tensões. Para ganhar um pouco mais de experiência neste ponto, tente simular qualquer um dos circuitos mostrados nos exemplos anteriores e nos exercícios práticos.

RESUMO E REVISÃO

Ao longo do Capítulo 3 introduzimos as LKT e LKC, e embora ambas sejam suficientes para nos permitir analisar qualquer circuito, uma abordagem mais metódica se mostra útil em situações diárias. Então, neste capítulo, desenvolvemos as técnicas de análise nodal, baseada na LKC, que resulta em uma tensão para cada nó (em relação em nó de "referência"). Geralmente necessitamos de resolver um sistema de equações simultâneas, a menos que fontes de tensão estejam conectadas uma vez que essas fornecem automaticamente uma tensão nodal. A grandeza que controla uma fonte dependente é escrita como escrevemos o valor numérico de uma fonte "independente". Geralmente uma equação adicional é requerida, a menos que uma fonte dependente seja controlada por uma tensão nodal. Quando uma fonte de tensão liga dois nós, a técnica básica pode ser estendida pela criação do *supernó*; a LKC decreta que a soma das correntes fluindo para o grupo de conexões assim definido é igual à soma das tensões que saem do mesmo.

Como uma alternativa à análise nodal, a técnica de análise de malha foi desenvolvida baseada na LKT. Ela produz o conjunto completo de correntes de malha, que nem sempre representam a corrente líquida que flui através de um elemento em particular (por exemplo, se um elemento é compartilhado por duas malhas). A presença de uma fonte de corrente simplificará a análise se esta estiver na periferia da malha; se a fonte é compartilhada, então a técnica de *supermalha* é melhor. Neste caso, escrevemos as equações LKT em torno de um caminho que evite a fonte de corrente compartilhada, em seguida, ligar algebricamente as duas correntes de malha correspondentes utilizando a fonte.

Uma questão comum é: "Qual das técnicas de análise eu deverei utilizar?" Discutimos algumas das questões que podem ser utilizadas para a escolha de uma técnica para um determinado circuito. Isso inclui o fato de um circuito ser ou não planar, quais os tipos de fontes estão presentes e como estão conectadas e também qual informação específica é requerida (isto é, uma tensão, uma corrente ou potência específicas). Para circuitos complexos, ser necessário um esforço muito maior do que vale a pena para determinar a abordagem "ótima", caso no qual, a maioria das pessoas optará pelo método com que se sinta mais confortável. Concluímos o capítulo pela introdução do PSpice, uma ferramenta computacional comum, que é muito útil para a verificação de nossos resultados.

Neste ponto fechamos o pacote identificando os pontos-chave deste capítulo para revisão, juntamente com exemplo(s) relevante(s).

- Comesse cada análise com um diagrama esquemático claro, simples. Indique todos os elementos e valores das fontes. (Exemplo 4.1)
- Para análise nodal,
  - Escolha um nó para ser o nó de referência. Então nomeie as tensões de nó v_1, v_2, ..., v_{N-1}. Entendendo que cada um está referenciado ao nó de referência. (Exemplos 4.1 e 4.2)
  - Se o circuito contém apenas fontes de corrente, aplicar LKC para cada nó diferente do nó de referência. (Exemplos 4.1 e 4.2)

- ▶ Se o circuito contém fontes de tensão, forme um supernó com cada um, e então aplique a LKC em todos os nós e supernós (fora o nó de referência). (Exemplos 4.5 e 4.6)

▶ Para análise de malha, primeiro tenha certeza de que o circuito é uma rede planar.

- ▶ Atribua uma corrente de malha, no sentido horário, para cada malha: i_1, i_2, ..., i_M. (Exemplo 4.7)
- ▶ Se o circuito contém apenas fontes de tensão, aplicar a LKT em torno de cada malha. (Exemplos 4.7, 4.8 e 4.9).
- ▶ Se o circuito contém fontes de corrente, crie uma supermalha para cada uma das fontes comuns a duas malhas, e então aplique a LKT em torno de cada malha e supermalha. (Exemplos 4.11 e 4.12)

▶ Fontes dependentes irão introduzir equações adicionais na análise nodal se as vaiáveis controláveis são correntes, mas não, se as variáveis de controle são tensões nodais. (Reciprocamente, uma fonte dependente irá introduzir uma equação adicional à análise de malha se a variável de controle é uma tensão, mas não se a variável de controle é uma corrente de malha). (Exemplos 4.3, 4.4, 4.6, 4.9, 4.10 e 4.12)

▶ Ao decidir entre o uso da análise nodal ou de malha em um circuito planar, um circuito com menos nós/supernós do que malhas/supermalhas resultará em menos equações usando a análise nodal.

▶ A análise auxiliada por computador é útil para verificar resultados e analisar circuitos com muitos elementos. No entanto, deve ser usado bom-senso ao verificar resultados de simulações.

LEITURA COMPLEMENTAR

Um tratamento detalhado das análises nodal e de malha pode ser encontrado em:

R. A. DeCarlo and P. M. Lin, *Linear Circuit Analysis*, 2nd ed. New York: Oxford University Press, 2001.

Um guia sólido sobre o Spice é:

P. Tuinenga, *SPICE: A Guide to Circuit Simulation and Analysis Using PSPICE*, 3rd ed. Upper Saddle River, N.J.: Prentice-Hall, 1995.

EXERCÍCIOS

4.1 Análise Nodal

1. Resolva os sistemas de equação a seguir:

(a) $2v_2 - 4v_1 = 9$ e $v_1 - 5v_2 = -4$;

(b) $-v_1 + 2v_3 = 8$; $2v_1 + v_2 - 5v_3 = -7$; $4v_1 + 5v_2 + 8v_3 = 6$

2. Calcule os determinantes a seguir:

$$(a)\begin{vmatrix} 2 & 1 \\ -4 & 3 \end{vmatrix} \qquad (b)\begin{vmatrix} 0 & 2 & 11 \\ 6 & 4 & 1 \\ 3 & -1 & 5 \end{vmatrix}$$

3. Para cada um dos itens do Exercício 1, use a regra de Cramer para determinar v_2.

4. (*a*) Resolva os sistemas de equações a seguir:

$$3 = \frac{v_1}{5} - \frac{v_2 - v_1}{22} + \frac{v_1 - v_3}{3}$$

$$2 - 1 = \frac{v_2 - v_1}{22} + \frac{v_2 - v_3}{14}$$

$$0 = \frac{v_3}{10} + \frac{v_3 - v_1}{3} + \frac{v_3 - v_2}{14}$$

(*b*) Verifique as suas soluções usando o MATLAB.

5. (*a*) Resolva o sistema de equações a seguir:

$$7 = \frac{v_1}{2} - \frac{v_2 - v_1}{12} + \frac{v_1 - v_3}{19}$$

$$15 = \frac{v_2 - v_1}{12} + \frac{v_2 - v_3}{2}$$

$$4 = \frac{v_3}{7} + \frac{v_3 - v_1}{19} + \frac{v_3 - v_2}{2}$$

(*b*) Verifique suas soluções usando MATLAB.

6. Corrigir (e verificar programaticamente) o código MATLAB a seguir:

```
>> e1 = '3 = v/7 - (v2 - v1)/2 + (v1 - v3)/3;
>> e2 = '2 = (v2 - v1)/2 + (v2 - v3)/14';
>> e  '0 = v3/10 + (v3 - v1)/3 + (v3 - v2)/14';
>>
>> a = sove(e e2 e3, 'v1', v2, 'v3')
```

7. Identifique os erros óbvios no conjunto de equações nodais a seguir, sabendo que a última equação é sabidamente correta:

$$7 = \frac{v_1}{4} - \frac{v_2 - v}{1} + \frac{v_1 - v_3}{9}$$

$$0 = \frac{v_2 - v_1}{2} + \frac{v_2 - v_3}{2}$$

$$4 = \frac{v_3}{7} + \frac{v_3 - v_1}{19} + \frac{v_3 - v_2}{2}$$

8. No circuito da Figura 4.34, determine a corrente *i* com o auxílio da técnica de análise nodal.

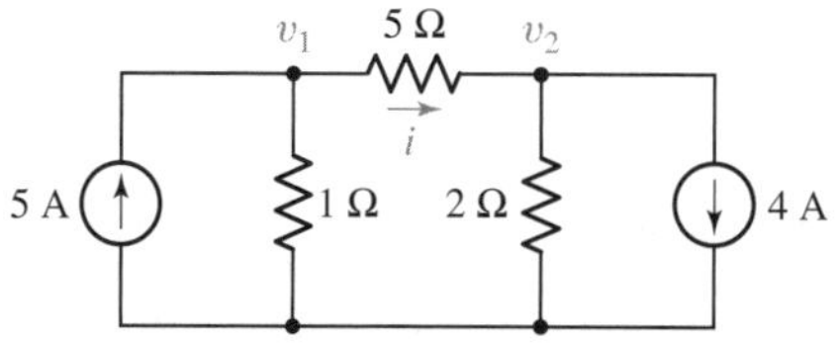

◀ **FIGURA 4.34**

9. Calcule a potência dissipada no resistor de 1 Ω na Figura 4.35.

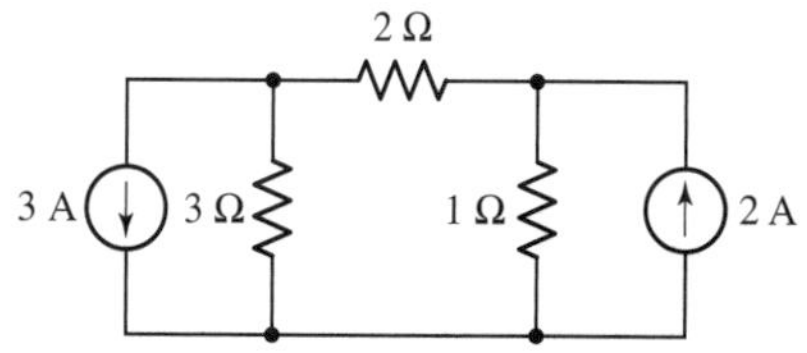

▲ **FIGURA 4.35**

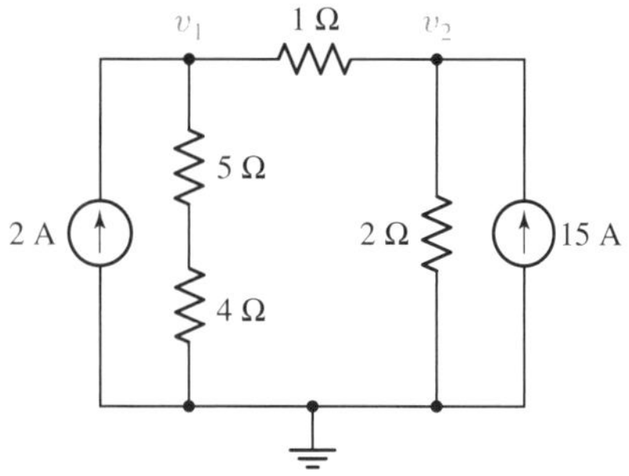

▲ FIGURA 4.36

10. Com a ajuda da análise nodal, determine $v_1 - v_2$ no circuito mostrado na Figura 4.36.

11. Para o circuito da Figura 4.37, determine o valor da tensão v_1 e a corrente i_1.

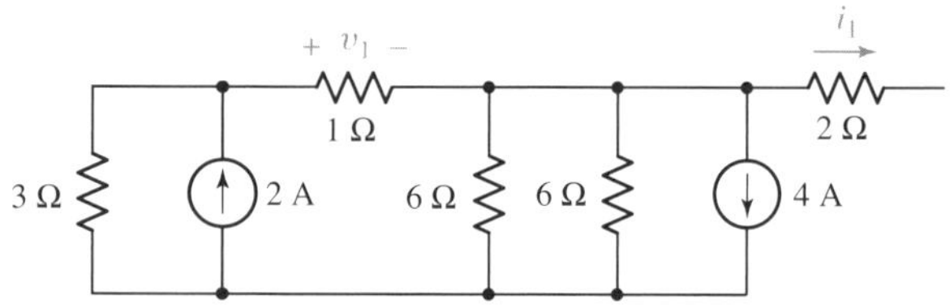

◀ FIGURA 4.37

12. Use a análise nodal para achar v_P no circuito mostrado na Figura 4.38.

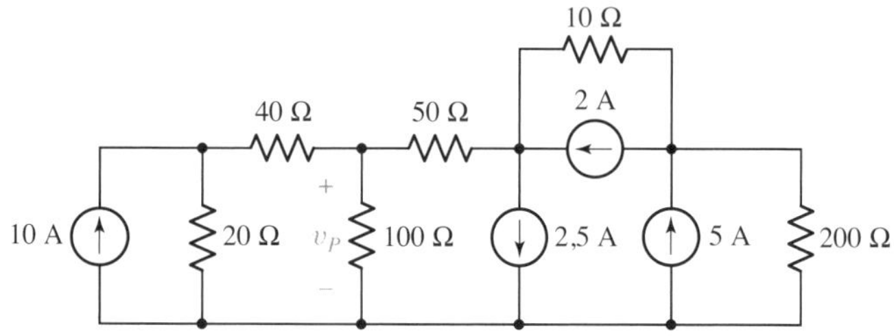

▲ FIGURA 4.38

13. Usando o nó inferior como referência, determine a tensão sobre o resistor de 5 Ω no circuito da Figura 4.39 e calcule a potência dissipada pelo resistor de 7 Ω.

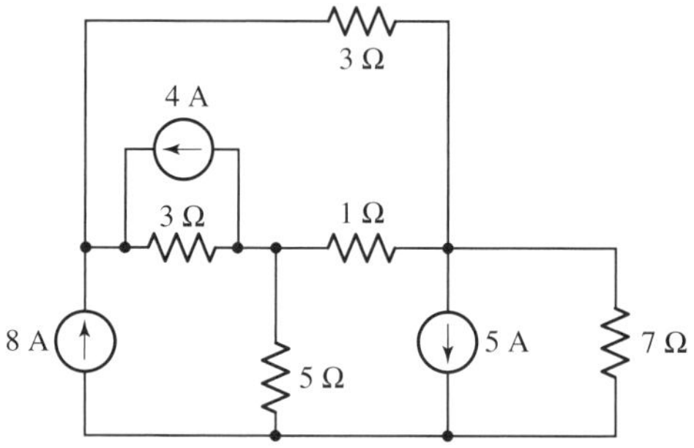

◀ FIGURA 4.39

14. Para o circuito da Figura 4.40, use a análise nodal para determinar a corrente i_5.

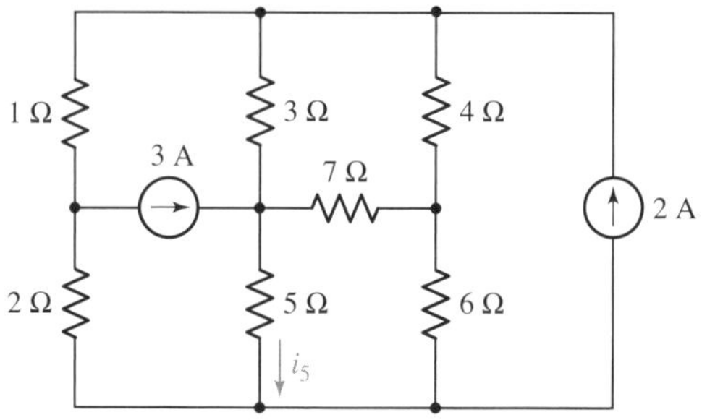

◀ FIGURA 4.40

15. Determine o valor numérico para cada tensão nodal no circuito da Figura 4.41.

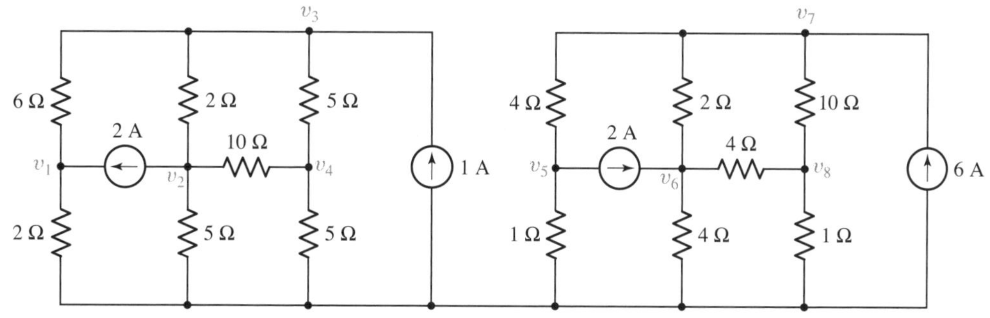

◀ **FIGURA 4.41**

16. Determine a corrente i_2 como mostrado na Figura 4.42, com o auxílio da análise nodal.

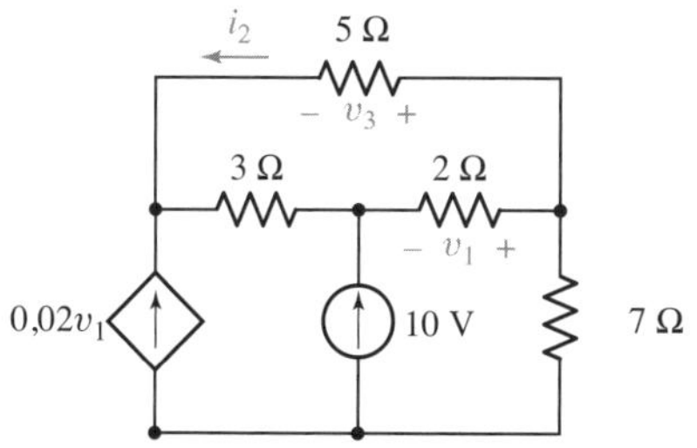

◀ **FIGURA 4.42**

17. Usando a análise nodal, de maneira apropriada, para determinar a corrente i_1 no circuito da Figura 4.43.

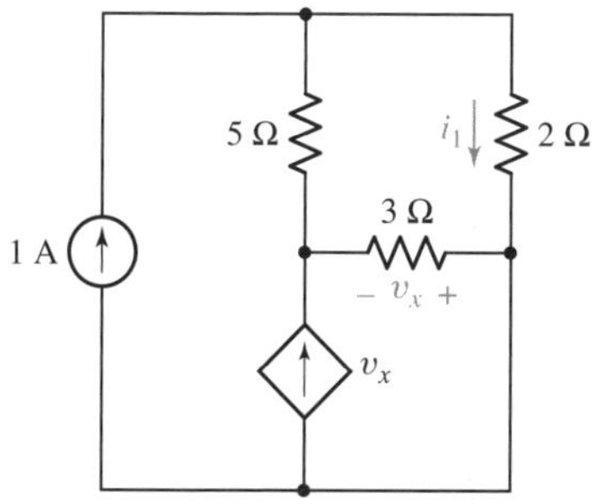

◀ **FIGURA 4.43**

4.2 O Supernó

18. Determine a tensão nodal como mostrado na Figura 4.44, fazendo uso da técnica de supernó de maneira apropriada.

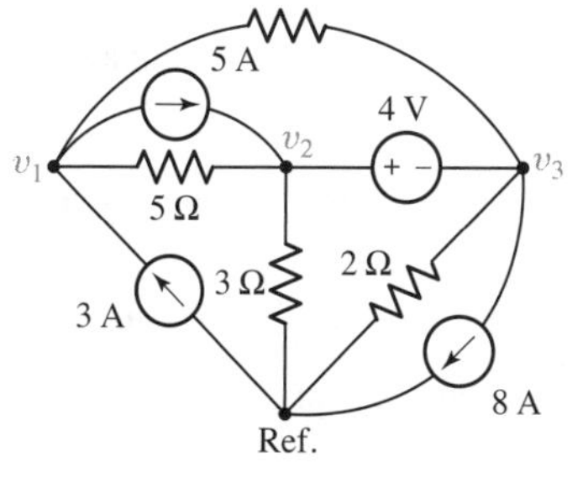

◀ **FIGURA 4.44**

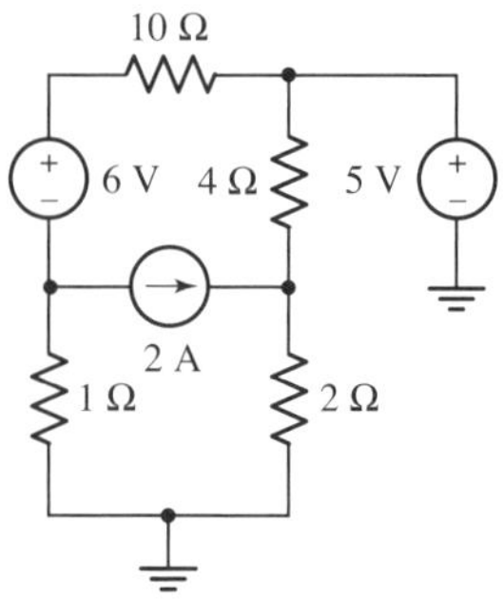

▲ **FIGURA 4.46**

19. Para o circuito mostrado na Figura 4.45, determine um valor numérico para a tensão v_1.

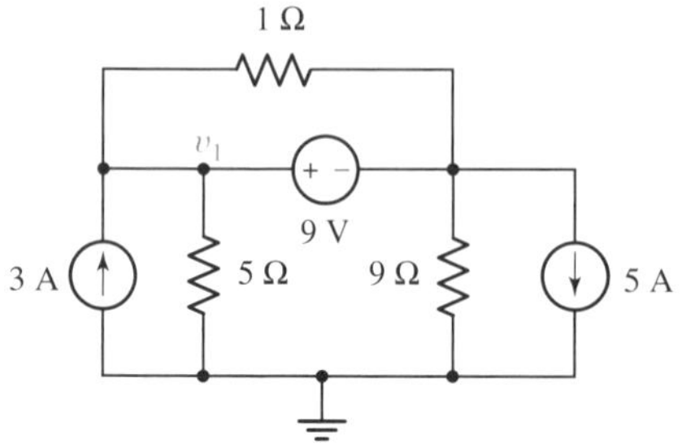

◀ **FIGURA 4.45**

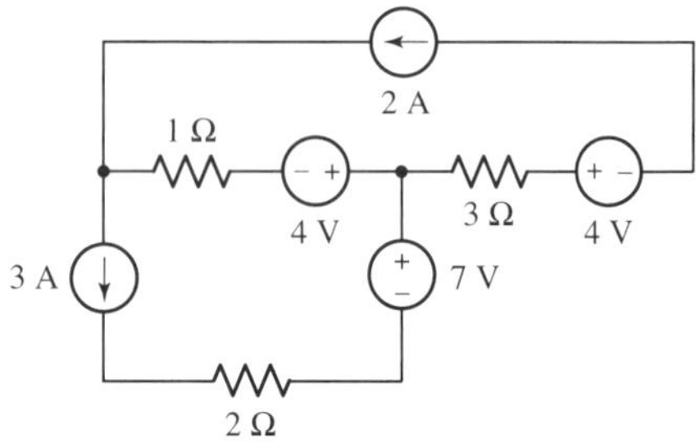

▲ **FIGURA 4.47**

20. Para o circuito da Figura 4.46, determine todas as quatro tensões nodais.

21. Determine a potência dissipada no resistor de 1 Ω no circuito da Figura 4.47, utilizando a técnica de análise nodal/supernó de maneira apropriada.

22. Referente ao circuito da Figura 4.48, obtenha o valor numérico para a potência fornecida pela a fonte de 1 V.

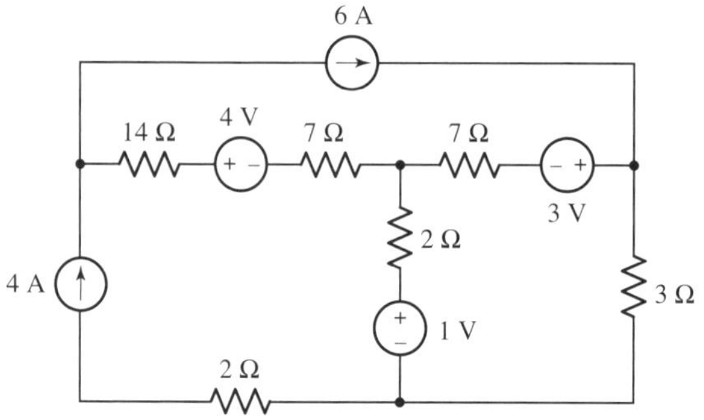

◀ **FIGURA 4.48**

23. Determine a tensão v no circuito da Figura 4.49.

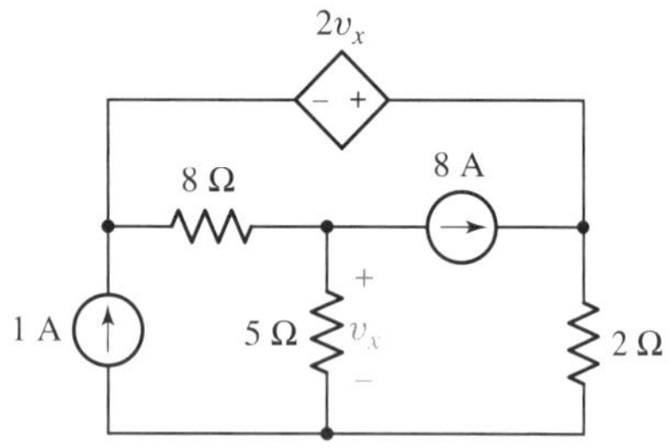

▲ **FIGURA 4.50**

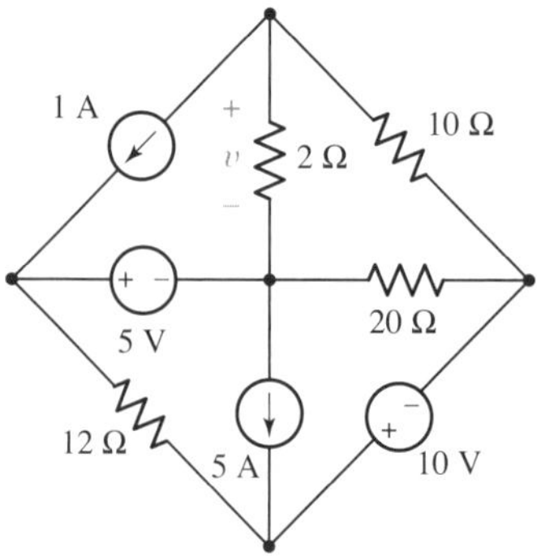

◀ **FIGURA 4.49**

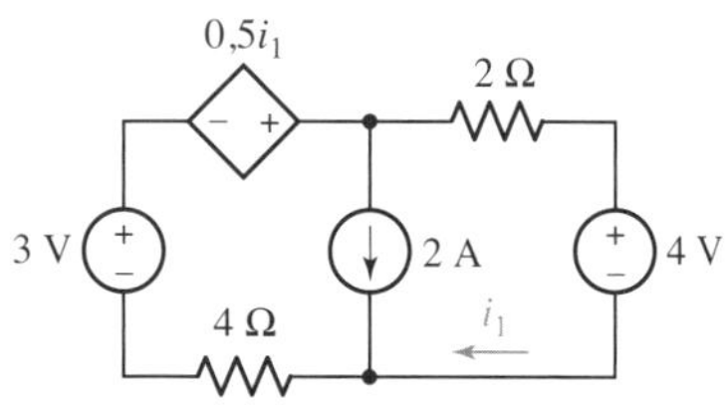

▲ **FIGURA 4.51**

24. Determine a tensão v_x no circuito da Figura 4.50 e a potência fornecida pela fonte de 1 A.

25. Considere o circuito da Figura 4.51. Determine a corrente i_1.

26. Determine o valor de k que resulta em v_x igual a zero no circuito da Figura 4.52.

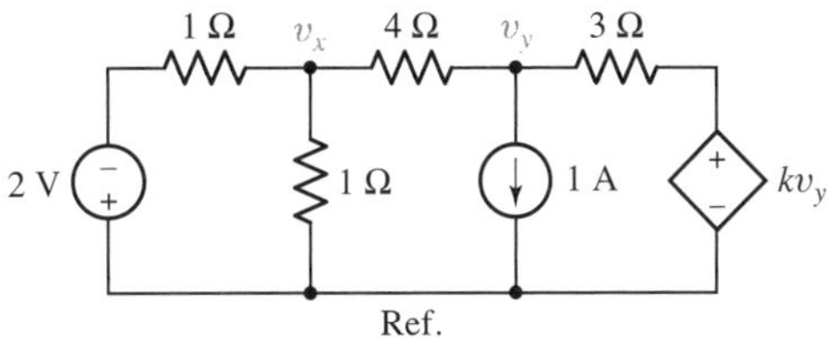

◀ **FIGURA 4.52**

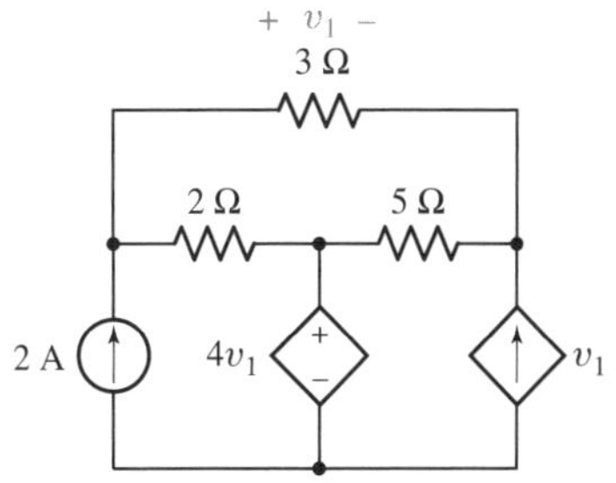

▲ **FIGURA 4.53**

27. Para o circuito representado na Figura 4.53, determine a tensão v_1 sobre o resistor de 3 Ω.

28. Para o circuito da Figura 4.54, determine todas as quatro tensões nodais.

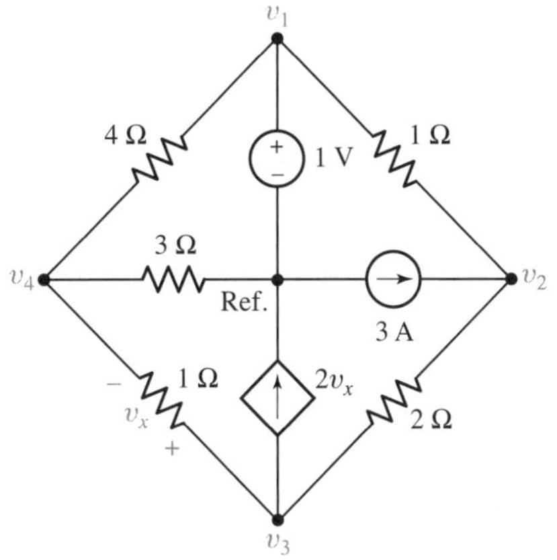

◀ **FIGURA 4.54**

4.3 Análise de Malha

29. Determine as correntes que saem do terminal positivo de cada fonte de tensão no circuito da Figura 4.55.

30. Obtenha o valor numérico para as duas correntes de malha no circuito mostrado na Figura 4.56.

31. Use a análise de malha de forma apropriada para determinar as duas correntes de malha da Figura 4.57.

32. Determine o valor numérico para cada uma das três correntes de malha do diagrama de circuito da Figura 4.58.

33. Calcule a potência dissipada por cada resistor no circuito da Figura 4.58.

34. Utilizando a análise de malha da forma apropriada, obtenha (*a*) o valor da corrente i_y e (*b*) a potência dissipada pelo resistor de 220 Ω no circuito da Figura 4.59.

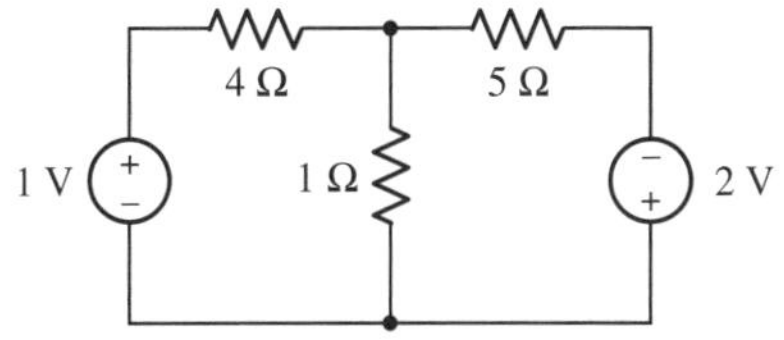

▲ **FIGURA 4.55**

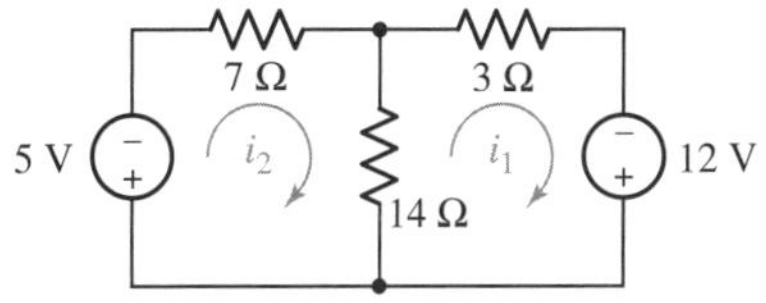

▲ **FIGURA 4.56**

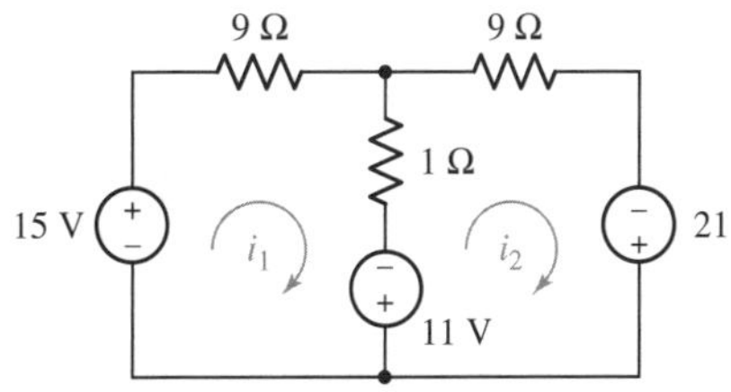

▲ **FIGURA 4.57**

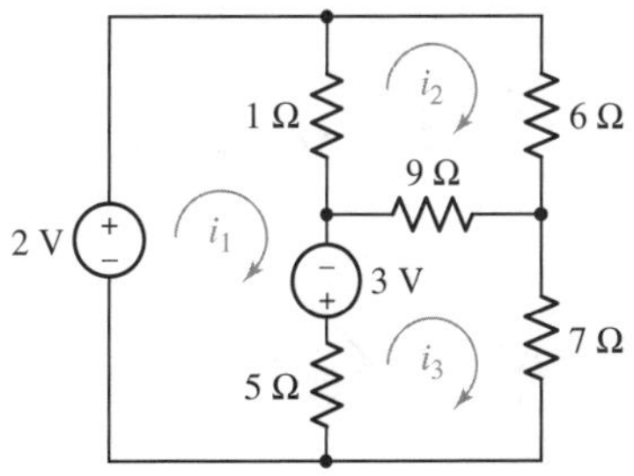

▲ **FIGURA 4.58**

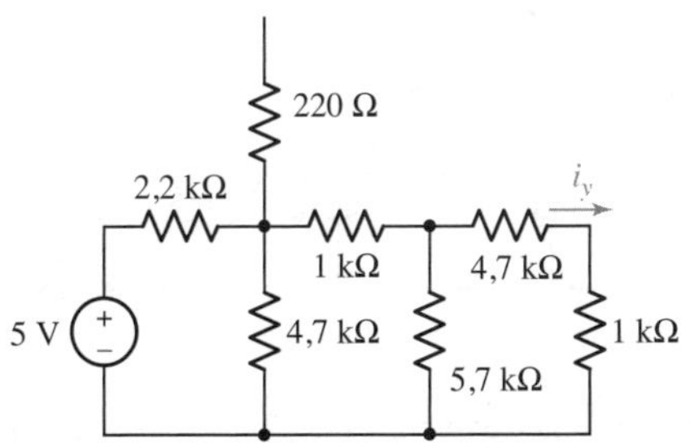

◀ **FIGURA 4.59**

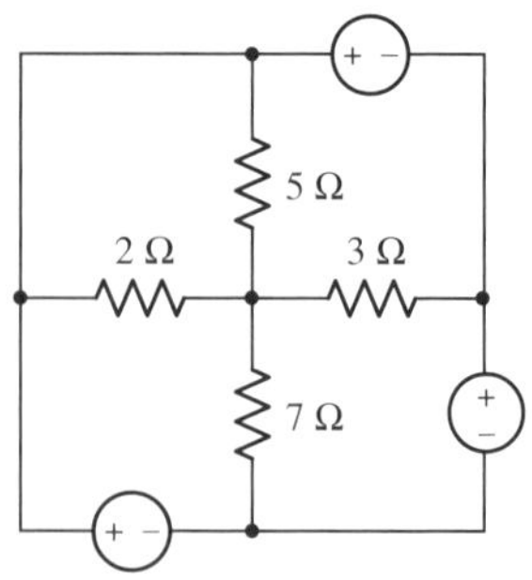

▲ **FIGURA 4.60**

35. Ache valores diferentes de zero para as três fontes de tensão no circuito da Figura 4.60 de maneira que nenhuma corrente flua sobre qualquer resistor no circuito.

36. Calcule a corrente i_x no circuito da Figura 4.61.

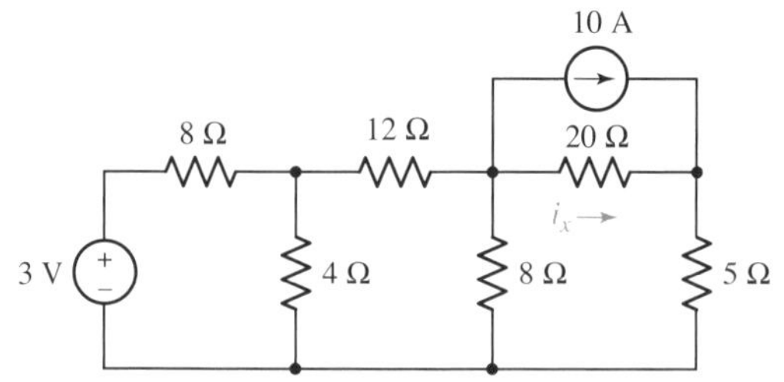

◀ **FIGURA 4.61**

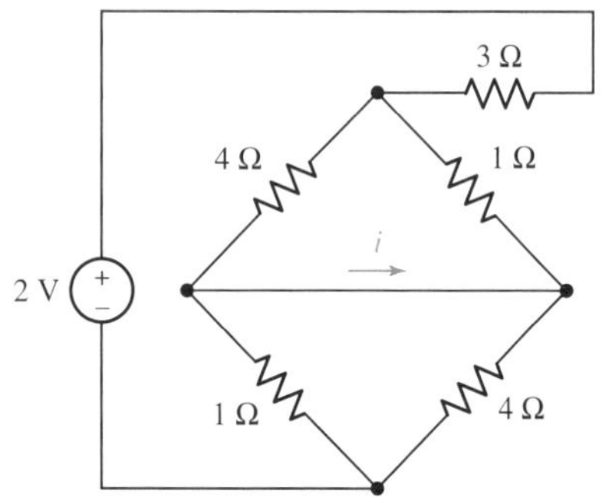

▲ **FIGURA 4.62**

37. Utilizando procedimentos da análise de malha, obtenha o valor da corrente i no circuito apresentado pela Figura 4.62.

38. Determine a potência dissipada no resistor de 4 Ω no circuito mostrado na Figura 4.63.

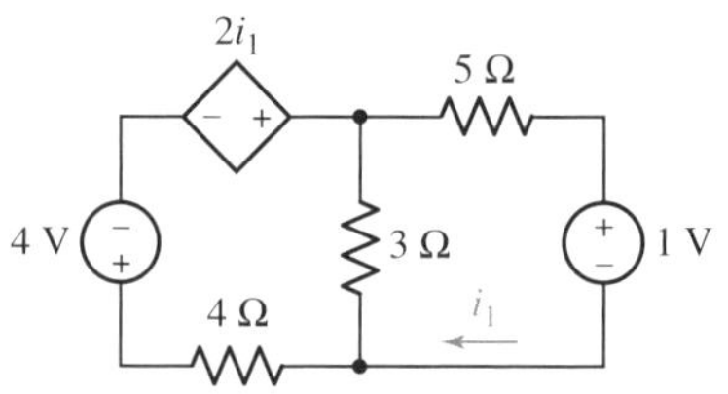

◀ **FIGURA 4.63**

39. (a) Utilize a análise de malha para determinar a potência dissipada pelo resistor de 1 Ω no circuito representado esquematicamente pela Figura 4.64. (b) Verifique sua resposta usando análise nodal.

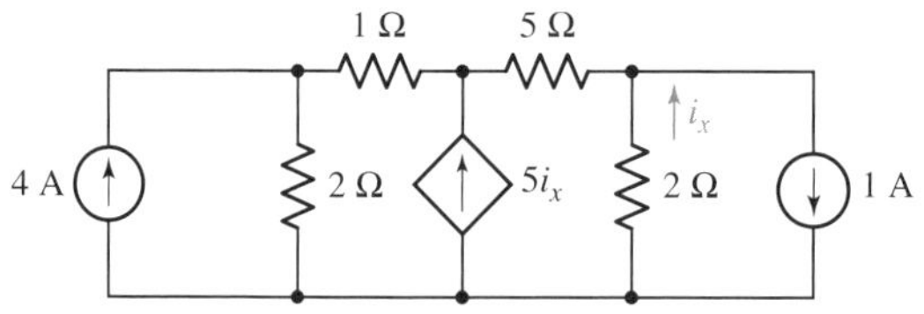

◀ **FIGURA 4.64**

40. Defina três correntes de malha no sentido horário, para o circuito da Figura 4.65 e utilize a análise de malha para obter o valor para cada corrente.

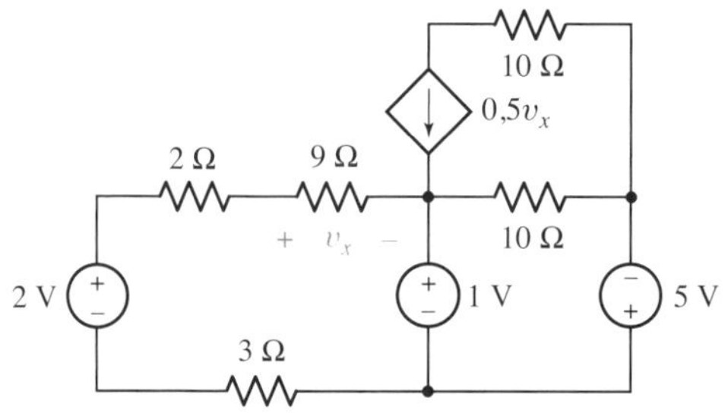

◀ **FIGURA 4.65**

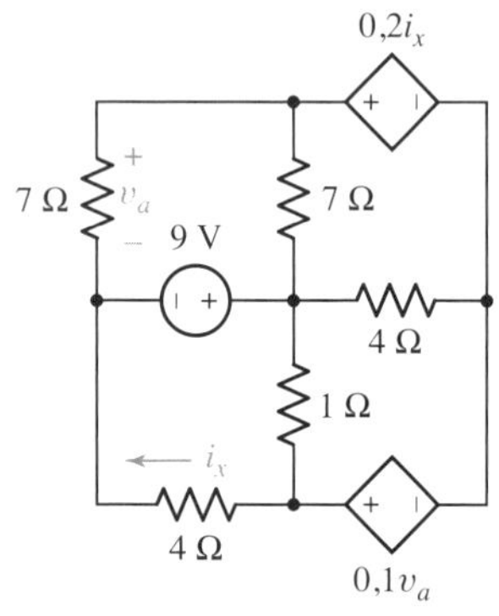

▲ **FIGURA 4.66**

41. Utilize análise de malha para obter os valores de i_x e v_a no circuito da Figura 4.66.

4.4 A Supermalha

42. Determine os valores para cada uma das três correntes de malha da Figura 4.67.

43. Por meio da aplicação apropriada da técnica de supermalha, obtenha um valor numérico para a corrente de malha i_3 no circuito da Figura 4.68 e calcule a potência dissipada pelo resistor de 1 Ω.

44. Para o circuito da Figura 4.69, determine a corrente de malha i_1 e a potência dissipada pelo resistor de 1 Ω.

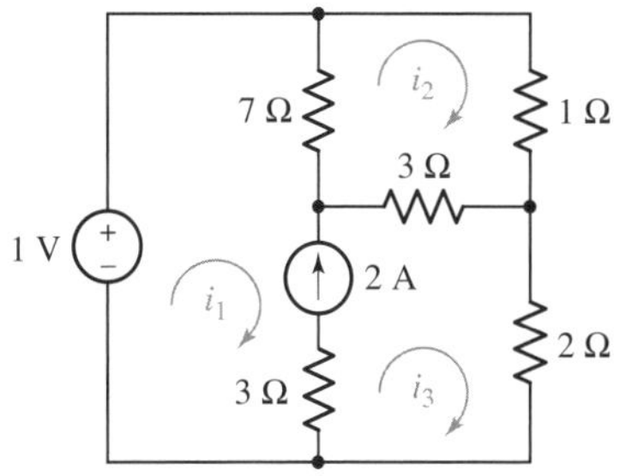

▲ FIGURA 4.67

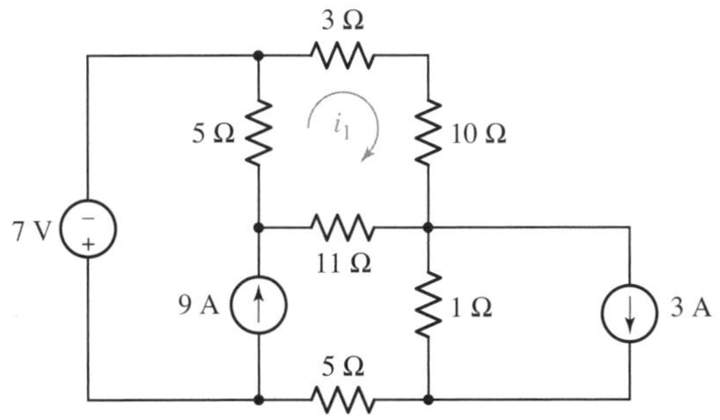

◀ FIGURA 4.69

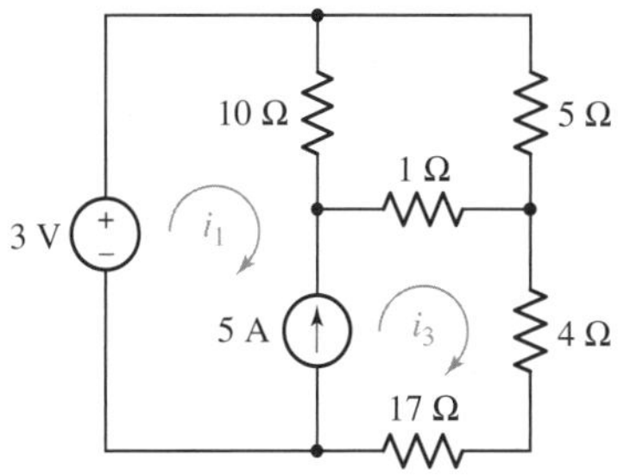

▲ FIGURA 4.68

45. Calcule as três correntes de malha no diagrama de circuito da Figura 4.70.

46. Utilizando a técnica de supermalha, obtenha o valor numérico para cada uma das correntes de malha identificadas no circuito representado na Figura 4.71.

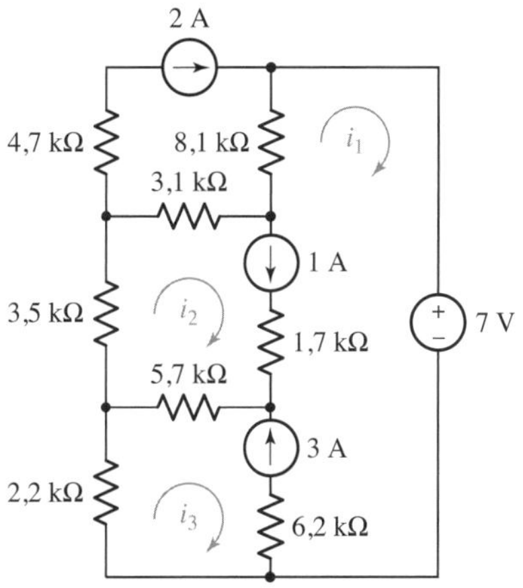

▲ FIGURA 4.70

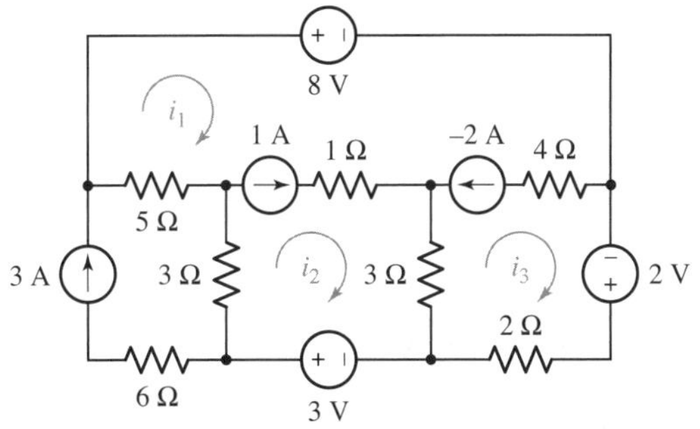

◀ FIGURA 4.71

47. Utilizando de forma cuidadosa a técnica de supermalha, obtenha o valor de todas as três correntes de malha como mostrado na Figura 4.72.

48. Determine a potência fornecida pela tensão de 1 V na Figura 4.73.

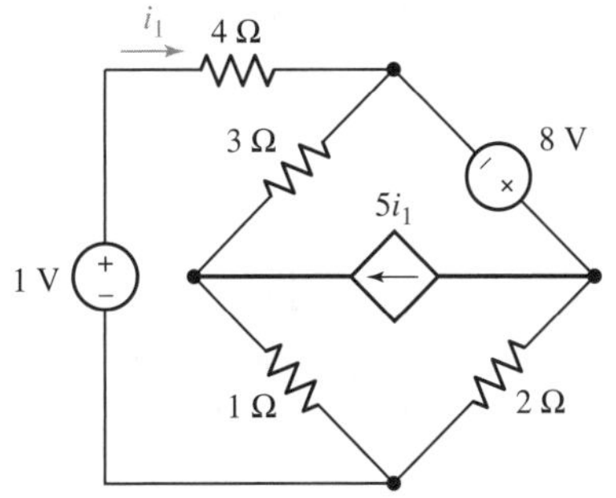

◀ FIGURA 4.73

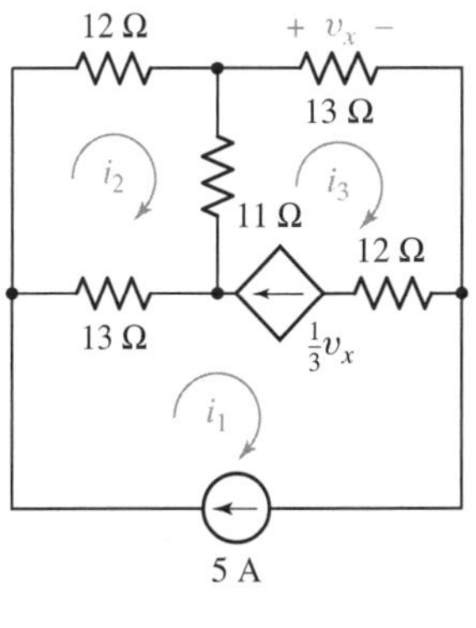

▲ FIGURA 4.72

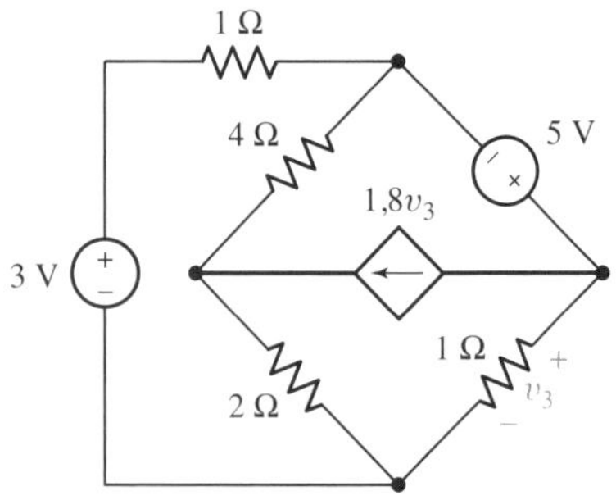

▲ **FIGURA 4.74**

49. Define três correntes de malha, no sentido horário, para o circuito da Figura 4.74 e utilize a técnica de supermalha para obter o valor numérico de cada corrente.

50. Determine a potência absorvida pelo resistor de 10 Ω na Figura 4.75.

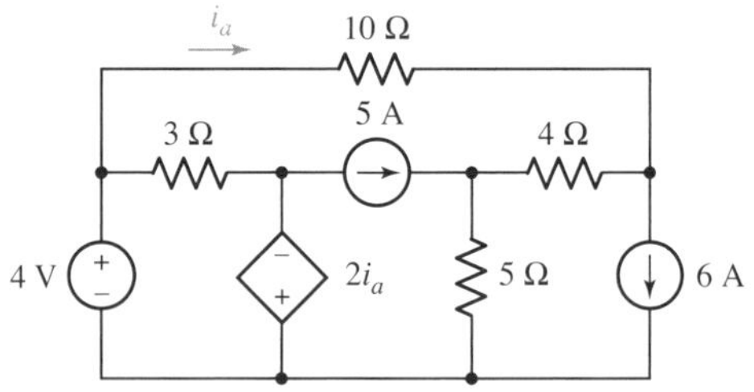

◀ **FIGURA 4.75**

4.5 Comparação entre Análise Nodal e Análise de Malha

51. Para o circuito representado esquematicamente na Figura 4.76: (*a*) Quantas equações nodais serão necessárias para determinar i_5? (*b*) Alternativamente, quantas equações de malha serão requeridas? (*c*) Qual método de análise você escolheria se apenas a tensão sobre o resistor de 7 Ω fosse necessária? Explique.

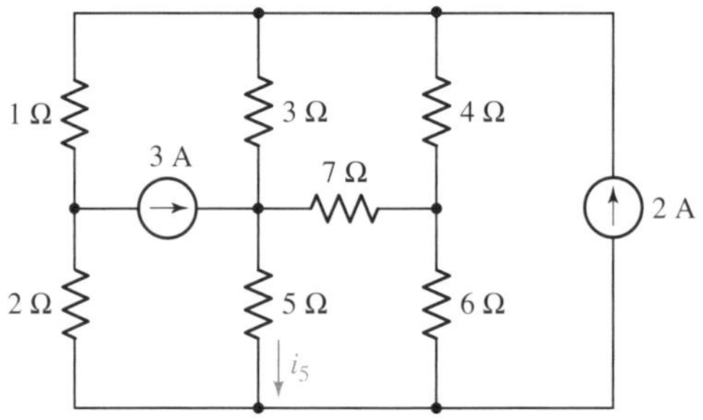

◀ **FIGURA 4.76**

52. O circuito da Figura 4.76 é modificado de maneira que a fonte de corrente de 3 A é trocada por uma fonte de tensão de 3 V com terminal positivo de referência está conectado ao resistor de 7 Ω. (*a*) Determine o número de equações nodais necessárias para determinar i_5. (*b*) Alternativamente, quantas equações de malha são necessárias? (*c*) Qual método de análise você escolheria se apenas a tensão sobre o resistor de 7 Ω fosse necessária? Explique.

53. O circuito da Figura 4.77 contém três fontes. (*a*) Como desenhado atualmente, qual análise nodal ou de malha resulta em um numero menor de equações para determinar a tensão v_1 e v_2? Explique. (*b*) Se as fontes de tensão forem trocadas por fontes de corrente e as fontes de corrente trocadas por fontes de tensão, em que a sua resposta para a item (*a*) é mudada? Explique.

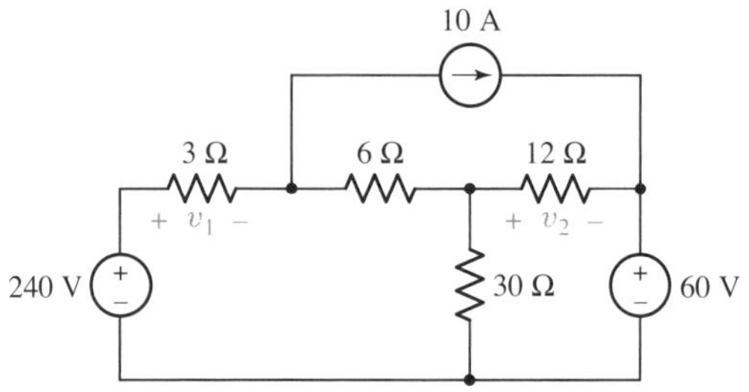

◀ **FIGURA 4.77**

54. Resolva o circuito da Figura 4.78 para a tensão v_x usando (*a*) análise de malha. (*b*) Repita usando a análise nodal. (*c*) Qual abordagem foi mais fácil e por quê?

55. Considere o circuito com cinco fontes da Figura 4.79. Determine o número de equações simultâneas que deve ser resolvida para determinar v_1 usando (*a*) análise nodal; (*b*) análise de malha. (*c*) Qual método é o preferido, e isso depende de qual lado do resistor de 40 Ω é escolhido como nó de referência? Explique.

56. Troque a fonte de tensão dependente no circuito da Figura 4.79 por uma fonte dependente de corrente orientada de maneira que a sua seta aponte para cima. A expressão de controle 0,1 v_1 permanecesse inalterada. O valor de V_2 é zero. (*a*) Determine o número total de equações simultâneas necessárias para se obter a potência dissipada pelo resistor de 40 Ω se uma análise nodal for utilizada. (*b*) A análise de malha é preferível? Explique.

57. Após estudar o circuito da Figura 4.80, determine o número total de equações simultâneas que devem ser resolvidas para determinar as tensões v_1 e v_x usando (*a*) análise nodal; (*b*) análise de malha.

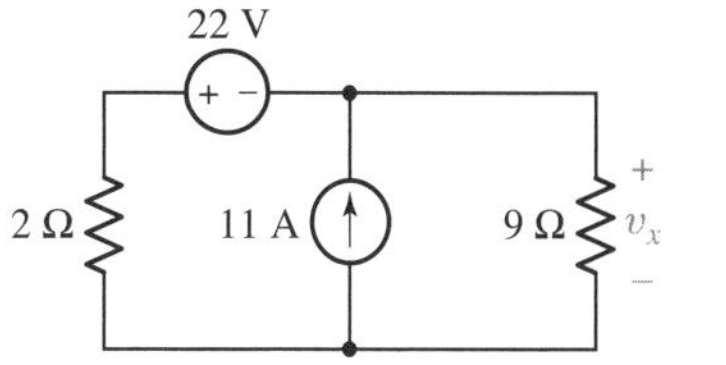

▲ **FIGURA 4.78**

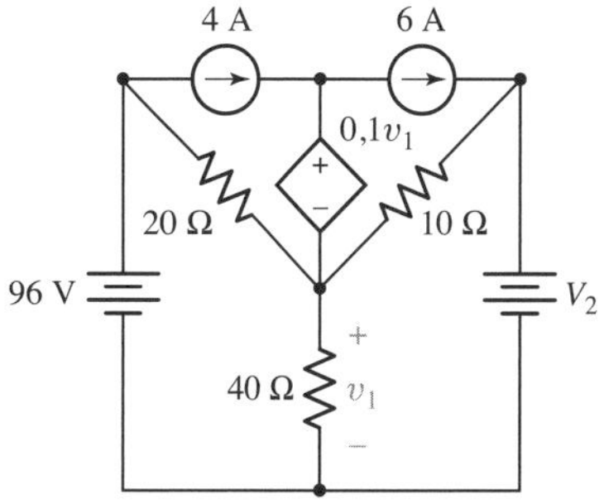

▲ **FIGURA 4.79**

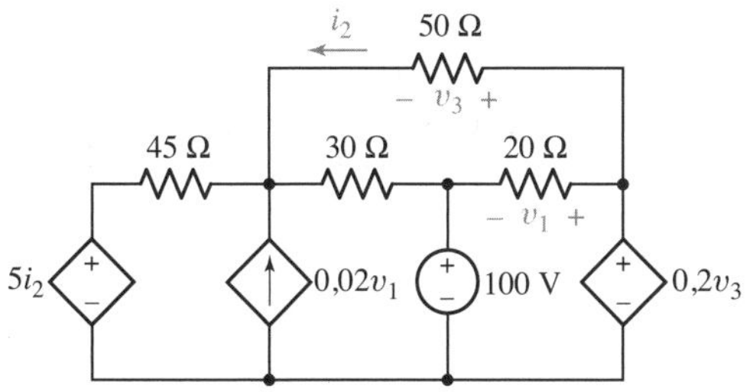

◀ **FIGURA 4.80**

58. Com a expectativa de se determinar todas as tensões e correntes associadas com todos os componentes, (*a*) desenvolva um circuito com cinco nós, quatro malhas que é mais fácil ser analisado usando técnicas nodais. (*b*) modifique seu circuito pela troca de apenas um dos seus componentes de maneira de que agora seja mais fácil analisar por meio das técnicas de malha.

4.6 Análise de circuitos auxiliada por computador

59. Utilize o PSpice (ou ferramenta similar) para verificar a solução do Exercício 8. Enviar uma cópia impressa do esquemático devidamente identificado com a resposta em destaque juntamente com os seus cálculos feitos à mão.

60. Utilize o PSpice (ou ferramenta similar) para verificar a solução do Exercício 10. Entregar uma cópia impressa do esquema devidamente identificado com as duas tensões nodais em destaque, juntamente com os seus cálculos feitos à mão, usados para resolver as mesmas grandezas.

61. Utilize o PSpice (ou ferramenta similar) para verificar a tensão sobre o resistor de 5 Ω no circuito do Exercício 13. Entregar uma cópia impressa do esquemático devidamente identificado com a resposta em destaque juntamente com os seus cálculos feitos à mão.

62. Verifique numericamente os valores de cada tensão nodal no Exercício 15 pela utilização de PSpice ou ferramenta simular. Envie uma cópia impressa com o esquemático devidamente identificado com as tensões nodais, juntamente com os seus cálculos feitos à mão.

63. Verifique os valores numéricos para i_1 e v_x como indicado no circuito que acompanha o Exercício 17, usando PSpice ou ferramenta similar. Entregar uma cópia impressa do esquemático devidamente identificado com a resposta em destaque juntamente com os seus cálculos feitos à mão.

64. (*a*) Gere um arquivo de entrada para SPICE para determinar a tensão v_9 como mostrado na Figura 4.81. Entregar uma cópia impressa do esquema devidamente identificado com a resposta em destaque. (*b*) Verifique a resposta manualmente.

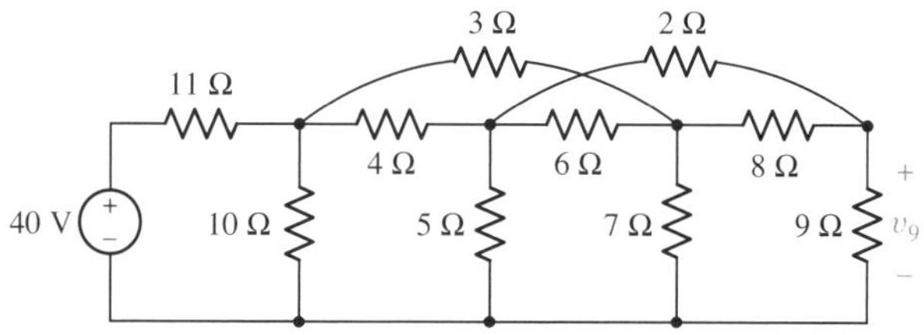

◀ **FIGURA 4.81**

Exercícios de integração do capítulo

65. (*a*) Projete um circuito empregando apenas baterias de 9 V e resistores com tolerância padrão de 5% que forneça tensões de 1,5 V, 4,5 V e 5 V e tendo a menor corrente de malha igual a 1 mA. (*b*) Verifique seu projeto usando PSpice ou ferramenta similar.

66. Um letreiro com uma frase decorativa usando luzes multicoloridas é instalado em uma casa em um bairro residencial. Depois de ligar uma fonte de 12 V_{CA} aos terminais da placa, o dono da casa imediatamente observa que duas lâmpadas estão queimadas. (*a*) As luzes individuais estão ligadas em série ou em paralelo? Explique. (*b*) Simule a palavra usando um arquivo texto escrito para SPICE, considerando 44 lâmpadas, usando uma fonte de potência de 12 V_{CC}, um cabo de cobre leve 24 AWG e bulbos individuais de 10 mW cada. Envie uma cópia impressa do arquivo de saída com a fonte de tensão de 12 V destacada. (*c*) Verifique sua simulação com cálculos feitos à mão.

67. Considere o circuito mostrado na Figura 4.82. Utilizando as análises nodal e de malha como ferramentas de projeto para obter o valor de 200 mA para i_1, se os elementos *A*, *B*, *C*, *D*, *E* e *F* devem ser cada um uma fonte de tensão ou corrente com valores diferentes de zero.

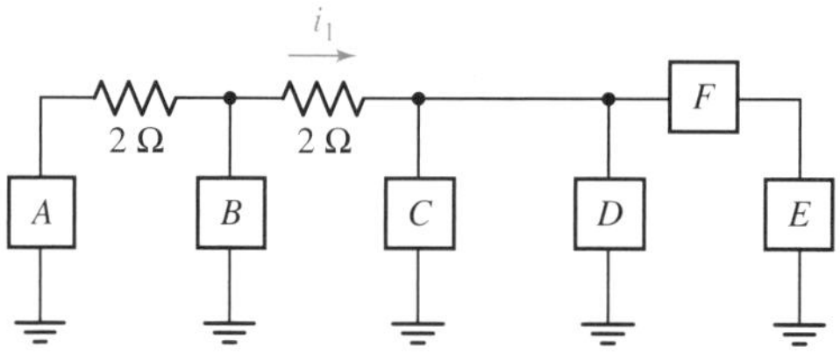

◀ **FIGURA 4.82**

68. (*a*) Em que circunstâncias a presença de uma fonte de tensão independente simplifica a análise nodal? Explique. (*b*) Em que circunstâncias a presença de uma fonte de corrente independente simplifica a análise de malha? Explique. (*c*) Em que princípio físico fundamental a análise nodal se baseia? (*d*) Em que princípio físico fundamental a análise de malha se baseia?

69. Referindo-se à Figura 4.83, (*a*) determine qual método de análise é mais apropriado para determinar i_2 se o elemento *A* for trocado com um curto circuito, e então execute a análise. (*b*) Verifique sua resposta utilizando uma simulação em PSpice apropriada. Entregue um esquema apropriadamente identificado com as respostas destacadas.

70. O elemento *A* marcado no circuito da Figura 4.83 é substituído por uma fonte independente de tensão de 2,5 V com o terminal positivo de referência ao nó comum dos resistores de 20 Ω e 30 Ω. (*a*) Determine se a análise de malha ou nodal é a mais fácil para determinar a tensão v_3. (*b*) Verifique sua resposta usando PSpice. (*c*) Será que a sua conclusão para o item (*a*) mudaria se a corrente i_2 também fosse necessária?

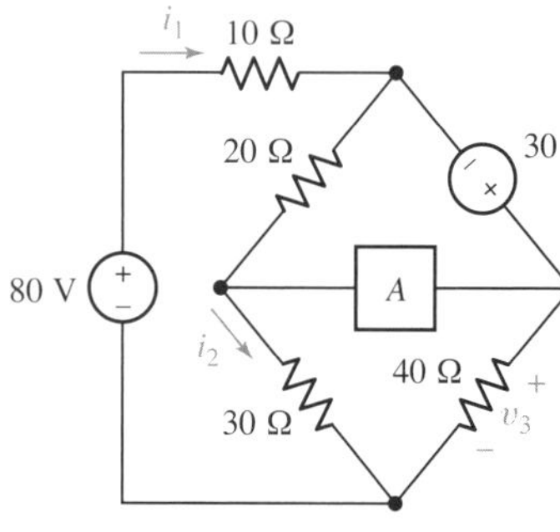

▲ **FIGURA 4.83**

5 Técnicas Úteis de Análise de Circuitos

CONCEITOS FUNDAMENTAIS

- Superposição como um Meio de Determinar as Contribuições Individuais de Diferentes Fontes para qualquer Corrente ou Tensão
- Transformação de Fontes como um Meio de Simplificar Circuitos
- Teorema de Thévenin
- Teorema de Norton
- Redes Equivalentes de Thévenin e Norton
- Máxima Transferência de Potência
- Transformações $\Delta \leftrightarrow Y$ para Redes Resistivas
- Selecionando uma Combinação Particular de Técnicas de Análise
- Execução de Simulações de Varredura CC Usando o PSpice

INTRODUÇÃO

As técnicas de análise nodal e de malha descritas no Capítulo 4 são métodos confiáveis e extremamente poderosos. No entanto, como regra geral, ambos requerem que desenvolvamos um conjunto completo de equações para descrever um circuito em particular, mesmo quando queremos conhecer apenas uma corrente, tensão ou potência. Neste capítulo, investigamos várias técnicas diferentes para isolar partes específicas de um circuito de modo a simplificar a análise. Após examinar cada uma dessas técnicas, veremos como fazer a seleção entre um método ou outro.

5.1 ▸ LINEARIDADE E SUPERPOSIÇÃO

Todos os circuitos que pretendemos analisar podem ser classificados como *circuitos lineares*, portanto esta é uma boa hora para sermos mais específicos, definindo exatamente o que queremos dizer com isso. Feito isso, poderemos então considerar a consequência mais importante da linearidade, o princípio da ***superposição***. Este princípio é muito básico e aparecerá repetidas vezes em nosso estudo da análise de circuitos lineares. Na realidade, a não aplicabilidade da superposição aos circuitos não lineares é a razão principal pela qual eles são tão difíceis de analisar.

O princípio da superposição diz que a *resposta* (uma corrente ou uma tensão desejada) em um circuito linear com mais de uma fonte independente pode ser obtida somando-se as respostas causadas por cada uma das fontes independentes *agindo isoladamente*.

Elementos Lineares e Circuitos Lineares

Definimos um ***elemento linear*** como um elemento passivo que tem uma relação tensão-corrente linear. Quando dizemos "relação tensão-corrente linear", queremos dizer simplesmente que a multiplicação da corrente que passa pelo elemento por uma constante K resulta na multiplicação da tensão no elemento pela mesma constante K. Até agora, apenas um elemento passivo foi definido (o resistor) e sua relação tensão-corrente

$$v(t) = Ri(t)$$

A fonte de tensão dependente $v_s = 0{,}6i_1 - 14v_2$ é linear, mas as fontes $v_s = 0{,}6i_1^2$ e $v_s = 0{,}6i_1v_2$ não são.

é claramente linear. Na verdade, se $v(t)$ for traçada em função de $i(t)$, o resultado é uma linha reta.

Definimos uma ***fonte dependente linear*** como uma fonte de corrente ou tensão dependente cuja corrente ou tensão de saída é proporcional somente à primeira potência de uma variável de corrente ou tensão especificada no circuito (ou à *soma* dessas grandezas).

Definimos agora um *circuito linear* como um circuito composto inteiramente por fontes independentes, fontes dependentes lineares e elementos lineares. A partir desta definição, é possível mostrar[1] que "a resposta é proporcional à fonte", ou que a multiplicação de todas as tensões e correntes geradas por fontes independentes por uma constante K aumenta todas as respostas de corrente e tensão pelo mesmo fator K (incluindo as variáveis de saída das fontes de tensão e de corrente dependentes).

O Princípio da Superposição

A consequência mais importante da linearidade é a ***superposição***.

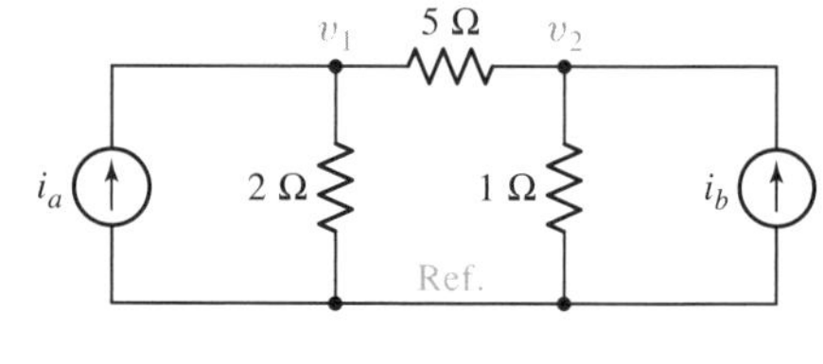

▲ **FIGURA 5.1** Um circuito com duas fontes de corrente independentes.

Vamos desenvolver o princípio da superposição considerando primeiro o circuito da Figura 5.1, que contém duas fontes independentes, os geradores de corrente que forçam a circulação das correntes i_a e i_b no circuito. Por essa razão, fontes são frequentemente chamadas de *funções forçantes*, e as tensões nodais que elas produzem podem ser chamadas de *funções resposta* ou simplesmente *respostas*. Tanto as funções forçantes quanto as respostas podem ser funções do tempo. As duas equações nodais para esse circuito são

$$0{,}7v_1 - 0{,}2v_2 = i_a \qquad [1]$$

$$-0{,}2v_1 + 1{,}2v_2 = i_b \qquad [2]$$

Vamos agora realizar o experimento x. Mudamos as duas funções forçantes para i_{ax} e i_{bx}; as duas tensões desconhecidas serão agora diferentes, portanto vamos chamá-las de v_{1x} e v_{2x}. Logo,

$$0{,}7v_{1x} - 0{,}2v_{2x} = i_{ax} \qquad [3]$$

$$-0{,}2v_{1x} + 1{,}2v_{2x} = i_{bx} \qquad [4]$$

Em seguida, executamos o experimento y mudando as fontes de corrente para i_{ay} e i_{by} e medindo as respostas v_{1y} e v_{2y}:

$$0{,}7v_{1y} - 0{,}2v_{2y} = i_{ay} \qquad [5]$$

$$-0{,}2v_{1y} + 1{,}2v_{2y} = i_{by} \qquad [6]$$

---

[1] A prova envolve primeiro mostrar que o uso da análise nodal em um circuito linear pode produzir somente equações lineares da forma

$$a_1v_1 + a_2v_2 + \cdots + a_Nv_N = b$$

onde a_i são constantes (combinações de valores de resistência ou condutância, constantes que aparecem nas expressões de fontes dependentes, 0, ou ±1), v_i são tensões nodais desconhecidas (respostas), e b é um valor de fonte independente ou uma soma de valores de fontes independentes. Dado um conjunto de equações como essa, se multiplicarmos todos os b's por K, então é evidente que a solução deste novo conjunto de equações serão as tensões nodais Kv_1, Kv_2, …, Kv_N.

Esses três conjuntos de equações descrevem o mesmo circuito com três conjuntos diferentes de fontes de corrente. Vamos *somar* ou "*sobrepor*" os dois últimos conjuntos de equações. Somando as Equações [3] e [5],

$$(0{,}7v_{1x} + 0{,}7v_{1y}) - (0{,}2v_{2x} + 0{,}2v_{2y}) = i_{ax} + i_{ay} \qquad [7]$$

$$0{,}7v_1 \quad - \quad 0{,}2v_2 \quad = \quad i_a \qquad [1]$$

e somando as Equações [4] e [6],

$$-(0{,}2v_{1x} + 0{,}2v_{1y}) + (1{,}2v_{2x} + 1{,}2v_{2y}) = i_{bx} + i_{by} \qquad [8]$$

$$-0{,}2v_1 \quad + \quad 1{,}2v_2 \quad = \quad i_b \qquad [2]$$

onde a Equação [1] foi escrita imediatamente abaixo da Equação [7] e a Equação [2] abaixo da Equação [8] para facilitar a comparação.

A linearidade de todas essas equações nos permite comparar a Equação [7] com a Equação [1] e a Equação [8] com a Equação [2] e tirar uma conclusão interessante. Se selecionarmos i_{ax} e i_{ay} de forma que sua soma seja *ia* e selecionar i_{bx} e i_{by} de forma que sua soma seja i_b, então as respostas desejadas v_1 e v_2 podem ser encontradas somando v_{1x} com v_{1y} e v_{2x} com v_{2y}, respectivamente. Em outras palavras, podemos realizar o experimento *x* e anotar as respostas, realizar o experimento *y* e anotar as respostas, e finalmente somar os dois conjuntos de respostas. Isto leva ao conceito fundamental envolvido no princípio da superposição: olhar individualmente para cada fonte independente (e para a resposta que ela gera) com as demais fontes independentes "desligadas" ou "zeradas".

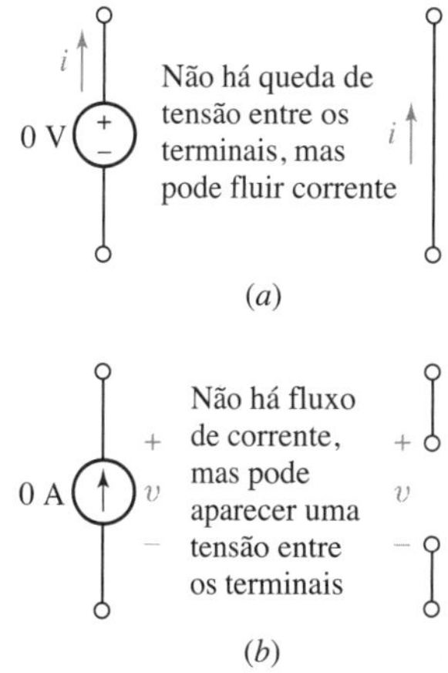

▲ **FIGURA 5.2** (a) Uma fonte de tensão fornecendo zero volts atua como um curto-circuito. (b) Uma fonte de corrente fornecendo zero ampères atua como um circuito aberto.

Se reduzirmos uma fonte de tensão a zero volts, efetivamente criamos um curto-circuito (Figura 5.2*a*). Se reduzirmos uma fonte de corrente a zero ampères, criamos efetivamente um circuito aberto (Figura 5.2*b*). Assim, o ***teorema da superposição*** pode ser enunciado da seguinte forma:

> Em qualquer rede resistiva linear, a tensão nos terminais ou a corrente através de qualquer resistor ou fonte pode ser calculada pela soma algébrica de todas as tensões ou correntes individuais causadas pela ação isolada de cada uma das fontes independentes, com todas as demais fontes de tensão independentes substituídas por curtos-circuitos e todas as demais fontes de corrente independentes substituídas por circuitos abertos.

Assim, se houver *N* fontes independentes, devemos executar *N* experimentos, cada um tendo somente uma das fontes independentes ativa e as outras inativas/desligadas/zeradas. Note que, em geral, fontes *dependentes* permanecem ativas durante todos os experimentos.

Também não há nenhuma razão pela qual uma fonte independente deva assumir somente seu valor dado ou um valor nulo nos vários experimentos; é necessário somente que a soma dos vários valores seja igual ao valor original. No entanto, uma fonte inativa quase sempre leva ao circuito mais simples.

No entanto, o circuito que acabamos de usar como exemplo deve indicar que podemos enunciar um teorema muito mais poderoso; um *grupo* de fontes independentes pode ser tornado ativo e inativo coletivamente, se assim desejarmos. Por exemplo, suponha que haja três fontes independentes. O teorema diz que podemos encontrar uma dada resposta considerando cada uma das três fontes agindo isoladamente e somando os três resultados. Alternativamente, podemos encontrar a resposta causada pela primeira e segunda fontes operando com a terceira inativa, e então somar a isso a resposta produzida pela terceira fonte agindo isoladamente. Isso nos leva a tratar várias fontes coletivamente como uma espécie de "superfonte".

▶ EXEMPLO 5.1

No circuito da Figura 5.3*a*, use a superposição para escrever uma expressão para a corrente de ramo desconhecida i_x.

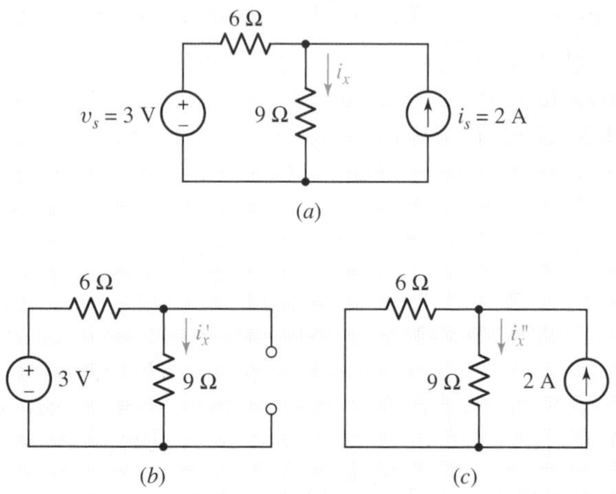

▲ **FIGURA 5.3** (a) Exemplo de um circuito com duas fontes independentes, no qual se deseja determinar a corrente de ramo i_x; (b) o mesmo circuito com a fonte de corrente aberta; (c) circuito original com a fonte de tensão em curto-circuito.

Primeiramente, desativamos a fonte de corrente e redesenhamos o circuito conforme ilustrado na Figura 5.3*b*. A parcela de i_x causada pela fonte de tensão foi denominada i_x' para evitar confusão e pode ser facilmente calculada como 0,2 A.

Em seguida, desativamos a fonte de tensão na Figura 5.3*a* e redesenhamos o circuito novamente, conforme ilustrado na Figura 5.3*c*. A divisão de corrente nos permite determinar que i_x'' (a parte de i_x causada pela fonte de corrente) é 0,8 A.

Calculamos a corrente completa i_x adicionando as duas componentes individuais:

$$i_x = i_{x|_{3\text{V}}} + i_{x|_{2\text{A}}} = i_x' + i_x''$$

ou

$$i_x = \frac{3}{6+9} + 2\left(\frac{6}{6+9}\right) = 0{,}2 + 0{,}8 = 1{,}0 \text{ A}$$

Outra maneira de olhar o Exemplo 5.1 nos sugere que a fonte de 3 V e a fonte de 2 A estão, cada uma delas, executando trabalho no circuito, resultando em uma corrente total i_x fluindo através do resistor de 9 Ω. *No entanto, a contribuição da fonte de 3 V para i_x não depende da contribuição da fonte* *de 2 A, e vice versa*. Por exemplo, se dobrarmos a saída da fonte de 2 A para 4 A, ela contribuirá agora com 1,6 A para a corrente total i_x que flui através do resistor de 9 Ω. No entanto, a fonte de 3 V ainda contribuirá somente com 0,2 A para i_x, levando a uma nova corrente total de 0,2 + 1,6 = 1,8 A.

▶ EXERCÍCIO DE FIXAÇÃO

5.1 No circuito da Figura 5.4, use a superposição para calcular a corrente i_x.

Resposta: 660 mA.

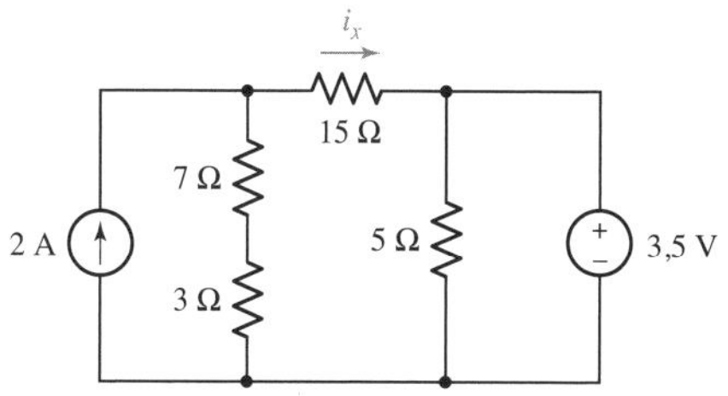

▲ **FIGURA 5.4**

Conforme veremos, a superposição geralmente não reduz nossa carga de trabalho ao considerar um circuito em particular, já que ela leva à análise de vários novos circuitos para obter a resposta desejada. No entanto, ela é particularmente útil na identificação do significado das várias partes de um circuito mais complexo. Ela também constitui a base da análise fasorial, que será introduzida no Capítulo 10.

▶ EXEMPLO 5.2

Tendo como referência o circuito da Figura 5.5*a*, determine a máxima corrente *positiva* para a qual pode ser ajustada a fonte I_x sem que qualquer resistor exceda sua potência especificada e superaqueça.

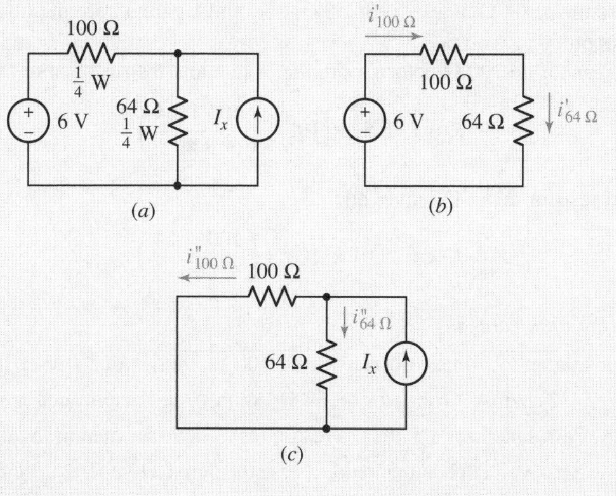

▲ **FIGURA 5.5** (a) Um circuito com dois resistores de 1/4 W cada. (b) Circuito com apenas a fonte de 6 V ativa. (c) Circuito com a fonte I_x ativa.

▶ ***Identifique o objetivo do problema***

Cada resistor é especificado para dissipar uma potência máxima de 250 mW. Se o circuito permitir que este valor seja ultrapassado (forçando a passagem de uma corrente muito elevada através de cada resistor), haverá uma geração excessiva de calor – possivelmente causando um acidente. A fonte de 6 V não pode ser alterada, assim estamos procurando uma equação envolvendo I_x e a corrente máxima através de cada resistor.

▶ ***Reúna as informações conhecidas***

Com base na potência especificada de 250 mW, a máxima corrente que o resistor de 100 Ω pode tolerar é

$$\sqrt{\frac{P_{max}}{R}} = \sqrt{\frac{0{,}250}{100}} = 50 \text{ mA}$$

e, de maneira semelhante, a corrente através do resistor de 64 Ω tem que ser menor que 62,5 mA.

▶ ***Trace um plano***

Pode-se usar a análise nodal ou a análise de malha na solução desse problema, mas a superposição pode nos dar certa vantagem, já que estamos interessados primariamente no efeito da fonte de corrente.

▶ ***Construa um conjunto apropriado de equações***

Usando a superposição, redesenhamos o circuito como na Figura 5.5*b* e vemos que a fonte de 6 V contribui com uma corrente de

$$i'_{100\ \Omega} = \frac{6}{100 + 64} = 36{,}59 \text{ mA}$$

no resistor de 100 Ω e, como o resistor de 64 Ω está em série, $i'_{64\Omega} = 36{,}59$ mA também.

Reconhecendo o divisor de corrente na Figura 5.5*c*, notamos que $i''_{64\Omega}$ será *somada* a $i'_{64\Omega}$, mas $i''_{100\Omega}$ está na direção *oposta* a $i'_{100\Omega}$. I_X pode portanto contribuir seguramente com 62,5 – 36,59 = 25,91 mA para a corrente no resistor de 64 Ω, e 50 – (–36,59) = 86,59 mA para a corrente no resistor de 100 Ω.

O resistor de 100 Ω coloca, portanto, a seguinte restrição sobre I_x:

$$I_x < (86{,}59 \times 10^{-3})\left(\frac{100 + 64}{64}\right)$$

e o resistor de 64 Ω requer que

$$I_x < (25{,}91 \times 10^{-3})\left(\frac{100 + 64}{100}\right)$$

▶ ***Tente uma solução***

Considerando primeiro o resistor de 100 Ω, vemos que I_x está limitado a $I_x < 221{,}9$ mA. O resistor de 64 Ω limita I_x de maneira que $I_x < 42{,}49$ mA. Para satisfazer a ambas as restrições, I_x deve ser menor do que 42,49 mA. Se o valor for aumentado, o resistor de 64 Ω superaquecerá muito antes do resistor de 100 Ω.

▶ ***Verifique a solução. Ela é razoável ou esperada?***

Uma maneira particularmente útil de avaliar nossa solução é executar uma análise de varredura CC no PSpice, conforme descrito após o próximo exemplo. Uma questão interessante, no entanto, é se esperávamos que o resistor de 64 Ω se aquecesse primeiro.

Originalmente, vimos que o resistor de 100 Ω apresenta uma menor corrente máxima, portanto seria razoável esperar que ele limitasse I_x. Contudo, como I_x *se opõe* à corrente enviada pela fonte de 6 V através do resistor de 100 Ω e *se superpõe* à contribuição da fonte de 6 V para a corrente através do resistor de 64 Ω, acaba ocorrendo o contrário – é o resistor de 64 Ω que limita I_x.

▶ EXEMPLO 5.3

No circuito da Figura 5.6*a*, use o princípio da superposição para determinar o valor de i_x.

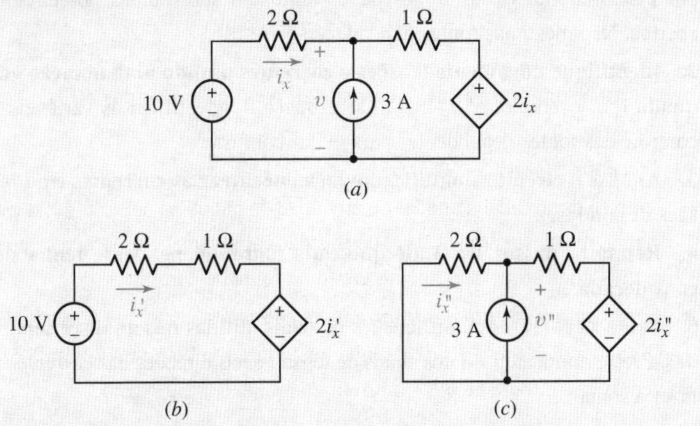

▲ **FIGURA 5.6** (a) Exemplo de um circuito com duas fontes independentes e uma fonte dependente no qual se deseja determinar a corrente de ramo i_x. (b) Circuito com a fonte de 3 A em aberto. (c) Circuito original com a fonte de 10 V em curto-circuito.

Primeiramente, abrimos a fonte de 3 A (Figura 5.6*b*). A equação da única malha remanescente é

$$-10 + 2i'_x + i'_x + 2i'_x = 0$$

de modo que

$$i'_x = 2 \text{ A}$$

Em seguida, colocamos a fonte de 10 V em curto-circuito (Figura 5.6*c*), escrevemos a equação para o único nó remanescente

$$\frac{v''}{2} + \frac{v'' - 2i''_x}{1} = 3$$

e relacionamos a variável de controle da fonte dependente com v'':

$$v'' = 2(-i''_x)$$

Resolvendo, encontramos

$$i''_x = -0{,}6 \text{ A}$$

e, então,

$$i_x = i'_x + i''_x = 2 + (-0{,}6) = 1{,}4 \text{ A}$$

Note que, ao redesenhar cada subcircuito, temos sempre tido o cuidado de usar algum tipo de notação para indicar que não estamos trabalhando com as variáveis originais. Isso evita a possibilidade de erros um tanto desastrosos quando somamos os resultados individuais.

▶ EXERCÍCIO DE FIXAÇÃO

5.2 No circuito da Figura 5.7, use a superposição para obter a tensão através de cada fonte de corrente.

Resposta: $v_{1|2A} = 9{,}180$ V, $v_{2|2A} = -1{,}148$ V, $v_{1|3V} = 1{,}967$ V, $v_{2|3V} = -0{,}246$ V; $v_1 = 11{,}147$ V, $v_2 = -1{,}394$ V.

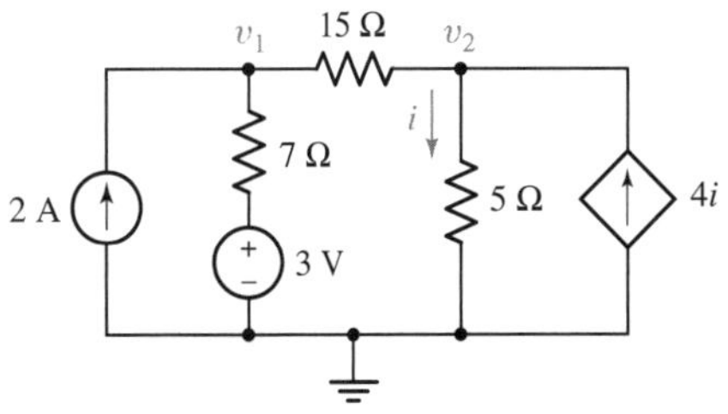

▲ **FIGURA 5.7**

Resumo do Procedimento Básico de Superposição

1. **Selecione uma das fontes independentes. Anule todas as fontes independentes restantes.** Isto significa que as fontes de tensão são substituídas por curtos-circuitos e as fontes de corrente são substituídas por circuitos abertos. Não mexa nas fontes dependentes.
2. **Identifique novamente tensões e correntes usando uma notação adequada** (por exemplo, v', i_2''). Não se esqueça de identificar as variáveis de controle das fontes dependentes para evitar confusão.
3. **Analise o circuito simplificado para encontrar as correntes e/ou tensões desejadas.**
4. **Repita os passos 1 a 3 até que cada fonte independente tenha sido considerada.**
5. **Some as correntes e/ou tensões parciais obtidas nas análises separadas.** Preste muita atenção nos sinais de tensão e nas direções das correntes ao fazer a soma.
6. **Não some grandezas de potência.** Se for necessário obter potências, calcule-as somente após terem sido somadas as tensões e/ou correntes parciais.

Note que o passo 1 pode ser alterado de várias maneiras. Primeiro, fontes independentes podem ser consideradas em grupos e não individualmente se isso simplificar a análise, desde que nenhuma fonte independente seja incluída em mais de um subcircuito. Segundo, não é tecnicamente necessário anular as fontes, embora este seja quase sempre o melhor caminho. Por exemplo, uma fonte de 3 V pode aparecer em dois subcircuitos como uma fonte de 1,5 V, já que 1,5 + 1,5 = 3 V da mesma forma que 0 + 3 = 3 V. Porém, como isso provavelmente não simplificará nossa analise, não faz muito sentido utilizar este artifício.

▶ ANÁLISE AUXILIADA POR COMPUTADOR

Embora o PSpice seja extremamente útil para verificar se analisamos um circuito corretamente, ele também pode nos ajudar a determinar a contribuição de cada fonte para uma determinada resposta. Para isso, usamos aquilo que é conhecido como *varredura de parâmetros CC* (*dc parameter sweep*).

Considere o circuito apresentado no Exemplo 5.2, quando precisávamos determinar a máxima corrente positiva que poderia ser fornecida pela fonte de corrente sem que se excedesse a potência de qualquer resistor no circuito. O circuito é mostrado na Figura 5.8, redesenhado na ferramenta Orcad Capture CIS, dedicada à construção de diagramas esquemáticos. Note que nenhum valor foi atribuído à fonte de corrente.

Após desenhar e salvar o diagrama esquemático, o próximo passo é especificar os parâmetros de varredura CC. Esta opção nos permite especificar um intervalo de valores para uma fonte de tensão ou corrente (no caso atual, a fonte de corrente I_x), ao invés de um valor específico. Selecionando **New Simulation Profile** no menu **PSpice**, fornecemos um nome para nosso perfil e então temos a caixa de diálogo ilustrada na Figura 5.9.

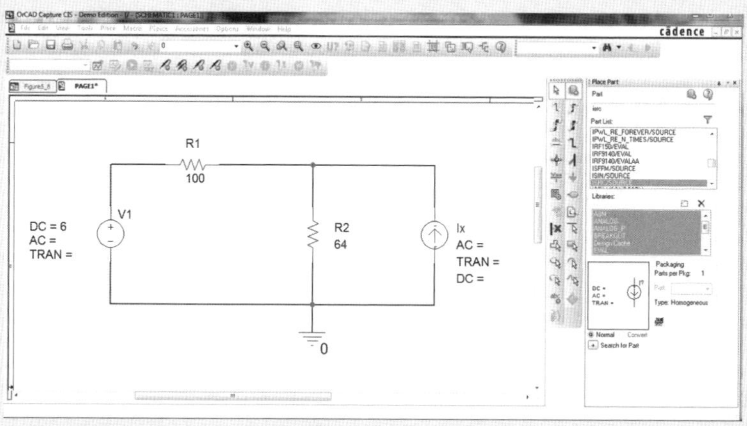

▲ **FIGURA 5.8** O circuito do exemplo 5.2.

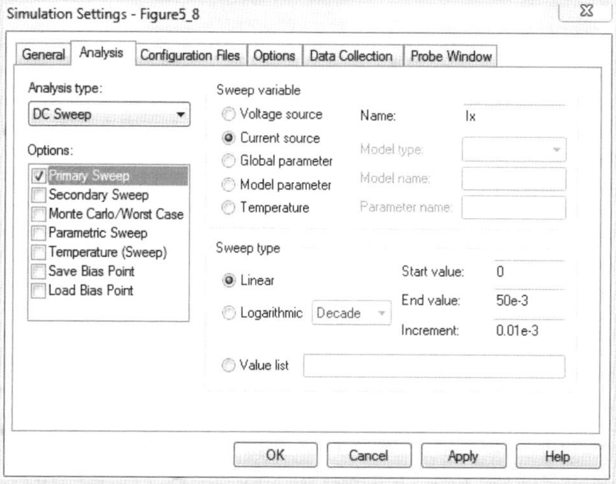

▲ **FIGURA 5.9** Caixa de diálogo DC Sweep com I_x selecionada como variável de varredura.

Em **Analysis Type**, escolhemos a opção de menu **DC Sweep**, especificamos **Current Source** como "*sweep variable*" (variável de varredura) e digitamos I_x na caixa **Name**. Há vários tipos de varredura possível, descritos abaixo de Sweep Type: **Linear**, **Logarithmic**, e **Value List**. A última opção nos permite especificar cada valor a ser atribuído a I_x. No entanto, para gerar um gráfico contínuo, escolhemos uma varredura **Linear** com um valor inicial de 0 mA (**Start Value**), um valor final de 50 mA (**End Value**) e um incremento de 0,01 mA (**Increment**).

Após executada a simulação, o pacote gráfico Probe é chamado automaticamente. Quando a janela aparece, é mostrado o eixo horizontal (correspondendo à nossa variável, I_x), mas o eixo vertical deve ser selecionado. Selecionamos **Add Trace** (adicionar curva) no menu **Trace**, clicamos em **I(R1)**, digitamos um asterisco na caixa **Trace Expression**, clicamos em **I(R1)** novamente, inserimos um outro asterisco, e finalmente digitamos 100. Assim, fazemos o Probe mostrar no gráfico a potência absorvida pelo resistor de 100 Ω.

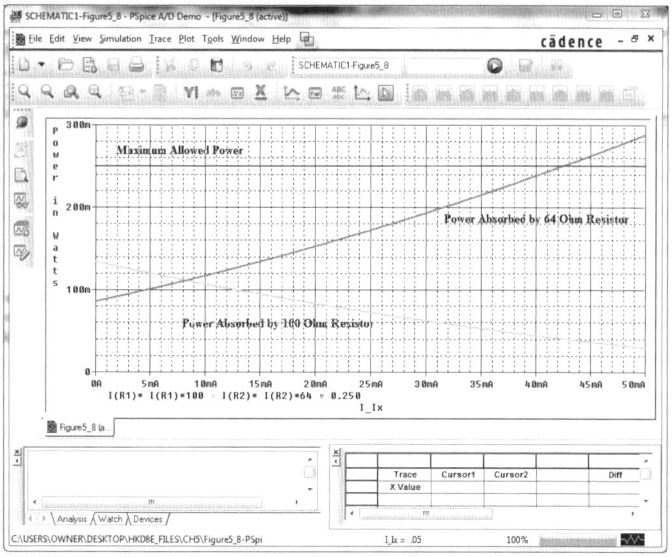

(*a*)

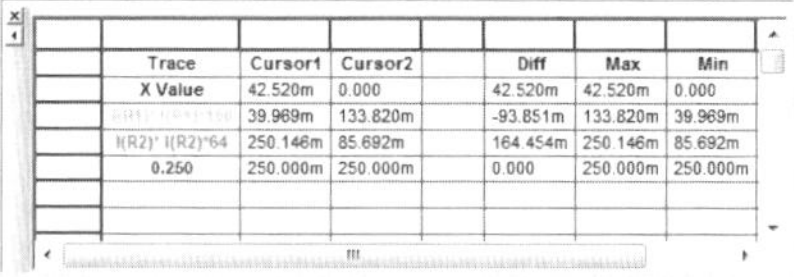

Trace	Cursor1	Cursor2		Diff	Max	Min
X Value	42.520m	0.000		42.520m	42.520m	0.000
I(R1)* I(R1)*100	39.969m	133.820m		-93.851m	133.820m	39.969m
I(R2)* I(R2)*64	250.146m	85.692m		164.454m	250.146m	85.692m
0.250	250.000m	250.000m		0.000	250.000m	250.000m

(*b*)

▶ **FIGURA 5.10** (a) Resultado do Probe com legendas identificando a potência absorvida individualmente pelos dois resistores. Para maior clareza, também foram incluídos uma linha horizontal indicando 250 mW e rótulos de texto. (b) Caixa de diálogo do cursor.

De modo similar, repetimos o processo para acrescentar a potência absorvida pelo resistor de 64 Ω, resultando em um gráfico similar àquele ilustrado na Figura 5.10*a*. Foi acrescentada ao gráfico uma linha de referência horizontal em 250 mW digitando 0.250 na caixa **Trace Expression** após selecionar **Add Trace** do menu **Trace** pela terceira vez.

Vemos através do gráfico que o resistor de 64 Ω *excede* sua potência especificada de 250 mW na vizinhança de I_x = 43 mA. Em contraste, no entanto, vemos que independentemente do valor atribuído à fonte de corrente I_x (desde que este esteja entre 0 e 50 mA), o resistor de 100 Ω nunca dissipará 250 mW; na verdade, a potência absorvida *diminui* com o aumento da corrente fornecida pela fonte de corrente. Se desejarmos uma resposta mais precisa, podemos usar a ferramenta cursor, que é chamada selecionando **Trace**, **Cursor** e **Display** na barra de menu. A Figura 5.10*b* mostra o resultado quando se arrasta o cursor 1 para 42,52 mA; onde o resistor 64 Ω está se dissipando um pouco mais de sua máxima potência nominal de 250 mW. Pode-se obter uma maior precisão diminuindo o valor do incremento usado na varredura.

Essa técnica é muito útil para analisar circuitos eletrônicos, onde pode ser necessário determinar, por exemplo, que tensão de entrada anularia a tensão de saída de um circuito amplificador complicado. Notamos também que podemos executar diferentes tipos de varredura, incluindo uma varredura de tensão CC. A possibilidade de variar a temperatura é útil somente quando se lida com modelos de componentes que incluem um parâmetro de temperatura, como os diodos e os transistores.

Infelizmente, no final das contas se economiza pouco ou nenhum tempo na análise de um circuito contendo uma ou mais fontes dependentes pelo uso do princípio da superposição, porque deve sempre haver pelo menos duas fontes em operação: uma fonte independente e todas as fontes dependentes.

Devemos estar constantemente alertas sobre as limitações da superposição. Ela é aplicável somente a respostas lineares, e a resposta não linear mais comum – a potência – não está sujeita à superposição. Por exemplo, considere duas baterias de 1 V em série com um resistor de 1 Ω. A potência fornecida ao resistor é obviamente 4 W, mas se erroneamente tentássemos aplicar a superposição poderíamos dizer que cada bateria forneceria 1 W isoladamente, e portanto a potência total seria de 2 W. Isto está incorreto, mas é um erro muito fácil de cometer.

5.2 ▶ TRANSFORMAÇÃO DE FONTES

Fontes de Tensão Reais

Até agora, só trabalhamos com fontes ideais – elementos cuja tensão entre os terminais é independente da corrente que flui através deles. Para ver a relevância desse fato, considere uma simples fonte independente de 9 V ("ideal") conectado a um resistor de 1 Ω. A fonte de 9 volts forçará uma corrente de 9 ampères através do resistor 1 Ω (o que parece bastante razoável), mas a mesma fonte aparentemente forçará 9.000.000 ampères através de um resistor de 1 μΩ (o que se espera não parecer razoável). No papel, não há nada que nos impeça de reduzir o valor da resistência até 0 Ω... mas isso levaria a uma contradição, pois a fonte estaria "tentando" manter 9 V sobre um curto-circuito, que a lei de Ohm não nos permite fazer ($V = 9 = RI = 0$?).

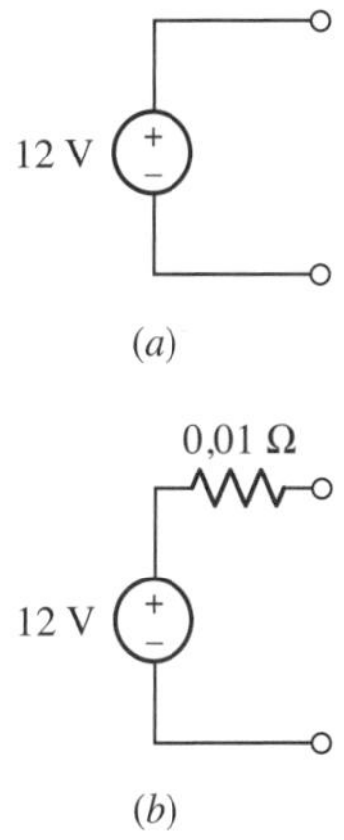

▲ **FIGURA 5.11** (a) Uma fonte de tensão ideal de 12 V usada para modelar uma bateria de automóvel. (b) Um modelo mais adequado, que leva em conta a redução observada na tensão nos terminais sob altas correntes.

O que acontece na vida real quando fazemos este tipo de experiência? Por exemplo, se tentarmos dar a partida em um carro com os faróis ligados, provavelmente notaremos os faróis enfraquecerem, pois a bateria se obriga a fornecer uma grande (~ 100 A ou mais) corrente de arranque, em paralelo com a corrente que circula para os faróis. Se modelarmos a bateria de 12 V com uma fonte ideal de 12 V conforme a Figura 5.11*a*, a nossa observação não poderá ser explicada. Outra forma de dizer isto é que o nosso modelo não funciona quando a carga drena uma grande corrente da fonte.

Para se aproximar melhor do comportamento de um dispositivo real, a fonte de tensão ideal deve ser modificada para levar em conta a redução na tensão em seus terminais quando altas correntes são exigidas pelo circuito. Vamos supor que tenhamos observado experimentalmente que a bateria do nosso carro apresenta 12 V em seus terminais quando não há cargas conectadas, e uma tensão reduzida de 11 V ao fornecer 100 A. Como poderíamos modelar o comportamento dessa bateria? Bem, um modelo mais adequado poderia ser uma fonte de tensão ideal de 12 V em série com um resistor em cujos terminais aparece 1 V quando da circulação de 100 A. Um cálculo rápido mostra que o resistor deve ter o valor de 1 V/100 A = 0,01 Ω, e a fonte de tensão ideal e este resistor em série formam uma ***fonte de tensão real*** (Figura 5.11*b*). Portanto, estamos usando a combinação de dois

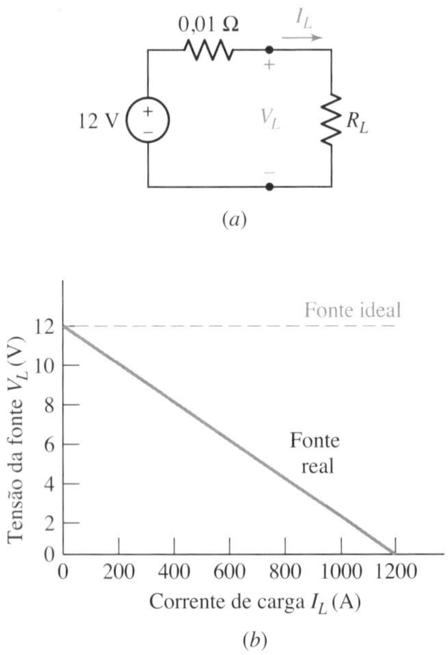

▲ **FIGURA 5.12** (a) Uma fonte real, que se aproxima do comportamento de uma bateria de automóvel de 12 V, é conectada a um resistor de carga R_L. (b) A relação entre I_L e V_L é linear.

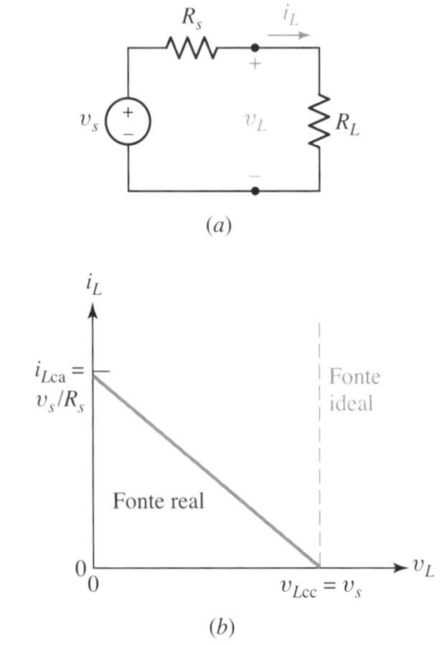

▲ **FIGURA 5.13** (a) Uma fonte de tensão real genérica conectada a um resistor de carga R_L. (b) A tensão nos terminais de uma fonte de tensão real diminui à medida que i_L aumenta e $R_L = v_L/i_L$ diminui. A tensão nos terminais de uma fonte de tensão ideal (também mostrada no gráfico) permanece constante para qualquer corrente fornecida à carga.

elementos de circuito ideais em série, uma fonte de tensão independente e um resistor, para modelar um dispositivo real.

É claro que não esperamos encontrar um conjunto de elementos ideais como esse na bateria do nosso carro. Qualquer dispositivo real é caracterizado por certa relação corrente-tensão em seus terminais, e nosso problema é desenvolver uma determinada combinação de elementos ideais que possa fornecer uma característica corrente-tensão similar, pelo menos em um determinado intervalo útil de corrente, tensão ou potência.

Na Figura 5.12*a*, mostramos nosso modelo de dois componentes dedicado a representar uma bateria de carro real conectado agora a um resistor de carga R_L. A tensão nos terminais da fonte real é a mesma aplicada em R_L e está identificada como V_L. A Figura 5.12*b* mostra um gráfico da tensão V_L na carga em função da corrente de carga I_L para essa fonte real. A equação LKT para o circuito da Figura 5.12*a* pode ser escrita em termos de I_L e V_L:

$$12 = 0{,}01 I_L + V_L$$

e portanto

$$V_L = -\ 0{,}01 I_L + 12$$

Esta é uma equação linear envolvendo I_L e V_L, e o gráfico da Figura 5.12*b* é uma linha reta. Cada ponto na linha corresponde a um diferente valor de R_L. Por exemplo, o ponto médio da linha reta é obtido quando a resistência de carga é igual à resistência interna da fonte real, ou $R_L = 0{,}01\ \Omega$. Aqui, a tensão na carga é exatamente a metade da tensão da fonte ideal.

Quando $R_L = \infty$ e nenhuma corrente é drenada pela carga, a fonte real está em aberto e a tensão em seus terminais, ou tensão de circuito aberto, é $V_{Lca} = 12$ V. Por outro lado, se os terminais da bateria são postos em curto-circuito ao se fazer $R_L = 0$, circula uma corrente de carga ou de curto-circuito $I_{Lcc} = 1.200$ A (*na prática, um experimento como esse provavelmente resultaria na destruição do curto-circuito, da bateria, e de quaisquer instrumentos de medição incorporados ao circuito!*).

Como o gráfico V_L *versus* I_L é uma linha reta para essa fonte de tensão real, devemos notar que os valores de V_{Lca} e I_{Lcc} determinam de forma única toda a curva $V_L - I_L$.

A linha horizontal tracejada da Figura 5.12*b* representa o gráfico $V_L - I_L$ para uma fonte de tensão *ideal*; a tensão em seus terminais permanece constante para qualquer valor da corrente de carga. Na fonte de tensão real, a tensão tem um valor próximo àquele da fonte ideal somente quando a corrente de carga é relativamente pequena.

Vamos agora considerar uma fonte de tensão real *genérica*, como aquela mostrada na Figura 5.13*a*. Ela possui uma fonte de tensão ideal v_s em série com uma resistência R_s, chamada de *resistência interna* ou *resistência de saída*. Novamente, devemos notar que o resistor não está de fato presente no circuito como um componente separado; ele serve apenas para incorporar ao modelo a queda de tensão que ocorre nos terminais da fonte quando a corrente de carga aumenta. Sua presença nos permite modelar o comportamento de uma fonte de tensão real de forma mais adequada.

A relação linear entre v_L e i_L é

$$v_L = v_s - R_s i_L \quad [9]$$

e esse resultado está mostrado no gráfico da Figura 5.13*b*. A tensão de circuito aberto ($R_L = \infty$, de forma que $i_L = 0$) é

$$v_{Lca} = v_s \quad [10]$$

e a corrente de curto-circuito ($R_L = 0$, portanto $v_L = 0$) é

$$i_{Lcc} = \frac{v_s}{R_s} \quad [11]$$

Uma vez mais, esses valores são os pontos em que a linha reta cruza os eixos na Figura 5.13*b*, e eles servem para defini-la completamente.

Fontes de Corrente Reais

Uma fonte de corrente ideal é também algo que não existe no mundo real; não há nenhum dispositivo físico que possa fornecer uma corrente constante independente da resistência de carga conectada ou da tensão em seus terminais. Certos circuitos com transistores podem fornecer uma corrente constante a uma ampla faixa de resistências de carga, mas a resistência de carga sempre poderá ser suficientemente grande de forma a tornar a corrente se muito pequena. Potência infinita nunca está disponível (infelizmente).

Uma fonte de corrente real é definida como uma fonte de corrente ideal em paralelo com uma resistência interna R_p. Uma fonte como essa está ilustrada na Figura 5.14*a*, e a corrente i_L e a tensão v_L associadas à resistência de carga R_L estão indicadas. Aplicando a LKC, obtemos

$$i_L = i_s - \frac{v_L}{R_p} \quad [12]$$

que é mais uma vez uma relação linear. A tensão de circuito aberto e a corrente de curto-circuito são

$$v_{Lca} = R_p i_s \quad [13]$$

e

$$i_{Lcc} = i_s \quad [14]$$

A variação da corrente de carga com a mudança da tensão aplicada pode ser investigada mudando o valor de R_L conforme ilustrado na Figura 5.14*b*. A linha reta é percorrida desde o ponto de curto-circuito a "noroeste" até à extremidade da terminação em aberto a "sudeste" aumentando-se R_L desde zero até infinito (ohms). O ponto médio ocorre quando $R_L = R_p$. A corrente de carga i_L e a fonte de corrente ideal são aproximadamente iguais somente para pequenos valores da tensão de carga, que são obtidos com valores de R_L comparativamente menores que R_p.

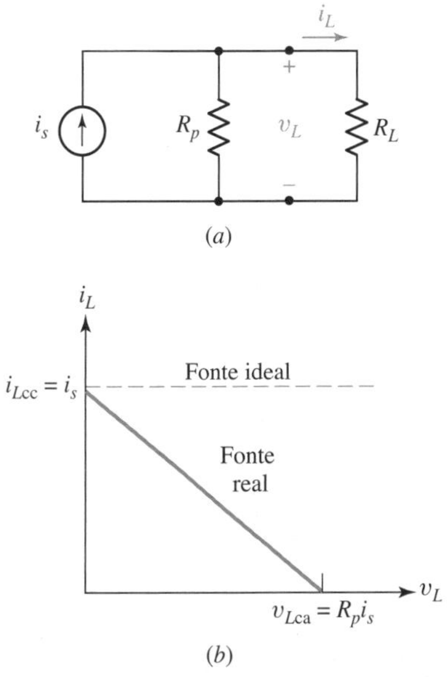

▲ **FIGURA 5.14** (a) Uma fonte de corrente real genérica conectada a um resistor de carga R_L. (b) A corrente de carga fornecida pela fonte de corrente real é mostrada em função da tensão de carga.

Fontes Reais Equivalentes

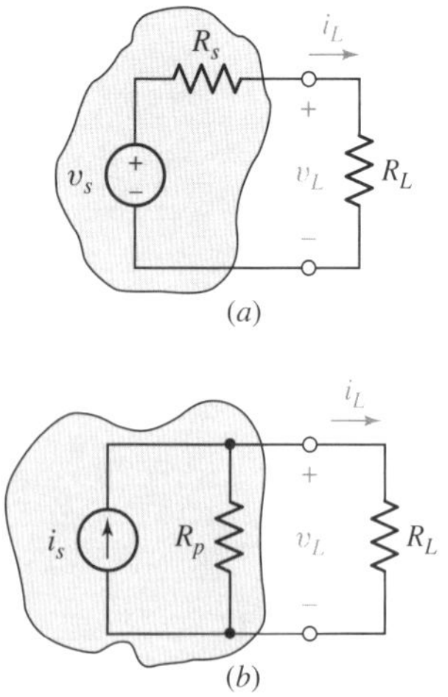

▲ **FIGURA 5.15** (a) Fonte de tensão real conectada a uma carga R_L. (b) Fonte de corrente real equivalente conectada à mesma carga.

Pode não ser surpresa que podemos aperfeiçoar os modelos para aumentar sua precisão; neste ponto agora temos um modelo de fonte de tensão real e também um modelo de fonte de corrente real. Antes de prosseguir, no entanto, vamos tirar um momento para comparar a Figura 5.13*b* e Figura 5.14*b*. Uma é para um circuito com uma fonte de tensão e a outra, com uma fonte de corrente, *mas os gráficos são indistinguíveis*!

Acontece que isso não é coincidência. Na verdade, estamos prestes a mostrar que uma fonte de tensão real pode ser eletricamente equivalente a uma corrente de fonte real – significa que uma resistência de carga R_L ligada em ambas as fontes terá a mesma v_L e i_L. Isto significa que podemos substituir uma fonte real por outra e o restante do circuito não vai saber a diferença.

Considere a fonte de tensão real e o resistor R_L mostrados na Figura 5.15*a*, e o circuito composto por uma fonte de corrente real e o resistor R_L mostrados na Figura 5.15*b*. Um cálculo simples mostra que a tensão na resistência de carga R_L da Figura 5.15*a* é

$$v_L = v_s \frac{R_L}{R_s + R_L} \qquad [15]$$

Um cálculo igualmente simples mostra que a tensão na resistência de carga R_L na Figura 5.15*b* é

$$v_L = \left(i_s \frac{R_p}{R_p + R_L}\right) \cdot R_L$$

Então, as duas fontes práticas são eletricamente equivalentes se

$$R_s = R_p \qquad [16]$$

e

$$v_s = R_p i_s = R_s i_s \qquad [17]$$

onde agora representamos com R_s a resistência interna de qualquer uma das fontes reais, o que é a notação convencional.

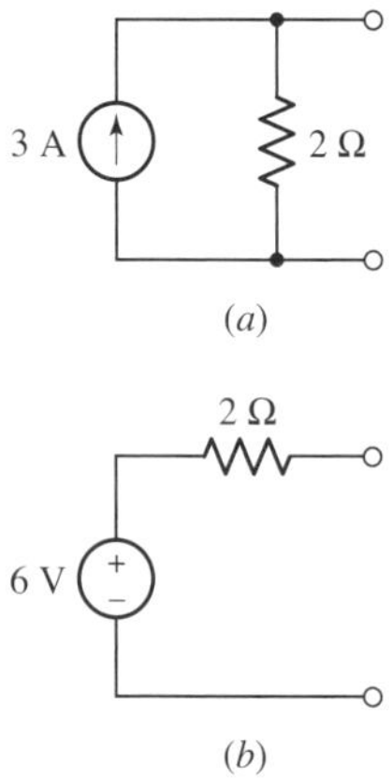

▲ **FIGURA 5.16** (a) Fonte de corrente real. (b) Fonte de tensão real equivalente.

Vamos experimentar isso com a fonte de corrente real mostrada na Figura 5.16*a*. Como a resistência interna é 2 Ω, a resistência interna da fonte de tensão real equivalente é também 2 Ω; a tensão da fonte de tensão ideal contida dentro da fonte de tensão real é (2)(3) = 6 V. A fonte de tensão real equivalente é mostrada na Figura 5.16*b*.

Para verificar a equivalência, imaginemos um resistor de 4 Ω conectado a cada uma das fontes. Em ambos os casos, uma corrente de 1 A, uma tensão de 4 V e uma potência de 4 W estão associados à carga de 4 Ω. No entanto, devemos notar cuidadosamente que a fonte de corrente ideal está fornecendo uma potência total de 12 W, enquanto a fonte de tensão ideal está fornecendo somente 6 W. Além disso, a resistência interna da fonte de corrente real está absorvendo 8 W, enquanto a resistência interna da fonte de tensão real está absorvendo somente 2 W. Vemos então que as duas fontes reais são equivalentes apenas com relação ao que aparece nos terminais da carga; elas *não* são equivalentes internamente!

▶ EXEMPLO 5.4

Calcule a corrente através do resistor de 4,7 kΩ na Figura 5.17*a* após transformar a fonte de 9 mA em uma fonte de tensão equivalente.

Não é apenas a fonte de 9 mA em questão, mas também o resistor em paralelo com ela (5 kΩ). Removemos estes componentes, deixando dois terminais "pendentes". Em seguida, substituímos por uma fonte de tensão em série com um resistor de 5 kΩ. O valor da fonte de tensão deve ser (0,009) (5000) = 45 V. Redesenhando o circuito como na Figura 5.17*b*, podemos escrever uma simples equação LKT:

$$-45 + 5000I + 4700I + 3000I + 3 = 0$$

que é facilmente resolvida para se obter I = 3,307 mA.

Podemos verificar a nossa resposta evidentemente, analisando o circuito da Figura 5.17*a* usando as técnicas de análise nodal ou de malha.

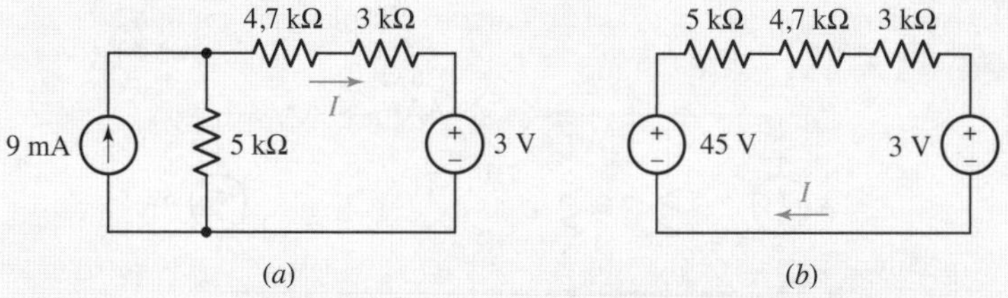

▲ **FIGURA 5.17** (a) Circuito com uma fonte de tensão e uma fonte de corrente. (b) O mesmo circuito após a transformação da fonte de 9 mA em uma fonte de tensão equivalente.

▶ EXERCÍCIO DE FIXAÇÃO

5.3 No circuito da Figura 5.18, calcule a corrente I_X através do resistor de 47 kΩ após fazer uma transformação na fonte de tensão.

Resposta: 192 μA.

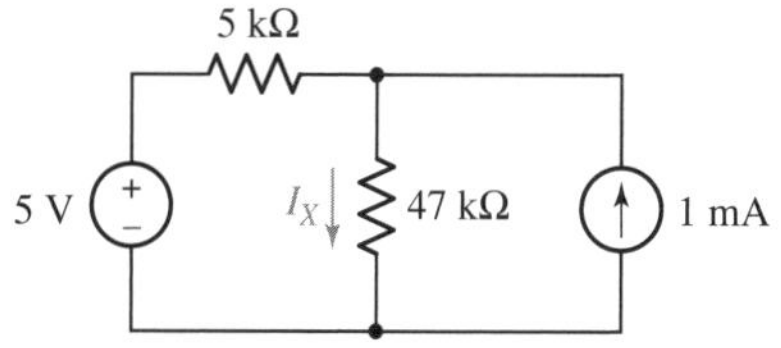

▲ **FIGURA 5.18**

▶ EXEMPLO 5.5

Calcule a corrente através do resistor de 2 Ω na Figura 5.19*a* usando a transformação de fontes para primeiro simplificar o circuito.

Começamos transformando cada fonte de corrente em uma fonte de tensão (Figura 5.19*b*), tendo como estratégia converter o circuito em um simples laço.

Devemos ter o cuidado de conservar o resistor de 2 Ω por duas razões: primeiro, a variável de controle da fonte dependente aparece através dele; segundo, desejamos calcular a corrente que o percorre. No entanto, podemos combinar os resistores de 17 Ω e 9 Ω, pois eles aparecem em série. Vemos também que os resistores de 3 Ω e 4 Ω podem ser combinados em um único resistor de 7 Ω, que pode então ser usado para transformar a fonte de 15 V em uma fonte de 15/7 A como ilustra a Figura 5.19*c*.

Finalmente, notamos que os dois resistores de 7 Ω podem ser combinados em um único resistor de 3,5 Ω, que pode ser usado para transformar a fonte de corrente de 15/7 A em uma fonte de tensão de 7,5 V. O resultado é um circuito com um único laço, ilustrado na Figura 5.19*d*.

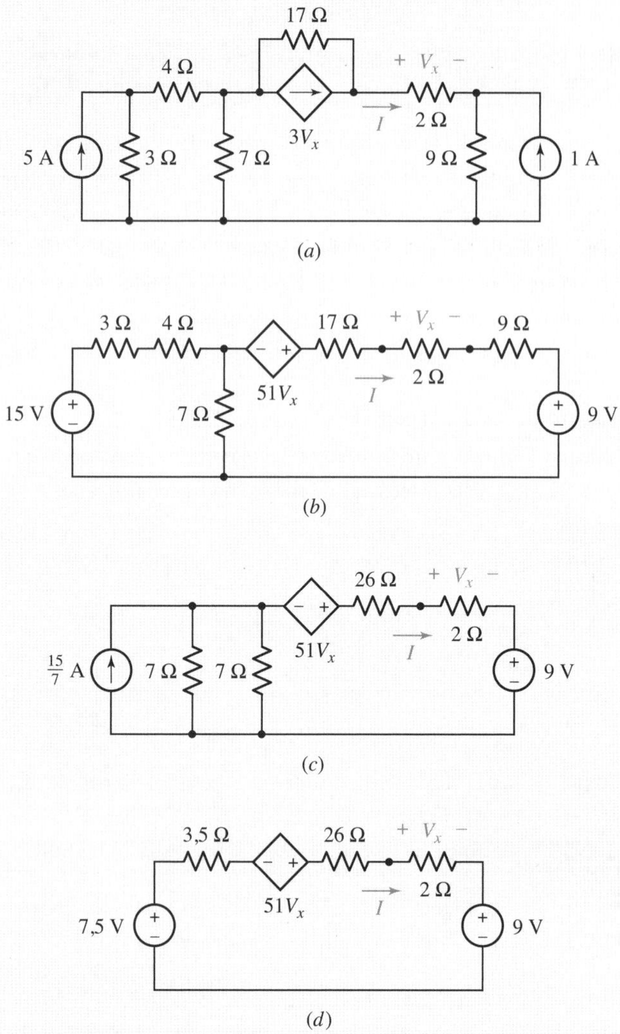

▲ **FIGURA 5.19** (a) Circuito com duas fontes de corrente independentes e uma fonte dependente. (b) O mesmo circuito após cada fonte ser transformada em uma fonte de tensão. (c) O mesmo circuito após combinações adicionais. (d) Circuito final.

A corrente I pode agora ser calculada usando a LKT:

$$-7{,}5 + 3{,}5I - 51V_x + 28I + 9 = 0$$

onde

$$V_x = 2I$$

Logo,

$$I = 21{,}28 \text{ mA}$$

▶ EXERCÍCIO DE FIXAÇÃO

5.4 No circuito da Figura 5.20, calcule a tensão V nos terminais do resistor de 1 MΩ usando repetidas transformações de fontes.

Resposta: 27,23 V.

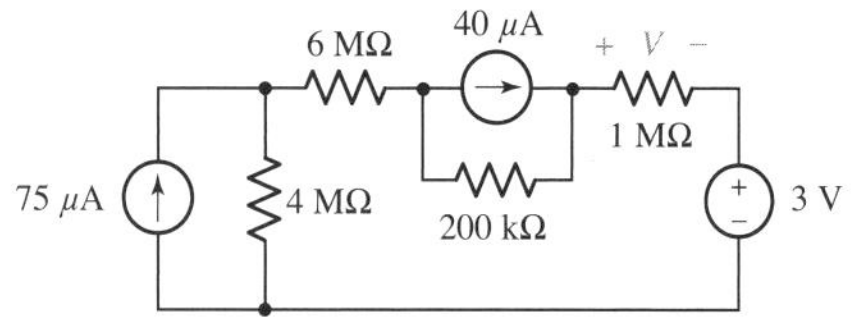

▲ **FIGURA 5.20**

Vários Pontos Importantes

Concluímos nossa discussão sobre fontes reais e transformação de fontes com algumas observações particulares. Primeiro, quando transformamos uma fonte de tensão, devemos ter certeza de que a fonte está realmente *em série* com o resistor em consideração. Por exemplo, no circuito mostrado na Figura 5.21, é perfeitamente válido executar uma transformação de fontes na fonte de tensão usando o resistor de 10 Ω, pois eles estão em série. No entanto, seria incorreto tentar uma transformação de fontes envolvendo a fonte de 60 V e o resistor de 30 Ω – um tipo de erro muito comum.

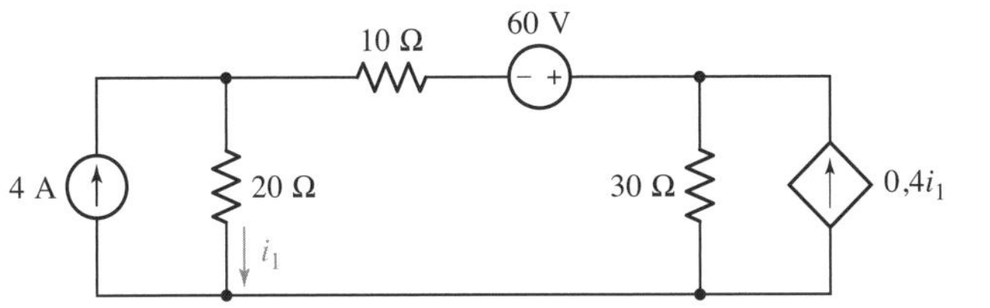

▲ **FIGURA 5.21** Circuito exemplo para ilustrar como determinar se uma transformação de fontes pode ser executada.

De forma similar, quando transformamos a combinação de uma fonte de corrente e um resistor, devemos ter certeza de que eles estejam de fato *em paralelo*. Considere a fonte de corrente mostrada na Figura 5.22*a*. Podemos executar uma transformação de fontes incluindo o resistor de 3 Ω, pois eles estão em paralelo, mas após a transformação pode haver certa ambiguidade sobre onde colocar o resistor. Em circunstâncias como esta, é bom primeiro redesenhar os componentes a serem transformados, como na Figura 5.22*b*. Então, a transformação para uma fonte de tensão em série com um resistor pode ser desenhada corretamente conforme ilustrado na Figura 5.22*c*; na realidade, o resistor pode ser desenhado acima ou abaixo da fonte de tensão.

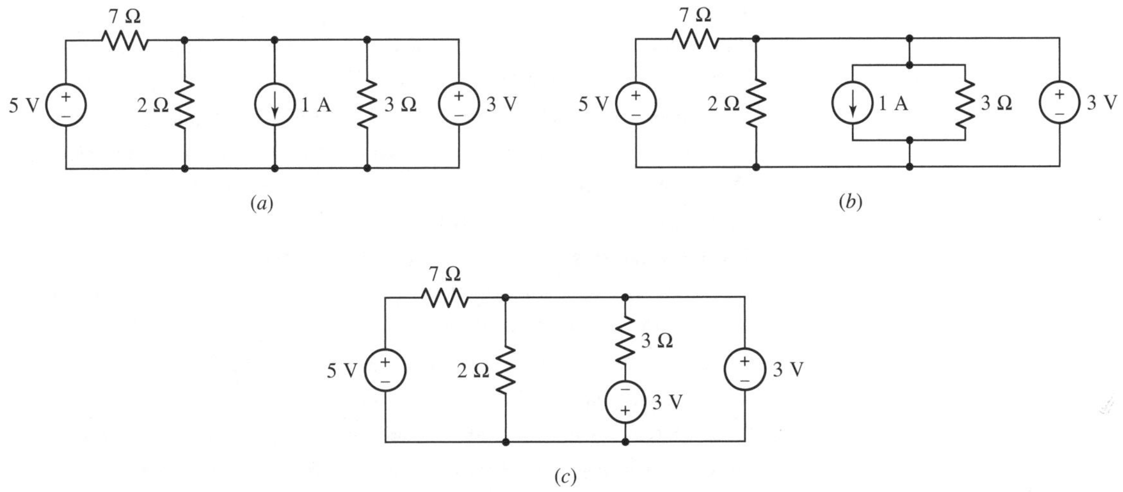

▲ **FIGURA 5.22** (a) Circuito com fonte de corrente a ser transformada em fonte de tensão. (b) Circuito redesenhado de forma a evitar erros. (c) Combinação fonte/resistor após a transformação.

Vale também considerar o caso não comum de uma fonte de corrente em série com um resistor e seu dual, o caso de uma fonte de tensão em paralelo com um resistor. Vamos começar com o circuito simples da Figura 5.23*a*, onde estamos interessados apenas na tensão nos terminais do resistor marcado como R_2. Notamos que, independentemente do valor do resistor R_1, $V_{R2} = I_x R_2$. Embora possamos ser tentados a executar uma transformação de fontes inadequada em um circuito como esse, podemos na verdade *simplesmente omitir o resistor* R_1 (desde que ele não nos interesse). Uma situação similar ocorre com uma fonte de tensão em paralelo com um resistor, conforme ilustrado na Figura 5.23*b*. Novamente, se estivermos interessados apenas em uma grandeza referente ao resistor R_2, podemos ser tentados a executar alguma transformação de fontes estranha (e incorreta) envolvendo a fonte de tensão e o resistor R_1. Na realidade, poderíamos omitir o resistor R_1 – sua presença não altera a tensão nos terminais do resistor R_2, tampouco a corrente que o percorre e a potência por ele dissipada.

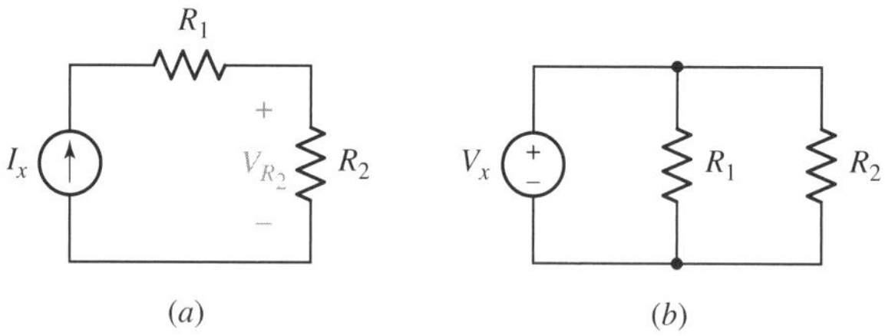

▶ **FIGURA 5.23** (a) Circuito com um resistor R_1 em série com uma fonte de corrente. (b) Fonte de tensão em paralelo com dois resistores.

Resumo da Transformação de Fontes

1. **Um objetivo comum na transformação de fontes é a obtenção de circuitos contendo apenas fontes de corrente ou fontes de tensão.** Isso é especialmente verdadeiro se a análise nodal ou de malha se tornar mais fácil.
2. **Repetidas transformações de fontes podem ser usadas para simplificar um circuito, permitindo que resistores e fontes sejam eventualmente combinados.**
3. **O valor do resistor não muda durante uma transformação de fonte, mas ele não é mais o mesmo resistor.** Isso significa que as correntes ou tensões associadas ao resistor original se perdem de forma irrecuperável quando executamos uma transformação de fontes.
4. **Se a tensão ou a corrente associada a um determinado resistor for usada como variável de controle de uma fonte dependente, ele não deverá ser incluído em qualquer transformação de fontes.** O resistor original deve ser mantido no circuito final.
5. **Se nos interessa a tensão ou a corrente associada a um elemento em particular, este elemento não deve ser incluído em qualquer transformação de fontes.** O elemento original deve ser mantido no circuito final.
6. **Em uma transformação de fontes, a ponta da seta da fonte de corrente corresponde ao terminal "+" da fonte de tensão.**
7. **Uma transformação de fontes envolvendo uma fonte de corrente e um resistor requer que os dois elementos estejam em paralelo.**
8. **Uma transformação de fontes envolvendo uma fonte de tensão e um resistor requer que os dois elementos estejam em série.**

5.3 ▶ CIRCUITOS EQUIVALENTES DE THÉVENIN E NORTON

Agora que já conhecemos a transformação de fontes e o princípio da superposição, é possível desenvolver duas outras técnicas que simplificarão bastante a análise de muitos circuitos lineares. O primeiro desses teoremas recebeu seu nome em homenagem a L. C. Thévenin, um engenheiro francês que trabalhava em telegrafia e publicou seu teorema em 1883; o segundo teorema pode ser considerado um corolário do primeiro e é creditado a E. L. Norton, um cientista da Bell Telephone Laboratories.

Vamos supor que precisamos fazer apenas uma análise parcial de um circuito. Por exemplo, talvez precisemos determinar corrente, tensão e potência entregues a um único resistor de "carga" pelo restante do circuito, que pode consistir de um número razoável de fontes e resistores (Figura 5.24*a*). Ou talvez desejemos encontrar a resposta para diferentes valores de resistência de carga. O teorema de Thévenin nos diz que é possível substituir tudo exceto o resistor de carga por uma fonte de tensão independente em série com um resistor (Figura 5.24*b*); a resposta do *resistor de carga* permanecerá inalterada. Usando o teorema de Norton, obtemos um circuito equivalente composto por uma fonte de corrente independente em paralelo com um resistor (Figura 5.24*c*).

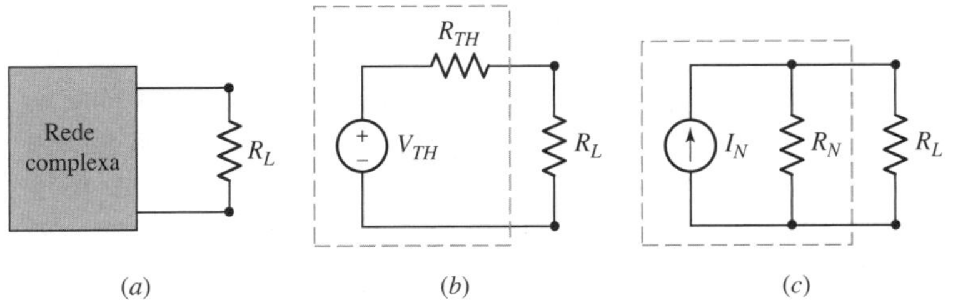

◀ **FIGURA 5.24** (a) Rede complexa incluindo um resistor de carga R_L. (b) Rede equivalente de Thévenin conectada ao resistor de carga R_L. (c) Rede equivalente de Norton conectada ao resistor de carga R_L.

Portanto, uma das principais utilidades dos teoremas de Thévenin e de Norton é a substituição de grande parte de um circuito, geralmente uma parte complicada e pouco interessante, por um equivalente muito simples. O novo circuito nos permite fazer cálculos rápidos de tensão, corrente e potência que podem ser entregues à carga pelo circuito original. Ele também nos ajuda a escolher o melhor valor para esta resistência de carga. Por exemplo, em um amplificador de potência transistorizado, os equivalentes de Thévenin e de Norton nos permitem determinar a potência máxima que pode ser transferida do amplificador para os alto-falantes.

▶ EXEMPLO 5.6

Considere o circuito ilustrado na Figura 5.25*a*. Determine o equivalente de Thévenin da rede A e calcule a potência fornecida ao resistor de carga R_L.

As regiões tracejadas dividem o circuito nas redes A e B; nosso principal interesse está na rede B, que consiste apenas do resistor de carga R_L. A rede A pode ser simplificada através de repetidas transformações de fontes.

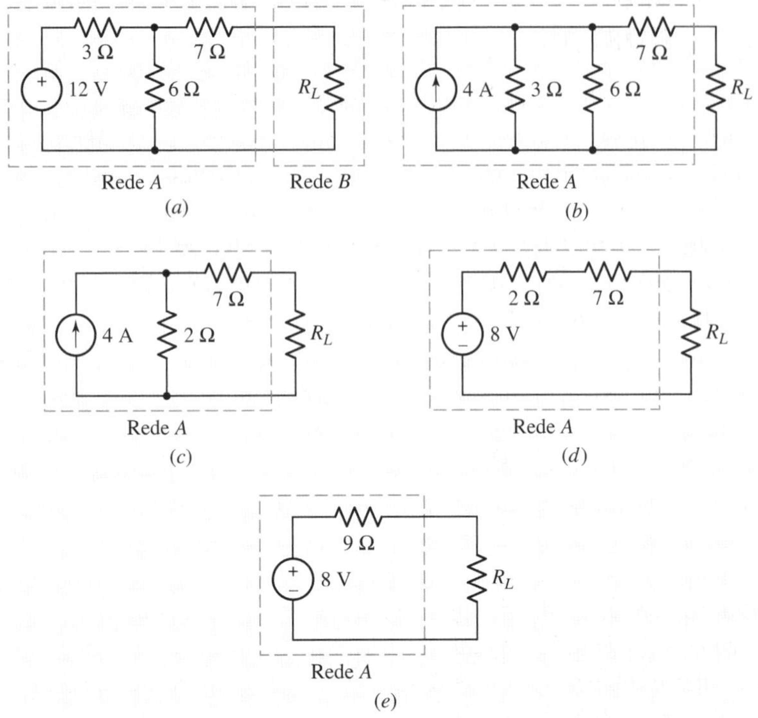

▲ **FIGURA 5.25** (a) Um circuito dividido em duas redes. (b-d) Passos intermediários para simplificar a rede A. (e) Circuito equivalente de Thévenin.

Primeiro tratamos a fonte de 12 V e o resistor de 3 Ω como uma fonte de tensão real e a substituímos por uma fonte de corrente real formada por uma fonte de 4 A em paralelo com um resistor de 3 Ω (Figura 5.25*b*). As resistências em paralelo são então combinadas em 2 Ω (Figura 5.25*c*), e a fonte de corrente real resultante é novamente transformada em uma fonte de tensão real (Figura 5.25*d*). O resultado final é mostrado na Figura 5.25*e*.

Do ponto de vista do resistor de carga R_L, essa rede A (o equivalente Thévenin) é equivalente à rede original A; do nosso ponto de vista, o circuito é muito mais simples e agora podemos calcular facilmente a potência fornecida à carga:

$$P_L = \left(\frac{8}{9 + R_L}\right)^2 R_L$$

Além disso, podemos ver pelo circuito equivalente que a máxima tensão que pode ser obtida nos terminais de R_L é 8 V e corresponde a $R_L = \infty$. Uma rápida transformação da rede *A* em uma fonte de corrente real (o equivalente de Norton) indica que a máxima corrente que pode ser entregue à carga é de 8/9 A, o que ocorre quando $R_L = 0$. Nenhum desses fatos é diretamente percebido no circuito original.

▶ EXERCÍCIO DE FIXAÇÃO

5.5 Usando repetidas transformações de fontes, determine o equivalente de Norton da rede em destaque no circuito da Figura 5.26.

Resposta: 1 A, 5 Ω.

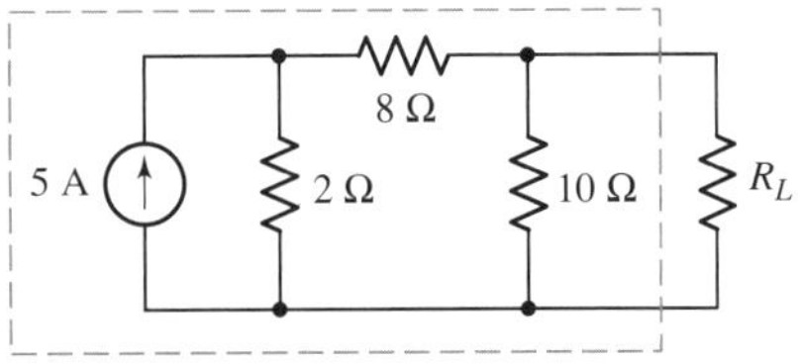

▲ **FIGURA 5.26**

O Teorema de Thévenin

O uso da técnica de transformação de fontes para encontrar uma rede equivalente de Thévenin ou de Norton funcionou suficientemente bem no Exemplo 5.6, mas pode se tornar rapidamente impraticável em situações nas quais estão presentes fontes dependentes ou em que o circuito é composto por muitos elementos. Uma alternativa é empregar o teorema de Thévenin (ou o teorema de Norton). Vamos enunciar o teorema[2] como um procedimento de certo modo formal e em seguida passaremos a considerar várias maneiras de tornar a abordagem mais prática, dependendo da situação que enfrentarmos.

Um Enunciado para o Teorema de Thévenin

1. **Dado um circuito linear, rearranje-o na forma de duas redes, A e B, conectadas por dois fios.** A é a rede a ser simplificada; B permanecerá inalterada.
2. **Desconecte a rede B.** Defina a tensão v_{ca} como a tensão que agora aparece nos terminais da rede A.
3. **Desligue ou "zere" cada fonte independente da rede A para formar uma rede inativa.** Deixe as fontes dependentes inalteradas.
4. **Conecte uma fonte de tensão independente com valor v_{cc} em série com a rede inativa.** Não complete o circuito; deixe os dois terminais desconectados.
5. **Conecte a rede B aos terminais da nova rede A.** Todas as correntes e tensões em B permanecerão inalteradas.

Note que se qualquer rede contém uma fonte dependente, *sua variável de controle deve estar na mesma rede.*

Vejamos se podemos aplicar com sucesso o teorema de Thévenin no circuito que consideramos na Figura 5.25. Já encontramos o equivalente de Thévenin do circuito à esquerda de R_L no Exemplo 5.6, mas queremos ver se há uma maneira mais fácil de obter o mesmo resultado.

▶ EXEMPLO 5.7

Use o teorema de Thévenin para determinar o equivalente de Thévenin da parte do circuito à esquerda de R_L na Figura 5.25*a*.

Começamos desconectando R_L e notamos que nenhuma corrente flui através do resistor de 7 Ω no circuito parcial resultante mostrado na Figura 5.27*a*. Portanto, V_{ca} aparece nos terminais do resistor de 6 Ω (se não há corrente no resistor de 7 Ω, não há queda de tensão através dele), e a divisão de tensão nos permite determinar que

$$V_{ca} = 12\left(\frac{6}{3+6}\right) = 8\text{ V}$$

[2] Uma prova do teorema de Thévenin na forma em que ele foi enunciado é um pouco longa, e portanto foi colocada no Apêndice 3, onde os leitores mais curiosos poderão encontrá-la.

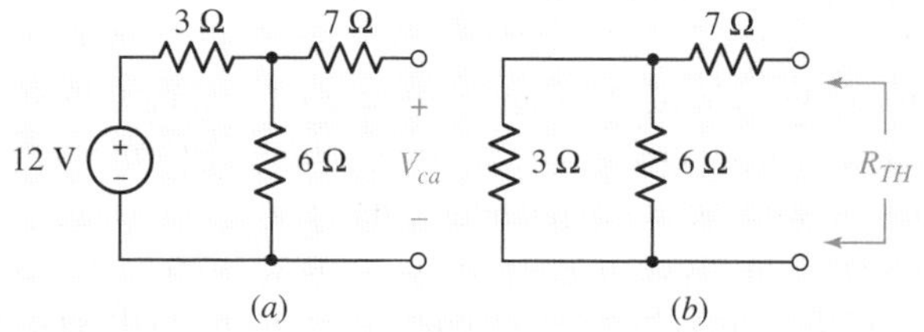

▲ **FIGURA 5.27** (a) Circuito da Figura 5.25a com a rede B (o resistor R_L) desconectada e a tensão através dos terminais de conexão identificada como V_{ca}. (b) A fonte independente da Figura 5.25a foi eliminada, e olhamos os terminais onde a rede B estava conectada para determinar a resistência efetiva da rede A.

Tornando a rede A inativa (isto é, substituindo a fonte de 12 V por um curto-circuito), observando a rede remanescente, vemos um resistor de 7 Ω conectado em série com a combinação de 6 Ω e 3 Ω em paralelo (Figura 5.27*b*).

Assim, a rede inativa pode ser aqui representada por um resistor de 9 Ω, chamado de ***resistência equivalente de Thévenin*** da rede *A*. O equivalente de Thévenin é então V_{ca} em série com um resistor de 9 Ω, o que concorda com nosso resultado anterior.

▶ EXERCÍCIO DE FIXAÇÃO

5.6 Use o teorema de Thévenin para calcular a corrente através do resistor de 2 Ω no circuito da Figura 5.28. (Dica: Chame de rede B o resistor de 2 Ω.)

Resposta: $V_{TH} = 2{,}571$ V, $R_{TH} = 7{,}857$ Ω, $I_{2\Omega} = 260{,}8$ mA.

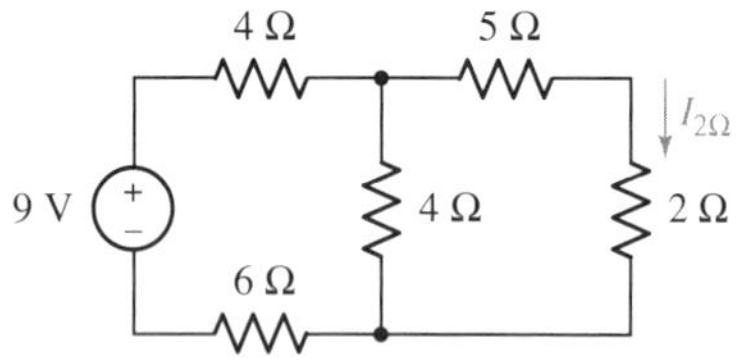

▲ **FIGURA 5.28**

Alguns Pontos Importantes

O circuito equivalente que aprendemos como obter é completamente independente da rede *B*: fomos instruídos a remover inicialmente esta rede e em seguida medir a tensão de circuito aberto produzida pela rede *A*, uma operação que certamente não depende da rede *B* de forma alguma. A rede *B* é mencionada somente para indicar que uma rede equivalente pode ser obtida para a rede *A* independentemente do arranjo de elementos que estiver conectado à rede *A*; a rede *B* representa essa rede genérica.

Há vários pontos sobre o teorema que merecem destaque:

- A única restrição que devemos impor sobre *A* ou *B* é que todas as fontes *dependentes* em *A* tenham suas variáveis de controle em *A*, e de forma similar para *B*.
- Não são impostas restrições sobre a complexidade de *A* ou *B*; cada uma destas redes pode conter qualquer combinação de fontes de tensão ou corrente independentes, fontes de tensão ou corrente dependentes lineares, resistores, ou quaisquer outros elementos de circuito que sejam lineares.
- A rede inativa *A* pode ser representada por uma única resistência equivalente R_{TH}, que chamaremos de resistência equivalente de Thévenin.

Isso vale independentemente da existência ou não de fontes dependentes na rede *A*, uma ideia que exploraremos brevemente.

- Um equivalente de Thévenin consiste em dois componentes: uma fonte de tensão em série com uma resistência. Qualquer um deles pode ser zero, embora geralmente não seja este o caso.

Teorema de Norton

O teorema de Norton é bastante semelhante ao teorema de Thévenin e pode ser enunciado da seguinte forma:

> Um Enunciado para o Teorema de Norton
>
> 1. **Dado um circuito linear, rearranje-o na forma de duas redes, *A* e *B*, conectadas por dois fios.** A rede *A* é a rede a ser simplificada; *B* permanecerá inalterada. Como antes, se qualquer uma das redes contiver uma fonte dependente, *sua variável de controle deverá permanecer na mesma rede.*
> 2. **Desconecte a rede *B* e coloque os terminais de *A* em curto-circuito.** Defina a corrente i_{cc} como a corrente que agora flui através dos terminais em curto da rede *A*.
> 3. **Desligue ou "zere" cada fonte independente da rede *A* para formar uma rede inativa.** Deixe as fontes dependentes inalteradas.
> 4. **Conecte uma fonte de corrente independente com valor i_{cc} em paralelo com a rede inativa.** Não complete o circuito; deixe os dois terminais desconectados.
> 5. **Conecte a rede *B* aos terminais da nova rede *A*.** Todas as correntes e tensões em *B* permanecerão inalteradas.

O equivalente de Norton de uma rede linear é a fonte de corrente Norton i_{cc} em paralelo com a resistência de Thévenin R_{TH}. Portanto, vemos que de fato é possível obter o equivalente de Norton de uma rede executando uma transformação de fontes sobre o equivalente de Thévenin. Isto resulta em uma relação direta entre v_{ca}, i_{cc} e R_{TH}:

$$v_{ca} = R_{TH} i_{cc} \qquad [18]$$

Em circuitos contendo fontes dependentes, geralmente acharemos mais conveniente determinar o equivalente de Thévenin ou de Norton calculando a tensão de circuito aberto e a corrente de curto-circuito para então determinar o valor de R_{TH} como o quociente destas grandezas. É portanto aconselhável tornar-se adepto do cálculo de tensões de circuito aberto e de correntes de curto-circuito, mesmo nos problemas mais simples que veremos em seguida. Se os equivalentes de Thévenin e de Norton forem determinados de forma independente, a Equação [18] pode servir como uma útil verificação.

Vamos considerar três diferentes exemplos da determinação de um circuito equivalente de Thévenin ou de Norton.

▶ EXEMPLO 5.8

Determine os circuitos equivalentes de Thévenin e de Norton para a rede vista pelo resistor de 1 kΩ na Figura 5.29*a*.

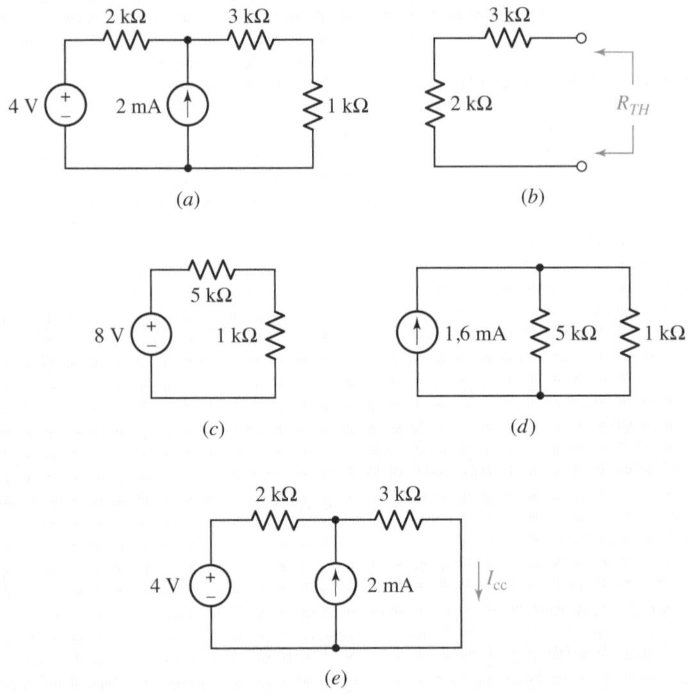

▲ **FIGURA 5.29** (a) Circuito no qual o resistor de 1 kΩ é identificado como a rede B. (b) A rede A com todas as fontes independentes desativadas. (c) O equivalente de Thévenin para a rede A é mostrado. (d) O equivalente de Norton para a rede A é mostrado. (e) Circuito para determinar I_{cc}.

Pela maneira do enunciado do problema, a rede B é o resistor de 1 kW, então a rede A é todo o resto.

Optando por encontrar o equivalente de Thévenin da rede A primeiro, aplicamos a superposição, observando que nenhuma corrente flui através do resistor de 3 kΩ uma vez que a rede B está desconectada. Com a fonte de corrente ajustado em zero, $V_{ca|4V} = 4$ V. Com a fonte de tensão ajustada em zero,

$$V_{ca|_{2\,mA}} = (0{,}002)(2000) = 4 \text{ V. Assim, } V_{ca} = 4 + 4 = 8 \text{ V.}$$

Para encontrar R_{TH}, ajuste as duas fontes em zero, como na Figura 5.29*b*. Por inspeção, R_{TH} = 2 kΩ + 3 kΩ + 5 kΩ. O equivalente de Thévenin completo, com a rede B reconectada, é mostrado na Figura 5.29*c*.

O equivalente de Norton é encontrado com uma simples transformação de fontes do equivalente de Thévenin, resultando em uma fonte de corrente de 8/5.000 = 1,6 mA, em paralelo com um resistor de 5 kΩ (Figura 5.29*d*).

Verifique: Encontre o equivalente de Norton diretamente da Figura 5.29*a*.

Removendo o resistor de 1 kΩ e curto-circuitando os terminais de rede *A*, encontramos I_{cc} por superposição e divisão de corrente conforme mostrado na Figura 5.29*e*:

$$I_{cc} = I_{cc|_{4V}} + I_{cc|_{2mA}} = \frac{4}{2+3} + (2)\frac{2}{2+3}$$
$$= 0{,}8 + 0{,}8 = 1{,}6 \text{ mA}$$

o que completa a verificação.

▶ EXERCÍCIO DE FIXAÇÃO

5.7 Determine os equivalentes de Thévenin e de Norton do circuito da Figura 5.30.

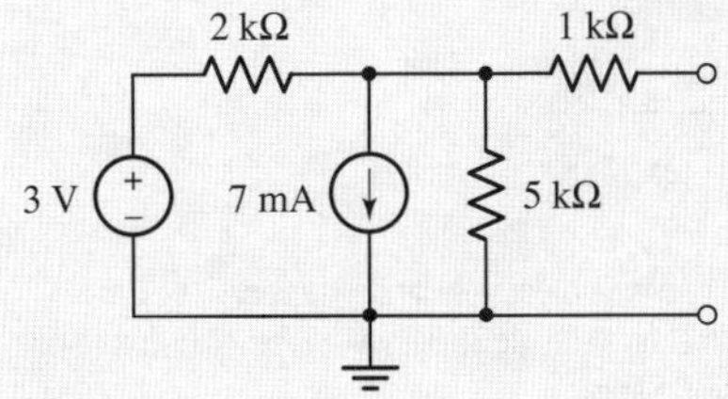

▲ **FIGURA 5.30**

Resposta: −7,857 V, −3,235 mA, 2,429 kΩ.

Quando Fontes Dependentes Estão Presentes

Tecnicamente falando, não é sempre necessário haver uma "rede *B*" para que possamos usar os teoremas de Thévenin ou de Norton; poderíamos, em vez disso, ter que encontrar o equivalente de uma rede com dois terminais ainda não conectados a uma outra rede. No entanto, se houver uma rede *B* que não queremos envolver no processo de simplificação, devemos ter um pouco de cuidado caso ela contenha fontes dependentes. Nessas situações, a variável de controle e os elementos associados devem ser incluídos na rede *B* e excluídos da rede *A*. Caso contrário, não haverá como analisar o circuito final porque a variável de controle será perdida.

Se a rede *A* contém uma fonte dependente, então novamente devemos garantir que a variável de controle e seus elementos associados não estejam na rede *B*. Até agora, consideramos apenas circuitos com resistores e fontes independentes. Embora tecnicamente falando seja correto deixar uma fonte dependente na rede "morta" ou "inativa" ao criar um equivalente de Thévenin ou de Norton, na prática isso não resulta em qualquer tipo de simplificação. O que realmente queremos é uma fonte de tensão independente em série com um único resistor, ou uma fonte de corrente independente em paralelo com um único resistor – em outras palavras, um equivalente com dois componentes. Nos exemplos a seguir, consideramos vários meios de reduzir redes com fontes dependentes e resistores em uma única resistência.

▶ EXEMPLO 5.9

Determine o equivalente Thévenin do circuito da Figura 5.31*a*.

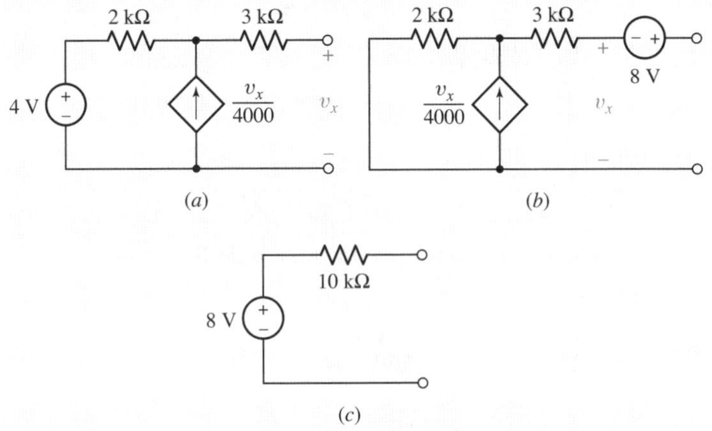

▲ **FIGURA 5.31** (a) Uma rede da qual se deseja o equivalente de Thévenin. (b) Uma forma possível, mas de certa forma inútil, do equivalente de Thévenin. (c) A melhor forma do equivalente de Thévenin para essa rede resistiva linear.

Para determinar V_{ca}, notamos que $v_x = V_{ca}$ e que a corrente da fonte dependente deve passar pelo resistor de 2 kΩ, já que não é possível a circulação de correntes no resistor de 3 kΩ. Usando a LKT ao redor do laço externo:

$$-4 + 2 \times 10^3 \left(-\frac{v_x}{4000}\right) + 3 \times 10^3(0) + v_x = 0$$

e

$$v_x = 8 \text{ V} = V_{ca}$$

Pelo teorema de Thévenin, então, o circuito equivalente poderia ser formado pela rede *A* inativa em série com uma fonte de 8 V, como mostra a Figura 5.31*b*. Isto está correto, mas não é muito simples nem ajuda tanto; no caso de redes resistivas lineares, queremos realmente um equivalente mais simples para a rede *A* inativa, ou seja, R_{TH}.

A fonte dependente nos impede de determinar R_{TH} diretamente para a rede inativa através da combinação de resistências; procuramos então determinar I_{cc}. Após colocar em curto-circuito os terminais de saída na Figura 5.31*a*, fica claro que $V_x = 0$ e que a fonte de corrente dependente se torna inativa. Assim, $I_{cc} = 4/(5 \times 10^3) = 0{,}8$ mA. Logo,

$$R_{TH} = \frac{V_{ca}}{I_{cc}} = \frac{8}{0{,}8 \times 10^{-3}} = 10 \text{ k}\Omega$$

e assim obtemos o equivalente de Thévenin mais aceitável ilustrado na Figura 5.31*c*.

▶ EXERCÍCIO DE FIXAÇÃO

5.8 Determine o equivalente de Thévenin para a rede da Figura 5.32. (Dica: uma rápida transformação de fontes na fonte dependente pode ajudar.)

Resposta: –502,5 mV, –100,5 Ω.

Nota: a resistência negativa pode parecer estranha – e é! Fisicamente isso é possível apenas se, por exemplo, projetarmos um circuito eletrônico inteligente para criar algo que se comporta como a fonte de corrente dependente representada na Figura 5.32.

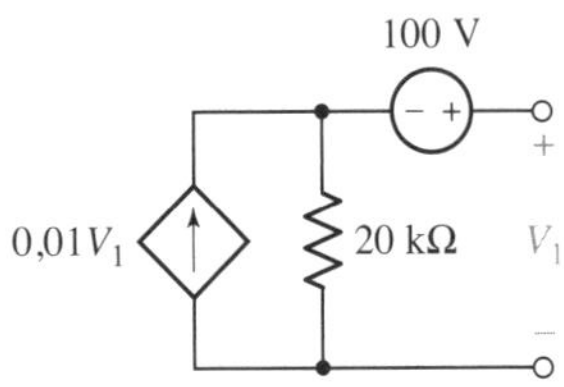

▲ **FIGURA 5.32**

Como outro exemplo, vamos considerar uma rede com uma fonte dependente, mas nenhuma fonte independente.

▶ EXEMPLO 5.10

Determine o equivalente de Thévenin do circuito mostrado na Figura 5.33*a*.

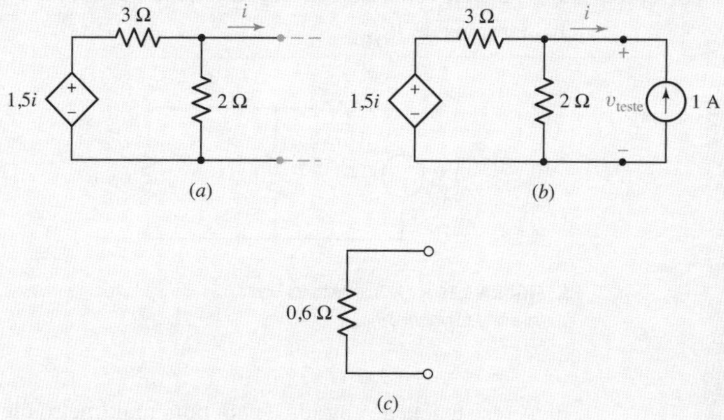

▲ **FIGURA 5.33** (a) Uma rede sem fontes independentes. (b) Uma medição hipotética para obter R_{TH}. (c) O equivalente de Thévenin do circuito original.

Como os terminais da direita já estão em circuito aberto, $i = 0$. Em consequência, a fonte independente está inativa, assim $v_{ca} = 0$.

Em seguida, procuramos o valor de R_{TH} representado por esta rede de dois terminais. Entretanto, não podemos determinar v_{ca} e i_{cc} e calcular seu quociente, pois não há fontes independentes na rede e tanto v_{ca} quanto i_{cc} são iguais a zero. Usemos então um pequeno artifício.

Aplicamos uma fonte de 1 A externamente, medindo a tensão v_{teste} resultante, e então fazemos $R_{TH} = v_{teste}/1$. Olhando a Figura 5.33*b*, vemos que $i = -1$ A. Aplicando a análise nodal,

$$\frac{v_{teste} - 1{,}5(-1)}{3} + \frac{v_{teste}}{2} = 1$$

de modo que

$$v_{teste} = 0{,}6 \text{ V}$$

e portanto

$$R_{TH} = 0{,}6\ \Omega$$

O equivalente de Thévenin é mostrado na Figura 5.33*c*.

Uma Rápida Recapitulação dos Procedimentos

Examinamos até agora três exemplos nos quais determinamos circuitos equivalentes de Thévenin ou de Norton. O primeiro exemplo (Figura 5.29) continha apenas fontes independentes e resistores, e pudemos aplicar vários métodos diferentes em sua solução. Um método envolvia o cálculo de R_{TH} para a rede inativa e depois V_{ca} para a rede ativa. Também poderíamos ter determinado R_{TH} e I_{cc}, ou V_{ca} e I_{cc}.

APLICAÇÃO

O MULTÍMETRO DIGITAL

Um dos equipamentos de teste elétrico mais comuns é o multímetro digital ou DMM (*Digital Multimeter*) (Figura 5.34), que serve para medir valores de tensão, corrente e resistência.

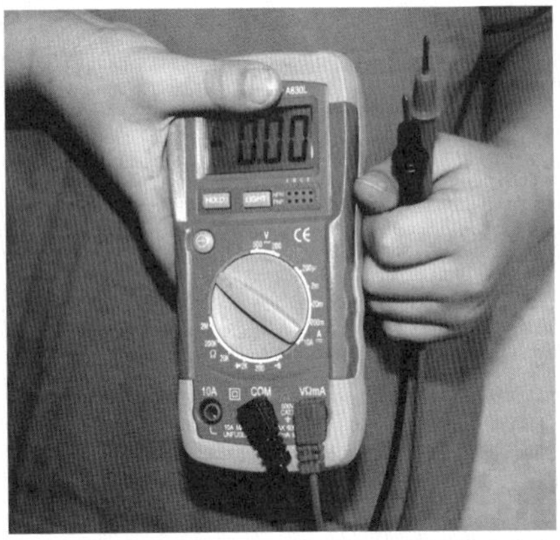

▲ **FIGURA 5.34** Um multímetro digital portátil.

Para a medição de tensão, as duas pontas de prova do multímetro são conectadas ao elemento de circuito apropriado, conforme mostra a Figura 5.35. O terminal de referência positiva do multímetro geralmente vem marcado como "V/Ω", e o terminal de referência negativa – frequentemente chamado de terminal comum – é normalmente chamado de "COM". A convenção é usar uma ponta de prova vermelha para o terminal de referência positiva e uma ponta de prova preta para o terminal comum.

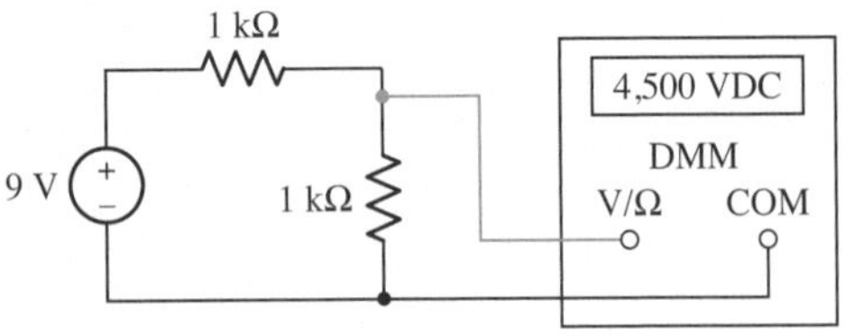

▲ **FIGURA 5.35** Multímetro digital conectado para medir tensão.

De nossa discussão a respeito dos equivalentes de Thévenin e de Norton, fica claro agora que o multímetro digital também tem sua própria resistência equivalente de Thévenin. Esta resistência aparecerá em paralelo com nosso circuito e seu valor pode afetar a medição (Figura 5.36). O multímetro digital não fornece potência ao circuito onde a tensão será medida, assim seu equivalente de Thévenin consiste em apenas uma resistência, que chamaremos de R_{DMM}.

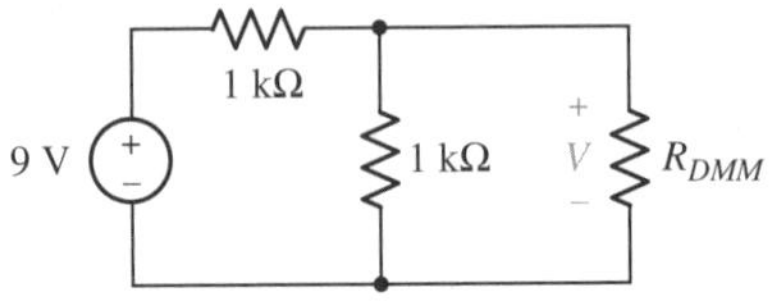

▲ **FIGURA 5.36** O multímetro da Figura 5.35 mostrado como sua resistência equivalente de Thévenin, R_{DMM}

A resistência de entrada de um bom multímetro digital é geralmente 10 MΩ ou mais. A tensão V medida aparece então através de 1 kΩ||10 MΩ = 999,9 Ω. Usando a divisão de tensão, vemos que V = 4,4998 volts, um valor ligeiramente menor do que o valor esperado de 4,5 volts. Assim, a resistência de entrada finita do voltímetro introduz um pequeno erro no valor medido.

Para medir correntes, o multímetro deve ser colocado em série com um elemento de circuito, o que geralmente requer que cortemos um fio (Figura 5.37). Uma ponta de prova é conectada ao terminal comum do multímetro, e a outra ponta de prova é ligada a um terminal geralmente marcado com a letra "A" para simbolizar a medição de corrente. Uma vez mais, o multímetro não fornece potência ao circuito neste tipo de medição.

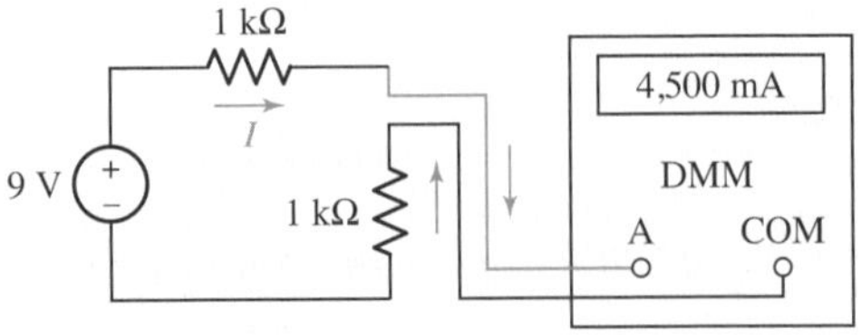

▲ **FIGURA 5.37** Multímetro conectado para medir corrente.

Vemos por esta figura que a resistência equivalente de Thévenin do multímetro (R_{DMM}) está em série com o circuito, e portanto seu valor pode afetar a medição. Escrevendo uma simples equação LKT para o laço,

$$-9 + 1.000I + R_{DMM}I + 1.000I = 0$$

Como o multímetro foi configurado para fazer uma medição de corrente, sua resistência equivalente de Thévenin é diferente daquela obtida quando de sua utilização na medição de tensões. Na realidade, o ideal seria que R_{DMM} fosse igual a 0 Ω na medição de correntes, e ∞ na medição de tensões. Se R_{DMM} é igual a 0,1 Ω, vemos que a corrente medida I é 4,4998 mA, que é apenas ligeiramente diferente do valor esperado de 4,5 mA. Dependendo do número de dígitos que podem ser mostrados pelo multímetro, podemos nem mesmo notar o efeito de sua resistência não nula na medição.

O mesmo multímetro pode ser usado para medir resistências, desde que não haja nenhuma fonte independente ativa durante a medição. Internamente, uma corrente de valor conhecido é injetada no resistor que está sendo medido, e o circuito do voltímetro é usado para medir a tensão resultante. Substituindo o voltímetro por seu equivalente de Norton (que agora inclui uma fonte de corrente independente ativa para gerar a corrente predeterminada), vemos que R_{DMM} aparece em paralelo com nosso resistor desconhecido R (Figura 5.38).

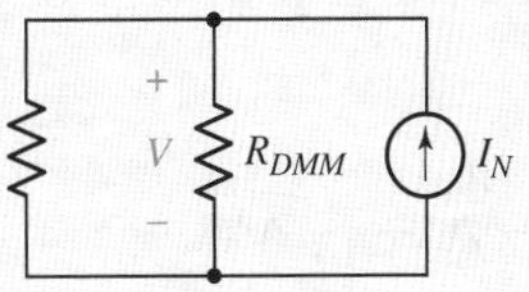

▲ **FIGURA 5.38** Um multímetro configurado para medir resistências substituído por seu equivalente de Norton, que mostra R_{DMM} em paralelo com o resistor desconhecido R a ser medido.

Como resultado, o multímetro mede na realidade $R \| R_{DMM}$. Se R_{DMM} = 10 MΩ e R = 10 Ω, R_{medida} = 9,99999 Ω, que é uma medida suficientemente precisa para a maioria das finalidades. No entanto, se R = 10 MΩ, R_{medida} = 5 MΩ. A resistência de entrada do multímetro coloca, portanto, um limite superior prático nos valores de resistência que podem ser medidos, e devem ser usadas técnicas especiais para medir grandes valores de resistência. Devemos observar que se um multímetro digital for *programado* com o conhecimento de R_{DMM}, é possível fazer uma compensação de forma a permitir a medição de maiores valores de resistência.

No segundo exemplo (Figura 5.31), havia fontes independentes e dependentes e o método que usamos demandou o cálculo de V_{ca} e I_{cc}. Não pudemos determinar facilmente R_{TH} para a rede inativa porque não foi possível desativar a fonte dependente.

O último exemplo não continha quaisquer fontes independentes, e portanto os equivalentes de Thévenin e de Norton não contêm uma fonte independente. Obtivemos R_{TH} aplicando 1 A e fazendo $\upsilon_{\text{teste}} = 1 \times R_{TH}$. Também poderíamos aplicar 1 V e determinar $i = 1/R_{TH}$. Essas duas técnicas relacionadas podem ser aplicadas a qualquer circuito com fontes dependentes, *desde que todas as fontes independentes sejam zeradas primeiro*.

Dois outros métodos apresentam certo charme porque podem ser aplicados em qualquer um dos três tipos de rede considerados. No primeiro, simplesmente substitua a rede B por uma fonte de tensão υ_s, defina a corrente que sai pelo terminal positivo como i, depois analise a rede A para obter i, e coloque a equação na forma $\upsilon_s = ai + b$. Então, $a = R_{TH}$ e $b = \upsilon_{ca}$.

Poderíamos também aplicar uma fonte de corrente *is*, fazer sua tensão igual a v, e então determinar $i_s = c\upsilon - d$, onde $c = 1/R_{TH}$ e $d = i_{cc}$ (o sinal de menos é consequência de assumir que as setas de ambas as fontes de corrente apontem para o mesmo nó). Esses dois últimos procedimentos são universalmente aplicáveis, mas algum outro método mais fácil e mais rápido pode ser geralmente encontrado.

Embora estejamos dedicando nossa atenção quase inteiramente à análise de circuitos lineares, é bom saber que os teoremas de Thévenin e de Norton continuam válidos se a rede B for não linear; somente a rede A deve ser linear.

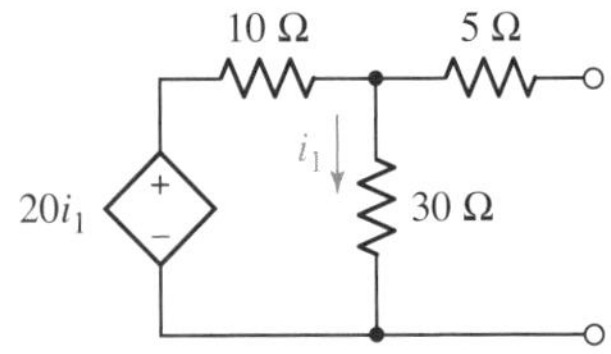

▲ **FIGURA 5.39** Veja o Exercício de Fixação 5.9.

▶ EXERCÍCIO DE FIXAÇÃO

5.9 Determine o equivalente de Thévenin para a rede da Figura 5.39. (Dica: Tente uma fonte de teste de 1 V.)

Resposta: $I_{teste} = 50$ mA, portanto $R_{TH} = 20\ \Omega$.

5.4 ▶ MÁXIMA TRANSFERÊNCIA DE POTÊNCIA

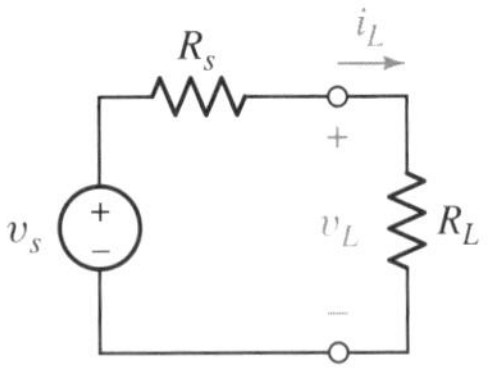

▲ **FIGURA 5.40** Fonte de tensão real conectada a um resistor R_L.

Um teorema de potência muito útil pode ser desenvolvido tendo-se como referência fontes de tensão ou corrente reais. Para a fonte de tensão real (Figura 5.40), a potência entregue à carga R_L é

$$p_L = i_L^2 R_L = \frac{v_s^2 R_L}{(R_s + R_L)^2} \qquad [19]$$

Para encontrar o valor de R_L que absorve a máxima potência fornecida pela fonte em questão, calculamos a derivada com relação a R_L:

$$\frac{dp_L}{dR_L} = \frac{(R_s + R_L)^2 v_s^2 - v_s^2 R_L(2)(R_s + R_L)}{(R_s + R_L)^4}$$

e fazemos o resultado igual a zero, obtendo

$$2R_L(R_s + R_L) = (R_s + R_L)^2$$

ou

$$R_s = R_L$$

Como os valores $R_L = 0$ e $R_L = \infty$ levam a um valor mínimo ($p_L = 0$), e como já desenvolvemos a equivalência entre fontes de tensão e corrente reais, provamos portanto o seguinte ***teorema da máxima transferência de potência***:

Uma fonte de tensão independente em série com uma resistência *Rs* ou uma fonte de corrente independente em paralelo com uma resistência *Rs* fornecem máxima potência para a resistência de carga R_L quando $R_L = R_s$.

Uma maneira alternativa de visualizar o teorema da máxima potência inclui a resistência equivalente de Thévenin de uma rede:

Uma rede fornece a máxima potência a uma resistência de carga R_L quando R_L é igual à resistência equivalente de Thévenin da rede.

Logo, o teorema da máxima transferência de potência nos diz que um resistor de 2 Ω dissipa a máxima potência fornecida por cada uma das fontes reais da Figura 5.16 (4,5 W), enquanto uma resistência de 0,01 Ω recebe a máxima potência (3,6 kW) na Figura 5.11.

Há uma clara diferença entre *drenar* a máxima potência de uma *fonte* e *fornecer* a máxima potência a uma carga. Se a *carga* for dimensionada de forma que sua resistência de Thévenin seja igual à resistência de Thévenin da rede à qual ela está conectada, ela receberá a máxima potência daquela rede. *Qualquer alteração na resistência da carga reduzirá a potência fornecida à carga.* No entanto, considere apenas o equivalente de Thévenin da rede. Puxamos a máxima potência possível da fonte de tensão ao drenar a máxima corrente possível – o que é conseguido colocando os terminais da fonte em curto-circuito! No entanto, neste exemplo extremo, *fornecemos uma potência nula* à "carga" – um curto-circuito neste caso – já que $p = i^2R$ e $R = 0$, pois acabamos de colocar em curto os terminais da fonte.

Um pouco de álgebra aplicada à Equação [19] juntamente com o requisito de máxima transferência de potência ($R_L = R_s = R_{TH}$) fornecerá

$$p_{\text{máx}}|_{\text{fornecida à carga}} = \frac{v_s^2}{4R_s} = \frac{v_{TH}^2}{4R_{TH}}$$

onde v_{TH} e R_{TH} reconhecem que a fonte de tensão real da Figura 5.40 pode também ser vista como um equivalente Thévenin de alguma fonte específica.

É comum interpretar o teorema da máxima transferência de potência de forma incorreta. A finalidade deste teorema é nos ajudar na seleção de uma carga otimizada para maximizar a absorção de potência. Porém, se a resistência da carga já está especificada, o teorema da potência máxima não ajuda em nada. Se por qualquer razão pudermos mudar o valor da resistência equivalente de Thévenin da rede conectada à nossa carga, o fato de torná-la igual à carga não garante a máxima transferência de potência. Uma rápida consideração da potência perdida na resistência de Thévenin esclarecerá esse ponto.

▶ EXEMPLO 5.11

O circuito mostrado na Figura 5.41 é um modelo de amplificador com transistor de junção bipolar na configuração emissor comum. Escolha uma resistência de carga de forma que a máxima potência seja transferida pelo amplificador e calcule a potência real absorvida.

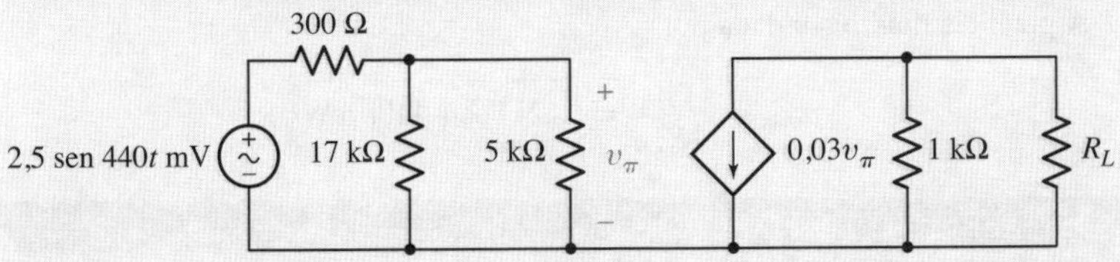

▲ **FIGURA 5.41** Modelo de amplificador emissor comum para pequenos sinais, com resistência de carga não especificada.

Como o problema nos pede que determinemos a resistência da carga, podemos aplicar o teorema da potência máxima. O primeiro passo é obter o equivalente de Thévenin do resto do circuito.

Primeiro determinamos a resistência equivalente de Thévenin, o que requer a remoção de R_L e a colocação de um curto-circuito na fonte independente, como mostra a Figura 5.42*a*.

Como $v_\pi = 0$, a fonte de corrente dependente é um circuito aberto, portanto $R_{TH} = 1$ kΩ. Isso pode ser verificado com a conexão de uma fonte de corrente independente de 1 A em paralelo com o resistor de 1 kΩ; v_π ainda será igual a zero, de forma que a fonte dependente permanece inativa e portanto não contribui para R_{TH}.

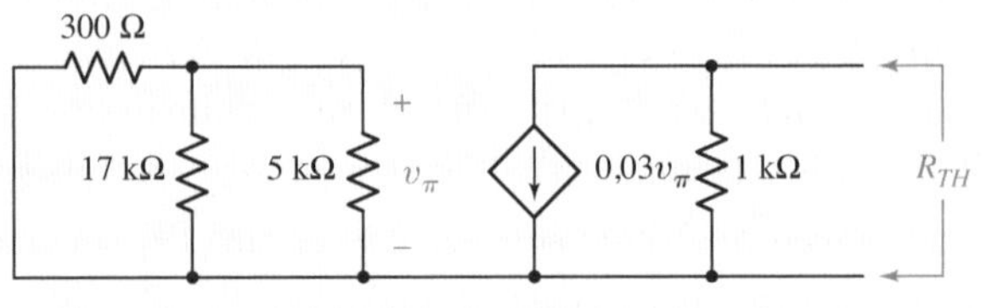

(a)

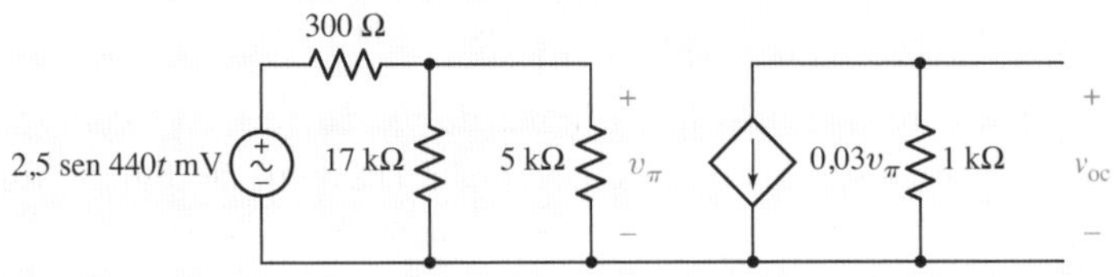

(b)

▲ **FIGURA 5.42** (a) Circuito com R_L removida e a fonte independente em curto-circuito. (b) Circuito para determinar V_{TH}.

Para obter a máxima potência fornecida à carga, R_L deve ser igual a $R_{TH} = 1$ kΩ. Para encontrar v_{TH}, consideramos o circuito mostrado na Figura 5.42*b*, que é a Figura 5.41 com R_L removida. Podemos escrever

$$v_{ca} = -\ 0{,}03v_\pi(1000) = -\ 30v_\pi$$

onde a tensão v_π pode ser encontrada através de uma simples divisão de tensão:

$$v_\pi = (2{,}5 \times 10^{-3}\,\text{sen}\,440t)\left(\frac{3864}{300 + 3864}\right)$$

de modo que nosso equivalente de Thévenin é uma tensão −69,6 sen 440*t* mV em série com 1 kΩ.

A potência máxima é dada por

$$p_{\text{máx}} = \frac{v_{TH}^2}{4R_{TH}} = \boxed{1{,}211\,\text{sen}^2 440t\ \mu\text{W}}$$

▶ EXERCÍCIO DE FIXAÇÃO

5.10 Considere o circuito da Figura 5.43.

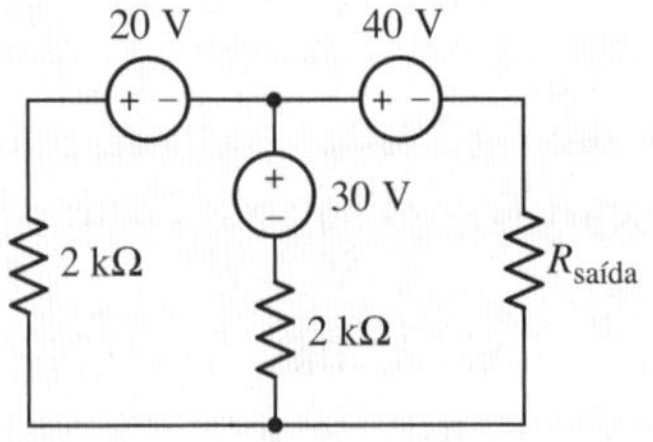

◀ **FIGURA 5.43**

(*a*) Se $R_{saída} = 3$ kΩ, calcule a potência fornecida para esta resistência.

(*b*) Qual é a máxima potência que pode ser fornecida para $R_{saída}$?

(*c*) Quais são os dois diferentes valores de $R_{saída}$ em que a potência fornecida será exatamente 20 mW?

Resposta: 230 mW; 306 mW; 59,2 kΩ e 16,88 Ω.

5.5 ▶ CONVERSÃO TRIÂNGULO-ESTRELA

Vimos anteriormente que a identificação de combinações série e paralelo de resistores pode muitas vezes levar a uma redução significativa na complexidade de um circuito. Em situações nas quais tais combinações não existem, podemos frequentemente usar a transformação de fontes para viabilizá-las. Há outra técnica útil, chamada de conversão **Δ-*Y*** (***triângulo-estrela***), que resulta da teoria das redes.

Considere os circuitos na Figura 5.44. Não há combinações série ou paralelo que possam ser feitas para simplificá-los ainda mais (note que as Figuras 5.44*a* e 5.44*b* são idênticas, assim como as Figuras 5.44*c* e 5.44*d*), e, sem quaisquer fontes presentes, nenhuma transformação pode ser feita. No entanto, é possível fazer uma conversão entre esses dois tipos de redes.

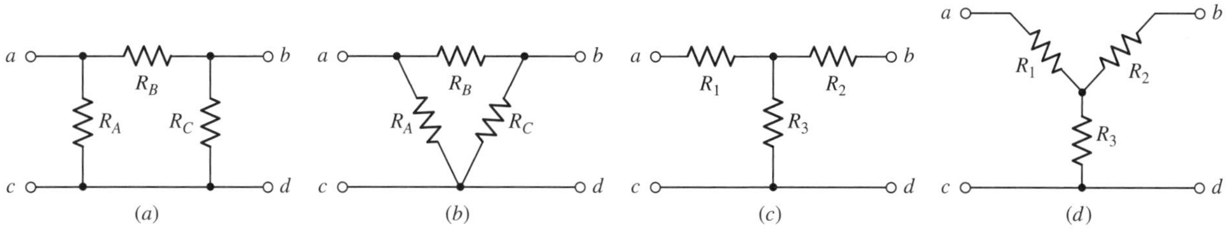

▲ **FIGURA 5.44** (a) Uma rede Π formada por três resistores e três conexões. (b) A mesma rede desenhada como uma rede Δ. (c) Uma rede T formada por três resistores. (d) A mesma rede desenhada como uma rede Y.

Primeiro definimos duas tensões v_{ac} e v_{bc}, e três correntes i_1, i_2 e i_3, conforme ilustra a Figura 5.45. Se as duas redes são equivalentes, então tensões e correntes nos terminais de ambas devem ser iguais (não há corrente i_2 na rede conectada em T). Relações entre R_A, R_B, R_C e R_1, R_2 e R_3 podem agora ser definidas simplesmente executando a análise de malha. Por exemplo, podemos escrever para a rede da Figura 5.45*a*

$$R_A i_1 - R_A i_2 = v_{ac} \qquad [20]$$

$$-R_A i_1 + (R_A + R_B + R_C) i_2 - R_C i_3 = 0 \qquad [21]$$

$$-R_C i_2 + R_C i_3 = -v_{bc} \qquad [22]$$

e para a rede da Figura 5.45*b* temos

$$(R_1 + R_3) i_1 - R_3 i_3 = v_{ac} \qquad [23]$$

$$-R_3 i_1 + (R_2 + R_3) i_3 = -v_{bc} \qquad [24]$$

Em seguida removemos i_2 das Equações [20] e [22] usando a Equação [21], resultando em

$$\left(R_A - \frac{R_A^2}{R_A + R_B + R_C}\right) i_1 - \frac{R_A R_C}{R_A + R_B + R_C} i_3 = v_{ac} \qquad [25]$$

e

$$-\frac{R_A R_C}{R_A + R_B + R_C} i_1 + \left(R_C - \frac{R_C^2}{R_A + R_B + R_C}\right) i_3 = -v_{bc} \qquad [26]$$

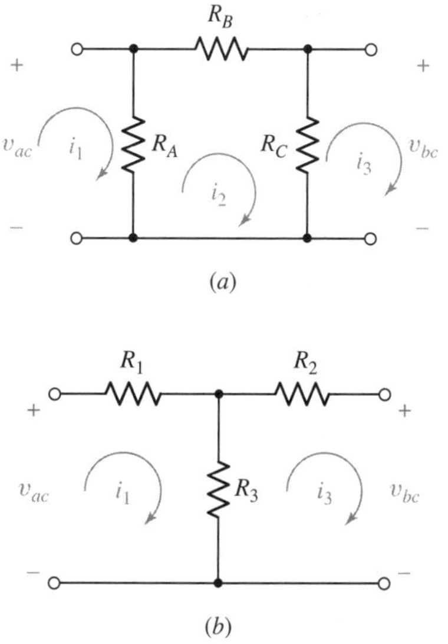

▲ **FIGURA 5.45** (a) Rede Π; (b) rede T.

Comparando os termos das Equações [25] e [23], vemos que

$$R_3 = \frac{R_A R_C}{R_A + R_B + R_C}$$

De forma similar, podemos encontrar expressões para R_1 e R_2 em termos de R_A, R_B e R_C, bem como expressões para R_A, R_B e R_C em termos de R_1, R_2 e R_3; deixamos o restante das deduções como exercício para o leitor. Assim, para converter uma rede Y em uma rede Δ, os novos valores dos resistores são

$$R_A = \frac{R_1 R_2 + R_2 R_3 + R_3 R_1}{R_2}$$

$$R_B = \frac{R_1 R_2 + R_2 R_3 + R_3 R_1}{R_3}$$

$$R_C = \frac{R_1 R_2 + R_2 R_3 + R_3 R_1}{R_1}$$

e para converter uma rede Δ em uma rede Y,

$$R_1 = \frac{R_A R_B}{R_A + R_B + R_C}$$

$$R_2 = \frac{R_B R_C}{R_A + R_B + R_C}$$

$$R_3 = \frac{R_C R_A}{R_A + R_B + R_C}$$

A aplicação dessas equações é imediata, embora a identificação das redes na prática às vezes requeira um pouco de concentração.

▶ EXEMPLO 5.12

Use a técnica de conversão Δ-Y para encontrar a resistência equivalente de Thévenin do circuito na Figura 5.46*a*.

Vemos que o circuito da Figura 5.46*a* é composto por duas redes conectadas em Δ que compartilham o resistor de 3 Ω. Devemos ter cuidado neste ponto, não podendo ser muito afoitos ao tentar converter ambas as redes Δ em duas redes Y. A razão para isso ficará mais óbvia após a conversão da rede formada pelos resistores de 1, 4 e 3 Ω em uma rede conectada em Y (Figura 5.46*b*).

Note que, ao converter a rede superior do circuito em uma rede Y, removemos o resistor de 3 Ω. Como resultado, não há como converter de Δ para Y a rede original formada pelos resistores de 2, 5 e 3 Ω.

Prosseguimos combinando os resistores de $\frac{3}{8}$ Ω e 2 Ω e os resistores de $\frac{3}{2}$ Ω e 5 Ω (Figura 5.46*c*). Temos agora um resistor de $\frac{19}{8}$ Ω em paralelo com um resistor de $\frac{13}{2}$ Ω, e esta combinação em paralelo está em série com o resistor de $\frac{1}{2}$ Ω. Logo, podemos substituir a rede original da Figura 5.46*a* por um único resistor de $\frac{159}{71}$ Ω (Figura 5.46*d*).

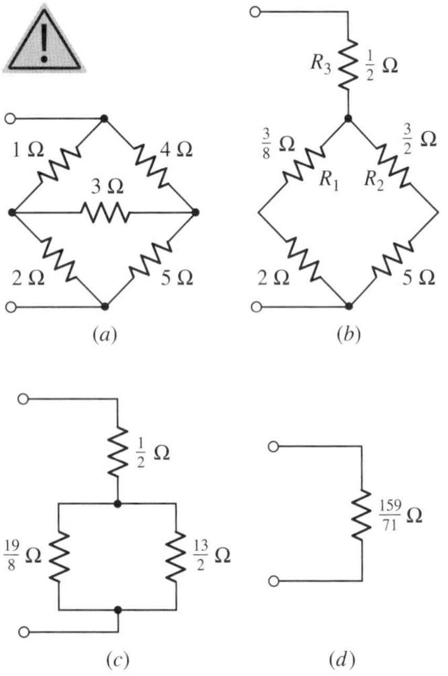

▲ **FIGURA 5.46** (a) Uma rede resistiva na qual se deseja estimar a resistência de entrada. (b) A rede Δ na parte de cima do circuito é substituída por uma rede Y equivalente. (c, d) Combinações em série e em paralelo resultam em um único valor de resistência.

▶ EXERCÍCIO DE FIXAÇÃO

5.11 Use a técnica de conversão Y-Δ para encontrar a resistência equivalente de Thévenin do circuito da Figura 5.47.

Resposta: 11,43 Ω.

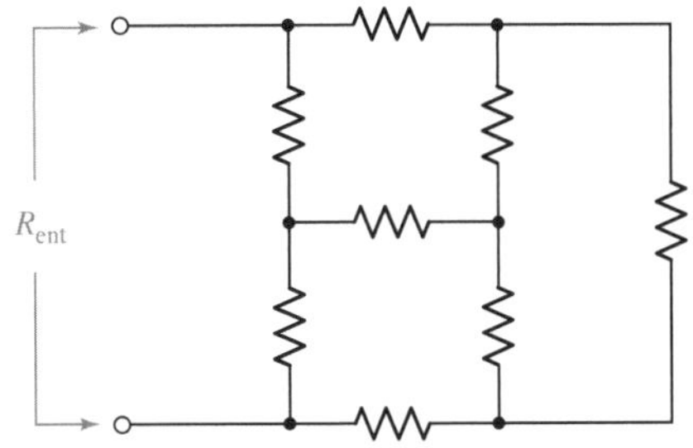

▲ **FIGURA 5.47**

5.6 ▶ SELECIONANDO UMA ABORDAGEM: UM RESUMO DE VÁRIAS TÉCNICAS

No Capítulo 3, fomos apresentados à lei de Kirchhoff das correntes (LKC) e à lei de Kirchhoff das tensões (LKT). Estas duas leis se aplicam a todo e qualquer circuito que encontrarmos, desde que tenhamos o cuidado de considerar todo o sistema que o circuito representa. A razão para isso é que a LKC e a LKT implicam a conservação da carga e da energia, respectivamente, que são princípios muito fundamentais. Baseados na LKC, desenvolvemos o método da análise nodal, que é muito poderoso. Uma técnica similar baseada na LKT, conhecida como análise de malha, também é uma abordagem muito útil para a análise de circuitos (infelizmente só aplicável a circuitos planares).

Na maior parte das vezes, este livro está voltado ao desenvolvimento de habilidades analíticas que se aplicam a circuitos *lineares*. Se soubermos que um circuito é formado apenas por componentes lineares (em outras palavras, todas as tensões e correntes se relacionam por meio de funções lineares), então com frequência poderemos simplificá-los antes de empregar a análise de malha ou a análise nodal. Talvez o resultado mais importante vindo do conhecimento de que estamos lidando com um sistema completamente linear é o fato de que o princípio da superposição pode ser aplicado. Dado um conjunto de fontes independentes atuando em nosso circuito, podemos somar a contribuição individual de cada uma delas independentemente das demais. Esta técnica é extremamente difundida em todo o campo da engenharia e a encontraremos com frequência. Em muitas situações reais, veremos que, embora várias "fontes" estejam agindo simultaneamente em nosso "sistema", geralmente uma delas domina a resposta total. A superposição nos permite identificar rapidamente esta fonte, desde que tenhamos um modelo linear razoavelmente preciso para o sistema.

No entanto, do ponto de vista da análise de circuitos, a menos que necessitemos encontrar qual fonte independente contribui mais para uma dada resposta, é em geral mais simples arregaçar as mangas e partir diretamente para a análise nodal ou de malha. A razão para isso é que a aplicação da superposição em um circuito com 12 fontes independentes irá requerer que redesenhemos o circuito original 12 vezes, e, de qualquer forma, frequentemente teremos que aplicar a análise nodal ou a análise de malha a cada circuito parcial.

Por outro lado, a técnica da transformação de fontes é frequentemente uma ferramenta muito útil na análise de circuitos. A transformação de fontes pode nos permitir consolidar resistores ou fontes que não estão em série ou em paralelo no circuito original. A transformação de fontes também pode nos permitir converter todas ou pelo menos a maior parte das fontes do circuito original em um mesmo tipo de fonte (todas como fontes de tensão ou fontes de corrente), de forma que a análise nodal ou de malha se torne mais simples.

O teorema de Thévenin é extremamente importante por diversas razões. No trabalho com circuitos eletrônicos, sempre sabemos a resistência equivalente de Thévenin de diversas partes de nosso circuito, especialmente as resistências de entrada e de saída de estágios amplificadores. A razão para isso é que o casamento de resistências é frequentemente o melhor caminho para otimizar o desempenho de um dado circuito. Tivemos uma pequena prévia disso em nossa discussão sobre a máxima transferência de potência, onde deve-se escolher a resistência de carga de forma que ela corresponda à resistência equivalente de Thévenin da rede à qual está conectada. No entanto, em termos da análise de circuitos no dia a dia, percebemos que a conversão de parte de um circuito em seu equivalente de Thévenin ou de Norton dá quase o mesmo trabalho que analisar o circuito completo. Portanto, como no caso da superposição, os teoremas de Thévenin e Norton geralmente são aplicados somente quando precisamos de informações especializadas sobre parte do nosso circuito.

RESUMO E REVISÃO

Embora tenhamos afirmado no Capítulo 4 que a análise nodal e de malha são suficientes para analisar qualquer circuito que podemos encontrar (desde que tenhamos os meios para relacionar a tensão e a corrente para qualquer elemento passivo, tal como a lei de Ohm para resistores), a verdade é que muitas vezes não precisamos realmente de *todas* as tensões, ou *todas* as correntes. Às vezes, é simplesmente um *único* elemento, ou uma *pequena parte* de um grande circuito, que tem a nossa atenção. Possivelmente, há alguma incerteza no valor final de um dado elemento em particular, mas é desejável como o circuito se comporta ao longo de uma faixa de valores esperados. Em tais casos, podemos explorar o fato de que estamos limitados a circuitos lineares. Isso permite o desenvolvimento de outras ferramentas: *superposição*, onde contribuições individuais de fontes podem ser identificadas; *transformações de fonte*, onde uma fonte de tensão em série com uma resistência pode ser substituída por uma fonte de corrente em paralelo com um resistor; e os mais poderosos de todos – os *equivalentes de Thévenin* e *de Norton*.

Um desdobramento interessante desses temas é a ideia de *máxima transferência de potência*. Assumindo que podemos representar o nosso circuito (arbitrariamente complexo) por duas redes, uma passiva e uma ativa, a máxima transferência de potência para a rede passiva é alcançada quando a sua resistência de Thévenin é igual à resistência de Thévenin da rede ativa. Finalmente, introduzimos o conceito de conversão triângulo-estrela, um processo que nos permite simplificar algumas redes resistivas que a princípio não são redutíveis usando as técnicas-padrão de combinação série-paralelo.

Ainda estamos diante da eterna pergunta, "*Que ferramenta devo usar para analisar este circuito?*" A resposta geralmente está no tipo de informação requerida sobre o nosso circuito. A experiência eventualmente poderá nos guiar um pouco, mas nem sempre é verdade que há um método "melhor". Certamente uma questão para focar é se um ou mais componentes podem ser alterados – isso pode sugerir a sobreposição, um equivalente de Thévenin, ou uma simplificação parcial tal como pode ser obtida com a transformação de fontes ou triângulo-estrela é o caminho mais prático.

- O princípio da superposição diz que a *resposta* de um circuito linear pode ser obtida somando-se as respostas individuais produzidas por cada uma das fontes *independentes* agindo *isoladamente*. (Exemplos 5.1, 5.2, 5.3)
- A superposição é frequentemente usada quando é necessário determinar a contribuição individual de cada fonte para uma determinada resposta. (Exemplos 5.2, 5.3)
- Uma fonte de tensão real pode ser modelada como um resistor em série com uma fonte de tensão independente. Uma fonte de corrente real pode ser modelada como um resistor em paralelo com uma fonte de corrente independente.
- A transformação de fontes nos permite converter uma fonte de tensão real em uma fonte de corrente real, e vice-versa. (Exemplo 5.4)
- Repetidas transformações de fontes podem simplificar bastante a análise de um circuito, proporcionando uma maneira de se combinar resistores e fontes. (Exemplo 5.5)
- O equivalente de Thévenin de uma rede é um resistor em série com uma fonte de tensão independente. O equivalente de Norton é o mesmo resistor em paralelo com uma fonte de corrente independente. (Exemplo 5.6)
- Há várias maneiras de se obter a resistência equivalente de Thévenin, dependendo da presença ou não de fontes dependentes na rede. (Exemplos 5.7, 5.8, 5.9, 5.10)
- A máxima transferência de potência ocorre quando a resistência da carga está casada com a resistência equivalente de Thévenin da rede à qual está conectada. (Exemplo 5.11)
- Quando encontramos uma rede de resistores conectados em Δ, podemos imediatamente convertê-la em uma rede conectada em Y. Isto pode ser útil na simplificação da rede antes da análise. De forma correspondente, uma rede de resistores conectados em Y pode ser convertida em uma rede conectada em Δ para ajudar na simplificação do circuito. (Exemplo 5.12)

LEITURA COMPLEMENTAR

Um livro sobre tecnologia de baterias, incluindo características da resistência interna:

D. Linden, *Handbook of Batteries*, 2nd ed. New York: McGraw-Hill, 1995.

Uma excelente discussão sobre casos patológicos e vários teoremas de análise de circuitos pode ser encontrada em:

R. A. DeCarlo and P. M. Lin, *Linear Circuit Analysis*, 2nd ed. New York: Oxford University Press, 2001.

EXERCÍCIOS

5.1 Linearidade e Superposição

1. Sistemas lineares são tão fáceis de trabalhar com que os engenheiros muitas vezes constroem modelos lineares de sistemas reais (não lineares) para auxiliar na análise e projeto. Tais modelos muitas vezes são surpreendentemente precisos sobre um intervalo limitado. Por exemplo, considere a função exponencial simples e^x. A representação dessa função pela série de Taylor é

$$e^x \approx 1 + x + \frac{x^2}{2} + \frac{x^3}{6} + \cdots$$

(*a*) Construa um modelo linear para esta função truncando a expansão da série de Taylor após o termo linear. (*b*) Calcule a sua função modelo em x = 0,000001, 0,0001, 0,01, 0,1 e 1,0. (*c*) Para quais valores de x seu modelo linear pode ser considerado uma aproximação "razoável" para e^x? Explique seu raciocínio.

2. Construa uma aproximação linear para a função $y(t) = 4$ sen $2t$. (*a*) Calcule a sua aproximação em t = 0, 0,001, 0,01, 0,1 e 1,0. (*b*) Para quais valores de t seu modelo proporciona uma aproximação "razoável" para a função real (não linear) $y(t)$? Explique seu raciocínio.

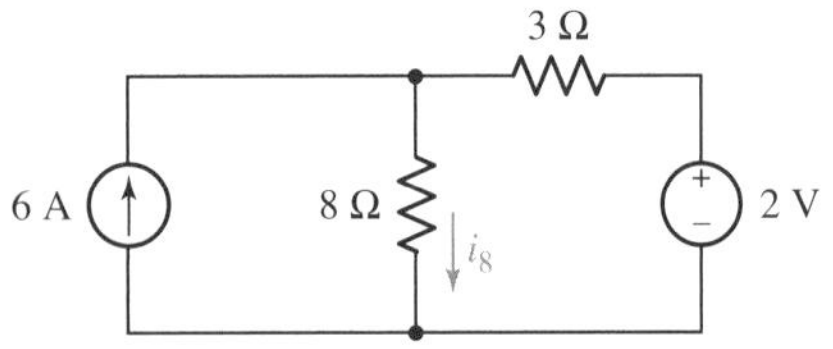

▲ **FIGURA 5.48**

3. Considerando o circuito da Figura 5.48, empregue a superposição para determinar as duas componentes de i_8 resultantes da ação das duas fontes independentes, respectivamente.

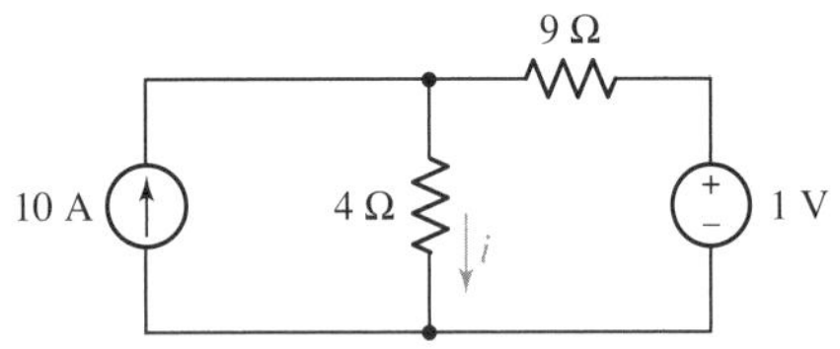

▲ **FIGURA 5.49**

4. (*a*) Use a superposição para determinar a corrente i indicada no circuito de Figura 5.49. (*b*) Expresse a contribuição da fonte de 1 V para a corrente total i em porcentagem. (*c*) Altere apenas o valor da fonte de 10 A, ajustando o circuito da Figura 5.49 de modo que as duas fontes contribuem igualmente para a corrente i.

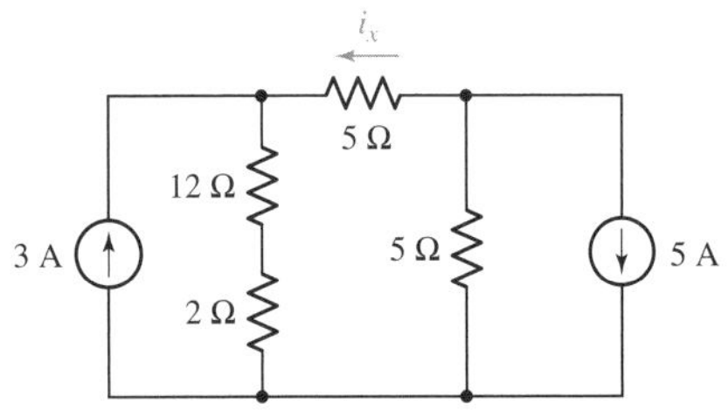

▲ **FIGURA 5.50**

5. (*a*) Use a superposição para obter as contribuições individuais de cada uma das duas fontes na Figura 5.50 para a corrente indicada por i_x. (*b*) Ajuste apenas o valor da fonte de corrente à direita, altere o circuito de modo a que as duas fontes contribuem igualmente para a i_x.

6. (*a*) Determine as contribuições individuais de cada uma das duas fontes de corrente no circuito da Figura 5.51 para a tensão nodal v_1. (*b*) Determine a contribuição percentual de cada uma das duas fontes para a potência dissipada pelo resistor de 2 Ω.

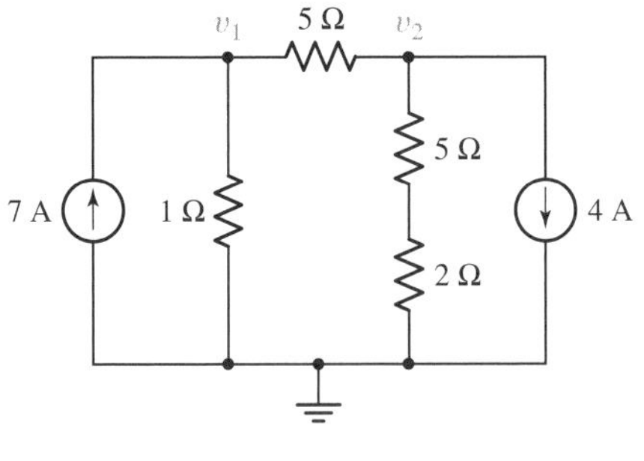

◀ **FIGURA 5.51**

7. (*a*) Determine as contribuições individuais de cada uma das duas fontes de corrente mostradas na Figura 5.52 para a tensão nodal v_2. (*b*) Em vez de executar duas simulações separadas no PSpice, verifique sua resposta usando uma única varredura CC.Apresente um diagrama esquemático devidamente identificado, variáveis de saída relevantes e um breve resumo dos resultados.

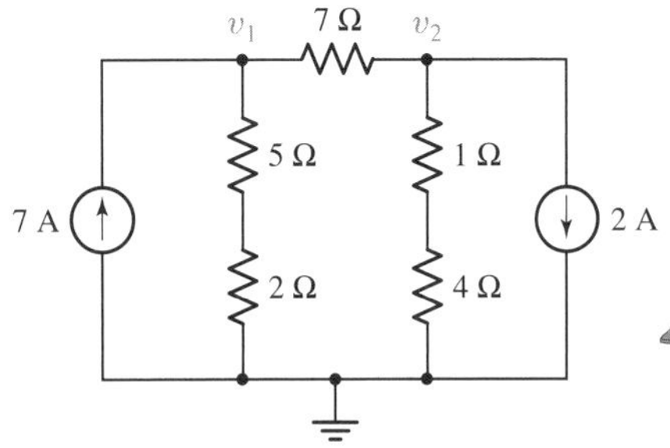

▲ **FIGURA 5.52**

8. Depois de estudar o circuito da Figura 5.53, altere os dois valores das fontes de tensão tais que (*a*) i_1 duplica; (*b*) o sentido de um i_1 inverte, mas a seu módulo é inalterado; (*c*) ambas as fontes contribuem igualmente para a energia dissipada pelo resistor de 6 Ω.

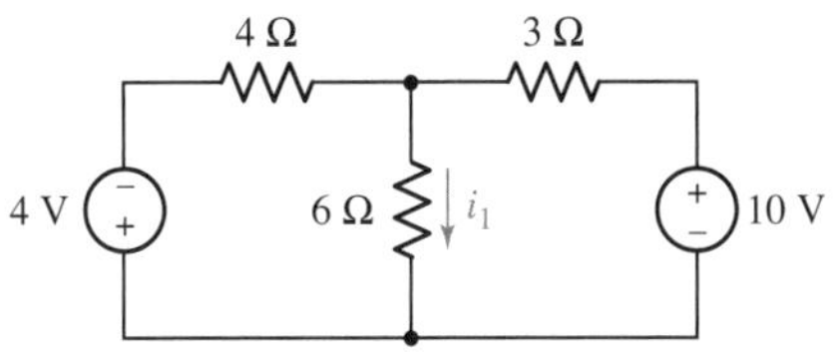

▲ **FIGURA 5.53**

9. Considere os três circuitos representados na Figura 5.54. Analise cada circuito, e demonstre que $V_x = V'_x + V''_x$ (isto é, *a superposição é mais útil quando as fontes são zeradas, mas o princípio é de fato muito mais geral do que isso*).

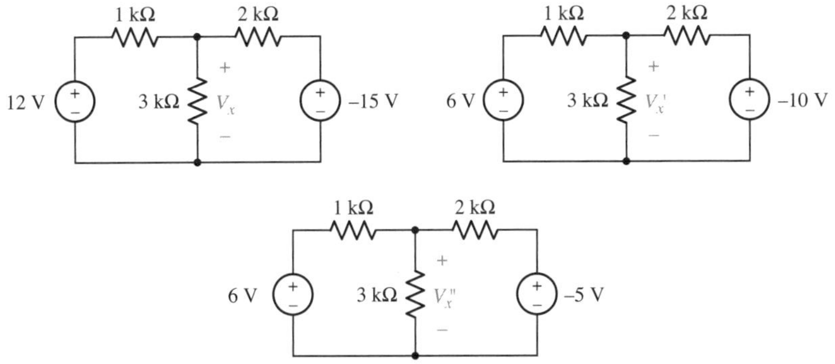

◄ **FIGURA 5.54**

10. (*a*) Utilizando a superposição, determine a tensão v_x no circuito representado na Figura 5.55. (*b*) Para que o valor seja de 2 A, a fonte deve ser alterada para reduzir v_x em 10%? (*c*) Verifique suas respostas através da realização de simulações apropriadas no PSpice. Apresente um diagrama esquemático devidamente identificado, variáveis de saída relevantes e uma breve descrição dos resultados.

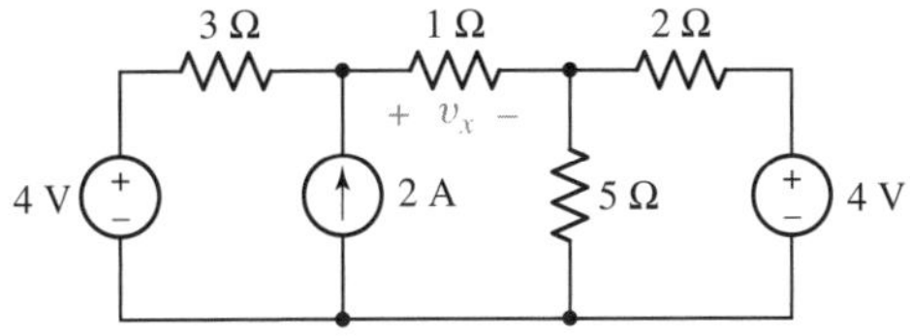

◄ **FIGURA 5.55**

11. Use o princípio da superposição para obter um valor para a corrente I_x indicada na Figura 5.56.

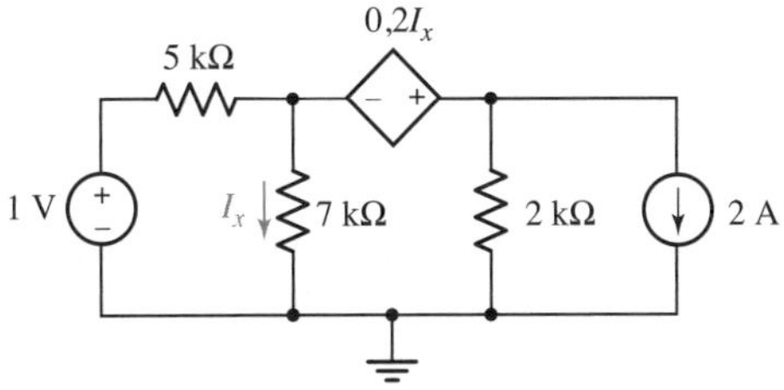

◄ **FIGURA 5.56**

12. (*a*) Use a superposição para determinar a contribuição individual de cada fonte independente para a tensão *v* indicada no circuito mostrado na Figura 5.57. (*b*) Calcule a potência absorvida pelo resistor 2 Ω.

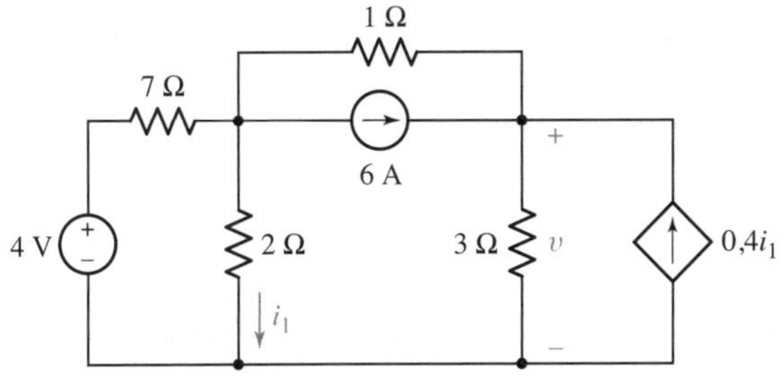

◄ **FIGURA 5.57**

5.2 Transformações de Fontes

13. Executar uma transformação de fonte apropriada em cada um dos circuitos representados na Figura 5.58, tendo o cuidado de manter o resistor 4 Ω em cada circuito final.

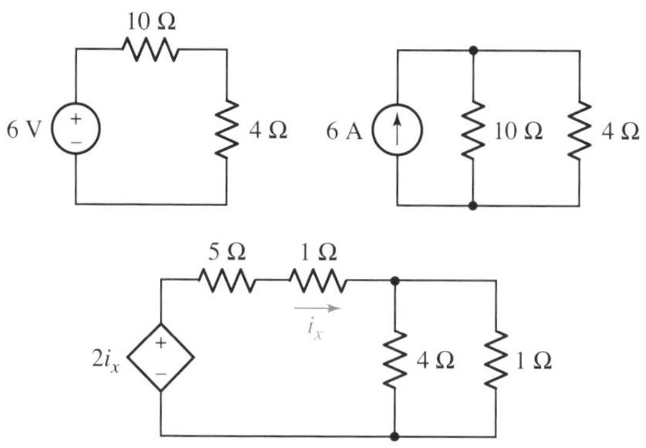

◀ **FIGURA 5.58**

14. Para o circuito da Figura 5.59, faça o gráfico de i_L *versus* v_L correspondente ao intervalo de $0 \leq R \leq \infty$.

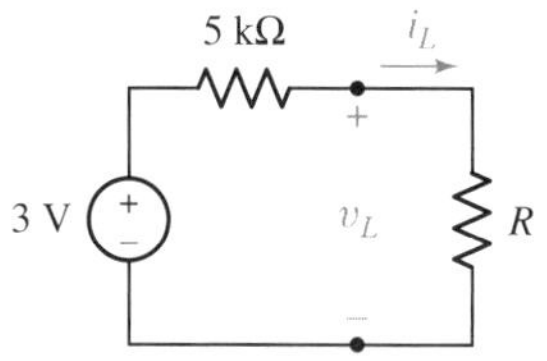

▲ **FIGURA 5.59**

15. Determine a corrente I indicada no circuito da Figura 5.60 primeiro fazendo a transformação das fontes e as combinações paralelo-série necessárias para reduzir o circuito o máximo possível.

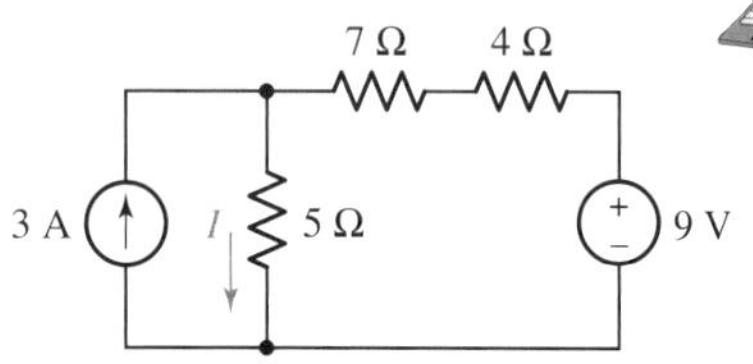

▲ **FIGURA 5.60**

16. Verifique que a potência absorvida pelo resistor de 7 Ω na Figura 5.22*a* continua sendo a mesma após a transformação de fonte ilustrada na Figura 5.22*c*.

17. (*a*) Determine a corrente *i* no circuito da Figura 5.61 depois da primeira transformação que faz que o circuito passe a conter apenas resistores e fontes de tensão. (*b*) Simule cada circuito para verificar a mesma corrente em ambos os casos.

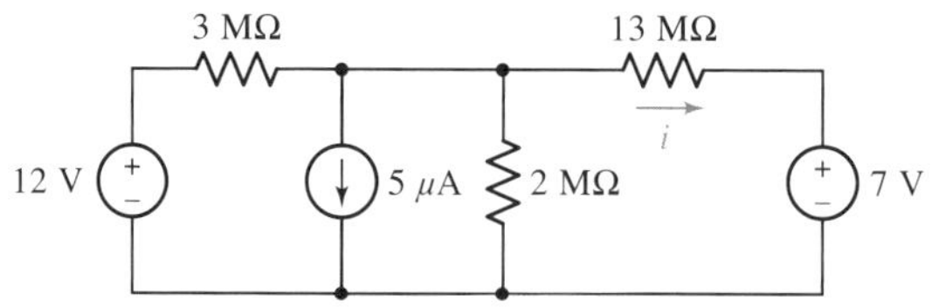

◀ **FIGURA 5.61**

18. (*a*) Usando repetidas transformações de fonte, reduza o circuito da Figura 5.62 para uma fonte de tensão em série com um resistor, ambos em série com o resistor de 6 MΩ. (*b*) Calcule a potência dissipada pelo resistor de 6 MΩ usando o circuito simplificado.

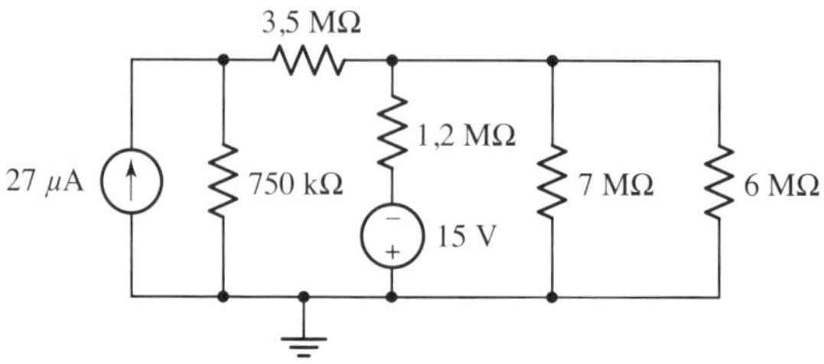

◀ **FIGURA 5.62**

19. (*a*) Utilizando muitas transformações de fontes e técnicas de combinação de elementos conforme necessário, simplifique o circuito da Figura 5.63 de modo

a conter apenas a fonte de 7 V, um único resistor e outra fonte de tensão. (*b*) Verifique se a fonte de 7 V fornece a mesma quantidade de energia nos dois circuitos.

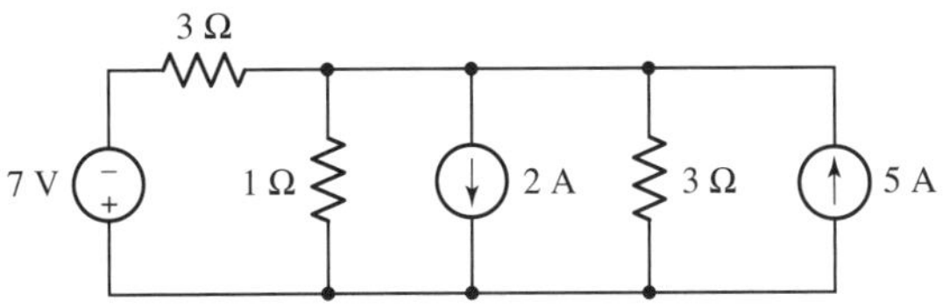

◀ **FIGURA 5.63**

20. (*a*) Usando repetidas transformações de fonte, reduza o circuito da Figura 5.64 de tal modo que contenha uma única fonte de tensão, o resistor de 17 Ω e outro resistor. (*b*) Calcule a potência dissipada pelo resistor de 17 Ω. (*c*) Verifique os resultados simulando os dois circuitos com PSpice ou outra ferramenta de CAD apropriada.

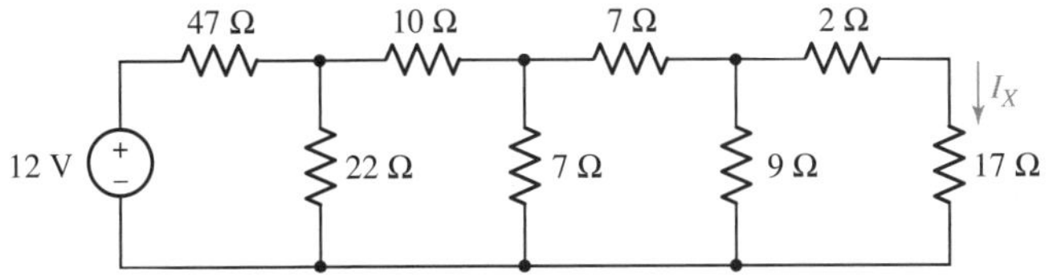

◀ **FIGURA 5.64**

21. Utilize transformações de fontes para primeiro converter todas as três fontes da Figura 5.65 para fontes de tensão, em seguida, simplifique o circuito o máximo possível e calcule a tensão V_x que aparece sobre o resistor de 4 Ω. Certifique-se de desenhar e identificar os elementos do circuito simplificado.

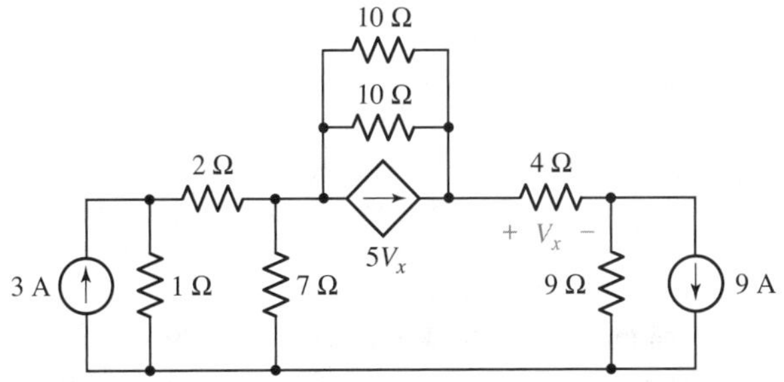

◀ **FIGURA 5.65**

22. (*a*) Com o auxílio de transformações de fonte, altere o circuito da Figura 5.66 de tal forma que ele contenha apenas fontes de corrente. (*b*) Simplifique o seu novo circuito o máximo possível e calcule a potência dissipada no resistor de 7 Ω. (*c*) Verifique a sua solução por simulação dos dois circuitos com PSpice ou outra ferramenta de CAD apropriada.

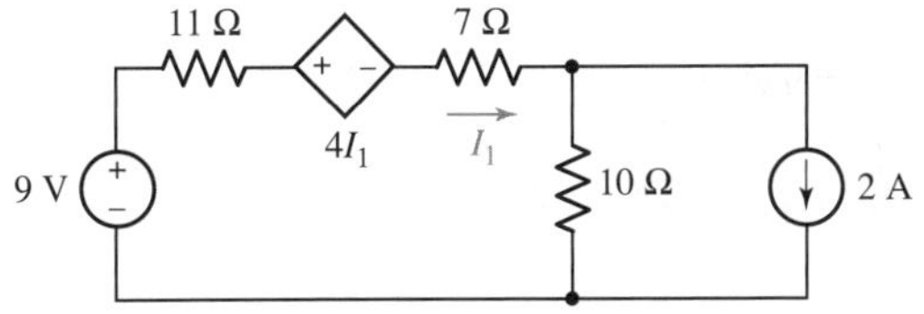

◀ **FIGURA 5.66**

23. Transforme a fonte dependente na Figura 5.67 em uma fonte de tensão, em seguida, calcular V_0.

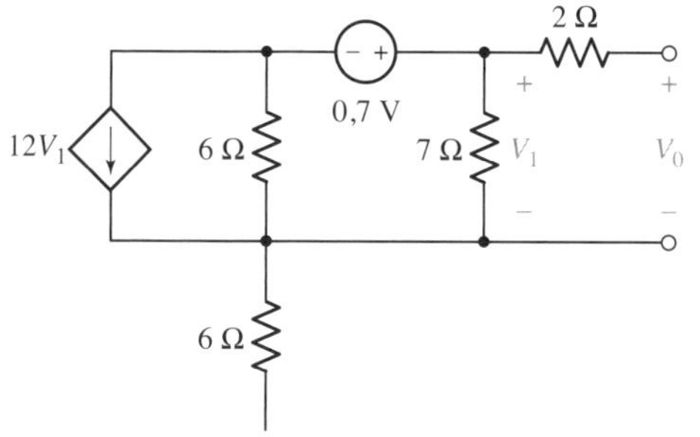

◀ **FIGURA 5.67**

24. Em relação ao circuito representado na Figura 5.68, transforme primeiro as fontes de tensão para fontes de corrente, reduza o número de elementos o máximo possível e determine a tensão v_3.

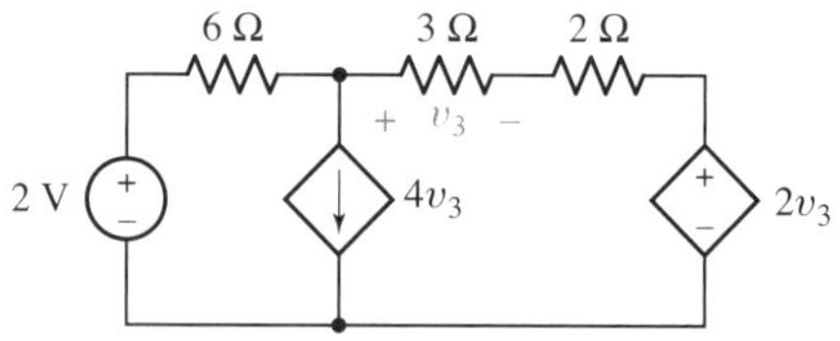

◀ **FIGURA 5.68**

5.3 Circuitos equivalentes de Thévenin e de Norton

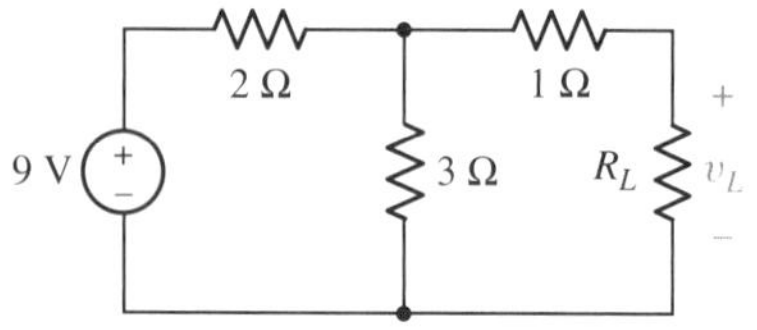

▲ **FIGURA 5.69**

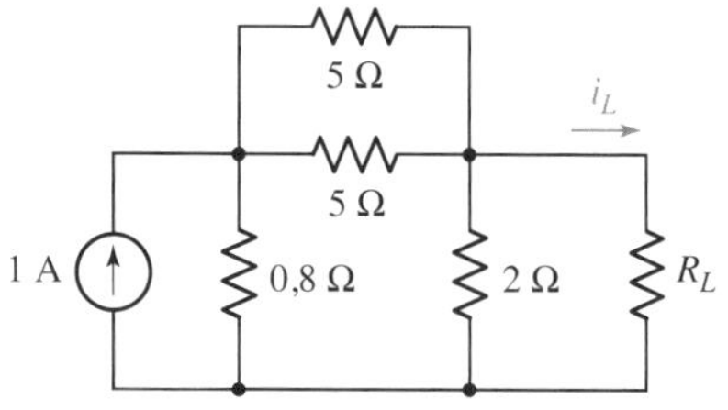

▲ **FIGURA 5.70**

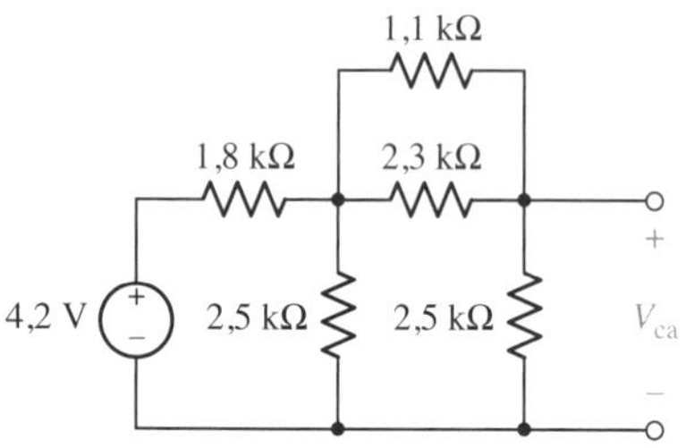

▲ **FIGURA 5.71**

25. Referindo-se à Figura 5.69, determine o equivalente de Thévenin da rede conectada em R_L. (*b*) determine v_L para R_L = 1 Ω, 3,5 Ω, 6,257 Ω e 9,8 Ω.

26. (*a*) Em relação ao circuito representado na Figura 5.69, obtenha o equivalente de Norton da rede conectado em R_L. (*b*) Faça o gráfico da potência dissipada no resistor R_L em função de i_L no intervalo de $0 < L_R < 5$ Ω. (*c*) Usando seu gráfico, estime em qual valor de R_L potência dissipada alcança seu valor máximo.

27. (*a*) Obtenha o equivalente de Norton da rede conectada a R_L na Figura 5.70. (*b*) Obtenha o equivalente Thévenin da mesma rede. (*c*) Use-o para calcular i_L para R_L = 0 Ω, 1,4 Ω, 923 Ω e 8.107 Ω.

28. (*a*) Determine o equivalente de Thévenin do circuito representado na Figura 5.71 primeiro encontrando V_{ca} e I_{cc} (definida como fluindo para o terminal de referência positiva de V_{ca}). (*b*) Conecte um resistor de 4,7 kΩ entre terminais abertos de sua nova rede e calcule a sua potência dissipada.

29. Referindo-se ao circuito da Figura 5.71: (*a*) Determine o equivalente de Norton do circuito primeiramente encontrando V_{ca} e I_{cc} (definida como fluindo para o terminal de referência positiva de V_{ca}). (*b*) Conecte um resistor de 1,7 kΩ entre os terminais abertos de sua nova rede e calcule a energia fornecida para esse resistor.

30. (*a*) Empregue o teorema de Thévenin para obter um equivalente simples de dois componentes do circuito mostrado na Figura 5.72. (*b*) Use o seu circuito equivalente para determinar a potência fornecida a um resistor de 100 Ω ligado aos terminais abertos. (*c*) Verifique sua solução, analisando o circuito original com o mesmo do resistor de 100 Ω ligado entre os terminais abertos.

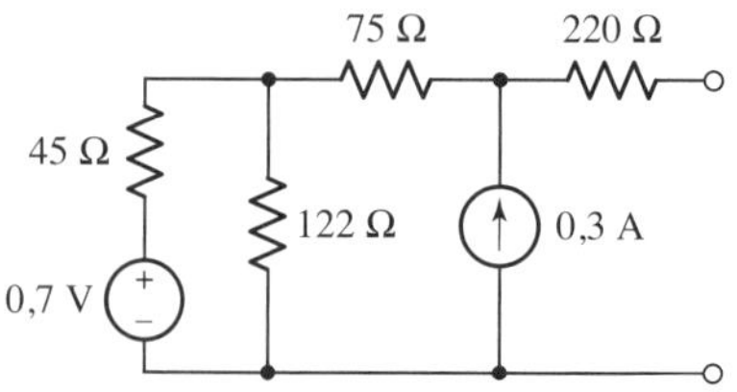

◀ **FIGURA 5.72**

31. (*a*) Use o teorema de Thévenin para obter um equivalente de dois componentes para a rede mostrada na Figura 5.73. (*b*) Determine a potência fornecida a um resistor de 1 MΩ ligado à rede se $i_1 = 19\ \mu A$, $R_1 = R_2 = 1{,}6$ MΩ, $R_3 = 3$ MΩ e $R_4 = R_5 = 1{,}2$ MΩ. (*c*) Verifique a sua solução através de uma simulação dos circuitos com PSpice ou outra ferramenta de CAD apropriada.

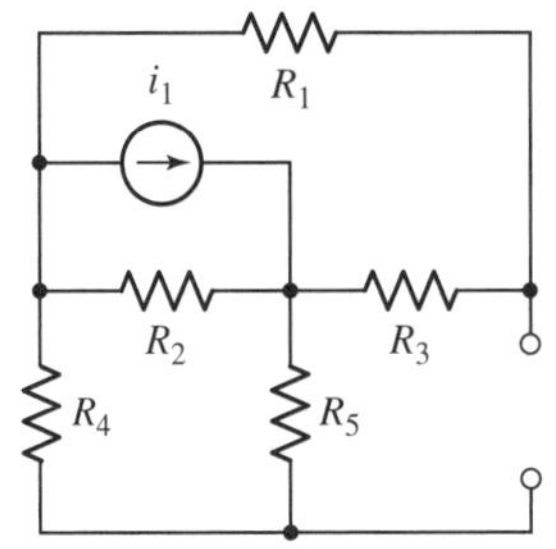

▲ **FIGURA 5.73**

32. Determine o equivalente de Thévenin do circuito mostrado na Figura 5.74 visto a partir dos dois terminais de abertos.

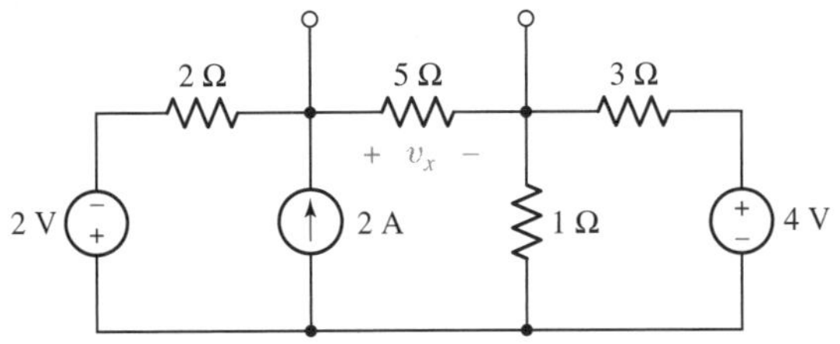

◀ **FIGURA 5.74**

33. (*a*) Determine o equivalente de Norton do circuito representado na Figura 5.74 visto a partir dos dois terminais abertos. (*b*) Calcule a potência dissipada em um resistor de 5 Ω ligado em paralelo com a resistor existente de 5 Ω. (*c*) Calcule a corrente que circula através de um curto-circuito que liga os dois terminais.

34. Para o circuito da Figura 5.75: (*a*) Use o teorema de Norton para reduzir a rede ligada a R_L para somente dois componentes. (*b*) Calcule a corrente contínua que desce através de R_L, se R_L for um resistor de 3,3 kΩ. (*c*) Verifique sua resposta simulando ambos os circuitos com PSpice ou uma ferramenta de CAD comparável.

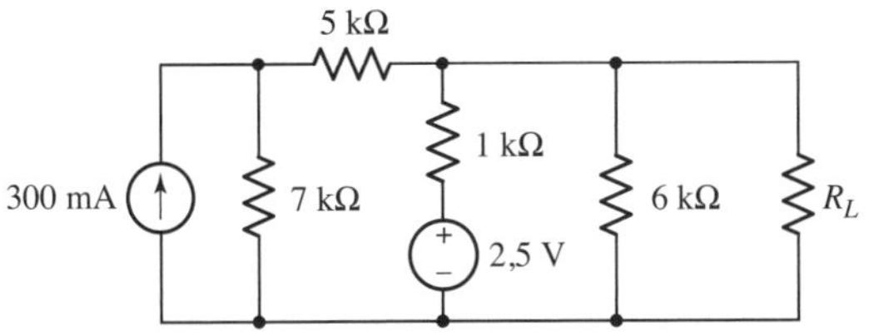

◀ **FIGURA 5.75**

35. (*a*) Obtenha um valor para a resistência equivalente de Thévenin vista a partir dos terminais abertos do circuito na Figura 5.76 primeiramente encontrando V_{ca} e I_{cc}. (*b*) Conecte uma fonte de teste de 1 A aos terminais abertos do circuito original depois de colocar os terminais da fonte de tensão em curto-circuito e use este circuito para obter R_{TH}. (*c*) Conecte uma fonte de teste de 1 V nos terminais abertos do circuito original zerando novamente a fonte de 2 V e use este circuito para obter R_{TH}.

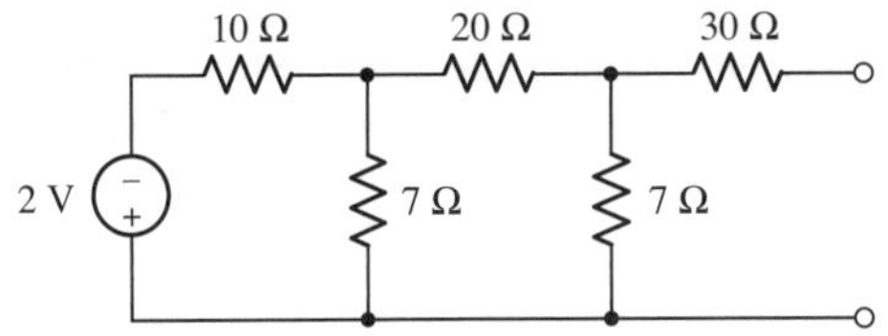

◀ **FIGURA 5.76**

36. Consulte o circuito representado na Figura 5.77. (*a*) Obtenha um valor para a resistência equivalente de Thévenin vista a partir dos terminais abertos primeiramente encontrando V_{ca} e I_{cc}. (*b*) Conecte uma fonte de teste de 1 A nos terminais abertos do circuito original depois de desativar a outra fonte de corrente,

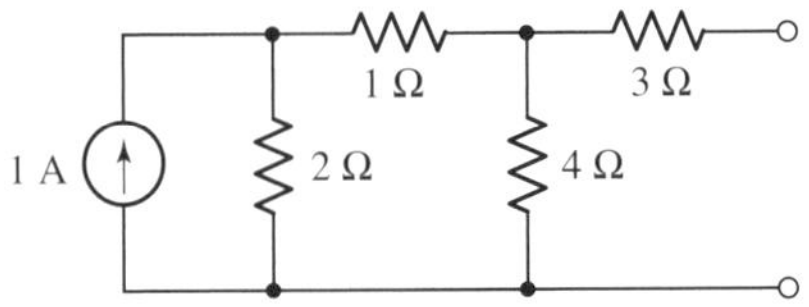

▲ FIGURA 5.77

e use este circuito para obter R_{TH}. (*c*) Conecte uma fonte de teste de 1 V nos terminais abertos do circuito original, novamente zerando a fonte original, e use esse circuito agora para obter R_{TH}.

37. Obtenha um valor para a resistência equivalente de Thévenin vista a partir dos terminais abertos no circuito da Figura 5.78. (*a*) Encontre V_{ca} e I_{cc}, e, em seguida, obtenha a razão entre eles, (*b*) ajuste todas as fontes independentes em zero e use técnicas de combinação de resistores, (*c*) conecte uma fonte de corrente desconhecida nos terminais, desativando (zerando) todas as outras fontes, encontre uma expressão algébrica para a tensão que se desenvolve na fonte e obtenha a razão entre as duas grandezas.

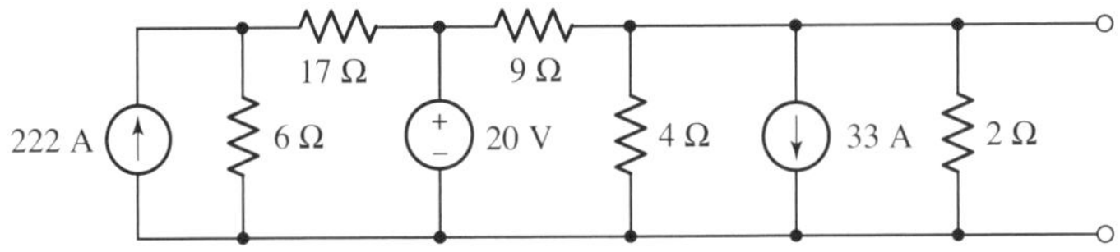

◀ FIGURA 5.78

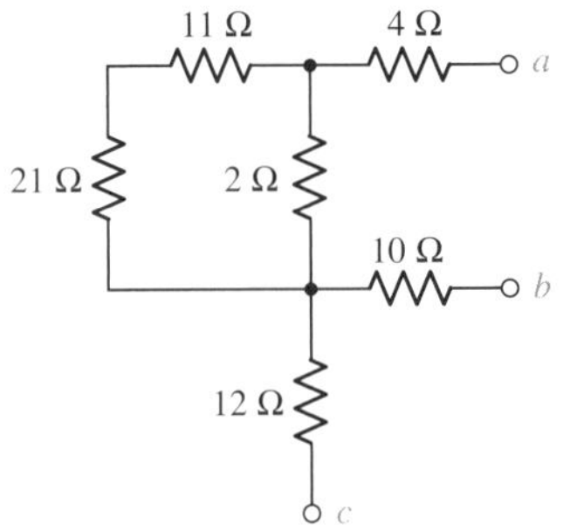

▲ FIGURA 5.79

38. Com relação à rede mostrada na Figura 5.79, determine o equivalente de Thévenin visto por um elemento conectado nos terminais (*a*) *a* e *b*, (*b*) *a* e *c*, (*c*) *b* e *c*. (*d*) Verifique suas respostas usando PSpice ou outra ferramenta de CAD apropriada. (Dica: Conecte uma fonte de teste nos terminais de interesse.)

39. Determine os equivalentes de Thévenin e de Norton do circuito representado na Figura 5.80 do ponto de vista dos terminais abertos. (Não deve haver fontes dependentes em sua resposta.)

40. Determine o equivalente de Norton do circuito desenhado na Figura 5.81 visto a partir dos terminais *a* e *b*. (Não deve haver fontes dependentes em sua resposta.)

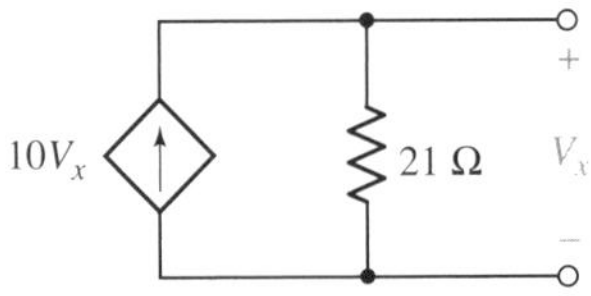

▲ FIGURA 5.80

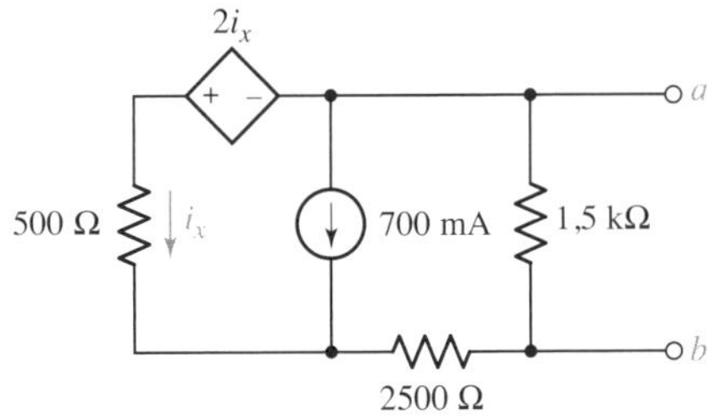

◀ FIGURA 5.81

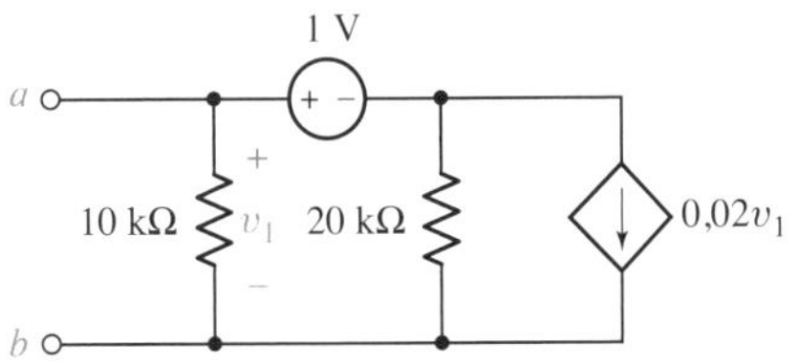

▲ FIGURA 5.82

41. Com relação ao circuito da Figura 5.82, determine a potência dissipada por (*a*) um resistor de 1 kΩ conectado entre *a* e *b*, (*b*) um resistor de 4,7 kΩ conectado entre *a* e *b*, (*c*) um resistor de 10,54 kΩ conectado entre *a* e *b*.

42. Determine os equivalentes de Thévenin e Norton do circuito mostrado na Figura 5.83, visto por um elemento não especificado conectado entre os terminais *a* e *b*.

43. Referindo-se ao circuito da Figura 5.84, determine a resistência equivalente de Thévenin do circuito à direita da linha tracejada. Esse circuito é amplificador a transistor em configuração fonte comum, e você está calculando sua resistência de entrada.

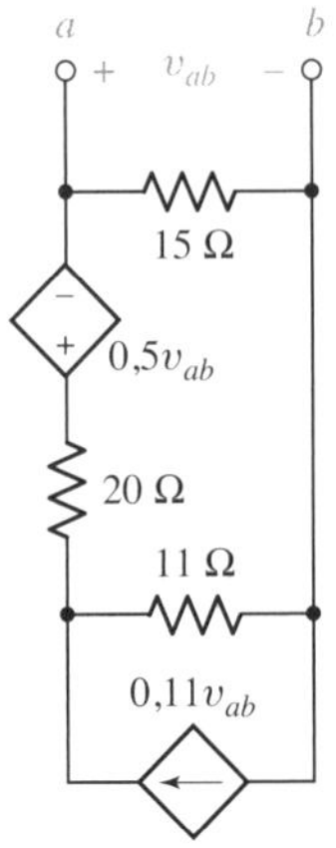

◀ FIGURA 5.83

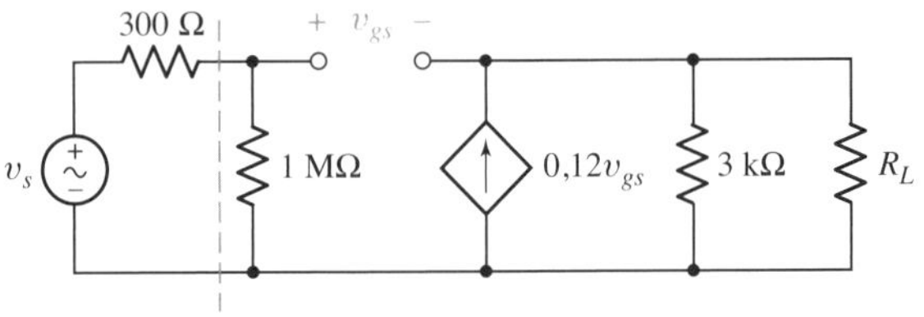

◀ FIGURA 5.84

44. Referindo-se ao circuito da Figura 5.85, determine a resistência equivalente de Thévenin do circuito à direita da linha tracejada. Este circuito é amplificador a transistor em configuração coletor comum, e você está calculando sua entrada resistência.

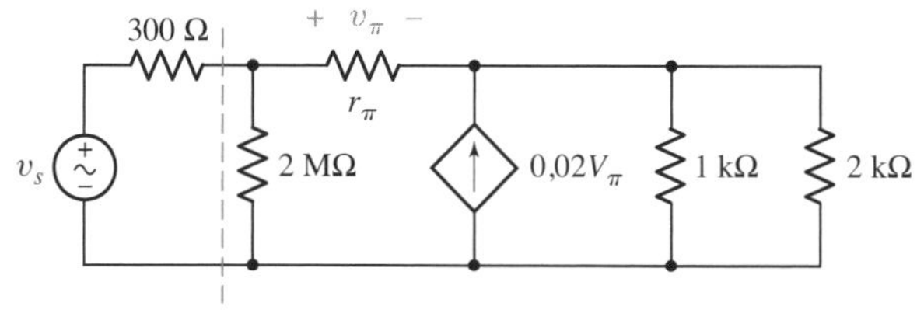

◀ **FIGURA 5.85**

45. O circuito representado na Figura 5.86 é um modelo razoavelmente preciso de um AOP. Nos casos em que R_i e A são muito grandes e $R_o \sim 0$, uma carga resistiva (por exemplo, um alto-falante), conectado entre o terra e o terminal identificado como $v_{saída}$ verá uma tensão $-R_f/R_1$ vezes maior do que o sinal de entrada v_{ent}. Encontre o equivalente de Thévenin do circuito, tendo o cuidado de identificar $v_{saída}$.

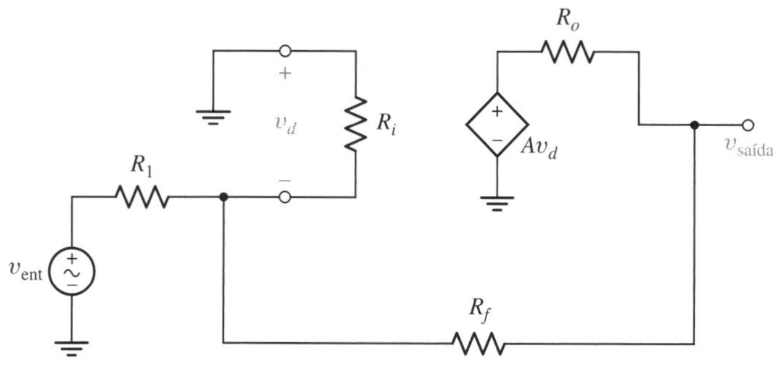

◀ **FIGURA 5.86**

5.4 Máxima Transferência de Potência

46. (*a*) Para o circuito simples da Figura 5.87, faça o gráfico da potência dissipada pelo resistor R em função do R/R_S, se $0 \leq R \leq 3.000$ Ω. (*b*) Faça o gráfico da primeira derivada da potência *versus* R/R_S e verifique que a máxima potência é transferida para R quando R é igual a R_S.

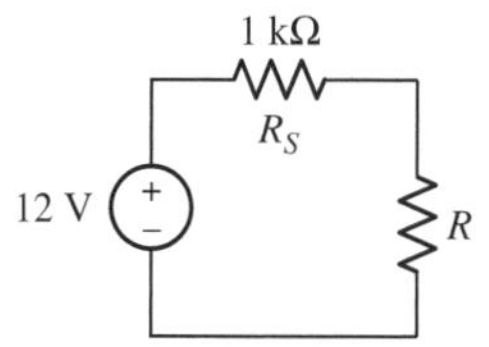

▲ **FIGURA 5.87**

47. Para o circuito desenhado na Figura 5.88, (*a*) determine o equivalente Thévenin conectado em $R_{saída}$. (*b*) Escolha $R_{saída}$ tal que seja entregue a ele a potência máxima.

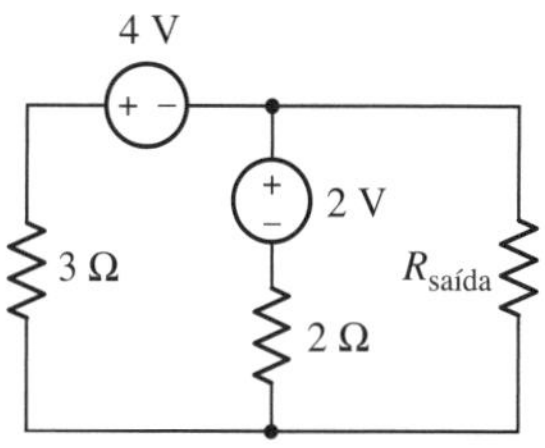

▲ **FIGURA 5.88**

48. Estude o circuito da Figura 5.89. (*a*) Determine o equivalente de Norton conectado ao resistor $R_{saída}$. (*b*) Selecione um valor para $R_{saída}$ tal que a potência máxima será entregue a ele.

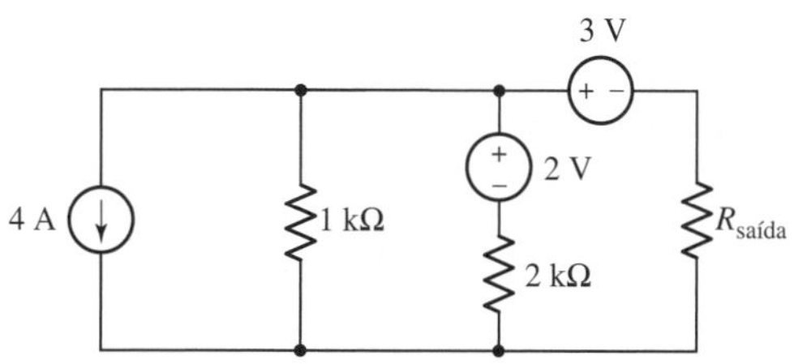

◀ **FIGURA 5.89**

49. Assumindo que podemos determinar a resistência equivalente de Thévenin de uma tomada, por que os fabricantes de torradeiras, fornos de micro-ondas e televisores não fazem o casamento da resistência de Thévenin de cada um desses aparelhos tendo esse valor como referência? Isso não permitiria obter uma máxima transferência de potência da concessionária de energia elétrica para nossos aparelhos eletrodomésticos?

50. Para o circuito da Figura 5.90, qual valor de R_L irá garantir que ele absorverá a máxima quantidade de potência possível?

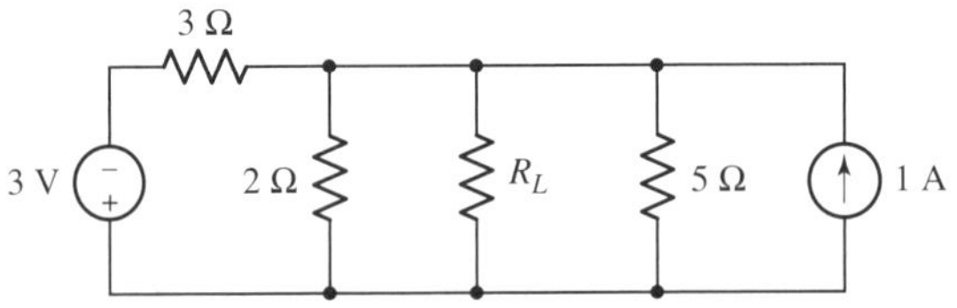

◀ **FIGURA 5.90**

51. Com referência ao circuito da Figura 5.91, (*a*) calcule a potência absorvida pelo o resistor de 9 Ω, (*b*) ajuste o tamanho do resistor de 5 Ω, de modo que a nova rede entregue a máxima potência para o resistor de 9 Ω.

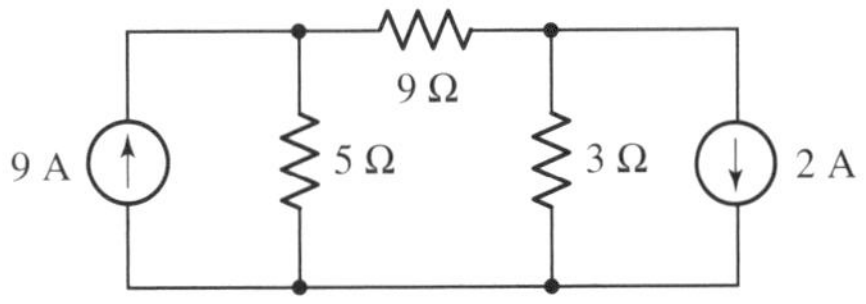

▲ **FIGURA 5.91**

52. Referindo-se ao circuito da Figura 5.92, (*a*) determine a potência absorvida pelo resistor de 3,3 Ω, (*b*) substitua o resistor de 3,3 Ω por uma outra resistência que absorva a máxima potência a partir do restante do circuito.

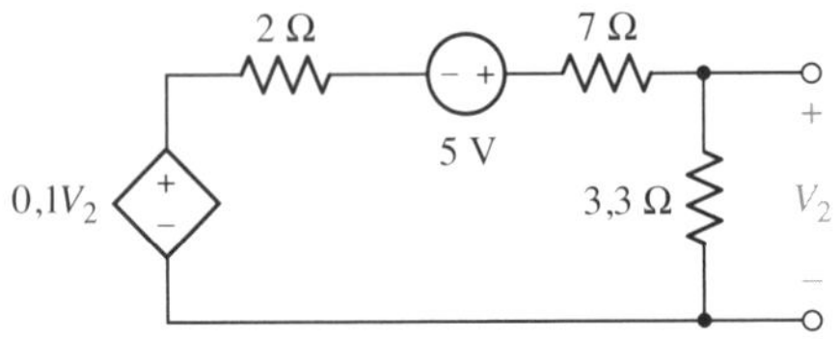

▲ **FIGURA 5.92**

53. Selecione um valor para R_L na Figura 5.93 de tal modo que se garanta a absorção da máxima potência do circuito.

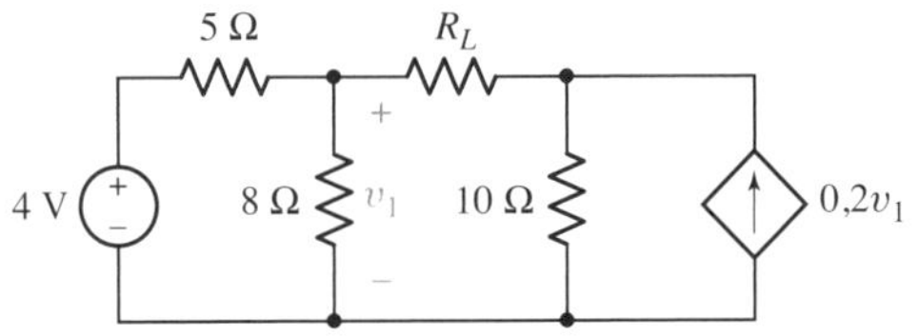

◀ **FIGURA 5.93**

54. Determine o valor da resistência que absorveria a máxima potência do circuito da Figura 5.94 quando conectada entre os terminais *a* e *b*.

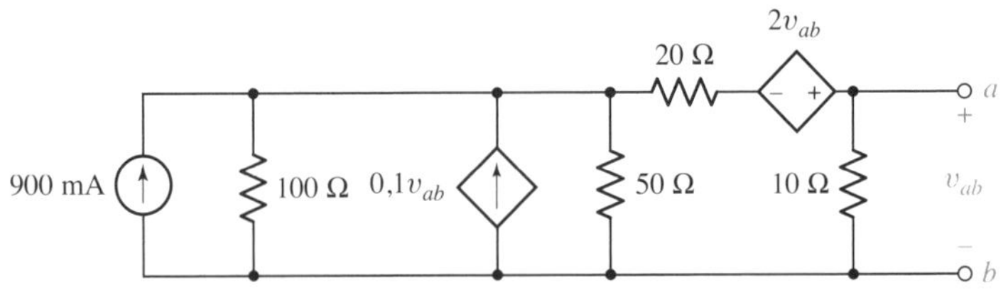

◀ **FIGURA 5.94**

5.5 Conversão Triângulo-Estrela

55. Derive as equações necessárias para converter de uma rede conectada em *Y* para a uma rede conectada em Δ.

56. Converta as redes conectadas em Δ- (ou "Π-") na Figura 5.95 para redes conectadas em Y.

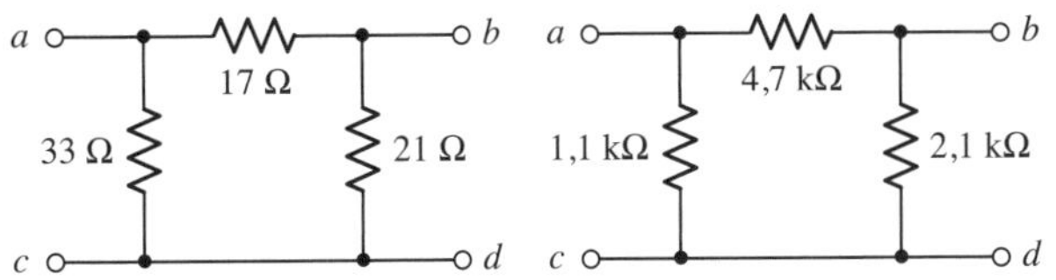

◀ **FIGURA 5.95**

57. Converta as redes conectadas em Y- (ou "T-") na Figura 5.96 para redes conectadas em Δ.

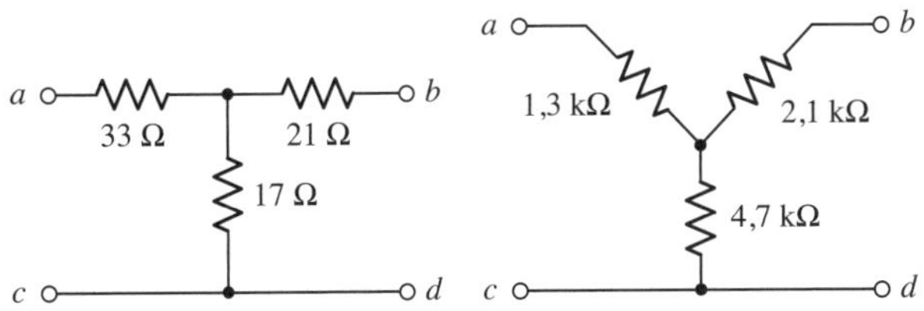

◀ **FIGURA 5.96**

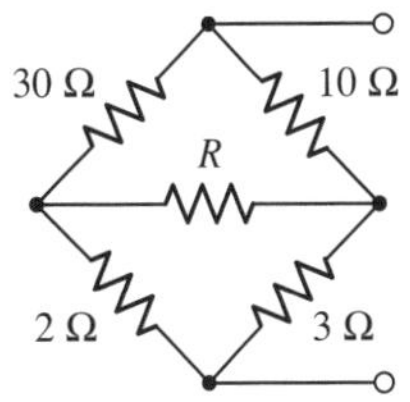

▲ **FIGURA 5.97**

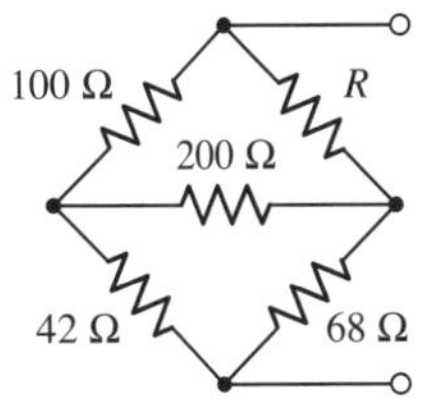

▲ **FIGURA 5.98**

58. Para a rede da Figura 5.97, selecione um valor de R para que a rede tenha uma resistência equivalente de 9 Ω. Arredonde sua resposta para dois algarismos significativos.

59. Para a rede da Figura 5.98, selecione um valor de R para que a rede tenha uma resistência equivalente de 70,6 Ω.

60. Determine a efetiva resistência R_{ent} da rede apresentada na Figura 5.99.

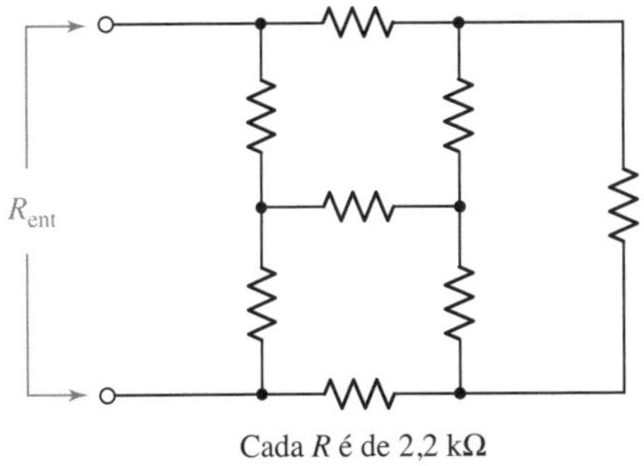

◀ **FIGURA 5.99**

61. Calcule R_{ent} conforme indicado na Figura 5.100.

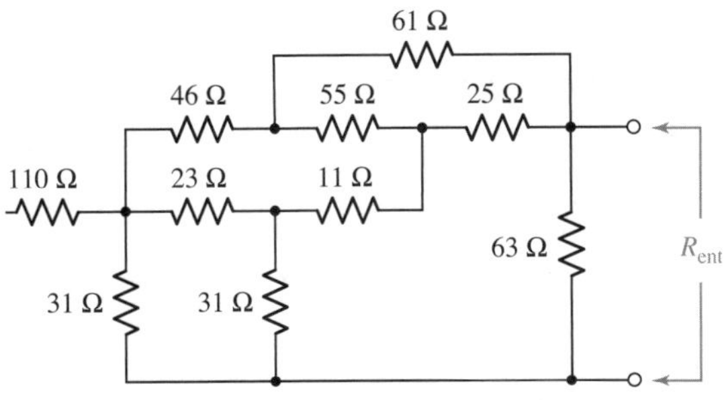

◀ **FIGURA 5.100**

62. Empregue as técnicas de conversão Δ/Y apropriadas para determinar R_{ent} indicado na Figura 5.101

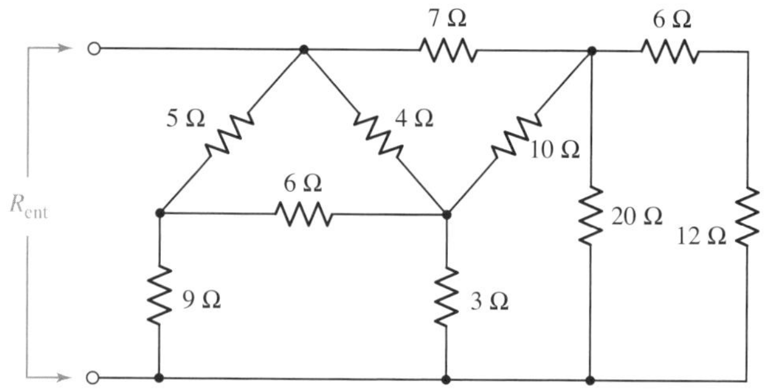

◀ **FIGURA 5.101**

63. (*a*) Determine o equivalente de Thévenin de dois componentes da rede na Figura 5.102. (*b*) Calcule a potência dissipada por um resistor de 1 Ω conectado entre os terminais abertos.

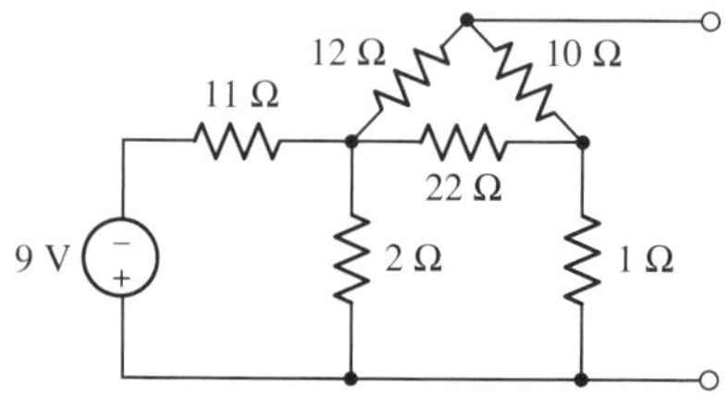

◀ **FIGURA 5.102**

64. (*a*) Use técnicas apropriadas para obter os equivalentes de Thévenin e de Norton da rede desenhada na Figura 5.103. (*b*) Verifique suas respostas pela simulação de cada um dos três circuitos conectados ao resistor de 1 Ω.

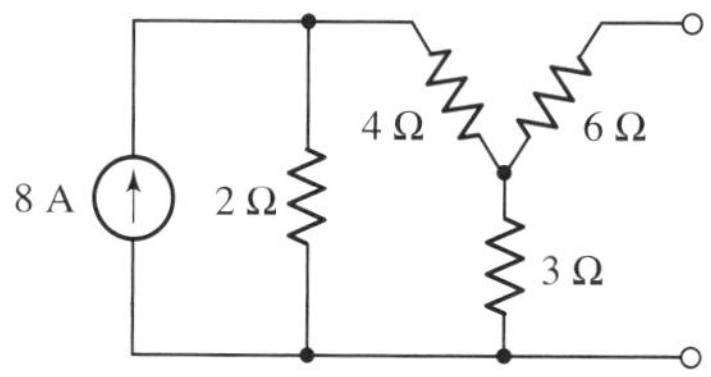

◀ **FIGURA 5.103**

65. (*a*) Substitua a rede da Figura 5.104 por uma rede Δ equivalente com três resistores. (*b*) Faça uma análise no PSpice para verificar se sua resposta é de fato equivalente. (Dica: Experimente acrescentar um resistor de carga.)

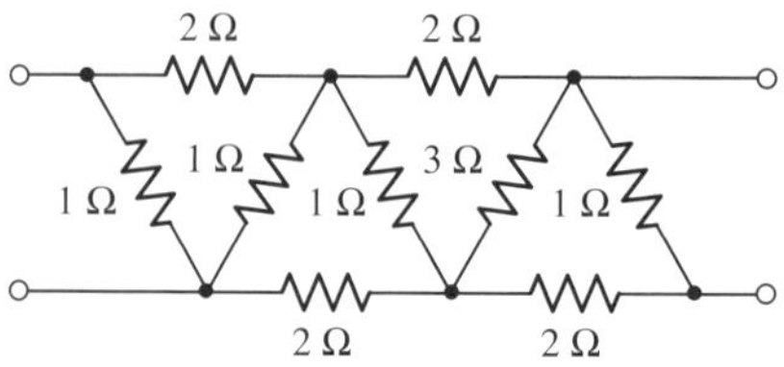

◀ **FIGURA 5.104**

5.6 Selecionando uma Abordagem: um resumo de várias técnicas

66. Determine a potência absorvida por um resistor conectado entre os terminais abertos do circuito mostrado na Figura 5.105, se ele tiver um valor igual a (*a*) 1 Ω, (*b*) 100 Ω; (*c*) 2,65 kΩ, (*d*) 1,13 MΩ.

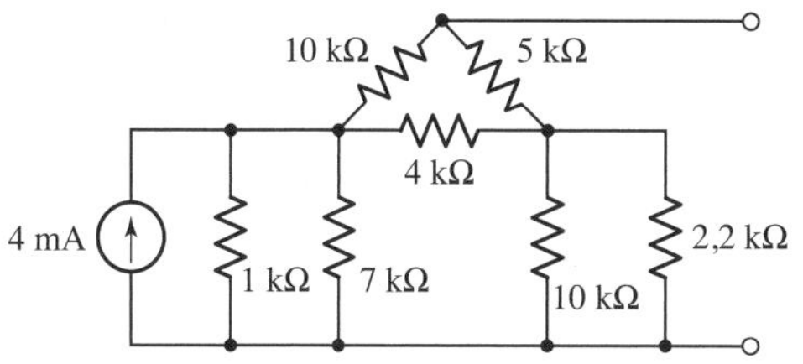

◀ **FIGURA 5.105**

67. Sabe-se que uma resistência de carga de algum tipo será conectada entre os terminais *a* e *b* da rede da Figura 5.106. (*a*) Altere o valor da fonte de 25 V de tal forma que as fontes de tensão contribuam igualmente para a potência fornecida para a resistência de carga, assumindo ainda que o seu valor é escolhido de tal forma que ela absorva a máxima potência. (*b*) Calcule o valor da resistência de carga.

68. Uma carga de 2,57 Ω é conectada entre os terminais *a* e *b* da rede desenhada na Figura 5.106. Infelizmente, a energia fornecida à carga é de apenas 50% da quantidade necessária. Alterando apenas as fontes de tensão, modifique o circuito para que a potência necessária seja entregue e as duas fontes contribuam igualmente.

69. Uma resistência de carga é conectada entre os terminais abertos do circuito mostrado na Figura 5.107, e seu valor foi escolhido cuidadosamente para garantir a máxima transferência de potência a partir do restante do circuito. (*a*) Qual é o valor da resistência? (*b*) Se a potência absorvida pela resistência de carga é três vezes maior do que necessário, modifique o circuito de modo que ele tenha a performance desejada, sem perder a condição de máxima transferência de potência que ele já possuía.

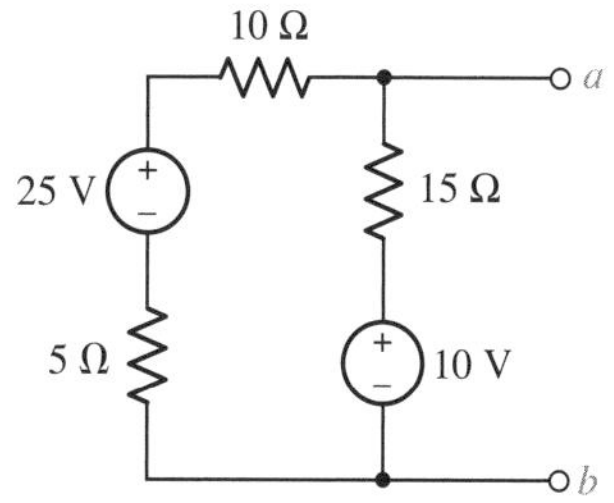

▲ **FIGURA 5.106**

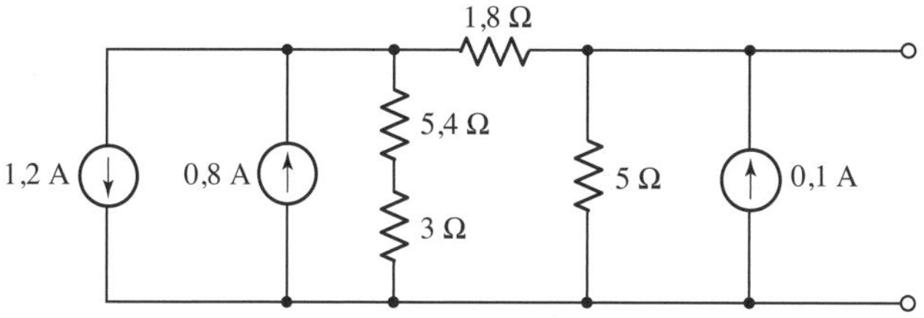

▲ **FIGURA 5.107**

70. Uma cópia de segurança é necessário para o circuito apresentado na Figura 5.107. Não se sabe o que será conectado aos terminais abertos, ou se será puramente linear. Se uma simples bateria for utilizada, qual deverá ser a tensão sem carga ("circuito aberto") do arranjo, e qual a resistência interna máxima tolerável?

Exercícios de integração do capítulo

71. Três lâmpadas de 45 W, originalmente ligadas em Y com uma fonte de 127 V CA em cada entrada, são reaproveitadas para montar uma rede em Δ. A conexão neutra ou central não é utilizada. Se a luminosidade de cada lâmpada é proporcional à potência que ela consome, desenhe um novo circuito para a fonte de 127 V CA de modo que as três lâmpadas apresentem na configuração Δ a mesma luminosidade que apresentavam quando conectadas em Y. Verifique seu projeto usando o PSpice, comparando a potência consumida por cada lâmpada em seu circuito (modelada como um valor de resistência apropriado) com a potência que cada lâmpada consumia no circuito Y original.

DP

72. (*a*) Explique em termos gerais, como uma transformação de fonte pode ser usada para simplificar um circuito antes da análise. (*b*) Embora as transformações de fontes possam simplificar muito um circuito particular, quando pode não valer a pena o esforço? (*c*) Multiplicando-se todas as fontes independentes num circuito por um mesmo fator de escala, todas as outras tensões e correntes são alteradas de forma proporcional. Explique por que não isso não pode ser realizado também em fontes dependentes. (*d*) Em um circuito comum, se ajustarmos uma fonte de tensão independente em zero, qual a corrente que poderá circular pelo mesmo? (*e*) Num circuito comum, se ajustarmos uma fonte de corrente independente em zero, qual tensão existente entre seus terminais?

73. A resistência de carga na Figura 5.108 pode seguramente dissipar até 1 W sem apresentar superaquecimento nem se incendiar. A lâmpada pode ser tratada como um resistor de 10,6 Ω para correntes abaixo de 1 A e como um resistor de 15 Ω para correntes acima de 1 A. Qual é o máximo valor permitido para I_s? Verifique sua resposta com o PSpice.

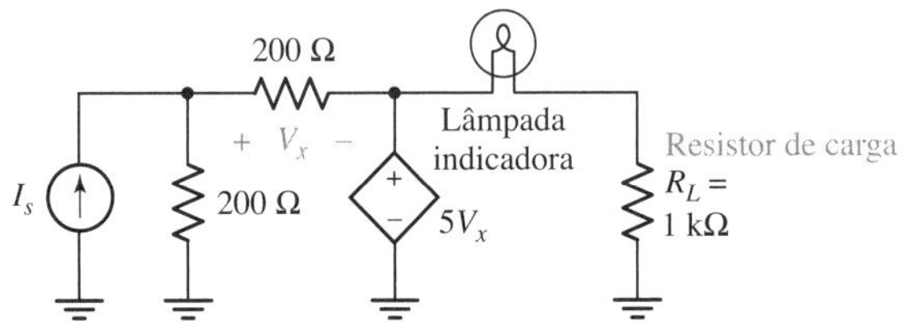

◀ **FIGURA 5.108**

74. Um LED vermelho tem uma corrente máxima especificada de 35 mA. Se este valor for excedido, superaquecimento e falha catastrófica serão observados. A resistência do LED é uma função não linear da corrente aplicada, mas o fabricante garante uma resistência mínima de 47 Ω e uma resistência máxima de 117 Ω. Somente baterias de 9 V encontram-se disponíveis para ligar o LED. Projete um circuito adequado para fornecer a máxima potência disponível ao LED sem danificá-lo. Use somente combinações de resistores com valores-padrão conforme a tabela no final do livro.

75. Como parte de um sistema de segurança, um fio muito fino de 100 Ω é ligado a uma janela usando uma massa epóxi não condutora. De posse de apenas uma caixa com 12 pilhas AAA recarregáveis de 1,5 V, mil resistores de 1 Ω e uma campainha de 2.900 Hz que consome 15 mA a 6 V, projete um circuito sem partes móveis que faça disparar a campainha se a janela for quebrada (neste caso, o fio também se parte). Note que a campainha requer uma tensão CC de pelo menos 6 V (máximo de 28 V) para operar.

6 O Amplificador Operacional

CONCEITOS FUNDAMENTAIS

- Características dos AOPs Ideais
- Amplificadores Inversores e Não Inversores
- Circuitos Amplificadores de Soma e Diferença
- Estágios de AOPs em Cascata
- Uso AOPs para Construir Fontes de Tensão e Corrente
- Características Não Ideais de AOPs
- Ganho de Tensão e Realimentação
- Circuitos do Comparador Básico e do Amplificador de Instrumentação

INTRODUÇÃO

Neste ponto, temos um bom conjunto de ferramentas de análise de circuito à nossa disposição, mas têm-se focado principalmente em alguns circuitos mais gerais compostos unicamente de fontes e resistores. Neste capítulo, introduzimos um novo componente que, embora tecnicamente não linear, pode ser tratado de forma eficaz com modelos lineares. Este elemento, conhecido como o *amplificador operacional* ou AOP, encontra o uso diário em uma grande variedade de aplicações eletrônicas. Ele também nos oferece um novo elemento para utilização na construção de circuitos e uma outra oportunidade de testar nosso desenvolvimento em habilidades analíticas.

6.1 ▶ FUNDAMENTOS

A origem dos amplificadores operacionais remonta à década de 40, quando circuitos valvulados básicos foram construídos para executar operações matemáticas, como adição, subtração, multiplicação, divisão, diferenciação e integração. Isso possibilitou a construção de computadores analógicos (e não digitais) que se destinavam à solução de equações diferenciais complicadas. Considera-se o K2-W, fabricado de 1952 até o início dos anos 70 pela Philbrick Researches Inc., de Boston, o primeiro *dispositivo* amplificador operacional disponível comercialmente (Figura 6.1*a*). Esses primeiros dispositivos

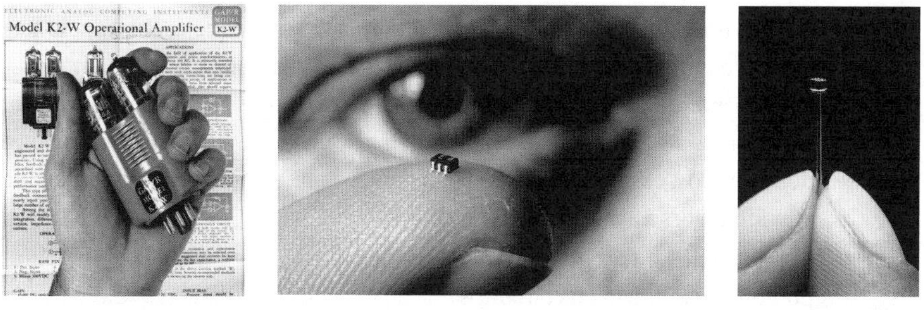

(*a*) (*b*) (*c*)

▲ **FIGURA 6.1** (*a*) AOP Philbrick K2-W, baseado em um par casado de válvulas 12AX7A. (*b*) AOP LMV321 usado em uma variedade de aplicações telefônicas e de jogos. (*c*) AOP LMC6035, que contém 114 transistores em um encapsulamento tão pequeno que cabe na cabeça de um alfinete. (*b-c*) Copyright © 2011 National Semiconductor Corporation (www.national.com). Todos os direitos reservados. Uso com permissão.

valvulados pesavam aproximadamente 85 g, mediam 3,8 cm × 5,4 cm × 10,4 cm e custavam aproximadamente US$ 22,00. Em contraste, AOPs encapsulados em circuitos integrados (CI) como o Fairchild KA741 pesam menos de 500 mg, medem 5,7 mm × 4,9 mm × 1,8 mm e custam aproximadamente US$ 0,22.

Comparados com amplificadores operacionais valvulados, os AOPs modernos são construídos em CI's que usam 25 ou mais transistores em uma mesma "pastilha" de silício, bem como os resistores e capacitores necessários para se obter as características de desempenho desejadas. Como resultado, eles operam com tensões de alimentação muito menores (por exemplo, ± 18 V em vez de ± 300 V no caso do K2-W), são mais confiáveis, e consideravelmente menores (ver Figura 6.1*b*, *c*). Em alguns casos, o CI pode conter vários amplificadores operacionais. Além do pino de saída e dos dois pinos de entrada, outros pinos permitem a alimentação dos transistores e a realização de ajustes externos de forma a balancear e compensar o AOP. O símbolo comumente usado para representar um AOP é mostrado na Figura 6.2*a*. Neste ponto, não estamos preocupados com o circuito interno do amplificador operacional ou do CI, mas somente com as relações de tensão e corrente que existem entre os terminais de entrada e saída. Assim, por enquanto vamos usar o símbolo elétrico mais simples, mostrado na Figura 6.2*b*. Dois terminais de entrada são vistos no lado esquerdo e um único terminal de saída aparece no lado direito. O terminal marcado com um sinal "+" é chamado de ***entrada não inversora***, e o terminal marcado com o sinal "–" é chamado de ***entrada inversora***.

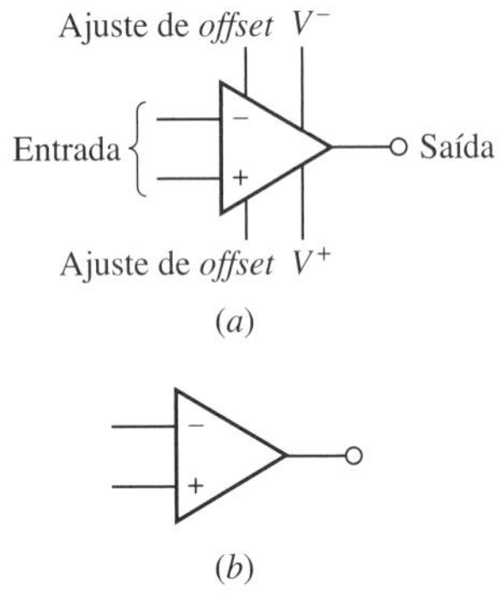

▲ **FIGURA 6.2** (*a*) Símbolo elétrico do AOP. (*b*) Menor número possível de conexões que podem aparecer em um diagrama esquemático.

6.2 ▶ O AOP IDEAL: UMA INTRODUÇÃO CORDIAL

Na prática, constatamos que a maioria dos amplificadores operacionais funciona tão bem que frequentemente podemos supor que estamos lidando com um AOP "ideal". As características de um ***AOP ideal*** formam a base de duas leis fundamentais que à primeira vista podem parecer um pouco estranhas:

Leis do AOP Ideal

1. Nenhuma corrente flui através dos terminais de entrada.
2. Não há queda de tensão entre os dois terminais de entrada.

Em um AOP real, uma corrente de fuga muito pequena fluirá pelo terminal de entrada (às vezes da ordem de 40 femtoampères). Também é possível manter uma tensão muito pequena entre os dois terminais de entrada. Entretanto, se comparados com as demais tensões e correntes na maioria dos circuitos, esses valores são tão pequenos que sua inclusão normalmente não afeta nossos cálculos.

Ao analisar circuitos com AOPs, devemos ter em mente um outro ponto. Ao contrário dos circuitos que analisamos até agora, o circuito de um AOP sempre tem uma *saída* que depende de algum tipo de *entrada*. Portanto, analisaremos circuitos contendo AOPs com o objetivo de escrever uma expressão para a saída em termos dos valores de entrada. *Descobriremos que em geral é uma boa ideia começar a análise de um circuito AOP pela entrada e proceder a partir dali.*

O circuito mostrado na Figura 6.3 é conhecido como um **amplificador inversor**. Decidimos analisar esse circuito usando a LKT, começando com a fonte de tensão na entrada. A corrente *i* passa apenas pelos dois resistores R_1 e *Rf;* a lei número 1 do AOP ideal estabelece que nenhuma corrente flui através da entrada inversora. Assim, podemos escrever

$$-v_{\text{ent}} + R_1 i + R_f i + v_{\text{saída}} = 0$$

que pode ser rearranjada para obter uma equação que relaciona a saída à entrada:

$$v_{\text{saída}} = v_{\text{ent}} - (R_1 + R_f)i \qquad [1]$$

Dado $v_{\text{ent}} = 5$ sen $3t$ mV, $R_1 = 4{,}7$ kΩ e $R_f = 47$ kΩ, precisamos de uma equação adicional que expresse *i* somente em termos de $v_{\text{saída}}$, v_{ent}, R_1 e/ou R_f.

Esta é uma boa hora para dizer que ainda não fizemos uso da lei número 2 do AOP ideal. Como a entrada não inversora está aterrada, ela está em zero volts. Pela lei número 2 do AOP ideal, portanto, a entrada inversora também está em zero volts. *Isto não quer dizer que as duas entradas estão em curto e devemos ter o cuidado de não fazer esta suposição.* Em vez disso, as duas tensões de entrada simplesmente acompanham uma à outra: se tentamos mudar a tensão em um dos terminais, o outro terminal é conduzido ao mesmo valor pelo circuito interno. Assim, podemos escrever uma equação LKT a mais:

$$-v_{\text{ent}} + R_1 i + 0 = 0$$

ou

$$i = \frac{v_{\text{ent}}}{R_1} \qquad [2]$$

Combinando a Equação [2] com a Equação [1], obtemos uma expressão para $v_{\text{saída}}$ em termos de v_{ent}:

$$v_{\text{saída}} = -\frac{R_f}{R_1} v_{\text{ent}} \qquad [3]$$

Substituindo $v_{\text{ent}} = 5$ sen $3t$ mV, $R_1 = 4{,}7$ kΩ e $Rf = 47$ kΩ,

$$v_{\text{saída}} = -\ 50 \,\text{sen}\, 3t \qquad \text{mV}$$

Já que $Rf > R_1$, este circuito amplifica a tensão de entrada v_{ent}. Se escolhermos $Rf < R_1$, o sinal será atenuado. Notamos também que a tensão de saída tem o sinal oposto à tensão de entrada[1], daí o nome "amplificador inversor". A saída está ilustrada na Figura 6.4, juntamente com a forma de onda de entrada para comparação.

Neste ponto, vale mencionar que o AOP ideal parece violar a LKC. Especificamente no circuito acima nenhuma corrente entra nos terminais de entrada, mas de alguma forma é possível a circulação de correntes no terminal de saída! Isso implicaria a possibilidade de o AOP criar elétrons do nada ou armazená-los indefinidamente (dependendo da direção da corrente). Obviamente, isso não é possível. O conflito aparece porque temos tratado o AOP da mesma

[1] Ou "*a saída está 180° defasada em relação à entrada*", o que impressiona bem mais.

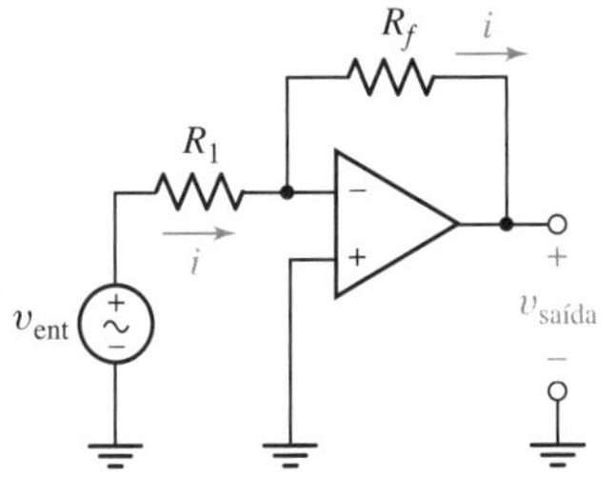

▲ **FIGURA 6.3** Um AOP usado para construir um circuito amplificador inversor. A corrente *i* flui para o terra pelo pino de saída do AOP.

O fato de a entrada inversora apresentar tensão nula nesse tipo de configuração leva àquilo que frequentemente chamamos de "terra virtual". Isto não significa que o terminal esteja realmente aterrado, o que às vezes causa confusão nos estudantes. O AOP faz os ajustes internos necessários para evitar que haja uma queda de tensão entre os terminais de entrada. Os terminais de entrada não estão em curto.

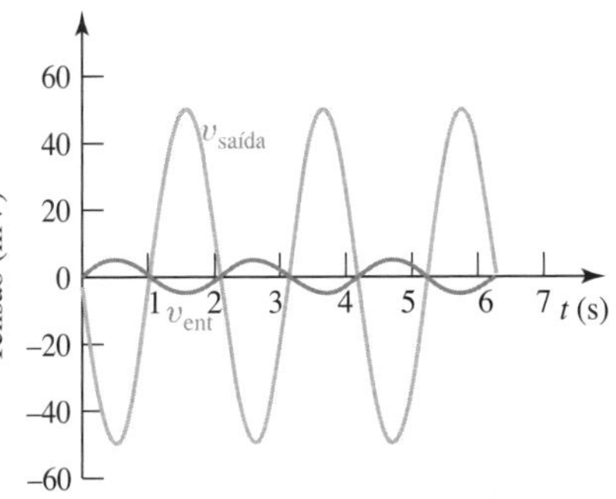

▲ **FIGURA 6.4** Formas de onda de entrada e saída do circuito amplificador inversor.

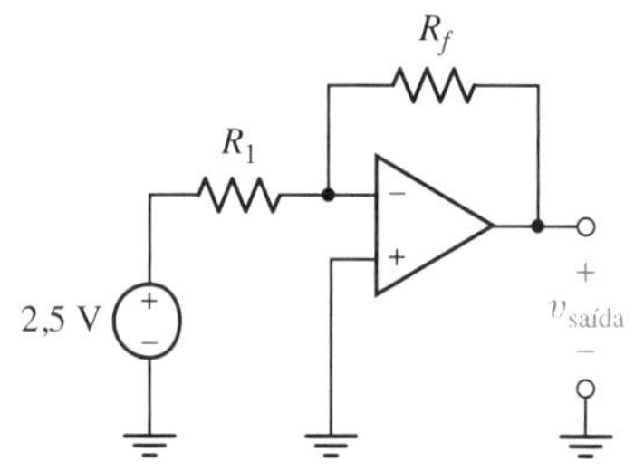

▲ **FIGURA 6.5** Um circuito amplificador inversor com uma entrada de 2,5 V.

forma que tratamos elementos passivos, como por exemplo um resistor. No entanto, um AOP não pode funcionar na prática a menos que esteja conectado a fontes externas de potência. É através destas fontes de potência que podemos fazer fluir uma corrente através do terminal de saída.

Embora tenhamos mostrado que o circuito amplificador inversor da Figura 6.3 pode amplificar um sinal CA (neste caso, uma onda senoidal com frequência de 3 rad/s e amplitude de 5 mV), ele funciona igualmente bem com sinais CC. Consideramos esse tipo de situação na Figura 6.5, onde R_1 e Rf devem ser selecionados para que se obtenha uma tensão de saída de -10 V.

Este é o mesmo circuito mostrado na Figura 6.3, porém com uma entrada de 2,5 V. Como nenhuma alteração adicional foi feita, a expressão que apresentamos na Equação [3] permanece válida para esse circuito. Para obter a saída desejada, procuramos uma relação entre R_f e R_1 igual a 10/2,5 ou 4. Como somente a relação é importante aqui, precisamos simplesmente escolher um valor conveniente para um dos resistores e o valor do outro resistor será imediatamente determinado. Por exemplo, poderíamos escolher $R_1 = 100\ \Omega$ (logo $R_f = 400\ \Omega$), ou mesmo $R_f = 8\ \text{M}\Omega$ (logo $R_1 = 2\ \text{M}\Omega$). Na prática, outras limitações (por exemplo, a corrente de polarização) podem limitar nossas escolhas.

Essa configuração de circuito funciona, portanto, como um tipo conveniente de amplificador de tensão (ou ***atenuador***, se a razão entre R_f e R_1 for menor que 1), embora apresente a propriedade às vezes inconveniente de inverter o sinal de entrada. Porém, há uma alternativa que é analisada com a mesma facilidade – o amplificador não inversor mostrado na Figura 6.6. Examinamos tal circuito no exemplo a seguir.

▶ EXEMPLO 6.1

Desenhe a forma de onda de saída do amplificador não inversor na Figura 6.6*a*. Use $v_{ent} = 5$ sen $3t$ mV, $R_1 = 4{,}7\ \text{k}\Omega$ e $R_f = 47\ \text{k}\Omega$.

▶ ***Identifique o objetivo do problema***

Precisamos de uma expressão para $v_{saída}$ que dependa somente das grandezas conhecidas v_{ent}, R_1 e R_f.

▶ ***Reúna as informações conhecidas***

Já que foram especificados os valores dos resistores e a forma de onda de entrada, começamos identificando a corrente i e as duas tensões de entrada como mostra a Figura 6.6*b*. Assumiremos que o AOP é ideal.

▶ ***Trace um plano***

Embora a análise de malha seja a técnica favorita dos estudantes, acaba sendo mais prático na maioria dos circuitos contendo AOPs aplicar a análise nodal, já que não há uma maneira direta de se determinar a corrente que flui no terminal de saída de um AOP.

▶ ***Construa um conjunto apropriado de equações***

Note que estamos implicitamente usando a lei número 1 do AOP ideal ao definir que a mesma corrente passe por ambos os resistores: nenhuma corrente flui através da entrada não inversora. Empregando a análise nodal para obter nossa expressão para $v_{saída}$ em termos de v_{ent}, vemos então que

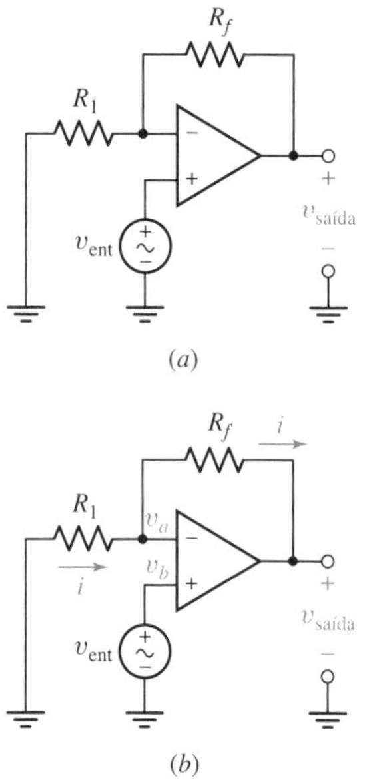

▲ **FIGURA 6.6** (*a*) Um AOP usado para construir um circuito amplificador não inversor. (*b*) Circuito com a corrente através de R_1 e R_f definida, e com as duas tensões de entrada identificadas.

No nó a:

$$0 = \frac{v_a}{R_1} + \frac{v_a - v_{\text{saída}}}{R_f} \qquad [4]$$

No nó b:

$$v_b = v_{\text{ent}} \qquad [5]$$

▶ ***Determine se são necessárias informações adicionais***

Nosso objetivo é obter uma única expressão que relacione as tensões de entrada e saída, embora nem a Equação [4] nem a Equação [5] pareçam servir para isso. Porém, ainda não usamos a lei número 2 do AOP ideal, e veremos que em quase todos os circuitos com AOPs *ambas* as leis precisam ser usadas para se obter tal expressão.

Assim, reconhecemos que $v_a = v_b = v_{\text{ent}}$ e a Equação [4] se torna

$$0 = \frac{v_{\text{ent}}}{R_1} + \frac{v_{\text{ent}} - v_{\text{saída}}}{R_f}$$

▶ ***Tente uma solução***

Rearranjando, obtemos uma expressão para a tensão de saída em termos da tensão de entrada v_{ent}:

$$v_{\text{saída}} = \left(1 + \frac{R_f}{R_1}\right) v_{\text{ent}} = 11 v_{\text{ent}} = 55 \operatorname{sen} 3t \quad \text{mV}$$

▶ ***Verifique a solução. Ela é razoável ou esperada?***

A forma de onda de saída está desenhada na Figura 6.7, juntamente com a forma de onda de entrada para comparação. Em contraste com a forma de onda de saída do circuito amplificador inversor, notamos que a entrada e a saída estão em fase no amplificador não inversor. Este não é um fato inesperado: está implícito no nome "amplificador não inversor".

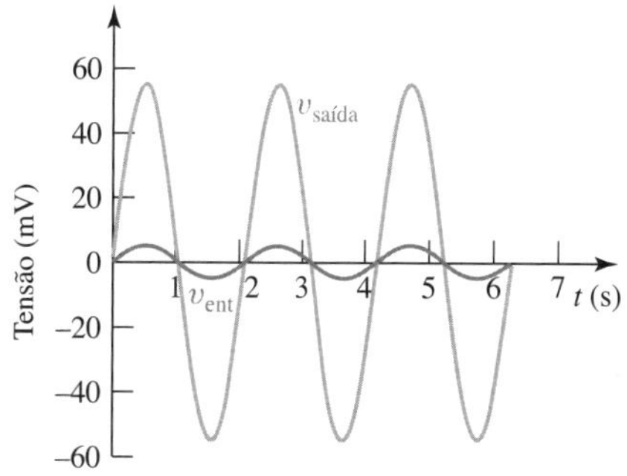

▲ **FIGURA 6.7** Formas de onda de entrada e saída para o circuito amplificador não inversor.

▶ EXERCÍCIO DE FIXAÇÃO

6.1 Deduza uma expressão para $v_{\text{saída}}$ em termos de v_{ent} no circuito mostrado na Figura 6.8.

Resposta: $v_{\text{saída}} = v_{\text{ent}}$. O circuito é conhecido como "*seguidor de tensão*", pois a tensão de saída acompanha ou "*segue*" a tensão de entrada.

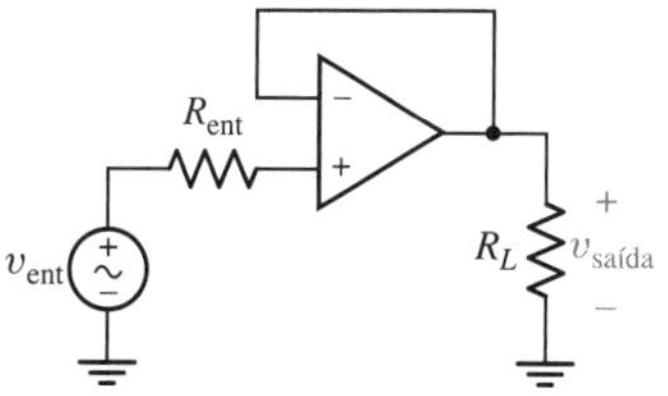

▲ **FIGURA 6.8**

Assim como o amplificador inversor, o amplificador não inversor funciona com entradas CA ou CC, mas tem um ganho de tensão de $v_{\text{saída}}/v_{\text{ent}} = 1 + (R_f / R_1)$. Assim, se fizermos $R_f = 9\ \Omega$ e $R_1 = 1\ \Omega$, obtemos uma saída $v_{\text{saída}}$ 10 vezes maior do que a tensão de entrada v_{ent}. Em contraste com o amplificador inversor, a saída e a entrada do amplificador não inversor têm sempre a mesma polaridade, e a tensão de saída não pode ser menor do que a tensão de entrada; o ganho mínimo é 1. Que amplificador devemos escolher depende do tipo de aplicação em questão. No caso especial do circuito seguidor de tensão mostrado na Figura 6.8, que representa um amplificador não inversor com R_1 igual a ∞ e R_f igual a zero, a saída é igual à entrada tanto em polaridade quanto em magnitude. Esta característica pode parecer sem sentido em um circuito genérico, mas devemos ter em mente que *o seguidor de tensão não drena corrente alguma da entrada* (no caso ideal)

– ele portanto atua como um ***buffer*** entre a tensão v_{ent} e alguma carga resistiva R_L conectada na saída do AOP.

Mencionamos anteriormente que o nome "amplificador operacional" se originou do uso desses dispositivos para executar operações aritméticas com sinais analógicos (isto é, sinais reais em tempo real, no mundo real, não digitalizados). Conforme veremos nos dois circuitos a seguir, isto inclui a adição e a subtração de sinais de tensão de entrada.

▶ EXEMPLO 6.2

Obtenha uma expressão para $v_{saída}$ em termos de v_1, v_2 e v_3 para o circuito AOP da Figura 6.9, também conhecido como "*amplificador somador*".

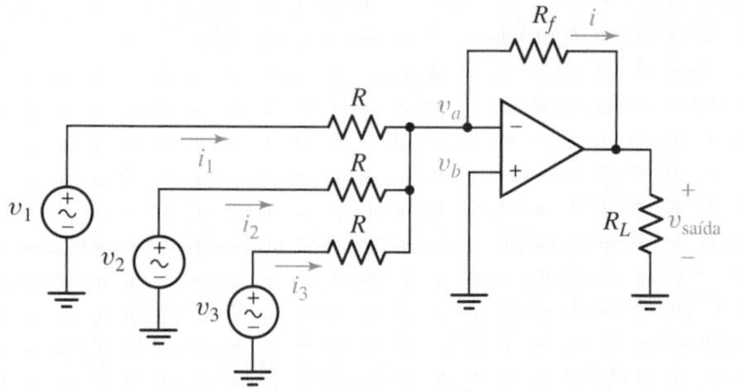

▶ **FIGURA 6.9** Circuito amplificador somador básico com três entradas.

Observamos em primeiro lugar que esse circuito é similar ao circuito amplificador inversor da Figura 6.3. Aqui novamente devemos obter uma expressão para $v_{saída}$ (que nesse caso aparece através do resistor de carga R_L) em termos das entradas (v_1, v_2 e vv_3).

Como nenhuma corrente pode fluir através da entrada inversora, sabemos que

$$i = i_1 + i_2 + i_3$$

Portanto, podemos escrever a seguinte equação para o nó v_a:

$$0 = \frac{v_a - v_{saída}}{R_f} + \frac{v_a - v_1}{R} + \frac{v_a - v_2}{R} + \frac{v_a - v_3}{R}$$

Esta equação contém $v_{saída}$ e as tensões de entrada, mas infelizmente contém também a tensão nodal v_a. Para remover esta incógnita de nossa expressão, precisamos escrever uma equação adicional que relacione v_a com $v_{saída}$, as tensões de entrada, R_f e/ou R. Nesse ponto, lembramos que ainda não usamos a lei número 2 do AOP ideal, e certamente precisaremos usar ambas as leis ao analisar um circuito AOP. Portanto, como $v_a = v_b = 0$, podemos escrever a seguinte equação:

$$0 = \frac{v_{saída}}{R_f} + \frac{v_1}{R} + \frac{v_2}{R} + \frac{v_3}{R}$$

Rearranjando, obtemos a seguinte expressão para $v_{saída}$:

$$v_{saída} = -\frac{R_f}{R}(v_1 + v_2 + v_3) \qquad [6]$$

No caso especial em que $v_2 = v_3 = 0$, vemos que nosso resultado concorda com a Equação [3], que foi deduzida essencialmente para o mesmo circuito.

Há várias características interessantes no resultado que acabamos de obter. Primeiro, se selecionarmos o resistor R_f de forma que ele seja igual a R, então a saída será a soma (negativa) dos três sinais de entrada v_1, v_2 e v_3. Além disso, podemos selecionar a relação entre R_f e R para multiplicar esta soma por uma constante fixa. Assim, por exemplo, se as três tensões representassem sinais de três diferentes balanças calibradas de forma que -1 V $= 1$ lb, poderíamos ajustar $R_f = R/2{,}205$ para obter um sinal de tensão que representasse o peso combinado em quilogramas (com aproximadamente 1% de precisão devido ao nosso fator de conversão).

Notamos também que R_L não apareceu em nossa expressão final. Desde que seu valor não seja muito baixo, a operação do circuito não será afetada; até o presente momento, não consideramos ainda um modelo de AOP suficientemente detalhado para prever essa ocorrência. Esse resistor representa o equivalente de Thévenin de qualquer circuito que colocarmos na saída do amplificador. Se nosso dispositivo de saída for um simples voltímetro, então R_L representa a resistência equivalente de Thévenin vista dos terminais do voltímetro (10 MΩ ou mais). Por outro lado, nosso dispositivo de saída poderia ser um alto-falante (8 Ω), e nesse caso ouviríamos a soma de três fontes sonoras independentes; v_1, v_2 e v_3 poderiam representar microfones neste caso.

Uma palavra de advertência: é sempre tentador assumir que a corrente i na Figura 6.9 flui não apenas através de R_f, mas também de R_L. Falso! É bem possível que uma corrente também flua através do terminal de saída do AOP, e com isso *as correntes nos dois resistores não são as mesmas*. É por essa razão que quase sempre evitamos escrever equações LKC no pino de saída de um AOP, o que leva à preferência pela análise nodal em detrimento da análise de malha quando trabalhamos com a maioria dos circuitos envolvendo AOPs.

Por conveniência, resumimos os circuitos com AOP mais comuns na Tabela 1.

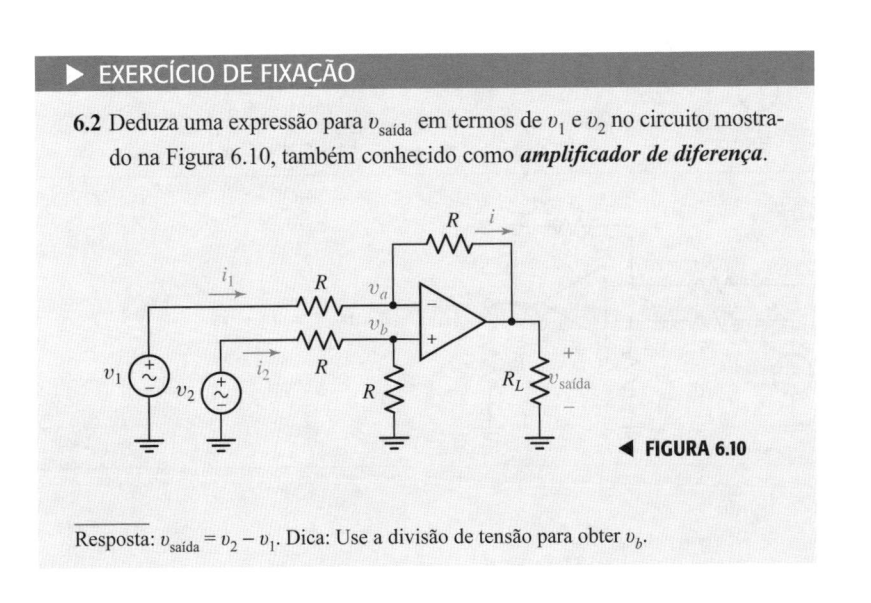

▶ EXERCÍCIO DE FIXAÇÃO

6.2 Deduza uma expressão para $v_{saída}$ em termos de v_1 e v_2 no circuito mostrado na Figura 6.10, também conhecido como ***amplificador de diferença***.

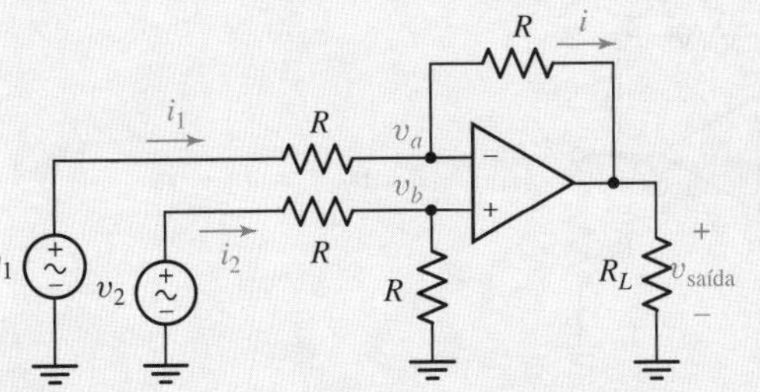

◀ **FIGURA 6.10**

Resposta: $v_{saída} = v_2 - v_1$. Dica: Use a divisão de tensão para obter v_b.

TABELA 6.1 ▶ Resumo de Circuitos Básicos com AOPs

<table>
<tr><th>Nome</th><th>Diagrama esquemático</th><th>Relação entrada-saída</th></tr>
<tr><td>Amplificador Inversor</td><td>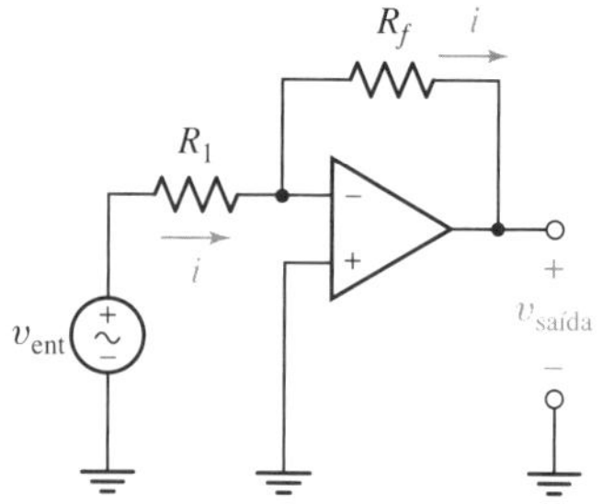
</td><td>$v_{saída} = -\frac{R_f}{R_1} v_{ent}$</td></tr>
<tr><td>Amplificador Não Inversor</td><td>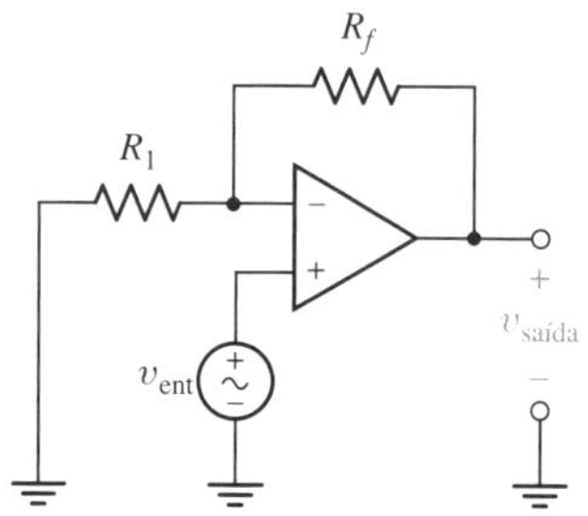
</td><td>$v_{saída} = \left(1 + \frac{R_f}{R_1}\right) v_{ent}$</td></tr>
<tr><td>Seguidor de Tensão (também conhecido como Amplificador de Ganho Unitário)</td><td>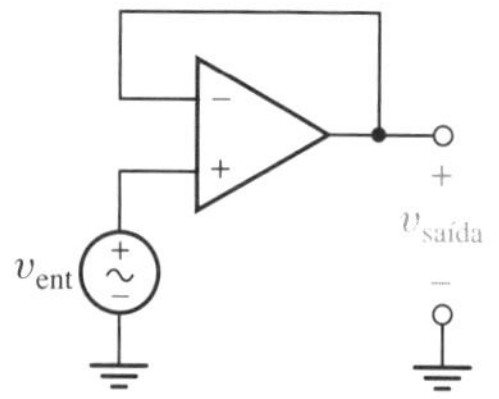
</td><td>$v_{saída} = v_{ent}$</td></tr>
<tr><td>Amplificador Somador</td><td>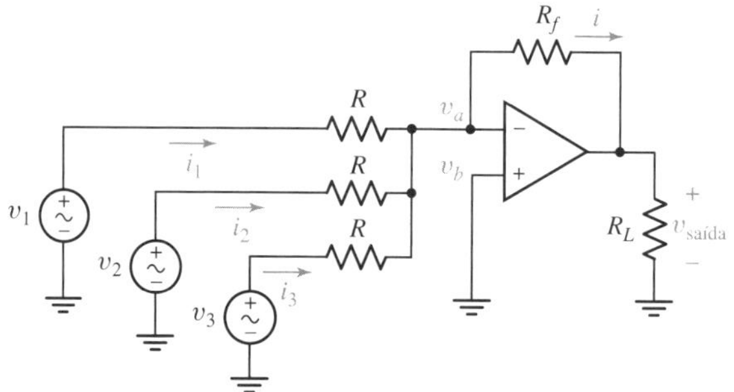
</td><td>$v_{saída} = -\frac{R_f}{R}(v_1 + v_2 + v_3)$</td></tr>
<tr><td>Amplificador de Diferença</td><td>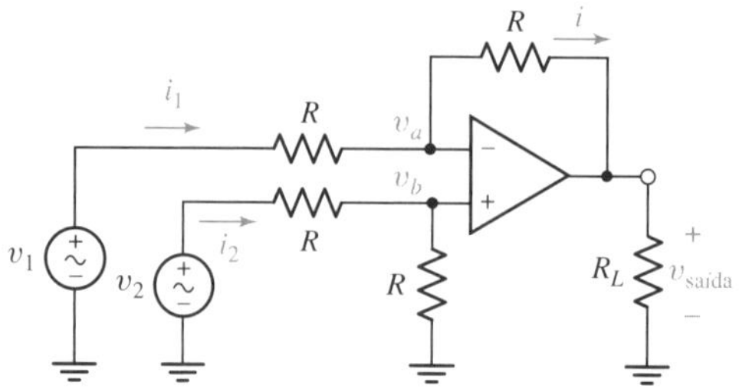
</td><td>$v_{saída} = v_2 - v_1$</td></tr>
</table>

APLICAÇÃO

UM INTERCOMUNICADOR USANDO FIBRA ÓPTICA

Um sistema intercomunicador ponto a ponto pode ser construído de várias formas, dependendo do ambiente de aplicação. Sistemas de rádio de baixa potência funcionam muito bem e apresentam boa relação custo/benefício, mas estão sujeitos a bisbilhoteiros e a interferências de outras fontes de radiofrequência (RF). O uso de um simples fio para interligar os dois intercomunicadores pode eliminar uma grande parte da interferência de RF além de aumentar a privacidade. No entanto, fios estão sujeitos a corrosão e curtos-circuitos com a deterioração de seu isolamento plástico, e seu peso pode ser um problema em aviões e aplicações similares (Figura 6.11).

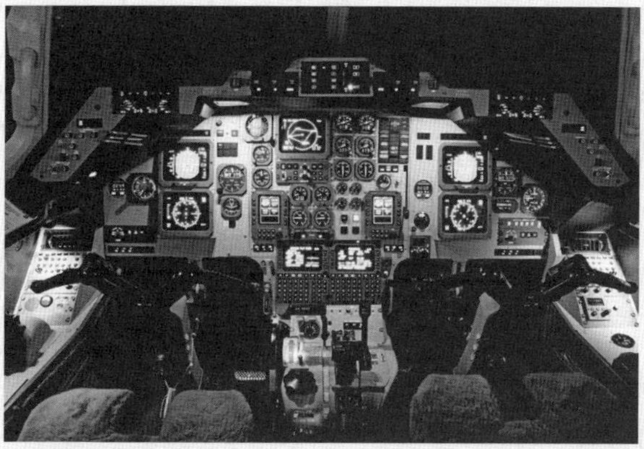

▲ **FIGURA 6.11** O ambiente de aplicação geralmente define as restrições de projeto. (*©Michael Melford/Riser/Getty Images.*)

Um projeto alternativo seria converter o sinal elétrico de um microfone em um sinal óptico, que poderia então ser transmitido através de uma fibra óptica de pequeno diâmetro (~50 μm). O sinal óptico é então convertido novamente em sinal elétrico, que é amplificado e entregue a um alto-falante. O diagrama esquemático de um sistema como esse é ilustrado na Figura 6.12; seriam necessários dois sistemas para um sistema de comunicação bidirecional.

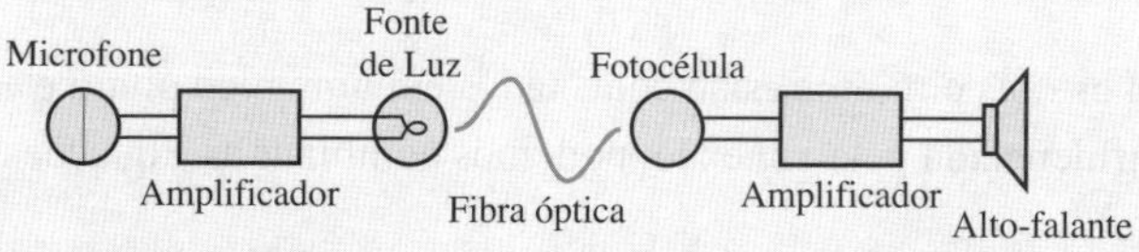

▲ **FIGURA 6.12** Diagrama esquemático de metade de um simples intercomunicador com fibra óptica.

Podemos considerar o projeto dos circuitos de transmissão e recepção separadamente, pois os dois circuitos são de fato eletricamente independentes. A Figura 6.13 mostra um circuito gerador de sinais simplificado formado por um microfone, um diodo emissor de luz (LED – *Light-Emitting Diode*) e um AOP na configuração não inversora usado para acionar o LED; não estão representadas as conexões de alimentação necessárias para o AOP. A luz emitida pelo LED é aproximadamente proporcional à corrente que o percorre, desde que esta corrente não seja muito pequena ou muito elevada.

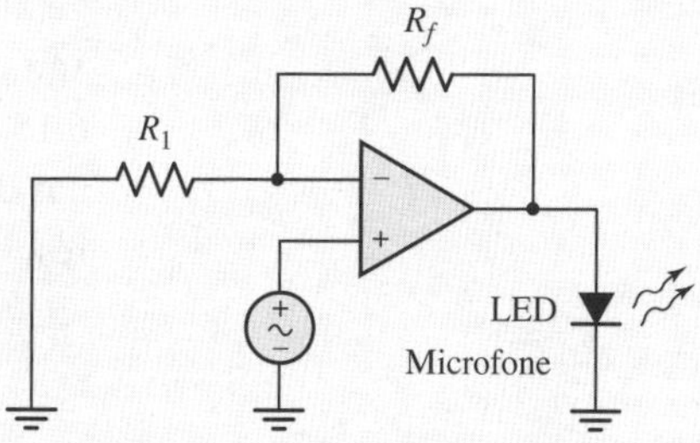

▲ **FIGURA 6.13** Circuito usado para converter o sinal elétrico do microfone em um sinal óptico para transmissão através de uma fibra.

Sabemos que o ganho do amplificador é dado por

$$\frac{v_{\text{saída}}}{v_{\text{ent}}} = 1 + \frac{R_f}{R_1}$$

que é independente da resistência do LED. Para selecionar os valores de R_f e R_1, precisamos conhecer a tensão produzida pelo microfone e a tensão necessária para alimentar o LED. Uma rápida medição indica que a tensão de saída típica de um microfone atinge 40 mV quando alguém fala com a voz normal. O fabricante do LED recomenda sua

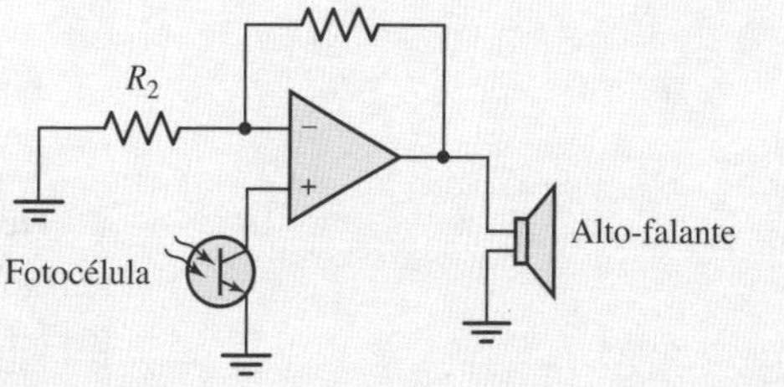

▲ **FIGURA 6.14** Circuito receptor usado para converter o sinal óptico em sinal de áudio.

operação com aproximadamente 1,6 V, assim projetamos um ganho de 1,6/0,04 = 40. Escolhendo arbitrariamente R_1 = 1 kΩ, temos R_f = 39 kΩ.

O circuito da Figura 6.14 é a parte receptora de nosso sistema intercomunicador unidirecional. Ele converte o sinal óptico da fibra em sinal elétrico, amplificando-o de forma a fazer o alto-falante emanar um sinal audível.

Após acoplar a saída luminosa do LED presente no circuito transmissor à fibra óptica, pode-se medir um sinal de aproximadamente 10 mV na fotocélula. O alto-falante é especificado para dissipar no máximo 100 mW e tem uma resistência equivalente de 8 Ω. Isso corresponde a uma tensão máxima de 894 mV, e assim precisamos selecionar R_2 e R_3 para obter um ganho de 894/10 = 89,4. Com a seleção arbitrária de R_2 = 10 kΩ, encontramos o valor de 884 kΩ que completa nosso projeto.

Esse circuito funcionará na prática, embora as características não lineares do LED resultem em uma notável distorção no sinal de áudio. Melhores projetos podem ser encontrados em textos mais avançados.

6.3 ▸ ESTÁGIOS EM CASCATA

Embora o AOP seja um dispositivo extremamente versátil, há muitas aplicações nas quais um único AOP não será suficiente. Em situações assim, é geralmente possível atender aos requisitos da aplicação realizando a conexão de vários AOPs em cascata. Um exemplo disso é mostrado na Figura 6.15, que consiste do circuito amplificador somador da Figura 6.9 com apenas duas entradas e saída alimentando um simples amplificador inversor. O resultado é um circuito AOP de dois estágios.

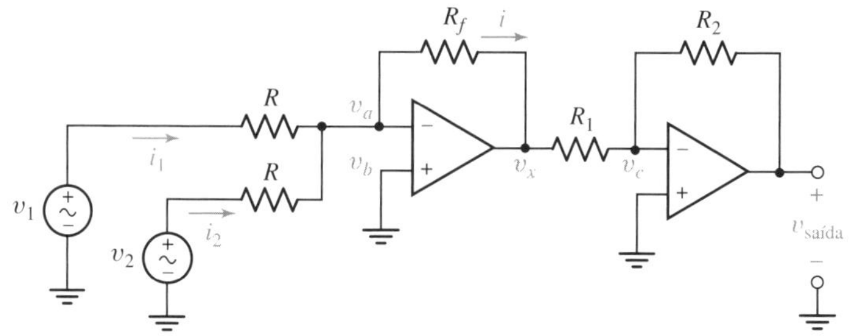

▲ **FIGURA 6.15** Um circuito AOP de dois estágios formado por um amplificador somador em cascata com um circuito amplificador inversor.

Já analisamos cada um desses circuitos AOP separadamente. Com base em nossa experiência anterior, se os dois circuitos fossem desconectados esperaríamos encontrar

$$v_x = -\frac{R_f}{R}(v_1 + v_2) \qquad [7]$$

e

$$v_{\text{saída}} = -\frac{R_2}{R_1}v_x \qquad [8]$$

De fato, como os dois circuitos estão conectados em um único ponto e a tensão v_x não é influenciada pela conexão, podemos combinar as Equações [7] e [8] para obter

$$v_{\text{saída}} = \frac{R_2}{R_1}\frac{R_f}{R}(v_1 + v_2) \qquad [9]$$

que descreve as características de entrada e saída do circuito mostrado na Figura 6.15. No entanto, podemos nem sempre ser capazes de reduzir um circuito como esse a estágios que nos sejam familiares. Assim, vale a pena ver como o circuito de dois estágios da Figura 6.15 pode ser analisado como um todo.

Ao analisar circuitos em cascata, às vezes é melhor começar do último estágio e caminhar para trás em direção ao estágio de entrada. Tendo como referência a lei número 1 do AOP ideal, a mesma corrente flui através de R_1 e R_2. Escrevendo a equação nodal apropriada para o nó v_c, obtemos

$$0 = \frac{v_c - v_x}{R_1} + \frac{v_c - v_{\text{saída}}}{R_2} \qquad [10]$$

Aplicando a lei número 2 do AOP ideal, podemos fazer $v_c = 0$ na Equação [10], resultando em

$$0 = \frac{v_x}{R_1} + \frac{v_{\text{saída}}}{R_2} \qquad [11]$$

Como nosso objetivo é uma expressão para $v_{\text{saída}}$ em termos de v_1 e v_2, analisamos o primeiro AOP de forma a obter uma expressão para v_x em termos das duas grandezas de entrada.

Aplicando a lei número 1 do AOP ideal na entrada inversora do primeiro AOP,

$$0 = \frac{v_a - v_x}{R_f} + \frac{v_a - v_1}{R} + \frac{v_a - v_2}{R} \qquad [12]$$

A lei número 2 do AOP ideal nos permite substituir v_a na Equação [12] por zero, já que $v_a = v_b = 0$. Assim, a Equação [12] se torna

$$0 = \frac{v_x}{R_f} + \frac{v_1}{R} + \frac{v_2}{R} \qquad [13]$$

Agora temos uma equação para $v_{\text{saída}}$ em termos de v_x (Equação [11]), e uma equação para v_x em termos de v_1 e v_2 (Equação [13]). Estas equações são idênticas às Equações [7] e [8], respectivamente, o que significa que a ligação em cascata dos dois circuitos como na Figura 6.15 não afeta a relação entrada-saída de nenhum dos estágios. Combinando as Equações [11] e [13], concluímos que a relação entrada-saída para o circuito em cascata é

$$v_{\text{saída}} = \frac{R_2}{R_1}\frac{R_f}{R}(v_1 + v_2) \qquad [14]$$

que é idêntica à Equação [9].

Portanto, o circuito em cascata atua como um amplificador somador, porém sem uma inversão de fase entre a entrada e a saída. Escolhendo cuidadosamente os valores dos resistores, podemos amplificar ou atenuar a soma das duas tensões de entrada. Se selecionarmos $R_2 = R_1$ e $R_f = R$, podemos também obter um circuito amplificador onde $v_{\text{saída}} = v_1 + v_2$, se desejarmos.

▶ EXEMPLO 6.3

Um sistema de combustível usando múltiplos tanques contendo gás propelente é instalado em um pequeno veículo na órbita lunar. A quantidade de combustível em qualquer tanque é monitorada medindo-se a pressão no tanque (em kPa). Os detalhes técnicos da capacidade dos tanques, do sensor de pressão e da faixa de variação de tensão são dados na Tabela 6.2. Projete um circuito que forneça um sinal de tensão CC positivo proporcional ao combustível total restante, de forma que 1 V = 100%.

© *Corbis.*

TABELA 6.2 ▶ Dados Técnicos para o Sistema de Monitoração da Pressão nos Tanques

Capacidade do Tanque 1	68.950 kPa
Capacidade do Tanque 2	68.950 kPa
Capacidade do Tanque 3	13.790 kPa
Intervalo de Pressão do Sensor	0 a 86.187 kPa
Tensão de Saída do Sensor	0 a 5 Vcc

Vemos pela Tabela 6.2 que o sistema possui três tanques de gás separados, sendo necessários três sensores independentes. Cada sensor é especificado para detectar até 86.187 kPa, que corresponde a uma saída de 5 V. Então, quando o tanque 1 estiver cheio, seu sensor fornecerá um sinal de tensão igual a $5 \times (68.950/86.187) = 4$ V; o mesmo vale para o sensor que monitora o tanque 2. Porém, o sensor ligado ao tanque 3 fornecerá uma tensão máxima de $5 \times (13.790/86.187) = 800$ mV.

Uma solução possível é o circuito mostrado na Figura 6.16*a*, que usa um estágio amplificador somador com v_1, v_2 e v_3 representando os três sinais dos sensores, seguido por um amplificador inversor para ajustar a polaridade e o valor da tensão de saída. Como não nos foi fornecida a resistência de saída dos sensores, empregamos um *buffer* em cada um deles como mostra a Figura 6.16*b*; isto faz que nenhuma corrente flua dos sensores para o somador (no caso ideal).

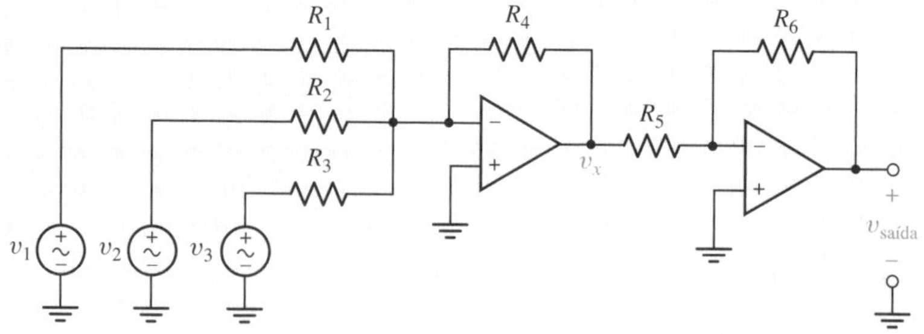

(*a*)

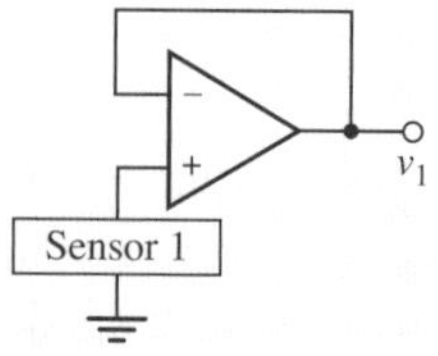

(*b*)

▶ **FIGURA 6.16** (*a*) Circuito proposto para fornecer uma leitura do total de combustível restante. (*b*) Projeto do *buffer* para evitar erros associados à resistência interna do sensor e a limitações em sua capacidade de fornecer corrente. Um *buffer* como esses é usado para cada sensor, fornecendo as tensões de entrada v_1, v_2 e v_3 para o estágio amplificador somador.

Para manter o projeto o mais simples possível, começamos atribuindo o valor de 1 kΩ a R_1, R_2, R_3 e R_4; qualquer valor servirá, desde que os quatro resistores sejam iguais. Logo, a saída do estágio somador é

$$v_x = -\ (v_1 + v_2 + v_3)$$

O estágio final deve inverter esta tensão e ajustá-la de forma que a tensão de saída seja 1 V quando os três tanques estiverem cheios. A condição de tanques cheios resulta em $v_x = -(4 + 4 + 0{,}8) = -8{,}8$ V. Assim, o estágio final precisa de uma relação de tensão de $R_6/R_5 = 1/8{,}8$. Escolhendo arbitrariamente $R_6 = 1$ kΩ, encontramos o valor de 8,8 kΩ para R_5, o que completa nosso projeto.

▶ EXERCÍCIO DE FIXAÇÃO

6.3 Uma ponte histórica está apresentando sinais de deterioração. Até que os trabalhos de recuperação possam ser realizados, decide-se que somente carros pesando menos de 1.600 kg poderão cruzar a ponte. Para monitorar a travessia da ponte, projeta-se um sistema de balanças com quatro células de carga que serão posicionadas sob as rodas dos veículos. Há quatro sinais de tensão independentes, cada um gerado por uma célula, com 1 mV = 1 kg. Projete um circuito para fornecer um sinal de tensão positivo a ser lido por um multímetro digital. Este sinal deve representar o peso total de um veículo, de forma que 1 mV = 1 kg. Você pode assumir que não são necessários circuitos *buffer* no projeto.

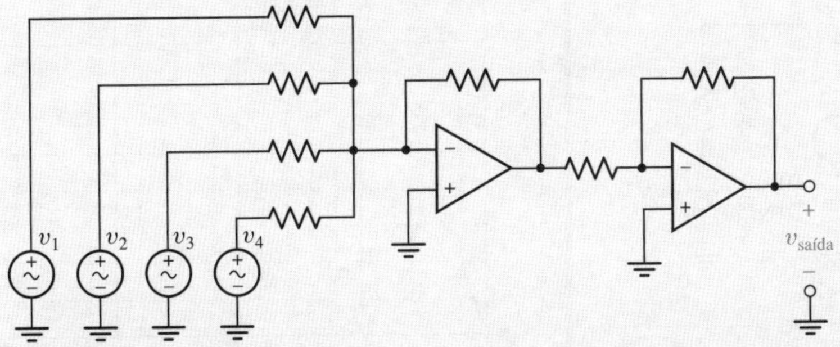

▲ **FIGURA 6.17** Uma possível solução para o Exercício de Fixação 6.3; todos os resistores são de 10 kΩ (embora qualquer valor sirva desde que todos sejam iguais). As tensões de entrada v_1, v_2, v_3 e v_4 representam as tensões de saída das quatro células de carga, e $v_{saída}$ é o sinal a ser lido pelo multímetro digital. Todas as cinco tensões têm como referência a terra, e o terminal comum do multímetro também deverá ser aterrado.

Resposta: Ver Figura 6.17.

6.4 ▶ CIRCUITOS PARA FONTES DE TENSÃO E CORRENTE

Neste capítulo e nos anteriores, temos feito uso frequente de fontes ideais de corrente e tensão, supondo que estas fontes forneçam o mesmo valor de corrente ou tensão independentemente de como estejam conectadas ao circuito. É claro que nossa suposição de independência tem seus limites, conforme mencionamos na Seção 5.2 quando discutimos as fontes reais, que incluíam uma resistência "interna" ou inerente. O efeito desta resistência era uma redução na tensão de saída de uma fonte de tensão em função da necessidade de uma maior corrente de carga, ou uma diminuição na corrente de saída de uma fonte de corrente em função da necessidade de uma maior tensão na carga. Conforme discutiremos nesta seção, é possível construir circuitos com características mais confiáveis usando AOPs.

Uma Fonte de Tensão Confiável

Um dos meios mais comuns de se obter uma tensão de referência estável e consistente é usar um dispositivo não linear conhecido como ***diodo Zener***. Seu símbolo é um triângulo com uma linha semelhante a um Z em sua ponta, conforme mostrado no circuito da Figura 6.18*a* para um 1N750. Diodos são caracterizados por uma forte relação assimetria de corrente-tensão. Para pequenas tensões, eles basicamente não conduzem corrente – ou sofrem um aumento exponencial de corrente – dependendo da polaridade da tensão. Desta forma, eles distinguem-se do resistor simples onde a magnitude da corrente é a mesma para qualquer polaridade de tensão e, portanto, a relação entre a tensão e corrente no resistor é simétrica.

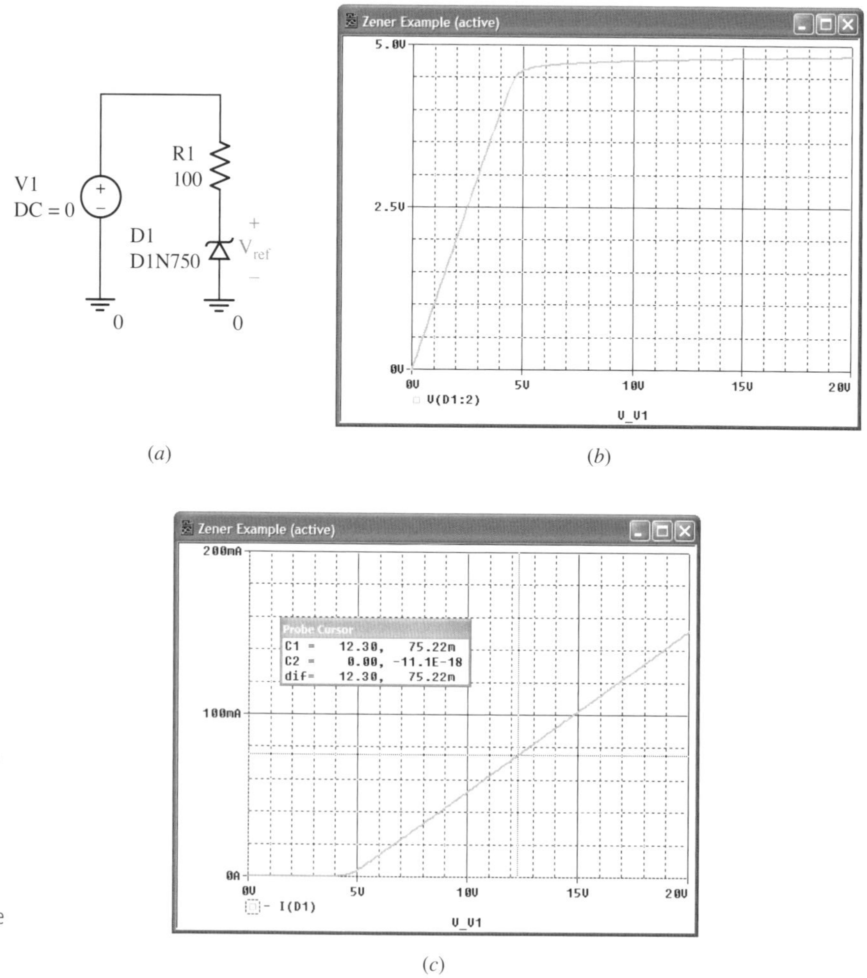

▶ **FIGURA 6.18** (*a*) Diagrama esquemático do PSpice para um circuito de tensão de referência simples baseado no diodo Zener 1N750. (*b*) Simulação do circuito mostrando a tensão V_{ref} do diodo em função da tensão V1 aplicada. (*c*) Simulação da corrente no diodo, mostrando que seu valor máximo especificado é excedido quando V1 ultrapassa 12,3 V (observe que a execução deste cálculo supondo um diodo Zener *ideal* resulta em 12,2 V).

Consequentemente, os terminais de um diodo têm nomes exclusivos e não podem ser trocados: ***anodo*** (a parte reta do triângulo) e ***catodo*** (o vértice do triângulo).

O diodo Zener é um tipo especial de diodo projetado para ser usado com uma tensão positiva no catodo em relação ao anodo; quando conectado dessa maneira, dizemos que o diodo está *reversamente polarizado*. Em baixas tensões, o diodo atua como um resistor, sendo observado um pequeno aumento linear na corrente à medida que a tensão aumenta. No entanto, uma vez atingida certa tensão (V_{BR}), chamada de *tensão de ruptura reversa* ou ***tensão Zener*** do diodo, a tensão não apresenta nenhum aumento adicional significativo, embora essencialmente qualquer corrente possa fluir até que se atinja a corrente máxima do diodo (75 mA para o 1N750, cuja tensão Zener é 4,7 V).

Vamos considerar o resultado de simulação apresentado na Figura 6.18*b*, que mostra a tensão V_{ref} nos terminais do diodo à medida que a tensão da fonte V1 varia de 0 a 20 V. Se a tensão V1 permanece acima de 5 V, *a tensão no diodo mantém-se essencialmente constante*. Assim, poderíamos substituir V1 por uma bateria de 9 V e não ficar preocupados com alterações na tensão de referência à medida que a bateria se descarregasse. A finalidade de R1 nesse circuito é simplesmente fornecer a queda de tensão necessária entre a bateria e o diodo; seu valor deve ser escolhido de forma a garantir que o diodo esteja operando em sua tensão Zener, mas abaixo da corrente máxima especificada. Por exemplo, a Figura 6.18*c* mostra que a corrente de 75 mA é excedida em nosso circuito se a tensão V1 da fonte for muito maior do que 12 V. Assim, o resistor R1 deve ser dimensionado conforme a tensão disponível na fonte, como veremos no Exemplo 6.4.

▶ EXEMPLO 6.4

Projete um circuito baseado no diodo Zener 1N750 que funcione com uma bateria de 9 V e forneça uma tensão de referência de 4,7 V.

O diodo Zener 1N750 tem uma corrente máxima de 75 mA e uma tensão Zener de 4,7 V. A tensão de uma bateria de 9 V pode variar ligeiramente dependendo do estado de carga, mas vamos desprezar este efeito neste projeto. Um circuito simples, como aquele mostrado na Figura 6.19*a*, é adequado à nossa finalidade; o único problema é determinar um valor adequado para o resistor R_{ref}.

Se uma queda de tensão de 4,7 V ocorre nos terminais do diodo, então 9 – 4,7 = 4,3 V deve ser a queda de tensão nos terminais de R_{ref}. Logo,

$$R_{ref} = \frac{9 - V_{ref}}{I_{ref}} = \frac{4,3}{I_{ref}}$$

Determinamos R_{ref} especificando um valor de corrente. Sabemos que I_{ref} não deve exceder 75 mA neste diodo e que correntes maiores farão a bateria se descarregar mais rapidamente. Entretanto, como visto na Figura 6.19*b*, não podemos simplesmente escolher I_{ref} de forma arbitrária; correntes muito baixas não permitem que o diodo opere na região de ruptura Zener.

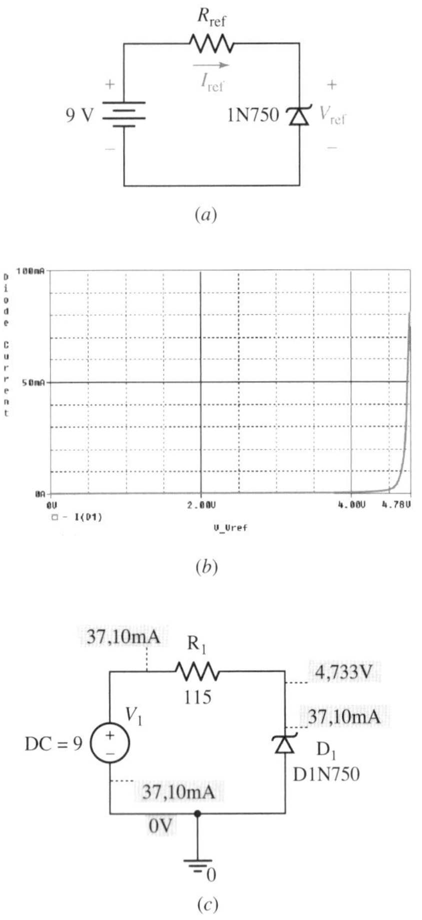

▲ **FIGURA 6.19** (*a*) Circuito de tensão de referência baseado no diodo Zener 1N750. (*b*) Relação *I-V* do diodo. (*c*) Simulação do projeto final no PSpice.

Na falta de uma equação detalhada para a relação corrente-tensão do diodo (que é claramente não linear), usamos como regra prática em nosso projeto um valor de 50% da corrente máxima. Assim,

$$R_{ref} = \frac{4{,}3}{0{,}0375} = 115\ \Omega$$

Um ajuste detalhado pode ser obtido executando uma simulação do circuito final no PSpice, embora possamos ver pela Figura 6.19*c* que nossa primeira tentativa está razoavelmente próxima do nosso valor desejado (dentro de 1%).

O circuito básico de tensão de referência com diodo Zener da Figura 6.18*a* funciona muito bem em muitas situações, mas de certa forma estamos limitados quanto à escolha dos valores de tensão com os quais podemos trabalhar dependendo dos diodos Zener disponíveis. Além disso, descobrimos com frequência que o circuito ilustrado não é o mais indicado para aplicações que requeiram mais do que alguns miliampères de corrente. Em tais situações, podemos usar o circuito de referência com diodo Zener em conjunto com um estágio amplificador simples, como mostra a Figura 6.20. O resultado é uma tensão estável que pode ser controlada através do ajuste de R_1 ou R_f sem que seja necessária a troca do diodo.

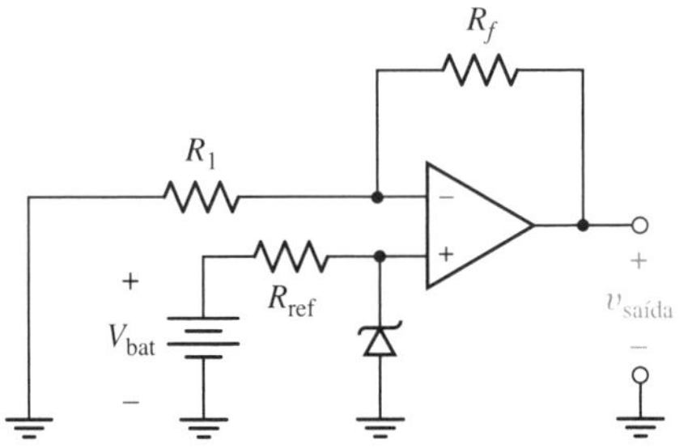

◀ **FIGURA 6.20** Uma fonte de tensão com AOP baseada em uma tensão de referência Zener.

▶ **EXERCÍCIO DE FIXAÇÃO**

6.4 Projete um circuito para fornecer uma tensão de referência de 6 V usando um diodo Zener 1N750 e um amplificador não inversor.

Resposta: Usando a topologia mostrada na Figura 6.20, escolha V_{bat} = 9V, R_{ref} = 115 Ω, R_1 = 1 kΩ e R_f = 268 Ω.

Uma Fonte de Corrente Confiável

Considere o circuito da Figura 6.21*a*, onde V_{ref} é fornecida por uma fonte de tensão regulada como aquela mostrada na Figura 6.19*a*. O leitor pode reconhecer nesse circuito um simples amplificador inversor desde que façamos uso externo da tensão no pino de saída do AOP. Podemos também usar esse circuito como uma fonte de corrente, onde R_L representa uma carga resistiva.

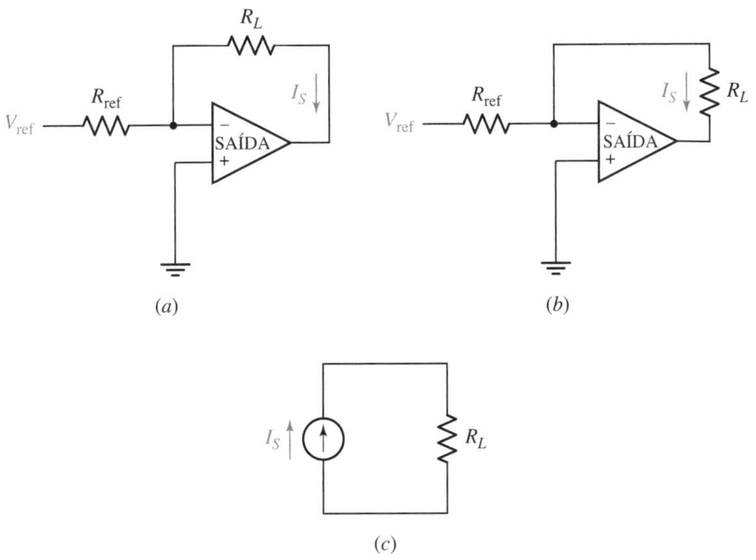

◀ **FIGURA 6.21** (*a*) Uma fonte de corrente com AOP, controlada pela tensão de referência V_{ref}. (*b*) Circuito redesenhado para destacar a carga. (*c*) Modelo do circuito. O resistor R_L representa o equivalente de Norton de um circuito de carga passivo desconhecido.

A tensão de entrada V_{ref} aparece no resistor R_{ref} porque a entrada não inversora do AOP está aterrada. Sem corrente fluindo para a entrada inversora, a corrente que passa pelo resistor de carga R_L é simplesmente

$$I_s = \frac{V_{ref}}{R_{ref}}$$

Em outras palavras, a corrente fornecida a R_L não depende de sua resistência – o atributo primário de uma fonte de corrente ideal. Vale notar também que não estamos usando a tensão de saída do AOP como uma grandeza de interesse. Em vez disso, podemos enxergar a resistência de carga R_L como o equivalente de Norton (ou de Thévenin) de algum circuito de carga passivo desconhecido alimentado pelo AOP. Redesenhando ligeiramente o circuito como mostra a Figura 6.21*b*, vemos que ele tem muito em comum com o circuito mais familiar da Figura 6.21*c*. Em outras palavras, podemos usar este circuito como uma fonte de corrente independente com características essencialmente ideais, desde que se respeite a especificação de corrente máxima do AOP selecionado.

▶ EXEMPLO 6.5

Projete uma fonte de corrente que forneça 1 mA a uma carga resistiva qualquer.

Baseando nosso projeto nos circuitos da Figura 6.20 e Figura 6.21*a*, sabemos que a corrente na carga R_L será dada por

$$I_s = \frac{V_{ref}}{R_{ref}}$$

onde devem ser selecionados valores para V_{ref} e R_{ref}; um circuito para fornecer V_{ref} também deve ser projetado. Se usarmos o diodo Zener 1N750 em série com uma bateria de 9 V e um resistor de 100 Ω, sabemos da Figura 6.18*b* que haverá uma tensão de 4,9 V nos terminais do diodo.

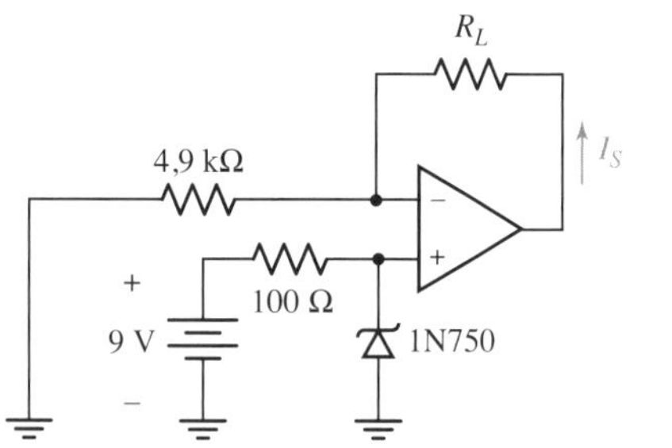

▲ **FIGURA 6.22** Um projeto possível para a fonte de corrente desejada. Note a mudança na direção da corrente em relação à Figura 6.21*b*.

Portanto, V_{ref} = 4,9 V, fixando um valor de $4{,}9/10^{-3}$ = 4,9 kΩ para R_{ref}. O circuito completo é mostrado na Figura 6.22.

Note que se em vez disso tivéssemos assumido uma tensão de 4,7 V no diodo, o erro na corrente projetada seria muito pequeno, menor do que aquele embutido na tolerância de 5 a 10% dos resistores.

A única questão pendente é se 1 mA pode de fato ser entregue a qualquer valor de R_L. No caso $R_L = 0$, a tensão de saída do AOP será igual a 4,9 V, o que não é inaceitável. À medida que o resistor de carga cresce, no entanto, a tensão de saída do AOP aumenta. Eventualmente deveremos atingir algum tipo de limite, o que é discutido na Seção 6.5.

▶ EXERCÍCIO DE FIXAÇÃO

6.5 Projete uma fonte de corrente capaz de fornecer 500 μA a uma carga resistiva.

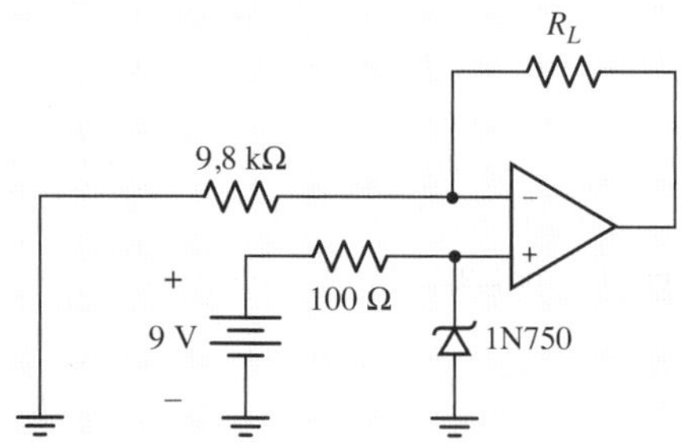

◀ **FIGURA 6.23** Uma possível solução para o Exercício de Fixação 6.5.

Resposta: Veja uma possível solução na Figura 6.23.

6.5 ▶ CONSIDERAÇÕES PRÁTICAS

Um Modelo de AOP Mais Detalhado

Reduzido a seus aspectos essenciais, o AOP pode ser visto como uma fonte de tensão dependente controlada por tensão. A fonte de tensão fornece a saída do AOP e a tensão da qual ela depende é aplicada nos terminais de entrada. A Figura 6.24 mostra o diagrama esquemático de um modelo razoável para um AOP real; ela inclui uma fonte de tensão dependente com um ganho de tensão A, uma resistência de saída Ro e uma resistência de entrada R_i. A Tabela 6.3 fornece valores típicos para estes parâmetros para vários tipos de AOPs disponíveis comercialmente.

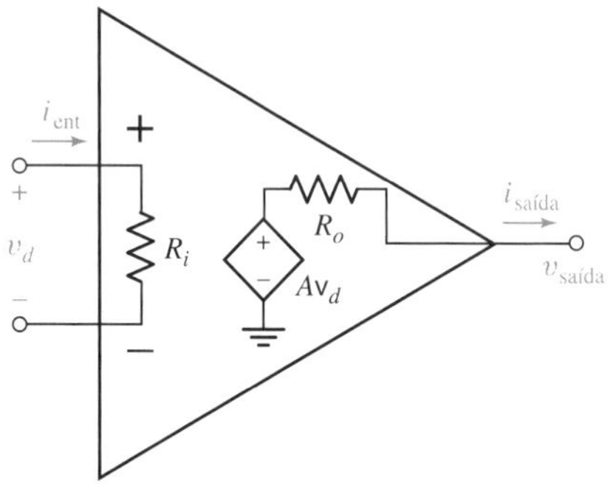

▲ **FIGURA 6.24** Um modelo mais detalhado para o AOP.

O parâmetro A é chamado de ***ganho de tensão em malha aberta*** do AOP e varia geralmente entre 10^5 e 10^6. Notamos que todos os AOPs listados na Tabela 6.3 possuem ganhos de tensão em malha aberta extremamente altos em comparação com o ganho de tensão de 11 que caracterizava o circuito amplificador não inversor do Exemplo 6.1. É importante lembrar a diferença entre o ganho de tensão em malha aberta, que é próprio do AOP, e o ***ganho de tensão em malha fechada***, que é uma característica do circuito do qual o AOP faz parte. A "malha" neste caso refere-se a um caminho *externo* entre o pino de saída e o pino da entrada inversora; ele pode ser um fio, um resistor, ou qualquer outro tipo de elemento, dependendo da aplicação.

TABELA 6.3 ▶ Valores Típicos de Parâmetros para Vários Tipos de AOPs

Tipo	μA741	LM324	LF411	AD549K	OPA690
Descrição	**Uso geral**	**Baixa potência**	**Baixo *offset*, entrada JFET de baixa flutuação**	**Corrente de polarização de entrada ultrabaixa**	**Amplificador de vídeo em banda larga**
Ganho em malha aberta A	2×10^5 V/V	10^5 V/V	2×10^5 V/V	10^6 V/V	2800 V/V
Resistência de entrada	2 MΩ	*	1 TΩ	10 TΩ	190 kΩ
Resistência de saída	75 Ω	*	~1 Ω	~15 Ω	*
Corrente de polarização de entrada	80 nA	45 nA	50 pA	75 fA	3 μA
Tensão de offset de entrada	1,0 mV	2,0 mV	0,8 mV	0,150 mV	± 1,0 mV
CMRR	90 dB	85 dB	100 dB	100 dB	65 dB
Taxa de Subida	0,5 V/μs	*	15 V/μs	3 V/μs	1.800 V/μs
Modelo do PSpice	√	√	√		

* Não fornecido pelo fabricante
√ Indica que um modelo PSpice está incluído no Orcad Capture CIS versão 10.0.

O μA741 é um AOP muito comum, produzido originalmente pela Fairchild Corporation em 1968. Ele é caracterizado por um ganho de tensão em malha aberta da ordem de 200.000, uma resistência de entrada de 2 MΩ e uma resistência de saída de 75 Ω. De forma a avaliar quão bem o modelo do AOP ideal se aproxima do comportamento deste dispositivo em particular, vamos revisitar o circuito amplificador inversor da Figura 6.3.

▶ EXEMPLO 6.6

Usando os valores apropriados para o AOP μA741 no modelo da Figura 6.24, analise novamente o circuito amplificador inversor da Figura 6.3.

Começamos substituindo o símbolo do AOP ideal da Figura 6.3 pelo modelo detalhado, resultando no circuito da Figura 6.25.

Note que não podemos mais usar as leis do AOP ideal, pois não estamos usando o modelo do AOP ideal. Então, escrevemos duas equações nodais:

$$0 = \frac{-v_d - v_{\text{ent}}}{R_1} + \frac{-v_d - v_{\text{saída}}}{R_f} + \frac{-v_d}{R_i}$$

$$0 = \frac{v_{\text{saída}} + v_d}{R_f} + \frac{v_{\text{saída}} - Av_d}{R_o}$$

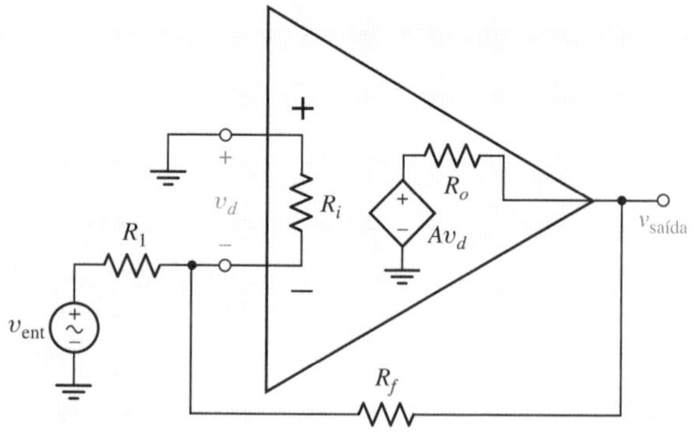

▲ **FIGURA 6.25** Circuito amplificador inversor desenhado usando o modelo detalhado do AOP.

Com um pouco de álgebra simples mas demorada, eliminamos v_d e combinamos as duas equações para obter a seguinte expressão para $v_{saída}$ em termos de v_{ent}:

$$v_{saída} = \left[\frac{R_o + R_f}{R_o - AR_f}\left(\frac{1}{R_1} + \frac{1}{R_f} + \frac{1}{R_i}\right) - \frac{1}{R_f}\right]^{-1}\frac{v_{ent}}{R_1} \qquad [15]$$

Substituindo $v_{ent} = 5$ sen $3t$ mV, $R_1 = 4{,}7$ kΩ, $R_f = 47$ kΩ, $R_o = 75$ Ω, $R_i = 2$ MΩ e $A = 2 \times 10^5$, obtemos

$$v_{saída} = -\ 9{,}999448 v_{ent} = -\ 49{,}99724 \text{ sen } 3t \qquad \text{mV}$$

Após comparar este resultado com a expressão encontrada assumindo um AOP ideal ($v_{saída} = -10\ v_{ent} = -50$ sen $3t$ mV), vemos que o AOP ideal é de fato um modelo razoavelmente preciso. Além disso, assumir o AOP como um elemento ideal leva a uma redução significativa na álgebra necessária para executar a análise do circuito. Note que, se fizermos $A \to \infty$, $R_o \to 0$ e $R_i \to \infty$, a Equação [15] se reduz a

$$v_{saída} = -\ \frac{R_f}{R_1} v_{ent}$$

que é o que deduzimos anteriormente para o amplificador inversor quando assumimos um AOP ideal.

▶ EXERCÍCIO DE FIXAÇÃO

6.6 Assumindo um ganho em malha aberta (A) finito, uma resistência de entrada finita (R_i) e uma resistência de saída nula (R_o), deduza uma expressão para $v_{saída}$ em termos de v_{ent} no circuito da Figura 6.3.

Resposta: $v_{saída}/v_{ent} = -AR_f R_i/[(1 + A) R_1 R_i + R_1 R_f + R_f R_i]$.

Dedução das Leis do AOP Ideal

Vimos que o AOP ideal pode ser um modelo razoavelmente preciso para representar o comportamento de dispositivos reais. No entanto, com o uso de nosso modelo mais detalhado que inclui um ganho finito em malha aberta, uma resistência de entrada finita e uma resistência de saída diferente de zero, é possível deduzir de forma imediata as duas leis do AOP ideal.

Referindo-nos à Figura 6.24, vemos que a tensão de saída em circuito aberto de um AOP real pode ser expressa como

$$v_{\text{saída}} = Av_d \qquad [16]$$

Rearranjando esta equação, vemos que v_d, às vezes chamada de ***tensão diferencial de entrada***, pode ser escrita como

$$v_d = \frac{v_{\text{saída}}}{A} \qquad [17]$$

Como poderíamos esperar, há limites práticos para a tensão de saída $v_{\text{saída}}$ que pode ser obtida a partir de um AOP real. Conforme descrito mais adiante, devemos conectar nosso AOP a fontes de tensão externas para alimentar os circuitos internos. Estas fontes de tensão representam o valor máximo de $v_{\text{saída}}$ e estão no intervalo de 5 a 24 V. Se dividirmos 24 V pelo ganho em malha aberta do μA741 (2×10^5), obtemos $v_d = 120\ \mu$V. Embora não seja o mesmo que zero volts, um valor pequeno como este é praticamente zero se comparado com 24 V. Um AOP ideal teria um ganho em malha aberta infinito, resultando em $v_d = 0$ independentemente de $v_{\text{saída}}$; isto leva à lei número 2 do AOP ideal.

A lei número 1 do AOP ideal diz que "*nenhuma corrente flui nos terminais de entrada*". Referindo-nos à Figura 6.24, a corrente de entrada de um AOP é simplesmente

$$i_{\text{ent}} = \frac{v_d}{R_i}$$

Acabamos de determinar que v_d é uma tensão muito pequena. Como podemos ver pela Tabela 6.3, a resistência de entrada de um AOP típico é muito alta, variando de megaohms a até teraohms! Usando o valor v_d = 120 μV obtido acima e $R_i = 2\ \text{M}\Omega$, calculamos uma corrente de entrada de 60 pA. Esta é uma corrente extremamente pequena e precisaríamos de um amperímetro muito especial (conhecido como picoamperímetro) para medi-la. Vemos pela Tabela 6.3 que a corrente de entrada típica (chamada mais precisamente de ***corrente de polarização de entrada***) de um μA741 é 80 nA, um valor três ordens de grandeza maior do que nossa estimativa. Esta é uma restrição do modelo de AOP que estamos usando, que não se presta a fornecer valores precisos para a corrente de polarização de entrada. No entanto, em comparação com as demais correntes que fluem em um típico circuito com AOPs, qualquer um desses valores é essencialmente zero. AOPs mais modernos (como o AD549) apresentam correntes de polarização de entrada ainda menores. Portanto, concluímos que a lei número 1 do AOP ideal é uma hipótese bastante razoável.

Pela nossa discussão, está claro que um AOP ideal tem um ganho de tensão em malha aberta infinito e uma resistência de entrada infinita. No entanto, ainda não consideramos a resistência de saída de um AOP e seus possíveis efeitos em nosso circuito. Olhando a Figura 6.24, vemos que

$$v_{\text{saída}} = Av_d - R_o i_{\text{saída}}$$

onde $i_{\text{saída}}$ flui no pino de saída do AOP. Assim, um valor de R_o diferente de zero atua no sentido de reduzir a tensão de saída, um efeito que se torna mais pronunciado à medida que a corrente de saída aumenta. Por essa razão, um AOP *ideal* tem uma resistência de saída de zero ohms. O μA741 tem uma resistência de saída máxima de 75 Ω. Dispositivos mais modernos, como o AD549, apresentam resistência de saída ainda mais baixa.

Rejeição de Modo Comum

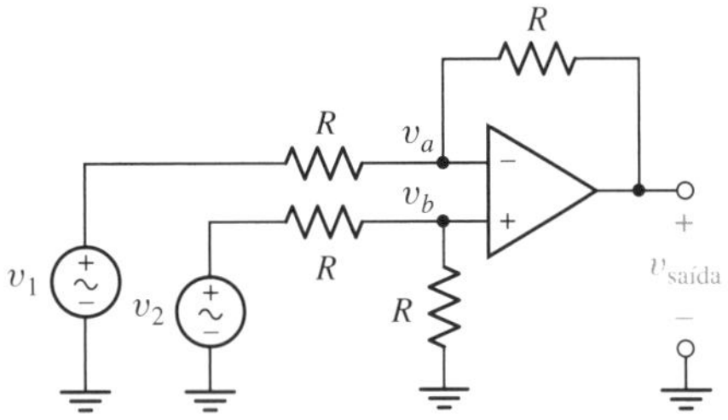

▲ **FIGURA 6.26** AOP conectado como um amplificador de diferença.

O AOP é às vezes chamado de *amplificador de diferença*, porque a saída é proporcional à diferença de tensão entre os dois terminais de entrada. Isto significa que se aplicarmos tensões idênticas a ambos os terminais de entrada, esperaremos que a tensão de saída seja nula. Esta propriedade do AOP é uma de suas qualidades mais interessantes, e é conhecida como ***rejeição de modo comum***. O circuito mostrado na Figura 6.26 está ligado de forma a fornecer uma tensão de saída

$$v_{saída} = v_2 - v_1$$

Se $v_1 = 2 + 3$ sen $3t$ volts e $v_2 = 2$ volts, esperamos que a saída seja -3 sen $3t$ volts; a componente de 2 V comum a v_1 e v_2 não seria amplificada nem apareceria na saída.

Na realidade, em AOPs reais encontramos um pequeno sinal de saída em resposta a sinais de modo comum. Para comparar um tipo de AOP com outro, é geralmente útil expressar a habilidade de um AOP rejeitar sinais de modo comum por meio de um parâmetro conhecido como taxa de rejeição de modo comum, ou **CMRR** (*commom mode rejection ratio*). Definindo $v_{o_{CM}}$ como a saída obtida quando ambas as entradas são iguais ($v_1 = v_2 = v_{CM}$), podemos determinar A_{CM}, o ganho em modo comum do AOP

$$A_{CM} = \left| \frac{v_{o_{CM}}}{v_{CM}} \right|$$

Definimos então o CMRR em termos da razão entre o ganho em modo diferencial A e o ganho em modo comum A_{CM}, ou

$$\text{CMRR} \equiv \left| \frac{A}{A_{CM}} \right| \qquad [18]$$

embora esta razão seja expressa frequentemente em decibéis (dB), uma escala logarítmica:

$$\text{CMRR}_{(\text{dB})} \equiv 20 \log_{10} \left| \frac{A}{A_{CM}} \right| \quad \text{dB} \qquad [19]$$

A Tabela 6.3 mostra valores típicos para vários AOPs diferentes; um valor de 100 dB corresponde a uma relação absoluta de 10^5 de A para A_{CM}.

Realimentação Negativa

Já vimos que o ganho em malha aberta de um AOP é muito grande, idealmente infinito. No entanto, em situações práticas, seu valor exato pode variar em relação ao valor especificado pelo fabricante como valor típico. A temperatura, por exemplo, pode ter muitos efeitos significativos no desempenho de um AOP, de forma que seu comportamento sob uma temperatura de –20°C pode ser muito diferente daquele observado em um dia quente e ensolarado. Além disso, também há pequenas variações entre dispositivos fabricados em momentos diferentes. Assim, se projetamos um circuito no qual a tensão de saída é o ganho em malha aberta multiplicado pela tensão em um dos terminais de entrada, fica difícil prever a tensão de saída com um nível de precisão razoável.

Uma solução para tais problemas em potencial é o uso da técnica da ***realimentação negativa***, que é o processo de subtrair da entrada uma pequena parcela do sinal de saída. Se algum evento muda as características do amplificador de forma que a saída tende a aumentar, o sinal de entrada é diminuído ao mesmo tempo. Realimentação negativa em excesso torna o sinal de saída inútil devido à sua baixa amplificação, mas uma pequena realimentação negativa proporciona estabilidade. Um exemplo de realimentação negativa é a sensação desagradável que sentimos quando nossa mão se aproxima de uma chama. Quanto mais nos aproximamos da chama, maior é o sinal negativo enviado por nossa mão. No entanto, se exagerarmos na realimentação negativa, podemos abominar o calor e ao final morrer congelados. ***Realimentação positiva*** é o processo em que uma pequena fração do sinal de saída é acrescentada ao sinal de entrada. Um exemplo comum disso ocorre quando um microfone é direcionado para um alto-falante – um som muito fraco é rapidamente amplificado várias vezes até que a caixa comece a "apitar". A realimentação positiva geralmente leva o sistema a uma condição instável.

Todos os circuitos apresentados neste capítulo incorporam realimentação negativa através da presença de um resistor entre o pino de saída e a entrada inversora. O circuito fechado resultante reduz a dependência existente entre a tensão de saída e o valor real do ganho em malha aberta (conforme visto no Exemplo 6.6). Isto dispensa a necessidade de medir o ganho em malha aberta exato de cada AOP que utilizarmos, pois pequenas variações em A não afetarão significativamente a operação do circuito. A realimentação negativa também proporciona maior estabilidade em situações nas quais A é sensível ao ambiente que envolve o AOP. Por exemplo, se A aumenta subitamente em resposta a uma mudança na temperatura ambiente, uma maior tensão de realimentação é adicionada à entrada inversora. Isso promove uma redução na tensão diferencial de entrada v_d, e com isso a mudança na tensão de saída Av_d é menor. Devemos notar que o ganho em malha fechada do circuito é sempre menor do que o ganho em malha aberta do dispositivo; este é o preço que pagamos por estabilidade e por uma redução na sensibilidade à variação de parâmetros.

Saturação

Até aqui, estivemos tratando o AOP como um dispositivo puramente linear, assumindo que suas características são independentes da maneira como ele é conectado a um circuito. Na realidade, é necessário fornecer potência a um AOP para fazer funcionar seus circuitos internos, como mostra a Figura 6.27. Uma tensão positiva, geralmente da ordem de 5 a 24 V CC,

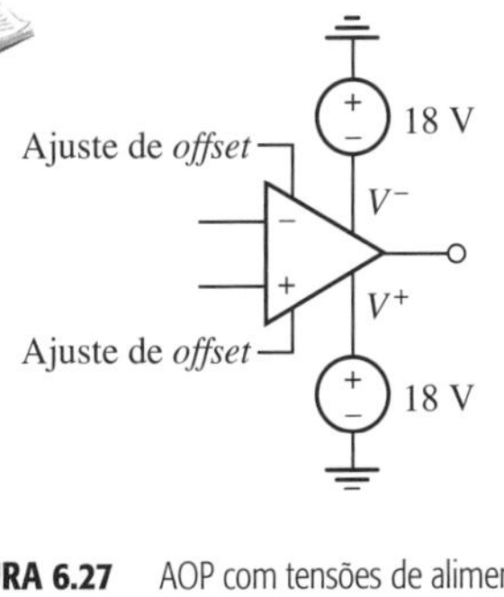

▲ **FIGURA 6.27** AOP com tensões de alimentação positiva e negativa. Duas fontes de 18 V são usadas como exemplo; observe a polaridade de cada uma.

é conectada ao terminal V^+, e uma tensão negativa de mesmo valor é conectada ao terminal V^-. Há também muitas aplicações nas quais se pode usar apenas uma tensão de alimentação, e aquelas nas quais os valores das duas tensões de alimentação podem ser diferentes. O fabricante do AOP geralmente especifica uma tensão de alimentação máxima, acima da qual ocorrerão danos aos transistores internos do dispositivo.

As tensões de alimentação são uma escolha crítica quando se projeta um circuito AOP, porque elas representam a máxima tensão de saída possível para o dispositivo.[2] Por exemplo, considere o circuito mostrado na Figura 6.26, agora conectado como um amplificador não inversor com ganho 10. Como mostra a simulação realizada no PSpice, ilustrada na Figura 6.28, observamos de fato um comportamento linear no AOP, mas somente para tensões de entrada no intervalo de ±1,71 V. Fora deste intervalo, a tensão de saída deixa de ser proporcional à entrada, alcançando um valor de pico de 17,6 V. Este importante efeito não linear é conhecido como ***saturação*** e se refere ao fato de que um aumento adicional na tensão de entrada não resulta em qualquer mudança na tensão de saída. Isto ocorre porque o valor de saída de um AOP real não pode superar a tensão de alimentação. Por exemplo, se alimentarmos nosso AOP com uma fonte de +9 V e outra de −5 V, então a tensão de saída estará limitada ao intervalo de −5 a +9 V. A saída do AOP é uma resposta linear limitada pelas regiões de saturação positiva e negativa. Como regra geral, procuramos projetar nossos circuitos com AOPs de maneira a não entrar acidentalmente na região de saturação. Isso requer uma escolha cuidadosa da tensão de alimentação com base no ganho em malha aberta e na máxima tensão de entrada esperada.

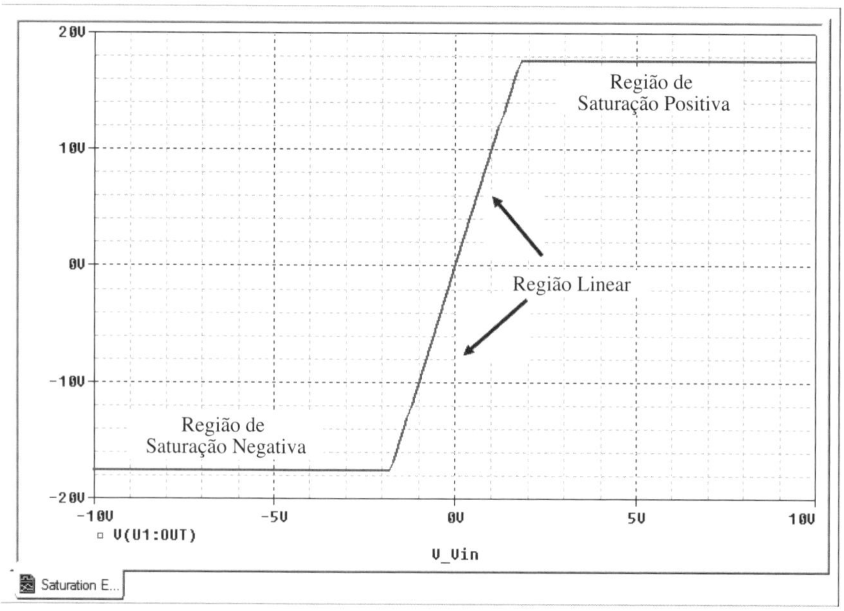

▲ **FIGURA 6.28** Simulação das características entrada-saída de um μA741 conectado como amplificador não inversor com ganho 10, alimentado por fontes de ±18 V.

[2] Na prática, constatamos que a máxima tensão de saída é ligeiramente menor do que a tensão de alimentação e esta diferença é aproximadamente 1 V.

Tensão de *Offset* de Entrada

Conforme vamos descobrindo, há muitas considerações práticas que devemos ter em mente quando trabalhamos com AOPs. Um desvio particularmente importante da situação ideal que vale a pena mencionar é a tendência dos AOPs reais a apresentar uma saída diferente de zero mesmo quando os dois terminais de entrada estão em curto-circuito. O valor da saída sob essas condições é conhecido como tensão de *offset*, e a tensão de entrada necessária para reduzir a saída a zero é chamada de ***tensão de* offset *de entrada***. Tendo como referência a Tabela 6.3, vemos que os valores típicos da tensão de *offset* de entrada são da ordem de alguns milivolts ou menos.

A maioria dos AOPs possui dois pinos marcados com "ajuste de *offset*" (*offset null*) ou "balanceamento" (*balance*). Estes terminais podem ser usados para ajustar a tensão de saída através da conexão de um potenciômetro. O potenciômetro é um resistor variável comumente usado em aplicações como o controle de volume em rádios. Tal dispositivo vem com um botão que pode ser girado para selecionar o valor real da resistência, possuindo três terminais. Medida entre os dois terminais externos, a resistência obtida será fixa e independente da posição do botão. Usando-se o terminal central e um dos terminais das pontas, cria-se um resistor cujo valor depende da posição do botão. A Figura 6.29 mostra um circuito típico usado para ajustar a tensão de saída de um AOP; fabricantes podem sugerir circuitos alternativos para dispositivos em particular.

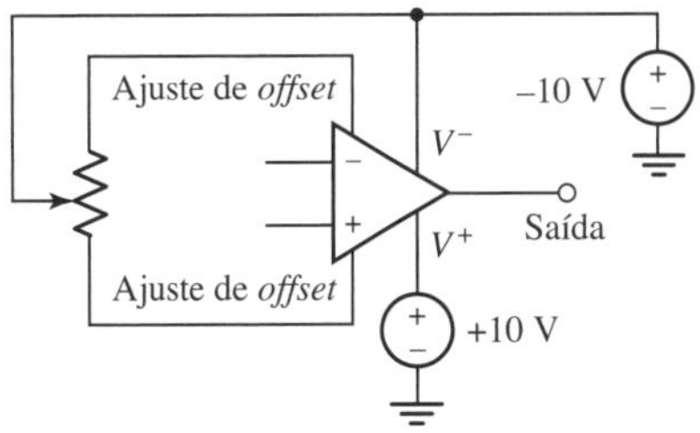

▲ **FIGURA 6.29** Circuito externo sugerido para obter uma tensão de saída zero. As fontes de alimentação de ±10 V são mostradas como exemplo; as verdadeiras tensões de alimentação no circuito final seriam escolhidas na prática.

Taxa de Subida (*Slew Rate*)

Até agora, assumimos tacitamente que o AOP fosse capaz de responder igualmente bem a sinais em qualquer frequência, embora talvez não nos surpreendamos ao descobrir que na prática há algum tipo de limitação nesse sentido. Como sabemos que circuitos com AOPs funcionam bem em CC, que é essencialmente a frequência zero, devemos considerar seu desempenho à medida que a frequência do sinal *aumenta*. Uma medida do desempenho em frequência de um AOP é sua **taxa de subida** (***slew rate***), que indica a taxa na qual a tensão de saída pode responder a mudanças na entrada; ela é frequentemente expressa em V/μs. A Tabela 6.3 traz a especificação típica da taxa de subida para vários dispositivos comerciais, mostrando valores da ordem de alguns volts por microssegundo. Uma exceção notável é o OPA690, que é projetado como um AOP para aplicações em vídeo que requerem operação em várias centenas de MHz. Como podemos ver, uma respeitável taxa de subida de 1.800 V/μs não é irreal para este dispositivo, embora os demais parâmetros, particularmente a corrente de polarização de entrada e o CMRR, sejam prejudicados em decorrência disso.

As simulações mostradas na Figura 6.30, realizadas no PSpice, ilustram a degradação no desempenho de um AOP devido às limitações de taxa de subida. O circuito simulado é um LF411 configurado como amplificador não inversor com ganho de 2, alimentado por fontes de ±15 V. A forma de onda da entrada é mostrada em verde e tem uma tensão de pico de 1 V;

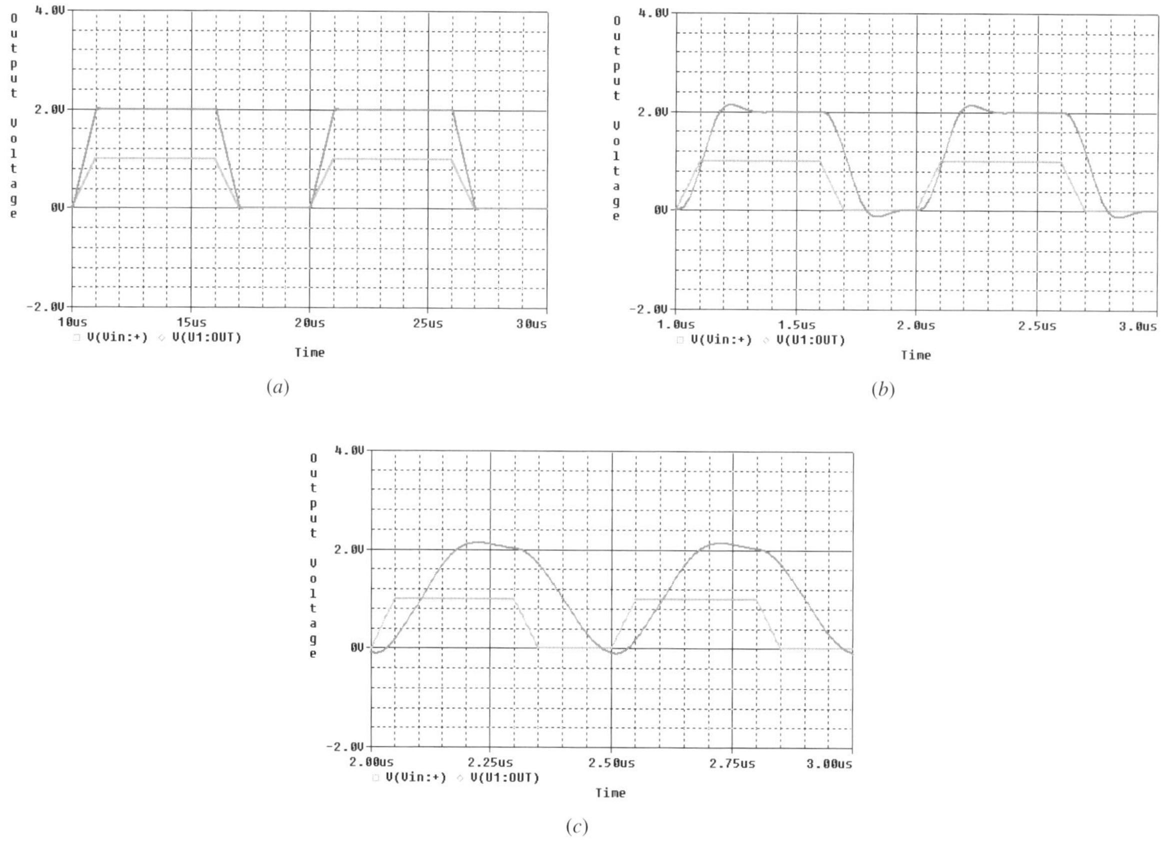

▲ **FIGURA 6.30** Desempenho simulado de um AOP LF411 como amplificador não inversor com ganho de 2, fontes de alimentação de ±15 V e uma forma de onda de entrada pulsada. (*a*) Tempos de subida e descida = 1 μs, largura de pulso = 5 μs. (*b*) Tempos de subida e descida = 100 ns, largura de pulso = 500 ns; (*c*) Tempos de subida e descida = 50 ns, largura de pulso = 250 ns.

a tensão de saída é mostrada em vermelho. A simulação da Figura 6.30*a* corresponde a tempos de subida e descida de 1 μs. Embora este seja um intervalo de tempo muito curto para os seres humanos, o LF411 o trata com facilidade. À medida que os tempos de subida e descida diminuem 10 vezes, atingindo 100 ns (Figura 6.30*b*), vemos que o LF411 começa a ter uma pequena dificuldade em acompanhar a entrada. No caso de tempos de subida e descida de 50 ns (Figura 6.30*c*), observamos não apenas um significativo atraso entre a entrada e a saída, mas também uma perceptível distorção – o que não é uma boa característica para um amplificador. Este comportamento é consistente com a taxa de subida típica de 15 V/μs especificada na Tabela 6.3, que indica que a saída precisaria de aproximadamente 130 ns para mudar de 0 a 2 V (ou de 2 V para 0).

Encapsulamento

AOPs modernos estão disponíveis em vários tipos diferentes de encapsulamento. Alguns tipos são mais adequados à operação em altas temperaturas e há muitas maneiras de se montar CI's em placas de circuito impresso. A Figura 6.31 mostra vários estilos diferentes do LM741, fabricado pela

National Semiconductor. A legenda “NC” junto a um pino significa “*no connection*” (sem conexão). Os estilos de encapsulamento mostrados na figura são configurações-padrão e são usados em muitos circuitos integrados; ocasionalmente, há mais pinos disponíveis em um encapsulamento do que o necessário.

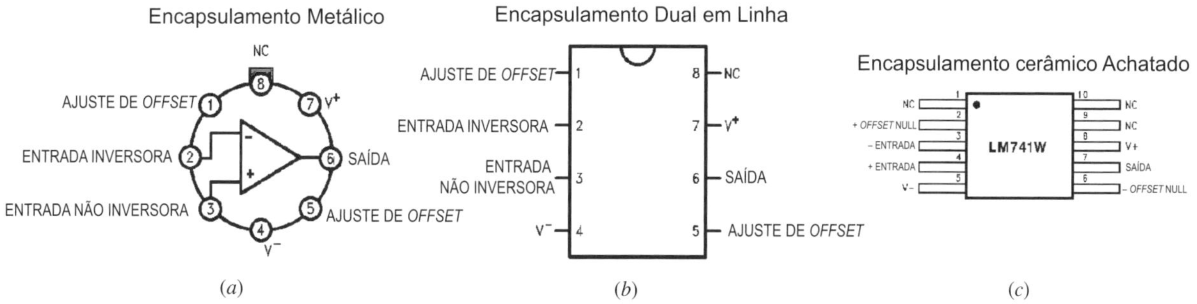

▲ **FIGURA 6.31** Vários estilos de encapsulamento para o AOP LM741. (*a*) encapsulamento metálico; (*b*) encapsulamento dual em linha; (*c*) encapsulamento cerâmico achatado.

▶ ANÁLISE AUXILIADA POR COMPUTADOR

Conforme vimos a pouco, o PSpice pode ser extremamente útil na previsão da saída de um circuito AOP, especialmente no caso de entradas variáveis no tempo. Veremos, porém, que nosso modelo ideal de AOP concorda razoavelmente bem com as simulações realizadas no PSpice, de uma forma geral.

Quando executamos a simulação de um circuito AOP no PSpice, devemos ter o cuidado de lembrar que as fontes de alimentação positiva e negativa CC devem estar conectadas ao dispositivo (com exceção do LM324, projetado para ser um AOP com uma única fonte). Embora o modelo mostre os pinos de ajuste de *offset* usados para anular a tensão de saída, o PSpice não cria nenhum *offset* internamente. Por este motivo, normalmente deixamos estes pinos flutuando (não conectados).

A Tabela 6.3 mostra os diversos tipos de AOPs disponíveis na versão de avaliação do PSpice; outros modelos estão disponíveis na versão comercial do programa e também diretamente com alguns fabricantes.

▶ EXEMPLO 6.7

Simule o circuito da Figura 6.3 usando o PSpice. Determine o(s) ponto(s) no(s) qual(is) a saturação começa se forem usadas fontes de alimentação de ±15 V_{CC}. Compare o ganho calculado pelo PSpice com o que foi previsto usando o modelo ideal do AOP.

Começamos desenhando o circuito amplificador inversor da Figura 6.3 usando a interface gráfica mostrada na Figura 6.32. Note que duas fontes de alimentação de 15 V_{CC} separadas são necessárias para alimentar o AOP.

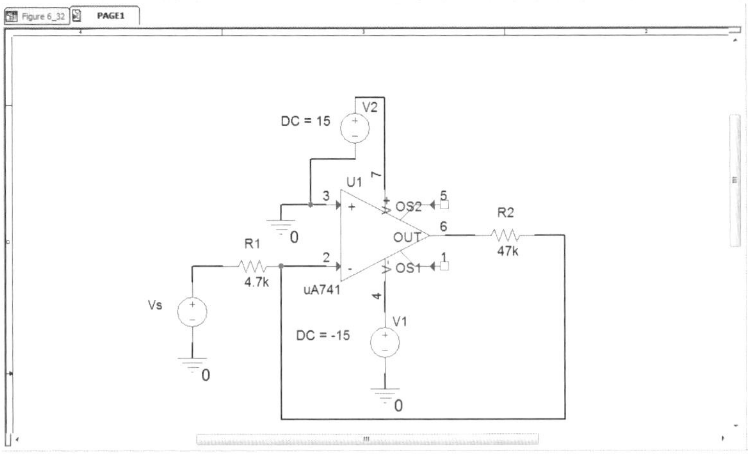

▲ **FIGURA 6.32** O amplificador inversor da Figura 6.3 desenhado usando o AOP μA741.

Nossa análise anterior usando um modelo de AOP ideal previu um ganho de −10. Com uma entrada de 5 sen $3t$ mV, tínhamos como resultado uma tensão de saída de −50 sen $3t$ mV. No entanto, algo implícito na análise era a hipótese de que *qualquer* tensão de entrada seria amplificada por um fator de −10. Com base em considerações práticas, esperamos que isso seja verdade para *pequenas* tensões de entrada, mas ao final a saída irá saturar com um valor comparável à tensão de alimentação.

Executamos uma varredura CC de −2 a +2 volts, como mostra a Figura 6.33; este intervalo é ligeiramente maior do que o valor da tensão de alimentação dividido pelo ganho, portanto esperamos que nossos resultados incluam as regiões de saturação positiva e negativa.

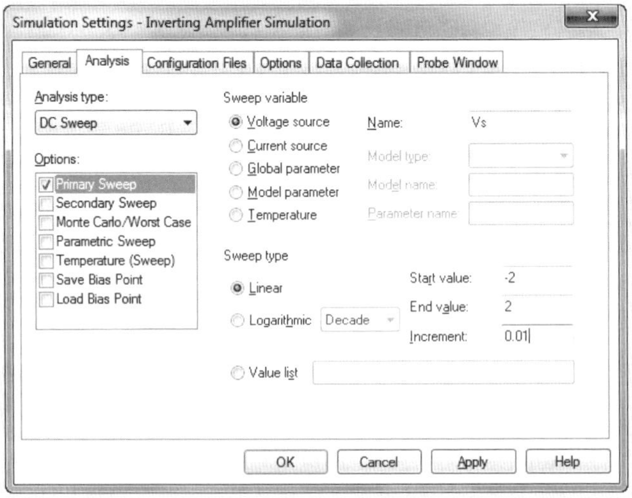

▲ **FIGURA 6.33** Janela de especificação da varredura CC (*DC Sweep*).

Usando a ferramenta cursor nos resultados de simulação mostrados na Figura 6.34*a*, a característica entrada-saída do amplificador é sem dúvida linear dentro de um amplo intervalo, correspondendo aproximadamente a $-1,45 < Vs < +1,45$ V.

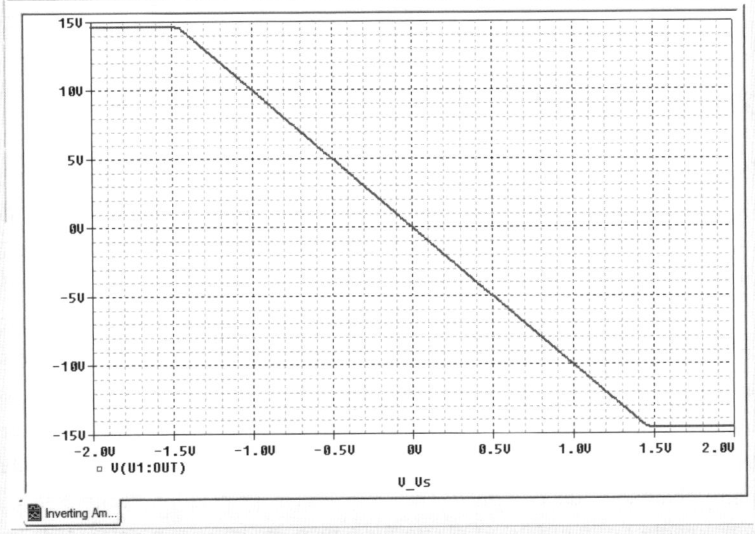

(*a*)

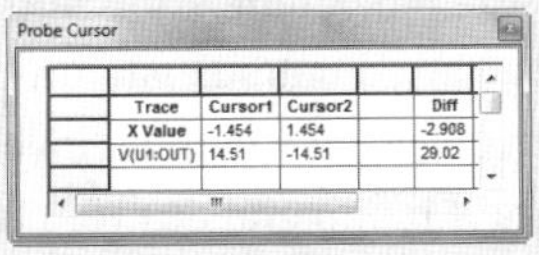

(*b*)

▲ **FIGURA 6.34** (*a*) Tensão de saída do circuito amplificador inversor, com o ponto de saturação identificado com a ferramenta cursor. (*b*) Vista ampliada da janela do cursor.

Este intervalo é ligeiramente menor do que aquele definido dividindo-se as tensões de alimentação positiva e negativa pelo ganho. Fora desse intervalo, a saída do AOP satura, havendo apenas uma pequena dependência com relação à tensão de entrada. Nas duas regiões de saturação, portanto, o circuito não se comporta como um amplificador linear.

Aumentando o número de dígitos do cursor para 10 (**Tools, Options, Number of Cursor Digits**), vemos que, com uma tensão de entrada Vs = 1,0 V, a tensão de saída é −9,99548340, um valor ligeiramente menor do que aquele de −10 predito pelo modelo ideal do AOP, e ligeiramente diferente do valor de −9,999448 obtido no Exemplo 6.6 usando um modelo analítico. Ainda assim, os resultados preditos pelo modelo do μA741 implementado no PSpice são apenas alguns centésimos percentuais diferentes das predições de ambos os modelos analíticos, demonstrando que o modelo do AOP ideal é sem dúvida uma aproximação muito precisa para os modernos amplificadores operacionais instalados em circuitos integrados.

▶ EXERCÍCIO DE FIXAÇÃO

6.7 Simule os demais circuitos com AOPs descritos neste capítulo e compare os resultados com aqueles obtidos com o modelo do AOP ideal.

6.6 ▶ COMPARADORES E O AMPLIFICADOR DE INSTRUMENTAÇÃO

O Comparador

Todos os circuitos AOPs discutidos até agora continham uma conexão elétrica entre o pino de saída e o pino da entrada inversora. Isto é conhecido como operação em *malha fechada*, e é usado para fornecer realimentação negativa conforme discutimos anteriormente. A malha fechada é o método preferido quando se utiliza um AOP como amplificador, pois serve para isolar o desempenho do circuito de variações no ganho em malha aberta causadas por mudanças na temperatura ou diferenças de fabricação. No entanto, há várias aplicações nas quais é vantajoso usar um AOP em *malha aberta*. Dispositivos destinados a este tipo de aplicação são frequentemente chamados de ***comparadores***, por serem projetados de uma forma ligeiramente diferente de AOPs normais para melhorar sua velocidade em operação em malha aberta.

A Figura 6.35*a* mostra um simples circuito comparador onde uma referência de 2,5 V é conectada à entrada não inversora e a tensão que está sendo comparada (v_{ent}) é conectada à entrada inversora. Como o AOP tem um ganho em malha aberta A muito grande (10^5 ou mais, geralmente, como mostra a Tabela 6.3), não é necessária uma grande diferença de tensão entre os terminais de entrada para levá-lo à saturação. Na verdade, esta diferença de tensão é dada pela tensão de alimentação dividida por A – aproximadamente $\pm 120\ \mu$V no caso do circuito da Figura 6.35*a*, com $A = 10^5$. A bem conhecida saída do circuito comparador é mostrada na Figura 6.35*b*, onde a resposta varia entre a saturação positiva e negativa sem apresentar uma região de "amplificação" linear. Assim, 12 V positivos na saída do comparador indicam que a tensão de entrada é *menor do que* a tensão de referência, e 12 V negativos na saída do comparador indicam que a tensão de entrada é *maior do que* a tensão de referência. Um comportamento oposto é obtido se conectarmos a tensão de referência à entrada inversora.

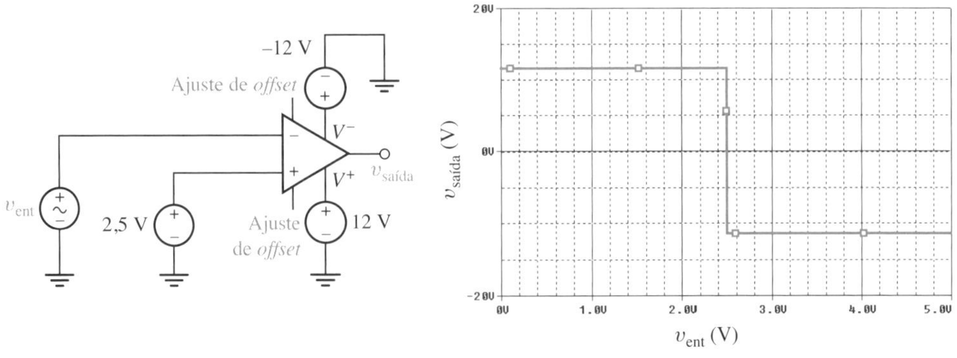

(*a*) (*b*)

▲ **FIGURA 6.35** (*a*) Exemplo de um circuito comparador com uma tensão de referência de 2,5 V. (*b*) Gráfico da característica entrada-saída.

▶ EXEMPLO 6.8

Projete um circuito que forneça um "nível lógico 1" de 5 V na saída se um certo sinal de tensão cair abaixo de 3 V, e zero volts caso contrário.

Como queremos que a saída de nosso comparador varie entre 0 e 5 V, usaremos um AOP com uma única fonte de alimentação de +5 V, conectada como mostra a Figura 6.36. Conectamos uma tensão de referência de +3 V à entrada não inversora, que pode ser fornecida por duas pilhas de 1,5 V em série ou um circuito adequado com um diodo Zener de referência. O sinal de entrada (designado como v_{sinal}) é ligado à entrada inversora. Na realidade, a tensão de saturação em um circuito comparador varia em um intervalo ligeiramente menor do que aquele determinado pelas fontes de alimentação, e com isso alguns ajustes podem ser necessários em conjunto com a simulação ou o teste do circuito.

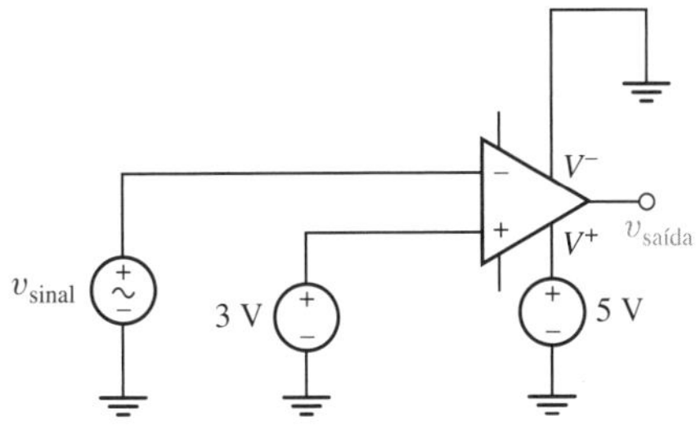

▲ **FIGURA 6.36** Um possível projeto para o circuito.

▶ EXERCÍCIO DE FIXAÇÃO

6.8 Projete um circuito que forneça uma saída de 12 V caso uma certa tensão (v_{sinal}) exceda 0 V, e uma saída de −2 V caso contrário.

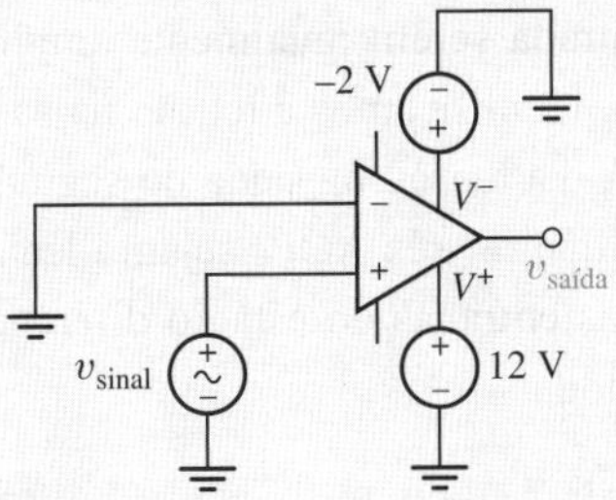

◀ **FIGURA 6.37** Uma possível solução para o Exercício de Fixação 6.8.

Resposta: Uma solução possível é mostrada na Figura 6.37.

O Amplificador de Instrumentação

O circuito comparador básico atua sobre a diferença de tensão entre os dois terminais de entrada do dispositivo, embora tecnicamente não amplifique sinais, pois sua saída não é proporcional à entrada. O amplificador de diferença da Figura 6.10 também atua sobre a diferença de tensão entre as entradas inversora e não inversora e, desde que seja tomado cuidado para se evitar a saturação, ele *fornece* uma saída proporcional a essa diferença. Porém, quando se lida com tensões de entrada muito baixas, uma melhor alternativa é um dispositivo conhecido como ***amplificador de instrumentação***, que corresponde na realidade a três AOPs montados em um único encapsulamento.

A Figura 6.38*a* mostra um exemplo da configuração comum de um amplificador de instrumentação; seu símbolo é mostrado na Figura 6.38*b*. Cada entrada alimenta diretamente um estágio seguidor de tensão, e as saídas de ambos os seguidores de tensão alimentam um estágio amplificador de diferença. Esta configuração é particularmente adequada a aplicações nas quais o sinal de entrada é muito pequeno (por exemplo, da ordem de milivolts), como aquele produzido por termopares ou piezoresistores, e onde há um ruído de modo comum que pode ser da ordem de vários volts.

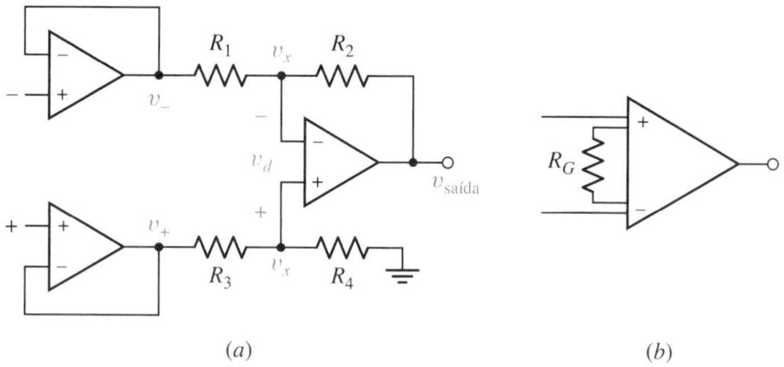

▲ **FIGURA 6.38** (*a*) O amplificador de instrumentação básico. (*b*) Símbolo comumente usado.

Se todos os componentes do amplificador de instrumentação forem fabricados na mesma "pastilha" de silício, então é possível obter características bem casadas para o dispositivo e também relações precisas para os dois conjuntos de resistores. Para maximizar o CMRR do amplificador de instrumentação, esperamos que $R_4/R_3 = R_2/R_1$, de forma a fazer as componentes de modo comum dos sinais de entrada serem igualmente amplificadas. Para explorar melhor este conceito, identificamos a tensão na saída do seguidor de tensão superior como "v-", e a tensão na saída do seguidor de tensão inferior como "v_+". Assumindo que os três AOPs sejam ideais e chamando de v_x a tensão em cada uma das entradas do estágio diferença, podemos escrever as seguintes equações nodais:

$$\frac{v_x - v_-}{R_1} + \frac{v_x - v_{saída}}{R_2} = 0 \qquad [20]$$

e

$$\frac{v_x - v_+}{R_3} + \frac{v_x}{R_4} = 0 \qquad [21]$$

Resolvendo a Equação [21] para v_x, obtemos

$$v_x = \frac{v_+}{1 + R_3/\,R_4} \qquad [22]$$

e após substituir na Equação [20] obtemos uma expressão para $v_{saída}$ em termos da entrada:

$$v_{saída} = \frac{R_4}{R_3}\left(\frac{1 + R_2/\,R_1}{1 + R_4/\,R_3}\right)v_+ - \frac{R_2}{R_1}v_- \qquad [23]$$

Da Equação [23], fica claro que o caso geral permite a amplificação das componentes de modo comum das duas entradas. No entanto, no caso específico em que $R_4/R_3 = R_2/R_1 = K$, a Equação [23] se reduz a $K(v_+ - v_-) = Kv_d$, de forma que (supondo AOPs ideais) somente a diferença seja amplificada e o ganho seja definido pela relação entre os resistores. Como estes resistores são internos ao amplificador de instrumentação e inacessíveis ao usuário, dispositivos empregados na prática como o AD622 permitem que o ganho seja ajustado em um intervalo de 1 a 1.000 através da conexão de um resistor externo entre dois pinos (mostrado como R_G na Figura 6.38*b*).

RESUMO E REVISÃO

Neste capítulo, introduzimos um novo elemento de circuito, um dispositivo de três terminais chamado de amplificador operacional (ou, de modo geral, o AOP). Em muitos casos de análise de circuitos ele é aproximado a um dispositivo ideal, o resulta em duas regras que são aplicadas. Estudamos diversos circuitos com AOP detalhadamente, incluindo o amplificador inversor com ganho R_f/R_1, o amplificador não inversor com o ganho $1+ R_f/R_1$, e o amplificador somador. Também introduzimos o seguidor de tensão do amplificador de diferenças, embora a análise desses dois circuitos tenha sido deixada para o leitor. O conceito de estágios em cascata foi considerado bastante útil, uma vez que permite que um projeto seja decomposto em unidades distintas, cada uma delas com uma função específica. Fizemos pequeno desvio e apresentamos rapidamente um elemento de circuito não linear de dois terminais, o diodo Zener, uma vez que fornece uma tensão de referência direta e simples. Utilizamos então este elemento para construir fontes de tensão e de correntes práticas usando amplificadores operacionais, desmistificando a sua origem.

Amplificadores operacionais modernos têm características quase ideais, conforme encontramos quando optamos por um modelo mais detalhado baseado em uma fonte dependente. Ainda assim, não idealidades são encontradas ocasionalmente, portanto, consideramos a regra da realimentação negativa para reduzir o efeito da temperatura e variações em vários parâmetros relacionados à fabricação, rejeição de modo comum e saturação. Uma das características não ideais mais interessantes de qualquer AOP é a taxa de subida (*slew rate*). Ao simular três casos diferentes, fomos capazes de ver como a tensão de saída pode ter dificuldades em seguir a forma do sinal de tensão de entrada, quando sua frequência torna-se elevada o suficiente. Concluímos o capítulo com dois casos especiais: o comparador, que intencionalmente faz uso de nossa capacidade para saturar um AOP real (não ideal), e o amplificador de instrumentação, que são rotineiramente utilizados para amplificar tensões muito pequenas.

Este é um bom momento para fazer uma pausa, tomar um fôlego, e recapitular alguns dos principais pontos. Ao mesmo tempo, destacaremos exemplos relevantes como uma ajuda para o leitor.

- Há duas leis fundamentais que devem ser aplicadas quando circuitos com AOPs *ideais* são analisados:
  1. Nenhuma corrente flui através dos terminais de entrada. (Exemplo 6.1)
  2. Não há queda de tensão entre os dois terminais de entrada.
- Circuitos com AOPs são geralmente analisados de forma a se descrever a tensão de saída em termos de alguma grandeza ou grandezas de entrada. (Exemplos 6.1, 6.2)
- A análise nodal é, em geral, a melhor escolha para a análise de circuitos com AOPs, e geralmente é melhor começar na entrada e partir daí para a saída. (Exemplos 6.1, 6.2)

- A corrente na saída de um AOP não deve ser assumida; ela deve ser calculada após a determinação da tensão de saída de forma independente. (Exemplo 6.2)
- O ganho de um circuito AOP inversor é dado pela equação

$$v_{\text{saída}} = -\frac{R_f}{R_1}v_{\text{ent}}$$

- O ganho de um circuito AOP não inversor é dado pela equação

$$v_{\text{saída}} = \left(1 + \frac{R_f}{R_1}\right)v_{\text{ent}}$$

  (Exemplo 6.1)
- Estágios em cascata podem ser analisados com uma fase de cada vez para relacionar a saída com a entrada. (Exemplo 6.3)
- Diodos Zener fornecem uma tensão de referência conveniente. Eles são assimétricos, significando, no entanto, que seus dois terminais não podem ser trocados. (Exemplo 6.4)
- AOPs podem ser utilizados para construir fontes de corrente que são independentes da resistência de carga ao longo de um intervalo específico de valores de corrente. (Exemplo 6.5)
- Um resistor é quase sempre ligado entre o pino de saída e o pino da entrada inversora de um AOP. Este resistor incorpora realimentação negativa ao circuito para melhorar sua estabilidade.
- O modelo do AOP ideal baseia-se na aproximação de um ganho em malha aberta A infinito, de uma resistência de entrada R_i infinita, e de uma resistência de saída R_o nula. (Exemplo 6.6)
- Na prática, a variação na tensão de saída de um AOP é limitada pelas tensões de alimentação usadas para energizá-lo. (Exemplo 6.7)
- Comparadores são AOP projetados para ser levados à saturação. Estes circuitos operam em malha aberta, e, portanto, não têm resistência de realimentação externa. (Exemplo 6.8)

LEITURA COMPLEMENTAR

Dois livros muito fáceis de ler e que tratam de uma variedade de aplicações de AOPs são:

R. Mancini (ed.), *Op Amps Are For Everyone*, 2nd ed. Amsterdam: Newnes, 2003. Also available on the Texas Instruments website (www.ti.com).

W. G. Jung, *Op Amp Cookbook*, 3rd ed. Upper Saddle River, N.J.: Prentice-Hall, 1997.

Características de diodos Zener e de outros tipos de diodos são encontradas no Capítulo 1 do livro:

W. H. Hayt, Jr., and G. W. Neudeck, *Electronic Circuit Analysis and Design*, 2nd ed. New York: Wiley, 1995.

Um dos primeiros relatos da implementação de um "amplificador operacional" pode ser encontrado no artigo:

J. R. Ragazzini, R. M. Randall, and F. A. Russell, "Analysis of problems in dynamics by electronic circuits," *Proceedings of the IRE* **35**(5), 1947, pp. 444-452.

E um dos primeiros guias de aplicações para AOPs pode ser encontrado na página da Analog Devices, Inc. (www.analog.com):

George A. Philbrick Researches, Inc., *Applications Manual for Computing Amplifiers for Modelling, Measuring, Manipulating & Much Else*. Norwood, Mass.: Analog Devices, 1998.

EXERCÍCIOS

6.2 O AOP Ideal: Uma introdução Cordial

1. Para o circuito AOP representado na Figura 6.39, calcule $v_{saída}$, se (*a*) $R_1 = R_2 = 100\ \Omega$ e $v_{ent} = 5$ V, (*b*) $R_2 = 200\ R_1$ e $v_{ent} = 1$ *V;* (*c*) $R_1 = 4{,}7$ kΩ $R_2 = 47$ kΩ e $v_{ent} = 20$ sen $5t$ V.

2. Determine a potência dissipada por um resistor de 100 Ω conectado entre o terra e o pino de saída do AOP da Figura 6.39 se $v_{ent} = 4$ (*a*) $R_1 = 2R_2$; (*b*) $R_1 = 1$ kΩ e $R_2 = 22$ kΩ (*c*) $R_1 = 100\ \Omega$ e $R_2 = 101\ \Omega$.

3. Conecte um resistor de 1 Ω entre o terra e o terminal de saída do AOP da Figura 6.39, e faça o gráfico de $v_{saída}(t)$, se (*a*) $R_1 = R_2 = 10\ \Omega$ $v_{ent} = 5$ sen $10t$ V.; (*b*) $R_1 = 0{,}2$, $R_2 = 1$ kΩ e $v_{ent} = 5$ cos $10t$ V, (*c*) $R_1 = 10\ \Omega$ $R_2 = 200\ \Omega$ e $v_{ent} = 1{,}5 + 5\ e^{-t}$ V.

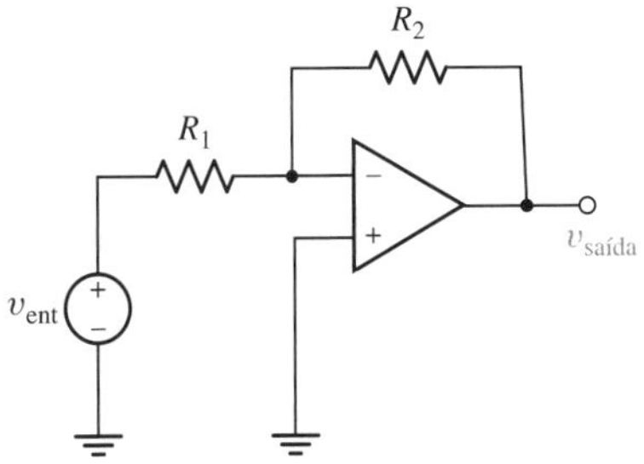

▲ **FIGURA 6.39**

4. Para o circuito da Figura 6.40, calcule $v_{saída}$ se (*a*) $R_1 = R_2 = 100$ kΩ $RL = 100\ \Omega$ e $v_{ent} = 5$ V, (*b*) $R_1 = 0{,}1R_2$, $R_L = \infty$ e $v_{ent} = 2$ V, (*c*) $R_1 = 1$ kΩ $R_2 = 0$, $R_L = 1\ \Omega$ e $v_{ent} = 43{,}5$ V.

5. (*a*) Projete um circuito que converta uma tensão $v_1(t) = 9$ cos $5t$ V em 4 cos $5t$ V. (*b*) Verifique seu projeto, analisando o circuito final.

6. Um resistor de carga requer uma fonte de tensão CC constante de 5 V. Infelizmente, o valor de sua resistência muda com a temperatura. Projete um circuito que forneça a tensão necessária se são disponibilizados apenas baterias de 9 V e resistores com 10% de tolerância.

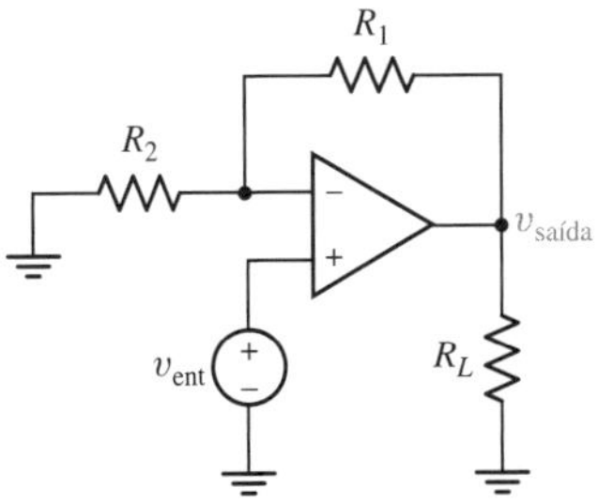

▲ **FIGURA 6.40**

7. Para o circuito da Figura 6.40, $R_1 = R_L = 50\ \Omega$. Calcule o valor de R_2 necessário para fornecer 5 W para R_L se V_{ent} é igual a (*a*) 5 V, (*b*) 1,5 V. (*c*) Repita os itens (*a*) e (*b*) se R_L é reduzido para 22 Ω.

8. Calcule $v_{saída}$ indicado no diagrama esquemático da Figura 6.41 se (*a*) $i_{ent} = 1$ mA, $R_p = 2{,}2$ kΩ e $R_3 = 1$ kΩ (*b*) $i_{ent} = 2$ A, $R_p = 1{,}1\ \Omega$ e $R_3 = 8{,}5\ \Omega$. (*c*) Para cada caso, indique se o circuito é ligado como um amplificador inversor ou não inversor. Explique seu raciocínio.

9. (*a*) Projete um circuito usando apenas um AOP simples que soma duas tensões v_1 e v_2 e fornece uma tensão de saída com o dobro de sua soma (isto é, $v_{saída} = 2v_1 + 2v_2$). (*b*) Verifique seu projeto, analisando o circuito final.

10. (*a*) Projete um circuito que forneça uma corrente *i*, que seja igual em módulo à soma de três tensões de entrada v_1, v_2 e v_3. (Compare volts com ampères.) (*b*) Verifique seu projeto, analisando o circuito final.

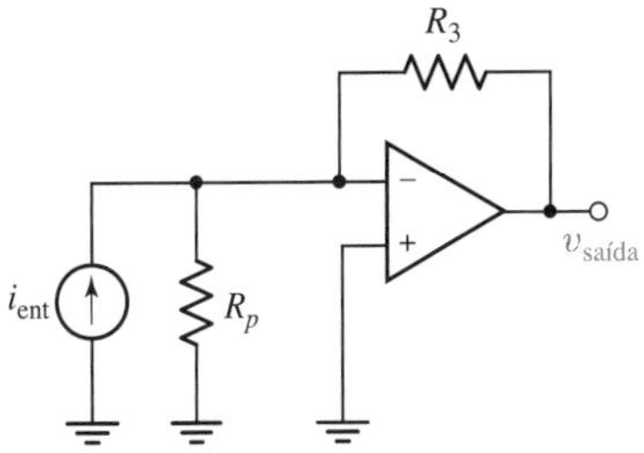

▲ **FIGURA 6.41**

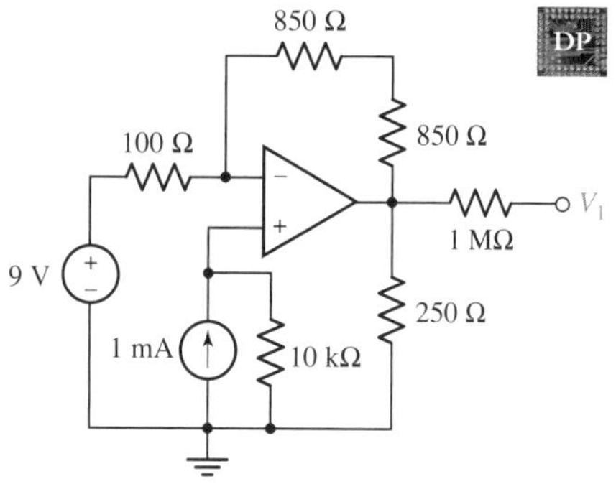

▲ **FIGURA 6.42**

11. (*a*) Projete um circuito que forneça uma tensão de saída $v_{saída}$, que é igual à diferença entre duas tensões v_2 e v_1 (ou seja, $v_{saída} = v_2 - v_1$), se você tem apenas os seguintes resistores para escolher: dois resistores de 1,5 kΩ quatro resistores de 6 kΩ ou três resistores de 500 Ω. (*b*) Verifique seu projeto, analisando o circuito final.

12. Analise o circuito da Figura 6.42 e determine um valor para V_1, com referência ao terra.

13. Derive uma expressão para $v_{saída}$ como função de v_1 e v_2 para o circuito representado na Figura 6.43.

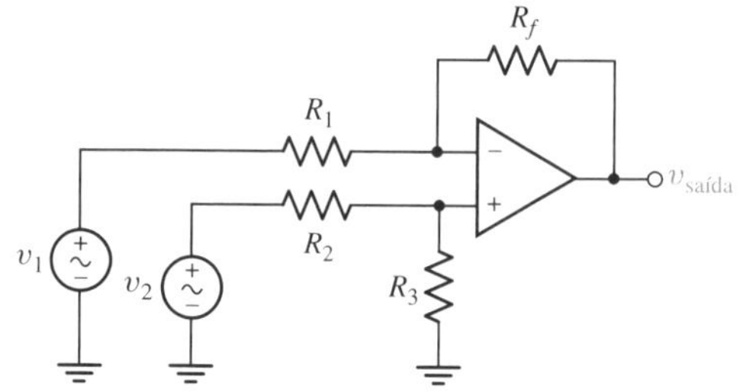

◀ **FIGURA 6.43**

14. Explique o que está errado com cada diagrama na Figura 6.44 se os dois AOPs são conhecido por ser *perfeitamente ideal.*

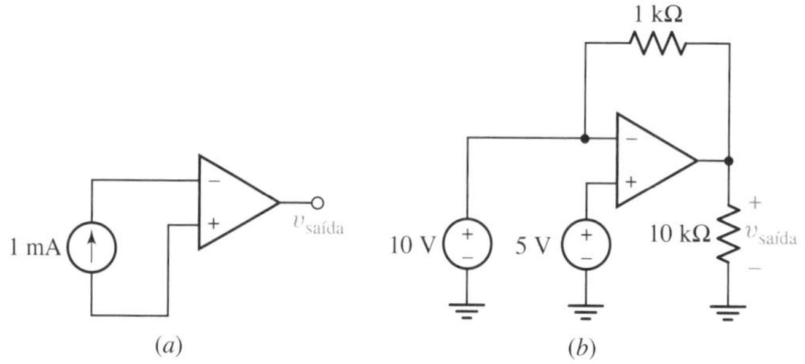

◀ **FIGURA 6.44**

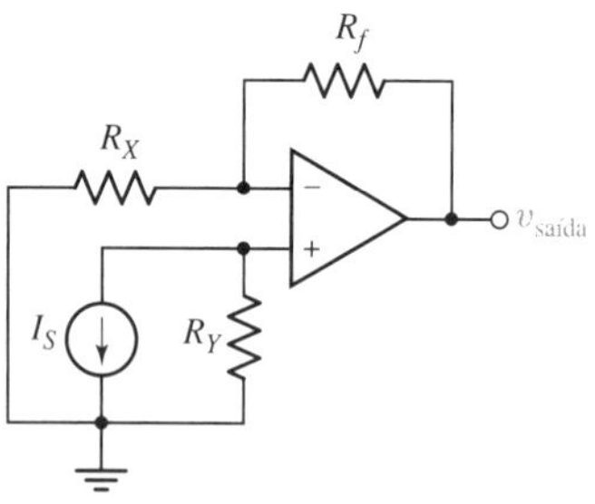

▲ **FIGURA 6.45**

15. Para o circuito ilustrado na Figura 6.45, calcule $v_{saída}$ se $I_s = 2$ mA, $R_Y = 4{,}7$ kΩ $R_X = 1$ kΩ e $R_f = 500$ Ω.

16. Considere o circuito amplificador mostrado na Figura 6.45. Qual valor de R_f produzirá $v_{saída} = 2$ V quando $I_s = -10$ mA e $R_Y = 2\ R_X = 500$ Ω?

17. Com respeito ao circuito mostrado na Figura 6.46, calcule $v_{saída}$ se v_s é igual (*a*) 2 cos 100*t* mV, (*b*) 2 sen (4 *t* + 19º) V.

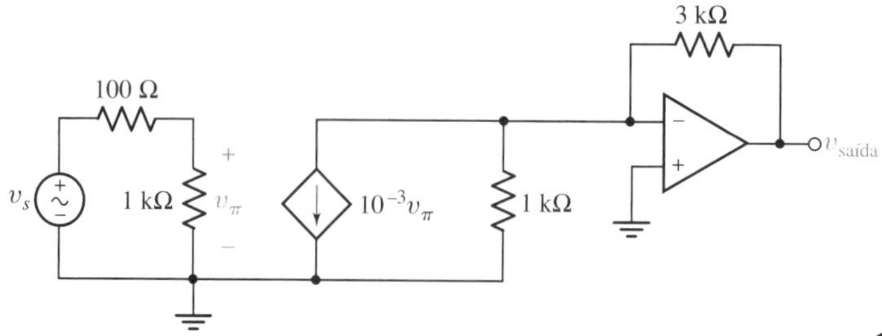

◀ **FIGURA 6.46**

6.3 Estágios em Cascata

18. Calcule $v_{saída}$ indicado no circuito da Figura 6.47 se $R_x = 1$ kΩ.

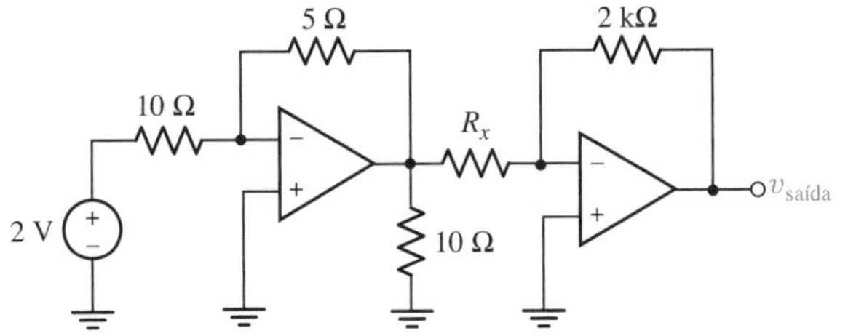

◄ **FIGURA 6.47**

19. Para o circuito da Figura 6.47, determine o valor de R_x que irá resultar num valor de $v_{saída} = 10$ V.

20. Referindo-se à Figura 6.48 faça o gráfico de $v_{saída}$ em função de (*a*) v_{ent} no intervalo de $-2\text{ V} \leq v_{ent} \leq +2$ V, se $R_4 = 2$ kΩ (*b*) R_4 no intervalo de $1\text{ k}\Omega \leq R_4 \leq 10$ kΩ se $v_{ent} = 300$ mV.

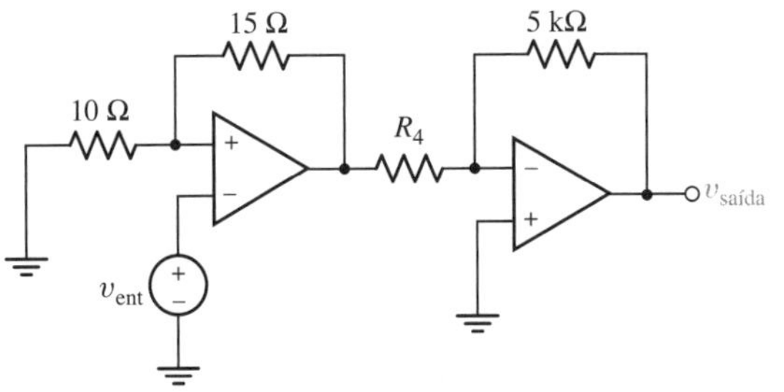

◄ **FIGURA 6.48**

21. Obtenha uma expressão para $v_{saída}$ indicada no circuito da Figura 6.49 se v_1 é igual (*a*) 0 V, (*b*) 1 V, (*c*) –5 V, (*d*) 2 sen 100*t* V.

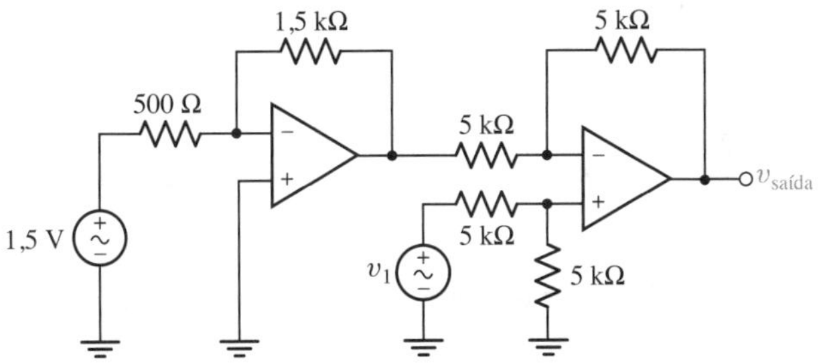

◄ **FIGURA 6.49**

22. A fonte de 1,5 V da Figura 6.49 é desconectada, e a saída do circuito mostrado na Figura 6.48 é ligada ao terminal do resistor de 500 Ω substituindo a fonte de 1,5 volts. Calcule $v_{saída}$ se $R_4 = 2$ kΩ e (*a*) em $v_{ent} = 2$ V, $v_1 = 1$ V, (*b*) $v_{ent} = 1$ V, $v_1 = 0$, (*c*) $v_{ent} = 1$ V, $v_1 = -1$ V.

23. Para o circuito mostrado na Figura 6.50, calcule $v_{saída}$ se (*a*) $v_1 = 2v_2 = 0{,}5\ v_3 = 2{,}2$ V e $R_1 = R_2 = R_3 = 50$ kΩ (*b*) $v_1 = 0$, $v_2 = -8$ V, $v_3 = 9$ V e $R_1 = 0{,}5R_2 = 0{,}4R_3 = 100$ kΩ.

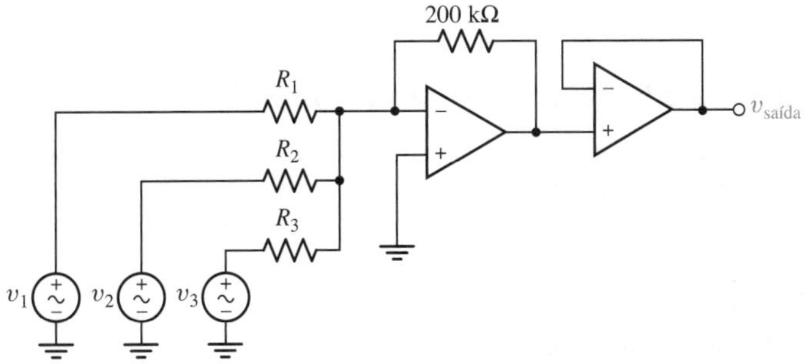

◄ **FIGURA 6.50**

24. (*a*) Projete um circuito que irá somar as tensões geradas por três diferentes sensores de pressão, cada um no intervalo de $0 \leq v_{\text{sensor}} \leq 5$ V, e produzir uma tensão positiva $v_{saída}$ correlacionada linearmente com a soma de tensão tal que $v_{saída} = 0$ quando as três tensões são zero, e $v_{saída} = 2$ V quando as três tensões estão no seu máximo. (*b*) Verifique seu projeto analisando o circuito final.

25. (*a*) Projete um circuito que forneça uma tensão de saída $v_{saída}$ proporcional à diferença de duas tensões positivas v_1 e v_2 tal que $v_{saída} = 0$ quando as tensões são iguais, e $v_{saída} = 10$ V quando $v_1 - v_2 = 1$ V. (*b*) Verifique seu projeto analisando o circuito final.

26. (*a*) Três sensores sensíveis à pressão são usados para checar as leituras de peso obtido a partir dos sistemas de suspensão de um avião a jato de longa distância. Cada sensor é calibrado tal que 10 μ V corresponde a 1 kg. Projete um circuito que some os três sinais de tensão para produzir uma tensão de saída calibrada de tal modo que 10 V corresponde a 400.000 kg, o peso máximo de decolagem da aeronave. (*b*) Verifique seu projeto analisando o circuito final.

27. (*a*) O fornecimento de oxigênio para uma determinada batisfera[3] consiste em quatro tanques separados, cada um equipado com um sensor de pressão capaz de medir entre 0 (correspondente 0 V de saída) e 500 bar (correspondente a 5 V de saída). Projete um circuito que gera uma tensão proporcional à pressão total em todos os tanques, de tal modo que 1,5 V corresponde a 0 bar e 3 V corresponde a 2.000 bar. (*b*) Verifique seu projeto, analisando o circuito final.

28. Para o circuito mostrado na Figura 6.51, seja $v_{\text{ent}} = 8$ V, e selecione os valores para R_1, R_2 e R_3 para garantir uma tensão de saída $v_{\text{saída}} = 4$ V.

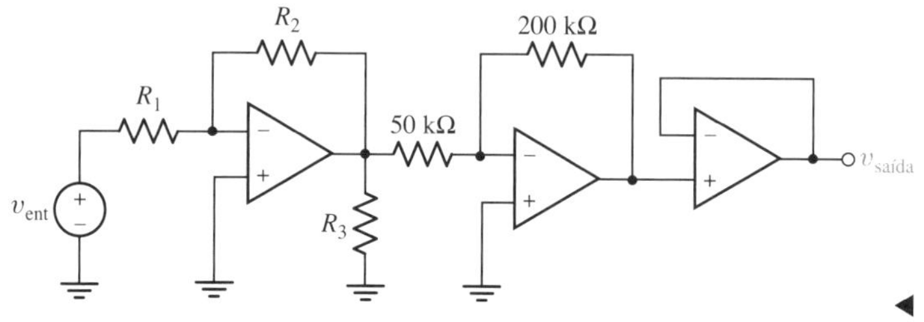

◀ **FIGURA 6.51**

29. Para o circuito da Figura 6.52, derive uma expressão para $v_{\text{saída}}$ em termos de v_{ent}.

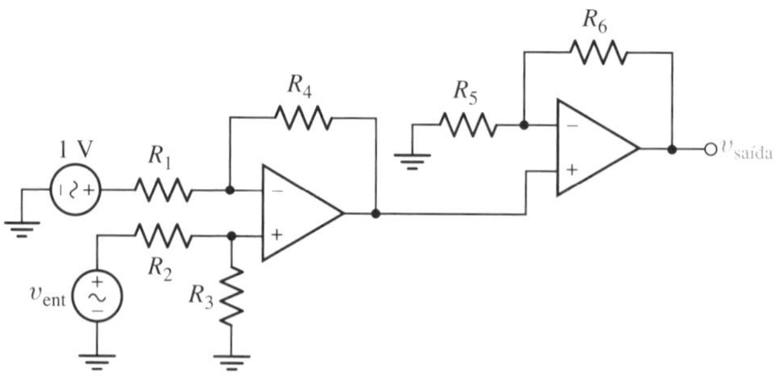

◀ **FIGURA 6.52**

6.4 Circuitos para Fontes de Tensão e Corrente

30. Construa um circuito com base no diodo 1N4740, que forneça uma tensão de referência de 10 V se estão disponíveis apenas baterias de 9 V. Note que a tensão de ruptura deste diodo é igual a 10 V com uma corrente de 25 mA.

[3] N. de T.: Batisfera é uma esfera oca que suspensa por um cabo permite ao homem (dentro dela) descer às grandes profundidades do mar.

31. Use um diodo Zener 1N4733 para construir um circuito que forneça uma tensão de referência de 4 V para uma carga de 1 kΩ, se estão disponíveis como fontes apenas baterias de 9 V. Note que a tensão de ruptura Zener desse diodo é de 5,1 V com uma corrente de 76 mA.

32. (*a*) Projete um circuito que forneça uma tensão de referência CC de 5 V para uma carga desconhecida (resistência não nula), se apenas uma bateria de 9 V pode ser usada como fonte. (*b*) Verifique seu projeto com uma simulação apropriada. Como parte dessa tarefa, determine o intervalo aceitável para a resistência de carga.

33. Uma rede passiva em particular pode ser representada por uma resistência equivalente de Thévenin entre 10 Ω e 125 Ω dependendo da temperatura de funcionamento. (*a*) Projete um circuito que forneça constantemente 2,2 V a esta rede, independentemente da temperatura. (*b*) Verifique seu projeto com uma simulação apropriada (a resistência pode ser variada na simulação simples, como descrito no Capítulo 8).

34. Calcule a tensão V_1 conforme indicado no circuito da Figura 6.53 se a bateria tem tensão V_{bat} igual a (*a*) 9 V, (*b*) 12 V. (*c*) Verifique suas soluções com simulações adequadas, comentando sobre a possível origem de eventuais discrepâncias.

35. (*a*) Projete uma fonte de corrente baseada no diodo 1N750, que seja capaz de fornecer uma corrente CC de 750 μA para uma carga R_L de tal forma que 1 kΩ $< R_L <$ 50 kΩ. (*b*) Verifique seu projeto com uma simulação apropriada (note que a resistência pode ser variada dentro de uma simulação simples, como descrito no Capítulo 8).

36. (*a*) Projete uma fonte de corrente capaz de fornecer uma corrente CC de 50 mA para uma carga não especificada. Use um diodo 1N4733 (V_{br} = 5,1 V em 76 mA). (*b*) Utilize uma simulação apropriada para determinar o intervalo admissível de resistência de carga para o seu projeto.

37. (*a*) Projete uma fonte de corrente capaz de fornecer uma corrente CC de 10 mA para uma carga não especificada. Use um diodo 1N4733 (V_{br} = 20 V em 12,5 mA). (*b*) Utilize uma simulação apropriada para determinar o intervalo admissível de resistência de carga para o seu projeto.

38. O circuito representado na Figura 6.54 é conhecido como uma fonte de corrente Howland. Derive expressões para $v_{saída}$ e I_L, como uma função de V_1 e V_2 respectivamente.

39. Para o circuito ilustrado na Figura 6.54, conhecida como fonte de corrente Howland, defina $V_2 = 0$, $R_1 = R_3$ e $R_2 = R_4$; em seguida obtenha a corrente I_L quando $R_1 = 2R_2$ = 1 kΩ e R_L = 100 Ω.

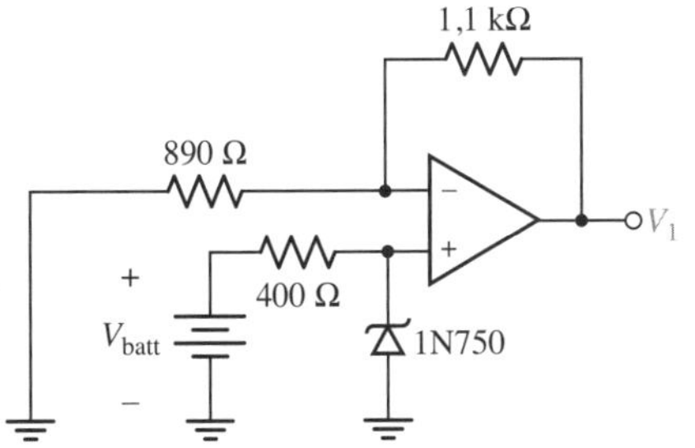

▲ **FIGURA 6.53**

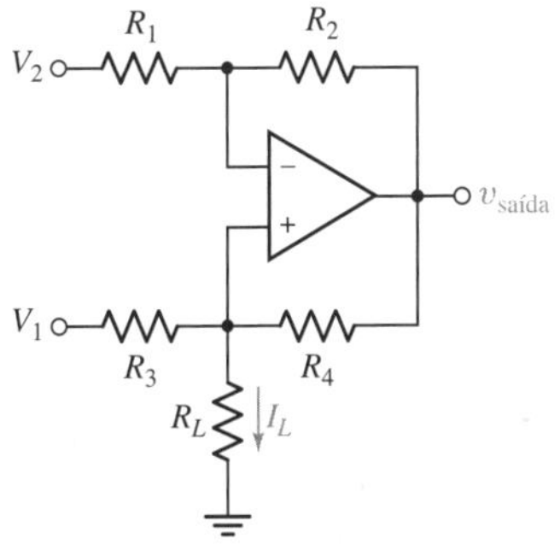

▲ **FIGURA 6.54**

6.5 Considerações Práticas

40. (*a*) Use os parâmetros listados na Tabela 6.3 do AOP μA741 para analisar o circuito da Figura 6.55 e calcule um valor para $v_{saída}$. (*b*) Compare o seu resultado com o previsto usando o modelo ideal do AOP.

41. (*a*) Use os parâmetros listados na Tabela 6.3 para o AOP μA741 para analisar o circuito da Figura 6.10, se R = 1,5 kΩ, v_1 = 2 V e v_2 = 5 V. (*b*) Compare o seu resultado com o previsto usando o modelo ideal do AOP.

42. Defina os seguintes termos e explique quando e como cada um pode ter impacto no desempenho de um circuito AOP: (*a*) taxa de rejeição de modo comum, (*b*) taxa de subida, (*c*) saturação, (*d*) realimentação.

43. Para o circuito da Figura 6.56, substitua o resistor de 470 Ω por um curto-circuito e calcule $v_{saída}$ usando (*a*) o modelo ideal do AOP, (*b*) os parâmetros listados na Tabela 6.3 para o AOP μA741, (*c*) uma simulação apropriada no

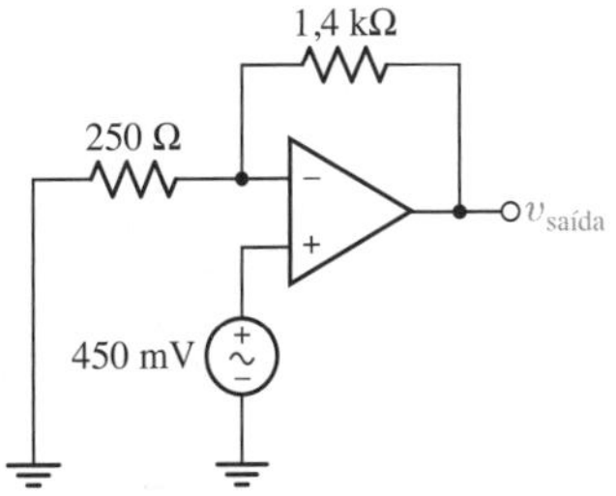

▲ **FIGURA 6.55**

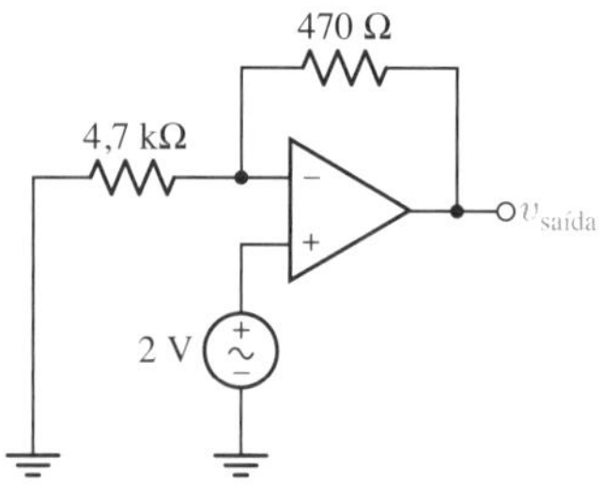

▲ **FIGURA 6.56**

PSpice. (*d*) Compare os valores obtidos nos itens de (*a*) a (*c*) e comente sobre a possível origem de qualquer discrepância.

44. Se o circuito da Figura 6.55 é analisado usando o modelo detalhado de um AOP (ao contrário do modelo ideal do AOP), calcule o valor do ganho em malha aberta A necessário para se obter um ganho em malha fechada dentro de 2% de seu valor ideal.

45. Substitua a fonte de 2 V na Figura 6.56 por uma fonte de tensão senoidal com uma magnitude de 3 V e frequência $\omega = 2\pi f$. (*a*) Qual componente, um AOP μA741 ou um AOP LF411, irá acompanhar melhor a frequência da fonte no intervalo de 1 Hz < f <10 MHz? *Explique.* (*b*) Compare o desempenho de frequência do circuito no intervalo de 1 Hz < f <10 MHz utilizando simulações apropriadas no PSpice, e compare os resultados com sua previsão no item (*a*).

46. (*a*) Para o circuito da Figura 6.56, se o AOP (assumir LF411) é alimentado por fontes correspondentes a 9 V, estime o valor máximo que o resistor de 470 Ω pode ser aumentado antes que os efeitos da saturação se tornem aparentes. (*b*) Verifique sua previsão com uma simulação adequada.

47. Para o circuito da Figura 6.55, calcule a tensão diferencial de entrada e a corrente de polarização de entrada se o AOP é um (*a*) μA741, (*b*) LF411, (*c*) AD549K; (*d*) OPA690.

48. Calcule o ganho em modo comum para cada dispositivo listado na Tabela 6.3. Expresse sua resposta em unidades de V/V, e não em dB.

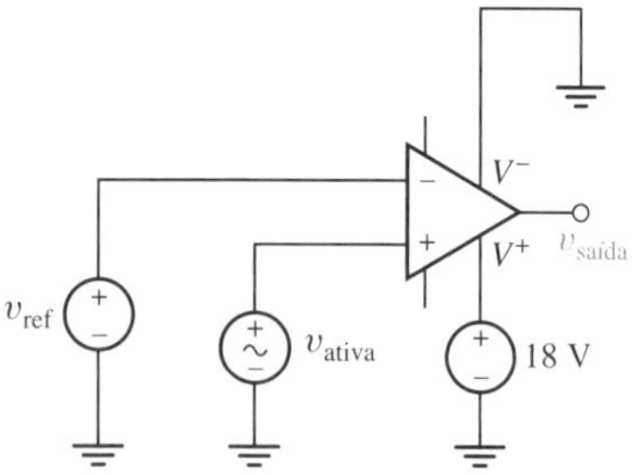

▲ **FIGURA 6.57**

6.6 Comparadores e o Amplificador de Instrumentação

49. A pele humana, especialmente quando úmida, é um condutor razoável de eletricidade. Se assumirmos uma resistência inferior a 10 MΩ para a ponta do dedo pressionada entre dois terminais, projete um circuito que forneça uma saída +1 V se este interruptor não mecânico está "fechado" e −1 V se ele estiver "aberto".

50. Projete um circuito que forneça uma tensão de saída $v_{saída}$ com base no comportamento de outra tensão v_{ent}, de tal forma que

$$v_{saída} = \begin{cases} +2{,}5\text{ V} & v_{ent} > 1\text{ V} \\ 1{,}2\text{ V} & \text{caso contrário} \end{cases}$$

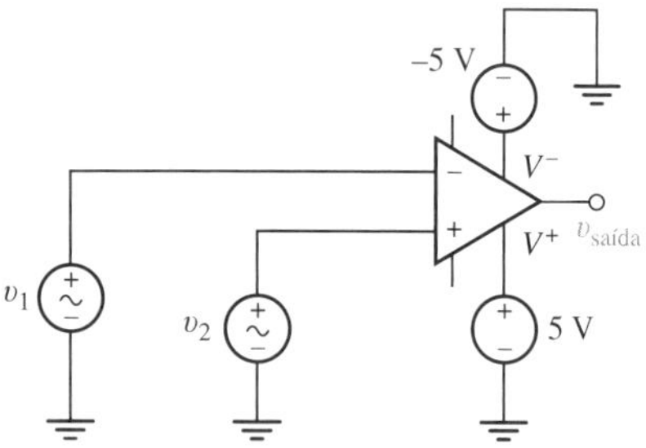

▲ **FIGURA 6.58**

51. Para o amplificador de instrumentação mostrado na Figura 6.38*a,* considere que os três AOPs internos são ideais, e determine o CMRR do circuito se (*a*) $R_1 = R_3$ e $R_2 = R_4$, (*b*) todos os quatro resistores têm valores diferentes.

52. Para o circuito ilustrado na Figura 6.57, faça o gráfico da tensão de saída $v_{saída}$ esperada em função de v_{ativa} para $-5\text{ V} \le v_{ativa} \le +5\text{ V}$, se v_{ref} for igual a (*a*) −3 V; (*b*) + 3 V.

53. Para o circuito ilustrado na Figura 6.58, (*a*) represente a tensão de saída esperada $v_{saída}$ como uma função de v_1 para $-5\text{ V} \le v_1 \le +5\text{ V}$, se $v_2 = +2$ V; esboço (*b*) faça o gráfico da tensão de saída $v_{saída}$ esperada em função de v_2 para $-5\text{ V} \le v_2 \le +5\text{ V}$, se $v_1 = +2$ V.

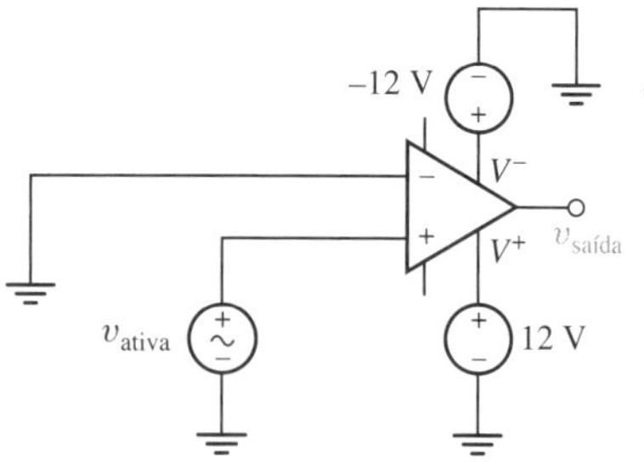

▲ **FIGURA 6.59**

54. Para o circuito ilustrado na Figura 6.59, faça o gráfico da tensão de saída esperada $v_{saída}$ em função de v_{ativa} se $-2\text{ V} \le v_{ativa} \le +2\text{ V}$. Verifique sua solução usando um μA741 (embora seja lento comparado com AOPs especificamente projetados para uso como comparadores, o seu modelo PSpice funciona bem, e como esta é uma aplicação CC, a velocidade não é problema). Apresente seus resultados juntamente com um diagrama esquemático identificado.

55. Em aplicações de lógica digital, um sinal de + 5 V representa o estado lógico "1", e um 0 V representa o estado lógico "0". Para processar informações do mundo real usando um computador, é necessário algum tipo de interface, o que geralmente inclui o uso de um conversor análogico-digital (A/D) – um

dispositivo que converte sinais analógicos em sinais digitais. Projete um circuito que funcione como um simples conversor A/D de 1-bit, onde qualquer sinal abaixo de 1,5 V representa o estado lógico "0" e qualquer sinal acima de 1,5 V representa o estado lógico "1".

56. Uma aplicação comum para amplificadores de instrumentação é a medição de tensões em circuitos com piezoresistores. Tais sensores de deformação funcionam explorando mudanças de resistência que resultam de distorções geométricas, como sugere a Equação [6] do Capítulo 2. Eles geralmente fazem parte de um circuito em ponte, como mostra a Figura 6.60*a*, onde o piezoresistor é identificado como R_{Piezo}.

(*a*) Mostre que

$$V_{\text{saída}} = V_{\text{ent}}\left[\frac{R_2}{R_1 + R_2} - \frac{R_3}{R_3 + R_{\text{Piezo}}}\right]$$

(*b*) Verifique que $V_{\text{saída}} = 0$ quando os três resistores fixos R_1, R_2 e R_3, são escolhidos de modo que fiquem iguais à resistência R_{Piezo} do piezoresistor na condição de deformação nula.

(*c*) Na aplicação pretendida, o piezoresistor selecionado tem uma resistência de 5 kΩ na condição de deformação nula e espera-se um aumento máximo de resistência de 50 mΩ. Apenas fontes de 112 V estão disponíveis. Usando o amplificador de instrumentação da Figura 6.60*b*, projete um circuito que forneça um sinal de tensão de +1 V quando o piezoresistor estiver em sua carga máxima.

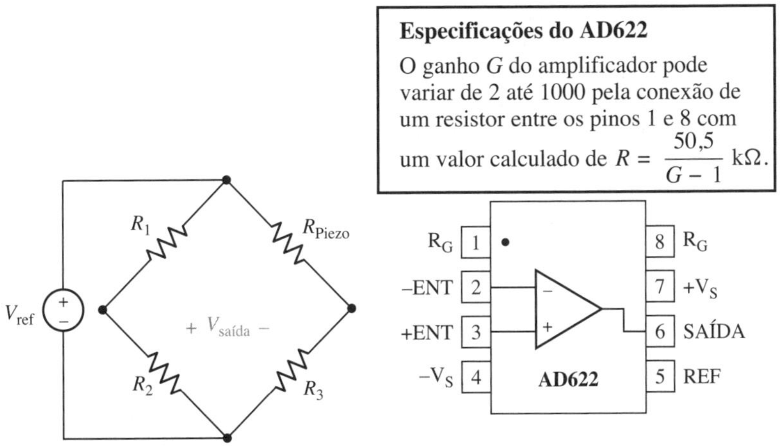

(*a*) (*b*)
© Analog Devices.

▲ **FIGURA 6.60**

Exercícios de integração do capítulo

57. (*a*) Você possui um interruptor eletrônico que requer 5 V e 1 mA, para fechar; sendo que este permanece aberto quando não há tensão na sua entrada. Se o único microfone disponível produz um pico de tensão de 250 mV, projete um circuito que energizará o interruptor quando alguém falar ao microfone. Note que o nível de áudio de voz pode não corresponder à tensão de pico do microfone. (*b*) Discuta as questões que devem ser resolvidas se o seu circuito for implementado.

58. Você formou uma banda, apesar de terem lhe aconselhado o contrário. Na verdade, a banda é boa, exceto pelo fato de que o vocalista (que possui a bateria, os

microfones e a garagem onde ensaiam) é um pouco surdo. Projete um circuito que recebe a saída de cada um dos cinco microfones que sua banda usa, e soma as tensões para criar um único sinal de tensão, que é fornecido ao amplificador. Porém, as tensões não devem ser todas amplificadas igualmente. A saída de um microfone deve ser atenuada tal que a sua tensão de pico é de 10% da tensão de pico de qualquer outro microfone.

DP

59. O sulfeto de cádmio (CdS) é geralmente usado para fabricar resistores cujo valor depende da intensidade da luz que incide sobre sua superfície. Na Figura 6.61, uma "fotocélula" de CdS é usada como resistor de realimentação R_f. Na escuridão total, ele tem uma resistência de 100 kΩ e uma resistência de 10 kΩ sob uma luz com intensidade de seis candelas. R_L representa um circuito que é ativado quando uma tensão de 1,5 V ou menos é aplicada em seus terminais. Escolha R_1 e V_S de modo que o circuito representado por R_L seja ativado por uma luz com intensidade igual ou superior a duas candelas.

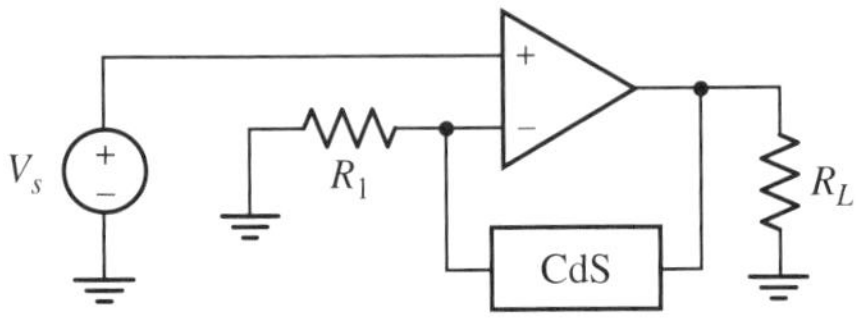

◀ **FIGURA 6.61**

DP

60. Um chafariz fora de certo edifício de escritórios é projetado para alcançar uma altura máxima de 5 metros a uma vazão de 100 l/s. Uma válvula de posição variável, entre a bomba-d'água e o chafariz pode ser controlada eletricamente, de tal modo que aplicado 0 V resulta na válvula completamente aberta, e com 5 V a válvula torna-se fechada. Em condições adversas de vento, a altura máxima do chafariz precisa ser ajustada; se a velocidade do vento exceder 50 km/h, a altura não poderá exceder a 2 metros. Dispõe-se de um sensor de velocidade do vento, que fornece uma tensão calibrada de tal forma que 1 V corresponde a uma velocidade do vento de 25 km/h. Projete um circuito que utiliza o sensor de velocidade para controlar o chafariz de acordo com as especificações.

61. Para o circuito da Figura 6.43, todos os resistores têm valores iguais a 5 kΩ. Faça o gráfico de $v_{saída}$ em função do tempo, se (*a*) $v_1 = 5$ sen $5t$ V e $v_2 = 5$ cos $5t$ V, (*b*) $v_1 = 4\,e^{-t}$ V e $v_2 = 5\,e^{-2t}$ V, (*c*) $v_1 = 2$ V e $v_2 = e^{-t}$ V.

7 Capacitores e Indutores

CONCEITOS FUNDAMENTAIS

- A Relação Tensão-Corrente de um Capacitor Ideal
- A Relação Tensão-Corrente de um Indutor Ideal
- Cálculo da Energia Armazenada em Capacitores e Indutores
- Análise da Resposta de Capacitores e Indutores a Formas de Onda Variáveis no Tempo
- Combinações em Série e Paralelo
- Circuitos AOP Usando Capacitores
- Modelagem de Elementos Armazenadores de Energia no PSpice
- Circuitos do Comparador Básico e do Amplificador de Instrumentação

INTRODUÇÃO

Neste capítulo, introduzimos dois novos elementos passivos de circuitos: o *capacitor* e o *indutor*, ambos com a habilidade de armazenar e fornecer quantidades *finitas* de energia. Nesse aspecto, eles diferem das fontes ideais, pois não podem manter um fluxo de potência finito durante um intervalo de tempo infinito. Embora sejam elementos lineares, as relações tensão-corrente desses novos elementos dependem do tempo, o que resulta em muitos circuitos interessantes. A faixa de valores de capacitância e indutância que podemos encontrar é muito grande, portanto, tais componentes podem, às vezes, dominar o comportamento de um circuito e, outras vezes, ser essencialmente insignificantes. Tais questões continuam a ser relevantes em aplicações de circuitos modernos, especialmente à medida que sistemas de computadores e de comunicação passam a operar em frequências cada vez mais altas e apresentam uma densidade de componentes cada vez maior.

7.1 ▶ O CAPACITOR

Modelo do Capacitor Ideal

Já definimos anteriormente que as fontes independentes e dependentes são elementos ativos e que o resistor linear é um elemento *passivo*, embora nossas definições de ativo e passivo ainda estejam um pouco confusas e precisem ser mais bem focalizadas. Definimos agora ***elemento ativo*** como um elemento capaz de fornecer uma potência média maior do que zero a um dispositivo externo, sendo a média calculada em um intervalo de tempo infinito. As fontes ideais e o amplificador operacional são elementos ativos. O ***elemento passivo***, no entanto, é definido como um elemento que não pode fornecer uma potência média maior do que zero durante um intervalo de tempo infinito. O resistor pertence a esta última categoria; a energia que ele recebe é, geralmente, transformada em calor e ele nunca fornece energia.

Introduzimos agora um novo elemento passivo de circuito, o ***capacitor***. Definimos a capacitância C pela relação tensão-corrente:

$$i = C\frac{dv}{dt} \qquad [1]$$

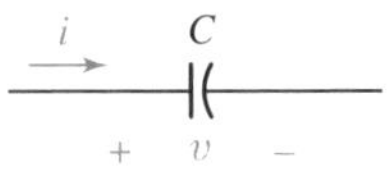

▲ **FIGURA 7.1** Símbolo elétrico e convenções corrente-tensão para um capacitor.

onde v e i satisfazem as convenções para um elemento passivo, como mostra a Figura 7.1. Devemos ter em mente que v e i são funções do tempo; se necessário, podemos enfatizar esse fato escrevendo $v(t)$ e $i(t)$. Da Equação [1], podemos determinar a unidade de capacitância como o ampère-segundo por volt ou o Coulomb por volt. Definiremos agora ***farad***[1] (F) como um Coulomb por volt e vamos usá-lo como nossa unidade de capacitância.

O capacitor ideal definido pela Equação [1] é somente um modelo matemático para um dispositivo real. Um capacitor consiste em duas superfícies condutoras nas quais pode ser armazenada carga elétrica, separadas por uma fina camada isolante com resistência muito elevada. Supondo que essa resistência seja suficientemente alta para ser considerada infinita, então, cargas iguais e opostas colocadas nas "placas" do capacitor nunca podem se recombinar, pelo menos não por um caminho interno ao elemento. A construção física de um capacitor real é sugerida pelo símbolo de circuito mostrado na Figura 7.1.

Vamos visualizar um dispositivo externo conectado a esse capacitor causando um fluxo de corrente positiva que entre em uma de suas placas e saia da outra. Correntes iguais entram e saem dos dois terminais, e isso não é nada mais do que aquilo que esperamos para qualquer elemento de circuito. Agora, examinaremos o interior do capacitor. A corrente positiva que entra em uma das placas representa a carga positiva movendo-se para aquela placa através do fio que a conecta ao restante do circuito; essa carga não pode passar por dentro do capacitor e, portanto, acumula-se na placa. Na realidade, a corrente e o aumento da carga estão relacionados pela equação familiar

$$i = \frac{dq}{dt}$$

Vamos agora considerar essa placa como um nó à parte e aplicar a lei de Kirchhoff das correntes. Aparentemente, essa lei não vale; a corrente se aproxima da placa pelo circuito externo, mas não sai dela pelo "circuito interno". Esse dilema preocupou um famoso cientista escocês, James Clerk Maxwell, há mais de um século. A teoria eletromagnética unificada que ele desenvolveu em seguida supõe a existência de uma "corrente de deslocamento" que estará presente sempre que um campo elétrico ou uma tensão variar no tempo. A corrente de deslocamento que flui internamente entre as placas do capacitor é exatamente igual à corrente de condução que flui externamente em seus terminais; a lei de Kirchhoff das correntes é, portanto, satisfeita se incluirmos as correntes de condução e de deslocamento. Porém, a análise de circuitos não está preocupada com essa corrente de deslocamento interna, e, como ela é, felizmente, igual à corrente de condução, podemos considerar a hipótese de Maxwell ao relacionar a corrente de condução à variação da tensão nos terminais do capacitor.

Um capacitor formado por duas placas condutoras paralelas com área A, separadas por uma distancia d, tem uma capacitância $C = \varepsilon A/d$, onde ε é a

[1] Nome dado em homenagem a Michael Faraday.

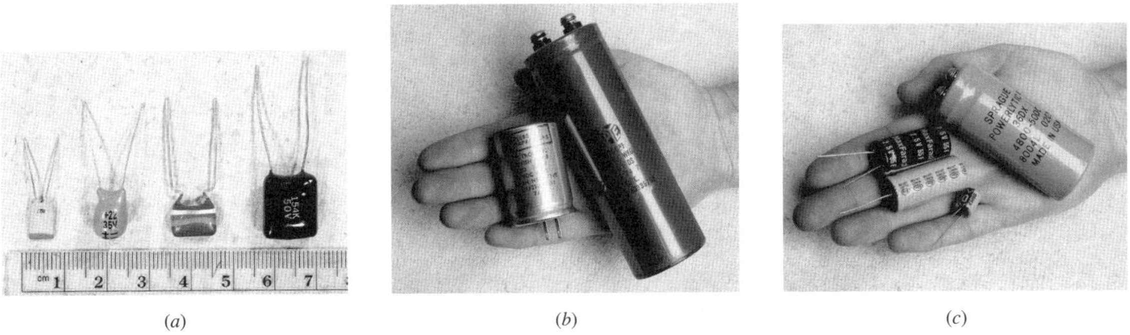

▲ **FIGURA 7.2** Vários exemplos de capacitores disponíveis comercialmente. (*a*) Da esquerda para a direita: 270 pF cerâmico, 20 μF de tântalo, 15 nF de poliéster, 150 nF de poliéster. (*b*) Esquerda: 2.000 μF 40 VCC eletrolítico, 25.000 μF 35 VCC eletrolítico. (*c*) No sentido horário, a partir do menor: 100 μF 63 VCC eletrolítico, 2.200 μF 50 VCC eletrolítico, 55 F 2,5 VCC eletrolítico e 4.800 μF 50 VCC eletrolítico. Note que, de forma geral, grandes valores de capacitância requerem maiores invólucros, com uma notável exceção acima. O que se perde nesse caso específico?

permissividade, uma constante do material isolante entre as placas. Assume-se aqui que as dimensões lineares das placas condutoras sejam muito maiores do que a distância *d*. No ar ou no vácuo, $\varepsilon = \varepsilon_0$ 8,854pF/m. Muitos capacitores usam uma fina camada dielétrica com uma permissividade maior do que a do ar para diminuir o tamanho do componente. A Figura 7.2 mostra vários exemplos de capacitores disponíveis comercialmente, embora devamos lembrar que qualquer par de superfícies condutoras que não estejam em contato direto possa ser caracterizado por uma capacitância não nula (embora provavelmente pequena). Devemos notar também que uma capacitância de várias centenas de *microfarads* (μF) é considerada "grande".

Várias características importantes do nosso novo modelo matemático podem ser descobertas a partir da equação que o define, a Equação [1]. Uma tensão constante nos terminais de um capacitor resulta em uma corrente nula através dele; o capacitor é, portanto, um *circuito aberto para CC*. Esse fato é ilustrativamente representado pelo símbolo do capacitor. Fica claro também que um salto brusco na tensão requer uma corrente infinita. Como isso é fisicamente impossível, proibimos, portanto, que a tensão no capacitor varie em um intervalo de tempo igual a zero.

▶ EXEMPLO 7.1

Determine a corrente *i* que flui através do capacitor da Figura 7.1 para as duas formas de onda de tensão da Figura 7.3 se *C* = 2 F.

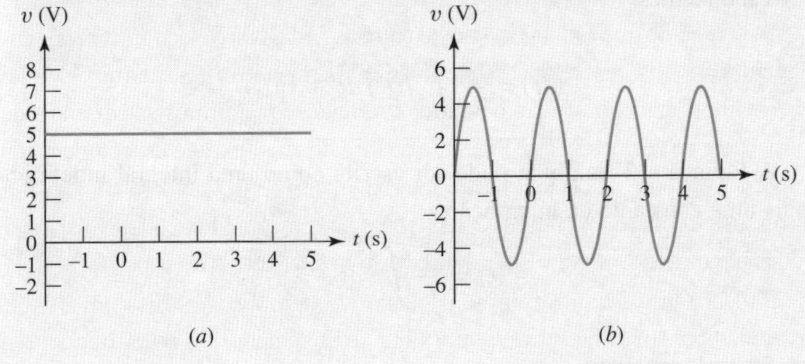

◀ **FIGURA 7.3** (*a*) Tensão CC aplicada nos terminais do capacitor. (*b*) Forma de onda da tensão senoidal aplicada nos terminais do capacitor.

A corrente i está relacionada à tensão v nos terminais do capacitor pela Equação [1]:

$$i = C\frac{dv}{dt}$$

Para a forma de onda ilustrada na Figura 7.3*a*, $dv/dt = 0$ e, portanto, $i = 0$; o resultado está traçado no gráfico da Figura 7.4*a*. No caso da forma de onda senoidal da Figura 7.3*b*, esperamos que uma corrente com forma de onda cossenoidal flua em resposta, tendo a mesma frequência e uma intensidade duas vezes maior (pois $C = 2F$). O resultado é mostrado no gráfico da Figura 7.4*b*.

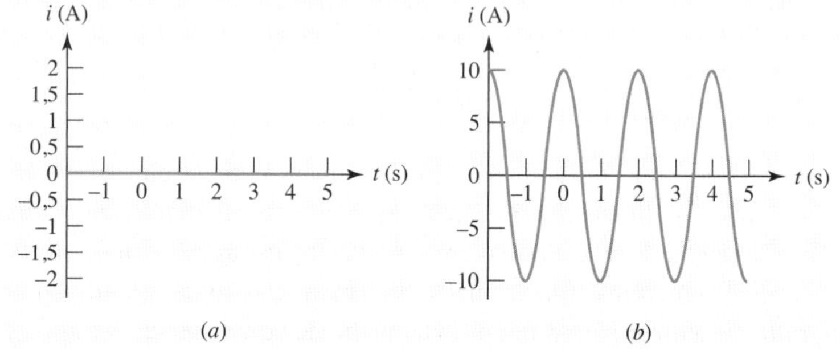

▲ **FIGURA 7.4** (*a*) $i = 0$, porque a tensão aplicada é CC. (*b*) A corrente tem forma cossenoidal em resposta a uma tensão senoidal.

▶ EXERCÍCIO DE FIXAÇÃO

7.1 Determine a corrente que flui através de um capacitor de 5 mF em resposta a uma tensão $v =$ (*a*) −20 V; (*b*) $2e^{-5t}$ V.

Resposta: (*a*) 0 A; (*b*) $-50e^{-5t}$ mA.

Relações Tensão-Corrente na Forma Integral

Integrando a Equação [1], a tensão no capacitor pode ser expressa em termos da corrente. Primeiro, obtemos

$$dv = \frac{1}{C}i(t)\,dt$$

e, depois, integramos[2] entre os instantes t_0 e t e entre as tensões $v(t_0)$ e $v(t)$ correspondentes:

$$v(t) = \frac{1}{C}\int_{t_0}^{t} i(t')\,dt' + v(t_0) \qquad [2]$$

A Equação [2] também pode ser escrita como uma integral indefinida mais uma constante de integração:

$$v(t) = \frac{1}{C}\int i\,dt + k$$

[2] Note que estamos empregando o procedimento matematicamente correto de definir uma *variável auxiliar t′* em situações nas quais a variável de integração t também é um limite.

Por fim, veremos em muitos problemas reais que não é possível definir $v(t_0)$, a tensão inicial no capacitor. Em tais circunstâncias, será matematicamente conveniente definir $t_0 = -\infty$ e $v(-\infty) = 0$, de forma que

$$v(t) = \frac{1}{C}\int_{-\infty}^{t} i\, dt'$$

Como a integral da corrente durante qualquer intervalo de tempo é a carga acumulada correspondente na placa do capacitor durante aquele mesmo período, também podemos definir a capacitância como

$$q(t) = Cv(t)$$

onde $q(t)$ e $v(t)$ representam os valores instantâneos da carga acumulada e da tensão entre as placas, respectivamente.

▶ EXEMPLO 7.2

Determine a tensão nos terminais de um capacitor associada à corrente ilustrada na Figura 7.5*a*. O valor da capacitância é 5 μF.

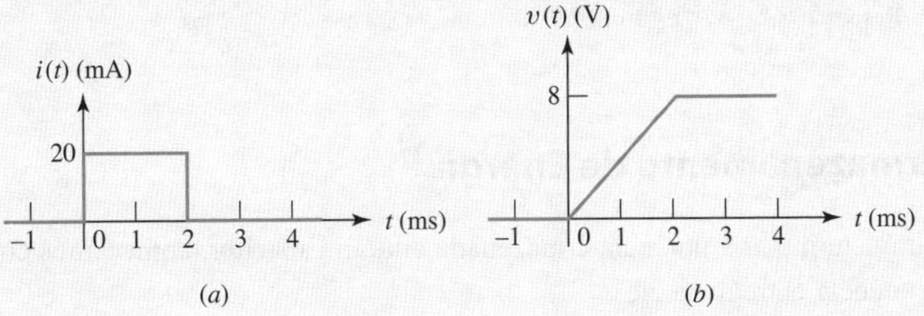

▲ **FIGURA 7.5** (*a*) Forma de onda de corrente aplicada a um capacitor de 5 μF. (*b*) Forma de onda de tensão resultante obtida por integração gráfica.

A Equação [2] é a expressão apropriada aqui:

$$v(t) = \frac{1}{C}\int_{t_0}^{t} i(t')\, dt' + v(t_0)$$

mas agora ela precisa ser interpretada graficamente. Para fazer isso, observamos que a diferença entre as tensões em t e t_0 é proporcional à área abaixo da curva da corrente entre esses dois instantes de tempo. A constante de proporcionalidade é $1/C$.

A partir da Figura 7.5*a*, vemos três intervalos diferentes: $t \le 0$, $0 \le t \le 2$ ms e $t \ge 2$ ms. Definindo o primeiro intervalo mais especificamente entre $-\infty$ e 0, de modo que $t_0 = -\infty$, notamos duas coisas, ambas uma consequência do fato de a corrente ter sido sempre zero até $t = 0$: Primeiro,

$$v(t_0) = v(-\infty) = 0$$

Segundo, a integral da corrente entre $-\infty$ e 0 é simplesmente zero, já que $i = 0$ no intervalo. Assim,

$$v(t) = 0 + v(-\infty) \qquad -\infty \le t \le 0$$

ou

$$v(t) = 0 \qquad t \le 0$$

Se agora considerarmos o intervalo de tempo representado pelo pulso retangular, obtemos

$$v(t) = \frac{1}{5 \times 10^{-6}} \int_0^t 20 \times 10^{-3}\, dt' + v(0)$$

Como $v(0) = 0$,

$$v(t) = 4000t \qquad 0 \leq t \leq 2 \text{ ms}$$

Ao longo do intervalo semi-infinito que sucede o pulso, a integral de $i(t)$ é novamente zero, de forma que

$$v(t) = 8 \qquad t \geq 2 \text{ ms}$$

Os resultados são expressos de forma muito mais simples por meio de um desenho do que pelas expressões analíticas, como mostra a Figura 7.5*b*.

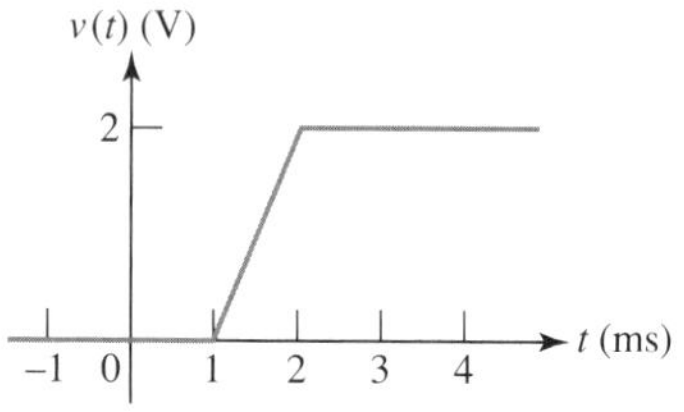

▲ **FIGURA 7.6**

▶ EXERCÍCIO DE FIXAÇÃO

7.2 Determine a corrente através de um capacitor de 100 pF, sendo a tensão em seus terminais em função do tempo dada pela Figura 7.6.

Resposta: 0 A, $-\infty \leq t \leq 1$ ms; 200 nA, 1 ms $\leq t \leq 2$ ms; 0 A, $t \geq 2$ ms.

Armazenamento de Energia

Para determinar a potência armazenada em um capacitor, começamos com a potência entregue a ele

$$p = vi = Cv\frac{dv}{dt}$$

A mudança na energia armazenada em seu campo elétrico é simplesmente

$$\int_{t_0}^{t} p\, dt' = C\int_{t_0}^{t} v\frac{dv}{dt'}\, dt' = C\int_{v(t_0)}^{v(t)} v'\, dv' = \frac{1}{2}C\left\{[v(t)]^2 - [v(t_0)]^2\right\}$$

Assim,

$$w_C(t) - w_C(t_0) = \tfrac{1}{2}C\left\{[v(t)]^2 - [v(t_0)]^2\right\} \qquad [3]$$

onde a energia armazenada é $w_C(t_0)$ em joules (J) e a tensão em t_0 é $v(t_0)$. Se escolhermos uma referência zero de energia em t_0, implicando que a tensão no capacitor também seja zero naquele instante, então,

$$\boxed{w_C(t) = \tfrac{1}{2}Cv^2} \qquad [4]$$

Vamos considerar um exemplo numérico. Conforme representado na Figura 7.7, temos uma fonte de tensão senoidal em paralelo com um resistor de 1 MΩ e um capacitor de 20 μF. Pode-se assumir que o resistor em paralelo represente a resistência finita do dielétrico entre as placas de um capacitor real (um capacitor ideal tem resistência infinita).

▶ EXEMPLO 7.3

Determine a máxima energia armazenada no capacitor da Figura 7.7 e a energia dissipada no resistor no intervalo $0 < t < 0,5$ s.

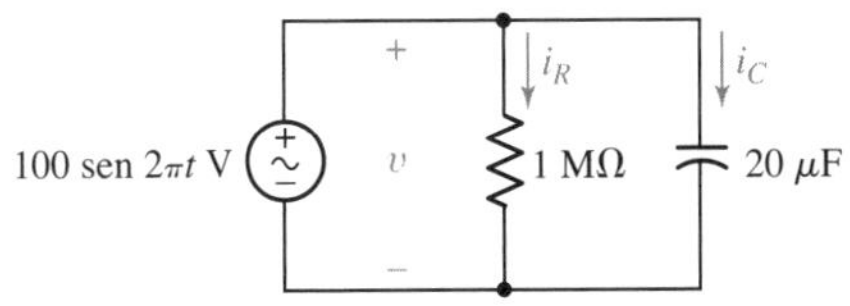

▲ **FIGURA 7.7** Uma fonte de tensão senoidal é aplicada em uma rede *RC* paralela. O resistor de 1 MΩ poderia representar a resistência finita da camada dielétrica de um capacitor "real".

▶ ***Identifique o objetivo do problema.***

A energia armazenada no capacitor varia com o tempo; o problema nos pede o valor máximo durante um intervalo de tempo específico. Também temos que encontrar a quantidade total de energia dissipada no resistor durante esse intervalo de tempo. Há, na realidade, duas questões completamente diferentes.

▶ ***Colete as informações conhecidas.***

A única fonte de energia no circuito é a fonte de tensão independente, que tem um valor de $100 \operatorname{sen} 2\pi t$ V. Estamos interessados apenas no intervalo de tempo $0 < t < 0,5$ s. O circuito está devidamente identificado.

▶ ***Trace um plano.***

Determine a energia no capacitor calculando a tensão. Para calcular a energia dissipada no resistor durante o mesmo intervalo de tempo, integre a *potência* dissipada, $P_R = i_R^2 \cdot R$.

▶ ***Construa um conjunto apropriado de equações.***

A energia armazenada no capacitor é simplesmente

$$w_C(t) = \tfrac{1}{2}Cv^2 = 0,1 \operatorname{sen}^2 2\pi t \qquad \text{J}$$

Obtemos uma expressão para a potência dissipada no resistor em termos da corrente i_R:

$$i_R = \frac{v}{R} = 10^{-4} \operatorname{sen} 2\pi t \qquad \text{A}$$

assim,

$$p_R = i_R^2 R = (10^{-4})(10^6) \operatorname{sen}^2 2\pi t$$

de forma que a energia dissipada no resistor entre 0 e 0,5 s é

$$w_R = \int_0^{0,5} p_R\, dt = \int_0^{0,5} 10^{-2} \operatorname{sen}^2 2\pi t\, dt \qquad \text{J}$$

▶ ***Determine se são necessárias informações adicionais.***

Temos uma expressão para a energia armazenada no capacitor; a Figura 7.8 mostra o gráfico correspondente. A expressão deduzida para a energia dissipada no resistor não envolve quaisquer grandezas desconhecidas e, portanto, pode ser facilmente calculada.

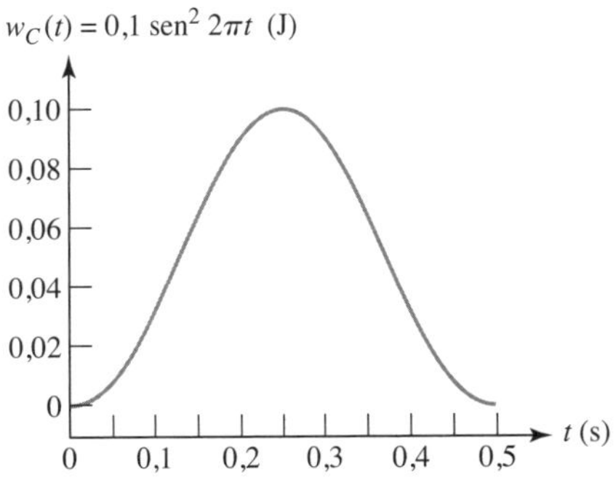

▲ **FIGURA 7.8** Gráfico da energia armazenada no capacitor em função do tempo.

▶ ***Tente uma solução.***

De nosso gráfico que mostra a energia armazenada no capacitor, vemos um aumento de zero em $t = 0$ até um máximo de 100 mJ em $t = 1/4$ s e, depois, uma queda até zero também em 1/4 s. Logo, $w_{C_{\text{máx}}} = 100$mJ. Avaliando nossa expressão integral para a energia dissipada no resistor, encontramos $w_R = 2,5$ mJ.

▶ ***Verifique a solução. Ela é razoável ou esperada?***

Não esperaríamos obter como resultado uma energia armazenada *negativa*, o que não seria confirmado por nosso gráfico. Além disso, como o valor máximo de sen $2\pi t$ é 1, a máxima energia esperada seria de (1/2) $(20 \times 10^{-6})(100)^2$.

O resistor dissipou 2,5 mJ no período de 0 a 500 ms, embora o capacitor tenha armazenado um máximo de 100 mJ em um ponto durante aquele intervalo. O que aconteceu com os "outros" 97,5 mJ?

Para responder a essa questão, calculamos a corrente no capacitor:

$$i_C = 20 \times 10^{-6} \frac{dv}{dt} = 0{,}004\pi \cos 2\pi t$$

e a corrente i_s *entrando* no terminal positivo da fonte de tensão

$$i_s = -\ i_C - i_R$$

ambas traçadas no gráfico da Figura 7.9. Observamos que a corrente no resistor é uma pequena fração da corrente na fonte; isso não é inteiramente surpreendente, pois 1 MΩ é um valor de resistência relativamente alto. À medida que a corrente flui a partir da fonte, uma pequena porção é desviada para o resistor, e o restante vai para o capacitor enquanto ele se carrega. Após t = 250 ms, o sinal da corrente na fonte se inverte; a corrente flui agora do capacitor para a fonte. A maior parte da energia armazenada no capacitor volta para a fonte de tensão ideal, exceto a pequena fração dissipada no resistor.

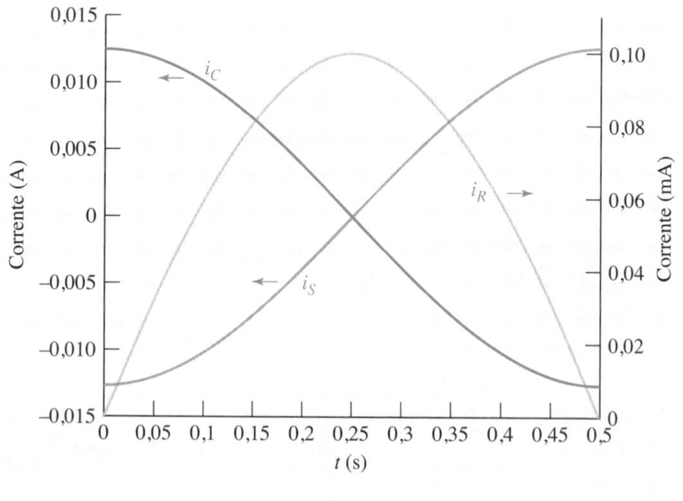

▲ **FIGURA 7.9** Gráfico das correntes no resistor, no capacitor e na fonte durante o intervalo de 0 a 500 ms.

▶ EXERCÍCIO DE FIXAÇÃO

7.3 Calcule a energia armazenada em um capacitor de 1.000 μF em $t = 50$ μs se a tensão em seus terminais for de 1,5 cos $10^5\, t$ volts.

Resposta: 90,52 μJ.

Características Importantes de um Capacitor Ideal

1. Não há fluxo de corrente através de um capacitor se a tensão em seus terminais não variar no tempo. Um capacitor é, portanto, um *circuito aberto para CC*.
2. Uma quantidade finita de energia pode ser armazenada em um capacitor mesmo que a corrente através dele seja zero, como no caso em que a tensão em seus terminais é constante.
3. É impossível promover uma mudança finita na tensão nos terminais de um capacitor em um intervalo de tempo nulo, pois isso demandaria uma corrente infinita. Um capacitor resiste a mudanças abruptas na tensão em seus terminais da mesma forma que uma mola se opõe a mudanças abruptas em seu alongamento.
4. Um capacitor nunca dissipa energia, somente a armazena. Isto é verdade para o *modelo matemático* desse dispositivo, mas deixa de ser para um capacitor *real* devido à resistência finita associada ao dielétrico e ao encapsulamento.

7.2 ▶ O INDUTOR

Modelo do Indutor Ideal

No início do século XIX, o cientista dinamarquês Oersted mostrou que um condutor conduzindo uma corrente produzia um campo magnético (a agulha de uma bússola era afetada pela presença de um fio quando este era percorrido por uma corrente). Pouco tempo depois, Ampère fez algumas medições cuidadosas que demonstraram uma relação *linear* entre o campo magnético e a corrente que o produzia. O próximo passo ocorreu praticamente 20 anos depois, quando o cientista inglês Michael Faraday e o inventor americano Joseph Henry descobriram quase simultaneamente[3] que um campo magnético variável podia induzir uma tensão em um circuito próximo. Eles mostraram que essa tensão era proporcional à taxa de variação temporal da corrente que produzia o campo magnético. A constante de proporcionalidade é aquilo que agora chamamos de ***indutância***, cujo símbolo é L, portanto

$$v = L\frac{di}{dt} \qquad [5]$$

onde devemos notar que v e i são funções do tempo. Quando quisermos enfatizar esse aspecto, poderemos fazê-lo usando os símbolos $v(t)$ e $i(t)$.

O símbolo do indutor é mostrado na Figura 7.10, e deve-se notar que foi usada a convenção de sinal passivo, assim como no caso do resistor e do capacitor. A unidade de medida da indutância é o ***henry*** (H), e a equação que a define mostra que o henry é apenas uma expressão abreviada para volt-segundo por ampère.

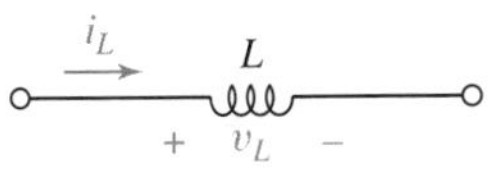

▲ **FIGURA 7.10** Símbolo elétrico e convenções corrente-tensão para um indutor.

[3] Faraday venceu.

O indutor cuja indutância é definida pela Equação [5] é um modelo matemático; ele é um elemento *ideal* que podemos usar para representar de forma aproximada o comportamento de um dispositivo *real*. Um indutor de verdade pode ser construído ao se enrolar um fio na forma de uma bobina. Isso serve efetivamente para aumentar tanto a corrente que causa o campo magnético quanto o "número" de circuitos vizinhos nos quais a tensão de Faraday pode ser induzida. O resultado desse efeito simultâneo é o fato de a indutância de uma bobina ser aproximadamente proporcional ao quadrado do número de voltas completas feitas pelo condutor com o qual ela é formada. Por exemplo, sabe-se que um indutor ou "bobina" na forma de um longo solenoide com raio pequeno tem uma indutância $\mu N^2 A/s$, onde A é a área da seção transversal, s é o comprimento axial do solenoide, N é o número de voltas completas do fio e μ (mi) é uma constante do material interno ao solenoide, chamada de permeabilidade. No vácuo (e de forma muito próxima para o ar), $\mu = \mu_0 = 4\pi \times 10^{-7}$ H/m $= 4\pi$ nH/cm. A Figura 7.11 mostra vários exemplos de indutores disponíveis comercialmente.

Vamos agora analisar a Equação [5] para determinar algumas das características elétricas do modelo matemático. Essa equação mostra que a tensão nos terminais de um indutor é proporcional à taxa de variação temporal da corrente que passa por ele. Em especial, ela mostra que não há tensão em um indutor pelo qual passa uma corrente constante, independentemente da amplitude dessa corrente, consequentemente, podemos enxergar o indutor como um *curto-circuito para CC.*

Outra constatação que pode ser obtida a partir da Equação [5] é que uma mudança abrupta ou descontínua na corrente deve estar associada a uma tensão infinita nos terminais do indutor. Em outras palavras, se quisermos

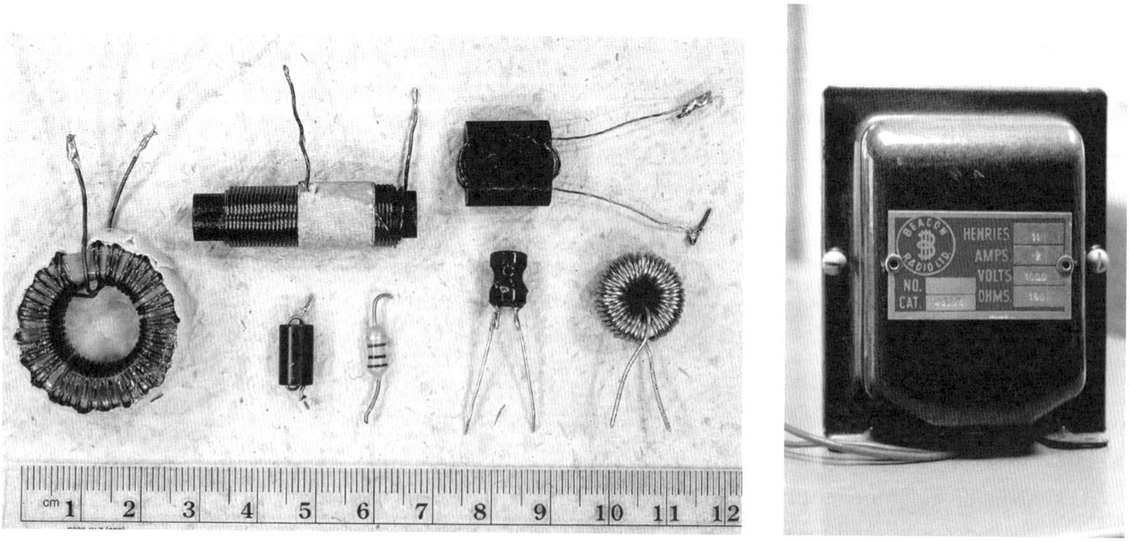

(*a*) (*b*)

▲ **FIGURA 7.11** (*a*) Vários tipos de indutores disponíveis comercialmente; às vezes, também são chamados de "choques". No sentido horário, começando da esquerda: indutor toroidal de 287 μH com núcleo de ferrite; indutor cilíndrico de 266 μH com núcleo de ferrite, indutor de 215 μH com núcleo de ferrite, projetado para frequência de VHF; indutor toroidal de 85 μH com núcleo de pó de ferro; indutor de 10 μH em forma de bobina; indutor de 100 μH com terminais de conexão axiais; e indutor de 7 μH com perdas no núcleo para supressão de RF. (*b*) Um indutor de 11 H, medindo 10 cm (altura) × 8 cm (largura) × 8 cm (profundidade).

produzir uma mudança abrupta na corrente de um indutor, deveremos aplicar uma tensão infinita. Embora uma função forçante com tensão infinita possa ser aceitável teoricamente, ela não existe na prática. Conforme veremos em breve, uma alteração abrupta na corrente de um indutor também requer uma mudança abrupta na energia nele armazenada, o que faz com que a potência infinita seja necessária naquele instante; a potência infinita tampouco faz parte do mundo real. Para evitar tensão e potência infinitas, a corrente em um indutor não pode saltar *instantaneamente* de um valor para outro.

A interrupção do fluxo de corrente em um circuito real contendo um indutor pode levar ao aparecimento temporário de um arco elétrico entre os contatos da chave. Isso é útil no sistema de ignição de alguns automóveis, onde a corrente que passa através da bobina de ignição é interrompida pelo distribuidor, levando ao aparecimento de um arco nos eletrodos da vela. Isso ocorre em um intervalo de tempo muito pequeno, embora não instantâneo, causando o aparecimento de uma alta tensão. A presença de uma alta tensão em um espaçamento tão pequeno significa um campo elétrico de intensidade muito elevada; a energia armazenada é dissipada com a ionização do ar no caminho do arco.

A Equação [5] também pode ser interpretada (e resolvida, se necessário) por métodos gráficos, como veremos no Exemplo 7.4.

▶ EXEMPLO 7.4

Dada a forma de onda da corrente em um indutor de 3 H conforme mostra a Figura 7.12*a*, determine a tensão no indutor e desenhe um gráfico.

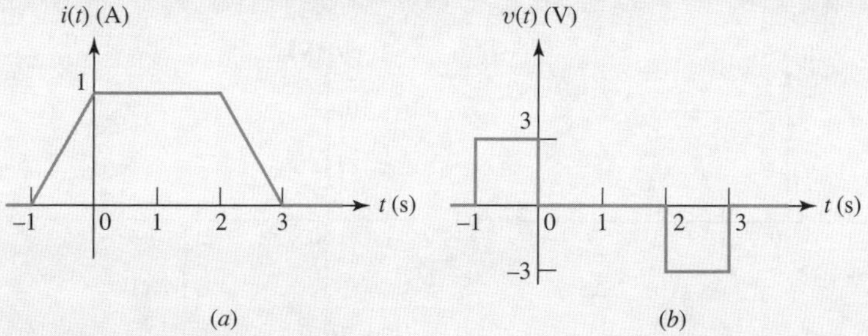

▲ **FIGURA 7.12** (*a*) Forma de onda da corrente em um indutor de 3 H. (*b*) Forma de onda de tensão correspondente, $v = 3\, di/dt$.

Desde que a tensão v e a corrente i sejam definidas para satisfazer a convenção de sinal passivo, podemos obter v da Figura 7.12*a* usando a Equação [5]:

$$v = 3\frac{di}{dt}$$

Como a corrente é zero para $t < -1$s, a tensão é zero nesse intervalo. A corrente começa, então, a crescer linearmente a uma taxa de 1A/s, portanto, é produzida uma tensão constante de $L\, di/dt = 3$V. Durante os 2 segundos seguintes, a corrente é constante e, portanto, a tensão é zero. O decréscimo final na corrente resulta em $di/dt = -1$A/s, levando a $v = -3$V Para $t > 3$ segundos, $i(t)$ é uma constante (zero), de modo que $v(t) = 0$ para aquele intervalo. A forma de onda completa da tensão esta desenhada na Figura 7.12*b*.

▶ EXERCÍCIO DE FIXAÇÃO

7.4 A Corrente através de um indutor de 200 mH é mostrada na Figura 7.13. Use a convenção de sinal passivo e determine v_L em t igual a: (*a*) 0; (*b*) 2 ms; (*c*) 6 ms.

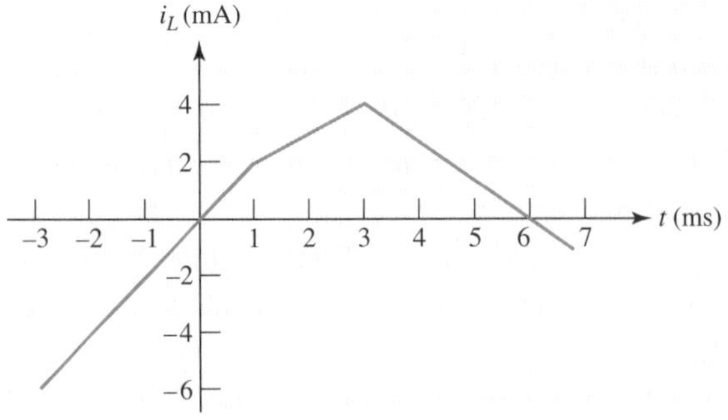

◀ **FIGURA 7.13**

Resposta: 0,4V; 0,2V; –0,267V.

Vamos investigar agora o efeito de uma subida e uma descida mais rápida da corrente entre os valores zero e 1 A.

▶ EXEMPLO 7.5

Determine a tensão resultante no indutor quando se aplica uma corrente com a forma de onda da Figura 7.14*a* no indutor do Exemplo 7.4.

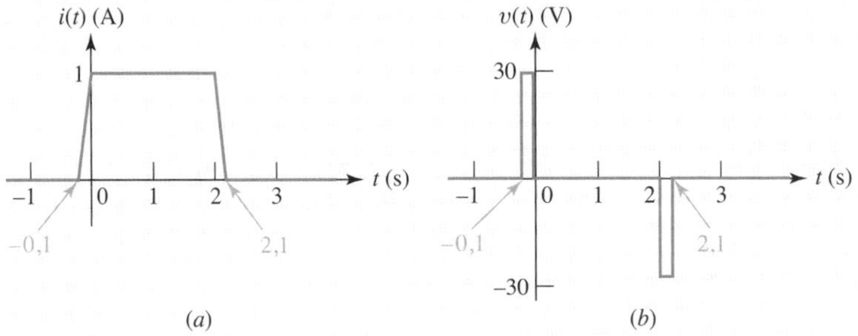

▲ **FIGURA 7.14** (*a*) O tempo necessário para que a corrente da Figura 7.12*a* mude de 0 a 1 e de 1 a 0 é reduzido em um fator de 10. (*b*) Forma de onda da tensão resultante. As larguras de pulso foram aumentadas para maior clareza.

Observe que os intervalos de tempo de subida e descida foram reduzidos a 0,1 s. Logo, a intensidade de cada derivada será dez vezes maior; essa condição é mostrada nos gráficos de corrente e tensão das Figuras 7.14*a* e *b*. Nas formas de onda de tensão das Figuras 7.13*b* e 7.14*b*, é interessante notar que a área sob cada pulso de tensão é 3 V · s.

Apenas por curiosidade, vamos continuar nessa mesma linha de raciocínio por um momento. Uma diminuição ainda maior nos tempos de subida e descida da corrente produzirá uma tensão de intensidade proporcionalmente maior, mas somente dentro do intervalo no qual a corrente está aumentando ou diminuindo. Uma mudança abrupta na corrente causará os "picos" de tensão infinita (cada um com uma área de 3 V · s), sugeridos pelas formas de onda da Figura 7.15; ou, do ponto de vista igualmente válido, mas oposto, tais picos de tensão infinita são necessários para produzir uma mudança abrupta na corrente.

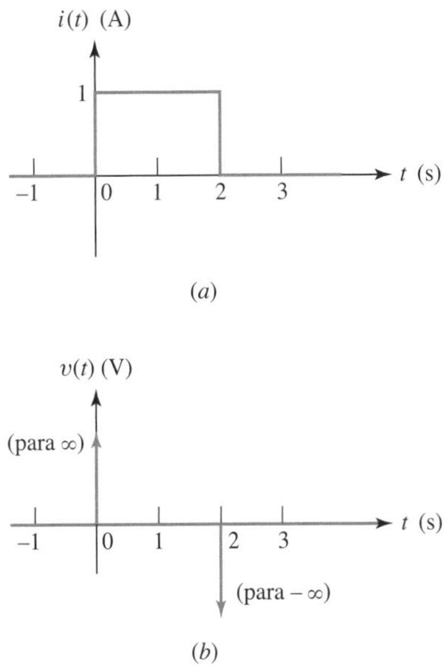

▲ **FIGURA 7.15** (*a*) O tempo necessário para a corrente da Figura 7.14*a* mudar de 0 a 1 e de 1 a 0 é reduzido a zero; a subida e a descida são abruptas. (*b*) A tensão resultante no indutor de 3 H consiste em um pico infinito positivo e um pico infinito negativo.

▶ EXERCÍCIO DE FIXAÇÃO

7.5 A forma de onda da corrente da Figura 7.14*a* possui tempos de subida e descida iguais, com duração de 0,1 s (100 ms). Calcule as tensões máximas positiva e negativa sobre o mesmo indutor se os tempos de subida e descida forem alterados, respectivamente, para (*a*) 1 ms, 1 ms, (*b*) 12 μs, 64 μs; (*c*) 1 s, 1 ns.

Resposta: 3 kV, –3 kV; 250 kV, –46,88 kV; 3 V, –3 GV.

Relações Tensão-Corrente na Forma Integral

Definimos a indutância com uma simples equação diferencial,

$$v = L\frac{di}{dt}$$

e, a partir dessa relação, obtemos várias conclusões a respeito das características de um indutor. Por exemplo, consideramos o indutor um curto-circuito para a corrente contínua e concordamos que não é possível mudar a corrente em um indutor de um valor para outro de forma abrupta, porque, para isso, seriam necessárias tensão e potência infinitas. No entanto, a simples equação que define a indutância contém ainda mais informações. Reescrita em uma forma ligeiramente diferente,

$$di = \frac{1}{L}v\,dt$$

ela é um convite à integração. Vamos considerar primeiro os limites a serem colocados nas duas integrais. Queremos a corrente i no instante t, e esse par de grandezas fornece, portanto, os limites superiores das integrais aparecendo nos lados esquerdo e direito da equação, respectivamente; os limites inferiores também podem ser mantidos gerais assumindo simplesmente que a corrente tenha o valor $i(t_0)$ no instante t_0. Assim,

$$\int_{i(t_0)}^{i(t)} di' = \frac{1}{L}\int_{t_0}^{t} v(t')\,dt'$$

que leva à equação

$$i(t) - i(t_0) = \frac{1}{L}\int_{t_0}^{t} v\,dt'$$

ou

$$\boxed{i(t) = \frac{1}{L}\int_{t_0}^{t} v\,dt' + i(t_0)} \qquad [6]$$

A Equação [5] expressa a tensão no indutor em termos da corrente, enquanto a Equação [6] fornece a corrente em termos da tensão. Outras formas também são possíveis para a última equação. Podemos escrever a integral como uma integral indefinida e incluir uma constante de integração k:

$$i(t) = \frac{1}{L}\int v\,dt + \mathrm{k} \quad [7]$$

Podemos assumir também que estamos resolvendo um problema real no qual a escolha de t_0 como $-\infty$ garante que não há nenhuma corrente ou energia no indutor. Assim, se $i(t_0) = i(-\infty) = 0$, então,

$$i(t) = \frac{1}{L}\int_{-\infty}^{t} v\,dt' \quad [8]$$

Vamos estudar o uso dessas várias integrais usando um exemplo simples, onde é especificada a tensão nos terminais de um indutor.

▶ EXEMPLO 7.6

A tensão nos terminais de um indutor de 2 H é 6 cos 5*t* V. Determine a corrente resultante no indutor se $i(t = -\pi/2) = 1$ A.

Da Equação [6],

$$i(t) = \frac{1}{2}\int_{t_0}^{t} 6\cos 5t'\,dt' + i(t_0)$$

ou

$$i(t) = \frac{1}{2}\left(\frac{6}{5}\right)\operatorname{sen} 5t - \frac{1}{2}\left(\frac{6}{5}\right)\operatorname{sen} 5t_0 + i(t_0)$$
$$= 0{,}6\operatorname{sen} 5t - 0{,}6\operatorname{sen} 5t_0 + i(t_0)$$

O primeiro termo indica que a corrente no indutor apresenta variação senoidal; o segundo e o terceiro termos juntos representam uma constante que se torna conhecida quando a corrente é especificada numericamente em algum instante de tempo. Usando o fato de que a corrente é 1 A em $t = -\pi/2$ s, identificamos t_0 como $-\pi/2$ com $i(t_0)$ e obtemos

$$i(t) = 0{,}6\operatorname{sen} 5t - 0{,}6\operatorname{sen}(-2{,}5\pi) + 1$$

ou

$$i(t) = 0{,}6\operatorname{sen} 5t + 1{,}6$$

Podemos obter o mesmo resultado pela Equação [6]. Temos

$$i(t) = 0{,}6\operatorname{sen} 5t + k$$

e estabelecemos o valor numérico de k forçando a corrente a ser 1 A em $t = -\pi/2$:

$$1 = 0{,}6\operatorname{sen}(-2{,}5\pi) + k$$

ou

$$k = 1 + 0{,}6 = 1{,}6$$

assim, como antes,

$$i(t) = 0{,}6\operatorname{sen} 5t + 1{,}6$$

A Equação [8] vai nos causar problemas por causa dessa tensão em particular. Baseamos a equação na hipótese de que a corrente era zero quando $t = -\infty$. De fato, isso tem que ser verdade no mundo real, mas estamos trabalhando no terreno dos modelos matemáticos; nossos elementos e funções forçantes são todos idealizados. A dificuldade surge após a integração, onde obtemos

$$i(t) = 0{,}6 \operatorname{sen} 5t' \big|_{-\infty}^{t}$$

e tentamos avaliar a integral no limite inferior:

$$i(t) = 0{,}6 \operatorname{sen} 5t - 0{,}6 \operatorname{sen}(-\infty)$$

O seno de $\pm\infty$ é indeterminado, portanto, não podemos avaliar nossa expressão. A Equação [8] só é útil se estivermos avaliando funções que se aproximam de zero quando $t \to -\infty$.

▶ EXERCÍCIO DE FIXAÇÃO

7.6 Um indutor de 100 mH tem uma tensão $v_L = 2e^{-3t}$ V em seus terminais. Determine a corrente resultante no indutor se $i_L(-0{,}5) = 1$A.

Resposta: $-\frac{20}{3}e^{-3t} + 30{,}9$ A.

Entretanto, não devemos fazer nenhum julgamento antecipado sobre qual forma das Equações [6], [7] e [8] vamos usar de agora em diante; cada uma tem suas vantagens, dependendo do problema e da aplicação. A Equação [6] representa um método longo e geral, mas ela mostra claramente que a constante de integração é uma corrente. A Equação [7] é uma expressão um pouco mais resumida da Equação [6], mas a natureza da constante de integração é suprimida. Por fim, a Equação [8] é uma excelente expressão, pois nenhuma constante é necessária; no entanto, ela se aplica somente quando a corrente é zero em $t = -\infty$ e quando a expressão analítica que descreve a corrente não é indeterminada nesse limite.

Armazenamento de Energia

Agora, voltaremos nossa atenção para a potência e a energia. A potência absorvida é dada pelo produto corrente-tensão

$$p = vi = Li\frac{di}{dt}$$

A energia w_L aceita pelo indutor é armazenada no campo magnético ao redor da bobina. A mudança nessa energia é expressa pela integral da potência ao longo do intervalo de tempo desejado:

$$\int_{t_0}^{t} p\,dt' = L\int_{t_0}^{t} i\frac{di}{dt'}\,dt' = L\int_{i(t_0)}^{i(t)} i'\,di'$$
$$= \frac{1}{2}L\left\{[i(t)]^2 - [i(t_0)]^2\right\}$$

Assim,

$$w_L(t) - w_L(t_0) = \tfrac{1}{2}L\left\{[i(t)]^2 - [i(t_0)]^2\right\} \qquad [9]$$

onde assumimos novamente uma corrente $i(t_0)$ no instante t_0. Ao usar a expressão da energia, é comum supor que t_0 corresponda ao instante de tempo em que a corrente é zero; também é comum supor energia zero nesse mesmo instante. Temos, então, simplesmente

$$\boxed{w_L(t) = \tfrac{1}{2}Li^2} \qquad [10]$$

e agora entendemos que nossa referência para energia zero é qualquer instante de tempo no qual a corrente no indutor é zero. Em qualquer tempo subsequente no qual a corrente for zero, também não encontraremos nenhuma energia armazenada no indutor. Sempre que a corrente for diferente de zero, independentemente de sua direção e de seu sinal, haverá energia armazenada no indutor. Conclui-se, portanto, que a energia pode ser entregue ao indutor durante determinado intervalo de tempo e depois recuperada. Toda energia armazenada em um indutor ideal pode ser recuperada; no modelo matemático, não são pagas taxas de armazenamento, tampouco comissões a agentes. Uma bobina de verdade, no entanto, deve ser construída com fios de verdade e, portanto, sempre terá uma resistência associada. Nesse caso, não será possível armazenar e recuperar energia sem que ocorram perdas.

Essas ideias podem ser ilustradas com um simples exemplo. Na Figura 7.16, um indutor de 3 H está em série com um resistor de 0,1 Ω e com uma fonte de corrente senoidal $i_s = 12 \text{ sen } \frac{\pi t}{6}$ A. O resistor pode ser interpretado como a resistência do fio usado na construção de uma bobina de verdade.

▶ EXEMPLO 7.7

Calcule a máxima energia armazenada no indutor da Figura 7.16 e quanta energia é dissipada no resistor durante o tempo em que a energia está sendo armazenada no indutor e, depois, recuperada.

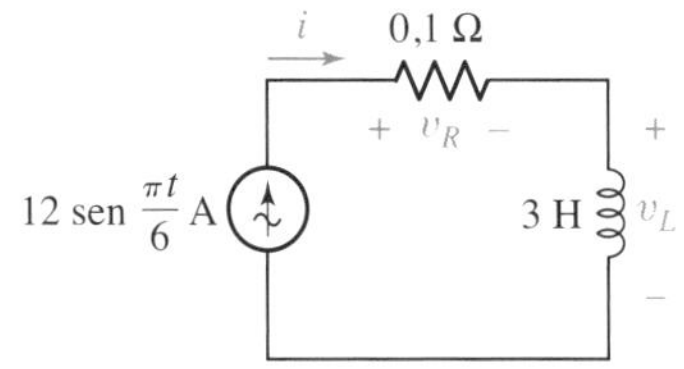

▲ **FIGURA 7.16** Uma corrente senoidal é aplicada como função forçante em um circuito *RL* série. O resistor de 0,1 Ω representa a resistência inerente ao fio com o qual o indutor é fabricado.

A energia armazenada no indutor é

$$w_L = \frac{1}{2}Li^2 = 216\,\text{sen}^2\,\frac{\pi t}{6} \qquad \text{J}$$

e essa energia aumenta de zero em $t = 0$ a 216 J em $t = 3$ s. Logo, a máxima energia armazenada no indutor é 216 J.

Após alcançar seu valor de pico em $t = 3$ s, a energia deixa completamente o indutor 3 s depois. Vamos ver qual preço pagamos pelo privilégio de armazenar e remover 216 J em 6 segundos. A potência dissipada no resistor é facilmente calculada como

$$p_R = i^2R = 14{,}4\,\text{sen}^2\,\frac{\pi t}{6} \qquad \text{W}$$

e a energia convertida em calor no resistor nesse intervalo de 6 s é, portanto,

$$w_R = \int_0^6 p_R\,dt = \int_0^6 14{,}4\,\text{sen}^2\,\frac{\pi}{6}t\,dt$$

ou

$$w_R = \int_0^6 14{,}4\left(\frac{1}{2}\right)\left(1 - \cos\frac{\pi}{3}t\right)dt = 43{,}2\ \text{J}$$

Então, gastamos 43,2 J no processo de armazenar e depois recuperar 216 J em um intervalo de 6 segundos. Isso representa 20% da máxima energia armazenada, mas é um valor razoável para muitas bobinas com uma indutância assim tão grande. Em bobinas com uma indutância de aproximadamente 100 μH, podemos esperar um valor próximo a 2% ou 3%.

▶ EXERCÍCIO DE FIXAÇÃO

7.7 Seja L = 25 mH para o indutor da Figura 7.10. (*a*) Encontre v_L em t = 12 ms se $i_L = 10te^{-100t}$ A. (*b*) Calcule i_L em t = 0,1 s se $v_L = 6e^{-12t}$ V e $i_L(0)$ = 10 A. Se $i_L = 8(1 - e^{-40t})$ mA, encontre (*c*) a potência que está sendo fornecida ao indutor em t = 50 ms e (*d*) a energia armazenada no indutor em t = 40 ms.

Resposta: –15,06 mV; 24,0 A; 7,49 μW; 0,510 μJ.

Vamos agora recapitular, listando quatro características importantes que resultam da equação $v = L\,di/dt$ que define um indutor:

Características Importantes de um Indutor Ideal

1. Não há tensão nos terminais de um indutor se a corrente através dele não varia no tempo. Um indutor é, portanto, um *curto-circuito para CC.*
2. Uma quantidade finita de energia pode ser armazenada em um indutor mesmo que a tensão em seus terminais seja zero, como no caso em que a corrente através dele é constante.
3. É impossível promover uma mudança finita na corrente através do indutor em um intervalo de tempo nulo, pois isso demandaria uma tensão infinita. O indutor resiste a mudanças abruptas de corrente da mesma forma que uma massa se opõe a mudanças abruptas de velocidade
4. O indutor nunca dissipa energia, somente a armazena. Isso é verdade para o modelo *matemático*, mas deixa de ser para um indutor *real* devido às resistências em série.

É interessante antecipar nossa discussão sobre ***dualidade*** na Seção 7.6 relendo as quatro afirmações anteriores com certas palavras sendo substituídas por suas correspondentes "duais". Se as palavras *capacitor* e *indutor, capacitância* e *indutância, tensão* e *corrente, nos terminais* e *através deles, circuito aberto* e *curto-circuito, mola* e *massa, deslocamento* e *velocidade* forem intercambiadas (em qualquer direção), obtemos as quatro afirmações feitas anteriormente para os capacitores.

APLICAÇÃO

EM BUSCA DO ELEMENTO PERDIDO

Até agora, foram introduzidos três diferentes elementos passivos com dois terminais: o resistor, o capacitor e o indutor. Cada um foi definido em termos da sua relação de corrente-tensão ($v = Ri$, $i = C\,dv/dt$ e $v = L\,di/dt$, respectivamente). Em uma perspectiva mais fundamental, no entanto, podemos observar esses três elementos como parte de um quadro maior relacionando quatro grandezas básicas, denominadas carga q, corrente i, tensão v e fluxo concatenado φ. A carga, a corrente e a tensão são discutidas no Capítulo 2. O fluxo concatenado é o produto do fluxo magnético e o número de voltas do fio condutor concatenado pelo fluxo e pode ser expresso em termos da tensão v em toda a bobina, como $\varphi = \int v\,dt$ ou $d\varphi/dt$.

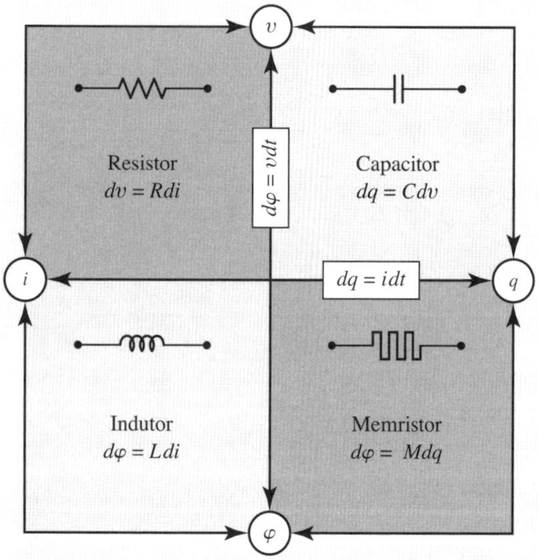

▲ **FIGURA 7.17** Representação gráfica dos quatro elementos passivos básicos de dois terminais (resistor, capacitor, indutor e memristor) e suas inter-relações. Note que o fluxo concatenado é, de modo geral, representado pela letra grega λ para distingui-lo do fluxo: então, $\lambda = N\varphi$, em que N é o número de voltas e φ é o fluxo. (Reimpresso com permissão de Macmillan Publishers Ltd. Nature Publishing Group, "Electronics: The fourth Element". Volume 453, pg. 42, 2008.)

A Figura 7.17 representa graficamente como essas quatro grandezas estão interligadas. Em primeiro lugar, independentemente de quaisquer elementos do circuito e suas características, temos $dq = i\,dt$ (Capítulo 2) e, agora, $d\varphi = v\,dt$. A carga está relacionada com a tensão ao se tratar de um capacitor, uma vez que $C = dq/dv$ ou $dq = C\,dv$. O elemento que chamamos de resistor fornece uma relação direta entre tensão e corrente, que pode ser expressa como $dv = Rdi$. Continuando a nossa viagem no sentido anti-horário em torno do perímetro da Figura 7.17, observamos que nossa expressão original conectando a tensão e a corrente associada a um indutor pode ser escrita em termos de corrente i e fluxo de concatenado φ, considerando que um rearranjo dessa equação produz $v\,dt = L\,di$, e também sabemos que $d\varphi = v\,dt$. Assim, para o indutor, podemos escrever $d\varphi = L\,di$.

Até agora, percorremos de q para v com o auxílio de um capacitor, de v para i usando o resistor e de i a φ usando o indutor. No entanto, ainda não utilizamos nenhum elemento para conectar φ e q, apesar de a simetria sugerir que tal coisa deve ser possível. No início da década de 1970, Leon Chua pensou a respeito do assunto e postulou um novo componente – um elemento de circuito de dois terminais "perdido" – e o chamou de ***memristor***[1]. Ele passou a demonstrar que as características elétricas de um memristor devem ser não lineares e dependem de seu histórico – em outras palavras, um memristor pode ser caracterizado por ter uma memória (daí o seu nome). À parte de seu trabalho, outros haviam proposto um componente semelhante, nem tanto para utilização prática em circuitos reais, mas pelo seu potencial em dispositivos em modelagem de e processamento de sinais.

Não muito se ouviu desse elemento hipotético posteriormente, pelo menos até que Dmitri Strukov e colegas de trabalho no laboratório da HP, em Palo Alto, publicaram um breve artigo em 2008 alegando ter "encontrado" o memristor[2]. Eles dão vários motivos por ter levado quase quatro décadas para desenvolver um modelo genérico do componente hipotetizado por Chua, em 1971, mas um dos mais interessantes tem a ver com o tamanho. Ao fabricar seu protótipo de memristor, a nanotecnologia (a arte de fabricar dispositivos com uma dimensão inferior a 1.000 nm, que é aproximadamente 1% do diâmetro do cabelo humano) desempenhou um papel fundamental. Uma camada de óxido de 5 nm de espessura entre dois eletrodos de platina compreende todo o dispositivo.

As características elétricas não lineares do protótipo geraram de imediato grande entusiasmo, principalmente por suas potenciais aplicações em circuitos integrados, onde os componentes já estão se aproximando de seu menor tamanho realístico, e muitos acreditam que novos tipos de dispositivos serão necessários para aumentar ainda mais a densidade e a funcionalidade de circuitos integrados. Se o memristor é o elemento de circuito que permitirá isso, ainda não se sabe – apesar do relato de um protótipo, resta ainda muito trabalho a ser feito antes que ele se torne prático.

(1) L. 0. Chua, "Memristor-The missing circuit element", *IEEE Transactions on Circuit Theory* **CT-18** (**5**), 1971, p. 507.

(2) D. B. Strukov, G. S. Snider, D. R. Stewart, and R. S. Williams, "The missing memristor found", *Nature* **453**, 2008, p. 80.

7.3 ▶ COMBINAÇÕES DE INDUTÂNCIAS E CAPACITÂNCIAS

Agora que acrescentamos o indutor e o capacitor à nossa lista de elementos de circuito passivos, precisamos decidir se os métodos que desenvolvemos para a análise de circuitos resistivos ainda são válidos. Também será conveniente aprender como substituir combinações em série e paralelo de qualquer um desses elementos por equivalentes mais simples, assim como fizemos com os resistores no Capítulo 3.

Primeiro, olhamos as duas leis de Kirchhoff, ambas axiomáticas. Entretanto, quando formulamos essas duas leis, fizemos isso sem qualquer restrição quanto aos elementos que constituíam a rede. Ambas, portanto, permanecem válidas.

Indutores em Série

Agora, podemos estender os procedimentos que deduzimos para reduzir várias combinações de resistores em um resistor equivalente aos casos análogos de indutores e capacitores. Vamos considerar primeiro uma fonte de tensão ideal aplicada em uma combinação de N indutores em série, como mostra a Figura 7.18*a*. Desejamos um único indutor equivalente, com indutância L_{eq}, que possa substituir a combinação em série de maneira que a corrente da fonte $i(t)$ fique inalterada.

O circuito equivalente está desenhado na Figura 7.18*b*. Aplicando a LKT no circuito original,

$$\begin{aligned} v_s &= v_1 + v_2 + \cdots + v_N \\ &= L_1 \frac{di}{dt} + L_2 \frac{di}{dt} + \cdots + L_N \frac{di}{dt} \\ &= (L_1 + L_2 + \cdots + L_N) \frac{di}{dt} \end{aligned}$$

ou, escrevendo de forma mais concisa,

$$v_s = \sum_{n=1}^{N} v_n = \sum_{n=1}^{N} L_n \frac{di}{dt} = \frac{di}{dt} \sum_{n=1}^{N} L_n$$

Mas, no circuito equivalente, temos

$$v_s = L_{eq} \frac{di}{dt}$$

portanto, a indutância equivalente é

$$L_{eq} = L_1 + L_2 + \cdots + L_N$$

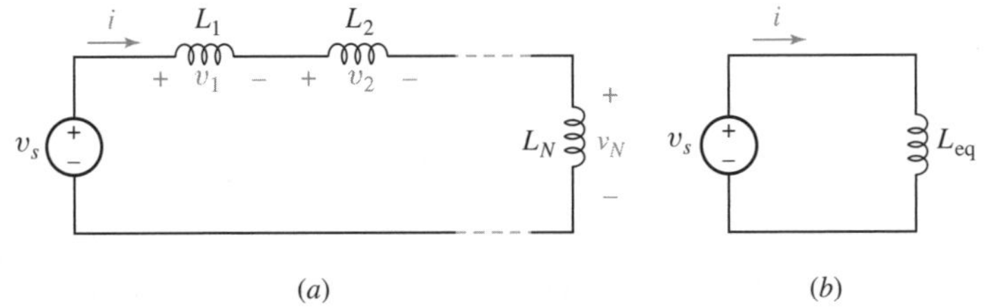

◀ **FIGURA 7.18** (*a*) Circuito contendo N indutores em série. (*b*) O circuito equivalente desejado, no qual $L_{eq} = L_1 + L_2 + \ldots + L_N$.

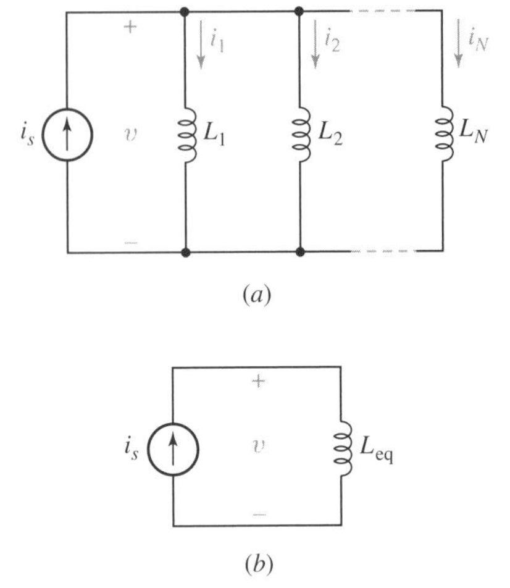

▲ **FIGURA 7.19** (*a*) Combinação de *N* indutores em paralelo. (*b*) circuito equivalente, onde $L_{eq} = [1/L_1 + 1/L_2 + ... + 1/L_N]^{-1}$.

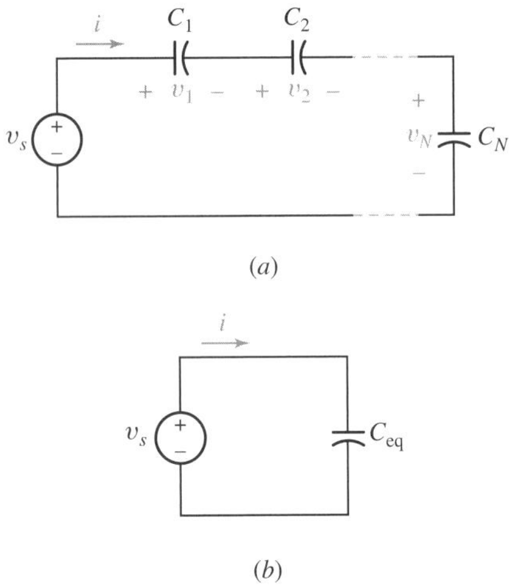

▲ **FIGURA 7.20** (*a*) Circuito contendo *N* capacitores em série. (*b*) O circuito equivalente desejado, onde $C_{eq} = [1/C_1 + 1/C_2 + ... + 1/C_N]^{-1}$.

ou

$$L_{eq} = \sum_{n=1}^{N} L_n \qquad [11]$$

O indutor equivalente aos vários indutores conectados em série possui uma indutância que é a soma das indutâncias no circuito original. Esse é exatamente o mesmo resultado que obtivemos para resistores em série.

Indutores em Paralelo

A combinação de um conjunto de indutores em paralelo é obtida escrevendo-se uma única equação nodal para o circuito original mostrado na Figura 7.19*a*.

$$\begin{aligned} i_s &= \sum_{n=1}^{N} i_n = \sum_{n=1}^{N}\left[\frac{1}{L_n}\int_{t_0}^{t} v\,dt' + i_n(t_0)\right] \\ &= \left(\sum_{n=1}^{N}\frac{1}{L_n}\right)\int_{t_0}^{t} v\,dt' + \sum_{n=1}^{N} i_n(t_0) \end{aligned}$$

Comparando-a com o resultado para o circuito equivalente da Figura 7.19*b*,

$$i_s = \frac{1}{L_{eq}}\int_{t_0}^{t} v\,dt' + i_s(t_0)$$

Como a lei de Kirchhoff das correntes exige que $i_s(t_0)$ seja igual à soma das correntes dos ramos em t_0, os dois termos integrais também devem ser iguais; daí,

$$L_{eq} = \frac{1}{1/L_1 + 1/L_2 + \cdots + 1/L_N} \qquad [12]$$

Para o caso especial de dois indutores em paralelo,

$$L_{eq} = \frac{L_1 L_2}{L_1 + L_2} \qquad [13]$$

e notamos que indutores em paralelo combinam-se exatamente como resistores em paralelo.

Capacitores em Série

Para encontrar um capacitor que seja equivalente a *N* capacitores em série, usamos o circuito da Figura 7.20*a* e seu equivalente na Figura 7.20*b* para escrever

$$\begin{aligned} v_s &= \sum_{n=1}^{N} v_n = \sum_{n=1}^{N}\left[\frac{1}{C_n}\int_{t_0}^{t} i\,dt' + v_n(t_0)\right] \\ &= \left(\sum_{n=1}^{N}\frac{1}{C_n}\right)\int_{t_0}^{t} i\,dt' + \sum_{n=1}^{N} v_n(t_0) \end{aligned}$$

e

$$v_s = \frac{1}{C_{eq}}\int_{t_0}^{t} i\,dt' + v_s(t_0)$$

Porém, a lei de Kirchhoff das tensões estabelece a igualdade entre $v_s(t_0)$ e a soma das tensões nos capacitores em t_0; logo

$$C_{eq} = \frac{1}{1/C_1 + 1/C_2 + \cdots + 1/C_N} \quad [14]$$

e capacitores em série combinam-se como condutâncias em série ou resistores em paralelo. O caso especial de dois capacitores em série, é claro, resulta em

$$C_{eq} = \frac{C_1 C_2}{C_1 + C_2} \quad [15]$$

Capacitores em Paralelo

Por fim, os circuitos da Figura 7.21 nos permitem estabelecer o valor do capacitor, que é equivalente a N capacitores em paralelo como

$$C_{eq} = C_1 + C_2 + \cdots + C_N \quad [16]$$

e não causa admiração perceber que capacitores em paralelo combinam-se da mesma maneira que resistores em série, bastando simplesmente somar todas as capacitâncias individuais.

Vale a pena memorizar essas fórmulas. As fórmulas que se aplicam às combinações em série e paralelo de indutores são idênticas àquelas para resistores; com isso, elas parecem "óbvias". No entanto, é preciso ter cuidado no caso das expressões correspondentes às combinações em série e paralelo de capacitores, pois elas são opostas àquelas de resistores e indutores, levando frequentemente a erros quando os cálculos são feitos de forma apressada.

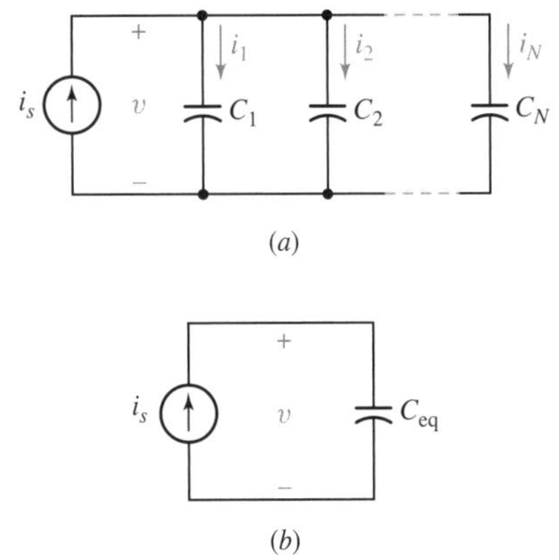

▲ **FIGURA 7.21** (*a*) Combinação de N capacitores em paralelo. (*b*) circuito equivalente, onde $C_{eq} = C_1 + C_2 + \ldots + C_N$.

▶ EXEMPLO 7.8

Simplifique a rede da Figura 7.22*a* usando combinações em série/paralelo.

Os capacitores de 6 μF e 3 μF em série são primeiro combinados em um equivalente de 2 μF, e esse capacitor é, então, combinado com o elemento de 1 μF em paralelo para produzir uma capacitância equivalente de 3 μF. Além disso, os indutores de 3 H e 2 H são substituídos por um equivalente de 1,2 H, que, depois, é somado ao elemento de 0,8 H para dar uma indutância equivalente total de 2 H. A rede equivalente muito mais simples (e provavelmente mais barata) é mostrada na Figura 7.22*b*.

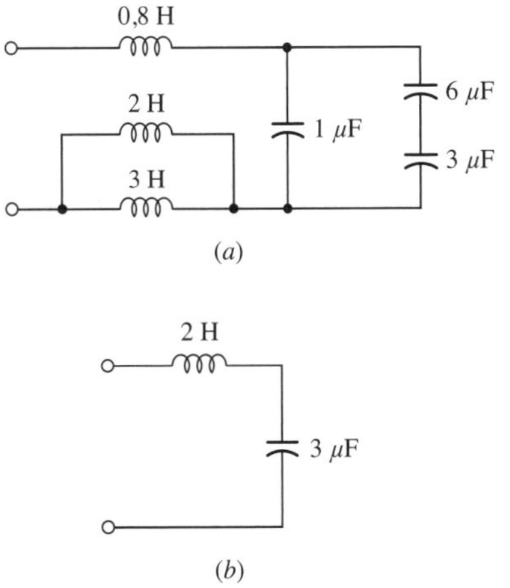

▲ **FIGURA 7.22** (*a*) Uma rede *LC*. (*b*) Circuito equivalente mais simples.

▶ EXERCÍCIO DE FIXAÇÃO

7.8 Calcule C_{eq} na rede da Figura 7.23.

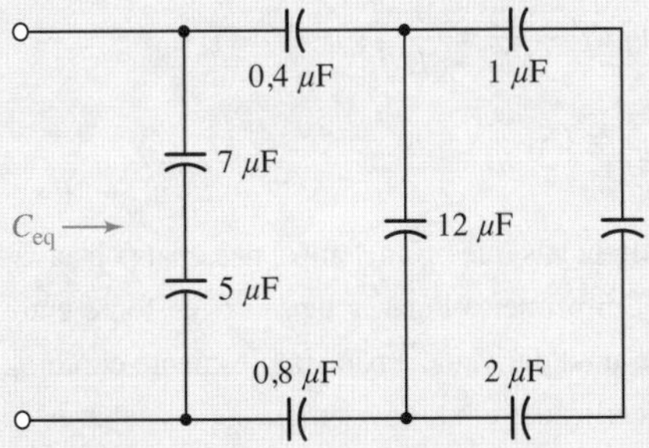

◀ **FIGURA 7.23**

Resposta: 3,18 μF.

A rede mostrada na Figura 7.24 contém três indutores e três capacitores, mas não é possível obter combinações em série ou paralelo de indutores nem de capacitores. Não é possível simplificar essa rede usando as técnicas aqui apresentadas.

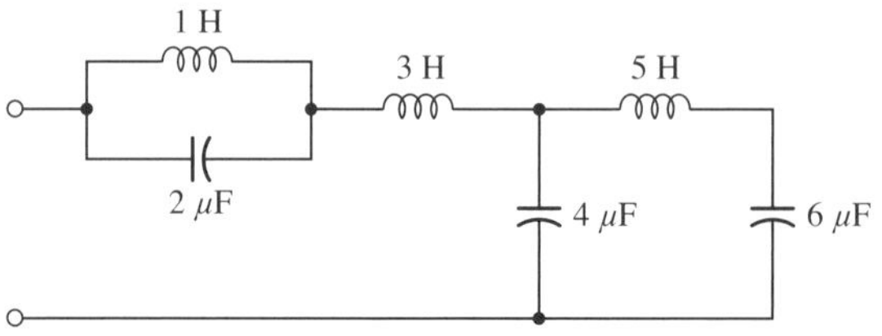

▶ **FIGURA 7.24** Rede *LC* na qual não é possível obter combinações em série ou paralelo de indutores e de capacitores.

7.4 ▶ CONSEQUÊNCIAS DA LINEARIDADE

Vamos em seguida passar às análises nodal e de malha. Como já sabemos aplicar as leis de Kirchhoff com segurança, podemos aplicá-las ao escrever um conjunto de equações que sejam suficientes e independentes. No entanto, elas serão equações íntegro-diferenciais lineares com coeficientes constantes, que, se já são difíceis de pronunciar, imagine resolvê-las! Por conta disso, vamos escrevê-las agora para ganhar familiaridade com o uso das leis de Kirchhoff em circuitos *RLC*, mas deixaremos para discutir sua solução ao longo dos próximos capítulos, em casos mais simples.

▶ EXEMPLO 7.9

Escreva equações nodais apropriadas para o circuito da Figura 7.25.

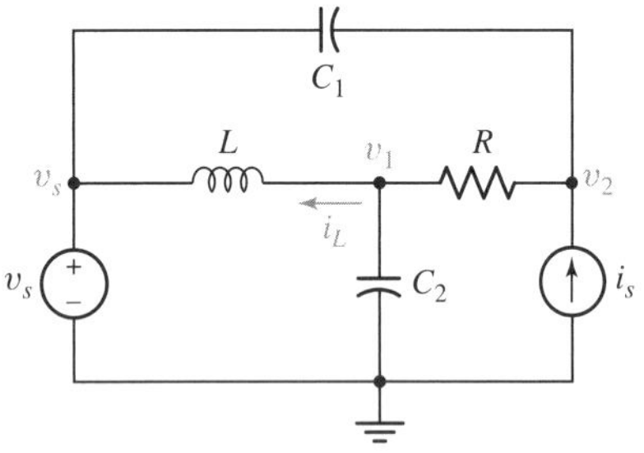

▲ **FIGURA 7.25** Circuito *RLC* com quatro nós e tensões nodais assinaladas.

As tensões nodais já estão escolhidas, então, somamos as correntes que saem do nó central:

$$\frac{1}{L}\int_{t_0}^{t}(v_1 - v_s)\,dt' + i_L(t_0) + \frac{v_1 - v_2}{R} + C_2\frac{dv_1}{dt} = 0$$

onde $i_L(t_0)$ é o valor da corrente no indutor no instante em que começa a integração. No nó da direita,

$$C_1\frac{d(v_2 - v_s)}{dt} + \frac{v_2 - v_1}{R} - i_s = 0$$

Reescrevendo essas duas equações, temos

$$\frac{v_1}{R} + C_2\frac{dv_1}{dt} + \frac{1}{L}\int_{t_0}^{t} v_1\,dt' - \frac{v_2}{R} = \frac{1}{L}\int_{t_0}^{t} v_s\,dt' - i_L(t_0)$$

$$-\frac{v_1}{R} + \frac{v_2}{R} + C_1\frac{dv_2}{dt} = C_1\frac{dv_s}{dt} + i_s$$

Essas são as equações íntegro-diferenciais que prometemos, nas quais observamos vários pontos interessantes. Em primeiro lugar, a tensão v_s da fonte entra nas equações como uma integral e uma derivada, e não simplesmente como v_s. Visto que ambas as fontes são especificadas em todo o tempo, somos capazes de avaliar sua derivada ou sua integral. Em segundo lugar, o valor inicial da corrente no indutor $i_L(t_0)$ atua como uma fonte de corrente (constante) no nó central.

▶ EXERCÍCIO DE FIXAÇÃO

7.9 Se $v_c(t) = 4 \cos 10^5 t$ no circuito da Figura 7.26, calcule $v_s(t)$.

Resposta: $-2{,}4 \cos 10^5 t$ V.

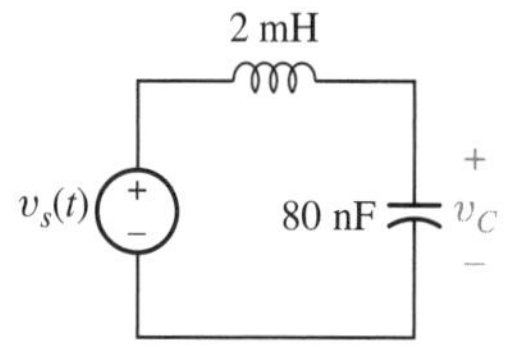

▲ **FIGURA 7.26**

Não tentaremos resolver aqui as equações íntegro-diferenciais. Vale notar, no entanto, que, quando as fontes de tensão apresentarem uma variação senoidal no tempo, será possível definir uma relação tensão-corrente (chamada de ***impedância***) ou uma relação corrente-tensão (chamada de ***admitância***) para cada um dos três elementos passivos. Os fatores que operam nas duas tensões nodais nas equações anteriores se tornarão simples fatores multiplicativos, e as equações voltarão a ser equações lineares algébricas. Essas poderão ser resolvidas por determinantes ou por uma simples eliminação de variáveis, como antes.

Podemos também mostrar que os benefícios da linearidade também se aplicam aos circuitos *RLC*. De acordo com nossa definição anterior, esses circuitos também são lineares, porque as relações tensão-corrente para o indutor e o capacitor são relações lineares. Para o indutor, temos

$$v = L\frac{di}{dt}$$

e a multiplicação da corrente por uma constante *K* nos dá uma tensão também multiplicada por um fator *K*. Na formulação integral,

$$i(t) = \frac{1}{L}\int_{t_0}^{t} v\,dt' + i(t_0)$$

pode-se ver que, se cada termo cresce de acordo com um fator *K*, o valor inicial da corrente também deve crescer de acordo com esse mesmo fator.

Uma investigação correspondente mostra que o capacitor também é linear. Assim, um circuito composto de fontes independentes, fontes lineares dependentes, resistores, indutores e capacitores lineares é um circuito linear.

Nesse circuito linear, a resposta é novamente proporcional à função forçante. A prova dessa afirmação é obtida primeiro escrevendo um sistema geral de equações íntegro-diferenciais. Vamos colocar todos os termos que tenham a forma Ri, $L\,di/dt$ e $1/C \int i\,dt$ no lado esquerdo de cada equação e manter as fontes de tensão independentes no lado direito. Como um simples exemplo, uma das equações poderia ter a forma

$$Ri + L\frac{di}{dt} + \frac{1}{C}\int_{t_0}^{t} i\,dt' + v_C(t_0) = v_s$$

Se cada fonte independente aumenta *K* vezes, então, o lado direito de cada equação aumenta *K* vezes. Note que cada termo no lado esquerdo é um termo linear envolvendo uma corrente de laço ou a tensão inicial em um capacitor, de forma a fazer que as correntes de laço cresçam *K* vezes; fica claro que devemos também aumentar as tensões iniciais nos capacitores por um fator *K*. Ou seja, devemos tratar a tensão inicial no capacitor como uma fonte de tensão independente e multiplicá-la também por um fator *K*.

De forma similar, correntes iniciais em indutores aparecem como fontes de corrente independentes na análise nodal.

O princípio da proporcionalidade entre fonte e resposta pode, portanto, ser estendido ao circuito *RLC* geral e, consequentemente, o princípio da superposição também é aplicável. Deve-se enfatizar que correntes iniciais em indutores e tensões iniciais em capacitores devem ser tratadas como fontes independentes na aplicação do princípio da superposição; cada valor inicial tem sua hora de ser desativado. No Capítulo 5, aprendemos que o princípio da superposição é uma consequência natural da natureza linear dos circuitos resistivos. Circuitos resistivos são lineares porque a relação tensão-corrente para o resistor é linear e as leis de Kirchhoff são lineares.

Contudo, antes que possamos aplicar o princípio da superposição em circuitos *RLC*, é necessário desenvolver métodos para resolver as equações que descrevem tais circuitos na presença de apenas uma fonte independente. Nesse momento, deveremos estar convencidos de que um circuito linear terá uma resposta cuja amplitude é proporcional à amplitude da fonte. Deveremos estar preparados para aplicar a superposição mais tarde, considerando a corrente inicial em um indutor ou a tensão inicial em um capacitor em $t = t_0$ como uma fonte que deverá ser desativada no momento oportuno.

Os teoremas de Thévenin e Norton baseiam-se na linearidade do circuito inicial, na aplicabilidade das leis de Kirchhoff e no princípio da superposição. O circuito *RLC* geral enquadra-se perfeitamente nesses requisitos, e segue daí, portanto, que todos os circuitos lineares que contiverem quaisquer combinações de fontes de tensão e corrente independentes, fontes de tensão e corrente dependentes lineares, resistores, indutores e capacitores lineares poderão ser analisados usando-se esses dois teoremas se quisermos.

7.5 ▶ CIRCUITOS AOP SIMPLES COM CAPACITORES

No Capítulo 6, fomos apresentados a vários tipos diferentes de circuitos amplificadores baseados no AOP ideal. Em quase todos os casos, vimos que a tensão de saída se relacionava à tensão de entrada por meio de alguma combinação de valores de resistência. Se substituímos um ou mais resistores como esses por um capacitor, é possível obter circuitos interessantes nos quais a saída é proporcional à derivada ou à integral da tensão de entrada. Tais circuitos são amplamente utilizados na prática. Por exemplo, um sensor de velocidade pode ser conectado a um circuito AOP que fornece um sinal proporcional à aceleração; um sinal de saída que represente a carga total depositada em um eletrodo metálico durante um período de tempo específico pode ser obtido por meio da simples integração da corrente medida.

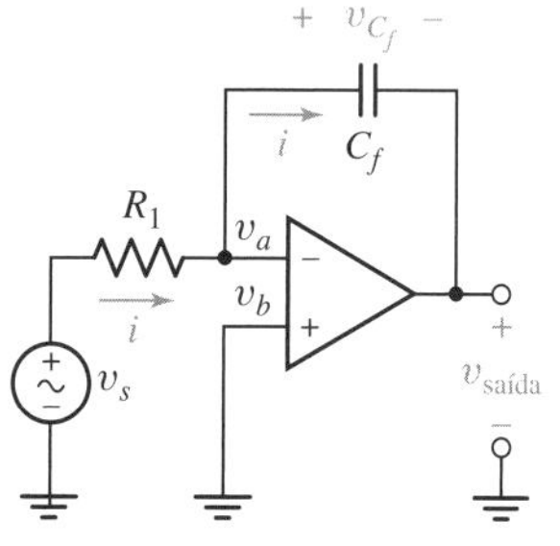

▲ **FIGURA 7.27** AOP ideal ligado como um integrador.

Para criar um integrador usando um AOP ideal, aterramos a entrada não inversora, instalamos um capacitor ideal como elemento de realimentação da saída para a entrada inversora e ligamos uma fonte de sinal v_s à entrada inversora através de um resistor ideal, como mostra a Figura 7.27.

Fazendo a análise nodal na entrada inversora,

$$0 = \frac{v_a - v_s}{R_1} + i$$

Podemos relacionar a corrente i à tensão nos terminais do capacitor,

$$i = C_f \frac{dv_{C_f}}{dt}$$

resultando em

$$0 = \frac{v_a - v_s}{R_1} + C_f \frac{dv_{C_f}}{dt}$$

Usando a lei número 2 do AOP ideal, sabemos que $v_a = v_b = 0$, assim

$$0 = \frac{-v_s}{R_1} + C_f \frac{dv_{C_f}}{dt}$$

Integrando e resolvendo para $v_{saída}$, obtemos

$$v_{C_f} = v_a - v_{\text{saída}} = 0 - v_{\text{saída}} = \frac{1}{R_1 C_f}\int_0^t v_s\, dt' + v_{C_f}(0)$$

ou

$$v_{\text{saída}} = -\frac{1}{R_1 C_f}\int_0^t v_s\, dt' - v_{C_f}(0) \qquad [17]$$

Assim, acabamos de combinar um resistor, um capacitor e um AOP para formar um integrador. Note que o primeiro termo da saída é $1/RC$ vezes o negativo da integral da entrada de $t' = 0$ a t, e o segundo termo é o negativo do valor inicial de v_{C_f}. O valor de $(RC)^{-1}$ pode ser feito igual à unidade se quisermos, escolhendo $R = 1\ \text{M}\Omega$ e $C = 1\ \mu\text{F}$, por exemplo; outros valores podem ser selecionados de modo a fazer a tensão de saída aumentar ou diminuir.

Antes de deixarmos o circuito integrador, vamos antecipar a pergunta de um leitor questionador: "*Poderíamos usar um indutor no lugar do capacitor e obter um diferenciador?*". Sem dúvida, poderíamos, mas projetistas de circuitos costumam evitar o uso de indutores sempre que possível devido a seus tamanho, peso e custo, bem como à resistência e à capacitância associadas. Em vez disso, é possível trocar as posições do resistor e do capacitor na Figura 7.27 e obter um diferenciador.

▶ EXEMPLO 7.10

Deduza uma expressão para a tensão de saída do circuito AOP mostrado na Figura 7.28.

Começamos escrevendo uma equação nodal na entrada inversora, com $v_{C_1} = v_a - v_s$:

$$0 = C_1 \frac{dv_{C_1}}{dt} + \frac{v_a - v_{\text{saída}}}{R_f}$$

Usando a lei número 2 do AOP ideal, $v_a = v_b = 0$. Logo,

$$C_1 \frac{dv_{C_1}}{dt} = \frac{v_{\text{saída}}}{R_f}$$

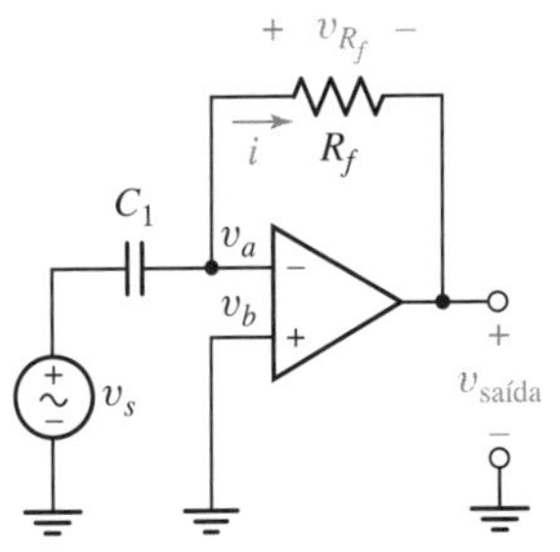

▲ **FIGURA 7.28** AOP ideal conectado como diferenciador.

Resolvendo para $v_{saída}$,

$$v_{\text{saída}} = R_f C_1 \frac{dv_{C_1}}{dt}$$

Como $v_{C_1} = v_a - v_s = -v_s$.

$$v_{\text{saída}} = -R_f C_1 \frac{dv_s}{dt}$$

Assim, simplesmente trocando as posições do resistor e do capacitor no circuito da Figura 7.27, obtemos um diferenciador em vez de um integrador.

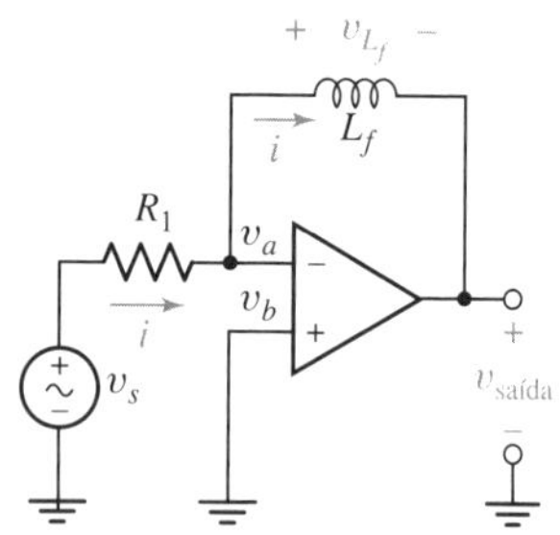

▲ **FIGURA 7.29**

▶ EXERCÍCIO DE FIXAÇÃO

7.10 Deduza uma expressão para $v_{saída}$ em termos de $v_{entrada}$ no circuito mostrado na Figura 7.29,

Resposta: $v_{saída} = -L_f/R_1\, dv_s/dt$.

7.6 ▶ DUALIDADE

A ***dualidade*** se aplica a muitos conceitos fundamentais de engenharia. Nesta seção, vamos definir dualidade em termos de equações de circuitos. Dois circuitos são "duais" se as equações de malha que caracterizam um deles têm a *mesma forma matemática* das equações nodais que caracterizam o outro. Dizemos que eles são duais exatos se cada equação de malha de um circuito for numericamente idêntica à equação nodal correspondente ao outro circuito; naturalmente, as variáveis de corrente e tensão não podem ser elas mesmas idênticas. A dualidade refere-se meramente a qualquer uma das propriedades exibidas por circuitos duais.

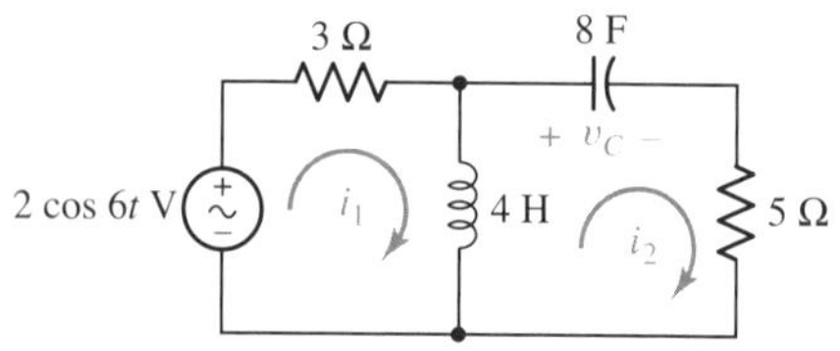

▲ **FIGURA 7.30** Circuito no qual pode ser aplicada a definição de dualidade para determinar o circuito dual. Note que $v_C(0) = 10$ V.

Vamos usar a definição para construir um circuito dual exato escrevendo as duas equações de malha para o circuito mostrado na Figura 7.30. Existem duas correntes de malha, i_1 e i_2, e as equações de malha são

$$3i_1 + 4\frac{di_1}{dt} - 4\frac{di_2}{dt} = 2\cos 6t \qquad [18]$$

$$-4\frac{di_1}{dt} + 4\frac{di_2}{dt} + \frac{1}{8}\int_0^t i_2\,dt' + 5i_2 = -10 \qquad [19]$$

Podemos agora construir as duas equações que descrevem o dual exato de nosso circuito. Queremos que elas sejam equações nodais, portanto, começamos substituindo as correntes de malha i_1 e i_2 nas Equações [18] e [19] pelas duas tensões nodais v_1 e v_2, respectivamente. Obtemos

$$3v_1 + 4\frac{dv_1}{dt} - 4\frac{dv_2}{dt} = 2\cos 6t \qquad [20]$$

$$-4\frac{dv_1}{dt} + 4\frac{dv_2}{dt} + \frac{1}{8}\int_0^t v_2\,dt' + 5v_2 = -10 \qquad [21]$$

e agora procuramos o circuito representado por essas duas equações nodais.

Vamos primeiro traçar uma linha para representar o nó de referência; em seguida, podemos estabelecer dois nós nos quais estão localizadas as referências positivas para v_1 e v_2. A Equação [20] indica que uma fonte de corrente de 2 cos 6t A está conectada entre o nó 1 e o nó de referência, orientada de modo a fornecer uma corrente entrando no nó 1. Essa equação também mostra que uma condutância de 3 S aparece entre o nó 1 e o nó de referência. Voltando à Equação [21], consideramos primeiro os termos que não são mútuos, isto é, aqueles que não aparecem na Equação [20], e eles nos instruem a conectar um indutor de 8 H e uma condutância de 5 S (em paralelo) entre o nó 2 e a referência. Os dois termos similares nas Equações [20] e [21] representam um capacitor de 4 F presente mutuamente nos nós 1 e 2; o circuito é completado com a conexão desse capacitor entre os dois nós. O termo constante no lado direito da Equação [21] é o valor da corrente no indutor em $t = 0$; em outras palavras, $i_L(0) = 10$ A. O circuito dual é mostrado na Figura 7.31; visto que os dois conjuntos de equações são numericamente idênticos, os circuitos são duais exatos.

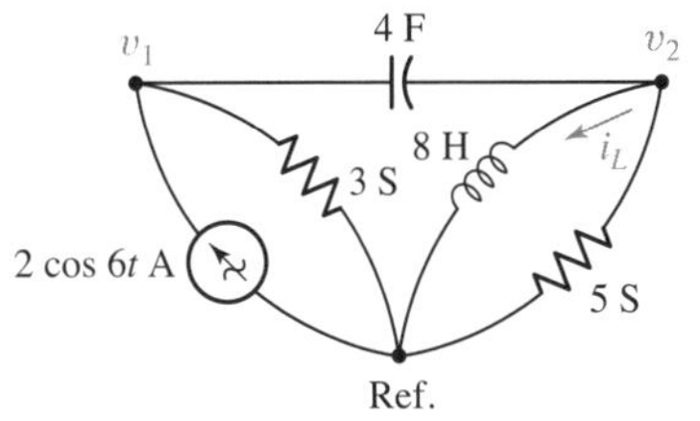

▲ **FIGURA 7.31** Dual exato do circuito da Figura 7.30.

Circuitos duais podem ser obtidos mais facilmente do que por esse método, pois as equações não precisam ser escritas. Para construir o dual, pensamos no circuito em termos de suas equações de malha. A cada malha, devemos associar um nó não usado como referência, fornecendo adicionalmente o nó de referência. Portanto, no diagrama de um dado circuito, colocamos um nó no centro de cada malha e representamos o nó de referência como uma linha próxima ao diagrama ou um caminho fechado o envolvendo. Cada elemento compartilhado por duas malhas é mútuo e dá origem a termos idênticos nas duas equações de malha correspondentes, porém, com sinais contrários. Ele deve ser substituído por um elemento que fornece o termo dual nas duas equações nodais correspondentes. Esse elemento dual deve, portanto, ser conectado diretamente entre os dois nós não usados como referência, localizados no interior das malhas nas quais aparecem os elementos mútuos.

A natureza do elemento dual é facilmente determinada; a forma matemática das equações será a mesma somente se a indutância for substituída por capacitância, capacitância por indutância, condutância por resistência e resistência por condutância. Logo, o indutor de 4 H que é comum às malhas 1 e 2 no circuito da Figura 7.30 aparece como um capacitor de 4 F conectado diretamente entre os nós 1 e 2 no circuito dual.

Elementos que aparecem somente em uma malha devem ter duais aparecendo entre o nó correspondente e o nó de referência. Tendo novamente a Figura 7.30 como referência, a fonte de tensão de 2 cos 6t V aparece somente na malha 1; seu dual é uma fonte de corrente de 2 cos 6t A, que está conectada apenas ao nó 1 e ao nó de referência. Como a fonte de tensão está orientada no sentido horário, a seta da fonte de corrente deve apontar para o nó não usado como referência. Por fim, deve ser fornecido o dual da tensão inicial presente no capacitor de 8 F conectado ao circuito. As equações mostraram-nos que o dual da tensão inicial no capacitor é uma corrente inicial que flui através do indutor no circuito dual; os valores numéricos são os mesmos, e o sinal correto da corrente inicial pode ser determinado mais facilmente tratando a tensão inicial no circuito original e a corrente inicial no circuito dual como fontes. Portanto, se a tensão v_c no circuito original

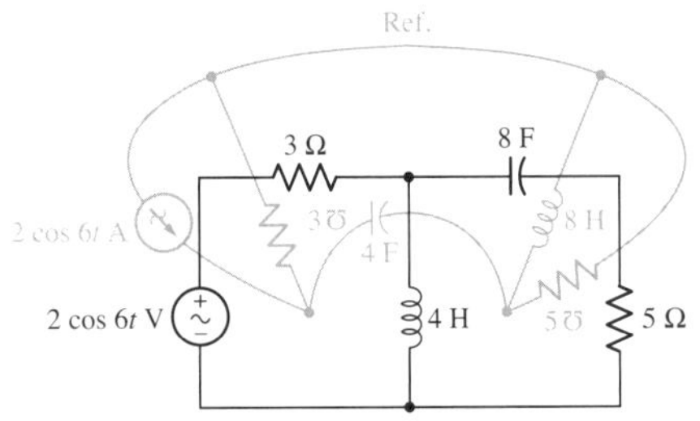

▲ **FIGURA 7.32** O dual do circuito da Figura 7.30 é construído diretamente a partir do diagrama do circuito.

fosse tratada como uma fonte, ela apareceria como $-v_C$ no lado direito da equação de malha; no circuito dual, o tratamento da corrente i_L como uma fonte resultaria em um termo $-i_L$ no lado direito da equação nodal. Assim, como ambos têm o mesmo sinal quando tratados como fontes, se $v_C(0) = 10$ V, $i_L(0)$ deve ser 10 A.

O circuito da Figura 7.30 é repetido na Figura 7.32. Seu dual exato é construído no próprio diagrama do circuito simplesmente traçando o dual de cada elemento original entre os dois nós criados no interior das duas malhas que compartilham o elemento original. Um nó de referência envolvendo o circuito original pode ser útil. Depois que o circuito dual é redesenhado em uma forma mais usual, ele se parece com o mostrado a Figura 7.31.

Nas Figuras 7.33*a* e *b*, é mostrado um exemplo adicional da construção de um circuito dual. Como não são especificados valores de um elemento em particular, esses dois circuitos são duais, mas não necessariamente duais exatos. O circuito original pode ser recuperado a partir do dual colocando um nó no centro de cada uma das cinco malhas da Figura 7.33*b* e procedendo como antes.

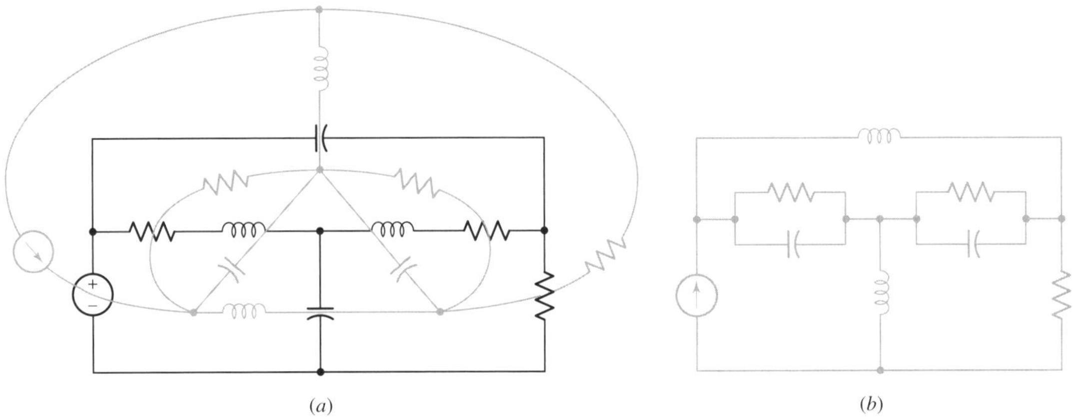

▲ **FIGURA 7.33** (*a*) O dual (em cinza) de um circuito (em preto) é construído no circuito dado. (*b*) O circuito dual é desenhado em uma forma mais convencional para ser comparado com o original.

O conceito de dualidade também pode ser estendido à linguagem que usamos para descrever a análise ou a operação de um circuito. Por exemplo, se temos uma fonte de tensão em série com um capacitor, podemos dizer: "*A fonte de tensão causa um fluxo de corrente através do capacitor*"; seu correspondente dual é: "*A fonte de corrente faz aparecer uma tensão entre os terminais do indutor*". O dual de uma definição dita com menos cuidado, como "*A corrente vai circulando em tomo do circuito série*", pode requerer um pouco mais de criatividade.[4]

Um treinamento no uso da linguagem dual pode ser feito com a leitura do teorema de Thévenin seguindo a orientação anterior; o resultado será o teorema de Norton.

Temos falado sobre elementos duais, linguagem dual e circuitos duais. Que tal uma rede dual? Considere um resistor R e um indutor L em série. O

[4] Alguém já sugeriu: "A tensão está aplicada nos terminais de todo o circuito em paralelo".

dual dessa rede de dois terminais existe e é mais facilmente obtida com a sua conexão a alguma fonte ideal. O circuito dual corresponde, então, à fonte dual em paralelo com uma condutância *G* com o mesmo valor numérico de *R* e uma capacitância *C* com o mesmo valor numérico de *L*. Chamamos de rede dual a rede de dois terminais conectada à fonte dual; ela corresponde, portanto, a um par de terminais entre os quais *G* e *C* estão conectadas em paralelo.

Antes de deixar a definição de dualidade, devemos destacar que a dualidade é definida com base nas equações nodais e de malha. Como circuitos não planares não podem ser descritos por um sistema de equações de malha, um circuito que não pode ser desenhado na forma planar não possui um correspondente dual.

Usaremos a dualidade principalmente para reduzir o trabalho que teremos na análise de circuitos convencionais. Após termos analisado o circuito *RL* série, o circuito *RC* paralelo requererá menos atenção – não por ser menos importante, mas por já conhecermos a análise da rede dual. Como a análise de um circuito complicado não é, em geral, tão bem conhecida, a dualidade geralmente não nos fornecerá uma solução imediata.

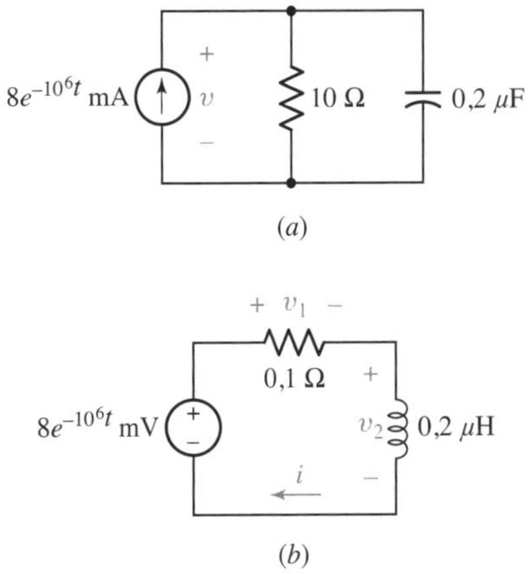

▲ **FIGURA 7.34**

▶ EXERCÍCIO DE FIXAÇÃO

7.11 Escreva a única equação nodal para o circuito da Figura 7.34*a* e mostre, por substituição direta, que $v = -80e^{-10^6 t}$ mV é uma solução. Sabendo isso, calcule (*a*) v_1; (*b*) v_2; e (*c*) *i* no circuito da Figura 7.34*b*.

Resposta: $-8e^{-10^6 t}$ mV; $16e^{-10^6 t}$ mV; $-80e^{-10^6 t}$ mA.

7.7 ▶ MODELANDO CAPACITORES E INDUTORES COM O PSPICE

Ao usar o PSpice para analisar circuitos contendo indutores e capacitores, frequentemente é necessário especificar a condição inicial de cada elemento [ou seja, $v_C(0)$ e $i_L(0)$]. Isso é feito dando um clique duplo no símbolo do elemento, o que resulta na abertura da caixa de diálogo mostrada na Figura 7.35*a*. Na extrema direita (não mostrado), encontramos o valor da capacitância, cujo

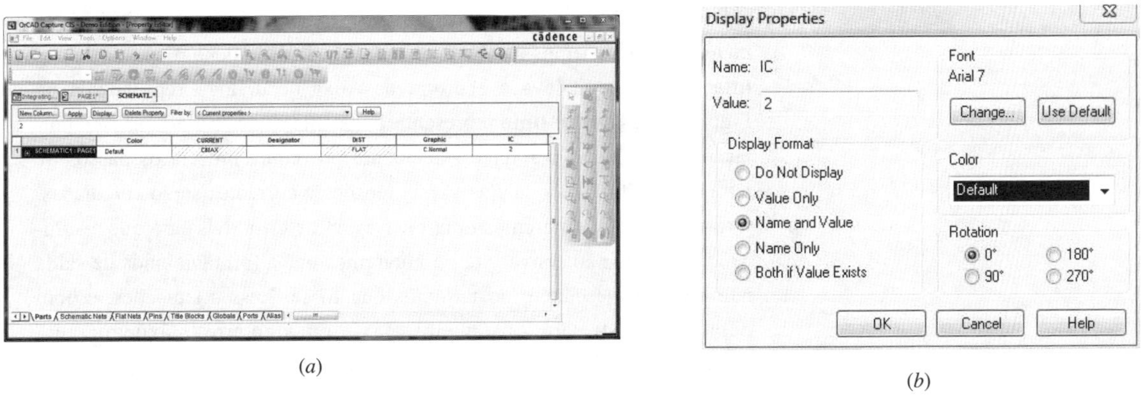

▲ **FIGURA 7.35** (*a*) Janela do editor de propriedades do capacitor. (*b*) Caixa de diálogo para seleção de propriedades de exibição (Display Properties).

valor padronizado é 1 nF. Podemos também especificar a condição inicial (**IC**), definida como 2 V na Figura 7.35*a*. Clicando com o botão direito do mouse e selecionando ***Display***, abre-se a caixa de diálogo mostrada na Figura 7.35*b*, que permite a exibição da condição inicial no diagrama esquemático. O procedimento para definir a condição inicial de um indutor é essencialmente o mesmo. Também devemos notar que, quando um capacitor é colocado no diagrama esquemático, ele aparece na horizontal; o terminal de referência positiva para a tensão inicial é o terminal à *esquerda*.

▶ EXEMPLO 7.11

Simule a forma de onda da tensão de saída do circuito da Figura 7.36 se $v_s = 1{,}5\ sen\ 100t$ V, $R_1 = 10k\Omega$, $C_f = 4{,}7\ \mu$F, e $v_c(0) = 2$ V.

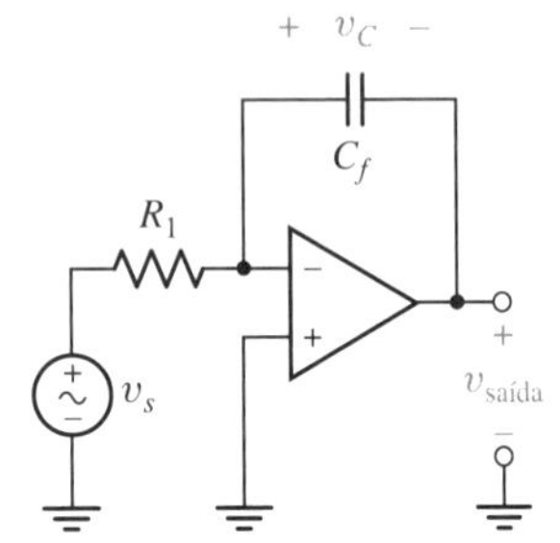

▲ **FIGURA 7.36** Circuito AOP integrador.

Começamos desenhando o diagrama esquemático do circuito, não nos esquecendo de definir a tensão inicial do capacitor (Figura 7.37). Note que precisamos converter a frequência de 100 rad/s para $100/2\pi = 15{,}92$ Hz.

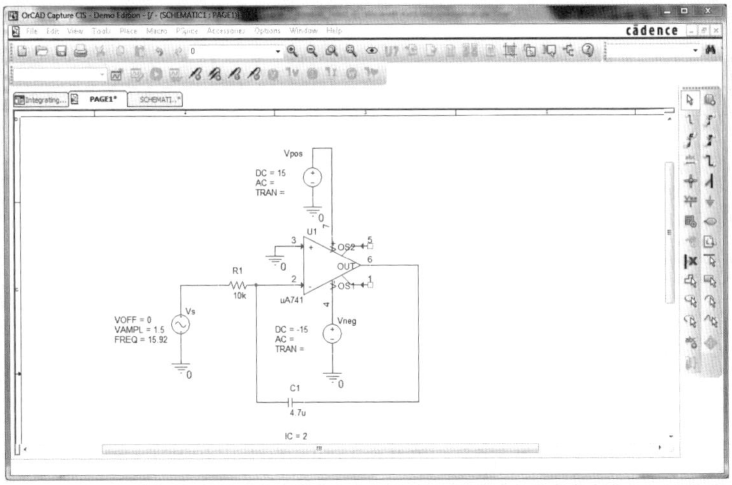

▲ **FIGURA 7.37** Representação esquemática do circuito da Figura 7.36, com a tensão inicial do capacitor definida como 2 V.

Para obter tensões e correntes variáveis no tempo, precisamos fazer aquilo que chamamos de *análise transitória* (*transient analysis*). No menu **PSpice**, criamos um **New Simulation Profile** denominado **op amp integrator**, o que leva à abertura da caixa de diálogo reproduzida na Figura 7.38. **Run to time** representa o instante de tempo no qual a simulação é terminada; o PSpice selecionará por conta própria os passos de tempo discretos nos quais as várias tensões e correntes serão calculadas. Ocasionalmente, obteremos uma mensagem de erro, avisando que a solução transitória não convergiu, ou notaremos que a forma de onda de saída não é tão suave quanto gostaríamos que fosse. Nessas situações, é bom definir um valor para o parâmetro **Maximum step size** (máxima largura de passo), que foi ajustado para 0,5 ms neste exemplo.

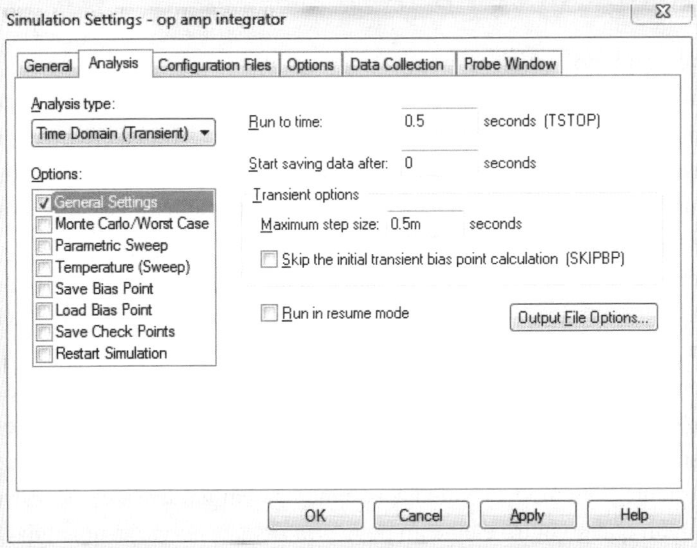

▲ **FIGURA 7.38** Caixa de diálogo para ajuste da análise transitória. Escolhemos um instante final de 0,5 s para obter vários períodos da forma de onda de saída (1/15,92 ≈ 0,06 s).

De nossa análise anterior e da Equação [17], esperamos que a saída seja proporcional à integral negativa da forma de onda na entrada, ou seja, $v_{\text{saída}} = 0{,}319 \cos 100t - 2{,}219$ V, como mostra a Figura 7.39. A condição inicial de 2 V no capacitor foi combinada com um termo constante proveniente da integração para resultar em uma saída com *valor médio não nulo*, diferentemente da entrada, que tem valor médio igual a zero.

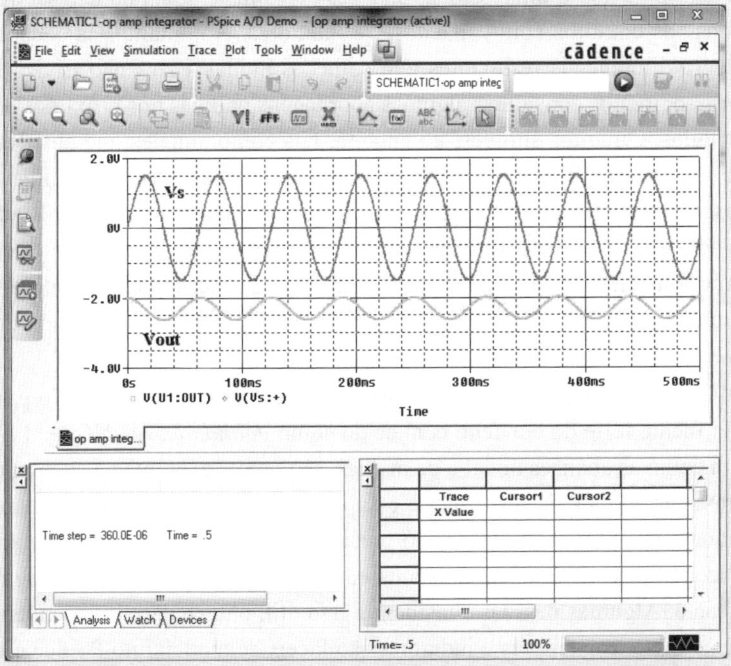

▲ **FIGURA 7.39** Tensão de saída simulada no circuito integrador juntamente com a forma de onda de entrada para comparação.

RESUMO E REVISÃO

Muitos circuitos práticos podem ser modelados de maneira eficaz utilizando apenas resistências e fontes de tensão/corrente. No entanto, as ocorrências cotidianas mais interessantes, de alguma forma, envolvem algo mudando com o tempo, e, em tais casos, capacitâncias e/ou indutâncias intrínsecas podem tornar-se importantes. Empregamos tais elementos de armazenamento de energia de forma intencional, como, por exemplo, no projeto de filtros de frequência seletiva, bancos de capacitores e motores de veículos elétricos. Um capacitor *ideal* é modelado com uma resistência shunt infinita e uma corrente que depende da taxa de variação da tensão entre os terminais no tempo. A capacitância é medida em unidades de *farads* (F). Por outro lado, um indutor *ideal* é modelado com resistência em série nula, e a tensão nos terminais dependente da taxa de variação da corrente no tempo. A indutância é medida em unidades de *henrys* (H). Tanto um quanto outro elemento pode *armazenar energia*; a quantidade de energia presente em um capacitor (armazenado no seu campo elétrico) é proporcional ao *quadrado* da tensão em seus terminais, e a quantidade de energia presente em um indutor (armazenada no seu campo magnético) é proporcional ao *quadrado* de sua corrente.

Assim como para resistores, podemos simplificar algumas conexões de capacitores (ou indutores) usando combinações série/paralelo. A validade de tais equivalentes surge da LKC e da LKT. Uma vez que tenhamos simplificado um circuito tanto quanto possível (tendo o cuidado de não "combinar até" um componente que é utilizado para definir uma corrente ou tensão de nosso interesse), as análises de malha e nodal podem ser aplicadas aos circuitos com capacitores e indutores. No entanto, as equações íntegro-diferenciais resultantes têm soluções muitas vezes não triviais, e, por isso, iremos considerar algumas abordagens práticas nos próximos dois capítulos. Circuitos simples, no entanto, tais como aqueles que envolvem um único amplificador operacional, podem ser analisados facilmente. Descobrimos (para nossa surpresa) que tais circuitos podem ser utilizados como *integradores* ou *diferenciadores* de sinal. Consequentemente, eles fornecem um sinal de saída que nos diz como determinada grandeza de entrada (p. ex., o acúmulo de carga durante a implantação de íons em uma placa de silício) varia com o tempo.

Como observação final, capacitores e indutores dão um exemplo particularmente forte do conceito conhecido como *dualidade*. A LKC e a LKT, bem como as análises nodal e de malhas, são outros exemplos. Os circuitos raramente são analisados usando essa ideia, mas isso é muito importante, já que a implicação é que nós só precisamos aprender cerca de "metade" do conjunto completo de conceitos e, então, determinar como traduzir o restante. Algumas pessoas consideram isso útil, outras, não. Independentemente disso, capacitores e indutores são fáceis de modelar no PSpice e em outras ferramentas de simulação de circuitos, o que nos permite conferir nossas respostas. A diferença entre esses elementos e os resistores em tais software é que devemos ter o cuidado de *definir a condição inicial corretamente*.

A título de revisão adicional, listamos aqui alguns pontos fundamentais do capítulo, identificando exemplos relevantes.

- A corrente em um capacitor é dada por $i = C\,dv/dt$. (Exemplo 7.1)
- A tensão nos terminais de um capacitor está relacionada à corrente por

  $$v(t) = \frac{1}{C}\int_{t_0}^{t} i(t')\,dt' + v(t_0)$$

  (Exemplo 7.2)
- O capacitor é um *circuito aberto* para correntes CC. (Exemplo 7.1)
- A tensão nos terminais de um indutor é dada por $v = L\,di/dt$. (Exemplos 7.4 e 7.5)
- A corrente em um indutor está relacionada à tensão em seus terminais por

  $$i(t) = \frac{1}{L}\int_{t_0}^{t} v\,dt' + i(t_0)$$

  (Exemplo 7.6)
- O indutor é um *curto-circuito* para correntes CC. (Exemplo 7.4 e 7.5)
- A energia armazenada em um capacitor é dada por $\frac{1}{2}Cv^2$, enquanto a energia armazenada em um indutor é dada por $\frac{1}{2}Li^2$; ambas têm como referência um instante de tempo no qual não havia nenhuma energia armazenada. (Exemplo 7.3 e 7.7)
- Indutores em série e em paralelo podem ser combinados da mesma maneira que resistores. (Exemplo 7.8)
- Capacitores em série e em paralelo são combinados de maneira *oposta* à combinação de resistores. (Exemplo 7.8)
- Como capacitores e indutores são elementos lineares, a LKT, a LKC, a superposição, os teoremas de Thévenin e Norton e a análise nodal e de malha também se aplicam aos seus circuitos. (Exemplo 7.9)
- O uso do capacitor como elemento de realimentação em um AOP inversor leva a uma tensão de saída proporcional à *integral* da tensão de entrada. Uma troca entre o resistor de entrada e o capacitor de realimentação leva a uma tensão de saída proporcional à *derivada* da tensão de entrada. (Exemplo 7.10)
- O conceito de dualidade proporciona outra perspectiva sobre a relação entre circuitos com indutores e circuitos com capacitores.
- O PSpice nos permite definir a tensão inicial em um capacitor e a corrente inicial em um indutor. Uma análise transitória fornece detalhes da resposta variável no tempo de circuitos contendo esses tipos de elementos. (Exemplo 7.11)

LEITURA COMPLEMENTAR

Um guia detalhado sobre as características e a seleção de vários tipos de capacitores e indutores pode ser encontrado nos livros:

H. B. Drexler, *Passive Electronic Component Handbook*, 2nd ed., C. A. Harper, ed. New York: McGraw-Hill, 2003, pp. 69–203.

C. J. Kaiser, *The Inductor Handbook*, 2nd ed. Olathe, Kans.: C.J. Publishing, 1996.

Dois livros que descrevem circuitos AOPs com base em capacitores são:

R. Mancini (ed.), *Op Amps Are For Everyone*, 2nd ed. Amsterdam: Newnes, 2003.

W. G. Jung, *Op Amp Cookbook*, 3rd ed. Upper Saddle River, N.J.: Prentice-Hall, 1997.

EXERCÍCIOS

7.1 O Capacitor

1. Fazendo uso da convenção de sinal passivo, determine a corrente que flui através de um capacitor de 220 nF para $t \geq 0$ se a tensão $v_C(t)$ é dada por (*a*) –3,35 V; (*b*) $16{,}2e^{-9t}$ V; (*c*) 8 cos 0,01*t* mV; (*d*) 5 + 9 sen 0,08*t* V.

2. Esboce a corrente que flui através de um capacitor de 13 pF para $t \geq 0$ em resposta à forma de onda de tensão ilustrada na Figura 7.40. Assuma a convenção de sinal passivo.

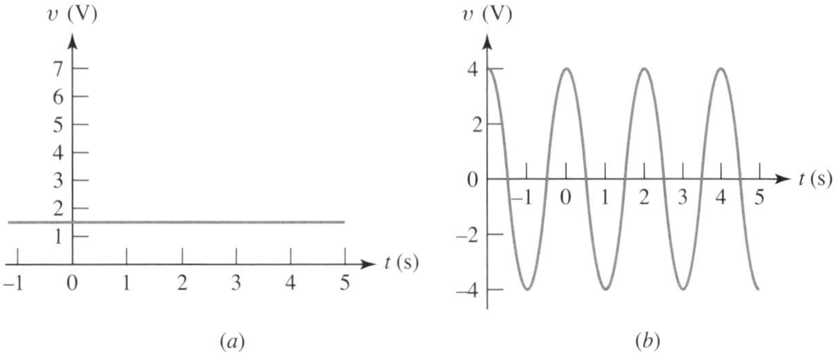

▶ **FIGURA 7.40**

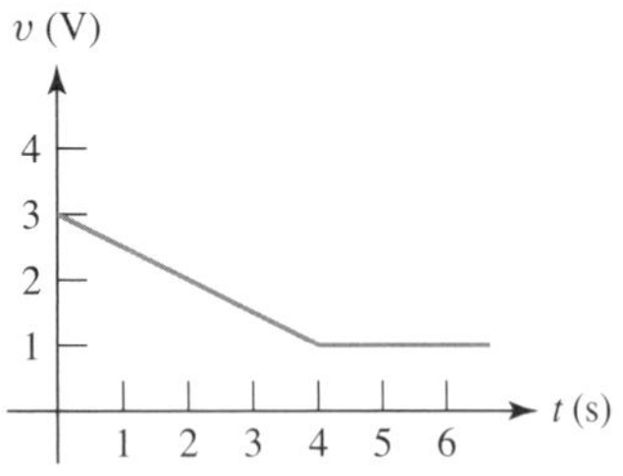

▲ **FIGURA 7.41**

3. (*a*) Se a forma de onda de tensão representada na Figura 7.41 é aplicada nos terminais de um capacitor eletrolítico de 1 μF, esboce o gráfico da corrente resultante, assumindo a convenção de sinal passivo. (*b*) Repita a parte (*a*) se o capacitor é substituído por um capacitor 17,5 pF.

4. Um capacitor é construído a partir de duas placas de cobre, cada uma medindo 1 mm × 2,5 mm e com 155 μm de espessura. As duas placas são colocadas de forma paralela e separadas por uma distancia de 1μm. Calcule a capacitância resultante se (*a*) o dielétrico entre as placas tem uma permissividade de $1{,}35\varepsilon_0$ (*b*) o dielétrico entre as placas tem uma permissividade de $3{,}5\varepsilon_0$; (*c*) a separação das placas é aumentada em 3,5 μm e o espaço entre as mesmas é preenchido com ar; (*d*) a superfície das placas é dobrada e a distância de 1 μm é preenchida com ar.

6. Projete um capacitor de 100 nF construído a partir de uma folha de ouro de 1 μm de espessura e que se encaixa inteiramente dentro de um volume igual ao de uma pilha modelo AAA se o único dielétrico disponível tem uma permissividade de $3{,}1\varepsilon_0$.

7. Projete um capacitor cuja capacitância possa ser variada mecanicamente em um simples movimento vertical entre os valores de 100 pF e 300 pF.

8. Projete um capacitor cuja capacitância possa ser variada mecanicamente ao longo de uma escala de 50 nF a 100 nF girando um botão em 90º.

9. Um diodo de junção *pn* de silício é caracterizado por uma capacitância de junção definida como

$$C_j = \frac{K_s \varepsilon_0 A}{W}$$

onde K_S = 11,8 para o silício, ε_0 é a permissividade do vácuo, A = área da seção transversal da junção e W é conhecido como a largura da camada de depleção da junção. W não depende apenas de como o diodo é fabricado, mas também da tensão aplicada em seus dois terminais. Esse parâmetro pode ser calculado com

$$W = \sqrt{\frac{2K_s \varepsilon_0}{qN}(V_{\text{bi}} - V_A)}$$

Assim, diodos são frequentemente usados em circuito eletrônicos, pois se comportam como capacitores controlados por tensão. Assumindo $N = 10^{18}$ cm^{-3}, $V_{bi} = 0{,}57$ V e usando $q = 1{,}6 \times 10^{-19}$ C, calcule a capacitância de um diodo com área de seção transversal $A = 1\ \mu$m $\times$ 1 μm quando submetido a tensões $V_A = -1$, -5 e -10 volts.

10. Assumindo a convenção de sinal passivo, esboce a tensão nos terminais de um capacitor de 2,5 F em resposta à forma de onda de corrente mostrada na Figura 7.42.

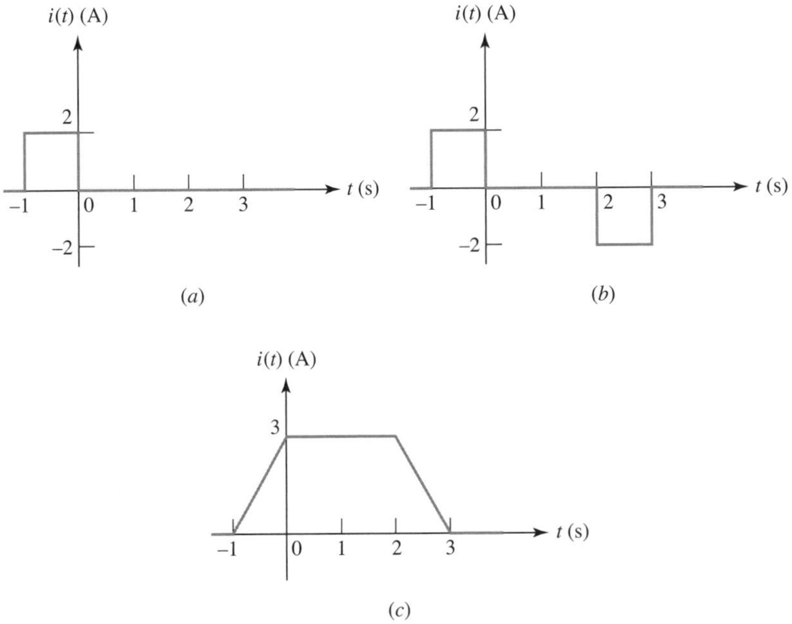

◀ **FIGURA 7.42**

11. A corrente que flui através de um capacitor de 33 mF é mostrada no gráfico da Figura 7.43. (*a*) Assumindo a convenção de sinal passivo, esboce o resultado da forma de onda da tensão nos terminais do componente. (*b*) Calcule a tensão em 300 ms, 600 ms e 1,1 s.

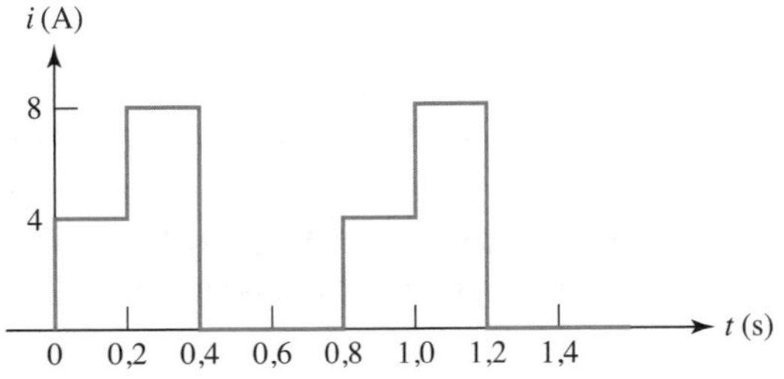

◀ **FIGURA 7.43**

12. Calcule a energia armazenada em um capacitor no instante t = 1 s se (a) C = 1,4 F e v_C = 8 V, t > 0; (b) C = 23,5 pF e v_C = 0,8 V, t > 0; (c) C = 17 nF, $v_C(1)$ = 12 V, $v_C(0)$ = 2 V e w_C = 295 nJ.

13. Um capacitor de 137 pF é ligado a uma fonte de tensão tal que $v_C(t) = 12e^{-2t}$ V e $t \geq 0$ e $v_C(t)$ = 12 V, t < 0. Calcule a energia armazenada no capacitor em t igual a (a) 0; (b) 200 ms; (c) 500 ms; (d) 1 s.

14. Calcule a potência dissipada no resistor de 40 Ω e a tensão representada por v_C em cada um dos circuitos mostrados na Figura 7.44.

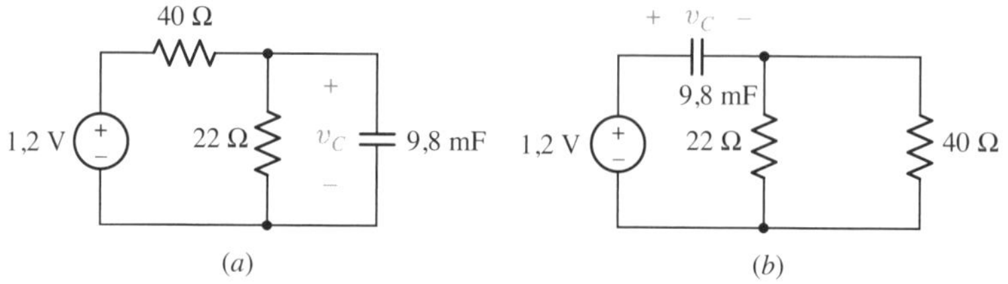

▶ **FIGURA 7.44**

15. Para cada circuito mostrado na Figura 7.45, calcule a tensão representada por v_C.

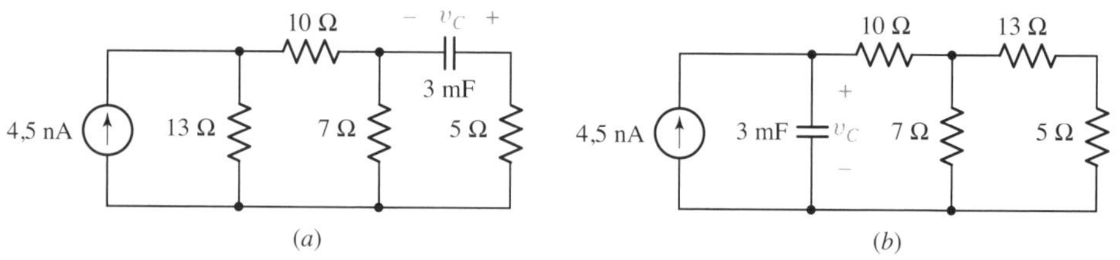

▶ **FIGURA 7.45**

7.2 O Indutor

DP 16. Projete um indutor de 30 nH usando um fio de cobre AWG 29. Inclua um esboço de seu projeto e os parâmetros de identificação geométrica necessários para maior clareza. Assuma que a bobina seja preenchida apenas com ar.

17. Se a corrente que flui através de um indutor de 75 mH tem a forma de onda mostrada na Figura 7.46, (a) esboce a tensão nos terminais do indutor para $t \geq 0$, assumindo a convenção de sinal passivo; e (b) calcule a tensão em t = 1 s, 2,9 s e 3,1 s.

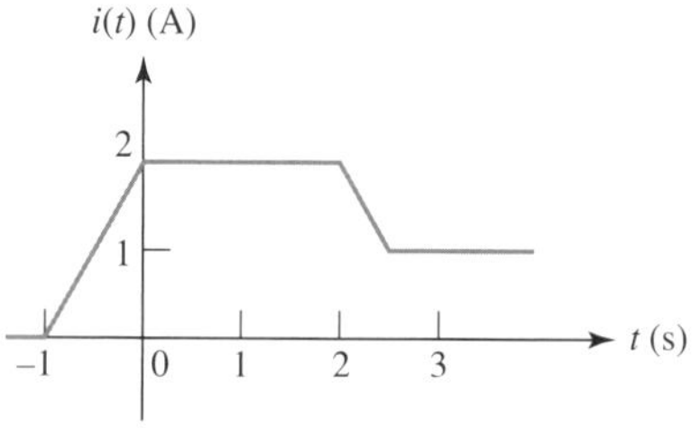

◀ **FIGURA 7.46**

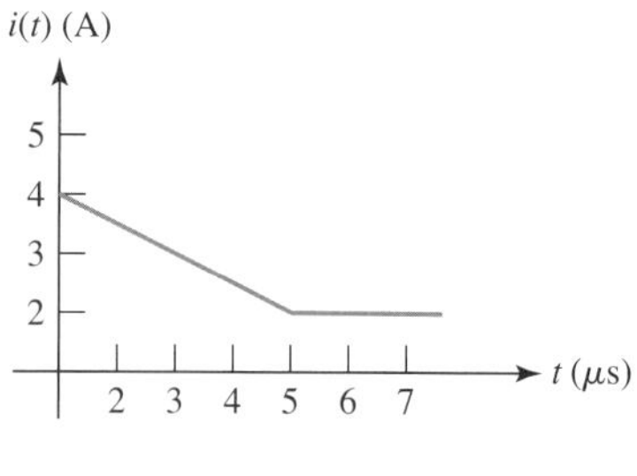

▲ **FIGURA 7.47**

18. A corrente através de um indutor de alumínio de 17 nH é mostrada na Figura 7.47. Esboce a forma de onda de tensão resultante para $t \geq 0$, assumindo a convenção de sinal passivo.

19. Determine a tensão para $t \geq 0$ que se desenvolve nos terminais de um indutor de 4,2 mH se a corrente (definida de forma consistente com a convenção de sinal passivo) é

(a) –10 mA, (b) 3 sen $6t$ A, (c) $11 + 115\sqrt{2}\cos(100\pi t - 9°)$ A, (d) $13e^{-t}$ nA, (e) $3 + te^{-14t}$ A.

20. Determine a tensão para $t \geq 0$, que se desenvolve nos terminais de um indutor de 8 pH, se a corrente (definida de forma consistente com a convenção de sinal passivo) é (a) 8 mA, (b) 800 mA, (c) 8 A, (d) $4e^{-t}$ A, (e) $-3 + te^{-t}$ A.

21. Calcule v_L e i_L para cada um dos circuitos mostrados na Figura 7.48, se $i_S = 1$ mA e $v_S = 2{,}1$ V.

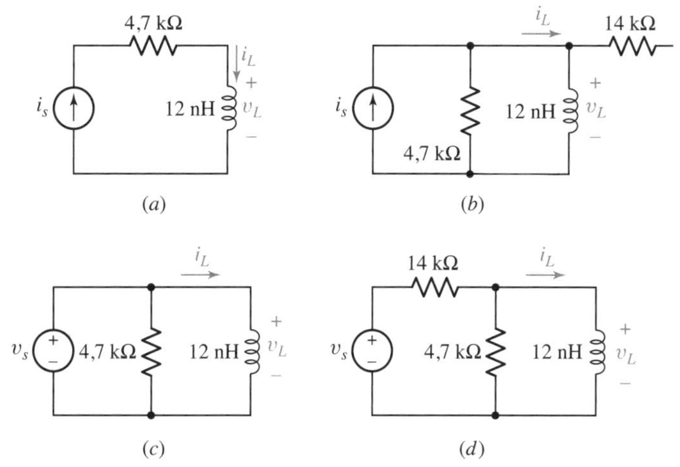

◄ **FIGURA 7.48**

22. A forma de onda da corrente mostrada na Figura 7.14 tem um tempo de subida de 0,1 (100 ms) e um tempo de descida de mesma duração. Se a corrente é aplicada ao terminal "+" de referência de tensão de um indutor de 200 nH, esboce a forma de onda de tensão esperada se os tempos de subida e decida forem alterados, respectivamente, para (a) 200 ms, 200 ms, (b) 10 ms, 50 ms, (c) 10 ns, 20 ns.

23. Determine a tensão no indutor, que resulta da forma de onda de corrente mostrada na Figura 7.49 (assumindo a convenção de sinal passivo) no instante t igual a (a) –1 s, (b) 0 s, (c) 1,5 s (d) 2,5 s (e) 4 s, (f) 5 s.

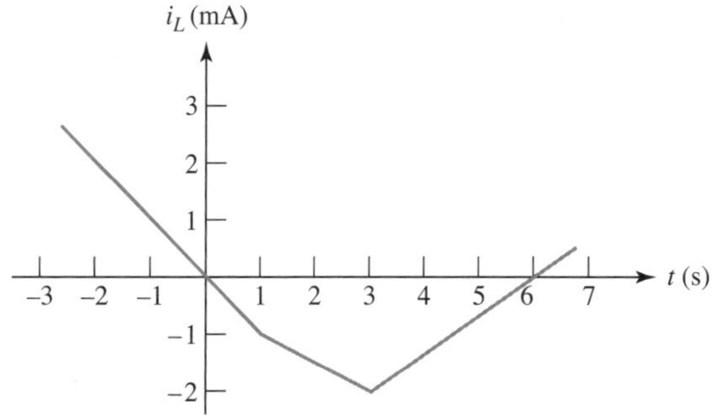

◄ **FIGURA 7.49**

24. Determine a corrente que flui através de um indutor de 6 mH se a tensão (definida de tal forma que seja consistente com a convenção de sinal passivo) é dada por (a) 5 V, (b) 100 sen $120\pi t$, $t \geq 0$ e 0, $t < 0$.

25. A tensão em um indutor 2 H é dada por $v_L = 4{,}3t$, $0 \leq t \leq 50$ ms. Sabendo que $i_L(-0{,}1) = 100\ \mu$A, calcule a corrente (assumindo que é definida de acordo com a convenção de sinal passivo) em t igual a (a) 0; (b) 1,5 ms; (c) 45 ms.

26. Calcule a energia armazenada no indutor 1 nH se a corrente que flui através dele é (*a*) 0 mA, (*b*) 1 mA, (*c*) 20 A, (*d*) 5 sen 6*t* mA, $t > 0$.

27. Determine a quantidade de energia armazenada em um indutor de 33 mH em $t = 1$ ms como resultado de uma corrente i_L dada por (*a*) 7 A, (*b*) $3 - 9e^{-10^3 t}$ mA.

28. Supondo que os circuitos da Figura 7.50 foram ligados por um tempo muito longo, determine o valor de cada corrente i_x.

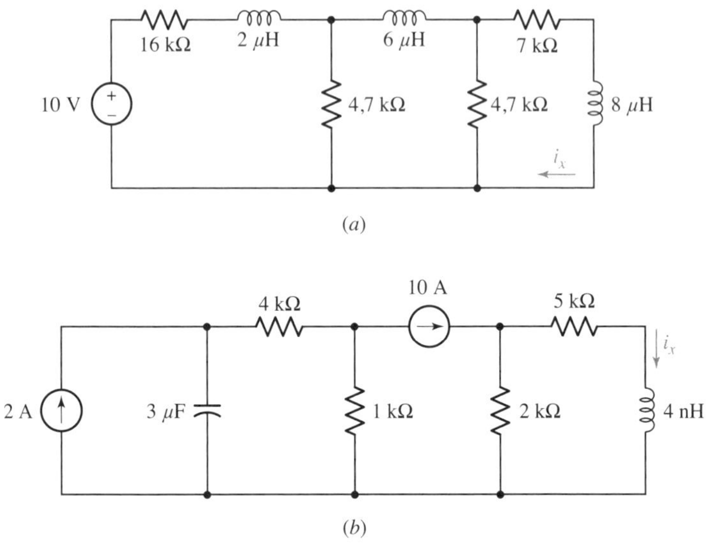

▶ **FIGURA 7.50**

29. Calcule a tensão representada por v_x, na Figura 7.51, assumindo que o circuito já estava funcionando por um longo tempo, se (*a*) um resistor de 10 Ω é conectado entre os terminais *x* e *y*; (*b*) um indutor de 1 H é conectado entre os terminais *x* e *y*, (*c*) um capacitor de 1 F é conectado entre os terminais de *x* e *y*, (*d*) um indutor de 4 H, em paralelo com um resistor de 1 Ω, é conectado entre os terminais *x* e *y*.

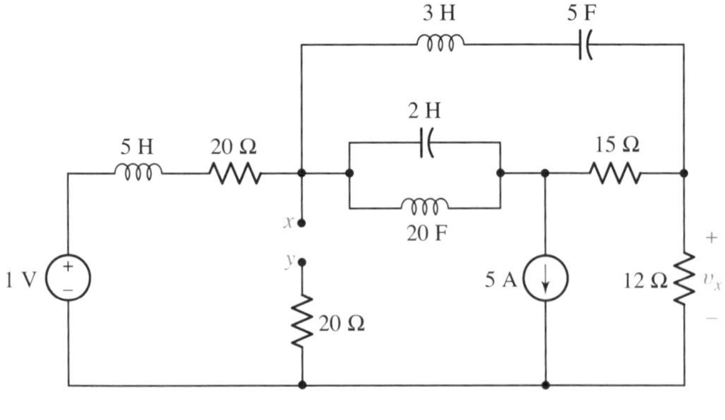

▶ **FIGURA 7.51**

30. Para o circuito mostrado na Figura 7.52, (*a*) calcule o equivalente de Thévenin visto pelo indutor: (*b*) determine a potência dissipada pelos dois resistores; (*c*) calcule a energia armazenada no indutor.

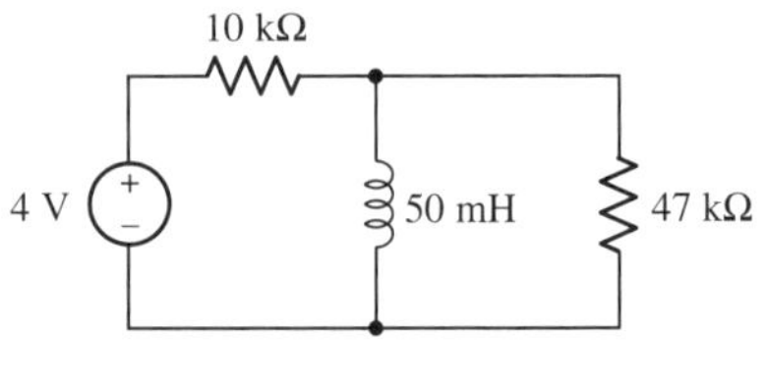

▶ **FIGURA 7.52**

7.3 Combinações de Indutâncias e Capacitâncias

31. Se cada capacitor tem um valor de 1 F, determine a capacitância equivalente da rede mostrada na Figura 7.53.

32. Determine a indutância equivalente para a rede mostrada na Figura 7.54 se cada indutor tem valor L.

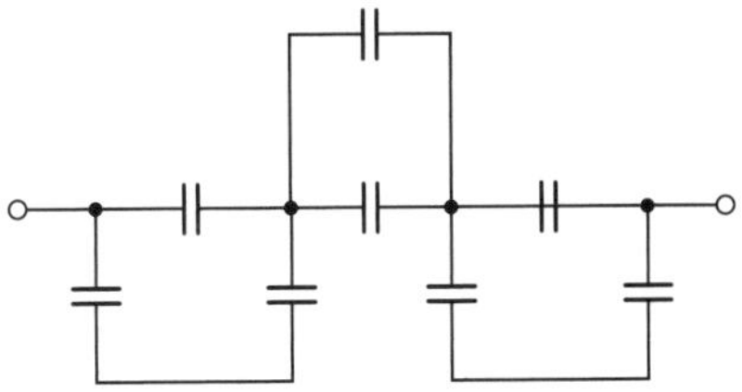

▲ **FIGURA 7.53**

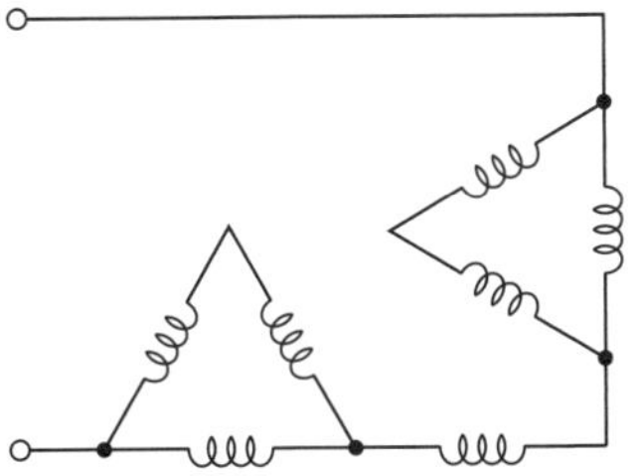

◀ **FIGURA 7.54**

33. Usando quantos indutores de 1 nH você quiser, projete dois circuitos, tendo cada um deles uma indutância equivalente de 1,25 nH.

34. Calcule a capacitância equivalente representada por C_{eq} na Figura 7.55.

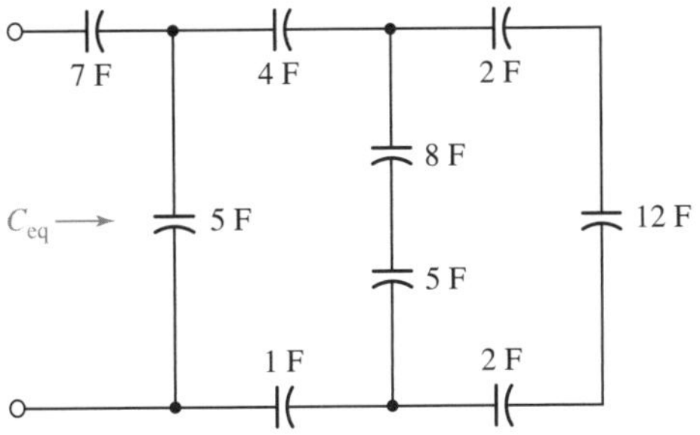

◀ **FIGURA 7.55**

35. Determine a capacitância equivalente C_{eq} do circuito mostrado na Figura 7.56.

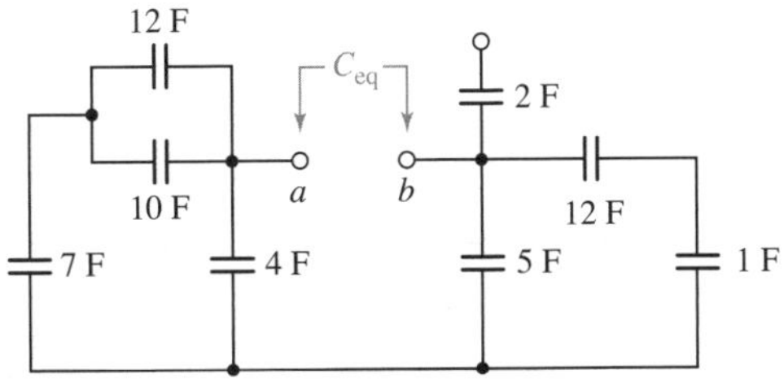

◀ **FIGURA 7.56**

36. Aplique técnicas de associação de forma apropriada para obter o valor da indutância equivalente L_{eq} no circuito da Figura 7.57.

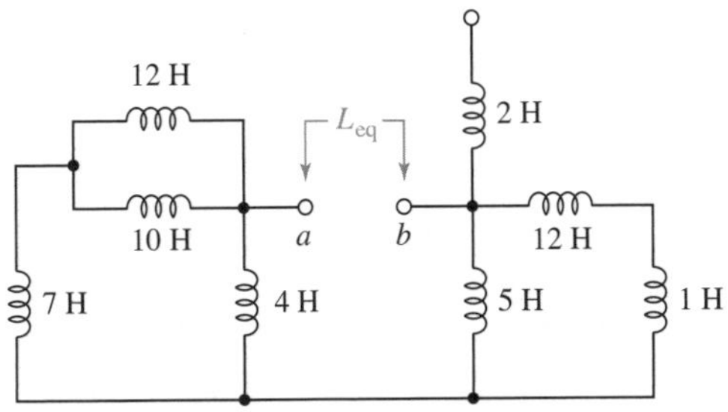

◀ **FIGURA 7.57**

37. Reduza o circuito ilustrado na Figura 7.58 para o menor número de componentes possível.

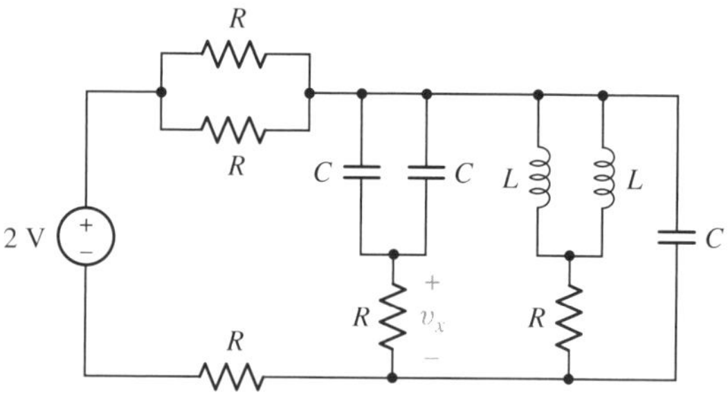

▶ **FIGURA 7.58**

38. Veja a rede da Figura 7.59 e encontre (*a*) R_{eq}, se cada elemento é um resistor de 10 Ω, (*b*) L_{eq}, se cada elemento é um indutor de 10 H, e (*c*) C_{eq} cada elemento é um capacitor de 10 F.

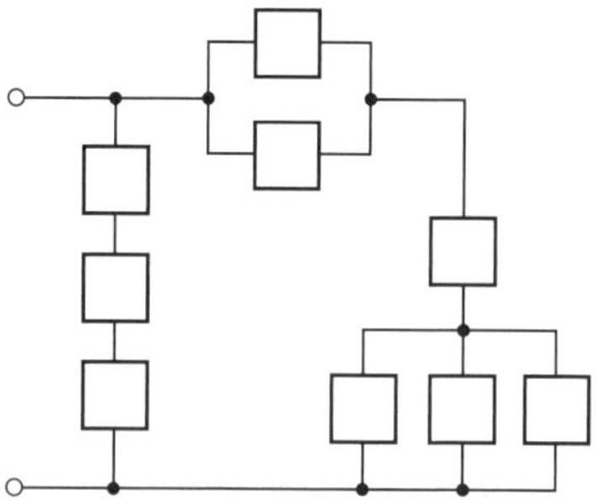

▲ **FIGURA 7.59**

39. Determine a indutância equivalente vista, olhando para os terminais *a* e *b* da rede representada na Figura 7.60.

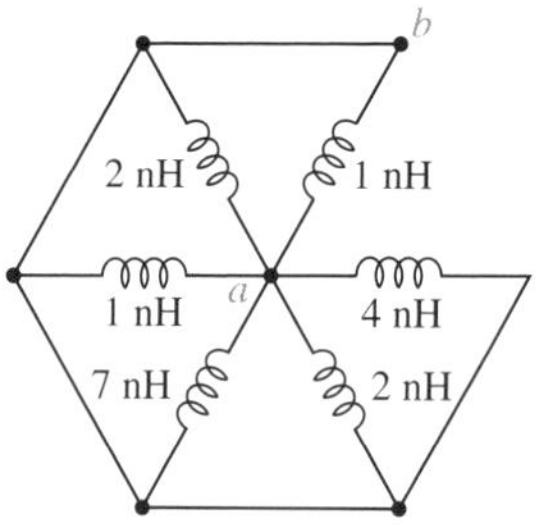

▲ **FIGURA 7.60**

40. Reduza o circuito representado na Figura 7.61 para o menor número de componentes possível.

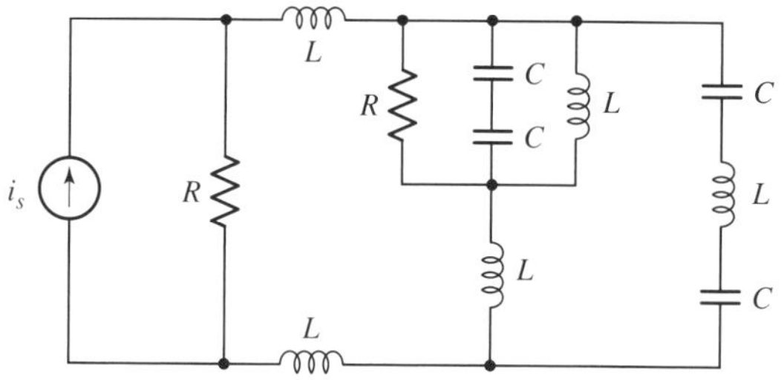

▶ **FIGURA 7.61**

41. Reduza a rede da Figura 7.62 para o menor número de componentes possível se cada indutor é de 1 nH e cada capacitor é de 1 mF.

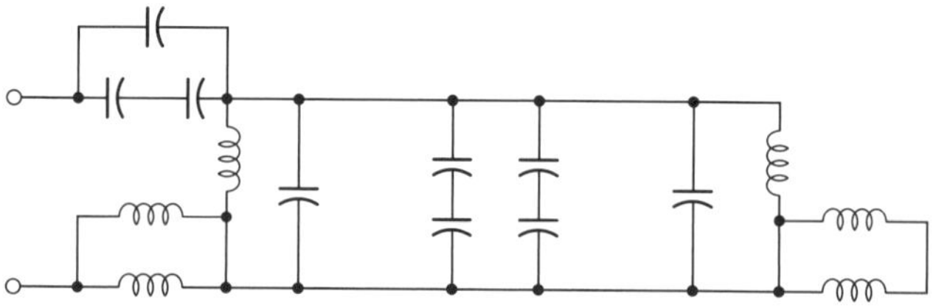

▶ **FIGURA 7.62**

42. Para a rede da Figura 7.63, $L_1 = 1$ H, $L_2 = L_3 = 2$ H, $L_4 = L_5 = L_6 = 3$ *H*. (*a*) Encontre a indutância equivalente. (*b*) Deduza uma expressão para uma rede geral deste tipo contendo *N* estágios, supondo que o estágio *N* seja composto de *N* indutores, cada um com uma indutância de *N* henrys.

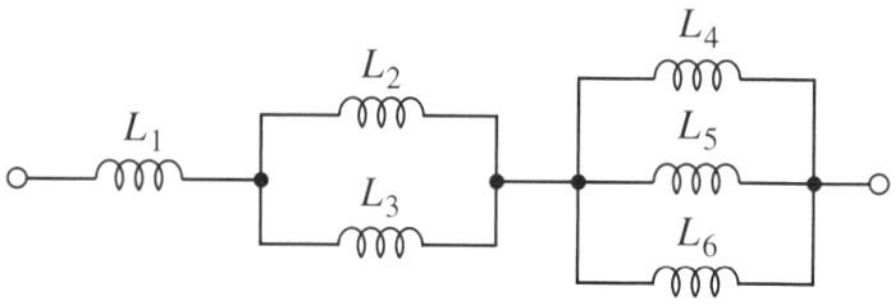

▶ **FIGURA 7.63**

43. Simplifique a rede da Figura 7.64 se cada elemento é um capacitor de 2 pF.

44. Simplifique a rede da Figura 7.64 se cada elemento é um indutor de 1 nH.

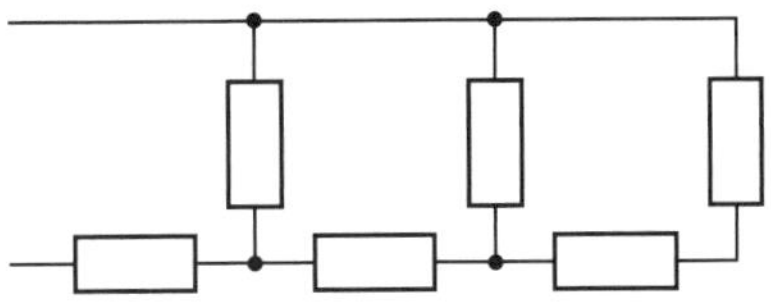

▲ **FIGURA 7.64**

7.4 Consequências da Linearidade

45. Em relação ao circuito representado na Figura 7.65, (*a*) escreva um conjunto completo de equações nodais e (*b*) escreva um conjunto completo de equações de malha.

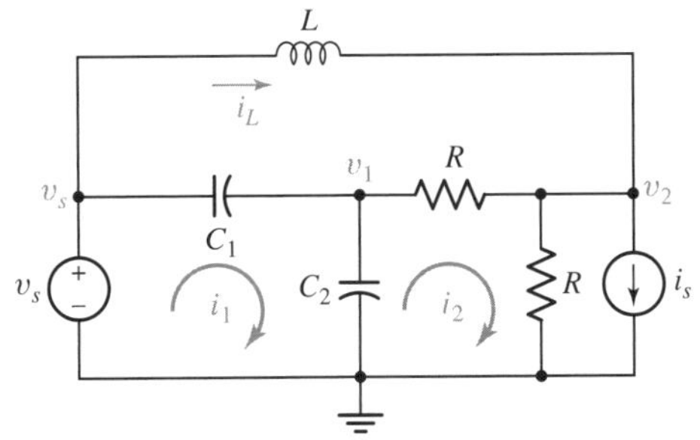

◀ **FIGURA 7.65**

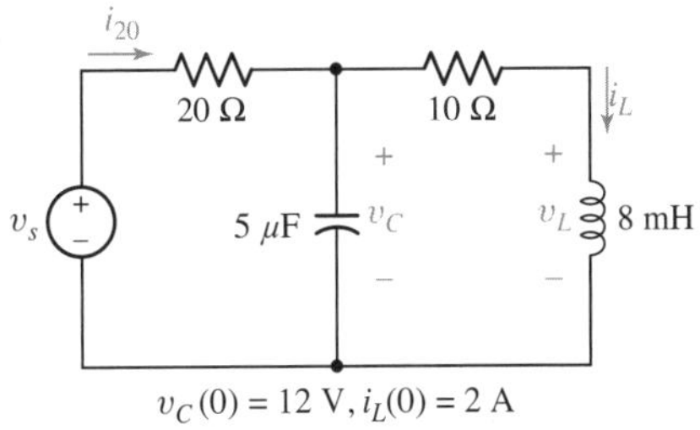

▲ **FIGURA 7.66**

46. (*a*) Escreva equações nodais para o circuito da Figura 7.66. (*b*) Escreva equações de malha para o mesmo circuito.

47. No circuito da Figura 7.67, seja $i_S = 60e^{-200t}$ mA com $i_1(0) = 20$ mA. (*a*) Calcule $v(t)$ para todo *t*. (*b*) Calcule $i_1(t)$ para $t \geq 0$. (*c*) Calcule $i_2(t)$ para $t \geq 0$.

48. Considere $v_S = 100e^{-80t}$ V e $v_1(0) = 20$ V no circuito da Figura 7.68. (*a*) Calcule $i(t)$ para todo *t*. (*b*) Calcule $v_l(t)$ para $t \geq 0$. (*c*) Calcule $v_2(t)$ para $t \geq 0$.

49. Supondo que todas as fontes no circuito da Figura 7.69 estejam conectadas e operando por um tempo muito longo, use o princípio da superposição para encontrar $v_C(t)$ e $v_L(t)$.

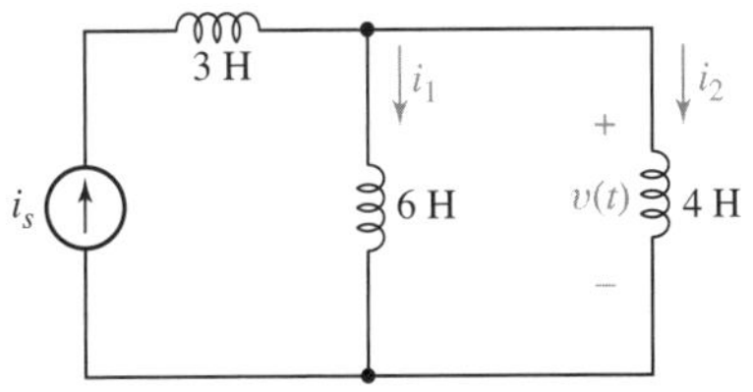

▲ **FIGURA 7.67**

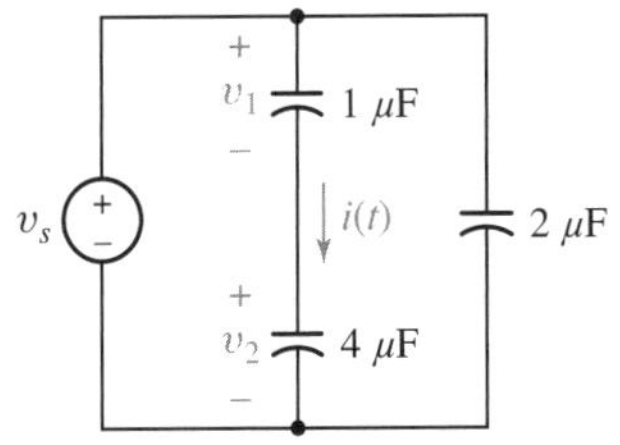

▲ **FIGURA 7.68**

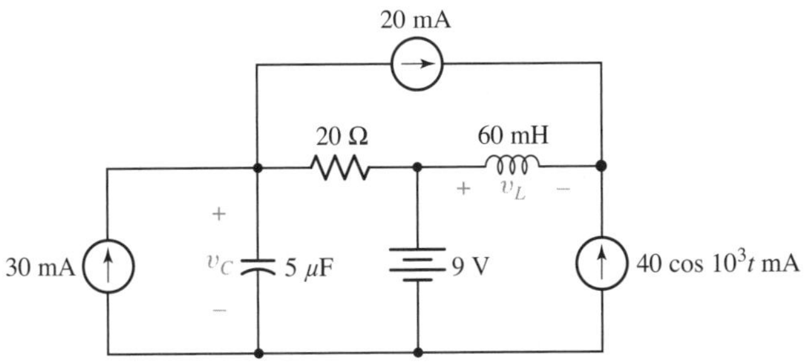

◀ **FIGURA 7.69**

50. Para o circuito da Figura 7.70, suponha que não haja energia armazenada em $t = 0$ e escreva um conjunto completo de equações nodais.

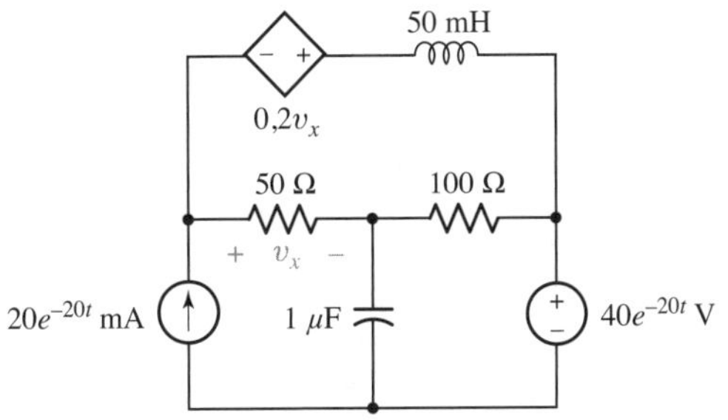

◀ **FIGURA 7.70**

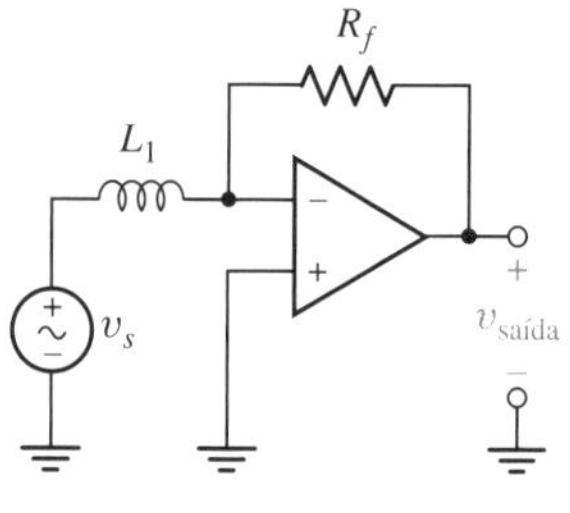

▲ **FIGURA 7.71**

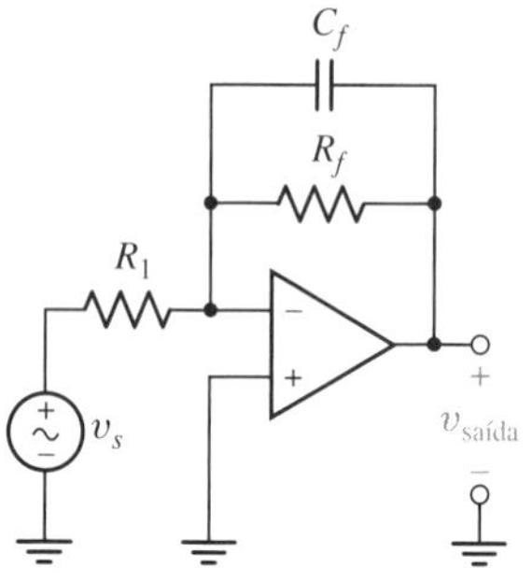

▲ **FIGURA 7.72**

7.5 Circuitos AOP Simples com Capacitores

51. Troque as posições de R_1 e C_f no circuito da Figura 7.27 e assuma $R_i = \infty$, $R_0 = 0$ e $A = \infty$ para o AOP. (*a*) Calcule $v_{saida}(t)$ em função de $v_s(t)$. (*b*) Obtenha uma equação relacionando $v_o(t)$ e $v_s(t)$ se A não for considerado infinito.

52. Para o circuito amplificador integrador da Figura 7.27, $R_1 = 100$ kΩ, $C_f = 500\ \mu$F e $v_S = 20$ sen $540t$ mV. Calcule v_{saida} se (*a*) A = ∞, $R_i = \infty$ e $R_0 = 0$; (*b*) A = 5.000, $R_i = 1$ MΩ e $R_0 = 3$ Ω.

53. Deduza uma expressão para v_{saida} em termos de v_s para o circuito amplificador mostrado na Figura 7.71.

54. Na prática, circuitos tais como o da Figura 7.27 podem não funcionar corretamente a menos que haja um caminho de condução entre os terminais de entrada e saída do AOP. (*a*) Analise o circuito amplificador integrador modificado mostrado na Figura 7.72 para obter uma expressão de v_{saida} em termos de v_s e (*b*) compare essa expressão com a Equação [17].

55. Um novo equipamento projetado para fazer cristais a partir de componentes fundidos está tendo muitas falhas (produtos rachados). O gerente de produção pretende acompanhar o ritmo de resfriamento para ver se isso está relacionado ao problema. O sistema dispõe de dois terminais de saída, onde a tensão entre eles é linearmente proporcional à temperatura do cadinho, tal que 30 mV correspondem a 30 °C e 1 V corresponde a 1.000 °C. Projete um circuito cuja tensão de saída represente a taxa de resfriamento, calibrado de tal forma que 1 V = 1 °C/s.

56. Uma empresa de confeitaria decidiu aumentar a taxa de produção de suas barras de chocolate ao leite para compensar um aumento recente do custo das matérias-primas. No entanto, a embalagem não pode receber mais que 1 barra por segundo, senão, ela deixa cair as barras. Um sinal de tensão senoidal de 200 mV pico a pico está disponível no sistema que produz as barras que alimenta a embalagem, de modo que sua frequência corresponde à frequência de produção de barras (ou seja, 1 Hz = 1 barra/s). Projete um circuito que forneça uma tensão de saída suficiente para alimentar um alarme audível de 12 V quando a taxa de produção exceder a capacidade da embalagem.

57. Um problema enfrentado pelos satélites é a exposição a partículas de alta energia, que podem causar danos aos componentes eletrônicos sensíveis, assim como aos painéis solares utilizados para fornecer energia. Um novo satélite de comunicações é equipado com um detector de prótons de alta energia medindo 1 cm x 1 cm. Ele fornece uma corrente diretamente proporcional ao número de prótons que incidem na superfície por segundo. Projete um circuito cuja tensão de saída forneça o total do número de choques de prótons, calibrado de tal forma que um 1 V = 1 milhão de partículas incidentes.

58. A saída de um sensor de velocidade conectado a uma peça sensível de um equipamento móvel é calibrada para fornecer um sinal de forma que 10 mV correspondam a uma velocidade linear de 1 m/s. Se o equipamento for submetido a um choque súbito, ele pode ser danificado. Uma vez que força = massa × aceleração, o monitoramento da variação de velocidade pode ser utilizado para determinar se o equipamento é transportado de forma inadequada. (*a*) Projete um circuito para fornecer uma tensão proporcional à aceleração linear tal que 10 mV = 1 m/s^2. (*b*) De quantas combinações de circuito-sensor essa aplicação necessita?

59. Um sensor de nível em um certo tanque de combustível está ligado a uma resistência variável (geralmente chamada de potenciômetro) tal que, com tanque cheio (100 litros), equivale a 1 Ω e, com o tanque vazio, equivale a 10 Ω. (*a*) Projete um circuito que forneça uma tensão de saída que indica a quantidade de combustível restante, de modo que 1 V = vazio e 5 V = cheio. (*b*) Projete um circuito para indicar a taxa de consumo de combustível, proporcionando uma tensão de saída calibrada para se obter 1 V = 1 l/s.

7.6 Dualidade

60. (*a*) Desenhe o dual exato do circuito representado na Figura 7.73. (*b*) Indique as novas variáveis (duais). (*c*) Escreva as equações nodais para ambos os circuitos.

61. (*a*) Desenhe o dual exato do circuito simples mostrado na Figura 7.74. (*b*) Indique as novas variáveis (duais). (*c*) Escreva as equações de malha para ambos os circuitos.

62. (*a*) Desenhe o dual exato do circuito simples mostrado na Figura 7.75. (*b*) Indique as novas variáveis (duais). (*c*) Escreva as equações de malha para ambos os circuitos.

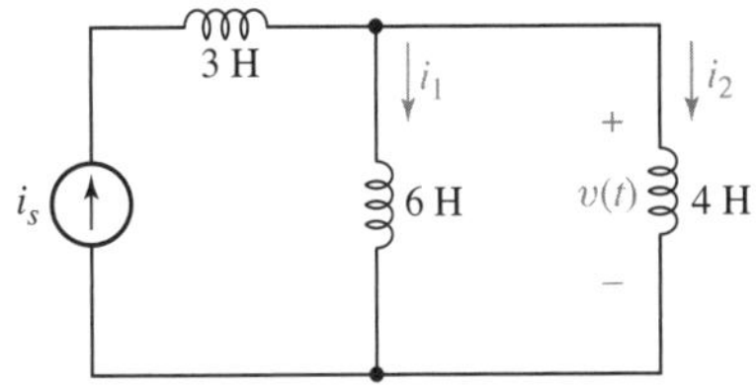

▲ **FIGURA 7.73**

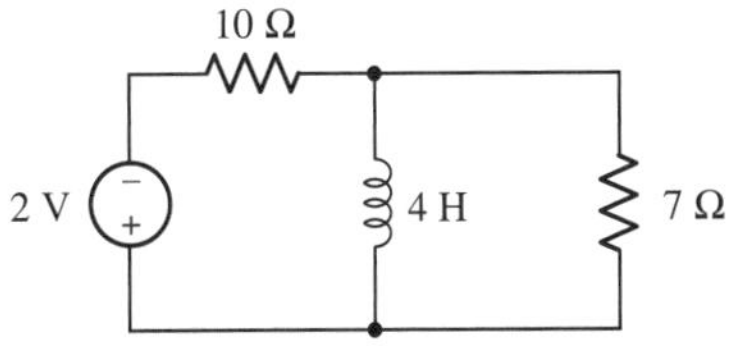

▲ **FIGURA 7.74**

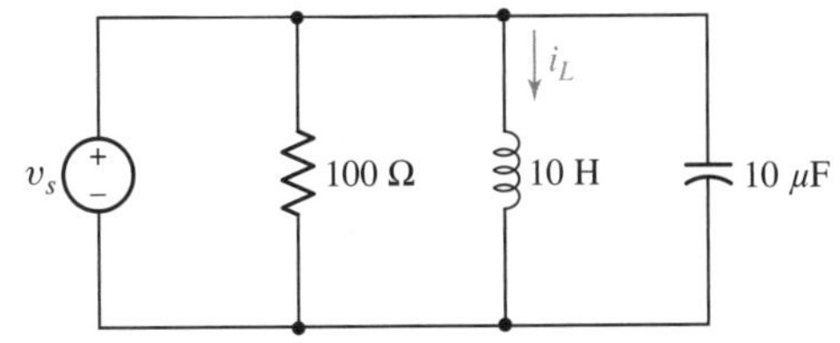

◀ **FIGURA 7.75**

63. (*a*) Desenhe o dual exato do circuito simples mostrado na Figura 7.76. (*b*) Indique as novas variáveis (duais). (*c*) Escreva as equações de malha para ambos os circuitos.

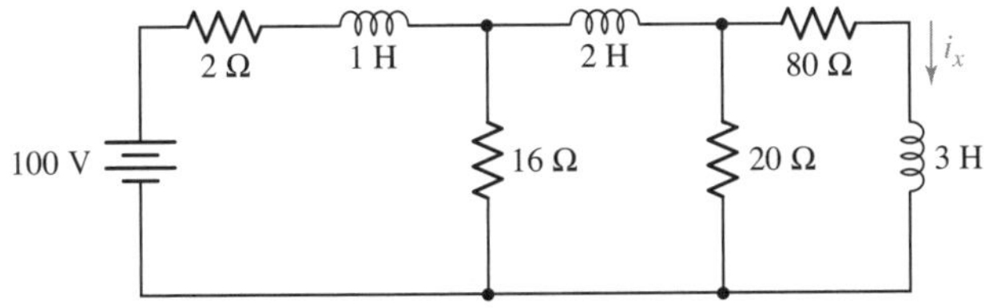

◀ **FIGURA 7.76**

64. (*a*) Desenhe o dual exato do circuito representado na Figura 7.77. Mantenha-o organizado!

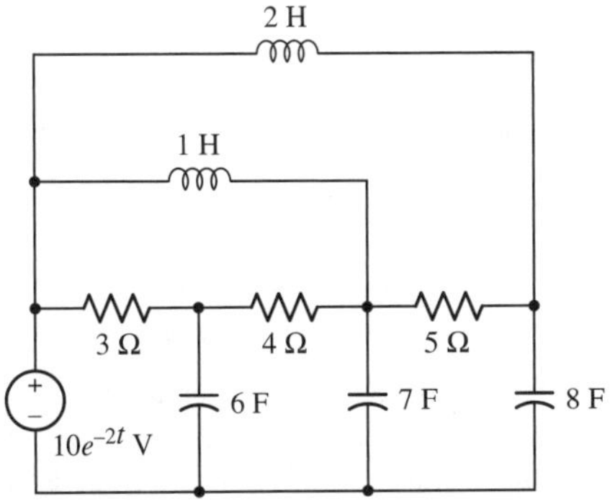

◀ **FIGURA 7.77**

7.7 Modelando Capacitores e Indutores com o PSpice

65. Tomando o nó inferior no circuito da Figura 7.78 como o terminal de referência, calcule (*a*) a corrente através do indutor e (*b*) a potência dissipada pelo resistor de 7 Ω. (*c*) Verifique as suas respostas com uma simulação apropriada no PSpice.

66. Para o circuito de quatro elementos mostrado na Figura 7.79, (*a*) calcule a potência dissipada em cada resistor, (*b*) determine a tensão sobre o capacitor, (*c*) calcule a energia armazenada no capacitor, e (*d*) verifique suas respostas com uma simulação apropriada no PSpice. (Recorde-se de que os cálculos podem ser executados no Probe.)

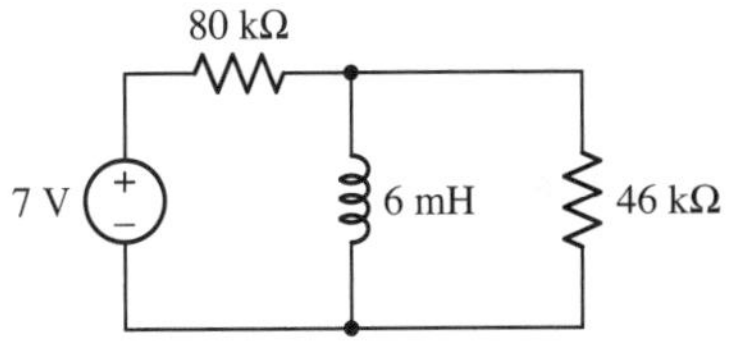

▲ **FIGURA 7.78**

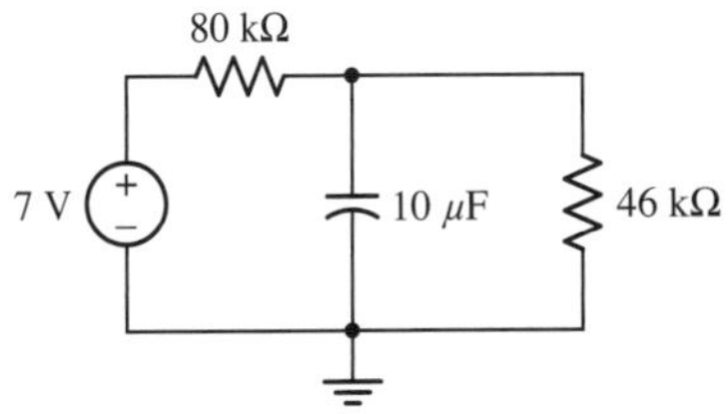

▲ **FIGURA 7.79**

67. (*a*) Calcule i_L e v_x conforme indicado no circuito da Figura 7.80. (*b*) Determine a energia armazenada no indutor e no capacitor. (*c*) Verifique suas respostas com uma simulação apropriada no PSpice.

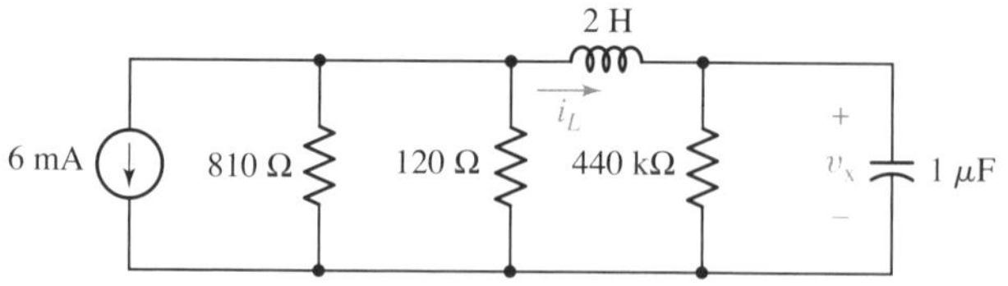

▶ **FIGURA 7.80**

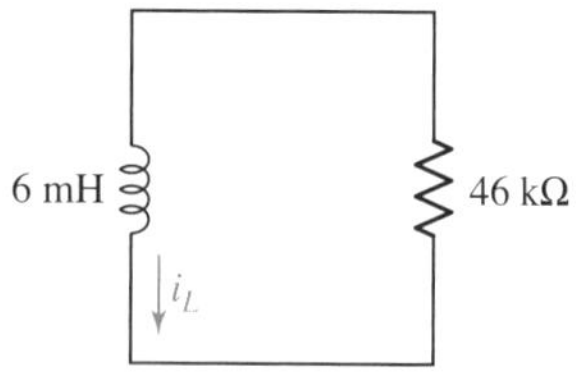

▲ **FIGURA 7.81**

68. Para o circuito descrito na Figura 7.81, o valor de i_L (0) = 1 mA (*a*) Calcule a energia armazenada no elemento em t = 0. (*b*) Faça uma simulação do transitório do circuito na faixa de $0 \leq t \leq 500$ ns. Determine o valor de i_L em t = 0,130 ns, 260 ns e 500 ns. (*c*) Qual é a fração da energia inicial que permanece no indutor em t = 130 ns? Em t = 500 ns?

69. Considere-se uma tensão inicial de 9 V nos terminais do capacitor de 10 pF mostrado na Figura 7.82 (i.e., $v(0)$ = 9 V). (*a*) Calcule a energia inicial armazenada no capacitor. (*b*) Para $t > 0$, que energia você espera permanecer no capacitor? Explique. (*c*) Simule o transitório do circuito no intervalo de $0 \leq t \leq 2{,}5$ s e determine v (t) no instante t = 460 ms, 920 ms e 2,3 s. (*c*) Qual é a fração da energia inicial que permanece armazenada no capacitor em t = 460 ms? Em t = 2,3 s?

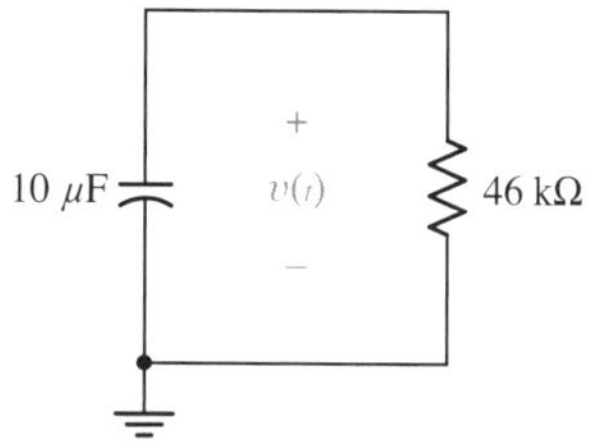

▲ **FIGURA 7.82**

70. Referindo-se ao circuito da Figura 7.83, (*a*) calcule a energia armazenada em cada elemento de armazenamento de energia; (*b*) verifique as suas respostas com uma simulação apropriada no PSpice.

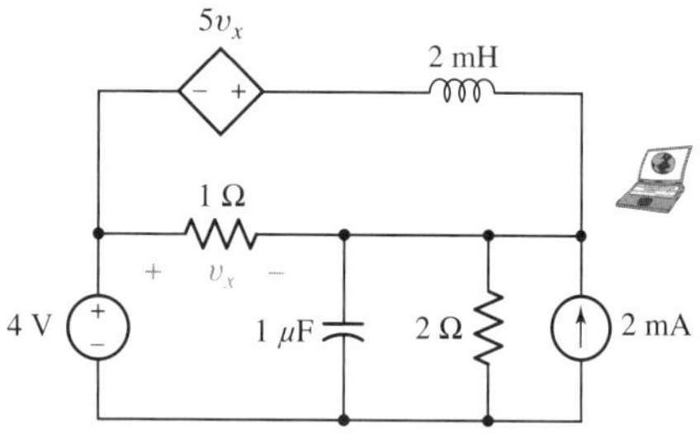

▲ **FIGURA 7.83**

Exercícios de integração do capítulo

71. Para o circuito da Figura 7.28, (*a*) esboce v_{saida} no intervalo de $0 \leq t \leq 5$ ms se R_f = 1 kΩ, C_1 = 100 mF e v_s é uma fonte senoidal de 1 kHz com tensão de pico de 2 V. (*b*) Verifique sua resposta com a simulação do transitório adequada, traçando ambos v_s e v_{saida} no Probe. (Dica: Entre as curvas plotadas, adicione um segundo eixo *y* usando o comando **Plot, Add Y Axis**. Isso permite que ambos os sinais possam ser vistos claramente.)

72. (*a*) Esboce a função de saída v_{saida} do circuito amplificador na Figura 7.29 no intervalo de $0 \leq t \leq 100$ ms se v_s é uma fonte senoidal de 60 Hz com tensão de pico de 400 mV, o R_1 é 1 kΩ e L_f é 80 nH. (*b*) Verifique sua resposta com a simulação do transitório adequada, traçando ambos v_s e v_{saida} no Probe. (Dica: Entre as curvas plotadas, adicione um segundo eixo *y* usando o comando **Plot, Add Y Axis**. Isso permite que ambos os sinais possam ser vistos claramente.)

73. Para o circuito da Figura 7.71, (*a*) esboce v_{saida} no intervalo de $0 \leq t \leq 2{,}5$ ms se R_f = 100 kΩ, L_1 = 100 mH e v_s é uma fonte senoidal de 2 kHz com tensão de pico de 5 V. (*b*) Verifique sua resposta com a simulação do transitório adequada, traçando ambos v_s e v_{saida} no Probe. (Dica: Entre as curvas plotadas, adicione um segundo eixo *y* usando o comando **Plot, Add Y Axis**. Isso permite que ambos os sinais possam ser vistos claramente.)

74. Considere o integrador modificado na Figura 7.72. Adote R_1 = 100 Ω, R_f = 10 MΩ e C_1 = 10 mF. A fonte v_s fornece uma tensão senoidal de 10 Hz com amplitude de 0,5 V de pico. Esboce v_{saida} no intervalo de $0 \leq t \leq 500$ ms. (*b*) Verifique sua resposta com a simulação do transitório adequada, traçando ambos v_s e v_{saida} no Probe. (Dica: Entre as curvas plotadas, adicione um segundo eixo *y* usando o comando **Plot, Add Y Axis**. Isso permite que ambos os sinais possam ser vistos claramente.)

8 Circuitos Básicos *RL* e *RC*

CONCEITOS FUNDAMENTAIS

- Constantes de Tempo *RL* e *RC*
- Respostas Natural e Forçada
- Cálculo da Resposta no Tempo para uma Excitação CC
- Como Determinar as Condições Iniciais e seus Efeitos na Resposta do Circuito
- Análise de Circuitos com a Aplicação da Função Degrau e com Chaves
- Construção de Formas de Onda Pulsadas Usando Funções Degrau Unitário
- A Resposta de Circuitos Chaveados Sequencialmente
- Circuitos do Comparador Básico e do Amplificador de Instrumentação

INTRODUÇÃO

No Capítulo 7, escrevemos equações para a resposta de muitos circuitos contendo indutância e capacitância, mas não resolvemos nenhuma delas. Agora estamos prontos para passar à solução dos circuitos mais simples, restringindo nossa atenção àqueles que contêm somente resistores e indutores ou somente resistores e capacitores.

Embora os circuitos que vamos considerar tenham uma aparência muito elementar, eles também são importantes na prática. Redes desse tipo são usadas em amplificadores eletrônicos, sistemas de controle automático, amplificadores operacionais, equipamentos de comunicação e muitas outras aplicações. Uma familiaridade com esses dispositivos simples nos permitirá prever com que precisão a saída de um amplificador pode seguir a entrada que está mudando rapidamente com o tempo ou prever com que rapidez a velocidade de um motor mudará em resposta a uma alteração em sua corrente de campo. Nossa compreensão dos circuitos *RL* e *RC* simples também nos permitirá sugerir modificações em amplificadores ou motores para obter uma melhor resposta.

8.1 ▶ O CIRCUITO *RL* SEM FONTES

A análise de circuitos contendo indutores e/ou capacitores depende da formulação e da solução das equações íntegro-diferenciais que caracterizam os circuitos. O tipo especial de equação que obtemos se chama *equação diferencial linear homogênea,* que é simplesmente uma equação diferencial na qual todos os termos têm uma relação de primeiro grau com a variável dependente ou uma de suas derivadas. Uma solução é obtida quando encontramos uma expressão para a variável dependente que satisfaça a equação diferencial e também a distribuição de energia prescrita nos indutores ou capacitores em um instante preestabelecido, geralmente $t = 0$.

A solução da equação diferencial representa uma resposta do circuito e ela é conhecida por muitos nomes. Como essa resposta depende da "natureza" geral do circuito (os tipos de elementos, suas dimensões, a interconexão dos elementos), ela é geralmente chamada de ***resposta natural***. No entanto, qualquer circuito real que construímos não pode armazenar energia para sempre; as resistências intrinsecamente associadas aos indutores e capacitores acabarão convertendo toda a energia armazenada em calor. A resposta deve chegar a um fim e, por essa razão, ela é frequentemente chamada de ***resposta transitória***. Por fim, devemos também nos familiarizar com a contribuição dos matemáticos à nomenclatura; eles chamam de *função complementar* a solução de uma equação diferencial linear homogênea.

Quando consideramos fontes independentes agindo sobre um circuito, parte da resposta se parecerá com a natureza da fonte (ou *função forçante*) utilizada; essa parte da resposta, chamada de *solução particular*, *resposta em regime permanente* ou ***resposta forçada***, será "complementada" pela resposta complementar produzida pelo circuito sem fontes. A resposta completa do circuito será dada, então, pela soma da função complementar com a solução particular. Em outras palavras, a resposta completa é a soma da resposta natural e da resposta forçada. A resposta sem fontes pode ser chamada de resposta *natural*, resposta *transitória*, resposta *livre* ou *função complementar*, mas, devido à sua natureza mais descritiva, nós a chamaremos mais frequentemente de resposta *natural*.

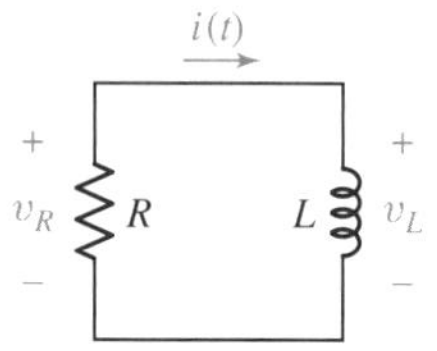

▲ **FIGURA 8.1** Circuito *RL* série para o qual $i(t)$ deve ser determinado, sujeito à condição inicial $i(0) = I_0$.

Pode parecer muito estranho discutir uma corrente variável no tempo fluindo em um circuito sem fontes! Tenha em mente que conhecemos apenas a corrente no instante especificado como $t = 0$; não conhecemos a corrente antes desse instante. Na mesma linha de raciocínio, também não sabemos como era o circuito antes de $t = 0$. Para que esteja fluindo uma corrente, uma fonte deve ter estado presente no circuito em algum momento, mas não temos essa informação. Felizmente, ela não é necessária para analisar o circuito que temos em mãos.

Veremos vários métodos diferentes para solucionar essas equações diferenciais. Manipulação matemática, no entanto, não é análise de circuito. Nosso maior interesse está nas soluções em si, seu significado e sua interpretação, e tentaremos nos tornar tão familiarizados com a forma da resposta, que seremos capazes de escrever respostas para novos circuitos apenas raciocinando. Embora métodos analíticos complicados sejam necessários quando os métodos mais simples falham, uma intuição bem desenvolvida é algo muito valioso nessas situações.

Começamos nosso estudo da análise transitória considerando o simples circuito *RL* série da Figura 8.1. Vamos chamar a corrente variável no tempo de $i(t)$; representaremos o valor de $i(t)$ em $t = 0$ como I_0; em outras palavras, $i(0) = I_0$. Temos, então,

$$Ri + v_L = Ri + L\frac{di}{dt} = 0$$

ou

$$\frac{di}{dt} + \frac{R}{L}i = 0 \qquad [1]$$

Nosso objetivo é uma expressão para $i(t)$ que satisfaça essa equação e que tenha também o valor de I_0 em $t = 0$. A solução pode ser obtida por vários métodos diferentes.

Abordagem Direta

Um método muito direto de resolver uma equação diferencial consiste em escrever a equação de maneira tal que as variáveis fiquem separadas, integrando, então, cada lado da equação. As variáveis na Equação [1] são i e t, e está claro que a equação pode ser multiplicada por dt, dividida por i e arranjada com as variáveis separadas:

$$\frac{di}{i} = -\frac{R}{L}dt \qquad [2]$$

Como a corrente é I_0, em $t = 0$ e $i(t)$ no instante t, podemos igualar as duas integrais definidas que são obtidas integrando cada lado entre os limites correspondentes:

$$\int_{I_0}^{i(t)} \frac{di'}{i'} = \int_0^t -\frac{R}{L}\,dt'$$

Realizando a integração indicada,

$$\ln i' \Big|_{I_0}^{i} = -\frac{R}{L}t' \Big|_0^t$$

que resulta em

$$\ln i - \ln I_0 = -\frac{R}{L}(t - 0)$$

Após algumas manipulações, vemos que a corrente $i(t)$ é dada por

$$i(t) = I_0 e^{-Rt/L} \qquad [3]$$

Verificamos nossa solução mostrando primeiro que a substituição da Equação [3] na Equação [1] resulta na identidade 0 = 0 e mostrando que a substituição de $t = 0$ na Equação [3] produz $i(0) = I_0$. Ambos os passos são necessários; a solução deve satisfazer a equação diferencial que caracteriza o circuito e deve também satisfazer a condição inicial.

▶ EXEMPLO 8.1

Se o indutor da Figura 8.2 tiver uma corrente $i_L = 2$ A em $t = 0$, obtenha uma expressão para $i_L(t)$ válida para $t > 0$ e seu valor em $t = 200\ \mu$s.

Este circuito é idêntico ao que já consideramos, portanto, esperamos uma corrente no indutor da forma

$$i_L = I_0 e^{-Rt/L}$$

onde $R = 200\ \Omega$, $L = 50$ mH e I_0 é a corrente inicial no indutor em $t = 0$. Portanto,

$$i_L(t) = 2e^{-4000t}$$

Substituindo $t = 200 \times 10^{-6}$ s, encontramos $i_L(t) = 898{,}7$ mA, menos da metade do valor inicial.

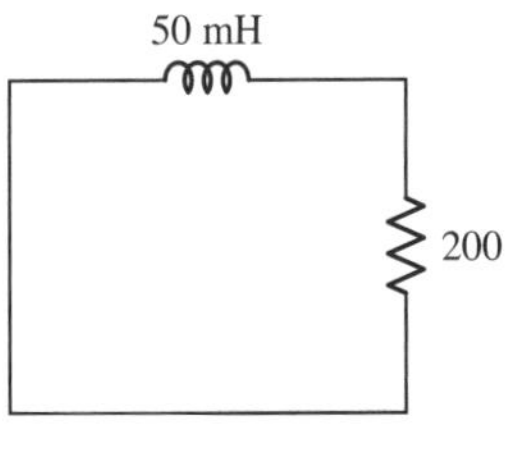

▲ **FIGURA 8.2** Circuito *RL* simples no qual a energia é armazenada no indutor em $t = 0$.

▶ EXERCÍCIO DE FIXAÇÃO

8.1 Determine a corrente i_R através do resistor da Figura 8.3 em $t = 1$ ns se $i_R(0) = 6$ A.

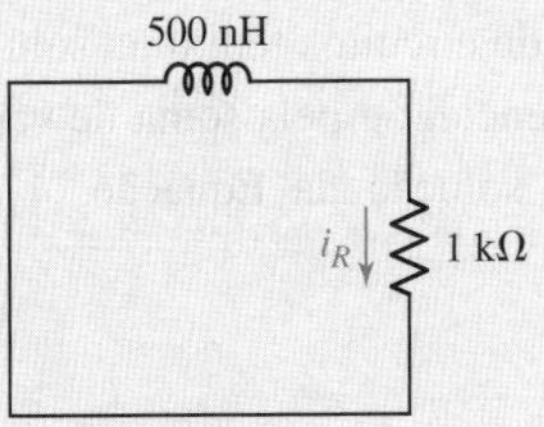

◀ **FIGURA 8.3** Circuito para o Exercício de Fixação 8.1.

Resposta: 812 mA.

Uma Abordagem Alternativa

A solução também pode ser obtida com uma leve alteração no método que acabamos de descrever. Após separar as variáveis, incluímos agora também uma constante de integração. Assim,

$$\int \frac{di}{i} = -\int \frac{R}{L}\,dt + K$$

e a integração nos dá

$$\ln i = -\frac{R}{L}t + K \qquad [4]$$

A constante K não pode ser avaliada com a substituição da Equação [4] na equação diferencial original [1]; isso resultará na identidade 0 = 0, pois a Equação [4] é uma solução da Equação [1] para *qualquer* valor de K (experimente você mesmo). A constante de integração deve ser selecionada para satisfazer a condição inicial $i(0) = I_0$. Portanto, em $t = 0$, a Equação [4] se torna

$$\ln I_0 = K$$

e usamos esse valor de K na Equação [4] para obter a resposta desejada

$$\ln i = -\frac{R}{L}t + \ln I_0$$

ou

$$i(t) = I_0 e^{-Rt/L}$$

como antes.

Abordagem de Solução Mais Geral

Qualquer um desses métodos pode ser usado quando as variáveis são separáveis, mas nem sempre isso é possível. Nos demais casos, usaremos um método muito eficaz, cujo sucesso dependerá de nossa intuição ou experiência. Nesse método, simplesmente imaginamos ou assumimos uma forma para a solução e, então, testamos nossas hipóteses, primeiro, por substituição na equação diferencial e, depois, aplicando as condições iniciais dadas. Como não se pode esperar que adivinhemos a expressão numérica exata para a solução, vamos assumir uma solução que contém várias constantes desconhecidas e selecionar os valores dessas constantes para satisfazer a equação diferencial e as condições iniciais. Muitas das equações diferenciais encontradas na análise de circuitos têm uma solução que pode ser representada pela função exponencial ou pela soma de várias funções exponenciais. Vamos assumir uma solução da Equação [1] na forma exponencial,

$$i(t) = Ae^{s_1 t} \qquad [5]$$

onde A e s_1 são constantes a ser determinadas. Após substituir essa solução assumida na Equação [1], temos

$$As_1e^{s_1t} + A\frac{R}{L}e^{s_1t} = 0$$

ou

$$\left(s_1 + \frac{R}{L}\right)Ae^{s_1t} = 0 \qquad [6]$$

Para satisfazer essa equação para todos os valores de tempo, é necessário que $A = 0$ ou $s_1 = -\infty$ ou $s_1 = -R/L$. Mas, se $A = 0$ ou $s_1 = -\infty$, então, toda resposta é zero; nenhuma delas pode ser a solução de nosso problema. Portanto, devemos escolher

$$s_1 = -\frac{R}{L} \qquad [7]$$

e nossa solução assumida toma a forma

$$i(t) = Ae^{-Rt/L}$$

As demais constantes devem ser avaliadas aplicando-se a condição inicial $i(0) = I_0$. Assim, $A = I_0$, e a forma final da solução adotada é (novamente)

$$i(t) = I_0e^{-Rt/L}$$

Um resumo da abordagem básica é apresentado na Figura 8.4.

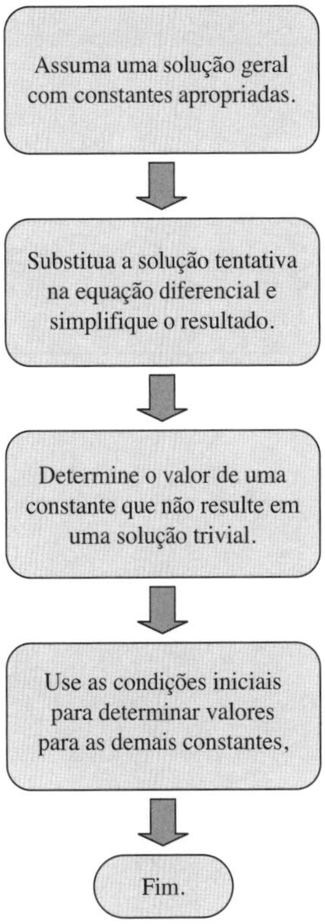

▲ **FIGURA 8.4** Fluxograma contendo a abordagem geral para a solução de equações diferenciais de primeira ordem, onde, com base na experiência, podemos imaginar a forma da solução.

Um Caminho Direto: A Equação Característica

Na realidade, podemos tomar um caminho mais direto. Com a obtenção da Equação [7], resolvemos

$$s_1 + \frac{R}{L} = 0 \qquad [8]$$

que é conhecida como ***equação característica***. Podemos obter a equação característica diretamente da equação diferencial, sem a necessidade de substituição de nossa solução tentativa. Considere a equação diferencial de primeira ordem genérica

$$a\frac{df}{dt} + bf = 0$$

onde a e b são constantes. Substituímos df/dt por s^1 e f por s^0, resultando em

$$a\frac{df}{dt} + bf = (as + b)f = 0$$

Daqui, podemos obter diretamente a equação característica

$$as + b = 0$$

que tem uma única raiz $s = -b/a$. A solução para nossa equação diferencial é, então,

$$f = Ae^{-bt/a}$$

Esse procedimento básico é facilmente estendido às equações diferenciais de segunda ordem, conforme veremos no Capítulo 9.

▶ EXEMPLO 8.2

No circuito da Figura 8.5*a*, calcule a tensão *v* em $t = 200$ ms.

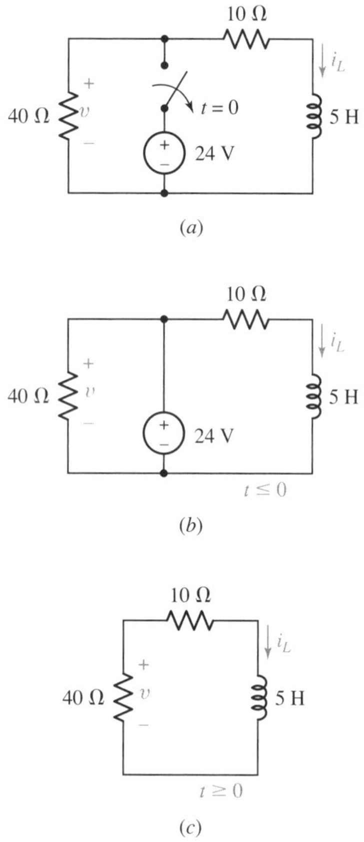

▲ **FIGURA 8.5** (*a*) Circuito *RL* simples com uma chave acionada no instante $t = 0$. (*b*) O circuito antes de $t = 0$. (*c*) O circuito após o acionamento da chave, com a fonte de 24 V removida.

▶ ***Identifique o objetivo do problema.***

O esquema da Figura 8.5*a* representa, na realidade, *dois circuitos diferentes*: um com a chave fechada (Fig. 8.5*b*) e um com a chave aberta (Fig. 8.5*c*). O problema nos pede $v(0{,}2)$ para o circuito mostrado na Figura 8.5*c*.

▶ ***Reúna as informações conhecidas.***

Os novos circuitos estão desenhados e legendados corretamente. Em seguida, assumimos que o circuito da Figura 8.5*b* esteja conectado por um tempo longo o suficiente para que quaisquer transitórios já tenham se dissipado. Podemos adotar tal suposição como regra geral, salvo indicação contrária. Esse circuito determina $i_L(0)$.

▶ ***Trace um plano.***

O circuito da Figura 8.5*c* pode ser analisado escrevendo-se uma equação LKT. No fim, queremos uma equação diferencial tendo somente v e t como variáveis. Resolveremos assim a equação diferencial para $v(t)$.

▶ ***Construa um conjunto apropriado de equações.***

Referindo-nos à Figura 8.5*c*, escrevemos

$$-v + 10i_L + 5\frac{di_L}{dt} = 0$$

Substituindo $i_L = -v/40$, temos

$$\frac{5}{40}\frac{dv}{dt} + \left(\frac{10}{40} + 1\right)v = 0$$

ou, de forma mais simples,

$$\frac{dv}{dt} + 10v = 0 \qquad [9]$$

▶ ***Determine se são necessárias equações adicionais.***

Da experiência anterior, sabemos que uma expressão completa para v requererá o conhecimento de v em um instante de tempo específico, sendo $t = 0$ o mais conveniente. Poderíamos ser tentados a olhar a Figura 8.5*b* e escrever $v(0) = 24$ V, mas isso só é verdade *imediatamente antes de se abrir a chave*. A tensão no resistor pode mudar para qualquer valor no instante em que a chave t é acionada; somente a corrente do indutor deve permanecer inalterada.

No circuito da Figura 8.5*b*, $i_L = 24/10 = 2{,}4$ A, pois o indutor age como um curto-circuito para a corrente CC. Portanto, $i_L(0) = 2{,}4$ A também no circuito da Figura 8.5*c* – um ponto fundamental na análise desse tipo de circuito. Logo, no circuito da Figura 8.5*c*, $v(0) = (40)(-2{,}4) = -96$ V.

▶ ***Tente uma solução.***

Qualquer uma das três técnicas básicas de solução pode ser utilizada. Com base em nossa experiência, vamos começar escrevendo a equação característica correspondente à Equação [9]:

$$s + 10 = 0$$

Resolvendo, encontramos $s = -10$, assim

$$v(t) = Ae^{-10t} \qquad [10]$$

(que, após substituição no lado esquerdo da Equação [9], resulta em

$$-10Ae^{-10t} + 10Ae^{-10t} = 0$$

conforme esperado).

Determinamos A fazendo $t = 0$ na Equação [10] e usando o fato de que $v(0) = -96$ V. Logo,

$$v(t) = -96e^{-10t} \qquad [11]$$

e, assim, $v(0{,}2) = -12{,}99$ V, caindo de um máximo de -96 V.

▶ ***Verifique a solução. Ela é razoável ou esperada?***

Em vez de escrever uma equação diferencial em v, poderíamos ter escrito nossa equação diferencial em termos de i_L:

$$40i_L + 10i_L + 5\frac{di_L}{dt} = 0$$

ou

$$\frac{di_L}{dt} + 10i_L = 0$$

que tem a solução $i_L = Be^{-10t}$. Com $i_L(0) = 2{,}4$, descobrimos que $i_L(t) = 2{,}4e^{-10t}$. Como $v = -40i_L$ voltamos a obter a Equação [11]. Devemos observar: **não é por coincidência** que a corrente no indutor e a tensão no resistor têm a mesma dependência exponencial!

▶ EXERCÍCIO DE FIXAÇÃO

8.2 Determine a tensão v no indutor do circuito da Figura 8.6 para $t > 0$.

Resposta: $-25e^{-2t}$ V.

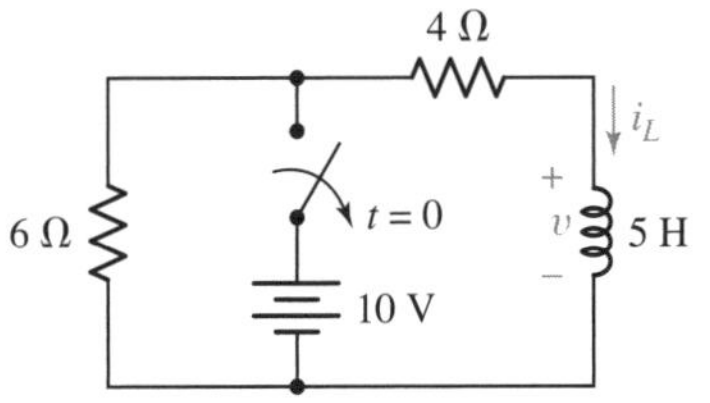

▲ **FIGURA 8.6** Circuito para o Exercício de Fixação 8.2.

Levando em Conta a Energia

Antes de voltar nossa atenção para a interpretação da resposta, vamos retornar ao circuito da Figura 8.1 e verificar as relações de potência e energia. A potência que está sendo dissipada no resistor é

$$p_R = i^2R = I_0^2Re^{-2Rt/L}$$

e a energia total transformada em calor no resistor é encontrada integrando-se a potência instantânea desde o instante zero até o instante infinito:

$$w_R = \int_0^\infty p_R\,dt = I_0^2R\int_0^\infty e^{-2Rt/L}\,dt$$

$$= I_0^2R\left(\frac{-L}{2R}\right)e^{-2Rt/L}\Big|_0^\infty = \frac{1}{2}L\,I_0^2$$

Esse é o resultado que esperamos, porque a energia total inicialmente armazenada no indutor é $\frac{1}{2}LI_0^2$, e não há nenhuma energia armazenada no indutor no tempo infinito, porque sua corrente já caiu para zero. Portanto, toda a energia inicial já foi dissipada no resistor.

8.2 ▶ PROPRIEDADES DA RESPOSTA EXPONENCIAL

Vamos agora considerar a natureza da resposta em um circuito *RL* série. Já sabemos que a corrente no indutor é representada por

$$i(t) = I_0 e^{-Rt/L}$$

Em $t = 0$, a corrente tem valor I_0, mas, à medida que o tempo aumenta, a corrente diminui e se aproxima de zero. A forma desse decaimento exponencial é vista no gráfico $i(t)/I_0$ *versus* t mostrado na Figura 8.7. Como a função que estamos traçando é $e^{-Rt/L}$, a curva não mudará se R/L permanecer inalterada. Assim, a mesma curva deve ser obtida para qualquer circuito *RL* em série que tenha a mesma relação R/L. Vamos ver como essa relação afeta a forma da curva.

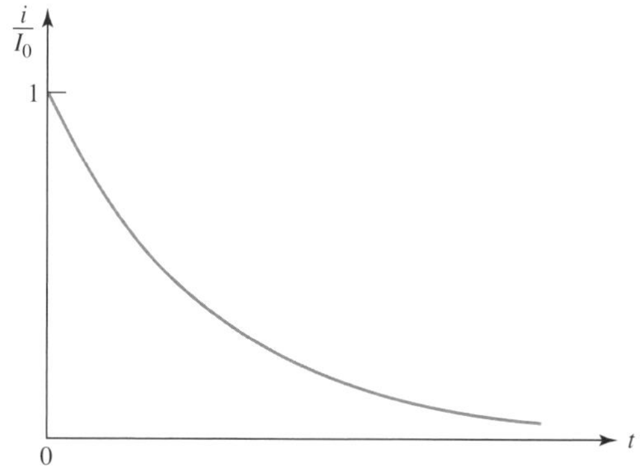

◀ **FIGURA 8.7** Gráfico de $e^{-Rt/L}$ *versus t.*

Se dobrarmos a relação L/R, o expoente ficará inalterado somente se t também dobrar. Em outras palavras, a resposta original ocorrerá em um tempo posterior, e a nova curva é obtida movendo-se cada ponto da curva original duas vezes mais distante à direita. Com essa relação L/R maior, a corrente leva mais tempo para cair para uma dada fração de seu valor original. Temos a tendência a dizer que a "largura" da curva dobrou ou que a largura é proporcional a L/R. No entanto, fica difícil definir nosso termo *largura*, porque cada curva se estende desde $t = 0$ até ∞! Em vez disso, vamos considerar o tempo que seria necessário para a corrente cair a zero *se ela continuasse a cair com sua taxa inicial*.

A taxa de decaimento inicial é obtida calculando-se a derivada no instante zero:

$$\left.\frac{d}{dt}\frac{i}{I_0}\right|_{t=0} = -\left.\frac{R}{L}e^{-Rt/L}\right|_{t=0} = -\frac{R}{L}$$

Designamos o tempo necessário para que i/I_0 caia da unidade até zero assumindo uma taxa de decaimento constante pela letra grega τ (tau). Logo,

$$\left(\frac{R}{L}\right)\tau = 1$$

ou

$$\boxed{\tau = \frac{L}{R}} \qquad [12]$$

A relação L/R tem como unidade os segundos, pois o expoente $-Rt/L$ deve ser adimensional. O valor de tempo τ é chamado de *constante de tempo* e está ilustrado na Figura 8.8. A constante de tempo de um circuito RL em série pode ser determinada graficamente a partir da curva de resposta: só é necessário traçar a tangente à curva em $t = 0$ e determinar o ponto de interseção dessa tangente com o eixo do tempo. Essa é geralmente uma maneira conveniente de se obter de forma aproximada a constante de tempo a partir da tela de um osciloscópio.

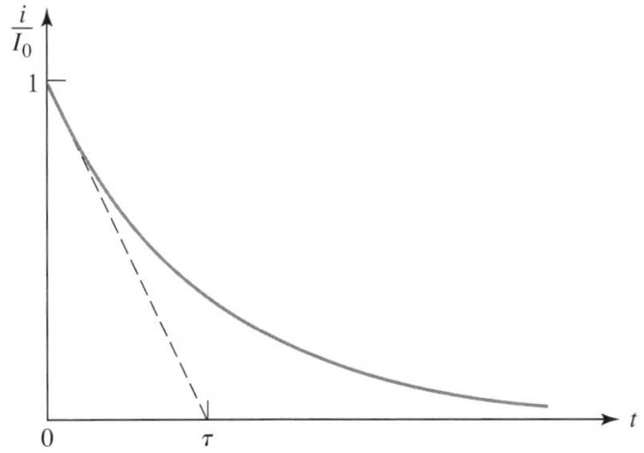

▲ **FIGURA 8.8** A constante de tempo τ e L/R para um circuito RL em série. Ela corresponde ao tempo que seria necessário para que a curva de resposta caísse para zero a uma taxa constante igual à taxa de decaimento inicial da curva.

Uma interpretação igualmente importante da constante de tempo τ é obtida determinando-se o valor de $i(t)/I_0$ em $t = \tau$. Temos

$$\frac{i(\tau)}{I_0} = e^{-1} = 0{,}3679 \qquad \text{ou} \qquad i(\tau) = 0{,}3679 I_0$$

Assim, em uma constante de tempo, a resposta cai para 36,8% de seu valor inicial; o valor de τ também pode ser determinado graficamente a partir desse fato, como indica a Figura 8.9. É conveniente medir o decaimento da corrente em intervalos de uma constante de tempo, e, recorrendo a uma

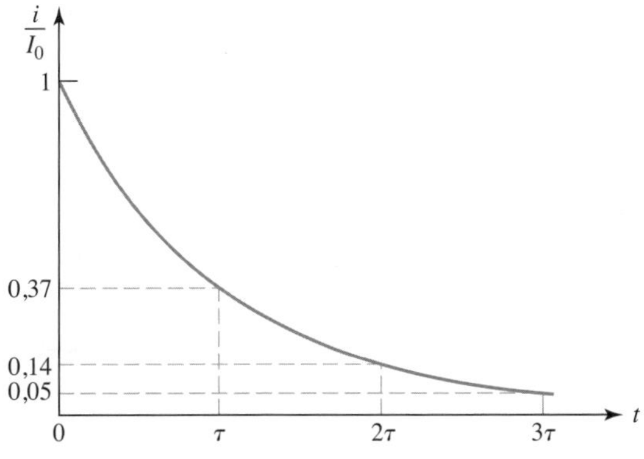

▲ **FIGURA 8.9** A corrente em um circuito RL série é reduzida a 37% de seu valor inicial em $t = \tau$, 14% em $t = 2\tau$ e 5% em $t = 3\tau$.

calculadora, mostramos que $i(t)/I_0$ é 0,3679 em $t = \tau$, 0,1353 em $t = 2\tau$, 0,04979 em $t = 3\tau$, 0,01832 em $t = 4\tau$ e 0,006738 em $t = 5\tau$. Em algum ponto três a cinco constantes de tempo após o tempo zero, podemos dizer que a corrente atinge uma fração desprezível de seu valor inicial. Portanto, se nos perguntarem "*Quanto tempo é necessário para a corrente cair para zero?*", nossa resposta pode ser "*Aproximadamente cinco constantes de tempo*". Nesse ponto, a corrente é menos de 1% de seu valor inicial!

▶ EXERCÍCIO DE FIXAÇÃO

8.3 Em um circuito *RL* série sem fontes, encontre o valor numérico da relação: (*a*) $i(2\tau)/i(\tau)$; (*b*) $i(0{,}5\tau)/i(0)$; (*c*) t/τ se $i(t)/i(0) = 0{,}2$; (*d*) t/τ se $i(0) - i(t) = i(0) \ln 2$.

Resposta: 0,368; 0,607; 1,609; 1,181.

▶ ANÁLISE AUXILIADA POR COMPUTADOR

A capacidade de análise transitória do PSpice e muito útil quando se considera a resposta de circuitos sem fontes. Neste exemplo, usamos uma característica especial que nos permite variar um parâmetro de um componente de forma similar à maneira como variamos a tensão CC em outras simulações. Fazemos isso adicionando o componente **PARAM** ao nosso diagrama esquemático; ele pode ser colocado em qualquer lugar, pois não vamos conectá-lo diretamente ao circuito. Nosso circuito *RL* completo é mostrado na Figura 8.10, que inclui uma corrente inicial no indutor de 1 mA.

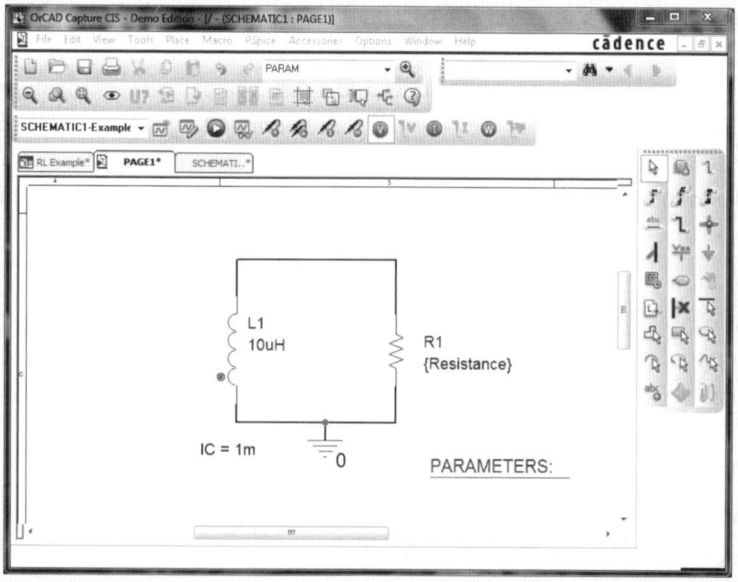

▲ **FIGURA 8.10** Circuito *RL* simples desenhado usando a ferramenta de interface gráfica.

Para relacionar o valor de nosso resistor ao parâmetro de varredura proposto, temos de executar três tarefas. Primeiro, fornecemos um nome para o nosso parâmetro, que resolvemos chamar de *Resistance* para maior simplicidade. Isso é feito dando-se um duplo clique onde se lê **PARAMETERS**: no diagrama esquemático, o que abre o Editor de Propriedades (*Property Editor*) desse pseudocomponente. Clicando em **New Column**, abre-se a caixa de diálogo mostrada na Figura 8.11*a*, na qual digitamos *Resistance* abaixo de **Name** e o valor aleatoriamente escolhido de 1 abaixo de **Value**. Nossa segunda tarefa consiste em vincular o valor de R1 ao nosso parâmetro de varredura, o que é feito dando-se um duplo clique no valor padrão de R1 no esquema, resultando na caixa de diálogo da Figura 8.11*b*. Em **Value**, simplesmente escrevemos {*Resistance*}. (Note que são necessárias as chaves.)

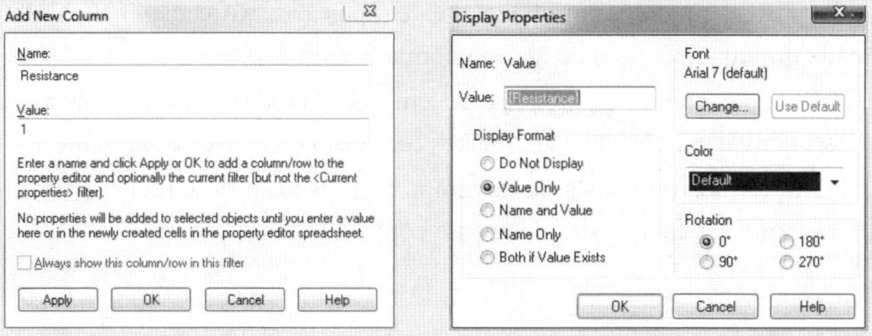

(*a*) (*b*)

▲ **FIGURA 8.11** (*a*) Caixa de dialogo Add New Column (Adicionar Nova Coluna) do Editor de Propriedades de PARAM. (*b*) Caixa de diálogo onde se atribui o valor do resistor.

Nossa terceira tarefa consiste em preparar a simulação, o que inclui definir os parâmetros de análise transitória e os valores que desejamos para R1. Em **PSpice**, selecionamos **New Simulation Profile** (Fig. 8.12*a*), no qual selecionamos **Time Domain (Transient)** para **Analysis type**, 300 ns para **Run to time** (tempo final de simulação) e marcamos a caixa **Parametric Sweep** (varredura paramétrica) em **Options**. Essa ultima ação resulta na caixa de diálogo mostrada na Figura 8.12*b*, na qual selecionamos **Global parameter** para **Sweep variable** (variável de varredura) e escolhemos *Resistance* para **Parameter name**. O passo final necessário é a seleção de **Logarithmic** em **Sweep type** (tipo de varredura), um **Start value** (valor inicial) de 10, um **End value** (valor final) de 1000 e 1 **Points/Decade** (1 ponto por década); alternativamente, poderíamos listar os valores de resistor desejados usando **Value list**.

Após a simulação, aparece a caixa de notificação ilustrada na Figura 8.13, listando os conjuntos de dados que podem ser mostrados em forma gráfica (**Resistance** = 10, 100 e 1000 neste caso). Um conjunto de dados específico é selecionado se estiver destacado; selecionamos todos os três para este exemplo.

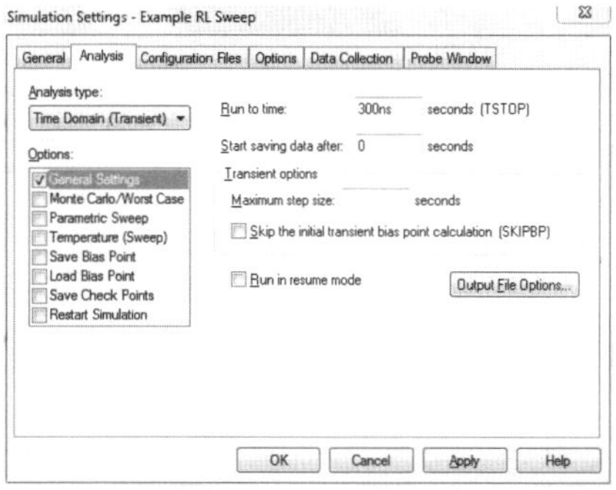

(*a*)

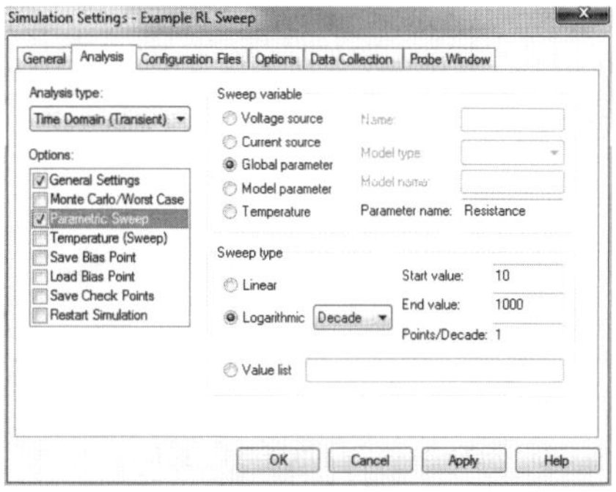

(*b*)

▲ **FIGURA 8.12** (*a*) Caixa de diálogo de simulação. (*b*) Caixa de diálogo de varredura paramétrica (Parametric Sweep).

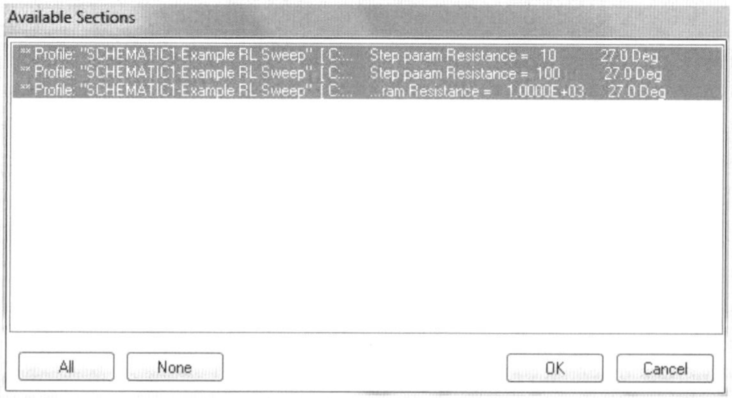

▶ **FIGURA 8.13** Caixa de diálogo Available Data Sections (Seções de dados disponíveis).

Selecionando-se a corrente no indutor marcada no diagrama esquemático (Probe) a partir dos sinais exibidos no menu **Trace**, obtêm-se três gráficos plotados simultaneamente (após a identificação manual de cada um dos mesmos) de acordo com a Figura 8.14.

Por que uma maior constante de tempo L/R produz uma curva de resposta que cai mais lentamente? Vamos considerar o efeito de cada elemento.

Em termos da constante de tempo z, a resposta do circuito *RL* em série pode ser escrita simplesmente como

$$i(t) = I_0 e^{-t/\tau}$$

Um aumento em L permite que mais energia seja armazenada para uma dada corrente inicial, e essa maior energia requer um tempo maior para ser dissipada no resistor. Podemos também aumentar L/R reduzindo R. Nesse caso, a potência instantânea no resistor é menor para a mesma corrente inicial; novamente, é necessário um tempo maior para dissipar a energia armazenada. Esse efeito é visto claramente no resultado da simulação apresentado na Figura 8.14.

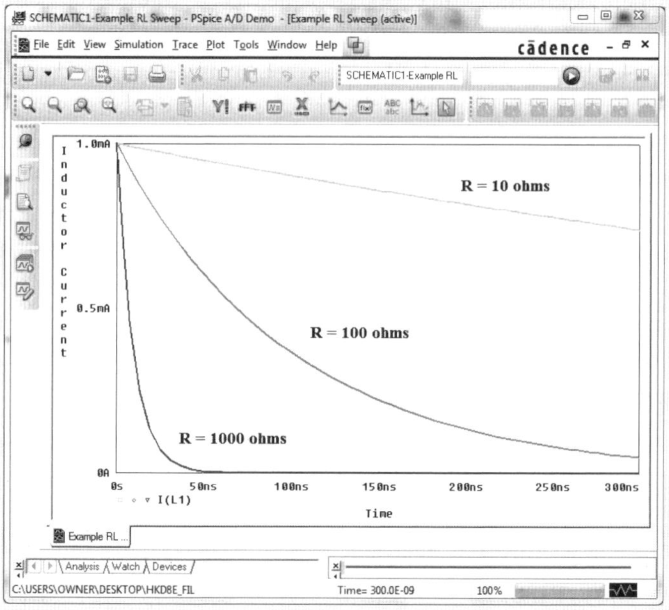

▶ **FIGURA 8.14** Saída do Probe para as três resistências.

8.3 ▶ O CIRCUITO *RC* SEM FONTES

Circuitos baseados em combinações resistor-capacitor são mais comuns do que seus análogos resistor-indutor. As principais razões para isso são as menores perdas em capacitores reais, o menor custo, a melhor concordância entre o modelo matemático simples e o comportamento do dispositivo real, o menor tamanho e o menor peso, sendo estas duas últimas características especialmente importantes para aplicações em circuitos integrados.

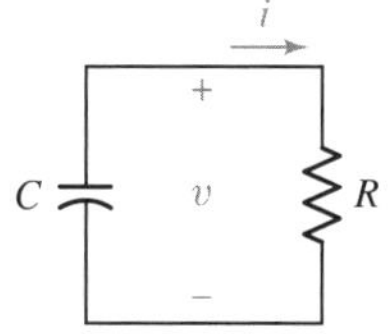

▲ **FIGURA 8.15** Circuito *RC* paralelo no qual $v(t)$ deve ser determinado, sujeito à condição inicial de que $v(0) = V_0$.

Vamos ver quão próxima é a análise do circuito *RC* paralelo (ou seria em série?) mostrado na Figura 8.15 em relação àquela feita para o circuito *RL*. Vamos assumir uma energia inicial armazenada no capacitor selecionando

$$v(0) = V_0$$

A corrente total deixando o nó no topo do diagrama do circuito deve ser zero, assim, podemos escrever

$$C\frac{dv}{dt} + \frac{v}{R} = 0$$

Dividindo por *C*, temos

$$\frac{dv}{dt} + \frac{v}{RC} = 0 \qquad [13]$$

A Equação [13] tem uma forma familiar; uma comparação com a Equação [1]

$$\frac{di}{dt} + \frac{R}{L}i = 0 \qquad [1]$$

mostra que a substituição de *i* por *v* e *L*/*R* por *RC* produz uma equação idêntica à que vimos anteriormente. E realmente deveria, pois o circuito *RC* que estamos analisando agora é o dual do circuito *RL* que consideramos primeiro. Essa *dualidade* força $v(t)$ no circuito *RC* e $i(t)$ no circuito *RL* a terem expressões idênticas se a resistência em um circuito for igual ao inverso da resistência do outro circuito e se *L* for numericamente igual a *C*. Assim, a resposta do circuito *RL*

$$i(t) = i(0)e^{-Rt/L} = I_0e^{-Rt/L}$$

permite-nos escrever imediatamente

$$v(t) = v(0)e^{-t/RC} = V_0e^{-t/RC} \qquad [14]$$

para o circuito *RC*.

Por outro lado, suponha que tivéssemos selecionado a corrente *i* como nossa variável no circuito *RC* em vez da tensão *v*. Aplicando a lei de Kirchhoff da tensão,

$$\frac{1}{C}\int_{t_0}^{t} i\,dt' - v_0(t_0) + Ri = 0$$

obtemos uma equação integral em vez de uma equação diferencial. No entanto, derivando ambos os lados dessa equação em relação ao tempo,

$$\frac{i}{C} + R\frac{\mathrm{di}}{dt} = 0 \qquad [15]$$

e, substituindo i por v/R, obtemos a Equação [13] novamente:

$$\frac{v}{RC} + \frac{dv}{dt} = 0$$

A Equação [15] poderia ter sido usada como nosso ponto de partida, mas a aplicação dos princípios de dualidade não teria sido assim tão natural.

Vamos discutir a natureza física da resposta em tensão do circuito *RC* expressa pela Equação [14]. Em $t = 0$ obtemos a condição inicial correta e, à medida que t se torna infinito, a tensão se aproxima de zero. Este último resultado concorda com nosso pensamento de que, enquanto houver qualquer tensão remanescente no capacitor, energia continua a fluir para o resistor, sendo dissipada em calor. Portanto, *é necessária uma tensão final igual a zero.* A constante de tempo do circuito *RC* pode ser encontrada usando-se as relações de dualidade na expressão para a constante de tempo do circuito *RL.* Alternativamente, ela pode ser determinada simplesmente observando-se o tempo no qual a resposta cai para 37% de seu valor inicial:

$$\frac{\tau}{RC} = 1$$

de modo que

$$\boxed{\tau = RC} \qquad [16]$$

Nossa familiaridade com a exponencial negativa e o significado da constante de tempo τ nos permite desenhar facilmente a curva de resposta (Fig. 8.16). Valores maiores de R ou de C fornecem constantes de tempo maiores e uma dissipação mais lenta da energia armazenada. Uma resistência maior dissipará uma menor potência para uma dada tensão aplicada, requerendo, assim, um tempo maior para converter a energia armazenada em calor; uma capacitância maior armazena uma maior quantidade de energia para uma dada tensão aplicada, requerendo também um tempo maior para perder sua energia inicial.

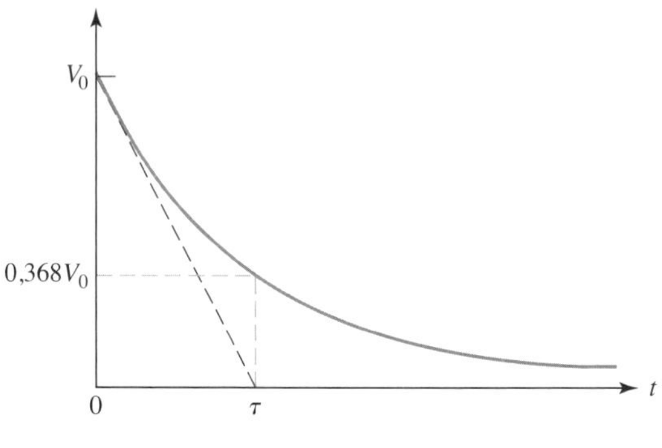

▲ **FIGURA 8.16** A tensão $v(t)$ no capacitor do circuito *RC* paralelo é traçada em função do tempo. O valor inicial de $v(t)$ é V_0.

▶ EXEMPLO 8.3

No circuito da Figura 8.17*a*, calcule a tensão v em $t = 200\ \mu s$.

Para encontrar a tensão solicitada, precisaremos desenhar e analisar dois circuitos separados: um antes de se acionar a chave (Figura 8.17*b*) e o outro depois de se acionar a chave (Figura 8.17*c*).

A única finalidade de se analisar o circuito da Figura 8.17*b* é obter a tensão inicial no capacitor; para isso, supomos que todos os transitórios nesse circuito já tenham desaparecido há muito tempo, deixando-o puramente CC. Não havendo nenhuma corrente no capacitor nem no resistor de 4 Ω, então,

$$v(0) = 9\ \text{V} \qquad [17]$$

Em seguida, voltamos nossa atenção para o circuito da Figura 8.17*c*, reconhecendo que

$$\tau = RC = (2 + 4)(10 \times 10^{-6}) = 60 \times 10^{-6}\ \text{s}$$

Logo, da Equação [14],

$$v(t) = v(0)e^{-t/RC} = v(0)e^{-t/60\times 10^{-6}} \qquad [18]$$

A tensão no capacitor deve ser a mesma em ambos os circuitos em $t = 0$; nenhuma restrição como essa é feita às demais tensões ou correntes. Substituindo a Equação [17] na Equação [18],

$$v(t) = 9e^{-t/60\times 10^{-6}}\ \text{V}$$

de forma que $v(200 \times 10^{-6}) = 321{,}1$ mV (menos de 4% de seu valor máximo).

▶ EXERCÍCIO DE FIXAÇÃO

8.4 Observando atentamente as mudanças do circuito uma vez que a chave no circuito da Figura 8.18 é acionada, determine $v(t)$ em $t = 0$ e em $t = 160\ \mu s$.

Resposta: 50 V, 18,39 V.

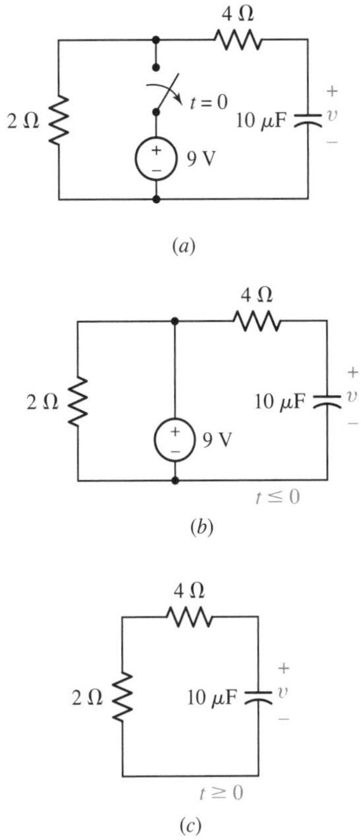

▲ **FIGURA 8.17** (*a*) Circuito *RC* simples com uma chave acionada no instante $t = 0$. (*b*) O circuito antes de $t = 0$. (*c*) O circuito após se acionar a chave, com a fonte de 9 V removida.

8.4 ▶ UMA PERSPECTIVA MAIS GERAL

Conforme visto indiretamente a partir dos Exemplos 8.2 e 8.3, independentemente da quantidade de resistores que temos no circuito, obtemos uma única constante de tempo ($\tau = L/R$ ou $\tau = RC$) quando apenas um dos elementos armazenadores de energia está presente. Podemos formalizar isso observando que o valor necessário para R é, de fato, a resistência equivalente de Thévenin vista pelo elemento armazenador de energia. (Por mais estranho que possa parecer, é possível calcular uma constante de tempo para um circuito contendo fontes dependentes!)

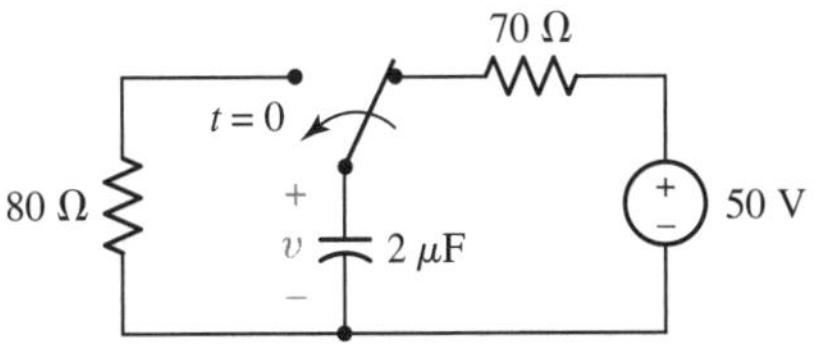

▲ **FIGURA 8.18**

Circuitos *RL* Gerais

Como exemplo, considere o circuito mostrado na Figura 8.19. A resistência equivalente vista pelo indutor é

$$R_{eq} = R_3 + R_4 + \frac{R_1 R_2}{R_1 + R_2}$$

e a constante de tempo é, portanto,

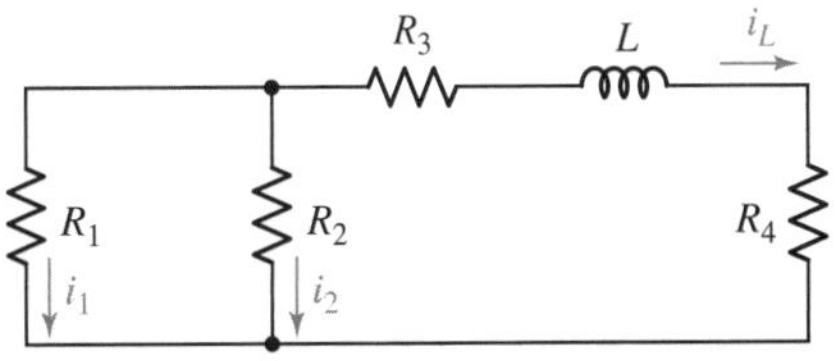

▲ **FIGURA 8.19** Circuitos em fontes contendo um indutor e vários resistores é analisado determinando-se a constante $\tau = L/R_{eq}$.

$$\tau = \frac{L}{R_{eq}} \qquad [19]$$

Se vários indutores estiverem presentes em um circuito e puderem ser combinados usando associações em série e/ou paralelo, então a Equação [19] pode ser generalizada ainda mais, ficando

$$\tau = \frac{L_{eq}}{R_{eq}} \qquad [20]$$

onde L_{eq} representa a indutância equivalente.

Também poderíamos escrever

$$\tau = \frac{L}{R_{TH}},$$

onde R_{TH} é a resistência equivalente de Thévenin "vista" pelo indutor L.

Em Fatias Bem Finas: A Distinção entre 0^+ e 0^-

Vamos voltar ao circuito da Figura 8.19 e supor que uma quantidade finita de energia esteja armazenada no indutor no instante $t = 0$, de forma que $i_L(0) \neq 0$.

A corrente i_L no indutor é

$$i_L = i_L(0)e^{-t/\tau}$$

e isso representa o que podemos chamar de solução básica do problema. É bem possível que seja preciso encontrar alguma tensão ou corrente além de i_L, como a corrente i_2 em R_2. Podemos sempre aplicar as leis de Kirchhoff e a lei de Ohm à parte resistiva do circuito sem qualquer dificuldade, mas a divisão de corrente proporciona a resposta mais rápida neste circuito:

$$i_2 = -\frac{R_1}{R_1 + R_2}[i_L(0)e^{-t/\tau}]$$

Também pode acontecer de sabermos o valor inicial de alguma corrente que não seja a corrente no indutor. Como *a corrente em um resistor pode mudar instantaneamente,* indicaremos o instante após qualquer alteração que possa ter ocorrido em $t = 0$ usando o símbolo 0^+; em uma linguagem mais matemática, $i_1(0^+)$ é *o* limite à direita de $i_1(t)$ à medida que t se aproxima de zero.[1] Logo, se nos for dado o valor inicial de i_1 como $i_1(0^+)$, então, o valor inicial de i_2 é

$$i_2(0^+) = i_1(0^+)\frac{R_1}{R_2}$$

A partir desses valores, obtemos o valor inicial $i_L(0)$ necessário:

$$i_L(0^+) = -[i_1(0^+) + i_2(0^+)] = -\frac{R_1 + R_2}{R_2}i_1(0^+)$$

Note que $i_L(0^+)$ é sempre igual a $i_L(0^-)$. Isso não é necessariamente verdade para a tensão no indutor ou qualquer tensão ou corrente em um resistor, pois elas podem mudar em tempo zero.

e a expressão para i_2 se torna

$$i_2 = i_1(0^+)\frac{R_1}{R_2}e^{-t/\tau}$$

Vamos ver se podemos obter esta última expressão de forma mais direta. Como a corrente no indutor decai exponencialmente com $e^{-t/\tau}$, *todas as correntes no circuito devem seguir o mesmo comportamento funcional.* Isso fica claro ao considerar a corrente do indutor a fonte de corrente que está sendo aplicada a uma rede resistiva. Toda corrente e toda tensão na rede resistiva deve apresentar a mesma variação temporal. Usando essas ideias, expressamos i_2 como

[1] Note que isso é apenas uma conveniência de notação. Quando encontramos $t = 0^+$ ou seu companheiro $t = 0^-$ em uma equação, simplesmente usamos o valor zero. Essa notação permite-nos diferenciar claramente entre o tempo antes e depois de um evento – por exemplo, o abrir ou fechar de uma chave ou uma fonte de alimentação que está sendo ligada ou desligada.

$$i_2 = Ae^{-t/\tau}$$

onde

$$\tau = \frac{L}{R_{\text{eq}}}$$

e A deve ser determinado a partir do conhecimento do valor inicial de i_2. Como $i_2(0^+)$ é conhecido, a tensão em R_1 e R_2 é conhecida, e

$$R_2 i_2(0^+) = R_1 i_1(0^+)$$

leva a

$$i_2(0^+) = i_1(0^+)\frac{R_1}{R_2}$$

Portanto,

$$i_2(t) = i_1(0^+)\frac{R_1}{R_2}e^{-t/\tau}$$

Uma sequência similar de passos fornecerá uma solução rápida para inúmeros problemas. Primeiro, reconhecemos a dependência temporal da resposta como um decaimento exponencial, determinamos a constante de tempo apropriada combinando resistências, escrevemos a solução com uma amplitude desconhecida e determinamos a amplitude a partir de uma condição inicial.

Essa mesma técnica pode ser aplicada a qualquer circuito com um indutor e qualquer número de resistores, bem como a circuitos especiais contendo dois ou mais indutores e também dois ou mais resistores que possam ser simplificados por combinação de resistências ou indutâncias em um indutor e um resistor.

▶ EXEMPLO 8.4

Determine i_1 e i_L no circuito da Figura 8.20*a* para $t > 0$.

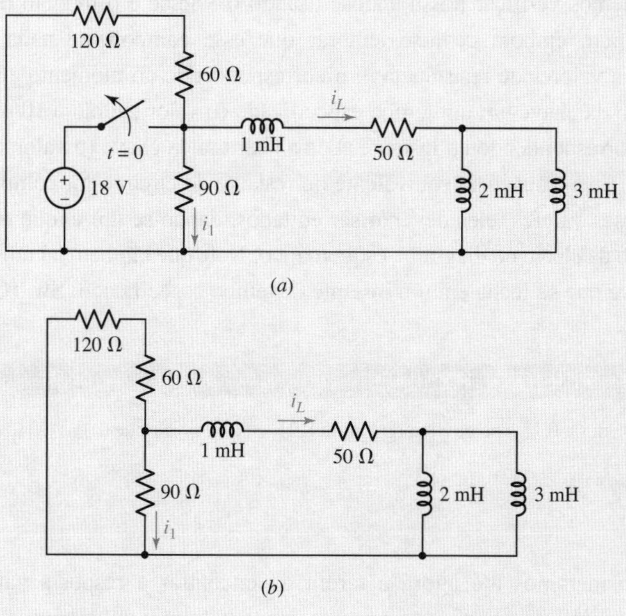

◀ **FIGURA 8.20** (*a*) Circuito com múltiplos resistores e indutores. (*b*) Após $t = 0$, o circuito o reduz a uma resistência equivalente de 110 Ω em série com $L_{eq} = 2{,}2$ mH.

Após $t = 0$, quando a fonte de tensão é desconectada, como mostra a Figura 8.20*b*, calculamos facilmente uma indutância equivalente,

$$L_{eq} = \frac{2 \times 3}{2 + 3} + 1 = 2{,}2 \text{ mH}$$

uma resistência equivalente, em série com a indutância equivalente,

$$R_{eq} = \frac{90(60 + 120)}{90 + 180} + 50 = 110 \ \Omega$$

e a constante de tempo,

$$\tau = \frac{L_{eq}}{R_{eq}} = \frac{2{,}2 \times 10^{-3}}{110} = 20 \ \mu\text{s}$$

Assim, a forma da resposta natural é $Ke^{-50.000t}$, onde K é uma constante desconhecida. Considerando o circuito imediatamente antes de se abrir a chave ($t = 0^-$), $i_L = 18/50$ A. Como $i_L(0^+) = i_L(0^-)$, sabemos que $i_L = 18/50$ A ou 360 mA em $t = 0^+$, assim,

$$i_L = \begin{cases} 360 \text{ mA} & t < 0 \\ 360e^{-50.000t} \text{ mA} & t \geq 0 \end{cases}$$

Não há nenhuma restrição sobre i_1 mudando instantaneamente em $t = 0$, assim, seu valor em $t = 0^-$ (18/90 A ou 200 mA) não é relevante para encontrar i_1 em $t > 0$. Ao contrário, devemos encontrar $i_1(0^+)$ pelo nosso conhecimento de $i_L(0^+)$. Usando a divisão de corrente,

$$i_1(0^+) = -\, i_L(0^+)\frac{120 + 60}{120 + 60 + 90} = -\ 240 \text{ mA}$$

Daí,

$$i_1 = \begin{cases} 200 \text{ mA} & t < 0 \\ -\,240e^{-50.000t} \text{ mA} & t \geq 0 \end{cases}$$

Podemos verificar nossa análise usando o PSpice e o modelo de chave **Sw_tOpen**, embora deva-se lembrar que esse componente nada mais é que dois valores de resistência: um correspondendo ao momento anterior à abertura da chave em um tempo especificado (o valor padrão é 10 mΩ), e o outro correspondendo ao instante após a abertura da chave (o valor padrão é 1 MΩ). Se a resistência equivalente do restante do circuito for comparável a um desses valores, eles deverão ser editados, dando-se um clique duplo no símbolo da chave no diagrama esquemático. Note que também há um modelo de chave que se fecha em um instante de tempo especificado: **Sw_tClose**.

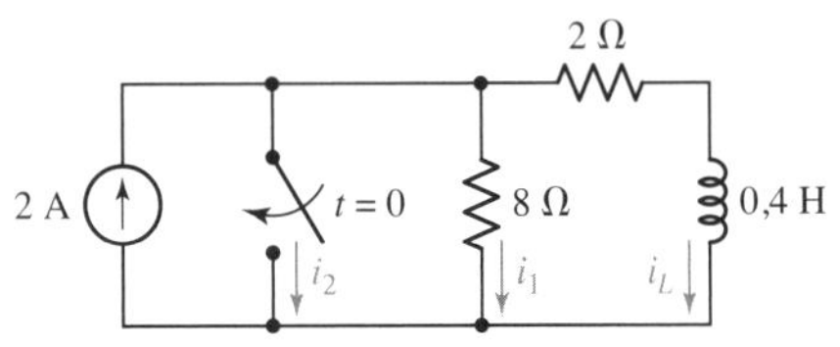

▲ **FIGURA 8.21**

▶ EXERCÍCIO DE FIXAÇÃO

8.5 Em $t = 0{,}15$ s no circuito da Figura 8.21, calcule o valor de (*a*) i_L; (*b*) i_1; (*c*) i_2.

Resposta: 0,756 A; 0; 1,244 A.

Consideramos até agora a tarefa de encontrar a resposta natural de qualquer circuito que possa ser representado por um indutor equivalente em série com um resistor equivalente. *Um circuito contendo vários resistores e vários indutores nem sempre possui uma forma que permite combinar os resistores ou indutores em elementos equivalentes simples.* Em situações assim, não há apenas um único termo exponencial negativo associado ao circuito, tampouco uma única constante de tempo. Em vez disso, haverá geralmente vários termos exponenciais negativos, sendo o número de termos igual ao numero de indutores que permanecem após a realização de todas as combinações possíveis entre indutores.

Circuitos *RC* Gerais

Muitos dos circuitos *RC* para os quais gostaríamos de encontrar a resposta natural contêm mais de um resistor e capacitor. Assim como fizemos para os circuitos *RL*, primeiro consideramos aqueles casos nos quais o circuito dado pode ser reduzido a um circuito equivalente formado por apenas um resistor e um capacitor.

Vamos supor inicialmente que tenhamos nos deparado com um circuito contendo um único capacitor, mas vários resistores. É possível substituir a rede resistiva de dois terminais que está ligada nos terminais do capacitor por um resistor equivalente e, com isso, poderemos escrever de forma imediata a expressão para a tensão no capacitor. Em tais circunstâncias, o circuito tem uma constante de tempo efetiva dada por

$$\tau = R_{eq}C$$

onde R_{eq} é a resistência equivalente da rede. Uma perspectiva alternativa é que R_{eq} é, na verdade, a resistência equivalente de Thévenin "vista" pelo capacitor.

Se o circuito tiver mais de um capacitor e eles puderem ser substituídos de alguma forma usando combinações em série e/ou paralelo por uma capacitância equivalente C_{eq}, então, o circuito tem uma constante de tempo efetiva dada por

$$\tau = R_{eq}C$$

com o caso geral expresso como

$$\tau = R_{eq}C_{eq}$$

Vale notar, no entanto, que capacitores em paralelo substituídos por uma capacitância equivalente deverão ter condições iniciais idênticas.

▶ EXEMPLO 8.5

Calcule $v(0^+)$ e $i_1(0^+)$ para o circuito da Figura 8.22*a* se $v(0^-) = V_0$.

Primeiro simplificamos o circuito da Figura 8.22*a* para aquele da Figura 8.22*b*, o que nos permite escrever

$$v = V_0 e^{-t/R_{eq}C}$$

onde

$$v(0^+) = v(0^-) = V_0 \qquad \text{e} \qquad R_{eq} = R_2 + \frac{R_1 R_3}{R_1 + R_3}$$

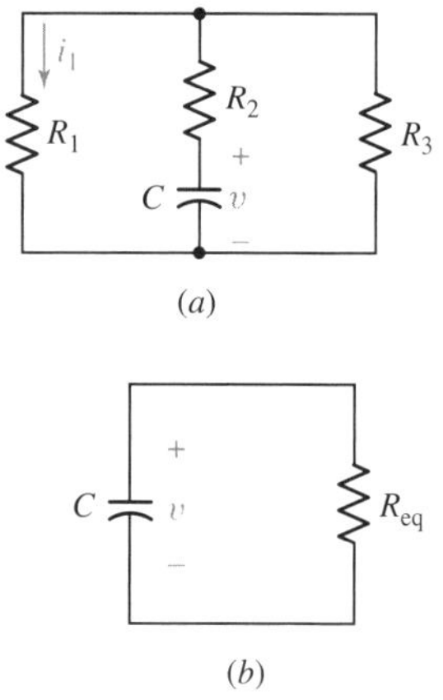

▲ **FIGURA 8.22** (*a*) Circuito contendo um capacitor e vários resistores. (*b*) Os resistores foram substituídos por um único resistor equivalente; a constante de tempo é simplesmente $t = R_{eq}C$.

Toda corrente e tensão na parte resistiva da rede deve ter a forma $Ae^{-t/R_{eq}C}$, onde A é o valor inicial daquela corrente ou tensão. Logo, a corrente em R_1, por exemplo, pode ser expressa como

$$i_1 = i_1(0^+)e^{-t/\tau}$$

onde

$$\tau = \left(R_2 + \frac{R_1R_3}{R_1 + R_3}\right)C$$

e $i_1(0^+)$ ainda precisa ser determinada a partir da condição inicial. Qualquer corrente fluindo no circuito em $t = 0^+$ deve vir do capacitor. Portanto, como v não pode mudar instantaneamente, $v(0^+) = v(0^-) = V_0$ e

$$i_1(0^+) = \frac{V_0}{R_2 + R_1R_3/(R_1 + R_3)}\frac{R_3}{R_1 + R_3}$$

▶ EXERCÍCIO DE FIXAÇÃO

8.6 Encontre valores de v_C e v_0 no circuito da Figura 8.23 em t igual a: (*a*) 0^-; (*b*) 0^+; (*c*) 1,3 ms.

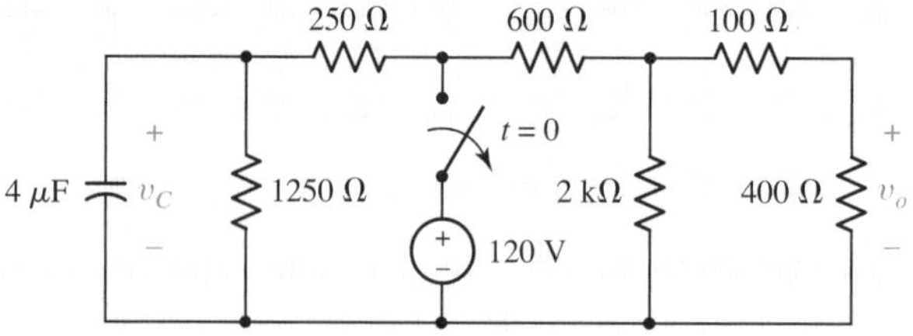

◀ **FIGURA 8.23**

Resposta: 100 V, 38,4 V; 100 V, 25,6 V; 59,5 V, 15,22 V.

Nosso método também pode ser aplicado em circuitos com um elemento de armazenamento de energia e uma ou mais fontes dependentes. Nesses casos, podemos escrever uma equação LKC ou LKT apropriada junto com quaisquer equações auxiliares necessárias, simplificar isso tudo para uma única equação diferencial e extrair a equação característica para encontrar a constante de tempo. Alternativamente, podemos começar encontrando a resistência equivalente de Thévenin da rede conectada ao capacitor ou indutor e usar isso para calcular a constante de tempo *RL* ou *RC* apropriada – a menos que a fonte dependente seja controlada por uma tensão ou corrente associada ao elemento armazenador de energia, caso em que a abordagem de Thévenin não pode ser usada. Exploramos isso no exemplo a seguir.

▶ EXEMPLO 8.6

No circuito da Figura 8.24*a*, encontre a tensão v_C para $t > 0$ se $v_C(0^-) = 2$ V.

A fonte dependente não é controlada pela tensão ou pela corrente no capacitor, assim, podemos começar procurando o equivalente de Thévenin da rede à esquerda do capacitor. Conectando uma fonte de referência de 1 A, como na Figura 8.24*b*,

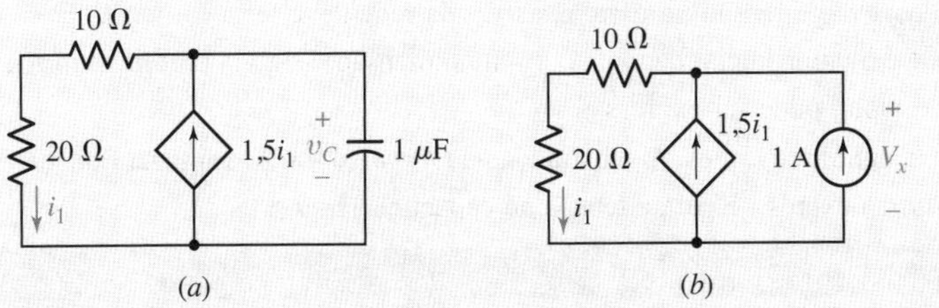

▲ **FIGURA 8.24** (*a*) Circuito *RC* simples contendo uma fonte dependente não controlada pela tensão ou pela corrente no capacitor. (*b*) Circuito para encontrar o equivalente de Thévenin da rede conectada ao capacitor.

$$V_x = (1 + 1{,}5i_1)(30)$$

onde

$$i_1 = \left(\frac{1}{20}\right)\frac{20}{10+20}V_x = \frac{V_x}{30}$$

Com um pouco de álgebra, obtemos $V_x = -60$ V, logo, a rede tem uma resistência equivalente de Thévenin de –60 Ω (o que é estranho, porém não impossível quando se lida com uma fonte dependente). Nosso circuito, portanto, tem uma constante de tempo negativa

$$\tau = -\ 60\,(1 \times 10^{-6}) = -60\ \mu\text{s}$$

A tensão no capacitor é, portanto,

$$v_C(t) = Ae^{t/60\times 10^{-6}} \qquad \text{V}$$

onde $A = v_C(0^+) = v_C(0^-) = 2$ V. Logo,

$$v_C(t) = 2e^{t/60\times 10^{-6}} \qquad \text{V} \qquad [21]$$

que, curiosamente, é instável: ela cresce exponencialmente com o tempo. Isso não pode continuar indefinidamente; um ou mais elementos do circuito vão acabar falhando.

Alternativamente, poderíamos escrever uma equação LKC simples para o nó superior da Figura 8.24*a*

$$v_C = 30\left(1{,}5i_1 - 10^{-6}\frac{dv_C}{dt}\right) \qquad [22]$$

onde

$$i_1 = \frac{v_C}{30} \qquad [23]$$

Substituindo a Equação [23] na Equação [22] e usando um pouco de álgebra, obtemos

$$\frac{dv_C}{dt} - \frac{1}{60\times 10^{-6}}v_C = 0$$

que tem a equação característica

$$s - \frac{1}{60\times 10^{-6}} = 0$$

Logo,

$$s = \frac{1}{60\times 10^{-6}}$$

e, assim,

$$v_C(t) = Ae^{t/60\times 10^{-6}} \qquad \text{V}$$

como encontramos antes. A substituição de $A = v_C(0^+) = 2$ resulta na Equação [21], nossa expressão para a tensão no capacitor para $t > 0$.

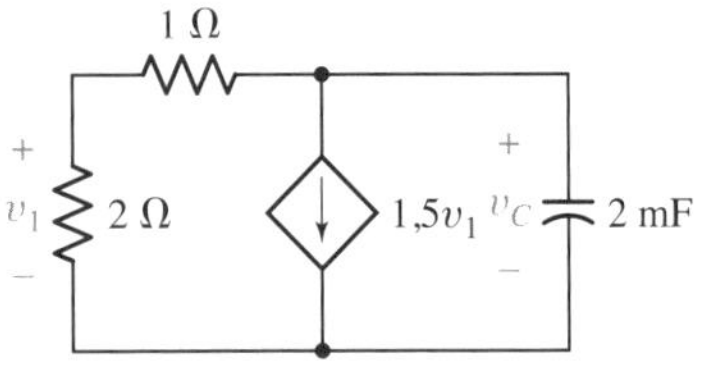

▲ **FIGURA 8.25** Circuito para o Exercício de Fixação 8.7.

▶ EXERCÍCIO DE FIXAÇÃO

8.7 (*a*) Com base no circuito da Figura 8.25, determine a tensão $v_C(t)$ para $t > 0$ se $v_C(0^-) = 11$ V. (*b*) O circuito é "estável"?

Resposta: (*a*) $v_C(t) = 11e^{-2.000t/3}$ V, $t > 0$. (*b*) Sim; ele decai (exponencialmente) em vez de crescer com o tempo.

Alguns circuitos contendo resistores e capacitores podem ser substituídos por um circuito equivalente contendo apenas um resistor e um capacitor; é necessário que o circuito original seja do tipo que pode ser desmembrado em duas partes, uma contendo todos os resistores, e a outra contendo todos os capacitores, de forma que as duas partes sejam conectadas somente por dois condutores ideais. Caso contrário, serão necessárias múltiplas constantes de tempo e múltiplos termos exponenciais para descrever o comportamento do circuito (uma constante de tempo para cada elemento de armazenamento de energia no circuito resultante, mesmo depois de ser reduzido tanto quanto possível).

Como um último comentário, devemos estar cientes de certas situações envolvendo somente elementos ideais que são subitamente interconectados. Por exemplo, podemos imaginar a conexão de dois capacitores ideais em série tendo tensões desiguais antes de $t = 0$. Isso impõe um problema quanto ao uso de nosso modelo matemático do capacitor ideal; no entanto, capacitores reais têm resistências associadas através das quais a energia pode ser dissipada.

8.5 ▶ A FUNÇÃO DEGRAU UNITÁRIO

Estivemos estudando a resposta de circuitos *RL* e *RC* na ausência de fontes ou funções forçantes. Chamamos essa resposta de *resposta natural,* porque sua forma depende somente da natureza do circuito. A razão pela qual se obtém uma resposta mesmo na ausência de fontes vem da presença de energia inicial armazenada nos elementos indutivos ou capacitivos no circuito. Em alguns casos, encontramos circuitos contendo fontes e chaves; fomos informados de que certas operações de comutação eram executadas em $t = 0$ para que pudéssemos remover todas as fontes do circuito, deixando ainda quantidades conhecidas de energia armazenada aqui e ali. Em outras palavras, temos resolvido problemas nos quais as fontes de energia são subitamente *removidas* do circuito; devemos agora considerar o tipo de resposta que resulta quando as fontes de energia são subitamente *aplicadas* a um circuito.

Focalizaremos nossa atenção na resposta que ocorre quando as fontes de energia subitamente aplicadas são fontes CC. Como todo dispositivo elétrico se destina a ser energizado pelo menos uma vez e muitos dispositivos são ligados e desligados muitas vezes no decorrer de sua vida útil, nosso estudo se aplica a muitos casos práticos. Embora nos restrinjamos agora às fontes CC, há muitos casos nos quais esses exemplos simples correspondem à operação de dispositivos reais. Por exemplo, o primeiro circuito que analisaremos poderia representar o crescimento da corrente quando um motor CC é ligado. A geração e o uso de pulsos retangulares de tensão necessários para representar um número ou um comando em um microprocessador proporcionam muitos exemplos no campo da eletrônica e dos circuitos transistorizados. Circuitos similares são encontrados nos circuitos de sincronismo e varredura de televisores, nos sistemas de comunicação que usam modulação por pulso e em sistemas de radar, apenas para citar alguns exemplos.

Estivemos falando sobre a "aplicação súbita" de uma fonte de energia e, com essa frase, queremos dizer sua aplicação no tempo zero.[2] A operação de uma chave em série com uma bateria é, portanto, equivalente a uma função forçante que é nula até o instante em que a chave é fechada e igual à tensão da bateria daí em diante. A função forçante tem uma quebra, ou descontinuidade, no instante em que o interruptor é fechado. Certas funções forçantes especiais que são descontínuas ou têm derivadas descontínuas são chamadas de ***funções de singularidade***, sendo que as duas funções de singularidade mais importantes são a ***função degrau unitário*** e a ***função impulso unitário***.

Definimos a função degrau unitário como uma função temporal que é zero para todos os valores de seu argumento menores que zero e unitária para todos os valores positivos de seu argumento. Se assumirmos um argumento $(t - t_0)$ e representarmos a função degrau unitário por u, então, $u(t - t_0)$ deve ser zero para todos os valores de t menores que t_0 e unitária para todos os valores de t maiores que t_0. Em $t = t_0$, $u(t - t_0)$ muda *abruptamente* de 0 para 1. Seu valor em $t = t_0$ é indefinido, mas seu valor é conhecido em todos os instantes de tempo arbitrariamente próximos a $t = t_0$. Frequentemente indicamos isso escrevendo $u(t_0^-) = 0$ e $u(t_0^+) = 1$. A definição matemática concisa da função degrau unitário é

$$u(t - t_0) = \begin{cases} 0 & t < t_0 \\ 1 & t > t_0 \end{cases}$$

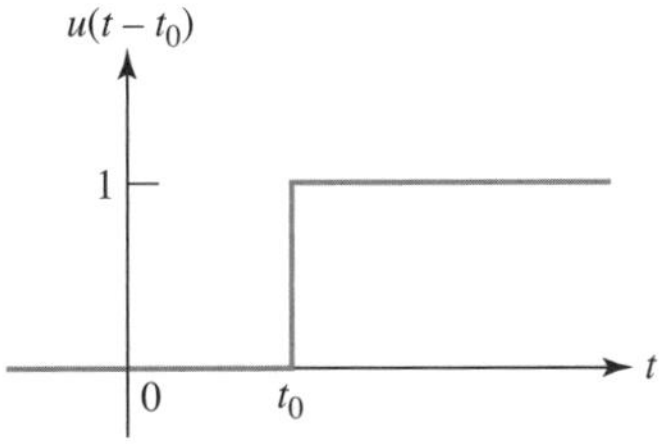

▲ **FIGURA 8.26** A função degrau unitário, $u(t = t_0)$.

e a função é mostrada graficamente na Figura 8.26. Note que uma linha vertical de comprimento unitário é mostrada em $t = t_0$. Embora essa "subida" não seja rigorosamente parte da função degrau unitário, ela geralmente é mostrada nos desenhos.

Notamos também que a função degrau unitário não precisa ser uma função do tempo. Por exemplo, $u(x - x_0)$ poderia ser usada para representar uma função degrau unitário onde x pode ser uma distância em metros ou uma frequência.

[2] Naturalmente, isso não é fisicamente possível. No entanto, se a escala de tempo na qual esse evento ocorre é muito curta em comparação com as demais escalas de tempo que descrevem a operação de um circuito, isso é aproximadamente verdade e matematicamente conveniente.

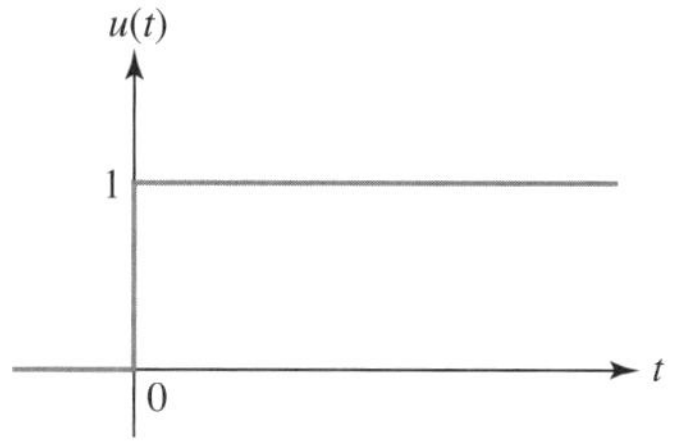

▲ **FIGURA 8.27** Função degrau unitário $u(t)$ é mostrada como uma função de t.

Frequentemente, na análise de circuitos, uma descontinuidade ou uma ação de chaveamento ocorre em um instante que é definido como $t = 0$. Nesse caso, $t_0 = 0$ e, com isso, representamos a função degrau unitário correspondente como $u(t - 0)$ ou simplesmente $u(t)$. Isso é mostrado na Figura 8.27. Então,

$$u(t) = \begin{cases} 0 & t < 0 \\ 1 & t > 0 \end{cases}$$

A função degrau unitário é adimensional. Se queremos que ela represente uma tensão, é necessário multiplicar $u(t - t_0)$ por alguma tensão constante, como 5 V. Então, $v(t) = 5u(t - 0{,}2)$ V é uma fonte de tensão ideal que é zero antes de $t = 0{,}2$ s e uma constante igual a 5 V após $t = 0{,}2$ s. A conexão dessa função forçante a uma rede geral é mostrada na Figura 8.28*a*.

Fontes Reais e a Função Degrau Unitário

Talvez devamos perguntar agora que tipo de fonte real é equivalente a essa função forçante descontínua. Por equivalente, queremos dizer simplesmente que as características tensão-corrente das duas redes são idênticas. Para a fonte degrau de tensão da Figura 8.28*a*, a característica tensão-corrente é simples: a tensão é zero antes de $t = 0{,}2$ s e 5 V após $t = 0{,}2$ s, e a corrente pode ter qualquer valor (finito) em qualquer intervalo de tempo. Nosso primeiro raciocínio pode levar ao equivalente mostrado na Figura 8.28*b*, uma fonte de 5 V em série com uma chave que se fecha em $t = 0{,}2$ s. No entanto, essa rede não é equivalente em $t < 0{,}2$ s, porque a tensão no conjunto bateria-chave não é especificada nesse intervalo de tempo. A fonte "equivalente" é um circuito aberto, e a tensão em seus terminais *pode ter qualquer valor*. Após $t = 0{,}2$ s, as redes são equivalentes, e, se esse é o único intervalo de tempo no qual estamos interessados e se as correntes iniciais que fluem das duas redes são idênticas em $t = 0{,}2$ s, então, a Figura 8.28*b* se torna um equivalente útil da Figura 8.28*a*.

De forma a obter um equivalente exato para a função degrau de tensão, podemos usar uma chave de um polo e duas posições. Antes de $t = 0{,}2$ s, a chave serve para garantir uma tensão igual a zero nos terminais de entrada da rede geral. Após $t = 0{,}2$ s, a chave é acionada para fornecer uma tensão de entrada constante igual a 5 V. Em $t = 0{,}2$ s, a tensão é indeterminada (assim como a função degrau), e a bateria é colocada momentaneamente em curto-circuito (felizmente, estamos lidando com modelos matemáticos!). Esse equivalente exato da Figura 8.28*a* é mostrado na Figura 8.28*c*.

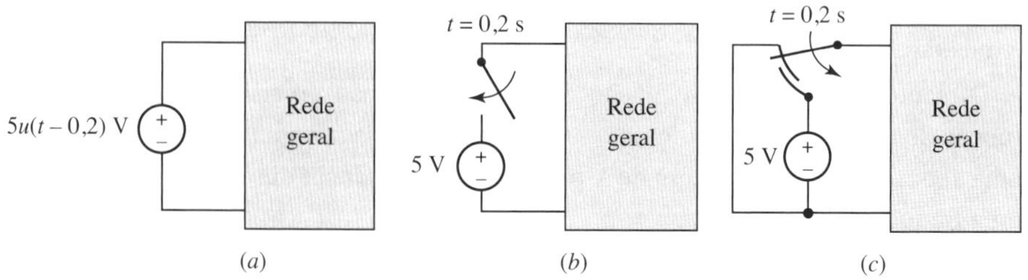

▲ **FIGURA 8.28** (*a*) Uma função degrau de tensão é mostrada como a fonte que alimenta uma rede geral. (*b*) Circuito simples que, embora não seja o equivalente exato da parte (*a*), pode ser usado como seu equivalente em muitos casos. (*c*) Um equivalente exato da parte (*a*).

A Figura 8.29*a* mostra uma função degrau de corrente alimentando uma rede geral. Se tentarmos substituir esse circuito por uma fonte CC em paralelo com um interruptor (que abre em $t = 0$), vamos perceber que os circuitos são equivalentes após $t = t_0$, mas que as respostas após $t = t_0$ são similares somente se as condições iniciais forem as mesmas. O circuito da Figura 8.29*b* implica a inexistência de tensão nos terminais da fonte de corrente em $t < t_0$. Esse não é o caso para o circuito da Figura 8.29*a*. Porém, podemos frequentemente usar os circuitos da Figura 8.29*a* e *b* de forma intercambiável. O equivalente exato da Figura 8.29*a* é o dual do circuito da Figura 8.28*c*; o equivalente exato da Figura 8.29*b* não pode ser construído apenas com funções degrau de corrente e degrau de tensão.[3]

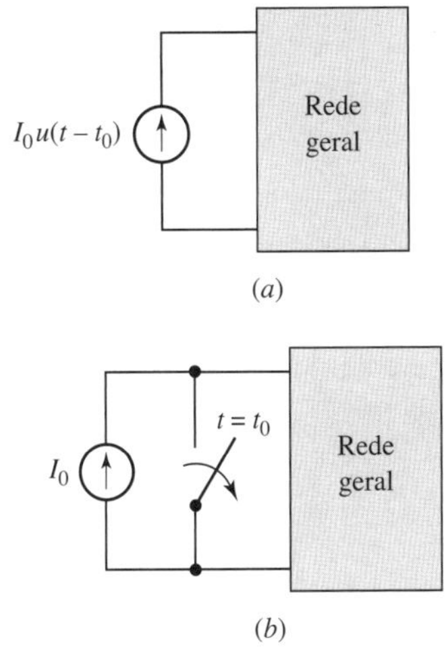

▲ **FIGURA 8.29** (*a*) Uma função degrau de corrente é aplicada a uma rede geral. (*b*) Circuito simples que, embora não seja o equivalente exato da parte (*a*), pode ser usado como um equivalente em muitos casos.

A Função Pulso Retangular

Algumas funções forçantes muito úteis podem ser obtidas manipulando-se a função forçante degrau unitário. Vamos definir um pulso de tensão retangular pelas seguintes condições:

$$v(t) = \begin{cases} 0 & t < t_0 \\ V_0 & t_0 < t < t_1 \\ 0 & t > t_1 \end{cases}$$

O pulso está desenhado na Figura 8.30. Esse pulso pode ser representado em termos da função degrau unitário? Vamos considerar a diferença dos dois degraus unitários, $u(t - t_0) - u(t - t_1)$. As duas funções são mostradas na Figura 8.31*a*, e a diferença entre elas é um pulso retangular. A fonte $V_0u(t - t_0) - V_0u(t - t_1)$, que nos fornece a tensão desejada, está indicada na Figura 8.31*b*.

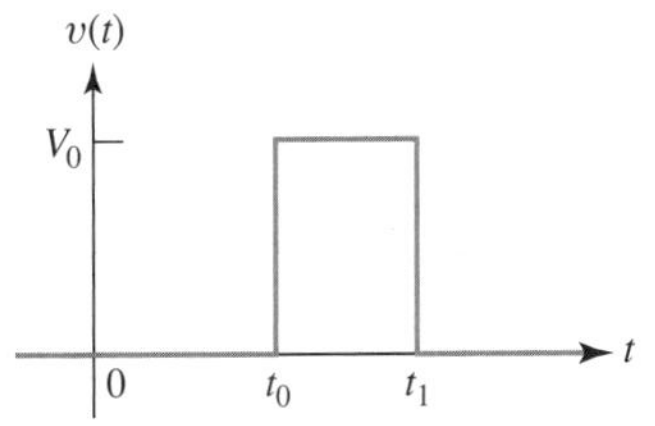

▲ **FIGURA 8.30** Uma função útil, a função pulso de tensão retangular.

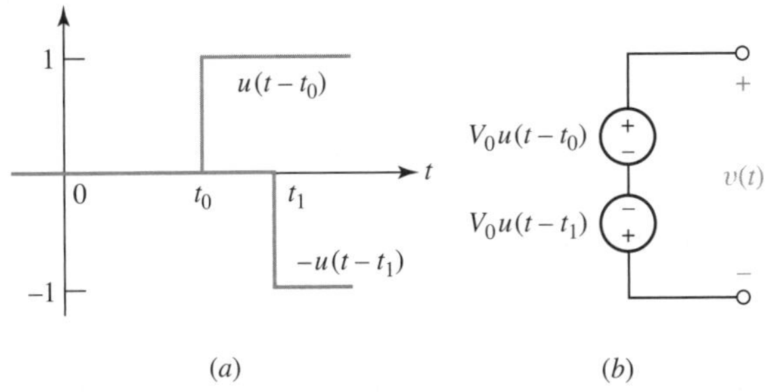

▲ **FIGURA 8.31** (*a*) Os degraus unitários $u(t - t_0)$ e $-u(t - t_1)$. (*b*) Uma fonte que produz o pulso de tensão retangular da Figura 8.30.

Se tivermos uma fonte de tensão senoidal V_m sen ωt que é subitamente conectada a uma rede em $t - t_0$, uma função forçante de tensão apropriada seria $v(t) = V_m u(t - t_0)$ sen ωt. Se quisermos representar o envio de um pulso de energia de um transmissor para um carrinho de controle remoto com rádio operando em 47 MHz (295 Mrad/s), podemos desligar a fonte senoidal 70 ns mais tarde por meio de uma segunda função degrau unitário.[4] O pulso de tensão será

$$v(t) = V_m[u(t - t_0) - u(t - t_0 - 7 \times 10^{-8})]\,\text{sen}(295 \times 10^6 t)$$

---

[3] O equivalente pode ser desenhado se a corrente na chave antes de $t = t_0$ for conhecida.

[4] Aparentemente, estamos muito bem no controle desse carro. Um tempo de reação de 70 ns?

Essa função forçante está representada na Figura 8.32.

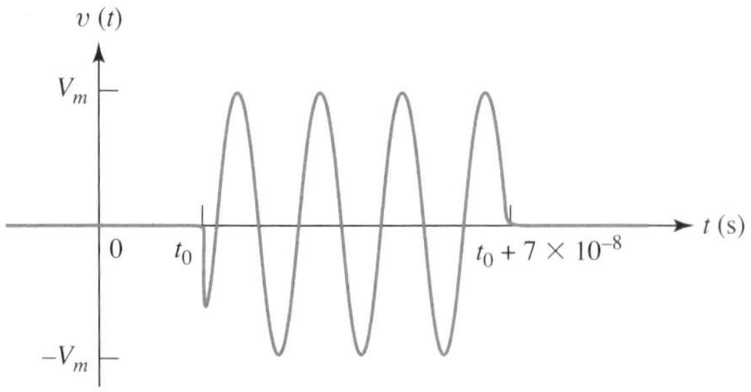

▲ **FIGURA 8.32** Pulso de radiofrequência de 47 MHz, descrito por $v(t) = Vm\,[u(t - t_0) - u(t - t_0 - 7\times10^{-8})]\,\text{sen}(295 \times 106t)$

▶ EXERCÍCIO DE FIXAÇÃO

8.8 Calcule cada uma das funções em $t = 0,8$: (*a*) $3u(t) - 2u(-t) + 0,8u(1 - t)$; (*b*) $[4u(t)]u(-t)$; (*c*) $2u(t)$ sen πt.

Resposta: 3,8; 1,176.

8.6 ▶ CIRCUITOS *RL* COM FONTES

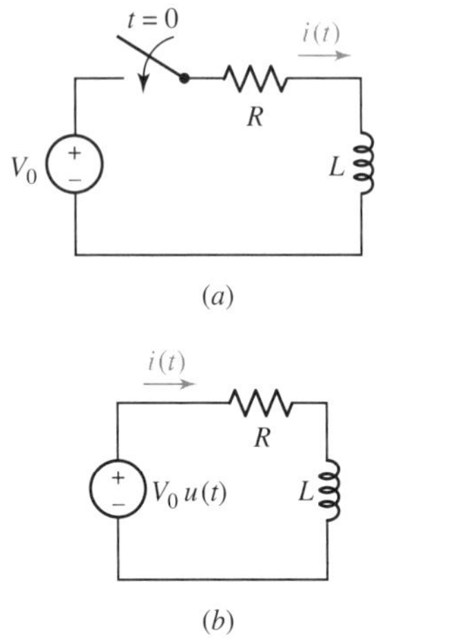

▲ **FIGURA 8.33** (*a*) Circuito dado. (*b*) Circuito equivalente apresentando a mesma resposta *i*(*t*) durante todo o tempo.

Estamos prontos agora para submeter uma rede simples à aplicação súbita de uma fonte CC. O circuito consiste em uma bateria cuja tensão é V_0 em série com uma chave, um resistor R e um indutor L. A chave é fechada em $t = 0$, conforme indica o diagrama da Figura 8.33*a*. É evidente que a corrente $i(t)$ é zero antes de $t = 0$, e, portanto, podemos substituir a bateria e a chave por uma função forçante degrau de tensão $V_0u(t)$, que também não produz nenhuma resposta antes de $t = 0$. Após $t = 0$, os dois circuitos são claramente idênticos. Portanto, podemos calcular a corrente $i(t)$ tanto no circuito original da Figura 8.33*a* quanto no circuito equivalente da Figura 8.33*b*.

Acharemos $i(t)$ desta vez escrevendo a equação de circuito apropriada e a resolvendo em seguida por separação de variáveis e integração. Após obter a resposta e investigar os dois termos que a compõem, veremos que há um significado físico para eles. Com um entendimento mais intuitivo sobre a origem de cada um desses termos, poderemos produzir soluções mais rápidas e mais significativas para cada problema que envolva a aplicação de qualquer fonte.

Aplicando a lei de Kirchhoff das tensões no circuito da Figura 8.33*b*, temos

$$Ri + L\frac{di}{dt} = V_0u(t)$$

Como a função degrau unitário é descontínua em $t = 0$, primeiro, consideraremos a solução para $t < 0$ e, depois, para $t > 0$. A aplicação de uma tensão nula desde $t = -\infty$ força uma resposta zero, de modo que

$$i(t) = 0 \qquad t < 0$$

No entanto, para um tempo positivo, $u(t)$ é a unidade, e devemos resolver a equação

$$Ri + L\frac{di}{dt} = V_0 \qquad t > 0$$

As variáveis podem ser separadas em vários passos algébricos, resultando em

$$\frac{L\,di}{V_0 - Ri} = dt$$

e cada lado pode ser integrado diretamente:

$$-\frac{L}{R}\ln(V_0 - Ri) = t + k$$

Para avaliar k, deve ser usada uma condição inicial. Antes de $t = 0$, $i(t)$ é zero, e, portanto, $i(0^-) = 0$. Como a corrente em um indutor não pode apresentar uma variação finita instantânea sem que se aplique uma tensão infinita, temos, então, $i(0^+) = 0$. Fazendo $i = 0$ em $t = 0$, obtemos

$$-\frac{L}{R}\ln V_0 = k$$

portanto,

$$-\frac{L}{R}[\ln(V_0 - Ri) - \ln V_0] = t$$

Reorganizando,

$$\frac{V_0 - Ri}{V_0} = e^{-Rt/L}$$

ou

$$i = \frac{V_0}{R} - \frac{V_0}{R}e^{-Rt/L} \qquad t > 0 \qquad [24]$$

Assim, uma expressão descrevendo a resposta do circuito válida para todo t seria

$$i = \left(\frac{V_0}{R} - \frac{V_0}{R}e^{-Rt/L}\right)u(t) \qquad [25]$$

Procedimento Mais Direto

Esta é a solução desejada, que, no entanto, não foi obtida da maneira mais simples. De forma a estabelecer um procedimento mais direto, vamos tentar interpretar os dois termos que aparecem na Equação [25]. O termo exponencial tem a forma funcional da resposta natural do circuito *RL*; trata-se de uma exponencial negativa que se aproxima de zero à medida que o tempo aumenta e é caracterizada pela constante de tempo L/R. A forma funcional dessa parte da resposta é, portanto, idêntica àquela obtida para o circuito sem fontes. No entanto, a amplitude desse termo exponencial depende da tensão V_0 da fonte. Podemos, então, dizer de forma mais genérica que a resposta será a soma de dois termos, onde um desses termos tem forma funcional idêntica àquela da resposta sem fontes, mas uma amplitude que depende da função forçante. Mas e o outro termo?

A Equação [25] também possui um termo constante, V_0/R. Por que ele está presente? A resposta é simples: a resposta natural se aproxima de zero à medida que a energia é gradualmente dissipada, mas a resposta total não deve se aproximar de zero. No final, o circuito comporta-se como um resistor e um indutor em série com uma bateria. Como o indutor comporta-se como um curto-circuito para CC, a única corrente que flui agora é V_0/R. Essa corrente é a parte da resposta que pode ser diretamente atribuída à função forçante, e a chamaremos de *resposta forçada.* Ela é a resposta que está presente um longo tempo após o fechamento da chave.

A resposta completa é composta de duas partes, a *resposta natural* e a *resposta forçada. A* resposta natural é uma característica do circuito, e não das fontes. Sua forma pode ser encontrada considerando-se o circuito sem fontes, e ela tem uma amplitude que depende da amplitude inicial da fonte e da energia inicial armazenada. A resposta forçada tem as características da função forçante; ela é encontrada supondo-se que todas as chaves tenham sido acionadas muito tempo atrás. Como no momento estamos preocupados apenas com interruptores e fontes CC, a resposta forçada é meramente a solução de um simples problema de circuito CC.

▶ EXEMPLO 8.7

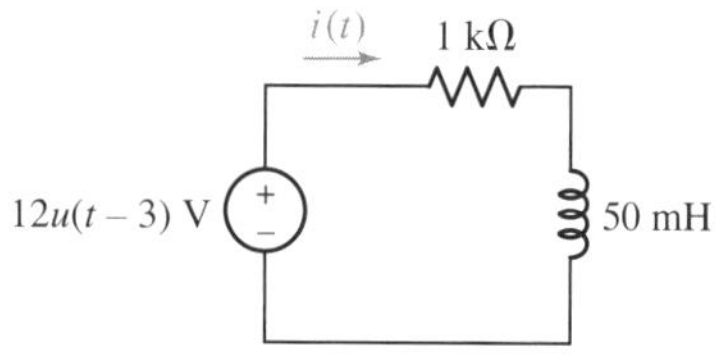

▲ **FIGURA 8.34** Circuito *RL* simples alimentado por um degrau de tensão.

No circuito da Figura 8.34, encontre *i(t)* em $t = \infty$, 3^-, 3^+ e 100 μs após a mudança de valor da fonte.

Um longo tempo após o desaparecimento de quaisquer efeitos transitórios ($t \to \infty$), o circuito se torna um simples circuito CC alimentado por uma fonte de 12 V. O indutor aparece como um curto-circuito, assim

$$i(\infty) = \frac{12}{1000} = 12 \text{ mA}$$

O que significa $i(3^-)$? Isto é simplesmente uma conveniência de notação para indicar o instante de tempo imediatamente anterior à mudança de valor da fonte. Para $t < 3$, $u(t-3) = 0$. Logo, $i(3^-) = 0$ também.

Em $t = 3^+$, a função forçante $12u(t-3) = 12$ V. No entanto, como a corrente do indutor não pode mudar em um tempo zero, $i(3^+) = i(3^-) = 0$.

A abordagem mais direta para analisar o circuito em $t > 3$ s é reescrever a Equação [25] como

$$i(t') = \left(\frac{V_0}{R} - \frac{V_0}{R}e^{-Rt'/L}\right)u(t')$$

note que essa equação também se aplica ao nosso circuito se deslocarmos o eixo do tempo de maneira que

$$t' = t - 3$$

Portanto, com $V_0/R = 12$ mA e $R/L = 20.000\ \text{s}^{-1}$,

$$i(t-3) = \left(12 - 12e^{-20.000(t-3)}\right)u(t-3) \quad \text{mA} \qquad [26]$$

que pode ser reescrita mais simplesmente como

$$i(t) = \left(12 - 12e^{-20.000(t-3)}\right)u(t-3) \quad \text{mA} \qquad [27]$$

pois a função degrau unitário força um valor zero para $t < 3$, conforme requerido. Substituindo $t = 3{,}0001$ s na Equação [26] ou [27], obtemos $i = 10{,}38$ mA em um tempo 100 μs após a mudança do valor da fonte.

▶ EXERCÍCIO DE FIXAÇÃO

8.9 A fonte de tensão $60 - 40u(t)$ V está em série com um resistor de 10 Ω e um indutor de 50 mH. Calcule a corrente e a tensão no indutor em t igual a (*a*) 0^-; (*b*) 0^+; (*c*) ∞; (*d*) 3 ms.

Resposta: 6 A, 0 V; 6 A, 40 V; 2 A, 0 V; 4,20 A, 22,0 V.

Desenvolvendo um Raciocínio Intuitivo

A razão para as duas respostas, a forçada e a natural, pode ser entendida com base em argumentos físicos. Sabemos que nosso circuito vai acabar assumindo a resposta forçada. No entanto, no instante em que as chaves são acionadas, as correntes iniciais nos indutores (ou, em circuitos *RC*, as tensões nos capacitores) terão valores que dependem somente da energia armazenada nesses elementos. Não podemos esperar que essas correntes ou tensões sejam as mesmas correntes e tensões demandadas pela resposta forçada. Portanto, deve haver um período transitório durante o qual as correntes e tensões mudam de seus valores iniciais para seus valores finais. A porção da resposta que fornece a transição entre os valores iniciais e finais é a resposta natural (frequentemente chamada de *resposta transitória*, como já vimos antes). Se descrevermos a resposta de um simples circuito *RL* sem fontes nesses termos, então, diremos que a resposta forçada é zero e que a resposta natural serve para conectar a resposta inicial ditada pela energia armazenada no indutor com o valor zero da resposta forçada.

Essa descrição é apropriada somente para os circuitos nos quais a resposta natural acaba se extinguindo. Isso sempre ocorre em circuitos reais, nos quais há uma resistência associada a cada elemento; mas há alguns circuitos "patológicos" nos quais a resposta natural não se extingue à medida que o tempo tende para o infinito. Exemplos disso são os circuitos nos quais correntes aprisionadas circulam em laços indutivos ou tensões são aprisionadas em capacitores em série.

8.7 ▶ RESPOSTAS NATURAL E FORÇADA

Há também uma excelente razão matemática para considerar que a resposta completa é composta de duas partes – a resposta forçada e a resposta natural. A razão se baseia no fato de que a solução de qualquer equação diferencial linear pode ser expressa como a soma de duas partes: a *solução complementar* (resposta natural) e a *solução particular* (resposta forçada). Sem nos aprofundar na teoria geral das equações diferenciais, vamos considerar uma equação geral do tipo encontrado na seção anterior:

$$\frac{di}{dt} + Pi = Q$$

ou

$$di + Pi\,dt = Q\,dt \qquad [28]$$

Podemos identificar Q como uma função forçante e expressá-la como $Q(t)$ para enfatizar sua dependência temporal geral. Vamos simplificar a discussão assumindo que P é uma constante positiva. Mais tarde, também assumiremos que Q é constante, restringindo-nos, portanto, às funções forçantes CC.

Em qualquer texto-padrão sobre equações diferenciais elementares, mostra-se que, se ambos os lados da Equação [28] forem multiplicados por um "fator de integração" adequado, então, cada lado se torna uma diferencial exata que pode ser integrada diretamente para se obter a solução. Não estamos separando as variáveis, estamos simplesmente organizando-as de forma a viabilizar a integração. Para esta equação, o fator de integração é $e^{\int P dt}$ ou simplesmente e^{Pt}, pois P é uma constante. Multiplicamos cada lado da equação por esse fator de integração e obtemos

$$e^{Pt}\,di + iPe^{Pt}\,dt = Qe^{Pt}\,dt \qquad [29]$$

A forma do lado esquerdo pode ser simplificada reconhecendo-a como a diferencial exata de ie^{Pt}:

$$d(ie^{Pt}) = e^{Pt}\,di + iPe^{Pt}\,dt$$

de modo que a Equação [29] se torna

$$d(ie^{Pt}) = Qe^{Pt}\,dt$$

Integrando cada lado,

$$ie^{Pt} = \int Qe^{Pt}\,dt + A$$

onde A é uma constante de integração. A multiplicação por e^{-Pt} produz a solução para $i(t)$,

$$i = e^{-Pt}\int Qe^{Pt}\,dt + Ae^{-Pt} \qquad [30]$$

Se nossa função forçante $Q(t)$ é conhecida, então, podemos obter a forma funcional de $i(t)$ calculando a integral. No entanto, não vamos calcular uma integral dessas para cada problema; em vez disso, estamos interessados em usar a Equação [30] para tirar várias conclusões bastante gerais.

A Resposta Natural

Observamos, em primeiro lugar, que, para um circuito sem fontes, Q deve ser zero, e a solução é a resposta natural

$$i_n = Ae^{-Pt} \qquad [31]$$

Veremos que a constante P nunca é negativa para um circuito contendo apenas resistores, indutores e capacitores; seu valor depende somente dos elementos passivos do circuito[5] e da forma como eles estão interconectados. *A resposta natural, portanto, aproxima-se de zero* à *medida que o*

[5] Se o circuito contém uma fonte dependente ou uma resistência negativa, P pode ser negativo.

tempo cresce sem limite. Esse deve ser o caso para o circuito *RL* simples, porque a energia inicial é gradualmente dissipada no resistor, deixando o circuito na forma de calor. Há também circuitos idealizados nos quais *P* é zero; nesses circuitos, a resposta natural não se extingue.

Vemos, então, que um dos dois termos que compõem a resposta completa tem a forma da resposta natural; ele tem uma amplitude que dependerá do (mas *nem sempre* será igual ao) valor inicial da resposta completa e, portanto, do valor inicial da função forçante.

A Resposta Forçada

Em seguida, observamos que o primeiro termo da Equação [30] depende da forma funcional de $Q(t)$, a função forçante. Sempre que tivermos um circuito no qual a resposta natural se extingue à medida que t se torna infinito, este primeiro termo deve descrever completamente a forma da resposta após o desaparecimento da resposta natural. Esse termo é chamado de resposta forçada; ele também é chamado de *resposta em regime permanente, solução particular* ou *integral particular.*

Por ora, optamos por considerar somente os problemas envolvendo a aplicação repentina de fontes CC, e $Q(t)$ será, portanto, uma constante para todos os valores do tempo. Se quisermos, podemos agora avaliar a integral na Equação [30], obtendo a resposta forçada

$$i_f = \frac{Q}{P} \tag{32}$$

e a resposta completa

$$i(t) = \frac{Q}{P} + Ae^{-Pt} \tag{33}$$

Para o circuito *RL* série, Q/P é a corrente constante V_0/R, e $1/P$ é a constante de tempo τ. Veremos que a resposta forçada poderia ter sido obtida sem que calculássemos a integral, porque ela deve ser a resposta completa no tempo infinito; ela é meramente a tensão da fonte dividida pela resistência em série. A resposta forçada é obtida, portanto, pela inspeção do circuito final.

Determinação da Resposta Completa

Vamos usar um simples circuito *RL* série para ilustrar como determinar a resposta completa por meio da soma das respostas natural e forçada. O circuito mostrado na Figura 8.35 foi analisado anteriormente, mas por um método mais demorado. A resposta desejada é a corrente $i(t)$, e, primeiro, expressamos essa corrente como a soma da corrente natural e da corrente forçada,

$$i = i_n + i_f$$

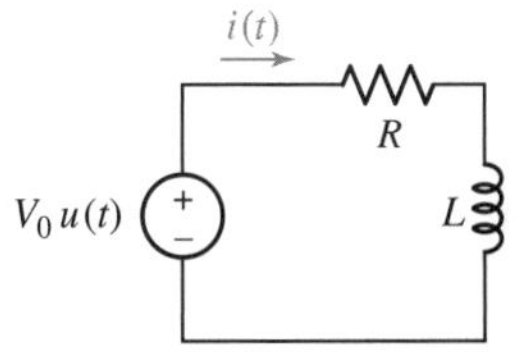

▲ **FIGURA 8.35** Circuito *RL* série usado para ilustrar o método pelo qual se obtém a resposta completa, como a soma das respostas natural e forçada.

A forma funcional da resposta natural deve ser idêntica à obtida sem quaisquer fontes. Substituímos, então, a fonte degrau de tensão por um curto-circuito e reconhecemos o velho laço *RL* série. Logo,

$$i_n = Ae^{-Rt/L}$$

onde a amplitude A ainda deve ser determinada; como a condição inicial se aplica à resposta *completa,* não podemos simplesmente assumir $A = i(0)$.

Em seguida, consideramos a resposta forçada. Neste problema particular, a resposta forçada deve ser constante, porque a fonte é uma constante V_0 para todos os valores positivos de tempo. Após a extinção da resposta natural, não pode haver tensão no indutor; assim, uma tensão V_0 aparece em R, e a resposta forçada é simplesmente

$$i_f = \frac{V_0}{R}$$

Note que a resposta forçada foi completamente determinada; não há qualquer amplitude desconhecida. Em seguida, combinamos as duas respostas para obter

$$i = Ae^{-Rt/L} + \frac{V_0}{R}$$

e aplicamos a condição inicial para avaliar A. A corrente é zero antes de $t = 0$ e não pode mudar seu valor instantaneamente, pois flui através de um indutor. Logo, a corrente também é zero imediatamente após $t = 0$, e

$$0 = A + \frac{V_0}{R}$$

assim

$$i = \frac{V_0}{R}(1 - e^{-Rt/L}) \qquad [34]$$

Observe cuidadosamente que A não é o valor inicial de i, pois $A = -V_0/R$, enquanto $i(0) = 0$. Ao considerar circuitos sem fontes, descobrimos que A era o valor inicial da resposta. No entanto, quando funções forçantes estão presentes, precisamos primeiro encontrar o valor inicial da resposta e substituí-lo na equação da resposta completa para encontrar A.

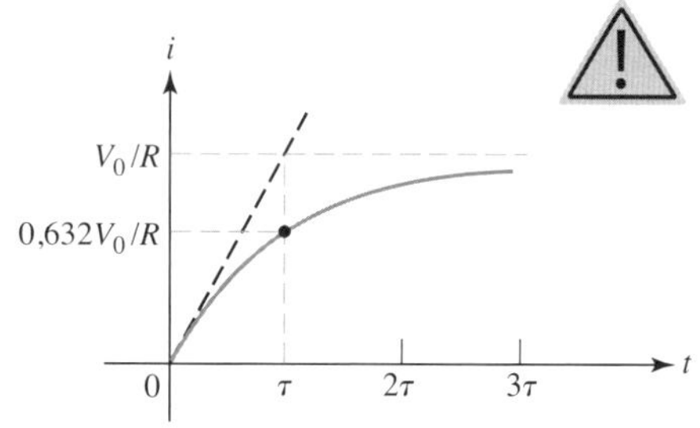

▲ **FIGURA 8.36** Gráfico da corrente fluindo através do indutor da Figura 8.35. Uma linha de prolongamento da inclinação inicial cruza a resposta forçada constante em $t = \tau$.

Essa resposta está desenhada no gráfico da Figura 8.36, e podemos ver de que forma a corrente cresce de seu valor nulo inicial até seu valor final V_0/R. A transição é efetivamente concluída em um tempo 3τ. Se o nosso circuito representasse a bobina de campo de um grande motor CC, poderíamos ter $L = 10$ H e $R = 20\ \Omega$, obtendo $\tau = 0{,}5$ s. A corrente de campo se estabelece, portanto, em aproximadamente 1,5 s. Em uma constante de tempo, a corrente atinge 63,2% de seu valor final.

▶ EXEMPLO 8.8

Determine $i(t)$ para todos os valores de tempo no circuito da Figura 8.37.

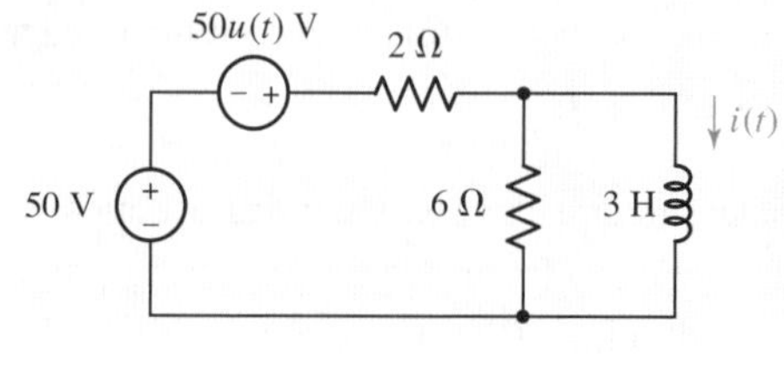

▲ **FIGURA 8.37** O circuito do Exemplo 8.8.

O circuito contém uma fonte de tensão CC, bem como uma fonte degrau de tensão. Poderíamos ter escolhido trocar tudo o que está à esquerda do indutor pelo seu equivalente de Thévenin, mas vamos simplesmente reconhecer a forma daquele equivalente como um resistor em série com alguma fonte de tensão. O circuito contém somente um elemento armazenador de energia, o indutor. Primeiro, observamos que

$$\tau = \frac{L}{R_{eq}} = \frac{3}{1{,}5} = 2 \text{ s}$$

e lembramos que

$$i = i_f + i_n$$

A resposta natural é, portanto, uma exponencial negativa como antes:

$$i_n = Ke^{-t/2} \quad \text{A} \quad t > 0$$

Como a função forçante é uma fonte CC, a resposta forçada será uma corrente constante. O indutor atua como um curto-circuito para CC, de modo que

$$i_f = \tfrac{100}{2} = 50 \text{ A}$$

Logo,

$$i = 50 + Ke^{-0{,}5t} \quad \text{A} \quad t > 0$$

Para avaliar K, devemos estabelecer o valor inicial da corrente no indutor. Antes de $t = 0$, essa corrente é 25 A e ela não pode mudar instantaneamente. Assim,

$$25 = 50 + K$$

ou

$$K = -25$$

Daí,

$$i = 50 - 25e^{-0{,}5t} \quad \text{A} \quad t > 0$$

Completamos a solução afirmando também que

$$i = 25 \text{ A} \quad t < 0$$

ou escrevendo uma única expressão válida para todo t,

$$i = 25 + 25(1 - e^{-0{,}5t})u(t) \quad \text{A}$$

A resposta completa está desenhada no gráfico da Figura 8.38. Observe como a resposta natural serve para conectar a resposta para $t < 0$ com a resposta forçada constante.

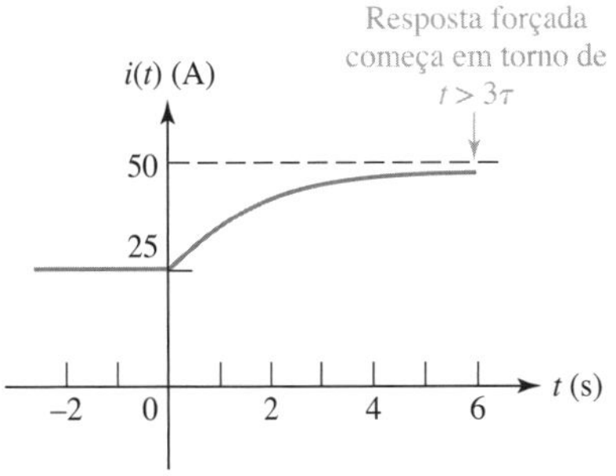

▲ **FIGURA 8.38** A resposta $i(t)$ do circuito mostrado na Figura 8.37 é representada para valores de tempo menores e maiores do que zero.

▶ EXERCÍCIO DE FIXAÇÃO

8.10 Uma fonte de tensão, $v_S = 20u(t)$ V, está em série com um resistor de 200 Ω e um indutor de 4 H. Determine a intensidade da corrente no indutor em t igual a (*a*) 0^-; (*b*) $0+$; (*c*) 8 ms; (*d*) 15 ms.

Resposta: 0; 0; 33,0 mA; 52,8 mA.

Como exemplo final deste método por meio do qual a resposta completa de qualquer circuito submetido a um transitório pode ser escrita *quase por inspeção,* vamos considerar novamente o circuito *RL* série, sujeito agora a um pulso de tensão.

▶ EXEMPLO 8.9

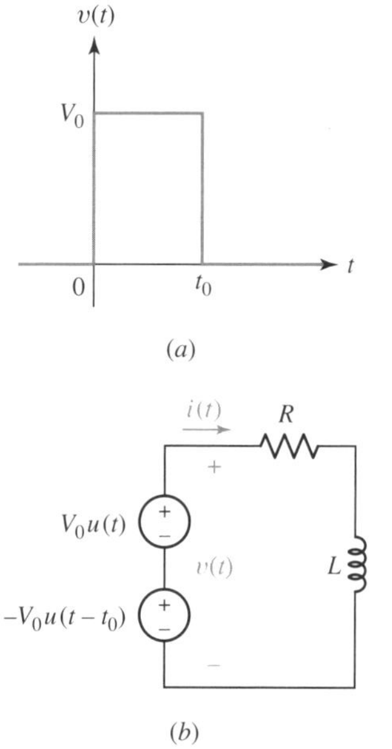

▲ **FIGURA 8.39** (*a*) Pulso de tensão retangular usado como função forçante em um circuito *RL* em série simples. (*b*) O circuito RL em série mostrando a representação da função forçante pela combinação em série de duas fontes degrau de tensão independentes. Deseja-se obter a corrente $i(t)$.

Determine a resposta de um circuito *RL* série simples quando a função forçante é um pulso de tensão retangular de amplitude V_0, e duração t_0.

Representamos a função forçante como a soma de duas fontes degrau de tensão $V_0u(t)$ e $-V_0u(t-t_0)$, conforme está indicado nas Figuras 8.39*a* e *b*, e planejamos obter a resposta usando o princípio da superposição. Vamos assumir $i_1(t)$ como a parte de $i(t)$ devida à fonte $V_0u(t)$ agindo isoladamente e $i_2(t)$ como a parte devida a $-V_0u(t-t_0)$ também agindo isoladamente. Então,

$$i(t) = i_1(t) + i_2(t)$$

Nosso objetivo agora é escrever cada uma das respostas parciais i_1 e i_2 como a soma de uma resposta natural e uma resposta forçada. A resposta $i_1(t)$ já é familiar; esse problema foi resolvido na Equação [34]:

$$i_1(t) = \frac{V_0}{R}(1 - e^{-Rt/L}) \qquad t > 0$$

Note que essa solução só é válida para $t > 0$, conforme indicado; $i_1 = 0$ para $t < 0$. Voltamos nossa atenção agora para a outra fonte e sua resposta $i_2(t)$. Somente a polaridade da fonte e o instante de sua aplicação são diferentes. Não há necessidade, portanto, de determinar a forma da resposta natural e da resposta forçada; a solução para $i_1(t)$ nos permite escrever

$$i_2(t) = -\frac{V_0}{R}[1 - e^{-R(t-t_0)/L}] \qquad t > t_0$$

onde o intervalo aplicável de t, $t > t_0$, deve novamente ser indicado; e $i_2 = 0$ para $t > t_0$.

Agora juntamos as duas soluções, mas fazemos isso cuidadosamente, porque cada uma delas é válida em um intervalo de tempo diferente. Logo,

$$i(t) = 0 \qquad t < 0 \qquad [35]$$

$$i(t) = \frac{V_0}{R}(1 - e^{-Rt/L}) \qquad 0 < t < t_0 \qquad [36]$$

e

$$i(t) = \frac{V_0}{R}(1 - e^{-Rt/L}) - \frac{V_0}{R}(1 - e^{-R(t-t_0)/L}) \qquad t > t_0$$

ou em uma forma mais compacta,

$$i(t) = \frac{V_0}{R}e^{-Rt/L}(e^{Rt_0/L} - 1) \qquad t > t_0 \qquad [37]$$

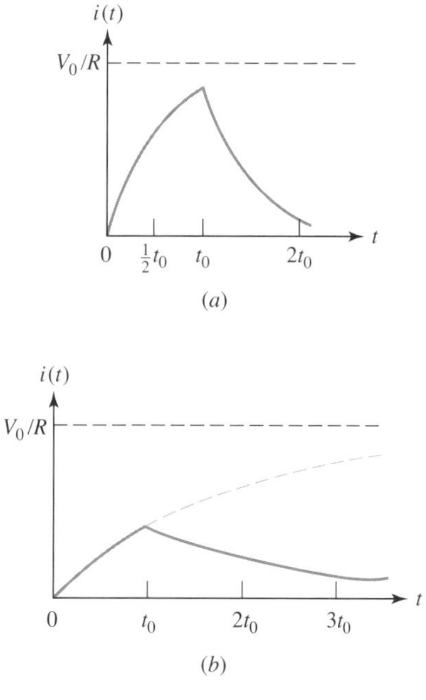

▲ **FIGURA 8.40** Duas curvas de resposta possíveis para o circuito da Figura 8.39*b* são mostradas. (*a*) τ é selecionado como $t_0/2$. (*b*) τ é selecionado como $2t_0$.

Embora as Equações [35] a [37] descrevam completamente a resposta do circuito da Figura 8.39*b* para a forma de onda de pulso da Figura 8.39*a*, a forma de onda da corrente é sensível à constante de tempo τ do circuito e à duração t_0 do pulso de tensão. A Figura 8.40 mostra duas curvas possíveis.

A curva de cima é desenhada para o caso em que a constante de tempo é somente a metade da largura do pulso aplicado; a parte crescente da exponencial alcançou quase V_0/R antes que a exponencial decrescente começasse. A situação oposta é mostrada na curva de baixo; lá, a constante de tempo é o dobro de t_0, e a resposta nunca tem a chance de alcançar uma maior amplitude.

O procedimento que estivemos usando para encontrar a resposta de um circuito *RL* após a energização ou a desenergização de fontes CC (fontes entrando ou saindo do circuito) em um instante de tempo determinado está resumido no quadro abaixo. Assumimos que o circuito possa ser reduzido a uma única resistência equivalente R_{eq} em série com uma única indutância equivalente L_{eq} quando todas as fontes independentes forem zeradas. A resposta que procuramos é representada por $f(t)$.

1. Com todas as fontes independentes zeradas, simplifique o circuito para determinar R_{eq}, L_{eq} e a constante de tempo $\tau = L_{eq}/R_{eq}$.
2. Considerando L_{eq} um curto-circuito, use os métodos de análise CC para encontrar $i_L(0^-)$, a corrente no indutor imediatamente antes da descontinuidade.
3. Novamente vendo L_{eq} como um curto-circuito, use os métodos de análise CC para encontrar a resposta forçada. Esse é o valor do qual $f(t)$ se aproxima quando $t \to \infty$, representado por $f(\infty)$.
4. Escreva a resposta total como a soma das respostas forçada e natural: $f(t) = f(\infty) + Ae^{-t/\tau}$.
5. Calcule $f(0^+)$ usando a condição $i_L(0^+) = i_L(0^-)$. Se desejado, L_{eq} pode ser substituída por uma fonte de corrente $i_L(0^+)$ [um circuito aberto se $i_L(0^+) = 0$] para esse cálculo. À exceção das correntes em indutores (e tensões em capacitores), outras correntes e tensões no circuito podem mudar subitamente.
6. $f(0^+) = f(\infty) + A$ e $f(\infty) + [f(0^+) - f(\infty)]e^{-t/\tau}$, ou resposta total = valor final + (valor inicial – valor final) $e^{-t/\tau}$.

▶ EXERCÍCIO DE FIXAÇÃO

8.11 O circuito ilustrado na Figura 8.41 está na forma mostrada por um tempo muito longo. A chave abre em $t = 0$. Calcule i_R em t igual a (*a*) 0^-; (*b*) 0^+; (*c*) ∞; (*d*) 1,5 ms.

Resposta: 0; 10 mA; 4 mA; 5,34 mA.

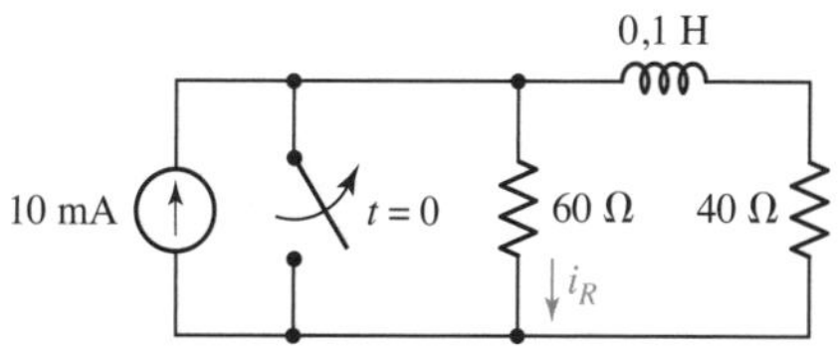

▲ **FIGURA 8.41**

8.8 ▶ CIRCUITOS *RC* COM FONTES

A resposta completa de qualquer circuito *RC* também pode ser obtida como a soma das respostas natural e forçada. Como o procedimento é praticamente idêntico àquele que já discutimos em detalhes para os circuitos *RL*, a melhor abordagem neste estágio é ilustrar a aplicação desse procedimento com a solução completa de um exemplo importante, cujo objetivo é não somente uma grandeza relacionada a um capacitor, mas também a corrente associada a um resistor.

▶ EXEMPLO 8.10

Calcule a tensão $v_C(t)$ no capacitor e a corrente $i(t)$ no resistor de 200 Ω da Figura 8.42 para todo o tempo.

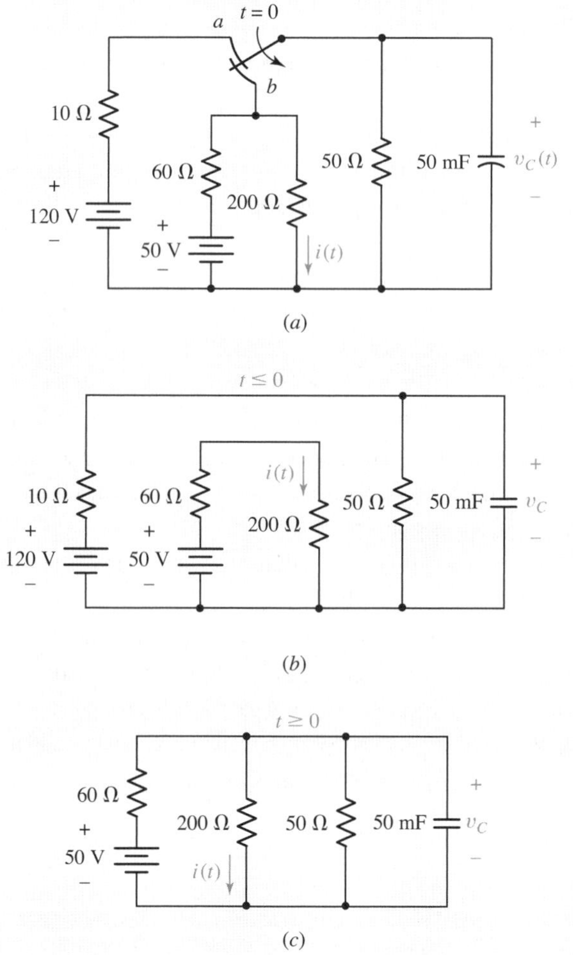

▲ **FIGURA 8.42** (*a*) Circuito *RC* no qual as respostas completas v_C e *i* são obtidas somando-se uma resposta forçada e uma resposta natural. (*b*) Circuito para $t \leq 0$. (*c*) Circuito para $t \geq 0$.

Começamos considerando o estado do circuito em $t < 0$, que corresponde à posição *a* da chave, conforme representado na Figura 8.42*b*. Como de costume, assumimos que não há transitórios presentes, de modo que somente a resposta forçada associada à fonte de 120 V é relevante para se encontrar $v_C(0^-)$. Uma simples divisão de tensão nos dá a tensão inicial,

$$v_C(0) = \frac{50}{50 + 10}(120) = 100 \text{ V}$$

Como a tensão no capacitor não pode mudar instantaneamente, esse valor é igualmente válido em $t = 0^-$ e $t = 0^+$.

A chave muda agora para a posição *b*, e a resposta correspondente é

$$v_C = v_{Cf} + v_{Cn}$$

O circuito correspondente foi redesenhado na Figura 8.42*c* por conveniência. A forma da resposta natural é obtida substituindo-se a fonte de 50 V por um curto-circuito e avaliando-se a resistência equivalente para calcular a constante de tempo (em outras palavras, estamos procurando a resistência equivalente de Thévenin "vista" pelo capacitor):

$$R_{eq} = \frac{1}{\frac{1}{50} + \frac{1}{200} + \frac{1}{60}} = 24\ \Omega$$

Logo,

$$v_{Cn} = Ae^{-t/R_{eq}C} = Ae^{-t/1,2}$$

Para avaliar a resposta forçada com a chave em *b*, esperamos até que todas as tensões e correntes tenham parado de mudar de valor, tratando assim o capacitor como um circuito aberto, e usamos a divisão de tensão mais uma vez:

$$v_{C_f} = 50\left(\frac{200 \parallel 50}{60 + 200 \parallel 50}\right)$$

$$= 50\left(\frac{(50)(200)/250}{60 + (50)(200)/250}\right) = 20\text{ V}$$

Consequentemente,

$$v_C = 20 + Ae^{-t/1,2} \quad \text{V}$$

e pela condição inicial já obtida,

$$100 = 20 + A$$

ou

$$v_C = 20 + 80e^{-t/1,2} \quad \text{V} \quad t \geq 0$$

e

$$v_C = 100\text{ V} \quad t < 0$$

Esta resposta está representada na Figura 8.43*a*; mais uma vez, vemos que a resposta natural faz a transição da resposta inicial para a resposta final.

Agora, abordamos *i*(*t*). Sua resposta não precisa permanecer constante durante o chaveamento. Com o contato em *a*, é evidente que $i = 50/260 = 192{,}3$ mA. Quando a chave é movida para a posição *b*, a resposta forçada para essa corrente fica

$$i_f = \frac{50}{60 + (50)(200)/(50 + 200)}\left(\frac{50}{50 + 200}\right) = 0{,}1 \text{ ampère}$$

A forma da resposta natural é a mesma que já havíamos determinado para a tensão no capacitor:

$$i_n = Ae^{-t/1,2}$$

Combinando as respostas forçada e natural, obtemos

$$i = 0{,}1 + Ae^{-t/1,2} \quad \text{ampères}$$

Para avaliar *A*, precisamos conhecer $i(0^+)$. Isso é obtido fixando nossa atenção no elemento armazenador de energia (o capacitor).

O fato de que v_C deve permanecer igual a 100 V durante o chaveamento é a condição determinante que estabelece as demais correntes e tensões em $t = 0^+$.

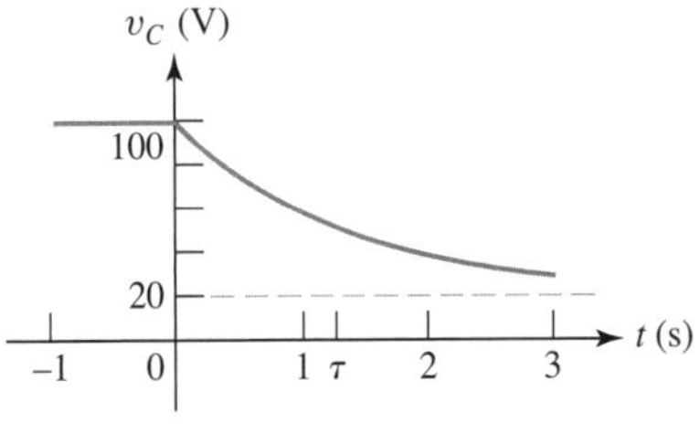

(*a*)

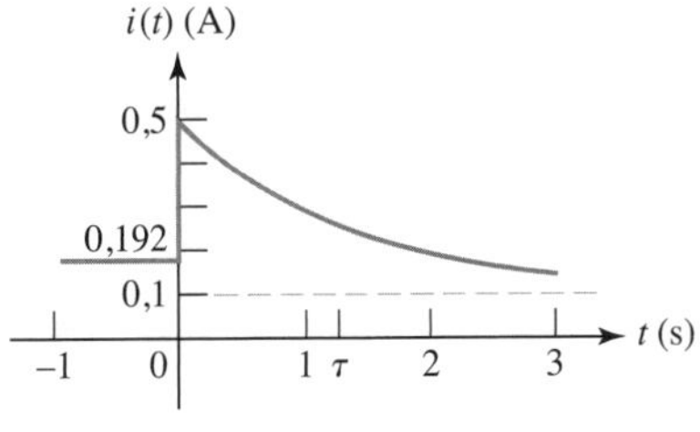

(*b*)

▲ **FIGURA 8.43** As respostas (*a*) v_C e (*b*) *i* são desenhadas como funções do tempo para o circuito da Figura 8.42.

Como $v_C(0^+) = 100$ V e o capacitor está em paralelo com o resistor de 200 Ω, obtemos $i(0^+) = 0{,}5$ A, $A = 0{,}4$ A e, portanto,

$$i(t) = 0{,}1923 \text{ ampère} \qquad t < 0$$

$$i(t) = 0{,}1 + 0{,}4e^{-t/1{,}2} \quad \text{ampères} \qquad t > 0$$

ou

$$i(t) = 0{,}1923 + (-0{,}0923 + 0{,}4e^{-t/1{,}2})u(t) \qquad \text{ampères}$$

sendo a última expressão correta para todo t.

A resposta completa para todo t também pode ser escrita de forma concisa usando $u(-t)$, que é igual a 1 para $t < 0$ e 0 para $t > 0$. Logo,

$$i(t) = 0{,}1923u(-t) + (0{,}1 + 0{,}4e^{-t/1{,}2})u(t) \qquad \text{ampères}$$

Essa resposta está representada na Figura 8.43*b*. Note que são necessários apenas quatro números para escrever a forma funcional da resposta desse circuito contendo um único elemento armazenador de energia ou para preparar o gráfico: o valor constante antes do chaveamento (0,1923 A), o valor instantâneo logo após o chaveamento (0,5 A), a resposta forçada constante (0,1 A) e a constante de tempo (1,2 s). A função exponencial negativa apropriada é, então, facilmente escrita ou desenhada.

▶ EXERCÍCIO DE FIXAÇÃO

8.12 No circuito da Figura 8.44, calcule $v_C(t)$ em t igual a (*a*) 0^-; (*b*) 0^+; (*c*) ∞; (*d*) 0,08 s.

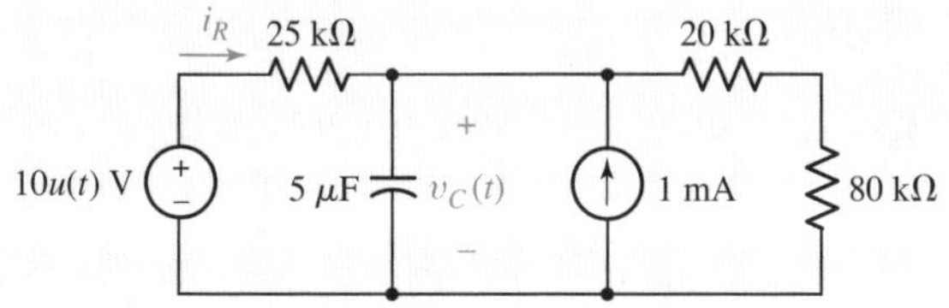

◀ **FIGURA 8.44**

Resposta: 20 V, 20 V, 28 V, 24,4 V.

Concluímos esta seção listando os duais das definições dadas no final da Seção 8.7.

O procedimento que usamos para encontrar a resposta de um circuito *RC* após a energização ou a desenergização de fontes CC (fontes entrando ou saindo do circuito) em um instante de tempo determinado (por exemplo, em $t = 0$) está resumido no quadro a seguir. Assumimos que o circuito possa ser reduzido a uma única resistência equivalente R_{eq} em paralelo com uma única capacitância equivalente C_{eq}, quando todas as fontes independentes forem zeradas. A resposta que procuramos é representada por $f(t)$.

1. Com todas as fontes independentes zeradas, simplifique o circuito para determinar R_{eq}, C_{eq} e a constante de tempo $\tau = R_{eq}C_{eq}$.
2. Vendo C_{eq} como um circuito aberto, use os métodos de análise CC para encontrar $v_C(0^-)$, a tensão no capacitor imediatamente antes da descontinuidade.

3. Vendo novamente C_{eq} como um circuito aberto, use os métodos de análise CC para encontrar a resposta forçada. Esse é o valor do qual $f(t)$ se aproxima quando $t \rightarrow \infty$, representado por $f(\infty)$.

4. Escreva a resposta total como a soma das respostas forçada e natural: $f(t) = f(\infty) + Ae^{-t/\tau}$.

5. Calcule $f(0^+)$ usando a condição $v_C(0^+) = v_C(0^-)$. Se desejado, C_{eq} pode ser substituída por uma fonte de tensão $v_C(0^+)$ [um curto-circuito se $v_C(0^+) = 0$] para esse cálculo. À exceção das tensões em capacitores (e correntes em indutores), as demais tensões e correntes no circuito podem mudar subitamente.

6. $f(0^+) = f(\infty) + A$ e $f(t) = f(\infty) + [f(0^+) - f(\infty)]e^{-t/\tau}$, ou resposta total = valor final + (valor inicial – valor final) $e^{-t/\tau}$.

Conforme acabamos de ver, os mesmos passos básicos que se aplicam à análise de circuitos *RL* podem ser aplicados a circuitos *RC*. Até agora, temos nos limitado à análise de circuitos contendo apenas funções forçantes CC, apesar de a Equação [30] valer para funções mais gerais, por exemplo, $Q(t) = 9\cos(5t - 7°)$ ou $Q(t) = 2e^{-5t}$. Antes de concluir esta seção, vamos explorar um desses cenários envolvendo fontes que não sejam CC.

▶ EXEMPLO 8.11

Determine uma expressão para $v(t)$ no circuito da Figura 8.45 que seja válida para $t > 0$.

Com base em nossa experiência, esperamos uma resposta completa na forma

$$v(t) = v_f + v_n$$

onde v_f provavelmente se assemelhará à função forçante e v_n terá a forma $Ae^{-t/\tau}$.

Qual é a constante de tempo τ do circuito? Substituímos nossa fonte por um circuito aberto e encontramos a resistência equivalente de Thévenin em paralelo com o capacitor:

$$R_{eq} = 4{,}7 + 10 = 14{,}7\ \Omega$$

Logo, nossa constante de tempo é $\tau = R_{eq}C = 323{,}4\ \mu s$ ou, de forma equivalente, $1/\tau = 3{,}092 \times 10^3\ s^{-1}$.

Há várias maneiras de se proceder, embora possivelmente a maneira mais fácil seja executar uma transformação de fontes, o que resulta em uma fonte de tensão $23{,}5e^{-2.000t}\,u(t)$ V em série com 14,7 Ω e 22 μF. (Note que isso não muda a constante de tempo).

Escrevendo uma equação LKT simples para $t > 0$, obtemos

$$23{,}5e^{-2000t} = (14{,}7)(22 \times 10^{-6})\frac{dv}{dt} + v$$

Um pequeno rearranjo resulta em

$$\frac{dv}{dt} + 3{,}092 \times 10^3 v = 72{,}67 \times 10^3\, e^{-2000t}$$

que, após comparação com as Equações [28] e [30], permite-nos escrever a resposta completa como

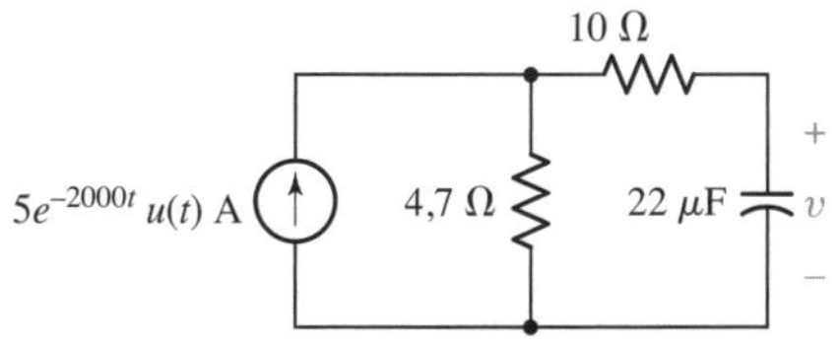

▲ **FIGURA 8.45** Circuito *RC* simples alimentado por uma função forçante que decai exponencialmente.

$$v(t) = e^{-Pt}\int Qe^{Pt}dt + Ae^{-Pt}$$

e, em nosso caso, $P = 1/\tau = 3{,}092 \times 10^3$ e $Q(t) = 72{,}67 \times 10^3 e^{-2.000}t$. Vemos, então, que

$$v(t) = e^{-3092t}\int 72{,}67 \times 10^3 e^{-2000t}e^{3092t}dt + Ae^{-3092t} \quad \text{V}$$

Executando a integração indicada,

$$v(t) = 66{,}55e^{-2000t} + Ae^{-3092t} \quad \text{V} \quad [38]$$

Nossa única fonte é controlada por uma função degrau com valor zero para $t < 0$, assim, sabemos que $v(0^-) = 0$. Como v é a tensão no capacitor, $v(0^+) = v(0^-)$, portanto, obtemos nossa condição inicial $v(0) = 0$ facilmente. Substituindo na Equação [38], obtemos $A = -66{,}55$ V; assim

$$v(t) = 66{,}55(e^{-2000t} - e^{-3092t}) \text{ V} \quad t > 0$$

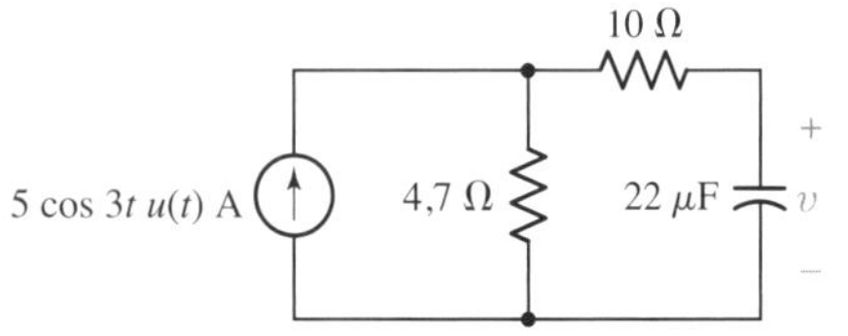

▲ **FIGURA 8.46** Circuito *RC* simples alimentado por uma função forçante senoidal.

▶ EXERCÍCIO DE FIXAÇÃO

8.13 Determine a tensão v no capacitor do circuito da Figura 8.46 para $t > 0$.

Resposta: $23{,}5 \cos 3t + 22{,}8 \times 10^{-3} \operatorname{sen} 3t - 23{,}5e^{-3092t}$ V.

8.9 ▶ PREVENDO A RESPOSTA DE CIRCUITOS CHAVEADOS SEQUENCIALMENTE

No Exemplo 8.9, consideramos rapidamente a resposta de um circuito *RL* a uma onda em forma de pulso, obtida com a efetiva conexão e desconexão de uma fonte ao circuito. Esse tipo de situação é muito comum na prática, pois alguns circuitos são projetados para serem acionados apenas uma vez (p. ex., o circuito de disparo do airbag de um veículo). Ao prever a resposta de circuitos *RL* e *RC* simples submetidos a pulsos e séries de pulsos — às vezes, chamados de ***circuitos chaveados sequencialmente*** —, o aspecto fundamental é o tamanho relativo da constante de tempo do circuito em relação aos vários tempos que definem a sequência de pulsos. O princípio mais importante por trás dessa análise será se o elemento armazenador de energia tem tempo para se carregar totalmente antes do fim do pulso e se ele tem tempo para se descarregar totalmente antes do início do próximo pulso.

Considere o circuito mostrado na Figura 8.47*a*, que está conectado a uma fonte de tensão pulsada descrita por sete diferentes parâmetros, definidos na Figura 8.47*b*. A forma de onda é limitada por dois valores, **V1** e **V2**. O tempo t_r necessário para mudar de **V1** para **V2** é chamado de ***tempo de subida*** (***TR***), e o tempo t_f necessário para mudar de **V2** para **V1** é chamado de ***tempo de descida*** (***TF***). A duração W_p do pulso é conhecida como ***largura de pulso*** **(*PW*),** e o ***período*** t da forma de onda (**PER**) é o tempo necessário para o pulso se repetir. Note também que o SPICE permite um ***tempo de atraso*** (***TD***) antes que o trem de pulsos comece, o que pode ser útil em configurações de circuito que requeiram o decaimento das respostas transitórias iniciais.

Para os propósitos desta discussão, definimos um tempo de atraso nulo, V1 = 0 e V2 = 9 V. A constante de tempo do circuito é $\tau = RC = 1$ ms, assim, definimos os tempos de subida e de descida como 1 ns. Embora o

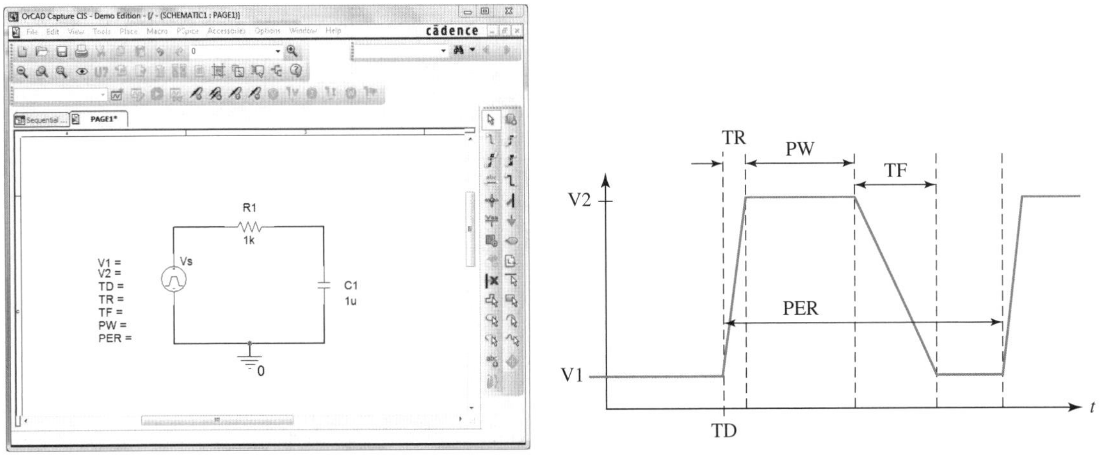

(*a*) (*b*)

▲ **FIGURA 8.47** (*a*) Diagrama esquemático de um circuito *RC* simples conectado a uma tensão com forma de onda pulsada. (*b*) Diagrama das definições do parâmetro **VPULSE** do **SPICE**.

SPICE não permita que uma tensão mude instantaneamente, visto que ele resolve as equações diferenciais usando intervalos de tempo discretos, o tempo de 1 ns é uma aproximação razoável para "instantâneo" se comparado com a constante de tempo de nosso circuito.

Consideraremos quatro casos básicos, resumidos na Tabela 8.1. Nos dois primeiros casos, a largura de pulso W_p é muito maior do que a constante de tempo τ do circuito, portanto esperamos que os transitórios resultantes do início do pulso desapareçam antes que o pulso termine. Nos dois últimos casos, vale o oposto: o pulso é tão curto, que o capacitor não tem tempo de se carregar completamente antes que o pulso termine. Um problema similar ocorre quando consideramos a resposta do circuito para os casos em que o tempo entre pulsos $(T - W_p)$ é curto (Caso II) ou longo (Caso III) em comparação com a constante de tempo do circuito.

Tabela 8.1 ▶ Quatro casos separados de largura de pulso e período relativos à constante de tempo de 1 ms do circuito

Caso	**Largura de pulso W_p**	**Período T**
I	10 ms ($\tau \ll W_p$)	20 ms ($\tau \ll T - W_p$)
II	10 ms ($\tau \ll W_p$)	10,1 ms ($\tau \gg T - W_p$)
III	0,1 ms ($\tau \gg W_p$)	10,1 ms ($\tau \ll T - W_p$)
IV	0,1 ms ($\tau \gg W_p$)	0,2 ms ($\tau \gg T - W_p$)

A Figura 8.48 é uma representação qualitativa da resposta do circuito para cada um dos quatro casos, selecionando arbitrariamente a tensão no capacitor como a grandeza de interesse, pois se espera que qualquer tensão ou corrente tenha a mesma dependência no tempo.

No Caso I, o capacitor tem tempo para se carregar e se descarregar totalmente (Figura 8.48*a*), enquanto no Caso II (Figura 8.48*b*), quando o tempo entre pulsos é reduzido, ele não tem tempo suficiente para se descarregar totalmente. Por outro lado, o capacitor não tem tempo suficiente para se carregar totalmente no Caso III (Figura 8.48*c*) ou no Caso IV (Figura 8.48*d*).

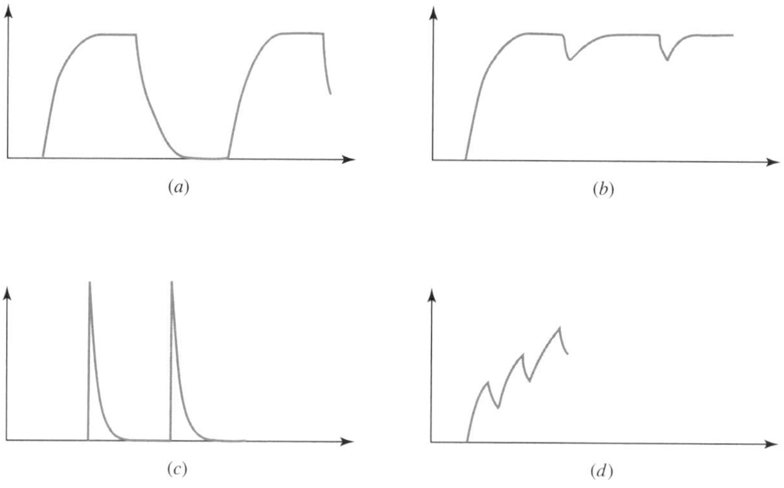

▲ **FIGURA 8.48** Tensão no capacitor para o circuito *RC*, com a largura de pulso e período como em (*a*) Caso I; (*b*) Caso II; (*c*) Caso III; e (*d*) Caso IV.

Caso I: Há Tempo Suficiente para se Carregar e Descarregar Totalmente

Podemos obter valores exatos para a resposta em cada caso executando, naturalmente, uma série de análises. Consideramos primeiro o Caso I. Como o capacitor tem tempo para se carregar totalmente, a resposta forçada corresponderá à tensão de alimentação de 9 V CC. A resposta completa do primeiro pulso é, portanto,

$$v_C(t) = 9 + Ae^{-1000t} \quad \text{V}$$

Com $v_C(0) = 0$, $A = -9$ V, assim,

$$v_C(t) = 9(1 - e^{-1000t}) \quad \text{V} \qquad [39]$$

no intervalo de $0 < t < 10$ ms. Em $t = 10$ ms, a tensão da fonte cai subitamente para 0 V, e o capacitor começa a se descarregar através do resistor. Nesse intervalo de tempo, estamos diante de um simples circuito *RC* "sem fontes", e podemos escrever a resposta como

$$v_C(t) = Be^{-1000(t-0,01)} \qquad 10 < t < 20 \text{ ms} \qquad [40]$$

onde $B = 8{,}99959$ V e é calculado substituindo-se $t = 10$ ms na Equação [39]; seremos pragmáticos aqui e arredondaremos esse valor para 9 V, observando que o valor calculado é consistente com a nossa hipótese de que o transitório inicial se dissipa antes que o pulso termine.

Em $t = 20$ ms, a fonte de tensão salta imediatamente de volta a 9 V. A tensão no capacitor imediatamente antes desse evento é obtida substituindo-se $t = 20$ ms na Equação [40], o que resulta em $v_C(20 \text{ ms}) = 408{,}6\ \mu$V, essencialmente zero em comparação com o valor de pico de 9 V.

Se mantivermos nossa convenção de arredondar para quatro algarismos significativos, a tensão no capacitor no início do segundo pulso é zero, que é a mesma do nosso ponto de partida. Assim, as Equações [39] e [40] formam a base da resposta para todos os pulsos subsequentes, e podemos escrever

$$v_C(t) = \begin{cases} 9(1 - e^{-1000t}) \text{ V} & 0 \le t \le 10 \text{ ms} \\ 9e^{-1000(t-0{,}01)} \text{ V} & 10 < t \le 20 \text{ ms} \\ 9(1 - e^{-1000(t-0{,}02)}) \text{ V} & 20 < t \le 30 \text{ ms} \\ 9e^{-1000(t-0{,}03)} \text{ V} & 30 < t \le 40 \text{ ms} \end{cases}$$

e assim por diante.

Caso II: Há Tempo Suficiente para se Carregar Totalmente, mas Não para se Descarregar Totalmente

Em seguida, consideramos o que acontece se o capacitor não conseguir se descarregar completamente (Caso II). A Equação [39] ainda descreve a situação no intervalo $0 < t < 10$ ms, e a Equação [40] descreve a tensão no capacitor no intervalo entre pulsos, que foi reduzido para $10 < t < 10{,}1$ ms.

Imediatamente antes do início do segundo pulso em $t = 10{,}1$ ms, v_C é 8,144 V; o capacitor teve apenas 0,1 ms para se descarregar e, portanto, ainda retém 82% de sua energia máxima no início do pulso seguinte. Assim, no próximo intervalo,

$$v_C(t) = 9 + Ce^{-1000(t-10{,}1\times10^{-3})} \quad \text{V} \qquad 10{,}1 < t < 20{,}1 \text{ ms}$$

onde $v_C(10{,}1 \text{ ms}) = 9 + C = 8{,}144$ V, então, $C = -0{,}856$ V e

$$v_C(t) = 9 - 0{,}856e^{-1000(t-10{,}1\times10^{-3})} \quad \text{V} \qquad 10{,}1 < t < 20{,}1 \text{ ms}$$

que alcança o valor de pico de 9 V muito mais rapidamente do que no pulso anterior.

Caso III: Não Há Tempo para se Carregar Totalmente, mas Há Tempo para se Descarregar Totalmente

E o que acontece se o transitório não se dissipar antes do final do pulso de tensão? De fato, essa situação ocorre no Caso III. Da mesma forma que escrevemos para o Caso I,

$$v_C(t) = 9 + Ae^{-1000t} \quad \text{V} \qquad [41]$$

ainda se aplica a esta situação, mas agora somente no intervalo $0 < t < 0{,}1$ ms. Nossa condição inicial não mudou, assim, A = –9 V, como antes. Agora, no entanto, logo antes do término desse pulso em $t = 0{,}1$ ms, obtemos $v_C = 0{,}8565$ V. Esse valor está longe do valor máximo de 9 V que pode ser obtido se dermos tempo para que o capacitor se carregue totalmente e é o resultado direto de um pulso que dura somente um décimo da constante de tempo do circuito.

O capacitor começa agora a se descarregar, de forma que

$$v_C(t) = Be^{-1000(t-1\times10^{-4})} \quad \text{V} \qquad 0{,}1 < t < 10{,}1 \text{ ms} \qquad [42]$$

Já determinamos que $v_C(0{,}1^- \text{ ms}) = 0{,}8565$ V, assim, $v_C(0{,}1^+ \text{ ms}) = 0{,}8565$ V, e a substituição na Equação [42] resulta em $B = 0{,}8565$ V. Imediatamente antes do início do segundo pulso em $t = 10{,}1$ ms, a tensão no capacitor já caiu para essencialmente 0 V; essa é a condição inicial no início do segundo pulso, e, assim, a Equação [41] pode ser reescrita como

$$v_C(t) = 9 - 9e^{-1000(t-10{,}1\times10^{-3})} \quad \text{V} \qquad 10{,}1 < t < 10{,}2 \text{ ms} \qquad [43]$$

para descrever a resposta correspondente.

Caso IV: Não Há Tempo para se Carregar Totalmente nem para se Descarregar Totalmente

No último caso, consideramos a situação na qual a largura do pulso e o período são tão curtos, que o capacitor não tem tempo para se carregar totalmente nem para se descarregar totalmente em qualquer um dos períodos. Com base em nossa experiência, podemos escrever

$$v_C(t) = 9 - 9e^{-1000t} \quad \text{V} \qquad 0 < t < 0{,}1 \text{ ms} \qquad [44]$$

$$v_C(t) = 0{,}8565e^{-1000(t-1\times10^{-4})} \quad \text{V} \qquad 0{,}1 < t < 0{,}2 \text{ ms} \qquad [45]$$

$$v_C(t) = 9 + Ce^{-1000(t-2\times10^{-4})} \quad \text{V} \qquad 0{,}2 < t < 0{,}3 \text{ ms} \qquad [46]$$

$$v_C(t) = De^{-1000(t-3\times10^{-4})} \quad \text{V} \qquad 0{,}3 < t < 0{,}4 \text{ ms} \qquad [47]$$

Imediatamente antes do início do segundo pulso em $t = 0{,}2$ ms, a tensão no capacitor é $v_C = 0{,}7750$ V; com tempo insuficiente para se descarregar totalmente, ele retém uma grande parte da pequena energia que teve tempo de armazenar inicialmente. Para o intervalo $0{,}2 \text{ ms} < t < 0{,}3$ ms, a substituição de $v_C(0{,}2^+) = v_C(0{,}2^-) = 0{,}7750$ V na Equação [46] resulta em $C = -8{,}225$ V.

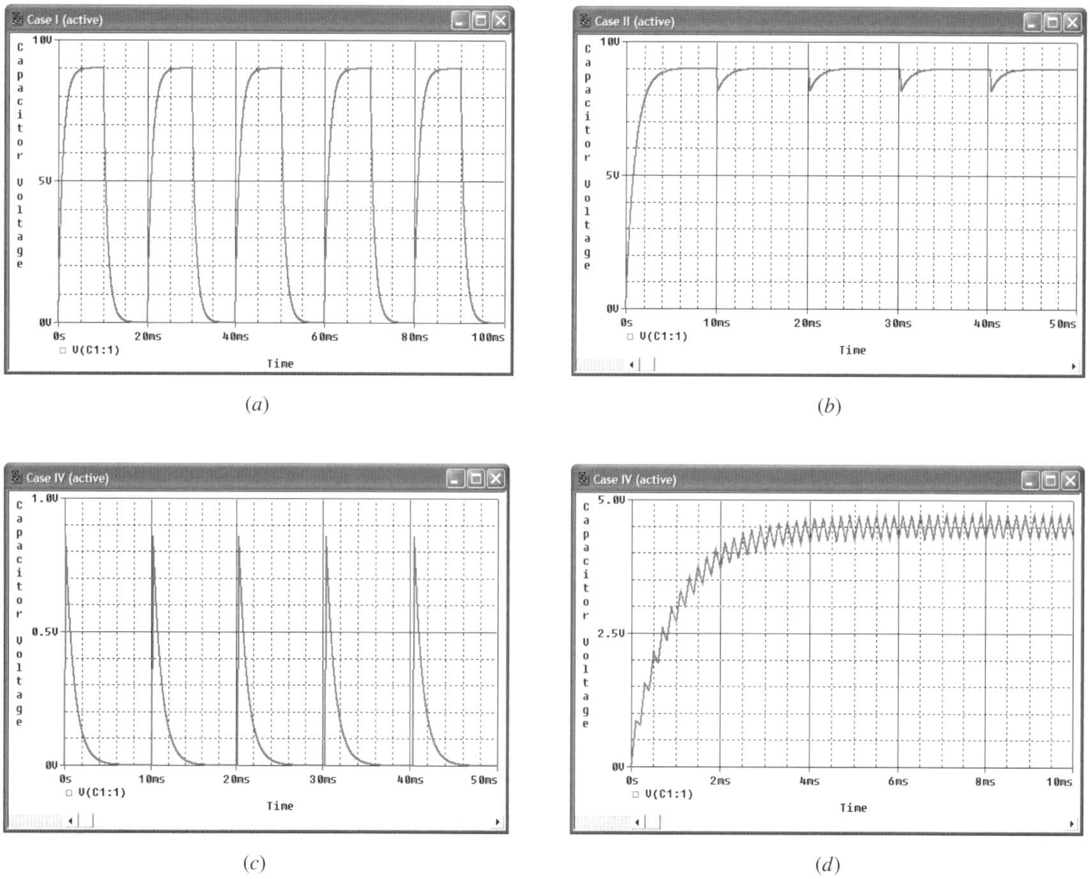

▲ **FIGURA 8.49** Resultados de simulação no PSpice correspondendo a (*a*) Caso I; (*b*) Caso II; (*c*) Caso III; (*d*) Caso IV.

Continuando, avaliamos a Equação [46] em t = 0,3 ms e calculamos v_C = 1,558 V imediatamente antes do final do segundo pulso. Logo, D = 1,558 V, e nosso capacitor está carregando lentamente, atingindo níveis de tensão cada vez maiores. Nesse estágio, pode ser útil colocarmos em gráfico as respostas detalhadas; por isso, mostramos na Figura 8.49 os resultados da simulação dos Casos I a IV no PSpice. Observe em especial que, na Figura 8.49*d*, a pequena resposta transitória carga/descarga similar àquela mostrada na Figura 8.49*a-c* está sobreposta a uma resposta de carga na forma $(1 - e^{-t/\tau})$. Logo, são necessárias aproximadamente três a cinco constantes de tempo para que o capacitor se carregue até seu valor máximo em situações nas quais um único período não é suficiente para que ele se carregue ou se descarregue totalmente!

O que ainda não fizemos é prever o comportamento da resposta para $t >> 5\tau$, embora estivéssemos interessados em fazê-lo, especialmente se não fosse necessário considerar uma sequência muito longa de pulsos, um de cada vez. Notamos que a resposta da Figura 8.49*d* tem um valor *médio* de 4,50 V a partir de aproximadamente 4 ms. Isso é exatamente a metade do valor que esperaríamos obter se a largura do pulso da fonte de tensão permitisse que o capacitor se carregasse totalmente. Na verdade, esse valor médio de longo prazo pode ser calculado multiplicando-se a tensão no capacitor pela relação entre a largura do pulso e o período.

▶ EXERCÍCIO DE FIXAÇÃO

8.14 Desenhe o gráfico de $i_L(t)$ no intervalo de $0 < t < 6$ s para (*a*) $v_S(t) = 3u(t) - 3u(t-2) + 3u(t-4) - 3u(t-6) + \ldots$; (*b*) $v_S(t) = 3\,u(t) - 3\,u(t-2) + 3u(t-2{,}1) - 3u(t-4{,}1) + \ldots$

Resposta: Ver Figura 8.50*b*. Ver Figura 8.50*c*.

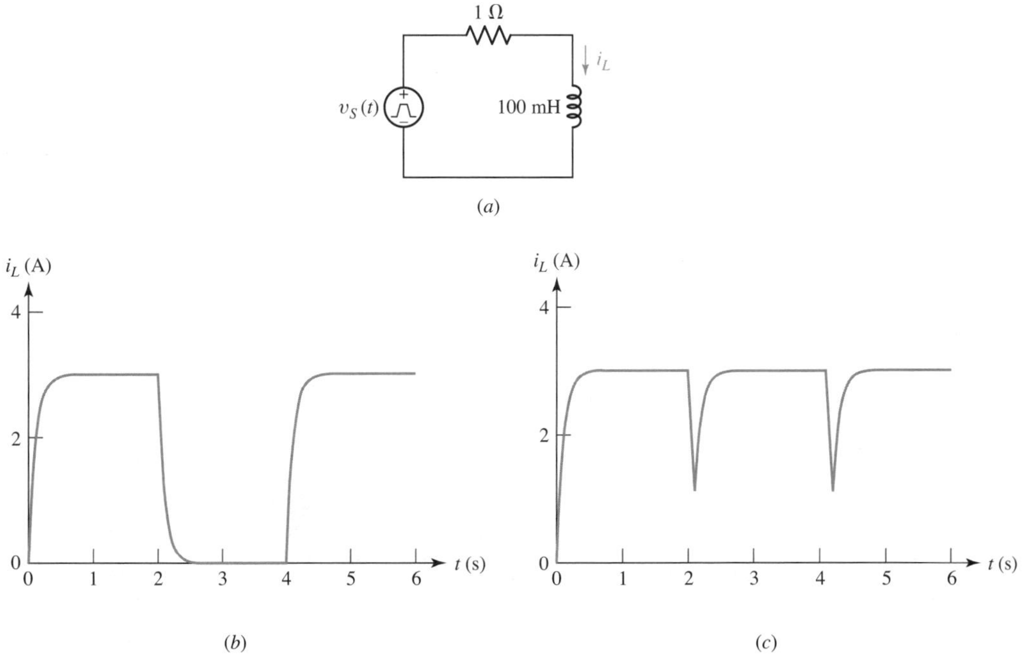

▲ **FIGURA 8.50** (*a*) Circuito para o Exercício de Fixação 8.14. (*b*) Solução da parte (*a*). (*c*) Solução da parte (*b*).

APLICAÇÃO

LIMITES DE FREQUÊNCIA EM CIRCUITOS INTEGRADOS DIGITAIS

Os circuitos integrados digitais modernos, como os arranjos lógicos programáveis (PALs) e os microprocessadores (Fig. 8.51) são compostos de circuitos transistorizados interligados conhecidos como *portas* (*gates*).

▲ **FIGURA 8.51** Um wafer de silício com múltiplos circuitos integrados idênticos. Cada um é menor do que uma moeda de $0,01. Reimpresso com permissão de Intel Corporation.

Sinais digitais são representados simbolicamente por combinações de uns e zeros, que podem ser dados ou instruções (p. ex., "somar" ou "subtrair"). Eletricamente, representamos um nível lógico "1" como uma tensão "alta" e um nível lógico "0" como uma tensão "baixa". Na prática, há uma faixa de tensões que correspondem a cada um desses níveis; por exemplo, na série 7.400 de circuitos integrados digitais de lógica TTL, qualquer tensão entre 2 V e 5 V será interpretada como um nível lógico "1" e qualquer tensão entre 0 V e 0,8 V será interpretada como um nível lógico "0". Tensões entre 0,8 V e 2 V não correspondem a nenhum nível lógico, como mostra a Figura 8.52.

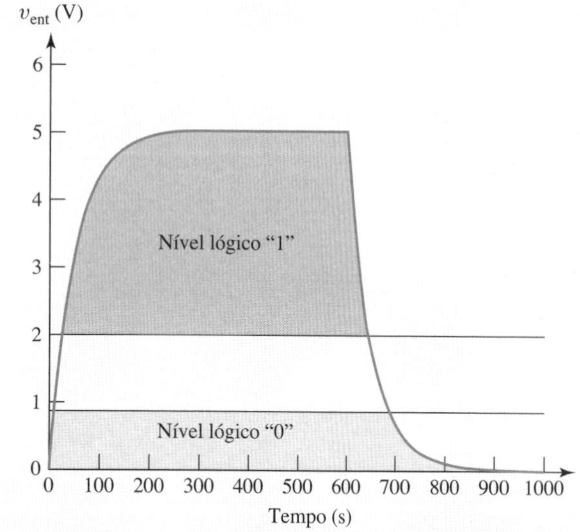

▲ **FIGURA 8.52** Característica carga/descarga de uma capacitância de interconexão identificando as faixas de tensão TTL para os níveis lógicos "1" e "0", respectivamente.

Um parâmetro fundamental em circuitos digitais é a velocidade na qual podemos efetivamente utilizá-los. Nesse sentido, "velocidade" significa a rapidez com a qual podemos mudar uma porta de um estado lógico para outro (de "0" para "1" ou vice-versa) e o tempo de atraso necessário para transferir a saída de uma porta para a entrada da próxima porta. Embora a velocidade de chaveamento dos transistores seja afetada por capacitâncias internas, são as suas *conexões* que limitam hoje a velocidade dos circuitos integrados digitais mais rápidos. Podemos modelar a conexão entre duas portas lógicas usando um circuito *RC* simples (embora, com a contínua redução das dimensões em projetos mais recentes, sejam necessários modelos mais detalhados para descrever o desempenho do circuito). Por exemplo, considere uma conexão de 2000 μm de comprimento e 2 μm de largura. Podemos modelar essa conexão em um circuito integrado de silício típico com uma capacitância de 0,5 pF e uma resistência de 100 Ω, conforme ilustra esquematicamente a Figura 8.53.

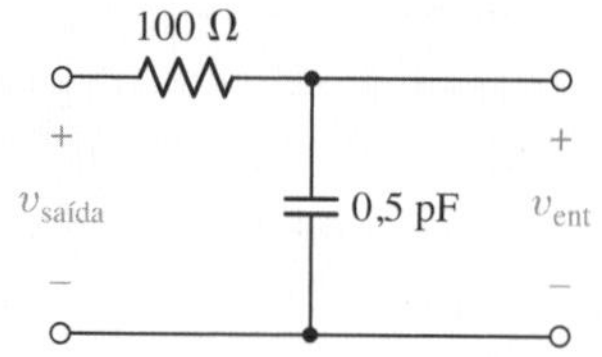

▲ **FIGURA 8.53** Modelo de circuito para uma conexão em circuito integrado.

Vamos assumir que $v_{saída}$ represente a tensão de saída de uma porta que está mudando de um estado lógico "0" para um estado lógico "1". A tensão v_{ent} aparece na entrada de uma segunda porta, e queremos saber quanto tempo levará até que v_{ent} alcance o mesmo valor de $v_{saída}$.

Supondo que a capacitância de 0,5 pF que caracteriza a conexão esteja inicialmente descarregada [isto é, $v_{ent}(0) = 0$], calculando a constante de tempo RC para nossa conexão como $\tau = RC = 50$ ps e definindo $t = 0$ como o instante no qual $v_{saída}$ muda, obtemos a expressão

$$v_{ent}(t) = Ae^{-t/\tau} + v_{saída}(0)$$

Fazendo $v_{ent}(0) = 0$, obtemos $A = -v_{saída}(0)$, de forma que

$$v_{ent}(t) = v_{saída}(0)[1 - e^{-t/\tau}]$$

Após examinar essa equação, vemos que v_{ent} alcançará o valor $v_{saída}(0)$ após aproximadamente 5τ ou 250 ps. Se a tensão $v_{saída}$ mudar novamente antes que esse período transitório esteja terminado, então, a capacitância não terá tempo suficiente para se carregar totalmente. Em situações como essa, v_{ent} será menor que $v_{saída}$. Supondo que $v_{saída}(0)$ seja igual à tensão mínima correspondente ao nível lógico "1", isso significa que v_{ent} não corresponderá a um nível lógico "1". Se $v_{saída}$ mudar agora subitamente para 0 V (nível lógico "0"), a capacitância começará a se descarregar, o que resultará em v_{ent} ainda menor. Assim, alternando nossos estados lógicos muito rapidamente, não conseguiremos transferir as informações de uma porta para outra.

A maior velocidade com a qual podemos mudar os estados lógicos é, portanto, $(5\tau)^{-1}$. Isso pode ser expresso em termos da frequência máxima de operação:

$$f_{máx} = \frac{1}{2(5\tau)} = 2 \text{ GHz}$$

onde o fator 2 representa um período de carga/descarga. Se desejarmos utilizar nosso circuito integrado em uma frequência mais elevada, para que os cálculos possam ser feitos mais rapidamente, precisaremos reduzir a capacitância de conexão e/ou a resistência de conexão.

RESUMO E REVISÃO

Neste capítulo, aprendemos que os circuitos que contêm um único elemento de armazenamento de energia (seja um indutor ou um capacitor) podem ser descritos por uma escala de tempo característica, chamada de *constante de tempo do circuito* ($\tau = L/R$ ou $\tau = RC$, respectivamente). Se tentarmos alterar a quantidade de energia armazenada no elemento (seja carregando ou descarregando), toda tensão e corrente no circuito incluirá um termo exponencial da forma $e^{-t/\tau}$. Após aproximadamente *cinco constantes de tempo* a partir do momento em que se tentou alterar a quantidade de energia armazenada, a resposta *transitória essencialmente desaparece*, e ficamos simplesmente com uma resposta *forçada*, que surge a partir das fontes independentes do circuito no instante $t > 0$. Ao determinar a resposta forçada em um circuito puramente CC, podemos tratar indutores como curtos-circuitos e capacitores como circuitos abertos.

Começamos nossa análise com os chamados circuitos sem fontes para introduzir a ideia de constantes de tempo de forma objetiva; tais circuitos têm resposta forçada nula e uma resposta transitória resultante da energia armazenada em $t = 0$. É racional pensarmos que um capacitor não pode mudar sua tensão subitamente (ou isso resultaria em uma corrente infinita), e isso foi indicado introduzindo a notação $v_C(0^+) = v_C(0^-)$. Da mesma forma, a corrente através de um indutor não pode mudar em um tempo nulo, ou $i_L(0^+) = i_L(0^-)$. A resposta *completa* é sempre a soma da resposta transitória e a resposta forçada. Aplicar a condição inicial para a resposta completa nos permite determinar a constante desconhecida que multiplica o termo transitório.

Passamos algum tempo discutindo modelagem de chaves, tanto analiticamente quanto no contexto do PSpice. Uma representação matemática comum utiliza a função degrau unitário $u(t - t_0)$, que tem o valor nulo para

$t < t_0$ e valor unitário para $t > t_0$ e é indeterminado para $t = t_0$. A função degrau unitário pode "ativar" um circuito (conectando fontes de modo que a corrente possa fluir) para valores de t que antecedam ou sucedam um tempo específico.

Combinações de funções degrau podem ser usadas para criar pulsos e formas de onda mais complexas. No caso de circuitos chaveados sequencialmente, em que as fontes são ligadas e desligadas repetidamente, descobriu-se que o comportamento dos circuitos depende fortemente do período e da largura do pulso, que se ajustam em função da constante de tempo do circuito.

Este é um bom momento para destacar alguns pontos fundamentais que vale a pena rever, juntamente com exemplos relevantes.

- A resposta de um circuito contendo capacitores e indutores a fontes que são subitamente conectadas ou desconectadas é composta de duas partes: uma resposta *natural* e uma resposta *forçada*.
- A forma da resposta natural (também chamada de *resposta transitória*) depende apenas dos valores dos componentes e da maneira como eles estão conectados. (Exemplos 8.1 e 8.2)
- Um circuito reduzido a uma única capacitância equivalente C e a uma única resistência equivalente R terá uma resposta natural dada por $v(t) = V_0 e^{-t/\tau}$, onde $\tau = RC$ é a constante de tempo do circuito. (Exemplos 8.3 e 8.5)
- Um circuito reduzido a uma única indutância equivalente L e a uma única resistência equivalente R terá uma resposta natural dada por $i(t) = I_0 e^{-t/\tau}$, onde $\tau = L/R$ é a constante de tempo do circuito. (Exemplo 8.4)
- Circuitos com fontes dependentes podem ser representados por uma resistência utilizando os procedimentos de Thévenin.
- A função degrau unitário é uma boa maneira de modelar o fechamento ou a abertura de uma chave, desde que tenhamos o cuidado de observar as condições iniciais. (Exemplos 8.7 e 8.9)
- A forma da resposta forçada espelha a forma da função forçante. Portanto, uma função forçante CC sempre leva a uma resposta forçada constante. (Exemplos 8.7 e 8.8)
- A resposta *completa* de um circuito *RL* ou *RC* excitado por uma fonte CC terá a forma $f(0+) = f(\infty) + A$ e $f(t) = f(\infty) + [f(0+) - f(\infty)]e^{-t/\tau}$, ou resposta total = valor final + (valor inicial – valor final) $e^{-t/\tau}$. (Exemplos 8.9, 8.10 e 8.11)
- A resposta completa de um circuito *RL* ou *RC* também pode ser determinada escrevendo-se uma única equação diferencial para a grandeza de interesse e a resolvendo. (Exemplos 8.2 e 8.11)
- Ao tratar com circuitos chaveados sequencialmente ou circuitos conectados a formas de onda pulsadas, é importante saber se o elemento armazenador de energia terá tempo suficiente para se carregar totalmente e se descarregar totalmente, sendo as medidas feitas em relação à constante de tempo de circuito.

LEITURA COMPLEMENTAR

Um guia para técnicas de solução para equações diferenciais pode ser encontrado em:

W. E. Boyce and R. C. DiPrima, *Elementary Differential Equations and Boundary Value Problems*, 7th ed. New York: Wiley, 2002.

Uma descrição detalhada de transitórios em circuitos elétricos é dada em:

E. Weber, *Linear Transient Analysis Volume I*. New York: Wiley, 1954. (Edição esgotada, porém, pode ser encontrada na biblioteca de muitas universidades.)

EXERCÍCIOS

8.1 O Circuito *RL* sem Fontes

1. Definindo $R = 1$ kΩ e $L = 1$ nH para o circuito representado na Figura 8.1 e sabendo que $i(0) = -3$ mA, (*a*) escreva uma expressão para $i(t)$, válida para todo $t \geq 0$, (*b*) calcule i(t) em $t = 0$, $t = 1$ ps, 2 ps e 5 ps, (*c*) calcule a energia armazenada no indutor em $t = 0$, $t = 1$ ps e $t = 5$ ps.

2. Se $i(0) = 1$ A e $R = 100$ Ω para o circuito da Figura 8.1, (*a*) escolha L tal que $i(50 \text{ ms}) = 368$ mA, (*b*) calcule a energia armazenada no indutor em $t = 0$ ms, 50 ms, 100 ms e 150 ms.

3. Com base no circuito mostrado na Figura 8.1, escolha os valores para os dois elementos, tal que $L/R = 1$, e (*a*) calcule $v_R(t)$ em $t = 0$, 1, 2, 3, 4 e 5 s, (*b*) calcule a potência dissipada no resistor em $t = 0$, 1 s e 5 s. (*c*) Em $t = 5$ s, qual é a porcentagem da energia inicial que continua armazenada no indutor?

4. O circuito representado na Figura 8.1 é construído a partir de componentes cujos valores são desconhecidos. Se uma corrente $i(0)$, de 6 μA inicialmente flui através do indutor e determina-se que $i(1 \text{ ms}) = 2{,}207$ μA, calcule a razão de R para L.

5. Determine a equação característica de cada uma das seguintes equações diferenciais:

$$(a)\ 5v + 14\frac{dv}{dt} = 0; \quad (b)\ -9\frac{di}{dt} - 18i = 0;$$

$$(c)\ \frac{di}{dt} + 18i + \frac{R}{B}i = 0; \quad (d)\ \frac{d^2f}{dt^2} + 8\frac{df}{dt} + 2f = 0.$$

6. Para as seguintes equações características, escreva as equações diferenciais correspondentes e encontre todas as raízes, sejam reais, imaginárias ou complexas: (*a*) $4s + 9 = 0$, (*b*) $2s - 4 = 0$, (*c*) $s^2 + 7s + 1 = 0$, (*d*) $5s^2 + 8s + 18 = 0$.

7. Supondo que a chave do circuito da Figura 8.54 tenha estado fechada por um longo, longo, longo tempo, calcule $i_L(t)$ em (*a*) o instante imediatamente antes de a chave abrir, (*b*) o instante imediatamente depois de a chave abrir, (*c*) $t = 15{,}8$ μs, (*d*) $t = 31{,}5$ μs, (*e*) $t = 78{,}8$ μs.

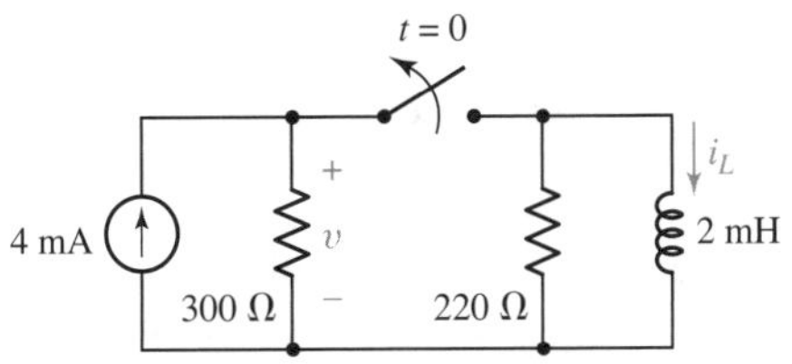

FIGURA 8.54

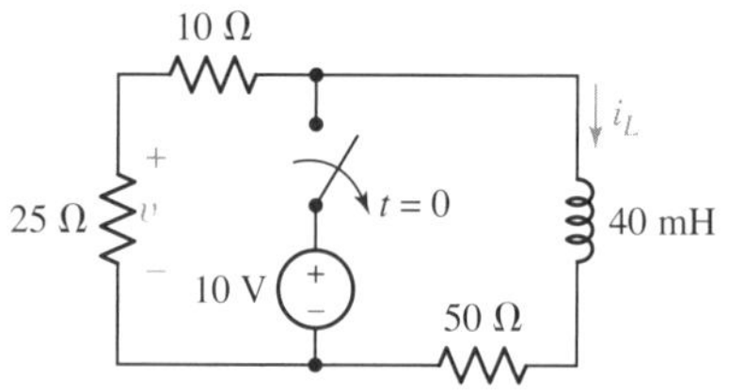

▲ **FIGURA 8.55**

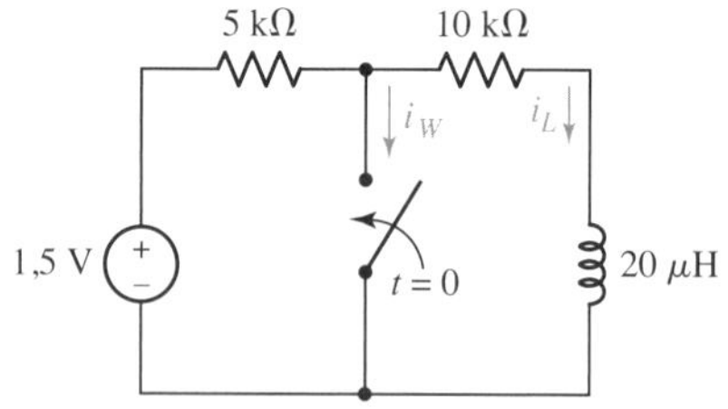

▲ **FIGURA 8.56**

8. A chave na Figura 8.54 está fechada desde que Pelé marcou seu último gol em uma Copa do Mundo. Calcule a tensão v, bem como a energia armazenada no indutor (*a*) no instante imediatamente anterior à abertura da chave (*b*) no instante imediatamente após a chave estar aberta, (*c*) $t = 8\ \mu$s, (*d*) $t = 80\ \mu$s.

9. A chave no circuito da Figura 8.55 foi fechada por um tempo absurdamente longo antes de ser aberta subitamente em $t = 0$. (*a*) Obtenha as expressões para i_L e v no circuito da Figura 8.55 que são válidas para todo $t \geq 0$. (*b*) Calcule $i_L(t)$ e $v(t)$ no instante imediatamente antes da abertura da chave, no instante logo após a abertura da chave e em $t = 470\ \mu$s.

10. Supondo que a chave inicialmente estivesse aberta por um tempo muito, muito longo, (*a*) obtenha uma expressão para i_W no circuito da Figura 8.56 que seja válida para todo $t \geq 0$ (*b*) calcule i_W em $t = 0$ e $t = 1{,}3$ ns.

8.2 Propriedades da Resposta Exponencial

11. (*a*) Plote um gráfico da função $f(t) = 10e^{-2t}$ no intervalo de $0 \leq t \leq 2{,}5$ s utilizando escalas lineares para os eixos x e y. (*b*) Refaça o gráfico com uma escala logarítmica para o eixo y. [Dica: a função mono-log () pode ser útil aqui]. (*c*) Quais são as unidades de 2 no argumento da exponencial? (*d*) Em que tempos a função chega aos valores 9, 8 e 1?

12. A corrente $i(t)$ que flui através de um resistor de 1 Ω é dada por $i(t) = -5e^{10t}$ mA, $t \geq 0$. (*a*) Determine os valores de t para os quais a amplitude da tensão do resistor sejam iguais a 5 V, 2,5 V, 0,5 V e 5 mV. (*b*) Plote o gráfico da função no intervalo de $0 \leq t \leq 1$ s utilizando escalas lineares em ambos os eixos. (*c*) Desenhe uma tangente à sua curva em $t = 100$ ms e determine onde a tangente intercepta o eixo do tempo.

13. A espessura de uma célula solar deve ser escolhida cuidadosamente para garantir que os fótons sejam absorvidos adequadamente; até mesmo os metais podem ser parcialmente transparentes quando produzidos em películas muito finas. Se o fluxo de luz incidente (número de fótons por unidade de área por unidade de tempo) na superfície da célula solar ($x = 0$) é dado por Φ_0 e a intensidade da luz a uma distância x dentro da célula solar é dada por $\Phi(x)$, o comportamento de $\Phi(x)$ é descrito pela equação de $d\Phi/dx + \alpha\Phi = 0$. Aqui, α, conhecido como o coeficiente de absorção, é uma constante específica para um dado material semicondutor. (*a*) Qual é a unidade no SI para α? (*b*) Obtenha uma expressão para $\Phi(x)$ em termos de Φ_0, α e x. (*c*) Com qual espessura a célula solar deve ser feita para absorver pelo menos 38% da luz incidente? Expresse sua resposta em termos de α. (*d*) O que acontece com a luz que entra na célula solar em $x = 0$, mas não é absorvida?

14. Para o circuito da Figura 8.5, calcule a constante de tempo se o resistor de 10 Ω é substituído por (*a*) um curto-circuito; (*b*) um resistor de 1 Ω; (*c*) uma ligação em série de dois resistores de 5 Ω; (*d*) um resistor de 100 Ω. (*e*) Verifique suas respostas com uma simulação de varredura paramétrica apropriada. (Dica: a ferramenta de cursor pode vir a ser útil, e a resposta não depende da corrente inicial que você escolher para o indutor.)

DP

15. Projete um circuito que forneça uma tensão de 1 V em algum momento inicial e uma tensão de 368 mV depois de 5 segundos. Você pode especificar uma corrente inicial no indutor sem demonstrar como ela surge.

8.3 O Circuito *RC* sem Fontes

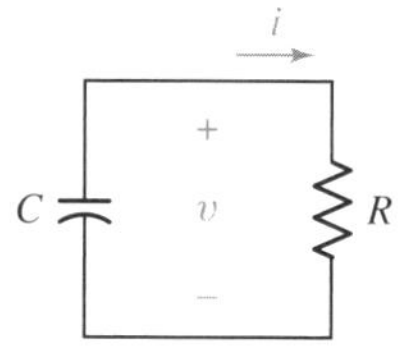

▲ **FIGURA 8.57**

16. O resistor no circuito da Figura 8.57 foi incluído para modelar a camada dielétrica que separa as placas do capacitor de 3,1 nF e tem um valor de 55 MΩ. O capacitor está armazenando 200 mJ de energia pouco antes de $t = 0$. (*a*) Escreva uma expressão para $v(t)$ válida para $t \geq 0$. (*b*) Calcule a energia restante no capacitor em $t = 170$ ms. (*c*) Desenhe o gráfico $v(t)$ no intervalo de $0 < t < 850$ ms e identifique o valor de $v(t)$ quando $t = 2\tau$.

17. O resistor no circuito da Figura 8.57 tem um valor de 1 Ω e é ligado a um capacitor de 22 mF. O dielétrico do capacitor tem resistência infinita, e o dispositivo está armazenando 891 mJ de energia imediatamente antes de $t = 0$. (*a*) Escreva uma expressão para $v(t)$ válida para $t \geq 0$. (*b*) Calcule a energia restante no capacitor em $t = 11$ ms e 33 ms. (*c*) Repita os itens (*a*) e (*b*) considerando que o dielétrico do capacitor possui muito mais perdas do que o esperado, com uma resistência da ordem de 100 kΩ.

18. Calcule a constante de tempo do circuito representado na Figura 8.57 se $C = 10$ mF e R é igual a (*a*) 1 Ω; (*b*) 10 Ω; (*c*) 100 Ω. (*d*) Verifique as suas respostas com uma simulação com parâmetro de varredura apropriado. (Dica: a ferramenta cursor pode ser útil, e a constante de tempo não depende da tensão inicial sobre o capacitor.)

19. Projete um circuito baseado em capacitor que irá fornecer (*a*) uma tensão de 9 V em algum instante $t = 0$ e uma tensão de 1,2 V em um instante 4 ms depois; (*b*) uma corrente de 1 mA em algum instante $t = 0$ e uma corrente reduzida de 50 μA em um instante depois de 100 ns. (Você pode optar por projetar dois circuitos separados, se desejar, e não precisa mostrar como a tensão inicial do capacitor é definida.)

20. Podemos assumir que a chave ilustrada no circuito da Figura 8.58 esteve fechada por um tempo tão longo, que qualquer transitório que pode ter surgido da primeira ligação da fonte de tensão desapareceu. (*a*) Determine a constante tempo do circuito. (*b*) Calcule a tensão $v(t)$ no instante $t = \tau$, 2τ e 5τ.

21. Podemos assumir seguramente que a chave no circuito da Figura 8.59 foi fechada muito tempo antes de ser aberta em $t = 0$. (*a*) Determine a constante tempo do circuito. (*b*) Obtenha uma expressão para $i_1(t)$ que é válida para $t > 0$. (*c*) Determine a potência dissipada pelo resistor de 12 Ω em $t = 500$ ms.

22. A chave acima da fonte de 12 V no circuito da Figura 8.60 foi fechada logo após a roda ser inventada. Ela é finalmente aberta em $t = 0$. (*a*) Calcule a constante tempo do circuito. (*b*) Obtenha uma expressão para $v(t)$ válida para $t > 0$. (*c*) Calcule a energia armazenada no capacitor 170 ms após a chave ser aberta.

23. Para o circuito representado esquematicamente na Figura 8.61, (*a*) calcule $v(t)$ em $t = 0$, $t = 984$ s e $t = 1.236$ s; (*b*) determine a energia ainda armazenada no capacitor em $t = 100$ s.

24. Para o circuito ilustrado na Figura 8.62, (*a*) calcule a constante tempo do circuito; (*b*) determine v no instante imediatamente antes de a chave ser fechada, (*c*) obtenha uma expressão para $v(t)$ válida para $t > 0$, (*d*) calcule v (3 ms).

25. A chave desenhada na Figura 8.62 esteve aberta por um longo tempo. (*a*) Determine o valor da corrente i imediatamente antes de a chave ser fechada. (*b*) Obtenha o valor de i imediatamente depois de a chave ser fechada. (*c*) Calcule a potência dissipada em cada resistor no intervalo de $0 < t < 15$ ms. (*d*) Faça o gráfico de sua resposta ao item (*c*).

8.4 Uma Perspectiva Mais Geral

26. (*a*) Obtenha uma expressão para a tensão $v(t)$ que aparece sobre o resistor R_3 no circuito da Figura 8.63 que é válida para $t > 0$. (*b*) Se $R_1 = 2R_2 = 3R_3 = 4R_4 =$ 1,2 kΩ, $L = 1$ mH, calcule $v(t = 500$ ns$)$.

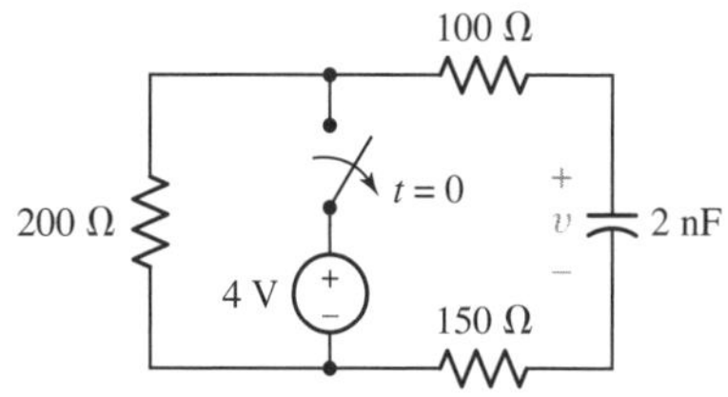

▲ **FIGURA 8.58**

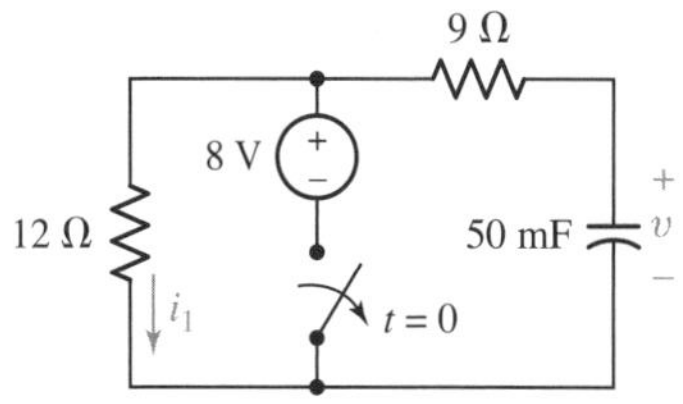

▲ **FIGURA 8.59**

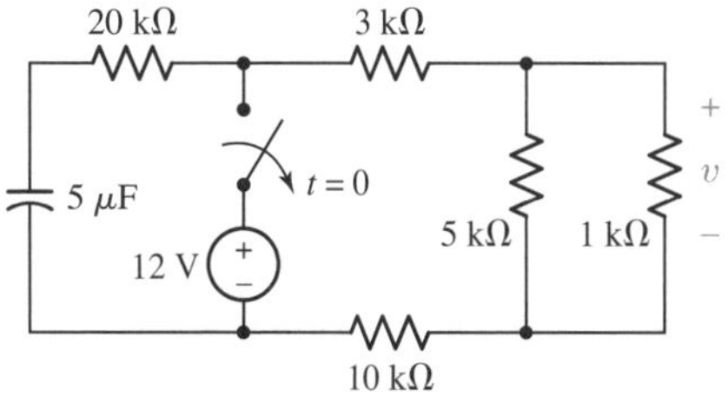

▲ **FIGURA 8.60**

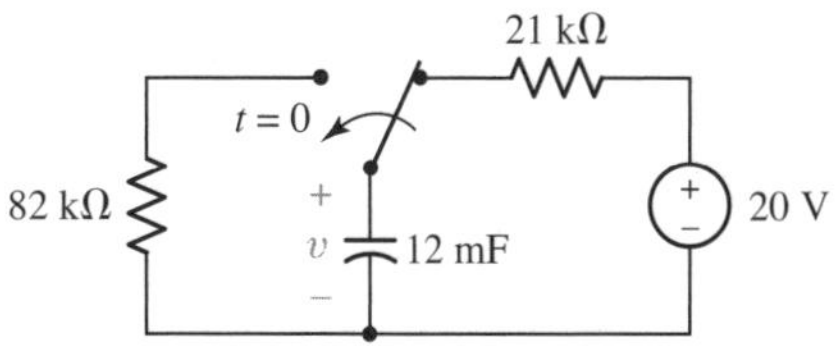

▲ **FIGURA 8.61**

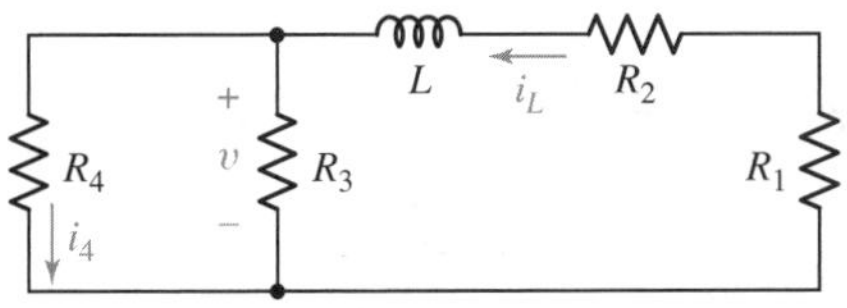

◀ **FIGURA 8.63**

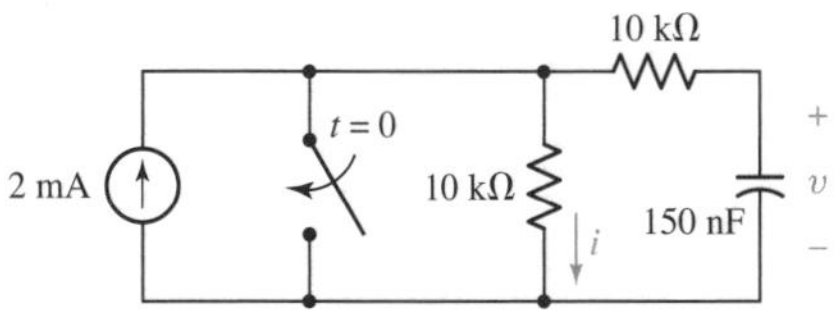

▲ **FIGURA 8.62**

27. Para o circuito da Figura 8.64, determine i_X, i_L e v_L em t igual a (*a*) 0^-, (*b*) 0^+.

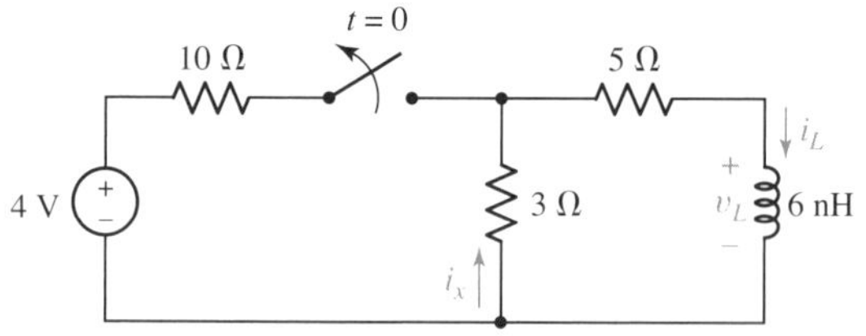

◀ **FIGURA 8.64**

28. A chave mostrada na Figura 8.65 esteve fechada por 6 anos antes de ser aberta em $t = 0$. Determine i_L, v_L e v_R para t igual a (*a*) 0^-, (*b*) 0^+, (*c*) 1 μs, (*d*) 10 μs.

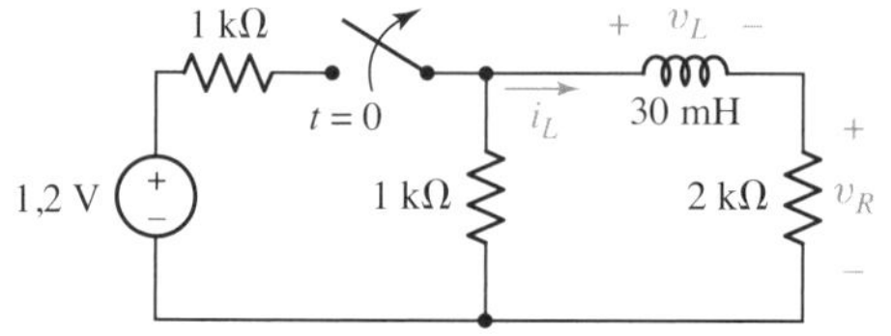

◀ **FIGURA 8.65**

29. Obtenha as expressões para ambos $i_1(t)$ e $i_L(t)$ conforme indicado na Figura 8.66, que são válidos para $t > 0$.

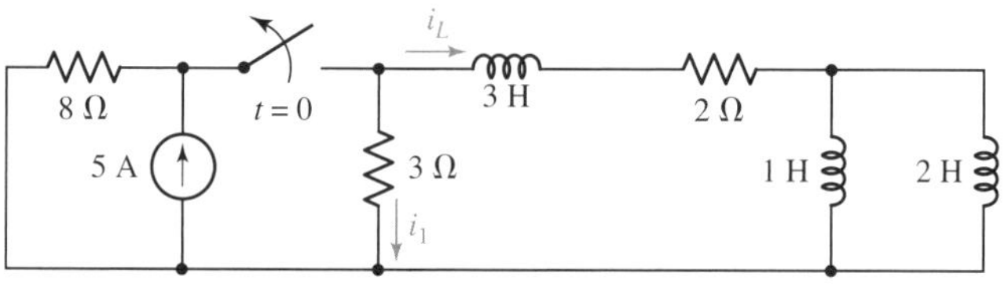

◀ **FIGURA 8.66**

30. A tensão sobre o resistor de um simples circuito *RL* sem fonte é dado por $5e^{-90t}$ V para $t > 0$. O valor do indutor não é conhecido. (*a*) Em que instante a tensão do indutor será exatamente a metade do seu valor máximo? (*b*) Em que instante a corrente do indutor chegará a 10% do seu valor máximo?

31. Com base na Figura 8.67, calcule as correntes i_1 e i_2 em t igual a (*a*) de 1 ms; (*b*) 3 ms.

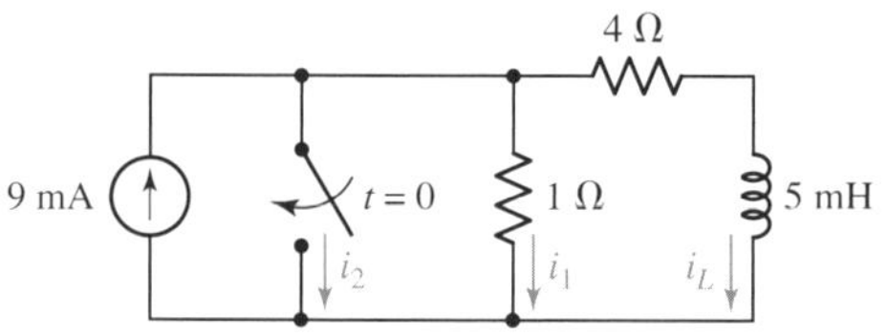

◀ **FIGURA 8.67**

32. (*a*) Obtenha uma expressão para v_x indicado no circuito da Figura 8.68. (*b*) Calcule v_x em $t = 5$ ms. (*c*) Verifique sua resposta com uma simulação apropriada no PSpice. (Dica: empregue o componente denominado **Sw_tClose**.)

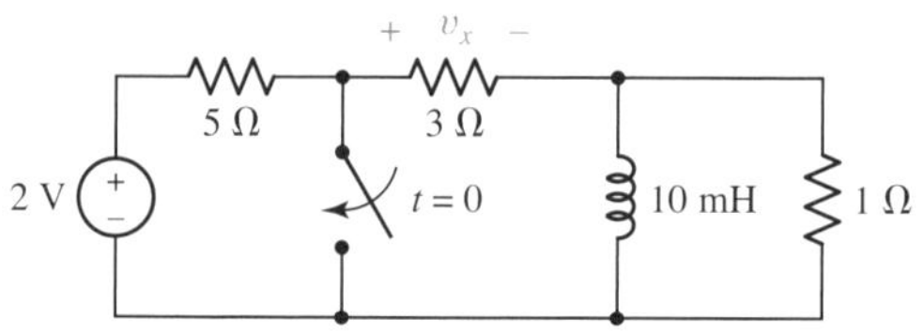

◀ **FIGURA 8.68**

33. Projete um circuito completo que forneça uma tensão v_{ab} sobre os dois terminais a e b, de tal modo que v_{ab} = 5 V em $t = 0^-$, 2 V em t = 1 s e menos que 60 mV em t = 5. Verifique o funcionamento do seu circuito usando uma simulação apropriada no PSpice. (Dica: empregue o componente denominado **Sw_tOpen** ou **Sw_tClose** conforme o caso.)

34. Para o componente **Sw_tOpen**, o PSpice, na verdade, emprega uma sequência de simulações, onde inicialmente o componente é substituído por um resistor de 1 MΩ e, então, substituído por um resistor com valor correspondendo a 10 mΩ quando a chave abre. (*a*) Avalie a confiabilidade desses valores padrão, simulando o circuito da Figura 8.55 e calculando i_L em t = 1 ns. (*b*) Repita o item (*a*) com **RCLOSED** alterado para 1 Ω. Isso altera sua resposta? (*c*) Repita o item (*a*) com **ROPEN** alterado para 100 kΩ e redefina **RCLOSED** para seu valor padrão. Isso altera sua resposta? (Dica: dê um clique duplo sobre o componente para acessar seus atributos.)

35. Escolha valores para os resistores R_0 e R_1 no circuito da Figura 8.69 tal que v_C (0,65) = 5,22 V e v_C(2,21) = 1 V.

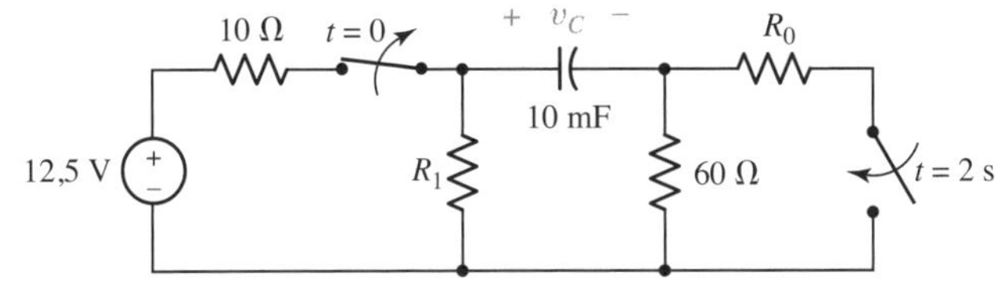

◀ **FIGURA 8.69**

36. Uma rápida medição determina que a tensão v_C no capacitor do circuito da Figura 8.70 é de 2,5 V em $t = 0^-$. (*a*) Determine $v_C(0^+)$, $i_1(0^+)$ e $v(0^+)$. (*b*) Escolha um valor de C, de modo que a constante de tempo do circuito seja igual a 14 s.

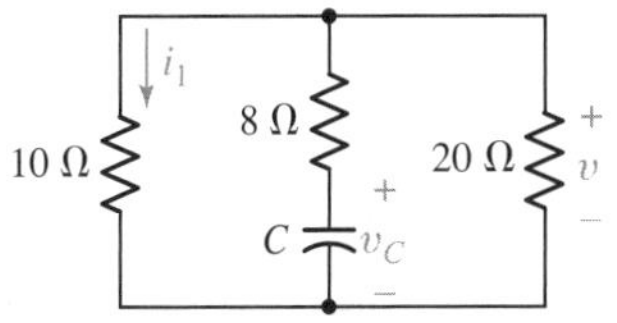

▲ **FIGURA 8.70**

37. Determine $v_C(t)$ e $v_o(t)$ conforme indicado no circuito representado na Figura 8.71 para t igual a (*a*) 0^-, (*b*) 0^+, (*c*) 10 ms, (*d*) 12 ms.

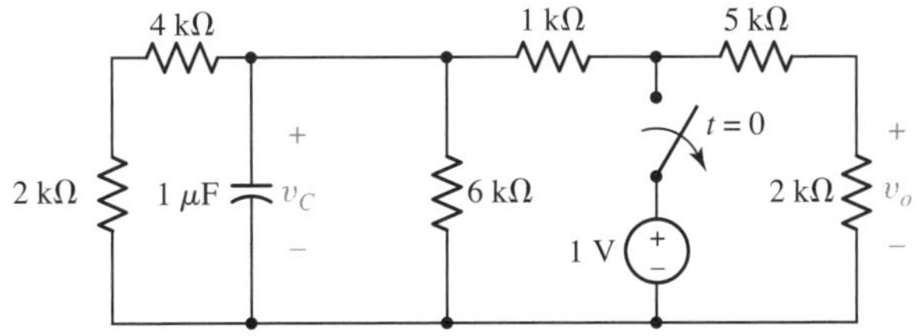

◀ **FIGURA 8.71**

38. Para o circuito mostrado na Figura 8.72, determine (*a*) v_C (0^-), (*b*) v_C (0^+), (*c*) constante de tempo do circuito, (*d*) v_C (3 ms).

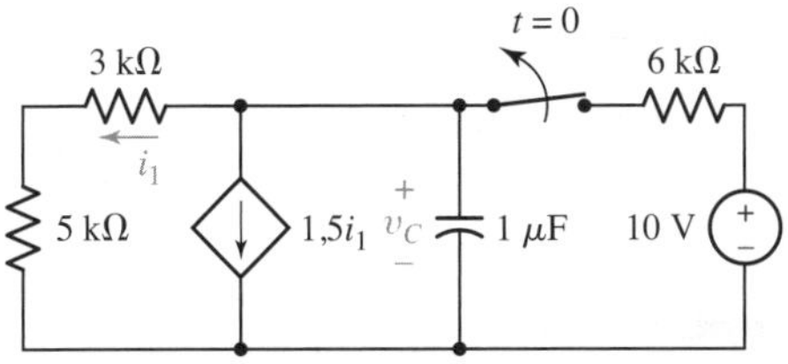

◀ **FIGURA 8.72**

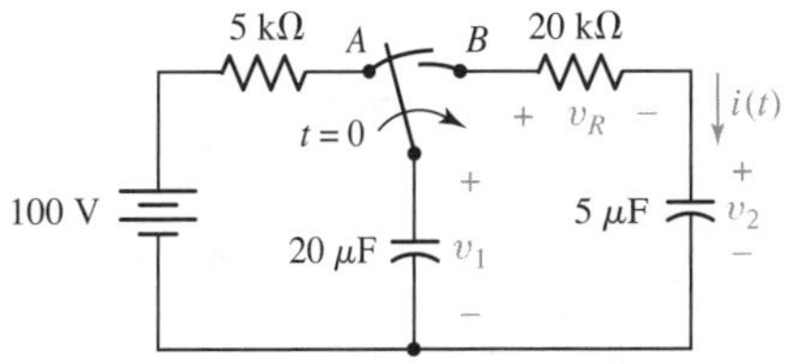

▲ **FIGURA 8.73**

39. A chave na Figura 8.73 é movida de A para B em t = 0 após estar em A por um longo tempo. Isso coloca os dois capacitores em série, permitindo, assim,

tensões CC iguais e opostas em módulo serem confinadas nos capacitores. (*a*) Determine $v_1(0^-)$, $v_2(0^-)$ e $v_R(0^-)$. (*b*) Encontre $v_1(0^+)$, $v_2(0^+)$ e $v_R(0^+)$. (*c*) Determine a constante de tempo de $v_R(t)$. (*d*) Encontre $v_R(t)$, $t > 0$. (*e*) Encontre $i(t)$. (*f*) Encontre $v_1(t)$ e $v_2(t)$ a partir de $i(t)$ e os valores iniciais. (*g*) Mostre que a energia armazenada em $t = \infty$ mais a energia total dissipada no resistor de 20 kΩ é igual à energia armazenada nos capacitores em $t = 0$.

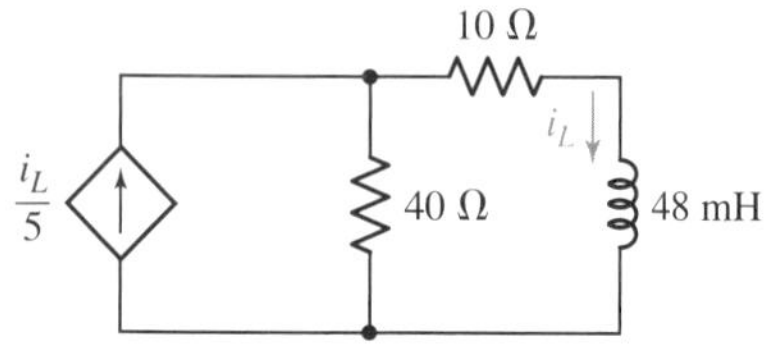

▲ **FIGURA 8.74**

40. O indutor na Figura 8.74 está armazenando 54 nJ em $t = 0^-$. Calcule a energia restante em t igual a (*a*) 0^+, (*b*) 1 ms, (*c*) 5 ms.

8.5 A Função Degrau Unitário

41. Avalie as seguintes funções em $t = -2$, 0 e +2: (*a*) $f(t) = 3u(t)$; (*b*) $g(t) = 5u(-t) + 3$; (*c*) $h(t) = 5u(t - 3)$; (*d*) $z(t) = 7u(1 - t) + 4u(t + 3)$.

42. Avalie as seguintes funções em $t = -1$, 0 e +3: (*a*) $f(t) = tu(1 - t)$; (*b*) $g(t) = 8 + 2u(2 - t)$; (*c*) $h(t) = u(t + 1) - u(t - 1) + u(t + 2) - u(t - 4)$; (*d*) $z(t) = 1 + u(3 - t) + u(t - 2)$.

43. Faça o gráfico das seguintes funções ao longo do intervalo $-3 \leq t \leq 3$: (*a*) $v(t) = 3 - u(2 - t) - 2u(t)$ V; (*b*) $i(t) = u(t) - u(t - 0{,}5) + u(t - 1) - u(t - 1{,}5) + u(t - 2) - u(t - 2{,}5)$ A; (*c*) $q(t) = 8u(-t)$ C.

44. Use funções degrau para construir uma equação que descreva a forma de onda esboçada na Figura 8.75.

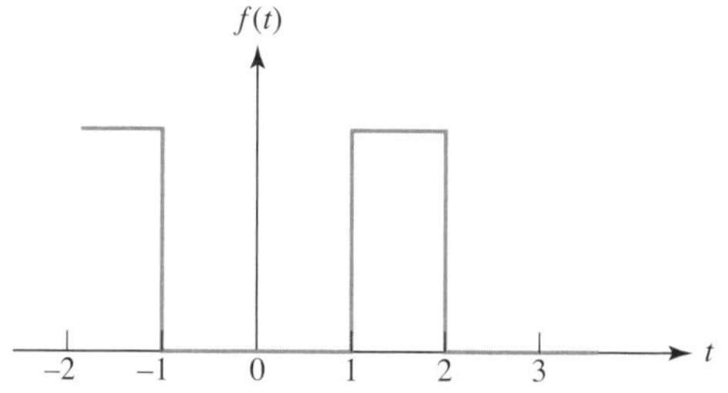

◀ **FIGURA 8.75**

45. Empregando funções degrau apropriadas, descreva a forma de onda de tensão representada graficamente na Figura 8.76.

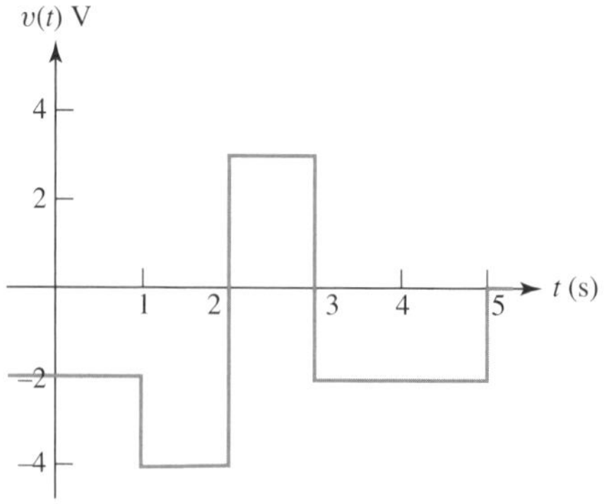

◀ **FIGURA 8.76**

8.6 Circuitos RL com Fontes

46. Com relação ao circuito simples ilustrado na Figura 8.77, calcule $i(t)$ para (*a*) $t = 0^-$, (*b*) $t = 0^+$, (*c*) $t = 1^-$, (*d*) $t = 1^+$, (*e*) $t = 2$ ms.

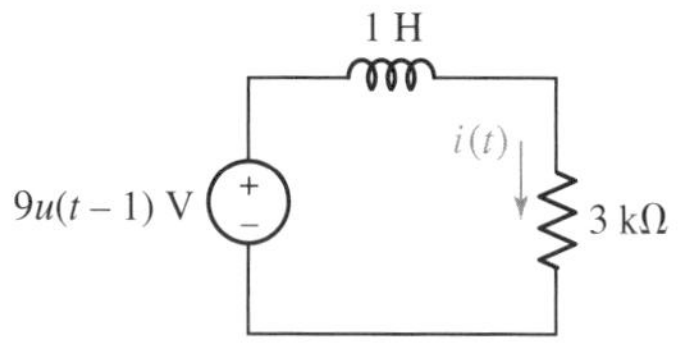

▲ **FIGURA 8.77**

47. Para o circuito dado na Figura 8.78, (*a*) determine $v_L(0^-)$, $v_L(0^+)$, $i_L(0^-)$ e $i_L(0^+)$; (*b*) calcule $i_L(150\ \text{ns})$. (*c*) Verifique sua resposta ao item (*b*) com uma simulação apropriada no PSpice.

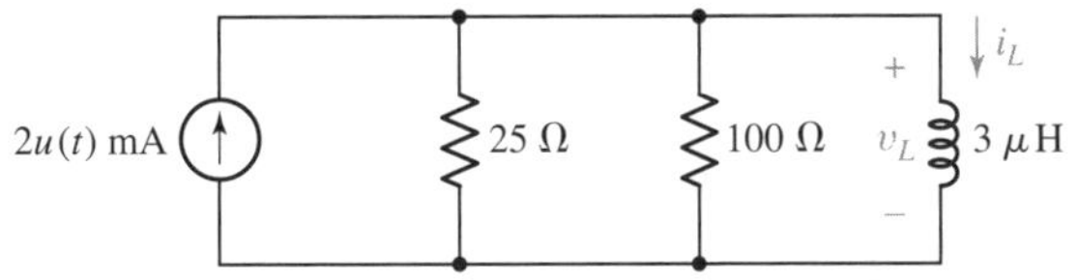

◀ **FIGURA 8.78**

48. O circuito representado na Figura 8.79 contém duas fontes independentes, sendo que uma delas está ativa apenas para $t > 0$. (*a*) Obtenha uma expressão para $i_L(t)$ válida para todo t; (*b*) calcule $i_L(t)$ em $t = 10\ \mu s$, $20\ \mu s$ e $50\ \mu s$.

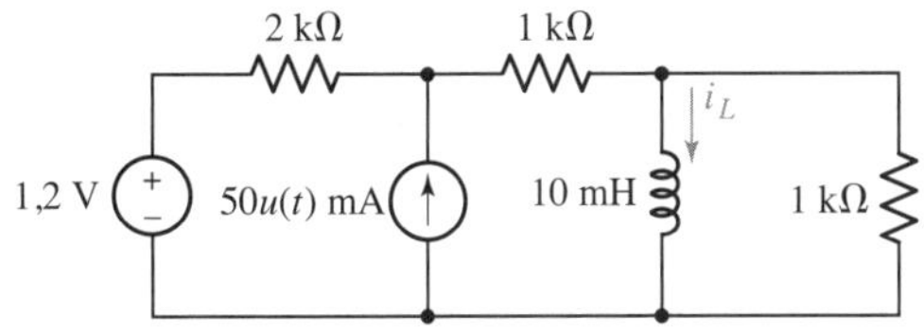

◀ **FIGURA 8.79**

49. O circuito mostrado na Figura 8.80 é alimentado por uma fonte que é inativa para $t < 0$. (*a*) Obtenha uma expressão para $i(t)$ válida para todo t. (*b*) Faça o gráfico de sua resposta durante o intervalo de $-1\ \text{ms} \leq t \leq 10\ \text{ms}$.

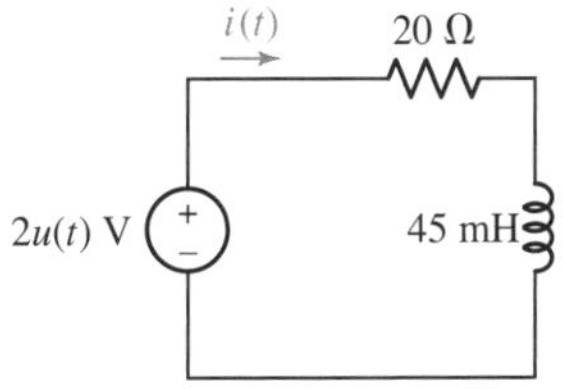

▲ **FIGURA 8.80**

50. Para o circuito mostrado na Figura 8.81, (*a*) obtenha uma expressão para $i(t)$ válida para todo o tempo; (*b*) obtenha uma expressão para $v_R(t)$ válida para todo o tempo; e (*c*) faça os gráficos de $i(t)$ e $v_R(t)$, ambos no intervalo de $-1\ \text{s} \leq t \leq 6\ \text{s}$.

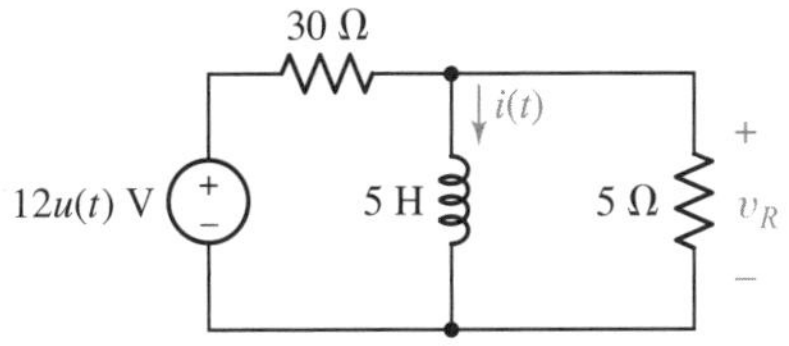

◀ **FIGURA 8.81**

8.7 Respostas Natural e Forçada

51. Para o circuito de duas fontes da Figura 8.82, observe que uma fonte está sempre ligada. (*a*) Obtenha uma expressão para $i(t)$ válida para todo t; (*b*) determine em que instante a energia armazenada no indutor atinge 99% de seu valor máximo.

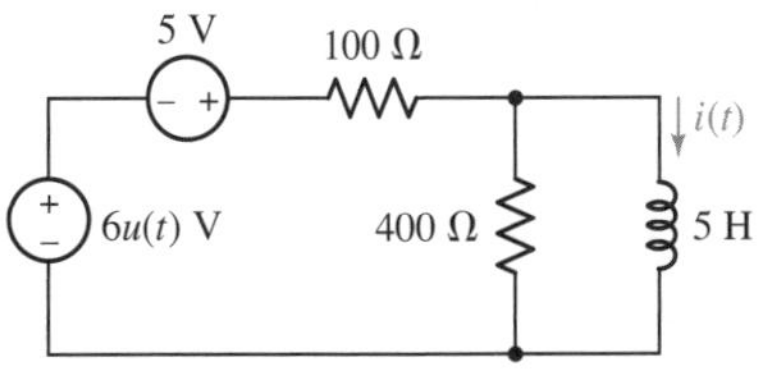

▲ **FIGURA 8.82**

52. (*a*) Obtenha uma expressão para i_L conforme indicado na Figura 8.83 que seja válida para todos os valores de t. (*b*) Faça o gráfico do seu resultado durante o intervalo de $-1\ \text{ms} \leq t \leq 3\ \text{ms}$.

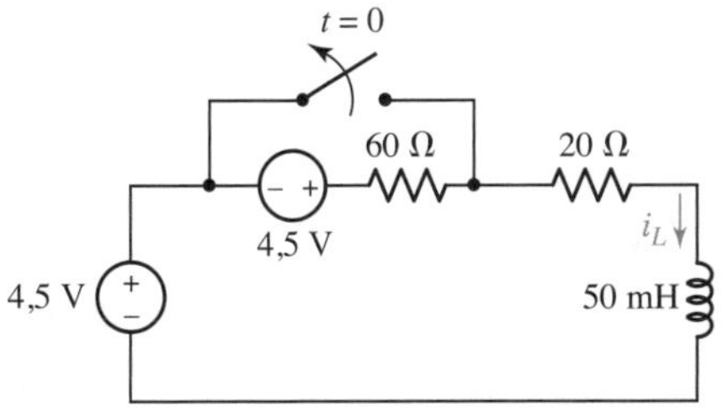

◀ **FIGURA 8.83**

53. Obtenha uma expressão para $iL(t)$ indicado no diagrama do circuito da Figura 8.84 e determine a potência dissipada no resistor de 40 Ω em $t = 2{,}5$ ms.

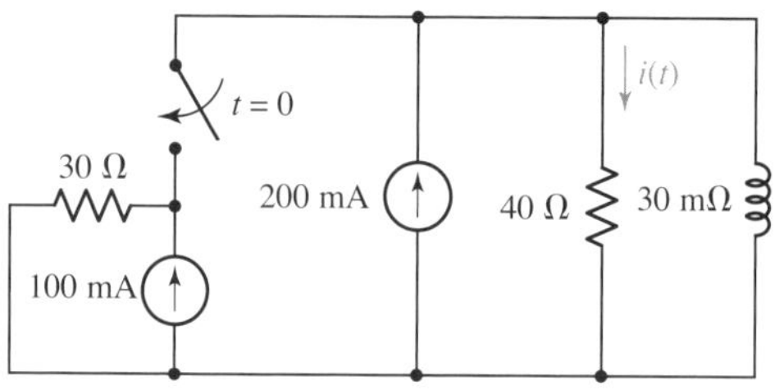

◀ **FIGURA 8.84**

54. Obtenha uma expressão para i_l conforme indicado na Figura 8.85 que é válida para todos os valores de t.

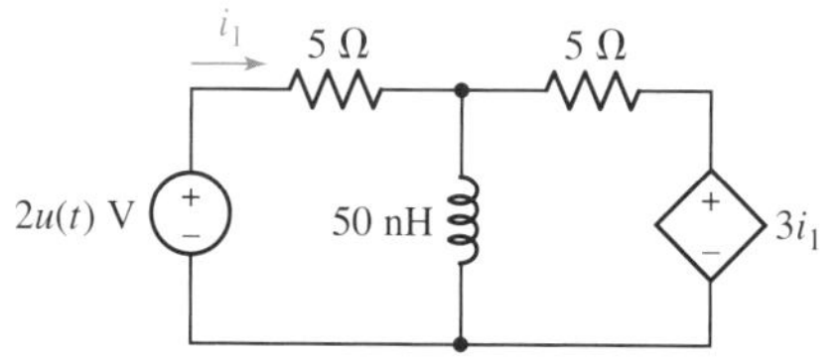

◀ **FIGURA 8.85**

55. Faça o gráfico da corrente $i(t)$ na Figura 8.86 se (*a*) $R = 10$ Ω; (*b*) $R = 1$ Ω. Em que caso o indutor armazena (temporariamente) mais energia? *Explique*.

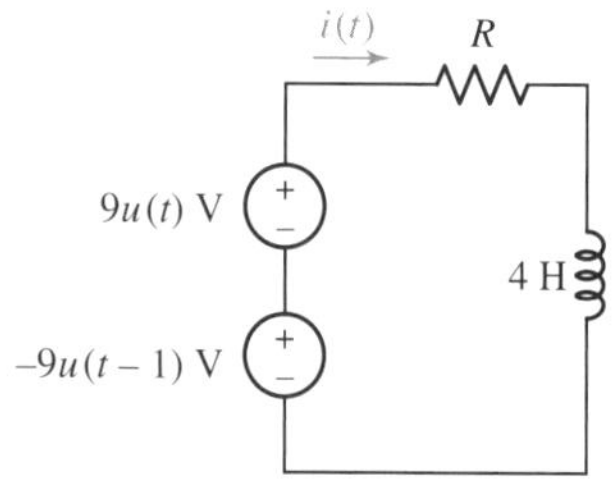

▲ **FIGURA 8.86**

8.8 Circuitos *RC* com Fontes

56. (*a*) Obtenha uma expressão para v_C no circuito da Figura 8.87 válida para todos os valores de t. (*b*) Faça o gráfico de $v_C(t)$ no intervalo de $0 \le t \le 4$ μs.

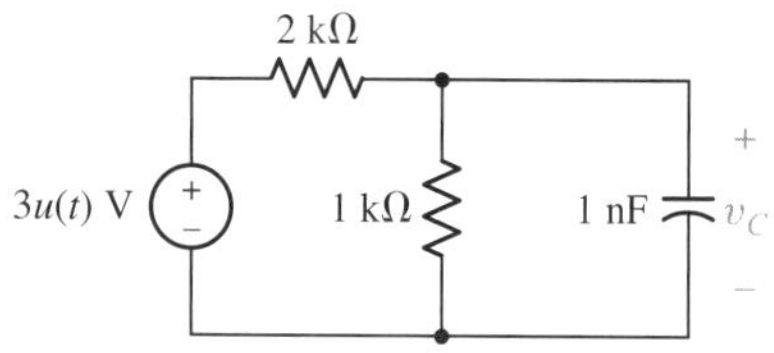

▲ **FIGURA 8.87**

57. Obtenha uma equação que descreva o comportamento de i_A indicado na Figura 8.88 no intervalo de -1 ms $\le t \le 5$ ms.

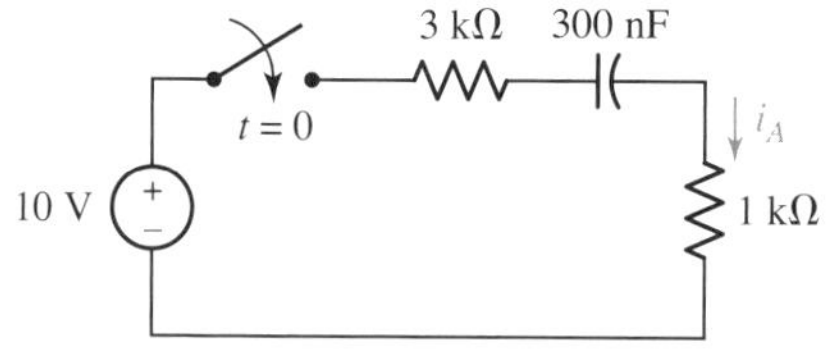

◀ **FIGURA 8.88**

58. A chave do circuito da Figura 8.89 esteve fechada por um tempo extremamente longo antes de ser aberta em $t = 0$. (*a*) Calcule a corrente indicada por i_x em $t = 70$ ms. (*b*) Verifique a sua resposta com uma simulação apropriada no PSpice.

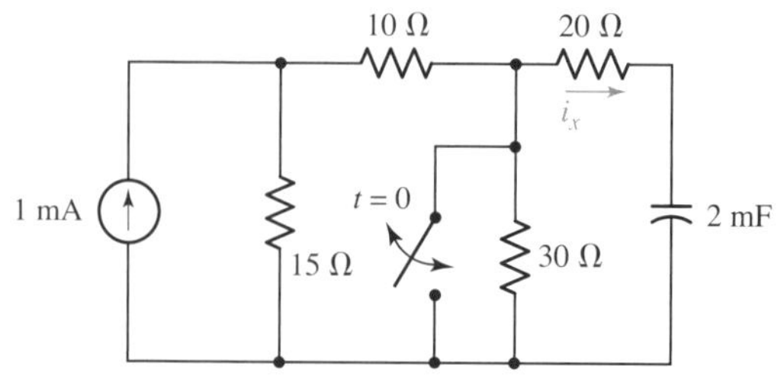

◀ **FIGURA 8.89**

59. A chave do circuito da Figura 8.89 ficou aberta por um tempo incrivelmente muito, muito longo antes de ser fechada em $t = 0$. (*a*) Calcule a corrente indicada por i_x em $t = 70$ ms. (*b*) Verifique a sua resposta com uma simulação apropriada no PSpice.

60. A chave "*make-before-break*" mostrada na Figura 8.90 esteve na posição *a* desde que o primeiro episódio de "Jonny Quest" foi ao ar na televisão. Finalmente, ela é movida para a posição *b* no tempo $t = 0$. (*a*) Obtenha as expressões para $i(t)$ e $v_C(t)$ válida para todos os valores de *t*. (*b*) Determine a energia restante no capacitor em $t = 33\ \mu s$.

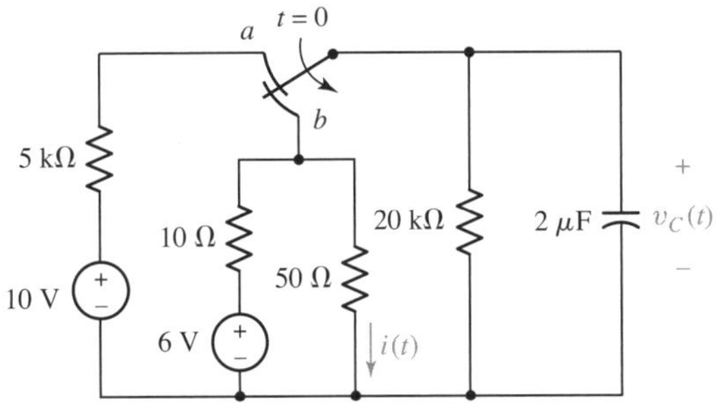

FIGURA 8.90

61. A chave no circuito da Figura 8.91, geralmente chamada de chave *make-before--break* (durante a comutação, ela faz um breve contato entre os dois circuitos ligados a ela, garantindo uma transição elétrica suave), move-se para posição *b* em $t = 0$ somente depois de estar na posição *a* tempo suficiente para garantir que todos os transitórios iniciais decorrentes do ligamento das fontes tenham sido deteriorados. (*a*) Determine a potência dissipada pelo resistor de 5 Ω em $t = 0^-$. (*b*) Determine a potência dissipada no resistor de 3 Ω em $t = 2$ ms.

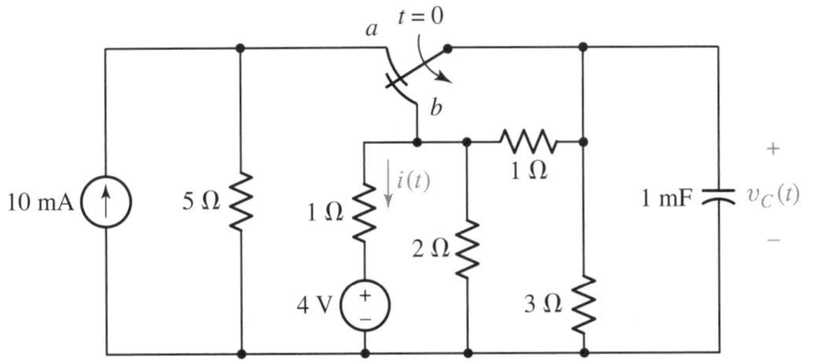

FIGURA 8.91

62. Com base no circuito representado na Figura 8.92, (*a*) obtenha uma equação que descreva v_C válido para todos os valores de *t*; (*b*) determine a energia restante no capacitor em $t = 0^+$, $t = 25\ \mu$s e $t = 150\ \mu$s.

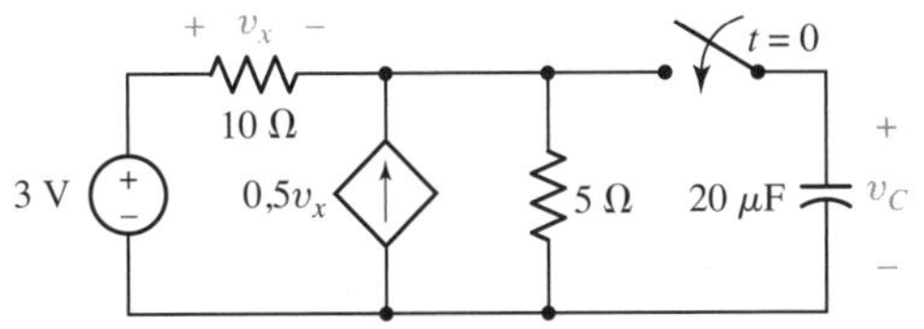

FIGURA 8.92

63. A fonte dependente mostrada na Figura 8.92, infelizmente, é instalada ao contrário durante a fabricação, de modo que o terminal correspondente à ponta de seta

é, na verdade, ligado ao terminal de referência negativo da fonte de tensão. O capacitor está inicialmente descarregado. Se o resistor de 5 Ω for dimensionado somente para 2 W, depois de quanto tempo t o circuito provavelmente irá falhar?

64. Para o circuito representado na Figura 8.93, (*a*) obtenha uma expressão para v que é válida para todos os valores de t; (*b*) faça o gráfico do seu resultado para $0 \leq t \leq 3$ s.

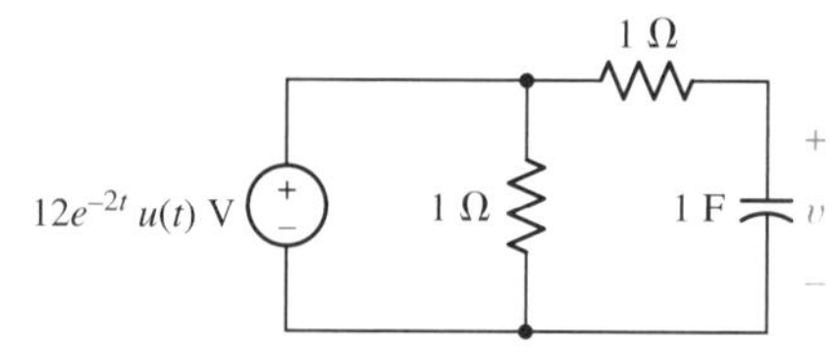

◀ **FIGURA 8.93**

65. Obtenha uma expressão para a tensão v_x indicada no circuito amplificador operacional da Figura 8.94.

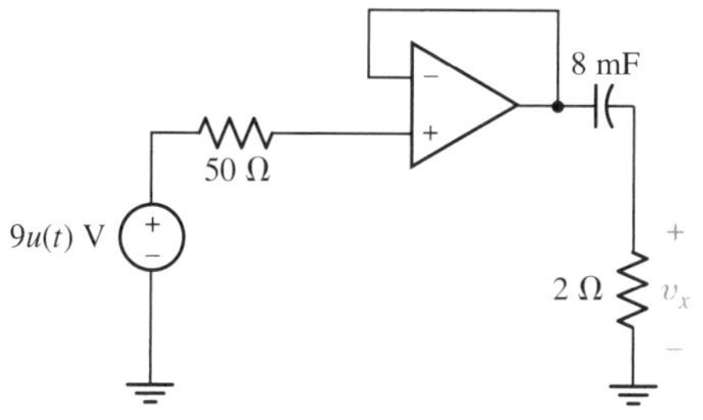

◀ **FIGURA 8.94**

8.9 Prevendo a Resposta de Circuitos Chaveados Sequencialmente

66. Faça o gráfico da corrente i_L no circuito da Figura 8.50*a* se o indutor de 100 mH é substituído por um indutor de 1 nH e submetido à forma de onda $v_s(t)$ igual a

(a) $5u(t) - 5u(t - 10^{-9}) + 5u(t - 2 \times 10^{-9})$ V, $0 \leq t \leq 4$ ns;

(b) $9u(t) - 5u(t - 10^{-8}) + 5u(t - 2 \times 10^{-8})$ V, $0 \leq t \leq 40$ ns.

67. O indutor de 100 mH, no circuito da Figura 8.50*a* é substituído por um indutor de 1 H. Faça o gráfico da corrente i_L, se a fonte $v_s(t)$ é igual a

(a) $5u(t) - 5u(t - 0{,}01) + 5u(t - 2 \times 0{,}02)$ V, $0 \leq t \leq 40$ ms;

(b) $5u(t) - 5u(t - 10) + 5u(t - 10{,}1)$ V, $0 \leq t \leq 11$ ns.

68. Faça o gráfico da tensão v_C sobre o capacitor da Figura 8.95 para, pelo menos, três períodos se $R = 1\ \Omega$, $C = 1$ F e $v_s(t)$ é uma forma de onda pulsada tendo (*a*) mínimo de 0 V, máximo de 2 V, tempos de subida e descida de 1 ms, largura de pulso de 10 s e período de 10 s; (*b*) mínimo de 0 V, máximo de 2 V, tempos de subida e descida de 1 ms, largura de pulso de 10 ms e período de 10 ms. (*c*) Verifique as suas respostas com simulações apropriadas no PSpice.

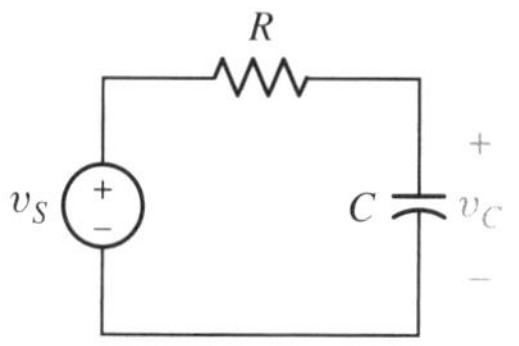

◀ **FIGURA 8.95**

69. Faça o gráfico da tensão v_C sobre o capacitor da Figura 8.95 para, pelo menos, três períodos se $R = 1\ \Omega$, $C = 1$ F e $v_s(t)$ é uma forma de onda pulsada tendo (*a*) mínimo de 0 V, máximo de 2 V, tempos de subida e descida de 1 ms, largura de pulso de 10 s e período de 10 ms; (*b*) mínimo de 0 V, máximo de 2 V, tempos de subida e descida de 1 ms, largura de pulso de 10 ms e período de 10 s. (*c*) Verifique as suas respostas com simulações apropriadas no PSpice.

Exercícios de integração do capítulo

70. O circuito da Figura 8.96 contém duas chaves que sempre se movem em perfeito sincronismo. No entanto, quando a chave *A* abre, a chave *B* fecha, e vice-versa. A Chave *A* inicialmente está aberta enquanto a chave *B* está inicialmente fechada; elas mudam de posição a cada 40 ms. Usando o nó de baixo como o nó de referência, determine a tensão sobre o capacitor em *t* igual a (*a*) 0^-, (*b*) 0^+, (*c*) 40^- ms, (*d*) 40^+ ms, (*e*) 50 ms.

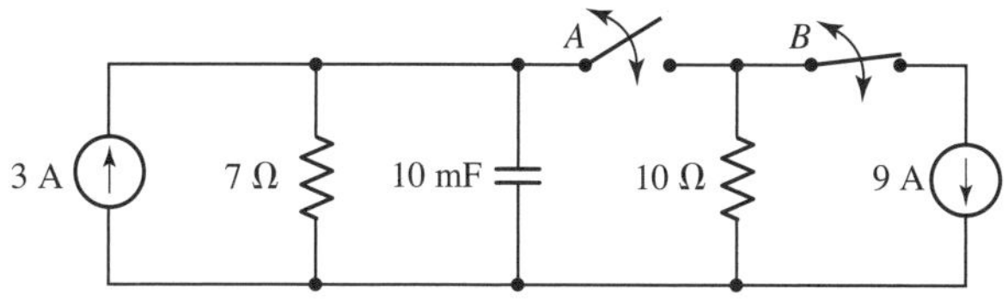

◀ **FIGURA 8.96**

71. No circuito da Figura 8.96, quando a chave *A* abre, fecha-se a chave *B*, e vice-versa. A chave *A* está inicialmente aberta enquanto a chave *B* inicialmente está fechada; elas mudam de posição a cada 400 ms. Determine a energia no capacitor em *t* igual a (*a*) 0^-, (*b*) 0^+, (*c*) 200 ms, (*d*) 400^- ms, (*e*) 400^+ ms, (*f*) 700 ms.

72. Para o circuito da Figura 8.97, o qual contém uma fonte de tensão controlada dependente, além de dois resistores. (*a*) Calcule a constante tempo de circuito. (*b*) Obtenha uma expressão para v_x válida para todo *t*. (*c*) Faça o gráfico da potência dissipada no resistor durante o intervalo de 6 constantes de tempo. (*d*) Repita os itens (*a*) a (*c*) considerando a fonte dependente instalada no circuito de cabeça para baixo. (*e*) As configurações dos circuitos são "estáveis"? *Explique*.

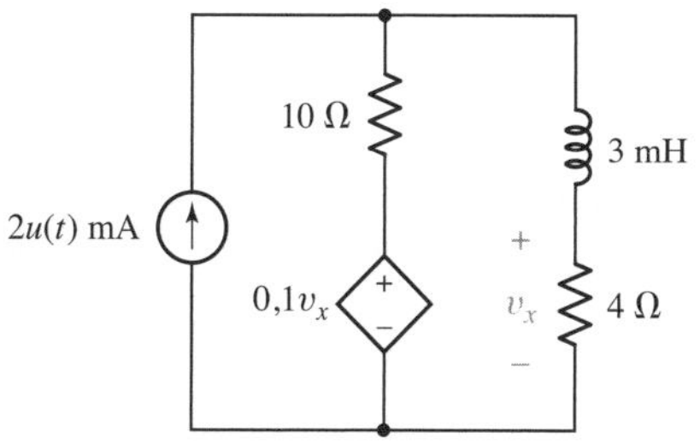

◀ **FIGURA 8.97**

73. No circuito da Figura 8.97, um capacitor de 3 mF é acidentalmente instalado em vez de um indutor. Infelizmente, isso não é o fim dos problemas, já que, posteriormente, é determinado que o capacitor real não é muito bem modelado por um capacitor ideal, e o dielétrico tem uma resistência de 10 kΩ (que deve ser vista em paralelo com o capacitor ideal). (*a*) Calcule a constante tempo de circuito com e sem levar a resistência dielétrica em consideração. Em quanto o dielétrico muda a sua resposta? (*b*) Calcule v_x em $t = 200$ ms. A resistência dielétrica afeta significativamente sua resposta? *Explique*.

74. Para o circuito da Figura 8.98, considerando que o amplificador operacional é ideal, deduza uma expressão para $v_o(t)$ se v_s é igual a (*a*) $4u(t)$ V, (*b*) $4e^{-130.000t}$ $u(t)$ V.

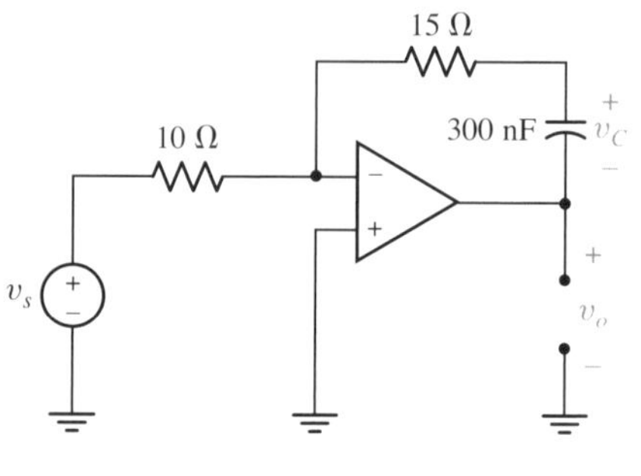

◀ **FIGURA 8.98**

9 O Circuito *RLC*

CONCEITOS FUNDAMENTAIS

- Frequência de Ressonância e Fator de Amortecimento de Circuitos *RLC* Série e Paralelo
- Resposta Sobreamortecida
- Resposta Criticamente Amortecida
- Resposta Subamortecida
- Uso das Duas Condições Iniciais
- Resposta Completa (Natural + Forçada) de Circuitos *RLC*
- Representação de Equações Diferenciais Usando Circuitos com AOPs
- Circuitos do Comparador Básico e do Amplificador de Instrumentação

INTRODUÇÃO

No Capítulo 8, estudamos circuitos que continham apenas **um** elemento de armazenamento de energia, combinado com uma rede passiva que, em parte, determinou o tempo decorrido para carga/descarga do capacitor ou do indutor. As equações diferenciais que resultaram da análise foram sempre de primeira ordem. Neste capítulo, consideramos circuitos mais complexos que contêm **tanto** um indutor **como** um capacitor. O resultado é uma equação diferencial de **segunda ordem** para qualquer tensão ou corrente de interesse. O que aprendemos no Capítulo 8 é facilmente estendido para o estudo desses circuitos chamados de circuitos *RLC*, embora agora precisemos de duas condições iniciais para resolver cada equação diferencial. Tais circuitos aparecem rotineiramente em uma ampla variedade de aplicações, incluindo osciladores e filtros de frequência. Eles também são muito úteis na modelagem de uma série de situações práticas, tais como sistemas de suspensão de automóvel, controladores de temperatura e até mesmo a resposta de um avião a alterações nas posições do aileron e do leme de profundidade.

9.1 ▶ O CIRCUITO PARALELO SEM FONTES

Existem dois tipos básicos de circuitos *RLC*: *conectados em paralelo* e *conectados em série*. Poderíamos começar com qualquer um, mas, arbitrariamente, escolhemos começar analisando circuitos *RLC* em paralelo. Essa combinação particular de elementos ideais é um modelo razoável para uma parcela de muitas redes de comunicações. Ela representa, por exemplo, uma parte importante dos amplificadores eletrônicos encontrados em qualquer receptor de rádio e permite que produzam uma grande amplificação de tensão em uma faixa estreita de frequências (com amplificação praticamente nula fora dessa faixa).

Assim como fizemos com circuitos *RL* e *RC*, consideremos primeiro a resposta natural de um circuito *RLC* em paralelo, em que um ou ambos os elementos de armazenamento de energia tem uma energia inicial diferente de zero (a origem dela, por enquanto, não é importante). Essa é representada pela corrente no indutor e a tensão no capacitor, ambas especificadas em $t = 0^+$. Uma vez que estamos confortáveis com esta parte da análise de circuitos *RLC*, podemos facilmente incluir fontes CC, interruptores ou fontes degrau no circuito. Então, encontramos a resposta total, que será a soma da resposta natural e da resposta forçada.

Uma seletividade em frequência como essa nos possibilita ouvir a transmissão de uma estação ao mesmo tempo em que rejeitamos a transmissão de qualquer outra estação. Outras aplicações incluem o uso de circuitos *RLC* em paralelo na multiplexação de frequências e em filtros de supressão harmônica. No entanto, mesmo uma simples discussão a respeito desses princípios requer um entendimento de termos como *ressonância*, *resposta em frequência* e *impedância*, que ainda não foram discutidos. Podemos dizer, portanto, que o entendimento do comportamento natural do circuito *RLC* paralelo é de importância fundamental para estudos futuros de redes de comunicação e projetos de filtros, bem como muitas outras aplicações.

Quando um capacitor *real* e um indutor são conectados em paralelo e esse capacitor tem associada a ele uma resistência finita, podemos mostrar que a rede resultante tem um circuito equivalente àquele mostrado na Figura 9.1. A presença dessa resistência pode ser usada para modelar a perda de energia no capacitor; com o tempo, todos os capacitores reais acabam se descarregando, mesmo estando desconectados de um circuito. As perdas de energia no indutor real também podem ser levadas em conta acrescentando um resistor ideal (em série com o indutor ideal). No entanto, para simplificar, restringimos a nossa discussão ao caso de um indutor essencialmente ideal em paralelo com um capacitor "com perdas".

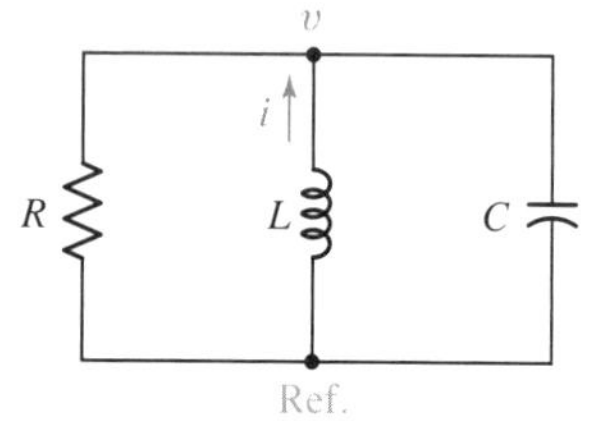

▲ **FIGURA 9.1** O circuito *RLC* em paralelo sem fontes.

Obtendo a Equação Diferencial para um Circuito *RLC* em Paralelo

Na análise a seguir, assumimos que a energia pode ser armazenada inicialmente tanto no indutor quanto no capacitor; em outras palavras, podem estar presentes correntes no indutor e tensões no capacitor com valores iniciais diferentes de zero. Com referência ao circuito da Figura 9.1, podemos, então, escrever a equação nodal

$$\frac{v}{R} + \frac{1}{L}\int_{t_0}^{t} v\,dt' - i(t_0) + C\frac{dv}{dt} = 0 \qquad [1]$$

Note que o sinal de menos é uma consequência da direção que assumimos para a corrente i. Temos de resolver a Equação [1] sujeita às condições iniciais

$$i(0^+) = I_0 \qquad [2]$$

e

$$v(0^+) = V_0 \qquad [3]$$

Quando ambos os lados da Equação [1] são diferenciados uma vez com relação ao tempo, o resultado é a equação diferencial homogênea linear de segunda ordem

$$C\frac{d^2v}{dt^2} + \frac{1}{R}\frac{dv}{dt} + \frac{1}{L}v = 0 \qquad [4]$$

cuja solução $v(t)$ é a resposta natural desejada.

Solução da Equação Diferencial

Há muitas maneiras interessantes de se resolver a Equação [4]. Deixaremos a maioria desses métodos para uma disciplina de equações diferenciais, selecionando somente o método mais rápido e mais simples de usar neste momento. Vamos supor uma solução confiando em nossa intuição e modesta experiência para selecionar uma das várias formas que podem ser adequadas. Nossa experiência com equações de primeira ordem nos sugere que ao menos tentemos a forma exponencial uma vez mais. Assim, *assumimos*

$$v = Ae^{st} \qquad [5]$$

da forma mais geral possível, o que é feito permitindo que A e s sejam números complexos, se necessário. Substituindo a Equação [5] na Equação [4], obtemos

$$CAs^2e^{st} + \frac{1}{R}Ase^{st} + \frac{1}{L}Ae^{st} = 0$$

ou

$$Ae^{st}\left(Cs^2 + \frac{1}{R}s + \frac{1}{L}\right) = 0$$

Para que essa equação seja satisfeita em todo o tempo, pelo menos um dos três fatores deve ser zero. Se qualquer um dos dois primeiros fatores for igual a zero, então, $v(t) = 0$. Essa é uma solução trivial da equação diferencial, o que não satisfaz nossas condições iniciais. Fazemos, então, o fator restante ser igual a zero:

$$Cs^2 + \frac{1}{R}s + \frac{1}{L} = 0 \qquad [6]$$

Essa equação é chamada de *equação auxiliar* ou ***equação característica***, como discutido na Seção 8.1. Se ela puder ser satisfeita, a solução que assumimos estará correta. Como a Equação [6] é uma equação quadrática, há duas soluções, identificadas como s_1 e s_2:

$$s_1 = -\frac{1}{2RC} + \sqrt{\left(\frac{1}{2RC}\right)^2 - \frac{1}{LC}} \qquad [7]$$

e

$$s_2 = \frac{1}{2RC} \sqrt{\left(\frac{1}{2RC}\right)^2 \frac{1}{LC}} \qquad [8]$$

Se *qualquer* um desses dois valores for usado para s na solução que assumimos, então, essa solução satisfaz a equação diferencial dada; ela se torna uma solução válida para a equação diferencial.

Vamos supor que substituímos s por s_1 na Equação [5], obtendo

$$v_1 = A_1e^{s_1t}$$

e, de forma similar,

$$v_2 = A_2e^{s_2t}$$

A primeira satisfaz a equação diferencial

$$C\frac{d^2v_1}{dt^2}+\frac{1}{R}\frac{dv_1}{dt}+\frac{1}{L}v_1=0$$

e a última satisfaz a

$$C\frac{d^2v_2}{dt^2}+\frac{1}{R}\frac{dv_2}{dt}+\frac{1}{L}v_2=0$$

Somando-se essas duas equações diferenciais e combinando os termos similares, temos

$$C\frac{d^2(v_1+v_2)}{dt^2}+\frac{1}{R}\frac{d(v_1+v_2)}{dt}+\frac{1}{L}(v_1+v_2)=0$$

Aqui impera a linearidade, e vê-se que a *soma* das duas soluções também é uma solução. Temos, portanto, a forma geral da resposta natural

$$v(t)=A_1e^{s_1t}+A_2e^{s_2t} \qquad [9]$$

onde s_1 e s_2 são dados pelas Equações [7] e [8]; A_1 e A_2 são duas constantes arbitrárias que devem satisfazer as duas condições iniciais especificadas.

Definição de Termos Relacionados à Frequência

A forma da resposta natural, como dada pela Equação [9], oferece poucas informações sobre a natureza da curva que podemos obter se $v(t)$ for desenhada em um gráfico em função do tempo. As amplitudes relativas de A_1 e A_2, por exemplo, serão certamente importantes na determinação da forma da curva de resposta. Além disso, as constantes s_1 e s_2 podem ser números reais ou complexos conjugados, dependendo dos valores de *R, L* e *C* na rede em questão. Esses dois casos produzirão respostas com formas fundamentalmente diferentes. Portanto, será bom fazer algumas simplificações na Equação [9].

Como os expoentes s_1t e s_2t devem ser adimensionais, s_1 e s_2 devem ter a unidade de alguma grandeza adimensional "por segundo". Pelas Equações [7] e [8], vemos que as unidades de $1/2RC$ e $1/\sqrt{LC}$ também devem ser s^{-1} (i.e., segundos^{-1}). Unidades desse tipo são chamadas de ***frequências***.

Vamos definir um novo termo, ω_0 (ômega-zero):

$$\omega_0=\frac{1}{\sqrt{LC}} \qquad [10]$$

e chamá-lo de ***frequência de ressonância***. Por outro lado, chamaremos $1/2RC$ de ***frequência neperiana***, ou ***coeficiente de amortecimento exponencial***, e o representaremos pelo símbolo α (alfa):

$$\alpha=\frac{1}{2RC} \qquad [11]$$

Esta última expressão descritiva é usada porque α é uma medida de quão rapidamente a resposta natural decai ou amortece até o seu valor final (geralmente zero). Por fim, s, s_1 e s_2, grandezas que formarão a base para nossos trabalhos futuros, são chamadas de ***frequências complexas***.

Devemos notar que s_1, s_2, α e ω_0 são meramente símbolos usados para simplificar a discussão de circuitos *RLC;* eles não são novas e misteriosas propriedades de qualquer tipo. Por exemplo, é mais fácil dizer *alfa* do que dizer *o inverso de 2RC.*

Vamos reunir esses resultados. A resposta natural do circuito *RLC* paralelo é

$$v(t) = A_1 e^{s_1 t} + A_2 e^{s_2 t} \qquad [9]$$

onde

$$s_1 = -\alpha + \sqrt{\alpha^2 - \omega_0^2} \qquad [12]$$

$$s_2 = -\alpha - \sqrt{\alpha^2 - \omega_0^2} \qquad [13]$$

$$\alpha = \frac{1}{2RC} \qquad [11]$$

$$\omega_0 = \frac{1}{\sqrt{LC}} \qquad [10]$$

A relação entre α e ω_0 é chamada de *taxa de amortecimento* por engenheiros que trabalham com sistemas de controle, sendo designada por ζ (zeta).

e A_1 e A_2 devem ser determinados aplicando-se as condições iniciais dadas.

Sobreamortecido: $\alpha > \omega_0$
Criticamente amortecido: $\alpha = \omega_0$
Subamortecido: $\alpha < \omega_0$

Notamos dois cenários básicos possíveis para as Equações [12] e [13], dependendo dos tamanhos relativos de α e ω_0 (o que é ditado pelos valores de *R*, *L* e *C*). Se $\alpha > \omega_0$, s_1 e s_2 serão ambos números reais, levando ao que conhecemos como ***resposta sobreamortecida***. No caso oposto, onde $\alpha < \omega_0$, tanto s_1 quanto s_2 terão componentes imaginários diferentes de zero, o que leva à ***resposta subamortecida***. Ambas as situações são consideradas separadamente nas próximas seções, juntamente com o caso especial em que $\alpha = \omega_0$, que leva à ***resposta criticamente amortecida***. Devemos também notar que a resposta geral composta pelas Equações [9] a [13] descreve não somente a tensão, mas também as três correntes de ramo no circuito *RLC* paralelo; as constantes A_1 e A_2 serão diferentes para cada uma delas, naturalmente.

▶ EXEMPLO 9.1

Considere um circuito *RLC* paralelo tendo uma indutância de 10 mH e uma capacitância de 100 μF. Determine os valores do resistor que causariam respostas sobreamortecidas e subamortecidas.

Primeiro, calculamos a frequência de ressonância do circuito

$$\omega_0 = \sqrt{\frac{1}{LC}} = \sqrt{\frac{1}{(10\times 10^{-3})(100\times 10^{-6})}} = 10^3 \text{ rad/s}$$

Uma resposta *sobreamortecida* será obtida se $\alpha > \omega_0$; uma resposta *subamortecida* será obtida se $\alpha < \omega_0$. Então,

$$\frac{1}{2RC} > 10^3$$

e, assim,

$$R < \frac{1}{(2000)(100\times 10^{-6})}$$

ou

$$R < 5\ \Omega$$

leva a uma resposta sobreamortecida; $R < 5\ \Omega$ leva a uma resposta subamortecida.

▶ EXERCÍCIO DE FIXAÇÃO

9.1 O circuito *RLC* paralelo contém um resistor de 100 Ω e tem como parâmetros os valores $\alpha = 1.000\ s^{-1}$ e $\omega_0 = 800$ rad/s. Determine: (*a*) *C*; (*b*) *L*; (*c*) s_1; (*d*) s_2.

Resposta: 5 μF; 312,5 mH; $-400\ s^{-1}$; $-1.600\ s^{-1}$.

9.2 ▶ O CIRCUITO *RLC* PARALELO SOBREAMORTECIDO

Uma comparação entre as Equações [10] e [11] mostra que α será maior do que ω_0 se $LC > 4R^2C^2$. Nesse caso, o radical usado para calcular s_1 e s_2 será real, e tanto s_1 quanto s_2 serão números reais. Além disso, as seguintes inequações

$$\sqrt{\alpha^2 - \omega_0^2} < \alpha$$

$$\left(-\alpha - \sqrt{\alpha^2 - \omega_0^2}\right) < \left(-\alpha + \sqrt{\alpha^2 - \omega_0^2}\right) < 0$$

podem ser aplicadas às Equações [12] e [13] para mostrar que tanto s_1 quanto s_2 são números reais negativos. Assim, a resposta $v(t)$ pode ser expressa como a soma (algébrica) de dois termos exponenciais decrescentes, ambos se aproximando de zero à medida que o tempo aumenta. De fato, como o valor absoluto de s_2 é maior do que o valor absoluto de s_1, o termo contendo s_2 tem uma taxa de decaimento mais rápida e, para valores de tempo maiores, podemos escrever a expressão limite

$$v(t) \rightarrow A_1 e^{s_1 t} \rightarrow 0 \qquad \text{como } t \rightarrow \infty$$

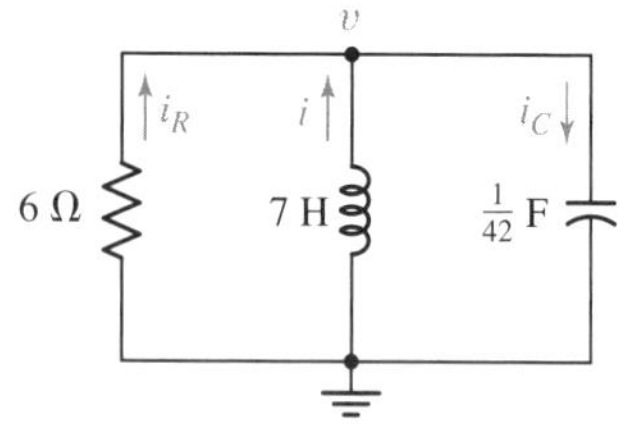

▲ **FIGURA 9.2** Circuito *RLC* em paralelo usado como exemplo numérico. O circuito é sobreamortecido.

O próximo passo é determinar as constantes arbitrárias A_1 e A_2 de acordo com as condições iniciais. Selecionamos um circuito *RLC* paralelo com $R = 6\ \Omega$, $L = 7$ H e, para facilitar os cálculos, $C = \frac{1}{42}$ F. O armazenamento inicial de energia é especificado escolhendo-se uma tensão inicial no circuito $v(0) = 0$ e uma corrente inicial no indutor de $i(0) = 10$ A, onde v e i são definidas na Figura 9.2.

Podemos facilmente determinar os valores dos vários parâmetros

$$\alpha = 3{,}5 \qquad \omega_0 = \sqrt{6} \qquad (\text{todos em } s^{-1})$$
$$s_1 = -1 \qquad s_2 = -6$$

e imediatamente escrever a forma geral da resposta natural

$$v(t) = A_1 e^{-t} + A_2 e^{-6t} \qquad [14]$$

Determinando os Valores de A_1 e A_2

Falta apenas avaliar as duas constantes A_1 e A_2. Se conhecêssemos a resposta $v(t)$ em dois instantes diferentes de tempo, esses dois valores poderiam ser substituídos na Equação [14], e facilmente encontraríamos A_1 e A_2. No entanto, conhecemos apenas um valor instantâneo de $v(t)$,

$$v(0) = 0$$

portanto,

$$0 = A_1 + A_2 \qquad [15]$$

Podemos obter uma segunda equação que relacione A_1 e A_2 calculando a derivada de $v(t)$ em relação ao tempo na Equação [14], determinando o valor inicial dessa derivada com o uso da outra condição inicial $i(0) = 10$ e, depois, igualando os resultados. Assim, derivando ambos os lados da Equação [14],

$$\frac{dv}{dt} = -A_1e^{-t} - 6A_2e^{-6t}$$

e, calculando a derivada em $t = 0$,

$$\left.\frac{dv}{dt}\right|_{t=0} = -A_1 - 6A_2$$

obtemos uma segunda equação. Embora isso pareça útil, não dispomos de um valor numérico para o valor inicial da derivada, assim, ainda não temos duas equações com duas incógnitas. Ou será que temos? A expressão dv/dt sugere uma corrente no capacitor, pois

$$i_C = C\frac{dv}{dt}$$

A lei de Kirchhoff das correntes deve valer em qualquer instante de tempo, pois ela é baseada na conservação de elétrons. Logo, podemos escrever

$$-i_C(0) + i(0) + i_R(0) = 0$$

Substituindo nossa expressão para a corrente no capacitor e dividindo por C,

$$\left.\frac{dv}{dt}\right|_{t=0} = \frac{i_C(0)}{C} = \frac{i(0) + i_R(0)}{C} = \frac{i(0)}{C} = 420 \text{ V/s}$$

pois uma tensão inicial nula no resistor requer uma corrente inicial nula através dele. Temos, então, nossa segunda equação,

$$420 = -A_1 - 6A_2 \qquad [16]$$

e a solução simultânea das Equações [15] e [16] fornece as duas amplitudes $A_1 = 84$ e $A_2 = -84$. Portanto, a solução numérica final para resposta natural de circuito é:

$$v(t) = 84(e^{-t} - e^{-6t}) \quad \text{V} \qquad [17]$$

No restante de nossas discussões referentes aos circuitos *RLC*, sempre precisaremos de duas condições iniciais para especificar completamente a resposta. Uma condição será muito fácil de aplicar: a tensão ou a corrente em $t = 0$. É a segunda condição que geralmente requer um pouco de esforço. Embora, muitas vezes, tenhamos uma corrente inicial e uma tensão inicial à nossa disposição, uma dessas deverá ser aplicada indiretamente por meio da derivada da nossa solução assumida.

▶ EXEMPLO 9.2

Determine uma expressão para $v_C(t)$ válida para $t > 0$ no circuito da Figura 9.3*a*.

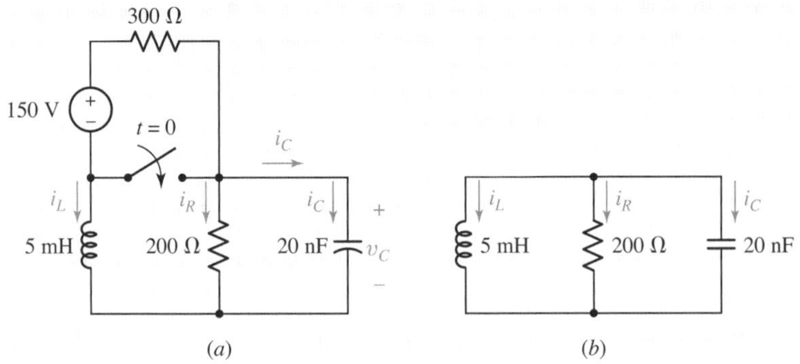

▲ **FIGURA 9.3** (*a*) Circuito *RLC* que se torna sem fontes em $t = 0$. (*b*) O circuito para $t > 0$ no qual a fonte de 150 V e o resistor de 300 Ω foram colocados em curto-circuito por uma chave e, portanto, não têm mais importância para v_C.

▶ ***Identifique o objetivo do problema.***

Temos de encontrar a tensão no capacitor após o acionamento da chave. Essa ação faz com que nenhuma fonte permaneça conectada ao indutor ou ao capacitor.

▶ ***Reúna as informações conhecidas.***

Após o acionamento da chave, o capacitor fica em paralelo com o resistor de 200 Ω e um indutor de 5 mH (Fig. 9.3*b*). Assim, $\alpha = 1/2RC = 125.000\ \text{s}^{-1}$, $\omega_0 = 1/\sqrt{LC} = 100.000$ rad/s, $s_1 = -\alpha + \sqrt{\alpha^2 - \omega_0^2} = -50.000\ \text{s}^{-1}$ e $s_2 = -\alpha - \sqrt{\alpha^2 - \omega_0} = -200.000\ \text{s}^{-1}$.

▶ ***Trace um plano.***

Como $\alpha > \omega_0$, o circuito é sobreamortecido, assim, esperamos encontrar uma tensão no capacitor com a forma

$$v_C(t) = A_1 e^{s_1 t} + A_2 e^{s_2 t}$$

Já conhecemos s_1 e s_2; precisamos obter e usar duas condições iniciais para determinar A_1 e A_2. Para fazer isso, analisaremos o circuito em $t = 0^-$ (Fig. 9.4*a*) para encontrar $i_L(0^-)$ e $v_C(0^-)$. Analisaremos o circuito em $t = 0^+$ supondo que nenhum desses valores se altera.

▶ ***Construa um conjunto apropriado de equações.***

Na Figura 9.4*a*, onde o indutor foi substituído por um curto-circuito e o capacitor foi substituído por um circuito aberto, vemos que

$$i_L(0^-) = -\frac{150}{200 + 300} = -\ 300\ \text{mA}$$

e

$$v_C(0^-) = 150\frac{200}{200 + 300} = 60\ \text{V}$$

Na Figura 9.4*b,* desenhamos o circuito em $t = 0^+$, representando a corrente no indutor e a tensão no capacitor como fontes ideais, para simplificar. Como nenhuma delas pode mudar em um tempo zero, sabemos que $v_C(0^+) = 60$ V.

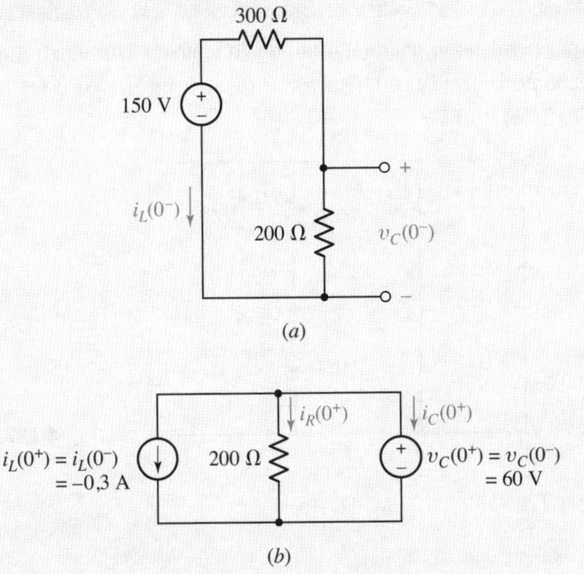

▲ **FIGURA 9. 4** (*a*) O circuito equivalente em $t = 0^-$. (*b*) O circuito equivalente em $t = 0^+$, desenhado usando fontes ideais para representar a corrente inicial no indutor e a tensão inicial no capacitor.

▶ ***Determine se são necessárias informações adicionais.***

Temos uma equação para a tensão no capacitor: $v_C(t) = A_1e^{-50.000t} + A_2e^{-200.000t}$. Sabemos agora que $v_C(0^+) = 60$ V, mas uma terceira equação ainda é necessária. Derivando a equação da tensão no capacitor,

$$\frac{dv_C}{dt} = -50{,}000A_1e^{-50.000t} - 200{,}000A_2e^{-200.000t}$$

que pode ser relacionada à corrente no capacitor, pois $i_C = C(dv_C/dt)$. Retomando a Figura 9.4*b,* a LKC determina

$$i_C(0^+) = -\,i_L(0^+) - i_R(0^+) = 0{,}3 - [v_C(0^+)/\,200] = 0$$

▶ ***Tente uma solução.***

A aplicação de nossa primeira condição inicial resulta em

$$v_C(0) = A_1 + A_2 = 60$$

e a aplicação de nossa segunda condição inicial resulta em

$$i_C(0) = -20 \times 10^{-9}(50.000A_1 + 200.000A_2) = 0$$

Resolvendo, $A_1 = 80$ V e $A_2 = -20$ V, de modo que

$$v_C(t) = 80e^{-50.000t} - 20e^{-200.000t}\ \text{V}, \qquad t > 0$$

▶ ***Verifique a solução. Ela é esperada ou razoável?***

No mínimo, podemos testar nossa solução em $t = 0$, verificando que $v_C(0) = 60$ V. Diferenciando e multiplicando por 20×10^{-9}, podemos também verificar que $i_C(0) = 0$. Além disso, uma vez que temos um circuito sem fontes para $t > 0$, esperamos que $v_C(t)$ deva finalmente cair a zero ao passo que t aproxima-se de ∞, que representa nossa solução.

▶ EXERCÍCIO DE FIXAÇÃO

9.2 Após permanecer aberta por um longo tempo, a chave na Figura 9.5 se fecha no instante $t = 0$. Determine (*a*) $i_L(0^-)$; (*b*) $v_C(0^-)$; (*c*) $i_R(0^+)$; (*d*) $i_C(0^+)$; (*e*) $v_C(0{,}2)$.

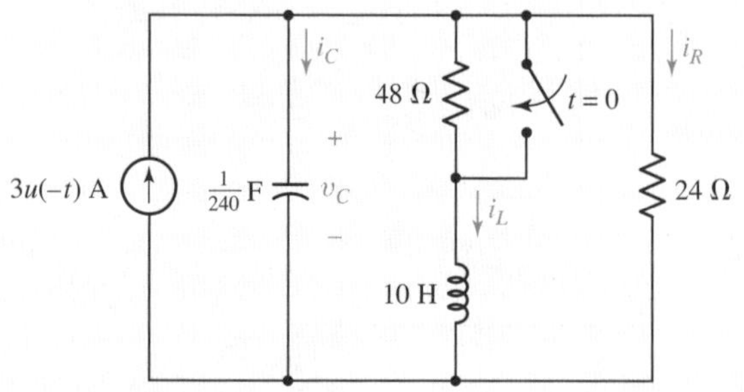

◀ **FIGURA 9.5**

Resposta: 1 A; 48 V, 2 A; –3 A; –17,54 V.

Conforme foi indicado anteriormente, a forma da resposta sobreamortecida se aplica a qualquer tensão ou corrente, como mostraremos no exemplo a seguir.

▶ EXEMPLO 9.3

O circuito da Figura 9.6*a* se reduz a um simples circuito *RLC* paralelo após $t = 0$. Determine uma expressão para a corrente i_R no resistor válida para todo o tempo.

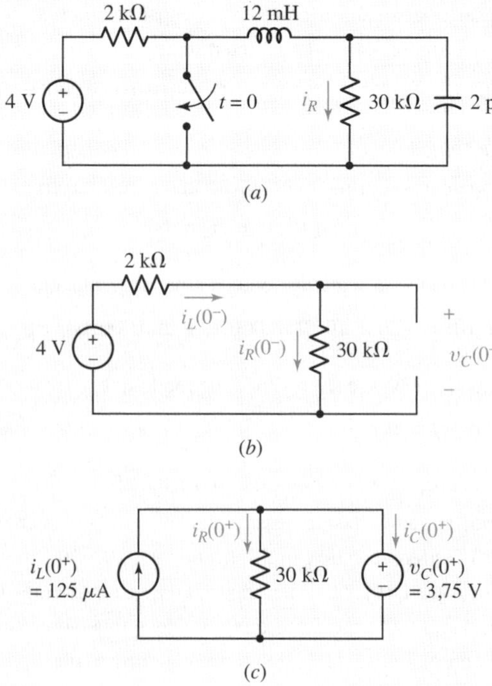

▶ **FIGURA 9.6** (*a*) Circuito no qual se deseja conhecer i_R. (*b*) Circuito equivalente para $t = 0^-$. (*c*) Circuito equivalente para $t = 0^+$.

Para $t > 0$, temos um circuito *RLC* paralelo com $R = 30$ kΩ, $L = 12$ mH e $C = 2$ pF. Logo, $\alpha = 8{,}333 \times 10^6$ s^{-1} e $\omega_0 = 6{,}455 \times 10^6$ rad/s. Esperamos, portanto, uma resposta sobreamortecida, com $s_1 = -3{,}063 \times 10^6$ s^{-1} e $s_2 = -13{,}60 \times 10^6$ s^{-1}, de modo que

$$i_R(t) = A_1 e^{s_1 t} + A_2 e^{s_2 t}, \qquad t > 0 \qquad [18]$$

Para determinar valores numéricos para A_1 e A_2, primeiro, analisamos o circuito em $t = 0^-$, conforme indica o desenho da Figura 9.6*b*. Vemos que $i_L(0^-) = i_R(0^-) = 4/32 \times 10^3 = 125\ \mu$A e $v_C(0^-) = 4 \times 30/32 = 3{,}75$ V.

Ao desenhar o circuito em $t = 0^+$ (Fig. 9.6*c*), só sabemos que $i_L(0^+) = 125\ \mu$A e $v_C(0^+) = 3{,}75$ V. Entretanto, pela Lei de Ohm, podemos calcular $i_R(0^+) = 3{,}75/30 \times 10^3 = 125\ \mu$A, nossa primeira condição inicial. Assim,

$$i_R(0) = A_1 + A_2 = 125 \times 10^{-6} \qquad [19]$$

Como podemos obter uma *segunda* condição inicial? Se multiplicarmos a Equação [18] por 30×10^3, obtemos uma expressão para $v_C(t)$. Derivando-a e multiplicando-a por 2 pF, obtemos uma expressão para $i_C(t)$:

$$i_C = C\frac{dv_C}{dt} = (2 \times 10^{-12})(30 \times 10^3)(A_1 s_1 e^{s_1 t} + A_2 s_2 e^{s_2 t})$$

Pela LKC,

$$i_C(0^+) = i_L(0^+) - i_R(0^+) = 0$$

Logo,

$$-(2 \times 10^{-12})(30 \times 10^3)(3{,}063 \times 10^6 A_1 + 13{,}60 \times 10^6 A_2) = 0 \qquad [20]$$

Resolvendo as Equações [19] e [20], obtemos $A_1 = 161{,}3\ \mu$A e $A_2 = -36{,}24\ \mu$A. Portanto,

$$i_R = \begin{cases} 125\ \mu\text{A} & t < 0 \\ 161{,}3e^{-3{,}063\times 10^6 t} - 36{,}34e^{-13{,}6\times 10^6 t}\ \mu\text{A} & t > 0 \end{cases}$$

▶ EXERCÍCIO DE FIXAÇÃO

9.3 Determine a corrente i_R que circula pelo resistor da Figura 9.7 para $t > 0$ se $i_L(0^-) = 6$ A e $v_C(0^+) = 0$ V. A configuração do circuito antes de $t = 0$ não é conhecida.

Resposta: $i_R(t) = 6{,}838(e^{-7{,}823 \times 10^{10} t} - e^{-0{,}511 \times 10^{10} t})$ A.

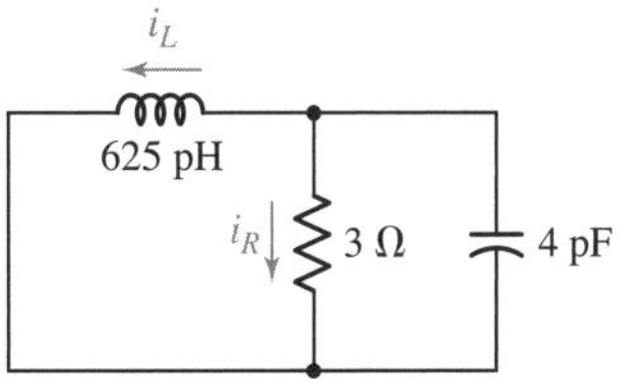

▲ **FIGURA 9.7** Circuito para o Exercício de Fixação 9.3

Representação Gráfica da Resposta Sobreamortecida

Vamos agora retornar à Equação [17] e ver quais informações adicionais podemos obter sobre esse circuito. Podemos interpretar o primeiro termo exponencial tendo uma constante de tempo de 1 s e a outra exponencial tendo uma constante de tempo de $\frac{1}{6}$ s. Cada uma começa com a amplitude unitária, mas a última decai mais rapidamente; $v(t)$ nunca é negativa. À medida que o tempo se aproxima do infinito, cada um dos termos se aproxima de zero, e a resposta se anula, conforme é esperado. Temos, portanto, uma curva de resposta que é zero em $t = 0$, zero em $t = \infty$ e nunca é negativa; como ela não é totalmente nula, deve possuir pelo menos um valor máximo, e isso não é difícil de determinar de forma exata. Diferenciamos a resposta

$$\frac{dv}{dt} = 84(-e^{-t} + 6e^{-6t})$$

igualamos a zero a derivada para determinar o tempo t_m no qual a tensão atinge o máximo,

$$0 = -e^{-t_m} + 6e^{-6t_m}$$

manipulamos uma vez,

$$e^{5t_m} = 6$$

e obtemos

$$t_m = 0{,}358 \text{ s}$$

e

$$v(t_m) = 48{,}9 \text{ V}$$

Uma representação razoável da resposta pode ser obtida colocando-se em um gráfico os dois termos exponenciais $84e^{-t}$ e $84e^{-6t}$ e calculando-se a diferença entre eles. Essa técnica é ilustrada pelas curvas da Figura 9.8; as duas exponenciais são mostradas em linhas claras, e a sua diferença, a resposta total $v(t)$, é traçada como uma linha colorida. As curvas também confirmam nossa previsão anterior de que o comportamento funcional de $v(t)$ para valores de t muito grandes é $84e^{-t}$, e o termo exponencial contém o menor valor de s_1 e s_2.

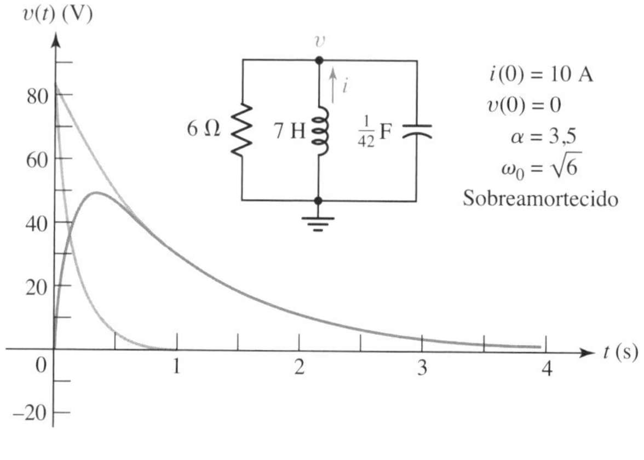

▶ **FIGURA 9.8** A resposta $v(t) = 84(e^{-t} - e^{-6t})$ da rede mostrada na Figura 9.2.

Uma pergunta que se faz frequentemente refere-se ao tempo realmente necessário para que a parte transitória da resposta desapareça (ou se amorteça). Na prática, geralmente é desejável que essa resposta transitória se aproxime de zero o mais rapidamente possível, ou seja, que o ***tempo de acomodação*** t_s seja mínimo. Teoricamente, é claro, t_s é infinito, porque $v(t)$ nunca chega a zero em um tempo finito. No entanto, tem-se uma resposta desprezível após $v(t)$ atingir valores abaixo de 1% de seu valor máximo absoluto $|v_m|$. O tempo necessário para que isso ocorra é definido como o tempo de acomodação. Como $|v_m| = v_m = 48{,}9$ V no nosso exemplo, o tempo de acomodação é o tempo necessário para que a resposta caia a 0,489 V. Substituindo esse valor para $v(t)$ na Equação [17] e desprezando o segundo termo exponencial, que sabemos ser desprezível aqui, encontramos um tempo de acomodação igual a 5,15 s.

▶ EXEMPLO 9.4

Para $t > 0$, a corrente no capacitor de certo circuito *RLC* paralelo sem fontes é dada pela função $i_C(t) = 2e^{-2t} - 4e^{-t}$ A. Desenhe o gráfico da corrente no intervalo $0 < t < 5$ s e determine o tempo de acomodação.

Primeiro, desenhamos os dois termos, como mostra a Figura 9.9, depois, subtraímo-los para determinar $i_C(t)$. Está claro que o valor máximo é $|-2| = 2$ A. Precisamos, portanto, determinar o tempo no qual $|i_C|$ cai para 20 mA, ou

$$2e^{-2t_s} - 4e^{-t_s} = -\ 0{,}02 \qquad [21]$$

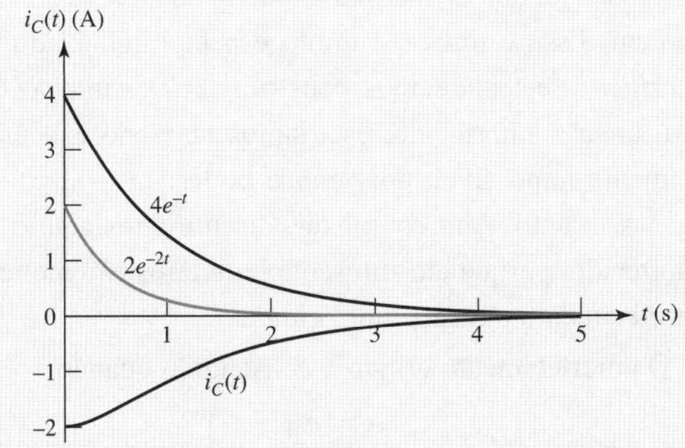

◀ **FIGURA 9.9** Resposta de corrente $i_C(t) = 2e^{-2t} - 4e^{-t}$ A, desenhada juntamente com suas duas componentes.

Essa equação pode ser resolvida usando-se uma rotina de solução iterativa em uma calculadora científica, o que retoma $t_s = 5{,}296$ s. No entanto, se não houver uma opção como essa disponível, podemos aproximar a Equação [21] para $t \geq t_s$ como

$$-4e^{-t_s} = -0{,}02 \qquad [22]$$

Resolvendo,

$$t_s = -\ln\left(\frac{0{,}02}{4}\right) = 5{,}298 \text{ s} \qquad [23]$$

que é razoavelmente próxima da solução exata (com precisão melhor que 0,1%).

▶ EXERCÍCIO DE FIXAÇÃO

9.4 (*a*) Desenhe o gráfico da tensão $v_R(t) = 2e^{-t} - 4e^{-3t}$ V no intervalo $0 < t < 5$ s. (*b*) Estime o tempo de acomodação. (*c*) Calcule o valor positivo máximo e o instante de sua ocorrência.

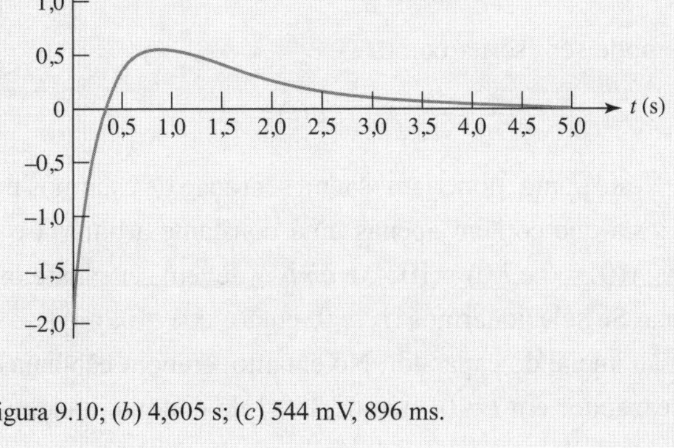

◀ **FIGURA 9.10** Resposta para o Exercício de Fixação 9.4*a*.

Resposta: (*a*) Ver Figura 9.10; (*b*) 4,605 s; (*c*) 544 mV, 896 ms.

9.3 AMORTECIMENTO CRÍTICO

O caso sobreamortecido é caracterizado por

$$\alpha > \omega_0$$

ou

$$LC > 4R^2C^2$$

e nos leva a valores reais negativos para s_1 e s_2 e a uma resposta expressa como a soma algébrica de duas exponenciais negativas.

Vamos agora ajustar os valores dos elementos até que α e ω_0 se igualem. Esse é um caso muito especial conhecido como **amortecimento crítico**. Se tentássemos construir um circuito RLC paralelo que fosse criticamente amortecido, estaríamos tentando executar uma tarefa essencialmente impossível, pois nunca poderíamos fazer α exatamente igual a ω_0. No entanto, para completar, discutiremos aqui o circuito criticamente amortecido, porque ele apresenta uma transição interessante entre o sobreamortecimento e o subamortecimento.

O amortecimento crítico é conseguido quando

ou
$$\left. \begin{array}{l} \alpha = \omega_0 \\ LC = 4R^2C^2 \\ L = 4R^2C \end{array} \right\} \text{amortecimento crítico}$$

> "Impossível" é um termo muito forte. Fazemos essa afirmação porque, na prática, não é comum obter componentes que fiquem dentro da margem de 1% de seus valores especificados. Portanto, obter *L precisamente* igual a $4R^2C$ é teoricamente possível, mas não muito provável, mesmo que estejamos dispostos a mexer em uma gaveta cheia de componentes até achar aqueles que tenham o valor correto.

Podemos produzir o amortecimento crítico mudando o valor de qualquer um dos três elementos no exemplo numérico discutido no final da Seção 9.1. Vamos ajustar R aumentando seu valor até que seja obtido um amortecimento crítico, o que mantém ω_0 inalterado. O valor necessário de R é $7\sqrt{6}/2\ \Omega$; L ainda é 7 H, e C permanece como 1/42 F. Obtemos, então,

$$\alpha = \omega_0 = \sqrt{6}\ \text{s}^{-1}$$
$$s_1 = s_2 = -\sqrt{6}\ \text{s}^{-1}$$

e lembramos as condições iniciais que foram especificadas, $v(0) = 0$ e $i(0) = 10$ A.

Forma de uma Resposta Criticamente Amortecida

Tentamos, a seguir, construir uma resposta como a soma de duas exponenciais,

$$v(t) \stackrel{?}{=} A_1 e^{-\sqrt{6}t} + A_2 e^{-\sqrt{6}t}$$

que pode ser escrita como

$$v(t) \stackrel{?}{=} A_3 e^{-\sqrt{6}t}$$

Neste ponto, poderíamos ter a sensação de estarmos perdidos. Temos uma resposta que contém apenas uma constante arbitrária e duas condições iniciais, $v(0) = 0$ e $i(0) = 10\ A$, e *ambas* devem ser satisfeitas por essa constante única. Se selecionarmos $A_3 = 0$, então, $v(t) = 0$, o que é coerente com nossa tensão inicial do capacitor. No entanto, embora não haja energia armazenada no capacitor em $t = 0^+$, temos 350 J de energia inicialmente armazenada no indutor. Essa energia produzirá uma corrente transitória saindo do indutor, dando origem a uma tensão diferente de zero nos terminais dos três elementos. Isso parece estar em conflito direto com a nossa solução proposta.

Nossa matemática e nossa eletricidade têm sido impecáveis; portanto, se um engano não foi a origem de nossas dificuldades, devemos ter começado com uma hipótese incorreta, e somente uma hipótese foi feita. Originalmente, supusemos que a equação diferencial pudesse ser resolvida assumindo-se uma solução exponencial, e isso se mostra incorreto neste caso especial de amortecimento crítico. Quando $\alpha = \omega_0$, a equação diferencial descrita na Equação [4] se torna

$$\frac{d^2v}{dt^2} + 2\alpha\frac{dv}{dt} + \alpha^2 v = 0$$

A solução dessa equação não é um processo muito difícil, mas vamos evitar fazer isso aqui, pois essa equação é um tipo padrão geralmente encontrado nos textos de equações diferenciais. A solução é

$$v = e^{-\alpha t}(A_1 t + A_2) \qquad [24]$$

Deve-se observar que a solução ainda é expressa como a soma de dois termos, onde um é a exponencial negativa com a qual estamos familiarizados e o segundo é t vezes a exponencial negativa. Também devemos notar que a solução contém as *duas* constantes arbitrárias esperadas.

Determinando Valores para A_1 e A_2

Vamos agora completar o nosso exemplo numérico. Após substituir o valor conhecido de a na Equação [24], obtendo

$$v = A_1 t e^{-\sqrt{6}t} + A_2 e^{-\sqrt{6}t}$$

estabelecemos os valores de A_1 e A_2 impondo primeiramente a condição inicial sobre a própria $v(t)$, $v(0) = 0$. Assim, $A_2 = 0$. Esse resultado simples ocorre porque o valor inicial da resposta $v(t)$ foi escolhido como zero; o caso mais geral requererá a solução de duas equações simultaneamente. A segunda condição inicial deve ser aplicada à derivada dv/dt exatamente como no caso da resposta sobreamortecida. Diferenciamos, então, lembrando que $A_2 = 0$:

$$\frac{dv}{dt} = A_1 t(-\sqrt{6})e^{-\sqrt{6}t} + A_1 e^{-\sqrt{6}t}$$

calculamos em $t = 0$:

$$\left.\frac{dv}{dt}\right|_{t=0} = A_1$$

e expressamos a derivada em termos da corrente inicial no capacitor:

$$\left.\frac{dv}{dt}\right|_{t=0} = \frac{i_C(0)}{C} = \frac{i_R(0)}{C} + \frac{i(0)}{C}$$

onde os sentidos de referência de i_C, i_R e i estão definidos na Figura 9.2. Logo,

$$A_1 = 420 \text{ V}$$

A resposta é, portanto,

$$v(t) = 420te^{-2,45t} \qquad \text{V} \tag{25}$$

Representação Gráfica da Resposta Criticamente Amortecida

Antes de representar graficamente essa resposta de forma detalhada, vamos novamente tentar prever a sua forma utilizando um raciocínio qualitativo. O valor inicial especificado é zero, e a Equação [25] confirma isso. Não está imediatamente claro que a resposta também se aproxima de zero à medida que t se torna infinitamente grande, porque $te^{-2,45t}$ é uma forma indeterminada. No entanto, esse obstáculo é facilmente vencido usando-se a regra de L'Hôpital, o que resulta em

$$\lim_{t\to\infty} v(t) = 420 \lim_{t\to\infty} \frac{t}{e^{2,45t}} = 420 \lim_{t\to\infty} \frac{1}{2,45e^{2,45t}} = 0$$

e uma vez mais temos uma resposta que começa e termina em zero e tem valores positivos em todos os outros instantes. Ocorre novamente um valor máximo v_m em um instante t_m; para nosso exemplo,

$$t_m = 0,408 \text{ s} \qquad \text{e} \qquad v_m = 63,1 \text{ V}$$

Esse máximo é maior do que aquele obtido no caso sobreamortecido, e é um resultado das pequenas perdas que ocorrem no maior resistor; o instante de resposta máxima ocorre ligeiramente mais tarde do que ocorria com o circuito sobreamortecido. O tempo de acomodação também pode ser determinado resolvendo-se a equação

$$\frac{v_m}{100} = 420t_s e^{-2,45t_s}$$

para t_s (por métodos tentativa e erro ou pela rotina SOLVE de uma calculadora):

$$t_s = 3,12 \text{ s}$$

que é um valor consideravelmente menor do que aquele obtido no caso sobreamortecido (5,15 s). Na verdade, pode-se mostrar que, para certos valores de L e C, a seleção do valor de R que proporciona amortecimento crítico sempre leva a um tempo de acomodação menor do que qualquer escolha de R que produza uma resposta sobreamortecida. No entanto, uma leve melhoria (redução) pode ser obtida no tempo de acomodação com um ligeiro aumento na resistência; neste caso, tem-se uma resposta ligeiramente subamortecida que oscilará no eixo zero antes de desaparecer, resultando no menor tempo de acomodação.

A curva de resposta para o amortecimento crítico é mostrada na Figura 9.11; ela pode ser comparada com os casos sobreamortecido e subamortecido tomando como referência a Figura 9.16 mais adiante.

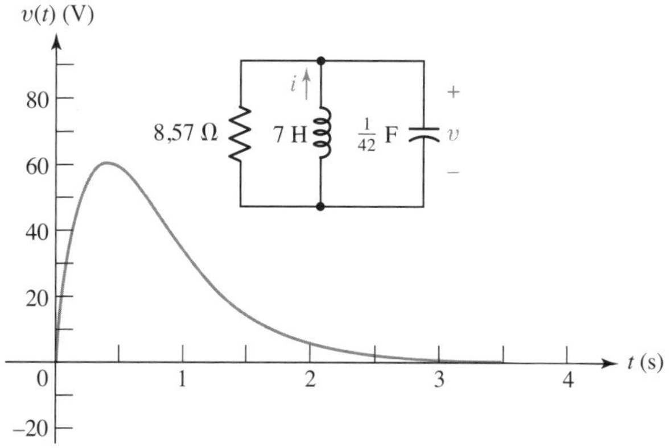

▲ **FIGURA 9.11** A resposta $v(t) = 420te^{-2,45t}$ da rede mostrada na Figura 9.2 com R alterado para proporcionar o amortecimento crítico.

▶ EXEMPLO 9.5

Selecione um valor para R_1, de maneira que o circuito da Figura 9.12 seja caracterizado por uma resposta criticamente amortecida para $t > 0$, e um valor para R_2, de maneira que $v(0) = 2$ V.

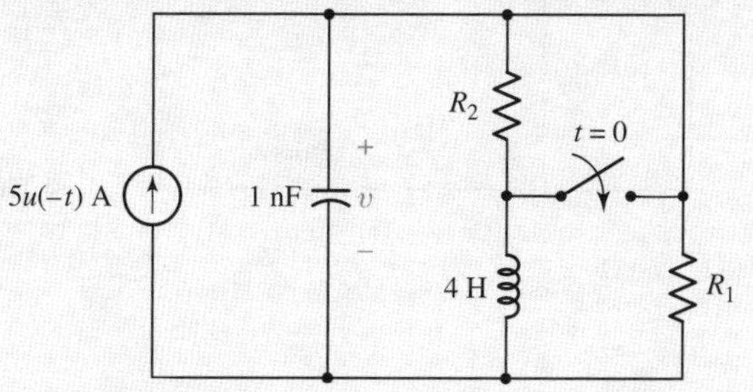

▲ **FIGURA 9.12** Um circuito que se reduz a um circuito *RLC* paralelo após o acionamento da chave.

Notamos que, em $t = 0^-$, a fonte de corrente está ligada, e o indutor pode ser tratado como um curto-circuito. Assim, $v(0^-)$ aparece nos terminais de R_2 e é dada por

$$v(0^-) = 5R_2$$

e um valor de 400 mΩ deve ser selecionado para R_2 para se obter $v(0) = 2$ V.

Após o acionamento da chave, a fonte de corrente é desligada e R_2 é curto-circuitado. Ficamos com um circuito *RLC* paralelo composto por R_1, um indutor de 4 H e um capacitor de 1 nF.

Podemos agora calcular (para $t > 0$)

$$\alpha = \frac{1}{2RC}$$
$$= \frac{1}{2 \times 10^{-9} R_1}$$

e

$$\omega_0 = \frac{1}{\sqrt{LC}}$$
$$= \frac{1}{\sqrt{4 \times 10^{-9}}}$$
$$= 15.810 \text{ rad/s}$$

Portanto, para estabelecer uma resposta criticamente amortecida no circuito para $t > 0$, precisamos fazer R_1 = 31,63 k**Ω.** (Nota: como arredondamos os valores para quatro algarismos significativos, alguém pode argumentar, com certa razão, que esta ainda não é **exatamente** uma resposta criticamente amortecida – uma situação difícil de criar.)

▶ EXERCÍCIO DE FIXAÇÃO

9.5 (*a*) Escolha R_1 no circuito da Figura 9.13 de forma que a resposta após t = 0 seja criticamente amortecida. (*b*) Agora, selecione R_2 para obter $v(0)$ = 100 V. (*c*) Calcule $v(t)$ em t = 1 ms.

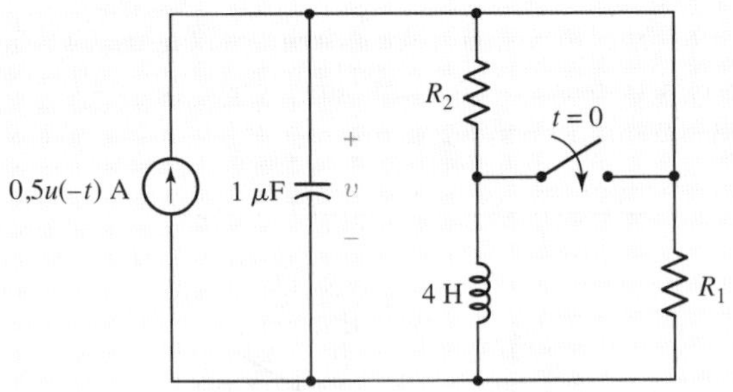

◀ **FIGURA 9.13**

Resposta: 1 kΩ; 250 Ω; –212 V.

9.4 ▶ O CIRCUITO *RLC* PARALELO SUBAMORTECIDO

Vamos continuar o processo iniciado na Seção 9.3 aumentando R mais uma vez para obter aquilo que chamamos de resposta ***subamortecida***. Assim, o coeficiente de amortecimento α decresce, enquanto ω_0 permanece constante, α^2 torna-se menor do que ω_0^2 e o radicando que aparece nas expressões de s_1 e s_2 se torna negativo. Isso faz a resposta assumir um caráter muito diferente, mas, felizmente, não é necessário retornar à equação diferencial básica. Usando números complexos, a resposta exponencial se transforma em uma *resposta senoidal amortecida*; essa é composta inteiramente por grandezas reais, sendo as grandezas complexas necessárias somente para a sua dedução.[1]

A Forma da Resposta Subamortecida

Começamos com a forma exponencial

$$v(t) = A_1 e^{s_1 t} + A_2 e^{s_2 t}$$

[1] Uma revisão sobre números complexos pode ser encontrada no Apêndice 5.

onde

$$s_{1,2} = -\alpha \pm \sqrt{\alpha^2 - \omega_0^2}$$

então, seja

$$\sqrt{\alpha^2 - \omega_0^2} = \sqrt{-1}\sqrt{\omega_0^2 - \alpha^2} = j\sqrt{\omega_0^2 - \alpha^2}$$

onde $j \equiv \sqrt{-1}$

Os engenheiros eletricistas usam "j" em vez de "i" para representar a raiz quadrada de $\sqrt{-1}$, de forma a evitar confusão com correntes.

Tomamos agora o novo radical, que é um número real para o caso subamortecido, e o chamamos de ω_d, a ***frequência amortecida***:

$$\omega_d = \sqrt{\omega_0^2 - \alpha^2}$$

A resposta agora pode ser escrita como

$$v(t) = e^{-\alpha t}(A_1 e^{j\omega_d t} + A_2 e^{-j\omega_d t}) \qquad [26]$$

ou, em uma forma mais extensa, porém equivalente,

$$v(t) = e^{-\alpha t}\left\{(A_1 + A_2)\left[\frac{e^{j\omega_d t} + e^{-j\omega_d t}}{2}\right] + j(A_1 - A_2)\left[\frac{e^{j\omega_d t} - e^{-j\omega_d t}}{j2}\right]\right\}$$

Aplicando as identidades descritas no Apêndice 5, o termo no primeiro colchete na equação anterior é igual a cos $\omega_d t$, e o segundo é igual a sen $\omega_d t$. Portanto,

$$v(t) = e^{-\alpha t}[(A_1 + A_2)\cos\omega_d t + j(A_1 - A_2)\,\text{sen}\,\omega_d t]$$

e os fatores multiplicativos podem receber novos símbolos:

$$v(t) = e^{-\alpha t}(B_1 \cos\omega_d t + B_2\,\text{sen}\,\omega_d t) \qquad [27]$$

onde as Equações [26] e [27] são idênticas.

Pode parecer um pouco estranho que nossa expressão tivesse originalmente um componente complexo e agora ser inteiramente real. No entanto, devemos lembrar que, originalmente, permitimos que A_1 e A_2 fossem complexos, bem como s_1 e s_2. De qualquer forma, se estivermos lidando com o caso subamortecido, estamos deixando de lado os números complexos. Isso deve ser verdade, pois α, ω_d e t são grandezas reais, de modo que o próprio $v(t)$ deve ser uma grandeza real (que pode ser vista em um osciloscópio, um voltímetro ou um gráfico). A Equação [27] é a forma funcional desejada para a resposta subamortecida, e sua validade pode ser verificada por substituição direta na equação diferencial original; esse exercício fica para aqueles que duvidam disso. As duas constantes reais B_1 e B_2 são novamente selecionadas, para que se levem em consideração as condições iniciais dadas.

Retornamos ao nosso circuito *RLC* paralelo simples da Figura 9.2 com $R = 6\ \Omega$, $C = 1/42$ F e $L = 7$ H, mas agora aumentamos a resistência ainda mais, para 10,5 Ω. Assim,

$$\alpha = \frac{1}{2RC} = 2\ \text{s}^{-1}$$

$$\omega_0 = \frac{1}{\sqrt{LC}} = \sqrt{6}\ \text{s}^{-1}$$

e

$$\omega_d = \sqrt{\omega_0^2 - \alpha^2} = \sqrt{2} \text{ rad/s}$$

Exceto pela avaliação das constantes arbitrárias, a resposta agora é conhecida:

$$v(t) = e^{-2t}(B_1 \cos \sqrt{2}t + B_2 \operatorname{sen} \sqrt{2}t)$$

Calculando os Valores de B_1 e B_2

A determinação das duas constantes é feita como antes. Se novamente assumimos que $v(0) = 0$ e $i(0) = 10$, então, B_1 deve ser zero. Daí,

$$v(t) = B_2 e^{-2t} \operatorname{sen} \sqrt{2}t$$

A derivada é

$$\frac{dv}{dt} = \sqrt{2}B_2 e^{-2t} \cos \sqrt{2}t - 2B_2 e^{-2t} \sin \sqrt{2}t$$

e, em $t = 0$, ela se torna

$$\left.\frac{dv}{dt}\right|_{t=0} = \sqrt{2}B_2 = \frac{i_C(0)}{C} = 420$$

onde i_C está definida na Figura 9.2. Portanto,

$$v(t) = 210\sqrt{2}e^{-2t} \operatorname{sen} \sqrt{2}t$$

Representação Gráfica da Resposta Subamortecida

Note que, como antes, essa função resposta tem um valor inicial nulo devido à tensão inicial que impusemos e um valor final nulo porque o termo exponencial tende a zero para valores crescentes de t. À medida que t aumenta, partindo de zero até pequenos valores positivos, $v(t)$ aumenta como $210\sqrt{2}$ sen$\sqrt{2}t$, porque o termo exponencial permanece essencialmente igual a 1. Mas, em algum instante t_m, a função exponencial começa a decrescer mais rapidamente do que o crescimento de sen$\sqrt{2}t$; assim, $v(t)$ alcança um valor máximo v_m e começa a decrescer. Devemos notar que t_m não é o valor de t para o qual sen$\sqrt{2}t$ é máximo, devendo ocorrer em algum ponto anterior ao máximo de sen$\sqrt{2}t$.

Quando $t = \pi/\sqrt{2}$, $v(t)$ é zero. Logo, no intervalo $\pi\sqrt{2} < t < \sqrt{2}\pi$, a resposta é negativa, tornando-se zero novamente em $t = \sqrt{2}\pi$. Portanto, $v(t)$ é uma função *oscilatória* do tempo, que cruza o eixo dos tempos um número infinito de vezes em $t = n\pi/\sqrt{2}$, onde n é qualquer inteiro positivo. Em nosso exemplo, no entanto, a resposta é apenas levemente subamortecida, e o termo exponencial faz a função se extinguir tão rapidamente, que a maior parte dos cruzamentos por zero não ficará evidente em um gráfico.

A natureza oscilatória da resposta se torna mais notável à medida que α diminui. Se α for zero, o que corresponde a uma resistência infinitamente grande, então, $v(t)$ é uma senoide subamortecida que oscila com amplitude constante. Nunca haverá um momento no qual $v(t)$ cairá e permanecerá abaixo de 1% de seu valor máximo; o tempo de acomodação é, portanto, infinito. Isso não é um moto perpétuo; meramente assumimos que havia uma energia inicial no circuito e não providenciamos nenhum meio para dissipar essa energia. Ela é transferida de sua localização inicial no indutor para o capacitor, depois retorna ao indutor, e assim por diante, para sempre.

O Papel da Resistência Finita

Uma resistência R finita no circuito RLC paralelo funciona como uma espécie de agente de transferência elétrica. Todas as vezes que a energia é transferida de L para C ou de C para L, o agente cobra uma comissão. Depois de certo tempo, o agente acaba tomando toda a energia, dissipando-a desenfreadamente até o último joule. L e C ficam sem nenhum joule de energia para si, sem tensão e sem corrente. Circuitos RLC paralelos reais podem ter valores efetivos de R tão grandes, que uma resposta senoidal subamortecida pode ser mantida por anos, sem que se forneça nenhuma energia adicional.

Retomando o nosso problema numérico específico, a diferenciação localiza o primeiro máximo de $v(t)$

$$v_{m_1} = 71{,}8 \text{ V} \qquad \text{em} \qquad t_{m_1} = 0{,}435 \text{ s}$$

o próximo mínimo,

$$v_{m_2} = -0{,}845 \text{ V} \qquad \text{em} \qquad t_{m_2} = 2{,}66 \text{ s}$$

e assim por diante. A curva de resposta é mostrada na Figura 9.14. Curvas de resposta adicionais para circuitos cada vez mais subamortecidos são mostradas na Figura 9.15.

O tempo de acomodação pode ser obtido por uma solução do tipo tentativa e erro e, para $R = 10{,}5\ \Omega$, ele acaba sendo 2,92 s, um valor um pouco menor do que aquele obtido para o amortecimento crítico. Note que t_s é *maior* que t_{m_2},

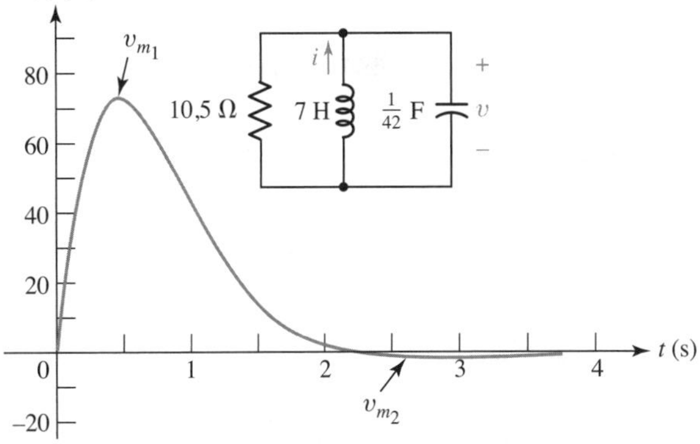

▲ **FIGURA 9.14** A resposta $v(t) = 210\sqrt{2}e^{-2t}$ sen $\sqrt{2}t$ da rede mostrada na Figura 9.2, com R aumentado para produzir uma resposta subamortecida.

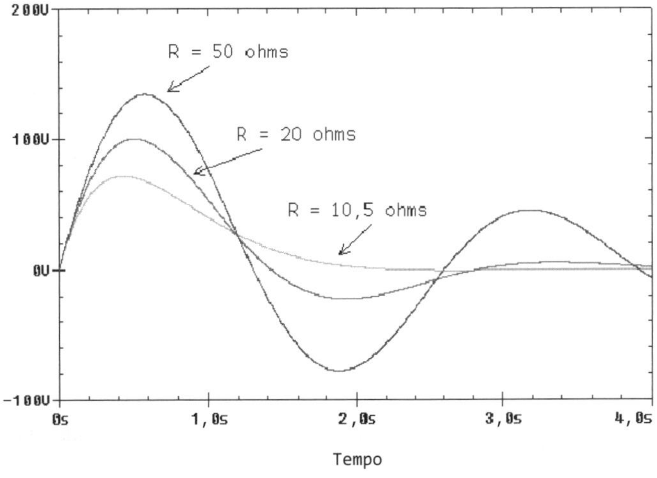

▲ **FIGURA 9.15** Resposta de tensão subamortecida da rede para três diferentes valores de resistência, mostrando um aumento no comportamento oscilatório à medida que R aumenta.

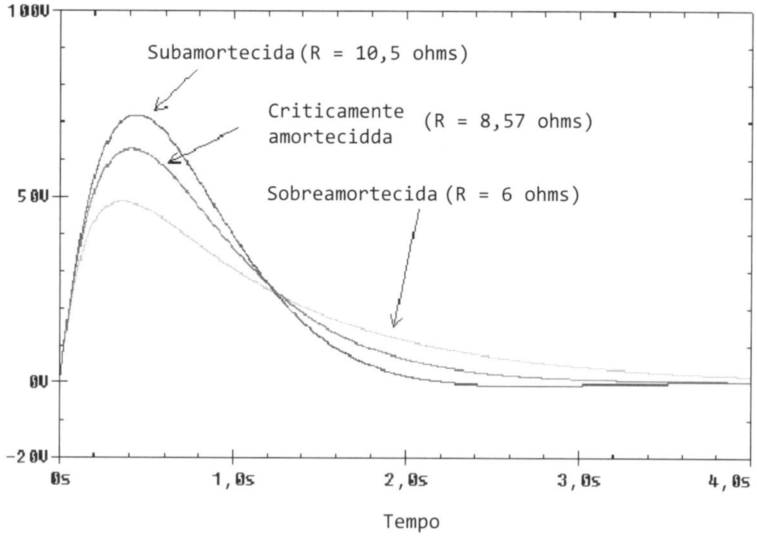

▶ **FIGURA 9.16** Respostas simuladas de tensão sobreamortecida, criticamente amortecida e subamortecida para a rede de exemplo, obtidas pela variação do valor da resistência *R* em paralelo.

porque v_{m_2} é maior que o percentual de 1% da amplitude de v_{m_1}. Isso sugere que um pequeno decréscimo em *R* poderia reduzir a amplitude da primeira oscilação negativa e permitir que t_s fosse menor do que t_{m_2}. As respostas sobreamortecidas, criticamente amortecidas e subamortecidas para essa rede, simuladas no PSpice, são mostradas em um mesmo gráfico na Figura 9.16. Uma comparação das três curvas torna plausíveis as seguintes conclusões:

- Quando o amortecimento é alterado com o aumento do valor da resistência em paralelo, a amplitude máxima da resposta aumenta e o amortecimento diminui.
- A resposta se torna oscilatória na presença de subamortecimento, e o menor tempo de acomodação é obtido na condição de leve subamortecimento.

▶ EXEMPLO 9.6

Determine $i_L(t)$ no circuito da Figura 9.17*a* e trace um gráfico de sua forma de onda.

Em $t = 0$, tanto a fonte de 3 A quanto o resistor de 48 Ω são removidos, deixando o circuito mostrado na Figura 9.17*b*. Logo, $\alpha = 1{,}2\ \text{s}^{-1}$ e $\omega_0 = 4{,}899$ rad/s. Como $\alpha < \omega_0$, o circuito é subamortecido, e, portanto, esperamos uma resposta da forma

$$i_L(t) = e^{-\alpha t}(B_1 \cos \omega_d t + B_2 \operatorname{sen} \omega_d t) \qquad [28]$$

onde $\omega_d = \sqrt{\omega_0^2 - \alpha^2} = 4{,}750$ rad/s. A única etapa restante é determinar B_1 e B_2.

A Figura 9.17*c* mostra o circuito em $t = 0^-$. Podemos substituir o indutor por um curto-circuito e o capacitor por um circuito aberto; o resultado é $v_C(0^-) = 97{,}30$ V e $i_L(0^-) = 2{,}027$ A. Como nenhuma dessas grandezas pode mudar instantaneamente, $v(0^+) = 97{,}30$ V e $i_L(0^+) = 2{,}027$ A.

A substituição de $i_L(0) = 2{,}027$ na Equação [28] resulta em $B_1 = 2{,}027$ A. Para determinar a outra constante, primeiro diferenciamos a Equação [28]:

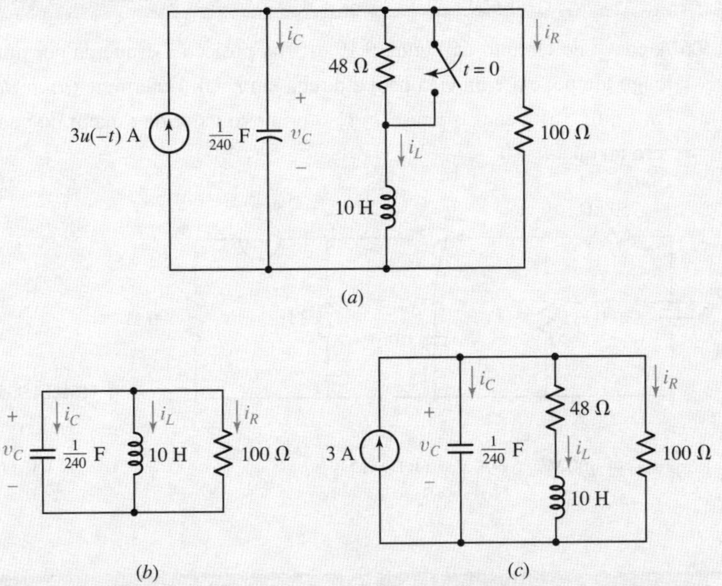

▲ **FIGURA 9.17** (*a*) Circuito *RLC* paralelo do qual se deseja saber a corrente $i_L(t)$. (*b*) Circuito para $t > 0$. (*c*) Circuito para determinar as condições iniciais.

$$\frac{di_L}{dt} = e^{-\alpha t}(-B_1\omega_d \operatorname{sen}\omega_d t + B_2\omega_d \cos\omega_d t) - \alpha e^{-\alpha t}(B_1 \cos\omega_d t + B_2 \operatorname{sen}\omega_d t) \qquad [29]$$

e notamos que $vL(t) = L(di_L/dt)$. Olhando o circuito da Figura 9.17*b*, vemos que $v_L(0^+) = v_C(0^+) = 97{,}3$ V. Logo, multiplicando a Equação [29] por $L = 10$ H e fazendo $t = 0$, obtemos

$$v_L(0) = 10(B_2\omega_d) - 10\alpha B_1 = 97{,}3$$

Resolvendo, $B_2 = 2{,}561$ A, de modo que

$$i_L = e^{-1{,}2t}(2{,}027 \cos 4{,}75t + 2{,}561 \operatorname{sen} 4{,}75t) \qquad \text{A}$$

que traçamos no gráfico da Figura 9.18.

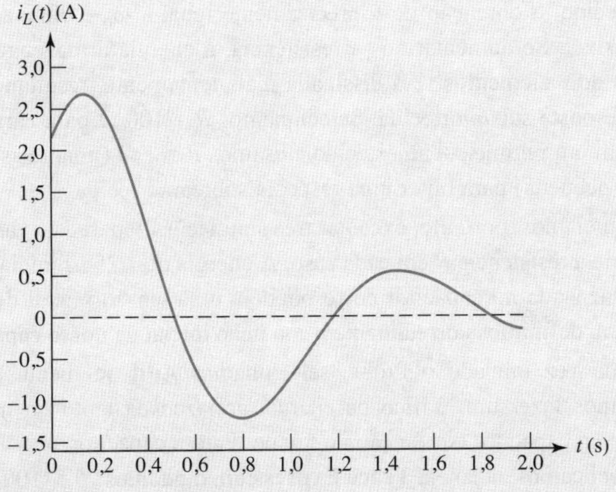

▲ **FIGURA 9.18** Gráfico de $i_L(t)$, mostrando óbvios indícios de que se trata de uma resposta subamortecida.

▶ EXERCÍCIO DE FIXAÇÃO

9.6 A chave no circuito da Figura 9.19 está na posição à esquerda por um longo tempo; ela é movida para a direita em $t = 0$. Determine (*a*) dv/dt em $t = 0^+$; (*b*) v em $t = 1$ ms; (*c*) t_0, o primeiro valor de t maior do que zero no qual $v = 0$.

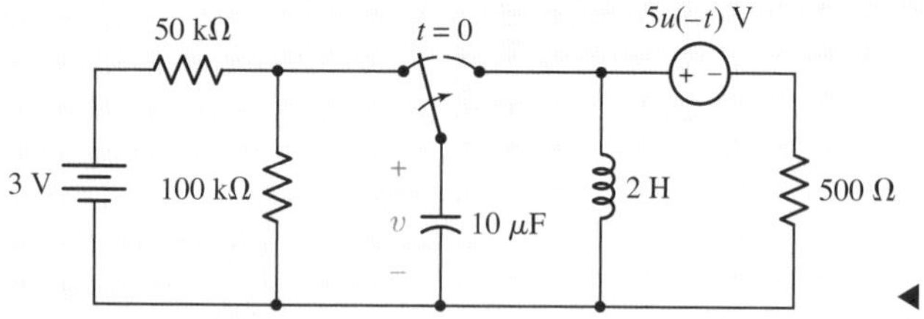

◀ **FIGURA 9.19**

Resposta: –1.400 V/s; 0,695 V; 1,609 ms.

▶ ANÁLISE AUXILIADA POR COMPUTADOR

Uma característica útil do Probe é a sua capacidade de executar operações matemáticas com tensões e correntes que resultam de uma simulação. Neste exemplo, usaremos esse recurso para mostrar a transferência de energia em um circuito *RLC* paralelo de um capacitor que inicialmente armazena uma quantidade específica de energia (1,25 μJ) para um indutor que inicialmente não armazena nenhuma energia.

Escolhemos um capacitor de 100 nF e um indutor de 7 μH, o que nos possibilita imediatamente calcular $\omega_0 = 1{,}195 \times 10^6\ s^{-1}$. Para considerar os casos sobreamortecido, criticamente amortecido e subamortecido, precisamos selecionar a resistência em paralelo de forma a obter $\alpha > \omega_0$ (*sobreamortecido*), $\alpha = \omega_0$ (*criticamente amortecido*) e $\alpha < \omega_0$ (*subamortecido*). De nossas discussões anteriores, sabemos que $\alpha = (2RC)^{-1}$ para um circuito *RLC* em paralelo. Selecionamos $R = 4{,}1833\ \Omega$ como uma boa aproximação para o caso criticamente amortecido; a obtenção de α precisamente igual a ω_0 é efetivamente impossível. Se aumentarmos a resistência, a energia armazenada nos outros dois elementos será dissipada mais lentamente, resultando em uma resposta subamortecida. Selecionamos $R = 100\ \Omega$ para caracterizar bem um regime subamortecido e usamos $R = 1\ \Omega$ (uma resistência muito pequena) para obter uma resposta sobreamortecida.

Planejamos, portanto, executar três simulações separadas, variando somente a resistência R em cada caso. A energia de 1,25 μJ inicialmente armazenada no capacitor corresponde a uma tensão inicial de 5 V, e, assim, definimos corretamente a condição inicial de nosso capacitor.

Uma vez iniciado o Probe, selecionamos **Add** no menu **Trace**. Queremos fazer um gráfico da energia armazenada tanto no indutor quanto no capacitor em função do tempo. Para o capacitor, $w = \frac{1}{2}Cv^2$, assim, clicamos na janela **Trace Expression**, digitamos "0,5*100E-9*" (sem as aspas), clicamos em V(C1:1), voltamos à janela **Trace Expression** e digitamos "*". Em seguida, clicamos novamente em V(C1:1) e selecionamos **Ok**. Repetimos a mesma sequência para obter a energia armazenada no indutor, usando 7E-6 em vez de 100E-9 e clicando em I(L1:1) em vez de V(C1:1).

As respostas das três simulações realizadas no Probe estão ilustradas na Figura 9.20. Na Figura 9.20*a,* vemos que a energia restante no circuito é continuamente transferida de um lado para outro entre o capacitor e o indutor até que seja completamente dissipada pelo resistor. A redução da resistência para 4,1833 Ω leva a um circuito criticamente amortecido, resultando no gráfico de energia da Figura 9.20*b.* A transferência oscilatória de energia entre o capacitor e o indutor é drasticamente reduzida neste caso. Vemos que a energia transferida para o indutor atinge um pico em aproximadamente 0,8 μs e, em seguida, cai a zero. A resposta sobreamortecida é apresentada no gráfico da Figura 9.20*c*. Notamos que a energia é dissipada muito mais rapidamente no caso da resposta sobreamortecida e que muito pouca energia é transferida para o indutor, pois a sua maior parte agora é rapidamente dissipada no resistor.

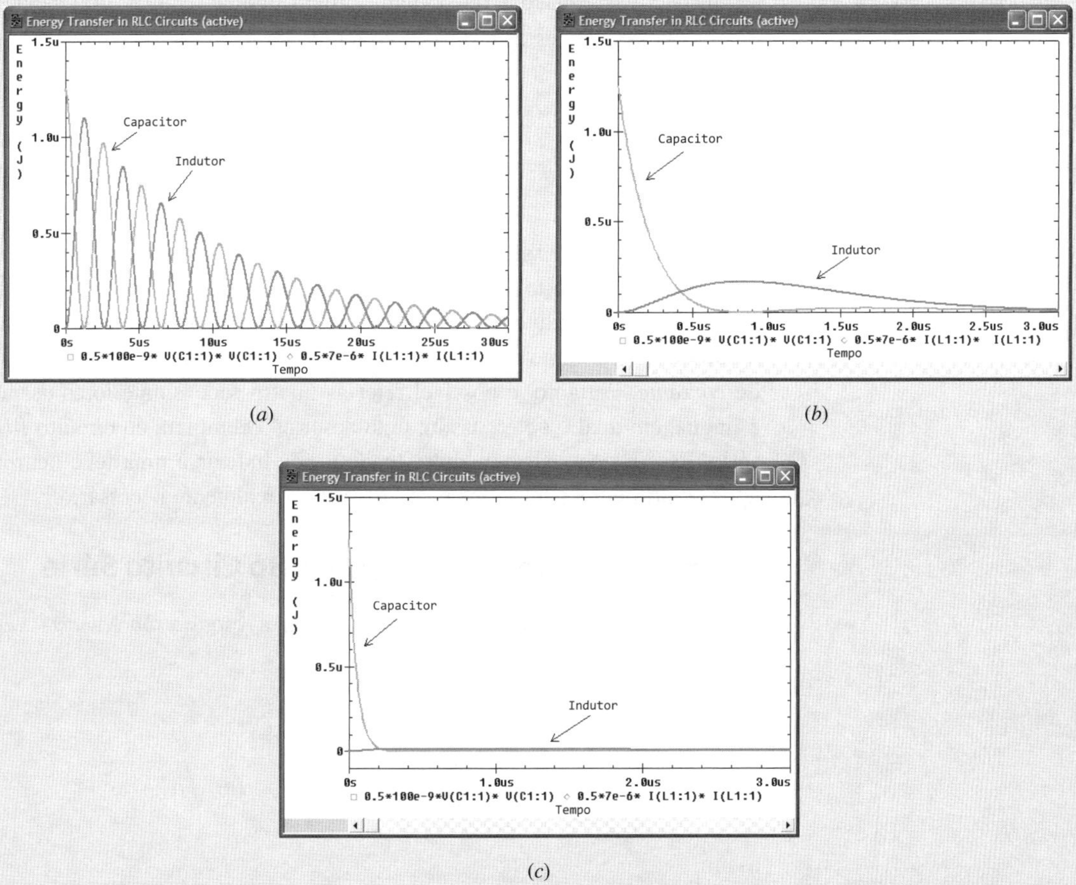

▲ **FIGURA 9.20** Transferência de energia em um circuito *RLC* paralelo com (*a*) $R = 100\ \Omega$ (subamortecido); (*b*) $R = 4{,}1833\ \Omega$ (criticamente amortecido); e (*c*) $R = 1\ \Omega$ (sobreamortecido).

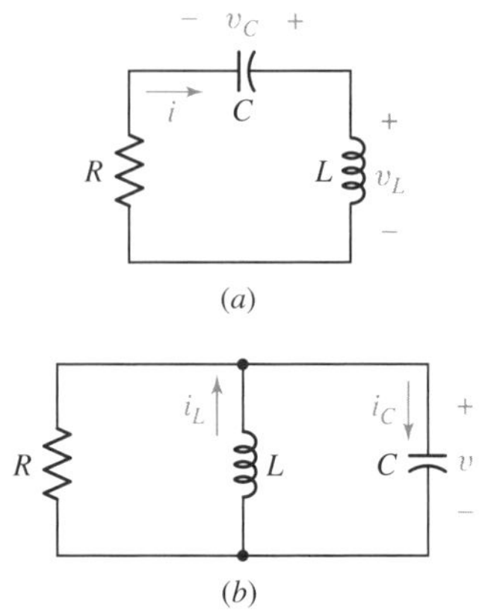

▲ **FIGURA 9.21** (*a*) O circuito *RLC* série, que é o dual de (*b*) um circuito *RLC* paralelo. Os valores dos elementos, naturalmente, não são idênticos nos dois circuitos.

9.5 ▶ O CIRCUITO *RLC* SÉRIE SEM FONTES

Queremos agora determinar a resposta natural de um modelo de circuito composto de um resistor ideal, um indutor ideal e um capacitor ideal conectados em série. O resistor ideal pode representar um resistor real conectado a um circuito *LC* em série ou *RLC* em série; ele representa as perdas ôhmicas e as perdas no núcleo ferromagnético do indutor; da mesma forma, ele é usado para representar todas essas perdas e a presença dos demais dispositivos que absorvem energia no circuito.

O circuito *RLC* série é o *dual* do circuito *RLC* paralelo, e esse simples fato é suficiente para tornar a sua análise uma tarefa trivial. A Figura 9.21*a* mostra o circuito série. A equação íntegro-diferencial fundamental é

$$L\frac{di}{dt} + Ri + \frac{1}{C}\int_{t_0}^{t} i\,dt' - v_C(t_0) = 0$$

que, por sua vez, deve ser comparada com a equação análoga para o circuito *RLC* paralelo, novamente desenhado na Figura 9.21*b*,

$$C\frac{dv}{dt} + \frac{1}{R}v + \frac{1}{L}\int_{t_0}^{t} v\,dt' - i_L(t_0) = 0$$

As respectivas equações de segunda ordem obtidas com a diferenciação dessas duas equações com relação ao tempo também são duais:

$$L\frac{d^2i}{dt^2} + R\frac{di}{dt} + \frac{1}{C}i = 0 \qquad [30]$$

$$C\frac{d^2v}{dt^2} + \frac{1}{R}\frac{dv}{dt} + \frac{1}{L}v = 0 \qquad [31]$$

Toda nossa discussão a respeito do circuito *RLC* paralelo é diretamente aplicável a um circuito *RLC* série; as condições iniciais de tensão no capacitor e corrente no indutor são equivalentes às condições iniciais de corrente no indutor e tensão no capacitor; a resposta de *tensão* se torna uma resposta de *corrente*. Portanto, é possível reler as quatro seções anteriores usando a linguagem dual e obter, assim, uma descrição completa do circuito *RLC* série. Esse processo, no entanto, tende a nos induzir a uma leve neurose após os primeiros parágrafos e não parece ser realmente necessário.

Um Breve Resumo da Resposta do Circuito Série

Em termos do circuito mostrado na Figura 9.21*a*, a *resposta sobreamortecida* é

$$i(t) = A_1e^{s_1t} + A_2e^{s_2t}$$

onde

$$s_{1,2} = -\frac{R}{2L} \pm \sqrt{\left(\frac{R}{2L}\right)^2 - \frac{1}{LC}} = -\alpha \pm \sqrt{\alpha^2 - \omega_0^2}$$

assim,

$$\alpha = \frac{R}{2L}$$

$$\omega_0 = \frac{1}{\sqrt{LC}}$$

Tabela 9.1 ▶ Resumo das Equações Importantes para Circuitos *RLC* sem Fontes

Tipo	Condição	Critério	α	ω_0	Resposta
Paralelo Série	Sobreamortecido	$\alpha > \omega_0$	$\frac{1}{2RC}$ $\frac{R}{2L}$	$\frac{1}{\sqrt{LC}}$	$A_1e^{s_1t} + A_2e^{s_2t}$, onde $s_{1,2} = -\alpha \pm \sqrt{\alpha^2 - \omega^2}$
Paralelo Série	Criticamente amortecido	$\alpha = \omega_0$	$\frac{1}{2RC}$ $\frac{R}{2L}$	$\frac{1}{\sqrt{LC}}$	$e^{-\alpha t}(A_1t + A_2)$
Paralelo Série	Subamortecido	$\alpha < \omega_0$	$\frac{1}{2RC}$ $\frac{R}{2L}$	$\frac{1}{\sqrt{LC}}$	$e^{-\alpha t}(B_1 \cos \omega_d t + B_2 \operatorname{sen} \omega_d t)$, onde $\omega_d = \sqrt{\omega_0^2 - \alpha^2}$

A forma da *resposta criticamente amortecida* é

$$i(t) = e^{-\alpha t}(A_1t + A_2)$$

e a resposta subamortecida pode ser escrita como

$$i(t) = e^{-\alpha t}(B_1 \cos \omega_d t + B_2 \operatorname{sen} \omega_d t)$$

$$\omega_d = \sqrt{\omega_0^2 - \alpha^2}$$

É evidente que, se trabalharmos em termos dos parâmetros α, ω_0 e ω_d, as formas matemáticas das respostas para as situações duais são idênticas. Um aumento em α nos circuitos série ou paralelo leva a uma resposta sobreamortecida, ao mesmo tempo em que mantém ω_0 constante. O único cuidado que precisamos ter se refere ao cálculo de α, que é igual a $1/2RC$ no circuito paralelo e igual a $R/2L$ no circuito em série; assim, α aumenta com o aumento da resistência em série ou com a diminuição da resistência em paralelo. Para maior conveniência, as principais equações para circuitos *RLC* em paralelo e série estão resumidas na Tabela 9.1.

▶ EXEMPLO 9.7

Dado o circuito *RLC* em série da Figura 9.22, em que $L = 1$ H, $R = 2$ kΩ, $C = 1/401$ μF, $i(0) = 2$ mA e $v_C(0) = 2$ V, calcule $i(t)$ e trace um gráfico para $t > 0$.

Calculamos $\alpha = R/2L = 1.000$ s^{-1} e $\omega_0 = 1/\sqrt{LC} = 20{,}025$ rad/s. Isso indica uma resposta *subamortecida*; calculamos, portanto, o valor de ω_d e obtemos 20.000 rad/s. Exceto pela avaliação das duas constantes arbitrárias, a resposta já é conhecida:

$$i(t) = e^{-1000t}(B_1 \cos 20.000t + B_2 \operatorname{sen} 20.000t)$$

Como sabemos que $i(0) = 2$ mA, podemos substituir esse valor em nossa equação por $i(t)$ para obter

$$B_1 = 0{,}002 \text{ A}$$

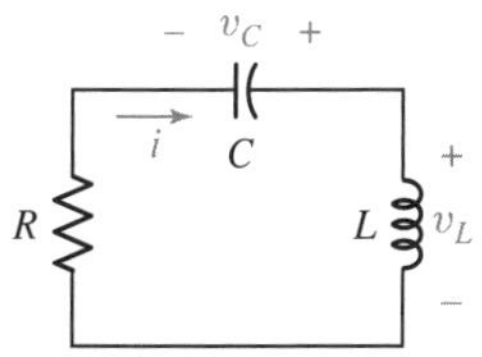

▲ **FIGURA 9.22** Um simples circuito *RLC* sem fontes, com energia armazenada no indutor e no capacitor em $t = 0$.

portanto,

$$i(t) = e^{-1000t}(0{,}002 \cos 20.000t + B_2 \operatorname{sen} 20.000t) \quad \text{A}$$

A condição inicial restante deve ser aplicada à derivada; assim,

$$\frac{di}{dt} = e^{-1000t}(-40 \operatorname{sen} 20.000t + 20.000B_2 \cos 20.000t - 2 \cos 20.000t - 1000B_2 \operatorname{sen} 20.000t)$$

e

$$\left.\frac{di}{dt}\right|_{t=0} = 20.000B_2 - 2 = \frac{v_L(0)}{L} = \frac{v_C(0) - Ri(0)}{L} = \frac{2 - 2000(0{,}002)}{1} = -2 \text{ A/s}$$

de modo que

$$B_2 = 0$$

A resposta desejada é, portanto,

$$i(t) = 2e^{-1000t} \cos 20.000t \quad \text{mA}$$

Um bom gráfico pode ser feito traçando-se primeiro as duas partes do *envelope* exponencial, $2e^{-1.000t}$ e $-2e^{-1.000t}$ mA, como mostram as linhas tracejadas na Figura 9.23. A localização dos quartos de ciclo na onda cossenoidal em $20.000t = 0, \pi/2, \pi$ etc., ou $t = 0{,}07854k$ ms, $k = 0, 1, 2, ...$, por meio de pequenas marcas no eixo dos tempos, permite o rápido traçado da curva oscilatória.

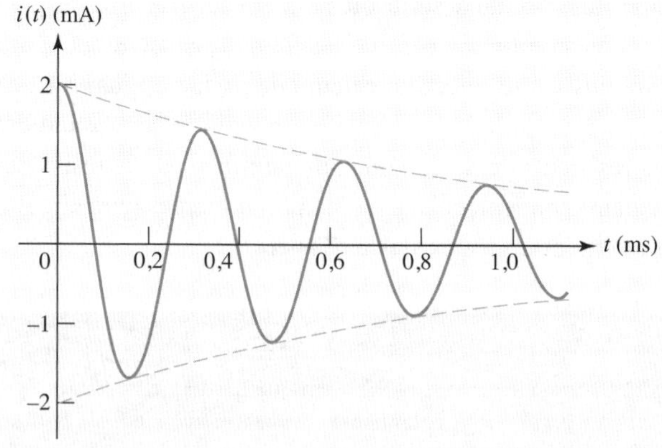

▲ **FIGURA 9.23** A resposta de corrente de um circuito *RLC* série subamortecido no qual $\alpha = 1.000 \text{ s}^{-1}$, $\omega_0 = 20.000 \text{ s}^{-1}$, $i(0) = 2$ mA e $v_C(0) = 2$ V. A construção do gráfico é simplificada com o traçado do envelope, mostrado como um par de linhas tracejadas.

O tempo de acomodação pode ser facilmente determinado usando-se a parte de cima do envelope, isto é, fazemos $2e^{-1.000t_s}$ mA igual a 1% do seu valor máximo, 2 mA. Assim, $e^{-1.000t_s} = 0{,}01$, e $t_s = 4{,}61$ ms é o valor aproximado que normalmente se utiliza.

▶ EXERCÍCIO DE FIXAÇÃO

9.7 Com referência ao circuito mostrado na Figura 9.24, calcule (*a*) α; (*b*) ω_0; (*c*) $i(0^+)$; (*d*) $di/dt|_{t=0^+}$; (*e*) $i(12\ \text{ms})$.

Resposta: 100 s^{-1}; 224 rad/s; 1 A; 0; – 0,1204 A.

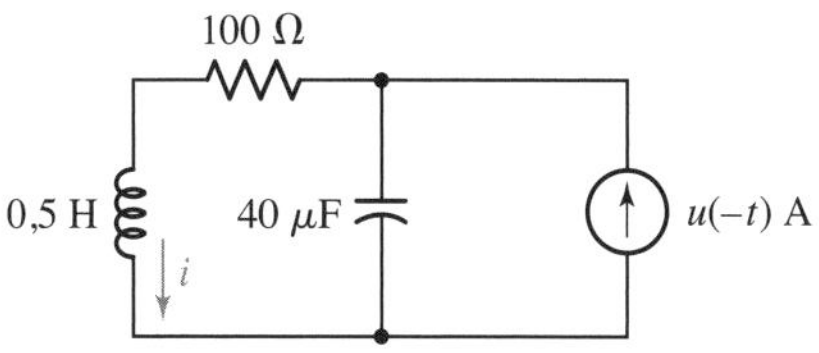

▲ **FIGURA 9.24**

Como exemplo final, vamos fazer uma pausa para considerar situações em que o circuito inclui uma fonte dependente. Se não nos interessa nenhuma corrente ou tensão de controle associada à fonte dependente, podemos simplesmente determinar o equivalente de Thévenin conectado ao indutor e ao capacitor. Caso contrário, deparamo-nos com a necessidade de escrever uma equação íntegro-diferencial apropriada, calcular a derivada indicada e resolver a equação diferencial resultante da melhor forma que pudermos.

▶ EXEMPLO 9.8

Obtenha uma expressão para $v_C(t)$ no circuito da Figura 9.25*a* válida para $t > 0$.

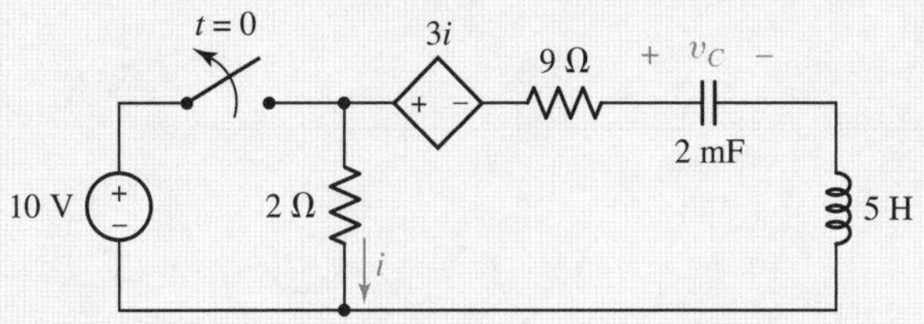

(*a*)

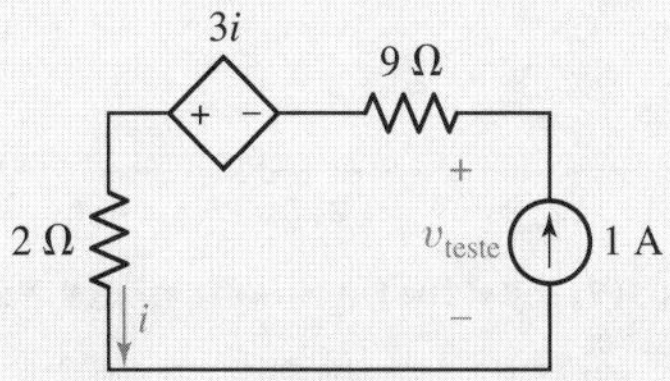

(*b*)

▲ **FIGURA 9.25** (*a*) Circuito *RLC* contendo uma fonte dependente. (*b*) Circuito para encontrar R_{eq}.

Como estamos interessados somente em $v_C(t)$, é perfeitamente aceitável começar com a determinação da resistência equivalente de Thévenin conectada em série com o indutor e o capacitor em $t = 0^+$. Fazemos isso conectando uma fonte de 1 A, como mostra a Figura 9.25*b*, de onde podemos deduzir que

$$v_{\text{teste}} = 11i - 3i = 8i = 8(1) = 8\ \text{V}$$

Logo, $R_{eq} = 8\ \Omega$, então, $\alpha = R/2L = 0{,}8\ s^{-1}$ e $\omega_0 = 1/\sqrt{LC} = 10$ rad/s, o que significa que esperamos ter uma resposta subamortecida com $\omega_d = 9{,}968$ rad/s e a forma:

$$v_C(t) = e^{-0{,}8t}(B_1 \cos 9{,}968t + B_2 \operatorname{sen} 9{,}968t) \qquad [32]$$

Considerando o circuito em $t = 0^-$, notamos que $i_L(0^-) = 0$ devido à presença do capacitor. Pela lei de Ohm, $i(0^-) = 5$ A, assim,

$$v_C(0^+) = v_C(0^-) = 10 - 3i = 10 - 15 = -5 \text{ V}$$

Esta última condição substituída na Equação [32] resulta em $B_1 = -5$ V. Calculando a derivada da Equação [32] e a avaliando em $t = 0$, temos

$$\left.\frac{dv_C}{dt}\right|_{t=0} = -0{,}8B_1 + 9{,}968B_2 = 4 + 9{,}968B_2 \qquad [33]$$

Vemos a partir da Figura 9.25*a* que

$$i = -C\frac{dv_C}{dt}$$

Logo, fazendo uso do fato de que $i(0^+) = i_L(0^-) = 0$ na Equação [33], obtemos $B_1 = -0{,}4013$ V e podemos escrever

$$v_C(t) = -e^{-0{,}8t}(5\cos 9{,}968t + 0{,}4013\,\text{sen}\,9{,}968t) \qquad \text{V} \qquad t > 0$$

A simulação desse circuito no PSpice, mostrada na Figura 9.26, confirma nossa análise

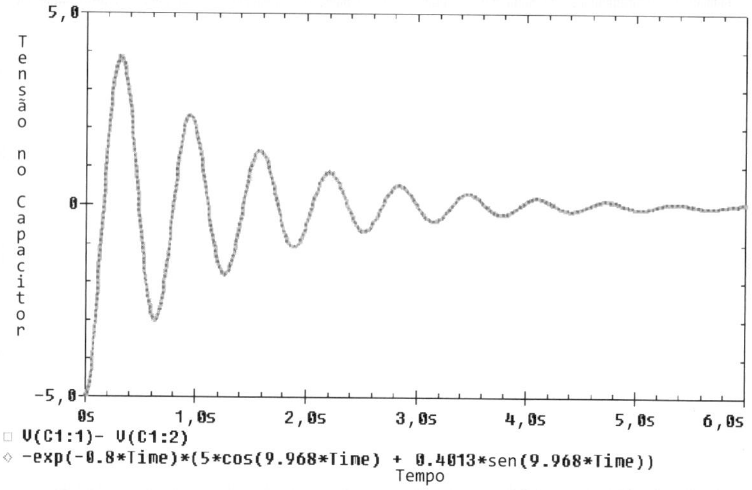

▲ **FIGURA 9.26** Simulação do circuito mostrado na Figura 9.25*a* no PSpice.

▶ EXERCÍCIO DE FIXAÇÃO

9.8 Determine uma expressão para $i_L(t)$ no circuito da Figura 9.27 válida para $t > 0$ se $v_C(0^-) = 10$ V e $i_L(0^-) = 0$. Note que, neste caso, embora a aplicação das técnicas de Thévenin não seja muito útil, a ação da fonte dependente liga v_C e i_L de maneira que resulta em uma equação diferencial linear de primeira ordem.

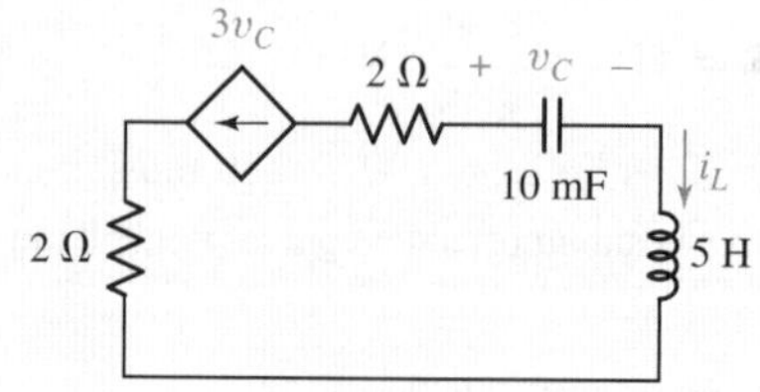

◀ **FIGURA 9.27** Circuito para o Exercício de Fixação 9.8.

Resposta: $i_L(t) = -30e^{-300t}$ A, $t > 0$.

9.6 ▶ A RESPOSTA COMPLETA DO CIRCUITO *RLC*

Consideremos agora os circuitos *RLC* nos quais fontes CC são chaveadas, produzindo respostas forçadas que não necessariamente desaparecem à medida que o tempo tende a infinito.

A solução geral é obtida pelo mesmo procedimento que seguimos para os circuitos *RL* e *RC*. Os passos básicos (não necessariamente nesta ordem) são os seguintes:

1. Determinar as condições iniciais.
2. Obter um valor numérico para a resposta forçada.
3. Escrever a forma adequada da resposta natural com o número necessário de constantes arbitrárias.
4. Adicionar a resposta forçada e a resposta natural para formar a resposta completa.
5. Avaliar a resposta e sua derivada em $t = 0$ e empregar as condições iniciais para encontrar os valores das constantes desconhecidas.

Notamos que, *em geral, esta última etapa causa mais problemas para os estudantes*, pois o circuito deve ser cuidadosamente analisado em $t = 0$ para usar plenamente as condições iniciais. Consequentemente, embora a determinação das condições iniciais seja basicamente a mesma para os circuitos contendo fontes CC e os circuitos sem fontes que já discutimos em detalhe, esse tópico receberá uma ênfase especial nos próximos exemplos.

Grande parte da confusão encontrada na determinação e na aplicação das condições iniciais resulta do simples fato de não termos um conjunto rigoroso de regras para seguir. Em algum ponto específico de cada análise, deparamo-nos com uma situação que requer um raciocínio mais ou menos singular para aquele problema em específico. Isso é quase sempre a origem da dificuldade.

A Parte Fácil

A resposta *completa* (assumida arbitrariamente como a resposta de tensão) de um sistema de segunda ordem consiste em uma resposta *forçada*,

$$v_f(t) = V_f$$

que é uma constante para uma excitação CC, e uma resposta *natural*,

$$v_n(t) = Ae^{s_1 t} + Be^{s_2 t}$$

Logo,

$$v(t) = V_f + Ae^{s_1 t} + Be^{s_2 t}$$

Supomos que s_1, s_2 e v_f já tenham sido determinados a partir do circuito e das funções forçantes fornecidas; A e B ainda precisam ser determinados. A última equação mostra a interdependência funcional de A, B, v e t, e a substituição do valor conhecido de v em $t = 0^+$ nos proporciona uma única equação relacionando A e B, $v(0^+) = v_f + A + B$. *Esta é a parte fácil.*

A Outra Parte

Infelizmente, outra relação entre A e B é necessária; ela é normalmente obtida tomando-se a derivada da resposta,

$$\frac{dv}{dt} = 0 + s_1 A e^{s_1 t} + s_2 B e^{s_2 t}$$

e inserindo o valor conhecido de dv/dt em $t = 0^+$. Temos, assim, duas equações relacionando A e B, e essas podem ser resolvidas simultaneamente para avaliar as duas constantes.

O único problema remanescente consiste em determinar os valores de v e dv/dt em $t = 0^+$. Vamos supor que v seja a tensão no capacitor, v_C. Como $i_L = C\, dv/dt$, podemos identificar a relação entre o valor inicial de dv/dt e o valor inicial da corrente no capacitor. Se pudermos estabelecer um valor para essa corrente inicial, então, automaticamente determinaremos o valor de dv/dt. Normalmente, os estudantes obtêm $v(0^+)$ muito facilmente, mas costumam ter dificuldades para encontrar o valor inicial de dv/dt. Se tivéssemos selecionado a corrente i_L no indutor como nossa resposta, então, o valor inicial de di_L/dt estaria intimamente relacionado ao valor inicial da tensão no indutor. Variáveis que não sejam tensões em capacitores ou correntes em indutores são determinadas expressando-se seus valores iniciais e os valores iniciais de suas derivadas em termos dos valores de v_C e i_L correspondentes.

Ilustraremos esse procedimento e determinaremos todos esses valores analisando cuidadosamente o circuito mostrado na Figura 9.28. Para simplificar a análise, uma capacitância de valor incomum será usada novamente.

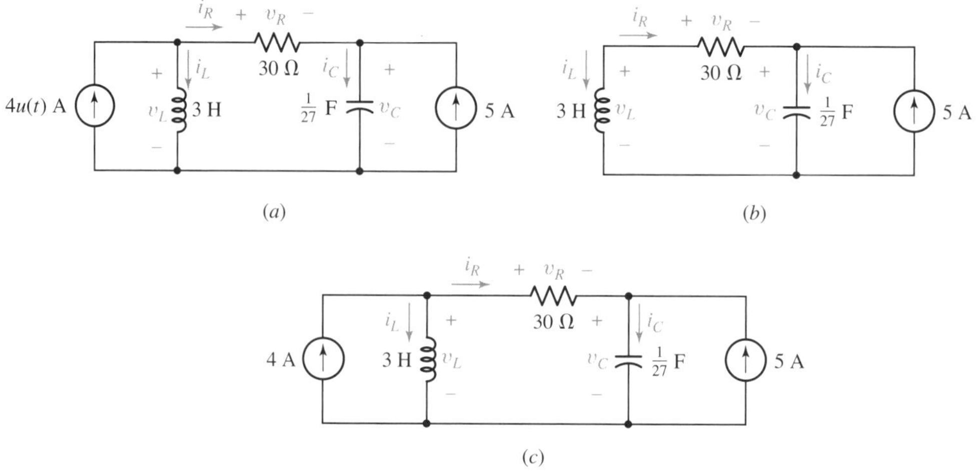

▲ **FIGURA 9.28** (*a*) Circuito *RLC* usado para ilustrar vários procedimentos pelos quais podem ser obtidas as condições iniciais. Normalmente, deseja-se determinar $v_C(t)$, (*b*) $t = 0^-$ e (*c*) $t > 0$.

▶ EXEMPLO 9.9

Há três elementos passivos no circuito mostrado na Figura 9.28*a*, cada um com uma tensão e uma corrente definidas. Determine o valor dessas seis grandezas em $t = 0^-$ e $t = 0^+$.

Nosso objetivo é encontrar o valor de cada corrente e tensão em $t = 0^-$ e $t = 0^+$. Uma vez conhecidas essas grandezas, os valores iniciais das derivadas podem ser facilmente encontrados.

1. $t = 0^-$. Em $t = 0^-$, somente a fonte de corrente da direita está ativa, como mostra a Figura 9.28*b*. Assume-se que o circuito esteja nesse estado desde sempre, assim, todas as correntes e tensões são constantes. Logo, uma corrente CC percorrendo o indutor requer uma tensão nula em seus terminais:

$$v_L(0^-) = 0$$

e uma tensão CC no capacitor ($-v_R$) requer uma corrente zero através dele

$$i_C(0^-) = 0$$

Em seguida, aplicamos a lei de Kirchhoff das correntes no nó da direita para obter

$$i_R(0^-) = -5 \text{ A}$$

o que também resulta em

$$v_R(0^-) = -150 \text{ V}$$

Podemos agora usar a lei de Kirchhoff das tensões na malha da esquerda, encontrando

$$v_C(0^-) = 150 \text{ V}$$

enquanto a LKC nos permite determinar a corrente no indutor,

$$i_L(0^-) = 5 \text{ A}$$

2. $t = 0^+$. No intervalo entre $t = 0^-$ e $t = 0^+$, a fonte de corrente da esquerda torna-se ativa, e muitos dos valores de tensão e corrente em $t = 0^-$ mudarão subitamente. O circuito correspondente é mostrado na Figura 9.28. No entanto, devemos *começar fixando nossa atenção nas grandezas que não mudam, ou seja, a corrente no indutor e a tensão no capacitor*. Ambas as grandezas devem permanecer constantes durante o intervalo de chaveamento. Portanto,

$$i_L(0^+) = 5 \text{ A} \quad \text{e} \quad v_C(0^+) = 150 \text{ V}$$

Como agora conhecemos duas correntes no nó da esquerda, obtemos em seguida

$$i_R(0^+) = -1 \text{ A} \quad \text{e} \quad v_R(0^+) = -30 \text{ V}$$

de modo que

$$i_C(0^+) = 4 \text{ A} \quad \text{e} \quad v_L(0^+) = 120 \text{ V}$$

assim, temos seis valores iniciais em $t = 0^-$ e mais seis em $t = 0^+$. Entre esses seis valores, somente a tensão no capacitor e a corrente no indutor mantêm-se inalteradas a partir de seus valores em $t = 0^-$.

Poderíamos ter empregado um método ligeiramente diferente para avaliar essas correntes e tensões em $t = 0^-$ e $t = 0^+$. Antes da operação de chaveamento, existem somente correntes e tensões CC no circuito. O indutor pode, portanto, ser substituído por um curto-circuito, seu equivalente CC, enquanto o capacitor é substituído por um circuito aberto. Redesenhado dessa maneira, o circuito da Figura 9.28*a* parece com o ilustrado na Figura 9.29*a*. Somente a fonte de corrente da direita está ativa, e seus 5 A fluem através do resistor e do indutor. Temos, portanto, $i_R(0^-) = -5$ A e $v_R(0^-) = -150$ V, $i_L(0^-) = 5$ A e $v_L(0^-) = 0$ e $i_C(0^-) = 0$ e $v_C(0^-) = 150$ *V*, como antes.

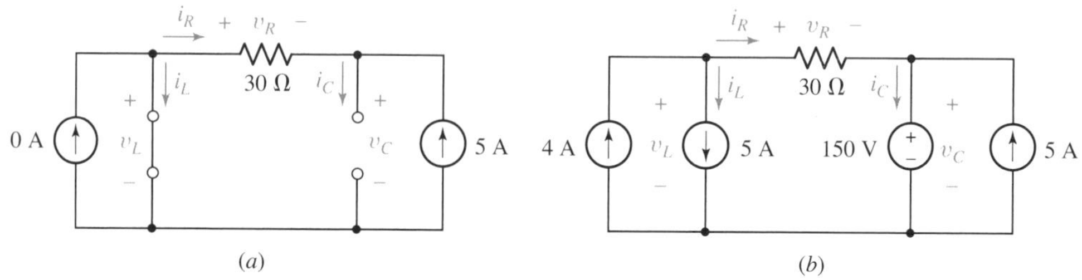

▲ **FIGURA 9.29** (*a*) Um equivalente simples do circuito da Figura 9.28*a* para $t = 0^-$. (*b*) Circuito equivalente com tensões e correntes identificadas válidas no instante $t = 0^+$.

Passamos agora ao problema de desenhar um circuito equivalente que nos ajudará na determinação das várias tensões e correntes em $t = 0^+$. *Tensões em capacitores e correntes em indutores devem permanecer constantes durante o intervalo de chaveamento*. Essas condições são garantidas substituindo-se o indutor por uma fonte de corrente e o capacitor por uma fonte de tensão. Cada fonte serve para manter uma resposta constante durante a descontinuidade. Como resultado, tem-se o circuito equivalente da Figura 9.29*b*. Devemos notar que o circuito mostrado na Figura 9.29*b* é válido *somente para o intervalo entre* 0^- *e* 0^+.

As tensões e correntes em $t = 0^+$ são obtidas analisando-se esse circuito CC. A solução não é difícil, mas o número relativamente grande de fontes presentes na rede produz uma visão um pouco estranha. No entanto, problemas desse tipo foram resolvidos no Capítulo 3, e nada de novo está envolvido aqui. Abordando primeiro as correntes, começamos no nó superior esquerdo e vemos que $i_L(0^+) = 4 - 5 = -1$ A. Movendo para o nó superior direito, vemos que $i_C(0^+) = -1 + 5 = 4$ A. E, naturalmente, $i_L(0^+) = 5$ A.

Vamos agora considerar as tensões. Usando a lei de Ohm, vemos que $v_R(0^+) = 30(-1) = -30$ V. Para o indutor, a LKT nos dá $v_L(0^+) = -30 + 150 = 120$ V. Por fim, incluindo $v_C(0^+) = 150$ V, temos todos os valores em $t = 0^+$.

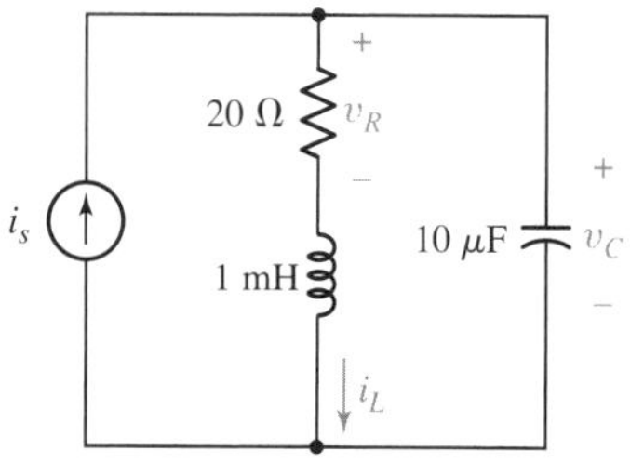

▲ **FIGURA 9. 30**

▶ EXERCÍCIO DE FIXAÇÃO

9.9 Considere $i_s = 10u(-t) - 20u(t)$ A na Figura 9.30. Encontre (*a*) $i_L(0^-)$; (*b*) $v_C(0^+)$; (*c*) $v_R(0^+)$; (*d*) $i_L(\infty)$; (*e*) $i_L(0{,}1$ ms).

Resposta: 10 A; 200 V; 200 V; –20 A; 2,07 A.

▶ EXEMPLO 9.10

Complete a determinação das condições iniciais no circuito da Figura 9.28, repetido na Figura 9.31, obtendo valores em $t = 0^+$ para as primeiras derivadas das três tensões e das três variáveis de corrente definidas no diagrama do circuito.

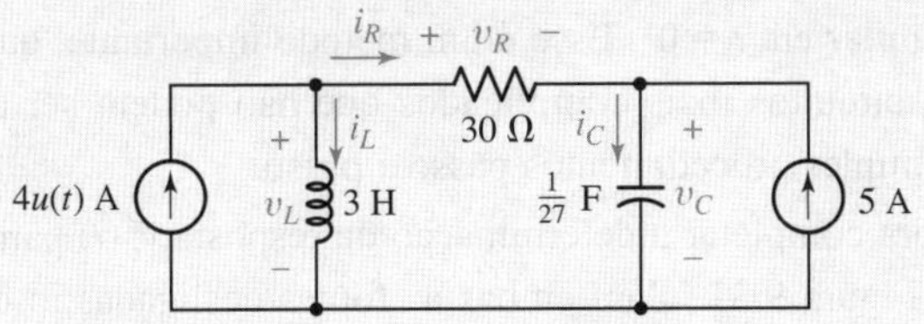

▲ **FIGURA 9.31** Circuito da Figura 9.28, repetido para o Exemplo 9.10.

Começamos com os dois elementos armazenadores de energia. Para o indutor,

$$v_L = L\frac{di_L}{dt}$$

e, especificamente,

$$v_L(0^+) = L\frac{di_L}{dt}\bigg|_{t=0^+}$$

Então,

$$\frac{di_L}{dt}\bigg|_{t=0^+} = \frac{v_L(0^+)}{L} = \frac{120}{3} = 40 \text{ A/s}$$

De forma similar,

$$\frac{dv_C}{dt}\bigg|_{t=0^+} = \frac{i_C(0^+)}{C} = \frac{4}{1/27} = 108 \text{ V/s}$$

As outras quatro derivadas podem ser determinadas observando que a LKC e a LKT também são satisfeitas pelas derivadas. Por exemplo, no nó da esquerda na Figura 9.31,

$$4 - i_L - i_R = 0 \qquad t > 0$$

então,

$$0 - \frac{di_L}{dt} - \frac{di_R}{dt} = 0 \qquad t > 0$$

portanto,

$$\frac{di_R}{dt}\bigg|_{t=0^+} = -40 \text{ A/s}$$

Os três valores iniciais que restam definir para as derivadas são determinados como

$$\frac{dv_R}{dt}\bigg|_{t=0^+} = -1200 \text{ V/s}$$

$$\frac{dv_L}{dt}\bigg|_{t=0^+} = -1092 \text{ V/s}$$

e

$$\frac{di_C}{dt}\bigg|_{t=0^+} = -40 \text{ A/s}$$

Antes de encerrarmos o problema de determinar os valores iniciais necessários, devemos destacar que pelo menos um método eficaz foi omitido: poderíamos ter escrito equações gerais nodais ou de laços para o circuito original. Então, a substituição dos valores nulos de tensão no indutor e corrente no capacitor em $t = 0^-$ traria à tona várias respostas em $t = 0^-$ e permitiria a fácil determinação das restantes. Deve ser feita, portanto, uma análise similar em $t = 0^+$. Esse é um método importante, que se torna necessário em circuitos mais complicados que não podem ser analisados pelos nossos simples procedimentos passo a passo.

Vamos agora completar a determinação da resposta $v_C(t)$ para o circuito original da Figura 9.31. Com ambas as fontes desligadas, o circuito se parece com um circuito *RLC* série, e s_1 e s_2 são facilmente determinados, correspondendo a –1 e –9, respectivamente. A resposta forçada pode ser encontrada por inspeção ou, se necessário, desenhando-se o equivalente CC, que é similar à Figura 9.29*a*, com a adição de uma fonte de corrente de 4 A. A resposta forçada é 150 V. Logo,

$$v_C(t) = 150 + Ae^{-t} + Be^{-9t}$$

e

$$v_C(0^+) = 150 = 150 + A + B$$

ou

$$A + B = 0$$

Então,

$$\frac{dv_C}{dt} = -Ae^{-t} - 9Be^{-9t}$$

e

$$\left.\frac{dv_C}{dt}\right|_{t=0^+} = 108 = -A - 9B$$

Por fim,

$$A = 13{,}5 \qquad B = -13{,}5$$

e

$$v_C(t) = 150 + 13{,}5(e^{-t} - e^{-9t}) \qquad \text{V}$$

Um Rápido Resumo do Processo de Solução

Resumindo, então, sempre que desejarmos determinar o comportamento transitório de um circuito *RLC* simples de três elementos, devemos primeiro decidir se estamos diante de um circuito série ou paralelo, para que possamos usar a relação correta para α. As duas equações são

$$\alpha = \frac{1}{2RC} \qquad (RLC \text{ paralelo})$$

$$\alpha = \frac{R}{2L} \qquad (RLC \text{ série})$$

Nossa segunda decisão é tomada após comparar α com ω_0, que é dado para cada circuito por

$$\omega_0 = \frac{1}{\sqrt{LC}}$$

Se $\alpha > \omega_0$, o circuito é *sobreamortecido*, e a resposta natural tem a forma

$$f_n(t) = A_1 e^{s_1 t} + A_2 e^{s_2 t}$$

onde

$$s_{1,2} = -\alpha \pm \sqrt{\alpha^2 - \omega_0^2}$$

Se $\alpha = \omega_0$, então, o circuito é *criticamente amortecido*, e

$$f_n(t) = e^{-\alpha t}(A_1 t + A_2)$$

E, por fim, se $\alpha < \omega_0$, estamos diante de uma resposta *subamortecida*,

$$f_n(t) = e^{-\alpha t}(A_1 \cos \omega_d t + A_2 \operatorname{sen} \omega_d t)$$

onde

$$\omega_d = \sqrt{\omega_0^2 - \alpha^2}$$

Nossa última decisão depende das fontes independentes. Se não houver nenhuma delas atuando no circuito após o chaveamento, a resposta natural fornecerá a resposta completa. Se fontes independentes ainda estiverem presentes, então, uma resposta forçada deve ser determinada. A resposta completa é, portanto, a soma

$$f(t) = f_f(t) + f_n(t)$$

Isso é aplicável a qualquer corrente ou tensão no circuito. Nossa etapa final é resolver as constantes desconhecidas dadas nas condições iniciais.

▶ EXERCÍCIO DE FIXAÇÃO

9.10 Seja $v_s = 10 + 20u(t)$ no circuito da Figura 9.33. Determine (*a*) $i_L(0)$; (*b*) $v_C(0)$; (*c*) $i_{L,f}$; (*d*) $i_L(0{,}1\text{ s})$.

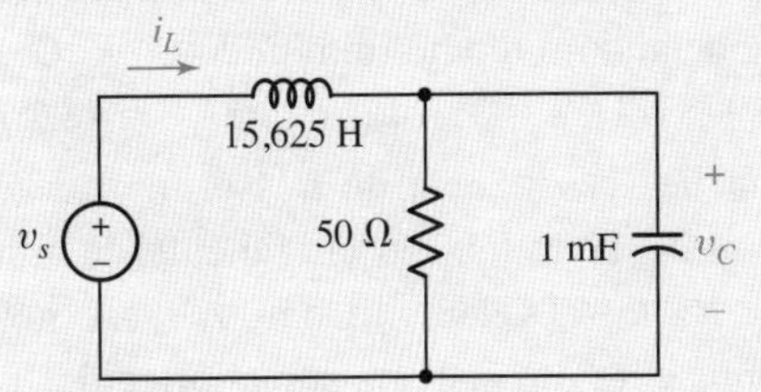

▲ **FIGURA 9.33**

Resposta: 0,2 A; 10 V; 0,6 A, 0,319 A.

APLICAÇÃO

MODELANDO UM SISTEMA DE SUSPENSÃO AUTOMOTIVA

No parágrafo introdutório, fizemos uma alusão ao fato de que os conceitos investigados neste capítulo, na realidade, estendem-se além da análise de circuitos elétricos. De fato, a forma geral das equações diferenciais com as quais temos trabalhado aparece em muitos campos – precisamos apenas aprender como "traduzir" os novos parâmetros à nossa terminologia. Por exemplo, considere uma simples suspensão automotiva, como mostra a Figura 9.32. O pistão não está conectado ao cilindro, mas à mola e à roda. As partes móveis são, portanto, a mola, o pistão e a roda.

Vamos modelar esse sistema físico determinando primeiro as forças que estão em ação. Definindo uma função posição $p(t)$ que descreve o deslocamento do pistão dentro do cilindro, podemos escrever F_S, a força sobre a mola, como

$$F_S = Kp(t)$$

onde K é a constante elástica da mola, em N/m. A força F_W na roda é igual à massa da roda vezes a sua aceleração, ou

$$F_W = m\frac{d^2p(t)}{dt^2}$$

onde m é medida em kg. Por último, mas não menos importante, tem-se a força de fricção F_f agindo sobre o pistão

$$F_f = \mu_f \frac{dp(t)}{dt}$$

onde μf é o coeficiente de amortecimento, dado em N · s/m.

De nossas disciplinas de física básica, sabemos que a soma de todas as forças agindo no sistema deve ser igual a zero, de modo que

▲ **FIGURA 9.32** Sistema típico de suspensão automotiva.

$$m\frac{d^2p(t)}{dt^2} + \mu_f\frac{dp(t)}{dt} + Kp(t) = 0 \qquad [34]$$

Essa equação muito possivelmente nos causou pesadelos em algum ponto de nossa carreira acadêmica, mas não agora. Comparamos a Equação [32] com as Equações [30] e [31] e imediatamente vemos uma semelhança distinta, pelo menos na forma geral. Escolhendo a Equação [30], a equação diferencial que descreve a corrente no indutor de um circuito *RLC* conectado em série, observamos as seguintes correspondências:

Massa	m	→	indutância	L
Coeficiente de amortecimento	μ_f	→	resistência	R
Constante da mola	K	→	inverso da capacitância	C^{-1}
Variável da posição	$p(t)$	→	variável de corrente	$i(t)$

Assim, se quisermos falar em metros em vez de ampères, kg em vez de H, m/N em vez de F e N · s/m em vez de Ω, poderemos aplicar nossas recém-adquiridas habilidades de modelagem de circuitos *RLC* à tarefa de avaliar amortecedores automotivos.

Considere uma típica roda de carro, que pesa 311,36 N. A massa é encontrada dividindo-se o peso pela aceleração da gravidade (9,8 m/s^2), o que resulta em m = 31,74 kg. O peso de nosso carro é de 8.829 N, e o deslocamento estático da mola é de 10,2 cm (carro sem passageiros). A constante da mola é obtida dividindo-se o peso em cada amortecedor pelo deslocamento estático; com isso, $K = (\frac{1}{4})$ (8.829)(9,804 m^{-1}) = 21.640 N/m. Sabemos também que o coeficiente de amortecimento de nosso conjunto pistão/cilindro é de 948,6 N · s/m. Assim, podemos simular nosso amortecedor modelando-o como um circuito *RLC* em série, tendo R = 948,6 Ω, L = 31,74 H e $C = K^{-1}$ = 46,2 μF.

A frequência de ressonância de nosso amortecedor é $\omega_0 = (LC)^{-1/2}$ = 26,11 rad/s, e o coeficiente de amortecimento é $\alpha = R/2L$ = 14,94 s^{-1}. Como $\alpha < \omega_0$, nosso amortecedor representa um sistema subamortecido; isso significa que esperamos ter um ou dois solavancos ao passar sobre um buraco. Um amortecedor mais duro (um maior coeficiente de amortecimento ou uma maior resistência em nosso modelo de circuito) geralmente é desejado quando são feitas curvas em alta velocidade – isso corresponde a uma resposta sobreamortecida. No entanto, se dirigimos a maior parte do tempo em ruas não pavimentadas, é melhor ter uma resposta ligeiramente subamortecida.

9.7 ▶ O CIRCUITO *LC* SEM PERDAS

Ao considerarmos o circuito *RLC* sem fontes, tornou-se evidente que o resistor serviu para dissipar a energia inicial armazenada no circuito. Em algum momento, podemos perguntar-nos o que aconteceria se pudéssemos remover o resistor. Se o valor da resistência em um circuito *RLC* paralelo se torna infinito –, ou zero, no caso de um circuito *RLC* série – temos um laço *LC* simples no qual uma resposta oscilatória pode ser mantida para sempre. Vamos examinar brevemente o exemplo de um circuito como esse e, depois, discutiremos outros meios de se obter uma resposta idêntica sem a necessidade de usar qualquer indutância.

Considere o circuito sem fontes da Figura 9.34, no qual os valores elevados $L = 4$ H e $C = \frac{1}{36}$ F são usados com a finalidade de simplificar os cálculos. Fazemos $i(0) = -\frac{1}{6}$ A e $v(0) = 0$. Encontramos $\alpha = 0$ e $\omega^2_0 = 9$ s^{-2}, de modo que $\omega_d = 3$ rad/s. Na ausência de amortecimento exponencial, a tensão v é simplesmente

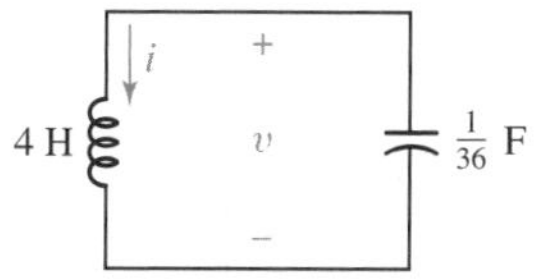

▲ **FIGURA 9.34** Este circuito não tem perdas e fornece a resposta não amortecida $v = 2$ sen $3t$ V se $v(0) = 0$ e $i(0) = -\frac{1}{6}$ A.

$$v = A\cos 3t + B \operatorname{sen} 3t$$

Como $v(0) = 0$, vemos que $A = 0$. Em seguida,

$$\left.\frac{dv}{dt}\right|_{t=0} = 3B = -\frac{i(0)}{1/36}$$

Mas $i(0) = -\frac{1}{6}$ A, e, portanto, $dv/dt = 6$ V/s em $t = 0$. Devemos ter $B = 2$ V, assim

$$v = 2 \operatorname{sen} 3t \qquad \text{V}$$

que é uma resposta senoidal não amortecida; em outras palavras, nossa resposta de tensão não decai.

Vejamos como podemos obter essa tensão sem usar um circuito *LC*. Nossa intenção é escrever a equação diferencial satisfeita por v e depois desenvolver uma configuração de AOPs que forneça a sua solução. Embora estejamos trabalhando com um exemplo específico, a técnica é geral e pode ser usada para resolver qualquer equação diferencial linear homogênea.

No circuito *LC* da Figura 9.34, selecionamos v como nossa variável e fazemos a soma das correntes no indutor e no capacitor igual a zero:

$$\frac{1}{4}\int_{t_0}^{t} v\,dt' - \frac{1}{6} + \frac{1}{36}\frac{dv}{dt} = 0$$

Diferenciando uma vez, temos

$$\frac{1}{4}v + \frac{1}{36}\frac{d^2v}{dt^2} = 0$$

ou

$$\frac{d^2v}{dt^2} = -9v$$

Para resolver essa equação, pretendemos usar um amplificador operacional como integrador. Assumimos que a derivada de ordem mais alta que aparece na equação diferencial d^2v/dt^2 esteja disponível em algum ponto arbitrário *A* de nossa configuração de AOPs. Fazemos agora uso do integrador, com $RC = 1$, conforme discutimos na Seção 7.5. A entrada é d^2v/dt^2, e a saída deve ser $-dv/dt$, onde a mudança de sinal resulta da utilização do AOP em sua configuração inversora para modelar o integrador. O valor inicial de dv/dt é 6 V/s, como mostramos quando analisamos inicialmente o circuito, portanto, um valor inicial de –6 V deve aparecer no integrador. O valor negativo da primeira derivada agora forma a entrada de um segundo integrador. Sua saída é, portanto, $v(t)$, e o valor inicial é $v(0) = 0$. Resta agora apenas multiplicar v por –9 para obter a segunda derivada que assumimos no ponto *A*. Isso é uma amplificação por 9 com uma mudança de sinal, o que é facilmente conseguido usando o AOP como um amplificador inversor.

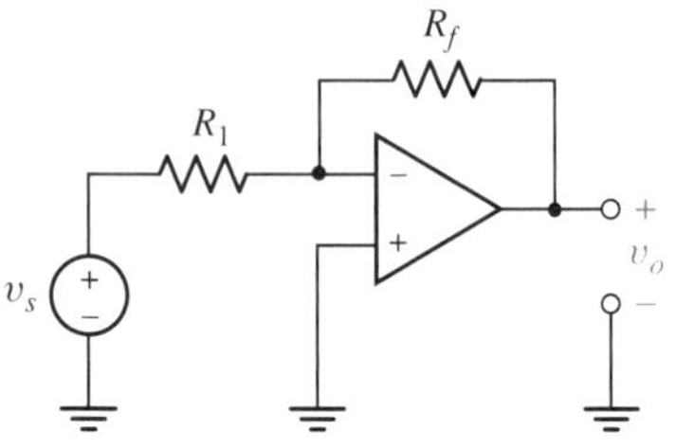

▲ **FIGURA 9.35** O amplificador operacional inversor fornece um ganho $v_o/v_s = -R_f/R_1$, supondo um AOP ideal.

A Figura 9.35 mostra o circuito de um amplificador inversor. Em um AOP ideal, tanto a corrente de entrada quanto a tensão de entrada são nulas. Logo, a corrente que vai a "leste" através de R_1 é v_s/R_1, enquanto aquela que vai a "oeste" através de R_f é v_o/R_f. Como sua soma é zero, temos

$$\frac{v_o}{v_s} = -\frac{R_f}{R_1}$$

Assim, podemos projetar um ganho de –9 fazendo $R_f = 90$ kΩ e $R_1 = 10$ kΩ, por exemplo. Fazendo $R = 1$ MΩ e $C = 1\ \mu$F em cada um dos integradores, então,

$$v_o = -\int_0^t v_s\, dt' + v_o(0)$$

em cada caso. A saída do amplificador inversor agora forma a entrada no ponto *A* que havíamos assumido, levando à configuração de AOPs mostrada na Figura 9.36. Se a chave à esquerda for fechada em $t = 0$, simultaneamente à abertura das duas chaves responsáveis pelas condições iniciais, a saída do segundo integrador será a onda senoidal não amortecida $v = 2$ sen $3t$ V.

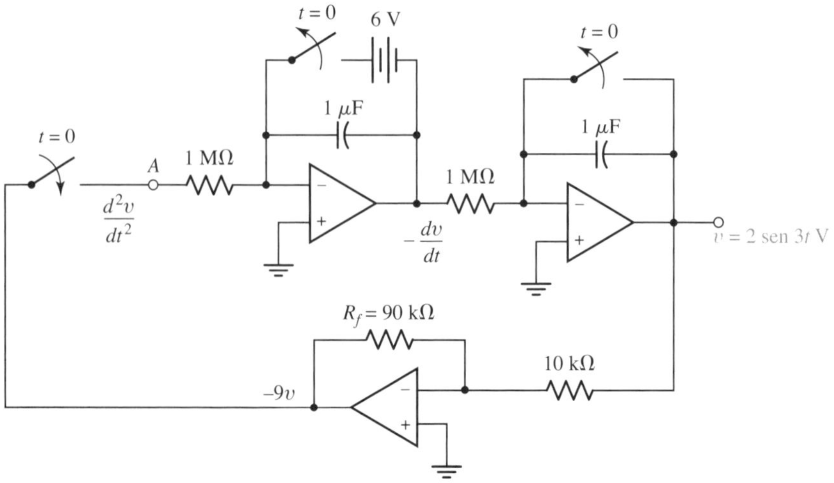

▲ **FIGURA 9.36** Dois integradores e um amplificador inversor são conectados para proporcionar a solução da equação diferencial $d^2v/dt^2 = -9$ v.

Note que o circuito *LC* da Figura 9.34 e o circuito AOP da Figura 9.36 têm a mesma saída, mas o circuito AOP não contém nenhum indutor. Ele simplesmente *atua* como se tivesse um indutor, fornecendo a tensão senoidal apropriada entre seu terminal de saída e o terra. Isso pode ser uma vantagem prática ou econômica considerável no projeto de um circuito, pois indutores costumam ser volumosos, custam mais caro que os capacitores e têm mais perdas associadas (portanto, seu comportamento não é bem aproximado do modelo "ideal").

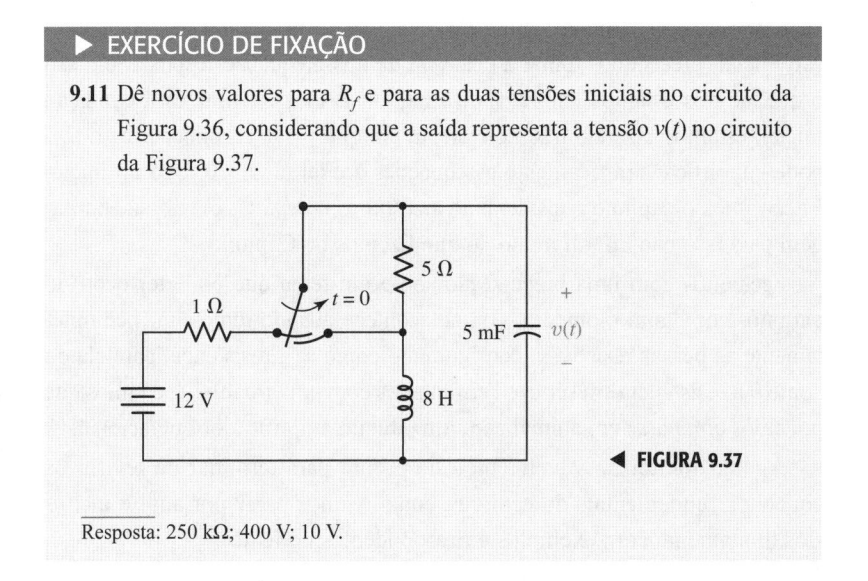

▶ EXERCÍCIO DE FIXAÇÃO

9.11 Dê novos valores para R_f e para as duas tensões iniciais no circuito da Figura 9.36, considerando que a saída representa a tensão $v(t)$ no circuito da Figura 9.37.

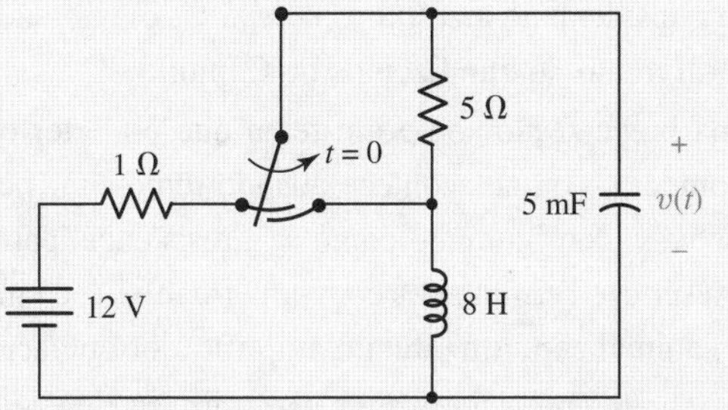

◀ **FIGURA 9.37**

Resposta: 250 kΩ; 400 V; 10 V.

RESUMO E REVISÃO

Os circuitos *RL* e *RC* simples analisados no Capítulo 8 essencialmente tiveram uma de duas coisas como resultado do acionamento de uma chave: *carga* ou *descarga.* O estado inicial de carga do elemento de armazenamento de energia foi o que determinou qual delas ocorreu. Neste capítulo, consideramos que os circuitos tiveram dois elementos armazenadores de energia (um capacitor e um indutor) e descobrimos que as coisas poderiam ficar muito interessantes. Existem duas configurações básicas de circuitos *RLC*: ligados em *paralelo* e ligados em *série.* A análise de tal circuito fornece uma equação diferencial de *segunda ordem* parcial, de acordo com o número de elementos armazenadores de energia distintos (se construirmos um circuito usando apenas resistores e capacitores, de tal forma que os capacitores não possam ser combinados utilizando técnicas série/paralelo, obtemos também – por fim – uma equação diferencial de segunda ordem parcial).

Dependendo do valor da resistência ligada aos nossos elementos armazenadores de energia, podemos encontrar a resposta transitória de um circuito *RLC* como *superamortecida* (decaindo exponencialmente) ou *subamortecida* (decaindo, mas oscilatória), com um "caso especial" *criticamente amortecido* que é difícil de alcançar na prática. Oscilações podem ser úteis (p. ex., em transmissão de informações através de uma rede sem fio) ou não tão úteis (p. ex., em situações acidentais de microfonia entre o amplificador e o microfone em um concerto). Embora as oscilações não sejam mantidas nos circuitos que examinamos, vimos pelo menos uma maneira de criá-las como quisermos e projetar para uma frequência específica de operação, se assim o desejarmos. Nós não gastamos muito tempo com o circuito *RLC* série porque, com exceção de α, as equações são as mesmas; é necessário apenas uma pequena adequação na utilização das condições iniciais para encontrar as duas constantes desconhecidas que caracterizam a resposta transitória. Seguindo essa linha, encontramos dois "truques": um deles é que, para empregar a segunda condição inicial, precisamos tomar a derivada da nossa equação resposta; o outro é que, se nós estamos empregando LKC ou LKT para usar essa condição inicial, estamos fazendo isso no instante em que $t = 0$; reconhecer esse fato pode simplificar drasticamente as equações ao definir $t = 0$ logo no início. Encerramos o capítulo considerando a *resposta completa*, e a nossa abordagem para isso não diferiu muito do que fizemos no Capítulo 8.

Fechamos com uma breve seção sobre um tema que pode ter ocorrido para nós em algum momento – o que acontece quando removemos completamente as perdas resistivas (configurando como ∞ a resistência paralela ou como 0 a resistência em série)? Terminamos com um circuito *LC* e vimos que podemos comparar um animal com um circuito amplificador operacional.

Agora, o leitor provavelmente está pronto para terminar de revisar os conceitos fundamentais do capítulo, então, vamos parar por aqui e incluí-los, juntamente com exemplos correspondentes no texto.

- Circuitos contendo dois dispositivos armazenadores de energia que não possam ser combinados usando técnicas de combinação em série/paralelo são descritos por uma equação diferencial de segunda ordem.
- Circuitos *RLC* série e paralelo são classificados de acordo com uma das três categorias, dependendo dos valores relativos de *R*, *L* e *C*:

Sobreamortecido	$\alpha > \omega_0$
Criticamente amortecido	$\alpha = \omega_0$
Subamortecido	$\alpha < \omega_0$

  (Exemplo 9.1)
- Para os circuitos *RLC* série, $\alpha = R/2L$ e $\omega_0 = 1/\sqrt{LC}$. (Exemplo 9.7)
- Para os circuitos *RLC* paralelo, $\alpha = 1/2RC$ e $\omega_0 = 1/\sqrt{LC}$. (Exemplo 9.1)
- A forma típica de uma resposta sobreamortecida é a soma de dois termos exponenciais, um dos quais decai mais rapidamente do que o outro: por exemplo, $A_1e^{-}t + A_2e^{-6}t$. (Exemplos 9.2, 9.3 e 9.4)
- A forma típica de uma resposta criticamente amortecida é $e^{-\alpha t}(A_1t + A_2)$. (Exemplo 9.5)
- A forma típica de uma resposta subamortecida é uma senoide exponencialmente amortecida: $e^{-\alpha t}(B_1 \cos \omega_d t + B_2 \operatorname{sen} \omega_d t)$. (Exemplos 9.6, 9.7 e 9.8)
- Durante a resposta transitória de um circuito *RLC*, a energia é transferida entre os elementos armazenadores de energia de acordo com

o que permite o componente resistivo do circuito, que atua de forma a dissipar a energia inicialmente armazenada. (Veja a seção Análise auxiliada por computador.)

- A resposta completa é a soma das respostas forçada e natural. Nesse caso, a resposta total deve ser determinada antes da obtenção das constantes. (Exemplos 9.9 e 9.10)

LEITURA COMPLEMENTAR

Uma excelente discussão sobre o uso do PSpice na modelagem de sistemas de suspensão automotiva pode ser encontrada em:

R.W. Goody, *MicroSim PSpice for Windows*, vol. I, 2nd ed. Englewood Cliffs, N.J.: Prentice-Hall, 1998.

Muitas descrições detalhadas de redes analógicas podem ser encontradas no Capítulo 3 do livro:

E. Weber, *Linear Transient Analysis Volume I*. New York: Wiley, 1954. (Edição esgotada, mas pode ser encontrada nas bibliotecas de muitas universidades.)

EXERCÍCIOS

9.1 O Circuito Paralelo sem Fontes

1. Para um determinado circuito *RLC* paralelo sem fonte, $R = 1$ kΩ, $C = 3$ μF e L é tal que a resposta do circuito é sobreamortecida. (*a*) Determine o valor de L. (*b*) Escreva a equação para a tensão v sobre o resistor, sabendo-se que $v(0^-) = 9$ V e $dv/dt|_{t=0^+} = 2$ V/s.

2. 10 mF e 2 nH são valores de elementos empregados na construção de um simples circuito *RLC* paralelo sem fonte. (*a*) Selecione R de modo que o circuito seja levemente sobreamortecido. (*b*) Escreva a equação para a corrente no resistor se o seu valor inicial é $i_R(0^+) = 13$ e $di_E/dt|_{t=0^+} = 1$ nA/s.

3. Se um circuito *RLC* em paralelo é construído a partir de componentes com valores de $C = 16$ mF e $L = 1$ mH, escolha R tal que o circuito seja (*a*) levemente sobreamortecido, (*b*) levemente subamortecido, (*c*) criticamente amortecido. (*d*) Qual é a sua resposta para o item (*a*) se a tolerância do resistor alterou-se para 1% e para 10%? (*e*) Aumente o coeficiente exponencial de amortecimento para o item (*c*) em 20%. O circuito agora é subamortecido, sobreamortecido ou ainda é criticamente amortecido? *Explique*.

4. Calcule α, ω_0, s_1 e s_2 para um circuito *RLC* paralelo sem fonte, se (*a*) $R = 4$ Ω, $L = 2{,}22$ H e $C = 12{,}5$ mF; (*b*) $L = 1$ nH, $C = 1$ pF e R é 1% do valor requerido para tornar o circuito subamortecido. (*c*) Calcule a taxa de amortecimento para os circuitos dos itens (*a*) e (*b*).

5. Você deve construir o circuito do Exercício 1, mas descobre que não há resistores de 1 kΩ disponíveis. Na verdade, o único componente que você encontrou além do capacitor e do indutor é um pedaço de fio de cobre sólido flexível de 24 AWG com 1 metro de comprimento. Conectando-o em paralelo com os dois outros componentes anteriormente encontrados, determine os valores de α, ω_0, s_1 e s_2 e verifique se o circuito ainda é sobreamortecido.

6. Considere um circuito *RLC* paralelo sem fonte com $\alpha = 10^8\ s^{-1}$, $\omega_0 = 10^3$ rad/s e $\omega_0 L = 5\Omega$. (*a*) Mostre que as unidades atribuídas a $\omega_0 L$ estão corretas. (*b*) Calcule s_1 e s_2. (*c*) Escreva a forma geral da resposta natural para a tensão no capacitor. (*d*) Por substituição apropriada, verifique se a sua resposta para o item (*c*) é, de fato, uma solução para a Equação [1] se o indutor e o capacitor armazenam inicialmente 1 mJ de energia cada, respectivamente.

7. Um circuito *RLC* paralelo é construído com $R = 500\ \Omega$, $C = 10\ \mu F$ e L tal que seja criticamente amortecido. (*a*) Determine L. Esse valor é grande ou pequeno para um componente montado em uma placa de circuito impresso? (*b*) Adicione um resistor em paralelo com os componentes existentes tal que a taxa de amortecimento seja igual a 10. (*c*) Aumentar ainda mais a taxa de amortecimento levará a um circuito sobreamortecido, criticamente amortecido ou subamortecido? *Explique*.

9.2 O Circuito *RLC* Paralelo Sobreamortecido

8. O circuito da Figura 9.2 é modificado significativamente, sendo o resistor substituído por outro componente de 1 kΩ, o indutor trocado para uma versão menor de 7 mH, o capacitor substituído por um alternativo de 1 nF e o indutor inicialmente descarregado, enquanto o capacitor armazena 7,2 mJ. (*a*) Calcule α, ω_0, s_1 e s_2 e verifique se o circuito ainda é sobreamortecido. (*b*) Obtenha uma expressão para a corrente que circula através do resistor, que é válida para $t > 0$. (*c*) Calcule o valor da corrente no resistor em $t = 10\ \mu s$.

9. A tensão sobre um capacitor é encontrada por $v_C(t) = 10e^{-10t} - 5e^{-4t}$ V.

   (*a*) Faça o gráfico para cada um dos dois componentes no intervalo de $0 \le t \le 1{,}5$ s.

   (*b*) Faça o gráfico de tensão no capacitor ao longo do mesmo intervalo de tempo.

10. A corrente que circula através de um certo indutor é encontrada através de $i_L(t) = 0{,}20e^{-2t} - 0{,}6e^{-3t}$ V. (*a*) Faça o gráfico para cada um dos dois componentes durante o intervalo de $0 \le t \le 1{,}5$ s. (*b*) Faça o gráfico da corrente no indutor durante o mesmo intervalo de tempo. (*c*) Faça o gráfico da energia restante no indutor para $0 \le t \le 1{,}5$ s.

11. A corrente que circula por um resistor de 5 Ω em um circuito *RLC* paralelo sem fonte é determinada por $i_R(t) = 2e^{-t} - 3e^{-8t}$ V, $t > 0$. Determine (*a*) a corrente máxima e o momento em que ela ocorre; (*b*) o tempo de acomodação; (*c*) o tempo t correspondente ao resistor dissipando 2,5 W de potência.

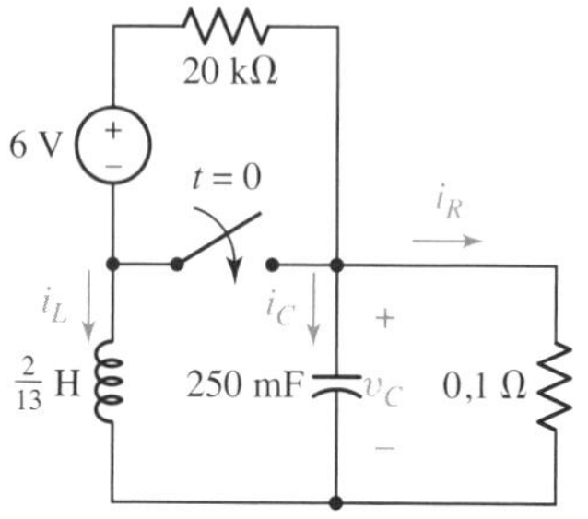

▲ **FIGURA 9.38**

12. Para o circuito da Figura 9.38, obtenha uma expressão para $v_C(t)$ válida para todo $t > 0$.

13. Considere o circuito mostrado na Figura 9.38. (*a*) Obtenha uma expressão para $i_L(t)$ válida para todo $t > 0$. (*b*) Obtenha uma expressão para $i_R(t)$ válida para todo $t > 0$. (*c*) Determine o tempo de acomodação para o i_L e i_R.

14. Em relação ao circuito representado na Figura 9.39, determine (*a*) $i_C(0^-)$; (*b*) $i_L(0^-)$; (*c*) $i_R(0^-)$; (*d*) $v_C(0^-)$; (*e*) $i_C(0^+)$; (*f*) $i_L(0^+)$; (*g*) $i_R(0^+)$; (*h*) $v_C(0^+)$.

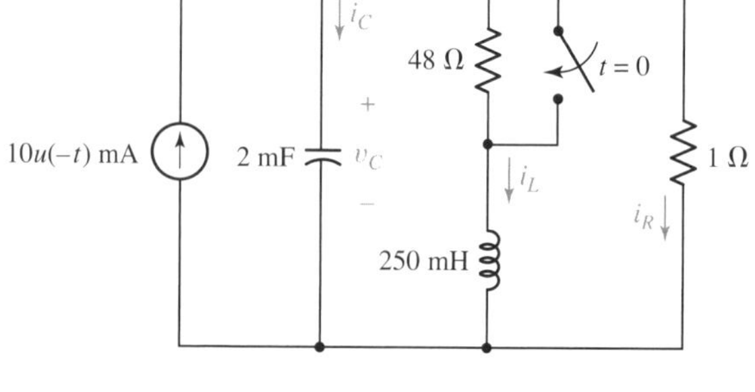

◀ **FIGURA 9.39**

15. (*a*) Assumindo a convenção de sinal passivo, obtenha uma expressão para a tensão sobre o resistor de 1 Ω no circuito da Figura 9.39 que é válida para todo $t > 0$. (*b*) Determine o tempo de acomodação da tensão no resistor.

16. Em relação ao circuito apresentado na Figura 9.40, (*a*) obtenha uma expressão para $v(t)$, que é válida para todo $t > 0$; (*b*) calcule a corrente máxima no indutor e identifique o momento em que ela ocorre; (*c*) determine o tempo de acomodação.

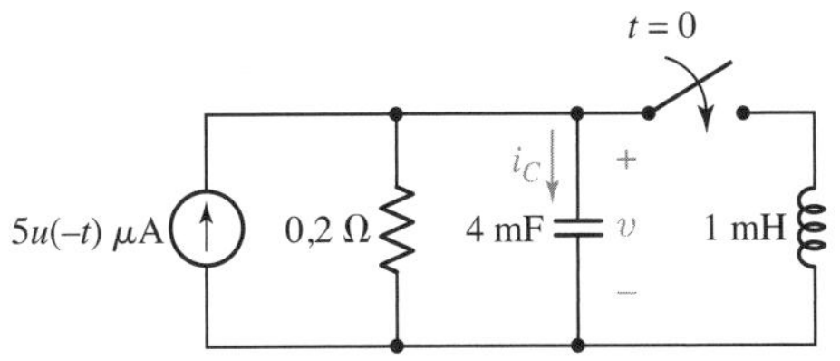

◀ **FIGURA 9.40**

17. Obtenha expressões para a corrente $i(t)$ e a tensão $v(t)$ indicadas no circuito da Figura 9.41 que são válidas para todo $t > 0$.

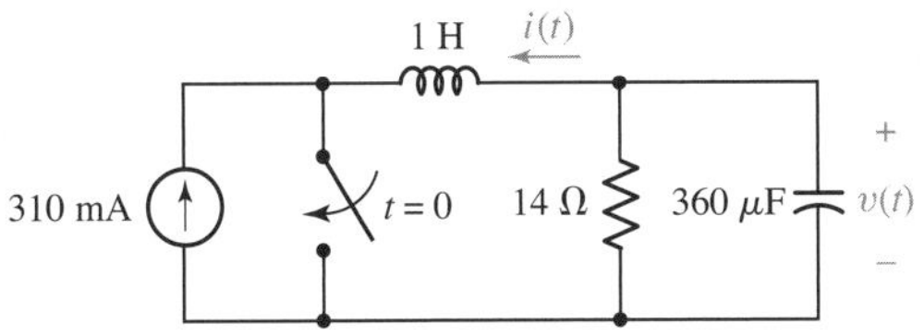

◀ **FIGURA 9.41**

18. Substitua o resistor de 14 Ω no circuito da Figura 9.41 por um resistor de 1 Ω. (*a*) Obtenha uma expressão para a energia armazenada no capacitor em função do tempo válida para $t > 0$. (*b*) Determine em que instante a energia no capacitor terá sido reduzida à metade do seu valor máximo. (*c*) Verifique sua resposta com uma simulação apropriada no PSpice.

19. Projete um circuito completo *RLC* em paralelo sem fonte que apresente uma resposta sobreamortecida, tenha um tempo de acomodação de 1 s e uma taxa de amortecimento de 15.

20. Para o circuito representado na Figura 9.42, os dois valores dos resistores são $R_1 = 0{,}752$ Ω e $R_2 = 1{,}268$ Ω, respectivamente. (*a*) Obtenha uma expressão para a energia armazenada no capacitor válida para todo $t > 0$; (*b*) determine o tempo de acomodação da corrente i_A.

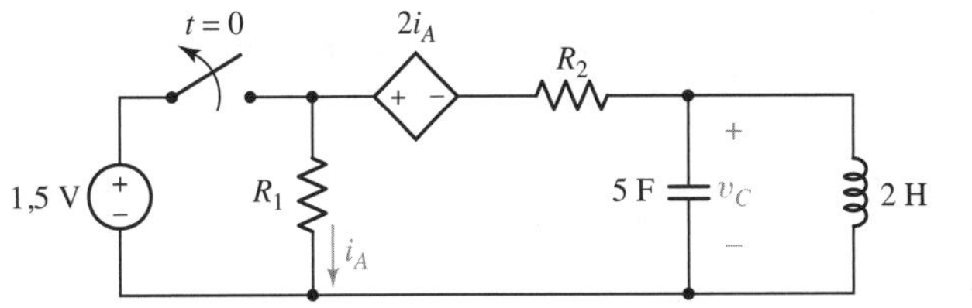

◀ **FIGURA 9.42**

9.3 Amortecimento Crítico

21. A bobina de um motor com uma indutância de 8 H está em paralelo com um capacitor de 2 μF e um resistor de valor desconhecido. A resposta dessa combinação em paralelo é determinada como criticamente amortecida. (*a*) Determine o valor do resistor. (*b*) Calcule α. (*c*) Escreva a equação para a corrente que flui para o resistor se o nó superior é denominado v, o nó de baixo está aterrado e $v = Ri_r$. (*d*) Verifique que a sua equação é a solução da equação diferencial do circuito,

$$\frac{di_r}{dt} + 2\alpha \frac{di_r}{dt} + \alpha^2 i_r = 0$$

22. A condição para o amortecimento crítico em um circuito *RLC* é que a frequência de ressonância ω_0 e o fator de amortecimento exponencial α são iguais. Isso leva à relação $L = 4R^2C$, que implica $1\text{ H} = 1\ \Omega^2 \cdot \text{F}$. Verifique essa equivalência decompondo cada uma das três unidades de fundamentais na forma de unidades SI (ver Capítulo 2).

23. Um circuito *RLC* paralelo criticamente amortecido é construído a partir de componentes com valores de 40 Ω, 8 nF e 51,2 μH, respectivamente. (*a*) Verifique se o circuito é de fato criticamente amortecido. (*b*) Explique por que, na prática, esse circuito, uma vez fabricado, dificilmente se comportará como um circuito que efetivamente possui amortecimento crítico. (*c*) O indutor armazena inicialmente 1 mJ de energia, enquanto o capacitor encontra-se inicialmente descarregado. Determine o valor da tensão no capacitor para t = 500 ns, a tensão máxima absoluta no capacitor e o tempo de acomodação.

24. Projete um circuito completo *RLC* em paralelo (ou seja, com todas as chaves necessárias ou fontes de função degrau) que tenha uma resposta criticamente amortecida tal que a tensão no capacitor em t = 1 s seja igual a 9 V e o circuito seja sem fonte para todo $t > 0$.

25. Um circuito *RLC* paralelo criticamente amortecido é construído a partir de componentes com valores de 40 Ω e 2 pF. Determine o valor de L, tendo o cuidado de não arredondar o resultado para um valor maior. (*b*) Explique por que, na prática, esse circuito, uma vez fabricado, dificilmente se comportará como um circuito que efetivamente possui amortecimento crítico. (*c*) O indutor inicialmente não armazena energia, enquanto o capacitor armazena inicialmente 10 pJ. Determine a potência absorvida pelo resistor em t = 2 ns, a corrente máxima absoluta no indutor $|i_L|$ e o tempo de acomodação.

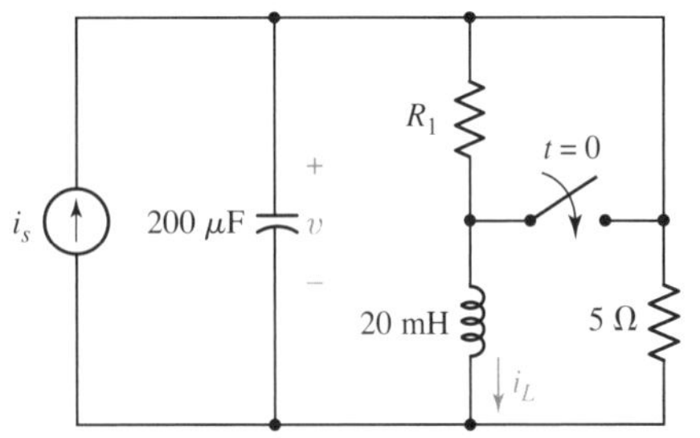

▲ **FIGURA 9.43**

26. Para o circuito da Figura 9.43, considere $i_s(t) = 30u(-t)$ mA. (*a*) Selecione R_1 para que $v(0^+) = 6$ V. (*b*) Calcule v(2 ms). (*c*) Determine o tempo de acomodação da tensão no capacitor. (*d*) O tempo de acomodação da corrente no indutor é o mesmo da sua resposta para o item (*c*)?

27. A fonte de corrente na Figura 9.43 é $i_s(t) = 10u(1 - t)$ μA. (*a*) Selecione R_1 tal que $i_L(0^+) = 2$ μA. Calcule i_L em t = 500 ms e t = 1,002 ms.

28. O indutor no circuito da Figura 9.41 é alterado de tal forma que a resposta do circuito torna-se criticamente amortecida. (*a*) Determine o valor do novo indutor. (*b*) Calcule a energia armazenada no indutor e no capacitor em t = 10 ms.

29. O circuito da Figura 9.42 é reconstruído de modo que a grandeza controlada da fonte dependente é agora $100i_A$, o capacitor de 5 μF é substituído por um de 2 μF e $R_1 = R_2 = 10\ \Omega$. (*a*) Calcule o valor do indutor necessário para obter uma resposta criticamente amortecida. (*b*) Determine a potência absorvida por R_2 em t = 300 μs.

9.4 O Circuito *RLC* Paralelo Subamortecido

30. (*a*) Com respeito ao circuito *RLC* paralelo, derive uma expressão para R em termos de C e L para garantir que a resposta seja subamortecida. (*b*) Se C = 1 nF e L = 10 mH, selecione R tal que uma resposta (levemente) subamortecida seja alcançada. (*c*) Se a taxa de amortecimento é aumentada, o circuito irá tornar-se mais ou menos subamortecido? *Explique*. (*d*) Calcule α e ω_d para o valor de R selecionado no item (*b*).

31. O circuito da Figura 9.1 é construído utilizando os seguintes valores de componentes: 10 kΩ, 72 μH e 18 pF. (*a*) Calcule α, ω_d, e ω_0. O circuito é sobreamortecido, criticamente amortecido ou subamortecido? (*b*) Escreva a forma da resposta natural da tensão no capacitor $v(t)$. (*c*) Se o capacitor armazena inicialmente 1 nJ de energia, calcule v em t = 300 ns.

32. O circuito sem fonte representado na Figura 9.1 é construído utilizando um indutor de 10 mH, um capacitor de 1 mF e um resistor de 1,5 kΩ. (*a*) Calcule α, ω_d, e ω_0. (*b*) Escreva a equação que descreve a corrente i para $t > 0$. (*c*) Determine o valor máximo de i e o tempo em que ele ocorre se o indutor inicialmente não armazena energia e $v(0^-) = 9$ V.

33. (*a*) Para o circuito descrito no Exercício 32, faça os gráficos da corrente i com os respectivos valores de resistores: 1,5 kΩ, 15 kΩ e 150 kΩ. Faça três gráficos separadamente e certifique-se de estender o eixo correspondente ao tempo até $6\pi/\omega d$ em cada caso. (*b*) Determine os tempos de acomodação correspondentes.

34. No circuito descrito no Exercício 32, encontre $v(t)$ para $t > 0$ se R é igual a (*a*) 2 kΩ; (*b*) 2 Ω. (*c*) Faça o gráfico das respostas no intervalo de $0 \leq t \leq 60$ ms. (*d*) Verifique as suas respostas com simulações apropriadas no PSpice.

35. Para o circuito da Figura 9.44, determine (*a*) $i_C(0^-)$; (*b*) $i_L(0^-)$; (*c*) $i_R(0^-)$; (*d*) $v_C(0^-)$; (*e*) $i_C(0^+)$; (*f*) $i_L(0^+)$; (*g*) $i_R(0^+)$; (*h*) $v_C(0^+)$.

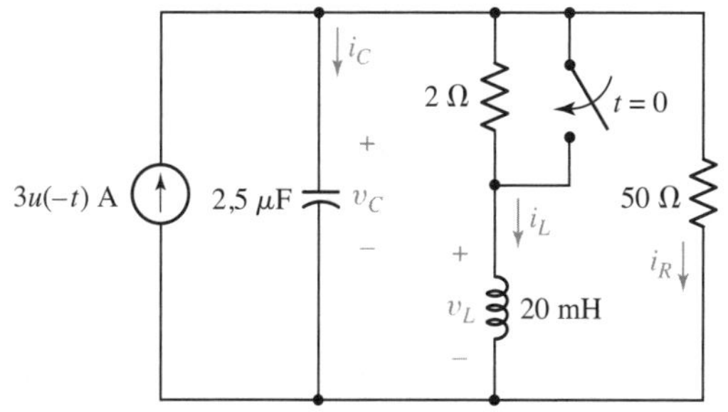

FIGURA 9.44

36. Obtenha uma expressão para $v_L(t)$, $t > 0$, para o circuito mostrado na Figura 9.44. Faça o gráfico da forma de onda para, pelo menos, dois períodos de oscilação.

37. Para o circuito da Figura 9.45, determine (*a*) a primeira vez que $t > 0$ quando $v(t) = 0$; (*b*) o tempo de acomodação.

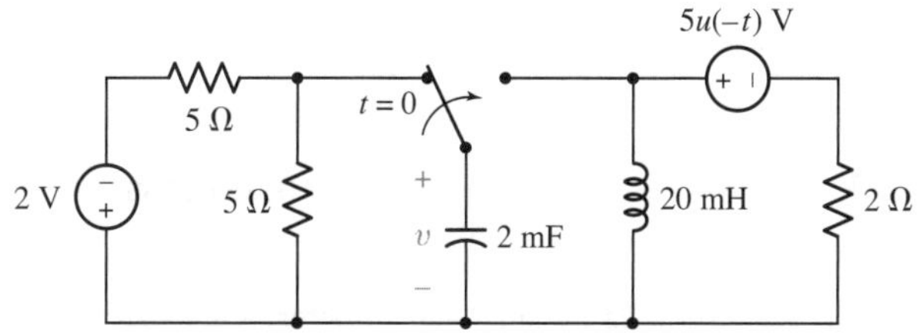

FIGURA 9.45

38. (*a*) Projete um circuito *RLC* em paralelo que forneça uma tensão no capacitor que oscila com uma frequência de 100 rad/s, com um valor máximo de 10 V, que ocorre em $t = 0$, e cuja segunda e terceira máximas excedem 6 V. (*b*) Verifique o seu projeto com uma simulação apropriada PSpice.

39. O circuito representado na Figura 9.46 é levemente subamortecido. (*a*) Calcule α e ω_d. (*b*) Obtenha uma expressão para $i_L(t)$ válida para $t > 0$. (*c*) Determine a quantidade de energia armazenada no capacitor e no indutor em $t = 200$ ms.

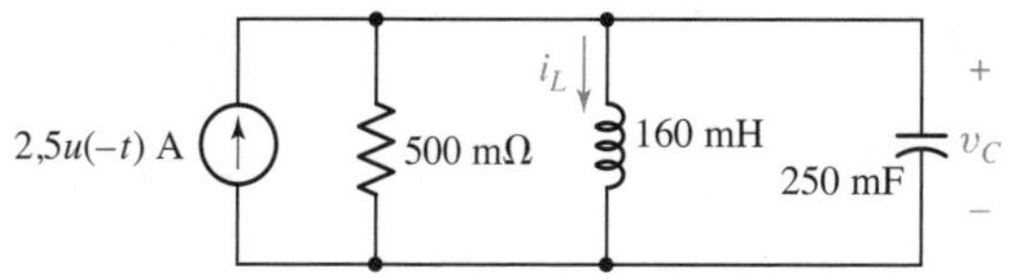

FIGURA 9.46

40. Ao construir o circuito da Figura 9.46, você instala inadvertidamente um resistor de 500 MΩ por engano. (*a*) Calcule α e ω_d. (*b*) Obtenha uma expressão para $i_L(t)$ válida para $t > 0$. (*c*) Determine o tempo que a energia armazenada no indutor leva para atingir 10% do seu valor máximo.

9.5 Os Circuitos *RLC* Série sem Fontes

41. O circuito da Figura 9.21*a* é construído com um capacitor de 160 mF e um indutor de 250 mH. Determine o valor de *R* necessário para obter (*a*) uma resposta criticamente amortecida; (*b*) uma resposta "levemente" subamortecida. (*c*) Compare suas respostas para os itens (*a*) e (*b*) se o circuito for um circuito *RLC* paralelo.

42. Os componentes do circuito representado na Figura 9.21*a* possuem os seguintes valores: $R = 2\ \Omega$, $C = 1$ mF e $L = 2$ mH. Se $v_C(0^-) = 1$ V e inicialmente não circula corrente através do indutor, calcule $i(t)$ nos instantes $t = 1$ ms, 2 ms, e 3 ms.

43. O circuito *RLC* série descrito no Exercício 42 é ligeiramente modificado ao se inserir um resistor de 2 Ω em paralelo com o resistor existente. A tensão inicial no capacitor continua sendo 1 V, e ainda não circula corrente no indutor antes de $t = 0$. (*a*) Calcule $v_C(t)$ em 4 ms. (*b*) Faça o gráfico de $v_C(t)$ no intervalo $0 \leq t \leq 10$ s.

44. O circuito simples com três elementos *RLC* em série do Exercício 42 é construído tendo os componentes os mesmos valores, mas com a tensão inicial do capacitor sendo $v_C(0^-) = 2$ V e a corrente inicial no indutor de $i(0^-) = 1$ mA. (*a*) Obtenha uma expressão para $i(t)$ válida para todo $t > 0$. (*b*) Verifique sua solução com uma simulação apropriada.

45. O circuito *RLC* série da Figura 9.22 é construído utilizando $R = 1$ kΩ, $C = 2$ mF e $L = 1$ mH. A tensão inicial do capacitor v_C é de –4 V em $t = 0^-$. Inicialmente não circula corrente através do indutor. (*a*) Obtenha uma expressão para $v_C(t)$ válida para $t > 0$. (*b*) Faça o gráfico para $0 \leq t \leq 6$ us.

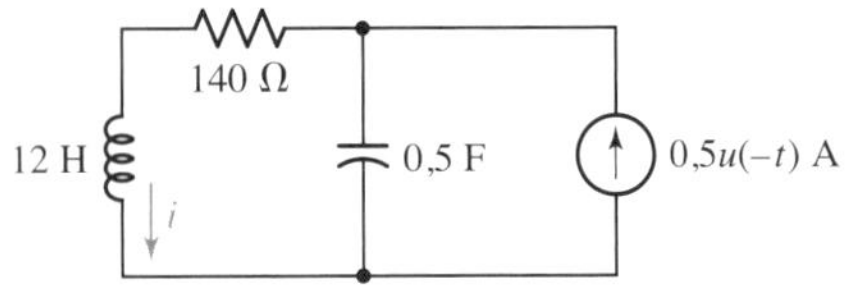

▲ **FIGURA 9.47**

46. Com relação ao circuito representado na Figura 9.47, calcule (*a*) α; (*b*) ω_0; (*c*) $i(0^+)$; (*d*) $di/dt|_{0^+}$; (*e*) $i(t)$ em $t = 6$ s.

47. Obtenha uma equação para v_C no circuito da Figura 9.48 válida para todo $t > 0$.

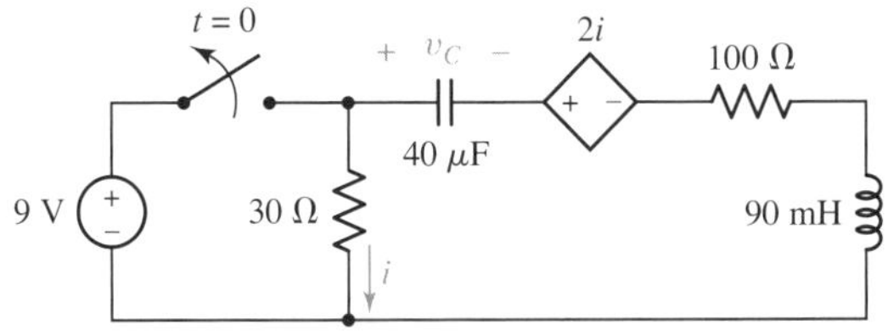

◀ **FIGURA 9.48**

48. Com relação ao circuito *RLC* série da Figura 9.48, (*a*) obtenha uma expressão para *i* válida para $t > 0$; (*b*) calcule $i(0{,}8$ ms) e $i(4$ ms); (*c*) verifique suas respostas para o item (*b*) com uma simulação apropriada no PSpice.

49. Obtenha uma expressão para i_1 indicado na Figura 9.49 que seja válida para todo $t > 0$.

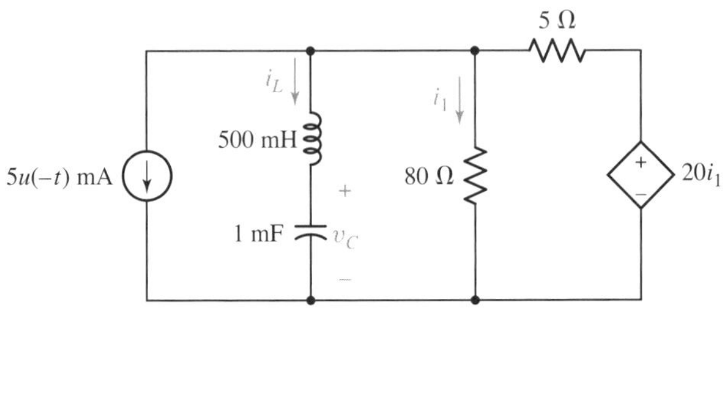

◀ **FIGURA 9.49**

9.6 A Resposta Completa do Circuito *RLC*

50. No circuito em série da Figura 9.50, defina $R = 1\ \Omega$. (*a*) Calcule α e ω_0. (*b*) Se $i_s = 3u(-t) + 2u(t)$ mA, determine $v_R(0^-)$, $i_L(0^-)$, $v_C(0^-)$, $v_R(0^+)$, $i_L(0^+)$, $v_C(0^+)$, $i_L(\infty)$ e $v_C(\infty)$.

51. Calcule a derivada de cada uma das variáveis de tensão e corrente indicadas na Figura 9.51 em $t = 0^+$.

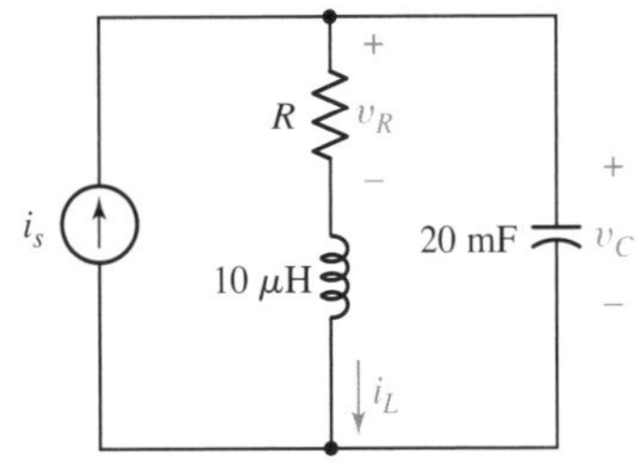

▲ **FIGURA 9.50**

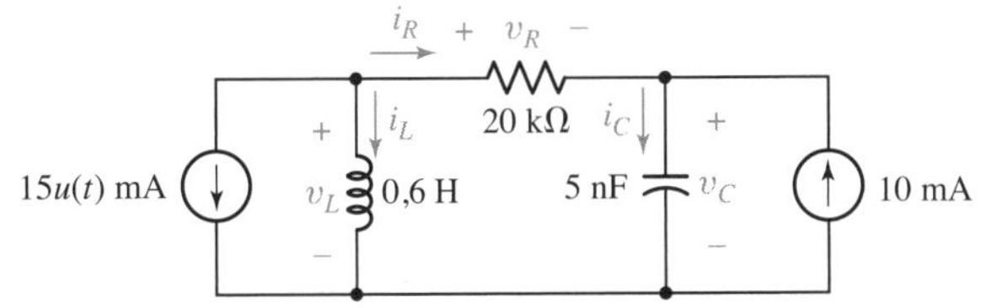

◀ **FIGURA 9.51**

52. Considere o circuito ilustrado na Figura 9.52. Se $v_s(t) = -8 + 2u(t)$ V, determine (*a*) $v_C(0^+)$; (*b*) $i_L(0^+)$; (*c*) $v_C(\infty)$; (*d*) $v_C(t = 150\ \text{ms})$.

53. O resistor de 15 Ω no circuito da Figura 9.52 é substituído por um resistor de 500 mΩ. Se a fonte de tensão é dada por $v_s = 1 - 2u(t)$ V, determine (*a*) $i_L(0^+)$; (*b*) $v_C(0^+)$; (*c*) $i_L(\infty)$; (*d*) $v_C(4\ \text{ms})$.

54. No circuito mostrado na Figura 9.53, obtenha uma expressão para i_L válida para todo $t > 0$ se $i_1 = 8 - 10u(t)$ mA.

55. O resistor de 10 Ω no circuito *RLC* série da Figura 9.53 é substituído por um resistor de 1 kΩ. A corrente da fonte é dada por $i_1 = 5u(t) - 4$ mA. Obtenha uma expressão para i_L válida para todo $t > 0$.

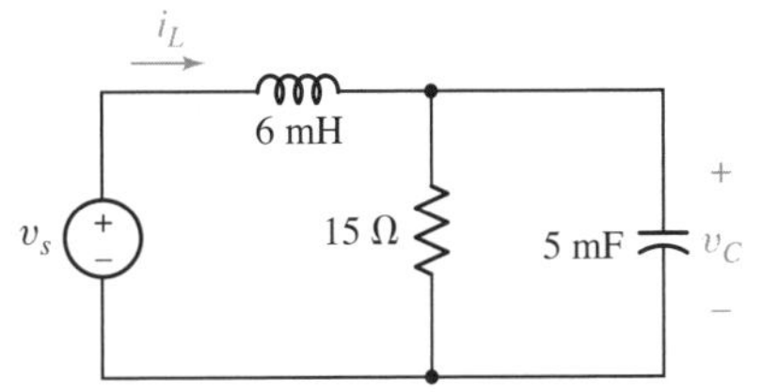

▲ **FIGURA 9.52**

56. Para o circuito representado na Figura 9.54, (*a*) obtenha uma expressão para $v_C(t)$ válida para todo $t > 0$. (*b*) Determine v_C em $t = 10$ ms e $t = 600$ ms. (*c*) Verifique suas respostas para o item (*b*) com uma simulação apropriada no PSpice.

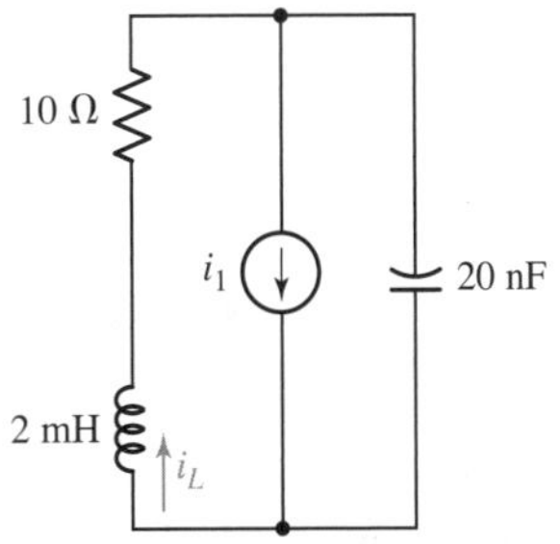

▲ **FIGURA 9.53**

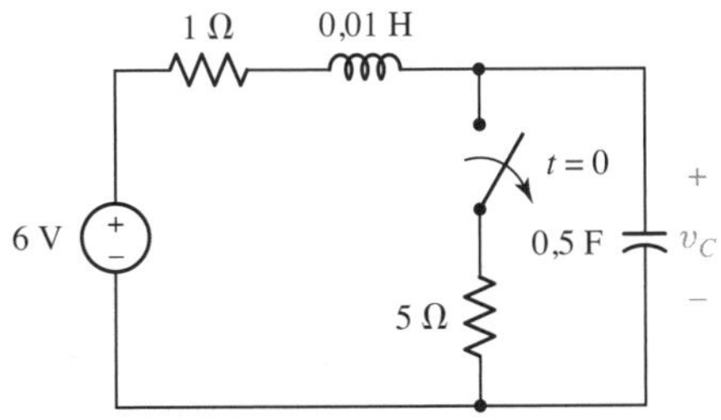

▲ **FIGURA 9.54**

57. Substitua o resistor de 1 Ω na Figura 9.54 por um resistor de 100 mΩ e o resistor de 5 Ω por um resistor de 200 mΩ. Assumindo a convenção de sinal passivo, obtenha uma expressão para a corrente no capacitor que é válida para $t > 0$.

58. Em relação ao circuito da Figura 9.55, obtenha uma expressão para v_C válida para $t \geq 0$ se $i_S(t) = 3u(-t) + 5u(t)$ mA.

59. (*a*) Ajuste o valor do resistor de 3 Ω no circuito representado na Figura 9.55 para obter uma resposta "levemente" sobreamortecida. (*b*) determine o primeiro instante ($t > 0$) em que capacitor e o indutor armazenam uma quantidade igual de energia (e diferente de zero) se $i_S(t) = 2u(t)$ A. (*c*) Calcule a energia correspondente. (*d*) Depois de quanto tempo a energia armazenada no indutor será o *dobro* da armazenada no capacitor ao mesmo tempo?

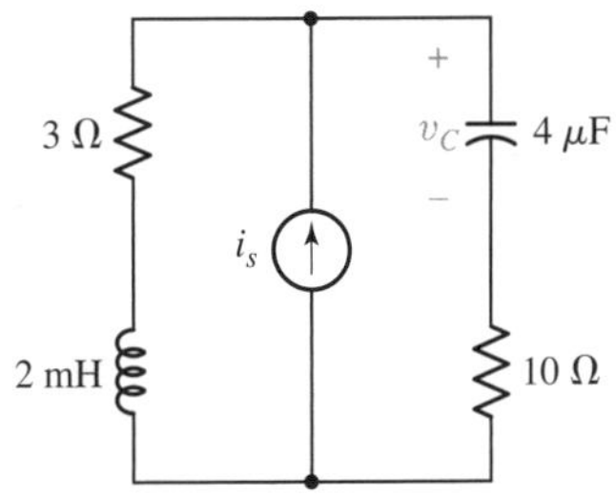

▲ **FIGURA 9.55**

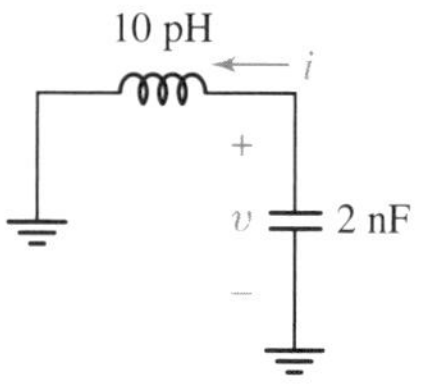

▲ **FIGURA 9.56**

9.7 O Circuito *LC* sem Perdas

60. Projete um circuito AOP para modelar a resposta de tensão do circuito *LC* mostrado na Figura 9.56. Verifique seu projeto por meio da simulação do circuito da Figura 9.56 e o seu circuito usando um AOP LF411, supondo $v(0) = 0$ e $i(0) = 1$ mA.

61. Referindo-se à Figura 9.57, projete um circuito AOP cuja saída seja $i(t)$ para $t > 0$.

62. Substitua o capacitor do circuito da Figura 9.56 por um indutor de 20 H em paralelo com um capacitor de 5 μF. Projete um circuito AOP cuja saída seja $i(t)$ para $t > 0$. Verifique o seu projeto simulando o circuito capacitor-indutor e o seu circuito AOP. Use um AOP LM111 na simulação no PSpice.

63. Um circuito *RC* sem fontes é construído usando um resistor de 1 kΩ e um capacitor de 3,3 mF. A tensão inicial no capacitor é de 1,2 V. (*a*) Escreva a equação diferencial para v, a tensão no capacitor, para $t > 0$. (*b*) Projete um circuito AOP que forneça $v(t)$ como saída.

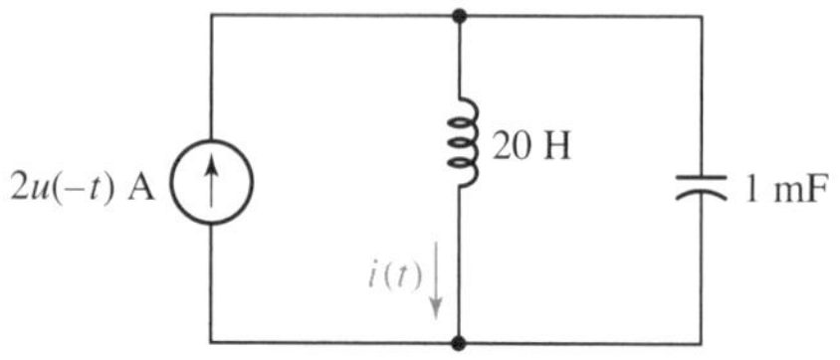

▲ **FIGURA 9.57**

64. Um circuito *RL* sem fontes contém um resistor de 20 Ω e um indutor de 5 H. Se o valor inicial da corrente no indutor for 2 A: (*a*) escreva a equação diferencial para i, para $t > 0$, e (*b*) projete um integrador com AOP para fornecer $i(t)$ como saída, usando $R_1 = 1$ MΩ e $C_f = 1$ μF.

Exercícios de integração do capítulo

65. O capacitor no circuito da Figura 9.58 é definido como 1 F. Determine $v_C(t)$ em (*a*) $t = -1$ s; (*b*) $t = 0^+$; (*c*) $t = 20$ s.

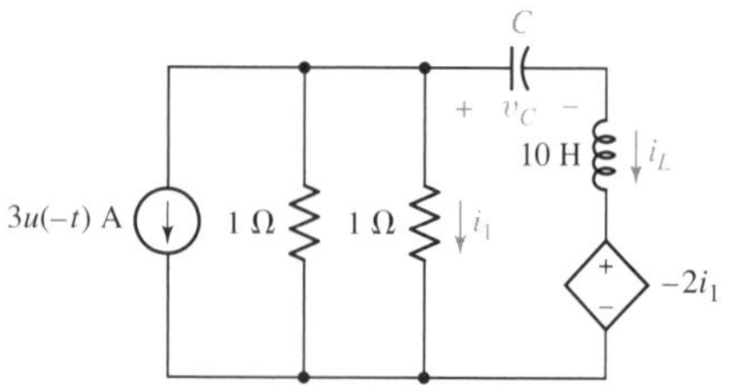

▲ **FIGURA 9.58**

66. (*a*) Qual valor de C para o circuito da Figura 9.59 resultará numa resposta sobre-amortecida? (*b*) Defina $C = 1$ F e obtenha uma expressão para $i_L(t)$ válida para $t > 0$.

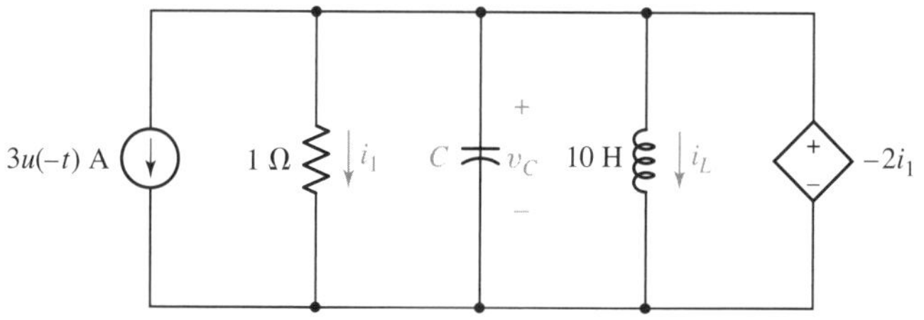

◀ **FIGURA 9.59**

67. Obtenha uma expressão para a corrente i_1 indicada no circuito da Figura 9.58 que é válida para $t > 0$ se a fonte de corrente é substituída por uma fonte de $5u(t + 1)$ A.

68. Projete um circuito *RLC* em paralelo que produza um pulso senoidal amortecido exponencialmente com um pico de tensão de 1,5 V e, pelo menos, dois picos adicionais com valor de tensão superior a 0,8 V. Verifique seu projeto com uma simulação apropriada no PSpice.

69. Projete um circuito *RLC* em série que produza um pulso senoidal amortecido exponencialmente com um pico de tensão de 1,5 V e, pelo menos, dois picos adicionais com valor de tensão superior a 0,8 V. Verifique seu projeto por meio de uma simulação apropriada no PSpice.

10 Análise em Regime Permanente Senoidal

CONCEITOS FUNDAMENTAIS

- Características de Funções Senoidais
- Representação Fasorial de Senoides
- Converção entre o Domínio do Tempo e o Domínio da Frequência
- Impedância e Admitância
- Reatância e Susceptância
- Combinações Série e Paralelo no Domínio da Frequência
- Determinação da Resposta Forçada Utilizando Fasores
- Aplicação de Técnicas de Análise de Circuitos no Domínio da Frequência

INTRODUÇÃO

A resposta completa de um circuito elétrico linear é composta por duas partes, a resposta *natural* e a resposta *forçada*. A resposta natural corresponde ao transitório de curta duração que ocorre em um circuito em decorrência de uma súbita mudança em sua condição. A resposta forçada corresponde ao comportamento em regime permanente de um circuito na presença de quaisquer fontes independentes. Até o presente momento, consideramos apenas respostas forçadas causadas por fontes cc. Outra resposta forçada muito comum é a forma de onda senoidal. Esta função descreve a tensão disponível nas tomadas das residências, bem como a tensão nas linhas de transmissão de energia que alimentam áreas residenciais e industriais.

Neste capítulo, assumimos que a resposta transitória seja de pouco interesse, e que a resposta de um circuito em regime permanente (um aparelho de TV, uma torradeira, ou uma linha de distribuição de energia) frente a uma tensão ou corrente senoidal seja necessária. Analisaremos tais circuitos utilizando uma técnica poderosa que transforma equações integro-diferenciais em equações algébricas. Antes de ver como isso funciona, é interessante rever rapidamente alguns atributos importantes gerais das senoides, que descrevem praticamente todas as correntes e tensões ao longo do capítulo.

10.1 ▸ CARACTERÍSTICAS DAS SENOIDES

Considere a tensão que varia senoidalmente,

$$v(t) = V_m \operatorname{sen} \omega t$$

mostrada graficamente nas Figuras 10.1*a* e *b*. A *amplitude* da senoide é V_m e seu *argumento* é ωt. A *frequência radiana*, ou *frequência angular*, é ω. Na Figura 10.1*a*, V_m sen ωt é traçada em função do argumento ωt, e a natureza periódica da senoide fica evidente. A função se repete a cada 2π radianos, e seu ***período*** é portanto igual a 2π radianos. Na Figura 10.1*b*, V_m sen ωt é traçada em função de t e seu *período* é agora T. Uma senoide com período T deve executar $1/T$ períodos em cada segundo; sua ***frequência*** f é igual a $1/T$ hertz, abreviada por Hz. Logo,

$$f = \frac{1}{T}$$

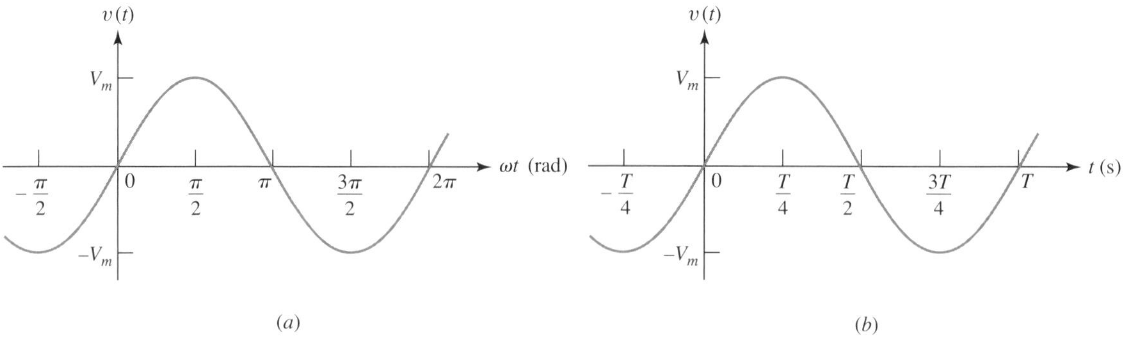

▲ **FIGURA 10.1** A função senoidal $v(t) = V_m$ sen ωt é traçada (*a*) *versus* ωt e (*b*) *versus* t.

e já que

$$\omega T = 2\pi$$

obtemos a relação comum entre a frequência e a frequência angular

$$\boxed{\omega = 2\pi f}$$

Atraso e Avanço

Uma forma mais geral da senoide,

$$v(t) = V_m \operatorname{sen}(\omega t + \theta) \qquad [1]$$

inclui um *ângulo de fase* θ em seu argumento. A Equação [1] está traçada na Figura 10.2 em função de ωt, e o ângulo de fase aparece como o número de radianos que a senoide original (mostrada em verde na figura) é deslocada para a esquerda, ou adiantada no tempo. Como pontos correspondentes na senoide V_m sen$(\omega t + \theta)$ ocorrem θ rad, ou θ/ω segundos mais cedo, dizemos que V_m sen$(\omega t + \theta)$ está *adiantada* de V_m sen ωt em θ rad. Portanto, é correto dizer que sen ωt está θ rad ***atrasada*** de sen$(\omega t + \theta)$, ou $-\theta$ rad ***adiantada*** de sen$(\omega t + \theta)$, ou θ rad adiantada de sen$(\omega t - \theta)$.

Atrasadas ou adiantadas, dizemos nesse caso que as senoides estão *defasadas*. Se os ângulos de fase forem iguais, dizemos que as senoides estão *em fase*.

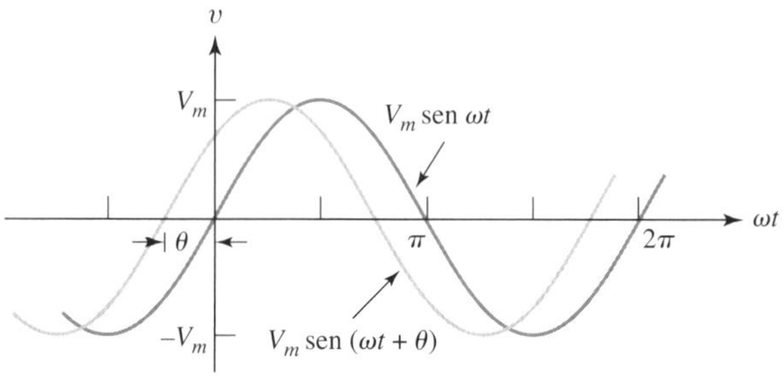

▲ **FIGURA 10.2** A senoide V_m sen$(\omega t + \theta)$ está θ rad adiantada de sen ωt.

Em engenharia elétrica, o ângulo de fase é comumente dado em graus, em vez de radianos; para evitar confusão, devemos sempre usar o símbolo de graus. Logo, em vez de escrever

Lembre-se que, para converter de radianos para graus, simplesmente multiplicamos o ângulo por $180/\pi$.

$$v = 100\,\text{sen}\left(2\pi 1000t - \frac{\pi}{6}\right)$$

usaremos de forma mais frequente

$$v = 100\,\text{sen}(2\pi 1000t - 30^\circ)$$

Ao avaliar-se esta expressão em um instante de tempo específico, como por exemplo em $t = 10^{-4}$ s, $2\pi\ 1000t$ vira $0{,}2\pi$ *radianos*, e isso deve ser convertido em 36º antes de subtrairmos 30º. Não confunda laranjas com maçãs!

Duas ondas senoidais cujas fases são comparadas devem satisfazer às seguintes condições:

1. Ambas devem ser escritas como funções seno, ou como funções cosseno.
2. Ambas devem ser escritas com amplitudes positivas.
3. Ambas devem ter a mesma frequência

Convertendo Senos em Cossenos

O seno e o cosseno são essencialmente a mesma função, mas com uma diferença de fase de 90º. Logo, $\text{sen}\,\omega t = \cos(\omega t - 90^\circ)$. Múltiplos de 360º podem ser adicionados ou subtraídos do argumento de qualquer função senoidal sem que o valor da função seja alterado. Portanto, podemos dizer que

Note que:
$-\text{sen}\,\omega t = \text{sen}(\omega t \pm 180^\circ)$
$-\cos\omega t = \cos(\omega t \pm 180^\circ)$
$\mp\text{sen}\,\omega t = \cos(\omega t \pm 90^\circ)$
$\pm\cos\omega t = \text{sen}(\omega t \pm 90^\circ)$

$$\begin{aligned} v_1 &= V_{m_1}\cos(5t + 10^\circ) \\ &= V_{m_1}\,\text{sen}(5t + 90^\circ + 10^\circ) \\ &= V_{m_1}\,\text{sen}(5t + 100^\circ) \end{aligned}$$

está *adiantado* de

$$v_2 = V_{m_2}\,\text{sen}(5t - 30^\circ)$$

em 130º. Também é correto dizer que v_1 está 230º *atrasado* de v_2, pois v_1 pode ser escrita como

$$v_1 = V_{m_1}\,\text{sen}(5t - 260^\circ)$$

Assumimos que V_{m1} e V_{m2} sejam ambas grandezas positivas. Uma representação gráfica é fornecida na Figura 10.3; note que a frequência de ambas as senoides (5 rad/s neste caso) deve ser a mesma, ou a comparação não faz sentido. Normalmente, a diferença de fase entre duas senoides é expressa por ângulos menores ou iguais a 180º.

O conceito das relações de atraso ou avanço entre duas senoides será usado extensivamente, e estas relações devem ser reconhecidas tanto matemática quanto graficamente.

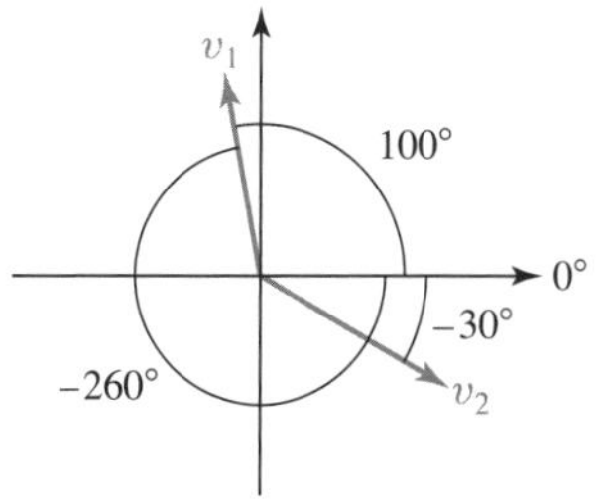

▶ **FIGURA 10.3** Representação gráfica das duas senoides v_1 e v_2. O módulo de cada função seno é representado pelo comprimento da seta correspondente, e o ângulo de fase pela orientação com respeito ao eixo x positivo. Neste diagrama, v_1 está 100º + 30º = 130º adiantado de v_2, embora seja possível dizer que v_2 está 230º adiantado de v_1. É usual, no entanto, expressar a diferença de fase por meio de ângulos menores ou iguais a 180º.

▶ EXERCÍCIOS DE FIXAÇÃO

10.1 Determine o ângulo de atraso de i_1 em relação a v_1 se $v_1 = 120\cos(120\pi t - 40°)$ V e i_1 é igual a (*a*) $2{,}5\cos(120\pi t + 20°)$ A; (*b*) $1{,}4\text{sen}(120\pi t - 70°)$ A; (*c*) $-0{,}8\cos(120\pi t - 110°)$ A.

10.2 Determine A, B, C e ϕ se $40\cos(100t - 40°) - 20\text{sen}(100t + 170°) = A \cos 100t + B \,\text{sen}100t = C \cos(100t + \phi)$.

Resposta: 10.1: –60°; 120°; –110°. 10.2: 27,2; 45,4; 52,9; –59,1°.

10.2 ▶ RESPOSTA FORÇADA A FUNÇÕES SENOIDAIS

Agora que já estamos familiarizados com as características matemáticas das senoides, estamos prontos para aplicar uma função forçante senoidal em um circuito simples e obter a resposta forçada. Primeiro escrevemos a equação diferencial que se aplica ao circuito dado. A solução completa para esta equação é composta por duas partes, a solução complementar (a qual chamamos de *resposta natural*) e a solução particular (ou *resposta forçada*). Os métodos que planejamos desenvolver ao longo deste capítulo assumem que não estejamos interessados no transitório de curta duração (ou resposta natural) de nosso circuito, mas apenas na resposta em "regime permanente".

A Resposta em Regime Permanente

O termo *resposta em regime permanente* é utilizado de forma equivalente ao termo *resposta forçada*, e é comum dizer que os circuitos que analisaremos ao longo deste capítulo estão operando em "regime permanente senoidal". Infelizmente, *regime permanente* traz à mente dos estudantes a conotação de algo "que não varia com o tempo". Isso é verdade para funções forçantes CC, mas a resposta em regime permanente senoidal está definitivamente variando com o tempo. O termo regime permanente simplesmente se refere à condição que é alcançada após a extinção dos transitórios (resposta natural) no circuito.

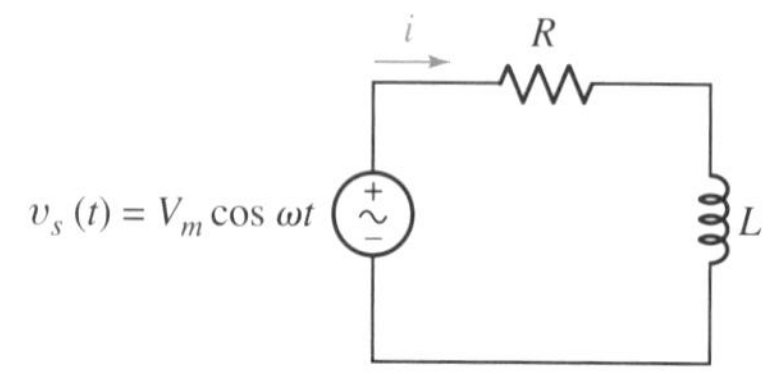

▲ **FIGURA 10.4** Circuito *RL* série para o qual desejamos obter a resposta forçada.

A resposta forçada tem a forma matemática da função forçante, além de todas as suas derivadas e de sua primeira integral. Sabendo disso, uma das maneiras de se obter a resposta forçada é assumir uma solução composta pela soma de funções com tais características, onde cada uma dessas funções possui uma amplitude desconhecida a ser determinada por meio de substituição direta na equação diferencial. Como veremos em breve, este pode ser um processo demorado. Com isso, nos sentiremos suficientemente motivados para buscar uma alternativa mais simples.

Considere o circuito *RL* série mostrado na Figura 10.4. A fonte de tensão senoidal $v_s = V_m \cos \omega t$ foi conectada ao circuito em algum tempo remoto no passado, e a resposta natural já se extinguiu completamente. Buscamos a reposta forçada (ou em "regime permanente"), a qual deve satisfazer à equação diferencial

$$L\frac{di}{dt} + Ri = V_m \cos \omega t$$

obtida com a aplicação da LKT no circuito. Em qualquer instante em que a derivada é nula, vemos que a corrente deve ter a forma $i \ \mu \cos\omega t$. De maneira similar, em um instante em que a corrente é igual a zero, a *derivada* deve ser proporcional a cos ωt, o que implica uma corrente na forma de sen ωt. Podemos esperar, portanto, que a resposta forçada tenha a forma

$$i(t) = I_1 \cos \omega t + I_2 \operatorname{sen} \omega t$$

onde I_1 e I_2 são constantes reais cujos valores dependem de V_m, R, L, e ω. Nenhuma constante ou função exponencial pode estar presente. Substituindo a forma assumida para a solução na equação diferencial, temos

$$L(-I_1\omega \operatorname{sen}\omega t + I_2\omega \cos \omega t) + R(I_1 \cos \omega t + I_2 \operatorname{sen}\omega t) = V_m \cos \omega t$$

Se agruparmos os termos em senos e cossenos, obtemos

$$(-LI_1\omega + RI_2)\operatorname{sen}\omega t + (LI_2\omega + RI_1 - V_m)\cos \omega t = 0$$

Esta equação deve ser verdadeira para todos os valores de t, o que só pode acontecer se os fatores multiplicando $\cos\omega t$ e $\operatorname{sen}\omega t$ forem iguais a zero. Logo,

$$-\omega LI_1 + RI_2 = 0 \qquad \text{e} \qquad \omega LI_2 + RI_1 - V_m = 0$$

e a solução simultânea para I_1 e I_2 leva a

$$I_1 = \frac{RV_m}{R^2 + \omega^2 L^2} \qquad I_2 = \frac{\omega L V_m}{R^2 + \omega^2 L^2}$$

Com isso, obtém-se a resposta forçada:

$$i(t) = \frac{RV_m}{R^2 + \omega^2 L^2}\cos \omega t + \frac{\omega L V_m}{R^2 + \omega^2 L^2}\operatorname{sen}\omega t \qquad [2]$$

Uma Forma mais Compacta e Amigável

Embora precisa, esta expressão é um pouco complicada; uma visão mais nítida da resposta pode ser obtida se a expressarmos como apenas uma senoide ou cossenoide com um ângulo de fase. Escolhemos expressar a resposta como uma função cosseno:

$$i(t) = A\cos(\omega t - \theta) \qquad [3]$$

Pelo menos dois métodos para que obtenhamos os valores de A e θ saltam aos olhos. Podemos substituir a Equação [3] diretamente na equação diferencial original, ou simplesmente igualar as duas soluções dadas pelas Equações [2] e [3]. Escolhendo o último método, e expandindo a função $\cos(\omega t - \theta)$:

Muitas identidades trigonométricas úteis podem ser encontradas na contracapa no final do livro.

$$A\cos\theta\cos \omega t + A\operatorname{sen}\theta\operatorname{sen}\omega t = \frac{RV_m}{R^2 + \omega^2 L^2}\cos \omega t + \frac{\omega L V_m}{R^2 + \omega^2 L^2}\operatorname{sen}\omega t$$

Tudo o que resta é reunir os termos e fazer um pouco de álgebra, um exercício deixado para o leitor. O resultado é

$$\theta = \tan^{-1}\frac{\omega L}{R}$$

e

$$A = \frac{V_m}{\sqrt{R^2 + \omega^2 L^2}}$$

e assim a *forma alternativa* da resposta forçada se torna portanto

$$i(t) = \frac{V_m}{\sqrt{R^2 + \omega^2 L^2}} \cos\left(\omega t - \tan^{-1}\frac{\omega L}{R}\right) \qquad [4]$$

Com esta forma é fácil observar que a amplitude da *resposta* é proporcional à amplitude da *função forçante*; se não fosse, o conceito da linearidade deveria ser jogado no lixo. Percebe-se que a corrente apresenta um atraso igual a $\tan^{-1}(\omega L/R)$ com relação à tensão aplicada, um ângulo entre 0 e 90°. Quando $\omega = 0$ ou $L = 0$, a corrente fica em fase com a tensão; já que a primeira situação corresponde à corrente cc e a última reduz o circuito a apenas um resistor, o resultado está de acordo com a nossa experiência prévia. Se $R = 0$, a corrente está atrasada da tensão em 90°. Em um indutor, então, se a convenção de sinal passivo é satisfeita, a corrente está exatamente 90° atrasada da tensão. De forma similar, podemos mostrar que a corrente em um capacitor está 90° adiantada da tensão.

A diferença de fase entre a corrente e a tensão depende da razão entre as grandezas ωL e R. Chamamos ωL de *reatância indutiva* do indutor; ela é medida em ohms, e se refere à oposição oferecida pelo indutor à passagem de uma corrente senoidal.

▶ EXEMPLO 10.1

Determine a corrente i_L no circuito mostrado na Figura 10.5*a*, se os transitórios já desapareceram.

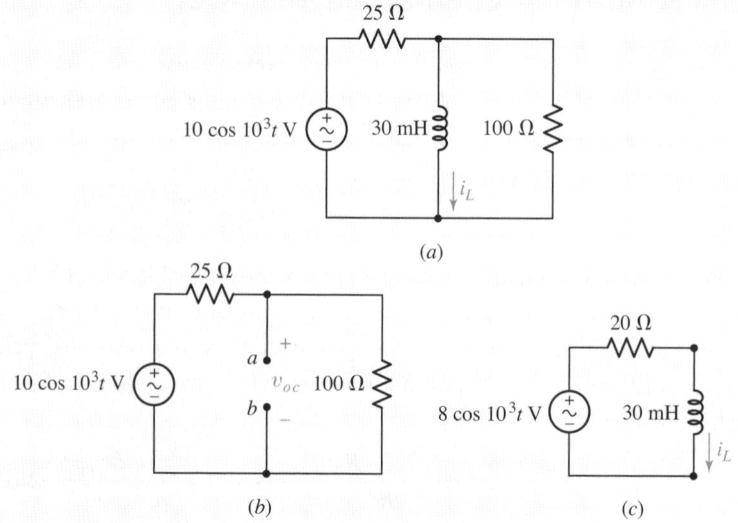

▲ **FIGURA 10.5** (*a*) O circuito do Exemplo 10.1, no qual a corrente i_L é desejada. (*b*) Deseja-se o equivalente de Thévenin a partir dos terminais *a* e *b*. (*c*) O circuito simplificado.

Embora este circuito possua uma fonte senoidal e apenas um indutor, ele contém dois resistores e não corresponde a um único laço. Para aplicar os resultados obtidos na análise anterior, precisamos calcular o equivalente de Thévenin visto a partir dos terminais *a* e *b* na Figura 10.5*b*.

A tensão de circuito aberto v_{oc} é

$$v_{oc} = (10\cos 10^3 t)\frac{100}{100+25} = 8\cos 10^3 t \qquad \text{V}$$

Como não há fontes dependentes à vista, determinamos *Rth* curto-circuitando a fonte independente e calculando a resistência da rede passiva, e com isso $R_{th} = (25 \times 100)/(25 + 100) = 20\ \Omega$.

Agora temos um circuito *RL* série, com L = 30 mH, $R_{th} = 20\ \Omega$, e uma fonte de tensão de 8 cos $10^3 t$ V, conforme mostrado na Figura 10.5*c*. Logo, aplicando a Equação [4], que foi deduzida para um circuito *RL* série genérico,

$$i_L = \frac{8}{\sqrt{20^2 + (10^3 \times 30 \times 10^{-3})^2}}\cos\left(10^3 t - \tan^{-1}\frac{30}{20}\right)$$
$$= 222\cos(10^3 t - 56{,}3^\circ) \qquad \text{mA}$$

As formas de onda de tensão e corrente são mostradas na Figura 10.6.

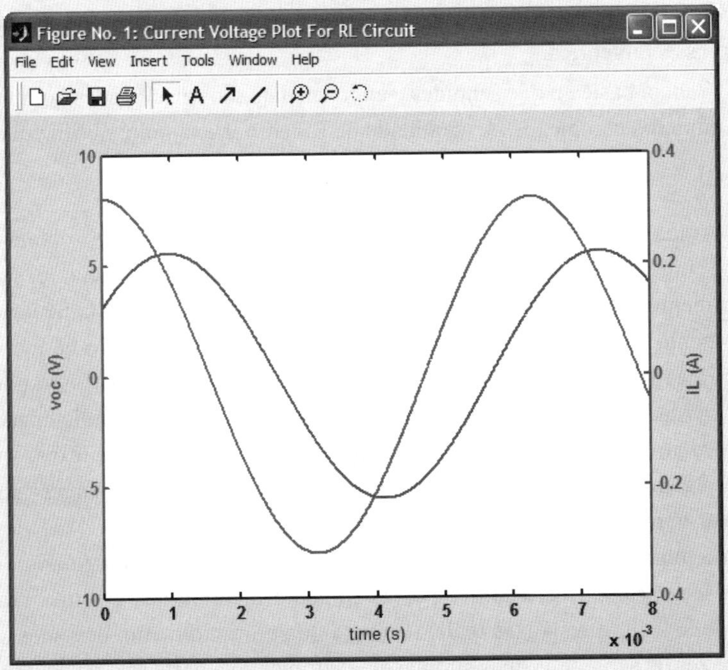

▲ **FIGURA 10.6** Formas de onda de tensão e corrente apresentadas em um gráfico com dois eixos verticais independentes, gerado no MATLAB:

```
EDU» t = linspace(0,8e-3,1000);
EDU» v = 8*cos(1000*t);
EDU» 0.222*cos(1000*t – 56.3*pi/180);
EDU» plotyy(t,v,t,i);
EDU» xlabel('time (s)');
```

Note no gráfico que não há uma diferença de fase de 90º entre as formas de onda de corrente e tensão. Isto ocorre porque não estamos mostrando a tensão no indutor, o que é deixado como exercício para o leitor.

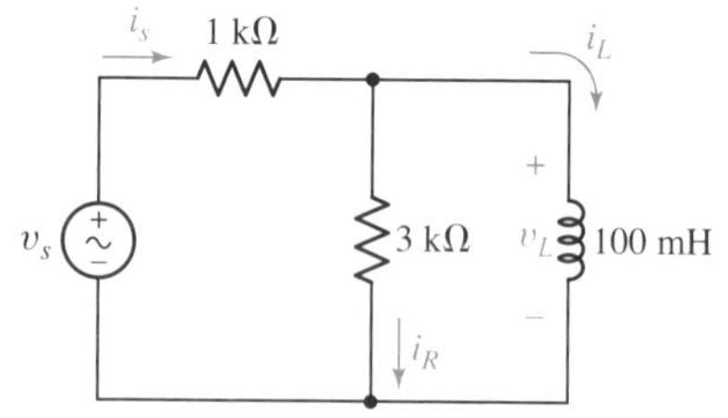

▲ **FIGURA 10.7**

▶ EXERCÍCIO DE FIXAÇÃO

10.3 Faça $v_s = 40\cos 8000t$ no circuito da Figura 10.7. Aplique o teorema de Thévenin onde ele for mais útil e determine, em $t = 0$, os valores de (*a*) i_L; (*b*) v_L; (*c*) i_R; (*d*) i_s.

Resposta: 18,71 mA; 15,97 V; 5,32 mA; 24,0 mA.

10.3 ▶ A FUNÇÃO FORÇANTE COMPLEXA

O método que acabamos de empregar funciona – a resposta correta é obtida de uma maneira direta. Porém, ele não é muito elegante, e após ter sido aplicado a alguns circuitos ele continua desajeitado e complicado quando se utiliza pela primeira vez. O verdadeiro problema não é a fonte variável no tempo – é o indutor (ou capacitor), já que um circuito puramente resistivo não é mais difícil de analisar com fontes senoidais do que com fontes CC, que tem como resultado apenas equações algébricas. Acontece que se a resposta transitória não tem interesse para nós, há um método alternativo para a obtenção da resposta em regime permanente senoidal de qualquer circuito linear. A vantagem desta alternativa é que nos permite relacionar a corrente e a tensão associados a qualquer elemento usando uma simples expressão algébrica.

O Apêndice 5 define os números complexos e os termos relacionados, apresenta uma revisão de aritmética complexa e desenvolve a identidade de Euler e a relação entre as formas exponencial e polar.

A ideia básica é que senoides e exponenciais são relacionadas por meio de números complexos. A identidade de Euler, por exemplo, nos diz que

$$e^{j\theta} = \cos\theta + j\,\text{sen}\,\theta$$

Ainda que calculando a derivada de uma função cosseno obtém-se uma função seno (negativa), a derivada de uma exponencial é simplesmente uma versão proporcional da mesma exponencial. Se neste momento o leitor está pensando: "Tudo isso é ótimo, mas não há números imaginários em qualquer circuito que pretendo construir!" Isso pode ser verdade. O que estamos prestes a ver, no entanto, é que adicionando fontes imaginárias em nossos circuitos leva a fontes complexas, que (surpreendentemente) simplifica o processo de análise. Pode parecer uma ideia estranha num primeiro momento, mas uma rápida reflexão deve nos lembrar que a superposição exige que qualquer fonte imaginária que acrescentarmos provocará respostas somente imaginárias, e fontes reais só pode levar a respostas reais. Assim, a qualquer momento, devemos ser capazes de separar as duas simplesmente tomando a parte real de qualquer tensão ou corrente complexa.

Na Figura 10.8, uma fonte senoidal

$$V_m\cos(\omega t + \theta) \qquad [5]$$

está conectada a uma rede genérica, a qual assumimos conter apenas elementos passivos (isto é, não há fontes independentes) para simplificar as coisas. A resposta de corrente em algum ramo da rede deve ser determinada, e todos os parâmetros que aparecem na Equação [5] são reais.

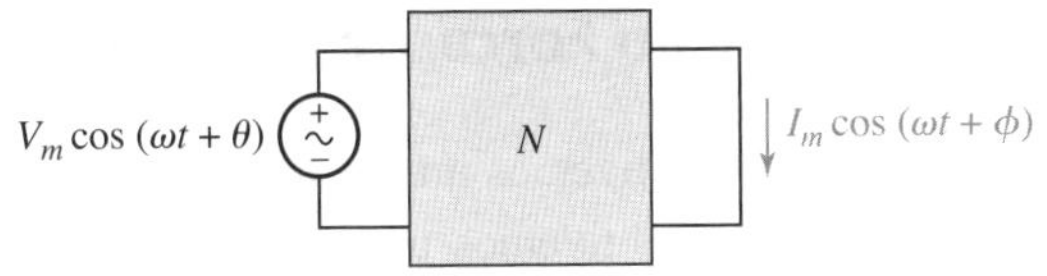

▲ **FIGURA 10.8** A função forçante senoidal $V_m \cos(\omega t + \theta)$ produz a resposta $I_m \cos(\omega t + \phi)$ no regime permanente senoidal.

Já mostramos que podemos representar a resposta por meio de uma função cosseno geral

$$I_m \cos(\omega t + \phi) \qquad [6]$$

Uma função forçante senoidal sempre produz uma resposta forçada senoidal de mesma frequência em um circuito linear.

Vamos agora mudar nossa referência de tempo deslocando a fase da função forçante em 90º, ou mudando o instante que chamamos $t = 0$. Com isso, a função forçante

$$V_m \cos(\omega t + \theta - 90^\circ) = V_m \operatorname{sen}(\omega t + \theta) \qquad [7]$$

quando aplicada à mesma rede produz uma resposta dada por

$$I_m \cos(\omega t + \phi - 90^\circ) = I_m \operatorname{sen}(\omega t + \phi) \qquad [8]$$

Vamos agora deixar nossa realidade física de lado para aplicar uma função forçante imaginária, que não existe no laboratório mas que pode ser aplicada matematicamente.

Fontes Imaginárias Levam a... Respostas Imaginárias

Podemos construir uma fonte imaginária de forma muito simples; para isso, basta multiplicar a Equação [7] por j, o operador imaginário. Assim, aplicamos

$$jV_m \operatorname{sen}(\omega t + \theta) \qquad [9]$$

Engenheiros eletricistas usam "j" em vez de "i" na representação de $\sqrt{-1}$ para evitar qualquer confusão com as correntes.

Qual é a resposta? Se tivéssemos dobrado o valor da fonte, então o princípio da linearidade requereria que a resposta fosse dobrada; a multiplicação da função forçante por uma constante k resultaria na multiplicação da resposta pela mesma constante k. O fato de nossa constante ser igual a $\sqrt{-1}$ não invalida essa relação. A resposta à fonte imaginária da Equação [9] é portanto

$$jI_m \operatorname{sen}(\omega t + \phi) \qquad [10]$$

As partes imaginárias da fonte e da resposta estão indicadas na Figura 10.9.

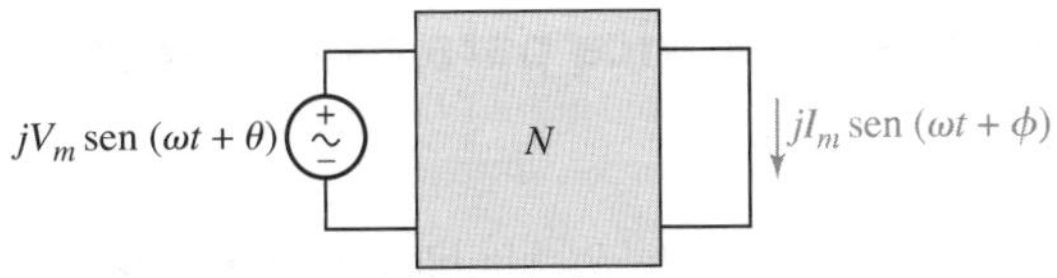

▲ **FIGURA 10.9** A função forçante senoidal imaginária $jV_m \operatorname{sen}(\omega t + \theta)$ produz a resposta senoidal imaginária $jI_m \operatorname{sen}(\omega t + \phi)$ na rede da Figura 10.8.

Aplicando uma Função Forçante Complexa

Aplicamos uma *fonte real* e obtivemos uma resposta *real*; também aplicamos uma fonte *imaginária* e obtivemos uma resposta *imaginária*. Como estamos lidando com um circuito *linear*, podemos usar o teorema da superposição para obter a resposta de uma rede à aplicação de uma função forçante complexa dada pela soma das funções forçantes real e imaginária. Portanto, a soma das funções forçantes das Equações [5] e [9],

$$V_m \cos(\omega t + \theta) + jV_m \operatorname{sen}(\omega t + \theta) \qquad [11]$$

deve produzir uma resposta que é a soma das Equações [6] e [10],

$$I_m \cos(\omega t + \phi) + jI_m \operatorname{sen}(\omega t + \phi) \qquad [12]$$

A fonte complexa e a resposta podem ser representadas mais simplesmente com a aplicação da identidade de Euler, que diz que $\cos(\omega t + \theta) + j$ sen $(\omega t + \theta) = e\,j\,(\omega t + \theta)$. Logo, a fonte da Equação [11] pode ser escrita como

$$V_m e^{j(\omega t + \theta)} \qquad [13]$$

e a resposta da Equação [12] é

$$I_m e^{j(\omega t + \phi)} \qquad [14]$$

A fonte complexa e a resposta estão ilustradas na Figura 10.10.

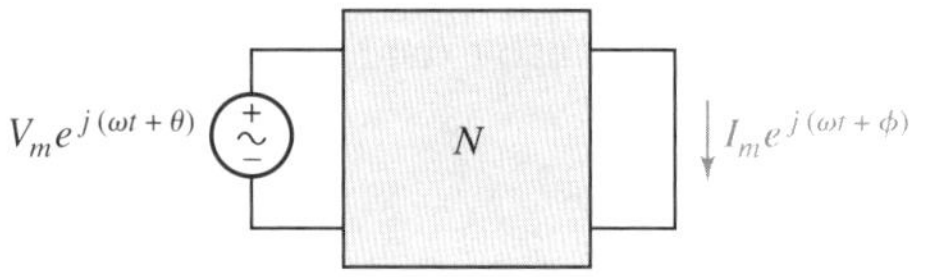

▲ **FIGURA 10.10** A função forçante complexa $V_m e^{j(\omega t + \theta)}$ produz a resposta complexa $I_m e^{j(\omega t + \phi)}$ na rede da Figura 10.8.

Novamente, a linearidade nos assegura que a parte *real* da resposta complexa é produzida pela parte *real* da função forçante complexa, enquanto a parte *imaginária* da resposta é causada pela parte *imaginária* da função forçante complexa. Nosso plano é, em vez de aplicarmos uma função forçante real para obter a resposta real desejada, utilizaremos em seu lugar uma função forçante complexa cuja parte real corresponde à função forçante real dada; esperamos obter uma resposta complexa cuja parte real é a resposta real desejada. A vantagem deste procedimento é a redução das equações íntegro-diferenciais que descrevem a resposta em regime permanente senoidal de um circuito em simples equações algébricas.

Uma Alternativa Algébrica para as Equações Diferenciais

Vamos testar esta ideia no circuito *RL* simples mostrado na Figura 10.11. Aplica-se a fonte real $V_m \cos \omega t$ e deseja-se a resposta real $i(t)$. Como

$$V_m \cos \omega t = \operatorname{Re}\{V_m \cos \omega t + jV_m \operatorname{sen} \omega t\} = \operatorname{Re}\{V_m e^{j\omega t}\}$$

a fonte complexa necessária é

$$V_m e^{j\omega t}$$

Expressamos a resposta complexa resultante em termos de uma amplitude I_m desconhecida e de um ângulo de fase ϕ desconhecido:

$$I_m e^{j(\omega t+\phi)}$$

Escrevendo a equação diferencial para esse circuito particular

$$Ri + L\frac{di}{dt} = v_s$$

inserimos nossas expressões complexas para v_s e i:

$$RI_m e^{j(\omega t+\phi)} + L\frac{d}{dt}(I_m e^{j(\omega t+\phi)}) = V_m e^{j\omega t}$$

calculamos a derivada indicada:

$$RI_m e^{j(\omega t+\phi)} + j\omega L I_m e^{j(\omega t+\phi)} = V_m e^{j\omega t}$$

e obtemos uma equação *algébrica*. Para determinar os valores de I_m e ϕ, dividimos tudo pelo termo comum $e^{j\omega t}$:

$$RI_m e^{j\phi} + j\omega L I_m e^{j\phi} = V_m$$

fatoramos o lado esquerdo:

$$I_m e^{j\phi}(R + j\omega L) = V_m$$

rearranjamos:

$$I_m e^{j\phi} = \frac{V_m}{R + j\omega L}$$

e identificamos I_m e ϕ expressando o lado direito da equação na forma exponencial ou polar:

$$I_m e^{j\phi} = \frac{V_m}{\sqrt{R^2 + \omega^2 L^2}} e^{j[-\tan^{-1}(\omega L/R)]} \qquad [15]$$

Logo,

$$I_m = \frac{V_m}{\sqrt{R^2 + \omega^2 L^2}}$$

e

$$\phi = -\tan^{-1}\frac{\omega L}{R}$$

Em notação polar, isto pode ser escrito como

$$I_m \underline{/\phi}$$

ou

$$V_m/\sqrt{R^2 + \omega^2 L^2}\ \underline{/-\tan^{-1}(\omega L/R)}$$

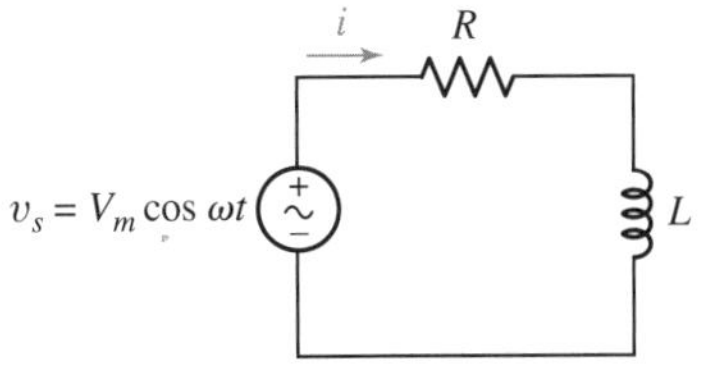

▲ **FIGURA 10.11** Um circuito simples em regime permanente senoidal é analisado pela aplicação de uma função forçante complexa.

A resposta complexa é dada pela Equação [15]. Como I_m e ϕ são facilmente identificáveis, podemos imediatamente escrever a expressão para $i(t)$. Entretanto, se quisermos usar uma abordagem mais rigorosa, poderemos obter a resposta real $i(t)$ reinserindo o fator $e^{j\omega t}$ em ambos os lados da Equação [15] e tirando a parte real. De qualquer jeito, obtemos

$$i(t) = I_m \cos(\omega t + \phi) = \frac{V_m}{\sqrt{R^2 + \omega^2 L^2}} \cos\left(\omega t - \tan^{-1}\frac{\omega L}{R}\right)$$

que concorda com a resposta obtida na Equação [4] para o mesmo circuito.

▶ EXEMPLO 10.2

Para o circuito RC simples da Figura 10.12*a*, substitua por uma fonte complexa apropriada e use-a para determinar a tensão no capacitor em regime permanente.

Como a fonte real é 3 cos 5*t*, "substituímos" por uma fonte complexa $3e^{j5t}$V. Vamos chamar a nova tensão no capacitor de v_{C_2} e definir uma corrente no capacitor i_{C_2} de acordo com a convenção de sinal passivo (Figura 10.12*b*).

A equação diferencial pode ser obtida agora por uma simples aplicação da LKT,

$$-3e^{j5t} + 1i_{C_2} + v_{C_2} = 0$$

ou

$$-3e^{j5t} + 2\frac{dv_{C_2}}{dt} + v_{C_2} = 0$$

Prevemos uma resposta em regime permanente da mesma forma que a nossa fonte; em outras palavras,

$$v_{C_2} = V_m e^{j5t}$$

Substituindo v_{C_2} em nossa equação diferencial e reorganizando os termos obtém-se

$$j10V_m e^{j5t} + V_m e^{j5t} = 3e^{j5t}$$

Cancelando o termo exponencial, vemos que

$$V_m = \frac{3}{1 + j10} = \frac{3}{\sqrt{1 + 10^2}} \underline{/- \tan^{-1}(10/1)} \text{ V}$$

e a tensão no capacitor em regime permanente é dada por

$$\text{Re}\{v_{C_2}\} = \text{Re}\{29{,}85e^{-j84{,}3^\circ} e^{j5t} \text{ mV}\} = 298{,}5\cos(5t - 84{,}3^\circ) \text{ mV}$$

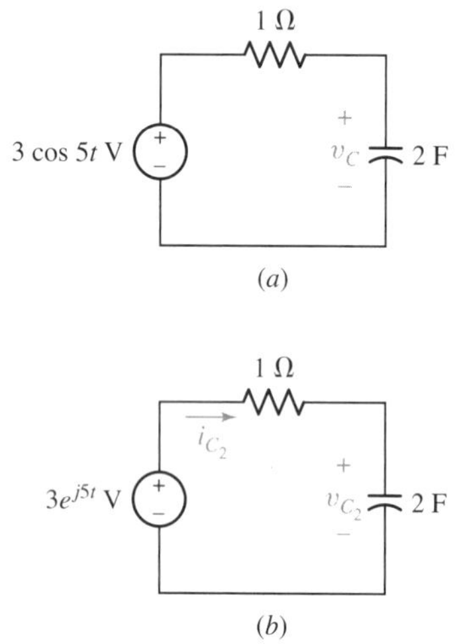

▲ **FIGURA 10.12** (a) Um circuito RC para o qual é pedido a tensão no capacitor em regime permanente senoidal. (b) Circuito modificado, com a fonte real substituída por uma fonte complexa.

▶ EXERCÍCIOS DE FIXAÇÃO

(Se você tiver problemas ao trabalhar com estes exercícios de fixação, dê uma olhada no Apêndice 5)

10.4 Avalie e expresse o resultado na forma retangular: (*a*) $[(2\underline{/30^\circ})(5\underline{/-110^\circ})](1 + j2)$; (*b*) $5\underline{/-200^\circ} + 4\underline{/20^\circ}$. Avalie e expresse o resultado na forma polar: (*c*) $(2 - j7)/(3 - j)$; (*d*) $8 - j4 + [(5\underline{/80^\circ})/(2\underline{/20^\circ})]$.

10.5 Assumindo o uso da convenção de sinal passivo, determine (*a*) a tensão que resulta da aplicação da corrente complexa $4e^{j800t}$ A na combinação de um capacitor de 1 mF em série com um resistor de 2 Ω; (*b*) a corrente que resulta da aplicação da tensão complexa $100e^{j2000t}$ V na combinação de um indutor de 10 mH em paralelo com um resistor de 50 Ω.

Resposta: 10.4: $21{,}4 - j6{,}38$; $-0{,}940 + j3{,}08$; $2{,}30\underline{/-55{,}6^\circ}$; $9{,}43\underline{/-11{,}22^\circ}$.
10.5: $9{,}43e^{j(800t - 32{,}0^\circ)}$ V; $5{,}39e^{j(2000t - 68{,}2^\circ)}$ A.

10.4 ▶ O FASOR

Na última seção, vimos que a inclusão de uma fonte senoidal imaginária levou a equações algébricas que descrevem a resposta em regime permanente senoidal de um circuito. Uma etapa intermediária de nossa análise foi o "cancelamento" do termo complexo exponencial – uma vez que sua derivada foi obtida, aparentemente não havia mais utilidade para ela, até o ponto em que se desejou obter a verdadeira forma da resposta. Mesmo assim, foi possível obter o módulo e o ângulo de fase diretamente a partir nossa análise e, portanto, ignorar a etapa onde seria calculada de forma evidente a parte real. Outra maneira de enxergar isso consiste no fato de que cada tensão e corrente em nosso circuito contêm o mesmo fator $e^{j\omega t}$, e a frequência, embora relevante para a nossa análise, não se altera à medida que percorremos o circuito. Assim, não é preciso perder tempo representando este parâmetro.

Observando novamente o Exemplo 10.2, poderíamos representar nossa fonte como

$$3e^{j0^\circ}\ \text{V} \qquad \text{(ou mesmo somente 3 V)}$$

$e^{j0} = \cos 0 + j \operatorname{sen} 0 = 1$

e nossa tensão no capacitor como V_m e $j\phi$, que finalmente encontrada foi $0{,}02985e^{-j84{,}3^\circ}$ V. O conhecimento da frequência da fonte está implícito aqui, sem ele, somos incapazes de reconstruir qualquer tensão ou corrente.

Para que se consiga uma pequena redução de tempo e esforço, estas grandezas complexas são normalmenteescritas na forma polar em vez da forma exponencial. Por exemplo, a fonte de tensão

Lembre-se que nenhum dos circuitos em regime permanente que estamos considerando opera em uma frequência que não seja aquela da fonte de alimentação, de forma que o valor de ω é sempre conhecido.

$$v(t) = V_m \cos \omega t = V_m \cos(\omega t + 0^\circ)$$

é representada agora na forma complexa como

$$V_m \underline{/0^\circ}$$

e a resposta de corrente

$$i(t) = I_m \cos(\omega t + \phi)$$

torna-se

$$I_m \underline{/\phi}$$

Esta notação complexa abreviada é chamada de ***fasor***[1].

Vamos agora revisar os passos que seguimos para transformar uma tensão ou corrente senoidal real em um fasor, e então estaremos aptos a definir um fasor de forma mais consistente e a atribuir um símbolo para representá-lo.

Uma corrente senoidal real

$$i(t) = I_m \cos(\omega t + \phi)$$

é expressa como a parte real de uma grandeza complexa ao evocarmos a identidade de Euler

$$i(t) = \operatorname{Re}\left\{I_m e^{j(\omega t + \phi)}\right\}$$

1 Não confundi-lo com um *phaser*, um dispositivo bastante interessante que aparece em uma popular série de televisão...

Representamos então a corrente como uma grandeza complexa, retirando o operador Re{} e com isso adicionando uma componente de corrente imaginária sem afetar a sua parte real; uma simplificação ainda maior é obtida suprimindo-se o fator $e^{j\omega t}$:

$$\mathbf{I} = I_m e^{j\phi}$$

e escrevendo-se o resultado na forma polar:

$$\mathbf{I} = I_m \underline{/\phi}$$

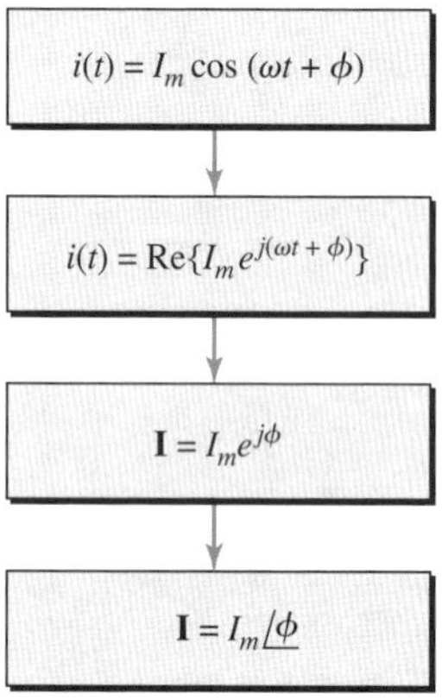

O processo de transformação de $i(t)$ para I é chamado de *transformação fasorial* do domínio do tempo para o domínio da frequência.

Esta representação complexa abreviada é a *representação fasorial*; fasores são grandezas complexas e portanto são impressas em negrito. Letras maiúsculas são usadas na representação fasorial de uma grandeza elétrica porque o fasor não é uma função do tempo; ele contém apenas informações a respeito da amplitude e da fase. Reconhecemos este diferente ponto de vista ao chamar $i(t)$ de *representação no domínio do tempo* e o fasor **I** de *representação no domínio da frequência*. Deve ser notado que a expressão de uma corrente ou tensão no domínio da frequência não contém a frequência de forma explícita. O processo de retorno do domínio da frequência para o domínio do tempo é exatamente o inverso da sequência anterior. Logo, dada a tensão fasorial

$$\mathbf{V} = 115\underline{/-45^\circ} \quad \text{volts}$$

e sabendo que $\omega = 500$ rad/s, podemos escrever diretamente o equivalente no domínio do tempo:

$$v(t) = 115\cos(500t - 45^\circ) \qquad \text{volts}$$

Se quisermos, também podemos escrever $v(t)$ como uma senoide

$$v(t) = 115\,\mathrm{sen}(500t + 45^\circ) \qquad \text{volts}$$

▶ EXERCÍCIO DE FIXAÇÃO

10.6 Assuma $\omega = 2000$ rad/s e $t = 1$ ms. Determine o valor instantâneo de cada uma das correntes aqui dadas na forma fasorial: (*a*) $j10$ A; (*b*) $20 + j10$ A; (*c*) $20 + j(10\underline{/20^\circ})$ A.

Resposta: –9,09 A; –17,42 A; –15,44 A.

▶ EXEMPLO 10.3

Transforme a tensão $v(t) = 100\cos(400t - 30^\circ)$ V do domínio do tempo para o domínio da frequência.

A expressão no domínio do tempo já está na forma de um cosseno com um ângulo de fase. Com isso, suprimindo $\omega = 400$ rad/s

$$\mathbf{V} = 100\underline{/-30^\circ} \text{ volts}$$

Note que pulamos vários passos ao escrever esta representação diretamente. Ocasionalmente, isto será uma fonte de confusão para os estudantes, pois eles podem se esquecer de que a representação fasorial não é igual à tensão $v(t)$ no domínio do tempo. Em vez disso, ela corresponde à representação simplificada de uma função complexa formada pela adição de uma componente imaginária à função real $v(t)$.

▶ EXERCÍCIO DE FIXAÇÃO

10.7 Transforme em fasores as seguintes funções do tempo: (*a*) $-5\ \text{sen}(580t - 110°)$; (*b*) $3\cos 600t - 5\ \text{sen}(600t + 110°)$; (*c*) $8\cos(4t - 30°) + 4\ \text{sen}(4t - 100°)$. Dica: Primeiro converta cada uma delas em uma única função cosseno com amplitude positiva.

Resposta: $5\angle -20°$; $2{,}41\angle -134{,}8°$; $4{,}46\angle -47{,}9°$.

Por conveniência, muitas identidades trigonométricas são fornecidas no final do livro, na parte interna da capa.

O real poder da análise fasorial está no fato de ser possível definir relações *algébricas* entre a tensão e a corrente em indutores e capacitores, do mesmo modo que sempre fizemos no caso dos resistores. Agora que estamos aptos a fazer transformações entre o domínio do tempo e o domínio da frequência, podemos seguir com a nossa simplificação da análise em regime permanente senoidal ao estabelecer a relação entre a tensão fasorial e a corrente fasorial para cada um dos três elementos passivos.

O Resistor

O resistor corresponde ao caso mais simples. No domínio do tempo, conforme indicado na Figura 10.13*a*, temos a equação

$$v(t) = Ri(t)$$

Vamos agora aplicar a tensão complexa

$$\text{v}(t) = V_m e^{j(\omega t + \theta)} = V_m \cos(\omega t + \theta) + jV_m\,\text{sen}(\omega t + \theta) \qquad [16]$$

e assumir a resposta de corrente complexa

$$i(t) = I_m e^{j(\omega t + \phi)} = I_m \cos(\omega t + \phi) + jI_m\,\text{sen}(\omega t + \phi) \qquad [17]$$

de forma que

$$V_m e^{j(\omega t + \theta)} = Ri(t) = RI_m e^{j(\omega t + \phi)}$$

Dividindo tudo por $e^{j\omega t}$, obtemos

$$V_m e^{j\theta} = RI_m e^{j\phi}$$

ou, na forma polar,

$$V_m\angle\theta = RI_m\angle\phi$$

Mas $V_m\angle\theta$ e $I_m\angle\phi$ representam tão somente a tensão fasorial **V** e a corrente fasorial **I**. Assim,

$$\mathbf{V} = R\mathbf{I} \qquad [18]$$

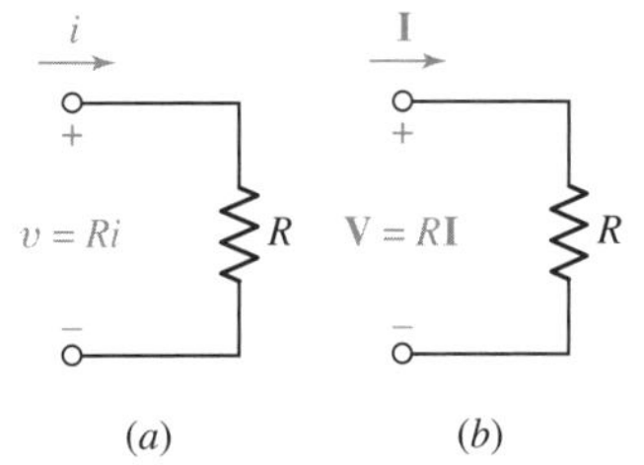

▲ **FIGURA 10.13** Tensão e corrente associadas a um resistor (*a*) no domínio do tempo, $v = Ri$; e (*b*) no domínio da frequência, $\mathbf{V} = R\mathbf{I}$.

A relação tensão-corrente na forma fasorial para um resistor tem a mesma forma da relação entre a tensão e a corrente no domínio do tempo. A equação do resistor na forma fasorial está ilustrada na Figura 10.13*b*. Os ângulos θ e ϕ são iguais, pois tensão e corrente estão sempre em fase.

A lei de Ohm é válida tanto no domínio do tempo quanto no domínio da frequência. Em outras palavras, a tensão em um resistor sempre é dada pela resistência vezes a corrente fluindo no elemento.

Como um exemplo do uso das relações no domínio do tempo e no domínio da frequência, vamos assumir que a tensão $8\cos(100t - 50°)$ V esteja aplicada nos terminais de um resistor de 4 Ω. Trabalhando no domínio do tempo, obtemos a corrente

$$i(t) = \frac{v(t)}{R} = 2\cos(100t - 50^\circ) \quad \text{A}$$

A forma fasorial da mesma tensão é $8\angle{-50^\circ}$ V, e portanto

$$\mathbf{I} = \frac{\mathbf{V}}{R} = 2\angle{-50^\circ} \quad \text{A}$$

Se transformarmos esta resposta de volta para o domínio do tempo, é evidente que obteremos a mesma expressão para a corrente. Concluímos portanto que não há economia de tempo ou esforço quando um circuito resistivo é analisado no domínio da frequência.

O Indutor

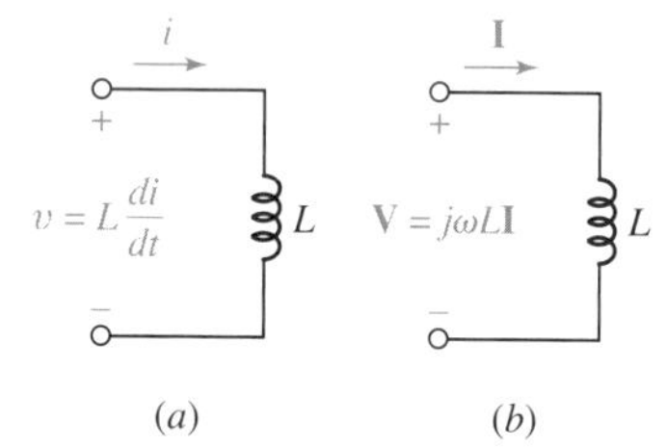

▲ **FIGURA 10.14** Tensão e corrente associadas a um indutor (*a*) no domínio do tempo, $v = L\,di/dt$; e (*b*) no domínio da frequência, $\mathbf{V} = j\omega L\mathbf{I}$.

Vamos agora voltar a nossa atenção para o indutor. A sua representação no domínio do tempo é mostrada na Figura 10.14*a*, e a equação que a define, uma expressão no domínio do tempo, é

$$v(t) = L\frac{di(t)}{dt} \qquad [19]$$

Após substituir na Equação [19] a tensão complexa dada pela equação [16] e a corrente complexa da Equação [17], temos

$$V_m e^{j(\omega t+\theta)} = L\frac{d}{dt}I_m e^{j(\omega t+\phi)}$$

Calculando a derivada indicada:

$$V_m e^{j(\omega t+\theta)} = j\omega L I_m e^{j(\omega t+\phi)}$$

e dividindo por $e^{j\omega t}$:

$$V_m e^{j\theta} = j\omega L I_m e^{j\phi}$$

obtemos a relação fasorial desejada

$$\boxed{\mathbf{V} = j\omega L\mathbf{I}} \qquad [20]$$

A Equação diferencial no domínio do tempo [19] tornou-se a Equação algébrica [20] no domínio da frequência. A relação fasorial está indicada na Figura 10.14*b*. Note que o ângulo do fator $j\omega L$ é exatamente +90º e que **I** deve portanto estar 90º atrasada da tensão **V** no indutor.

▶ EXEMPLO 10.4

Aplique a tensão $8\angle{-50^\circ}$ V na frequência $\omega = 100$ rad/s no indutor de 4 H e determine a corrente fasorial e a corrente no domínio do tempo.

Fazemos uso da expressão que acabamos de obter para o indutor,

$$\mathbf{I} = \frac{\mathbf{V}}{j\omega L} = \frac{8\angle{-50^\circ}}{j100(4)} = -j0{,}02\angle{-50^\circ} = (1\angle{-90^\circ})(0{,}02\angle{-50^\circ})$$

ou

$$\mathbf{I} = 0{,}02\underline{/-140^\circ}\ \text{A}$$

Se expressarmos esta corrente no domínio do tempo, ela se torna

$$i(t) = 0{,}02\cos(100t - 140^\circ)\ \text{A} = 20\cos(100t - 140^\circ)\ \text{mA}$$

O Capacitor

O último elemento a ser considerado é o capacitor. A sua relação tensão--corrente no domínio do tempo é

$$i(t) = C\,\frac{dv(t)}{dt}$$

A expressão equivalente no domínio da frequência é novamente obtida fazendo com que $v(t)$ e $i(t)$ sejam as grandezas complexas representadas nas Equações [16] e [17], calculando a derivada, omitindo $e^{j\omega t}$, e reconhecendo os fasores **V** e **I**. Fazendo isso, obtemos

$$\mathbf{I} = j\omega C\mathbf{V} \qquad [21]$$

Portanto, **I** está 90º adiantada de **V** em um capacitor. Isto, é claro, não quer dizer que a resposta de corrente apareça no circuito um quarto de período mais cedo do que tensão que a causou! Estamos estudando a resposta em regime permanente, e vemos que o máximo da corrente é causado pela tensão crescente que antecede o máximo da tensão em 90º.

As representações nos domínios do tempo e da frequência são comparadas na Figura 10.15*a* e *b*. Agora temos as relações **V-I** para os três elementos passivos. Estas relações estão resumidas na Tabela 10.1, onde as expressões v-i no domínio do tempo e as relações **V-I** no domínio da frequência são mostradas em colunas adjacentes para os três elementos de circuito. Todas as equações fasoriais são algébricas. Elas também são lineares, e as equações relacionadas à indutância e à capacitância são muito similares à lei de Ohm. De fato, elas serão *utilizadas* da mesma forma que usamos a lei de Ohm.

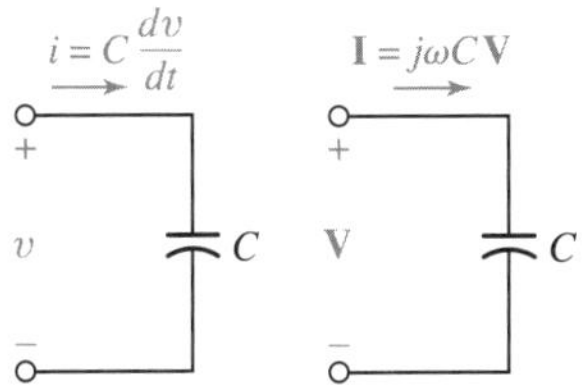

(*a*) (*b*)

▲ **FIGURA 10.15** Relações entre a tensão e a corrente em um capacitor (*a*) no domínio do tempo e (*b*) no domínio da frequência.

TABELA 10.1 ▶ Comparação das Relações Tensão-Corrente no Domínio do Tempo e no Domínio da Frequência

Domínio do Tempo		Domínio da Frequência	
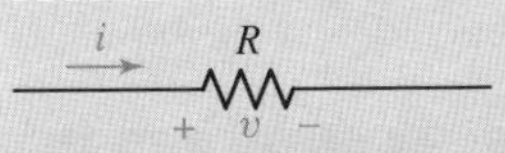	$v = Ri$	$\mathbf{V} = R\mathbf{I}$	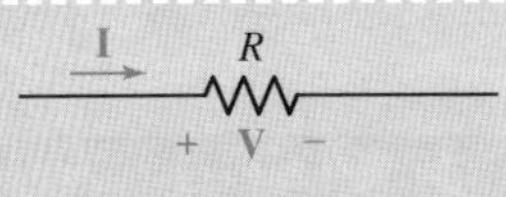
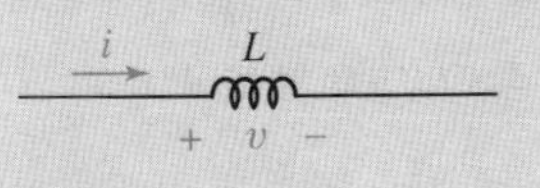	$v = L\dfrac{di}{dt}$	$\mathbf{V} = j\omega L\mathbf{I}$	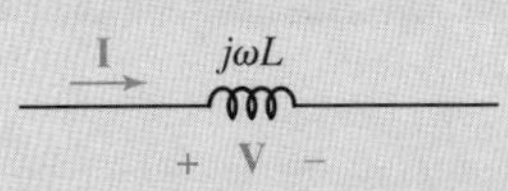
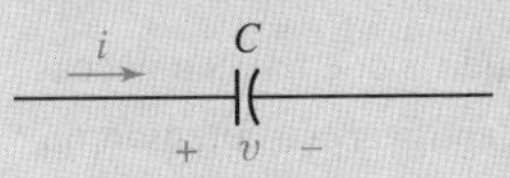	$v = \dfrac{1}{C}\displaystyle\int i\,dt$	$\mathbf{V} = \dfrac{1}{j\omega C}\mathbf{I}$	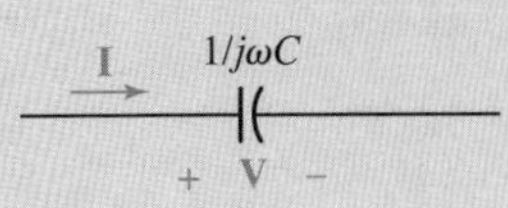

Leis de Kirchhoff Usando Fasores

A lei de Kirchhoff das tensões no domínio do tempo é

$$v_1(t) + v_2(t) + \cdots + v_N(t) = 0$$

Usamos agora a identidade de Euler para substituir cada tensão real v_i por uma tensão complexa possuindo a mesma parte real, dividimos tudo por $e^{j\omega t}$, e obtemos

$$\mathbf{V}_1 + \mathbf{V}_2 + \cdots + \mathbf{V}_N = 0$$

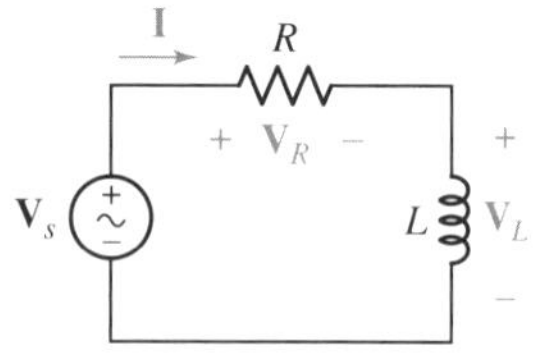

▲ **FIGURA 10.16** Circuito *RL* série com uma tensão fasorial aplicada.

Com isso, vemos que a lei de Kirchhoff das tensões pode ser aplicada às tensões fasoriais da mesma forma que fizemos no domínio do tempo. Com um argumento similar, pode-se mostrar que a lei de Kirchhoff das correntes continua válida para as correntes fasoriais.

Vamos agora olhar rapidamente para o circuito *RL* série que já analisamos várias vezes anteriormente. O circuito está ilustrado na Figura 10.16, e uma corrente fasorial e várias tensões fasoriais estão indicadas. Podemos obter a resposta desejada, uma corrente no domínio do tempo, determinando primeiramente a corrente fasorial. Da lei de Kirchhoff das tensões

$$\mathbf{V}_R + \mathbf{V}_L = \mathbf{V}_s$$

e usando as recém obtidas relações **V**-**I** para os elementos, temos

$$R\mathbf{I} + j\omega L\mathbf{I} = \mathbf{V}_s$$

A corrente fasorial é então obtida em termos da tensão da fonte $\mathbf{V}_s$:

$$\mathbf{I} = \frac{\mathbf{V}_s}{R + j\omega L}$$

Vamos atribuir à fonte uma amplitude V_m e um ângulo de fase de 0º. Assim,

$$\mathbf{I} = \frac{V_m\underline{/0^\circ}}{R + j\omega L}$$

Para transformar a corrente para o domínio do tempo, primeiro a escrevemos na forma polar:

$$\mathbf{I} = \frac{V_m}{\sqrt{R^2 + \omega^2 L^2}}\underline{/[-\tan^{-1}(\omega L/R)]}$$

e então seguimos a sequência de passos que já conhecemos para obter de uma maneira muito simples o mesmo resultado que já havíamos obtido neste capítulo, só que "do jeito difícil".

▶ EXEMPLO 10.5

Para o circuito RLC da Figura 10.17, determine $\mathbf{I}_s$ e $i_s(t)$, se as fontes operam em $\omega = 2$ rad/s, e $\mathbf{I}_C = 2\underline{/28^\circ}$ A.

O fato de que nos é dado $\mathbf{I}_C$ e perguntado por $\mathbf{I}_s$ é tudo o que levou a necessidade de considerarmos a aplicação da LKC. Se identificarmos a tensão no capacitor como V_C de acordo com a convenção de sinal passivo, então

$$\mathbf{V}_C = \frac{1}{j\omega C}\mathbf{I}_C = \frac{-j}{2}\mathbf{I}_C = \frac{-j}{2}(2\underline{/28^\circ}) = (0{,}5\underline{/-90^\circ})(2\underline{/28^\circ}) = 1\underline{/-62^\circ}\ \text{V}$$

Esta tensão também aparece sobre o resistor de 2 Ω, de modo que a corrente $\mathbf{I}_{R_2}$ que flui para baixo através desse ramo seja

$$\mathbf{I}_{R_2} = \frac{1}{2}\mathbf{V}_C = \frac{1}{2}\underline{/-62^\circ}\ \text{A}$$

então a LKC fornece $\mathbf{I}_s = \mathbf{I}_{R_2} + \mathbf{I}_C = 1\underline{/-62^\circ} + 1/2\underline{/-62^\circ} = (3/2)\underline{/-62^\circ}$ A. (Devemos notar que a soma dessas grandezas na forma polar era trivial uma vez que a corrente no resistor capacitor têm o mesmo ângulo, ou seja, estão em fase.)

Assim com o valor de $\mathbf{I}_s$ e sabendo o valor de ω nos permitem escrever $i_s(t)$ diretamente:

$$i_s(t) = 1{,}5\cos(2t - 62^\circ)\ \text{A}$$

▶ EXERCÍCIO DE FIXAÇÃO

10.8 No circuito da Figura 10.17, as fontes operam em $\omega = 1$ rad/s. Se $\mathbf{I}_C = 2\underline{/28^\circ}$ A e $\mathbf{I}_L = 3\underline{/53^\circ}$ A. Determine (*a*) $\mathbf{I}_s$; (*b*) $\mathbf{V}_s$; (*c*) $i_R(t)$.

Resposta: (a) $2{,}24\underline{/1{,}4^\circ}$ A; (b) $6{,}11\underline{/97{,}1^\circ}$ V; $4{,}73\cos(t + 31{,}2^\circ)$ A.

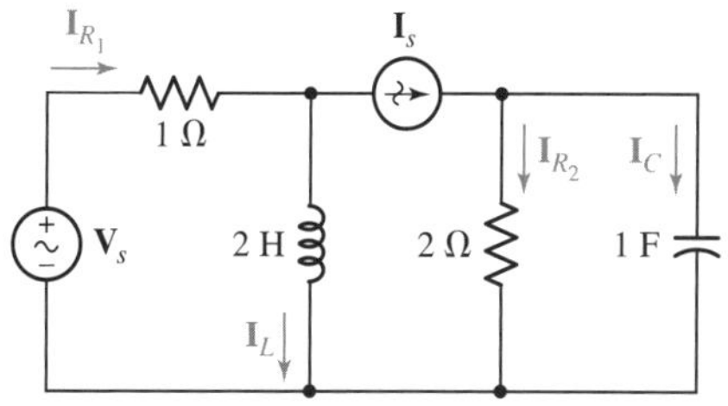

▶ **FIGURA 10.17** Um circuito de três malhas. As fontes operam com a mesma frequência ω.

10.5 ▶ IMPEDÂNCIA E ADMITÂNCIA

As relações tensão-corrente para os três elementos passivos no domínio da frequência são (assumindo que a convenção de sinal passivo seja satisfeita)

$$\mathbf{V} = R\mathbf{I} \qquad \mathbf{V} = j\omega L\mathbf{I} \qquad \mathbf{V} = \frac{\mathbf{I}}{j\omega C}$$

Se estas equações forem escritas como relações entre as tensões e as correntes fasoriais

$$\frac{\mathbf{V}}{\mathbf{I}} = R \qquad \frac{\mathbf{V}}{\mathbf{I}} = j\omega L \qquad \frac{\mathbf{V}}{\mathbf{I}} = \frac{1}{j\omega C}$$

vemos que estas relações são simples grandezas que dependem dos valores dos elementos (e também da frequência, no caso da indutância e da capacitância). Tratamos estas relações da mesma maneira que tratamos resistências, desde que não esqueçamos que são grandezas complexas.

Vamos definir a razão entre a tensão fasorial e a corrente fasorial como uma ***impedância***, simbolizada pela letra **Z**. A impedância é uma grandeza complexa medida em ohms. A impedância não é um fasor, e, portanto, não pode ser transformada para o domínio do tempo com a multiplicação por $e^{j\omega t}$ e a subsequente extração da parte real. Ao invés disso, pensamos no indutor como sendo representado por sua indutância L no domínio do tempo, e no domínio da frequência por sua impedância $j\omega L$. Um capacitor tem, no domínio do tempo, uma capacitância C; no domínio da frequência, ele possui uma impedância $1/j\omega C$. A impedância faz parte do domínio da frequência, não sendo um conceito que se estenda ao domínio do tempo.

$$\mathbf{Z}_R = R$$
$$\mathbf{Z}_L = j\omega L$$
$$\mathbf{Z}_C = \frac{1}{j\omega C}$$

Combinações de Impedâncias em Série

A validade das leis de Kirchhoff no domínio da frequência implica o fato de as impedâncias poderem ser combinadas em série e em paralelo de acordo com as mesmas regras que estabelecemos para as resistências. Por exemplo, se $\omega = 10 \times 10^3$ rad/s, um indutor de 5 mH em série com um capacitor de 100 μF pode ser trocado por uma única impedância que corresponde à soma das impedâncias individuais. A impedância do indutor é

$$\mathbf{Z}_L = j\omega L = j50\ \Omega$$

e a impedância do capacitor é

Observe que $\frac{1}{j} = -j$.

$$\mathbf{Z}_C = \frac{1}{j\omega C} = \frac{-j}{\omega C} = -\ j1\ \Omega$$

A impedância da combinação de ambos em série é portanto

$$\mathbf{Z}_{\text{eq}} = \mathbf{Z}_L + \mathbf{Z}_C = j50 - j1 = j49\ \Omega$$

A impedância dos indutores e dos capacitores é uma função da frequência, e esta impedância equivalente é, portanto, aplicável apenas na frequência específica na qual ela foi calculada, $\omega = 10.000$ rad/s. Se mudarmos a frequência para $\omega = 5000$ rad/s, por exemplo, $\mathbf{Z}_{eq} = j23\ \Omega$.

Combinação de Impedâncias em Paralelo

A combinação do indutor de 5 mH e do capacitor de 100 μF *em paralelo* para $\omega = 10.000$ rad/s é calculada exatamente da mesma maneira que fizemos para calcular resistências em paralelo:

$$\mathbf{Z}_{\text{eq}} = \frac{(j50)(-\ j1)}{j50 - j1} = \frac{50}{j49} = -\ j1{,}020\ \Omega$$

Em $\omega = 5000$ rad/s, o equivalente do circuito em paralelo é $-j2{,}17\ \Omega$.

Reatância

É claro que, podemos optar em expressar a impedância na forma retangular ($\mathbf{Z} = R + jX$) ou na forma polar ($\mathbf{Z} = |\mathbf{Z}|\underline{/\theta}$). Na forma retangular, podemos ver claramente a parte real que resulta apenas de resistências reais, e uma componente imaginária, chamada de ***reatância***, que surge a partir dos elementos armazenadores de energia. Tanto a resistência quanto a reatância tem unidades em ohms, mas a reatância sempre dependerá da frequência. Um resistor ideal tem reatância zero; um indutor ou capacitor ideal é puramente reativo (ou seja, caracterizados por resistência zero). Pode uma combinação série ou paralelo incluir um capacitor e um indutor, e ainda ter reatância nula? Claro! Considere a ligação em série de um resistor de 1 Ω, um capacitor de 1 F, um indutor de 1 H alimentados em $\omega = 1$ rad/s. $\mathbf{Z} = 1 - j(1)(1) + j/(1)(1) = 1\ \Omega$. Nessa frequência em particular, o equivalente é um simples resistor de 1Ω. No entanto, qualquer mudança no valor de $\omega = 1$ rad/s levará a uma reatância não nula.

▶ EXEMPLO 10.6

Determine a impedância equivalente da rede mostrada na Figura 10.18*a*, que opera na frequência de 5 rad/s.

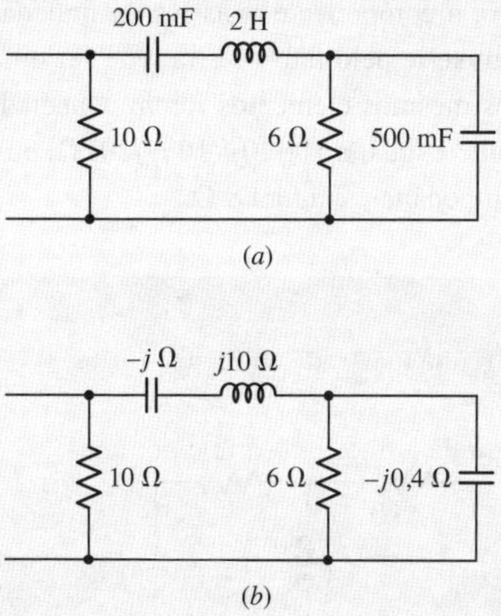

◀ **FIGURA 10.18**
(*a*) Rede que deve ser substituída por uma única impedância equivalente.
(*b*) Os elementos são trocados por suas impedâncias em $\omega = 5$ rad/s.

Começamos convertendo os resistores, os capacitores e o indutor em suas impedâncias equivalentes, conforme ilustra a Figura 10.18*b*.

Ao examinar a rede resultante, observamos que a impedância de 6 Ω está em paralelo com $-j0,4$ Ω. Esta combinação é equivalente a

$$\frac{(6)(-j0{,}4)}{6-j0{,}4} = 0{,}02655 - j0{,}3982\ \Omega$$

que está em série com as impedâncias de $-j$ e $j10$ Ω, de forma que temos

$$0{,}0265 - j0{,}3982 - j + j10 = 0{,}02655 + j8{,}602\ \Omega$$

Esta nova impedância está em paralelo com 10 Ω, e com isso a impedância equivalente da rede é

$$10 \parallel (0{,}02655 + j8{,}602) = \frac{10(0{,}02655 + j8{,}602)}{10 + 0{,}02655 + j8{,}602}$$
$$= 4{,}255 + j4{,}929\ \Omega$$

Alternativamente, podemos expressar a impedância na forma polar como $6{,}511\underline{/49{,}20^\circ}$ Ω.

▶ EXERCÍCIO DE FIXAÇÃO

10.9 Com referência à rede mostrada na Figura 10.19, determine a impedância $\mathbf{Z}_{ent}$ que seria medida entre os terminais: (*a*) *a* e *g*; (*b*) *b* e *g*; (*c*) *a* e *b*.

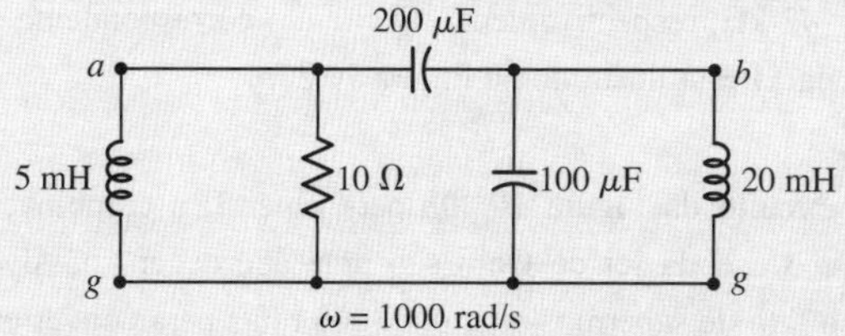

◀ **FIGURA 10.19**

Resposta: 2,81 + j4,49 Ω; 1,798 − j1,124 Ω; 0,1124 − j3,82 Ω.

É importante notar que a componente resistiva da impedância não é necessariamente igual à resistência do resistor que está presente na rede. Por exemplo, um resistor de 10 Ω e um indutor de 5 H em série com $\omega = 4$ rad/s possuem uma impedância equivalente $\mathbf{Z} = 10 + j20$ Ω, ou, na forma polar, $22{,}4 \underline{/63{,}4^\circ}$ Ω. Neste caso, a componente resistiva da impedância é igual à resistência do resistor em série pelo fato de esta rede ser uma simples rede série. Entretanto, se os mesmos elementos forem conectados em paralelo, a impedância equivalente é igual a $10(j20)/(10 + j20)$ Ω, ou $8 + j4$ Ω. A componente resistiva da impedância é agora 8 Ω.

▶ EXEMPLO 10.7

Determine a corrente *i*(*t*) no circuito mostrado na Figura 10.20*a*.

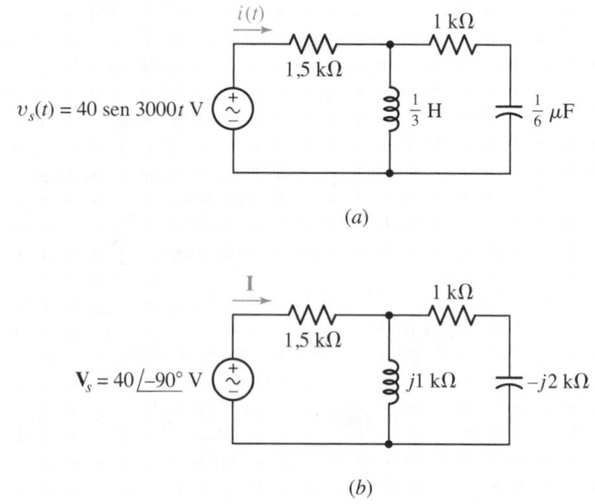

▲ **FIGURA 10.20** (*a*) Circuito *RLC* no qual deseja-se obter a resposta forçada senoidal. (*b*) O equivalente do circuito dado no domínio da frequência, com $\omega = 3000$ rad/s.

▶ ***Identifique o objetivo do problema.***

Precisamos determinar a corrente em regime permanente senoidal fluindo no resistor de 1,5 kΩ graças à fonte de tensão operando em 3000 rad/s.

▶ ***Reúna as informações conhecidas.***

Começamos desenhando o circuito no domínio da frequência. A fonte é transformada em uma representação no domínio da frequência igual a $40\underline{/-90^\circ}$ V, a resposta no domínio da frequência é representada como **I**, e as impedâncias do indutor e do capacitor, determinadas em $\omega = 3000$ rad/s, são j kΩ e $-j2$ kΩ, respectivamente. O circuito correspondente no domínio da frequência está ilustrado na Figura 10.20*b*.

▶ ***Trace um plano.***

Analisaremos o circuito da Figura 10.20*b* para obter **I**; a combinação de impedâncias e o uso da lei de Ohm são uma abordagem possível. Usaremos então o fato de sabermos que $\omega = 3000$ rad/s para converter **I** em uma expressão no domínio do tempo.

▶ ***Construa um conjunto apropriado de equações.***

$$\mathbf{Z}_{eq} = 1{,}5 + \frac{(j)(1-2j)}{j+1-2j} = 1{,}5 + \frac{2+j}{1-j}$$

$$= 1{,}5 + \frac{2+j}{1-j}\frac{1+j}{1+j} = 1{,}5 + \frac{1+j3}{2}$$

$$= 2 + j1{,}5 = 2{,}5\underline{/36{,}87^\circ}\ \text{k}\Omega$$

A corrente fasorial é então simplesmente

$$\mathbf{I} = \frac{\mathbf{V}_s}{\mathbf{Z}_{eq}}$$

▶ ***Determine se são necessárias informações adicionais.***

Substituindo os valores conhecidos, obtemos

$$\mathbf{I} = \frac{40\underline{/-90^\circ}}{2{,}5\underline{/36{,}87^\circ}}\ \text{mA}$$

que, com o conhecimento de que $\omega = 3000$ rad/s, é suficiente para se determinar $i(t)$.

▶ ***Tente uma solução.***

Esta expressão complexa é facilmente simplificada para um único número complexo na forma polar:

$$\mathbf{I} = \frac{40}{2{,}5}\underline{/-90^\circ - 36{,}87^\circ}\ \text{mA} = 16{,}00\underline{/-126{,}9^\circ}\ \text{mA}$$

Com a transformação da corrente para o domínio do tempo, obtém-se a resposta desejada:

$$i(t) = 16\cos(3000t - 126{,}9^\circ) \qquad \text{mA}$$

▶ ***Verifique a solução. Ela é razoável ou esperada?***

A impedância efetivamente conectada à rede tem um ângulo de +36,87º, o que indica um caráter indutivo global para o circuito, ou, em outras palavras, que a corrente está atrasada da tensão. Como a fonte de tensão tem um ângulo de fase de –90º (assim que convertida para uma fonte em cosseno), vemos que a nossa resposta é consistente.

▶ EXERCÍCIO DE FIXAÇÃO

10.10 No circuito no domínio da frequência da Figura 10.21, determine (*a*) $\mathbf{I}_1$; (*b*) $\mathbf{I}_2$; (*c*) $\mathbf{I}_3$.

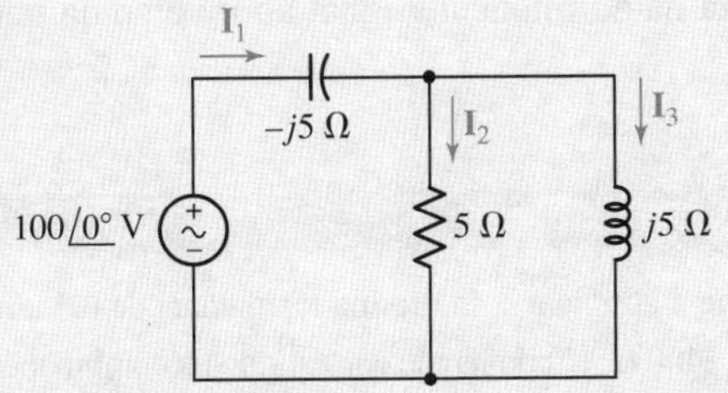

▲ **FIGURA 10.21**

Resposta: /2.1

Antes de começarmos a escrever um diversas equações no domínio do tempo ou no domínio da frequência, é muito importante que evitemos a construção de equações que estejam parcialmente no domínio do tempo, parcialmente no domínio da frequência, e completamente incorretas. Uma pista de que um passo em falso desse tipo foi dado é a aparição de um número complexo e de t em uma mesma equação, exceto pelo fator $e^{j\omega t}$. E, como $e^{j\omega t}$ aparece muito mais em deduções do que em aplicações, é bastante seguro dizer que estudantes que pensam ter inventado uma equação contendo j e t, ou $\underline{/\quad}$ e t, criaram um monstro que seria melhor para o mundo se não existisse.

Por exemplo, algumas equações atrás vimos que

$$\mathbf{I} = \frac{\mathbf{V}_s}{\mathbf{Z}_{\text{eq}}} = \frac{40\underline{/-90^\circ}}{2{,}5\underline{/36{,}9^\circ}} = 16\underline{/-126{,}9^\circ}\text{ mA}$$

Por favor não tente nada do tipo:

$$i(t) \neq \frac{40 \operatorname{sen} 3000t}{2{,}5\underline{/36{,}9^\circ}} \qquad \text{ou} \qquad i(t) \neq \frac{40 \operatorname{sen} 3000t}{2 + j1{,}5}$$

Admitância

Embora o conceito de impedância seja muito útil, e familiar levando em consideração nossa experiência com resistores, existe uma grandeza também bastante usual, porém pouco abordada. Definimos esta grandeza como a ***admitância*** **Y** de um elemento de circuito ou rede passiva, e ela é simplesmente a razão entre a corrente e a tensão:

$$\mathbf{Y}_R = \frac{1}{R}$$

$$\mathbf{Y}_L = \frac{1}{j\omega L}$$

$$\mathbf{Y}_C = j\omega C$$

A parte real da admitância é a ***condutância*** G, e a parte imaginária da admitância é a ***susceptância*** B. As três grandezas (Y, G e B) são medidas em siemens.

A parte real da admitância é a ***condutância*** G, e a parte imaginária da admitância é a ***susceptância*** B. Então

Existe um termo geral (sem unidade), para representar impedância e admitância – ***imitância*** – que é usado às vezes, mas não com muita frequência.

$$\mathbf{Y} = G + jB = \frac{1}{\mathbf{Z}} = \frac{1}{R + jX} \qquad [22]$$

A Equação [22] deve ser analisada com cuidado; ela não diz que a parte real da admitância é igual ao inverso da parte real da impedância, ou que a parte imaginária da admitância é igual ao inverso da parte imaginária da impedância!

▶ EXERCÍCIO DE FIXAÇÃO

10.11 Determine a admitância (na forma retangular) de (*a*) uma impedância **Z** = 1000 + j400 Ω; (*b*) uma rede consistindo na combinação em paralelo de um resistor de 800 Ω, um indutor de 1 mH e um capacitor de 2 nF, se ω = 1 Mrad/s; (*c*) uma rede consistindo na combinação em série de um resistor de 800 Ω, um indutor de 1 mH e um capacitor de 2 nF, se ω = 1 Mrad/s.

Resposta: 0,862 – j0,345 mS; 1,25 + j1 mS; 0,899 – j0,562 mS.

10.6 ▶ ANÁLISE NODAL E DE MALHA

Tivemos anteriormente um grande sucesso com a aplicação das técnicas de análise nodal e de malha, e é portanto razoável perguntar se um procedimento similar seria válido em termos de fasores e impedâncias para o regime permanente senoidal. Já sabemos que ambas as leis de Kirchhoff são válidas para os fasores; também temos uma lei similar à lei de Ohm para os elementos passivos, $\mathbf{V} = \mathbf{ZI}$. Em outras palavras, as leis nas quais a análise nodal se baseia são válidas para os fasores, e podemos portanto analisar circuitos em regime permanente senoidal empregando as técnicas nodais. Usando argumentos similares, podemos afirmar que as técnicas de análise de malha também são válidas (e frequentemente úteis).

▶ EXEMPLO 10.8

Determine as tensões $v_1(t)$ e $v_2(t)$ no domínio do tempo para o circuito mostrado na Figura 10.22.

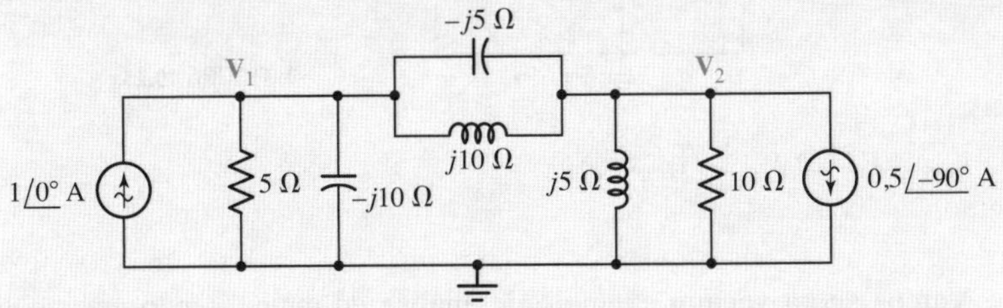

▲ **FIGURA 10.22** Circuito no domínio da frequência no qual as tensões nodais $\mathbf{V}_1$ e $\mathbf{V}_2$ estão identificadas.

Duas fontes de corrente são dadas como fasores, e as tensões fasoriais nodais $\mathbf{V}_1$ e $\mathbf{V}_2$ são indicadas. No nó da esquerda, aplicamos a LKC, o que leva a

$$\frac{\mathbf{V}_1}{5} + \frac{\mathbf{V}_1}{-j10} + \frac{\mathbf{V}_1 - \mathbf{V}_2}{-j5} + \frac{\mathbf{V}_1 - \mathbf{V}_2}{j10} = 1\underline{/0°} = 1 + j0$$

No nó da direita,

$$\frac{\mathbf{V}_2 - \mathbf{V}_1}{-j5} + \frac{\mathbf{V}_2 - \mathbf{V}_1}{j10} + \frac{\mathbf{V}_2}{j5} + \frac{\mathbf{V}_2}{10} = -(0,5\underline{/-90°}) = j0,5$$

Combinando termos em comum, temos

$$(0,2 + j0,2)\mathbf{V}_1 - j0,1\mathbf{V}_2 = 1$$

e

$$-j0,1\mathbf{V}_1 + (0,1 - j0,1)\mathbf{V}_2 = j0,5$$

Estas equações são resolvidas com muita facilidade pela maioria das calculadores científicas, resultando em $\mathbf{V}_1 = 1 - j2$ V e $\mathbf{V}_2 = -2 + j4$ V.

As soluções no domínio do tempo são obtidas a partir da representação de $\mathbf{V}_1$ e $\mathbf{V}_2$ na forma polar:

$$\mathbf{V}_1 = 2,24\underline{/-63,4°}$$
$$\mathbf{V}_2 = 4,47\underline{/116,6°}$$

Passando para o domínio do tempo:

$$v_1(t) = 2{,}24\cos(\omega t - 63{,}4^\circ) \quad \text{V}$$
$$v_2(t) = 4{,}47\cos(\omega t + 116{,}6^\circ) \quad \text{V}$$

Note que o valor de ω deveria ser conhecido para que os valores de impedância indicados no diagrama do circuito pudessem ser computados. Além disso, *ambas as fontes devem estar operando na mesma frequência.*

▶ EXERCÍCIO DE FIXAÇÃO

10.12 Use a análise nodal no circuito da Figura 10.23 para determinar $\mathbf{V}_1$ e $\mathbf{V}_2$.

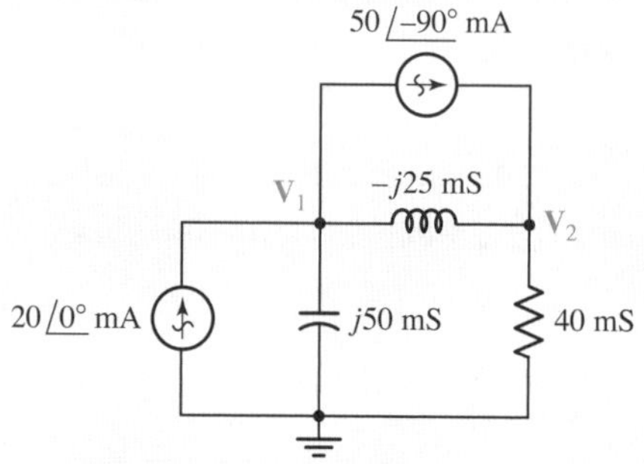

◀ **FIGURA 10.23**

Resposta: $1{,}062\angle 23{,}3^\circ$ V; $1{,}593\angle -50{,}0^\circ$ V.

Vamos agora ver um exemplo de análise de malha, tendo em mente novamente que todas as fontes devem estar operando na mesma frequência. Do contrário, torna-se impossível definir um valor numérico para qualquer reatância no circuito. Conforme veremos na próxima seção, a única maneira de se resolver esse dilema é a aplicação da superposição.

▶ EXEMPLO 10.9

Obtenha expressões para as correntes i_1 e i_2 no domínio do tempo para o circuito dado na Figura 10.24*a*.

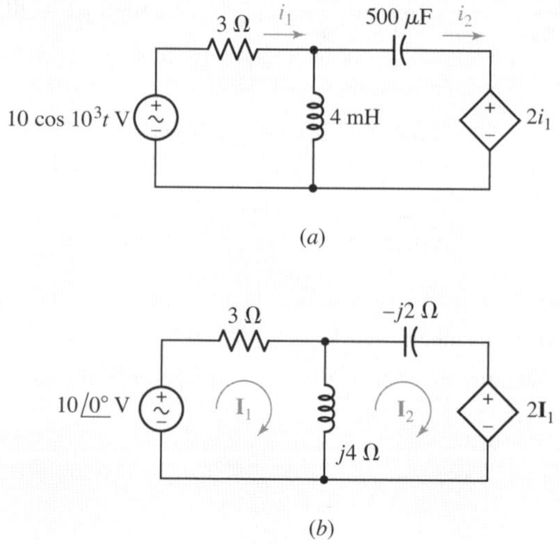

▶ **FIGURA 10.24** (*a*) Circuito no domínio do tempo contendo uma fonte dependente. (*b*) Circuito correspondente no domínio da frequência.

Notando a partir da fonte da esquerda que $\omega = 10^3$ rad/s, desenhamos o circuito no domínio da frequência ilustrado na Figura 10.24*b* e assinalamos as correntes de malha $\mathbf{I}_1$ e $\mathbf{I}_2$. Em torno da malha 1,

$$3\mathbf{I}_1 + j4(\mathbf{I}_1 - \mathbf{I}_2) = 10\underline{/0^\circ}$$

ou

$$(3 + j4)\mathbf{I}_1 - j4\mathbf{I}_2 = 10$$

enquanto a malha 2 leva a

$$j4(\mathbf{I}_2 - \mathbf{I}_1) - j2\mathbf{I}_2 + 2\mathbf{I}_1 = 0$$

ou

$$(2 - j4)\mathbf{I}_1 + j2\mathbf{I}_2 = 0$$

Resolvendo,

$$\mathbf{I}_1 = \frac{14 + j8}{13} = 1{,}24\underline{/29{,}7^\circ}\ \text{A}$$

$$\mathbf{I}_2 = \frac{20 + j30}{13} = 2{,}77\underline{/56{,}3^\circ}\ \text{A}$$

Portanto,

$$i_1(t) = 1{,}24\cos(10^3t + 29{,}7^\circ)\quad \text{A}$$
$$i_2(t) = 2{,}77\cos(10^3t + 56{,}3^\circ)\quad \text{A}$$

▶ EXERCÍCIO DE FIXAÇÃO

10.13 Use a análise de malha no circuito da Figura 10.25 para obter $\mathbf{I}_1$ e $\mathbf{I}_2$.

Resposta: $4{,}87\underline{/-164{,}6^\circ}$ A; $7{,}17\underline{/-144{,}9^\circ}$ A.

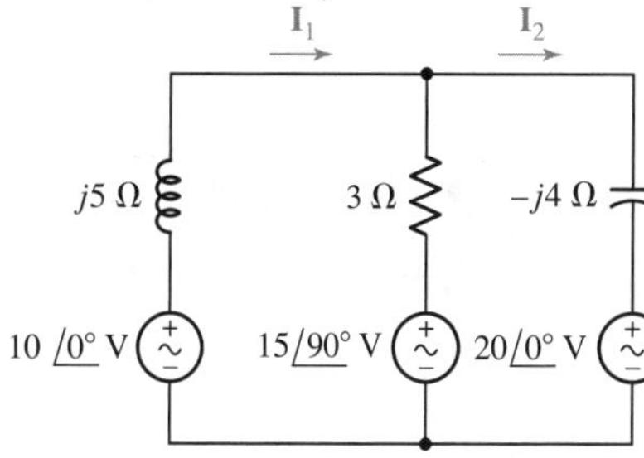

▲ **FIGURA 10.25**

10.7 ▶ SUPERPOSIÇÃO, TRANSFORMAÇÃO DE FONTES E O TEOREMA DE THÉVENIN

Após a introdução dos indutores e dos capacitores no Capítulo 7, vimos que os circuitos contendo esses elementos ainda eram lineares e que os benefícios da linearidade continuavam disponíveis. Incluídos nestes benefícios estavam o princípio da superposição, os teoremas de Thévenin e de Norton, e a transformação de fontes. Com isso, sabemos que estes métodos podem ser usados nos circuitos que estamos analisando agora; tanto faz o fato de estarmos aplicando fontes senoidais e buscando apenas a resposta forçada. Também tanto faz o fato de estarmos analisando os circuitos em termos de fasores; eles continuam sendo circuitos lineares. Podemos também lembrar que linearidade e superposição foram usadas quando combinamos fontes reais e imaginárias para obter uma fonte complexa.

APLICAÇÃO

FREQUÊNCIA DE CORTE DE UM AMPLIFICADOR TRANSISTORIZADO

Amplificadores transistorizados fazem parte de muitos equipamentos eletrônicos modernos. Uma aplicação comum são os telefones celulares (Figura 10.26), onde sinais de áudio são superpostos a ondas portadoras de alta frequência. Infelizmente, transistores possuem capacitâncias parasitas que levam a limitações nas frequências nas quais eles podem ser usados, e este fato deve ser considerado quando da escolha de um transistor para uma aplicação em particular.

▲ **FIGURA 10.26** Amplificadores transistorizados são utilizados em muitos dispositivos, incluindo telefones celulares. Modelos lineares de circuito são frequentemente usados para analisar o seu desempenho em função da frequência. © *PNC/Getty Images/RF*.

A Figura 10.27*a* mostra o que é comumente chamado de *modelo π para altas frequências* de um transistor de junção bipolar. Na prática, embora transistores sejam dispositivos *não lineares*, este simples circuito *linear* consegue representar de forma bastante satisfatória o comportamento do dispositivo real. Os dois capacitores $C\pi$ e $C\mu$ são usados para representar as capacitâncias internas que caracterizam o transistor específico que está sendo utilizado; capacitores e resistores externos também podem ser adicionados para aumentar a precisão do modelo, se necessário. A Figura 10.27*b* mostra o modelo de transistor inserido em um circuito amplificador conhecido como amplificador emissor comum.

Assumindo um sinal em regime permanente senoidal representado por seu equivalente de Thévenin $\mathbf{V}_s$ e R_s, estamos interessados na relação entre a tensão de saída $\mathbf{V}_{saída}$ e a tensão de entrada $\mathbf{V}_{ent}$. A presença das capacitâncias internas do transistor leva a uma redução na amplificação à medida que se aumenta a frequência de $\mathbf{V}_s$; isto acaba limitando as frequências nas quais o circuito opera corretamente. Escrevendo uma única equação nodal na saída, temos

$$-g_m\mathbf{V}_\pi = \frac{\mathbf{V}_{\text{saída}} - \mathbf{V}_{\text{ent}}}{1/j\omega C_\mu} + \frac{\mathbf{V}_{\text{saída}}}{R_C \parallel R_L}$$

Resolvendo para $\mathbf{V}_{saída}$ em termos de $\mathbf{V}_{ent}$, e notando que $\mathbf{V}\pi = \mathbf{V}_{ent}$, obtemos uma expressão para o ganho do amplificador

$$\frac{\mathbf{V}_{\text{saída}}}{\mathbf{V}_{\text{ent}}} = \frac{-g_m(R_C\|R_L)(1/j\omega C_\mu) + (R_C\|R_L)}{(R_C\|R_L) + (1/j\omega C_\mu)}$$

$$= \frac{-g_m(R_C\|R_L) + j\omega(R_C\|R_L)C_\mu}{1 + j\omega(R_C\|R_L)C_\mu}$$

Dados os valores típicos $g_m = 30$ mS, $R_C = R_L = 2$ kΩ, e $C_\mu = 5$ pF, podemos traçar o módulo do ganho em função da frequência (lembrando que $\omega = 2\pi f$). O gráfico semilogaritmo que traçamos está ilustrado na Figura 10.28*a*, e o código usado no MATLAB para gerar a figura é dado na Figura 10.28*b*. É interessante, embora talvez não totalmente surpreendente, ver que uma característica

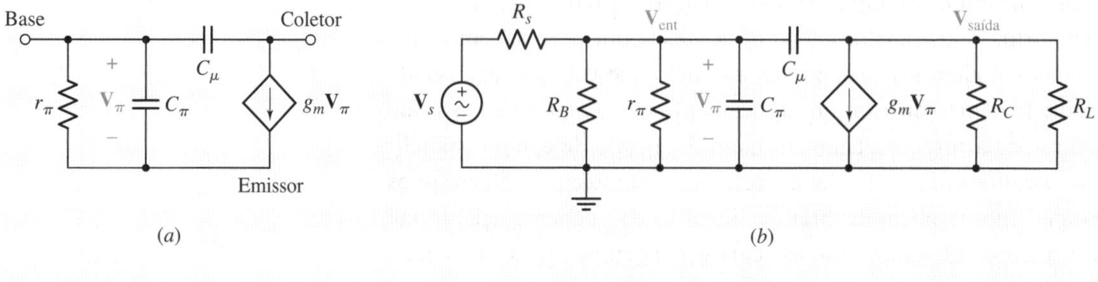

▲ **FIGURA 10.27** (*a*) Modelo π-híbrido de um transistor em alta frequência. (*b*) Circuito amplificador emissor comum usando o modelo de transistor π-híbrido.

como o ganho do amplificador dependa da frequência. De fato, poderíamos pensar em usar tal circuito como um mecanismo para filtrar frequências nas quais não estamos interessados. Entretanto, pelo menos em frequências relativamente baixas, vemos que o ganho é essencialmente independente da frequência de nossa fonte de entrada.

Na caracterização de amplificadores, é comum fazer-se referência à frequência na qual o ganho é reduzido para $1/\sqrt{2}$ vezes o seu valor máximo. A partir da Figura 10.28*a*, vemos que o módulo do ganho máximo é igual a 30, e que este valor é reduzido para $30/\sqrt{2} = 21$ em uma frequência de aproximadamente 30 MHz. Esta frequência é comumente chamada de *frequência de corte* do amplificador. Se a sua operação em altas frequências for requerida, devemos reduzir o efeito das capacitâncias internas (isto é, usar um diferente transistor) ou fazer um novo projeto para o circuito.

Devemos notar neste ponto que a definição do ganho em relação a $\mathbf{V}_{ent}$ não apresenta um quadro completo a respeito do comportamento dependente da frequência do amplificador. Isto pode ficar mais claro se analisarmos rapidamente a capacitância C_π: à medida que $\omega \to \infty$, $Z_{C_\pi} \to 0$, então $\mathbf{V}_{ent} \to 0$. Este efeito não se manifesta na equação simples que deduzimos. Uma abordagem mais detalhada envolveria a dedução de uma equação para $\mathbf{V}_{saída}$ em termos de $\mathbf{V}_s$, na qual ambas as capacitâncias aparecessem; isto requereria um pouco mais de álgebra.

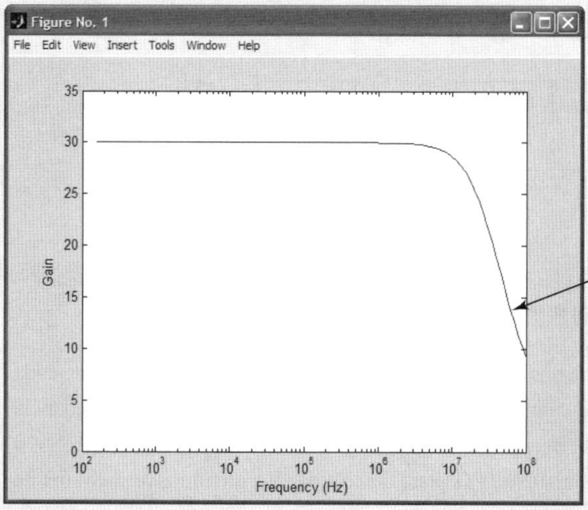

(*a*)

```
EDU» frequency = logspace(3,9,100);
EDU» numerator = -30e-3*1000 + i*frequency*1000*5e-12;
EDU» denominator = 1 + i*frequency*1000*5e-12;
EDU» for k = 1:100
gain(k) = abs(numerator(k)/denominator(k));
end
EDU» semilogx(frequency/2/pi,gain);
EDU» xlabel('Frequency (Hz)');
EDU» ylabel('Gain');
EDU» axis([100 1e8 0 35]);
```

(*b*)

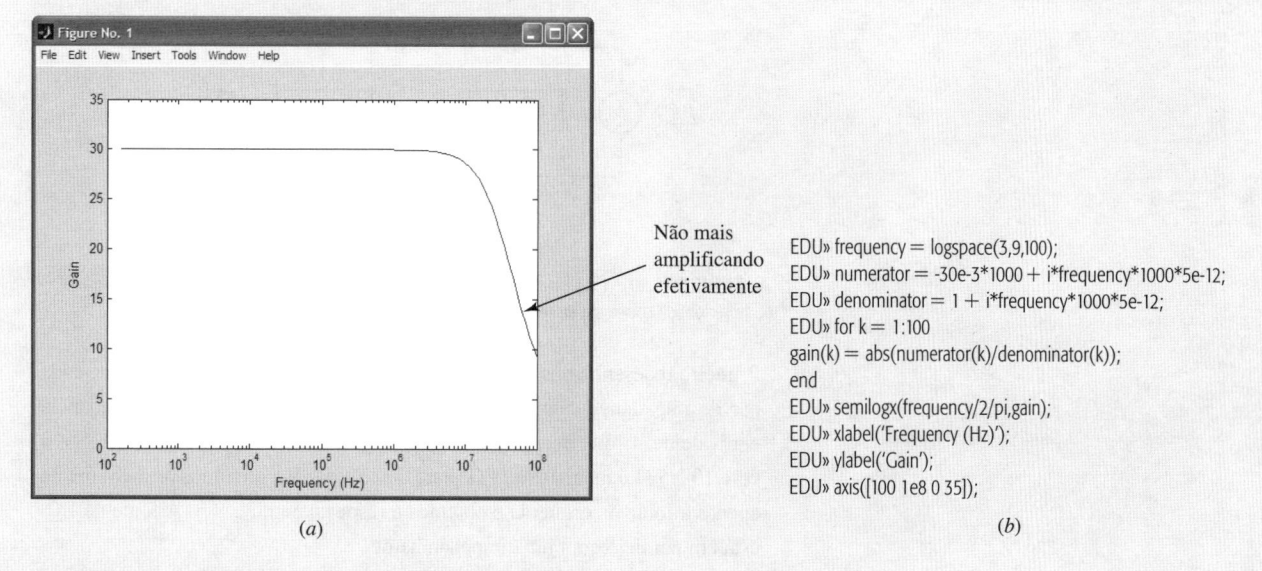

▲ **FIGURA 10.28** (*a*) Ganho do amplificador em função da frequência. (*b*) Código usado no MATLAB para criar o gráfico.

Um comentário final deve ser feito. Até este ponto, restringimo-nos à consideração de circuitos com apenas uma fonte ou de circuitos com múltiplas fontes nos quais *cada fonte operava exatamente na mesma frequência*. Isto é necessário para que a definição de valores específicos de impedância possa ser feita para os elementos indutivos e capacitivos. Entretanto, o conceito de análise fasorial pode ser facilmente estendido a circuitos com múltiplas fontes operando em frequências diferentes. Em tais casos, simplesmente empregamos a superposição para determinar as tensões e correntes associadas a cada uma das fontes, e então somamos os resultados *no domínio do tempo*. Se várias fontes operam em uma mesma frequência, a superposição também nos permite considerá-las simultaneamente, somando a resposta resultante à(s) resposta(s) de fonte(s) operando em uma frequência diferente.

▶ EXEMPLO 10.10

Use a superposição para determinar V_1 no circuito da Figura 10.22, que é reproduzido na Figura 10.29*a* por conveniência.

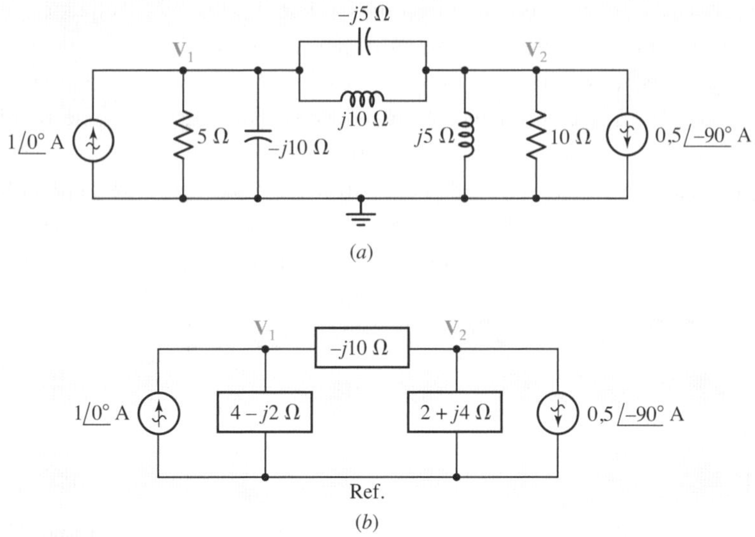

▲ **FIGURA 10.29** (*a*) Circuito da Figura 10.22 no qual deseja-se determinar V_1; (*b*) a tensão V_1 pode ser obtida com a superposição de duas diferentes respostas fasoriais.

Primeiro redesenhamos o circuito como indicado na Figura 10.29*b*, onde cada par de impedâncias em paralelo foi substituído por uma única impedância equivalente. Isto é, $5 \| -j10\ \Omega$ é igual a $4 - j2\ \Omega$; $j10 \| -j5\ \Omega$ é igual a $-j10\ \Omega$; e $10 \| j5\ \Omega$ é igual a $2 + j4\ \Omega$. Para determinar $\mathbf{V}_1$, ativamos primeiramente apenas a fonte da esquerda e obtemos a resposta parcial, $\mathbf{V}_{1L}$. A fonte de $1\angle 0°$ está em paralelo com uma impedância de

$$(4 - j2) \| (-j10 + 2 + j4)$$

de forma que

$$\mathbf{V}_{1L} = 1\angle 0° \frac{(4 - j2)(-j10 + 2 + j4)}{4 - j2 - j10 + 2 + j4}$$

$$= \frac{-4 - j28}{6 - j8} = 2 - j2 \text{ V}$$

Com apenas a fonte da direita ativa, a divisão de corrente e a lei de Ohm fornecem

$$\mathbf{V}_{1R} = (-0{,}5\angle -90°)\left(\frac{2 + j4}{4 - j2 - j10 + 2 + j4}\right)(4 - j2) = -1 \text{ V}$$

Somando, então

$$\mathbf{V}_1 = \mathbf{V}_{1L} + \mathbf{V}_{1R} = 2 - j2 - 1 = 1 - j2 \quad \text{V}$$

que concorda com nosso resultado prévio obtido no Exemplo 10.8.

Conforme veremos, a superposição também é extremamente útil quando lidamos com circuitos no quais nem todas as fontes operam na mesma frequência.

▶ EXERCÍCIO DE FIXAÇÃO

10.14 Se a superposição for utilizada no circuito da Figura 10.30, determine $\mathbf{V}_1$ com (*a*) apenas a fonte de $20\angle 0°$ mA operando; (*b*) apenas a fonte de $50\angle -90°$ mA operando.

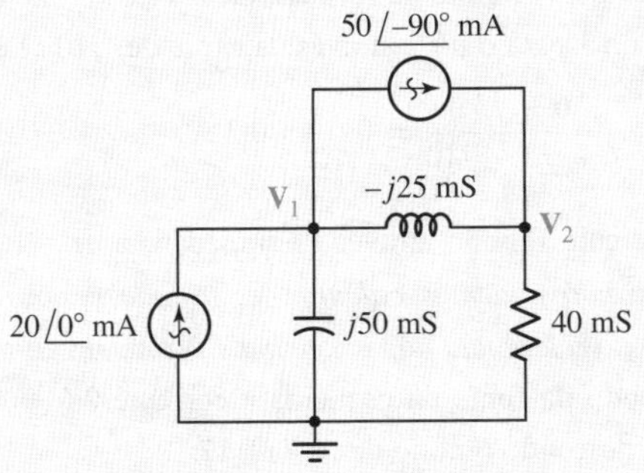

◀ **FIGURA 10.30**

Resposta: 0,1951 – *j*0,556 V; 0,780 + *j*0,976 V.

▶ EXEMPLO 10.11

Determine o equivalente de Thévenin visto pela impedância de –*j*10 Ω da Figura 10.31*a* e use-o para calcular $\mathbf{V}_1$.

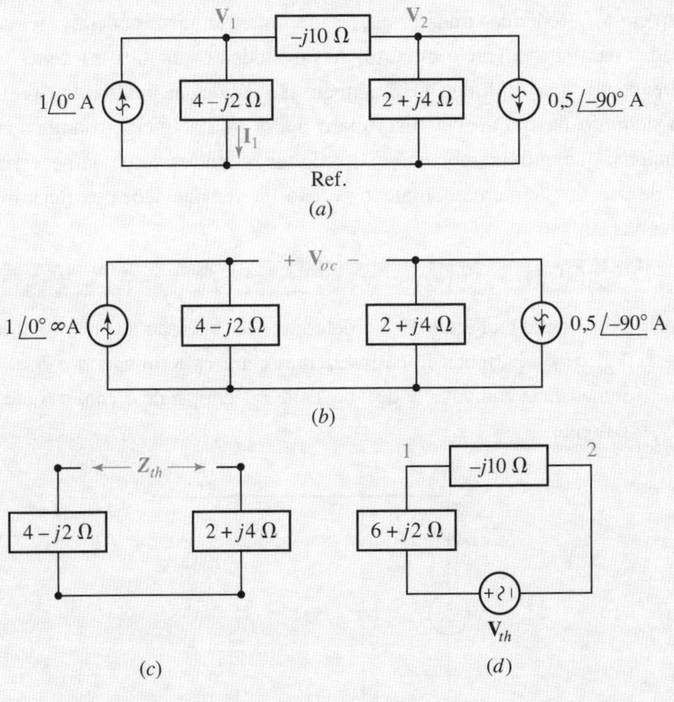

▲ **FIGURA 10.31** (*a*) Circuito da Figura 10.29*b*. Deseja-se obter o equivalente de Thévenin visto pela impedância de –*j*10 Ω. (*b*) Define-se $\mathbf{V}_{oc}$. (*c*) Define-se $\mathbf{Z}_{th}$. (*d*) O circuito é redesenhado usando o equivalente de Thévenin.

A tensão em circuito aberto, definida na Figura 10.31*b*, é

$$\mathbf{V}_{oc} = (1\angle 0°)(4 - j2) - (-0{,}5\angle -90°)(2 + j4)$$
$$= 4 - j2 + 2 - j1 = 6 - j3 \quad \text{V}$$

A impedância do circuito inativo da Figura 10.31*c vista a partir dos terminais da carga* é simplesmente a soma das duas impedâncias restantes. Portanto,

$$\mathbf{Z}_{th} = 6 + j2\ \Omega$$

Assim, quando reconectamos o circuito na forma indicada na Figura 10.31*d*, a corrente circulando do nó 1 para o nó 2 através da carga de $-j10\ \Omega$ é

$$\mathbf{I}_{12} = \frac{6 - j3}{6 + j2 - j10} = 0{,}6 + j0{,}3 \text{ A}$$

Agora conhecemos a corrente fluindo através da impedância de $-j10\ \Omega$ da Figura 10.31*a*. *Note que não podemos calcular* $\mathbf{V}_1$ *usando o circuito da Figura* 10.31*d, pois o nó de referência não existe mais*. Voltando ao circuito original, então, e subtraindo da fonte da esquerda a corrente $0{,}6 + j0{,}3$ A, determinamos a corrente descendo o ramo de $(4 - j2)\ \Omega$:

$$\mathbf{I}_1 = 1 - 0{,}6 - j0{,}3 = 0{,}4 - j0{,}3 \quad \text{A}$$

e, assim,

$$\mathbf{V}_1 = (0{,}4 - j0{,}3)(4 - j2) = 1 - j2 \quad \text{V}$$

como antes.

Poderíamos ter sido espertos e usado o teorema de Norton nos três elementos da direita na Figura 10.31*a*, assumindo que nosso interesse principal está em $\mathbf{V}_1$. Repetidas transformações de fontes também poderiam ter sido usadas para simplificar o circuito. Assim, todos os atalhos e truques que aprendemos nos Capítulos 4 e 5 também são válidos na análise de circuitos no domínio da frequência. Está claro agora que a ligeira complexidade adicional que enfrentamos na análise de tais circuitos surge da necessidade de uso dos números complexos e não de considerações teóricas mais envolventes.

▶ EXERCÍCIO DE FIXAÇÃO

10.15 No circuito da Figura 10.32, determine (*a*) a tensão de circuito aberto $\mathbf{V}_{ab}$; (*b*) a corrente de curto-circuito entre os terminais *a* e *b*; (*c*) a impedância equivalente de Thévenin $\mathbf{Z}_{ab}$ em paralelo com a fonte de corrente.

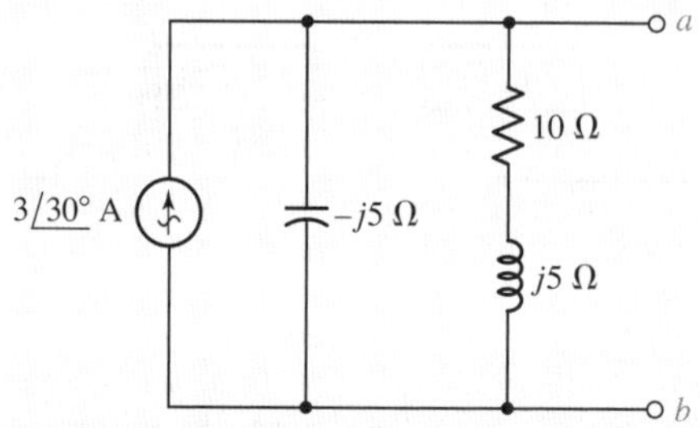

▲ **FIGURA 10.32**

Resposta: $16{,}77\underline{/-33{,}4^\circ}$ V; $2{,}60 + j1{,}500$ A; $2{,}5 - j5\ \Omega$.

▶ EXEMPLO 10.12

Determine a potência dissipada pelo resistor de 10 Ω no circuito da Figura 10.33*a*.

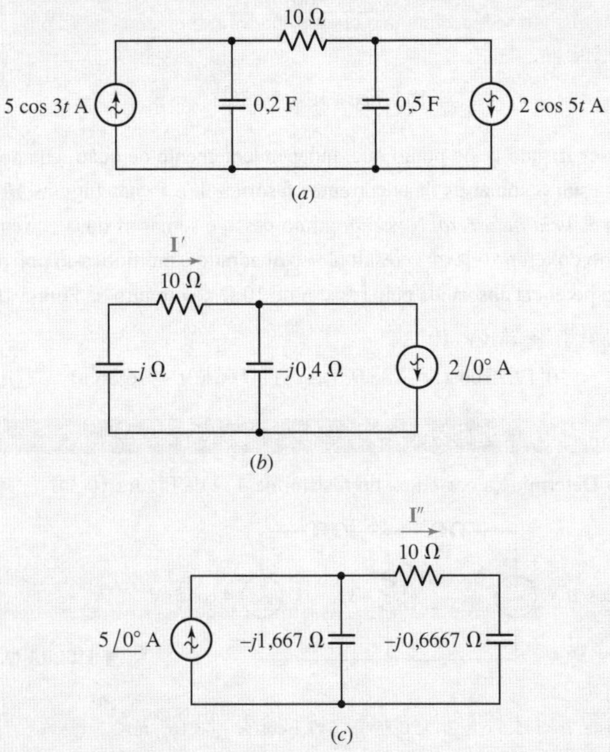

▲ **FIGURA 10.33** (*a*) Circuito simples com fontes operando em diferentes frequências. (*b*) Circuito com a fonte da esquerda desativada. (*c*) Circuito com a fonte da direita desativada.

Após dar uma olhada no circuito, podemos ficar tentados a escrever duas rápidas equações nodais, ou talvez realizar duas transformações de fontes para em seguida obter a tensão no resistor de 10 Ω.

Infelizmente, isto é impossível, pois temos *duas* fontes operando em frequências *diferentes*. Em uma situação como essa, não há como calcular a impedância de qualquer capacitor ou indutor no circuito – que ω deveríamos usar?

O emprego da superposição é a única maneira de se resolver este dilema, e para isso devemos agrupar em um mesmo subcircuito todas as fontes operando em uma mesma frequência, como mostram as Figuras 10.33*b* e *c*.

No subcircuito da Figura 10.33*b*, rapidamente calculamos a corrente **I**′ usando a divisão de corrente:

$$\mathbf{I}' = 2\underline{/0^\circ}\left[\frac{-j0{,}4}{10 - j - j0{,}4}\right] = 79{,}23\underline{/-82{,}03^\circ}\ \text{mA}$$

de forma que

$$i' = 79{,}23\cos(5t - 82{,}03^\circ) \quad \text{mA}$$

Em estudos futuros de processamento de sinais, também seremos apresentados ao método de Jean-Batiste Joseph Fourier, um matemático francês que desenvolveu uma técnica que permite a representação de praticamente qualquer função arbitrária por meio de uma combinação de senoides. Ao trabalhar com circuitos lineares, se conhecermos a resposta de um circuito particular frente a uma função forçante senoidal geral, poderemos prever a resposta do circuito frente a uma forma de onda arbitrária representada por uma série de Fourier simplesmente usando a superposição.

Da mesma forma, vemos que

$$\mathbf{I}'' = 5\underline{/0^\circ}\left[\frac{-j1{,}667}{10 - j0{,}6667 - j1{,}667}\right]$$
$$= 811{,}7\underline{/-76{,}86^\circ}\ \text{mA}$$

e com isso

$$i'' = 811{,}7\cos(3t - 76{,}86^\circ) \qquad \text{mA}$$

Deve ser frisado neste ponto que, independentemente de quão tentados possamos estar a somar as duas correntes fasoriais **I**′ e **I**″ nas Figuras 10.33*b* e *c*, isso *estaria incorreto*. Nosso próximo passo é somar as duas correntes no domínio do tempo, elevar o resultado ao quadrado e multiplicá-lo por 10 para obter a potência absorvida pelo resistor de 10 Ω no circuito da Figura 10.33*a*:

$$p_{10} = (i' + i'')^2 \times 10$$
$$= 10[79{,}23\cos(5t - 82{,}03^\circ) + 811{,}7\cos(3t - 76{,}86^\circ)]^2 \qquad \mu\text{W}$$

▶ EXERCÍCIO DE FIXAÇÃO

10.16 Determine a corrente i no resistor de 4 Ω da Figura 10.34.

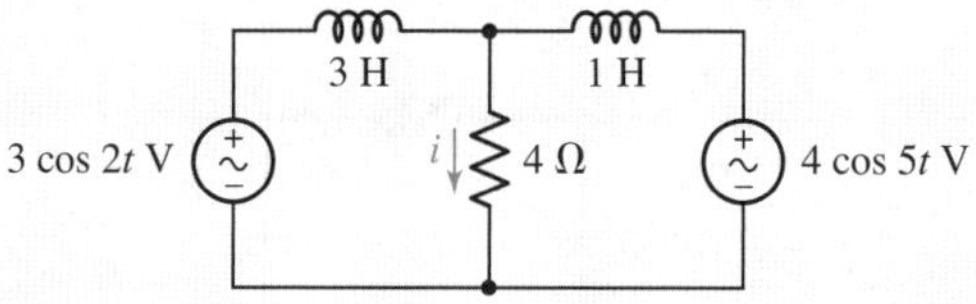

◀ **FIGURA 10.34**

Resposta: $i = 175{,}6\cos(2t - 20{,}55^\circ) + 547{,}1\cos(5t - 43{,}16^\circ)$ mA.

▶ ANÁLISE AUXILIADA POR COMPUTADOR

Dispomos de várias opções no PSpice para analisar circuitos no regime permanente senoidal. Talvez a abordagem mais direta seja a utilização de duas fontes especialmente projetadas: VAC e IAC. A amplitude e a fase de cada uma dessas fontes é selecionada com um clique duplo sobre o símbolo do elemento. Vamos simular o circuito da Figura 10.20*a*, redesenhado na Figura 10.35.

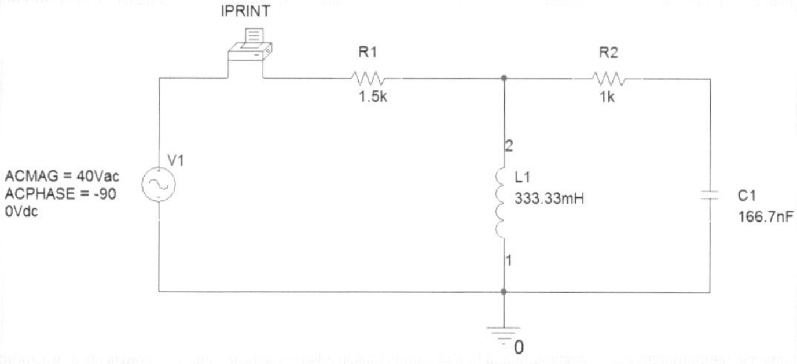

▲ **FIGURA 10.35** O circuito da Figura 10.20*a*, operando em ω = 3000 rad/s. Deseja-se a corrente no resistor de 1,5 kΩ.

A frequência da fonte não é selecionada no editor de propriedades do elemento, mas sim na caixa de diálogo de análise de varredura ca. Isto é feito escolhendo-se **AC Sweep/Noise** em **Analysis** quando estivermos na janela *Simulation Settings*. Selecionamos uma varredura **Linear** e ajustamos **Total Points** para 1. Como estamos interessados na frequência de 3000 rad/s (477,5 Hz), entramos com o valor 477.5 nos campos **Start Frequency** e **End Frequency**, como mostra a Figura 10.36.

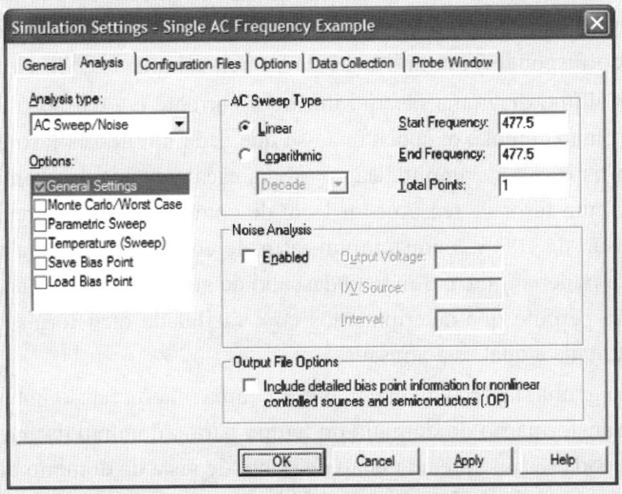

▲ **FIGURA 10.36** Caixa de diálogo para o ajuste da frequência da fonte.

Note que um componente "adicional" aparece no diagrama esquemático. Este componente é chamado de IPRINT, e permite que uma variedade de parâmetros correntes sejam impressos. Nesta simulação, estamos interessados nos atributos **AC**, **MAG** e **PHASE**. Para que o PSpice imprima estas variáveis, dê um clique duplo no símbolo IPRINT no diagrama esquemático e entre *yes* nos campos apropriados.

Os resultados da simulação são obtidos com a seleção de **View Output File** no menu **PSpice** na janela de interface gráfica.

```
FREQ         IM(V_PRINT1)  IP(V_PRINT1)
4.775E+02    1.600E-02     −1.269E+02
```

Portanto, a amplitude da corrente é 16 mA e o ângulo de fase é –126,9°, de forma que a corrente no resistor de 1,5 kΩ é

$$\begin{aligned} i &= 16\cos(3000t - 126{,}9^{\circ}) \quad \text{mA} \\ &= 16\,\text{sen}\,(3000t - 36{,}9^{\circ}) \quad \text{mA} \end{aligned}$$

10.8 ▶ DIAGRAMAS FASORIAIS

Diagrama fasorial é o nome dado para um desenho no plano complexo que mostra as relações entre as tensões e as correntes fasoriais em um circuito específico. Já estamos familiarizados com o uso do plano complexo na identificação gráfica dos números complexos e em sua adição e subtração. Como tensões e correntes fasoriais são números complexos, elas também podem ser representadas como pontos no plano complexo. Por exemplo, a

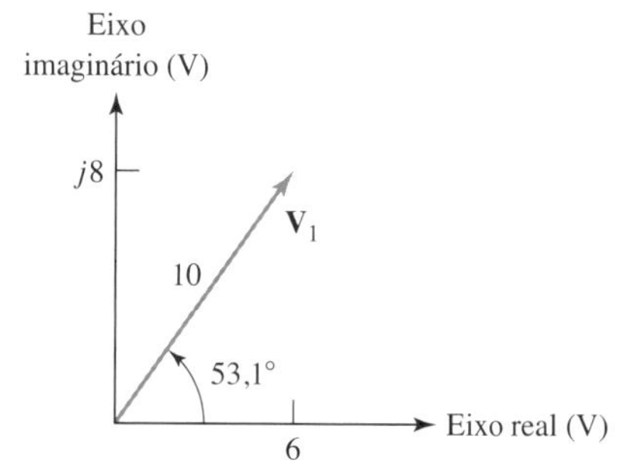

▲ **FIGURA 10.37** Um simples diagrama fasorial mostrando o fasor de tensão $V_1 = 6 + j8 = 10\underline{/53{,}1^\circ}$ V.

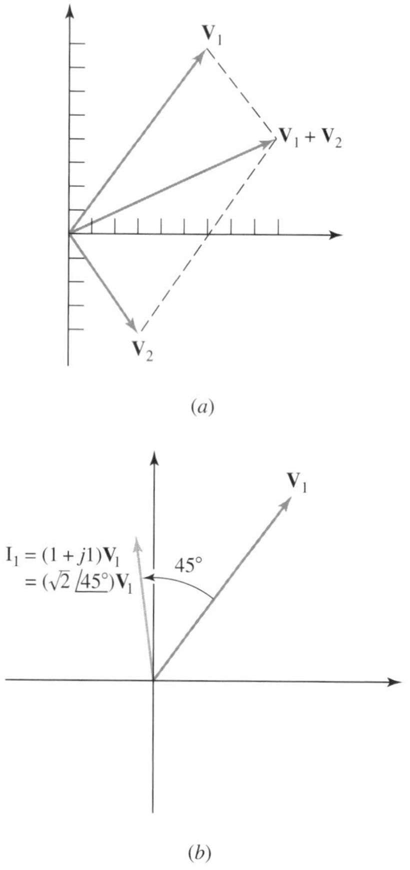

▲ **FIGURA 10.38** (*a*) Diagrama fasorial mostrando a soma de $V_1 = 6 + j8$V com $V_2 = 3 - j4$ V, $V_1 + V_2 = 9 + j4$ V $= 9{,}85\underline{/24^\circ}$ V. (*b*) O diagrama fasorial mostra V_1 e I_1, onde $I_1 = YV_1$ e $Y = (1 + j1)S = \sqrt{2}\underline{/45^\circ}$ S. As escalas de amplitude da tensão e da corrente são diferentes.

tensão fasorial $\mathbf{V}_1 = 6 + 8j = 10\underline{/53^\circ}$ V é identificada no plano das tensões complexas mostrado na Figura 10.37. O eixo *x* é o eixo das tensões reais e o eixo *y* é o eixo das tensões imaginárias; a tensão $\mathbf{V}_1$ é definida por uma seta traçada a partir da origem. Como a adição e a subtração são particularmente fáceis de se fazer e mostrar em um plano complexo, fasores podem ser facilmente somados e subtraídos em um diagrama fasorial. Multiplicação e divisão resultam na adição e na subtração dos ângulos e em uma mudança na amplitude. A Figura 10.38*a* mostra a soma de $\mathbf{V}_1$ com uma segunda tensão fasorial $\mathbf{V}_2 = 3 - j4 = 5\underline{/-53{,}1^\circ}$ V, e a Figura 10.38*b* mostra a corrente $\mathbf{I}_1$, que corresponde à multiplicação de $\mathbf{V}_1$ pela admitância $\mathbf{Y} = (1 + j1)$S.

Este último diagrama fasorial mostra a corrente e a tensão fasorial no mesmo plano complexo; subentende-se que cada um desses fasores tem a sua própria escala de amplitudes, mas uma escala de ângulos comum. Por exemplo, um fasor de tensão com 1 cm de comprimento pode representar uma tensão de 100 V, enquanto um fasor de corrente com 1 cm de comprimento poderia indicar 3 mA. O desenho de ambos os fasores no mesmo diagrama permite que determinemos com facilidade qual forma de onda está adiantada e qual está atrasada.

O diagrama fasorial também oferece uma interpretação interessante para a transformação do domínio do tempo para o domínio da frequência, pois ele pode ser interpretado tanto do ponto de vista do domínio do tempo quanto do domínio da frequência. Até agora, estivemos usando a interpretação no domínio da frequência, pois temos mostrado fasores diretamente no diagrama fasorial. Entretanto, vamos fazer uma análise do ponto de vista do domínio do tempo primeiramente mostrando a tensão fasorial $\mathbf{V} = V_m\underline{/\alpha}$ ilustrada na Figura 10.39*a*. Para transformar o fasor $\mathbf{V}$ para o domínio do tempo, o próximo passo necessário é multiplicá-lo por $e^{j\omega t}$; com isso, temos a tensão complexa $V_m e^{j\alpha} e^{j\omega t} = V_m\underline{/\omega t + \alpha}$; esta tensão também pode ser interpretada como um fasor, que nesse caso possui um ângulo crescendo linearmente com o tempo. Em um diagrama fasorial, isso representa um segmento de reta giratório, com posição instantânea ωt radianos à frente de $V_m\underline{/\alpha}$ (no sentido anti-horário). Tanto $V_m\underline{/\alpha}$ quanto $V_m\underline{/\omega t + \alpha}$ são mostrados no diagrama fasorial da Figura 10.39*b*. A passagem para o domínio do tempo é então completada com a extração da parte real de $V_m\underline{/\omega t + \alpha}$. A parte real desta grandeza complexa é a projeção de $V_m\underline{/\omega t + \alpha}$ no eixo real: $V_m \cos(\omega t + \alpha)$.

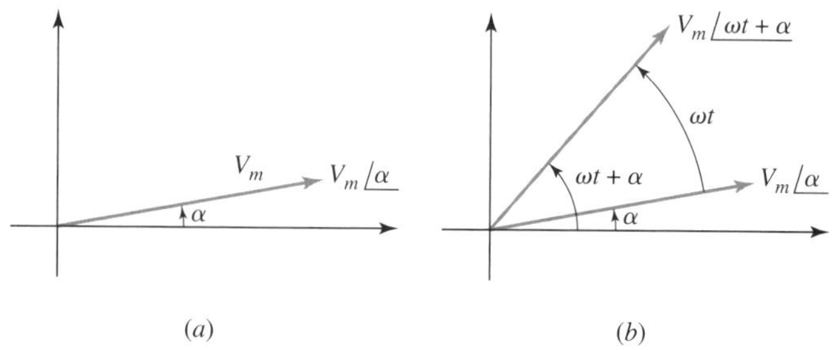

▲ **FIGURA 10.39** (*a*) O fasor de tensão $V_m\underline{/\alpha}$. (*b*) A tensão complexa $V_m\underline{/\omega t + \alpha}$ é mostrada como um fasor em um instante de tempo específico. Esse fasor está ωt radianos adiantado de $V_m\underline{/\alpha}$.

Em resumo, então, o fasor no domínio da frequência aparece no diagrama fasorial, e a sua transformação para o domínio do tempo é feita ao permitir-se que o fasor gire no sentido anti-horário com uma velocidade de ω rad/s e ao visualizar-se a sua projeção no eixo real. É útil pensar na seta que representa o fasor **V** no diagrama fasorial como uma fotografia, tirada em $\omega t = 0$, de uma seta giratória cuja projeção no eixo real é a tensão instantânea $v(t)$.

Vamos agora construir o diagrama fasorial de vários circuitos simples. O circuito *RLC* mostrado na Figura 10.40*a* tem várias tensões associadas, mas apenas uma corrente. O diagrama fasorial é desenhado mais facilmente empregando-se o único fasor de corrente como o fasor de referência. Vamos selecionar arbitrariamente $\mathbf{I} = I_m\underline{/0^\circ}$ e colocá-lo no eixo real do diagrama fasorial, conforme ilustrado na Figura 10.40*b*. As tensões no indutor, no capacitor e no indutor podem então ser calculadas e colocadas no diagrama, onde as relações de fase de 90° aparecem claramente. A soma das três tensões é a tensão da fonte, e neste circuito, que está em uma condição que definiremos em um capítulo subsequente como "condição ressonante" porque $\mathbf{Z}_C = -\mathbf{Z}_L$, a tensão da fonte e a tensão no resistor são iguais. Obtém-se a tensão total nos conjuntos resistor-indutor e resistor-capacitor no diagrama com a adição dos fasores apropriados, conforme ilustrado.

A Figura 10.41*a* é um simples circuito *RC* paralelo no qual é lógico usar a tensão entre os dois nós como referência. Suponha $\mathbf{V} = 1\underline{/0^\circ}$ V. A corrente no resistor, $\mathbf{I}_R = 0{,}2\underline{/0^\circ}$ A, está em fase com a tensão, e a corrente no capacitor, $\mathbf{I}_C = j0{,}1$ A, está 90° adiantada da tensão de referência. Com a representação destas duas correntes no diagrama fasorial, o que é mostrado na Figura 10.41*b*, pode-se somá-las para que se obtenha a corrente na fonte. O resultado é $\mathbf{I}_s = 0{,}2 + j0{,}1$ A.

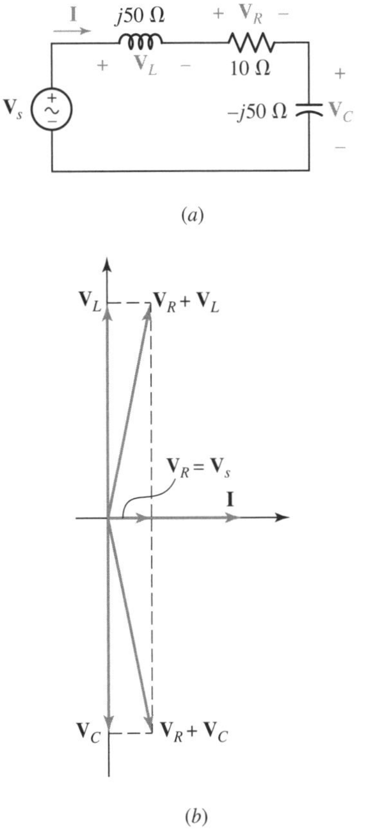

▲ **FIGURA 10.40** (*a*) Circuito *RLC* em série. (*b*) O diagrama fasorial para este circuito; a corrente **I** é usada como um fasor de referência conveniente.

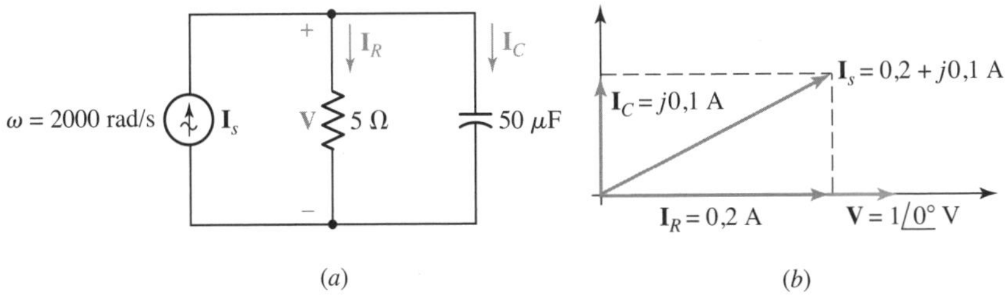

▲ **FIGURA 10.41** (*a*) Circuito *RC* paralelo. (*b*) O diagrama fasorial para esse circuito; a tensão nodal **V** é utilizada como um fasor de referência conveniente.

Se a corrente na fonte for convenientemente especificada como $1\underline{/0^\circ}$ A e a tensão nodal não for conhecida inicialmente, ainda assim é conveniente iniciar a construção do diagrama fasorial adotando como fasor de referência uma tensão nodal (por exemplo, $\mathbf{V} = 1\underline{/0^\circ}$ de novo). Completa-se então o diagrama como antes, e a corrente que flui na fonte como resultado da tensão nodal assumida é novamente $0{,}2 + j0{,}1$ A. A corrente real na fonte é igual a $1\underline{/0^\circ}$ A, no entanto, e com isso a tensão nodal real é obtida com a multiplicação da tensão nodal assumida por $1\underline{/0^\circ}/(0{,}2 + j0{,}1)$; a tensão nodal real é portanto $4 - j2$ V $= \sqrt{20}\underline{/-26{,}6^\circ}$ V. A tensão assumida leva a um diagrama fasorial que difere do fasor real apenas por um fator de escala (o diagrama assumido é $1/\sqrt{20}$ vezes menor) e de uma rotação angular (o diagrama assumido está 26,6º deslocado no sentido anti-horário).

A construção de diagramas fasoriais é normalmente muito simples, e muitas análises em regime permanente senoidal farão mais sentido se diagramas como estes forem incluídos. Exemplos adicionais do uso de diagramas fasoriais aparecerão com frequência no restante de nosso estudo.

▶ EXEMPLO 10.13

Construa um diagrama fasorial mostrando $\mathbf{I}_R$, $\mathbf{I}_L$ e $\mathbf{I}_C$ no circuito da Figura 10.42. Combinando estas correntes, determine o ângulo de avanço entre $\mathbf{I}_s$ e os fasores $\mathbf{I}_R$, $\mathbf{I}_C$ e $\mathbf{I}_x$.

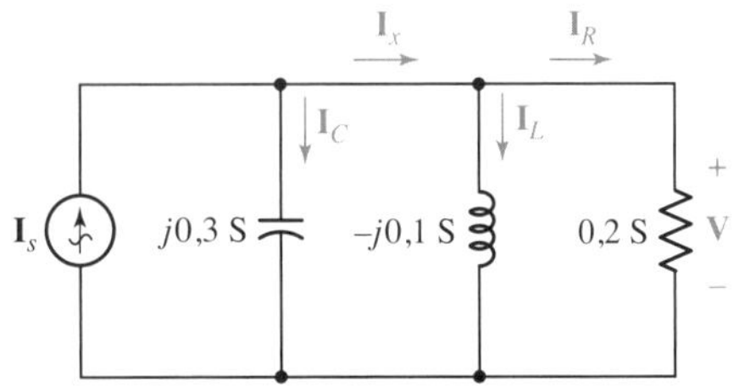

▲ **FIGURA 10.42** Circuito simples em que várias correntes são requeridas.

Começamos escolhendo um fasor de referência apropriado. Ao examinar o circuito e as variáveis a serem determinadas, vemos que, assim que **V** for conhecida, $\mathbf{I}_R$, $\mathbf{I}_L$ e $\mathbf{I}_C$ podem ser calculadas com a simples aplicação da lei de Ohm. Com isso, selecionamos $\mathbf{V} = 1\underline{/0^\circ}$ V por uma questão de simplicidade e em seguida computamos

$$\mathbf{I}_R = (0,2)1\underline{/0^\circ} \quad = 0,2\underline{/0^\circ}\text{ A}$$
$$\mathbf{I}_L = (-\,j0,1)1\underline{/0^\circ} = 0,1\underline{/-90^\circ}\text{ A}$$
$$\mathbf{I}_C = (\,j0,3)1\underline{/0^\circ} \quad = 0,3\underline{/90^\circ}\text{ A}$$

O diagrama fasorial correspondente está mostrado na Figura 10.43*a*.Também precisamos determinar as correntes fasoriais $\mathbf{I}_s$ e $\mathbf{I}_x$. A Figura 10.43*b* mostra a determinação de $\mathbf{I}_x = \mathbf{I}_L + \mathbf{I}_R = 0,2 - j0,1 = 0,224\underline{/-26,6^\circ}$ A, e a Figura 10.43*c* mostra a determinação de $\mathbf{I}_s = \mathbf{I}_C + \mathbf{I}_x = 0,283\underline{/45^\circ}$ A. A partir da Figura 10.43*c*, vemos que $\mathbf{I}_s$ está 45º, –45º e 45º + 26,6 = 71,6º adiantada de $\mathbf{I}_R$, $\mathbf{I}_C$ e $\mathbf{I}_x$, respectivamente. Estes ângulos são apenas relativos, no entanto; os valores numéricos exatos dependerão de $\mathbf{I}_s\underline{/0^\circ}$ V por conveniência) também depende.

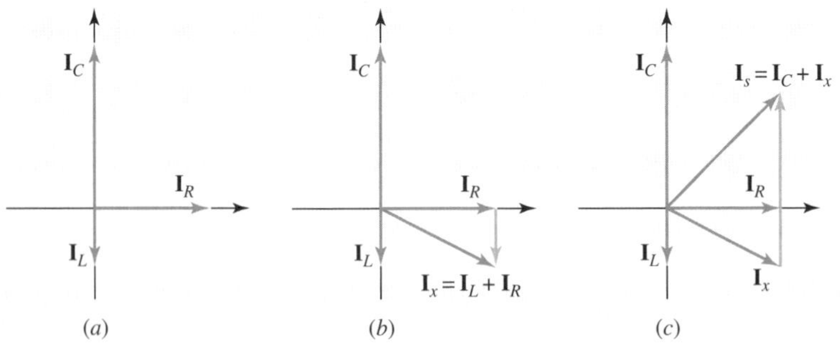

▲ **FIGURA 10.43** (*a*) Diagrama fasorial construído com a utilização do valor de referência $\mathbf{V} = 1\underline{/0^\circ}$. (*b*) Determinação gráfica de $\mathbf{I}_x = \mathbf{I}_L + \mathbf{I}_R$. (*c*) Determinação gráfica de $\mathbf{I}_s = \mathbf{I}_C + \mathbf{I}_x$.

▶ EXERCÍCIO DE FIXAÇÃO

10.17 Selecione algum valor de referência conveniente para $\mathbf{I}_C$ no circuito da Figura 10.44, desenhe um diagrama fasorial mostrando $\mathbf{V}_R$, $\mathbf{V}_2$, $\mathbf{V}_1$ e $\mathbf{V}_s$, e calcule a relação entre os comprimentos de (*a*) $\mathbf{V}_s$ e $\mathbf{V}_1$; (*b*) $\mathbf{V}_1$ e $\mathbf{V}_2$; (*c*) $\mathbf{V}_s$ e $\mathbf{V}_R$.

Resposta: 1,90; 1,00; 2,12.

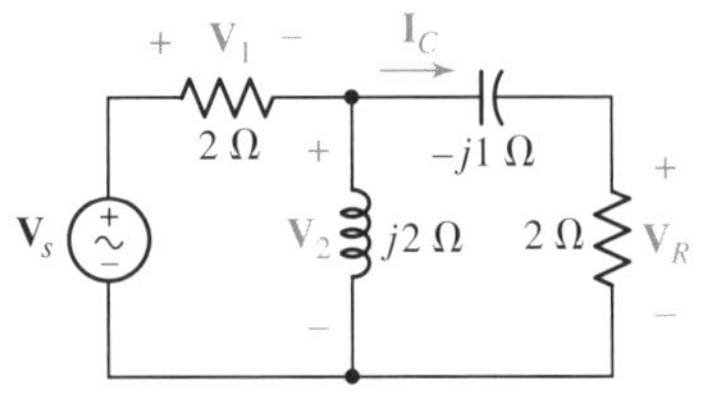

▲ **FIGURA 10.44**

RESUMO E REVISÃO

Este capítulo tratou da resposta de circuitos em regime permanente para excitação senoidal. Esta é uma análise limitada de um circuito, em alguns aspectos, já que o comportamento transitório é completamente ignorado. Em muitas situações, uma abordagem deste tipo é mais que suficiente, e ao reduzir a quantidade de informações que procuramos sobre um circuito agiliza a análise consideravelmente. A ideia fundamental por trás do que fizemos foi que uma fonte *imaginária* foi adicionada a cada fonte senoidal *real;* então a identidade de Euler converteu a fonte para uma exponencial complexa. Como a derivada de uma função exponencial resulta simplesmente em outra exponencial, as eventuais equações integrais e diferenciais provenientes das análises de malhas e nodal se tornariam *equações algébricas*.

Alguns novos termos foram introduzidos: *atrasado, adiantado, impedância, admitância,* e um particularmente importante, o *fasor*. As relações fasoriais entre a corrente e a tensão deu origem ao conceito de impedância, onde resistores são representados por um número real (resistência, como anteriormente), e indutores são representados por $\mathbf{Z} = j\omega L$ enquanto os capacitores são representados por $-j/\omega\, C$ (sendo ω a frequência de operação de nossas fontes). A partir de agora, podemos aplicar todas as técnicas de análise de circuitos aprendidas entre os Capítulos 3 a 5.

Pode parecer estranho ter um número imaginário como parte da nossa solução, mas descobrimos que a recuperação da solução no domínio do tempo para nossa análise é direta uma vez que a tensão ou corrente é expressa na forma polar. O módulo de nossa grandeza de interesse é módulo da função cosseno, o ângulo de fase é a fase do cosseno, e a frequência é obtida a partir do circuito original (ele desaparece de vista durante a análise, mas os circuitos que estamos analisando não muda de qualquer maneira). Concluímos o capítulo com uma introdução ao conceito de diagramas fasoriais. Quando não era tão comum o uso das calculadoras científicas tais ferramentas eram indispensáveis na análise de muitos circuitos senoidais. Eles ainda são bastante utilizados na análise de sistemas de potência em CA, como veremos nos próximos capítulos.

Uma lista sucinta de conceitos chave do capítulo é apresentada a seguir para a conveniência do leitor, juntamente com os números do exemplo correspondente.

- Se duas senoides (ou duas cossenoides) possuem amplitudes positivas e frequências iguais, é possível determinar qual delas está adiantada e qual delas está atrasada com a comparação de seus ângulos de fase.
- A resposta forçada de um circuito linear a fontes de corrente ou tensão senoidais sempre pode ser escrita em termos de uma única senoide com a mesma frequência da fonte senoidal. (Exemplo 10.1)
- Um fasor é composto por um módulo e um ângulo de fase; a sua frequência é idêntica à frequência da fonte senoidal que alimenta o circuito. (Exemplo 10.2)
- Uma transformação fasorial pode ser feita em qualquer função senoidal e vice-versa: $V_m \cos(\omega t + \phi) \leftrightarrow V_m\underline{/\phi}$. (Exemplo 10.3)

- Ao transformar-se um circuito no domínio do tempo para o seu correspondente no domínio da frequência, resistores, capacitores e indutores são substituídos por impedâncias (ou, ocasionalmente, por admitâncias). (Exemplos 10.4, 10.6)
  - A impedância de um resistor é simplesmente a sua resistência.
  - A impedância de um capacitor é $1/j\omega C\ \Omega$.
  - A impedância de um indutor é $j\omega L\ \Omega$.
- *Impedâncias são combinadas em série e em paralelo da mesma forma que resistores. (Exemplo 10.6)
- Com a substituição dos elementos por seus equivalentes no domínio da frequência, todas as técnicas de análise previamente utilizadas em circuitos resistivos podem ser aplicadas em circuitos com capacitores e/ou indutores. (Exemplos 10.5, 10.7, 10.8, 10.9, 10.10, 10.11)
- A análise fasorial só pode ser aplicada em circuitos operando em uma frequência única. Do contrário, a superposição deve ser utilizada, e as respostas parciais no *domínio do tempo* podem ser somadas para que se obtenha a resposta completa. (Exemplo 10.12)
- A força dos diagramas fasoriais fica evidente quando se utiliza uma função forçante conveniente no início da análise, e o resultado final pode ser obtido com um ajuste de escala apropriado. (Exemplo 10.13)

LEITURA COMPLEMENTAR

Uma boa referência para técnicas de análise baseadas em fasores pode ser encontrada em:

R. A. DeCarlo e P. M. Lin, *Linear Circuit Analysis*, 2ª ed., New York: Oxford University Press, 2001.

Modelos de transistores dependentes da frequência são discutidos em uma perspectiva de fasores no Capítulo 7 de:

W. H. Hayt, Jr. e G. W. Neudeck, *Electronic Circuit Analysis and Design*, 2ª ed., New York: Wiley, 1995.

EXERCÍCIOS

10.1 Características das Senoides

1. Avalie: (a) 5 sen $(5t - 9^\circ)$ em $t = 0$, 0,01 e 0,1 s; (b) 4 cos $2t$ e 4 sen $(2t + 90^\circ)$ em $t = 0$, 1 e 1,5 s; (c) 3,2 cos $(6t + 15^\circ)$ e 3,2 sen $(6t + 105^\circ)$ em $t = 0$, 0,01 e 0,1 s.

2. (a) Expresse cada uma das seguintes funções como uma única função *cosseno*: 5 sen $300t$, 1,95 sen $(\pi t - 92^\circ)$, 2,7 sen $(50t + 5^\circ)$ –10 cos $50t$. (*b*) Expresse cada uma das seguintes funções como uma única função *seno*: 66 cos $(9t - 10^\circ)$, 4,15 cos $10t$, 10 cos $(100t - 9^\circ)$ + 10 sen $(100t + 19^\circ)$.

3. Determine o ângulo pelo qual v_1 está adiantado de i_1 se $v_1 = 10 \cos(10t - 45°)$ e i_1 é igual a (a) $5 \cos 10t$; (b) $5 \cos(10t - 80°)$; (c) $5 \cos(10t - 40°)$; (d) $5 \cos(10t + 40°)$; (e) $5 \operatorname{sen}(10t - 19°)$.

4. Determine o ângulo no qual v_1 está defasado de i_1 se $v_1 = 34 \cos(10t + 125°)$ e i_1 é igual a (a) $5 \cos 10t$; (b) $5 \cos(10t - 80°)$; (c) $5 \cos(10t - 40°)$; (d) $5 \cos(10t + 40°)$; (e) $5 \operatorname{sen}(10t - 19°)$.

5. Determine qual forma de onda está atrasada em cada um dos seguintes pares: (a) $\cos 4t$, $\operatorname{sen} 4t$; (b) $\cos(4t - 80°)$, $\cos(4t)$; (c) $\cos(4t + 80°)$, $\cos 4t$; (d) $-\operatorname{sen} 5t$, $\cos(5t + 2°)$; (e) $\operatorname{sen} 5t + \cos 5t$, $\cos(5t - 45°)$.

6. Calcule os três primeiros instantes no tempo ($t > 0$) para que as seguintes funções sejam zero, convertendo primeiro a uma única senoide: (a) $\cos 3t - 7 \operatorname{sen} 3t$; (b) $\cos(10t + 45°)$; (c) $\cos 5t - \operatorname{sen} 5t$; (d) $\cos 2t + \operatorname{sen} 2t - \cos 5t + \operatorname{sen} 5t$.

7. (a) determine os dois primeiros instantes no tempo ($t > 0$) para o qual cada uma das funções do Exercício 6 são iguais a 1, convertendo primeiro a uma única senoide. (b) Verifique suas respostas traçando cada forma de onda usando um aplicativo computacional adequado para esta finalidade.

8. O conceito da série de Fourier é um meio poderoso de analisar formas de ondas periódicas em termos de senoides. Por exemplo, a onda triangular na Figura 10.45 pode ser representada pela soma infinita

$$v(t) = \frac{8}{\pi^2}\left(\operatorname{sen}\pi t - \frac{1}{3^2}\operatorname{sen}3\pi t + \frac{1}{5^2}\operatorname{sen}5\pi t - \frac{1}{7^2}\operatorname{sen}7\pi t + \cdots\right)$$

onde, na prática os primeiros termos podem proporcionar uma aproximação bastante precisa. (a) Calcule o valor exato de $v(t)$ no instante $t = 0{,}25$ s, primeiro obtendo uma equação para o segmento correspondente da forma de onda. (b) Calcule o valor aproximado em $t = 0{,}25$ s, utilizando apenas o primeiro termo da série de Fourier. (c) Repita o item (b) usando os três primeiros termos. (d) Faça o gráfico de $v(t)$ usando apenas o primeiro termo. (e) Faça o gráfico de $v(t)$ usando apenas os dois primeiros termos. (*f*) Faça o gráfico de $v(t)$, usando apenas os três primeiros termos.

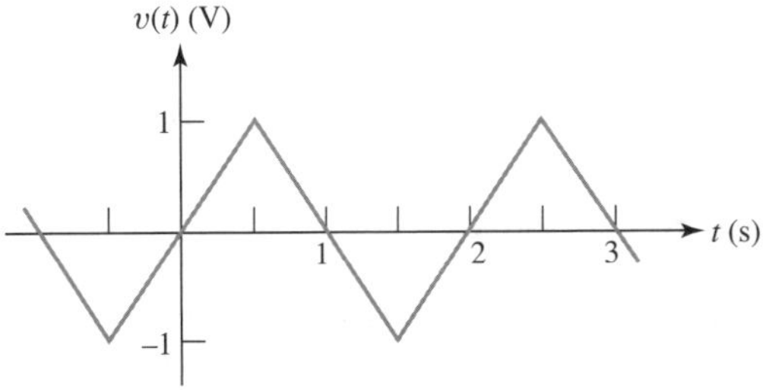

◀ **FIGURA 10.45**

9. A tensão elétrica fornecida nas tomadas de nossas casas é tipicamente especificada como 127 V e 220 V. No entanto, estes valores não representam a tensão de pico CA, mas representam o que é conhecido como valor eficaz (rms) da tensão, definido como

$$V_{\text{rms}} = \sqrt{\frac{1}{T}\int_0^T V_m^2 \cos^2(\omega t)\, dt}$$

onde T = período da forma de onda, V_m é a tensão de pico e o ω = frequência da forma de onda ($f = 60$ Hz no Brasil).

(a) Calcule a integral indicada, e mostre que para uma tensão senoidal,

$$V_{\text{rms}} = \frac{V_m}{\sqrt{2}}$$

(b) Calcule as tensões de pico correspondentes às tensões eficazes de 127 V e 220 V.

10.2 Resposta Forçada a Funções Senoidais

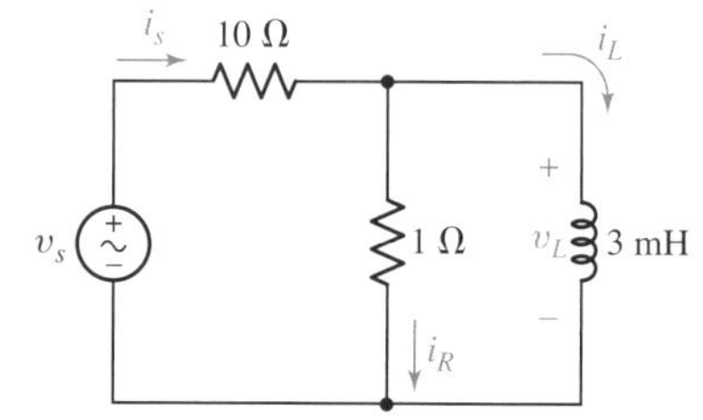

▲ **FIGURA 10.46**

10. Se a fonte v_s na Figura 10.46 é igual a 4,53 cos (0,333 × $10^{-3}t$ + 30°) V, (a) obtenha i_s, i_L e i_R em $t = 0$ assumindo que não há mais transitórios existentes, (b) obtenha uma expressão para $v_L(t)$ em termos de uma única senoide, válida para $t > 0$, novamente assumindo que não há presença de transitórios.

11. Considerando que não há mais quaisquer transitórios existentes, determine a corrente i_L no circuito da Figura 10.47. Expresse sua resposta como uma única senoide.

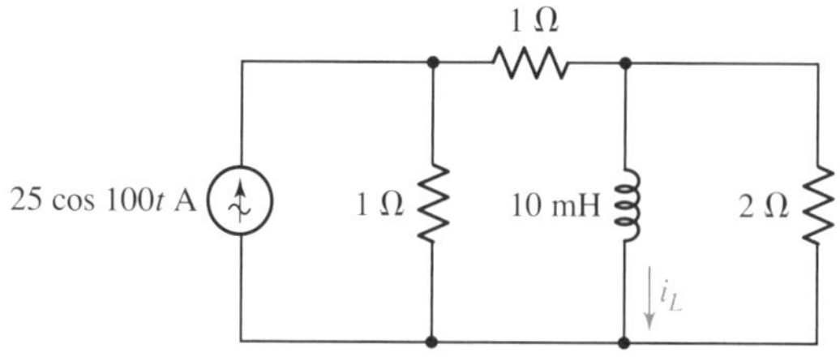

◀ **FIGURA 10.47**

12. Calcule a potência dissipada no resistor de 2 Ω da Figura 10.47 assumindo que não há presença de transitórios. Expresse sua resposta em termos de uma única função senoidal.

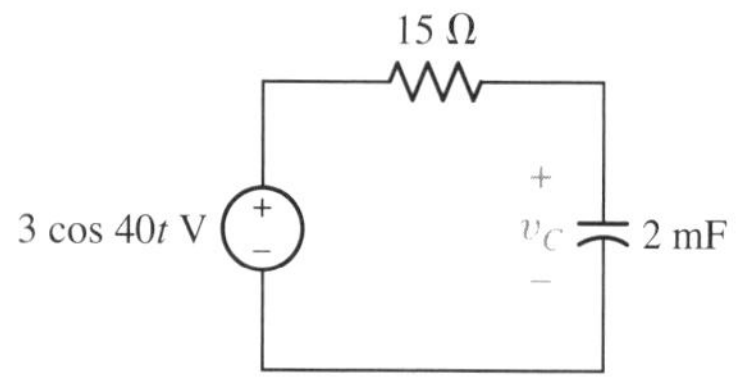

▲ **FIGURA 10.48**

13. Obtenha uma expressão para v_C na Figura 10.48, em termos de uma única função senoidal. Você pode assumir que todos os transitórios extinguiram-se muito antes de $t = 0$.

14. Calcule a energia armazenada no capacitor do circuito representado na Figura 10.48 em $t = 10$ ms e $t = 40$ ms.

15. Obtenha uma expressão para a energia dissipada no resistor de 10 Ω da Figura 10.49, assumindo que não há presença de transitórios.

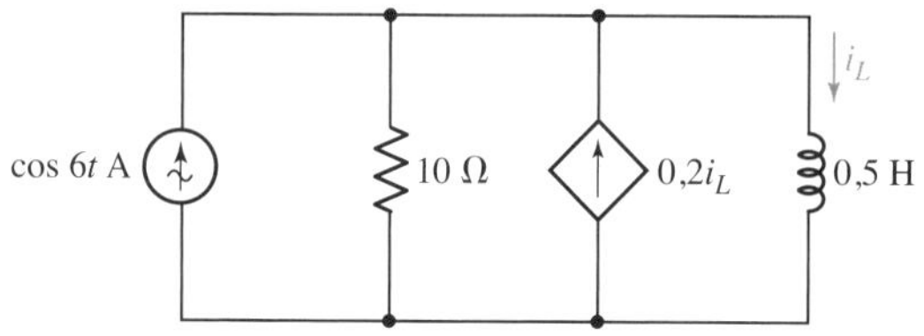

◀ **FIGURA 10.49**

10.3 A Função Forçante Complexa

16. Expresse os números complexos na forma retangular: (a) $50\underline{/-75^\circ}$; (b) $19e^{j30^\circ}$; $2{,}5\underline{/-30^\circ} + 0{,}5\underline{/45^\circ}$. Converta para a forma polar: (c) $(2 + j2)\,(2 - j2)$, (d) $(2 + j2)\,(5\underline{/22^\circ})$.

17. Expresse na forma polar: (a) $2 + e^{j35^\circ}$, (b) $(j)(j)(-j)$, (c) 1. Expresse na forma retangular: (d) $2 + e^{j35^\circ}$, (e) $-j9 + 5\underline{/55^\circ}$.

18. Obtenha os valores das expressões a seguir, e expresse a sua resposta na forma polar:

$$(a)\ 4(8 - j8);\ (b)\ 4\underline{/5^\circ} - 2\underline{/15^\circ};\ (c)\ (2 + j9) - 5\underline{/0^\circ};\ (d)\ \frac{-j}{10 + 5j} - 3\underline{/40^\circ} + 2;$$
$$(e)\ (10 + j5)\,(10 - j5)\,(3\underline{/40^\circ}) + 2.$$

19. Obtenha os valores das expressões a seguir, e expresse a sua resposta na forma retangular:

$$(a)\ 3\,(3\underline{/30^\circ});\ (b)\ 2\underline{/25^\circ} + 5\underline{/-10^\circ};\ (c)\ (12 + j90) - 5\underline{/30^\circ};$$
$$(d)\ \frac{10 + 5j}{8 - j} + 2\underline{/60^\circ} + 1;\ (e)\ (10 + 5j)\,(10 - 5j)\,(3\underline{/40^\circ}) + 2.$$

20. Realize as operações indicadas, e expresse as respostas nas formas retangular e polar:

$$(a)\ \frac{2+j3}{1+8\angle 90^\circ}-4;\ (b)\left(\frac{10\angle 25^\circ}{5\angle -10^\circ}+\frac{3\angle 15^\circ}{3-j5}\right)j2;$$

$$(c)\left[\frac{(1-j)(1+j)+1\angle 0^\circ}{-j}\right](3\angle -90^\circ)+\frac{j}{5\angle -45^\circ}.$$

21. Insira uma fonte complexa adequada no circuito representado na Figura 10.50, e utilize-a para determinar as expressões em regime permanente para $i_C(t)$ e $v_C(t)$.

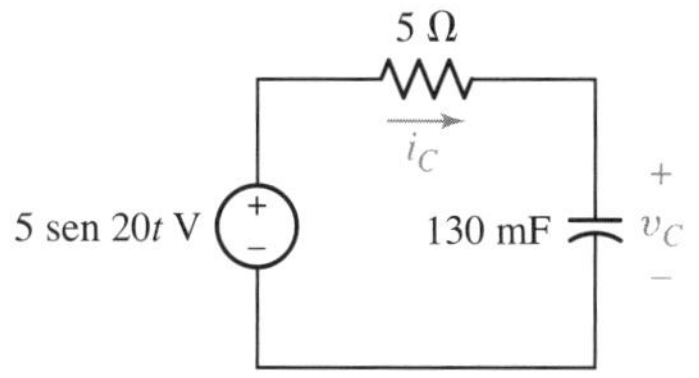

▲ **FIGURA 10.50**

22. Para o circuito da Figura 10.51, se i_s = 5 cos 10t A, utilize a substituição por uma fonte complexa para obter uma expressão em regime permanente para $i_L(t)$.

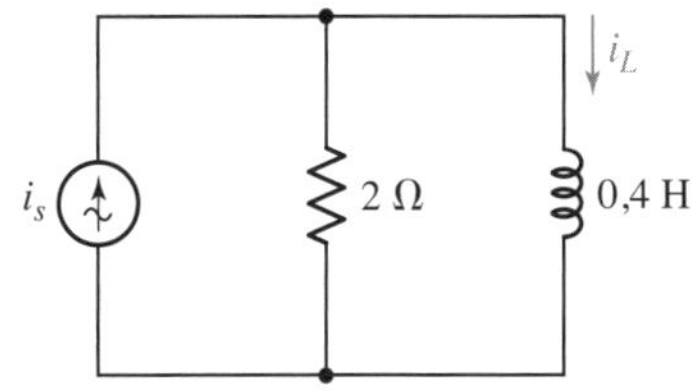

◀ **FIGURA 10.51**

23. No circuito representado na Figura 10.51, o resistor de 2 Ω é substituído por um resistor de 20 Ω fazendo com que i_s seja modificado. Se $i_L(t) = 62{,}5\angle 31{,}3^\circ$ mA, determine i_s.

24. Empregue uma fonte complexa apropriada para determinar a corrente i_L em regime permanente no circuito da Figura 10.52.

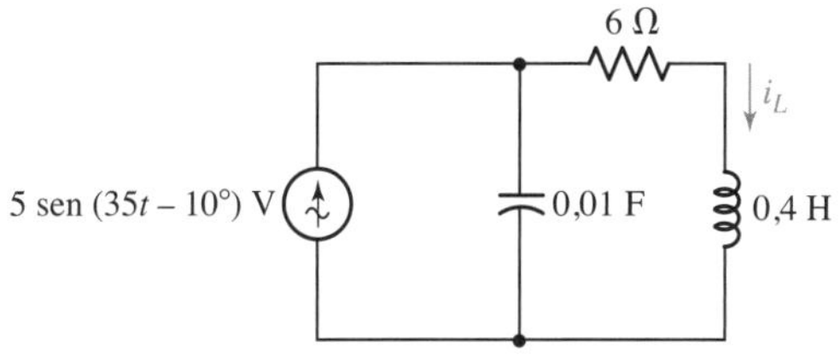

◀ **FIGURA 10.52**

10.4 O Fasor

25. Transforme para a forma fasorial: (a) 75,928 cos (110,1t); (b) 5 cos (55t – 42°); (c) –sen (8000t + 14°); (d) 3 cos 10t – 8 cos(10t + 80°).

26. Transforme para a forma fasorial: (*a*) 11 sen 100t; (*b*) 11 cos 100t; (*c*) 11 cos(100t – 90°); (d) 3 cos 100t – 3 sen 100t.

27. Assumindo uma frequência de operação de 1 kHz, transforme as expressões fasoriais para uma única função cosseno no domínio do tempo: (a) $9\angle 65^\circ$ V;

$$(b)\frac{2\angle 31^\circ}{4\angle 25^\circ}\text{ A};\ (c)\ 22\angle 14^\circ-8\angle 33^\circ\text{ V}.$$

28. As seguintes tensões complexas são escritas em uma combinação da forma retangular e polar. Reescrever cada uma, usando a notação convencional de fasor (isto é, módulo e ângulo):

$$(a)\frac{2-j}{5\angle 45^\circ}\text{ V};\ (b)\frac{6\angle 20^\circ}{1000}-j\text{V};\ (c)\ (j)(52{,}5\angle -90^\circ)\text{ V}.$$

29. Assumindo uma frequência de operação de 50 Hz, calcule a tensão instantânea em t = 10 ms e t = 25 ms para cada uma das grandezas representadas no Exercício 26.

30. Assumindo uma frequência de operação de 50 Hz, calcule a tensão instantânea em t = 10 ms e t = 25 ms para cada uma das grandezas representadas no Exercício 27.

31. Assumindo a convenção de sinal passivo e uma frequência de operação de 5 rad/s, calcule tensão fasorial nos terminais dos seguintes componentes quando alimentados por uma corrente fasorial $\mathbf{I} = 2\angle 0^\circ$ mA: (a) um resistor de 1 kΩ, (b) um capacitor de 1 mF; (c) um indutor de 1 nH.

32. (a) Uma ligação em série é formada entre um resistor de 1 Ω, um capacitor de 1 F, e um indutor de 1 H, nessa ordem. Supondo a operação em ω = 1 rad/s, quais são o módulo e ângulo de fase da corrente fasorial que produz uma tensão de $1\angle 30^\circ$ V nos terminais do resistor (assumir a convenção de sinal passivo)? (b) Calcule a relação entre a tensão fasorial no resistor a tensão fasorial que aparece na combinação capacitor indutor. (c) A frequência é dobrada. Calcule a nova relação entre a tensão fasorial no resistor a tensão fasorial que aparece na combinação capacitor indutor.

33. Assumindo a convenção de sinal passivo e uma frequência de operação de 314 rad/s, calcule a tensão fasorial **V** que surge em cada um dos seguintes elementos quando supridos pela corrente fasorial $\mathbf{I} = 10\angle 0^\circ$ mA: (a) um resistor de 2 Ω, (b) um capacitor de 1 F, (c) um indutor de 1 H, (d) um resistor de 2 Ω em série com um capacitor de 1 F; (e) um resistor de 2 Ω em série com um indutor 1 H. (*f*) Calcule o valor instantâneo de cada tensão encontrada nos itens de (a) a (e) em t = 0.

34. No circuito da Figura 10.53, o qual é mostrado no domínio fasorial (frequência), $\mathbf{I}_{10}$ é igual a $2\angle 42^\circ$ mA. Se $\mathbf{V} = 40\angle 132^\circ$ mV: (a) qual é o provável tipo de elemento conectado à direita do resistor de 10 Ω e (b) que é seu valor, considerando que a fonte de tensão opera numa frequência de 1000 rad/s?

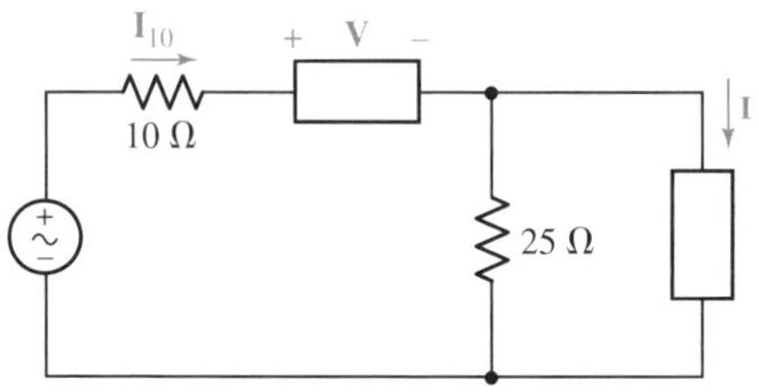

◀ **FIGURA 10.53**

35. O circuito da Figura 10.53 é mostrado no domínio fasorial (frequência). Se $\mathbf{I}_{10} = 4\angle 35^\circ$ A, $\mathbf{V} = 10\angle 35^\circ$, e $\mathbf{I} = 2\angle 35^\circ$ A, (a) em qual tipo de elemento surge a tensão V, e qual é o seu valor? (b) Determine o valor de $\mathbf{V}_s$.

10.5 Impedância e Admitância

36. (a) obtenha uma expressão para a impedância equivalente $\mathbf{Z}_{eq}$ de um resistor de 1 Ω em série com uma indutância de 10 mH como função de ω. (b) Faça o gráfico do módulo de $\mathbf{Z}_{eq}$ em função de ω no intervalo de $1 < \omega < 100$ krad/s (use uma escala logarítmica para o eixo da frequência). (c) Faça o gráfico do ângulo (em graus), de $\mathbf{Z}_{eq}$ em função de ω no intervalo de $1 < \omega < 100$ krad/s (usar uma escala logarítmica para eixo da frequência). [Dica: No MATLAB *semilogx* () é uma função útil para traçar o gráfico de funções]

37. Considerando uma frequência de operação de 20 rad/s, determine a impedância equivalente para: (a) 1 kΩ em série com 1 mF, (b) 1 kΩ em paralelo com 1 mH, (c) 1 kΩ em paralelo com a combinação em série de 1 F e 1 H.

38. (a) obtenha uma expressão para a impedância equivalente $\mathbf{Z}_{eq}$ de um resistor de 1 Ω em série com um capacitor de 10 mF em função de ω. (b) Faça o gráfico do módulo do $\mathbf{Z}_{eq}$ como função de ω no intervalo de $1 < \omega < 100$ krad/s (use uma escala logarítmica para o eixo de frequência). (c) Faça o gráfico do ângulo

(em graus), de $\mathbf{Z}_{eq}$ em função de ω no intervalo de $1 < \omega < 100$ krad/s (use uma escala logarítmica para o eixo da frequência). [Dica:. No MATLAB *semilogx* () é para traçar o gráfico de funções]

39. Considerando uma frequência de operação de 1000 rad/s, determine a admitância equivalente para: (a) 25 Ω em série com 20 mH, (b) 25 Ω em paralelo com 20 mH, (c) 25 Ω em paralelo com 20 mH em paralelo com 20 mF, (d) 1 Ω em série com 1 F em série com 1 H, (e) 1 Ω em paralelo com 1 F, em paralelo com 1 H.

40. Considere o circuito da Figura 10.54, e determine a impedância equivalente vista a partir dos terminais abertos, se (a) $\omega = 1$ rad/s; (b) $\omega = 10$ rad/s, (c) $\omega = 100$ rad/s.

41. Troque o capacitor e o indutor no circuito mostrado na Figura 10.54, e calcule a impedância equivalente vista a partir dos terminais abertos se $\omega = 25$ rad/s.

42. Determine **V** na Figura 10.55 se a caixa contiver (a) 3 Ω em série com 2 mH, (b) 3 Ω em série com 125 μF, (c) 3 Ω, 2 mH, e 125 μF em série, (d) 3 Ω, 2 mH, e 125 μF em série, mas $\omega = 4$ krad/s.

43. Calcule a impedância equivalente vista nos terminais abertos da rede mostrado na Figura 10.56 se *f* é igual a (a) 1 Hz, (b) 1 kHz, (c) 1 MHz, (d) 1 GHz; (e) 1 THz.

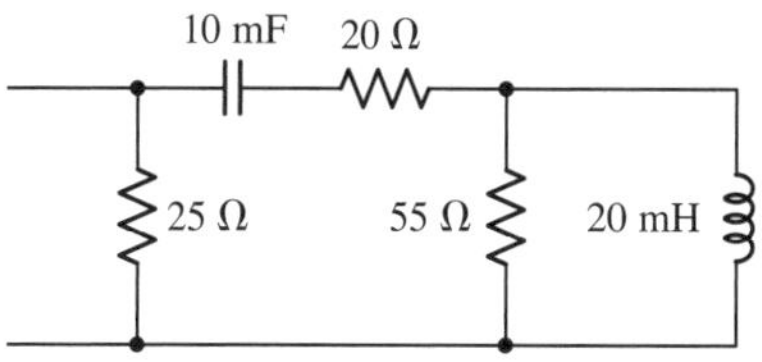

▲ **FIGURA 10.54**

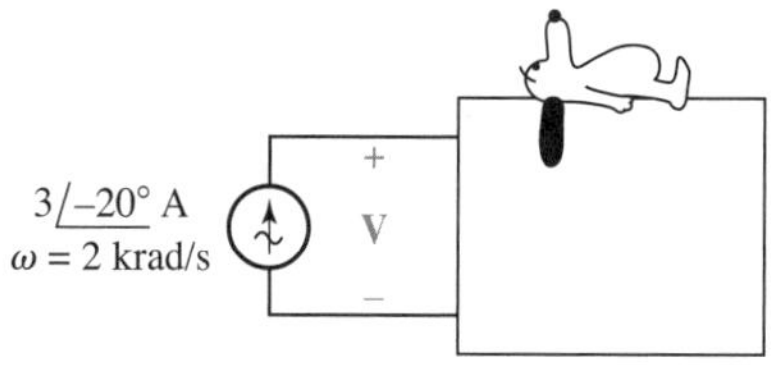

▲ **FIGURA 10.55**

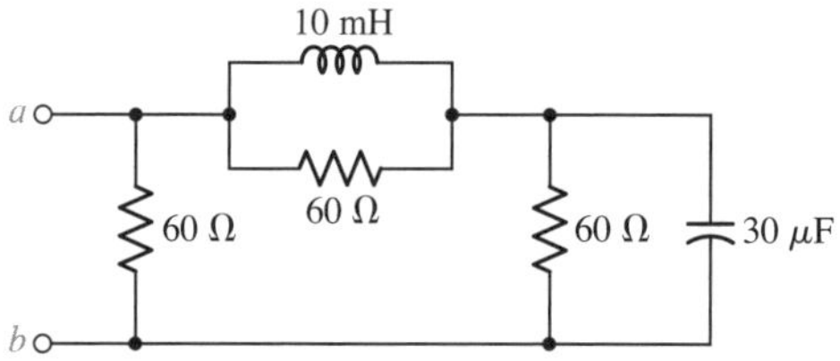

◀ **FIGURA 10.56**

44. Empregue a análise fasorial para obter uma expressão para $i(t)$ no circuito da Figura 10.57.

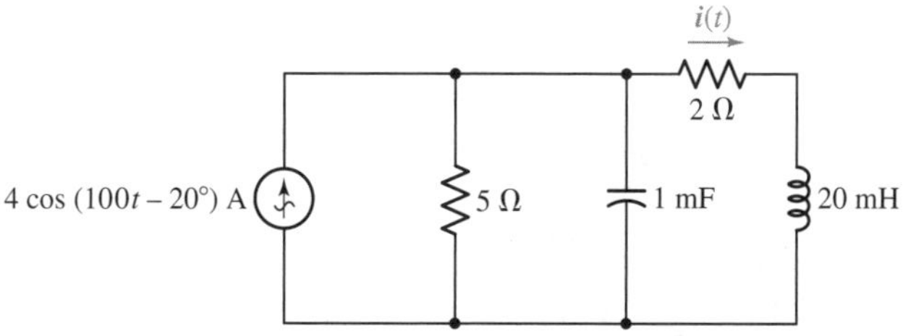

▲ **FIGURA 10.57**

45. Projete uma combinação adequada de resistores, capacitores e/ou indutores que tem uma impedância equivalente em $\omega = 100$ rad/s de (a) 1 Ω, usando pelo menos um indutor, (b) $7\underline{/10^\circ}$ Ω, (c) $3 - j4$ Ω.

46. Projete uma combinação adequada de resistores, capacitores e/ou indutores que tem uma admitância equivalente em $\omega = 10$ rad/s de (a) 1 S usando pelo menos um capacitor, (b) $12\underline{/-18^\circ}$ S, (c) $2 + j$ mS.

10.6 Análise Nodal e de Malha

47. Para o circuito ilustrado na Figura 10.58, (a) represente todos os elementos existentes no circuito na forma fasorial, (b) empregue a análise nodal para determinar as duas tensões nodais $v_1(t)$ e $v_2(t)$.

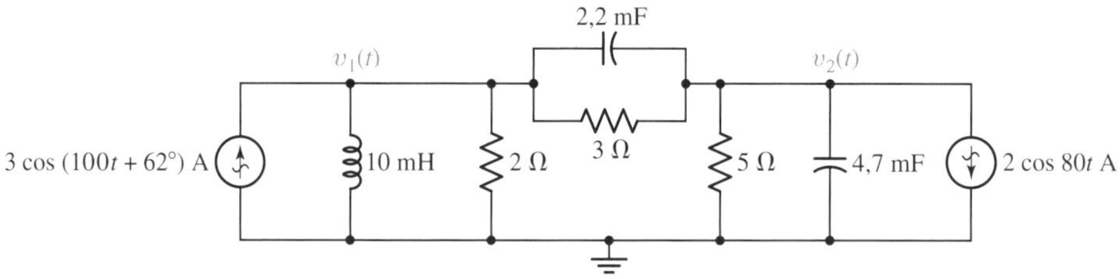

▶ **FIGURA 10.58**

48. Para o circuito da Figura 10.59, (a) represente todos os elementos existentes no circuito e as impedâncias na forma fasorial, (b) determine as expressões para as três correntes de malha no domínio do tempo.

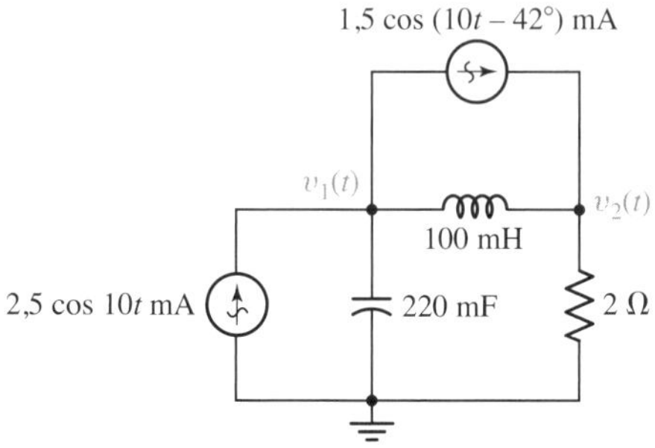

◀ **FIGURA 10.59**

49. Referindo-se ao circuito da Figura 10.59, empregue as técnicas de análise com base em fasores para determinar as duas tensões nodais.

50. No circuito no domínio fasorial representado pela Figura 10.60, assuma $\mathbf{V}_1 = 10\angle{-80^\circ}$ V, $\mathbf{V}_2 = 4\angle{-0^\circ}$ V e $\mathbf{V}_3 = 2\angle{-23^\circ}$ V. Calcule $\mathbf{I}_1$ e $\mathbf{I}_2$.

51. Em relação ao circuito no domínio fasorial de duas malhas representado na Figura 10.60, calcule relação entre $\mathbf{I}_1$ e $\mathbf{I}_2$ se $\mathbf{V}_1 = 3\angle{0^\circ}$ V, $\mathbf{V}_2 = 5{,}5\angle{-130^\circ}$ V e $\mathbf{V}_3 = 1{,}5\angle{17^\circ}$ V.

52. Empregue as técnicas de análise fasorial para obter as expressões para as duas correntes de malha i_1 e i_2, mostradas na Figura 10.61.

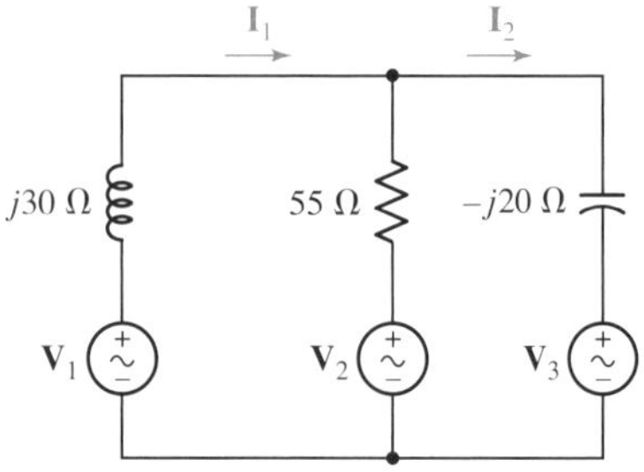

▲ **FIGURA 10.60**

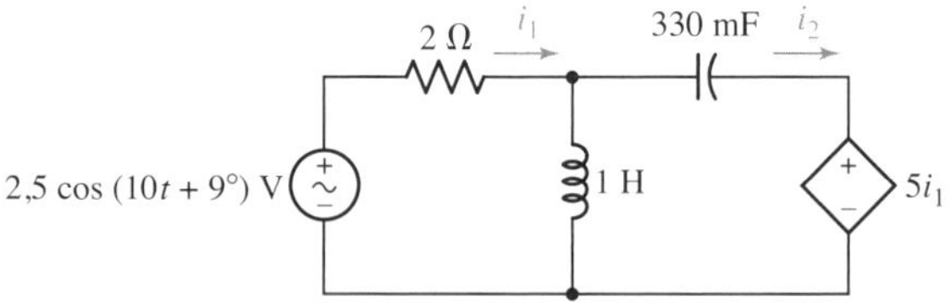

◀ **FIGURA 10.61**

53. Determine $\mathbf{I}_B$ no circuito da Figura 10.62 se $\mathbf{I}_1 = 5\angle{-18^\circ}$ A e $\mathbf{I}_2 = 2\angle{5^\circ}$ A.

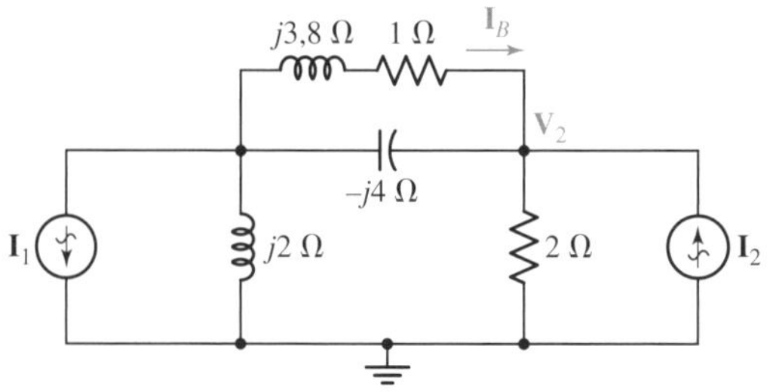

◀ **FIGURA 10.62**

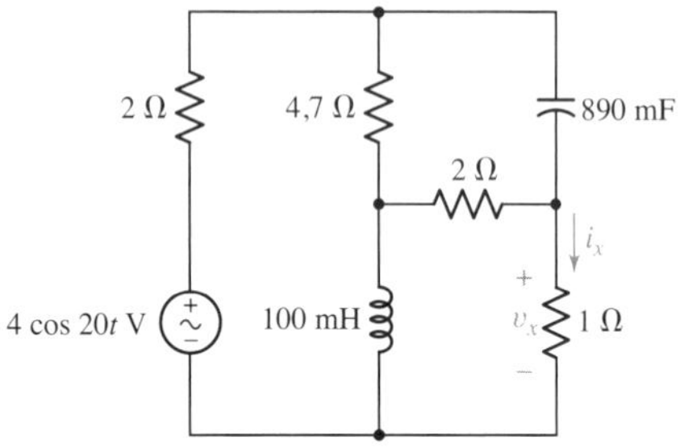

▲ **FIGURA 10.63**

54. Determine $\mathbf{V}_2$ no circuito da Figura 10.62 se $\mathbf{I}_1 = 15\angle{0^\circ}$ A e $\mathbf{I}_2 = 25\angle{131^\circ}$ A.

55. Empregue a análise fasorial para obter uma expressão para v_x no circuito da Figura 10.63.

56. Determine a corrente i_x no circuito da Figura 10.63.

57. Obtenha uma expressão para cada uma das quatro correntes de malha (no sentido horário) para o circuito da Figura 10.64 se v_1 = 133 cos (14t + 77°) V e v_2= 55 cos (14t + 22°) V.

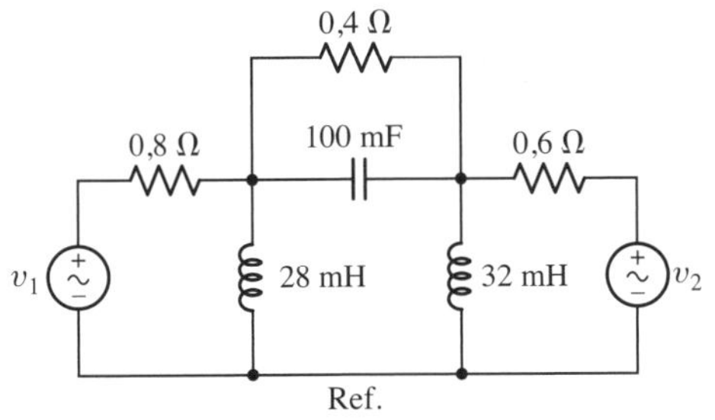

◀ **FIGURA 10.64**

58. Determine as tensões nodais para o circuito da Figura 10.64, utilizando o nó inferior como o nó de referência, se v_1 = 0,009 cos (500t + 0,5) V e v_2= 0,004 cos (500t + 1,5°)V.

59. O amplificador operacional mostrado na Figura 10.65 possui uma impedância de entrada infinita, impedância de saída nula, e o ganho A = $-\mathbf{V}_o/\mathbf{V}_i$ elevado, porém finito (real, positivo). (a) Construa um diferenciador básico, fazendo $\mathbf{Z}_f = R_f$, determine $\mathbf{V}_o/\mathbf{V}_s$, e em seguida mostre que $\mathbf{V}_o/\mathbf{V}_s \rightarrow -j\omega C_1 R_f$ à medida que $\mathbf{A} \rightarrow \infty$. (b) Assuma que $\mathbf{Z}_f$ represente C_f e R_f em paralelo, encontre $\mathbf{V}_o/\mathbf{V}_s$, e então mostre que $\mathbf{V}_o/\mathbf{V}_s \rightarrow -j\omega C_1 R_f/(1 + j\omega C_f R_f)$ a medida que $\mathbf{A} \rightarrow \infty$.

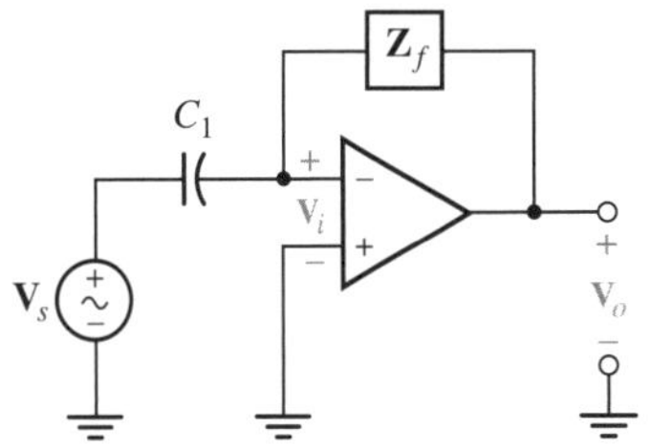

▲ **FIGURA 10.65**

60. Obtenha uma expressão para cada uma das quatro correntes de malha indicadas no circuito da Figura 10.66.

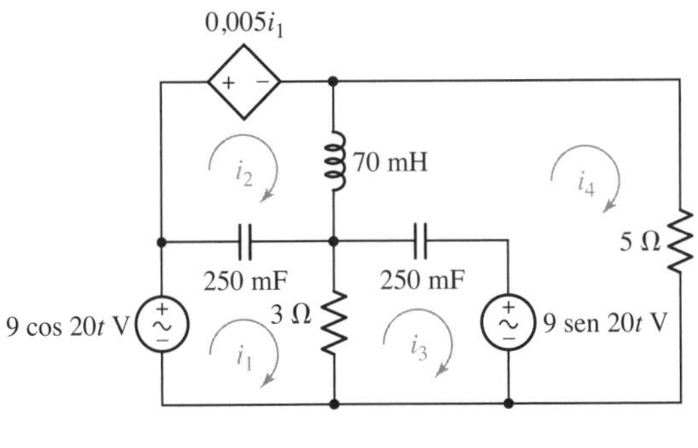

◀ **FIGURA 10.66**

10.7 Superposição, Transformação de Fontes e Teorema de Thévenin

61. Determine a contribuição que cada fonte de corrente faz para as duas tensões nodais $\mathbf{V}_1$ e $\mathbf{V}_2$, conforme representado na Figura 10.67.

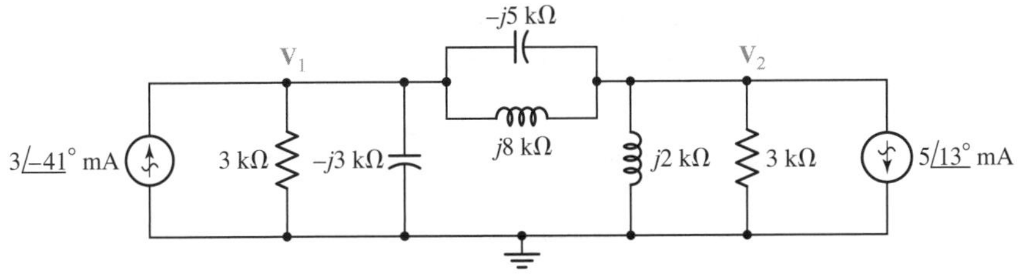

▲ **FIGURA 10.67**

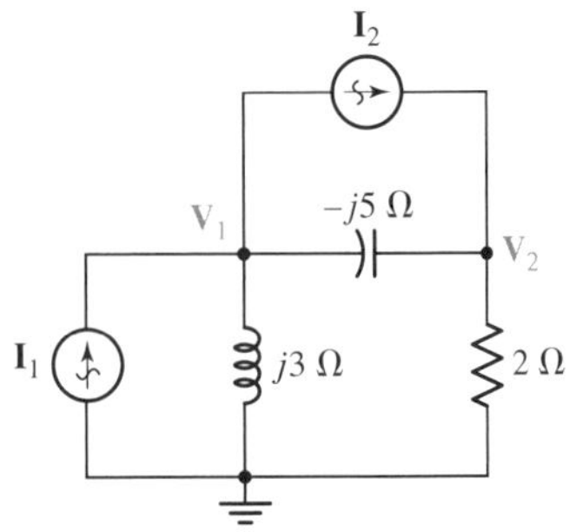

▲ **FIGURA 10.68**

62. Determine $\mathbf{V}_1$ e $\mathbf{V}_2$ na Figura 10.68 se $\mathbf{I}_1 = 33\underline{/3^\circ}$ mA e $\mathbf{I}_2 = 51\underline{/-91^\circ}$ mA.

63. O circuito no domínio fasorial da Figura 10.68 foi elaborado considerando uma frequência de operação de 2,5 rad/s. Infelizmente, o fabricante instalou as fontes erradas, cada uma operando em uma frequência diferente. Se $i_1(t) = 4 \cos 40t$ mA e $i_2(t) = 4$ sen $30t$ mA, calcule $v_1(t)$ e $v_2(t)$.

64. Obtenha o equivalente de Thévenin visto pela impedância $(2 - j)\ \Omega$ da Figura 10.69 e utilize-o para determinar a corrente $\mathbf{I}_1$.

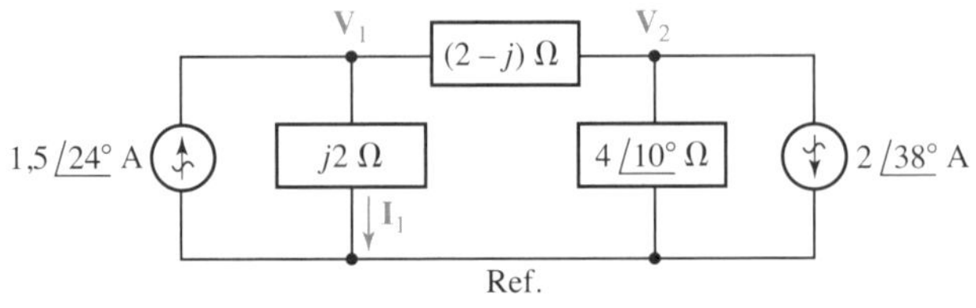

◀ **FIGURA 10.69**

65. A impedância de $(2 - j)\ \Omega$ no circuito da Figura 10.69 é substituída por uma impedância de $(1 + j)\ \Omega$. Faça uma transformação de fonte em cada fonte, simplificando o circuito, o tanto quanto possível, e calcule a corrente que circula pela impedância de $(1 + j)\ \Omega$.

66. Em relação ao circuito mostrado na Figura 10.70, (a) calcule do equivalente de Thévenin visto a partir dos terminais a e b, (b) determine o equivalente de Norton visto a partir dos terminais a e b, (c) calcule a corrente que flui de a para b, se uma impedância de $(7 - j2)\ \Omega$ é colocada entre eles.

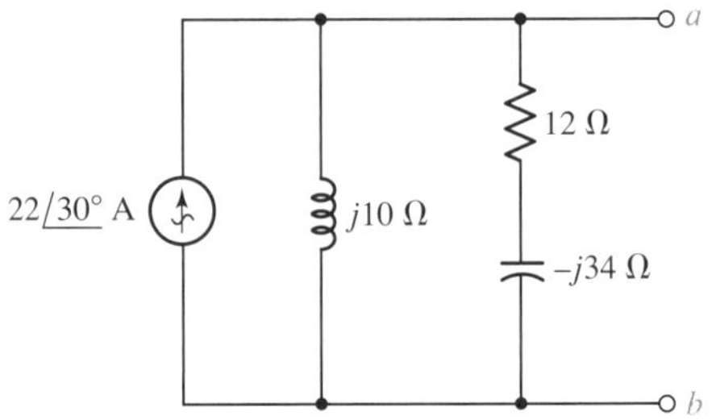

◀ **FIGURA 10.70**

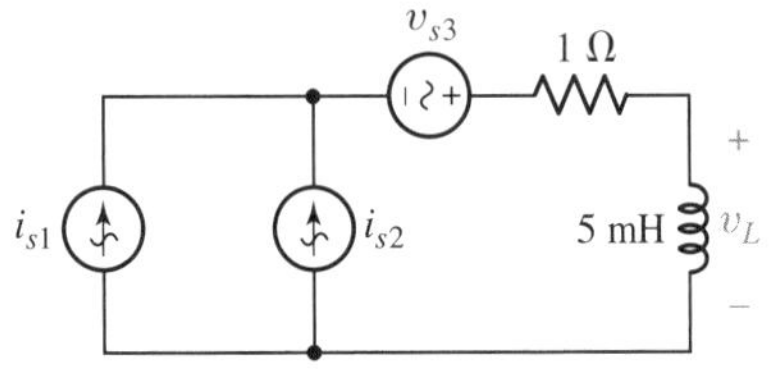

▲ **FIGURA 10.71**

67. No circuito da Figura 10.71, $i_{s_1} = 8 \cos (4t - 9^\circ)$ mA, $i_{s_2} = 5 \cos 4t$ e $v_{s_3} = 2$ sen 4t (a) Redesenhe o circuito no domínio fasorial, (b) reduzir o circuito para uma fonte de corrente única, com o auxílio de transformações de fonte; (c) calcule $v_L(t)$. (d) Verifique sua solução com uma simulação apropriada no PSpice.

68. Determine a contribuição individual de cada fonte na Figura 10.72 para a tensão $v_1\,(t)$.

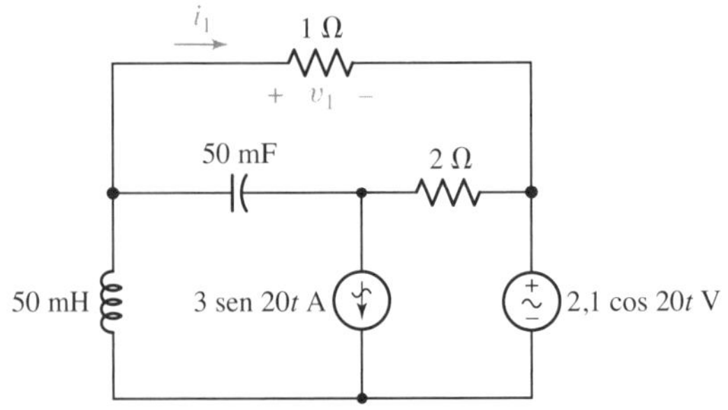

◀ **FIGURA 10.72**

69. Determine a potência dissipada pelo resistor de $1\ \Omega$ no circuito da Figura 10.73. Verifique sua solução com uma apropriada simulação no PSpice.

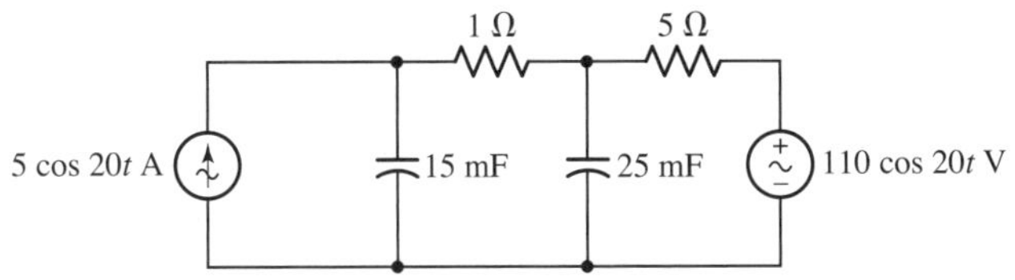

◀ **FIGURA 10.73**

70. Use $\omega = 1$ rad/s, e encontre o equivalente de Norton da rede mostrada na Figura 10.74. Construa o equivalente de Norton como uma fonte de corrente em paralelo com um resistor R_N e uma indutância L_N ou a capacitância C_N.

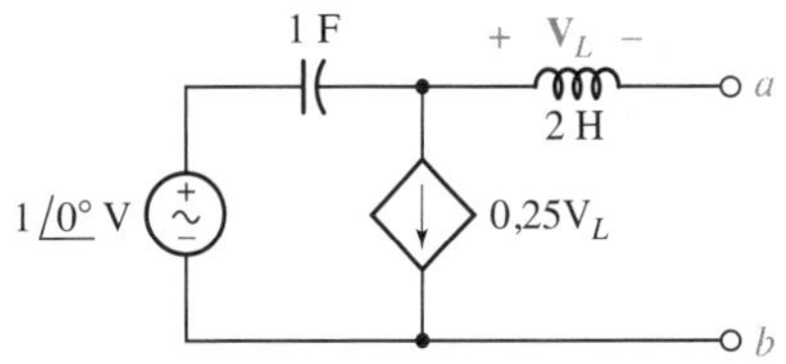

▲ **FIGURA 10.74**

10.8 Diagramas fasoriais

71. A fonte $\mathbf{I}_s$ no circuito da Figura 10.75 é escolhida de tal modo que $\mathbf{V} = 5\angle 120°$ V. (a) Construa um diagrama fasorial mostrando $\mathbf{I}_R$, $\mathbf{I}_L$ e $\mathbf{I}_C$. (b) Use o diagrama para determinar o ângulo pelo qual $\mathbf{I}_s$ está adiantado de $\mathbf{I}_R$, $\mathbf{I}_C$ e $\mathbf{I}_s$.

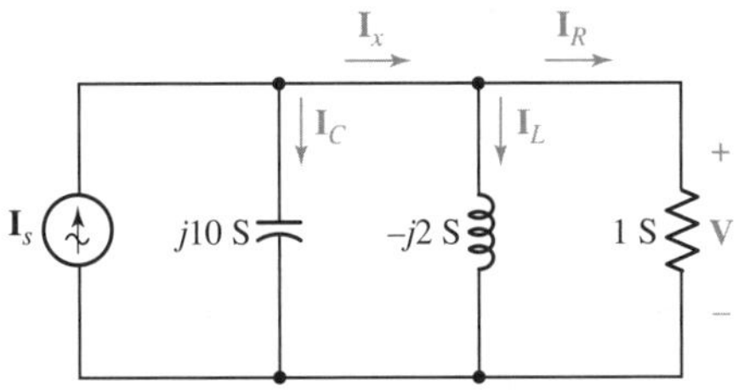

◀ **FIGURA 10.75**

72. Seja $\mathbf{V}_1 = 100\angle 0°$ V, $|\mathbf{V}_2| = 140$ V e $|\mathbf{V}_1 + \mathbf{V}_2| = 120$ V. Use o método gráfico para encontrar dois possíveis valores para o ângulo de $\mathbf{V}_2$.

73. (a) Calcule os valores de $\mathbf{I}_L$, $\mathbf{I}_R$, $\mathbf{I}_C$, $\mathbf{V}_L$, $\mathbf{V}_R$ e $\mathbf{V}_C$ para o circuito mostrado na Figura 10.76. (b) Usando as escalas de 50 V por cm e de 25 A por cm, mostre as sete grandezas indicadas no circuito num diagrama fasorial, e mostre que $\mathbf{I}_L = \mathbf{I}_R + \mathbf{I}_C$ e $\mathbf{V}_S = \mathbf{V}_L + \mathbf{V}_R$.

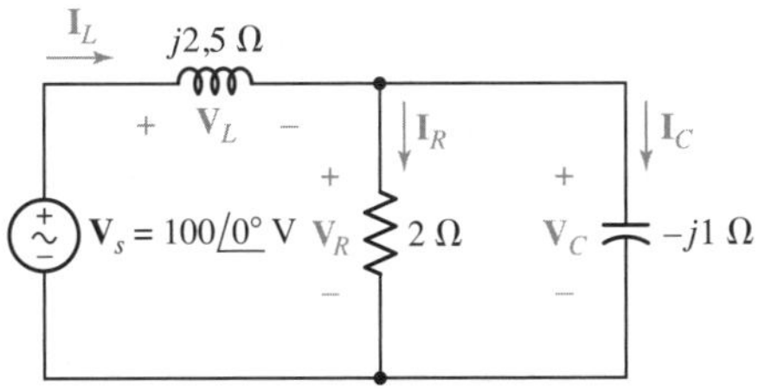

◀ **FIGURA 10.76**

74. No circuito da Figura 10.77, (a) encontre os valores para $\mathbf{I}_1$, $\mathbf{I}_2$ e $\mathbf{I}_3$. (b) mostre $\mathbf{V}_s$, $\mathbf{I}_1$, $\mathbf{I}_2$ e $\mathbf{I}_3$ em um diagrama fasorial (escalas de 50 V/cm e 2 A/cm ficarão ótimas). (c) Encontre I_s graficamente e indique seu módulo e ângulo de fase.

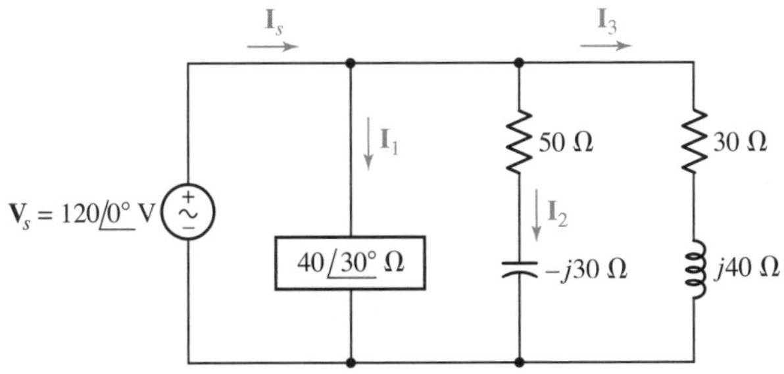

▲ **FIGURA 10.77**

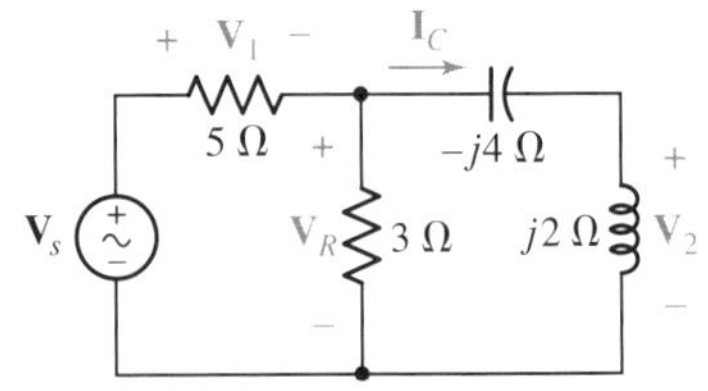

▲ FIGURA 10.78

75. A fonte de tensão $\mathbf{V}_s$ na Figura 10.78 é dimensionada tal que $\mathbf{I}_C = 1\underline{/0^\circ}$ A. (a) Desenhe um diagrama fasorial mostrando $\mathbf{V}_1$, $\mathbf{V}_2$, $\mathbf{V}_S$ e $\mathbf{V}_R$. (b) Use o diagrama para determinar a relação de $\mathbf{V}_2$ por $\mathbf{V}_1$.

Exercícios de integração do capítulo

76. Para o circuito mostrado na Figura 10.79, (a) desenhe a representação fasorial do circuito, (b) determine o equivalente de Thévenin visto pelo càpacitor e use-o para calcular $v_C(t)$. (c) Determine a corrente que sai do terminal de referência positivo da fonte de tensão. (d) Verifique se a sua solução com uma simulação apropriada no PSpice.

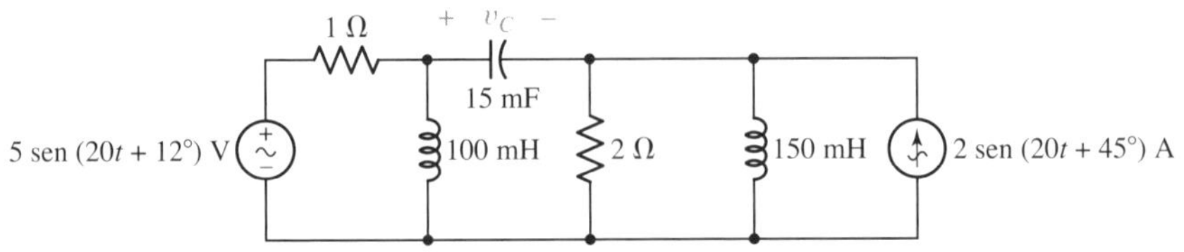

▲ FIGURA 10.79

77. O circuito da Figura 10.79, infelizmente, opera de forma diferente da especificada; a frequência da fonte de corrente é de apenas 19 rad/s. Calcule a tensão atual no capacitor, e comparea com a tensão esperada se o circuito estivesse operando corretamente.

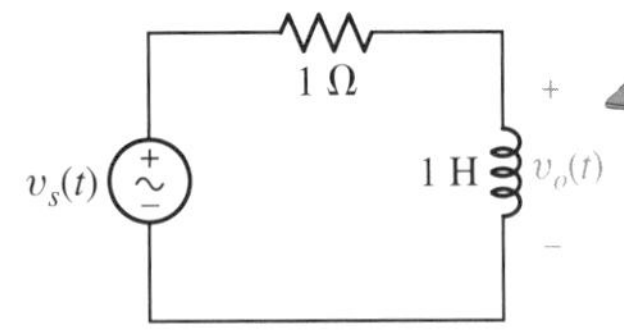

▲ FIGURA 10.80

78. Para o circuito mostrado na Figura 10.80, (a) desenhe a representação fasorial correspondente; (b) obtenha uma expressão para $\mathbf{V}_o/\mathbf{V}_s$, (c) Faça o gráfico de $|\mathbf{V}_o/\mathbf{V}_s|$, a relação do valor da tensão fasorial, em função da frequência ω no intervalo de $0{,}01 \leq 100$ rad/s (use o eixo x logaritmo). (d) O circuito transfere melhor as altas frequências ou as baixas frequências para a saída?

79. (a) Substitua o indutor no circuito da Figura 10.80 por um capacitor de 1 F e Repita o exercício 78. (b) Se projetarmos a "frequência de corte" do circuito sendo a frequência em que a saída é reduzida a $1/\sqrt{2}$ vezes o seu valor máximo, refaça o circuito para conseguir uma frequência de corte de 2 kHz.

80. Projete uma rede puramente passiva (contendo apenas resistores, capacitores e indutores), que tem uma impedância de $(22 - j7)/5\underline{/8^\circ}$ Ω em uma frequência de $f = 100$ MHz.

11 Análise de Potência em Circuitos CA

CONCEITOS FUNDAMENTAIS

- Cálculo da Potência Instantânea
- Potência Média Fornecida por uma Fonte Senoidal
- Valores Eficazes (RMS)
- Valores Eficazes (RMS)
- A Relação entre as Potências Complexa, Média e Reativa
- Fator de Potência de Uma Carga

INTRODUÇÃO

Parte da análise de um circuito é frequentemente dedicada à determinação da potência fornecida ou absorvida (ou ambos). No contexto da potência CA, descobrimos que a abordagem relativamente simples que utilizamos até agora não ilustra de forma conveniente a operação de um determinado sistema, e com isso introduzimos várias grandezas relacionadas à potência neste capítulo.

Começaremos considerando a potência *instantânea*, que é o produto da tensão e da corrente associadas ao elemento ou rede de interesse no domínio do tempo. A potência instantânea é muitas vezes de grande utilidade, pois seu valor máximo deve ser limitado para que a operação de um determinado dispositivo dentro de limites de segurança ou de uso seja garantida. Por exemplo, quando a potência instantânea excede um certo valor limite, amplificadores transistorizados e valvulados produzem uma saída distorcida que resulta em um som distorcido nos alto-falantes. Entretanto, estamos interessados na potência instantânea principalmente por ela nos possibilitar o cálculo de uma grandeza mais importante, a *potência média*. Sabemos que o andamento de uma viagem é mais bem descrito pela velocidade média desenvolvida pelo veículo; nosso interesse na velocidade instantânea restringe-se a evitar que ela supere determinados limites e coloque nossa segurança em risco ou perturbe a polícia rodoviária.

Em problemas práticos, lidamos com valores de potência média que variam de uma pequena fração de picowatts, presente em um sinal de telemetria vindo do espaço sideral, a até alguns watts, quando pensamos na potência fornecida aos alto-falantes em um sistema de áudio de alta-fidelidade, ou várias centenas de watts, necessários para fazer uma cafeteira funcionar, ou até mesmo os vários bilhões de watts gerados na usina hidroelétrica de Itaipu. Ainda assim, veremos que o conceito de potência média tem suas limitações, especialmente quando se lida com a troca de energia entre cargas e fontes. Isto é facilmente resolvido com a introdução dos conceitos de potência reativa, potência complexa e fator de potência – todos eles termos muito comuns na indústria.

11.1 ▶ POTÊNCIA INSTANTÂNEA

A ***potência instantânea*** fornecida a qualquer dispositivo é dada pelo produto da tensão instantânea nos terminais deste dispositivo pela corrente que o percorre (assume-se a convenção de sinal passivo). Logo[1],

$$p(t) = v(t)i(t) \qquad [1]$$

Se o dispositivo em questão for um resistor com resistência R, então a potência pode ser expressa somente em termos da corrente ou da tensão:

$$p(t) = v(t)i(t) = i^2(t)R = \frac{v^2(t)}{R} \qquad [2]$$

Se a tensão e a corrente estiverem associadas a um elemento inteiramente indutivo, então

$$p(t) = v(t)i(t) = Li(t)\frac{di(t)}{dt} = \frac{1}{L}v(t)\int_{-\infty}^{t} v(t')\,dt' \qquad [3]$$

onde assumimos arbitrariamente que a tensão seja nula em $t = -\infty$. No caso do capacitor,

$$p(t) = v(t)i(t) = Cv(t)\frac{dv(t)}{dt} = \frac{1}{C}i(t)\int_{-\infty}^{t} i(t')\,dt' \qquad [4]$$

onde se faz uma hipótese similar a respeito da corrente.

Por exemplo, considere o circuito RL série excitado por um degrau de tensão, ilustrado na Figura 11.1. Sabemos que a resposta de corrente desse circuito é

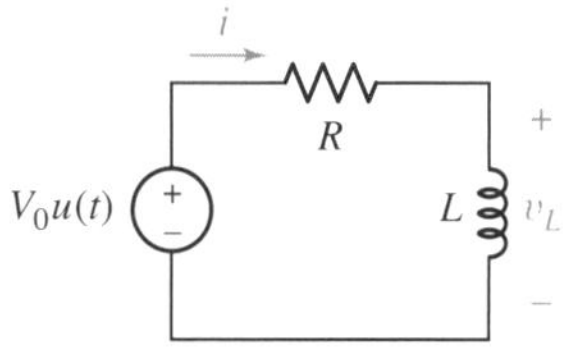

▲ **FIGURA 11.1** A potência instantânea fornecida a R é $p_R(t) = i^2(t)R = (V_0^2/R)(1 - e^{-Rt/L})^2u(t)$.

$$i(t) = \frac{V_0}{R}(1 - e^{-Rt/L})u(t)$$

e portanto a potência fornecida pela fonte ou absorvida pela rede passiva é

$$p(t) = v(t)i(t) = \frac{V_0^2}{R}(1 - e^{-Rt/L})u(t)$$

uma vez que o quadrado da função degrau é simplesmente a própria função degrau.

A potência fornecida ao resistor é

$$p_R(t) = i^2(t)R = \frac{V_0^2}{R}(1 - e^{-Rt/L})^2u(t)$$

Para determinar a potência absorvida pelo indutor, obtemos primeiro a tensão no indutor:

[1] Combinamos anteriormente que variáveis expressas por meio de letras minúsculas devem ser interpretadas como funções do tempo, e temos seguido este espírito até agora. Entretanto, de forma a enfatizar o fato de que estas grandezas devem ser avaliadas em um instante de tempo específico, optamos por indicar a sua dependência temporal de forma explícita ao longo deste capítulo.

$$v_L(t) = L\frac{di(t)}{dt}$$
$$= V_0 e^{-Rt/L}u(t) + \frac{LV_0}{R}(1 - e^{-Rt/L})\frac{du(t)}{dt}$$
$$= V_0 e^{-Rt/L}u(t)$$

já que $du(t)/dt$ é zero para $t > 0$ e $(1 - e^{-Rt/L})$ é zero em $t = 0$. A potência absorvida pelo indutor é portanto

$$p_L(t) = v_L(t)i(t) = \frac{V_0^2}{R}e^{-Rt/L}(1 - e^{-Rt/L})u(t)$$

Apenas algumas manipulações algébricas são necessárias para mostrar que

$$p(t) = p_R(t) + p_L(t)$$

que serve para avaliar a exatidão de nosso trabalho; os resultados estão representados na Figura 11.2.

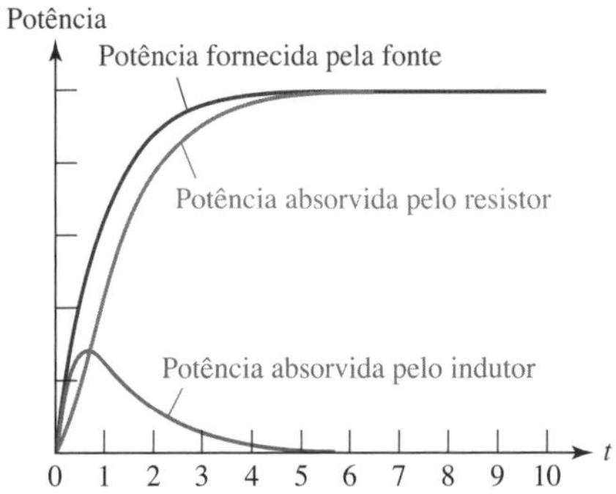

▲ **FIGURA 11.2** Gráfico de $p(t)$, $p_R(t)$ e $p_L(t)$. Assim que o transitório se extingue, o circuito retorna à operação em regime permanente. Como a única fonte de tensão restante no circuito é CC, o indutor acaba atuando como um curto-circuito, absorvendo potência nula.

Potência Associada à Excitação Senoidal

Vamos agora substituir a fonte de tensão no circuito da Figura 11.1 pela fonte senoidal $V_m \cos \omega t$. Sabemos que a resposta em regime permanente no domínio do tempo é

$$i(t) = I_m \cos(\omega t + \phi)$$

onde

$$I_m = \frac{V_m}{\sqrt{R^2 + \omega^2 L^2}} \quad \text{e} \quad \phi = -\tan^{-1}\frac{\omega L}{R}$$

A potência instantânea fornecida a todo o circuito em regime permanente é, portanto,

$$p(t) = v(t)i(t) = V_m I_m \cos(\omega t + \phi)\cos \omega t$$

que é conveniente reescrever usando a identidade trigonométrica do produto de dois cossenos. Assim,

$$p(t) = \frac{V_m I_m}{2}[\cos(2\omega t + \phi) + \cos\phi]$$
$$= \frac{V_m I_m}{2}\cos\phi + \frac{V_m I_m}{2}\cos(2\omega t + \phi)$$

A última equação possui características que são válidas em muitos circuitos operando em regime permanente senoidal. Um termo, o primeiro, não é uma função do tempo; o segundo termo apresenta uma variação cíclica que é *o dobro* da frequência aplicada. Como este termo representa uma onda cossenoidal, e como senos e cossenos têm média nula (quando calculadas em períodos inteiros), este exemplo sugere que a potência média é $(1/2)V_m I_m \cos \phi$; em breve veremos que isto é de fato verdade.

▶ EXEMPLO 11.1

Uma fonte de tensão de $40 + 60u(t)$ V, um capacitor de 5 μF e um resistor de 200 Ω estão conectados em série. Calcule a potência absorvida pelo capacitor e pelo resistor em $t = 1{,}2$ ms.

Em $t = 0^-$, não há corrente fluindo no circuito e com isso uma tensão de 40 V aparece nos terminais do capacitor. Em $t = 0^+$ a tensão nos terminais da combinação série capacitor-resistor salta para 100 V. Já que v_C não pode mudar instantaneamente, a tensão no resistor em $t = 0^+$ é igual a 60 V.

A corrente fluindo nos três elementos em $t = 0^+$ é, portanto, 60/200 = 300 mA, que para $t > 0$ é dada por

$$i(t) = 300e^{-t/\tau} \qquad \text{mA}$$

onde $\tau = RC = 1$ ms. Logo, a corrente em t = 1,2 ms é igual a 90,36 mA, e a potência absorvida pelo resistor *neste instante* é simplesmente,

$$i^2(t)R = 1{,}633\text{ W}$$

A potência instantânea absorvida pelo capacitor é $i(t)v_C(t)$.Sabendo que a tensão total em ambos os elementos em $t > 0$ será sempre 100 V e que a tensão no resistor é dada por $60e{-}t/\tau$,

$$v_C(t) = 100 - 60e^{-t/\tau}$$

e com isso obtemos $v_C(1{,}2\text{ ms}) = 100 - 60e{-}^{1,2} = 81{,}93$ V. Logo, a potência absorvida pelo capacitor em $t = 1{,}2$ ms é (90,36 mA)(81,93) = 7.403 W.

▶ EXERCÍCIO DE FIXAÇÃO

11.1 Uma fonte de corrente de 12 cos $2.000t$ A, um resistor de 200 Ω e um indutor de 0,2 H estão conectados em paralelo. Assuma que o circuito esteja em regime permanente. Em $t = 1$ ms, obtenha a potência absorvida (*a*) pelo resistor; (*b*) pelo indutor; (*c*) pela fonte senoidal.

Resposta: 13,98 kW; –5,63 kW; –8,35 kW.

11.2 ▶ POTÊNCIA MÉDIA

Quando falamos de um valor médio para a potência instantânea, o intervalo de tempo no qual tiramos a média deve estar claramente definido. Vamos primeiro selecionar um intervalo de tempo genérico de t_1 a t_2. Podemos então obter a potência média integrando $p(t)$ de t_1 a t_2 e dividindo o resultado pelo intervalo $t_2 - t_1$. Logo,

$$P = \frac{1}{t_2 - t_1}\int_{t_1}^{t_2} p(t)\,dt \qquad [5]$$

A potência média é expressa pela letra maiúscula P, já que ela não é uma função do tempo, e em geral não utilizamos nenhum subscrito para identificá-la como um valor médio. Embora P não seja função do tempo, ela *depende* de t_1 e t_2, os dois instantes de tempo que definem o intervalo de integração. Esta dependência de P com relação a um intervalo de tempo específico pode ser expressa de uma maneira mais simples se $p(t)$ for uma função periódica. Consideraremos primeiro este importante caso particular.

Potência Média de Formas de Onda Periódicas

Assumamos que nossa função forçante e que todas as respostas de nosso circuito sejam periódicas; um regime permanente já foi atingido, embora não necessariamente senoidal. Podemos definir uma função *periódica* $f(t)$ em notação matemática ao requerer que

$$f(t) = f(t + T) \quad [6]$$

onde T é o período. Mostraremos agora que o valor médio da potência instantânea expressa pela Equação [5] pode ser computado no intervalo de um período com início arbitrário.

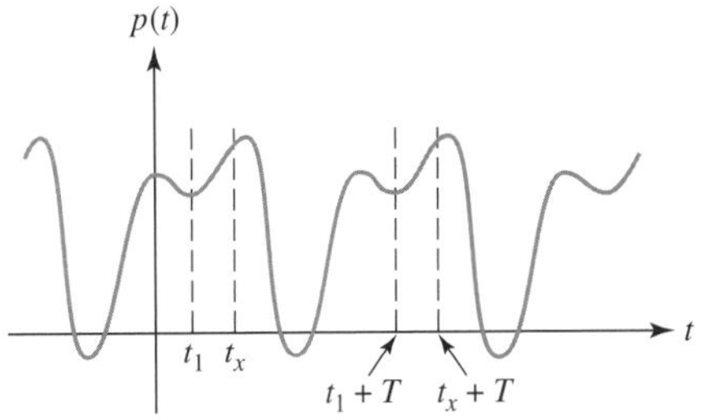

▲ **FIGURA 11.3** O valor médio P de uma função periódica $p(t)$ é o mesmo ao longo de qualquer período T.

Uma forma de onda periódica genérica é mostrada na Figura 11.3 e identificada como $p(t)$. Primeiro, computamos a potência média integrando de t_1 até um tempo t_2, que ocorre um período mais tarde, $t_2 = t_1 + T$:

$$P_1 = \frac{1}{T} \int_{t_1}^{t_1+T} p(t)\,dt$$

e então integramos a partir de algum outro tempo t_x até $t_x + T$:

$$P_x = \frac{1}{T} \int_{t_x}^{t_x+T} p(t)\,dt$$

A igualdade de P_1 e P_x é evidente a partir da interpretação gráfica das integrais; a natureza periódica da curva requer que as duas áreas sejam iguais. Logo, a ***potência média*** pode ser computada a partir da integração da potência instantânea em qualquer intervalo de tempo que constitua um período, dividindo-se o resultado pelo período:

$$P = \frac{1}{T} \int_{t_x}^{t_x+T} p(t)\,dt \quad [7]$$

É importante notar que também podemos integrar ao longo de qualquer número de períodos, desde que dividamos o resultado por este mesmo número de períodos. Assim:

$$P = \frac{1}{nT} \int_{t_x}^{t_x+nT} p(t)\,dt \qquad n = 1, 2, 3, \ldots \quad [8]$$

Se estendermos este conceito ao extremo realizando uma integração em todo o tempo, outro resultado útil pode ser obtido. Primeiramente, assumimos limites simétricos para a integral

$$P = \frac{1}{nT} \int_{-nT/2}^{nT/2} p(t)\,dt$$

e então tiramos o limite com n tendendo a infinito,

$$P = \lim_{n\to\infty} \frac{1}{nT} \int_{-nT/2}^{nT/2} p(t)\,dt$$

Desde que $p(t)$ seja uma função matemática bem comportada, como são todas as funções forçantes e respostas *reais*, é claro que se um número inteiro n muito grande for trocado por um outro número não inteiro ligeiramente maior, o valor da integral e P sofrerão uma alteração muito pequena; além disso, o erro decresce com o aumento de n. Sem justificar este passo de forma rigorosa, trocamos a variável discreta nT pela variável contínua τ :

$$P = \lim_{\tau\to\infty} \frac{1}{\tau} \int_{-\tau/2}^{\tau/2} p(t)\,dt \qquad [9]$$

Em várias ocasiões, será mais conveniente integrar funções periódicas ao longo deste "período infinito".

Potência Média no Regime Permanente Senoidal

Vamos agora obter o resultado geral para o regime permanente senoidal. Assumamos a tensão senoidal geral

$$v(t) = V_m \cos(\omega t + \theta)$$

e a corrente

$$i(t) = I_m \cos(\omega t + \phi)$$

associadas a um dado dispositivo. A potência instantânea é

$$p(t) = V_m I_m \cos(\omega t + \theta)\cos(\omega t + \phi)$$

Expressando o produto de dois cossenos novamente como a metade da soma do cosseno da diferença dos ângulos mais a metade do cosseno da soma dos ângulos,

$$p(t) = \tfrac{1}{2} V_m I_m \cos(\theta - \phi) + \tfrac{1}{2} V_m I_m \cos(2\omega t + \theta + \phi) \qquad [10]$$

Lembre-se que: $T = \dfrac{1}{f} = \dfrac{2\pi}{\omega}$.

podemos evitar alguma integração simplesmente inspecionando o resultado. O primeiro termo é uma constante, independente de t. O termo restante é uma função cosseno; sendo assim, $p(t)$ é periódica, e seu período é (1/2) T. Note que o período T está associado à corrente e tensão assumidas, e não à potência; a função da potência possui um período $(\frac{1}{2})T$. Entretanto, podemos integrar ao longo de um intervalo T para determinar o valor médio, se assim desejarmos; é necessário somente dividir o resultado por T. Nossa familiaridade com as ondas senoidais e cossenoidais, no entanto, mostra que o valor médio ao longo de um período é zero. Não há, portanto, necessidade de se integrar a Equação [10] formalmente; por inspeção, o valor médio do segundo termo é zero ao longo de um período T (ou $T/2$), e o valor médio do primeiro termo, uma constante, deve ser a própria constante. Assim

$$\boxed{P = \tfrac{1}{2} V_m I_m \cos(\theta - \phi)} \qquad [11]$$

Este importante resultado, introduzido na seção anterior para um circuito específico, é portanto bem geral para o regime harmônico senoidal. A potência média é a metade do produto do valor de pico da tensão, do valor de pico da corrente, e do cosseno do ângulo que representa o defasamento entre a tensão e a corrente.

Vale a pena analisar dois casos especiais em separado: a potência média fornecida a um resistor ideal e a potência média fornecida a um reator ideal (qualquer combinação de apenas indutores e capacitores).

▶ EXEMPLO 11.2

Dada a tensão $v = 4\cos(\pi t/6)$ V no domínio do tempo, obtenha a potência média e uma expressão para a potência instantânea que resulte da aplicação do fasor de tensão $\mathbf{V} = 4\underline{/0^\circ}$ V correspondente na impedância $\mathbf{Z} = 2\underline{/60^\circ}$ Ω.

O fasor de corrente é $\mathbf{V}/\mathbf{Z} = 2\underline{/-60^\circ}$ A, e então a potência média é

$$P = \tfrac{1}{2}(4)(2)\cos 60^\circ = 2 \text{ W}$$

Podemos escrever a tensão no domínio do tempo,

$$v(t) = 4\cos\frac{\pi t}{6} \quad \text{V}$$

e a corrente no domínio do tempo,

$$i(t) = 2\cos\left(\frac{\pi t}{6} - 60^\circ\right) \quad \text{A}$$

A potência instantânea, portanto, é dada por seu produto

$$p(t) = 8\cos\frac{\pi t}{6}\cos\left(\frac{\pi t}{6} - 60^\circ\right)$$
$$= 2 + 4\cos\left(\frac{\pi t}{3} - 60^\circ\right) \quad \text{W}$$

As três grandezas estão apresentadas no gráfico da Figura 11.4 em uma mesma escala de tempo. Tanto o valor médio de 2 W da potência e o seu período de 6 s, que corresponde à metade do período da corrente e da tensão, são evidentes. O valor nulo da potência instantânea nos instantes em que a tensão ou a corrente são nulas também fica claro.

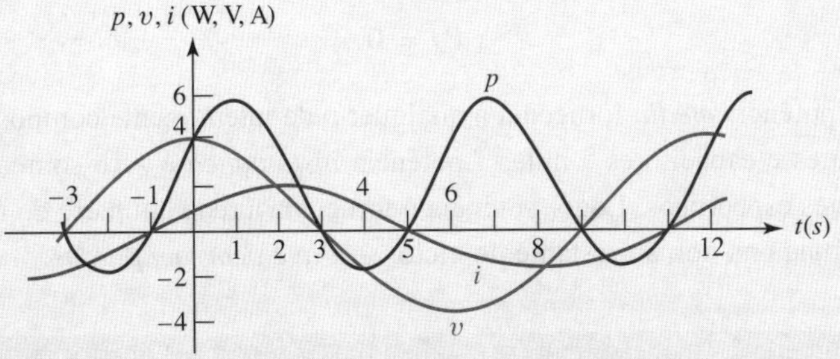

▲ **FIGURA 11.4** Curvas de $v(t)$, $i(t)$ e $p(t)$ são apresentadas como funções do tempo em um circuito simples no qual um fasor de tensão $\mathbf{V} = 4\underline{/0^\circ}$ V com frequência angular $\omega = \pi/6$ rad/s é aplicado em uma impedância $\mathbf{Z} = 2\underline{/60^\circ}$ Ω.

▶ EXERCÍCIO DE FIXAÇÃO

11.2 Dada a tensão fasorial $\mathbf{V} = 115\sqrt{2}\underline{/45^\circ}$ V verificada nos terminais de uma impedância $\mathbf{Z} = 16{,}26\underline{/19{,}3^\circ}$ Ω, obtenha uma expressão para a potência instantânea e calcule a potência média se $\Omega = 50$ rad/s.

Resposta: $767{,}5 + 813{,}2\cos(100t + 70{,}7^\circ)$ W; 767,5 W.

Potência Média Absorvida por um Resistor Ideal

Não se esqueça de que estamos calculando a potência ***média*** fornecida a um resistor por uma fonte senoidal; tome cuidado para não confundir esta grandeza com a potência ***instantânea***, que tem uma forma similar.

O ângulo de fase entre a corrente em um resistor e a tensão em seus terminais é nulo. Logo,

$$P_R = \tfrac{1}{2} V_m I_m \cos 0 = \tfrac{1}{2} V_m I_m$$

ou

$$P_R = \tfrac{1}{2} I_m^2 R \qquad [12]$$

ou

$$P_R = \frac{V_m^2}{2R} \qquad [13]$$

As duas últimas fórmulas, que nos permitem determinar a potência média fornecida a uma resistência pura a partir do conhecimento de uma corrente ou tensão senoidal, são simples e importantes. Mas, infelizmente, *elas são frequentemente mal utilizadas*. O erro mais comum está na tentativa de aplicá-las em casos em que a tensão que aparece na Equação [13] *não é a tensão nos terminais do resistor*. Se for tomado o cuidado necessário para se utilizar a corrente através do resistor na Equação [12] ou a tensão em seus terminais na Equação [13], garante-se uma operação satisfatória. E não se esqueça do fator de $\tfrac{1}{2}$!

Potência Média Absorvida por Elementos Reativos Puros

A potência média fornecida a qualquer dispositivo puramente reativo (isto é, que não contém resistores) deve ser nula. Este é um resultado direto do ângulo de fase de 90° existente entre a tensão e a corrente; portanto, cos $(\theta - \phi) = \cos \pm 90^\circ = 0$ e

$$P_X = 0$$

A potência *média* fornecida à qualquer rede inteiramente composta por indutores e capacitores é nula; a potência *instantânea* é zero somente em instantes específicos. Logo, potência é fornecida à rede em parte do ciclo e é retornada na porção restante do ciclo, *sem que ocorram perdas*.

▶ EXEMPLO 11.3

Determine a potência média fornecida a uma impedância $Z_L = 8 - j11\ \Omega$ por uma corrente $\mathbf{I} = 5\underline{/20^\circ}$ A.

Podemos encontrar a solução rapidamente utilizando a Equação [12]. Apenas a resistência de 8 Ω entra no cálculo da potência média, já que o termo $j11\ \Omega$ não absorve qualquer potência média. Logo,

$$P = \tfrac{1}{2}(5^2)8 = 100\text{ W}$$

▶ EXERCÍCIO DE FIXAÇÃO

11.3 Calcule a potência média fornecida a uma impedância de $6\underline{/25^\circ}\ \Omega$ pela corrente $\mathbf{I} = 2 + j5$ A.

Resposta: 78,85 W.

▶ EXEMPLO 11.4

Determine a potência média absorvida por cada um dos três elementos passivos ilustrados na Figura 11.5, bem como a potência média fornecida por cada fonte.

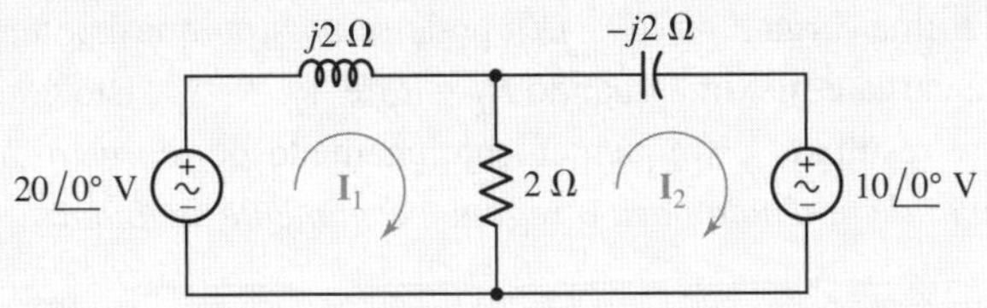

◀ **FIGURA 11.5** A potência média fornecida a cada elemento reativo é nula no regime permanente senoidal.

Sem nem mesmo analisar o circuito, já sabemos que a potência média absorvida pelos dois elementos reativos é nula.

Os valores de $\mathbf{I}_1$ e $\mathbf{I}_2$ podem ser obtidos por qualquer método, ou seja, pela análise de malha, pela análise nodal ou pela superposição. Eles são

$$\mathbf{I}_1 = 5 - j10 = 11{,}18\underline{/-63{,}43^\circ}\ \text{A}$$
$$\mathbf{I}_2 = 5 - j5 = 7{,}071\underline{/-45^\circ}\ \text{A}$$

A corrente descendo através do resistor de 2 Ω é

$$\mathbf{I}_1 - \mathbf{I}_2 = -\ j5 = 5\underline{/-90^\circ}\ \text{A}$$

de forma que $I_m = 5$ A, e a potência média absorvida pelo resistor é obtida mais facilmente pela Equação [12]:

$$P_R = \tfrac{1}{2} I_m^2 R = \tfrac{1}{2}(5^2)2 = 25\ \text{W}$$

Este resultado pode ser verificado usando a Equação [11] ou a Equação [13]. Direcionamos agora a nossa análise para a fonte da esquerda. A tensão $20\underline{/0^\circ}$ V e a corrente $\mathbf{I}_1 = 11{,}18\underline{/-63{,}43^\circ}$ A associada satisfazem à convenção de sinal *ativo*, e com isso a potência *fornecida* por esta fonte é

$$P_{\text{esq}} = \tfrac{1}{2}(20)(11{,}18)\cos[0^\circ - (-63{,}43^\circ)] = 50\ \text{W}$$

De forma similar, obtemos a potência *absorvida* pela fonte da direita usando a convenção de sinal passivo,

$$P_{\text{dir}} = \tfrac{1}{2}(10)(7{,}071)\cos(0^\circ + 45^\circ) = 25\ \text{W}$$

Como 50 = 25 + 25, as relações de potência conferem.

▶ EXERCÍCIO DE FIXAÇÃO

11.4 Para o circuito da Figura 11.6, calcule a potência média fornecida a cada um dos elementos passivos. Verifique a sua resposta calculando a potência fornecida pelas duas fontes.

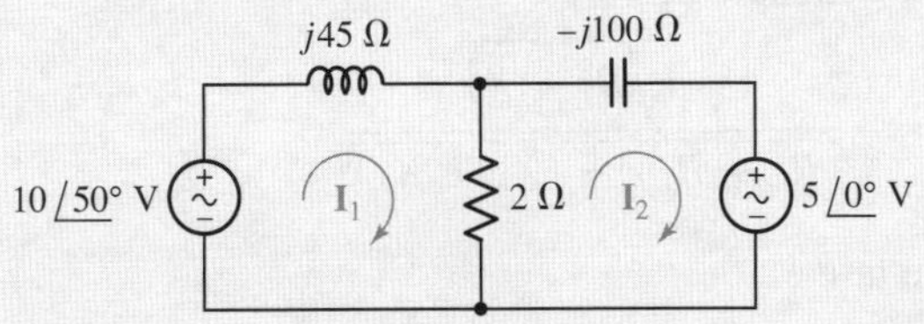

◀ **FIGURA 11.6**

Resposta: 0, 37,6 mW, 0, 42,0 mW, –4,4 mW.

Máxima Transferência de Potência

A notação Z^* denota o ***complexo conjugado*** do número complexo **Z**. Ele é formado com a troca de todas as letras "*j*" por "*–j*". Ver o Apêndice 5 para mais detalhes.

Já consideramos anteriormente o teorema da máxima transferência de potência quando aplicado a cargas resistivas e fontes com impedância resistiva. Para uma fonte de Thévenin $\mathbf{V}_{th}$ com impedância $\mathbf{Z}_{th} = R_{th} + jX_{th}$ conectada a uma carga $\mathbf{Z}_L = R_L + jX_L$, pode-se mostrar que a potência média fornecida à carga é máxima quando $R_L = R_{th}$ e $X_L = -X_{th}$, isto é, quando $\mathbf{Z}_L = \mathbf{Z}_{th}^*$. Este resultado é frequentemente chamado de *teorema da máxima transferência de potência para o regime permanente senoidal*:

> Uma fonte de tensão independente *em série* com uma impedância $\mathbf{Z}_{th}$ ou uma fonte de corrente independente *em paralelo* com uma impedância $\mathbf{Z}_{th}$ fornecem ***potência média máxima*** à carga cuja impedância é o conjugado de $\mathbf{Z}_{th}$, ou $\mathbf{Z}_L = \mathbf{Z}_{th}^*$.

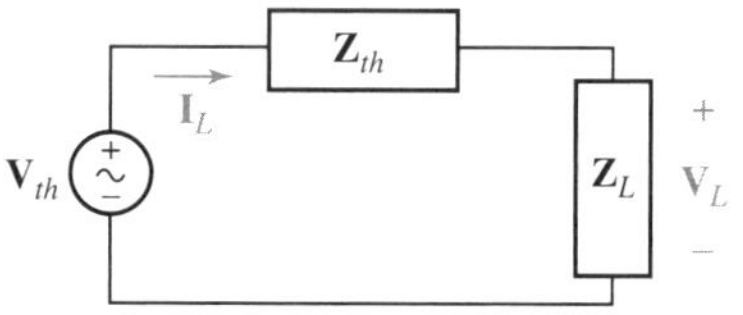

▲ **FIGURA 11.7** Circuito simples usado para ilustrar a dedução do teorema da máxima transferência de potência quando aplicado a circuitos operando em regime permanente senoidal.

Os detalhes da prova deste teorema são deixados como exercício para o leitor, mas a abordagem básica pode ser entendida com a análise do circuito simples ilustrado na Figura 11.7. A impedância equivalente de Thévenin $\mathbf{Z}_{th}$ pode ser escrita como a soma de duas componentes, $R_{th} + jX_{th}$, e de forma similar a impedância de carga $\mathbf{Z}_L$ pode ser escrita como $R_L + jX_L$. A corrente circulando no laço é

$$\mathbf{I}_L = \frac{\mathbf{V}_{th}}{\mathbf{Z}_{th} + \mathbf{Z}_L}$$

$$= \frac{\mathbf{V}_{th}}{R_{th} + jX_{th} + R_L + jX_L} = \frac{\mathbf{V}_{th}}{R_{th} + R_L + j(X_{th} + X_L)}$$

e

$$\mathbf{V}_L = \mathbf{V}_{th}\frac{\mathbf{Z}_L}{\mathbf{Z}_{th} + \mathbf{Z}_L}$$

$$= \mathbf{V}_{th}\frac{R_L + jX_L}{R_{th} + jX_{th} + R_L + jX_L} = \mathbf{V}_{th}\frac{R_L + jX_L}{R_{th} + R_L + j(X_{th} + X_L)}$$

O módulo de $\mathbf{I}_L$ é

$$\frac{|\mathbf{V}_{th}|}{\sqrt{(R_{th} + R_L)^2 + (X_{th} + X_L)^2}}$$

e o ângulo de fase é

$$\underline{/\mathbf{V}_{th}} - \tan^{-1}\left(\frac{X_{th} + X_L}{R_{th} + R_L}\right)$$

De forma similar, o módulo de $\mathbf{V}_L$ é

$$\frac{|\mathbf{V}_{th}|\sqrt{R_L^2 + X_L^2}}{\sqrt{(R_{th} + R_L)^2 + (X_{th} + X_L)^2}}$$

e o seu ângulo de fase é

$$\underline{/\mathbf{V}_{th}} + \tan^{-1}\left(\frac{X_L}{R_L}\right) - \tan^{-1}\left(\frac{X_{th} + X_L}{R_{th} + R_L}\right)$$

Tendo como referência a Equação [11], então, obtemos uma expressão para a potência média P fornecida à impedância de carga $\mathbf{Z}_L$:

$$P = \frac{\frac{1}{2}|\mathbf{V}_{th}|^2\sqrt{R_L^2 + X_L^2}}{(R_{th} + R_L)^2 + (X_{th} + X_L)^2}\cos\left(\tan^{-1}\left(\frac{X_L}{R_L}\right)\right) \qquad [14]$$

Para provar que a potência média máxima é de fato fornecida à carga quando $\mathbf{Z}_L = \mathbf{Z}_{th}{}^*$, devemos dar dois passos distintos. Primeiramente, a derivada da Equação [14] com relação a R_L deve ser igualada a zero. Em segundo lugar, a derivada da Equação [14] com relação a X_L deve ser igualada a zero. Os detalhes remanescentes ficam como um exercício para o leitor mais interessado.

▶ EXEMPLO 11.5

Um determinado circuito é composto pela associação em série de uma fonte de tensão 3 cos (100*t* – 3°) V, um resistor de 500 Ω, um indutor de 30 mH e uma impedância desconhecida. Se temos certeza de que a fonte está fornecendo uma potência média máxima à carga desconhecida, qual é o valor desta carga?

A representação fasorial do circuito está desenhada na Figura 11.8. O circuito é facilmente visto como uma impedância desconhecida $\mathbf{Z}_?$ em série com um equivalente de Thévenin composto por uma fonte de $3\underline{/-3^\circ}$ V e uma impedância de $500 + j3\ \Omega$.

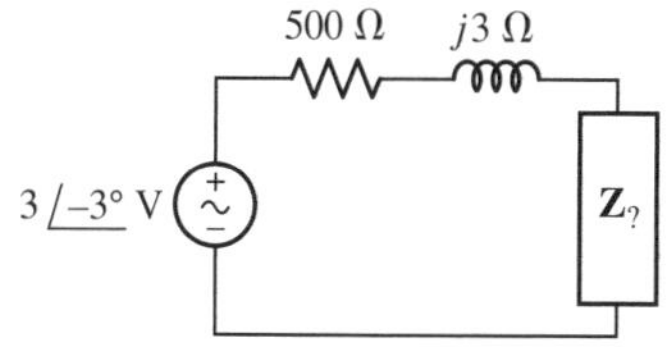

▲ **FIGURA 11.8** A Representação fasorial de um simples circuito série composto por uma fonte de tensão senoidal, um resistor, um indutor e uma impedância desconhecida.

Como o circuito da Figura 11.8 já está na forma necessária para se empregar o teorema da máxima transferência de potência, sabemos que a potência média máxima será transferida a uma carga com impedância igual ao complexo conjugado de $\mathbf{Z}_{th}$, ou

$$\mathbf{Z}_? = \mathbf{Z}_{th}^* = 500 - j3\ \Omega$$

Esta impedância pode ser construída de diversas maneiras, sendo a mais simples aquela formada por um resistor de 500 Ω em série com um capacitor com impedância de $-j3\ \Omega$. Como a frequência de operação do circuito é 100 rad/s, este valor de impedância corresponde a uma capacitância de 3,333 mF.

▶ EXERCÍCIO DE FIXAÇÃO

11.5 Se o indutor de 30 mH do Exemplo 11.5 for trocado por um capacitor de 10 μF, qual é o valor da componente indutiva da impedância desconhecida $\mathbf{Z}_?$ se é sabido que $\mathbf{Z}_?$ está absorvendo potência máxima.

Resposta: 10 H.

Potência Média para Funções Não Periódicas

Voltamos agora nossa atenção às funções *não periódicas*. Um exemplo prático de uma função não periódica da qual se deseja saber o valor da potência média é o sinal de saída de um radiotelescópio. Outro exemplo é a soma de funções periódicas em que cada função possui um diferente período, de tal forma que não seja possível encontrar um período comum para a combinação de ambas. Por exemplo, a corrente

$$i(t) = \text{sen}\, t + \text{sen}\, \pi t \qquad [15]$$

é não periódica porque a relação entre os períodos das duas funções seno é um número irracional. Em $t = 0$, ambos os termos são nulos e começam a crescer. No entanto, o primeiro termo é nulo e crescente apenas quando $t = 2\pi\, n$, onde n é um inteiro, e a periodicidade demandaria que πt ou $\pi(2\pi\, n)$ fossem iguais a $2\pi\, m$, onde m também é um inteiro. Não existe solução possível para esta equação (valores inteiros para m e n simultaneamente). Isto fica mais claro se compararmos a Equação [15] com a função *periódica*

$$i(t) = \text{sen}\, t + \text{sen}\, 3{,}14t \qquad [16]$$

onde 3,14 é uma expressão decimal exata que *não* deve ser interpretada como 3,141592. . . . Com um pouco de esforço[2], pode-se demonstrar que o período desta onda de corrente é 100π s.

A potência média fornecida a um resistor de 1 Ω por uma função periódica como a da Equação [16] ou por uma corrente não periódica como a da Equação [15] pode ser obtida por meio de uma integração ao longo de um intervalo infinito. Boa parte da integração pode ser evitada graças ao conhecimento detalhado que temos a respeito dos valores médios de funções simples. Portanto, obtemos a potência média fornecida pela corrente na Equação [15] aplicando a Equação [9]:

$$P = \lim_{\tau \to \infty} \frac{1}{\tau} \int_{-\tau/2}^{\tau/2} (\text{sen}^2\, t + \text{sen}^2\, \pi t + 2\,\text{sen}\, t\; \text{sen}\, \pi t)\, dt$$

Consideramos agora P como a soma de três valores médios. O valor médio de $\text{sen}^2\, t$ ao longo de um intervalo infinito é obtido ao trocarmos $\text{sen}^2\, t$ por $[1/2 + (1/2)\cos 2t]$; o valor médio é simplesmente 1/2. De forma similar, o valor médio de $\text{sen}^2\, \pi t$ também é (1/2). Finalmente, o último termo pode ser expresso como a soma de duas funções cosseno, que possuem média zero. Assim,

$$P = \tfrac{1}{2} + \tfrac{1}{2} = 1\ \text{W}$$

Um resultado idêntico é obtido para a corrente periódica da Equação [16]. Aplicando o mesmo método para uma corrente cuja função é a soma de muitas senoides com *diferentes períodos* e amplitudes arbitrárias,

$$i(t) = I_{m1} \cos \omega_1 t + I_{m2} \cos \omega_2 t + \cdots + I_{mN} \cos \omega_N t \qquad [17]$$

obtemos a potência média fornecida a uma resistência R,

$$P = \tfrac{1}{2}\left(I_{m1}^2 + I_{m2}^2 + \cdots + I_{mN}^2\right) R \qquad [18]$$

O resultado não é alterado se um ângulo de fase arbitrário for atribuído a cada componente da corrente. Este importante resultado é surpreendentemente simples se pensarmos nos passos necessários para se obtê-lo: tirar o quadrado da corrente, integrá-lo e fazer o limite. O resultado também é surpreendente porque ele mostra que, *no caso especial de uma corrente como*

---

[2] $T_1 = 2\pi$ e $T_2 = 2\pi/3{,}14$. Portanto, buscamos valores inteiros de m e n de tal forma que $2\pi n = 2\pi m/3{,}14$, ou $3{,}14n = m$, ou $\frac{314}{100}n = m$, ou $157n = 50m$. Logo, os menores valores inteiros de n e m são $n = 50$ e $m = 157$. O período é, portanto, $T = 2\pi n = 100\pi$, ou $T = 2\pi(157/3{,}14) = 100\pi$ s.

aquela expressa pela Equação [17], onde cada termo possui uma diferente frequência, o teorema da superposição é aplicável ao cálculo da potência. A superposição *não* é aplicável à soma de correntes CC, tampouco a uma corrente cujo valor é a soma de duas senoides com a mesma frequência.

▶ EXEMPLO 11.6

Determine a potência média fornecida a um resistor de 4 Ω pela corrente $i_1 = 2 \cos 10t - 3 \cos 20t$ A.

Como os dois cossenos possuem diferentes frequências, as duas potências médias podem ser calculadas separadamente e somadas. Logo, esta corrente fornece $(1/2)(2^2)4 + (1/2)(3^2)4 = 8 + 18 = 26$W a um resistor de 4 Ω.

▶ EXEMPLO 11.7

Determine a potência média fornecida a um resistor de 4 Ω pela corrente $i_2 = 2 \cos 10t - 3 \cos 10t$ A.

Aqui, os dois componentes da corrente estão na *mesma* frequência, e eles devem portanto ser combinados em uma única senoide naquela frequência. Logo, $i_2 = 2 \cos 10t - 3 \cos 10t = -\cos 10t$ fornece apenas $(1/2)(1^2)4 = 2$ W de potência média a um resistor de 4 Ω.

▶ EXERCÍCIO DE FIXAÇÃO

11.6 Uma fonte de tensão v_s é conectada aos terminais de um resistor de 4 Ω. Determine a potência média absorvida pelo resistor se v_s é igual a (*a*) $8 \text{ sen } 200t$ V; (*b*) $8 \text{ sen } 200t - 6 \cos (200t - 45°)$ V; (*c*) $8 \text{ sen } 200t - 4 \text{ sen } 100t$ V; (*d*) $8 \text{ sen } 200t - 6 \cos (200t - 45°) - 5 \text{ sen } 100t + 4$ V.

Resposta: 8,00 W; 4,01 W; 10,00 W; 11,14 W.

11.3 ▶ VALORES EFICAZES DE TENSÃO E CORRENTE

No Brasil, a maioria das tomadas fornece uma "tensão" senoidal de 127 V com frequência de 60 Hz (em outros países, é possível encontrar outras especificações de tensão e uma frequência de 50 Hz). Mas o que significa "127 volts"? Este certamente não é o valor instantâneo da tensão, pois a tensão não é constante. O valor de 127 V também não é a amplitude que temos simbolizado como V_m; se analisarmos a sua forma de onda em um osciloscópio calibrado, veremos que o valor de pico da tensão que encontramos nas tomadas de nossa casa é igual a $127\sqrt{2}$ V, ou 179,6 V. Também não podemos empregar o conceito de valor médio ao valor de 127 V, porque o valor médio de uma forma de onda senoidal é nulo. Poderíamos chegar um pouco mais perto dizendo que este valor corresponde ao valor médio da tensão ao longo de um semiciclo negativo ou positivo; no entanto, ao usar um voltímetro com um retificador na tomada, obteríamos 114,3 V. Acontece, no entanto, que 127 V corresponde ao ***valor eficaz*** de uma senoide. Este valor é uma medida de quão efetiva é uma fonte de tensão ao fornecer potência a uma carga resistiva.

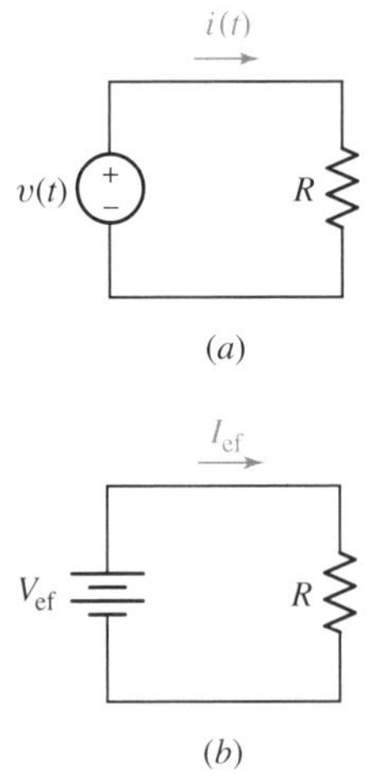

▲ **FIGURA 11.9** Se um resistor receber a mesma potência média nas letras *a* e *b*, então o valor eficaz de *i*(*t*) é igual a I_{ef}, e o valor eficaz de *v*(*t*) é igual a V_{ef}

Valor Eficaz de uma Forma de Onda Periódica

Vamos, de forma arbitrária, definir o valor eficaz em termos de uma onda de corrente, embora uma onda de tensão pudesse ser igualmente selecionada. O *valor eficaz* de qualquer corrente periódica é igual à corrente contínua que, fluindo em um resistor com resistência *R*, forneceria a mesma potência média fornecida por esta corrente periódica.

Em outras palavras, deixamos a corrente periódica fluir no resistor, determinamos a potência instantânea i^2R, e então obtemos o valor médio de i^2R ao longo de um período; esta é a potência média. Em seguida, fazemos com que uma corrente contínua flua neste mesmo resistor e ajustamos o seu valor até que a mesma potência média seja obtida. O valor resultante desta corrente contínua é igual ao valor eficaz da função periódica assumida. Essas ideias estão ilustradas na Figura 11.9.

A expressão matemática geral para o valor eficaz de $i(t)$ é agora facilmente obtida. A potência média fornecida ao resistor por uma corrente periódica $i(t)$ é

$$P = \frac{1}{T}\int_0^T i^2R\,dt = \frac{R}{T}\int_0^T i^2\,dt$$

onde o período de $i(t)$ é T. A potência fornecida por uma corrente contínua é

$$P = I_{ef}^2 R$$

Igualando as expressões das potências e resolvendo para I_{ef}, obtemos

$$\boxed{I_{ef} = \sqrt{\frac{1}{T}\int_0^T i^2\,dt}} \qquad [19]$$

O resultado é independente da resistência *R*, como de fato deveria ser para que tivéssemos um conceito que valesse a pena usar. Uma expressão similar pode ser obtida para o valor eficaz de uma tensão periódica simplesmente com a substituição de i e I_{ef} por v e V_{ef}, respectivamente.

Perceba que o valor eficaz é obtido primeiro com a elevação da função variável no tempo ao quadrado, em seguida com o cálculo da média da função elevada ao quadrado ao longo de um período e finalmente com o cálculo da raiz quadrada do valor resultante. Em resumo, a sequência de operações envolvida no cálculo do valor eficaz corresponde à *raiz quadrada* da *média* do *quadrado*; por essa razão, o valor eficaz é frequentemente chamado de ***raiz do valor médio quadrático***, ou valor ***rms***, a abreviação do termo em inglês *root-mean-square*.

Valor Eficaz (RMS) de uma Forma de Onda Senoidal

O caso especial mais importante é aquele da forma de onda senoidal. Vamos selecionar a função cosseno

$$i(t) = I_m \cos(\omega t + \phi)$$

que tem um período

$$T = \frac{2\pi}{\omega}$$

e substituí-la na Equação [19] para obter o valor eficaz.

$$I_{ef} = \sqrt{\frac{1}{T}\int_0^T I_m^2 \cos^2(\omega t + \phi)\,dt}$$

$$= I_m\sqrt{\frac{\omega}{2\pi}\int_0^{2\pi/\omega}\left[\frac{1}{2} + \frac{1}{2}\cos(2\omega t + 2\phi)\right]dt}$$

$$= I_m\sqrt{\frac{\omega}{4\pi}[t]_0^{2\pi/\omega}}$$

$$= \frac{I_m}{\sqrt{2}}$$

Logo, o valor eficaz de uma corrente senoidal é uma grandeza real que independe do ângulo de fase e que é numericamente igual a $1/\sqrt{2} = 0{,}707$ vezes o valor de pico da corrente. Uma corrente $\sqrt{2}\cos(\omega t + \phi)$ A tem portanto um valor eficaz de 1 A e fornece a qualquer resistor **a mesma** potência média que seria fornecida por uma corrente **CC** de 1 A.

Deve ficar claro que o fator de $\sqrt{2}$ que obtemos como sendo a relação entre o valor máximo da corrente periódica e o seu valor eficaz só é aplicável quando a função periódica for *senoidal*. Para a onda dente de serra, por exemplo, o valor eficaz é igual ao valor de pico dividido por $\sqrt{3}$. O valor pelo qual o valor de pico deve ser dividido para se obter o valor eficaz depende da forma matemática da função periódica fornecida; ele pode ser racional ou irracional, dependendo da natureza da função.

Uso de Valores RMS no Cálculo da Potência Média

O uso do valor eficaz também simplifica ligeiramente a expressão da potência média fornecida por correntes ou tensões senoidais, pois com isso evita-se o uso do fator 1/2. Por exemplo, a potência média fornecida por uma corrente senoidal a um resistor com resistência R é

$$P = \tfrac{1}{2}I_m^2 R$$

Como $I_{ef} = I_m/\sqrt{2}$, a potência média pode ser escrita como

$$P = I_{ef}^2 R \qquad [20]$$

O fato de o valor eficaz ser definido em termos de uma grandeza CC equivalente nos fornece fórmulas para o cálculo da potência média em circuitos resistivos que são idênticas àquelas utilizadas na análise de circuitos CC.

As outras expressões para a potência também podem ser escritas em termos dos valores eficazes:

$$P = V_{ef} I_{ef}\cos(\theta - \phi) \qquad [21]$$

$$P = \frac{V_{ef}^2}{R} \qquad [22]$$

Embora tenhamos conseguido eliminar o fator de 1/2 das relações que descrevem a potência média, devemos agora ter cuidado ao determinar se uma grandeza senoidal está expressa em termos de seu valor máximo ou de seu valor eficaz. Na prática, valores eficazes são utilizados nas áreas de transmissão e distribuição de energia, bem como no campo de máquinas elétricas; nas áreas de eletrônica e de telecomunicações, o valor máximo é utilizado de forma mais frequente. Assumiremos aqui que o valor máximo seja utilizado a menos que o termo "rms" apareça de forma explícita, ou que sejamos instruídos a fazer o contrário.

No regime permanente senoidal, tensões e correntes fasoriais podem ser dadas tanto em termos de seus valores eficazes quanto de seus valores máximos; as duas expressões diferem apenas de $\sqrt{2}$. Se a tensão $50\underline{/30^\circ}$ V for expressa em termos do valor máximo, uma representação equivalente em rms seria obtida com uso de $35{,}4\underline{/30^\circ}$ V rms.

Valor Eficaz em Circuitos com Múltiplas Frequências

Para determinar o valor eficaz de formas de onda periódicas ou não periódicas que sejam compostas pela soma de certo número de senoides com diferentes frequências, podemos utilizar a relação de potência média dada pela Equação [18], desenvolvida na Seção 11.2 e rescrita em termos dos valores eficazes dos diversos componentes:

$$P = \left(I_{1\text{ef}}^2 + I_{2\text{ef}}^2 + \cdots + I_{N\text{ef}}^2\right)R \qquad [23]$$

A partir desta equação, vemos que o valor eficaz de uma corrente que é composta por qualquer número de correntes senoidais com *diferentes* frequências pode ser expresso como

$$I_{\text{ef}} = \sqrt{I_{1\text{ef}}^2 + I_{2\text{ef}}^2 + \cdots + I_{N\text{ef}}^2} \qquad [24]$$

Estes resultados indicam que, se uma corrente senoidal de 5 A rms e frequência de 60 Hz fluir através de um resistor de 2 Ω, uma potência média de $5^2(2) = 50$ W será absorvida pelo resistor; se uma segunda corrente também estiver presente (talvez 3 A rms em 120 Hz, por exemplo), a potência absorvida será dada por $3^2(2) + 50 = 68$ W. Se em vez disso usarmos a Equação [24], veremos que o valor eficaz da soma das correntes em 60 Hz e 120 Hz é 5,831 A. Com isso, $P = 5{,}831^2(2) = 68$ W, como antes. Entretanto, se a segunda corrente também tiver uma frequência de 60 Hz, o valor eficaz da soma das duas correntes em 60 Hz poderá ter qualquer valor entre 2 e 8 A. Logo, a potência absorvida pode ter *qualquer* valor entre 8 W e 128 W, dependendo do ângulo de fase entre as duas correntes.

Note que o valor eficaz de uma grandeza CC K é simplesmente K, e não $\dfrac{K}{\sqrt{2}}$.

▶ EXERCÍCIO DE FIXAÇÃO

11.7 Calcule o valor eficaz de cada uma das tensões periódicas a seguir: (*a*) $6 \cos 25t$; (*b*) $6 \cos 25t + 4 \operatorname{sen}(25t + 30^\circ)$; (*c*) $6 \cos 25t + 5 \cos^2(25t)$; (*d*) $6 \cos 25t + 5 \operatorname{sen} 30t + 4$ V.

Resposta: 4,24 V; 6,16 V; 5,23 V; 6,82 V.

▶ ANÁLISE AUXILIADA POR COMPUTADOR

Muitas técnicas úteis para o cálculo de potências encontram-se disponíveis no PSpice. Em particular, as funções presentes no Probe permitem tanto a representação gráfica da potência instantânea quanto o cálculo de seu valor médio. Por exemplo, considere o simples divisor de tensão da Figura 11.10, que está sendo alimentado por uma onda de tensão em 60 Hz com uma amplitude de $115\sqrt{2}$ V. Começamos realizando a simulação do transitório ao longo de um período da onda de tensão, $\frac{1}{60}$ s.

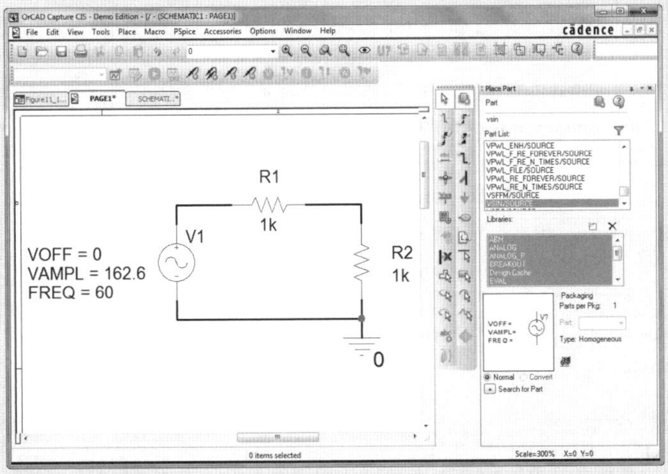

▲ **FIGURA 11.10** Divisor de tensão simples alimentado por uma fonte de tensão de 115 V rms operando em 60 Hz.

A corrente e a potência instantânea dissipada no resistor R1 estão representadas graficamente na Figura 11.11 após o uso da opção **Add Plot to Window** no menu **Plot**. A potência instantânea é periódica, com um valor não nulo e um pico de 6,61 W.

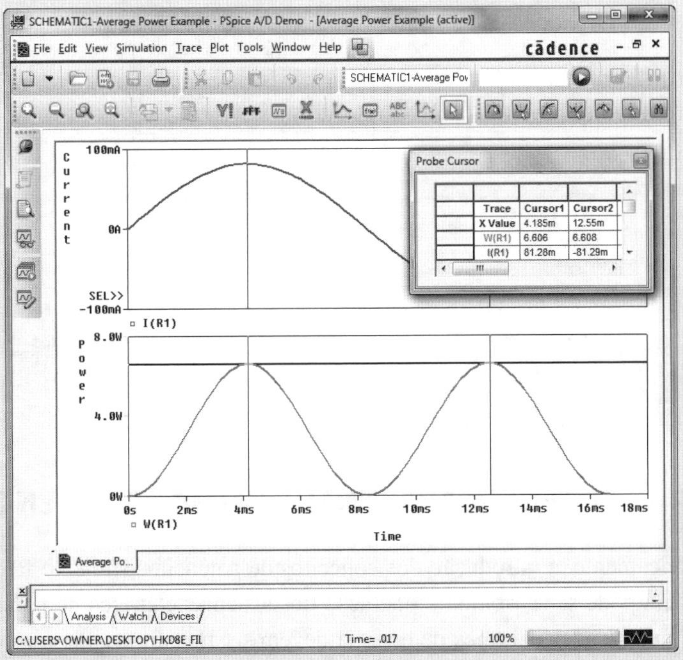

▲ **FIGURA 11.11** Corrente e potência instantânea associadas ao resistor R1 da Figura 11.10.

O jeito mais fácil de se utilizar o Probe no cálculo da potência média, a qual esperamos ser $\frac{1}{2}(162.6\frac{1000}{1000+1000})(81.3 \times 10^{-3}) = 3.305$ W, é fazer uso da função embutida que permite avaliar a média de um sinal em "tempo real". Assim que a caixa de diálogo **Add Traces** aparecer (**Trace, Add Trace . . .**), digite

AVG(I(R1) * I(R1) * 1000)

na janela **Trace Expression**.

Como se pode ver na Figura 11.12, o valor médio da potência em qualquer um dos dois períodos é 3,305 W, o que concorda com o nosso cálculo manual. Observe que uma vez que o PSpice calcula apenas em instantes específicos, o circuito não foi simulado precisamente em 8,333 ms e, portanto, o **Cursor 1** indica uma potência média um pouco maior.

O Probe também nos permite calcular a média ao longo de um intervalo de tempo específico com o uso da função **avgx**. Por exemplo, para usar esta função no cálculo da potência média ao longo de um único período, que no caso é de 1 / 120 = 8,33 ms, entraríamos com

AVGX(I(R1) * I(R1) * 1000, 8.33 m)

Qualquer uma das abordagens resulta no valor de 3,305 W no ponto final do gráfico.

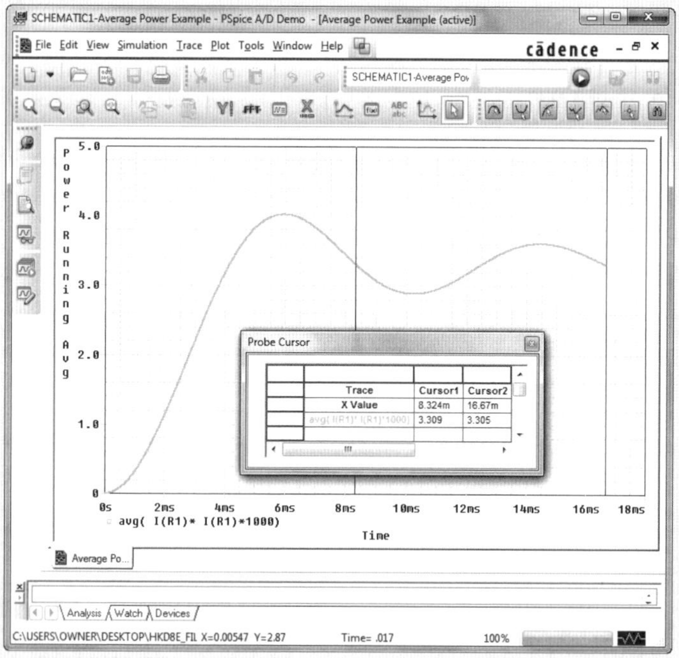

▲ **FIGURA 11.12** Média em tempo real da potência dissipada pelo resistor R1.

11.4 ▶ POTÊNCIA APARENTE E FATOR DE POTÊNCIA

Historicamente, a introdução dos conceitos de potência aparente e fator de potência pode ser atribuída à operação dos sistemas elétricos de potência, onde quantidades enormes de energia devem ser transferidas de um ponto a outro; a eficiência com a qual a transferência é efetivada está diretamente relacionada ao custo da energia elétrica, que no final é pago pelo consumidor. Clientes que instalam cargas que resultam em uma eficiência de transmissão relativamente baixa devem pagar um preço maior por cada ***quilowatt-hora*** (kWh) de energia elétrica que recebem e consomem. De forma similar, clientes que requerem da concessionária de energia elétrica um maior investimento em equipamentos de transmissão e distribuição também pagam mais por cada quilowatt-hora, a menos que a concessionária seja benevolente e goste de perder dinheiro.

Vamos primeiro definir a ***potência aparente*** e o ***fator de potência*** e então mostrar brevemente como estes termos estão relacionados ao problema econômico citado no parágrafo anterior. Vamos assumir que a tensão senoidal

$$v = V_m \cos(\omega t + \theta)$$

seja aplicada a uma rede e que a corrente senoidal resultante seja

$$i = I_m \cos(\omega t + \phi)$$

O ângulo de fase que representa o quão adiantada está a tensão em relação à corrente é portanto $(\theta - \phi)$. A potência média fornecida à rede, assumindo a convenção de sinal passivo em seus terminais de entrada, pode ser expressa em termos de valores máximos:

$$P = \tfrac{1}{2} V_m I_m \cos(\theta - \phi)$$

ou em termos de valores eficazes:

$$P = V_{ef} I_{ef} \cos(\theta - \phi)$$

Se a tensão aplicada e a resposta de corrente fossem grandezas CC, a potência média fornecida à rede seria dada simplesmente pelo produto da tensão e da corrente. Com a aplicação dessa técnica CC ao problema senoidal, obteríamos um valor de potência absorvida que seria "aparentemente" dado pelo familiar produto $V_{ef}I_{ef}$. Entretanto, o produto dos valores eficazes de tensão e corrente não corresponde à potência média; definimos esse valor como a ***potência aparente***. Dimensionalmente, a potência aparente deveria ter as mesmas unidades de uma potência real, já que cos $(\theta - \phi)$ é adimensional; no entanto, para evitar confusão, o termo ***volt-ampères***, ou VA, é aplicado para representar a potência aparente. Como cos $(\theta - \phi)$ nunca supera a unidade, é evidente que a potência real nunca pode ser maior que a potência aparente.

A potência aparente não é um conceito limitado a funções forçantes e respostas senoidais. Ela pode ser determinada para quaisquer formas de onda de corrente e tensão simplesmente calculando-se o produto dos valores eficazes de tensão e corrente.

A razão entre a potência real ou média e a potência aparente é chamada de ***fator de potência***, simbolizado por FP. Portanto,

$$\text{FP} = \frac{\text{potência média}}{\text{potência aparente}} = \frac{P}{V_{ef}\, I_{ef}}$$

No caso senoidal, o fator de potência é simplesmente cos $(\theta - \phi)$, onde $(\theta - \phi)$ é o ângulo no qual a tensão está adiantada da corrente. Esta relação é a razão pela qual o ângulo $(\theta - \phi)$ é frequentemente chamado de ***ângulo do FP***.

Em uma carga puramente resistiva, tensão e corrente estão em fase, $(\theta - \phi)$ é igual a zero, e o FP é igual a 1. Em outras palavras, a potência aparente e a potência média são iguais. Um FP unitário pode ser obtido em cargas que contenham indutância e capacitância, no entanto, se os valores dos elementos e a frequência de operação forem cuidadosamente selecionados de forma a oferecer uma impedância de entrada com ângulo de fase nulo. Uma carga puramente reativa, isto é, uma carga que não contenha resistência, causa um defasamento entre a tensão e a corrente de mais ou menos 90º, e com isso o FP é nulo.

Entre esses dois casos extremos são encontradas as redes gerais nas quais o FP pode variar de zero à unidade. Um FP de 0,5, por exemplo, indica uma carga cuja impedância de entrada apresenta um ângulo de fase de 60º ou –60º; o primeiro descreve uma carga indutiva, já que a tensão está adiantada da corrente em 60º, enquanto o último se refere a uma carga capacitiva. A ambiguidade com relação à natureza exata da carga é resolvida ao referir-se a um FP adiantado ou atrasado, com os termos *adiantado* e *atrasado* representando a *fase da corrente em relação à tensão*. Logo, uma carga indutiva terá um FP atrasado e uma carga capacitiva terá um FP adiantado.

▶ EXEMPLO 11.8

Calcule a potência média entregue a cada uma das cargas mostradas na Figura 11.13, a potência aparente fornecida pela fonte e o fator de potência da combinação das cargas.

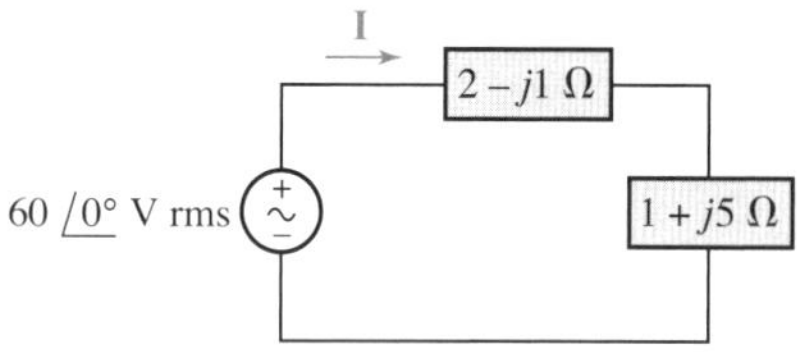

▲ **FIGURA 11.13** Circuito no qual buscamos a potência média entregue a cada elemento, a potência aparente fornecida pela fonte e o fator de potência da carga.

▶ ***Identifique o objetivo do problema.***

A potência média se refere à potência drenada pelos componentes resistivos das cargas; a potência aparente é o produto da tensão eficaz e da corrente eficaz da combinação das cargas.

▶ ***Reúna as informações conhecidas.***

A tensão eficaz é igual a 60 V rms, que aparecem nos terminais de uma carga total de $2 - j + 1 + j5 = 3 + j4\ \Omega$.

▶ ***Trace um plano.***

O simples uso da análise fasorial nos fornece a corrente. Conhecendo a tensão e a corrente, podemos calcular a potência média e a potência aparente; estas duas grandezas podem ser usadas na obtenção do fator de potência.

▶ ***Construa um conjunto apropriado de equações.***

A potência média P fornecida a uma carga é dada por

$$P = I_{ef}^2 R$$

onde R é a parte real da impedância de carga. A potência aparente fornecida pela fonte é $V_{ef}I_{ef}$, onde $V_{ef} = 60$ V rms.

O fator de potência é calculado como a razão destas duas grandezas:

$$\text{FP} = \frac{\text{potência média}}{\text{potência aparente}} = \frac{P}{V_{ef}\, I_{ef}}$$

▶ ***Determine se são necessárias informações adicionais.***

Precisamos determinar I_{ef}:

$$\mathbf{I} = \frac{60\underline{/0^\circ}}{3 + j4} = 12\underline{/-53{,}13^\circ}\ \text{A rms}$$

de forma que $I_{ef} = 12$ A rms, e *âng* $\mathbf{I}_s = -53{,}13$º.

▶ ***Tente uma solução.***

A potência média fornecida à carga de cima é dada por

$$P_1 = I_{ef}^2 R_{topo} = (12)^2(2) = 288\ \text{W}$$

e a potência média fornecida à carga da direita é dada por

$$P_2 = I_{ef}^2 R_{dir} = (12)^2(1) = 144\text{ W}$$

A fonte fornece uma potência aparente $V_{ef}I_{ef} = (60)(12) = 720$ VA.

Finalmente, o fator de potência da carga é obtido com a consideração da tensão e da corrente associadas à combinação das duas cargas do circuito. Este fator de potência é, naturalmente, idêntico ao fator de potência da fonte. Logo,

$$\text{FP} = \frac{P}{V_{ef}I_{ef}} = \frac{432}{60(12)} = 0{,}6 \textit{ atrasado}$$

pois a carga combinada é *indutiva.*

▶ ***Verifique a solução. Ela é razoável ou esperada?***

A potência média total fornecida à fonte é igual a 288 + 144 = 432 W. A potência média fornecida pela fonte é

$$P = V_{ef}I_{ef}\cos(\hat{a}ng\ \mathbf{V} - \hat{a}ng\ \mathbf{I}) = (60)(12)\cos(0 + 53{,}13°) = 432\text{ W}$$

e com isso vemos que o balanço das potências está correto.

Também poderíamos descrever a combinação das cargas como uma impedância de $5\underline{/53{,}1°}\ \Omega$, identificar 53,1° como o ângulo do FP, e ter com isso um FP de cos 53,1° = 0,6 *atrasado*.

▶ EXERCÍCIO DE FIXAÇÃO

11.8 No circuito da Figura 11.14, determine o fator de potência da combinação das cargas se $Z_L = 10\ \Omega$.

Resposta: 0,9966 adiantado.

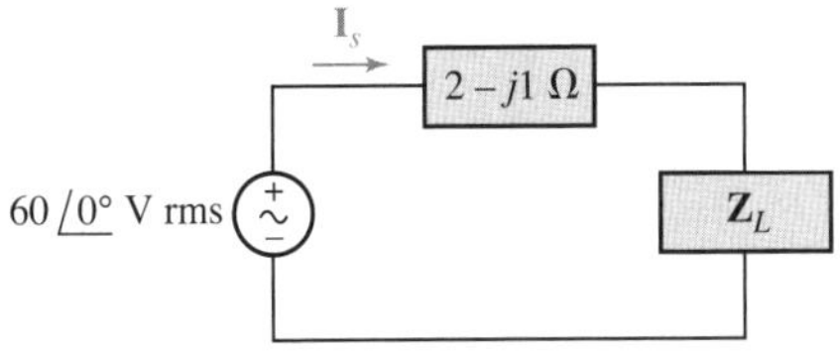

▲ **FIGURA 11.14**

11.5 ▶ POTÊNCIA COMPLEXA

Como vimos no Capítulo 10, números "complexos" na verdade, não "complicam" a análise.

Ao nos permitir transportar duas partes de informação juntas durante uma série de cálculos por meio das componentes "real" e "imaginária", eles muitas vezes simplificam muito o que poderiam ser cálculos tediosos. Isto realmente acontece com a potência, uma vez que temos uma carga composta de elementos resistivos, e elementos indutivos e capacitivos. Nesta seção, definimos ***potência complexa*** para permitir o cálculo das várias contribuições para a potência total de uma forma clara e eficiente. O módulo da potência complexa é simplesmente a potência aparente. A parte real corresponde à potência média – como estamos prestes a ver – e a parte imaginária da potência complexa é a nova grandeza chamada de ***potência reativa***, que descreve a taxa de transferência de energia entrando e saindo dos componentes de carga reativos (por exemplo, indutores e capacitores).

Definimos a potência complexa tendo como referência uma tensão senoidal geral $\mathbf{V}_{ef} = V_{ef}\underline{/\theta}$ aplicada em um certo par de terminais e uma corrente senoidal genérica $\mathbf{I}_{ef} = I_{ef}\underline{/\phi}$ entrando em um desses terminais de forma a satisfazer a convenção de sinal passivo. A potência média absorvida pela rede de dois terminais é portanto

$$P = V_{ef}I_{ef}\cos(\theta - \phi)$$

A notação complexa é introduzida agora utilizando a fórmula de Euler, assim como fizemos ao introduzir os fasores. Expressamos P como

$$P = V_{ef} I_{ef} \text{Re}\{e^{j(\theta - \phi)}\}$$

ou

$$P = \text{Re}\{V_{ef} e^{j\theta} I_{ef} e^{-j\phi}\}$$

A tensão fasorial pode agora ser reconhecida nos dois primeiros fatores dentro das chaves na equação anterior. No entanto, os dois fatores restantes não correspondem à corrente fasorial, porque o seu ângulo inclui um sinal negativo que não aparece na expressão do fasor de corrente. Isto é, a corrente fasorial é

$$\mathbf{I}_{ef} = I_{ef} e^{j\phi}$$

e portanto devemos utilizar a notação do conjugado:

$$\mathbf{I}^*_{ef} = I_{ef} e^{-j\phi}$$

Portanto,

$$P = \text{Re}\{\mathbf{V}_{ef} \mathbf{I}^*_{ef}\}$$

e agora permitimos a potência se tornar uma grandeza complexa ao definir a **potência complexa S** como

$$\mathbf{S} = \mathbf{V}_{ef} \mathbf{I}^*_{ef} \qquad [25]$$

Se inspecionarmos primeiro a forma polar ou exponencial da potência complexa,

$$\mathbf{S} = V_{ef} I_{ef} e^{j(\theta - \phi)}$$

vimos que o módulo de **S**, $V_{ef}I_{ef}$, é a potência aparente. O ângulo de **S**, $(\theta - \phi)$, é o ângulo do FP (isto é, o ângulo no qual a tensão está adiantada da corrente).

Na forma retangular, temos

$$\mathbf{S} = P + jQ \qquad [26]$$

onde P é a potência média, como antes. A parte imaginária da potência complexa é simbolizada por Q e denominada *potência reativa*. A dimensão de Q é a mesma da potência real P, da potência complexa **S**, e da potência aparente |**S**|. Para evitar que seja feita confusão entre estas grandezas, define-se a unidade de Q como o ***volt-ampèrerreativo*** (abreviado por VAR). Das Equações [25] e [26], pode-se ver que

$$Q = V_{ef} I_{ef} \operatorname{sen}(\theta - \phi) \qquad [27]$$

O sinal da potência reativa caracteriza a natureza da carga passiva à qual os fasores $\mathbf{V}_{ef}$ e $\mathbf{I}_{ef}$ estão associados. Se a carga for indutiva, então $(\theta - \phi)$ é um ângulo entre 0 e 90º, o seno deste ângulo é positivo, e a potência reativa é *positiva*. Uma carga capacitiva resulta em uma potência reativa *negativa*.

A potência reativa pode ser interpretada fisicamente como a taxa de troca de energia entre a fonte (isto é, a concessionária de energia) e os componentes reativos da carga (isto é, as indutâncias e as capacitâncias). Estes componentes carregam-se e descarregam-se de forma alternada, o que resulta no fluxo de corrente ora da fonte para a carga, ora da carga para a fonte, respectivamente.

As mais relevantes grandezas de potência exploradas até agora neste capítulo são resumidas na Tabela 11.1 por conveniência.

TABELA 11.1 ▶ Resumo das Grandezas Associadas à Potência Complexa

Grandeza	Símbolo	Fórmula	Unidades
Potência Média	P	$V_{ef}I_{ef}\cos(\theta - \phi)$	watt (W)
Potência Reativa	Q	$V_{ef}I_{ef}\,\text{sen}(\theta - \phi)$	volt-ampèrerreativo (VAR)
Potência Complexa	**S**	$P + jQ$	
		$V_{ef}I_{ef}\,\underline{/\theta - \phi}$	volt-ampère (VA)
		$\mathbf{V}_{ef}\mathbf{I}_{ef}^*$	
Potência Aparente	$\lvert\mathbf{S}\rvert$	$V_{ef}I_{ef}$	volt-ampère (VA)

O Triângulo de Potência

Uma representação gráfica comumente utilizada para ilustrar a potência complexa é conhecida como o triângulo de potência, mostrado na Figura 11.15. O diagrama mostra que apenas duas das três potências são necessárias, pois a terceira pode ser obtida por meio de relações trigonométricas. Se o triângulo de potência se encontra no primeiro quadrante ($\theta - \phi > 0$), o fator de potência está atrasado (o que corresponde a uma carga indutiva). Se ele se encontra no quarto quadrante ($\theta - \phi < 0$), o fator de potência está adiantado (o que corresponde a uma carga capacitiva). Portanto, um grande número de informações a respeito de nossa carga pode ser diretamente obtido por meio do triângulo de potência.

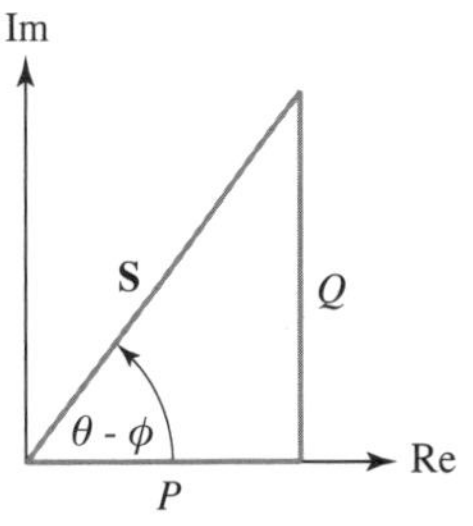

▲ **FIGURA 11.15** Representação da potência complexa por meio do triângulo de potência.

Outra interpretação da potência reativa pode ser obtida com a construção de um diagrama contendo $\mathbf{V}_{ef}$ e $\mathbf{I}_{ef}$, como mostra a Figura 11.16. Se a representação fasorial da corrente for separada em dois componentes, um em fase com a tensão, com módulo $\mathbf{I}_{ef}$ cos (cos $(\theta - \phi)$, e outro defasado da tensão em 90º, com módulo $\mathbf{I}_{ef}$ sen $|\theta - \phi|$, então fica claro que a potência real é dada pelo produto do módulo da tensão fasorial pelo componente da corrente fasorial em fase com a tensão. Além disso, o produto do módulo da tensão fasorial pelo componente da corrente fasorial que está 90º fora de fase em relação à tensão é a potência reativa Q. É comum falar que o componente de um fasor que está defasado em 90º em relação a outro fasor é um ***componente em quadratura***. Logo, Q é simplesmente $\mathbf{V}_{ef}$ vezes o componente em quadratura de $\mathbf{I}_{ef}$. Q também é conhecida como ***potência em quadratura***.

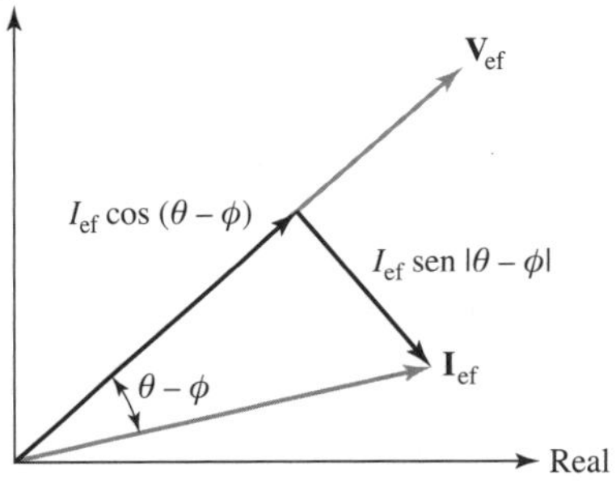

▲ **FIGURA 11.16** O fasor $\mathbf{I}_{ef}$ é decomposto em dois componentes, um em fase com o fasor $\mathbf{V}_{ef}$ e o outro 90º defasado. Este último componente é chamado de *componente em quadratura*.

Medição de Potência

Estritamente falando, um wattímetro mede a potência real média P drenada por uma carga, e um varímetro fornece uma leitura da potência reativa média Q. Entretanto, é comum encontrar ambas as características em um mesmo medidor, que muitas vezes também pode medir a potência aparente e o fator de potência (Figura 11.17).

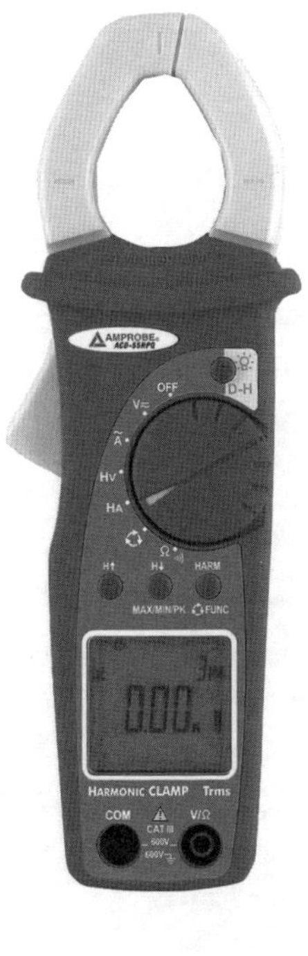

◀ **FIGURA 11.17** Medidor de potência em forma de alicate produzido pela Amprobe, capaz de medir correntes de até 400 A e tensões de até 600 V. © AMPROBE.

APLICAÇÃO

CORREÇÃO DO FATOR DE POTÊNCIA

Quando potência elétrica é fornecida a grandes consumidores industriais, a empresa concessionária de energia frequentemente inclui uma cláusula a respeito do FP em sua tarifação. De acordo com essa cláusula, um preço adicional é cobrado do consumidor sempre que o FP cair abaixo de um determinado valor, em geral em torno de 0,85 atrasado. Não é muito comum encontrar cargas industriais consumindo potência com FP adiantado, graças à natureza típica destas cargas. Várias razões forçam as empresas concessionárias a cobrar mais por FP's baixos. Em geral, uma maior corrente está associada à operação com um FP baixo em potência e tensão constantes, o que demanda uma maior capacidade de geração. Além disso, a circulação de maiores correntes leva a maiores perdas nos sistemas de transmissão e distribuição.

Em uma tentativa de cortar as perdas e encorajar os consumidores a operarem com um FP elevado, uma determinada empresa concessionária de energia aplica uma multa de R$ 0,22/kVAR para cada kVAR acima de um valor de referência calculado como 0,62 vezes a demanda de potência média:

$$\mathbf{S} = P + jQ = P + j0{,}62P = P(1 + j0{,}62)$$
$$= P(1{,}177\underline{/31{,}8^\circ})$$

Este valor corresponde a um FP de 0,85 atrasado, já que cos 31,8° = 0,85 e Q é positiva; isto está representado graficamente na Figura 11.18. Clientes com um FP abaixo da meta estão sujeitos a multas.

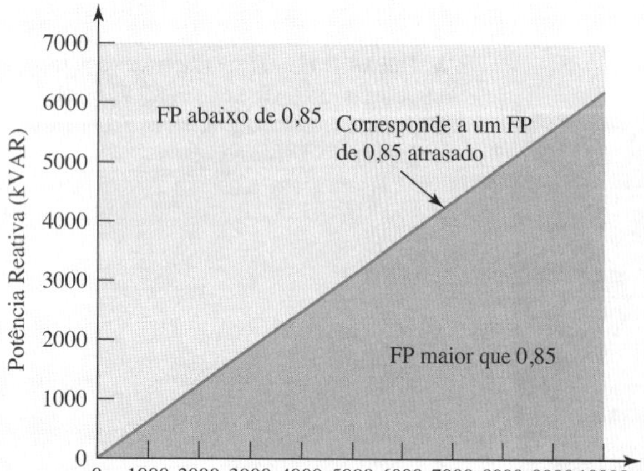

▲ **FIGURA 11.18** Gráfico mostrando uma relação aceitável para as potências reativa e média em função do fator de potência de 0,85 atrasado adotado como meta.

A potência reativa é comumente ajustada por meio da instalação de capacitores de compensação em paralelo com a carga (tipicamente na subestação presente na parte externa da indústria). Pode-se mostrar que o valor necessário de capacitância é

$$C = \frac{P(\tan\theta_{\text{velho}} - \tan\theta_{\text{novo}})}{\omega V_{\text{rms}}^2} \qquad [28]$$

onde Ω é a frequência angular, θ_{velho} é o FP atual e θ_{novo} é o FP que se deseja obter. Por conveniência, bancos de capacitores são fabricados para suprir determinados valores de kVAR. Um exemplo de instalação como essa está mostrado na Figura 11.19.

▲ **FIGURA 11.19** Uma instalação com capacitores de compensação. (Cortesia de Nokian Capacitors Ltd.)

Vamos agora considerar um exemplo específico. Uma determinada planta industrial tem uma demanda mensal de pico de 5.000 kW e uma demanda de reativo de 6000 kVAR. Usando a tarifação acima, qual é o gasto anual que este cliente tem com as multas referentes ao FP? Se a concessionária de energia disponibilizar uma compensação capacitiva ao custo de R$ 2.390,00 por incremento de 1.000 kVAR e R$ 3.130,00 por incremento de 2.000 kVAR, qual é a melhor relação custo-benefício para o consumidor?

O FP da instalação é o ângulo da potência complexa **S**, que neste caso é dada por 5000 + j6.000 kVA. Logo, o ângulo é $\tan^{-1}$ (6.000/5.000) = 50,19° e o FP é de 0,64 atrasado. A meta para a potência reativa, calculada como 0,62 vezes a demanda de pico, é igual a 0,62(5.000) =

3.100 kVAR. Assim, a planta está drenando 6.000 – 3.100 = 2.900 kVAR a mais do que o valor limite estipulado pela concessionária, a partir do qual multas são aplicadas. Isto representa um gasto adicional de 12(2.900)(0,22) = R$ 7.656,00 por ano em decorrência de multas.

Se o cliente optar por instalar apenas um banco de capacitores de 1.000 kVAR (a um custo de R$ 2.390,00), o excesso de potência reativa é reduzido para 2.900 – 1.000 = 1900 kVAR, de forma que a multa anual é agora de 12(1.900)(0,22) = R$ 5.016,00. Tem-se portanto um custo anual de R$ 5.016,00 + R$ 2.390,00 = R$ 7.406,00, o que representa uma economia de R$ 250,00. Se o cliente optar por instalar apenas um banco de capacitores de 2.000 kVAR (a um custo de R$ 3.130,00), o excesso de potência reativa é reduzido para 2.900 – 2.000 = 900 kVAR, de forma que o valor total da multa ao longo de um ano é agora de 12(900)(0,22) = R$2.376,00. Com isso, tem-se um custo total anual de R$ 2376,00 + R$ 3.130,00 = R$ 5.506,00, o que representa uma economia de R$ 2.150,00 por ano. Se, no entanto, o consumidor resolver instalar um banco de capacitores de 3.000 kVAR de forma a não pagar nenhuma multa, isto lhe custará R$ 14,00 a mais por ano em comparação com a instalação de apenas 2.000 kVAR.

É fácil mostrar que a potência complexa fornecida a várias cargas interconectadas é igual à soma das potências complexas fornecidas separadamente a cada uma das cargas, não importando como estas cargas estejam interconectadas. Por exemplo, considere as duas cargas em paralelo mostradas na Figura 11.20. Se valores rms forem assumidos, a potência complexa total drenada por elas é dada por

$$\mathbf{S} = \mathbf{V}\mathbf{I}^* = \mathbf{V}(\mathbf{I}_1 + \mathbf{I}_2)^* = \mathbf{V}(\mathbf{I}_1^* + \mathbf{I}_2^*)$$

e portanto

$$\mathbf{S} = \mathbf{V}\mathbf{I}_1^* + \mathbf{V}\mathbf{I}_2^*$$

conforme afirmamos.

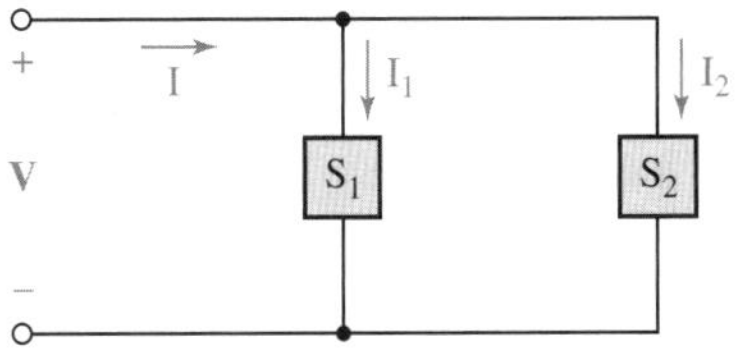

▲ **FIGURA 11.20** Circuito utilizado para mostrar que a potência complexa drenada por duas cargas em paralelo é igual à soma das potências complexas drenadas pelas cargas individualmente.

▶ EXEMPLO 11.9

Um consumidor industrial está operando um motor de indução de 50 kW (67,1 hp) com um FP atrasado de 0,8. A tensão da fonte é de 230 V rms. Para obter uma menor tarifação, o consumidor deseja elevar o FP para 0,95 atrasado. Especifique uma solução adequada.

Embora o FP possa ser elevado com o aumento da potência real, mantendo-se uma potência reativa constante, isso não resultaria em uma conta mais baixa e portanto não resolve os problemas do consumidor. Uma carga puramente reativa deve ser adicionada ao sistema, e está claro que ela deve ser inserida em paralelo, já que a tensão de alimentação do motor de indução não deve ser alterada. O circuito da Figura 11.21 é portanto aplicável se interpretarmos $\mathbf{S}_1$ como a potência complexa do motor e $\mathbf{S}_2$ como a potência complexa drenada pelo dispositivo de correção.

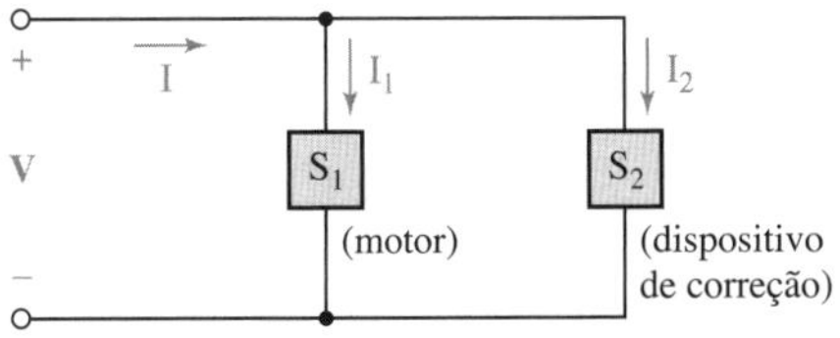

▲ **FIGURA 11.21**

A potência complexa fornecida ao motor de indução deve ter uma parte real de 50 kW e um ângulo de $\cos^{-1}(0,8)$, ou 36,9°. Portanto,

$$\mathbf{S}_1 = \frac{50\underline{/36,9^\circ}}{0,8} = 50 + j37,5 \text{ kVA}$$

Para se obter um FP de 0,95, a potência complexa total deve se tornar

$$\mathbf{S} = \mathbf{S}_1 + \mathbf{S}_2 = \frac{50}{0,95}\underline{/\cos^{-1}(0,95)} = 50 + j16,43 \text{ kVA}$$

Logo, a potência complexa drenada pela carga corretiva é

$$\mathbf{S}_2 = -\ j21{,}07 \text{ kVA}$$

A impedância de carga $\mathbf{Z}_2$ necessária pode ser obtida a partir de vários passos simplificados. Selecionamos um ângulo de fase de 0° para a fonte de tensão, e portanto a corrente drenada por $\mathbf{Z}_2$ é

$$\mathbf{I}_2^* = \frac{\mathbf{S}_2}{\mathbf{V}} = \frac{-\ j21{,}070}{230} = -\ j91{,}6 \text{ A}$$

ou

$$\mathbf{I}_2 = j91{,}6 \text{ A}$$

Portanto,

$$\mathbf{Z}_2 = \frac{\mathbf{V}}{\mathbf{I}_2} = \frac{230}{j91{,}6} = -\ j2{,}51\ \Omega$$

Se a frequência de operação for igual a 60 Hz, esta carga pode ser obtida com a instalação de um capacitor de 1056 μF em paralelo com o motor. Entretanto, seu custo inicial, manutenção e depreciação devem ser cobertos pela redução na conta de energia.

▶ EXERCÍCIO DE FIXAÇÃO

11.9 Para o circuito mostrado na Figura 11.22, obtenha a potência complexa absorvida (*a*) pelo resistor de 1 Ω; (*b*) pelo capacitor de $-j10\ \Omega$; (*c*) pela impedância de $5 + j10\ \Omega$; (*d*) pela fonte.

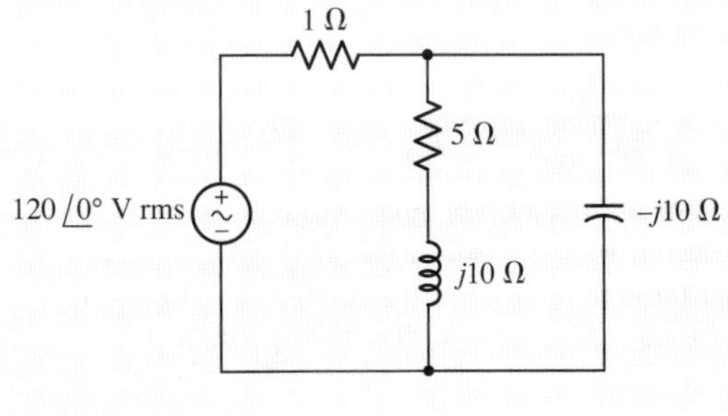

▲ **FIGURA 11.22**

Resposta: $26{,}6 + j0$ VA; $0 - j1331$ VA; $532 + j1065$ VA; $-559 + j266$ VA.

▶ EXERCÍCIO DE FIXAÇÃO

11.10 Uma fonte de tensão de 440 V rms fornece potência a uma carga $\mathbf{Z}_L = 10 + j2\ \Omega$ por meio de uma linha de transmissão com resistência total de 1,5 Ω. Determine (*a*) a potência média e a potência aparente fornecidas à carga; (*b*) as potências média e aparente perdidas na linha de transmissão; (*c*) as potências média e aparente fornecidas pela fonte; (*d*) o fator de potência com o qual a fonte opera.

Resposta: 14,21 kW, 14,49 kVA; 2,131 kW, 2,131 kVA; 16,34 kW, 16,59 kVA; 0,985 atrasado.

RESUMO E REVISÃO

Neste capítulo, foi introduzido um número adequado de termos referentes à potência (resumidos na Tabela 11.2), que podem parecer bastante distintos da unidade watt empregada até então. A nova terminologia é em grande parte relevante para sistemas de potência CA, onde tensões e correntes são de regra considerados senoidal (o predomínio no uso de fontes chaveadas na maioria dos computadores pode alterar esta situação, um tema para textos mais avançados em Sistemas de Potência). Depois de esclarecer o que se entende por potência instantânea, discutimos o conceito de potência média P. Esta grandeza não está em função do tempo, mas é uma forte função da diferença de fase entre as formas de onda de tensão e corrente senoidais. Elementos puramente reativos tais como indutores e capacitores ideais não consomem *potência média.* Uma vez que tais elementos aumentam a magnitude da corrente que flui entre a fonte e a carga, no entanto, dois novos termos são de uso *comum: potência aparente* e *fator de potência.* A potência média e a potência aparente são exatamente iguais quando a tensão e a corrente estão em fase (ou seja, relacionadas a uma carga puramente resistiva). O fator de potência nos dá um indicador numérico de quanto uma carga particular é reativa: um fator de potência (FP) unitário, corresponde a uma carga puramente resistiva (se há indutores presentes, eles estão sendo "cancelados" por uma capacitância apropriada); um FP zero indica uma carga puramente reativa, e o sinal do ângulo indica se a carga é capacitiva ou indutiva. Colocando todos estes conceitos juntos permitiu-nos criar uma representação mais compacta conhecida como *potência complexa,* **S**. O módulo de **S** é a potência aparente, P é a parte real de **S** e Q, a *potência reativa* (zero para cargas resistivas), é a parte imaginária de **S**.

TABELA 11.2 ▶ Um Resumo de Termos Relevantes

Grandeza	Símbolo	Unidade	Descrição
Potência instantânea	$p(t)$	W	$p(t) = v(t)i(t)$. É o valor da potência em um instante de tempo específico. Não é o produto dos fasores de tensão e corrente!
Potência Média	P	W	No regime permanente senoidal, $P = \frac{1}{2}V_m I_m \cos(\theta - \phi)$, onde θ é o ângulo da tensão e ϕ é ângulo da corrente. Reatâncias não contribuem para P.
Valor eficaz ou rms	V_{rms} ou I_{rms}	V ou A	Definido como $I_{ef} = \sqrt{\frac{1}{T}\int_0^T i^2\,dt}$; se $i(t)$ for senoidal, então $I_{ef} = I_m/\sqrt{2}$.
Potência aparente	$\lvert\mathbf{S}\rvert$	VA	$\lvert\mathbf{S}\rvert = V_{ef} I_{ef}$ e corresponde ao máximo valor que a potência média pode atingir; $P = \lvert\mathbf{S}\rvert$ apenas para cargas resistivas puras.
Fator de potência	FP	Nenhuma	Relação entre a potência média e a potência aparente. O FP é igual a unidade para uma carga puramente resistiva e zero para uma carga puramente reativa.
Potência reativa	Q	VAR	É uma maneira de se medir a taxa de troca de energia entre cargas reativas.
Potência complexa	**S**	VA	Uma grandeza complexa conveniente que contém tanto a potência média P quanto a potência reativa Q; $\mathbf{S} = P + jQ$

Ao longo do caminho, fizemos uma pausa para introduzir a noção de valores eficazes de corrente e tensão, muitas vezes referidos como *valores rms.*

Deve se tomar cuidado deste ponto em diante ao estabelecer se um valor de tensão ou corrente em particular está sendo referido como o módulo ou o seu valor rms correspondente, pois ~ 40% de erro, pode ser introduzido. Curiosamente também descobrimos uma extensão do teorema da máxima potência encontrado no Capítulo 5, ou seja, que a máxima potência média é entregue a uma carga cuja impedância Z_L é o *complexo conjugado* da impedância equivalente de Thévenin da rede à qual ele está conectado.

Por conveniência, estão resumidos a seguir os pontos fundamentais do capítulo, juntamente com os números de exemplo correspondentes.

- A potência instantânea absorvida por um elemento é dada pela expressão $p(t) = v(t)i(t)$. (Exemplos 11.1, 11.2)
- A potência média fornecida a uma impedância por uma fonte senoidal é dada por $(1/2)V_m I_m \cos(\theta - \phi)$, onde θ = ângulo de fase da tensão e ϕ = ângulo de fase da corrente. (Exemplo 11.2)
- Apenas o componente *resistivo* de uma carga drena potência média diferente de zero. A potência média entregue ao componente *reativo* de uma carga é nula. (Exemplos 11.3, 11.4)
- Máxima transferência de potência ocorre quando a condição $\mathbf{Z}_L = \mathbf{Z}_{th}^*$ é satisfeita. (Exemplo 11.5)
- Quando estão presentes múltiplas fontes, cada uma operando em uma frequência diferente, as contribuições individuais para a potência média pode ser somadas. Isso não é verdadeiro para fontes operando na mesma frequência. (Exemplos 11.6, 11.7)
- O valor eficaz ou rms de um sinal senoidal é obtido com a divisão de seu valor máximo por $\sqrt{2}$.
- O fator de potência (FP) de uma carga é a relação entre a potência média dissipada e a potência aparente. (Exemplo 11.8)
- Uma carga puramente resistiva tem fator de potência unitário. Uma carga puramente reativa tem fator de potência nulo. (Exemplo 11.8)
- A potência complexa é definida como $\mathbf{S} = P + jQ$, ou $\mathbf{S} = \mathbf{V}_{ef}\mathbf{I}_{ef}^*$. Sua unidade é o volt-ampère (VA). (Exemplo 11.9)
- A potência reativa é a parte imaginária da potência complexa, e é uma medida da taxa de troca de energia entre os componentes reativos de uma carga. Sua unidade é o volt-ampèrerreativo (VAR). (Exemplo 11.9)
- Bancos de capacitores são comumente usados para melhorar o FP de cargas industriais, de forma a minimizar a demanda de potência reativa. (Exemplo 11.9)

LEITURA COMPLEMENTAR

Uma boa revisão a respeito de conceitos sobre a potência CA pode ser encontrada no Capítulo 2 de:

B. M. Weedy, *Electric Power Systems*, 3rd ed. Chichester, England: Wiley, 1984.

Assuntos contemporâneos referentes aos sistemas elétricos de potência podem ser encontrados em:

International Journal of Electrical Power & Energy Systems. Guildford, England: IPC Science and Technology Press, 1979–. ISSN: 0142-0615.

EXERCÍCIOS

11.1 Potência Instantânea

1. Determine a potência instantânea entregue ao resistor de 1 Ω da Figura 11.23 em $t = 0$, $t = 1$ s e $t = 2$ s se v_s é igual (*a*) 9 V, (*b*) 9 sen 2t V, (*d*) 9 sen $(2t + 13°)$ V, (d) 9 e^{-t} V.

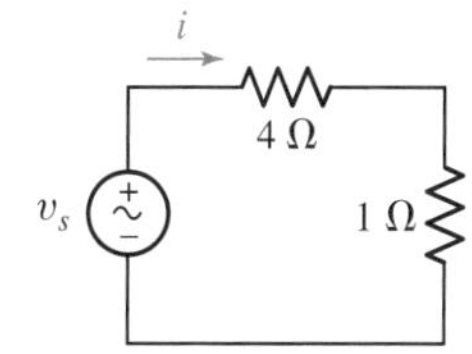

▲ **FIGURA 11.23**

2. Determine a potência absorvida em $t = 1{,}5$ ms por cada um dos três elementos do circuito mostrado na Figura 11.24, se v_s é igual a (*a*) $30u(-t)$ V; (*b*) $10 + 20\,u(t)$ V.

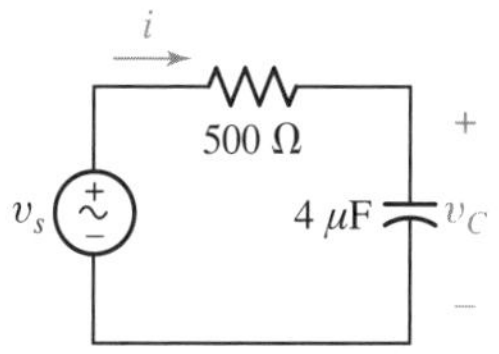

▲ **FIGURA 11.24**

3. Calcule a potência absorvida em $t = 0^-$, $t = 0^+$ e $t = 200$ ms por cada um dos elementos do circuito da Figura 11.25, se v_s é igual a (*a*) $-10u(-t)$ V; (*b*) $20 + 5u(t)$ V.

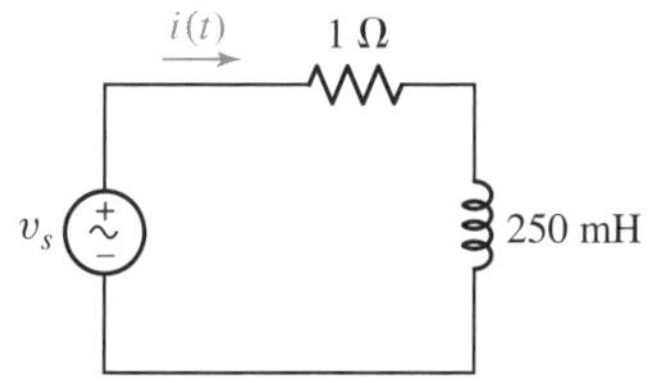

◀ **FIGURA 11.25**

4. Três elementos estão ligados em paralelo: um resistor de 1 kΩ, um indutor de 15 mH, e uma fonte senoidal de 100 cos $(2 \times 10^5\,t)$ mA. Todos os transitórios já desapareceram há algum tempo, de modo que o circuito está operando em regime permanente. determine a potência absorvida por cada um dos elementos em $t = 10$ μs.

5. Seja $i_s = 4u(-t)$ A no circuito da Figura 11.26. (*a*) Mostre que, para todo $t > 0$, a potência instantânea absorvida pelo resistor é igual em valor, mas com sinal oposto da potência instantânea absorvida pelo capacitor; (*b*) determine a potência absorvida pelo resistor em t = 60 ms.

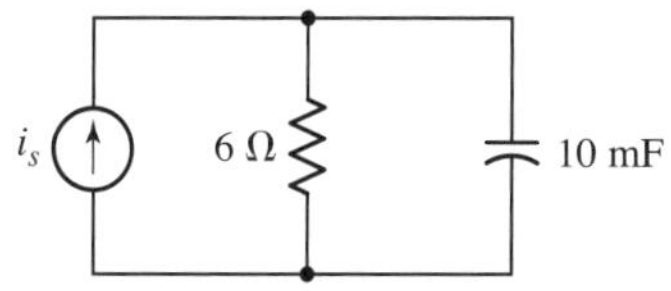

▲ **FIGURA 11.26**

6. A fonte de corrente no circuito da Figura 11.26 é dada por $i_s = 8 - 7u(t)$ A. Calcule a potência absorvida por todos os três elementos em $t = 0^-$, $t = 0^+$ e $t = 75$ ms.

7. Assumindo que não há transitórios presentes, calcule a potência absorvida por cada elemento mostrado no circuito da Figura 11.27 em $t = 0$, 10 e 20 ms.

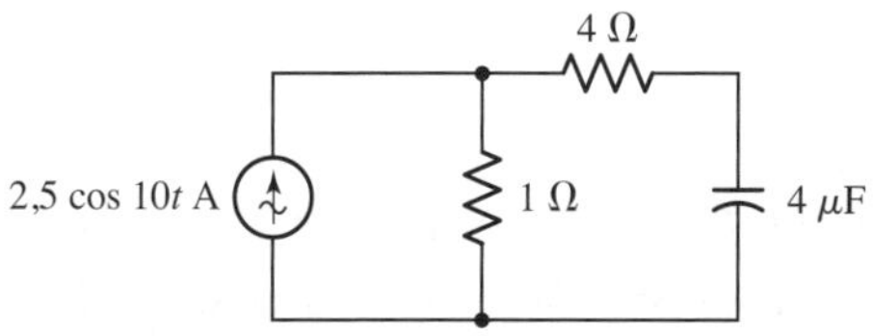

◀ **FIGURA 11.27**

8. Na Figura 11.28 calcule a potência absorvida pelo indutor em $t = 0$ e $t = 1$ s se $v_s = 10\,u(t)$ V.

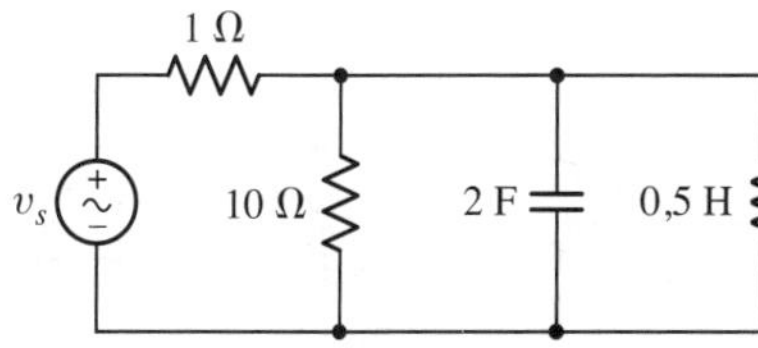

▲ **FIGURA 11.28**

9. Um capacitor de 100 mF está armazenando 100 mJ de energia até o momento em que um condutor de resistência de 1,2 Ω cai sobre seus terminais. Qual é a potência instantânea dissipada no condutor em t = 120 ms? Se o calor específico[3] do condutor é de 0,9 kJ/kg · K e a sua massa é de 1 g, estime o aumento na temperatura do condutor no primeiro segundo de descarga do capacitor, assumindo que a temperatura inicial de ambos os elementos seja de 23° C.

10. Se considerarmos uma descarga atmosférica nuvem-solo típica para representar uma corrente de 30 kA num intervalo de 150 μs, calcule (*a*) a potência instantânea entregue a uma haste de cobre com resistência de 1,2 mΩ durante a descarga; (*b*) calcule a energia total entregue à haste.

11.2 Potência Média

11. A corrente fasorial $\mathbf{I} = 9\angle 15^\circ$ mA (a senoide operando em 45 rad/s) é aplicada à uma associação em série de um resistor de 18 kΩ e um capacitor de 1 μF. Obtenha uma expressão para (*a*) a potência instantânea e (*b*) a potência média absorvida pela carga combinada.

12. Uma tensão fasorial $\mathbf{V} = 100\angle 45^\circ$ V (a senoide operando em 155 rad/s) é aplicada na associação paralela de um resistor de 1 Ω e um indutor de 1 mH. (*a*) Obtenha uma expressão para a energia média absorvida por cada elemento passivo; (*b*) faça o gráfico da potência instantânea fornecida à associação em paralelo, juntamente com a potência instantânea absorvida por cada elemento separadamente. (Utilize um único gráfico.)

13. Calcule a potência média fornecida pela corrente $4 - j2$ A para (*a*) $\mathbf{Z} = 9\ \Omega$; (*b*) $\mathbf{Z} = -\,j1000\ \Omega$; (*c*) $\mathbf{Z} = 1 - j2 + j3\ \Omega$; (*d*) $\mathbf{Z} = 6\angle 32^\circ\ \Omega$; (*e*) $\mathbf{Z} = \dfrac{1{,}5\angle -19^\circ}{2 + j}$ kΩ.

14. Com relação ao circuito de duas malhas da Figura 11.29, determine a potência média absorvida por cada elemento passivo e a potência média fornecida por cada fonte, e verifique se a potência média total fornecida = potência média total absorvida.

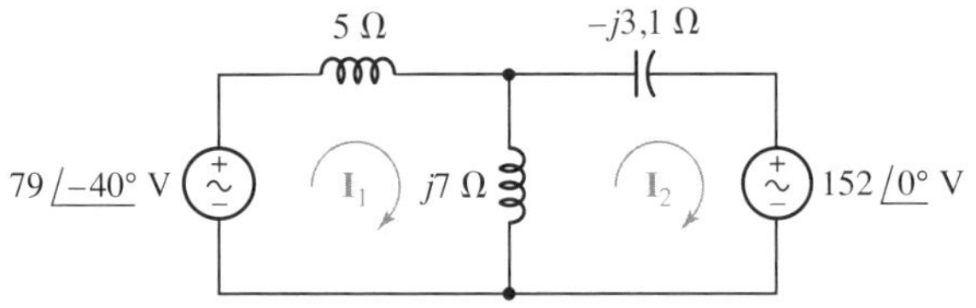

◀ FIGURA 11.29

15. (*a*) Calcule a potência média absorvida por cada elemento passivo no circuito da Figura 11.30, e verifique se ela é igual a potência média fornecida pela fonte; (*b*) verifique sua solução com uma simulação apropriada no PSpice.

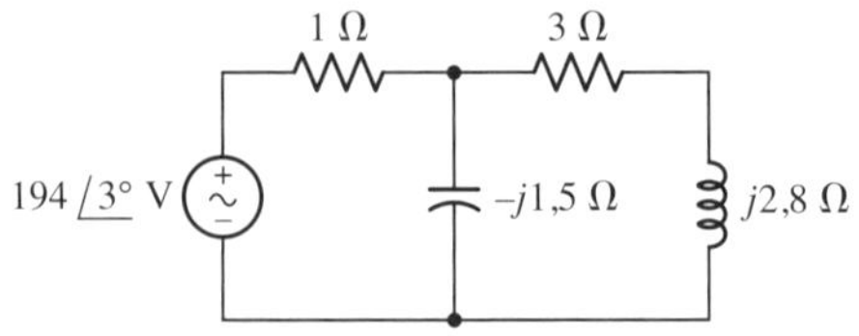

◀ FIGURA 11.30

16. (*a*) Qual impedância de carga $\mathbf{Z}_L$ vai extrair a máxima potência média da fonte mostrada na Figura 11.31? (*b*) Calcule a máxima potência média fornecida à carga.

17. A indutância da Figura 11.31 é substituída pela impedância de $9 - j8$ kΩ. Repita o Exercício 16.

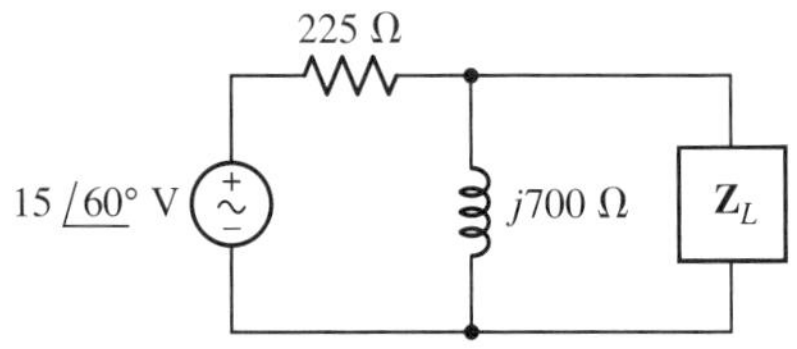

▲ FIGURA 11.31

[3] Assuma que o calor específico c seja dado por $c = Q/m \cdot \Delta T$, onde Q = energia entregue ao condutor, m é sua massa e ΔT é o aumento na temperatura.

18. Determine a potência média fornecida pela fonte dependente no circuito da Figura 11.32.

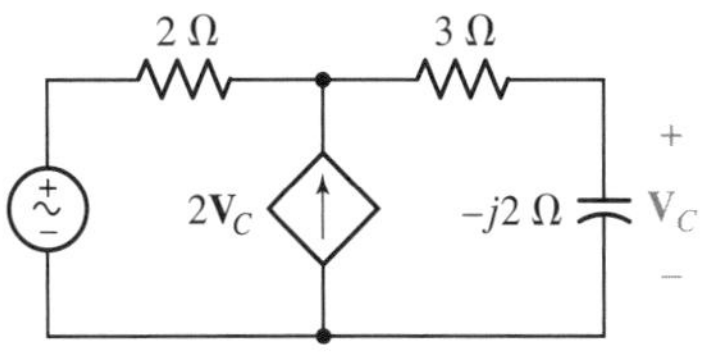

▲ **FIGURA 11.32**

19. (*a*) Calcule a potência média fornecida a cada elemento passivo no circuito da Figura 11.33; (*b*) determine a potência fornecida por cada fonte; (*c*) substitua a carga resistiva de 8 Ω com uma impedância capaz de drenar a máxima potência média do circuito remanescente; (*d*) Verifique sua solução com uma simulação no PSpice.

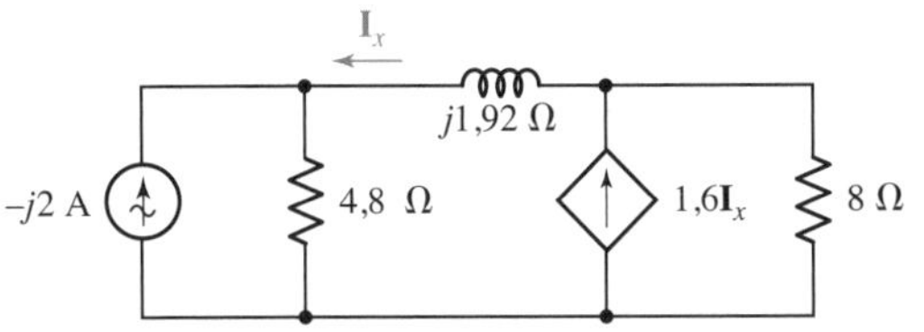

◀ **FIGURA 11.33**

20. (*a*) Calcule o valor médio de cada forma de onda mostrada na Figura 11.34; (*b*) eleve ao quadrado cada forma de onda, e determine o valor médio de cada nova forma de onda periódica.

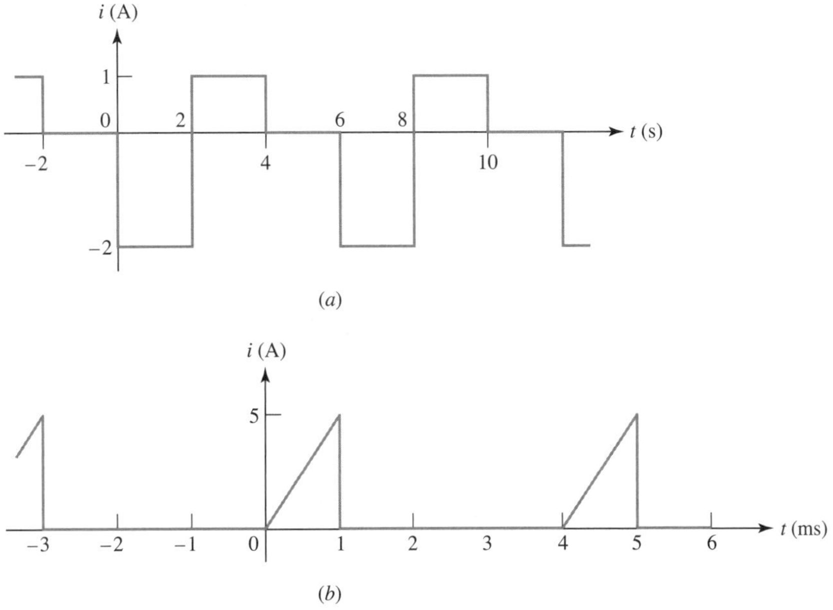

◀ **FIGURA 11.34**

21. Calcule a potência média entregue a uma carga de 2,2 Ω pela tensão v_s igual a (*a*) 5 V; (*b*) 4 cos 80*t* − 8 sen 80*t* V; (*c*) 10 cos 100*t* + 12,5 cos (100*t* + 19°) V.

11.3 Valores Eficazes de Tensão e Corrente

22. Calcule o valor eficaz das seguintes formas de onda: (*a*) 7 sen 30*t* V; (*b*) 100 cos 80*t* mA; (*c*) 120 $\sqrt{2}$ cos (5000*t* − 45°) V; (*d*) $\frac{100}{\sqrt{2}}$ sen (2t + 72°) A.

23. Determine o valor eficaz das seguintes formas de onda: (*a*) 62,5 cos 100 t mV; (*b*) 1,95 cos 2*t* A; (*c*) 280 $\sqrt{2}$ cos (100π*t* + 29°) V; (*d*) $\frac{400}{\sqrt{2}}$ sen (2.000 t − 14°) A.

24. Calcule o valor eficaz de (*a*) *i*(*t*) = 3 sen 4t, *v*(*t*) = 4 sen 20*t* cos 10*t*; (*b*) *i*(*t*) = 2 − sen 10*t* mA, (*c*) a forma de onda da Figura 11.35.

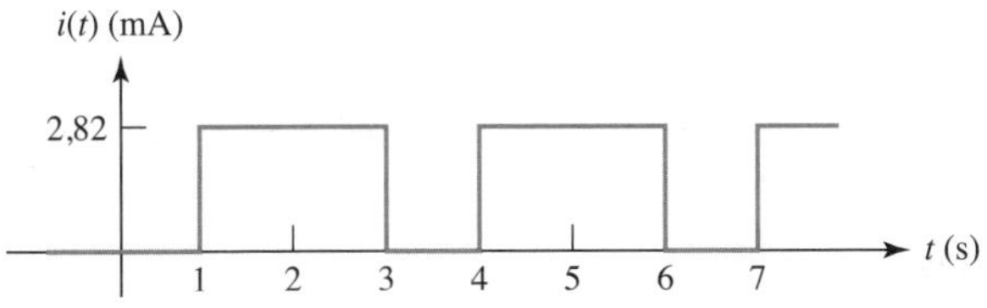

◀ **FIGURA 11.35**

25. Para cada forma de onda representada na Figura 11.34, determine sua frequência, período e valor eficaz.

26. Determine os valores médio e eficaz de cada forma de onda representada na Figura 11.36.

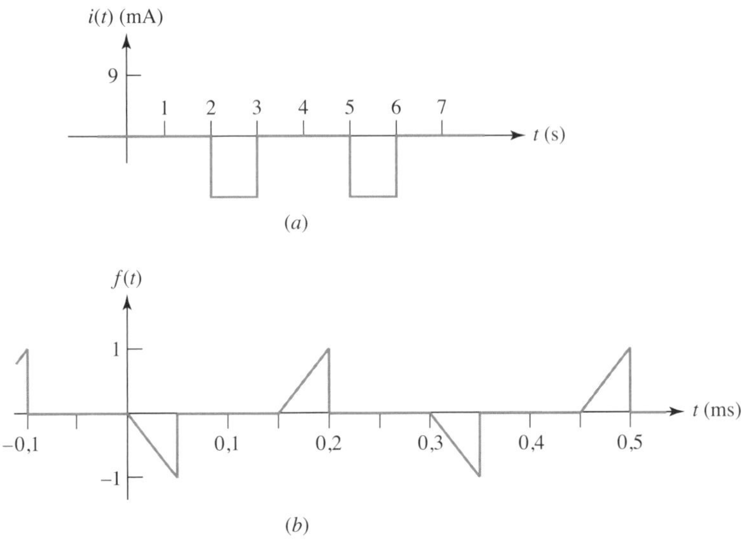

▶ **FIGURA 11.36**

27. Uma associação em série de um resistor de 1 kΩ e um indutor de 2 H, não deve dissipar mais de 250 mW de potência instantânea. Supondo uma corrente senoidal cuja frequência é ω=500 rad/s, qual a maior corrente eficaz que pode circular por esta associação em série?

28. Para cada uma das seguintes formas de onda, determine o seu período, sua frequência, e seu valor eficaz: (*a*) 5 V, (*b*) 2 sen $80t - 7\cos 20t + 5$ V; (*c*) 5 cos $50t + 3$ sen $50t$ V; (*d*) 8 $\cos^2 90t$ mA; (*e*) Verifique suas respostas com uma simulação apropriada.

29. Em relação ao circuito da Figura 11.37, determine se um valor puramente real de R pode resultar na mesma tensão eficaz sobre o indutor de 14 mH e o resistor R. Em caso afirmativo, calcule o valor de R e a tensão eficaz neste elemento; caso contrário, explique por que isto não é possível.

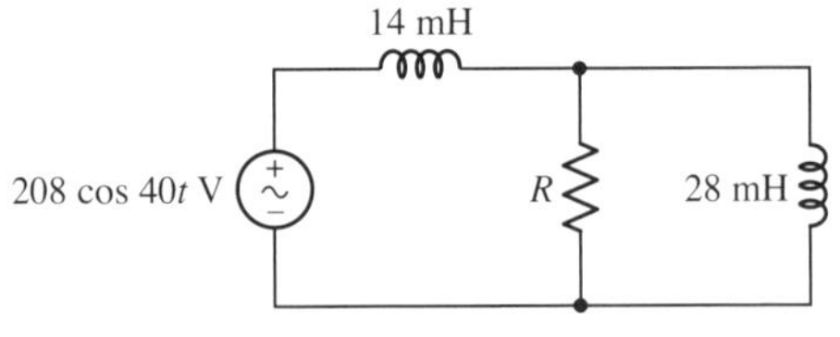

◀ **FIGURA 11.37**

30. (*a*) Calcule os valores médio e eficaz da forma de onda da Figura 11.38; (*b*) verifique suas soluções com simulações apropriadas no PSpice (Dica: você pode empregar duas formas de onda de pulso somadas).

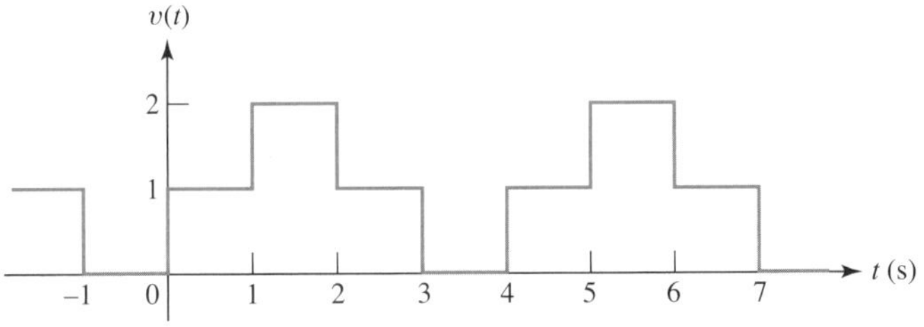

▲ **FIGURA 11.38**

11.4 Potência Aparente e Fator de Potência

31. Para o circuito da Figura 11.39, calcule a potência média entregue para cada carga, a potência aparente fornecida pela fonte, e o fator de potência da carga total, se (*a*) $\mathbf{Z}_1 = 14\angle 32^\circ\ \Omega$ e $\mathbf{Z}_2 = 22\ \Omega$; (*b*) $\mathbf{Z}_1 = 2\angle 0^\circ\ \Omega$ e $\mathbf{Z}_2 = 6 - j\Omega$, (*c*) $\mathbf{Z}_1 = 100\angle 70^\circ\ \Omega$ e $\mathbf{Z}_2 = 75\angle 90^\circ\ \Omega$.

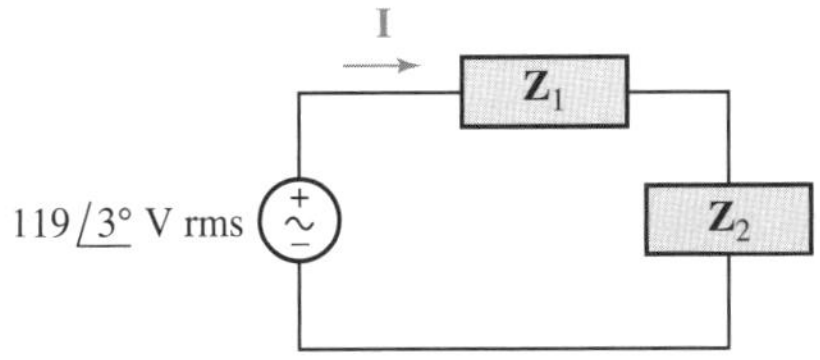

▲ **FIGURA 11.39**

32. Calcule o fator de potência da carga total do circuito representado na Figura 11.39 se (*a*) as cargas são puramente resistivas; (*b*) ambas as cargas são puramente indutivas e $\omega = 100$ rad /s.; (*c*) ambas as cargas são puramente capacitivas e $\omega = 200$ rad/s; (*d*) $\mathbf{Z}_1 = 2\mathbf{Z}_2 = 5 - j8\ \Omega$.

33. Uma determinada carga está ligada em um sistema de alimentação CA. Sabendo que a carga é caracterizada por perdas resistivas associadas a outras perdas existentes em capacitores, indutores ou nenhum desses elementos (observação: as perdas podem existir em apenas um tipo de elemento, mas nunca em ambos simultaneamente), qual o tipo de elemento reativo é parte da carga, se o fator de potência medido é (*a*) unitário; (*b*) 0,85 atrasado; (*c*) 0,221 adiantado; (*d*) cos (–90°)?

34. Uma carga desconhecida está conectada a uma tomada elétrica padrão europeu (240 V rms, 50 Hz). Determine a diferença do ângulo de fase entre a tensão e a corrente, e se a tensão está adiantada ou atrasada em relação à corrente, se (*a*) $\mathbf{V} = 240\angle 43^\circ$ V rms e $\mathbf{I} = 3\angle 9^\circ$ A rms; (*b*) o fator de potência da carga é de 0,55 atrasado; (*c*) o fator de potência da carga é 0,685 adiantado; (*d*) a carga capacitiva drena uma potência média de 100 W e 500 volt-ampéres de potência aparente.

35. DP (*a*) Projete uma carga que drene uma potência média de 25 W com um FP adiantado de 0,88, de uma tomada elétrica padrão norte-americano (120 V rms, 60 Hz); (*b*) projete uma carga sem capacitor que drene uma potência média de 150 W e potência aparente de 25 VA de uma tomada elétrica padrão leste do Japão (110 V rms, 50 Hz).

36. Assumindo uma frequência de operação de 40 rad/s para o circuito mostrado na Figura 11.40, e uma impedância de carga de $50\angle -100^\circ\ \Omega$, calcule (*a*) a potência instantânea entregue separadamente para a carga e para o resistor shunt 1 kΩ em t = 20 ms; (*b*) a potência média entregue aos dois elementos passivos; (*c*) a potência aparente fornecida à carga; (*d*) o fator de potência de operação da fonte.

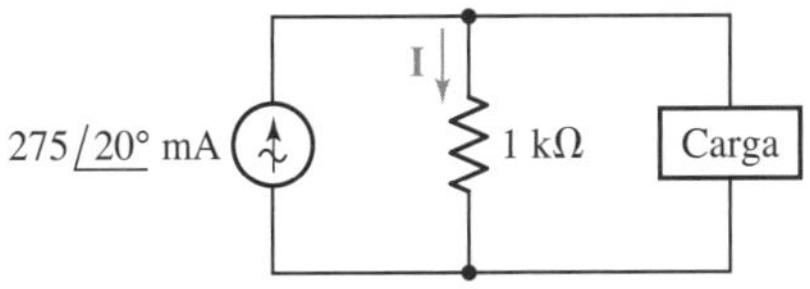

▲ **FIGURA 11.40**

37. Calcule o fator de potência em que a fonte na Figura 11.40 está operando, se a carga é (*a*) puramente resistiva; (*b*) 1.000 + j900 Ω; (*c*) $500\angle -5^\circ\ \Omega$.

38. Determine a impedância de carga para o circuito ilustrado na Figura 11.40 se a fonte está operando com um PF de (*a*) 0,95 adiantado; (*b*) unitário; (*c*) 0,45 atrasado.

39. Para o circuito da Figura 11.41, encontre a potência aparente entregue a cada carga, e o fator de potência em que a fonte opera, se

(*a*) $\mathbf{Z}_A = 5 - j2\ \Omega$, $\mathbf{Z}_B = 3\ \Omega$, $\mathbf{Z}_C = 8 + j4\ \Omega$ e $\mathbf{Z}_D = 15\angle -30^\circ\ \Omega$;

(b) $\mathbf{Z}_A = 2\angle -15^\circ\ \Omega$, $\mathbf{Z}_B = 1\ \Omega$, $\mathbf{Z}_C = 2 + j\Omega$ e $\mathbf{Z}_D = 4\angle 45^\circ\ \Omega$

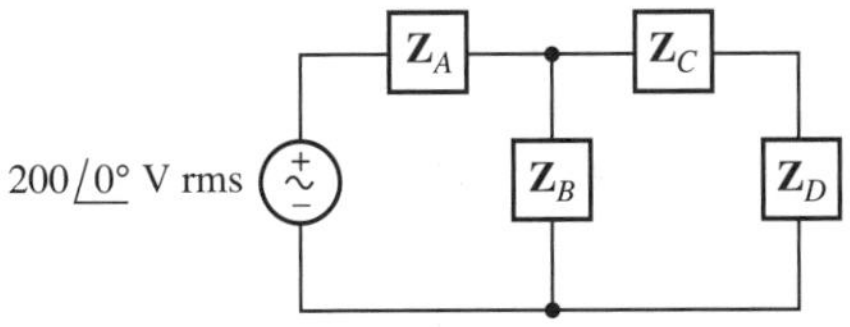

◀ **FIGURA 11.41**

11.5 Potência Complexa

40. Calcule a potência complexa **S** (na forma polar), drenada por uma determinada carga se é sabido que (*a*) ela dissipa 100 W de potência média com FP de 0,75 atrasado; (*b*) ela drena uma corrente $\mathbf{I} = 9 + j5$ A rms quando é submetida a uma tensão de $120\underline{/32^\circ}$ V rms, (*c*) ela drena uma potência média de 1.000 W e uma potência reativa de 10 VAR com FP adiantado; (*d*) ele drena uma potência aparente de 450 W com um FP de 0,65 atrasado.

41. Calcule a potência aparente, o fator de potência e a potência reativa associados uma carga se ela dissipa uma potência complexa **S** igual a (*a*) $1 + j0{,}5$ kVA; (*b*) 400 VA; (*c*) $150\underline{/-21^\circ}$ VA; (*d*) $75\underline{/25^\circ}$ VA.

42. Para cada triângulo de potência representado na Figura 11.42, determine **S** (na forma polar) e o FP.

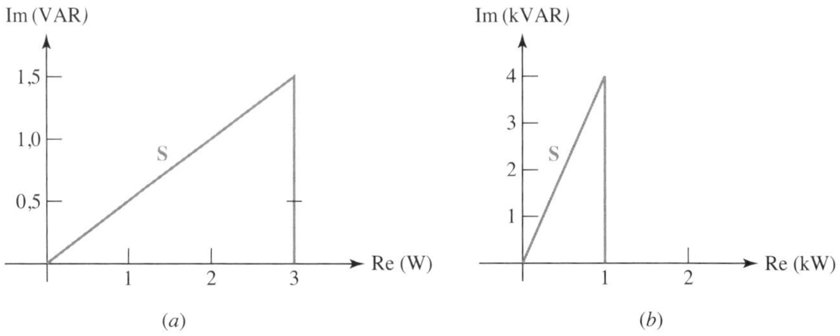

▲ **FIGURA 11.42**

43. Referindo-se à rede representada na Figura 11.21, se o motor drena uma potência complexa de $150\underline{/24^\circ}$ VA, (*a*) determine o FP em que a fonte opera; (*b*) determine a impedância do dispositivo de correção necessária para alterar o FP da fonte para 0,98 atrasado. (*c*) é fisicamente possível obter um FP adiantado para a fonte? Explique.

44. Determine a potência complexa absorvida por cada componente passivo no circuito da Figura 11.43, e o fator de potência em que a fonte está operando.

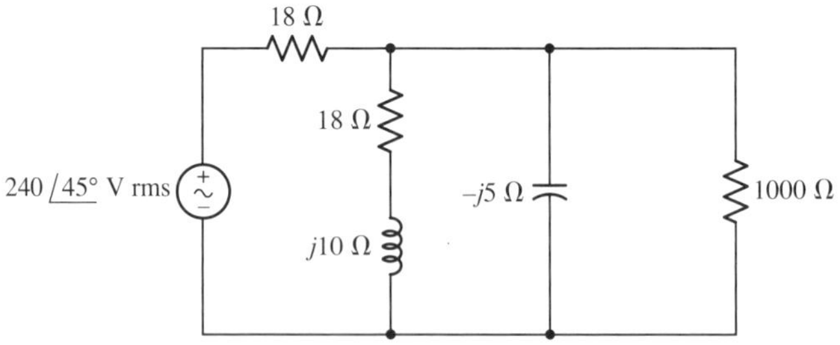

◀ **FIGURA 11.43**

45. Qual valor de capacitância deve ser adicionado em paralelo com o resistor de 10 Ω da Figura 11.44 para aumentar a FP da fonte para 0,95 a 50 Hz?

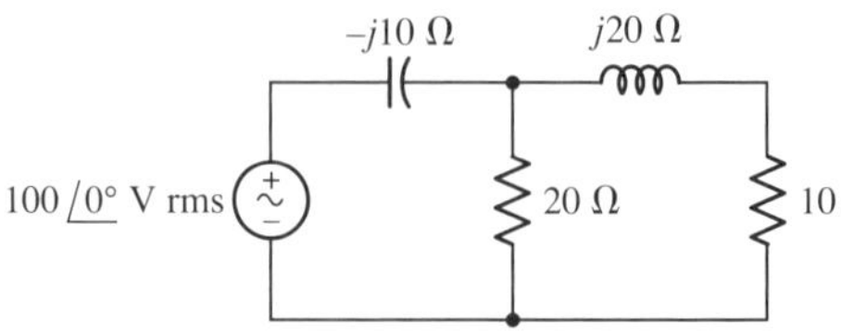

◀ **FIGURA 11.44**

46. A operação do forno de uma madeireira local tem uma demanda mensal de potência média de 175 kW, mas associado a um consumo médio mensal de energia reativa de 205 kVAR. Se a concessionária que fornece energia para a madeireira cobra \$ 0,15 por kVAR para cada kVAR acima do valor de referência (0,7 vezes o pico da demanda de potência média), (*a*) estime o custo anual para a madeireira de multas devido à violação do Fator de Potência; (*b*) calcule a quantia economizada nos primeiro e segundo anos, respectivamente, se 100 kVAR de capacitores para compensação podem ser comprados por \$ 75 cada (com valor da instalação incluso).

DP

47. Calcule a potência complexa entregue a cada componente passivo do circuito mostrado na Figura 11.45, e determine o fator de potência da fonte.

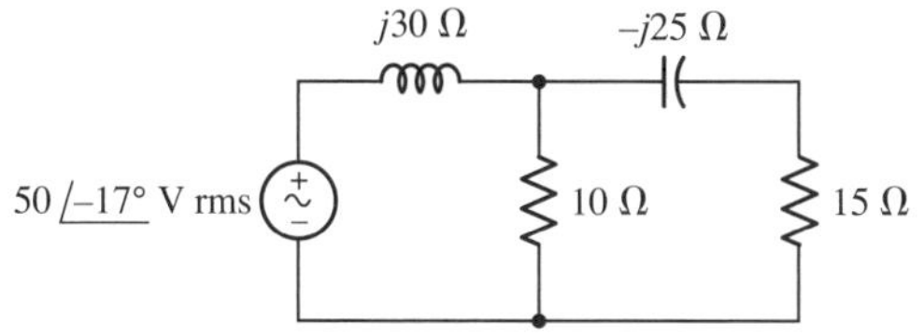

◀ **FIGURA 11.45**

48. Substitua o resistor de10 Ω no circuito da Figura 11.45 por um indutor de 200 mH, adote uma frequência de operação de 10 rad/s, e calcule (*a*) o FP da fonte; (*b*) a potência aparente fornecida pela fonte; (*c*) a energia reativa entregue pela fonte.

49. Em vez de incluir um capacitor, conforme indicado na Figura 11.45, o circuito é erroneamente construído usando dois indutores idênticos, cada um com uma impedância j30 operando numa frequência de 50 Hz. (*a*) Calcule a potência complexa entregue a cada componente passivo; (*b*) verifique sua solução pelo cálculo da potência complexa fornecida pela fonte; (*c*) em que o fator de potência a fonte está operando?

50. Utilizando a mesma estratégia empregada no Exemplo 11.9, deduza a Equação [28], a qual permite calcular o valor da capacitância para a correção do FP para uma frequência de operação qualquer.

Exercícios de integração do capítulo

51. Uma carga drena 10 A rms quando ligada a uma fonte de alimentação de 1200 V rms operando em 50 Hz. Se a fonte trabalha com um FP de 0,9 atrasado, calcule (*a*) o valor da tensão de pico; (*b*) a potência instantânea absorvida pela carga em t = 1 ms; (*c*) a potência aparente fornecida pela fonte; (*d*) a potência reativa fornecida para a carga; (*e*) a impedância da carga; e (*f*) a potência complexa fornecida pela fonte (na forma polar).

52. Para o circuito da Figura 11.46, assuma que a fonte opera em uma frequência de 100 rad/s. (*a*) determine o FP em que a fonte está operando; (*b*) Calcule a potência aparente absorvida por cada um dos três elementos passivos; (*c*) Calcule a potência média fornecida pela fonte; (*d*) determine o equivalente de Thévenin visto a partir dos terminais indicados por *a* e *b*, e calcule a potência média entregue a um resistor de 100 Ω ligado entre os mesmos terminais.

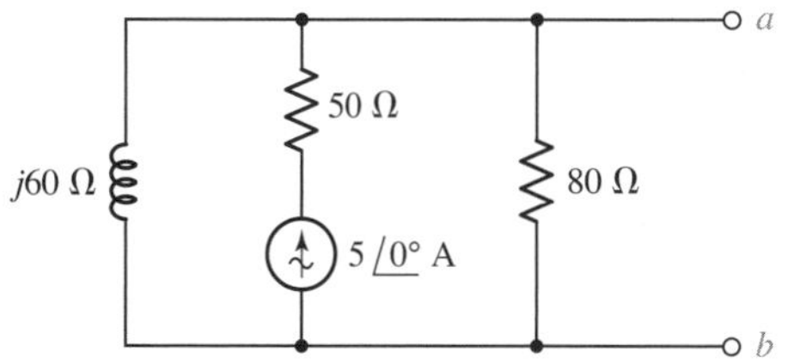

◀ **FIGURA 11.46**

53. Retire o resistor de 50 Ω da Figura 11.46, assuma uma frequência de operação de 50 Hz, e (*a*) determine o fator de potência da carga; (*b*) calcule a potência média entregue pela fonte; (*c*) calcule o potência instantânea absorvida pela indutância em t = 2 ms; (*d*) determine a capacitância, que deve ser ligada entre os terminais a e b para aumentar o FP da fonte para 0,95.

54. Uma fonte 45 sen 32t V é ligada em série com um resistor de 5 Ω e um indutor de 20 mH. Calcule (*a*) a potência reativa entregue pela fonte; (*b*) o potência aparente absorvida por cada um dos três elementos; (*c*) a potência complexa **S** absorvida por cada um dos elementos; (*d*) o fator de potência em que a fonte está operando.

55. Para o circuito da Figura 11.37, (*a*) deduza uma expressão para a potência complexa entregue pela fonte em termos da uma resistência R desconhecida; (*b*) calcule a capacitância necessária que deve ser adicionada em paralelo ao indutor de 28 mH para alcançar um FP unitário.

12 Circuitos Polifásicos

CONCEITOS FUNDAMENTAIS

- Sistemas de Potência Monofásicos
- Sistemas de Potência Trifásicos
- Fontes Trifásicas
- Tensão de Linha *versus* Tensão de Fase
- Corrente de Linha *versus* Corrente de Linha
- Redes Conectadas em Estrela
- Redes Conectadas em Triângulo
- Cargas Balanceadas
- Análise por Fase
- Medição de Potência em Sistemas Trifásicos

INTRODUÇÃO

A grande maioria da energia elétrica é fornecida aos consumidores na forma de tensões e correntes senoidais, normalmente chamadas de corrente alternada ou simplesmente CA.

Embora haja exceções, como por exemplo alguns tipos de motores de trem, a maioria dos equipamentos são projetados para funcionar em 50 ou 60 Hz.

A maioria dos sistemas em 60 Hz são agora padronizados para funcionarem em 120 V ou 220 V, enquanto os sistemas de 50 Hz tipicamente utilizam a tensão de 240 V (sendo que em ambos os casos esses valores são em RMS)[1]. A tensão real entregue a um aparelho pode ser um pouco diferente destes valores, e sistemas de distribuição utilizam tensões significativamente mais elevadas para minimizar o valor da corrente e, consequentemente, o diâmetro do cabo. Originalmente Thomas Edison defendeu uma rede de distribuição de energia puramente CC, supostamente devido à sua preferência pela álgebra simples necessária para analisar tais circuitos. Nikola Tesla e George Westinghouse, outros dois pioneiros no campo da eletricidade, propuseram sistemas de distribuição em CA visto que as perdas alcançadas foram significativamente menores. No final eles foram mais persuasivos, apesar de algumas manifestações bastante teatrais feitas por Edison.

A resposta transitória de sistemas de potência CA é de interesse quando da determinação do pico de demanda de potência, pois a maioria dos equipamentos requer uma corrente maior na partida do que durante sua operação contínua. Geralmente, no entanto, tem-se maior interesse na operação do sistema em regime permanente, e com isso nossa experiência com a análise fasorial se mostrará bastante oportuna. Neste capítulo apresentaremos um novo tipo de fonte de tensão, a fonte trifásica, que pode ser conectada em uma configuração Y a três ou quatro fios ou em uma configuração em Δ a três fios. Cargas também podem ser conectadas em Y ou em Δ, dependendo da aplicação.

[1] N. de T.: Esses valores de tensão e frequência são referentes a padrões americanos e europeus. Em outros países, os valores são diferentes, como, por exemplo, no Brasil, onde se utiliza 127 V, 220 V em 60 Hz.

12.1 ▶ SISTEMAS POLIFÁSICOS

Até agora, sempre que usamos o termo "fonte senoidal" imaginamos uma única tensão ou corrente senoidal com amplitude, frequência e fase específicas. Neste capítulo, apresentamos o conceito de fontes ***polifásicas***, mantendo o foco em sistemas trifásicos. Há distintas vantagens no uso de máquinas elétricas para gerar potência trifásica em vez de potência monofásica, e, além disso, há vantagens econômicas que favorecem a transmissão de energia via sistemas trifásicos. Embora a maioria dos equipamentos que tenhamos visto até agora seja monofásica, equipamentos trifásicos não são incomuns, especialmente em ambientes industriais. Em particular, motores usados em grandes sistemas de refrigeração e em maquinários frequentemente consomem potência trifásica. Nas demais aplicações, uma vez que estivermos familiarizados com os fundamentos dos sistemas polifásicos, veremos que é simples obter potência monofásica por meio da conexão de apenas uma "perna" do sistema polifásico.

Vamos olhar rapidamente para o mais comum dos sistemas polifásicos, o sistema trifásico balanceado. A fonte possui três terminais (sem contar com uma conexão de ***neutro*** ou de ***terra***), e medições feitas com um voltímetro mostram que tensões senoidais com amplitudes iguais estão presentes entre quaisquer dois terminais. Entretanto, essas tensões não estão em fase; cada uma das três tensões está 120° defasada das outras duas, com o sinal do ângulo de fase dependendo da sequência das tensões. Um conjunto possível de tensões está mostrado na Figura 12.1. Uma ***carga balanceada*** drena uma potência igual a partir de cada uma das três fases. *Em nenhum momento, a potência instantânea drenada pela carga se anula; na realidade, a potência instantânea total é constante.* Isto é vantajoso na operação de máquinas elétricas, pois mantém-se o torque no motor de forma muito mais constante do que se obteria com o emprego de uma fonte monofásica. Como resultado, há menos vibração.

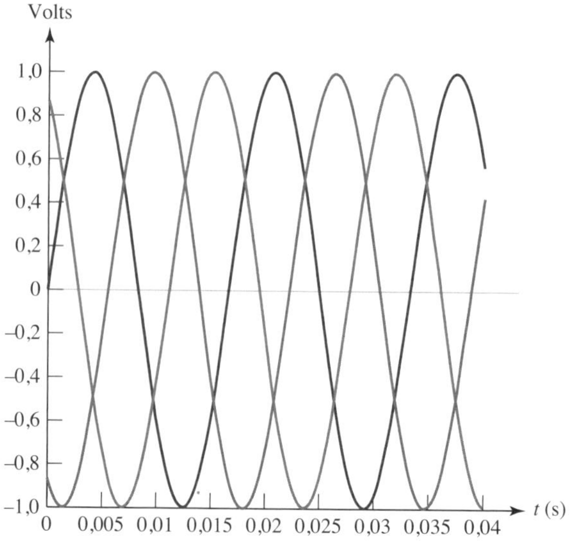

▲ **FIGURA 12.1** Exemplo de conjunto de três tensões, cada uma 120° defasada das outras duas. Como pode ser visto, apenas uma das tensões se anula em um dado momento.

O uso de um maior número de fases, como em sistemas com 6 ou 12 fases, é limitado quase inteiramente à alimentação de grandes ***retificadores***. Retificadores convertem corrente alternada em corrente contínua simplesmente fazendo com que a corrente flua sempre em uma única direção, de forma que a polaridade da tensão na carga seja sempre a mesma. A saída de um retificador é dada por uma corrente contínua somada a uma parcela pulsante de pequena amplitude, ou *ripple*, que cai à medida que o número de fases aumenta.

Quase sem exceção, sistemas polifásicos reais contêm fontes que podem ser bem aproximadas com o uso de fontes ideais ou de fontes ideais em série com pequenas impedâncias internas. Fontes de corrente trifásicas são extremamente raras.

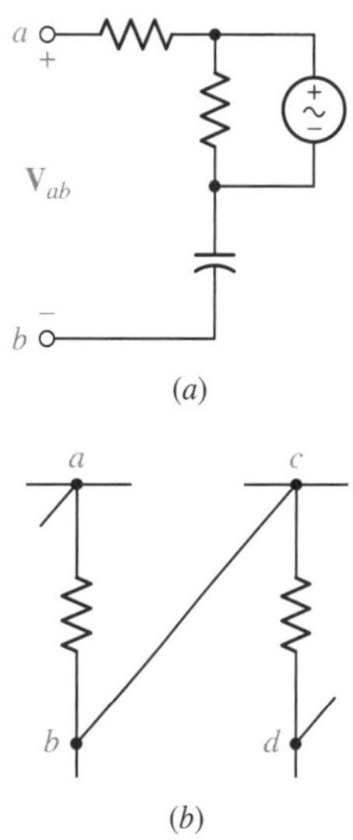

▲ **FIGURA 12.2** (*a*) definição da tensão V_{ab}. (*b*) $V_{ad} = V_{ab} + V_{bc} + V_{cd} = V_{ab} + V_{cd}$.

Notação com Subscrito Duplo

É conveniente descrever tensões e correntes polifásicas usando a ***notação com subscrito duplo***. Com esta notação, uma tensão ou corrente, como por exemplo $\mathbf{V}_{ab}$ ou $\mathbf{I}_{aA}$, tem mais significado do que se fosse indicada simplesmente como $\mathbf{V}_3$ ou $\mathbf{I}_x$. Por definição, a tensão no ponto *a* em relação ao ponto *b* é $\mathbf{V}_{ab}$. Com isso, o sinal positivo está localizado em *a*, conforme indicado na Figura 12.2*a*. Consideramos portanto os subscritos duplos como uma representação equivalente a um par de sinais mais e menos; o uso de ambos seria redundante. Com referência à Figura 12.2*b*, por exemplo, vemos que $\mathbf{V}_{ad} = \mathbf{V}_{ab} + \mathbf{V}_{cd}$. A vantagem da notação com subscrito duplo reside no fato de a lei de Kirchhoff das tensões requerer que a tensão entre dois pontos seja a mesma, independentemente do caminho escolhido entre os pontos; logo, $\mathbf{V}_{ad} = \mathbf{V}_{ab} + \mathbf{V}_{bd} = \mathbf{V}_{ac} + \mathbf{V}_{cd} = \mathbf{V}_{ab} + \mathbf{V}_{bc} + \mathbf{V}_{cd}$, e assim por diante. O benefício disso é que a LKT pode ser satisfeita sem que se faça referência ao diagrama do circuito; equações corretas podem ser escritas mesmo que um ponto ou subscrito não esteja diretamente marcado no diagrama. Por exemplo, poderíamos ter escrito $\mathbf{V}_{ad} = \mathbf{V}_{ax} + \mathbf{V}_{xd}$, onde *x* identifica a localização de qualquer ponto interessante que porventura venhamos a escolher.

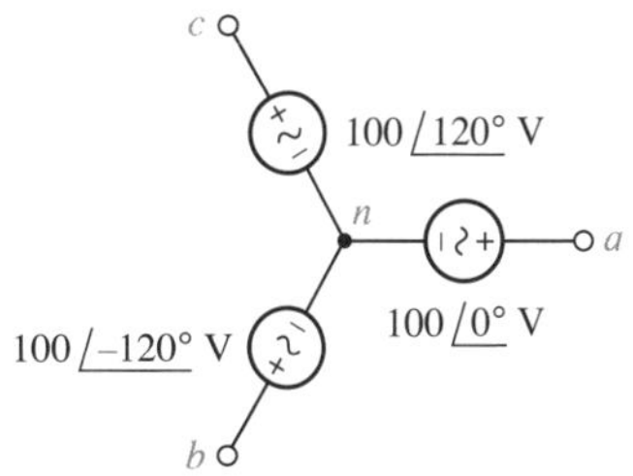

▲ **FIGURA 12.3** Rede usada como exemplo numérico da notação com subscrito duplo.

Uma representação possível para um sistema trifásico[2] é mostrada na Figura 12.3. Vamos assumir que as tensões $\mathbf{V}_{an}$, $\mathbf{V}_{bn}$ e $\mathbf{V}_{cn}$ sejam conhecidas:

$$\mathbf{V}_{an} = 100\underline{/0^\circ}\ \text{V}$$
$$\mathbf{V}_{bn} = 100\underline{/-120^\circ}\ \text{V}$$
$$\mathbf{V}_{cn} = 100\underline{/-240^\circ}\ \text{V}$$

A tensão $\mathbf{V}_{ab}$ pode ser encontrada simplesmente observando-se os subscritos:

$$\begin{aligned}\mathbf{V}_{ab} &= \mathbf{V}_{an} + \mathbf{V}_{nb} = \mathbf{V}_{an} - \mathbf{V}_{bn}\\ &= 100\underline{/0^\circ} - 100\underline{/-120^\circ}\ \text{V}\\ &= 100 - (-50 - j86{,}6)\ \text{V}\\ &= 173{,}2\underline{/30^\circ}\ \text{V}\end{aligned}$$

As três tensões dadas e a construção do fasor $\mathbf{V}_{ab}$ estão ilustradas no diagrama fasorial da Figura 12.4.

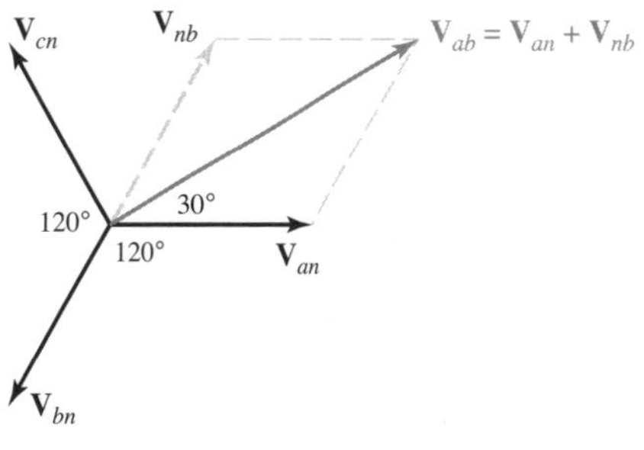

▲ **FIGURA 12.4** Este diagrama fasorial ilustra o uso gráfico da convenção de tensão com subscrito duplo para se obter V_{ab} na rede da Figura 12.3.

[2] Mantendo a convenção adotada na indústria de potência, valores de tensão e corrente rms serão usados *implicitamente* ao longo deste capítulo.

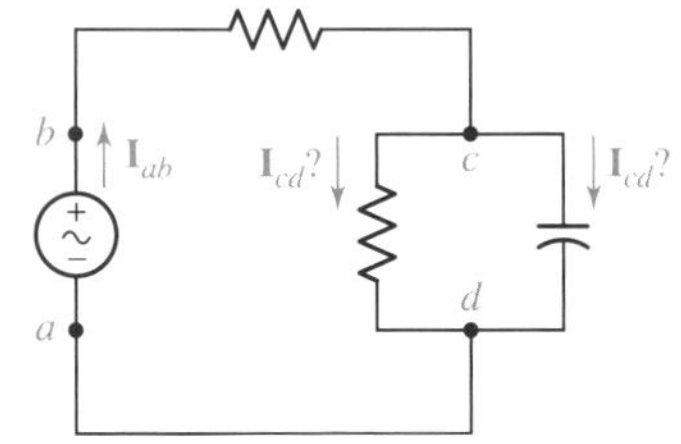

▲ **FIGURA 12.5** Ilustração do uso e do *mau uso* da convenção de subscrito duplo na notação de correntes.

A notação com subscrito duplo também pode ser aplicada às correntes. Definimos a corrente $\mathbf{I}_{ab}$ como a corrente que flui de *a* para *b passando pelo caminho mais direto*. Em cada circuito completo que considerarmos, é claro que deve haver pelo menos dois caminhos possíveis entre os pontos *a* e *b*, e concordamos aqui que não usaremos a notação com subscrito duplo a menos que seja óbvio que um dos caminhos seja muito mais curto, ou muito mais direto. Normalmente, este caminho passa por um único elemento. Logo, a corrente $\mathbf{I}_{ab}$ está corretamente indicada na Figura 12.5. Na realidade, nem mesmo precisaríamos de uma seta de direção para falar desta corrente; os subscritos nos *dizem* a direção. Entretanto, a identificação de uma corrente $\mathbf{I}_{cd}$ no circuito da Figura 12.5 causaria confusão.

▶ EXERCÍCIOS DE FIXAÇÃO

12.1 Assuma $\mathbf{V}_{ab} = 100\angle 0^\circ$ V, $\mathbf{V}_{bd} = 40\angle 80^\circ$ V, e $\mathbf{V}_{ca} = 70\angle 200^\circ$ V. Determine (*a*) $\mathbf{V}_{ad}$; (*b*) $\mathbf{V}_{bc}$; (*c*) $\mathbf{V}_{cd}$.

12.2 Refira-se ao circuito da Figura 12.6 e assuma $\mathbf{I}_{fj} = 3$ A, $\mathbf{I}_{de} = 2$ A, e $\mathbf{I}_{hd} = -6$ A. Determine (*a*) $\mathbf{I}_{cd}$; (*b*) $\mathbf{I}_{ef}$; (c) $\mathbf{I}_{ij}$.

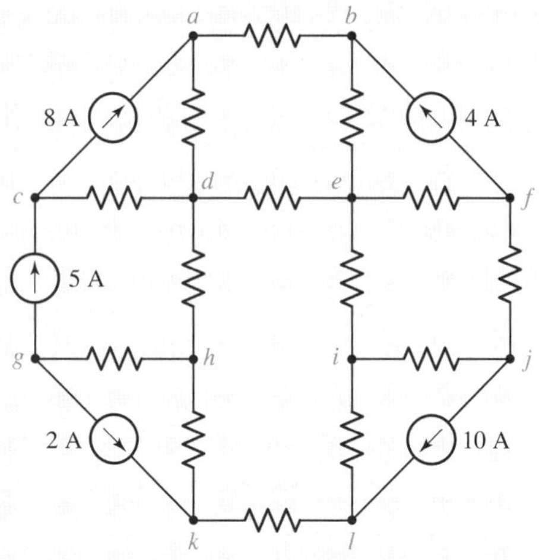

◀ **FIGURA 12.6**

Resposta: 12.1: $114{,}0\angle 20{,}2^\circ$ V; $41{,}8\angle 145{,}0^\circ$ V; $44{,}0\angle 20{,}6^\circ$ V. 12.2: –3 A; 7 A; 7 A.

12.2 ▶ SISTEMAS MONOFÁSICOS A TRÊS FIOS

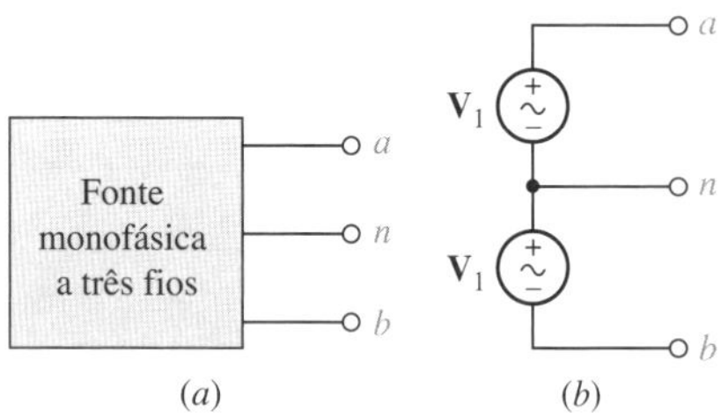

▲ **FIGURA 12.7** (*a*) Fonte monofásica a três fios. (*b*) Representação de uma fonte monofásica a três fios por meio de duas fontes idênticas.

Antes de estudar os sistemas polifásicos em detalhes, pode ser útil começar visualizando um simples sistema monofásico a três fios. Uma *fonte monofásica a três fios* é definida como uma fonte com três terminais de saída, tais quais os terminais *a*, *n* e *b* na Figura 12.7*a*, onde as tensões fasoriais $\mathbf{V}_{an}$ e $\mathbf{V}_{nb}$ são iguais. A fonte pode ser, portanto, representada pela combinação de duas fontes de tensão idênticas; na Figura 12.7*b*, $\mathbf{V}_{an} = \mathbf{V}_{nb} = \mathbf{V}_1$. Está claro que $\mathbf{V}_{ab} = 2\mathbf{V}_{an} = 2\,\mathbf{V}_{nb}$, e temos portanto uma fonte à qual cargas operando em qualquer uma das duas tensões podem ser conectadas. No Brasil, é comum encontrar a configuração monofásica a três fios em áreas rurais, onde é possível conectar eletrodomésticos que trabalham tanto em 110 V quanto em 220 V. Cargas que trabalham com uma tensão mais alta são normalmente aquelas que drenam grandes quantidades de potência; a operação em uma tensão mais alta resulta, portanto, em uma menor corrente para uma mesma potência. Consequentemente, fios com menores diâmetros podem ser usados de forma segura nos aparelhos, na fiação da residência e no sistema de distribuição da empresa concessionária; fios com maiores diâmetros devem ser usados quando se opera com correntes elevadas, para que se reduza o aquecimento produzido em decorrência da resistência do fio.

O nome ***monofásico*** é usado porque as tensões $\mathbf{V}_{an}$ e $\mathbf{V}_{nb}$, sendo iguais, devem ter o mesmo ângulo de fase. Analisando de um outro ponto de vista, no entanto, as tensões entre os fios externos e o fio interno, que é normalmente chamado de *neutro*, estão defasadas de exatamente 180º. Isto é, $\mathbf{V}_{an} = -\mathbf{V}_{bn}$, e $\mathbf{V}_{an} + \mathbf{V}_{bn} = 0$. Mais tarde, veremos que sistemas polifásicos balanceados são caracterizados por um conjunto de tensões com *amplitudes* iguais cuja soma (fasorial) é zero. Analisando deste ponto de vista, então, o sistema monofásico a três fios é na realidade um sistema bifásico balanceado. *Bifásico*, no entanto, é um termo tradicionalmente reservado ao caso relativamente pouco importante de sistemas desbalanceados que utilizam duas fontes de tensão defasadas em 90º.

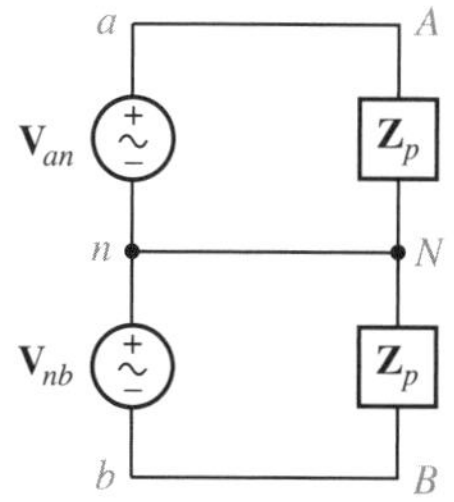

▲ **FIGURA 12.8** Um simples sistema monofásico a três fios. As duas cargas são idênticas e a corrente no neutro é nula.

Vamos agora considerar um sistema monofásico a três fios que contenha cargas $\mathbf{Z}_p$ idênticas entre cada um dos fios externos e o neutro (Figura 12.8). Vamos primeiro assumir que os fios conectando a fonte às cargas sejam condutores perfeitos. Como

$$\mathbf{V}_{an} = \mathbf{V}_{nb}$$

então,

$$\mathbf{I}_{aA} = \frac{\mathbf{V}_{an}}{\mathbf{Z}_p} = \mathbf{I}_{Bb} = \frac{\mathbf{V}_{nb}}{\mathbf{Z}_p}$$

e portanto

$$\mathbf{I}_{nN} = \mathbf{I}_{Bb} + \mathbf{I}_{Aa} = \mathbf{I}_{Bb} - \mathbf{I}_{aA} = 0$$

Logo, não há corrente no condutor neutro; ele poderia ser removido sem que qualquer corrente ou tensão fosse alterada no sistema. Esse resultado é obtido graças à igualdade existente entre as duas cargas e entre as duas fontes.

Efeito da Impedância Finita dos Condutores

Vamos agora considerar o efeito da impedância finita de cada um dos condutores. Se as linhas *aA* e *bB* tiverem cada uma delas a mesma impedância, esta impedância deve ser adicionada a $\mathbf{Z}_p$, o que resulta novamente em cargas idênticas e em uma corrente de neutro nula. Vamos agora assumir que o neutro possua uma impedância $\mathbf{Z}_n$. Sem que realizemos uma análise detalhada, a superposição nos mostra que a simetria do circuito ainda leva à circulação de uma corrente nula no neutro. Além disso, a inclusão de qualquer impedância conectando diretamente as linhas externas também resulta em um circuito simétrico e em uma corrente de neutro nula. Portanto, corrente de neutro nula é uma consequência da operação do sistema com cargas balanceadas, ou simétricas; a presença de uma impedância de neutro não nula não destrói a simetria.

Um sistema monofásico a três fios mais geral contém cargas desiguais conectadas entre as linhas externas e o neutro e uma terceira carga diretamente conectada entre as linhas; pode-se esperar que as impedâncias das duas linhas externas sejam aproximadamente iguais, mas a impedância do neutro costuma ser ligeiramente maior. Vamos considerar um exemplo de um sistema como esse, com interesse particular na corrente que pode fluir no neutro, bem como na eficiência com a qual potência é transmitida à carga desbalanceada.

▶ EXEMPLO 12.1

Analise o sistema mostrado na Figura 12.9 e determine a potência fornecida a cada uma das três cargas, bem como a potência perdida no condutor neutro e nas duas linhas.

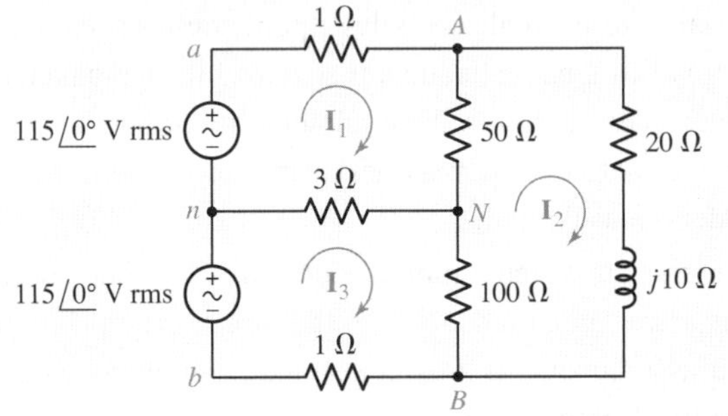

◀ **FIGURA 12.9** Um típico sistema monofásico a três fios.

▶ ***Identifique o objetivo do problema.***

As três cargas no circuito são: o resistor de 50 Ω, o resistor de 100 Ω e uma impedância de $20 + j10$ Ω. Cada uma das duas linhas tem uma resistência de 1 Ω, e o condutor neutro tem uma resistência de 3 Ω. Precisamos das correntes em todos eles para determinar a potência.

▶ ***Reuna as informações conhecidas.***

Temos um circuito monofásico a três fios; o diagrama do circuito ilustrado na Figura 12.9 está completamente identificado. As correntes calculadas estarão em unidades rms.

▶ ***Trace um plano.***

O circuito conduz naturalmente à análise de malha, por possuir três malhas claramente definidas. O resultado da análise será um conjunto de correntes de malha, que poderão então ser usadas no cálculo da potência absorvida.

▶ ***Construa um conjunto apropriado de equações.***

As três equações de malha são:

$$-115\underline{/0^\circ} + \mathbf{I}_1 + 50(\mathbf{I}_1 - \mathbf{I}_2) + 3(\mathbf{I}_1 - \mathbf{I}_3) = 0$$
$$(20 + j10)\mathbf{I}_2 + 100(\mathbf{I}_2 - \mathbf{I}_3) + 50(\mathbf{I}_2 - \mathbf{I}_1) = 0$$
$$-115\underline{/0^\circ} + 3(\mathbf{I}_3 - \mathbf{I}_1) + 100(\mathbf{I}_3 - \mathbf{I}_2) + \mathbf{I}_3 = 0$$

podem ser rearranjadas, levando às três equações a seguir

$$\begin{aligned} 54\mathbf{I}_1 \quad & - 50\mathbf{I}_2 & - 3\mathbf{I}_3 &= 115\underline{/0^\circ} \\ -50\mathbf{I}_1 \quad & + (170 + j10)\mathbf{I}_2 & - 100\mathbf{I}_3 &= 0 \\ -3\mathbf{I}_1 \quad & - 100\mathbf{I}_2 & + 104\mathbf{I}_3 &= 115\underline{/0^\circ} \end{aligned}$$

▶ ***Determine se informações adicionais são necessárias.***

Temos um conjunto com três equações e três incógnitas, e é possível portanto tentar uma solução.

▶ ***Tente uma solução.***

Resolvendo para as correntes fasoriais $\mathbf{I}_1$, $\mathbf{I}_2$ e $\mathbf{I}_3$ usando uma calculadora científica, obtemos

$$\mathbf{I}_1 = 11{,}24\underline{/-19{,}83^\circ}\ \text{A}$$
$$\mathbf{I}_2 = 9{,}389\underline{/-24{,}47^\circ}\ \text{A}$$
$$\mathbf{I}_3 = 10{,}37\underline{/-21{,}80^\circ}\ \text{A}$$

As correntes nas linhas externas são portanto

$$\mathbf{I}_{aA} = \mathbf{I}_1 = 11{,}24\underline{/-19{,}83^\circ}\ \text{A}$$

e

$$\mathbf{I}_{bB} = -\mathbf{I}_3 = 10{,}37\underline{/158{,}20^\circ}\ \text{A}$$

e a corrente no neutro, que possui uma amplitude menor, é

$$\mathbf{I}_{nN} = \mathbf{I}_3 - \mathbf{I}_1 = 0{,}9459\underline{/-177{,}7^\circ}\ \text{A}$$

Com isso, a potência média drenada por cada carga pode ser determinada:

$$P_{50} = |\mathbf{I}_1 - \mathbf{I}_2|^2(50) = 206\ \text{W}$$
$$P_{100} = |\mathbf{I}_3 - \mathbf{I}_2|^2(100) = 117\ \text{W}$$
$$P_{20+j10} = |\mathbf{I}_2|^2(20) = 1763\ \text{W}$$

Note que não precisamos incluir o fator de 1/2, pois estamos trabalhando com valores rms.

A potência total na carga é igual a 2086 W. As perdas em cada um dos condutores é determinada a seguir:

$$P_{aA} = |\mathbf{I}_1|^2(1) = 126\ \text{W}$$
$$P_{bB} = |\mathbf{I}_3|^2(1) = 108\ \text{W}$$
$$P_{nN} = |\mathbf{I}_{nN}|^2(3) = 3\ \text{W}$$

Imagine o calor produzido por duas lâmpadas incandescentes de 100 W! Os condutores externos devem dissipar a mesma quantidade de energia. Para que uma baixa temperatura seja mantida nesses condutores, é necessária uma grande área de superfície.

o que dá uma perda total de 237 W na linha. Os fios são evidentemente bem longos; do contrário, as perdas relativamente elevadas nas linhas externas causariam um perigoso aumento na temperatura.

▶ ***Verifique a solução. Ela é razoável ou esperada?***

A potência total absorvida é igual a 206 + 117 + 1763 + 237, ou 2323 W, o que pode ser verificado com a determinação da potência fornecida por cada fonte de tensão:

$$P_{an} = 115(11{,}24)\cos 19{,}83^\circ = 1216\ \text{W}$$
$$P_{bn} = 115(10{,}37)\cos 21{,}80^\circ = 1107\ \text{W}$$

ou um total de 2323 W. A ***eficiência de transmissão*** do sistema é

$$\eta = \frac{\text{potência total fornecida à carga}}{\text{potência total gerada}} = \frac{2086}{2086 + 237} = 89{,}8\%$$

Este valor seria inacreditável para uma máquina a vapor ou um motor de combustão interna, mas é muito baixo para um sistema de distribuição bem projetado. Condutores com maiores diâmetros devem ser utilizados se a distância entre a fonte e a carga não puder ser reduzida.

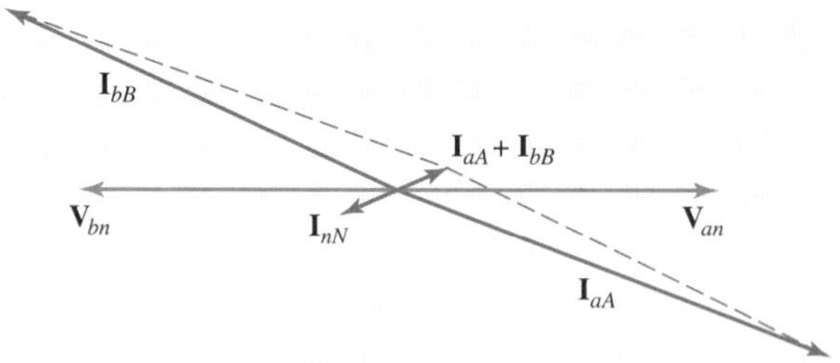

▲ **FIGURA 12.10** As fontes de tensão e três das correntes do circuito da Figura 12.9 são mostradas em um diagrama fasorial. Note que $I_{aA} + I_{bB} + I_{nN} = 0$.

Um diagrama fasorial mostrando as duas fontes de tensão, as correntes nas linhas externas e a corrente no neutro é construído na Figura 12.10. O fato de $\mathbf{I}_{aA} + \mathbf{I}_{bB} + \mathbf{I}_{nN} = 0$ está indicado no diagrama.

▶ EXERCÍCIO DE FIXAÇÃO

12.3 Modifique a Figura 12.9 adicionando uma resistência de 1,5 Ω em cada um dos condutores externos, e uma resistência de 2,5 Ω no condutor neutro. Determine a potência média fornecida a cada uma das três cargas.

Resposta: 153,1 W; 95,8 W; 1374 W.

12.3 ▶ CONEXÃO TRIFÁSICA Y-Y

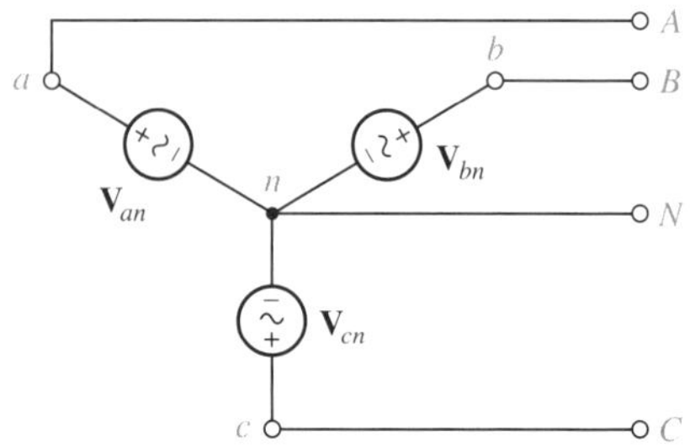

▲ **FIGURA 12.11** Uma fonte trifásica a quatro fios conectada em Y.

Fontes trifásicas possuem três terminais, chamados de terminais *de linha*, e um quarto terminal que pode estar presente ou não, a conexão de *neutro*. Começaremos discutindo uma fonte trifásica que possui uma conexão de neutro. Ela pode ser representada por três fontes de tensão ideais conectadas em Y, como mostra a Figura 12.11; os terminais *a*, *b*, *c*, e *n* estão disponíveis. Consideraremos apenas fontes trifásicas balanceadas, que podem ser definidas fazendo

$$|\mathbf{V}_{an}| = |\mathbf{V}_{bn}| = |\mathbf{V}_{cn}|$$

e

$$\mathbf{V}_{an} + \mathbf{V}_{bn} + \mathbf{V}_{cn} = 0$$

Essas três tensões, cada uma delas existindo entre um terminal de linha e o neutro, são chamadas de ***tensões de fase***. Se arbitrariamente escolhermos $\mathbf{V}_{an}$ como a referência, definindo

$$\mathbf{V}_{an} = V_p\underline{/0^\circ}$$

onde sempre usaremos $\mathbf{V}_p$ na representação da *amplitude* rms de qualquer uma das tensões de fase, então a definição da fonte trifásica indica que

$$\mathbf{V}_{bn} = V_p\underline{/-120^\circ} \quad \text{e} \quad \mathbf{V}_{cn} = V_p\underline{/-240^\circ}$$

ou

$$\mathbf{V}_{bn} = V_p\underline{/120^\circ} \quad \text{e} \quad \mathbf{V}_{cn} = V_p\underline{/240^\circ}$$

A primeira é chamada de ***sequência de fases positiva***, ou ***sequência de fases abc***, e está ilustrada na Figura 12.12*a*; a última é denominada ***sequência de fases negativa***, ou ***sequência de fases cba***, e está indicada no diagrama fasorial da Figura 12.12*b*.

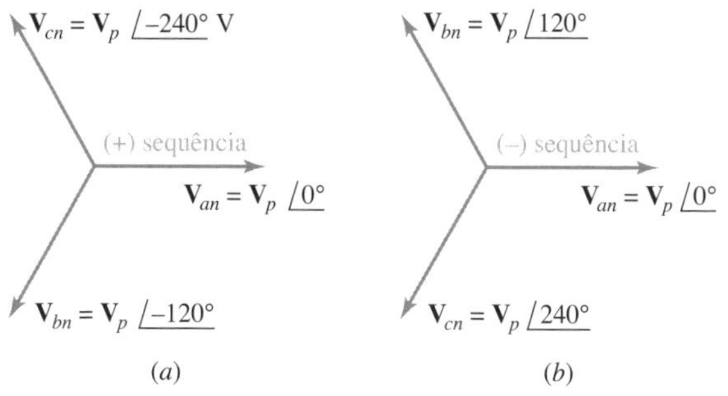

▲ **FIGURA 12.12** (*a*) Sequência de fases positiva, ou *abc*. (*b*) Sequência de fases negativa, ou *cba*.

A sequência de fases verdadeira de uma fonte trifásica real depende da escolha arbitrária dos três terminais denominados *a*, *b*, e *c*. Eles podem ser sempre escolhidos de forma a fornecer uma sequência de fases positiva, e assumiremos que isso tenha sido feito em todos os sistemas que considerarmos.

Tensões de Linha

Vamos agora analisar as tensões entre duas linhas (frequentemente chamadas de ***tensões de linha***) quando as tensões de fase forem aquelas da Figura 12.12*a*. É mais fácil fazer isso com a ajuda de um diagrama fasorial, já que todos os ângulos são múltiplos de 30°. A construção necessária está mostrada na Figura 12.13; os resultados são

$$\mathbf{V}_{ab} = \sqrt{3}V_p \angle 30^\circ \qquad [1]$$

$$\mathbf{V}_{bc} = \sqrt{3}V_p \angle -90^\circ \qquad [2]$$

$$\mathbf{V}_{ca} = \sqrt{3}V_p \angle -210^\circ \qquad [3]$$

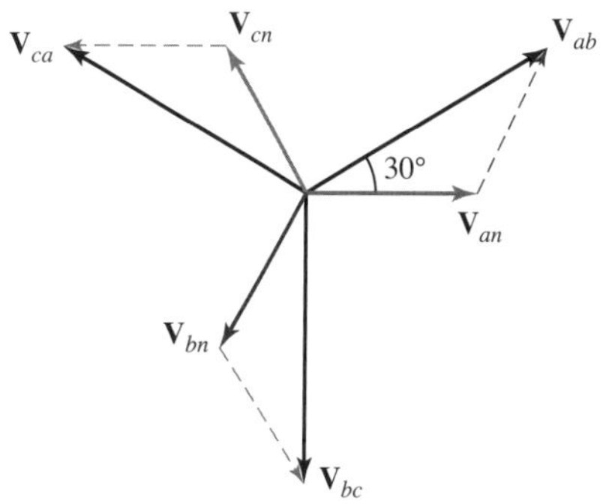

▲ **FIGURA 12.13** Diagrama fasorial usado para determinar as tensões de linha a partir das tensões de fase fornecidas. Algebricamente, $\mathbf{V}_{ab} = \mathbf{V}_{an} - \mathbf{V}_{bn} = V_p\angle 0° - V_p\angle -120° = V_p - V_p \cos(-120°) - jV_p \text{ sen } (-120°) = V_p (1 + 1/2 + j\sqrt{3}/2) = \sqrt{3}V_p\angle 30°$.

A lei de Kirchhoff das tensões requer que a soma destas três tensões seja igual a zero; o leitor é encorajado a verificar isso como um exercício.

Se o valor rms de cada uma das tensões de linha for chamado de V_L, então uma das importantes características de uma fonte trifásica conectada em Y pode ser expressa como

$$\boxed{V_L = \sqrt{3}V_p}$$

Note que, com a sequência de fases positiva, $\mathbf{V}_{an}$ está adiantada de $\mathbf{V}_{bn}$ e $\mathbf{V}_{bn}$ está adiantada de $\mathbf{V}_{cn}$, neste caso em 120°. Da mesma forma, $\mathbf{V}_{ab}$ está adiantada de $\mathbf{V}_{bc}$ e $\mathbf{V}_{bc}$ está adiantada de $\mathbf{V}_{ca}$ em 120°. Esta afirmação é válida para a sequência de fases negativa se "adiantada" for substituída por "atrasada".

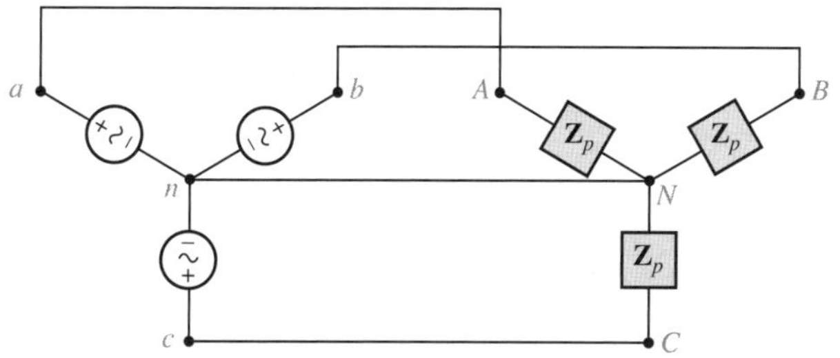

◀ **FIGURA 12.14** Sistema trifásico balanceado, conectado em Y-Y com neutro.

Vamos agora conectar uma carga balanceada trifásica em Y à nossa fonte, usando três linhas e um neutro como mostra o desenho da Figura 12.14. A carga está representada por uma impedância $\mathbf{Z}_p$ entre cada linha e o neutro. As três correntes de linha são determinadas muito facilmente, pois temos na realidade três circuitos monofásicos que possuem um terminal compartilhado[3]:

$$\mathbf{I}_{aA} = \frac{\mathbf{V}_{an}}{\mathbf{Z}_p}$$

$$\mathbf{I}_{bB} = \frac{\mathbf{V}_{bn}}{\mathbf{Z}_p} = \frac{\mathbf{V}_{an}\underline{/-120^\circ}}{\mathbf{Z}_p} = \mathbf{I}_{aA}\underline{/-120^\circ}$$

$$\mathbf{I}_{cC} = \mathbf{I}_{aA}\underline{/-240^\circ}$$

e portanto

$$\mathbf{I}_{Nn} = \mathbf{I}_{aA} + \mathbf{I}_{bB} + \mathbf{I}_{cC} = 0$$

Logo, o neutro não conduz corrente se a fonte e a carga forem balanceadas e se os quatro fios que as conectam possuírem impedância zero. Como isso mudaria se inseríssemos uma impedância $\mathbf{Z}_L$ em série com cada uma das três linhas e uma impedância $\mathbf{Z}_n$ no neutro? As impedâncias de linha podem ser combinadas com as três impedâncias da carga; esta carga efetiva ainda está balanceada, e o neutro, representado como um condutor perfeito, poderia ser removido. Logo, se nenhuma mudança for promovida no sistema em decorrência de um curto circuito ou de um circuito aberto entre n e N, qualquer impedância pode ser inserida no neutro pois a corrente neste condutor permanecerá nula.

Concluímos então que se tivermos fontes balanceadas, cargas balanceadas e impedâncias de linha balanceadas, um condutor neutro com qualquer impedância pode ser trocado por uma outra impedância, incluindo um curto-circuito ou um circuito aberto; a troca não afeta as tensões e correntes no circuito. É frequentemente útil *visualizar* um curto-circuito entre os dois terminais de neutro, esteja um condutor neutro presente ou não; o problema é então reduzido a três problemas monofásicos, todos idênticos exceto pela diferença presente no ângulo de fase. Dizemos portanto que podemos trabalhar com este problema pensando em um equivalente "por fase".

▶ EXEMPLO 12.2

No circuito da Figura 12.15, determine as tensões de fase e de linha e as correntes de fase e de linha no circuito; então calcule a potência dissipada na carga.

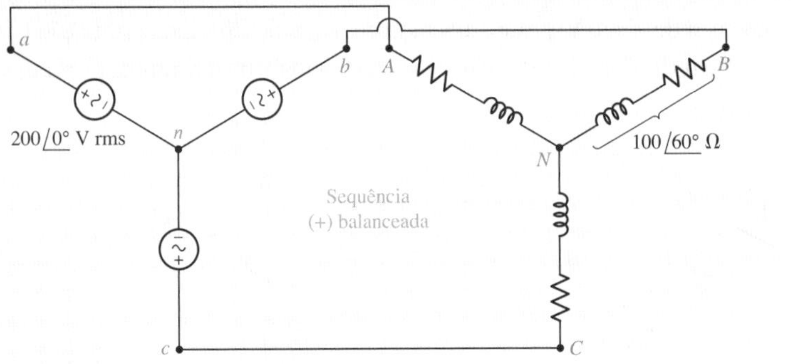

▶ **FIGURA 12.15** Sistema trifásico Y-Y a três fios balanceado.

[3] Pode-se ver que isto é verdade aplicando a superposição e analisando cada fase separadamente.

Como nos foi dada uma das tensões de fase da fonte e nos disseram para usar a sequência de fases positiva, as três tensões de fase são:

$$\mathbf{V}_{an} = 200\underline{/0^\circ}\ \text{V} \qquad \mathbf{V}_{bn} = 200\underline{/-120^\circ}\ \text{V} \qquad \mathbf{V}_{cn} = 200\underline{/-240^\circ}\ \text{V}$$

A tensão de linha é $200\sqrt{3} = 346$ V; o ângulo de fase de cada tensão de linha pode ser determinado a partir da construção de um diagrama fasorial, como fizemos na Figura 12.13 (na realidade, pode-se aplicar o diagrama fasorial da Figura 12.13), subtraindo as tensões de fase usando uma calculadora científica, ou evocando as Equações [1] a [3]. Vemos que $\mathbf{V}_{ab} = 346\underline{/30^\circ}$ V, $\mathbf{V}_{bc} = 346\underline{/-90^\circ}$ V e $\mathbf{V}_{ca} = 346\underline{/-210^\circ}$ V.

A corrente de linha da fase A é

$$\mathbf{I}_{aA} = \frac{\mathbf{V}_{an}}{\mathbf{Z}_p} = \frac{200\underline{/0^\circ}}{100\underline{/60^\circ}} = 2\underline{/-60^\circ}\ \text{A}$$

Como sabemos que este é um sistema trifásico balanceado, podemos escrever as correntes restantes com base em $\mathbf{I}_{aA}$:

$$P_{AN} = 200(2)\cos(0^\circ + 60^\circ) = 200\ \text{W}$$

Finalmente, a potência média absorvida pela fase A é $\text{Re}\{\mathbf{V}_{an}\mathbf{I}^*_{aA}\}$, ou

$$P_{AN} = 200(2)\cos(0^\circ + 60^\circ) = 200\ \text{W}$$

Logo, a potência média total drenada pela carga trifásica é igual a 600 W.

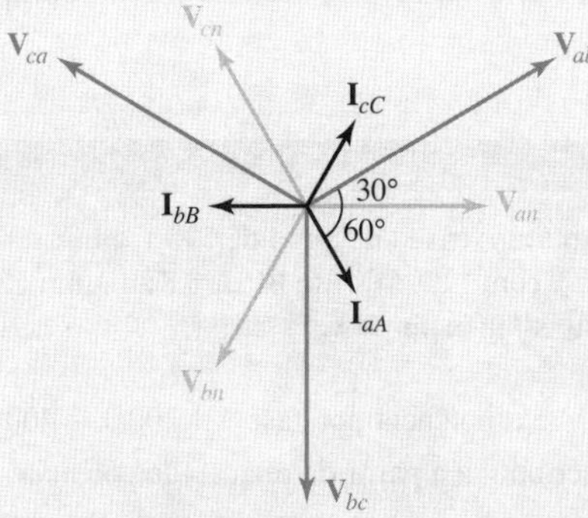

◀ **FIGURA 12.16** O diagrama fasorial que se aplica ao circuito da Figura 12.15.

O diagrama fasorial para esse circuito está ilustrado na Figura 12.16. Uma vez que soubermos qualquer uma das tensões de linha e qualquer uma das correntes de linha, os ângulos das três tensões e das três correntes podem ser facilmente obtidos a partir do diagrama.

▶ EXERCÍCIO DE FIXAÇÃO

12.4 Um sistema trifásico a três fios balanceado alimenta uma carga conectada em Y. Cada uma das fases contém três cargas em paralelo: $-j100\ \Omega$, $100\ \Omega$ e $50 + j50\ \Omega$. Assuma uma sequência de fases positiva com $\mathbf{V}_{ab} = 400\underline{/0^\circ}$ V. Determine (*a*) $\mathbf{V}_{an}$; (*b*) $\mathbf{I}_{aA}$; (c) a potência total drenada pela carga.

Resposta: $231\underline{/-30^\circ}$ V; $4{,}62\underline{/-30^\circ}$ A; 3.200 W.

Antes de trabalhar com outro exemplo, esta seria uma boa oportunidade para explorarmos rapidamente algo que falamos na Seção 12.1, isto é, que mesmo que as tensões e correntes de linha possuam valor nulo em instantes de tempo específicos (a cada 1/120 s no Brasil), a potência instantânea fornecida à *carga total* nunca é zero. Considere novamente a fase A do Exemplo 12.2, com a tensão e a corrente de linha escritas no domínio do tempo:

O fator de $\sqrt{2}$ é necessário para que se faça a conversão a partir de unidades rms.

$$v_{AN} = 200\sqrt{2}\cos(120\pi t + 0^\circ)\ \text{V}$$

e

$$i_{AN} = 2\sqrt{2}\cos(120\pi t - 60^\circ)\ \text{A}$$

Logo, a potência instantânea absorvida pela fase A é

$$\begin{aligned} p_A(t) = v_{AN}i_{AN} &= 800\cos(120\pi t)\cos(120\pi t - 60^\circ) \\ &= 400[\cos(-60^\circ) + \cos(240\pi t - 60^\circ)] \\ &= 200 + 400\cos(240\pi t - 60^\circ)\ \text{W} \end{aligned}$$

de forma similar

$$p_B(t) = 200 + 400\cos(240\pi t - 300^\circ)\ \text{W}$$

e

$$p_C(t) = 200 + 400\cos(240\pi t - 180^\circ)\ \text{W}$$

A potência instantânea absorvida pela *carga total* é portanto

$$p(t) = p_A(t) + p_B(t) + p_C(t) = 600\ \text{W}$$

que independe do tempo e tem o mesmo valor da potência média computada no Exemplo 12.2.

▶ EXEMPLO 12.3

Um sistema trifásico balanceado com uma tensão de linha de 300 V alimenta uma carga balanceada conectada em Y com 1200 W e um FP de 0,8 adiantado. Determine a corrente de linha e a impedância por fase da carga.

A tensão de fase é igual a $300/\sqrt{3}$ V e a potência por fase é 1.200/3 = 400 W. Logo, a corrente de linha pode ser obtida a partir da relação de potência

$$400 = \frac{300}{\sqrt{3}}(I_L)(0{,}8)$$

e a corrente de linha é portanto 2,89 A. O módulo da impedância de fase é dada por

$$|\mathbf{Z}_p| = \frac{V_p}{I_L} = \frac{300/\sqrt{3}}{2{,}89} = 60\ \Omega$$

Como o FP é de 0,8 adiantado, o ângulo de fase da impedância é de –36,9º; logo, $\mathbf{Z}_p = 60\underline{/-36{,}9^\circ}\ \Omega$.

▶ EXERCÍCIO DE FIXAÇÃO

12.5 Um sistema trifásico a três fios balanceado tem uma tensão de linha de 500 V. Duas cargas balanceadas conectadas em Y estão presentes. Uma delas é uma carga capacitiva com $7 - j2\ \Omega$ por fase, e a outra é uma carga indutiva com $4 + j2\ \Omega$ por fase. Determine (*a*) a tensão de fase; (*b*) a corrente de linha; (*c*) a potência total drenada pela carga; (*d*) o fator de potência com o qual a carga está operando.

Resposta: 289 V; 97,5 A; 83,0 kW; 0,983 atrasado.

▶ EXEMPLO 12.4

Uma carga de iluminação de 600 W balanceada é adicionada (em paralelo) ao sistema do Exemplo 12.3. Determine a nova corrente de linha.

Primeiro desenhamos um circuito por fase adequado, como mostra a Figura 12.17. Assume-se que a carga de 600 W seja balanceada e igualmente distribuída entre as três fases, resultando em um consumo adicional de 200 W por fase.

A amplitude da corrente do sistema de iluminação (indicada por $\mathbf{I}_1$) é determinada por

$$200 = \frac{300}{\sqrt{3}} |\mathbf{I}_1| \cos 0^\circ$$

de forma que

$$|\mathbf{I}_1| = 1{,}155 \text{ A}$$

De forma similar, verifica-se que a amplitude da corrente na carga capacitiva (indicada por $\mathbf{I}_2$) não muda em relação ao seu valor prévio, já que a tensão em seus terminais permaneceu a mesma:

$$|\mathbf{I}_2| = 2{,}89 \text{ A}$$

Se assumirmos que a fase com a qual estamos trabalhando tenha uma tensão de fase com um ângulo de 0°, então uma vez que $\cos^{-1}(0{,}8) = 36{,}9^\circ$

$$\mathbf{I}_1 = 1{,}155\underline{/0^\circ} \text{ A} \qquad \mathbf{I}_2 = 2{,}89\underline{/+36{,}9^\circ} \text{ A}$$

e a corrente de linha é

$$\mathbf{I}_L = \mathbf{I}_1 + \mathbf{I}_2 = 3{,}87\underline{/+26{,}6^\circ} \text{ A}$$

Podemos verificar nossos resultados calculando a potência gerada por esta fase da fonte

$$P_p = \frac{300}{\sqrt{3}} 3{,}87 \cos(+26{,}6^\circ) = 600 \text{ W}$$

o que concorda com o fato de que cada uma das fases fornece agora 200 W à nova carga de iluminação, além dos 400 W entregues à carga original.

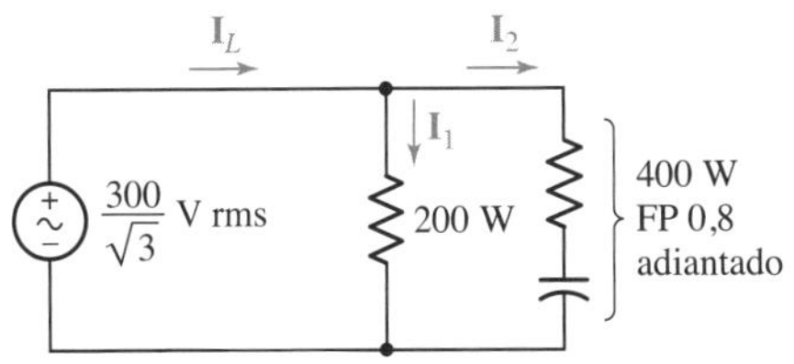

▲ **FIGURA 12.17** Circuito equivalente por fase usado para analisar o exemplo de um sistema trifásico com cargas *balanceadas*.

▶ EXERCÍCIO DE FIXAÇÃO

12.6 Três cargas balanceadas conectadas em Y são instaladas em um sistema trifásico balanceado a quatro fios. A carga 1 drena uma potência total de 6 kW com FP unitário, a carga 2 consome 10 kVA com FP = 0,96 atrasado, e a carga 3 demanda 7 kW com FP de 0,85 atrasado. Se a tensão de fase nas cargas é igual a 135 V, se cada fase tem uma resistência de 0,1 Ω e se o neutro tem uma resistência de 1 Ω, determine (*a*) a potência total drenada pelas cargas; (*b*) o FP combinado das cargas; (*c*) a potência total perdida nos quatro condutores; (*d*) a tensão de fase na fonte; (*e*) o fator de potência com o qual a fonte está operando.

Resposta: 22,6 kW; 0,954 atrasado; 1027 W; 140,6 V; 0,957 atrasado.

Se uma carga em Y *desbalanceada* for conectada a um sistema trifásico até então balanceado, o circuito ainda poderá ser analisado em termos de equivalentes por fase *se* o condutor neutro estiver presente e *se* ele tiver impedância zero. Se qualquer uma destas condições não for satisfeita, outros métodos deverão ser usados, como a análise de malha ou a análise nodal. Entretanto, engenheiros que passam a maior parte de seu tempo trabalhando com sistemas trifásicos desbalanceados encontrarão no uso das *componentes simétricas* uma grande economia de tempo.

Deixamos este tópico para textos mais avançado.

12.4 ▶ A CONEXÃO EM TRIÂNGULO (Δ)

Uma configuração alternativa à conexão de cargas em Y é a conexão de cargas em Δ, como mostra a Figura 12.18. Esse tipo de configuração é muito comum e não possui uma conexão de neutro.

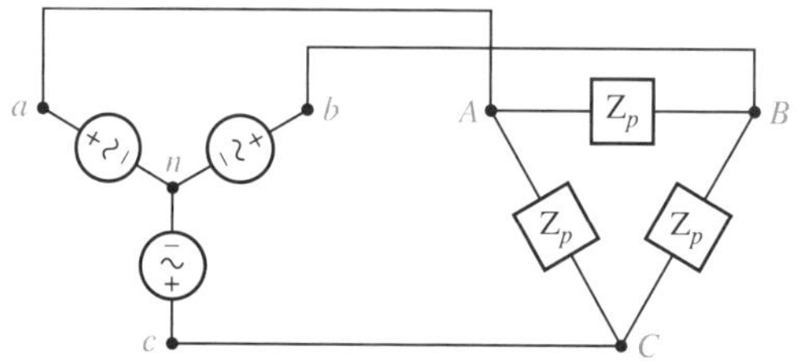

▶ **FIGURA 12.18** Uma carga balanceada conectada em Δ está presente em um sistema trifásico a três fios. Por acaso, a fonte está conectada em Y.

Consideremos uma carga conectada em Δ balanceada que consiste em uma impedância $\mathbf{Z}_p$ inserida entre cada par de linhas. Com referência à Figura 12.18, vamos assumir tensões de linha conhecidas

$$V_L = |\mathbf{V}_{ab}| = |\mathbf{V}_{bc}| = |\mathbf{V}_{ca}|$$

ou tensões de fase conhecidas

$$V_p = |\mathbf{V}_{an}| = |\mathbf{V}_{bn}| = |\mathbf{V}_{cn}|$$

onde

$$V_L = \sqrt{3}V_p \qquad \text{e} \qquad \mathbf{V}_{ab} = \sqrt{3}V_p\underline{/30^\circ}$$

como vimos anteriormente. Pelo fato de a tensão aplicada em cada ramo do Δ ser conhecida, as *correntes de fase* são facilmente obtidas:

$$\mathbf{I}_{AB} = \frac{\mathbf{V}_{ab}}{\mathbf{Z}_p} \qquad \mathbf{I}_{BC} = \frac{\mathbf{V}_{bc}}{\mathbf{Z}_p} \qquad \mathbf{I}_{CA} = \frac{\mathbf{V}_{ca}}{\mathbf{Z}_p}$$

e suas diferenças nos fornecem as correntes de linha, de forma que

$$\mathbf{I}_{aA} = \mathbf{I}_{AB} - \mathbf{I}_{CA}$$

Como estamos trabalhando com um sistema balanceado, as três correntes de fase possuem amplitudes iguais:

$$I_p = |\mathbf{I}_{AB}| = |\mathbf{I}_{BC}| = |\mathbf{I}_{CA}|$$

As correntes de linha também são iguais em amplitude; a simetria fica clara a partir do diagrama fasorial da Figura 12.19. Temos portanto

$$I_L = |\mathbf{I}_{aA}| = |\mathbf{I}_{bB}| = |\mathbf{I}_{cC}|$$

e

$$I_L = \sqrt{3}I_p$$

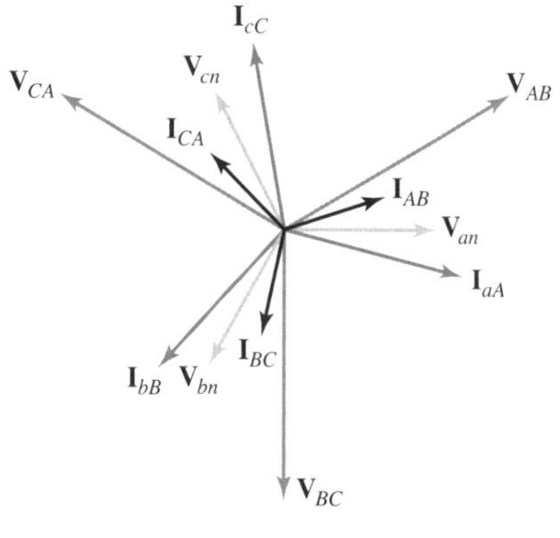

▲ **FIGURA 12.19** Diagrama fasorial que se aplica ao circuito da Figura 12.18 se $\mathbf{Z}_p$ for uma impedância indutiva.

Vamos por um momento deixar a fonte de lado e considerar apenas a carga balanceada. Se a carga for conectada em Δ, então as tensões de fase e de linha são indistinguíveis, mas a corrente de linha é $\sqrt{3}$ vezes maior do que a corrente de fase; em uma carga conectada em Y, no entanto, os termos corrente de fase e corrente de linha se referem à mesma corrente, e a tensão de linha é $\sqrt{3}$ vezes maior do que a tensão de fase.

▶ EXEMPLO 12.5

Determine a amplitude da corrente de linha em um sistema trifásico que possui tensão de linha de 300 V e fornece 1200 W a uma carga conectada em Δ, com um FP de 0,8 atrasado, e em seguida obtenha a impedância de fase.

Vamos novamente considerar apenas uma fase. Ela drena 400 W, com FP de 0,8 atrasado em uma tensão de linha de 300 V. Logo,

$$400 = 300(I_p)(0{,}8)$$

e

$$I_p = 1{,}667 \text{ A}$$

e a relação entre as correntes de fase e de linha leva a

$$I_L = \sqrt{3}(1{,}667) = 2{,}89 \text{ A}$$

Sabendo que o ângulo de fase da carga é $\cos^{-1}(0{,}8) = 36{,}9^\circ$, a impedância em cada fase deve ser portanto

$$\mathbf{Z}_p = \frac{300}{1{,}667}\underline{/36{,}9^\circ} = 180\underline{/36{,}9^\circ}\ \Omega$$

Mais uma vez, tenha em mente que estamos assumindo que todas as tensões e correntes sejam dadas em valores rms.

▶ EXERCÍCIO DE FIXAÇÃO

12.7 Cada fase de uma carga trifásica balanceada conectada em Δ consiste em um indutor de 200 mH em série com a combinação em paralelo de um capacitor de 5 μF e uma resistência de 200 Ω. Assuma uma resistência nula nos condutores e uma tensão de fase de 200 V, com Ω = 400 rad/s. Obtenha (*a*) a corrente de fase; (*b*) a corrente de linha; (*c*) a potência total absorvida pela carga.

Resposta: 1,158 A; 2,01 A; 693 W.

▶ EXEMPLO 12.6

Determine a amplitude da corrente de linha em um sistema trifásico que possui uma tensão de linha de 300 V e fornece 1200 W a uma carga conectada em Y com um FP de 0,8 atrasado (*este é o mesmo circuito do Exemplo 12.5, porém com uma carga conectada em Y, não Δ*).

Pensando em apenas uma fase, temos agora uma tensão de fase de $300/\sqrt{3}$V, uma potência de 400 W e um FP de 0,8 atrasado. Logo,

$$400 = \frac{300}{\sqrt{3}}(I_p)(0{,}8)$$

e

$$I_p = 2{,}89 \qquad (\text{portanto, } I_L = 2{,}89 \text{ A})$$

O ângulo de fase da carga é novamente 36,9°, e com isso a impedância em cada fase do Y é

$$\mathbf{Z}_p = \frac{300/\sqrt{3}}{2{,}89}\underline{/36{,}9^\circ} = 60\underline{/36{,}9^\circ}\ \Omega$$

O fator de $\sqrt{3}$ relaciona não apenas as grandezas de fase e de linha, mas também aparece em uma útil expressão que dá a potência total drenada por qualquer carga trifásica balanceada. Se assumirmos uma carga conectada em Y com ângulo do fator de potência θ, a potência consumida por cada fase é

$$P_p = V_p I_p \cos\theta = V_p I_L \cos\theta = \frac{V_L}{\sqrt{3}} I_L \cos\theta$$

e a potência total é

$$P = 3P_p = \sqrt{3} V_L I_L \cos\theta$$

De forma similar, a potência fornecida a cada fase de uma carga conectada em Δ é

$$P_p = V_p I_p \cos\theta = V_L I_p \cos\theta = V_L \frac{I_L}{\sqrt{3}} \cos\theta$$

dando uma potência total

$$P = 3P_p = \sqrt{3} V_L I_L \cos\theta \qquad [4]$$

Logo, a Equação [4] nos permite calcular a potência total fornecida a uma carga balanceada a partir do conhecimento da tensão de linha, da corrente de linha e do ângulo da impedância (ou admitância) da carga, esteja a carga conectada em Y ou em Δ. A corrente de linha nos Exemplos 12.5 e 12.6 pode agora ser obtida em dois passos simples:

$$1200 = \sqrt{3}(300)(I_L)(0{,}8)$$

Portanto,

$$I_L = \frac{5}{\sqrt{3}} = 2{,}89\ \text{A}$$

Uma breve comparação entre as tensões de fase e de linha, bem como entre as correntes de fase e de linha, é apresentada na Tabela 12.1 para cargas conectadas em Y e Δ, alimentadas por uma fonte trifásica conectada em Y.

▶ EXERCÍCIO DE FIXAÇÃO

12.8 Um sistema trifásico a três fios é terminado em duas cargas em paralelo, conectadas em Δ. A carga 1 drena 40 kVA com um FP de 0,8 atrasado, enquanto a carga 2 absorve 24 kW com um FP de 0,9 adiantado. Assuma perdas nulas nos condutores e $\mathbf{V}_{ab} = 440\underline{/30^\circ}$ V. Determine (*a*) a potência total drenada pelas cargas; (*b*) a corrente de fase $\mathbf{I}_{AB1}$ para a carga em atraso; (*c*) $\mathbf{I}_{AB2}$; (*d*) $\mathbf{I}_{aA}$.

Resposta: 56,0 kW; $30{,}3\underline{/-6{,}87^\circ}$ A; $20{,}2\underline{/55{,}8^\circ}$ A; $75{,}3\underline{/-12{,}46^\circ}$ A.

TABELA 12.1 ▶ Comparação de Cargas Trifásicas Conectadas em Y e Δ. V_p é o Modulo da Tensão de Fase de Cada uma das *Fontes* Conectadas em Y.

Carga	Tensão de fase	Tensão de linha	Corrente de fase	Corrente de linha	Potência por fase
Y	$\mathbf{V}_{AN} = V_p\angle 0^\circ$ $\mathbf{V}_{BN} = V_p\angle -120^\circ$ $\mathbf{V}_{CN} = V_p\angle -240^\circ$	$\mathbf{V}_{AB} = \mathbf{V}_{ab}$ $= (\sqrt{3}\angle 30^\circ)\mathbf{V}_{AN}$ $= \sqrt{3}V_p\angle 30^\circ$ $\mathbf{V}_{BC} = \mathbf{V}_{bc}$ $= (\sqrt{3}\angle 30^\circ)\mathbf{V}_{BN}$ $= \sqrt{3}V_p\angle -90^\circ$ $\mathbf{V}_{CA} = \mathbf{V}_{ca}$ $= (\sqrt{3}\angle 30^\circ)\mathbf{V}_{CN}$ $= \sqrt{3}V_p\angle -210^\circ$	$\mathbf{I}_{aA} = \mathbf{I}_{AN} = \frac{\mathbf{V}_{AN}}{\mathbf{Z}_p}$ $\mathbf{I}_{bB} = \mathbf{I}_{BN} = \frac{\mathbf{V}_{BN}}{\mathbf{Z}_p}$ $\mathbf{I}_{cC} = \mathbf{I}_{CN} = \frac{\mathbf{V}_{CN}}{\mathbf{Z}_p}$	$\mathbf{I}_{aA} = \mathbf{I}_{AN} = \frac{\mathbf{V}_{AN}}{\mathbf{Z}_p}$ $\mathbf{I}_{bB} = \mathbf{I}_{BN} = \frac{\mathbf{V}_{BN}}{\mathbf{Z}_p}$ $\mathbf{I}_{cC} = \mathbf{I}_{CN} = \frac{\mathbf{V}_{CN}}{\mathbf{Z}_p}$	$V_L \frac{I_L}{\sqrt{3}} \cos\theta$ onde $\cos\theta$ = fator de potência da carga
Δ	$\mathbf{V}_{AB} = \mathbf{V}_{ab}$ $= \sqrt{3}V_p\angle 30^\circ$ $\mathbf{V}_{BC} = \mathbf{V}_{bc}$ $= \sqrt{3}V_p\angle -90^\circ$ $\mathbf{V}_{CA} = \mathbf{V}_{ca}$ $= \sqrt{3}V_p\angle -210^\circ$	$\mathbf{V}_{AB} = \mathbf{V}_{ab}$ $= \sqrt{3}V_p\angle 30^\circ$ $\mathbf{V}_{BC} = \mathbf{V}_{bc}$ $= \sqrt{3}V_p\angle -90^\circ$ $\mathbf{V}_{CA} = \mathbf{V}_{ca}$ $= \sqrt{3}V_p\angle -210^\circ$	$\mathbf{I}_{AB} = \frac{\mathbf{V}_{AB}}{\mathbf{Z}_p}$ $\mathbf{I}_{BC} = \frac{\mathbf{V}_{BC}}{\mathbf{Z}_p}$ $\mathbf{I}_{CA} = \frac{\mathbf{V}_{CA}}{\mathbf{Z}_p}$	$\mathbf{I}_{aA} = (\sqrt{3}\angle -30^\circ)\frac{\mathbf{V}_{AB}}{\mathbf{Z}_p}$ $\mathbf{I}_{bB} = (\sqrt{3}\angle -30^\circ)\frac{\mathbf{V}_{BC}}{\mathbf{Z}_p}$ $\mathbf{I}_{cC} = (\sqrt{3}\angle -30^\circ)\frac{\mathbf{V}_{CA}}{\mathbf{Z}_p}$	$V_L \frac{I_L}{\sqrt{3}} \cos\theta$ onde $\cos\theta$ = fator de potência da carga

Fontes Conectadas em Δ

A fonte também pode estar conectada em Δ. Isto não é típico, no entanto, pois qualquer desbalanceamento sutil nas fases da fonte leva à circulação de correntes elevadas no interior do Δ. Por exemplo, chamemos as três fontes monofásicas de $\mathbf{V}_{ab}$, $\mathbf{V}_{bc}$ e $\mathbf{V}_{cd}$. Antes de fecharmos o Δ por meio da conexão de d com a, vamos determinar o desbalanceamento ao medir a soma $\mathbf{V}_{ab} + \mathbf{V}_{bc} + \mathbf{V}_{ca}$. Suponha que a amplitude do resultado seja apenas 1% da tensão de linha. A corrente de circulação corresponde, portanto, à divisão de $\frac{1}{3}$% da tensão de linha pela impedância interna de cada fonte. Quão larga pode ser essa impedância interna? Ela depende da corrente que se espera que a fonte entregue com uma queda de tensão desprezível no terminal de tensão. Se assumirmos que esta corrente máxima causa uma queda de tensão de 1% no terminal de tensão, então *a corrente de circulação corresponde a um terço da corrente máxima*! Isto reduz a capacidade de corrente útil da fonte e também aumenta as perdas no sistema.

Devemos também notar que fontes trifásicas balanceadas podem ser transformadas de Y para Δ, ou vice-versa, sem que as correntes e tensões nas cargas sejam afetadas. As relações necessárias entre as tensões de linha e de fase são mostradas na Figura 12.13 para o caso onde $\mathbf{V}_{an}$ tem um ângulo de fase de referência de 0º. Esta transformação nos permite usar a configuração de fonte que preferirmos, e todas as relações de carga estarão corretas. Naturalmente, não podemos especificar tensões ou correntes dentro da fonte até que saibamos como ela está de fato conectada. Cargas trifásicas balanceadas podem ser transformadas entre as configurações Y e Δ usando a relação

$$Z_Y = \frac{Z_\Delta}{3}$$

a qual provavelmente vale a pena ser lembrada.

APLICAÇÃO

SISTEMAS DE GERAÇÃO DE ENERGIA

Hoje a energia elétrica é gerada por uma ampla variedade de técnicas. Por exemplo, a conversão direta de energia solar em eletricidade usando células fotovoltaicas (painéis solares) resulta na produção de potência CC. Embora seja uma tecnologia ambientalmente amigável, no entanto, instalações baseadas em células fotovoltaicas são atualmente mais caras do que qualquer outro meio de produção de eletricidade, e requerem o uso de inversores para converter a potência CC em ca. Outras tecnologias, como a eólica, geotérmica, nuclear e a geração baseada em combustíveis fósseis, são comparativamente mais econômicas. Em sistemas como esses, um eixo gira por meio da ação de uma ***força propulsora***, como o vento em uma hélice, ou a água ou o vapor nas lâminas de uma turbina (Figura 12.20).

Uma vez que uma força propulsora tenha sido aproveitada para gerar movimento de rotação em um eixo, há várias formas de se converter esta energia mecânica em energia elétrica. Um exemplo é o ***gerador síncrono*** (Figura 12.21). Estas máquinas são compostas por duas seções principais: uma parte estacionária, chamada de ***estator***, e uma parte giratória, denominada ***rotor***. Corrente CC é fornecida a bobinas enroladas em torno do rotor para gerar um campo magnético, que é girado por meio da ação da força propulsora. Um conjunto de tensões trifásicas é então induzido em um segundo grupo de enrolamentos existente em torno do estator. Geradores síncronos têm este nome porque a frequência da potência CA que eles produzem é sincronizada com a rotação mecânica do rotor.

A demanda real em um único gerador pode variar bastante em função da adição ou remoção de cargas, como quando um aparelho de ar condicionado é ligado, luzes são ligadas ou desligadas, etc. A tensão de saída de um gerador deve ser idealmente independente da carga, mas isto não ocorre na prática. A tensão $\mathbf{E}_A$ induzida em uma fase qualquer do estator, geralmente chamada de ***tensão gerada***, tem módulo dado por

$$E_A = K\phi\omega$$

onde K é uma constante dependente das características construtivas da máquina, ϕ é o fluxo magnético produzido pelos enrolamentos de campo no rotor (que é portanto independente da carga) e Ω é a velocidade de rotação, que depende apenas da força propulsora e não da carga conectada ao gerador. Logo, *a mudança da carga não altera o valor de* $\mathbf{E}_A$. A tensão gerada pode ser relacionada à tensão de fase $\mathbf{V}_\phi$ e à corrente de fase $\mathbf{I}_A$ por

$$\mathbf{E}_A = \mathbf{V}_\phi + jX_S\mathbf{I}_A$$

onde X_S é a ***reatância síncrona*** do gerador.

Se a carga aumentar, então uma maior corrente $\mathbf{I}'_A$ será drenada a partir do gerador. Se o fator de potência não mudar (isto é, o ângulo entre $\mathbf{V}_\phi$ e $\mathbf{I}_A$ permanecer constante), V_ϕ será reduzido, pois E_A não pode variar.

▲ **FIGURA 12.20** Parque eólico em Altamont Pass, Califórnia, que consiste em mais de 7000 aerogeradores. (© Digital Vision/PunchStock)

▲ **FIGURA 12.21** O rotor de 24 polos de um gerador síncrono no momento de sua instalação. Fotografia: Cortesia de Dr. Wade Enright, Te Kura Pukaha Vira O Te Whare Wananga O Waitaha, Aotearoa.)

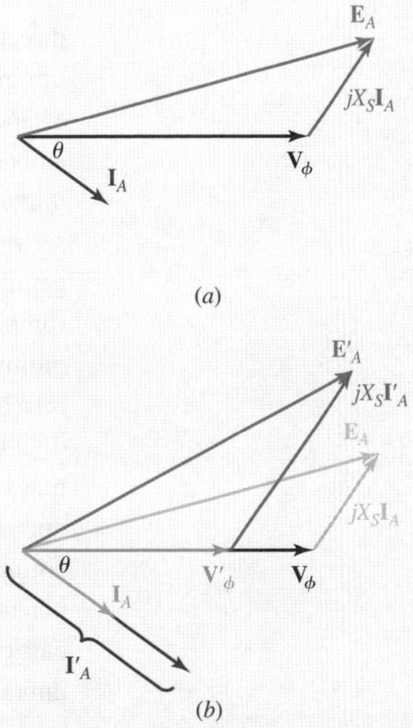

▲ **FIGURA 12.22** Diagramas fasoriais descrevendo o efeito de carga em um gerador síncrono. (*a*) Gerador conectado a uma carga com fator de potência atrasado, dado por cos θ. (*b*) Uma carga adicional é incluída sem que se altere o fator de potência. O módulo da tensão gerada $\mathbf{E}_A$ permanece o mesmo, enquanto a corrente de saída aumenta. Consequentemente, reduz-se a tensão de saída $\mathbf{V}_\phi$.

Por exemplo, considere o diagrama fasorial da Figura 12.22*a*, que mostra a tensão e a corrente de saída de uma das fases de um gerador conectado a uma carga com fator de potência de cos θ. A tensão gerada $\mathbf{E}_A$ também é mostrada. Se uma carga for adicionada sem que o fator de potência seja alterado, conforme ilustra a Figura 12.22*b*, a corrente fornecida $\mathbf{I}_A$ aumenta para $\mathbf{I}'_A$. Entretanto, o módulo da tensão gerada, formado pela soma dos fasores $jX_S\mathbf{I}'_A$ e $\mathbf{V}'_\phi$, deve permanecer inalterado. Logo, $E'_A = E_A$, e com isso a tensão de *saída* ($\mathbf{V}'_\phi$) do gerador será levemente reduzida, como mostra a Figura 12.22*b*.

A ***regulação de tensão*** do gerador é definida como

$$\text{regulação \%} = \frac{V_{\text{vazio}} - V_{\text{carga plena}}}{V_{\text{carga plena}}} \times 100$$

Idealmente, a regulação deve ser tão próxima de zero quanto possível, mas isso só é conseguido se a corrente CC usada para controlar o fluxo ϕ no enrolamento de campo variar de forma a compensar as mudanças nas condições de carga; isso pode se tornar rapidamente complicado. Deste modo, no projeto de uma unidade de geração, é normalmente preferível usar vários geradores pequenos conectados em paralelo em vez de se instalar apenas um grande gerador capaz de lidar com a carga máxima. Cada gerador pode ser operado em plena carga ou em uma condição próxima a esta, de forma que a tensão de saída seja essencialmente constante; geradores individuais podem ser adicionados ao sistema ou dele removidos dependendo da demanda.

12.5 ▶ MEDIÇÃO DE POTÊNCIA EM SISTEMAS TRIFÁSICOS

Uso do Wattímetro

Em sistemas elétricos de grande porte, não basta conhecer apenas a tensão e a corrente, mas a potência é citada com tanta frequência que medi-la diretamente é de grande valia. Isso normalmente é realizado utilizando um dispositivo conhecido como wattímetro, que deve ter a capacidade de estabelecer a relação entre a tensão e a corrente da fonte, da carga, ou de ambas. Os dispositivos modernos são muito semelhantes ao multímetro digital, sendo capazes de fornecer uma indicação numérica da grandeza a ser medida. Estes equipamentos geralmente utilizam o campo magnético gerado pela corrente, permitindo a medição dessa grandeza, sem interromper o circuito. No entanto, ainda encontramos versões analógicas do multímetro no mercado, os quais ainda possuem algumas vantagens em relação às versões digitais, tais como a capacidade de funcionar sem fonte de alimentação separada (p. ex., bateria), e a observação direta da informação por meio do movimento de uma agulha ao longo de uma escala numérica em vez de números aparentemente que variam aleatoriamente em um display. Assim, nesta seção, vamos nos concentrar na medição de potência usando um medidor analógico tradicional, pois obter a leitura a partir de um aparelho digital é muito mais fácil. Antes de embarcarmos em uma discussão a respeito das técnicas especializadas usadas na medição de potência em sistemas trifásicos, é melhor que consideremos brevemente como um **wattímetro** é usado em um circuito monofásico.

A medição de potência em frequências abaixo de algumas centenas de Hz é normalmente realizada por meio de um wattímetro que contém duas bobinas separadas. Uma dessas bobinas é feita com um condutor grosso, de resistência muito baixa, e é chamada de *bobina de corrente*; a segunda bobina é composta por um número muito maior de enrolamentos realizados com um condutor fino, com resistência relativamente alta, e é denominada *bobina de potencial* ou *bobina de tensão*. Uma resistência adicional também pode ser inserida em série com a bobina de potencial, internamente ou externamente. O torque aplicado no sistema móvel e no ponteiro é proporcional ao produto instantâneo das correntes fluindo nas duas bobinas. A inércia mecânica do sistema móvel, no entanto, causa uma deflexão que é proporcional ao valor *médio* desse torque.

A conexão do wattímetro a uma rede deve ser tal que a corrente que flui em sua bobina de corrente seja a corrente que flui na rede, enquanto a tensão aplicada em sua bobina de potencial seja a tensão entre dois terminais da rede. A corrente na bobina de potencial é portanto a tensão de entrada dividida pela resistência da bobina.

Está claro que o wattímetro possui quatro terminais disponíveis, e estes terminais devem ser corretamente conectados para que se obtenha uma leitura adequada no medidor. Para sermos específicos, vamos assumir que estejamos medindo a potência absorvida por uma rede passiva. A bobina de corrente é inserida em série com um dos condutores conectados à carga,

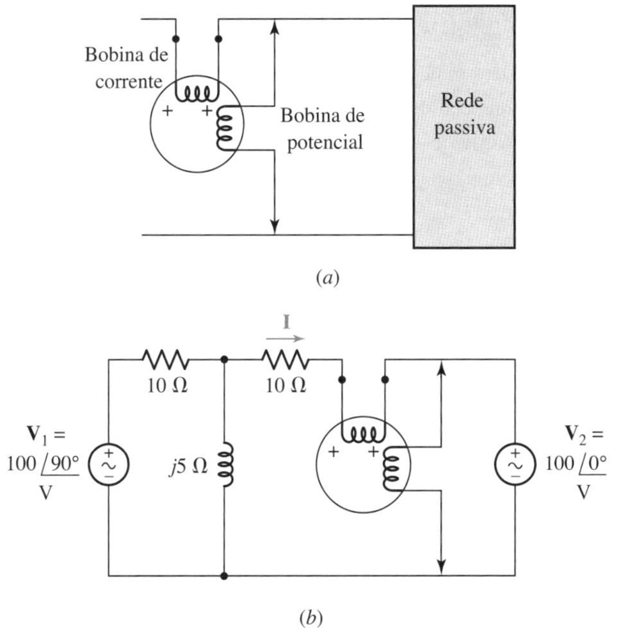

◀ **FIGURA 12.23** (*a*) Wattímetro conectado de forma a assegurar que uma leitura na escala positiva corresponda à potência absorvida pela rede passiva. (*b*) Exemplo no qual se instala o wattímetro de forma que ele indique a potência absorvida pela fonte da direita na escala positiva.

e a bobina de potencial é instalada entre os dois condutores, normalmente no "lado da carga" da bobina de corrente. Os terminais da bobina de potencial são frequentemente indicados por setas, como mostra a Figura 12.23*a*. Cada bobina tem dois terminais, e a relação apropriada entre o sentido da corrente e a tensão deve ser observada. Um dos terminais da bobina é normalmente marcado com um (+); obtém-se uma leitura na escala positiva se uma corrente positiva entrar na extremidade (+) da bobina de corrente, enquanto a tensão no terminal (+) da bobina de tensão for positiva em relação ao terminal não identificado. O wattímetro mostrado na rede da Figura 12.23*a* fornece portanto uma deflexão positiva quando a rede à direita estiver consumindo potência. A conexão invertida de uma das bobinas, mas não de ambas, faz o ponteiro do medidor tentar se defletir no sentido negativo da escala; a inversão de ambas as bobinas não afeta a leitura.

Como um exemplo do uso de um wattímetro como esse na medição de potência média, vamos considerar o circuito mostrado na Figura 12.23*b*. A conexão do wattímetro é tal que uma leitura na escala positiva corresponde à potência absorvida pela rede à direita do medidor, isto é, a fonte da direita. A potência absorvida por esta fonte é dada por

$$P = |\mathbf{V}_2||\mathbf{I}| \cos(\hat{a}ng\ \mathbf{V}_2 - \hat{a}ng\ \mathbf{I})$$

Usando a superposição ou a análise de malha, vemos que a corrente é

$$\mathbf{I} = 11{,}18\underline{/153{,}4^\circ}\ \text{A}$$

e portanto a potência absorvida é

$$P = (100)(11{,}18)\cos(0^\circ - 153{,}4^\circ) = -\ 1000\ \text{W}$$

Logo, o ponteiro descansa no fundo de escala negativo. Na prática, a bobina de potencial pode ser invertida mais rapidamente do que a bobina de corrente, e esta inversão fornece uma leitura de 1000 W na escala positiva.

▶ EXERCÍCIO DE FIXAÇÃO

12.9 Determine a leitura do wattímetro da Figura 12.24, diga se a bobina de potencial deve ser invertida ou não para se obter uma leitura na escala positiva e identifique o dispositivo ou os dispositivos absorvendo ou gerando a potência medida. O terminal (+) do wattímetro está conectado a: (*a*) *x*; (*b*) *y*; (*c*) *z*.

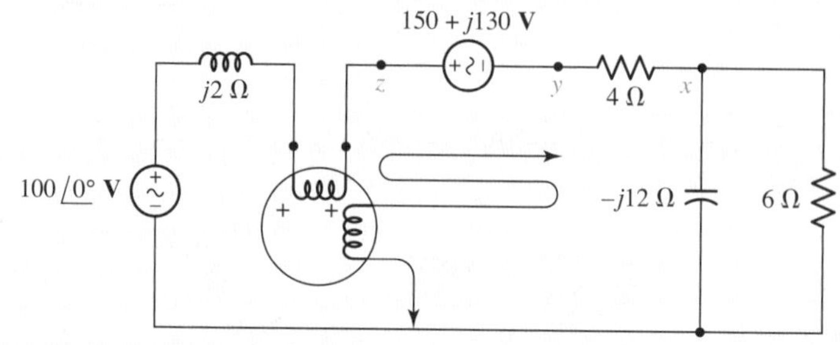

▲ **FIGURA 12.24**

Resposta: 1200 W, do jeito que está, $P_{6\Omega}$ (absorvida); 2.200 W, do jeito que está, $P_{4\Omega}$ + $P_{6\Omega}$ (absorvida); 500 W, invertida, absorvida pela fonte de 100 V.

O Wattímetro em um Sistema Trifásico

Analisando rapidamente, a medição da potência drenada por uma carga trifásica parece ser um problema simples. Precisamos apenas colocar um wattímetro em cada uma das três fases e somar os resultados. Por exemplo, as ligações apropriadas para uma carga conectada em Y são mostradas na Figura 12.25*a*. Cada wattímetro tem a sua bobina de corrente inserida em uma das fases da carga e a sua bobina de potencial conectada entre o lado

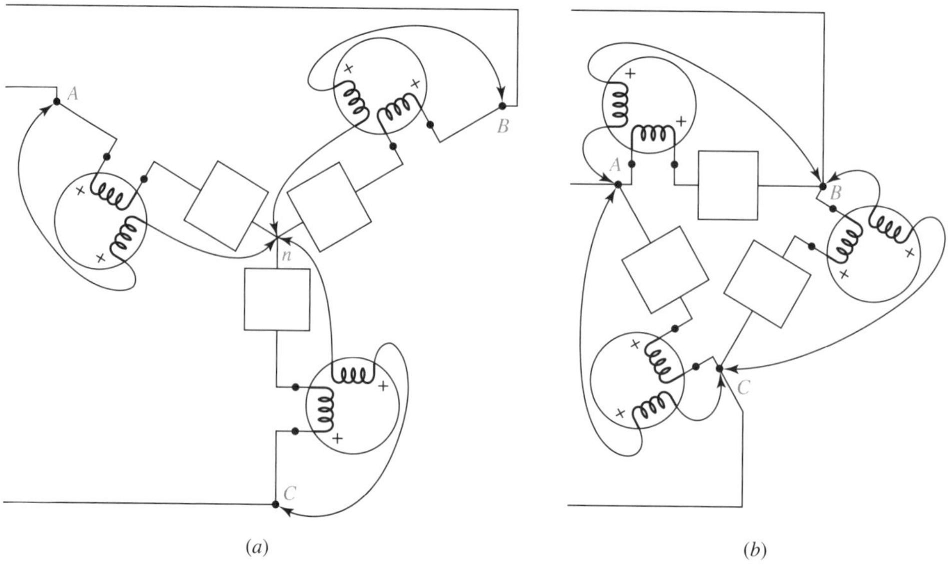

▲ **FIGURA 12.25** Os wattímetros são conectados de tal forma que cada um deles leia a potência consumida por uma das fases da carga trifásica, e a soma forneça a potência total. (*a*) Carga conectada em Y. (*b*) Carga conectada em Δ. Nem as cargas nem as fontes precisam ser balanceadas.

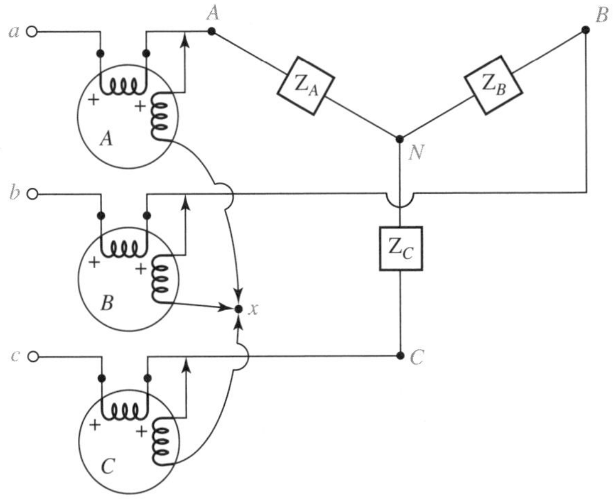

▲ **FIGURA 12.26** Um método de conexão de três wattímetros para medir a potência total consumida por uma carga trifásica. Apenas três terminais da carga estão acessíveis.

de linha da carga e o neutro. De forma similar, três wattímetros podem ser ligados como mostra a Figura 12.25*b* para se medir a potência total consumida por uma carga conectada em Δ. Ambos os métodos são teoricamente corretos, mas eles podem ser inúteis na prática porque o neutro do Y nem sempre está acessível e as fases do Δ não estão disponíveis. Um motor trifásico, por exemplo, tem apenas três terminais acessíveis, aqueles que temos chamado de *A*, *B* e *C*.

Claramente, precisamos de um método para medir a potência drenada por uma carga trifásica com apenas três terminais acessíveis; medições podem ser feitas no lado de "linha" destes terminais, mas não no lado da "carga". Tal método existe e consegue medir a potência consumida por uma carga *desbalanceada* alimentada por uma fonte *desbalanceada*. Vamos conectar três wattímetros de tal forma que cada um deles tenha a sua bobina de corrente inserida em uma das linhas e a sua bobina de tensão instalada entre aquela linha e algum ponto comum *x*, como mostra a Figura 12.26. Embora um sistema conectado em Y tenha sido ilustrado, os argumentos que vamos apresentar são igualmente válidos para uma carga conectada em Δ. O ponto *x* pode ser um ponto qualquer no sistema trifásico ou meramente um ponto no espaço onde as três bobinas de potencial formam um nó em comum. A potência média indicada pelo wattímetro *A* deve ser

$$P_A = \frac{1}{T}\int_0^T v_{Ax} i_{aA}\, dt$$

onde *T* é o período de todas as fontes de tensão. As leituras dos outros dois wattímetros são dadas por expressões similares, e a potência total drenada pela carga é portanto

$$P = P_A + P_B + P_C = \frac{1}{T}\int_0^T (v_{Ax} i_{aA} + v_{Bx} i_{bB} + v_{Cx} i_{cC})\, dt$$

Cada uma das três tensões na expressão anterior pode ser escrita em termos de uma tensão de fase e da tensão entre o ponto *x* e o neutro,

$$v_{Ax} = v_{AN} + v_{Nx}$$
$$v_{Bx} = v_{BN} + v_{Nx}$$
$$v_{Cx} = v_{CN} + v_{Nx}$$

e, portanto,

$$P = \frac{1}{T}\int_0^T (v_{AN}i_{aA} + v_{BN}i_{bB} + v_{CN}i_{cC})\,dt + \frac{1}{T}\int_0^T v_{Nx}(i_{aA} + i_{bB} + i_{cC})\,dt$$

Entretanto, a carga trifásica completa pode ser tratada como se fosse um supernó, e a lei de Kirchhoff das correntes requer que

$$i_{aA} + i_{bB} + i_{cC} = 0$$

Logo

$$P = \frac{1}{T}\int_0^T (v_{AN}i_{aA} + v_{BN}i_{bB} + v_{CN}i_{cC})\,dt$$

Uma olhada no diagrama do circuito mostra que esta soma é na realidade a soma das potências médias consumidas por cada fase da carga, e a soma das leituras dos três wattímetros representa, portanto, a potência média total drenada pela carga completa!

Vamos ilustrar este procedimento com um exemplo numérico antes de descobrir que um destes três wattímetros é na realidade supérfluo. Vamos assumir uma fonte balanceada

$$\mathbf{V}_{ab} = 100\underline{/0^\circ}\text{ V}$$
$$\mathbf{V}_{bc} = 100\underline{/-120^\circ}\text{ V}$$
$$\mathbf{V}_{ca} = 100\underline{/-240^\circ}\text{ V}$$

ou

$$\mathbf{V}_{an} = \frac{100}{\sqrt{3}}\underline{/-30^\circ}\text{ V}$$
$$\mathbf{V}_{bn} = \frac{100}{\sqrt{3}}\underline{/-150^\circ}\text{ V}$$
$$\mathbf{V}_{cn} = \frac{100}{\sqrt{3}}\underline{/-270^\circ}\text{ V}$$

e uma carga desbalanceada,

$$\mathbf{Z}_A = -j10\ \Omega$$
$$\mathbf{Z}_B = j10\ \Omega$$
$$\mathbf{Z}_C = 10\ \Omega$$

Vamos assumir wattímetros ideais, conectados conforme ilustrado na Figura 12.26, com o ponto x localizado no neutro da fonte n. As três correntes de linha podem ser obtidas com a aplicação da análise de malha,

$$\mathbf{I}_{aA} = 19{,}32\underline{/15^\circ}\text{ A}$$
$$\mathbf{I}_{bB} = 19{,}32\underline{/165^\circ}\text{ A}$$
$$\mathbf{I}_{cC} = 10\underline{/-90^\circ}\text{ A}$$

A tensão entre os neutros é

$$\mathbf{V}_{nN} = \mathbf{V}_{nb} + \mathbf{V}_{BN} = \mathbf{V}_{nb} + \mathbf{I}_{bB}(j10) = 157{,}7\underline{/-90^\circ}$$

A potência média indicada por cada wattímetro pode ser calculada,

$$P_A = V_p I_{aA} \cos(\hat{a}ng\mathbf{V}_{an} - \hat{a}ng\ \mathbf{I}_{aA})$$

$$= \frac{100}{\sqrt{3}}19{,}32\cos(-30^\circ - 15^\circ) = 788{,}7\ \text{W}$$

$$P_B = \frac{100}{\sqrt{3}}19{,}32\cos(-150^\circ - 165^\circ) = 788{,}7\ \text{W}$$

$$P_C = \frac{100}{\sqrt{3}}10\cos(-270^\circ + 90^\circ) = -577{,}4\ \text{W}$$

Note que a leitura de um dos wattímetros é negativa. Nossa discussão anterior a respeito do uso básico do wattímetro indica que uma leitura na escala positiva neste tipo de medidor só poderia ser obtida após a inversão da bobina de potencial ou da bobina de corrente.

ou uma potência total de 1 kW. Como uma corrente rms de 10 A flui na carga *resistiva*, a potência total drenada pela carga é

$$P = 10^2(10) = 1\ \text{kW}$$

e os dois métodos estão de acordo.

O Método dos Dois Wattímetros

Já provamos que o ponto x, a conexão comum das três bobinas de potencial, pode ser colocado em qualquer lugar que desejarmos sem que a soma algébrica da leitura dos três wattímetros seja afetada. Vamos agora considerar o efeito de se colocar o ponto x diretamente em uma das linhas. Se, por exemplo, um dos terminais de cada bobina de potencial for conectado ao ponto B, então não há queda de tensão nos terminais da bobina de potencial do wattímetro B e *a leitura deste medidor deve ser zero.* Ele pode portanto ser removido e a soma algébrica das leituras dos dois wattímetros remanescentes ainda fornece a potência total drenada pela carga. Quando a seleção do ponto x é feita dessa maneira, descrevemos o método de medição de potência como o método dos ***dois wattímetros***. A soma das leituras indica a potência total, independentemente (1) do desbalanceamento da carga, (2) do desbalanceamento da fonte, (3) de diferenças entre os dois wattímetros, e (4) da forma de onda da fonte periódica. A única hipótese que fizemos é que as perdas no wattímetro sejam suficientemente pequenas para que possamos desprezá-las. Na Figura 12.26, por exemplo, a bobina de

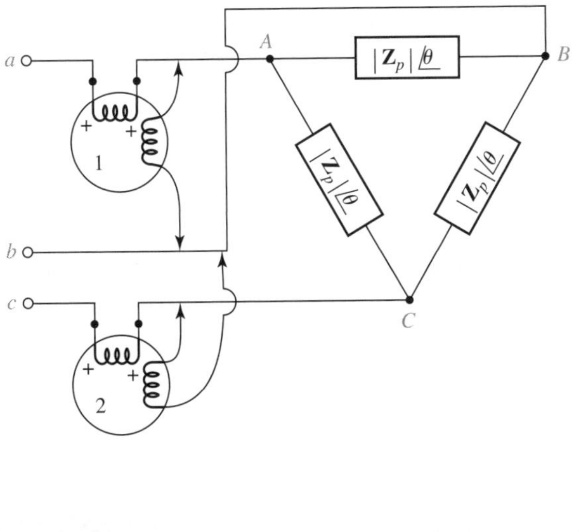

◀ **FIGURA 12.27** Dois wattímetros conectados para a leitura da potência real drenada por uma carga trifásica balanceada.

corrente de cada medidor é percorrida pela corrente de linha drenada pela carga mais a corrente consumida pela bobina de potencial. Como a última corrente é normalmente bem pequena, seu efeito pode ser estimado a partir do conhecimento da resistência da bobina de potencial e da tensão em seus terminais. Estas duas grandezas permitem uma estimativa aproximada da potência dissipada na bobina de potencial.

No exemplo numérico descrito anteriormente, vamos assumir que dois wattímetros sejam usados, um com bobina de corrente conectada no terminal A e bobina de tensão entre os terminais A e B, e o outro com bobina de corrente conectada no terminal C e bobina de potencial entre C e B. O primeiro medidor lê

$$\begin{aligned} P_1 &= V_{AB} I_{aA} \cos(\hat{a}ng\ V_{AB} - \hat{a}ng\ I_{aA}) \\ &= 100(19{,}32)\cos(0^\circ - 15^\circ) \\ &= 1866\ \text{W} \end{aligned}$$

e o segundo

$$\begin{aligned} P_2 &= V_{CB} I_{cC} \cos(\hat{a}ng\ V_{CB} - \hat{a}ng\ I_{cC}) \\ &= 100(10)\cos(60^\circ + 90^\circ) \\ &= -\ 866\ \text{W} \end{aligned}$$

e, portanto,

$$P = P_1 + P_2 = 1866 - 866 = 1000\ \text{W}$$

conforme esperávamos com base em nossa experiência recente com esse circuito.

No caso de uma carga balanceada, o método dos dois wattímetros permite a determinação do ângulo do FP, bem como a potência total drenada pela carga. Assumamos uma impedância de carga com ângulo de fase θ; uma conexão em Y ou em Δ pode ser usada nesse caso, e vamos assumir a conexão em Δ mostrada na Figura 12.27. A construção de um diagrama fasorial padrão, como aquele da Figura 12.19, permite-nos determinar o ângulo de fase apropriado entre as várias tensões e correntes de linha. Determinamos portanto as leituras

$$\begin{aligned} P_1 &= |\mathbf{V}_{AB}||\mathbf{I}_{aA}| \cos(\hat{a}ng\ \mathbf{V}_{AB} - \hat{a}ng\ \mathbf{I}_{aA}) \\ &= V_L I_L \cos(30^\circ + \theta) \end{aligned}$$

e

$$\begin{aligned} P_2 &= |\mathbf{V}_{CB}||\mathbf{I}_{cC}| \cos(\hat{a}ng\ \mathbf{V}_{CB} - \hat{a}ng\ \mathbf{I}_{cC}) \\ &= V_L I_L \cos(30^\circ - \theta) \end{aligned}$$

A relação entre as duas leituras é

$$\frac{P_1}{P_2} = \frac{\cos(30^\circ + \theta)}{\cos(30^\circ - \theta)} \qquad [5]$$

Se expandirmos os cossenos, esta equação pode ser facilmente resolvida para tgθ,

$$\tan\theta = \sqrt{3}\frac{P_2 - P_1}{P_2 + P_1} \qquad [6]$$

Logo, leituras iguais nos wattímetros indicam um FP unitário na carga, leituras iguais e opostas indicam uma carga puramente reativa, uma leitura com P_2 (algebricamente) maior que P_1 indica uma impedância indutiva, e uma leitura com P_2 menor que P_1 significa uma carga capacitiva. Mas como podemos dizer qual wattímetro lê P_1 e qual lê P_2? É verdade que P_1 está na linha A, e P_2 na linha C, e nosso sistema com sequência de fases positiva força V_{an} a estar atrasada em relação a V_{cn}. Esta informação é suficiente para que diferenciemos os dois wattímetros, mas pode ser confusa de se aplicar na prática. Mesmo que não estejamos aptos a distinguir o que mede cada wattímetro, conhecemos o módulo do ângulo de fase, mas não seu sinal. Esta informação é frequentemente suficiente; se a carga for um motor de indução, o ângulo deve ser positivo e não precisamos fazer quaisquer testes para determinar qual leitura é qual. Se nenhum conhecimento prévio a respeito da carga for assumido, há então diferentes métodos para se resolver a ambiguidade. Talvez o método mais simples seja aquele que envolve a adição de uma carga reativa com impedância elevada, como por exemplo um capacitor trifásico, nos terminais da carga desconhecida. A carga deve se tornar mais capacitiva. Logo, se o módulo de tg θ (ou o módulo de θ) decrescer, então a carga original era indutiva, enquanto um aumento no módulo de tg θ significa uma impedância capacitiva na carga original.

▶ EXEMPLO 12.7

A carga balanceada da Figura 12.28 é alimentada por um sistema trifásico balanceado com $\mathbf{V}_{ab} = 230\underline{/0°}$ V rms e uma sequência de fases positiva. Obtenha a leitura de cada wattímetro e a potência total drenada pela carga.

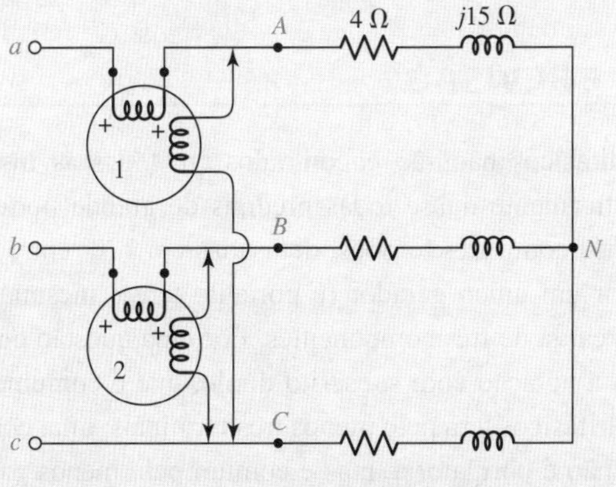

▲ **FIGURA 12.28** Um sistema trifásico balanceado conectado a uma carga trifásica balanceada, cuja potência está sendo medida usando-se a técnica dos dois wattímetros.

Conecta-se a bobina de potencial do wattímetro #1 para medir a tensão $\mathbf{V}_{ac}$ e sua bobina de corrente para medir a corrente de fase $\mathbf{I}_{aA}$. Como sabemos ter a sequência de fases positiva, as tensões de linha são

$$\mathbf{V}_{ab} = 230\underline{/0^\circ}\ \text{V}$$
$$\mathbf{V}_{bc} = 230\underline{/-120^\circ}\ \text{V}$$
$$\mathbf{V}_{ca} = 230\underline{/120^\circ}\ \text{V}$$

Note que $\mathbf{V}_{ac} = -\mathbf{V}_{ca} = 230\underline{/-60^\circ}$ V.

A corrente de fase $\mathbf{I}_{aA}$ é dada pela tensão de fase $\mathbf{V}_{an}$ dividida pela impedância de fase $4 + j15\ \Omega$,

$$\mathbf{I}_{aA} = \frac{\mathbf{V}_{an}}{4 + j15} = \frac{(230/\sqrt{3})\underline{/-30^\circ}}{4 + j15}\ \text{A}$$
$$= 8{,}554\underline{/-105{,}1^\circ}\ \text{A}$$

Podemos agora computar a potência medida pelo wattímetro #1 como

$$P_1 = |\mathbf{V}_{ac}||\mathbf{I}_{aA}| \cos(\hat{a}ng\ \mathbf{V}_{ac} - \hat{a}ng\ \mathbf{I}_{aA})$$
$$= (230)(8{,}554)\cos(-60^\circ + 105{,}1^\circ)\ \text{W}$$
$$= 1389\ \text{W}$$

De forma similar, determinamos que

Como a medição resultaria no ponteiro colado no fundo de escala negativo, uma das bobinas precisaria ser invertida para que a leitura fosse feita.

$$P_2 = |\mathbf{V}_{bc}||\mathbf{I}_{bB}| \cos(\hat{a}ng\ \mathbf{V}_{bc} - \hat{a}ng\ \mathbf{I}_{bB})$$
$$= (230)(8{,}554)\cos(-120^\circ - 134{,}9^\circ)\ \text{W}$$
$$= -\ 512{,}5\ \text{W}$$

Logo, a potência média total absorvida pela carga é

$$P = P_1 + P_2 = 876{,}5\ \text{W}$$

▶ EXERCÍCIO DE FIXAÇÃO

12.10 No circuito da Figura 12.26, assuma $\mathbf{Z}_A = 25\underline{/60^\circ}\ \Omega$, $\mathbf{Z}_B = 50\underline{/-60^\circ}\ \Omega$, $\mathbf{Z}_C = 50\underline{/60^\circ}\ \Omega$, $\mathbf{V}_{AB} = 600\underline{/0^\circ}$ V rms com sequência de fases (+) e posicione o ponto x em C. Determine (*a*) P_A; (*b*) P_B; (*c*) P_C.

Resposta: 0; 7200 W; 0.

RESUMO E REVISÃO

Circuitos polifásicos não são encontrados em todas as instalações, mas integram praticamente quase todas prediais de grande porte. Neste capítulo, estudamos como três tensões, defasadas em 120º entre si, podem ser fornecidas por um único gerador (e portanto tem a mesma frequência) e ligada a uma carga de três componentes. Por uma questão de comodidade, introduzimos a notação com subscrito duplo, que é comumente utilizada. Um Sistema trifásicos terá pelo menos três terminais; uma conexão ao condutor neutro não é obrigatória, mas é comum pelo menos para a fonte. Se é utilizada uma carga conectada em Δ, então não existe ligação do neutro para a carga. Quando um fio neutro está presente, podemos definir como *tensão de fase* $\mathbf{V}_{an}$, $\mathbf{V}_{bn}$ e $\mathbf{V}_{cn}$ entre cada uma das fases (*a, b* ou *c*) e o neutro. A lei de Kirchhoff para tensão exige que a soma destas três tensões de fase seja zero, independentemente se a sequência de fase for positiva ou negativa. *Tensões de linha* (ou seja, entre as fases) podem ser relacionadas diretamente com as tensões de fase; para uma carga conectada em Δ as tensões de fase e linha são iguais. De modo semelhante, *correntes de linha* e *correntes de fase* podem ser relacionadas diretamente; para uma carga conectada em Y, as corrente de fase e linha são iguais. À primeira vista, estes sistemas podem parecer um pouco complicado, mas a simetria muitas vezes nos permite realizar a análise por fase, simplificando nossos cálculos consideravelmente.

Uma lista sucinta de conceitos chave do capítulo é apresentada a seguir para a conveniência do leitor, juntamente com os números do exemplo correspondente.

- A maioria da produção de energia elétrica se dá na forma de potência trifásica.
- A maior parte da eletricidade fornecida a residências no Brasil tem a forma de uma senoide com frequência de 60 Hz e tensões rms de 110 V, 127 V ou 220 V. Em outros lugares, frequências de 50 Hz e diferentes tensões podem ser encontradas.
- Notação com subscrito duplo é geralmente empregada em sistemas de potência para tensões e correntes. (Exemplo 12.1)
- Fontes trifásicas podem ser conectadas em Y ou em Δ. Ambos os tipos de fonte possuem três terminais, um para cada fase; fontes conectadas em Y também possuem uma conexão de neutro. (Exemplo 12.2)
- Em um sistema trifásico balanceado, cada tensão de fase possui o mesmo módulo, mas está 120º defasada das outras duas. (Exemplo 12.2)
- Cargas em um sistema trifásico podem ser conectadas em Y ou em Δ.
- Em uma fonte balanceada conectada em Y com sequência de fases positiva (*abc*), as tensões de linha são

  $$\mathbf{V}_{ab} = \sqrt{3}V_p\underline{/30^\circ} \qquad \mathbf{V}_{bc} = \sqrt{3}V_p\underline{/-90^\circ}$$
  $$\mathbf{V}_{ca} = \sqrt{3}V_p\underline{/-210^\circ}$$

  onde as tensões de fase são

  $$\mathbf{V}_{an} = V_p\underline{/0^\circ} \qquad \mathbf{V}_{bn} = V_p\underline{/-120^\circ} \qquad \mathbf{V}_{cn} = V_p\underline{/-240^\circ}$$

  (Exemplo 12.2)
- Em um sistema com uma carga conectada em Y, as correntes de linha são iguais às correntes de fase. (Exemplos 12.3, 12.4 e 12.6)
- Em uma carga conectada em Δ, as tensões de linha são iguais às tensões de fase. (Exemplo 12.5)
- Em um sistema balanceado com sequência de fases positiva e uma carga conectada em Δ, as correntes de linha são

  $$\mathbf{I}_a = \mathbf{I}_{AB}\sqrt{3}\underline{/-30^\circ} \qquad \mathbf{I}_b = \mathbf{I}_{BC}\sqrt{3}\underline{/-150^\circ} \qquad \mathbf{I}_c = \mathbf{I}_{CA}\sqrt{3}\underline{/+90^\circ}$$

  onde as correntes de fase são

  $$\mathbf{I}_{AB} = \frac{\mathbf{V}_{AB}}{\mathbf{Z}_\Delta} = \frac{\mathbf{V}_{ab}}{\mathbf{Z}_\Delta} \qquad \mathbf{I}_{BC} = \frac{\mathbf{V}_{BC}}{\mathbf{Z}_\Delta} = \frac{\mathbf{V}_{bc}}{\mathbf{Z}_\Delta} \qquad \mathbf{I}_{CA} = \frac{\mathbf{V}_{CA}}{\mathbf{Z}_\Delta} = \frac{\mathbf{V}_{ca}}{\mathbf{Z}_\Delta}$$

  (Exemplo 12.5)
- A maioria dos cálculos de potência é realizada por fase, assumindo-se um sistema balanceado; do contrário, a análise de malha e a análise nodal são sempre abordagens válidas. (Exemplos 12.3, 12.4 e 12.5)

- A potência em um sistema trifásico (balanceado ou desbalanceado) pode ser medida com apenas dois wattímetros. (Exemplo 12.7)
- A potência instantânea em qualquer sistema trifásico balanceado é constante.

LEITURA COMPLEMENTAR

Uma boa revisão de conceitos de potência CA pode ser encontrada no Capítulo 2 de:

B. M. Weedy, *Electric Power Systems*, 3rd ed. Chichester, England: Wiley, 1984.

Um livro detalhado sobre a geração de energia eólica é:

T. Burton, D. Sharpe, N. Jenkins, and E. Bossanyi, *Wind Energy Handbook*. Chichester, England: Wiley, 2001.

EXERCÍCIOS

12.1 Sistemas Polifásicos

1. Um dispositivo desconhecido de três terminais leva os nomes de *b*, *c*, *e*. Quando instalados em um circuito particular, as medições indicam que V_{ec} = –9 V e V_{eb} = –0, 65 V. (*a*) Calcule V_{cb}; (*b*) determine a potência dissipada na junção *b-e* se a corrente I_b que flui para o terminal b é igual a 1 μ A.

2. Um tipo comum de transistor é conhecido como o MESFET, que é um acrônimo de ***m**etal-**s**emiconductor **f**ield **e**ffect **t**ransistor*. Ele tem três terminais, denominados a porta (*g*), a fonte (*s*) e o dreno (*d*). Como exemplo, considere um MESFET específico operando num circuito tal que V_{sg} = 0,2 V e V_{ds} = 3 V. (*a*) Calcule V_{gs} e V_{dg}; (*b*) se uma corrente de gatilho I_g = 100 pA estiver circulando no terminal de gatilho, calcule a potência dissipada na junção porta-fonte.

3. Para um determinada fonte trifásica conectada em Y, $\mathbf{V}_{an} = 400\underline{/33^\circ}$ V, $\mathbf{V}_{bn} = 400\underline{/153^\circ}$ V e $\mathbf{V}_{cx} = 160\underline{/208^\circ}$ V. Determine (a) $\mathbf{V}_{cn}$; (b) $\mathbf{V}_{an} - \mathbf{V}_{bn}$; (c) $\mathbf{V}_{ax}$; (d) $\mathbf{V}_{bx}$.

4. Descreva o que se entende por uma fonte "polifásica", cite uma possível vantagem dessas fontes que podem superar sua complexidade adicional em relação às fontes monofásicas de potência, e explique a diferença entre fontes "equilibrada" e "desequilibrada".

5. Várias das tensões associadas a um determinado circuito são dadas por $\mathbf{V}_{12} = 9\underline{/30^\circ}$ V, $\mathbf{V}_{32} = 3\underline{/130^\circ}$ V e $\mathbf{V}_{14} = 2\underline{/10^\circ}$ V. Determine $\mathbf{V}_{21}$, $\mathbf{V}_{13}$, $\mathbf{V}_{34}$ e $\mathbf{V}_{24}$.

6. As tensões nodais que descrevem um circuito particular podem ser expressas como $\mathbf{V}_{14} = 9 - j$ V, $\mathbf{V}_{24} = 3 + j\,3$ V e $\mathbf{V}_{34} = 8$ V. Calcule $\mathbf{V}_{12}$, $\mathbf{V}_{32}$ e $\mathbf{V}_{13}$. Expresse suas respostas na forma fasorial.

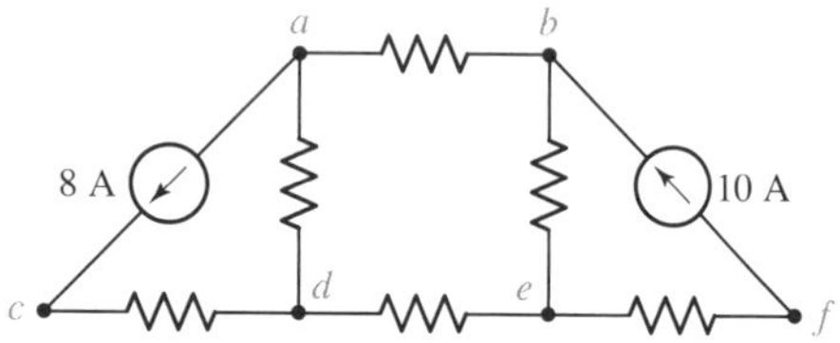

▲ FIGURA 12.29

7. No circuito da Figura 12.29, marcações nos resistores infelizmente foram omitidas, mas várias das correntes são conhecidas. Especificamente, $\boldsymbol{I}_{ad}$ = 1 A. (*a*) Calcule $\boldsymbol{I}_{ab}$, $\boldsymbol{I}_{cd}$, $\boldsymbol{I}_{de}$, $\boldsymbol{I}_{fe}$ e $\boldsymbol{I}_{be}$; (*b*) se $\mathbf{V}_{ba}$ = 125 V, determine o valor do resistor que liga os nós a e b.

8. Para o circuito mostrado na Figura 12.30, (*a*) determine $\boldsymbol{I}_{gh}$, $\boldsymbol{I}_{cd}$ e $\boldsymbol{I}_{dh}$; (*b*) calcule $\boldsymbol{I}_{ed}$, $\boldsymbol{I}_{ei}$ e $\boldsymbol{I}_{jf}$; (*c*) se todos os resistores no circuito tem valor igual a 1 Ω, determine as três correntes de malha que circulam no sentido horário.

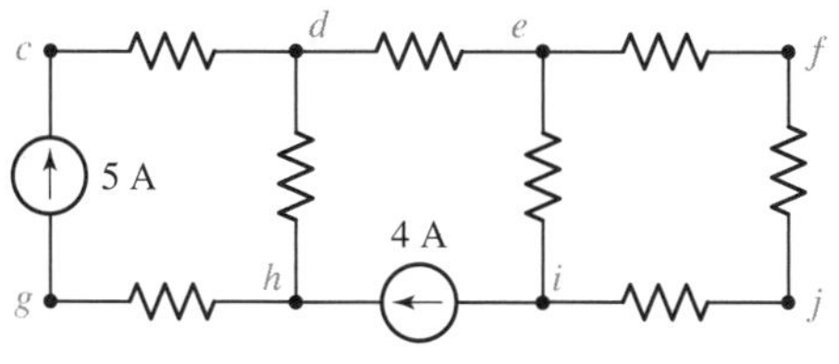

◀ **FIGURA 12.30**

9. Resistores adicionais são colocados em paralelo com os resistores entre os terminais *d* e *e*, e os terminais *f* e *j*, respectivamente, no circuito da Figura 12.30. (*a*) Quais tensões podem ser descritas usando a notação com subscrito duplo? (*b*) Quais correntes de linha podem ser descritas usando a notação com subscrito duplo?

12.2 Sistemas Monofásicos a Três Fios

10. A maioria dos produtos eletrônicos são alimentados por tomadas de 110 V, mas vários tipos de aparelhos (tais como secadores de roupa) são alimentados por tomadas de 220V. Baixas tensões são geralmente mais seguras. O que, então, motiva fabricantes de alguns equipamento em projetá-los para funcionar em 220 V?

11. O sistema monofásico a três fios da Figura 12.31 tem três impedâncias de carga separadas. Se a fonte é equilibrada e $V_{an} = 110 + j\,0\ V_{rms}$, (*a*) expresse V_{an} e V_{bn} em notação fasorial; (*b*) determine a tensão fasorial que aparece na impedância $\mathbf{Z}_3$. (c) Determine a potência média entregue pelas duas fontes, se $\mathbf{Z}_1 = 50 + j0\ \Omega$, $\mathbf{Z}_2 = 100 + j45\ \Omega$ e $\mathbf{Z}_3 = 100 - j90\ \Omega$; (*c*) Represente a carga $\mathbf{Z}_3$ por uma ligação em série de dois elementos e indique seus respectivos valores se as fontes operam em 60 Hz.

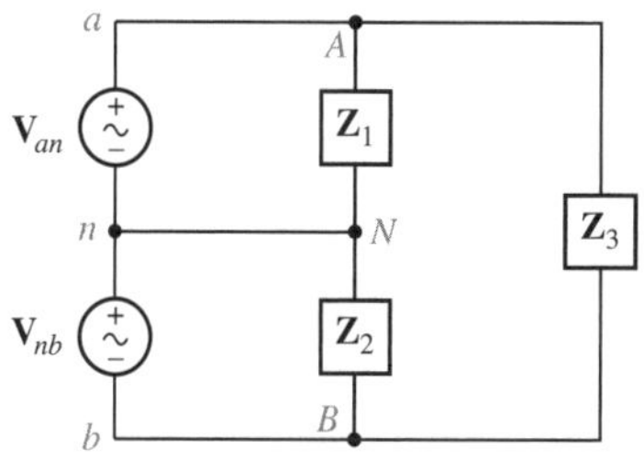

▲ **FIGURA 12.31**

12. Para o sistema representado na Figura 12.32, as perdas ôhmicas no condutor neutro são tão pequenas que podem ser desprezadas e ele pode ser adequadamente modelado como um curto circuito. (*a*) Calcule a potência perdida nas duas linhas, como resultado de sua resistência não nula; (*b*) calcule a potência média fornecida para a carga; (*c*) determine o fator de potência da carga total.

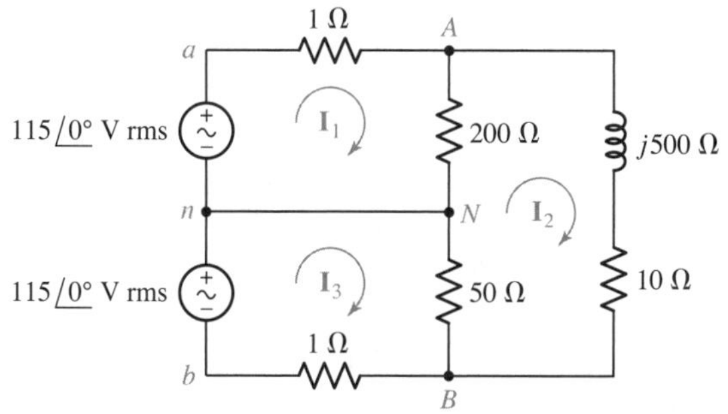

◀ **FIGURA 12.32**

13. Referindo-se à carga equilibrada representada na Figura 12.33, se ela está ligada em uma fonte equilibrada a três fios operando em 50 Hz tal que $V_{AN} = 115$ V, (*a*) determine o fator de potência da carga, se o capacitor é omitido; (*b*) determine o valor da capacitância *C* que permita atingir um fator de potência unitário para a carga total.

14. No sistema a três fios da Figura 12.32, (*a*) substitua o resistor de 50 Ω por um resistor de 200 Ω, e calcule a corrente que flui através do condutor neutro; (*b*) determine um novo valor para o resistor de 50 Ω tal que o módulo da corrente no condutor neutro seja 25% da corrente de linha $\mathbf{I}_{aA}$.

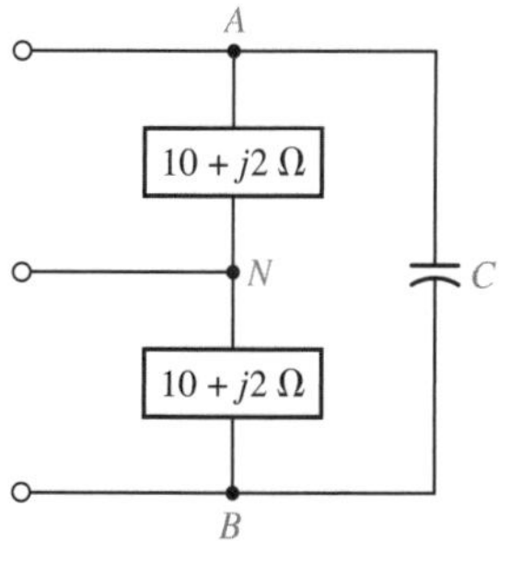

▲ **FIGURA 12.33**

12.3 Conexão Trifásica Y-Y

15. (a) Mostre que se $\mathbf{V}_{an} = 400\angle 33^\circ$ V, $\mathbf{V}_{bn} = 400\angle -87^\circ$ V e $\mathbf{V}_{bn} = 400\angle -207^\circ$ V, então $\mathbf{V}_{an} + \mathbf{V}_{bn} + \mathbf{V}_{cn} = 0$. (*b*) As tensões na parte (*a*) representam sequência de fase positiva ou negativa? Explique.

16. Considere uma sequência de fase positiva simples, trifásica, sistema a três fios operando em 50 Hz e com uma carga equilibrada. Cada tensão de fase de 240 V é ligada sobre uma carga constituída por uma combinação série de 50 Ω e 500 mH. Calcule (*a*) cada corrente de linha; (*b*) o fator de potência da carga; (*c*) a potência total fornecida pela fonte trifásica.

17. Assuma que o sistema mostrado na Figura 12.34 é equilibrado, $R_w = 0$, $\mathbf{V}_{an} = 208\angle 0^\circ$ V, e uma sequência de fase positiva se aplica. Calcule todas as correntes de fase e de linha, e todas as tensões de fase e de linha, se $\mathbf{Z}_p$ *é* igual a (*a*) 1 kΩ; (*b*) $100 + j48$ Ω, (*c*) $100 - j48$ Ω.

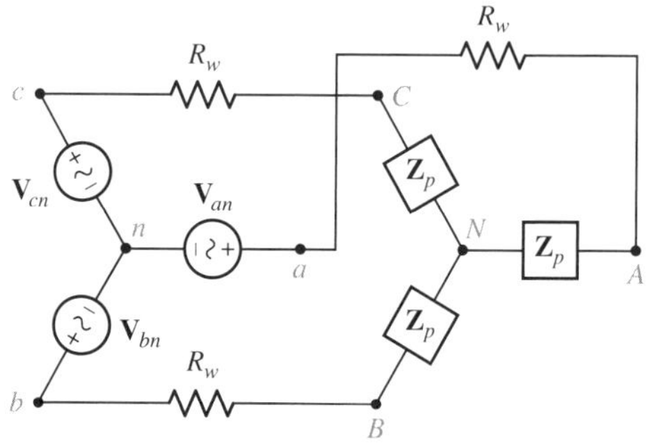

◀ **FIGURA 12.34**

18. Repita o Exercício 17 com $R_w = 10$ Ω e confira suas respostas com as devidas simulações no PSPICE se a frequência de operação é 60 Hz.

19. Cada impedância $\mathbf{Z}_p$ no sistema trifásico equilibrado da Figura 12.34 é construído utilizando a combinação em paralelo de uma capacitância de 1 mF, uma indutância de 100 mH e uma resistência de 10 Ω. As fontes têm sequência de fase positiva e operam em 50 Hz. Se $\mathbf{V}_{ab} = 208\angle 0^\circ$ V, $R_w = 0$, calcule (*a*) todas as tensões de fase; (*b*) todas as tensões de linha; (*c*) as três correntes de linha; (*d*) o total da potência consumida pela carga.

20. Supondo que o sistema trifásico representado na Figura 12.34 é equilibrado com uma tensão de linha de 100 V, calcule a corrente de linha e impedância por fase da carga se $R_w = 0$ e a carga drena (*a*) 1 kW em um FP de 0,85 em atraso; (*b*) 300 W por fase em um FP de 0,92 adiantado.

21. O sistema trifásico equilibrado da Figura 12.34 é caracterizado por uma sequência de fases positiva e uma tensão de linha de 300 V. E $\mathbf{Z}_p$ é dada pela combinação em paralelo de uma carga capacitiva $5 - j3$ Ω e uma carga indutiva $9 + j2$ Ω. Se $R_w = 0$, calcule (*a*) o fator de potência da fonte; (*b*) a potência total fornecida pela fonte. (*c*) Repita as partes (*a*) e (*b*) se $R_w = 1$ Ω.

22. Uma carga equilibrada conectada em Y de $100 + j50$ Ω é ligada em uma fonte trifásica equilibrada. Se a corrente de linha é 42 A e a fonte fornece 12 kW, determine (*a*) a tensão de linha; (*b*) a tensão de fase.

23. Um sistema trifásico é construído a partir de uma fonte balanceada conectada em Y operando em 50 Hz e com uma tensão de linha de 210 V, e cada uma das fases da carga balanceada consome 130 W com um fator de potência adiantado de 0,75. (*a*) Calcule acorrente de linha e a potência total fornecida para a carga; (*b*) se uma carga puramente resistiva de 1 Ω é ligada em paralelo com cada carga existente, calcule a nova corrente de linha e a potência total fornecida à carga; (*c*) Verifique suas respostas com simulações apropriadas no PSpice.

24. Voltando ao sistema trifásico equilibrado descrito no Exercício 21, determine a potência complexa entregue à carga para $R_w = 0$ e $R_w = 1\ \Omega$.

25. Cada carga no circuito da Figura 12.34 é composta por um indutor de 1,5 H em paralelo com um capacitor de 100 μF e um resistor de 1 kΩ. A resistência $R_w = 0\ \Omega$. Utilizando a sequência de fase positiva com $\mathbf{V}_{ab} = 115\underline{/0^\circ}$ V em $f = 60$ Hz, determine a corrente de linha rms e a potência total fornecida para a carga. Verificar suas respostas com uma simulação apropriada no PSpice.

12.4 A Conexão em Triângulo (Δ)

26. Um determinado sistema trifásico equilibrado está fornecendo uma carga conectado em Δ com 10 kW e um fator de potência de 0,7 adiantado. Se a tensão de fase é de 208 V e a fonte opera em 50 V, (*a*) calcule a corrente de linha; (*b*) determine a impedância de fase; (*c*) calcule o novo fator de potência e a nova potência total entregue à carga, se um indutor 2,5 H é ligado em paralelo com cada uma das fases da carga.

27. Se cada uma das três fases na carga equilibrada conectada em Δ é composta de um capacitor de 10 mF em paralelo com uma combinação série de um resistor 470Ω e um indutor de 4 mH, assuma uma tensão de fase de 400 V em 50 Hz. (*a*) Calcule a corrente de fase; (*b*) a corrente de linha; (*c*) a tensão de linha; (*d*) o fator de potência em que a fonte opera; (*e*) a potência total fornecida à carga.

28. Uma carga trifásica é alimentada por uma fonte trifásica a três fios concectada em Y cuja tensão de fase é de 400 V e a frequência de operação é de 50 Hz. Cada fase da carga é constituída por uma combinação em paralelo de um resistor de 500 Ω, um indutor de 10 mH, e um capacitor de 1 mF. (*a*) Calcule a corrente de linha, a tensão de linha, a corrente de fase, e fator de potência da carga se a carga está conectada em Y também; (*b*) refaça a ligação da carga de modo que seja conectada em Δ e encontre as mesmas grandezas pedidas no item (*a*).

29. Para as duas situações descritas no Exercício 28, calcule a potência total entregue a cada uma das duas cargas.

30. Duas cargas conectadas em Δ são ligadas em paralelo e alimentadas por um sistema equilibrado conectado em Y. A menor das duas cargas consome 10 kVA com um FP de 0,75 atrasado, e a maior consome 25 kVA com um FP de 0,80 adiantado. A tensão de linha é de 400 V. Calcule (*a*) o fator de potência de operação da fonte; (*b*) a potência total consumida pelas duas cargas; (*c*) a corrente de fase de cada carga.

31. Para o sistema trifásico equilibrado mostrado na Figura 12.35, é determinado que 100 W está perdido em cada fio. Se a tensão de fase da fonte é de 400 V, e a carga consome 12 kW com um FP de 0,83 atrasado, determine a resistência do fio R_w.

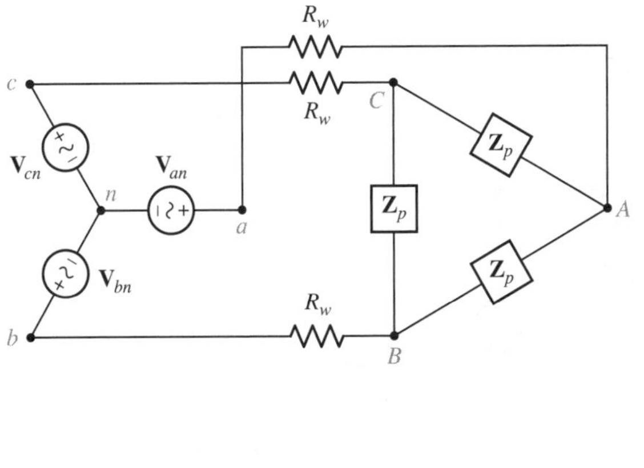

◀ **FIGURA 12.35**

32. A carga balanceada conectada em Δ na Figura 12.35 está exigindo 10 kVA com um FP de 0,91 atrasado. Se as perdas na linha são desprezíveis, calcule $\mathbf{I}_{bB}$ e $\mathbf{V}_{an}$ se $\mathbf{V}_{ca} = 160\underline{/30^\circ}$ V e as tensões da fonte são descritas usando uma sequência de fase positiva.

33. Repita o Exercício 32 se $R_w = 1\ \Omega$. Verifique sua solução usando uma simulação apropriada no PSpice.

34. Calcule $\mathbf{I}_{aA}$, $\mathbf{I}_{AB}$ e um $\mathbf{V}_{an}$ se a carga conectada em Δ da Figura 12.35 drena uma potência complexa total de $1800 + j700$ W, $R_w = 1{,}2\ \Omega$ e a fonte gera um potência complexa de $1.850 + j700$ W.

35. Um sistema trifásico balanceado tendo uma tensão de linha de 240 V rms contém uma carga conectada em Δ com $12 + j$ kΩ por fase e também uma carga conectada em Y com $5 + j3$ kΩ por fase. Determine a corrente de linha, a potência consumida pela carga combinada e o fator de potência da carga

12.5 Medição de Potência em Sistemas Trifásicos

36. Determine a leitura do wattímetro (dizendo se os terminais devem ser invertidos ou não para se obtê-la) no circuito da Figura 12.36 se os terminais A e B, respectivamente, são conectados a (*a*) x e y; (*b*) x e z; (*c*) y e z.

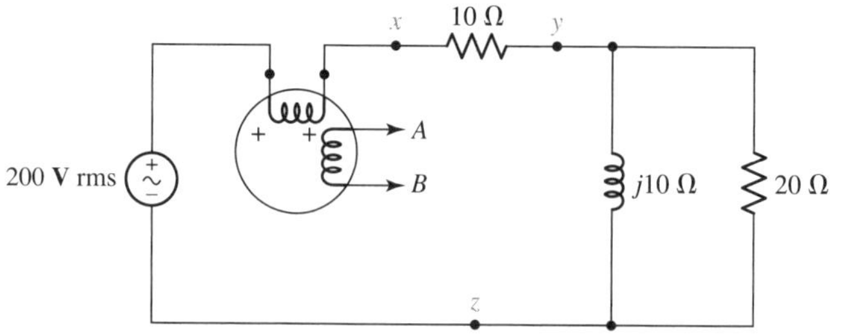

◀ **FIGURA 12.36**

37. Um wattímetro está conectado ao circuito da Figura 12.37 de forma que $\mathbf{I}_1$ entre no terminal (+) da bobina de corrente, enquanto $\mathbf{V}_2$ é a tensão nos terminais da bobina de tensão. Determine a leitura do wattímetro e verifique a sua solução com uma simulação apropriada no PSpice.

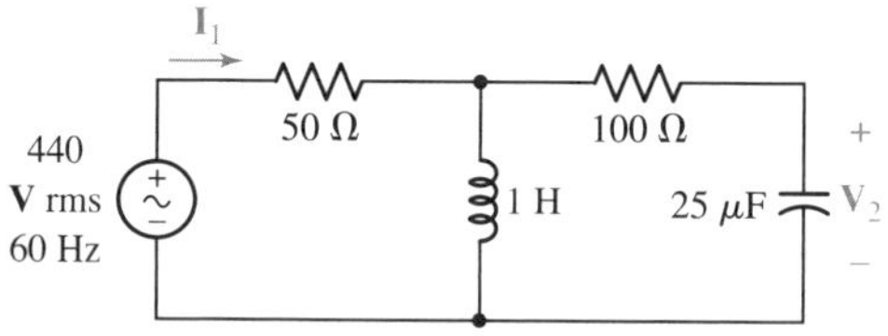

◀ **FIGURA 12.37**

38. Determine a leitura do wattímetro conectado ao circuito da Figura 12.38.

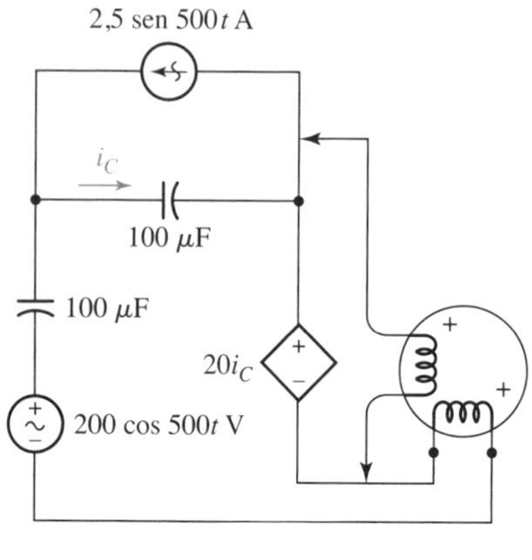

◀ **FIGURA 12.38**

39. (*a*) Determine as leituras dos wattímetros na Figura 12.39 se $\mathbf{V}_A = 100\underline{/0^\circ}$ V rms, $\mathbf{V}_B = 50\underline{/90^\circ}$ V rms, $\mathbf{Z}_A = 10 - j10\ \Omega$, $\mathbf{Z}_B = 8 + j6\ \Omega$ e $\mathbf{Z}_C = 30 + j10\ \Omega$; (*b*) A soma das leituras é igual à potência consumida pelas três cargas? Verifique a sua resposta com uma simulação apropriada no PSpice.

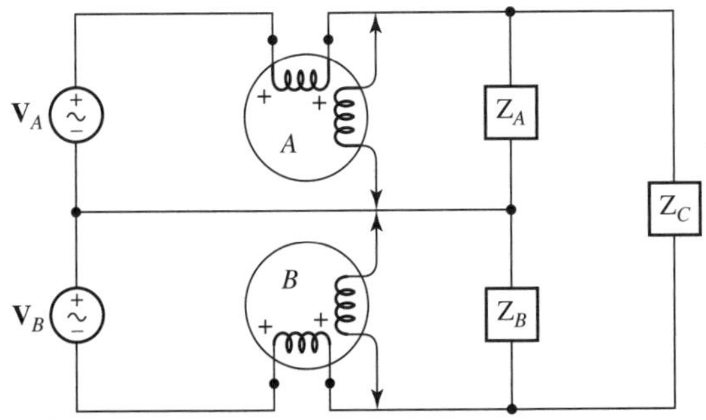

▲ **FIGURA 12.39**

40. Valores de circuito para a Figura 12.40 são $\mathbf{V}_{ab} = 200\underline{/0^\circ}$, $\mathbf{V}_{bc} = 200\underline{/120^\circ}$, $\mathbf{V}_{ca} = 200\underline{/240^\circ}$ V rms, $\mathbf{Z}_4 = \mathbf{Z}_5 = \mathbf{Z}_6 = 25\underline{/30^\circ}\ \Omega$, $\mathbf{Z}_1 = \mathbf{Z}_2 = \mathbf{Z}_3 = 50\underline{/-60^\circ}\ \Omega$. Obtenha a leitura de cada wattímetro.

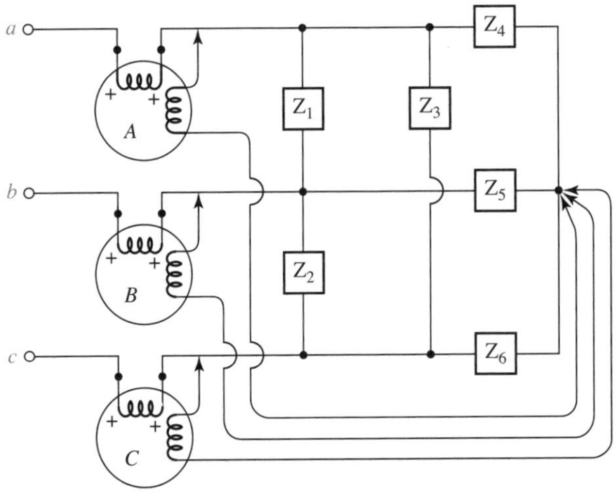

▲ **FIGURA 12.40**

Exercícios de integração do capítulo

41. Explique em que circunstâncias uma carga conectada em Δ pode ser preferível a uma carga conectado em Y que drena as mesmas potências média e complexa.

42. Uma certa fonte trifásica 208 V, 60 Hz, está conectada em Y e apresenta sequência de fase positiva. Cada fase da carga equilibrada consiste em uma bobina melhor modelada como um resistência de 0,2 Ω em série com uma indutância de 580mH. (*a*) Determine as tensões de linha e as correntes de fase se a carga está conectada em Δ. (*b*) Repita o item (a) considerando a carga conectada em Y.

43. (*a*) A carga representada na Figura 12.41 é considerada uma carga trifásica? Explique. (*b*) se $\mathbf{Z}_{AN} = 1 - j7\ \Omega$, $\mathbf{Z}_{BN} = 3\underline{/22^\circ}\ \Omega$ e $\mathbf{Z}_{AB} = 2 + j\ \Omega$, calcule todas as correntes e tensões de fase (e linha) considerando uma tensão entre fase e neutro de 120 VAC (as duas fases são defasadas em 180°. (*c*) Em que circunstâncias a corrente circula pelo condutor neutro?

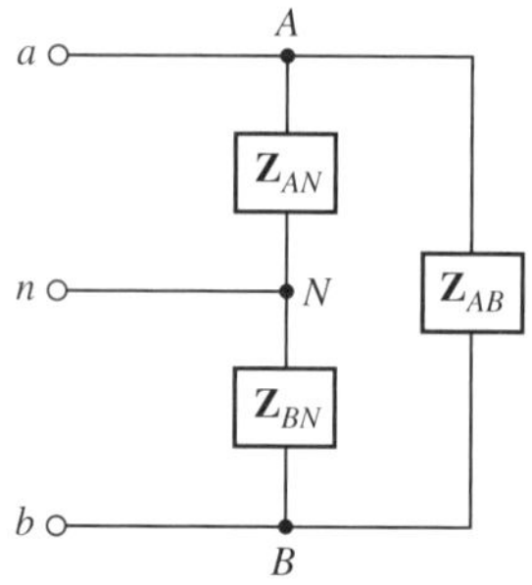

◀ **FIGURA 12.41**

44. Todos os equipamentos de informática em uma pequena fábrica funcionam no padrão de 120 VAC, mas há apenas uma fonte trifásica de 208 VCA disponível. Explique como esses equipamentos podem ser conectados à fonte existente.

13 Circuitos Acoplados Magneticamente

CONCEITOS FUNDAMENTAIS

- Indutância Mútua
- Indutância Própria
- A Convenção do Ponto
- Impedância Refletida
- Redes T e Π Equivalentes
- O Transformador Ideal
- Relação de Transformação de um Transformador Ideal
- Casamento de Impedâncias
- Ajuste de Nível de Tensão
- Análise de Circuitos com Transformadores no PSpice

INTRODUÇÃO

Sempre que uma corrente flui através de um condutor, seja ela CA ou CC, um campo magnético é gerado em torno deste condutor. No contexto dos circuitos, frequentemente fazemos referência ao *fluxo magnético* penetrando em um circuito fechado formado por um fio. Esse fluxo é a componente normal da densidade de fluxo magnético média emanada a partir do circuito fechado, multiplicada pela área da superfície formada pelo circuito. Quando um campo magnético variável com o tempo gerado por um circuito fechado penetra em um segundo circuito fechado, uma tensão é induzida entre os terminais do segundo fio. Para distinguir esse fenômeno da "indutância" que definimos mais cedo, mais apropriadamente denominada "indutância própria", definiremos um novo termo, a *impedância mútua*.

Não existe um dispositivo que possa ser chamado de "indutor mútuo", mas tal princípio forma a base de um dispositivo extremamente importante – o *transformador*. Um transformador consiste em duas bobinas de fio separadas por uma pequena distância. Esse dispositivo é comumente usado para elevar ou reduzir tensões CA, dependendo da aplicação. Todo aparelho elétrico que requer correntes CC para operar mas é conectado a uma tomada CA faz uso de um transformador para ajustar os níveis de tensão antes que a *retificação* seja feita; a retificação é uma função tipicamente realizada por diodos e descrita em qualquer texto introdutório de eletrônica.

13.1 ▶ INDUTÂNCIA MÚTUA

Quando definimos a indutância no Capítulo 7, fizemos isso especificando a relação entre a tensão e a corrente nos terminais de um elemento,

$$v(t) = L\frac{di(t)}{dt}$$

onde se assume a convenção de sinal passivo. A base física para tal característica corrente-tensão se apóia em dois fatos:

1. A produção de um ***fluxo magnético*** por uma corrente, sendo este fluxo proporcional à corrente em indutores lineares.
2. A produção de uma tensão pelo campo magnético variável com o tempo, sendo essa tensão proporcional à taxa de variação do campo ou fluxo magnético.

Coeficiente de Indutância Mútua

A indutância mútua resulta de uma leve extensão desse mesmo argumento. O fluxo de corrente em uma bobina estabelece um campo magnético em torno dessa bobina e também em torno de uma segunda bobina próxima. O fluxo variável com o tempo envolvendo a segunda bobina produz uma tensão em seus terminais; essa tensão é proporcional à taxa de variação temporal da corrente fluindo na primeira bobina. A Figura 13.1*a* mostra um modelo simples com duas bobinas L_1 e L_2, suficientemente próximas para que o fluxo produzido pela corrente $i_1(t)$ fluindo em L_1 estabeleça uma tensão de circuito aberto $v_2(t)$ nos terminais de L_2. Sem considerar o sinal algébrico apropriado para a relação neste momento, definimos o coeficiente de indutância mútua, ou simplesmente a ***indutância mútua*** M_{21},

$$v_2(t) = M_{21}\frac{di_1(t)}{dt} \qquad [1]$$

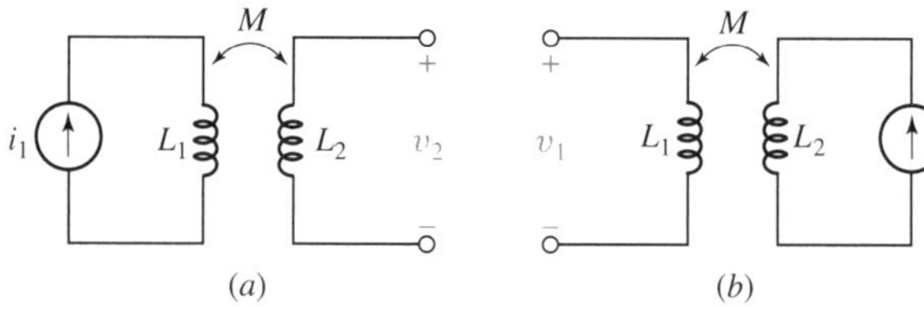

▶ **FIGURA 13.1** (*a*) Uma corrente i_1 em L_1 produz uma tensão de circuito aberto v_2 em L_2. (*b*) Uma corrente i_2 em L_2 produz uma tensão de circuito aberto v_1 em L_1.

A ordem dos subscritos de M_{21} indica que uma resposta de tensão é produzida em L_2 por uma corrente em L_1. Se o sistema for invertido, conforme indicado na Figura 13.1*b*, temos então

$$v_1(t) = M_{12}\frac{di_2(t)}{dt} \qquad [2]$$

Dois coeficientes de indutância mútua não são necessários, no entanto; um pouco mais tarde usaremos relações de energia para provar que M_{12} e M_{21} são iguais. Logo, $M_{12} = M_{21} = M$. A existência de acoplamento mútuo entre as duas bobinas é indicada por uma flecha com duas pontas, conforme mostrado na Figura 13.1*a* e *b*.

A indutância mútua é medida em henrys e, como a resistência e a capacitância, ela é uma grandeza positiva[1]. A tensão $M\,di/dt$, no entanto, pode aparecer como uma grandeza positiva ou negativa dependendo do crescimento ou do decrescimento da corrente em um determinado instante de tempo.

A Convenção do Ponto

O indutor é um elemento com dois terminais, e podemos usar a convenção de sinal passivo para selecionar o sinal correto para a tensão $L\,di/dt$ ou $j\omega L\mathbf{I}$. Se a corrente entra no terminal no qual a referência positiva de tensão está localizada, então o sinal positivo é usado. A indutância mútua,

[1] A indutância mútua não é universalmente assumida como uma grandeza positiva. É particularmente conveniente deixá-la carregar o "seu próprio sinal" quando três ou mais bobinas estão envolvidas e cada uma dessas bobinas interage com cada uma das demais. Restringimos nossa atenção ao caso mais importante de duas bobinas.

no entanto, não pode ser tratada exatamente da mesma forma porque quatro terminais estão envolvidos. A escolha do sinal correto é estabelecida pelo uso de uma das várias possibilidades que incluem a ***"convenção do ponto"***, ou pela análise da maneira particular na qual cada uma das bobinas está enrolada. Vamos usar a convenção do ponto e dar uma mera olhada na construção física das bobinas; o uso de outros símbolos especiais não é necessário quando apenas duas bobinas estão acopladas.

A convenção do ponto utiliza um grande ponto colocado em uma das terminações de cada uma de duas bobinas magneticamente acopladas. Determinamos o sinal da tensão mútua conforme indicado:

> Uma corrente entrando no terminal *pontuado* de uma bobina produz uma tensão de circuito aberto com referência *positiva* no terminal *pontuado* da segunda bobina.

Logo, na Figura 13.2*a*, i_1 entra no terminal pontuado de L_1, v_2 é tem sinal positivo no terminal pontuado de L_2, e $v_2 = M\, di_1/dt$. Vimos anteriormente que é muitas vezes impossível selecionar tensões ou correntes em um circuito de forma que a convenção de sinal passivo seja satisfeita em todos os lugares; o mesmo problema ocorre em circuitos com acoplamento mútuo. Por exemplo, pode ser mais conveniente representar v_2 como uma tensão com sinal positivo no terminal não pontuado, conforme mostrado na Figura 13.2*b*; então, $v_2 = -M\, di_1/dt$. Nem sempre temos correntes que entram no terminal pontuado, conforme indica a Figura 13.2*c* e *d*. Notamos então que:

> Uma corrente entrando no terminal *não pontuado* de uma bobina fornece uma tensão com sinal *positivo* no terminal *não pontuado* da segunda bobina.

Note que a discussão anterior não inclui nenhuma contribuição de tensão oriunda de autoindução, o que ocorreria se i_2 fosse não nula. Vamos considerar essa importante situação em detalhe, mas é apropriado dar um rápido exemplo antes.

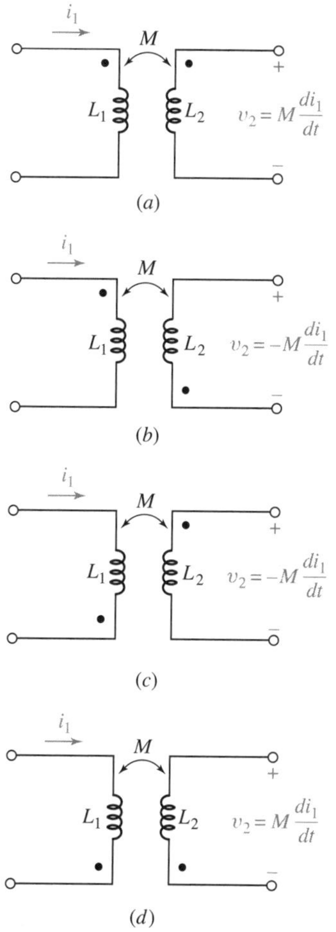

▲ **FIGURA 13.2** Uma corrente entrando no terminal pontuado de uma bobina produz uma tensão com sinal positivo no terminal pontuado da segunda bobina. Uma corrente entrando no terminal não pontuado de uma bobina produz uma tensão com sinal positivo no terminal não pontuado da segunda bobina.

▶ EXEMPLO 13.1

No circuito mostrado na Figura 13.3, (*a*) determine v_1 se $i_2 = 5$ sen $45t$ A e $i_1 = 0$; (*b*) determine v_2 se $i_1 = -8e^{-t}$ A e $i_2 = 0$.

(*a*) Como a corrente i_2 está entrando no terminal *não pontuado* da bobina da direita, o sinal positivo da tensão induzida nos terminais da bobina da esquerda está localizado no terminal não pontuado. Logo, temos uma tensão de circuito aberto

$$v_1 = -\ (2)(45)(5\cos 45t) = -\ 450\cos 45t \qquad \text{V}$$

aparecendo nos terminais da bobina da esquerda como resultado do fluxo magnético variável com o tempo gerado pela circulação de i_2 na bobina da direita. Como nenhuma corrente flui na bobina da esquerda, não há contribuição para v_1 oriunda de autoindução.

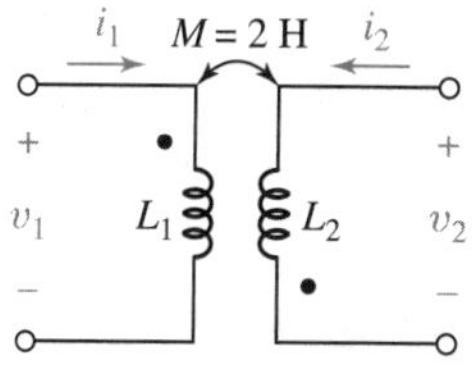

▲ **FIGURA 13.3** A convenção do ponto fornece uma relação entre o terminal no qual uma corrente entra em uma bobina e a referência de tensão positiva na outra bobina.

(b) Temos agora uma corrente entrando em um terminal *pontuado*, mas v_2 tem sinal positivo no terminal *não pontuado*. Logo,

$$v_2 = -(2)(-1)(-8e^{-t}) = -16e^{-t} \quad \text{V}$$

> ▶ **EXERCÍCIO DE FIXAÇÃO**

13.1 Assumindo $M = 10$ H, a bobina L_2 em curto-circuito e $i_1 = -2e^{-5t}$ A, obtenha a tensão v_2 na (*a*) Figura 13.2*a*; (*b*) Figura 13.2*b*.

Resposta: $100e^{-5t}$ V; $-100e^{-5t}$ V.

Tensão Induzida Considerando a Combinação de Efeitos Mútuos e Próprios

Até agora, consideramos apenas a tensão mútua presente em uma bobina *em aberto*. Em geral, uma corrente diferente de zero circula em cada uma das duas bobinas, e com isso uma tensão mútua é produzida em cada bobina em decorrência da corrente que flui na outra bobina. *Essa tensão mútua está presente independentemente de qualquer tensão de autoindução e se superpõe à tensão de autoindução.* Em outras palavras, a tensão nos terminais de L_1 será composta por dois termos, $L_1\, di_1/dt$ e $M\, di_2/dt$, cada qual carregando um sinal dependente da direção das correntes, da orientação assumida para a tensão e da localização dos dois pontos. No trecho de circuito desenhado na Figura 13.4, mostram-se as correntes i_1 e i_2, cada uma delas entrando no terminal pontuado. A tensão em L_1 é portanto composta por duas partes,

$$v_1 = L_1 \frac{di_1}{dt} + M \frac{di_2}{dt}$$

assim como a tensão em L_2,

$$v_2 = L_2 \frac{di_2}{dt} + M \frac{di_1}{dt}$$

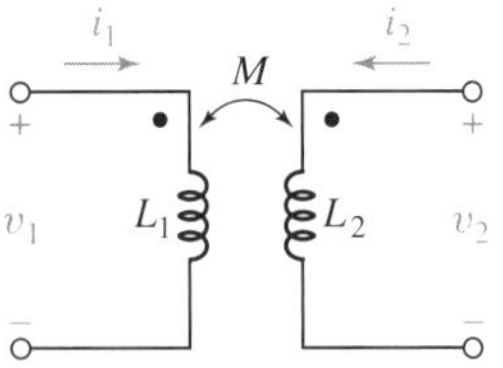

▲ **FIGURA 13.4** Como os pares v_1, i_1 e v_2, i_2 satisfazem individualmente à convenção de sinal passivo, ambas as tensões de autoindução são positivas; como i_1 e i_2 entram nos terminais pontuados, e v_1 e v_2 têm sinal positivo nos terminais pontuados, as tensões de indução mútua também são positivas.

Na Figura 13.5, as correntes e tensões não foram selecionadas tendo em vista a obtenção de apenas termos positivos para v_1 e v_2. Inspecionando apenas os símbolos usados como referência para i_1 e v_1, fica claro que a convenção de sinal passivo não é satisfeita e que o sinal de $L_1\, di_1/dt$ deve ser, portanto, negativo. Conclui-se o mesmo para o termo $L_2\, di_2/dt$. O termo mútuo de v_2 é assinalado pela inspeção da direção de i_1 e v_2; como i_1 entra no terminal com o ponto e v_2 tem sinal positivo no terminal pontuado, o sinal de $M\, di_1/dt$ deve ser positivo. Finalmente, i_2 entra no terminal não pontuado de L_2 e o sinal positivo de v_1 aparece no terminal não pontuado de L_1; portanto, a parcela mútua de v_1, $M\, di_2/dt$, também deve ser positiva. Logo, temos

$$v_1 = -L_1 \frac{di_1}{dt} + M \frac{di_2}{dt} \qquad v_2 = -L_2 \frac{di_2}{dt} + M \frac{di_1}{dt}$$

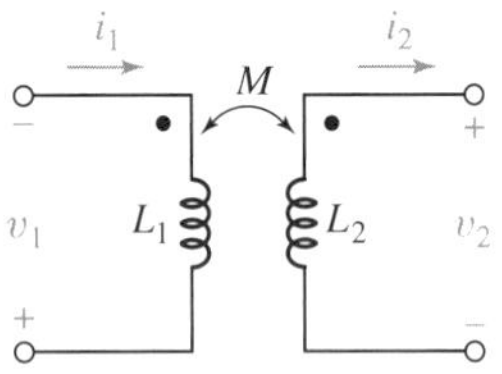

▲ **FIGURA 13.5** Como os pares v_1, i_1 e v_2, i_2 não estão orientados de acordo com a convenção de sinal passivo, as tensões de indução própria são negativas; como i_1 entra no terminal pontuado e v_2 tem a sua referência positiva no terminal pontuado, o termo mútuo de v_2 é positivo; e como i_2 entra no terminal não pontuado e v_1 tem a sua referência positiva no terminal não pontuado, o termo mútuo de v_1 também é positivo.

As mesmas considerações levam a escolhas de sinais idênticas no caso da excitação por uma fonte senoidal operando na frequência ω

$$\mathbf{V}_1 = -j\omega L_1 \mathbf{I}_1 + j\omega M \mathbf{I}_2 \qquad \mathbf{V}_2 = -j\omega L_2 \mathbf{I}_2 + j\omega M \mathbf{I}_1$$

Base Física da Convenção do Ponto

Podemos entender melhor o sinal do ponto dando uma olhada no sentido físico dessa convenção; o significado dos pontos deve ser agora interpretado em termos do *fluxo magnético*. Duas bobinas enroladas em um cilindro são mostradas na Figura 13.6, e a direção de cada enrolamento é evidente. Vamos assumir que a corrente i_1 seja positiva e crescente com o tempo. O fluxo magnético que i_1 produz no interior do cilindro tem uma direção que pode ser encontrada com o emprego da regra da mão direita: quando os dedos da mão direita que envolve a bobina apontam na direção do fluxo da corrente, o polegar indica a direção do fluxo magnético dentro da bobina. Logo, i_1 produz um fluxo que está direcionado para baixo; como i_1 cresce com o tempo, o fluxo, que é proporcional a i_1, também cresce com o tempo. Analisando agora a segunda bobina, vamos também imaginar que i_2 seja positiva e crescente; a aplicação da regra da mão direita mostra que i_2 também produz um fluxo magnético direcionado para baixo e crescente. Em outras palavras, as correntes i_1 e i_2 que assumimos produzem fluxos *aditivos*.

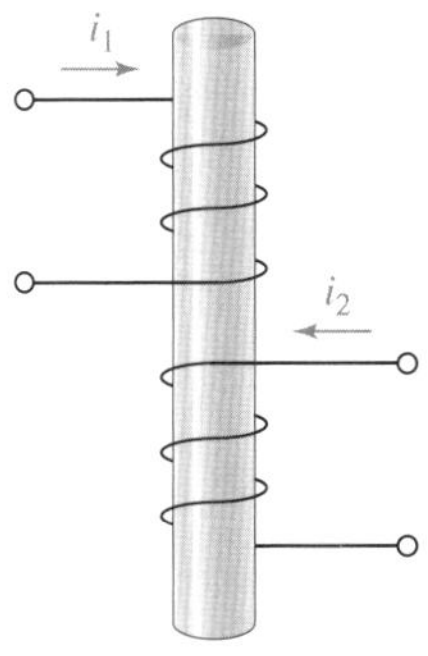

▲ **FIGURA 13.6** A construção física de duas bobinas mutuamente acopladas. A partir da consideração da direção do fluxo magnético produzido por cada bobina, mostra-se que os pontos podem ser colocados no terminal superior ou inferior de cada bobina.

A tensão nos terminais de qualquer bobina resulta da taxa de variação temporal do fluxo no interior dessa bobina. A tensão nos terminais da primeira bobina é portanto maior com i_2 fluindo do que com i_2 igual a zero. Logo, i_2 induz uma tensão na primeira bobina que tem o mesmo sentido da tensão própria induzida naquela bobina. O sinal da tensão de autoindução é conhecido a partir da convenção de sinal passivo, e com isso se obtém o sinal da tensão mútua.

A convenção do ponto nos permite suprimir a construção física das bobinas por meio da colocação de um ponto em um de seus terminais, de forma que as correntes entrando nos terminais marcados com este ponto produzam fluxos aditivos. Está claro que sempre há duas localizações possíveis para os pontos, pois eles sempre podem ser movidos para os terminais opostos das bobinas de forma que fluxos aditivos ainda sejam formados.

▶ EXEMPLO 13.2

No circuito da Figura 13.7*a*, descubra a relação entre a tensão de saída no resistor de 400 Ω e a tensão da fonte, expressa em notação fasorial.

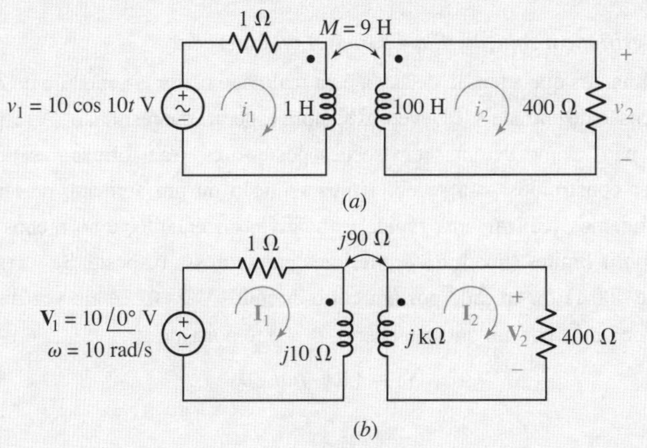

◀ **FIGURA 13.7** (*a*) Circuito contendo indutância mútua no qual a relação V_2/V_1 é desejada. (*b*) Indutâncias próprias e mútuas são trocadas pelas impedâncias correspondentes.

▶ ***Identifique o objetivo do problema.***

Precisamos do valor numérico de $\mathbf{V}_2$. Dividiremos então esse valor por $10\underline{/0^\circ}$ V.

▶ ***Reúna as informações conhecidas.***

Começamos trocando os indutores de 1 H e 100 H por suas impedâncias correspondentes, $j10\ \Omega$ e j kΩ, respectivamente (Figura 13.7*b*). Também trocamos a indutância mútua de 9 H por $j\omega M = j90\ \Omega$.

▶ ***Trace um plano.***

A análise de malha parece ser uma boa abordagem, pois temos um circuito com duas malhas claramente definidas. Uma vez que encontrarmos $\mathbf{I}_2$, $\mathbf{V}_2$ é simplesmente 400 $\mathbf{I}_2$.

▶ ***Construa um conjunto apropriado de equações.***

Na malha da esquerda, o sinal do termo mútuo é determinado com a aplicação da convenção do ponto. Como $\mathbf{I}_2$ entra no terminal não pontuado de L_2, a tensão mútua em L_1 deve ter sinal positivo no terminal não pontuado. Logo,

$$(1 + j10)\mathbf{I}_1 - j90\mathbf{I}_2 = 10\underline{/0^\circ}$$

Como a corrente $\mathbf{I}_1$ entra no terminal marcado com o ponto, o termo mútuo na malha da direita tem seu sinal (+) no terminal pontuado do indutor de 100 H. Portanto, podemos escrever

$$(400 + j1000)\mathbf{I}_2 - j90\mathbf{I}_1 = 0$$

▶ ***Determine se são necessárias informações adicionais.***

Temos duas equações e duas incógnitas, $\mathbf{I}_1$ e $\mathbf{I}_2$. Assim que resolvermos para as duas correntes, a tensão de saída $\mathbf{V}_2$ pode ser obtida multiplicando-se $\mathbf{I}_2$ por 400 Ω.

▶ ***Tente uma solução.***

Resolvendo essas duas equações com uma calculadora científica, vemos que

$$\mathbf{I}_2 = 0{,}172\underline{/-16{,}70^\circ}\text{ A}$$

Logo,

$$\frac{\mathbf{V}_2}{\mathbf{V}_1} = \frac{400(0{,}172\underline{/-16{,}70^\circ})}{10\underline{/0^\circ}}$$

$$= 6{,}880\underline{/-16{,}70^\circ}$$

▶ ***Verifique a solução. Ela é razoável ou esperada?***

Notamos que a tensão de saída é na realidade maior em módulo do que a tensão de entrada $\mathbf{V}_1$. Devemos sempre esperar este resultado? A resposta é não. Como veremos em seções posteriores, transformadores podem ser construídos para se obter uma redução ou um aumento na tensão. Podemos realizar uma rápida estimativa, no entanto, e ao menos descobrir limites superiores e inferiores para a nossa resposta. Se o resistor de 400 Ω for trocado por um curto-circuito, $\mathbf{V}_2 = 0$. Se em vez disso o trocarmos por um circuito aberto, $\mathbf{I}_2 = 0$, e portanto

$$\mathbf{V}_1 = (1 + j\omega L_1)\mathbf{I}_1$$

e

$$\mathbf{V}_2 = j\omega M\mathbf{I}_1$$

Resolvendo, vemos que o valor máximo que poderíamos esperar para $\mathbf{V}_2/\mathbf{V}_1$ é $8{,}955\underline{/5{,}711^\circ}$. Portanto, nossa resposta parece ser ao menos razoável.

A tensão de saída no circuito da Figura 13.7*a* é maior em módulo do que a tensão de entrada, de forma que é possível ter um ganho de tensão nesse tipo de circuito. Também é interessante considerar essa relação entre as tensões em função de ω.

Para determinar $\mathbf{I}_2$ neste circuito em particular, escrevemos as equações de malha em termos de uma frequência angular ω não especificada:

$$(1 + j\omega)\mathbf{I}_1 \qquad - j\omega 9\mathbf{I}_2 = 10\underline{/0^\circ}$$

e

$$- j\omega 9\mathbf{I}_1 + (400 + j\omega 100)\mathbf{I}_2 = 0$$

Resolvendo por substituição, vemos que

$$\mathbf{I}_2 = \frac{j90\omega}{400 + j500\omega - 19\omega^2}$$

Logo, obtemos a relação entre a tensão de saída e a tensão de entrada em função da frequência ω

$$\frac{\mathbf{V}_2}{\mathbf{V}_1} = \frac{400\mathbf{I}_2}{10}$$

$$= \frac{j\omega 3600}{400 + j500\omega - 19\omega^2}$$

O módulo dessa relação, às vezes chamado de ***função de transferência do circuito***, é mostrado na Figura 13.8 e tem um valor de pico de aproximadamente 7 em um ponto próximo à frequência de 4,6 rad/s. Entretanto, para frequências muito pequenas ou muito elevadas, o módulo da função de transferência é menor que a unidade.

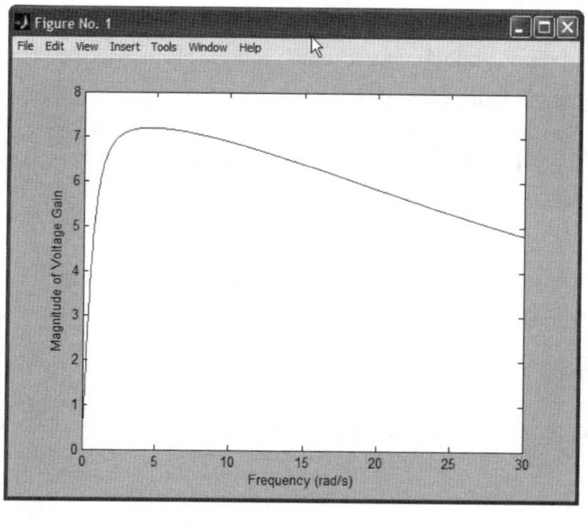

◀ **FIGURA 13.8** O ganho de tensão $|\mathbf{V}_2/\mathbf{V}_1|$ do circuito mostrado na Figura 13.7*a* é traçado em função de ω usando-se o seguinte código no MATLAB:

```
>> w = linspace(0,30,1000);
>> num = j*w*3600;
>> for indx = 1:1000
den = 400 + j*500*w(indx) - 19*w(indx)*w(indx);
gain(indx) = num(indx)/den;
end
>> plot(w, abs(gain));
>> xlabel('Frequency (rad/s)');
>> ylabel('Magnitude of voltage Gain');
```

O circuito ainda é passivo, exceto pela fonte de tensão, e o *ganho de tensão* não deve ser incorretamente interpretado como um *ganho de potência*. Em $\omega = 10$ rad/s, o ganho de tensão é de 6,88, mas a fonte de tensão ideal, tendo uma tensão terminal de 10 V, fornece uma potência total de 8,07 W, dos quais apenas 5,94 W atingem o resistor de 400 Ω. A relação entre a potência de saída e a potência da fonte, que podemos definir como o ***ganho de potência***, é, portanto, de 0,736.

▶ EXERCÍCIO DE FIXAÇÃO

13.2 Para o circuito da Figura 13.9, escreva equações de malha apropriadas para as malhas da esquerda e da direita se $v_s = 20e^{-1000t}$ V.

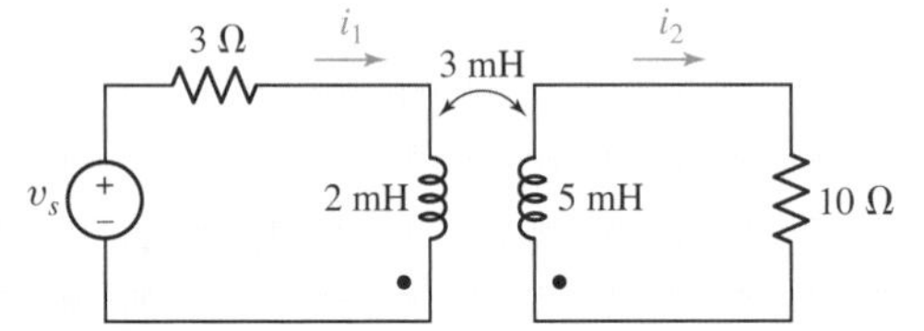

▲ **FIGURA 13.9**

Resposta: $20e^{-1000t} = 3i_1 + 0{,}002\, di_1/dt - 0{,}003\, di_2/dt$; $10i_2 + 0{,}005\, di_2/dt - 0{,}003\, di_1/dt = 0$.

▶ EXEMPLO 13.3

Escreva um conjunto completo de equações fasoriais para o circuito da Figura 13.10*a*.

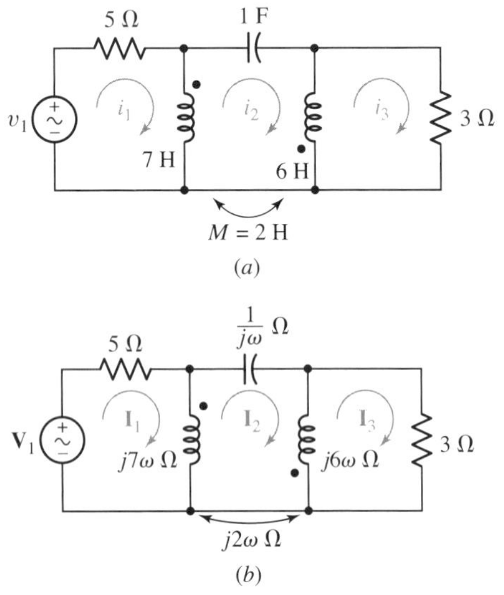

▲ **FIGURA 13.10** (*a*) Um circuito com três malhas e acoplamento mútuo. (*b*) A capacitância de 1 F e as indutâncias próprias e mútuas são trocadas pelas impedâncias correspondentes.

Novamente, nosso primeiro passo é trocar a indutância mútua e as duas indutâncias próprias por suas impedâncias correspondentes, como mostra a Figura 13.10*b*. Aplicando a lei de Kirchhoff das tensões na primeira malha, um sinal positivo para o termo mútuo é assegurado com a seleção de $(\mathbf{I}_3 - \mathbf{I}_2)$ como a corrente através da segunda bobina. Logo,

$$5\mathbf{I}_1 + 7j\omega(\mathbf{I}_1 - \mathbf{I}_2) + 2j\omega(\mathbf{I}_3 - \mathbf{I}_2) = \mathbf{V}_1$$

ou

$$(5 + 7j\omega)\mathbf{I}_1 - 9j\omega\mathbf{I}_2 + 2j\omega\mathbf{I}_3 = \mathbf{V}_1 \qquad [3]$$

A segunda malha requer dois termos envolvendo indutâncias próprias e dois termos envolvendo indutâncias mútuas; a equação não pode ser escrita sem que tenhamos cuidado. Obtemos

$$7j\omega(\mathbf{I}_2 - \mathbf{I}_1) + 2j\omega(\mathbf{I}_2 - \mathbf{I}_3) + \frac{1}{j\omega}\mathbf{I}_2 + 6j\omega(\mathbf{I}_2 - \mathbf{I}_3) + 2j\omega(\mathbf{I}_2 - \mathbf{I}_1) = 0$$

ou

$$-9j\omega\mathbf{I}_1 + \left(17j\omega + \frac{1}{j\omega}\right)\mathbf{I}_2 - 8j\omega\mathbf{I}_3 = 0 \qquad [4]$$

Finalmente, para a terceira malha,

$$6j\omega(\mathbf{I}_3 - \mathbf{I}_2) + 2j\omega(\mathbf{I}_1 - \mathbf{I}_2) + 3\mathbf{I}_3 = 0$$

ou

$$2j\omega\mathbf{I}_1 - 8j\omega\mathbf{I}_2 + (3 + 6j\omega)\mathbf{I}_3 = 0 \qquad [5]$$

As Equações [3] a [5] podem ser resolvidas por qualquer um dos métodos convencionais.

▶ EXERCÍCIO DE FIXAÇÃO

13.3 Para o circuito da Figura 13.11, escreva uma equação de malha apropriada em termos das correntes fasoriais $\mathbf{I}_1$ e $\mathbf{I}_2$ para a (*a*) malha da esquerda; (*b*) malha da direita.

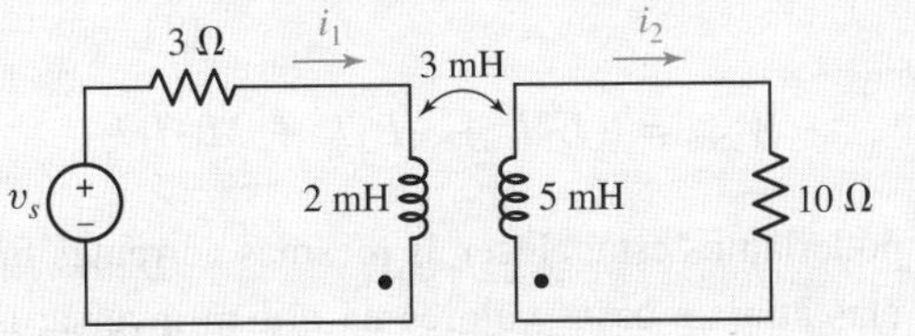

▲ **FIGURA 13.11**

Resposta: $\mathbf{V}_s = (3 + j10)\mathbf{I}_1 - j15\mathbf{I}_2$; $0 = -j15\mathbf{I}_1 + (10 + j25)\mathbf{I}_2$.

13.2 ▶ CONSIDERAÇÕES SOBRE ENERGIA

Vamos agora considerar a energia armazenada em um par de indutores mutuamente acoplados. Os resultados nos serão úteis de várias maneiras diferentes. Primeiro justificaremos nossa hipótese de que $M_{12} = M_{21}$, e então poderemos determinar o máximo valor possível para a indutância mútua entre dois condutores.

Igualdade de M_{12} e M_{21}

O par de bobinas acopladas mostrado na Figura 13.12 tem correntes, tensões e pontos de polaridade indicados. Para mostrar que $M_{12} = M_{21}$, começamos fazendo todas as correntes e tensões iguais a zero, e com isso estabelecemos uma energia inicial nula armazenada na rede. Abrimos então o par de terminais da direita e aumentamos i_1 de zero até algum valor constante (CC) I_1 no tempo $t = t_1$. A potência entrando na rede a partir da esquerda é, em qualquer instante,

$$v_1 i_1 = L_1 \frac{di_1}{dt} i_1$$

e a potência entrando a partir da direita é

$$v_2 i_2 = 0$$

já que $i_2 = 0$.

A energia armazenada na rede quando $i_1 = I_1$ é portanto

$$\int_0^{t_1} v_1 i_1\, dt = \int_0^{I_1} L_1 i_1\, di_1 = \frac{1}{2} L_1 I_1^2$$

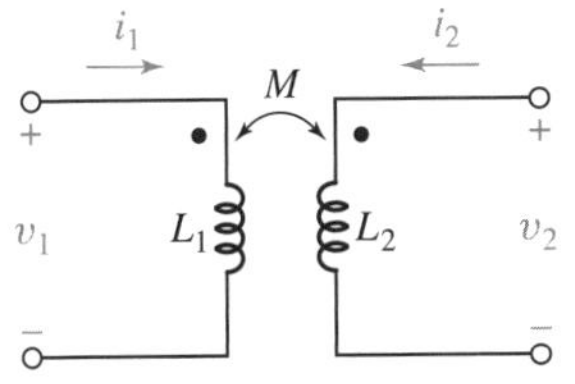

▲ **FIGURA 13.12** Um par de bobinas acopladas com uma indutância mútua $M_{12} = M_{21} = M$.

Agora mantemos i_1 constante ($i_1 = I_1$) e fazemos i_2 mudar de zero em $t = t_1$ para algum valor constante I_2 em $t = t_2$. A energia fornecida pela fonte da direita é, portanto,

$$\int_{t_1}^{t_2} v_2 i_2\,dt = \int_0^{I_2} L_2 i_2\,di_2 = \frac{1}{2}L_2 I_2^2$$

Contudo, embora o valor de i_1 permaneça constante, a fonte da esquerda também fornece energia à rede durante esse intervalo de tempo:

$$\int_{t_1}^{t_2} v_1 i_1\,dt = \int_{t_1}^{t_2} M_{12}\frac{di_2}{dt} i_1\,dt = M_{12} I_1 \int_0^{I_2} di_2 = M_{12} I_1 I_2$$

A energia total armazenada na rede quando i_1 e i_2 atingem valores constantes é

$$W_{\text{total}} = \tfrac{1}{2}L_1 I_1^2 + \tfrac{1}{2}L_2 I_2^2 + M_{12} I_1 I_2$$

Note que poderíamos estabelecer as mesmas correntes finais nessa rede ao fazer que elas atinjam esses valores na ordem inversa, isto é, primeiro aumentando i_2 de zero a I_2 e depois mantendo i_2 constante à medida que i_1 aumentasse de zero a I_1. Se a energia total fosse calculada para este experimento, o resultado seria

$$W_{\text{total}} = \tfrac{1}{2}L_1 I_1^2 + \tfrac{1}{2}L_2 I_2^2 + M_{21} I_1 I_2$$

A única diferença é a mudança das indutâncias mútuas M_{21} e M_{12}. As condições iniciais e finais na rede são as mesmas, contudo, e, portanto, os dois valores de energia armazenada devem ser idênticos. Logo

$$M_{12} = M_{21} = M$$

e

$$W = \tfrac{1}{2}L_1 I_1^2 + \tfrac{1}{2}L_2 I_2^2 + M I_1 I_2 \qquad [6]$$

Se uma corrente entra em um terminal marcado com o ponto enquanto a outra deixa um terminal marcado com o ponto, inverte-se o sinal do termo da energia mútua:

$$W = \tfrac{1}{2}L_1 I_1^2 + \tfrac{1}{2}L_2 I_2^2 - M I_1 I_2 \qquad [7]$$

Embora as Equações [6] e [7] tenham sido deduzidas assumindo-se valores finais constantes para as duas correntes, essas "constantes" podem ter qualquer valor, e as expressões de energia representam de forma correta a energia armazenada quando os valores instantâneos de i_1 e i_2 são I_1 e I_2, respectivamente. Em outras palavras, símbolos com letras minúsculas também poderiam ter sido igualmente usados:

$$w(t) = \tfrac{1}{2}L_1\,[i_1(t)]^2 + \tfrac{1}{2}L_2\,[i_2(t)]^2 \pm M\,[i_1(t)]\,[i_2(t)] \qquad [8]$$

A única hipótese na qual a Equação [8] se baseia é o estabelecimento lógico de um nível de energia nulo como referência quando ambas as correntes são iguais a zero.

Estabelecendo um Limite Superior para *M*

A Equação [8] pode agora ser usada para se estabelecer um limite superior para o valor de M. Como $w(t)$ representa a energia armazenada em uma rede *passiva*, seu valor não pode ser negativo para quaisquer valores de i_1, i_2, L_1, L_2 ou M. Vamos assumir primeiro que i_1 e i_2 sejam ambos positivos ou ambos negativos; seu produto é, portanto, positivo. Da Equação [8], o único caso em que a energia poderia ser negativa é

$$w = \frac{1}{2}L_1 i_1^2 + \frac{1}{2}L_2 i_2^2 - M i_1 i_2$$

que podemos escrever, completando os quadrados, como

$$w = \frac{1}{2}\left(\sqrt{L_1}i_1 - \sqrt{L_2}i_2\right)^2 + \sqrt{L_1 L_2}i_1 i_2 - M i_1 i_2$$

Como na realidade a energia não pode ser negativa, o lado direito dessa equação não pode ser negativo. O primeiro termo, no entanto, pode se anular, e com isso temos a restrição de que a soma dos últimos dois termos não pode ser negativa. Portanto,

$$\sqrt{L_1 L_2} \geq M$$

ou

$$M \leq \sqrt{L_1 L_2} \qquad [9]$$

Há, portanto, um limite superior para o valor da indutância mútua; ele não pode ser maior do que a média geométrica das indutâncias das duas bobinas entre as quais existe a indutância mútua. Embora tenhamos deduzido essa desigualdade assumindo que i_1 e i_2 tivessem o mesmo sinal algébrico, é possível fazer um desenvolvimento similar se os sinais forem opostos; seria necessário apenas selecionar o sinal positivo na Equação [8].

Também poderíamos ter demonstrado a validade da desigualdade da Equação [9] a partir de uma consideração física a respeito do acoplamento magnético; se pensarmos em i_2 como zero e na corrente i_1 como a fonte do fluxo magnético enlaçando tanto L_1 quanto L_2, fica claro que o fluxo dentro de L_2 não pode ser maior do que o fluxo dentro de L_1, que representa o fluxo total. Qualitativamente, então, há um limite superior para o maior valor possível de indutância mútua entre dois condutores.

O Coeficiente de Acoplamento

O grau com qual M se aproxima de seu valor máximo é descrito pelo ***coeficiente de acoplamento***, definido como

$$k = \frac{M}{\sqrt{L_1 L_2}} \qquad [10]$$

Como, $M \leq \sqrt{L_1 L_2}$

$$0 \leq k \leq 1$$

Os maiores valores de coeficiente de acoplamento são obtidos com bobinas fisicamente próximas, que são enroladas ou orientadas de forma a oferecer um maior fluxo magnético comum, ou que contem com um caminho comum passando por um material que concentre e localize o fluxo magnético (um material com alta permeabilidade). Bobinas com um coeficiente de acoplamento próximo à unidade são chamadas de *fortemente acopladas*.

▶ EXEMPLO 13.4

Na Figura 13.13, sejam L_1 = 0,4 H, L_2 = 2,5 H, k = 0,6, e $i_1 = 4i_2$ = 20 cos(500t – 20°) mA. Determine $v_1(0)$ e a energia total armazenada no sistema em t = 0.

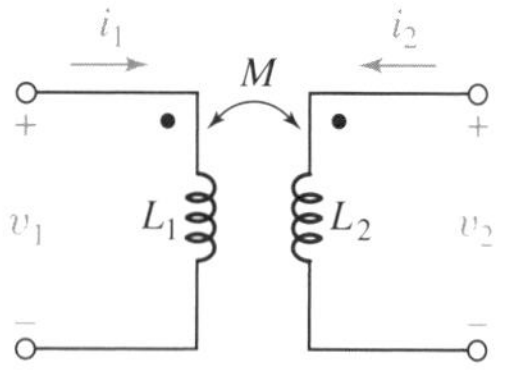

▲ **FIGURA 13.13** Duas bobinas com um coeficiente de acoplamento de 0,6, L_1 = 0,4 H e L_2 = 2,5 H.

Para determinar o valor de v_1, precisamos incluir as contribuições da indutância própria da bobina 1 e da indutância mútua. Logo, prestando atenção na convenção do ponto,

$$v_1(t) = L_1 \frac{di_1}{dt} + M \frac{di_2}{dt}$$

Para avaliar essa equação, precisamos de um valor para M. Ele é obtido a partir da Equação [10]:

$$M = k\sqrt{L_1 L_2} = 0{,}6\sqrt{(0{,}4)(2{,}5)} = 0{,}6 \text{ H}$$

Logo, $v_1(0)$ = 0,4[–10sen(–20°)] + 0,6[–2,5sen(–20°)] = 1,881 V.

A energia total é obtida somando-se a energia armazenada em cada indutor, e com isso temos três componentes distintos, pois sabemos que as duas bobinas estão magneticamente acopladas. Como ambas as correntes entram em um terminal "pontuado",

$$w(t) = \tfrac{1}{2}L_1[i_1(t)]^2 + \tfrac{1}{2}L_2[i_2(t)]^2 + M[i_1(t)][i_2(t)]$$

Uma vez que $i_1(0)$ = 20 cos(–20°) = 18,79 mA e $i_2(0)$ = 0,25 $i_1(0)$, vemos que a energia total armazenada nas duas bobinas em t = 0 é igual a 151,2 μJ.

▶ EXERCÍCIO DE FIXAÇÃO

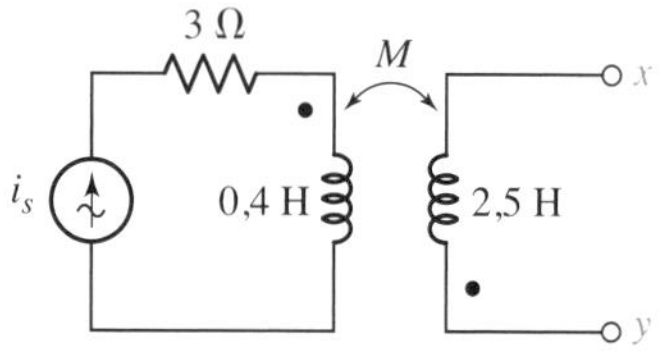

▲ **FIGURA 13.14**

13.4 Faça i_s = 2 cos 10t A no circuito da Figura 13.14 e obtenha a energia total armazenada na rede passiva em t = 0 se k = 0,6 e os terminais x e y estiverem em (a) circuito aberto; (b) curto-circuito.

Resposta: 0,8 J; 0,512 J.

13.3 ▶ O TRANSFORMADOR LINEAR

Estamos agora prontos para aplicar nosso conhecimento sobre acoplamento magnético na descrição de dois dispositivos práticos específicos que podem ser representados por modelos contendo indutâncias mútuas. Eles são os transformadores, que definimos como uma rede contendo duas ou mais bobinas magneticamente acopladas em que esse acoplamento é realizado de forma deliberada (Figura 13.15). Nesta seção, consideraremos o transformador linear, que é por acaso um excelente modelo para o transformador real utilizado em frequências de rádio ou em frequências mais elevadas. Na Seção 13.4, consideramos o transformador ideal, que é um modelo idealizado de um transformador real que possui núcleo feito de material magnético, normalmente uma liga de ferro.

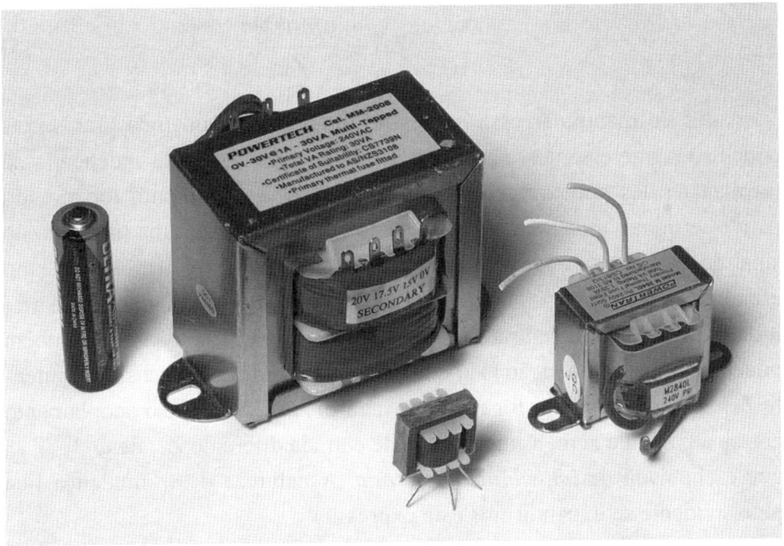

▲ **FIGURA 13.15** Seleção de pequenos transformadores para uso em aplicações eletrônicas; a pilha AA é mostrada apenas para dar uma referência de escala.

Na Figura 13.16, mostra-se um transformador com duas correntes de malha identificadas. A primeira malha, normalmente contendo a fonte, é chamada de ***primário***, enquanto a segunda malha, normalmente contendo a carga, é conhecida como ***secundário***. Os indutores identificados como L_1 e L_2 também são chamados de primário e secundário do transformador, respectivamente. Assumimos que o transformador seja linear. Isso implica que nenhum material magnético é empregado em sua construção (o que poderia causar uma relação fluxo *versus* corrente não linear). Sem um material como esse, no entanto, é difícil obter-se um coeficiente de acoplamento maior do que alguns décimos. Os dois resistores servem para incorporar a resistência do fio com o qual as bobinas de primário e secundário são enroladas, e quaisquer outras perdas.

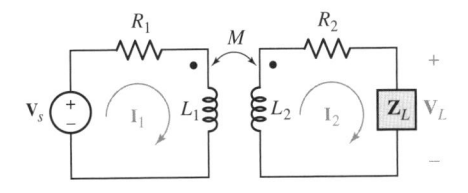

▲ **FIGURA 13.16** Transformador linear contendo uma fonte no circuito primário e uma carga no circuito secundário. Resistências também são incluídas no primário e no secundário.

Impedância Refletida

Considere a impedância de entrada oferecida pelos terminais do circuito primário. As duas equações de malha são

$$\mathbf{V}_s = (R_1 + j\omega L_1)\mathbf{I}_1 - j\omega M\mathbf{I}_2 \qquad [11]$$

e

$$0 = -\ j\omega M\mathbf{I}_1 + (R_2 + j\omega L_2 + \mathbf{Z}_L)\mathbf{I}_2 \qquad [12]$$

Podemos simplificá-las definindo

$$\mathbf{Z}_{11} = R_1 + j\omega L_1 \qquad \text{e} \qquad \mathbf{Z}_{22} = R_2 + j\omega L_2 + \mathbf{Z}_L$$

de forma que

$$\mathbf{V}_s = \mathbf{Z}_{11}\mathbf{I}_1 - j\omega M\mathbf{I}_2 \qquad [13]$$

$$0 = -\ j\omega M\mathbf{I}_1 + \mathbf{Z}_{22}\mathbf{I}_2 \qquad [14]$$

Resolvendo a segunda equação para $\mathbf{I}_2$ e inserindo o resultado na primeira equação, podemos obter a impedância de entrada,

$\mathbf{Z}_{ent}$ é a impedância vista a partir da bobina de primário do transformador.

$$\mathbf{Z}_{ent} = \frac{\mathbf{V}_s}{\mathbf{I}_1} = \mathbf{Z}_{11} - \frac{(j\omega)^2 M^2}{\mathbf{Z}_{22}} \qquad [15]$$

Antes de manipular essa expressão ainda mais, podemos tirar várias conclusões interessantes. Em primeiro lugar, esse resultado independe da localização dos pontos nos enrolamentos, pois se cada ponto for movido para o terminal oposto da bobina tem-se como resultado uma mudança no sinal de cada termo envolvendo M nas Equações [11] a [14]. Esse mesmo efeito poderia ser obtido com a troca de M por $(-M)$, e tal mudança não afetaria a impedância de entrada, como demonstra a Equação [15]. Também podemos notar na Equação [15] que a impedância de entrada é simplesmente $\mathbf{Z}_{11}$ se o acoplamento for reduzido a zero. À medida que o acoplamento cresce a partir de zero, a impedância de entrada difere de $\mathbf{Z}_{11}$ de $\omega^2 M^2/\mathbf{Z}_{22}$, que é chamada de ***impedância refletida***. A natureza dessa mudança fica mais evidente se expandirmos esta expressão

$$\mathbf{Z}_{ent} = \mathbf{Z}_{11} + \frac{\omega^2 M^2}{R_{22} + jX_{22}}$$

e racionalizarmos a impedância refletida

$$\mathbf{Z}_{ent} = \mathbf{Z}_{11} + \frac{\omega^2 M^2 R_{22}}{R_{22}^2 + X_{22}^2} + \frac{-j\omega^2 M^2 X_{22}}{R_{22}^2 + X_{22}^2}$$

Como o termo $\omega^2 M^2 R_{22}/(R_{22}^2 + X_{22}^2)$ deve ser positivo, é evidente que a presença do secundário aumenta as perdas no circuito primário. Em outras palavras, a presença do secundário pode ser contabilizada no circuito primário por meio de um aumento no valor de R_1. Além disso, a reatância que o secundário reflete para o circuito primário tem um sinal que é oposto àquele de X_{22}, a reatância total do circuito secundário. A reatância X_{22} é a soma de ωL_2 e XL; ela é necessariamente positiva para cargas indutivas, podendo ser positiva ou negativa para cargas capacitivas, dependendo do módulo da reatância da carga.

▶ EXERCÍCIO DE FIXAÇÃO

13.5 Os elementos que compõem um determinado transformador linear têm valores $R_1 = 3\ \Omega$, $R_2 = 6\ \Omega$, $L_1 = 2$ mH, $L_2 = 10$ mH, e $M = 4$ mH. Se $\omega = 5000$ rad/s, determine Z_{ent} para Z_L igual a (*a*) 10 Ω; (*b*) j20 Ω; (*c*) 10 + j20 Ω; (*d*) –j20 Ω.

Resposta: 5,32 + j2,74 Ω; 3,49 + j4,33 Ω; 4,24 + j4,57 Ω; 5,56 – j2,82 Ω.

Redes T e Π Equivalentes

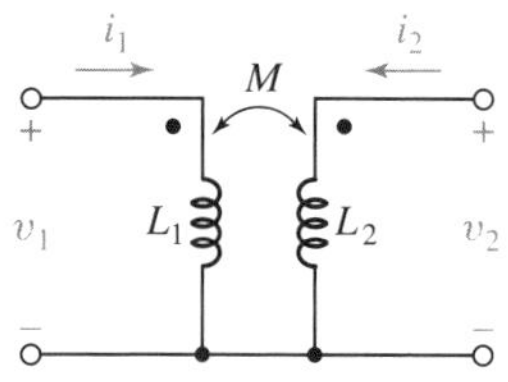

▲ **FIGURA 13.17** Transformador que está prestes a ser substituído por uma rede T ou Π equivalente.

É muitas vezes conveniente substituir um transformador por uma rede equivalente na forma de um T ou de um Π. Se separarmos as resistências de primário e secundário do transformador, apenas o par de indutores mutuamente acoplados permanece no circuito, conforme ilustrado na Figura 13.17. Note que os dois terminais inferiores do transformador são conectados para formar uma rede com três terminais. Fazemos isso porque nossas redes equivalentes também são redes com três terminais. As equações diferenciais descrevendo o circuito são, novamente,

$$v_1 = L_1 \frac{di_1}{dt} + M \frac{di_2}{dt} \qquad [16]$$

e

$$v_2 = M \frac{di_1}{dt} + L_2 \frac{di_2}{dt} \qquad [17]$$

A forma dessas duas equações nos é familiar e pode ser facilmente interpretada em termos da análise de malha. Vamos selecionar uma corrente i_1 no sentido horário e uma corrente i_2 no sentido anti-horário, de forma que elas possam ser exatamente identificadas como as correntes na Figura 13.17. Os termos $M\,di_2/dt$ na Equação [16] e $M\,di_1/dt$ na Equação [17] indicam que as duas malhas devem ter uma indutância *própria* M em comum. Como a indutância total da malha da esquerda é L_1, uma indutância $L_1 - M$ deve ser inserida na primeira malha, mas não na segunda. De forma similar, uma indutância própria $L_2 - M$ é requerida na segunda malha, mas não na primeira. A rede equivalente resultante é mostrada na Figura 13.18. A equivalência é garantida pelos pares idênticos de equações relacionando v_1, i_1, v_2 e i_2 nas duas redes.

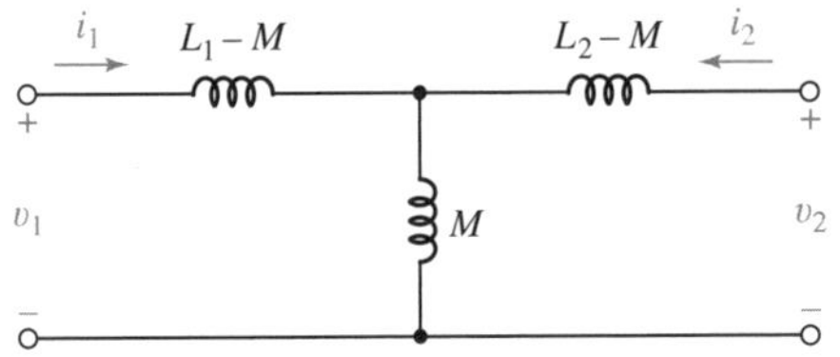

▲ **FIGURA 13.18** O circuito T equivalente do transformador mostrado na Figura 13.17.

Se qualquer um dos pontos nos enrolamentos do transformador dado for colocado na terminação oposta de sua bobina, os termos mútuos nas Equações [16] e [17] terão sinal negativo. Isso é análogo à troca de M por $-M$, e tal troca na rede da Figura 13.18 leva ao equivalente correto neste caso. Os três valores de indutância própria seriam então $L_1 + M$, $-M$, e $L_2 + M$.

Todas as indutâncias presentes no equivalente T são indutâncias próprias; nenhuma indutância mútua está presente. É possível que valores negativos de indutância sejam obtidos no circuito equivalente, mas isso não importa se nosso único desejo for uma análise matemática. Os procedimentos de síntese de redes que fornecem uma função de transferência desejada às vezes levam a circuitos contendo uma rede T com uma indutância negativa; essa rede pode então ser realizada com a aplicação de um transformador linear apropriado.

▶ EXEMPLO 13.5

Obtenha o equivalente T do transformador linear mostrado na Figura 13.19*a*.

Identificamos L_1 = 30 mH, L_2 = 60 mH e M = 40 mH, e notamos que ambos os pontos estão nos terminais superiores, da mesma forma que no circuito básico da Figura 13.17.

Portanto, $L_1 - M = -10$ mH no braço esquerdo superior do T, $L_2 - M = 20$ mH no braço direito superior, e o centro contém M = 40 mH. O equivalente T completo está ilustrado na Figura 13.19*b*.

Para demonstrar a equivalência, deixemos os terminais C e D em curto-circuito e apliquemos vAB = 10 cos 100t V na entrada da Figura 13.19*a*. Logo,

$$i_1 = \frac{1}{30 \times 10^{-3}} \int 10\cos(100t)\,dt = 3{,}33\,\text{sen}\,100t \qquad \text{A}$$

e

$$v_{CD} = M\frac{di_1}{dt} = 40 \times 10^{-3} \times 3{,}33 \times 100\cos 100t$$
$$= 13{,}33\cos 100t \qquad \text{V}$$

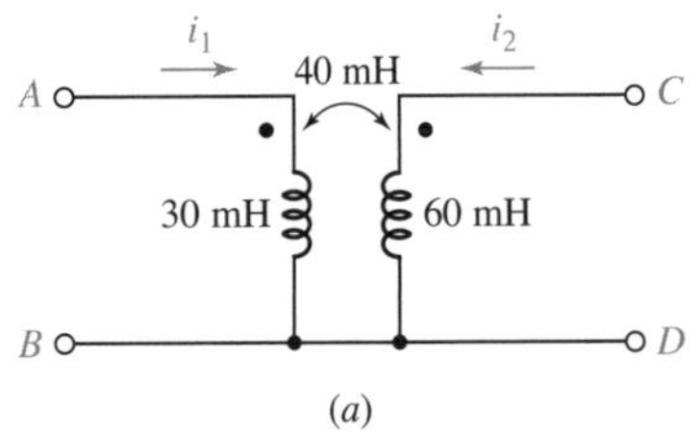

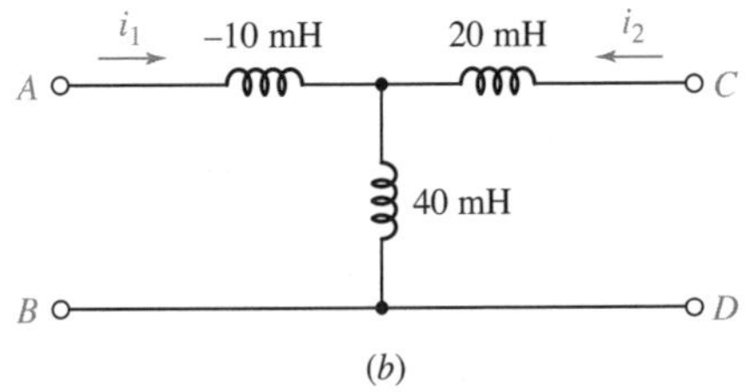

▲ **FIGURA 13.19** (*a*) Transformador linear usado como exemplo. (*b*) A rede T equivalente do transformador.

Aplicando a mesma tensão no equivalente T, vemos que

$$i_1 = \frac{1}{(-10 + 40) \times 10^{-3}} \int 10\cos(100t)\, dt = 3{,}33 \operatorname{sen} 100t \qquad \text{A}$$

novamente. Da mesma forma, a tensão em C e D é igual à tensão nos terminais do indutor de 40 mH. Logo,

$$v_{CD} = 40 \times 10^{-3} \times 3{,}33 \times 100 \cos 100t = 13{,}33 \cos 100t \qquad \text{V}$$

e as duas redes levam a resultados iguais.

▶ EXERCÍCIO DE FIXAÇÃO

13.6 (*a*) Se as duas redes mostradas na Figura 13.20 são equivalentes, especifique valores para L_x, L_y e L_z; (*b*) repita se o ponto no secundário da Figura 13.20*b* estiver localizado na base da bobina.

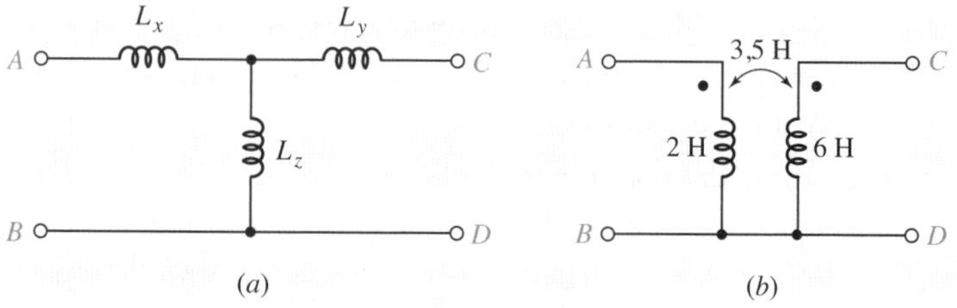

▲ **FIGURA 13.20**

Resposta: –1,5, 2,5, 3,5 H; 5,5, 9,5, –3,5 H.

A rede Π equivalente não é obtida tão facilmente. Ela é mais complicada e não tão usada. Desenvolvemo-la resolvendo a Equação [17] para di_2/dt e substituindo o resultado na Equação [16]:

$$v_1 = L_1 \frac{di_1}{dt} + \frac{M}{L_2} v_2 - \frac{M^2}{L_2} \frac{di_1}{dt}$$

ou

$$\frac{di_1}{dt} = \frac{L_2}{L_1 L_2 - M^2} v_1 - \frac{M}{L_1 L_2 - M^2} v_2$$

Se agora integrarmos de 0 a t, obtemos

$$i_1 - i_1(0)u(t) = \frac{L_2}{L_1 L_2 - M^2} \int_0^t v_1\, dt' - \frac{M}{L_1 L_2 - M^2} \int_0^t v_2\, dt' \qquad [18]$$

De forma similar, também temos

$$i_2 - i_2(0)u(t) = \frac{-M}{L_1 L_2 - M^2} \int_0^t v_1\, dt' + \frac{L_1}{L_1 L_2 - M^2} \int_0^t v_2\, dt' \qquad [19]$$

As Equações [18] e [19] podem ser interpretadas como um par de equações nodais; uma fonte degrau de corrente deve ser instalada em cada nó para fornecer as condições iniciais apropriadas. Os fatores que multiplicam cada integral têm a forma geral do inverso de certas indutâncias equivalentes. Assim, o segundo coeficiente da Equação [18], $M / (L_1L_2 - M^2)$ é igual a $1/LB$, ou o inverso da indutância que se estende entre os nós 1 e 2, conforme mostrado na rede Π equivalente da Figura 13.21. Assim

$$L_B = \frac{L_1L_2 - M^2}{M}$$

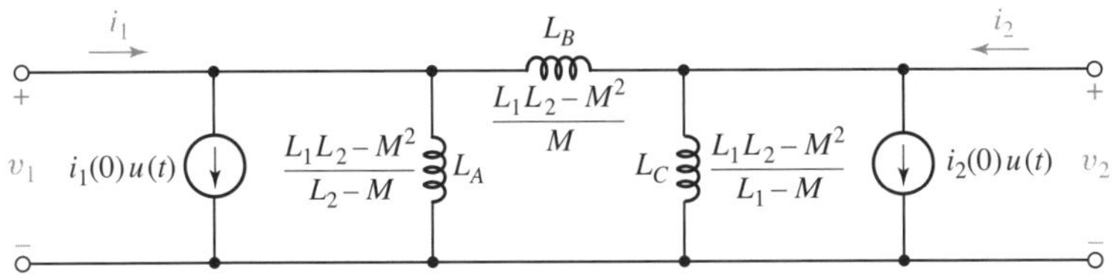

▲ **FIGURA 13.21** A rede Π equivalente ao transformador mostrado na Figura 13.17.

O primeiro coeficiente da Equação [18], $L_2/(L_1L_2 - M^2)$, é igual a $1/L_A + 1/L_B$. Logo,

$$\frac{1}{L_A} = \frac{L_2}{L_1L_2 - M^2} - \frac{M}{L_1L_2 - M^2}$$

ou

$$L_A = \frac{L_1L_2 - M^2}{L_2 - M}$$

Finalmente,

$$L_C = \frac{L_1L_2 - M^2}{L_1 - M}$$

Nenhum campo magnético está presente entre os indutores do equivalente Π e as correntes iniciais nas três *indutâncias próprias* são nulas.

Podemos compensar a inversão de qualquer um dos pontos do transformador com uma mera mudança no sinal de M na rede equivalente. Além disso, da mesma forma que vimos no equivalente T, indutâncias próprias negativas podem aparecer na rede Π equivalente.

▶ EXEMPLO 13.6

Obtenha a rede Π equivalente do transformador da Figura 13.19*a* assumindo correntes iniciais nulas.

Como o termo $L_1L_2 - M^2$ é comum a L_A, L_B e L_C, começamos avaliando essa grandeza, obtendo

$$30 \times 10^{-3} \times 60 \times 10^{-3} - (40 \times 10^{-3})^2 = 2 \times 10^{-4}\ \text{H}^2$$

Logo,

$$L_A = \frac{L_1L_2 - M^2}{L_2 - M} = \frac{2 \times 10^{-4}}{20 \times 10^{-3}} = 10\ \text{mH}$$

$$L_C = \frac{L_1L_2 - M^2}{L_1 - M} = -\ 20\ \text{mH}$$

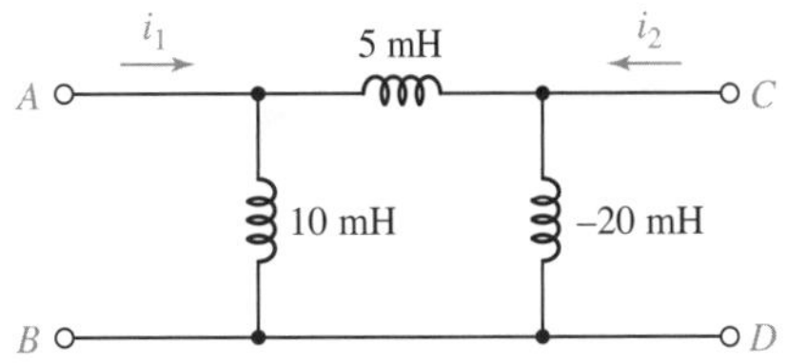

▲ **FIGURA 13.22** O equivalente Π do transformador linear mostrado na Figura 13.19*a*. Assume-se que $i_1(0) = 0$ e $i_2(0) = 0$.

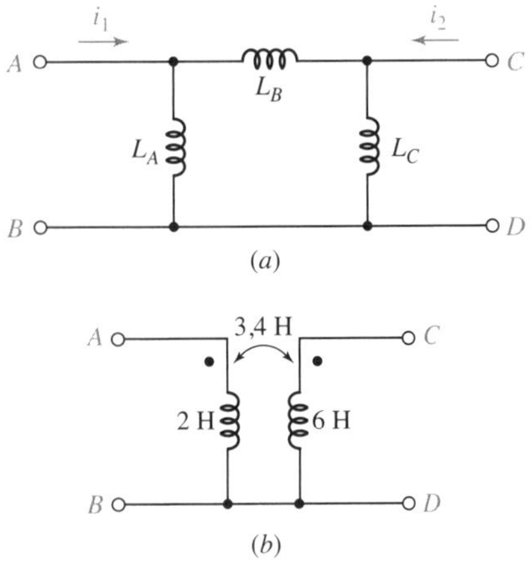

▲ **FIGURA 13.23**

e

$$L_B = \frac{L_1L_2 - M^2}{M} = 5 \text{ mH}$$

A rede Π equivalente está mostrada na Figura 13.22.

Se verificarmos o nosso resultado novamente fazendo v_{AB} = 10cos 100t V com os terminais C-D em aberto, a tensão de saída é rapidamente obtida com a divisão de tensão:

$$v_{CD} = \frac{-20 \times 10^{-3}}{5 \times 10^{-3} - 20 \times 10^{-3}} 10 \cos 100t = 13{,}33 \cos 100t \qquad \text{V}$$

como antes. Logo, a rede da Figura 13.22 é eletricamente equivalente às redes apresentadas na Figura 13.19a e b.

▶ EXERCÍCIO DE FIXAÇÃO

13.7 Se as redes da Figura 13.23 são equivalentes, especifique valores (em mH) para L_A, L_B e L_C.

Resposta: L_A = 169,2 mH, L_B = 129,4 mH, L_C = –314,3 mH.

▶ ANÁLISE AUXILIADA POR COMPUTADOR

A habilidade de simular circuitos que contêm indutâncias magneticamente acopladas é útil especialmente com a contínua redução de tamanho verificada em circuitos modernos. Como o afastamento entre caminhos condutores têm diminuído cada vez mais, vários circuitos e subcircuitos que deveriam se manter isolados se tornam inadvertidamente acoplados por meio de campos magnéticos parasitas, interagindo entre si. O PSpice nos permite incorporar esse efeito com o uso do componente **K_Linear**, que une um par de indutores em um diagrama esquemático por meio de um coeficiente de acoplamento k no intervalo $0 \leq k \leq 1$.

Por exemplo, vamos simular o circuito da Figura 13.19a, que consiste em duas bobinas cujo acoplamento é descrito por uma indutância mútua M = 40 mH, correspondente a um coeficiente de acoplamento k = 0,9428. O diagrama esquemático básico do circuito está mostrado na Figura 13.24a. Note que quando colocado inicialmente na posição horizontal no diagrama esquemático, o terminal pontuado aparece na esquerda, e esse é o pino em torno do qual o símbolo é girado. Note também que o componente **K_Linear** não está conectado ao diagrama esquemático através de "fios"; sua localização é arbitrária. A especificação dos dois indutores acoplados, **L1** e **L2**, é feita juntamente com o coeficiente de acoplamento por meio do Property Editor (Editor de Propriedades) (Figura 13.24b).

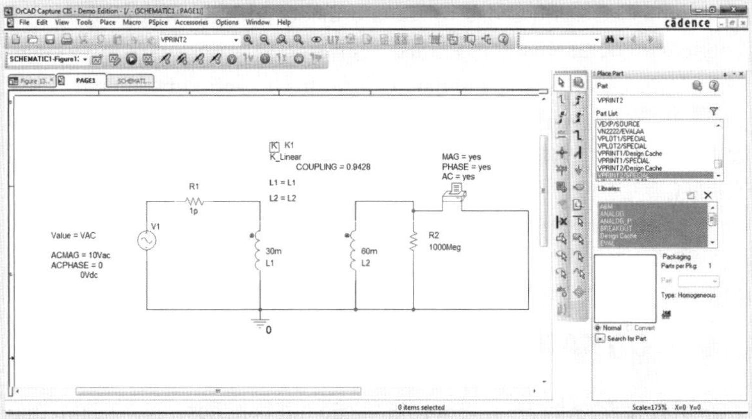

(*a*)

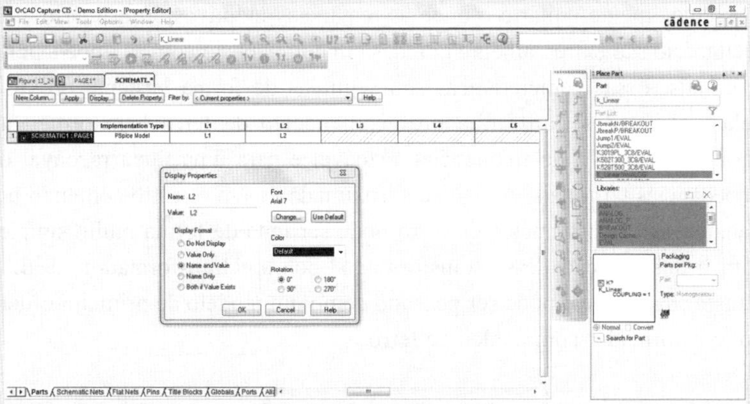

(*b*)

▲ **FIGURA 13.24** (*a*) O circuito da Figura 13.19a, modificado para atender aos requisitos de simulação. (*b*) caixa de diálogo Property Editor mostrando como diferentes indutores a serem ligados são nomeados.

O circuito está conectado a uma fonte de tensão senoidal operando em 100 rad/s (15,92 Hz), fato que é levado em consideração com a realização de uma varredura ca de apenas uma frequência. Também é necessário adicionar dois resistores ao diagrama esquemático para que o PSpice realize a simulação sem gerar uma mensagem de erro. Primeiramente, uma pequena resistência foi inserida em série entre a fonte de tensão e L1; um valor de 1 pΩ foi selecionado para que seu efeito fosse mínimo. Em segundo lugar, um resistor de 1000 MΩ (essencialmente infinito) foi conectado a L2. A saída da simulação é uma tensão com módulo de 13,33 V e ângulo de fase de $-3{,}819 \times 10^{-8}$ graus (essencialmente zero), o que está em concordância com os valores calculados manualmente para o Exemplo 13.5.

O PSpice também fornece dois diferentes modelos de transformadores, um transformador linear **XFRM_LINEAR** e um transformador ideal **XFRM_NONLINEAR**, que é um elemento de circuito a ser estudado da próxima seção. O transformador linear requer que valores sejam especificados para o coeficiente de acoplamento e para ambas as indutâncias das bobinas. O transformador ideal também requer um coeficiente de acoplamento, mas, conforme veremos, um transformador *ideal* tem valores de indutância infinitos ou aproximadamente infinitos. Portanto, o parâmetro remanescente requerido pelo componente **XFRM_NONLINEAR** é o número de voltas do fio que compõe cada bobina.

13.4 ▶ O TRANSFORMADOR IDEAL

O ***transformador ideal*** é uma aproximação útil para descrever-se um transformador muito fortemente acoplado no qual o coeficiente de acoplamento é essencialmente unitário e onde as reatâncias indutivas do primário e do secundário são extremamente grandes em comparação com as impedâncias terminais. Essas características são seguidas de forma bastante próxima pela maioria dos transformadores com núcleo de ferro bem projetado, para um intervalo de frequências razoável e para uma faixa razoável de impedâncias terminais. A análise aproximada de um circuito contendo um transformador com núcleo de ferro pode ser feita de forma muito simples com a substituição desse transformador por um transformador ideal; o transformador ideal pode ser pensado como um modelo de primeira ordem do transformador com núcleo de ferro.

A Relação entre o Número de Espiras de um Transformador Ideal

Um novo conceito surge com o transformador ideal: a ***relação entre o número de espiras*** a. A indutância própria de uma bobina é proporcional ao quadrado do número de voltas de fio que formam a bobina. Essa relação é válida apenas se todo o fluxo estabelecido pela corrente fluindo na bobina enlaçar todas as espiras. Para desenvolver esse resultado quantitativamente, seria necessário utilizar conceitos de campo magnético, um assunto que não está incluído em nossa discussão sobre a análise de circuitos. Entretanto, um argumento qualitativo pode ser suficiente. Se uma corrente i fluir através de uma bobina formada por N espiras, então o fluxo magnético de uma bobina formada por apenas uma espira será produzido N vezes. Se pensarmos nas N espiras como coincidentes, então todas elas serão certamente enlaçadas pelo fluxo total. Como a corrente e o fluxo variam com o tempo, uma tensão N vezes maior do que a que seria causada por uma bobina de apenas uma espira é então induzida *em cada uma das espiras*. Logo, a tensão induzida em uma bobina com N espiras deve ser N^2 vezes maior do que a tensão induzida em uma bobina com apenas uma espira. A partir daí, surge a proporcionalidade entre a indutância e o quadrado do número de espiras. Segue que

$$\frac{L_2}{L_1} = \frac{N_2^2}{N_1^2} = a^2 \quad [20]$$

ou

$$\boxed{a = \frac{N_2}{N_1}} \quad [21]$$

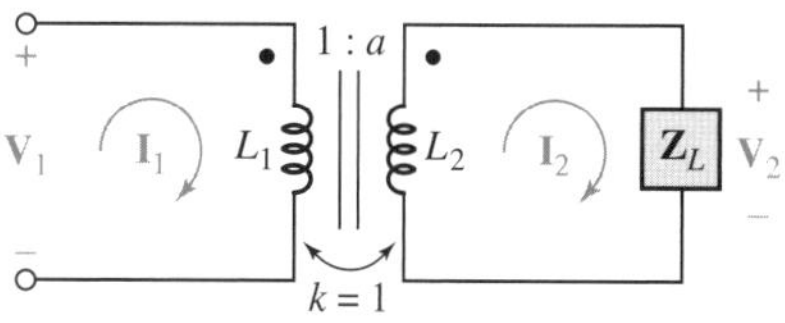

▲ **FIGURA 13.25** Um transformador ideal é conectado a uma impedância de carga genérica.

A Figura 13.25 mostra um transformador ideal ao qual se conecta uma carga no secundário. A natureza ideal do transformador é estabelecida por meio de diversas convenções: o uso de linhas verticais entre as duas bobinas para indicar as lâminas de ferro presentes em muitos transformadores com núcleo de ferro, o valor unitário do coeficiente de acoplamento, e a presença do símbolo 1:a, sugerindo uma relação entre o número de espiras dada por N_1 sobre N_2.

Vamos analisar esse transformador no regime permanente senoidal. As duas equações de malha são

$$\mathbf{V}_1 = j\omega L_1\mathbf{I}_1 - j\omega M\mathbf{I}_2 \quad [22]$$

e

$$0 = -j\omega M\mathbf{I}_1 + (\mathbf{Z}_L + j\omega L_2)\mathbf{I}_2 \quad [23]$$

Primeiro, considerar a impedância de entrada de um transformador ideal. Resolvendo a Equação [23] para $\mathbf{I}_2$ e substituindo na Equação [22], obtemos

$$\mathbf{V}_1 = \mathbf{I}_1 j\omega L_1 + \mathbf{I}_1\frac{\omega^2 M^2}{\mathbf{Z}_L + j\omega L_2}$$

e

$$\mathbf{Z}_{ent} = \frac{\mathbf{V}_1}{\mathbf{I}_1} = j\omega L_1 + \frac{\omega^2 M^2}{\mathbf{Z}_L + j\omega L_2}$$

Como $k = 1$, $M^2 = L_1L_2$, então

$$\mathbf{Z}_{ent} = j\omega L_1 + \frac{\omega^2 L_1 L_2}{\mathbf{Z}_L + j\omega L_2}$$

Além do coeficiente de acoplamento unitário, a impedância extremamente elevada das bobinas de primário e secundário é uma característica a mais do transformador ideal, característica esta que independe da frequência de operação. Isto sugere que, no caso ideal, tanto L_1 quanto L_2 devem tender a infinito. Sua relação, contudo, deve permanecer finita, o que é especificado pela relação entre o número de espiras. Assim,

$$L_2 = a^2 L_1$$

leva a

$$\mathbf{Z}_{ent} = j\omega L_1 + \frac{\omega^2 a^2 L_1^2}{\mathbf{Z}_L + j\omega a^2 L_1}$$

Se fizermos agora L_1 tender a infinito, os dois termos no lado direito da equação anterior tendem a infinito e o resultado é indeterminado. Portanto, é necessário primeiro combinar esses dois termos:

$$\mathbf{Z}_{\text{ent}} = \frac{j\omega L_1 \mathbf{Z}_L - \omega^2 a^2 L_1^2 + \omega^2 a^2 L_1^2}{\mathbf{Z}_L + j\omega a^2 L_1} \qquad [24]$$

ou

$$\mathbf{Z}_{\text{ent}} = \frac{j\omega L_1 \mathbf{Z}_L}{\mathbf{Z}_L + j\omega a^2 L_1} = \frac{\mathbf{Z}_L}{\mathbf{Z}_L / j\omega L_1 + a^2} \qquad [25]$$

Como agora $L_1 \rightarrow \infty$, vemos que $\mathbf{Z}_{\text{ent}}$ se torna

$$\mathbf{Z}_{\text{in}} = \frac{\mathbf{Z}_L}{a^2} \qquad [26]$$

para um $\mathbf{Z}_L$ finito.

Esse resultado tem algumas implicações interessantes, e pelo menos uma delas parece contradizer uma das características do transformador linear. A impedância de entrada de um transformador ideal é proporcional à impedância da carga, sendo a constante de proporcionalidade o inverso do quadrado da relação entre o número de espiras. Em outras palavras, se a impedância da *carga* for capacitiva, então a impedância de *entrada* é uma impedância capacitiva. No transformador linear, contudo, a impedância refletida sofria uma mudança de sinal em sua parte reativa; uma carga capacitiva levava a uma contribuição indutiva para a impedância de entrada. Obtém-se uma explicação para isso primeiramente percebendo-se que $\mathbf{Z}_L/a^2$ *não* é a impedância refletida, embora seja frequentemente chamada por este nome de forma pouco cuidadosa. A verdadeira impedância refletida é infinita no transformador ideal; do contrário, ela não poderia "cancelar" a impedância infinita da indutância do primário. Esse cancelamento ocorre no numerador da Equação [24]. A impedância $\mathbf{Z}_L/a^2$ é um termo pequeno que contabiliza a não ocorrência exata deste cancelamento. A verdadeira impedância refletida no transformador ideal não muda de sinal em sua parte reativa; como as impedâncias de primário e secundário tendem a infinito, no entanto, o efeito da reatância infinita da bobina do primário e da reatância refletida da bobina do secundário, que é infinita porém negativa, é de cancelamento.

A primeira característica importante do transformador ideal é portanto a sua habilidade em mudar o módulo ou o nível de uma impedância. Um transformador ideal com 100 espiras no primário e 10.000 espiras no secundário tem uma relação entre espiras de 10.000/100, ou 100. Qualquer impedância colocada no secundário aparece então nos terminais do primário com seu módulo reduzido por um fator de 100^2, ou 10.000. Um resistor de 20.000 parece ter 2 Ω, um indutor de 200 mH parece ter 20 μH, e um capacitor de 100 pF parece ter 1 μF. Se os enrolamentos de primário e secundário forem trocados, então $a = 0{,}01$ e a impedância da carga tem o seu valor aparentemente elevado. Na prática, essa mudança exata de valor nem sempre ocorre; devemos lembrar que quando demos o último passo na nossa dedução permitindo que L_1 tendesse a infinito na Equação [25], foi necessário desprezar $\mathbf{Z}_L$ em comparação com $j\omega L_2$. Como L_2 nunca pode ser infinito, fica evidente que o modelo do transformador ideal se torna inválido se as impedâncias das cargas forem muito elevadas.

Uso de Transformadores para Casamento de Impedâncias

Um exemplo prático do uso de um transformador com núcleo de ferro como um dispositivo modificador de níveis de impedância pode ser encontrado no acoplamento entre um amplificador e um sistema de alto-falantes. Para se obter uma máxima transferência de potência, sabemos que a resistência da carga deve ser igual à resistência interna da fonte; o alto-falante tem normalmente um módulo de impedância (que frequentemente se assume como uma resistência) de apenas alguns ohms, enquanto o amplificador de potência pode possuir uma resistência interna de vários milhares de ohms. Logo, é necessário usar um transformador ideal com $N_2 < N_1$. Por exemplo, se a impedância interna do amplificador for de 4000 Ω e a impedância do alto-falante for de 8 Ω, desejamos então que

$$\mathbf{Z}_g = 4000 = \frac{\mathbf{Z}_L}{a^2} = \frac{8}{a^2}$$

ou

$$a = \frac{1}{22{,}4}$$

e com isso

$$\frac{N_1}{N_2} = 22{,}4$$

Uso de Transformadores para Ajuste de Corrente

Há uma relação simples entre as correntes de primário e secundário $\mathbf{I}_1$ e $\mathbf{I}_2$ em um transformador ideal. Da Equação [23],

$$\frac{\mathbf{I}_2}{\mathbf{I}_1} = \frac{j\omega M}{\mathbf{Z}_L + j\omega L_2}$$

Novamente fazemos com que L_2 tenda a infinito, e segue que

$$\frac{\mathbf{I}_2}{\mathbf{I}_1} = \frac{j\omega M}{j\omega L_2} = \sqrt{\frac{L_1}{L_2}}$$

ou

$$\boxed{\frac{\mathbf{I}_2}{\mathbf{I}_1} = \frac{1}{a}} \qquad [27]$$

Logo, a relação entre as correntes de primário e secundário é igual à relação entre o número de espiras. Se tivermos $N_2 > N_1$, então $a > 1$, e fica claro que a maior corrente flui no enrolamento com o menor número de espiras. Em outras palavras,

$$N_1\mathbf{I}_1 = N_2\mathbf{I}_2$$

Também deve ser notado que a relação entre as correntes é o *negativo* da relação entre o número de espiras se alguma corrente for invertida ou se a localização de algum dos pontos for trocada.

Em nosso exemplo, no qual um transformador ideal foi usado para casar de forma eficiente um alto-falante com um amplificador de potência, uma corrente rms de 50 mA com frequência de 1000 Hz no primário causa uma corrente rms de 1,12 A com frequência de 1000 Hz no secundário. A potência fornecida ao alto-falante é de $(1{,}12)^2(8)$, ou 10 W, e a potência fornecida ao transformador pelo amplificador de potência é de $(0{,}05)^2 4000$, ou 10 W. Este resultado é confortador, já que o transformador ideal não contém nenhum dispositivo ativo que possa gerar potência, tampouco um resistor que possa absorver potência.

Uso de Transformadores para Ajuste do Nível de Tensão

Como a potência fornecida ao transformador ideal é idêntica àquela fornecida à carga e as correntes de primário e secundário dependem da relação entre o número de espiras, parece razoável que as tensões de primário e secundário também sejam relacionadas pela relação entre o número de espiras. Se definirmos a tensão no secundário, ou a tensão na carga, como

$$\mathbf{V}_2 = \mathbf{I}_2\mathbf{Z}_L$$

e a tensão no primário como a queda de tensão em L_1, então

$$\mathbf{V}_1 = \mathbf{I}_1\mathbf{Z}_{\text{ent}} = \mathbf{I}_1\frac{\mathbf{Z}_L}{a^2}$$

A relação entre as duas tensões torna-se então

$$\frac{\mathbf{V}_2}{\mathbf{V}_1} = a^2\frac{\mathbf{I}_2}{\mathbf{I}_1}$$

ou

$$\boxed{\frac{\mathbf{V}_2}{\mathbf{V}_1} = a = \frac{N_2}{N_1}} \qquad [28]$$

A relação entre as tensões de secundário e primário é igual à relação entre o número de espiras. Devemos ter cuidado ao notar que essa equação é oposta àquela da Equação [27]; essa é uma fonte de erros muito comum para os estudantes. Essa relação também pode ser negativa se uma das tensões for invertida ou se a localização dos pontos for mudada.

Simplesmente escolhendo a relação entre o número de espiras, portanto, temos agora a habilidade de converter qualquer tensão ca em uma outra tensão ca. Se $a > 1$, a tensão no secundário é maior do que a tensão no primário, e temos o que é comumente chamado de ***transformador elevador***. Se $a < 1$, a tensão no secundário é menor do que a tensão no primário, e temos neste caso um ***transformador abaixador***. Empresas concessionárias de energia tipicamente geram potência em uma faixa de tensões de 12 a 25 kV. Embora essas tensões sejam bastante elevadas, as perdas de transmissão que ocorrem em longas distâncias podem ser reduzidas com o aumento do nível de tensão para várias centenas de milhares de volts utilizando-se um transformador elevador (Figura 13.26*a*). Essa tensão é então reduzida a

(*a*)

(*b*)

(*c*)

▲ **FIGURA 13.26** (*a*) Transformador elevador usado para aumentar a saída de tensão do gerador para a transmissão. (*b*) Transformador de subestação usado para reduzir a tensão do nível de transmissão de 220 kV para várias dezenas de quilovolts usados na distribuição local. (*c*) Transformador abaixador usado para reduzir o nível de tensão de distribuição para 240 V para o consumo de potência.

Fotos: Cortesia do Dr. Wade Enright, Te Kura Pukaha Vira O Te Whare Wananga O Waitaha, Aotearoa.

várias dezenas de quilovolts em subestações para a distribuição de potência local por meio de transformadores abaixadores (Figura 13.26*b*). Transformadores abaixadores adicionais são colocados em pontos próximos aos edifícios para que a tensão de transmissão seja reduzida aos níveis de 127 e 220 V necessários à operação dos aparelhos elétricos (Figura 13.26*c*).

Combinando a relação entre as correntes e tensões, Equações [27] e [28],

$$\mathbf{V}_2\mathbf{I}_2 = \mathbf{V}_1\mathbf{I}_1$$

e vemos com isso que os volt-ampères complexos de primário e secundário são iguais. O módulo desse produto é normalmente especificado como o máximo valor permitido em transformadores de potência. Se a carga tiver um ângulo de fase θ, ou

$$\mathbf{Z}_L = |\mathbf{Z}_L|\underline{/\theta}$$

então $\mathbf{V}_2$ está adiantada de $\mathbf{I}_2$ em um ângulo θ. Além disso, a impedância de entrada é $\mathbf{Z}_L/a^2$, e, portanto, $\mathbf{V}_1$ também está adiantada de $\mathbf{I}_1$ no mesmo ângulo. Se as tensões e correntes forem representadas por valores rms, então $|\mathbf{V}_2|\,|\mathbf{I}_2|\cos\theta$ deve ser igual a $|\mathbf{V}_1|\,|\mathbf{I}_1|\cos\theta$, e toda a potência fornecida aos terminais de primário alcança a carga; nenhuma potência é absorvida pelo transformador ideal.

As características que obtivemos para o transformador ideal foram determinadas com a aplicação da análise fasorial. Elas são certamente válidas no regime permanente senoidal, mas não temos por que acreditar que elas estejam corretas para a resposta *completa*. Na realidade, a aplicabilidade delas é geral, e a demonstração de que isto é verdade é muito mais simples do que a análise que acabamos de completar, baseada na teoria fasorial. Nossa análise, no entanto, serviu para apontar as aproximações específicas que devem ser feitas em um modelo mais exato de um transformador real para se obter um transformador ideal. Por exemplo, vimos que a reatância do enrolamento de secundário deve ser muito maior em módulo do que a impedância de qualquer carga conectada no secundário. Algum sentimento quanto às condições de operação nas quais o transformador deixa de se comportar como um transformador ideal também foi adquirido.

▶ EXEMPLO 13.7

No circuito dado na Figura 13.27, determine a potência média dissipada no resistor de 10 kΩ.

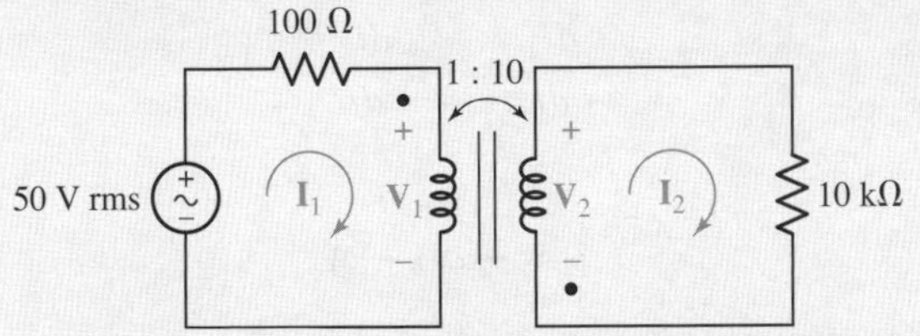

▲ **FIGURA 13.27** Circuito simples com um transformador ideal.

Os ângulos de fase podem ser ignorados neste exemplo, por não terem impacto no cálculo da potência média dissipada por uma carga puramente resistiva.

A potência média dissipada pelo resistor de 10 kΩ é simplesmente

$$P = 10.000|\mathbf{I}_2|^2$$

A fonte de 50 V rms "vê" uma impedância de entrada no transformador de $\mathbf{Z}_L/a^2$, ou 100 Ω. Logo, obtemos

$$\mathbf{I}_1 = \frac{50}{100 + 100} = 250 \text{ mA rms}$$

A partir da Equação [27], $\mathbf{I}_2 = (1/a)\mathbf{I}_1 = 25$ mA rms, então vemos que o resistor de 10 kΩ dissipa 6,25 W.

▶ EXERCÍCIO DE FIXAÇÃO

13.8 Repita o Exemplo 13.7 usando tensões para computar a potência dissipada.

Resposta: 6,25 W.

Relação entre as Tensões no Domínio do Tempo

Vamos agora determinar como as grandezas v_1 e v_2 no domínio do tempo estão relacionadas no transformador ideal. Retornando ao circuito mostrado na Figura 13.17 e às Equações [16] e [17] que o descrevem, podemos resolver a segunda equação para di_2/dt e substituí-la na primeira equação:

$$v_1 = L_1 \frac{di_1}{dt} + \frac{M}{L_2} v_2 - \frac{M^2}{L_2} \frac{di_1}{dt}$$

Entretanto, para um acoplamento unitário, $M^2 = L_1 L_2$, e então

$$v_1 = \frac{M}{L_2} v_2 = \sqrt{\frac{L_1}{L_2}} v_2 = \frac{1}{a} v_2$$

Nota-se, portanto, que a relação entre as tensões no primário e no secundário é aplicável à resposta completa no domínio do tempo.

Uma expressão relacionando as correntes de primário e secundário no domínio do tempo é obtida mais rapidamente dividindo-se toda a Equação [16] por L_1,

$$\frac{v_1}{L_1} = \frac{di_1}{dt} + \frac{M}{L_1} \frac{di_2}{dt} = \frac{di_1}{dt} + a \frac{di_2}{dt}$$

e aplicando-se então uma das hipóteses fundamentais do transformador ideal: L_1 deve ser infinita. Se assumirmos que v_1 não seja infinita, então

$$\frac{di_1}{dt} = - a \frac{di_2}{dt}$$

Integrando,

$$i_1 = - a i_2 + A$$

onde A é a constante de integração, que não varia com o tempo. Logo, se desprezarmos quaisquer correntes contínuas nos dois enrolamentos e fixarmos nossa atenção apenas na parte da resposta que varia com o tempo, então

$$i_1 = - a i_2$$

APLICAÇÃO

TRANSFORMADORES SUPERCONDUTORES

Na maioria das vezes, desprezamos os vários tipos de perdas que podem estar presentes em um transformador. Ao lidar com grandes transformadores de potência, no entanto, devemos prestar muita atenção em suas características não ideais, a despeito de uma eficiência geral típica em torno de 97% ou mais. Embora uma eficiência elevada como essa possa parecer aproximadamente ideal, ela pode representar uma grande quantidade de energia desperdiçada quando o transformador lida com muitos milhares de ampères. As perdas com i^2R (também chamadas de perdas ôhmicas) representam potência dissipada na forma de calor, o que pode aumentar a temperatura das bobinas do transformador. A resistência dos fios aumenta com a temperatura, de forma que o aquecimento implica perdas maiores. Temperaturas elevadas também podem levar à degradação do isolamento dos fios, reduzindo a vida útil do transformador. Como resultado, muitos transformadores de potência modernos operam mergulhados em óleo líquido para que o excesso de calor seja removido das bobinas. Tal técnica tem suas desvantagens, no entanto, incluindo o impacto ambiental e o risco de incêndio como resultado da corrosão ao longo do tempo (Figura 13.28).

▲ **FIGURA 13.28** Incêndio que ocorreu em 2004 em uma subestação de 340.000 V próxima a Mishawaka, Indiana. (© AP/Wide World Photos)

Uma maneira possível para se melhorar o desempenho de tais transformadores é a utilização de fios supercondutores em substituição às bobinas resistivas normalmente empregadas em seu projeto. Supercondutores são materiais resistivos em altas temperaturas, mas que subitamente deixam de apresentar resistência ao fluxo de corrente abaixo de uma temperatura crítica. Muitos elementos são supercondutores apenas em temperaturas próximas ao zero absoluto, o que requer o emprego de caros sistemas de refrigeração criogênica à base de hélio líquido. Com a descoberta de supercondutores cerâmicos com temperaturas críticas de 90 K (–183°C) ou mais na década de oitenta, tornou-se possível a substituição de equipamentos baseados no emprego de hélio por sistemas de nitrogênio líquido significativamente mais baratos.

A Figura 13.29 mostra o protótipo de um transformador supercondutor que está sendo desenvolvido na Universidade de Canterbury. Esse projeto emprega nitrogênio líquido ambientalmente benigno em vez de óleo, e, além disso, se comparado com um transformador convencional com especificação similar, seu tamanho é significativamente menor. O resultado é uma mensurável melhoria na eficiência global do transformador, que se traduz em uma economia nos custos operacionais para o proprietário.

▲ **FIGURA 13.29** Protótipo de um transformador supercondutor com núcleo parcial de 15 kVA.

Foto: Cortesia do Departamento de Engenharias Elétrica e de Computação, Universidade de Canterbury.

Ainda assim, todos os projetos têm desvantagens que devem ser colocadas na balança com suas potenciais vantagens, e transformadores supercondutores não são uma exceção. Atualmente, o obstáculo mais significativo é o custo relativamente elevado envolvido na fabricação de muitos quilômetros de fios supercondutores, em comparação com a fabricação de fios de cobre. Parte disso se deve ao desafio presente na fabricação de fios longos a partir de material cerâmico, mas o emprego de prata envolvendo os fios supercondutores também contribui para encarecer o processo. A prata é utilizada para promover um caminho de baixa resistência no caso de falha no sistema de refrigeração (embora mais barato que a prata, o cobre reage com a cerâmica e por essa razão deixa de ser uma alternativa viável). O resultado final mostra que, embora um transformador supercondutor seja capaz de economizar o dinheiro de uma empresa concessionária em longo prazo (muitos transformadores operam por mais de 30 anos em serviço), o custo inicial é muito maior do que aquele associado a um transformador resistivo tradicional. No momento, muitas companhias (incluindo as concessionárias) são guiadas por considerações de custo em curto prazo, e nem sempre querem fazer investimentos de capital elevados visando apenas benefícios em longo prazo.

O sinal de menos surge do posicionamento dos pontos e da seleção da direção das correntes na Figura 13.17.

Portanto, desde que as componentes CC sejam ignoradas, as relações que obtivemos para as correntes e as tensões no domínio do tempo são iguais às relações previamente obtidas no domínio da frequência. Os resultados no domínio do tempo são mais gerais, mas foram obtidos por meio de um processo menos informativo.

Circuitos Equivalentes

As características que estabelecemos para o transformador ideal podem ser utilizadas para simplificar circuitos nos quais aparecem transformadores ideais. Vamos assumir, para fins de ilustração, que toda a rede à esquerda dos terminais de primário tenha sido substituída por seu equivalente de Thévenin, da mesma forma que a rede à direita dos terminais de secundário. Temos, portanto, o circuito mostrado na Figura 13.30. Assume-se uma excitação na frequência ω.

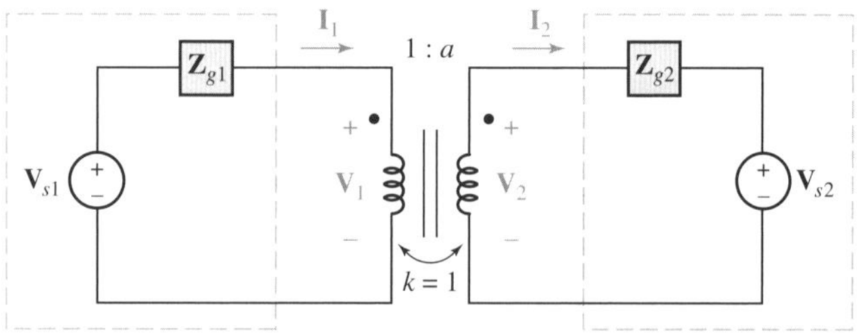

▲ **FIGURA 13.30** As redes conectadas aos terminais primário e secundário de um transformador ideal são representadas por seus equivalentes de Thévenin.

Os teoremas de Thévenin e de Norton podem agora ser usados na obtenção de um circuito equivalente que não contenha um transformador. Como exemplo, vamos determinar o equivalente de Thévenin da rede à esquerda dos terminais de secundário. Colocando o secundário em circuito aberto, temos $\mathbf{I}_2 = 0$ e, portanto, $\mathbf{I}_1 = 0$ (lembre-se que L_1 é infinita). Nenhuma tensão aparece nos terminais de $\mathbf{Z}_{g1}$, e, portanto, $\mathbf{V}_1 = \mathbf{V}_{s1}$ e $\mathbf{V}_{2ca} = a\mathbf{V}_{s1}$. A impedância de Thévenin é obtida definindo a fonte $\mathbf{V}_{s1}$ como zero e utilizando-se o quadrado da relação entre espiras, tomando-se o cuidado de usar o inverso desta relação uma vez que estamos olhando a partir dos terminais de secundário. Assim, $\mathbf{Z}_{th2} = \mathbf{Z}_{g1}a^2$.

Para verificar o nosso equivalente, vamos também determinar a corrente de curto-circuito $\mathbf{I}_{2cc}$ no secundário. Com o secundário curto-circuitado, o gerador do primário se depara com uma impedância $\mathbf{Z}_{g1}$, e com isso, $\mathbf{I}_1 = \mathbf{V}_{s1}/\mathbf{Z}_{g1}$. Portanto, $\mathbf{I}_{2cc} = \mathbf{V}_{s1}/a\mathbf{Z}_{g1}$. A relação entre a tensão de circuito aberto e a corrente de curto-circuito é igual a $a^2\mathbf{Z}_{g1}$, como deveria ser. O equivalente de Thévenin do transformador e do circuito primário está mostrado no circuito da Figura 13.31.

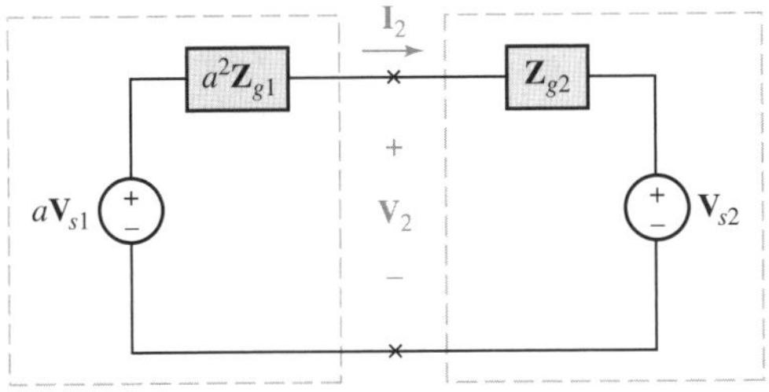

▲ **FIGURA 13.31** O equivalente de Thévenin da rede à esquerda dos terminais de secundário da Figura 13.30 é usado para simplificar aquele circuito.

Cada tensão no primário deve ser, portanto, multiplicada pela relação entre o número de espiras, cada corrente no primário deve ser dividida por essa relação, e cada impedância no primário deve ser multiplicada pelo quadrado da relação entre o número de espiras; então, essas tensões, correntes e impedâncias modificadas substituem o transformador e as tensões, correntes e impedâncias originais. Se qualquer um dos pontos for trocado, pode-se obter o equivalente usando o negativo da relação entre o número de espiras.

Note que essa equivalência, conforme ilustrado na Figura 13.31, é possível apenas se as redes que estiverem conectadas aos terminais de primário e secundário puderem ser substituídas por seus equivalentes de Thévenin. Isto é, cada uma delas deve ser uma rede com dois terminais. Por exemplo, se cortarmos os dois fios de conexão no primário do transformador, o circuito resultante deve ser dividido em duas redes separadas; não pode haver qualquer elemento ou rede fazendo uma ponte através do transformador e conectando de alguma forma os terminais de primário e secundário.

Uma análise similar para o transformador e para a rede secundária mostra que toda a rede à direita dos terminais de primário pode ser substituída por uma rede idêntica sem a presença do transformador, com cada tensão sendo dividida por a, cada corrente sendo multiplicada por a, e cada impedância sendo dividida por a^2. Uma inversão em qualquer um dos enrolamentos requer o uso de uma relação entre espiras de $-a$.

▶ EXEMPLO 13.8

Para o circuito fornecido n Figura 13.32, determine o circuito equivalente pelo qual o transformador e o circuito de secundário são substituídos, e também pelo qual o transformador e o circuito primário são substituídos.

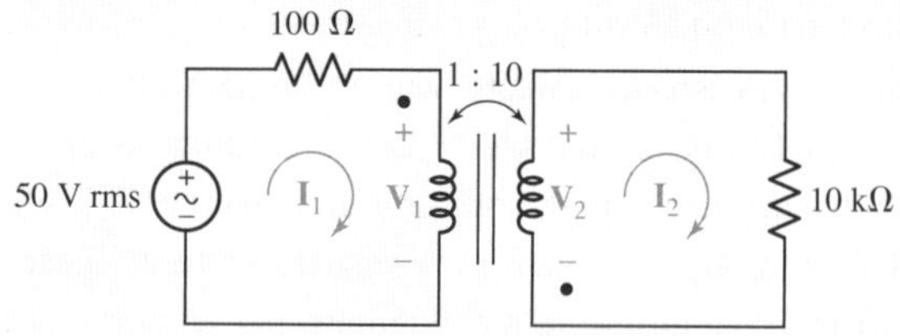

▲ **FIGURA 13.32** Circuito simples no qual uma carga resistiva é casada com a fonte por meio de um transformador ideal.

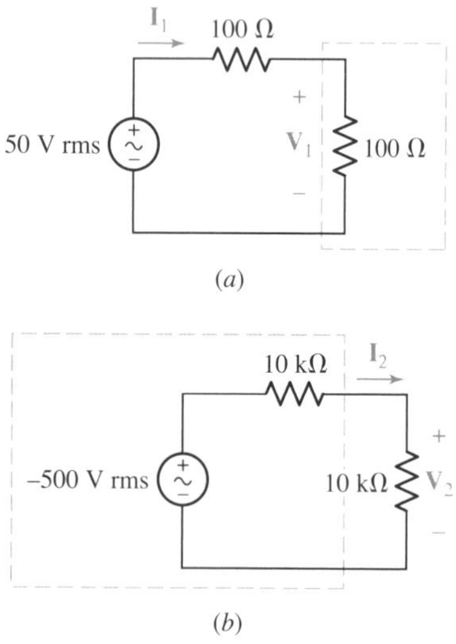

▲ **FIGURA 13.33** O circuito da Figura 13.32 é simplificado substituindo-se (*a*) o transformador e o circuito secundário por seu equivalente de Thévenin ou (*b*) o transformador e o circuito primário por seu equivalente de Thévenin.

Esse é o mesmo circuito que analisamos no Exemplo 13.7. Como antes, a impedância de entrada é $10.000/(10)^2$, ou 100 Ω, e com isso $|\mathbf{I}_1| = 250$ mA rms. Podemos computar a tensão na bobina do primário,

$$|\mathbf{V}_1| = |\ 50 - 100\mathbf{I}_1| = 25 \text{ V rms}$$

e com isso ver que a fonte fornece $(25 \times 10^{-3})(50) = 12{,}5$ W, dos quais $(25 \times 10^{-3})^2(100) = 6{,}25$ W são dissipados na resistência interna da fonte e $12{,}5 - 6{,}25 = 6{,}25$ W são entregues à carga. Essa é a condição de máxima transferência de potência para a carga.

Se o circuito secundário e o transformador ideal forem removidos com o uso do equivalente de Thévenin, a fonte de 50 V e o resistor de 100 Ω passam a ver simplesmente uma impedância de 100 Ω, e obtém-se o circuito simplificado da Figura 13.33*a*. A corrente e a tensão no primário ficam agora imediatamente evidentes.

Se em vez disso a rede à esquerda dos terminais de secundário for trocada por seu equivalente de Thévenin, obtemos (tendo em mente a localização dos pontos) $\mathbf{V}_{th} = -10(50) = -500$ V rms e $\mathbf{Z}_{th} = (-10)^2(100) = 10$ kΩ; o circuito resultante está mostrado na Figura 13.33*b*.

▶ EXERCÍCIO DE FIXAÇÃO

13.9 Sejam $N_1 = 1000$ espiras e $N_2 = 5000$ espiras no transformador ideal mostrado na Figura 13.34. Se $\mathbf{Z}_L = 500 - j400$ Ω, obtenha a potência média fornecida à $\mathbf{Z}_L$ para (*a*) $\mathbf{I}_2 = 1{,}4\underline{/20^\circ}$ A rms; (*b*) $\mathbf{V}_2 = 900\underline{/40^\circ}$ V rms; (*c*) $\mathbf{V}_1 = 80\underline{/100^\circ}$ V rms; (*d*) $I_1 = 6\underline{/45^\circ}$ A rms; (*e*) $\mathbf{V}_s = 200\underline{/0^\circ}$ V rms.

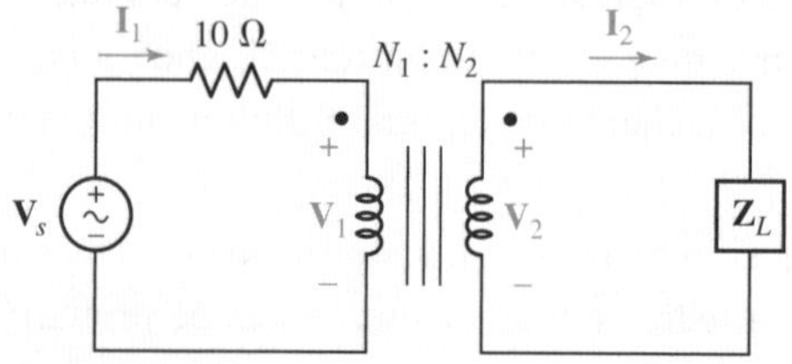

▲ **FIGURA 13.34**

Resposta: 980 W; 988 W; 195,1 W; 720 W; 692 W.

RESUMO E REVISÃO

Os transformadores desempenham um papel fundamental na indústria de energia, permitindo que as tensões sejam elevadas para a transmissão e reduzidas para nível compatível com os diversos equipamentos individuais. Neste capítulo, estudamos transformadores no contexto mais amplo de circuitos magneticamente acoplados, onde o fluxo magnético associado à corrente pode ligar dois ou mais elementos em um circuito (ou até mesmo circuitos vizinhos). Isto é mais facilmente compreendido por meio da extensão do conceito de indutância estudado no Capítulo 7 para introduzir a ideia de indutância mútua (que também tem unidade em Henry). Vimos que o coeficiente de indutância mútua M tem limite inferior à média geométrica das duas indutâncias acopladas (isto é, $M \leq \sqrt{L_1L_2}$), e foi utilizada a convenção do ponto para determinar a polaridade da tensão induzida sobre uma indutância resultante da corrente que circula através da outra. Quando as duas indutâncias não estão particularmente próximas, M pode ser muito pequena. No entanto, no caso de um transformador bem projetado, M pode aproximar-se do seu valor máximo. Para descrever tais situações, introduzimos o conceito de coeficiente de acoplamento k. Ao lidar com um transformador linear, a análise pode ser auxiliada representando o elemento com uma rede equivalente T (ou, menos comumente, Π), mas uma grande parte da análise de circuitos é realizada assumindo um transformador ideal. Nestes casos já não nos preocupamos com M ou k, mas sim com a relação de espiras a. Vimos que as tensões sobre as bobinas primária e secundária, assim como as suas correntes individuais, estão relacionados por este parâmetro. Essa aproximação é muito útil para análise e projeto. Concluímos o capítulo com uma breve discussão de como o teorema de Thévenin pode ser aplicado a circuitos com transformadores ideais.

Poderíamos continuar, pois o estudo de circuitos indutivamente acoplados é um tema interessante e importante. Porém, no momento é mais conveniente citar alguns conceitos chave que discutimos até então, juntamente com os números dos exemplos correspondentes.

- A indutância mútua descreve a tensão induzida nos terminais de uma bobina pelo campo magnético gerado por uma segunda bobina (Exemplo 13.1).
- A convenção do ponto permite a determinação de um sinal para o termo de indutância mútua (Exemplo 13.1).
- De acordo com a convenção do ponto, uma corrente entrando no terminal pontuado de uma bobina produz uma tensão de circuito aberto com sinal positivo no terminal pontuado da segunda bobina (Exemplos 13.1, 13.2 e 13.3).
- A energia total armazenada em um par de bobinas acopladas possui três termos separados: a energia armazenada em cada indutância própria ($\frac{1}{2}Li^2$) e a energia armazenada na indutância mútua (Mi_1i_2) (Exemplo 13.4).
- O coeficiente de acoplamento é dado por $M \leq \sqrt{L_1L_2}$ e se restringe a valores entre 0 e 1 (Exemplo 13.4).

- Um transformador linear consiste em duas bobinas acopladas: o enrolamento de primário e o enrolamento de secundário (Exemplos 13.5 e 13.6).
- Um transformador ideal é uma útil aproximação para transformadores reais com núcleo de ferro. Assume-se que o coeficiente de acoplamento seja unitário e que os valores das indutâncias sejam infinitos. (Exemplos 13.7 e 13.8).
- A relação entre o número de espiras $a = N_2/N_1$ de um transformador ideal relaciona as tensões nas bobinas de primário e secundário: $\mathbf{V}_2 = a\mathbf{V}_1$ (Exemplo 13.8).
- A relação a entre o número de espiras também relaciona as correntes nas bobinas de primário e secundário: $\mathbf{I}_1 = a\mathbf{I}_2$ (Exemplos 13.7 e 13.8).

LEITURA COMPLEMENTAR

Quase tudo o que você sempre quis saber sobre transformadores pode ser encontrado em

M. Heathcote, *J&P Transformer Book*, 12ª ed. Oxford: Reed Educational and Professional Publishing Ltd., 1998.

Outro título completo sobre transformadores é

W. T. McLyman, *Transformer and Inductor Design Handbook*, 3ª ed. New York: Marcel Dekker, 2004.

Um bom livro sobre transformadores com um forte foco na parte econômica é

B. K. Kennedy, *Energy Efficient Transformers*. New York: McGraw-Hill, 1998.

EXERCÍCIOS

13.1 Indutância Mútua

1. Considere as duas indutâncias representadas na Figura 13.35. Estabeleça L_1 = 10 mH, L_2 = 5 mH, e M = 1 mH. Determine a expressão em regime permanente para (*a*) v_1 se $i_1 = 0$ e $i_2 = 5 \cos 8t$ A; (*b*) v_2 se $i_1 = 3 \text{ sen } 100t$ A e $i_2 = 0$; (c) v_2 se $i_1 = 5 \cos (8t - 40°)$ A e $i_2 = 4 \text{ sen } 8t$ A.

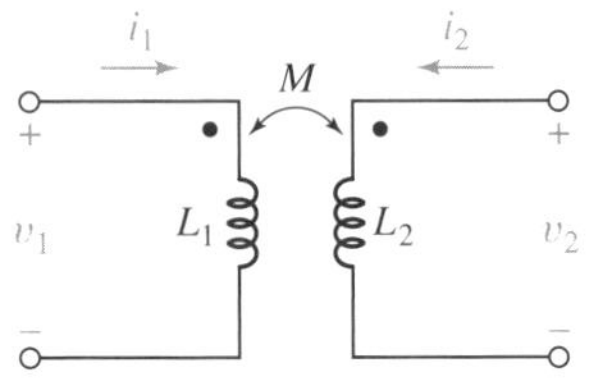

◀ FIGURA 13.35

2. Com referência à Figura 13.36, assuma $L_1 = 400$ mH, $L_2 = 230$ mH, e $M = 10$ mH. Determine a expressão em regime permanente de (*a*) v_1 se $i_1 = 0$ e $i_2 = 2 \cos 40t$ A; (*b*) v_2 se $i_1 = 5 \cos (40t + 15°)$ A e $i_2 = 0$; (*c*) repita as partes (a) e (b) se M é aumentado para 300 mH.

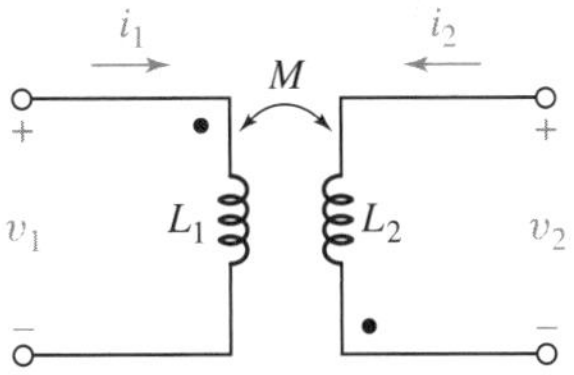

▲ **FIGURA 13.36**

3. Na Figura 13.37, considere $L_1 = 1\ \mu$H, $L_2 = 2\ \mu$H, e $M = 150$ nH. Obtenha uma expressão em regime permanente para (*a*) v_1 se $i_2 = -\cos 70t$ mA e $i_1 = 0$; (*b*) v_2 se $i_1 = 55 \cos (5t - 30°)$ A; (*c*) v_2 se $i_1 = 6$ sen $5t$ A e $i_2 = 3$ sen $5t$.

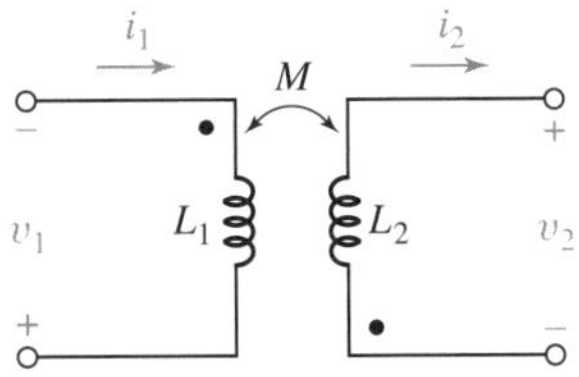

◀ **FIGURA 13.37**

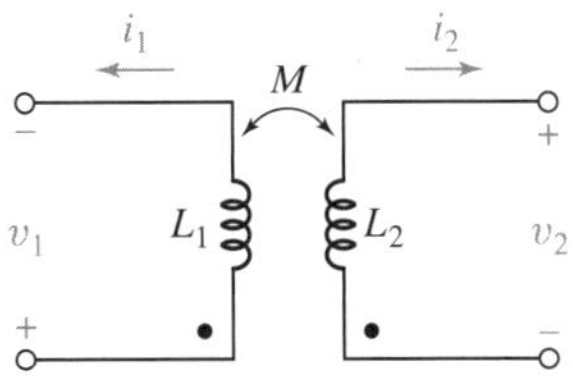

▲ **FIGURA 13.38**

4. Para a configuração da Figura 13.38, $L_1 = 0{,}5\ L_2 = 1$ mH e $M = 0{,}85\sqrt{L_1 L_2}$. Calcule $v_2\ (t)$, se (*a*) $i_2 = 0$ e $i_1 = 5e^{-t}$ mA; (*b*) $i_2 = 0$ e $i_1 = 5 \cos 10t$ mA; (*c*) $i_2 = 5 \cos 70t$ mA e $i_1 = 0{,}5 i_2$.

5. A construção física de três pares de bobinas acopladas é mostrada na Figura 13.39. Mostre as duas localizações possíveis para os pontos em cada par de bobinas.

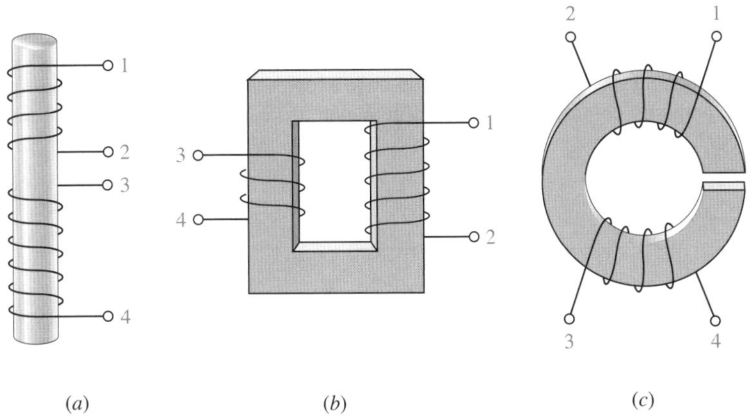

◀ **FIGURA 13.39**

6. No circuito da Figura 13.40, $i_1 = 5$ sen $(100t - 80°)$ mA, $L_1 = 1$ H, e $L_2 = 2$ H. Se $v_2 = 250$ sen $(100t - 80°)$ mV, calcule M.

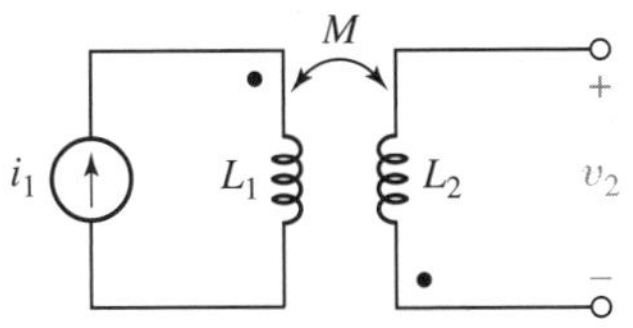

▲ **FIGURA 13.40**

7. No circuito representado na Figura 13.40, determine i_1 se $v_2(t) = 4 \cos 5t$ V, $L_1 = 1$ mH, $L_2 = 4$ mH, e $M = 1{,}5$ mH.

8. Calcule v_1 e v_2 se $i_1 = 5$ sen $40t$ mA e $i_2 = 5$ cos 40t mA, $L_1 = 1$ mH, $L_2 = 3$ mH, e $M = 0{,}5$ mH, para as indutâncias acopladas mostrada em (*a*) Figura 13.37; (*b*) Figura 13.38.

9. Calcule v_1 e v_2 se $i_1 = 3$ cos $(2000t + 13°)$ mA e $i_2 = 5$ sen $400t$ mA, $L_1 = 1$ mH, $L_2 = 3$ mH, e $M = 200$ nH, para as indutâncias acopladas mostrada em (*a*) Figura 13.35; (*b*) Figura 13.36.

10. Para o circuito da Figura 13.41, calcule $\mathbf{I}_1$, $\mathbf{I}_2$, $\mathbf{V}_2/\mathbf{V}_1$ e $\mathbf{I}_2/\mathbf{I}_1$.

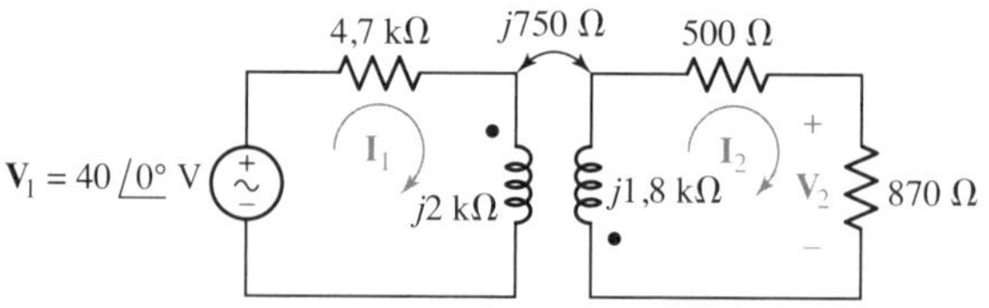

◀ **FIGURA 13.41**

11. Para o circuito da Figura 13.42, faça o gráfico do módulo de $\mathbf{V}_2/\mathbf{V}_1$ em função da frequência ω, durante o intervalo de $0 \leq \omega \leq 2$ rad/s.

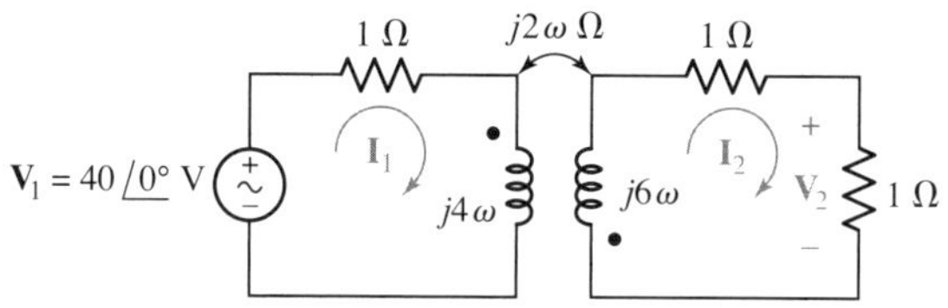

◀ **FIGURA 13.42**

12. Para o circuito da Figura 13.43 (*a*) desenhe a representação fasorial; (*b*) escreva um conjunto completo de equações de malha; (*c*) calcule $i_2(t)$ se $v_1(t) = 8$ sen $720t$ V.

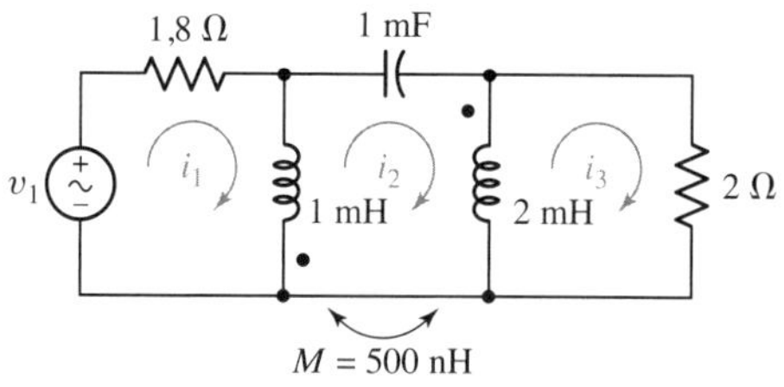

◀ **FIGURA 13.43**

13. No circuito da Figura 13.43, o parâmetro M é reduzido por uma ordem de grandeza. Calcule i_3 se $v_1 = 10$ cos $(800t - 20°)$ V.

14. No circuito mostrado na Figura 13.44, encontre a potência média absorvida por (*a*) a fonte, (*b*), cada um dos dois resistores; (*c*) cada uma das duas indutâncias; (*d*) a indutância mútua.

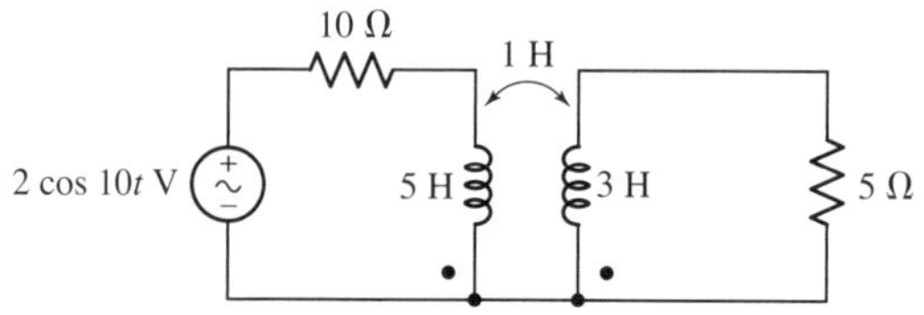

◀ **FIGURA 13.44**

15. O circuito da Figura 13.45 é projetado para alimentar um alto-falante comum de 8 Ω. Qual o valor de M quando há uma potência média de 1 W entregue para o alto-falante?

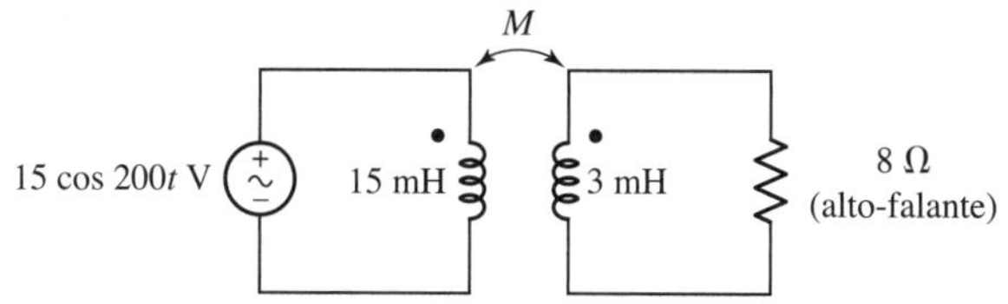

◀ **FIGURA 13.45**

16. Considere o circuito da Figura 13.46. As duas fontes são $i_{s1} = 2 \cos t$ mA e $i_{s2} = 1{,}5 \text{ sen } t$ mA. Se $M_1 = 2$ H, $M_2 = 0$ H e $M_3 = 10$ H, calcule $v_{AG}(t)$.

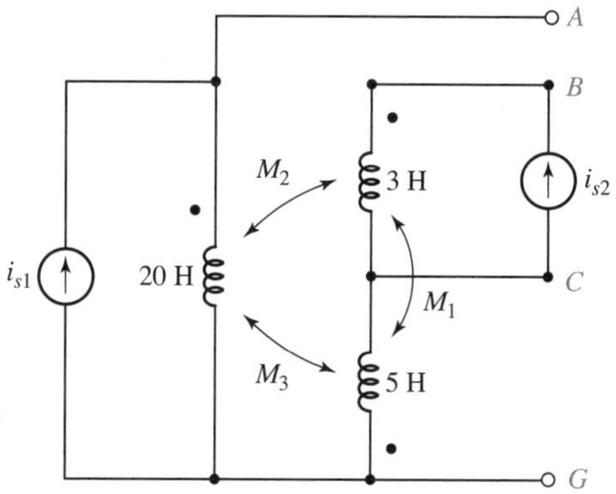

◀ **FIGURA 13.46**

17. Para o circuito da Figura 13.46, $M_1 = 1$ H, $M_2 = 1{,}5$ H e $M_3 = 2$ H. Se $i_{s1} = 8 \cos 2t$ A e $i_{s2} = 7 \text{ sen } 2t$ A, calcule (*a*) $\mathbf{V}_{AB}$; (*b*) $\mathbf{V}_{AG}$; (*c*) $\mathbf{V}_{CG}$.

18. Para o circuito da Figura 13.47, encontre as correntes $i_1(t)$, $i_2(t)$ e $i_3(t)$ se $f = 60$ Hz.

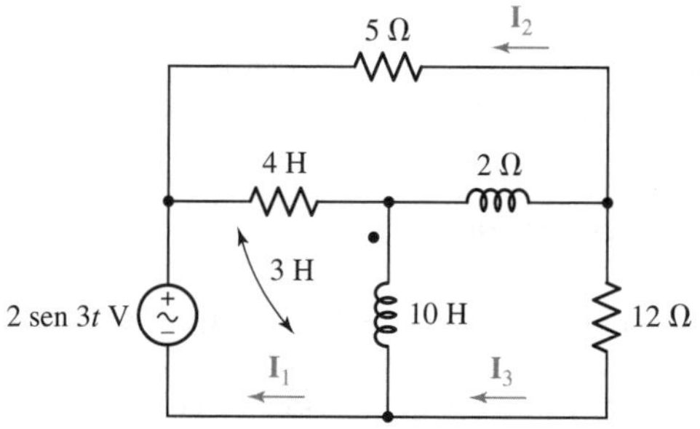

◀ **FIGURA 13.47**

19. Determine uma expressão para $i_C(t)$, válido para $t > 0$, no circuito da Figura 13.48, se $v_s(t) = 10t^2u(t)/(t^2 + 0{,}01)$ V.

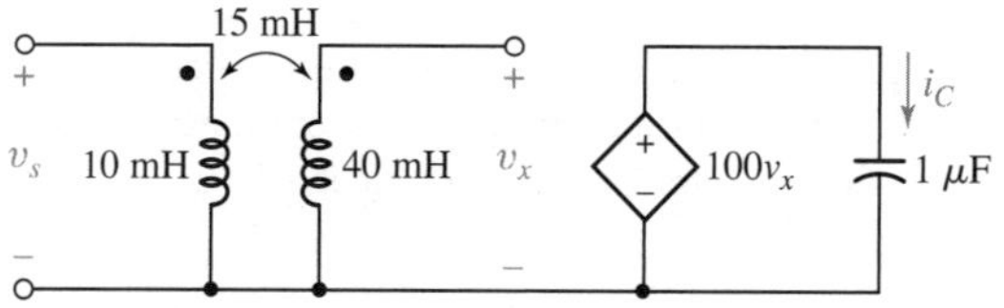

◀ **FIGURA 13.48**

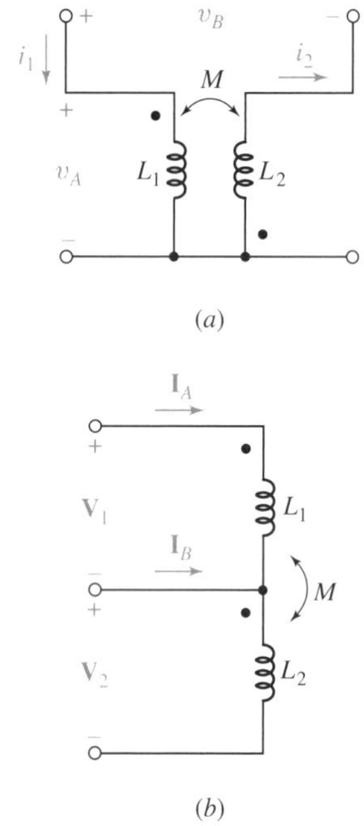

▲ **FIGURA 13.49**

20. Para a rede de indutor acoplado da Figura 13.49*a*, considere $L_1 = 20$ mH, $L_2 = 30$ mH, $M = 10$ mH, e obtenha as equações de v_A e v_B, se (*a*) $i_1 = 0$ e $i_2 = 5$ sen $10t$; (*b*) $i_1 = 5 \cos 20t$ e $i_2 = 2 \cos(20t - 100°)$ mA (*c*) expresse $\mathbf{V}_1$ e $\mathbf{V}_2$, como funções do $\mathbf{I}_A$ e $\mathbf{I}_B$ para a rede mostrada na Figura 13.49b.

21. Note que não há acoplamento mútuo entre os indutores de 5 H e 6 H no circuito da Figura 13.50. (*a*) Escreva um conjunto de equações em termos de $\mathbf{I}_1(j\omega)$, $\mathbf{I}_2(j\omega)$ e $\mathbf{I}_3(j\omega)$; (*b*) encontre $\mathbf{I}_3(j\omega)$ se $\omega = 2$ rad/s.

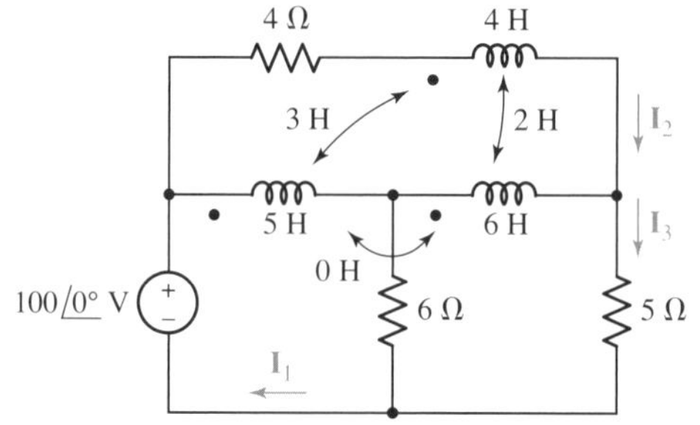

◀ **FIGURA 13.50**

22. Encontre $\mathbf{V}_1(j\omega)$ e $\mathbf{V}_2(j\omega)$ em termos de $\mathbf{I}_1(j\omega)$ e $\mathbf{I}_2(j\omega)$ para cada circuito da Figura 13.51.

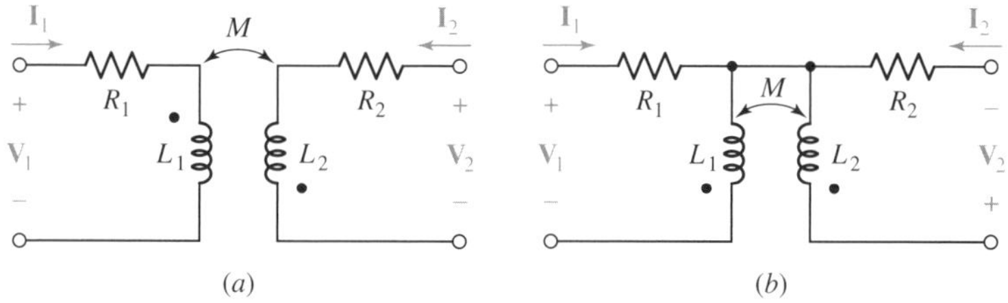

▲ **FIGURA 13.51**

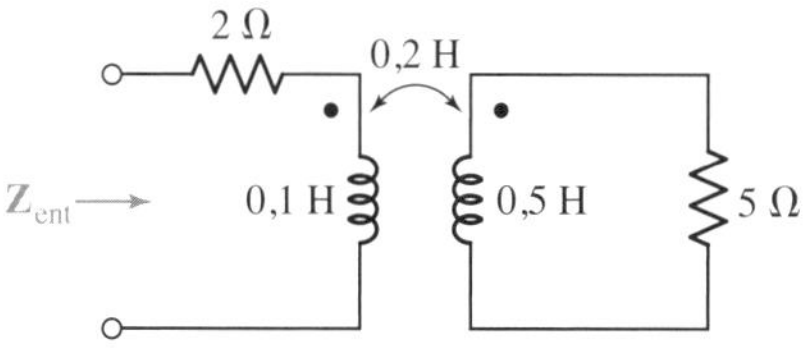

▲ **FIGURA 13.52**

23. (*a*) Encontre $\mathbf{Z}_{ent}(j\omega)$ para a rede da Figura 13.52; (*b*) faça o gráfico de $\mathbf{Z}_{ent}$ no intervalo de frequência entre $0 \leq \omega \leq 1000$ rad/s; (*c*) encontre $\mathbf{Z}_{ent}(j\omega)$ para $\omega = 50$ rad/s.

13.2 Considerações sobre Energia

24. Para as bobinas acopladas da Figura 13.53, $L_1 = L_2 = 10$ H e M é igual ao seu valor máximo possível. (*a*) Calcule o coeficiente de acoplamento K; (*b*) calcule a energia armazenada no campo magnético que liga as duas bobinas em $t = 200$ ms, se $i_1 = 10 \cos 4t$ mA e $i_2 = 2 \cos 4t$ mA.

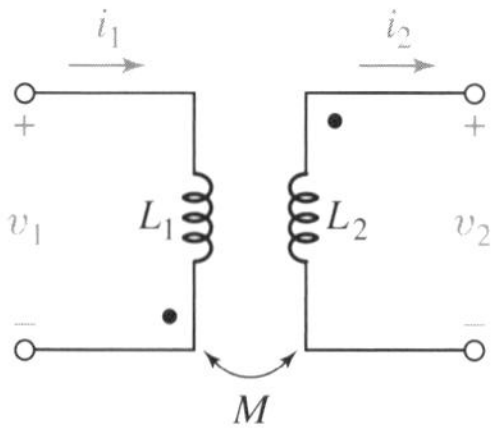

▲ **FIGURA 13.53**

25. Com relação aos indutores acoplados mostrados na Figura 13.53, $L_1 = 10$ mH, $L_2 = 5$ mH e $k = 0{,}75$. (*a*) Calcule M; (*b*) se $i_1 = 100$ sen $40t$ mA, e $i_2 = 0$, calcule a energia armazenada em cada bobina e no campo magnético de acoplamento dos dois indutores em $t = 2$ ms; (*c*) repita o item (*b*) se i_2 está definido em 75 cos $40t$ mA.

26. Para o circuito da Figura 13.54, $L_1 = 2$ mH, $L_2 = 8$ mH e $v_1 = \cos 8t$ V. (*a*) Obtenha uma equação para $v_2(t)$; (*b*) faça o gráfico de $\mathbf{V}_2$ em função de k; (*c*) faça o gráfico do ângulo de fase (em graus) de $\mathbf{V}_2$ em função de k.

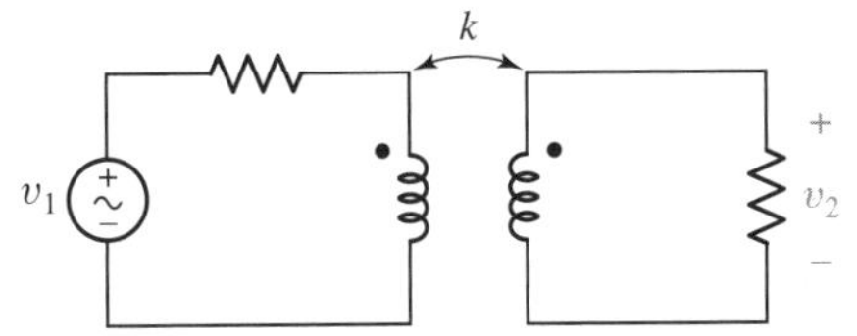

◀ **FIGURA 13.54**

27. Conecte uma carga $\mathbf{Z}_L = 5\underline{/33^\circ}\ \Omega$ aos terminais à direita da Figura 13.53. Deduza uma expressão para a impedância de entrada em f = 100 Hz, vista a partir dos terminais esquerdo, se L_1 = 1,5 mH, L_2 = 3 mH e k = 0,55.

28. Considere o circuito representado na Figura 13.55. O coeficiente de acoplamento K = 0,75. Se $i_s = 5 \cos 200t$ mA, calcule a energia total armazenada em $t = 0$ e t = 5 ms, se (*a*) *a-b* está em circuito aberto (conforme mostrado); (*b*) *a-b* está curto-circuitado.

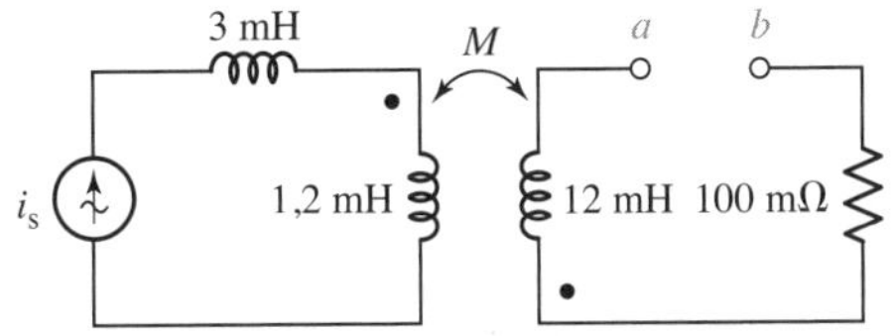

◀ **FIGURA 13.55**

29. Calcule v_1, v_2 e a potência média entregue a cada resistor no circuito da Figura 13.56.

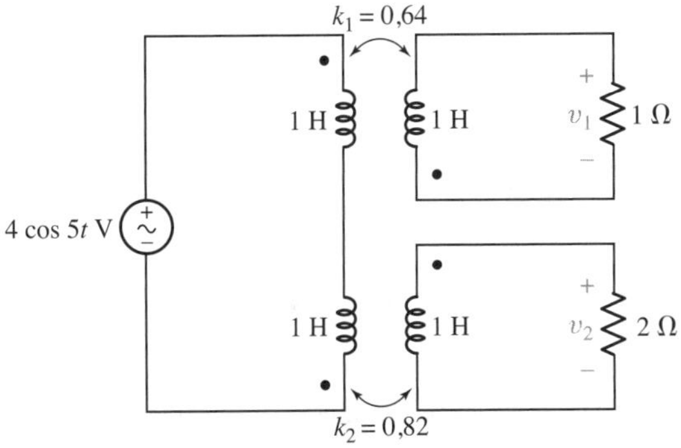

◀ **FIGURA 13.56**

13.3 O Transformador Linear

30. Assuma os seguintes valores para o circuito representado esquematicamente na Figura 13.16 $R_1 = 10\ \Omega$, $R_2 = 1\ \Omega$, $L_1 = 2\ \mu$H, $L_2 = 1\ \mu$H e M = 500 nH. Calcule a impedância de entrada para ω = 10 rad/s se $\mathbf{Z}_L$ é igual a (*a*) 1 Ω, (b) j Ω; (*b*) $-j$ Ω (*c*) $5\underline{/33^\circ}$ Ω.

31. Determine o equivalente T do transformador linear representado na Figura 13.57 (desenhe e identifique um diagrama apropriado).

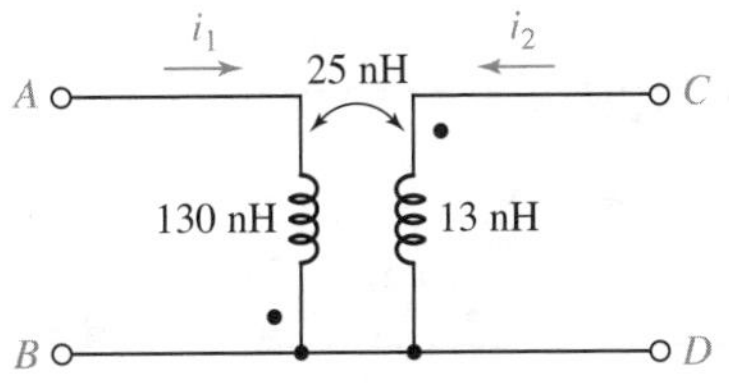

◀ **FIGURA 13.57**

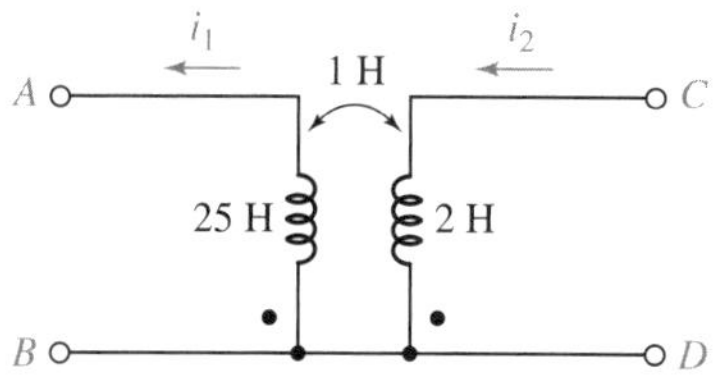

▲ **FIGURA 13.58**

32 (*a*) Desenhe e identifique um diagrama apropriado de uma rede equivalente T para o transformador linear mostrado na Figura 13.58; (*b*) verifique se os dois são equivalentes, conectando uma tensão v_{AB} = 5 sen 45*t* V e calculando a tensão v_{CD} do circuito aberto.

33. Represente a rede T mostrada na Figura 13.59 como um transformador linear equivalente se (*a*) L_X = 1 H, L_y = 2 H, e L_z = 4 H; (*b*) L_x = 10 mH, L_y = 50 mH e L_z = 22 mH.

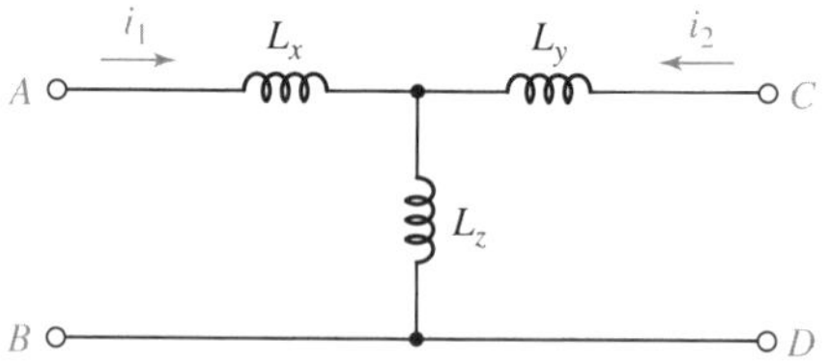

◀ **FIGURA 13.59**

34. Assumindo as correntes iniciais nulas, obtenha uma rede Π equivalente do transformador representado na Figura 13.57.

35. (*a*) Desenhe e identifique uma rede Π equivalente adequada do transformador linear mostrado na Figura 13.58, considerando correntes iniciais nulas; (*b*) verifique sua equivalência com uma simulação apropriada.

36. Represente a rede Π da Figura 13.60 como um transformador linear equivalente com correntes iniciais nulas se (*a*) L_A = 1 H, L_B = 2 H, L_C = 4 H; (*b*) L_A = 10 mH, L_B = 50 mH, L_C = 22 mH.

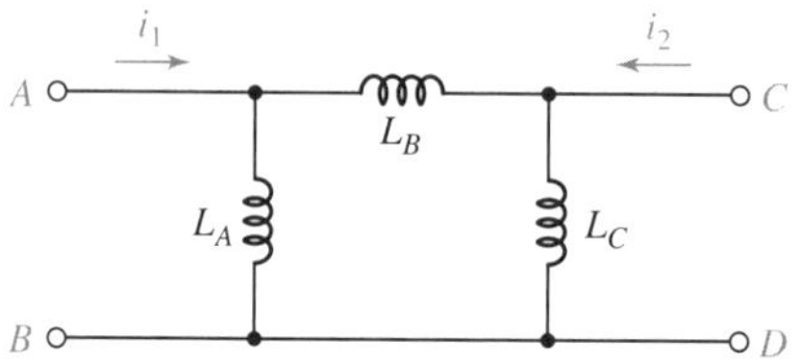

◀ **FIGURA 13.60**

37. Para o circuito da Figura 13.61, determine uma expressão para (*a*) $\mathbf{I}_L/\mathbf{V}_s$, (b) $\mathbf{V}_1/\mathbf{V}_s$.

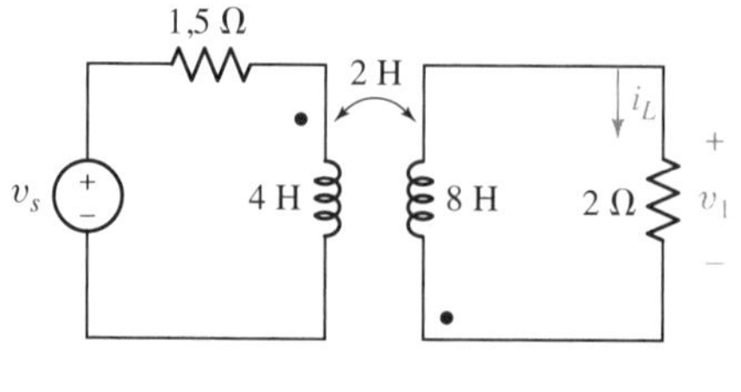

◀ **FIGURA 13.61**

38. (*a*) Para o circuito da Figura 13.62, se v_s = 8 cos 1000*t* V, calcule v_o; (*b*) verifique sua solução com uma simulação apropriada no PSpice.

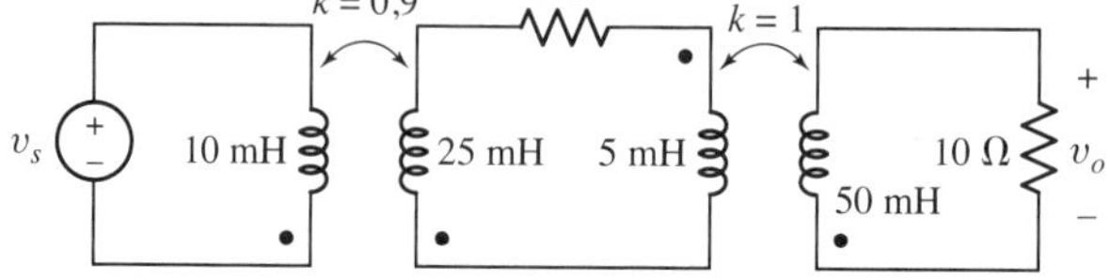

◀ **FIGURA 13.62**

39. Com respeito à rede mostrada na Figura 13.63, derive uma expressão para $\mathbf{Z}(j\omega)$ se M_1 e M_2 são definidos como seus respectivos valores máximos.

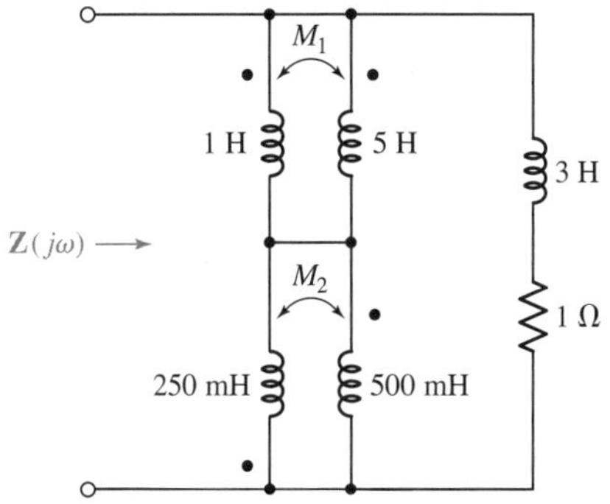

▲ **FIGURA 13.63**

13.4 O Transformador Ideal

40. Calcule $\mathbf{I}_2$ e $\mathbf{V}_2$ para o circuito do transformador ideal da Figura 13.64, se (*a*) $\mathbf{V}_1 = 4\underline{/32^{\circ}}$ V e $\mathbf{Z}_L = 1 - j\Omega$; (*b*) $\mathbf{V}_1 = 4\underline{/32^{\circ}}$ V e $\mathbf{Z}_L = 0$; (*c*) $\mathbf{V}_1 = 2\ \underline{/118^{\circ}}$ V e $\mathbf{Z}_L = 1{,}5\underline{/10^{\circ}}\ \Omega$.

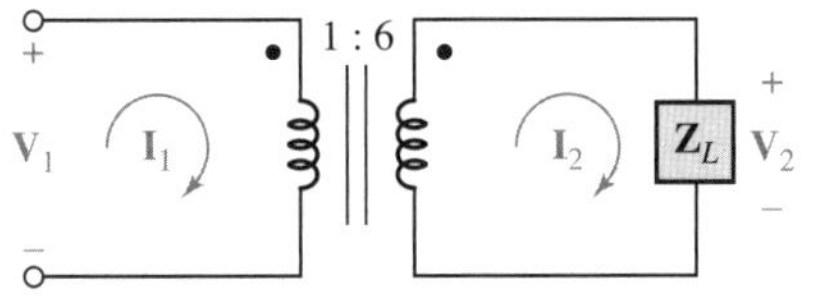

◀ **FIGURA 13.64**

41. Com respeito ao circuito do transformador ideal ilustrado na Figura 13.64, calcule $\mathbf{I}_2$ e $\mathbf{V}_2$ se (a) $\mathbf{I}_1 = 244\underline{/0^{\circ}}$ mA e $\mathbf{Z}_L = 5 - j2\ \Omega$, (b) $\mathbf{I}_1 = 100\underline{/10^{\circ}}$ 10º mA e $\mathbf{Z}_L = j2\ \Omega$.

42. Calcule a potência média entregue aos resistores de 400 mΩ e 21 Ω, respectivamente, no circuito da Figura 13.65.

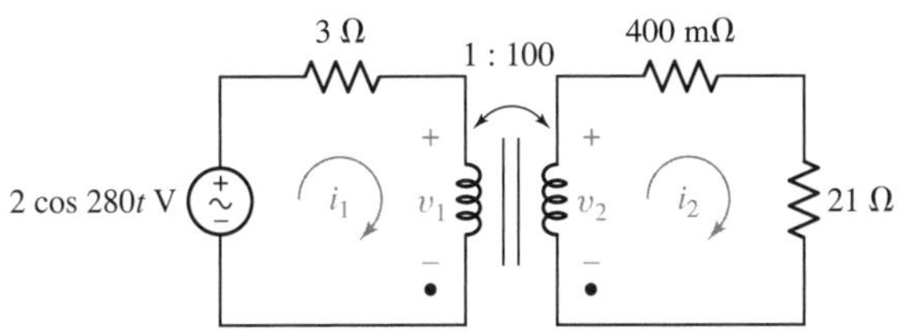

◀ **FIGURA 13.65**

43. Com relação ao circuito do transformador ideal representado na Figura 13.65, determine um circuito equivalente no qual (*a*) o transformador e o circuito primário são substituídos, de modo que $\mathbf{V}_2$ e $\mathbf{I}_2$ são inalterados; (*b*) o transformador e o circuito secundário são substituídos, de modo que $\mathbf{V}_1$ e $\mathbf{I}_1$ estão inalterados.

44. Calcule a potência média entregue a cada resistor mostrado na Figura 13.66.

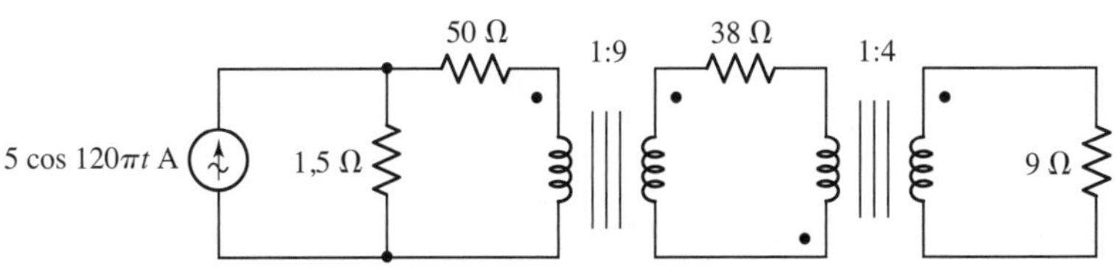

◀ **FIGURA 13.66**

45. Com respeito ao circuito mostrado na Figura 13.67, calcule (*a*) as tensões v_1 e v_2; (*b*) a potência média entregue a cada resistor.

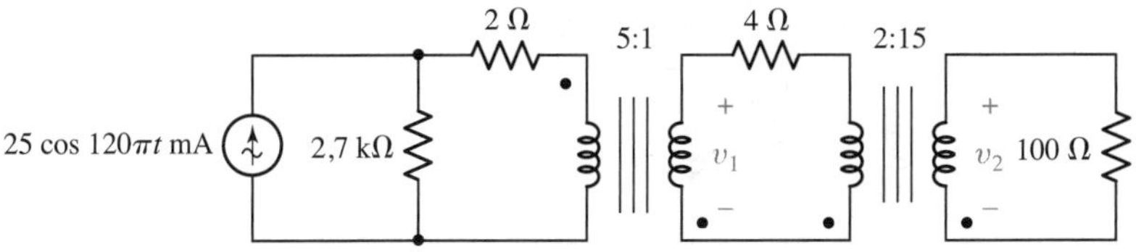

◀ **FIGURA 13.67**

46. Calcule $\mathbf{I}_x$ e $\mathbf{V}_2$ indicados na Figura 13.68.

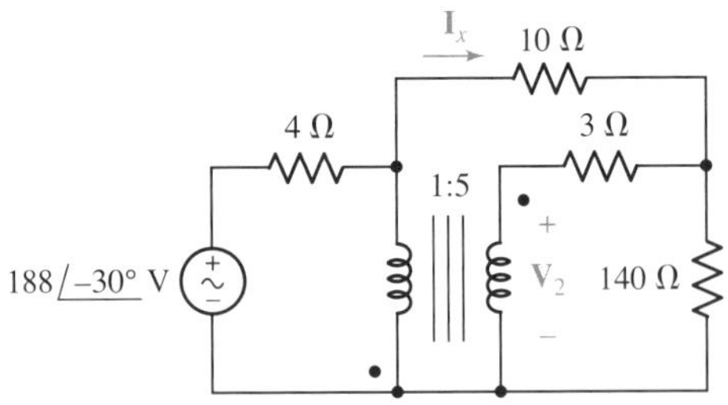

◀ FIGURA 13.68

47. O transformador ideal do circuito da Figura 13.68 é removido, virado através do seu eixo vertical, e reconectado de tal forma que os mesmos terminais permanecem ligados ao terminal negativo da fonte. (*a*) Calcule $\mathbf{I}_x$ e $\mathbf{V}_2$; (*b*) repita a parte (*a*), se ambos os pontos são colocados nos terminais inferiores do transformador.

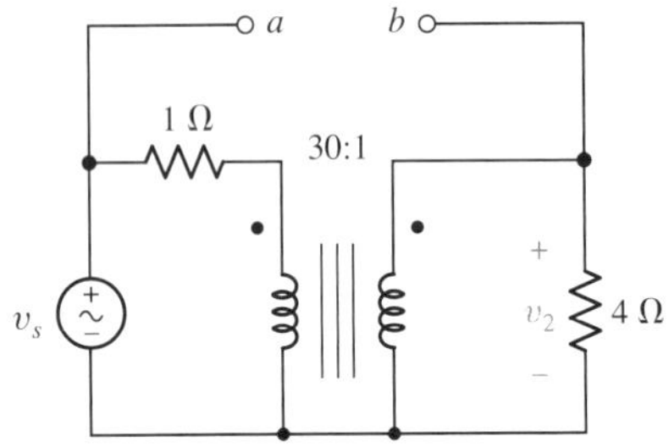

▲ FIGURA 13.69

48. Para o circuito da Figura 13.69, v_s = 117 sen 500t V. Calcule v_2 se os terminais a e b são (*a*) deixados em circuito aberto; (*b*) curto-circuitados; (*c*) ligados por um resistor de 2 Ω.

49. A relação de espiras do transformador ideal na Figura 13.69 é alterada de 30:1 para 1:3. Adote $v_s = 720 \cos 120\pi t$ V, e calcule v_2 se os terminais *a* e *b* são: (*a*) curto-circuitados; (*b*) ligados por um resistor de 10 Ω; (*c*) ligados por um resistor de 1 MΩ.

DP 50. Para o circuito da Figura 13.70, R_1 = 1 Ω, R_2 = 4 Ω, e R_L = 1 Ω. Escolha a e b para alcançar uma tensão de pico com amplitude de 200 V sobre R_L.

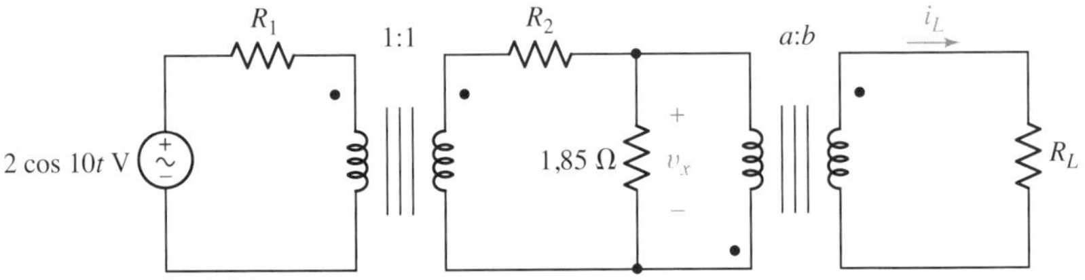

▲ FIGURA 13.70

51. Calcule v_x para o circuito da Figura 13.70 se $a = 0{,}01b = 1$, R_1 = 300 Ω, R_2 = 14 Ω e R_L = 1 kΩ.

52. (*a*) Referindo-se ao circuito do transformador ideal na Figura 13.70, determine a corrente de carga i_L se $b = 0{,}25a = 1$, R_1 = 2,2 Ω, R_2 = 3,1 Ω e R_L = 200 Ω; (*b*) verifique a sua solução com uma simulação apropriada no PSpice.

53. Determine o equivalente Thévenin do circuito da Figura 13.71 visto a partir dos terminais *a* e *b*.

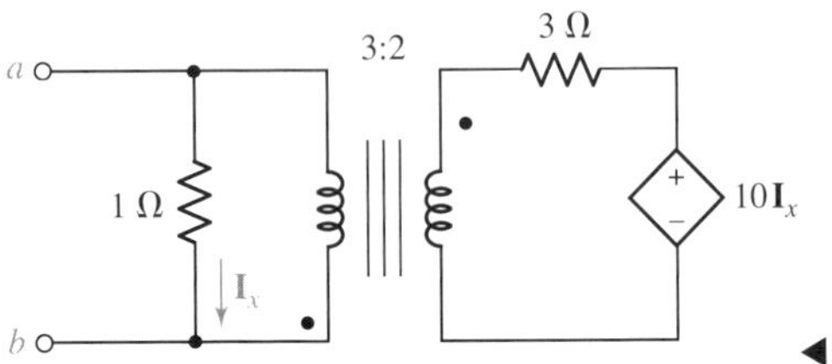

◀ FIGURA 13.71

54. Calcule $\mathbf{V}_2$ e a potência média entregue ao resistor de 8 Ω da Figura 13.72 se $\mathbf{V}_s = 10\underline{/15^o}$ V, e o parâmetro de controle *c* é igual a (*a*) 0; (*b*) 1 mS.

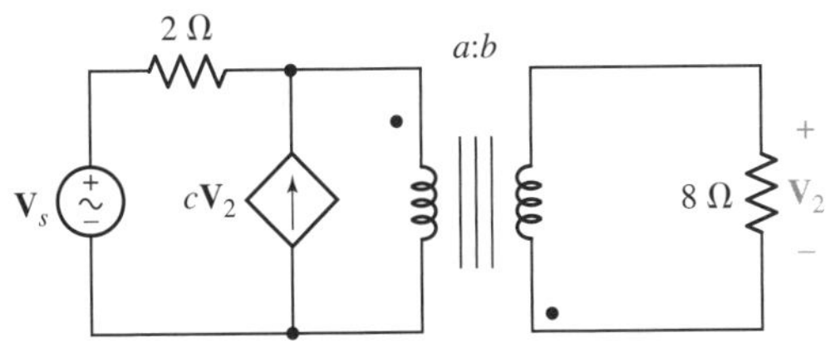

◀ **FIGURA 13.72**

55. (*a*) para o circuito da Figura 13.72, adote *c* = –2,5 mS e escolha os valores de *a* e *b* tal que 100 W de potência média é entregue à carga de 8 Ω quando $\mathbf{V}_s = 5\underline{/-35^o}$ V; (*b*) verifique a sua solução com uma simulação apropriada no PSpice.

Exercícios de integração do capítulo

56. Um transformador em cuja placa de identificação se lê 2300/230 V, 25kVA opera com tensões de primário e secundário de 2300 V e 230 V rms, respectivamente, e pode fornecer 25 kVA a partir de seus enrolamentos de secundário. Se esse transformador for alimentado com 2300 V rms e estiver conectado a cargas secundárias requerendo 8 kW com FP unitário e 15 kVA com FP de 0,8 atrasado, (*a*) qual será a corrente no primário? (*b*) Quantos quilowatts o transformador ainda poderia fornecer a uma carga operando com um FP de 0,95 atrasado? (*c*) Verifique as suas respostas com o PSpice.

57. Um amigo trouxe um sistema de som stereo *vintage* na volta de uma viagem recente a Warnemünde, sem saber que ele foi projetado para operar com o dobro da tensão de alimentação (240 VAC), disponível nas tomadas de uso doméstico no Brasil. Projete um circuito que permita o seu amigo ouvir o som no Brasil, assumindo que a diferença na frequência de operação (50 Hz na Alemanha, 60 Hz no Brasil) pode ser ignorada.

58. O amigo do Exercício 57 tentou justificar a suposição errônea feita sobre o aparelho de som, afirmando que a tomada no W.C. (banheiro) tinha um soquete para o seu barbeador elétrico americano, claramente identificada com 120 VAC. Ele não percebeu que a pequena placa abaixo da tomada afirmava claramente "somente barbeadores". Sabendo que toda a instalação elétrica no quarto opera em 240 VAC, desenhe o circuito provavelmente construído na tomada de parede do banheiro, e explique por que ela se limita a "somente barbeadores".

59. Obtenha uma expressão para $\mathbf{V}_2/\mathbf{V}_s$ no circuito da Figura 13.73, se (*a*) $L_1 = 100$ mH, $L_2 = 500$ mH, e *M* é o seu máximo valor possível; (*b*) $L_1 = 5L_2 = 1{,}4$ H e $K = 87\%$ do seu valor máximo possível; (*c*) as duas bobinas podem ser tratadas como um transformador ideal, a bobina do lado esquerdo tendo 500 voltas e a bobina do lado direito com 10.000 voltas.

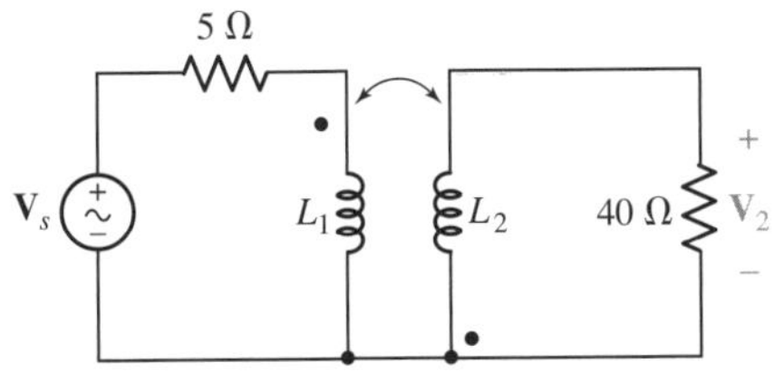

◀ **FIGURA 13.73**

60. Você percebe que seu vizinho instalou uma grande bobina de fio bem próxima à linha de energia que alimenta sua casa (cabos subterrâneos não estão disponíveis no seu bairro). (*a*) Qual é a provável intenção de seu vizinho? (*b*) É provável que o plano tenha sucesso? Explique; (*c*) quando confrontado, o seu vizinho simplesmente encolhe os ombros e alega que de forma alguma isso lhe terá custo de qualquer maneira, pois nada está em contato direto com sua propriedade. Isso é verdade ou não? Explique.

14 Frequência Complexa e a Transformada de Laplace

CONCEITOS FUNDAMENTAIS

- Frequência Complexa
- Transformada de Laplace
- Transformada Inversa
- Uso de Tabelas de Transformadas
- Método dos Resíduos
- Usando o MATLAB para Manipular Polinômios
- Teorema do Valor Inicial
- Teorema do Valor Final

INTRODUÇÃO

Quando se trabalha com fontes variantes no tempo ou um circuito com chaves, temos várias opções no que diz respeito à abordagem de análise. Os Capítulos 7 a 9 detalharam a análise baseada diretamente em equação diferencial, que é particularmente útil quando se examina os transitórios oriundos das comutações durante a entrada em condução e o bloqueio das chaves. De outro modo, os Capítulos 10 a 13 descrevem análise de situações, onde se supõe a excitação senoidal, sendo que os transitórios são de pouco ou nenhum interesse. Infelizmente, nem todas as fontes são senoidais, havendo ocasiões em que são necessárias tanto as respostas transitórias como em regime permanente. Em tais casos, a transformada de Laplace demonstra ser uma ferramenta extremamente valiosa.

Muitos livros simplesmente iniciam os estudos diretamente com a transformada integral de Laplace, mas esta abordagem não permite uma compreensão intuitiva. Por esta razão, optou-se por introduzir primeiro o que pode impressionar o leitor no início com um conceito um tanto estranho: a noção de frequência "complexa". Embora seja simplesmente uma convenção matemática, a frequência complexa permite a manipulação de grandezas variantes no tempo, periódicas ou não periódicas paralelamente, o que simplifica muito a análise. Após a familiarização com a técnica básica, desenvolveremos uma ferramenta de análise específica de circuitos no Capítulo 15.

14.1 ▸ FREQUÊNCIA COMPLEXA

Apresentamos a noção de ***frequência complexa*** considerando uma função senoidal (puramente real) exponencialmente amortecida, como a tensão

$$v(t) = V_m e^{\sigma t} \cos(\omega t + \theta) \qquad [1]$$

onde σ (sigma) é uma grandeza real normalmente negativa. Embora nos refiramos a essa função como "amortecida", é concebível que a amplitude da senoide cresça. Isto ocorre se $\sigma > 0$; o caso mais prático, no entanto, é aquele da função amortecida. Nosso trabalho com a resposta natural do circuito *RLC* (Capítulo 9) também indica que σ é o negativo do coeficiente de amortecimento exponencial.

Note que podemos construir uma tensão constante a partir da Equação [1] fazendo $\sigma = \omega = 0$:

$$v(t) = V_m \cos \theta = V_0 \qquad [2]$$

Se fizermos $\sigma = 0$, obtemos então uma tensão senoidal geral

$$v(t) = V_m \cos(\omega t + \theta) \qquad [3]$$

e se $\omega = 0$, temos a tensão exponencial

$$v(t) = V_m \cos \theta \, e^{\sigma t} = V_0 e^{\sigma t} \qquad [4]$$

Assim, a senoide amortecida da Equação [1] inclui como casos especiais funções cc (Equação [2]), senoidais (Equação [3]) e exponenciais (Equação [4]).

Um melhor entendimento sobre o significado de σ pode ser obtido ao se comparar a função exponencial da Equação [4] com a representação complexa de uma função senoidal com ângulo de fase nulo,

$$v(t) = V_0 e^{j\omega t} \qquad [5]$$

Está claro que as duas funções, as Equações [4] e [5], têm muito em comum. A única diferença é que o exponente da Equação [4] é real e aquele da Equação [5] é imaginário. A similaridade entre as duas funções é enfatizada se descrevermos σ como uma "frequência". Essa escolha de terminologia é discutida em detalhe nas seções seguintes, mas por agora precisamos meramente notar que σ é chamado especificamente de *parte real* da frequência complexa. Ele não deve ser chamado de "frequência real", no entanto, porque esse termo é mais apropriado para f (ou, de certa forma, para ω). Também chamaremos σ de ***frequência neperiana***, um nome que surge da unidade adimensional do expoente de e. Assim, dado e^{7t}, a dimensão de $7t$ é o ***neper*** (Np), e 7 é a frequência neperiana em nepers por segundo.

O termo neper surgiu em homenagem ao filósofo e matemático escocês John Napier (1550-1617) e a seu sistema logaritmo napieriano; a escrita de seu nome é incerta em termos históricos (ver, por exemplo, H. A. Wheeler, *IRE Transactions on Circuit Theory* 2, 1955, p. 219).

A Forma Geral

A resposta forçada de uma rede a uma função forçante geral na forma da Equação [1] pode ser obtida muito facilmente com o emprego de um método quase idêntico ao método que usamos na análise fasorial. Uma vez que estivermos aptos a obter a resposta forçada associada à essa senoide amortecida, também teremos encontrado as respostas forçadas associadas a uma tensão CC, a uma tensão exponencial e a uma tensão senoidal. Primeiramente consideramos σ e ω como as partes real e imaginária de uma frequência complexa.

Sugerimos que qualquer função que possa ser escrita na forma

$$f(t) = \mathbf{K}e^{\mathbf{s}t} \qquad [6]$$

onde **K** e **s** são constantes complexas (independentes do tempo) seja caracterizada pela ***frequência complexa* s**. A frequência complexa **s** é portanto simplesmente um fator que multiplica t nessa representação exponencial complexa. Até que estejamos aptos a determinar a frequência complexa de uma dada função por inspeção, será necessário escrever essa função na forma da Equação [6].

O Caso CC

Podemos aplicar essa definição primeiro nas funções forçantes mais familiares. Por exemplo, uma tensão constante

$$v(t) = V_0$$

pode ser escrita na forma

$$v(t) = V_0 e^{(0)t}$$

Portanto, concluímos que a frequência complexa de uma tensão ou corrente CC é zero (isto é, $\mathbf{s} = 0$).

O Caso Exponencial

O próximo caso simples é a função exponencial

$$v(t) = V_0 e^{\sigma t}$$

que já está na forma requerida. A frequência complexa dessa tensão é portanto σ (isto é, $\mathbf{s} = \sigma + j0$).

O Caso Senoidal

Vamos agora considerar uma tensão senoidal, que pode nos surpreender um pouco. Dada

$$v(t) = V_m \cos(\omega t + \theta)$$

desejamos obter uma expressão equivalente em termos da exponencial complexa. De nossa experiência anterior, usamos a fórmula que deduzimos a partir da identidade de Euler,

$$\cos(\omega t + \theta) = \tfrac{1}{2}[e^{j(\omega t+\theta)} + e^{-j(\omega t+\theta)}]$$

e obtemos

$$\begin{aligned} v(t) &= \tfrac{1}{2}V_m[e^{j(\omega t+\theta)} + e^{-j(\omega t+\theta)}] \\ &= \left(\tfrac{1}{2}V_m e^{j\theta}\right)e^{j\omega t} + \left(\tfrac{1}{2}V_m e^{-j\theta}\right)e^{-j\omega t} \end{aligned}$$

ou

$$v(t) = \mathbf{K}_1 e^{\mathbf{s}_1 t} + \mathbf{K}_2 e^{\mathbf{s}_2 t}$$

Temos a *soma* de duas exponenciais complexas, e *duas* frequência s complexas estão, portanto, presentes, uma para cada termo. A frequência complexa do primeiro termo é $\mathbf{s} = \mathbf{s}_1 = j\omega$, e a do segundo termo é $\mathbf{s} = \mathbf{s}_2 = -j\omega$. Esses dois valores de $\mathbf{s}$ são ***conjugados***, ou $\mathbf{s}_2 = \mathbf{s}_1^*$, assim como os dois valores de $\mathbf{K}$: $\mathbf{K}_1 = \frac{1}{2}V_m e^{j\theta}$ e $\mathbf{K}_2 = \mathbf{K}_1^* = (1/2)\ V_m e^{-j\theta}$. Todo o primeiro termo e todo o segundo termo são portanto complexos conjugados, o que deveríamos esperar já que sua soma deve ser uma grandeza real, $v(t)$.

O complexo conjugado de qualquer número pode ser obtido simplesmente trocando-se todos os "j" por "$-j$". Esse conceito surge de nossa escolha arbitrária para $j = +\sqrt{-1}$. Entretanto, a escolha do negativo dessa raiz seria igualmente válida, o que nos leva à definição de um complexo conjugado.

O Caso da Senoide Exponencialmente Amortecida

Finalmente, determinemos a frequência complexa (ou frequência s complexas) associadas à função senoidal exponencialmente amortecida, a Equação [1]. Usamos novamente a fórmula de Euler para obter uma representação exponencial complexa:

$$\begin{aligned} v(t) &= V_m e^{\sigma t}\cos(\omega t + \theta) \\ &= \tfrac{1}{2} V_m e^{\sigma t}[e^{j(\omega t+\theta)} + e^{-j(\omega t+\theta)}] \end{aligned}$$

e assim

$$v(t) = \tfrac{1}{2} V_m e^{j\theta} e^{(\sigma + j\omega)t} + \tfrac{1}{2} V_m e^{-j\theta} e^{j(\sigma - j\omega)t}$$

Vemos que um par de frequência s complexas conjugadas, $\mathbf{s}_1 = \sigma + j\omega$ e $\mathbf{s}_2 = \mathbf{s}_1{}^* = \sigma - j\omega$, também é requerido para se descrever a senoide exponencialmente amortecida. Em geral, σ e ω são diferentes de zero, e a forma de onda senoidal variando exponencialmente corresponde ao caso geral; as formas de onda constantes, senoidais e exponenciais são casos particulares.

A Relação de s com a Realidade

Um valor positivo real de **s**, como por exemplo $\mathbf{s} = 5 + j0$, identifica uma função $\mathbf{K}e^{+5}t$ exponencialmente crescente, onde **K** deve ser real se a função existir fisicamente. Um valor negativo de **s**, tal qual $\mathbf{s} = -5 + j0$, refere-se a uma função $\mathbf{K}e^{-5}t$ exponencialmente decrescente.

Um valor de **s** puramente imaginário, como $j10$, nunca poderia ser associado a uma grandeza puramente real. A sua forma funcional é $\mathbf{K}ej^{10}t$, que também pode ser escrita como $\mathbf{K}(\cos 10t + j\text{sen}10t)$; ela obviamente possui uma parte real e uma parte imaginária, cada uma delas senoidal. Para construir uma função real, é necessário considerar valores conjugados de **s**, como $\mathbf{s}_{1,2} = \pm j10$, aos quais devem ser associados valores conjugados de **K**. Sem muito rigor, no entanto, podemos identificar cada uma das frequências complexas $\mathbf{s}_1 = +j10$ ou $\mathbf{s}_2 = -j10$ como uma tensão senoidal oscilando na frequência radiana de 10 rad/s; a presença da frequência complexa conjugada é entendida. A amplitude e o ângulo de fase da tensão senoidal dependem da escolha de **K** para cada uma das duas frequências. Assim, selecionando $\mathbf{s}_1 = j10$ e $\mathbf{K}_1 = 6 - j8$, onde

Note que $|6 - j8| = 10$, de forma que $V_m = 2|\mathbf{K}| = 20$. Também, *âng*$(6 - j8) = -53{,}13°$.

$$v(t) = \mathbf{K}_1 e^{\mathbf{s}_1 t} + \mathbf{K}_2 e^{\mathbf{s}_2 t} \qquad \mathbf{s}_2 = \mathbf{s}_1^* \qquad \text{e} \qquad \mathbf{K}_2 = \mathbf{K}_1^*$$

obtemos a senoide real $20\cos(10t - 53{,}1°)$.

De forma similar, um valor geral para **s**, como $3 - j5$, pode ser associado a uma grandeza real apenas se estiver acompanhado de seu conjugado, $3 + j5$. Mais uma vez sem muito rigor, podemos pensar que cada uma dessas duas frequência s conjugadas descreve uma senoide que cresce exponencialmente, $e^3t\cos 5t$; a amplitude e o ângulo de fase específicos dependerão novamente dos valores específicos dos **K**s complexos conjugados.

Agora já devemos ter alguma sensibilidade quanto à natureza física da frequência complexa **s**; em geral, ela descreve uma senoide que varia exponencialmente. A parte real de **s** está associada à variação exponencial; se ela for negativa, a função cai com o aumento de t; se ela for positiva, a função cresce; se ela for nula, a amplitude da senoide é constante. Quanto maior for o *módulo* da parte real de **s**, maior é a taxa de crescimento ou decrescimento exponencial. A parte imaginária de **s** descreve a variação senoidal; ela é especificamente a frequência radiana. Um maior módulo da parte imaginária de **s** indica uma função que varia mais rapidamente com o tempo.

Valores elevados para o módulo da parte real de **s**, da parte imaginária de **s** ou de **s** indicam uma função que varia rapidamente.

É comum usar a letra σ para designar a parte real de **s** e ω (não $j\omega$) para designar a parte imaginária:

$$\mathbf{s} = \sigma + j\omega \qquad [7]$$

A frequência radiana é ocasionalmente chamada de "frequência real", mas essa terminologia pode ser muito confusa quando vemos que devemos então dizer que "a frequência real é a parte imaginária da frequência complexa"! Quando precisarmos ser específicos, chamaremos **s** de frequência complexa, σ de frequência neperiana, ω de frequência radiana e $f = \omega/2\pi$ de frequência cíclica; quando qualquer confusão for improvável, os uso de "frequência" para se referir a qualquer uma dessas grandezas será permitido. A *frequência neperiana* é medida em nepers por segundo, a *frequência radiana* é medida em radianos por segundo, e a *frequência complexa* **s** é medida em nepers complexos por segundo ou radianos complexos por segundo.

▶ EXERCÍCIOS DE FIXAÇÃO

14.1 Identifique todas as frequência s complexas presentes nas funções reais no domínio do tempo: (*a*) $(2e^{-100}t + e^{-200}t)$sen $2000t$; (*b*) $(2 - e^{-10}t)$ $\cos(4t + \phi)$; (*c*) $e^{-10}t \cos 10t$ sen$40t$.

14.2 Use constantes reais A, B, C, ϕ e assim por diante para construir a forma geral da função real no domínio do tempo de uma corrente com componentes nestas frequência s: (*a*) 0, 10, –10 s^{-1}; (*b*) –5, $j8$, $-5 - j8$ s^{-1}; (*c*) –20, 20, $-20 + j20$, $20 - j20$ s^{-1}.

Resposta: 14.1: $-100 + j2000$, $-100 - j2000$, $-200 + j2000$, $-200 - j2000$ s^{-1}; $j4$, $-j4$, $-10 + j4$, $-10 - j4$ s^{-1}; $-10 + j30$, $-10 - j30$, $-10 + j50$, $-10 - j50$ s^{-1}; 14.2: $A + Be^{10t} + Ce^{-10t}$; $Ae^{-5t} + B\cos(8t + \phi_1) + Ce^{-5t}\cos(8t + \phi_2)$; $Ae^{-20t} + Be^{20t} + C\,e^{-20t}\cos(20t + \phi_1) + D\,e^{20t}\cos(20t + \phi_2)$.

14.2 ▶ A FUNÇÃO FORÇANTE SENOIDAL AMORTECIDA

É hora de colocar esse conceito de frequência complexa para funcionar.

A exponencial variando exponencialmente, que podemos representar com a função de tensão

$$v(t) = V_m e^{\sigma t}\cos(\omega t + \theta) \qquad [8]$$

pode ser expressa em termos da frequência complexa **s** se usarmos a identidade de Euler como antes:

$$v(t) = \text{Re}\{V_m e^{\sigma t} e^{j(\omega t + \theta)}\} \qquad [9]$$

ou

$$v(t) = \text{Re}\{V_m e^{\sigma t} e^{j(-\omega t - \theta)}\} \qquad [10]$$

Cada uma das duas representações acima é adequada, e elas nos lembram de que um par de frequência s complexas conjugadas está associado a uma senoide ou a uma senoide exponencialmente amortecida. A Equação [9] está mais diretamente relacionada à senoide amortecida original, e por isso daremos mais atenção a ela. Agrupando os termos, podemos agora substituir $\mathbf{s} = \sigma + j\omega$ em

$$v(t) = \text{Re}\{V_m e^{j\theta} e^{(\sigma + j\omega)t}\}$$

e obter

$$v(t) = \text{Re}\{V_m e^{j\theta}\, e^{\mathbf{s}t}\} \qquad [11]$$

Antes de aplicar uma função forçante desse tipo em qualquer circuito, notamos a semelhança entre essa última representação da senoide amortecida e a correspondente representação da senoide *não amortecida* no Capítulo 10,

$$\text{Re}\{V_m e^{j\theta} e^{j\omega t}\}$$

A única diferença é que agora temos **s** onde anteriormente tínhamos $j\omega$. Em vez de nos restringir a funções forçantes senoidais e suas frequência s radianas, estendemos agora nossa notação para incluir a função forçante senoidal amortecida em uma frequência complexa. Não será surpresa alguma ver mais tarde nesta seção que desenvolveremos uma descrição no *domínio da frequência* para a senoide exponencialmente amortecida exatamente do mesmo jeito que fizemos para a senoide; simplesmente omitiremos a notação Re{} e suprimiremos $e^{\mathbf{s}t}$.

Estamos agora prontos a aplicar a senoide exponencialmente amortecida, como dada nas Equações [8], [9], [10] ou [11], em uma rede elétrica, onde a resposta forçada – talvez uma corrente em algum ramo da rede – seja desejada. Como a resposta forçada tem a forma da função forçante, de suas integrais e de suas derivadas, pode-se assumir a resposta como

$$i(t) = I_m e^{\sigma t} \cos(\omega t + \phi)$$

ou

$$i(t) = \text{Re}\{I_m e^{j\phi} e^{\mathbf{s}t}\}$$

onde as frequência **s** complexas da fonte e da resposta devem ser idênticas.

Se agora lembrarmos que a parte *real* de uma função forçante complexa produz a parte *real* da resposta, enquanto a parte *imaginária* da função forçante causa a parte *imaginária* da resposta, então somos novamente levados à aplicação de uma função forçante *complexa* em nossa rede. Obteremos uma resposta complexa cuja parte real é a resposta desejada. Na realidade, trabalharemos com a notação Re{} omitida, mas devemos perceber que ela pode ser reinserida a qualquer momento e que ela *deve* ser reinserida sempre que quisermos a resposta no domínio do tempo. Assim, dada a função forçante real

$$v(t) = \text{Re}\{V_m e^{j\theta} e^{st}\}$$

aplicamos a função forçante complexa $V_m e^{j\theta} e^{st}$; a resposta forçada resultante $I_m e^{j\phi} e^{st}$ é complexa e deve ter em sua parte real a resposta forçada desejada no domínio do tempo

$$i(t) = \text{Re}\{I_m e^{j\phi} e^{st}\}$$

A solução de nosso problema de análise de circuitos consiste na determinação da amplitude I_m da resposta e de seu ângulo de fase ϕ, ambos desconhecidos.

Antes de entrar nos detalhes de um problema de análise e ver como o procedimento se assemelha àquele que usamos na análise senoidal, vale a pena resumir os passos do método básico.

1. Primeiro caracterizamos o circuito com um conjunto de equações integro-diferenciais nodais ou de malha.
2. As funções forçantes fornecidas, na forma complexa, e as respostas forçadas assumidas, também na forma complexa, são então substituídas nas equações e as integrais e derivadas indicadas são realizadas.
3. Cada termo em cada equação conterá então o mesmo fator e^{st}. Dividiremos tudo por esse fator, "suprimindo e^{st}", entendendo que ele deverá ser reinserido se a descrição de qualquer função de resposta no domínio do tempo for desejada.

Se omitirmos a notação Re{} e o fator e^{st}, teremos convertido todas as tensões e correntes do *domínio do tempo* para o *domínio da frequência.* As equações integro-diferenciais se tornarão equações algébricas, e sua solução será obtida tão facilmente quanto no caso do regime permanente senoidal. Ilustremos o método básico com um exemplo numérico.

▶ EXEMPLO 14.1

Aplique a função forçante $v(t) = 60e^{-2t}\cos(4t + 10°)$ V no circuito *RLC* série mostrado na Figura 14.1 e especifique a resposta forçada obtendo os valores de I_m e ϕ na expressão no domínio do tempo $i(t) = I_m e^{-2t}\cos(4t + \phi)$.

Primeiro expressamos a função forçante com a notação Re{}

$$v(t) = 60e^{-2t}\cos(4t + 10°) = \text{Re}\{60e^{-2t}e^{j(4t+10°)}\}$$
$$= \text{Re}\{60e^{j10°}e^{(-2+j4)t}\}$$

ou

$$v(t) = \text{Re}\{\mathbf{V}e^{\mathbf{s}t}\}$$

onde

$$\mathbf{V} = 60\underline{/10°} \quad \text{e} \quad \mathbf{s} = -2 + j4$$

após suprimir o símbolo Re{}, ficamos com a função forçante complexa

$$60\underline{/10°}\,e^{\mathbf{s}t}$$

De forma similar, representamos a resposta desconhecida como a grandeza complexa $\mathbf{I}e^{\mathbf{s}t}$, onde $\mathbf{I} = I_m\underline{/\phi}$.

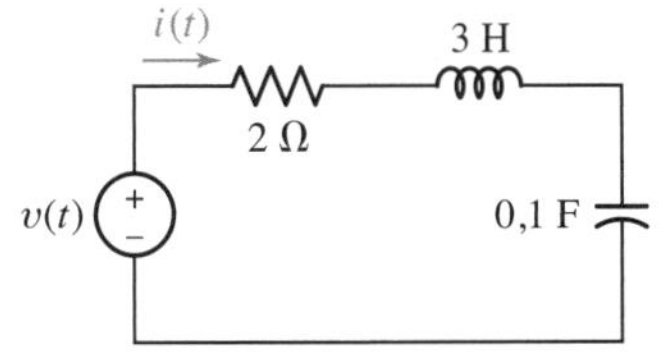

▶ **FIGURA 14.1** Circuito *RLC* série no qual se aplica uma função forçante senoidal amortecida. Deseja-se obter uma solução para *i*(*t*) no domínio da frequência.

Se a notação aqui parece ser estranha, o leitor pode talvez fazer uma pausa e ler o Apêndice 5, especialmente a Seção 4, que lida com a representação do número complexo na forma polar.

Nosso próximo passo é a obtenção da equação integro-diferencial do circuito. Da lei de Kirchhoff das tensões, obtemos

$$v(t) = Ri + L\frac{di}{dt} + \frac{1}{C}\int i\,dt = 2i + 3\frac{di}{dt} + 10\int i\,dt$$

e substituímos a função complexa fornecida e a resposta forçada assumida na equação anterior:

$$60\underline{/10^\circ}\,e^{st} = 2\mathbf{I}e^{st} + 3\mathbf{s}\mathbf{I}e^{st} + \frac{10}{\mathbf{s}}\mathbf{I}e^{st}$$

O fator comum $e^{s}t$ é suprimido em seguida:

$$60\underline{/10^\circ} = 2\mathbf{I} + 3\mathbf{s}\mathbf{I} + \frac{10}{\mathbf{s}}\mathbf{I}$$

e assim

$$\mathbf{I} = \frac{60\underline{/10^\circ}}{2 + 3\mathbf{s} + 10/\mathbf{s}}$$

Fazemos agora $s = -2 + j4$ e resolvemos para a corrente complexa **I**:

$$\mathbf{I} = \frac{60\underline{/10^\circ}}{2 + 3(-2 + j4) + 10/(-2 + j4)}$$

Após manipular os números complexos, obtemos

$$\mathbf{I} = 5{,}37\underline{/-106{,}6^\circ}$$

Assim, $I_m = 5{,}37$ A, $\phi = -106{,}6^\circ$ e a resposta forçada pode ser escrita diretamente (lembrando que $s = -2 + j4$) como

$$i(t) = 5{,}37e^{-2t}\cos(4t - 106{,}6^\circ)\ \text{A}$$

Resolvemos portanto o problema ao reduzir uma expressão baseada em *cálculo diferencial e integral* a uma expressão *algébrica*. Isto é apenas um pequeno indicativo do poder da técnica que estamos prestes a estudar.

▶ EXERCÍCIO DE FIXAÇÃO

14.3 Forneça a corrente fasorial equivalente à corrente no domínio do tempo: (*a*) 24 sen$(90t + 60^\circ)$ A; (*b*) $24e^{-10t}\cos(90t + 60^\circ)$ A; (*c*) $24e^{-10t}\cos 60^\circ \times \cos 90t$ A. Se $\mathbf{V} = 12\underline{/35^\circ}$ V, determine $v(t)$ para **s** igual a (*d*) 0; (*e*) $-20\ \text{s}^{-1}$; (*f*) $-20 + j5\ \text{s}^{-1}$.

Resposta: $24\underline{/-30^\circ}$ A; $24\underline{/60^\circ}$ A; $12\underline{/0^\circ}$ A; 9,83 V; $9{,}83e^{-20t}$ V; $12e^{-20t}\cos(5t + 35^\circ)$ V.

14.3 ▶ DEFINIÇÃO DA TRANSFORMADA DE LAPLACE

Nosso constante objetivo tem sido a seguinte análise: dada uma função forçante em algum ponto de um circuito linear, determine a resposta em algum outro ponto. Nos primeiros capítulos, brincamos apenas com funções forçantes cc e respostas na forma V_0e^0. Entretanto, após a inclusão da indutância e da capacitância, a excitação repentina de circuitos *RL* e *RC* simples produziu respostas variando exponencialmente com o tempo: $V_0e^{\sigma t}$. Quando consideramos o circuito *RLC*, as respostas ganharam a forma de uma senoide variando exponencialmente, $V_0e^{\sigma t}\cos(\omega t + \theta)$. Todo esse trabalho foi feito no domínio do tempo, e a função forçante CC foi a única que consideramos.

À medida que avançamos no uso da função forçante senoidal, o tédio e a complexidade que enfrentamos na resolução das equações integro-diferenciais nos fizeram começar a procurar um jeito mais fácil de resolver problemas. O resultado foi a transformação fasorial, e devemos lembrar que fomos levados a ela com a consideração de uma função forçante complexa na forma $V_0e^{j\theta}e^{j\omega t}$. Assim que concluímos que não precisávamos do fator contendo t, ficamos com o fasor $V_0e^{j\theta}$; chegamos assim ao domínio da frequência.

Um pouco de atividade em nosso córtex cerebral nos levou agora à aplicação de uma função forçante na forma $V_0e^{j\theta}e^{(\sigma + j\omega)t}$ e à criação da frequência complexa **s**, que relegaram todas as nossas formas funcionais anteriores a casos especiais: CC ($\mathbf{s} = 0$), exponencial ($\mathbf{s} = \sigma$), senoidal ($\mathbf{s} = j\omega$) e senoide exponencial ($\mathbf{s} = \sigma + j\omega$). Por analogia com a nossa experiência prévia com fasores, vimos que nesses casos podemos omitir o fator contendo t e obter novamente uma solução trabalhando no domínio da frequência.

A Transformada de Laplace Bilateral

Sabemos que funções forçantes senoidais levam a respostas senoidais, e também que funções forçantes exponenciais levam a respostas exponenciais. Entretanto, como engenheiros, encontraremos na prática muitas formas de onda que não são nem senoidais nem exponenciais, como as ondas quadradas, as ondas dente de serra e pulsos começando em instantes de tempo arbitrários. Quando funções forçantes como essas forem aplicadas em um circuito linear, veremos que a resposta não será similar nem à forma de onda da excitação nem a uma exponencial. Como resultado, não estaremos aptos a eliminar os termos contendo t para formar uma resposta no domínio da frequência. Isto é muito ruim, pois trabalhar no domínio da frequência já se mostrou bastante útil.

Há uma solução, no entanto, que utiliza uma técnica que nos permite expandir qualquer função em uma *soma* de formas de onda exponenciais, cada uma delas com sua própria frequência complexa. Como estamos considerando circuitos lineares, sabemos que a resposta total de nosso circuito pode ser obtida simplesmente somando a resposta individual associada a cada forma de onda exponencial. Então, lidando com cada forma de onda exponencial, podemos uma vez mais omitir os termos contendo t e trabalhar no domínio da *frequência*. Infelizmente, um infinito número de termos exponenciais é necessário na representação de uma função temporal geral, e com isso o uso de uma abordagem do tipo força bruta com a aplicação da superposição na série exponencial parece ser algo de certo modo insano. Em vez disso, somaremos esses termos fazendo uma integração, levando a uma função no domínio da frequência.

Formalizamos essa abordagem usando o que é conhecido como a ***transformada de Laplace***, definida para uma função geral $f(t)$ como

$$\mathbf{F}(\mathbf{s}) = \int_{-\infty}^{\infty} e^{-\mathbf{s}t} f(t)\, dt \qquad [12]$$

A dedução matemática dessa operação integral requer o entendimento da série de Fourier e da transformada de Fourier, que são discutidas no Capítulo 18. O conceito fundamental por trás da transformada de Laplace, no entanto, pode ser entendido com base em nossa discussão sobre a frequência complexa e em nossa experiência prévia com fasores e com a conversão do domínio do tempo para o domínio da frequência e vice-versa. Na realidade, isso é precisamente o que a transformada de Laplace faz: ela converte a função $f(t)$ genérica no domínio do tempo em uma representação $\mathbf{F}(\mathbf{s})$ no domínio da frequência.

A Transformada Inversa de Laplace Bilateral

A Equação [12] define a transformada de Laplace *bilateral* de $f(t)$. O termo *bilateral* é usado para enfatizar o fato de que valores positivos e negativos de t são incluídos no intervalo de integração. A operação inversa, frequentemente chamada de ***transformada inversa de Laplace***, também é definida como uma expressão integral[1]

$$f(t) = \frac{1}{2\pi j} \int_{\sigma_0 - j\infty}^{\sigma_0 + j\infty} e^{\mathbf{s}t}\mathbf{F}(\mathbf{s})\, d\mathbf{s} \qquad [13]$$

onde a constante real σ_0 é incluída nos limites para se assegurar a convergência dessa integral imprópria; as Equações [12] e [13] constituem o par de transformadas de Laplace bilaterais. A boa notícia é que a Equação [13] nunca será utilizada no estudo da análise de circuitos: há uma alternativa mais rápida e mais fácil que esperamos aprender.

A Transformada de Laplace Unilateral

Em muitos dos problemas que enfrentamos na análise de circuitos, a função forçante e a resposta não existem no tempo durante todo o tempo. Em vez disso, elas são iniciadas em algum instante específico que normalmentente selecionamos como $t = 0$. Logo, funções temporais que não existem em $t < 0$ ou cujo comportamento em $t < 0$ não é de interesse podem ser descritas no domínio do tempo como $v(t)u(t)$. A integral que define a transformada de Laplace é calculada com o limite inferior em $t = 0^-$ para que o efeito de qualquer descontinuidade em $t = 0$ seja incluído, como aquele causado por um impulso ou por uma singularidade de ordem elevada. A transformada de Laplace correspondente é então

$$\mathbf{F}(\mathbf{s}) = \int_{-\infty}^{\infty} e^{-\mathbf{s}t} f(t)u(t)\, dt = \int_{0^-}^{\infty} e^{-\mathbf{s}t} f(t)\, dt$$

Essa equação define a transformada de Laplace *unilateral* de $f(t)$, ou simplesmente a *transformada de Laplace* de $f(t)$, ficando subentendido o termo unilateral. A expressão da transformada inversa permanece inalterada, mas quando for avaliada deve-se presumir que ela seja válida apenas em $t > 0$. Então, aqui está a definição do par de transformadas de Laplace que usaremos daqui em diante:

[1] Se ignorarmos o fator $1/2\pi j$ que nos distrai e vermos a integral como a soma de todas as frequência s de forma que $f(t) \propto \Sigma[\mathbf{F}(\mathbf{s})d\mathbf{s}]e^{\mathbf{s}t}$, reforçamos a noção de que $f(t)$ é de fato a soma de termos na frequência complexa com módulo proporcional a $F(s)$.

$$\mathbf{F(s)} = \int_{0^-}^{\infty} e^{-\mathbf{s}t} f(t)\, dt \qquad [14]$$

$$f(t) = \frac{1}{2\pi j} \int_{\sigma_0 - j\infty}^{\sigma_0 + j\infty} e^{\mathbf{s}t}\mathbf{F(s)}\, d\mathbf{s} \qquad [15]$$

$$f(t) \Leftrightarrow \mathbf{F(s)}$$

O símbolo $\mathcal{L}$ também pode ser usado para indicar a operação da transformada direta ou inversa de Laplace:

$$\mathbf{F(s)} = \mathcal{L}\{f(t)\} \qquad \text{e} \qquad f(t) = \mathcal{L}^{-1}\{\mathbf{F(s)}\}$$

▶ EXEMPLO 14.2

Determine a transformada de Laplace da função $f(t) = 2u(t-3)$.

Para obter a transformada de Laplace unilateral de $f(t) = 2u(t-3)$, devemos avaliar a integral

$$\mathbf{F(s)} = \int_{0^-}^{\infty} e^{-\mathbf{s}t} f(t)\, dt$$
$$= \int_{0^-}^{\infty} e^{-\mathbf{s}t} 2u(t-3)\, dt$$
$$= 2\int_{3}^{\infty} e^{-\mathbf{s}t}\, dt$$

Simplificando, temos

$$\mathbf{F(s)} = \frac{-2}{\mathbf{s}} e^{-\mathbf{s}t}\Big|_3^{\infty} = \frac{-2}{\mathbf{s}}(0 - e^{-3\mathbf{s}}) = \frac{2}{\mathbf{s}} e^{-3\mathbf{s}}$$

▶ EXERCÍCIO DE FIXAÇÃO

14.4 Assuma $f(t) = -6e^{-2t}[u(t+3) - u(t-2)]$. Obtenha a (*a*) transformada de Laplace bilateral **F(s)**; (*b*) transformada de Laplace unilateral **F(s)**.

Resposta: $\frac{6}{2+\mathbf{s}}[e^{-4-2\mathbf{s}} - e^{6+3\mathbf{s}}]$; $\frac{6}{2+\mathbf{s}}[e^{-4-2\mathbf{s}} - 1]$.

14.4 ▶ TRANSFORMADA DE LAPLACE DE FUNÇÕES TEMPORAIS SIMPLES

Nesta seção começamos a formar um catálogo de transformadas de Laplace para as funções encontradas na análise de circuitos de forma mais frequente; assumimos agora que a função de interesse seja a tensão, embora tal escolha seja estritamente arbitrária. Vamos criar esse catálogo, pelo menos inicialmente, utilizando a função

$$\mathbf{V(s)} = \int_{0^-}^{\infty} e^{-\mathbf{s}t} v(t)\, dt = \mathcal{L}\{v(t)\}$$

que, juntamente com a expressão para a transformada inversa,

$$v(t) = \frac{1}{2\pi j}\int_{\sigma_0 - j\infty}^{\sigma_0 + j\infty} e^{\mathbf{s}t}\mathbf{V}(\mathbf{s})\,d\mathbf{s} = \mathcal{L}^{-1}\{\mathbf{V}(\mathbf{s})\}$$

estabelece uma relação única entre $v(t)$ e $\mathbf{V}(\mathbf{s})$. Isto é, para cada $v(t)$ cuja transformada $\mathbf{V}(\mathbf{s})$ existe, há uma única função $\mathbf{V}(\mathbf{s})$. Neste ponto, podemos estar olhando com algum receio para a forma um tanto repugnante da transformada inversa. Não tema! Como veremos em breve, *um estudo introdutório sobre a transformada de Laplace não requer a real avaliação dessa integral*. Indo do domínio do tempo para o domínio da frequência e tirando vantagem da unicidade que acabamos de mencionar, podemos gerar um catálogo de pares de transformadas que já contenha a função temporal correspondente a praticamente todas as transformadas que quisermos inverter.

Antes de continuar, no entanto, devemos fazer uma pausa para considerar se existe alguma chance de a transformada não existir para algum $v(t)$ que nos seja importante. Um conjunto de condições suficientes para assegurar a convergência absoluta da integral de Laplace para $\text{Re}\{\mathbf{s}\} > \sigma_0$ é o seguinte:

1. A função $v(t)$ deve ser integrável em todo o intervalo finito $t_1 < t < t_2$, onde $0 \le t_1 < t_2 < \infty$.
2. $\lim_{t\to\infty} e^{-\sigma_0 t}\,|v(t)|$ deve existir para algum valor de σ_0.

Funções temporais que não satisfazem a essas condições são raramente encontradas pelo analista de circuitos[2].

A Função Degrau *u*(*t*)

Vamos agora olhar para algumas transformadas específicas. Primeiro examinamos a transformada de Laplace da função degrau $u(t)$. A partir da definição, podemos escrever

$$\mathcal{L}\{u(t)\} = \int_{0^-}^{\infty} e^{-\mathbf{s}t}u(t)\,dt = \int_{0}^{\infty} e^{-\mathbf{s}t}\,dt$$
$$= -\frac{1}{\mathbf{s}}e^{-\mathbf{s}t}\Big|_0^{\infty} = \frac{1}{\mathbf{s}}$$

para $\text{Re}\{\mathbf{s}\} > 0$, para satisfazer a condição 2. Assim,

A notação da seta dupla é comumente usada para indicar pares de transformadas de Laplace.

$$u(t) \Leftrightarrow \frac{1}{\mathbf{s}} \qquad [16]$$

e nosso primeiro par de transformadas de Laplace foi estabelecido com grande facilidade.

A Função Impulso Unitário $\delta(t - t_0)$

Uma função de singularidade que é de considerável interesse é a função impulso unitário $\delta(t - t_0)$. Essa função, traçada na Figura 14.2, parece ser

2 Exemplos de tais funções são e^{t^2} e e^{e^t}, mas não t^n ou n^t. Para uma discussão um pouco mais detalhada sobre a transformada de Laplace e suas aplicações, dê uma olhada em Clare D. McGillem e George R. Cooper, *Continuous and Discrete Signal and System Analysis*, 3a ed., Oxford University Press, North Carolina: 1991, Capítulo 5.

um pouco estranha no início, mas é enormemente útil na prática. Por definição, a função impulso unitário tem área unitária, de forma que

$$\delta(t - t_0) = 0 \qquad t \neq t_0$$

$$\int_{t_0-\varepsilon}^{t_0+\varepsilon} \delta(t - t_0)\,dt = 1$$

onde ε é uma constante com valor pequeno. Logo, essa "função" (uma nomenclatura que faz muitos matemáticos puristas se encolherem de pavor), tem um valor diferente de zero apenas no ponto t_0. Em $t_0 > 0^-$, vemos, portanto, que a transformada de Laplace é

$$\mathcal{L}\{\delta(t - t_0)\} = \int_{0^-}^{\infty} e^{-\mathbf{s}t}\delta(t - t_0)\,dt = e^{-\mathbf{s}t_0}$$

$$\delta(t - t_0) \Leftrightarrow e^{-\mathbf{s}t_0} \qquad [17]$$

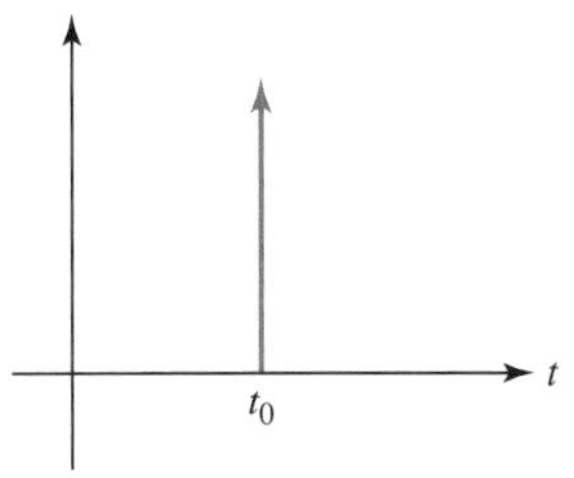

▶ **FIGURA 14.2** A função impulso unitário $\delta(t - t_0)$. Essa função é frequentemente usada para aproximar um sinal pulsado cuja duração é muito curta em comparação com as constantes de tempo do circuito.

Em particular, note que obtemos

$$\delta(t) \Leftrightarrow 1 \qquad [18]$$

para $t_0 = 0$.

Uma interessante característica da função impulso unitário é conhecida como a ***propriedade de peneiramento***. Considere a integral da função impulso multiplicada por uma função $f(t)$ arbitrária:

$$\int_{-\infty}^{\infty} f(t)\delta(t - t_0)\,dt$$

Como a função $\delta(t - t_0)$ é nula em todos os pontos exceto em $t = t_0$, o valor dessa integral é simplesmente $f(t_0)$. Essa propriedade acaba sendo *muito* útil na simplificação de expressões integrais contendo a função impulso unitário.

A Função Exponencial $e^{-\alpha t}$

Lembrando nosso interesse antigo na função exponencial, examinamos sua transformada,

$$\mathcal{L}\{e^{-\alpha t}u(t)\} = \int_{0^-}^{\infty} e^{-\alpha t}e^{-\mathbf{s}t}\,dt$$

$$= -\frac{1}{\mathbf{s}+\alpha}e^{-(\mathbf{s}+\alpha)t}\Big|_0^{\infty} = \frac{1}{\mathbf{s}+\alpha}$$

e portanto,

$$e^{-\alpha t}u(t) \Longleftrightarrow \frac{1}{\mathbf{s}+\alpha} \qquad [19]$$

Subentende-se que $\text{Re}\{\mathbf{s}\} > -\alpha$.

A Função Rampa *tu*(*t*)

Como um exemplo final, por agora, consideremos a função rampa $tu(t)$. Obtemos

$$\mathcal{L}\{tu(t)\} = \int_{0^-}^{\infty} te^{-\mathbf{s}t}\,dt = \frac{1}{\mathbf{s}^2}$$

$$tu(t) \Leftrightarrow \frac{1}{\mathbf{s}^2} \qquad [20]$$

ou por uma integração por partes elementar ou a partir de uma tabela de integrais.

E a função $te^{-\alpha t}u(t)$? Deixamos para o leitor provar que

$$te^{-\alpha t}u(t) \Leftrightarrow \frac{1}{(\mathbf{s}+\alpha)^2} \qquad [21]$$

Há, naturalmente, um número bem maior de funções no domínio do tempo que mereçam ser consideradas, mas seria melhor se fizéssemos uma pequena pausa agora para considerar o processo inverso – a transformada inversa de Laplace – antes de voltarmos a aumentar a nossa lista.

▶ EXERCÍCIOS DE FIXAÇÃO

14.5 Determine $\mathbf{V}(\mathbf{s})$ se $v(t)$ é igual a (*a*) $4\delta(t) - 3u(t)$; (*b*) $4\delta(t-2) - 3tu(t)$; (*c*) $[u(t)][u(t-2)]$.

14.6 Determine $v(t)$ se $\mathbf{V}(\mathbf{s})$ é igual a (*a*) 10; (*b*) $10/\mathbf{s}$; (*c*) $10/\mathbf{s}^2$; (*d*) $10[\mathbf{s}(\mathbf{s}+10)]$; (*e*) $10\mathbf{s}/(\mathbf{s}+10)$.

Resposta: 14.5: $(4\mathbf{s}-3)/\mathbf{s}$; $4e^{-2\mathbf{s}} - (3/\mathbf{s}^2)$; $e^{-2\mathbf{s}}/\mathbf{s}$. 14.6: $10\delta(t)$; $10u(t)$; $10tu(t)$; $u(t) - e^{-10t}u(t)$; $10\delta(t) - 100e^{-10t}u(t)$.

14.5 ▶ TÉCNICAS PARA TRANSFORMADAS INVERSAS

O Teorema da Linearidade

Embora mencionado que a Equação [13] pode ser aplicada para converter uma expressão no domínio **s** em uma expressão no domínio do tempo, também fizemos alusão ao fato de que isto dá mais trabalho do que o necessário - se estamos dispostos a explorar a unicidade do par de transformadas de Laplace. Para capitalizar ao máximo esse fato, devemos primeiro introduzir um de vários úteis e extremamente bem conhecidos teoremas da transformada de Laplace – o ***teorema da linearidade***. Esse teorema diz que a transformada de Laplace da soma de duas ou mais funções temporais é igual à soma das transformadas individuais das duas funções temporais. Para duas funções temporais, temos

$$\begin{aligned}\mathcal{L}\{f_1(t) + f_2(t)\} &= \int_{0^-}^{\infty} e^{-\mathbf{s}t}[f_1(t) + f_2(t)]\,dt \\ &= \int_{0^-}^{\infty} e^{-\mathbf{s}t}f_1(t)\,dt + \int_{0^-}^{\infty} e^{-\mathbf{s}t}f_2(t)\,dt \\ &= \mathbf{F}_1(\mathbf{s}) + \mathbf{F}_2(\mathbf{s})\end{aligned}$$

Esta é conhecida como a "propriedade aditiva" da transformada de Laplace.

Como um exemplo do uso desse teorema, suponha que tenhamos a transformada de Laplace $\mathbf{V}(\mathbf{s})$ e que queiramos conhecer a função $v(t)$ correspondente no domínio do tempo. Será sempre possível decompor $\mathbf{V}(\mathbf{s})$ na soma de duas ou mais funções, digamos, $\mathbf{V}_1(\mathbf{s})$ e $\mathbf{V}_2(\mathbf{s})$, cujas transformadas inversas, $v_1(t)$ e $v_2(t)$, já sejam tabuladas. Torna-se então uma questão simples aplicar o teorema da linearidade e escrever

$$\begin{aligned} v(t) &= \mathcal{L}^{-1}\{\mathbf{V}(\mathbf{s})\} = \mathcal{L}^{-1}\{\mathbf{V}_1(\mathbf{s}) + \mathbf{V}_2(\mathbf{s})\} \\ &= \mathcal{L}^{-1}\{\mathbf{V}_1(\mathbf{s})\} + \mathcal{L}^{-1}\{\mathbf{V}_2(\mathbf{s})\} = v_1(t) + v_2(t) \end{aligned}$$

Outra importante consequência do teorema da linearidade fica evidente ao estudarmos a definição da transformada de Laplace. Como estamos simplesmente trabalhando com uma integral, *a transformada de Laplace de uma constante vezes uma função é igual à constante vezes a transformada de Laplace da função*. Em outras palavras,

$$\mathcal{L}\{kv(t)\} = k\mathcal{L}\{v(t)\}$$

ou

$$kv(t) \Leftrightarrow k\mathbf{V}(\mathbf{s}) \qquad [22]$$

Esta é conhecida como a "propriedade da homogeneidade" da transformada de Laplace.

onde k é uma constante de proporcionalidade. Esse resultado é extremamente conveniente em muitas situações que surgem da análise de circuitos, como estamos prestes a ver.

▶ EXEMPLO 14.3

Dada a função $\mathbf{G}(\mathbf{s}) = 7/\mathbf{s} - 31/(\mathbf{s} + 17)$, determine $g(t)$.

Essa é uma função no domínio **s** composta por dois termos, $7/\mathbf{s}$ e $-31/(\mathbf{s} + 17)$. Pelo teorema da linearidade, sabemos que $g(t)$ também é composta por dois termos, cada um correspondendo à transformada inversa de um dos dois termos no domínio **s**:

$$g(t) = \mathcal{L}^{-1}\left\{\frac{7}{\mathbf{s}}\right\} - \mathcal{L}^{-1}\left\{\frac{31}{\mathbf{s}+17}\right\}$$

Comecemos com o primeiro termo. A propriedade da homogeneidade da transformada de Laplace nos permite escrever

$$\mathcal{L}^{-1}\left\{\frac{7}{\mathbf{s}}\right\} = 7\mathcal{L}^{-1}\left\{\frac{1}{\mathbf{s}}\right\} = 7u(t)$$

Logo, fizemos uso do par de transformadas conhecido $u(t) \Leftrightarrow 1/\mathbf{s}$ e da propriedade da homogeneidade para obter o primeiro componente de $g(t)$. De forma similar, vemos que $\mathcal{L}^{-1}\left\{\frac{31}{\mathbf{s}+17}\right\} = 31e^{-17t}u(t)$. Juntando esses dois termos,

$$g(t) = [7 - 31e^{-17t}]u(t)$$

▶ EXERCÍCIO DE FIXAÇÃO

14.7 Dado $\mathbf{H}(\mathbf{s}) = \frac{2}{\mathbf{s}} - \frac{4}{\mathbf{s}^2} + \frac{3,5}{(\mathbf{s}+10)(\mathbf{s}+10)}$, obtenha $h(t)$.

Resposta: $h(t) = [2 - 4t + 3,5t\,e^{-10t}]u(t)$.

Técnicas para Transformadas Inversas Envolvendo Funções Racionais

Ao analisar circuitos com múltiplos elementos armazenadores de energia, frequentemente encontraremos expressões no domínio **s** que são razões de polinômios em **s**. Esperamos, portanto, encontrar rotineiramente expressões na forma

$$\mathbf{V}(\mathbf{s}) = \frac{\mathbf{N}(\mathbf{s})}{\mathbf{D}(\mathbf{s})}$$

Na prática, raramente é necessário aplicar a Equação [13] em funções encontradas na análise de circuitos, desde que sejamos espertos ao usar as várias técnicas apresentadas neste capítulo.

onde **N**(**s**) e **D**(**s**) são polinômios em **s**. Os valores de **s** que levam a **N**(**s**) = 0 são chamados de zeros de **V**(**s**), e os valores de **s** que levam a **D**(**s**) = 0 são chamados de polos de **V**(**s**).

Em vez de arregaçar as mangas e evocar a Equação [13] cada vez que precisarmos obter uma transformada inversa, é frequentemente possível decompor essas expressões em termos mais simples cujas transformadas inversas já são conhecidas. Os critérios para isto requerem que **V**(**s**) seja uma ***função racional*** na qual o grau do numerador **N**(**s**) deve ser menor do que o grau do denominador **D**(**s**). Se não o for, devemos primeiro realizar uma simples divisão, conforme mostrado no próximo exemplo. O resultado deve incluir uma função impulso (assumindo que o grau do numerador seja o mesmo do numerador) e uma função racional. A transformada inversa da primeira é simples; o método simples dos resíduos se aplica à função racional se a sua transformada inversa ainda não for conhecida.

▶ EXEMPLO 14.4

Obtenha a transformada inversa de $\mathbf{F}(\mathbf{s}) = 2\frac{\mathbf{s}+2}{\mathbf{s}}$.

Uma vez que o grau do numerador é igual ao grau do denominador, **F**(**s**) *não* é uma função racional, portanto começamos realizando a divisão

$$\mathbf{F}(\mathbf{s}) = \begin{array}{r|l} & 2 \\ \hline \mathbf{s} & 2\mathbf{s} + 4 \\ & \underline{2\mathbf{s}} \\ & 4 \end{array}$$

de forma que **F**(**s**) = 2 + (4/**s**). Pelo teorema da linearidade,

$$\mathcal{L}^{-1}\{\mathbf{F}(\mathbf{s})\} = \mathcal{L}^{-1}\{2\} + \mathcal{L}^{-1}\left\{\frac{4}{\mathbf{s}}\right\} = 2\delta(t) + 4u(t)$$

(Deve-se levar em conta que essa função particular pode ser simplificada sem o processo de divisão; tal caminho foi escolhido para exemplificar o processo básico).

▶ EXERCÍCIO DE FIXAÇÃO

14.8 Dada a função $\mathbf{Q}(\mathbf{s}) = \frac{3\mathbf{s}^2 - 4}{\mathbf{s}^2}$, obtenha $q(t)$.

Resposta: $q(t) = 3\delta(t) - 4tu(t)$.

Ao empregar o método dos resíduos, que corresponde essencialmente à realização da expansão de $\mathbf{V}(\mathbf{s})$ em frações parciais, focamos nossa atenção nas raízes do denominador. Logo, primeiro é necessário fatorar o polinômio em $\mathbf{s}$ que descreve $\mathbf{D}(\mathbf{s})$ em um produto de termos binomiais. As raízes de $\mathbf{D}(\mathbf{s})$ podem ser qualquer combinação de raízes distintas ou repetidas, reais ou complexas. Vale notar, no entanto, que raízes complexas sempre ocorrem em pares conjugados, desde que os coeficientes de $\mathbf{D}(\mathbf{s})$ sejam reais.

Polos Distintos e o Método dos Resíduos

Como um exemplo específico, vamos determinar a transformada de Laplace de

$$\mathbf{V}(\mathbf{s}) = \frac{1}{(\mathbf{s}+\alpha)(\mathbf{s}+\beta)}$$

O denominador foi fatorado em duas raízes distintas, $-\alpha$ e $-\beta$. Embora seja possível substituir essa expressão na equação que define a transformada inversa, é muito mais fácil utilizar o teorema da linearidade. Usando a expansão em frações parciais, podemos decompor a transformada dada na soma de duas transformadas mais simples,

$$\mathbf{V}(\mathbf{s}) = \frac{A}{\mathbf{s}+\alpha} + \frac{B}{\mathbf{s}+\beta}$$

onde A e B podem ser obtidas por meio qualquer método. Talvez a solução mais rápida seja obtida reconhecendo-se que

$$A = \lim_{\mathbf{s}\to-\alpha}\left[(\mathbf{s}+\alpha)\mathbf{V}(\mathbf{s}) - \frac{(\mathbf{s}+\alpha)}{(\mathbf{s}+\beta)}B\right]$$

$$= \lim_{\mathbf{s}\to-\alpha}\left[\frac{1}{\mathbf{s}+\beta} - 0\right] = \frac{1}{\beta-\alpha}$$

Nesta equação, usamos a versão de $\mathbf{V}(\mathbf{s})$ com uma única fração (isto é, a versão não expandida).

Reconhecendo que o segundo termo é sempre nulo, na prática sempre escrevemos

$$A = (\mathbf{s}+\alpha)\mathbf{V}(\mathbf{s})|_{\mathbf{s}=-\alpha}$$

De forma similar,

$$B = (\mathbf{s}+\beta)\mathbf{V}(\mathbf{s})|_{\mathbf{s}=-\beta} = \frac{1}{\alpha-\beta}$$

e portanto,

$$\mathbf{V}(\mathbf{s}) = \frac{1/(\beta-\alpha)}{\mathbf{s}+\alpha} + \frac{1/(\alpha-\beta)}{\mathbf{s}+\beta}$$

Já avaliamos transformadas inversas desse tipo, e então

$$v(t) = \frac{1}{\beta-\alpha}e^{-\alpha t}u(t) + \frac{1}{\alpha-\beta}e^{-\beta t}u(t)$$

$$= \frac{1}{\beta-\alpha}(e^{-\alpha t} - e^{-\beta t})u(t)$$

Se quiséssemos, poderíamos agora incluir essa transformada como um novo item em nosso catálogo de pares de transformadas,

$$\frac{1}{\beta - \alpha}(e^{-\alpha t} - e^{-\beta t})u(t) \Leftrightarrow \frac{1}{(\mathbf{s} + \alpha)(\mathbf{s} + \beta)}$$

Essa abordagem pode ser facilmente estendida a funções cujos denominadores são polinômios em **s** de ordem elevada, embora as operações possam se tornar um pouco tediosas. Também deve ser notado o fato de não termos especificado que as constantes A e B devem ser reais. Contudo, em situações onde α e β forem números complexos, veremos que α e β também serão complexos conjugados (isso não é necessário matematicamente, mas é requerido por circuitos reais). Em tais casos, também veremos que $A = B^*$; em outras palavras, os coeficientes também serão complexos conjugados.

▶ EXEMPLO 14.5

Determine a transformada inversa de $\mathbf{P(s)} = \dfrac{7\mathbf{s} + 5}{\mathbf{s}^2 + \mathbf{s}}$.

Vemos que **P**(**s**) é uma função racional (o grau do numerador é *um*, enquanto o grau do denominador é *dois*), então começamos fatorando o denominador e escrevendo:

$$\mathbf{P(s)} = \frac{7\mathbf{s} + 5}{\mathbf{s}(\mathbf{s} + 1)} = \frac{a}{\mathbf{s}} + \frac{b}{\mathbf{s} + 1}$$

onde nosso próximo passo é a determinação de valores para a e b. Aplicando o método dos resíduos,

$$a = \left.\frac{7\mathbf{s} + 5}{\mathbf{s} + 1}\right|_{\mathbf{s}=0} = 5 \quad \text{e} \quad b = \left.\frac{7\mathbf{s} + 5}{\mathbf{s}}\right|_{\mathbf{s}=-1} = 2$$

Podemos então escrever **P**(**s**) como

$$\mathbf{P(s)} = \frac{5}{\mathbf{s}} + \frac{2}{\mathbf{s} + 1}$$

cuja transformada inversa é simplesmente $p(t) = [5 + 2e^{-t}]u(t)$.

▶ EXERCÍCIO DE FIXAÇÃO

14.9 Dada a função $\mathbf{Q(s)} = \dfrac{11\mathbf{s} + 30}{\mathbf{s}^2 + 3\mathbf{s}}$, determine $q(t)$.

Resposta: $q(t) = [10 + e^{-3t}]u(t)$.

Polos Repetidos

O problema que ainda precisa ser avaliado é aquele que envolve polos repetidos. Considere a função

$$\mathbf{V(s)} = \frac{\mathbf{N(s)}}{(\mathbf{s} - p)^n}$$

que expandimos em

$$\mathbf{V(s)} = \frac{a_n}{(\mathbf{s} - p)^n} + \frac{a_{n-1}}{(\mathbf{s} - p)^{n-1}} + \cdots + \frac{a_1}{(\mathbf{s} - p)}$$

Para determinar cada constante, primeiro multiplicamos a versão não expandida de $\mathbf{V(s)}$ por $(\mathbf{s} - p)n$. A constante a_n é obtida avaliando-se a expressão resultante em $\mathbf{s} = p$. As constantes remanescentes são obtidas com o cálculo da derivada da expressão $(\mathbf{s} - p)n\mathbf{V(s)}$ o número apropriado de vezes antes de avaliá-la em $\mathbf{s} = p$, dividindo-a por um termo fatorial. O procedimento de derivação remove as constantes obtidas anteriormente e a avaliação em $\mathbf{s} = p$ remove as demais constantes.

Por exemplo, o termo a_{n-2} é obtido avaliando-se

$$\frac{1}{2!}\frac{d^2}{d\mathbf{s}^2}[(\mathbf{s} - p)^n\mathbf{V(s)}]_{\mathbf{s}=p}$$

e o termo a_{n-k} é obtido avaliando-se

$$\frac{1}{k!}\frac{d^k}{d\mathbf{s}^k}[(\mathbf{s} - p)^n\mathbf{V(s)}]_{\mathbf{s}=p}$$

Para ilustrar o procedimento básico, vamos obter a transformada inversa de Laplace de uma função contendo uma combinação de ambas as situações: um polo em $\mathbf{s} = 0$ e dois polos em $\mathbf{s} = -6$.

▶ EXEMPLO 14.6

Obtenha a transformada inversa da função $\mathbf{V(s)} = \dfrac{2}{\mathbf{s}^3 + 12\mathbf{s}^2 + 36\mathbf{s}}$

Notamos que o denominador pode ser facilmente fatorado, levando a

$$\mathbf{V(s)} = \frac{2}{\mathbf{s}(\mathbf{s}+6)(\mathbf{s}+6)} = \frac{2}{\mathbf{s}(\mathbf{s}+6)^2}$$

Como prometido, vemos que há de fato três polos, um em $\mathbf{s} = 0$ e dois em $\mathbf{s} = -6$. A seguir, expandimos a função em

$$\mathbf{V(s)} = \frac{a_1}{(\mathbf{s}+6)^2} + \frac{a_2}{(\mathbf{s}+6)} + \frac{a_3}{\mathbf{s}}$$

e aplicamos nosso novo procedimento para obter as constantes desconhecidas a_1 e a_2; obteremos a_3 usando o procedimento anterior. Assim,

$$a_1 = \left[(\mathbf{s}+6)^2\frac{2}{\mathbf{s}(\mathbf{s}+6)^2}\right]_{\mathbf{s}=-6} = \left.\frac{2}{\mathbf{s}}\right|_{\mathbf{s}=-6} = -\frac{1}{3}$$

e

$$a_2 = \frac{d}{d\mathbf{s}}\left[(\mathbf{s}+6)^2\frac{2}{\mathbf{s}(\mathbf{s}+6)^2}\right]_{\mathbf{s}=-6} = \left.\frac{d}{d\mathbf{s}}\left(\frac{2}{\mathbf{s}}\right)\right|_{\mathbf{s}=-6} = \left.-\frac{2}{\mathbf{s}^2}\right|_{\mathbf{s}=-6} = -\frac{1}{18}$$

A constante restante a_3 é obtida usando-se o procedimento para polos distintos

$$a_3 = \left.\mathbf{s}\frac{2}{\mathbf{s}(\mathbf{s}+6)^2}\right|_{\mathbf{s}=0} = \frac{2}{6^2} = \frac{1}{18}$$

Assim, podemos agora escrever **V**(**s**) como

$$\mathbf{V(s)} = \frac{-\frac{1}{3}}{(\mathbf{s}+6)^2} + \frac{-\frac{1}{18}}{(\mathbf{s}+6)} + \frac{\frac{1}{18}}{\mathbf{s}}$$

Usando o teorema da linearidade, a transformada inversa de **V**(**s**) pode agora ser obtida simplesmente determinando-se a transformada inversa de cada dos termos. Vemos que o primeiro termo à direita tem a forma

$$\frac{K}{(\mathbf{s}+\alpha)^2}$$

e, fazendo uso da Equação [21], obtemos a sua transformada inversa como $-\frac{1}{3}te^{-6t}u(t)$. De forma similar, vemos que a transformada inversa do segundo termo é $-\frac{1}{18}e^{-6t}\,u(t)$, e que a transformada do terceiro termo é simplesmente $\frac{1}{18}u(t)$. Logo,

$$v(t) = -\tfrac{1}{3}te^{-6t}u(t) - \tfrac{1}{18}e^{-6t}u(t) + \tfrac{1}{18}u(t)$$

ou, de forma mais compacta,

$$v(t) = \tfrac{1}{18}[1 - (1+6t)e^{-6t}]u(t)$$

▶ EXERCÍCIO DE FIXAÇÃO

14.10 Determine $g(t)$ se $\mathbf{G(s)} = \dfrac{3}{\mathbf{s}^3 + 5\mathbf{s}^2 + 8\mathbf{s} + 4}$.

Resposta: $g(t) = 3[e^{-t} - te^{-2t} - e^{-2t}]u(t)$.

▶ ANÁLISE AUXILIADA POR COMPUTADOR

O MATLAB, um pacote computacional de análise numérica, pode ser usado de muitas maneiras diferentes no auxílio da solução de equações que surjam da análise de circuitos com excitação variável no tempo. A técnica mais simples utiliza rotinas de solução de equações diferenciais ordinárias (ODE – *ordinary differential equation*), denominadas *ode*23() e *ode*45(). Essas duas rotinas se baseiam em métodos numéricos de solução de equações diferenciais, tendo a rotina *ode*45() uma maior exatidão. A solução é determinada apenas em pontos discretos, contudo, e por isso ela não é conhecida em todos os valores de tempo. Em muitas aplicações isso é adequado, desde que seja usada uma densidade de pontos suficiente.

A técnica da transformada de Laplace permite a obtenção de uma expressão exata para a solução de equações diferenciais, possuindo tantas vantagens quanto aquelas presentes no uso das técnicas numéricas de solução de equações diferenciais ordinárias. Outra vantagem significativa da técnica da transformada de Laplace fica mais clara em capítulos subsequentes quando estudamos o significado das expressões no domínio **s**, particularmente após a fatoração dos polinômios no denominador.

Como já vimos, tabelas de consulta são convenientes quando trabalhamos com transformadas de Laplace, embora o método dos resíduos possa se tornar um tanto tedioso para funções com polinômios de ordem elevada em seus denominadores.

Nesses casos, o MATLAB também pode nos dar uma assistência por conter muitas funções úteis para a manipulação de expressões polinomiais.

No MATLAB, o polinômio

$$p(x) = a_n x^n + a_{n-1} x^{n-1} + \cdots + a_1 x + a_0$$

é armazenado como o vetor $[a_n\ a_{n-1}\ \ldots\ a_1\ a_0]$. Logo, para definir os polinômios $\mathbf{N(s)} = 2$ e $\mathbf{D(s)} = \mathbf{s}^3 + 12\mathbf{s}^2 + 36\mathbf{s}$, escrevemos

```
EDU» N = [2];
EDU» D = [1 12 36 0];
```

As raízes de ambos os polinômios podem ser obtidas ao chamarmos as funções *roots*(**p**), onde **p** é um vetor contendo os coeficientes do polinômio. Por exemplo,

```
EDU» q = [1 8 16];
EDU» roots(q)
```

leva a

```
ans =
   - 4
   - 4
```

O MATLAB também nos permite determinar os resíduos da função racional **N(s)**/**D(s)** usando a função *residue*(). Por exemplo,

```
EDU» [r p y] = residue(N, D);
```

retorna três vetores **r**, **p** e **y**, tais que

$$\frac{\mathbf{N(s)}}{\mathbf{D(s)}} = \frac{r_1}{x - p_1} + \frac{r_2}{x - p_2} + \cdots + \frac{r_n}{x - p_n} + \mathbf{y(s)}$$

no caso de nenhum polo múltiplo, e, no caso de n polos múltiplos,

$$\frac{\mathbf{N(s)}}{\mathbf{D(s)}} = \frac{r_1}{(x - p)} + \frac{r_2}{(x - p)^2} + \cdots + \frac{r_n}{(x - p)^n} + \mathbf{y(s)}$$

Note que, sempre que a ordem do polinômio do numerador for menor que a ordem do polinômio do denominador, o vetor **y(s)** fica vazio.

A execução do comando sem o ponto e vírgula resulta na saída

```
r =
   -0.0556
   -0.3333
    0.0556
p =
   -6
   -6
    0
y =
   [ ]
```

que concorda com a resposta que obtivemos no Exemplo 14.6.

14.6 ▶ TEOREMAS BÁSICOS PARA A TRANSFORMADA DE LAPLACE

Estamos aptos agora a considerar dois teoremas que podem ser considerados coletivamente como *a razão de ser* da transformada de Laplace na análise de circuitos – os teoremas da derivada e da integral. Eles nos ajudarão a transformar as derivadas e integrais que aparecem nas equações de circuitos no domínio do tempo.

O Teorema da Diferenciação no Tempo

Vamos analisar primeiro a derivada temporal de uma função $v(t)$ cuja transformada de Laplace $\mathbf{V}(\mathbf{s})$ sabemos existir. Queremos a transformada da primeira derivada de $v(t)$

$$\mathcal{L}\left\{\frac{dv}{dt}\right\} = \int_{0^-}^{\infty} e^{-\mathbf{s}t}\frac{dv}{dt}\,dt$$

que pode ser integrada por partes:

$$U = e^{-\mathbf{s}t} \qquad dV = \frac{dv}{dt}\,dt$$

com o resultado

$$\mathcal{L}\left\{\frac{dv}{dt}\right\} = v(t)e^{-\mathbf{s}t}\Big|_{0^-}^{\infty} + \mathbf{s}\int_{0^-}^{\infty} e^{-\mathbf{s}t}v(t)\,dt$$

O primeiro termo à direita deve tender a zero quando t crescer ilimitadamente; do contrário, $\mathbf{V}(\mathbf{s})$ não existiria. Portanto,

$$\mathcal{L}\left\{\frac{dv}{dt}\right\} = 0 - v(0^-) + \mathbf{s}\mathbf{V}(\mathbf{s})$$

e

$$\frac{dv}{dt} \Leftrightarrow \mathbf{s}\mathbf{V}(\mathbf{s}) - \mathrm{v}(0^-) \qquad [23]$$

Relações similares podem ser desenvolvidas para derivadas de maior ordem:

$$\frac{d^2v}{dt^2} \Leftrightarrow \mathbf{s}^2\mathbf{V}(\mathbf{s}) - \mathbf{s}v(0^-) - v'(0^-) \qquad [24]$$

$$\frac{d^3v}{dt^3} \Leftrightarrow \mathbf{s}^3\mathbf{V}(\mathbf{s}) - \mathbf{s}^2v(0^-) - \mathbf{s}v'(0^-) - v''(0^-) \qquad [25]$$

onde $v'(0^-)$ é o valor da derivada primeira de $v(t)$ avaliada em $t = 0^-$, $v''(0^-)$ é o valor inicial da derivada segunda de $v(t)$, e assim por diante. Quando todas as condições iniciais são nulas, o cálculo de uma derivada primeira no domínio do tempo corresponde à multiplicação por $\mathbf{s}$ no domínio da frequência; uma derivada segunda no domínio do tempo corresponde à multiplicação por $\mathbf{s}^2$ no domínio da frequência, e assim por diante. Assim, *uma derivação no domínio do tempo é equivalente a uma multiplicação no domínio da frequência* ! Essa é uma simplificação substancial! Observamos também que a presença das condições iniciais continua a ser levada em consideração mesmo que elas sejam nulas.

▶ EXEMPLO 14.7

Dado o circuito *RL* série mostrado na Figura 14.3, determine a corrente no resistor de 4 Ω.

▶ ***Identifique o objetivo do problema.***

Precisamos obter uma expressão para a corrente $i(t)$.

▶ ***Reuna as informações necessárias.***

A rede é alimentada por um degrau de tensão, e temos um valor inicial de corrente de 5 A (em $t = 0^-$).

▶ ***Trace um plano.***

A aplicação da LKT no circuito resulta em uma equação diferencial tendo $i(t)$ como incógnita. A aplicação da transformada de Laplace em ambos os lados dessa equação a converte para o domínio **s**. Com a solução da equação algébrica resultante para **I**(**s**), a transformada inversa de Laplace forncerá $i(t)$.

▶ ***Construa um conjunto apropriado de equações.***

Usando a LKT para escrever a equação de laço único no domínio do tempo, obtemos

$$2\frac{di}{dt} + 4i = 3u(t)$$

Agora, obtemos a transformada de Laplace de cada termo, de forma que

$$2[\mathbf{sI}(\mathbf{s}) - i(0^-)] + 4\mathbf{I}(\mathbf{s}) = \frac{3}{\mathbf{s}}$$

▶ ***Determine se informações adicionais são necessárias.***

Temos uma equação que pode ser resolvida para a representação **I**(**s**) no domínio da frequência de nosso objetivo $i(t)$.

▶ ***Tente uma solução.***

Em seguida, resolvemos para **I**(**s**), substituindo $i(0^-) = 5$:

$$(2\mathbf{s} + 4)\mathbf{I}(\mathbf{s}) = \frac{3}{\mathbf{s}} + 10$$

e

$$\mathbf{I}(\mathbf{s}) = \frac{1{,}5}{\mathbf{s}(\mathbf{s} + 2)} + \frac{5}{\mathbf{s} + 2}$$

Aplicando o método dos resíduos no primeiro termo,

$$\left.\frac{1{,}5}{\mathbf{s} + 2}\right|_{\mathbf{s}=0} = 0{,}75 \quad \text{e} \quad \left.\frac{1{,}5}{\mathbf{s}}\right|_{\mathbf{s}=-2} = -0{,}75$$

de forma que

$$\mathbf{I}(\mathbf{s}) = \frac{0{,}75}{\mathbf{s}} + \frac{4{,}25}{\mathbf{s} + 2}$$

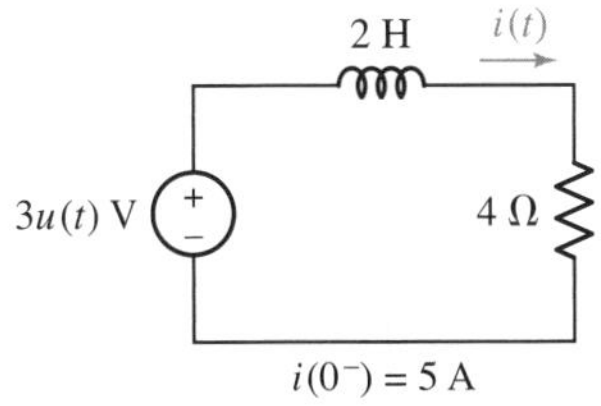

▶ **FIGURA 14.3** Circuito analisado com a transformação da equação diferencial 2 $di/dt + 4i = 3u(t)$ em $2[\mathbf{sI}(\mathbf{s}) - i(0^-)] + 4\mathbf{I}(\mathbf{s}) = 3/\mathbf{s}$.

Usamos então nossos pares conhecidos de transformadas para inverter:

$$i(t) = 0{,}75u(t) + 4{,}25e^{-2t}u(t)$$
$$= (0{,}75 + 4{,}25e^{-2t})u(t) \text{ A}$$

▶ ***Verifique a solução. Ela é razoável ou esperada?***

Com base em nossa experiência prévia com esse tipo de circuito, esperávamos uma resposta forçada CC somada a uma resposta natural com decaimento exponencial. Em $t = 0$, obtivemos $i(0) = 5$ A, conforme requerido, e em $t \rightarrow \infty$, $i(t) \rightarrow 3/4$ A, como deveríamos esperar.

Nossa solução para $i(t)$ é, portanto, completa. Tanto a resposta forçada $0{,}75u(t)$ quanto a resposta natural $4{,}25e^{-2t}\,u(t)$ estão presentes, e a condição inicial foi automaticamente incorporada à solução. O método ilustra um caminho indolor para se obter a solução de muitas equações diferenciais.

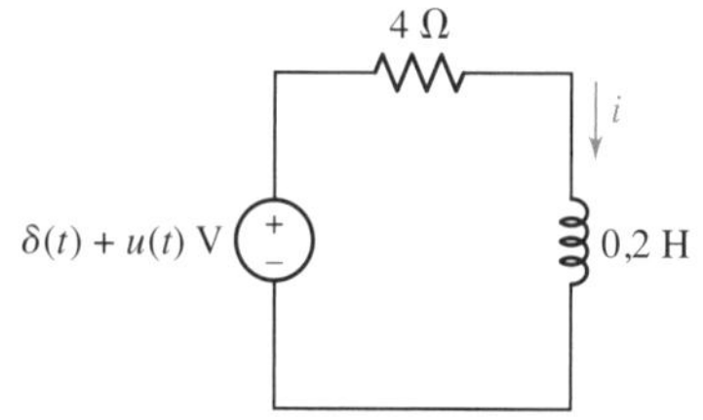

▲ **FIGURA 14.4**

▶ EXERCÍCIO DE FIXAÇÃO

14.11 Use métodos da transformada de Laplace para obter $i(t)$ no circuito da Figura 14.4.

Resposta: $(0{,}25 + 4{,}75e^{-20t})u(t)$ A.

O Teorema da Integração no Tempo

O mesmo tipo de simplificação pode ser conseguido quando encontramos a operação de integração temporal em nossas equações de circuito. Vamos determinar a transformada de Laplace da função temporal descrita por $\int_{0^-}^{t} v(x)dx$,

$$\mathcal{L}\left\{\int_{0^-}^{t} v(x)\,dx\right\} = \int_{0^-}^{\infty} e^{-st}\left[\int_{0^-}^{t} v(x)\,dx\right]dt$$

Integrando por partes, fazemos

$$u = \int_{0^-}^{t} v(x)\,dx \qquad dv = e^{-\mathbf{s}t}\,dt$$
$$du = v(t)\,dt \qquad v = -\frac{1}{\mathbf{s}}e^{-\mathbf{s}t}$$

Então,

$$\mathcal{L}\left\{\int_{0^-}^{t} v(x)\,dx\right\} = \left\{\left[\int_{0^-}^{t} v(x)\,dx\right]\left[-\frac{1}{\mathbf{s}}e^{-\mathbf{s}t}\right]\right\}_{t=0^-}^{t=\infty} - \int_{0^-}^{\infty} -\frac{1}{\mathbf{s}}e^{-\mathbf{s}t}v(t)\,dt$$
$$= \left[-\frac{1}{\mathbf{s}}e^{-\mathbf{s}t}\int_{0^-}^{t} v(x)\,dx\right]_{0^-}^{\infty} + \frac{1}{\mathbf{s}}\mathbf{V}(\mathbf{s})$$

Mas, como $e^{-st} \rightarrow 0$ à medida que $t \rightarrow \infty$, o primeiro termo à direita desaparece no limite superior; quando $t \rightarrow 0^-$, a integral desse termo também desaparece. Isso deixa apenas o termo $\mathbf{V}(\mathbf{s})/\mathbf{s}$, de forma que

$$\int_{0^-}^{t} v(x)\,dx \Leftrightarrow \frac{\mathbf{V}(\mathbf{s})}{\mathbf{s}} \qquad [26]$$

e com isso *a integração no domínio do tempo corresponde à divisão por* **s** *no domínio da frequência.* Novamente, uma operação de cálculo relativamente complicada no domínio do tempo se torna uma simples operação algébrica no domínio da frequência.

▶ EXEMPLO 14.8

Determine $i(t)$ em $t > 0$ para o circuito RC série mostrado na Figura 14.5.

Primeiro escrevemos a única equação de laço,

$$u(t) = 4i(t) + 16\int_{-\infty}^{t} i(t')\,dt'$$

Para aplicar o teorema da integração no tempo, devemos arranjar o limite inferior dessa equação para que ele seja igual a 0^-. Logo, fazemos

$$16\int_{-\infty}^{t} i(t')\,dt' = 16\int_{-\infty}^{0^-} i(t')\,dt' + 16\int_{0^-}^{t} i(t')\,dt'$$
$$= v(0^-) + 16\int_{0^-}^{t} i(t')\,dt'$$

Portanto,

$$u(t) = 4i(t) + v(0^-) + 16\int_{0^-}^{t} i(t')\,dt'$$

A seguir, aplicamos a transformada de Laplace em ambos os lados dessa equação. Como estamos utilizando a transformada unilateral, a transformada de $v(0^-)$ é simplesmente a transformada de $v(0^-)u(t)$, e com isso

$$\frac{1}{\mathbf{s}} = 4\mathbf{I}(\mathbf{s}) + \frac{9}{\mathbf{s}} + \frac{16}{\mathbf{s}}\mathbf{I}(\mathbf{s})$$

e resolvendo para $\mathbf{I(s)}$,

$$\mathbf{I}(\mathbf{s}) = -\frac{2}{\mathbf{s}+4}$$

o resultado desejado é imediatamente obtido,

$$i(t) = -2e^{-4t}u(t)\ \text{A}$$

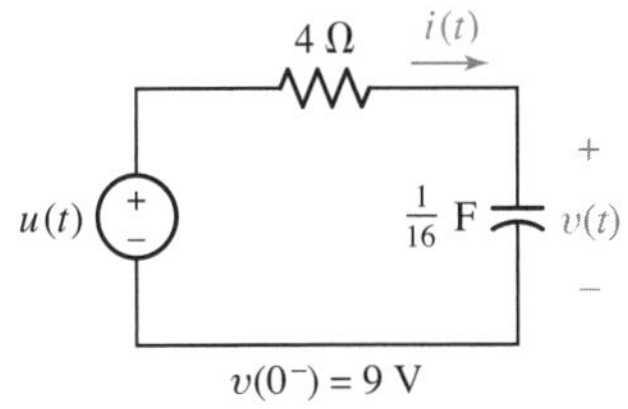

▲ **FIGURA 14.5** Circuito ilustrando o uso do par de transformadas de Laplace $\int_{0^-}^{t} i(t')\,dt' \Leftrightarrow \frac{1}{\mathbf{s}}\mathbf{I}(\mathbf{s})$.

▶ EXEMPLO 14.9

Obtenha $v(t)$ para o mesmo circuito, repetido na Figura 14.6 por conveniência.

Esta vez escrevemos uma única equação nodal,

$$\frac{v(t) - u(t)}{4} + \frac{1}{16}\frac{dv}{dt} = 0$$

Aplicando a transformada de Laplace, obtemos

$$\frac{\mathbf{V}(\mathbf{s})}{4} - \frac{1}{4\mathbf{s}} + \frac{1}{16}\mathbf{s}\mathbf{V}(\mathbf{s}) - \frac{v(0^-)}{16} = 0$$

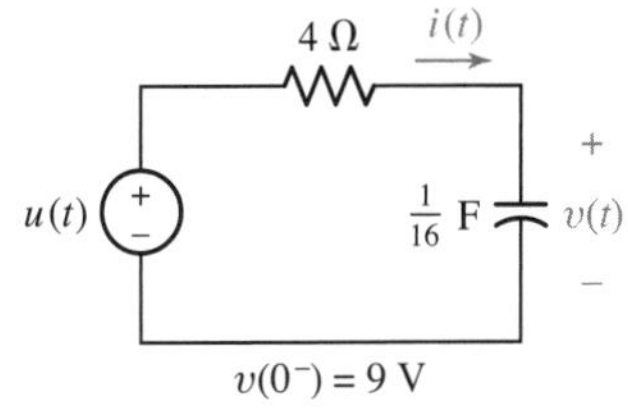

▲ **FIGURA 14.6** Circuito da Figura 14.5 repetido, no qual buscamos a tensão $v(t)$.

ou

$$\mathbf{V}(\mathbf{s})\left(1+\frac{\mathbf{s}}{4}\right)=\frac{1}{\mathbf{s}}+\frac{9}{4}$$

Logo,

$$\begin{aligned}\mathbf{V}(\mathbf{s}) &= \frac{4}{\mathbf{s}(\mathbf{s}+4)}+\frac{9}{\mathbf{s}+4}\\ &= \frac{1}{\mathbf{s}}-\frac{1}{\mathbf{s}+4}+\frac{9}{\mathbf{s}+4}\\ &= \frac{1}{\mathbf{s}}+\frac{8}{\mathbf{s}+4}\end{aligned}$$

e aplicando a transformada inversa de Laplace,

$$v(t)=(1+8e^{-4t})u(t)\text{ V}$$

Para verificar esse resultado, notamos que $(\frac{1}{16})dv/dt$ deve levar à expressão anterior para $i(t)$. Para $t > 0$,

$$\frac{1}{16}\frac{dv}{dt}=\frac{1}{16}(-32)e^{-4t}=-2e^{-4t}$$

que está em concordância com o que obtivemos no Exemplo 14.8.

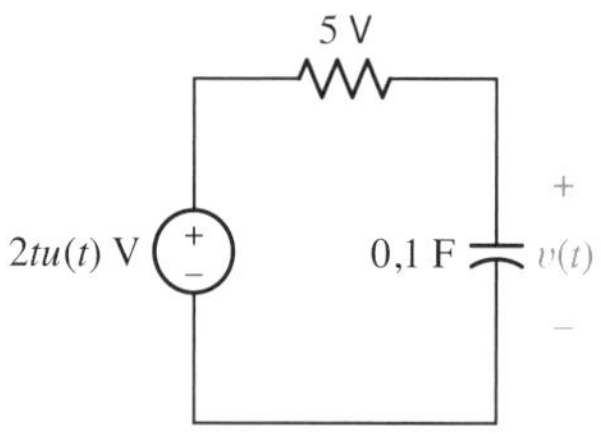

▲ **FIGURA 14.7**

▶ EXERCÍCIO DE FIXAÇÃO

14.12 Obtenha $v(t)$ em $t = 800$ ms para o circuito da Figura 14.7.

Resposta: 802 mV.

Transformada de Laplace de Senoides

Para ilustrar o uso do teorema da linearidade e da derivada no domínio do tempo, sem mencionar a adição de um par de transformadas muito importante à nossa tabela de transformadas de Laplace, vamos estabelecer a transformada de Laplace de sen $\omega t\ u(t)$. Poderíamos usar a expressão integral que define a transformada e fazer a integração por partes, mas isso é desnecessariamente difícil. Em vez disso, usamos a relação

$$\text{sen}\,\omega t=\frac{1}{2j}(e^{j\omega t}-e^{-j\omega t})$$

A transformada da soma desses dois termos é justamente a soma das transformadas, e cada termo é uma função exponencial para a qual já temos a transformada. Podemos escrever imediatamente

$$\mathcal{L}\{\text{sen}\,\omega t\ u(t)\}=\frac{1}{2j}\left(\frac{1}{\mathbf{s}-j\omega}-\frac{1}{\mathbf{s}+j\omega}\right)=\frac{\omega}{\mathbf{s}^2+\omega^2}$$

$$\text{sen}\,\omega t\ u(t)\Leftrightarrow\frac{\omega}{\mathbf{s}^2+\omega^2}\qquad[27]$$

A seguir, usamos o teorema da derivada no domínio do tempo para determinar a transformada de cos $\omega t\ u(t)$, que é proporcional à derivada de sen ωt. Isto é,

$$\mathcal{L}\{\cos \omega t\, u(t)\} = \mathcal{L}\left\{\frac{1}{\omega}\frac{d}{dt}[\operatorname{sen}\omega t\, u(t)]\right\} = \frac{1}{\omega}\mathbf{s}\frac{\omega}{\mathbf{s}^2 + \omega^2}$$

Note que usamos o fato de que sen $\omega t|_{t=0} = 0$.

$$\cos \omega t\, u(t) \Leftrightarrow \frac{\mathbf{s}}{\mathbf{s}^2 + \omega^2} \qquad [28]$$

O Teorema do Deslocamento no Tempo

Como vimos em alguns de nossos problemas iniciais, nem todas as funções forçantes começam em $t = 0$. O que acontece à transformada de uma função temporal se essa função for simplesmente deslocada no tempo? Em particular, se a transformada de $f(t)u(t)$ for a função $\mathbf{F}(\mathbf{s})$ conhecida, então qual é a transformada de $f(t - a)u(t - a)$, a função original deslocada em a segundos (e que não existe em $t < a$)? Trabalhando diretamente a partir da definição da transformada de Laplace, temos

$$\mathcal{L}\{f(t-a)u(t-a)\} = \int_{0^-}^{\infty} e^{-\mathbf{s}t} f(t-a)u(t-a)\,dt$$
$$= \int_{a^-}^{\infty} e^{-\mathbf{s}t} f(t-a)\,dt$$

para $t \rightarrow a^-$. Escolhendo uma nova variável de integração, $\tau = t - a$, obtemos

$$\mathcal{L}\{f(t-a)u(t-a)\} = \int_{0^-}^{\infty} e^{-\mathbf{s}(\tau+a)} f(\tau)\,d\tau = e^{-a\mathbf{s}}\mathbf{F}(\mathbf{s})$$

Portanto,

$$f(t-a)u(t-a) \Leftrightarrow e^{-a\mathbf{s}}\mathbf{F}(\mathbf{s}) \qquad (a \geq 0) \qquad [29]$$

Esse resultado é conhecido como o *teorema do deslocamento no tempo*, e ele simplesmente diz que se uma função temporal tiver um deslocamento a no domínio do tempo, o resultado no domínio da frequência é uma multiplicação por $e^{-a\mathbf{s}}$.

▶ EXEMPLO 14.10

Determine a transformada do pulso retangular $v(t) = u(t - 2) - u(t - 5)$.

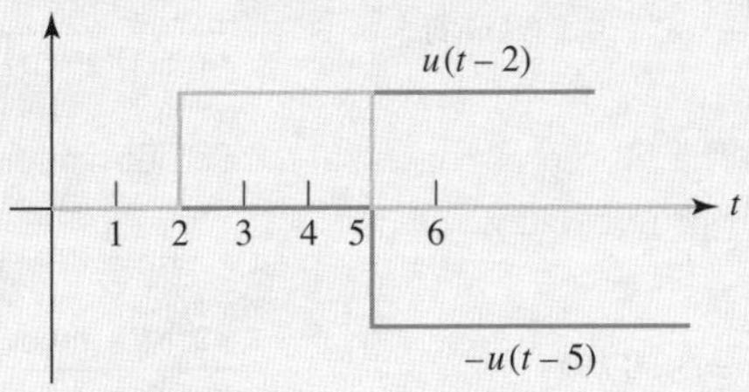

◀ **FIGURA 14.8**
Gráfico de $u(t - 2) - u(t - 5)$.

Esse pulso, cujo gráfico está mostrado na Figura 14.8, tem valor unitário no intervalo de tempo $2 < t < 5$ e valor nulo nos demais pontos. Sabemos que a transformada de $u(t)$ é simplesmente $1/\mathbf{s}$, e como $u(t - 2)$ é simplesmente $u(t)$ atrasado em 2 s, a transformada dessa função atrasada é $e^{-2\mathbf{s}}/\mathbf{s}$. De forma similar, a transformada de $u(t - 5)$ é $e^{-5\mathbf{s}}/\mathbf{s}$. Segue, então, que a transformada desejada é

$$\mathbf{V}(\mathbf{s}) = \frac{e^{-2\mathbf{s}}}{\mathbf{s}} - \frac{e^{-5\mathbf{s}}}{\mathbf{s}} = \frac{e^{-2\mathbf{s}} - e^{-5\mathbf{s}}}{\mathbf{s}}$$

Não foi necessário recorrer à definição da transformada de Laplace para determinar **V**(**s**).

▶ EXERCÍCIO DE FIXAÇÃO

14.13 Obtenha a transformada de Laplace da função temporal mostrada na Figura 14.9.

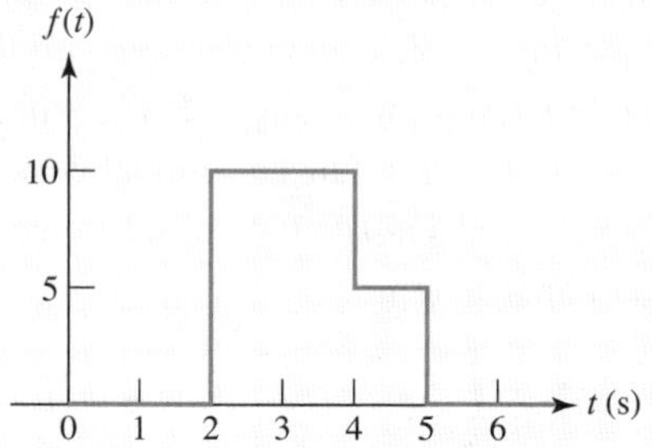

◀ **FIGURA 14.9**

Resposta: $(5/\mathbf{s})(2e^{-2\mathbf{s}} - e^{-4\mathbf{s}} - e^{-5\mathbf{s}})$.

Neste ponto, já obtivemos muitas entradas para o catálogo de pares de transformadas de Laplace que concordamos em construir mais cedo. Aí se incluem as transformadas das funções *impulso*, *degrau*, *exponencial*, *rampa*, *seno* e *cosseno*, e a soma de duas exponenciais. Além disso, notamos as consequências no domínio **s** das operações de adição, multiplicação por uma constante, derivação e integração no domínio do tempo. Esses resultados são reunidos nas Tabelas 14.1 e 14.2; muitos resultados deduzidos no Apêndice 7 também foram incluídos.

TABELA 14.1 ▶ Pares de Transformadas de Laplace

$f(t) = \mathcal{L}^{-1}\{\mathbf{F}(\mathbf{s})\}$	$\mathbf{F}(\mathbf{s}) = \mathcal{L}\{f(t)\}$	$f(t) = \mathcal{L}^{-1}\{\mathbf{F}(\mathbf{s})\}$	$\mathbf{F}(\mathbf{s}) = \mathcal{L}\{f(t)\}$
$\delta(t)$	1	$\frac{1}{\beta - \alpha}(e^{-\alpha t} - e^{-\beta t})u(t)$	$\frac{1}{(\mathbf{s}+\alpha)(\mathbf{s}+\beta)}$
$u(t)$	$\frac{1}{\mathbf{s}}$	$\operatorname{sen} \omega t\, u(t)$	$\frac{\omega}{\mathbf{s}^2 + \omega^2}$
$tu(t)$	$\frac{1}{\mathbf{s}^2}$	$\cos \omega t\, u(t)$	$\frac{\mathbf{s}}{\mathbf{s}^2 + \omega^2}$
$\frac{t^{n-1}}{(n-1)!}u(t),\ n = 1, 2, \ldots$	$\frac{1}{\mathbf{s}^n}$	$\operatorname{sen}(\omega t + \theta)u(t)$	$\frac{\mathbf{s} \operatorname{sen}\theta + \omega\cos\theta}{\mathbf{s}^2 + \omega^2}$
$e^{-\alpha t}u(t)$	$\frac{1}{\mathbf{s}+\alpha}$	$\cos(\omega t + \theta)u(t)$	$\frac{\mathbf{s}\cos\theta - \omega \operatorname{sen}\theta}{\mathbf{s}^2 + \omega^2}$
$te^{-\alpha t}u(t)$	$\frac{1}{(\mathbf{s}+\alpha)^2}$	$e^{-\alpha t} \operatorname{sen} \omega t\, u(t)$	$\frac{\omega}{(\mathbf{s}+\alpha)^2 + \omega^2}$
$\frac{t^{n-1}}{(n-1)!}e^{-\alpha t}u(t),\ n = 1, 2, \ldots$	$\frac{1}{(\mathbf{s}+\alpha)^n}$	$e^{-\alpha t} \cos \omega t\, u(t)$	$\frac{\mathbf{s}+\alpha}{(\mathbf{s}+\alpha)^2 + \omega^2}$

APLICAÇÃO

ESTABILIDADE DE UM SISTEMA

Muitos anos atrás (pelo menos parece), um dos autores dirigia em uma estrada no interior, tentando utilizar o sistema de controle de velocidade do automóvel ("piloto automático"). Após ligar o sistema e fazer o ajuste manual da velocidade do carro para que ela fosse exatamente igual ao limite de velocidade permitido na estrada[3], o botão de ajuste foi solto e o pé foi tirado do acelerador; neste momento, esperava-se que o sistema mantivesse a velocidade ajustada por meio do controle do fluxo de combustível.

© Donovan Reese/Getty Images.

Infelizmente, algo diferente aconteceu. A velocidade do veículo apresentou uma queda imediata de aproximadamente 10%, à qual o sistema eletrônico que controlava o piloto automático respondeu com um acréscimo no fluxo de combustível. Os dois eventos não estavam bem casados, de forma que alguns instantes mais tarde a velocidade do veículo ultrapassou o ponto de ajuste – resultando em uma repentina (e significativa) queda no fluxo de combustível – o que levou a uma redução na velocidade do veículo. Para a consternação do motorista, esse ciclo continuou até que ele desistisse e desligasse o sistema.

Claramente, a resposta do sistema não estava otimizada – de fato, da forma como foi construído, o sistema era *instável*. A estabilidade de sistemas é uma grande preocupação de engenharia em uma ampla variedade de problemas (controle de velocidade, reguladores de temperatura, sistemas de rastreamento, só para mencionar alguns), e as técnicas desenvolvidas neste capítulo são incalculáveis na avaliação da estabilidade de um sistema específico.

Um dos aspectos poderosos associados ao trabalho no domínio **s** viabilizado pela transformada de Laplace é que, em vez de descrevermos a resposta de um sistema específico por meio de uma equação integro-diferencial, podemos obter uma simples função de transferência representada pela razão de dois polinômios em **s**. A questão da estabilidade pode então ser facilmente analisada com o estudo do denominador da função de transferência: *nenhum polo pode ter parte real positiva*.

Há muitas técnicas que podem ser aplicadas no problema da determinação da estabilidade de um sistema específico. Uma técnica simples é conhecida como o ***teste de Routh***. Considere a seguinte função de um sistema no domínio **s** (um conceito desenvolvido em mais detalhes no Capítulo 15)

$$\mathbf{H}(\mathbf{s}) = \frac{\mathbf{N}(\mathbf{s})}{\mathbf{D}(\mathbf{s})}$$

O polinômio em **s** representado por $\mathbf{D}(\mathbf{s})$ pode ser escrito como $a_n\mathbf{s}^n + a_{n-1}\mathbf{s}^{n-1} + \ldots + a_1\mathbf{s} + a_0$. Sem que fatoremos o polinômio, não podemos dizer muito a respeito dos polos. Se todos os coeficientes forem positivos e diferentes de zero, o procedimento de Routh nos diz que devemos arranjá-los de acordo com o seguinte padrão:

$$\begin{array}{cccc} a_n & a_{n-2} & a_{n-4} & \cdots \\ a_{n-1} & a_{n-3} & a_{n-5} & \cdots \end{array}$$

Em seguida, criamos uma terceira linha fazendo a multiplicação cruzada das duas linhas:

$$\frac{a_{n-1}a_{n-2} - a_n a_{n-3}}{a_{n-1}} \qquad \frac{a_{n-1}a_{n-4} - a_n a_{n-5}}{a_{n-1}}$$

e uma quarta linha fazendo a multiplicação cruzada da segunda e terceira linhas. Esse processo continua até que tenhamos $n + 1$ linhas contendo valores numéricos. Tudo o que precisamos fazer é procurar por qualquer mudança de sinal na coluna mais à esquerda. O número de mudanças de sinal indica o número de polos com parte real positiva; qualquer mudança de sinal indica um sistema instável.

Por exemplo, vamos assumir que o sistema de controle de velocidade do automóvel responsável pelo vexame do autor tenha uma função de transferência com denominador

$$\mathbf{D}(\mathbf{s}) = 7\mathbf{s}^4 + 4\mathbf{s}^3 + \mathbf{s}^2 + 13\mathbf{s} + 2$$

Todos os coeficientes desse polinômio de quarta ordem em **s** são positivos e diferentes de zero, assim construímos a tabela de Routh correspondente:

$$\begin{array}{ccc} 7 & 1 & 2 \\ 4 & 13 & 0 \\ -21{,}75 & 2 & \\ 13{,}37 & & \\ 2 & & \end{array}$$

onde observamos duas mudanças de sinal na coluna mais à esquerda. Logo, o sistema é de fato instável (o que explica a sua falha operacional), já que dois de seus polos possuem partes reais positivas.

---

[3] Como não havia câmeras presentes, ninguém pode provar o contrário.

TABELA 14.2 ▶ Operações com a Transformada de Laplace

Operação	$f(t)$	$\mathbf{F(s)}$
Adição	$f_1(t) \pm f_2(t)$	$\mathbf{F}_1(\mathbf{s}) \pm \mathbf{F}_2(\mathbf{s})$
Multiplicação escalar	$kf(t)$	$k\mathbf{F}(\mathbf{s})$
Diferenciação no tempo	$\frac{df}{dt}$	$\mathbf{sF}(\mathbf{s}) - f(0^-)$
	$\frac{d^2f}{dt^2}$	$\mathbf{s}^2\mathbf{F}(\mathbf{s}) - \mathbf{s}f(0^-) - f'(0^-)$
	$\frac{d^3f}{dt^3}$	$\mathbf{s}^3\mathbf{F}(\mathbf{s}) - \mathbf{s}^2 f(0^-) - \mathbf{s}f'(0^-) - f''(0^-)$
Integração no tempo	$\int_{0^-}^{t} f(t)\,dt$	$\frac{1}{\mathbf{s}}\mathbf{F}(\mathbf{s})$
	$\int_{-\infty}^{t} f(t)\,dt$	$\frac{1}{\mathbf{s}}\mathbf{F}(\mathbf{s}) + \frac{1}{\mathbf{s}}\int_{-\infty}^{0^-} f(t)\,dt$
Convolução	$f_1(t) * f_2(t)$	$\mathbf{F}_1(\mathbf{s})\mathbf{F}_2(\mathbf{s})$
Deslocamento no tempo	$f(t-a)u(t-a), a \geq 0$	$e^{-a\mathbf{s}}\mathbf{F}(\mathbf{s})$
Deslocamento na frequência	$f(t)e^{-at}$	$\mathbf{F}(\mathbf{s}+a)$
Diferenciação na frequência	$tf(t)$	$-\frac{d\mathbf{F}(\mathbf{s})}{d\mathbf{s}}$
Integração na frequência	$\frac{f(t)}{t}$	$\int_{\mathbf{s}}^{\infty} \mathbf{F}(\mathbf{s})\,d\mathbf{s}$
Mudança de Escala	$f(at), a \geq 0$	$\frac{1}{a}\mathbf{F}\left(\frac{\mathbf{s}}{a}\right)$
Valor Inicial	$f(0^+)$	$\lim_{\mathbf{s}\to\infty} \mathbf{sF}(\mathbf{s})$
Valor Final	$f(\infty)$	$\lim_{\mathbf{s}\to 0} \mathbf{sF}(\mathbf{s})$, todos os polos de $\mathbf{sF}(\mathbf{s})$ no SPE
Periodicidade no tempo	$f(t) = f(t+nT)$, $n = 1, 2, \ldots$	$\frac{1}{1-e^{-T\mathbf{s}}}\mathbf{F}_1(\mathbf{s})$, onde $\mathbf{F}_1(\mathbf{s}) = \int_{0^-}^{T} f(t)e^{-\mathbf{s}t}\,dt$

14.7 ▶ OS TEOREMAS DO VALOR INICIAL E DO VALOR FINAL

Os dois últimos teoremas fundamentais que vamos discutir são conhecidos como os teoremas do valor inicial e do valor final. Eles nos permitem avaliar $f(0^+)$ e $f(\infty)$ simplesmente examinando os valores limite de $\mathbf{sF}(\mathbf{s})$. Tal habilidade pode ser incalculável; se apenas os valores inicial e final são necessários para uma função de interesse específica, não há necessidade de se perder tempo com a realização de uma operação de transformada inversa.

O Teorema do Valor Inicial

Para deduzir o teorema do valor inicial, consideramos novamente a transformada de Laplace da derivada,

$$\mathcal{L}\left\{\frac{df}{dt}\right\} = \mathbf{sF}(\mathbf{s}) - f(0^-) = \int_{0^-}^{\infty} e^{-\mathbf{s}t}\frac{df}{dt}\,dt$$

Agora fazemos $\mathbf{s}$ tender a infinito. Dividindo a integral em duas partes,

$$\lim_{s \to \infty} [\mathbf{sF(s)} - f(0^-)] = \lim_{s \to \infty} \left(\int_{0^-}^{0^+} e^0 \frac{df}{dt} dt + \int_{0^+}^{\infty} e^{-st} \frac{df}{dt} dt \right)$$

vemos que a segunda integral deve tender a zero no limite, pois o integrando tende a zero. Além disso, $f(0^-)$ não é uma função de **s** e pode ser removida do limite da esquerda:

$$-f(0^-) + \lim_{s \to \infty} [\mathbf{sF(s)}] = \lim_{s \to \infty} \int_{0^-}^{0^+} df = \lim_{s \to \infty} [f(0^+) - f(0^-)]$$
$$= f(0^+) - f(0^-)$$

e, finalmente,

$$f(0^+) = \lim_{s \to \infty} [\mathbf{sF(s)}]$$

ou

$$\lim_{t \to 0^+} f(t) = \lim_{s \to \infty} [\mathbf{sF(s)}] \qquad [30]$$

Este é o enunciado matemático do ***teorema do valor inicial***. Ele diz que o valor inicial da função temporal $f(t)$ pode ser obtido a partir de sua transformada de Laplace **F(s)**, primeiro multiplicando-se essa função por **s** e então fazendo **s** tender a infinito. Note que o valor inicial de $f(t)$ que obtemos é o limite à direita.

O teorema do valor inicial, juntamente com o teorema do valor final que consideraremos em um momento, é útil na verificação dos resultados de uma transformação ou de uma transformação inversa. Por exemplo, quando calculamos a transformada de $\cos(\omega_0 t)u(t)$ pela primeira vez, obtivemos $\mathbf{s}/(\mathbf{s}^2 + \omega_0^2)$. Após notar que $f(0^+) = 1$, podemos verificar parcialmente a validade desse resultado com a aplicação do teorema do valor inicial:

$$\lim_{s \to \infty} \left(\mathbf{s} \frac{\mathbf{s}}{\mathbf{s}^2 + \omega_0^2} \right) = 1$$

e a verificação está completa.

O Teorema do Valor Final

O teorema do valor final não é tão útil quanto o teorema do valor inicial, porque ele pode ser usado apenas em uma classe específica de transformadas. Para determinar se uma transformada se enquadra nessa classe, o denominador de **F(s)** deve ser avaliado para que todos os valores que o anulam sejam obtidos; isto é, os polos de **F(s)**. Apenas as transformadas **F(s)** com todos os polos localizados na metade esquerda do plano **s** (isto é, $\sigma < 0$), exceto no caso de um polo simples em $\mathbf{s} = 0$, são adequadas ao uso do teorema do valor final. Novamente consideramos a transformada de Laplace de df/dt,

$$\int_{0^-}^{\infty} e^{-st} \frac{df}{dt} dt = \mathbf{sF(s)} - f(0^-)$$

dessa vez no limite à medida que **s** tende a zero,

$$\lim_{s\to 0}\int_{0^-}^{\infty} e^{-st}\frac{df}{dt}\,dt = \lim_{s\to 0}[\mathbf{sF(s)} - f(0^-)] = \int_{0^-}^{\infty}\frac{df}{dt}\,dt$$

Assumimos que $f(t)$ e sua derivada primeira sejam transformáveis. Agora, o último termo dessa equação é facilmente expresso como um limite,

$$\int_{0^-}^{\infty}\frac{df}{dt}\,dt = \lim_{t\to\infty}\int_{0^-}^{t}\frac{df}{dt}\,dt$$
$$= \lim_{t\to\infty}[f(t) - f(0^-)]$$

Reconhecendo que $f(0^-)$ é uma constante, uma comparação entre as duas últimas equações nos mostra que

$$\lim_{t\to\infty} f(t) = \lim_{s\to 0}[\mathbf{sF(s)}] \qquad [31]$$

que é o ***teorema do valor final***. Ao aplicar esse teorema, é necessário saber que $f(\infty)$, o limite de $f(t)$ com t tendendo a infinito, existe, ou – o que quer dizer a mesma coisa – que todos os polos de $\mathbf{F(s)}$ estejam localizados *no* semiplano esquerdo de $\mathbf{s}$ exceto no caso (possível) de um polo simples na origem. O produto $\mathbf{sF(s)}$ tem portanto todos os seus polos localizados *no* semiplano esquerdo.

▶ EXEMPLO 14.11

Use o teorema do valor final para determinar $f(\infty)$ para a função $(1 - e^{-at})u(t)$, onde $a > 0$.

Sem nem mesmo usar o teorema do valor final, vemos imediatamente que $f(\infty) = 1$. A transformada de $f(t)$ é

$$\mathbf{F(s)} = \frac{1}{\mathbf{s}} - \frac{1}{\mathbf{s}+a}$$
$$= \frac{a}{\mathbf{s}(\mathbf{s}+a)}$$

Os polos de $\mathbf{F(s)}$ são $\mathbf{s} = 0$ e $\mathbf{s} = -a$. Portanto, o polo não nulo de $\mathbf{F(s)}$ está localizado no semiplano esquerdo de $\mathbf{s}$, pois garantimos que $a > 0$; vemos que podemos de fato aplicar o teorema do valor final nesta função. Multiplicando-a por $\mathbf{s}$ e fazendo $\mathbf{s}$ tender a zero, obtemos

$$\lim_{s\to 0}[\mathbf{sF(s)}] = \lim_{s\to 0}\frac{a}{\mathbf{s}+a} = 1$$

que concorda com $f(\infty)$.

Se $f(t)$ for uma senoide, no entanto, de forma que $\mathbf{F(s)}$ tenha polos no eixo $j\omega$, então o uso cego do teorema do valor final pode nos levar a concluir que o valor final dessa função é nulo. Sabemos, no entanto, que o valor final de sen $\omega_0 t$ ou cos $\omega_0 t$ é indeterminado. Assim, cuidado com polos no eixo $j\omega$!

▶ EXERCÍCIO DE FIXAÇÃO

14.14 Sem obter $f(t)$ primeiro, determine $f(0^+)$ e $f(\infty)$ para cada uma das transformadas a seguir: (*a*) $4e^{-2\mathbf{s}}(\mathbf{s} + 50)/\mathbf{s}$; (*b*) $(\mathbf{s}^2 + 6)/(\mathbf{s}^2 + 7)$; (*c*) $(5\mathbf{s}^2 + 10)/[2\mathbf{s}(\mathbf{s}^2 + 3\mathbf{s} + 5)]$.

Resposta: 0, 200; ∞, indeterminado (polos localizados no eixo $j\omega$); 2,5, 1.

RESUMO E REVISÃO

O tema principal deste capítulo é a transformada de Laplace, uma ferramenta matemática para converter funções bem-comportadas no domínio do tempo em expressões no domínio da frequência. Antes de introduzir a transformação, nós consideramos primeiro a noção de uma frequência complexa, a que nos referimos como s. Este termo conveniente possui uma componente real (σ) e uma componente imaginária (ω), podendo então ser escrito como s = σ + jω. Na verdade, esta é uma simplificação para uma senoidal exponencialmente amortecida, e notamos que várias funções comuns são na verdade casos especiais de tal função. Análise limitada de circuitos pode ser desenvolvida com esta função generalizada, mas seu verdadeiro propósito era simplesmente familiarizar o leitor com a ideia da então chamada frequência complexa.

Uma das coisas mais surpreendentes é que a análise de circuitos no dia a dia não exige implementação direta da transformada integral de Laplace ou sua correspondente integral inversa! Em vez disso, o uso das tabelas são empregados rotineiramente, e o polinômios S que resultam da análise de circuitos no domínio s são fatorados em termos menores, facilmente reconhecíveis. Isso funciona porque cada par de transformada de Laplace é único. Entretanto, há vários teoremas associados à transformada de Laplace que são usados frequentemente.. Estes incluem o teorema da linearidade, o teorema da derivada no domínio do tempo, e o teorema da integração no domínio do tempo. O teorema do deslocamento no tempo, bem como os teoremas de valor inicial e valor final, também são comumente utilizados.

A técnica de Laplace não é restrita a análise de circuitos, ou mesmo em engenharia elétrica no que tange a este tópico. Qualquer sistema que é descrito pelas equações integro-diferenciais podem utilizar os conceitos estudados neste capítulo. Nesta etapa, no entanto, é melhor rever os conceitos chaves já discutidos, destacando os exemplos apropriados.

- O conceito de frequência complexa nos permite considerar simultaneamente as componentes oscilatórias e exponencialmente amortecidas de uma função (Exemplo 14.1).
- A frequência complexa $\mathbf{s} = \sigma + j\omega$ é o caso geral; as funções CC ($\mathbf{s} = 0$), exponencial ($\omega = 0$) e senoidal ($\sigma = 0$) são casos especiais.
- A análise de circuitos no domínio **s** resulta na conversão de equações *integro-diferenciais* no domínio do tempo em equações *algébricas* no domínio da frequência (Exemplo 14.1).
- Em problemas de análise de circuitos, convertemos funções do domínio do tempo para o domínio da frequência usando a transformada de Laplace unilateral: $\mathbf{F}(\mathbf{s}) = \int_{0^-}^{\infty} e^{-st} f(t)dt$ (Exemplo 14.2).
- A transformada inversa de Laplace converte expressões escritas no domínio da frequência em expressões no domínio do tempo. Entretanto, ela é raramente necessária graças à existência de tabelas com pares de transformadas de Laplace (Exemplo 14.3).
- A função impulso unitário é uma aproximação comum para pulsos com largura muito estreita em comparação com as constantes de

tempo de um circuito. Ela é diferente de zero em apenas um único ponto e tem área unitária.

- $\mathcal{L}\{f_1(t) + f_2(t)\} = \mathcal{L}\{f_1(t)\} + \mathcal{L}\{f_2(t)\}$ (*propriedade aditiva*)
- $\mathcal{L}\{kf(t)\} = k\mathcal{L}\{f(t)\}$, k = constante (*propriedade da homogeneidade*)
- Transformadas inversas são tipicamente obtidas para simplificar grandezas do domínio **s** em expressões tabeladas (como na Tabela 14.1), o que é feito com o emprego combinado de técnicas de expansão em frações parciais e operações diversas (Tabela 14.2) (Exemplos 14.4, 14.5, 14.6 e 14.10).
- Os teoremas da diferenciação e da integração nos permitem converter equações integro-diferenciais no domínio do tempo em simples equações algébricas no domínio da frequência (Exemplos 14.7, 14.8 e 14.9).
- Os teoremas do valor inicial e do valor final são úteis apenas quando os valores específicos $f(t = 0^+)$ ou $f(t \to \infty)$ são desejados (Exemplo 14.11).

LEITURA COMPLEMENTAR

Um desenvolvimento de fácil leitura da transformada de Laplace e de algumas de suas propriedades fundamentais pode ser encontrado no Capítulo 4 de

A. Pinkus e S. Zafrany, *Fourier Series and Integral Transforms*, Cambridge, United Kingdom: Cambridge University Press, 1997.

Um tratamento muito mais detalhado de transformadas integrais e sua aplicação na ciência e em aplicações de engenharia pode ser encontrado em

B. Davies, *Integral Transforms and Their Applications*, 3ª ed. New York: Springer-Verlag, 2002.

Estabilidade e o teste de Routh são discutidos no Capítulo 5 de

K. Ogata, *Modern Control Engineering*, 4ª ed. Englewood Cliffs, N.J.: Prentice-Hall, 2002.

EXERCÍCIOS

14.1 Frequência Complexa

1. Determine o conjugado de cada um dos seguintes: (a) $8 - j$; (*b*), $8e^{-9t}$; (c) 22,5 (d) $4e\,j^9$; (*e*) $j2e^{-j11}$.

2. Calcule o conjugado complexo de cada uma das expressões seguintes: (a) –1 (*b*) $\frac{-j}{5\angle 20^\circ}$; (*c*) $5e^{-j5} + 2e^{j3}$; (*d*) $(2 + j)(8\angle 30^\circ)e^{j2t}$.

3. Várias tensões reais são escritas em um pedaço de papel, porem derramou-se café em metade de cada uma. Complete a expressão de tensão se a parte legível é (*a*) $5e^{-j50t}$; (*b*) $(2 + j)\,e\,j^{9t}$; (*c*) $(1 - j)\,e^{j78t}$; (*d*)$-je^{-5t}$. Suponha que as unidades de cada tensão são volts (V).

4. Indique a frequência complexa ou as frequências associadas a cada função: (*a*) $f(t)$ = sen $100t$; (*b*) $f(t) = 10$; (*c*) $g(t) = 5e^{-7t}\cos 80t$; (*d*) $f(t) = 5e^{8t}$; (*e*) $g(t) = (4e^{-2t} - e^{-t})\cos(4t - 95^\circ)$.

5. Para cada uma das seguintes funções, determine a frequência complexa **s** e **s*** para: (*a*) $7e^{\,9t}$ sen $(100t + 9^\circ)$; (*b*) $\cos 9t$; (*c*) 2 sen $45t$; (*d*) $e^{7t}\cos 7t$.

6. Use as constantes reais *A, B, θ, ϕ*, etc, para construir a forma geral de uma função real no domínio do tempo caracterizada pelas seguintes componentes de frequência: (*a*) $10 - j3$ s^{-1}; (*b*) 0,25 s^{-1}; (*c*) 0, 1, $-j$, $1 + j$ (todos s^{-1}).

7. As seguintes fontes de tensão $\text{A}e^{bt}\cos(\text{C}t + \theta)$ são ligados (uma de cada vez) a um resistor de 280 Ω. Calcule a corrente resultante em t = 0, 0,1 e 0,5 s, assumindo a convenção de sinal passivo: (*a*) A = 1 V, B = 0,2 Hz, C = 0, θ = 45°; (*b*) A = 285 mV, B = –1 Hz, C = 2 rad/s, θ = –45°.

8. O telefone celular do seu vizinho interfere com o alto-falante de seu notebook sempre que o telefone está se conectando à rede local. Conectando um osciloscópio à tomada de saída do seu computador, você observa uma forma de onda de tensão que pode ser descrita por uma frequência complexa $s = -1 + j200\pi$ s^{-1}. (*a*) O que pode você deduzir sobre os movimentos do seu vizinho? (*b*) A parte imaginária da frequência complexa começa a diminuir repentinamente. Altere sua dedução conforme o caso.

9. Calcule a parte real de cada uma das seguintes funções complexas: (*a*) $v(t) = 9e^{-j4t}$ V; (*b*) $v(t) = 12 - j9$ V; (*c*) $5\cos 100t - j43$ sen $100t$ V; (*d*) $(2 + j)\,e^{j3t}$ V.

10. Seu novo assistente mediu o sinal vindo de um equipamento, escrevendo $v(t) = \mathbf{V}_x e^{(-2 + j60)t}$, onde $\mathbf{V}_x = 8 - j100$ V. (*a*) Há um termo faltando. Qual é ele e como você percebeu a sua falta? (*b*) Qual é a frequência complexa do sinal? (*c*) O que significa o fato de $\text{Im}\{\mathbf{V}_x\} > \text{Re}\{\mathbf{V}_x\}$? O que significa o fato de $|\text{Re}\{\mathbf{s}\}| < |\text{Im}\{\mathbf{s}\}|$?

14.2 A Função Forçante Senoidal Amortecida

11. Indique a tensão no domínio do tempo $v(t)$, que corresponde à tensão $\mathbf{V} = 19\underline{/84^\circ}$ V se **s** for igual a (*a*) 5 s^{-1}; (*b*) 0; (*c*) $-4 + j$ s^{-1}.

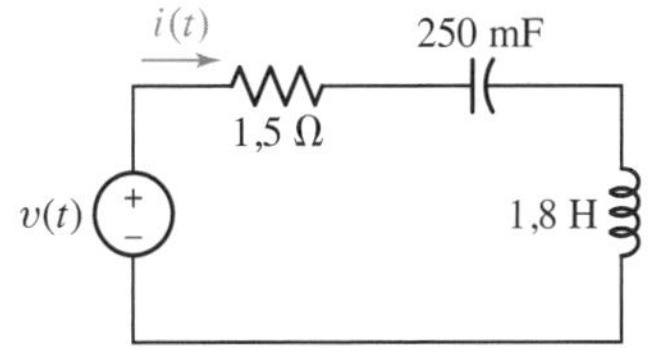

▶ **FIGURA 14.10**

12. Para o circuito da Figura 14.10, a fonte de tensão é escolhida de tal forma que ele pode ser representado pela função complexa no domínio da frequência $\mathbf{V}\,e^{st}$, com $V = 2{,}5\underline{/-20^\circ}$ V e $\mathbf{s} = -1 + j100$ s^{-1}. Calcule (*a*) $\mathbf{s}^*$; (*b*) $v(t)$, a representação da fonte de tensão no domínio do tempo; (*c*) a corrente $i(t)$.

13. Com relação ao circuito mostrado na Figura 14.10, determine a tensão $v(t)$ no domínio do tempo, que corresponde a uma corrente $i(t) = 5\underline{/30^\circ}$ no domínio da frequência para uma frequência de complexa de (*a*) $\mathbf{s} = -2 + j2$ s^{-1}; (*b*) $\mathbf{s} = -3 + j$ s^{-1}.

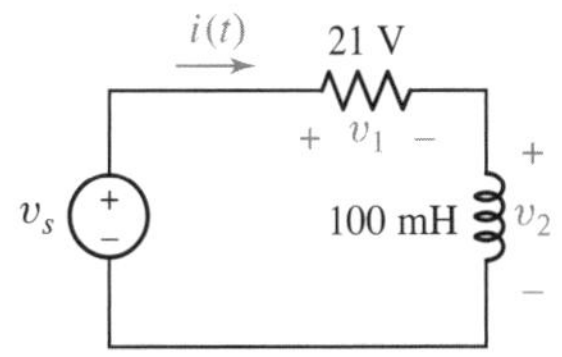

▶ **FIGURA 14.11**

14. Para o circuito ilustrado na Figura 14.11, use $\mathbf{s} = -200 + j150$ s^{-1}. Determine a relação das tensões no domínio da frequência $\mathbf{V}_2$ e $\mathbf{V}_1$, que corresponde a $v_2(t)$ e $v_1(t)$, respectivamente.

15. Se a frequência complexa que descreve o circuito da Figura 14.11 é $\mathbf{s} = -150 + j100$ s^{-1}, determine a tensão no domínio do tempo que corresponde à tensão no domínio da frequência $\mathbf{V}_2 = 5\underline{/-25^\circ}$ V.

16. Calcule a tensão v no domínio do tempo no circuito da Figura 14.12 se a representação da fonte de corrente no domínio da frequência é de $2{,}3\underline{/5^\circ}$ A em uma frequência complexa de $\mathbf{s} = -1 + j2$ s^{-1}.

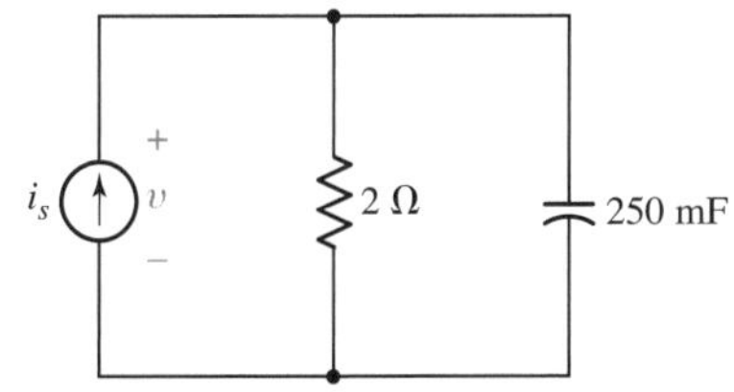

▶ **FIGURA 14.12**

17. O circuito da Figura 14.12 funciona por um longo período de tempo, sem interrupção. A tensão no domínio da frequência, que se desenvolve entre os três elementos pode ser representada como $1{,}8\underline{/75^\circ}$ V com uma frequência complexa de $\mathbf{s} = -2 + j1{,}5$ s^{-1}. Determine a corrente i_s no domínio do tempo.

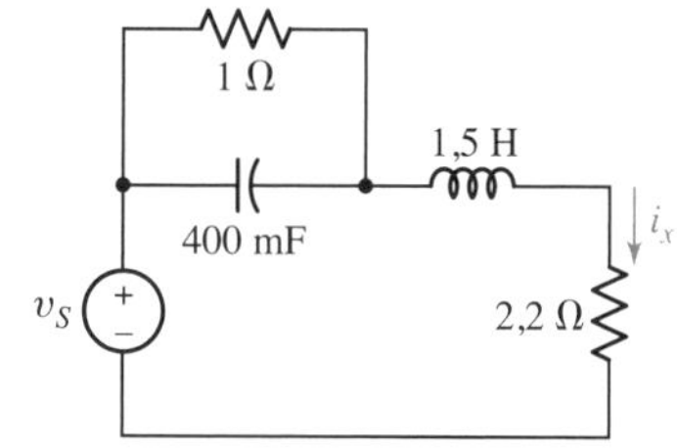

▶ **FIGURA 14.13**

18. O circuito da Figura 14.13 é alimentado por $v_S(t) = 10 \cos 5t$ V. (*a*) Determine a frequência complexa da fonte; (*b*) determine a representação da fonte no domínio da frequência; (*c*) calcule a representação de i_x no domínio da frequência; (*d*) obtenha a expressão para i_x no domínio do tempo.

19. A corrente i_x no domínio da frequência que flui através do resistor de 2,2 Ω da Figura 14.13 pode ser representada como $2\underline{/10^\circ}$ A com uma frequência complexa de $\mathbf{s} = -1 + j0{,}5\ \text{s}^{-1}$. Determine a tensão v_s no domínio do tempo.

20. Seja $i_{s1} = 20e^{-3t} \cos 4t$ A e $i_{s2} = 30e^{-3t}$ sen $4t$ A no circuito da Figura 14.14. (*a*) Trabalhe no domínio da frequência para encontrar $\mathbf{V}_x$; (I) obtenha $v_x(t)$.

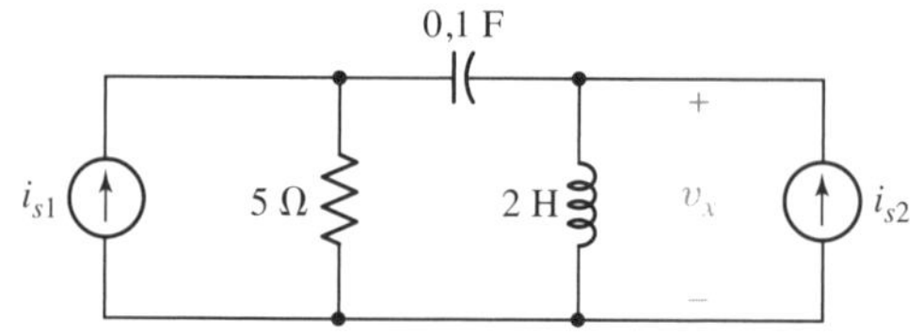

◀ **FIGURA 14.14**

14.3 Definição da Transformada de Laplace

21. Calcule, com o auxílio da Equação [14] (e mostrando os passos intermediários), a transformada de Laplace das funções a seguir: (I) $2{,}1u(t)$; (*b*) $2u(t-1)$; (*c*) $5u(t-2) - 2u(t)$; (*d*) $3u(t-b)$, onde $b > 0$.

22. Empregue a transformada integral de Laplace unilateral (com os passos intermediários explicitamente incluídos) para calcular as expressões no domínio **s** que correspondem às seguintes funções: (*a*) $5u(t-6)$; (*b*) $2e^{-t}u(t)$; (*c*) $2e^{-t}u(t-1)$; (*d*) e^{-2t} sen $5tu(t)$.

23. Com o auxílio da Equação [14] e mostrando os passos intermediários adequados, calcule a transformada de Laplace unilateral das funções a seguir: (*a*) $(t-1)u(t-1)$; (*b*) $t2u(t)$; (*c*) sen $2tu(t)$; (*d*) cos $100t\, u(t)$.

24. A transformada de Laplace de $tf(t)$, assumindo $\mathcal{L}\{f(t)\} = \mathbf{F(s)}$, é dada por $-\frac{d}{d\mathbf{s}}\mathbf{F(s)}$. Teste isso comparando o resultado previsto com o que é encontrado diretamente empregando a Equação [14] para (*a*) $tu(t)$; (*b*) $t^2u(t)$; (*c*) $t^3u(t)$; (*d*) $te^{-t}u(t)$.

14.4 Transformada de Laplace de Funções Temporais Simples

25. Para as seguintes funções, especifique o intervalo de σ_0 para os quais existe a transformada de Laplace unilateral: (*a*) $t + 4$; (*b*), $(t+1)(t-2)$; (*c*) $e^{-t/2}u(t)$; (*d*) sen $10t\, u(t+1)$.

26. Mostre, com a ajuda da Equação [14], que $\mathcal{L}\{f(t) + g(t) + h(t)\} = \mathcal{L}\{f(t)\} + \mathcal{L}\{g(t)\} + \mathcal{L}\{h(t)\}$.

27. Determine $\mathbf{F(s)}$ se $f(t)$ é igual a (*a*) $3u(t-2)$; (*b*) $3e^{-2}tu(t) + 5u(t)$; (c) $\delta(t) + u(t) - tu(t)$; (*d*) $5\delta(t)$.

28. Obtenha uma expressão para a $\mathbf{G(s)}$ se $g(t)$ é dada por (*a*) $[5u(t)]^2 - u(t)$;

(*b*) $2u(t) - 2u(t-2)$; (*c*) $tu(2t)$; (*d*) $2e^{-t}u(t) + 3u(t)$.

29. Sem recorrer à Equação [15], obtenha uma expressão para $f(t)$ se $\mathbf{F(s)}$ é dada por

$$(a)\ \frac{1}{\mathbf{s}};\ (b)\ 1{,}55 - \frac{2}{\mathbf{s}};\ (c)\ \frac{1}{\mathbf{s} + 1{,}5};\ (d)\ \frac{5}{\mathbf{s}^2} + \frac{5}{\mathbf{s}} + 5$$

(forneça uma breve explicação de como você chegou a sua solução).

30. Obtenha uma expressão para $g(t)$, sem empregar a inversa da transformada integral de Laplace, se $\mathbf{G}(\mathbf{s})$ é conhecido como $a)\ \dfrac{1{,}5}{(\mathrm{s}+9)^2}$; $(b)\ \dfrac{2}{\mathrm{s}} - 0$; $(c)\ \pi$; $(c)\ \pi$; $(d)\ \dfrac{a}{(\mathrm{s}+1)^2} - a, a > 0$, a > 0 (forneça uma breve explicação sobre a sua solução para cada caso).

31. Avalie: (*a*) $\delta(t)$ no instante $t = 1$; (*b*) $5\delta\,(t+1) + u(t+1)$, em $t = 0$; (*c*) $\int_{-1}^{2} d(t)\,dt$, (*d*) $3 - \int_{-1}^{2} 2d(t)dt$

32. Avalie: (*a*) $[\delta\,(2t)]^2$, em $t = 1$; (*b*) $2\delta\,(t-1) + u(-t+1)$, em $t = 0$;

$$(c)\ \frac{1}{3}\int_{-0{,}001}^{0{,}003} \delta(t)\,dt;\ (d)\ \frac{1}{\left[\frac{1}{2}\int_{0}^{2}\delta(t-1)\,dt|\right]^2}.$$

33. Avalie as seguintes expressões em $t = 0$:

$$(a)\int_{-\infty}^{+\infty} 2\delta(t-1)\,dt;\ (b)\ \frac{\int_{-\infty}^{+\infty}\delta(t+1)\,dt}{u(t+1)};\ (c)\ \frac{\sqrt{3\int_{-\infty}^{+\infty}\delta(t-2)\,dt}}{[u(1-t)]^3} - \sqrt{u(t+2)};$$

$$(d)\left[\left|\frac{\int_{-\infty}^{+\infty}\delta(t-1)\,dt}{\int_{-\infty}^{+\infty}\delta(t+1)\,dt}\right|\right]^2.$$

34. Avalie:

$$(a)\int_{-\infty}^{+\infty} e^{-100}\delta\left(t-\frac{1}{5}\right)dt;\ (b)\int_{-\infty}^{+\infty} 4t\delta(t-2)\,dt;\ (c)\int_{-\infty}^{+\infty} 4t^2\delta(t-1{,}5)\,dt;$$

$$(d)\ \frac{\int_{-\infty}^{+\infty}(4-t)\delta(t-1)\,dt}{\int_{-\infty}^{+\infty}(4-t)\delta(t+1)\,dt}.$$

14.5 Técnicas para Transformadas Inversas

35. Determine a transformada inversa de $\mathbf{F}(\mathbf{s})$ igual

$$(a)\,5 + \frac{5}{\mathrm{s}^2} - \frac{5}{(\mathrm{s}+1)};$$

$$(b)\ \frac{1}{\mathrm{s}} + \frac{5}{(0{,}1\mathrm{s}+4)} - 3;\ (c)\ -\frac{1}{2\mathrm{s}} + \frac{1}{(0{,}5\mathrm{s})^2} + \frac{4}{(\mathrm{s}+5)(\mathrm{s}+5)} + 2;$$

$$(d)\ \frac{4}{(\mathrm{s}+5)(\mathrm{s}+5)} + \frac{2}{\mathrm{s}+1} + \frac{1}{\mathrm{s}+3}.$$

36. Obtenha uma expressão para $g(t)$ se $\mathbf{G}(\mathbf{s})$ é dada por

$$(a)\ \frac{3(\mathrm{s}+1)}{(\mathrm{s}+1)^2} + \frac{2\mathrm{s}}{\mathrm{s}^2} - \frac{1}{(\mathrm{s}+2)^2};$$

$$(b) - \frac{10}{(\mathrm{s}+3)^3};\ (c)\ 19 - \frac{8}{(\mathrm{s}+3)^2} + \frac{18}{\mathrm{s}^2+6\mathrm{s}+9}.$$

37. Reconstrua a função no domínio do tempo, se a sua transformada é

$$(a)\ \frac{\mathrm{s}}{\mathrm{s}(\mathrm{s}+2)};\ (b)\ 1;$$

$$(c)\,3\frac{\mathrm{s}+2}{(\mathrm{s}^2+2\mathrm{s}+4)};\ (d)\,4\frac{\mathrm{s}}{2\mathrm{s}+3}.$$

38. Determine a transformada inversa de $\mathbf{V}(\mathbf{s})$ igual *a*

$$(a)\ \frac{\mathrm{s}^2+2}{\mathrm{s}} + 1;$$

$$(b)\ \frac{\mathrm{s}+8}{\mathrm{s}} + \frac{2}{\mathrm{s}^2};\ (c)\ \frac{\mathrm{s}+1}{\mathrm{s}(\mathrm{s}+2)} + \frac{2\mathrm{s}^2-1}{\mathrm{s}^2};\ (d)\ \frac{\mathrm{s}^2+4\mathrm{s}+4}{\mathrm{s}}.$$

39. Obtenha as expressões no domínio de tempo que correspondem a cada uma das seguintes funções no domínio **s**:

$(a)\, 2\dfrac{3\mathbf{s} + \frac{1}{2}}{\mathbf{s}^2 + 3\mathbf{s}}$; $(b)\, 7 - \dfrac{\mathbf{s} + \frac{1}{\mathbf{s}}}{\mathbf{s}^2 + 3\mathbf{s} + 1}$; $(c)\, \dfrac{2}{\mathbf{s}^2} + \dfrac{1}{\mathbf{s}} + \dfrac{\mathbf{s} + 2}{\left(\frac{\mathbf{s}}{2}\right)^2 + 4\mathbf{s} + 6}$;

$(d)\, \dfrac{2}{(\mathbf{s} + 1)(\mathbf{s} + 1)}$; $(e)\, \dfrac{14}{(\mathbf{s} + 1)^2(\mathbf{s} + 4)(\mathbf{s} + 5)}$.

40. Encontre a transformada inversa de Laplace das seguintes funções:

$(a)\, \dfrac{1}{\mathbf{s}^2 + 9\mathbf{s} + 20}$; $(b)\, \dfrac{4}{\mathbf{s}^3 + 18\mathbf{s}^2 + 17\mathbf{s}} + \dfrac{1}{\mathbf{s}}$; $(c)\, (0{,}25)\dfrac{1}{\left(\frac{\mathbf{s}}{2}\right)^2 + 1{,}75\mathbf{s} + 2{,}5}$;

$(d)\, \dfrac{3}{\mathbf{s}(\mathbf{s} + 1)(\mathbf{s} + 4)(\mathbf{s} + 5)(\mathbf{s} + 2)}$.

(e) Verifique as suas respostas com o MATLAB.

41. Determine a transformada inversa de Laplace de cada uma das seguintes expressões no domínio **s**:

$(a)\, \dfrac{1}{(\mathbf{s} + 2)^2(\mathbf{s} + 1)}$; $(b)\, \dfrac{\mathbf{s}}{(\mathbf{s}^2 + 4\mathbf{s} + 4)(\mathbf{s} + 2)}$; $(c)\, \dfrac{8}{\mathbf{s}^3 + 8\mathbf{s}^2 + 21\mathbf{s} + 18}$.

(*d*) Verifique as suas respostas com o MATLAB.

42. Dadas as seguintes expressões no domínio **s**, determine as correspondentes funções no domínio do tempo:

$(a)\, \dfrac{1}{3\mathbf{s}} - \dfrac{1}{2\mathbf{s} + 1} + \dfrac{3}{\mathbf{s}^3 + 8\mathbf{s}^2 + 16\mathbf{s}} - 1$;

$(b)\, \dfrac{1}{3\mathbf{s} + 5} + \dfrac{3}{\mathbf{s}^3/8 + 0{,}25\mathbf{s}^2}$; $(c)\, \dfrac{2\mathbf{s}}{(\mathbf{s} + a)^2}$.

43. Calcule $\mathcal{L}^{-1}\{\mathbf{G}(\mathbf{s})\}$ se $\mathbf{G}(\mathbf{s})$ é dada por

$(a)\, \dfrac{3\mathbf{s}}{(\mathbf{s}/2 + 2)^2(\mathbf{s} + 2)}$;

$(b)\, 3 - 3\dfrac{\mathbf{s}}{(2\mathbf{s}^2 + 24\mathbf{s} + 70)(\mathbf{s} + 5)}$; $(c)\, 2 - \dfrac{1}{\mathbf{s} + 100} + \dfrac{\mathbf{s}}{\mathbf{s}^2 + 100}$; $(d)\, \mathcal{L}\{tu(2t)\}$.

44. Obtenha a expressão no domínio do tempo que corresponde as seguintes funções no domínio **s**:

$(a)\, \dfrac{\mathbf{s}}{(\mathbf{s} + 2)^3}$; $(b)\, \dfrac{4}{(\mathbf{s} + 1)^4(\mathbf{s} + 1)^2}$;

$(c)\, \dfrac{1}{\mathbf{s}^2(\mathbf{s} + 4)^2(\mathbf{s} + 6)^3} - \dfrac{2\mathbf{s}^2}{\mathbf{s}} + 9$.

(d) Verifique as suas soluções com o MATLAB.

14.6 Teoremas Básicos para a Transformada de Laplace

45. Calcule a transformada de Laplace das seguintes equações:

$$(a)\ 5\,di/dt - 7\,d^2i/dt^2 + 9i = 4;\ (b)\ m\,\frac{d^2p}{dt^2} + \mu_f\,\frac{dp}{dt} + kp(t) = 0,$$

equação que descreve uma resposta "livre de forças" de um sistema amortecedor simples; $(c)\ \dfrac{d\Delta n_p}{dt} = -\dfrac{\Delta n_p}{\tau} + G_L$, com τ = constante, a qual descreve a taxa de recombinação do excesso de elétrons (Δn_p) no silício tipo *p* sob iluminação ótica (G_L é uma constante proporcional à intensidade da luz).

46. Com respeito ao circuito mostrado na Figura 14.15, a tensão inicial no capacitor é $v(0^-) = 1{,}5$ V e a fonte de corrente é de $\mathbf{i}_s = 700u(t)$ mA. (*a*) Escreva a equação diferencial a partir da LKC, em termos de tensão nodal $v(t)$; (I) calcule a

transformada de Laplace da equação diferencial; (*c*) determine a representação no domínio da frequência da tensão nodal; (*d*) resolva para a tensão $v(t)$ no domínio do tempo.

47. Para o circuito da Figura 14.15, se $\mathbf{I}_s = \dfrac{2}{\mathbf{s}+1}$ mA, (*a*) escreva equação nodal em termos de $v(t)$ no domínio do tempo; (*b*) resolva para **V**(**s**); (*c*) determine tensão $v(t)$ no domínio do tempo.

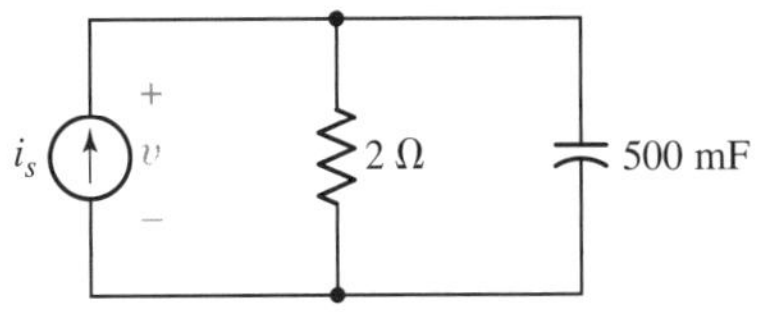

▲ **FIGURA 14.15**

48. A fonte de tensão no circuito da Figura 14.4 é substituída por outra cujo equivalente no domínio **s** é $\dfrac{2}{\mathbf{s}} - \dfrac{1}{\mathbf{s}+1}$V. A condição inicial mantém-se inalterada. (*a*) Escreva a equação LKV no domínio **s** em termos de **I**(**s**); (b) resolva para $i(t)$.

49. Para o circuito da Figura 14.16, $v_s(t) = 2u(t)$ V e o capacitor, inicialmente, encontra-se descarregado. (*a*) Escreva a equação de malha em termos da corrente $i(t)$ no domínio do tempo; (b) obtenha a representação desta equação integral no domínio **s**. (*c*) Calcule $i(t)$.

50. A representação da fonte de tensão na Figura 14.16 no domínio **s** é $\mathbf{V}_s(\mathbf{s}) = \dfrac{2}{\mathbf{s}+1}$ V. A tensão inicial no capacitor, definida usando a convenção de sinal passivo em termos da corrente *i*, é 4,5 V. (*a*) Escreva a equação integral no domínio do tempo que resulta da aplicação da LKT; (*b*) primeiramente resolvendo para **I**(**s**), determine a corrente $i(t)$ no domínio do tempo.

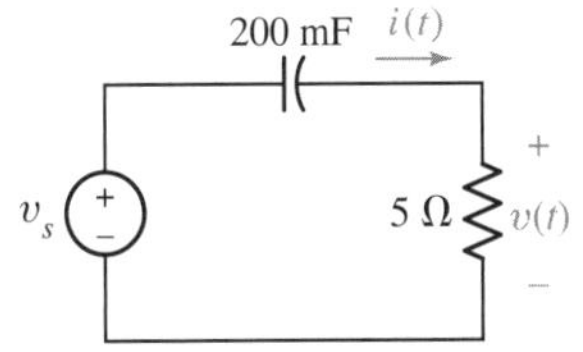

▲ **FIGURA 14.16**

51. Se a fonte de corrente da Figura 14.17 é dada por $450u(t)$ mA, e $i_x(0) = 150$ mA trabalhe inicialmente no domínio **s** para obter uma expressão para a $v(t)$, válido para $t > 0$.

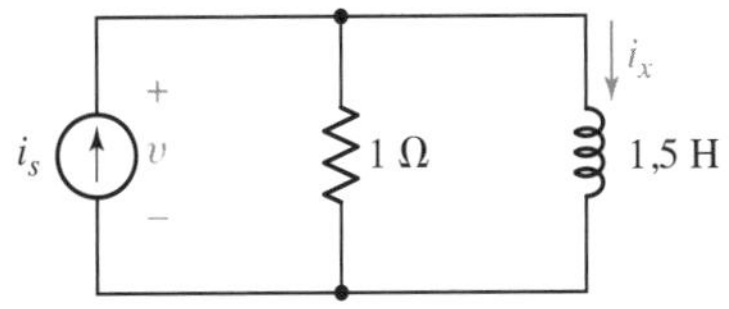

▲ **FIGURA 14.17**

52. Obtenha, por meios puramente legítimos, uma expressão no domínio **s** que corresponda à forma de onda no domínio do tempo da Figura 14.18.

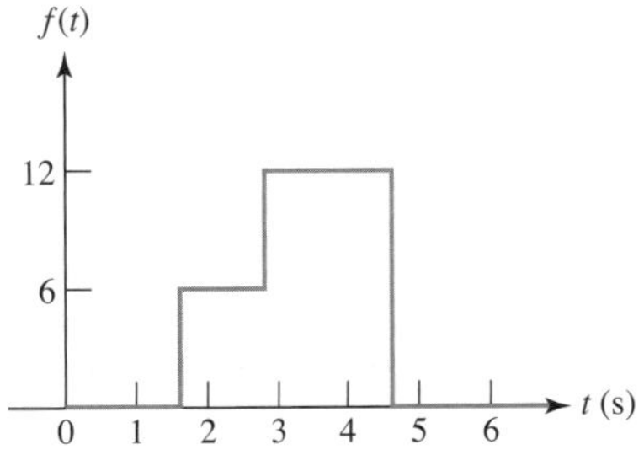

▲ **FIGURA 14.18**

53. Aplique o teste de Routh nas seguintes funções de sistemas e diga se o sistema é *estável* ou *instável*:

(*a*) $\mathbf{H}(\mathbf{s}) = \dfrac{\mathbf{s}-500}{\mathbf{s}^3+13\mathbf{s}^2+47\mathbf{s}+35}$; (*b*) $\mathbf{H}(\mathbf{s}) = \dfrac{\mathbf{s}-500}{\mathbf{s}^3+13\mathbf{s}^2+\mathbf{s}+35}$.

54. Aplique o teste de Routh nas seguintes funções e diga se o sistema é *estável* ou *instável*; então fatore cada denominador de **H**(**s**) e verifique a exatidão do teste de Routh:

(*a*) $\mathbf{H}(\mathbf{s}) = \dfrac{4\mathbf{s}}{\mathbf{s}^2+3\mathbf{s}+8}$; (*b*) $\mathbf{H}(\mathbf{s}) = \dfrac{\mathbf{s}-9}{\mathbf{s}^2+2\mathbf{s}+1}$.

14.7 Os Teoremas do Valor Inicial e do Valor Final

55. Empregue o teorema do valor inicial para determinar o valor inicial de cada uma das seguintes funções no domínio do tempo: (*a*) $2u(t)$; (*b*) $2e^{-t}u(t)$; (*c*) $u(t-6)$; (*d*) $\cos 5t\, u(t)$.

56. Empregue o teorema do valor inicial para determinar o valor inicial de cada uma das seguintes funções no domínio do tempo: (*a*) $u(t-3)$; (*b*) $2e^{-(t-2)}$, $u(t-2)$;

(*c*) $\dfrac{u(t-2)+[u(t)]^2}{2}$; (*d*) $\operatorname{sen} 5t\, e^{-2t}u(t)$.

57. Utilizando o teorema do valor final (se for o caso) determine $f(\infty)$ para

(*a*) $\dfrac{1}{\mathbf{s}+2} - \dfrac{2}{\mathbf{s}}$; (*b*) $\dfrac{2\mathbf{s}}{(\mathbf{s}+2)(\mathbf{s}+1)}$; (*c*) $\dfrac{1}{(\mathbf{s}+2)(\mathbf{s}+4)} + \dfrac{2}{\mathbf{s}}$;

(*d*) $\dfrac{1}{(\mathbf{s}^2+\mathbf{s}-6)(\mathbf{s}+9)}$.

58. Sem recorrer a $f(t)$, determine $f(0^+)$ e $f(\infty)$ (ou mostre que não existe) para cada uma das seguintes expressões no domínio **s**:
$(a)\ \dfrac{1}{\mathbf{s}+18}$;
$(b)\ 10\left(\dfrac{1}{\mathbf{s}^2}+\dfrac{3}{\mathbf{s}}\right)$; $(c)\ \dfrac{\mathbf{s}^2-4}{\mathbf{s}^3+8\mathbf{s}^2+4\mathbf{s}}$; $(d)\ \dfrac{\mathbf{s}^2+2}{\mathbf{s}^3+3\mathbf{s}^2+5\mathbf{s}}$.

59. Aplique os teoremas do valor inicial ou do valor final, conforme o caso para determinar $f(0^+)$ e $f(\infty)$ para as seguintes funções:

$(a)\ \dfrac{\mathbf{s}+2}{\mathbf{s}^2+8\mathbf{s}+4}$; $(b)\ \dfrac{1}{\mathbf{s}^2(\mathbf{s}+4)^2(\mathbf{s}+6)^3}-\dfrac{2\mathbf{s}^2}{\mathbf{s}}+9$; $(c)\ \dfrac{4\mathbf{s}^2+1}{(\mathbf{s}+1)^2(\mathbf{s}+2)^2}$.

60. Determine quais das seguintes funções são apropriadas para o teorema do valor final:

$(a)\ \dfrac{1}{(\mathbf{s}-1)}$; $(b)\ \dfrac{10}{\mathbf{s}^2-4\mathbf{s}+4}$; $(c)\ \dfrac{13}{\mathbf{s}^3-5\mathbf{s}^2+8\mathbf{s}-6}$;
$(d)\ \dfrac{3}{2\mathbf{s}^3-10\mathbf{s}^2+16\mathbf{s}-12}$.

Exercícios de integração do capítulo

61. A tensão $v(t) = 8e^{-2t}u(t)$ V é aplicada a um componente desconhecido com dois terminais. Seu assistente te compreende mal e registra a corrente resultante apenas no domínio **s**. Determine qual é o elemento desconhecido se seu valor **I**(**s**) é igual a

$(a)\ \dfrac{1}{\mathbf{s}+2}$ A; $(b)\ \dfrac{4}{\mathbf{s}(\mathbf{s}+2)}$ A.

62. (a) Crie uma função de **F**(**s**) no domínio **s** que corresponda a um valor inicial $f(0^-) = 16$ e ainda tenha um valor final indeterminado; (b) obtenha uma expressão para $f(t)$; (c) se esta forma de onda representa a tensão em um capacitor de 2 F, determine a corrente que circula através do componente (suponha a convenção sinal passivo).

63. Para o circuito da Figura 14.19, considere $i_s(t) = 5u(t)$ A e $v_s(t) = e^{-4t}u(t+1)$ V. Trabalhando inicialmente no domínio s, obtenha uma expressão para $i_C(t)$ válido para $t > 0$.

64. Referindo-se o circuito ilustrado na Figura 14.19 e trabalhando no domínio s para desenvolver uma expressão para o $\mathbf{I}_C(\mathbf{s})$, Determine $i_C(t)$ para t > 0, se $i_s(t) = 2u(t+2)$ A e $v_s(t)$ é igual a (a), $2u(t)$ V; (b) $te^{-t}u(t)$ V.

65. Para o circuito da Figura 14.20, $\mathbf{I}(\mathbf{s}) = 5\dfrac{\mathbf{s}+1}{(\mathbf{s}+1)^2+10^4}$ A. (a) Determine a valor inicial da corrente no indutor; (b) determine o valor final da tensão no indutor, supondo que ele é definido de acordo com a convenção do sinal passivo.

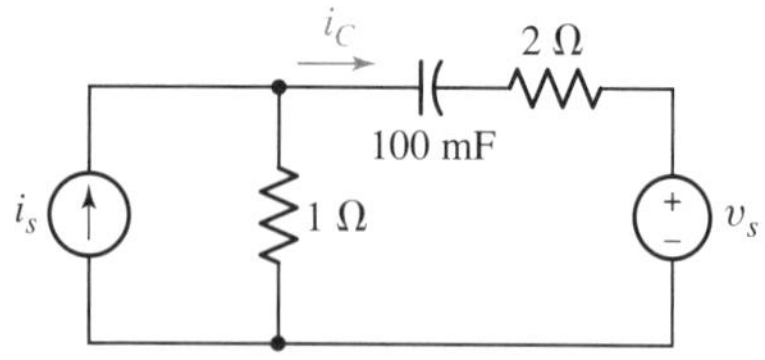

▲ **FIGURA 14.19**

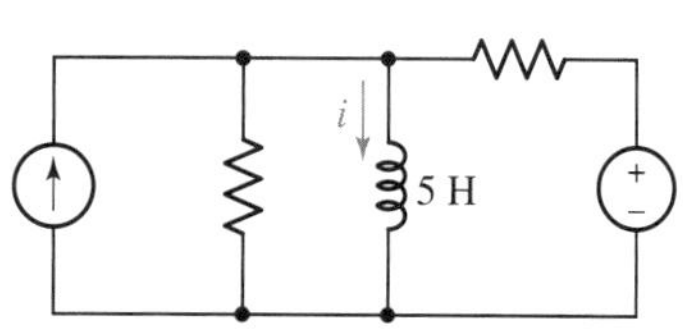

▲ **FIGURA 14.20**

15 Análise de Circuitos no Domínio s

CONCEITOS FUNDAMENTAIS

- Estendendo o Conceito de Impedância ao Domínio **s**
- Modelando Condições Iniciais com Fontes Ideais
- Aplicando Análise Nodal e de Malha, Superposição e Transformação de Fontes no Domínio **s**
- Teoremas de Thévenin e Norton Aplicados em Circuitos no Domínio **s**
- Manipulando Expressões Algébricas no Domínio **s** com o MATLAB
- Identificando Polos e Zeros na Função de Transferência de Circuitos
- Resposta ao Impulso de um Circuito
- Uso da Convolução para Determinar a Resposta do Sistema
- A Resposta como uma Função de σ e ω
- Usando Gráficos de Polos e Zeros para Prever a Resposta Natural de um Circuito
- Sintetizando Funções de Transferência de Tensão Específicas Usando AOPs

INTRODUÇÃO

Uma vez introduzido o conceito de frequência complexa e a técnica de transformada de Laplace, agora estamos prontos para verificar detalhadamente como a análise de circuitos no domínio **s** realmente funciona. Como o leitor pode suspeitar, especialmente se já estudou o Capítulo 10, na verdade vários atalhos são frequentemente aplicados. O primeiro deles consiste em criar um novo modo de visualização de capacitores e indutores, de modo que no domínio **s** as equações nodais e de malha podem ser escritas diretamente. Como parte deste método, vamos aprender como proceder de modo a considerar as condições iniciais. Outro "atalho" é o conceito da função de transferência de um circuito. Esta função em geral pode ser explorada para prever a resposta de um circuito a várias entradas, sua estabilidade, e até mesmo sua resposta seletiva em frequência.

15.1 ▸ Z(s) E Y(s)

O conceito fundamental que torna os fasores tão úteis na análise de circuitos em regime permanente senoidal é a transformação de resistores, capacitores e indutores em *impedâncias*. A análise do circuito segue então com a aplicação das técnicas básicas de análise nodal ou de malha, superposição e transformação de fontes, bem como dos equivalentes de Thévenin ou de Norton. Como já podemos suspeitar, esse conceito pode ser estendido ao domínio **s**, já que o regime permanente senoidal é um caso especial da análise no domínio **s**.

Resistores no Domínio da Frequência

Comecemos com a situação mais simples, aquela de um resistor conectado a uma fonte de tensão v(t). A lei de Ohm especifica que

$$v(t) = Ri(t)$$

Aplicando a transformada de Laplace em ambos os lados,

$$\mathbf{V}(\mathbf{s}) = R\mathbf{I}(\mathbf{s})$$

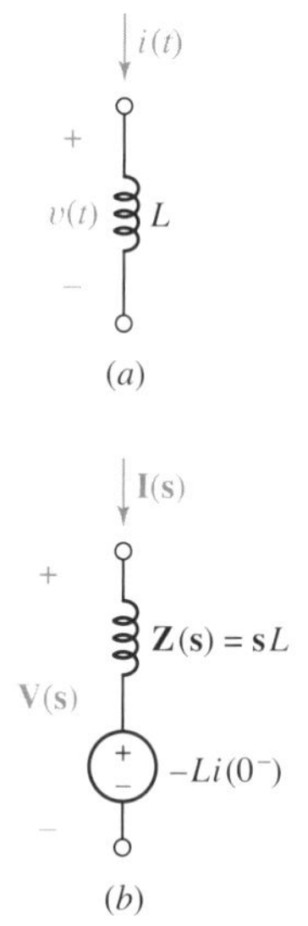

▲ **FIGURA 15.1** (*a*) Indutor no domínio do tempo. (*b*) O modelo completo para um indutor no domínio da frequência, consistindo em uma impedância **s***L* e uma fonte de tensão $-Li(0^-)$ que incorpora no circuito os efeitos de condições iniciais diferentes de zero.

Assim a relação entre a representação da tensão e da corrente no domínio da frequência é simplesmente a resistência R. Logo,

$$\mathbf{Z}(\mathbf{s}) \equiv \frac{\mathbf{V}(\mathbf{s})}{\mathbf{I}(\mathbf{s})} = R \qquad [1]$$

Da mesma forma que vimos ao trabalhar com fasores no regime permanente senoidal, a impedância de um resistor não depende da frequência. A *admitância* $\mathbf{Y}(\mathbf{s})$ de um resistor, definida como razão $\mathbf{I}(\mathbf{s})/\mathbf{V}(\mathbf{s})$, é simplesmente $1\ /\ R$; a unidade da admitância é o siemens (S).

Indutores no Domínio da Frequência

Consideramos agora um indutor conectado a uma fonte de tensão $v(t)$ variável no tempo, como mostra a Figura 15.1*a*. Sabemos que

$$v(t) = L\frac{di}{dt}$$

Aplicando a transformada de Laplace em ambos os lados dessa equação resulta em

$$\mathbf{V}(\mathbf{s}) = L[\mathbf{s}\mathbf{I}(\mathbf{s}) - i(0^-)] \qquad [2]$$

Temos agora dois termos, $\mathbf{s}L\mathbf{I}(\mathbf{s})$ e $Li(0^-)$. Em situações em que tivermos energia inicial nula armazenada no indutor [isto é, $i(0^-) = 0$], então

$$\mathbf{V}(\mathbf{s}) = \mathbf{s}L\mathbf{I}(\mathbf{s})$$

de forma que

$$\mathbf{Z}(\mathbf{s}) \equiv \frac{\mathbf{V}(\mathbf{s})}{\mathbf{I}(\mathbf{s})} = \mathbf{s}L \qquad [3]$$

A Equação [3] pode ser simplificada ainda mais se estivermos interessados apenas na resposta em regime permanente senoidal. As condições iniciais podem ser desprezadas em tais casos, pois elas afetam apenas a natureza da resposta transitória. Assim, substituímos $\mathbf{s} = j\omega$ e obtemos

$$\mathbf{Z}(j\omega) = j\omega L$$

como já havíamos obtido previamente no Capítulo 10.

Modelando Indutores no Domínio s

Embora nos refiramos à grandeza representada na Equação [3] como a impedância de um indutor, devemos lembrar que ela foi obtida usando-se uma corrente inicial nula. Na situação mais geral em que há energia armazenada no elemento em $t = 0^-$, essa grandeza não é suficiente para representar o indutor no domínio da frequência. Felizmente, é possível incluir a condição inicial ao modelarmos o indutor como uma impedância combinada com uma fonte de tensão ou de corrente. Para fazer isso, começamos rearranjando a Equação [2] como

$$\mathbf{V}(\mathbf{s}) = \mathbf{s}L\mathbf{I}(\mathbf{s}) - Li(0^-) \qquad [4]$$

O segundo termo à direita é uma constante: a indutância L em henrys multiplicada por sua corrente inicial $i(0^-)$ em ampères. O resultado é um termo de tensão constante que é subtraído do termo $\mathbf{s}L\mathbf{I}(\mathbf{s})$ dependente da frequência. Um pouco de intuição neste ponto nos leva a perceber que podemos modelar um indutor L como um elemento com dois componentes no domínio da frequência, como mostra a Figura 15.1*b*.

O modelo de indutor no domínio da frequência mostrado na Figura 15.1*b* consiste em uma impedância $\mathbf{s}L$ e uma fonte de tensão $Li(0^-)$. A queda de tensão na impedância $\mathbf{s}L$ é dada pela lei de Ohm como $\mathbf{s}L\mathbf{I}(\mathbf{s})$. Como a combinação de dois elementos mostrada na Figura 15.1*b* é linear, as técnicas de análise de circuitos exploradas previamente também podem ser aplicadas no domínio da frequência. Por exemplo, é possível realizar uma transformação de fontes no modelo para se obter uma impedância $\mathbf{s}L$ em paralelo com uma fonte de corrente $[-Li(0^-)]/\mathbf{s}L = -i(0^-)/\mathbf{s}$. Isso pode ser verificado tomando a Equação [4] e resolvendo para $\mathbf{I}(\mathbf{s})$:

$$\begin{aligned}\mathbf{I}(\mathbf{s}) &= \frac{\mathbf{V}(\mathbf{s}) + Li(0^-)}{\mathbf{s}L} \\ &= \frac{\mathbf{V}(\mathbf{s})}{\mathbf{s}L} + \frac{i(0^-)}{\mathbf{s}}\end{aligned} \quad [5]$$

Temos novamente dois termos. O primeiro termo à direita é simplesmente uma admitância $1/\mathbf{s}L$ vezes a tensão $\mathbf{V}(\mathbf{s})$. O segundo termo à direita é uma corrente, embora tenha como unidade o ampères × segundos. Logo, podemos modelar essa equação como dois componentes separados: uma admitância $1/\mathbf{s}L$ em paralelo com uma fonte de corrente $i(0^-)/\mathbf{s}$; o modelo resultante está mostrado na Figura 15.2. A opção pelo modelo da Figura 15.1*b* ou da Figura 15.2 é usualmente feita dependendo de qual deles resultar nas equações mais simples. Note que, embora a Figura 15.2 mostre o símbolo do indutor marcado como uma admitância $\mathbf{Y}(\mathbf{s}) = 1/\mathbf{s}L$, ele também pode ser visto como uma impedância $\mathbf{Z}(\mathbf{s}) = \mathbf{s}L$; novamente, a escolha do que usar é geralmente baseada em critérios que envolvem preferência pessoal e conveniência.

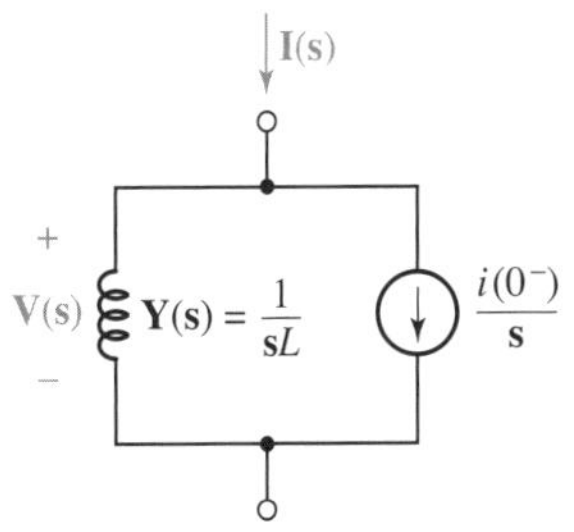

▲ **FIGURA 15.2** Um modelo alternativo para o indutor no domínio da frequência, consistindo em uma admitância $1/\mathbf{s}L$ e uma fonte de corrente $i(0^-)/\mathbf{s}$.

Um breve comentário a respeito de unidades deve ser feito. Quando aplicamos a transformada de Laplace em uma corrente $i(t)$, estamos integrando no tempo. Logo, a unidade de $\mathbf{I}(\mathbf{s})$ é tecnicamente o ampère × segundos; de forma similar, a unidade de $\mathbf{V}(\mathbf{s})$ é o volts × segundos. Entretanto, convenciona-se retirar os segundos e atribuir a $\mathbf{I}(\mathbf{s})$ a unidade de ampères, e medir $\mathbf{V}(\mathbf{s})$ em volts. Essa convenção não nos apresenta nenhum problema quando analisamos uma equação como a Equação [5] e vemos um termo como $i(0^-)/\mathbf{s}$ aparentemente em conflito com as unidades de $\mathbf{I}(\mathbf{s})$ no lado esquerdo. Embora continuemos a medir essas grandezas fasoriais em "ampères" e "volts", quando verificarmos as unidades da uma equação deveremos nos lembrar dos segundos!

▶ EXEMPLO 15.1

Calcule a tensão $v(t)$ mostrada na Figura 15.3*a*, dada a corrente inicial $i(0^-) = 1$ A.

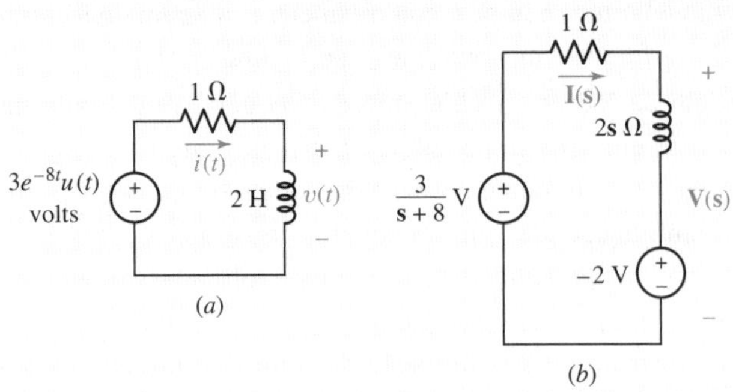

▲ **FIGURA 15.3** (*a*) Um simples circuito resistor-indutor no qual a tensão $v(t)$ é desejada. (*b*) O circuito equivalente no domínio da frequência, em que a corrente inicial no indutor é incluída por meio do uso de uma fonte de tensão $-Li(0^-)$ em série.

Começamos primeiramente convertendo o circuito da Figura 15.3*a* em seu equivalente no domínio da frequência, mostrado na Figura 15.3*b*; o indutor foi trocado por um modelo com dois componentes: uma impedância $\mathbf{s}L = 2\mathbf{s}$ Ω e uma fonte de tensão independente $-Li(0^-) = -2$ V.

Buscamos a grandeza $\mathbf{V(s)}$, e a sua transformada inversa resultará em $v(t)$. Note que $\mathbf{V(s)}$ aparece nos terminais do modelo *completo* do indutor, e não apenas do componente de impedância.

Escolhendo um caminho direto, escrevemos

$$\mathbf{I(s)} = \frac{\dfrac{3}{\mathbf{s}+8} + 2}{1 + 2\mathbf{s}} = \frac{\mathbf{s} + 9{,}5}{(\mathbf{s}+8)(\mathbf{s}+0{,}5)}$$

e

$$\mathbf{V(s)} = 2\mathbf{s}\,\mathbf{I(s)} - 2$$

de forma que

$$\mathbf{V(s)} = \frac{2\mathbf{s}(\mathbf{s}+9{,}5)}{(\mathbf{s}+8)(\mathbf{s}+0{,}5)} - 2$$

Antes de tentarmos aplicar a transformada inversa de Laplace nessa expressão, vale a pena um pouco de esforço para simplificá-la. Com isso,

$$\mathbf{V(s)} = \frac{2\mathbf{s} - 8}{(\mathbf{s}+8)(\mathbf{s}+0{,}5)}$$

Empregando a técnica de expansão em frações parciais (no papel ou com a ajuda do MATLAB), obtemos

$$\mathbf{V(s)} = \frac{3{,}2}{\mathbf{s}+8} - \frac{1{,}2}{\mathbf{s}+0{,}5}$$

Tendo como referência a Tabela 14.1, então, obtemos a seguinte transformada inversa

$$v(t) = [3{,}2e^{-8t} - 1{,}2e^{-0{,}5}]u(t) \qquad \text{volts}$$

▶ EXERCÍCIO DE FIXAÇÃO

15.1 Determine a corrente $i(t)$ no circuito da Figura 15.4.

Resposta: $(1/3)[1 - 13e^{-4t}]u(t)$ A.

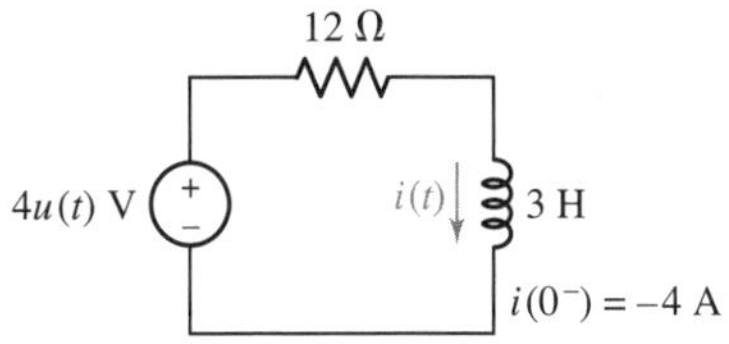

▲ **FIGURA 15.4**

Modelando Capacitores no Domínio s

Os mesmos conceitos também podem ser aplicados em capacitores no domínio **s**. Seguindo a convenção de sinal passivo ilustrada na Figura 15.5*a*, a equação que governa o capacitor é

$$i = C\frac{dv}{dt}$$

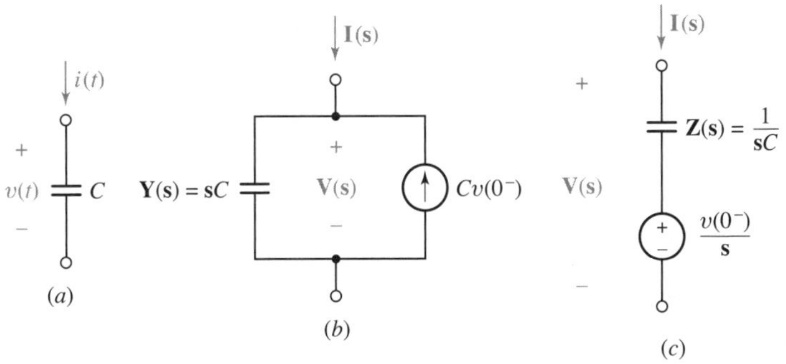

▲ **FIGURA 15.5** (*a*) Capacitor no domínio do tempo, com $v(t)$ e $i(t)$ identificados. (*b*) Modelo de capacitor no domínio da frequência com tensão inicial $v(0^-)$. (*c*) Modelo equivalente após a realização de uma transformação de fontes.

A aplicação da transformada de Laplace em ambos os lados resulta em

$$\mathbf{I}(\mathbf{s}) = C[\mathbf{s}\mathbf{V}(\mathbf{s}) - v(0^-)]$$

ou

$$\mathbf{I}(\mathbf{s}) = \mathbf{s}C\mathbf{V}(\mathbf{s}) - Cv(0^-) \qquad [6]$$

que pode ser modelada como uma admitância $\mathbf{s}C$ em paralelo com uma fonte de corrente $Cv(0^-)$, como mostra a Figura 15.5*b*. A realização de uma transformação de fontes nesse circuito (tendo o cuidado de seguir a convenção de sinal passivo) resulta em um modelo equivalente para o capacitor consistindo em uma impedância $1/\mathbf{s}C$ em série com uma fonte de tensão $v(0^-)/\mathbf{s}$, como mostra a Figura 15.5*c*.

Ao trabalhar com esses equivalentes no domínio **s**, devemos ter cuidado para não nos confundir com as fontes independentes usadas para incluir as condições iniciais. A condição inicial em um indutor é $i(0^-)$; esse termo pode aparecer como parte de uma fonte de tensão ou de corrente, dependendo do modelo escolhido. A condição inicial em um capacitor é $v(0^-)$; esse termo pode portanto aparecer como parte de uma fonte de tensão ou de corrente. Um erro muito comum cometido por estudantes trabalhando com a análise no domínio **s** pela primeira vez é sempre usar $v(0^-)$ na fonte de tensão que compõe o modelo, mesmo lidando com um indutor.

▶ EXEMPLO 15.2

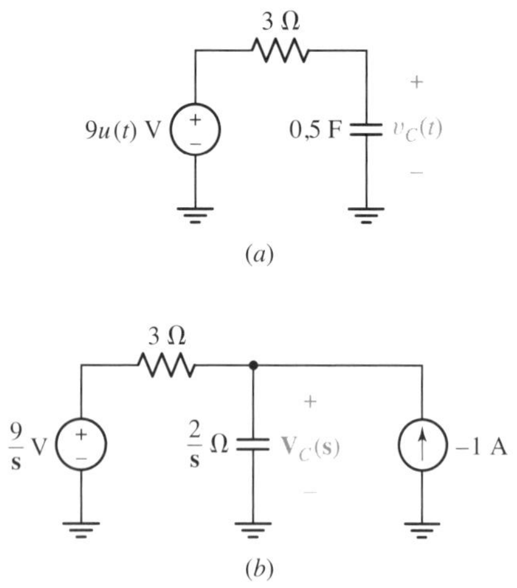

▲ **FIGURA 15.6** (*a*) Circuito para o qual deseja-se a tensão $v_C(t)$. (*b*) Circuito equivalente no domínio da frequência, empregando o modelo baseado em fonte de corrente para incorporar a condição inicial no capacitor.

Determine $v_C(t)$ no circuito da Figura 15.6*a*, assumindo uma tensão inicial $v_C(0^-) = -2$ V.

▶ ***Identifique o objetivo do problema.***

Precisamos de uma expressão para a tensão no capacitor, $v_C(t)$.

▶ ***Reuna as informações conhecidas.***

O problema especifica uma tensão inicial no capacitor de –2 V.

▶ ***Trace um Plano.***

Nosso primeiro passo é desenhar o circuito equivalente no domínio **s**; fazendo isso, devemos escolher entre os dois modelos possíveis para o capacitor. Não havendo claro benefício de um sobre o outro, selecionamos o modelo que se baseia na fonte de corrente, como na Figura 15.6*b*.

▶ ***Construa um conjunto apropriado de equações.***

Seguimos com a análise escrevendo uma única equação nodal:

$$-1 = \frac{\mathbf{V}_C}{2/\mathbf{s}} + \frac{\mathbf{V}_C - 9/\mathbf{s}}{3}$$

▶ ***Determine se informações adicionais são necessárias.***

Temos apenas uma equação e uma incógnita, que corresponde à representação da tensão no capacitor no domínio da frequência.

▶ ***Tente uma solução.***

Resolvendo para $\mathbf{V}_C$, obtemos

$$\mathbf{V}_C = \frac{18/\mathbf{s} - 6}{3\mathbf{s} + 2} = -2\frac{\mathbf{s} - 3}{\mathbf{s}(\mathbf{s} + 2/3)}$$

A expansão em frações parciais leva a

$$\mathbf{V}_C = \frac{9}{\mathbf{s}} - \frac{11}{\mathbf{s} + 2/3}$$

Obtemos $v_C(t)$ a partir da transformada inversa de Laplace dessa expressão, resultando em

$$v_C(t) = 9u(t) - 11e^{-2t/3}u(t) \qquad \text{V}$$

ou, de forma mais compacta,

$$v_C(t) = [9 - 11e^{-2t/3}]u(t) \qquad \text{V}$$

▶ ***Verifique a solução. Ela é razoável ou esperada?***

Uma rápida verificação em $t = 0$ leva a $v_C(t) = -2$ V, como deveria ser com base no conhecimento que temos da condição inicial. Além disso, à medida que $t \to \infty$, $v_C(t) \to 9$ V, como poderíamos esperar a partir da Figura 15.6*a* após o término do transitório.

▶ EXERCÍCIO DE FIXAÇÃO

15.2 Repita o Exemplo 15.2 usando o modelo de capacitor baseado na fonte de tensão.

Resposta: $[9 - 11e^{-2t/3}]u(t)$ V.

Os resultados desta seção são resumidos na Tabela 15.1. Note que assumimos a convenção de sinal passivo em cada caso.

TABELA 15.1 ▶ Resumo da Representação de Elementos nos Domínios do Tempo e da Frequência

Domínio do tempo	Domínio da frequência	
Resistor $v(t) = Ri(t)$ 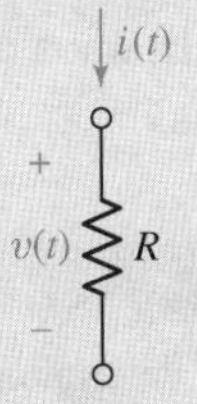	$\mathbf{V}(\mathbf{s}) = R\mathbf{I}(\mathbf{s})$ 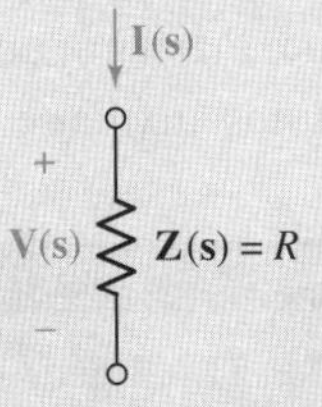	$\mathbf{I}(\mathbf{s}) = \frac{1}{R}\mathbf{V}(\mathbf{s})$ 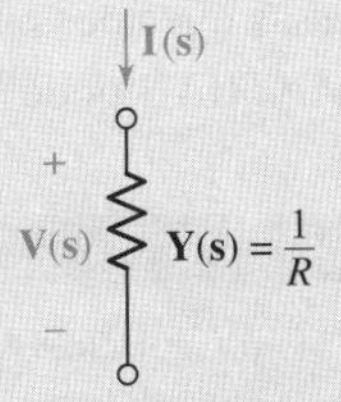
Indutor $v(t) = L\frac{di}{dt}$ 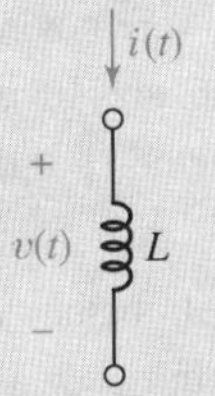	$\mathbf{V}(\mathbf{s}) = \mathbf{s}L\mathbf{I}(\mathbf{s}) - Li(0^-)$ 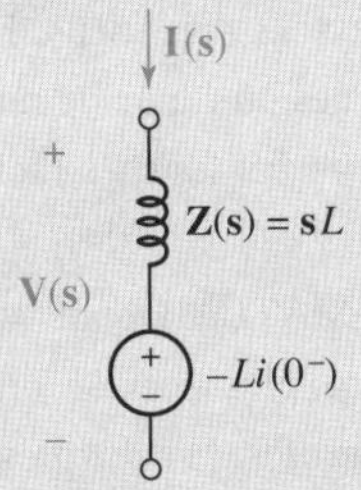	$\mathbf{I}(\mathbf{s}) = \frac{\mathbf{V}(\mathbf{s})}{\mathbf{s}L} + \frac{i(0^-)}{\mathbf{s}}$ 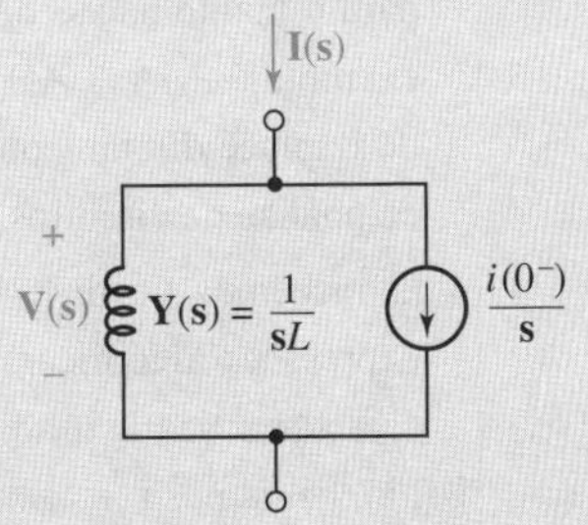
Capacitor $i(t) = C\frac{dv}{dt}$ 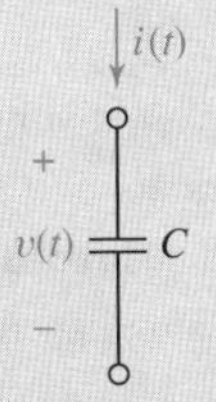	$\mathbf{V}(\mathbf{s}) = \frac{\mathbf{I}(\mathbf{s})}{\mathbf{s}C} + \frac{v(0^-)}{\mathbf{s}}$ 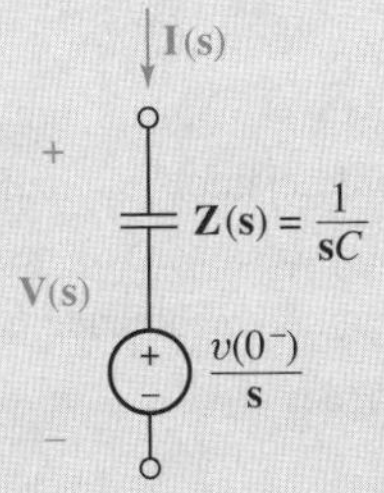	$\mathbf{I}(\mathbf{s}) = \mathbf{s}C\mathbf{V}(\mathbf{s}) - Cv(0^-)$ 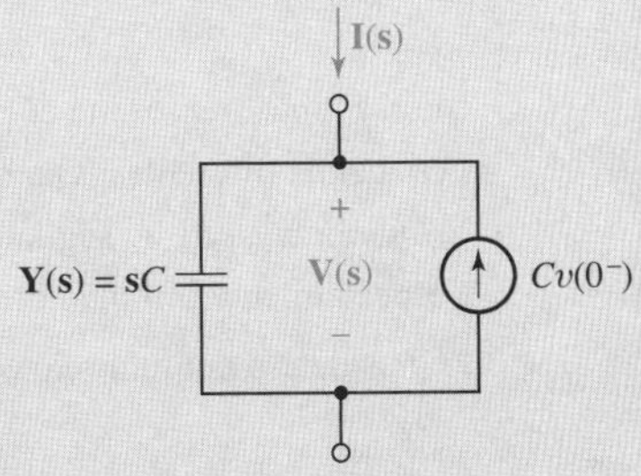

15.2 ▶ ANÁLISE NODAL E DE MALHA NO DOMÍNIO s

No Capítulo 10, aprendemos como transformar circuitos no domínio do tempo alimentados por fontes senoidais em seus equivalentes no domínio da frequência. Os benefícios dessa transformação ficaram imediatamente evidentes, pois não mais precisamos resolver equações integro-diferenciais. As análises nodal e de malha de tais circuitos (restritas apenas à determinação da resposta em regime permanente) resultaram em expressões algébricas em termos de $j\omega$, sendo ω a frequência das fontes.

Vimos agora que o conceito de impedância pode ser estendido ao caso mais geral da frequência complexa ($\mathbf{s} = \sigma + j\omega$). Assim que transformamos circuitos do domínio do tempo para o domínio da frequência, a realização da análise nodal ou de malha resultará uma vez mais em expressões puramente algébricas, agora em termos da frequência complexa **s**. A solução das equações resultantes requer o uso da substituição de variáveis, da regra de Cramer, ou de algum *software* capaz de lidar com manipulação algébrica simbólica (por exemplo, o MATLAB). Nesta seção, apresentamos dois exemplos de razoável complexidade para que possamos examinar essas questões em maior detalhe. Primeiro, no entanto, analisamos como o MATLAB pode ser usado para nos auxiliar em tais desafios.

▶ ANÁLISE AUXILIADA POR COMPUTADOR

No Capítulo 14, vimos que o MATLAB pode ser usado para determinar os resíduos de funções racionais no domínio **s**, tornando o processo da transformada inversa de Laplace mais simples. Entretanto, esse pacote computacional é na realidade muito mais poderoso, possuindo numerosas rotinas embutidas para a manipulação de expressões algébricas. De fato, como veremos neste exemplo, o MATLAB é até mesmo capaz de realizar transformadas inversas de Laplace diretamente a partir das funções racionais que obtemos por meio da análise de circuitos.

Comecemos vendo como o MATLAB pode ser usado para trabalhar com expressões algébricas. Essas expressões são armazenadas como cadeias de caracteres, sendo usadas apóstrofes (') na expressão que as define. Por exemplo, havíamos representado o polinômio $\mathbf{p}(\mathbf{s}) = \mathbf{s}^3 - 12\mathbf{s} + 6$ como um vetor:

```
EDU>> p = [1 0 –12 6];
```

Entretanto, também podemos representá-lo simbolicamente:

```
EDU>> p = 's^3 – 12*s + 6';
```

Essas duas representações não são iguais no MATLAB; elas envolvem conceitos diferentes. Quando desejamos manipular uma expressão algébrica *simbolicamente*, a segunda representação é necessária. Essa habilidade é especialmente útil quando estamos trabalhando com equações simultâneas. Considere o conjunto de equações

$$(3\mathbf{s} + 10)\mathbf{I}_1 - 10\mathbf{I}_2 = \frac{4}{\mathbf{s} + 2}$$

$$-10\mathbf{I}_1 + (4\mathbf{s} + 10)\mathbf{I}_2 = -\frac{2}{\mathbf{s} + 1}$$

Usando a notação simbólica do MATLAB, definimos duas variáveis do tipo *string*:

```
EDU>> eqn1 = '(3*s+10)*I1 – 10*I2 = 4/(s+2)';
EDU>> eqn2 = '–10*I1 + (4*s+10)*I2 = –2/(s+1)';
```

Note que cada *string* inclui inteiramente uma das equações; nosso objetivo é resolver as duas equações para as variáveis I1 e I2. O MATLAB possui uma rotina especial, *solve*(), que pode manipular as equações para nós. Ela é chamada listando-se as duas equações separadas (definidas como *strings*), seguidas de uma lista de incógnitas (também definidas como *strings*):

```
EDU>> solution = solve(eqn1, eqn2, 'I1', 'I2');
```

A resposta é armazenada na variável *solution*, embora de uma forma algo inesperada. O MATLAB retorna a resposta naquilo que é chamado de estrutura, uma construção que é familiar aos programadores na linguagem C. Neste estágio, no entanto, tudo o que precisamos saber é como extrair a nossa resposta. Se digitarmos

```
EDU>> I1 = solution.I1
```

obtemos a resposta

```
I1=
2*(4*s+9)/(s+1)/(6*s^2+47*s+70)
```

indicando que uma expressão na forma de um polinômio em **s** foi carregada na variável I1; uma operação similar é usada para a variável I2.

Podemos agora seguir diretamente determinando a transformada inversa de Laplace, usando a função *ilaplace*():

```
EDU>> i1 = ilaplace(I1)
i1 =
10/29*exp(-t)-172/667*exp(-35/6*t)-2/23*exp(-2*t)
```

Dessa maneira, podemos rapidamente obter a solução para equações simultâneas que resultam da análise nodal ou de malha, e também obter as transformadas inversas de Laplace. O comando *ezplot*(i1) nos permite ver a forma da solução, se assim desejarmos. Deve ser notado que expressões complicadas podem às vezes confundir o MATLAB; em tais situações, o comando *ilaplace*() pode não retornar uma resposta útil.

Vale a pena mencionar algumas funções correlatas, pois elas também podem ser utilizadas na verificação rápida de respostas obtidas manualmente. A função *numden*() converte uma função racional em duas variáveis separadas: uma contendo o numerador e a outra contendo o denominador. Por exemplo,

```
EDU>> [N,D] = numden(I1)
```

retorna duas expressões algébricas armazenadas em N e D, respectivamente:

```
N =
8*s+18
D =
(s+1)*(6*s^2+47*s+70)
```

Para que usemos nossa experiência prévia com a função *residue*(), precisamos converter cada expressão simbólica (*string*) em um vetor contendo os coeficientes do polinômio. Isso é feito usando o comando *sym2poly*():

```
EDU>> n = sym2poly(N);
```

e

```
EDU>> d = sym2poly(D)
d =
6  53  117  70
```

e após isso podemos determinar os resíduos

```
EDU>> [r p y] = residue(n,d)
r =          p =          y =
-0.2579      -5.8333      [ ]
-0.0870      -2.0000
 0.3448      -1.0000
```

o que concorda com o que obtivemos usando o comando *ilaplace*().

Com essas novas habilidades no MATLAB (ou com um forte desejo de usar uma abordagem alternativa como a regra de Cramer ou a substituição direta), estamos prontos para seguir com a análise de alguns circuitos.

▶ EXEMPLO 15.3

Determine as duas correntes de malha i_1 e i_2 no circuito da Figura 15.7*a*. Não há energia inicial armazenada no circuito.

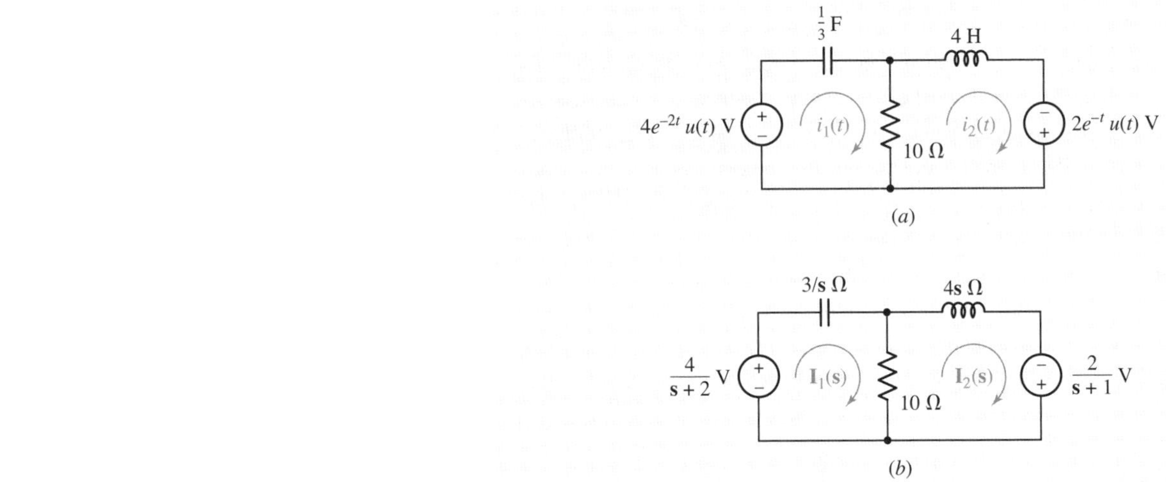

▲ **FIGURA 15.7** (*a*) Circuito com duas malhas no qual as correntes de malha individuais são desejadas. (*b*) Circuito equivalente no domínio da frequência.

Como sempre, nosso primeiro passo é desenhar o circuito equivalente apropriado no domínio da frequência. Como temos energia zero armazenada no circuito em $t = 0^-$, trocamos o capacitor de $\frac{1}{3}$ F por uma impedância de $3/\mathbf{s}\ \Omega$, e o indutor de 4 H por uma impedância de $4\mathbf{s}\ \Omega$, como mostra a Figura 15.7*b*. Em seguida, escrevemos duas equações de malha como sempre fizemos:

$$-\frac{4}{\mathbf{s}+2} + \frac{3}{\mathbf{s}}\mathbf{I}_1 + 10\mathbf{I}_1 - 10\mathbf{I}_2 = 0$$

ou

$$\left(\frac{3}{\mathbf{s}} + 10\right)\mathbf{I}_1 - 10\mathbf{I}_2 = \frac{4}{\mathbf{s}+2} \qquad \text{(malha 1)}$$

e

$$-\frac{2}{\mathbf{s}+1}+10\mathbf{I}_2-10\mathbf{I}_1+4\mathbf{s}\mathbf{I}_2=0$$

ou

$$-10\mathbf{I}_1+(4\mathbf{s}+10)\mathbf{I}_2=\frac{2}{\mathbf{s}+1} \qquad \text{(malha 2)}$$

Resolvendo para $\mathbf{I}_1$ e $\mathbf{I}_2$, vemos que

$$\mathbf{I}_1=\frac{2\mathbf{s}(4\mathbf{s}^2+19\mathbf{s}+20)}{20\mathbf{s}^4+66\mathbf{s}^3+73\mathbf{s}^2+57\mathbf{s}+30} \quad \text{A}$$

e

$$\mathbf{I}_2=\frac{30\mathbf{s}^2+43\mathbf{s}+6}{(\mathbf{s}+2)(20\mathbf{s}^3+26\mathbf{s}^2+21\mathbf{s}+15)} \quad \text{A}$$

Só resta aplicar a transformada inversa de Laplace em cada uma das funções, após o que obtemos

$$i_1(t)=-96{,}39e^{-2t}-344{,}8e^{-t}+841{,}2e^{-0{,}15t}\cos 0{,}8529t + 197{,}7e^{-0{,}15t}\,\text{sen}\,0{,}8529t \text{ mA}$$

e

$$i2(t)=-481{,}9e^{-2t}-241{,}4e^{-t}+723{,}3e^{-0{,}15t}\cos 0{,}8529t + 472{,}8e^{-0{,}15t}\,\text{sen}\,0{,}8529t \text{ mA}$$

Foi-nos dito (indiretamente) que não havia corrente fluindo no indutor em $t = 0^-$. Portanto, $i_2(0^-) = 0$, e consequentemente $i_2(0^+)$ também deve ser zero. Esse resultado aparece em nossa resposta?

▶ EXERCÍCIO DE FIXAÇÃO

15.3 Obtenha as correntes de malha i_1 e i_2 no circuito da Figura 15.8. Você pode assumir que não haja energia armazenada no circuito $t = 0^-$.

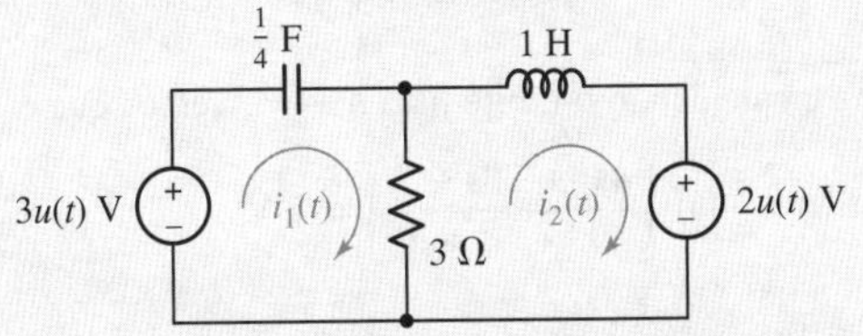

◀ **FIGURA 15.8**

Resposta: $i_1 = e^{-2t/3}\cos\left(\frac{4}{3}\sqrt{2}t\right) + \left(\sqrt{2}/8\right)e^{-2t/3}\,\text{sen}\left(\frac{4}{3}\sqrt{2}t\right)$ A; $i_2 = -\frac{2}{3} + \frac{2}{3}e^{-2t/3}\cos\left(\frac{4}{3}\sqrt{2}t\right) + \left(13\sqrt{2}/24\right)e^{-2t/3}\,\text{sen}\left(\frac{4}{3}\sqrt{2}t\right)$ A.

▶ EXEMPLO 15.4

Calcule a tensão v_x no circuito da Figura 15.9 usando a técnica da análise nodal.

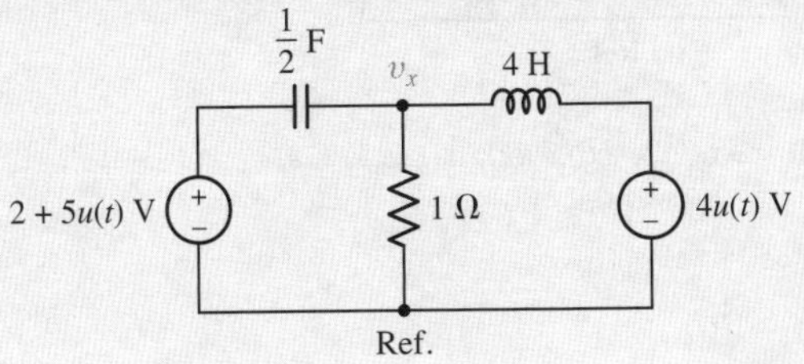

◀ **FIGURA 15.9** Circuito simples com quatro nós contendo dois elementos armazenadores de energia.

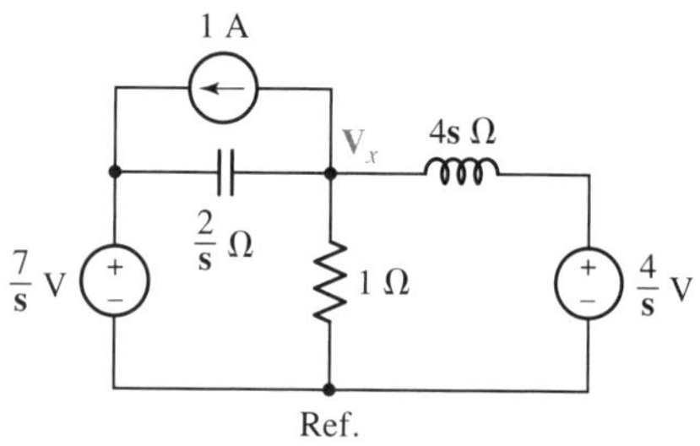

▲ **FIGURA 15.10** O equivalente no domínio **s** do circuito da Figura 15.9.

O primeiro passo é desenhar o circuito correspondente no domínio **s**. Vemos que o capacitor de 1/2 F tem uma tensão inicial de 2 V em seus terminais em $t = 0^-$, requerendo que empreguemos um dos dois modelos da Figura 15.5. Como devemos usar a análise nodal, talvez o modelo da Figura 15.5*b* seja o melhor caminho. O circuito resultante está mostrado na Figura 15.10.

Com duas das três tensões nodais especificadas, temos apenas uma equação nodal para escrever:

$$-1 = \frac{\mathbf{V}_x - 7/\mathbf{s}}{2/\mathbf{s}} + \mathbf{V}_x + \frac{\mathbf{V}_x - 4/\mathbf{s}}{4\mathbf{s}}$$

de forma que

$$\mathbf{V}_x = \frac{10\mathbf{s}^2 + 4}{\mathbf{s}(2\mathbf{s}^2 + 4\mathbf{s} + 1)} = \frac{5\mathbf{s}^2 + 2}{\mathbf{s}\left(\mathbf{s} + 1 + \frac{\sqrt{2}}{2}\right)\left(\mathbf{s} + 1 - \frac{\sqrt{2}}{2}\right)}$$

A tensão nodal v_x é obtida com a aplicação da transformada inversa de Laplace, de onde vemos que

$$v_x = [4 + 6{,}864e^{-1{,}707t} - 5{,}864e^{-0{,}2929t}]u(t)$$

ou

$$v_x = \left[4 - e^{-t}\left(9\sqrt{2}\sinh\frac{\sqrt{2}}{2}t - \cosh\frac{\sqrt{2}}{2}t\right)\right]u(t)$$

Nossa resposta está correta? Uma maneira de verificá-la é avaliar a tensão no capacitor em $t = 0$, pois sabemos que ela é igual a 2 V. Logo,

$$\mathbf{V}_C = \frac{7}{\mathbf{s}} - \mathbf{V}_x = \frac{4\mathbf{s}^2 + 28\mathbf{s} + 3}{\mathbf{s}(2\mathbf{s}^2 + 4\mathbf{s} + 1)}$$

Multiplicando $\mathbf{V}_C$ por **s** e calculando o limite para $\mathbf{s} \to \infty$, vemos que

$$v_C(0^+) = \lim_{\mathbf{s}\to\infty}\left[\frac{4\mathbf{s}^2 + 28\mathbf{s} + 3}{2\mathbf{s}^2 + 4\mathbf{s} + 1}\right] = 2\text{ V}$$

conforme esperado.

▶ EXERCÍCIO DE FIXAÇÃO

15.4 Empregue a análise nodal para calcular $v_x(t)$ no circuito da Figura 15.11.

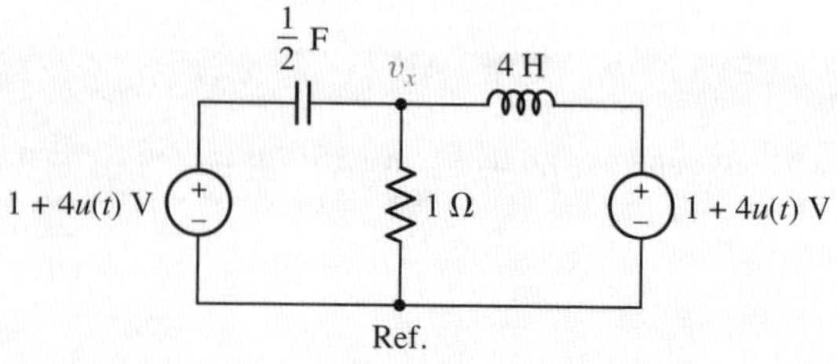

▲ **FIGURA 15.11** Circuito para o Exercício de Fixação 15.4.

Resposta: $[5 + 5{,}657(e^{-1{,}707t} - e^{-0{,}2929t})]u(t)$.

▶ EXEMPLO 15.5

Use a análise nodal para determinar as tensões v_1, v_2 e v_3 no circuito da Figura 15.12*a*. Não há energia armazenada no circuito em $t = 0^-$.

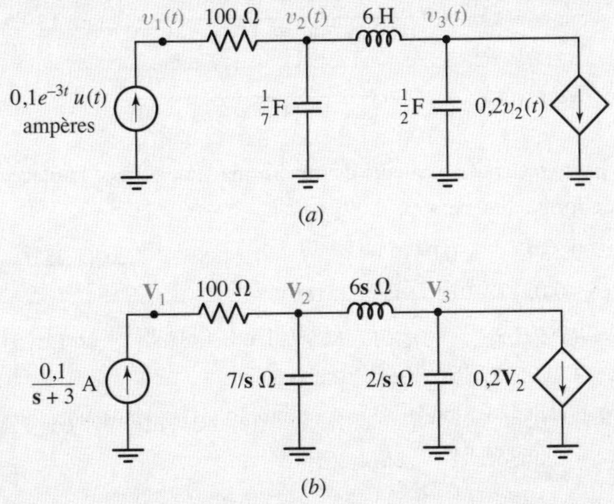

▲ **FIGURA 15.12** (*a*) Circuito com quatro nós contendo dois capacitores e um indutor, nenhum deles armazenando energia em $t = 0^-$. (*b*) Circuito equivalente no domínio da frequência.

Esse circuito consiste em três elementos armazenadores de energia independentes, nenhum deles armazenando energia em $t = 0^-$. Assim, cada um deles pode ser trocado por sua impedância equivalente como mostrado na Figura 15.12*b*. Também notamos a presença de uma fonte de corrente dependente controlada pela tensão nodal $v_2(t)$.

Começando no nó 1, podemos escrever a seguinte equação:

$$\frac{0{,}1}{\mathbf{s}+3} = \frac{\mathbf{V}_1 - \mathbf{V}_2}{100}$$

ou

$$\frac{10}{\mathbf{s}+3} = \mathbf{V}_1 - \mathbf{V}_2 \qquad \text{(nó 1)}$$

e no nó 2,

$$0 = \frac{\mathbf{V}_2 - \mathbf{V}_1}{100} + \frac{\mathbf{V}_2}{7/\mathbf{s}} + \frac{\mathbf{V}_2 - \mathbf{V}_3}{6\mathbf{s}}$$

ou

$$-42\mathbf{s}\mathbf{V}_1 + (600\mathbf{s}^2 + 42\mathbf{s} + 700)\mathbf{V}_2 - 700\mathbf{V}_3 = 0 \qquad \text{(nó 2)}$$

e, finalmente, no nó 3,

$$-0{,}2\mathbf{V}_2 = \frac{\mathbf{V}_3 - \mathbf{V}_2}{6\mathbf{s}} + \frac{\mathbf{V}_3}{2/\mathbf{s}}$$

ou

$$(1{,}2\mathbf{s} - 1)\mathbf{V}_2 + (3\mathbf{s}^2 + 1)\mathbf{V}_3 = 0$$

Resolvendo esse conjunto de equações para as tensões nodais, obtemos

$$\mathbf{V}_1 = 3\frac{100\mathbf{s}^3 + 7\mathbf{s}^2 + 150\mathbf{s} + 49}{(\mathbf{s} + 3)(30\mathbf{s}^3 + 45\mathbf{s} + 14)}$$

$$\mathbf{V}_2 = 7\frac{3\mathbf{s}^2 + 1}{(\mathbf{s} + 3)(30\mathbf{s}^3 + 45\mathbf{s} + 14)}$$

$$\mathbf{V}_3 = -\ 1{,}4\frac{6\mathbf{s} - 5}{(\mathbf{s} + 3)(30\mathbf{s}^3 + 45\mathbf{s} + 14)}$$

O único passo restante é o cálculo da transformada inversa de Laplace de cada tensão, de forma que, para $t > 0$,

$$v_1(t) = 9{,}789e^{-3t} + 0{,}06173e^{-0{,}2941t} + 0{,}1488e^{0{,}1471t}\cos(1{,}251t) + 0{,}05172e^{0{,}1471t}\,\text{sen}(1{,}251t)\ \text{V}$$

$$v_2(t) = -\ 0{,}2105e^{-3t} + 0{,}06173e^{-0{,}2941t} + 0{,}1488e^{0{,}1471t}\cos(1{,}251t) + 0{,}05172e^{0{,}1471t}\,\text{sen}(1{,}251t)\ \text{V}$$

$$v_3(t) = -\ 0{,}03459e^{-3t} + 0{,}06631e^{-0{,}2941t} - 0{,}03172e^{0{,}1471t}\cos(1{,}251t) - 0{,}06362e^{0{,}1471t}\,\text{sen}(1{,}251t)\ \text{V}$$

Note que a resposta cresce exponencialmente como resultado da fonte de tensão dependente. Em essência, o circuito está "perdendo o controle", indicando que em algum momento um componente derreterá, explodirá ou falhará de forma similar. Embora a análise de circuitos como esse possa requerer um grande volume de trabalho, as vantagens das técnicas no domínio **s** ficam claras assim que cogitamos a possibilidade de fazer tal análise no domínio do tempo.

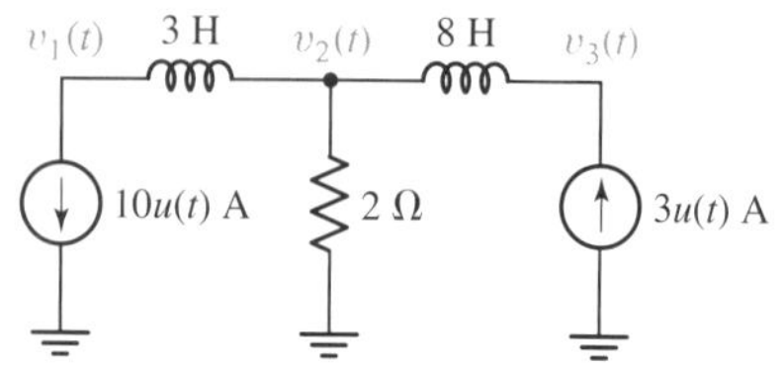

▲ **FIGURA 15.13**

▶ EXERCÍCIO DE FIXAÇÃO

15.5 Use a análise nodal para determinar as tensões v_1, v_2 e v_3 no circuito da Figura 15.13. Assuma que os indutores armazenem energia nula em $t = 0^-$.

Resposta: $v_1(t) = -30\delta(t) - 14u(t)$ V; $v_2(t) = -14u(t)$ V; $v_3(t) = 24\delta(t) - 14u(t)$ V.

15.3 ▶ TÉCNICAS ADICIONAIS DE ANÁLISE DE CIRCUITOS

Dependendo do objetivo específico na análise de um circuito particular, vemos muitas vezes que podemos simplificar nossa tarefa ao escolher cuidadosamente a técnica de análise. Por exemplo, é raramente desejável aplicar a superposição em um circuito contendo 215 fontes independentes, pois tal abordagem requer a análise de 215 circuitos separados! Tratando elementos passivos (capacitâncias, impedâncias, etc.) como impedâncias, no entanto, estamos livres para empregar qualquer uma das técnicas de análise de circuitos que estudamos nos Capítulos 3, 4 e 5 em circuitos equivalentes no domínio **s**.

Assim, a superposição, a transformação de fontes, o teorema de Thévenin e o teorema de Norton podem ser aplicados no domínio **s**.

▶ EXEMPLO 15.6

Simplifique o circuito da Figura 15.14*a* usando a transformação de fontes e determine uma expressão para a tensão $v(t)$.

Sem que correntes ou tensões iniciais tenham sido especificadas e com $u(t)$ multiplicando a fonte de tensão, concluímos que não há energia inicial armazenada no circuito. Com isso, desenhamos o circuito no domínio da frequência mostrado na Figura 15.14*b*.

Nossa estratégia é realizar várias transformações de fontes sucessivas para combinar as duas impedâncias de $2/\mathbf{s}\ \Omega$ e o resistor de $10\ \Omega$; devemos deixar a impedância de $9\mathbf{s}\ \Omega$ de lado, pois a tensão $\mathbf{V(s)}$ desejada aparece em seus terminais. Podemos agora transformar a fonte de tensão e a impedância de $2/\mathbf{s}$ mais à esquerda em uma fonte de corrente

$$\mathbf{I(s)} = \left(\frac{2\mathbf{s}}{\mathbf{s}^2+9}\right)\left(\frac{\mathbf{s}}{2}\right) = \frac{\mathbf{s}^2}{\mathbf{s}^2+9} \quad \text{A}$$

em paralelo com uma impedância de $2/\mathbf{s}\ \Omega$.

Conforme mostrado na Figura 15.15*a*, após essa transformação temos a impedância $\mathbf{Z}_1 \equiv (2/\mathbf{s})\|10 = 20/(10\mathbf{s}+2)\ \Omega$ diretamente conectada à fonte de corrente. Realizando mais uma transformação de fontes, obtemos a fonte de tensão $\mathbf{V}_2\mathbf{(s)}$ tal que

$$\mathbf{V}_2\mathbf{(s)} = \left(\frac{\mathbf{s}^2}{\mathbf{s}^2+9}\right)\left(\frac{20}{10\mathbf{s}+2}\right)$$

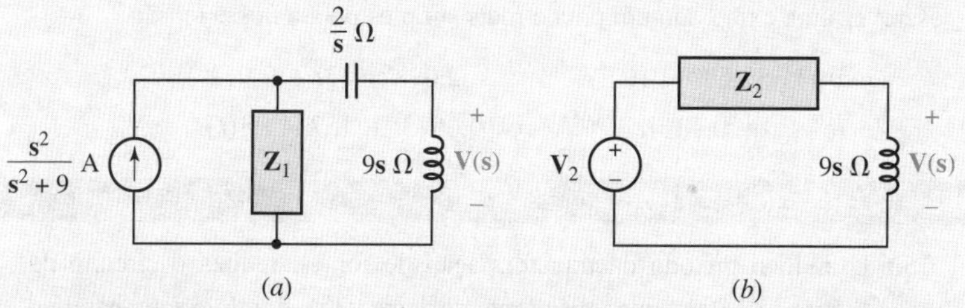

▲ **FIGURA 15.15** (*a*) Circuito após a primeira transformação. (*b*) Circuito final a ser analisado para V(s).

Essa fonte de tensão está em série com $\mathbf{Z}_1$ e também com a impedância de $2/\mathbf{s}$ remanescente; combinando $\mathbf{Z}_1$ e $2/\mathbf{s}$ em uma nova impedância $\mathbf{Z}_2$, temos

$$\mathbf{Z}_2 = \frac{20}{10\mathbf{s}+2} + \frac{2}{\mathbf{s}} = \frac{40\mathbf{s}+4}{\mathbf{s}(10\mathbf{s}+2)} \quad \Omega$$

O circuito resultante é mostrado na Figura 15.15*b*. Neste momento, estamos prontos para obter uma expressão para a tensão $\mathbf{V(s)}$ usando uma simples divisão de tensão:

$$\mathbf{V(s)} = \left(\frac{\mathbf{s}^2}{\mathbf{s}^2+9}\right)\left(\frac{20}{10\mathbf{s}+2}\right)\frac{9\mathbf{s}}{9\mathbf{s}+\left[\dfrac{40\mathbf{s}+4}{\mathbf{s}(10\mathbf{s}+2)}\right]}$$

$$= \frac{180\mathbf{s}^4}{(\mathbf{s}^2+9)(90\mathbf{s}^3+18\mathbf{s}^2+40\mathbf{s}+4)}$$

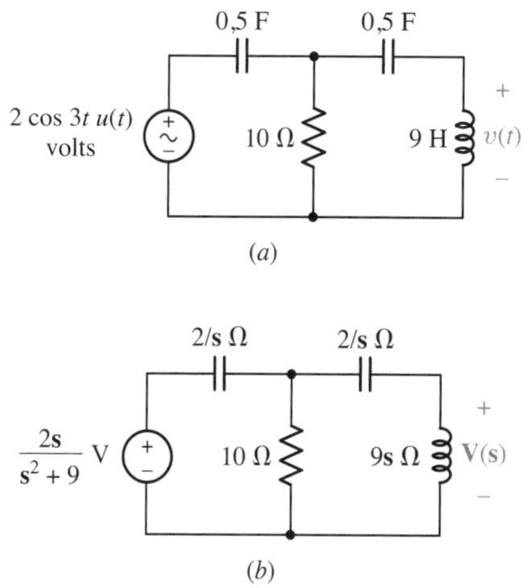

▲ **FIGURA 15.14** (*a*) Circuito a ser simplificado usando a transformação de fontes. (*b*) Representação no domínio da frequência.

Ambos os termos no denominador possuem raízes complexas. Empregando o MATLAB para expandir o denominador e então determinar os resíduos,

```
EDU>> d1 = 's^2 + 9';
EDU>> d2 = '90*s^3 + 18*s^2 + 40*s + 4';
EDU>> d = symmul(d1,d2);
EDU>> denominator = expand(d);
EDU>> den = sym2poly(denominator);
EDU>> num = [180 0 0 0 0];
EDU>> [r p y] = residue(num,den);
```

obtemos

Note que cada polo complexo tem um termo companheiro que é seu complexo conjugado. Em qualquer sistema físico, polos complexos ocorrem em pares conjugados.

$$\mathbf{V}(\mathbf{s}) = \frac{1{,}047 + j0{,}0716}{\mathbf{s} - j3} + \frac{1{,}047 - j0{,}0716}{\mathbf{s} + j3} - \frac{0{,}0471 + j0{,}0191}{\mathbf{s} + 0{,}04885 - j0{,}6573} - \frac{0{,}0471 - j0{,}0191}{\mathbf{s} + 0{,}04885 + j0{,}6573} + \frac{5{,}590 \times 10^{-5}}{\mathbf{s} + 0{,}1023}$$

Calculando a transformada inversa de cada termo, escrevendo 1,047 + j0,0191 como $1{,}049e^{j3{,}912^\circ}$ e 0,0471 + j0,0191 como $0{,}05083e^{j157{,}9^\circ}$, obtemos

$$\begin{aligned} v(t) &= 1{,}049e^{j3{,}912^\circ}e^{j3t}u(t) + 1{,}049e^{-j3{,}912^\circ}e^{-j3t}u(t) \\ &+ 0{,}05083e^{-j157{,}9^\circ}e^{-0{,}04885t}e^{-j0{,}6573t}u(t) \\ &+ 0{,}05083e^{+j157{,}9^\circ}e^{-0{,}04885t}e^{+j0{,}6573t}u(t) \\ &+ 5{,}590 \times 10^{-5}e^{-0{,}1023t}u(t) \end{aligned}$$

A conversão das exponenciais complexas em senoides nos permite então escrever uma expressão um pouco mais simples para a nossa tensão

$$\begin{aligned} v(t) = [&5{,}590 \times 10^{-5}e^{-0{,}1023t} + 2{,}098\cos(3t + 3{,}912^\circ) \\ &+ 0{,}1017e^{-0{,}04885t}\cos(0{,}6573t + 157{,}9^\circ)]u(t) \quad \text{V} \end{aligned}$$

▶ EXERCÍCIO DE FIXAÇÃO

15.6 Usando o método da transformação de fontes, reduza o circuito da Figura 15.16 em uma única fonte de corrente no domínio **s** em paralelo com uma única impedância.

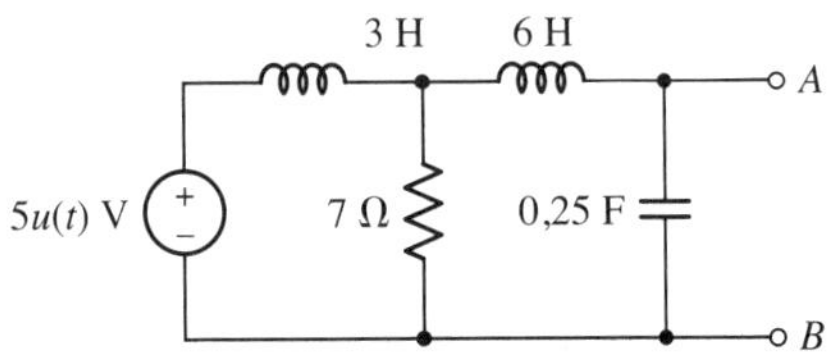

▲ **FIGURA 15.16**

Resposta: $\mathbf{I}_s = \dfrac{35}{\mathbf{s}^2(18\mathbf{s} + 63)}$ A, $\mathbf{Z}_s = \dfrac{72\mathbf{s}^2 + 252\mathbf{s}}{18\mathbf{s}^3 + 63\mathbf{s}^2 + 12\mathbf{s} + 28}$ Ω

▶ EXEMPLO 15.7

Obtenha o equivalente de Thévenin no domínio da frequência da rede destacada na Figura 15.17*a*.

Pedem-nos para determinar o equivalente de Thévenin do circuito conectado ao dispositivo de entrada; essa grandeza é freqüentemente chamada de ***impedância de entrada*** do circuito amplificador. Após converter o circuito em seu equivalente no domínio da frequência, trocamos o dispositivo de entrada (v_s e R_s) por uma fonte de teste de "1 A", como mostrado na Figura 15.17*b*. A impedância de entrada $\mathbf{Z}_{ent}$ é então

$$\mathbf{Z}_{\text{ent}} = \frac{\mathbf{V}_{\text{ent}}}{1}$$

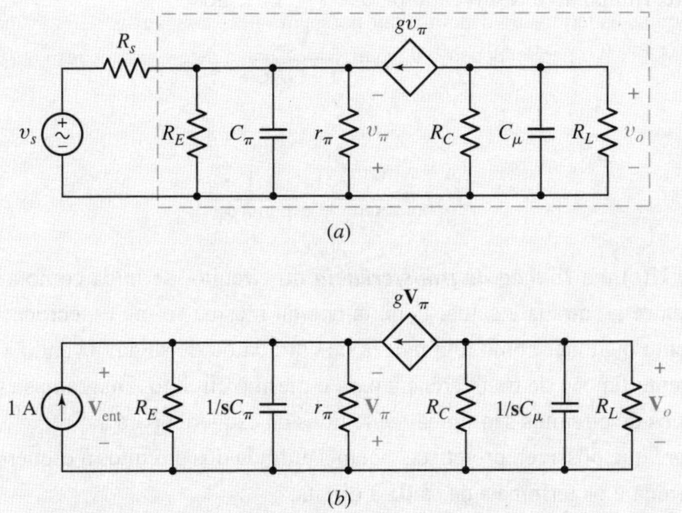

▲ **FIGURA 15.17** (*a*) Circuito equivalente de um amplificador com transistor na configuração "base comum". (*b*) Circuito equivalente no domínio da frequência, com uma fonte de teste de 1 A substituindo a fonte de entrada representada por v_s e R_s.

O circuito em questão é conhecido como o modelo π-híbrido de um tipo especial de circuito transistorizado conhecido como amplificador base comum. Os dois capacitores, $C\pi$ e $C\mu$, representam as capacitâncias internas do transistor, e são tipicamente da ordem de alguns pF. O resistor R_L no circuito representa a resistência equivalente de Thévenin do dispositivo de saída, que poderia ser um alto-falante ou mesmo um laser semicondutor. A fonte de tensão v_s e o resistor R_s representam juntos o equivalente de Thévenin do dispositivo de entrada, que pode ser um microfone, um fotoresistor, ou possivelmente uma antena de rádio.

ou simplesmente $\mathbf{V}_{ent}$. Devemos obter uma expressão para essa grandeza em termos da fonte de 1 A, de resistores, capacitores, e/ou do parâmetro g da fonte dependente.

Escrevendo uma única equação nodal na entrada, obtemos então

$$1 + g\mathbf{V}_\pi = \frac{\mathbf{V}_{ent}}{\mathbf{Z}_{eq}}$$

onde

$$\mathbf{Z}_{eq} \equiv R_E \left\| \frac{1}{\mathbf{s}C_\pi} \right\| r_\pi = \frac{R_E r_\pi}{r_\pi + R_E + \mathbf{s}R_E r_\pi C_\pi}$$

como $\mathbf{V}\pi = -\mathbf{V}_{ent}$, vemos que

$$\mathbf{Z}_{ent} = \mathbf{V}_{ent} = \frac{R_E r_\pi}{r_\pi + R_E + sR_E r_\pi C_\pi + gR_E r_\pi} \quad \Omega$$

▶ EXERCÍCIO DE FIXAÇÃO

15.7 Trabalhando no domínio **s**, obtenha o equivalente de Norton conectado ao resistor de 1 Ω no circuito da Figura 15.18.

Resposta: $\mathbf{I}_{cc} = 3(\mathbf{s} + 1)/4\mathbf{s}$ A; $\mathbf{Z}_{th} = 4/(\mathbf{s} + 1)$ Ω.

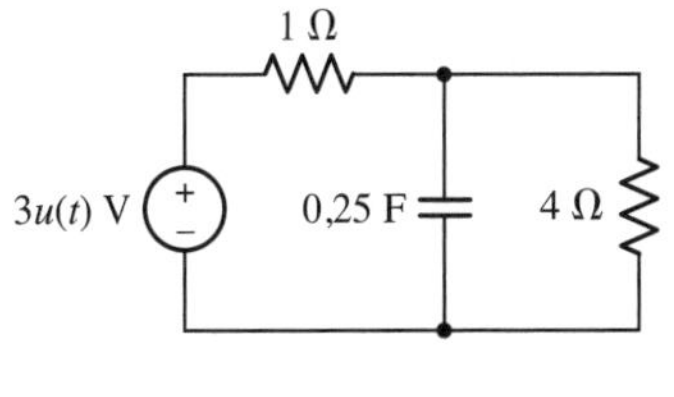

▲ **FIGURA 15.18**

15.4 ▶ POLOS, ZEROS E FUNÇÕES DE TRANSFERÊNCIA

Nesta seção, revisitamos a terminologia que apresentamos pela primeira vez no Cap. 14: *polos*, *zeros* e *funções de transferência*.

Considere o circuito simples da Figura 15.19*a*. O equivalente no domínio **s** é dado na Figura 15.19*b*, e a análise nodal fornece

$$0 = \frac{\mathbf{V}_{saída}}{1/\mathbf{s}C} + \frac{\mathbf{V}_{saída} - \mathbf{V}_{ent}}{R}$$

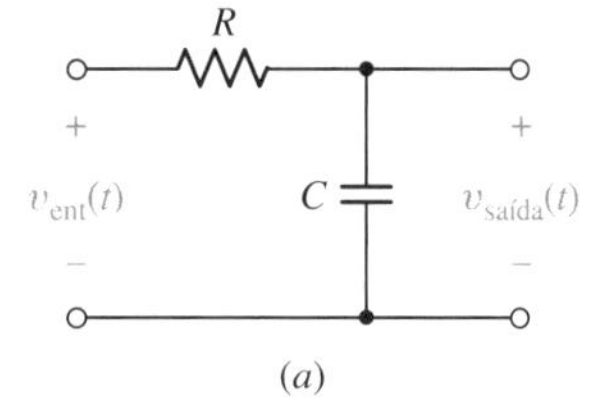

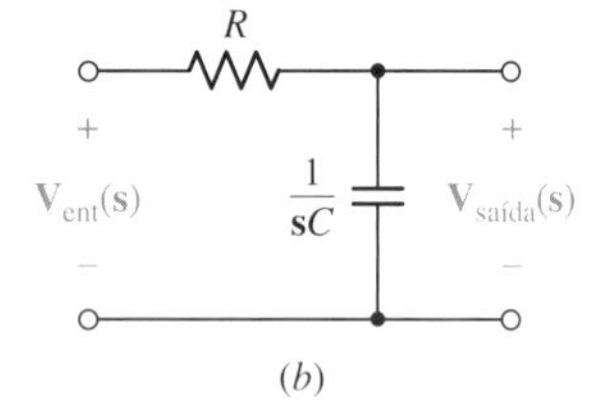

▲ **FIGURA 15.19** (*a*) Circuito resistor-capacitor simples com tensões de entrada e saída especificadas. (*b*) Circuito equivalente no domínio **s**.

Rearranjando e resolvendo para $\mathbf{V}_{saída}$, obtemos

$$\mathbf{V}_{saída} = \frac{\mathbf{V}_{ent}}{1 + \mathbf{s}RC}$$

ou

$$\mathbf{H}(\mathbf{s}) \equiv \frac{\mathbf{V}_{saída}}{\mathbf{V}_{ent}} = \frac{1}{1 + \mathbf{s}RC} \qquad [7]$$

onde $\mathbf{H}(\mathbf{s})$ é a ***função de transferência*** do circuito, definida como a relação entre a entrada e saída. Poderíamos da mesma forma especificar uma corrente qualquer como a grandeza de entrada ou de saída, levando a uma diferente função de transferência para o mesmo circuito. Diagramas esquemáticos de circuitos são tipicamente lidos da esquerda para a direita; então, sempre que possível, projetistas põem a entrada dos circuitos à esquerda do diagrama e os terminais de saída à direita.

O conceito de função de transferência é muito importante, tanto em termos da análise de circuitos quanto em outras áreas da engenharia. Há duas razões para isso. Primeiramente, uma vez que conheçamos a função de transferência de um circuito específico, podemos facilmente encontrar a saída que resulta de *qualquer* entrada. Tudo o que precisamos é multiplicar $\mathbf{H}(\mathbf{s})$ pela grandeza de entrada e obter a transformada inversa da expressão resultante. Em segundo lugar, a forma da função de transferência contém muitas informações sobre o comportamento que podemos esperar de um dado circuito (ou sistema).

Conforme mencionado na Aplicação do Capítulo 14, para avaliar-se a estabilidade de um sistema é necessário determinar os polos e zeros da função de transferência $\mathbf{H}(\mathbf{s})$; em breve, exploraremos essa questão em maior detalhe. A Equação [7] pode ser escrita como

> Ao calcular o módulo, é comum considerarmos $+\infty$ e $-\infty$ como sendo a mesma frequência. No entanto, o ângulo de fase da resposta para valores muito grandes de ω positivos e negativos não precisa ser o mesmo.

$$\mathbf{H}(\mathbf{s}) = \frac{1/RC}{\mathbf{s} + 1/RC} \qquad [8]$$

O módulo dessa função tende a zero quando $\mathbf{s} \rightarrow \infty$. Logo, dizemos que $\mathbf{H}(\mathbf{s})$ tem um ***zero*** em $\mathbf{s} = \infty$. A função se aproxima do infinito em $\mathbf{s} = -1/RC$; dizemos portanto que $\mathbf{H}(\mathbf{s})$ tem um ***polo*** em $\mathbf{s} = -1/RC$. Essas frequências são chamadas de ***frequências críticas***, e sua identificação antecipada simplifica a construção das curvas de resposta que vamos desenvolver na Seção 15.7.

15.5 ▶ CONVOLUÇÃO

As técnicas no domínio **s** que desenvolvemos até este ponto são muito úteis na determinação das respostas de corrente e tensão de um circuito específico. Entretanto, temos que lidar na prática com circuitos conectados a fontes arbitrárias, e com isso precisamos de uma maneira eficiente de determinar a nova saída em cada instante de tempo. Isso é facilmente realizado se pudermos caracterizar o circuito básico por meio de uma função de transferência chamada de ***função de sistema***.

A análise pode ser feita tanto no domínio do tempo quanto no domínio da frequência, embora seja geralmente mais útil trabalhar no domínio da frequência. Em tais situações, temos um processo simples de quatro passos:

1. Determine a função de sistema do circuito (se ela ainda não for conhecida)
2. Obtenha a transformada de Laplace da função forçante a ser aplicada
3. Multiplique essa transformada e a função de sistema; e, finalmente
4. Realize uma operação de transformada inversa no produto para obter a saída

Dessa forma, algumas integrais relativamente complicadas se reduzem a simples funções de **s**, e as operações matemáticas de integração e diferenciação são trocadas por operações algébricas mais simples, como a multiplicação e a divisão.

A Resposta ao Impulso

Considere uma rede elétrica linear N, sem qualquer energia inicial armazenada, na qual uma função forçante $x(t)$ é aplicada. Em algum ponto nesse circuito, uma função resposta $y(t)$ está presente. Mostramos isso no diagrama de blocos na Figura 15.20*a*, juntamente com esboços de funções temporais genéricas. Mostra-se que a função forçante existe apenas no intervalo $a < t < b$. Logo, $y(t)$ existe apenas para $t > a$.

A questão que agora desejamos responder é esta: "*Se soubermos a forma de x(t), então como y(t) será descrito*?". Para responder a essa questão, precisamos saber algo sobre N, tal como a sua resposta quando a função forçante é um impulso unitário $\delta(t)$. Isto é, estamos assumindo que conheçamos $h(t)$, a função resposta resultante quando um impulso unitário é utilizado como função forçante em $t = 0$, como mostra a Figura 15.20*b*. A função $h(t)$ é comumente chamada de função resposta ao impulso unitário, ou de ***resposta ao impulso***.

Com base em nosso conhecimento sobre as transformadas de Laplace, podemos ver tudo isso de uma perspectiva ligeiramente diferente. Transformando $x(t)$ em $\mathbf{X(s)}$ e $y(t)$ em $\mathbf{Y(s)}$, definimos a função de transferência do sistema $\mathbf{H(s)}$ como

$$\mathbf{H(s)} \equiv \frac{\mathbf{Y(s)}}{\mathbf{X(s)}}$$

Se $x(t) = \delta(t)$, então de acordo com a Tabela 14.1, $\mathbf{X(s)} = 1$. Logo, $\mathbf{H(s)} = \mathbf{Y(s)}$, e então *nesse caso* $h(t) = y(t)$.

Ao invés de aplicar o impulso unitário em $t = 0$, vamos agora supor que ele seja aplicado em $t = \lambda$ (lambda). Com isso, a saída se torna $h(t - \lambda)$ quando a entrada é $\delta(t - \lambda)$, como mostra a Figura 15.20*c*. Em seguida, suponhamos que a função impulso aplicada na entrada tenha uma amplitude diferente da unidade. Especificamente, façamos a amplitude do impulso ser numericamente igual ao valor de $x(t)$ quando $t = \lambda$. Este valor $x(\lambda)$ é uma constante; sabemos que a multiplicação de uma única função forçante

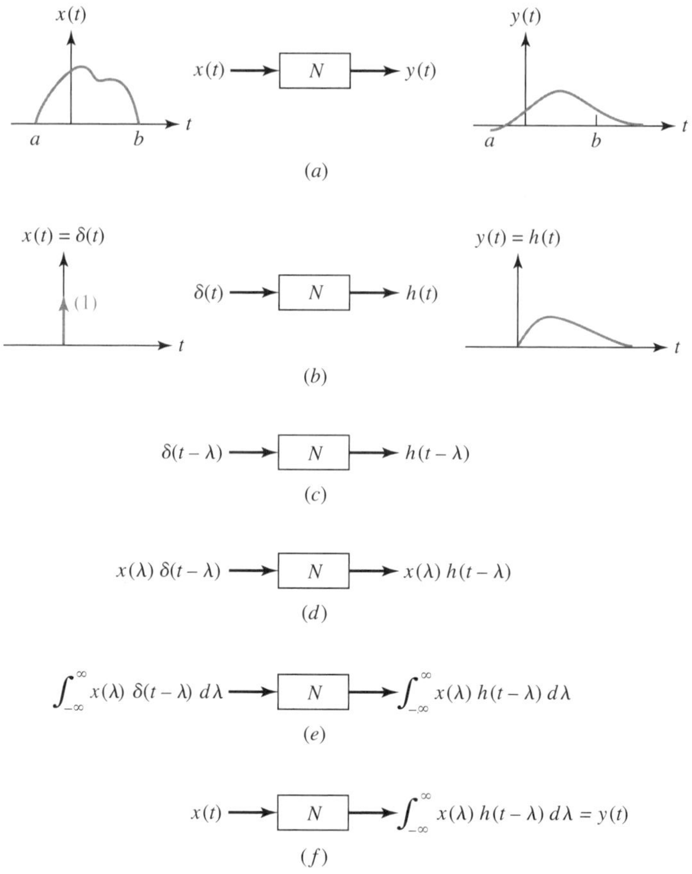

▲ **FIGURA 15.20** Desenvolvimento conceitual da integral de convolução.

por uma constante em um circuito linear causa simplesmente uma mudança proporcional na resposta de saída. Logo, se a entrada é alterada para $x(\lambda)\delta(t-\lambda)$, então a resposta se torna $x(\lambda)h(t-\lambda)$, como mostra a Figura 15.20*d*.

Vamos agora somar essa última entrada ao longo de todos os valores possíveis de λ e usar o resultado como uma função forçante para N. A linearidade decreta que a saída deve ser igual à soma das respostas que resultam do uso de todos os valores possíveis de λ. Informalmente, podemos dizer que a integral da entrada produz a integral da saída, conforme mostrado na Figura 15.20*e*. Mas qual é a entrada agora? Dada a propriedade de peneiramento[1] do impulso unitário, vemos que a entrada é simplesmente $x(t)$, a entrada original. Logo, a Figura 15.20*e* pode ser representada como na Figura 15.20*f*.

A Integral de Convolução

Se a entrada de nosso sistema N é a função forçante $x(t)$, sabemos que a saída deve ser a função $y(t)$ desenhada na Figura 15.20*a*. Logo, a partir da Figura 15.20*f*, concluímos que

[1] A propriedade de peneiramento da função impulso, descrita na Seção 14.4, diz que $\int_{-\infty}^{\infty} f(t)\delta(t-t_0)\,dt = f(t_0)$.

$$y(t) = \int_{-\infty}^{\infty} x(\lambda)h(t-\lambda)\,d\lambda \qquad [9]$$

onde $h(t)$ é a resposta ao impulso de N. Essa importante relação é amplamente conhecida como a ***integral de convolução***. Colocando em palavras, essa última equação diz que a *saída é igual à convolução da entrada com a resposta ao impulso*. Ela é freqüentemente abreviada como

$$y(t) = x(t) * h(t)$$

onde deve-se ler o asterisco como "convolução".

Tenha cuidado para não confundir essa nova notação com a multiplicação!

A Equação [9] aparece às vezes de uma forma levemente diferente, porém equivalente. Se fizermos $z = t - \lambda$, então $d\lambda = -dz$, e a expressão para $y(t)$ se torna

$$y(t) = \int_{\infty}^{-\infty} -x(t-z)h(z)\,dz = \int_{-\infty}^{\infty} x(t-z)h(z)\,dz$$

e como o símbolo que usamos para a variável de integração não é importante, podemos modificar a Equação [9] para escrever

$$\begin{aligned} y(t) = x(t) * h(t) &= \int_{-\infty}^{\infty} x(z)h(t-z)\,dz \\ &= \int_{-\infty}^{\infty} x(t-z)h(z)\,dz \end{aligned} \qquad [10]$$

Convolução e Sistemas Realizáveis

O resultado que temos na Equação [10] é bem geral; ele é aplicável em qualquer sistema linear. Entretanto, estamos usualmente interessados em ***sistemas fisicamente realizáveis***, aqueles que *existem* ou *podem existir*, e tais sistemas possuem uma propriedade que modifica ligeiramente a integral de convolução: *a resposta do sistema não pode começar antes que a função forçante seja aplicada*. Em particular, $h(t)$ é a resposta do sistema que resulta da aplicação de um impulso unitário em $t = 0$. Portanto, $h(t)$ não pode existir em $t < 0$. Daí segue que, na segunda integral da Equação [10], o integrando é nulo quando $z < 0$; na primeira integral, o integrando é nulo quando $(t - z)$ é negativo, ou quando $z > t$. Portanto, os limites de integração presentes nas integrais de convolução são alterados em sistemas *realizáveis*:

$$\begin{aligned} y(t) = x(t) * h(t) &= \int_{-\infty}^{t} x(z)h(t-z)\,dz \\ &= \int_{0}^{\infty} x(t-z)h(z)\,dz \end{aligned} \qquad [11]$$

As Equações [10] e [11] são igualmente válidas, mas a última é mais específica quando falamos de sistemas lineares *realizáveis*, e vale a pena memorizá-la.

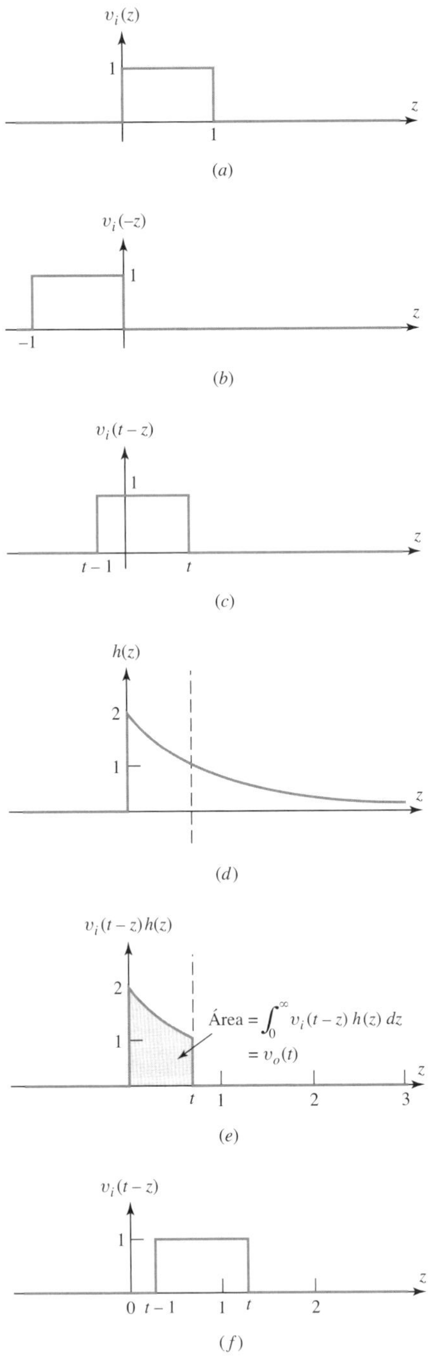

▲ **FIGURA 15.21** Conceitos gráficos envolvidos na avaliação de uma integral de convolução.

Método Gráfico da Convolução

Antes de aprofundar a discussão a respeito do significado da resposta ao impulso de um circuito, vamos considerar um exemplo numérico que nos dará um melhor entendimento sobre como avaliar a integral de convolução. Embora essa expressão seja por si só simples, a sua avaliação é às vezes problemática, especialmente com relação aos valores usados como limites de integração.

Suponha que a entrada seja um pulso de tensão retangular que começa em $t = 0$, dura 1 segundo e tem amplitude de 1 V:

$$x(t) = vi\,(t) = u(t) - u(t - 1)$$

Também suponha que esse pulso de tensão seja aplicado em um circuito cuja resposta ao impulso é dada por uma função exponencial da forma:

$$h(t) = 2e^{-t}\,u(t)$$

Desejamos avaliar a tensão de saída $v_o(t)$ e podemos escrever a resposta imediatamente na forma integral,

$$y(t) = v_o(t) = v_i(t) * h(t) = \int_0^\infty v_i(t - z)h(z)\,dz$$

$$= \int_0^\infty [u(t - z) - u(t - z - 1)][2e^{-z}u(z)]\,dz$$

A obtenção dessa expressão para $v_o(t)$ é simples, mas a presença de muitas funções degrau tende a tornar a sua avaliação confusa e até mesmo um pouco aborrecida. Muito cuidado deve ser tomado na determinação das parcelas do intervalo de integração nas quais o integrando é nulo.

Vamos nos amparar em gráficos para entender o que diz a integral de convolução. Começamos desenhando vários eixos z alinhados um sobre o outro, conforme mostrado na Figura 15.21. Conhecemos a forma de $v_i(t)$, e por isso também sabemos a aparência de $v_i(z)$; esta função está desenhada na Figura 15.21*a*. A função $v_i(-z)$ é simplesmente $v_i(z)$ espelhada com relação a z, ou girada em torno do eixo das ordenadas; ela está mostrada na Figura 15.21*b*. Desejamos agora representar $v_i(t - z)$, que é $v_i(-z)$ deslocada à direita em uma quantidade $z = t$, como mostra a Figura 15.21*c*. O próximo eixo z, na Figura 15.21*d*, mostra um gráfico com a resposta ao impulso $h(z) = 2e^{-z}u(z)$.

O próximo passo é multiplicar as duas funções $v_i(t - z)$ e $h(z)$; o resultado para um valor arbitrário $t < 1$ é mostrado na Figura 15.21*e*. Buscamos um valor para a saída $v_o(t)$, que é dado pela *área* sob o produto das duas funções (destacada na figura).

Primeiro consideramos $t < 0$. Não há superposição entre $v_i(t - z)$ e $h(z)$, e com isso $v_o = 0$. À medida que aumentamos t, deslizamos o pulso mostrado na Figura 15.21*c* para a direita, levando à superposição com $h(z)$ assim que $t > 0$. A área sob a curva correspondente à Figura 15.21*e* continua a crescer enquanto aumentamos o valor de t, até alcançarmos $t = 1$. A partir desse valor, o crescimento de t leva à abertura de um espaço vazio entre $z = 0$ e a borda do pulso, como mostra a Figura 15.21*f*. Como resultado, a superposição com $h(z)$ passa a decrescer.

Em outras palavras, para valores de t entre zero e um, devemos integrar de $z = 0$ a $z = t$. Para valores de t que excedem a unidade, o intervalo de integração é $t - 1 < z < t$. Assim, podemos escrever

$$v_o(t) = \begin{cases} 0 & t < 0 \\ \displaystyle\int_0^t 2e^{-z}\,dz = 2(1 - e^{-t}) & 0 \le t \le 1 \\ \displaystyle\int_{t-1}^t 2e^{-z}\,dz = 2(e - 1)e^{-t} & t > 1 \end{cases}$$

O gráfico dessa função *versus* a variável de tempo t está ilustrado na Figura 15.22, o que completa a nossa solução.

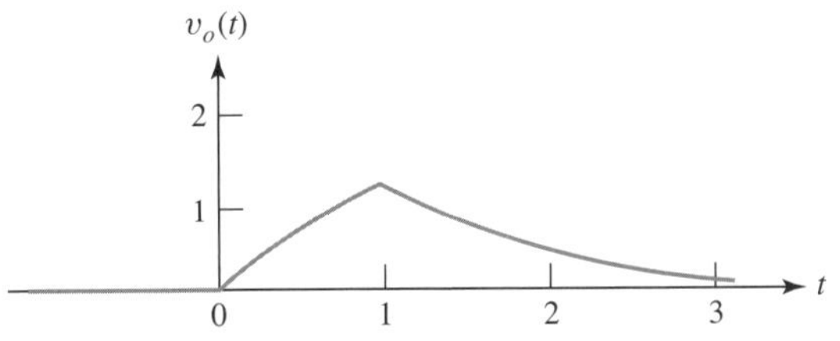

▶ **FIGURA 15.22** A função de saída v_o obtida por meio de uma convolução gráfica.

▶ EXEMPLO 15.8

Aplique uma função degrau unitário $x(t) = u(t)$ como entrada de um sistema cuja resposta ao impulso é $h(t) = u(t) - 2u(t-1) + u(t-2)$ e determine a saída $y(t) = x(t) * h(t)$ correspondente.

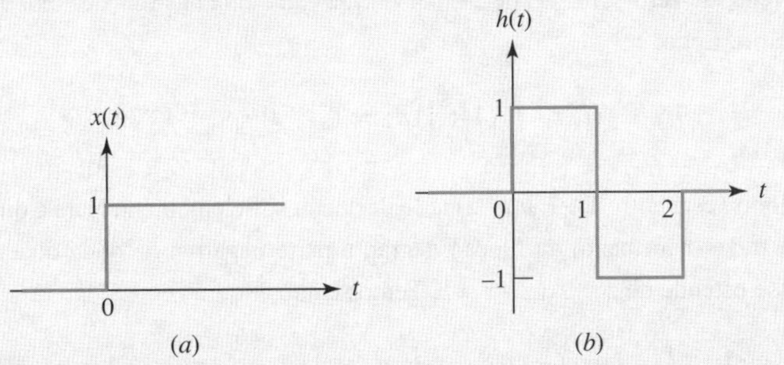

▲ **FIGURA 15.23** Esboços (*a*) do sinal de entrada $x(t) = u(t)$ e (*b*) da resposta ao impulso $h(t) = u(t) - 2u(t-1) + u(t-2)$ de um sistema linear.

Nosso primeiro passo é traçar o gráfico de $x(t)$ e $h(t)$, como mostra a Figura 15.23. Escolhemos arbitrariamente avaliar a primeira integral da Equação [11],

$$y(t) = \int_{-\infty}^{t} x(z)h(t - z)\,dz$$

e preparamos uma seqüência de esboços que possam nos ajudar a selecionar os limites de integração corretos. A Figura 15.24 mostra estas funções na ordem: a entrada $x(z)$ em função de z; a resposta ao impulso $h(z)$; a curva $h(-z)$, que é simplesmente $h(z)$ girada em torno do eixo vertical; e $h(t - z)$, obtida deslocando-se $h(-z)$ à direita em t unidades. Para esse esboço, selecionamos t no intervalo $0 < t < 1$.

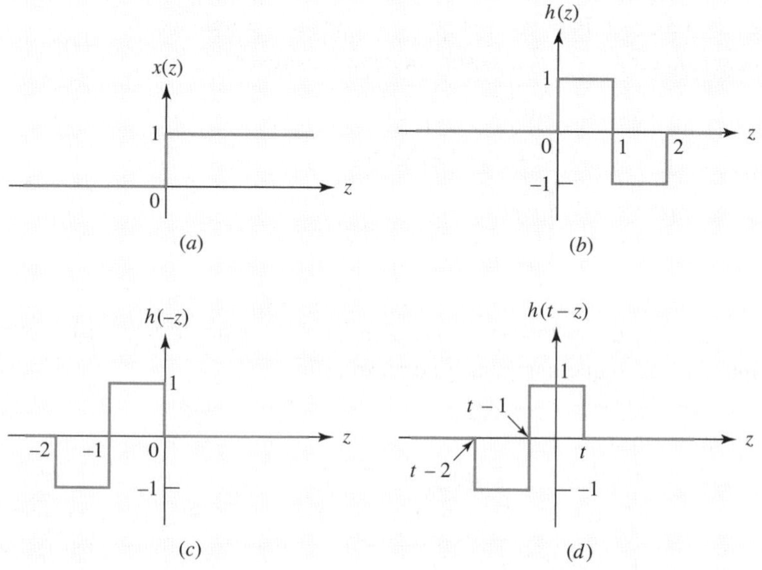

▲ **FIGURA 15.24** (*a*) O sinal de entrada e (*b*) a resposta ao impulso apresentados graficamente em função de *z*. (c) $h(-z)$ é obtida girando-se $h(z)$ em torno do eixo vertical, e (*d*) $h(t - z)$ resulta do deslocamento de $h(-z)$ à direita em *t* unidades.

Agora é fácil visualizar o produto do primeiro gráfico, $x(z)$, e do último, $h(t - z)$, para os vários intervalos de t. Quando t é menor que zero, não há superposição, e

$$y(t) = 0 \qquad t < 0$$

No caso desenhado na Figura 15.24*d*, $h(t - z)$ apresenta uma superposição diferente de zero com $x(z)$ de $z = 0$ a $z = t$, e cada uma das funções tem valor unitário. Logo,

$$y(t) = \int_0^t (1 \times 1)\,dz = t \qquad 0 < t < 1$$

Quando t está entre 1 e 2, $h(t - z)$ já se deslocou suficientemente para a direita para trazer para baixo da função degrau a parte negativa da onda quadrada que se estende de $z = 0$ a $z = t - 1$. Temos então

$$y(t) = \int_0^{t-1} [1 \times (-1)]\,dz + \int_{t-1}^{t} (1 \times 1)\,dz = -\,z\Big|_{z=0}^{z=t-1} + z\Big|_{z=t-1}^{z=t}$$

Portanto,

$$y(t) = -(t-1) + t - (t-1) = 2 - t \qquad 1 < t < 2$$

Finalmente, quando t é maior que 2, $h(t - z)$ já se deslocou o suficiente para ficar inteiramente à direita de $z = 0$. A interseção com o degrau unitário é completa, e

$$y(t) = \int_{t-2}^{t-1} [1 \times (-1)]\,dz + \int_{t-1}^{t} (1 \times 1)\,dz = -\,z\Big|_{z=t-2}^{z=t-1} + z\Big|_{z=t-1}^{z=t}$$

ou

$$y(t) = -(t-1) + (t-2) + t - (t-1) = 0 \qquad t > 2$$

Esses quatro segmentos de $y(t)$ são mostrados como uma curva contínua na Figura 15.25.

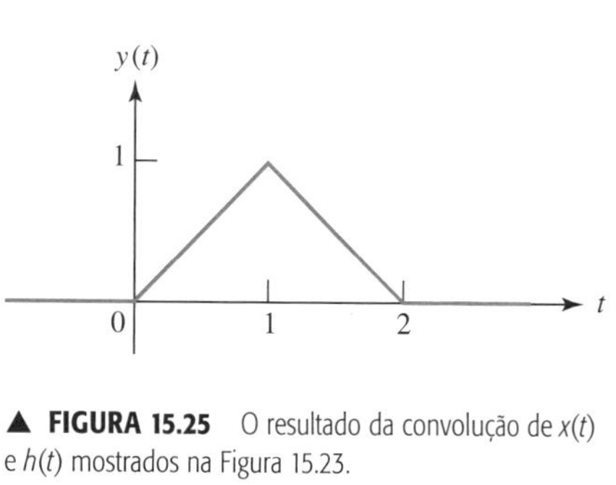

▲ **FIGURA 15.25** O resultado da convolução de $x(t)$ e $h(t)$ mostrados na Figura 15.23.

▶ EXERCÍCIOS DE FIXAÇÃO

15.8 Repita o exemplo 15.8 usando a segunda integral da Equação [11].

15.9 A resposta ao impulso de uma rede é dada por $h(t) = 5u(t-1)$. Se for aplicado um sinal de entrada $x(t) = 2[u(t) - u(t-3)]$, determine a saída $y(t)$ em t igual a (*a*) –0,5; (*b*) 0,5; (*c*) 2,5; (*d*) 3,5.

Resposta: 15.9: 0, 0, 15, 25.

A Convolução e a Transformada de Laplace

A convolução tem aplicações em uma ampla variedade de disciplinas além da análise de circuitos lineares, incluindo o processamento de sinais, as telecomunicações e a teoria de transportes em semicondutores. Portanto, é freqüentemente útil possuir uma intuição gráfica do processo básico, mesmo que as expressões integrais das Equações. [10] e [11] nem sempre sejam o melhor caminho para a solução. Uma alternativa muito poderosa é fazer uso das propriedades da transformada de Laplace – daí a nossa introdução à convolução neste capítulo.

Vamos assumir que $\mathbf{F}_1(\mathbf{s})$ e $\mathbf{F}_2(\mathbf{s})$ sejam as transformadas de Laplace de $f_1(t)$ e $f_2(t)$, respectivamente, e consideremos a transformada de Laplace de $f_1(t) * f_2(t)$,

$$\mathcal{L}\{f_1(t) * f_2(t)\} = \mathcal{L}\left\{\int_{-\infty}^{\infty} f_1(\lambda)\, f_2(t-\lambda)\, d\lambda\right\}$$

Uma dessas funções temporais é tipicamente a função forçante que se aplica nos terminais de entrada de um circuito linear, e a outra é a resposta ao impulso unitário do circuito.

Como agora estamos lidando com funções temporais que não existem antes de $t = 0^-$ (a definição da transformada de Laplace nos força a assumir isso), o limite inferior da integração pode ser mudado para 0^-. Então, usando a definição da transformada de Laplace, obtemos

$$\mathcal{L}\{f_1(t) * f_2(t)\} = \int_{0^-}^{\infty} e^{-\mathbf{s}t}\left[\int_{0^-}^{\infty} f_1(\lambda)\, f_2(t-\lambda)\, d\lambda\right] dt$$

Como $e^{-\mathbf{s}t}$ não depende de λ, podemos mover esse fator para dentro da integral interna. Se fizermos isso e também invertermos a ordem da integração, o resultado é

$$\mathcal{L}\{f_1(t) * f_2(t)\} = \int_{0^-}^{\infty}\left[\int_{0^-}^{\infty} e^{-\mathbf{s}t} f_1(\lambda)\, f_2(t-\lambda)\, dt\right] d\lambda$$

Continuando com o mesmo tipo de artimanha, notamos que $f_1(\lambda)$ não depende de t, e assim esse termo pode ser tirado da integral de dentro:

$$\mathcal{L}\{f_1(t) * f_2(t)\} = \int_{0^-}^{\infty} f_1(\lambda)\left[\int_{0^-}^{\infty} e^{-\mathbf{s}t} f_2(t-\lambda)\, dt\right] d\lambda$$

Fazemos então a substituição $x = t - \lambda$ na integral entre colchetes (onde podemos tratar λ como uma constante):

$$\begin{aligned}\mathcal{L}\{f_1(t) * f_2(t)\} &= \int_{0^-}^{\infty} f_1(\lambda)\left[\int_{-\lambda}^{\infty} e^{-\mathbf{s}(x+\lambda)} f_2(x)\,dx\right]d\lambda \\ &= \int_{0^-}^{\infty} f_1(\lambda)e^{-\mathbf{s}\lambda}\left[\int_{-\lambda}^{\infty} e^{-\mathbf{s}x} f_2(x)\,dx\right]d\lambda \\ &= \int_{0^-}^{\infty} f_1(\lambda)e^{-\mathbf{s}\lambda}[\mathbf{F}_2(\mathbf{s})]\,d\lambda \\ &= \mathbf{F}_2(\mathbf{s})\int_{0^-}^{\infty} f_1(\lambda)e^{-\mathbf{s}\lambda}\,d\lambda\end{aligned}$$

Como a integral remanescente é simplesmente $\mathbf{F}_1(\mathbf{s})$, vemos que

$$\boxed{\mathcal{L}\{f_1(t) * f_2(t)\} = \mathbf{F}_1(\mathbf{s}) \cdot \mathbf{F}_2(\mathbf{s})} \qquad [12]$$

Dizendo de forma ligeiramente diferente, podemos concluir que a transformada inversa do produto de duas transformadas é a convolução das transformadas inversas individuais, um resultado que às vezes é útil na obtenção de transformadas inversas.

▶ EXEMPLO 15.9

Obtenha $v(t)$ aplicando técnicas de convolução, sabendo que $\mathbf{V}(\mathbf{s}) = 1/[(\mathbf{s} + \alpha)(\mathbf{s} + \beta)]$.

Obtivemos a transformada inversa dessa função na Seção 14.5, usando uma expansão em frações parciais. Agora identificamos $\mathbf{V}(\mathbf{s})$ como o produto de duas transformadas

$$\mathbf{V}_1(\mathbf{s}) = \frac{1}{\mathbf{s} + \alpha}$$

e

$$\mathbf{V}_2(\mathbf{s}) = \frac{1}{\mathbf{s} + \beta}$$

onde

$$v_1(t) = e^{-\alpha t}u(t)$$

e

$$v_2(t) = e^{-\beta t}u(t)$$

A tensão $v(t)$ pode ser imediatamente expressa como

$$\begin{aligned}v(t) &= \mathcal{L}^{-1}\{\mathbf{V}_1(\mathbf{s})\mathbf{V}_2(\mathbf{s})\} = v_1(t) * v_2(t) = \int_{0^-}^{\infty} v_1(\lambda)v_2(t-\lambda)\,d\lambda \\ &= \int_{0^-}^{\infty} e^{-\alpha\lambda}u(\lambda)e^{-\beta(t-\lambda)}u(t-\lambda)\,d\lambda = \int_{0^-}^{t} e^{-\alpha\lambda}e^{-\beta t}e^{\beta\lambda}\,d\lambda \\ &= e^{-\beta t}\int_{0^-}^{t} e^{(\beta-\alpha)\lambda}\,d\lambda = e^{-\beta t}\frac{e^{(\beta-\alpha)t}-1}{\beta-\alpha}u(t)\end{aligned}$$

ou, de forma mais compacta,

$$v(t) = \frac{1}{\beta - \alpha}(e^{-\alpha t} - e^{-\beta t})u(t)$$

Foi mais fácil obter o resultado usando esse método? Não, a menos que estejamos apaixonados pelas integrais de convolução. O método da expansão em frações parciais é usualmente mais simples, assumindo-se que a expansão em si não seja problemática. Entretanto, a operação da convolução é mais fácil de se realizar no domínio **s**, por requerer apenas uma multiplicação.

que é o mesmo resultado que obtivemos anteriormente utilizando uma expansão em frações parciais. Note que é necessário inserir o degrau $u(t)$ no resultado porque todas as transformadas de Laplace (unilaterais) são válidas apenas para tempos não negativos.

▶ EXERCÍCIO DE FIXAÇÃO

15.10 Repita o Exemplo 15.8 realizando a convolução no domínio **s**.

Comentários Adicionais a Respeito das Funções de Transferência

Como já havíamos dito várias vezes anteriormente, a saída $v_o(t)$ em algum ponto de um circuito linear pode ser obtida por meio da convolução da entrada $v_i(t)$ com a resposta ao impulso unitário $h(t)$. Entretanto, devemos lembrar que a resposta ao impulso resulta da aplicação de um impulso unitário em $t = 0$ *com todas as condições iniciais nulas*. Nessas condições, a transformada de Laplace de $v_o(t)$ é

$$\mathcal{L}\{v_o(t)\} = \mathbf{V}_o(\mathbf{s}) = \mathcal{L}\{v_i(t) * h(t)\} = \mathbf{V}_i(\mathbf{s})[\mathcal{L}\{h(t)\}]$$

Logo, a razão $\mathbf{V}_o(\mathbf{s})/\mathbf{V}_i(\mathbf{s})$ é igual à transformada da resposta ao impulso, que denotamos como $\mathbf{H}(\mathbf{s})$,

$$\mathcal{L}\{h(t)\} = \mathbf{H}(\mathbf{s}) = \frac{\mathbf{V}_o(\mathbf{s})}{\mathbf{V}_i(\mathbf{s})} \qquad [13]$$

A partir da Equação [13], vemos que a resposta ao impulso e a função de transferência formam um par de transformadas de Laplace,

$$h(t) \Leftrightarrow \mathbf{H}(\mathbf{s})$$

Esse é um fato importante que exploramos em maior detalhe na Seção 15.7, após termos nos familiarizado com o conceito de gráficos de polos e zeros e com o plano das frequências complexas. Neste ponto, contudo, já estamos prontos para explorar esse novo conceito de convolução na análise de circuitos.

▶ EXEMPLO 15.10

Determine a resposta ao impulso do circuito na Figura 15.26*a* e use isso para computar a resposta forçada $v_o(t)$ se $v_{ent}(t) = 6e^{-t}u(t)$ V.

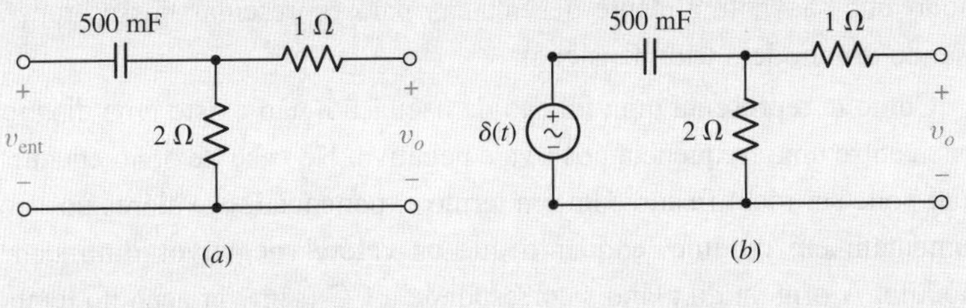

▲ **FIGURA 15.26** (*a*) Circuito simples no qual se aplica uma entrada exponencial em $t = 0$. (*b*) Circuito usado para determinar $h(t)$.

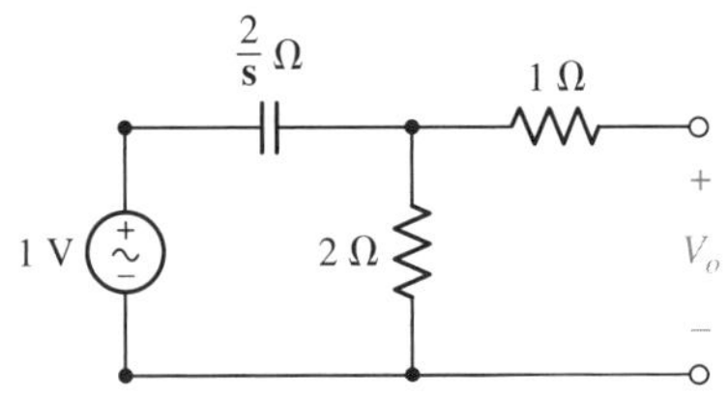

▲ **FIGURA 15.27** Circuito usado para obter H(s).

Primeiro conectamos um impulso de tensão $\delta(t)$ V no circuito, como mostra a Figura 15.26*b*. Embora possamos trabalhar no domínio do tempo com $h(t)$ ou no domínio **s** com **H(s)**, escolhemos o último; assim consideramos a representação da Figura 15.26*b* no domínio **s**, conforme mostrado na Figura 15.27. A resposta ao impulso **H(s)** é dada por

$$\mathbf{H(s)} = \frac{\mathbf{V}_o}{1}$$

então nosso objetivo imediato é obter $\mathbf{V}_o$ – uma tarefa facilmente realizada com uma simples divisão de tensão:

$$\mathbf{V}_o\Big|_{v_{ent}=\partial(t)} = \frac{2}{2/\mathbf{s}+2} = \frac{\mathbf{s}}{\mathbf{s}+1} = \mathbf{H(s)}$$

Podemos agora obter $v_o(t)$ quando $v_{ent} = 6e^{-t}u(t)$ usando uma convolução, pois

$$v_{ent} = \mathcal{L}^{-1}\{\mathbf{V}_{\text{ent}}(\mathbf{s}) \cdot \mathbf{H(s)}\}$$

Como $\mathbf{V}_{ent}(\mathbf{s}) = 6/(\mathbf{s}+1)$,

$$\mathbf{V}_o = \frac{6\mathbf{s}}{(\mathbf{s}+1)^2} = \frac{6}{\mathbf{s}+1} - \frac{6}{(\mathbf{s}+1)^2}$$

Aplicando a transformada inversa de Laplace, obtemos

$$v_o(t) = 6e^{-t}(1-t)u(t) \qquad \text{V}$$

▶ EXERCÍCIO DE FIXAÇÃO

15.11 Referindo-se ao circuito da Figura 15.26*a*, use a convolução para obter $v_o(t)$ se $v_{ent} = tu(t)$ V.

Resposta: $v_o(t) = (1 - e^{-t})u(t)$ V.

15.6 ▶ O PLANO DAS FREQUÊNCIAS COMPLEXAS

Como foi evidenciado nos últimos exemplos, mesmo os circuitos com um número relativamente pequeno de elementos permitir a manipulação de expressões relativamente difíceis no domínio s. Em tais casos, uma representação gráfica de uma resposta do circuito particular ou a função de transferência pode fornecer informações úteis. Nesta seção, apresentamos uma dessas técnicas, com base na ideia de plano de frequência complexa (Figura 15.28) . A frequência complexa tem duas componentes (σ e ω), de modo que são naturalmente desenhadas para representar nossas funções usando um modelo tridimensional.

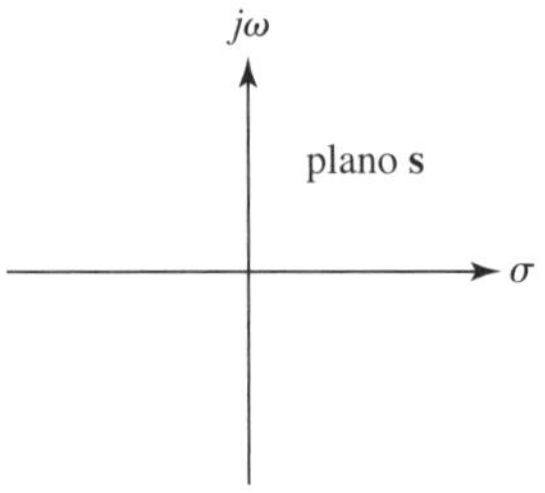

▲ **FIGURA 15.28** O plano das frequências complexas, ou plano **s**.

Como ω representa uma função de oscilação, não existe uma distinção física entre uma frequência positiva e negativa. No caso de σ, no entanto, o qual pode ser identificado com um termo exponencial, os valores positivos aumentam em módulo, enquanto que os valores negativos diminuem o módulo. A origem do plano **s** corresponde a CC (sem variação no tempo). Uma síntese ilustrativa destas ideias é apresentada na Figura 15.29.

Para construir uma representação tridimensional apropriada de uma dada função **F(s)**, podemos considerar primeiramente seu módulo, embora

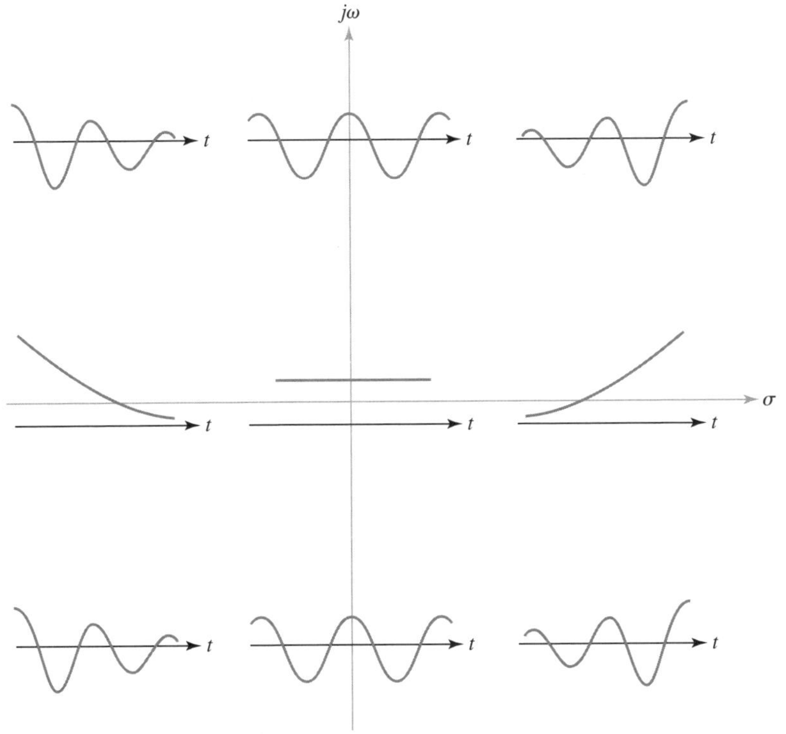

◀ **FIGURA 15.29** Uma ilustração do significado físico de valores positivos e negativos para σ e ω, como seria representada no plano das frequências complexas. Quando $\omega = 0$, nenhuma função terá componente oscilatório; quando $\sigma = 0$, a função é puramente senoidal exceto quando ω também é zero.

a fase terá uma forte dependência da frequência complexa e possa ser representada de modo semelhante. Assim, vamos começar substituindo $\sigma + j\omega$ por **s** em nossa função **F**(**s**), determinando em seguida uma expressão para $|\mathbf{F}(\mathbf{s})|$. Na sequência, desenharemos um eixo perpendicular ao plano s, o qual será utilizado para obter $|\mathbf{F}(\mathbf{s})|$ para cada valor de σ e ω. O processo básico é ilustrado no exemplo seguinte.

▶ EXEMPLO 15.11

Esboce a admitância da combinação série de um indutor de 1 H e um resistor de 3 Ω em função de $j\omega$ e σ.

A admitância desses dois elementos conectados em série é dada por

$$\mathbf{Y}(\mathbf{s}) = \frac{1}{\mathbf{s} + 3}$$

Substituindo $\mathbf{s} = \sigma + j\omega$, obtemos o módulo da função

$$|\mathbf{Y}(\mathbf{s})| = \frac{1}{\sqrt{(\sigma + 3)^2 + \omega^2}}$$

Quando $\mathbf{s} = -3 + j0$, o módulo da resposta é infinito; quando a frequência **s** é infinita, o módulo de **Y**(**s**) é nulo. Com isso, nosso modelo deve ter uma altura infinita sobre o ponto $(-3 + j0)$, e altura nula em todos os pontos infinitamente distantes da origem. Uma vista de tal modelo está mostrada na Figura 15.30*a*.

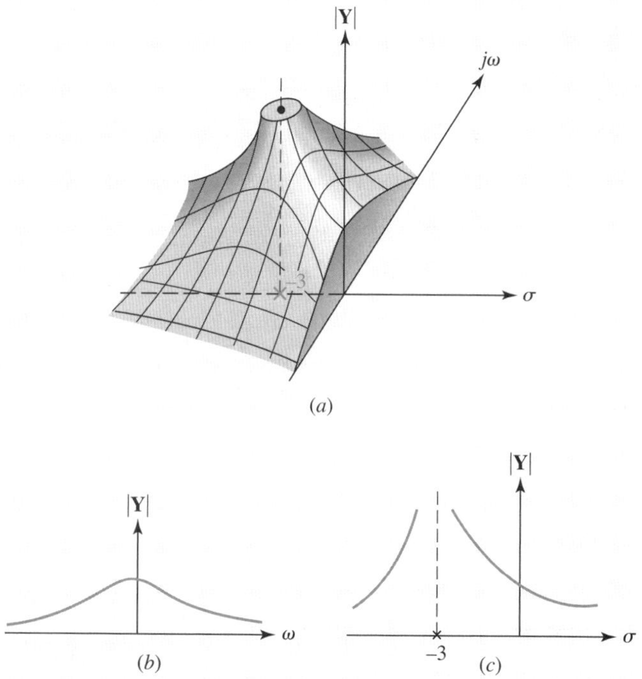

▲ **FIGURA 15.30** (*a*) Vista de um modelo de argila cuja superfície superior representa |**Y**(**s**)| para a combinação série de um indutor de 1 H e um resistor de 3 Ω. (*b*) |**Y**(**s**)| em função de ω. (*c*) |**Y**(**s**)| em função de σ.

Uma vez construído o modelo, fica fácil visualizar a variação de |**Y**| em função de ω (com $\sigma = 0$) fazendo-se um corte com um plano perpendicular contendo o eixo $j\omega$. O modelo mostrado na Figura 15.30*a* foi cortado ao longo desse plano e pode-se ver o gráfico de |**Y**| *versus* ω desejado; a curva também é desenhada na Figura 15.30*b*. De forma similar, um plano vertical contendo o eixo σ nos permite obter |**Y**| versus σ (com $\omega = 0$), como mostra a Figura 15.30*c*.

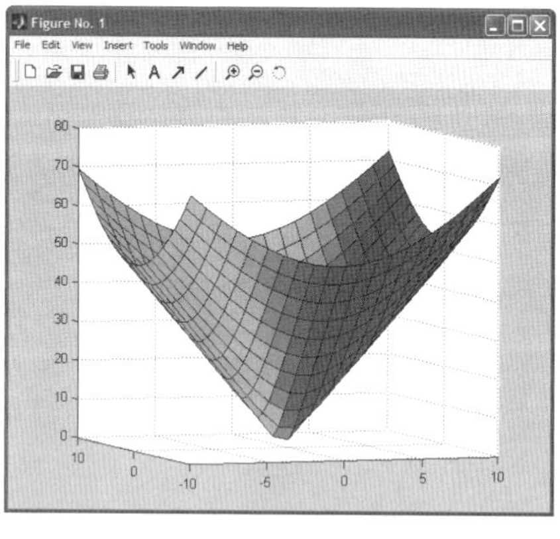

▲ **FIGURA 15.31** Solução para o Exercício de Fixação 15.12, gerada com o seguinte código:

```
EDU>> sigma = linspace(−10,10,21);
EDU>> omega = linspace(−10,10,21);
EDU>> [X, Y] = meshgrid(sigma,omega);
EDU>> Z = abs(2 + 5*X + j*5*Y);
EDU>> colormap(hsv);
EDU>> s = [−5 3 8];
EDU>> surfl(X,Y,Z,s);
EDU>> view(−20,5);
```

▶ EXERCÍCIO DE FIXAÇÃO

15.12 Esboce o módulo da impedância **Z**(**s**) = 2 + 5**s** em função de σ e $j\omega$.

Resposta: Veja Figura 15.31.

Constelações de Polos e Zeros

Essa abordagem funciona bem para funções relativamente simples, mas em geral é necessário um método mais prático. Vamos visualizar o plano **s** novamente como se fosse o chão e então imaginar uma grande folha elástica colocada sobre ele. Fixamos agora a nossa atenção em todos os polos e zeros da resposta. Em cada zero, a resposta é zero, a altura da folha deve ser zero e com isso pregamos a folha no chão com uma tachinha. No valor de **s** correspondente a cada polo, podemos elevar a folha usando uma haste vertical. Zeros e polos no infinito devem ser respectivamente tratados usando-se uma argola circular com raio bastante grande ou com uma cerca circular com altura elevada. Se tivermos usado uma folha infinitamente grande, sem peso e perfeitamente elástica, pregada com tachinhas muito pequenas e elevada com hastes verticais com comprimento infinitamente longo e raio nulo, então a folha elástica assume uma altura que é exatamente proporcional ao módulo da resposta.

Esses comentários podem ser ilustrados com a consideração da configuração de polos e zeros, às vezes chamada de ***constelação de polos e zeros***, que localiza todas as frequências críticas de uma grandeza no domínio da frequência – por exemplo, uma impedância $\mathbf{Z}(\mathbf{s})$. Um exemplo de constelação de polos e zeros é mostrado na Figura 15.32*a* para uma dada impedância; em tal diagrama, os polos são marcados com cruzes e os zeros com círculos. Se imaginarmos uma folha elástica pregada no chão em $\mathbf{s} = -2 + j0$ e elevada em $\mathbf{s} = -1 + j5$ e $\mathbf{s} = -1 - j5$, devemos ver um terreno cujas características principais são duas montanhas e uma cratera ou depressão cônica. A parte do modelo referente à porção superior do SPE está mostrada na Figura 15.32*b*.

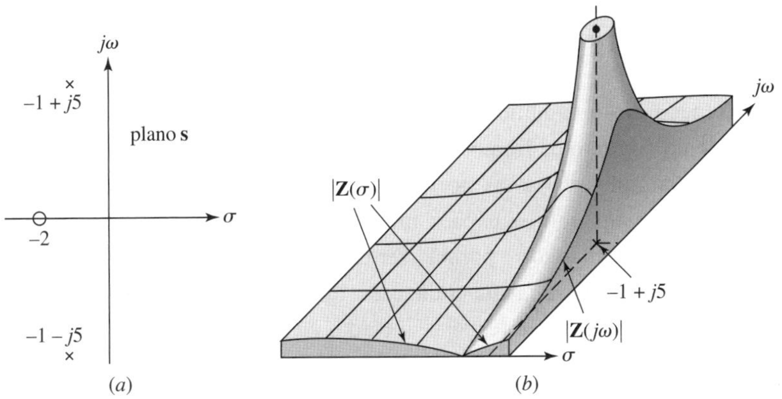

▲ **FIGURA 15.32** (*a*) Constelação de polos e zeros de uma impedância $\mathbf{Z}(\mathbf{s})$. (*b*) Porção do modelo de folha elástica para o módulo de $\mathbf{Z}(\mathbf{s})$.

Vamos agora construir a expressão de $\mathbf{Z}(\mathbf{s})$ que leva a essa configuração de polos e zeros. O zero requer um fator $(\mathbf{s} + 2)$ no numerador, e os dois polos requerem os fatores $(\mathbf{s} + 1 - j5)$ e $(\mathbf{s} + 1 + j5)$ no denominador. Exceto por uma constante multiplicadora k, conhecemos agora a forma de $\mathbf{Z}(\mathbf{s})$:

$$\mathbf{Z}(\mathbf{s}) = k\frac{\mathbf{s} + 2}{(\mathbf{s} + 1 - j5)(\mathbf{s} + 1 + j5)}$$

ou

$$\mathbf{Z}(\mathbf{s}) = k\frac{\mathbf{s} + 2}{\mathbf{s}^2 + 2\mathbf{s} + 26} \qquad [14]$$

Para determinar k, precisamos de um valor de $\mathbf{Z}(\mathbf{s})$ em algum $\mathbf{s}$ que não seja uma frequência crítica. Para essa função, vamos supor que nos tenham dito que $\mathbf{Z}(0) = 1$.

Por substituição direta na Equação [14], vemos que $k = 13$, e portanto

$$\mathbf{Z}(\mathbf{s}) = 13\frac{\mathbf{s} + 2}{\mathbf{s}^2 + 2\mathbf{s} + 26} \qquad [15]$$

Os gráficos de $|\mathbf{Z}(\sigma)|$ *versus* σ e $|\mathbf{Z}(j\omega)|$ *versus* ω podem ser obtidos de forma exata a partir da Equação [15], mas a forma geral da função fica clara a partir da configuração de polos e zeros e da analogia com a folha elástica. Partes dessas duas curvas aparecem nos lados do modelo mostrado na Figura 15.32*b*.

▶ EXERCÍCIO DE FIXAÇÃO

15.13 A combinação em paralelo de 0,25 mH e 5 Ω está em série com a combinação em paralelo de 40 μF e 5 Ω. (*a*) Obtenha $\mathbf{Z}_{ent}(\mathbf{s})$, a impedância de entrada da combinação série. (*b*) Especifique todos os zeros de $\mathbf{Z}_{ent}(\mathbf{s})$. (*c*) Especifique todos os polos de $\mathbf{Z}_{ent}(\mathbf{s})$. (*d*) Desenhe a configuração de polos e zeros.

Resposta: $5(\mathbf{s}^2 + 10.000\mathbf{s} + 10^8)/(\mathbf{s}^2 + 25.000\mathbf{s} + 10^8)$ Ω; $-5 \pm j8{,}66$ krad/s; -5, -20 krad/s.

15.7 ▶ A RESPOSTA NATURAL E O PLANO s

No começo deste capítulo, vimos como a utilização da transformada de Laplace no domínio da frequência pode nos ajudar a considerar uma ampla gama de circuitos variáveis no tempo, trabalhando-se algebricamente ao invés de se lidar com equações integro-diferenciais. Essa abordagem é muito poderosa, mas sofre por não ser um processo muito visual. Em contraste, há uma *tremenda* quantidade de informações contidas no gráfico de polos e zeros de uma resposta forçada. Nesta seção, vemos como tais gráficos podem ser usados para se obter a resposta *completa* de um circuito – resposta natural mais forçada – desde que as condições iniciais sejam conhecidas. A vantagem de tal abordagem é uma ligação mais *intuitiva* entre a localização das frequências críticas, facilmente visualizada por meio de um gráfico de polos e zeros, e a resposta desejada

Vamos apresentar o método considerando o exemplo mais simples, um circuito *RL* série como o mostrado na Figura 15.33. Uma fonte de tensão $v_s(t)$ geral força a circulação da corrente $i(t)$ após o fechamento da chave em $t = 0$. A resposta completa de $i(t)$ em $t > 0$ é composta por uma resposta natural e uma resposta forçada:

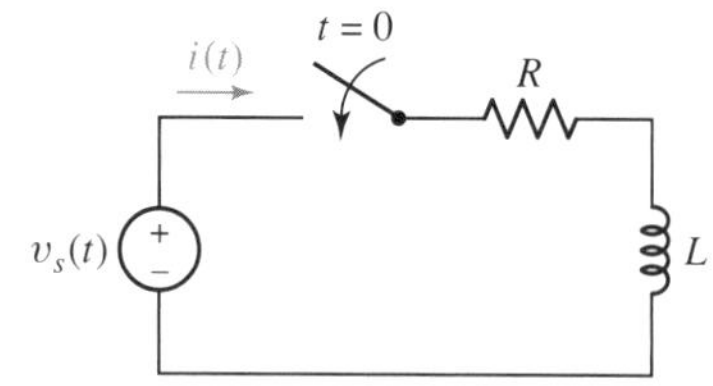

▲ **FIGURA 15.33** Exemplo que ilustra a determinação da resposta completa a partir do conhecimento das frequências críticas da impedância vista pela fonte.

$$i(t) = i^n(t) + i_f(t)$$

Podemos obter a resposta forçada trabalhando no domínio da frequência, assumindo, naturalmente, que $v_s(t)$ tenha uma forma funcional que possamos transformar para o domínio da frequência; se $v_s(t) = 1/(1 + t^2)$, por exemplo, devemos seguir da melhor forma que pudermos a partir da equação diferencial básica do circuito. Para o circuito da Figura 15.33, temos

$$\mathbf{I}_f(\mathbf{s}) = \frac{\mathbf{V}_s}{R + \mathbf{s}L}$$

ou

$$\mathbf{I}_f(\mathbf{s}) = \frac{1}{L}\frac{\mathbf{V}_s}{\mathbf{s} + R/L} \qquad [16]$$

Vamos considerar agora a resposta natural. Com base em nossa experiência anterior, sabemos que a sua forma será uma exponencial decrescente com uma constante de tempo L/R, mas vamos fingir que a estejamos obtendo pela primeira vez. A *forma* da resposta natural (sem fontes) é, por definição, independente da função forçante; a função forçante contribui apenas para a *magnitude* da resposta natural, Para obter uma forma apropriada, matamos todas as fontes independentes; aqui, $v_s(t)$ é trocada por um curto-circuito. Em seguida, tentamos obter a resposta natural como o caso limite da resposta forçada. Voltando à expressão no domínio da frequência da Equação [16], obedientemente fazemos $\mathbf{V}_s = 0$. Analisando rapidamente, parece que $\mathbf{I}(\mathbf{s})$ também deve ser zero, mas isso não é necessariamente verdade se estivermos trabalhando em uma frequência complexa que seja um polo simples de $\mathbf{I}(\mathbf{s})$. Isto é, o denominador e o numerador devem ser iguais a zero *simultaneamente* para que $\mathbf{I}(\mathbf{s})$ seja diferente de zero.

Vamos inspecionar essa nova ideia de um ponto de vista ligeiramente diferente. Fixemos nossa atenção na relação entre a resposta forçada desejada e a função forçante. Chamemos essa relação de $\mathbf{H}(\mathbf{s})$ e a definamos como sendo a função de transferência do circuito. Então,

O que significa "trabalhar" em uma frequência complexa? Como seria possível fazer isso em um laboratório de verdade? Para começo de conversa, é importante lembrar como inventamos a frequência complexa: ela é uma forma de descrever uma função senoidal na frequência ω multiplicada por uma função exponencial $e^{\sigma t}$. Sinais como esses são facilmente gerados por equipamentos reais (isto é, não imaginários). Com isso, só precisamos determinar os valores de σ e ω para que possamos "trabalhar" em $\mathbf{s} = \sigma + j\omega$.

$$\frac{\mathbf{I}_f(\mathbf{s})}{\mathbf{V}_s} = \mathbf{H}(\mathbf{s}) = \frac{1}{L(\mathbf{s} + R/L)}$$

Neste exemplo, a função de transferência é a admitância de entrada vista por $\mathbf{V}_s$. Procuramos a resposta natural (sem fontes) fazendo $\mathbf{V}_s = 0$. Entretanto, $\mathbf{I}_f(\mathbf{s}) = \mathbf{V}_s\mathbf{H}(\mathbf{s})$, e se $\mathbf{V}_s = 0$, um valor de corrente diferente de zero só pode ser obtido graças à ação de um polo de $\mathbf{H}(\mathbf{s})$. Os polos da função de transferência assumem portanto um significado especial.

Neste exemplo particular, vemos que o polo da função de transferência ocorre em $\mathbf{s} = -R/L + j0$, como mostrado na Figura 15.34. Se escolhermos trabalhar nesta frequência complexa específica, a única corrente *finita* que poderíamos obter deve ser uma constante no domínio **s** (isto é, independente da frequência). Obtemos com isso a resposta natural

$$\mathbf{I}\left(\mathbf{s} = -\frac{R}{L} + j0\right) = A$$

onde A é uma constante desconhecida. A seguir, desejamos transformar essa resposta natural para o domínio do tempo. Nossa reação imediata seria tentar aplicar técnicas da transformada inversa de Laplace nesta situação. Contudo, já especificamos um valor para **s**, de forma que tal abordagem não é válida. Ao invés disso, olhamos para a parte real de nossa função geral $e^{\mathbf{s}t}$, tal que

$$i_n(t) = \text{Re}\{\text{A}e^{\mathbf{s}t}\} = \text{Re}\{\text{A}e^{-Rt/L}\}$$

Neste caso, obtemos

$$i_n(t) = \text{A}e^{-Rt/L}$$

de forma que a resposta total seja então

$$i(t) = \text{A}e^{-Rt/L} + i_f(t)$$

e A pode ser determinada uma vez que as condições iniciais forem especificadas para esse circuito. A resposta forçada $i_f(t)$ é obtida a partir da transformada inversa de Laplace de $\mathbf{I}_f(\mathbf{s})$.

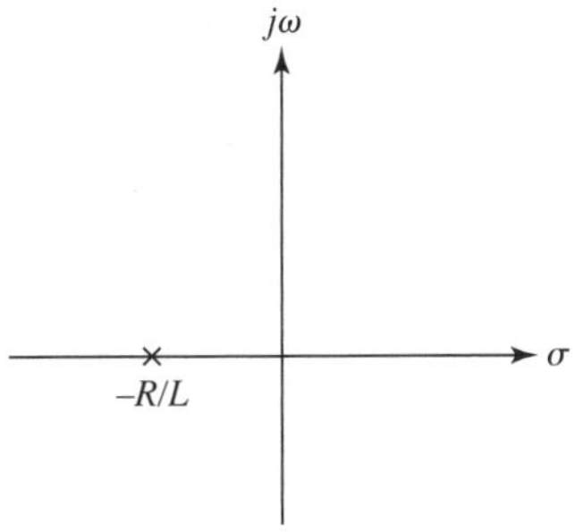

▲ **FIGURA 15.34** Constelação de polos e zeros da função de transferência **H**(**s**) mostrando o polo único em **s** = –R/L.

Uma Perspectiva mais Geral

As Figuras 15.35*a* e *b* mostram fontes conectadas a redes que não contêm nenhuma outra fonte independente. A resposta desejada, que poderia ser alguma corrente $\mathbf{I}_1(\mathbf{s})$ ou tensão $\mathbf{V}_2(\mathbf{s})$, pode ser expressa por meio de uma função de transferência que mostre todas as frequências críticas. Sendo mais específicos, selecionamos a resposta $\mathbf{V}_2(\mathbf{s})$ na Figura 15.35*a*:

$$\frac{\mathbf{V}_2(\mathbf{s})}{\mathbf{V}_s} = \mathbf{H}(\mathbf{s}) = k\frac{(\mathbf{s}-\mathbf{s}_1)(\mathbf{s}-\mathbf{s}_3)\cdots}{(\mathbf{s}-\mathbf{s}_2)(\mathbf{s}-\mathbf{s}_4)\cdots} \quad [17]$$

Os polos de $\mathbf{H}(\mathbf{s})$ ocorrem em $\mathbf{s} = \mathbf{s}_2, \mathbf{s}_4, \ldots$, e com isso uma tensão finita $\mathbf{V}_2(\mathbf{s})$ em cada uma dessas frequências pode ser uma possível forma funcional para a resposta natural. Com isso, pensamos em uma fonte de tensão com zero volts (que é justamente um curto-circuito) aplicada nos terminais de entrada; a resposta natural que ocorre quando os terminais de entrada estiverem em curto-circuito deve portanto ter a forma:

$$v_{2n}(t) = \mathrm{A}2e^{s_2t} + \mathrm{A}4e^{s_4t} + \ldots$$

onde cada **A** deve ser avaliado em termos das condições iniciais (incluindo o valor inicial de qualquer fonte de tensão aplicada nos terminais de entrada).

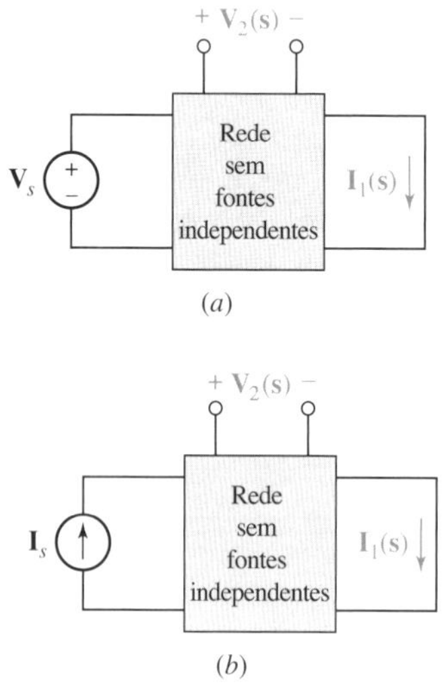

▲ **FIGURA 15.35** Os polos de uma resposta $\mathbf{I}_1(\mathbf{s})$ ou $\mathbf{V}_2(\mathbf{s})$ produzida por (*a*) uma fonte de tensão $\mathbf{V}_s$ ou (*b*) uma fonte de corrente $\mathbf{I}_s$. Os polos determinam a forma da resposta natural, $i_{1n}(t)$ ou $v_{2n}(t)$, que ocorre quando a fonte $\mathbf{V}_s$ é substituída por um curto-circuito ou quando a fonte $\mathbf{I}_s$ é substituída por um circuito aberto e alguma energia inicial se encontra disponível.

Para obter a forma da resposta natural $i_{1n}(t)$ na Figura 15.35*a*, devemos determinar os polos da função de transferência, $\mathbf{H}(\mathbf{s}) = \mathbf{I}_1(\mathbf{s})/\mathbf{V}_s$. As funções de transferência que se aplicam às situações mostradas na Figura 15.35*b* seriam $\mathbf{I}_1(\mathbf{s})/\mathbf{I}_s$ e $\mathbf{V}_2(\mathbf{s})/\mathbf{I}_s$, e seus polos determinam então as respostas naturais $i_{1n}(t)$ e $v_{2n}(t)$, respectivamente.

Se a resposta natural de uma rede que não contém nenhuma fonte independente for desejada, então uma fonte $\mathbf{V}_s$ ou $\mathbf{I}_s$ pode ser inserida em qualquer ponto conveniente, com a única restrição de que a rede original seja obtida com a desativação da fonte. A função de transferência correspondente é então determinada e seus polos especificam as frequências naturais. Note que as mesmas frequências devem ser obtidas para qualquer uma das muitas localizações possíveis para a fonte. Se a rede já contiver uma fonte, essa fonte pode ser desativada e outra fonte inserida em um ponto mais conveniente.

Um Caso Especial

Antes de ilustrar esse método com um exemplo, é necessário que conheçamos um caso especial que pode vir a aparecer. Ele ocorre quando a rede da Figura 15.35*a* ou *b* contém duas ou mais partes isoladas entre si. Por exemplo, poderíamos ter a combinação em paralelo de três redes: R_1 em série com C, R_2 em série com L, e um curto-circuito. Claramente, uma fonte de tensão em série com R_1 e C não pode produzir qualquer corrente em R_2 e L; a função de transferência seria zero. Para obter a forma da resposta natural da tensão no indutor, por exemplo, a fonte de tensão deve ser instalada na rede R_2L. Um caso desse tipo pode ser muitas vezes reconhecido com a inspeção da rede antes da instalação da fonte; mas se não for, então uma função de transferência igual a zero será obtida. Quando $\mathbf{H}(\mathbf{s}) = 0$, não obtemos qualquer informação sobre as frequências que caracterizam a resposta natural e um posicionamento mais adequado para a fonte deve ser usado.

▶ EXEMPLO 15.12

Para o circuito sem fontes da Figura 15.36, determine expressões para i_1 e i_2 em $t > 0$, dadas as condições iniciais $i_1(0) = i_2(0) = 11$ A.

Vamos instalar uma fonte de tensão $\mathbf{V}_s$ entre os pontos x e y e obter a função de transferência $\mathbf{H}(\mathbf{s}) = \mathbf{I}_1(\mathbf{s})/\mathbf{V}_s$, que por acaso é a admitância de entrada vista pela fonte de tensão. Temos

$$\mathbf{I}_1(\mathbf{s}) = \frac{\mathbf{V}_s}{2\mathbf{s} + 1 + 6\mathbf{s}/(3\mathbf{s} + 2)} = \frac{(3\mathbf{s} + 2)\mathbf{V}_s}{6\mathbf{s}^2 + 13\mathbf{s} + 2}$$

ou

$$\mathbf{H}(\mathbf{s}) = \frac{\mathbf{I}_1(\mathbf{s})}{\mathbf{V}_s} = \frac{\frac{1}{2}\left(\mathbf{s} + \frac{2}{3}\right)}{(\mathbf{s} + 2)\left(\mathbf{s} + \frac{1}{6}\right)}$$

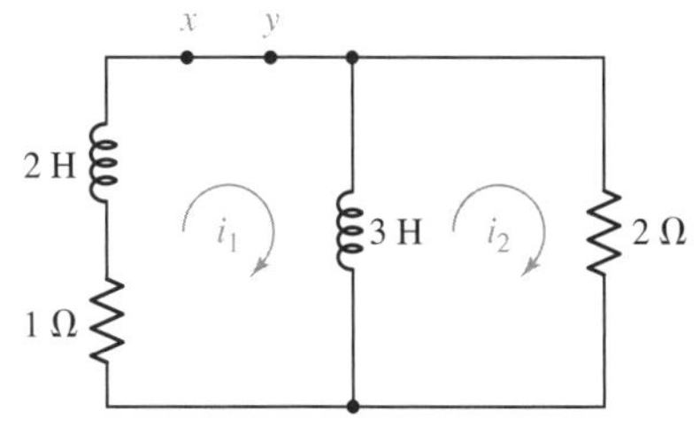

▲ **FIGURA 15.36** Circuito para o qual deseja-se obter as respostas naturais i_1 e i_2.

De nossa experiência recente, sabemos só de olhar para essa equação que i_1 deve ter a forma

$$i_1(t) = Ae^{-2t} + Be^{-t/6}$$

A solução é finalizada com o uso das condições iniciais fornecidas, estabelecendo-se então os valores de A e B. Como $i_1(0)$ é igual a 11 A

$$11 = A + B$$

A equação adicional necessária é obtida com a aplicação da LKT no perímetro de nosso circuito:

$$1i_1 + 2\frac{di_1}{dt} + 2i_2 = 0$$

Resolvendo a derivada:

$$\left.\frac{di_1}{dt}\right|_{t=0} = -\frac{1}{2}[2i_2(0) + 1i_1(0)] = -\frac{22 + 11}{2} = -2A - \frac{1}{6}B$$

Logo, $A = 9$ e $B = 3$, e a solução desejada é

$$i_1(t) = 8e^{-2t} + 3e^{-t/6} \quad \text{A}$$

As frequências naturais que constituem i_2 são as mesmas de i_1, e o uso de um procedimento similar para avaliar as constantes arbitrárias leva a

$$i_2(t) = 12e^{-2t} - e^{-t/6} \quad \text{A}$$

▶ EXERCÍCIO DE FIXAÇÃO

15.14 Se uma fonte de corrente $i_1(t) = u(t)$ A está presente entre a e b na Figura 15.37 com a seta entrando em a, obtenha $\mathbf{H}(\mathbf{s}) = \mathbf{V}_{cd}/\mathbf{I}_1$ e especifique as frequências naturais presentes em $v_{cd}(t)$.

Resposta: $120\mathbf{s}/(\mathbf{s} + 20.000)$ Ω, -20.000 s^{-1}.

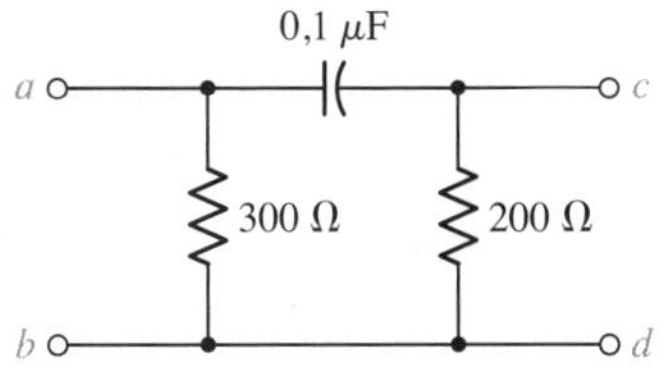

▲ **FIGURA 15.37**

O processo que devemos seguir para avaliar a amplitude dos coeficientes da resposta natural é bastante detalhado, exceto nos casos em que os valores iniciais da resposta desejada e de suas derivadas sejam óbvios. Entretanto, não devemos perder de vista a facilidade e a rapidez com as quais a *forma* da resposta natural pode ser obtida.

APLICAÇÃO

PROJETO DE CIRCUITOS OSCILADORES

Em muitos pontos ao longo deste livro, investigamos o comportamento de vários circuitos respondendo a uma excitação senoidal. A criação de formas de onda senoidais, no entanto, é um tópico interessante por si só. É fácil gerar tensões e correntes senoidais com valores elevados usando ímãs e bobinas de fios rotativas, por exemplo, mas tal abordagem não é tão fácil de se implementar quando estamos interessados na geração de pequenos sinais. Aplicações em baixas correntes usam tipicamente o que é conhecido como um ***oscilador***, que explora o conceito de ***realimentação positiva*** usando um circuito amplificador apropriado. Circuitos osciladores integram muitos produtos, como por exemplo o receptor de um GPS (*Global Positioning Satellite*), ilustrado na Figura 15.38.

▲ **FIGURA 15.38** Muitos produtos eletrônicos, como esse receptor de GPS, usam circuitos osciladores para obter uma frequência de referência. *©Nick Koudis/Photodisc/Getty Images/RF.*

Um circuito oscilador simples porém útil é conhecido como ***oscilador ponte de Wien***, mostrado na Figura 15.39.

O circuito se assemelha a um circuito AOP não inversor com um resistor R_1 conectado entre o terminal da entrada inversora e o terra, e um resistor R_f conectado entre a saída e o terminal da entrada inversora. O resistor R_f fornece o que é chamado de ***caminho de realimentação negativa***, já que ele conecta a saída do amplificador à entrada inversora. Qualquer aumento $\Delta\mathbf{V}_o$ na saída do amplificador leva então a uma redução na entrada, que por sua vez leva a uma saída menor; esse processo aumenta a estabilidade da tensão de saída $\mathbf{V}_o$. O ***ganho*** do AOP, definido como a razão $\mathbf{V}_o/\mathbf{V}_i$, é determinado a partir dos valores relativos de R_1 e R_f.

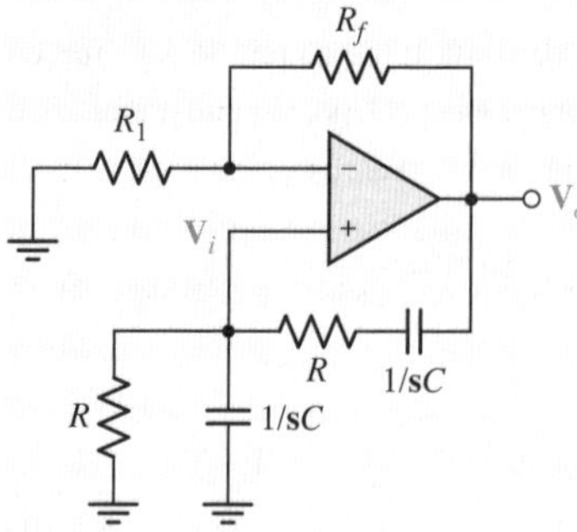

▲ **FIGURA 15.39** Circuito oscilador ponte de Wien.

A malha de realimentação *positiva* consiste em duas combinações resistor-capacitor separadas, definidas como $\mathbf{Z}_s = R + 1/\mathbf{s}C$ e $\mathbf{Z}_p = R\|(1/\mathbf{s}C)$. Os valores que escolhemos para R e C nos permitem projetar um oscilador com uma frequência específica (*as capacitâncias internas do AOP limitam a frequência máxima que pode ser obtida*). Para determinar a relação entre R, C e a frequência de oscilação, procuramos uma expressão para o ganho do amplificador, $\mathbf{V}_o/\mathbf{V}_i$.

Lembrando as regras dos AOPs ideais discutidas no Cap. 6 e examinando de perto o circuito da Figura 15.39, reconhecemos que $\mathbf{Z}_p$ e $\mathbf{Z}_s$ formam um divisor de tensão tal que

$$\mathbf{V}_i = \mathbf{V}_o \frac{\mathbf{Z}_p}{\mathbf{Z}_p + \mathbf{Z}_s} \qquad [18]$$

Simplificando as expressões para $\mathbf{Z}_p = R\|(1/\mathbf{s}C) = R/(1 + \mathbf{s}RC)$, e $\mathbf{Z}_s = R + 1/\mathbf{s}C = (1 + \mathbf{s}RC)/\mathbf{s}C$, obtemos

$$\frac{\mathbf{V}_i}{\mathbf{V}_o} = \frac{\dfrac{R}{1 + \mathbf{s}RC}}{\dfrac{1 + \mathbf{s}RC}{\mathbf{s}C} + \dfrac{R}{1 + \mathbf{s}RC}}$$

$$= \frac{\mathbf{s}RC}{1 + 3\mathbf{s}RC + \mathbf{s}^2R^2C^2} \qquad [19]$$

Como estamos interessados na operação do amplificador em regime permanente senoidal, trocamos $\mathbf{s}$ por $j\omega$, de forma que

$$\frac{\mathbf{V}_i}{\mathbf{V}_o} = \frac{j\omega RC}{1 + 3j\omega RC + (j\omega)^2R^2C^2}$$

$$= \frac{j\omega RC}{1 - \omega^2R^2C^2 + 3j\omega RC} \qquad [20]$$

Essa expressão para o ganho é real apenas quando $\omega = 1/RC$. Logo, selecionando valores para R e C, podemos projetar um amplificador para operar na frequência particular $f = \omega/2\pi = 1/2\pi RC$.

Como um exemplo, vamos projetar um oscilador ponte de Wien para gerar um sinal senoidal na frequência de 20 Hz, que corresponde ao limite inferior comumente aceito para as frequências de áudio. Requeremos uma frequência $\omega = 2\pi f = (6{,}28)(20) = 125{,}6$ rad/s. Com a especificação do valor de R, conhece-se o valor de C necessário (e vice-versa). Assumindo que por acaso tenhamos uma capacitor de 1 μF em mãos, precisamos portanto de uma resistência $R = 7962\ \Omega$. Como esse não é um valor padrão para resistores, teremos que usar vários resistores em série ou em paralelo para obter o valor necessário. Voltando à Figura 15.39, no entanto, visando preparar a simulação do circuito usando o PSpice, notamos que ainda não especificamos valores para R_f e R_1.

Embora a Equação [18] especifique corretamente a relação entre $\mathbf{V}_o$ e $\mathbf{V}_i$, podemos escrever uma outra equação relacionando essas grandezas:

$$0 = \frac{\mathbf{V}_i}{R_1} + \frac{\mathbf{V}_i - \mathbf{V}_o}{R_f}$$

que pode ser rearranjada para que obtenhamos

$$\frac{\mathbf{V}_o}{\mathbf{V}_i} = 1 + \frac{R_f}{R_1} \qquad [21]$$

Fazendo $\omega = 1/RC$ na Equação [20], temos

$$\frac{\mathbf{V}_i}{\mathbf{V}_o} = \frac{1}{3}$$

Portanto, precisamos selecionar valores de R_1 e R_f tais que $R_f/R_1 = 2$. Infelizmente, se realizarmos no PSpice uma análise transitória do circuito escolhendo $R_f = 2$ kΩ e $R_1 = 1$ kΩ, por exemplo, ficaremos desapontados com o resultado. Para assegurar que o circuito seja de fato instável (*uma condição necessária para que as oscilações comecem*), é preciso ter R_f/R_1 ligeiramente maior do que 2. A saída simulada de nosso projeto final ($R = 7962\ \Omega$, $C = 1\ \mu$F, $R_f = 2{,}01$ kΩ e $R_1 = 1$ kΩ) está mostrada na Figura 15.40. Note que a magnitude das oscilações está crescendo no gráfico; na prática, elementos de circuito não lineares são necessários para que se estabilize o valor da tensão gerada pelo circuito oscilador.

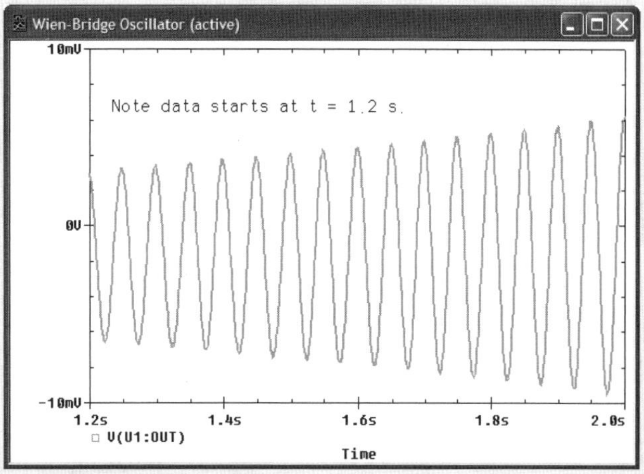

▲ **FIGURA 15.40** Saída simulada de um oscilador ponte de Wien projetado para operar em 20 Hz.

15.8 ▸ UMA TÉCNICA PARA SINTETIZAR A RAZÃO H(s) = $V_{saída}/V_{ent}$

Muitas das discussões deste capítulo têm sido relacionadas aos polos e zeros de uma função de transferência. Já os localizamos no plano das frequências complexas, usamo-los para expressar funções de transferência como razões de polinômios em **s**, calculamos respostas forçadas a partir deles, e, na Seção 15.7, usamos polos para estabelecer a forma da resposta natural.

Vamos ver agora como podemos determinar uma rede que forneça uma função de transferência desejada. Consideramos apenas uma pequena parte do problema geral trabalhando com uma função de transferência na forma $\mathbf{H}(\mathbf{s}) = \mathbf{V}_{saida}(\mathbf{s})/\mathbf{V}_{ent}(\mathbf{s})$, conforme indicado na Figura 15.41. Por simplicidade,

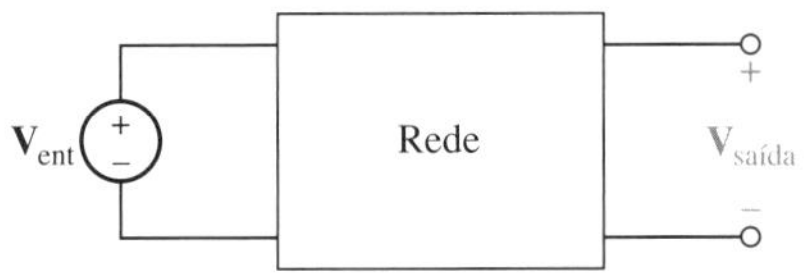

▲ **FIGURA 15.41** Dada $H(s) = V_{saída}/V_{ent}$, procuramos uma rede com uma função de transferência H(s) especificada.

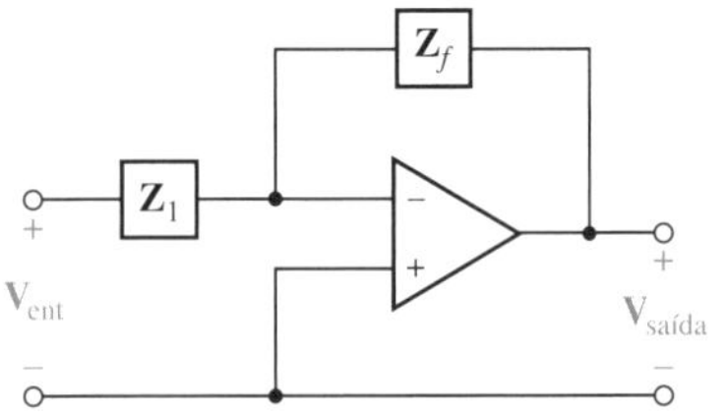

▲ **FIGURA 15.42** Em um AOP ideal, $H(s) = V_{saída}/V_{ent} = -Z_f/Z_1$.

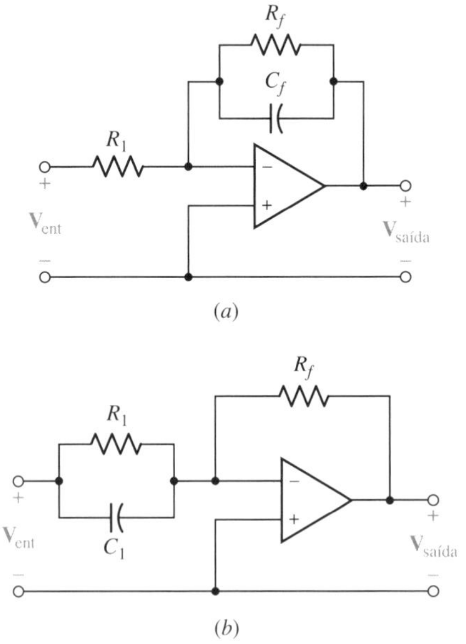

▲ **FIGURA 15.43** (*a*) A função de transferência $H(s) = V_{saída}/V_{ent}$ tem um polo em $s = -1/R_fC_f$. (*b*) Aqui, há um zero em $s = -1/R_1C_1$.

restringimos **H**(**s**) a frequências críticas no eixo σ negativo (incluindo a origem). Com isso, vamos considerar funções de transferência como

$$\mathbf{H}_1(\mathbf{s}) = \frac{10(\mathbf{s}+2)}{\mathbf{s}+5}$$

ou

$$\mathbf{H}_2(\mathbf{s}) = \frac{-5\mathbf{s}}{(\mathbf{s}+8)^2}$$

ou

$$\mathbf{H}_3(\mathbf{s}) = 0{,}1\mathbf{s}(\mathbf{s}+2)$$

Comecemos determinando o ganho de tensão da rede da Figura 15.42, que contém um AOP ideal. A tensão entre os dois terminais de entrada do AOP é essencialmente nula e a sua impedância de entrada é essencialmente infinita. Podemos portanto igualar a zero a soma das correntes que entram no terminal da entrada inversora:

$$\frac{\mathbf{V}_{ent}}{\mathbf{Z}_1} + \frac{\mathbf{V}_{saída}}{\mathbf{Z}_f} = 0$$

ou

$$\frac{\mathbf{V}_{saída}}{\mathbf{V}_{ent}} = -\frac{\mathbf{Z}_f}{\mathbf{Z}_1}$$

Se $\mathbf{Z}_f$ e $\mathbf{Z}_1$ forem resistências, o circuito atua como um amplificador inversor, ou possivelmente como um ***atenuador*** (se a razão for menor que a unidade). Nosso interesse atual, contudo, está nos casos em que uma dessas impedâncias é uma resistência e a outra é uma rede *RC*.

Na Figura 15.43*a*, fazemos $\mathbf{Z}_1 = R_1$, enquanto $\mathbf{Z}_f$ é a combinação em paralelo de R_f e C_f. Portanto

$$\mathbf{Z}_f = \frac{R_f/\mathbf{s}C_f}{R_f + (1/\mathbf{s}C_f)} = \frac{R_f}{1+\mathbf{s}C_fR_f} = \frac{1/C_f}{\mathbf{s}+(1/R_fC_f)}$$

e

$$\mathbf{H}(\mathbf{s}) = \frac{\mathbf{V}_{saída}}{\mathbf{V}_{ent}} = -\frac{\mathbf{Z}_f}{\mathbf{Z}_1} = -\frac{1/R_1C_f}{\mathbf{s}+(1/R_fC_f)}$$

Temos uma função de transferência com uma única frequência crítica (finita), um polo em $\mathbf{s} = -1/R_fC_f$.

Seguindo para a Figura 15.43*b*, assumimos agora uma impedância $\mathbf{Z}_f$ resistiva e representamos $\mathbf{Z}_1$ como uma rede *RC* paralela:

$$\mathbf{Z}_1 = \frac{1/C_1}{\mathbf{s}+(1/R_1C_1)}$$

e

$$\mathbf{H}(\mathbf{s}) = \frac{\mathbf{V}_{saída}}{\mathbf{V}_{ent}} = -\frac{\mathbf{Z}_f}{\mathbf{Z}_1} = -R_fC_1\left(\mathbf{s}+\frac{1}{R_1C_1}\right)$$

A única frequência crítica é um zero em $\mathbf{s} = -1/R_1C_1$.

Em nossos AOPs ideais, a impedância de saída ou de Thévenin é nula, e portanto $\mathbf{V}_{saida}$ e $\mathbf{V}_{saida}/\mathbf{V}_{ent}$ não são funções de nenhuma carga $\mathbf{Z}_L$ que possa ser colocada entre os terminais de saída. Isso também inclui a entrada de outro AOP, e podemos portanto conectar circuitos possuindo polos e zeros localizados em pontos específicos em ***cascata***, onde a saída de um AOP é diretamente conectada à entrada do próximo, gerando com isso qualquer função de transferência desejada.

▶ EXEMPLO 15.13

Sintetize um circuito que leve à função de transferência $\mathbf{H(s)} = \mathbf{V}_{saida}/\mathbf{V}_{ent}$ = 10(s + 2)/(s + 5).

O polo em $\mathbf{s} = -5$ pode ser obtido por uma rede na forma da Figura 15.43*a*. Chamando-a de rede A, temos $1/R_{fA}C_{fA} = 5$. Arbitrariamente selecionamos $R_{fA} = 100\ \text{k}\Omega$; portanto, $C_{fA} = 2\ \mu\text{F}$. Para esta parte do circuito completo,

$$\mathbf{H}_A(\mathbf{s}) = -\frac{1/R_{1A}C_{fA}}{\mathbf{s} + (1/R_{fA}C_{fA})} = -\frac{5\times 10^5/R_{1A}}{\mathbf{s}+5}$$

Em seguida, consideramos o zero em $\mathbf{s} = -2$. Da Figura 15.43*b*, $1/R_{1B}C_{1B} = 2$, e, com $R_{1B} = 100\ \text{k}\Omega$, temos $C_{1B} = 5\ \mu\text{F}$. Assim,

$$\mathbf{H}_B(\mathbf{s}) = -R_{fB}C_{1B}\left(\mathbf{s} + \frac{1}{R_{1B}C_{1B}}\right)$$
$$= -5\times 10^{-6}R_{fB}(\mathbf{s}+2)$$

e

$$\mathbf{H}(\mathbf{s}) = \mathbf{H}_A(\mathbf{s})\mathbf{H}_B(\mathbf{s}) = 2{,}5\frac{R_{fB}}{R_{1A}}\frac{\mathbf{s}+2}{\mathbf{s}+5}$$

Completamos o projeto fazendo $R_{fB} = 100\ \text{k}\Omega$ e $R_{1A} = 25\ \text{k}\Omega$. O resultado é mostrado na Figura 15.44. Os capacitores neste circuito são razoavelmente grandes, mas isso é conseqüência direta das baixas frequências selecionadas para o polo e o zero de $\mathbf{H(s)}$. Se $\mathbf{H(s)}$ fosse mudado para 10(**s** + 2000)/(**s** + 5000), poderíamos usar os valores de 2 e 5 nF.

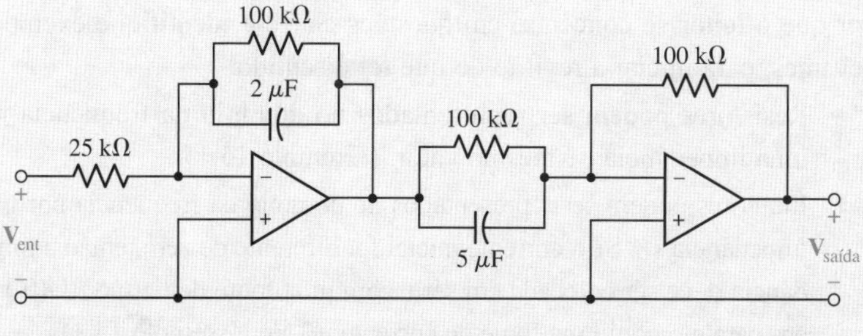

▲ **FIGURA 15.44** Essa rede contém dois AOPs ideais e fornece a função de transferência de tensão $H(s) = V_{saída}/V_{ent} = 10(s + 2)/(s + 5)$.

▶ EXERCÍCIO DE FIXAÇÃO

15.15 Especifique valores de elementos adequados para $\mathbf{Z}_1$ e $\mathbf{Z}_f$ em cada um de três estágios em cascata para realizar a função de transferência $\mathbf{H(s)} = -20\mathbf{s}^2/(\mathbf{s} + 1000)$.

Resposta: 1 μF ‖ ∞, 1 MΩ; 1 μF ‖ ∞, 1 MΩ; 100 kΩ ‖ 10 nF, 5 MΩ.

RESUMO E REVISÃO

Depois de conhecer o conceito de frequência complexa no Capítulo 14, aplicamos esse conceito na análise de circuitos neste capítulo. O primeiro tema foi impedância, talvez familiar para aqueles que já leram o Capítulo 10. O conceito de impedância (ou admitância) permite-nos construir diretamente as equações no domínio s que descrevem tensões nodais, correntes de malha, etc., sem que seja necessário aplicar transformada de Laplace a cada termo individual de uma equação integro-diferencial. Surpreendentemente, descobrimos que a impedância de indutores e capacitores inclui a condição inicial desses elementos. Desse ponto em diante, aplicam-se todas as nossas familiares técnicas de análise de circuitos. A única dificuldade encontrada está na fatoração dos polinômios de ordem superior a fim de realizar a transformada inversa. Introduzimos também a noção de uma função de transferência do sistema, que permite que a entrada de uma rede seja mudada com facilidade, permitindo que uma nova saída seja prevista.

Assim, trabalhar no domínio s tornou-se muito simples, e vimos que convolução de duas funções no domínio do tempo é facilmente realizada através da multiplicação de seus termos equivalentes no domínio s.

O terceiro grande tema do capítulo foi o plano das frequências complexas, que nos permite criar uma representação gráfica de qualquer expressão no domínio s. Em particular, ele fornece um meio para pronta identificação de polos e zeros. Como as fontes ligadas a um circuito apenas determinam o módulo da resposta transitória, e não a forma da resposta transitória em si, descobrimos que a análise no domínio s pode revelar detalhes sobre a resposta natural bem como a resposta forçada de uma rede. Concluímos o capítulo com uma descrição sobre como amplificadores operacionais podem ser utilizados para sintetizar uma função de transferência desejada, colocando os polos e zeros onde eles são necessários por meio de estágios em cascata.

Este tópico será revisitado em futuros estudos de análise de sinais, e o conceito de convolução, em particular, é aplicável a uma ampla gama de casos.

Nesta fase, no entanto, talvez devemos fazer uma pausa de modo a permitir que o leitor se concentre em questões chave e identifique exemplos relevantes, para iniciar a revisão do que foi discutido.

Esses modelos estão resumidos na Tabela 15.1.

- Resistores podem ser representados no domínio da frequência por uma impedância de mesmo valor. (Exemplo 15.1)
- Indutores podem ser representados no domínio da frequência por uma impedância $\mathbf{s}L$. Se a corrente inicial for diferente de zero, então a impedância deve ser colocada em série com uma fonte de tensão $-Li(0^-)$ ou em paralelo com uma fonte de corrente $i(0^-)/\mathbf{s}$. (Exemplo 15.1)
- Capacitores podem ser representados no domínio da frequência por uma impedância $1/\mathbf{s}C$. Se a tensão inicial for diferente de zero, então a impedância deve ser colocada em série com uma fonte de tensão $v(0^-)/\mathbf{s}$ ou em paralelo com uma fonte de corrente $Cv(0^-)$. (Exemplo 15.2)
- As análises nodal e de malha no domínio **s** levam a equações simultâneas em termos de polinômios em **s**. O MATLAB é uma

ferramenta particularmente útil para resolver tais sistemas de equações. (Exemplos 15.3, 15.4, 15.5)

- Superposição, transformação de fontes e os teoremas de Thévenin e Norton podem ser aplicados no domínio **s**. (Exemplos 15.6, 15.7)
- A função de transferência **H**(**s**) de um circuito é definida como a relação entre a saída e a entrada no domínio **s**. Qualquer uma dessas grandezas pode ser uma tensão ou uma corrente. (Exemplo 15.8)
- Os *zeros* de **H**(**s**) são os valores que resultam em um módulo nulo. Os *polos* de **H**(**s**) são os valores que resultam em um módulo infinito.
- A convolução fornece meios analíticos e gráficos para a determinação da saída de um circuito a partir de sua resposta ao impulso. (Exemplos 15.8, 15.9, 15.10)
- Há muitas abordagens gráficas que permitem a representação de expressões no domínio **s** em termos de polos e zeros. Tais gráficos podem ser usados na síntese de circuitos para se obter uma resposta desejada. (Exemplo 15.11)
- Um circuito sem fontes pode ser analisado usando técnicas no domínio **s** para determinar a sua resposta transitória.
- O Amplificador operacional de estágio único pode ser usado para sintetizar as funções de transferência tendo um zero ou um polo. Funções mais complexas podem ser sintetizados por vários estágios em cascata.

LEITURA COMPLEMENTAR

Mais detalhes a respeito da análise de sistemas no domínio **s**, do uso das transformadas de Laplace e de propriedades de funções de transferência podem ser encontrados em:

K. Ogata, *Modern Control Engineering*, 4ª ed. Englewood Cliffs, V.J.: Prentice-Hall, 2002.

Uma boa discussão sobre vários tipos de circuitos osciladores pode ser encontrada em:

R. Mancini, *Op Amps for Everyone*, 2ª ed. Amsterdam: Newnes, 2003.

G. Clayton and S. Winder, *Operational Amplifiers*, 5ª ed. Amsterdam: Newnes, 2003.

EXERCÍCIOS

15.1 Z(s) e Y(s)

1. Desenhe um equivalente no domínio **s** para o circuito descrito na Figura 15.45, se a única grandeza de interesse é $v(t)$. (*Dica*: omitir a fonte, mas não ignorá-la.)
2. Para o circuito da Figura 15.46, a única grandeza de interesse é a tensão $v(t)$. Desenhe um circuito equivalente apropriado no domínio **s**. (*Dica*: omitir a fonte, mas não ignorá-la.)

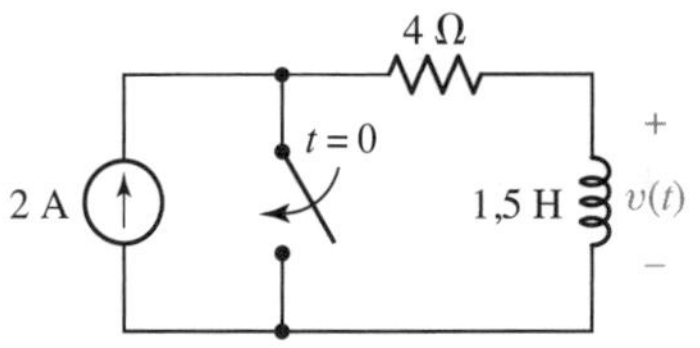

▲ **FIGURA 15.45**

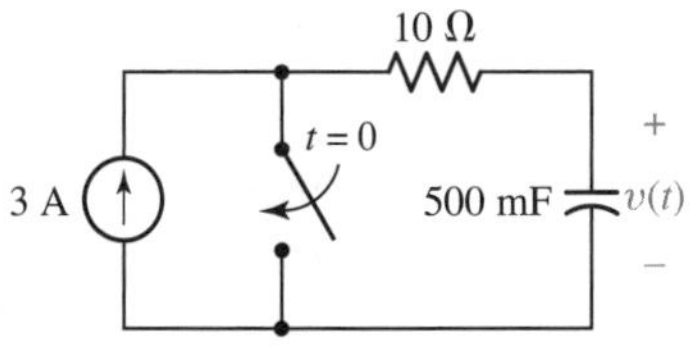

▲ **FIGURA 15.46**

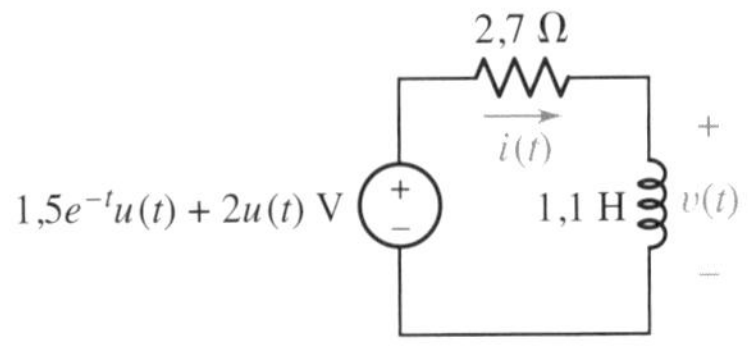

▲ **FIGURA 15.47**

3. Para o circuito representado na Figura 15.47, desenhe um equivalente no domínio **s** e analise-o para obter um valor de $i(t)$ se $i(0)$ é igual a (*a*) 0; (*b*) –2 A.

4. Para o circuito da Figura 15.47, desenhe um equivalente no domínio **s** e analise-o para obter um valor de $v(t)$ se $i(0)$ é igual a (*a*) 0; (*b*) 3A.

5. Com relação ao circuito no domínio **s** desenhado na Figura 15.48 (*a*) Calcule $\mathbf{V}_C(\mathbf{s})$; (*b*) determine $v_C(t)$, $t > 0$, (*c*) desenhe a representação do circuito no domínio do tempo.

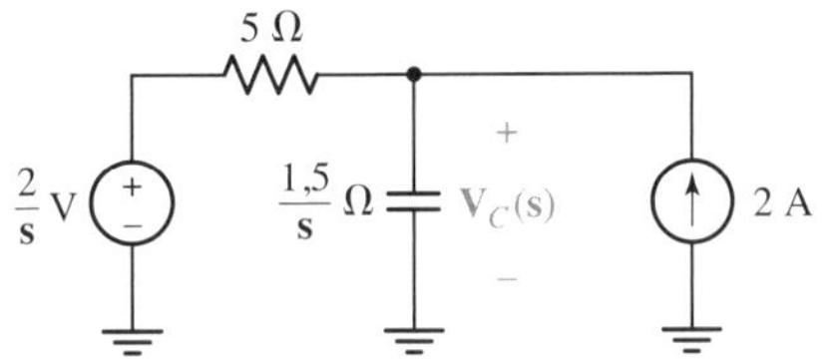

◀ **FIGURA 15.48**

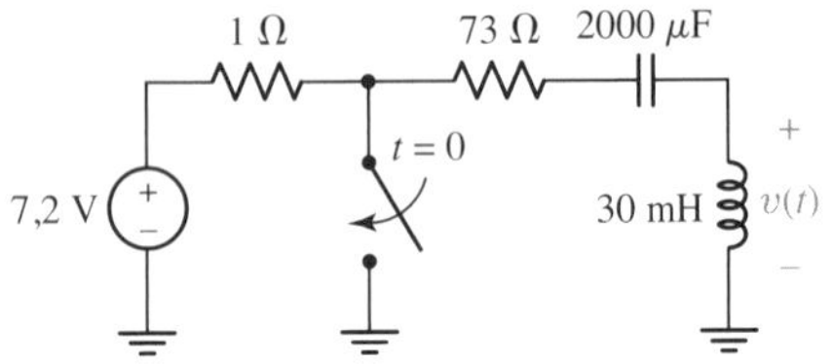

▲ **FIGURA 15.49**

6. Desenhar todos os equivalentes possíveis no domínio **s** ($t > 0$) para o circuito representado na Figura 15.49.

7. Determine a impedância de entrada $\mathbf{Z}_{ent}(\mathbf{s})$ vista a partir dos terminais da rede representada na Figura 15.50. Expresse sua resposta como uma razão de dois polinômios em **s**.

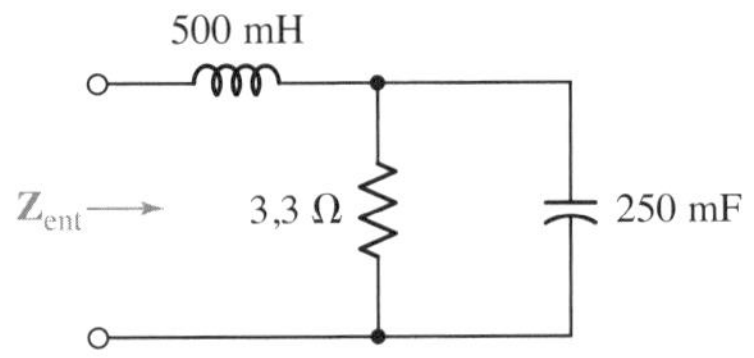

◀ **FIGURA 15.50**

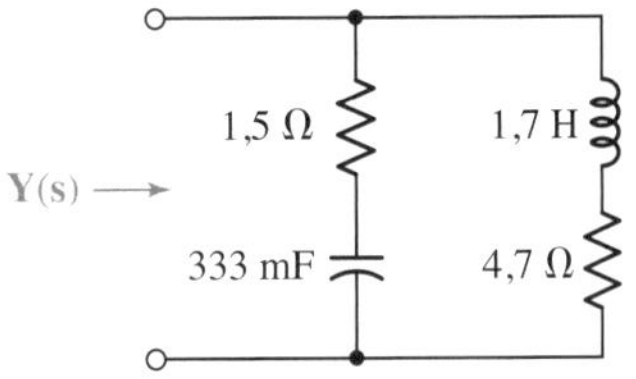

▲ **FIGURA 15.51**

8. Com relação à rede da Figura 15.51, obtenha uma expressão para a admitância de entrada **Y**(**s**) indicada na figura. Expresse sua resposta como uma razão de dois polinômios em **s**.

9. Para o circuito da Figura 15.52 (*a*) desenhe o circuitos equivalente no domínio **s**; (*b*) escolha um e resolva para V (**s**), (*c*) determine a $v(t)$.

10. Determine a impedância de entrada de 1/**Y**(**s**) da rede representada na Figura 15.51 Se o resistor 1,5 Ω é substituído pela combinação de um capacitor 100 mF e um resistor de 1 Ω em paralelo, e a corrente inicial no indutor (definida como fluindo para baixo) é de 540 mA.

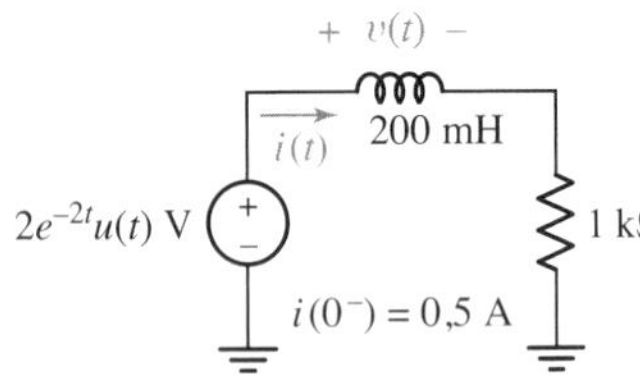

▲ **FIGURA 15.52**

15.2 Análise Nodal e de Malha no Domínio s

11. Para o circuito dado na Figura 15.53, (*a*) desenhe o equivalente no domínio **s**, (*b*) escreva as três equações de malha no domínio **s**, (*c*) determine i_1, i_2 e i_3.

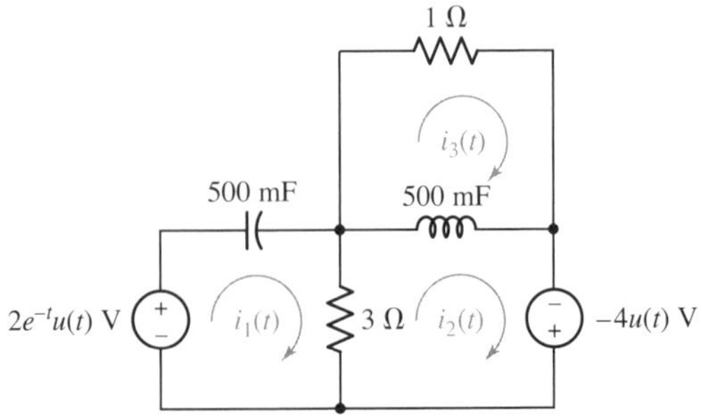

◀ **FIGURA 15.53**

12. Substitua a fonte de $-4\,u(t)$ no circuito da Figura 15.53 por $4\,e^{-t}\,u(t)$ V. Calcule i_1, i_2 e i_3 caso se verifique que a corrente inicial no indutor, $i_2 - i_3$, é igual a 50 mA.

13. Para o circuito mostrado na Figura 15.54 (*a*) escreva uma equação nodal no domínio **s** para $\mathbf{V}_x(\mathbf{s})$, (*b*) resolva para $v_x(t)$.

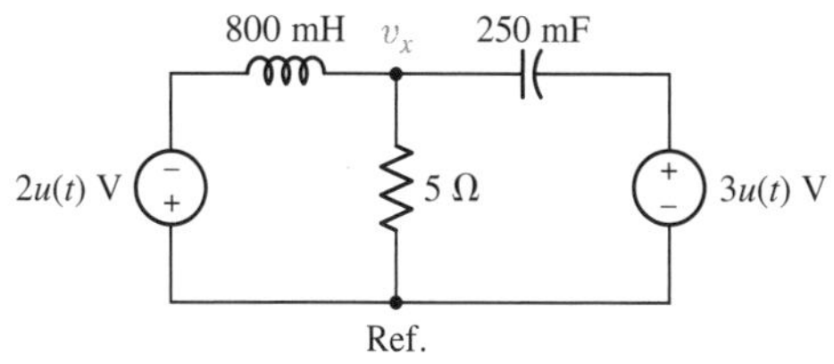

▲ **FIGURA 15.54**

14. Determine v_1 e v_2 para o circuito da Figura 15.55 utilizando a análise nodal no domínio **s**.

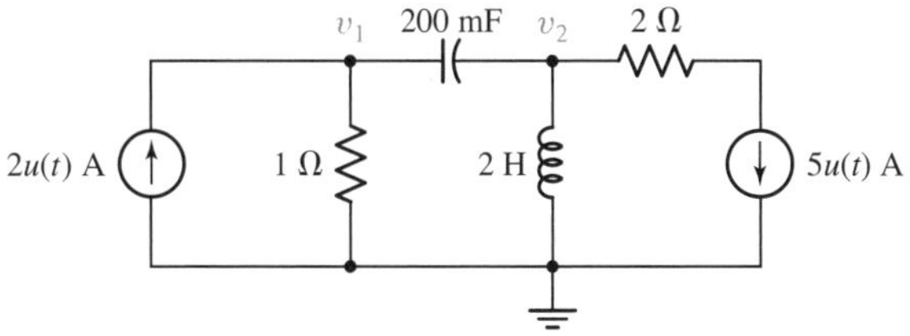

◀ **FIGURA 15.55**

15. A fonte de $2\,u(t)$ A na Figura 15.55 é substituída por uma fonte de $4e^{-t}\,u(t)$ A. Empregue a análise no domínio **s** para determinar a potência dissipada pelo resistor de 1 Ω.

16. Calcule a potência dissipada no resistor de 3 Ω da Figura 15.56, se $v_1(0^-) = 2$ V.

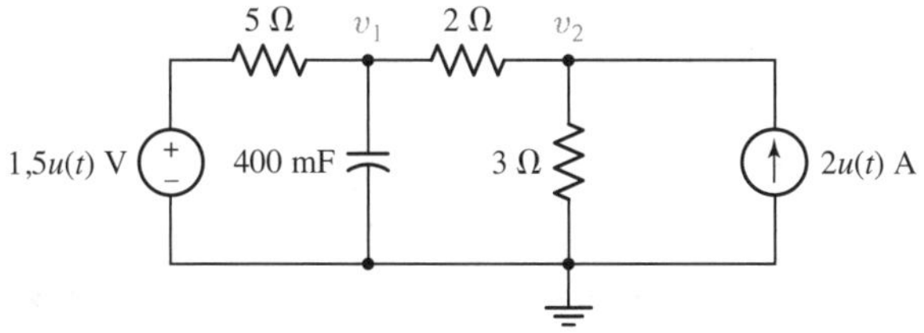

◀ **FIGURA 15.56**

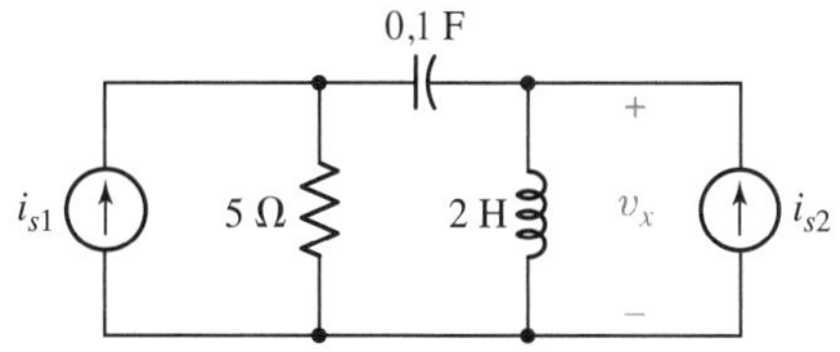

▲ **FIGURA 15.57**

17. Para o circuito mostrado na Figura 15.57, seja $i_{s1} = 3\,u(t)$ A e $i_{s2} = 5$ sen $2t$ A. Trabalhando inicialmente no domínio **s**, obtenha uma expressão para $v_x(t)$.

18. Para o circuito da Figura 15.58 (*a*) desenhe o circuito no domínio **s** correspondente; (*b*) para resolver $v_1(t)$, $v_2(t)$ e $v_3(t)$, (*c*) verifique sua solução com uma simulação no PSpice apropriada.

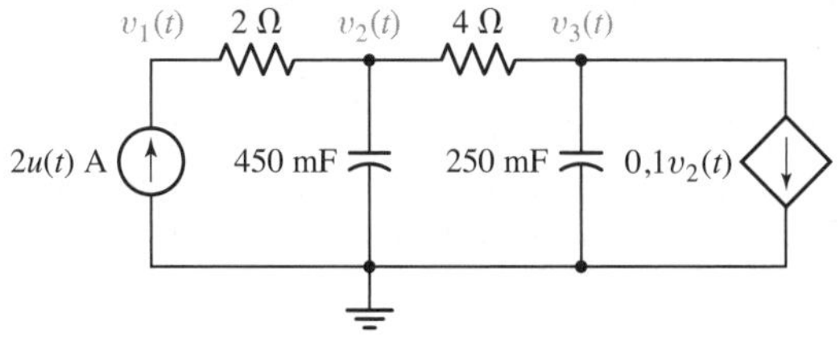

◀ **FIGURA 15.58**

19. Determine as correntes de malha $i_1(t)$ e $i_2(t)$ na Figura 15.59 se a corrente no indutor de 1 mH ($i_2 - i_4$) for 1 A em $t = 0^-$. Verifique que a sua resposta se aproxima daquela obtida usando a análise fasorial quando a resposta do circuito atinge o regime permanente.

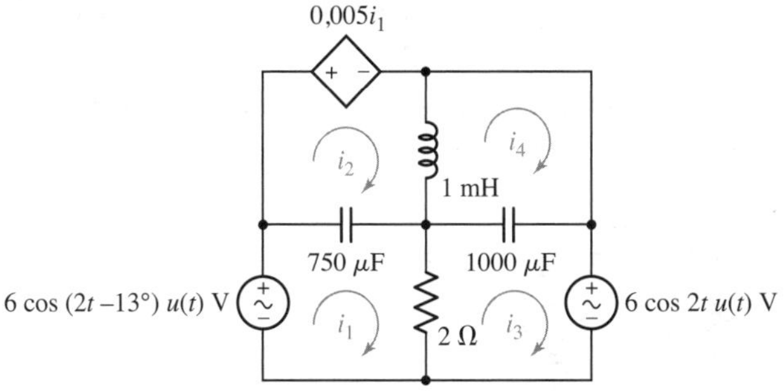

◀ **FIGURA 15.59**

20. Assumindo que não haja energia inicial armazenada no circuito da Figura 15.60, determine o valor de v_2 em t igual a (*a*) 1 ms; (*b*) 100 ms; (*c*) 10 s.

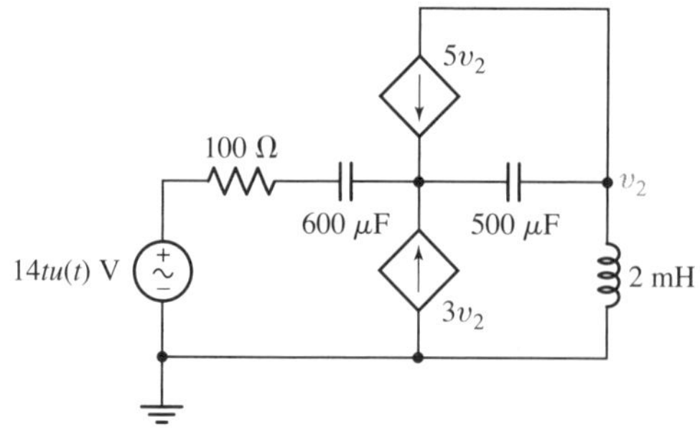

◀ **FIGURA 15.60**

15.3 Técnicas Adicionais de Análise de Circuitos

21. Usando repetidas transformações de fonte, obtenha uma expressão no domínio **s** para o equivalente de Thévenin visto pelo elemento chamado **Z**, no circuito da Figura 15.61.

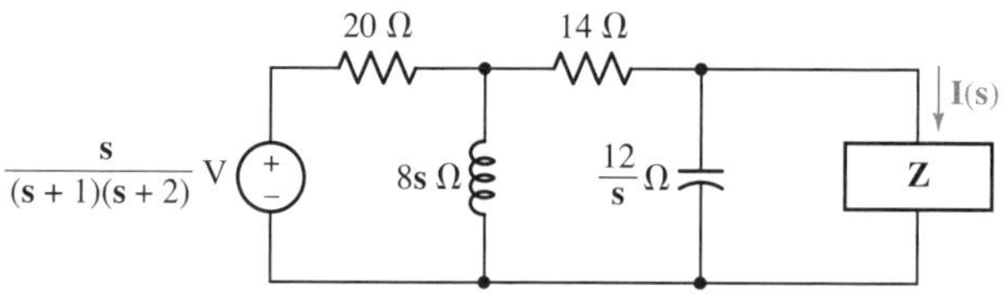

◀ **FIGURA 15.61**

22. Calcule **I(s)** indicada no circuito da Figura 15.61 se o elemento **Z** tem a impedância de

(*a*) 2 Ω; (*b*) $\frac{1}{2\mathbf{s}}$ Ω; (*c*) $\mathbf{s} + \frac{1}{2\mathbf{s}} + 3\,\Omega$.

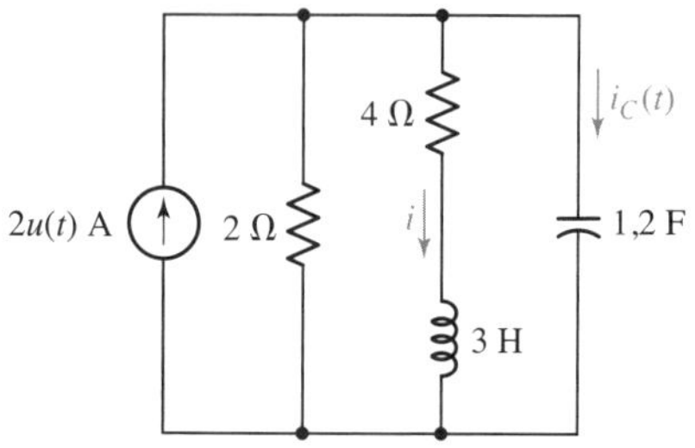

▲ **FIGURA 15.62**

23. Para o circuito mostrado na Figura 15.62, determine equivalente de Thévenin no domínio **s** visto pelo (*a*) resistor de 2 Ω, (*b*) resistor de 4 Ω, (*c*) capacitor de 1,2 F; (*d*) fonte de corrente.

24. Calcule as duas correntes indicadas no circuito da Figura 15.62.

25. Para o circuito da Figura 15.63, considere $i_s(t) = 5\ u(t)$ A e determine (a) a impedância equivalente de Thévenin vista pelo resistor de 10 Ω, (b) a corrente $i_L(t)$ no indutor.

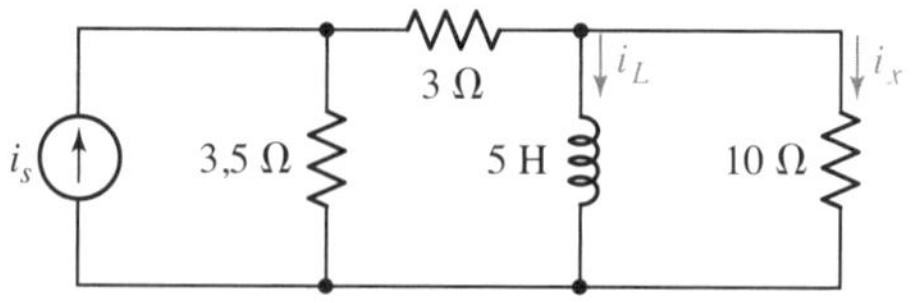

◀ **FIGURA 15.63**

26. Se a fonte de corrente da Figura 15.63 é de 1,5 $e^{-2t}u(t)$ A e $i_L(0^-) = 1$ A, determine $i_x(t)$.

27. Para o circuito no domínio **s** da Figura 15.64, determine o equivalente de Thévenin visto pelos terminais indicados como *a* e *b*.

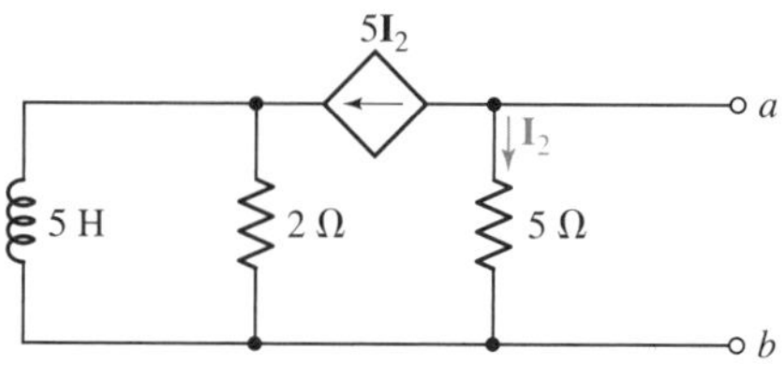

◀ **FIGURA 15.64**

28. (*a*) Use a superposição no domínio **s** para obter uma expressão para $\mathbf{V}_1(\mathbf{s})$ referente à Figura 15.65. (*b*) Obtenha $v_1(t)$

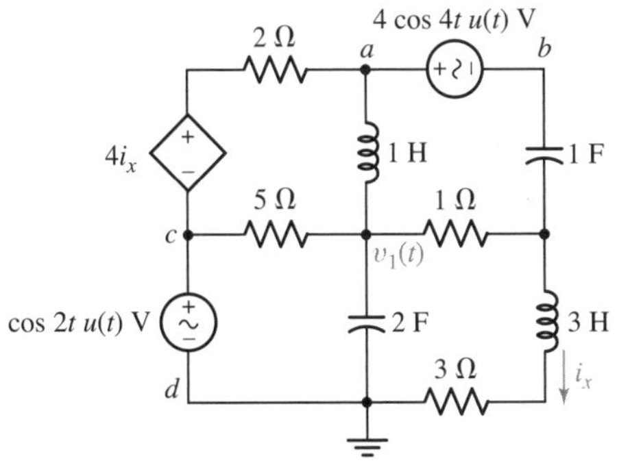

◀ **FIGURA 15.65**

29. Se a fonte de tensão no canto superior direito da Figura 15.65 é um circuito aberto, determine o equivalente de Thévenin visto pelo terminais indicados como *a* e *b*.

30. Se a fonte de tensão inferior à esquerda da Figura 15.65 é um circuito aberto, determine o equivalente de Thévenin visto pelos terminais indicados como *c* e *d*.

15.4 Polos, Zeros e Funções de Transferência

31. Determine os polos e zeros das seguintes funções no domínio **s** :

$$(a)\ \frac{\mathbf{s}}{\mathbf{s}+12.5};\ (b)\ \frac{\mathbf{s}(\mathbf{s}+1)}{(\mathbf{s}+5)(\mathbf{s}+3)};\ (c)\ \frac{\mathbf{s}+4}{\mathbf{s}^2+8\mathbf{s}+7};\ (d)\ \frac{\mathbf{s}^2-\mathbf{s}-2}{3\mathbf{s}^3+24\mathbf{s}^2+21\mathbf{s}}.$$

32. Use os meios apropriados para determinar os polos e zeros de

$$(a)\ \mathbf{s}+4;\ (b)\ \frac{2\mathbf{s}}{\mathbf{s}^2-8\mathbf{s}+16};\ (c)\ \frac{4}{\mathbf{s}^3+8\mathbf{s}+7};\ (d)\ \frac{\mathbf{s}-5}{\mathbf{s}^3-7\mathbf{s}+6}.$$

33. Considere as seguintes expressões e determine as frequências críticas de cada um:

$$(a)\ 5+\mathbf{s}^{-1};\ (b)\ \frac{\mathbf{s}(\mathbf{s}+1)(\mathbf{s}+4)}{(\mathbf{s}+5)(\mathbf{s}+3)^2};\ (c)\ \frac{1}{\mathbf{s}^2+4};\ (d)\ \frac{0{,}5\mathbf{s}^2-18}{\mathbf{s}^2+1}.$$

34. Para a rede representada esquematicamente na Figura 15.66 (a) escreva a função de transferência $\mathbf{H(s)} \equiv \mathbf{V}_{saída}\ \mathbf{(s)}\ /\ \mathbf{V}_{ent}\ \mathbf{(s)}$, (b) determine os polos e zeros de **H(s)**.

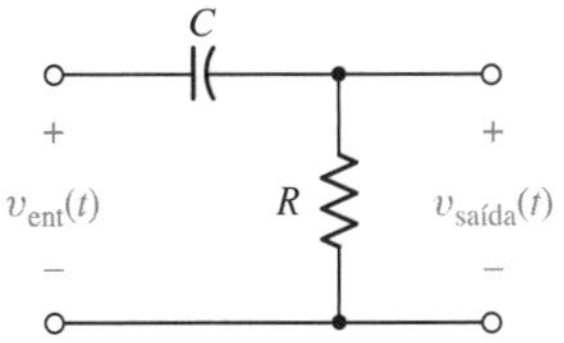

▲ **FIGURA 15.66**

35. Para cada uma das duas redes representadas esquematicamente na Figura 15.67 (a) escreva a função de transferência $\mathbf{H(s)} \equiv \mathbf{V}_{saída}\mathbf{(s)}/\mathbf{V}_{ent}\mathbf{(s)}$, (b) determine os polos e zeros de **H(s)**.

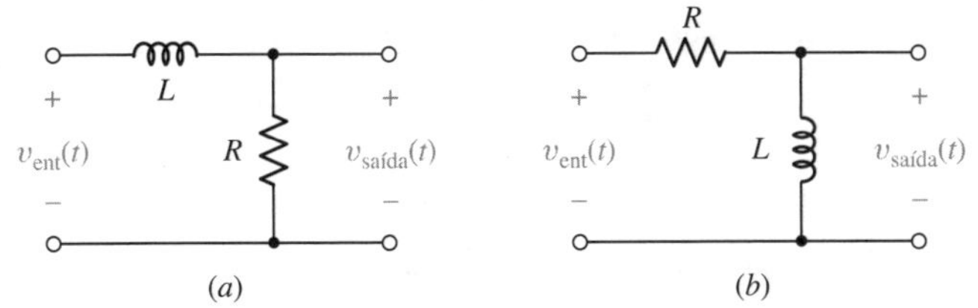

◀ **FIGURA 15.67**

36. Determine a frequências críticas de $\mathbf{Z}_{ent}$ definida na Figura 15.50.

37. Especifique os polos e zeros de **Y(s)**, definida na Figura 15.51.

38. Se uma rede é projetada para possuir uma função de transferência $\mathbf{H}(\mathbf{s}) = \dfrac{\mathbf{s}}{\mathbf{s}^2 + 8\mathbf{s} + 7}$, determine a tensão de saída no domínio **s** para $v_{ent}(t)$ igual a: (*a*) 3 $u(t)$ V; (*b*) $25e^{-2t}u(t)$ V; (*c*) $4u(t + 1)$ V; (*d*) 2 sen $5t\, u(t)$ V.

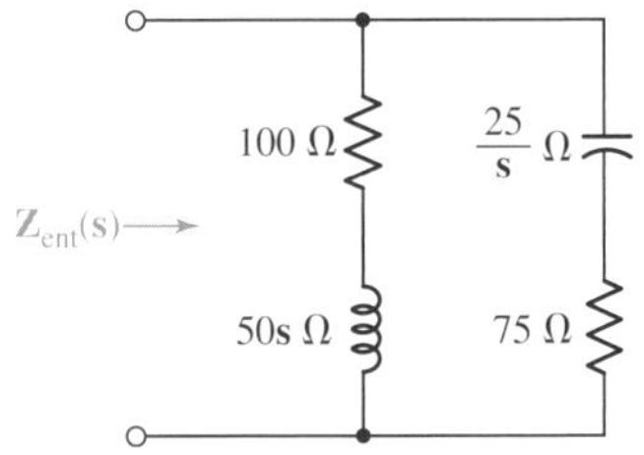

▲ **FIGURA 15.68**

39. Uma rede particular é conhecida por ser caracterizada pela função de transferência $\mathbf{H}(\mathbf{s}) = \mathbf{s} + 1/(\mathbf{s}^2 + 23\mathbf{s} + 60)$. Determine as frequências críticas da saída, se a entrada é

(*a*) $2u(t) + 4\delta(t)$; (*b*) $-5e^{-t}u(t)$; (*c*) $4te^{-2t}u(t)$;

(*d*) $5\sqrt{2}e{-}10t \cos 5t\, u(t)$ V.

40. Para a rede representada na Figura 15.68, determine as frequências críticas de $\mathbf{Z}_{ent}(\mathbf{s})$.

15.5 Convolução

41. Referindo-se à Figura 15.69, empregue a Equação [11] para se obter $x(t) * y(t)$.

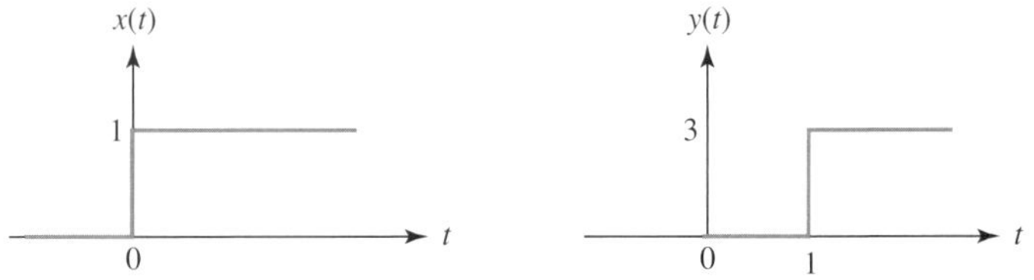

▶ **FIGURA 15.69**

42. Com relação aos gráficos das funções de $x(t)$ e $y(t)$, representados na Figura 15.69, use a Equação [11] para se obter (*a*) $x(t) * x(t)$; (*b*) $y(t) * \delta(t)$.

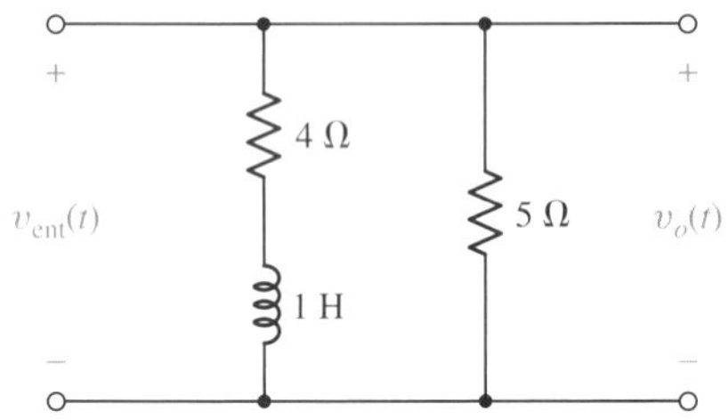

▲ **FIGURA 15.70**

43. Empregue as técnicas de convolução gráfica para determinar $f * g$ se $f(t) = 5u(t)$ e $g(t) = 2u(t) - 2u(t-2) + 2u(t-4) - 2u(t-6)$.

44. Seja $h(t) = 2e^{-3t}u(t)$ e $x(t) = u(t) - \delta(t)$. Obtenha $y(t) = h(t) * x(t)$ usando (*a*) a convolução no domínio do tempo; (*b*) obtendo $\mathbf{H}(\mathbf{s})$ e $\mathbf{X}(\mathbf{s})$ e então calculando a transformada inversa de Laplace de $\mathbf{H}(\mathbf{s})\mathbf{X}(\mathbf{s})$.

45. (*a*) Determine a resposta ao impulso $h(t)$ da rede mostrada na Figura 15.70. (*b*) Use a convolução para determinar $v_s(t)$ se $v_{ent}(t) = 8u(t)$ V.

15.6 O Plano das Frequências Complexas

46. Um resistor de 2 Ω é colocado em série com um capacitor de 250 mF. Esboce o módulo da impedância equivalente em função de (*a*) σ, (*b*) ω, (*c*) σ e ω, utilizando uma abordagem do tipo folha elástica. (*d*) Verifique suas soluções usando MATLAB.

47. Esboce o módulo de $\mathbf{Z}(\mathbf{s}) = \mathbf{s}^2 + \mathbf{s}$ em função de (*a*) σ, (*b*) ω, (*c*) σ, e ω, usando uma abordagem do tipo folha elástica. (*d*) Verifique suas soluções usando MATLAB.

48. Esboce a constelação de polos zeros de cada uma das seguintes:

(*a*) $\dfrac{\mathbf{s}(\mathbf{s}+4)}{(\mathbf{s}+5)(\mathbf{s}+2)}$;

(*b*) $\dfrac{\mathbf{s}-1}{\mathbf{s}^2+8\mathbf{s}+7}$; (*c*) $\dfrac{\mathbf{s}^2+1}{\mathbf{s}(\mathbf{s}^2+10\mathbf{s}+16)}$; (*d*) $\dfrac{5}{\mathbf{s}^2+2\mathbf{s}+5}$.

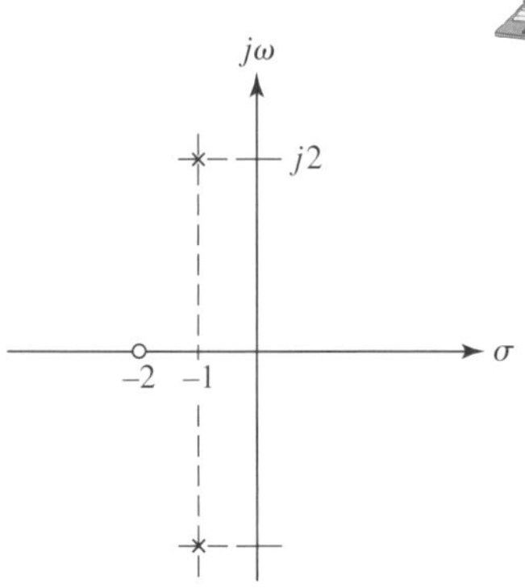

▲ **FIGURA 15.71**

49. A constelação de polos e zeros parcialmente indicada de uma função de transferência especial $\mathbf{H}(\mathbf{s})$ é mostrada na Figura 15.71. Obtenha uma expressão para $\mathbf{H}(\mathbf{s})$ se $\mathbf{H}(0)$ é igual a (*a*) 1, (*b*) – 5. (*c*) O sistema $\mathbf{H}(\mathbf{s})$ representado deverá ser estável ou instável? Explique.

50. A rede composta por três elementos mostrada na Figura 15.72 tem uma impedância de entrada $\mathbf{Z}_A(\mathbf{s})$ que possui um zero em $\mathbf{s} = -10 + j0$. Se um resistor de 20 Ω for colocado em série com a rede, o zero da nova impedância se desloca para $\mathbf{s} = -3{,}6 + j0$. Obtenha R e C.

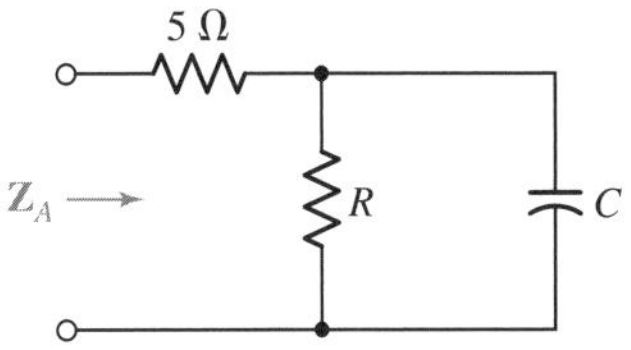

▲ **FIGURA 15.72**

51. Seja $\mathbf{H}(\mathbf{s}) = 100(\mathbf{s} + 2) / (\mathbf{s}^2 + 2\mathbf{s} + 5)$ e (*a*) mostre o gráfico de polos e zeros para $\mathbf{H}(\mathbf{s})$, (*b*) obtenha $\mathbf{H}(j\omega)$, (*c*) obtenha $|\mathbf{H}(j\omega)|$, (*d*) esboce $|\mathbf{H}(j\omega)|$ versus ω, (*e*) determine $\omega_{máx}$, a frequência na qual $|\mathbf{H}(j\omega)|$ é máxima.

15.7 A Resposta Natural e o Plano s

52. Determine as expressões para $i_1(t)$ e $i_2(t)$ para o circuito da Figura 15.73, assumindo $v_1(0^-) = 2$ V e $v_2(0^-) = 0$ V.

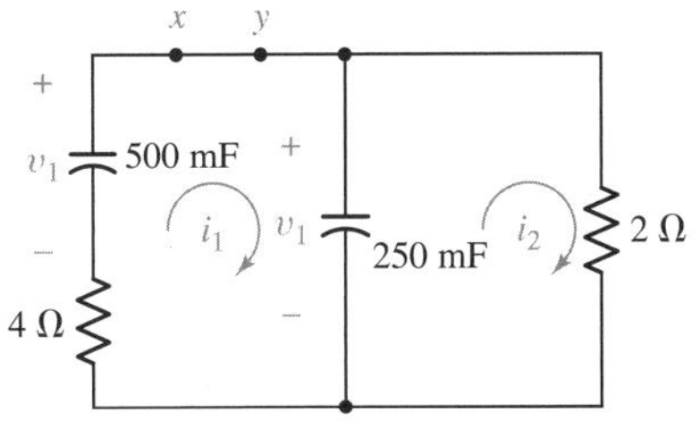

◀ **FIGURA 15.73**

53. O capacitor de 250 mF, no circuito da Figura 15.73 é substituído por um indutor de 2 H. Se $v_1(t) = 0$ V e $i_1(0^-) - i_2(0^-) = 1$ A, obtenha uma expressão para $i_2(t)$.

54. Na rede da Figura 15.74, uma fonte de corrente $i_x(t) = 2\,u(t)$ A está ligada entre os terminais *c* e *d* tal que a seta da fonte aponta para cima. Determine as frequências naturais presentes na tensão $v_{ab}(t)$, resultante.

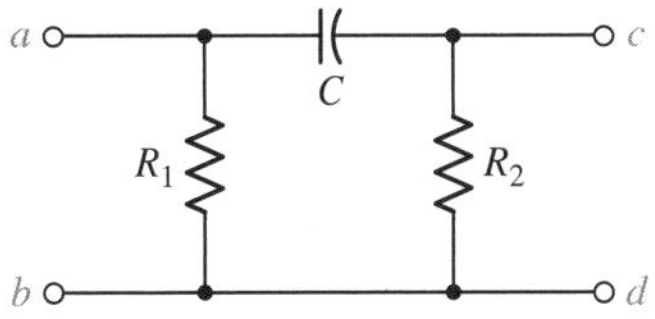

▲ **FIGURA 15.74**

55. Com relação ao circuito mostrado na Figura 15.75, seja $i_1(0^-) = 1$ A e $i_2(0^-) = 0$. (*a*) Determine os polos de $\mathbf{I}_{ent}(\mathbf{s})/\mathbf{V}_{ent}(\mathbf{s})$, (*b*) use esta informação para obter uma expressão para $i_1(t)$ e $i_2(t)$.

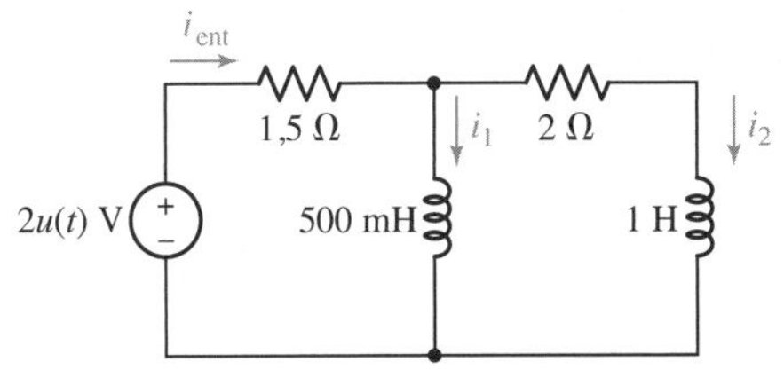

◀ **FIGURA 15.75**

15.8 Uma Técnica Para Sintetizar a Razão H(s) = $\mathbf{V}_{saída}/\mathbf{V}_{ent}$

56. Projete um circuito que forneça uma função de transferência $\mathbf{H}(\mathbf{s}) = \mathbf{V}_{saída}/\mathbf{V}_{ent}$ igual a DP

$$(a)\ 5(\mathbf{s}+1);\ (b)\ \frac{5}{(\mathbf{s}+1)};\ (c)\ 5\frac{\mathbf{s}+1}{\mathbf{s}+2}.$$

57. Projete um circuito que forneça uma função de transferência $\mathbf{H}(\mathbf{s}) = \mathbf{V}_{saída}/\mathbf{V}_{ent}$ igual a DP

$$(a)\ 2(\mathbf{s}+1)^2;\ (b)\ \frac{3}{(\mathbf{s}+500)(\mathbf{s}+100)}.$$

58. Projete um circuito que forneça a função de transferência DP

$$\mathbf{H}(\mathbf{s}) = \frac{\mathbf{V}_{saída}}{\mathbf{V}_{ent}} = 5\frac{\mathbf{s}+10^4}{\mathbf{s}+2\times 10^5}.$$

59. Projete um circuito que gera a função de transferência

$$\mathbf{H}(\mathbf{s}) = \frac{\mathbf{V}_{\text{saída}}}{\mathbf{V}_{\text{ent}}} = 3\frac{\mathbf{s} + 50}{(\mathbf{s} + 75)^2}.$$

60. Obtenha $\mathbf{H}(\mathbf{s}) = \mathbf{V}_{saída}/\mathbf{V}_{ent}$ como uma razão de polinômios em **s** para o circuito AOP da Figura 15.42, dados os seguintes valores de impedância em (Ω): (*a*) $\mathbf{Z}_1(\mathbf{s}) = 10^3 + (10^8/\mathbf{s})$, $\mathbf{Z}_f(\mathbf{s}) = 5000$; (*b*) $\mathbf{Z}_1(\mathbf{s}) = 5000$, $\mathbf{Z}_f(\mathbf{s}) = 10^3 + (10^8/\mathbf{s})$; (*c*) $\mathbf{Z}_1(\mathbf{s}) = 10^3 + (10^8/\mathbf{s})$, $\mathbf{Z}_f(\mathbf{s}) = 10^4 + (10^8/\mathbf{s})$.

Exercícios de integração do capítulo

61. Projete um circuito que forneça uma frequência de 16 Hz, que está perto do limite inferior da escala de audição humana. Verifique o seu projeto com uma simulação apropriada.

62. Projete um circuito que forneça um sinal de Tom Duplo de Multifrequência (DTMF) correspondente ao número 9, que é uma tensão de saída composta de um Sinal de 1477 Hz e um sinal de 852 Hz.

63. (*a*) Projete um circuito que forneça um sinal a 261,6 Hz, que é aproximadamente a nota musical "Dó" médio. Utilize apenas os valores de resistores com nível de tolerância de 5%. (*b*) Obtenha a faixa de frequência provável de seu gerador de sinal com base no intervalo de valores comerciais de componentes que poderiam ser usados na construção.

64. (*a*) Muitas pessoas com perda auditiva parcial, especialmente os idosos, têm dificuldade na percepção de detectores de fumaça convencionais. Uma alternativa consiste em reduzir a frequência a aproximadamente 500 Hz. Desenhe um circuito que forneça tal sinal, usando apenas valores de resistores e capacitores comerciais com tolerância de 10%. (*b*) Obtenha a faixa de frequência real esperada para seu projeto, considerando que ele é implementado com base na disponibilidade comercial de valores para os componentes.

65. Projete um circuito que forneça um sinal de 200 Hz ou um sinal de 400 Hz acionando interruptores apropriados.

16 Resposta em Frequência

CONCEITOS FUNDAMENTAIS

Frequência de Ressonância em Circuitos com Indutores e Capacitores

Fator de Qualidade

Largura de Faixa

Mudança de Escala em Frequência e Módulo

Técnicas Envolvendo o Diagrama de Bode

Filtros Passa-Baixas e Passa-Altas

Projeto de Filtros Passa-Faixa

Filtros Ativos

INTRODUÇÃO

Já foi introduzido o conceito de resposta em frequência, o que significa que o comportamento do nosso circuito pode mudar drasticamente, dependendo da frequência (ou frequências) de operação – uma mudança radical em relação às nossas primeiras experiências com circuitos de corrente contínua simples. Neste capítulo, elevamos o assunto para um nível mais refinado, pois mesmo circuitos simples projetados para resposta em frequência específica, podem ser extremamente úteis em uma ampla variedade de aplicações cotidianas. Na verdade, provavelmente utilizamos circuitos de frequência seletiva diariamente, mesmo sem perceber. Por exemplo, a mudança para a nossa estação de rádio favorita consiste de fato em sintonizar o rádio para amplificar seletivamente uma estreita faixa de frequências de sinal; é possível aquecer pipoca de microondas enquanto assistimos televisão ou falamos em um telefone celular, porque as frequências de cada dispositivo pode ser isoladas. Além disso, estudar a resposta em frequência e filtros podem ser particularmente agradável, pois nos fornece uma metodologia para desenvolver a análise de circuitos existentes, permitindo o projeto de circuitos complexos a partir do zero para atender às especificações, às vezes rigorosas. Vamos começar esta jornada com uma breve discussão envolvendo ressonância, perdas, fator de qualidade e largura de faixa – importantes conceitos para filtros, bem como qualquer circuito (ou sistema, para esse assunto) que contém elementos de armazenamento de energia.

16.1 ▸ RESSONÂNCIA PARALELA

Supomos que uma certa função forçante contenha *componentes* senoidais com frequências no intervalo de 10 a 100 Hz. Agora imaginemos que essa função forçante seja aplicada em uma rede que tenha a propriedade de dobrar a amplitude de todas as tensões senoidais com frequências de zero a 200 Hz que sejam aplicadas em seus terminais de entrada, sem mudança no ângulo de fase.

A função de saída é portanto uma cópia não distorcida da função de entrada, porém com o dobro da amplitude. Se, no entanto, a rede tiver uma resposta em frequência tal que os módulos das senoides entre 10 e 50 Hz aplicadas em sua entrada sejam multiplicados por um fator diferente daquele aplicado nas senoides de 50 a 100 Hz, então a saída será em geral distorcida; ela deixa de ser uma versão amplificada da entrada. Essa saída distorcida pode ser desejável em alguns casos e indesejável em outros. Isto é, a resposta em frequência da rede poderia ser *deliberadamente* escolhida para rejeitar alguns componentes de frequência da função forçante, ou enfatizar outros.

Tal comportamento é uma característica de circuitos sintonizados ou ressonantes, como veremos neste capítulo. Na discussão da ressonância, podemos aplicar todos os métodos que discutimos na apresentação da resposta em frequência.

Ressonância

Nesta seção, começamos o estudo de um fenômeno muito importante que pode ocorrer em circuitos contendo indutores e capacitores. Esse fenômeno é chamado de ***ressonância***, e pode ser informalmente descrito como a condição existente em qualquer sistema físico quando uma função forçante senoidal com amplitude fixa produz uma resposta com amplitude máxima. Entretanto, frequentemente dizemos que a ressonância ocorre mesmo quando a função forçante não é senoidal. O sistema ressonante pode ser elétrico, mecânico, hidráulico, acústico ou de algum outro tipo, mas restringiremos nossa atenção, na maior parte de nosso estudo, aos sistemas elétricos.

A ressonância é um fenômeno conhecido. Pulos intermitentes no pára-choques de um automóvel, por exemplo, podem colocar o veículo em um movimento oscilatório relativamente pronunciado se os saltos forem feitos na frequência apropriada (em torno de um salto por segundo) e se os amortecedores estiverem um tanto decrépitos. Entretanto, se a frequência dos saltos for aumentada ou diminuída, a resposta do automóvel será consideravelmente menor do que antes. Temos uma outra ilustração no caso de uma cantora de ópera que é capaz de quebrar taças de cristal ao cantar uma nota bem formada na frequência apropriada. Em cada um desses exemplos, estamos pensando no ajuste da frequência até que ocorra a ressonância; também é possível ajustar o tamanho, a forma e o material do objeto que fazemos vibrar, mas isso pode não ser tão fácil de se fazer na prática.

A condição de ressonância pode ser desejável ou não, dependendo do propósito de aplicação do dispositivo físico. No exemplo do automóvel, por exemplo, uma grande amplitude de vibração pode ajudar a descolar os pára-choques, o que seria um tanto desagradável a 105 km/h.

Vamos agora definir a ressonância de forma mais cuidadosa. Em uma rede elétrica com dois terminais contendo pelo menos um indutor e um capacitor, definimos ressonância como a condição que existe quando a impedância de entrada da rede é puramente resistiva. Logo,

> uma rede está em ressonância (ou é ressonante) quando a tensão e a corrente em seus terminais de entrada estão em fase.

Também veremos que uma resposta com amplitude máxima é produzida na rede quando ela está na condição ressonante.

Primeiro aplicamos a definição de ressonância em uma rede *RLC* paralela alimentada por uma fonte de corrente senoidal, como mostra a Figura 16.1. Em muitas situações práticas, esse circuito é uma aproximação muito boa para o circuito que poderíamos construir no laboratório conectando um indutor real em paralelo com um capacitor real, sendo a combinação em paralelo alimentada por uma fonte de energia com impedância de saída muito elevada. A admitância em regime permanente vista pela fonte de corrente ideal é

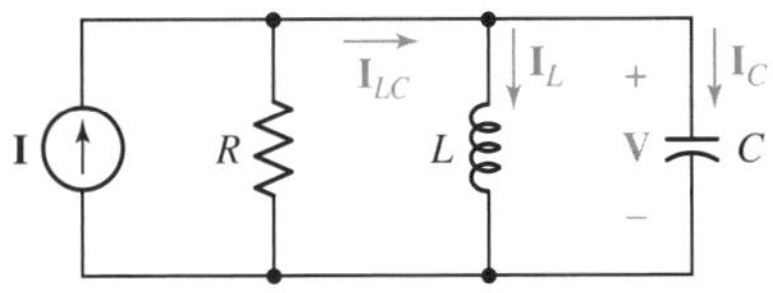

▲ **FIGURA 16.1** Combinação em paralelo de um resistor, um indutor e um capacitor, que é frequentemente chamada de *circuito ressonante paralelo*.

$$\mathbf{Y} = \frac{1}{R} + j\left(\omega C - \frac{1}{\omega L}\right) \qquad [1]$$

A ressonância ocorre quando a tensão e a corrente nos terminais de entrada estão em fase. Isso corresponde a uma admitância puramente real, então a condição necessária é dada por

$$\omega C - \frac{1}{\omega L} = 0$$

A condição ressonante pode ser conseguida com o ajuste de L, C ou ω ; vamos dedicar a nossa atenção ao caso em que ω é a variável. Daí, a frequência de ressonância ω_0 é

$$\omega_0 = \frac{1}{\sqrt{LC}} \quad \text{rad/s} \qquad [2]$$

ou

$$f_0 = \frac{1}{2\pi\sqrt{LC}} \quad \text{Hz} \qquad [3]$$

Essa frequência de ressonância ω_0 é idêntica à frequência de ressonância definida na Equação [10] do Capítulo 9.

A configuração de polos e zeros da função da admitância também pode ser usada aqui em nosso benefício. Dada $\mathbf{Y(s)}$,

$$\mathbf{Y(s)} = \frac{1}{R} + \frac{1}{\mathbf{s}L} + \mathbf{s}C$$

ou

$$\mathbf{Y(s)} = C\frac{\mathbf{s}^2 + \mathbf{s}/RC + 1/LC}{\mathbf{s}} \qquad [4]$$

podemos explicitar os zeros de $\mathbf{Y(s)}$ fatorando o numerador:

$$\mathbf{Y(s)} = C\frac{(\mathbf{s} + \alpha - j\omega_d)(\mathbf{s} + \alpha + j\omega_d)}{\mathbf{s}}$$

onde α e ω_d representam as mesmas grandezas que representavam quando discutimos a resposta natural do circuito *RLC* paralelo na Seção 9.4. Isto é, α é o *coeficiente de amortecimento exponencial*,

$$\alpha = \frac{1}{2RC}$$

e ω_d é a *frequência de ressonância natural* (não a frequência de ressonância ω_0),

$$\omega_d = \sqrt{\omega_0^2 - \alpha^2}$$

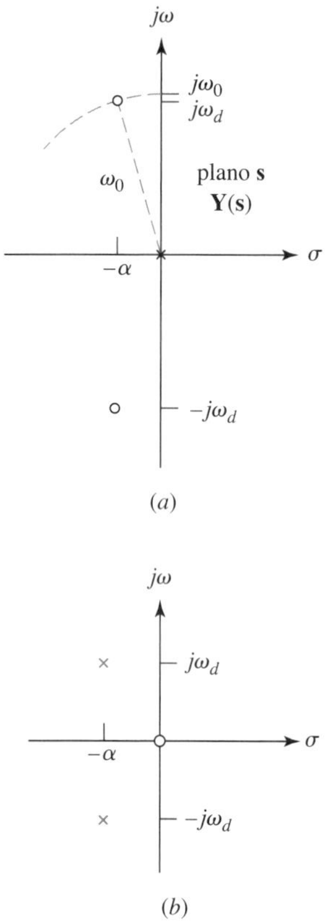

▲ **FIGURA 16.2** (*a*) A constelação de polos e zeros da admitância de entrada de um circuito ressonante paralelo é mostrada no plano **s**; $\omega_0^2 = \alpha^2 + \omega_d^2$. (*b*) A constelação de polos e zeros da impedância de entrada.

A constelação de polos e zeros mostrada na Figura 16.2*a* resulta diretamente da forma fatorada da admitância.

Em vista da relação entre α, ω_d, e ω_0, fica claro que a distância da origem do plano **s** até um dos zeros da admitância é numericamente igual a ω_0. Dada a configuração de polos e zeros, a frequência ressonante pode ser obtida por métodos puramente gráficos. Simplesmente traçamos um arco passando por um dos zeros, usando a origem do plano **s** como centro. A interseção desse arco com o eixo $j\omega$ positivo localiza o ponto $\mathbf{s} = \omega_0$. Está claro que ω_0 é ligeiramente maior do que a frequência de ressonância natural ω_d, mas a razão entre ambas se aproxima da unidade à medida que a relação entre ω_d e α aumenta.

Ressonância e a Resposta de Tensão

Vamos a seguir examinar o módulo da resposta, a tensão **V**(**s**) indicada na Figura 16.1, à medida que a frequência ω da função forçante é variada. Se assumimos uma fonte de corrente senoidal com amplitude constante, a resposta de tensão é proporcional à impedância de entrada. Essa resposta pode ser obtida a partir do gráfico de polos e zeros da impedância

$$\mathbf{Z}(\mathbf{s}) = \frac{\mathbf{s}/C}{(\mathbf{s} + \alpha - j\omega_d)(\mathbf{s} + \alpha + j\omega_d)}$$

mostrado na Figura 16.2*b*. A resposta começa naturalmente em zero, atinge um valor máximo na vizinhança da frequência natural de ressonância e então volta a cair até zero com ω tendendo a infinito. A resposta em frequência está desenhada na Figura 16.3. O valor máximo da resposta é indicado como R vezes a amplitude da fonte de corrente, implicando que o módulo máximo da impedância do circuito é igual a R; além disso, o máximo da resposta ocorre exatamente na frequência de ressonância ω_0. Duas frequências adicionais, ω_1 e ω_2, que usaremos mais tarde como uma medida da largura da curva de resposta, também são identificadas. Vamos primeiro mostrar que o módulo máximo da impedância é R e que esse máximo ocorre na ressonância.

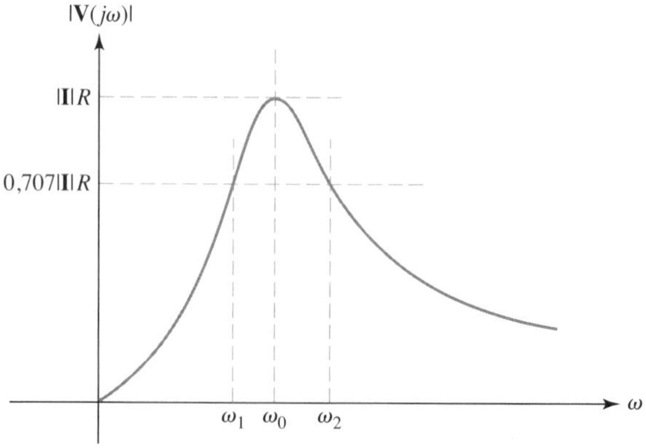

▲ **FIGURA 16.3** O módulo da resposta de tensão de um circuito ressonante paralelo é mostrado em função da frequência.

A admitância, conforme especificada na Equação [1], possui uma condutância constante e uma susceptância que tem um módulo mínimo (zero) na condição de ressonância. O módulo mínimo da admitância ocorre portanto na ressonância e é igual a $1/R$. Daí, o módulo máximo da impedância é R, *e ocorre na condição de ressonância.*

Na frequência de ressonância, portanto, a tensão nos terminais do circuito ressonante paralelo da Figura 16.1 é simplesmente $\mathbf{I}R$, e *toda* a corrente $\mathbf{I}$ da fonte flui através do resistor. Entretanto, uma corrente também circula em L e C. Para o indutor, $\mathbf{I}_{L,0} = \mathbf{V}_{L,0}/j\omega_0 L = \mathbf{I}R/j\omega_0 L$, e a corrente no capacitor na condição de ressonância é $\mathbf{I}_{C,0} = (j\omega_0 C)\mathbf{V}_{C,0} = j\omega_0 CR\mathbf{I}$. Como $1/\omega_0 C = \omega_0 L$ na ressonância, vemos que

$$\mathbf{I}_{C,0} = -\mathbf{I}_{L,0} = j\omega_0 CR\mathbf{I} \qquad [5]$$

e

$$\mathbf{I}_{C,0} + \mathbf{I}_{L,0} = \mathbf{I}_{LC} = 0$$

Logo, o valor *líquido* da corrente entrando na combinação LC é nulo. O valor máximo do módulo da resposta e a frequência na qual ele ocorre nem sempre são obtidos tão facilmente. Em circuitos ressonantes menos triviais, pode ser necessário expressar o módulo da resposta analiticamente, usualmente como a raiz quadrada da soma da parte real ao quadrado e da parte imaginária ao quadrado; devemos então derivar essa expressão com relação à frequência, igualar a derivada a zero, resolver para a frequência da resposta máxima e finalmente substituir essa frequência na expressão do módulo para obter a resposta com módulo máximo. Esse procedimento poderia ser feito para esse caso simples meramente como um exercício de fixação; mas, como vimos, isso não foi necessário.

Fator de Qualidade

Deve ser enfatizado que, embora a *altura* da curva de resposta da Figura 16.3 dependa apenas do valor de R para uma excitação com amplitude constante, a largura da curva ou a inclinação de seus lados também depende dos valores de dois outros elementos. Vamos em breve relacionar a "largura da curva de resposta" a uma grandeza cuidadosamente definida, a *largura de faixa*, mas é útil expressar essa relação em termos de um parâmetro muito importante, o ***fator de qualidade Q***.

> Devemos ser muito cuidadosos para não confundir o fator de qualidade com a carga ou a potência reativa, todas grandezas infelizmente representadas pela letra Q.

Veremos que a agudeza da curva de resposta de qualquer circuito ressonante é determinada pela quantidade máxima de energia que pode ser armazenada no circuito, em comparação com a energia perdida durante um período completo da resposta.

Definimos Q como

$$Q = \text{fator de qualidade} \equiv 2\pi \frac{\text{máxima energia armazenada}}{\text{energia total perdida por período}} \qquad [6]$$

A constante de proporcionalidade 2π é incluída na definição para simplificar as expressões mais úteis que vamos obter agora para Q. Como energia pode ser armazenada apenas no indutor e no capacitor, e perdida apenas no resistor, podemos expressar Q em termos da energia instantânea associada a cada um dos elementos reativos e da potência média P_R dissipada no resistor:

$$Q = 2\pi \frac{[w_L(t) + w_C(t)]_{\text{máx}}}{P_R T}$$

onde T é o período da frequência senoidal na qual se avalia Q.

Vamos agora aplicar essa definição no circuito RLC paralelo da Figura 16.1 e determinar o valor de Q na frequência de ressonância. Esse valor de Q é chamado de Q_0. Selecionamos a função forçante de corrente

$$i(t) = \mathbf{I}_m \cos \omega_0 t$$

e obtemos a resposta de tensão correspondente na ressonância,

$$v(t) = Ri(t) = R\mathbf{I}_m \cos \omega_0 t$$

A energia armazenada no capacitor é então

$$w_C(t) = \frac{1}{2}Cv^2 = \frac{\mathbf{I}_m^2 R^2 C}{2} \cos^2 \omega_0 t$$

e a energia instantânea armazenada no indutor é dada por

$$w_L(t) = \frac{1}{2}Li_L^2 = \frac{1}{2}L\left(\frac{1}{L}\int v\,dt\right)^2 = \frac{1}{2L}\left[\frac{R\mathbf{I}_m}{\omega_0}\text{sen}\,\omega_0 t\right]^2$$

de forma que

$$w_L(t) = \frac{\mathbf{I}_m^2 R^2 C}{2} \text{sen}^2\, \omega_0 t$$

A energia armazenada *instantânea* total é portanto constante:

$$w(t) = w_L(t) + w_C(t) = \frac{\mathbf{I}_m^2 R^2 C}{2}$$

e esse valor constante também deve ser o valor máximo. Para obter a energia perdida no resistor durante um período, calculamos a potência média por ele absorvida (veja Seção 11.2),

$$P_R = \tfrac{1}{2}\mathbf{I}_m^2 R$$

e a multiplicamos por um período, obtendo

$$P_R T = \frac{1}{2f_0}\mathbf{I}_m^2 R$$

Determinamos portanto o fator de qualidade na ressonância:

$$Q_0 = 2\pi \frac{\mathbf{I}_m^2 R^2 C/2}{\mathbf{I}_m^2 R/2f_0}$$

ou

$$Q_0 = 2\pi f_0 RC = \omega_0 RC \qquad [7]$$

Essa equação (como qualquer uma das expressões na Equação [8]) é válida apenas para o circuito RLC paralelo simples da Figura 16.1.

Expressões equivalentes para Q_0 que são frequentemente bastante úteis podem ser obtidas por substituição simples:

$$Q_0 = R\sqrt{\frac{C}{L}} = \frac{R}{|X_{C,0}|} = \frac{R}{|X_{L,0}|} \qquad [8]$$

Vemos então que, nesse circuito, a redução na resistência diminui Q_0; quanto mais baixo o valor da resistência, maior a quantidade de energia perdida nesse elemento. De forma intrigante, um aumento na capacitância *aumenta* Q_0, mas um aumento na indutância leva a uma *redução* em Q_0. Esses comentários se aplicam, é claro, à operação do circuito na frequência de ressonância.

Outras Interpretações para Q

Uma outra interpretação útil para Q é obtida quando inspecionamos as correntes no indutor e no capacitor na condição de ressonância, dadas pela Equação [5],

$$\mathbf{I}_{C,0} = -\mathbf{I}_{L,0} = j\omega_0 CR\mathbf{I} = jQ_0\mathbf{I} \qquad [9]$$

Note que cada uma delas é Q_0 vezes a amplitude da corrente da fonte e que elas estão 180º defasadas uma da outra. Logo, se aplicamos 2 mA na frequência de ressonância em um circuito ressonante paralelo com $Q_0 = 50$, temos 2 mA no resistor e 100 mA no indutor e no capacitor. Um circuito ressonante paralelo pode portanto agir como um amplificador de corrente, mas não, naturalmente, como um amplificador de potência, por se tratar de um circuito passivo.

A ressonância, por definição, é fundamentalmente associada à resposta forçada, pois ela é definida em termos de uma impedância de entrada (puramente resistiva), que é um conceito relacionado ao regime permanente senoidal. Os dois parâmetros mais importantes de um circuito ressonante talvez sejam a frequência de ressonância ω_0 e o fator de qualidade Q_0. Tanto o coeficiente de amortecimento exponencial quanto a frequência de ressonância natural podem ser expressos em termos de ω_0 e Q_0:

$$\alpha = \frac{1}{2RC} = \frac{1}{2(Q_0/\omega_0 C)C}$$

ou

$$\alpha = \frac{\omega_0}{2Q_0} \qquad [10]$$

e

$$\omega_d = \sqrt{\omega_0^2 - \alpha^2}$$

ou

$$\omega_d = \omega_0\sqrt{1 - \left(\frac{1}{2Q_0}\right)^2} \qquad [11]$$

Fator de Amortecimento

Para referência futura, pode ser útil notar uma relação adicional envolvendo ω_0 e Q_0. A equação quadrática que aparece no numerador da Equação [4],

$$\mathbf{s}^2 + \frac{1}{RC}\mathbf{s} + \frac{1}{LC}$$

pode ser escrita em termos de α e ω_0:

$$\mathbf{s}^2 + 2\alpha\mathbf{s} + \omega_0^2$$

Na área da teoria de sistemas ou da teoria de controle automático, é tradicional escrever essa equação de uma forma ligeiramente diferente que utiliza o parâmetro adimensional ζ (zeta), chamado de ***fator de amortecimento***:

$$\mathbf{s}^2 + 2\zeta\omega_0\mathbf{s} + \omega_0^2$$

Uma comparação entre essas expressões nos permite relacionar ζ a outros parâmetros:

$$\zeta = \frac{\alpha}{\omega_0} = \frac{1}{2Q_0} \qquad [12]$$

▶ EXEMPLO 16.1

Considere um circuito *RLC* em paralelo tal que a L = 2 mH, Q_0 = 5, e C = 10 nF. Determine o valor de R e o módulo da admitância em regime permanente $0{,}1\omega_0$, ω_0 e $1{,}1\omega_0$.

Deduzimos várias expressões para Q_0, um parâmetro diretamente relacionado com a perda de energia e, consequentemente, a resistência no nosso circuito. Reorganizando a expressão na Equação [8], calculamos

$$R = Q_0\sqrt{\frac{L}{C}} = 2{,}236 \text{ k}\Omega$$

Em seguida, calculamos ω_0, um termo que podemos relembrar do Capítulo 9,

$$\omega_0 = \frac{1}{\sqrt{LC}} = 223{,}6 \text{ krad/s}$$

ou, alternativamente, podemos explorar a Equação [7], e obter a mesma resposta,

$$\omega_0 = \frac{Q_0}{RC} = 223{,}6 \text{ krad/s}$$

A admitância de qualquer rede *RLC* em paralelo é simplesmente

$$\mathbf{Y} = \frac{1}{R} + j\omega C + \frac{1}{j\omega L}$$

e, por conseguinte

$$|\mathbf{Y}| = \frac{1}{R} + j\omega C + \frac{1}{j\omega L}$$

Realizando a análise nas três frequências designadas, tem-se:

$$|\mathbf{Y}(0{,}9\omega_0)| = 6{,}504 \times 10^{-4}\ \text{S} \qquad |\mathbf{Y}(\omega_0)| = 4{,}472 \times 10^{-4}\ \text{S}$$

$$|\mathbf{Y}(1{,}1\omega_0)| = 6{,}182 \times 10^{-4}\ \text{S}$$

Obtemos assim uma impedância mínima na frequência de ressonância, ou uma resposta em tensão máxima para uma dada corrente de entrada. Se nós rapidamente calculamos a reatância nessas três frequências, encontramos

$$X(0{,}9\omega_0) = -\ 4{,}72 \times 10^{-4}\ \text{S} \qquad X(1{,}1\omega_0) = 4{,}72 \times 10^{-4}\ \text{S}$$

$$X(\omega_0) = -\ 1{,}36 \times 10^{-7}$$

Deixamos para o leitor mostrar que o nosso valor para X (ω_0) é diferente de zero em virtude de um erro de arredondamento.

▶ EXERCÍCIOS DE FIXAÇÃO

16.1 Um circuito ressonante paralelo é composto pelos elementos $R = 8\ \text{k}\Omega$, $L = 50$ mH e $C = 80$ nF. Determine (*a*) ω_0; (*b*) Q_0; (*c*) ω_d; (*d*) α; (*e*) ζ.

16.2 Determine os valores de R, L e C em um circuito ressonante paralelo no qual $\omega_0 = 1000$ rad/s, $\omega_d = 998$ rad/s e $\mathbf{Y}_{ent} = 1$ mS na condição de ressonância.

Resposta: 16.1: 15,811 krad/s; 10,12; 15,792 krad/s; 781 Np/s; 0,0494. 16.2: 1000 Ω; 126,4 mH; 7,91 μF.

Vamos agora interpretar Q_0 em termos da localização dos polos e zeros da admitância $\mathbf{Y}(\mathbf{s})$ do circuito *RLC* paralelo. Vamos manter ω_0 constante; isso pode ser feito, por exemplo, mudando R enquanto L e C se mantêm constantes. Como o aumento de Q_0, as relações entre α, Q_0 e ω_0 indicam que os dois zeros devem se aproximar do eixo $j\omega$. Essas relações também mostram que os dois zeros devem se afastar simultaneamente do eixo σ. A natureza exata desse movimento fica mais clara quando nos lembramos do ponto no qual $\mathbf{s} = j\omega_0$ foi posicionado no eixo $j\omega$ com o traçado de um arco centrado na origem, passando por um dos zeros e sobre o eixo $j\omega$ positivo; como ω_0 deve se manter constante, o raio deve ser constante e os zeros devem se mover ao longo desse arco em direção ao eixo $j\omega$ positivo à medida que Q_0 aumenta.

Os dois zeros estão indicados na Figura 16.4 e as setas mostram o caminho que eles seguem com o aumento de R. Quando R é infinito, Q_0 também é infinito e os dois zeros são encontrados em $\mathbf{s} = \pm j\omega_0$, sobre o eixo $j\omega$. Com a redução de R, os zeros se movem em direção ao eixo σ ao longo de um lugar geométrico circular, se juntando para formar um zero duplo no eixo σ em $\mathbf{s} = -\omega_0$ quando $R = \frac{1}{2}\sqrt{L/C}$ ou $Q_0 = \frac{1}{2}$. Essa condição pode ser lembrada como aquela referente ao amortecimento crítico, de forma que $\omega_d = 0$ e $\alpha = \omega_0$. Valores mais baixos de R e de Q_0 fazem com que os zeros se separem e se movam em direções opostas sobre o eixo σ negativo, mas esses valores baixos de Q_0 não são de fato típicos de circuitos ressonantes e com isso não nos preocuparemos com eles.

Mais tarde, usaremos o critério $Q_0 \geq 5$ para descrever um circuito com Q alto. Quando $Q_0 = 5$, os zeros estão localizados em $\mathbf{s} = -0{,}1\omega_0 \pm j0{,}995\omega_0$, e com isso ω_0 e ω_d diferem em apenas metade de 1%.

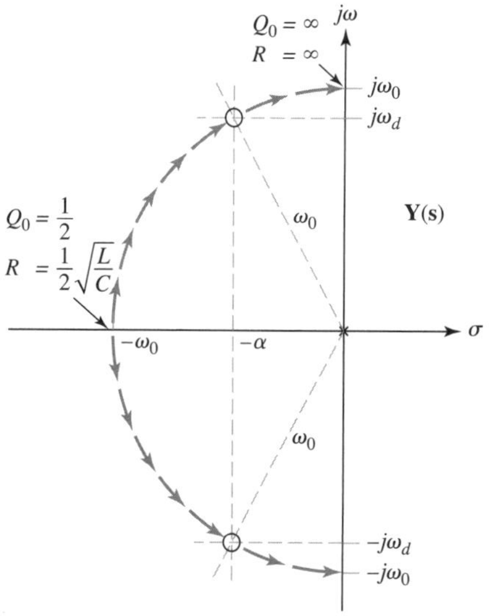

▲ **FIGURA 16.4** Os dois zeros da admitância Y(s), localizados em $\mathbf{s} = -\alpha \pm j\omega_d$, definem um lugar geométrico semicircular à medida que R aumenta de $\frac{1}{2}\sqrt{L/C}$ até ∞.

16.2 ▶ LARGURA DE FAIXA E CIRCUITOS COM Q ALTO

Continuamos nossa discussão sobre ressonância paralela definindo frequências de meia potência e largura de faixa, e faremos então bom uso desses novos conceitos obtendo dados aproximados sobre a resposta de circuitos com Q alto. A "largura" da curva de resposta de um circuito ressonante, tal como aquela mostrada na Figura 16.3, pode agora ser definida de forma mais cuidadosa e relacionada a Q_0. Vamos definir as duas frequências de meia potência ω_1 e ω_2 como as frequências nas quais o módulo da admitância de entrada de um circuito ressonante paralelo é $\sqrt{2}$ vezes maior do que o módulo na ressonância. Como a curva de resposta da Figura 16.3 mostra a tensão produzida nos terminais de um circuito paralelo por uma fonte de corrente senoidal em função da frequência, as frequências de meia potência também localizam os pontos nos quais a resposta de tensão é $1/\sqrt{2}$, ou 0,707 vezes o seu valor máximo. Uma relação similar é válida para o módulo da impedância. Designamos ω_1 como a ***frequência de meia potência inferior*** e ω_2 como a ***frequência de meia potência superior***.

Esses nomes decorrem do fato de que uma tensão $1/\sqrt{2}$ vezes menor do que a tensão ressonante é na verdade equivalente ao quadrado de uma tensão que é metade do quadrado da tensão na ressonância. Logo, nas frequências de meia potência, o resistor absorve metade da potência que ele absorve na ressonância.

Largura de Faixa

A ***largura de faixa*** (de meia potência) de um circuito ressonante é definida como a diferença entre as duas frequências de meia potência.

$$\mathcal{B} \equiv \omega_2 - \omega_1 \qquad [13]$$

Tendemos a pensar na largura de faixa como a "largura" da curva de resposta, mesmo que de fato a curva se estenda de $\omega = 0$ a $\omega = \infty$. De forma mais exata, a largura de faixa de meia potência corresponde à porção da curva de resposta que é maior ou igual a 70% do valor máximo, como ilustrado na Figura 16.5.

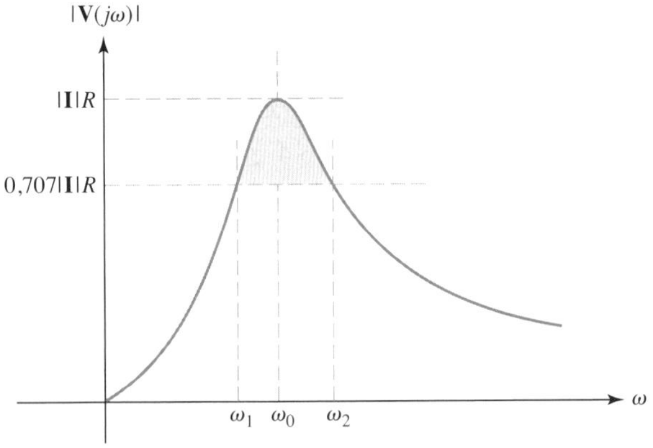

▲ **FIGURA 16.5** A largura de faixa da resposta do circuito é destacada em fundo azul; ela corresponde à porção da curva maior ou igual a 70,7% do valor máximo.

Podemos agora expressar a largura de faixa em termos de Q_0 e da frequência de ressonância. Para fazer isso, primeiro expressamos a admitância do circuito RLC paralelo,

$$\mathbf{Y} = \frac{1}{R} + j\left(\omega C - \frac{1}{\omega L}\right)$$

em termos de Q_0:

$$\mathbf{Y} = \frac{1}{R} + j\frac{1}{R}\left(\frac{\omega\omega_0 CR}{\omega_0} - \frac{\omega_0 R}{\omega\omega_0 L}\right)$$

ou

$$\mathbf{Y} = \frac{1}{R}\left[1 + jQ_0\left(\frac{\omega}{\omega_0} - \frac{\omega_0}{\omega}\right)\right] \qquad [14]$$

Notamos novamente que o módulo da admitância no ponto de ressonância é igual a $1/R$, e então percebemos que um módulo de admitância igual a $\sqrt{2}/R$ pode ocorrer apenas quando uma frequência é selecionada de forma tal que a parte imaginária do termo entre colchetes tenha módulo igual a 1. Logo

$$Q_0\left(\frac{\omega_2}{\omega_0} - \frac{\omega_0}{\omega_2}\right) = 1 \qquad \text{e} \qquad Q_0\left(\frac{\omega_1}{\omega_0} - \frac{\omega_0}{\omega_1}\right) = -1$$

Tenha em mente que $\omega_2 > \omega_0$, enquanto $\omega_1 < \omega_0$.

Resolvendo, temos

$$\omega_1 = \omega_0\left[\sqrt{1 + \left(\frac{1}{2Q_0}\right)^2} - \frac{1}{2Q_0}\right] \qquad [15]$$

$$\omega_2 = \omega_0\left[\sqrt{1 + \left(\frac{1}{2Q_0}\right)^2} + \frac{1}{2Q_0}\right] \qquad [16]$$

Embora essas expressões não sejam muito práticas, a sua diferença fornece uma fórmula muito simples para a largura de faixa:

$$\mathcal{B} = \omega_2 - \omega_1 = \frac{\omega_0}{Q_0}$$

As Equações [15] e [16] podem ser multiplicadas entre si para mostrar que ω_0 é exatamente igual à média geométrica das frequências de meia potência:

$$\omega_0^2 = \omega_1\omega_2$$

ou

$$\omega_0 = \sqrt{\omega_1\omega_2}$$

Circuitos possuindo um Q_0 elevado têm uma largura de faixa mais estreita, ou uma curva de resposta mais aguda; eles têm uma maior ***seletividade de frequências***, ou um alto fator de qualidade.

Aproximações para Circuitos com Q Alto

Muitos circuitos ressonantes são deliberadamente projetados para ter um Q_0 alto, tirando vantagem da largura de faixa estreita e da alta seletividade de frequências a eles associadas. Quando Q_0 é maior que 5, aproximadamente,

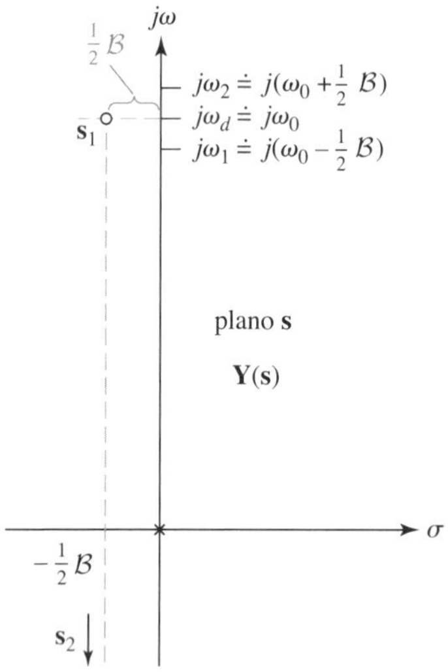

▲ **FIGURA 16.6** A constelação de polos e zeros de **Y**(**s**) para um circuito *RLC* paralelo. Os dois zeros estão exatamente (1/2)$\mathcal{B}$ Np/s (ou rad/s) à esquerda do eixo $j\omega$ e aproximadamente $j\omega_0$ rad/s (ou Np/s) afastados do eixo σ. As frequências de meia potência superior e inferior estão separadas em exatamente $\mathcal{B}$ rad/s, e cada uma delas está afastada da frequência de ressonância e da frequência natural de ressonância em aproximadamente (1/2)$\mathcal{B}$ rad/s.

é possível fazer algumas aproximações muito úteis nas expressões das frequências de meia potência inferior e superior e nas expressões gerais para a resposta na vizinhança do ponto de ressonância. Vamos arbitrariamente nos referir a um "circuito com Q alto" como um circuito no qual Q_0 é maior ou igual a 5. A configuração de polos e zeros de **Y**(**s**) para um circuito *RLC* paralelo tendo Q_0 em torno de 5 é mostrada na Figura 16.6. Como

$$\alpha = \frac{\omega_0}{2Q_0}$$

então

$$\alpha = \tfrac{1}{2}\mathcal{B}$$

e a localização dos dois zeros $\mathbf{s}_1$ e $\mathbf{s}_2$ pode ser aproximada:

$$\mathbf{s}_{1,2} = -\alpha \pm j\omega_d$$
$$\approx -\tfrac{1}{2}\mathcal{B} \pm j\omega_0$$

Além disso, a localização das duas frequências de meia potência (no eixo $j\omega$ positivo) também pode ser determinada de uma forma aproximada e concisa:

$$\omega_{1,2} = \omega_0\left[\sqrt{1+\left(\frac{1}{2Q_0}\right)^2} \mp \frac{1}{2Q_0}\right] \approx \omega_0\left(1 \mp \frac{1}{2Q_0}\right)$$

ou

$$\omega_{1,2} \approx \omega_0 \mp \tfrac{1}{2}\mathcal{B} \qquad [17]$$

Em um circuito com Q alto, portanto, cada frequência de meia potência está afastada da frequência de ressonância em aproximadamente metade da largura de faixa; isso está indicado na Figura 16.6.

As relações aproximadas para ω_1 e ω_2 na Equação [17] podem ser somadas para mostrar que ω_0 é aproximadamente igual à média aritmética de ω_1 e ω_2 em circuitos com Q alto:

$$\omega_0 \approx \tfrac{1}{2}(\omega_1 + \omega_2)$$

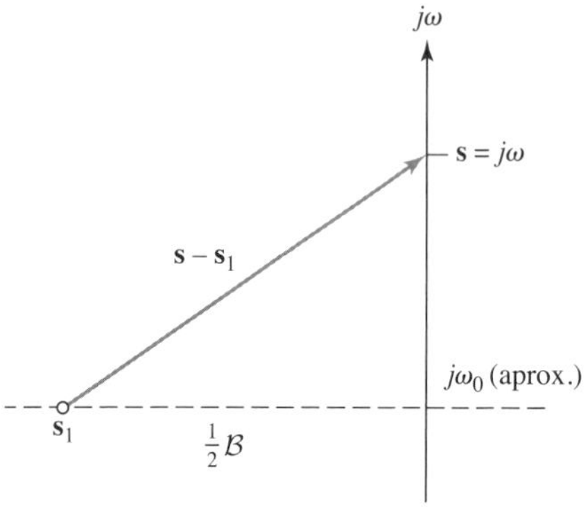

▲ **FIGURA 16.7** Vista ampliada da constelação de polos e zeros para **Y**(**s**) referente a um circuito *RLC* paralelo com Q_0 alto.

Vamos agora visualizar um ponto de teste ligeiramente acima de $j\omega_0$, sobre o eixo $j\omega$. Para determinar a admitância da rede *RLC* paralela nessa frequência, construímos três vetores conectando as frequências críticas ao ponto de teste. Se o ponto de teste estiver próximo de $j\omega_0$, então o vetor partindo do polo é aproximadamente igual a $j\omega_0$ e aquele partindo do menor zero é aproximadamente igual a $j2\omega_0$. Portanto, a admitância é dada, de forma aproximada, por

$$\mathbf{Y}(\mathbf{s}) \approx C\frac{(j2\omega_0)(\mathbf{s}-\mathbf{s}_1)}{j\omega_0} \approx 2C(\mathbf{s}-\mathbf{s}_1) \qquad [18]$$

onde C é a capacitância, como mostrado na Equação [4]. Para determinar uma aproximação útil para o vetor ($\mathbf{s} - \mathbf{s}_1$), vamos considerar uma vista ampliada da porção do plano **s** na vizinhança do zero $\mathbf{s}_1$ (Figura 16.7).

Em termos de seus componentes cartesianos, vemos que

$$\mathbf{s} - \mathbf{s}_1 \approx \tfrac{1}{2}\mathcal{B} + j(\omega - \omega_0)$$

onde essa expressão seria exata se ω_0 fosse trocada por ω_d. Agora substituímos essa equação na aproximação para $\mathbf{Y}(\mathbf{s})$, a Equação [18], e colocamos em evidência o termo correspondente à $\frac{1}{2}\ \mathcal{B}$:

$$\mathbf{Y}(\mathbf{s}) \approx 2C\left(\frac{1}{2}\mathcal{B}\right)\left(1 + j\frac{\omega - \omega_0}{\frac{1}{2}\mathcal{B}}\right)$$

ou

$$\mathbf{Y}(\mathbf{s}) \approx \frac{1}{R}\left(1 + j\frac{\omega - \omega_0}{\frac{1}{2}\mathcal{B}}\right)$$

A fração $(\omega - \omega_0)/\frac{1}{2}\mathcal{B}$ pode ser interpretada como o "número de meias larguras de faixa fora da ressonância" e abreviada por N. Logo,

$$\mathbf{Y}(\mathbf{s}) \approx \frac{1}{R}(1 + jN) \qquad [19]$$

onde

$$N = \frac{\omega - \omega_0}{\frac{1}{2}\mathcal{B}} \qquad [20]$$

Na frequência de meia potência superior, $\omega_2 \approx \omega_0 + \frac{1}{2}\mathcal{B}$, $N = +1$ e estamos meia largura de faixa acima da ressonância. Na frequência de meia potência inferior, temos $\omega_1 \approx \omega_0 - \frac{1}{2}\mathcal{B}$ e $N = -1$, o que nos coloca meia largura de faixa abaixo da ressonância.

A Equação [19] é muito mais fácil de usar do que as relações exatas que tínhamos até agora. Ela mostra que o módulo da admitância é

$$|\mathbf{Y}(j\omega)| \approx \frac{1}{R}\sqrt{1 + N^2}$$

enquanto o ângulo de $\mathbf{Y}(j\omega)$ é dado pelo arco tangente de N:

$$\text{âng}\,\mathbf{Y}(j\omega) \approx \tan^{-1} N$$

▶ EXEMPLO 16.2

Obtenha a localização das duas frequências de meia potência resposta em tensão de uma rede RLC paralela na qual $R = 40$ kΩ, $L = 1$ H e $C = 1/64$ μF e determine o valor aproximado da admitância para uma frequência de operação é $\omega = 8200$ rad/s.

▶ ***Identifique o objetivo do problema.***

Buscamos as frequências meia potência inferior e superior da resposta em tensão, bem como $\mathbf{Y}(\omega_0)$. Uma vez que pedem-nos para "estimar" e "aproximar", a implicação é que esse seja um circuitos com Q alto, uma suposição que devemos verificar.

▶ ***Reuna as informações necessárias.***

Dado R, L e C, somos capazes de calcular ω_0 e Q_0. Se $Q_0 \geq 5$. Podemos usar expressões aproximadas para as frequências de meia potência e admitância próximo da ressonância mas, se fosse necessário, poderíamos calcular exatamente estas grandezas independentemente.

▶ ***Trace um plano.***

Para usar expressões aproximadas, devemos primeiro determinar Q_0, o fator de qualidade no ponto de ressonância, bem como a largura de faixa. A frequência de ressonância ω_0 é dada pela Equação [2] como $1/\sqrt{LC} =$ 8 krad/s. Logo, $Q_0 = \omega_0 RC = 5$, e a largura de faixa é $\omega_0/Q_0 = 1{,}6$ krad/s. O valor de Q_0 para este circuito é suficiente para que empreguemos as aproximações para "Q alto".

▶ ***Construa um conjunto apropriado de equações.***

A largura de faixa é simplesmente

$$\mathcal{B} = \frac{\omega_0}{Q_0} = 1600 \text{ rad/s}$$

e então

$$\omega_1 \approx \omega_0 - \frac{\mathcal{B}}{2} = 7200 \text{ rad/s} \qquad \omega_1 \approx \omega_0 + \frac{\mathcal{B}}{2} = 8800 \text{ rad/s}$$

A Equação [19] diz que

$$\mathbf{Y(s)} \approx \frac{1}{R}(1 + jN)$$

assim

$$|\mathbf{Y}(j\omega)| \approx \frac{1}{R}\sqrt{1 + N^2} \qquad \text{e} \qquad \text{âng } \mathbf{Y}(j\omega) \approx \tan^{-1} N$$

▶ ***Determine se são necessárias informações adicionais.***

Ainda precisamos obter N, que nos diz quantas meias larguras de faixa a frequência ω está afastada da frequência de ressonância ω_0:

$$\text{N} = (8{,}2 - 8)/0{,}8 = 0{,}25$$

▶ ***Tente uma solução.***

Estamos agora prontos para empregar nossas relações aproximadas para o módulo e o ângulo da admitância da rede,

$$\text{âng } \mathbf{Y} \approx \tan^{-1} 0{,}25 = 14{,}04^\circ$$

e

$$|\mathbf{Y}| \approx 25\sqrt{1 + (0{,}25)^2} = 25{,}77\ \mu\text{S}$$

▶ ***Verifique a solução. Ela é razoável ou esperada?***

Um cálculo exato da admitância usando a Equação [1] mostra que

$$\mathbf{Y}(j8200) = 25{,}75\underline{/13{,}87^\circ}\ \mu\text{S}$$

O método aproximado leva portanto a valores de módulo e ângulo para a admitância que são razoavelmente exatos (melhores que 2%) para essa frequência. Deixamos para o leitor julgar a exatidão da nossa previsão para ω_1 e ω_2.

▶ EXERCÍCIO DE FIXAÇÃO

16.3 Um circuito ressonante paralelo com Q marginalmente alto tem f_0 = 440 Hz com Q_0 = 6. Use as Equações. [15] e [16] para obter valores exatos para (*a*) f_1; (*b*) f_2. Agora use a Equação [17] para calcular valores aproximados para (*c*) f_1; (*d*) f_2.

Resposta: 404,9 Hz; 478,2 Hz; 403,3 Hz; 476,7 Hz.

Concluímos nosso estudo sobre o circuito ressonante *paralelo* revisando algumas conclusões fundamentais a que chegamos:

- A frequência de ressonância ω_0 é a frequência na qual a parte imaginária da admitância de entrada se anula, ou o ângulo da admitância se torna igual a zero. Para esse circuito, $\omega_0 = 1/\sqrt{LC}$.
- A figura de mérito Q_0 do circuito é definida como 2π vezes a relação entre a energia máxima armazenada no circuito e a energia perdida em cada período. Para esse circuito, $Q_0 = \omega_0 RC$.
- Definimos duas frequências de meia potência, ω_1 e ω_2, como as frequências nas quais o módulo da admitância é $\sqrt{2}$ vezes o módulo mínimo da admitância (elas também são as frequências nas quais a resposta de tensão é 70,7% da resposta máxima).
- As expressões exatas para ω_1 e ω_2 são

$$\omega_{1,2} = \omega_0\left[\sqrt{1+\left(\frac{1}{2Q_0}\right)^2} \mp \frac{1}{2Q_0}\right]$$

- As expressões aproximadas (Q_0 alto) para ω_1 e ω_2 são

$$\omega_{1,2} \approx \omega_0 \mp \tfrac{1}{2}\mathcal{B}$$

- A largura de faixa de meia potência $\mathcal{B}$ é dada por

$$\mathcal{B} = \omega_2 - \omega_1 = \frac{\omega_0}{Q_0}$$

- A admitância de entrada também pode ser expressa de forma aproximada para circuitos com Q alto:

$$\mathbf{Y} \approx \frac{1}{R}(1 + jN) = \frac{1}{R}\sqrt{1+N^2}\underline{/\tan^{-1} N}$$

  onde N é definido como o número de meias larguras de faixa fora da ressonância, ou

$$N = \frac{\omega - \omega_0}{\frac{1}{2}\mathcal{B}}$$

  Essa aproximação é válida para $0{,}9\omega_0 \leq \omega \leq 1{,}1\omega_0$.

16.3 ▶ RESSONÂNCIA SÉRIE

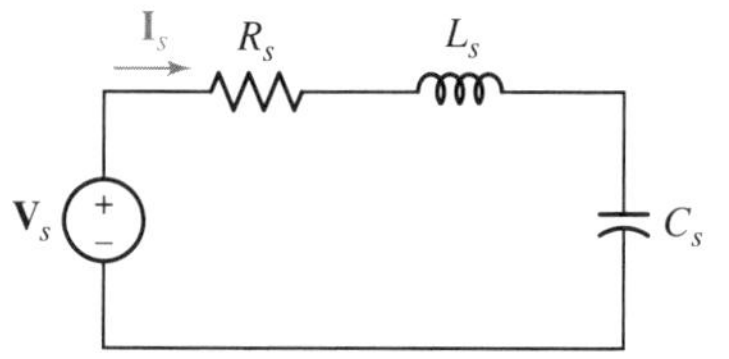

▲ **FIGURA 16.8** Um circuito ressonante série.

Embora provavelmente encontremos menos uso para o circuito *RLC* série do que para o circuito *RLC* paralelo, ele ainda assim merece a nossa atenção. Consideremos o circuito mostrado na Figura 16.8. Deve ser notado que, por agora, aos vários elementos de circuito são atribuídos o subscrito *s* (para série) para que evitemos confundi-los com os elementos em paralelo quando os circuitos forem comparados.

Nossa discussão a respeito da ressonância paralela ocupou duas seções com extensão considerável. Poderíamos dar agora o mesmo tipo de tratamento ao circuito *RLC* série, mas é muito mais esperto de nossa parte evitar uma repetição desnecessária e usar o conceito de dualidade. Por simplicidade, vamos nos concentrar nas conclusões apresentadas para a ressonância paralela no último parágrafo da seção precedente. Os resultados importantes estão contidos ali, e o uso da linguagem dual nos permite transcrever esse parágrafo para apresentar os resultados importantes para o circuito *RLC* série.

Novamente, este parágrafo é idêntico ao último parágrafo da Seção 16.2, com a linguagem do circuito *RLC* paralelo convertida à linguagem do circuito *RLC* série usando a dualidade (daí as aspas).

"Concluímos nosso estudo sobre o circuito ressonante *série* revisando algumas conclusões fundamentais a que chegamos:

- A frequência de ressonância ω_0 é a frequência na qual a parte imaginária da impedância de entrada se anula, ou o ângulo da impedância se torna igual a zero. Para esse circuito, $\omega_0 = 1/\sqrt{C_s L_s}$.
- A figura de mérito Q_0 do circuito é definida como 2π vezes a relação entre a energia máxima armazenada no circuito e a energia perdida em cada período. Para esse circuito, $Q_0 = \omega_0 L_S/R_S$.
- Definimos duas frequências de meia potência, ω_1 e ω_2, como as frequências nas quais o módulo da impedância é $\sqrt{2}$ vezes o módulo mínimo da impedância (elas também são as frequências nas quais a resposta de corrente é 70,7% da resposta máxima).
- As expressões exatas para ω_1 e ω_2 são

$$\omega_{1,2} = \omega_0 \left[\sqrt{1 + \left(\frac{1}{2Q_0}\right)^2} \mp \frac{1}{2Q_0} \right]$$

- As expressões aproximadas (Q_0 alto) para ω_1 e ω_2 são

$$\omega_{1,2} \approx \omega_0 \mp \frac{1}{2}\mathcal{B}$$

- A largura de faixa de meia potência $\mathcal{B}$ é dada por

$$\mathcal{B} = \omega_2 - \omega_1 = \frac{\omega_0}{Q_0}$$

- A admitância de entrada também pode ser expressa de forma aproximada para circuitos com Q alto:

$$\mathbf{Y} \approx \frac{1}{R}(1 + jN) = \frac{1}{R}\sqrt{1 + N^2} \underline{/\tan^{-1} N}$$

onde N é definido como o número de meias larguras de faixa fora da ressonância, ou

$$N = \frac{\omega - \omega_0}{\frac{1}{2}\mathcal{B}}$$

Essa aproximação é válida para $0{,}9\omega_0 \leq \omega \leq 1{,}1\omega_0$."

A partir deste ponto, não mais identificaremos circuitos ressonantes série usando o subscrito *s*, a menos que isso seja necessário por uma questão de clareza.

▶ EXEMPLO 16.3

A tensão $v_s = 100 \cos \omega t$ mV é aplicada em um circuito ressonante série composto por uma resistência de 10 Ω, uma capacitância de 200 nF e uma indutância de 2 mH. Use os métodos exatos e aproximados para calcular a amplitude da corrente se $\omega = 48$ krad/s.

A frequência de ressonância é dada por

$$\omega_0 = \frac{1}{\sqrt{LC}} = \frac{1}{\sqrt{(2 \times 10^{-3})(200 \times 10^{-9})}} = 50 \text{ krad/s}$$

Como estamos operando em $\omega = 48$ krad/s, que está dentro da faixa de 10% da frequência de ressonância, é razoável aplicar as nossas relações aproximadas para estimar a impedância equivalente da rede desde descubramos que estamos trabalhando com um circuito com *Q* alto:

$$\mathbf{Z}_{eq} \approx R\sqrt{1 + N^2}\,\underline{/\tan^{-1} N}$$

onde *N* pode ser computado assim que tivermos determinado Q_0. Este é um circuito série, então,

$$Q_0 = \frac{\omega_0 L}{R} = \frac{(50 \times 10^3)(2 \times 10^{-3})}{10} = 10$$

o que o qualifica como um circuito com *Q* alto. Logo,

$$\mathcal{B} = \frac{\omega_0}{Q_0} = \frac{50 \times 10^3}{10} = 5 \text{ krad/s}$$

O número de meias larguras de faixa fora da ressonância (*N*) é portanto

$$N = \frac{\omega - \omega_0}{\mathcal{B}/2} = \frac{48 - 50}{2{,}5} = -\,0{,}8$$

Logo,

$$\mathbf{Z}_{eq} \approx R\sqrt{1 + N^2}\,\underline{/\tan^{-1} N} = 12{,}81\underline{/-38{,}66^\circ}\ \Omega$$

O módulo aproximado da corrente é então

$$\frac{|\mathbf{V}_s|}{|\mathbf{Z}_{eq}|} = \frac{100}{12{,}81} = 7{,}806 \text{ mA}$$

Usando as expressões exatas, obtemos $\mathbf{I} = 7{,}746\underline{/39{,}24^\circ}$ mA, e portanto

$$|\mathbf{I}| = 7{,}746 \text{ mA.}$$

▶ EXERCÍCIO DE FIXAÇÃO

16.4 Um circuito ressonante série tem uma largura de faixa de 100 Hz e contém uma indutância de 20 mH e uma capacitância de 2 μF. Determine (*a*) f_0; (*b*) Q_0; (*c*) $\mathbf{Z}_{ent}$ na ressonância; (*d*) f_2.

Resposta: 796 Hz; 7,96; 12,57 + *j*0 Ω; 846 Hz (aprox.).

O circuito ressonante série é caracterizado por uma impedância mínima no ponto de ressonância, enquanto o circuito ressonante paralelo produz uma impedância ressonante máxima. Este último fornece correntes no indutor e no capacitor na ressonância que têm amplitudes Q_0 maiores que a fonte de corrente; o circuito ressonante série fornece tensões no indutor e no capacitor que são Q_{0s} vezes maiores do que a tensão da fonte de tensão. O circuito série fornece portanto amplificação de tensão na condição de ressonância.

Uma comparação de nossos resultados para as ressonâncias série e paralelo aparece na Tabela 16.1, juntamente com as expressões exatas e aproximadas que desenvolvemos.

TABELA 16.1 ▶ Um Breve Resumo da Ressonância

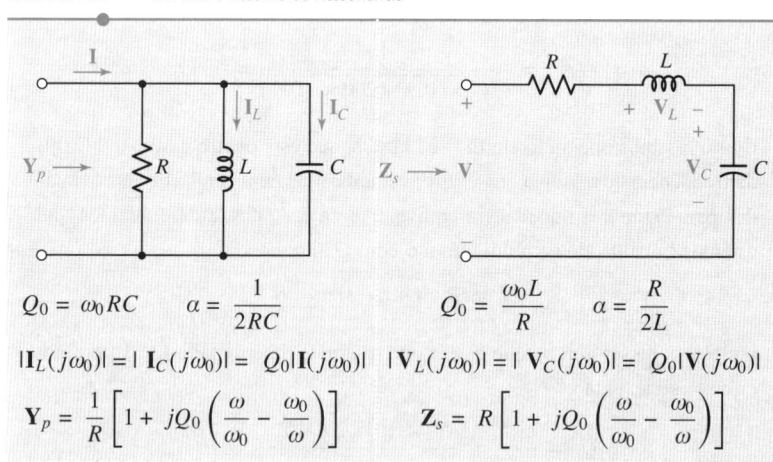

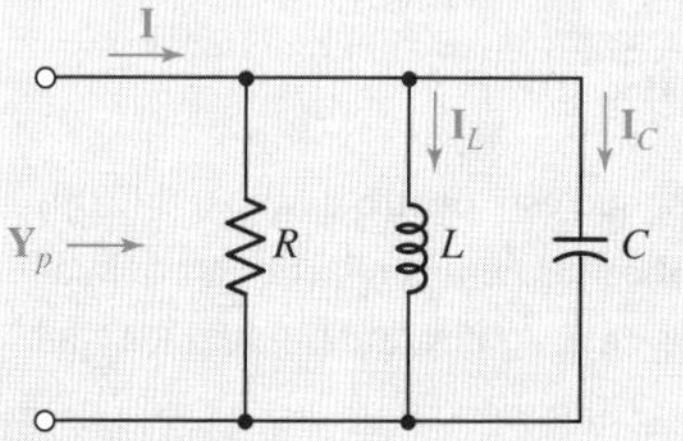

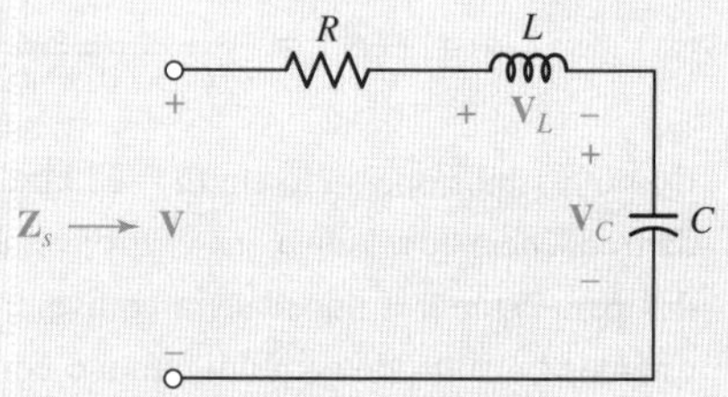

Paralelo	Série
$Q_0 = \omega_0 RC \qquad \alpha = \dfrac{1}{2RC}$	$Q_0 = \dfrac{\omega_0 L}{R} \qquad \alpha = \dfrac{R}{2L}$
$\lvert\mathbf{I}_L(j\omega_0)\rvert = \lvert\mathbf{I}_C(j\omega_0)\rvert = Q_0\lvert\mathbf{I}(j\omega_0)\rvert$	$\lvert\mathbf{V}_L(j\omega_0)\rvert = \lvert\mathbf{V}_C(j\omega_0)\rvert = Q_0\lvert\mathbf{V}(j\omega_0)\rvert$
$\mathbf{Y}_p = \dfrac{1}{R}\left[1 + jQ_0\left(\dfrac{\omega}{\omega_0} - \dfrac{\omega_0}{\omega}\right)\right]$	$\mathbf{Z}_s = R\left[1 + jQ_0\left(\dfrac{\omega}{\omega_0} - \dfrac{\omega_0}{\omega}\right)\right]$

Expressões exatas

$$\omega_0 = \frac{1}{\sqrt{LC}} = \sqrt{\omega_1\omega_2}$$

$$\omega_d = \sqrt{\omega_0^2 - \alpha^2} = \omega_0\sqrt{1 - \left(\frac{1}{2Q_0}\right)^2}$$

$$\omega_{1,2} = \omega_0\left[\sqrt{1 + \left(\frac{1}{2Q_0}\right)^2} \mp \frac{1}{2Q_0}\right]$$

$$N = \frac{\omega - \omega_0}{\frac{1}{2}\mathcal{B}}$$

$$\mathcal{B} = \omega_2 - \omega_1 = \frac{\omega_0}{Q_0} = 2\alpha$$

Expressões aproximadas

$$(Q_0 \geq 5 \qquad 0{,}9\omega_0 \leq \omega \leq 1{,}1\omega_0)$$

$$\omega_d \approx \omega_0$$

$$\omega_{1,2} \approx \omega_0 \mp \tfrac{1}{2}\mathcal{B}$$

$$\omega_0 \approx \tfrac{1}{2}(\omega_1 + \omega_2)$$

$$\mathbf{Y}_p \approx \frac{\sqrt{1 + N^2}}{R}\underline{/\tan^{-1} N}$$

$$\mathbf{Z}_s \approx R\sqrt{1 + N^2}\underline{/\tan^{-1} N}$$

16.4 ▶ OUTRAS FORMAS RESSONANTES

Os circuitos *RLC* série e paralelo das duas seções anteriores são circuitos ressonantes *idealizados*. O grau de exatidão com o qual o modelo idealizado representa o modelo real depende da faixa de frequências de operação, do Q do circuito, dos materiais presentes na construção do circuito real, das dimensões dos elementos e de muitos outros fatores. Não estamos estudando técnicas para a determinação do melhor modelo para representar um dado circuito real, pois isso requer algum conhecimento de teoria de campos eletromagnéticos e de propriedades de materiais; estamos, no entanto, preocupados com o problema de reduzir um modelo mais complicado a um dos dois modelos mais simples com os quais estamos mais familiarizados.

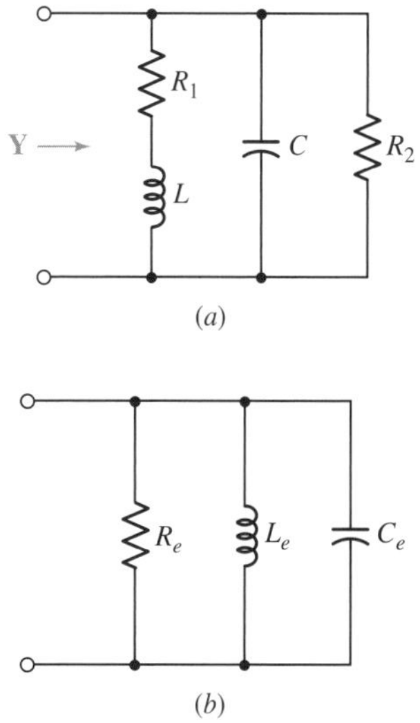

▲ **FIGURA 16.9** (*a*) Um modelo útil para representar uma rede real que consiste em um indutor, um capacitor e um resistor reais em paralelo. (*b*) Uma rede que pode ser equivalente àquela mostrada na letra (*a*) em uma faixa estreita de frequências.

A rede mostrada na Figura 16.9*a* é um modelo razoavelmente exato para a combinação em paralelo de um indutor, um capacitor e um resistor reais. O resistor R_1 é um elemento hipotético que é incluído para que as perdas ôhmicas no núcleo e de radiação que ocorrem no indutor real sejam contabilizadas. As perdas no dielétrico no interior do capacitor real, bem como a resistência do resistor real presentes no circuito *RLC* original, são levadas em consideração por meio do resistor R_2. Neste modelo, *não há como* combinar elementos e produzir um modelo mais simples que seja equivalente ao modelo original em *todas as frequências*. Mostraremos, no entanto, que é possível construir um equivalente mais simples que seja válido em uma faixa de frequências suficientemente ampla para incluir todas as frequências de interesse. O equivalente tem a forma da rede mostrada na Figura 16.9*b*.

Antes de aprender como desenvolver tal circuito equivalente, vamos primeiro considerar o circuito original mostrado na Figura 16.9*a*. A frequência de ressonância radiana dessa rede *não* é $1/\sqrt{LC}$, embora possa se aproximar bastante desse valor se R_1 for suficientemente pequeno. A definição de ressonância é a mesma, e podemos determinar a frequência de ressonância igualando a zero a parte imaginária da admitância de entrada:

$$\text{Im}\{\mathbf{Y}(j\omega)\} = \text{Im}\left\{\frac{1}{R_2} + j\omega C + \frac{1}{R_1 + j\omega L}\right\} = 0$$

ou

$$\text{Im}\left\{\frac{1}{R_2} + j\omega C + \frac{1}{R_1 + j\omega L}\,\frac{R_1 - j\omega L}{R_1 - j\omega L}\right\}$$

$$= \text{Im}\left\{\frac{1}{R_2} + j\omega C + \frac{R_1 - j\omega L}{R_1^2 + \omega^2 L^2}\right\} = 0$$

Logo, temos a condição de ressonância que

$$C = \frac{L}{R_1^2 + \omega^2 L^2}$$

e então

$$\omega_0 = \sqrt{\frac{1}{LC} - \left(\frac{R_1}{L}\right)^2} \qquad [21]$$

Notamos que ω_0 é menor que $1/\sqrt{LC}$, mas valores suficientemente pequenos para a relação R_1/L podem levar a uma diferença desprezível entre ω_0 e $1/\sqrt{LC}$.

O módulo máximo da impedância de entrada também merece ser analisado. Seu valor não é igual a R_2, e ele não ocorre em ω_0 (ou em $\omega = 1/\sqrt{LC}$). A prova disso não será mostrada porque as expressões se tornam algebricamente complicadas; a teoria, no entanto, é bastante simples. Vamos nos contentar com um exemplo numérico.

▶ EXEMPLO 16.4

Usando os valores R_1 = 2 Ω, L = 1 H, C = 125 mF e R_2 = 3 Ω na Figura 16.9*a*, determine a frequência de ressonância e o valor da impedância na ressonância.

Substituindo os valores apropriados na Equação [21], obtemos

$$\omega_0 = \sqrt{8 - 2^2} = 2 \text{ rad/s}$$

e isso nos permite calcular a admitância de entrada,

$$\mathbf{Y} = \frac{1}{3} + j2\left(\frac{1}{8}\right) + \frac{1}{2 + j(2)(1)} = \frac{1}{3} + \frac{1}{4} = 0{,}583 \text{ S}$$

e então a impedância de entrada na frequência de ressonância:

$$\mathbf{Z}(j2) = \frac{1}{0{,}583} = 1{,}714 \ \Omega$$

Na frequência que seria a de ressonância se R_1 fosse zero,

$$\frac{1}{\sqrt{LC}} = 2{,}83 \text{ rad/s}$$

a impedância de entrada seria

$$\mathbf{Z}(j2{,}83) = 1{,}947\underline{/-13{,}26^\circ} \ \Omega$$

Como pode ser visto na Figura 16.10, no entanto, a frequência na qual ocorre o módulo *máximo* da impedância, indicada por ω_m, pode ser determinada como ω_m = 3,26 rad/s, e o valor *máximo* do módulo da impedância é

$$\mathbf{Z}(j3{,}26) = 1{,}980\underline{/-21{,}4^\circ} \ \Omega$$

O módulo da impedância na frequência de ressonância e o módulo máximo diferem em torno de 16%. Embora seja verdade que um erro como esse possa ser ocasionalmente desprezado na prática, ele é muito grande para ser desprezado em uma prova. (O último trabalho nesta seção mostrará que o Q da combinação resistor-indutor é igual a 1 na frequência de 2 rad/s; esse valor baixo é responsável pela discrepância de 16%).

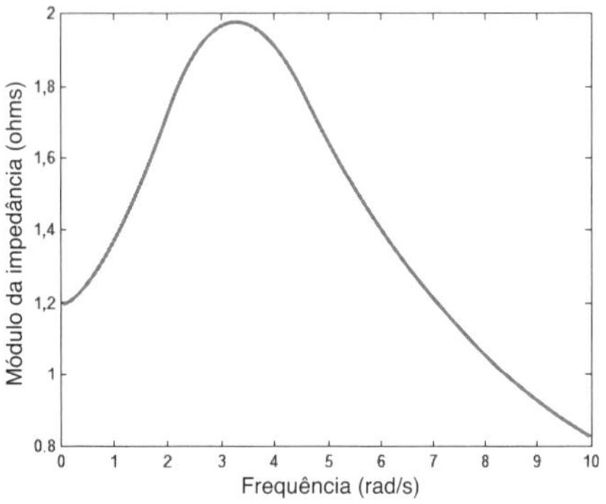

▲ **FIGURA 16.10** Gráfico de |Z| *versus* ω, gerado usando o seguinte código no MATLAB:

```
EDU>> omega = linspace(0,10,100)
EDU>> for i = 1:100
Y(i) = 1/3 + j*omega(i)/8 + 1/(2 + j*omega(i));
Z(i) = 1/Y(i);
end
EDU>> plot(omega,abs(Z));
EDU>> xlabel('frequency(rad/s)');
EDU>> ylabel('impedance magnitude (ohms)');
```

▶ EXERCÍCIO DE FIXAÇÃO

16.5 Com referência ao circuito da Figura 16.9*a*, assuma R_1 = 1 kΩ e C = 2,533 pF. Determine a indutância necessária para que uma frequência de ressonância de 1 MHz seja selecionada (*Dica*: Lembre-se que $\omega = 2\pi f$).

Resposta: 10 mH.

Combinações Série e Paralelo Equivalentes

Para transformar o circuito original da Figura 16.9*a* em um equivalente com a forma mostrada na Figura 16.9*b*, devemos discutir o Q de uma simples combinação série ou paralelo de um resistor e de um reator (indutor ou capacitor). Primeiro consideramos o circuito série mostrado na Figura 16.11*a*. O Q dessa rede é novamente definido como 2π vezes a relação entre a máxima energia armazenada e a energia perdida em cada período, mas Q pode ser avaliado em qualquer frequência que desejarmos. Em outras palavras, Q é uma função de ω. É verdade que escolheremos avaliá-lo em uma frequência que é, ou que parece ser, a frequência de ressonância de alguma rede que inclui o braço série que analisamos. Essa frequência, contudo, não é conhecida até que um circuito mais completo esteja disponível. O leitor é encorajado a mostrar que o Q desse braço série é $|X_s|/R_s$, enquanto o Q da rede paralela da Figura 16.11*b* é $R_p/|X_p|$.

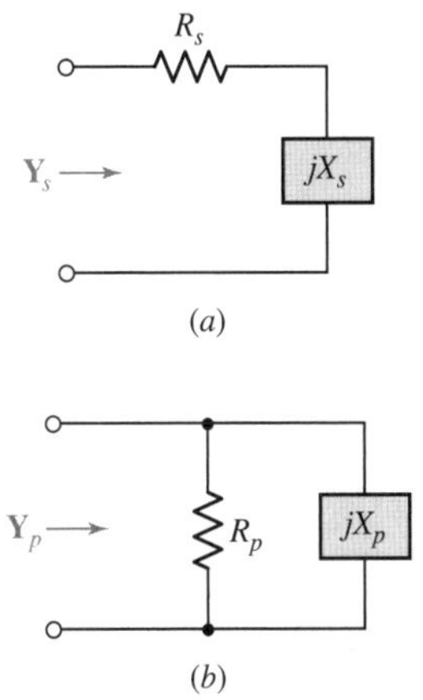

▲ **FIGURA 16.11** (*a*) Uma rede série que consiste em uma resistência R_s e uma reatância indutiva ou capacitiva X_s pode ser transformada em (*b*) uma rede em paralelo onde $\mathbf{Y}_s = \mathbf{Y}_p$ em uma frequência específica. A transformação inversa é igualmente possível.

Vamos agora apresentar os detalhes necessários para que obtenhamos valores para R_p e X_p de forma que a rede em paralelo da Figura 16.11*b* seja equivalente à rede em série da Figura 16.11*a* em uma frequência específica. Igualamos $\mathbf{Y}_s$ e $\mathbf{Y}_p$

$$\mathbf{Y}_s = \frac{1}{R_s + jX_s} = \frac{R_s - jX_s}{R_s^2 + X_s^2}$$

$$= \mathbf{Y}_p = \frac{1}{R_p} - j\frac{1}{X_p}$$

e obtemos

$$R_p = \frac{R_s^2 + X_s^2}{R_s}$$

$$X_p = \frac{R_s^2 + X_s^2}{X_s}$$

Dividindo essas duas expressões, obtemos

$$\frac{R_p}{X_p} = \frac{X_s}{R_s}$$

Daí segue que os Q's das redes série e paralelo devem ser iguais:

$$Q_p = Q_s = Q$$

As equações de transformação podem portanto ser simplificadas:

$$R_p = R_s(1 + Q^2) \qquad [22]$$

$$X_p = X_s\left(1 + \frac{1}{Q^2}\right) \qquad [23]$$

Igualmente R_s e X_s também podem ser obtidas se R_p e X_p forem os valores fornecidos; pode-se fazer a transformação em ambas as direções.

Se $Q \geq 5$, o erro introduzido com o uso das seguintes relações aproximadas é pequeno

$$R_p \approx Q^2 R_s \qquad [24]$$

$$X_p \approx X_s \qquad (C_p \approx C_s \quad \text{ou} \quad L_p \approx L_s) \qquad [25]$$

▶ EXEMPLO 16.5

Obtenha o equivalente paralelo da combinação série de um indutor de 100 mH e um resistor de 5 Ω na frequência de 1000 rad/s. Detalhes da rede à qual esse circuito série está conectado não estão disponíveis.

Em $\omega = 1000$ rad/s, $X_s = 1000(100 \times 10^{-3}) = 100\ \Omega$. O Q dessa combinação série é

$$Q = \frac{X_s}{R_s} = \frac{100}{5} = 20$$

Como o Q é suficientemente alto (20 é muito maior que 5), usamos as Equações. [24] e [25] para obter

$$Rp \approx Q_2 R_s = 2000 \qquad \text{e} \qquad L_p \approx L_s = 100 \text{ mH}$$

Afirmamos aqui que um indutor de 100 mH em série com um resistor de 5 Ω fornece *essencialmente a mesma* impedância que um indutor de 100 mH em paralelo com um resistor de 2000 Ω na frequência de 1000 rad/s.

Para verificar a exatidão da equivalência, vamos avaliar a impedância de entrada de ambas as redes em 1000 rad/s. Obtemos

$$\mathbf{Z}_s(j1000) = 5 + j100 = 100{,}1/\underline{87{,}1^\circ}\ \Omega$$

$$\mathbf{Z}_p(j1000) = \frac{2000(j100)}{2000 + j100} = 99{,}9/\underline{87{,}1^\circ}\ \Omega$$

e concluímos que a exatidão de nossa aproximação na frequência de transformação é bem impressionante. A exatidão em 900 rad/s também é razoavelmente boa, porque

$$\mathbf{Z}_s(j900) = 90{,}1/\underline{86{,}8^\circ}\ \Omega$$

$$\mathbf{Z}_p(j900) = 89{,}9/\underline{87{,}4^\circ}\ \Omega$$

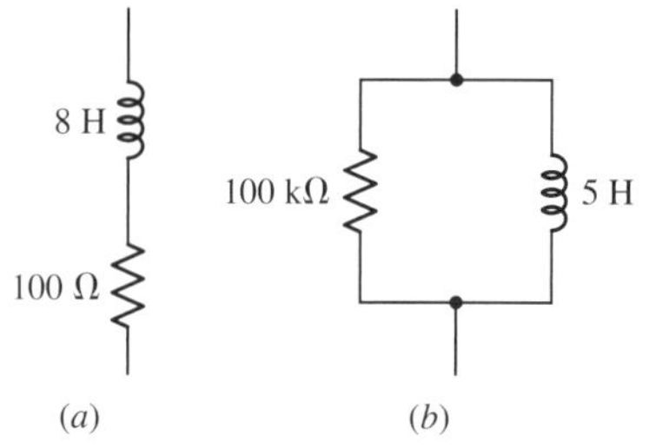

▲ **FIGURA 16.12** (*a*) Uma rede série para a qual necessita-se de uma rede equivalente em paralelo (em $\omega = 1000$ rad/s). (*b*) Um rede em paralelo para a qual necessita-se de uma rede em série (em $\omega = 1000$ rad/s).

▶ EXERCÍCIOS DE FIXAÇÃO

16.6 Em $\omega = 1000$ rad/s, obtenha uma rede em paralelo que seja equivalente à combinação série apresentada na Figura 16.12*a*.

16.7 Obtenha um equivalente série para a rede em paralelo mostrada na Figura 16.12*b*, assumindo $\omega = 1000$ rad/s.

Respostas: 16.6: 8 H, 640 kΩ; 16.7: 5 H, 250 Ω.

Um medidor "ideal" é um instrumento que mede uma determinada grandeza de interesse sem perturbar o circuito testado. Embora isso seja impossível, instrumentos modernos podem chegar muito perto da condição ideal.

Como um exemplo adicional da troca de um circuito ressonante mais complicado por um circuito *RLC* série ou paralelo equivalente, vamos considerar um problema de instrumentação eletrônica. O simples circuito *RLC* série mostrado na Figura 16.13*a* é excitado em sua frequência de ressonância por uma fonte de tensão senoidal. O valor eficaz (rms) da fonte é de 0,5 V, e desejamos medir o valor eficaz da tensão nos terminais do capacitor com um voltímetro eletrônico (VM) possuindo uma resistência interna de 100.000 Ω. Isto é, a representação equivalente do voltímetro é um voltímetro ideal em paralelo com um resistor de 100 kΩ.

Antes que o voltímetro seja conectado, calculamos uma frequência de ressonância de 10^5 rad/s, $Q_0 = 50$, uma corrente de 25 mA e uma tensão no capacitor de 25 V (conforme indicado no final da Seção 16.3, essa tensão é Q_0 vezes a tensão aplicada). Logo, se o voltímetro fosse ideal, ele leria 25 V quando conectado aos terminais do capacitor.

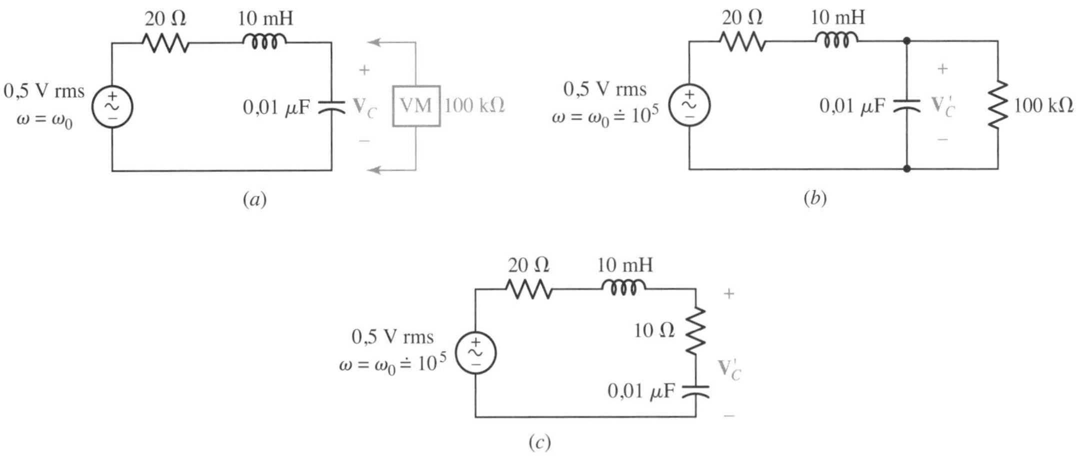

▲ **FIGURA 16.13** (*a*) Um dado circuito ressonante série no qual a tensão nos terminais do capacitor deve ser medida por um voltímetro eletrônico não ideal. (*b*) O efeito do voltímetro é incluído no circuito; o aparelho lê V_C'. (*c*) Obtém-se um circuito ressonante série quando a rede *RC* paralelo da parte (*b*) é substituída por uma rede *RC* série equivalente em 10^5 rad/s.

Entretanto, quando o voltímetro real é conectado ao circuito, temos como resultado o circuito mostrado na Figura 16.13*b*. Para obter um circuito *RLC* série, é agora necessário substituir a rede *RC* paralelo por uma rede *RC* série. Vamos assumir que o *Q* dessa rede *RC* seja suficientemente alto para que o capacitor equivalente série seja igual ao capacitor original paralelo. Fazemos isso para calcular de forma aproximada a frequência de ressonância do circuito *RLC* série resultante. Mas, se o circuito *RLC* série também contém um capacitor de 0,01 μF, a frequência de ressonância permanece igual a 10^5 rad/s. Essa frequência de ressonância estimada é necessária no cálculo do *Q* da rede *RC* paralelo; ele é

$$Q = \frac{R_p}{|X_p|} = \omega R_p C_p = 10^5(10^5)(10^{-8}) = 100$$

Como esse valor é maior que 5, nosso círculo vicioso de hipóteses é satisfeito e a rede *RC* equivalente consiste no capacitor $C_s = 0{,}01$ μF e no resistor

$$R_s \approx \frac{R_p}{Q^2} = 10\ \Omega$$

Daí, obtém-se o circuito equivalente da Figura 16.13*c*. O *Q* desse circuito na ressonância é agora apenas 33,3, e com isso a tensão nos terminais do capacitor no circuito da Figura 16.13*c* é igual a 16(2/3). Mas precisamos determinar $|\mathbf{V}_C'|$, a queda de tensão na combinação *RC*; obtemos

$$|\mathbf{V}_C'| = \frac{0{,}5}{30}|10 - j1000| = 16{,}67\ \text{V}$$

A tensão no capacitor e $|\mathbf{V}_C'|$ são essencialmente iguais, já que a queda de tensão no resistor é bem pequena.

A conclusão final é que um voltímetro aparentemente bom pode ainda assim produzir um efeito severo na resposta de um circuito ressonante com *Q* alto. Um efeito similar pode ocorrer com a inserção de um amperímetro não ideal no circuito.

Fechamos esta seção com uma fábula técnica.

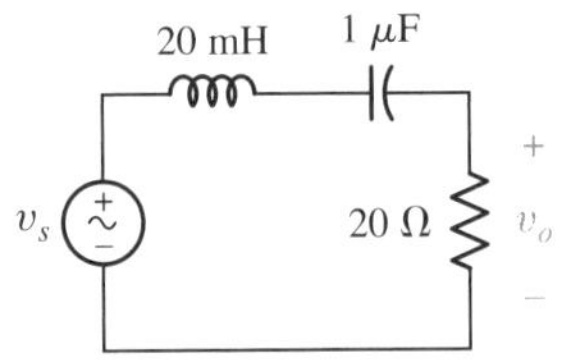

▲ **FIGURA 16.14** Um primeiro modelo para um indutor de 20 mH, um capacitor de 1 μF e um resistor de 20 Ω em série com um gerador de tensão.

Era uma vez, um estudante chamado Sean, que tinha um professor identificado simplesmente como Dr. Abel.

Uma tarde no laboratório, Dr. Abel deu a Sean três componentes de circuito reais: um resistor, um indutor e um capacitor, com valores nominais de 20 Ω, 20 mH e 1 μF. Foi pedido ao estudante que conectasse uma fonte de tensão com frequência variável à combinação série desses três componentes e que medisse a tensão resultante nos terminais do resistor em função da frequência, para que em seguida calculasse os valores numéricos referentes à frequência de ressonância, ao Q na condição de ressonância e à largura de faixa de meia potência. Também foi pedido ao estudante que fizesse uma previsão dos resultados do experimento antes de fazer as medições.

Sean, primeiro desenhou um circuito equivalente para esse problema parecido com aquele ilustrado na Figura 16.14 e então calculou:

$$f_0 = \frac{1}{2\pi\sqrt{LC}} = \frac{1}{2\pi\sqrt{20\times 10^{-3}\times 10^{-6}}} = 1125\text{ Hz}$$

$$Q_0 = \frac{\omega_0 L}{R} = 7{,}07$$

$$\mathcal{B} = \frac{f_0}{Q_0} = 159\text{ Hz}$$

Em seguida, Sean fez as medições que Dr. Abel pedira, comparou-as com os valores preditos e então sentiu uma forte vontade de pedir transferência para a escola de economia. Os resultados foram

$$f_0 = 1000\text{ Hz} \qquad Q_0 = 0{,}625 \qquad \mathcal{B} = 1600\text{ Hz}$$

Sean sabia que discrepâncias dessa ordem não estavam "dentro dos limites aceitáveis em engenharia" ou que poderiam ser atribuídas a "erros típicos de medição". Infelizmente, os resultados foram entregues ao professor.

Lembrando-se de vários erros de julgamento passados, alguns dos quais possivelmente feitos consigo mesmo, Dr. Abel sorriu gentilmente e chamou a atenção de Sean para o medidor de Q (ou ponte de impedância) que existia no laboratório (e que costuma existir na maioria dos laboratórios bem equipados), e sugeriu que esse dispositivo poderia ser usado para descobrir como os componentes avaliados se comportavam em alguma frequência convenientemente próxima à frequência de ressonância.

Ao fazer isso, Sean descobriu que o resistor tinha um valor medido de 18 Ω e que o indutor apresentava um valor de 21,4 mH com $Q = 1{,}2$, enquanto o capacitor tinha uma capacitância de 1,41 μF e um fator de dissipação (o inverso de Q) igual a 0,123.

Assim, com a esperança eternamente presente nos corações dos estudantes de engenharia, Sean pensou que um melhor modelo para o indutor seria uma indutância de 21,4 mH em série com $\omega L/Q = 112\ \Omega$, enquanto um modelo mais apropriado para o capacitor seria uma capacitância de 1,41 μF em série com $1/\omega C\, Q = 13{,}9\ \Omega$. Usando esses dados, Sean preparou o modelo de circuito modificado mostrado na Figura 16.15 e calculou um novo conjunto de valores preditos:

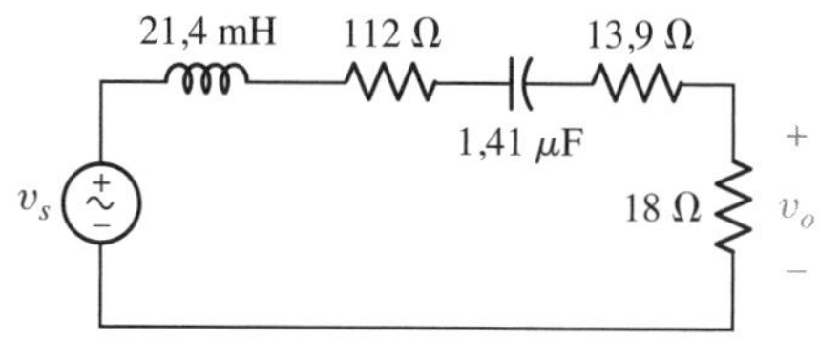

▲ **FIGURA 16.15** Modelo aperfeiçoado no qual valores mais exatos foram usados e as perdas no indutor e no capacitor foram levadas em consideração.

$$f_0 = \frac{1}{2\pi\sqrt{21{,}4 \times 10^{-3} \times 1{,}41 \times 10^{-6}}} = 916 \text{ Hz}$$

$$Q_0 = \frac{2\pi \times 916 \times 21{,}4 \times 10^{-3}}{143{,}9} = 0{,}856$$

$$\mathcal{B} = 916/0{,}856 = 1070 \text{ Hz}$$

Como esses resultados estavam muito mais próximos dos valores medidos, Sean ficou muito mais contente. Dr. Abel, contudo, sendo apegado aos detalhes, ponderou a respeito das diferenças verificadas entre os valores medidos e preditos para Q_0 e para a largura de faixa. Dr Abel perguntou: *"Você levou em consideração a impedância interna da fonte?"*; *"Ainda não"*, disse Sean, correndo de volta à bancada do laboratório.

A impedância em questão tinha afinal um valor de 50 Ω, e Sean a adicionou no diagrama do circuito, como mostra a Figura 16.16. Usando a nova resistência equivalente de 193,9 Ω, melhores valores foram obtidos para Q_0 e $\mathcal{B}$:

$$Q_0 = 0{,}635 \qquad \mathcal{B} = 1442 \text{ Hz}$$

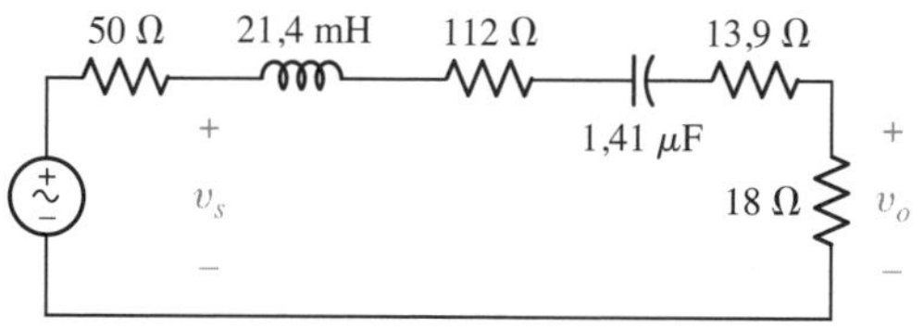

▲ **FIGURA 16.16** O modelo final também inclui a resistência de saída da fonte de tensão.

Como todos os valores teóricos e experimentais apresentavam agora uma concordância dentro de um limite de precisão de 10%, Sean voltou a ser um estudante de engenharia confiante e entusiasmado, motivado a começar a lição de casa cedo e a ler o livro-texto antes da aula[1]. Dr. Abel simplesmente balançou a cabeça enquanto dava uma lição de moral:

Quando usar componentes reais
Cuidado com os modelos que escolher
Pense bem antes de calcular
E considere os Z's e os Q's!

---

[1] OK, isso foi longe demais. Desculpe-me por isso.

▶ EXERCÍCIO DE FIXAÇÃO

16.8 A combinação série de 10 Ω e 10 nF está conectada em paralelo com a combinação série de 20 Ω e 10 mH. (*a*) Obtenha a frequência de ressonância aproximada da rede. (*b*) Determine o Q do ramo RC. (*c*) Determine o Q do ramo RL. (*d*) Obtenha o circuito equivalente com três elementos da rede original.

Resposta: 10^5 rad/s; 100; 50; 10 nF || 10 mH || 33,3 kΩ.

16.5 ▶ MUDANÇA DE ESCALA

Alguns dos exemplos e problemas que temos resolvido envolvem circuitos contendo elementos passivos com valores da ordem de alguns ohms, alguns henrys e alguns farads, e frequências aplicadas da ordem de alguns radianos por segundo. Esses valores numéricos foram usados não por serem aqueles comumente encontrados na prática, mas porque as manipulações algébricas decorrentes de seu emprego são muito mais fáceis do que as que teríamos caso fosse necessário carregar várias potências de 10 ao longo dos cálculos. Os procedimentos que discutimos nesta seção nos permitem analisar redes compostas por elementos com especificações normalmente encontradas em aplicações práticas, e isso é feito com a mudança de escala dos valores desses elementos para que realizemos cálculos numéricos mais convenientes. Consideramos ***a mudança de escala em módulo*** e a ***mudança de escala em frequência***.

Vamos selecionar o circuito ressonante paralelo mostrado na Figura 16.17*a* como nosso exemplo. Os valores de elementos utilizados, que não são normalmente encontrados na prática, levam à curva de resposta atípica desenhada na Figura 16.17*b*; a impedância máxima é 2,5 Ω, a frequência de ressonância é 1 rad/s, Q_0 é 5 e a largura de faixa é 0,2 rad/s. Esses valores numéricos caracterizam melhor equivalentes elétricos de sistemas mecânicos do que qualquer dispositivo elétrico real. Temos números que nos são convenientes nos cálculos, mas um circuito cuja construção não é possível na prática.

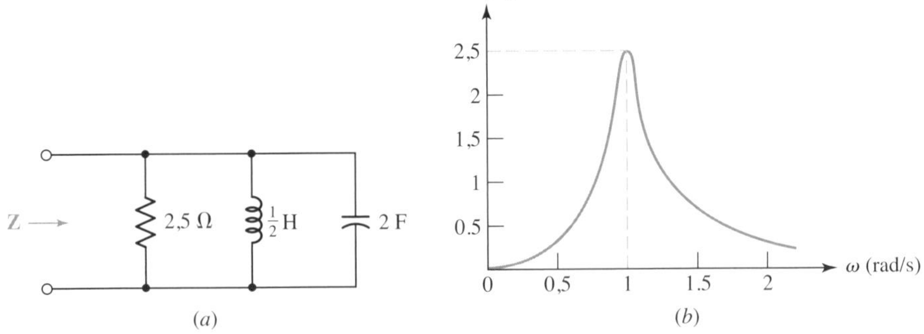

▲ **FIGURA 16.17** (*a*) Um circuito ressonante paralelo usado como exemplo para ilustrar a mudança de escala em módulo e frequência. (*b*) O módulo da impedância de entrada é mostrado em função da frequência.

Lembre-se que "ordenada" se refere ao eixo vertical e que "abscissa" se refere ao eixo horizontal.

Nosso objetivo é fazer uma mudança de escala nessa rede de forma tal que ela forneça uma impedância máxima de 5000 Ω em uma frequência de ressonância de 5 × 10⁶ rad/s, ou 796 kHz. Em outras palavras, podemos usar a mesma curva de resposta mostrada na Figura 16.17*b* se todos os valores no eixo das *ordenadas* forem multiplicados por um fator de 2000 e todos os valores no eixo das *abscissas* forem multiplicados por um fator de 5 × 10⁶. Vamos tratar essa questão como dois problemas: (1) mudança de escala em módulo com a aplicação de um fator de 2000 e (2) mudança de escala em frequência com a aplicação de um fator de 5 × 10⁶.

A mudança de escala em módulo é definida como o processo pelo qual se aumenta K_m vezes a impedância de uma rede com dois terminais, ficando a frequência constante. O fator K_m é real e positivo; ele pode ser maior ou menor que um. Vamos entender que a frase abreviada "*a rede sofreu uma mudança de escala em módulo de 2 vezes*" indica que a impedância da nova rede deve ser o dobro da impedância da rede anterior em todas as frequências. Vamos agora determinar como devemos fazer a mudança de escala em cada tipo de elemento passivo. Para aumentar a impedância de entrada de uma rede K_m vezes, basta aumentar o valor da impedância de cada elemento de acordo com esse mesmo fator. Logo, uma resistência R deve ser trocada por uma resistência K_mR. Cada indutância também deve exibir uma impedância K_m vezes maior em todas as frequências. Para aumentar K_m vezes a impedância **s**L enquanto **s** permanece constante, a indutância L deve ser substituída por uma indutância K_mL. De forma similar, cada capacitância deve ser substituída por uma capacitância C/K_m. Em resumo, essas alterações vão produzir uma rede que sofre uma mudança de escala em módulo dada por um fator K_m:

$$\left.\begin{aligned} R &\to K_m R \\ L &\to K_m L \\ C &\to \frac{C}{K_m} \end{aligned}\right\} \quad \text{mudança de escala em módulo}$$

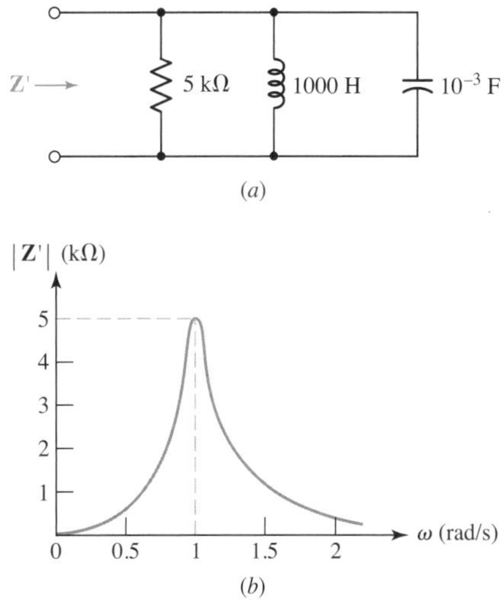

▲ **FIGURA 16.18** (*a*) A rede da u da Figura 16.17*a* após sofrer uma mudança de escala em módulo com a aplicação de um fator K_m = 2000. (*b*) A curva de resposta correspondente.

Quando cada elemento na rede da Figura 6.17*a* sofre uma mudança de escala em módulo com a aplicação de um fator de 2000, tem-se como resultado a rede da Figura 16.18*a*. A curva de resposta mostrada na Figura 16.18*b* indica que nenhuma mudança precisa ser feita na curva de resposta desenhada anteriormente, exceto na escala das ordenadas.

Vamos agora fazer uma mudança de escala em frequência nessa rede. Definimos a mudança de escala em frequência como o processo pelo qual a frequência associada a cada impedância aumenta com a aplicação de um fator K_f. Novamente, utilizamos a expressão abreviada "*a rede sofreu uma mudança de escala em frequência de 2 vezes*" para indicar que a mesma impedância pode agora ser obtida em uma frequência duas vezes maior. A mudança de escala em frequência deve ser feita em todos os elementos de um circuito. É claro que o resistor não é afetado. A impedância de qualquer indutor é **s**L, e se essa mesma impedância deve ser obtida em uma frequência K_f vezes maior, então a indutância deve ser substituída por uma indutância L/K_f. De forma similar, uma capacitância C deve ser substituída por uma capacitância C/K_f. Logo, se uma rede sofrer uma mudança de escala em frequência com a aplicação de um fator K_f, então as mudanças necessárias em cada elemento passivo são

$$\left.\begin{aligned} R &\to R \\ L &\to \frac{L}{K_f} \\ C &\to \frac{C}{K_f} \end{aligned}\right\} \quad \text{mudança de escala em frequência}$$

Quando cada elemento da rede ilustrada na Figura 16.18*a* (que sofreu uma mudança de escala em módulo) passa por uma mudança de escala em frequência com a aplicação de um fator de 5×10^6, obtém-se a rede da Figura 16.19*a*. A curva de resposta correspondente é mostrada na Figura 16.19*b*.

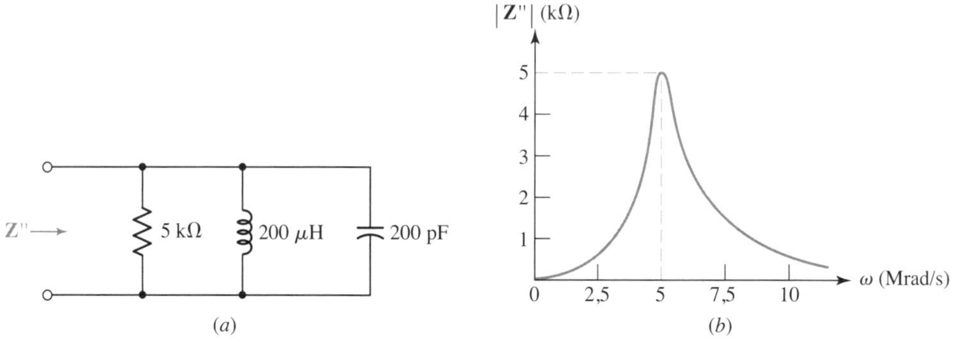

▲ **FIGURA 16.19** (*a*) A rede da Figura 16.18*a* após sofrer uma mudança de escala na frequência com a aplicação de um fator $K_f = 5 \times 10^6$. (*b*) A curva de resposta correspondente.

Os elementos de circuito presentes nessa última rede possuem valores que são facilmente obtidos em circuitos reais; a rede pode ser construída e testada na prática. Daí segue que, se a rede original da Figura 16.17*a* é de fato um circuito equivalente de algum sistema mecânico ressonante, podemos fazer uma mudança de escala tanto em módulo quanto em frequência para obter uma rede que possa ser construída no laboratório; testes caros ou inconvenientes de se fazer em sistemas mecânicos podem portanto ser feitos em sistemas elétricos após uma mudança de escala. Para que a análise seja concluída, os resultados obtidos devem então ser convertidos de volta para unidades mecânicas por meio de uma nova mudança de escala.

Uma impedância dada em função de **s** também pode sofrer uma mudança de escala em módulo ou em frequência, e isso pode ser feito sem que se tenha qualquer conhecimento sobre os elementos específicos que formam a rede de dois terminais à qual ela está relacionada. Para se alterar o módulo de $\mathbf{Z}(\mathbf{s})$ por meio de uma mudança de escala, a definição da mudança de escala em módulo mostra que basta multiplicar $\mathbf{Z}(\mathbf{s})$ por K_m para que a nova impedância seja obtida. Portanto, a impedância do circuito $\mathbf{Z}'(\mathbf{s})$ que sofreu uma mudança de escala em módulo é

$$\mathbf{Z}'(\mathbf{s}) = K_m\mathbf{Z}(\mathbf{s})$$

Se $\mathbf{Z}'$(s) deve agora sofrer uma mudança de escala em frequência com a aplicação de um fator de 5×10^6, então $\mathbf{Z}''(\mathbf{s})$ e $\mathbf{Z}'(\mathbf{s})$ devem fornecer o mesmo valor de impedância se $\mathbf{Z}''(\mathbf{s})$ for avaliada em uma frequência K_f vezes aquela na qual se avalia $\mathbf{Z}'(\mathbf{s})$, ou

$$\mathbf{Z}''(\mathbf{s}) = \mathbf{Z}'\left(\frac{\mathbf{s}}{K_f}\right)$$

Embora a mudança de escala seja um processo normalmente aplicado em elementos passivos, fontes dependentes também podem sofrer mudanças de escala em módulo e em frequência. Assumimos que a saída de uma fonte seja dada como $k_x v_x$ ou $k_y i_y$, onde k_x tem dimensão de admitância para uma fonte dependente de corrente e é adimensional para uma fonte dependente de tensão, enquanto k_y tem dimensão de ohms para uma fonte dependente de tensão e é adimensional para uma fonte de corrente dependente. Se a rede contendo a fonte dependente sofrer uma mudança de escala em módulo com a aplicação de um fator K_m, então é necessário tratar apenas k_x ou k_y como se ele fosse o tipo de elemento consistente com as suas dimensões. Isto é, se k_x (ou k_y) for adimensional, ele permanece inalterado; se for uma admitância, deve ser dividido por K_m; e se for uma impedância, deve ser multiplicado por K_m. *A mudança de escala em frequência não afeta as fontes dependentes.*

▶ EXEMPLO 16.6

Faça uma mudança de escala na rede mostrada na Figura 16.20 aplicando os fatores $K_m = 20$ e $K_f = 50$, e então obtenha Z_{ent}(s) para a nova rede.

A mudança de escala em módulo do capacitor é feita com a divisão de 0,05 F pelo fator de escala $K_m = 20$, e a sua mudança de escala em frequência é feita com a divisão por $K_f = 50$. Realizando ambas as operações simultaneamente,

$$C_{\text{escala}} = \frac{0{,}05}{(20)(50)} = 50\,\mu\text{F}$$

O indutor também sofre uma mudança de escala:

$$L_{\text{escala}} = \frac{(20)(0{,}5)}{50} = 200 \text{ mH}$$

Ao alterar a escala da fonte dependente, apenas uma mudança em módulo deve ser considerada, pois a mudança de escala em frequência não afeta fontes dependentes. Como esta é uma fonte de *corrente* controlada por *tensão*, a constante multiplicativa tem unidades de A/V, ou S. Como o fator tem unidades de admitância, dividimo-lo por K_m, e com isso o novo termo é $0{,}01\mathbf{V}_1$. A rede resultante (após a mudança de escala) é mostrada na Figura 16.20*b*.

Para obter a impedância da nova rede, precisamos aplicar uma fonte de teste de 1 A nos terminais de entrada. Podemos trabalhar com qualquer circuito; entretanto, vamos primeiro obter a impedância da rede mostrada na Figura 16.20*a*, antes de sofrer a mudança de escala, e então realizar uma mudança de escala no resultado.

Com referência à Figura 16.20*c*,

$$\mathbf{V}_{\text{ent}} = \mathbf{V}_1 + 0{,}5\mathbf{s}(1 - 0{,}2\mathbf{V}_1)$$

Também,

$$\mathbf{V}_1 = \frac{20}{\mathbf{s}}(1)$$

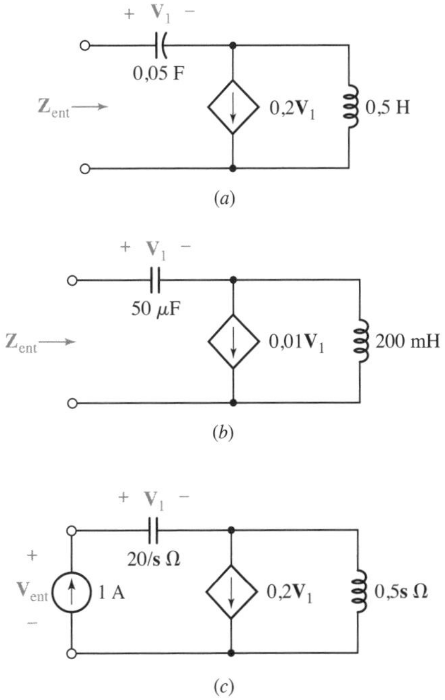

▲ **FIGURA 16.20** (*a*) Uma rede que deve sofrer uma mudança de escala em módulo de 20 vezes e uma mudança de escala em frequência de 50 vezes. (*b*) A rede após a mudança de escala. (*c*) Uma fonte de teste de 1 A é aplicada nos terminais de entrada da rede da parte (*a*) antes dela sofrer a mudança de escala para que a sua impedância de entrada seja determinada.

A realização da substituição indicada seguida de pequenas manipulações algébricas leva a

$$\mathbf{Z}_{\text{ent}} = \frac{\mathbf{V}_{\text{ent}}}{1} = \frac{\mathbf{s}^2 - 4\mathbf{s} + 40}{2\mathbf{s}}$$

Para realizar a mudança de escala necessária nessa grandeza para fazer com que ela corresponda ao circuito da Figura 16.20*b*, multiplicamo-la por $K_m = 20$ e substituímos **s** por $\mathbf{s}/K_f = \mathbf{s}/50$. Logo,

$$\mathbf{Z}_{\text{ent}_{\text{escala}}} = \frac{0{,}2\mathbf{s}^2 - 40\mathbf{s} + 20{,}000}{\mathbf{s}} \quad \Omega$$

▶ EXERCÍCIO DE FIXAÇÃO

16.9 Um circuito ressonante paralelo é definido por $C = 0{,}01$ F, $\mathcal{B} = 2{,}5$ rad/s e $\omega_0 = 20$ rad/s. Obtenha os valores de R e L se a rede sofrer uma mudança de escala em (*a*) módulo, com a aplicação de um fator de 800; (*b*) em frequência, com a aplicação de um fator de 10^4; (*c*) módulo e frequência, com a aplicação de fatores de 800 e 10^4, respectivamente.

Reposta: 32 kΩ, 200 H; 40 Ω, 25 μH; 32 kΩ, 20 mH.

16.6 ▶ DIAGRAMAS DE BODE

Nesta seção, vamos descobrir um método rápido para obter um quadro aproximado da variação de amplitude e fase de uma dada função de transferência em função de ω. Curvas exatas podem ser obtidas, é claro, com o cálculo dos valores em uma calculadora programável ou em um computador; curvas também podem ser produzidas diretamente no computador. Nosso objetivo aqui, no entanto, é obter uma visualização melhor do que a que temos em um gráfico de polos e zeros, sem que iniciemos contudo uma ofensiva utilizando todos os recursos computacionais de que dispomos.

A Escala em Decibel (dB)

A resposta aproximada que vamos construir é chamada de gráfico assintótico, ***gráfico de Bode***, ou ***diagrama de Bode***, em homenagem a quem o desenvolveu, Hendrik W. Bode, um engenheiro eletricista e matemático que trabalhou na Bell Telephone Laboratories. As curvas de fase e de módulo são mostradas em função de uma escala logarítmica de frequências na abscissa, e o módulo também é mostrado em unidades logarítmicas chamadas de ***decibéis*** (dB). Definimos o valor de $|\mathbf{H}(j\omega)|$ em dB como:

O decibel recebeu esse nome em homenagem a Alexander Graham Bell.

$$H_{\text{dB}} = 20 \log |\mathbf{H}(j\omega)|$$

onde se usa a base logarítmica comum (base 10) (*um multiplicador de 10 ao invés de 20 é usado para funções de transferência de potência, mas não precisaremos dele aqui*). A operação inversa é

$$|\mathbf{H}(j\omega)| = 10^{H_{\text{dB}}/20}$$

Antes de começarmos para valer uma discussão detalhada sobre a técnica de traçado de diagramas de Bode, é interessante adquirir algum sentimento sobre o decibel, aprender alguns de seus valores importantes e lembrar algumas propriedades dos logaritmos. Como log 1 = 0, log 2 = 0,30103 e log 10 = 1, notamos as correspondências:

$$|\mathbf{H}(j\omega)| = 1 \Leftrightarrow H_{\mathrm{dB}} = 0$$

$$|\mathbf{H}(j\omega)| = 2 \Leftrightarrow H_{\mathrm{dB}} \approx 6 \text{ dB}$$

$$|\mathbf{H}(j\omega)| = 10 \Leftrightarrow H_{\mathrm{dB}} = 20 \text{ dB}$$

Um aumento de 10 vezes em $|\mathbf{H}(j\omega)|$ corresponde a um aumento de 20 dB em H_{dB}. Além disso, $\log 10^n = n$, e então $10^n \times 20n$ dB, de forma que 1000 corresponde a 60 dB, enquanto 0,01 é representado como –40 dB. Usando apenas os valores já dados, podemos também notar que 20 log 5 = 20 log (10/2) = 20 log 10 – 20 log 2 = 20 – 6 = 14 dB, e assim 5 ⇔ 14 dB. Também, $\log\sqrt{x} = (1/2) \log x$, e portanto $\sqrt{2} \Leftrightarrow 3$ dB e $1/\sqrt{2} \Leftrightarrow -3$ dB.[2]

Vamos escrever nossas funções de transferência em termos de **s**, substituindo $\mathbf{s} = j\omega$ quando estivermos preparados para encontrar o módulo ou o ângulo de fase. Se quisermos, o módulo poderá ser escrito em termos de dB naquele ponto.

▶ EXERCÍCIO DE FIXAÇÃO

16.10 Calcule H_{dB} em ω = 146 rad/s se **H**(**s**) é igual a (*a*) 20/(**s** + 100); (*b*) 20(**s** + 100); (*c*) 20**s**. Calcule $|\mathbf{H}(j\omega)|$ se H_{dB} é igual a (*d*) 29,2 dB; (*e*) –15,6 dB; (*f*) –0,318 dB.

Resposta: –18,94 dB; 71,0 dB; 69,3 dB; 28,8; 0,1660; 0,964.

Determinação das Assíntotas

Nosso próximo passo é fatorar **H**(**s**) para mostrar seus polos e zeros. Primeiro consideramos um zero em $\mathbf{s} = -a$, escrito de forma padronizada como

$$\mathbf{H}(\mathbf{s}) = 1 + \frac{\mathbf{s}}{a} \qquad [26]$$

O diagrama de Bode dessa função consiste em duas curvas assintóticas aproximadas por H_{dB} em valores muito grandes e muito pequenos de ω. Assim, começamos obtendo

$$|\mathbf{H}(j\omega)| = \left|1 + \frac{j\omega}{a}\right| = \sqrt{1 + \frac{\omega^2}{a^2}}$$

e assim

$$H_{\mathrm{dB}} = 20 \log \left|1 + \frac{j\omega}{a}\right| = 20 \log \sqrt{1 + \frac{\omega^2}{a^2}}$$

2 Note que estamos sendo ligeiramente desonestos aqui ao usar 20 log 2 = 6 dB ao invés de 6,02 dB. É corriqueiro, no entanto, representar $\sqrt{2}$ como 3 dB; como a escala de dB é inerentemente logarítmica, essa pequena inexatidão é raramente significativa.

Quando $\omega << a$,

$$H_{dB} \approx 20 \log 1 = 0 \qquad (\omega << a)$$

Essa assíntota simples está mostrada na Figura 16.21. Ela é desenhada como uma linha sólida para $\omega < a$ e como uma linha verde para $\omega > a$.

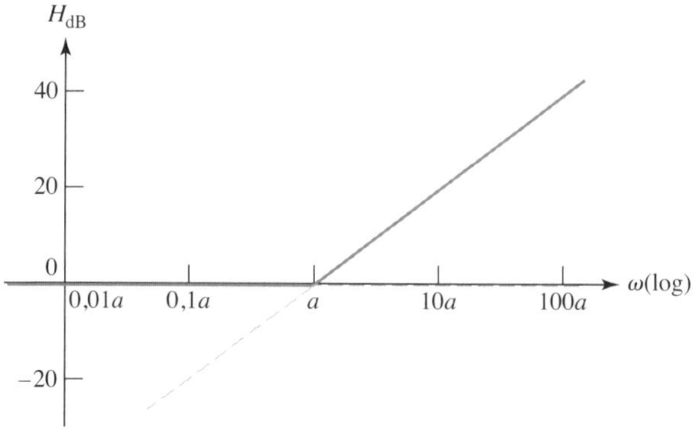

▲ **FIGURA 16.21** O diagrama de Bode para o módulo de $\mathbf{H}(\mathbf{s}) = 1 + \mathbf{s}/a$ consiste nas assíntotas de baixas e altas frequências, mostradas como linhas tracejadas. Elas interceptam a abscissa na frequência de corte. O diagrama de Bode representa a resposta em termos de duas assíntotas, ambas linhas retas facilmente traçáveis.

Quando $\omega >> a$,

$$H_{dB} \approx 20 \log \frac{\omega}{a} \qquad (\omega \gg a)$$

Uma década se refere a um intervalo de frequências definido por um fator de 10, como de 3 Hz a 30 Hz, ou de 12,5 MHz a 125 MHz. Uma oitava se refere a um intervalo de frequências definido por um fator de 2, como de 7 GHz a 14 GHz.

Em $\omega = 1$, $H_{dB} = 0$; em $\omega = 10a$, $H_{dB} = 20$ dB; e em $\omega = 100a$, $H_{dB} = 40$ dB. Logo, o valor de H_{db} cresce 20 dB para cada aumento de 10 vezes na frequência. A assíntota tem portanto uma inclinação de 20 dB/década. Como H_{dB} cresce 6 dB quando ω dobra, um valor alternativo para a inclinação é 6 dB/oitava. A assíntota para altas frequências também é mostrada na Figura 16.21, uma linha sólida para $\omega > a$ e tracejada para $\omega < a$. Notamos que as duas assíntotas se interceptam em $\omega = a$, a frequência do zero. Essa frequência também é chamada de ***frequência de canto***, ***corte*** ou ***de meia potência***.

Suavizando Diagramas de Bode

Note que continuamos a adotar a convenção de assumir que $\sqrt{2}$ corresponda a 3 dB.

Vamos ver que erro está embutido em nossa curva de resposta assintótica. Na frequência de canto ($\omega = a$),

$$H_{dB} = 20 \log \sqrt{1 + \frac{a^2}{a^2}} = 3 \text{ dB}$$

que deve ser comparado com o valor assintótico de 0 dB. Em $\omega = 0{,}5a$, temos

$$H_{dB} = 20 \log \sqrt{1{,}25} \approx 1 \text{ dB}$$

Assim, a resposta exata é representada por uma curva suave que passa 3 dB acima da resposta assintótica em $\omega = a$, e 1 dB acima dela em

$\omega = 0{,}5a$ (e também em $\omega = 2a$). Essa informação pode sempre ser usada para suavizar o diagrama de Bode se um resultado mais exato for desejado.

Termos Múltiplos

A maioria das funções de transferência consiste em mais de um zero simples (ou polo simples). No entanto, isso é facilmente considerado pelo método de Bode, já que estamos trabalhando com logaritmos. Por exemplo, considere uma função

$$\mathbf{H(s)} = K\left(1 + \frac{\mathbf{s}}{s_1}\right)\left(1 + \frac{\mathbf{s}}{s_2}\right)$$

onde K = constante e $-s_1$ e $-s_2$ representam os dois zeros de nossa função $\mathbf{H(s)}$. Podemos escrever H_{dB} para essa função como

$$H_{\text{dB}} = 20\log\left|K\left(1 + \frac{j\omega}{s_1}\right)\left(1 + \frac{j\omega}{s_2}\right)\right|$$

$$= 20\log\left[K\sqrt{1 + \left(\frac{\omega}{s_1}\right)^2}\sqrt{1 + \left(\frac{\omega}{s_2}\right)^2}\right]$$

ou

$$H_{\text{dB}} = 20\log K + 20\log\sqrt{1 + \left(\frac{\omega}{s_1}\right)^2} + 20\log\sqrt{1 + \left(\frac{\omega}{s_2}\right)^2}$$

que é simplesmente a soma de um termo constante (independente da frequência) dado por 20 log K e dois termos referentes a zeros simples na forma que já havíamos considerado anteriormente. Em outras palavras, *podemos esboçar H_{dB} simplesmente fazendo a soma dos gráficos dos termos separados*. Exploramos isso no exemplo seguinte.

▶ EXEMPLO 16.7

Obtenha o diagrama de Bode da impedância de entrada da rede mostrada na Figura 16.22.

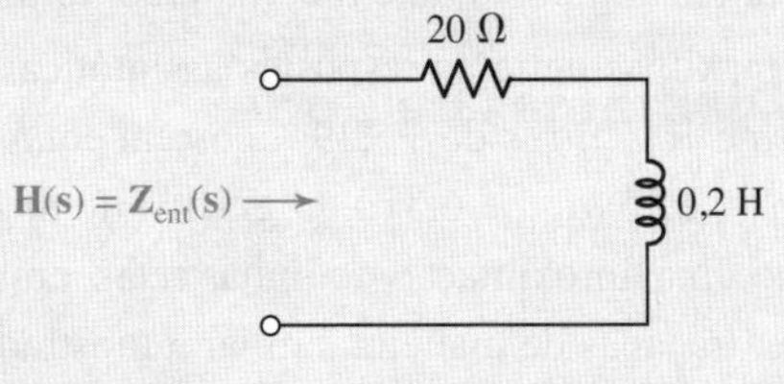

▲ **FIGURA 16.22** Se H(s) é selecionado como $\mathbf{Z}_{ent}(\mathbf{s})$ para essa rede, então o diagrama de Bode de H_{dB} é como mostrado na Figura 16.23*b*.

Temos a impedância de entrada,

$$\mathbf{Z}_{\text{ent}}(\mathbf{s}) = \mathbf{H(s)} = 20 + 0{,}2\mathbf{s}$$

Colocando-a na forma padronizada, obtemos

$$\mathbf{H(s)} = 20\left(1 + \frac{\mathbf{s}}{100}\right)$$

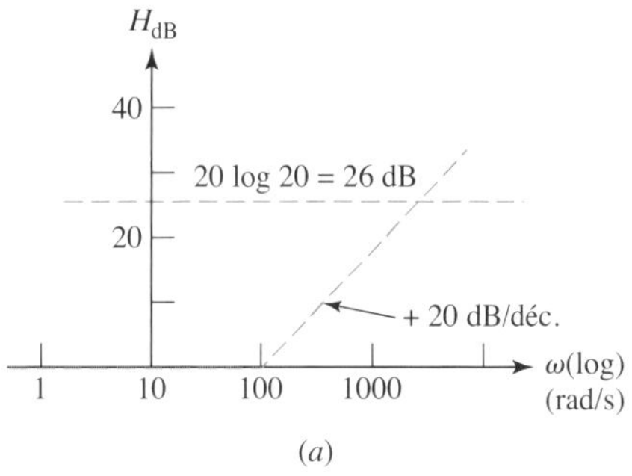

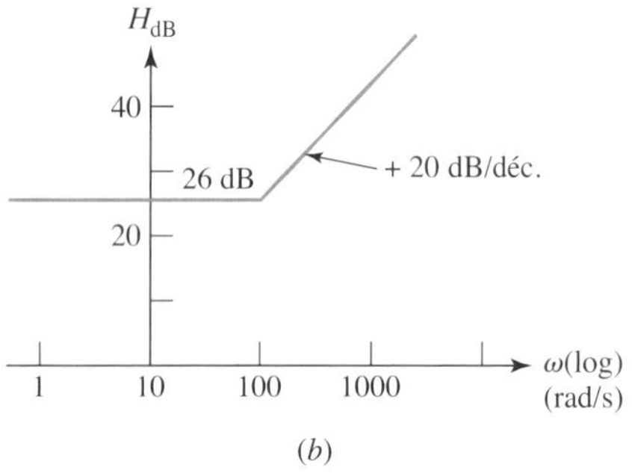

▲ **FIGURA 16.23** (*a*) Os diagramas de Bode para os fatores de H(s) = 20(1 + s/100) são desenhados individualmente. (*b*) O diagrama de Bode composto é mostrado como a soma dos gráficos da parte (*a*).

Os dois fatores que constituem **H**(**s**) são um zero em **s** = –100, que leva a uma frequência de quebra em ω = 100 rad/s, e uma constante equivalente a 20 log 20 = 26 dB. Cada um desses fatores está traçado na Figura 16.23*a*. Como estamos trabalhando com o logaritmo de $|\mathbf{H}(j\omega)|$, somamos em seguida os diagramas correspondentes aos fatores individuais. O gráfico de resultante aparece na Figura 16.23*b*. Nenhuma tentativa foi feita para suavizar a quebra com uma correção de + 3dB em ω = 100 rads; isso é deixado para o leitor como um exercício rápido.

▶ EXERCÍCIO DE FIXAÇÃO

16.11 Construa um diagrama de Bode para o módulo de **H**(**s**) = 50 + **s**.

Resposta: 24 dB, $\omega < 50$ rad/s; inclinação = +20dB/década, $\omega > 50$ rad/s.

Resposta em Fase

Retornando à função de transferência da Equação [26], queremos agora determinar a ***resposta em fase*** do zero simples,

$$\text{âng}\,\mathbf{H}(j\omega) = \text{âng}\left(1 + \frac{j\omega}{a}\right) = \tan^{-1}\frac{\omega}{a}$$

Essa expressão também é representada por assíntotas, embora três segmentos de reta sejam agora necessários. Para $\omega \ll a$, âng $\mathbf{H}(j\omega) \approx 0°$, e usamos isto como nossa assíntota quando $\omega < 0{,}1a$:

$$\text{âng}\,\mathbf{H}(j\omega) = 0° \qquad (\omega < 0{,}1a)$$

Em altas frequências, $\omega \gg a$, temos âng $\mathbf{H}(j\omega) \approx 90°$, e usamos isto acima de $\omega = 10a$:

$$\text{âng}\,\mathbf{H}(j\omega) = 90° \qquad (\omega > 10a)$$

Como o ângulo é igual a 45° em $\omega = a$, construímos agora uma assíntota representada por uma linha reta se estendendo de 0° em $\omega = 0{,}1a$ até 90° em $\omega = 10a$, passando por 45° em $\omega = a$. Essa linha reta tem uma inclinação de 45°/década. Ela é mostrada como uma curva sólida na Figura 16.24, enquanto a resposta em ângulo exata é mostrada como uma linha tracejada.

As diferenças máximas entre as respostas assintóticas reais são iguais a ±5,71° em $\omega = 0{,}1a$ e $10a$. Erros de ∓5,29° ocorrem em $\omega = 0{,}394a$ e $2{,}54a$; o erro é nulo em $\omega = 0{,}159a$, a e $6{,}31a$. O gráfico do ângulo de fase é tipicamente feito como uma aproximação de linhas retas, embora curvas suaves também possam ser traçadas de maneira similar à mostrada na Figura 16.24.

Vale a pena fazer uma breve pausa aqui para analisar o que nos diz o gráfico de fase. No caso de um zero simples em **s** = a, vemos que em frequências muito menores que a frequência de canto a fase da função resposta é 0°. Em altas frequências, no entanto ($\omega \gg a$), a fase é 90°. Na vizinhança da frequência de canto, a fase da função de transferência apresenta uma variação relativamente rápida. O ângulo de fase desejado para a resposta pode portanto ser determinado através do projeto do circuito (que determina a).

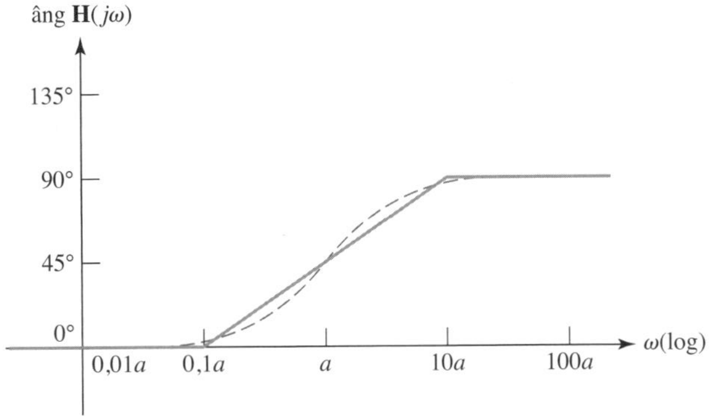

▲ **FIGURA 16.24** A resposta assintótica do ângulo de H(s) = 1 + s/a é mostrada como três segmentos de reta em cor sólida. Os pontos finais da rampa são 0° em 0,1*a* e 90° em 10*a*. A linha tracejada representa uma resposta mais exata (suavizada).

▶ EXERCÍCIO DE FIXAÇÃO

16.12 Desenhe o diagrama de Bode para a fase da função de transferência do Exemplo 16.7.

Resposta: 0°, $\omega \leq 10$; 90°, $\omega \geq 1000$; 45°, $\omega = 100$; 45°/déc de inclinação, $10 < \omega < 1000$ (ω em radianos).

Considerações Adicionais Sobre a Construção de Diagramas de Bode

Consideramos a seguir um polo simples,

$$\mathbf{H}(\mathbf{s}) = \frac{1}{1 + \mathbf{s}/a} \qquad [27]$$

Como essa equação é o inverso de um zero, a operação logarítmica leva a um diagrama de Bode que é o *negativo* daquele obtido anteriormente. A amplitude é 0 dB até $\omega = a$, e então a inclinação é igual a –20 dB/década para $\omega > a$. O gráfico do ângulo é igual a 0° para $\omega < 0{,}1a$, –90° para $\omega > 10a$ e –45° em $\omega = a$, com uma inclinação de –45°/década quando $0{,}1a < \omega < 10a$. O leitor é encorajado a gerar o diagrama de Bode para essa função trabalhando diretamente com a Equação [27].

Um outro termo que pode aparecer em **H(s)** é um fator **s** no numerador ou no denominador. Se **H(s)** = **s**, então

$$H_{\text{dB}} = 20 \log |\omega|$$

Logo, temos uma linha reta infinita passando por 0 dB em $\omega = 1$, com inclinação de 20 dB/década. Isso é mostrado na Figura 16.25*a*. Se o fator **s** aparecer no denominador, obtemos uma linha reta com inclinação de –20 dB/década passando por 0 dB em $\omega = 1$, como mostrado na Figura 16.25*b*.

Um outro termo simples encontrado em **H(s)** é a constante multiplicativa *K*. Ela leva a um diagrama de Bode que é simplesmente uma linha reta horizontal 20log |*K*| dB acima da abscissa. Se |*K*| < 1, a linha reta passa na realidade abaixo da abscissa.

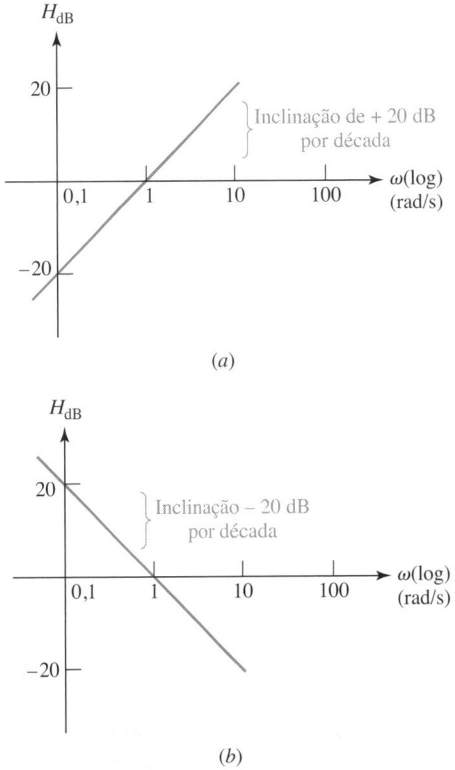

▲ **FIGURA 16.25** Os diagramas assintóticos são mostrados para (*a*) H(s) = s e H(s) = 1/s. Ambos são linhas retas infinitamente longas passando por 0 dB em $\omega = 1$, tendo inclinação de ±20 dB/década.

▶ EXEMPLO 16.8

Obtenha o diagrama de Bode para o ganho do circuito mostrado na Figura 16.26.

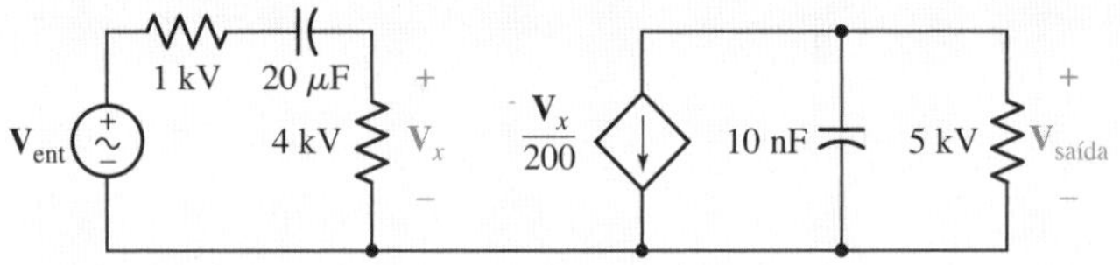

▲ **FIGURA 16.26** Se H(s) = V_s/V_{ent}, esse amplificador tem o diagrama de Bode cujo módulo é mostrado na Figura 16.27*b*, e cuja fase é mostrada na Figura 16.28.

Trabalhamos da esquerda para a direita no circuito e escrevemos a expressão para o ganho de tensão,

$$\mathbf{H(s)} = \frac{\mathbf{V}_{saída}}{\mathbf{V}_{ent}} = \frac{4000}{5000 + 10^6/20\mathbf{s}}\left(-\frac{1}{200}\right)\frac{5000(10^8/\mathbf{s})}{5000 + 10^8/\mathbf{s}}$$

que pode ser simplificada (ainda bem) para

$$\mathbf{H(s)} = \frac{-2\mathbf{s}}{(1+\mathbf{s}/10)(1+\mathbf{s}/20{,}000)} \quad [28]$$

Temos uma constante, 20 log | –2 | = 6 dB, pontos de quebra em ω = 10 rad/s e ω = 20.000 rad/s e um fator linear **s**. Cada um desses termos está desenhado na Figura 16.27*a*, e os quatro gráficos são somados para gerar o diagrama de Bode da Figura 16.27*b*.

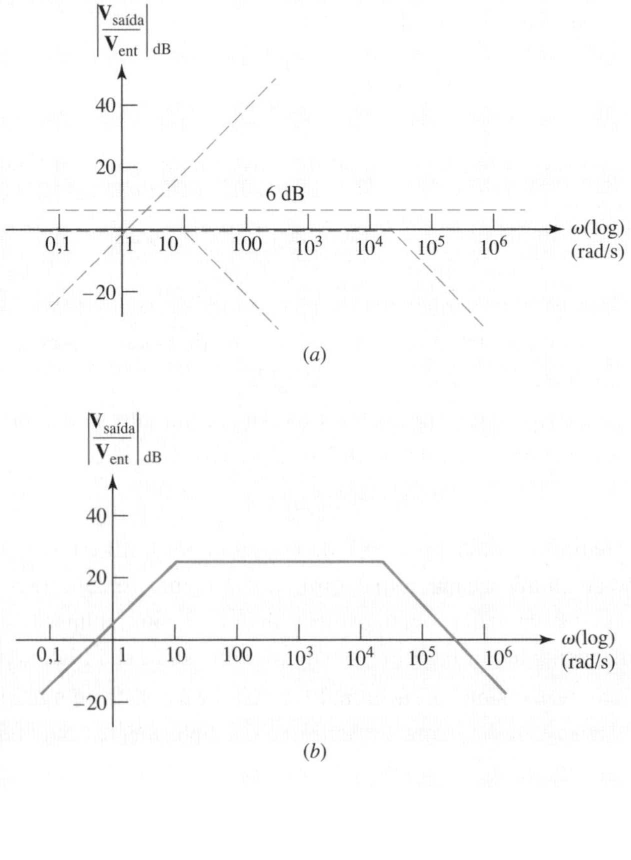

▶ **FIGURA 16.27** (*a*) Diagramas de Bode individuais feitos para os módulos dos fatores (–2), (**s**), (1 + **s**/10)$^{-1}$ e (1 + **s**/20.000)$^{-1}$. (*b*) Os quatro gráficos separados da parte(*a*) são somados para gerar o diagrama de Bode do módulo do ganho do amplificador da Figura 16.26.

▶ EXERCÍCIO DE FIXAÇÃO

16.13 Construa um diagrama de Bode para o módulo de **H**(**s**) se essa função for igual a (*a*) 50/(**s** + 100); (*b*) (**s** + 10)/(**s** + 100); (*c*) (**s** + 10)/**s**.

Resposta: (*a*) –6 dB, $\omega < 100$; –20 dB/década, $\omega > 100$; (*b*) –20 dB, $\omega < 10$; +20 dB/década, $10 < \omega < 100$; 0 dB, $\omega > 100$; (*c*) 0 dB, $\omega > 10$; –20 dB/década, $\omega < 10$.

Antes de construir o gráfico de fase para o amplificador da Figura 16.26, vamos investigar por um momento vários detalhes presentes no gráfico do módulo.

Em primeiro lugar, é sábio não confiar demais na soma gráfica dos diagramas de módulo individuais. Ao invés disso, o valor exato do diagrama combinado pode ser facilmente obtido em pontos selecionados com a consideração do valor assintótico de cada fator de **H**(**s**) no ponto em questão. Por exemplo, na região plana da Figura 16.27*a* entre $\omega = 10$ e $\omega = 20.000$, estamos abaixo da quebra em $\omega = 20.000$, e então representamos (1 + **s**/20.000) como 1; mas estamos acima de $\omega = 10$, então o termo (1 + **s**/10) é representado como $\omega/10$. Daí,

$$H_{\text{dB}} = 20\log\left|\frac{-2\omega}{(\omega/10)(1)}\right|$$
$$= 20\log 20 = 26\text{ dB} \qquad (10 < \omega < 20.000)$$

Também poderíamos desejar saber a frequência na qual a resposta assintótica cruza a abscissa na região de altas frequências. Os dois fatores são expressos aqui como $\omega/10$ e $\omega/20.000$; logo

$$H_{\text{dB}} = 20\log\left|\frac{-2\omega}{(\omega/10)(\omega/20.000)}\right| = 20\log\left|\frac{400.000}{\omega}\right|$$

Como $H_{dB} = 0$ no cruzamento com a abscissa, $400.000/\omega = 1$, e portanto $\omega = 400.000$ rad/s.

Muitas vezes não precisamos de um diagrama de Bode exato desenhado em papel semilogarítmico. Ao invés disso, podemos construir um eixo de frequências logarítmico de forma grosseira em papel comum. Após especificar o intervalo correspondente a uma década – digamos, uma distância L se estendendo de $\omega = \omega_1$ até $\omega = 10\omega_1$ (onde ω_1 é usualmente uma potência inteira de 10) – fazemos com que x localize a distância ω à direita de ω_1, de forma que $x/L = \log(\omega/\omega_1)$. É particularmente útil saber que $x = 0,3L$ quando $\omega = 2\omega_1$, $x = 0,6L$ em $\omega = 4\omega_1$ e $x = 0,7L$ em $\omega = 5\omega_1$.

▶ EXEMPLO 16.9

Desenhe o gráfico de fase da função de transferência dada pela Equação [28], H(s) = –2s/[(1 + s/10)(1 + s/20.000)].

Começamos inspecionando **H**($j\omega$):

$$\mathbf{H}(j\omega) = \frac{-j2\omega}{(1 + j\omega/10)(1 + j\omega/20.000)} \qquad [29]$$

O ângulo do numerador é uma constante, –90°.

Os fatores restantes são representados como a soma de ângulos associados aos pontos de quebra em $\omega = 10$ e $\omega = 20.000$. Esses três termos aparecem na Figura 16.28 como curvas assintóticas tracejadas, e a sua soma é mostrada como a curva contínua. Uma representação equivalente é obtida se a curva for deslocada 360° para cima.

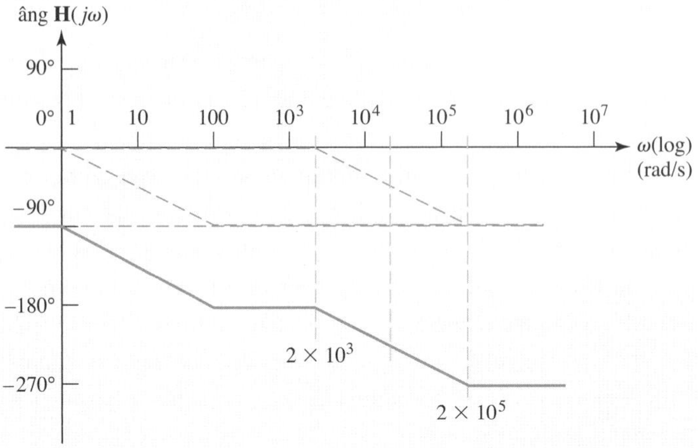

▲ **FIGURA 16.28** A curva sólida mostra a resposta assintótica em fase do amplificador da Figura 16.26.

Valores exatos também podem ser obtidos para a resposta de fase assintótica. Por exemplo, em $\omega = 10^4$ rad/s, o ângulo na Figura 16.28 é obtido a partir dos termos no numerador e no denominador da Equação [29]. O ângulo do numerador é –90°. O ângulo do polo em $\omega = 10$ é –90°, já que ω é maior que 10 vezes a frequência de corte. Entre 0,1 e 10 vezes a frequência de canto, lembramos que a inclinação é igual a –45° por década para um polo simples. Para o ponto de quebra em 20.000 rad/s, calculamos portanto o ângulo $-45° \log(\omega/0{,}1a) = -45° \log[10.000/(0{,}1 \times 20.000)] = -31{,}5°$.

A soma algébrica dessas três contribuições é $-90° - 90° - 31{,}5° = -211{,}5°$, um valor que parece ser moderadamente próximo da curva assintótica de fase da Figura 16.28.

▶ EXERCÍCIO DE FIXAÇÃO

16.14 Desenhe o diagrama de Bode para a fase de $\mathbf{H}(\mathbf{s})$ se essa função for igual a (*a*) $50/(\mathbf{s} + 100)$; (*b*) $(\mathbf{s} + 10)/(\mathbf{s} + 100)$; (*c*) $(\mathbf{s} + 10)/\mathbf{s}$.

Resposta: (a) 0°, $\omega < 10$; –45°/década, $10 < \omega < 1000$; –90°, $\omega > 1000$; (*b*) 0°, $\omega < 1$; +45°/década, $1 < \omega < 10$; 45°, $10 < \omega < 100$; –45°/década, $100 < \omega < 1000$; 0°, $\omega > 1000$; (*c*) –90°, $\omega < 1$; +45°/década, $1 < \omega < 100$; 0°, $\omega > 100$.

Termos de Ordem Elevada

Os zeros e polos que temos considerado até agora são todos termos de primeira ordem, como $\mathbf{s}^{\pm 1}$, $(1 + 0{,}2\mathbf{s})^{\pm 1}$ e assim por diante. Podemos facilmente estender a nossa análise a polos e zeros de ordem mais elevada, no entanto. Um termo $\mathbf{s}^{\pm n}$ leva a uma resposta em módulo que passa por $\omega = 1$ com uma inclinação de $\pm 20n$ dB/década; a resposta em fase é um ângulo constante de $\pm 90n°$. Da mesma forma, um zero múltiplo, $(1 + \mathbf{s}/a)^n$ deve representar a soma de n curvas de resposta em módulo, ou de n curvas de resposta em fase associadas a um zero simples. Obtemos portanto um gráfico assintótico de resposta em módulo que é 0 dB para $\omega < a$ e tem uma inclinação de $20n$ dB/década quando $\omega > a$; o erro é $-3n$ dB em $\omega = a$, e $-n$ dB em $\omega = 0{,}5a$ e $2a$. O gráfico de fase é igual a 0° para $\omega < 0{,}1a$, $90n$° para $\omega > 10a$, $45n$° em $\omega = a$ e uma linha reta com uma inclinação de $45n$° dB/década para $0{,}1a < \omega < 10a$, com erros máximos de $\pm 5{,}71n$° em duas frequências.

As curvas assintóticas de resposta em módulo e fase associadas a um fator como $(1 + \mathbf{s}/20)^{-3}$ podem ser desenhadas rapidamente, mas os erros relativamente significativos associados às potências mais elevadas devem ser tidos em mente.

Pares Complexos Conjugados

O último tipo de fator que devemos considerar corresponde a um par complexo conjugado de polos e zeros. Adotamos a seguinte forma como a representação padrão para um par de zeros:

$$\mathbf{H}(\mathbf{s}) = 1 + 2\zeta\left(\frac{\mathbf{s}}{\omega_0}\right) + \left(\frac{\mathbf{s}}{\omega_0}\right)^2$$

a grandeza ζ é o fator de amortecimento apresentado na Seção 16.1, e vamos ver rapidamente que ω_0 é a frequência de corte da resposta assintótica.

Se $\zeta = 1$, vemos que $\mathbf{H}(\mathbf{s}) = 1 + 2(\mathbf{s}/\omega_0) + (\mathbf{s}/\omega_0)^2 = (1 + \mathbf{s}/\omega_0)^2$, um zero de segunda ordem como aquele que acabamos de considerar. Se $\zeta > 1$, então $\mathbf{H}(\mathbf{s})$ pode ser fatorado para mostrar dois zeros simples. Logo, se $\zeta = 1{,}25$, então $\mathbf{H}(\mathbf{s}) = 1 + 2{,}5(\mathbf{s}/\omega_0) + (\mathbf{s}/\omega_0)^2 = (1 + \mathbf{s}/2\omega_0)(1 + \mathbf{s}/0{,}5\omega_0)$, e temos novamente uma situação familiar.

Um novo caso surge quando $0 \le \zeta \le 1$. Não é necessário obter valores para o par complexo conjugado de raízes. Ao invés disso, determinamos os valores assintóticos em altas e baixas frequências para as respostas em módulo e fase, e então aplicamos um fator de correção que depende do valor de ζ.

Para a resposta em módulo, temos

$$H_{\mathrm{dB}} = 20\log|\mathbf{H}(j\omega)| = 20\log\left|1 + j2\zeta\left(\frac{\omega}{\omega_0}\right) - \left(\frac{\omega}{\omega_0}\right)^2\right| \qquad [30]$$

Quando $\omega \ll \omega_0$, $H_{db} = 20 \log |1| = 0$ dB. Essa é assíntota para as baixas frequências. Em seguida, se $\omega \gg \omega_0$, apenas o termo ao quadrado é importante e $H_{dB} = 20 \log |-(\omega/\omega_0)^2| = 40 \log(\omega/\omega_0)$. Temos uma inclinação de +40dB/década. Essa é a assíntota para as altas frequências, e as duas assíntotas se interceptam em 0 dB, $\omega = \omega_0$. A curva sólida na Fig 16.29 mostra essa representação assintótica da resposta em módulo. Entretanto, uma correção deve ser feita na vizinhança da frequência de corte. Fazendo $\omega = \omega_0$ na Equação [30], temos

$$H_{\mathrm{dB}} = 20\log\left|j2\zeta\left(\frac{\omega}{\omega_0}\right)\right| = 20\log(2\zeta) \qquad [31]$$

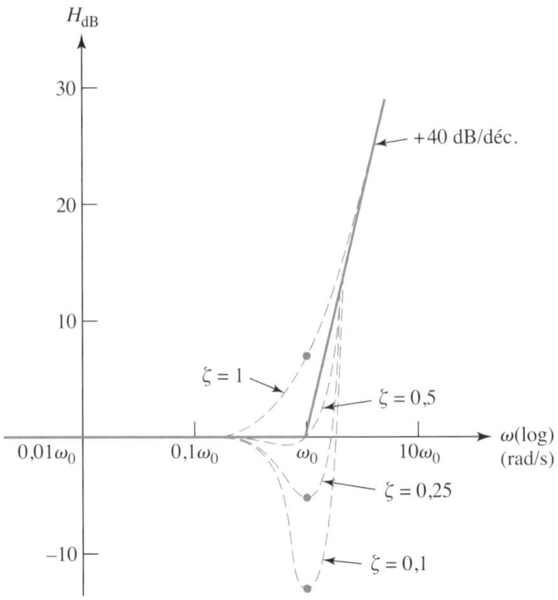

▲ **FIGURA 16.29** Diagramas de Bode para o módulo de $\mathbf{H}(\mathbf{s}) = 1 + 2\zeta(\mathbf{s}/\omega_0) + (\mathbf{s}/\omega_0)^2$ são mostrados para vários valores do fator de amortecimento ζ.

Se $\zeta = 1$, um caso limite, o fator de correção é +6 dB; para $\zeta = 0,5$, nenhum fator de correção é necessário, e se $\zeta = 0,1$, a correção é de −14 dB. O conhecimento do valor do fator de correção é frequentemente suficiente para se traçar uma resposta assintótica em módulo. A Figura 16.29 mostra curvas mais exatas para $\zeta = 1$, 0,5, 0,25, e 0,1, calculadas a partir da Equação [30]. Por exemplo, se $\zeta = 0,25$, então o valor exato de H_{dB} em $\omega = 0,5\omega_0$ é

$$H_{\text{dB}} = 20 \log |1 + j0,25 - 0,25| = 20 \log\sqrt{0,75^2 + 0,25^2} = -2,0 \text{ dB}$$

Os picos negativos não apresentam um valor mínimo exatamente em $\omega = \omega_0$, como podemos ver na curva para $\zeta = 0,5$. O vale é sempre encontrado em uma frequência ligeiramente inferior.

Se $\zeta = 0$, então $\mathbf{H}(j\omega_0) = 0$ e $H_{dB} = -\infty$. Diagramas de Bode não são usualmente traçados para essa situação.

Nossa última tarefa é desenhar a resposta assintótica em fase para $\mathbf{H}(j\omega) = 1 + 2\zeta(\omega/\omega_0) - (\omega/\omega_0)^2$. Abaixo de $\omega = 0,1\omega_0$, temos âng $\mathbf{H}(j\omega) = 0°$; acima de $\omega = 10\omega_0$, temos âng $\mathbf{H}(j\omega)$ = âng $[-(\omega/\omega_0)^2] = 180°$. Na frequência de canto, âng $\mathbf{H}(j\omega)$ = âng$(j2\zeta) = 90°$. No intervalo $0,1\omega_0 < \omega < 10\omega_0$, começamos com a linha reta mostrada como uma curva sólida na Figura 16.30. Ela se estende de $(0,1\omega_0, 0°)$ até $(10\omega_0, 180°)$, passando por $(\omega_0, 90°)$; ela tem uma inclinação de 90°/década.

Devemos agora propor alguma correção para essa curva básica para vários valores de ζ. A partir da Equação [30], temos

$$\text{âng } \mathbf{H}(j\omega) = \tan^{-1} \frac{2\zeta(\omega/\omega_0)}{1 - (\omega/\omega_0)^2}$$

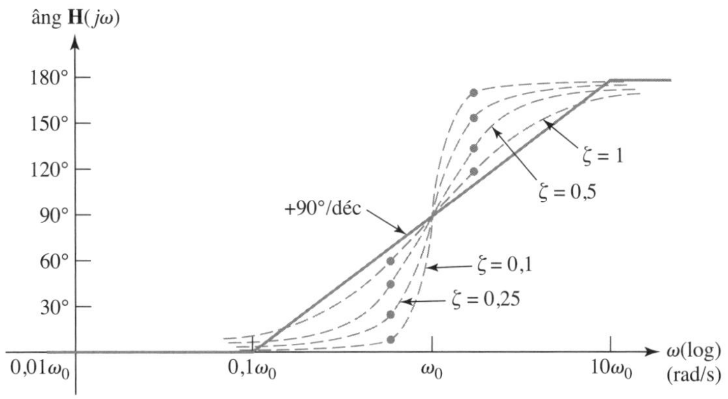

▲ **FIGURA 16.30** A representação aproximada da característica de fase de $\mathbf{H}(j\omega) = 1 + 2\zeta(\omega/\omega_0) - (\omega/\omega_0)^2$ é mostrada como uma linha sólida, e a resposta de fase verdadeira é mostrada como linhas tracejadas para $\zeta = 1$, 0,5, 0,25 e 0,1.

Um valor exato acima e abaixo de $\omega = \omega_0$ pode ser suficiente para dar à curva uma forma aproximada. Se escolhemos $\omega = 0{,}5\omega_0$, obtemos âng $\mathbf{H}(j0{,}5\omega_0) = \tan^{-1}(4\zeta/3)$, enquanto o ângulo é igual a $180^\circ - \tan^{-1}(4\zeta/3)$ em $\omega = 2\omega_0$. Curvas de fase são mostradas como linhas tracejadas na Figura 16.30 para $\zeta = 1$, 0,5, 0,25 e 0,1; pontos cheios identificam os valores exatos em $\omega = 0{,}5\omega_0$ e $\omega = 2\omega_0$.

Se o fator quadrático aparecer no denominador, tanto a curva de módulo quanto a de fase são o *negativo* daquelas que acabamos de discutir. Concluímos o estudo dos diagramas de Bode com um exemplo que contém fatores lineares e quadráticos.

▶ EXEMPLO 16.10

Construa o diagrama de Bode para a função de transferência $\mathbf{H}(\mathbf{s}) = 100.000\mathbf{s}/[(\mathbf{s} + 1)(10.000 + 20\mathbf{s} + \mathbf{s}^2)]$.

Vamos considerar primeiro o fator quadrático e arranjá-lo de um jeito no qual possamos ver o valor de ζ. Começamos dividindo o fator de segunda ordem por seu termo constante, 10.000:

$$\mathbf{H}(\mathbf{s}) = \frac{10\mathbf{s}}{(1 + \mathbf{s})(1 + 0{,}002\mathbf{s} + 0{,}0001\mathbf{s}^2)}$$

Uma inspeção no termo em $\mathbf{s}^2$ mostra que $\omega_0 = \sqrt{1/0{,}0001} = 100$. Então, a parte linear do termo quadrático é escrita de forma a mostrar o fator 2, o fator $(\mathbf{s}/\omega_0)$, e finalmente o fator ζ:

$$\mathbf{H}(\mathbf{s}) = \frac{10\mathbf{s}}{(1 + \mathbf{s})[1 + (2)(0{,}1)(\mathbf{s}/100) + (\mathbf{s}/100)^2]}$$

Vemos que $\zeta = 0{,}1$.

As assíntotas para a curva de resposta em módulo são traçadas em linhas tracejadas na Figura 16.31: 20 dB para o fator de 10, uma linha reta infinita passando por $\omega = 1$ com uma inclinação de +20 dB por década para o fator $\mathbf{s}$, uma quebra em $\omega = 1$ para o polo simples e uma quebra em $\omega = 100$ com uma inclinação de –40 dB/década para o termo de segunda ordem presente no denominador.

Somando essas quatro curvas e aplicando um fator de correção de +14 dB no termo quadrático, temos a curva cheia mostrada na Figura 16.31.

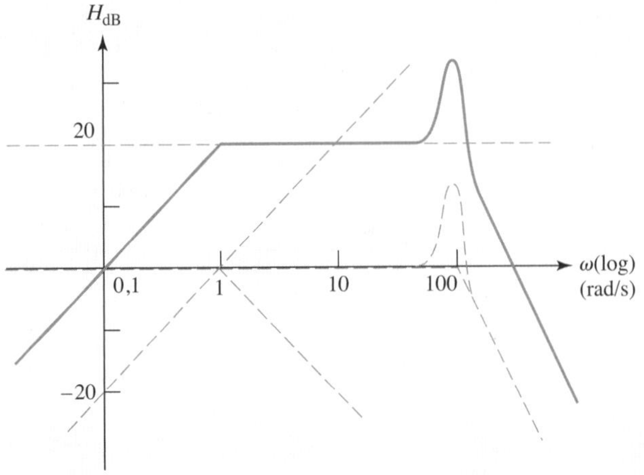

▲ **FIGURA 16.31** Diagrama de Bode para o módulo da função de transferência $\mathbf{H}(\mathbf{s}) = \dfrac{100.000\mathbf{s}}{(\mathbf{s}+1)(10.000+20\mathbf{s}+\mathbf{s}^2)}$.

A resposta em fase contém três componentes: +90° para o fator **s**; 0° para $\omega < 0{,}1$, −90° para $\omega > 10$, e −45°/década para o polo simples; e 0° para $\omega < 10$, −180° para $\omega > 1000$ e −90° por década para o fator quadrático. A soma dessas três assíntotas, mais a correção para $\zeta = 0{,}1$, é mostrada na curva sólida na Figura 16.32.

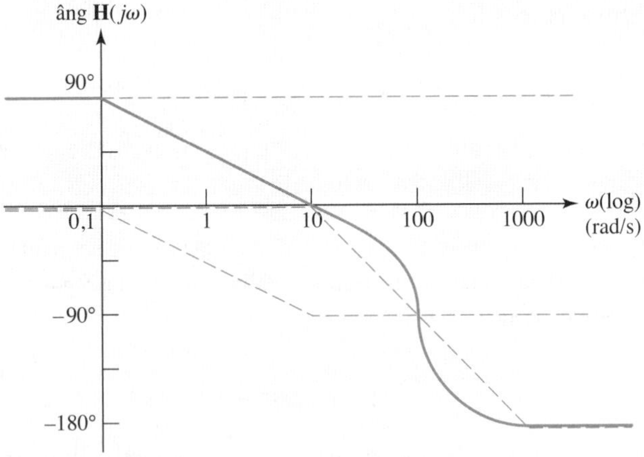

▲ **FIGURA 16.32** Diagrama de Bode para a fase da função de transferência $\mathbf{H}(\mathbf{s}) = \dfrac{100.000\mathbf{s}}{(\mathbf{s}+1)(10.000+20\mathbf{s}+\mathbf{s}^2)}$.

▶ EXERCÍCIO DE FIXAÇÃO

16.15 Se $\mathbf{H}(\mathbf{s}) = 1000\mathbf{s}^2/(\mathbf{s}^2 + 5\mathbf{s} + 100)$, desenhe o diagrama de Bode e calcule o valor para (*a*) ω quando $H_{dB} = 0$; (*b*) H_{dB} em $\omega = 1$; (*c*) H_{dB} à medida que $\omega \to \infty$.

Resposta: 0,316 rad/s; 20 dB; 60 dB.

▶ ANÁLISE AUXILIADA POR COMPUTADOR

A técnica de geração de diagramas de Bode é valiosa. Há muitas situações nas quais precisamos rapidamente de um diagrama aproximado (como em provas, ou quando avaliamos uma determinada topologia de circuito para uma aplicação específica), e o simples conhecimento da forma geral da resposta já basta. Além disso, diagramas de Bode podem ser muito valiosos no projeto de filtros, permitindo-nos selecionar fatores e valores de coeficientes.

Em situações onde curvas de resposta *exatas* são necessárias (como quando verificamos o projeto final de um circuito), há muitas ferramentas computacionais disponíveis para os engenheiros. A primeira técnica que consideramos aqui é o uso do MATLAB para gerar curvas de resposta em frequência. Para fazer isso, o circuito deve ser primeiramente analisado para se obter a função de transferência correta. Entretanto, não é necessário fator ar ou simplificar a expressão obtida.

Considere o circuito na Figura 16.26. Determinamos previamente que a função de transferência desse circuito pode ser expressa como

$$\mathbf{H}(\mathbf{s}) = \frac{-2\mathbf{s}}{(1 + \mathbf{s}/10)(1 + \mathbf{s}/20{,}000)}$$

Buscamos um gráfico detalhado para essa função no intervalo de frequências de 100 mrad/s a 1 Mrad/s. Como o gráfico final deve ser desenhado em uma escala logarítmica, não há necessidade de separarmos nossas frequências discretas em intervalos uniformes. Ao invés disso, usamos no MATLAB a função *logspace*() para gerar um vetor de frequências, onde os dois primeiros argumentos representam potências de 10 para as frequências inicial e final, respectivamente (–1 e 6 neste exemplo), e o terceiro argumento é o número total de pontos desejados. Assim, nosso código no MATLAB é

```
EDU>> w = logspace(–1,6,100);
EDU>> denom = (1+j*w/10).*(1+j*w/20000).
EDU>>H = –2*j*w ./ denom;
EDU>>Hdb = 20*log10(abs(H));
EDU>>semilogx(w, HdB)
EDU>>xlabel('frequency (rad/s)')
EDU>> ylabel ('|H(jw)| (dB)')
```

que resulta no gráfico mostrado na Figura 16.33.

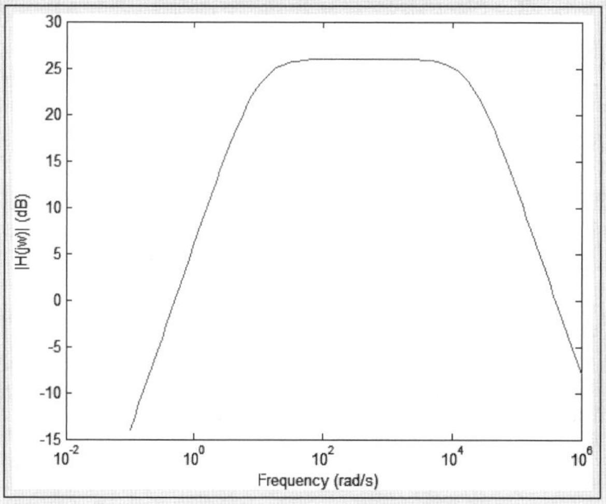

◀ **FIGURA 16.33** Gráfico de H_{dB} gerado usando o MATLAB.

Alguns comentários devem ser feitos sobre o código no MATLAB. Primeiro, note que substituímos $\mathbf{s} = j\omega$ em nossa expressão para $\mathbf{H}(\mathbf{s})$. Além disso, o MATLAB trata a variável *w* como um vetor, ou uma matriz unidimensional. Como tal, essa variável pode causar dificuldades no denominador de uma expressão assim que o MATLAB tentar aplicar as regras de álgebra matricial. Assim, o denominador de $\mathbf{H}(j\omega)$ é computado em uma linha separada, e o operador ".*" é necessário ao invés de "*" para multiplicar os dois termos. Esse novo operador é equivalente ao seguinte código no MATLAB:

```
EDU>> for k = 1 :100
denom = (1 + j*w(k)/10) * (1 + j*w(k)/20000);
end
```

De maneira similar, o novo operador "./" é usado na linha de código subsequente. Queremos os resultados em dB, então usamos a função *log*10(); *log*() representa o logaritmo natural no MATLAB. Finalmente, o novo comando *semilogx*() é usado para gerar um gráfico com uma escala logarítmica no eixo *x*. O leitor é encorajado neste ponto a voltar aos exemplos anteriores e usar essas técnicas para gerar curvas exatas para comparação com os diagramas de Bode correspondentes.

O PSpice também é comumente usado para gerar curvas de resposta em frequência, especialmente na avaliação de um projeto final. A Figura 16.34*a* mostra o circuito da Figura 16.26, onde a queda de tensão no resistor R3 representa a tensão de saída desejada. O componente VAC foi empregado com uma tensão fixa de 1 V, por conveniência. Uma simulação de varredura ca é necessária para determinar-se a resposta em frequência de nosso circuito; a Figura 16.34*b* foi gerada usando 10 pontos por década (com a opção *Decade* selecionada no menu **Logarithmic** AC Sweep Type) de 10 mHz a 1 MHz. Note que a simulação foi realizada em Hz, não em rad/s, e com isso a ferramenta cursor indica uma largura de faixa de 3,14 kHz.

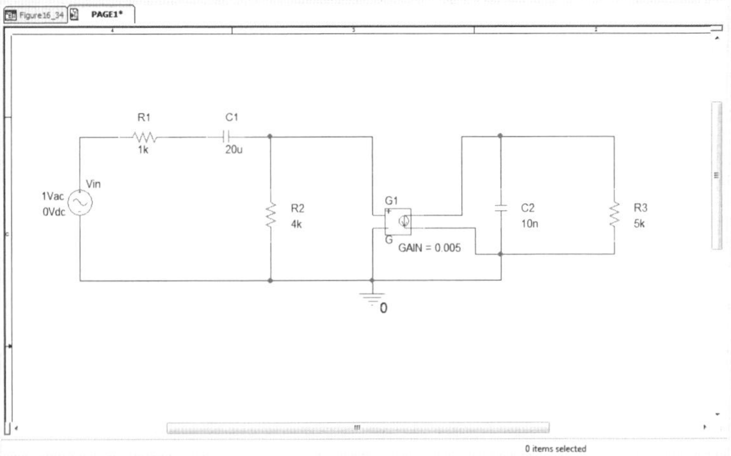

(*a*)

▲ **FIGURA 16.34** (*a*) O circuito da Figura 16.26. (*continua*)

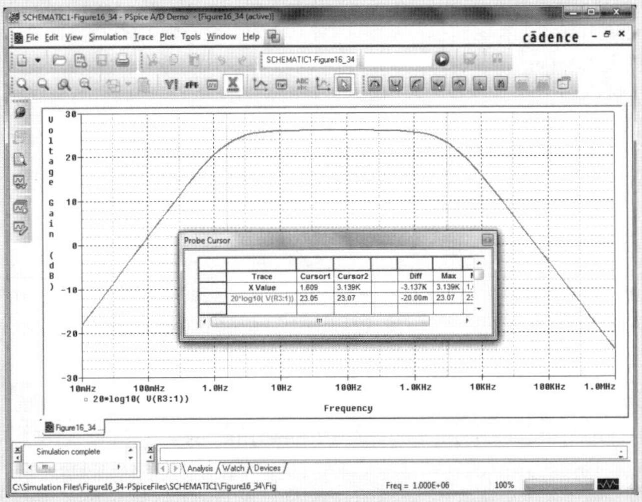

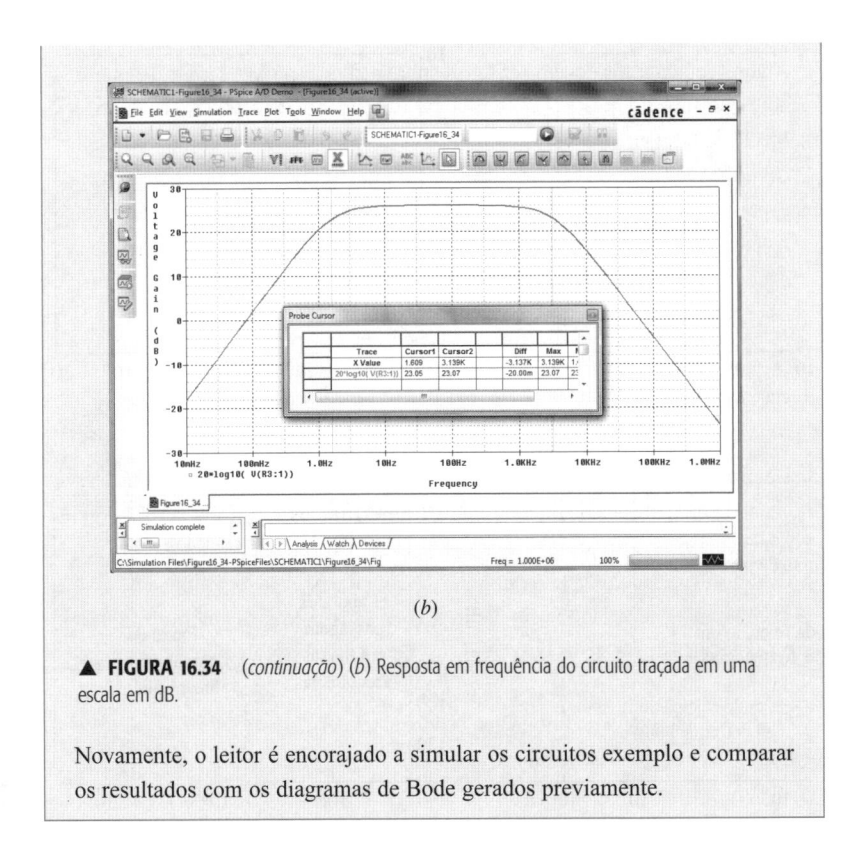

(*b*)

▲ **FIGURA 16.34** (*continuação*) (*b*) Resposta em frequência do circuito traçada em uma escala em dB.

Novamente, o leitor é encorajado a simular os circuitos exemplo e comparar os resultados com os diagramas de Bode gerados previamente.

16.7 ▶ PROJETO DE FILTROS BÁSICOS

O projeto de filtros é um assunto muito prático (e interessante), que vale por si só um livro texto separado. Nesta seção, apresentamos alguns dos conceitos básicos de filtragem e exploramos circuitos contendo filtros passivos e ativos. Esses circuitos podem ser muito simples, consistindo em um único capacitor ou indutor cuja inclusão em uma dada rede leva a uma melhoria em seu desempenho. Eles também podem ser bem sofisticados, consistindo em muitos resistores, capacitores, indutores e AOPs aplicados para fornecer uma curva de resposta em frequência específica para uma dada aplicação. Filtros são usados em eletrônica moderna na obtenção de tensões cc em fontes de alimentação, na eliminação de ruído em canais de comunicação, na separação de canais de rádio e televisão presentes em sinais multiplexados captados por antenas e na amplificação de sinais graves em equipamentos de som automotivos, só para citar alguns poucos exemplos.

O conceito principal associado a um filtro é a seleção das frequências que podem passar através de uma rede. Há vários tipos de filtro, que são escolhidos dependendo da necessidade de uma determinada aplicação. Um ***filtro passa-baixas***, cuja resposta está ilustrada na Figura 16.35*a*, permite a passagem de frequências abaixo de uma determinada frequência de corte, ao mesmo tempo que atenua significativamente frequências acima dessa frequência. Um ***filtro passa-altas***, por outro lado, faz exatamente o oposto, como mostrado na Figura 16.35*b*. A principal figura de mérito de um filtro é a sua seletividade, que é maior tanto maior quanto maior for a inclinação da curva de resposta na vizinhança da frequência de corte. Em geral, curvas de resposta com maiores inclinações requerem circuitos mais complexos.

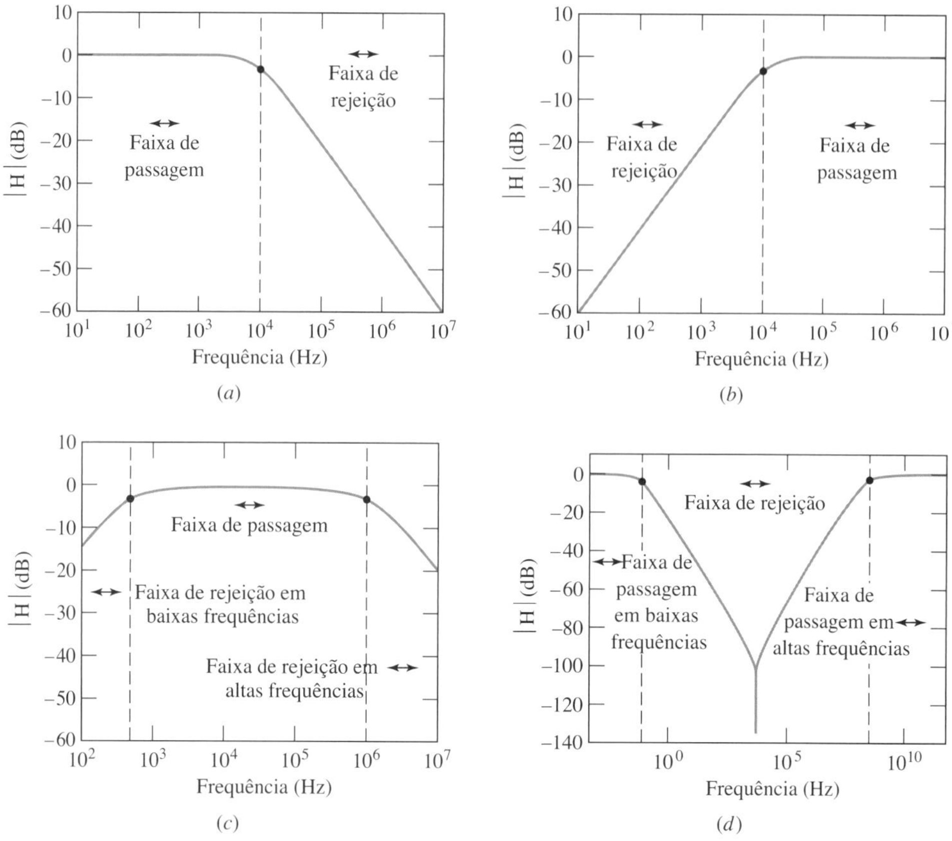

▲ **FIGURA 16.35** Curvas de resposta em frequência para filtros (*a*) passa-baixas; (*b*) passa-altas; (*c*) passa-faixa; (*d*) rejeita-faixa. Em cada diagrama, um ponto cheio corresponde a −3 dB.

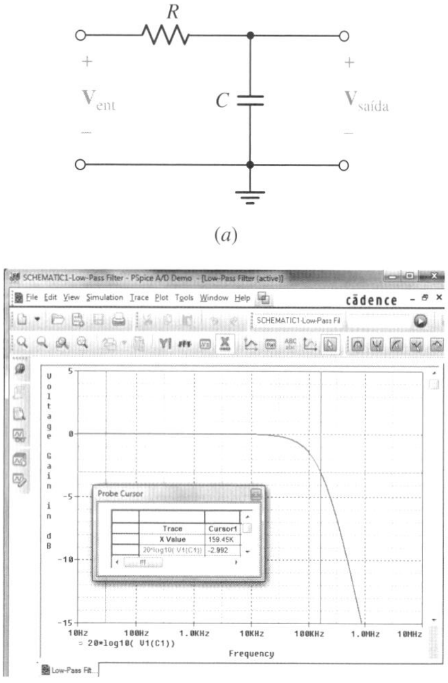

▲ **FIGURA 16.36** (*a*) Um simples filtro *RC* passa-baixas. (*b*) Resposta em frequência simulada para R = 500 Ω e C = 2 nF, mostrando a frequência de corte em 159 kHz.

A combinação de um filtro passa-baixas com um filtro passa-altas pode levar ao que é conhecido como um ***filtro passa-faixa***, ilustrado na curva de resposta mostrada na Figura 16.35*c*. Nesse tipo de filtro, a região entre as duas frequências de corte é chamada de ***faixa de passagem***; a região fora da faixa de passagem é chamada de ***faixa de rejeição***. Esses termos também podem ser aplicados aos filtros passa-baixas e passa-altas, conforme indicado nas Figs. 16.35*a* e *b*. Também podemos criar um ***filtro rejeita-faixa*** que permita a passagem de frequências altas e baixas mas atenue qualquer sinal com frequências entre as duas frequências de corte (Figura 16.35*d*).

O ***filtro notch*** é um filtro rejeita-faixa especializado, projetado com uma resposta característica que bloqueia um único componente de frequência de um sinal. ***Filtros multifaixas*** também são possíveis; esses são circuitos que possuem múltiplas faixas de passagem e de rejeição. O projeto de tais filtros é simples, mas além do escopo deste livro.

Filtros Passa-Baixas e Passa-Altas Passivos

Um filtro pode ser construído com o uso de um simples capacitor e um simples resistor, como mostrado na Figura 16.36*a*. A função de transferência desse filtro passa-baixas é

$$\mathbf{H}(\mathbf{s}) \equiv \frac{\mathbf{V}_{\text{saída}}}{\mathbf{V}_{\text{ent}}} = \frac{1}{1 + RC\mathbf{s}} \quad [32]$$

$\mathbf{H}(\mathbf{s})$ tem uma única frequência de corte, que ocorre em $\omega = 1/RC$, e um zero em $\mathbf{s} = \infty$, o que leva a seu comportamento de filtro "passa-baixas". Baixas frequências ($\mathbf{s} \rightarrow 0$) resultam em $|\mathbf{H}(\mathbf{s})|$ próximo a seu valor máximo (unitário, ou 0 dB), e altas frequências ($\mathbf{s} \rightarrow \infty$) resultam em $|\mathbf{H}(\mathbf{s})| \rightarrow 0$. Esse comportamento pode ser entendido qualitativamente com a análise da impedância do capacitor: com o aumento da frequência, o capacitor passa a agir como um curto circuito para sinais ca, levando a uma redução na tensão de saída. Uma curva de reposta que exemplifica o comportamento de um filtro passa-baixas com $R = 500\ \Omega$ e $C = 2$ nF é mostrado na Figura 16.36*b*; a frequência de corte de 159 kHz (1 Mrad/s) pode ser encontrada movendo-se o cursor para –3 dB. A inclinação da curva de resposta na vizinhança da frequência de corte pode ser aumentada com a implementação de um circuito contendo elementos reativos adicionais (isto é, mais elementos capacitivos e/ou indutivos).

Um filtro passa-altas pode ser construído com a simples troca de posições entre o resistor e o capacitor na Figura 16.36*a*, como vemos no próximo exemplo.

▶ EXEMPLO 16.11

Projete um filtro passa-altas com uma frequência de corte de 3 kHz.

Começamos com a seleção de uma topologia de circuito. Como nenhuma restrição é feita com relação à seletividade da resposta, escolhemos o circuito simples da Figura 16.37.

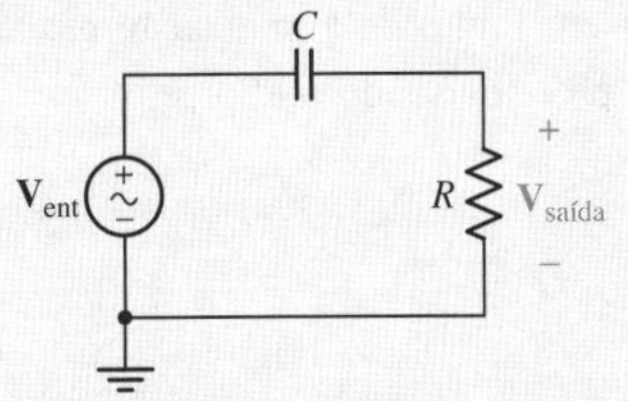

◀ **FIGURA 16.37** Um simples circuito de um filtro passa-altas, para o qual valores de *R* e *C* devem ser selecionados para se obter uma frequência de corte de 3 kHz.

A função de transferência desse circuito é facilmente obtida como

$$\mathbf{H}(\mathbf{s}) \equiv \frac{\mathbf{V}_{\text{saída}}}{\mathbf{V}_{\text{ent}}} = \frac{RC\mathbf{s}}{1 + RC\mathbf{s}}$$

que tem um zero em $\mathbf{s} = 0$ e um polo em $\mathbf{s} = -1/RC$, o que leva ao comportamento "passa-altas" do filtro (isto é, $|\mathbf{H}| \rightarrow 0$ à medida que $\omega \rightarrow \infty$).

A frequência de corte do circuito do filtro é $\omega_c = 1/RC$, e buscamos o valor de $\omega_c = 2\pi f_c = 2\pi(3000) = 18{,}85$ krad/s. Novamente, devemos selecionar um valor para *R* ou *C*. Na prática, nossa decisão normalmente se baseia nos valores dos resistores e capacitores que temos à mão, mas como essa informação não foi fornecida aqui, estamos livres para fazer escolhas arbitrárias.

Escolhemos portanto o valor padrão de 4,7 kΩ para *R*, o que leva a $C = 11{,}29$ nF.

O único passo restante é a verificação de nosso projeto com a realização de uma simulação no PSpice; a curva de resposta predita é mostrada na Figura 16.38.

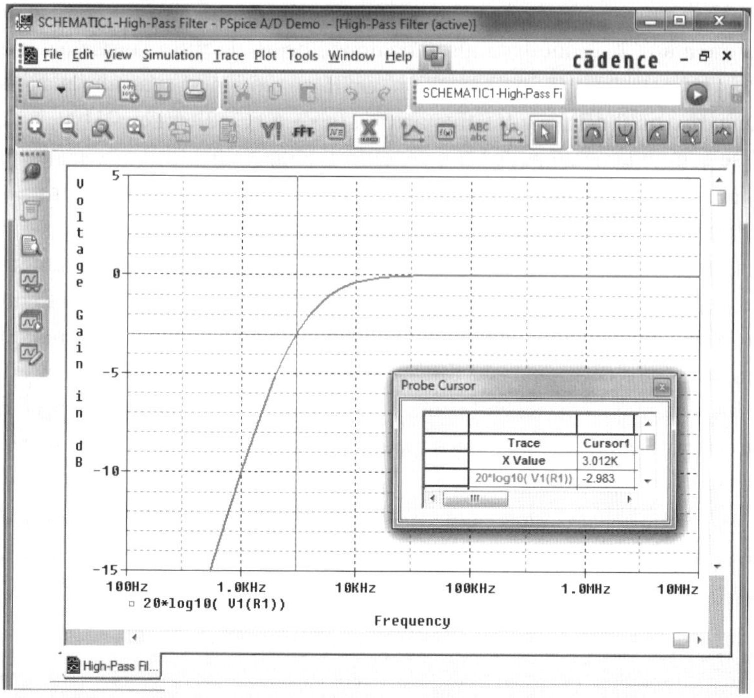

▲ **FIGURA 16.38** Resposta em frequência simulada do projeto final do filtro, mostrando uma frequência de corte (3 dB) de 3 kHz, conforme esperado.

▶ EXERCÍCIO DE FIXAÇÃO

16.16 Projete um filtro passa-altas com uma frequência de corte de 13,56 MHz, que é comumente encontrada em fontes de alimentação usadas em radiofrequência. Verifique o seu projeto usando o PSpice.

Filtros Passa-Faixa

Já vimos muitos circuitos neste capítulo que poderiam ser classificados como filtros "passa-faixa" (por exemplo, nas Figs. 16.1 e 16.8). Considere o circuito simples da Figura 16.39, no qual a tensão nos terminais do resistor corresponde à saída. A função de transferência desse circuito é facilmente obtida como

$$\mathbf{A}_V = \frac{\mathbf{s}RC}{LC\mathbf{s}^2 + RC\mathbf{s} + 1} \qquad [33]$$

O módulo dessa função é (após algumas manipulações algébricas)

$$|\mathbf{A}_V| = \frac{\omega RC}{\sqrt{(1 - \omega^2 LC)^2 + \omega^2 R^2 C^2}} \qquad [34]$$

que, no limite para $\omega \to 0$, torna-se

$$|\mathbf{A}_V| \approx \omega RC \to 0$$

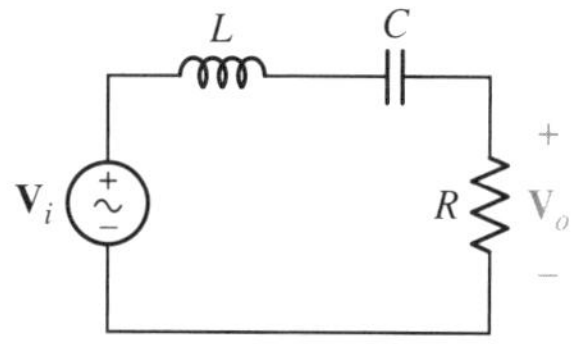

▲ **FIGURA 16.39** Um filtro passa-faixa simples, construído usando um circuito *RLC* série.

e no limite para $\omega \to \infty$ se torna

$$|\mathbf{A}_V| \approx \frac{R}{\omega L} \to 0$$

Sabemos de nossa experiência com os diagramas de Bode que a Equação [33] representa três frequências críticas: um zero e dois polos. Para obtermos uma resposta de filtro passa-faixa com valor de pico unitário (0 dB), ambas as frequências dos polos devem ser maiores que 1 rad/s, a frequência de cruzamento em 0 dB do termo zero. Essas duas frequências críticas podem ser obtidas com a fatoração da Equação [33] ou com a determinação dos valores de ω nos quais a Equação [34] é igual a $1/\sqrt{2}$. A frequência central desse filtro ocorre então em $\omega = 1/\sqrt{LC}$. Assim, com poucas manipulações algébricas após igualar a Equação [34] a $1/\sqrt{2}$, vemos que

$$\left(1 - LC\omega_c^2\right)^2 = \omega_c^2 R^2 C^2 \qquad [35]$$

Tirando a raiz quadrada de ambos os termos, temos

$$LC\omega_c^2 + RC\omega_c - 1 = 0$$

Solucionando a equação quadrática, vemos que

$$\omega_c = -\frac{R}{2L} \pm \frac{\sqrt{R^2C^2 + 4LC}}{2LC} \qquad [36]$$

Frequências negativas são soluções sem sentido físico para nossa equação original, e com isso apenas o radicando positivo da Equação [36] pode ser aplicado. Entretanto, podemos ter sido um pouco apressados ao calcular a raiz quadrada positiva de ambos os lados da Equação [35]. Se também considerarmos a raiz quadrada negativa, que é igualmente válida, obtemos

$$\omega_c = \frac{R}{2L} \pm \frac{\sqrt{R^2C^2 + 4LC}}{2LC} \qquad [37]$$

de onde pode-se mostrar que apenas o radicando positivo tem sentido físico. Com isso, obtemos ω_L a partir da Equação [36] e ω_H a partir da Equação [37]; como $\omega_H - \omega_L = \mathcal{B}$, um pouco de álgebra simples mostra que $\mathcal{B} = R/L$.

▶ EXEMPLO 16.12

Projete um filtro passa-faixa caracterizado por uma faixa de passagem de 1 MHz e uma frequência de corte superior de 1,1 MHz.

Escolhemos um circuito com a topologia mostrada na Figura 16.39, e começamos determinando as frequências de corte necessárias. A faixa de passagem é dada por $f_H - f_L$, então

$$f_L = 1{,}1 \times 10^6 - 1 \times 10^6 = 100 \text{ kHz}$$

e

$$\omega_L = 2\pi f_L = 628{,}3 \text{ krad/s}$$

A frequência de corte superior (ω_H) é simplesmente 6,912 Mrad/s.

Para projetar um circuito com essas características, é necessário obter uma expressão para cada frequência em termos das variáveis R, L e C.

Igualando a Equação [37] a 2π (1,1 × 10⁶), podemos resolver para $1/LC$, pois já sabemos que $\mathcal{B} = 2\pi\,(f_H - f_L) = 6{,}283 \times 10^6$.

$$\frac{1}{2}\mathcal{B} + \left[\frac{1}{4}\mathcal{B}^2 + \frac{1}{LC}\right]^{1/2} = 2\pi(1{,}1 \times 10^6)$$

Resolvendo, obtemos $1/LC = 4{,}343 \times 10^{12}$. Selecionando arbitrariamente L = 50 mH, obtemos R = 314 kΩ e C = 4,6 pF. Deve ser notado que não há solução única para esse problema de "projeto" –R, L ou C podem ser selecionados como ponto de partida.

A verificação de nosso projeto no PSpice é mostrada na Figura 16.40.

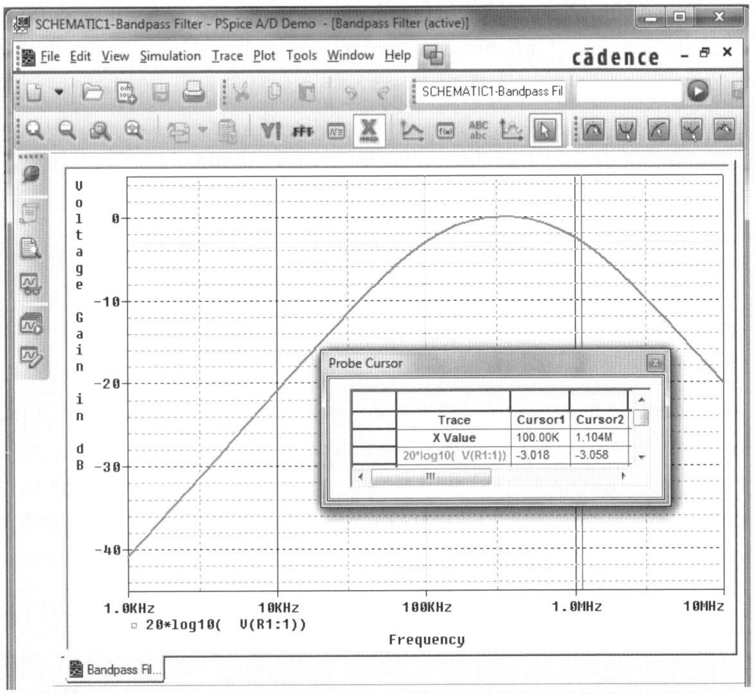

▲ **FIGURA 16.40** Resposta simulada do projeto do filtro passa-faixa, mostrando, como desejávamos, uma faixa de passagem de 1 MHz e uma frequência de corte superior de 1,1 MHz.

▶ EXERCÍCIO DE FIXAÇÃO

16.17 Projete um filtro passa-faixa com uma frequência de corte inferior de 100 rad/s e uma frequência de corte superior de 10 krad/s.

Resposta: Uma possível resposta entre tantas outras: R = 990 Ω, L = 100 mH e C = 10 μF.

O tipo de circuito que temos considerado é conhecido como um ***filtro passivo*** por ser construído apenas com elementos passivos (isto é, sem transistores, AOPs ou outros elementos "ativos"). Embora filtros passivos sejam relativamente comuns, eles não são totalmente adequados para todas as aplicações. O ganho de um filtro passivo (definido como a tensão de saída dividida pela tensão de entrada) pode ser difícil de se ajustar, e a amplificação é uma característica muitas vezes desejável em circuitos de filtros.

Filtros Ativos

O uso de um elemento ativo como o AOP no projeto de filtros pode resolver muitas das limitações encontradas nos filtros passivos. Como vimos no Cap. 6, circuitos com AOPs podem ser facilmente projetados para fornecer ganho. Circuitos com AOPs também podem exibir um comportamento similar ao de um indutor por meio do posicionamento estratégico de capacitores.

Os circuitos internos dos AOPs contêm capacitâncias muito pequenas (tipicamente da ordem de 100 pF), e essas capacitâncias limitam a frequência máxima na qual o AOP pode funcionar de forma apropriada. Logo, qualquer circuito com AOPs se comporta como um filtro passa-baixas, com uma frequência de corte possivelmente em torno de 20 MHz ou mais em dispositivos mais modernos (dependendo do ganho do circuito).

▶ EXEMPLO 16.13

Projete um filtro passa-baixas ativo com uma frequência de corte de 10 kHz e um ganho de tensão de 40 dB.

Para frequências muito menores que 10 kHz, precisamos de um circuito amplificador capaz de fornecer um ganho de 40 dB, ou 100 V/V. Isso pode ser conseguido simplesmente com a aplicação de um amplificador não inversor (como aquele mostrado na Figura 16.41*a*), com

$$\frac{R_f}{R_1} + 1 = 100$$

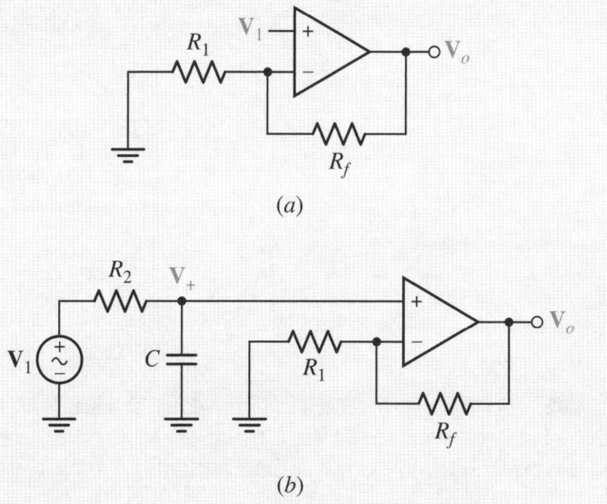

▲ **FIGURA 16.41** (*a*) Circuito amplificador não inversor simples. (*b*) Um filtro passa-baixas formado por um resistor R_2 e um capacitor C foi adicionado à entrada.

Para obter uma frequência de corte em 10 kHz, precisamos de um filtro passa-baixas na entrada do AOP (como na Figura 16.41*b*). Para deduzir a função de transferência, começamos a partir da entrada não inversora,

$$\mathbf{V}_+ = \mathbf{V}_i \frac{1/\mathbf{s}C}{R_2 + 1/\mathbf{s}C} = \mathbf{V}_i \frac{1}{1 + \mathbf{s}R_2C}$$

Na entrada inversora, temos

$$\frac{\mathbf{V}_o - \mathbf{V}_+}{R_f} = \frac{\mathbf{V}_+}{R_1}$$

Combinando essas duas equações e resolvendo para $\mathbf{V}_o$, vemos que

$$\mathbf{V}_o = \mathbf{V}_i \left(\frac{1}{1 + \mathbf{s}R_2C} \right) \left(1 + \frac{R_f}{R_1} \right)$$

O valor máximo do ganho $\mathbf{A}_V = \mathbf{V}_o/\mathbf{V}_i$ é $1 + R_f/R_1$, e igualamos essa grandeza a 100. Como nenhum desses resistores aparece na expressão para a frequência de corte $(R_2C)^{-1}$, qualquer um deles pode ser selecionado primeiro. Escolhemos portanto $R_1 = 1$ kΩ, e com isso $R_f = 99$ kΩ.

Selecionando $C = 1$ μF de forma arbitrária, vemos que

$$R_2 = \frac{1}{2\pi(10 \times 10^3)C} = 15{,}9\ \Omega$$

Neste ponto, nosso projeto está completo. Está mesmo? A resposta em frequência simulada desse circuito está mostrada na Figura 16.42*a*.

Fica imediatamente claro que nosso projeto não satisfaz à especificação de uma frequência de corte em 10 kHz. O que fizemos de errado? Uma verificação cuidadosa em nossas contas não aponta nenhum erro, então alguma hipótese errônea deve ter sido adotada em algum lugar. A simulação foi realizada usando um AOP μA741, diferentemente do AOP ideal que assumimos em nossas deduções. Essa acaba sendo a fonte de nosso desconforto – o mesmo circuito com um AOP LF111 substituindo o μA741 resulta na frequência de corte de 10 kHz que desejávamos; a simulação correspondente está mostrada na Figura 16.42*b*.

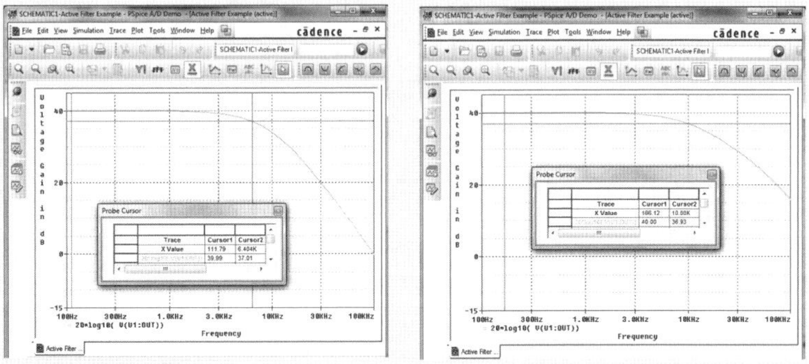

(*a*) (*b*)

▲ **FIGURA 16.42** (*a*) Reposta em frequência do circuito de um filtro usando um AOP μA741, apresentando uma frequência de corte de 6,4 kHz. (*b*) Resposta em frequência do mesmo circuito, mas agora usando um AOP LF111. A frequência de corte deste circuito é 10 kHz, o valor desejado.

Infelizmente, o AOP μA741 com um ganho de 40 dB apresenta uma frequência de corte na vizinhança de 10 kHz, o que não pode ser desprezado neste exemplo. O LF111, no entanto, não atinge a sua primeira frequência de corte até aproximadamente 75 kHz, que está suficientemente afastada de 10 kHz para não afetar nosso projeto.

▶ EXERCÍCIO DE FIXAÇÃO

16.18 Projete o circuito de um filtro passa-baixas com um ganho de 30 dB e uma frequência de corte de 1 kHz.

Resposta: Uma possível resposta entre tantas outras: $R_1 = 100$ kΩ, $R_f = 3{,}062$ MΩ, $R_2 = 79{,}58$ Ω e $C = 2$ μF.

APLICAÇÃO

AJUSTE DE GRAVES, MÉDIOS E AGUDOS

O ajuste independente de graves, médios e agudos em um sistema de som é uma característica normalmente desejável, mesmo em equipamentos baratos. Aceita-se comumente que a faixa de frequências audíveis (pelo menos para o ouvido humano) esteja entre 20 Hz e 20 kHz, com os graves correspondendo às frequências mais baixas (< 500 Hz, aproximadamente) e os agudos correspondendo às frequências mais elevadas (> 5kHz, mais ou menos).

O projeto de um equalizador gráfico simples é um desafio relativamente fácil, embora um sistema como aquele mostrado na Figura 16.43 requeira um pouco mais de esforço. No equalizador de graves, médios e agudos comumente encontrado em rádios portáteis, o sinal principal (fornecido por um receptor de rádio ou talvez um leitor de CD) é composto por um amplo espectro de frequências com largura de faixa de aproximadamente 20 kHz.

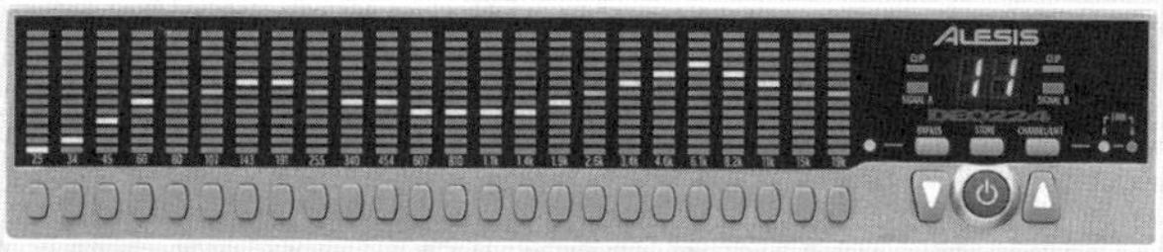

▲ **FIGURA 16.43** Exemplo de equalizador gráfico. *Cortesia da Alesis.*

Esse sinal deve ser enviado para três diferentes circuitos AOPs, cada qual com um diferente filtro em sua entrada. O ajuste dos graves requer um filtro passa-baixas, o ajuste dos agudos requer um filtro passa-altas e o ajuste de médios requer um filtro passa-faixa. A saída de cada circuito AOP alimenta em seguida um circuito amplificador somador; um diagrama de blocos para o circuito completo está mostrado na Figura 16.44.

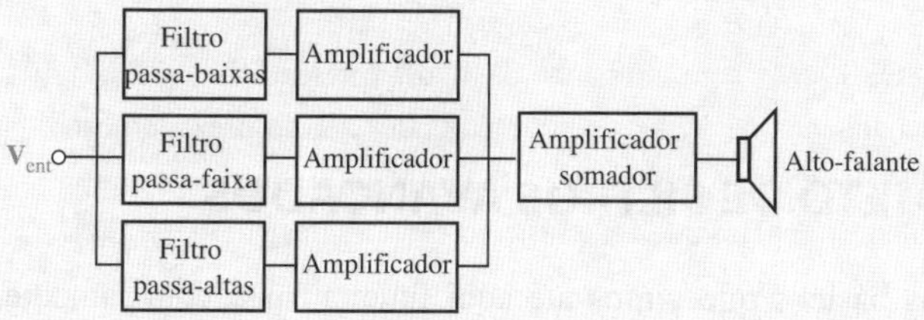

▲ **FIGURA 16.44** Diagrama de blocos de um equalizador gráfico simples.

Nosso bloco básico está mostrado na Figura 16.45. Esse circuito consiste em um circuito AOP não inversor caracterizado por um ganho de tensão de $1 + R_f / R_1$, e um filtro passa-baixas simples composto por um resistor R_2 e um capacitor C. O resistor de realimentação R_f é um resistor variável (às vezes chamado de ***potenciômetro***), que permite o ajuste do ganho por meio da rotação de um botão; um leigo chamaria esse resistor de controle de volume. A rede formada pelo filtro passa-baixas restringe as frequências que entram no AOP para ser amplificadas; a frequência de corte é simplesmente $(R_2C)^{-1}$. Se for necessário para o projetista permitir que o usuário ajuste a frequência de corte do filtro, o resistor R_2 pode ser substituído por um potenciômetro, ou, alternativamente, o capacitor C pode ser substituído por um capacitor variável. Os estágios restantes são construídos essencialmente da mesma maneira, mas com uma diferente rede de filtragem na entrada.

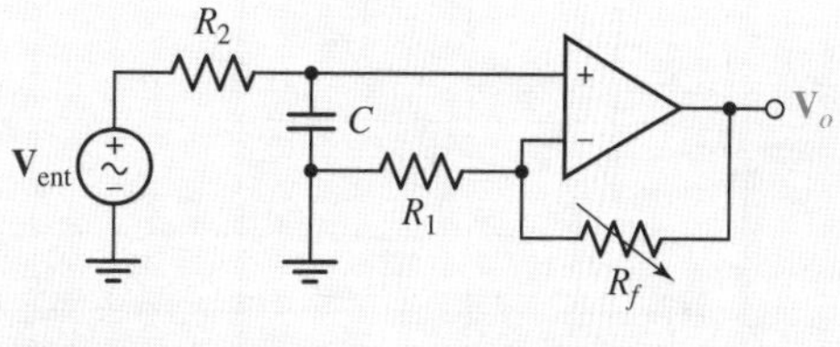

▲ **FIGURA 16.45** A seção de ajuste de graves do circuito amplificador.

Para identificar os resistores, capacitores e AOPs, devemos adicionar um subscrito adequado a cada um deles para indicar o estágio ao qual eles pertencem (a, m, g). Começando com o estágio de agudos, como já tivemos problemas ao usar o μA741 na faixa de 10 a 20 kHz com ganho elevado, talvez seja melhor trabalhar novamente com o LF111. Selecionando uma frequência de corte de 5 kHz para os agudos (há variações entre os valores selecionados por diferentes projetistas de circuitos de áudio), precisamos de

$$\frac{1}{R_{2a}C_a} = 2\pi(5 \times 10^3) = 3{,}142 \times 10^4$$

A seleção arbitrária de $C_a = 1\ \mu$F faz com que um valor de 31,83 Ω seja necessário para R_{2a}. Também selecionando $C_g = 1\ \mu$F (talvez com isso possamos negociar um desconto pela compra de muitos capacitores com o mesmo valor), precisamos de $R_{2g} = 318{,}3$ Ω para obter uma frequência de corte de 500 Hz para os graves. Deixamos para o leitor o projeto de um filtro passa-faixa adequado.

A próxima parte de nosso projeto é a escolha de valores adequados para R_{1a} e R_{1g}, bem como dos resistores de realimentação correspondentes. Como não nos instruíram contrariamente, é provavelmente mais simples fazer estágios idênticos. Portanto, selecionamos R_{1a} e R_{1g} como 1 kΩ de forma arbitrária, e R_{fa} e R_{fg} como potenciômetros de 10 kΩ (o que significa que eles podem variar em uma faixa de 0 a 10 kΩ). Isso permite que o volume de um sinal seja até 11 vezes maior do que o do outro. Caso precisemos de um projeto portátil, selecionamos baterias de ±9 V, embora isso possa ser facilmente alterado se necessário.

Agora que o projeto do estágio do filtro está completo, estamos prontos para considerar o projeto do estágio somador. Por uma questão de simplicidade, vamos alimentar os AOPs desse estágio com as mesmas fontes de tensão aplicadas nos demais estágios, o que limita o módulo da tensão de saída a um máximo de 9 V. Usamos um AOP na configuração inversora, com a saída de cada um dos estágios de filtragem alimentando diretamente o seu próprio resistor de 1 kΩ. O outro terminal de cada um dos resistores de 1 kΩ é então conectado à entrada inversora do estágio amplificador somador. O potenciômetro apropriado para o estágio amplificador somador deve ser selecionado para que não ocorra saturação, de forma que o conhecimento tanto do intervalo das tensões de entrada quanto da potência de saída do alto-falante é necessário. Uma simulação limitada do projeto final é mostrada na Figura 16.46.

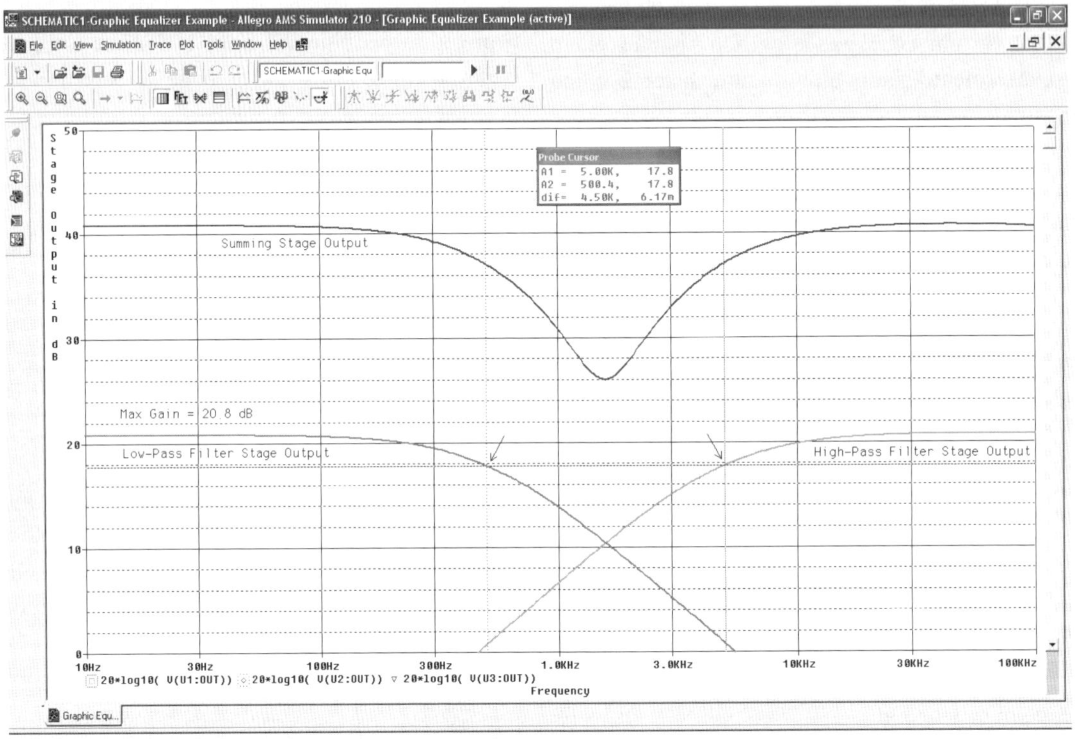

▲ **FIGURA 16.46** Resposta em frequência simulada para o projeto do equalizador.

16.8 ▸ PROJETO DE FILTROS AVANÇADOS

Embora os filtros básicos que vimos até aqui funcionem adequadamente para inúmeras aplicações, as suas características são muito distantes da resposta em módulo de uma função ideal "semelhante a um degrau". Felizmente, temos alternativas, conhecido como filtros de ordem superior com comportamento aperfeiçoado, ao custo de maior complexidade e mais componentes. Por exemplo, a função de transferência geral de um filtro passa-baixas de ordem n pode ser escrita como

$$\mathbf{N(s)} = \frac{K a_0}{\mathbf{s}^n + a_{n-1}\mathbf{s}^{n-1} + \cdots + a_1\mathbf{s} + a_0}$$

e a função de transferência geral do filtro passa-alta (de ordem n) é sutilmente diferente:

$$\mathbf{N(s)} = \frac{K\mathbf{s}^n}{\mathbf{s}^n + a_{n-1}\mathbf{s}^{n-1} + \cdots + a_1\mathbf{s} + a_0}$$

Para representar um filtro passa-faixa, precisamos apenas alterar o numerador de $K\mathbf{s}^{n/2}$, e o filtro rejeita-faixa (representado na Figura 16.35*d*) tem a função de transferência

$$\mathbf{N(s)} = \frac{K\left(\mathbf{s}^2 + \omega_0^2\right)^{n/2}}{\mathbf{s}^n + a_{n-1}\mathbf{s}^{n-1} + \cdots + a_1\mathbf{s} + a_0}$$

O projeto de um filtro específico, então, exige a seleção da função de transferência adequada, e a escolha de uma classe de polinômios que especificam os coeficientes a_1, a_2, etc. Nesta seção, apresentamos filtros com base em ***Polinômios de Butterworth*** e ***Chebyshev***, dois dos mais empregados em projeto de filtros.

O filtro Butterworth passa-baixas é um dos filtros mais conhecidos. É caracterizado por um módulo de amplitude

$$|\mathbf{H}(j\omega)| = \frac{K}{\sqrt{1 + (\omega/\omega_c)^{2n}}} \qquad n = 1, 2, 3, \ldots$$

que é representada na Figura 16.47*a* para $n = 1, 2, 3$ e 5; K é uma constante real, e ω_c representa a frequência crítica. Como pode ser visto, o módulo se aproxima da forma de uma função degrau a medida que a ordem n aumenta. Em contraste, o filtro Chebyshev passa-baixas é caracterizado por ondulações bastante proeminentes na faixa de passagem, cujo número depende da ordem do filtro, conforme mostra a Figura 16.47*b*. A sua resposta em módulo é descrita por

$$|\mathbf{H}(j\omega)| = \frac{K}{\sqrt{1 + \beta^2 C_n^2(\omega/\omega_c)}} \qquad n = 1, 2, 3, \ldots$$

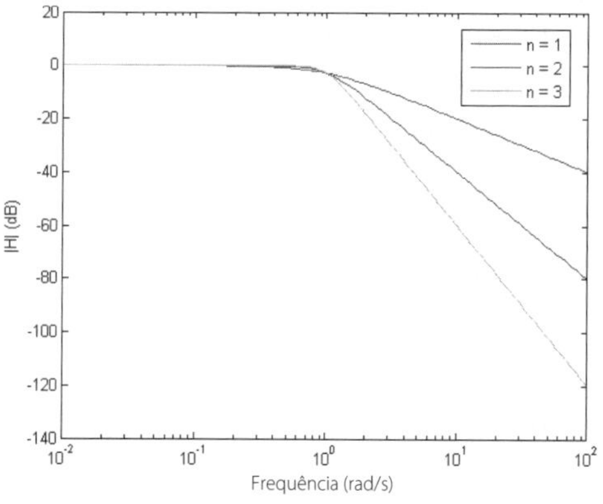

(*a*)

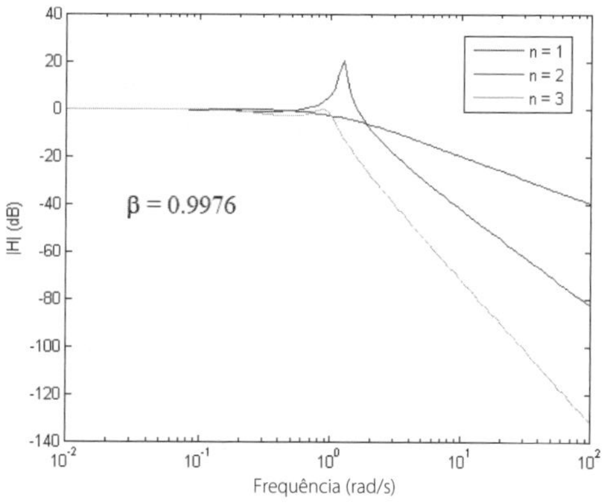

(*b*)

▲ **FIGURA 16.47** Gráfico de |**H** (*j*ω)| para filtros passa-baixas de primeira, segunda e terceira ordem (*a*) filtros Butterworth e (*b*) Filtros de Chebyshev. Todos os filtros foram normalizados para uma frequência de corte de 1 rad/s.

onde β é uma constante real conhecida como o ***fator de ondulação*** e $C_n(\omega/\omega_c)$ indica o polinômio de Chebyshev do primeiro tipo de grau n. Por conveniência, os coeficientes selecionados de ambos os tipos polinomiais estão listados na Tabela 16.2.

Tabela 16.2 ▶ Coeficientes para as Funções de Filtros Passa-Baixas Butterworth e Chebyshev (β = 0,9976, ou 3 dB) Normalizados para $\omega_c = 1$

Butterworth

n	a_0	a_1	a_2	a_3	a_4
1	1,0000				
2	1,0000	1,4142			
3	1,0000	2,0000	2,0000		
4	1,0000	2,6131	3,4142	2,6131	
5	1,0000	3,2361	5,2361	5,2361	3,2361

Chebyshev (β = **0,9976**)

n	a_0	a_1	a_2	a_3	a_4
1	1,0024				
2	0,7080	0,6449			
3	0,2506	0,9284	0,5972		
4	0,1770	0,4048	1,1691	0,5816	
5	0,0626	0,4080	0,5489	1,4150	0,5744

O Amplificador de Sallen-Key

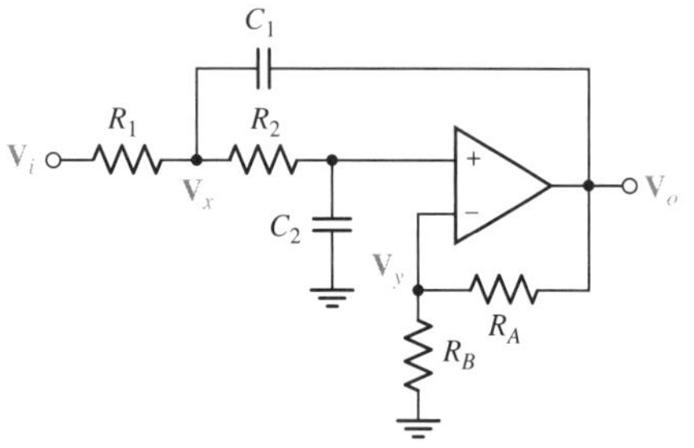

▲ **FIGURA 16.48** Filtro Sallen-Key passa-baixas.

Como visto na Seção 15.8, podemos criar um filtro baseado em um AOP com polo duplo simplesmente por dois circuitos em cascata, tais como o mostrado na Figura 15.49a, neste caso obtemos uma função de transferência

$$\mathbf{H}(\mathbf{s}) = \frac{(1/R_1C_f)^2}{\mathbf{s}^2 + 2/R_fC_f + (1/R_fC_f)^2} \qquad [36]$$

Se quisermos melhorar esta abordagem básica, vale a pena considerar um circuito conhecido como amplificador Sallen-Key, mostrado na Figura 16.48, configurado como um filtro passa-baixas. A análise deste circuito pela análise nodal simples. Primeiro definimos o ganho G do amplificador não inversor como

$$G \equiv \frac{R_A + R_B}{R_B} \qquad [37]$$

Então a divisão de tensão nos dá

$$\mathbf{V}_y = \mathbf{V}_x \frac{1}{1 + R_2C_2\mathbf{s}} \qquad [38]$$

e podemos escrever uma único equação nodal

$$0 = \frac{\mathbf{V}_x - \mathbf{V}_i}{R_1} + \frac{\mathbf{V}_x - \mathbf{V}_y}{R_2} + \frac{\mathbf{V}_x - \mathbf{V}_o}{1/\mathbf{s}C_1} \qquad [39]$$

Substituindo as Equações [37] e [38] na Equação [39] e realizando algumas manobras algébrica, chegamos a uma expressão para a função de transferência do amplificador,

$$\frac{\mathbf{V}_o}{\mathbf{V}_i} = \frac{G/\,R_1R_2C_1C_2}{\mathbf{s}^2 + \left[\frac{1}{R_1C_1} + \frac{1}{R_2C_1} + \frac{1-G}{R_2C_2}\right]\mathbf{s} + \frac{1}{R_1R_2C_1C_2}} \qquad [40]$$

Observando que os coeficientes da Tabela 16.2 representam filtros com uma frequência de corte de 1 rad/s, de modo que, ao final, devermos usar as técnicas de mudança de escala simples descritas na Seção 16.5, agora estamos prontos para explorar o projeto de um filtro Butterworth passa--baixas de segunda ordem.

▶ EXEMPLO 16.14

Projete um filtro Butterworth passa-baixas de segunda ordem com ganho 4 e uma frequência de corte em 1400 rad/s.

Começamos escolhendo o protótipo Sallen-Key mostrado na Figura 16.48, e optamos pela simplificação que surge quando estabelecemos $R_1 = R_2 = \mathrm{R}$ e $C_1 = C_2 = \mathrm{C}$. Com um filtro Butterworth de segunda ordem esperamos da Tabela 16.2 ter um polinômio do denominador

$$\mathbf{s}^2 + 1{,}4142\mathbf{s} + 1$$

e comparando com a equação [42]

$$RC = 1$$

e

$$\frac{2}{RC} + \frac{1-G}{RC} = 1{,}414$$

portanto

$$G = \frac{R_A + R_B}{R_B} = 1.586$$

Primeiro definimos valores para os dois resistores em nosso circuito de ganho (que não precisa de se submeter a mudança de escala) escolhendo arbitrariamente $R_B = 1\ \mathrm{k}\Omega$, de modo que $R_A = 586\ \Omega$.

Em seguida, notamos que se $C = 1$ F, então $R = 1\ \Omega$, nenhum dos quais é particularmente um valor convencional. Em vez disso, escolhemos $C = 1\ \mu\mathrm{F}$; isso exige o dimensionamento do resistor em 10^6. Também precisamos de uma mudança de escala em frequência de 1400 rad/s. Assim,

$$10^{-6}\ \mathrm{F} = \frac{1\ \mathrm{F}}{k_m k_f} = \frac{1\ \mathrm{F}}{1400 k_m}$$

e $k_m = 714\ \Omega$. Consequentemente, $R' = k_m R = 714\ \Omega$.

Infelizmente, o nosso projeto não está completamente concluído. Ficamos restritos a um amplificador com ganho de 1,586, ou 4 dB, mas a especificação determinou um ganho de 4, ou 12 dB. A única opção disponível é conectar na saída do nosso circuito um amplificador não inversor, como o da Figura 6.6*a*. A escolha dos valores 1 kΩ e 1,52 kΩ para R_1 (estágio de saída) e R_f, respectivamente, permite concluir o projeto.

▶ EXERCÍCIO DE FIXAÇÃO

16.19 Projete um filtro passa-baixas Butterworth de segunda ordem com ganho de 10 dB e frequência de corte de 1000 Hz.

Resposta: Um circuito de dois estágios, composto pela saída do circuito da Figura 16.48 alimentado a entrada de um amplificador de não inversor, com os valores dos componentes $R_1 = R_2 = 159\ \Omega$, $R_A = 586\ \Omega$, $R_B = 1\ \text{k}\Omega$ (1º estágio) e $R_1 = 1\ \text{k}\Omega$, $R_f = 994\ \Omega$ (2º estágio).

O projeto de filtros passa-alta baseados no modelo Sallen-Key é igualmente simples; a única modificação necessária é a substituição dos capacitores C_1 e C_2, por resistores, e os resistores R_1 e R_2, por capacitores. O restante do circuito permanece inalterado. A análise nodal do circuito resultante com um $C_1 = C_2 = C$ e $R_1 = R_2 = R$ fornece

$$a_0 = \frac{1}{R^2C^2} \qquad [41]$$

e

$$a_1 = \frac{3 - G}{RC} \qquad [42]$$

assim como encontramos para o filtro passa-baixas.

Filtros de ordem superior podem ser realizados por estágios em cascata com AOP apropriados. Por exemplo, os filtros de Butterworth de ordem impar (por exemplo 3, 5, ...) necessitam um polo adicional em $\mathbf{s} = -1$. Deste modo, um filtro Butterworth de terceira ordem é construído usando um estágio Sallen-Key que fornece um denominador $\mathbf{D(s)}$ da função de transferência de

$$(\mathbf{s} + 1)\overline{)\mathbf{s}^3 + 2\mathbf{s}^2 + 2\mathbf{s} + 1} \quad \text{quociente: } \mathbf{s}^2 + \mathbf{s} + 1$$

ou

$$\mathbf{D(s)} = \mathbf{s}^2 + \mathbf{s} + 1 \qquad [43]$$

com uma estágio amplificador operacional adicional, tal como aquele na Figura 15.49*a* para fornecer o termo $(\mathbf{s} + 1)$.

▶ EXEMPLO 16.15

Projete um filtro Butterworth passa-baixas de terceira ordem com um ganho em tensão com módulo 4 e uma frequência de corte de 2000 rad/s.

Começamos novamente selecionando o protótipo Sallen-Key da Figura 16.48, e optando pela simplificação que surge quando colocamos $R_1 = R_2 = R$ e $C_1 = C_2 = C$. Também adicionaremos um estágio de entrada conforme a Figura 15.49*a* ao adicionar o polo necessário. O projeto básico é mostrado na Figura 16.49.

Comparando as equações [41], [42] e [43], determinamos que nosso projeto deve assegurar que

$$1 = \frac{1}{R^2C^2}$$

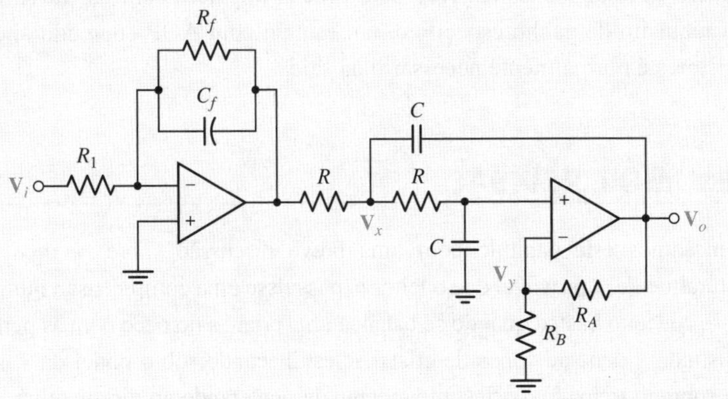

▲ **FIGURA 16.49** Estrutura básica do filtro Butterworth passa-baixas de terceira ordem proposto, com os valores dos componentes ainda por serem escolhido.

e

$$1 = \frac{3 - G}{RC}$$

Consequentemente, $RC = 1$ e $G = 4$. Se escolhermos $R_A = 3$ kΩ resultará em $R_B = 1$ kΩ. Podemos dimensionar esses valores posteriormente se escolhermos o ajuste para operação em 2000 rad/s, mas isso é desnecessário, visto que o ganho CC é determinado pela razão dos dois resistores.

Inicialmente projetamos para $R = 1$ Ω e $C = 1$ F, pois isso automaticamente satisfaz o requisito $RC = 1$. Não é fácil localizar o valor, no entanto, selecionar um valor para o capacitor mais razoável de 0,1 μF, que combinado com nosso fator de escala em frequência $k_f = 2000$, resulta num resistor com fator de escala de $k_m = 5000$. Assim, $R = 5$ kΩ no final do nosso projeto.

Tudo o que resta é selecionar valores para R_1, R_f e C_f em nosso estágio da parte dianteira. Lembre-se que a transferência de transferência deste estágio é

$$-\frac{1/R_1C_f}{s + (1/R_fC_f)}$$

Ajustando inicialmente $R_f = 1$ Ω e $C_f = 1$ F permite que o polo seja devidamente localizado antes das operações de mudança de escala, impõe que construímos o circuito com $R_f = 5$ kΩ e $C_f = 0{,}1$ μF. Nossa única opção restante, então, é a de assegurar que R_1 nos permita atender o nosso requisito do ganho que é 4. Como já conseguimos isso com o nosso estágio Sallen-Key, R_1 deve ser igual a R_f, ou 5 kΩ.

O projeto de filtros de Chebyshev segue as mesmas diretrizes que os Filtros de Butterworth, exceto que temos mais opções agora com o fator de ondulação. Além disso, para filtros não tendo um fator de ondulação de 3 dB, a frequência crítica é onde a ondulação no canal na banda de passagem termina, o que é ligeiramente diferente daquilo que você especificou anteriormente. Filtros com ordem $n > 2$ são construídos por estágios em cascata, sejam múltiplos estágios Sallen-Key, para mesmas ordens, ou um estágio simples tal como mostra a Figura 15.49*a* em conjunto com o apropriado número de estágios Sallen-Key para ordens ímpares. Para os filtros com um requisito de ganho específico, um estágio com AOP contendo apenas resistores é normalmente necessário na saída.

RESUMO E REVISÃO

Começamos este capítulo com uma breve discussão sobre *ressonância.* Naturalmente, é provável que o leitor já possuísse uma compreensão intuitiva desse conceito básico quando se balança uma criança no beço com as pernas; assistindo vídeos de copos de cristal se estilhaçando sob o poder da voz de um soprano treinado; ou instintivamente desacelerando ao dirigir sobre uma superfície ondulada. No contexto de análise de circuitos lineares, descobrimos (talvez surpreendentemente) que podemos escolher uma frequência, mesmo para circuitos com capacitores e indutores de tal forma que a tensão e a corrente premanecem em fase (daí a rede se comporta como puramente resistiva naquela frequência em particular). A rapidez com a qual nossa resposta do circuito muda à medida que avançamos "fora da ressonância" está relacionada a um novo termo o *fator de qualidade* (Q) do nosso circuito. Depois de definir o que se entende por *frequências crítica* para a nossa resposta do circuito, introduzimos o conceito de *largura de banda,* e descobrimos que nossas expressões podem ser simplificadas drasticamente para circuitos com *Q alto* ($Q > 5$). Nós estendemos brevemente esta discussão para considerar as diferenças entre circuitos série e paralelo próximos da ressonância, juntamente com as redes mais práticas que não podem ser classificadas.

O restante deste capítulo tratou da análise e projeto de circuitos para filtros. Antes de aprofundar nessa discussão, o tema "mudança de escala" no circuito foi tratado como *mudança de escala em frequência* e *módulo* como uma conveniente ferramenta de projeto. Introduzimos também o método prático do *gráfico de Bode,* que nos permitiu esboçar rapidamente uma aproximação razoável para o resposta de um circuito com filtro em função da frequência. A seguir, consideramos *filtros passivos* e *ativos,* começando com projetos simples usando um único capacitor para atingir qualquer comportamento passa-baixasou passa-alta. Na sequência, foi estudado o projeto *do filtro passa-banda.*

Apesar de serem fáceis de trabalhar, a resposta de tais circuitos simples não é particularmente abrupta. Como alternativa, foram examinados os projetos de filtro baseado nos polinômios de Butterworth ou Chebyshev, com filtros de ordem superior fornecendo resposta em módulo mais acentuada ao custo do aumento na complexidade.

- Ressonância é a condição na qual uma função forçante senoidal com amplitude fixa produz uma resposta com amplitude máxima. (Exemplo 16.1)
- Uma rede elétrica está em ressonância quando a tensão e a corrente em seus terminais de entrada estão em fase. (Exemplo 16.1)
- O fator de qualidade é proporcional à divisão da máxima energia armazenada em uma rede por toda a energia perdida em um período.

- A frequência de meia potência é definida como a frequência na qual o módulo da função resposta de um circuito é reduzido a $1/\sqrt{2}$ vezes o seu valor máximo.
- Um circuito com Q alto é um circuito ressonante no qual o fator de qualidade é ≥ 5. (Exemplo 16.2)
- A largura de faixa de um circuito ressonante é definida como a diferença entre as frequências de meia potência superior e inferior.
- Em um circuito com Q alto, cada frequência de meia potência está afastada em aproximadamente meia largura de faixa da frequência de ressonância. (Exemplo 16.2)
- Um circuito ressonante série é caracterizado por uma *baixa* impedância na condição de ressonância, enquanto um circuito ressonante paralelo é caracterizado por uma *alta* impedância na condição de ressonância. (Exemplos 16.1 e 16.3)
- Um circuito ressonante série e um circuito ressonante paralelo são equivalentes se $R_p = R_s(1 + Q^2)$ e $X_p = X_s(1 + Q^{-2})$. (Exemplos 16.4, 16.5)
- Valores de componentes não encontrados na prática frequentemente facilitam a realização de um projeto. A função de transferência de uma rede pode sofrer uma mudança de escala em módulo ou em frequência com a substituição desses componentes por outros com valores apropriados. (Exemplo 16.6)
- Diagramas de Bode permitem o rápido traçado da forma geral de uma função de transferência a partir dos polos e zeros. (Exemplos 16.7, 16.8, 16.9, 16.10)
- Os quatro tipos básicos de filtros são o passa-baixas, o passa-altas, o passa-faixa e o rejeita-faixa. (Exemplos 16.11, 16.12)
- Filtros passivos usam apenas resistores, capacitores e indutores; filtros ativos se baseiam em AOPs ou outros componentes ativos. (Exemplo 16.13)
- Filtros Butterworth e Chebyshev podem ser projetados com base no simples amplificador Sallen-Key. O ganho do filtro tipicamente deve ser ajustado pela adição de um circuito puramente baseado em resistores na saída do amplificador.

LEITURA COMPLEMENTAR

Uma boa discussão sobre uma grande variedade de filtros pode ser encontrada em:

J. T. Taylor e Q. Huang, eds., *CRC Handbook of Electrical Filters*. Boca Raton, Fla: CRC Press, 1997.

Uma compilação abrangente de diversos circuitos com filtros ativos e procedimentos de projeto é feita em:

D. Lancaster, *Lancaster's Active Filter Cookbook*, 2ª ed. Burlington, Mass.: Newnes, 1996.

EXERCÍCIOS

16.1 Ressonância Paralela

1. Calcule Q_0 e ζ para uma rede *RLC* paralela simples, se (*a*) $R = 1$ k Ω, $C = 10$ mF e $L = 1$ H; (*b*) $R = 1$ Ω, $C = 10$ mF e $L = 1$ H; (*c*) $R = 1$ k Ω, $C = 1$ F e $L = 1$ H; (*d*) $R = 1$ Ω, $C = 1$ F e $L = 1$ H.

2. Para o circuito mostrado na Figura 16.1, seja $R = 1$ k Ω, C = 22 mF e $L = 12$ mH. (*a*) Calcule α, ω_0, ζ, f_0 e ω_d para o circuito. (*b*) Se $\mathbf{I} = 1\underline{/0^\circ}$ A, faça o gráfico de $\mathbf{V}$, $\mathbf{I}_{LC}$, $\mathbf{I}_L$ e $\mathbf{I}_C$ em função da frequência, e verifique que **I** e **V** estão em fase em ω_0. (*c*) Qual é a relação entre $\mathbf{I}_L$ e $\mathbf{I}_C$ em ω_0?

3. Um determinado circuito *RLC* paralelo é construído usando valores de componentes $L = 50$ mH e $C = 33$ mF. Se $Q_0 = 10$, determine o valor de *R*, e esboce o módulo da impedância em regime permanente no intervalo de $2 < \omega < 40$ rad/s.

4. Uma rede *RLC* em paralelo é construída utilizando $R = 5$ Ω, $L = 100$ mH e $C = 1$ mF. (*a*) Calcule Q_0. (*b*) Determine em que frequências o módulo da impedância cai para 90% do seu valor máximo.

5. Para a rede da Figura 16.50, deduza uma expressão para a impedância de entrada em regime permanente e determine em que frequência ela alcança a amplitude máxima.

6. Faça o gráfico da admitancia de entrada da rede ilustrada na Figura 16.50 utilizando uma escala logarítmica de frequência no intervalo entre $0{,}01\omega_0 < \omega_0 < 100\omega_0$, e determine a frequência de ressonância e a largura de faixa da rede.

7. Elimine o resistor de 2 Ω na rede da Figura 16.50 e determine (*a*) o módulo da impedância de entrada em ressonância; (*b*) a frequência de ressonância; (*c*) Q_0.

8. Elimine o resistor de 1 Ω na rede da Figura 16.50 e determine (*a*) o módulo da impedância de entrada em ressonância; (*b*) a frequência de ressonância; (*c*) Q_0.

9. Um diodo varicap é um dispositivo semicondutor cuja reatância pode ser variada com a aplicação de uma tensão de polarização. O fator de qualidade pode ser expresso[3] como

$$Q \approx \frac{\omega C_J R_P}{1 + \omega^2 C_J^2 R_P R_S}$$

onde C_J é a capacitância de junção (que depende da tensão aplicada no dispositivo), R_S é a resistência série do dispositivo e R_P é um termo referente à resistência em paralelo. (*a*) Se $C_J = 3{,}77$ pF em 1,5 V, $R_P = 1{,}5$ MΩ e $R_S = 2{,}8$ Ω, faça um gráfico apresentando o fator de qualidade em função da frequência ω. (*d*) Derive a expressão que descreve Q_0 para obter ω_0 e $Q_{máx}$.

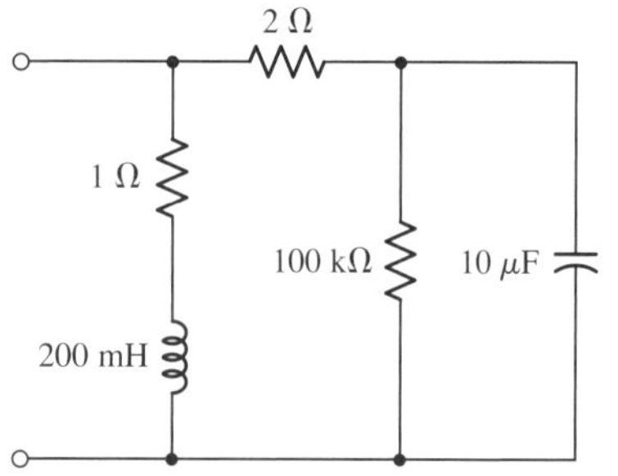

▲ **FIGURA 16.50**

16.2 Largura de Faixa e Circuitos com *Q* Alto

10. O circuito da Figura 16.1 é construído usando componentes com os seguintes valores $L = 1$ mH e $C = 100$ μF. Se $Q_0 = 15$, determine a largura de *faixa* e obtenha o módulo e o ângulo da impedância de entrada para o circuito operando em (*a*) 3162 rad/s; (*b*) 3000 rad/s; (*c*) 3200 rad/s; (*d*) 2000 rad/s. (*e*) Verifique seus resultados usando uma expressão exata para $\mathbf{Y}(j\omega)$.

11. Uma rede *RLC* em paralelo é formada por um indutor de 5 mH, e o restante dos componentes são escolhidos de tal modo que $Q_0 = 6$ $\omega_0 = 1000$ rad/s. Determine o valor aproximado do módulo da impedância de entrada para o circuito operando em (*a*) 500 rad/s; (*b*) 750 rad/s; (*c*) 900 rad/s; (*d*) 1100 rad/s. (*e*) Faça o gráfico de seus resultados juntamente com o resultado exato utilizando um eixo de frequência linear (rad/s).

[3] S. M. Sze, *Physics of Semiconductor Devices*, 2ª ed. New York: Wiley, 1981, p. 116.

12. Uma rede *RLC* em paralelo é formada por um indutor de 200 μH, e o restante dos componentes são escolhidos de tal modo que $Q_0 = 8$ $\omega_0 = 5000$ rad/s. Use expressões aproximadas para obter o ângulo da impedância de entrada para o circuito operando em (*a*) 2000 rad/s (*b*) 3000 rad/s; (*c*) 4000 rad/s; (*d*) 4500 rad/s. (*e*) Faça o gráfico de seus resultados juntamente com o resultado exato utilizando um eixo de frequência linear (rad/s).

13. Determine a largura de faixa de cada uma das curvas de resposta mostradas na Figura 16.51.

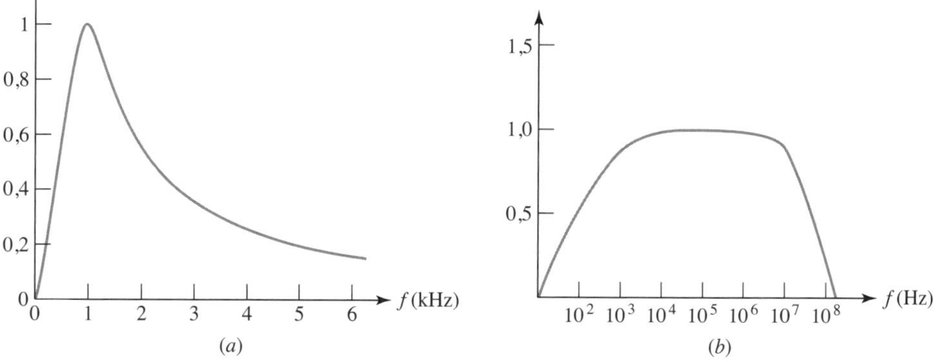

◀ **FIGURA 16.51**

14. Um circuito *RLC* em paralelo é construído de tal modo que a característica do módulo de sua impedância é representado na Figura 16.52. (*a*) Determine o valor do resistor. (*b*) Determine o valor do capacitor se um indutor 1 H foi utilizado. (*c*) Obtenha valores para a largura de faixa, Q_0, para as frequências de meia potência inferior e superior.

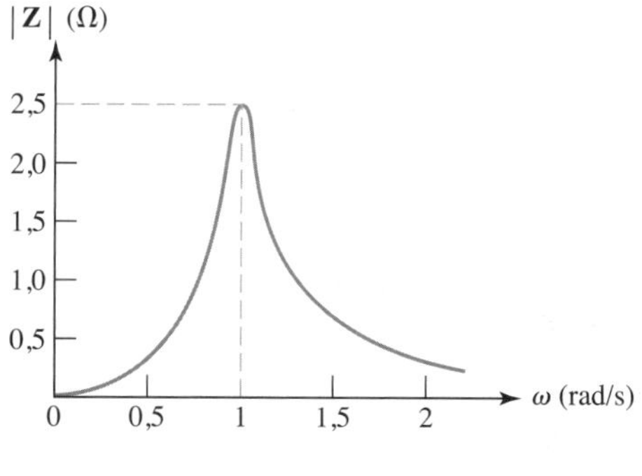

◀ **FIGURA 16.52**

16.3 Ressonância Série

15. Um circuito *RLC* série é construído utilizando como valores dos componentes $R = 100\ \Omega$ e $L = 1{,}5$ mH, juntamente com uma fonte de tensão senoidal v_s. Se $Q_0 = 7$, determine (*a*) o módulo da impedância em 500 Mrad/s; (*b*) a corrente que circula em resposta a uma tensão $v_s = 2{,}5 \cos(425 \times 10^6 t)$ V.

16. Com respeito ao circuito série *RLC* descrito no exercício 15, ajuste o valor do resistor de tal modo que Q_0 seja reduzido a 5, e (*a*) encontre o ângulo da impedância em 90 krad/s, 100 krad/s, e 110 krad/s. (*b*) Determine o erro percentual para os valores obtidos, em comparação com a expressão exata.

17. Um circuito *RLC* é construído utilizando $R = 5\ \Omega$, $L = 20$ mH e $C = 1$ mF. Calcule Q_0, a largura de faixa, e o módulo da impedância em 0,95 ω_0 se o circuito é (*a*) ligado em paralelo; (*b*) ligado em série. (*c*) Verificar suas soluções por meio de simulações apropriadas no PSpice. (*Dica: um resistor grande em paralelo com o capacitor irá evitar mensagens de erro associadas a ausência de caminho CC ao terra, e uma pequena resistência, em série com a fonte VCA evitará o curto--circuito pelo indutor durante a determinação do ponto de polarização CC*)

18. Inspecione o circuito da Figura 16.53, observando a amplitude da fonte de tensão. Decida agora se você gostaria ou não de colocar suas mãos desprotegidas nos terminais do capacitor se o circuito fosse de fato construído no laboratório. Trace $|\mathbf{V}_C|$ *versus* ω para justificar a sua resposta.

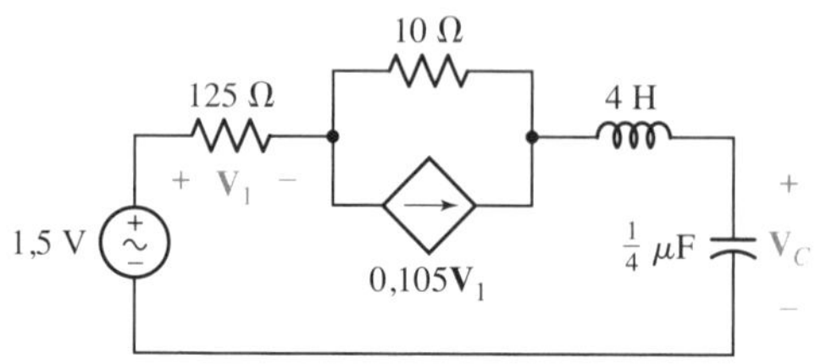

◀ **FIGURA 16.53**

19. Após deduzir $\mathbf{Z}_{ent}(\mathbf{s})$ na Figura 16.54, determine (*a*) ω_0; (*b*) Q_0.

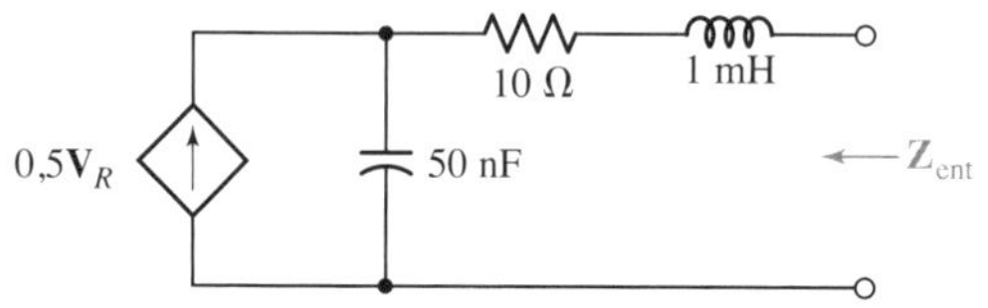

◀ **FIGURA 16.54**

16.4 Outras Formas Ressonantes

20. Para a rede da Figura 16.9*a*, $R_1 = 100\ \Omega$, $R_2 = 150\ \Omega$, $L = 30$ mH e C é escolhido de modo que $\omega_0 = 750$ rad/s. Calcule o módulo da impedância em (*a*) a frequência correspondente à ressonância quando $R_1 = 0$; (*b*) 700 rad/s; (*c*) 800 rad/s.

21. Assumindo uma frequência de operação de 200 rad/s, encontre o equivalente série de uma combinação paralela de um resistor de 500 Ω e (*a*) um capacitor de 1,5 μF.; (*b*) um indutor de 200 mH.

22. Se a frequência de operação for de 40 rad/s ou 80 rad/s, encontre um equivalente paralelo da combinação em série de um resistor de 2 Ω e (*a*) um capacitor de 100 mF; (*b*) um indutor de 3 mH.

23. Para a rede representada na Figura 16.55, determine a frequência de ressonância e o valor correspondente de $|\mathbf{Z}_{ent}|$.

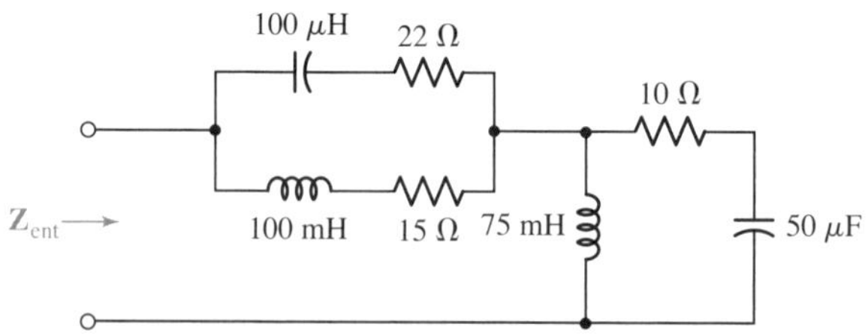

◀ **FIGURA 16.55**

24. Para o circuito mostrado na Figura 16.56, a fonte de tensão tem módulo de 1 V e ângulo de fase 0°. Determine a frequência de ressonância ω_0 e o valor de $\mathbf{V}_x$ em 0,95 ω_0.

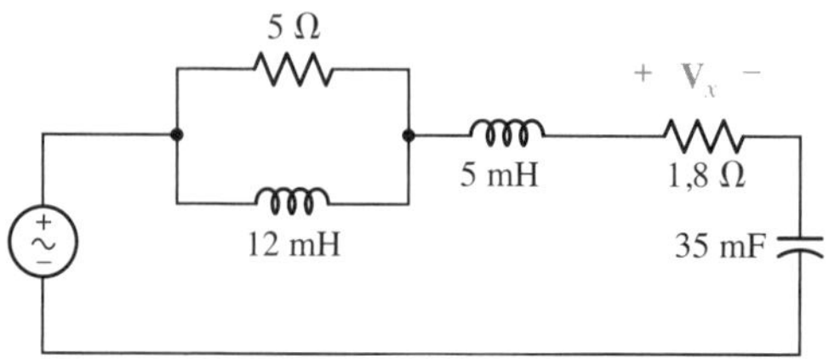

◀ **FIGURA 16.56**

16.5 Mudança de Escala

25. Um circuito *RLC* em paralelo é construído usando componentes cujo os valores são $R = 1\ \Omega$, $C = 3$ F, e $L = 1/3$ H. Determine os valores dos componentes necessários se a rede tiver (*a*) uma frequência de ressonância de 200 kHz; (*b*) uma impedância de pico de 500 kΩ; (*c*) uma frequência de ressonância de 750 kHz e um módulo de impedância em ressonância de 25 Ω.

26. O circuito *RLC* série é construído usando componentes cujo os valores são $R = 1\ \Omega$, $C = 5$ F e $L = 1/5$ H. Determine os valores dos componentes necessários, se a rede tiver (*a*) uma frequência de ressonância de 430 Hz; (*b*) uma impedância de pico de 100 Ω; (*c*) um ressonante frequência de 75 kHz e uma amplitude de ressonância impedância de 15 k Ω.

27. Faça uma mudança de escala na rede mostrada na Figura 16.57 com a aplicação dos fatores $K_m = 200$ e $K_f = 700$, e obtenha uma expressão para a nova impedância $\mathbf{Z}_{ent}(\mathbf{s})$.

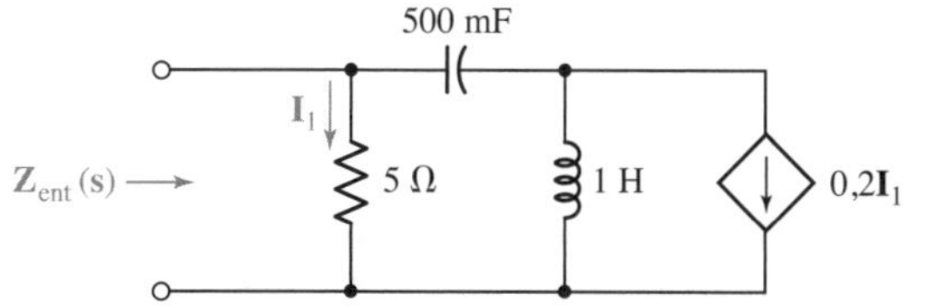

◀ **FIGURA 16.57**

28. O filtro mostrado na Figura 16.58*a* tem a curva de resposta ilustrada na Figura 16.58*b*. (*a*) Faça uma mudança de escala no filtro para que ele opere entre uma fonte com impedância de 50 Ω e uma carga de 50 Ω, e tenha uma frequência de corte em 20 kHz. (*b*) Desenhe a nova curva de resposta.

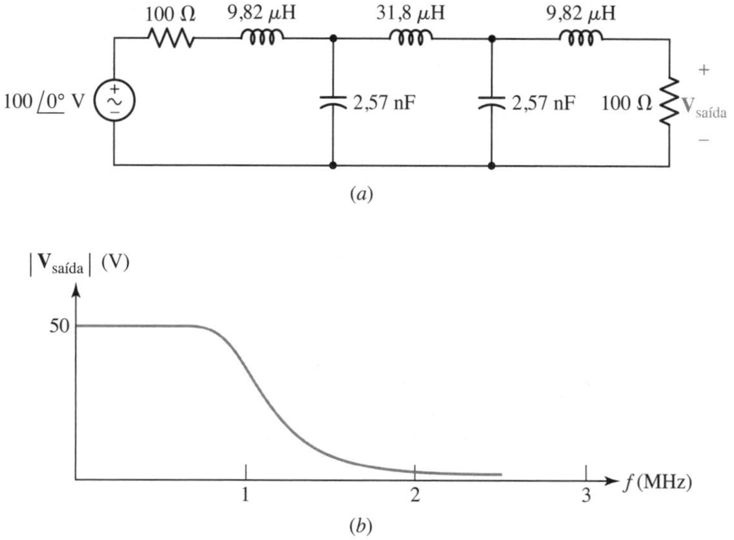

◀ **FIGURA 16.58**

29. (*a*) Desenhe uma nova configuração para a Figura 16.59 após fazer nessa rede uma mudança de escala com a aplicação dos fatores $K_m = 250$ e $K_f = 400$. (*b*) Determine o equivalente de Thévenin da rede obtida após a mudança de escala para $\omega = 1$ krad/s.

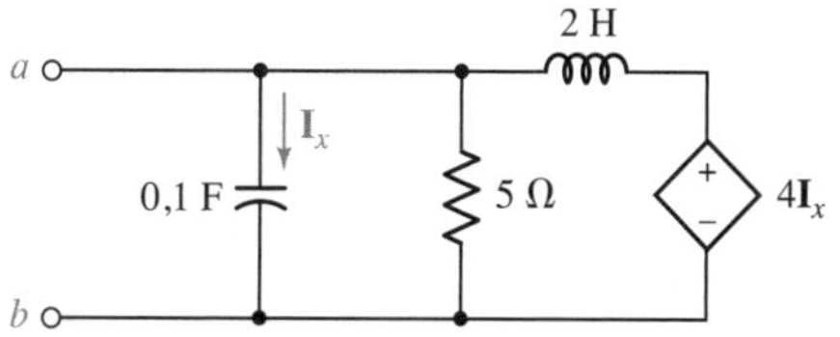

▲ **FIGURA 16.59**

16.6 Diagramas de Bode

30. Esboce o diagrama de Bode de amplitude e fase para as seguintes funções:

(*a*) $3 + 4\mathbf{s}$; (*b*) $\dfrac{1}{3 + 4\mathbf{s}}$.

31. Para as seguintes funções, esboce os diagramas de Bode de amplitude e fase:

$$(a)\ 25\left(1+\frac{\mathbf{s}}{3}\right)(5+\mathbf{s});\ (b)\ \frac{0{,}1}{(1+5\mathbf{s})(2+\mathbf{s})}.$$

32. Utilize a aproximação de Bode para esboçar a amplitude de cada uma das seguintes respostas, em seguida verifique as suas soluções com simulações apropriadas no MATLAB:

$$(a)\ 3\frac{\mathbf{s}}{\mathbf{s}^2+7\mathbf{s}+10};\ (b)\ \frac{4}{\mathbf{s}^3+7\mathbf{s}^2+12\mathbf{s}}.$$

33. Se uma determinada rede é descrita pela função de transferência $\mathbf{H}(\mathbf{s})$, faça o gráfico do módulo de $\mathbf{H}(\mathbf{s})$ em função da frequência para $\mathbf{H}(\mathbf{s})$ igual

$$(a)\ \frac{\mathbf{s}+300}{\mathbf{s}(5\mathbf{s}+8)};\ (b)\ \frac{\mathbf{s}(\mathbf{s}^2+7\mathbf{s}+7)}{\mathbf{s}(2\mathbf{s}+4)^2}.$$

34. Esboce o gráfico de fase de cada uma das seguintes funções de transferência:

$$(a)\ \frac{\mathbf{s}+1}{\mathbf{s}(\mathbf{s}+2)^2};\ (b)\ 5\frac{\mathbf{s}^2+\mathbf{s}}{\mathbf{s}+2}.$$

35. Determine o diagrama de Bode para amplitude das seguintes funções de transferência, comparando-o com o resultado previsto usando o MATLAB:

(a) $\mathbf{s}^2+0{,}2\mathbf{s}+1$;

(b) $\left(\frac{\mathbf{s}}{4}\right)^2+0{,}1\left(\frac{\mathbf{s}}{4}\right)+1.$

36. Determine o gráfico de fase correspondente a cada uma das funções de transferência nos Exercícios 33 e 35, e compare os seus esboços com o que é previsto usando o MATLAB.

37. Determine o diagrama de Bode para amplitude para cada um dos seguintes:

$$(a)\ \frac{3+0{,}1\mathbf{s}+\mathbf{s}^2/3}{\mathbf{s}^2+1};\ (b)\ 2\frac{\mathbf{s}^2+9\mathbf{s}+20}{\mathbf{s}^2(\mathbf{s}+1)^3}.$$

38. Para o circuito da Figura 16.60; (*a*) deduza uma expressão para a função de transferência $\mathbf{H}(\mathbf{s}) = \mathbf{V}_{saída}/\mathbf{V}_{ent}$. (*b*) Desenhe o correspondente diagrama de Bode de amplitude e fase.

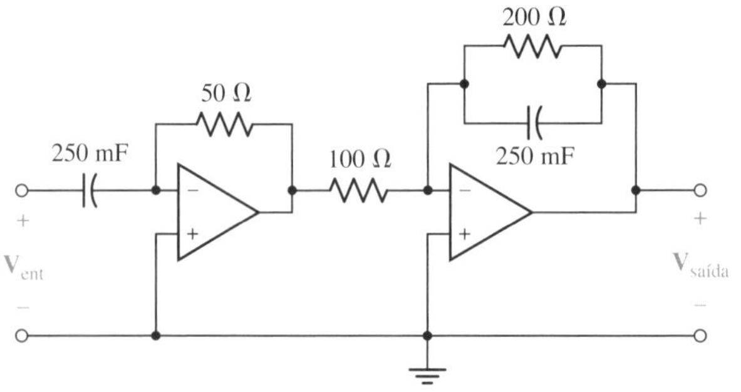

◀ **FIGURA 16.60**

39. (*a*) modifique o circuito mostrado na Figura 16.60 adicionando um polo duplo em 0,05 rad/s e um zero a 0,01 rad/s. (*b*) Desenhe o correspondente diagrama de Bode de amplitude e de fase.

16.7 Projeto de Filtros Básicos

40. (*a*) Projete um filtro passa-altas com frequência de corte de 100 rad/s. (*b*) Verifique seu projeto com uma simulação apropriada no PSpice.

41. (*a*) Projete um filtro passa-baixas com frequência de corte de 1450 rad/s. (*b*) Esboce o diagrama Bode de amplitude e de fase para seu projeto. (*c*) Verifique o desempenho de seu filtro com uma simulação adequada.

42. (*a*) Projete um filtro passa-faixa caracterizado por uma largura de faixa de 1000 rad/s e uma frequência de corte inferior de 250 Hz. (*b*) Verifique o seu projeto com uma apropriada simulação PSpice.

43. Projete um filtro passa faixa que tenha uma frequência de corte inferior de 500 Hz e uma frequência de corte superior de 1580 Hz.

44. Projete um filtro *notch* que remova "ruído" em 60 Hz proveniente de influências da rede elétrica em um sinal específico tomando a saída da conexão série entre o capacitor e indutor no circuito da Figura 16.39.

45. Projete um filtro passa-baixas caracterizado por um ganho de tensão de 25 dB e uma frequência de corte de 5000 rad/s.

46. Projete um filtro passa alta caracterizado por um ganho de tensão de 30 dB e uma frequência de corte de 50 rad/s.

47. (*a*) Projete um filtro com um circuito AOP de dois estágios com uma largura de faixa de 1000 rad/s, uma frequência de corte inferior de 100 rad/s, e um ganho de tensão de 20 dB. (*b*) Verifique seu projeto com uma simulação apropriada no PSpice.

48. Projete um circuito que remova toda a faixa de frequência de áudio (aproximadamente 20 Hz a 20 kHz, para o ouvido humano), mas amplifica o sinal de tensão de todas as outras frequências por um fator de 15.

49. Dependendo de qual música que você está ouvindo, seu MP3 player, por vezes, fornece um tom muito pouco grave, mesmo quando o nível de grave é ajustado no máximo. Projete um filtro que permite variar o ganho em tempo real de todos os sinais inferiores a 500 Hz antes de atingir seus fones de ouvido. Inclua um diagrama total do sistema.

16.8 Projeto de Filtros Avançados

50. Mostre que o circuito representado pela Equação [36] não pode ser implementado como um passa-baixas Butterworth ou Chebyshev.

51. Projete um filtro passa-baixas de segunda ordem com um ganho de tensão de 5 dB e uma frequência de corte de 1700 kHz com base em (*a*) polinômio de Butterworth; (*b*) Polinômio de Chebyshev para um fator de ondulação de 3 dB.

52. Se um filtro passa-altas deve ter ganho de 6 dB e frequência de corte de 350 Hz, Projete uma solução apropriada baseada em Butterworth de segunda ordem.

53. (*a*) Projete um filtro passa-baixas Butterworth de segunda ordem com frequência de corte de 890 rad/s, e um ganho de tensão de 8 dB. (*b*) Verifique o seu projeto com um simulação apropriada no PSpice.

54. (*a*) Projete um filtro Butterworth passa-altas de segunda ordem com frequência de corte de 2000 Hz, e um ganho de tensão de 4,5 dB. (*b*) Verifique o seu projeto com uma simulação apropriada no PSpice.

55. Um filtro Butterworth passa-baixas de terceira ordem tem uma frequência de corte de 1200 Hz, e um ganho de tensão de pelo menos 3 dB. Projete o circuito que represente este filtro.

56. (*a*) Projete um filtro passa-baixas Butterworth de terceira ordem com ganho de 13 dB e uma frequência de corte de 1800 Hz. (*b*) Compare a resposta de seu filtro à de um Filtro Chebyshev com as mesmas especificações.

57. Projete um filtro Butterworth passa-altas de quarta ordem com ganho mínimo de 15 dB e uma frequência de corte de 1100 rad/s.

58. Escolha os parâmetros para o circuito descrito pela Equação [36] de forma que ele tenha uma frequência de corte de 450 rad/s, e compare seu desempenho com um Filtro Butterworth de segunda ordem compatível.

Exercícios de integração do capítulo

59. Projete um circuito ressonante paralelo para uma rádio AM de modo que um indutor variável possa ajustar a frequência de ressonância sobre a faixa de transmissão do AM de 535 a 1605 kHz, com $Q_0 = 45$ em uma extremidade da faixa e $Q_0 \leq 45$ em toda a faixa. Considere R = 20 k Ω, e especifique valores para C, L_{min} e $L_{máx}$.

60. Deduza uma expressão para a função de transferência $\mathbf{V}_{saída}/\mathbf{V}_{ent}$ que descreve o circuito mostrado na Figura 16.61, e esboce sua amplitude em função da frequência.

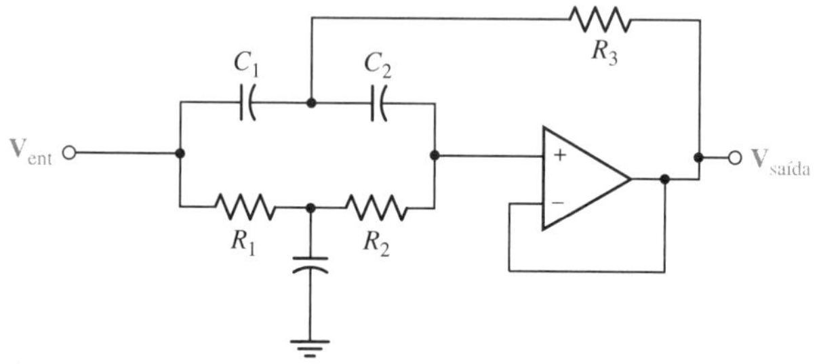

◀ **FIGURA 16.61**

61. A rede da Figura 16.36 foi implementada como um filtro passa-baixas projetado com a frequência de corte de 1250 rad/s. Seu desempenho é inadequado em dois aspectos: (1) é necessário um ganho de tensão de pelo menos 2 dB, e (2) a amplitude da tensão de saída não diminui rápido o suficiente na faixa de rejeição. Projete uma alternativa melhor, utilizando apenas um AOP e apenas dois capacitores de 1 μF.

62. Determine o efeito da tolerância dos componentes no circuito projetado no Exemplo 16.14 se cada componente possui apenas 10% de tolerância do seu valor nominal.

63. Deduza uma expressão para a função de transferência $\mathbf{V}_{saída}/\mathbf{V}_{ent}$ que descreve o circuito mostrado na Figura 16.62, e esboce seu módulo em função da frequência.

64. Para o circuito mostrado na Figura 16.62, escolha os valores dos componentes para o projeto para frequências de corte em 500 rad/s e 1500 rad/s. Verifique o seu projeto.

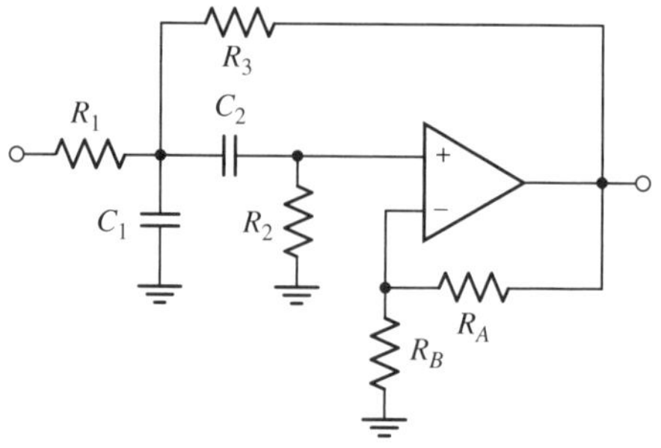

◀ **FIGURA 16.62**

65. Projete um filtro passa faixa que abrange a parte do espectro de áudio entre 200 Hz e 2 kHz, que tenha um ganho mínimo de 5 dB, e uma curva característica de módulo mais íngreme no lado de alta frequência que no lado de baixa frequência. Verifique o seu projeto usando uma simulação adequada.

17 Quadripolos

CONCEITOS FUNDAMENTAIS

- A Distinção entre Bipolos e Quadripolos
- Parâmetros Admitância (**y**)
- Parâmetros Impedância (**z**)
- Parâmetros Híbridos (**h**)
- Parâmetros de Transmissão (**t**)
- Métodos de Transformação Entre Parâmetros **y**, **z**, **h** e **t**
- Técnicas de Análise de Circuitos Usando Parâmetros de Rede

INTRODUÇÃO

Uma rede genérica com dois pares de terminais, sendo um deles geralmente chamado de "terminais de entrada" e o outro de "terminais de saída", é um bloco construtivo muito importante em circuitos eletrônicos, sistemas de comunicação, sistemas de controle automático, sistemas de transmissão e distribuição, ou em quaisquer outros sistemas nos quais um sinal elétrico é aplicado nos terminais de entrada, é trabalhado pela rede e a deixa via terminais de saída. O par de terminais da saída pode muito bem estar conectado ao par de terminais da entrada de outra rede. Quando estudamos o conceito de redes equivalentes de Thévenin e de Norton no Capítulo 5, fomos apresentados à ideia de que nem sempre é necessário conhecer em detalhe o que acontece em parte de um circuito. Este capítulo estende tais conceitos para redes lineares, resultando em parâmetros que nos permite prever a interação de qualquer rede com outras redes.

17.1 ▶ BIPOLOS

Um par de terminais que permitem a entrada ou a saída de um sinal em uma rede é chamado de ***porta***, e uma rede contendo apenas um par de terminais é chamada de *rede de uma porta*, ou simplesmente de ***bipolo***. Nenhuma conexão pode ser feita aos nós internos do bipolo, e é portanto evidente que i_a deve ser igual a i_b no bipolo mostrado na Figura 17.1*a*. Quando mais de um par de terminais está presente, a rede é chamada de *rede multiportas*, ou ***multipolo***. A rede com duas portas ou quadripolo à qual este capítulo se dedica principalmente está mostrada na Figura 17.1*b*. As correntes em cada par de terminais devem ser iguais, então $i_a = i_b$ e $i_c = i_d$ no quadripolo da Figura 17.1*b*. Fontes e cargas devem ser conectadas diretamente entre os dois terminais de entrada ou de saída se os métodos apresentados neste capítulo forem usados. Em outras palavras, cada par de terminais pode ser conectado apenas a um bipolo ou a um par de terminais pertencente a outra rede multiportas. Por exemplo, nenhum dispositivo pode ser conectado entre os terminais *a* e *c* do quadripolo da Figura 17.1*b*. Para analisar um circuito como esse, equações nodais ou de laço genéricas devem ser escritas.

Parte do estudo introdutório de bipolos e quadripolos é melhor realizado com o uso de uma notação generalizada para as redes e de uma nomenclatura de determinantes abreviada apresentada no Apêndice 2. Com isso, se escrevemos um conjunto de equações de laço para uma rede passiva

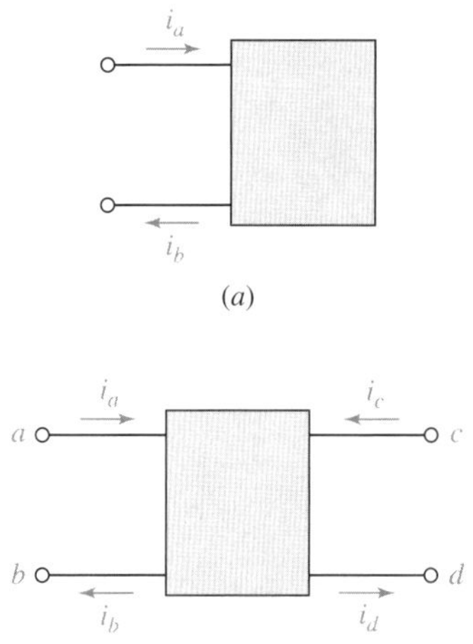

▲ **FIGURA 17.1** (*a*) Um bipolo. (*b*) Um quadripolo.

$$\begin{aligned}
\mathbf{Z}_{11}\mathbf{I}_1 + \mathbf{Z}_{12}\mathbf{I}_2 + \mathbf{Z}_{13}\mathbf{I}_3 + \cdots + \mathbf{Z}_{1N}\mathbf{I}_N &= \mathbf{V}_1 \\
\mathbf{Z}_{21}\mathbf{I}_1 + \mathbf{Z}_{22}\mathbf{I}_2 + \mathbf{Z}_{23}\mathbf{I}_3 + \cdots + \mathbf{Z}_{2N}\mathbf{I}_N &= \mathbf{V}_2 \\
\mathbf{Z}_{31}\mathbf{I}_1 + \mathbf{Z}_{32}\mathbf{I}_2 + \mathbf{Z}_{33}\mathbf{I}_3 + \cdots + \mathbf{Z}_{3N}\mathbf{I}_N &= \mathbf{V}_3 \\
\cdots\cdots\cdots\cdots\cdots\cdots\cdots\cdots\cdots\cdots\cdots & \\
\mathbf{Z}_{N1}\mathbf{I}_1 + \mathbf{Z}_{N2}\mathbf{I}_2 + \mathbf{Z}_{N3}\mathbf{I}_3 + \cdots + \mathbf{Z}_{NN}\mathbf{I}_N &= \mathbf{V}_N
\end{aligned} \qquad [1]$$

então o coeficiente de cada corrente é uma impedância $\mathbf{Z}_{ij}(\mathbf{s})$, e o determinante do circuito, ou o determinante dos coeficientes, é

$$\Delta_\mathbf{Z} = \begin{vmatrix} \mathbf{Z}_{11} & \mathbf{Z}_{12} & \mathbf{Z}_{13} & \cdots & \mathbf{Z}_{1N} \\ \mathbf{Z}_{21} & \mathbf{Z}_{22} & \mathbf{Z}_{23} & \cdots & \mathbf{Z}_{2N} \\ \mathbf{Z}_{31} & \mathbf{Z}_{32} & \mathbf{Z}_{33} & \cdots & \mathbf{Z}_{3N} \\ \cdots & \cdots & \cdots & \cdots & \cdots \\ \mathbf{Z}_{N1} & \mathbf{Z}_{N2} & \mathbf{Z}_{N3} & \cdots & \mathbf{Z}_{NN} \end{vmatrix} \qquad [2]$$

Aqui se assumem N laços, as correntes aparecem com subscritos ordenados em cada equação e a ordem das equações é a mesma das correntes. Também assumimos que a LKT seja aplicada de forma que o sinal de cada termo $\mathbf{Z}_{ii}$ ($\mathbf{Z}_{11}$, $\mathbf{Z}_{22}$, . . ., $\mathbf{Z}_{NN}$) seja positivo; o sinal de cada $\mathbf{Z}_{ij}$ ($i \neq j$), ou termo mútuo, pode ser positivo ou negativo, dependendo das direções de referência atribuídas a $\mathbf{I}_i$ e $\mathbf{I}_j$.

Se houver fontes dependentes no interior da rede, então pode ser que nem todos os coeficientes presentes nas equações de laço sejam resistências ou impedâncias. Mesmo assim, continuaremos a nos referir ao determinante do circuito como Δ_Z.

O uso da notação do menor complementar (Apêndice 2) permite que a impedância de entrada ou a impedância vista pela fonte alimentação nos terminais de um *bipolo* seja expressa de forma bastante concisa. Esse resultado também é aplicável a um *quadripolo* se um de seus pares de terminais estiver conectado a uma impedância passiva, incluindo um circuito aberto ou um curto circuito.

A regra de Cramer é revisada no Apêndice 2.

Vamos supor que o bipolo mostrado na Figura 17.2 seja inteiramente composto por elementos passivos e fontes dependentes; também se assume a linearidade. Uma fonte de tensão ideal $\mathbf{V}_1$ é conectada à rede, e a corrente da fonte é identificada como a corrente no laço 1. Empregando a regra de Cramer, então,

$$\mathbf{I}_1 = \frac{\begin{vmatrix} \mathbf{V}_1 & \mathbf{Z}_{12} & \mathbf{Z}_{13} & \cdots & \mathbf{Z}_{1N} \\ 0 & \mathbf{Z}_{22} & \mathbf{Z}_{23} & \cdots & \mathbf{Z}_{2N} \\ 0 & \mathbf{Z}_{32} & \mathbf{Z}_{33} & \cdots & \mathbf{Z}_{3N} \\ \cdots & \cdots & \cdots & \cdots & \cdots \\ 0 & \mathbf{Z}_{N2} & \mathbf{Z}_{N3} & \cdots & \mathbf{Z}_{NN} \end{vmatrix}}{\begin{vmatrix} \mathbf{Z}_{11} & \mathbf{Z}_{12} & \mathbf{Z}_{13} & \cdots & \mathbf{Z}_{1N} \\ \mathbf{Z}_{21} & \mathbf{Z}_{22} & \mathbf{Z}_{23} & \cdots & \mathbf{Z}_{2N} \\ \mathbf{Z}_{31} & \mathbf{Z}_{32} & \mathbf{Z}_{33} & \cdots & \mathbf{Z}_{3N} \\ \cdots & \cdots & \cdots & \cdots & \cdots \\ \mathbf{Z}_{N1} & \mathbf{Z}_{N2} & \mathbf{Z}_{N3} & \cdots & \mathbf{Z}_{NN} \end{vmatrix}}$$

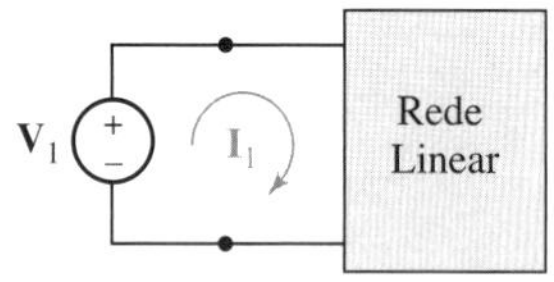

▲ **FIGURA 17.2** Uma fonte de tensão ideal $\mathbf{V}_1$ é conectada aos terminais de um bipolo linear que não contém fontes independentes; $\mathbf{Z}_{ent} = \Delta_Z/\Delta_{11}$.

ou, de forma mais concisa,

$$\mathbf{I}_1 = \frac{\mathbf{V}_1 \Delta_{11}}{\Delta_\mathbf{Z}}$$

Logo,

$$\mathbf{Z}_{\text{ent}} = \frac{\mathbf{V}_1}{\mathbf{I}_1} = \frac{\Delta_\mathbf{Z}}{\Delta_{11}} \qquad [3]$$

▶ EXEMPLO 17.1

Calcule a impedância de entrada do bipolo resistivo mostrado na Figura 17.3.

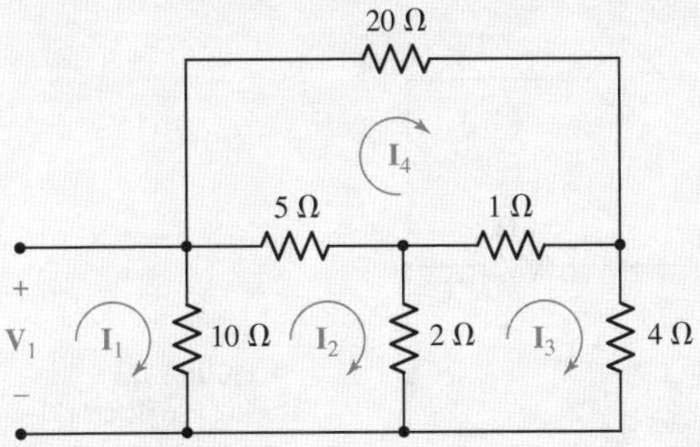

◀ **FIGURA 17.3** Exemplo de bipolo contendo apenas elementos resistivos.

Primeiro assinalamos quatro correntes de malha conforme ilustrado e escrevemos por inspeção as equações de malha correspondentes:

$$\begin{aligned} \mathbf{V}_1 &= 10\mathbf{I}_1 - 10\mathbf{I}_2 \\ 0 &= -10\mathbf{I}_1 + 17\mathbf{I}_2 - 2\mathbf{I}_3 - 5\mathbf{I}_4 \\ 0 &= -2\mathbf{I}_2 + 7\mathbf{I}_3 - \mathbf{I}_4 \\ 0 &= -5\mathbf{I}_2 - \mathbf{I}_3 + 26\mathbf{I}_4 \end{aligned}$$

O determinante do circuito é então dado por

$$\Delta_Z = \begin{vmatrix} 10 & -10 & 0 & 0 \\ -10 & 17 & -2 & -5 \\ 0 & -2 & 7 & -1 \\ 0 & -5 & -1 & 26 \end{vmatrix}$$

e tem o valor de 9680 Ω^4. Eliminando a primeira linha e a primeira coluna, temos

$$\Delta_{11} = \begin{vmatrix} 17 & -2 & -5 \\ -2 & 7 & -1 \\ -5 & -1 & 26 \end{vmatrix} = 2778\ \Omega^3$$

Com isso, a Equação [3] fornece o valor da impedância de entrada,

$$\mathbf{Z}_{ent} = \frac{9680}{2778} = 3{,}485\ \Omega$$

▶ EXERCÍCIO DE FIXAÇÃO

17.1 Determine a impedância de entrada da rede mostrada na Figura 17.4 se ela formar um bipolo a partir da abertura dos seguintes terminais: (*a*) *a* e *a'*; (*b*) *b* e *b'*; (*c*) *c* e *c'*.

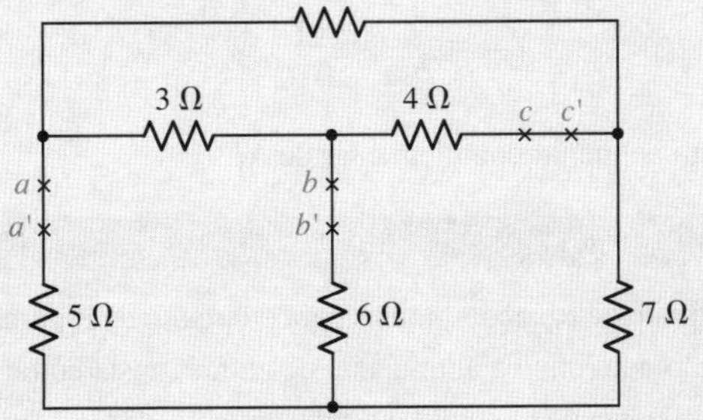

◀ **FIGURA 17.4**

Resposta: 9,47 Ω; 10,63 Ω; 7,58 Ω.

▶ EXEMPLO 17.2

Determine a impedância de entrada da rede mostrada na Figura 17.5.

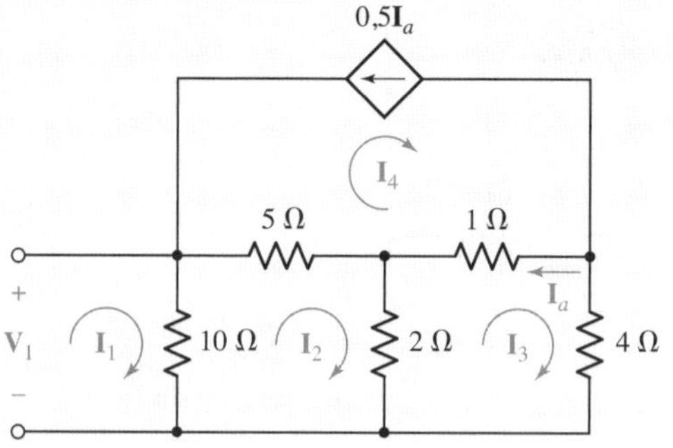

◀ **FIGURA 17.5** Bipolo contendo uma fonte dependente.

As quatro equações de malha são escritas em termos das quatro correntes de malha assinaladas:

$$\begin{aligned} 10\mathbf{I}_1 - 10\mathbf{I}_2 \qquad\qquad\quad &= \mathbf{V}_1 \\ -10\mathbf{I}_1 + 17\mathbf{I}_2 - 2\mathbf{I}_3 - 5\mathbf{I}_4 &= 0 \\ -\ 2\mathbf{I}_2 + 7\mathbf{I}_3 - \mathbf{I}_4 &= 0 \end{aligned}$$

e

$$\mathbf{I}_4 = -0{,}5\mathbf{I}_a = -0{,}5(\mathbf{I}_4 - \mathbf{I}_3)$$

ou

$$-0{,}5\mathbf{I}_3 + 1{,}5\mathbf{I}_4 = 0$$

Podemos com isso escrever

$$\Delta_{\mathbf{Z}} = \begin{vmatrix} 10 & -10 & 0 & 0 \\ -10 & 17 & -2 & -5 \\ 0 & -2 & 7 & -1 \\ 0 & 0 & -0{,}5 & 1{,}5 \end{vmatrix} = 590\ \Omega^4$$

enquanto

$$\Delta_{11} = \begin{vmatrix} 17 & -2 & -5 \\ -2 & 7 & -1 \\ 0 & -0{,}5 & 1{,}5 \end{vmatrix} = 159\ \Omega^3$$

dando

$$\mathbf{Z}_{\text{ent}} = \tfrac{590}{159} = 3{,}711\ \Omega$$

Também podemos selecionar um procedimento similar usando equações nodais, levando à admitância de entrada

$$\mathbf{Y}_{\text{ent}} = \frac{1}{\mathbf{Z}_{\text{ent}}} = \frac{\Delta_{\mathbf{Y}}}{\Delta_{11}} \qquad [4]$$

onde Δ_{11} se refere agora ao menor complementar de Δ_Y.

▶ EXERCÍCIO DE FIXAÇÃO

17.2 Escreva um conjunto de equações nodais para o circuito da Figura 17.6, calcule Δ_Y e então determine a admitância de entrada vista entre: (*a*) o nó 1 e o nó de referência; (*b*) o nó 2 e a referência.

Resposta: 10,68 S; 13,16 S.

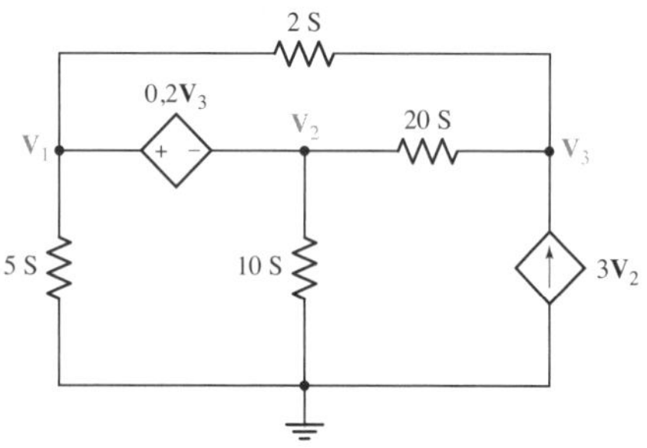

▲ **FIGURA 17.6**

▶ EXEMPLO 17.3

Use a Equação [4] para determinar novamente a impedância de entrada da rede mostrada na Figura 17.3, repetida aqui como Figura 17.7.

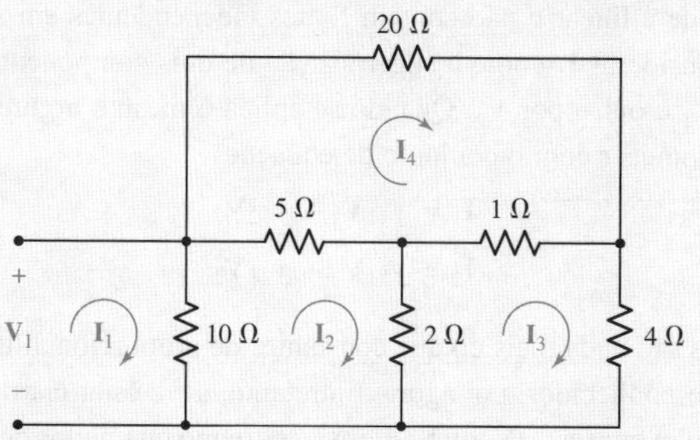

▲ **FIGURA 17.7** O circuito do Exemplo 17.1, repetido por conveniência.

Primeiro ordenamos as tensões nodais $\mathbf{V}_1$, $\mathbf{V}_2$ e $\mathbf{V}_3$ da esquerda para a direita, selecionamos o nó de baixo como referência e então escrevemos a matriz de admitâncias do sistema por inspeção

$$\Delta_\mathbf{Y} = \begin{vmatrix} 0{,}35 & -0{,}2 & -0{,}05 \\ -0{,}2 & 1{,}7 & -1 \\ -0{,}05 & -1 & 1{,}3 \end{vmatrix} = 0{,}3473 \text{ S}^3$$

$$\Delta_{11} = \begin{vmatrix} 1{,}7 & -1 \\ -1 & 1{,}3 \end{vmatrix} = 1{,}21 \text{ S}^2$$

de forma que

$$\mathbf{Y}_{\text{ent}} = \frac{0{,}3473}{1{,}21} = 0{,}2870 \text{ S}$$

que corresponde a

$$\mathbf{Z}_{\text{ent}} = \frac{1}{0{,}287} = 3{,}484 \ \Omega$$

que concorda com a nossa resposta anterior a menos de erros de arredondamento esperados (apenas quatro dígitos foram retidos do longo dos cálculos).

Os Exercícios 8 e 9 no final do capítulo fornecem bipolos que podem ser construídos com o uso de amplificadores operacionais. Esses exercícios ilustram que resistências *negativas* podem ser obtidas em redes cujos únicos elementos passivos são resistores, e que indutores podem ser simulados com apenas resistores e capacitores.

17.2 ▶ PARÂMETROS ADMITÂNCIA

Vamos agora voltar a nossa atenção para os quadripolos. Vamos assumir em todas as discussões a partir daqui que a rede seja composta por elementos lineares e que ela não contenha fontes independentes; fontes dependentes *são* permitidas, contudo. Condições adicionais também serão impostas nas redes estudadas em alguns casos especiais.

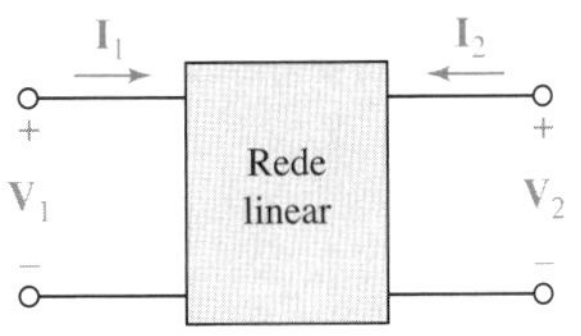

▲ **FIGURA 17.8** Um quadripolo genérico com tensões e correntes terminais especificadas. O quadripolo é composto por elementos lineares, que possivelmente incluem fontes dependentes; ele não contém fontes independentes.

Vamos considerar o quadripolo mostrado na Figura 17.8; a tensão e a corrente nos terminais de entrada são $\mathbf{V}_1$ e $\mathbf{I}_1$, e $\mathbf{V}_2$ e $\mathbf{I}_2$ são especificadas nos terminais de saída. Normalmente selecionam-se $\mathbf{I}_1$ e $\mathbf{I}_2$ *entrando* na rede através dos condutores superiores (e saindo nos condutores inferiores). Como a rede é linear e não contém fontes independentes em seu interior, pode-se considerar $\mathbf{I}_1$ como a superposição de dois componentes, um causado por $\mathbf{V}_1$ e outro por $\mathbf{V}_2$. Quando se aplica o mesmo argumento em $\mathbf{I}_2$, podemos começar com o conjunto de equações

$$\mathbf{I}_1 = \mathbf{y}_{11}\mathbf{V}_1 + \mathbf{y}_{12}\mathbf{V}_2 \qquad [5]$$

$$\mathbf{I}_2 = \mathbf{y}_{21}\mathbf{V}_1 + \mathbf{y}_{22}\mathbf{V}_2 \qquad [6]$$

onde os **y**'s são nada mais do que constantes de proporcionalidade, ou coeficientes desconhecidos, por agora. Entretanto, deve estar claro que as suas dimensões devem ser A/V, ou S. Eles são portanto chamados de parâmetros **y** (ou admitância), e são definidos pelas Equações [5] e [6].

Os parâmetros **y**, bem como outros conjuntos de parâmetros que vamos definir mais adiante neste capítulo, são representados de forma concisa como matrizes. Aqui, definimos a matriz coluna **I** (2 × 1),

$$\mathbf{I} = \begin{bmatrix} \mathbf{I}_1 \\ \mathbf{I}_2 \end{bmatrix} \qquad [7]$$

a matriz quadrada (2 × 2) dos parâmetros **y**,

$$\mathbf{y} = \begin{bmatrix} \mathbf{y}_{11} & \mathbf{y}_{12} \\ \mathbf{y}_{21} & \mathbf{y}_{22} \end{bmatrix} \qquad [8]$$

A notação adotada neste texto para representar matrizes é padronizada, mas pode ser facilmente confundida com a notação usada anteriormente na representação de fasores ou grandezas complexas em geral. A natureza de cada símbolo deve ficar clara a partir do contexto no qual ele é usado.

e a matriz coluna **V** (2 × 1),

$$\mathbf{V} = \begin{bmatrix} \mathbf{V}_1 \\ \mathbf{V}_2 \end{bmatrix} \qquad [9]$$

Assim, podemos escrever a equação matricial **I** = **yV**, ou

$$\begin{bmatrix} \mathbf{I}_1 \\ \mathbf{I}_2 \end{bmatrix} = \begin{bmatrix} \mathbf{y}_{11} & \mathbf{y}_{12} \\ \mathbf{y}_{21} & \mathbf{y}_{22} \end{bmatrix} \begin{bmatrix} \mathbf{V}_1 \\ \mathbf{V}_2 \end{bmatrix}$$

e a multiplicação matricial no lado direito nos dá a igualdade

$$\begin{bmatrix} \mathbf{I}_1 \\ \mathbf{I}_2 \end{bmatrix} = \begin{bmatrix} \mathbf{y}_{11}\mathbf{V}_1 + \mathbf{y}_{12}\mathbf{V}_2 \\ \mathbf{y}_{21}\mathbf{V}_1 + \mathbf{y}_{22}\mathbf{V}_2 \end{bmatrix}$$

Essas matrizes (2 × 1) devem ser iguais, elemento por elemento, e portanto somos levados às equações usadas na definição, [5] e [6].

A maneira mais útil e informativa de se atribuir um sentido físico aos parâmetros **y** passa pela inspeção direta das Equações [5] e [6]. Considere a Equação [5], por exemplo; se igualamos $\mathbf{V}_2$ a zero, vemos então que o coeficiente $\mathbf{y}_{11}$ deve ser dado pela razão entre $\mathbf{I}_1$ e $\mathbf{V}_1$. Descrevemos portanto $\mathbf{y}_{11}$ como a admitância medida nos terminais de entrada com os terminais de saída em *curto-circuito* ($\mathbf{V}_2 = 0$). Como não há dúvida com relação a que terminais estão em curto-circuito, o coeficiente $\mathbf{y}_{11}$ é melhor descrito como *admitância de curto-circuito da entrada*. Alternativamente, poderíamos descrever $\mathbf{y}_{11}$ como o inverso da impedância de entrada medida com os terminais de saída em curto-circuito, mas a sua descrição como uma admitância é obviamente mais direta. Não é o nome do parâmetro que importa. Ao invés disso, são as condições aplicadas nas Equações [5] e [6], e portanto na rede, que são mais importantes; quando as condições são determinadas, o parâmetro pode ser obtido diretamente a partir da análise do circuito (ou por experimentos em um circuito real). Cada um dos parâmetros **y** pode ser descrito como uma relação corrente-tensão com $\mathbf{V}_1 = 0$ (terminais de entrada em curto-circuito) ou $\mathbf{V}_2 = 0$ (terminais de saída em curto-circuito):

$$\mathbf{y}_{11} = \left.\frac{\mathbf{I}_1}{\mathbf{V}_1}\right|_{\mathbf{V}_2=0} \qquad [10]$$

$$\mathbf{y}_{12} = \left.\frac{\mathbf{I}_1}{\mathbf{V}_2}\right|_{\mathbf{V}_1=0} \qquad [11]$$

$$\mathbf{y}_{21} = \left.\frac{\mathbf{I}_2}{\mathbf{V}_1}\right|_{\mathbf{V}_2=0} \qquad [12]$$

$$\mathbf{y}_{22} = \left.\frac{\mathbf{I}_2}{\mathbf{V}_2}\right|_{\mathbf{V}_1=0} \qquad [13]$$

Como cada parâmetro corresponde a uma admitância obtida com a colocação dos terminais de saída ou de entrada em curto-circuito; os parâmetros **y** são conhecidos como os ***parâmetros admitância de curto-circuito***. O nome específico de $\mathbf{y}_{11}$ é ***admitância de curto-circuito da entrada***, $\mathbf{y}_{22}$ é a ***admitância de curto-circuito da saída*** e $\mathbf{y}_{12}$ e $\mathbf{y}_{21}$ são as ***admitâncias de transferência em curto-circuito***.

▶ EXEMPLO 17.4

Determine os parâmetros admitância de curto-circuito para o quadripolo resistivo mostrado na Figura 17.9.

Os valores dos parâmetros podem ser facilmente estabelecidos com a aplicação das Equações [10] a [13], que obtivemos diretamente a partir da definição, dada pelas Equações [5] e [6]. Para determinar $\mathbf{y}_{11}$, colocamos a saída em curto circuito e obtemos a relação entre $\mathbf{I}_1$ e $\mathbf{V}_1$. Isso pode ser feito com a aplicação de $\mathbf{V}_1 = 1$ V, o que leva a $\mathbf{y}_{11} = \mathbf{I}_1$. Com a inspeção da Figura 17.9, é claro que a aplicação de 1 V na entrada causa uma corrente de entrada de (1/5 + 1/10), ou 0,3 A. Daí

$$\mathbf{y}_{11} = 0{,}3 \text{ S}$$

Para determinar $\mathbf{y}_{12}$, colocamos os terminais de entrada em curto circuito e aplicamos 1 V nos terminais de saída. A corrente de entrada flui através do curto circuito e é $\mathbf{I}_1 = -1/10$ A. Logo,

$$\mathbf{y}_{12} = -0{,}1 \text{ S}$$

Por métodos similares,

$$\mathbf{y}_{21} = -0{,}1 \text{ S} \qquad \mathbf{y}_{22} = 0{,}15 \text{ S}$$

As equações que descrevem esse quadripolo em termos dos parâmetros admitância são, portanto,

$$\mathbf{I}_1 = 0{,}3\mathbf{V}_1 - 0{,}1\mathbf{V}_2 \qquad [14]$$

$$\mathbf{I}_2 = -0{,}1\mathbf{V}_1 + 0{,}15\mathbf{V}_2 \qquad [15]$$

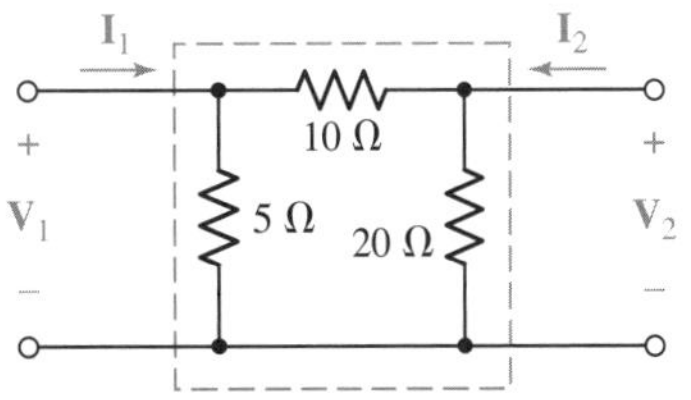

▲ **FIGURA 17.9** Um quadripolo resistivo.

e

$$\mathbf{y} = \begin{bmatrix} 0{,}3 & -0{,}1 \\ -0{,}1 & 0{,}15 \end{bmatrix} \quad \text{(todos em S)}$$

Não é necessário determinar esses parâmetros individualmente usando as Equações [10] a [13], no entanto. Podemos determinar todos de uma só vez - como mostra o exemplo a seguir.

▶ EXEMPLO 17.5

Assinale tensões nodais $\mathbf{V}_1$ e $\mathbf{V}_2$ no quadripolo da Figura 17.9 e escreva as expressões para $\mathbf{I}_1$ e $\mathbf{I}_2$ em termos dessas tensões.

Temos

$$\mathbf{I}_1 = \frac{\mathbf{V}_1}{5} + \frac{\mathbf{V}_1 - \mathbf{V}_2}{10} = 0{,}3\mathbf{V}_1 - 0{,}1\mathbf{V}_2$$

e

$$\mathbf{I}_2 = \frac{\mathbf{V}_2 - \mathbf{V}_1}{10} + \frac{\mathbf{V}_2}{20} = -\,0{,}1\mathbf{V}_1 + 0{,}15\mathbf{V}_2$$

Essas equações são idênticas às Equações [14] e [15], e os quatro parâmetros **y** podem ser *diretamente* obtidos a partir delas.

▶ EXERCÍCIO DE FIXAÇÃO

17.3 Aplicando as fontes de 1 V e os curtos-circuitos apropriados no circuito mostrado na Figura 17.10, determine (*a*) $\mathbf{y}_{11}$, (*b*) $\mathbf{y}_{21}$; (*c*) $\mathbf{y}_{22}$; (*d*) $\mathbf{y}_{21}$.

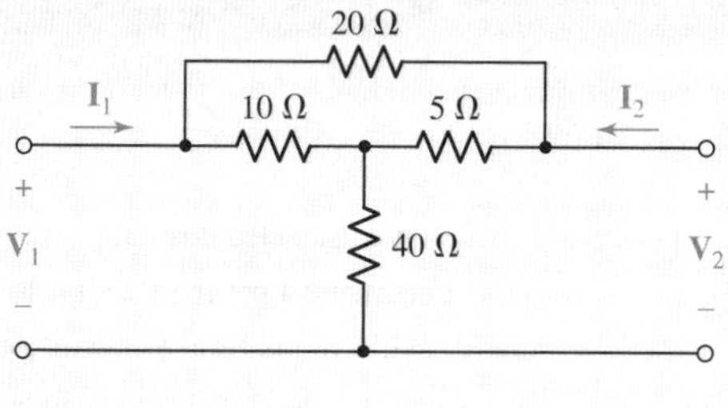

◀ **FIGURA 17.10**

Resposta: 0,1192 S; −0,1115 S; 0,1269 S; −0,1115 S.

Em geral, é mais fácil usar as Equações [10], [11], [12] ou [13] apenas quando um único parâmetro é desejado. Se precisarmos de todos eles, no entanto, é usualmente mais fácil chamar as tensões nos nós de entrada e saída de $\mathbf{V}_1$ e $\mathbf{V}_2$, assinalar as demais tensões nodais internas ao circuito e então obter a solução geral.

Para ver o que podemos fazer com um sistema de equações como esse, vamos agora conectar cada par de terminais a um bipolo específico.

Considere o quadripolo simples do Exemplo 17.4, mostrado na Figura 17.11 com uma fonte de corrente real conectada em seus terminais de entrada e uma carga resistiva conectada em seus terminais de saída. Existe agora uma relação entre $\mathbf{V}_1$ e $\mathbf{I}_1$ que independe do quadripolo. Essa relação

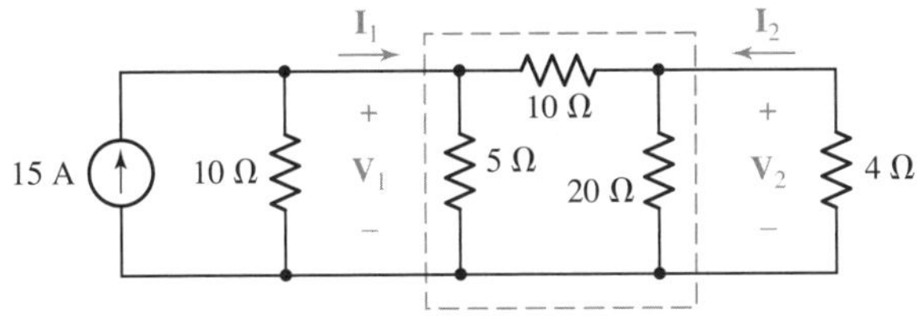

▲ **FIGURA 17.11** O quadripolo resistivo da Figura 17.9 terminado em bipolos específicos.

pode ser determinada a partir do circuito externo. Se aplicarmos a LKC (ou escrevermos uma única equação nodal) na entrada,

$$\mathbf{I}_1 = 15 - 0{,}1\mathbf{V}_1$$

Na saída, a lei de Ohm leva a

$$\mathbf{I}_2 = -0{,}25\mathbf{V}_2$$

Substituindo essas expressões para $\mathbf{I}_1$ e $\mathbf{I}_2$ nas Equações [14] e [15], temos

$$\begin{aligned} 15 &= \ \ 0{,}4\mathbf{V}_1 - 0{,}1\mathbf{V}_2 \\ 0 &= -\,0{,}1\mathbf{V}_1 + 0{,}4\mathbf{V}_2 \end{aligned}$$

de onde se obtém

$$\mathbf{V}_1 = 40\text{ V} \qquad \mathbf{V}_2 = 10\text{ V}$$

As correntes na entrada e na saída também são facilmente obtidas:

$$\mathbf{I}_1 = 11\text{ A} \qquad \mathbf{I}_2 = -2{,}5\text{ A}$$

e então conhecemos completamente as características terminais desse quadripolo resistivo.

As vantagens da análise por quadripolos não aparecem de forma muito clara em um exemplo simples como esse, mas deve estar claro que uma vez que os parâmetros **y** tiverem sido determinados para um quadripolo mais complicado, o desempenho desse quadripolo perante diferentes condições terminais pode ser facilmente determinado; é necessário apenas relacionar $\mathbf{V}_1$ a $\mathbf{I}_1$ na entrada e $\mathbf{V}_2$ a $\mathbf{I}_2$ na saída.

No exemplo que acabamos de concluir, $\mathbf{y}_{12}$ e $\mathbf{y}_{21}$ eram ambos iguais a –0,1 S. Não é difícil mostrar que essa igualdade também é obtida se três impedâncias genéricas $\mathbf{Z}_A$, $\mathbf{Z}_B$ e $\mathbf{Z}_C$ forem conectadas a essa rede Π. É um pouco mais difícil determinar as condições específicas que são necessárias para que $\mathbf{y}_{12} = \mathbf{y}_{21}$, mas o uso da notação com determinantes é de alguma utilidade. Vejamos se as relações das Equações [10] e [13] podem ser expressas em termos do determinante da impedância e de seus menores complementares.

Como nossa preocupação está voltada ao quadripolo e não à rede específica à qual ele está conectado, vamos assumir que as tensões $\mathbf{V}_1$ e $\mathbf{V}_2$ sejam representadas por duas fontes de tensão ideais. A Equação [10] é aplicada assumindo-se $\mathbf{V}_2 = 0$ (colocando-se portanto a saída em curto-circuito) e obtendo-se a admitância de entrada. Agora a rede é, no entanto, um simples bipolo, e a impedância de entrada de um bipolo foi obtida na Seção 17.1. Selecionamos o laço **1** para incluir os terminais de entrada e fazemos de $\mathbf{I}_1$ a corrente nesse laço; identificamos $(-\mathbf{I}_2)$ como a corrente de laço no laço **2** e nomeamos as correntes de laço restantes de forma conveniente. Logo,

$$\mathbf{Z}_{\text{ent}}|_{\mathbf{V}_2=0} = \frac{\Delta_{\mathbf{Z}}}{\Delta_{11}}$$

e, portanto,

$$\mathbf{y}_{11} = \frac{\Delta_{11}}{\Delta_{\mathbf{Z}}}$$

De forma similar

$$\mathbf{y}_{22} = \frac{\Delta_{22}}{\Delta_{\mathbf{Z}}}$$

Para obter $\mathbf{y}_{12}$, fazemos $\mathbf{V}_1 = 0$ e escrevemos $\mathbf{I}_1$ em função de $\mathbf{V}_2$. Vemos que a corrente $\mathbf{I}_1$ é dada pela razão

$$\mathbf{I}_1 = \frac{\begin{vmatrix} 0 & \mathbf{Z}_{12} & \cdots & \mathbf{Z}_{1N} \\ -\mathbf{V}_2 & \mathbf{Z}_{22} & \cdots & \mathbf{Z}_{2N} \\ 0 & \mathbf{Z}_{32} & \cdots & \mathbf{Z}_{3N} \\ \cdots & \cdots & \cdots & \cdots \\ 0 & \mathbf{Z}_{N2} & \cdots & \mathbf{Z}_{NN} \end{vmatrix}}{\begin{vmatrix} \mathbf{Z}_{11} & \mathbf{Z}_{12} & \cdots & \mathbf{Z}_{1N} \\ \mathbf{Z}_{21} & \mathbf{Z}_{22} & \cdots & \mathbf{Z}_{2N} \\ \mathbf{Z}_{31} & \mathbf{Z}_{32} & \cdots & \mathbf{Z}_{3N} \\ \cdots & \cdots & \cdots & \cdots \\ \mathbf{Z}_{N1} & \mathbf{Z}_{N2} & \cdots & \mathbf{Z}_{NN} \end{vmatrix}}$$

Logo,

$$\mathbf{I}_1 = -\frac{(-\mathbf{V}_2)\Delta_{21}}{\Delta_{\mathbf{Z}}}$$

e

$$\mathbf{y}_{12} = \frac{\Delta_{21}}{\Delta_{\mathbf{Z}}}$$

De forma similar, podemos mostrar que

$$\mathbf{y}_{21} = \frac{\Delta_{12}}{\Delta_{\mathbf{Z}}}$$

A igualdade de $\mathbf{y}_{12}$ e $\mathbf{y}_{21}$ é portanto contingente à igualdade dos dois menores complementares de Δ_Z — Δ_{12} e Δ_{21}. Esses dois menores complementares são

$$\Delta_{21} = \begin{vmatrix} \mathbf{Z}_{12} & \mathbf{Z}_{13} & \mathbf{Z}_{14} & \cdots & \mathbf{Z}_{1N} \\ \mathbf{Z}_{32} & \mathbf{Z}_{33} & \mathbf{Z}_{34} & \cdots & \mathbf{Z}_{3N} \\ \mathbf{Z}_{42} & \mathbf{Z}_{43} & \mathbf{Z}_{44} & \cdots & \mathbf{Z}_{4N} \\ \cdots & \cdots & \cdots & \cdots & \cdots \\ \mathbf{Z}_{N2} & \mathbf{Z}_{N3} & \mathbf{Z}_{N4} & \cdots & \mathbf{Z}_{NN} \end{vmatrix}$$

e

$$\Delta_{12} = \begin{vmatrix} \mathbf{Z}_{21} & \mathbf{Z}_{23} & \mathbf{Z}_{24} & \cdots & \mathbf{Z}_{2N} \\ \mathbf{Z}_{31} & \mathbf{Z}_{33} & \mathbf{Z}_{34} & \cdots & \mathbf{Z}_{3N} \\ \mathbf{Z}_{41} & \mathbf{Z}_{43} & \mathbf{Z}_{44} & \cdots & \mathbf{Z}_{4N} \\ \cdots & \cdots & \cdots & \cdots & \cdots \\ \mathbf{Z}_{N1} & \mathbf{Z}_{N3} & \mathbf{Z}_{N4} & \cdots & \mathbf{Z}_{NN} \end{vmatrix}$$

A sua igualdade é mostrada primeiro com a troca das posições das linhas e das colunas de um menor complementar (por exemplo, Δ_{21}), uma operação que qualquer livro de álgebra de segundo grau mostra ser válida, fazendo-se em seguida a troca de todas as impedâncias mútuas $\mathbf{Z}_{ij}$ por $\mathbf{Z}_{ji}$. Com isso, fazemos

$$\mathbf{Z}_{12} = \mathbf{Z}_{21} \qquad \mathbf{Z}_{23} = \mathbf{Z}_{32} \quad \text{etc.}$$

A igualdade de $\mathbf{Z}_{ij}$ e $\mathbf{Z}_{ji}$ é evidente para os três elementos passivos, o resistor, o capacitor e o indutor, e também para a indutância mútua. No entanto, ela *não* é válida para *todo*s os tipos de dispositivo que podemos querer incluir no interior de um quadripolo. Especificamente, ela não é válida para fontes dependentes em geral, tampouco para o *gyrator*, que é um modelo útil para simular o efeito Hall, e para seções de guias de onda contendo ferrites. Em uma faixa estreita de frequências radianas, o *gyrator* promove um deslocamento de fase adicional de 180º em sinais passando da saída para a entrada em relação a sinais passando da entrada para a saída, e com isso $\mathbf{y}_{12} = -\mathbf{y}_{21}$. Elementos não lineares são um tipo comum de elemento passivo levando à desigualdade entre $\mathbf{Z}_{ij}$ e $\mathbf{Z}_{ji}$.

Qualquer dispositivo no qual $\mathbf{Z}_{ij} = \mathbf{Z}_{ji}$ é chamado de *elemento bilateral*, e um circuito que contém apenas elementos bilaterais é chamado de *circuito bilateral*. Mostramos portanto que uma importante propriedade do quadripolo bilateral é

$$\mathbf{y}_{21} = \mathbf{y}_{12}$$

e essa propriedade é glorificada ao ser enunciada na forma do *teorema da reciprocidade*:

> Em qualquer rede passiva bilateral, se uma única fonte de tensão $\mathbf{V}_x$ no ramo x produzir a resposta de corrente $\mathbf{I}_y$ no ramo y, então a retirada da fonte de tensão do ramo x e a sua inserção no ramo y provoca a resposta de corrente $\mathbf{I}_y$ no ramo x.

> Uma forma simples de enunciar esse teorema é dizer que a troca de posições entre uma fonte ideal de tensão e um amperímetro em qualquer circuito passivo, linear e bilateral não altera a leitura do amperímetro.

Se estivéssemos trabalhando com o determinante de admitâncias do circuito e tivéssemos provado que os menores complementares Δ_{21} e Δ_{12} do determinante Δ_Y são iguais, então teríamos obtido o teorema da reciprocidade em sua forma dual:

> Em qualquer rede passiva, linear e bilateral, se uma única fonte de corrente $\mathbf{I}_x$ entre os nós x e x' produzir a tensão $\mathbf{V}_y$ entre os nós y e y', então a retirada da fonte de corrente dos nós x e x' e a sua inserção entre os nós y e y' produz a resposta de tensão $\mathbf{V}_y$ entre os nós x e x'.

> Em outras palavras, a troca de posições entre uma fonte de corrente ideal e um voltímetro ideal em qualquer circuito passivo, linear e bilateral não altera a leitura do voltímetro.

▶ EXERCÍCIOS DE FIXAÇÃO

17.4 No circuito da Figura 17.10, $\mathbf{I}_1$ e $\mathbf{I}_2$ representam fontes de corrente ideais. Chame de $\mathbf{V}_1$, $\mathbf{V}_2$ e $\mathbf{V}_x$ as tensões nodais na entrada, na saída e nó central, respectivamente. Escreva três equações nodais, elimine $\mathbf{V}_x$ para obter duas equações e então arranje essas equações na forma das Equações [5] e [6] de forma que todos os quatro parâmetros **y** possam ser lidos diretamente.

17.5 Determine **y** para o quadripolo mostrado na Figura 17.12

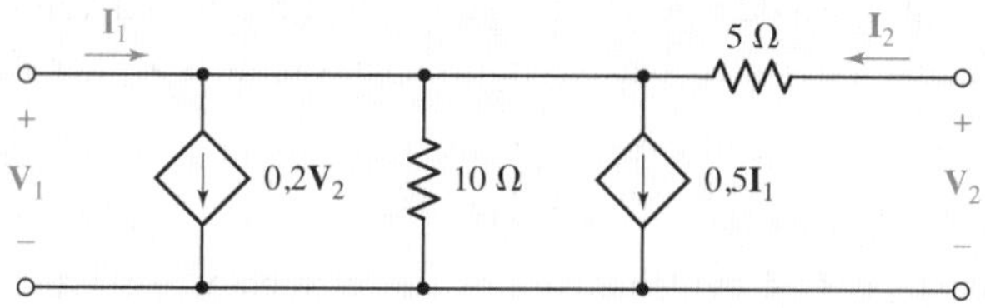

◀ FIGURA 17.12

Respostas: 17.4: $\begin{bmatrix} 0{,}1192 & -0{,}1115 \\ -0{,}1115 & 0{,}1269 \end{bmatrix}$ (todos em S); 17.5: $\begin{bmatrix} 0{,}6 & 0 \\ -0{,}2 & 0{,}2 \end{bmatrix}$ (todos em S).

17.3 ▶ ALGUMAS REDES EQUIVALENTES

Quando analisamos circuitos eletrônicos, é usualmente necessário substituir um dispositivo real (e talvez alguns dos circuitos passivos a ele associados) por um quadripolo equivalente contendo apenas três ou quatro impedâncias. A validade do equivalente pode ser restrita a sinais com pequenas amplitudes e a uma única frequência, ou talvez a uma faixa limitada de frequências. O equivalente também pode ser uma aproximação linear para um circuito não linear. Entretanto, se nos depararmos com uma rede linear contendo vários resistores, capacitores e indutores, mais um transistor com a identificação 2N3823, então não podemos analisar o circuito empregando as técnicas que já estudamos; o transistor deve ser substituído por um modelo linear, da mesma forma que fizemos com o AOP no Capítulo 6. Os parâmetros **y** fornecem um modelo como esse na forma de um quadripolo frequentemente usado em altas frequências. Outro modelo linear comum para um transistor aparece na Seção 17.5.

As duas equações que determinam os parâmetros admitância de curto-circuito,

$$\mathbf{I}_1 = \mathbf{y}_{11}\mathbf{V}_1 + \mathbf{y}_{12}\mathbf{V}_2 \qquad [16]$$

$$\mathbf{I}_2 = \mathbf{y}_{21}\mathbf{V}_1 + \mathbf{y}_{22}\mathbf{V}_2 \qquad [17]$$

têm a forma de um par de equações nodais escritas para um circuito contendo dois nós além do nó de referência. Em geral, a determinação de um circuito equivalente que leve às Equações [16] e [17] é dificultada pela desigualdade de $\mathbf{y}_{12}$ e $\mathbf{y}_{21}$; vale a pena usar alguns truques para obter um par de equações que possua coeficientes mútuos iguais. Vamos somar e subtrair $\mathbf{y}_{12}\mathbf{V}_1$ (o termo que gostaríamos que aparecesse no lado direito da Equação [17]):

$$\mathbf{I}_2 = \mathbf{y}_{12}\mathbf{V}_1 + \mathbf{y}_{22}\mathbf{V}_2 + (\mathbf{y}_{21} - \mathbf{y}_{12})\mathbf{V}_1 \qquad [18]$$

ou

$$\mathbf{I}_2 - (\mathbf{y}_{21} - \mathbf{y}_{12})\mathbf{V}_1 = \mathbf{y}_{12}\mathbf{V}_1 + \mathbf{y}_{22}\mathbf{V}_2 \qquad [19]$$

Os lados direitos das Equações [16] e [19] mostram agora uma simetria apropriada para um circuito bilateral; o lado esquerdo da Equação [19] pode ser interpretado como a soma algébrica de duas fontes de corrente, uma fonte independente $\mathbf{I}_2$ entrando no nó **2** e uma outra fonte dependente $(\mathbf{y}_{21} - \mathbf{y}_{12})\mathbf{V}_1$ deixando o nó **2**.

Vamos agora "ler" a rede equivalente associada às Equações [16] e [19]. Primeiro arbitramos um nó de referência, e então um nó $\mathbf{V}_1$ e outro nó $\mathbf{V}_2$.

A partir da Equação [16], estabelecemos a corrente $\mathbf{I}_1$ entrando no nó **1**, fornecemos uma admitância mútua $(-\mathbf{y}_{12})$ entre os nós **1** e **2** e uma admitância $(\mathbf{y}_{11} + \mathbf{y}_{12})$ entre o nó 1 e o nó de referência. Com $\mathbf{V}_2 = 0$, a relação entre $\mathbf{I}_1$ e $\mathbf{V}_1$ é então $\mathbf{y}_{11}$, como deveria ser. Considere agora a Equação [19]; fazemos a corrente $\mathbf{I}_2$ entrar no segundo nó, determinamos que a corrente $(\mathbf{y}_{21} - \mathbf{y}_{12})\mathbf{V}_1$ deixe esse nó, notamos que a admitância correta $(-\mathbf{y}_{12})$ existe entre os nós e completamos o circuito instalando a admitância $(\mathbf{y}_{22} + \mathbf{y}_{12})$ entre o nó **2** e o nó de referência. O circuito completo é mostrado na Figura 17.13*a*.

Outra forma para a rede equivalente é obtida com a subtração e a adição de $\mathbf{y}_{21}\mathbf{V}_1$ na Equação [16]; esse circuito equivalente é mostrado na Figura 17.13*b*. Se o quadripolo é bilateral, então $\mathbf{y}_{12} = \mathbf{y}_{21}$, e qualquer um dos equivalentes pode ser reduzido a uma simples rede Π passiva. A fonte dependente desaparece. Esse equivalente do quadripolo bilateral é mostrado na Figura 17.13*c*.

Há várias aplicações possíveis para esses circuitos equivalentes. Em primeiro lugar, fomos bem sucedidos ao mostrar que *existe* um equivalente para qualquer quadripolo complicado. Não importa quantos nós ou laços estejam contidos na rede; o equivalente não é mais complexo do que os circuitos da Figura 17.13. Um deles pode ser muito mais simples de se usar do que o circuito original se estivermos interessados apenas nas características terminais do circuito original.

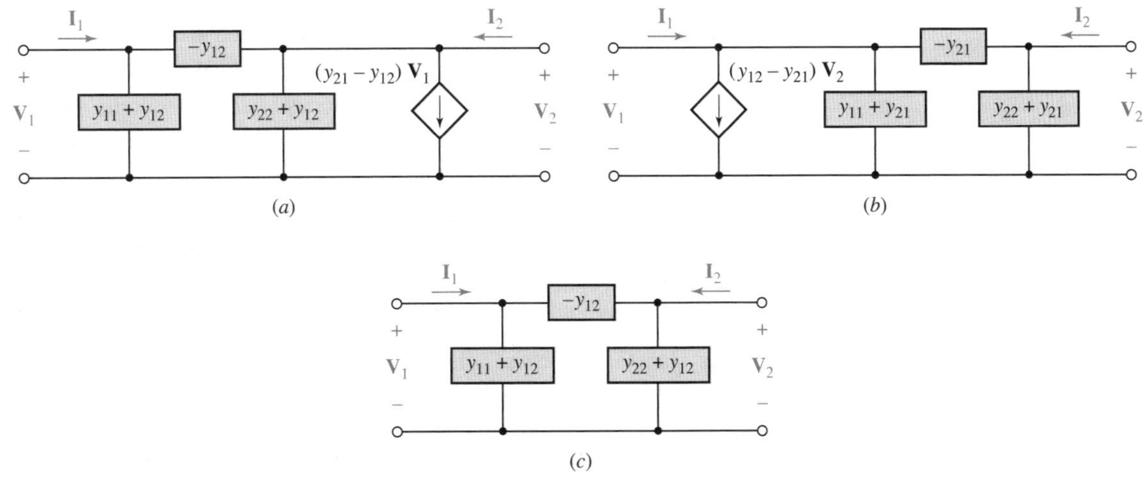

▲ **FIGURA 17.13** (*a*, *b*) Quadripolos equivalentes a qualquer quadripolo linear geral. A fonte dependente que aparece na letra (*a*) depende de $\mathbf{V}_1$, e a que aparece na letra (*b*) depende de $\mathbf{V}_2$. (*c*) Um equivalente para uma rede bilateral.

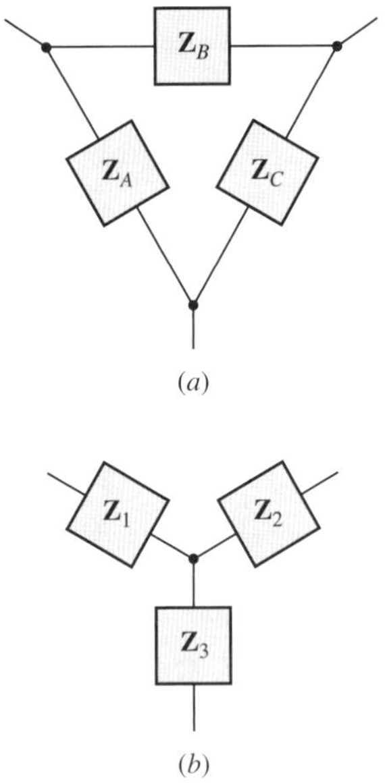

▲ **FIGURA 17.14** A rede Δ com três terminais da letra (*a*) e a rede Y com três terminais da letra (*b*) são equivalentes se as seis impedâncias satisfizerem as condições para a transformação Y-Δ (ou Π-T), dadas nas Equações [20] a [25].

A rede com três terminais mostrada na Figura 17.14*a* é frequentemente chamada de um Δ de impedâncias, enquanto aquela da Figura 17.14*b* é chamada de Y. Uma rede pode ser substituída pela outra se certas relações específicas entre as impedâncias forem satisfeitas, e essas relações podem ser estabelecidas com o uso dos parâmetros **y**. Vemos que

$$\mathbf{y}_{11} = \frac{1}{\mathbf{Z}_A} + \frac{1}{\mathbf{Z}_B} = \frac{1}{\mathbf{Z}_1 + \mathbf{Z}_2\mathbf{Z}_3/(\mathbf{Z}_2 + \mathbf{Z}_3)}$$

$$\mathbf{y}_{12} = \mathbf{y}_{21} = -\frac{1}{\mathbf{Z}_B} = \frac{-\mathbf{Z}_3}{\mathbf{Z}_1\mathbf{Z}_2 + \mathbf{Z}_2\mathbf{Z}_3 + \mathbf{Z}_3\mathbf{Z}_1}$$

$$\mathbf{y}_{22} = \frac{1}{\mathbf{Z}_C} + \frac{1}{\mathbf{Z}_B} = \frac{1}{\mathbf{Z}_2 + \mathbf{Z}_1\mathbf{Z}_3/(\mathbf{Z}_1 + \mathbf{Z}_3)}$$

As equações anteriores podem ser resolvidas para $\mathbf{Z}_A$, $\mathbf{Z}_B$ e $\mathbf{Z}_C$ em termos de $\mathbf{Z}_1$, $\mathbf{Z}_2$ e $\mathbf{Z}_3$:

$$\mathbf{Z}_A = \frac{\mathbf{Z}_1\mathbf{Z}_2 + \mathbf{Z}_2\mathbf{Z}_3 + \mathbf{Z}_3\mathbf{Z}_1}{\mathbf{Z}_2} \qquad [20]$$

$$\mathbf{Z}_B = \frac{\mathbf{Z}_1\mathbf{Z}_2 + \mathbf{Z}_2\mathbf{Z}_3 + \mathbf{Z}_3\mathbf{Z}_1}{\mathbf{Z}_3} \qquad [21]$$

$$\mathbf{Z}_C = \frac{\mathbf{Z}_1\mathbf{Z}_2 + \mathbf{Z}_2\mathbf{Z}_3 + \mathbf{Z}_3\mathbf{Z}_1}{\mathbf{Z}_1} \qquad [22]$$

ou, para as relações inversas:

$$\mathbf{Z}_1 = \frac{\mathbf{Z}_A\mathbf{Z}_B}{\mathbf{Z}_A + \mathbf{Z}_B + \mathbf{Z}_C} \qquad [23]$$

$$\mathbf{Z}_2 = \frac{\mathbf{Z}_B\mathbf{Z}_C}{\mathbf{Z}_A + \mathbf{Z}_B + \mathbf{Z}_C} \qquad [24]$$

$$\mathbf{Z}_3 = \frac{\mathbf{Z}_C\mathbf{Z}_A}{\mathbf{Z}_A + \mathbf{Z}_B + \mathbf{Z}_C} \qquad [25]$$

O leitor deve se lembrar dessas relações úteis do Capítulo 5, onde a sua dedução foi descrita.

Essas equações nos permitem realizar facilmente transformações entre redes Y e Δ equivalentes, um processo conhecido como transformação Y-Δ (ou transformação T-Π, se as redes forem desenhadas na forma dessas letras). Para transformar de Y para Δ (Equações [20] a [22]), primeiro obtenha o valor do numerador presente em todas as equações como a soma dos produtos dois a dois das impedâncias contidas no Y. Cada impedância do Δ é então obtida com a divisão desse numerador pela impedância do elemento no Y que não possui nó em comum com o elemento desejado no Δ. Por outro lado, dado o Δ, primeiro some as três impedâncias presentes no Δ; divida então o produto das duas impedâncias que têm um nó em comum com o elemento Y desejado por essa soma.

Essas transformações são frequentemente úteis na simplificação de redes passivas, particularmente de redes resistivas, evitando-se assim a necessidade de emprego da análise nodal ou de malha.

▶ EXEMPLO 17.6

Determine a resistência de entrada do circuito mostrado na Figura 17.15*a*.

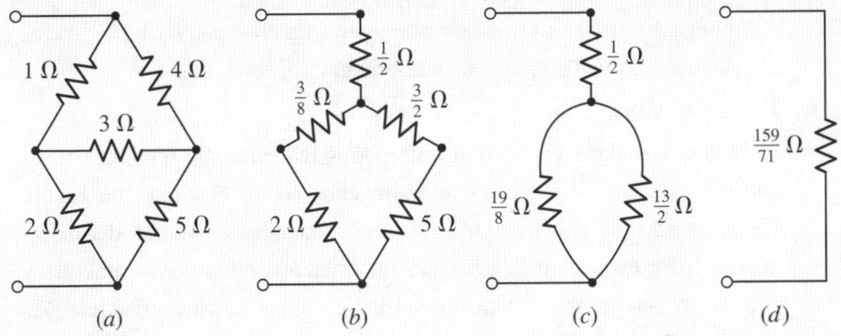

▲ **FIGURA 17.15** (*a*) Uma rede resistiva cuja impedância de entrada é desejada. Este exemplo é repetido do Capítulo 5. (*b*) O Δ de cima é substituído por um Y equivalente. (*c*, *d*) Combinações série e paralelo fornecem a impedância de entrada $\frac{159}{71}$ Ω.

Primeiro fazemos uma transformação Δ-Y no Δ que aparece na parte de cima da Figura 17.15*a*. A soma das três resistências que formam esse delta é $1 + 4 + 3 = 8$ Ω. O produto dos dois resistores conectados ao nó superior é $1 \times 4 = 4$ Ω^2. Logo, o resistor superior do Y é igual a $\frac{4}{8}$, ou $\frac{1}{2}$ Ω. Repetindo esse procedimento para os outros dois resistores, obtemos a rede mostrada na Figura 17.15*b*.

Fazemos em seguida as combinações série e paralelo indicadas, obtendo em sucessão as Figuras 17.15*c* e *d*. Assim, a impedância de entrada do circuito da Figura 17.15*a* é igual a $\frac{159}{71}$, ou 2,24 Ω.

Vamos agora trabalhar com um exemplo ligeiramente mais complicado, mostrado na Figura 17.16. Notamos que o circuito contém uma fonte dependente, e com isso a transformação Y-Δ não é aplicável.

▶ EXEMPLO 17.7

O circuito mostrado na Figura 17.16 é um equivalente linear aproximado de um transistor usado como amplificador, no qual o terminal emissor corresponde ao nó inferior, o terminal de base corresponde ao nó de entrada superior, e o terminal coletor corresponde ao nó de saída superior. Um resistor de 2000 Ω está conectado entre a base e o coletor por alguma razão especial e dificulta a análise do circuito. Determine os parâmetros y para esse circuito.

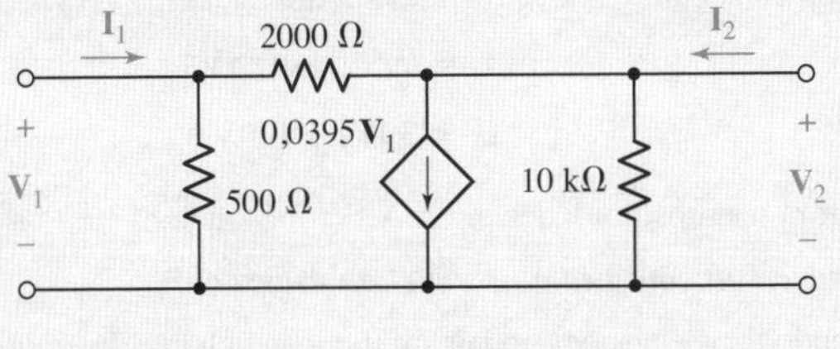

▲ **FIGURA 17.16** Circuito equivalente linear de um transistor na configuração emissor comum com realimentação resistiva entre coletor e base.

▶ ***Identifique o objetivo do problema.***

Usando prontamente o jargão deste problema específico, percebemos que fomos apresentados a um quadripolo e que precisamos obter os parâmetros **y**.

▶ ***Reúna as informações conhecidas.***

A Figura 17.16 mostra um quadripolo com as grandezas $\mathbf{V}_1$, $\mathbf{I}_1$, $\mathbf{V}_2$ e $\mathbf{I}_2$ já indicadas, e um valor para cada componente foi fornecido.

▶ ***Trace um plano.***

Poderíamos analisar esse circuito de várias maneiras. Se reconhecermos que ele apresenta a forma do circuito equivalente mostrado na Figura 17.13*a*, então podemos determinar imediatamente os valores dos parâmetros **y**. Se essa identificação não for imediata, então os parâmetros **y** podem ser determinados para o quadripolo com a aplicação das relações das Equações [10] a [13]. Também poderíamos evitar o uso de métodos de análise de quadripolos e escrever equações diretamente a partir do circuito do jeito que ele está. A primeira opção parece ser a melhor neste caso.

▶ ***Construa um conjunto apropriado de equações.***

Por inspeção, vemos que $-\mathbf{y}_{12}$ corresponde à admitância de nosso resistor de 2 kΩ, que $\mathbf{y}_{11} + \mathbf{y}_{12}$ corresponde à admitância do resistor de 500 Ω, que o ganho da fonte de corrente dependente corresponde a $\mathbf{y}_{21} - \mathbf{y}_{12}$, e finalmente que $\mathbf{y}_{22} + \mathbf{y}_{12}$ corresponde à admitância do resistor de 10 kΩ. Daí, podemos escrever

$$\mathbf{y}_{12} = -\frac{1}{2000}$$

$$\mathbf{y}_{11} = \frac{1}{500} - \mathbf{y}_{12}$$

$$\mathbf{y}_{21} = 0{,}0395 + \mathbf{y}_{12}$$

$$\mathbf{y}_{22} = \frac{1}{10{,}000} - \mathbf{y}_{12}$$

▶ ***Determine se informações adicionais são necessárias.***

Com as equações escritas nessa forma, vemos que, assim que calcularmos $\mathbf{y}_{12}$, os demais parâmetros **y** também podem ser obtidos.

▶ ***Tente uma solução.***

Entrando com os números em uma calculadora, vemos que

$$\mathbf{y}_{12} = -\frac{1}{2000} = -0{,}5 \text{ mS}$$

$$\mathbf{y}_{11} = \frac{1}{500} - \left(-\frac{1}{2000}\right) = 2{,}5 \text{ mS}$$

$$\mathbf{y}_{22} = \frac{1}{10{,}000} - \left(-\frac{1}{2000}\right) = 0{,}6 \text{ mS}$$

e

$$\mathbf{y}_{21} = 0{,}0395 + \left(-\frac{1}{2000}\right) = 39 \text{ mS}$$

As equações seguintes devem então ser aplicadas:

$$\mathbf{I}_1 = 2{,}5\mathbf{V}_1 - 0{,}5\mathbf{V}_2 \qquad [26]$$

$$\mathbf{I}_2 = 39\mathbf{V}_1 + 0{,}6\mathbf{V}_2 \qquad [27]$$

onde agora usamos unidades em mA, V, mS ou kΩ.

▶ ***Verifique a solução. Ela é razoável ou esperada?***

Escrevendo duas equações nodais diretamente a partir do circuito, obtemos

$$\mathbf{I}_1 = \frac{\mathbf{V}_1 - \mathbf{V}_2}{2} + \frac{\mathbf{V}_1}{0{,}5} \qquad \text{ou} \qquad \mathbf{I}_1 = 2{,}5\mathbf{V}_1 - 0{,}5\mathbf{V}_2$$

e

$$-39{,}5\mathbf{V}_1 + \mathbf{I}_2 = \frac{\mathbf{V}_2 - \mathbf{V}_1}{2} + \frac{\mathbf{V}_2}{10} \qquad \text{ou} \qquad \mathbf{I}_2 = 39\mathbf{V}_1 + 0{,}6\mathbf{V}_2$$

que concordam com as Equações [26] e [27] obtidas diretamente dos parâmetros **y**.

Vamos agora usar as Equações [26] e [27] para analisar o desempenho do quadripolo da Figura 17.16 em diversas condições de operação distintas. Primeiro colocamos uma fonte de corrente de $1\underline{/0^\circ}$ mA na entrada e conectamos uma carga de 0,5 kΩ (2 mS) à saída. As redes instaladas nas terminações são portanto bipolos e nos dão as seguintes informações específicas relacionando $\mathbf{I}_1$ a $\mathbf{V}_1$ e $\mathbf{I}_2$ a $\mathbf{V}_2$:

$$\mathbf{I}_1 = 1 \text{ (para qualquer } \mathbf{V}_1) \qquad \mathbf{I}_2 = -2\mathbf{V}_2$$

Temos agora quatro equações e quatro variáveis, $\mathbf{V}_1$, $\mathbf{V}_2$, $\mathbf{I}_1$ e $\mathbf{I}_2$. Substituindo as duas relações acima nas Equações [26] e [27], obtemos duas equações relacionando $\mathbf{V}_1$ e $\mathbf{V}_2$:

$$1 = 2{,}5\mathbf{V}_1 - 0{,}5\mathbf{V}_2 \qquad 0 = 39\mathbf{V}_1 + 2{,}6\mathbf{V}_2$$

Resolvendo, vemos que

$$\mathbf{V}_1 = 0{,}1 \text{ V} \qquad \mathbf{V}_2 = -1{,}5 \text{ V}$$
$$\mathbf{I}_1 = 1 \text{ mA} \qquad \mathbf{I}_2 = 3 \text{ mA}$$

Esses quatro valores se aplicam ao quadripolo operando com uma corrente prescrita ($\mathbf{I}_1$ = 1 mA) e uma carga específica (R_L = 0,5 kΩ).

O desempenho de um amplificador é frequentemente descrito a partir de alguns valores especiais. Calculemos quatro desses valores para esse quadripolo, considerando as terminações assumidas. Vamos definir o ganho de tensão, o ganho de corrente, o ganho de potência e a impedância de entrada.

O *ganho de tensão* $\mathbf{G}_V$ é

$$\mathbf{G}_V = \frac{\mathbf{V}_2}{\mathbf{V}_1}$$

Dos resultados numéricos, é fácil ver que $\mathbf{G}_V = -15$.

O *ganho de corrente* $\mathbf{G}_I$ é definido como

$$\mathbf{G}_I = \frac{\mathbf{I}_2}{\mathbf{I}_1}$$

e temos

$$\mathbf{G}_I = 3$$

Vamos definir e calcular o *ganho de potência* G_P para uma excitação senoidal assumida. Temos

$$G_P = \frac{P_{\text{saída}}}{P_{\text{ent}}} = \frac{\operatorname{Re}\left\{-\frac{1}{2}\mathbf{V}_2\mathbf{I}_2^*\right\}}{\operatorname{Re}\left\{\frac{1}{2}\mathbf{V}_1\mathbf{I}_1^*\right\}} = 45$$

O dispositivo poderia ser chamado de amplificador de tensão, de corrente ou de potência, já que todos os ganhos são maiores que um. Se o resistor de 2 kΩ fosse removido, o ganho de potência aumentaria para 354.

O conhecimento das impedâncias de entrada e saída do amplificador é muitas vezes desejado para que a máxima transferência de potência seja obtida de ou para um quadripolo adjacente. Definimos a *impedância de entrada* $\mathbf{Z}_{ent}$ como a relação entre a tensão e a corrente na entrada:

$$\mathbf{Z}_{\text{ent}} = \frac{\mathbf{V}_1}{\mathbf{I}_1} = 0{,}1\ \text{k}\Omega$$

Essa é a impedância vista pela fonte de corrente quando a carga de 500 Ω está conectada à saída (com a saída em curto-circuito, a impedância de entrada é necessariamente $1/\mathbf{y}_{11}$, ou 400 Ω).

Deve-se levar em conta que a impedância de entrada *não pode* ser determinada com a substituição de todas as fontes por suas impedâncias de entrada e então com a combinação de resistências ou condutâncias. No circuito dado, tal procedimento levaria a um valor de 416 Ω. O erro, é claro, vem do tratamento da fonte *dependente* como se fosse uma fonte *independente*. Se pensarmos que a impedância de entrada deve ser numericamente igual à tensão de entrada produzida por uma corrente de entrada de 1 A, a aplicação da fonte de 1 A produz a tensão $\mathbf{V}_1$, e o valor da fonte dependente ($0{,}0395\mathbf{V}_1$) não pode ser zero. Devemos lembrar que, quando obtemos a impedância equivalente de Thévenin de um circuito contendo uma fonte dependente juntamente com uma ou mais fontes independentes, devemos substituir as fontes independentes por curtos-circuitos ou circuitos abertos, mas a fonte dependente não deve ser eliminada. É claro que, se a tensão ou a corrente de controle da fonte dependente se anular, então a fonte dependente se tornará naturalmente inativa; ocasionalmente, um circuito pode ser simplificado com a identificação dessa ocorrência.

Além de $\mathbf{G}_V$, $\mathbf{G}_I$, G_P e $\mathbf{Z}_{ent}$, há outro parâmetro de desempenho bastante útil. Ele é a *impedância de saída* $\mathbf{Z}_s$, que é determinada para uma diferente configuração de circuito.

A impedância de saída é simplesmente um outro nome para o circuito equivalente de Thévenin da porção da rede vista pela carga. Em nosso circuito, que assumimos ser alimentado por uma fonte de corrente de 1 mA, trocamos portanto essa fonte por um circuito aberto, deixamos de lado a fonte dependente e buscamos a impedância de entrada vista à esquerda dos terminais de saída (sem a carga). Logo, definimos

$$\mathbf{Z}_s = \mathbf{V}_2\big|_{\mathbf{I}_2=1\ A\ \textit{com todas as fontes independentes eliminadas e o resistor RL removido}}$$

Removemos portanto o resistor de carga, aplicamos $1\underline{/0^\circ}$ mA (já que estamos trabalhando em V, mA e kΩ) nos terminais de saída, e determinamos $\mathbf{V}_2$. Colocamos essas condições nas Equações [26] e [27] e obtemos

$$0 = 2{,}5\mathbf{V}_1 - 0{,}5\mathbf{V}_2 \qquad 1 = 39\mathbf{V}_1 + 0{,}6\mathbf{V}_2$$

Resolvendo,

$$\mathbf{V}_2 = 9{,}1190\ \text{V}$$

e assim

$$\mathbf{Z}_s = 0{,}1190\ \text{k}\Omega$$

Um procedimento alternativo seria o cálculo da tensão de saída em circuito aberto e da corrente de saída em curto-circuito. Isto é, a impedância de Thévenin é igual à impedância de saída:

$$\mathbf{Z}_{\text{saída}} = \mathbf{Z}_{th} = -\frac{\mathbf{V}_{2ca}}{\mathbf{I}_{2cc}}$$

Realizando esse procedimento, primeiro religamos a fonte independente de forma que $\mathbf{I}_1 = 1$ mA, e então abrimos a carga de forma que $\mathbf{I}_2 = 0$. Temos

$$1 = 2{,}5\mathbf{V}_1 - 0{,}5\mathbf{V}_2 \qquad 0 = 39\mathbf{V}_1 + 0{,}6\mathbf{V}_2$$

e assim

$$\mathbf{V}_{2ca} = -1{,}857 \text{ V}$$

Em seguida, aplicamos as condições de curto-circuito fazendo $\mathbf{V}_2 = 0$ e novamente aplicando $\mathbf{I}_1 = 1$ mA. Vemos que

$$\mathbf{I}_1 = 1 = 2{,}5\mathbf{V}_1 - 0 \qquad \mathbf{I}_2 = 39\mathbf{V}_1 + 0$$

e com isso

$$\mathbf{I}_{2cc} = 15{,}6 \text{ mA}$$

As direções assumidas para $\mathbf{V}_2$ e $\mathbf{I}_2$ resultam portanto em uma impedância de Thévenin ou de saída

$$\mathbf{Z}_{\text{saída}} = -\frac{\mathbf{V}_{2ca}}{\mathbf{I}_{2cc}} = -\frac{-1{,}857}{15{,}6} = 0{,}1190 \text{ k}\Omega$$

como antes.

Dispomos agora de informações suficientes para desenhar o diagrama equivalente de Thévenin ou de Norton do quadripolo da Figura 17.16 quando ele é alimentado por uma fonte de corrente de $1\underline{/0^\circ}$ mA e terminado em uma carga de 500 Ω. Assim, o equivalente de Norton visto pela carga deve conter uma fonte de corrente igual à corrente de curto-circuito $\mathbf{I}_{2cc}$ em paralelo com a impedância de saída; esse equivalente é mostrado na Figura 17.17*a*. Da mesma forma, o equivalente de Thévenin visto pela fonte de corrente de $1\underline{/0^\circ}$ mA na entrada deve consistir somente na impedância de entrada, conforme desenhado na Figura 17.17*b*.

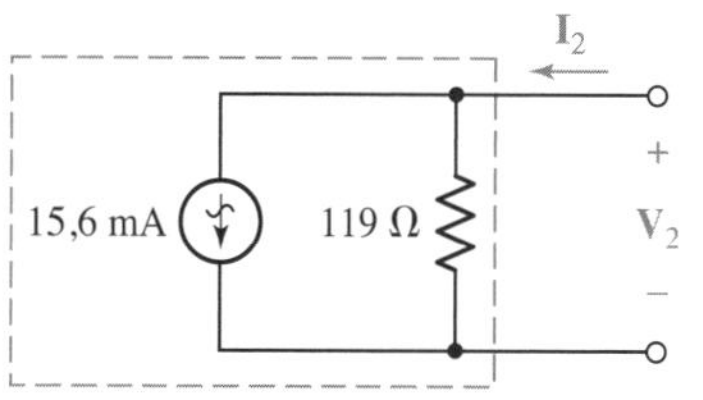

(*a*)

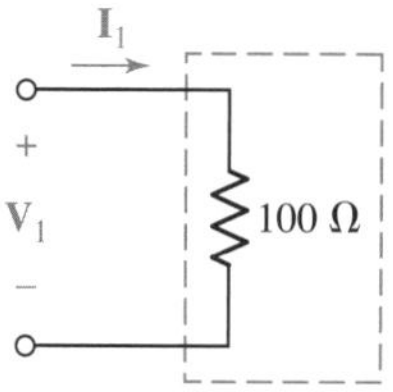

(*b*)

▲ **FIGURA 17.17** (*a*) O equivalente de Norton da rede da Figura 17.16 vista à esquerda do terminal de saída, com $\mathbf{I}_1 = 1\underline{/0^\circ}$ mA. (*b*) O equivalente de Thévenin da parte da rede à direita dos terminais de entrada, se $\mathbf{I}_2 = -2\mathbf{V}_2$ mA.

Antes de deixar os parâmetros **y**, devemos reconhecer a sua utilidade na descrição da conexão em paralelo de quadripolos, conforme indicado na Figura 17.18. Quando definimos uma porta na Seção 17.1, frisamos que as correntes entrando e saindo dos dois terminais de uma porta deveriam ser iguais, e que não poderia haver conexões externas que fizessem uma ponte entre duas portas. Aparentemente, a conexão em paralelo mostrada na Figura 17.18 viola esta condição. Entretanto, se cada quadripolo tiver um nó de referência comum às portas de entrada e saída e se os dois quadripolos estiverem conectados em paralelo de forma a ter o mesmo nó de referência, então todas as portas continuam a ser portas após a conexão. Logo, para a rede *A*,

$$\mathbf{I}_A = \mathbf{y}_A \mathbf{V}_A$$

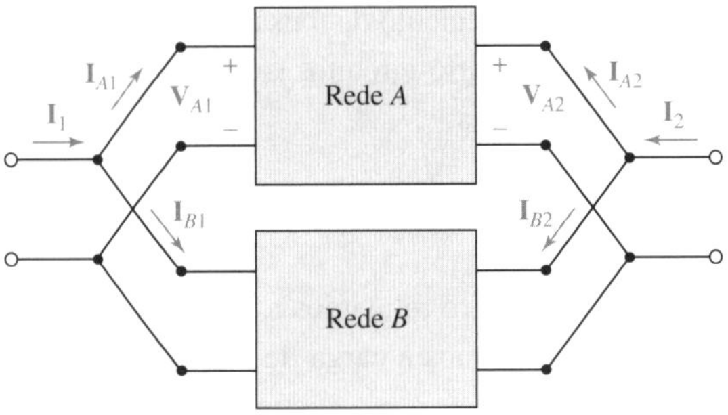

▲ **FIGURA 17.18** A conexão em paralelo de dois quadripolos. Se ambas as entradas e saídas tiverem o mesmo nó de referência, então a matriz admitância $\mathbf{y} = \mathbf{y}_A + \mathbf{y}_B$.

onde

$$\mathbf{I}_A = \begin{bmatrix} \mathbf{I}_{A1} \\ \mathbf{I}_{A2} \end{bmatrix} \quad \text{e} \quad \mathbf{V}_A = \begin{bmatrix} \mathbf{V}_{A1} \\ \mathbf{V}_{A2} \end{bmatrix}$$

e para a rede *B*

$$\mathbf{I}_B = \mathbf{y}_B \mathbf{V}_B$$

Mas

$$\mathbf{V}_A = \mathbf{V}_B = \mathbf{V} \quad \text{e} \quad \mathbf{I} = \mathbf{I}_A + \mathbf{I}_B$$

Logo,

$$\mathbf{I} = (\mathbf{y}_A + \mathbf{y}_B)\mathbf{V}$$

e vemos que cada parâmetro **y** para o paralelo das redes é dado pela soma dos parâmetros correspondentes das redes originais,

$$\mathbf{y} = \mathbf{y}_A + \mathbf{y}_B \qquad [28]$$

Isso pode ser estendido a qualquer número de quadripolos conectados em paralelo.

▶ EXERCÍCIOS DE FIXAÇÃO

17.6 Determine **y** e $\mathbf{Z}_{saída}$ para o quadripolo com terminações mostrado na Figura 17.19.

17.7 Use transformações Δ-Y e Y-Δ para determinar R_{ent} nas redes mostradas na (*a*) Figura 17.20*a*; (*b*) Figura 17.20*b*.

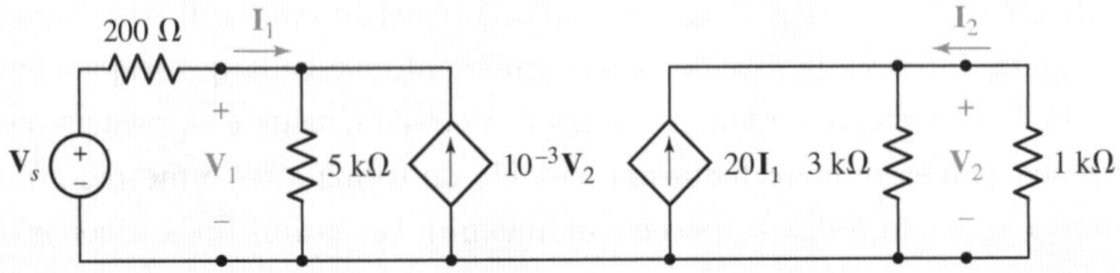

▲ **FIGURA 17.19**

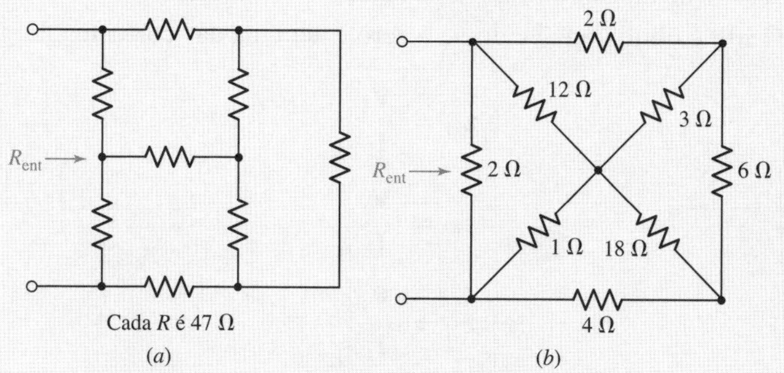

▲ **FIGURA 17.20**

Respostas: 17.6: $\begin{bmatrix} 2\times 10^{-4} & -10^{-3} \\ -4\times 10^{-3} & 20{,}3\times 10^{-3} \end{bmatrix}$ (S); 51,1 Ω, 17.7: 53,71Ω, 1,311 Ω.

17.4 ▶ PARÂMETROS IMPEDÂNCIA

O conceito de parâmetros de quadripolos foi apresentado em termos dos parâmetros admitância de curto-circuito. Há outros conjuntos de parâmetros, no entanto, e cada um desses conjuntos está associado a uma classe particular de redes para a qual o seu uso possibilita uma análise mais simples. Consideraremos três outros tipos de parâmetros, os parâmetros impedância de circuito aberto, que são assunto desta seção, e os parâmetros híbridos e de transmissão, que são discutidos nas seções seguintes.

Comecemos novamente com um quadripolo linear genérico que não contenha quaisquer fontes independentes; as correntes e tensões são assinaladas como antes (Figura 17.8). Consideremos agora a tensão $\mathbf{V}_1$ como a resposta produzida por duas fontes de corrente $\mathbf{I}_1$ e $\mathbf{I}_2$. Assim, escrevemos para $\mathbf{V}_1$

$$\mathbf{V}_1 = \mathbf{z}_{11}\mathbf{I}_1 + \mathbf{z}_{12}\mathbf{I}_2 \qquad [29]$$

e para $\mathbf{V}_2$

$$\mathbf{V}_2 = \mathbf{z}_{21}\mathbf{I}_1 + \mathbf{z}_{22}\mathbf{I}_2 \qquad [30]$$

ou

$$\mathbf{V} = \begin{bmatrix} \mathbf{V}_1 \\ \mathbf{V}_2 \end{bmatrix} = \mathbf{zI} = \begin{bmatrix} \mathbf{z}_{11} & \mathbf{z}_{12} \\ \mathbf{z}_{21} & \mathbf{z}_{22} \end{bmatrix} \begin{bmatrix} \mathbf{I}_1 \\ \mathbf{I}_2 \end{bmatrix} \qquad [31]$$

Naturalmente, para que essas equações sejam usadas, não é necessário que $\mathbf{I}_1$ e $\mathbf{I}_2$ sejam fontes de corrente; tampouco que $\mathbf{V}_1$ e $\mathbf{V}_2$ sejam fontes de tensão. Em geral, podemos ter quaisquer redes conectadas às terminações do quadripolo. Na forma em que as equações estão escritas, podemos provavelmente pensar em $\mathbf{V}_1$ e $\mathbf{V}_2$ como as grandezas fornecidas, ou independentes, e $\mathbf{I}_1$ e $\mathbf{I}_2$ como as incógnitas, ou variáveis dependentes.

As seis maneiras nas quais as duas equações podem ser escritas para relacionar essas quatro variáveis definem diferentes sistemas de parâmetros. Estudamos dentre estes os quatro sistemas de parâmetros mais importantes.

A descrição mais informativa dos parâmetros **z**, definidos nas Equações [29] e [30], é obtida igualando-se a zero cada uma das correntes. Logo

$$\mathbf{z}_{11} = \left.\frac{\mathbf{V}_1}{\mathbf{I}_1}\right|_{\mathbf{I}_2=0} \quad [32]$$

$$\mathbf{z}_{12} = \left.\frac{\mathbf{V}_1}{\mathbf{I}_2}\right|_{\mathbf{I}_1=0} \quad [33]$$

$$\mathbf{z}_{21} = \left.\frac{\mathbf{V}_2}{\mathbf{I}_1}\right|_{\mathbf{I}_2=0} \quad [34]$$

$$\mathbf{z}_{22} = \left.\frac{\mathbf{V}_2}{\mathbf{I}_2}\right|_{\mathbf{I}_1=0} \quad [35]$$

Como correntes nulas resultam de uma terminação em circuito aberto, os parâmetros **z** são conhecidos como *parâmetros impedância de circuito aberto*. Eles são facilmente relacionados aos parâmetros admitância de curto-circuito com a solução das Equações [29] e [30] para $\mathbf{I}_1$ e $\mathbf{I}_2$:

$$\mathbf{I}_1 = \frac{\begin{vmatrix} \mathbf{V}_1 & \mathbf{z}_{12} \\ \mathbf{V}_2 & \mathbf{z}_{22} \end{vmatrix}}{\begin{vmatrix} \mathbf{z}_{11} & \mathbf{z}_{12} \\ \mathbf{z}_{21} & \mathbf{z}_{22} \end{vmatrix}}$$

ou

$$\mathbf{I}_1 = \left(\frac{\mathbf{z}_{22}}{\mathbf{z}_{11}\mathbf{z}_{22} - \mathbf{z}_{12}\mathbf{z}_{21}}\right)\mathbf{V}_1 - \left(\frac{\mathbf{z}_{12}}{\mathbf{z}_{11}\mathbf{z}_{22} - \mathbf{z}_{12}\mathbf{z}_{21}}\right)\mathbf{V}_2$$

Usando a notação de determinantes e sendo cuidadosos para que o subscrito seja um **z** minúsculo, assumimos $\Delta_\mathbf{z} \neq 0$ e obtemos

$$\mathbf{y}_{11} = \frac{\Delta_{11}}{\Delta_\mathbf{z}} = \frac{\mathbf{z}_{22}}{\Delta_\mathbf{z}} \qquad \mathbf{y}_{12} = -\frac{\Delta_{21}}{\Delta_\mathbf{z}} = -\frac{\mathbf{z}_{12}}{\Delta_\mathbf{z}}$$

e a partir da resolução para $\mathbf{I}_2$,

$$\mathbf{y}_{21} = -\frac{\Delta_{12}}{\Delta_\mathbf{z}} = -\frac{\mathbf{z}_{21}}{\Delta_\mathbf{z}} \qquad \mathbf{y}_{22} = \frac{\Delta_{22}}{\Delta_\mathbf{z}} = \frac{\mathbf{z}_{11}}{\Delta_\mathbf{z}}$$

De maneira similar, os parâmetros **z** podem ser expressos em termos dos parâmetros admitância. Transformações dessa natureza são possíveis entre quaisquer sistemas de parâmetros, e um bom conjunto de fórmulas úteis pode ser obtido. Transformações entre os parâmetros **y** e **z** (bem como entre os parâmetros **h** e **t** que consideramos nas próximas seções) são dadas na Tabela 17.1 como uma referência útil.

Se o quadripolo for uma rede bilateral, a reciprocidade está presente; é fácil mostrar que isso resulta da igualdade entre $\mathbf{z}_{12}$ e $\mathbf{z}_{21}$.

Circuitos equivalentes podem ser novamente obtidos com a inspeção das Equações [29] e [30]; sua construção é facilitada pela soma e subtração de $\mathbf{z}_{12}\mathbf{I}_1$ na Equação [30] ou $\mathbf{z}_{21}\mathbf{I}_2$ na Equação [29]. Cada um desses circuitos equivalentes contém uma fonte de tensão dependente.

TABELA 17.1 ▶ Transformações entre Parâmetros y, z, h e t.

	y		**z**		**h**		**t**	
y	$\mathbf{y}_{11}$	$\mathbf{y}_{12}$	$\frac{\mathbf{z}_{22}}{\Delta_\mathbf{z}}$	$\frac{-\mathbf{z}_{12}}{\Delta_\mathbf{z}}$	$\frac{1}{\mathbf{h}_{11}}$	$\frac{-\mathbf{h}_{12}}{\mathbf{h}_{11}}$	$\frac{\mathbf{t}_{22}}{\mathbf{t}_{12}}$	$\frac{-\Delta_\mathbf{t}}{\mathbf{t}_{12}}$
	$\mathbf{y}_{21}$	$\mathbf{y}_{22}$	$\frac{-\mathbf{z}_{21}}{\Delta_\mathbf{z}}$	$\frac{\mathbf{z}_{11}}{\Delta_\mathbf{z}}$	$\frac{\mathbf{h}_{21}}{\mathbf{h}_{11}}$	$\frac{\Delta_\mathbf{h}}{\mathbf{h}_{11}}$	$\frac{-1}{\mathbf{t}_{12}}$	$\frac{\mathbf{t}_{11}}{\mathbf{t}_{12}}$
z	$\frac{\mathbf{y}_{22}}{\Delta_\mathbf{y}}$	$\frac{-\mathbf{y}_{12}}{\Delta_\mathbf{y}}$	$\mathbf{z}_{11}$	$\mathbf{z}_{12}$	$\frac{\Delta_\mathbf{h}}{\mathbf{h}_{22}}$	$\frac{\mathbf{h}_{12}}{\mathbf{h}_{22}}$	$\frac{\mathbf{t}_{11}}{\mathbf{t}_{21}}$	$\frac{\Delta_\mathbf{t}}{\mathbf{t}_{21}}$
	$\frac{-\mathbf{y}_{21}}{\Delta_\mathbf{y}}$	$\frac{\mathbf{y}_{11}}{\Delta_\mathbf{y}}$	$\mathbf{z}_{21}$	$\mathbf{z}_{22}$	$\frac{-\mathbf{h}_{21}}{\mathbf{h}_{22}}$	$\frac{1}{\mathbf{h}_{22}}$	$\frac{1}{\mathbf{t}_{21}}$	$\frac{\mathbf{t}_{22}}{\mathbf{t}_{21}}$
h	$\frac{1}{\mathbf{y}_{11}}$	$\frac{-\mathbf{y}_{12}}{\mathbf{y}_{11}}$	$\frac{\Delta_\mathbf{z}}{\mathbf{z}_{22}}$	$\frac{\mathbf{z}_{12}}{\mathbf{z}_{22}}$	$\mathbf{h}_{11}$	$\mathbf{h}_{12}$	$\frac{\mathbf{t}_{12}}{\mathbf{t}_{22}}$	$\frac{\Delta_\mathbf{t}}{\mathbf{t}_{22}}$
	$\frac{\mathbf{y}_{21}}{\mathbf{y}_{11}}$	$\frac{\Delta_\mathbf{y}}{\mathbf{y}_{11}}$	$\frac{-\mathbf{z}_{21}}{\mathbf{z}_{22}}$	$\frac{1}{\mathbf{z}_{22}}$	$\mathbf{h}_{21}$	$\mathbf{h}_{22}$	$\frac{-1}{\mathbf{t}_{22}}$	$\frac{\mathbf{t}_{21}}{\mathbf{t}_{22}}$
t	$\frac{-\mathbf{y}_{22}}{\mathbf{y}_{21}}$	$\frac{-1}{\mathbf{y}_{21}}$	$\frac{\mathbf{z}_{11}}{\mathbf{z}_{21}}$	$\frac{\Delta_\mathbf{z}}{\mathbf{z}_{21}}$	$\frac{-\Delta_\mathbf{h}}{\mathbf{h}_{21}}$	$\frac{-\mathbf{h}_{11}}{\mathbf{h}_{21}}$	$\mathbf{t}_{11}$	$\mathbf{t}_{12}$
	$\frac{-\Delta_\mathbf{y}}{\mathbf{y}_{21}}$	$\frac{-\mathbf{y}_{11}}{\mathbf{y}_{21}}$	$\frac{1}{\mathbf{z}_{21}}$	$\frac{\mathbf{z}_{22}}{\mathbf{z}_{21}}$	$\frac{-\mathbf{h}_{22}}{\mathbf{h}_{21}}$	$\frac{-1}{\mathbf{h}_{21}}$	$\mathbf{t}_{21}$	$\mathbf{t}_{22}$

Para todos os conjuntos de parâmetros: $\Delta_\mathbf{p} = \mathbf{p}_{11}\mathbf{p}_{22} - \mathbf{p}_{12}\mathbf{p}_{21}$.

Vamos deixar a dedução de tais circuitos equivalentes para um momento de lazer e considerar agora um exemplo de natureza bem geral. Podemos construir um equivalente de Thévenin geral de um quadripolo visto dos terminais de saída? É necessário primeiro assumir uma configuração específica para o circuito de entrada, e com isso selecionamos uma fonte de tensão independente $\mathbf{V}_s$ (sinal positivo no topo) em série com uma impedância de gerador $\mathbf{Z}_g$. Logo

$$\mathbf{V}_s = \mathbf{V}_1 + \mathbf{I}_1\mathbf{Z}_g$$

Combinando esse resultado com as Equações [29] e [30], podemos eliminar $\mathbf{V}_1$ e $\mathbf{I}_1$ e obter

$$\mathbf{V}_2 = \frac{\mathbf{z}_{21}}{\mathbf{z}_{11} + \mathbf{Z}_g}\mathbf{V}_s + \left(\mathbf{z}_{22} - \frac{\mathbf{z}_{12}\mathbf{z}_{21}}{\mathbf{z}_{11} + \mathbf{Z}_g}\right)\mathbf{I}_2$$

O circuito equivalente de Thévenin pode ser desenhado diretamente a partir dessa equação; ele é mostrado na Figura 17.21. A impedância de saída, expressa em termos dos parâmetros **z**, é

$$\mathbf{Z}_{\text{saída}} = \mathbf{z}_{22} - \frac{\mathbf{z}_{12}\mathbf{z}_{21}}{\mathbf{z}_{11} + \mathbf{Z}_g}$$

Se a impedância do gerador for nula, obtém-se a expressão mais simples:

$$\mathbf{Z}_{\text{saída}} = \frac{\mathbf{z}_{11}\mathbf{z}_{22} - \mathbf{z}_{12}\mathbf{z}_{21}}{\mathbf{z}_{11}} = \frac{\Delta_\mathbf{z}}{\Delta_{22}} = \frac{1}{\mathbf{y}_{22}} \qquad (\mathbf{Z}_g = 0)$$

Para esse caso especial, a *admitância* de saída é idêntica a $\mathbf{y}_{22}$, conforme indicado pela relação básica da Equação [13].

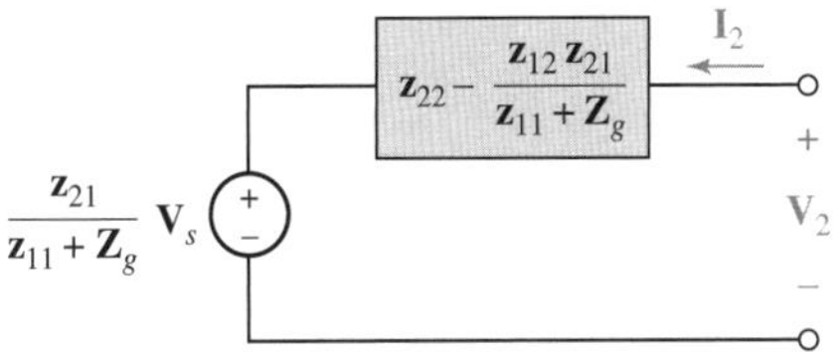

▲ **FIGURA 17.21** O equivalente de Thévenin de um quadripolo genérico visto dos terminais de saída, expresso em termos dos parâmetros impedância de curto-circuito.

▶ EXEMPLO 17.8

Dado o conjunto de parâmetros impedância

$$\mathbf{z} = \begin{bmatrix} 10^3 & 10 \\ -10^6 & 10^4 \end{bmatrix} \quad \text{(todos em } \Omega\text{)}$$

que são representativos de um transistor bipolar de junção operando na configuração emissor comum, determine os ganhos de tensão, corrente e potência, bem como as impedâncias de entrada e de saída. O quadripolo é alimentado por uma fonte de tensão senoidal $\mathbf{V}_s$ em série com um resistor de 500 Ω e terminado em um resistor de carga de 10 kΩ.

As duas equações que descrevem o quadripolo são

$$\mathbf{V}_1 = 10^3\mathbf{I}_1 + 10\mathbf{I}_2 \qquad [36]$$

$$\mathbf{V}_2 = -\ 10^6\mathbf{I}_1 + 10^4\mathbf{I}_2 \qquad [37]$$

e as equações que caracterizam as redes de entrada e saída são

$$\mathbf{V}_s = 500\mathbf{I}_1 + \mathbf{V}_1 \qquad [38]$$

$$\mathbf{V}_2 = -\ 10^4\mathbf{I}_2 \qquad [39]$$

A partir dessas quatro últimas equações, podemos facilmente obter expressões para $\mathbf{V}_1$, $\mathbf{I}_1$, $\mathbf{V}_2$ e $\mathbf{I}_2$ em termos de $\mathbf{V}_s$:

$$\mathbf{V}_1 = 0{,}75\mathbf{V}_s \qquad \mathbf{I}_1 = \frac{\mathbf{V}_s}{2000}$$

$$\mathbf{V}_2 = -\ 250\mathbf{V}_s \qquad \mathbf{I}_2 = \frac{\mathbf{V}_s}{40}$$

Com essa informação, é fácil determinar o ganho de tensão,

$$\mathbf{G}_V = \frac{\mathbf{V}_2}{\mathbf{V}_1} = -\ 333$$

o ganho de corrente,

$$\mathbf{G}_I = \frac{\mathbf{I}_2}{\mathbf{I}_1} = 50$$

o ganho de potência

$$G_P = \frac{\text{Re}\left\{-\frac{1}{2}\mathbf{V}_2\mathbf{I}_2^*\right\}}{\text{Re}\left\{\frac{1}{2}\mathbf{V}_1\mathbf{I}_1^*\right\}} = 16{,}670$$

e a impedância de entrada

$$\mathbf{Z}_{\text{ent}} = \frac{\mathbf{V}_1}{\mathbf{I}_1} = 1500\ \Omega$$

A impedância de saída pode ser obtida com referência à Figura 17.21:

$$\mathbf{Z}_{\text{saída}} = \mathbf{z}_{22} - \frac{\mathbf{z}_{12}\mathbf{z}_{21}}{\mathbf{z}_{11} + \mathbf{Z}_g} = 16{,}67\ \text{k}\Omega$$

De acordo com as predições do teorema da máxima transferência de potência, o ganho de potência atinge um valor máximo quando $\mathbf{Z}_L = \mathbf{Z}^*_{saída} = 16{,}67$ kΩ; esse valor máximo é igual a 17.045.

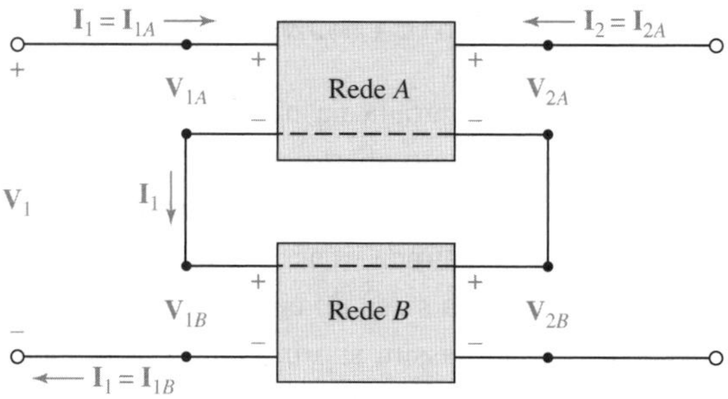

◀ **FIGURA 17.22** A conexão em série de dois quadripolos é feita com a interconexão dos quatro nós de referência; então a matriz $\mathbf{z} = \mathbf{z}_A + \mathbf{z}_B$.

Os parâmetros **y** são úteis quando quadripolos são conectados em paralelo e, de forma dual, os parâmetros **z** simplificam o problema da conexão em série de redes, mostrado na Figura 17.22. Note que a conexão em série não é o mesmo que a conexão em cascata que vamos discutir mais tarde juntamente com os parâmetros de transmissão. Se cada quadripolo tiver um mesmo nó de referência para a entrada e para a saída, e se as referências forem interconectadas como indicado na Figura 17.22, estão $\mathbf{I}_1$ flui através das portas de entrada das duas redes em série. Algo similar pode ser dito para $\mathbf{I}_2$. Logo, portas permanecem portas após a interconexão das redes. Daí segue que $\mathbf{I} = \mathbf{I}_A = \mathbf{I}_B$ e

$$\mathbf{V} = \mathbf{V}_A + \mathbf{V}_B = \mathbf{z}_A\mathbf{I}_A + \mathbf{z}_B\mathbf{I}_B$$
$$= (\mathbf{z}_A + \mathbf{z}_B)\mathbf{I} = \mathbf{z}\mathbf{I}$$

onde

$$\mathbf{z} = \mathbf{z}_A + \mathbf{z}_B$$

De forma que $\mathbf{z}_{11} = \mathbf{z}_{11A} + \mathbf{z}_{11B}$, e daí em diante.

▶ EXERCÍCIOS DE FIXAÇÃO

17.8 Determine **z** para o quadripolo mostrado na (*a*) Figura 17.23*a*; (*b*) Figura 17.23*b*.

17.9 Determine **z** para o quadripolo mostrado na Figura 17.23*c*.

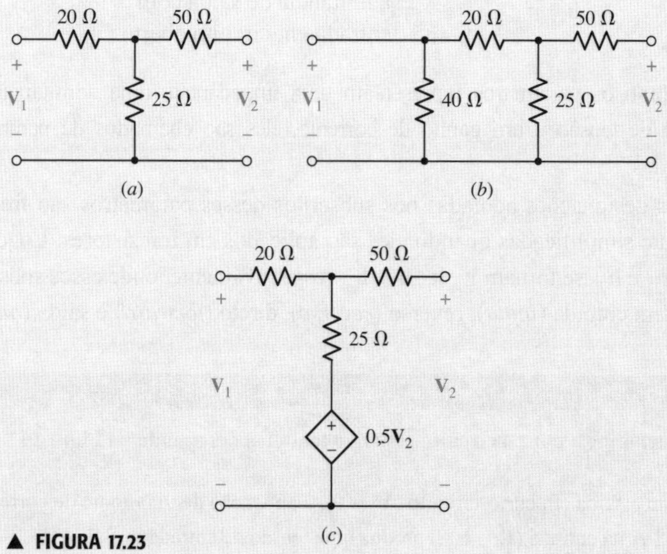

▲ **FIGURA 17.23**

Respostas: 17.8: $\begin{bmatrix} 45 & 25 \\ 25 & 75 \end{bmatrix}$ (Ω), $\begin{bmatrix} 21{,}2 & 11{,}76 \\ 11{,}76 & 67{,}6 \end{bmatrix}$ (Ω). 17.9: $\begin{bmatrix} 70 & 100 \\ 50 & 150 \end{bmatrix}$ (Ω).

17.5 ▶ PARÂMETROS HÍBRIDOS

A dificuldade encontrada na medição de grandezas como os parâmetros impedância de circuito aberto surge quando um parâmetro como $\mathbf{z}_{21}$ deve ser medido. Uma corrente senoidal conhecida pode ser facilmente aplicada nos terminais de entrada, mas, em função da impedância de saída extremamente elevada na saída do circuito transistor, é difícil abrir os terminais de saída e mesmo assim suprir as tensões de polarização CC necessárias e medir a tensão de saída senoidal. Uma medição da corrente de curto-circuito nos terminais de saída é muito mais fácil de se implementar.

Os parâmetros híbridos são definidos com a escrita do par de equações relacionando $\mathbf{V}_1$, $\mathbf{I}_1$, $\mathbf{V}_2$ e $\mathbf{I}_2$ como se $\mathbf{V}_1$ e $\mathbf{I}_2$ fossem as variáveis independentes:

$$\mathbf{V}_1 = \mathbf{h}_{11}\mathbf{I}_1 + \mathbf{h}_{12}\mathbf{V}_2 \qquad [40]$$

$$\mathbf{I}_2 = \mathbf{h}_{21}\mathbf{I}_1 + \mathbf{h}_{22}\mathbf{V}_2 \qquad [41]$$

ou

$$\begin{bmatrix}\mathbf{V}_1\\ \mathbf{I}_2\end{bmatrix} = \mathbf{h}\begin{bmatrix}\mathbf{I}_1\\ \mathbf{V}_2\end{bmatrix} \qquad [42]$$

A natureza dos parâmetros fica mais clara se fizermos primeiro $\mathbf{V}_2 = 0$. Assim,

$$\mathbf{h}_{11} = \left.\frac{\mathbf{V}_1}{\mathbf{I}_1}\right|_{\mathbf{V}_2=0} = \text{impedância de entrada com saída em curto-circuito}$$

$$\mathbf{h}_{21} = \left.\frac{\mathbf{I}_2}{\mathbf{I}_1}\right|_{\mathbf{V}_2=0} = \text{ganho de corrente direto com saída em curto circuito}$$

Fazendo $\mathbf{I}_1 = 0$, obtemos

$$\mathbf{h}_{12} = \left.\frac{\mathbf{V}_1}{\mathbf{V}_2}\right|_{\mathbf{I}_1=0} = \text{ganho de tensão reverso com entrada em circuito aberto}$$

$$\mathbf{h}_{22} = \left.\frac{\mathbf{I}_2}{\mathbf{V}_2}\right|_{\mathbf{I}_1=0} = \text{admitância de saída com entrada em circuito aberto}$$

Como os parâmetros representam uma impedância, uma admitância, um ganho de tensão e um ganho de corrente, eles são chamados de parâmetros "híbridos".

As designações adotadas nos subscritos desses parâmetros são frequentemente simplificadas quando eles são aplicados em transistores. Logo, $\mathbf{h}_{11}$, $\mathbf{h}_{12}$, $\mathbf{h}_{21}$ e $\mathbf{h}_{22}$ se tornam $\mathbf{h}_i$, $\mathbf{h}_r$, $\mathbf{h}_f$ e $\mathbf{h}_o$, respectivamente, onde esses subscritos denotam entrada (*input*), reverso (*reverse*), direto (*forward*) e saída (*output*).

▶ EXEMPLO 17.9

Determine h para o circuito resistivo bilateral desenhado na Figura 17.24.

Com a saída em curto-circuito ($\mathbf{V}_2 = 0$), a aplicação de uma fonte de corrente de 1 A na entrada ($\mathbf{I}_1 = 1$ A) produz uma tensão de entrada de 3,4 V ($\mathbf{V}_1 = 3{,}4$ V); daí, $\mathbf{h}_{11} = 3{,}4\ \Omega$. Nessas mesmas condições, a corrente de saída é facilmente obtida pela divisão de corrente: $\mathbf{I}_2 = -0{,}4$ A; logo, $\mathbf{h}_{21} = -0{,}4$.

Os dois parâmetros restantes são obtidos com a entrada em circuito aberto ($\mathbf{I}_1 = 0$). Aplicamos 1 V nos terminais de saída ($\mathbf{V}_2 = 1$ V). A resposta nos terminais de entrada é 0,4 V ($\mathbf{V}_1 = 0{,}4$ V), e assim $\mathbf{h}_{12} = 0{,}4$. A corrente fornecida por essa fonte nos terminais de saída é igual a 0,1 A ($\mathbf{I}_2 = 0{,}1$ A), e portanto $\mathbf{h}_{22} = 0{,}1$ S.

Temos portanto $\mathbf{h} = \begin{bmatrix} 3{,}4\ \Omega & 0{,}4 \\ -0{,}4 & 0{,}1\ \text{S} \end{bmatrix}$. É uma consequência do teorema da reciprocidade que $\mathbf{h}_{12} = -\mathbf{h}_{21}$ em uma rede bilateral.

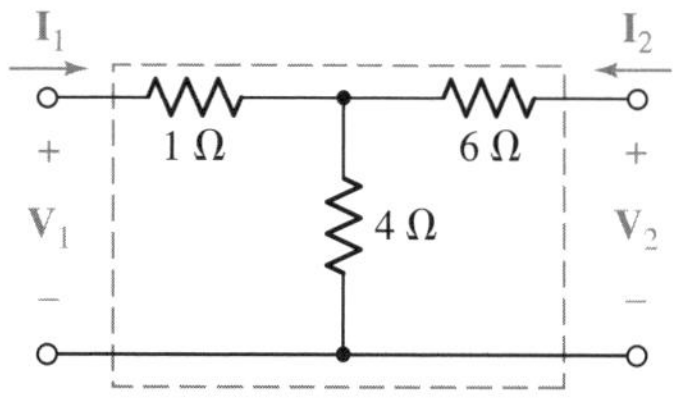

▲ **FIGURA 17.24** Uma rede bilateral para a qual os parâmetros **h** são obtidos: $\mathbf{h}_{12} = -\mathbf{h}_{21}$.

▶ EXERCÍCIOS DE FIXAÇÃO

17.10 Determine **h** para o quadripolo mostrado na (*a*) Figura 17.25*a*; (*b*) Figura 17.25*b*.

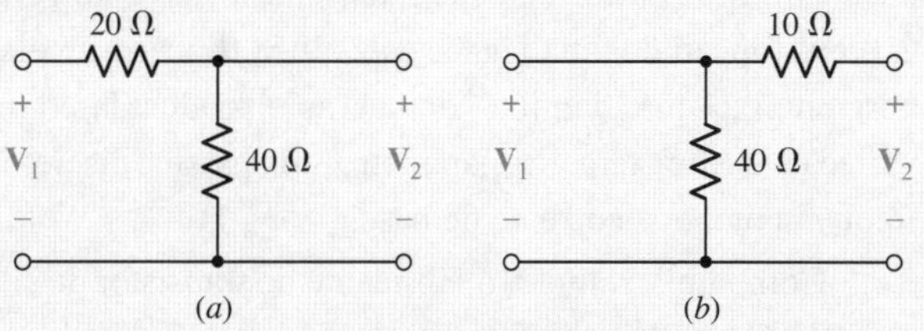

◀ **FIGURA 17.25**

17.11 Se $\mathbf{h} = \begin{bmatrix} 5\ \Omega & 2 \\ -0{,}5 & 0{,}1\ \text{S} \end{bmatrix}$, obtenha (*a*) **y**; (*b*) **z**.

Respostas: 17.10: $\begin{bmatrix} 20\ \Omega & 1 \\ -1 & 25\ \text{ms} \end{bmatrix}, \begin{bmatrix} 8\ \Omega & 0{,}8 \\ -0{,}8 & 20\ \text{ms} \end{bmatrix}$.

17.11: $\begin{bmatrix} 0{,}2 & -0{,}4 \\ -0{,}1 & 0{,}3 \end{bmatrix}$ (S), $\begin{bmatrix} 15 & 20 \\ 5 & 10 \end{bmatrix}$ (Ω).

O circuito mostrado na Figura 17.26 traduz diretamente as duas equações usadas na definição, as Equações [40] e [41]. A primeira representa a aplicação da LKT em torno do laço de entrada, enquanto a segunda é obtida com a aplicação da LKC no nó de saída superior. Esse circuito também é um popular circuito equivalente empregado na representação de transistores. Vamos assumir alguns valores razoáveis para a configuração emissor comum: $\mathbf{h}_{11} = 1200\ \Omega$, $\mathbf{h}_{12} = 2 \times 10^{-4}$, $\mathbf{h}_{21} = 50$, $\mathbf{h}_{22} = 50 \times 10^{-6}$ S, um gerador de $1\underline{/0^\circ}$ mV em série com um resistor de 800 Ω, e uma carga de 5 kΩ. Para a entrada,

$$10^{-3} = (1200 + 800)\mathbf{I}_1 + 2 \times 10^{-4}\mathbf{V}_2$$

e na saída,

$$\mathbf{I}_2 = -2 \times 10^{-4}\mathbf{V}_2 = 50\mathbf{I}_1 + 50 \times 10^{-6}\mathbf{V}_2$$

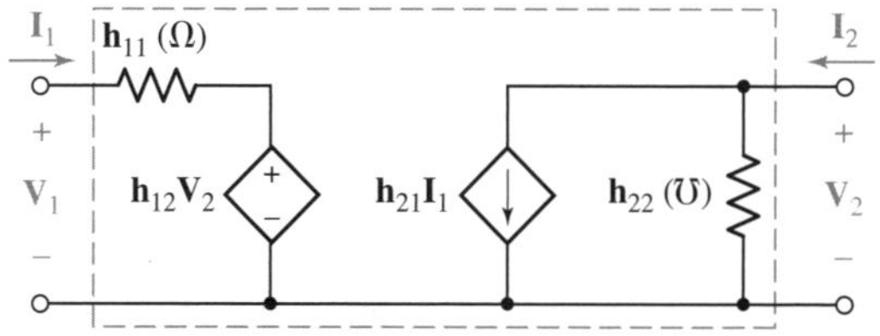

▲ **FIGURA 17.26** Os quatro parâmetros **h** são associados a um quadripolo. As equações pertinentes são $\mathbf{V}_1 = \mathbf{h}_{11}\mathbf{I}_1 + \mathbf{h}_{12}\mathbf{V}_2$ e $\mathbf{I}_2 = \mathbf{h}_{21}\mathbf{I}_1 + \mathbf{h}_{22}\mathbf{V}_2$.

APLICAÇÃO

CARACTERIZANDO TRANSISTORES

Transistores de junção bipolar são comumente especificados em termos de parâmetros **h**. Inventado no final dos anos quarenta por pesquisadores da Bell Laboratories (Figura 17.27), o transistor é um dispositivo semicondutor não linear que forma a base para quase todos os amplificadores e circuitos lógicos digitais.

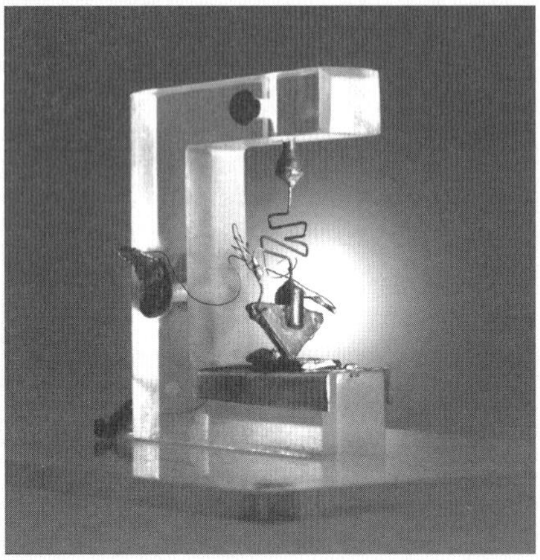

▲ **FIGURA 17.27** Fotografia do primeiro transistor de junção bipolar ("tjb"). *Lucent Technologies Inc./Bell Labs*

Os três terminais de um transistor são chamados de *base* (*b*), *coletor* (*c*) e *emissor* (*e*), como mostrado na Figura 17.28, e seus nomes vêm de seu papel no transporte de cargas no interior do dispositivo. Os parâmetros **h** de um transistor de junção bipolar são tipicamente medidos com o terminal emissor aterrado, o que também é conhecido como configuração *emissor comum*; a base é então chamada de entrada e o coletor, de saída. Como dissemos antes, no entanto, o transistor é um dispositivo não linear, e com isso a definição de parâmetros **h** que sejam válidos para todas as tensões e correntes não é possível. Portanto,

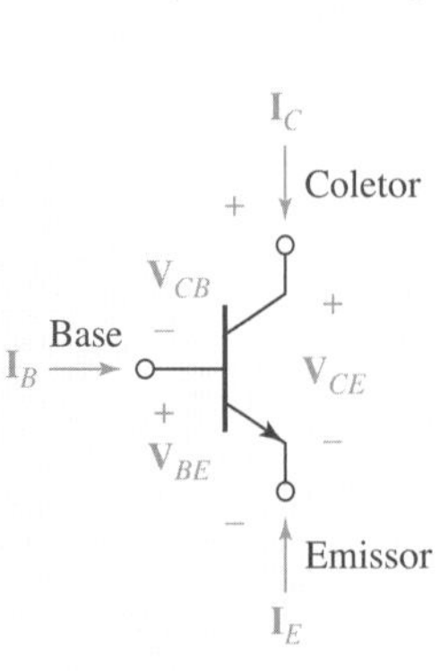

▲ **FIGURA 17.28** Diagrama esquemático de um t_{jb} mostrando correntes e tensões de acordo com a convenção do IEEE.

é prática comum especificar parâmetros **h** para valores específicos da corrente de coletor I_C e da tensão coletor-emissor V_{CE}.

Há muitos tipos de instrumentos que podem ser empregados na obtenção dos parâmetros **h** de um transistor em particular. Um exemplo é um analisador de parâmetros de semicondutores, mostrado na Figura 17.29. O instrumento faz a varredura da corrente desejada (traçada no eixo vertical) em função de uma tensão específica (traçada no eixo horizontal). Uma "família" de curvas é produzida com a variação de um terceiro parâmetro em passos discretos, frequentemente a corrente de base.

Como um exemplo, o fabricante do transistor de silício 2N3904 NPN apresenta os parâmetros **h** indicados na Tabela 17.2; note que os parâmetros específicos recebem designações alternativas (h_{ie}, h_{re}, etc.) pelos engenheiros que trabalham com transistores. As medições foram feitas com I_C = 1,0 mA, V_{CE} = 10 V cc e f = 1,0 kHz.

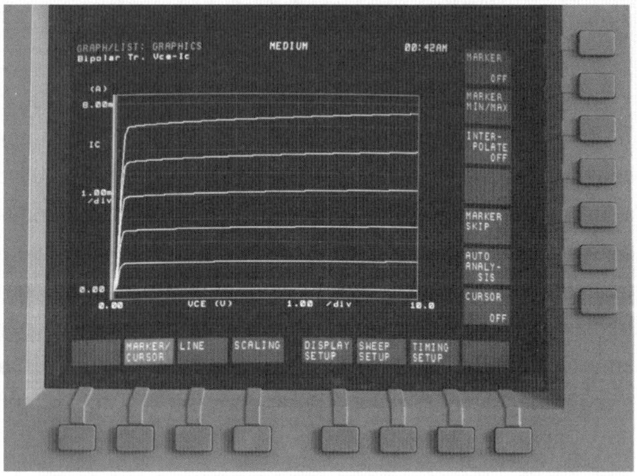

▲ **FIGURA 17.29** Foto do visor do Analisador de Parâmetros de Semicondutores HP 4155A usado para medir os parâmetros **h** de um transistor bipolar de junção 2N3904.

Somente por diversão, um dos autores e um amigo decidiram medir eles mesmos os parâmetros de um transistor. Tirando um dispositivo barato da gaveta e usando o instrumento da Figura 17.29, eles obtiveram

$$h_{oe} = 3{,}3\ \mu\text{mhos} \qquad h_{fe} = 109$$
$$h_{ie} = 3{,}02\ \text{k}\Omega \qquad h_{re} = 4 \times 10^{-3}$$

cujos três primeiros valores estão bem dentro dos níveis de tolerância publicados pelo fabricante, ainda que muito

TABELA 17.2 ▶ Resumo dos Parâmetros CA do 2N3904

Parâmetro	Nome	Especificação	Unidades
h_{ie} (h_{11})	Impedância de entrada	1,0–10	kΩ
h_{re} (h_{12})	Razão de realimentação de tensão	0,5–8,0 × 10^{-4}	–
h_{fe} (h_{21})	Ganho de corrente para pequenos sinais	100–400	–
h_{oe} (h_{22})	Admitância de saída	1,0–40	μ mhos

mais próximos de seus valores mínimos do que de seus valores máximos. O valor de h_{re}, contudo, se mostrou uma ordem de magnitude maior do que o valor máximo especificado no catálogo do fabricante! Isso foi bastante desconcertante, já imaginávamos estar indo bem até aquele momento.

Com um pouco mais de reflexão, percebemos que a montagem experimental permitiu que o dispositivo se aquecesse durante as medições, pois estávamos fazendo uma varredura abaixo e acima de I_C = 1 mA. Transistores, infelizmente, podem mudar suas propriedades dramaticamente em função da temperatura; os valores do fabricante eram válidos especificamente para 25°C. Assim que a varredura foi alterada para minimizar-se o aquecimento do dispositivo, obtivemos um valor de 2,0 × 10^{-4} para h_{re}. Trabalhar com circuitos lineares é de longe bem mais fácil, mas circuitos não lineares podem ser muito mais interessantes!

Resolvendo,

$$\mathbf{I}_1 = 0{,}510\ \mu\text{A} \qquad \mathbf{V}_1 = 0{,}592\ \text{mV}$$
$$\mathbf{I}_2 = 20{,}4\ \mu\text{A} \qquad \mathbf{V}_2 = -\ 102\ \text{mV}$$

Através do transistor, temos um ganho de corrente de 40, um ganho de tensão de –172 V e um ganho de potência de 6880. A impedância de entrada do transistor é igual a 1160 Ω, e alguns poucos cálculos adicionais mostram que a impedância de saída é igual a 22,2 kΩ.

Parâmetros híbridos podem ser diretamente somados quando quadripolos são conectados em série na entrada e em paralelo na saída. Esta é chamada de interconexão série-paralelo e não é usada com frequência.

17.6 ▶ PARÂMETROS DE TRANSMISSÃO

Os últimos parâmetros de quadripolos que vamos considerar são chamados de ***parâmetros* t**, ***parâmetros ABCD***, ou simplesmente ***parâmetros de transmissão***. Eles são definidos por

$$\mathbf{V}_1 = \mathbf{t}_{11}\mathbf{V}_2 - \mathbf{t}_{12}\mathbf{I}_2 \qquad [43]$$

e

$$\mathbf{I}_1 = \mathbf{t}_{21}\mathbf{V}_2 - \mathbf{t}_{22}\mathbf{I}_2 \qquad [44]$$

ou

$$\begin{bmatrix} \mathbf{V}_1 \\ \mathbf{I}_1 \end{bmatrix} = \mathbf{t}\begin{bmatrix} \mathbf{V}_2 \\ -\mathbf{I}_2 \end{bmatrix} \qquad [45]$$

onde as grandezas $\mathbf{V}_1$, $\mathbf{V}_2$, $\mathbf{I}_1$ e $\mathbf{I}_2$ são definidas da forma usual (Figura 17.8). Os sinais negativos que aparecem nas Equações [43] e [44] podem

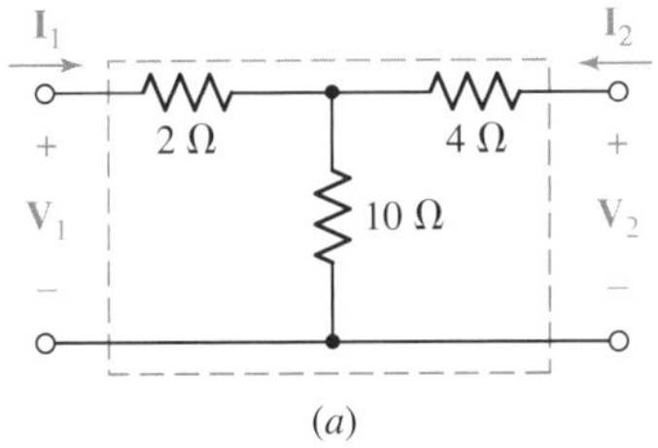

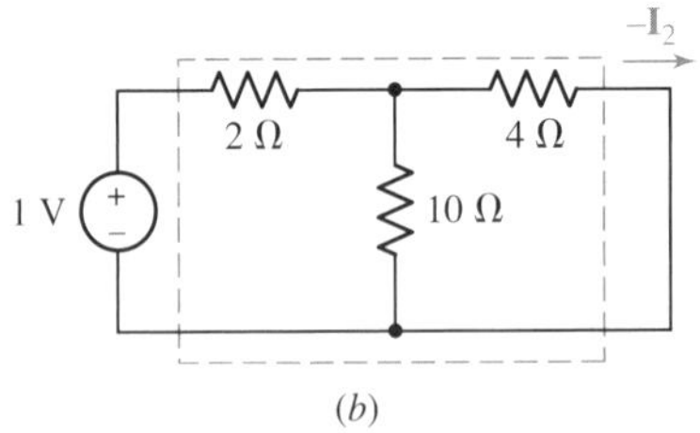

▲ **FIGURA 17.30** (*a*) Um quadripolo resistivo para o qual os parâmetros **t** devem ser determinados. (*b*) Para obter $\mathbf{t}_{12}$, faça $\mathbf{V}_1 = 1$ V com $\mathbf{V}_2 = 0$; então, $\mathbf{t}_{12} = 1/(-\mathbf{I}_2) = 6{,}8\ \Omega$.

ser associados à corrente de saída, como $(-\mathbf{I}_2)$. Logo, $\mathbf{I}_1$ e $-\mathbf{I}_2$ apontam para a direita, a direção da transmissão de energia ou do sinal.

Outra nomenclatura amplamente usada para esse conjunto de parâmetros é

$$\begin{bmatrix} \mathbf{t}_{11} & \mathbf{t}_{12} \\ \mathbf{t}_{21} & \mathbf{t}_{22} \end{bmatrix} = \begin{bmatrix} \mathbf{A} & \mathbf{B} \\ \mathbf{C} & \mathbf{D} \end{bmatrix} \qquad [46]$$

Note que não há sinais negativos nas matrizes **t** ou **ABCD**.

Olhando de novo para as Equações [43] a [45], vemos que as grandezas da esquerda, nas quais muitas vezes pensamos como sendo as variáveis de que dispomos ou independentes, são a tensão e a corrente de entrada, $\mathbf{V}_1$ e $\mathbf{I}_1$; as variáveis dependentes, $\mathbf{V}_2$ e $\mathbf{I}_2$, são as grandezas de saída. Logo, os parâmetros de transmissão fornecem uma relação direta entre a entrada e a saída. Seu emprego maior se dá na análise de linhas de transmissão e de redes em cascata.

Vamos obter os parâmetros **t** para o quadripolo resistivo da Figura 17.30*a*. Para ilustrar um possível procedimento a ser empregado na determinação de um único parâmetro, considere

$$\mathbf{t}_{12} = \left.\frac{\mathbf{V}_1}{-\mathbf{I}_2}\right|_{\mathbf{V}_2=0}$$

Portanto, colocamos a saída em curto-circuito ($\mathbf{V}_2 = 0$) e fazemos $\mathbf{V}_1 = 1$ V, conforme mostrado na Figura 17.30*b*. Note que não podemos igualar a um o denominador colocando uma fonte de corrente de 1 A na saída; já temos um curto-circuito ali. A resistência equivalente oferecida à fonte de 1 V é $R_{eq} = 2 + (4\|10)\ \Omega$, e então usamos a divisão de corrente para obter

$$-\mathbf{I}_2 = \frac{1}{2 + (4\|10)} \times \frac{10}{10+4} = \frac{5}{34}\ \text{A}$$

Daí,

$$\mathbf{t}_{12} = \frac{1}{-\mathbf{I}_2} = \frac{34}{5} = 6{,}8\ \Omega$$

Se for necessário obter todos os quatro parâmetros, escrevemos qualquer par de equações que nos for conveniente usando todas as quatro grandezas terminais, $\mathbf{V}_1$, $\mathbf{V}_2$, $\mathbf{I}_1$ e $\mathbf{I}_2$. Da Figura 17.30*a*, temos duas equações de malha,

$$\mathbf{V}_1 = 12\mathbf{I}_1 + 10\mathbf{I}_2 \qquad [47]$$

$$\mathbf{V}_2 = 10\mathbf{I}_1 + 14\mathbf{I}_2 \qquad [48]$$

Resolvendo a Equação [48] para $\mathbf{I}_1$, temos

$$\mathbf{I}_1 = 0{,}1\mathbf{V}_2 - 1{,}4\mathbf{I}_2$$

se forma que $\mathbf{t}_{21} = 0{,}1$ S e $\mathbf{t}_{22} = 1{,}4$. Substituindo a expressão para $\mathbf{I}_1$ na Equação [47], obtemos

$$\mathbf{V}_1 = 12(0{,}1\mathbf{V}_2 - 1{,}4\mathbf{I}_2) + 10\mathbf{I}_2 = 1{,}2\mathbf{V}_2 - 6{,}8\mathbf{I}_2$$

e $\mathbf{t}_{11} = 1{,}2$ e $\mathbf{t}_{12} = 6{,}8\ \Omega$, uma vez mais.

Para redes recíprocas, o determinante da matriz **t** é igual à unidade:

$$\Delta_{\mathbf{t}} = \mathbf{t}_{11}\mathbf{t}_{22} - \mathbf{t}_{12}\mathbf{t}_{21} = 1$$

No exemplo resistivo da Figura 17.30, $\Delta_\mathbf{t} = 1{,}2 \times 1{,}4 - 6{,}8 \times 0{,}1 = 1$. Bom!

Concluímos a nossa discussão sobre quadripolos com a conexão de dois quadripolos em cascata, ilustrada para duas redes na Figura 17.31. Tensões e correntes terminais são indicadas para cada quadripolo, e a relações entre os parâmetros **t** correspondentes são, para a rede *A*,

$$\begin{bmatrix} \mathbf{V}_1 \\ \mathbf{I}_1 \end{bmatrix} = \mathbf{t}_A \begin{bmatrix} \mathbf{V}_2 \\ -\mathbf{I}_2 \end{bmatrix} = \mathbf{t}_A \begin{bmatrix} \mathbf{V}_3 \\ \mathbf{I}_3 \end{bmatrix}$$

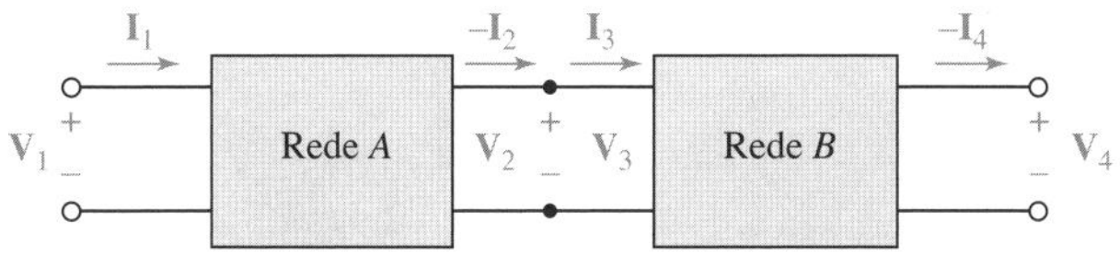

▲ **FIGURA 17.31** Quando dois quadripolos *A* e *B* são conectados em cascata, a matriz de parâmetros **t** da rede combinada é dada pelo produto matricial $\mathbf{t} = \mathbf{t}_A\mathbf{t}_B$.

e para a rede *B*,

$$\begin{bmatrix} \mathbf{V}_3 \\ \mathbf{I}_3 \end{bmatrix} = \mathbf{t}_B \begin{bmatrix} \mathbf{V}_4 \\ -\mathbf{I}_4 \end{bmatrix}$$

Combinando esses resultados, temos

$$\begin{bmatrix} \mathbf{V}_1 \\ \mathbf{I}_1 \end{bmatrix} = \mathbf{t}_A\mathbf{t}_B \begin{bmatrix} \mathbf{V}_4 \\ -\mathbf{I}_4 \end{bmatrix}$$

Portanto, os parâmetros **t** para redes em cascata são obtidos com o produto matricial,

$$\mathbf{t} = \mathbf{t}_A\mathbf{t}_B$$

Esse produto *não* é obtido com a multiplicação dos elementos correspondentes nas duas matrizes. Se necessário, revise o procedimento correto para a multiplicação de matrizes no Apêndice 2.

▶ EXEMPLO 17.10

Determine os parâmetros t para as redes em cascata mostradas na Figura 17.32.

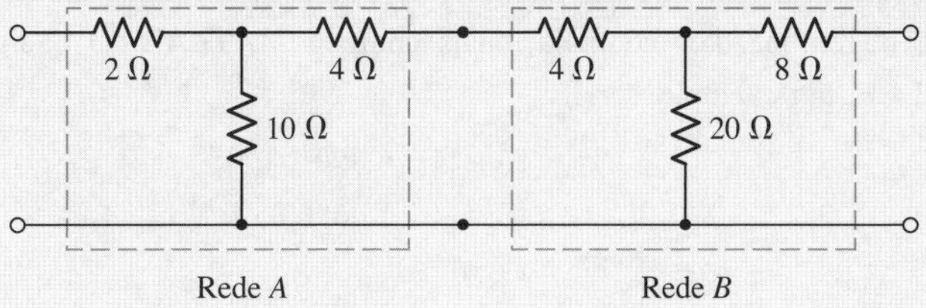

▲ **FIGURA 17.32** Uma conexão em cascata.

A rede *A* é o quadripolo da Figura 17.32, e portanto,

$$\mathbf{t}_A = \begin{bmatrix} 1{,}2 & 6{,}8\ \Omega \\ 0{,}1\ \text{S} & 1{,}4 \end{bmatrix}$$

enquanto a rede B tem valores de resistência duas vezes maiores, de forma que

$$\mathbf{t}_B = \begin{bmatrix} 1{,}2 & 13{,}6\ \Omega \\ 0{,}05\ \text{S} & 1{,}4 \end{bmatrix}$$

Para a rede combinada,

$$\mathbf{t} = \mathbf{t}_A\mathbf{t}_B = \begin{bmatrix} 1{,}2 & 6{,}8 \\ 0{,}1 & 1{,}4 \end{bmatrix}\begin{bmatrix} 1{,}2 & 13{,}6 \\ 0{,}05 & 1{,}4 \end{bmatrix}$$

$$= \begin{bmatrix} 1{,}2\times 1{,}2 + 6{,}8\times 0{,}05 & 1{,}2\times 13{,}6 + 6{,}8\times 1{,}4 \\ 0{,}1\times 1{,}2 + 1{,}4\times 0{,}05 & 0{,}1\times 13{,}6 + 1{,}4\times 1{,}4 \end{bmatrix}$$

e

$$\mathbf{t} = \begin{bmatrix} 1{,}78 & 25{,}84\ \Omega \\ 0{,}19\ \text{S} & 3{,}32 \end{bmatrix}$$

▶ EXERCÍCIO DE FIXAÇÃO

17.12 Dado $\mathbf{t} = \begin{bmatrix} 3{,}2 & 8\ \Omega \\ 0{,}2\ \text{S} & 4 \end{bmatrix}$, determine (*a*) **z**; (*b*) **t** para duas redes idênticas em cascata; (*c*) **z** para duas redes idênticas em cascata.

Resposta: $\begin{bmatrix} 16 & 56 \\ 5 & 20 \end{bmatrix} (\Omega)$; $\begin{bmatrix} 11{,}84 & 57{,}6\ \Omega \\ 1{,}44\ \text{S} & 17{,}6 \end{bmatrix}$; $\begin{bmatrix} 8{,}22 & 87{,}1 \\ 0{,}694 & 12{,}22 \end{bmatrix} (\Omega)$.

▶ ANÁLISE AUXILIADA POR COMPUTADOR

A caracterização de quadripolos usando parâmetros **t** cria a oportunidade de se simplificar vastamente a análise de circuitos com quadripolos. Como visto nesta seção, por exemplo

$$\mathbf{t}_A = \begin{bmatrix} 1{,}2 & 6{,}8\ \Omega \\ 0{,}1\ \text{S} & 1{,}4 \end{bmatrix}$$

e

$$\mathbf{t}_B = \begin{bmatrix} 1{,}2 & 13{,}6\ \Omega \\ 0{,}05\ \text{S} & 1{,}4 \end{bmatrix}$$

vimos que os parâmetros **t** caracterizando a rede em cascata podem ser obtidos simplesmente com a multiplicação de $\mathbf{t}_A$ e $\mathbf{t}_B$:

$$\mathbf{t} = \mathbf{t}_A \cdot \mathbf{t}_B$$

Tais operações matriciais são facilmente realizadas em calculadoras científicas ou em pacotes computacionais como o MATLAB. O código no MATLAB, por exemplo, seria

```
EDU>> tA = [1.2 6.8; 0.1 1.4];
EDU>> tB = [1.2 13.6; 0.05 1.4];
EDU>> t = tA*tB
t =
1.7800      25.8400
0.1900      3.3200
```

como obtivemos no Exemplo 17.10.

Em termos da entrada de matrizes no MATLAB, cada uma delas recebe um nome que é sensível a letras maiúsculas e minúsculas (tA, tB e t neste exemplo).

A entrada dos elementos da matriz se dá de linha em linha, começando com a linha de cima; linhas são separadas por um ponto-e-vírgula. Novamente, o leitor deve sempre ser cuidadoso ao lembrar que a ordem das operações é crítica quando se trabalha com álgebra matricial. Por exemplo, tB*tA resulta em uma matriz totalmente diferente daquela que procuramos:

$$\mathbf{t}_B \cdot \mathbf{t}_A = \begin{bmatrix} 2{,}8 & 27{,}2 \\ 0{,}2 & 2{,}3 \end{bmatrix}$$

Para matrizes simples como as vistas neste exemplo, é tão prático (ou mais) usar uma calculadora científica quanto um computador. Entretanto, redes em cascata mais extensas são trabalhadas mais facilmente em um computador, onde se torna mais conveniente ver todas variáveis na tela simultaneamente.

RESUMO E REVISÃO

Neste capítulo encontramos uma maneira um tanto abstrata para representar redes. Esta nova abordagem é especialmente útil se a rede for passiva, e também ligada de alguma forma em outras redes, em um dado momento, ou talvez, em casos onde os valores dos componentes sejam alterados frequêntemente. Introduzimos o conceito através da ideia do bipolo, onde de fato tudo que fizemos foi determinar a resistência equivalente de Thévenin (ou impedância, falando de forma mais genérica). Nosso primeiro contato com a ideia de quadripolo (onde possivelmente um par de terminais seja uma entrada, o outro uma saída?) foi através de parâmetros de admitância, também chamados de parâmetros **y**. O resultado é uma matriz que, quando multiplicada pelo vetor contendo as tensões nos terminais, produz um vetor com as correntes em cada porta. Uma pequena manipulação rendeu o que chamamos de equivalentes Δ-Y no Capítulo 5. A contraparte direta dos parâmetros **y** são os parâmetros **z**, onde cada elemento da matriz é a razão de uma tensão por uma corrente. Ás vezes, os parâmetros **y** e **z** não são particularmente convenientes, por isso também introduzimos os parâmetros "híbridos" ou **h**, bem como os parâmetros de "transmissão " ou **t**, também conhecidos como parâmetros *ABCD*.

A Tabela 17.1 resume o processo de conversão entre os parâmetros **y**, **z, h** e **t**; um conjunto de parâmetros que descreve completamente uma rede é o suficiente, independentemente do tipo de matriz que preferimos empregar em uma análise específica. Convenientemente para o leitor, vamos agora avançar diretamente para uma lista de conceitos fundamentais do capítulo, juntamente com exemplos correspondentes.

- Para empregar os métodos de análise descritos neste capítulo, é muito importante lembrar que cada porta só pode ser conectada a um bipolo ou a outro quadripolo.
- A impedância de entrada de um bipolo (passivo) linear pode ser obtida usando análise nodal ou de malha; em alguns casos, o conjunto de coeficientes podem ser escritos diretamente por inspeção. (Exemplos 17.1, 17.2, 17.3)

- As equações que definem a análise de um quadripolo em termos de seus parâmetros admitância (**y**) são:

$$\mathbf{I}_1 = \mathbf{y}_{11}\mathbf{V}_1 + \mathbf{y}_{12}\mathbf{V}_2 \qquad \text{e} \qquad \mathbf{I}_2 = \mathbf{y}_{21}\mathbf{V}_1 + \mathbf{y}_{22}\mathbf{V}_2$$

onde

$$\mathbf{y}_{11} = \left.\frac{\mathbf{I}_1}{\mathbf{V}_1}\right|_{\mathbf{V}_2=0} \qquad \mathbf{y}_{12} = \left.\frac{\mathbf{I}_1}{\mathbf{V}_2}\right|_{\mathbf{V}_1=0}$$

$$\mathbf{y}_{21} = \left.\frac{\mathbf{I}_2}{\mathbf{V}_1}\right|_{\mathbf{V}_2=0} \qquad \text{e} \qquad \mathbf{y}_{22} = \left.\frac{\mathbf{I}_2}{\mathbf{V}_2}\right|_{\mathbf{V}_1=0}$$

(Exemplos 17.4, 17.5, 17.7)

- As equações que definem a análise de um quadripolo em termos de seus parâmetros impedância (**z**) são:

$$\mathbf{V}_1 = \mathbf{z}_{11}\mathbf{I}_1 + \mathbf{z}_{12}\mathbf{I}_2 \qquad \text{e} \qquad \mathbf{V}_2 = \mathbf{z}_{21}\mathbf{I}_1 + \mathbf{z}_{22}\mathbf{I}_2$$

(Exemplo 17.8)

- As equações que definem a análise de um quadripolo em termos de seus parâmetros híbridos (**h**) são:

$$\mathbf{V}_1 = \mathbf{h}_{11}\mathbf{I}_1 + \mathbf{h}_{12}\mathbf{V}_2 \qquad \text{e} \qquad \mathbf{I}_2 = \mathbf{h}_{21}\mathbf{I}_1 + \mathbf{h}_{22}\mathbf{V}_2$$

(Exemplo 17.9)

- As equações que definem a análise de um quadripolo em termos de seus parâmetros de transmissão (**t**) (também chamados de parâmetros **ABCD**) são:

$$\mathbf{V}_1 = \mathbf{t}_{11}\mathbf{V}_2 - \mathbf{t}_{12}\mathbf{I}_2 \qquad \text{e} \qquad \mathbf{I}_1 = \mathbf{t}_{21}\mathbf{V}_2 - \mathbf{t}_{22}\mathbf{I}_2$$

(Exemplo 17.10)

- É simples fazer a conversão entre os parâmetros **h**, **z**, **t** e **y**, dependendo da necessidade de análise de um circuito; as transformações estão resumidas na Tabela 17.1. (Exemplo 17.6)

LEITURA COMPLEMENTAR

Mais detalhes a respeito de métodos matriciais para a análise de circuitos podem ser encontrados em:

R. A. DeCarlo e P. M. Lin, *Linear Circuit Analysis*, 2ª Ed. New York: Oxford University Press, 2001.

A análise de circuitos com transistores usando parâmetros de redes é descrita em:

W. H. Hayt, Jr. e G. W. Neudeck, *Electronic Circuit Analysis and Design*, 2ª ed. New York: Wiley, 1995.

EXERCÍCIOS

17.1 Bipolos

1. Considere o seguinte conjunto de equações:

$$\begin{aligned} -2\mathbf{I}_1 + 4\mathbf{I}_2 \quad\quad &= 3 \\ 5\mathbf{I}_1 + \mathbf{I}_2 - 9\mathbf{I}_3 &= 0 \\ 2\mathbf{I}_1 - 5\mathbf{I}_2 + 4\mathbf{I}_3 &= -1 \end{aligned}$$

(*a*) Escreva esse conjunto de equações na forma matricial. (*b*) Determine $\Delta_\mathbf{Z}$ e Δ_{11}. (*c*) Calcule $\mathbf{I}_1$.

2. Para o seguinte conjunto de equações

$$\begin{aligned} 100\mathbf{V}_1 - 45\mathbf{V}_2 + 30\mathbf{V}_3 &= 0{,}2 \\ 75\mathbf{V}_1 \quad\quad + 80\mathbf{V}_3 &= -0{,}1 \\ 48\mathbf{V}_1 + 200\mathbf{V}_2 + 42\mathbf{V}_3 &= 0{,}5 \end{aligned}$$

(*a*) Escreva esse conjunto de equações na forma matricial. (*b*) Use $\Delta_\mathbf{Y}$ para calcular V_2 apenas.

3. Com relação à rede passiva representada na Figura 17.33; (*a*) obtenha as quatro equações de malha; (*b*) calcule $\Delta_\mathbf{Z}$, e (*c*) calcule a impedância de entrada.

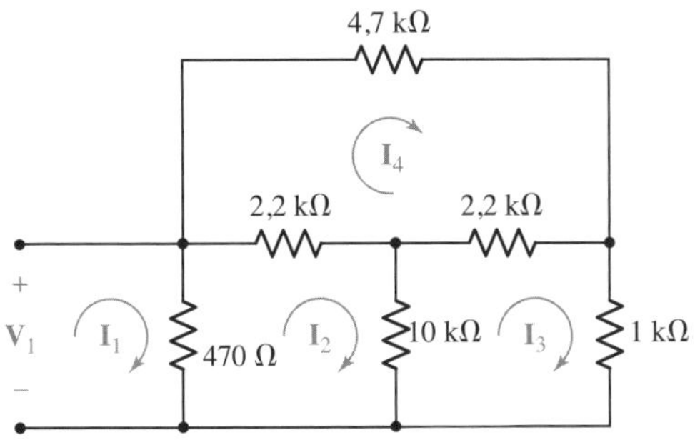

◄ **FIGURA 17.33**

4. Determine a impedância de entrada da rede mostrada na Figura 17.34 calculando primeiro $\Delta_\mathbf{Z}$.

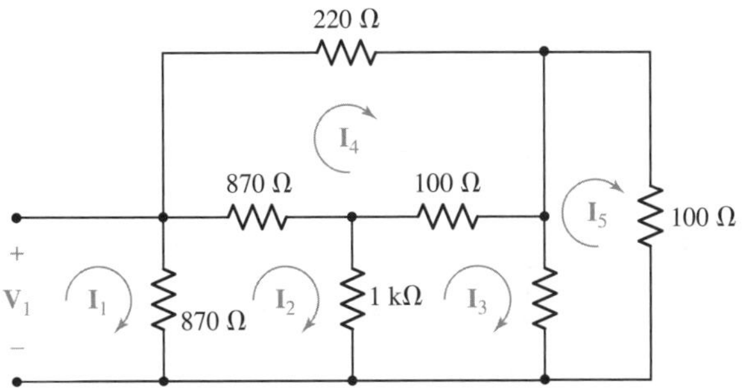

◄ **FIGURA 17.34**

5. Para o bipolo representado esquematicamente na Figura 17.35, escolha o nó inferior como referência; nomeie a junção entre as condutâncias de 3, 10 e 20 S como $\mathbf{V}_2$ e o nó restante de $\mathbf{V}_3$. (*a*) Escreva as três equações nodais. (*b*) Calcule $\Delta_\mathbf{Y}$. (*c*) Calcule a admitância de entrada.

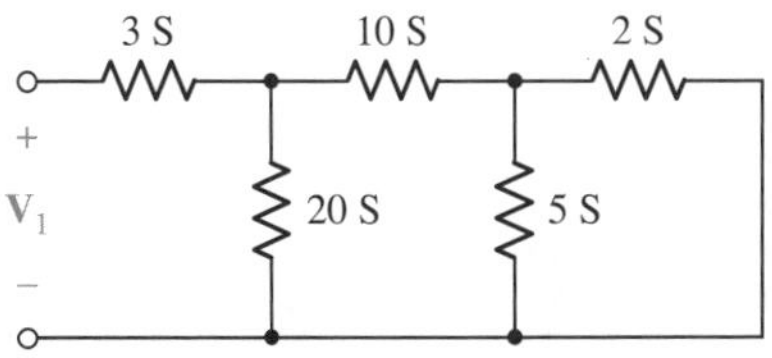

▲ **FIGURA 17.35**

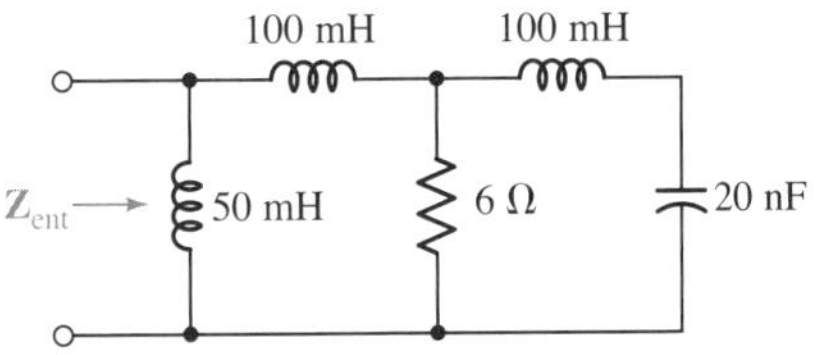

▲ **FIGURA 17.36**

6. Calcule $\Delta_\mathbf{Z}$ e $\mathbf{Z}_{ent}$ para a rede da Figura 17.36 se ω é igual a (*a*) 1 rad/s; (*b*) 320 krad/s.

7. Defina ω = 100π rad/s no bipolo da Figura. 17.36. (*a*) Calcule $\Delta_\mathbf{Y}$ e a admitância de entrada em ω, $\mathbf{Y}_{ent}(\omega)$. (*b*) Uma fonte de corrente senoidal com módulo de 100, frequência de 100 π rad/s e fase em 0º é ligada a rede. Calcule a tensão sobre a fonte de corrente (resposta expressa como um fasor).

8. Com relação ao bipolo da Figura 17.37, que contém uma fonte de corrente dependente controlada pela tensão no resistor: (*a*) calcule $\Delta_\mathbf{Z}$; (*b*) calcule $\mathbf{Z}_{ent}$.

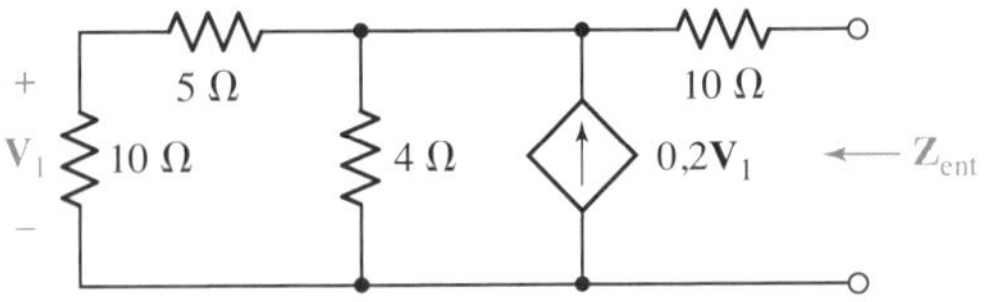

◀ **FIGURA 17.37**

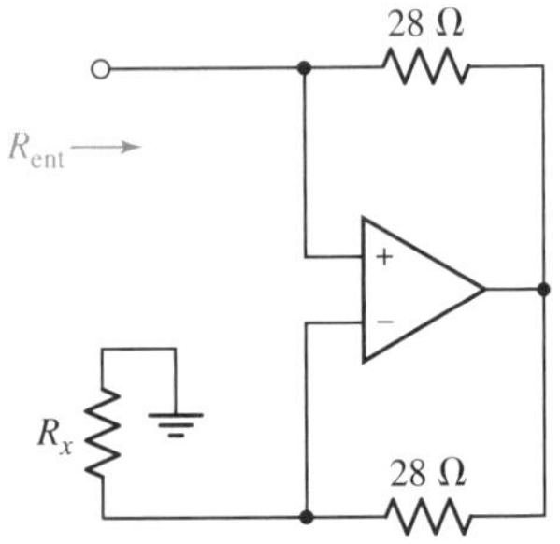

▲ **FIGURA 17.38**

9. Para o circuito AOP ideal representado na Figura 17.38, a resistência de entrada é definida como sendo o valor visto entre o terminal de entrada positivo do AOP e o terra. (*a*) Escreva as equações nodais apropriadas para o bipolo. (*b*) Obtenha uma expressão para R_{ent}. Sua resposta é de certa forma inesperada? Explique.

10. (*a*) Se os dois AOPs mostrados no circuito da Figura 17.39 são ideais ($R_i = \infty$, $R_o = 0$ e $A = \infty$) determine $\mathbf{Z}_{ent}$. (*b*) $R_1 = 4$ kΩ, $R_2 = 10$ kΩ, $R_3 = 10$ kΩ, $R_4 = 1$ kΩ e $C = 200$ pF, mostre que $\mathbf{Z}_{ent} = j\omega L_{ent}$, onde $L_{ent} = 0{,}8$ mH.

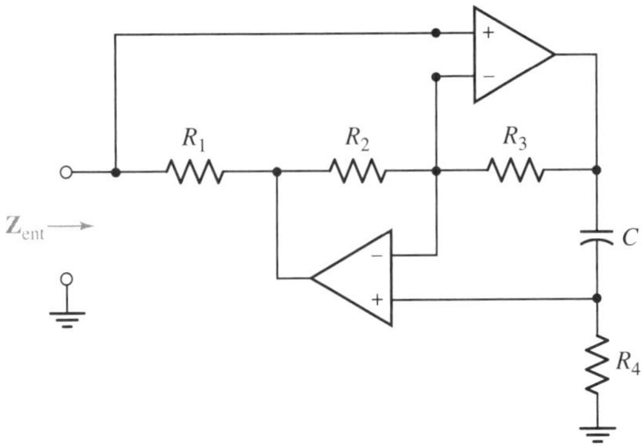

◀ **FIGURA 17.39**

17.2 Parâmetros Admitância

11. Obtenha um conjunto completo de parâmetros **y** que descrevam o quadripolo mostrado na Figura 17.40.

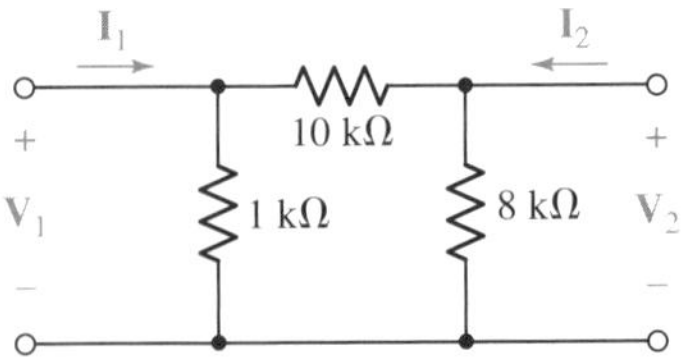

◀ **FIGURA 17.40**

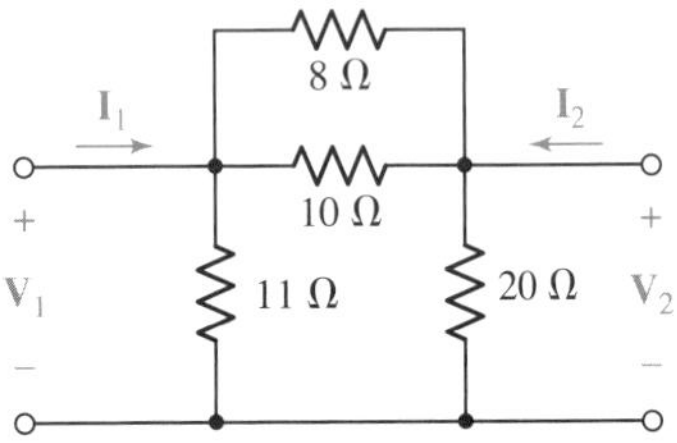

▲ **FIGURA 17.41**

12. (*a*) Determine os parâmetros admitância de curto-circuito que descreve completamente o quadripolo da Figura 17.41. (*b*) Se $\mathbf{V}_1 = 3$ V e $\mathbf{V}_2 = -2$ V, use sua resposta do item (*a*) para calcular $\mathbf{I}_1$ e $\mathbf{I}_2$.

13. (*a*) Determine os parâmetros **y** para o quadripolo da Figura 17.42. (*b*) Defina o nó inferior da Figura 17.42 como o nó de referência, e aplique a análise nodal para obter expressões para $\mathbf{I}_1$ e $\mathbf{I}_2$ em termos de $\mathbf{V}_1$ e $\mathbf{V}_2$. Use essas expressões para escrever a matriz de admitância. (*c*) Se $\mathbf{V}_1 = 2\mathbf{V}_2 = 10$ V, a calcule potência dissipada na condutância de 100 mS.

14. Obtenha um conjunto completo de parâmetros **y** para descrever o quadripolo mostrado na Figura 17.43.

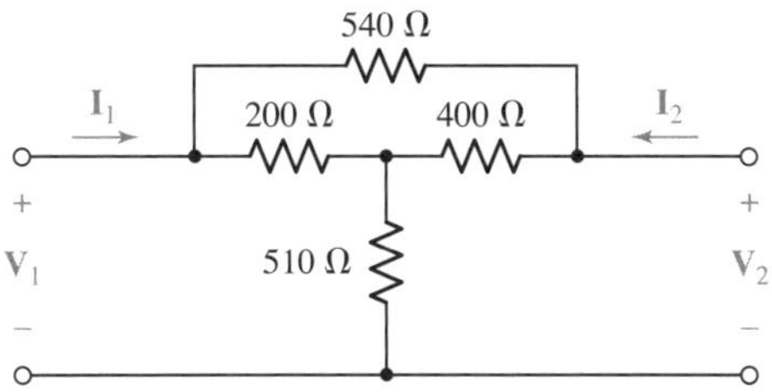

◀ **FIGURA 17.43**

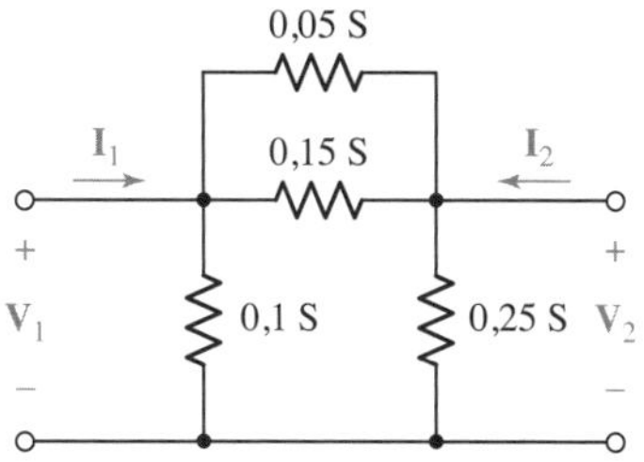

▲ **FIGURA 17.42**

15. O circuito da Figura 17.44 é simplesmente o quadripolo da Figura 17.40 terminado por um bipolo passivo e um outro bipolo separado composto por uma fonte de tensão em série com um resistor. (*a*) Determine o conjunto completo de parâmetros de admitância que descreve o quadripolo. (*Dica:* desenhe o quadripolo, por si só, devidamente identificando a tensão e corrente em cada par de terminais.) (*b*) Calcule a potência dissipada no bipolo passivo, usando a sua resposta ao item (*a*).

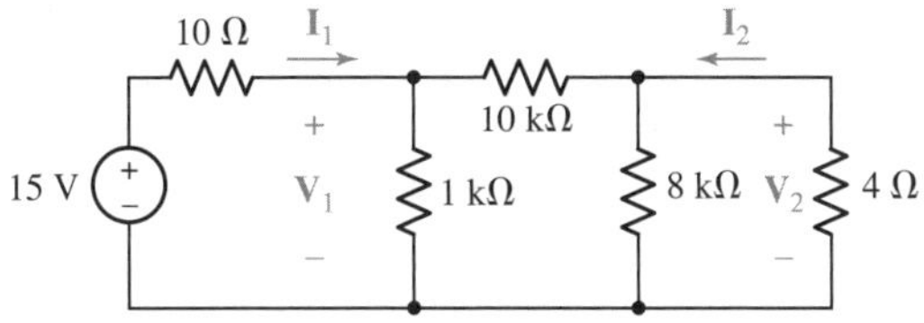

◀ **FIGURA 17.44**

16. Substitua o resistor de 10 Ω da Figura 17.44 por um resistor de 1 KΩ, a fonte de 15 V por uma fonte de 9 V, e o resistor de 4 Ω por um resistor de 4kΩ. (*a*) Determine o conjunto completo de parâmetros de admitância que descrevem o quadripolo que consiste em resistores de 1 kΩ, 10 kΩ e 8 kΩ. (*Dica:* desenhe o quadripolo, por si só, devidamente identificando a tensão e corrente em cada par de terminais.) (*b*) Calcule a potência dissipada no bipolo passivo, usando a sua resposta para o item (*a*).

17. Determine os parâmetros de admitância que descrevem a quadripolo mostrado na Figura 17.45.

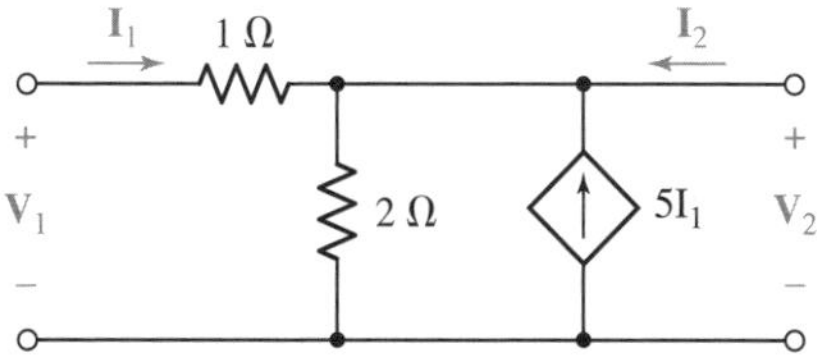

▲ **FIGURA 17.45**

18. Obtenha o parâmetro **y** para a rede mostrada na Figura 17.46 e utilize-o para determinar $\mathbf{I}_1$ e $\mathbf{I}_2$, se (*a*) $\mathbf{V}_1 = 0$, $\mathbf{V}_2 = 1$ V; (*b*) $\mathbf{V}_1 = -8$ V, $\mathbf{V}_2 = 3$ V; (*c*) $\mathbf{V}_1 = \mathbf{V}_2 = 5$ V.

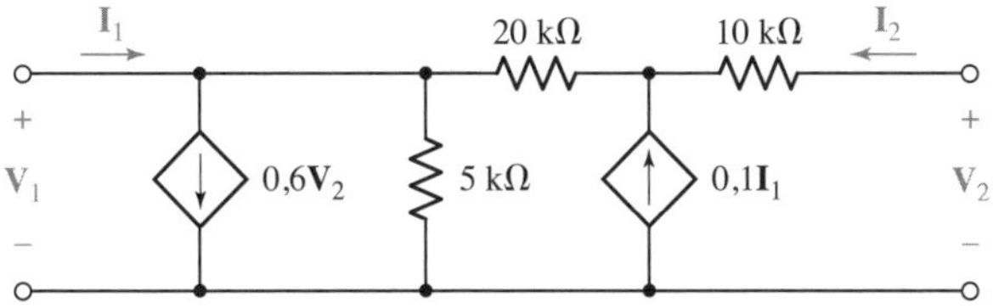

◀ **FIGURA 17.46**

19. Utilize um método adequado para obter **y** para a rede da Figura 17.47.

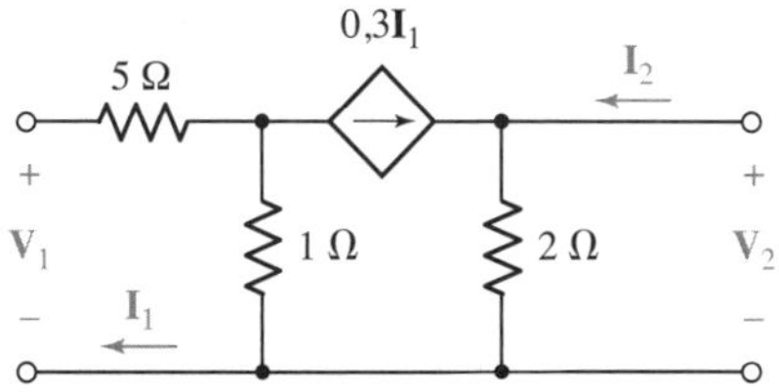

▲ **FIGURA 17.47**

20. O transistor de efeito de campo metal-óxido-semicondutor (MOSFET), um elemento não linear com três terminais usado em muitas aplicações eletrônicas, é frequentemente especificado em termos de seus parâmetros **y**. Os parâmetros CA são fortemente dependentes das condições de medição, e comumente chamados de y_{is}, y_{rs}, y_{fs} e y_{os}, como em:

$$I_g = y_{is}V_{gs} + y_{rs}V_{ds} \quad [49]$$

$$I_d = y_{fs}V_{gs} + y_{os}V_{ds} \quad [50]$$

onde I_g é a corrente de porta do transistor, I_d é a corrente de dreno e o terceiro terminal (a fonte) é comum à entrada e à saída durante as medições. Logo, V_{gs} é a tensão entre porta e fonte e V_{ds} é a tensão entre o dreno e a fonte. O modelo típico usado para aproximar o comportamento de um MOSFET em altas frequências é mostrado na Figura 17.48.

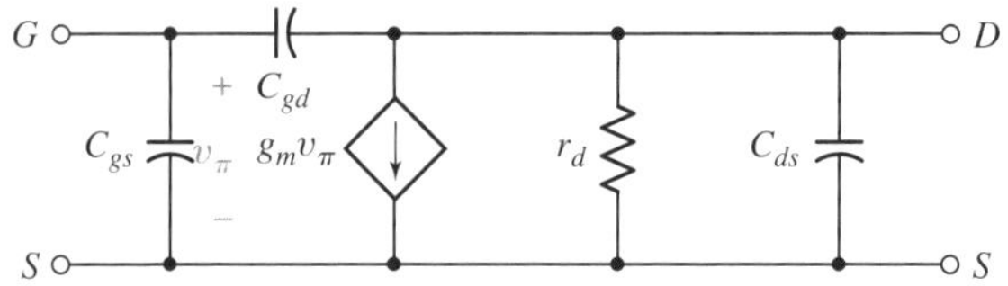

◀ **FIGURA 17.48**

(*a*) Na configuração acima, qual terminal do transistor é usado como entrada e qual é usado como saída? (*b*) Deduza expressões para os parâmetros y_{is}, y_{rs}, y_{fs} e y_{os} definidos nas Equações [49] e [50] em termos dos parâmetros C_{gs}, C_{gd}, g_m, r_d e C_{ds} da Figura 17.48. (*c*) Calcule y_{is}, y_{rs}, y_{fs} e y_{os} se g_m = 4,7 mS, C_{gs} = 3,4 pF, C_{gd} = 1,4 pF, C_{ds} = 0,4 pF e r_d = 10 kΩ.

17.3 Algumas Redes Equivalentes

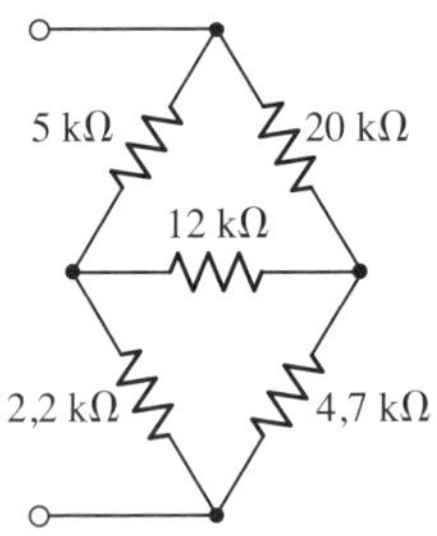

▲ **FIGURA 17.49**

21. Para o quadripolo mostrado na Figura 17.49; (*a*) determine a resistência de entrada; (*b*) calcule a potência dissipada pela rede se ligada em paralelo com uma fonte de corrente de 2 A; (*c*) calcule a potência dissipada pela rede se ligada em paralelo com uma fonte de tensão de 9V.

22. Com relação às duas redes na Figura 17.50, converta a rede conectada em Δ para uma rede de conectada em Y, e vice-versa.

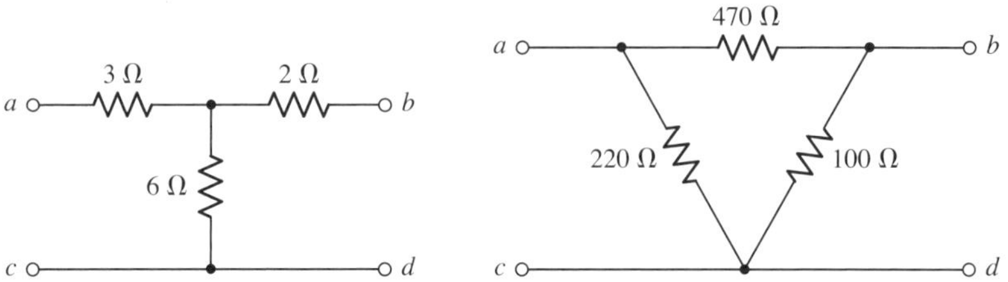

▲ **FIGURA 17.50**

23. Determine a impedância de entrada Z_{ent} do bipolo mostrado na Figura 17.51 se ω é igual a (*a*) 50 rad/s; (*b*) 1000 rad/s.

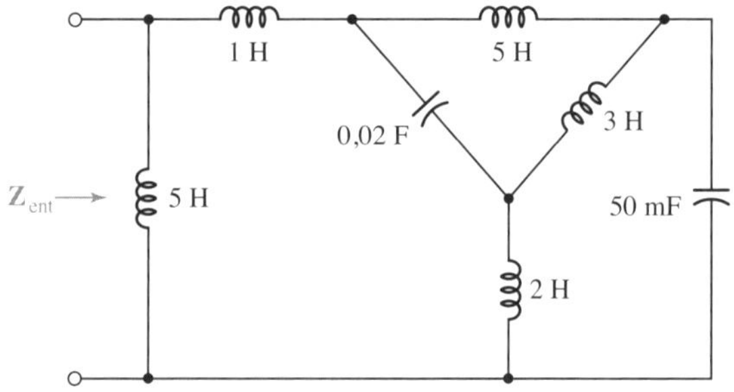

◀ **FIGURA 17.51**

24. Determine a impedância de entrada Z_{ent} do bipolo mostrado na Figura 17.52 se ω é igual a (*a*) 50 rad/s; (*b*) 1000 rad/s.

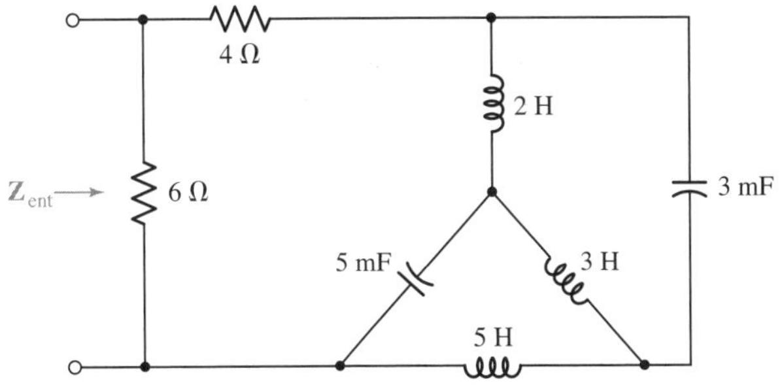

◀ **FIGURA 17.52**

25. Empregue as técnicas de conversão Δ-Y apropriadas para determinar a resistência de entrada R_{ent} do bipolo representado na Figura 17.53.

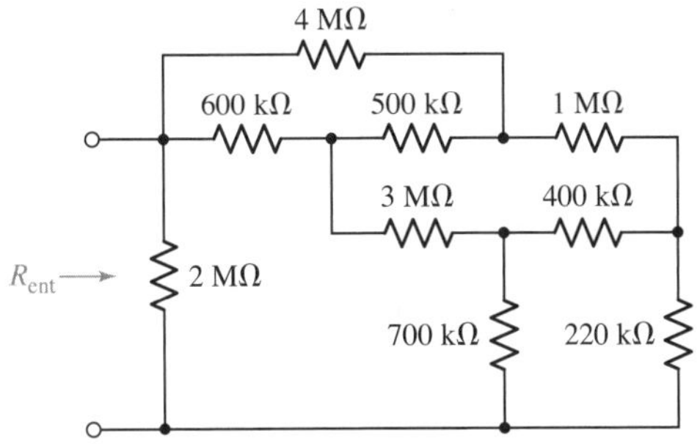

◀ **FIGURA 17.53**

26. Empregue as técnicas apropriadas para encontrar um valor para a resistência de entrada do bipolo de rede representada pelo esquema da Figura 17.54.

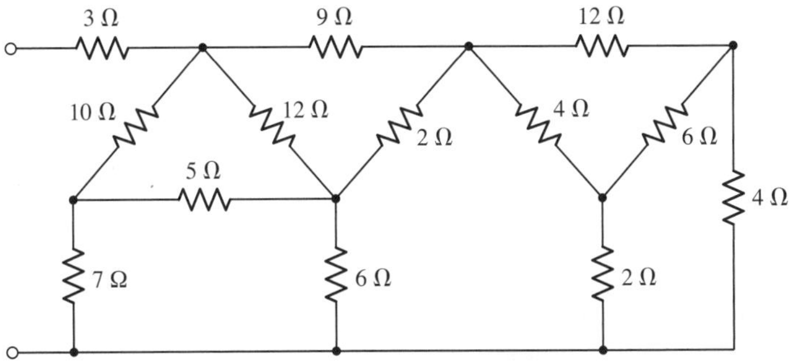

◀ **FIGURA 17.54**

27. (*a*) Determine os valores dos parâmetros necessários para modelar a rede de Figura 17.43 com a rede alternativa mostrada na Figura 17.13*a*. (*b*) Verifique se as duas redes são de fato equivalentes calculando a potência dissipada no resistor de 2 Ω conectado à direita de cada rede e conectando uma fonte de corrente de 1 A nos terminais do lado esquerdo.

28. A rede da Figura 17.13*b* é equivalente à rede da Figura 17.43, assumindo que os valores de parâmetros apropriados sejam escolhidos. (*a*) Calcule os valores dos parâmetros necessários. (*b*) Verifique a equivalência das duas redes terminando cada uma com um resistor de 1 Ω (entre seus terminais $\mathbf{V}_2$) conectando uma fonte de 10 mA nos outros terminais, e mostrando que $\mathbf{I}_1$, $\mathbf{V}_1$, $\mathbf{I}_2$ e $\mathbf{V}_2$ são iguais para ambas as redes.

29. Calcule os três valores de parâmetros necessários para a construção de uma rede equivalente para a Figura 17.43 modelada a partir da rede da Figura 17.13*c*. Verifique a sua equivalência com uma simulação no PSpice apropriada. (*Dica:* conecte algum tipo de fonte(s) e de carga(s).)

30. É possível construir um quadripolo alternativo ao mostrado na Figura 17.47, selecionando os valores dos parâmetros adequados, conforme os indicados no diagrama da Figura 17.13. (*a*) Construa uma rede equivalente com estes parâmetros. (*b*) Verifique sua equivalência com uma simulação no PSpice apropriada. (*Dica:* conecte algum tipo de fonte(s) e de carga(s).)

31. Seja $\mathbf{y} = \begin{bmatrix} 0{,}1 & -0{,}05 \\ -0{,}5 & 0{,}2 \end{bmatrix}$ (S) no quadripolo da Figura 17.55. Determine (*a*) $\mathbf{G}_V$; (*b*) $\mathbf{G}_I$; (*c*) G_P; (*d*) $\mathbf{Z}_{ent}$; (*e*) $\mathbf{Z}_{saida}$. (*f*) Se o ganho reverso de tensão $\mathbf{G}_{V,\,rev}$ é definido como $\mathbf{V}_1/\mathbf{V}_2$ com $\mathbf{V}_s = 0$ e R_L removido, calcule $\mathbf{G}_{V,\,rev}$. (*g*) Se o ganho de potência de inserção G_{ins} é definido como a relação entre $P_{5\Omega}$ com o quadripolo no lugar e $P_{5\Omega}$ com o quadripolo substituído por fios conectando cada terminal de entrada ao terminal de saída correspondente, calcule G_{ins}.

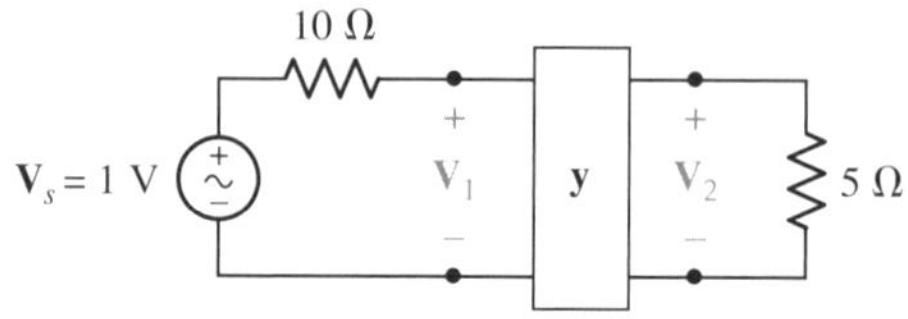

◀ **FIGURA 17.55**

17.4 Parâmetros Impedância

32. Converta os seguintes parâmetros **z** para parâmetros **y**, ou vice-versa, adequadamente:

$$\mathbf{z} = \begin{bmatrix} 2 & 3 \\ 5 & 1 \end{bmatrix} \Omega \qquad \mathbf{z} = \begin{bmatrix} 1000 & 470 \\ 2500 & 900 \end{bmatrix} \Omega$$

$$\mathbf{y} = \begin{bmatrix} 0{,}001 & 0{,}005 \\ 0{,}006 & 0{,}03 \end{bmatrix} \text{S} \qquad \mathbf{y} = \begin{bmatrix} 1 & 2 \\ -1 & 3 \end{bmatrix} \text{S}$$

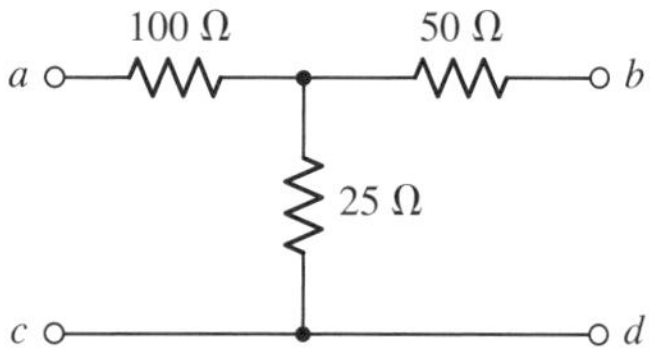

▲ **FIGURA 17.56**

33. Com o emprego das equações [32] a [35], obtenha um conjunto completo de parâmetros **z** para a rede dada na Figura 17.56.

34. A rede da Figura 17.56 é terminada com um resistor de 10 Ω entre os terminais *b* e *d*, e uma fonte de corrente senoidal de 6 mA operando em 100 Hz, em paralelo com um resistor de 50 Ω ligados entre os terminais *a* e *c*. Calcule os ganhos de tensão, corrente e potência respectivamente, bem como a impedância de entrada e de saída.

35. Os quadripolos da Figura 17.50 estão conectadas em série. (*a*) Determine os parâmetros de impedância para a conexão em série primeiramente encontrando os parâmetros **z** das redes individuais. (*b*) Se em vez disso as duas redes estão ligadas em paralelo, determine os parâmetros de admitância da combinação, primeiro encontrando os parâmetros **y** das redes individuais. (*c*) Verifique sua resposta para o item (*b*) usando a Tabela 17.1 em conjunto com sua resposta ao item (*a*).

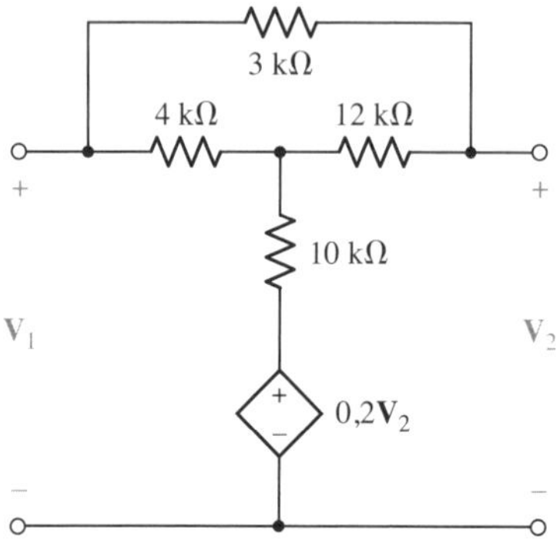

▲ **FIGURA 17.57**

36. (*a*) Use um método apropriado para a obtenção dos parâmetros de impedância que descrevem a rede ilustrada na Figura 17.57. (*b*) Se uma fonte de 1 V em série com um resistor de 1 kΩ é ligado aos terminais do lado esquerdo de modo que o terminal negativo da fonte é conectado ao terminal comum de rede, e uma carga de 5 kΩ é conectada entre os terminais à direita, calcule os ganhos de corrente, tensão e potência.

37. Determine os parâmetros de impedância para o bipolo mostrado na Figura 17.58.

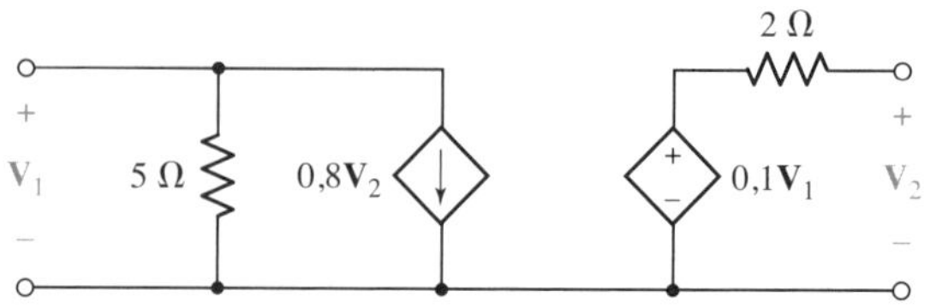

▲ **FIGURA 17.58**

38. Obtenha os parâmetros impedância e admitância para o quadripolo da Figura 17.59.

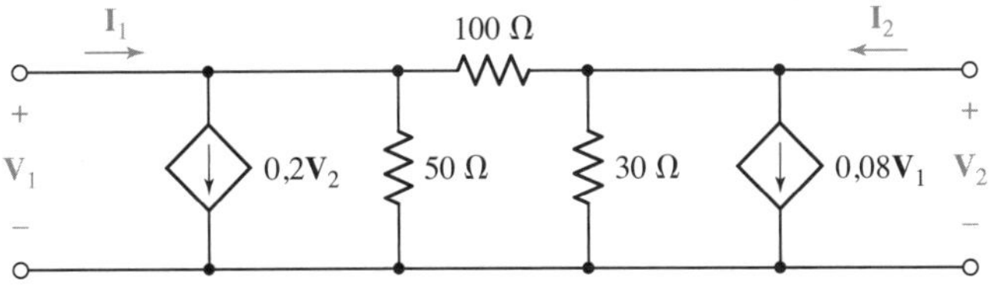

◀ **FIGURA 17.59**

39. Encontre os quatro parâmetros **z** em $\omega = 10^8$ rad/s para o circuito equivalente em altas frequências do transistor mostrado na Figura 17.60.

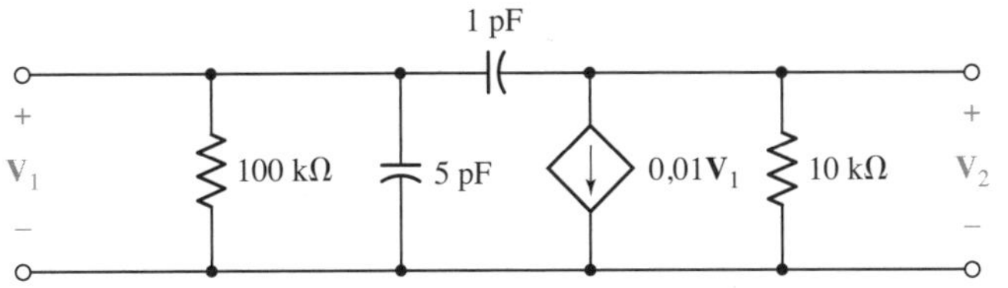

◀ **FIGURA 17.60**

17.5 Parâmetros Híbridos

40. Determine os parâmetros **h** que descrevem a rede puramente resistiva mostrada na Figura 17.56 conectando apropriadamente 1 V, 1 A e curto-circuitando os terminais conforme necessário.

41. Obtenha os parâmetros **h** do quadripolo da Figura 17.61.

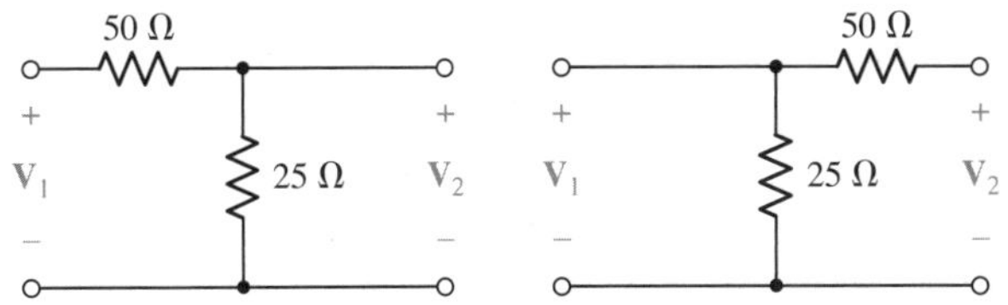

◀ **FIGURA 17.61**

42. Se **h** para certo quadripolo em particular é dado por $\mathbf{h} = \begin{bmatrix} 2\ \text{k}\Omega & -3 \\ 5 & 0{,}01\ \text{S} \end{bmatrix}$, calcule (*a*) **z**; (*b*) **y**.

43. Um certo quadripolo é descrito pelos parâmetros híbridos $\mathbf{h} = \begin{bmatrix} 100\ \Omega & -2 \\ 5 & 0{,}1\ \text{S} \end{bmatrix}$. Determine os novos parâmetros **h** se um resistor de 25 Ω é ligado em paralelo com (*a*) a entrada; (*b*) a saída.

44. Um transistor bipolar de junção está ligado na configuração emissor comum, e definido para ter parâmetros **h** como sendo $h_{11} = 5$ kΩ, $h_{12} = 0{,}55 \times 10^{-4}$, $h_{21} = 300$, $h_{22} = 39$ μS. (*a*) Escreva **h** na forma matricial. (*b*) Determine o ganho de corrente para pequenos sinais. (*c*) Determine a resistência de saída em kΩ. (*d*) Se uma fonte de tensão senoidal com frequência de 100 rad/s e amplitude de 5 mV em série com um resistor de 100 Ω está ligado aos terminais de entrada, calcule a tensão de pico que aparece entre os terminais de saída.

45. O quadripolo, que desempenha um papel central no circuito da Figura 17.62 pode ser caracterizado pelos parâmetros híbridos $\mathbf{h} = \begin{bmatrix} 1\ \Omega & -1 \\ 2 & 0{,}5\ \text{S} \end{bmatrix}$. Determine $\mathbf{I}_1$, $\mathbf{I}_2$, $\mathbf{V}_1$ e $\mathbf{V}_2$,

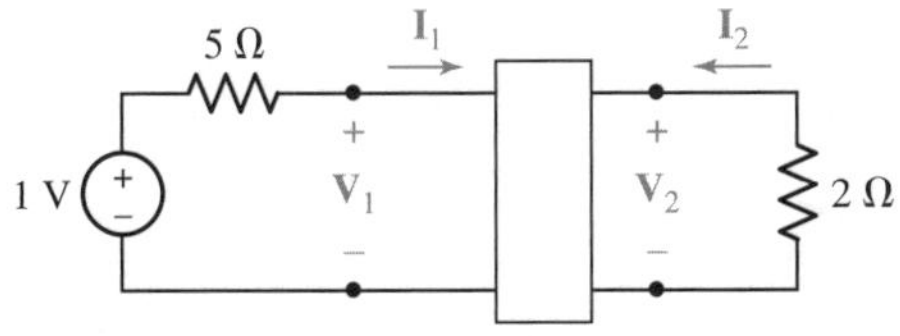

▲ **FIGURA 17.62**

46. As duas redes da Figura 17.61 são conectadas em série através da ligação dos terminais, conforme ilustrado na Figura 17.22 (assuma a rede do lado esquerdo da Figura 17.61 como a rede *A*). Determine o novo conjunto de parâmetros **h** que descreve a conexão em série.

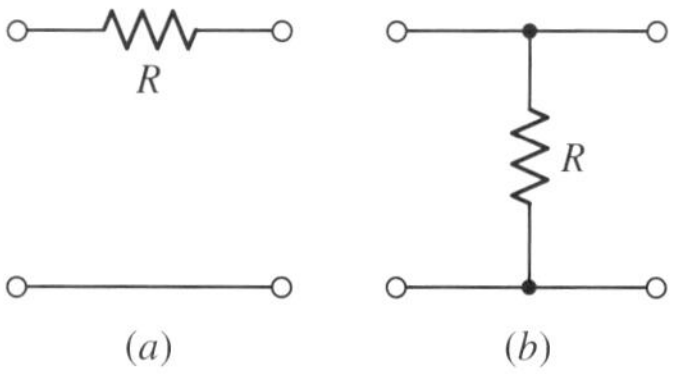

▲ **FIGURA 17.63**

47. As duas redes da Figura 17.61 são ligadas em paralelo, interligando os terminais de entrada correspondentes, e interligando os terminais de saída correspondentes. Determine o novo conjunto de parâmetros **h** que descrevem a conexão em paralelo.

48. Determine **y**, **z** e **h** para os quadripolos mostrados na Figura 17.63. Se qualquer parâmetro for infinito, deixe de lado o conjunto de parâmetros que o contém.

49. (*a*) Determine **h** para o quadripolo da Figura 17.64. (*b*) Determine $\mathbf{Z}_{saída}$ se a entrada contém $\mathbf{V}_s$ em série com $R_s = 200\ \Omega$.

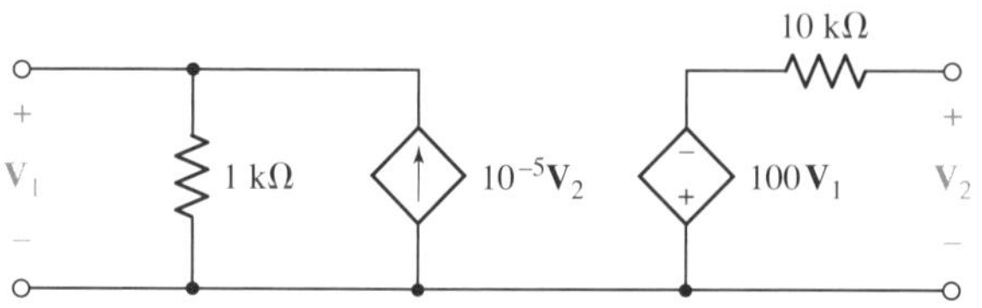

◀ **FIGURA 17.64**

17.6 Parâmetros de Transmissão

50. (*a*) Com o auxílio de equações de malha apropriadas, determine a matriz *ABCD* que representa o quadripolo mostrado na Figura 17.9. (*b*) Converta a sua resposta para **h**.

51. (*a*) Empregue equações malha devidamente escritas para obter os parâmetros **t** que caracteriza a rede da Figura 17.57. (*b*) Se as correntes $\mathbf{I}_1$ e $\mathbf{I}_2$ são definidas como fluindo para os terminais de referência (+) de $\mathbf{V}_1$ e $\mathbf{V}_2$ respectivamente, calcule as tensões se $\mathbf{I}_1 = 2\mathbf{I}_2 = 3$ mA.

52. Considere as seguintes matrizes:

$$\mathbf{a} = \begin{bmatrix} 5 & 2 \\ 4 & 1 \end{bmatrix} \quad \mathbf{b} = \begin{bmatrix} 1{,}5 & 1 \\ 1 & 0{,}5 \end{bmatrix} \quad \mathbf{c} = \begin{bmatrix} -4 \\ 2 \end{bmatrix}$$

Calcule (*a*) **a** · **b**; (*b*) **b** · **a**; (*c*) **a** · **c**; (*d*) **b** · **c**; (*e*) **b** · **a** · **c**; (*f*) **a** · **a**.

53. Duas redes são representadas pelas seguintes matrizes impedância:

$$\mathbf{z}_1 = \begin{bmatrix} 4{,}7 & 0{,}5 \\ 0{,}87 & 1{,}8 \end{bmatrix} \text{k}\Omega \text{ e } \mathbf{z}_2 = \begin{bmatrix} 1{,}1 & 2{,}2 \\ 0{,}89 & 1{,}8 \end{bmatrix} \text{k}\Omega\text{, respectivamente.}$$

(*a*) determine a matriz **t** que caracteriza a rede em cascata resultante a partir da conexão da rede 2 para a saída de rede 1. (*b*) Inverta a ordem das redes e calcule a nova matriz **t** resultante.

54. O quadripolo da Figura 17.65 pode ser visto como três quadripolos separados A, B e C conectados em cascata. (*a*) Calcule **t** para cada rede. (*b*) Obtenha **t** para a rede em cascata. (*c*) Verifique sua resposta nomeando os dois nós do meio V_x e V_y, respectivamente, escrevendo a equação nodal, obtendo os parâmetros de admitância de suas equações nodais, e convertendo para os parâmetros **t** usando Tabela 17.1.

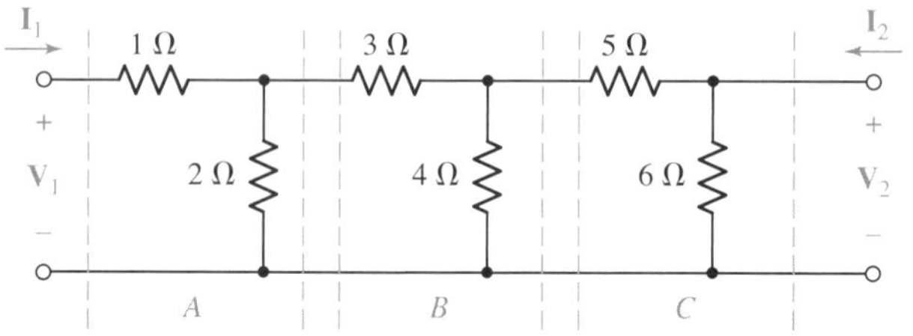

◀ **FIGURA 17.65**

55. Considere os dois quadripolos separados da Figura. 17.61. Determine a matriz ABCD , que caracteriza a rede em cascata resultante da ligação (*a*) a saída da rede do lado esquerdo para a entrada da rede do lado direito; (*b*) a saída da rede do lado direito para a entrada da rede do lado esquerdo.

56. (*a*) Determine os parâmetros **t** que descrevem o quadripolo da Figura 17.58. (*b*) Calcule $Z_{saída}$ se uma fonte de tensão real com uma resistência em série de 100 Ω é ligada aos terminais de entrada da rede.

57. Três redes idênticas às redes da Figura 17.56 são conectadas em cascata. Determine os parâmetros **t** que representam o resultado total.

58. (*a*) Determine $\mathbf{t}_a$, $\mathbf{t}_b$ e $\mathbf{t}_c$ para as redes mostradas na Figura 17.66*a*, *b* e *c*. (*b*) Usando as regras de interconexão de quadripolos em cascata, determine **t** para a rede da Figura 17.66*d*.

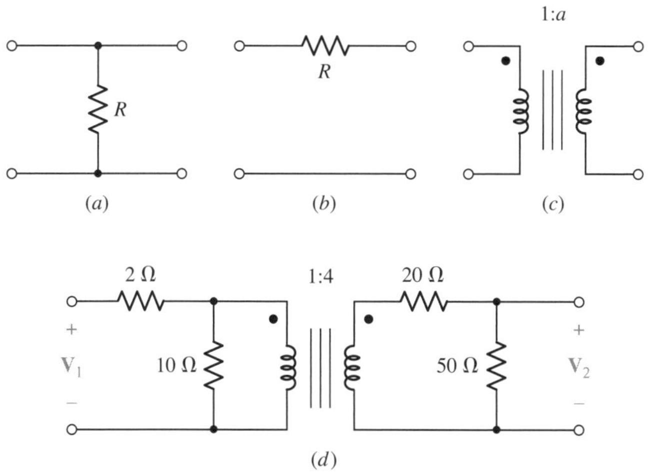

◀ **FIGURA 17.66**

Exercícios de integração do capítulo

59. (*a*) Obtenha os parâmetros **y**, **z**, **h** e **t** para a rede mostrada na Figura 17.67 usando as definições de equações ou equações de malha/nós. (*b*) Verifique as suas respostas, utilizando as relações da Tabela 17.1.

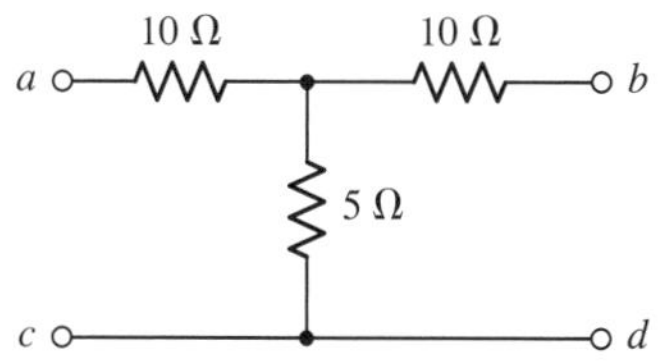

▲ **FIGURA 17.67**

60. Quatro redes, idênticas àquela ilustrada na Figura 17.67, estão ligadas em paralelo, de modo que todos os terminais identificados como *a* são conectados. Todos os terminais *b* estão interligados entre si, bem como todos os terminais *c, d.* Obtenha os parâmetros **y**, **z**, **h** e **t** que descrevem a rede conectada em paralelo.

61. Uma rede de 12 elementos em cascata é formada usando quatro quadripolos idênticos ao mostrado na Figura 17.67. Determine os parâmetros **y**, **z**, **h** e **t** que descreve o resultado.

62. o conceito de matrizes *ABCD* estende para além de sistemas de circuitos elétricos.

Por exemplo, elas são comumente empregadas para cálculos de *ray-tracing* em sistemas ópticos. Nesse caso, encaramos paralelamente os planos de entrada e saída em *xy*, atravessados por um eixo óptico z. Um raioincidente cruza o plano de entrada, um distância $x = r_{ent}$ a partir do eixo óptico, segundo um ângulo em θ_{ent}. Os parâmetros correspondentes $r_{saída}$, $\theta_{saída}$ para o raio que cruza o plano de saída, então, fornecidos pela matriz *ABCD* de tal modo que

$$\begin{bmatrix} r_{\text{saída}} \\ \theta_{\text{saída}} \end{bmatrix} = \begin{bmatrix} A & B \\ C & D \end{bmatrix} \begin{bmatrix} r_{\text{ent}} \\ \theta_{\text{ent}} \end{bmatrix}$$

Cada tipo de elemento óptico (por exemplo, espelhos, lentes, ou mesmo a propagação por meio do espaço livre) tem a sua própria matriz *ABCD*. Se o raio passa através de diversos elementos, o resultado final pode ser previsto, pela simples conexão em cascata das matrizes *ABCD* individuais (na ordem correta).

(*a*) Obtenha as expressões para *A, B,C* e *D* de forma semelhante às Equações [32] a [35].

(*b*) Se a matriz *ABCD* de um espelho plano com reflexão perfeita é dada por $\begin{bmatrix} 1 & 0 \\ 0 & 1 \end{bmatrix}$, esboçar o sistema, juntamente com os raios de entrada e saída, tendo o cuidado de observar a orientação do espelho.

63. Continuando o Exercício 62, o comportamento de um raio propagando através do espaço livre em uma distância *d* pode ser modelado com a matriz *ABCD* $\begin{bmatrix} 1 & d \\ 0 & 1 \end{bmatrix}$. (*a*) Mostre que o mesmo resultado é obtido (r_{saida}, θ_{saida}) se uma única matriz *ABCD* é usada como *d* ou duas matrizes cascateadas são utilizadas, cada uma com *d*/2. (*b*) Quais são as unidades *A, B, C* e *D*, respectivamente?

18 Análise de Circuitos Usando Fourier

CONCEITOS FUNDAMENTAIS

- Representando Funções Periódicas como uma Soma de Senos e Cossenos
- Frequências Harmônicas
- Simetria Par e Ímpar
- Simetria de Meia Onda
- Forma Complexa da Série de Fourier
- Espectros de Linha Discretos
- Transformada de Fourier
- Usando as Técnicas da Série e da Transformada de Fourier na Análise de Circuitos
- Resposta do Sistema e Convolução no Domínio da Frequência

INTRODUÇÃO

Neste capítulo, continuamos nossa introdução à análise de circuitos estudando funções periódicas no domínio do tempo e da frequência. Especificamente, consideramos funções forçantes que são periódicas e que tem formas funcionais que satisfazem a certas restrições matemáticas que são características de qualquer função que podemos gerar no laboratório. Tais funções podem ser representadas como a soma de um número infinito de funções seno e cosseno relacionadas harmonicamente. Portanto, como a resposta forçada de cada componente senoidal pode ser determinada facilmente pela análise em regime permanente senoidal, a resposta de uma rede linear frente a uma função forçante periódica pode ser obtida com a superposição das respostas parciais.

O tópico da série de Fourier é de vital importância em muitas áreas, particularmente nas comunicações. O uso de técnicas de Fourier na análise de circuitos, no entanto, tem lentamente saído de moda nos últimos anos. Como agora temos nos deparado com o uso cada vez maior de equipamentos empregando fontes de alimentação chaveadas (por exemplo, computadores), o tema dos harmônicos nos sistemas elétricos de potência tem se tornado rapidamente um problema sério mesmo em grandes plantas geradoras. Apenas com o uso da análise de Fourier, os problemas encontrados e as possíveis soluções podem ser entendidos.

18.1 ▸ FORMA TRIGONOMÉTRICA DA SÉRIE DE FOURIER

Sabemos que a resposta completa de um circuito linear frente à aplicação de uma função forçante arbitrária é composta pela soma de uma *resposta forçada* e de uma *resposta natural*. A resposta natural foi considerada tanto no domínio do tempo (Caps. 7, 8 e 9) quanto no domínio da frequência (Caps. 14 e 15). A resposta forçada também foi considerada em diversas perspectivas, incluindo as técnicas baseadas em fasores apresentadas no Cap. 10. Como vimos, em alguns casos precisamos de ambos os componentes da resposta de um circuito particular, enquanto em outros casos precisamos apenas da resposta natural ou forçada. Nesta seção, voltamos a nossa atenção para as funções forçantes que têm natureza *senoidal*, e descobrimos como escrever uma função periódica geral como uma soma de tais funções – o que nos leva a uma discussão sobre um novo conjunto de procedimentos para a análise de circuitos.

Harmônicos

Algum sentimento sobre a validade de se representar uma função periódica genérica por meio de uma soma infinita de funções seno e cosseno pode ser adquirido com a consideração de um exemplo simples. Vamos assumir uma função cossenoidal com frequência radiana ω_0,

$$v_1(t) = 2 \cos \omega_0 t$$

onde

$$\omega_0 = 2\pi f_0$$

e o período T é

$$T = \frac{1}{f_0} = \frac{2\pi}{\omega_0}$$

Embora T usualmente não traga consigo um subscrito zero, ele é o período da frequência fundamental. Os ***harmônicos*** dessa senoide têm frequências $n\omega_0$, onde ω_0 é a frequência fundamental e $n = 1, 2, 3, \ldots$. A frequência do primeiro harmônico é a ***frequência fundamental***.

Vamos agora selecionar uma tensão de terceiro harmônico

$$v_{3a}(t) = \cos 3\omega_0 t$$

A fundamental $v_1(t)$, o terceiro harmônico $v_{3a}(t)$, e a soma dessas duas ondas são mostradas em função do tempo na Figura 18.1*a*. Note que a soma é também periódica, com período $T = 2\pi/\omega_0$.

A forma da função periódica resultante muda à medida que a fase e a amplitude do componente de terceiro harmônico mudam. Assim, a Figura 18.1*b* mostra o efeito de se combinar v_1(t) e um terceiro harmônico com amplitude ligeiramente maior,

$$v_{3b}(t) = 1{,}5 \cos 3\omega_0 t$$

Deslocando a fase do terceiro harmônico em 90 graus para obter

$$v_{3c}(t) = \text{sen } 3\omega_0 t$$

a soma, ilustrada na Figura 18.1*c*, assume um caráter ainda mais diferente. Em todos os casos, o período da forma de onda resultante é o mesmo da forma de onda fundamental. A natureza da forma de onda depende da amplitude e da fase de cada componente harmônico envolvido, e veremos que podemos gerar formas de onda com características extremamente não senoidais usando uma combinação apropriada de funções senoidais.

Após essa familiarização com o uso da soma de um número infinito de funções seno e cosseno para representar uma forma de onda periódica, consideraremos a representação no domínio da frequência de uma forma de onda não periódica genérica de forma similar à que fizemos com a transformada de Laplace.

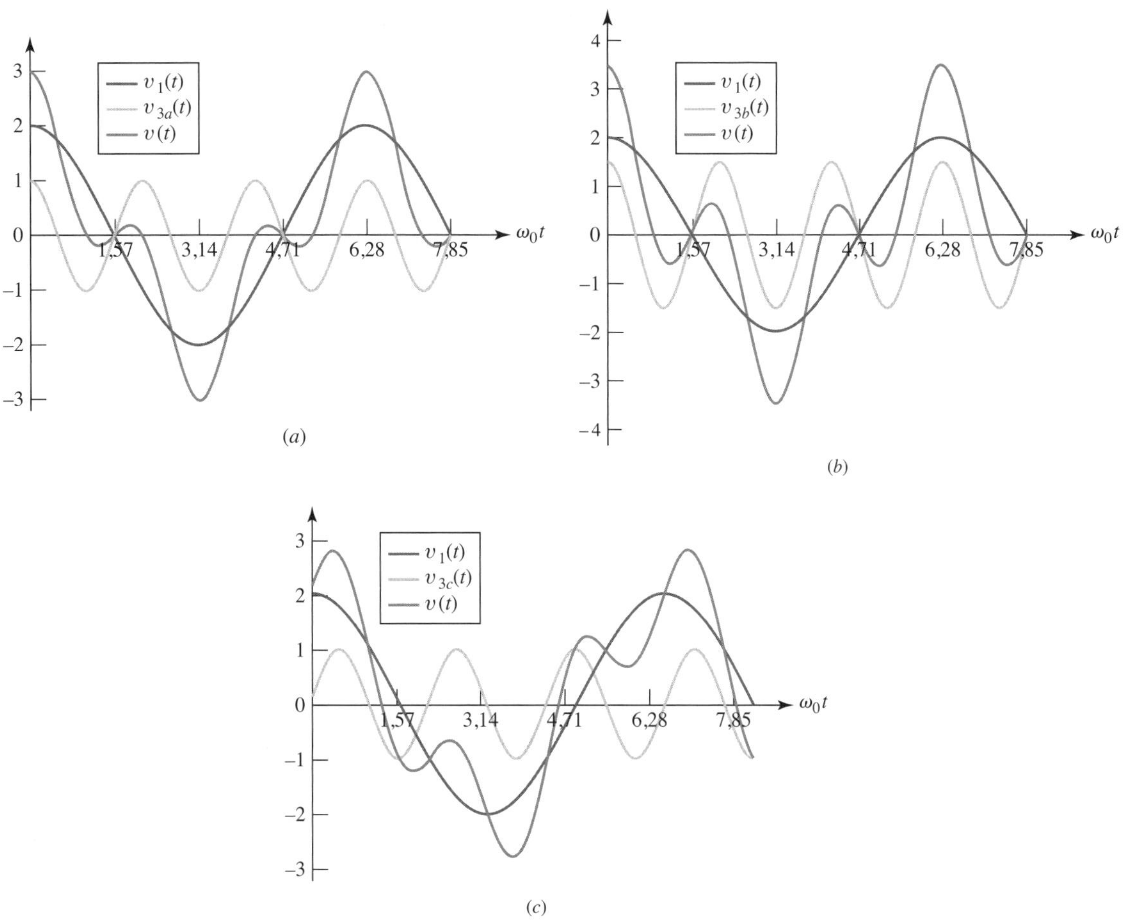

▲ **FIGURA 18.1** Várias dentre o infinito número de formas de onda diferentes que podem ser obtidas com a combinação de uma fundamental e de um terceiro harmônico. A fundamental é $v_1 = 2 \cos \omega_0 t$, e o terceiro harmônico é: (*a*) $v_{3a} = \cos 3\omega_0 t$; (*b*) $v_{3b} = 1{,}5 \cos \omega_0 t$; (*c*) $v_3c = \text{sen } 3\omega_0 t$.

▶ EXERCÍCIO DE FIXAÇÃO

18.1 Assuma agora a soma de uma tensão de terceiro harmônico à fundamental para se obter $v = 2 \cos \omega_0 t + V_{m3} \text{ sen } 3\omega_0 t$, a forma de onda mostrada na Figura 18.1*c* para $V_{m3} = 1$. (*a*) Determine o valor de V_{m3} de forma que $v(t)$ tenha inclinação nula em $\omega_0 t = 2\pi/3$. (*b*) Avalie $v(t)$ em $\omega_0 t = 2\pi/3$.

Resposta: 0,577; –1,000.

A Série de Fourier

Consideramos primeiro uma função *periódica* $f(t)$, definida na Seção 11.2 pela relação funcional

$$f(t) = f(t + T)$$

onde T é o período. Assumimos ainda que a função $f(t)$ satisfaça às seguintes propriedades:

Faremos com que $f(t)$ represente uma tensão ou uma corrente, e qualquer forma de onda de tensão ou corrente que possamos produzir na prática satisfaz a essas quatro condições; talvez deva ser notado, contudo, que existem certas funções matemáticas que não satisfazem a essas quatro condições.

1. $f(t)$ possui um único valor para cada t; isto é, $f(t)$ satisfaz à definição matemática de uma função.
2. A integral $\int_{t0}^{t0+T} |f(t)|\, dt$ existe (isto é, não é infinita) para qualquer escolha de t_0.
3. $f(t)$ tem um número finito de descontinuidades durante um período.
4. $f(t)$ tem um número finito de máximos e mínimos durante um período.

Dada tal função periódica $f(t)$, o teorema de Fourier diz que $f(t)$ pode ser representada pela série infinita:

$$\begin{aligned} f(t) &= a_0 + a_1 \cos \omega_0 t + a_2 \cos 2\omega_0 t + \cdots \\ &\quad + b_1 \operatorname{sen} \omega_0 t + b_2 \operatorname{sen} 2\omega_0 t + \cdots \\ &= a_0 + \sum_{n=1}^{\infty} (a_n \cos n\omega_0 t + b_n \operatorname{sen} n\omega_0 t) \end{aligned} \qquad [1]$$

onde a frequência fundamental ω_0 se relaciona com o período T por

$$\omega_0 = \frac{2\pi}{T}$$

e onde a_0, a_n e b_n são constantes que dependem de n e de $f(t)$. A Equação [1] é a forma trigonométrica da ***série de Fourier*** de $f(t)$, e o processo de determinação dos valores das constantes a_0, a_n e b_n é chamado de *análise de Fourier*. Nosso objetivo não é a prova desse teorema, mas simplesmente um desenvolvimento dos procedimentos da análise de Fourier e de um sentimento de que esse teorema é plausível.

Algumas Integrais Trigonométricas Úteis

Antes de discutir a avaliação das constantes que aparecem na série de Fourier, vamos formar um conjunto de integrais trigonométricas que nos sejam úteis. Façamos com que n e k representem qualquer elemento pertencente ao conjunto dos inteiros, 1, 2, 3, ... Nas integrais a seguir, 0 e T são usados como limites de integração, mas subentende-se que qualquer intervalo de um período seja igualmente correto.

$$\int_0^T \operatorname{sen} n\omega_0 t\, dt = 0 \qquad [2]$$

$$\int_0^T \cos n\omega_0 t\, dt = 0 \qquad [3]$$

$$\int_0^T \operatorname{sen} k\omega_0 t \cos n\omega_0 t\, dt = 0 \qquad [4]$$

$$\int_0^T \operatorname{sen} k\omega_0 t \operatorname{sen} n\omega_0 t\, dt = 0 \qquad (k \neq n) \qquad [5]$$

$$\int_0^T \cos k\omega_0 t \cos n\omega_0 t\, dt = 0 \qquad (k \neq n) \qquad [6]$$

Os casos que não se incluem naqueles mostrados nas Equações [5] e [6] também são facilmente avaliados; obtemos

$$\int_0^T \operatorname{sen}^2 n\omega_0 t \, dt = \frac{T}{2} \tag{7}$$

$$\int_0^T \cos^2 n\omega_0 t \, dt = \frac{T}{2} \tag{8}$$

Avaliação dos Coeficientes de Fourier

A avaliação das constantes desconhecidas presentes na série de Fourier pode agora ser feita diretamente. Primeiro atacamos a_0. Se integrarmos cada lado da Equação [1] ao longo de um período completo, obtemos

$$\int_0^T f(t)\, dt = \int_0^T a_0 \, dt + \int_0^T \sum_{n=1}^{\infty} (a_n \cos n\omega_0 t + b_n \operatorname{sen} n\omega_0 t)\, dt$$

Mas, em cada termo, a soma tem a forma da Equação [2] ou da Equação [3], e assim

$$\int_0^T f(t)\, dt = a_0 T$$

ou

$$a_0 = \frac{1}{T}\int_0^T f(t)\, dt \tag{9}$$

A constante a_0 é simplesmente o valor médio de $f(t)$ ao longo de um período, e portanto a descrevemos como sendo o componente cc de $f(t)$.

Para avaliar um dos coeficientes dos cossenos – digamos, a_k, o coeficiente de cos $k\omega_0 t$ – primeiro multiplicamos cada lado da Equação [1] por cos $k\omega_0 t$ e integramos ambos os lados ao longo de um período completo:

$$\int_0^T f(t) \cos k\omega_0 t \, dt = \int_0^T a_0 \cos k\omega_0 t \, dt + \int_0^T \sum_{n=1}^{\infty} a_n \cos k\omega_0 t \cos n\omega_0 t \, dt + \int_0^T \sum_{n=1}^{\infty} b_n \cos k\omega_0 t \operatorname{sen} n\omega_0 t \, dt$$

Das Equações [3], [4] e [6], notamos que cada termo no lado direito dessa equação é nulo, exceto o único termo a_n quando $k = n$. Avaliamos esse termo usando a Equação [8], e, ao fazer isso, obtemos a_k, ou a_n:

$$a_n = \frac{2}{T}\int_0^T f(t) \cos n\omega_0 t \, dt \tag{10}$$

Esse resultado é o *dobro* do valor médio do produto $f(t)$ cos $n\omega_0 t$ ao longo de um período.

De forma similar, obtemos b_k com a multiplicação por sen $k\omega_0 t$, integrando ao longo de um período e notando que todos os termos no lado direito são iguais a zero exceto um, e realizando essa única integral com a ajuda da Equação [7]. O resultado é

$$b_n = \frac{2}{T}\int_0^T f(t)\,\mathrm{sen}\,n\omega_0 t\,dt \qquad [11]$$

que é o *dobro* do valor médio de $f(t)$ sen $n\omega_0 t$ ao longo de um período.

As equações [9] a [11] nos permitem agora determinar valores para a_0 e todos os a_n e b_n presentes na série de Fourier, a Equação [1], conforme resumido a seguir:

$$f(t) = a_0 + \sum_{n=1}^{\infty}(a_n \cos n\omega_0 t + b_n\,\mathrm{sen}\,n\omega_0 t) \qquad [1]$$

$$\omega_0 = \frac{2\pi}{T} = 2\pi f_0$$

$$a_0 = \frac{1}{T}\int_0^T f(t)\,dt \qquad [9]$$

$$a_n = \frac{2}{T}\int_0^T f(t)\cos n\omega_0 t\,dt \qquad [10]$$

$$b_n = \frac{2}{T}\int_0^T f(t)\,\mathrm{sen}\,n\omega_0 t\,dt \qquad [11]$$

▶ EXEMPLO 18.1

A forma de onda da "meia senoide" mostrada na Figura 18.2 representa a resposta de tensão obtida na saída de um retificador de meia-onda, que é um circuito não linear cujo propósito é converter uma tensão de entrada senoidal em uma tensão de saída cc (pulsante). Obtenha a representação dessa forma de onda na série de Fourier.

▶ ***Identifique o objetivo do problema.***

Fomos apresentados a uma função periódica e devemos obter a sua representação na série de Fourier. Não fosse pela remoção de todos os valores negativos de tensão, o problema seria trivial, pois apenas *uma* senoide seria necessária.

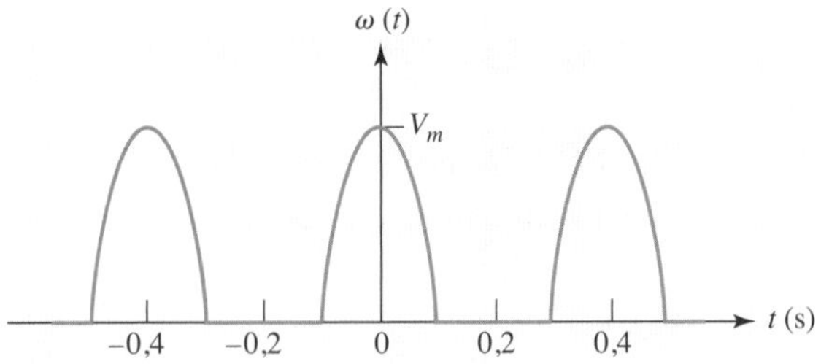

◀ **FIGURA 18.2** A saída de um retificador de meia onda no qual se aplica uma entrada senoidal.

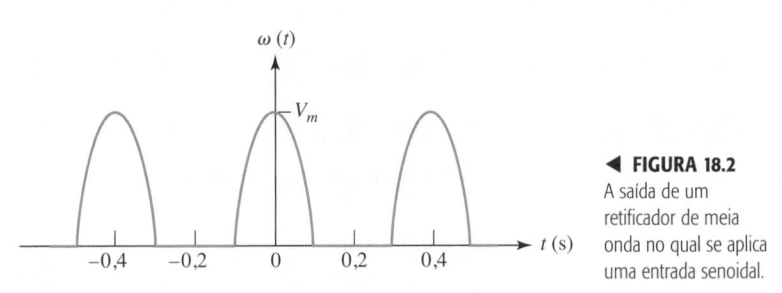

▶ ***Reúna as informações conhecidas.***

Para representar essa tensão como uma série de Fourier, devemos primeiro determinar o seu período e então expressar a sua forma gráfica como uma função analítica do tempo.

A partir do gráfico, vê-se que o período é

$$T = 0{,}4\ \text{s}$$

e com isso,

$$f_0 = 2{,}5\ \text{Hz}$$

e

$$\omega_0 = 5\pi\ \text{rad/s}$$

▶ ***Trace um plano.***

A abordagem mais direta é a aplicação das Equações [9] a [11] no cálculo dos coeficientes a_0, a_n e b_n. Para fazer isso, precisamos de uma expressão funcional para $v(t)$, que é obtida mais diretamente no intervalo de $t = 0$ a $t = 0{,}4$ s como:

$$v(t) = \begin{cases} V_m \cos 5\pi t & 0 \le t \le 0{,}1 \\ 0 & 0{,}1 \le t \le 0{,}3 \\ V_m \cos 5\pi t & 0{,}3 \le t \le 0{,}4 \end{cases}$$

Entretanto, a escolha de um período de $t = -0{,}1$ s a $t = 0{,}3$ s resulta em um menor número de equações e, portanto, em um menor número de integrais:

$$v(t) = \begin{cases} V_m \cos 5\pi t & -0{,}1 \le t \le 0{,}1 \\ 0 & 0{,}1 \le t \le 0{,}3 \end{cases} \qquad [12]$$

Essa forma é preferível, embora qualquer uma das descrições acima leve aos resultados corretos.

▶ ***Construa um conjunto apropriado de equações.***

Note que a integração ao longo de um período completo deve ser dividida em subintervalos do período, sendo a forma funcional de $v(t)$ conhecida em cada um desses subintervalos.

O componente de frequência zero é facilmente obtido:

$$a_0 = \frac{1}{0{,}4}\int_{-0{,}1}^{0{,}3} v(t)\,dt = \frac{1}{0{,}4}\left[\int_{-0{,}1}^{0{,}1} V_m \cos 5\pi t\,dt + \int_{0{,}1}^{0{,}3} 0\,dt\right]$$

A amplitude de um termo cosseno *geral* é

$$a_n = \frac{2}{0{,}4}\int_{-0{,}1}^{0{,}1} V_m \cos 5\pi t \cos 5\pi n t\,dt$$

e a amplitude de um termo seno *geral* é

$$b_n = \frac{2}{0{,}4}\int_{-0{,}1}^{0{,}1} V_m \cos 5\pi t \,\text{sen}\, 5\pi n t\,dt$$

que, na realidade, é sempre igual a zero, e portanto não será considerado adiante.

▶ ***Determine se informações adicionais são necessárias.***

A forma da função que obtemos a partir da integração com n igual a 1 é diferente se comparada com qualquer outra escolha de n. Se $n = 1$, temos

$$a_1 = 5V_m \int_{-0{,}1}^{0{,}1} \cos^2 5\pi t\,dt = \frac{V_m}{2} \qquad [13]$$

enquanto para n diferente de 1, obtemos

$$a_n = 5V_m \int_{-0{,}1}^{0{,}1} \cos 5\pi t \cos 5\pi n t\,dt$$

▶ ***Tente uma solução.***

Resolvendo, vemos que

$$a_0 = \frac{V_m}{\pi} \qquad [14]$$

$$a_n = 5V_m \int_{-0{,}1}^{0{,}1} \frac{1}{2}[\cos 5\pi(1+n)t + \cos 5\pi(1-n)t]\,dt$$

Deve-se levar em conta, aliás que a expressão para a_n quando $n \neq 1$ leva ao resultado correto para $n = 1$ no limite em que $n \to 1$.

ou

$$a_n = \frac{2V_m}{\pi}\frac{\cos(\pi n/2)}{1 - n^2} \qquad (n \neq 1) \qquad [15]$$

(Uma integração similar mostra que $b_n = 0$ para qualquer valor de n, e que, com isso, a série de Fourier não contém nenhum termo seno). A série de Fourier é portanto obtida a partir das Equações [1], [13], [14] e [15]:

$$v(t) = \frac{V_m}{\pi} + \frac{V_m}{2}\cos 5\pi t + \frac{2V_m}{3\pi}\cos 10\pi t - \frac{2V_m}{15\pi}\cos 20\pi t + \frac{2V_m}{35\pi}\cos 30\pi t - \cdots \qquad [16]$$

▶ ***Verifique a solução. Ela é razoável ou esperada?***

Nossa solução pode ser verificada com a atribuição de valores à Equação [16], truncando-se a expressão obtida após um número específico de termos. Uma outra abordagem, contudo, é desenhar a função mostrada na Figura 18.3 para n =1, 2 e 6.

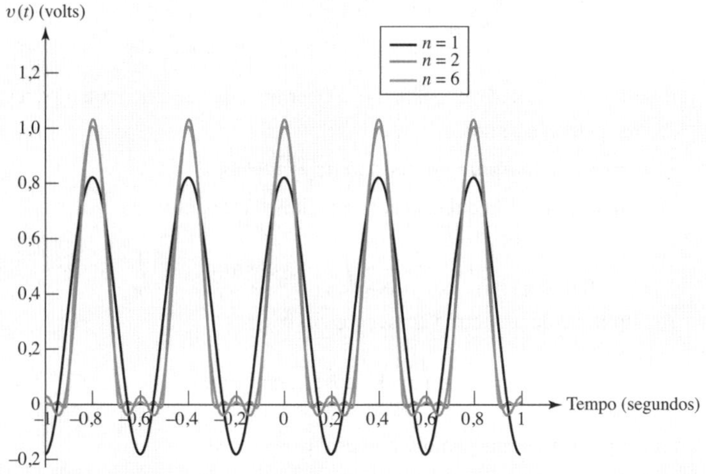

▶ **FIGURA 18.3** A Equação [16] truncada após $n = 1$ termo, $n = 2$ termos e $n = 6$ termos, mostrando a convergência para a meia senoide $v(t)$. O valor $V_m = 1$ foi escolhido por conveniência.

Como pode ser visto, quanto maior o número de termos incluídos, mais o gráfico se assemelha àquele da Figura 18.2.

▶ EXERCÍCIOS DE FIXAÇÃO

18.2 Uma forma de onda periódica $f(t)$ é descrita da seguinte maneira: $f(t) = -4$, $0 < t < 0{,}3$; $f(t) = 6$, $0{,}3 < t < 0{,}4$; $f(t) = 0$, $0{,}4 < t < 0{,}5$; $T = 0{,}5$. Avalie: (*a*) a_0; (*b*) a_3; (*c*) b_1.

18.3 Escreva a série de Fourier para as três formas de onda de tensão mostradas na Figura 18.4.

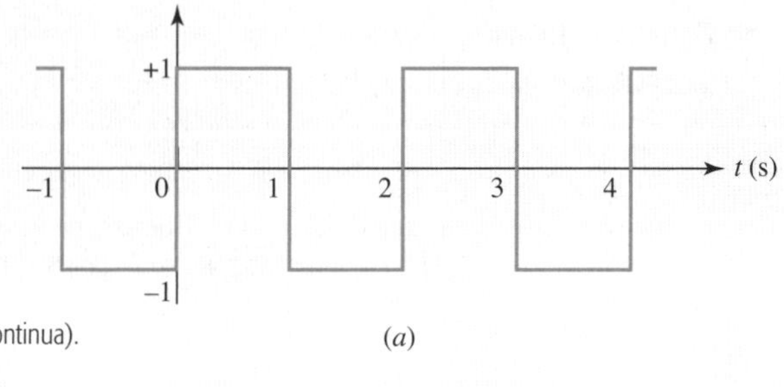

▲ **FIGURA 18.4** (continua). (*a*)

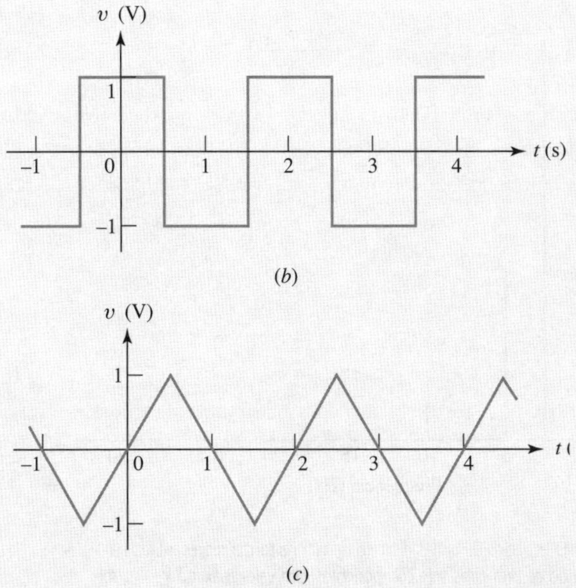

▲ **FIGURA 18.4** (continuação).

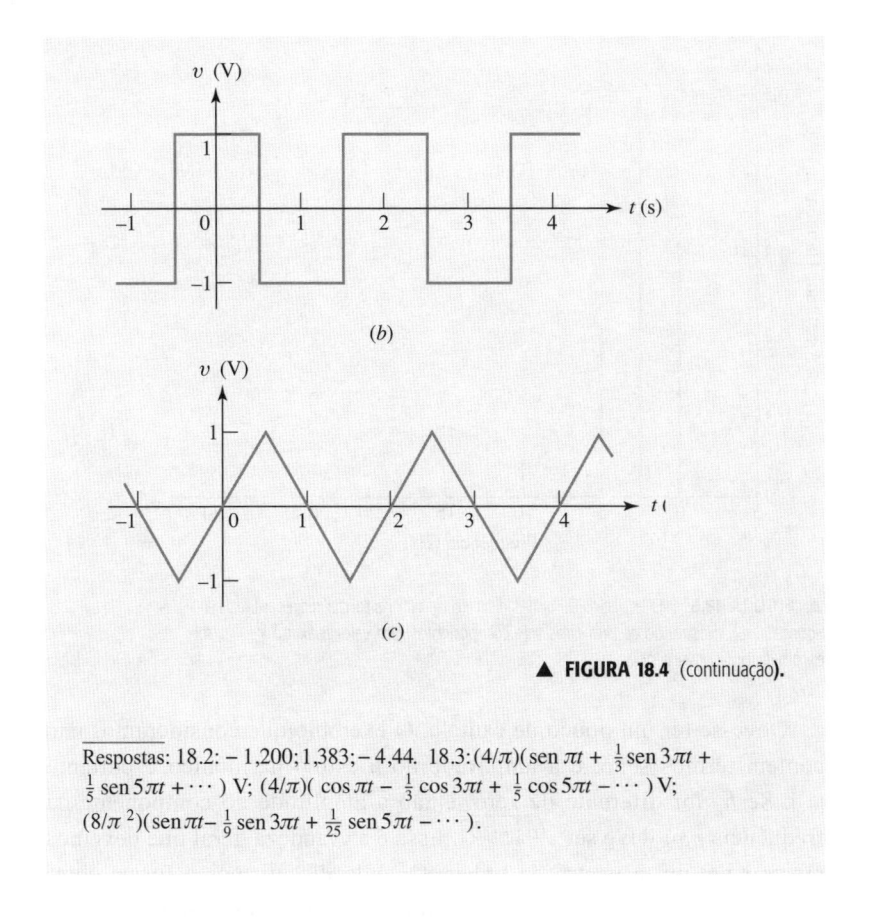

Respostas: 18.2: – 1,200; 1,383; – 4,44. 18.3: $(4/\pi)(\text{sen}\,\pi t + \frac{1}{3}\text{sen}\,3\pi t + \frac{1}{5}\text{sen}\,5\pi t + \cdots)$ V; $(4/\pi)(\cos\pi t - \frac{1}{3}\cos 3\pi t + \frac{1}{5}\cos 5\pi t - \cdots)$ V; $(8/\pi^2)(\text{sen}\,\pi t - \frac{1}{9}\text{sen}\,3\pi t + \frac{1}{25}\text{sen}\,5\pi t - \cdots)$.

Espectros de Linhas e de Fase

Descrevemos a função $v(t)$ do Exemplo 18.1 graficamente na Figura 18.2 e analiticamente na Equação [12] – ambas são representações no domínio do tempo. A representação de $v(t)$ em série de Fourier, da Equação [16], também é uma expressão no domínio do tempo, mas também pode ser transformada em uma representação no domínio da frequência. Por exemplo, a Figura 18.5 mostra a amplitude de cada componente de frequência de $v(t)$ em um tipo de gráfico conhecido como ***espectro de linhas***. Aqui, o módulo de cada componente de frequência (isto é, $|a_0|$, $|a_1|$, etc.) é indicado pelo comprimento de uma linha vertical na frequência correspondente (f_0, f_1, etc.); por conveniência, escolhemos $V_m = 1$. Se um valor diferente fosse atribuído a V_m, simplesmente faríamos uma mudança de escala no eixo y de acordo com o novo valor.

Tal gráfico, às vezes chamado de ***espectro discreto***, fornece imediatamente uma grande quantidade de informações. Em particular, podemos ver quantos termos da série são necessários para se obter uma aproximação razoável para a forma de onda original. No espectro de linhas da Figura 18.5, notamos que o 8º e o 10º harmônicos (20 e 25 Hz, respectivamente) acrescentam apenas uma pequena correção. O truncamento da série após o 6º harmônico deve levar portanto a uma aproximação razoável; o leitor pode fazer o seu próprio julgamento ao considerar a Figura 18.3.

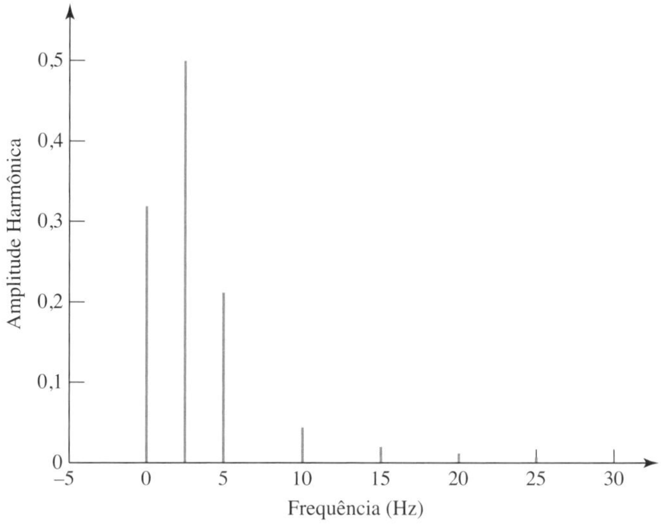

▲ **FIGURA 18.5** O espectro de linhas discreto de $v(t)$ na forma representada na Equação [16], mostrando os primeiros sete componentes. Um valor máximo $V_m = 1$ foi escolhido por conveniência.

Deve-se ter um pouco de cautela. O exemplo que consideramos não contém termos seno, e a amplitude do n-ésimo harmônico é portanto $|a_n|$. Se b_n for diferente de zero, então a amplitude do componente na frequência $n\omega_0$ deve ser $\sqrt{a_n^2 + b_n^2}$. Essa é a grandeza geral que devemos mostrar em um espectro de linhas. Quando discutirmos a forma complexa da série de Fourier, veremos que essa amplitude pode ser obtida mais diretamente.

Além do espectro de amplitudes, também podemos construir um ***espectro de fase***. Em qualquer frequência $n\omega_0$, combinamos os termos cosseno e seno para determinar o ângulo de fase ϕ_n:

$$a_n \cos n\omega_0 t + b_n \operatorname{sen} n\omega_0 t = \sqrt{a_n^2 + b_n^2} \cos\left(n\omega_0 t + \tan^{-1}\frac{-b_n}{a_n}\right)$$

$$= \sqrt{a_n^2 + b_n^2} \cos(n\omega_0 t + \phi_n)$$

ou

$$\phi_n = \tan^{-1}\frac{-b_n}{a_n}$$

Na Equação [16], $\phi_n = 0^\circ$ ou 180° para todo n.

A série de Fourier obtida para este exemplo não inclui termos seno e harmônicos ímpares entre os termos cosseno (exceto a fundamental). Pela simetria da função temporal fornecida, é possível prever a ausência de certos termos na série de Fourier antes mesmo de se fazer qualquer integração. Investigamos o uso da simetria na seção a seguir.

18.2 ▶ O USO DA SIMETRIA

Simetria Par e Ímpar

Os dois tipos de simetria que são mais facilmente reconhecidos são a *simetria de funções pares* e a *simetria de funções ímpares*. Dizemos que $f(t)$ possui a propriedade da simetria par se

$$f(t) = f(-t) \qquad [17]$$

Funções como t^2, cos $3t$, ln(cos t), sen^2 $7t$ e uma constante C possuem simetria par; a troca de t por $(-t)$ não muda o valor de nenhuma dessas funções. Esse tipo de simetria também pode ser identificado graficamente, pois, se $f(t) = f(-t)$, a função $f(t)$ é espelhada no eixo $f(t)$. A função mostrada na Figura 18.6*a* possui simetria par; se a figura for girada em torno do eixo $f(t)$, então as partes do gráfico referentes a tempos positivos e negativos se encaixam exatamente, ficando umas sobre as outras.

Definimos a simetria ímpar dizendo que se esta for uma propriedade de $f(t)$, então

$$f(t) = -f(-t) \qquad [18]$$

Em outras palavras, se t for trocado por $(-t)$, então o negativo da função fornecida é obtido; por exemplo, t, sen t, cos $70t$, $t\sqrt{1+t^2}$, e a função desenhada na Figura 18.6 são funções ímpares e possuem simetria ímpar. As características gráficas da simetria ímpar ficam claras se a porção de $f(t)$ em $t > 0$ for girada em torno do eixo t positivo e a figura resultante for então girada em torno do eixo $f(t)$; as duas curvas vão se encaixar exatamente, uma sobre a outra. Isto é, temos agora simetria em torno da origem, ao invés de em torno do eixo $f(t)$ como tínhamos para as funções pares.

De posse das definições das simetrias par e ímpar, devemos notar que o produto de duas funções com simetria par, ou de duas funções com simetria ímpar, leva a uma função com simetria par. Além disso, o produto de uma função par e uma função ímpar fornece uma função com simetria ímpar.

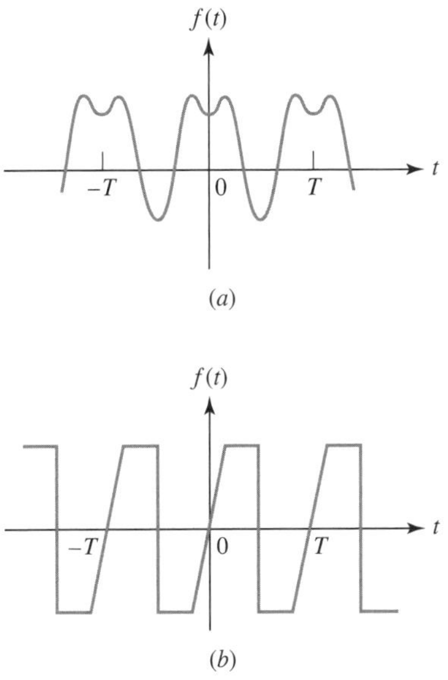

▲ **FIGURA 18.6** (*a*) Forma de onda apresentando simetria par. (*b*) Forma de onda apresentando simetria ímpar.

Simetria e a Série de Fourier

Vamos agora investigar o efeito produzido pela simetria na série de Fourier. Se pensarmos em uma expressão que iguala uma função par $f(t)$ à soma de um número infinito de funções seno e cosseno, então é claro que a soma também deve ser uma função par. Uma senoide, no entanto, é uma função ímpar, e *nenhuma soma de senoides pode produzir qualquer função par que não seja zero* (que é simultaneamente par e ímpar). É portanto plausível que a série de Fourier de qualquer função par seja composta por apenas uma constante e por funções cosseno. Vamos agora mostrar cuidadosamente que $b_n = 0$. Temos:

$$b_n = \frac{2}{T}\int_{-T/2}^{T/2} f(t)\,\text{sen}\,n\omega_0 t\,dt$$
$$= \frac{2}{T}\left[\int_{-T/2}^{0} f(t)\,\text{sen}\,n\omega_0 t\,dt + \int_{0}^{T/2} f(t)\,\text{sen}\,n\omega_0 t\,dt\right]$$

Substituímos a variável t na primeira integral por $-\tau$, ou $\tau = -t$, e usar o fato de que $f(t) = f(-t) = f(\tau)$:

$$b_n = \frac{2}{T}\left[\int_{T/2}^{0} f(-\tau)\,\text{sen}(-n\omega_0\tau)(-d\tau) + \int_{0}^{T/2} f(t)\,\text{sen}\,n\omega_0 t\,dt\right]$$
$$= \frac{2}{T}\left[-\int_{0}^{T/2} f(\tau)\,\text{sen}\,n\omega_0\tau\,d\tau + \int_{0}^{T/2} f(t)\,\text{sen}\,n\omega_0 t\,dt\right]$$

Mas o símbolo que usamos para identificar a variável de integração não pode afetar o valor da integral. Logo,

$$\int_{0}^{T/2} f(\tau)\,\text{sen}\,n\omega_0\tau\,d\tau = \int_{0}^{T/2} f(t)\,\text{sen}\,n\omega_0 t\,dt$$

e

$$b_n = 0 \quad \text{(sim. par)} \qquad [19]$$

Nenhum termo seno está presente. Portanto, se *f(t)* apresenta simetria par, então $b_n = 0$; por outro lado, se $b_n = 0$, então *f(t)* deve ter simetria par.

Um exame similar da expressão para a_n leva a uma integral ao longo do *meio período* que se estende de $t = 0$ a $t = \frac{1}{2}T$:

$$a_n = \frac{4}{T}\int_{0}^{T/2} f(t)\cos n\omega_0 t\,dt \qquad \text{(sim. par)} \qquad [20]$$

O fato de a_n poder ser obtido para uma função par calculando-se "o dobro da integral ao longo de metade do intervalo" deve parecer lógico.

Uma função com simetria ímpar não pode conter termo constante ou termos cosseno em sua expansão em Fourier. Vamos provar a segunda parte desse enunciado. Temos

$$a_n = \frac{2}{T}\int_{-T/2}^{T/2} f(t)\cos n\omega_0 t\,dt$$
$$= \frac{2}{T}\left[\int_{-T/2}^{0} f(t)\cos n\omega_0 t\,dt + \int_{0}^{T/2} f(t)\cos n\omega_0 t\,dt\right]$$

e agora fazemos $t = -\tau$ na primeira integral:

$$a_n = \frac{2}{T}\left[\int_{T/2}^{0} f(-\tau)\cos(-n\omega_0\tau)(-d\tau) + \int_{0}^{T/2} f(t)\cos n\omega_0 t\,dt\right]$$
$$= \frac{2}{T}\left[\int_{0}^{T/2} f(-\tau)\cos n\omega_0\tau\,d\tau + \int_{0}^{T/2} f(t)\cos n\omega_0 t\,dt\right]$$

Mas $f(-\tau) = -f(\tau)$, e, portanto,

$$a_n = 0 \quad \text{(sim. ímpar)} \qquad [21]$$

Uma prova mais simples, porém similar, mostra que

$$a_0 = 0 \quad \text{(sim. ímpar)}$$

Com simetria ímpar, portanto, $a_n = 0$ e $a_0 = 0$; por outro lado, se $a_n = 0$ e $a_0 = 0$, tem-se simetria ímpar.

Os valores de b_n podem ser obtidos com a integração na metade do intervalo:

$$b_n = \frac{4}{T}\int_0^{T/2} f(t)\,\text{sen}\,n\omega_0 t\,dt \qquad \text{(sim. ímpar)} \qquad [22]$$

Simetria de Meia Onda

As séries de Fourier de ambas as ondas quadradas citadas acima têm uma outra característica interessante: nenhuma delas contém *harmônicos pares*[1]. Isto é, os únicos componentes de frequência presentes na série têm frequências que são múltiplos ímpares da frequência fundamental; a_n e b_n são nulos para valores pares de n. Esse resultado é causado por outro tipo de simetria, chamada de *simetria de meia onda*. Dizemos que $f(t)$ possui simetria de meia onda se

$$f(t) = -\,f\left(t - \tfrac{1}{2}T\right)$$

ou, de forma equivalente,

$$f(t) = -\,f\left(t + \tfrac{1}{2}T\right)$$

Exceto por uma mudança de sinal, cada meio ciclo é igual aos meio ciclos adjacentes. A simetria de meia onda, diferentemente da simetria par e ímpar, não é uma função da escolha do ponto $t = 0$. Logo, podemos dizer que a onda quadrada (Figura 18.4*a* ou *b*) apresenta simetria de meia onda. Nenhuma das duas formas de onda mostradas na Figura 18.6 apresenta simetria de meia onda, ao contrário das duas formas de onda da Figura 18.7, que são um tanto similares àquelas.

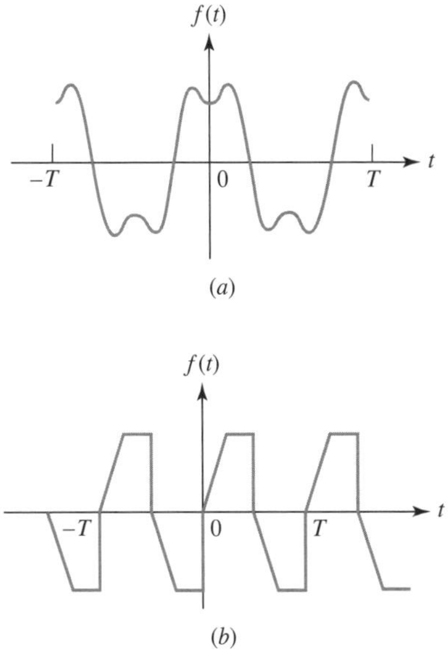

▲ **FIGURA 18.7** (*a*) Forma de onda um tanto similar àquela mostrada na Figura 18.6*a*, mas possuindo simetria de meia onda. (*b*) Forma de onda um tanto similar àquela mostrada na Figura 18.6*b*, mas possuindo simetria de meia onda.

Pode ser mostrado que a série de Fourier de qualquer função que possui simetria de meia onda possui apenas harmônicos ímpares. Consideremos os coeficientes a_n. Temos novamente

$$a_n = \frac{2}{T}\int_{-T/2}^{T/2} f(t)\cos n\omega_0 t\,dt$$

$$= \frac{2}{T}\left[\int_{-T/2}^{0} f(t)\cos n\omega_0 t\,dt + \int_0^{T/2} f(t)\cos n\omega_0 t\,dt\right]$$

que podemos representar como

$$a_n = \frac{2}{T}(I_1 + I_2)$$

Substituímos agora a nova variável $\tau = t + \frac{1}{2}T$ na integral I_1:

[1] É necessário ter vigilância constante para se evitar confusão entre uma função par e um harmônico par, ou entre uma função ímpar e um harmônico ímpar. Por exemplo, b_{10} é o coeficiente de um harmônico par, que é nulo se $f(t)$ for uma função par.

$$I_1 = \int_0^{T/2} f\left(\tau - \frac{1}{2}T\right) \cos n\omega_0 \left(\tau - \frac{1}{2}T\right) d\tau$$

$$= \int_0^{T/2} -f(\tau)\left(\cos n\omega_0\tau \cos\frac{n\omega_0 T}{2} + \operatorname{sen} n\omega_0\tau \operatorname{sen}\frac{n\omega_0 T}{2}\right) d\tau$$

Mas $\omega_0 T$ é igual a 2π, e assim

$$\operatorname{sen}\frac{n\omega_0 T}{2} = \operatorname{sen} n\pi = 0$$

Daí,

$$I_1 = -\cos n\pi \int_0^{T/2} f(\tau)\cos n\omega_0\tau\, d\tau$$

Após notar a forma de I_2, podemos portanto escrever

$$a_n = \frac{2}{T}(1 - \cos n\pi)\int_0^{T/2} f(t)\cos n\omega_0 t\, dt$$

O fator $(1 - \cos n\pi)$ indica que a_n é nulo se n é par. Logo,

$$a_n = \begin{cases} \dfrac{4}{T}\displaystyle\int_0^{T/2} f(t)\cos n\omega_0 t\, dt & n \text{ ímpar} \\ 0 & n \text{ par} \end{cases} \qquad \left(\text{sim. } \tfrac{1}{2} \text{ onda}\right) \qquad [23]$$

Uma investigação similar mostra que b_n é zero para n par, e portanto

$$b_n = \begin{cases} \dfrac{4}{T}\displaystyle\int_0^{T/2} f(t)\operatorname{sen} n\omega_0 t\, dt & n \text{ ímpar} \\ 0 & n \text{ par} \end{cases} \qquad \left(\text{sim. } \tfrac{1}{2} \text{ onda}\right) \qquad [24]$$

Deve-se notar que a simetria de meia onda pode estar presente em uma forma de onda que também apresente simetria ímpar ou par. A forma de onda esboçada na Figura 18.7*a*, por exemplo, possui tanto simetria par quanto simetria de meia onda. Quando uma forma de onda possui simetria de meia onda juntamente com simetria par ou ímpar, então é possível reconstruí-la apenas com o conhecimento da função ao longo de qualquer intervalo de quarto de onda. Os valores de a_n ou b_n podem ser obtidos com a integração em qualquer quarto de período. Assim,

$$\left.\begin{aligned} a_n &= \frac{8}{T}\int_0^{T/4} f(t)\cos n\omega_0 t\, dt && n \text{ ímpar} \\ a_n &= 0 && n \text{ par} \\ b_n &= 0 && \text{todo } n \end{aligned}\right\} \left(\text{sim. par e de } \tfrac{1}{2} \text{ onda}\right) \qquad [25]$$

É *sempre* válido perder um tempinho investigando a simetria de uma função para a qual a série de Fourier precisa ser determinada.

$$\left.\begin{aligned} a_n &= 0 && \text{todo } n \\ b_n &= \frac{8}{T}\int_0^{T/4} f(t)\operatorname{sen}\omega_0 t\, dt && n \text{ ímpar} \\ b_n &= 0 && n \text{ par} \end{aligned}\right\} \left(\text{sim. ímpar e de } \tfrac{1}{2} \text{ onda}\right) \qquad [26]$$

A Tabela 18.1 contém um breve resumo das simplificações decorrentes dos vários tipos de simetria discutidos.

TABELA 18.1 ▶ Resumo de Simplificações Feitas na Série de Fourier com Base em Simetria

Tipo de Simetria	Característica	Simplificação
Par	$f(t) = -f(t)$	$b_n = 0$
Ímpar	$f(t) = -f(-t)$	$a_n = 0$
Meia Onda	$f(t) = -f\left(t - \frac{T}{2}\right)$ ou $f(t) = -f\left(t + \frac{T}{2}\right)$	$a_n = \begin{cases} \frac{4}{T}\int_0^{T/2} f(t)\cos n\omega_0 t\, dt & n \text{ ímpar} \\ 0 & n \text{ par} \end{cases}$ $b_n = \begin{cases} \frac{4}{T}\int_0^{T/2} f(t)\,\text{sen}\, n\omega_0 t\, dt & n \text{ ímpar} \\ 0 & n \text{ par} \end{cases}$
Meia Onda e Par	$f(t) = -f\left(t - \frac{T}{2}\right)$ e $f(t) = -f(t)$ ou $f(t) = -f\left(t + \frac{T}{2}\right)$ e $f(t) = -f(t)$	$a_n = \begin{cases} \frac{8}{T}\int_0^{T/4} f(t_1)\cos n\omega_0 t\, dt & n \text{ ímpar} \\ 0 & n \text{ par} \end{cases}$ $b_n = 0$ todo n
Meia Onda e Ímpar	$f(t) = -f\left(t - \frac{T}{2}\right)$ e $f(t) = -f(-t)$ ou $f(t) = -f\left(t + \frac{T}{2}\right)$ e $f(t) = -f(-t)$	$a_n = 0$ todo n $b_n = \begin{cases} \frac{8}{T}\int_0^{T/4} f(t)\,\text{sen}\, n\omega_0 t\, dt & n \text{ ímpar} \\ 0 & n \text{ par} \end{cases}$

▶ EXERCÍCIOS DE FIXAÇÃO

18.4 Esboce cada uma das funções descritas, diga se há simetria par, ímpar e de meia onda, e forneça o período: (*a*) $v = 0$, $-2 < t < 0$ e $2 < t < 4$; $v = 5$, $0 < t < 2$; $v = -5$, $4 < t < 6$; repete: (*b*) $v = 10$, $1 < t < 3$; $v = 0$, $3 < t < 7$; $v = -10$, $7 < t < 9$; repete; (*c*) $v = 8t$, $-1 < t < 1$; $v = 0$, $1 < t < 3$; repete.

18.5 Determine a série de Fourier correspondente às formas de onda do Exercício de Fixação 18.4*a* e *b*.

Respostas: 18.4: Não, não, sim, 8; não, não, não, 8; não, sim, não, 4.

18.5: $\sum_{n=1(\text{ímpar})}^{\infty} \frac{10}{n\pi}\left(\text{sen}\frac{n\pi}{2}\cos\frac{n\pi}{4} + \text{sen}\frac{n\pi}{4}\right)$;

$\sum_{n=1}^{\infty} \frac{10}{n\pi}\left[\left(\text{sen}\frac{3n\pi}{4} - 3\,\text{sen}\frac{n\pi}{4}\right)\cos\frac{n\pi}{4} + \left(\cos\frac{n\pi}{4} - \cos\frac{3n\pi}{4}\right)\text{sen}\frac{n\pi}{4}\right]$.

18.3 ▶ RESPOSTA COMPLETA A FUNÇÕES FORÇANTES PERIÓDICAS

Com o uso da série de Fourier, podemos agora expressar uma função forçante periódica arbitrária como a soma de um número infinito de funções forçantes senoidais. A resposta forçada à cada uma dessas funções pode ser determinada por meio da análise convencional em regime permanente, e a forma da resposta natural pode ser determinada a partir dos polos de uma função de transferência apropriada para a rede. As condições iniciais existindo ao longo da rede, incluindo o valor inicial da resposta forçada, permitem a seleção da amplitude da resposta natural; a resposta completa é então obtida como a soma das respostas natural e forçada.

▶ EXEMPLO 18.2

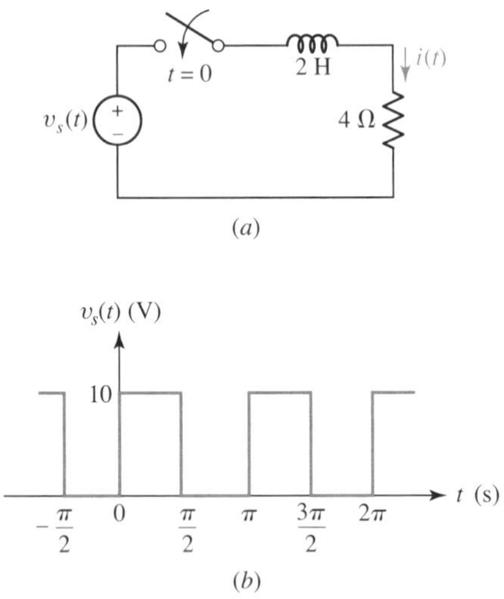

▲ **FIGURA 18.8** *(a)* Um circuito *RL* série simples é submetido a uma função forçante periódica $v_s(t)$. *(b)* A forma da função forçante.

Lembre que V_m sen ωt é igual a Vm cos(ωt − 90º), correspondendo a $V_m\underline{/-90^\circ} = -jV_m$.

Para o circuito da Figura 18.8*a*, determine a resposta periódica *i*(*t*) correspondente à função forçante mostrada na Figura 18.8*b* se *i*(0) = 0.

A função forçante tem uma frequência fundamental $\omega_0 = 2$ rad/s, e a sua série de Fourier pode ser escrita a partir da comparação com a série de Fourier desenvolvida para a forma de onda da Figura 18.4*b* na solução do Exercício de Fixação 18.3,

$$v_s(t) = 5 + \frac{20}{\pi} \sum_{n=1(\text{ímpar})}^{\infty} \frac{\text{sen}\, 2nt}{n}$$

Vamos determinar, trabalhando no domínio da frequência, a resposta forçada para o *n*-ésimo harmônico. Logo,

$$v_{sn}(t) = \frac{20}{n\pi} \text{sen}\, 2nt$$

e

$$\mathbf{V}_{sn} = \frac{20}{n\pi}\underline{/-90^\circ} = -j\frac{20}{n\pi}$$

A impedância oferecida pelo circuito *RL* nesta frequência é

$$\mathbf{Z}_n = 4 + j\,(2n)2 = 4 + j4n$$

e portanto a componente da resposta forçada nesta frequência é

$$\mathbf{I}_{fn} = \frac{\mathbf{V}_{sn}}{\mathbf{Z}_n} = \frac{-j5}{n\pi(1 + jn)}$$

Transformando para o domínio do tempo, temos

$$i_{fn} = \frac{5}{n\pi} \frac{1}{\sqrt{1 + n^2}} \cos(2nt - 90^\circ - \tan^{-1} n)$$
$$= \frac{5}{\pi(1 + n^2)} \left(\frac{\text{sen}\, 2nt}{n} - \cos 2nt \right)$$

Como a resposta ao componente cc é simplesmente 5 V/ 4 Ω = 1,25 A, a resposta forçada pode ser expressa como a soma

$$i_f(t) = 1{,}25 + \frac{5}{\pi} \sum_{n=1(\text{ímpar})}^{\infty} \left[\frac{\text{sen}\, 2nt}{n(1 + n^2)} - \frac{\cos 2nt}{1 + n^2} \right]$$

A resposta natural familiar desse circuito simples é um único termo exponencial [caracterizando o polo único da função de transferência, $\mathbf{I}_f/\mathbf{V}_s = 1/(4 + 2\mathbf{s})$]

$$i_n(t) = Ae^{-2t}$$

A resposta *completa* é portanto a soma

$$i(t) = i_f(t) + i_n(t)$$

Fazendo $t = 0$, obtemos A usando $i(0) = 0$:

$$A = -\ 1{,}25 + \frac{5}{\pi} \sum_{n=1(\text{ímpar})}^{\infty} \frac{1}{1 + n^2}$$

Embora esse resultado esteja correto, é mais conveniente usar o valor numérico da soma. A soma dos cinco primeiros termos de $\Sigma\ 1/(1 + n^2)$ é 0,671, a soma dos dez primeiros termos é 0,695, a soma dos vinte primeiros termos é 0,708 e a soma exata é 0,720 com três algarismos significativos. Logo

$$A = -\ 1{,}25 + \frac{5}{\pi}(0{,}720) = -\ 0{,}104$$

e

$$i(t) = -\ 0{,}104e^{-2t} + 1{,}25 + \frac{5}{\pi} \sum_{n=1(\text{ímpar})}^{\infty} \left[\frac{\operatorname{sen} 2nt}{n(1 + n^2)} - \frac{\cos 2nt}{1 + n^2}\right] \quad \text{ampéres}$$

Na obtenção dessa solução, tivemos que usar muitos dos conceitos mais gerais apresentados neste capítulo e nos 17 capítulos anteriores. Não foi necessário usar alguns desses conceitos graças à natureza simples desse circuito particular, mas seus lugares na análise geral foram indicados. Neste sentido, podemos olhar para a solução deste problema como uma conquista significativa em nosso estudo introdutório sobre a análise de circuitos. A despeito dessa sensação gloriosa de conquista, no entanto, deve ser dito que a resposta completa, obtida no Exemplo 18.2 em forma analítica, não é de muito valor do jeito que está; ela não fornece uma visão clara da natureza da resposta. O que realmente precisamos é de um esboço de $i(t)$ em função do tempo. Isso pode ser obtido por meio de um cálculo trabalhoso em um número suficiente de instantes de tempo; um computador pessoal ou uma calculadora programável podem ser muito úteis aqui. O esboço pode ser aproximado pela soma gráfica da resposta natural, do termo cc e dos primeiros harmônicos; essa é uma tarefa que árdua.

Após dizer e fazer tudo isso, a solução mais informativa deste problema é provavelmente obtida com a realização de uma análise transitória repetida. Isto é, a forma da resposta pode ser certamente calculada no intervalo de $t = 0$ a $t = \pi/2$; ela é uma exponencial crescente em direção a 2,5 A. Após determinar o valor no final deste intervalo, temos uma condição inicial para o próximo intervalo de $\pi/2$ segundos. O processo é repetido até a resposta assumir uma natureza geralmente periódica. Esse método é eminentemente adequado para este exemplo, pois há uma mudança desprezível na forma de onda da corrente nos períodos sucessivos $\pi/2 < t < 3\pi/2$ e $3\pi/2 < t < 5\pi/2$. A resposta completa da corrente é mostrada na Figura 18.9.

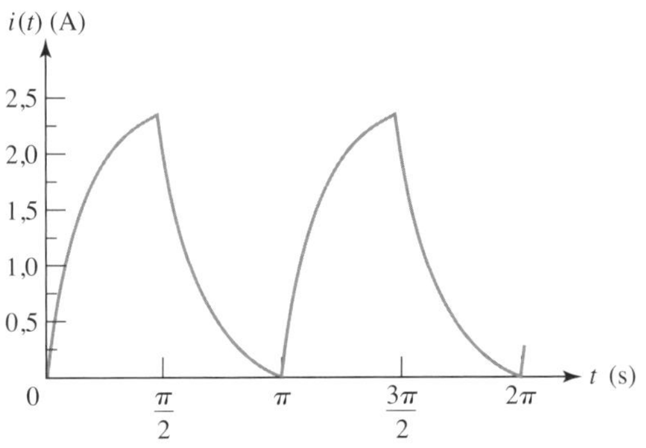

▲ **FIGURA 18.9** A porção inicial da resposta completa do circuito da Figura 18.8*a* à função forçante da Figura 18.8*b*.

▶ EXERCÍCIO DE FIXAÇÃO

18.6 Use os métodos do Capítulo 8 para determinar o valor da corrente esboçada na Figura 18.9 em t igual a (*a*) $\pi/2$; (*b*) π; (*c*) $3\pi/2$.

Resposta: 2,392 A; 0,1034 A; 2,396 A.

18.4 ▶ FORMA COMPLEXA DA SÉRIE DE FOURIER

Ao obter um espectro de frequências, vimos que a amplitude de cada componente depende tanto de a_n quanto de b_n; isto é, os termos seno e cosseno contribuem conjuntamente para a amplitude. A expressão exata para essa amplitude é $\sqrt{a_n^2 + b_n^2}$. Também é possível obter a amplitude usando diretamente uma forma da série de Fourier em que cada termo é uma função cosseno com um ângulo de fase; a amplitude e o ângulo de fase são funções de $f(t)$ e n. Uma forma ainda mais conveniente e concisa da série de Fourier é obtida se senos e cossenos são expressos como funções exponenciais com constantes multiplicativas complexas.

Vamos primeiro pegar a forma trigonométrica da série de Fourier:

$$f(t) = a_0 + \sum_{n=1}^{\infty}(a_n \cos n\omega_0 t + b_n \operatorname{sen} n\omega_0 t)$$

O leitor deve se lembrar das identidades

$$\operatorname{sen}\alpha = \frac{e^{j\alpha} - e^{-j\alpha}}{j2}$$

e

$$\cos\alpha = \frac{e^{j\alpha} + e^{-j\alpha}}{2}$$

e então substituir as formas exponenciais do seno e do cosseno. Após rearranjar,

$$f(t) = a_0 + \sum_{n=1}^{\infty}\left(e^{jn\omega_0 t}\frac{a_n - jb_n}{2} + e^{-jn\omega_0 t}\frac{a_n + jb_n}{2}\right)$$

Identificamos agora uma constante complexa $\mathbf{c}_n$:

$$\mathbf{c}_n = \tfrac{1}{2}(a_n - jb_n) \qquad (n = 1, 2, 3, \ldots) \qquad [27]$$

Os valores de a_n, b_n e $\mathbf{c}_n$ dependem de n e $f(t)$. Suponha que agora troquemos n por $(-n)$; como os valores das constantes mudam? Os coeficientes a_n e b_n são definidos pelas Equações [10] e [11], e é evidente que

$$a_{-n} = a_n$$

mas

$$b_{-n} = -b_n$$

Da Equação [27], então,

$$\mathbf{c}_{-n} = \tfrac{1}{2}(a_n + jb_n) \qquad (n = 1, 2, 3, \ldots) \qquad [28]$$

Logo,

$$\mathbf{c}_n = \mathbf{c}^*_{-n}$$

Também fazemos

$$\mathbf{c}_0 = a_0$$

Podemos portanto expressar $f(t)$ como

$$f(t) = \mathbf{c}_0 + \sum_{n=1}^{\infty} \mathbf{c}_n e^{jn\omega_0 t} + \sum_{n=1}^{\infty} \mathbf{c}_{-n} e^{-jn\omega_0 t}$$

ou

$$f(t) = \sum_{n=0}^{\infty} \mathbf{c}_n e^{jn\omega_0 t} + \sum_{n=1}^{\infty} \mathbf{c}_{-n} e^{-jn\omega_0 t}$$

Finalmente, ao invés de somar a segunda série ao longo dos inteiros positivos de 1 a ∞, vamos somar os inteiros negativos de -1 a $-\infty$:

$$f(t) = \sum_{n=0}^{\infty} \mathbf{c}_n e^{jn\omega_0 t} + \sum_{n=-1}^{-\infty} \mathbf{c}_n e^{jn\omega_0 t}$$

ou

$$\boxed{f(t) = \sum_{n=-\infty}^{\infty} \mathbf{c}_n e^{jn\omega_0 t}} \qquad [29]$$

Subentende-se que a soma de $-\infty$ a ∞ inclui o termo $n = 0$.

A Equação [29] é a *forma complexa* da série de Fourier de $f(t)$; a sua concisão é uma das razões mais importantes para seu uso. Para obter a expressão que permite a avaliação de um coeficiente complexo $\mathbf{c}_n$ particular, substituímos as Equações [10] e [11] na Equação [27]:

$$\mathbf{c}_n = \frac{1}{T}\int_{-T/2}^{T/2} f(t)\cos n\omega_0 t\, dt - j\frac{1}{T}\int_{-T/2}^{T/2} f(t)\,\text{sen}\, n\omega_0 t\, dt$$

e então usamos os equivalentes exponenciais do seno e do cosseno para simplificar:

$$\boxed{\mathbf{c}_n = \frac{1}{T}\int_{-T/2}^{T/2} f(t) e^{-jn\omega_0 t}\, dt} \qquad [30]$$

Logo, uma única e concisa equação substitui as duas equações necessárias para a forma trigonométrica da série de Fourier. Ao invés de avaliar duas integrais e obter os coeficientes de Fourier, apenas uma integral é necessária; além disso, esta é quase sempre uma integral simples. Deve ser notado que a integral da Equação [30] contém o fator multiplicador $1/T$, enquanto as integrais para a_n e b_n possuem o fator $2/T$.

Reunindo as duas relações básicas para a forma exponencial da série de Fourier, temos

$$f(t) = \sum_{n=-\infty}^{\infty} \mathbf{c}_n e^{jn\omega_0 t} \qquad [29]$$

$$\mathbf{c}_n = \frac{1}{T}\int_{-T/2}^{T/2} f(t)e^{-jn\omega_0 t}\,dt \qquad [30]$$

onde $\omega_0 = 2\pi / T$, como usual.

A amplitude do componente da série exponencial de Fourier em $\omega = n\omega_0$, onde $n = 0, \pm1, \pm2, \ldots$, é $|\mathbf{c}_n|$. Podemos desenhar um espectro de frequências discreto com $|\mathbf{c}_n|$ *versus* $n\omega_0$ ou nf_0 usando uma abscissa que mostra tanto valores positivos quanto negativos; quando fazemos isso, o gráfico se mostra simétrico em relação à origem, já que as Equações [27] e [28] mostram que $|\mathbf{c}_n| = |\mathbf{c}_{-n}|$.

Também notamos a partir das Equações [29] e [30] que a amplitude da componente senoidal em $\omega = n\omega_0$, onde $n = 1, 2, 3, \ldots$, é $\sqrt{a_n^2 + b_n^2} = 2|\mathbf{c}_n| = 2|\mathbf{c}_{-n}| = |\mathbf{c}_n| + |\mathbf{c}_{-n}|$. Para a componente cc, $a_0 = \mathbf{c}_0$.

Os coeficientes da série exponencial de Fourier, dados pela Equação [30], também são afetados pela presença de certas simetrias em $f(t)$. Logo, expressões apropriadas para $\mathbf{c}_n$ são

$$\mathbf{c}_n = \frac{2}{T}\int_0^{T/2} f(t)\cos n\omega_0 t\,dt \qquad \text{(sim. par)} \qquad [31]$$

$$\mathbf{c}_n = \frac{-j2}{T}\int_0^{T/2} f(t)\,\text{sen}\, n\omega_0 t\,dt \qquad \text{(sim. ímpar)} \qquad [32]$$

$$\mathbf{c}_n = \begin{cases} \dfrac{2}{T}\displaystyle\int_0^{T/2} f(t)e^{-jn\omega_0 t}\,dt & \left(n \text{ ímpar, sim. } \tfrac{1}{2} \text{ onda}\right) \quad [33a] \\ 0 & \left(n \text{ par, sim. } \tfrac{1}{2} \text{ onda}\right) \quad [33b] \end{cases}$$

$$\mathbf{c}_n = \begin{cases} \dfrac{4}{T}\displaystyle\int_0^{T/4} f(t)\cos n\omega_0 t\,dt & \left(n \text{ ímpar, sim. par e de } \tfrac{1}{2} \text{ onda}\right) \quad [34a] \\ 0 & \left(n \text{ par, sim. par e de } \tfrac{1}{2} \text{ onda}\right) \quad [34b] \end{cases}$$

$$\mathbf{c}_n = \begin{cases} \dfrac{-j4}{T}\displaystyle\int_0^{T/4} f(t)\,\text{sen}\, n\omega_0 t\,dt & \left(n \text{ ímpar, sim. ímpar e de } \tfrac{1}{2} \text{ onda}\right) \quad [35a] \\ 0 & \left(n \text{ par, sim. ímpar e de } \tfrac{1}{2} \text{ onda}\right) \quad [35b] \end{cases}$$

▶ EXEMPLO 18.3

Determine $\mathbf{c}_n$ para a onda quadrada da Figura 18.10.

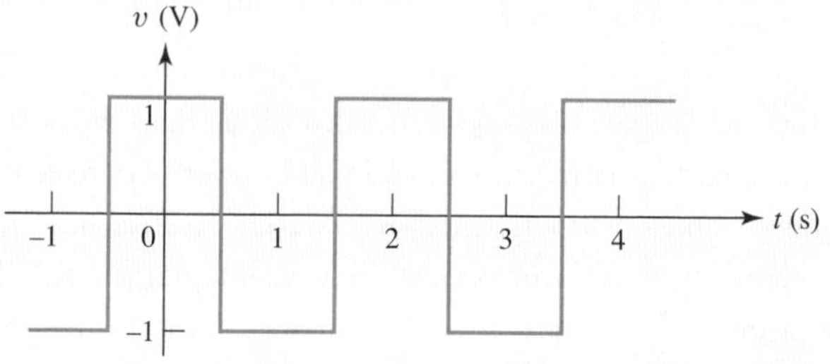

▶ **FIGURA 18.10** Função de onda quadrada possuindo simetrias par e de meia onda.

Essa onda quadrada possui simetrias par e de meia onda. Se ignorarmos a simetria e usarmos a equação geral [30], com $T = 2$ e $\omega_0 = 2\pi/2 = \pi$, temos

$$\begin{aligned}
\mathbf{c}_n &= \frac{1}{T}\int_{-T/2}^{T/2} f(t)e^{-jn\omega_0 t}\,dt \\
&= \frac{1}{2}\left[\int_{-1}^{-0,5} -e^{-jn\pi t}\,dt + \int_{-0,5}^{0,5} e^{-jn\pi t}\,dt - \int_{0,5}^{1} e^{-jn\pi t}\,dt\right] \\
&= \frac{1}{2}\left[\frac{-1}{-jn\pi}(e^{-jn\pi t})\Big|_{-1}^{-0,5} + \frac{1}{-jn\pi}(e^{-jn\pi t})\Big|_{-0,5}^{0,5} + \frac{-1}{-jn\pi}(e^{-jn\pi t})\Big|_{0,5}^{1}\right] \\
&= \frac{1}{j2n\pi}(e^{jn\pi/2} - e^{jn\pi} - e^{-jn\pi/2} + e^{jn\pi/2} + e^{-jn\pi} - e^{-jn\pi/2}) \\
&= 2\,\frac{e^{jn\pi/2} - e^{-jn\pi/2}}{j2n\pi} - \frac{e^{jn\pi} - e^{-jn\pi}}{j2n\pi} \\
&= \frac{1}{n\pi}\left[2\,\mathrm{sen}\frac{n\pi}{2} - \mathrm{sen}\,n\pi\right]
\end{aligned}$$

Obtemos portanto $\mathbf{c}_0 = 0$, $\mathbf{c}_1 = 2/\pi$, $\mathbf{c}_2 = 0$, $\mathbf{c}_3 = -2/3\pi$, $\mathbf{c}_4 = 0$, $\mathbf{c}_5 = 2/5\pi$ e daí em diante. Esses valores concordam com a série trigonométrica de Fourier dada como resposta para o Exercício de Fixação 18.3 para a mesma forma de onda mostrada na Figura 18.4*b*, se lembrarmos que $a_n = 2\mathbf{c}_n$ quando $b_n = 0$.

Utilizando a simetria da forma de onda (par e de meia onda), há menos trabalho quando aplicamos as Equações [34*a*] e [34*b*], levando a

$$\begin{aligned}
\mathbf{c}_n &= \frac{4}{T}\int_0^{T/4} f(t)\cos n\omega_0 t\,dt \\
&= \frac{4}{2}\int_0^{0,5}\cos n\pi t\,dt = \frac{2}{n\pi}(\mathrm{sen}\,n\pi t)\Big|_0^{0,5} \\
&= \begin{cases} \dfrac{2}{n\pi}\,\mathrm{sen}\dfrac{n\pi}{2} & (n \text{ ímpar}) \\ 0 & (n \text{ par}) \end{cases}
\end{aligned}$$

Esses resultados são os mesmos que acabamos de obter sem que levássemos em consideração a simetria da forma de onda.

▶ EXEMPLO 18.4

Uma certa função $f(t)$ é um trem de pulsos retangulares com amplitude V_0 e duração τ ocorrendo periodicamente a cada T segundos, como mostrado na Figura 18.11. Obtenha a série exponencial de Fourier para $f(t)$.

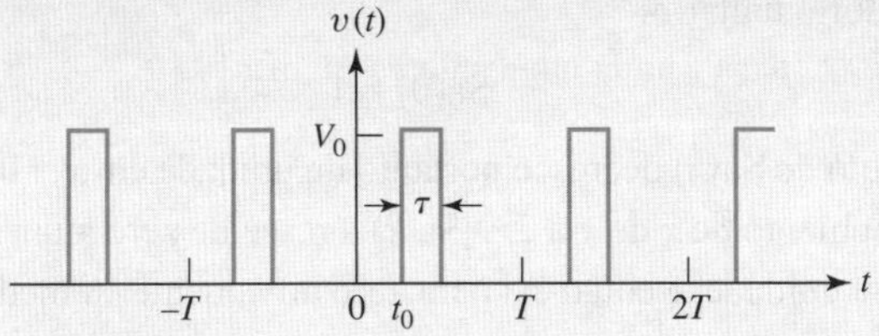

▲ **FIGURA 18.11** Uma sequência periódica de pulsos retangulares.

A frequência fundamental é $f_0 = 1/T$. Nenhuma simetria está presente, e o valor de um coeficiente complexo geral é obtido a partir da Equação [30]:

$$\begin{aligned}
\mathbf{c}_n &= \frac{1}{T}\int_{-T/2}^{T/2} f(t)e^{-jn\omega_0 t}\,dt = \frac{V_0}{T}\int_{t_0}^{t_0+\tau} e^{-jn\omega_0 t}\,dt \\
&= \frac{V_0}{-jn\omega_0 T}\left(e^{-jn\omega_0(t_0+\tau)} - e^{-jn\omega_0 t_0}\right) \\
&= \frac{2V_0}{n\omega_0 T}e^{-jn\omega_0(t_0+\tau/2)}\,\text{sen}\left(\frac{1}{2}n\omega_0\tau\right) \\
&= \frac{V_0\tau}{T}\,\frac{\text{sen}\left(\frac{1}{2}n\omega_0\tau\right)}{\frac{1}{2}n\omega_0\tau}e^{-jn\omega_0(t_0+\tau/2)}
\end{aligned}$$

O módulo de $\mathbf{c}_n$ é portanto

$$|\mathbf{c}_n| = \frac{V_0\tau}{T}\left|\frac{\text{sen}\left(\frac{1}{2}n\omega_0\tau\right)}{\frac{1}{2}n\omega_0\tau}\right| \qquad [36]$$

e o ângulo de $\mathbf{c}_n$ é

$$\text{âng}\,\mathbf{c}_n = -\,n\omega_0\left(t_0 + \frac{\tau}{2}\right) \quad \text{(possivelmente mais 180°)} \qquad [37]$$

As Equações [36] e [37] representam a nossa solução para este problema envolvendo a série exponencial de Fourier.

A Função de Amostragem

O fator trigonométrico da Equação [36] aparece frequentemente na teoria moderna das comunicações, e é chamado de ***função de amostragem***. O termo "amostragem" se refere à função temporal da Figura 18.11, da qual se deduz a função de amostragem. O produto dessa sequência de pulsos e qualquer outra função $f(t)$ representa *amostras* de $f(t)$ a cada T segundos se τ é pequeno e $V_0 = 1$. Definimos

$$\text{Sa}(x) = \frac{\text{sen}\,x}{x}$$

Dada a sua grande ajuda na determinação da amplitude dos vários componentes de frequência de $f(t)$, vale a pena desvendar as características importantes dessa função. Primeiro, notamos que $\text{Sa}(x)$ é igual a zero para todo o múltiplo inteiro de π, isto é,

$$\text{Sa}(n\pi) = 0 \qquad n = 1, 2, 3, \ldots$$

Quando x se anula, a função se torna indeterminada, mas é fácil mostrar que seu valor é unitário:

$$\text{Sa}(0) = 1$$

O módulo de $\text{Sa}(x)$ decresce portanto da unidade em $x = 0$ a zero em $x = \pi$. Com o aumento de x de π a 2π, $|\text{Sa}(x)|$ cresce de zero a um valor máximo menor que a unidade, e então cai para zero novamente. À medida que x continua a crescer, os máximos sucessivos se tornam continuamente menores porque o numerador de $\text{Sa}(x)$ não pode exceder a unidade e o denominador cresce continuamente. Além disso, $\text{Sa}(x)$ apresenta simetria par.

Vamos agora construir o espectro de linhas. Consideramos primeiro $|\mathbf{c}_n|$, escrevendo a Equação [36] em termos da frequência cíclica fundamental f_0:

$$|\mathbf{c}_n| = \frac{V_0\tau}{T}\left|\frac{\text{sen}(n\pi f_0\tau)}{n\pi f_0\tau}\right| \qquad [38]$$

A amplitude de qualquer $\mathbf{c}_n$ é obtida a partir da Equação [38] com o uso dos valores conhecidos τ e $T = 1/f_0$ e a seleção do valor desejado de n, $n = 0, \pm1, \pm2, \ldots$ Ao invés de avaliar a Equação [38] nessas frequências discretas, vamos esboçar o *envelope* de $|\mathbf{c}_n|$ considerando a frequência nf_0 como uma variável contínua. Na realidade, f, que é nf_0, pode adquirir apenas os valores discretos das frequências harmônicas $0, \pm f_0, \pm 2f_0, \pm 3f_0$ e daí em diante, mas no momento podemos pensar em n como sendo uma variável contínua. Quando f é igual a zero, $|\mathbf{c}_n|$ é evidentemente $V_0\tau / T$, e quando f cresce para $1/\tau$, $|\mathbf{c}_n|$ se anula. O envelope resultante é traçado primeiro na forma mostrada na Figura 18.12*a*. O espectro de linhas é então obtido com o simples desenho de uma linha vertical em cada frequência harmônica, como mostrado no desenho. As amplitudes são aquelas de $\mathbf{c}_n$. O caso particular traçado se aplica à condição $\tau / T = 1/(1{,}5\pi) = 0{,}212$. Neste exemplo, por acaso não há harmônicos exatamente nas frequências em que a amplitude do envelope se anula; uma outra escolha de τ e T poderia levar a tal ocorrência, no entanto.

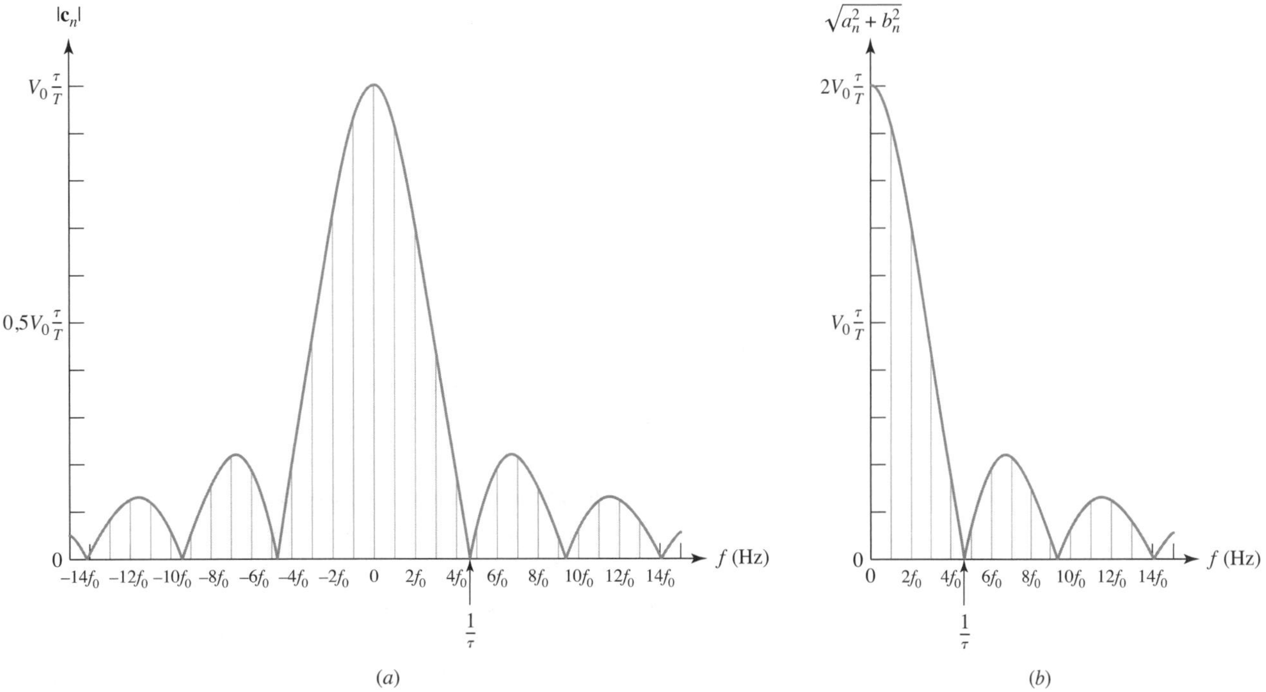

▲ **FIGURA 18.12** (*a*) O espectro de linhas discreto de $|\mathbf{c}_n|$ *versus* $f = nf_0$, $n = 0, \pm1, \pm2, \ldots$ correspondente ao trem de pulsos mostrado na Figura 18.11. (*b*) $\sqrt{a_n^2 + b_n^2}$ *versus* $f = nf_0$, $n = 0, 1, 2, \ldots$ para o mesmo trem de pulsos.

Na Figura 18.12*b*, a amplitude do componente senoidal é traçada em função da frequência. Note novamente que $a_0 = \mathbf{c}_0$ e $\sqrt{a_n^2 + b_n^2} = |\mathbf{c}_n| + |\mathbf{c}_{-n}|$.

Há muitas observações e conclusões que podemos fazer sobre o espectro de linhas de uma sequência periódica de pulsos retangulares, como aquele mostrado na Figura 18.12*b*. Com respeito ao envelope do espectro discreto, é evidente que a sua "largura" depende de τ e não de T. Na realidade, a forma do envelope não é uma função de T. Segue daí que a largura de faixa de um filtro projetado para deixar passar pulsos periódicos é uma função da largura de pulso τ, mas não do período T dos pulsos; uma inspeção na Figura 18.12*b* indica que a largura de faixa necessária é de aproximadamente $1/\tau$ Hz. Se o período dos pulsos aumentar (ou a frequência de repetição f_0 diminuir), a largura de faixa $1/\tau$ não muda, mas o número de linhas espectrais entre a frequência zero e $1/\tau$ Hz aumenta, ainda que de forma descontínua; a amplitude de cada linha é inversamente proporcional a T. Finalmente, um deslocamento na origem do eixo dos tempos não altera o espectro de linhas; isto é, $|\mathbf{c}_n|$ não é uma função de t_0. As fases relativas dos componentes de frequência mudam com a escolha de t_0.

▶ EXERCÍCIO DE FIXAÇÃO

18.7 Determine o coeficiente $\mathbf{c}_n$ geral da série complexa de Fourier para a forma de onda mostrada na Figura: (*a*) 18.4*a*; (*b*) 18.4*c*.

Resposta: $-j2/(n\pi)$ para n ímpar, 0 para n par; $-j[4/(n^2\pi^2)]$ sen $n\pi/2$ para todo n.

18.5 ▶ DEFINIÇÃO DA TRANSFORMADA DE FOURIER

Agora que estamos familiarizados com os conceitos básicos da representação de funções periódicas por meio da série de Fourier, vamos seguir com a definição da transformada de Fourier primeiro relembrando o espectro do trem de pulsos retangulares periódicos obtido na seção 18.4. Aquele era um espectro de linhas *discreto*, que é o tipo que devemos sempre obter para funções temporais periódicas. O espectro era discreto no sentido de não ser uma função suave ou contínua da frequência; ao invés disso, ele tinha valores diferentes de zero apenas em frequências específicas.

Há muitas funções forçantes importantes, no entanto, que não são funções periódicas do tempo, como o pulso retangular, a função degrau, a função rampa, ou aquela função um pouco estranha chamada de *função impulso*, definida no Capítulo 14. Espectros de frequência podem ser obtidos para tais funções não periódicas, mas eles são espectros *contínuos* nos quais alguma energia, em geral, pode ser encontrada em qualquer intervalo de frequências não nulo, não importa quão pequeno seja esse intervalo.

Vamos desenvolver esse conceito começando com uma função periódica e então fazendo com que o período se torne infinito. Nossa experiência com pulsos periódicos retangulares sugere que o envelope deve decrescer em amplitude sem apresentar qualquer outra mudança de forma, e que mais e mais componentes de frequência sejam encontrados em qualquer intervalo de frequências dado. No limite, devemos esperar um envelope com amplitude muito pequena, preenchido por um número infinito de componentes de frequência separados por intervalos de frequência desprezíveis.

O número de componentes de frequência entre 0 e 100 Hz, por exemplo, se torna infinito, mas a amplitude de cada um deles tende a zero. Em uma primeira análise, um espectro com amplitude nula é um conceito confuso. Sabemos que o espectro de linhas de uma função forçante periódica apresenta a amplitude de cada componente de frequência. Mas o que significa o espectro contínuo com amplitude zero de uma função forçante não periódica? Essa questão é respondida na seção seguinte; seguimos agora realizando o procedimento do limite sugerido acima.

Começamos com a forma exponencial da série de Fourier:

$$f(t) = \sum_{n=-\infty}^{\infty} \mathbf{c}_n e^{jn\omega_0 t} \qquad [39]$$

onde

$$\mathbf{c}_n = \frac{1}{T}\int_{-T/2}^{T/2} f(t)e^{-jn\omega_0 t}\,dt \qquad [40]$$

e

$$\omega_0 = \frac{2\pi}{T} \qquad [41]$$

Fazemos agora

$$T \rightarrow \infty$$

e assim, da Equação [41], ω_0 deve tender a zero. Representamos esse limite por meio de um diferencial:

$$\omega_0 \rightarrow d\omega$$

Logo,

$$\frac{1}{T} = \frac{\omega_0}{2\pi} \rightarrow \frac{d\omega}{2\pi} \qquad [42]$$

Finalmente, a frequência de qualquer "harmônico" $n\omega_0$ deve agora corresponder à variável geral de frequência que descreve o espectro contínuo. Em outras palavras, n deve tender a infinito à medida que ω_0 se aproxima de zero, de forma que o produto seja finito:

$$n\omega_0 \rightarrow \omega \qquad [43]$$

Quando esses quatro limites são aplicados na Equação [40], descobrimos que $\mathbf{c}_n$ deve tender a zero, como havíamos presumido previamente. Se multiplicarmos cada lado da Equação [40] pelo período T e então fizermos o limite, obtemos um resultado não trivial:

$$\mathbf{c}_n T \rightarrow \int_{-\infty}^{\infty} f(t)e^{-j\omega t}dt$$

O lado direito dessa expressão é uma função de ω (e *não* de t), e o representamos como $\mathbf{F}(j\omega)$:

$$\mathbf{F}(j\omega) = \int_{-\infty}^{\infty} f(t)e^{-j\omega t}dt \qquad [44]$$

Vamos agora obter o limite da Equação [39]. Começamos multiplicando e dividindo a soma por T,

$$f(t) = \sum_{n=-\infty}^{\infty} \mathbf{c}_n T e^{jn\omega_0 t} \frac{1}{T}$$

substituindo em seguida $\mathbf{c}_n T$ pela nova grandeza $\mathbf{F}(j\omega)$, utilizando então as expressões [42] e [43]. No limite, a soma se torna uma integral, e

$$f(t) = \frac{1}{2\pi} \int_{-\infty}^{\infty} \mathbf{F}(j\omega) e^{j\omega t} d\omega \qquad [45]$$

O leitor pode já ter notado algumas semelhanças entre a transformada de Fourier e a transformada de Laplace. Diferenças fundamentais entre as duas incluem o fato de o armazenamento inicial de energia não ser facilmente incorporado na análise de circuitos usando as transformadas de Fourier, o que não ocorre no caso das transformadas de Laplace. Além disso, há várias funções temporais (por exemplo, a exponencial *crescente*), para as quais não existe uma transformada de Fourier. No entanto, se estivermos interessados em informação espectral e não em respostas transitórias, a transformada de Fourier é a mais indicada.

As Equações [44] e [45] são chamadas coletivamente de *par de transformadas de Fourier*. A função $\mathbf{F}(j\omega)$ é a *transformada de Fourier* de $f(t)$, e $f(t)$ é a transformada *inversa* de Fourier de $\mathbf{F}(j\omega)$.

Essa relação entre o par de transformadas é muito importante! Devemos memorizá-la, desenhar setas apontando para ela e mantê-la em nosso subconsciente. Enfatizamos a importância dessas relações repetindo-as abaixo e em destaque:

$$\mathbf{F}(j\omega) = \int_{-\infty}^{\infty} e^{-j\omega t} f(t)\, dt \qquad [46a]$$

$$f(t) = \frac{1}{2\pi} \int_{-\infty}^{\infty} e^{j\omega t} \mathbf{F}(j\omega)\, d\omega \qquad [46b]$$

Os termos exponenciais nas duas equações possuem sinais opostos em seus expoentes. Para que não cometamos erros, pode ser útil notar que o sinal positivo está associado à expressão para $f(t)$, da mesma forma que na série complexa de Fourier, a Equação [39].

É apropriado fazer uma pergunta neste momento. Seria possível obter, a partir das relações apresentadas na Equação [46], a transformada de Fourier de qualquer função $f(t)$ arbitrariamente escolhida? Por acaso, a resposta é afirmativa para praticamente qualquer tensão ou corrente que podemos produzir na prática. Uma condição suficiente para a existência de $\mathbf{F}(j\omega)$ é que

$$\int_{-\infty}^{\infty} |f(t)|\, dt < \infty$$

Essa condição não é *necessária*, no entanto, porque algumas funções que não a satisfazem ainda assim possuem uma transformada de Fourier; a função degrau é um exemplo. Além disso, veremos mais tarde que $f(t)$ nem mesmo precisa ser não periódica para ter uma transformada de Fourier; a representação de uma função periódica por meio da série de Fourier é apenas um caso especial da representação mais geral por meio da transformada de Fourier.

Como indicamos anteriormente, a relação entre o par de transformadas de Fourier é única. Para uma dada função $f(t)$, há apenas uma $\mathbf{F}(j\omega)$ específica; e para uma dada $\mathbf{F}(j\omega)$, há apenas uma $f(t)$ específica.

▶ EXEMPLO 18.5

Use a transformada de Fourier para obter o espectro contínuo do único pulso retangular da Figura 18.3*a*.

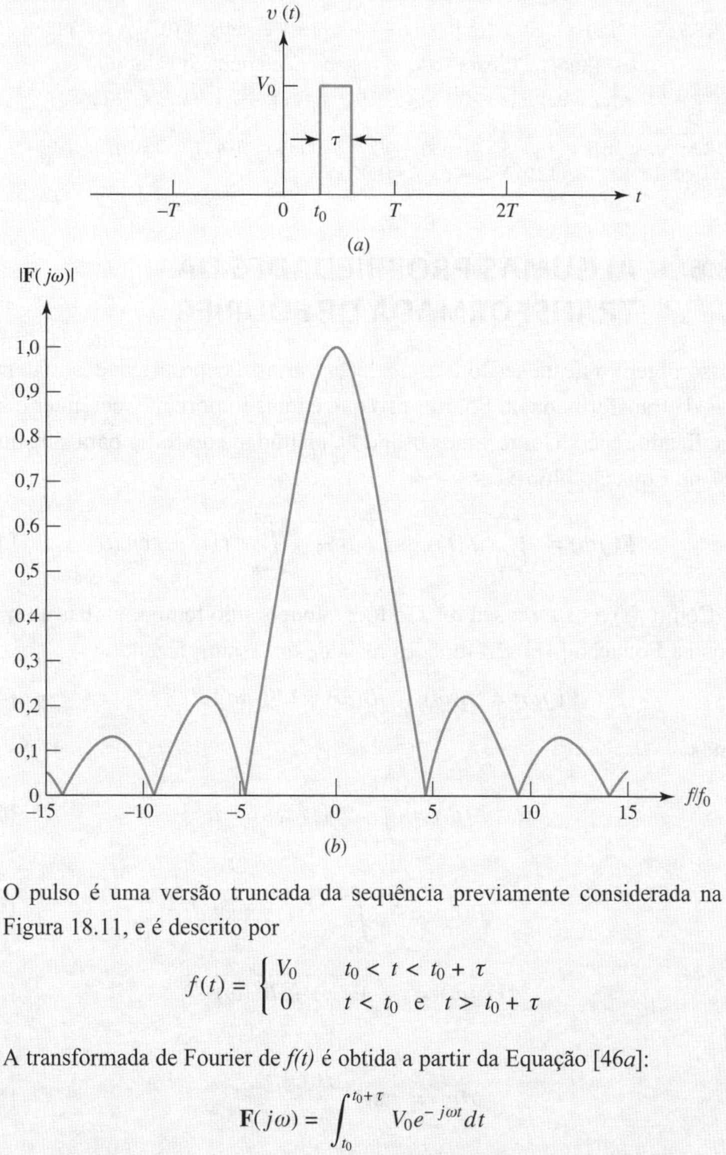

◀ **FIGURA 18.13** (*a*) Um único pulso retangular idêntico àqueles da sequência na Figura 18.11. (*b*) Gráfico de $|\mathbf{F}(j\omega)|$ correspondente ao pulso, com $V_0 = 1$, $\tau = 1$ e $t_0 = 0$. O eixo das frequências foi normalizado para o valor de $f_0 = 1/1{,}5\,\pi$, correspondendo à Figura 18.12*a* para permitir comparações; note que f_0 não tem significado ou relevância no contexto de $\mathbf{F}(j\omega)$.

O pulso é uma versão truncada da sequência previamente considerada na Figura 18.11, e é descrito por

$$f(t) = \begin{cases} V_0 & t_0 < t < t_0 + \tau \\ 0 & t < t_0 \text{ e } t > t_0 + \tau \end{cases}$$

A transformada de Fourier de $f(t)$ é obtida a partir da Equação [46*a*]:

$$\mathbf{F}(j\omega) = \int_{t_0}^{t_0+\tau} V_0 e^{-j\omega t} dt$$

e essa expressão pode ser facilmente integrada e simplificada:

$$\mathbf{F}(j\omega) = V_0\tau \frac{\operatorname{sen} \frac{1}{2}\omega\tau}{\frac{1}{2}\omega\tau} e^{-j\omega(t_0+\tau/2)}$$

O módulo de $\mathbf{F}(j\omega)$ possui um espectro contínuo de frequências e tem a forma da função de amostragem. O valor de $\mathbf{F}(0)$ é $V_0\tau$. A forma do espectro é idêntica ao envelope na Figura 18.12*b*. Um gráfico de $|\mathbf{F}(j\omega)|$ em função de ω *não* indica o módulo da tensão presente em cada frequência. O que ele indica, então? A análise da Equação [45] mostra que, se $f(t)$ é uma forma de onda de tensão, então $\mathbf{F}(j\omega)$ tem a dimensão de "volts por unidade de frequência", um conceito que foi apresentado na Seção 15.1.

▶ EXERCÍCIOS DE FIXAÇÃO

18.8 Se $f(t) = -10$ V, $-0{,}2 < t < -0{,}1$ s, $f(t) = 10$ V, $0{,}1 < t < 0.2$ s, e $f(t) = 0$ para todo t restante, avalie $\mathbf{F}(j\omega)$ para ω igual a (*a*) 0; (*b*) 10π rad/s; (*c*) -10π rad/s; (*d*) 15π rad/s; (*e*) -20π rad/s.

18.9 Se $\mathbf{F}(j\omega) = -10$ V/(rad/s) para $-4 < \omega < -2$ rad/s, +10 V/(rad/s) para $2 < \omega < 4$ rad/s e 0 para todo ω restante, determine o valor numérico de $f(t)$ em t igual a (*a*) 10^{-4} s; (*b*) 10^{-2} s; (*c*) $\pi/4$ s; (*d*) $\pi/2$ s; (*e*) π s.

Respostas: 18.8: 0; $j1{,}273$ V/(rad/s); $-j1{,}273$ V/(rad/s); $-j0{,}424$ V/(rad/s); 0. 18.9: $j1{,}9099 \times 10^{-3}$ V; $j0{,}1910$ V; $j4{,}05$ V, $-j4{,}05$ V; 0.

18.6 ▶ ALGUMAS PROPRIEDADES DA TRANSFORMADA DE FOURIER

Nosso objetivo nesta seção é estabelecer várias das propriedades matemáticas da transformada de Fourier e, o que é mais importante, entender o seu significado físico. Começamos usando a identidade de Euler para substituir $e^{-j\omega t}$ na Equação [46*a*]:

$$\mathbf{F}(j\omega) = \int_{-\infty}^{\infty} f(t)\cos\omega t\, dt - j\int_{-\infty}^{\infty} f(t)\,\text{sen}\omega t\, dt \qquad [47]$$

Como $f(t)$, cos ωt e sen ωt são todas funções do tempo, ambas as integrais na Equação [47] são funções reais de ω. Assim, fazendo

$$\mathbf{F}(j\omega) = A(\omega) + jB(\omega) = |\mathbf{F}(j\omega)|e^{j\phi(\omega)} \qquad [48]$$

temos

$$A(\omega) = \int_{-\infty}^{\infty} f(t)\cos\omega t\, dt \qquad [49]$$

$$B(\omega) = -\int_{-\infty}^{\infty} f(t)\,\text{sen}\omega t\, dt \qquad [50]$$

$$|\mathbf{F}(j\omega)| = \sqrt{A^2(\omega) + B^2(\omega)} \qquad [51]$$

e

$$\phi(\omega) = \tan^{-1}\frac{B(\omega)}{A(\omega)} \qquad [52]$$

A troca de ω por $-\omega$ mostra que $A(\omega)$ e $|\mathbf{F}(\omega)|$ são funções pares de ω, enquanto $B(\omega)$ e $\phi(\omega)$ são funções ímpares de ω.

Agora, se $f(t)$ é uma função par de t, então o integrando da Equação [50] é uma função ímpar de t e então os limites simétricos forçam $B(\omega)$ a ser igual a zero; logo, se $f(t)$ é par, a transformada de Fourier $\mathbf{F}(j\omega)$ é uma função par real de ω, e a função de fase $\phi(\omega)$ é igual a zero ou π para todo ω. Entretanto, se $f(t)$ é uma função ímpar de t, então $A(\omega) = 0$ e $\mathbf{F}(j\omega)$ é uma função ímpar e imaginária de ω; $\phi(\omega)$ é igual a $\pm\pi/2$. Em geral, no entanto, $\mathbf{F}(j\omega)$ é uma função complexa de ω.

Finalmente, notamos que a troca de ω por $-\omega$ na Equação [47] forma o *conjugado* de $\mathbf{F}(j\omega)$. Logo,

$$\mathbf{F}(-j\omega) = A(\omega) - jB(\omega) = \mathbf{F}^*(j\omega)$$

e temos

$$\mathbf{F}(j\omega)\mathbf{F}(-j\omega) = \mathbf{F}(j\omega)\mathbf{F}^*(j\omega) = A^2(\omega) + B^2(\omega) = |\mathbf{F}(j\omega)|^2$$

Significado Físico da Transformada de Fourier

Com essas propriedades matemáticas básicas da transformada de Fourier em mente, estamos agora prontos para considerar o seu significado físico. Vamos supor que $f(t)$ seja a tensão ou a corrente em um resistor de 1 Ω, de forma que $f^2(t)$ seja a potência instantânea fornecida a esse resistor de 1 Ω por $f(t)$. Integrando essa potência ao longo do tempo, obtemos a energia total fornecida por $f(t)$ ao resistor de 1 Ω,

$$W_{1\Omega} = \int_{-\infty}^{\infty} f^2(t)\, dt \qquad [53]$$

Vamos agora usar algumas artimanhas. Pensando no integrando da Equação [53] como a função $f(t)$ vezes ela mesma, substituímos uma dessas funções pela Equação [46*b*]:

$$W_{1\Omega} = \int_{-\infty}^{\infty} f(t) \left[\frac{1}{2\pi} \int_{-\infty}^{\infty} e^{j\omega t} \mathbf{F}(j\omega)\, d\omega \right] dt$$

Como $f(t)$ não é função da variável de integração ω, podemos movê-la para dentro da integral entre colchetes e então trocar a ordem de integração:

$$W_{1\Omega} = \frac{1}{2\pi} \int_{-\infty}^{\infty} \left[\int_{-\infty}^{\infty} \mathbf{F}(j\omega) e^{j\omega t} f(t)\, dt \right] d\omega$$

Em seguida, tiramos $\mathbf{F}(j\omega)$ da integral de dentro, fazendo com que essa integral se torne $\mathbf{F}(-j\omega)$:

$$W_{1\Omega} = \frac{1}{2\pi} \int_{-\infty}^{\infty} \mathbf{F}(j\omega)\mathbf{F}(-j\omega)\, d\omega = \frac{1}{2\pi} \int_{-\infty}^{\infty} |\mathbf{F}(j\omega)|^2\, d\omega$$

Juntando esses resultados,

$$\int_{-\infty}^{\infty} f^2(t)\, dt = \frac{1}{2\pi} \int_{-\infty}^{\infty} |\mathbf{F}(j\omega)|^2\, d\omega \qquad [54]$$

A Equação [54] é uma expressão muito útil, conhecida como o teorema de Parseval. Esse teorema, juntamente com a Equação [53], diz que a energia associada a $f(t)$ pode ser obtida por meio de uma integração ao longo de todo o tempo no domínio do tempo ou por $1/(2\pi)$ vezes uma integração ao longo de toda a frequência (radiana) no domínio da frequência.

Marc Antoine Parseval-Deschenes foi um obscuro matemático, geógrafo e poeta esporádico francês que publicou estes resultados em 1805, dezessete anos antes de Fourier publicar os seus resultados.

O teorema de Parseval também nos leva a um melhor entendimento e a uma melhor interpretação do significado da transformada de Fourier. Considere uma tensão $v(t)$ com transformada de Fourier $\mathbf{F}_v(j\omega)$ e energia $W_{1\Omega}$ associada a um resistor de 1 Ω:

$$W_{1\Omega} = \frac{1}{2\pi} \int_{-\infty}^{\infty} |\mathbf{F}_v(j\omega)|^2\, d\omega = \frac{1}{\pi} \int_{0}^{\infty} |\mathbf{F}_v(j\omega)|^2\, d\omega$$

onde a igualdade mais à direita segue do fato de $|\mathbf{F}_v(j\omega)|$ ser uma função par de ω. Então, como $\omega = 2\pi f$, podemos escrever

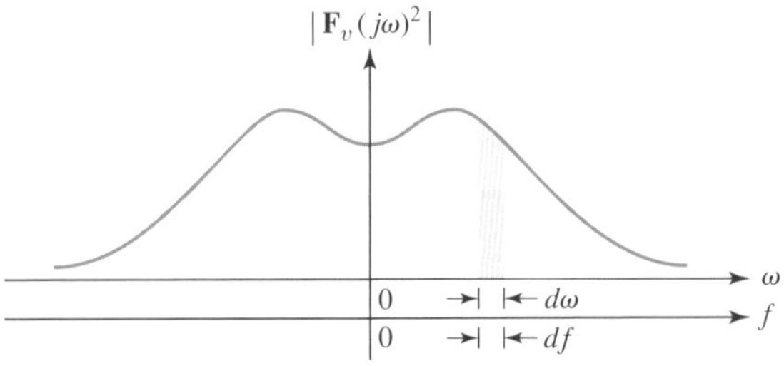

▲ **FIGURA 18.14** A área da fatia $|\mathbf{F}_v(j\omega)|^2$ é a energia de 1 Ω associada à parte de $v(t)$ presente na largura de faixa df.

$$W_{1\Omega} = \int_{-\infty}^{\infty} |\mathbf{F}_v(j\omega)|^2\, df = 2\int_{0}^{\infty} |\mathbf{F}_v(j\omega)|^2\, df \qquad [55]$$

A Figura 18.14 ilustra um típico gráfico de $|\mathbf{F}_v(j\omega)|^2$ em função de ω e f. Se dividirmos a escala de frequências em incrementos df extremamente pequenos, a Equação [55] nos mostra que a área da fatia diferencial sob a curva $|\mathbf{F}_v(j\omega)|^2$, que tem largura df, é igual a $|\mathbf{F}_v(j\omega)|^2 df$. Essa área é agora hachurada. A soma de todas essas áreas, à medida que f varia de menos infinito a mais infinito, é a energia total de 1 Ω contida em $v(t)$. Logo, $|\mathbf{F}_v(j\omega)|^2$ é a ***densidade de energia*** de (1 Ω) ou a energia por unidade de largura de faixa (J/Hz) de $v(t)$, e essa densidade de energia é sempre uma função real, par, e positiva de ω. Com a integração de $|\mathbf{F}_v(j\omega)|^2$ ao longo de um intervalo de frequências apropriado, estamos aptos a calcular a porção da energia total presente no interior do intervalo escolhido. Note que a densidade de energia não é uma função da fase de $\mathbf{F}_v(j\omega)$, e assim há um número infinito de funções temporais e transformadas de Fourier que possuem funções densidade de energia idênticas.

▶ EXEMPLO 18.6

O pulso exponencial unilateral [isto é, $v(t) = 0$ para $t < 0$]

$$v(t) = 4e^{-3t}u(t) \text{ V}$$

é aplicado na entrada de um filtro passa-faixa ideal. Se a faixa de passagem do filtro é definida como $1 < |f| < 2$ Hz, calcule a energia de saída total.

Chamemos de $v_o(t)$ a tensão de saída do filtro. A energia em $v_o(t)$ será portanto igual à energia da parcela de $v(t)$ que possui componentes de frequência nos intervalos $1 < f < 2$ e $-2 < f < -1$. Determinamos a transformada de Fourier de $v(t)$,

$$\mathbf{F}_v(j\omega) = 4\int_{-\infty}^{\infty} e^{-j\omega t} e^{-3t} u(t)\, dt$$

$$= 4\int_{0}^{\infty} e^{-(3+j\omega)t} dt = \frac{4}{3+j\omega}$$

e então podemos calcular a energia de 1 Ω total no sinal de entrada por meio de

$$W_{1\Omega} = \frac{1}{2\pi}\int_{-\infty}^{\infty} |\mathbf{F}_v(j\omega)|^2\, d\omega$$

$$= \frac{8}{\pi}\int_{-\infty}^{\infty} \frac{d\omega}{9+\omega^2} = \frac{16}{\pi}\int_{0}^{\infty} \frac{d\omega}{9+\omega^2} = \frac{8}{3} \text{ J}$$

ou

$$W_{1\Omega} = \int_{-\infty}^{\infty} v^2(t)\,dt = 16\int_0^{\infty} e^{-6t}\,dt = \frac{8}{3}\text{ J}$$

A energia total em $v_o(t)$, no entanto, é menor:

$$W_{o1} = \frac{1}{2\pi}\int_{-4\pi}^{-2\pi} \frac{16\,d\omega}{9+\omega^2} + \frac{1}{2\pi}\int_{2\pi}^{4\pi} \frac{16\,d\omega}{9+\omega^2}$$

$$= \frac{16}{\pi}\int_{2\pi}^{4\pi} \frac{d\omega}{9+\omega^2} = \frac{16}{3\pi}\left(\tan^{-1}\frac{4\pi}{3} - \tan^{-1}\frac{2\pi}{3}\right) = 358\text{ mJ}$$

Em geral, vemos que um filtro passa-faixa ideal nos permite remover energia dos intervalos de frequência prescritos enquanto retemos a energia contida nos demais intervalos. A transformada de Fourier nos ajuda a descrever a ação de filtragem quantitativamente sem que de fato precisemos avaliar $v_o(t)$, embora vejamos mais tarde que a transformada de Fourier também pode ser usada na obtenção da expressão de $v_o(t)$ se assim desejarmos.

▶ EXERCÍCIOS DE FIXAÇÃO

18.10 Se $i(t) = 10e^{20t}[u(t + 0{,}1) - u(t - 0{,}1)]$ A, determine (*a*) $\mathbf{F}_i(j0)$; (*b*) $\mathbf{F}_i(j10)$; (*c*) $A_i(10)$; (*d*) $B_i(10)$; (*e*) $\phi_i(10)$.

18.11 Obtenha a energia de 1 Ω associada à corrente $i(t) = 20e^{-10t}u(t)$ A no intervalo: (*a*) $-0{,}1 < t < 0{,}1$ s; (*b*) $-10 < \omega < 10$ rad/s; (*c*) $10 < \omega < \infty$ rad/s.

Respostas: 18.10: 3,63 A/(rad/s); $3{,}33\underline{/-31{,}7^\circ}$ A/(rad/s); 2,83 A/(rad/s); −1,749 A/(rad/s); −31,7°. 18.11: 17,29 J; 10 J; 5 J.

18.7 ▶ PARES DE TRANSFORMADAS DE FOURIER PARA ALGUMAS FUNÇÕES TEMPORAIS SIMPLES

A Função Impulso Unitário

Procuramos agora a transformada de Fourier do impulso unitário $\delta(t - t_0)$, uma função que apresentamos na Seção 14.4. Isto é, estamos interessados nas propriedades espectrais ou na descrição dessa função de singularidade no domínio da frequência. Se usarmos a notação $\mathcal{F}\{\}$ para simbolizar a "transformada de Fourier de $\{\}$", então

$$\mathcal{F}\{\delta(t - t_0)\} = \int_{-\infty}^{\infty} e^{-j\omega t}\delta(t - t_0)\,dt$$

De nossa discussão prévia sobre esse tipo de integral, temos

$$\mathcal{F}\{\delta(t - t_0)\} = e^{-j\omega t_0} = \cos\omega t_0 - j\,\text{sen}\,\omega t_0$$

Essa função complexa de ω leva à função densidade de energia de 1 Ω,

$$|\mathcal{F}\{\delta(t - t_0)\}|^2 = \cos^2\omega t_0 + \text{sen}^2\,\omega t_0 = 1$$

Esse resultado notável diz que a energia (de 1 Ω) por largura de faixa é unitária *em todas as frequências*, e que a energia total do impulso unitário é infinitamente grande. Não nos surpreende, então, que concluamos que o impulso unitário "não pode ser realizado na prática" no sentido de que ele não pode ser gerado em laboratório. Além disso, mesmo se dispuséssemos de um impulso unitário, ele apareceria distorcido após ser submetido à largura de faixa finita de qualquer instrumento de laboratório.

Como há uma correspondência biunívoca entre uma função temporal e sua transformada de Fourier, podemos dizer que a transformada inversa de $e^{-j\omega t_0}$ é $\delta(t - t_0)$. Utilizando o símbolo $\mathcal{F}^{-1}\{\}$ para a transformada inversa, temos

$$\mathcal{F}^{-1}\{e^{-j\omega t_0}\} = \delta(t - t_0)$$

Assim, sabemos agora que

$$\frac{1}{2\pi}\int_{-\infty}^{\infty} e^{j\omega t}e^{-j\omega t_0}\,d\omega = \delta(t - t_0)$$

mesmo que falhássemos na tentativa de avaliar diretamente essa integral imprópria. Simbolicamente, podemos escrever

$$\delta(t - t_0) \Leftrightarrow e^{-j\omega t_0} \qquad [56]$$

onde $\Leftrightarrow$ indica que as duas funções constituem um par de transformadas de Fourier.

Continuando com a nossa análise da função impulso unitário, vamos considerar uma transformada de Fourier na forma

$$\mathbf{F}(j\omega) = \delta(\omega - \omega_0)$$

que é um impulso *no domínio da frequência* localizado em $\omega = \omega_0$. Então, $f(t)$ deve ser

$$f(t) = \mathcal{F}^{-1}\{\mathbf{F}(j\omega)\} = \frac{1}{2\pi}\int_{-\infty}^{\infty} e^{j\omega t}\delta(\omega - \omega_0)\,d\omega = \frac{1}{2\pi}e^{j\omega_0 t}$$

onde usamos a propriedade de peneiramento da função impulso unitário. Assim, podemos agora escrever

$$\frac{1}{2\pi}e^{j\omega_0 t} \Leftrightarrow \delta(\omega - \omega_0)$$

ou

$$e^{j\omega_0 t} \Leftrightarrow 2\pi\delta(\omega - \omega_0) \qquad [57]$$

Da mesma forma, com uma simples mudança de sinal, obtemos

$$e^{-j\omega_0 t} \Leftrightarrow 2\pi\delta(\omega + \omega_0) \qquad [58]$$

Claramente, a função temporal é complexa nas expressões [57] e [58], e não existe no mundo real do laboratório.

No entanto, sabemos que

$$\cos\omega_0 t = \tfrac{1}{2}e^{j\omega_0 t} + \tfrac{1}{2}e^{-j\omega_0 t}$$

e é facilmente visto a partir da definição da transformada de Fourier que

$$\mathcal{F}\{f_1(t)\} + \mathcal{F}\{f_2(t)\} = \mathcal{F}\{f_1(t) + f_2(t)\} \qquad [59]$$

Portanto,

$$\mathcal{F}\{\cos\omega_0 t\} = \mathcal{F}\left\{\tfrac{1}{2}e^{j\omega_0 t}\right\} + \mathcal{F}\left\{\tfrac{1}{2}e^{-j\omega_0 t}\right\}$$
$$= \pi\delta(\omega - \omega_0) + \pi\delta(\omega + \omega_0)$$

o que indica que a descrição de cos $\omega_0 t$ no domínio da frequência corresponde a um *par* de impulsos localizados em $\omega = \pm\omega_0$. Isso não deveria ser uma grande surpresa, pois, em nossa primeira discussão sobre a frequência complexa no Cap. 14, notamos que uma função temporal com variação senoidal era sempre representada por um par de frequências imaginárias localizadas em $\mathbf{s} = \pm j\omega_0$. Temos, portanto,

$$\cos\omega_0 t \Leftrightarrow \pi[\delta(\omega + \omega_0) + \delta(\omega - \omega_0)] \qquad [60]$$

A Função Forçante Constante

Para obter a transformada de Fourier de uma função constante no tempo, $f(t) = K$, nossa primeira reação seria substituir essa constante na equação que define a transformada de Fourier e avaliar a integral resultante. Se fizéssemos isso, teríamos uma expressão indeterminada em nossas mãos. No entanto, felizmente já resolvemos esse problema, pois da expressão [58],

$$e^{-j\omega_0 t} \Leftrightarrow 2\pi\delta(\omega + \omega_0)$$

Vemos que, se simplesmente fizermos $\omega_0 = 0$, o par de transformadas resultante é então

$$1 \Leftrightarrow 2\pi\delta(\omega) \qquad [61]$$

de onde segue que

$$K \Leftrightarrow 2\pi K\delta(\omega) \qquad [62]$$

e nosso problema está resolvido. O espectro de frequências de uma função constante consiste apenas em um componente em $\omega = 0$, o que já sabíamos desde o início.

A Função Sinal

Como um outro exemplo, vamos obter a transformada de Fourier de uma função de singularidade conhecida como a ***função sinal***, sgn(t), definida por

$$\text{sgn}(t) = \begin{cases} -1 & t < 0 \\ 1 & t > 0 \end{cases} \qquad [63]$$

ou

$$sgn(t) = u(t) - u(-t)$$

Novamente, se tentássemos substituir essa função temporal na equação que define a transformada de Fourier, iríamos nos deparar com uma expressão indeterminada após a substituição dos limites de integração. Esse mesmo problema surgirá todas as vezes que tentarmos obter a transformada de Fourier de uma função temporal que não se aproxime de zero à medida que $|t|$ tenda a infinito. Felizmente, podemos evitar esse problema utilizando a *transformada de Laplace*, porque ela contém um fator de convergência embutido que cura muitas das doenças associadas à avaliação de certas transformadas de Fourier.

Seguindo essa linha, a função sinal que estamos analisando pode ser escrita como

$$\mathrm{sgn}(t) = \lim_{a\to 0}[e^{-at}u(t) - e^{at}u(-t)]$$

Perceba que a expressão entre colchetes tende a zero à medida que $|t|$ fica muito grande. Usando a definição da transformada de Fourier, obtemos

$$\mathcal{F}\{\mathrm{sgn}(t)\} = \lim_{a\to 0}\left[\int_0^{\infty} e^{-j\omega t}e^{-at}\,dt - \int_{-\infty}^{0} e^{-j\omega t}e^{at}\,dt\right]$$

$$= \lim_{a\to 0}\frac{-j2\omega}{\omega^2 + a^2} = \frac{2}{j\omega}$$

A parte real é nula, pois sgn(t) é uma função ímpar de t. Logo,

$$\mathrm{sgn}(t) \Leftrightarrow \frac{2}{j\omega} \qquad [64]$$

A Função Degrau Unitário

Como exemplo final nesta seção, vamos dar uma olhada na familiar função degrau unitário, $u(t)$. Utilizando o nosso trabalho com a função sinal nos parágrafos anteriores, representamos o degrau unitário como

$$u(t) = \tfrac{1}{2} + \tfrac{1}{2}\mathrm{sgn}(t)$$

e obtemos o par de transformadas de Fourier

$$u(t) \Leftrightarrow \left[\pi\delta(\omega) + \frac{1}{j\omega}\right] \qquad [65]$$

A Tabela 18.2 apresenta as conclusões tiradas dos exemplos discutidos nesta seção, juntamente com algumas outras que não foram detalhadas aqui.

▶ EXEMPLO 18.7

Use a Tabela 18.2 para obter a transformada de Fourier da função temporal $3e^{-t}\cos 4t\, u(t)$.

Da penúltima linha da tabela, temos

$$e^{-\alpha t}\cos\omega_d t\, u(t) \Leftrightarrow \frac{\alpha + j\omega}{(\alpha + j\omega)^2 + \omega_d^2}$$

Identificamos portanto $\alpha = 1$ e $\omega_d = 4$, e temos

$$\mathbf{F}(j\omega) = 3\frac{1 + j\omega}{(1 + j\omega)^2 + 16}$$

▶ EXERCÍCIOS DE FIXAÇÃO

18.12 Avalie a transformada de Fourier em $\omega = 12$ da função temporal: (*a*) $4u(t) - 10\delta(t)$; (*b*) $5e^{-8t}u(t)$; (*c*) $4\cos 8t\, u(t)$; (*d*) $-4\,\mathrm{sgn}(t)$.

18.13 Determine $f(t)$ em $t = 2$ se $\mathbf{F}(j\omega)$ é: (*a*) $5e^{-j3\omega} - j(4/\omega)$; (*b*) $8[\delta(\omega - 3) + \delta(\omega + 3)]$; (*c*) $(8/\omega)$ sen 5ω.

Respostas: 18.12: $10{,}01\underline{/-178{,}1^\circ}$; $0{,}347\underline{/-56{,}3^\circ}$; $-j0{,}6$; $j0{,}667$. 18.13: 2,00; 2,45; 4,00.

TABELA 18.2 ▶ Um Resumo de Alguns Pares de Transformadas de Fourier

$f(t)$	$f(t)$	$\mathscr{F}\{f(t)\} = F(j\omega)$	$\lvert F(j\omega) \rvert$
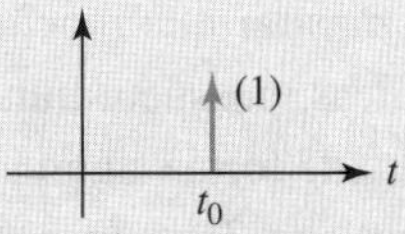	$\delta(t - t_0)$	$e^{-j\omega t_0}$	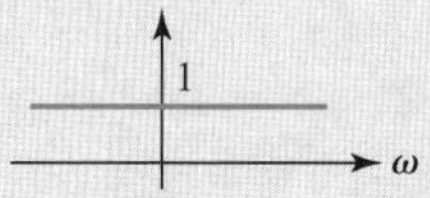
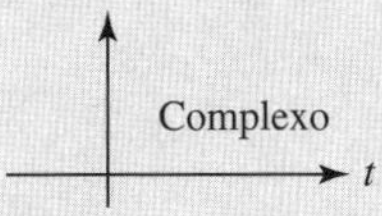	$e^{j\omega_0 t}$	$2\pi\delta(\omega - \omega_0)$	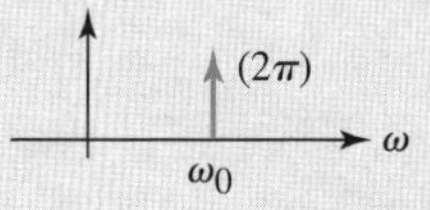
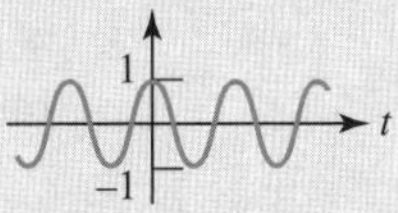	$\cos \omega_0 t$	$\pi[\delta(\omega + \omega_0) + \delta(\omega - \omega_0)]$	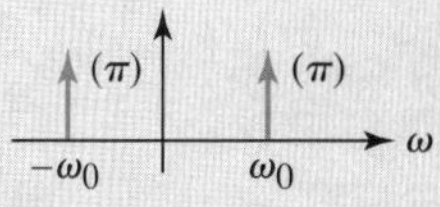
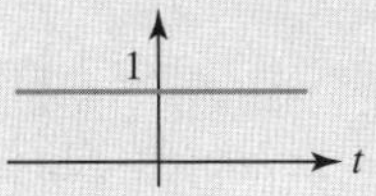	1	$2\pi\delta(\omega)$	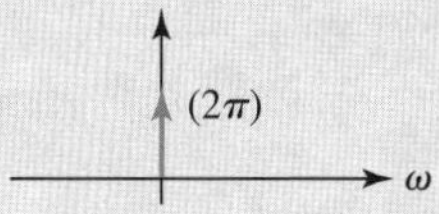
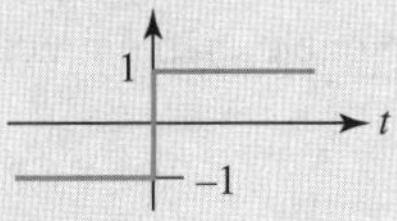	$\text{sgn}(t)$	$\dfrac{2}{j\omega}$	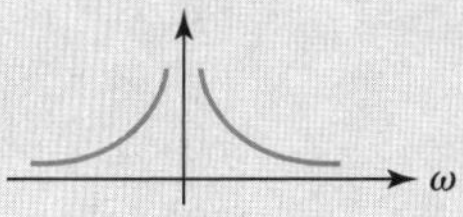
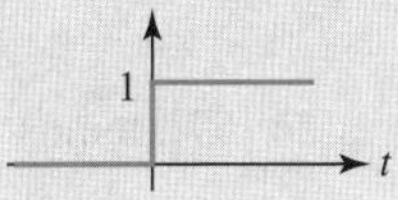	$u(t)$	$\pi\delta(\omega) + \dfrac{1}{j\omega}$	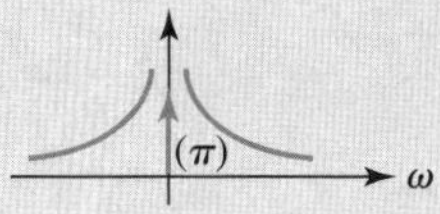
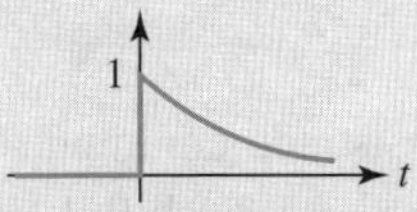	$e^{-at}u(t)$	$\dfrac{1}{a + j\omega}$	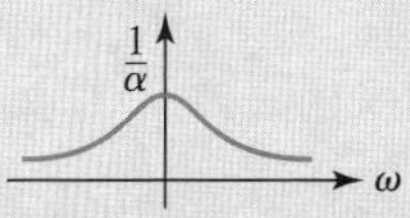
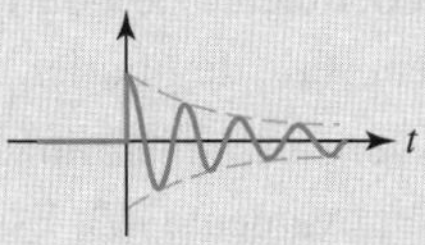	$[e^{-at} \cos \omega_d t]u(t)$	$\dfrac{a + j\omega}{(a + j\omega)^2 + \omega_d^2}$	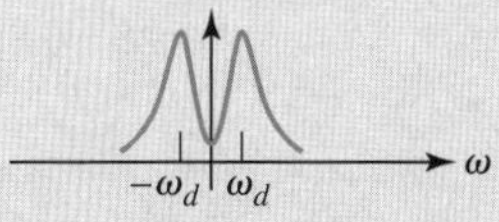
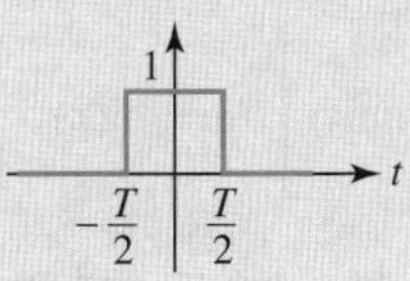	$u(t + \frac{1}{2}T) - u(t - \frac{1}{2}T)$	$T\dfrac{\text{sen}\frac{\omega T}{2}}{\frac{\omega T}{2}}$	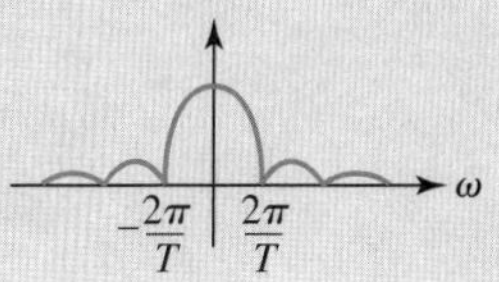

18.8 ▶ A TRANSFORMADA DE FOURIER DE UMA FUNÇÃO TEMPORAL PERIÓDICA GENÉRICA

Na Seção 18.5, destacamos que seríamos capazes de mostrar que funções temporais periódicas, assim como funções não periódicas, possuem transformadas de Fourier. Vamos agora estabelecer esse fato de forma rigorosa. Considere uma função temporal periódica $f(t)$ com período T e expansão em série de Fourier, como resumido nas Equações [39], [40] e [41], que são repetidas aqui por conveniência:

$$f(t) = \sum_{n=-\infty}^{\infty} \mathbf{c}_n e^{jn\omega_0 t} \qquad [39]$$

$$\mathbf{c}_n = \frac{1}{T}\int_{-T/2}^{T/2} f(t)e^{-jn\omega_0 t}\,dt \qquad [40]$$

e

$$\omega_0 = \frac{2\pi}{T} \qquad [41]$$

Tendo em mente que a transformada de Fourier de uma soma é simplesmente a soma das transformadas dos termos da soma, e que $\mathbf{c}_n$ não é função do tempo, podemos escrever

$$\mathcal{F}\{f(t)\} = \mathcal{F}\left\{\sum_{n=-\infty}^{\infty} \mathbf{c}_n e^{jn\omega_0 t}\right\} = \sum_{n=-\infty}^{\infty} \mathbf{c}_n \mathcal{F}\{e^{jn\omega_0 t}\}$$

Após obter a transformada de $e^{jn\omega_0 t}$ a partir da expressão [57], temos

$$f(t) \Leftrightarrow 2\pi \sum_{n=-\infty}^{\infty} \mathbf{c}_n \delta(\omega - n\omega_0) \qquad [66]$$

Isso mostra que $f(t)$ tem um espectro discreto consistindo em impulsos localizados em pontos no eixo ω dados por $\omega = n\omega_0$, $n = \ldots, -2, -1, 0, 1, \ldots$. A amplitude de cada impulso é 2π vezes o valor do coeficiente de Fourier que aparece na forma complexa da expansão de $f(t)$ em série de Fourier.

Como uma verificação de nosso trabalho, vamos ver se a transformada inversa de Fourier do lado direito da expressão [66] é novamente $f(t)$. Essa transformada inversa pode ser escrita como

$$\mathcal{F}^{-1}\{\mathbf{F}(j\omega)\} = \frac{1}{2\pi}\int_{-\infty}^{\infty} e^{j\omega t}\left[2\pi \sum_{n=-\infty}^{\infty} \mathbf{c}_n \delta(\omega - n\omega_0)\right] d\omega \stackrel{?}{=} f(t)$$

Como o termo exponencial não contém o índice de soma n, podemos trocar a ordem das operações de integração e soma:

$$\mathcal{F}^{-1}\{\mathbf{F}(j\omega)\} = \sum_{n=-\infty}^{\infty} \int_{-\infty}^{\infty} \mathbf{c}_n e^{j\omega t}\delta(\omega - n\omega_0)\,d\omega \stackrel{?}{=} f(t)$$

Por não ser função da variável de integração, o coeficiente $\mathbf{c}_n$ pode ser tratado como uma constante. Então, usando a propriedade de peneiramento do impulso, obtemos

$$\mathcal{F}^{-1}\{\mathbf{F}(j\omega)\} = \sum_{n=-\infty}^{\infty} \mathbf{c}_n e^{jn\omega_0 t} \stackrel{?}{=} f(t)$$

que é exatamente o mesmo que a Equação [39], a expansão de $f(t)$ na série complexa de Fourier. Os pontos de interrogação nas equações anteriores podem agora ser removidos, e a existência da transformada de Fourier de funções temporais periódicas é estabelecida. Isso não deveria causar muita surpresa, no entanto. Na última seção, avaliamos a transformada de Fourier de uma função cosseno, que é certamente periódica, embora não tenhamos feito referência direta à sua periodicidade. Entretanto, usamos uma abordagem indireta para obter a transformada. Mas agora temos uma ferramenta matemática pela qual a transformada pode ser obtida mais diretamente. Para demonstrar esse procedimento, considere novamente $f(t) = \cos\omega_0 t$. Primeiro avaliamos os coeficientes de Fourier $\mathbf{c}_n$:

$$\mathbf{c}_n = \frac{1}{T}\int_{-T/2}^{T/2} \cos\omega_0 t\, e^{-jn\omega_0 t} dt = \begin{cases} \frac{1}{2} & n = \pm 1 \\ 0 & \text{caso contrário} \end{cases}$$

Então

$$\mathcal{F}\{f(t)\} = 2\pi \sum_{n=-\infty}^{\infty} \mathbf{c}_n \delta(\omega - n\omega_0)$$

Essa expressão tem valores que são diferentes de zero apenas quando $n = \pm 1$, e segue, portanto, que toda a soma se reduz a

$$\mathcal{F}\{\cos\omega_0 t\} = \pi[\delta(\omega - \omega_0) + \delta(\omega + \omega_0)]$$

que é precisamente a expressão que obtivemos anteriormente. Que alívio!

▶ EXERCÍCIO DE FIXAÇÃO

18.14 Determine (*a*) $\mathcal{F}\{5\ \text{sen}^2\ 3t\}$; (*b*) $\mathcal{F}\{A\ \text{sen}\ \omega_0 t\}$; (*c*) $\mathcal{F}\{6\cos(8t + 0{,}1\pi)\}$.

Resposta: $2{,}5\pi[2\delta(\omega) - \delta(\omega + 6) - \delta(\omega - 6)]$; $j\pi A[\delta(\omega + \omega_0) - \delta(\omega - \omega_0)]$; $[18{,}85\underline{/18^\circ}]\ \delta(\omega - 8) + [18{,}85\underline{/-18^\circ}]\ \delta(\omega + 8)$.

18.9 ▶ A FUNÇÃO DE SISTEMA E A RESPOSTA NO DOMÍNIO DA FREQUÊNCIA

Na Seção 15.5, o problema de determinar a saída de um sistema físico em termos da entrada e de sua resposta ao impulso foi resolvido com o uso da integral de convolução e o trabalho inicial no domínio do tempo. A entrada, a saída e a resposta ao impulso eram todas funções temporais. Subsequentemente, descobrimos que muitas vezes era mais conveniente realizar tais operações no domínio da frequência, já que a transformada de Laplace da convolução de duas funções é simplesmente o produto de ambas as funções no domínio da frequência. Seguindo a mesma linha, veremos que o mesmo é verdade quando trabalhamos com a transformada de Fourier.

Para fazer isso, vamos examinar a transformada de Fourier da saída de um sistema. Assumindo arbitrariamente que a entrada e a saída sejam tensões, aplicamos a definição básica da transformada de Fourier e expressamos a saída como uma integral de convolução:

$$\mathcal{F}\{v_0(t)\} = \mathbf{F}_0(j\omega) = \int_{-\infty}^{\infty} e^{-j\omega t}\left[\int_{-\infty}^{\infty} v_i(t-z)h(z)\,dz\right]dt$$

onde novamente assumimos que não haja armazenamento inicial de energia. Em primeira análise, essa expressão parece ser um tanto complicada, mas ela pode ser reduzida a um resultado surpreendentemente simples. Podemos mover o termo exponencial para dentro da integral porque ele não contém a variável de integração z. Em seguida, invertemos a ordem de integração, obtendo

$$\mathbf{F}_0(j\omega) = \int_{-\infty}^{\infty}\left[\int_{-\infty}^{\infty} e^{-j\omega t} v_i(t-z)h(z)\,dt\right]dz$$

Como $h(z)$ não é uma função de t, podemos extrair essa função da integral interna e simplificar a integração em relação a t com uma mudança de variáveis, $t - z = x$:

$$\mathbf{F}_0(j\omega) = \int_{-\infty}^{\infty} h(z)\left[\int_{-\infty}^{\infty} e^{-j\omega(x+z)} v_i(x)\,dx\right]dz$$

$$= \int_{-\infty}^{\infty} e^{-j\omega z}h(z)\left[\int_{-\infty}^{\infty} e^{-j\omega x} v_i(x)\,dx\right]dz$$

Mas agora o sol está começando a aparecer, pois a integral de dentro é meramente a transformada de Fourier de $v_i(t)$. Além disso, ela não contém termos que dependam de z e portanto pode ser tratada como uma constante em qualquer integração envolvendo z. Logo, podemos mover essa transformada, $\mathbf{F}_i(j\omega)$, completamente para fora de todas as integrais:

$$\mathbf{F}_0(j\omega) = \mathbf{F}_i(j\omega)\int_{-\infty}^{\infty} e^{-j\omega z}h(z)\,dz$$

Finalmente, a integral restante exibe a nossa velha amiga uma vez mais, a transformada de Fourier! Esta é a transformada de Fourier da resposta ao impulso, que designaremos pela notação $\mathbf{H}(j\omega)$ Portanto, todo nosso trabalho se resume ao simples resultado:

$$\mathbf{F}_0(j\omega) = \mathbf{F}_i(j\omega)\mathbf{H}(j\omega) = \mathbf{F}_i(j\omega)\mathcal{F}\{h(t)\}$$

Esse é mais um resultado importante: ele define a *função de sistema* $\mathbf{H}(j\omega)$ como a relação entre a transformada de Fourier da função resposta e a transformada de Fourier da função forçante. Além disso, a função de sistema e a resposta ao impulso constituem um par de transformadas de Fourier:

$$h(t) \Leftrightarrow \mathbf{H}(j\omega) \qquad [67]$$

O desenvolvimento do parágrafo anterior também serve para provar o enunciado geral de que a transformada de Fourier da convolução de duas funções temporais é o produto de suas transformadas de Fourier,

$$\boxed{\mathcal{F}\{f(t) * g(t)\} = \mathbf{F}_f(j\omega)\mathbf{F}_g(j\omega)} \qquad [68]$$

Os comentários anteriores poderiam nos fazer pensar novamente se vale mesmo a pena trabalhar no domínio do tempo, mas devemos sempre lembrar que raramente conseguimos algo sem ceder algo em troca. Um poeta disse uma vez, "*Nossa mais sincera risada/com alguma dor é carregada*"[2]. A dor que enfrentamos aqui é a dificuldade ocasional na obtenção da transformada inversa de Fourier de uma função resposta, por razões de complexidade computacional. Por outro lado, um simples computador pessoal pode realizar a convolução de duas funções temporais com uma rapidez magnífica. Mas ele também pode obter uma FFT (transformada rápida de Fourier) muito rapidamente. Consequentemente, não há vantagens claras entre trabalhar no domínio do tempo ou no domínio da frequência. Uma decisão deve ser tomada em cada novo problema; essa decisão deve se basear nas informações disponíveis e nos recursos computacionais que temos em mãos.

Para recapitular, se conhecermos as transformadas de Fourier da função forçante e da resposta ao impulso, então a transformada de Fourier da função resposta pode ser obtida como o produto de ambas. O resultado é uma descrição da função resposta no domínio da frequência; a representação da função resposta no domínio do tempo é obtida simplesmente com a realização da transformada inversa de Fourier. Assim vemos que o processo de convolução no domínio do tempo é equivalente à operação relativamente simples de multiplicação no domínio da frequência.

Considere uma função forçante na forma

$$v_i(t) = u(t) - u(t-1)$$

e a resposta ao impulso unitário definida por

$$h(t) = 2e^{-t}u(t)$$

Obtemos primeiro as transformadas de Fourier correspondentes. A função forçante é a diferença entre duas funções degrau unitário. Essas duas funções são idênticas, exceto pelo fato de uma se iniciar 1 s após a outra. Vamos avaliar a resposta gerada por $u(t)$; a resposta gerada por $u(t-1)$ é a mesma, porém atrasada no tempo em 1 s. A diferença entre essas duas respostas parciais é a resposta total causada por $v_i(t)$.

A transformada de Fourier de $u(t)$ foi obtida na Seção 18.7:

$$\mathcal{F}\{u(t)\} = \pi\delta(\omega) + \frac{1}{j\omega}$$

A função de sistema é obtida a partir da transformada de Fourier de $h(t)$, listada na Tabela 18.2,

$$\mathcal{F}\{h(t)\} = \mathbf{H}(j\omega) = \mathcal{F}\{2e^{-t}u(t)\} = \frac{2}{1+j\omega}$$

A transformada inversa do produto dessas duas funções leva ao componente de $v_o(t)$ causado por $u(t)$,

$$v_{o1}(t) = \mathcal{F}^{-1}\left\{\frac{2\pi\delta(\omega)}{1+j\omega} + \frac{2}{j\omega(1+j\omega)}\right\}$$

Usando a propriedade de peneiramento do impulso, a transformada inversa do primeiro termo é apenas uma constante igual a 1. Logo,

$$v_{o1}(t) = 1 + \mathcal{F}^{-1}\left\{\frac{2}{j\omega(1+j\omega)}\right\}$$

[2] "*Our sincerest laughter/with some pain is fraught.*" P. B. Shelley, "To a Skylark", 1821.

O segundo termo contém um produto de termos no denominador, cada um na forma $(\alpha + j\omega)$, e a sua transformada inversa é mais facilmente obtida com a aplicação da expansão em frações parciais desenvolvida na Seção 14.5. Vamos selecionar uma técnica de expansão em frações parciais que possui uma grande vantagem – ela sempre funciona, embora métodos mais rápidos possam ser usados na maioria das situações. Atribuímos um valor desconhecido ao numerador de cada uma das duas frações,

$$\frac{2}{j\omega(1+j\omega)} = \frac{A}{j\omega} + \frac{B}{1+j\omega}$$

e então substituímos um número correspondente de valores simples para $j\omega$. Aqui, fazemos $j\omega = 1$:

$$1 = A + \frac{B}{2}$$

e então fazemos $j\omega = -2$:

$$1 = A + \frac{B}{2}$$

Isso leva a $A = 2$ e $B = -2$. Logo,

$$\mathcal{F}^{-1}\left\{\frac{2}{j\omega(1+j\omega)}\right\} = \mathcal{F}^{-1}\left\{\frac{2}{j\omega} - \frac{2}{1+j\omega}\right\} = \operatorname{sgn}(t) - 2e^{-t}u(t)$$

de forma que

$$\begin{aligned} v_{o1}(t) &= 1 + \operatorname{sgn}(t) - 2e^{-t}u(t) \\ &= 2u(t) - 2e^{-t}u(t) \\ &= 2(1 - e^{-t})u(t) \end{aligned}$$

Daí segue que $v_{o2}(t)$, o componente de $v_o(t)$ produzido por $u(t-1)$, é

$$v_{o2}(t) = 2(1 - e^{-(t-1)})u(t-1)$$

Portanto,

$$\begin{aligned} v_o(t) &= v_{o1}(t) - v_{o2}(t) \\ &= 2(1 - e^{-t})u(t) - 2(1 - e^{-t+1})u(t-1) \end{aligned}$$

As descontinuidades em $t = 0$ e $t = 1$ ditam a separação em três intervalos de tempo:

$$v_o(t) = \begin{cases} 0 & t < 0 \\ 2(1 - e^{-t}) & 0 < t < 1 \\ 2(e - 1)e^{-t} & t > 1 \end{cases}$$

▶ EXERCÍCIO DE FIXAÇÃO

18.15 A resposta ao impulso de uma certa rede linear é $h(t) = 6e^{-20t}u(t)$. O sinal de entrada é $v_i = 3e^{-6t}u(t)$ V. Determine (*a*) $\mathbf{H}(j\omega)$; (*b*) $\mathbf{V}_i(j\omega)$; (*c*) $\mathbf{V}_o(j\omega)$; (*d*) $v_o(0{,}1)$; (*e*) $v_o(0{,}3)$; (*f*) $v_{o,máx}$.

Resposta: $6/(20 + j\omega)$; $3/(6 + j\omega)$; $18/[(20 + j\omega)(6 + j\omega)]$; 0,532 V; 0,209 V; 0,5372 V.

▶ ANÁLISE AUXILIADA POR COMPUTADOR

O material apresentado neste capítulo forma a base para muitas áreas avançadas de estudo, incluindo o processamento de sinais, as comunicações e o controle. Podemos apresentar apenas alguns de seus conceitos mais fundamentais no contexto de um texto introdutório de circuitos, mas mesmo neste ponto algumas das potencialidades da análise de Fourier podem ser discutidas. Como um primeiro exemplo, considere o circuito da Figura 18.15, construído no PSpice usando um amplificador operacional μA741.

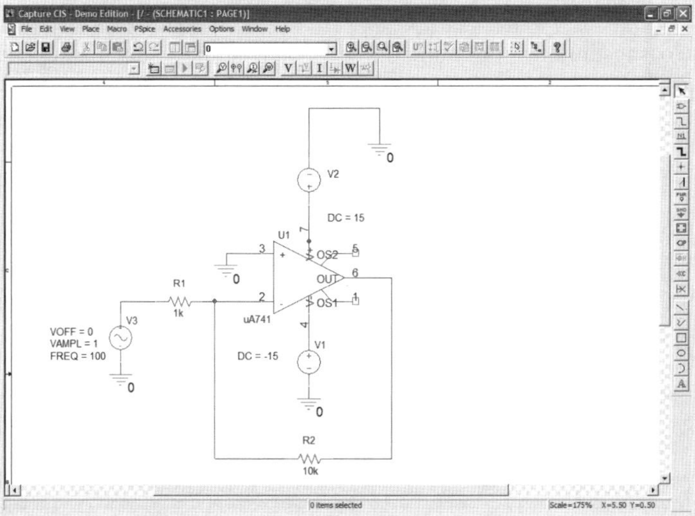

▲ **FIGURA 18.15** Circuito amplificador inversor com um ganho de tensão de –10, alimentado por um sinal de entrada senoidal operando em 100 Hz.

O circuito tem um ganho de tensão de –10, e assim esperamos uma saída senoidal com amplitude de 10 V. Isto é de fato o que obtemos após realizar uma análise transitória no circuito, como mostra a Figura 18.16.

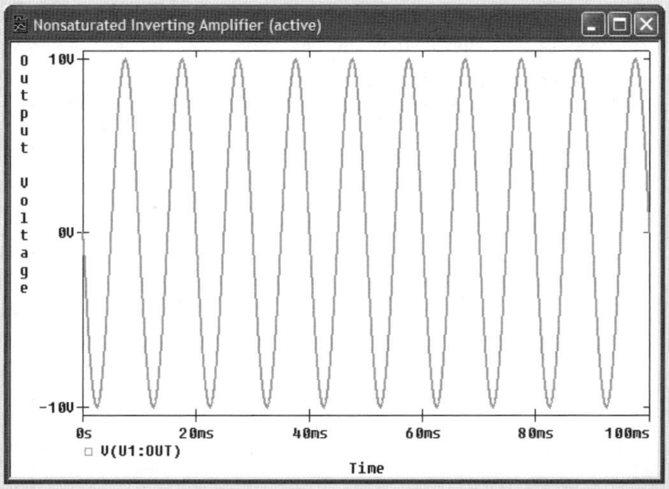

▲ **FIGURA 18.16** Tensão de saída simulada do circuito amplificador mostrado na Figura 18.15.

O PSpice nos permite determinar o espectro de frequências da tensão de saída por meio daquilo que é conhecido como a transformada rápida de Fourier (FFT), uma aproximação em tempo discreto para a transformada de Fourier exata do sinal. Dentro do Probe, selecionamos **Fourier** sob o menu **Trace**; o resultado é o gráfico mostrado na Figura 18.17. Conforme esperado, o espectro de linhas da tensão de saída desse circuito amplificador consiste em uma única linha na frequência de 100 Hz.

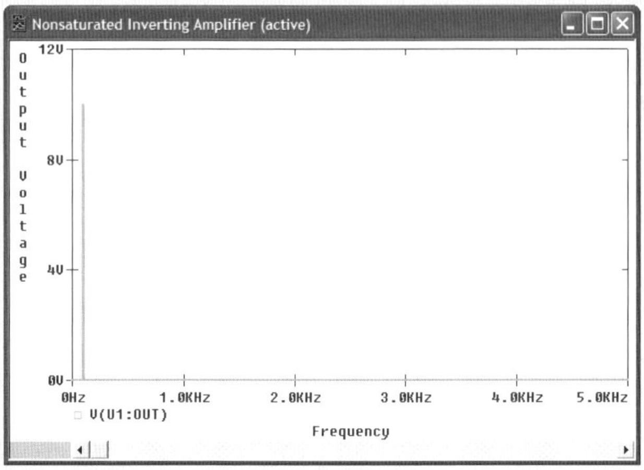

▲ **FIGURA 18.17** Aproximação discreta para a transformada de Fourier da Figura 18.16.

À medida que o módulo da tensão de entrada aumenta, a saída do amplificador se aproxima da condição de saturação determinada pelas tensões de alimentação cc positiva e negativa (±15 V, neste exemplo). Esse comportamento fica evidente no resultado de simulação apresentado na Figura 18.18, que corresponde a uma tensão de entrada de 1,8 V. Uma característica de interesse fundamental é o fato de a tensão de saída deixar de ser uma senoide pura. Como resultado, esperamos valores diferentes de zero nas frequências harmônicas que aparecem no espectro de frequências da função, como é o caso da Figura 18.19.

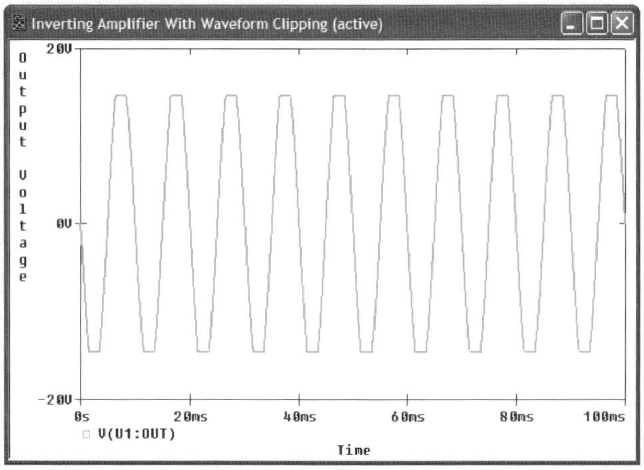

▲ **FIGURA 18.18** Resultado de simulação da análise transitória do circuito amplificador quando o módulo da tensão de entrada aumenta para 1,8 V. Efeitos de saturação se manifestam no gráfico como formas de onda com picos cortados.

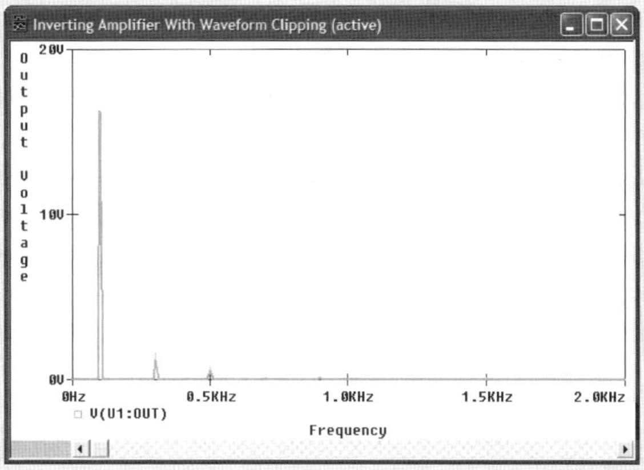

▲ **FIGURA 18.19** O espectro de frequências referente à forma de onda ilustrada na Figura 18.18, mostrando a presença de vários componentes harmônicos além da frequência fundamental. A largura finita das linhas é um artefato da discretização numérica (foi usado um conjunto de valores de tempo discretos).

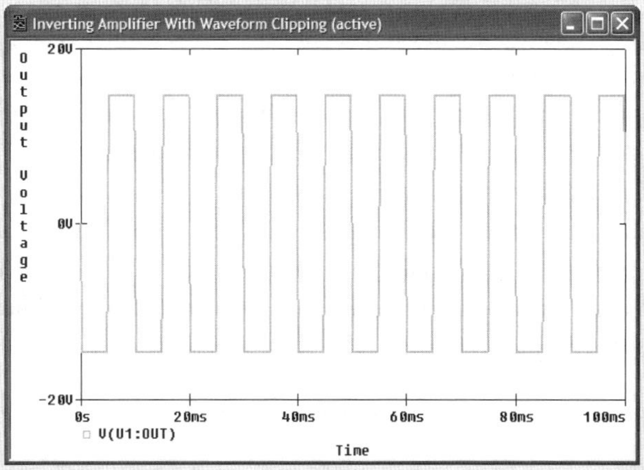

(*a*)

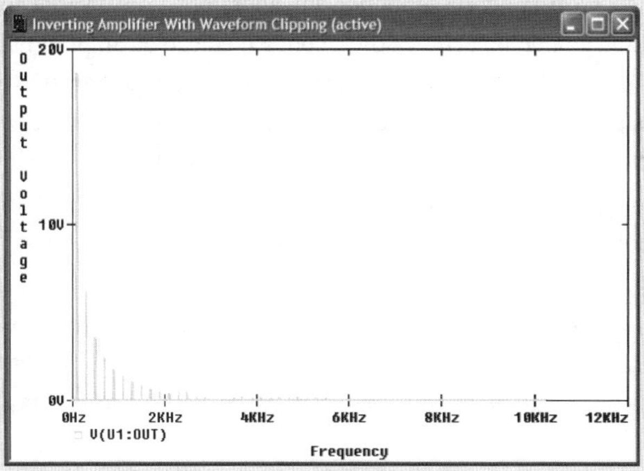

(*b*)

▲ **FIGURA 18.20** (*a*) Efeitos severos de saturação no amplificador são observados na resposta simulada para uma entrada senoidal de 15 V. (*b*) Uma FFT da forma de onda mostra um aumento significativo da fração de energia presente nos harmônicos em comparação com a energia da fundamental em 100 Hz.

O efeito da saturação do circuito amplificador é uma distorção no sinal; se esse circuito fosse conectado a um alto-falante, não ouviríamos uma forma de onda "limpa" de 100 Hz. Ao invés disso, ouviríamos a superposição de formas de onda que incluem não apenas a frequência fundamental de 100 Hz, mas também significativos componentes harmônicos em 300 e 500 Hz. Uma distorção ainda maior da forma de onda aumentaria a quantidade de energia nas frequências harmônicas, de forma que contribuições de harmônicos em frequências mais altas se tornariam mais significativas. Isso fica evidente nos resultados de simulação apresentados na Figura 18.20*a* e *b*, que mostram a tensão de saída nos domínios do tempo e da frequência, respectivamente.

18.10 ▶ O SIGNIFICADO FÍSICO DA FUNÇÃO DE SISTEMA

Nesta seção, tentamos conectar vários aspectos da transformada de Fourier ao trabalho que completamos nos capítulos anteriores.

Dado um quadripolo linear genérico N sem qualquer energia inicial armazenada, assumimos funções forçante e resposta senoidais arbitrariamente representadas como tensões, conforme ilustrado na Figura 18.21. Fazemos com que a tensão de entrada seja simplesmente $A\cos(\omega_x t + \theta)$, e a saída pode ser descrita em termos gerais como $v_o(t) = B\cos(\omega_x t + \phi)$, onde a amplitude B e o ângulo de fase ϕ são funções de ω_x. Na forma fasorial, podemos escrever as funções forçante e resposta como $\mathbf{V}_i = Ae^{j\theta}$ e $\mathbf{V}_o = Be^{j\phi}$. A relação entre a resposta fasorial e a função forçante fasorial é um número complexo que é função de ω_x:

$$\frac{\mathbf{V}_o}{\mathbf{V}_i} = \mathbf{G}(\omega_x) = \frac{B}{A}e^{j(\phi-\theta)}$$

onde B / A é a amplitude de $\mathbf{G}$ e $\phi - \theta$ é seu ângulo de fase. A função de transferência $\mathbf{G}(\omega_x)$ poderia ser obtida em laboratório com a variação de ω_x ao longo de uma grande faixa de valores, com a medição da amplitude B / A e da fase $\phi - \theta$ para cada valor de ω_x. Se então traçássemos um gráfico com cada um desses parâmetros em função da frequência, o par de curvas resultantes descreveria completamente a função de transferência.

Vamos guardar por um momento esses comentários no fundo de nossa mente e considerar um aspecto ligeiramente diferente do mesmo problema de análise.

Para o circuito com entrada e saída senoidal mostrado na Figura 18.21, qual é a função de sistema $\mathbf{H}(j\omega)$? Para responder a essa pergunta, começamos com a definição de $\mathbf{H}(j\omega)$ como sendo a relação entre as transformadas

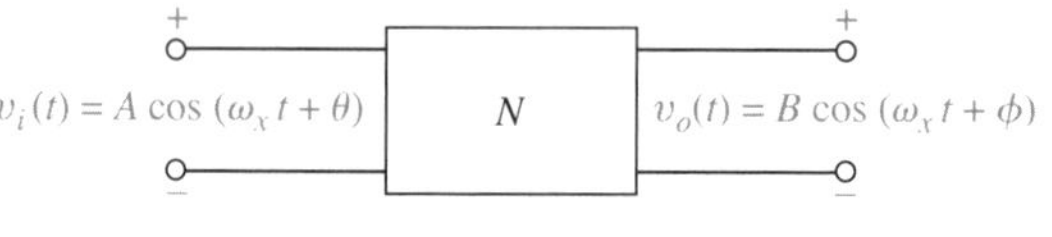

▲ **FIGURA 18.21** A análise senoidal pode ser usada na determinação da função de transferência $\mathbf{H}(j\omega_x) = (B / A)e^{j(\phi - \theta)}$, onde B e ϕ são funções de ω_x.

de Fourier da saída e da entrada. Essas duas funções temporais envolvem a forma funcional $\cos(\omega_x t + \beta)$, cuja transformada de Fourier ainda não avaliamos, embora possamos trabalhar com $\cos \omega_x t$. A transformada que precisamos é

$$\mathcal{F}\{\cos(\omega_x t + \beta)\} = \int_{-\infty}^{\infty} e^{-j\omega t} \cos(\omega_x t + \beta)\, dt$$

Se fizermos a substituição $\omega_x t + \beta = \omega_x \tau$, então

$$\begin{aligned}\mathcal{F}\{\cos(\omega_x t + \beta)\} &= \int_{-\infty}^{\infty} e^{-j\omega\tau + j\omega\beta/\omega_x} \cos \omega_x \tau\, d\tau \\ &= e^{j\omega\beta/\omega_x} \mathcal{F}\{\cos \omega_x t\} \\ &= \pi e^{j\omega\beta/\omega_x}[\delta(\omega - \omega_x) + \delta(\omega + \omega_x)]\end{aligned}$$

Este é um novo par de transformadas de Fourier,

$$\cos(\omega_x t + \beta) \Leftrightarrow \pi e^{j\omega\beta/\omega_x}[\delta(\omega - \omega_x) + \delta(\omega + \omega_x)] \qquad [69]$$

que podemos usar agora para avaliar a função de sistema desejada,

$$\begin{aligned}\mathbf{H}(j\omega) &= \frac{\mathcal{F}\{B\cos(\omega_x t + \phi)\}}{\mathcal{F}\{A\cos(\omega_x t + \theta)\}} \\ &= \frac{\pi B e^{j\omega\phi/\omega_x}[\delta(\omega - \omega_x) + \delta(\omega + \omega_x)]}{\pi A e^{j\omega\theta/\omega_x}[\delta(\omega - \omega_x) + \delta(\omega + \omega_x)]} \\ &= \frac{B}{A} e^{j\omega(\phi - \theta)/\omega_x}\end{aligned}$$

Agora nos lembramos da expressão para $\mathbf{G}(\omega_x)$,

$$\mathbf{G}(\omega_x) = \frac{B}{A} e^{j(\phi - \theta)}$$

onde B e ϕ foram avaliados em $\omega = \omega_x$, e vemos que a avaliação de $\mathbf{H}(j\omega)$ em $\omega = \omega_x$ fornece

$$\mathbf{H}(\omega_x) = \mathbf{G}(\omega_x) = \frac{B}{A} e^{j(\phi - \theta)}$$

Como não há nada de especial no subscrito x, concluímos que a função de sistema e a função de transferência são idênticas:

$$\mathbf{H}(j\omega) = \mathbf{G}(\omega) \qquad [70]$$

O fato de um dos argumentos ser ω enquanto o outro é indicado por $j\omega$ não é importante e é completamente arbitrário; o j possibilita meramente uma comparação mais direta entre as transformadas de Fourier e Laplace.

A Equação [70] representa uma conexão direta entre as técnicas da transformada de Fourier e a análise em regime permanente senoidal. Nosso trabalho prévio com a análise em regime permanente senoidal usando fasores foi nada mais do que um caso especial das técnicas mais gerais de análise por meio da transformada de Fourier. O termo "especial" é usado no sentido de que as entradas e as saídas eram senoides, enquanto o uso das transformadas de Fourier e das funções de sistema nos permite trabalhar com funções forçantes e respostas não senoidais.

Logo, para obter a função de sistema $\mathbf{H}(j\omega)$ de uma rede, tudo o que precisamos fazer é determinar a função de transferência senoidal correspondente em função de ω (ou $j\omega$).

▶ EXEMPLO 18.8

Determine a tensão nos terminais do indutor no circuito mostrado na Figura 18.22*a* quando a tensão de entrada é um simples pulso decaindo exponencialmente, como indicado.

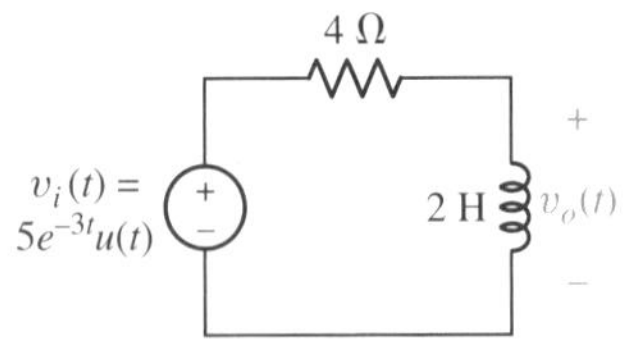

(*a*)

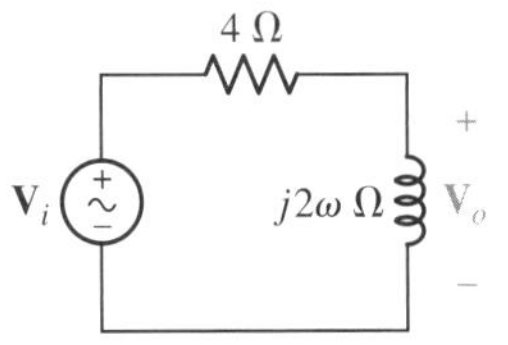

(*b*)

▲ **FIGURA 18.22** (*a*) Deseja-se a resposta $v_o(t)$ causada por $v_i(t)$. (*b*) A função de sistema $\mathbf{H}(j\omega)$ pode ser determinada por meio da análise em regime permanente senoidal: $\mathbf{H}(j\omega) = \mathbf{V}_o/\mathbf{V}_i$.

Precisamos da função de sistema; mas não é necessário aplicar um impulso, obter a resposta ao impulso e então determinar a sua transformada inversa. Ao invés disso, usamos a Equação [70] para obter a função de sistema $\mathbf{H}(j\omega)$ assumindo que as tensões de entrada e de saída sejam senoides descritas por seus fasores correspondentes, como mostra a Figura 18.22*b*. Usando a divisão de tensão, temos

$$\mathbf{H}(j\omega) = \frac{\mathbf{V}_o}{\mathbf{V}_i} = \frac{j2\omega}{4 + j2\omega}$$

A transformada da função forçante é

$$\mathcal{F}\{v_i(t)\} = \frac{5}{3 + j\omega}$$

e assim a transformada de $v_o(t)$ é dada como

$$\begin{aligned}\mathcal{F}\{v_o(t)\} &= \mathbf{H}(j\omega)\mathcal{F}\{v_i(t)\}\\ &= \frac{j2\omega}{4 + j2\omega}\frac{5}{3 + j\omega}\\ &= \frac{15}{3 + j\omega} - \frac{10}{2 + j\omega}\end{aligned}$$

onde as frações parciais aparecendo no último passo ajudam na determinação da transformada inversa de Fourier

$$\begin{aligned}v_o(t) &= \mathcal{F}^{-1}\left\{\frac{15}{3 + j\omega} - \frac{10}{2 + j\omega}\right\}\\ &= 15e^{-3t}u(t) - 10e^{-2t}u(t)\\ &= 5(3e^{-3t} - 2e^{-2t})u(t)\end{aligned}$$

Nosso problema está completo sem desespero, convoluções ou equações diferenciais.

▶ EXERCÍCIO DE FIXAÇÃO

18.16 Use as técnicas da transformada de Fourier no circuito da Figura 18.23 para obter $i_1(t)$ em $t = 1{,}5$ ms se i_s é igual a (*a*) $\delta(t)$; (*b*) $u(t)$ A; (*c*) cos $500t$ A.

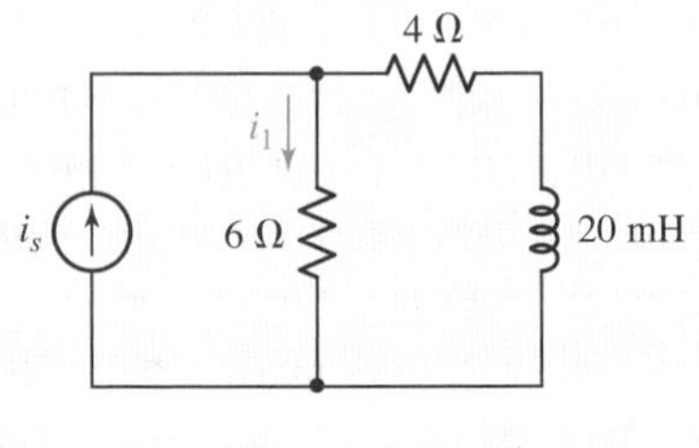

◀ **FIGURA 18.23**

Resposta: –141,7 A; 0,683 A; 0,308 A.

APLICAÇÃO

PROCESSAMENTO DE IMAGENS

Embora um grande progresso tenha sido feito em direção ao desenvolvimento de um entendimento completo sobre a função muscular, há ainda muitas questões em aberto. Muitas pesquisas nesta área têm sido realizadas utilizando músculos de vertebrados, em particular o *sartório*, o músculo da perna do sapo (Figura 18.24).

▲ **FIGURA 18.24** Visão ampliada de um sapo em um fundo laranja. (©*IT Stock/PunchStock/RF.*)

Das muitas técnicas analíticas usadas por cientistas, uma das mais comuns é a microscopia eletrônica. A Figura 18.25 mostra um micrográfico eletrônico do tecido muscular do sartório de um sapo, seccionado de forma a destacar o arranjo regular da *miosina*, um tipo filamentar de proteína contráctil. Interessam aos biólogos estruturais a periodicidade e a desordem dessas proteínas ao longo de uma ampla área de tecido muscular. Para desenvolver um modelo que contemple essas características, uma abordagem numérica onde a análise de tais imagens possa ser automatizada é preferível. Como pode ser visto na figura, no entanto, a imagem produzida pelo microscópio eletrônico pode ser contaminada por um elevado nível de ruído de fundo, o que faz com que a identificação automatizada dos filamentos de miosina seja propensa a erros.

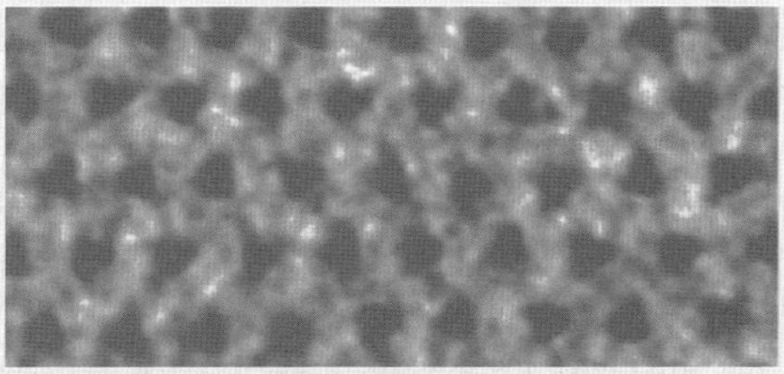

▲ **FIGURA 18.25** Micrográfico eletrônico de uma região do tecido muscular do sartório de um sapo. *Cortesia Professor John M. Squire, Imperial College, de Londres.*

Apresentadas com o intuito de nos ajudar na análise de circuitos lineares variáveis com o tempo, as técnicas de Fourier deste capítulo são na realidade métodos gerais muito poderosos que encontram aplicação em muitas situações diferentes. Entre estas, a área de *processamento de imagens* faz uso frequente das técnicas de Fourier, especialmente por meio da transformada rápida de Fourier (FFT) e de métodos numéricos relacionados. A imagem da Figura 18.25 pode ser descrita por uma função espacial $f(x, y)$ onde $f(x, y) = 0$ corresponde ao branco, $f(x, y) = 1$ corresponde ao vermelho e (x, y) denota a localização de um pixel na imagem. Definindo uma função de filtro $h(x, y)$ com a aparência da Figura 18.26*a*, a operação da convolução

$$g(x, y) = f(x, y) * h(x, y)$$

resulta na imagem da Figura 18.26*b*, na qual os filamentos de miosina (vistos no final) são mais claramente identificáveis.

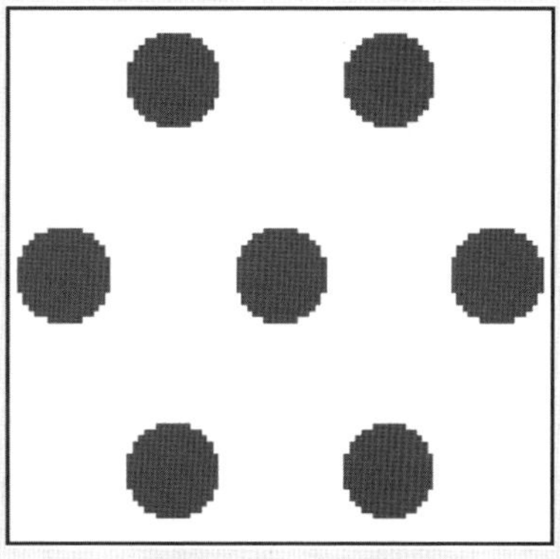

(*a*)

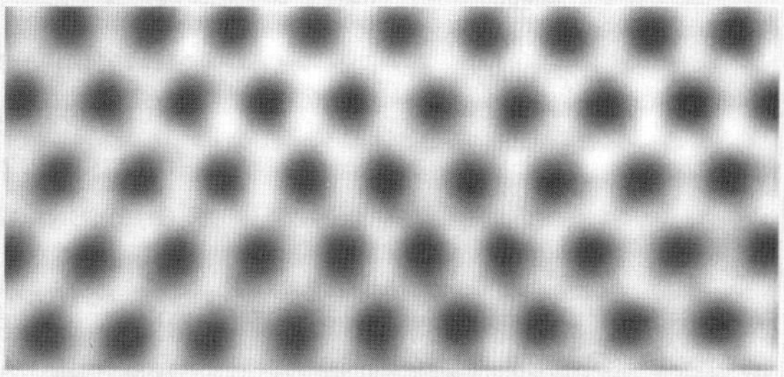

(*b*)

▲ **FIGURA 18.26** (*a*) Filtro espacial com simetria hexagonal. (*b*) Imagem após a realização da convolução e da transformada inversa discreta de Fourier, mostrando uma redução no ruído de fundo.

Na prática, este processamento de imagens é realizado no domínio da frequência, onde as FFT's de f e de h são calculadas, e as matrizes resultantes são multiplicadas entre si.

Uma operação de FFT inversa produz então a imagem filtrada da Figura 18.26*b*. Por que essa convolução é igual à operação de filtragem? O arranjo de filamentos de miosina possui uma simetria hexagonal, da mesma forma que a função do filtro $h(x, y)$ – de certa maneira, tanto o arranjo de filamentos de miosina quanto a função do filtro possuem as mesmas frequências espaciais. A convolução de f com h resulta em um reforço do padrão hexagonal presente na imagem original e na remoção dos pixels ruidosos (que não possuem simetria hexagonal). Isso pode ser entendido qualitativamente se modelarmos uma linha horizontal da Figura 18.25 como uma função senoidal $f(x) = \cos\omega_0 t$, que tem a transformada de Fourier mostrada na Figura 18.27*a* – um par casado de funções impulso separadas por $2\omega_0$. Se fizermos a convolução dessa função com uma função de filtro $h(x) = \cos\omega_1 t$, representada pela transformada de Fourier presente na Figura 18.27*b*, temos zero se $\omega_1 \neq \omega_0$; as frequências (periodicidades) das duas funções não casam. Se, ao invés disso, escolhermos uma função de filtro com a mesma frequência de $f(x)$, a convolução tem valores diferentes de zero em $\omega = \pm\omega_0$.

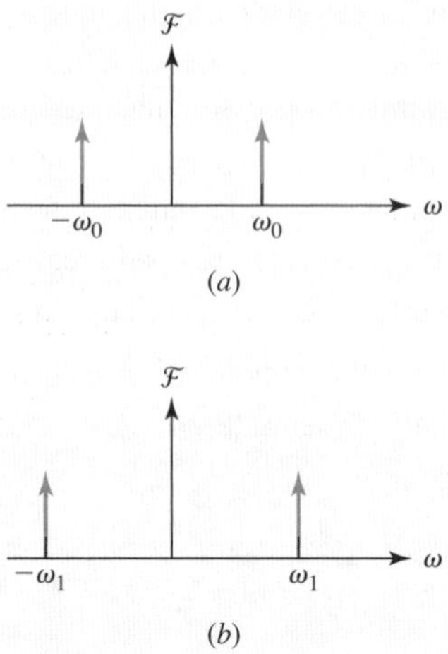

▲ **FIGURA 18.27** (*a*) Transformada de Fourier de $f(x) = \cos\omega_0 t$. (*b*) Transformada de Fourier de $h(x) = \cos\omega_1 t$.

EPÍLOGO

Retornando novamente à Equação [70], que mostra a identidade entre a função de sistema $\mathbf{H}(j\omega)$ e função de transferência $\mathbf{G}(\omega)$ em regime permanente senoidal, podemos agora considerar a função de sistema como a relação entre o fasor de saída e o fasor de entrada. Suponha que fixemos um fasor de entrada com amplitude unitária e ângulo de fase igual a zero. Então o fasor de saída é $\mathbf{H}(j\omega)$. Nessas condições, se gravarmos a amplitude e a fase da saída em função de ω, para todo ω, teremos gravado a função de sistema $\mathbf{H}(j\omega)$ em função de ω, para todo ω. Examinamos assim a resposta do sistema na condição que envolve a aplicação bem sucedida de um número infinito de senoides na entrada, todas com amplitude unitária e fase zero. Suponhamos agora que a nossa entrada seja um único impulso unitário e olhemos para a resposta ao impulso $h(t)$. A informação que examinamos é diferente daquela que acabamos de obter? A transformada de Fourier do impulso unitário é uma constante igual a 1, indicando que todos os componentes de frequência estão presentes, todos com mesmo módulo e com fase nula. A resposta de nosso sistema é a soma das respostas a todos esses componentes. A saída resultante poderia ser vista em um osciloscópio. É evidente que a função de sistema e a função resposta ao impulso contêm informações equivalentes sobre a resposta do sistema.

Temos portanto dois diferentes métodos para descrever a resposta de um sistema a uma função forçante genérica; uma delas é uma descrição no domínio do tempo, e a outra uma descrição no domínio da frequência. Trabalhando no domínio do tempo, fazemos a convolução da função forçante com a resposta ao impulso do sistema para obter a função resposta. Como vimos quando consideramos a convolução pela primeira vez, esse procedimento pode ser interpretado como a aplicação de um contínuo de impulsos com diferentes valores em diferentes instantes de tempo na entrada; a saída resultante é um contínuo de respostas ao impulso.

No domínio da frequência, no entanto, determinamos a resposta por meio da multiplicação da transformada de Fourier da função forçante pela função de sistema. Neste caso, interpretamos a transformada da função forçante como um espectro de frequências, ou um contínuo de senoides. Multiplicando-a pela função de sistema, obtemos a função resposta, também um contínuo de senoides.

RESUMO E REVISÃO

Seja pensando na saída como um contínuo de respostas ao impulso ou como um contínuo de respostas senoidais, a linearidade da rede e o princípio da superposição nos permitem determinar a saída total de uma função temporal como a soma ao longo de todas as frequências (a transformada inversa de Fourier), ou de uma função da frequência como a soma ao longo de todo o tempo (a transformada de Fourier).

Infelizmente, ambas as técnicas acima têm limitações e dificuldades associadas a seu uso. Ao usar a convolução, a integral que define essa operação pode ser bem difícil de se avaliar quando funções forçantes ou respostas ao impulso complicadas estão presentes. Além disso, do ponto de vista experimental, não podemos medir a resposta ao impulso de um sistema porque não somos realmente capazes de gerar um impulso. Mesmo se aproximássemos o impulso por um pulso estreito com amplitude elevada, provavelmente levaríamos nosso sistema à saturação, a um ponto fora de sua faixa de operação linear.

Com respeito ao domínio da frequência, encontramos uma limitação absoluta no que se refere ao fato de podermos facilmente imaginar funções forçantes que gostaríamos de aplicar na teoria, mas que não possuem transformadas de Fourier. Além disso, se desejarmos obter a descrição da função resposta no domínio do tempo, devemos avaliar uma transformada inversa de Fourier, e algumas dessas inversões podem ser extremamente difíceis.

Finalmente, nenhuma dessas técnicas oferece um método muito conveniente para o manuseio de condições iniciais. Para isso, a transformada de Laplace é claramente superior.

Os maiores benefícios derivados do uso da transformada de Fourier aparecem na abundância de informações úteis que ela fornece sobre as propriedades espectrais de um sinal, particularmente a energia ou a potência por largura de faixa. Algumas dessas informações também são facilmente obtidas por meio da transformada de Laplace; devemos deixar uma discussão detalhada sobre os méritos relativos de cada uma dessas técnicas para cursos mais avançados de sinais e sistemas.

Então, por que estivemos segurando essa informação até agora? A melhor resposta é que provavelmente essas técnicas poderosas podem complicar demais a solução de problemas simples e tendem a obscurecer a interpretação física do desempenho de redes mais simples. Por exemplo, se estivermos interessados apenas na resposta forçada, então não faz muito sentido usar a transformada de Laplace e obter as respostas natural e forçada passando por uma difícil operação de transformada inversa.

Bem, poderíamos continuar, mas todas as coisas boas devem chegar a um final. Boa sorte para você em seus estudos futuros.

- As frequências harmônicas de uma senoide com frequência fundamental ω_0 são $n\omega_0$, onde n é um inteiro. (Exemplos 18.1, 18.2)
- O teorema de Fourier diz que, desde que uma função $f(t)$ satisfaça a algumas propriedades fundamentais, ela pode ser representada pela série infinita $a_0 + \Sigma_{n=1}^{\infty} (a_n \cos n\omega_0 t + b_n \text{ sen } n\omega_0 t)$, onde $a_0 = (1/\text{T}) \int_0^{\text{T}} f(t)\, dt$, $a_n = (2/\text{T}) \int_0^{\text{T}} f(t) \cos n\omega_0 t\, dt$ e $b_n = (2/\text{T}) \int_0^{\text{T}} f(\text{t}) \text{ sen } n\omega_0 t\, dt$. (Exemplo 18.1)
- Uma função $f(t)$ possui simetria par se $f(t) = f(-t)$.
- Uma função $f(t)$ possui simetria ímpar se $f(t) = -f(-t)$.
- Uma função possui simetria de meia-onda se $f(t) = -f(t - T/2)$.
- A série de Fourier de uma função par é composta apenas por uma constante e por funções cosseno.
- A série de Fourier de uma função ímpar é composta apenas por funções seno.
- A série de Fourier de qualquer função possuindo simetria de meia-onda contém apenas harmônicos ímpares.
- A série de Fourier de uma função também pode ser expressa na forma complexa ou exponencial, onde $f(t) = \sum_{n=-\infty}^{\infty} \mathbf{c}_n e^{jn\omega_0 t}$ e $\mathbf{c}_n = (1/T) \int_{-T/2}^{T/2} f(t) e^{-jn\omega_0 t}$. (Exemplos 18.3, 18.4)
- A transformada de Fourier nos permite representar funções variáveis com o tempo no domínio da frequência, de maneira similar à transformada de Laplace. As equações que a definem são $\mathbf{F}(j\omega) = \int_{-\infty}^{\infty} e^{-j\omega t} f(t)\, dt$ e $f(t) = (1/2\pi) \int_{-\infty}^{\infty} e^{j\omega t} \mathbf{F}(j\omega)\, d\omega$. (Exemplos 18.5, 18.6, 18.7)
- A análise da transformada de Fourier pode ser implementada para analisar circuitos que contêm resistores, indutores, capacitores e/ou de maneira similar ao que é feito utilizando transformadas de Laplace. (Exemplo 18.8)

LEITURA COMPLEMENTAR

Um tratamento de leitura bastante fácil sobre a análise de Fourier pode ser encontrado em

Pinkus e S. Zafrany, *Fourier Series and Integral Transforms*. Cambridge: Cambridge University Press, 1997.

Finalmente, para aqueles interessados em aprender mais sobre a pesquisa de músculos, incluindo a microscopia eletrônica de tecidos, um excelente tratamento pode ser encontrado em

J. Squire, *The Structural Basis of Muscular Contraction*. New York: Plenum Press, 1981.

EXERCÍCIOS

18.1 Forma Trigonométrica da Série de Fourier

1. Determine a frequência fundamental, frequência fundamental radiana e o período das seguintes funções: (*a*) 5 sen $9t$; (*b*) 200 cos $70t$; (*c*) 4 sen $(4\,t - 10°)$; (*d*) 4 sen $(4\,t + 10°)$.

2. Desenhe gráficos considerando vários períodos do primeiro, terceiro e quinto harmônicos em um mesmo diagrama para cada uma das seguintes formas de onda periódica (na verdade, deseja-se obter três gráficos separados no total): (*a*) 3 sen t; (*b*) 40 cos $100t$; (*c*) 2 cos $(10t - 90°)$.

3. Calcule a_0 para as seguintes funções: (*a*) 4 sen $4t$; (*b*) 4 cos $4t$; (*c*) 4 + cos $4t$; (*d*) 4 (4 cos $t + 40°$)

4. Calcule a_0, a_1 e b_1,para as seguintes funções: (*a*) 2 cos $3t$; (*b*) 3 − cos $3t$; (*c*) 4 sen $(4t - 35°)$.

5. (*a*) Calcule os coeficientes de Fourier $a_0, a_1, a_2, a_3, b_1, b_2$ e b_3 para o função periódica $f(t) = 2u(t) - 2u(t+1) + 2u(t+2) - 2u(t+3) + \cdots$.

   (*b*) Faça o gráfico de $f(t)$ e a série de Fourier truncada após n = 3 por 3 períodos.

6. (*a*) Calcule os coeficientes de Fourier a_0, a_1, a_2, a_3, a_4, b_1, b_2, b_3 e b_4 para a função periódica $g(t)$, parcialmente esboçada na Figura 18.28. (*b*) Faça o gráfico de $g(t)$, juntamente com a representação da série de Fourier truncada após $n = 4$.

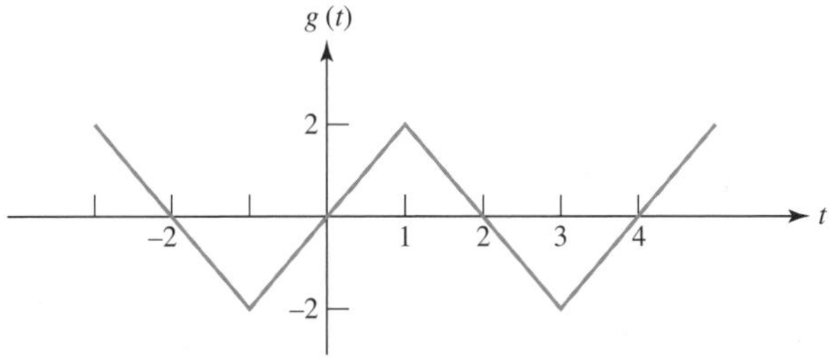

◄ FIGURA 18.28

7. Para a forma de onda periódica $f(t)$, representada na Figura 18.29, calcule a_1, a_2, a_3 e b_1, b_2, b_3.

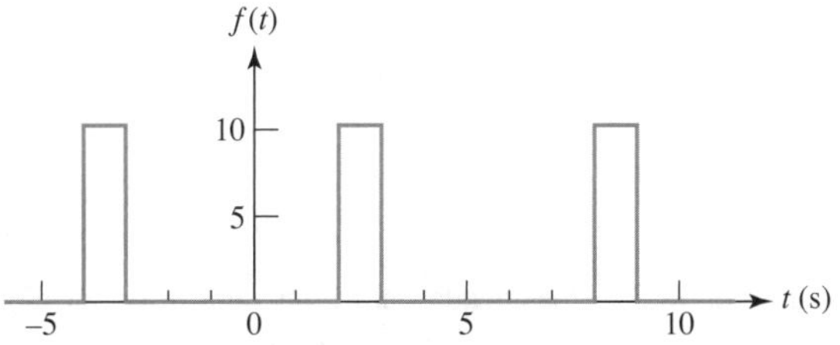

◄ FIGURA 18.29

8. Com relação ao gráfico da forma de onda periódica na Figura 18.29, seja $g_n(t)$ a representação da Série de Fourier de $f(t)$ truncada em n. [Por exemplo, se

$n = 1$, $g_1(t)$ tem três termos, definidos por a_0, a_1, e b_1.] (*a*) Faça o gráfico de $g_2(t)$, $g_3(t)$ e $g_5(t)$, juntamente com $f(t)$. (*b*) Calcule $f(2{,}5)$, $g_2(2{,}5)$, $g_3(2{,}5)$, e $g_5(2{,}5)$.

9. Com relação ao gráfico da forma de onda periódica $g(t)$, na Figura 18.28, defina $y_n(t)$, a representação da Séries de Fourier truncada em n. (Por exemplo, $y_2(t)$ tem cinco termos, definidos por a_0, a_1, a_2, b_1 e b_2.) (*a*) Faça o gráfico de $y_3(t)$ e $y_5(t)$, juntamente com $g(t)$. (*b*) Calcule $y_1(0{,}5)$, $y_2(0{,}5)$, $y_3(0{,}5)$ e $g(0{,}5)$.

10. Determine as expressões para a_n e b_n para o $g(t - 1)$, se a forma de onda periódica $g(t)$ é definido como o gráfico na Figura 18.28.

11. Desenhe o espectro de linhas (limitado aos seis maiores termos) para a forma de onda mostrada na Figura 18.4*a*.

12. Desenhe o espectro de linhas (limitado aos cinco maiores termos) para a forma de onda da Figura 18.4*b*.

13. Desenhe o espectro de linhas (limitado aos cinco maiores termos) para a forma de onda representada no gráfico da Figura 18.4*c*.

18.2 O Uso da Simetria

14. Informe se as funções a seguir apresentam simetria ímpar, simetria par, e/ou simetria de meia onda: (*a*) 4 sen 100 t; (*b*) 4 cos $100t$; (*c*) 4 cos($4t$ + 70º); (*d*) 4 cos $100t$ + 4; (*e*) de cada forma de onda da Figura 18.4.

15. Determine se as funções a seguir apresentam simetria ímpar, simetria par, e/ou simetria de meia onda: (*a*) a forma de onda na Figura 18.28; (*b*) $g(t - 1)$, se $g(t)$ é representada na Figura 18.28; (*c*) $g(t + 1)$, se $g(t)$ é representada na Figura 18.28; (*d*) a forma de onda da Figura 18.29.

16. A forma de onda não periódica $g(t)$ é definida na Figura 18.30. Use-a para criar uma nova função $y(t)$ de modo que $y(t)$ seja idêntica a $g(t)$ no intervalo de $0 < t < 4$ e também seja caracterizada por um período $t = 8$ e possua (*a*) simetria ímpar; (*b*) simetria par; (*c*), simetria par e de meia onda; (*d*) simetrias impar e de meia onda.

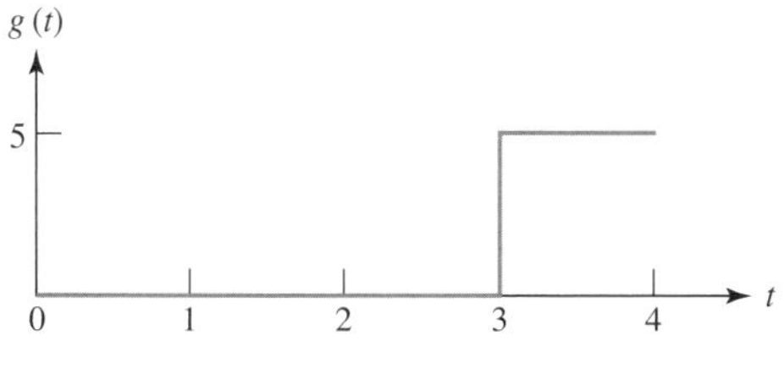

◀ **FIGURA 18.30**

17. Calcule a_0, a_1, a_2, a_3 e b_1, b_2, b_3 para a forma de onda periódica $v(t)$ representada na Figura 18.31.

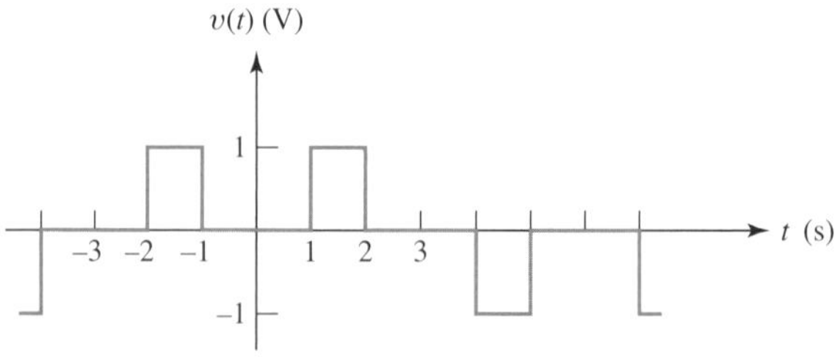

◀ **FIGURA 18.31**

DP 18. A forma de onda da Figura 18.31 é deslocada para criar uma nova forma de onda tal que $v_{novo}(t) = v(t + 1)$. Calcule a_0, a_1, a_2, a_3 e b_1, b_2, b_3.

19. Desenhe uma forma de onda triangular tendo uma amplitude de pico de 3, um período de 2 segundos, e caracterizado por (*a*) simetria par e de meia onda; (*b*) simetrias impar e de meia onda.

20. Faça uso da simetria o tanto quanto possível para obter valores numéricos para a_0, a_n e b_n, $1 \leq n \leq 10$, para a forma de onda mostrada na Figura 18.32.

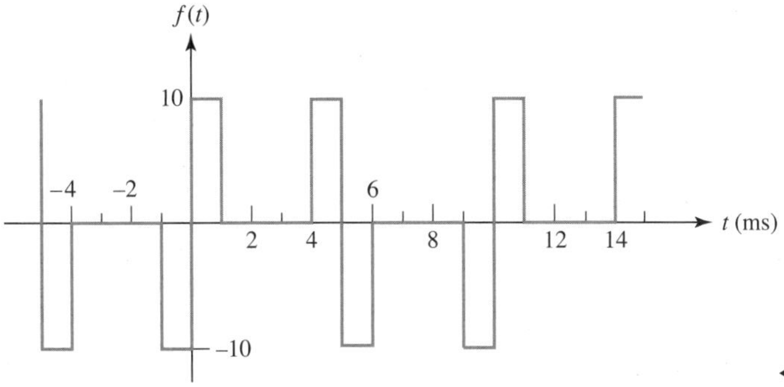

◀ **FIGURA 18.32**

18.3 Resposta Completa a Funções Forçantes Periódicas

21. Para o circuito da Figura 18.33*a*, calcule $v(t)$ se $i_s(t)$ é dado pela Figura 18.33*b* e $v(0) = 0$.

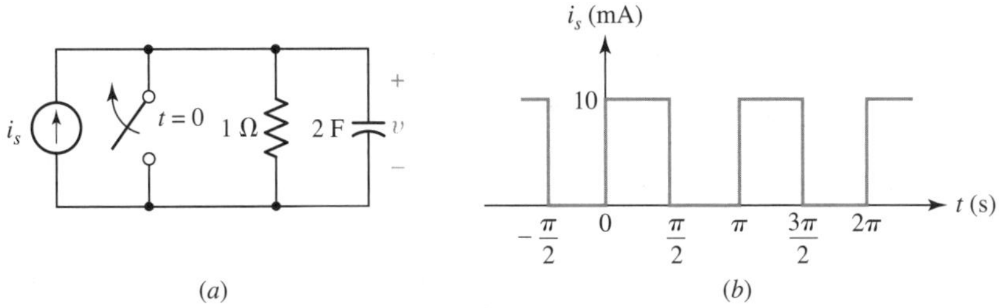

◀ **FIGURA 18.33**

22. Se a forma de onda mostrada na Figura 18.34 é aplicada no circuito da Figura 18.8*a*, calcule $i(t)$.

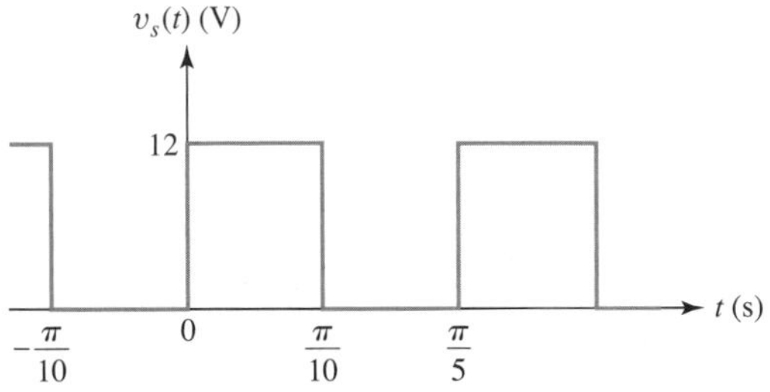

◀ **FIGURA 18.34**

23. O circuito da Figura 18.35*a* é submetido à forma de onda desenhada na Figura 18.35*b*. Determine a tensão em regime permanente $v(t)$.

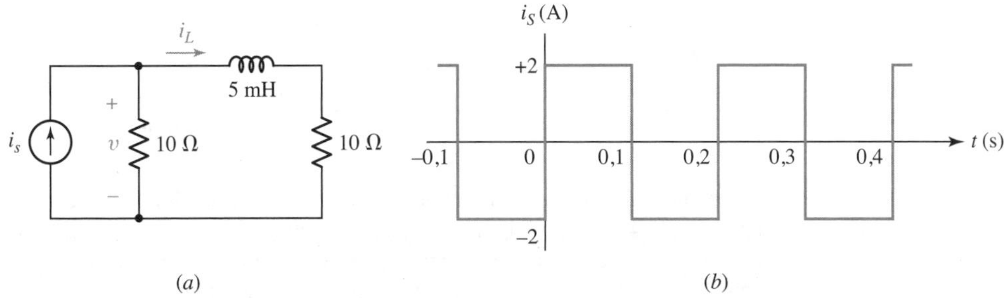

◀ **FIGURA 18.35**

24. Aplique a forma de onda da Figura 18.36 no circuito da Figura 18.35*b*, e calcule a corrente $i_L(t)$ em regime permanente.

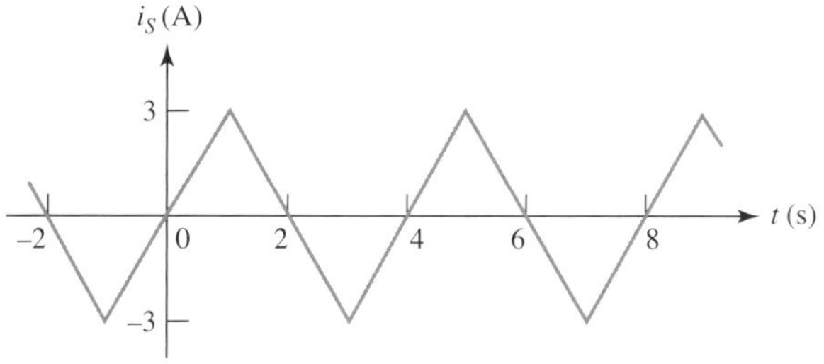

◀ **FIGURA 18.36**

25. Se a forma de onda de corrente da Figura 18.36 é aplicada ao circuito da Figura 18.33*a*, calcule a tensão $v(t)$ em regime permanente.

18.4 Forma Complexa da Série de Fourier

26. Seja a função $v(t)$ definida conforme indicado na Figura 18.10. Determine $\mathbf{c}_n$ para (*a*) $v(t + 0,5)$; (*b*) $v(t - 0,5)$.

27. Calcule $\mathbf{c}_0$, $\mathbf{c}_{\pm 1}$ e $\mathbf{c}_{\pm 2}$ para a forma de onda da Figura 18.36.

28. Determine os cinco primeiros termos da representação da série exponencial de Fourier da forma de onda do gráfico da Figura 18.33*b*.

29. Para a forma de onda periódica mostrada na Figura 18.37, determine (*a*) o período T; (*b*) $\mathbf{c}_0$, $\mathbf{c}_{\pm 1}$, $\mathbf{c}_{\pm 2}$ e $\mathbf{c}_{\pm 3}$.

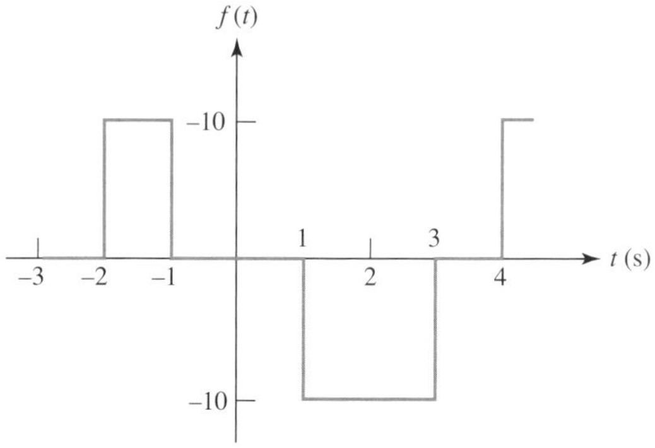

◀ **FIGURA 18.37**

30. Para a forma de onda periódica representada na Figura 18.38, calcule (*a*) o período T; (*b*) $\mathbf{c}_0$, $\mathbf{c}_{\pm 1}$, $\mathbf{c}_{\pm 2}$ e $\mathbf{c}_{\pm 3}$.

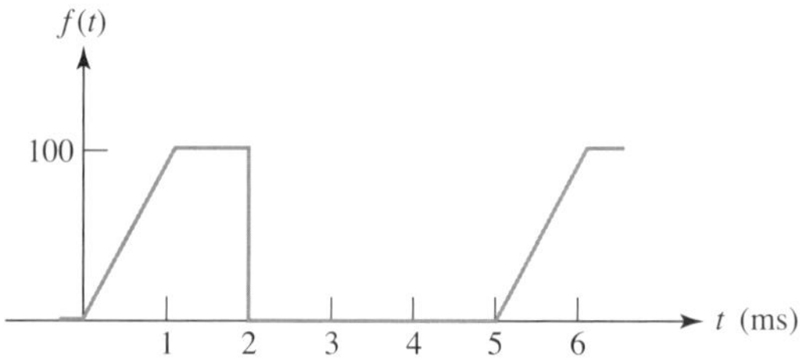

◀ **FIGURA 18.38**

31. Uma sequência de pulsos tem um período de 5 μs, uma amplitude unitária em $-0,6 < t < -0,4$ μs e em $0,4 < t < 0,6$ μs, e amplitude zero no restante do intervalo de um período. Essa série de pulsos poderia representar a transmissão do numero decimal 3 na forma binária em um computador digital. (*a*) Determine $\mathbf{c}_n$. (*b*) Avalie $\mathbf{c}_4$. (*c*) Avalie $\mathbf{c}_0$. (*d*) Determine $|\mathbf{c}_n|_{máx}$. (*e*) Determine N de forma

que $|\mathbf{c}_n| \leq 0,1|\mathbf{c}_n|_{máx}$ para todo $n > N$. (*f*) Qual é a largura de faixa necessária para se transmitir essa porção do espectro.

32. Seja uma tensão periódica $v_s(t) = 40$ V para $0 < t < \frac{1}{96}$ s, e 0 para $\frac{1}{96} < t < \frac{1}{16}$ s. Se $T = \frac{1}{16}$ s, determine (*a*) $\mathbf{c}_3$; (*b*) a potência fornecida à carga no circuito da Figura 18.39.

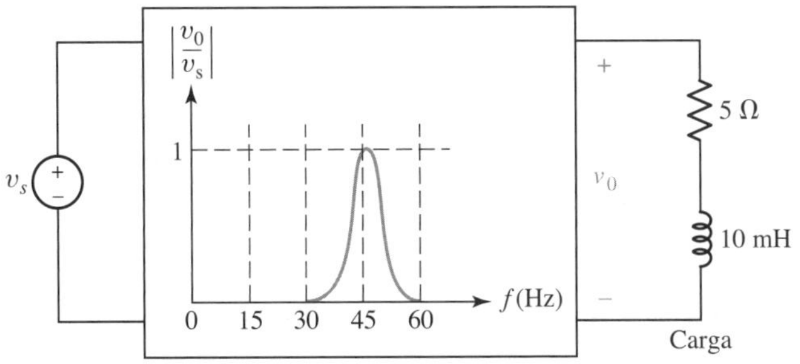

◀ **FIGURA 18.39**

18.5 Definição da Transformada de Fourier

33. Dado

$$g(t) = \begin{cases} 5 & -1 < t < 1 \\ 0 & \text{outro intervalo} \end{cases}$$

faça o gráfico de (*a*) $g(t)$; (*b*) $\mathbf{G}(j\omega)$.

34. Para a função $v(t) = 2u(t) - 2\,u(t+2) + 2\,u(t+4) - 2\,u(t+6)$ V, faça o gráfico de (*a*), $v(t)$; (*b*), $\mathbf{V}(j\omega)$.

35. Empregue a Equação [46*a*] para calcular $\mathbf{G}(j\omega)$ se $g(t)$ é (*a*) $5e^{-t}u(t)$; (*b*) $5te^{-t}u(t)$.

36. Obtenha a transformada de Fourier $\mathbf{F}(j\omega)$ do pulso triangular da Figura 18.40.

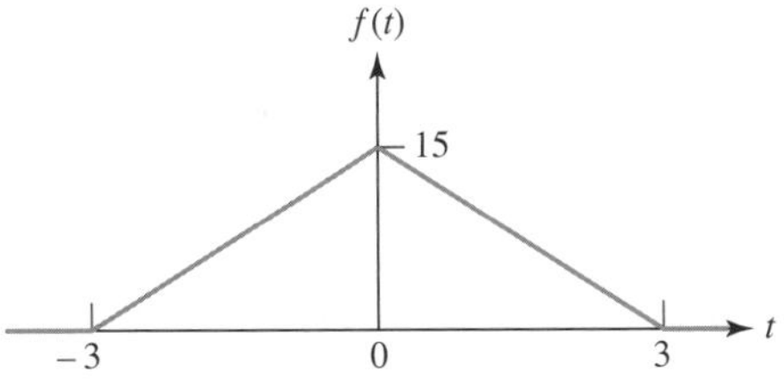

◀ **FIGURA 18.40**

37. Determine a transformada de Fourier $\mathbf{F}(j\omega)$ do pulso senoidal na forma de onda mostrada na Figura 18.41.

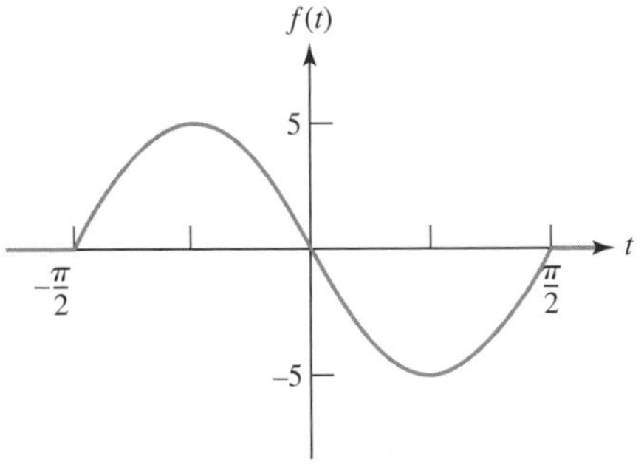

◀ **FIGURA 18.41**

18.6 Algumas Propriedades da Transformada de Fourier

38. Para $g(t) = 3e^{-t}u(t)$, calcule (*a*), $\mathbf{G}(j\omega)$; (*b*) $\mathbf{A}_g(1)$; (*c*) $\mathbf{B}_g(1)$; (*d*) $\varphi(\omega)$.

39. O pulso de tensão $2e^{-t}u(t)$ V é aplicado à entrada de um filtro passa-banda ideal. A faixa de passagem do filtro é definida por $100 < |f| < 500$ Hz. Calcule a energia de saída total.

40. Dado que a $v(t) = 4e^{-|t|}$ V, calcule o intervalo de frequências na qual se tem 85% da energia de 1 Ω.

41. Calcule a energia de 1 Ω associada à função $f(t) = 4te^{-3t}u(t)$.

42. Use a definição da transformada de Fourier para provar os seguintes resultados, onde

$\mathcal{F}\{f(t)\} = \mathbf{F}(j\omega)$: (*a*) $\mathcal{F}\{f(t - t_0)\} = e^{-j\omega t_0}\mathcal{F}\{f(t)\}$; (*b*) $\mathcal{F}\{df(t)/dt\} = j\omega\mathcal{F}\{f(t)\}$; (*c*) $\mathcal{F}\{f(kt)\} = (1/|k|)\mathbf{F}(j\omega/k)$; (*d*) $\mathcal{F}\{f(-t)\} = \mathbf{F}(-j\omega)$; (*e*) $\mathcal{F}\{tf(t)\} = j\,d[\mathbf{F}(j\omega)]/d\omega$.

18.7 Pares de Transformadas de Fourier para Algumas Funções Temporais Simples

43. Determine a transformada de Fourier das seguintes funções: (*a*) $5u(t) - 2\,\text{sgn}(t)$; (*b*) $2\cos 3t - 2$; (*c*) $4e^{-j3t} + 4e^{j3t} + 5u(t)$.

44. Encontre a transformada de Fourier de cada uma das seguintes funções: (*a*) $85u(t + 2) - 50\,u(t - 2)$; (*b*) $5\,\delta(t) - 2\cos 4t$.

45. Esboce de $f(t)$ e $|\mathbf{F}(j\omega)|$ se $f(t)$ é dado por (*a*) $2\cos 10t$; (*b*) $e^{-4t}u(t)$; (*c*) $5\,\text{sgn}(t)$.

46. Determine $f(t)$ se $\mathbf{F}(j\omega)$ é dada por (*a*) $4\,\delta(\omega)$; (*b*) $2/(5000 + j\omega)$; (*c*) $e^{-j120\omega}$.

47. Obtenha uma expressão para $f(t)$ se $\mathbf{F}(j\omega)$ é dada por

$$(a) - j\frac{231}{\omega};\ (b)\ \frac{1 + j2}{1 + j4};\ (c)\ 5\delta(\omega) + \frac{1}{2 + j10}.$$

18.8 A Transformada de Fourier de uma Função Temporal Periódica Genérica

48. Calcule a transformada de Fourier das seguintes funções: (*a*) $2\cos^2 5t$;(*b*) 7sen $4t\cos 3t$; (*c*) 3 sen$(4t - 40°)$.

49. Determine a transformada de Fourier da função periódica g(t), que é definida no intervalo de $0 < t < 10$ s por $g(t) = 2u(t) - 3\,u(t - 4) + 2\,u(t - 8)$.

50. Se $\mathbf{F}(j\omega) = 20\sum_{n=1}^{\infty}[1/(|n|! + 1)]\delta(\omega - 20n)$, encontre o valor de $f(0{,}05)$.

51. Dada a forma de onda periódica mostrada na Figura 18.42, determine a sua transformada de Fourier.

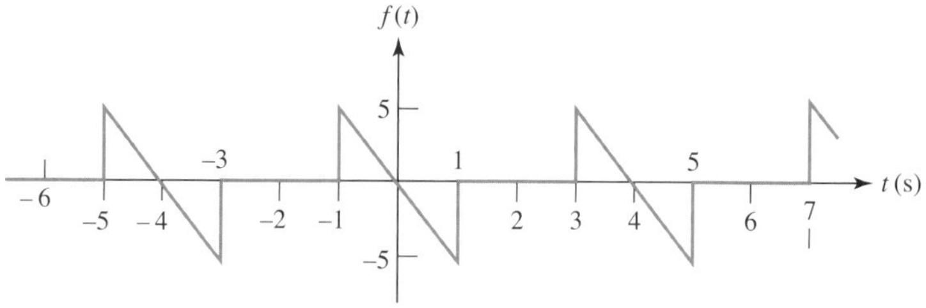

▶ **FIGURA 18.42**

18.9 A Função de Sistema e a Resposta no Domínio da Frequência

52. Se um sistema é descrito pela função de transferência $h(t) = 2u(t) + 2\,u(t - 1)$, use a convolução para o cálculo da saída (no domínio do tempo) se a entrada é (*a*) $2u(t)$; (*b*) $2te^{-2t}\,u(t)$.

53. Dada a função de entrada $x(t) = 5e^{-5t}u(t)$, empregue a convolução para obter uma saída no domínio do tempo, se o sistema de transferência de função $h(t)$ é dada por (*a*) $3\,u(t + 1)$; (*b*) $10te^{-t}u(t)$.

54. (*a*) Projete um amplificador não inversor com um ganho de 10. Se o circuito é construído usando um AOP μA741 alimentado por fontes de ± 15 V, determine a FFT da saída por meio de simulações apropriadas se a tensão de entrada opera em 1 kHz e tem amplitude de (*b*) 10 mV; (*c*) 1 V; (*d*) 2 V.

55. (*a*) Projete um amplificador inversor com ganho de 5. Se o circuito é construído usando um AOP μA741 alimentado por fontes de ± 10 V, faça simulações apropriadas para determinar a FFT da tensão de saída se a tensão de entrada tem uma frequência de 10 kHz e amplitude de (*b*) 500 mV; (*c*) 1,8 V; (*d*) 3 V.

18.10 Significado Físico da Função de Sistema

56. Com relação ao circuito da Figura 18.43, calcule $v_o(t)$, utilizando técnicas de Fourier se $v_i(t) = 2te^{-t}u(t)$ V.

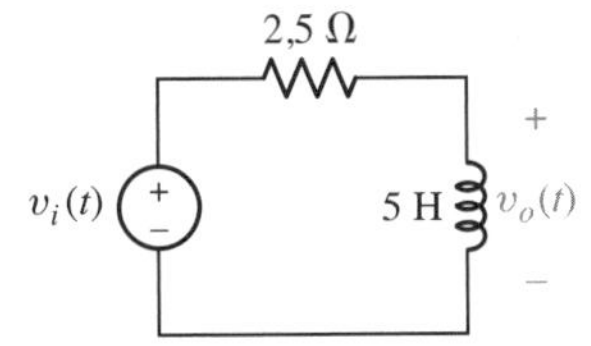

◀ **FIGURA 18.43**

57. Após o indutor da Figura 18.43 ser discretamente substituído por um capacitor de 2 F, calcule $v_o(t)$ utilizando técnicas de Fourier se $v_i(t)$ é igual a (*a*) $5u(t)$ V; (*b*) $3e^{-4t}u(t)$ V.

58. Empregue técnicas de Fourier para calcular $v_C(t)$ indicado na Figura 18.44 se $v_i(t)$ é igual a (*a*) $2u(t)$ V; (*b*) $2\,\delta(t)$ V.

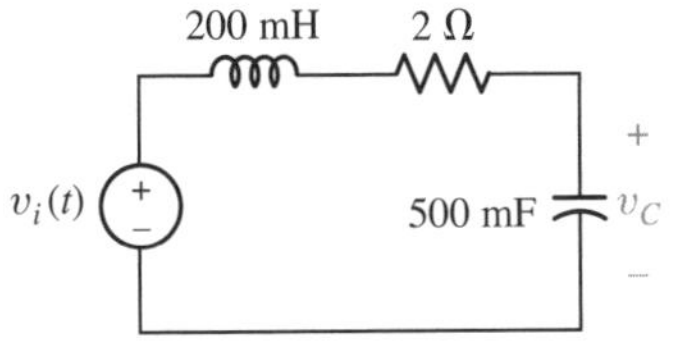

◀ **FIGURA 18.44**

59. Empregue técnicas de Fourier para calcular $v_o(t)$, conforme indicado na Figura 18.45 se $v_i(t)$ é igual a (*a*) $5u(t)$ V; (*b*) $3\,\delta(t)$ V.

60. Empregue técnicas de Fourier para calcular $v_o(t)$, conforme indicado na Figura 18.45 se $v_i(t)$ é igual a (*a*) $5\,u(t - 1)$ V; (*b*) $2 + 8e^{-t}u(t)$ V.

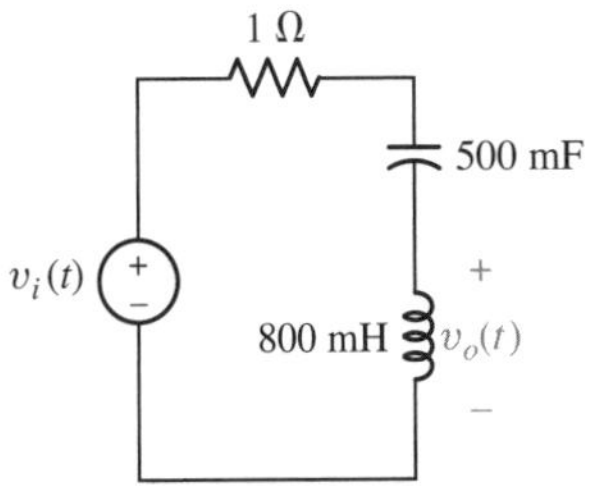

▲ **FIGURA 18.45**

Exercícios de integração do capítulo

61. Aplique a forma de onda pulsada da Figura 18.46*a* como a tensão de entrada $v_i(t)$ no circuito mostrado na Figura 18.44 e calcule $v_C(t)$.

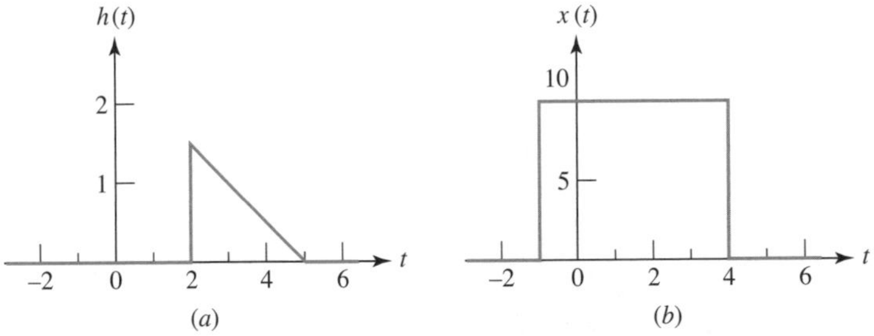

◀ **FIGURA 18.46**

62. Aplique a forma de onda pulsada da Figura 18.46*b* como a tensão de entrada $v_i(t)$ no circuito mostrado na Figura 18.44, e calcule $v_C(t)$.

63. Aplique a forma de onda pulsada da Figura 18.46*a* como a tensão de entrada $v_i(t)$ no circuito mostrado na Figura 18.44, e calcule $i_C(t)$, definida de acordo com a convenção de sinal passivo.

64. Aplique a forma de onda pulsada da Figura 18.46*b* como a tensão de entrada $v_i(t)$ no circuito mostrado na Figura 18.45, e calcular o $v(t)$.

65. Aplique a forma de onda pulsada da Figura 18.46*b* como a tensão de entrada $v_i(t)$ no circuito mostrado na Figura 18.45, e calcular o $v(t)$.

Apêndice 1

Uma Introdução à Topologia de Rede

Após trabalharmos com muitos problemas de circuitos, ficou aos poucos evidente que muitos dos circuitos que vimos têm algo em comum, pelo menos em termos do arranjo dos componentes. A partir dessa constatação, é possível criar uma visão mais abstrata de circuitos, que denominamos *topologia de rede*, um assunto que introduziremos neste apêndice.

A1.1 ▶ ÁRVORES E ANÁLISE NODAL GERAL

Planejamos agora generalizar o método de análise nodal que conhecemos e amamos. Já que a análise nodal é aplicável em qualquer rede, não podemos prometer que estaremos aptos a resolver uma classe mais ampla de problemas de circuito. Podemos, no entanto, desejar selecionar um método de análise nodal geral que possa resultar em menos equações e menos trabalho quando aplicado em um problema particular.

Devemos primeiramente estender a nossa lista de definições relacionadas à topologia de rede. Começamos definindo o próprio termo *topologia* como um ramo da geometria preocupado com as propriedades de uma figura geométrica que não se alteram quando a figura é torcida, dobrada, amassada, alongada, apertada ou amarrada, desde que partes da figura não sejam separadas ou conectadas. Uma esfera e um tetraedro são topologicamente idênticos, assim como um quadrado e um círculo. Em termos de circuitos elétricos, então, não estamos preocupados agora com os tipos particulares de elementos que nele aparecem, mas apenas com a maneira na qual os ramos e os nós estão arranjados. Na realidade, usualmente suprimimos a natureza dos elementos e simplificamos o traçado do circuito mostrando os elementos como linhas. O desenho resultante é chamado de grafo linear, ou simplesmente grafo. Um circuito e seu grafo são mostrados na Figura A1.1. Note que todos os nós são identificados como pontos cheios no grafo.

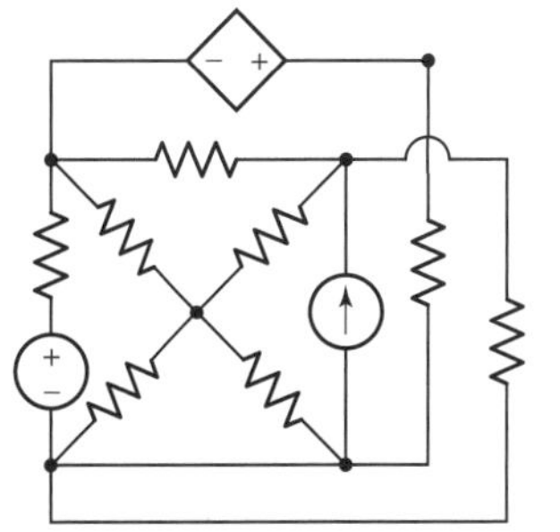
(*a*)

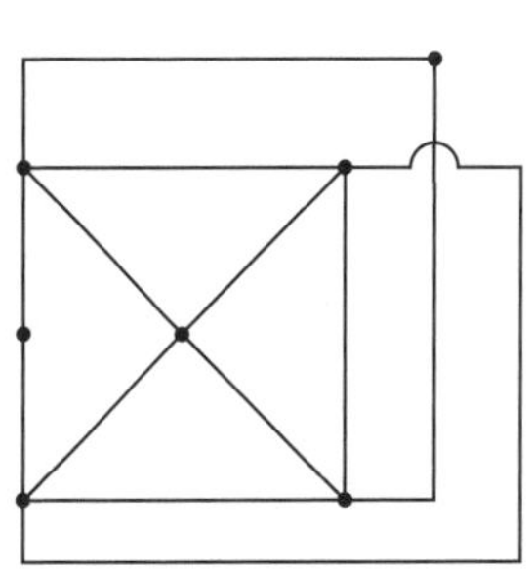
(*b*)

▲ **FIGURA A1.1** (*a*) Um circuito qualquer. (*b*) O grafo linear desse circuito.

Como as propriedades topológicas do circuito ou de seu grafo não mudam quando ele é distorcido, os três grafos mostrados na Figura A1.2 são topologicamente idênticos ao circuito e ao grafo da Figura A1.1.

Termos topológicos que já conhecemos e que estivemos usando corretamente são:

- *Nó*: Ponto no qual dois um mais elementos têm uma conexão comum.
- *Caminho*: Conjunto de elementos que podem ser atravessados ordenadamente sem que passemos duas vezes pelo mesmo nó.

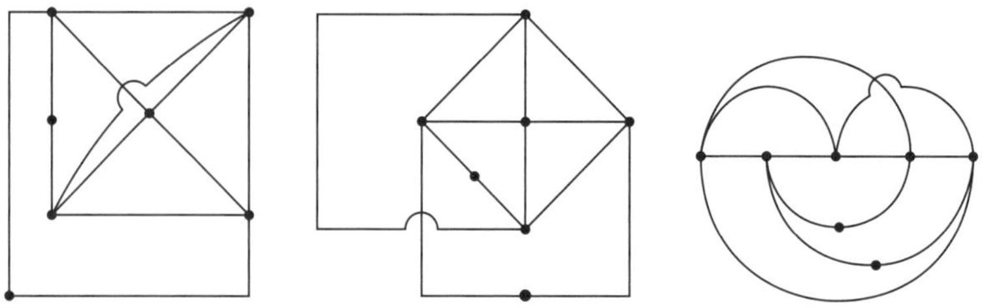

▲ **FIGURA A1.2** (*a*, *b*, *c*) Grafos lineares alternativos para o circuito da Figura A1.1.

- *Ramo*: Caminho único, contendo um elemento simples, que conecta um nó a qualquer outro nó.
- *Laço*: Um caminho fechado.
- *Malha*: Laço que não contém nenhum outro laço dentro de si.
- *Circuito Planar*: Circuito que pode ser desenhado em uma superfície plana de forma tal que nenhum ramo passe sobre ou sob outro ramo.
- *Circuito não planar*: Qualquer circuito que não seja planar.

Os grafos da Figura A1.2 contêm 12 ramos e 7 nós.

Três novas propriedades de um grafo linear devem ser definidas agora – a *árvore*, a *co-árvore* e o *elo*. Definimos uma *árvore* como qualquer conjunto de ramos não contendo laços que ainda assim conectem todos os nós entre si, não necessariamente de forma direta. Há usualmente um certo número de árvores diferentes que podem ser traçadas para uma rede, e esse número cresce rapidamente à medida que a complexidade da rede aumenta. O grafo simples mostrado na Figura A1.3*a* tem oito possíveis árvores, quatro delas ilustradas por meio de linhas cheias nas Figuras A1.3*b*, *c*, *d* e *e*.

▲ **FIGURA A1.3** (*a*) O grafo linear de uma rede com três nós. (*b*, *c*, *d*, *e*) Quatro das oito diferentes árvores que podem ser desenhadas para esse grafo são mostradas em linhas pretas.

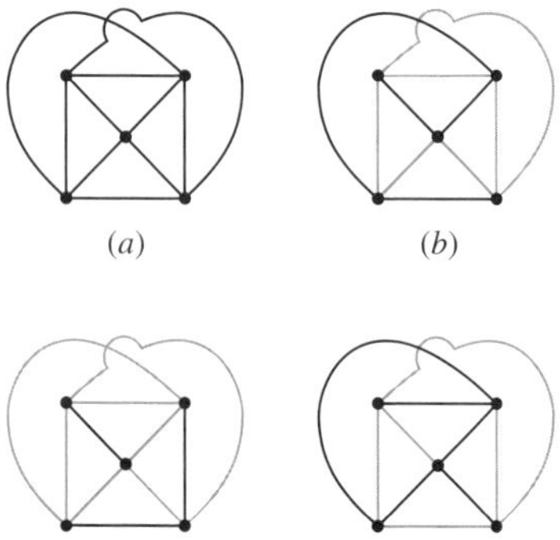

▲ **FIGURA A1.4** (*a*) Um grafo linear. (*b*) Uma possível árvore para esse grafo. (*c*, *d*) Esses conjuntos de ramos não satisfazem à definição de uma árvore.

A Figura A1.4*a* mostra um grafo mais complexo. A Figura A1.4*b* mostra uma possível árvore, e as Figuras A1.4*c* e *d* mostram conjuntos de ramos que não são árvores por não satisfazerem à definição.

Após a especificação de uma árvore, os ramos que não fazem parte dessa árvore formam a *co-árvore*, ou o complemento da árvore. As linhas suaves nas Figuras A1.3*b* a *d* mostram as co-árvores correspondentes às árvores marcadas em linhas cheias.

Desde que tenhamos entendido a construção de uma árvore e de sua co-árvore, o conceito de *elo* é muito simples, pois um elo é qualquer ramo pertencente à co-árvore. É evidente que qualquer ramo particular pode ser ou não um elo, dependendo da árvore particular selecionada.

O número de elos em um grafo pode ser facilmente relacionado ao número de ramos e nós. Se o grafo tem N nós, então exatamente $(N - 1)$

ramos são necessários para construir uma árvore porque o primeiro ramo escolhido conecta dois nós e cada ramo adicional inclui um nó a mais.

Logo, dados B ramos, o número de elos L deve ser

$$L = B - (N - 1)$$

ou

$$L = B - N + 1 \qquad [1]$$

Há L ramos na co-árvore e $(N - 1)$ ramos na árvore.

Em qualquer um dos grafos mostrados na Figura A1.3, notamos que $3 = 5 - 3 + 1$, e no grafo da Figura A1.4*b*, $6 = 10 - 5 + 1$. Uma rede pode conter várias partes separadas, e a Equação [1] pode ser generalizada com a troca de $+1$ por $+S$, onde S é o número de partes separadas. No entanto, também é possível conectar duas partes separadas por meio de um único condutor, o que faz com que dois nós se reduzam a apenas um nó; nenhuma corrente pode fluir neste único condutor. Esse processo pode ser usado para conectar qualquer número de partes separadas, e assim não sofremos nenhuma perda de generalidade se restringirmos a nossa atenção a circuitos nos quais $S = 1$.

Agora estamos prontos para discutir um método que nos permite escrever um conjunto de equações nodais que sejam independentes e suficientes. Esse método nos permite obter muitos conjuntos de equações diferentes para a mesma rede, e todos os conjuntos são válidos. Entretanto, tal método não nos fornece todos os conjuntos de equações possíveis. Vamos primeiro descrever o procedimento, ilustrá-lo em três exemplos e então apontar o porquê de as equações serem independentes e suficientes.

Dada uma rede, devemos:

1. Desenhar um grafo e então identificar uma árvore.
2. Colocar todas as fontes de tensão na árvore.
3. Colocar todas as fontes de corrente na co-árvore.
4. Colocar na árvore todos os ramos que forneçam variáveis de controle para fontes dependentes controladas por tensão, se possível.
5. Colocar na co-árvore todos os ramos que forneçam variáveis de controle para fontes dependentes controladas por corrente, se possível.

Esses quatro últimos passos efetivamente associam tensões à árvore e correntes à co-árvore.

Agora atribuímos uma variável de tensão (com seu par de sinais mais e menos) a cada um dos $(N - 1)$ ramos da árvore. A um ramo contendo uma fonte de tensão (dependente ou independente), devemos atribuir a tensão da fonte; a um ramo contendo uma tensão de controle, devemos atribuir a tensão de controle. O número de novas variáveis que introduzimos é portanto igual ao número de ramos da árvore $(N - 1)$, que pode ser reduzido pelo número de fontes de tensão presentes na árvore e também pelo número de tensões de controle que conseguimos posicionar em seu interior. No Exemplo A1.3, veremos que o número de novas variáveis necessárias pode ser nulo.

De posse de um conjunto de variáveis, precisamos agora escrever um conjunto de equações que sejam suficientes para determinar essas variáveis. As equações são especificadas com a aplicação da LKC. Fontes de tensão são consideradas da mesma forma como quando fizemos nossas primeiras investidas usando a análise nodal; cada fonte de tensão e os dois nós em seus terminais constituem um supernó ou parte de um supernó. A lei de Kirchhoff das correntes é então aplicada em todos os nós e supernós remanescentes, exceto um. Igualamos a zero a soma das correntes que deixam o nó através dos ramos a ele conectados. Cada corrente é expressa em termos das variáveis de tensão que acabamos de assinalar. Um nó pode ser ignorado, da mesma forma que fizemos anteriormente com o nó de referência. Finalmente, nos casos onde houver fontes dependentes controladas por corrente, devemos escrever uma equação para cada corrente de controle de forma a relacioná-la às variáveis de tensão; isso também não difere do procedimento usado anteriormente na análise nodal.

Vamos testar esse processo no circuito mostrado na Figura A1.5*a*. Ele contém quatro nós e cinco ramos, e seu grafo é mostrado na Figura A1.5*b*.

▶ EXEMPLO A1.1

Determine o valor de v_x no circuito da Figura A1.5*a*.

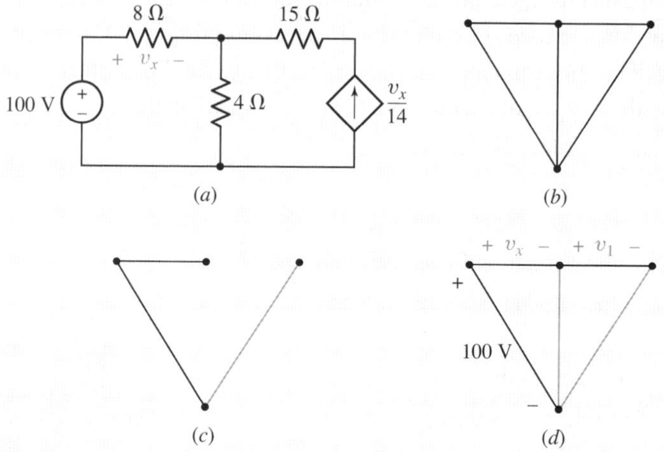

▲ **FIGURA A1.5** (*a*) Circuito usado como exemplo para a análise nodal geral. (*b*) O grafo do circuito dado. (*c*) A fonte de tensão e a tensão de controle são colocadas na árvore, enquanto a fonte de corrente vai para a co-árvore. (*d*) A árvore é completada e uma tensão é atribuída a cada um dos ramos.

De acordo com os passos 2 e 3 do procedimento do traçado de árvores, colocamos a fonte de tensão na árvore e a fonte de corrente na co-árvore. Seguindo o passo 4, vemos que o ramo v_x também pode ser colocado na árvore, já que ele não forma qualquer laço que possa violar a definição de uma árvore. Chegamos agora aos dois ramos de árvore e ao único elo mostrados na Figura A1.5*c*, e vemos que ainda não temos uma árvore, pois o nó da direita não está conectado aos demais nós por um caminho através dos ramos da árvore. A única maneira possível de completar a árvore é mostrada na Figura A1.5*d*. A fonte de 100 V, a tensão de controle v_x e uma nova variável v_1 são em seguida atribuídas aos três ramos da árvore, como mostrado.

Temos portanto duas incógnitas, v_x e v_1, e precisamos obter duas equações em termos delas. Há quatro nós, mas a presença da fonte de tensão faz com que dois deles formem um supernó. A lei de Kirchhoff das correntes pode ser aplicada em quaisquer dois dos três nós ou supernós remanescentes. Vamos atacar o nó da direita primeiro. A corrente saindo para a esquerda é $-v_1/15$, enquanto aquela saindo para baixo é $-v_x/14$. Logo, nossa primeira equação é

$$-\frac{v_1}{15}+\frac{-v_x}{14}=0$$

O nó central na parte de cima do circuito parece mais fácil de se trabalhar do que o supernó, e assim igualamos a zero a soma das correntes para a esquerda ($-v_x/8$), para a direita ($v_1/15$) e para baixo através do resistor de 4 Ω. Essa última corrente é dada pela divisão da tensão nos terminais do resistor por 4 Ω, mas não há tensão identificada para esse elo. Entretanto, quando uma árvore é construída de acordo com a definição, sempre há um caminho passando por ela que conecte ambos os nós de um elo. Então, como cada ramo da árvore tem a si associada uma tensão, podemos expressar a tensão em qualquer elo em termos das tensões nos ramos das árvores. Essa corrente para baixo é portanto $(-v_x + 100)/4$, e temos a segunda equação,

$$-\frac{v_x}{8}+\frac{v_1}{15}+\frac{-v_x+100}{4}=0$$

A solução simultânea dessas duas equações nodais fornece

$$v_1 = -60\ \text{V} \qquad v_x = 56\ \text{V}$$

▶ EXEMPLO A1.2

Determine os valores de v_x e v_y no circuito da Figura A1.6*a*.

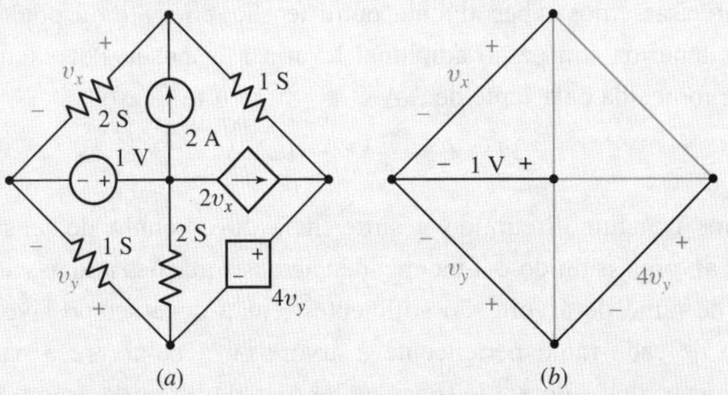

▲ **FIGURA A1.6** (*a*) Um circuito com 5 nós. (*b*) Uma árvore é escolhida de forma que ambas as fontes de tensão e ambas as tensões de controle sejam ramos da árvore.

Desenhamos uma árvore de forma que ambas as fontes de tensão e ambas as tensões de controle apareçam como tensões de ramo de árvore e, portanto, como variáveis atribuídas. Como pode ser visto na Figura A1.6*b*, esses quatro ramos constituem uma árvore e tensões de ramo de árvore v_x, 1, v_y e $4v_y$ são escolhidas. Ambas as fontes de tensão definem supernós, e aplicamos a LKC duas vezes, uma no nó de cima,

$$2v_x + 1(v_x - v_y - 4v_y) = 2$$

e a outra no supernó formado pelo nó da direita, o nó de baixo e a fonte de tensão dependente,

$$1v_y + 2(v_y - 1) + 1(4v_y + v_y - v_x) = 2v_x$$

Ao invés das quatro equações que esperaríamos usando as técnicas estudadas previamente, temos apenas duas, e obtemos facilmente $v_x = \frac{26}{9}$ V e $v_y = \frac{4}{3}$ V.

▶ EXEMPLO A1.3

Determine o valor de v_x no circuito da Figura A1.7*a*.

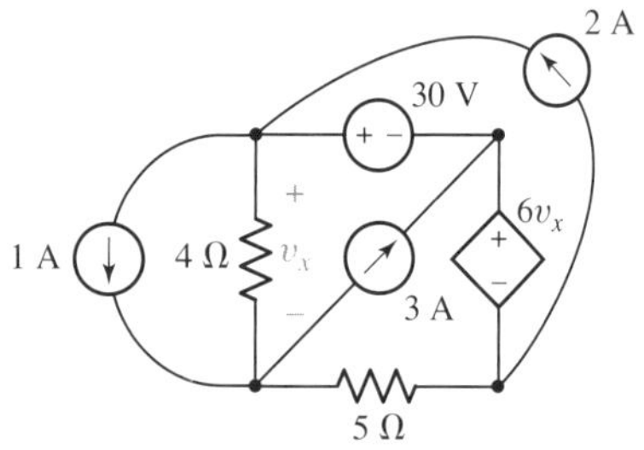

(*a*)

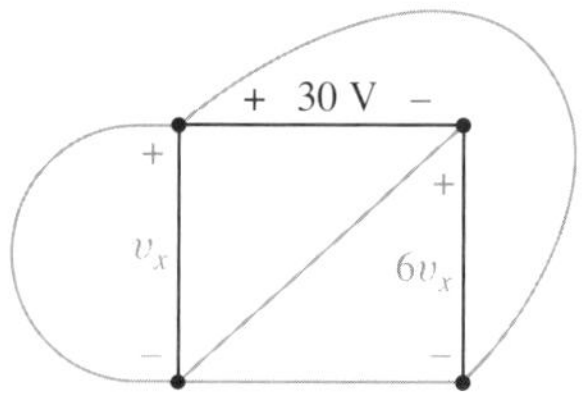

(*b*)

▲ **FIGURA A1.7** (*a*) Um circuito para o qual apenas uma equação nodal geral precisa ser escrita. (*b*) A árvore e as tensões de ramo de árvore usadas.

As duas fontes de tensão e a tensão de controle estabelecem a árvore com três ramos mostrada na Figura A1.7*b*. Como os dois nós de cima e o nó inferior direito se juntam para formar um supernó, precisamos escrever apenas uma equação LKC. Selecionando o nó esquerdo inferior, temos

$$-1 - \frac{v_x}{4} + 3 + \frac{-v_x + 30 + 6v_x}{5} = 0$$

e daí segue que $v_x = -\frac{32}{3}$ V. A despeito da aparente complexidade desse circuito, o uso da análise nodal geral levou a uma solução fácil. O emprego de correntes de malha ou de tensões nodais requereria mais equações e um esforço maior.

Discutimos na próxima seção o problema de encontrar o melhor esquema de análise.

Se precisássemos saber alguma outra tensão, corrente ou potência no exemplo anterior, um passo adicional levaria à resposta. Por exemplo, a potência fornecida pela fonte de 3 A é

$$3\left(-30 - \tfrac{32}{3}\right) = -122 \text{ W}$$

Vamos concluir discutindo a suficiência do conjunto de tensões de ramo de árvore assumido e a independência das equações nodais. Se essas tensões de ramo de árvore são suficientes, então deve ser possível obter a tensão de cada ramo pertencente à árvore ou à co-árvore a partir do conhecimento dos valores de todas as tensões de ramo de árvore. Isso é certamente verdadeiro para os ramos pertencentes à árvore. Sabemos que os elos se estendem entre dois nós, e, por definição, a árvore também deve conectar esses dois nós. Portanto, toda tensão em um elo também pode ser estabelecida em termos de tensões de ramos de árvore.

Uma vez que conheçamos a tensão em cada ramo do circuito, então todas as correntes podem ser obtidas com o uso do valor dado de corrente se o ramo consistir em uma fonte de corrente, ou com o uso da lei de Ohm se ele for um ramo resistivo, ou com o uso da LKT e desses valores de corrente se por acaso o ramo for uma fonte de tensão. Logo, todas as tensões e correntes são determinadas e a suficiência é demonstrada.

Para demonstrar a independência, vamos nos satisfazer assumindo a situação onde as únicas fontes na rede são fontes de corrente independentes. Como notamos anteriormente, a presença no circuito de fontes de tensão independentes resulta em um menor número de equações, enquanto fontes dependentes usualmente demandam um maior número de equações. Com apenas fontes de corrente independentes, haverá precisamente (N – 1) equações nodais escritas em termos de (N – 1) tensões de ramo de árvore. Para mostrar que essas (N – 1) equações são independentes, visualize a aplicação da LKC aos (N – 1) diferentes nós. Cada vez que escrevermos uma equação LKC, haverá um novo ramo de árvore envolvido – que conecta aquele nó ao restante da árvore. Como esse elemento de circuito não terá aparecido em nenhuma equação prévia, devemos obter uma equação independente. Isso é verdadeiro para cada um dos (N – 1) nós, e portanto temos (N – 1) equações independentes.

▶ EXERCÍCIO DE FIXAÇÃO

A1.1 (*a*) Quantas árvores podem ser construídas para o circuito da Figura A1.8 seguindo todas as cinco sugestões listadas anteriormente para o traçado de árvores? (*b*) Desenhe uma árvore adequada, escreva duas equações com duas incógnitas e determine i_3. (*c*) Qual é a potência fornecida pela fonte dependente?

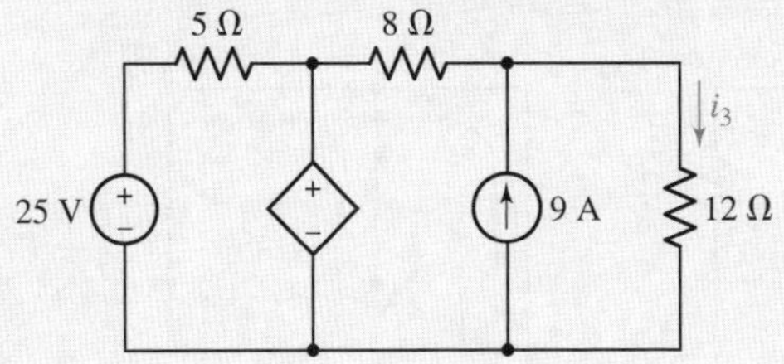

◀ **FIGURA A1.8**

Resposta: 1; 7,2 A; 547 W.

A1.2 ▶ ELOS E ANÁLISE DE LAÇO

Consideramos agora o uso de uma árvore para obter um conjunto adequado de equações de laço. Em alguns aspectos, este é o *dual* do método de escrita de equações nodais. Deve ser frisado novamente que, embora possamos garantir que qualquer conjunto de equações que escrevamos seja suficiente e independente, não devemos esperar que esse método leve diretamente a todos os conjuntos de equações possíveis.

Começamos novamente construindo uma árvore, e usamos o mesmo conjunto de regras que usamos na análise nodal geral. O objetivo da análise nodal ou da análise de laço é colocar as tensões na árvore e as correntes na co-árvore; esta é uma regra obrigatória paras as fontes e desejável para as grandezas controladoras.

Agora, no entanto, ao invés de atribuir uma tensão a cada ramo da árvore, atribuímos uma corrente (incluindo a seta de referência, é claro) a cada elemento da co-árvore, ou a cada elo. Se houver 10 elos, vamos atribuir exatamente 10 correntes de elo. A qualquer elo que contiver uma fonte de corrente, atribuímos a corrente da fonte. Note que cada corrente de elo também pode ser pensada como se fosse uma corrente de laço, pois o elo deve se estender entre dois nós específicos, e também deve haver um caminho entre aqueles mesmos dois nós passando pela árvore. Logo, a cada elo existe associado um único laço específico que inclui aquele elo e um caminho único através da árvore. É evidente que a corrente atribuída pode ser pensada como uma corrente de laço ou como uma corrente de elo. A conotação do elo é mais útil na hora em que as correntes estão sendo definidas, pois deve-se atribuir uma delas a cada elo; a interpretação do laço é mais conveniente na hora de escrever as equações, porque aplicaremos a LKT em torno de cada laço.

Vamos testar esse processo de definição de correntes de elo considerando o circuito mostrado na Figura A1.9*a*. A árvore selecionada é uma das várias árvores que poderiam ser construídas nas quais a fonte de tensão está localizada em um ramo de árvore e a fonte de corrente está em um elo. Vamos considerar primeiro o elo contendo a fonte de corrente. O laço associado a esse elo está na malha da esquerda, e então mostramos nossa corrente de elo fluindo no perímetro dessa malha (Figura A1.9*b*). Uma escolha óbvia para o símbolo dessa corrente de elo é "7A". Lembre-se que nenhuma outra corrente pode fluir nesse elo específico, e portanto o seu valor deve ser exatamente a amplitude da fonte de corrente.

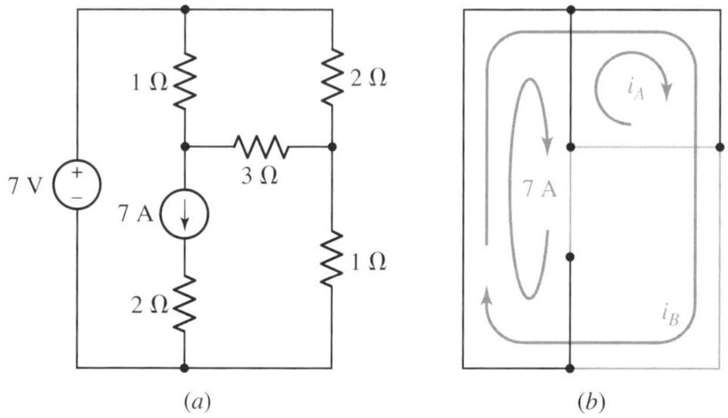

▲ **FIGURA A1.9** (*a*) Um circuito simples. (*b*) Escolhe-se uma árvore de forma tal que a fonte de corrente esteja em um elo e a fonte de tensão esteja no ramo de uma árvore.

Voltamos agora a nossa atenção ao elo contendo o resistor de 3 Ω. O laço associado a esse elo é a malha superior da direita, e essa corrente de laço (ou de malha) é definida como i_A e também mostrada na Figura A1.9*b*. O último elo é o resistor de 1 Ω na parte de baixo do circuito, e o único caminho entre os seus terminais passando pela árvore é o perímetro do circuito. A corrente de elo é chamada de i_B, e a seta indicando o seu caminho e a direção de referência aparece na Figura A1.9*b*. Ela não é uma corrente de malha.

Note que cada elo possui apenas uma corrente, mas um ramo de árvore pode conter de 1 ao número total de correntes de elo atribuídas. O uso de setas longas, quase fechadas, indicando os laços, ajuda a destacar qual corrente de laço flui através de que árvore e qual é a sua direção de referência.

Uma equação LKT deve agora ser escrita para cada um desses laços. As variáveis usadas são as correntes de elo atribuídas. Como a tensão nos terminais de uma fonte de corrente não pode ser expressa em termos da corrente da fonte, e como já usamos o valor da corrente da fonte como uma corrente de elo, descartamos qualquer laço contendo fontes de corrente.

▶ EXEMPLO A1.4

Para o exemplo da Figura A1.9, determine os valores de i_A e i_B.

Primeiro atravessamos o laço i_A no sentido horário, partindo do canto inferior esquerdo. A corrente seguindo o nosso caminho no resistor é $(i_A - 7)$, no elemento de 2 Ω é $(i_A + i_B)$, e no elo é simplesmente i_B. Logo,

$$1(i_A - 7) + 2(i_A + i_B) + 3i_A = 0$$

Para o elo i_B, o percurso no sentido horário partindo do canto inferior esquerdo leva a

$$-7 + 2(i_A + i_B) + 1i_B = 0$$

A travessia do laço definido pelo elo de 7 A não é necessária. Resolvendo, temos $i_A = 0,5$ A e $i_B = 2$ A, novamente. A solução foi obtida com uma equação a menos do que antes.

▶ EXEMPLO A1.5

Avalie i_1 no circuito mostrado na Figura A1.10*a*.

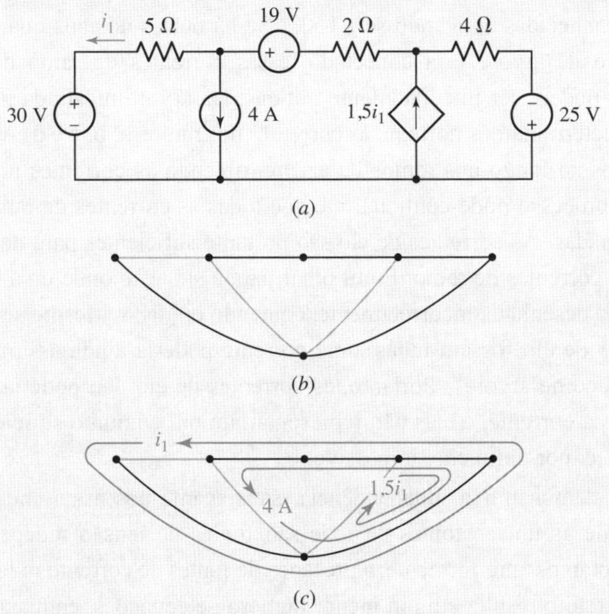

▲ **FIGURA A1.10** (*a*) Um circuito no qual a corrente i_1 pode ser encontrada com uma equação usando-se a análise de laço geral. (*b*) A única árvore que satisfaz às regras apresentadas na Seção A1.1. (*c*) As três correntes de elo são mostradas com os seus laços.

Esse circuito contém seis nós, e sua árvore deve ter cinco ramos. Como há oito elementos na rede, existem três elos na co-árvore. Se colocarmos as três fontes de tensão na árvore e as duas fontes de corrente e a corrente de controle na co-árvore, somos levados à árvore mostrada na Figura A1.10*b*. A fonte de corrente de 4 A define um laço, como mostra a Figura A1.10*c*. A fonte dependente estabelece a corrente de laço $1{,}5i_1$ em torno da malha da direita, e a corrente de controle i_1 nos dá a corrente de laço restante em torno do perímetro do circuito. Note que todas as três correntes passam pelo resistor de 4 Ω. Temos apenas uma grandeza desconhecida, i_1, e após descartar os laços definidos pelas duas fontes de corrente, aplicamos a LKT na parte de fora do circuito:

$$-30 + 5(-i_1) + 19 + 2(-i_1 - 4) + 4(-i_1 - 4 + 1{,}5i_1) - 25 = 0$$

Além das três fontes de tensão, há três resistores nesse laço. O resistor de 5 Ω tem apenas uma corrente de laço passando por ele, por também ser um elo; o resistor de 2 Ω contém duas correntes de laço; o resistor de 4 Ω tem três. Um conjunto cuidadosamente desenhado de correntes de laço é necessário se quisermos evitar erros como o esquecimento de correntes, o uso de correntes a mais ou o emprego da direção errada para as correntes. A equação acima é garantida, contudo, e leva a $i_1 = -12$ A.

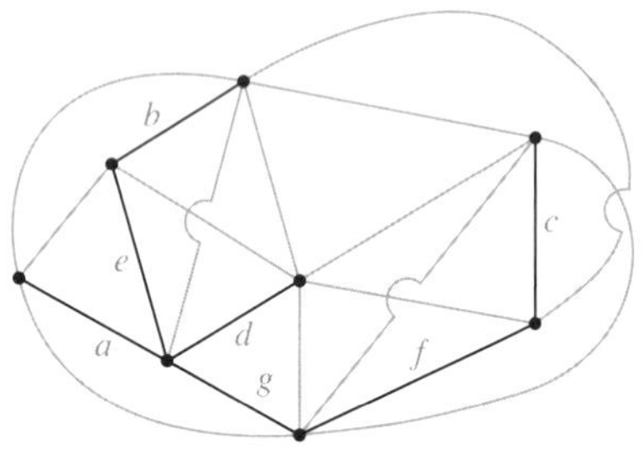

▲ **FIGURA A1.11** Árvore usada como exemplo para ilustrar a suficiência das correntes de elo.

Como poderíamos demonstrar a suficiência? Visualizemos uma árvore. Ela não contém laços e portanto contém pelo menos dois nós, a cada um dos quais pelo menos um ramo de árvore está conectado. A corrente em cada um desses dois ramos é facilmente determinada a partir das correntes de elo conhecidas aplicando-se a LKC. Se há outros nós aos quais apenas um ramo de árvore está conectado, essas correntes de ramo de árvore também podem ser imediatamente obtidas. Na árvore mostrada na Figura A1.11, determinamos portanto as correntes nos ramos **a**, **b**, **c** e **d**. Agora nos movemos ao longo dos ramos da árvore, obtendo as correntes nos ramos **e** e **f**; o processo pode continuar até que todas as correntes de ramo sejam determinadas. As correntes de elo são portanto suficientes para determinar todas as correntes de ramo. É útil olhar para a situação onde uma "árvore" tiver sido desenhada incorretamente, contendo um laço. Mesmo se todas as correntes de elo fossem nulas, uma corrente poderia ainda assim circular nesse "laço de árvore". Portanto, as correntes de elo não poderiam determinar essa corrente, e elas não representariam um conjunto suficiente. Tal "árvore" é, por definição, impossível.

Para demonstrar a independência, satisfaçamo-nos assumindo a situação onde as únicas fontes na rede são fontes de tensão independentes. Como notamos anteriormente, a presença de fontes de corrente independentes no circuito resulta em um menor número de equações, enquanto fontes dependentes usualmente demandam mais equações. Se apenas fontes de tensão estiverem presentes, então haverá precisamente $(B - N + 1)$ equações de laço escritas em termos das $(B - N + 1)$ correntes de elo. Para mostrar que essas $(B - N + 1)$ equações de elo são independentes, basta dizer que cada uma delas representa a aplicação da LKT em torno de um laço que contém um elo não aparecendo em qualquer outra equação. Poderíamos visualizar uma diferente resistência $R_1, R_2, \ldots, R_{B-N+1}$ em cada um desses elos, e então fica claro que uma equação nunca poderia ser obtida a partir das outras, já que cada uma delas contém um coeficiente que não aparece nas demais.

Portanto, as correntes de elo são suficientes para permitir a obtenção de uma solução completa, e o conjunto de equações de laço que usamos para obter as correntes de elo é um conjunto de equações independentes.

Tendo visto a análise nodal geral e a análise de laço geral, devemos agora considerar as vantagens e desvantagens de cada método para que possamos fazer uma escolha inteligente do plano de ataque a ser empregado em um dado problema de análise.

O método nodal requer em geral $(N - 1)$ equações, mas esse número se reduz em 1 para cada fonte de tensão independente ou dependente presente em um ramo de árvore, e aumenta em 1 para cada fonte dependente controlada por tensão cuja variável de controle é uma tensão de elo, ou para cada fonte dependente controlada por corrente.

O método do laço envolve basicamente $(B - N + 1)$ equações. Entretanto, cada fonte de corrente independente ou dependente presente em um elo reduz esse número em 1, enquanto cada fonte dependente controlada por corrente cuja variável de controle é uma corrente de ramo de árvore aumenta esse número em 1, o mesmo ocorrendo com fontes controladas por tensão.

Como um *grand finale* para essa discussão, vamos inspecionar o modelo de circuito equivalente T mostrado na Figura A1.12, ao qual está conectada uma fonte de tensão senoidal, 4 sen 1000t mV, e uma carga de 10 kΩ.

▶ EXEMPLO A1.6

Determine a corrente de entrada (emissor) i_e e a tensão v_L na carga no circuito da Figura A1.12, assumindo valores típicos para a resistência de emissor $r_e = 50\ \Omega$; a resistência de base $r_b = 500\ \Omega$; a resistência de coletor $r_c = 20\ k\Omega$; e a razão de transferência direta de corrente na configuração base comum $\alpha = 0{,}99$.

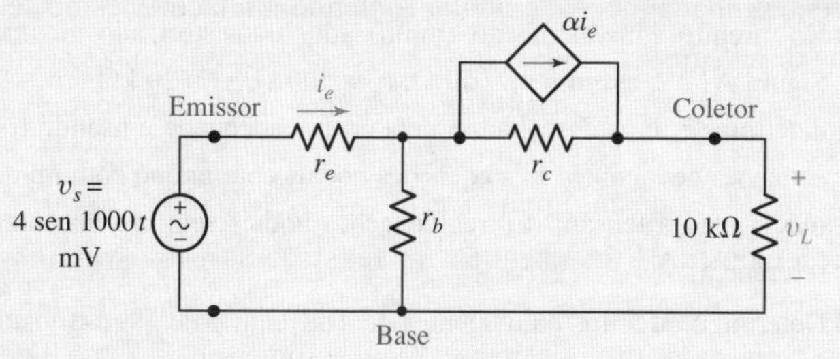

▲ **FIGURA A1.12** Uma fonte de tensão senoidal e uma carga de 10 kΩ são conectadas ao circuito equivalente T de um transistor. A conexão comum entre a entrada e a saída é o terminal de base do transistor, e o arranjo é chamado de configuração *base comum*.

Embora os detalhes sejam requisitados nos exercícios de fixação a seguir, podemos ver prontamente que a análise desse circuito poderia ser feita com o desenho de árvores demandando três equações nodais gerais ($N - 1 - 1 + 1$) ou duas equações de laço ($B - N + 1 - 1$). Também podemos notar que seriam necessárias três equações em termos de tensões nodais, bem como três equações de malha.

Independentemente do método escolhido, obtêm-se estes resultados para este circuito específico:

$$i_e = 18{,}42 \operatorname{sen} 1000t \quad \mu\text{A}$$
$$v_L = 122{,}6 \operatorname{sen} 1000t \quad \text{mV}$$

e portanto vemos que esse circuito transistor fornece um ganho de tensão (v_L/v_s) de 30,6, um ganho de corrente ($v_L/10.000i_e$) de 0,666, e um ganho de potência igual ao produto 30,6(0,666) = 20,4. Ganhos mais elevados poderiam ser assegurados com a operação desse transistor na configuração emissor comum.

▶ EXERCÍCIOS DE FIXAÇÃO

A1.2 Desenhe uma árvore adequada e use a análise de laço geral para determinar i_{10} no circuito da (*a*) Figura A1.13*a* escrevendo apenas uma equação com i_{10} como variável; (*b*) Figura A1.13*b* escrevendo apenas duas equações com i_{10} e i_3 como variáveis.

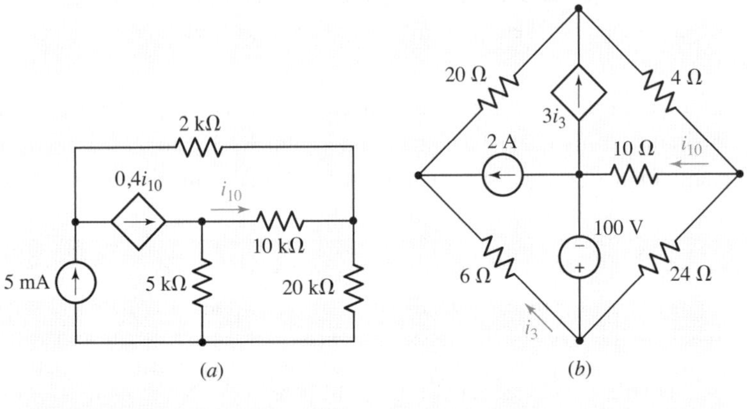

▲ **FIGURA A1.13**

A1.3 No circuito equivalente do amplificador transistorizado mostrado na Figura A1.12, assuma $r_e = 50\ \Omega$, $r_b = 500\ \Omega$, $r_c = 20\ \text{k}\Omega$ e $\alpha = 0{,}99$, e determine i_e e v_L desenhando uma árvore adequada e usando (*a*) duas equações de laço; (*b*) três equações nodais com um nó comum de referência para a tensão; (*c*) três equações nodais sem um nó comum de referência.

A1.4 Determine circuitos equivalentes de Thévenin e de Norton vistos pela carga de 10 kΩ na Figura A1.12 obtendo (*a*) o valor de circuito aberto de v_L; (*b*) a corrente de curto-circuito (para baixo); (*c*) a resistência equivalente de Thévenin. Todos os valores do circuito são dados no Exercício de Fixação A1.3.

Repostas: A1.2: –4,00 mA; 4,69 A. A1.3: 18,42 sen 1000t μA; 122,6 sen 1000t mV. A1.4: 147,6 sen 1000t mV; 72,2 sen 1000t μA; 2,05 kΩ.

Apêndice 2

Solução de Equações Simultâneas

Considere o simples sistema de equações

$$7v_1 - 3v_2 - 4v_3 = -11 \qquad [1]$$

$$-3v_1 + 6v_2 - 2v_3 = 3 \qquad [2]$$

$$-4v_1 - 2v_2 + 11v_3 = 25 \qquad [3]$$

Esse conjunto de equações *poderia* ser resolvido pela eliminação sistemática de variáveis. Tal procedimento é demorado, no entanto, e pode nunca levar a respostas se for feito de forma não sistemática para um número maior de equações simultâneas. Felizmente, temos muitas opções disponíveis, algumas das quais vamos explorar neste capítulo.

A2.1 ▸ A CALCULADORA CIENTÍFICA

Talvez a abordagem mais simples quando nos deparamos com um sistema de equações como as Equações de [1] a [3], nas quais temos coeficientes numéricos e estamos interessados apenas nos valores específicos das incógnitas (ao invés de relações algébricas), seja empregar qualquer uma das várias calculadoras científicas disponíveis no mercado. Por exemplo, em uma Texas Instruments *TI*-84, podemos empregar o Localizador das raízes de polinômios e simultaneamente Resolver Equação (pode ser necessário instalar o aplicativo usando TI Connect™). Pressionando a tecla **APPS** e movimentando para baixo, localize o aplicativo chamado **PLYSmlt2**. Executando e prosseguindo após a tela de boas vindas mostra o Menu Principal da Figura A2.1*a*. Selecionando o segundo item do menu resultará na tela mostrada na Figura A2.1*b*, onde nós escolhemos três equações em três incógnitas. Após pressionar **NEXT**, nos é apresentada um tela semelhante à mostrada na Figura A2.1*c*. Depois que terminar de digitar todos os coeficientes, pressionando o botão **SOLVE** abrirá a tela **Solution** representada na Figura A2.1*d*. Se não é revelado o nome das variáveis, é necessário uma rápida conversão mental para realizar $X_1 = v_1$, $X_2 = v_2$, etc.

Deve-se notar que cada calculadora capaz de resolver equações simultâneas tem seu próprio procedimento para inserir as informações exigidas, portanto, é bom não jogar fora nada como "Manual do Proprietário" ou "de Instruções",' não importando quão tentador tal ação poderia ser.

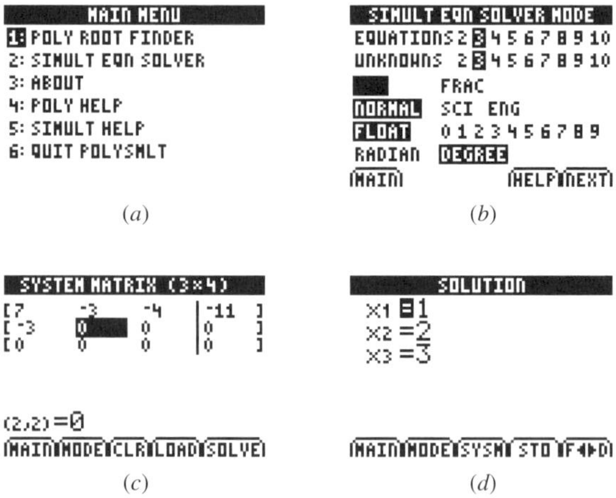

▲ **FIGURA A2.1** Sequência de telas para resolver as equações de [1] a [3] utilizando uma TI-84 que executa a aplicação **Simultaneuous Equation Solver.**

A2.2 ▶ MATRIZES

Uma outra abordagem poderosa para a solução de um sistema de equações se baseia no conceito de matrizes. Considere as Equações [1], [2] e [3]. O arranjo dos coeficientes constantes das equações

$$\mathbf{G} = \begin{bmatrix} 7 & -3 & -4 \\ -3 & 6 & -2 \\ -4 & -2 & 11 \end{bmatrix}$$

é chamado de ***matriz***; o símbolo **G** foi selecionado já que cada elemento da matriz é um valor de condutância. Uma matriz não tem um "valor"; ela é meramente um arranjo de elementos. Usamos uma letra em negrito para representar uma matriz e delimitamos os seus elementos usando colchetes.

Uma matriz com m linhas e n colunas é chamada de matriz $(m \times n)$ (pronuncia-se "m por n"). Logo,

$$\mathbf{A} = \begin{bmatrix} 2 & 0 & 5 \\ -1 & 6 & 3 \end{bmatrix}$$

é uma matriz (2 × 3), e a matriz **G** de nosso exemplo é uma matriz (3 × 3). Uma matriz $(n \times n)$ é uma ***matriz quadrada*** de ordem n.

Uma matriz $(m \times 1)$ é chamada de *matriz coluna*, ou ***vetor***. Logo,

$$\mathbf{V} = \begin{bmatrix} \mathbf{V}_1 \\ \mathbf{V}_2 \end{bmatrix}$$

é uma matriz coluna (2 × 1) de tensões fasoriais, e

$$\mathbf{I} = \begin{bmatrix} \mathbf{I}_1 \\ \mathbf{I}_2 \end{bmatrix}$$

é uma matriz coluna (2 × 1) de correntes fasoriais. Uma matriz $(1 \times n)$ é conhecida como *vetor linha*.

Duas matrizes $(m \times n)$ são iguais se os seus elementos correspondentes forem iguais. Logo, se a_{jk} é o elemento de **A** localizado na linha j e na coluna k e b_{jk} é o elemento na linha j e na coluna k da matriz **B**, então **A** = **B** *se e somente se* $a_{jk} = b_{jk}$ para todo $1 \leq j \leq m$ e $1 \leq k \leq n$. Logo, se

$$\begin{bmatrix} \mathbf{V}_1 \\ \mathbf{V}_2 \end{bmatrix} = \begin{bmatrix} \mathbf{z}_{11}\mathbf{I}_1 + \mathbf{z}_{12}\mathbf{I}_2 \\ \mathbf{z}_{21}\mathbf{I}_1 + \mathbf{z}_{22}\mathbf{I}_2 \end{bmatrix}$$

então $\mathbf{V}_1 = \mathbf{z}_{11}\mathbf{I}_1 + \mathbf{z}_{12}\mathbf{I}_2$ e $\mathbf{V}_2 = \mathbf{z}_{21}\mathbf{I}_1 + \mathbf{z}_{22}\mathbf{I}_2$.

Duas matrizes $(m \times n)$ podem ser somadas com a adição dos elementos correspondentes. Logo,

$$\begin{bmatrix} 2 & 0 & 5 \\ -1 & 6 & 3 \end{bmatrix} + \begin{bmatrix} 1 & 2 & 3 \\ -3 & -2 & -1 \end{bmatrix} = \begin{bmatrix} 3 & 2 & 8 \\ -4 & 4 & 2 \end{bmatrix}$$

Vamos agora considerar o produto matricial **AB**, onde **A** é uma matriz $(m \times n)$ e **B** é uma matriz $(p \times q)$. Se $n = p$, dizemos que as matrizes são *conformais*, e seu produto existe. Isto é, a multiplicação matricial é definida apenas para o caso onde o número de colunas da primeira matriz do produto for igual ao número de linhas da segunda matriz.

A definição formal da multiplicação matricial diz que o produto da matriz **A** $(m \times n)$ e da matriz **B** $(n \times q)$ é uma matriz $(m \times q)$ tendo elementos c_{jk}, $1 \leq j \leq m$ e $1 \leq k \leq q$, onde

$$c_{jk} = a_{j1}b_{1k} + a_{j2}b_{2k} + \cdots + a_{jn}b_{nk}$$

Isto é, para obter o elemento na segunda linha e na terceira coluna do produto, multiplicamos cada um dos elementos na segunda linha de **A** pelo elemento correspondente na terceira coluna de **B** e então somamos os n resultados, Por exemplo, dada a matriz **A** (2×3) e a matriz **B** (3×2),

$$\begin{bmatrix} a_{11} & a_{12} & a_{13} \\ a_{21} & a_{22} & a_{23} \end{bmatrix} \begin{bmatrix} b_{11} & b_{12} \\ b_{21} & b_{22} \\ b_{31} & b_{32} \end{bmatrix} =$$

$$\begin{bmatrix} (a_{11}b_{11} + a_{12}b_{21} + a_{13}b_{31}) & (a_{11}b_{12} + a_{12}b_{22} + a_{13}b_{32}) \\ (a_{21}b_{11} + a_{22}b_{21} + a_{23}b_{31}) & (a_{21}b_{12} + a_{22}b_{22} + a_{23}b_{32}) \end{bmatrix}$$

O resultado é uma matriz (2×2).

Como um exemplo numérico da multiplicação matricial, temos

$$\begin{bmatrix} 3 & 2 & 1 \\ -2 & -2 & 4 \end{bmatrix} \begin{bmatrix} 2 & 3 \\ -2 & -1 \\ 4 & -3 \end{bmatrix} = \begin{bmatrix} 6 & 4 \\ 16 & -16 \end{bmatrix}$$

onde $6 = (3)(2) + (2)(-2) + (1)(4)$, $4 = (3)(3) + (2)(-1) + (1)(-3)$, e assim por diante.

A multiplicação matricial não é comutativa. Por exemplo, dadas a matriz **C** (3×2) e a matriz **D** (2×1), é evidente que o produto **CD** pode ser calculado, mas o produto **DC** nem sequer é definido.

Como um exemplo final, seja

$$\mathbf{t}_A = \begin{bmatrix} 2 & 3 \\ -1 & 4 \end{bmatrix}$$

e

$$\mathbf{t}_B = \begin{bmatrix} 3 & 1 \\ 5 & 0 \end{bmatrix}$$

de forma que $t_A t_B$ e $t_B t_A$ sejam definidos. Contudo,

$$\mathbf{t}_A\mathbf{t}_B = \begin{bmatrix} 21 & 2 \\ 17 & -1 \end{bmatrix}$$

enquanto

$$\mathbf{t}_B\mathbf{t}_A = \begin{bmatrix} 5 & 13 \\ 10 & 15 \end{bmatrix}$$

▶ EXERCÍCIO DE FIXAÇÃO

A2.1 Dadas as matrizes $\begin{bmatrix} 1 & -3 \\ 3 & 5 \end{bmatrix}$, $\mathbf{B} = \begin{bmatrix} 4 & -1 \\ -2 & 3 \end{bmatrix}$, $\mathbf{C} = \begin{bmatrix} 50 \\ 30 \end{bmatrix}$, e $\mathbf{V} = \begin{bmatrix} \mathbf{V}_1 \\ \mathbf{V}_2 \end{bmatrix}$, obtenha (*a*) **A** + **B**; (*b*) **AB**; (*c*) **BA**; (*d*) **AV** + **BC**; (*e*) $\mathbf{A}^2 = \mathbf{AA}$.

Resposta: $\begin{bmatrix} 5 & -4 \\ 1 & 8 \end{bmatrix}$; $\begin{bmatrix} 10 & -10 \\ 2 & 12 \end{bmatrix}$; $\begin{bmatrix} 1 & -17 \\ 7 & 21 \end{bmatrix}$; $\begin{bmatrix} V_1 - 3V_2 + 170 \\ 3V_1 + 5V_2 - 10 \end{bmatrix}$; $\begin{bmatrix} -8 & -18 \\ 18 & 16 \end{bmatrix}$.

A2.3 ▶ INVERSÃO DE MATRIZES

Se escrevermos nosso sistema de equações usando a notação matricial,

$$\begin{bmatrix} 7 & -3 & -4 \\ -3 & 6 & -2 \\ -4 & -2 & 11 \end{bmatrix} \begin{bmatrix} v_1 \\ v_2 \\ v_3 \end{bmatrix} = \begin{bmatrix} -11 \\ 3 \\ 25 \end{bmatrix} \qquad [4]$$

podemos resolver para o vetor de tensões multiplicando ambos os lados da Equação [4] pela inversa de nossa matriz **G**:

$$\mathbf{G}^{-1}\begin{bmatrix} 7 & -3 & -4 \\ -3 & 6 & -2 \\ -4 & -2 & 11 \end{bmatrix} \begin{bmatrix} v_1 \\ v_2 \\ v_3 \end{bmatrix} = \mathbf{G}^{-1}\begin{bmatrix} -11 \\ 3 \\ 25 \end{bmatrix} \qquad [5]$$

Esse procedimento faz uso da identidade $\mathbf{G}^{-1}\mathbf{G} = \mathbf{I}$, onde **I** é a matriz identidade, uma matriz quadrada com o mesmo tamanho de **G** composta por zeros exceto na diagonal. Cada elemento da diagonal de uma matriz identidade é igual a 1. Assim, a Equação [5] se torna

$$\begin{bmatrix} 1 & 0 & 0 \\ 0 & 1 & 0 \\ 0 & 0 & 1 \end{bmatrix} \begin{bmatrix} v_1 \\ v_2 \\ v_3 \end{bmatrix} = \mathbf{G}^{-1}\begin{bmatrix} -11 \\ 3 \\ 25 \end{bmatrix}$$

que pode ser simplificada para

$$\begin{bmatrix} v_1 \\ v_2 \\ v_3 \end{bmatrix} = \mathbf{G}^{-1}\begin{bmatrix} -11 \\ 3 \\ 25 \end{bmatrix}$$

pois a multiplicação da matriz identidade por qualquer vetor é simplesmente igual a esse vetor (a prova é deixada para o leitor como um exercício de 30 s). A solução de nosso sistema de equações foi portanto transformada no problema de se obter a matriz inversa de **G**. Muitas calculadoras científicas permitem a manipulação de álgebra matricial.

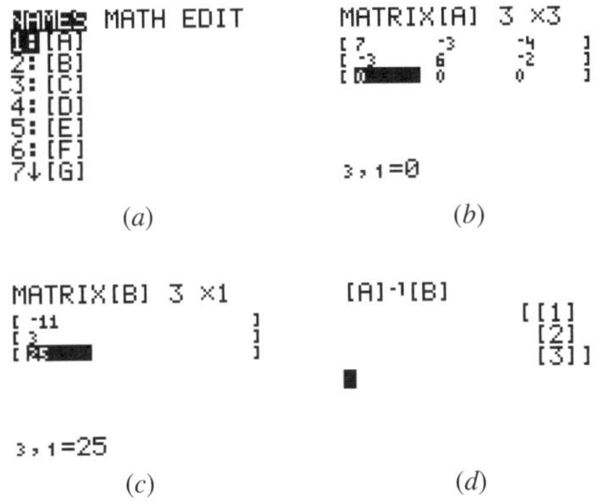

▲ **FIGURA A2.2** Sequência de telas para solução de matriz. (a) tela de editor de matriz, (b) inserindo os termos; (c) criando o lado direito do vetor, (d) resolvendo a equação matricial.

Voltando para a TI-84, pressionamos **2ND** e **MATRIX** para obter a tela mostrada na Figura A2.2*a*. Rolando horizontalmente para **EDIT**, pressione a tecla **ENTER** e selecione uma matriz 3 × 3, resultando em uma tela semelhante à mostrada na Figura A2.2*b*. Assim que terminar de digitar a matriz, pressionamos **2ND** e **QUIT**. Voltando ao editor **MATRIX**, criamos um vetor 3 × 1 chamado **B**, como mostrado na Figura A2.2*c*. Estamos agora (finalmente) prontos para resolver o vetor solução.

Pressionando **2ND** e **MATRIX**, sob **NAMES** que selecionamos **[A]** e pressione **ENTER**, seguido pela tecla x^{-1}. Em seguida, selecione **[B]** da mesma maneira (que poderíamos ter pressionado a tecla de multiplicação no meio, mas não é necessário). O resultado do cálculo é a mostrada na Figura A2.2*d*, e concorda com o nosso exercício anterior.

A2.4 ▶ DETERMINANTES

Embora uma matriz não possua *ela mesma* um "valor", o ***determinante*** de uma matriz quadrada *tem* um valor. Para sermos precisos, poderíamos dizer que o determinante de uma matriz é um valor, mas o uso comum nos permite falar tanto da própria matriz quanto de seu valor como o determinante. Vamos simbolizar um determinante pela letra Δ e empregar um subscrito adequado para denotar a matriz à qual o determinante se refere. Logo,

$$\Delta_G = \begin{vmatrix} 7 & -3 & -4 \\ -3 & 6 & -2 \\ -4 & -2 & 11 \end{vmatrix}$$

Note que linhas simples verticais são usadas para envolver o determinante.

O valor de qualquer determinante é obtido com a sua expansão em menores complementares. Para fazer isso, selecionamos qualquer linha j ou coluna k, multiplicamos cada elemento daquela linha ou coluna por seu menor complementar e por $(-1)^{j+k}$, e então somamos os produtos. O menor complementar do elemento que aparece na linha j e na coluna k é o determinante obtido quando a linha j e a coluna k são removidas; ele é indicado por Δ_{jk}.

Como um exemplo, vamos expandir o determinante Δ_G ao longo da coluna 3. Primeiro multiplicamos o (–4) no topo dessa coluna por $(-1)^{1+3} = 1$ e então por seu menor complementar:

$$(-4)(-1)^{1+3}\begin{vmatrix} -3 & 6 \\ -4 & -2 \end{vmatrix}$$

e então repetimos para os outros elementos na coluna 3, somando os resultados:

$$-4\begin{vmatrix} -3 & 6 \\ -4 & -2 \end{vmatrix} + 2\begin{vmatrix} 7 & -3 \\ -4 & -2 \end{vmatrix} + 11\begin{vmatrix} 7 & -3 \\ -3 & 6 \end{vmatrix}$$

Os menores contêm apenas duas linhas e duas colunas. Eles são de ordem 2, e seus valores são facilmente determinados com uma nova expansão em menores, neste caso uma operação trivial. Logo, para o primeiro determinante, expandimos ao longo da primeira coluna multiplicando (–3) por $(-1)^{1+1}$ e seu menor, que é meramente o elemento (–2), e então multiplicando (–4) por $(-1)^{2+1}$ e por 6. Logo,

$$\begin{vmatrix} -3 & 6 \\ -4 & -2 \end{vmatrix} = (-3)(-2) - 4(-6) = 30$$

É usualmente mais fácil lembrar o resultado para um determinante de segunda ordem como "a esquerda de cima multiplicada pela direita de baixo menos a direita de cima vezes a esquerda de baixo". Finalmente,

$$\begin{aligned} \Delta_G &= -4[(-3)(-2) - 6(-4)] \\ &\quad + 2[(7)(-2) - (-3)(-4)] \\ &\quad + 11[(7)(6) - (-3)(-3)] \\ &= -4(30) + 2(-26) + 11(33) \\ &= 191 \end{aligned}$$

Para praticar, vamos expandir esse mesmo determinante ao longo da primeira linha:

$$\begin{aligned} \Delta_G &= 7\begin{vmatrix} 6 & -2 \\ -2 & 11 \end{vmatrix} - (-3)\begin{vmatrix} -3 & -2 \\ -4 & 11 \end{vmatrix} + (-4)\begin{vmatrix} -3 & 6 \\ -4 & -2 \end{vmatrix} \\ &= 7(62) + 3(-41) - 4(30) \\ &= 191 \end{aligned}$$

A expansão por menores complementares é válida para determinantes de qualquer ordem.

Repetindo essas regras para avaliar o determinante em termos mais gerais, diríamos que, dada a matriz **a**,

$$\mathbf{a} = \begin{bmatrix} a_{11} & a_{12} & \dots & a_{1N} \\ a_{21} & a_{22} & \dots & a_{2N} \\ \dots & \dots & \dots & \dots \\ a_{N1} & a_{N2} & \dots & a_{NN} \end{bmatrix}$$

o termo Δ_a poderia ser obtido pela expansão em termos de menores complementares ao longo de qualquer coluna j:

$$\Delta_a = a_{j1}(-1)^{j+1}\Delta_{j1} + a_{j2}(-1)^{j+2}\Delta_{j2} + \cdots + a_{jN}(-1)^{j+N}\Delta_{jN}$$
$$= \sum_{n=1}^{N} a_{jn}(-1)^{j+n}\Delta_{jn}$$

ou ao longo de qualquer coluna k:

$$\Delta_a = a_{1k}(-1)^{1+k}\Delta_{1k} + a_{2k}(-1)^{2+k}\Delta_{2k} + \cdots + a_{Nk}(-1)^{N+k}\Delta_{Nk}$$
$$= \sum_{n=1}^{N} a_{nk}(-1)^{n+k}\Delta_{nk}$$

O cofator C_{jk} do elemento que aparece na linha j e na coluna k é simplesmente $(-1)^{j+k}$ vezes o menor complementar Δ_{jk}. Logo, $C_{11} = \Delta_{11}$, mas $C_{12} = -\Delta_{12}$. Podemos agora escrever

$$\Delta_a = \sum_{n=1}^{N} a_{jn}C_{jn} = \sum_{n=1}^{N} a_{nk}C_{nk}$$

Como exemplo, vamos considerar este determinante de quarta ordem:

$$\Delta = \begin{vmatrix} 2 & -1 & -2 & 0 \\ -1 & 4 & 2 & -3 \\ -2 & -1 & 5 & -1 \\ 0 & -3 & 3 & 2 \end{vmatrix}$$

Obtemos

$$\Delta_{11} = \begin{vmatrix} 4 & 2 & -3 \\ -1 & 5 & -1 \\ -3 & 3 & 2 \end{vmatrix} = 4(10+3) + 1(4+9) - 3(-2+15) = 26$$

$$\Delta_{12} = \begin{vmatrix} -1 & 2 & -3 \\ -2 & 5 & -1 \\ 0 & 3 & 2 \end{vmatrix} = -1(10+3) + 2(4+9) + 0 = 13$$

e $C_{11} = 26$, enquanto $C_{12} = -13$. Determinando o valor de Δ para praticar, temos

$$\Delta = 2C_{11} + (-1)C_{12} + (-2)C_{13} + 0$$
$$= 2(26) + (-1)(-13) + (-2)(3) + 0 = 59$$

A2.5 ▶ REGRA DE CRAMER

Consideramos agora a regra de Cramer, que nos permite obter os valores das variáveis desconhecidas. Ela também é útil na resolução de sistemas de equações onde os coeficientes numéricos ainda não tenham sido especificados, o que confunde as nossas calculadoras. Vamos considerar novamente as Equações [1], [2] e [3]; definimos o determinante Δ_1 como aquele que é obtido quando a primeira coluna de Δ_G é substituída pelas três constantes nos lados direitos das três equações. Logo,

$$\Delta_1 = \begin{vmatrix} -11 & -3 & -4 \\ 3 & 6 & -2 \\ 25 & -2 & 11 \end{vmatrix}$$

Expandimos ao longo da primeira coluna:

$$\Delta_1 = -11\begin{vmatrix} 6 & -2 \\ -2 & 11 \end{vmatrix} - 3\begin{vmatrix} -3 & -4 \\ -2 & 11 \end{vmatrix} + 25\begin{vmatrix} -3 & -4 \\ 6 & -2 \end{vmatrix}$$

$$= -682 + 123 + 750 = 191$$

A regra de Cramer diz então que

$$v_1 = \frac{\Delta_1}{\Delta_G} = \frac{191}{191} = 1 \text{ V}$$

e

$$v_2 = \frac{\Delta_2}{\Delta_G} = \begin{vmatrix} 7 & -11 & -4 \\ -3 & 3 & -2 \\ -4 & 25 & 11 \end{vmatrix} = \frac{581 - 63 - 136}{191} = 2 \text{ V}$$

e finalmente,

$$v_3 = \frac{\Delta_3}{\Delta_G} = \begin{vmatrix} 7 & -3 & -11 \\ -3 & 6 & 3 \\ -4 & -2 & 25 \end{vmatrix} = \frac{1092 - 291 - 228}{191} = 3 \text{ V}$$

A regra de Cramer pode ser aplicada em sistemas com N equações lineares simultâneas e N incógnitas; para a i-ésima variável v_i:

$$v_i = \frac{\Delta_i}{\Delta_G}$$

▶ EXERCÍCIO DE FIXAÇÃO

A2.2 Avalie:

$$(a)\begin{vmatrix} 2 & -3 \\ -2 & 5 \end{vmatrix};\ (b)\begin{vmatrix} 1 & -1 & 0 \\ 4 & 2 & -3 \\ 3 & -2 & 5 \end{vmatrix};\ (c)\begin{vmatrix} 2 & -3 & 1 & 5 \\ -3 & 1 & -1 & 0 \\ 0 & 4 & 2 & -3 \\ 6 & 3 & -2 & 5 \end{vmatrix};$$

(*d*) Determine i_2 se $5i_1 - 2i_2 - i_3 = 100$, $-2i_1 + 6i_2 - 3i_3 - i_4 = 0$, $-i_1 - 3i_2 + 4i_3 - i_4 = 0$ e $-i_2 - i_3 = 0$.

Resposta: 4; 33; –411; 1,266.

Apêndice 3

Uma Prova do Teorema de Thévenin

Aqui provamos o teorema de Thévenin na mesma forma na qual ele é enunciado na Seção 5.3 do Cap. 5:

> Dado qualquer circuito linear, rearranje-o na forma de duas redes *A* e *B* conectadas por dois fios. Defina uma tensão v_{ca} como a tensão de circuito aberto que aparece nos terminais de *A* quando *B* está desconectada. Então todas as correntes e tensões em *B* permanecerão inalteradas se todas as fontes de tensão e corrente *independentes* em *A* forem "mortas" ou "zeradas", e uma fonte de tensão independente v_{ca} for conectada, com polaridade apropriada, em série com a rede *A* morta (inativa).

Vamos efetivar a nossa prova mostrando que a rede *A* original e o equivalente de Thévenin da rede *A* fazem com que a mesma corrente flua nos terminais da rede *B*. Se as correntes são as mesmas, então as tensões devem ser as mesmas; em outras palavras, se aplicamos uma certa corrente (na qual poderíamos pensar como sendo uma fonte de corrente) na rede *B*, então a fonte de corrente e a rede *B* constituem um circuito que tem uma tensão de entrada específica como resposta. Assim, a corrente determina a tensão. Alternativamente, poderíamos, se desejássemos, mostrar que a tensão terminal em *B* não é alterada, porque a tensão também determina unicamente a corrente. Se a tensão de entrada e a corrente que entra na rede *B* não se alteram, então sucede que as correntes e tensões *no interior* da rede *B* também não se alteram.

Vamos primeiro provar o teorema para uma rede *B* passiva (sem fontes independentes). Após concluir esse passo, poderemos usar o princípio da superposição para estender o teorema de forma a incluir redes *B* que também contenham fontes independentes. Cada rede pode conter fontes dependentes, desde que as suas variáveis de controle estejam na mesma rede.

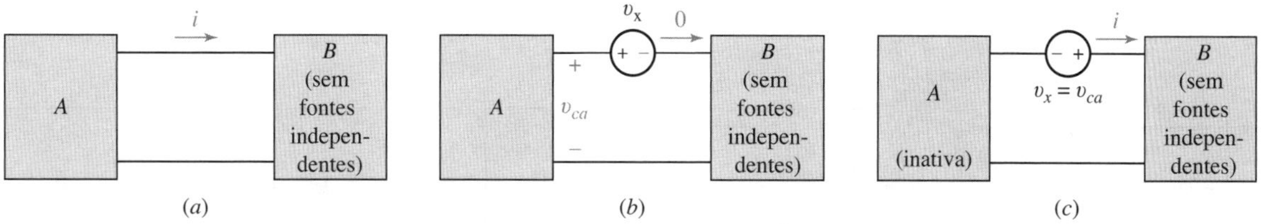

▲ **FIGURA A3.1** (*a*) Uma rede *A* genérica e uma rede *B* que não contém fontes independentes. Variáveis de controle para fontes dependentes devem aparecer na mesma parte da rede. (*b*) A fonte de Thévenin é inserida no circuito e ajustada até que $i = 0$. Nenhuma tensão aparece nos terminais de *B*, e portanto $v_x = v_{ca}$. A fonte de Thévenin produz uma corrente $-i$ enquanto a rede *A* fornece *i*. (*c*) A fonte de Thévenin é invertida e a rede *A* é desativada.

A corrente i que flui no condutor de cima da rede A para a rede B na Figura A3.1*a* é portanto causada inteiramente pelas fontes independentes presentes na rede A. Suponha agora que acrescentemos uma fonte de tensão adicional v_x, que chamaremos de fonte de Thévenin, no condutor no qual medimos i, como mostra a Figura A3.1*b*, e que então ajustemos o módulo e a variação temporal de v_x até que a corrente se reduza a zero. Por nossa definição de v_{ca}, então, a tensão nos terminais de A deve ser v_{ca}, já que $i = 0$. A rede B não contém fontes independentes e nenhuma corrente entra em seus terminais; portanto, não há tensão nos terminais da rede B e, pela lei de Kirchhoff das tensões, a tensão da fonte de Thévenin é v_{ca} volts, $v_x = v_{ca}$. Além disso, como a fonte de Thévenin e a rede A não fornecem conjuntamente uma corrente i, a superposição requer que a fonte de Thévenin agindo sozinha deva fornecer uma corrente $-i$ à rede B. A fonte agindo sozinha em uma direção invertida, como mostra a Figura A3.1*c*, produz portanto uma corrente i no fio de cima. Essa situação, no entanto, é a mesma conclusão obtida pelo teorema de Thévenin: a fonte de Thévenin v_{ca} agindo em série com a rede inativa é equivalente à rede dada.

Vamos considerar agora o caso onde a rede B pode ser uma rede ativa. Pensamos agora na corrente i fluindo da rede A para a rede B no condutor de cima como se fosse composta por duas parcelas, i_A e i_B, onde i_A é a corrente produzida por A agindo isoladamente e a corrente i_B é causada por B agindo isoladamente. Nossa habilidade de dividir a corrente em dois componentes é uma consequência direta da aplicabilidade do princípio da superposição nessas duas redes *lineares*; a resposta completa e as duas respostas parciais são indicadas pelos diagramas da Figura A3.2.

A resposta parcial i_A já foi considerada; se a rede B está desativada, sabemos que a rede A pode ser substituída pela fonte de Thévenin e pela rede A inativa. Em outras palavras, das três fontes que devemos ter em mente –em A, em B e a fonte de Thévenin – a resposta parcial i_A ocorre quando A e B estão mortas e a fonte de Thévenin está ativa. Preparando para o uso da superposição, agora desativamos A, mas ligamos B e desligamos a fonte de Thévenin; por definição, a resposta parcial i_B é obtida. Superpondo os resultados, a resposta quando A está inativa e tanto a fonte de Thévenin quanto a rede B estão ativas é $i_A + i_B$. Essa soma é igual à corrente original i, e a situação na qual a fonte de Thévenin e a rede B estão ativas mas A está morta é o circuito equivalente de Thévenin desejado. Logo, a rede ativa A pode ser trocada por sua fonte de Thévenin, que é a tensão em circuito aberto, em série com a rede A inativa, independentemente do estado da rede B, esteja ela ativa ou inativa.

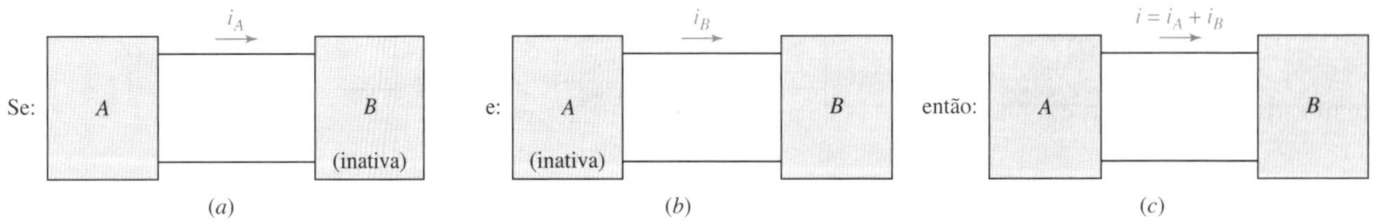

▲ **FIGURA A3.2** A superposição permite a consideração da corrente *i* como sendo a soma de duas respostas parciais.

Apêndice 4

Um Tutorial do PSpice®

SPICE é um acrônimo para *Simulation Program with Integrated Circuit Emphasis* (Programa de Simulação com Ênfase em Circuitos Integrados). Um programa muito poderoso, o SPICE é um padrão na indústria, sendo usado no mundo inteiro em uma grande variedade de aplicações de análise de circuitos. O SPICE foi originalmente desenvolvido no início dos anos setenta por Donald O. Peterson e colegas de trabalho na University of Califórnia, em Berkeley. Curiosamente, Peterson advogava a distribuição livre e irrestrita de conhecimentos criados em laboratórios de universidades, preferindo causar impacto ao invés de lucrar financeiramente. Em 1984, a MicroSim Corporation introduziu uma versão do SPICE para PC chamada PSpice®, que construía interfaces gráficas interativas em torno do núcleo das rotinas do programa SPICE. Há agora muitas variações do SPICE disponíveis comercialmente, bem como pacotes computacionais concorrentes.

O objetivo deste apêndice é simplesmente apresentar os fundamentos da análise auxiliada por computador; mais detalhes são apresentados no texto principal, bem como nas referências listadas no item Leitura Complementar. Tópicos avançados cobertos nas referências incluem como determinar a sensibilidade de uma variável de saída frente a mudanças no valor de um determinado componente; como obter gráficos da saída *versus* uma tensão de fonte; como determinar a saída em função da frequência da fonte; métodos para realizar a análise de ruído e distorção; modelos de componentes não lineares; e como modelar efeitos de temperatura em tipos específicos de circuitos.

A compra da MicroSim pela OrCAD e a subsequente aquisição da OrCAD pela Cadence levaram a algumas mudanças neste popular pacote de simulação de circuitos. No momento em que este texto é escrito, o OrCAD CIS-Demo 16.3 é a atual versão profissional; uma versão resumida está disponível para *download* grátis (www.cadence.com). Essa nova versão substitui a popular versão de estudante do PSpice (PSpice Student Release 9.1) e, embora seja ligeiramente diferente, deve parecer familiar aos usuários de versões prévias do PSpice.

A documentação que acompanha a versão Demo OrCAD 16.3 lista várias restrições que não se aplicam à versão profissional (disponível comercialmente). A mais significativa é que apenas circuitos contendo 60 componentes ou menos podem ser gravados e simulados; circuitos maiores podem ser traçados e vistos, no entanto. Escolhemos trabalhar com o editor de diagramas esquemáticos OrCAD Capture, pois a versão atual é muito similar em seus fundamentos ao editor PSpice A/D Schematic Capture. Embora atualmente a Cadence também disponibilize o PSpice A/D para *download*, ele não é mais suportado.

A4.1 ▶ INICIANDO

A análise de circuitos auxiliada por computador se constitui em três passos separados: (1) o traçado do diagrama esquemático; (2) a simulação do circuito; e (3) a extração da informação necessária a partir da saída da simulação. O editor de diagramas esquemáticos OrCAD Capture é chamado a partir da lista de programas do Windows encontrada no menu start; selecionando-se OrCAD Capture CIS Demo, o editor de diagramas esquemáticos é aberto, como mostra a Figura A4.1.

▶ **FIGURA A4.1** Janela do Capture CIS Demo.

No menu **<u>F</u>ile**, selecione **<u>N</u>ew** e então **<u>P</u>roject**; a janela da Fig A4.2*a* aparecerá. Após você fornecer um nome de arquivo à simulação e escolher um diretório, aparecerá a janela da Figura A4.2*b* (simplesmente selecione a opção *Create a blank project*). Somos agora apresentados à tela principal do editor de diagramas esquemáticos, como na Figura A4.3.

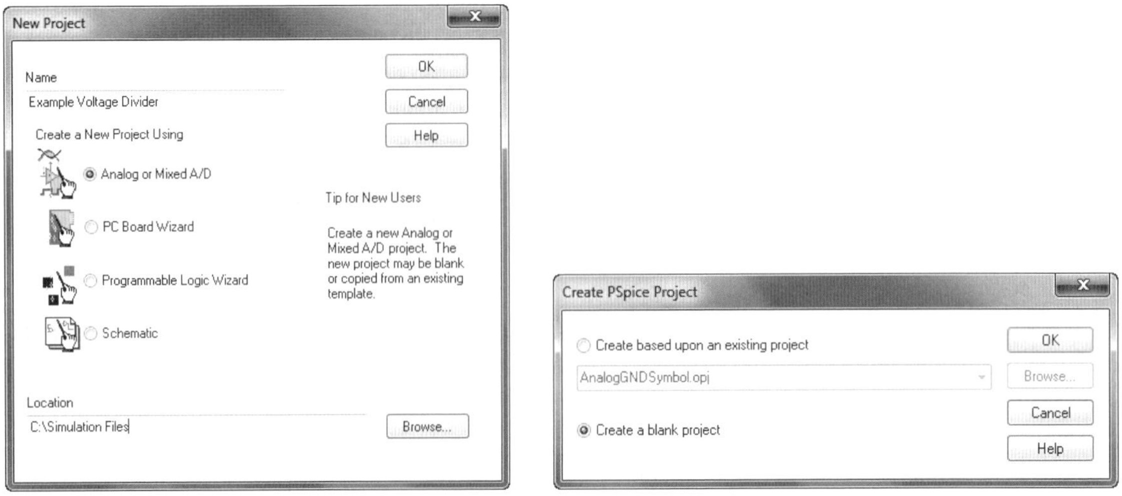

(*a*) (*b*)

▲ **FIGURA A4.2** (*a*) Janela de novo projeto. (*b*) Janela de criação de novo projeto no PSpice.

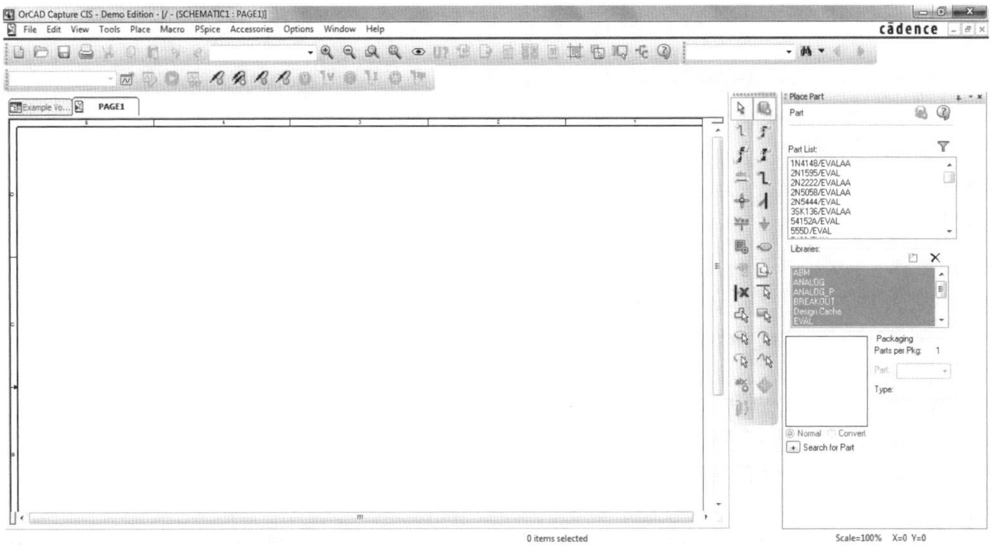

▲ **FIGURA A4.3** Tela principal do editor de esquemáticos do Capture CIS Demo.

Neste ponto, estamos prontos para desenhar um circuito, então vamos tentar um simples divisor de tensão para fins de ilustração. Primeiramente colocamos os componentes necessários na tela e então os conectamos.

Abrindo o menu **Place**, escolhemos **Part**. Digitando uma letra "r" minúscula como mostrado, clicamos em OK e então podemos mover o símbolo de um resistor ao longo da tela de esquemáticos usando o mouse. Um único clique com o botão esquerdo do mouse coloca o resistor (denominado R1) na localização do mouse; um segundo clique coloca um segundo resistor (denominado R2) em nosso esquemático. Um único clique no botão direito do mouse e a seleção da opção **End Mode** cancelam a colocação de resistores adicionais. O segundo resistor não tem a orientação apropriada, mas pode ser facilmente manipulado com a sua seleção por meio de um único clique com o botão esquerdo do mouse e selecione **Rotate**. Se não soubermos o nome do componente desejado, podemos procurá-lo nas bibliotecas de componentes. Se resistores de 1 kΩ não forem desejados – por exemplo, talvez dois resistores de 500 Ω sejam o que queremos – mudamos os valores padrão simplesmente dando um clique duplo no "1k" próximo ao símbolo apropriado.

Nenhum circuito divisor de tensão está completo sem uma fonte de tensão, naturalmente. Clicando duas vezes no valor padrão **DC=**, escolhemos um valor de 9 V para a nossa fonte. Mais um componente é necessário: o SPICE requer que um nó de referência (ou terra) seja especificado. Clicando no símbolo GND, escolhemos 0/Source a partir das opções. Nosso progresso até o momento é mostrado na Figura A4.4*a*; tudo o que nos resta é fazer a conexão dos componentes. Isso é feito selecionando o icone **Place Wire (W)**. Os botões esquerdo e direito do mouse controlam cada fio (é necessário experimentar um pouco aqui – após fazer isso, selecione os segmentos de fio indesejados e pressione a tecla Delete). Nosso circuito final é mostrado na Figura A4.4*b*. Vale notar que o editor permite ao usuário que ele passe um fio atravessando um resistor (colocando-o portanto em

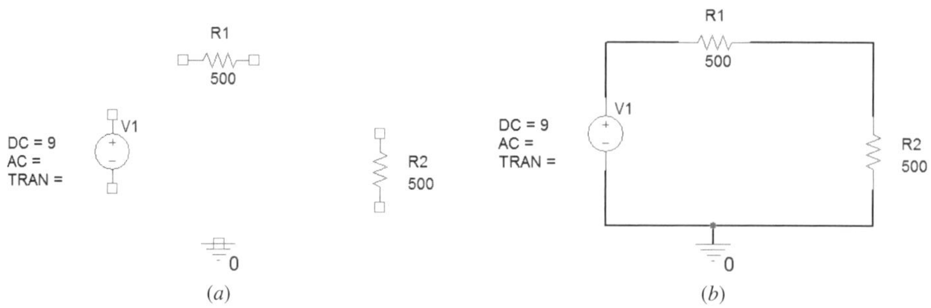

▲ **FIGURA A4.4** (*a*) Componentes colocados na tela. (*b*) Circuito completo, pronto para a simulação.

curto-circuito), o que pode ser difícil de se ver. Geralmente, um símbolo de alerta aparece antes de completarmos uma conexão em uma localização imprópria.

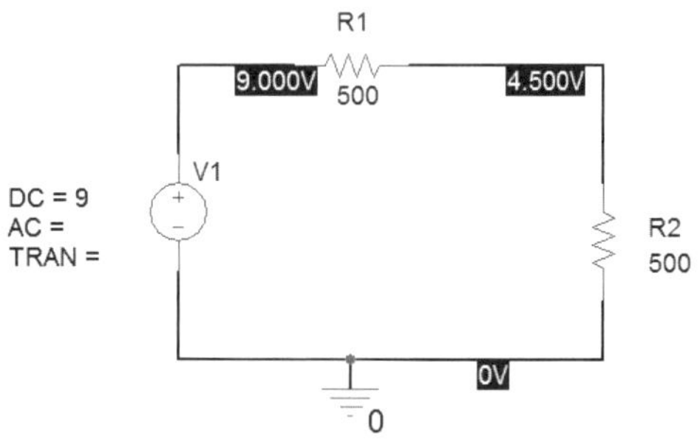

▲ **FIGURA A4.5** Resultados da simulação.

Antes de simular nosso circuito, salvamo-lo clicando no ícone *save* ou selecionando **Save** no menu **File**. No menu **PSpice**, selecionamos **New Simulation Profile** e digitamos *Voltage Divider* (Divisor de Tensão) na caixa de diálogo que aparece. A caixa de diálogo *Simulation Settings* (Ajustes de Simulação) que aparece nos permite ajustar parâmetros para uma grande variedade de tipos de simulação, no presente exemplo precisamos selecionar **Bias Point** no menu **Analysis type**. Novamente clicando no menu **PSpice**, selecionamos **Run**. Os resultados de simulação são mostrados na Figura A4.5.

Felizmente, nossa simulação leva ao resultado esperado – uma divisão idêntica da tensão da fonte entre os dois resistores de mesmo valor. Também podemos ver os resultados da simulação selecionando **View Output File** no menu **PSpice**. Descendo para o final desse arquivo, vemos as seguintes linhas:

NODE	VOLTAGE	NODE	VOLTAGE
(N00157)	9.0000	(N00166)	4.5000

onde o nó 109 é a referência positiva de nossa fonte de tensão e o nó 116 é a junção entre os dois resistores. Essa informação está disponível na parte de cima do arquivo.

LEITURA COMPLEMENTAR

Dois livros muito bons dedicados à simulação no SPICE e no PSpice são:

P. W Tuinenga, SPICE: *A Guide to Circuit Simulation and Analysis Using PSpice*. Englewood Cliffs, N.J.: Prentice-Hall, 1995.

R. W. Goody, *OrCAD PSpice for Windows Volume 1: DC and AC Circuits*, 3ª ed. Englewood Cliffs, N.J.: Prentice-Hall, 2001.

Uma interessante história sobre os simuladores de circuitos, bem como a contribuição de Donald Peterson nessa área, pode ser encontrada em

T. Perry, "Donald O. Peterson [electronic engineering biography]", *IEEE Spectrum* **35** (1988) 22-27.

Apêndice 5

Números Complexos

Este apêndice inclui seções cobrindo a definição de um número complexo, as operações aritméticas básicas entre números complexos, a identidade de Euler e as formas exponencial e polar do número complexo. Primeiro introduzimos o conceito de número complexo.

A5.1 ▶ O NÚMERO COMPLEXO

Nosso treinamento inicial em matemática lidava exclusivamente com números reais, como 4, –2/7 e π. Logo, contudo, começamos a encontrar equações algébricas, como $x^2 = -3$, que não podia ser satisfeita por nenhum número real. Tal equação pode ser resolvida apenas com a introdução da *unidade imaginária*, ou *operador imaginário*, que vamos designar pelo símbolo j. Por definição, $j^2 = -1$, $j = \sqrt{-1}$, $j^3 = -j$, $j^4 = 1$ e assim por diante. O produto de um número real pelo operador imaginário é chamado de *número imaginário*, e a soma de um número real e um número imaginário é um *número complexo*. Assim, um número com a forma $a + jb$, onde a e b são números reais, é um número complexo.

Matemáticos designam o operador imaginário pelo símbolo i, mas é costumeiro usar j em engenharia elétrica para se evitar confusão com o símbolo da corrente.

Vamos designar o número complexo por meio de um único símbolo especial; assim, $\mathbf{A} = a + jb$. A natureza complexa do número é indicada pelo uso de uma letra em negrito; em material manuscrito, é costumeiro usar uma barra acima da letra. Diz-se que o número complexo **A** mostrado acima possui um *componente real* ou *parte real a*, e um *componente imaginário* ou *parte imaginária b*. Isso também é expresso como

$$\text{Re}\{\mathbf{A}\} = a \qquad \text{Im}\{\mathbf{A}\} = b$$

A escolha das palavras *imaginário* e *complexo* é infeliz. Essas palavras são usadas aqui e na literatura matemática como termos técnicos para designar uma classe de números. Interpretar imaginário como "não pertencente ao mundo real" ou complexo como "complicado" não é justificável, muito menos desejável.

O componente imaginário de **A** *não* é jb. Por definição, o componente imaginário é um número real.

Deve ser notado que todos os números reais podem ser vistos como números complexos com partes imaginárias iguais a zero. Os números reais estão portanto incluídos no sistema dos números complexos, e podemos agora considerá-los como um caso especial. Quando definirmos as operações aritméticas fundamentais para os números complexos, devemos portando esperar que elas se reduzam à definições correspondentes para os números reais se a parte imaginária de cada número complexo for anulada.

Como qualquer número complexo é completamente caracterizado por um par de números, como a e b no exemplo anterior, podemos obter algum auxílio visual com a representação gráfica de um número complexo em um sistema de coordenadas retangular ou Cartesiano. Traçando por nossa conta um eixo real e um eixo imaginário, como mostrado na Figura A5.1, formamos um *plano complexo*, ou *diagrama de Argand*, no qual qualquer número complexo pode ser representado como um único ponto. Os números complexos **M** = 3 + $j1$ e **N** = 2 – $j2$ estão indicados. É importante entender que este plano complexo é apenas uma ajuda visual; ele não é de forma alguma essencial para os enunciados matemáticos que apresentamos a seguir.

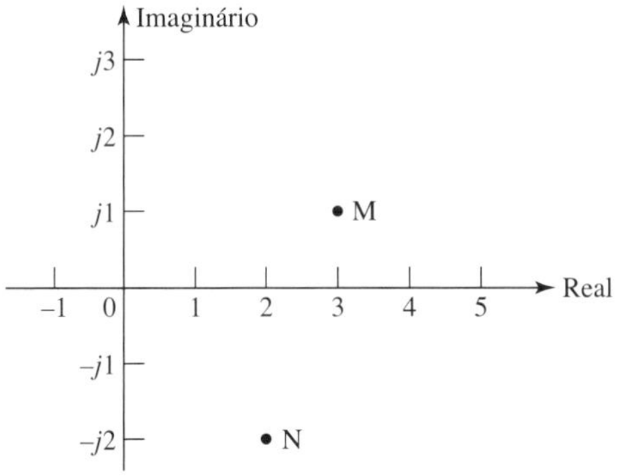

▲ **FIGURA A5.1** Os números complexos M = 3 + $j1$ e N = 2 – $j2$ são mostrados no plano complexo.

Vamos definir dois números complexos como sendo iguais se, e somente se, as suas partes reais forem iguais e as suas partes imaginárias forem iguais. Graficamente, a cada ponto no plano complexo corresponde apenas um número complexo, e, da mesma forma, a cada número complexo corresponde apenas um ponto no plano complexo. Assim, suponha que nos sejam dados dois números complexos:

$$\mathbf{A} = a + jb \quad \text{e} \quad \mathbf{B} = c + jd$$

Então, se

$$\mathbf{A} = \mathbf{B}$$

é necessário que

$$a = c \quad \text{e} \quad b = d$$

Diz-se que um número complexo expresso como a soma de um número real e um número imaginário, como $\mathbf{A} = a + jb$, está na forma *retangular* ou *cartesiana*. Outras formas para o número complexo aparecerão em breve.

Vamos agora definir as operações fundamentais de adição, subtração, multiplicação e divisão para os números complexos. A soma de dois números complexos é definida como um número complexo cuja parte real é a soma das partes reais dos dois números complexos e cuja parte imaginária é a soma das partes imaginárias dos dois números complexos. Logo,

$$(a + jb) + (c + jd) = (a + c) + j(b + d)$$

Por exemplo,

$$(3 + j4) + (4 - j2) = 7 + j2$$

A diferença de dois números complexos é feita de maneira similar; por exemplo,

$$(3 + j4) - (4 - j2) = -1 + j6$$

A adição e a subtração de números complexos também pode ser feita graficamente no plano complexo. Cada número complexo é representado como um vetor, ou segmento de reta direcionado, e a soma é obtida completando-se o paralelogramo, como ilustra a Figura A5.2*a*, ou fazendo-se a conexão dos vetores da maneira indicada na Figura A5.2*b*. Um esboço gráfico é muitas vezes útil para uma solução numérica mais exata.

O produto de dois números complexos é definido por

$$(a + jb)(c + jd) = (ac - bd) + j(bc + ad)$$

O resultado pode ser facilmente obtido pela multiplicação direta dos dois termos binomiais, usando-se as regras de álgebra de números reais, e então, simplificando-os, fazendo $j^2 = -1$. Por exemplo,

$$\begin{aligned}(3 + j4)(4 - j2) &= 12 - j6 + j16 - 8j^2 \\ &= 12 + j10 + 8 \\ &= 20 + j10\end{aligned}$$

É mais fácil multiplicar os números complexos usando esse método, particularmente se trocarmos j^2 por -1 imediatamente, do que substituí-los na fórmula geral que define a multiplicação.

Antes de definir a operação da divisão para números complexos, devemos definir o conjugado de um número complexo. O *conjugado* do número complexo $\mathbf{A} = a + jb$ é $a - jb$ e é representado como $\mathbf{A}^*$. O conjugado de qualquer número complexo é portanto facilmente obtido como a mera troca do sinal da parte imaginária desse número. Logo, se

$$\mathbf{A} = 5 + j3$$

então

$$\mathbf{A}^* = 5 - j3$$

É evidente que o conjugado de qualquer expressão complexa pode ser obtido com a troca de cada termo complexo na expressão por seu conjugado, o que pode ser feito com a substituição de todo j presente na expressão por $-j$.

As definições da adição, da subtração e da multiplicação mostram que as seguintes afirmativas são verdadeiras: a soma de um número complexo e seu conjugado é um número real; a diferença de um número complexo e seu conjugado é um número imaginário; e o produto de um número complexo por seu conjugado é um número real. Também é evidente que se $\mathbf{A}^*$ é o conjugado de $\mathbf{A}$, então $\mathbf{A}$ é o conjugado de $\mathbf{A}^*$; em outras palavras, $\mathbf{A} = (\mathbf{A}^*)^*$. Diz-se que um número complexo e seu conjugado formam um *par complexo conjugado*.

Definimos agora o quociente de dois números complexos

$$\frac{\mathbf{A}}{\mathbf{B}} = \frac{(\mathbf{A})(\mathbf{B}^*)}{(\mathbf{B})(\mathbf{B}^*)}$$

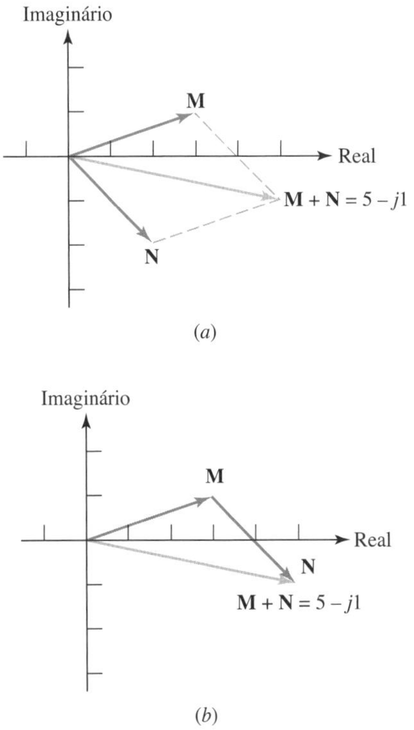

▲ **FIGURA A5.2** (*a*) A soma dos números complexos $\mathbf{M} = 3 + j1$ e $\mathbf{N} = 2 - j2$ é obtida com a construção de um paralelogramo. (*b*) A soma dos mesmos dois números complexos é obtida com a sua conexão cauda com cabeça.

Inevitavelmente, em um problema físico, um número complexo é de alguma forma acompanhado por seu conjugado.

e assim

$$\frac{a + jb}{c + jd} = \frac{(ac + bd) + j(bc - ad)}{c^2 + d^2}$$

Multiplicamos o numerador e o denominador pelo conjugado do denominador para obter um denominador real; esse processo é chamado de *racionalização do denominador*. Como um exemplo numérico

$$\frac{3 + j4}{4 - j2} = \frac{(3 + j4)(4 + j2)}{(4 - j2)(4 + j2)}$$
$$= \frac{4 + j22}{16 + 4} = 0{,}2 + j1{,}1$$

A adição ou a subtração de dois números complexos expressos na forma retangular é uma operação relativamente simples; a multiplicação e a divisão de dois números complexos na forma retangular, no entanto, é um processo bem trabalhoso. Essas duas últimas operações se tornam muito mais simples quando os números complexos são dados na forma exponencial ou na forma complexa. Ambas são apresentadas nas Seções A5.3 e A5.4.

▶ EXERCÍCIOS DE FIXAÇÃO

A5.1 Para $\mathbf{A} = -4 + j5$, $\mathbf{B} = 3 - j2$, e $\mathbf{C} = -6 - j5$, determine (*a*) $\mathbf{C} - \mathbf{B}$; (*b*) $2\mathbf{A} - 3\mathbf{B} + 5\mathbf{C}$; (*c*) $j^5\mathbf{C}^2(\mathbf{A} + \mathbf{B})$; (*d*) $\mathbf{B}\,\text{Re}[\mathbf{A}] + \mathbf{A}\,\text{Re}[\mathbf{B}]$.

A5.2 Usando os mesmos valores para **A**, **B** e **C** dados no problema anterior, determine (*a*) $[(\mathbf{A} - \mathbf{A}^*)(\mathbf{B} + \mathbf{B}^*)^*]^*$; (*b*) $(1/\mathbf{C}) - (1/\mathbf{B})^*$; (*c*) $(\mathbf{B} + \mathbf{C})/(2\mathbf{BC})$.

Respostas: A5.1: $-9 - j3$; $-47 - j9$; $27 - j191$; $-24 + j23$. A5.2: $-j60$; $-0{,}329 + j0{,}236$; $0{,}0662 + j0{,}1179$.

A5.2 ▶ A IDENTIDADE DE EULER

No Capítulo 9, apresentamos funções temporais que contêm números complexos e estamos preocupados com a diferenciação e a integração dessas funções em relação à variável real t. Diferenciamos e integramos tais funções em relação a t usando exatamente os mesmos procedimentos que aplicamos em funções temporais reais. Isto é, as constantes complexas são tratadas como se fossem constantes reais quando realizamos a operação de diferenciação ou integração. Se $\mathbf{f}(t)$ é uma função complexa do tempo, como

$$\mathbf{f}(t) = a \cos ct + jb \operatorname{sen} ct$$

então

$$\frac{d\mathbf{f}(t)}{dt} = -ac \operatorname{sen} ct + jbc \cos ct$$

e

$$\int \mathbf{f}(t)\,dt = \frac{a}{c} \operatorname{sen} ct - j\frac{b}{c} \cos ct + \mathbf{C}$$

onde a constante de integração **C** é um número complexo qualquer.

Às vezes é necessário diferenciar ou integrar uma função de uma variável complexa em relação à variável complexa. Em geral, a realização bem sucedida dessas operações requer que a função a ser diferenciada ou integrada satisfaça a certas condições. Todas as nossas funções satisfazem a essas condições, e a integração ou a diferenciação em relação a uma variável complexa é feita usando-se métodos idênticos àqueles usados para as variáveis reais.

Neste momento, devemos utilizar uma relação fundamental muito importante conhecida como a identidade de Euler (pronuncia-se "óiler"). Vamos provar essa identidade por ela ser de extrema utilidade na representação de um número complexo em uma forma diferente da forma retangular.

A prova se baseia na expansão em séries de cos θ, sen θ e e^z, que pode ser encontrada em seu livro de cálculo favorito:

$$\cos\theta = 1 - \frac{\theta^2}{2!} + \frac{\theta^4}{4!} - \frac{\theta^6}{6!} + \cdots$$

$$\text{sen}\,\theta = \theta - \frac{\theta^3}{3!} + \frac{\theta^5}{5!} - \frac{\theta^7}{7!} + \cdots$$

ou

$$\cos\theta + j\,\text{sen}\theta = 1 + j\theta - \frac{\theta^2}{2!} - j\frac{\theta^3}{3!} + \frac{\theta^4}{4!} + j\frac{\theta^5}{5!} - \cdots$$

e

$$e^z = 1 + z + \frac{z^2}{2!} + \frac{z^3}{3!} + \frac{z^4}{4!} + \frac{z^5}{5!} + \cdots$$

de forma que

$$e^{j\theta} = 1 + j\theta - \frac{\theta^2}{2!} - j\frac{\theta^3}{3!} + \frac{\theta^4}{4!} + \cdots$$

Concluímos que

$$e^{j\theta} = \cos\theta + j\,\text{sen}\,\theta \qquad [1]$$

ou, se fizermos $z = -j\theta$, vemos que

$$e^{-j\theta} = \cos\theta - j\,\text{sen}\,\theta \qquad [2]$$

Somando e subtraindo as Equações [1] e [2], obtemos as duas expressões que utilizamos sem provar em nosso estudo da resposta natural subamortecida dos circuitos *RLC* série e paralelo,

$$\cos\theta = \tfrac{1}{2}(e^{j\theta} + e^{-j\theta}) \qquad [3]$$

$$\text{sen}\,\theta = -j\tfrac{1}{2}(e^{j\theta} - e^{-j\theta}) \qquad [4]$$

▶ EXERCÍCIOS DE FIXAÇÃO

A5.3 Use as Equações [1] a [4] para avaliar: (*a*) e^{-j1}; (*b*) e^{1-j1}; (*c*) cos($-j1$); (*d*) sen($-j1$).

A5.4 Avalie em $t = 0{,}5$: (*a*) $(d/dt)(3\cos 2t - j2\,\text{sen}\,2t)$; (*b*) $\int_0^t (3\cos 2t - j2\,\text{sen}\,2t)dt$; avalie em $\mathbf{s} = 1 + j2$: (*c*) $\int_{\mathbf{s}}^{\infty} \mathbf{s}^{-3}d\mathbf{s}$; (*d*) $(d/d\mathbf{s})[3/(\mathbf{s} + 2)]$.

Respostas: A5.3: 0,540 – j0,841; 1,469 – j2,29; 1,543; –1,175. A5.4: –5,05 – j2,16; 1,262 – j0,460; –0,06 – j0,08; –0,0888 + j0,213.

A5.3 ▶ A FORMA EXPONENCIAL

Vamos agora pegar a identidade de Euler

$$e^{j\theta} = \cos\theta + j \operatorname{sen}\theta$$

e multiplicá-la em ambos os lados pelo número C positivo e real:

$$Ce^{j\theta} = C\cos\theta + jC \operatorname{sen}\theta \qquad [5]$$

O lado direito da Equação [5] consiste na soma de um número real e um número imaginário, representando portanto um número complexo na forma retangular. Chamemos esse número complexo de **A**, onde $\mathbf{A} = a + jb$. Igualando as partes reais,

$$a = C\cos\theta \qquad [6]$$

as partes imaginárias

$$b = C\operatorname{sen}\theta \qquad [7]$$

e então elevando [6] e [7] ao quadrado e somando,

$$a^2 + b^2 = C^2$$

ou

$$C = +\sqrt{a^2 + b^2} \qquad [8]$$

e dividindo a Equação [7] pela Equação [6]:

$$\frac{b}{a} = \tan\theta$$

ou

$$\theta = \tan^{-1}\frac{b}{a} \qquad [9]$$

obtemos as relações expressas pelas Equações [8] e [9], que nos permitem determinar C e θ a partir do conhecimento de a e b. Por exemplo, se $\mathbf{A} = 4 + j2$, então identificamos a como 4 e b como 2 e determinamos C e θ:

$$C = \sqrt{4^2 + 2^2} = 4{,}47$$
$$\theta = \tan^{-1}\tfrac{2}{4} = 26{,}6^\circ$$

Poderíamos usar essas novas informações para escrever **A** na forma

$$\mathbf{A} = 4{,}47\cos 26{,}6^\circ + j4{,}47\operatorname{sen} 26{,}6^\circ$$

mas é a forma do lado esquerdo da Equação [5] que provaremos ser mais útil:

$$\mathbf{A} = Ce^{j\theta} = 4{,}47e^{j26{,}6^\circ}$$

Diz-se que um número complexo expresso dessa maneira está na *forma exponencial*. O fator multiplicativo C real e positivo é conhecido como *amplitude* ou *módulo*, e a grandeza real θ no expoente é chamada de *argumento* ou *ângulo*. Um matemático sempre expressaria θ em radianos e escreveria

$$\mathbf{A} = 4{,}47e^{j0{,}464}$$

mas engenheiros trabalham de forma costumeira em termos de graus. O uso do símbolo do grau (°) no expoente evita qualquer confusão.

Recapitulando, se temos um número complexo dado na forma retangular,

$$\mathbf{A} = a + jb$$

e desejamos expressá-lo na forma exponencial,

$$\mathbf{A} = Ce^{j\theta}$$

podemos determinar C e θ pelas Equações [8] e [9]. Se dispomos do número complexo na forma exponencial, então podemos obter a e b empregando as Equações [6] e [7].

Quando **A** é expresso em termos de valores numéricos, a transformação entre as formas exponencial (ou polar) e retangular pode ser feita diretamente na maioria das calculadoras científicas.

Uma questão aparecerá na determinação do ângulo θ usando a relação da Equação [9]. Essa função possui múltiplos valores, e um ângulo apropriado deve ser selecionado entre as várias possibilidades. Um método pelo qual pode-se fazer a escolha é a seleção de um ângulo cujo seno e o cosseno possuam os sinais apropriados para produzir os valores necessários de a e b a partir das Equações [6] e [7]. Por exemplo, vamos converter

$$\mathbf{V} = 4 - j3$$

para a forma exponencial. A amplitude é

$$C = \sqrt{4^2 + (-3)^2} = 5$$

e o ângulo é

$$\theta = \tan^{-1}\frac{-3}{4} \qquad [10]$$

Um valor de θ deve ser selecionado de forma a levar a um valor positivo para cosθ, já que $4 = 5\cos\theta$, e a um valor negativo para senθ, pois $-3 = 5\,\text{sen}\,\theta$. Obtemos portanto $\theta = -36{,}9°$, $323{,}1°$, $-396{,}9°$ e assim por diante. Qualquer um desses ângulos está correto, e usualmente selecionamos aquele que é o mais simples, aqui, $-36{,}9°$. Devemos notar que a solução alternativa da Equação [10], $\theta = 143{,}1°$, não é a correta, porque cosθ é negativo e senθ é positivo.

Um método mais simples para selecionar o ângulo correto pode ser obtido se representarmos graficamente o número complexo no plano complexo. Vamos primeiro selecionar um número complexo, dado na forma retangular, $\mathbf{A} = a + jb$, que está posicionado no primeiro quadrante do plano complexo, como ilustrado na Figura A5.3. Se traçarmos uma linha da origem ao ponto que representa o número complexo, teremos construído um triângulo cuja hipotenusa é evidentemente a amplitude da representação exponencial do número complexo. Em outras palavras, $C = \sqrt{a^2 + b^2}$. Além disso, o ângulo no sentido anti-horário que essa linha faz com o eixo real positivo corresponde ao ângulo θ da representação exponencial, porque $a = C\cos\theta$ e $b = \text{sen}\,\theta$. Se agora tivermos um número complexo representado na forma retangular localizado em outro quadrante, como $\mathbf{V} = 4 - j3$, desenhado na Figura A5.4, o ângulo correto fica graficamente evidente, sendo $-36{,}9°$ ou

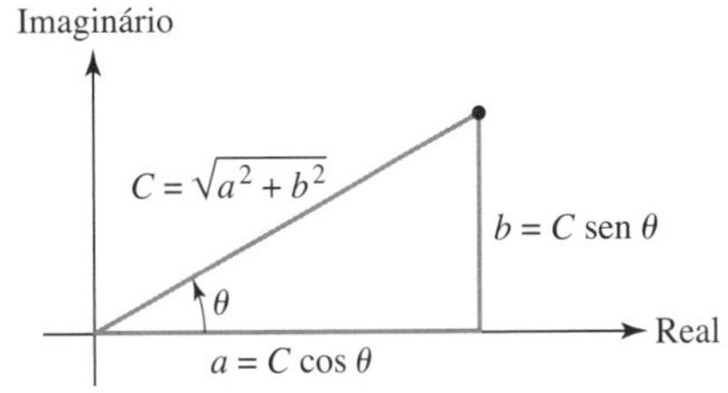

▲ **FIGURA A5.3** Um número complexo pode ser representado por um ponto no plano complexo com a escolha correta das partes real e imaginária a partir da forma retangular ou com a seleção do módulo e do ângulo a partir da forma exponencial.

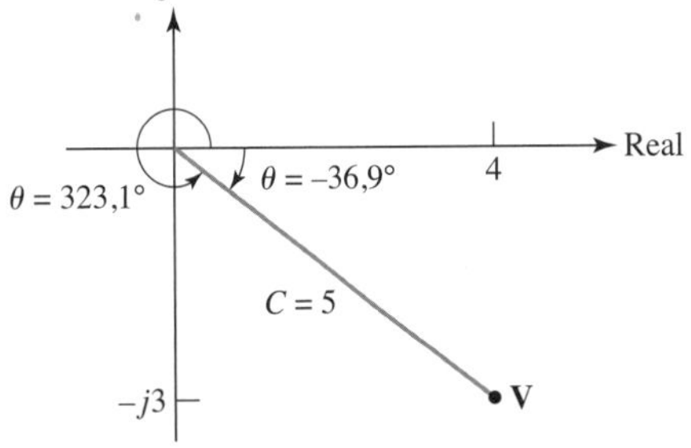

▲ **FIGURA A5.4** O número complexo $\mathbf{V} = 4 - j3 = 5e^{-j36{,}9°}$ é representado no plano complexo.

323,1° para este exemplo. O esboço pode ser muitas vezes visualizado, não havendo a necessidade de se desenhá-lo.

Se a forma retangular do número complexo tem parte real negativa, é muitas vezes mais fácil lidar com o negativo do número complexo, evitando-se com isso trabalhar com ângulos maiores que 90°. Por exemplo, dado

$$\mathbf{I} = -5 + j2$$

escrevemos

$$\mathbf{I} = -(5 - j2)$$

e então transformamos $(5 - j2)$ para a forma exponencial:

$$\mathbf{I} = -Ce^{j\theta}$$

onde

$$C = \sqrt{29} = 5{,}39 \qquad \text{e} \qquad \theta = \tan^{-1}\tfrac{-2}{5} = -21{,}8^{\circ}$$

Temos portanto

$$\mathbf{I} = -5{,}39e^{-j21{,}8^{\circ}}$$

O sinal negativo pode ser removido do número complexo aumentando-se ou diminuindo-se o ângulo em 180°, o que pode ser diretamente visualizado no plano complexo. Assim, o resultado pode ser expresso na forma exponencial como

$$\mathbf{I} = 5{,}39e^{j158{,}2^{\circ}} \qquad \text{ou} \qquad \mathbf{I} = 5{,}39e^{-j201{,}8^{\circ}}$$

Note que o cálculo do arco tangente em uma calculadora eletrônica sempre leva a ângulos com módulo menor que 90°. Logo, $\tan^{-1}[(-3)/4]$ e $\tan^{-1}[3/(-4)]$ saem como $-36{,}9°$. No entanto, calculadoras que permitem a conversão de retangular para polar fornecem o ângulo correto em todos os casos.

Deve ser feita uma última colocação sobre a representação exponencial de um número complexo. Dois números complexos, ambos escritos na forma exponencial, são iguais se, e somente se, as suas amplitudes são iguais e seus ângulos são equivalentes. Ângulos equivalentes são aqueles que diferem entre si em múltiplos de 360°. Por exemplo, se $\mathbf{A} = Ce^{j\theta}$ e $\mathbf{B} = De^{j\phi}$, então se $\mathbf{A} = \mathbf{B}$, é necessário que $C = D$ e $\theta = \phi \pm (360°)n$, onde $n = 0, 1, 2, 3, \ldots$.

▶ EXERCÍCIOS DE FIXAÇÃO

A5.5 Expresse cada um dos seguintes números complexos na forma exponencial, usando um ângulo no intervalo $-180° < \theta \leq 180°$;

(*a*) $-18{,}5 - j26{,}1$; (*b*) $17{,}9 - j12{,}2$; (*c*) $-21{,}6 + j31{,}2$.

A5.6 Expresse cada um destes números complexos na forma retangular:

(*a*) $61{,}2e^{-j111{,}1°}$; (*b*) $-36{,}2e^{j108°}$; (*c*) $5e^{-j2{,}5°}$.

Respostas: A5.5: $32{,}0e^{-j125{,}3°}$; $21{,}7e^{-j34{,}3°}$; $37{,}9e^{j124{,}7°}$. A5.6: $-22{,}0 - j57{,}1$; $11{,}19 - j34{,}4$; $-4{,}01 - j2{,}99$.

A5.4 ▶ A FORMA POLAR

A terceira (e última) forma na qual podemos representar um número complexo é essencialmente igual à forma exponencial, exceto por uma pequena diferença de simbolismo. Usamos um sinal de ângulo ($\angle$) para substituir a combinação e^j. Assim, a representação exponencial de um número complexo **A**,

$$\mathbf{A} = Ce^{j\theta}$$

pode ser escrita de forma um pouco mais concisa como

$$\mathbf{A} = C\angle\theta$$

Diz-se então que o número complexo está representado na forma *polar*, um nome que sugere a representação de um ponto em um plano (complexo) usando-se coordenadas polares.

É claro que a transformação da forma retangular para a forma polar e vice-versa é basicamente igual à transformação entre as formas retangular e exponencial. As mesmas relações existem entre C, θ, a e b.

O número complexo

$$\mathbf{A} = -2 + j5$$

é portanto escrito na forma exponencial como

$$\mathbf{A} = 5{,}39e^{j111{,}8^\circ}$$

e na forma polar como

$$\mathbf{A} = 5{,}39\angle 111{,}8^\circ$$

Para que possamos apreciar a utilidade das formas exponencial e polar, vamos considerar a multiplicação e a divisão de dois números complexos representados na forma exponencial ou polar. Se temos

$$\mathbf{A} = 5\angle 53{,}1^\circ \qquad \text{e} \qquad \mathbf{B} = 15\angle -36{,}9^\circ$$

então a representação desses dois números complexos na forma exponencial

$$\mathbf{A} = 5e^{j53{,}1^\circ} \qquad \text{e} \qquad \mathbf{B} = 15e^{-j36{,}9^\circ}$$

nos permite escrever o produto como um número complexo na forma exponencial cuja amplitude é o produto das amplitudes e cujo ângulo é a soma algébrica dos ângulos, de acordo com as regras normais para a multiplicação de duas grandezas exponenciais:

$$(\mathbf{A})(\mathbf{B}) = (5)(15)e^{j(53{,}1^\circ - 36{,}9^\circ)}$$

ou

$$\mathbf{AB} = 75e^{j16{,}2^\circ} = 75\angle 16{,}2^\circ$$

A partir da definição da forma polar, é evidente que

$$\frac{\mathbf{A}}{\mathbf{B}} = 0{,}333\angle 90^\circ$$

A adição ou a subtração de números complexos é feita mais facilmente com os números complexos na forma retangular, e a realização dessas operações para dois números complexos na forma exponencial ou polar deve começar com a conversão desses dois números para a forma retangular. A situação inversa se aplica à multiplicação e à divisão; dois números dados na forma retangular devem ser transformados para a forma polar, a menos que os números sejam inteiros pequenos. Por exemplo, se desejamos multiplicar $(1 - j3)$ por $(2 + j1)$, é mais fácil multiplicá-los diretamente do jeito que eles estão e obter $(5 - j5)$. Se o números puderem ser multiplicados mentalmente, então transformá-los para a forma polar é tempo perdido.

Devemos agora nos esforçar para nos familiarizarmos com as três diferentes formas nas quais números complexos podem ser expressos e com a rápida conversão de uma forma para a outra. As relações entre essas três formas parecem quase intermináveis, e a extensa equação a seguir resume as várias inter-relações existentes

$$\mathbf{A} = a + jb = \text{Re}\{\mathbf{A}\} + j\text{Im}\{\mathbf{A}\} = Ce^{j\theta} = \sqrt{a^2 + b^2}\,e^{j\tan^{-1}(b/a)}$$
$$= \sqrt{a^2 + b^2}\,\underline{/\tan^{-1}(b/a)}$$

A maioria das conversões de uma forma para a outra pode ser feita rapidamente com a ajuda de uma calculadora, e muitas calculadoras são equipadas para resolver equações lineares com números complexos.

Veremos que os números complexos são um conveniente artifício matemático que facilita a análise de situações físicas reais.

▶ EXERCÍCIOS DE FIXAÇÃO

A5.7 Expresse o resultado de cada uma destas manipulações com números complexos na forma polar, usando seis algarismos significativos simplesmente pela alegria de fazer as contas: (*a*) $[2 - (1\underline{/-41^\circ})]/(0{,}3\underline{/41^\circ})$; (*b*) $50/(2{,}87\underline{/83{,}6^\circ} + 5{,}16\underline{/63{,}2^\circ})$; (*c*) $4\underline{/18^\circ} - 6\underline{/-75^\circ} + 5\underline{/28^\circ}$.

A5.8 Determine **Z** na forma retangular se (*a*) $\mathbf{Z} + j2 = 3/\mathbf{Z}$; (*b*) $\mathbf{Z} = 2\ln(2 - j3)$; (*c*) sen $\mathbf{Z} = 3$.

Respostas: A5.7: $4{,}69179\underline{/-13{,}2183^\circ}$; $6{,}31833\underline{/-70{,}4626^\circ}$; $11{,}5066\underline{/54{,}5969^\circ}$. A5.8: $\pm 1{,}414 - j1$; $2{,}56 - j1{,}966$; $1{,}571 \pm j1{,}763$.

Apêndice 6

Um Breve Tutorial do Matlab®

A intenção deste tutorial é fornecer uma breve introdução a alguns dos conceitos básicos necessários para o uso de um poderoso pacote computacional conhecido como MATLAB. O uso do MATLAB é uma parte completamente opcional do material contido neste livro texto, mas como ele vem se tornando uma ferramenta cada vez mais comum em todas as áreas da engenharia elétrica, achamos que seria válido dar aos estudantes uma oportunidade para começar a explorar algumas das características desse programa, particularmente o traçado de gráficos 2D e 3D, a realização de operações matriciais, a solução de equações simultâneas e a manipulação de expressões algébricas. Muitas instituições disponibilizam a versão completa do MATLAB para seus estudantes, mas, no momento em que escrevemos essas linhas, uma versão de estudante se encontra disponível por um custo significativamente reduzido a partir da MathWorks, Inc. (http://www.mathworks.com/academia/student_version/).

A6.1 ▸ INICIANDO

Abre-se o MATLAB clicando-se no ícone do programa; a janela de abertura típica é mostrada na Figura A6.1. Programas podem ser rodados a partir de arquivos ou com a entrada direta de comandos na janela. O MATLAB também possui extensas fontes de ajuda *online*, que são igualmente úteis para iniciantes e usuários avançados.

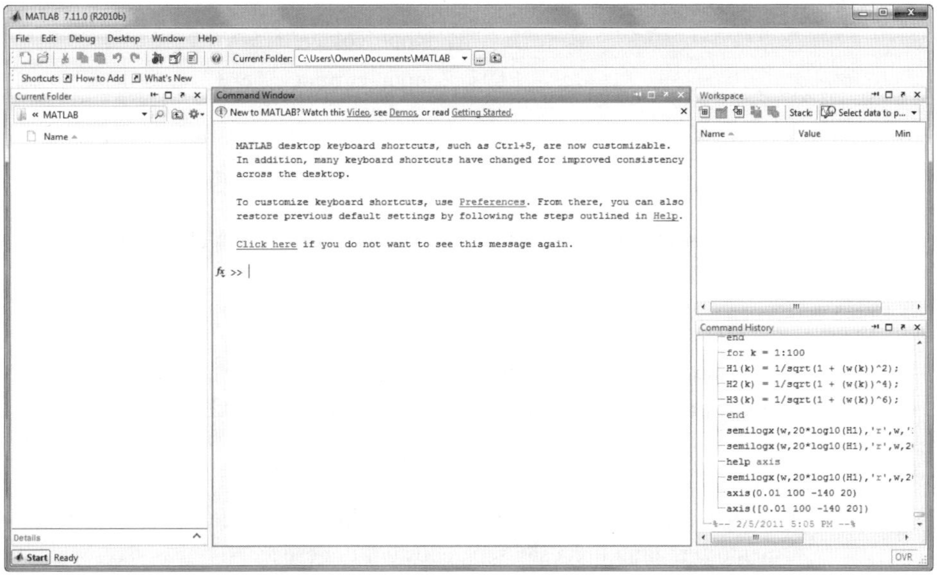

◂ **FIGURA A6.1** Tela de comandos do MATLAB após a inicialização.

Programas típicos do MATLAB se parecem muito com programas escritos em C, embora a familiaridade com essa linguagem não seja de forma alguma necessária.

A6.2 ▶ VARIÁVEIS E OPERAÇÕES MATEMÁTICAS

O MATLAB faz muito mais sentido assim que o usuário percebe que todas as variáveis são tratadas como matrizes, mesmo que simplesmente matrizes 1 × 1. Nomes de variáveis podem ter um comprimento de até 19 caracteres, o que é extremamente útil na escrita de programas por facilitar a sua leitura. O primeiro caractere deve ser uma letra, mas os caracteres restantes podem ser qualquer letra ou número; a barra inferior (_) também pode ser usada. Nomes de variáveis no MATLAB são sensíveis a letras maiúsculas e minúsculas. Além disso, o MATLAB inclui diversas variáveis predefinidas. Variáveis predefinidas relevantes para o material apresentado neste texto incluem:

eps	A precisão da máquina
realmin	O menor número positivo de ponto flutuante manuseado pelo computador
realmax	O maior número de ponto flutuante manuseado pelo computador
inf	Infinito (definido como 1/0)
NaN	Literalmente, "não é um número" (*Not a Number*). Isto inclui situações como 0/0
pi	π (3,14159 . . . .)
i, *j*	Ambas as variáveis são inicialmente definidas como $\sqrt{-1}$. Elas podem receber outros valores fornecidos pelo usuário.

Uma lista completa das variáveis definidas pode ser obtida com o comando *who*. Variáveis recebem valores com o uso do sinal de igual (=). Se a linha for terminada com um ponto-e-vírgula, então um novo cursor aparece. Se a linha for simplesmente terminada com o uso da tecla Enter, então a variável é repetida. Por exemplo,

```
EDU>> input_voltage = 5
EDU>> input_current = 1e–3
input_current=
1.0000e–003
EDU>>
```

Variáveis complexas são facilmente definidas no MATLAB; por exemplo,

```
EDU» s = 9 + j*5;
```

cria uma variável complexa **s** com valor 9 + *j*5;

Uma matriz que não for 1 × 1 é definida usando-se colchetes. Por exemplo, expressaríamos a matriz $\mathbf{t} = \begin{bmatrix} 2 & -1 \\ 3 & 0 \end{bmatrix}$ no MATLAB como

```
EDU» t = [2   – 1; 3   0];
```

Note que os elementos da matriz são informados de linha em linha; elementos em uma linha são separados por um espaço, e linhas são separadas por um ponto-e-vírgula (;). As mesmas operações aritméticas estão disponíveis para as matrizes, então, por exemplo, podemos obter $t + t$ como

```
EDU» t + t

ans =
   4  -2
   6   0
```

Operações aritméticas incluem:

^	potenciação	\	divisão à esquerda
*	multiplicação	+	adição
/	divisão à direita (ordinária)	–	subtração

A ordem das operações é importante. A ordem de precedência é: potência, depois multiplicação e divisão, e finalmente adição e subtração.

```
EDU» x = 1 + 5 ^ 2 * 3

x =

  76
```

O conceito de divisão à esquerda pode parecer estranho de início, mas é muito útil em álgebra matricial. Por exemplo,

```
EDU» 1/5

ans =
   0.2000
EDU» 1\5
ans =
   5
EDU» 5\1
ans =
   0.2000
```

E, no caso da equação matricial **Ax** = **B**, onde $\mathbf{A} = \begin{bmatrix} 2 & 4 \\ 1 & 6 \end{bmatrix}$ e $\mathbf{B} = \begin{bmatrix} -1 \\ 2 \end{bmatrix}$, determinamos **x** com

```
EDU» A = [2 4; 1 6];
EDU» B = [– 1; 2];
EDU» x = A\B

x =

  – 1,7500
    0,6250
```

Alternativamente, também podemos escrever

```
EDU» x = A^– 1*B

x =

  – 1,7500
    0,6250
```

ou

```
EDU» inv(A)*B
ans =
  – 1,7500
    0,6250
```

Quando tivermos alguma dúvida, parênteses podem ser muito úteis.

A6.3 ▶ ALGUMAS FUNÇÕES ÚTEIS

Limitações de espaço não nos permitem listar todas as funções contidas no MATLAB. Algumas das funções mais básicas incluem:

abs(x)	$\|x\|$	log 10(x)	$\log_{10} x$		
exp(x)	e^x	sin(x)	sen x	asin(x)	$\text{sen}^{-1} x$
sqrt(x)	$\sqrt{x}$	cos(x)	$\cos x$	acos(x)	$\cos^{-1} x$
log(x)	$\ln x$	tan(x)	$\tan x$	atan(x)	$\tan^{-1} x$

Funções úteis para a manipulação de variáveis complexas incluem:

real(s)	Re{s}
imag(s)	Im{s}
abs(s)	$\sqrt{a^2 + b^2}$, onde $\mathbf{s} \equiv a + jb$
angle(s)	$\tan^{-1}(b/a)$, onde $\mathbf{s} \equiv a + jb$
conj(s)	complexo conjugado de **s**

Outro comando extremamente útil, porém muitas vezes esquecido, é simplesmente o *help*.

Ocasionalmente precisamos de um vetor, como quando queremos criar um gráfico. O comando *linspace*(min, máx, número de pontos) é de grande valia nesses casos:

```
EDU» frequency = linspace(0,10,5)
frequency =
    0   2,5000   5,0000   7,5000   10,0000
```

Um primo importante desse comando é o *logspace*().

A6.4 ▶ GERANDO GRÁFICOS

Fazer gráficos no MATLAB é extremamente fácil. Por exemplo, a Figura A6.2 mostra o resultado da execução do seguinte programa no MATLAB:

```
EDU» x = linspace(0,2*pi,100);
EDU» y = sin(x);
EDU» plot(x,y);
EDU» xlabel('Angle (radians)');
EDU» ylabel('f(x)');
```

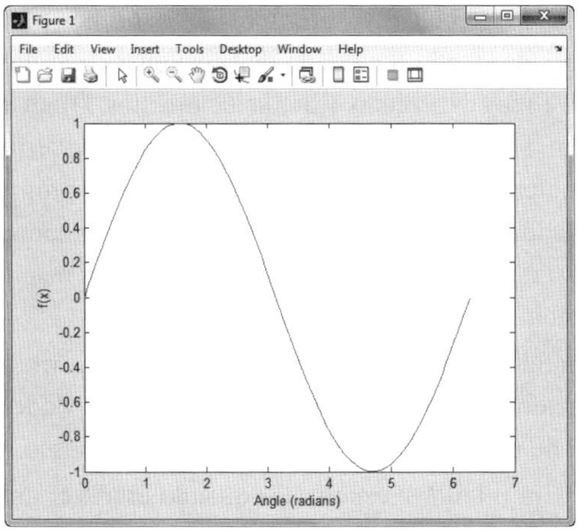

▲ **FIGURA A6.2** Exemplo de gráfico de sen(x), $0 < x < 2\pi$, gerado no MATLAB. A variável x é um vetor composto por 100 elementos igualmente espaçados.

A6.5 ▶ ESCREVENDO PROGRAMAS

Embora os exemplos do MATLAB mostrados neste texto sejam apresentados como linhas digitadas na tela de comandos, é possível (e muitas vezes prudente, se a repetição for uma questão importante) escrever um programa de forma que os cálculos se tornem mais convenientes. Isto é feito no MATLAB escrevendo-se o que é chamado de arquivo m. Este é apenas um arquivo texto salvo com a extensão ".m" (por exemplo, primeiro_prog.m). Em homenagem a Kernighan e Ritchie, clicamos em **New M-File** no menu **File**, o que abre o editor de arquivos m (note que você pode usar outro editor, como o WordPad, por exemplo).

Digitamos

```
r = input('Hello, World')
```

como mostrado na Figura A6.3.

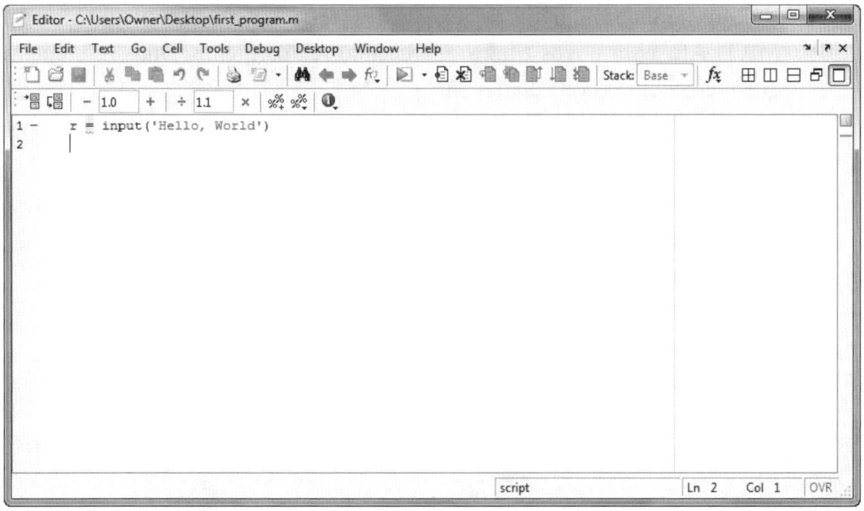

▲ **FIGURA A6.3** Exemplo de arquivo m criado no editor de arquivos m.

Em seguida, salvamos esse arquivo como primeiro_prog.m em um diretório apropriado, tendo o cuidado de selecionar os arquivos MATLAB (*.m) em **File Type**. No menu **File**, selecionamos **Open** e encontramos first_program.m. Esta ação abre novamente o editor (poderíamos então não tê-lo fechado anteriormente). Podemos rodar o nosso programa apertando F5 ou selecionando **Run** no menu **Debug**. Na tela de comandos, vemos a nossa saudação; o MATLAB fica esperando por uma resposta de teclado, então simplesmente aperte a tecla Enter.

Vamos expandir um dos exemplos anteriores para permitir que o módulo seja selecionado pelo usuário como na Figura A6.4. Podemos agora permitir a entrada de qualquer amplitude arbitrária para nosso gráfico.

Deixamos para o leitor a escolha de quando escrever um programa em um arquivo m e quando usar diretamente a tela de comandos.

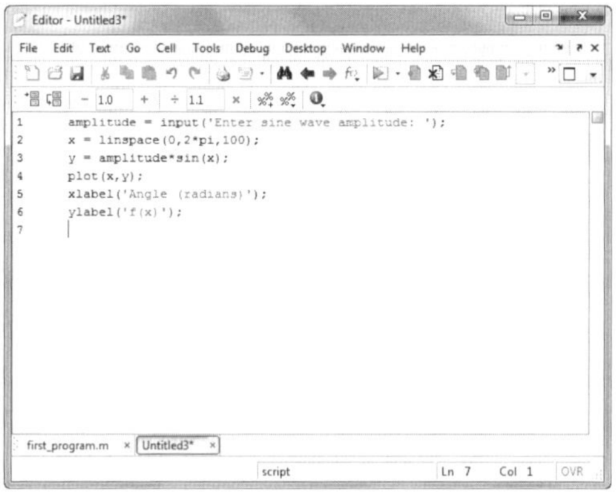

▲ **FIGURA A6.4** Arquivo m escrito para gerar um gráfico da função seno, nomeado como example1.m

LEITURA COMPLEMENTAR

Há um grande número de excelentes referências disponíveis para o MATLAB, com novos títulos aparecendo regularmente. Duas referências que merecem ser consultadas são:

D. C. Hanselman e B. L. Littlefield, *Mastering MATLAB 7*. Upper Saddle River, N.J.: Prentice-Hall, 2005.

W. J. Palm III, *Introduction to MATLAB 7 for Engineers*, 2ª ed. New York, McGraw-Hill, 2005.

Apêndice 7

Teoremas Adicionais da Transformada de Laplace

Neste apêndice, apresentamos brevemente vários teoremas da transformada de Laplace tipicamente usados em situações mais avançadas, complementando aqueles descritos no Capítulo 14.

A7.1 ▸ TRANSFORMADAS DE FUNÇÕES TEMPORAIS PERIÓDICAS

O teorema do deslocamento no tempo é muito útil na avaliação da transformada de funções temporais periódicas. Suponha que $f(t)$ seja periódica com um período T para valores positivos de t. O comportamento de $f(t)$ em $t < 0$ não tem efeito na transformada de Laplace (unilateral), como sabemos. Assim, $f(t)$ pode ser escrita como

$$f(t) = f(t - nT) \qquad n = 0, 1, 2, \ldots$$

Se agora definimos uma nova função temporal que é diferente de zero apenas no primeiro período de $f(t)$,

$$f_1(t) = [u(t) - u(t - T)]f(t)$$

então a função $f(t)$ original pode ser representada como a soma de um número infinito de funções desse tipo, atrasadas de múltiplos inteiros de T. Isto é,

$$\begin{aligned} f(t) &= [u(t) - u(t - T)]f(t) + [u(t - T) - u(t - 2T)]f(t) \\ &\quad + [u(t - 2T) - u(t - 3T)]f(t) + \cdots \\ &= f_1(t) + f_1(t - T) + f_1(t - 2T) + \cdots \end{aligned}$$

ou

$$f(t) = \sum_{n=0}^{\infty} f_1(t - nT)$$

A transformada de Laplace dessa soma é simplesmente a soma das transformadas,

$$\mathbf{F(s)} = \sum_{n=0}^{\infty} \mathcal{L}\{f_1(t - nT)\}$$

e o teorema do deslocamento no tempo leva a

$$\mathbf{F(s)} = \sum_{n=0}^{\infty} e^{-nTs}\mathbf{F}_1\mathbf{(s)}$$

onde

$$\mathbf{F}_1(\mathbf{s}) = \mathcal{L}\{f_1(t)\} = \int_{0^-}^{T} e^{-\mathbf{s}t} f(t)\, dt$$

Como $\mathbf{F}_1(\mathbf{s})$ não é uma função de n, ela pode ser removida da soma, e $\mathbf{F}(\mathbf{s})$ se torna

$$\mathbf{F}(\mathbf{s}) = \mathbf{F}_1(\mathbf{s})[1 + e^{-T\mathbf{s}} + e^{-2T\mathbf{s}} + \cdots]$$

Quando aplicamos o teorema binomial na expressão entre colchetes, essa expressão se simplifica para $1/(1 - e^{-T\mathbf{s}})$. Assim, concluímos que a função periódica $f(t)$, com período T, tem uma transformada de Laplace expressa por

$$\mathbf{F}(\mathbf{s}) = \frac{\mathbf{F}_1(\mathbf{s})}{1 - e^{-T\mathbf{s}}} \qquad [1]$$

onde

$$\mathbf{F}_1(\mathbf{s}) = \mathcal{L}\{[u(t) - u(t - T)]f(t)\} \qquad [2]$$

é a transformada do primeiro período da função temporal.

Para ilustrar o uso desse teorema da transformada para funções periódicas, vamos aplicá-lo no familiar trem de pulsos retangulares, ilustrado na Figura A7.1. Podemos descrever essa função periódica analiticamente:

$$v(t) = \sum_{n=0}^{\infty} V_0[u(t - nT) - u(t - nT - \tau)] \qquad t > 0$$

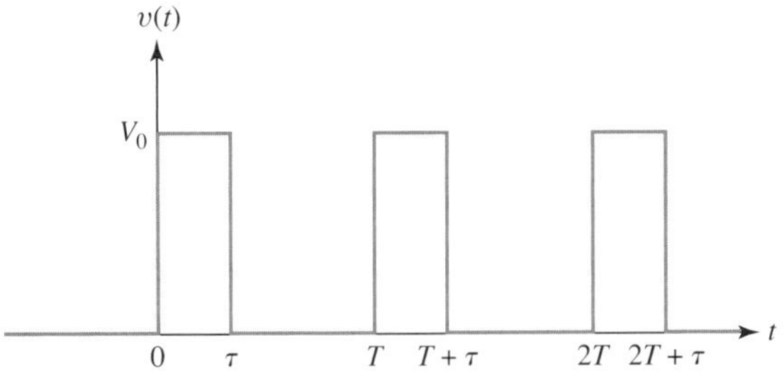

◀ **FIGURA A7.1** Um trem de pulsos retangulares periódicos para os quais $\mathbf{F}(\mathbf{s}) = (V_0/\mathbf{s})(1 - e^{-\mathbf{s}\tau})/(1 - e^{-\mathbf{s}T})$.

A função $\mathbf{V}_1(\mathbf{s})$ é simples de se calcular:

$$\mathbf{V}_1(\mathbf{s}) = V_0 \int_{0^-}^{\tau} e^{-\mathbf{s}t}\, dt = \frac{V_0}{\mathbf{s}}(1 - e^{-\mathbf{s}\tau})$$

Agora, para obter a transformada desejada, simplesmente dividimos por $(1 - e^{-\mathbf{s}T})$:

$$\mathbf{V}(\mathbf{s}) = \frac{V_0(1 - e^{-\mathbf{s}\tau})}{\mathbf{s}(1 - e^{-\mathbf{s}T})} \qquad [3]$$

Devemos notar como muitos teoremas diferentes aparecem na transformada em [3]. O fator $(1 - e^{-\mathbf{s}T})$ no denominador leva em consideração a periodicidade da função, o termo $e^{-\mathbf{s}\tau}$ no numerador surge do atraso temporal da onda quadrada negativa que desliga o pulso, e o fator $V_0/\mathbf{s}$ é, naturalmente, a transformada das funções degrau envolvidas em $v(t)$.

▶ EXEMPLO A7.1

Determine a transformada da função periódica da Figura A7.2

Começamos escrevendo uma equação para descrever $f(t)$, uma função composta por funções impulso positivas e negativas alternadas.

$$f(t) = 2\delta(t-1) - 2\delta(t-3) + 2\delta(t-5) - 2\delta(t-7) + \cdots$$

Definindo uma nova função f_1 e reconhecendo um período $T = 4$ s,

$$f_1(t) = 2[\delta(t-1) - \delta(t-3)]$$

podemos fazer uso da operação da periodicidade no tempo listada na Tabela 14.2 para determinar **F**(**s**)

$$\mathbf{F}(\mathbf{s}) = \frac{1}{1-e^{-T\mathbf{s}}}\mathbf{F}_1(\mathbf{s}) \qquad [4]$$

onde

$$\mathbf{F}_1(\mathbf{s}) = \int_{0^-}^{T} f(t)e^{-\mathbf{s}t}\,dt = \int_{0^-}^{4} f_1(t)e^{-\mathbf{s}t}\,dt$$

Há várias formas de se avaliar essa integral. A mais fácil é reconhecer que seu valor permanecerá o mesmo se o limite superior crescer até ∞, o que nos permite utilizar o teorema do deslocamento no tempo. Assim,

$$\mathbf{F}_1(\mathbf{s}) = 2[e^{-\mathbf{s}} - e^{-3\mathbf{s}}] \qquad [5]$$

Nosso exemplo é completado com a multiplicação da Equação [5] pelo fator indicado na Equação [4], de forma que

$$\mathbf{F}(\mathbf{s}) = \frac{2}{1-e^{-4\mathbf{s}}}(e^{-\mathbf{s}} - e^{-3\mathbf{s}}) = \frac{2e^{-\mathbf{s}}}{1+e^{-2\mathbf{s}}}$$

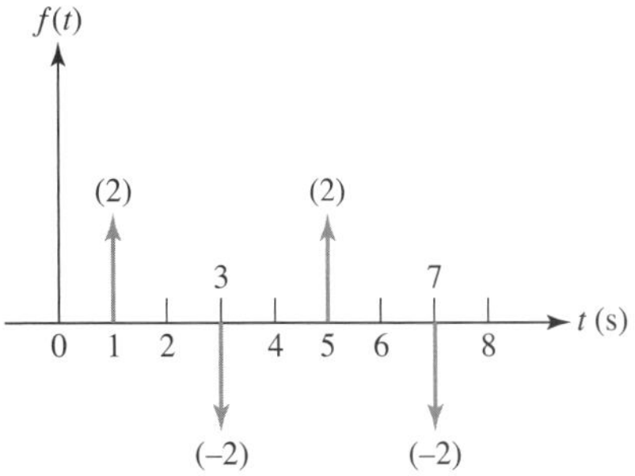

▲ **FIGURA A7.2** Uma função periódica baseada em funções impulso unitárias.

▶ EXERCÍCIO DE FIXAÇÃO

A7.1 Determine a transformada de Laplace da função periódica mostrada na Figura A7.3.

Resposta: $\left(\frac{8}{\mathbf{s}^2+\pi^2/4}\right)\frac{\mathbf{s}+(\pi/2)e^{-\mathbf{s}}+(\pi/2)e^{-3\mathbf{s}}-\mathbf{s}e^{-4\mathbf{s}}}{1-e^{-4\mathbf{s}}}$

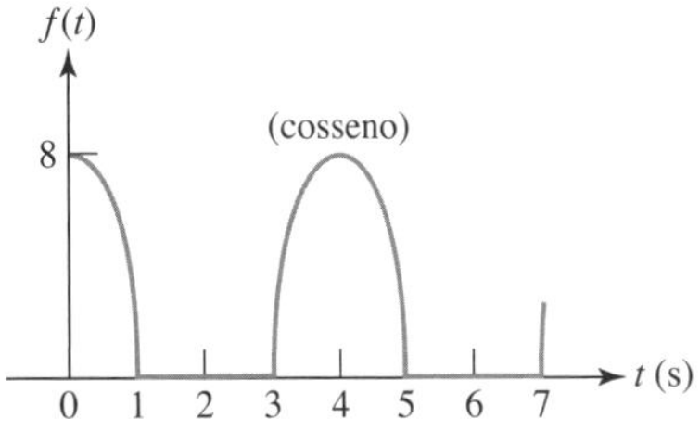

▲ **FIGURA A7.3**

A7.2 ▶ DESLOCAMENTO NA FREQUÊNCIA

O novo teorema a seguir estabelece uma relação entre $\mathbf{F}(\mathbf{s}) = \mathcal{L}\{f(t)\}$ e $\mathbf{F}(\mathbf{s}+a)$. Consideremos a transformada de Laplace de $e^{-at}f(t)$,

$$\mathcal{L}\{e^{-at}f(t)\} = \int_{0^-}^{\infty} e^{-\mathbf{s}t}e^{-at}f(t)\,dt = \int_{0^-}^{\infty} e^{-(\mathbf{s}+a)t}f(t)\,dt$$

Olhando cuidadosamente para esse resultado, notamos que a integral à direita é idêntica àquela que define **F**(**s**), com uma exceção: (**s** + a) aparece no lugar de **s**. Logo,

$$e^{-at}f(t) \Leftrightarrow \mathbf{F}(\mathbf{s}+a) \qquad [6]$$

Concluímos que a troca de **s** por (**s** + a) no domínio da frequência corresponde à multiplicação por e^{-at} no domínio do tempo. Este é conhecido como o teorema do ***deslocamento na frequência***. Ele pode ser usado imediatamente na avaliação da transformada da função cosseno exponencialmente amortecida que usamos extensivamente em trabalhos anteriores. Começando com a conhecida transformada da função cosseno,

$$\mathcal{L}\{\cos \omega_0 t\} = \mathbf{F}(\mathbf{s}) = \frac{\mathbf{s}}{\mathbf{s}^2 + \omega_0^2}$$

então a transformada de $e^{-at} \cos \omega_0 t$ deve ser $\mathbf{F}(\mathbf{s} + a)$:

$$\mathcal{L}\{e^{-at} \cos \omega_0 t\} = \mathbf{F}(\mathbf{s} + a) = \frac{\mathbf{s} + a}{(\mathbf{s} + a)^2 + \omega_0^2} \qquad [7]$$

▶ EXERCÍCIO DE FIXAÇÃO

A7.2 Determine $\mathcal{L}\{e^{-2t} \operatorname{sen}(5t + 0{,}2\pi)u(t)\}$.

Resposta: $(0{,}588\mathbf{s} + 4{,}05)/(\mathbf{s}^2 + 4\mathbf{s} + 29)$.

A7.3 ▶ DIFERENCIAÇÃO NO DOMÍNIO DA FREQUÊNCIA

Vamos agora examinar as consequências de se derivar $\mathbf{F}(\mathbf{s})$ em relação a $\mathbf{s}$. O resultado é

$$\frac{d}{d\mathbf{s}}\mathbf{F}(\mathbf{s}) = \frac{d}{d\mathbf{s}} \int_{0^-}^{\infty} e^{-\mathbf{s}t} f(t)\, dt$$
$$= \int_{0^-}^{\infty} -te^{-\mathbf{s}t} f(t)\, dt = \int_{0^-}^{\infty} e^{-\mathbf{s}t}[-tf(t)]\, dt$$

que é simplesmente a transformada de Laplace de $[-t\,f(t)]$. Concluímos portanto que a derivada em relação a $\mathbf{s}$ no domínio da frequência resulta na multiplicação por $-t$ no domínio do tempo, ou

$$-tf(t) \Leftrightarrow \frac{d}{d\mathbf{s}}\mathbf{F}(\mathbf{s}) \qquad [8]$$

Suponha agora que $f(t)$ seja a função rampa unitária $tu(t)$, cuja transformada sabemos que é $1/\mathbf{s}^2$. Podemos usar o nosso recém adquirido teorema da diferenciação na frequência para determinar a transformada inversa de $1/\mathbf{s}^3$ conforme descrito a seguir:

$$\frac{d}{d\mathbf{s}}\left(\frac{1}{\mathbf{s}^2}\right) = -\frac{2}{\mathbf{s}^3} \Leftrightarrow -t\mathcal{L}^{-1}\left\{\frac{1}{\mathbf{s}^2}\right\} = -t^2u(t)$$

e

$$\frac{t^2u(t)}{2} \Leftrightarrow \frac{1}{\mathbf{s}^3} \qquad [9]$$

Continuando com o mesmo procedimento, obtemos

$$\frac{t^3}{3!}u(t) \Leftrightarrow \frac{1}{\mathbf{s}^4} \qquad [10]$$

e, em geral,

$$\frac{t^{(n-1)}}{(n-1)!}u(t) \Leftrightarrow \frac{1}{\mathbf{s}^n} \qquad [11]$$

▶ EXERCÍCIO DE FIXAÇÃO

A7.3 Determine $\mathcal{L}\{t\ \text{sen}(5t + 0{,}2\pi)u(t)\}$.

Resposta: $(0{,}588\mathbf{s}^2 + 8{,}09\mathbf{s} - 14{,}69)/(\mathbf{s}^2 + 25)^2$.

A7.4 ▶ INTEGRAÇÃO NO DOMÍNIO DA FREQUÊNCIA

O efeito causado em $f(t)$ pela integração de $\mathbf{F}(\mathbf{s})$ em relação a $\mathbf{s}$ pode ser mostrado novamente a partir da definição,

$$\mathbf{F}(\mathbf{s}) = \int_{0^-}^{\infty} e^{-\mathbf{s}t} f(t)\,dt$$

fazendo-se uma integração na frequência de $\mathbf{s}$ a ∞,

$$\int_{\mathbf{s}}^{\infty} \mathbf{F}(\mathbf{s})\,d\mathbf{s} = \int_{\mathbf{s}}^{\infty} \left[\int_{0^-}^{\infty} e^{-\mathbf{s}t} f(t)\,dt\right] d\mathbf{s}$$

trocando-se a ordem de integração,

$$\int_{\mathbf{s}}^{\infty} \mathbf{F}(\mathbf{s})\,d\mathbf{s} = \int_{0^-}^{\infty} \left[\int_{\mathbf{s}}^{\infty} e^{-\mathbf{s}t}\,d\mathbf{s}\right] f(t)\,dt$$

e calculando-se a integral interna,

$$\int_{\mathbf{s}}^{\infty} \mathbf{F}(\mathbf{s})\,d\mathbf{s} = \int_{0^-}^{\infty} \left[-\frac{1}{t}e^{-\mathbf{s}t}\right]_{\mathbf{s}}^{\infty} f(t)\,dt = \int_{0^-}^{\infty} \frac{f(t)}{t} e^{-\mathbf{s}t}\,dt$$

Logo,

$$\frac{f(t)}{t} \Leftrightarrow \int_{\mathbf{s}}^{\infty} \mathbf{F}(\mathbf{s})\,d\mathbf{s} \qquad [12]$$

Por exemplo, já estabelecemos o par de transformadas

$$\text{sen}\,\omega_0 t\,u(t) \Leftrightarrow \frac{\omega_0}{\mathbf{s}^2 + \omega_0^2}$$

Portanto,

$$\mathcal{L}\left\{\frac{\text{sen}\,\omega_0 t\,u(t)}{t}\right\} = \int_{\mathbf{s}}^{\infty} \frac{\omega_0\,d\mathbf{s}}{\mathbf{s}^2 + \omega_0^2} = \tan^{-1}\frac{\mathbf{s}}{\omega_0}\bigg|_{\mathbf{s}}^{\infty}$$

e temos

$$\frac{\text{sen}\,\omega_0 t\,u(t)}{t} \Leftrightarrow \frac{\pi}{2} - \tan^{-1}\frac{\mathbf{s}}{\omega_0} \qquad [13]$$

▶ EXERCÍCIO DE FIXAÇÃO

A7.4 Determine $\mathcal{L}\{\text{sen}^2\, 5tu(t)/t\}$

Resposta: $\frac{1}{4}\ln[(\mathbf{s}^2 + 100)/\mathbf{s}^2]$.

A7.5 ▶ O TEOREMA DA MUDANÇA DE ESCALA NO TEMPO

Desenvolvemos agora o teorema da mudança de escala no tempo da teoria da transformada de Laplace com a avaliação da transformada de $f(at)$, assumindo que $\mathcal{L}\{f(t)\}$ seja conhecida. O procedimento é muito simples:

$$\mathcal{L}\{f(at)\} = \int_{0^-}^{\infty} e^{-\mathbf{s}t} f(at)\, dt = \frac{1}{a}\int_{0^-}^{\infty} e^{-(\mathbf{s}/a)\lambda} f(\lambda)\, d\lambda$$

onde foi empregada a mudança de variável $at = \lambda$. A última integral pode ser reconhecida como $1/a$ vezes a transformada de Laplace de $f(t)$, exceto pela substituição de $\mathbf{s}$ por $\mathbf{s}/a$ na transformada. Daí segue que

$$f(at) \Leftrightarrow \frac{1}{a}\mathbf{F}\left(\frac{\mathbf{s}}{a}\right) \qquad [14]$$

Como um exemplo elementar do uso do teorema da mudança de escala no tempo, considere a determinação da transformada de uma onda cossenoidal de 1 kHz. Assumindo que conheçamos a transformada de uma onda cossenoidal de 1 rad/s,

$$\cos t\, u(t) \Leftrightarrow \frac{\mathbf{s}}{\mathbf{s}^2 + 1}$$

o resultado é

$$\mathcal{L}\{\cos 2000\pi t\, u(t)\} = \frac{1}{2000\pi}\frac{\mathbf{s}/2000\pi}{(\mathbf{s}/2000\pi)^2 + 1} = \frac{\mathbf{s}}{\mathbf{s}^2 + (2000\pi)^2}$$

▶ EXERCÍCIO DE FIXAÇÃO

A7.5 Determine $\mathcal{L}\{\text{sen}^2\, 5tu(t)\}$

Resposta: $50/[\mathbf{s}(\mathbf{s}^2 + 100)]$.

Índice

B

C

D

G

H

I

R

S

T

U

V

W

Y

Z

Tabela de integrais

$$\int \text{sen}^2 ax\,dx = \frac{x}{2} - \frac{\text{sen}2\,ax}{4a}$$

$$\int \cos^2 ax\,dx = \frac{x}{2} + \frac{\text{sen}2\,ax}{4\,a}$$

$$\int x\,\text{sen}\;ax\,dx = \frac{1}{a^2}(\text{sen}\,ax - ax\cos ax)$$

$$\int x^2\,\text{sen}\,ax\,dx = \frac{1}{a^3}(2ax\,\text{sen}\,ax + 2\cos ax - a^2x^2\cos ax)$$

$$\int x\cos ax\,dx = \frac{1}{a^2}(\cos ax + ax\,\text{sen}\,ax)$$

$$\int x^2\cos ax\,dx = \frac{1}{a^3}(2ax\cos ax - 2\,\text{sen}\,ax + a^2x^2\,\text{sen}\,ax)$$

$$\int \text{sen}\,ax\,\text{sen}\,bx\,dx = \frac{\text{sen}\,(a-b)x}{2(a-b)} - \frac{\text{sen}\,(a+b)x}{2(a+b)};\; a^2 \neq b^2$$

$$\int \text{sen}\,ax\cos bx\,dx = -\frac{\cos(a-b)x}{2(a-b)} - \frac{\cos(a+b)x}{2(a+b)};\; a^2 \neq b^2$$

$$\int \cos ax\cos bx\,dx = \frac{\text{sen}\,(a-b)x}{2(a-b)} + \frac{\text{sen}\,(a+b)x}{2(a+b)};\; a^2 \neq b^2$$

$$\int xe^{ax}dx = \frac{e^{ax}}{a^2}(ax - 1)$$

$$\int x^2e^{ax}dx = \frac{e^{ax}}{a^3}(a^2x^2 - 2ax + 2)$$

$$\int e^{ax}\,\text{sen}\,bx\,dx = \frac{e^{ax}}{a^2+b^2}(a\,\text{sen}\,bx - b\cos bx)$$

$$\int e^{ax}\cos bx\,dx = \frac{e^{ax}}{a^2+b^2}(a\cos bx + b\,\text{sen}\,bx)$$

$$\int \frac{dx}{a^2+x^2} = \frac{1}{a}\tan^{-1}\frac{x}{a}$$